BIOQUÍMICA ILUSTRADA DE HARPER

Tradução
Patricia Lydie Josephine Voeux

Revisão técnica
Guilhian Leipnitz
Professor adjunto do Departamento de Bioquímica, Instituto de Ciências Básicas da Saúde, Universidade Federal do Rio Grande do Sul (UFRGS). Doutor em Ciências Biológicas: Bioquímica, pela UFRGS.

B615   Bioquímica ilustrada de Harper / Victor W. Rodwell ... [et al.] ; tradução: Patricia Lydie Josephine Voeux ; revisão técnica: Guilhian Leipnitz. – 31. ed. – Porto Alegre : AMGH, 2021.
xi, 787 p. : il. color. ; 28 cm.

ISBN 978-65-5804-002-6

1. Bioquímica. I. Rodwell, Victor W.

CDU 577.1

Catalogação na publicação: Karin Lorien Menoncin – CRB 10/2147

Um livro médico LANGE

Victor W. Rodwell, Ph.D.
Professor (Emeritus) of Biochemistry
Purdue University
West Lafayette, Indiana

David A. Bender, Ph.D.
Professor (Emeritus) of Nutritional Biochemsitry
University College London
London, United Kingdom

Kathleen M. Botham, Ph.D., D.Sc.
Professor (Emeritus) of Biochemistry
Department of Comparative Biomedical Sciences
Royal Veterinary College
University of London
London, United Kingdom

Peter J. Kennelly, Ph.D.
Professor
Department of Biochemistry
Virginia Tech
Blacksburg, Virginia

P. Anthony Weil, Ph.D.
Professor
Department of Molecular Physiology & Biophysics
Vanderbilt University
Nashville, Tennessee

BIOQUÍMICA ILUSTRADA DE HARPER

31ª Edição

AMGH Editora Ltda.
Porto Alegre
2021

Obra originalmente publicada sob o título *Harper's illustrated biochemistry*, 31st edition.
ISBN 1259837939 / 9781259837937

Original edition copyright © 2018 by McGraw-Hill Global Education Holdings, LLC, New York, New York 10121.
All Rights Reserved.

Portuguese language translation copyright © 2021 by AMGH Editora Ltda, a Grupo A Educação S.A. company.
All Rights Reserved.

Gerente editorial: *Letícia Bispo de Lima*

Colaboraram nesta edição:

Editora: *Simone de Fraga*

Capa: *Márcio Monticelli*

Preparação de originais: *Daniela Louzada*

Leitura final: *Caroline Castilhos Melo*

Editoração: *Estúdio Castellani*

Nota

A bioquímica está em constante evolução. À medida que novas pesquisas e a própria experiência ampliam o nosso conhecimento, novas descobertas são realizadas. Os autores desta obra consultaram as fontes consideradas confiáveis, em um esforço para oferecer informações completas e, geralmente, de acordo com os padrões aceitos à época da sua publicação.

Reservados todos os direitos de publicação, em língua portuguesa, à
AMGH EDITORA LTDA., uma parceria entre GRUPO A EDUCAÇÃO S.A. e McGRAW-HILL EDUCATION
Av. Jerônimo de Ornelas, 670 – Santana
90040-340 Porto Alegre RS
Fone: (51) 3027-7000 Fax: (51) 3027-7070

Unidade São Paulo
Rua Doutor Cesário Mota Jr., 63 – Vila Buarque
01221-020 São Paulo SP
Fone: (11) 3221-9033

SAC 0800 703-3444 – www.grupoa.com.br

É proibida a duplicação ou reprodução deste volume, no todo ou em parte, sob quaisquer formas ou por quaisquer meios (eletrônico, mecânico, gravação, fotocópia, distribuição na Web e outros), sem permissão expressa da Editora.

IMPRESSO NO BRASIL
PRINTED IN BRAZIL

Coautores

Joe Varghese, M.B.B.S., M.D.
Professor
Department of Biochemistry
Christian Medical College
Bagayam, Vellore, Tamil Nadu, India

Margaret L. Rand, Ph.D.
Senior Associate Scientist
Division of Haematology/Oncology
Hospital for Sick Children, Toronto, and Professor
Department of Biochemistry
University of Toronto, Toronto, Canada

Molly Jacob, M.B.B.S., M.D., Ph.D.
Professor and Head
Department of Biochemistry
Christian Medical College
Bagayam, Vellore, Tamil Nadu, India

Peter A. Mayes, Ph.D., D.Sc.
Professor (Emeritus) of Veterinary Biochemistry
Royal Veterinary College
University of London
London, United Kingdom

Peter L. Gross, M.D., M.Sc., F.R.C.P.(C)
Associate Professor
Department of Medicine
McMaster University
Hamilton, Ontario, Canada

Robert K. Murray, M.D., Ph.D.
Professor (Emeritus) of Biochemistry
University of Toronto
Toronto, Ontario, Canada

Prefácio

Temos o prazer de apresentar a 31ª edição do *Bioquímica ilustrada de Harper*. A 1ª edição deste livro, intitulada Bioquímica de Harper, foi publicada em 1939, sob a autoria única do Dr. Harold Harper da University of California School of Medicine, São Francisco, Califórnia. Atualmente intitulado *Bioquímica ilustrada de Harper*, o livro continua, como pretendia originalmente, oferecendo uma apresentação concisa dos aspectos mais relevantes da bioquímica para o estudo da medicina. Vários autores contribuíram para as edições posteriores desta obra, que já completou oito décadas.

Ilustração da capa desta edição

A ilustração da capa mostra a estrutura da proteína do vírus Zika, em uma resolução de 3,8 Å. Ela foi generosamente preparada e fornecida por Lei Sun. Essas informações sobre o vírus constam em: Sirohi D, Chen Z, Sun L, Klose T, Pierson TC, Rossmann MG, Huhn RJ: "The 3,8 Å resolution cryo-EM structure of Zika virus protein", Science 2016;352:497-470. Os vírus da Zika, febre amarela, febre do Nilo Ocidental e dengue são membros da família Flaviviridae com DNA de cadeia positiva, e têm origem na floresta de Zika, Uganda. A ilustração indica o poder da resolução da crio-microscopia eletrônica (Cryo-ME). Mais importante, reconhece o significado médico da infecção pelo Zika vírus em gestantes, considerando um risco significativo de microcefalia congênita, associado a um comprometimento mental grave. Enquanto o vírus Zika é transmitido pela picada do mosquito infectado, evidências sugerem que, sob certas condições, ele pode ser transmitido entre os seres humanos.

Mudanças nesta edição

Como sempre, *Bioquímica ilustrada de Harper* continua sua ênfase em integrar o conhecimento bioquímico com as doenças genéticas, suas patologias e a prática da medicina. A maioria dos capítulos teve atualização dos conteúdos e fornecerá ao leitor as mais atuais e pertinentes informações. Neste sentido, substituímos o Capítulo 10 "Bioinformática e biologia computacional", cuja maioria dos programas e tópicos (p. ex., comparação de sequências de proteínas e nucleotídeos e abordagens de desenvolvimento de medicamentos *in silico*) estão disponíveis *on-line* ou agora são de conhecimento comum.

O novo Capítulo 10 "Funções bioquímicas dos metais de transição" incorporou materiais a partir de vários capítulos, especialmente os sobre hemácias e plasma, os quais contêm amplo material sobre absorção e tráfego de íons de metal, especialmente ferro e cobre. Uma vez que aproximadamente um terço das proteínas são metaloproteínas, o novo Capítulo 10 aborda a importância e a generalização dos metais de transição. Dada a equivalência de tópicos sobre a estrutura das proteínas e dos mecanismos de reação enzimática, esse capítulo acompanha os últimos três capítulos sobre enzimas, finalizando a atualizada Seção II, Enzimas: cinética, mecanismo, regulação e papel dos metais de transição.

Organização do livro

Todos os 58 capítulos da 31ª edição enfatizam a relevância médica da bioquímica. Os tópicos estão organizados em 11 títulos principais. Para facilitar a retenção da informação, questões para estudo acompanham cada Seção. Um banco de respostas está localizado após o Apêndice.

A **Seção I** inclui uma breve história da bioquímica e enfatiza as interrelações entre a bioquímica e a medicina. Água e pH são revisados, e são abordados vários níveis de organização proteica.

A **Seção II** inicia com um capítulo sobre hemoglobina, quatro capítulos abordam a cinética, o mecanismo de ação, regulação metabólica de enzimas e papel dos íons metálicos nos múltiplos aspectos do metabolismo intermediário.

A **Seção III** aborda a bioenergética e o papel dos fosfatos de alta energia na captura e na transferência de energia, as reações de oxidação-redução envolvidas na oxidação biológica e os detalhes metabólicos da captura de energia via cadeia respiratória e fosforilação oxidativa.

A **Seção IV** considera o metabolismo do carboidrato via glicólise, o ciclo do ácido cítrico, as vias das pentoses-fosfato, o metabolismo do glicogênio, a gliconeogênese e o controle da glicemia.

A **Seção V** destaca a natureza dos lipídeos simples e complexos, o transporte e armazenamento de lipídeos, a biossíntese e a degradação de ácidos graxos e lipídeos mais complexos e as reações e a regulação metabólica da biossíntese de colesterol e do transporte em seres humanos.

A **Seção VI** discute o catabolismo de proteínas, a biossíntese de ureia e o catabolismo de aminoácidos e enfatiza os distúrbios metabólicos significativos do ponto de vista médico associados a seu catabolismo incompleto. O capítulo final considera a bioquímica das porfirinas e dos pigmentos biliares.

A **Seção VII** destaca primeiramente a estrutura e a função de nucleotídeos e ácidos nucleicos e, em seguida, detalha a replicação e o reparo do DNA, a síntese e a modificação do RNA, a síntese proteica, os princípios da tecnologia do DNA recombinante e a regulação da expressão gênica.

A **Seção VIII** reúne aspectos da comunicação intracelular e extracelular. Tópicos específicos incluem a estrutura e a função da membrana, as bases moleculares das atuações dos hormônios e a transdução de sinais.

As **Seções IX, X e XI** abordam 14 tópicos de significativa importância médica.

A **Seção IX** discute nutrição, digestão e absorção, micronutrientes, incluindo vitaminas, radicais livres e antioxidantes, gicoproteínas, o metabolismo de xenobióticos e bioquímica clínica.

A **Seção X** aborda o tráfego intracelular e a separação de proteínas plasmáticas e imunoglobulinas e a bioquímica de hemácias e leucócitos.

A **Seção XI** inclui homeostasia e trombose, uma visão geral do câncer e a bioquímica do envelhecimento.

Agradecimentos

Agradecemos a Michael Weitz por seu papel no planejamento e Peter Boyle pela sua supervisão na preparação desta edição para publicação. Agradecemos também Surbhi Mittal e Jyoti Shaw, do Cenveo Publisher Services, por suas atuações na etapa de editoração e com as ilustrações. Agradecemos as inúmeras sugestões e correções recebidas de estudantes e colaboradores de todo o mundo, especialmente do Dr. Karthikeyan Pethusamy, do All India Institute of Medical Sciences, Nova Deli, Índia.

Victor W. Rodwell
David A. Bender
Kathleen M. Botham
Peter J. Kennelly
P. Anthony Weil

Sumário

SEÇÃO I — Estruturas e funções de proteínas e enzimas 1

1 Bioquímica e medicina 1
Victor W. Rodwell, Ph.D. e Robert K. Murray, M.D., Ph.D.

2 Água e pH 6
Peter J. Kennelly, Ph.D. e Victor W. Rodwell, Ph.D.

3 Aminoácidos e peptídeos 14
Peter J. Kennelly, Ph.D. e Victor W. Rodwell, Ph.D.

4 Proteínas: determinação da estrutura primária 23
Peter J. Kennelly, Ph.D. e Victor W. Rodwell, Ph.D.

5 Proteínas: ordens de estrutura superiores 33
Peter J. Kennelly, Ph.D. e Victor W. Rodwell, Ph.D.

SEÇÃO II — Enzimas: cinética, mecanismo, regulação e papel dos metais de transição 47

6 Proteínas: mioglobina e hemoglobina 47
Peter J. Kennelly, Ph.D. e Victor W. Rodwell, Ph.D.

7 Enzimas: mecanismo de ação 56
Peter J. Kennelly, Ph.D. e Victor W. Rodwell, Ph.D.

8 Enzimas: cinética 68
Victor W. Rodwell, Ph.D.

9 Enzimas: regulação das atividades 82
Peter J. Kennelly, Ph.D. e Victor W. Rodwell, Ph.D.

10 Funções bioquímicas dos metais de transição 92
Peter J. Kennelly, Ph.D.

SEÇÃO III — Bioenergética 105

11 Bioenergética: a função do ATP 105
Kathleen M. Botham, Ph.D., D.Sc. e Peter A. Mayes, Ph.D., D.Sc.

12 Oxidação biológica 111
Kathleen M. Botham, Ph.D., D.Sc. e Peter A. Mayes, Ph.D., D.Sc.

13 Cadeia respiratória e fosforilação oxidativa 117
Kathleen M. Botham, Ph.D., D.Sc. e Peter A. Mayes, Ph.D., D.Sc.

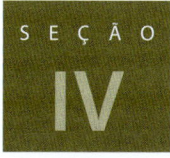

SEÇÃO IV — Metabolismo dos carboidratos 129

14 Visão geral do metabolismo e do suprimento de combustíveis metabólicos 129
David A. Bender, Ph.D. e Peter A. Mayes, Ph.D., D.Sc.

15 Carboidratos de importância fisiológica 141
David A. Bender, Ph.D. e Peter A. Mayes, Ph.D., D.Sc.

16 O ciclo do ácido cítrico: a via central do metabolismo de carboidratos, lipídeos e aminoácidos 150
David A. Bender, Ph.D. e Peter A. Mayes, Ph.D., D.Sc.

17 Glicólise e oxidação do piruvato 157
David A. Bender, Ph.D. e Peter A. Mayes, Ph.D., D.Sc.

18 Metabolismo do glicogênio 164
David A. Bender, Ph.D. e Peter A. Mayes, Ph.D., D.Sc.

19 Gliconeogênese e o controle da glicemia 172
David A. Bender, Ph.D. e Peter A. Mayes, Ph.D., D.Sc.

20 Via das pentoses-fosfato e outras vias do metabolismo das hexoses 182
David A. Bender, Ph.D. e Peter A. Mayes, Ph.D., D.Sc.

SEÇÃO V — Metabolismo dos lipídeos 195

21 Lipídeos de importância fisiológica 195
Kathleen M. Botham, Ph.D., D.Sc. e Peter A. Mayes, Ph.D., D.Sc.

22 Oxidação dos ácidos graxos e cetogênese 207
Kathleen M. Botham, Ph.D., D.Sc. e Peter A. Mayes, Ph.D., D.Sc.

23 Biossíntese de ácidos graxos e eicosanoides 216
Kathleen M. Botham, Ph.D., D.Sc. e Peter A. Mayes, Ph.D., D.Sc.

24 Metabolismo dos acilgliceróis e dos esfingolipídeos 229
Kathleen M. Botham, Ph.D., D.Sc. e Peter A. Mayes, Ph.D., D.Sc.

25 Transporte e armazenamento de lipídeos 236
Kathleen M. Botham, Ph.D., D.Sc. e Peter A. Mayes, Ph.D., D.Sc.

26 Síntese, transporte e excreção do colesterol 249
Kathleen M. Botham, Ph.D., D.Sc. e Peter A. Mayes, Ph.D., D.Sc.

SEÇÃO VI — Metabolismo das proteínas e dos aminoácidos 263

27 Biossíntese dos aminoácidos nutricionalmente não essenciais 263
Victor W. Rodwell, Ph.D.

28 Catabolismo das proteínas e do nitrogênio dos aminoácidos 269
Victor W. Rodwell, Ph.D.

29 Catabolismo dos esqueletos de carbono dos aminoácidos 280
Victor W. Rodwell, Ph.D.

30 Conversão dos aminoácidos em produtos especializados 296
Victor W. Rodwell, Ph.D.

31 Porfirinas e pigmento biliares 305
Victor W. Rodwell, Ph.D. e Robert K. Murray, M.D., Ph.D.

SEÇÃO VII — Estrutura, função e replicação de macromoléculas informacionais 319

32 Nucleotídeos 319
Victor W. Rodwell, Ph.D.

33 Metabolismo dos nucleotídeos de purinas e pirimidinas 327
Victor W. Rodwell, Ph.D.

34 Estrutura e função dos ácidos nucleicos 338
P. Anthony Weil, Ph.D.

35 Organização, replicação e reparo do DNA 350
P. Anthony Weil, Ph.D.

36 Síntese, processamento e modificação do RNA 374
P. Anthony Weil, Ph.D.

37 A síntese de proteínas e o código genético 393
P. Anthony Weil, Ph.D.

38 Regulação da expressão gênica 409
P. Anthony Weil, Ph.D.

39 Genética molecular, DNA recombinante e tecnologia genômica 432
P. Anthony Weil, Ph.D.

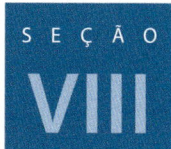

SEÇÃO VIII — Bioquímica da comunicação extracelular e intracelular 459

40 Membranas: estrutura e função 459
P. Anthony Weil, Ph.D.

41 A diversidade do sistema endócrino 480
P. Anthony Weil, Ph.D.

42 Ação dos hormônios e transdução de sinais 500
P. Anthony Weil, Ph.D.

SEÇÃO IX — Tópicos especiais (A) 519

43 Nutrição, digestão e absorção 519
David A. Bender, Ph.D., e Peter A. Mayes, Ph.D., D.Sc.

44 Micronutrientes: vitaminas e minerais 527
David A. Bender, Ph.D.

45 Radicais livres e nutrientes antioxidantes 541
David A. Bender, Ph.D.

46 Glicoproteínas 546
David A. Bender, Ph.D. e Robert K. Murray, M.D., Ph.D.

47 Metabolismo dos xenobióticos 556
David A. Bender, Ph.D. e Robert K. Murray, M.D., Ph.D.

48 Bioquímica clínica 560
David A. Bender, Ph.D. e Robert K. Murray, M.D., Ph.D.

SEÇÃO X — Tópicos especiais (B) 573

49 Tráfego intracelular e seleção de proteínas 573
Kathleen M. Botham, Ph.D., D.Sc. e Robert K. Murray, M.D., Ph.D.

50 Matriz extracelular 592
Kathleen M. Botham, Ph.D., D.Sc. e Robert K. Murray, M.D., Ph.D.

51 Músculo e citoesqueleto 611
Peter J. Kennelly, Ph.D. e Robert K. Murray, M.D., Ph.D.

52 Proteínas plasmáticas e imunoglobulinas 627
Peter J. Kennelly, Ph.D., Robert K. Murray, M.D., Ph.D., Molly Jacob, M.B.B.S., M.D., Ph.D. e Joe Varghese, M.B.B.S., M.D.

53 Hemácias 646
Peter J. Kennelly, Ph.D. e Robert K. Murray, M.D., Ph.D.

54 Leucócitos 656
Peter J. Kennelly, Ph.D. e Robert K. Murray, M.D., Ph.D.

SEÇÃO XI — Tópicos especiais (C) 669

55 Hemostasia e trombose 669
Peter L. Gross, M.D., M.Sc., F.R.C.P.(C), P. Anthony Weil, Ph.D. e Margaret L. Rand, Ph.D.

56 Câncer: considerações gerais 681
Molly Jacob, M.D, Ph.D., Joe Varghese, M.B.B.S., M.D. e P. Anthony Weil, Ph.D.

57 Bioquímica do envelhecimento 707
Peter J. Kennelly, Ph.D.

58 Histórias de casos bioquímicos 719
David A. Bender, Ph.D.

Banco de respostas 731

Índice 735

SEÇÃO I
Estruturas e funções de proteínas e enzimas

CAPÍTULO 1

Bioquímica e medicina

Victor W. Rodwell, Ph.D. e Robert K. Murray, M.D., Ph.D.

OBJETIVOS

Após o estudo deste capítulo, você deve ser capaz de:

- Entender a importância da capacidade de extratos de levedura livres de células de fermentarem açúcares, uma observação que possibilitou a descoberta dos intermediários da fermentação, da glicólise e de outras vias metabólicas.
- Reconhecer a abrangência da bioquímica e seu papel central nas ciências da vida, e o fato de que a bioquímica e a medicina são disciplinas intimamente relacionadas.
- Compreender que a bioquímica integra conhecimentos dos processos químicos em células vivas, com estratégias para manter a saúde, entender doenças, identificar terapias em potencial e aumentar o entendimento sobre as origens da vida na Terra.
- Descrever como as abordagens genéticas têm sido cruciais para a elucidação de muitas áreas da bioquímica e como o Projeto Genoma Humano promoveu ainda mais avanços em vários aspectos da biologia e da medicina.

IMPORTÂNCIA BIOMÉDICA

A bioquímica e a medicina desfrutam de uma relação mutuamente cooperativa. Os estudos bioquímicos esclareceram muitos aspectos da saúde e da doença, fazendo surgir novas áreas da bioquímica. A relevância médica da bioquímica em situações tanto normais quanto anormais é enfatizada ao longo deste livro. A bioquímica traz significativas contribuições para as áreas da biologia celular, fisiologia, imunologia, microbiologia, farmacologia, toxicologia e epidemiologia, assim como para as áreas de inflamação, dano celular e câncer. Essas relações íntimas enfatizam que a vida, como a conhecemos, depende de reações e processos bioquímicos.

DESCOBERTA DE QUE UM EXTRATO DE LEVEDURA LIVRE DE CÉLULAS É CAPAZ DE FERMENTAR AÇÚCARES

Embora a capacidade das leveduras de "fermentar" vários açúcares a álcool etílico seja conhecida há milênios, só recentemente é que esse processo deu início à ciência da bioquímica. O grande microbiologista francês Louis Pasteur acreditava que o processo de fermentação só poderia ocorrer em células intactas. Entretanto, em 1899, os irmãos Büchner descobriram que a fermentação podia, de fato, ocorrer na *ausência* de células intactas quando armazenavam um extrato de levedura em um pote de solução concentrada de açúcar, acrescentada como conservante. Ao longo da noite, o conteúdo do pote fermentou, derramou sobre a bancada do laboratório e pelo chão e demonstrou que, sem dúvida alguma, a fermentação pode prosseguir na ausência de células intactas. Essa descoberta estimulou uma série de investigações que deram início à ciência da bioquímica. Essas pesquisas revelaram as funções vitais do fosfato inorgânico, do difosfato de adenosina (ADP, do inglês *adenosine diphosphate*), do trifosfato de adenosina (ATP, do inglês *adenosine triphosphate*) e da desidrogenase do dinucleotídeo de adenina-nicotinamida (NAD[H], do inglês *nicotinamide adenine dinucleotide dehydrogenase*) e, por fim, identificaram os açúcares fosforilados e as reações químicas e enzimas que convertem a glicose em piruvato (glicólise) ou em etanol e dióxido de carbono (CO_2) (fermentação). Pesquisas que iniciaram na década de 1930 identificaram os intermediários do ciclo do ácido cítrico e da biossíntese da ureia e revelaram os papéis essenciais de determinados fatores derivados de vitaminas ou "coenzimas", como tiamina pirofosfato, riboflavina e, por fim, coenzima A, coenzima Q e coenzima cobamida. Os anos 1950 revelaram como carboidratos complexos são sintetizados a partir de açúcares simples e degradados a açúcares simples, bem como as vias para a biossíntese das pentoses e o catabolismo dos aminoácidos e dos ácidos graxos.

Os pesquisadores empregaram modelos animais, órgãos intactos perfundidos, fatias de tecidos, homogenatos de células e suas subfrações e, subsequentemente, enzimas purificadas. Esses avanços foram favorecidos pelo desenvolvimento da ultracentrifugação analítica, da cromatografia em papel e outras formas de cromatografia e, após a Segunda Guerra Mundial, disponibilidade de radioisótopos, principalmente ^{14}C, ^{3}H e ^{32}P, como "marcadores" para identificar os intermediários em vias complexas, como a via de biossíntese de colesterol. Em seguida, a cristalografia de raios X foi utilizada para resolver as estruturas tridimensionais de numerosas proteínas, polinucleotídeos, enzimas e vírus. Os avanços genéticos que se seguiram à constatação de que o ácido desoxirribonucleico (DNA, do inglês *deoxyribonucleic acid*) é uma dupla-hélice inclui a reação em cadeia da polimerase e animais transgênicos ou com genes *knockouts*. Os métodos utilizados para preparar, analisar, purificar e identificar metabólitos e as atividades de enzimas naturais e recombinantes e suas estruturas tridimensionais são discutidos nos capítulos seguintes.

A BIOQUÍMICA E A MEDICINA PROMOVERAM AVANÇOS MÚTUOS

As duas principais preocupações dos trabalhadores nas ciências da saúde – particularmente os médicos – são a compreensão e a manutenção da saúde, bem como o tratamento efetivo das doenças. A bioquímica tem um grande impacto nessas duas preocupações fundamentais, e a inter-relação entre a bioquímica e a medicina é uma via ampla de mão dupla. Os estudos bioquímicos esclareceram muitos aspectos da saúde e da doença, e, em contrapartida, o estudo de vários aspectos da saúde e da doença abriram novas áreas da bioquímica (**Figura 1-1**). Um dos primeiros exemplos mostra como a investigação da estrutura e da função das proteínas revelou a diferença única na sequência de aminoácidos entre a hemoglobina normal e a hemoglobina falciforme. A análise subsequente de numerosas variantes de hemoglobinas falciformes e outras hemoglobinas contribuiu significativamente para a compreensão da estrutura e da função da hemoglobina e de outras proteínas. Durante o início dos anos 1900, o médico inglês Archibald Garrod estudou pacientes com doenças relativamente raras – alcaptonúria, albinismo, cistinúria e pentosúria – e estabeleceu que essas condições eram geneticamente determinadas. Garrod chamou essas condições de **erros inatos do metabolismo**. Seu discernimento proporcionou uma importante base para o desenvolvimento do campo da genética bioquímica humana. Um exemplo mais recente foi a investigação das bases genéticas e moleculares da hipercolesterolemia familiar, uma doença que resulta em início precoce de aterosclerose. Além de esclarecer as diferentes mutações responsáveis por essa doença, esse estudo forneceu um entendimento mais profundo dos receptores celulares e dos mecanismos de captação não apenas do colesterol, mas também de como outras moléculas atravessam as membranas celulares. Estudos de **oncogenes** e dos **genes supressores de tumor** em células cancerosas direcionaram a atenção para os mecanismos moleculares envolvidos no controle do crescimento da célula normal. Esses exemplos ilustram como o estudo das doenças pode abrir áreas de investigação bioquímica básica. A ciência fornece aos médicos e a outros profissionais da saúde e da biologia uma base que influencia a prática, estimula a curiosidade e promove a adoção de abordagens científicas para o aprendizado contínuo.

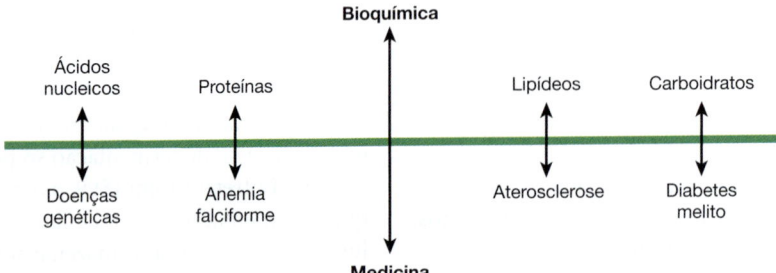

FIGURA 1-1 Uma via de mão dupla conecta a bioquímica e a medicina. O conhecimento de tópicos de bioquímica mostrados na parte superior da linha verde do diagrama esclareceu o nosso entendimento das doenças mostradas na parte inferior dessa linha. Por outro lado, a análise das doenças elucidou muitas áreas da bioquímica. Observe que a anemia falciforme é uma doença genética, e que tanto a aterosclerose quanto o diabetes melito possuem componentes genéticos.

OS PROCESSOS BIOQUÍMICOS SÃO A BASE DA SAÚDE HUMANA

A pesquisa bioquímica impacta a nutrição e a medicina preventiva

A Organização Mundial da Saúde (OMS) define saúde como um estado de "bem-estar físico, mental e social completo, e não simplesmente a ausência de doença e enfermidade". Do ponto de vista bioquímico, a saúde pode ser considerada a situação em que todas as milhares de reações intracelulares e extracelulares que ocorrem no organismo estão acontecendo em velocidades compatíveis com a sobrevivência do organismo sob a pressão de desafios tanto internos quanto externos. A manutenção da saúde exige um aporte nutricional ótimo de **vitaminas**, certos **aminoácidos** e **ácidos graxos**, vários **minerais** e **água**. O entendimento da nutrição depende, em grande parte, do conhecimento da bioquímica, e as ciências da bioquímica e da nutrição compartilham um interesse por essas substâncias químicas. Recentemente, observa-se uma ênfase cada vez maior sobre as tentativas sistemáticas de manter a saúde e prevenir a doença – ou **medicina preventiva** –, utilizando abordagens nutricionais para a prevenção de doenças, como a aterosclerose e o câncer.

A maioria das doenças tem uma base bioquímica

Com exceção dos organismos infecciosos e poluentes ambientais, muitas doenças são manifestações de anormalidades em genes, proteínas, reações químicas ou processos bioquímicos, e cada uma dessas anormalidades pode afetar negativamente uma ou mais funções bioquímicas essenciais. Exemplos de distúrbios da bioquímica humana responsáveis por doenças ou outras condições debilitantes incluem desequilíbrio eletrolítico, ingestão ou absorção deficiente de nutrientes, desequilíbrio hormonal, agentes químicos ou biológicos tóxicos e doenças genéticas com base no DNA. Para vencer esses desafios, a pesquisa bioquímica continua interligada a diversas disciplinas como a genética, a biologia celular, a imunologia, a nutrição, a patologia e a farmacologia. Além disso, muitos bioquímicos estão extremamente interessados em contribuir para soluções de questões fundamentais, como a sobrevivência da humanidade e a educação da população para o uso de métodos científicos na solução de problemas ambientais e de outros grandes problemas com os quais se defronta a nossa civilização.

O impacto do Projeto Genoma Humano na bioquímica, na biologia e na medicina

O rápido progresso inicialmente inesperado no fim dos anos 1990 no sequenciamento do genoma humano levou ao anúncio, em meados dos anos 2000, de que mais de 90% do genoma tinha sido sequenciado. Esse esforço foi liderado pelo International Human Genome Sequencing Consortium e pela Celera Genomics. Exceto por algumas lacunas, o sequenciamento completo do genoma humano foi finalizado em 2003, apenas 50 anos após a descrição da natureza de dupla-hélice do DNA por Watson e Crick. As implicações para a bioquímica, para a medicina e, na verdade, para toda a biologia são praticamente ilimitadas. Por exemplo, as habilidades de isolar e sequenciar um gene e de investigar sua estrutura e função por meio de experimentos de sequenciamento e inativação (*knockout*) de genes revelaram genes previamente desconhecidos e seus produtos, além de novas ideias a respeito da evolução humana e de procedimentos para identificar genes relacionados a doenças humanas.

Grandes avanços na bioquímica e no entendimento da saúde e da doença humana continuam sendo realizados por meio de mutação dos genomas de organismos-modelo, como as leveduras, a mosca-da-fruta *Drosophila melanogaster*, o nematódeo *Caenorhabditis elegans* e o peixe-zebra – organismos que podem ser geneticamente manipulados para fornecer conhecimentos sobre as funções de genes individuais. Esses avanços podem fornecer pistas potenciais para a cura de doenças humanas, como o câncer e a doença de Alzheimer. A **Figura 1-2** destaca áreas que foram desenvolvidas ou aceleradas como

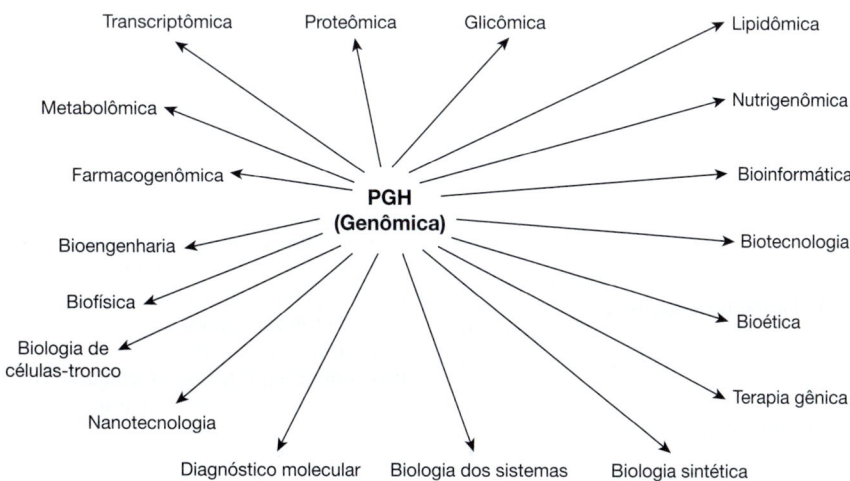

FIGURA 1-2 O Projeto Genoma Humano (PGH) influenciou muitas disciplinas e áreas de pesquisa. A bioquímica não está listada, já que ela antecede ao início do PGH, mas disciplinas como bioinformática, genômica, glicômica, lipidômica, metabolômica, diagnóstico molecular, proteômica e transcriptômica constituem áreas ativas de pesquisa bioquímica.

resultado direto do progresso feito com o Projeto Genoma Humano (PGH). Os novos campos de "-ômica" concentram-se no estudo abrangente das estruturas e das funções das moléculas relacionadas a cada um deles. Os produtos dos genes (moléculas de ácido ribonucleico [RNA, do inglês *ribonucleic acid*] e proteínas) estão sendo estudados por meio das técnicas de **transcriptômica** e **proteômica**. Um exemplo espetacular da velocidade do progresso na transcriptômica é a ampliação de conhecimentos sobre pequenas moléculas de RNA como reguladoras da atividade gênica. Outros campos de -ômica incluem a **glicômica**, a **lipidômica**, a **metabolômica**, a **nutrigenômica** e a **farmacogenômica**. Para manter o ritmo de acordo com as informações geradas, a **bioinformática** tem recebido muita atenção. Os outros campos relacionados para os quais o impulso decorrente do PGH transitou são a **biotecnologia**, a **bioengenharia**, a **biofísica** e a **bioética**.

O Glossário no final deste capítulo fornece as definições desses campos de -ômica, bem como de outros termos. A **nanotecnologia** é uma área ativa que pode, por exemplo, envolver novos métodos de diagnóstico e tratamento para o câncer e outras patologias. A **biologia de células-tronco** está no centro de grande parte da pesquisa atual. A **terapia gênica** ainda tem que cumprir a promessa oferecida, mas parece que isso finalmente ocorrerá. Muitos **exames diagnósticos moleculares** foram desenvolvidos em áreas como os exames e diagnósticos genéticos, microbiológicos e imunológicos. A **biologia dos sistemas** também está em desenvolvimento. Os resultados das pesquisas nas várias áreas supramencionadas terão enorme impacto sobre o futuro da biologia, da medicina e das ciências da saúde. A **biologia sintética** oferece o potencial de criar organismos vivos, inicialmente pequenas bactérias, a partir de material genético *in vitro*, que possam realizar tarefas específicas, como a limpeza de derramamentos de petróleo. Todos os itens citados fazem do século XXI um período emocionante para os que estão diretamente envolvidos na biologia e na medicina.

RESUMO

- A bioquímica é a ciência dedicada ao estudo das moléculas existentes nos organismos vivos, das reações químicas individuais e de seus catalisadores enzimáticos e da expressão e regulação de cada um dos processos metabólicos. A bioquímica tornou-se a linguagem básica de todas as ciências biológicas.
- Apesar de este texto se concentrar na bioquímica humana, a bioquímica abrange todo o espectro das formas vivas, desde vírus, bactérias e plantas até eucariotos complexos, como os seres humanos.
- A bioquímica, a medicina e outras disciplinas de cuidados à saúde estão intimamente relacionadas. Em todas as espécies, a saúde depende de um equilíbrio harmonioso das reações bioquímicas que ocorrem no organismo, sendo que a doença reflete anormalidades nas biomoléculas, nas reações bioquímicas ou nos processos bioquímicos.
- Os avanços no conhecimento bioquímico elucidaram muitas áreas da medicina, e, com frequência, o estudo das doenças revela aspectos previamente não percebidos da bioquímica.
- As abordagens bioquímicas são, com frequência, fundamentais para elucidar as causas das doenças e para o planejamento de terapias adequadas. Os exames laboratoriais bioquímicos também representam um componente integral dos diagnósticos e do monitoramento do tratamento.
- Um conhecimento adequado da bioquímica e de outras disciplinas básicas correlatas é essencial para a prática racional da medicina e das ciências da saúde associadas.
- Os resultados do PGH e da pesquisa em áreas relacionadas terão profunda influência no futuro da biologia, da medicina e de outras ciências da saúde.
- A pesquisa genômica em organismos-modelo, como as leveduras, a mosca-da-fruta *D. melanogaster*, o nematódeo *C. elegans* e o peixe-zebra proporciona uma fonte esclarecedora para a compreensão das doenças humanas.

GLOSSÁRIO

Bioengenharia: aplicação da engenharia na biologia e na medicina.
Bioética: área da ética que se relaciona com a aplicação dos princípios morais e éticos à biologia e à medicina.
Bioinformática: disciplina relacionada com a coleta, o armazenamento e a análise de dados biológicos, por exemplo, DNA, RNA e sequências de proteínas.
Biofísica: aplicação da física e de suas técnicas à biologia e à medicina.
Biotecnologia: campo em que a bioquímica, a engenharia e outras abordagens são combinadas para desenvolver produtos biológicos de uso na medicina e na indústria.
Terapia gênica: aplica-se ao uso de genes obtidos por engenharia genética para o tratamento de várias doenças.
Genômica: o genoma é o conjunto completo de genes de um organismo, e a genômica é o estudo minucioso das estruturas e das funções dos genomas.
Glicômica: o glicoma é o conteúdo total de carboidratos simples e complexos em um organismo. A glicômica é o estudo sistemático das estruturas e das funções de glicomas, como o glicoma humano.
Lipidômica: o lipidoma é o conteúdo completo de lipídeos encontrados em um organismo. A lipidômica é o estudo aprofundado das estruturas e das funções de todos os membros do lipidoma e de suas interações, tanto na saúde quanto na doença.
Metabolômica: o metaboloma é o conteúdo completo dos metabólitos (pequenas moléculas envolvidas no metabolismo) encontrados em um organismo. A metabolômica é o estudo aprofundado de suas estruturas, funções e alterações nos vários estados metabólicos.
Diagnóstico molecular: refere-se ao uso de abordagens moleculares, como sondas de DNA, para auxiliar no diagnóstico de várias condições bioquímicas, genéticas, imunológicas, microbiológicas e de outras condições médicas.
Nanotecnologia: desenvolvimento e aplicação na medicina e em outras áreas de dispositivos, como as nanocápsulas, que têm apenas poucos nanômetros de comprimento (10^{-9} m = 1 nm).
Nutrigenômica: estudo sistemático dos efeitos dos nutrientes sobre a expressão genética e também dos efeitos das variações genéticas sobre o metabolismo dos nutrientes.
Farmacogenômica: uso de informações genômicas e tecnologias para otimizar a descoberta e o desenvolvimento de novos fármacos e alvos de fármacos.
Proteômica: o proteoma é o conjunto completo de proteínas de um organismo. Proteômica é o estudo sistemático das estruturas e das funções dos proteomas e de suas variações na saúde e na doença.
Biologia das células-tronco: as células-tronco são células indiferenciadas, que possuem o potencial de autorrenovação e diferenciação em qualquer uma das células adultas de um organismo. A biologia das células-tronco está relacionada com a biologia dessas células e seu potencial para o tratamento de várias doenças.

Biologia sintética: campo que combina as técnicas biomoleculares com abordagens de engenharia para construir novas funções e sistemas biológicos.

Biologia de sistemas: campo que trata dos sistemas biológicos complexos estudados como entidades integradas.

Transcriptômica: estudo abrangente do transcriptoma, o conjunto completo de transcritos de RNA produzidos pelo genoma durante um determinado período.

APÊNDICE

São fornecidos exemplos selecionados de bancos de dados que reúnem, anotam e analisam dados de importância biomédica.

ENCODE: ENCyclopedia **O**f **DNA E**lements. Esforço colaborativo que combina abordagens laboratoriais e computacionais para a identificação de qualquer elemento funcional do genoma humano.

GenBank: banco de dados de sequências de proteínas dos National Institutes of Health, que armazena todas as sequências nucleotídicas biológicas conhecidas e suas traduções de forma pesquisável.

HapMap: Haplotype **Map**, um esforço internacional para a identificação de polimorfismos de nucleotídeo único associados a doenças humanas comuns e respostas diferenciais a medicamentos.

ISDB: International **S**equence **D**ata**B**ase, que incorpora bancos de dados de DNA do Japão e do European Molecular Biology Laboratory.

PDB: Protein **D**ata**B**ase. Estruturas tridimensionais das proteínas, dos polinucleotídeos e de outras macromoléculas, incluindo proteínas ligadas a substratos, inibidores ou outras proteínas.

CAPÍTULO

Água e pH

2

Peter J. Kennelly, Ph.D. e Victor W. Rodwell, Ph.D.

> **OBJETIVOS**
>
> *Após o estudo deste capítulo, você deve ser capaz de:*
>
> - Descrever as propriedades da água que contribuem para sua tensão superficial, viscosidade, estado líquido na temperatura ambiente e poder solvente.
> - Utilizar fórmulas estruturais para representar vários compostos orgânicos que podem servir como aceptores ou doadores de ligações de hidrogênio.
> - Explicar o papel desempenhado pela entropia na orientação, em um meio aquoso, das regiões polares e apolares das macromoléculas.
> - Indicar as contribuições quantitativas das pontes salinas, das interações hidrofóbicas e das forças de van der Waals para a estabilidade das macromoléculas.
> - Explicar a relação do pH com a acidez, a alcalinidade e os determinantes quantitativos que caracterizam os ácidos fracos e fortes.
> - Calcular a variação no pH que ocorre durante a adição de uma determinada quantidade de ácido ou base ao pH de uma solução tamponada.
> - Descrever o que os tampões fazem, como eles atuam e as condições nas quais um tampão é mais efetivo fisiologicamente ou em outras condições.
> - Ilustrar como a equação da Henderson-Hasselbalch pode ser utilizada para calcular a carga líquida sobre um polieletrólito em um determinado pH.

IMPORTÂNCIA BIOMÉDICA

A água é o componente químico predominante nos organismos vivos. As suas propriedades físicas únicas, que incluem a capacidade de solvatar uma ampla gama de moléculas orgânicas e inorgânicas, derivam da sua estrutura dipolar e da excepcional capacidade de interação para formar ligações de hidrogênio. A maneira como a água interage com uma biomolécula solúvel influencia as estruturas da biomolécula e da própria água. Sendo um nucleófilo excelente, a água é um reagente ou produto em muitas reações metabólicas. A regulação do equilíbrio da água depende de mecanismos hipotalâmicos que controlam a sede, do hormônio antidiurético (ADH, do inglês *antidiuretic hormone*), da retenção ou excreção da água pelos rins e da perda por evaporação. O diabetes insípido nefrogênico, que envolve a incapacidade de concentrar a urina ou se ajustar a alterações sutis na osmolaridade do líquido extracelular, resulta da falta de responsividade dos osmorreceptores tubulares renais ao ADH.

A água apresenta ligeira propensão para se dissociar em íons hidróxido e prótons. A concentração dos prótons, ou **acidez**, das soluções aquosas geralmente é descrita com o uso da escala logarítmica do pH. O bicarbonato e outros tampões normalmente mantêm o pH do líquido extracelular entre 7,35 e 7,45. A suspeita de distúrbios do equilíbrio ácido-base é verificada pela medição do pH do sangue arterial e do conteúdo de dióxido de carbono (CO_2) do sangue venoso. As causas de acidose (pH sanguíneo < 7,35) incluem a cetose diabética e a acidose láctica. A alcalose (pH > 7,45) pode suceder ao vômito do conteúdo gástrico ácido.

A ÁGUA É UM SOLVENTE BIOLÓGICO IDEAL

As moléculas de água formam dipolos

Uma molécula de água é um tetraedro irregular, ligeiramente torcido, com o oxigênio em seu centro (**Figura 2-1**). Os dois hidrogênios e os elétrons não compartilhados dos dois orbitais sp^3-hibridizados remanescentes ocupam os cantos do tetraedro. O ângulo de 105° entre os dois átomos de hidrogênio difere levemente do ângulo tetraédrico ideal de 109,5°. A amônia também é tetraédrica, com um ângulo de 107° entre seus três hidrogênios. O átomo de oxigênio fortemente eletronegativo de uma molécula de água atrai os elétrons para longe dos núcleos de hidrogênio, deixando-os com uma carga parcial positiva, ao passo que seus dois pares de elétrons não compartilhados constituem uma região de carga local negativa.

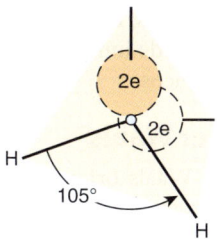

FIGURA 2-1 A molécula de água apresenta geometria tetraédrica.

Uma molécula com carga elétrica distribuída de maneira assimétrica ao redor de sua estrutura é referida como um **dipolo**. O dipolo forte da água é responsável por sua elevada **constante dielétrica**. Conforme descrito quantitativamente pela lei de Coulomb, a força de interação F entre partículas com cargas opostas é inversamente proporcional à constante dielétrica ε do meio circundante. A constante dielétrica no vácuo é essencialmente 1; para o hexano é 1,9; para o etanol, 24,3; e para a água a 25°C é 78,5. Portanto, a água diminui muito a força de atração entre espécies polares e com carga em relação aos ambientes sem água com constantes dielétricas menores. Seu dipolo forte e a constante dielétrica alta possibilitam que ela dissolva grandes quantidades de compostos carregados, como os sais.

As moléculas de água formam ligações de hidrogênio

Um núcleo de hidrogênio parcialmente desprotegido, ligado covalentemente a um átomo de oxigênio ou de nitrogênio captador de elétron, pode interagir com um par de elétrons não compartilhado em outro átomo de oxigênio ou nitrogênio para formar uma **ligação de hidrogênio**. Como as moléculas de água contêm essas duas características, a ligação de hidrogênio favorece a autoassociação das moléculas de água em arranjos ordenados (**Figura 2-2**). A ligação de hidrogênio influencia profundamente as propriedades físicas da água e contribui para sua viscosidade, tensão superficial e ponto de ebulição relativamente altos. Em média, cada molécula em água líquida associa-se por meio de ligações de hidrogênio a outras 3,5 moléculas. Essas ligações são relativamente fracas e transitórias, com tempo de meia-vida de alguns picossegundos. A ruptura de uma ligação de hidrogênio em água líquida requer apenas cerca de 4,5 kcal/mol, menos de 5% da energia necessária para romper uma ligação O—H covalente.

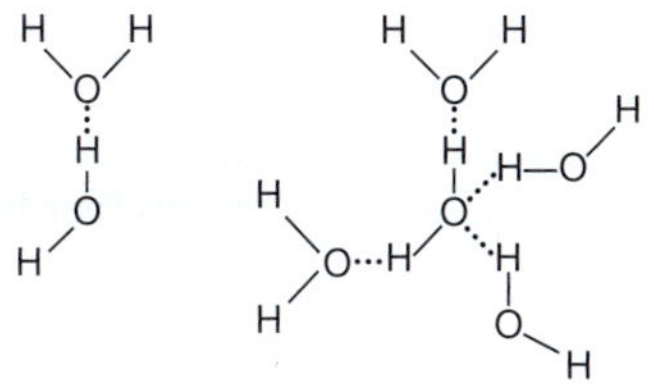

FIGURA 2-2 Associação de moléculas de água por meio de ligações de hidrogênio. Associação de duas moléculas de água (**à esquerda**) e agrupamento de quatro moléculas de água ligadas por ligações de hidrogênio (**à direita**). Observe que a água pode servir simultaneamente como doador e aceptor de hidrogênio.

As ligações de hidrogênio possibilitam que a água dissolva muitas biomoléculas orgânicas que contêm grupamentos funcionais que podem participar das ligações de hidrogênio. Os átomos de oxigênio de aldeídos, cetonas e amidas, por exemplo, fornecem pares solitários de elétrons que podem servir como aceptores de hidrogênio. Álcoois, ácidos carboxílicos e aminas podem servir tanto como aceptores de hidrogênio quanto como doadores de átomos de hidrogênio desprotegidos para a formação de ligações de hidrogênio (**Figura 2-3**).

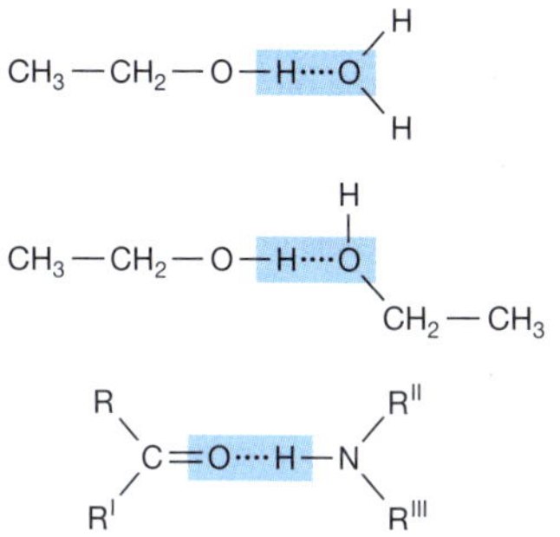

FIGURA 2-3 Grupamentos polares adicionais fazem parte da ligação de hidrogênio. São mostradas as ligações de hidrogênio formadas entre álcool e água, entre duas moléculas de etanol e entre o oxigênio da carbonila de um peptídeo e o hidrogênio do nitrogênio do peptídeo de um aminoácido adjacente.

A INTERAÇÃO COM A ÁGUA INFLUENCIA A ESTRUTURA DE BIOMOLÉCULAS

Ligações covalentes e não covalentes estabilizam as moléculas biológicas

A ligação covalente é a ligação mais forte que mantém as moléculas unidas (**Tabela 2-1**). As forças não covalentes, embora de menor magnitude, fazem contribuições significativas para a estrutura, a estabilidade e a competência funcional das macromoléculas nas células vivas. Essas forças, que podem ser de atração ou de repulsão, envolvem interações tanto dentro da biomolécula quanto entre ela e a água que forma o principal componente do ambiente adjacente.

TABELA 2-1 Energias de ligação para átomos de significado biológico

Tipo de ligação	Energia (kcal/mol)	Tipo de ligação	Energia (kcal/mol)
O—O	34	O=O	96
S—S	51	C—H	99
C—N	70	C=S	108
S—H	81	O—H	110
C—C	82	C=C	147
C—O	84	C=N	147
N—H	94	C=O	164

As biomoléculas dobram-se para posicionar os grupamentos polares e carregados em suas superfícies

A maioria das biomoléculas é **anfipática**; isto é, possui regiões ricas em grupamentos funcionais carregados ou polares, assim como regiões com caráter hidrofóbico. As proteínas tendem a se dobrar com os grupamentos R dos aminoácidos com cadeias laterais hidrofóbicas no interior. Os aminoácidos carregados ou as cadeias laterais de aminoácidos polares (p. ex., arginina, glutamato, serina; ver Tabela 3-1) geralmente estão presentes na superfície em contato com a água. Um perfil similar prevalece em uma bicamada fosfolipídica em que os "grupos-cabeça" carregados de fosfatidilserina ou fosfatidiletanolamina entram em contato com a água, ao passo que as suas cadeias laterais de ácido graxo hidrofóbicas se agregam, excluindo a água (ver Figura 40-5). Esse padrão maximiza as oportunidades para a formação de interações energeticamente favoráveis carga-dipolo, dipolo-dipolo e ligações de hidrogênio entre os grupamentos polares na biomolécula e na água. Ele também minimiza os contatos energeticamente desfavoráveis entre a água e os grupamentos hidrofóbicos.

Interações hidrofóbicas

A interação hidrofóbica refere-se à tendência dos compostos apolares a se autoassociar em um ambiente aquoso. Essa autoassociação não é impulsionada por atração mútua, nem pelo que é por vezes referido de maneira incorreta como "ligações hidrofóbicas". A autoassociação minimiza a ruptura de interações energeticamente favoráveis entre moléculas de água adjacentes.

Embora os hidrogênios de grupamentos apolares, como os grupamentos metileno dos hidrocarbonetos, não formem ligações de hidrogênio, eles realmente afetam a estrutura da água que os circunda. As moléculas de água adjacentes a um grupamento hidrofóbico apresentam um número restrito de orientações (graus de liberdade) que permitem que elas participem do número máximo de ligações de hidrogênio energeticamente favoráveis. A formação máxima de múltiplas ligações de hidrogênio, o que maximiza a entalpia, pode ser mantida apenas ao aumentar a ordem das moléculas de água adjacentes, com diminuição concomitante na entropia.

A segunda lei da termodinâmica diz que a energia livre ótima de uma mistura entre hidrocarboneto e água é função tanto da entalpia máxima (a partir das ligações de hidrogênio) quanto da entropia mais elevada (graus máximos de liberdade). Desse modo, as moléculas apolares tendem a formar gotículas que minimizam a área de superfície exposta e reduzem o número de moléculas de água, cuja liberdade de movimento se torna restrita. De modo similar, no ambiente aquoso da célula viva, as porções hidrofóbicas dos biopolímeros tendem a ficar dentro da estrutura da molécula ou dentro de uma bicamada lipídica, minimizando o contato com a água.

Interações eletrostáticas

As interações entre grupamentos carregados ajudam a modelar a estrutura biomolecular. As interações eletrostáticas entre grupamentos carregados com cargas opostas dentro ou entre biomoléculas são denominadas **pontes salinas**. As pontes salinas são comparáveis em força às ligações de hidrogênio, mas agem em distâncias maiores. Por conseguinte, elas frequentemente facilitam a ligação de íons e moléculas carregadas com proteínas e ácidos nucleicos.

Forças de van der Waals

As forças de van der Waals originam-se das atrações entre dipolos transitórios produzidos pelo movimento rápido dos elétrons de todos os átomos neutros. Muito mais fracas que as ligações de hidrogênio, porém muito numerosas, as forças de van der Waals diminuem como a sexta potência da distância separando os átomos (**Figura 2-4**). Assim, elas atuam em distâncias muito curtas, geralmente de 2 a 4 Å.

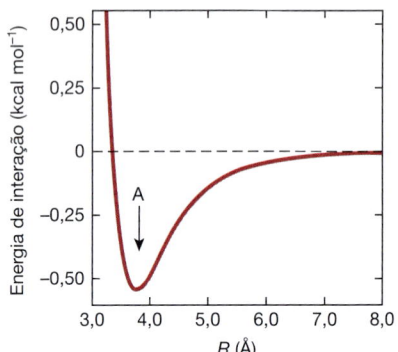

FIGURA 2-4 **A força das interações de van der Waals varia com a distância, *R*, entre espécies interatuantes.** A força da interação entre as espécies aumenta com a diminuição da distância entre elas, até que estejam separadas pela distância de contato de van der Waals (ver a seta marcada com A). A repulsão decorrente da interação entre os elétrons de cada átomo ou molécula acontece em seguida. Enquanto interações de van der Waals são extremamente fracas, seu efeito cumulativo é, no entanto, substancial para macromoléculas, como o DNA e as proteínas, que têm muitos átomos em contato próximo.

As múltiplas forças estabilizam as biomoléculas

A dupla-hélice do DNA ilustra a contribuição das múltiplas forças para a estrutura das biomoléculas. Embora cada fita individual do DNA seja mantida unida por ligações covalentes, as duas fitas da hélice são mantidas juntas exclusivamente por interações não covalentes, como as ligações de hidrogênio entre as bases nucleotídicas (pareamento de bases de Watson-Crick) e as interações de van der Waals entre as bases purínicas e pirimidínicas empilhadas. A dupla-hélice apresenta grupamentos fosfato carregados e grupamentos hidroxila polares dos açúcares ribose da estrutura do DNA voltados para a água, enquanto desloca para seu interior as bases nucleotídicas relativamente hidrofóbicas. A estrutura alongada maximiza a distância entre os fosfatos com carga negativa, minimizando as interações eletrostáticas desfavoráveis (ver Figura 34-2).

A ÁGUA É UM EXCELENTE NUCLEÓFILO

As reações metabólicas frequentemente envolvem o ataque por pares isolados de elétrons que residem em moléculas ricas em elétrons, denominadas **nucleófilos**, sobre átomos deficientes em elétrons, denominados **eletrófilos**. Os nucleófilos e os eletrófilos não têm necessariamente uma carga formal negativa ou positiva. A água, cujos dois pares isolados de elétrons sp^3 carregam uma carga negativa parcial (ver Figura 2-1), é um nucleófilo excelente. Outros nucleófilos de importância biológica incluem os átomos de oxigênio dos fosfatos, dos álcoois e dos ácidos carboxílicos; o enxofre dos tióis; o nitrogênio das amidas; e o anel imidazólico da histidina. Os eletrófilos comuns incluem os carbonos carbonila em amidas, ésteres, aldeídos e cetonas e os átomos de fósforo dos fosfoésteres.

O ataque nucleofílico pela água resulta, normalmente, na clivagem das ligações de amida, de glicosídeo ou de éster que mantêm unidos os biopolímeros. Esse processo é chamado de **hidrólise**. Em contrapartida, quando as unidades monoméricas são unidas para formar biopolímeros, como as proteínas ou o glicogênio, a água é um produto – por exemplo, durante a formação de uma ligação peptídica entre dois aminoácidos.

Embora a hidrólise seja uma reação favorecida do ponto de vista termodinâmico, as ligações amida e fosfoéster dos polipeptídeos e oligonucleotídeos são estáveis no meio aquoso da célula. Esse comportamento, aparentemente paradoxal, reflete o fato de que a termodinâmica que controla o ponto de equilíbrio de uma reação não determina a *velocidade* em que ela prossegue em direção ao seu ponto de equilíbrio. Na célula, os catalisadores proteicos, chamados de **enzimas**, aceleram a velocidade das reações hidrolíticas quando necessário. As **proteases** catalisam a hidrólise de proteínas em seus aminoácidos componentes, ao passo que as **nucleases** catalisam a hidrólise das ligações fosfodiéster em moléculas de ácido desoxirribonucleico (DNA, do inglês *deoxyribonucleic acid*) e ácido ribonucleico (RNA, do inglês *ribonucleic acid*). O controle cuidadoso das atividades dessas enzimas é necessário para assegurar que elas atuem apenas em períodos apropriados.

Muitas reações metabólicas envolvem a transferência do grupamento

Muitas reações enzimáticas responsáveis pela síntese e clivagem de biomoléculas envolvem a transferência de um grupamento químico G de um doador D para um aceptor A, de modo a formar um grupamento aceptor complexo, A—G:

$$D-G + A \rightleftarrows A-G + D$$

A hidrólise e a fosforólise do glicogênio, por exemplo, envolvem a transferência de grupamentos glicosila para a água ou para o ortofosfato. A constante de equilíbrio para a hidrólise de ligações covalentes favorece significativamente a formação de produtos de clivagem. Por outro lado, muitas reações de transferência de grupo responsáveis pela biossíntese de macromoléculas envolvem a formação de ligações covalentes que são termodinamicamente desfavorecidas. As enzimas catalisadoras desempenham um papel primordial na superação dessas barreiras, em virtude de sua capacidade de unir diretamente duas reações normalmente distintas. Ao acoplar uma reação de transferência de grupamento energeticamente desfavorável a uma reação termodinamicamente favorável, como a hidrólise do trifosfato de adenosina (ATP, do inglês *adenosine triphosphate*), uma nova reação acoplada pode ser gerada, cuja variação líquida *global* na energia livre favorece a síntese do biopolímero.

Diante do caráter nucleofílico da água e da sua alta concentração nas células, por que os biopolímeros, como as proteínas e o DNA, são relativamente estáveis? E como a síntese de biopolímeros pode ocorrer em um ambiente aquoso que favorece a hidrólise? No centro dessas questões estão as propriedades das enzimas. Na ausência de catalisadores enzimáticos, nem mesmo as reações que são altamente favorecidas do ponto de vista termodinâmico ocorrem necessariamente de maneira rápida. O controle preciso e diferencial da atividade enzimática e o sequestro de enzimas em organelas específicas determinam as circunstâncias fisiológicas em que um determinado biopolímero será sintetizado ou degradado. A habilidade do sítio ativo de uma enzima em sequestrar substratos em um ambiente em que a água pode ser excluída facilita a síntese de biopolímeros.

As moléculas de água exibem uma tendência discreta, porém importante, à dissociação

A capacidade da água de ionizar, embora discreta, é de importância fundamental para a vida. Uma vez que a água pode atuar tanto como ácido quanto como base, a sua ionização pode ser representada como uma transferência de próton intermolecular que forma um íon hidrônio (H_3O^+) e um íon hidróxido (OH^-):

$$H_2O + H_2O \rightleftarrows H_3O + OH^-$$

O próton transferido está associado, na verdade, a um agrupamento de moléculas de água. Os prótons existem em solução não somente como H_3O^+, mas também como multímeros, como $H_5O_2^+$ e $H_7O_3^+$. Apesar disso, o próton é rotineiramente representado como H^+, ainda que esteja, na verdade, altamente hidratado.

Como os íons hidrônio e hidróxido se recombinam continuamente para formar moléculas de água, não se pode dizer que um hidrogênio ou um oxigênio *individual* está presente como um íon ou como parte de uma molécula de água. Em um instante, ele é um íon; um instante depois, ele é parte de uma molécula de água. Portanto, íons ou moléculas individuais não são considerados. Em vez disso, refere-se à *probabilidade* de, em um instante qualquer no tempo, um determinado hidrogênio estar presente como um íon ou como parte de uma molécula de água. Como 1 g de água contém $3,46 \times 10^{22}$ moléculas, a ionização da água pode ser descrita por meios estatísticos. Dizer que a probabilidade de um hidrogênio estar na forma de íon é de 0,01 significa que, em determinado momento no tempo, um átomo de hidrogênio apresenta 1 chance em 100 de ser um íon, e 99 chances em 100 de ser parte de uma molécula de água. A probabilidade real de um átomo de hidrogênio em água pura existir como um íon hidrogênio é de aproximadamente $1,8 \times 10^{-9}$. Então, a probabilidade de ele ser parte de uma molécula de água é quase 100%. Dito de outra maneira, para cada íon hidrogênio ou íon hidróxido em água pura, existe 0,56 bilhão ou $0,56 \times 10^9$ moléculas de água. Entretanto, os íons hidrogênio e os íons hidróxido contribuem significativamente para as propriedades da água.

Para a dissociação da água,

$$K = \frac{[H^+][OH^-]}{[H_2O]}$$

em que os colchetes representam as concentrações molares (falando de forma estrita, as atividades molares) e K é a **constante de dissociação**. Como 1 mol de água pesa 18 g, 1 litro (L) (1.000 g) de água contém 1.000/18 = 55,56 mols. Dessa maneira, a concentração de água pura é 55,56 molares. Uma vez que a probabilidade de um hidrogênio na água pura existir como íon hidrogênio é de $1,8 \times 10^{-9}$, a concentração molar de íons H^+ (ou de íons OH^-) na água pura é o produto da probabilidade, $1,8 \times 10^{-9}$, vezes a concentração molar da água, 55,56 mol/L. O resultado é $1,0 \times 10^{-7}$ mol/L.

Agora, é possível calcular a constante de dissociação K da água pura:

$$K = \frac{[H^+][OH^-]}{[H_2O]} = \frac{[10^{-7}][10^{-7}]}{[55,56]}$$
$$= 0,018 \times 10^{-14} = 1,8 \times 10^{-16} \text{ mol/L}$$

A concentração molar da água, 55,56 mol/L, é muito grande para ser afetada de forma significativa pela dissociação. Portanto, considera-se que ela é essencialmente constante. Essa constante pode, por conseguinte, ser incorporada à constante de dissociação K para fornecer uma nova constante K_w útil, denominada **produto iônico** da água. A relação entre K_w e K é mostrada a seguir:

$$K = \frac{[H^+][OH^-]}{[H_2O]} = 1,8 \times 10^{-16} \text{ mol/L}$$
$$K_w = (K)[H_2O] = [H^+][OH^-]$$
$$= (1,8 \times 10^{-16} \text{ mol/L})(55,56 \text{ mol/L})$$
$$= 1,00 \times 10^{-14} (\text{mol/L})^2$$

Observe que as dimensões de K são mols por litro, e as de K_w são mols^2 por litro^2. Como o nome sugere, o produto iônico K_w é numericamente igual ao produto das concentrações molares de H^+ e OH^-:

$$K_w = [H^+][OH^-]$$

A 25°C, $K_w = (10^{-7})^2$, ou 10^{-14} (mol/L)^2. Em temperaturas abaixo de 25°C, K_w é um pouco inferior a 10^{-14}, sendo que, em temperaturas acima de 25°C, é um pouco superior a 10^{-14}. Dentro das limitações estabelecidas de temperatura, K_w é igual a 10^{-14} (mol/L)^2 para todas as soluções aquosas, inclusive soluções de ácidos ou bases. Utiliza-se K_w para calcular o pH de soluções ácidas e básicas.

O pH É O LOGARITMO NEGATIVO DA CONCENTRAÇÃO DE ÍONS HIDROGÊNIO

O termo **pH** foi introduzido, em 1909, por Sörensen, que definiu o pH como o logaritmo negativo da concentração do íon hidrogênio:

$$pH = -\log[H^+]$$

Essa definição, embora não rigorosa, é suficiente para muitos propósitos bioquímicos. Para calcular o pH de uma solução:

1. Calcular a concentração do íon hidrogênio $[H^+]$.
2. Calcular o logaritmo com base 10 de $[H^+]$.
3. O pH é o negativo do valor encontrado na etapa 2.

Por exemplo, para a água pura a 25°C,

$$pH = -\log[H^+] = -\log 10^{-7} = -(-7) = 7,0$$

Esse valor também é conhecido como *power* (em inglês), *puissant* (em francês) ou *potennz* (em alemão) do expoente – daí o uso do termo "p".

Os valores de pH baixos correspondem a altas concentrações de H^+, e os valores de pH altos correspondem a concentrações baixas de H^+.

Os ácidos são **doadores de prótons**, e as bases são **aceptores de prótons**. Os **ácidos fortes** (p. ex., HCl, H_2SO_4) dissociam-se totalmente em ânions e prótons, inclusive em soluções fortemente ácidas (pH baixo). Os **ácidos fracos** dissociam-se apenas de modo parcial nas soluções ácidas. De modo similar, as **bases fortes** (p. ex., KOH, NaOH), mas não as **bases fracas** como $Ca(OH)_2$, são completamente dissociadas até mesmo em pH alto. Muitas substâncias bioquímicas são ácidos fracos. As exceções incluem os intermediários fosforilados, cujo grupamento fosforil contém dois prótons dissociáveis, dos quais o primeiro é fortemente ácido.

Os exemplos a seguir ilustram como calcular o pH de soluções ácidas e básicas.

Exemplo 1: Qual é o pH de uma solução cuja concentração de íon hidrogênio é de $3,2 \times 10^{-4}$ mol/L?

$$pH = -\log[H^+]$$
$$= -\log(3,2 \times 10^{-4})$$
$$= -\log(3,2) - \log(10^{-4})$$
$$= -0,5 + 4,0$$
$$= 3,5$$

Exemplo 2: Qual é o pH de uma solução cuja concentração de íon hidróxido é de $4,0 \times 10^{-4}$ mol/L? Primeiramente, define-se uma quantidade de **pOH** que é igual a $-\log[OH^-]$ e que pode ser derivada da definição de K_w:

$$K_w = [H^+][OH^-] = 10^{-14}$$

Portanto,

$$\log[H^+] + \log[OH^-] = \log 10^{-14}$$

ou

$$pH + pOH = 14$$

Solucionando o problema por esta abordagem:

$$[OH^-] = 4,0 \times 10^{-4}$$
$$pOH = -\log[OH^-]$$
$$= -\log(4,0 \times 10^{-4})$$
$$= -\log(4,0) - \log(10^{-4})$$
$$= -0,60 + 4,0$$
$$= 3,4$$

Agora

$$pH = 14 - pOH = 14 - 3,4$$
$$= 10,6$$

Os exemplos anteriores ilustram como a escala logarítmica de pH facilita o registro e a comparação das concentrações de íon hidrogênio que diferem por ordens de magnitude entre si, isto é, 0,00032 M (pH 3,5) e 0,000000000025 M (pH 10,6).

Exemplo 3: Quais são os valores de pH de (a) $2,0 \times 10^{-2}$ mol/L de KOH e de (b) $2,0 \times 10^{-6}$ mol/L de KOH? O OH^- origina-se de duas fontes, KOH e água. Como o pH é determinado por $[H^+]$ total (e o pOH, por $[OH^-]$ total), ambas as fontes devem ser consideradas. No primeiro caso (a), a contribuição da água para [OH⁻] total é desprezível. Todavia, isso não se aplica ao segundo caso (b):

	Concentração (mol/L)	
	(a)	(b)
Molaridade da KOH	$2{,}0 \times 10^{-2}$	$2{,}0 \times 10^{-6}$
[OH⁻] de KOH	$2{,}0 \times 10^{-2}$	$2{,}0 \times 10^{-6}$
[OH⁻] da água	$1{,}0 \times 10^{-7}$	$1{,}0 \times 10^{-7}$
Total [OH⁻]	$2{,}00001 \times 10^{-2}$	$2{,}1 \times 10^{-6}$

Uma vez alcançada uma decisão sobre o significado da contribuição da água, o pH pode ser calculado conforme mostrado anteriormente.

Os exemplos anteriores supõem que a base forte KOH está totalmente dissociada na solução e que a concentração dos íons OH⁻ era, dessa maneira, igual à concentração decorrente do KOH mais aquela presente inicialmente na água. Essa suposição é válida para soluções diluídas de ácidos ou bases fortes, mas não para ácidos ou bases fracas. Como os eletrólitos fracos se dissociam apenas discretamente em solução, deve-se utilizar a **constante de dissociação** para calcular a concentração de [H⁺] (ou [OH⁻]) produzida por uma determinada molaridade de um ácido (ou base) fraco antes de calcular [H⁺] total (ou [OH⁻] total) e, subsequentemente, o pH.

Os grupamentos funcionais que são ácidos fracos apresentam grande significado fisiológico

Muitas substâncias bioquímicas possuem grupamentos funcionais que são ácidos ou bases fracas. Os grupamentos carboxila, os grupamentos amino e os ésteres de fosfato, cuja segunda dissociação cai dentro da faixa fisiológica, estão presentes nas proteínas e nos ácidos nucleicos, na maioria das coenzimas e na maioria dos metabólitos intermediários. O conhecimento da dissociação de ácidos e bases fracas é, dessa forma, fundamental para a compreensão da influência do pH intracelular sobre a estrutura e a atividade biológica. As separações baseadas na carga das moléculas, como a eletroforese e a cromatografia de troca iônica, também são mais bem compreendidas em termos do comportamento de dissociação dos grupamentos funcionais.

O **ácido** é chamado de espécie protonada (p. ex., HA ou R—NH₃⁺), e sua **base conjugada**, de espécie não protonada (p. ex., A⁻ ou R—NH₂). De modo similar, pode-se referir a uma **base** (p. ex., A⁻ ou R—NH₂) e seu **ácido conjugado** (p. ex., HA ou R—NH₃⁺).

As forças relativas dos ácidos e bases fracas são expressas em termos de suas constantes de dissociação. A seguir, são mostradas as expressões da constante de dissociação (K_a) para dois ácidos fracos representativos, R—COOH e R—NH₃⁺.

$$R—COOH \rightleftarrows R—COO^- + H^+$$

$$K_a = \frac{[R—COO^-][H^+]}{[R—COOH]}$$

$$R—NH_3^+ \rightleftarrows R—NH_2 + H^+$$

$$K_a = \frac{[R—NH_2][H^+]}{[R—NH_3^+]}$$

Como os valores numéricos da K_a para os ácidos fracos são números exponenciais negativos, K_a é expressa como pK_a, em que

$$pK_a = -\log K_a$$

Observe que pK_a está relacionado com K_a, assim como o pH está com [H⁺]. Quanto mais forte for o ácido, mais baixo é o valor de seu pK_a.

Os ácidos fracos representativos (à esquerda), suas bases conjugadas (centro) e os valores do pK_a (à direita) incluem:

R—CH₂—COOH	R—CH₂COO⁻	pK_a = 4–5
R—CH₂—NH₃⁺	R—CH₂—NH₂	pK_a = 9–10
H₂CO₃	HCO₃⁻	pK_a = 6,4
H₂PO₄⁻	HPO₄⁻²	pK_a = 7,2

O pK_a é usado para expressar as forças relativas de ácidos e bases. Para qualquer ácido fraco, seu conjugado é uma base forte. De modo similar, o conjugado de uma base forte é um ácido fraco. **As forças relativas das bases são expressas em termos de pK_a de seus ácidos conjugados**. Para compostos polipróticos contendo mais de um próton dissociável, um expoente numérico é atribuído a cada dissociação, numerado a partir da unidade em ordem decrescente de acidez relativa. Para uma dissociação do tipo

$$R—NH_3^+ \rightarrow R—NH_2 + H^+$$

o pK_a é o pH em que a concentração do ácido R—NH₃⁺ é igual àquela da base R—NH₂.

A partir das equações anteriores que relacionam K_a a [H⁺] e às concentrações do ácido não dissociado e de sua base conjugada, quando

$$[R—COO^-] = [R—COOH]$$

ou quando

$$[R—NH_2] = [R—NH_3^+]$$

então

$$K_a = [H^+]$$

Assim, quando as espécies associadas (protonadas) e dissociadas (base conjugada) estão presentes em concentrações iguais, a concentração de íon hidrogênio [H⁺] que prevalece é numericamente igual à constante de dissociação, K_a. Se forem considerados os logaritmos de ambos os lados da equação anterior, e ambos os lados multiplicados por –1, as expressões seriam:

$$K_a = [H^+]$$
$$-\log K_a = -\log[H^+]$$

Como $-\log K_a$ é definido como pK_a, e $-\log[H^+]$ define o pH, a equação pode ser reescrita como:

$$pK_a = pH$$

isto é, **o pK_a de um grupo ácido é o pH em que as espécies protonadas e não protonadas estão presentes em concentrações**

iguais. O pK_a de um ácido pode ser determinado com o acréscimo de 0,5 equivalente de álcali por equivalente de ácido. O pH resultante será igual ao pK_a do ácido.

A equação de Henderson-Hasselbalch descreve o comportamento de ácidos fracos e tampões

A equação de Henderson-Hasselbalch está derivada a seguir.
Um ácido fraco, HA, ioniza da seguinte maneira:

$$HA \rightleftarrows H^+ + A^-$$

A constante de equilíbrio para essa dissociação é

$$K_a = \frac{[H^+][A^-]}{[HA]}$$

A multiplicação cruzada fornece

$$[H^+][A^-] = K_a[HA]$$

Dividem-se ambos os lados por [A$^-$]:

$$[H^+] = K_a \frac{[HA]}{[A^-]}$$

Obtém-se o log de ambos os lados:

$$\log[H^+] = \log\left(K_a \frac{[HA]}{[A^-]}\right)$$

$$= \log K_a + \log \frac{[HA]}{[A^-]}$$

Multiplica-se por –1:

$$-\log[H^+] = -\log K_a - \log \frac{[HA]}{[A^-]}$$

Substitui-se o pH e o pK_a por –log[H$^+$] e –log K_a respectivamente; então

$$pH = pK_a - \log \frac{[HA]}{[A^-]}$$

A inversão do último termo remove o sinal negativo e origina a **equação de Henderson-Hasselbalch**

$$\mathbf{pH = pK_a + \log \frac{[A^-]}{[HA]}}$$

A equação de Henderson-Hasselbalch tem grande valor preditivo nos equilíbrios protônicos. Por exemplo,

1. Quando um ácido é neutralizado exatamente pela metade, [A$^-$] = [HA]. Sob essas condições,

$$pH = pK_a + \log \frac{[A^-]}{[HA]} = pK_a + \log\left(\frac{1}{1}\right) = pK_a + 0$$

Portanto, na neutralização pela metade, pH = pK_a.

2. Quando a proporção [A$^-$]/[HA] = 100:1,

$$pH = pK_a + \log \frac{[A^-]}{[HA]}$$

$$pH = pK_a + \log(100/1) = pK_a + 2$$

3. Quando a proporção [A$^-$]/[HA] = 1:10,

$$pH = pK_a + \log(1/10) = pK_a + (-1)$$

Quando a equação for avaliada nas proporções de [A$^-$]/[HA] variando de 10^3 a 10^{-3} e os valores do pH calculados forem plotados, o gráfico resultante descreverá a curva de titulação para um ácido fraco (**Figura 2-5**).

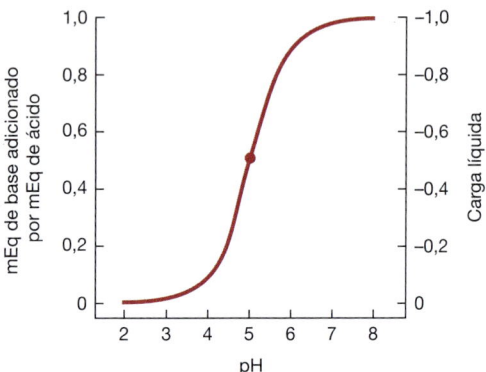

FIGURA 2-5 Curva de titulação para um ácido do tipo HA. O ponto no centro da curva indica o pK_a, 5,0.

Soluções de ácidos fracos e seus sais tamponam as alterações no pH

As soluções de bases ou ácidos fracos e seus conjugados apresentam capacidade de **tamponamento**, que é a capacidade de resistir a uma alteração no pH após a adição de base ou ácido forte. Muitas reações metabólicas são acompanhadas pela liberação ou captação de prótons. O metabolismo oxidativo produz CO$_2$, o anidrido do ácido carbônico, que, se não fosse tamponado, produziria acidose grave. A manutenção biológica de um pH constante envolve o tamponamento por fosfato, bicarbonato e proteínas, que aceitam ou liberam prótons para evitar uma mudança no pH. Para experimentos laboratoriais usando extratos de tecidos ou enzimas, o pH constante é mantido pela adição de tampões, como MES ([2-N-morfolino] ácido etanossulfônico, pK_a 6,1), ortofosfato inorgânico (pK_{a2} 7,2), HEPES (ácido N-hidroxietilpiperazina-N'-2-etanossulfônico, pK_a 6,8), ou Tris (tris[hidroximetil]aminometano, pK_a 8,3). O valor de pK_a relativo ao pH desejado é o principal determinante de qual tampão será selecionado.

O tamponamento pode ser observado ao se utilizar um medidor de pH durante a titulação de uma base ou ácido fraco (Figura 2-5). Também é possível calcular a variação do pH que acompanha a adição de ácido ou base a uma solução tamponada. No exemplo a seguir, a solução tamponada (um ácido fraco, pK_a = 5,0, e sua base conjugada) está, inicialmente, em um dos quatro valores de pH. Será calculada a variação do pH resultante quando 0,1 mEq de KOH é adicionado a 1 mEq de cada solução:

pH inicial	5,00	5,37	5,60	5,86
[A⁻]$_{inicial}$	0,50	0,70	0,80	0,88
[HA]$_{inicial}$	0,50	0,30	0,20	0,12
([A⁻]/[HA])$_{inicial}$	1,00	2,33	4,00	7,33
A adição de 0,1 mEq de KOH produz				
[A⁻]$_{final}$	0,60	0,80	0,90	0,98
[HA]$_{final}$	0,40	0,20	0,10	0,02
([A⁻]/[HA])$_{final}$	1,50	4,00	9,00	49,0
log([A⁻]/[HA])$_{final}$	0,18	0,60	0,95	1,69
pH final	5,18	5,60	5,95	6,69
ΔpH	**0,18**	**0,60**	**0,95**	**1,69**

Observe que a ΔpH, que é a variação do pH por miliequivalente do OH⁻ adicionado, depende do pH inicial. A solução resiste a alterações no pH de modo mais efetivo em valores de pH próximos do pK_a. **Uma solução de um ácido fraco e sua base conjugada tamponam, de maneira mais efetiva, o pH na faixa de pK_a ± 1,0 unidade de pH.**

A Figura 2-5 também ilustra como a carga líquida de uma molécula de ácido varia com o pH. Uma carga fracionada de –0,5 não significa que uma molécula individual comporte uma carga fracionada, mas sim, que a *probabilidade* é de 0,5 de que uma determinada molécula tenha uma unidade de carga negativa em um dado momento no tempo. A consideração da carga líquida de macromoléculas como uma função do pH fornece o princípio de técnicas de separação, como cromatografia de troca iônica e eletroforese (ver Capítulo 4).

A força do ácido depende da estrutura molecular

Muitos ácidos de interesse biológico possuem mais de um grupamento dissociável. A presença de uma carga negativa local dificulta a liberação de prótons de grupos ácidos próximos, aumentando seu pK_a. Isso está ilustrado pelos valores de pK_a dos três grupos dissociáveis do ácido fosfórico e do ácido cítrico (**Tabela 2-2**). O efeito da carga adjacente diminui com a distância. O segundo pK_a para o ácido succínico, que possui dois grupamentos metileno entre seus grupamentos carboxila, é de 5,6, ao passo que o segundo pK_a para o ácido glutárico, que possui um grupamento metileno adicional, é de 5,4.

Os valores de pK_a dependem das propriedades do meio

O pK_a de um grupamento funcional também é profundamente influenciado pelo meio adjacente. O meio pode aumentar ou reduzir o pK_a em relação a seu valor na água, dependendo de se a espécie carregada é o ácido não dissociado ou a sua base conjugada. O efeito da constante dielétrica sobre o pK_a pode ser observado ao adicionar etanol à água. O pK_a de um ácido carboxílico *aumenta*, ao passo que o de uma amina *diminui* porque o etanol reduz a capacidade da água de solvatar uma espécie carregada. Os valores de pK_a dos grupamentos dissociáveis no interior das proteínas são, dessa maneira, profundamente afetados por seu ambiente local, incluindo a presença ou a ausência de água.

TABELA 2-2 Forças relativas de ácidos monopróticos, dipróticos e tripróticos

Ácido láctico	pK = 3,86		
Ácido acético	pK = 4,76		
Íon amônio	pK = 9,25		
Ácido carbônico	pK_1 = 6,37;	pK_2 = 10,25	
Ácido succínico	pK_1 = 4,21;	pK_2 = 5,64	
Ácido glutárico	pK_1 = 4,34;	pK_2 = 5,41	
Ácido fosfórico	pK_1 = 2,15;	pK_2 = 6,82;	pK_3 = 12,38
Ácido cítrico	pK_1 = 3,08;	pK_2 = 4,74;	pK_3 = 5,40

Nota: Os valores tabulados são os valores de pK_a (–log da constante de dissociação).

RESUMO

- A água forma agrupamentos ligados por ligações de hidrogênio com outras moléculas de água e com outros doadores ou aceptores de prótons. As ligações de hidrogênio contribuem para a tensão superficial, a viscosidade, o estado líquido na temperatura ambiente e o poder solvente da água.
- Os compostos que contêm O ou N podem servir como doadores e/ou aceptores de ligações de hidrogênio.
- As forças entrópicas fazem as macromoléculas exporem as regiões polares para a interface aquosa e ocultarem as regiões apolares.
- Pontes salinas, interações hidrofóbicas e forças de van der Waals participam da manutenção da estrutura molecular.
- O pH é o log negativo de [H⁺]. Um pH baixo caracteriza uma solução ácida, e um pH alto denota uma solução básica.
- A força de ácidos fracos é expressa pelo pK_a, o log negativo da constante de dissociação do ácido. Os ácidos fortes apresentam valores de pK_a baixos, e os ácidos fracos possuem valores de pK_a altos.
- Os tampões resistem a uma alteração no pH quando prótons são produzidos ou consumidos. A capacidade máxima de tamponamento ocorre ±1 unidade de pH em ambos os lados do pK_a. Os tampões fisiológicos incluem bicarbonato, ortofosfato e proteínas.

REFERÊNCIAS

Reese KM: Whence came the symbol pH. Chem & Eng News 2004; 82:64.
Segel IM: *Biochemical Calculations*. Wiley, 1968.
Skinner JL: Following the motions of water molecules in aqueous solutions. Science 2010;328:985.
Stillinger FH: Water revisited. Science 1980;209:451.
Suresh SJ, Naik VM: Hydrogen bond thermodynamic properties of water from dielectric constant data. J Chem Phys 2000; 113:9727.
Wiggins PM: Role of water in some biological processes. Microbiol Rev 1990;54:432.

CAPÍTULO 3

Aminoácidos e peptídeos

Peter J. Kennelly, Ph.D. e Victor W. Rodwell, Ph.D.

OBJETIVOS

Após o estudo deste capítulo, você deve ser capaz de:

- Esquematizar as estruturas e escrever as designações de três letras e de uma letra de cada um dos aminoácidos presentes em uma proteína.
- Fornecer exemplos de como cada tipo de grupamento R dos aminoácidos proteicos contribui para suas propriedades químicas.
- Listar funções importantes adicionais dos aminoácidos e explicar como certos aminoácidos presentes em sementes de plantas podem ter grave impacto na saúde humana.
- Nomear os grupamentos ionizáveis dos aminoácidos proteicos e listar seus valores aproximados de pK_a como aminoácidos livres em solução aquosa.
- Calcular o pH de uma solução aquosa não tamponada de um aminoácido polifuncional e a mudança que ocorre no pH após a adição de uma determinada quantidade de ácido ou base forte.
- Definir pI e indicar sua relação com a carga líquida em um eletrólito polifuncional.
- Explicar como o pH, o pK_a e o pI podem ser utilizados para predizer a mobilidade de um polieletrólito, como um aminoácido, em um campo elétrico de corrente direta.
- Descrever a direcionalidade, a nomenclatura e a estrutura primária dos peptídeos.
- Descrever as consequências conformacionais do caráter de dupla ligação parcial da ligação peptídica e identificar as ligações na estrutura peptídica que são livres para girar.

IMPORTÂNCIA BIOMÉDICA

Os L-α-aminoácidos fornecem as unidades monoméricas das longas cadeias polipeptídicas das proteínas. Além disso, esses aminoácidos e seus derivados participam de funções celulares diversas, como a transmissão nervosa e a biossíntese de porfirinas, purinas, pirimidinas e ureia. O sistema neuroendócrino emprega curtos polímeros de aminoácidos, denominados *peptídeos*, como hormônios, fatores liberadores de hormônios, neuromoduladores e neurotransmissores. Os seres humanos e outros animais superiores não são capazes de sintetizar 10 dos L-α-aminoácidos presentes em proteínas em quantidades adequadas para suprir o crescimento infantil ou para manter a saúde nos adultos. Como consequência, a dieta humana deve conter as quantidades adequadas desses aminoácidos *nutricionalmente essenciais*. A cada dia, os rins filtram mais de 50 g de aminoácidos livres do sangue arterial renal. No entanto, em geral, apenas traços de aminoácidos livres aparecem na urina, uma vez que os aminoácidos são quase totalmente reabsorvidos no túbulo proximal, conservando-os para a síntese de proteínas e para outras funções vitais.

Certos microrganismos secretam D-aminoácidos livres ou peptídeos que podem conter tanto D- quanto L-α-aminoácidos. Vários desses peptídeos bacterianos possuem valor terapêutico, incluindo os antibióticos bacitracina e gramicidina A e o agente antitumoral bleomicina. Entretanto, alguns peptídeos microbianos são tóxicos. Os peptídeos microcistina e nodularina das cianobactérias são letais em grandes doses, ao passo que pequenas quantidades promovem a formação de tumores hepáticos. A ingestão de certos aminoácidos presentes em sementes de leguminosas do gênero *Lathyrus* resulta em latirismo, uma trágica doença irreversível em que indivíduos perdem o controle de seus membros. Os aminoácidos das sementes de outras plantas também têm sido implicados em doenças neurodegenerativas em nativos de Guam.

PROPRIEDADES DOS AMINOÁCIDOS

O código genético especifica 20 L-α-aminoácidos

Embora existam mais de 300 aminoácidos na natureza, as proteínas são sintetizadas quase exclusivamente a partir de um grupo de 20 L-α-aminoácidos codificados por trincas (tripletes) de nucleotídeos, chamados de **códons** (ver Tabela 37-1). Enquanto o código genético de três letras poderia potencialmente acomodar mais de 20 aminoácidos, o código genético é *redundante*, já que vários aminoácidos são especificados por múltiplos códons. Com frequência, os cientistas representam as sequências dos peptídeos e das proteínas usando abreviações de uma ou de três letras para cada aminoácido (**Tabela 3-1**). Os grupamentos R dos aminoácidos podem ser caracterizados como hidrofílicos ou hidrofóbicos (**Tabela 3-2**), propriedades que afetam a sua localização em uma conformação enovelada madura da proteína (ver Capítulo 5). Algumas proteínas contêm aminoácidos adicionais, que surgem por modificação **pós-traducional** de um aminoácido já presente em um peptídeo. Os exemplos incluem a conversão da peptidil-prolina e da peptidil-lisina em 4-hidroxiprolina e 5-hidroxilisina; a conversão do peptidil-glutamato em γ-carboxiglutamato; e a metilação, a formilação, a acetilação, a prenilação e a fosforilação de determinados resíduos aminoacil. Essas modificações estendem significativamente a diversidade biológica das proteínas por alterar a sua solubilidade, estabilidade, atividade catalítica e interações com outras proteínas.

Selenocisteína, o 21º L-α-aminoácido proteico

A selenocisteína (**Figura 3-1**) é um L-α-aminoácido encontrado nas proteínas de todos os domínios da vida. Os seres humanos contêm aproximadamente duas dúzias de selenoproteínas, que incluem determinadas peroxidases e redutases, a selenoproteína P, que circula no plasma, e as iodotironina-deiodinases, que são responsáveis pela conversão do pró-hormônio tiroxina (T_4) no hormônio tireoidiano 3,3′5-tri-iodotironina (T_3) (ver Capítulo 41). A peptidil-selenocisteína não é o produto de uma modificação pós-traducional, porém é inserida diretamente em uma cadeia polipeptídica em crescimento

TABELA 3-1 L-α-Aminoácidos presentes nas proteínas

Nome	Símbolo	Fórmula estrutural	pK_1 α-COOH	pK_2 α-NH_2^+	pK_3 Grupamento R
Com cadeias laterais alifáticas					
Glicina	Gli (G)	H—CH—COO⁻ | NH_3^+	2,4	9,8	
Alanina	Ala (A)	CH_3—CH—COO⁻ | NH_3^+	2,4	9,9	
Valina	Val (V)	H_3C\ CH—CH—COO⁻ H_3C/ | NH_3^+	2,2	9,7	
Leucina	Leu (L)	H_3C\ CH—CH_2—CH—COO⁻ H_3C/ | NH_3^+	2,3	9,7	
Isoleucina	Ile (I)	CH_3 \ CH_2 \ CH—CH—COO⁻ / | CH_3 NH_3^+	2,3	9,8	
Com cadeias laterais contendo grupamentos hidroxílicos (OH)					
Serina	Ser (S)	CH_2—CH—COO⁻ | | OH NH_3^+	2,2	9,2	Cerca de 13

Treonina	Tre (T)	CH_3—CH—CH—COO⁻
		      | |
		      OH NH_3^+
			2,1	9,1	Cerca de 13

Tirosina	Tir (Y)	Ver a seguir.			

(continua)

TABELA 3-1 L-α-Aminoácidos presentes nas proteínas (*Continuação*)

Nome	Símbolo	Fórmula estrutural	pK_1	pK_2	pK_3
Com cadeias laterais contendo átomos de enxofre					
Cisteína	Cis (C)	CH$_2$—CH—COO$^-$ | | SH NH$_3^+$	1,9	10,8	8,3
Metionina	Met (M)	CH$_2$—CH$_2$—CH—COO$^-$ | | S—CH$_3$ NH$_3^+$	2,1	9,3	
Com cadeias laterais contendo grupamentos ácidos ou suas amidas					
Ácido aspártico	Asp (D)	$^-$OOC—CH$_2$—CH—COO$^-$ | NH$_3^+$	2,1	9,9	3,9
Asparagina	Asn (N)	H$_2$N—C—CH$_2$—CH—COO$^-$ || | O NH$_3^+$	2,1	8,8	
Ácido glutâmico	Glu (E)	$^-$OOC—CH$_2$—CH$_2$—CH—COO$^-$ | NH$_3^+$	2,1	9,5	4,1
Glutamina	Gln (Q)	H$_2$N—C—CH$_2$—CH$_2$—CH—COO$^-$ || | O NH$_3^+$	2,2	9,1	
Com cadeias laterais contendo grupamentos básicos					
Arginina	Arg (R)	H—N—CH$_2$—CH$_2$—CH$_2$—CH—COO$^-$ | | C=NH$_2^+$ NH$_3^+$ | NH$_2$	1,8	9,0	12,5
Lisina	Lis (K)	CH$_2$—CH$_2$—CH$_2$—CH$_2$—CH—COO$^-$ | | NH$_3^+$ NH$_3^+$	2,2	9,2	10,8
Histidina	His (H)	[anel imidazol]—CH$_2$—CH—COO$^-$ | NH$_3^+$	1,8	9,3	6,0
Contendo anéis aromáticos					
Histidina	His (H)	Ver anteriormente			
Fenilalanina	Phe (F)	[fenil]—CH$_2$—CH—COO$^-$ | NH$_3^+$	2,2	9,2	
Tirosina	Tir (Y)	HO—[fenil]—CH$_2$—CH—COO$^-$ | NH$_3^+$	2,2	9,1	10,1
Triptofano	Trp (W)	[indol]—CH$_2$—CH—COO$^-$ | NH$_3^+$	2,4	9,4	
Iminoácido					
Prolina	Pro (P)	[anel pirrolidina com $^+$NH$_2$]—COO$^-$	2,0	10,6	

TABELA 3-2 Aminoácidos hidrofílicos e hidrofóbicos

Hidrofílicos	Hidrofóbicos
Arginina	Alanina
Asparagina	Isoleucina
Ácido aspártico	Leucina
Cisteína	Metionina
Ácido glutâmico	Fenilalanina
Glutamina	Prolina
Glicina	Triptofano
Histidina	Tirosina
Lisina	Valina
Serina	
Treonina	

Essa distinção está baseada na tendência de associar ou minimizar o contato com um ambiente aquoso.

durante a *tradução*. Por essa razão, a selenocisteína é frequentemente chamada de "21º aminoácido". No entanto, diferentemente dos outros 20 aminoácidos proteicos, a incorporação da selenocisteína é especificada por um elemento genético grande e complexo para o ácido ribonucleico transportador (tRNA, do inglês *transfer ribonucleic acid*) incomum, denominado tRNA^{Sec}, que utiliza o anticódon UGA que normalmente sinaliza TÉRMINO. No entanto, a maquinaria de síntese proteica pode identificar um códon UGA específico para selenocisteína pela presença de uma estrutura em alça, o elemento de inserção de selenocisteína, na região não traduzida do ácido ribonucleico mensageiro (mRNA, do inglês *messenger ribonucleic acid*) (ver Capítulo 27).

Estereoquímica dos aminoácidos proteicos

Com exceção da glicina, o α-carbono de todos os aminoácidos é quiral. Embora alguns aminoácidos proteicos sejam dextrorrotatórios e alguns sejam levorrotatórios, todos compartilham a configuração absoluta do L-gliceraldeído e, assim, são definidos como L-α-aminoácidos. Embora quase todos os aminoácidos proteicos sejam (*R*), a falta de uso dos termos (*R*) ou (*S*) para expressar a estereoquímica *absoluta* não é mera aberração histórica. A L-cisteína é (*S*), visto que a massa atômica do átomo de enxofre em C3 ultrapassa a do grupamento amino em C2. Mais significativamente em mamíferos, as reações bioquímicas dos L-α-aminoácidos, de seus precursores e de seus catabólitos são catalisadas por enzimas que atuam exclusivamente em L-isômeros, independentemente de suas configurações absolutas.

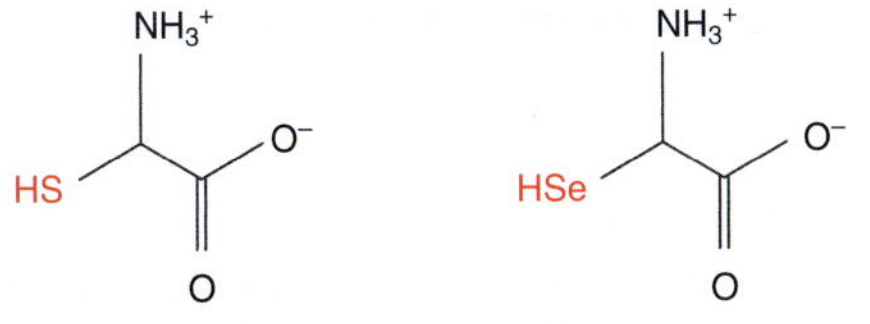

FIGURA 3-1 Cisteína (à esquerda) e selenocisteína (à direita). O pK_3 para o próton selenil da selenocisteína é de 5,2. Como são 3 unidades de pH menor do que o da cisteína, a selenocisteína representa um melhor nucleófilo em pH 7,4 ou menor.

As modificações pós-traducionais conferem propriedades adicionais

Enquanto alguns procariotos incorporam pirrolisina nas proteínas, e as plantas podem incorporar o ácido azetidina-2-carboxílico, um análogo da prolina, um grupo de apenas 21 L-α-aminoácidos é claramente suficiente para a formação da maioria das proteínas. As modificações pós-traducionais podem, no entanto, gerar novos grupamentos R que conferem outras propriedades. No colágeno, os resíduos de prolina e de lisina ligados à proteína são convertidos em 4-hidroxiprolina e 5-hidroxiprolina (**Figura 3-2**). A carboxilação de resíduos glutamil de proteínas da cascata da coagulação sanguínea a resíduos γ-carboxiglutamil (**Figura 3-3**) forma um grupamento quelante de íon cálcio, essencial para a coagulação sanguínea. As cadeias laterais dos aminoácidos das histonas são submetidas a numerosas modificações, incluindo acetilação e metilação de lisina e metilação e desaminação de arginina (ver Capítulos 35 e 37). Atualmente, no laboratório, também é possível introduzir geneticamente muitos aminoácidos não naturais diferentes em proteínas, produzindo proteínas por meio de expressão gênica recombinante com propriedades novas ou amplificadas e proporcionando uma nova maneira de explorar as relações estrutura-função das proteínas.

Aminoácidos extraterrestres foram detectados em meteoritos

Em fevereiro de 2013, a explosão de um meteoro de cerca de 20.000 toneladas no céu de Chelyabinsk, na Sibéria Ocidental, demonstrou drasticamente o seu poder potencial destrutivo. Entretanto, alguns meteoritos, remanescentes de asteroides que atingiram a Terra, contêm traços de vários α-aminoácidos. Entre eles, estão os aminoácidos proteicos Ala, Asp, Glu, Gli, Ile, Leu, Phe, Ser, Tre, Tir e Val, assim como α-aminoácidos não proteicos biologicamente importantes, como a *N*-metilglicina (sarcosina) e a β-alanina.

Os aminoácidos extraterrestres foram relatados pela primeira vez em 1969, após a análise do famoso meteorito Murchison do sudeste da Austrália. A presença de aminoácidos em outros meteoritos, incluindo alguns exemplos primitivos da Antártica, foi amplamente confirmada. Diferentemente dos aminoácidos terrestres, esses meteoritos contêm misturas

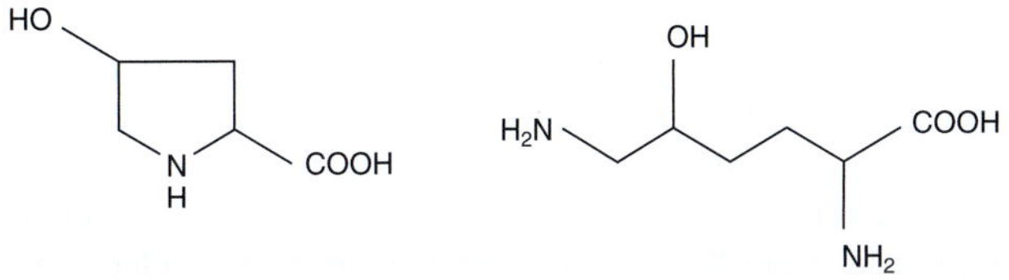

FIGURA 3-2 4-Hidroxiprolina e 5-hidroxilisina.

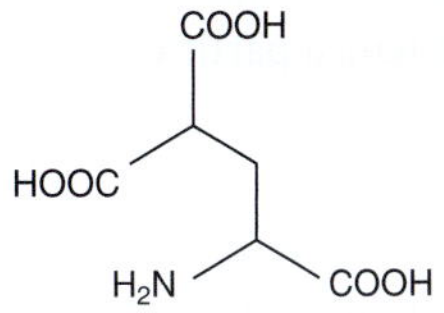

FIGURA 3-3 Ácido γ-carboxiglutâmico.

racêmicas de isômeros D- e L- de aminoácidos de 3 a 5 carbonos, assim como muitos aminoácidos adicionais que não possuem equivalentes terrestres de origem biótica. Foram também detectados nucleobases, fosfatos ativados e moléculas relacionadas aos açúcares em meteoritos. Essas descobertas fornecem esclarecimentos potenciais sobre a química pré-biótica da Terra e impactam a busca de vida extraterrestre. Alguns especulam que os meteoritos podem ter contribuído para a origem da vida em nosso planeta, deixando sobre a Terra moléculas orgânicas de origem extraterrestre.

Os L-α-aminoácidos possuem funções metabólicas adicionais

Os L-α-aminoácidos desempenham funções metabólicas vitais, além de servirem como "blocos de construção" das proteínas. Por exemplo, a tirosina é um precursor do hormônio tireoidiano, e tanto a tirosina quanto a fenilalanina são metabolizadas a epinefrina, norepinefrina e di-hidroxifenilalanina (DOPA). O glutamato é um neurotransmissor e também o precursor do ácido γ-aminobutírico (GABA). A ornitina e a citrulina são intermediários na biossíntese da ureia, enquanto a homocisteína, a homosserina e o glutamato γ-semialdeído são intermediários no metabolismo dos aminoácidos proteicos.

Alguns L-α-aminoácidos de plantas podem causar impacto negativo na saúde humana

O consumo de plantas que contêm determinados aminoácidos não proteicos pode ter impacto adverso na saúde humana. As sementes e os produtos das sementes de três espécies da leguminosa *Lathyrus* têm sido relacionadas com a causa do **neurolatirismo**, uma condição neurológica profunda caracterizada por paralisia espástica progressiva e irreversível das pernas. O latirismo ocorre amplamente durante épocas de fome, quando as sementes de *Lathyrus* representam uma importante contribuição na alimentação. Os L-α-aminoácidos que foram implicados em distúrbios neurológicos humanos, notavelmente o neurolatirismo, incluem a L-homoarginina e o ácido β-*N*-oxalil-L-α, β-diaminopropiônico (β-ODAP; **Tabela 3-3**). As sementes da "ervilha-de-cheiro", uma leguminosa *Lathyrus* que é amplamente consumida em períodos de fome, contém o osteolatirogênio γ-glutamil-β-aminopropionitrila (BAPN), um derivado β-aminopropionitrila da glutamina (estrutura não mostrada). As sementes de determinadas espécies de *Lathyrus* também contêm ácido α,γ-diaminobutírico, um análogo da ornitina, que inibe a enzima hepática do ciclo da ureia, a ornitina-transcarbamilase, bloqueia o ciclo da ureia e leva à toxicidade por amônia. Por fim, a L-β-metilaminoalanina, um aminoácido neurotóxico presente nas sementes de *Cycad*, foi implicada como fator de risco para doenças neurodegenerativas, incluindo o complexo de esclerose lateral amiotrófica-demência de Parkinson que ocorre em nativos de Guam, os quais consomem morcegos que se alimentam de frutas cicadáceas ou de farinha feita a partir de sementes de cicadáceas.

D-Aminoácidos

Os D-aminoácidos que ocorrem naturalmente incluem a D-serina e o D-aspartato livres no tecido cerebral humano, a D-alanina e o D-glutamato nas paredes celulares de bactérias gram-positivas

TABELA 3-3 L-α-Aminoácidos potencialmente tóxicos

L-α-Aminoácidos não proteicos	Relevância médica
Homoarginina	Clivado pela arginase, formando L-lisina e ureia. Relacionado com o neurolatirismo humano.
Ácido β-*N*-oxalil diaminopropiônico (β-ODAP)	É uma neurotoxina. Relacionada com o neurolatirismo humano.
β-*N*-Glutamilaminopropionitrila (BAPN)	É um osteolatirogênio.
Ácido 2,4-diaminobutírico	Inibe a ornitina-transcarbamilase, resultando em toxicidade por amônia.
β-Metilaminoalanina	É um possível fator de risco para doenças neurodegenarativas.

e os D-aminoácidos em determinados peptídeos e antibióticos produzidos por bactérias, fungos, répteis e anfíbios. O *Bacillus subtilis* secreta D-metionina, D-tirosina, D-leucina e D-triptofano para provocar a desmontagem do biofilme, enquanto o *Vibrio cholerae* incorpora D-leucina e D-metionina no componente peptídico de sua camada de peptideoglicano.

PROPRIEDADES DOS GRUPOS FUNCIONAIS DOS AMINOÁCIDOS

Os aminoácidos podem ter carga líquida positiva, negativa ou zero

Em solução aquosa, as formas com cargas elétricas e sem carga dos grupamentos ácidos fracos ionizáveis —COOH e —NH_3^+ existem em equilíbrio protônico dinâmico:

$$R—COOH \rightleftarrows R—COO^- + H^+$$
$$R—NH_3^+ \rightleftarrows R—NH_2 + H^+$$

Embora tanto o R—COOH quanto o R—NH_3^+ sejam ácidos fracos, o R—COOH é um ácido muito mais forte que o R—NH_3^+. Assim, em pH fisiológico (pH 7,4), os grupamentos carboxila existem quase totalmente como R—COO^-, e grupamentos amino, predominantemente como R—NH_3^+. O grupamento imidazol da histidina e o grupamento guanidino da arginina existem como híbridos de ressonância, com carga positiva distribuída entre os dois nitrogênios (histidina) ou por todos os três nitrogênios (arginina) (**Figura 3-4**). A **Figura 3-5** ilustra o efeito exercido pelo pH do ambiente aquoso sobre o estado carregado do ácido aspártico.

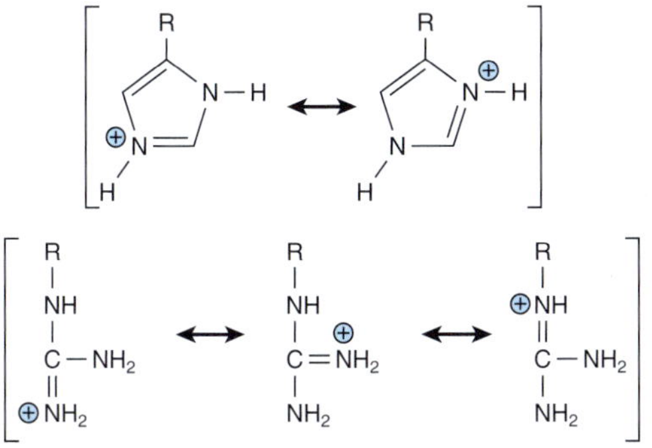

FIGURA 3-4 Híbridos de ressonância dos grupamentos R protonados da histidina (parte superior) e da arginina (parte inferior).

As moléculas que contêm um número igual de grupamentos com cargas negativas e positivas não têm nenhuma carga *líquida*. Essas espécies neutras ionizadas são chamadas de **zwitteríons**. Os aminoácidos no sangue e na maioria dos tecidos devem ser representados como em **A**, a seguir.

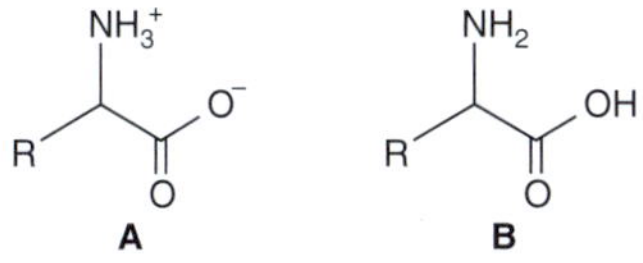

A estrutura **B** não pode existir em uma solução aquosa porque, em qualquer pH suficientemente baixo para protonar o grupamento carboxila, o grupamento amino também seria protonado. De modo similar, em qualquer pH suficientemente alto para que predomine um grupamento amino sem carga, o grupamento carboxila estará presente como R—COO⁻. A representação **B** sem carga é, no entanto, frequentemente utilizada quando escrevemos reações que não envolvem equilíbrio protônico.

Os valores do pK_a expressam a força dos ácidos fracos

A força dos ácidos fracos é expressa como seus **pK_a**. Para moléculas com múltiplos prótons dissociáveis, o pK_a de cada grupamento ácido é designado substituindo o subscrito "a" por um número. A carga líquida de um aminoácido – a soma algébrica de todos os grupamentos com cargas positivas e negativas – depende dos valores do pK_a de seus grupamentos funcionais e do pH do meio adjacente. Em laboratório, a alteração da carga dos aminoácidos e de seus derivados pela variação do pH facilita a separação física de aminoácidos, peptídeos e proteínas (ver Capítulo 4).

Em seu pH isoelétrico (pI), um aminoácido não possui carga líquida

Os zwitteríons constituem um exemplo de uma espécie **isoelétrica** – a forma de uma molécula que possui uma quantidade igual de cargas positivas e negativas e, dessa forma, é neutra do ponto de vista elétrico. O pH isoelétrico, também chamado de pI, é o pH a meio caminho entre os valores de pK_a para as ionizações em ambos os lados das espécies isoelétricas. Para um aminoácido como a alanina, que possui apenas dois grupamentos dissociáveis, não existe ambiguidade. O primeiro pK_a (R—COOH) é de 2,35, e o segundo pK_a (R—NH$_3^+$) é de 9,69. Dessa maneira, o pH isoelétrico (pI) da alanina é

$$pI = \frac{pK_1 + pK_2}{2} = \frac{2,35 + 9,69}{2} = 6,02$$

Para os ácidos polipróticos, o pI também é o pH a meio caminho entre os valores de pK_a em ambos os lados das espécies isoiônicas. Por exemplo, o pI para o ácido aspártico é

$$pI = \frac{pK_1 + pK_2}{2} = \frac{2,09 + 3,96}{2} = 3,02$$

Para a lisina, o pI é calculado a partir de:

$$pI = \frac{pK_2 + pK_3}{2}$$

Considerações similares aplicam-se a todos os ácidos polipróticos (p. ex., proteínas), independentemente do número de grupamentos dissociáveis existentes. Em laboratório clínico, o conhecimento do pI orienta a seleção de condições para as separações eletroforéticas. A eletroforese em pH 7,0 separa duas moléculas com valores de pI de 6,0 e 8,0, visto que a molécula com pI de 6,0 apresentará uma carga líquida *positiva*, e aquela com pI de 8,0, uma carga líquida *negativa*. Considerações semelhantes estão na base da separação cromatográfica em suportes iônicos, como dietilaminoetil (DEAE) celulose (ver Capítulo 4).

Os valores de pK_a variam com o ambiente

O ambiente de um grupamento dissociável afeta seu pK_a (**Tabela 3-4**). Um ambiente apolar, que possui menor capacidade que a água de estabilizar espécies com cargas, *aumenta*

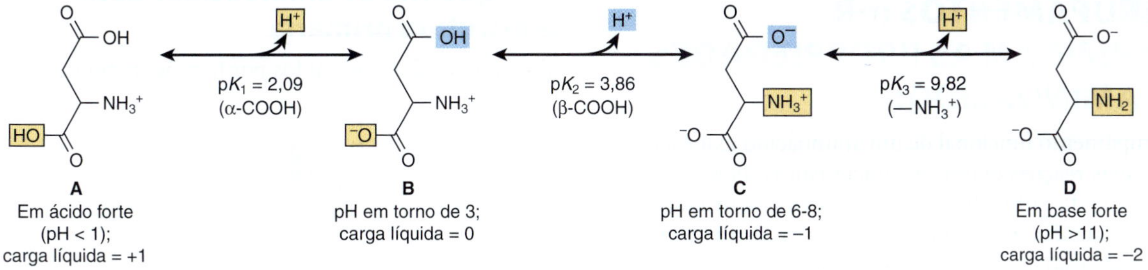

A Em ácido forte (pH < 1); carga líquida = +1

B pH em torno de 3; carga líquida = 0

C pH em torno de 6-8; carga líquida = −1

D Em base forte (pH >11); carga líquida = −2

pK_1 = 2,09 (α-COOH)
pK_2 = 3,86 (β-COOH)
pK_3 = 9,82 (—NH$_3^+$)

FIGURA 3-5 Equilíbrios protônicos do ácido aspártico.

TABELA 3-4 Faixa típica de valores de pK_a para grupamentos ionizáveis em proteínas

Grupamento dissociável	Faixa de pK_a
α-Carboxila	3,5-4,0
COOH não α de Asp ou Glu	4,0-4,8
Imidazol de His	6,5-7,4
SH de Cis	8,5-9,0
OH de Tir	9,5-10,5
α-Amino	8,0-9,0
ε-Amino de Lis	9,8-10,4
Guanidino de Arg	~12,0

o valor de pK_a de um grupamento carboxila, tornando-o um ácido *mais fraco*, mas *reduz* o pK_a de um grupamento amino, tornando-o um ácido *mais forte*. De maneira similar, a presença adjacente de um grupamento de carga *oposta* pode *estabilizar* ou um grupamento *similarmente* carregado pode *desestabilizar* uma carga em desenvolvimento. Portanto, os valores de pK_a dos grupamentos R de aminoácidos *livres* em solução aquosa (ver Tabela 3-1) fornecem apenas um valor aproximado de seus valores de pK_a quando presentes em proteínas. O valor de pK_a de um grupamento R dissociável depende de sua localização dentro de uma proteína. Os valores de pK_a que diverge da solução aquosa em até 3 unidades de pH são comuns nos sítios ativos de enzimas. Um exemplo extremo, um ácido aspártico internalizado da tiorredoxina, possui um pK_a acima de 9 – um desvio de mais de 6 unidades de pH.

A solubilidade dos aminoácidos reflete seu caráter iônico

As cargas conferidas por grupamentos funcionais dissociáveis dos aminoácidos asseguram que eles sejam prontamente solvatados por – e, portanto, são solúveis em – solventes polares, como a água e o etanol, porém insolúveis em solventes apolares, como benzeno, hexano ou éter.

Os aminoácidos não absorvem a luz visível e, assim, são incolores. Contudo, a tirosina, a fenilalanina e o triptofano absorvem luz ultravioleta com elevado comprimento de onda (250-290 nm). Como o triptofano absorve, de maneira eficiente, 10 vezes mais luz ultravioleta do que a fenilalanina ou a tirosina, ele é o principal responsável pela habilidade da maioria das proteínas em absorver luz na região de 280 nm (**Figura 3-6**).

OS GRUPAMENTOS α-R DETERMINAM AS PROPRIEDADES DOS AMINOÁCIDOS

Cada grupamento funcional de um aminoácido exibe a totalidade de suas reações químicas características. Para os grupamentos de ácido carboxílico, essas reações incluem a formação de ésteres, amidas e anidridos ácidos; para os grupamentos amino, a acilação, a amidação e a esterificação; e para os grupamentos —OH e —SH, a oxidação e a esterificação. Como a

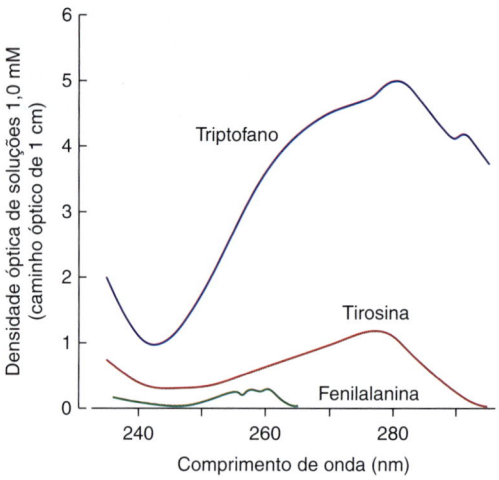

FIGURA 3-6 Espectros de absorção ultravioleta do triptofano, da tirosina e da fenilalanina.

glicina, o menor aminoácido, pode ser acomodada em locais inacessíveis a outros aminoácidos, ela frequentemente ocorre onde os peptídeos se curvam de maneira aguda. Os grupamentos R hidrofóbicos de alanina, valina, leucina e isoleucina e os grupamentos R aromáticos de fenilalanina, tirosina e triptofano situam-se, em geral, principalmente no interior das proteínas citosólicas. Os grupamentos R com carga elétrica de aminoácidos básicos e ácidos estabilizam conformações proteicas específicas por meio de interações iônicas ou de pontes salinas. Essas interações também funcionam nos sistemas de "retransmissão de carga" durante a catálise enzimática e no transporte de elétrons na respiração mitocondrial. A histidina desempenha papéis únicos na catálise enzimática. O pK_a de seu próton imidazólico permite que a histidina atue em pH neutro como catalisador básico ou ácido, sem a necessidade de qualquer alteração induzida pelo ambiente. O grupamento álcool primário da serina e o grupamento tioálcool (—SH) primário da cisteína são excelentes nucleófilos, podendo atuar como tais durante a catálise enzimática. O valor de pK_3 da selenocisteína de 5,2 é 3 unidades de pH menor que o da cisteína, de 8,3. Em pH distintamente ácido, a selenocisteína deve, portanto, ser um melhor nucleófilo. Entretanto, não se sabe se o grupamento álcool secundário da treonina, apesar de ser um bom nucleófilo, desempenha esse papel na catálise. Os grupamentos —OH da serina, da tirosina e da treonina frequentemente servem como pontos de ligação covalente de grupamentos fosforila que regulam a função da proteína (ver Capítulo 9).

A sequência de aminoácidos determina a estrutura primária

Os aminoácidos são unidos por ligações peptídicas.

O *número* e a *ordem* de todos os resíduos de aminoácidos em um polipeptídeo constituem sua **estrutura** *primária*. Os aminoácidos presentes nos peptídeos, denominados *resíduos aminoacil*, são designados ao substituir os sufixos *-ato* ou *-ina* dos aminoácidos livres por *-il* (p. ex., alan*il*, aspart*il*, tiros*il*). Os peptídeos são, então, designados como derivados do resíduo aminoacil *carboxiterminal*. Por exemplo, Lis-Leu-Tir-Gln é chamado de lis*il*-leuc*il*-tiros*il*-glutam*ina*. A terminação *-ina* no resíduo carboxiterminal (p. ex., glutam*ina*) indica que seu grupamento α-carboxílico *não* está envolvido em uma ligação peptídica. As abreviaturas com três letras ligadas por linhas retas representam uma estrutura primária inequívoca. As linhas são omitidas quando são utilizadas as abreviações de uma letra.

Glu-Ala-Lis-Gli-Tir-Ala
E A K G Y A

Prefixos como *tri-* ou *octa-* denotam peptídeos com três ou oito *resíduos*, respectivamente. Por convenção, os peptídeos são escritos com o resíduo que comporta um grupamento α-amino livre à esquerda. Essa convenção foi adotada muito tempo antes da descoberta de que os peptídeos são sintetizados *in vivo*, iniciando pelo resíduo aminoterminal.

As estruturas peptídicas são fáceis de desenhar

Para desenhar um peptídeo, utilize um zigue-zague para representar a cadeia principal ou o esqueleto. Acrescente os átomos da cadeia principal, que ocorrem na ordem repetida: nitrogênio α, carbono α, carbono da carbonila. Agora, acrescente um átomo de hidrogênio a cada carbono α e a cada nitrogênio do peptídeo, além de um átomo de oxigênio ao carbono da carbonila. Por fim, acrescente os grupamentos R apropriados (sombreados) a cada átomo de carbono α.

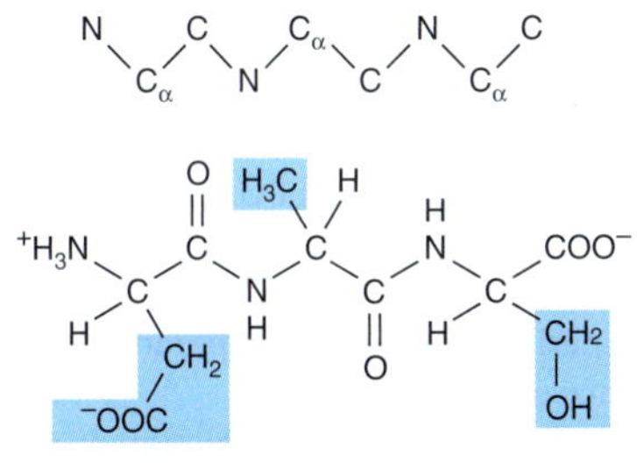

Alguns peptídeos contêm aminoácidos incomuns

Nos mamíferos, os hormônios peptídicos normalmente contêm apenas os 20 α-aminoácidos especificados por códons unidos por ligações peptídicas padrão. Contudo, outros peptídeos podem conter aminoácidos não proteicos, derivados de aminoácidos proteicos ou aminoácidos ligados por uma ligação peptídica atípica. Por exemplo, o glutamato aminoterminal da glutationa, um tripeptídeo que participa do metabolismo de xenobióticos (ver Capítulo 47) e da redução de ligações dissulfeto, não está ligado à cisteína por uma ligação α-peptídica (**Figura 3-7**). O glutamato aminoterminal do hormônio liberador de tireotrofina (TRH, *thyrotropin-releasing*

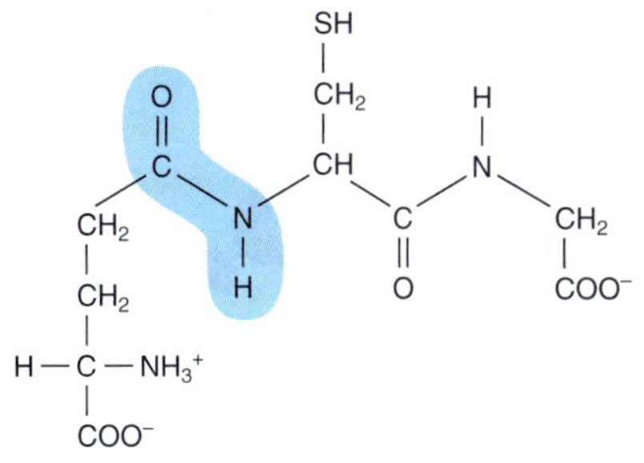

FIGURA 3-7 **Glutationa (γ-glutamil-cisteinil-glicina).** Observe a ligação peptídica não α que liga Glu a Cis.

hormone) é ciclizado em ácido piroglutâmico, ao passo que o grupamento carboxila do resíduo prolil carboxiterminal é amidado. Os aminoácidos não proteicos D-fenilalanina e ornitina estão presentes no peptídeo cíclico dos antibióticos tirocidina e gramicidina S, ao passo que os opioides heptapeptídicos dermorfina e deltoforina da pele das rãs-de-árvore da América do Sul contêm D-tirosina e D-alanina.

A ligação peptídica tem caráter de ligação dupla parcial

Embora as estruturas peptídicas sejam escritas como se uma ligação simples unisse os átomos da carboxila α e do nitrogênio α, na verdade, essa ligação exibe caráter de ligação dupla parcial:

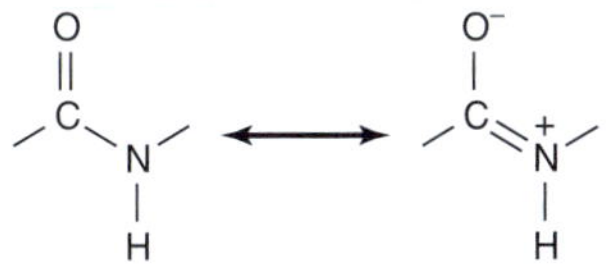

Dessa maneira, não pode ocorrer rotação em torno da ligação que une um carbono carbonila com o nitrogênio α, visto que isso exigiria o rompimento da ligação dupla parcial. Por conseguinte, os átomos O, C, N e H de uma ligação peptídica são *coplanares*. A semirrigidez imposta da ligação peptídica traz importantes consequências para a maneira como os peptídeos e as proteínas se enovelam para gerar estruturas de ordem superior. As setas marrons circulares indicam a rotação livre sobre as ligações restantes da cadeia polipeptídica (**Figura 3-8**).

As forças não covalentes restringem as conformações de peptídeos

O enovelamento de um peptídeo provavelmente ocorre de forma simultânea à sua biossíntese (ver Capítulo 37). A conformação madura e fisiologicamente ativa reflete as contribuições coletivas da sequência de aminoácidos, das interações não covalentes (p. ex., ligações de hidrogênio, interações hidrofóbicas) e da minimização do impedimento estérico entre os resíduos. Conformações repetitivas comuns incluem α-hélices e as folhas β-preguedas (ver Capítulo 5).

Os peptídeos são polieletrólitos

A ligação peptídica não tem carga em qualquer pH de interesse fisiológico. A formação de peptídeos a partir de aminoácidos

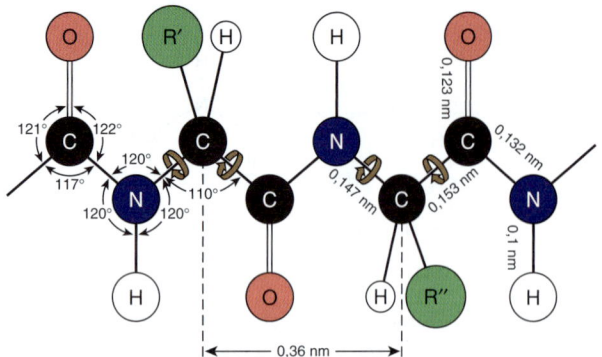

FIGURA 3-8 **Dimensões de uma cadeia polipeptídica totalmente estendida.** Os quatro átomos da ligação peptídica são coplanares. A rotação livre pode acontecer em torno das ligações que conectam o carbono α ao nitrogênio α e ao carbono da carbonila α (**setas marrons**). Assim, a cadeia polipeptídica estendida é uma estrutura semirrígida com dois terços dos átomos do esqueleto mantidos em uma relação planar fixa entre si. A distância entre os átomos de carbono α adjacentes é de 0,36 nm (3,6 Å). As distâncias interatômicas e os ângulos de ligação, que não são equivalentes, também são mostrados. (Redesenhada e reproduzida, com permissão, de Pauling L, Corey LP, Branson HR: The structure of proteins: two hydrogen-bonded helical configurations of the polypeptide chain. Proc Natl Acad Sci USA 1951;37:205.)

é, portanto, acompanhada por uma perda efetiva de uma carga positiva e de uma carga negativa em consequência da ligação peptídica formada. Apesar disso, os peptídeos possuem carga no pH fisiológico, devido a seus grupamentos carboxi e aminoterminais e, quando presentes, a seus grupamentos R ácidos ou básicos. Da mesma maneira que para os aminoácidos, a carga líquida de um peptídeo depende do pH de seu ambiente e dos valores de pK_a de seus grupamentos dissociáveis.

RESUMO

- Tanto os D-aminoácidos quanto os aminoácidos não α ocorrem na natureza, porém as proteínas são sintetizadas utilizando apenas L-α-aminoácidos. Entretanto, os D-aminoácidos desempenham funções metabólicas não apenas em bactérias, mas também nos seres humanos.

- Os L-α-aminoácidos possuem funções metabólicas vitais além da síntese de proteínas. Alguns exemplos incluem a biossíntese de ureia, heme, ácidos nucleicos e hormônios, como epinefrina e DOPA.

- A presença de traços de muitos dos aminoácidos proteicos em meteoritos dá credibilidade à hipótese de que a queda de asteroides pode ter contribuído para o desenvolvimento da vida na Terra.

- Certos L-α-aminoácidos presentes em plantas e sementes de plantas podem ter efeitos nocivos à saúde humana – por exemplo, o latirismo.

- Os grupamentos R dos aminoácidos determinam suas funções bioquímicas próprias. Os aminoácidos são classificados como básicos, ácidos, aromáticos, alifáticos ou contendo enxofre, com base na composição e nas propriedades de seus grupamentos R.

- O caráter de ligação dupla parcial da ligação que une o carbono da carbonila e o nitrogênio de um peptídeo torna os quatro átomos da ligação peptídica *coplanares* e, consequentemente, restringe o número de possíveis conformações peptídicas.

- Os peptídeos são denominados pelo número existente de resíduos de aminoácidos e como derivados do resíduo carboxiterminal. A estrutura primária de um peptídeo é a sua sequência de aminoácidos, iniciando pelo resíduo aminoterminal, que é a direção em que os peptídeos são, de fato, sintetizados *in vivo*.

- Todos os aminoácidos possuem pelo menos dois grupamentos funcionais fracamente ácidos, R—NH_3^+ e R—COOH. Muitos também possuem grupamentos funcionais fracamente ácidos adicionais, como —OH fenólico, —SH, porções guanidino ou imidazol.

- Os valores de pK_a de todos os grupos funcionais de um aminoácido ou de um peptídeo determinam a sua carga líquida em determinado pH. O pI, pH isoelétrico, é o pH em que um aminoácido não tem nenhuma carga líquida e, por isso, não se move em um campo elétrico.

- Os valores de pK_a dos aminoácidos livres, na melhor das hipóteses, aproximam-se apenas de seus valores de pK_a quando presentes em uma proteína e podem diferir amplamente, devido à influência de seu ambiente em uma proteína.

REFERÊNCIAS

Bender, DA: *Amino Acid Metabolism*, 3rd ed. Wiley, 2012.

Burton AS, Stern JC, Elsila JE, et al: Understanding prebiotic chemistry through the analysis of extraterrestrial amino acids and nucleobases in meteorites. Chem Soc Rev 2012;41:5459.

deMunck E, Muñoz-Sáez E, Miguel BG, et al: β-N-Methylamino--L-alanine causes neurological and pathological phenotypes mimicking Amyotrophic Lateral Sclerosis (ALS): The first step towards an experimental model for sporadic ALS. Environ Toxicol Pharmacol 2013;36:243.

Kolodkin-Gal I: D-Amino acids trigger biofilm disassembly. Science 2010;328:627.

CAPÍTULO 4

Proteínas: determinação da estrutura primária

Peter J. Kennelly, Ph.D. e Victor W. Rodwell, Ph.D.

OBJETIVOS

Após o estudo deste capítulo, você deve ser capaz de:

- Citar três exemplos de modificações pós-traducionais que ocorrem comumente durante a maturação de um polipeptídeo recém-sintetizado.
- Citar quatro métodos cromatográficos comumente empregados para o isolamento de proteínas a partir de materiais biológicos.
- Descrever como a eletroforese em gel de poliacrilamida pode ser utilizada para determinar a pureza, a composição de subunidades, a massa relativa e o ponto isoelétrico de uma proteína.
- Descrever a base na qual os espectrômetros quadrupolo e por tempo de voo (TOF, do inglês *time-of-flight*) determinam a massa molecular.
- Comparar as respectivas vantagens e desvantagens da clonagem de ácido desoxirribonucleico (DNA, do inglês *deoxyribonucleic acid*) e espectrometria de massa (MS, do inglês *mass spectrometry*) como ferramentas para determinar a estrutura primária das proteínas.
- Explicar o que significa "proteoma" e citar exemplos de sua importância potencial.
- Descrever as vantagens e as limitações dos microarranjos (*gene chips*) como ferramentas para o monitoramento da expressão proteica.
- Descrever três estratégias para purificar proteínas e peptídeos individuais a partir de amostras biológicas complexas para facilitar sua identificação por MS.
- Comentar sobre as contribuições da genômica, dos algoritmos computacionais e das bases de dados para a identificação de fases de leitura aberta (ORFs, do inglês *open reading frames*) que codificam uma determinada proteína.

IMPORTÂNCIA BIOMÉDICA

As proteínas são macromoléculas complexas dos pontos de vista físico e funcional que realizam múltiplos papéis criticamente importantes. O formato e a integridade física de uma célula são mantidos por uma rede proteica interna, denominada citoesqueleto (ver Capítulo 51). Os filamentos de actina e miosina formam a maquinaria contrátil do músculo (ver Capítulo 51). A hemoglobina transporta oxigênio (ver Capítulo 6), ao passo que anticorpos circulantes defendem o organismo contra invasores externos (ver Capítulo 52). As enzimas catalisam as reações que geram energia, sintetizam e degradam as biomoléculas, replicam e transcrevem os genes, processam os ácidos ribonucleicos mensageiros (mRNAs, do inglês *messenger ribonucleic acids*), etc. (ver Capítulo 7). Os receptores capacitam as células a detectar e responder aos hormônios e a outros fatores extracelulares (ver Capítulos 41 e 42). As proteínas estão sujeitas a alterações físicas e funcionais que refletem o ciclo de vida do organismo onde elas residem. Uma proteína típica "nasce" durante o processo de tradução (ver Capítulo 37), torna-se madura por meio de eventos de processamento pós-traducional, como proteólise seletiva (ver Capítulos 9 e 37), alterna entre estados de trabalho e de repouso por meio da intervenção de fatores reguladores (ver Capítulo 9), envelhece por meio de reações de oxidação, desaminação, etc. (ver Capítulo 58), e "morre" quando degradada a seus aminoácidos constituintes (ver Capítulo 29). Uma meta importante da medicina molecular consiste em identificar biomarcadores, como as proteínas e/ou as modificações das proteínas cuja presença, ausência ou deficiência estão associadas a doenças ou estados fisiológicos específicos (**Figura 4-1**).

PROTEÍNAS E PEPTÍDEOS PRECISAM SER PURIFICADOS ANTES DA ANÁLISE

A proteína altamente purificada é essencial para o exame detalhado de suas propriedades físicas e funcionais. As células possuem milhares de proteínas diferentes, cada uma em

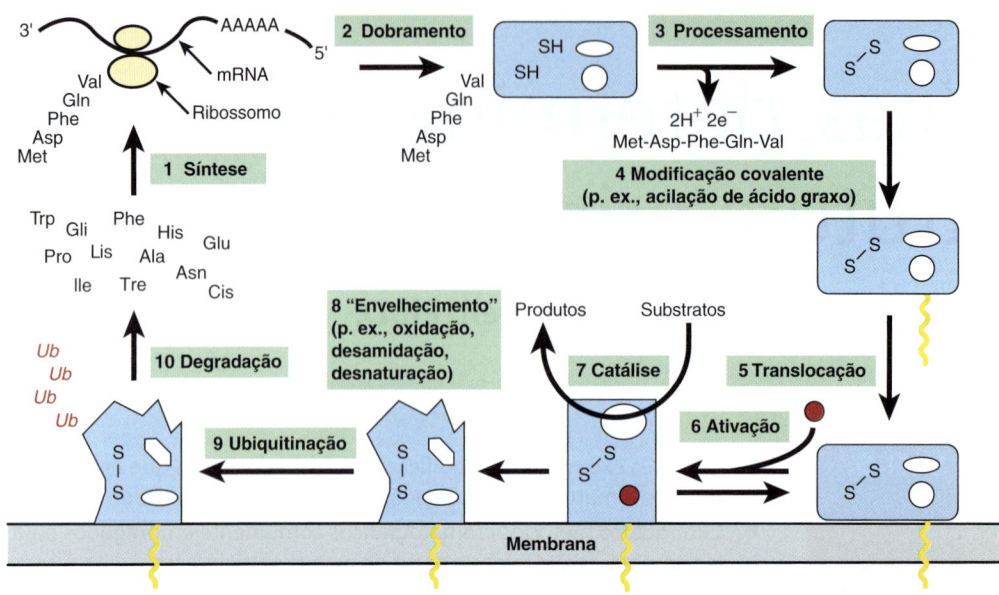

FIGURA 4-1 Representação diagramática do ciclo de vida de uma proteína hipotética. (1) O ciclo de vida começa com a síntese em um ribossomo de uma cadeia polipeptídica, cuja estrutura primária é ditada por um ácido ribonucleico mensageiro (mRNA). (2) À medida que a síntese prossegue, o polipeptídeo começa a se enovelar em sua conformação original (em azul). (3) O enovelamento pode ser acompanhado pelos eventos de processamento, como a clivagem proteolítica de uma sequência-líder N-terminal (Met-Asp-Phe-Gln-Val) ou pela formação de pontes dissulfeto (S—S). (4) As modificações covalentes subsequentes podem, por exemplo, acoplar uma molécula de ácido graxo (em amarelo) para (5) translocar a proteína modificada para uma membrana. (6) A ligação de um efetor alostérico (em vermelho) pode levar a proteína a adotar uma conformação cataliticamente ativa. (7) Com o passar do tempo, as proteínas são danificadas por ataques químicos, desamidação ou desnaturação e (8) podem ser "marcadas" pela ligação covalente de diversas moléculas de ubiquitina (Ub). (9) A proteína ubiquitinada é subsequentemente degradada em seus aminoácidos componentes, os quais se tornam disponíveis para a síntese de novas proteínas.

quantidades muito variadas. O isolamento de uma proteína específica em quantidades suficientes para a análise de suas propriedades representa, assim, um desafio formidável que pode exigir a aplicação sucessiva de múltiplas técnicas de purificação. A precipitação seletiva explora as diferenças na solubilidade relativa das proteínas individuais como uma função do pH (precipitação isoelétrica), da polaridade (precipitação com etanol ou acetona) ou da concentração de sal (*salting out* com sulfato de amônio). As técnicas cromatográficas separam uma proteína de outra com base na diferença de seu tamanho (cromatografia de exclusão por tamanho), carga (cromatografia de troca iônica), hidrofobicidade (cromatografia por interação hidrofóbica) ou capacidade de se ligar a um ligante específico (cromatografia por afinidade).

Cromatografia em coluna

Na cromatografia em coluna, a matriz da fase estacionária consiste em pequenas esferas carregadas em um recipiente cilíndrico de vidro, de plástico ou de aço, chamado de coluna. As fritas permeáveis ao líquido confinam as esferas dentro desse espaço, enquanto permitem que o líquido da fase móvel flua ou permeie pela coluna. As esferas da fase estacionária podem ser quimicamente derivadas para cobrir sua superfície com grupamentos ácidos, básicos, hidrofóbicos ou semelhantes a ligantes necessários para as cromatografias de troca iônica, de interação hidrofóbica ou por afinidade. À medida que o líquido da fase móvel emerge da coluna, ele é automaticamente coletado em uma série de pequenas porções, denominadas frações. A **Figura 4-2** demonstra a disposição básica de um sistema de cromatografia de bancada simples.

Cromatografia líquida de alta eficiência

As matrizes de cromatografia em coluna de primeira geração consistiam em polímeros de oligossacarídeos longos e entrelaçados moldados em esferas com cerca de um décimo de milímetro de diâmetro. Infelizmente, seu tamanho relativamente grande comprometia o fluxo da fase móvel e limitava a área de superfície disponível para acomodar a adição de grupos com carga elétrica ou semelhantes a ligantes. A redução do tamanho das partículas permitiu um aumento de resolução. No entanto, a resistência criada pela matriz mais firmemente empacotada exigiu o uso de pressões muito altas que esmagariam os grânulos feitos de materiais macios e esponjosos, como polissacarídeos ou acrilamida. Mais adiante, foram desenvolvidos métodos para fabricar partículas de silicone com o tamanho e o formato necessários, derivatizar sua superfície com diversos grupamentos funcionais e embalá-las em colunas de aço inoxidável capazes de suportar pressões de vários milhares de psi. Devido a seu maior poder de resolução, os sistemas de cromatografia líquida de alta eficiência (HPLC, do inglês *high-pressure liquid chromatography*) substituíram, em grande parte, as colunas de vidro antigamente comuns no laboratório de purificação de proteínas.

Cromatografia de exclusão por tamanho

A cromatografia de exclusão por tamanho – ou, como algumas vezes é ainda denominada, cromatografia de filtração em gel – separa as proteínas com base em seus **raios de Stokes**. O raio de Stokes é uma medida do volume efetivo ocupado por uma proteína, à medida que ela cai rapidamente na solução livre.

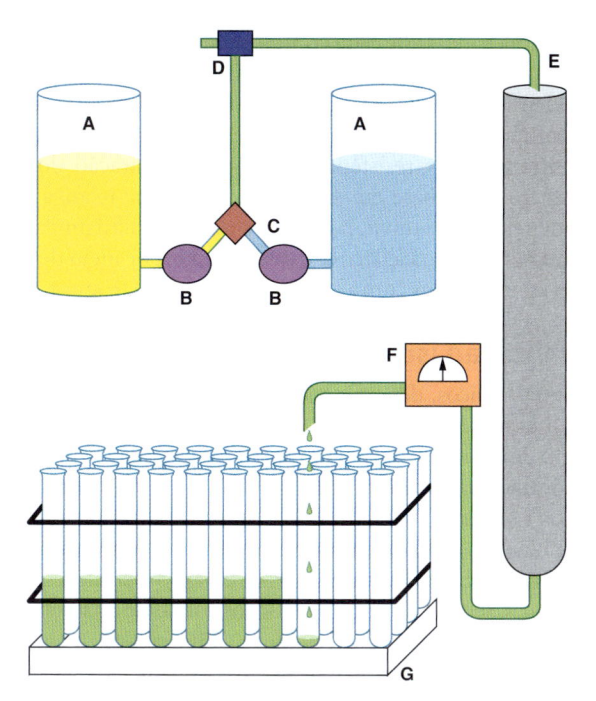

FIGURA 4-2 Componentes de um dispositivo de cromatografia líquida típico. São mostrados os componentes essenciais de um sistema de cromatografia líquida programada, que consiste em A: reservatórios de líquidos de fase móvel (em amarelo, azul-claro), B: bombas controladas por microprocessador (em roxo), C: câmara de mistura (em vermelho), D: acesso para injeção do analito (em azul-escuro), E: coluna de vidro, metal ou plástico contendo uma matriz de fase estacionária (em cinza), F: índice espectrofotométrico, fluorométrico, de refração ou detector eletroquímico (em laranja) e G: coletor de fração para a coleta de porções, denominadas frações, do líquido eluente (em verde) em uma série de tubos de ensaios separados, frascos ou poços em uma placa de microtitulação. O microprocessador pode ser programado para bombear líquidos apenas de um reservatório (eluição isocrática), para mudar os reservatórios em algum ponto predeterminado de modo a gerar um gradiente em etapa, ou para misturar os líquidos dos dois reservatórios em proporções que variem com o tempo, gerando um gradiente em múltiplas etapas ou contínuo.

Por conseguinte, o raio de Stokes é uma função tanto da massa molecular quanto do formato. À semelhança da hélice de um avião, uma proteína alongada em queda ocupa um volume efetivo maior do que uma proteína globular da mesma massa. A cromatografia de exclusão por tamanho emprega esferas porosas (**Figura 4-3**), cujos poros são análogos às reentrâncias na margem de um rio. À medida que os objetos se movem a jusante, o movimento de qualquer objeto que entra em uma reentrância é retardado até que retorne para a corrente. De modo semelhante, as proteínas com raio de Stokes muito grande para entrar nos poros (proteínas excluídas) permanecem no fluxo da fase móvel e emergem *antes* das proteínas que conseguem entrar em alguns dos poros ou em todos eles (proteínas incluídas). Assim, as proteínas emergem de uma coluna de filtração em gel na ordem *decrescente* de seus raios de Stokes.

Cromatografia de troca iônica

Na cromatografia de troca iônica, as proteínas interagem com a fase estacionária por meio de interações entre cargas. As proteínas

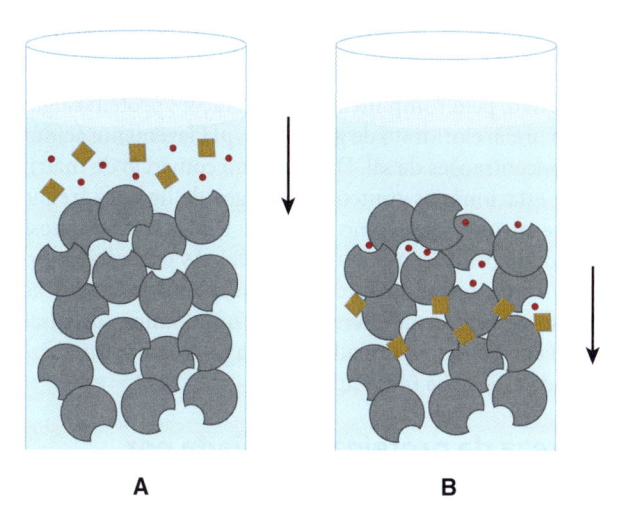

FIGURA 4-3 Cromatografia de exclusão por tamanho. A: Uma mistura de grandes moléculas (em marrom) e pequenas moléculas (em vermelho) é aplicada no alto de uma coluna de filtração em gel. B: Ao entrar na coluna, as pequenas moléculas penetram nos poros da matriz da fase estacionária (em cinza). À medida que a fase móvel (em azul) flui pela coluna, essas pequenas moléculas ficam mais distantes das grandes moléculas, que são excluídas.

com carga líquida positiva em um determinado pH aderem firmemente às esferas com grupamentos funcionais de carga negativa, como carboxilatos ou sulfatos (trocadores de cátions). De maneira similar, as proteínas com carga líquida negativa aderem às esferas com grupamentos funcionais de carga positiva, geralmente aminas terciárias ou quaternárias (trocadores de ânions). As proteínas não aderentes fluem pela matriz e são eluídas. As proteínas ligadas são, em seguida, seletivamente deslocadas por meio de elevação gradual na força iônica da fase móvel, enfraquecendo, assim, as interações entre cargas. As proteínas eluem em ordem inversa à força de suas interações com a fase estacionária.

Cromatografia por interação hidrofóbica

A cromatografia por interação hidrofóbica separa as proteínas com base em sua tendência a se associar com uma matriz de fase estacionária revestida com grupamentos hidrofóbicos (p. ex., fenil Sepharose, octil Sephadex). As proteínas com superfícies hidrofóbicas expostas aderem à matriz por meio de interações hidrofóbicas que são acentuadas pelo emprego de uma fase móvel de força iônica elevada. Após as proteínas não aderidas serem lavadas, a polaridade da fase móvel é reduzida gradualmente, diminuindo sua concentração de sal. Quando a interação entre a proteína e a fase estacionária é particularmente forte, o etanol ou o glicerol podem ser adicionados à fase móvel para diminuir sua polaridade e enfraquecer ainda mais as interações hidrofóbicas.

Cromatografia por afinidade

A cromatografia por afinidade explora a alta seletividade exibida pela maioria das proteínas pelos seus ligantes. As enzimas podem ser purificadas por cromatografia de afinidade usando substratos imobilizados, produtos, coenzimas ou inibidores. Na teoria, apenas as proteínas que interagem com o ligante imobilizado ficam aderidas. As proteínas ligadas são eluídas pela competição com o ligante solúvel livre ou, de modo menos seletivo, pelo rompimento das interações proteína-ligante usando ureia, cloridrato de guanidina, pH levemente ácido ou altas concentrações de sal. Dispõe-se no comércio de matrizes de fase estacionárias contendo análogos de ligantes frequentemente encontrados, como NAD^+ ou trifosfato de adenosina (ATP, do inglês *adenosine triphosphate*). As proteínas expressas de forma recombinante são frequentemente purificadas pelo uso de vetores que acrescentam um domínio de fusão à proteína codificada destinado a interagir com uma matriz de afinidade específica (ver Capítulo 7).

A pureza da proteína é avaliada por eletroforese em gel de poliacrilamida

O método mais amplamente utilizado para determinar a pureza de uma proteína é a SDS-PAGE – eletroforese em gel de poliacrilamida (PAGE, do inglês *polyacrylamide gel electrophoresis*) na presença do detergente aniônico dodecil sulfato de sódio (SDS, do inglês *sodium dodecyl sulfate*). A eletroforese separa as biomoléculas carregadas com base nas velocidades de sua migração em um campo elétrico aplicado. Para a SDS-PAGE, a acrilamida é polimerizada e sofre ligação cruzada para formar uma matriz porosa. O SDS liga-se às proteínas em uma proporção de uma molécula de SDS por duas ligações peptídicas, provocando o desenovelamento ou a desnaturação do polipeptídeo. Quando utilizada com o 2-mercaptoetanol ou ditiotreitol para reduzir e quebrar as ligações dissulfeto (**Figura 4-4**), a SDS-PAGE separa os polipeptídeos componentes de proteínas multiméricas. O grande número de moléculas de SDS aniônicas, cada uma com carga de −1, supera as contribuições de carga dos grupamentos funcionais dos aminoácidos endógenos em um polipeptídeo típico. Como isso torna a razão entre carga e massa de cada complexo SDS-polipeptídeo aproximadamente igual, a resistência física encontrada por cada peptídeo à medida que ele se move pela matriz de acrilamida determina a sua velocidade de migração. Grandes complexos encontram maior resistência, levando à separação dos polipeptídeos com base em sua massa molecular relativa (M_r). Os polipeptídeos individuais retidos no gel de acrilamida após retirada do campo elétrico são visualizados por meio de coloração com corantes como o azul de Coomassie (**Figura 4-5**).

Focalização isoelétrica

Tampões iônicos, denominados anfólitos, e um campo elétrico são usados para gerar um gradiente de pH dentro de uma matriz de poliacrilamida. As proteínas aplicadas migram até que alcancem a região da matriz onde o pH corresponde a seus pontos isoelétricos (pI), o pH em que a carga líquida de uma molécula é 0. A focalização isoelétrica (IEF, do inglês *isoelectric focusing*) é utilizada com a SDS-PAGE para a eletroforese bidimensional, separando os polipeptídeos com base no pI em uma dimensão e com base na M_r na outra (**Figura 4-6**). A eletroforese bidimensional é particularmente adequada para separar os componentes de misturas complexas de proteínas.

SANGER FOI O PRIMEIRO A DETERMINAR A SEQUÊNCIA DE UM POLIPEPTÍDEO

A insulina madura consiste em uma cadeia A de 21 resíduos e em uma cadeia B com 30 resíduos ligadas por ligações dissulfeto. Frederick Sanger reduziu as ligações dissulfeto (Figura 4-4), separou as cadeias A e B e clivou cada cadeia em peptídeos menores usando tripsina, quimiotripsina e pepsina.

FIGURA 4-4 A clivagem oxidativa das cadeias polipeptídicas adjacentes ligadas por pontes dissulfeto (em azul) pelo ácido perfórmico (à esquerda) ou a clivagem redutora pelo β-mercaptoetanol (à direita) forma dois peptídeos que contêm os resíduos de ácido cisteico ou resíduos de cisteinil, respectivamente.

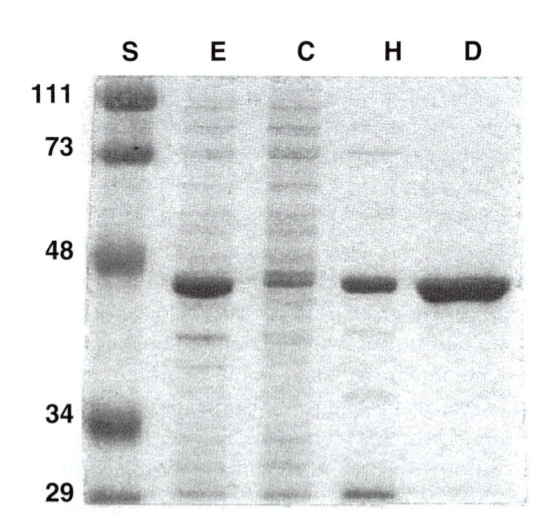

FIGURA 4-5 Uso da SDS-PAGE para observar a purificação sucessiva de uma proteína recombinante. O gel foi corado com azul de Coomassie. São mostrados os padrões de proteína (coluna S) com as M_r indicadas, em kDa, extrato de células bruto (E), citosol (C), sobrenadante da centrifugação de alta velocidade (H) e fração de DEAE-Sepharose (D). A proteína recombinante possui massa de aproximadamente 45 kDa (SDS-PAGE, eletroforese em gel de poliacrilamida [PAGE] na presença do detergente dodecil sulfato de sódio [SDS]).

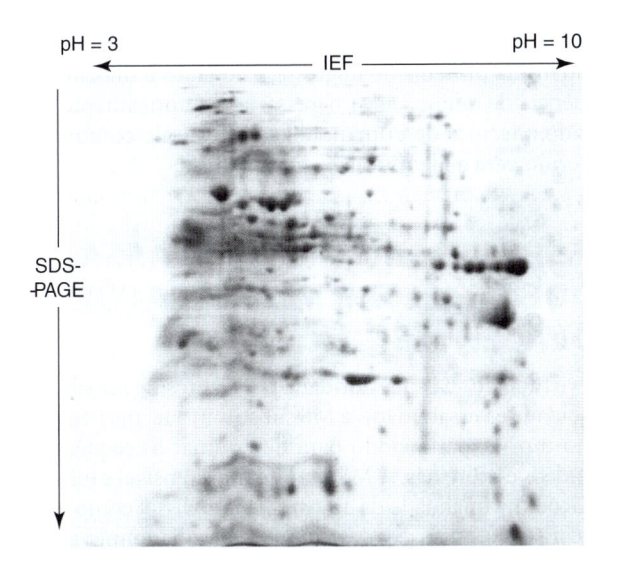

FIGURA 4-6 Focalização isoelétrica (IEF) bidimensional com SDS-PAGE. O gel foi corado com azul de Coomassie. Um extrato bruto de bactérias foi primeiramente submetido à IEF em um gradiente de pH de 3 a 10. O gel da IEF foi, então, posicionado horizontalmente em cima de um gel de SDS-PAGE, e as proteínas foram separadas por SDS-PAGE. Observe a resolução muito melhorada de polipeptídeos distintos em relação ao gel de SDS-PAGE comum (Figura 4-5) (SDS-PAGE, eletroforese em gel de poliacrilamida [PAGE] na presença do detergente dodecil sulfato de sódio [SDS]).

FIGURA 4-7 Reação de Edman. O fenil isotiocianato derivatiza o resíduo aminoterminal de um peptídeo como ácido feniltioidantoico. O tratamento com ácido em um solvente não hidroxílico libera uma feniltioidantoína, que é subsequentemente identificada por sua mobilidade cromatográfica, e um peptídeo menor em um resíduo. Em seguida, o processo é repetido.

Os peptídeos resultantes foram isolados e hidrolisados, formando uma mistura de peptídeos menores pelo tratamento com ácido. Cada peptídeo da mistura foi isolado e tratado com 1-fluoro-2,4-dinitrobenzeno (reagente de Sanger), que reage com os grupamentos α-amino expostos dos resíduos aminoterminais. O conteúdo de aminoácido de cada peptídeo foi determinado, e o aminoácido aminoterminal foi identificado. O grupamento ε-amino da lisina também reage com o reagente de Sanger; porém, como uma lisina aminoterminal reage com 2 moles do reagente de Sanger, ela é prontamente diferenciada de uma lisina no interior de um peptídeo. Trabalhando a partir de dipeptídeos e tripeptídeos com fragmentos progressivamente maiores, Sanger foi capaz de reconstruir a sequência completa da insulina, feito pelo qual ele recebeu o Prêmio Nobel, em 1958. Sanger, que recebeu seu segundo Prêmio Nobel pelo desenvolvimento de técnicas de sequenciamento de DNA, morreu em 2013, aos 95 anos de idade.

A REAÇÃO DE EDMAN POSSIBILITA O SEQUENCIAMENTO DE PEPTÍDEOS E PROTEÍNAS

Pehr Edman introduziu o fenil isotiocianato (reagente de Edman) para marcar seletivamente o resíduo aminoterminal de um peptídeo. Diferentemente do reagente de Sanger, o derivado feniltioidantoína. (PTH, do inglês *phenylthiohydantoin*) pode ser removido sob condições brandas, formando um novo resíduo aminoterminal (**Figura 4-7**). Séries sucessivas de derivatização com o reagente de Edman podem, portanto, ser empregadas para sequenciar muitos resíduos de uma única amostra de peptídeo. Mesmo com o benefício do reagente de Edman, a determinação da sequência completa de uma proteína por métodos químicos continua sendo um processo que exige tempo e intenso trabalho.

As propriedades químicas heterogêneas dos aminoácidos denotam que cada etapa no procedimento representa um compromisso entre a eficiência para qualquer aminoácido ou conjunto de aminoácidos em particular e a flexibilidade necessária para acomodar todos os 20 aminoácidos. Por conseguinte, cada etapa no processo age com eficiência menor que 100%, o que leva ao acúmulo de fragmentos polipeptídicos com N-terminais variados. Portanto, torna-se impossível diferenciar, dos contaminantes, o aminoácido PTH correto para aquela posição no peptídeo. Consequentemente, o comprimento de leitura para o sequenciamento de Edman varia de 5 a 30 resíduos de aminoácidos, dependendo da quantidade e da pureza do peptídeo.

A fim de determinar a sequência completa de um polipeptídeo com várias centenas de resíduos de comprimento, uma proteína deve ser primeiramente clivada em peptídeos menores, utilizando uma protease ou um reagente, como o brometo de cianogênio. Após purificação por meio de HPLC de fase reversa, esses peptídeos são analisados pelo sequenciamento de Edman. Para montar essas sequências peptídicas curtas e solucionar a sequência completa do polipeptídeo intacto, é necessário analisar os peptídeos cujas sequências se sobrepõem entre si. Isso é feito ao gerar múltiplos conjuntos de peptídeos usando mais de um método de clivagem. As grandes quantidades de proteína purificada necessárias para testar a fragmentação proteica múltipla e as condições de purificação de peptídeos constituem o segundo grande obstáculo das técnicas químicas diretas de sequenciamento de proteínas.

A BIOLOGIA MOLECULAR REVOLUCIONOU A DETERMINAÇÃO DA ESTRUTURA PRIMÁRIA

Enquanto as reações que sequencialmente derivatizam e clivam aminoácidos PTH a partir da extremidade aminoterminal de um peptídeo são normalmente conduzidas em um sequenciador automatizado, o sequenciamento de DNA é muito mais rápido e econômico. Técnicas recombinantes permitem que os pesquisadores produzam um suprimento praticamente infinito de DNA a partir de quantidades mínimas de molde presente na amostra original (ver Capítulo 39). Os métodos de sequenciamento de DNA, cuja química subjacente também foi desenvolvida por Sanger, rotineiramente permitem que sequenciadores automatizados "leiam" sequências de vários milhares de desoxirribonucleotídeos de comprimento. A sequência do polipeptídeo codificado é, então, determinada simplesmente por meio de tradução da sequência de tripletes de nucleotídeos codificada pelo gene. Por outro lado, os primeiros biólogos moleculares desenvolveram sondas de oligonucleotídeos complementares para identificar o clone de DNA contendo o gene de interesse ao inverter esse processo e utilizar um segmento da sequência de aminoácidos quimicamente determinada como molde. O advento da clonagem do DNA levou, dessa maneira, ao uso disseminado de uma abordagem híbrida, na qual a química de Edman foi empregada para sequenciar uma pequena porção da proteína, explorando, assim, essa informação para determinar a sequência restante por clonagem do DNA e pelo sequenciamento do polidesoxirribonucleotídeo.

A GENÔMICA POSSIBILITA A IDENTIFICAÇÃO DE PROTEÍNAS A PARTIR DE PEQUENAS QUANTIDADES DE DADOS DA SEQUÊNCIA

Atualmente, o número de organismos para os quais a sequência completa de DNA de seus genomas foi determinada e disponibilizada para a comunidade científica alcança a casa dos milhares. Por conseguinte, para a maioria dos cientistas pesquisadores, particularmente os que trabalham com "organismos-modelos" comumente utilizados, como *Homo sapiens*, camundongos, ratos, *Escherichia coli*, *Drosophila melanogaster*, *Caenorhabditis elegans*, leveduras, etc., a sequência geneticamente codificada das proteínas com as quais estão trabalhando já foi determinada e pode ser acessada em um banco de dados, como o GenBank. Para fazer uma identificação inequívoca, tudo o que o cientista precisa é obter a sequência de aminoácidos para algum segmento, algumas vezes de apenas cinco ou seis resíduos consecutivos da proteína de interesse. Enquanto a informação da sequência de aminoácidos necessária era antigamente obtida usando a técnica de Edman, hoje a MS surgiu como método preferido para a identificação da proteína.

A ESPECTROMETRIA DE MASSA PODE DETECTAR MODIFICAÇÕES COVALENTES

Em virtude de sua superioridade em termos de sensibilidade, velocidade e versatilidade, a MS substituiu a técnica de Edman como o principal método para determinar as sequências de peptídeos e proteínas. A MS é muito mais sensível e tolerante a variações na qualidade da amostra. Além disso, como a massa e a carga são propriedades comuns de uma ampla gama de biomoléculas, a MS pode ser empregada para analisar metabólitos, carboidratos e lipídeos e para detectar modificações pós-traducionais, como a fosforilação ou a hidroxilação, que acrescentam incrementos de massa prontamente identificados em uma proteína (**Tabela 4-1**). Essas modificações são difíceis de detectar utilizando a técnica de Edman e são indetectáveis na sequência de aminoácidos derivados do DNA.

ESPECTRÔMETROS DE MASSA SÃO FABRICADOS EM VÁRIAS CONFIGURAÇÕES

Em um espectrômetro de massa único quadrupolo simples, uma amostra é colocada sob vácuo e deixada vaporizar na presença de um doador de próton para gerar uma carga positiva. Em seguida, um campo elétrico impulsiona os cátions no sentido de um tubo de voo curvo, onde eles encontram um campo magnético, o qual os deflete em um ângulo reto à sua direção original de voo (**Figura 4-8**). A força que energiza o eletromagneto que gera esse campo é gradualmente aumentada até que o trajeto de cada íon seja curvado o suficiente para colidir com um detector montado no final do tubo de voo. **Para íons com carga líquida idêntica, a força exigida para curvar sua trajetória na mesma extensão é proporcional às suas massas.**

Os espectrômetros de massa por TOF empregam um tubo linear de voo. Após a vaporização da amostra na presença de um doador de prótons, um campo elétrico é aplicado por

TABELA 4-1 Aumentos de massa resultantes de modificações pós-traducionais comuns

Modificação	Aumento de massa (Da)
Fosforilação	80
Hidroxilação	16
Metilação	14
Acetilação	42
Miristoilação	210
Palmitoilação	238
Glicosilação	162

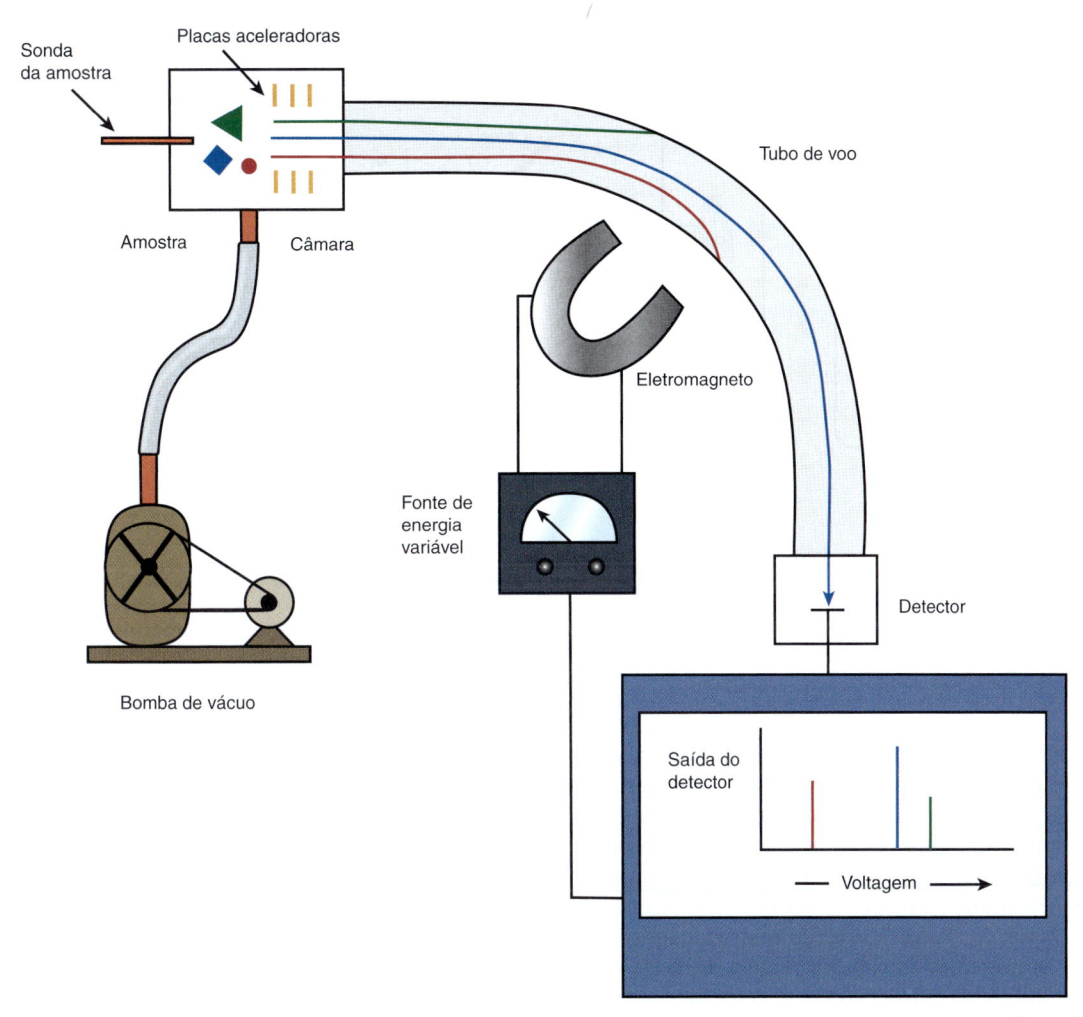

FIGURA 4-8 Componentes básicos de um espectrômetro de massa simples. Uma mistura de moléculas, representada por um círculo vermelho, um triângulo verde e um quadrado azul, é vaporizada em um estado ionizado na câmara de amostra. Essas moléculas são, então, aceleradas pelo tubo de voo por um potencial elétrico aplicado na grade aceleradora (em amarelo). Um eletromagneto com força de campo ajustável aplica um campo magnético que deflete o voo de íons individuais até que eles colidam com o detector. Quanto maior for a massa do íon, mais alto será o campo magnético necessário para focalizá-lo no detector.

curto prazo para acelerar os íons no sentido do detector no fim do tubo de voo. **Para moléculas de carga idêntica, a velocidade a que elas são aceleradas e, consequentemente, o tempo necessário para atingir o detector são inversamente proporcionais à sua massa.**

Em geral, são utilizados espectrômetros de massa quadrupolos para determinar as massas de moléculas de 4.000 Da ou menos, enquanto os espectrômetros de massa por TOF são empregados para determinar as grandes massas de proteínas completas. Diversas combinações de múltiplos quadrupolos ou a reflexão dos íons de volta para o tubo de voo linear de um espectrômetro de massa por TOF são utilizadas para criar instrumentos mais sofisticados.

Os peptídeos podem ser volatilizados para análise por ionização por *eletrospray* ou por dessorção a *laser* assistida por matriz

A análise de peptídeos e de proteínas por MS foi inicialmente comprometida por dificuldades na volatilização dessas grandes moléculas orgânicas. Embora pequenas moléculas orgânicas pudessem ser prontamente volatilizadas por meio de aquecimento em vácuo (**Figura 4-9**), as proteínas, os oligonucleotídeos, etc. eram decompostos com o aquecimento. Apenas quando técnicas confiáveis foram desenvolvidas para dispersar peptídeos, proteínas e outras grandes biomoléculas na fase de vapor é que foi possível aplicar a MS para a análise estrutural e determinação de sua sequência. Três métodos comumente utilizados para dispersão na fase de vapor são a **ionização por *eletrospray***, a **ionização e dessorção a *laser* assistida por matriz** (**MALDI**, do inglês *matrix-assisted laser desorption and ionization*) e o **bombardeamento por átomos rápidos** (**FAB**, do inglês *fast atom bombardment*). Na ionização por *eletrospray*, as moléculas a serem analisadas são dissolvidas em um solvente volátil e introduzidas na câmara de amostra em um fluxo pequeno através de um capilar (Figura 4-9). À medida que a gotícula do líquido emerge na câmara de amostra, o solvente dispersa rapidamente, deixando a macromolécula suspensa na fase gasosa. A sonda carregada serve para ionizar a amostra. A ionização por *eletrospray* é

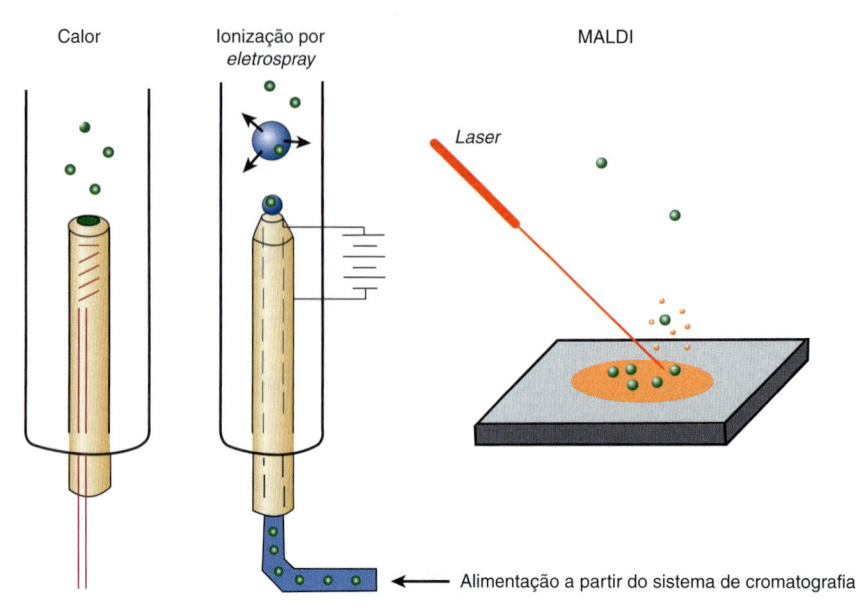

FIGURA 4-9 Três métodos comuns para vaporizar moléculas na câmara de amostra de um espectrômetro de massa (MALDI, ionização e dessorção a *laser* assistida por matriz.)

frequentemente utilizada para analisar os peptídeos e as proteínas, à medida que eluem de uma HPLC ou de outra coluna cromatográfica já dissolvidos em um solvente volátil. Na MALDI, a amostra é misturada com uma matriz líquida contendo um corante absorvente de luz e uma fonte de prótons. Na câmara de amostra, a mistura é excitada com o emprego de um *laser*, provocando a dispersão da matriz adjacente em uma fase de vapor de modo tão rápido que evita aquecer os peptídeos ou as proteínas embebidos (Figura 4-9). No FAB, grandes macromoléculas dispersas em glicerol ou outra matriz protônica são bombardeadas por um feixe de átomos neutros, como o xenônio, acelerados à alta velocidade. A ionização "leve" por FAB é frequentemente aplicada para volatilizar grandes macromoléculas intactas.

Os peptídeos, dentro do espectrômetro de massa, podem ser clivados em unidades menores por colisões com os átomos neutros de hélio ou argônio (dissociação induzida por colisão), determinando as massas de cada fragmento. Como as ligações peptídicas são muito mais lábeis do que as ligações entre carbonos, os fragmentos mais abundantes serão diferentes entre si por incrementos de um ou dois aminoácidos. Como a massa molecular de cada aminoácido é única, com exceção (1) da leucina e da isoleucina e (2) da glutamina e da lisina, a sequência do peptídeo pode ser reconstruída a partir das massas de seus fragmentos.

Espectrometria de massa em *tandem*

Misturas de peptídeos complexos podem ser analisadas sem purificação prévia pela MS em *tandem*, que emprega o equivalente a dois espectrômetros de massa ligados em série. Por esse motivo, a análise por instrumentos em *tandem* é frequentemente designada como **MS–MS** ou **MS**^{2}. O primeiro espectrômetro de massa separa cada peptídeo com base em suas diferenças de massa. Ao ajustar a força do campo do primeiro magneto, um peptídeo único pode ser direcionado para o segundo espectrômetro de massa, onde os fragmentos são produzidos e suas massas são determinadas. De modo alternativo, eles podem ser mantidos em um **ion trap** (captura de íons), posicionado entre os dois quadrupolos, e passados seletivamente para o segundo quadrupolo, em vez de serem perdidos quando o primeiro quadrupolo é definido para selecionar íons de uma massa diferente.

A MS em *tandem* pode ser empregada para triagem de amostras de sangue de recém-nascidos para analisar a presença e a concentração de aminoácidos, ácidos graxos e outros metabólitos. As anormalidades nos níveis de metabólitos podem servir como indicadores para o diagnóstico de diversas patologias genéticas, como a fenilcetonúria, a encefalopatia etilmalônica e a acidemia glutárica tipo 1.

PROTEÔMICA E O PROTEOMA

O objetivo da proteômica é identificar a totalidade do complemento de proteínas produzidas por uma célula em diversas condições

Embora a sequência do genoma humano seja conhecida, o quadro fornecido pela genômica isolada é estático e incompleto. À medida que os genes são ativados e desativados, as proteínas são sintetizadas em determinados tipos de células em momentos específicos do crescimento ou da diferenciação e em resposta a estímulos externos. As células musculares expressam proteínas não expressas pelas células nervosas, e o tipo de subunidades existentes no tetrâmero da hemoglobina sofre alterações pré e pós-parto. Muitas proteínas sofrem modificações pós-traducionais durante a maturação para gerar as formas funcionalmente competentes ou como um meio de regular suas propriedades. Para obter uma descrição molecular mais completa e dinâmica dos organismos vivos, os cientistas estão trabalhando para determinar o **proteoma**, um termo que se refere à identidade, à abundância e ao estado de modificação do conjunto completo de proteínas expressas por uma célula individual em determinado momento. Como o proteoma para cada célula que compõe um organismo é distinto e modifica-se com o tempo e as circunstâncias, o proteoma humano final e completo constitui uma meta de dimensões e complexidade formidáveis.

A determinação simultânea de centenas de proteínas é tecnicamente desafiadora

Uma importante meta da proteômica é a identificação de proteínas cujos níveis de expressão ou cuja modificação correlacionam-se com eventos clinicamente significativos. Além de seu potencial como indicadores diagnósticos, esses biomarcadores proteicos podem fornecer importantes indícios sobre as causas primárias e os mecanismos de uma condição fisiológica específica ou doença. A proteômica de primeira geração empregou a SDS-PAGE ou eletroforese bidimensional para separar as proteínas de uma amostra biológica umas das outras, seguida pela determinação da sequência de aminoácidos de suas extremidades aminoterminais pelo método de Edman. As identidades eram determinadas pela busca de sequências polipeptídicas disponíveis de proteínas que continham uma sequência N-terminal correspondente e provavelmente possuíam M_r similar, bem como pI similar em géis 2D.

Esses esforços iniciais foram restringidos pelo número limitado de sequências polipeptídicas disponíveis e pela dificuldade no isolamento de polipeptídeos dos géis em quantidades suficientes para análise de Edman. As tentativas para aumentar o poder de resolução e o rendimento das amostras aumentando o tamanho dos géis foram apenas ligeiramente bem-sucedidas. Por fim, o desenvolvimento das técnicas de MS forneceu um meio para a determinação da sequência de proteínas cuja sensibilidade era compatível com as abordagens de separação por eletroforese.

O conhecimento da sequência genômica do organismo em estudo facilitou enormemente a identificação, fornecendo um amplo conjunto de sequências polipeptídicas codificadas por DNA. Esse conhecimento também forneceu dados da sequência de nucleotídeos a partir dos quais foram construídas **as matrizes genéticas, algumas vezes chamadas de microarranjos**, contendo centenas de sondas de oligonucleotídeos distintas. Esses microarranjos poderiam, então, ser usados para detectar a presença de mRNAs contendo sequências nucleotídicas complementares. Enquanto as mudanças na expressão do mRNA que codifica uma proteína não refletem, necessariamente, mudanças comparáveis no nível da proteína correspondente, as matrizes genéticas são tecnicamente menos exigentes e mais sensíveis do que a primeira geração de abordagens proteômicas, sobretudo em relação a proteínas presentes em pouca quantidade.

A proteômica de segunda geração acoplou técnicas cromatográficas em nanoescala recentemente desenvolvidas com a MS. As proteínas em uma amostra biológica são primeiro tratadas com uma protease para hidrolisá-las em peptídeos menores, que são, então, submetidos à cromatografia de fase reversa, de troca iônica ou por exclusão de tamanho para distribuir o grande número de peptídeos em subgrupos menores, mais acessíveis à análise. Esses subgrupos são analisados por meio de injeção do eluente da coluna diretamente em um espectrômetro de massa quadrupolo ou por TOF. A **tecnologia multidimensional de identificação de proteínas** (**MudPIT**, do inglês *multidimensional protein identification technology*) emprega sucessivos ciclos de cromatografia para separar os peptídeos formados a partir da digestão de uma amostra biológica complexa em diversas frações mais simples, que podem ser analisadas separadamente por MS.

Atualmente, a suspensão de misturas complexas de peptídeos dentro do próprio espectrômetro de massa e a subsequente exportação dos pequenos subgrupos para análise final usando *ion trap* (captura de íons) permitem, frequentemente, que mesmo misturas complexas sejam analisadas diretamente por MS sem fracionamento cromatográfico anterior. Os esforços também continuam para refinar os métodos para análise de mRNA e expressão proteica em células individuais.

A bioinformática auxilia na identificação das funções da proteína

As funções de uma grande parcela de proteínas codificadas pelo genoma humano são atualmente desconhecidas. Os esforços continuam no intuito de desenvolver matrizes proteicas ou microarranjos para testar diretamente as funções em potencial de proteínas em grande escala. No entanto, enquanto a função de algumas proteínas é relativamente fácil de testar, como a atividade de protease ou de esterase, outras são muito mais complicadas de serem avaliadas. A exploração de dados por bioinformática permite que os pesquisadores comparem sequências de aminoácidos de proteínas desconhecidas com aquelas cujas funções foram determinadas. Isso fornece um meio para descobrir pistas sobre suas propriedades, papéis fisiológicos e mecanismos de ação potenciais. Os algoritmos exploram a tendência da natureza a empregar variações de um tema estrutural para realizar funções similares em várias proteínas (p. ex., o envelopamento de Rossmann para a ligação de nucleotídeos como NAD(P)H, as sequências de direcionamento nuclear e o motivo mãos EF para ligar Ca^{2+}). Em geral, esses domínios são detectados na estrutura primária por meio da conservação de determinados aminoácidos em posições principais. As opiniões sobre as propriedades e o papel fisiológico de uma proteína recentemente descoberta podem ser assim deduzidas ao comparar sua estrutura primária àquela de proteínas conhecidas.

RESUMO

- Os polímeros de aminoácidos ou polipeptídeos longos constituem a unidade estrutural básica das proteínas, e a estrutura de uma proteína fornece dados esclarecedores sobre como ela exerce suas funções.
- As proteínas sofrem alterações pós-traducionais durante sua vida, as quais influenciam sua função e determinam seu destino.
- Pela geração de uma nova extremidade aminoterminal, o reagente de Edman permite a determinação de longos segmentos de sequência de aminoácidos.

- Os géis de poliacrilamida fornecem uma matriz porosa para a separação de proteínas com base em suas mobilidades em um campo elétrico de corrente contínua aplicada.
- A razão quase constante na qual o detergente aniônico SDS se liga às proteínas possibilita que a técnica SDS-PAGE separe polipeptídeos predominantemente com base em seus tamanhos relativos.
- Como a massa é uma propriedade universal de todas as biomoléculas e seus derivados, a MS surgiu com uma técnica versátil aplicável à determinação da estrutura primária, à identificação de modificações pós-traducionais e à detecção de anormalidades metabólicas.
- A clonagem de DNA acoplada à química de proteínas forneceu uma abordagem híbrida que aumentou muito a velocidade e a eficiência da determinação da estrutura primária de proteínas.
- A genômica, que é a determinação de todas as sequências polinucleotídicas, fornece aos pesquisadores um modelo para cada uma das macromoléculas geneticamente codificadas em um organismo.
- A análise proteômica utiliza dados genômicos para identificar o conteúdo completo de proteínas em uma amostra biológica a partir de dados parciais de sequência de aminoácidos obtidos pelo acoplamento de métodos de separação de proteínas e peptídeos com sequenciamento por MS.
- Uma meta importante da proteômica é a identificação das proteínas e de suas modificações pós-traducionais, cujo aparecimento ou desaparecimento se correlaciona com fenômenos fisiológicos, envelhecimento ou doenças específicas.
- A bioinformática refere-se ao desenvolvimento de algoritmos computacionais elaborados para inferir as propriedades funcionais de macromoléculas por meio da comparação de sequências de proteínas novas com outras, cujas propriedades são conhecidas.

REFERÊNCIAS

Biemann K: Laying the groundwork for proteomics: Mass spectrometry from 1958 to 1988. J Proteomics 2014;107:62.

Deutscher MP (editor): *Guide to Protein Purification.* Methods Enzymol, vol. 182, Academic Press, 1990 (Entire volume).

Duarte TT, Spencer CT: Personalized proteomics: The future of precision medicine. Proteomes 2016;4:29.

Ghafourian S, Sekawi Z, Raftari M, et al: Application of proteomics in lab diagnosis. Clin Lab 2013;59:465.

Schena M, Shalon D, Davis RW, et al: Quantitative monitoring of gene expression patterns with a complementary DNA microarray. Science 1995;270:467.

Scopes RK: *Protein Purification. Principles and Practice*, 3rd ed. Springer, 1994.

Sun H, Chen GY, Yao SQ: Recent advances in microarray technologies for proteomics. Chem Biol 2013;20:685.

Van Riper SK, de Jong EP, Carlis JV, et al: Mass spectrometry-based proteomics: Basic principles and emerging technologies and directions. Adv Exp Med Biol 2013;990:1.

Wood DW: New trends and affinity tag designs for recombinant protein purification. Curr Opin Struct Biol 2014;26:54.

Zhu H, Qian J: Applications of functional protein microarrays in basic and clinical research. Adv Genet 2012;79:123.

Proteínas: ordens de estrutura superiores

C A P Í T U L O 5

Peter J. Kennelly, Ph.D. e Victor W. Rodwell, Ph.D.

OBJETIVOS

Após o estudo deste capítulo, você deve ser capaz de:

- Indicar as vantagens e desvantagens das diferentes abordagens para a classificação das proteínas.
- Explicar e ilustrar as estruturas primária, secundária, terciária e quaternária das proteínas.
- Identificar os principais tipos de estrutura secundária reconhecidos e explicar os motivos supersecundários.
- Descrever o tipo e as potências relativas das forças que estabilizam cada ordem estrutural das proteínas.
- Descrever as informações resumidas em um gráfico de Ramachandran.
- Resumir os princípios operacionais básicos envolvidos nos três métodos principais utilizados para a determinação da estrutura das proteínas: a cristalografia de raios X, a espectroscopia por ressonância magnética e a microscopia crioeletrônica.
- Indicar o atual conhecimento relativo ao processo pelo qual se acredita que as proteínas alcançam a sua conformação nativa.
- Identificar os papéis fisiológicos no processo de maturação proteica, das chaperonas, da proteína dissulfeto isomerase e da peptidilprolina *cis trans* isomerase.
- Descrever as principais técnicas biofísicas utilizadas para estudar as estruturas terciária e quaternária das proteínas.
- Explicar como os distúrbios genéticos e nutricionais da maturação do colágeno ilustram a relação próxima entre a função e a estrutura da proteína.
- Para as doenças por príons, delinear os eventos globais na patologia molecular e citar as formas de vida que elas afetam.

IMPORTÂNCIA BIOMÉDICA

Na natureza, a forma segue a função. Para que um polipeptídeo recém-sintetizado amadureça em uma proteína biologicamente funcional capaz de catalisar uma reação metabólica, induzir o movimento celular ou formar os bastões e os cabos macromoleculares que proporcionam a integridade estrutural de pelos, ossos, tendões e dentes, ele deve se dobrar em um arranjo tridimensional específico, ou **conformação**. Além disso, durante a maturação, **modificações pós-traducionais** podem adicionar novos grupos químicos ou remover transitoriamente segmentos peptídicos necessários. As deficiências genéticas ou nutricionais que comprometem a maturação proteica são prejudiciais à saúde. Exemplos de deficiências genéticas incluem a doença de Creutzfeldt-Jakob, a encefalopatia espongiforme ovina (em inglês, *scrapie*), a doença de Alzheimer e a encefalopatia espongiforme bovina ("doença da vaca louca"). Exemplos de deficiências nutricionais incluem o escorbuto (ácido ascórbico) e a síndrome de Menkes (Cu). Em contrapartida, os fármacos de próxima geração para doenças virais, como a hepatite C, bloqueiam a maturação de proteínas codificadas pelo vírus, inibindo a atividade das ciclofilinas, uma família de proteínas peptidil *cis-trans* isomerases.

CONFORMAÇÃO *VERSUS* CONFIGURAÇÃO

Os termos configuração e conformação são frequentemente confundidos. A **configuração** refere-se à relação geométrica entre um determinado conjunto de átomos; por exemplo, os que diferenciam os L-aminoácidos dos D-aminoácidos. A interconversão das alternativas *configuracionais* requer a ruptura (e a nova formação) das ligações covalentes. A **conformação** refere-se à relação espacial de cada átomo em uma molécula. A interconversão entre *confôrmeros* ocorre com a retenção da configuração, geralmente por meio de rotação em torno de ligações simples.

AS PROTEÍNAS ERAM INICIALMENTE CLASSIFICADAS POR SUAS CARACTERÍSTICAS BRUTAS

A princípio, os cientistas abordaram a elucidação das relações estrutura-função das proteínas separando-as em classes, com base em determinadas propriedades, como solubilidade, formato ou presença de grupos não proteicos. Por exemplo, as proteínas que podem ser extraídas das células com o uso de soluções aquosas com pH e força iônica fisiológicas são classificadas como **solúveis**. A extração de **proteínas integrais de membrana** requer a dissolução da membrana com detergentes. As **proteínas globulares** são moléculas aparentemente esféricas e compactas, que apresentam **razões axiais** (a proporção entre suas dimensões mais curta e mais longa) não superiores a três. A maioria das enzimas consiste em proteínas globulares. Em contrapartida, muitas proteínas estruturais adotam conformações altamente estendidas. Essas **proteínas fibrosas** podem ter razões axiais de 10 ou mais.

As **lipoproteínas** e as **glicoproteínas** contêm lipídeos e carboidratos ligados de forma covalente, respectivamente. A mioglobina, a hemoglobina, os citocromos e muitas outras **metaloproteínas** contêm íons metálicos firmemente associados. Embora esquemas de classificação mais exatos tenham surgido com base na similaridade, ou **homologia**, na sequência de aminoácidos e na estrutura tridimensional, muitos termos de classificação antigos permanecem em uso.

AS PROTEÍNAS SÃO CONSTRUÍDAS USANDO PRINCÍPIOS MODULARES

As proteínas realizam complexas funções físicas e catalíticas ao posicionar determinados grupamentos químicos em um arranjo tridimensional específico. A estrutura polipeptídica contendo esses grupamentos deve adotar uma conformação que seja funcionalmente eficiente e fisicamente forte. À primeira vista, a biossíntese dos polipeptídeos compostos por dezenas de milhares de átomos individuais poderia parecer muito desafiadora. Quando se considera que um polipeptídeo típico pode adotar $\geq 10^{50}$ conformações distintas, o dobramento na conformação adequada para a sua função biológica pareceria ser ainda mais trabalhoso. Conforme descrito nos Capítulos 3 e 4, a síntese dos esqueletos polipeptídicos das proteínas emprega um pequeno grupo de módulos ou blocos de construção comuns, os aminoácidos, unidos por uma ligação comum, a ligação peptídica. De maneira similar, um trajeto modular por etapas simplifica o dobramento e o processamento dos polipeptídeos recém-sintetizados em proteínas maduras.

QUATRO ORDENS DE ESTRUTURA PROTEICA

A natureza modular da síntese e do dobramento da proteína está incorporada no conceito das ordens da estrutura da proteína: **estrutura primária** – a sequência de aminoácidos em uma cadeia polipeptídica; **estrutura secundária** – o dobramento de segmentos curtos (3-30 resíduos) e contíguos do polipeptídeo em unidades geometricamente ordenadas; **estrutura terciária** – a reunião das unidades estruturais secundárias em unidades funcionais maiores, como o polipeptídeo maduro e seus domínios componentes; e **estrutura quaternária** – o número e os tipos de unidades polipeptídicas de proteínas oligoméricas e seus arranjos espaciais.

ESTRUTURA SECUNDÁRIA

As ligações peptídicas restringem as conformações secundárias possíveis

A livre rotação é possível apenas em torno de duas das três ligações covalentes do esqueleto polipeptídico: a ligação unindo o carbono α (Cα) ao carbono da carbonila (Co) e a ligação unindo o Cα ao nitrogênio (ver Figura 3-8). O caráter de ligação dupla parcial da ligação peptídica que liga o Co ao nitrogênio α exige que o carbono da carbonila, o oxigênio da carbonila e o nitrogênio α permaneçam coplanares, impedindo, assim, a rotação. O ângulo entre a ligação Cα—N é denominado ângulo phi (ϕ), e aquele entre a ligação Co—Cα é o ângulo psi (ψ). Em peptídeos, para aminoácidos diferentes da glicina, não é permitida a maioria das combinações dos ângulos phi e psi devido ao impedimento estérico (**Figura 5-1**). As conformações da prolina são ainda mais restritas, uma vez que a sua estrutura cíclica previne a livre rotação da ligação N—Cα.

As regiões de estrutura secundária ordenada originam-se quando uma série de resíduos aminoacil adota ângulos phi e psi similares. Os segmentos estendidos do polipeptídeo (p. ex., alças) podem possuir uma variedade desses ângulos.

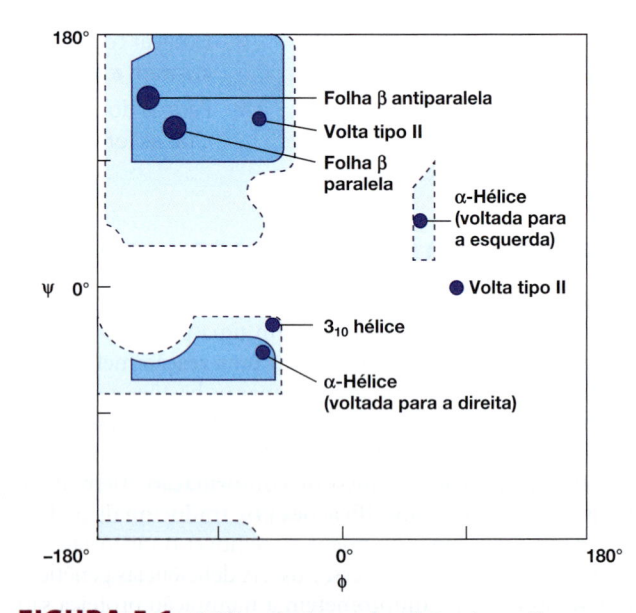

FIGURA 5-1 Gráfico de Ramachandran. As regiões em azul indicam combinações estericamente permissíveis de ângulos phi-psi para aminoácidos não glicina e não prolina em uma cadeia polipeptídica. Quando mais intenso for o azul, mais termodinamicamente favorável será a combinação phi-psi. São marcados os ângulos phi-psi que correspondem a tipos específicos de estruturas secundárias.

Os ângulos que definem os dois tipos mais comuns de estrutura secundária, a **α-hélice** e a **folha β**, caem dentro dos quadrantes esquerdos inferior e superior de um gráfico de Ramachandran, respectivamente (Figura 5-1).

α-Hélice

O esqueleto polipeptídico de uma α-hélice é torcido por uma quantidade igual de cada carbono α com um ângulo phi de cerca de –57° e um ângulo psi de cerca de –47°. Uma volta completa da hélice contém em média 3,6 resíduos de aminoacil, e a distância de cada volta (sua *unidade*) é de 0,54 nm (**Figura 5-2**). Os grupamentos R de cada resíduo aminoacil em uma α-hélice ficam voltados para fora (**Figura 5-3**). As proteínas contêm apenas L-aminoácidos, para os quais uma α-hélice voltada para a direita é muito mais estável, e apenas as α-hélices voltadas para a direita estão presentes nas proteínas. Os diagramas esquemáticos das proteínas representam as α-hélices como molas ou cilindros.

A estabilidade de uma α-hélice origina-se principalmente das ligações de hidrogênio formadas entre o oxigênio da carbonila da ligação peptídica e o átomo de hidrogênio ligado ao nitrogênio da ligação peptídica no quarto resíduo adiante na cadeia polipeptídica (**Figura 5-4**). A capacidade de formar um número máximo de ligações de hidrogênio, suplementadas pelas interações de van der Waals no núcleo dessa estrutura firmemente posicionada, proporciona a força de direcionamento termodinâmico de uma α-hélice. Uma vez que o nitrogênio da ligação peptídica da prolina carece de um átomo de hidrogênio, ela não é capaz de formar uma ligação de hidrogênio com um oxigênio da carbonila. Em consequência, a prolina só pode ser estavelmente acomodada dentro da primeira volta de uma α-hélice. Quando presente em outra posição, a prolina rompe a conformação helicoidal, produzindo uma dobra. Como possui um grupamento R muito pequeno, a glicina também induz, frequentemente, dobras dentro das α-hélices.

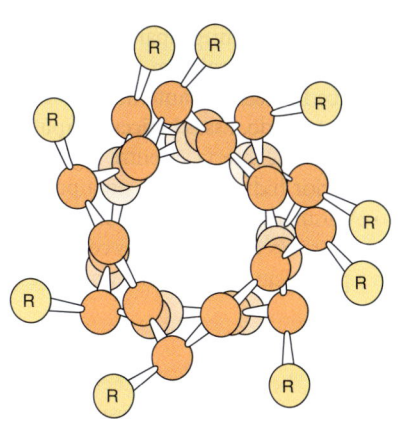

FIGURA 5-3 Visualização de cima para baixo do eixo de uma α-hélice de polipeptídeo. As cadeias laterais (R) estão no exterior da hélice. Os raios de van der Waals dos átomos são maiores do que os aqui mostrados; por conseguinte, não há praticamente nenhum espaço livre dentro da hélice.

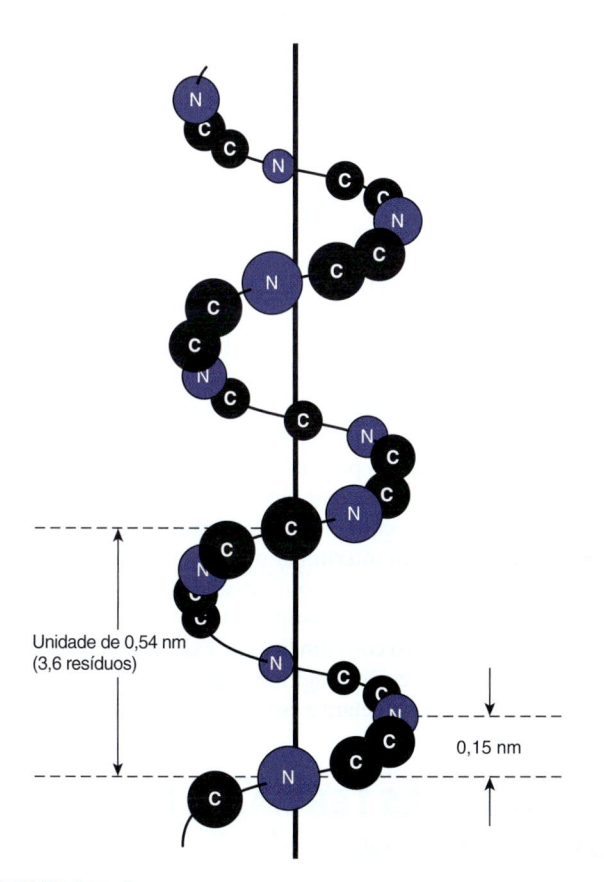

FIGURA 5-2 Orientação dos átomos da cadeia principal de um peptídeo em torno do eixo de uma α-hélice.

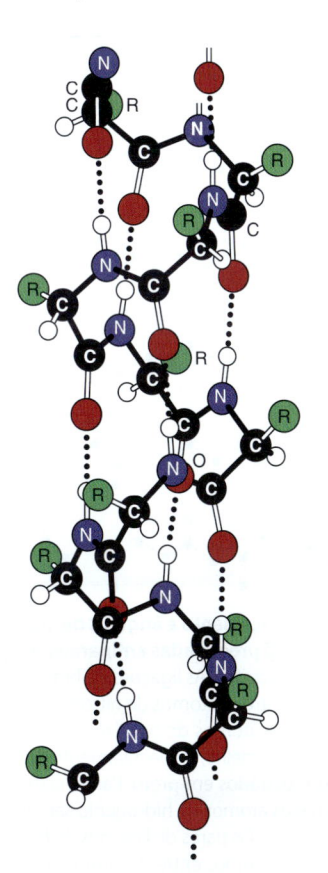

FIGURA 5-4 As ligações de hidrogênio (linhas pontilhadas) formadas entre os átomos de H e O estabilizam um polipeptídeo em uma conformação α-helicoidal.

Muitas α-hélices possuem grupamentos R predominantemente hidrofóbicos, que se projetam de um lado do eixo da hélice, e grupamentos R predominantemente hidrofílicos, que se projetam para o outro lado. Essas **hélices anfipáticas** estão bem adaptadas à formação de interfaces entre regiões polares e apolares, como o interior hidrofóbico de uma proteína e seu ambiente aquoso. Aglomerados de hélices anfipáticas podem criar *canais*, ou poros, através de membranas celulares hidrofóbicas, que permitem a passagem de moléculas polares específicas.

Folha β

A segunda (por isso, "beta") estrutura secundária regular reconhecível nas proteínas é a folha β. Os resíduos de aminoácidos de uma folha β, quando visualizados na borda, formam um padrão de zigue-zague ou pregueado, no qual os grupamentos R dos resíduos adjacentes apontam em direções opostas. Ao contrário da estrutura compacta da α-hélice, o esqueleto peptídico da folha β é altamente estendido. Contudo, como na α-hélice, a estabilidade das folhas β resulta, em grande parte, das ligações de hidrogênio entre os oxigênios da carbonila e os hidrogênios da amida das ligações peptídicas. No entanto, ao contrário da α-hélice, essas ligações são formadas com os segmentos adjacentes da folha β (**Figura 5-5**).

As folhas β que interagem entre si podem estar dispostas para formar uma folha β **paralela**, na qual os segmentos adjacentes da cadeia polipeptídica prosseguem na mesma direção amino para carboxila, ou para formar uma folha **antiparalela**, na qual prosseguem em direções opostas (Figura 5-5). Ambas as configurações permitem o número máximo de ligações de hidrogênio entre os segmentos, ou fitas, da folha. A maioria das folhas β não é perfeitamente plana, mas tende a apresentar uma torção para a direita. Grupamentos de cadeias torcidas de folhas β, algumas vezes chamados de barris β, formam o cerne de muitas proteínas globulares (**Figura 5-6**). Os diagramas esquemáticos representam as folhas β como setas que apontam da direção aminoterminal para a carboxiterminal.

Alças e dobras

Quase metade dos resíduos em uma proteína globular "típica" reside em α-hélices ou folhas β, e metade em alças, voltas, dobras e outros aspectos conformacionais estendidos. Voltas e dobras referem-se aos segmentos curtos de aminoácidos que unem duas unidades da estrutura secundária, como as duas fitas adjacentes de uma folha β antiparalela. Uma volta β envolve quatro resíduos aminoacil, na qual o primeiro resíduo está ligado ao quarto por uma ligação de hidrogênio, resultando em uma volta estreita de 180° (**Figura 5-7**). A prolina e a glicina estão presentes nas voltas β com frequência.

As alças são regiões que contêm resíduos além da quantidade mínima necessária para conectar regiões adjacentes da estrutura secundária. Com conformação irregular, as alças servem, no entanto, para importantes papéis biológicos. Para muitas enzimas, as alças que fazem ligação entre os domínios responsáveis por ligar substratos frequentemente contêm resíduos aminoacil que participam da catálise. Os **motivos hélice-alça-hélice** contêm a porção de ligação ao oligonucleotídeo de muitas proteínas de ligação ao ácido desoxirribonucleico (DNA, do inglês *deoxyribonucleic acid*), como repressores e fatores de transcrição. Os motivos estruturais, como os motivos hélice-alça-hélice ou mãos EF da calmodulina (ver Capítulo 51), que são intermediários na escala entre as estruturas secundária e terciária, são frequentemente chamados de estruturas **supersecundárias**. Como muitas alças e dobras residem na superfície das proteínas e, dessa maneira, são expostas ao solvente, elas constituem sítios prontamente acessíveis, ou **epítopos**, para o reconhecimento e a ligação de anticorpos.

Embora as alças careçam de regularidade estrutural aparente, muitas adotam uma conformação específica estabilizada por meio de ligações de hidrogênio, pontes salinas e interações hidrofóbicas com outras porções da proteína. No entanto, nem todas as porções das proteínas são necessariamente ordenadas. As proteínas podem conter regiões "desordenadas", em geral nas extremidades aminoterminal ou carboxiterminal, caracterizadas pela alta flexibilidade conformacional. Em muitos casos, essas regiões desordenadas assumem uma conformação ordenada perante a ligação com um ligante. Essa flexibilidade estrutural capacita essas regiões a agirem como interruptores dependentes de ligantes que afetam a estrutura e a função da proteína.

ESTRUTURAS TERCIÁRIA E QUATERNÁRIA

O termo "estrutura terciária" refere-se à conformação tridimensional total de um polipeptídeo. Ele indica, no espaço

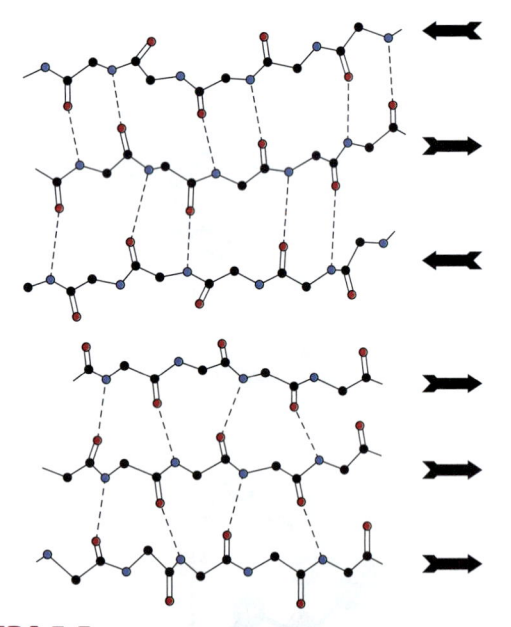

FIGURA 5-5 Espaçamento e ângulos de ligação das ligações de hidrogênio de folhas β pregueadas antiparalelas e paralelas. As setas indicam a direção de cada fita. As ligações de hidrogênio estão indicadas por linhas tracejadas entre os átomos do nitrogênio α participantes (doadores de hidrogênio) e átomos de oxigênio (aceptores de hidrogênio) mostrados em azul e vermelho, respectivamente. Os átomos de carbono do esqueleto são mostrados em preto. Para a clareza da apresentação, os grupamentos R e os átomos de hidrogênio são omitidos. **Parte superior:** folha β antiparalela. Os pares de ligações de hidrogênio alternam-se entre estarem muito próximos entre si e amplamente separados e apresentam orientação quase perpendicular ao esqueleto polipeptídico. **Parte inferior:** folha β paralela. As ligações de hidrogênio são uniformemente espaçadas, mas se inclinam em direções alternadas.

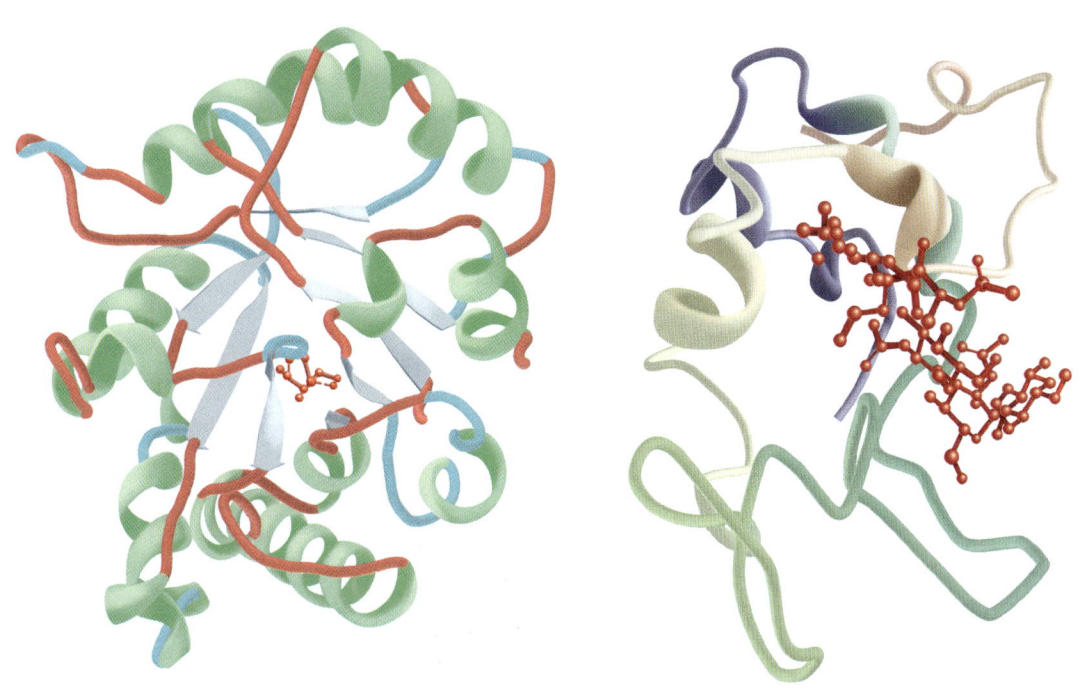

FIGURA 5-6 Exemplos da estrutura terciária das proteínas. À esquerda: a enzima triose-fosfato-isomerase forma um complexo com o substrato análogo 2-fosfoglicerato (em vermelho). Observe o arranjo elegante e simétrico de folhas β (em cinza) e α-hélices (em verde) alternadas, com as folhas β formando um cerne em barril β circundado pelas hélices. (Adaptada de Protein Data Bank ID no. 1o5x.) **À direita:** lisozima complexada com o substrato análogo penta-N-acetil-quitopentaose (em vermelho). A cor da cadeia polipeptídica é graduada ao longo do espectro visível desde o roxo (N-terminal) até o bege (C-terminal). Observe como a forma côncava do domínio forma uma bolsa de ligação para o pentassacarídeo, a falta de folha β e a alta proporção de alças e curvas. (Adaptada de Protein Data Bank ID no. 1sfb.)

tridimensional, como as características estruturais secundárias – hélices, folhas, dobras, voltas e alças – reúnem-se para formar domínios e como esses domínios se relacionam espacialmente entre si. Um **domínio** é uma seção da estrutura da proteína suficiente para realizar determinada tarefa química ou física, como a ligação de um substrato ou de outro ligante. Os domínios são, em sua maioria, de natureza modular, isto é, contíguos tanto na sequência primária quanto no espaço tridimensional (**Figura 5-8**). As proteínas simples, particularmente as que interagem com um único substrato ou outro ligante, como a lisozima, a triose-fosfato-isomerase (Figura 5-6) ou a proteína de armazenamento de oxigênio, a mioglobina (ver Capítulo 6), frequentemente consistem em um único domínio. Em contrapartida, a lactato-desidrogenase é composta por dois domínios, um domínio N-terminal de ligação ao NAD^+ e um domínio de ligação C-terminal para o segundo substrato, o piruvato (Figura 5-8). A lactato-desidrogenase é um componente da família das oxirredutases que compartilha um domínio comum de ligação ao $NAD(P)^+$ N-terminal, conhecida como **dobra de Rossmann**. Pela fusão de um segmento de DNA que codifica uma dobra de Rossmann a um segmento codificando uma variedade de domínios C-terminais, surgiu uma grande família de oxirredutases que utiliza $NAD(P)^+/NAD(P)H$ para a oxidação e a redução de uma ampla gama de metabólitos. Os exemplos incluem álcool-desidrogenase, gliceraldeído-3-fosfato-desidrogenase, malato-desidrogenase, quinona-oxirredutase, 6-fosfogliconato-desidrogenase, D-glicerato-desidrogenase e formato-desidrogenase.

Nem todos os domínios se ligam a substratos. Os domínios hidrofóbicos ancoram proteínas nas membranas ou possibilitam que proteínas atravessem membranas. As sequências de localização direcionam as proteínas para posições subcelulares ou extracelulares específicas, como o núcleo, a mitocôndria, as vesículas secretoras, etc. Os domínios regulares deflagram alterações na função da proteína em resposta à ligação de efetores alostéricos ou de modificações covalentes (ver Capítulo 9). A combinação do material genético que codifica

FIGURA 5-7 Uma volta β que liga dois segmentos de folha β antiparalela. A linha pontilhada indica a ligação de hidrogênio entre o primeiro e o quarto aminoácidos do segmento de quatro resíduos Ala-Gli-Asp-Ser.

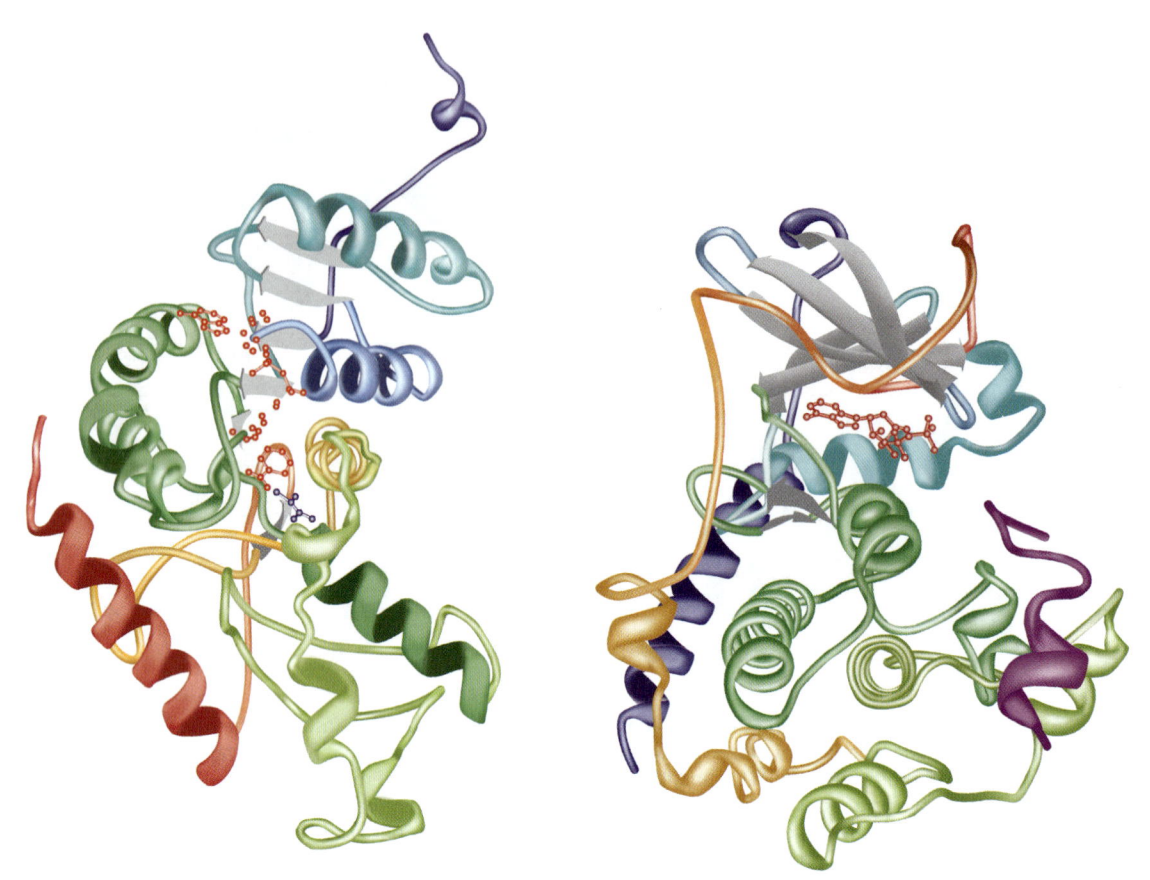

FIGURA 5-8 **Polipeptídeos contendo dois domínios. À esquerda:** demonstração da estrutura tridimensional de uma unidade monomérica da enzima tetramérica lactato-desidrogenase com os substratos desidrogenase do dinucleotídeo de adenina-nicotinamida (NADH) (em vermelho) e piruvato (em azul) ligados. Nem todas as ligações no NADH são exibidas. A cor da cadeia polipeptídica é graduada ao longo do espectro visível desde a cor azul (N-terminal) até a cor laranja (C-terminal). Observe que a porção N-terminal do polipeptídeo forma um domínio contíguo, englobando a porção superior da enzima, responsável por ligar o NADH. De maneira similar, a porção C-terminal forma um domínio contíguo responsável por ligar o piruvato. (Adaptada de Protein Data Bank ID no. 3ldh.) **À direita:** a figura mostra a estrutura tridimensional da subunidade catalítica da proteína-cinase dependente de monofosfato de adenosina cíclico (cAMP) (ver Capítulo 42), com os substratos análogos difosfato de adenosina (ADP) (em vermelho) e o peptídeo (fita na cor roxa) ligados. A cor da cadeia polipeptídica é graduada ao longo do espectro visível desde a cor azul (N-terminal) até a cor laranja (C-terminal). As proteínas-cinase transferem o grupamento γ-fosforil do trifosfato de adenosina (ATP) para a proteína e os substratos peptídicos (ver Capítulo 9). Observe que a porção N-terminal do polipeptídeo forma um domínio contíguo rico em folha β que liga o ADP. De modo semelhante, a porção C-terminal forma um domínio contíguo, rico em α-hélice, que é responsável pela ligação do substrato peptídico. (Adaptada de Protein Data Bank ID no. 1jbp.)

módulos de domínios individuais fornece uma via fácil de geração de proteínas de grande complexidade estrutural e sofisticação funcional (**Figura 5-9**).

As proteínas contendo múltiplos domínios também podem ser reunidas por meio da associação de múltiplos polipeptídeos, ou protômeros. A estrutura quaternária define a composição polipeptídica de uma proteína e, para uma proteína oligomérica, as relações espaciais entre seus protômeros ou subunidades. Proteínas **monoméricas** consistem em uma única cadeia polipeptídica. As proteínas **diméricas** contêm duas cadeias polipeptídicas. Os **homodímeros** contêm duas cópias da mesma cadeia polipeptídica, ao passo que, em um **heterodímero**, os polipeptídeos diferem. As letras gregas (α, β, γ, etc.) são utilizadas para distinguir subunidades diferentes de uma proteína hetero-oligomérica, e os subscritos indicam o número de cada tipo de subunidade. Por exemplo, α_4 designa uma proteína homotetramérica, e a proteína $\alpha_2\beta_2\gamma$ tem cinco subunidades de três tipos diferentes.

Diagramas esquemáticos destacam características estruturais específicas

É possível acessar a estrutura tridimensional de literalmente milhares de proteínas no Protein Data Bank (http://www.rcsb.org/pdb/home/home.do) e outros repositórios. Enquanto é possível obter as imagens que indicam a posição de cada átomo, visto que até mesmo as pequenas proteínas contêm muitos milhares de átomos, esses diagramas são, em geral, muito complexos para serem facilmente interpretados. Assim, livros, revistas, *websites*, etc. frequentemente utilizam diagramas esquemáticos simplificados desenvolvidos para ressaltar as características específicas das estruturas terciária e quaternária de uma proteína. Os diagramas em fita (Figuras 5-6 e 5-8) traçam a conformação do esqueleto polipeptídico, com os cilindros e as setas indicando as regiões de uma α-hélice e de uma folha β, respectivamente. Em uma representação ainda mais simplificada, segmentos em linha que unem os carbonos α de cada resíduo de aminoácido indicam o caminho da cadeia

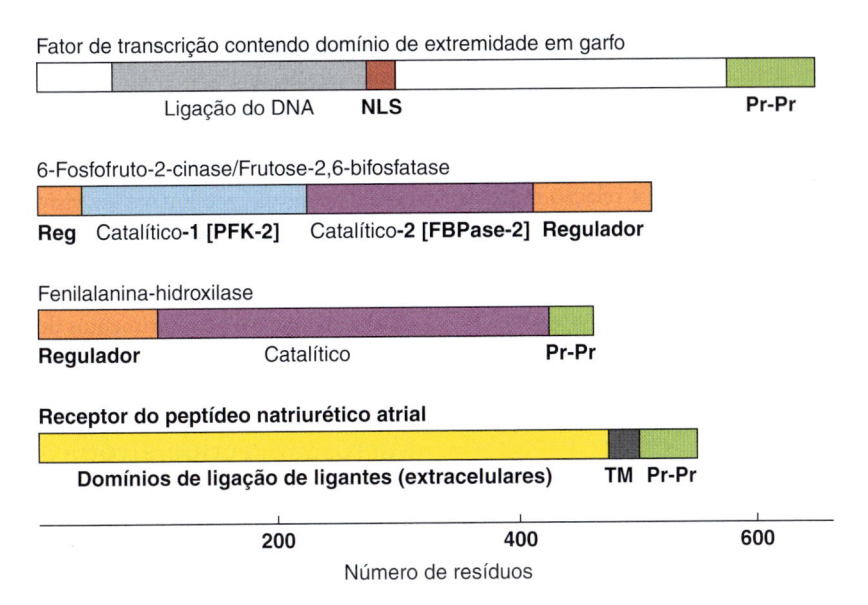

FIGURA 5-9 Algumas proteínas com múltiplos domínios. Os retângulos representam as sequências polipeptídicas de um fator de transcrição com extremidade em garfo; a 6-fosfofruto-2-cinase/frutose-2,6-bifosfato, uma enzima bifuncional cujas atividades são controladas de maneira recíproca por efetores alostéricos e modificação covalente (ver Capítulo 19); a fenilalanina-hidroxilase (ver Capítulos 27 e 29), cuja atividade é estimulada pela fosforilação de seu domínio regulador; e um receptor do peptídeo natriurético atrial, cujo domínio intracelular transmite sinais por meio de interações proteína-proteína com proteínas heterotriméricas de ligação ao trifosfato de guanosina (GTP) (ver Capítulo 42). Os domínios reguladores são coloridos em laranja; os domínios catalíticos, em azul ou violeta; os domínios de interação proteína-proteína (Pr-Pr), em verde; os domínios de ligação do ácido desoxirribonucleico (DNA), em cinza; as sequências de localização nuclear, em vermelho; os domínios de ligação de ligantes, em amarelo-claro; e os domínios transmembrana, em preto. As atividades de cinase e de bifosfatase da 6-fosfofruto-2--cinase/frutose-2,6-bifosfatase são catalisadas pelos domínios catalíticos N-terminal (PFK-2) e C-terminal (FBP2-ase) próximos, respectivamente.

polipeptídica. A fim de ressaltar as relações estrutura-função específicas, esses diagramas esquemáticos frequentemente representam as cadeias laterais de aminoácidos selecionados.

MÚLTIPLOS FATORES ESTABILIZAM AS ESTRUTURAS TERCIÁRIA E QUATERNÁRIA

As ordens superiores da estrutura da proteína são estabilizadas principalmente – e, em geral, de maneira exclusiva – por meio de interações não covalentes. Entre estas, as principais são as interações hidrofóbicas, que direcionam a maioria das cadeias laterais de aminoácidos hidrofóbicos para o interior da proteína, longe da água circundante. Os outros contribuintes significativos incluem as ligações de hidrogênio e as pontes salinas entre os carboxilatos dos ácidos aspártico e glutâmico e as cadeias laterais de resíduos de lisil, argininil e histidil protonados com cargas opostas. Essas interações são individualmente fracas – 1 a 5 kcal/mol em relação a 80 a 120 kcal/mol de uma ligação covalente. No entanto, assim como a força cumulativa da armação de um fecho de velcro formado por uma multiplicidade de pequenas alças e ganchos de plástico, essas interações em conjunto, que são individualmente fracas, porém numerosas, conferem alto grau de estabilidade à conformação biologicamente funcional da proteína.

Algumas proteínas contêm ligações dissulfeto (S—S) covalentes que ligam os grupamentos sulfidrila dos resíduos cisteinil. A formação de ligações dissulfeto envolve a oxidação de grupamentos sulfidrila cisteinil e exige oxigênio. As ligações dissulfeto intrapolipeptídicas aumentam a estabilidade da conformação dobrada de um peptídeo, ao passo que as ligações dissulfeto interpolipeptídicas estabilizam a estrutura quaternária de determinadas proteínas oligoméricas.

TÉCNICAS BIOFÍSICAS REVELAM A ESTRUTURA TRIDIMENSIONAL

Cristalografia de raios X

Após a solução da estrutura tridimensional da mioglobina por John Kendrew, em 1960, a cristalografia de raios X revelou a estrutura de milhares de macromoléculas biológicas, variando de proteínas a oligonucleotídeos e diversos vírus. Para a resolução de sua estrutura por meio da cristalografia de raios X, primeiramente uma proteína é precipitada sob condições que formam cristais bem-ordenados. Para estabelecer as condições apropriadas, os estudos de cristalização empregam alguns microlitros da solução da proteína e uma matriz de variáveis (temperatura, pH, presença de sais ou solutos orgânicos, como polietileno glicol) para estabelecer as condições ideais para a formação do cristal. Os cristais montados em capilares de quartzo são primeiramente irradiados com raios X monocromáticos com comprimento de onda aproximado de 0,15 nm para obter a confirmação de que eles são proteicos, e não sais. Então, os cristais de proteína podem ser congelados no nitrogênio líquido para subsequente coleta do conjunto de dados de alta resolução. Os primeiros cristalógrafos coletaram o padrão circular formado pelos raios X difratados sobre filme e os analisaram manualmente. Hoje, os padrões são registrados eletronicamente usando um detector de área e, então, analisados utilizando uma abordagem matemática, chamada de *transformada de Fourier*, que soma as funções de onda. As amplitudes da onda estão relacionadas à intensidade do ponto, porém, como as ondas não estão em fase, a relação entre as suas fases deve ser determinada para extrapolar as posições dos átomos que dão origem ao padrão de difração.

A conduta tradicional para a solução do "problema de fase" emprega a **substituição isomórfica**. Antes da radiação, um átomo com "assinatura" radiográfica distinta, como mercúrio ou urânio, é introduzido em um cristal em posições conhecidas na estrutura primária da proteína. Uma conduta alternativa emprega a expressão de proteínas recombinantes codificadas por plasmídeo, nas quais o selênio substitui o enxofre da metionina. A expressão é feita por um hospedeiro bacteriano auxotrófico para a biossíntese da metionina e um meio definido em que a selenometionina substitui a metionina. De forma alternativa, quando a estrutura desconhecida é similar a uma que já foi solucionada, a **substituição molecular** em um modelo existente proporciona uma maneira atrativa de obter dados sem o emprego de átomos pesados. Por fim, os resultados da obtenção de dados e dos somatórios de Fourier propiciam um perfil de densidade de elétron ou um mapa tridimensional de como os átomos se conectam ou estão relacionados entre si. A habilidade de algumas enzimas cristalizadas atuarem como catalisadores sugere que suas estruturas cristalinas refletem fielmente a estrutura da enzima livre em solução.

Espectroscopia por ressonância magnética nuclear

A espectroscopia por ressonância magnética nuclear (RMN), um poderoso complemento da cristalografia de raios X, mede a absorbância da energia eletromagnética de radiofrequência emitida por determinados núcleos atômicos. Os isótopos "RMN-ativos" de elementos biologicamente relevantes incluem ^1H, ^{13}C, ^{15}N e ^{31}P. A frequência, ou deslocamento químico, em que um determinado núcleo absorve a energia é uma função tanto do grupamento funcional dentro do qual ele reside quanto da proximidade de outros núcleos RMN-ativos. Antes limitada a metabólitos e a macromoléculas relativamente pequenas, hoje a RMN pode analisar proteínas e complexos proteicos > 100 kDa. Ao determinar a proximidade dos núcleos RMN-ativos entre si, a espectroscopia por RMN bidimensional possibilita a construção da representação tridimensional de uma proteína. Como a espectroscopia por RMN analisa proteínas em solução aquosa, ela prescinde da necessidade de formar cristais (uma vantagem particular quando se enfrenta a dificuldade de cristalizar as proteínas de membrana) e possibilita a observação, em tempo real, das mudanças conformacionais que acompanham a ligação de ligantes ou a catálise. Por ser não invasiva e não destrutiva, a RMN também oferece a possibilidade de um dia ser capaz de observar a estrutura e a dinâmica das proteínas (e dos metabólitos) dentro das células vivas.

Microscopia eletrônica

O desenvolvimento do microscópio, por volta do ano de 1600, por **van Leeuwenhoek** desencadeou uma revolução na biologia. Após essa invenção, os cientistas conseguiam obter imagens bidimensionais, que revelavam a natureza celular dos tecidos vivos e a existência de microrganismos. No entanto, a resolução das análises microscópicas era limitada pelo comprimento de onda relativamente longo das fontes de radiação eletromagnéticas disponíveis, geralmente luz visível (4-7 × 10^{-7} m). Com o uso de acetato de uranila ou algum outro composto contendo metal pesado, revestindo materiais espalhados em uma monocamada, a **microscopia eletrônica** (ME) pode utilizar elétrons de alta energia com comprimentos de onda de 1 a 10 × 10^{-12} m para gerar imagens de projeção bidimensional com resolução de alguns angstroms.

Microscopia crioeletrônica

Durante muito tempo, os bioquímicos ansiaram por visualizar diretamente proteínas de outras macromoléculas biológicas da mesma maneira que microbiólogos e biólogos celulares podem examinar diretamente células vivas. Entretanto, a resolução dos microscópios ópticos era inerentemente limitada pelo comprimento de onda da luz. Em meados do século XX, cientistas desenvolveram microscópios eletrônicos que utilizam feixes de elétrons como fonte de radiação eletromagnética. Em virtude do menor comprimento de onda dos feixes de elétrons, os microscópios eletrônicos conseguiram ampliar objetos até mais de 1 milhão de vezes mais em comparação com os microscópios ópticos – o suficiente para visualizar grandes macromoléculas, como os ribossomos e os plasmídeos de DNA. Entretanto, a alta energia do feixe de elétrons e a necessidade de trabalhar em condições de alto vácuo eram incompatíveis com a sobrevida de moléculas orgânicas.

Em 2017, Jacques Dubochet, Joachim Frank e Richard Henderson receberam o Prêmio Nobel pelo desenvolvimento da microscopia crioeletrônica (crio-ME). A crio-ME emprega meios ultrafrios, como nitrogênio líquido (temperatura em torno de –195°C), etano líquido ou hélio líquido, para estabilizar biomoléculas em um estado *hidratado* e protegê-las do aquecimento quando bombardeadas pelo feixe de elétrons. Essa técnica possibilita a visualização de grandes macromoléculas e de complexos macromoleculares. As temperaturas extremamente baixas proporcionam o benefício adicional de estabilizar essas macromoléculas em determinado *estado conformacional*, revelando, assim, diferentes conformações estruturais. A tomografia gera imagens tridimensionais dos complexos biomacromoleculares em determinado estado conformacional, utilizando algoritmos computacionais para gerar um composto utilizando as imagens bidimensionais de complexos capturados em várias orientações diferentes na matriz de amostra de ME. Então, o efeito de fatores que desencadeiam mudanças no estado conformacional pode ser determinado e comparado. A capa deste livro ilustra um exemplo de crio-ME, uma representação de 5 Å das proteínas do vírus Zika.

Modelagem molecular

Um adjunto valioso para a determinação empírica da estrutura tridimensional das proteínas reside na utilização da tecnologia computadorizada para a modelagem molecular. Quando se conhece a estrutura tridimensional, os programas de **dinâmica molecular** podem ser empregados para simular a dinâmica conformacional de uma proteína e a maneira como fatores, como a temperatura, o pH, a força iônica ou as substituições de aminoácidos, influenciam esses movimentos. Os programas de **ancoragem molecular** simulam as interações que ocorrem quando uma proteína encontra um substrato, um inibidor ou outro ligante. A triagem virtual para moléculas prováveis de interagir com os sítios principais em uma proteína de interesse biomédico é utilizada de forma extensa para facilitar a descoberta de novos medicamentos.

A modelagem molecular também é empregada para deduzir a estrutura das proteínas para as quais ainda não estão disponíveis as estruturas por cristalografia de raios X ou de RMN. Os algoritmos de estrutura secundária avaliam a tendência de resíduos específicos serem incorporados em α-hélices ou folhas β nas proteínas previamente estudadas, de modo a predizer a estrutura secundária de outros polipeptídeos. Na **modelagem por homologia**, a estrutura tridimensional conhecida de uma proteína é utilizada como molde sobre o qual se constrói um modelo da *provável* estrutura de uma proteína correlata. Os cientistas estão trabalhando para desenvolver programas de computador que irão predizer, de forma segura, a conformação tridimensional de uma proteína diretamente a partir de sua sequência primária, permitindo, assim, a determinação das estruturas de muitas proteínas desconhecidas, para as quais atualmente faltam os moldes.

DOBRAMENTO PROTEICO

As proteínas são moléculas conformacionalmente dinâmicas que podem se dobrar em suas conformações funcionalmente competentes em um espaço de tempo de milissegundos. Além disso, com frequência, elas podem se dobrar outra vez, caso sua conformação tenha sido interrompida, um processo chamado de renaturação. Como são atingidas as notáveis velocidade e fidelidade do processo de dobramento proteico? Na natureza, o dobramento ao estado nativo ocorre muito rapidamente para ser o produto de uma busca aleatória e desordenada de todas as estruturas possíveis. As proteínas desnaturadas não são apenas molas aleatórias. Os contatos nativos são favorecidos, e as regiões da estrutura original persistem mesmo no estado desnaturado. A seguir, são discutidos os fatores que facilitam e constituem características mecanicistas básicas do dobramento-redobramento das proteínas.

A conformação nativa de uma proteína é favorecida do ponto de vista termodinâmico

O número de combinações distintas dos ângulos phi e psi que especificam conformações potenciais, inclusive de polipeptídeos relativamente pequenos – 15 kDa –, é inacreditavelmente vasta. As proteínas são orientadas por meio do grande labirinto de possibilidades pela termodinâmica. Como a conformação biologicamente relevante – ou nativa – de uma proteína geralmente é aquela mais favorecida do ponto de vista energético, o conhecimento da conformação nativa é especificado na sequência primária. Contudo, se alguém esperasse que um polipeptídeo encontrasse sua conformação nativa pela exploração aleatória de todas as possíveis conformações, o processo exigiria bilhões de anos para ser concluído. É claro que, na natureza, o dobramento proteico ocorre de maneira mais ordenada e orientada.

O dobramento é modular

Em geral, o dobramento da proteína ocorre por meio de um processo em etapas. No primeiro estágio, à medida que o polipeptídeo recém-sintetizado emerge do ribossomo, os segmentos curtos se dobram nas unidades estruturais secundárias, que formam regiões locais de estrutura organizada. Em seguida, o dobramento é reduzido para seleção de um arranjo apropriado desse número relativamente pequeno de elementos estruturais secundários (de modo análogo à maneira como se utiliza normalmente a pergunta clássica "animal, mineral ou vegetal" para iniciar uma rodada do jogo de mesa "20 questões"). No segundo estágio, as regiões hidrofóbicas segregam-se no interior da proteína, longe do solvente, formando um "glóbulo fundido", um polipeptídeo parcialmente dobrado, no qual os módulos da estrutura secundária se reorganizam até que seja alcançada a conformação madura da proteína. Esse processo é ordenado, porém não é rígido. Há considerável flexibilidade na maneira e na ordem em que os elementos da estrutura secundária podem ser rearranjados. Em geral, cada elemento da estrutura secundária ou da estrutura supersecundária facilita o dobramento apropriado ao direcionar o processo do dobramento no sentido da conformação nativa e para longe de alternativas improdutivas. Para as proteínas oligoméricas, cada protômero tende a se dobrar antes que se associe a outras subunidades.

As proteínas auxiliares ajudam no dobramento

Sob condições laboratoriais apropriadas, muitas proteínas se dobram novamente de maneira espontânea depois de serem **desnaturadas** (i.e., desdobradas) pelo tratamento com ácido ou base, agentes caotrópicos ou detergentes. Contudo, a recomposição do dobramento sob essas condições é lenta – de minutos a horas. Além disso, a maioria das proteínas é incapaz de sofrer redobramento espontâneo *in vitro*. Em vez disso, elas formam **agregados** insolúveis, complexos desordenados de polipeptídeos desdobrados ou parcialmente dobrados mantidos juntos predominantemente por interações hidrofóbicas. Os agregados representam resultados improdutivos no processo de dobramento. As células empregam proteínas auxiliares para acelerar o processo de dobramento e para orientar no sentido de uma conclusão produtiva.

Chaperonas

As proteínas chaperonas participam do dobramento de mais da metade de todas as proteínas de mamíferos. A hsp70 (do inglês, 70 kDa *heat shock protein* [proteína de choque térmico de 70 kDa]) da família das chaperonas liga sequências curtas de aminoácidos hidrofóbicos que emergem enquanto um novo polipeptídeo está sendo sintetizado, protegendo-o do solvente. As chaperonas impedem a agregação, propiciando, dessa maneira, uma oportunidade para a formação dos elementos estruturais secundários apropriados e sua subsequente coalescência em um glóbulo fundido. A família hsp60 de chaperonas, às vezes chamadas de chaperoninas, difere em sequência e estrutura da Hsp70 e de seus homólogos. A hsp60 age mais adiante no processo de dobramento, frequentemente em conjunto com uma chaperona hsp70. A cavidade central da chaperona hsp60 em formato de anel proporciona um ambiente apolar protegido, no qual um polipeptídeo pode se dobrar até que todas as regiões hidrofóbicas sejam posicionadas em seu interior, prevenindo qualquer tendência no sentido da agregação.

Proteína dissulfeto-isomerase

As ligações dissulfeto entre e dentro dos polipeptídeos estabilizam as estruturas terciária e quaternária. O processo é iniciado pela enzima proteína sulfidril-oxidase, que catalisa a oxidação de resíduos de cisteína, formando ligações dissulfeto. No entanto, a formação de ligações dissulfeto não é específica – uma determinada cisteína pode formar uma ligação dissulfeto com qualquer resíduo de cisteína disponível. Ao catalisar a troca de dissulfeto, a ruptura de uma ligação S—S e sua reformação com uma cisteína parceira diferente, a proteína dissulfeto-isomerase, facilitam a formação de ligações dissulfeto que estabilizam a conformação nativa de uma proteína. Como muitas enzimas sulfidril-oxidase eucarióticas, elas são dependentes de flavina, e a deficiência de riboflavina na dieta frequentemente é acompanhada pelo aumento da incidência de dobramentos impróprios de proteínas contendo dissulfeto.

Isomerização prolina-*cis, trans*

Todas as ligações peptídicas X-Pro – em que X representa qualquer resíduo – são sintetizadas na configuração *trans*. No entanto, cerca de 6% das ligações X-Pro de proteínas maduras são *cis*. A configuração *cis* é particularmente comum nas voltas β. A isomerização de *trans* para *cis* é catalisada pela família de enzimas prolina *cis-trans* isomerases, também conhecidas como ciclofilinas (**Figura 5-10**). Além de promover a maturação de proteínas nativas, as ciclofilinas também participam do dobramento de proteínas expressas por invasores virais. Consequentemente, as ciclofilinas estão sendo investigadas como alvos para o desenvolvimento de fármacos, como ciclosporina e Alisporivir, para o tratamento do vírus da imunodeficiência humana (HIV, do inglês *human immunodeficiency virus*), da hepatite C e de outras doenças transmitidas por vírus.

A ALTERAÇÃO NA CONFORMAÇÃO PROTEICA PODE TER CONSEQUÊNCIAS PATOLÓGICAS

Príons

As encefalopatias espongiformes transmissíveis, ou **doenças por príons**, são doenças neurodegenerativas fatais caracterizadas por alterações espongiformes, gliomas astrocíticos e perda neuronal decorrente da deposição de agregados proteicos insolúveis nas células nervosas. Elas incluem a doença de Creutzfeldt-Jakob em seres humanos, a encefalopatia espongiforme ovina e a encefalopatia espongiforme bovina (doença da vaca louca) no gado. Uma forma variante da doença de Creutzfeldt-Jakob, que aflige os pacientes mais jovens, está associada a transtornos psiquiátricos e comportamentais de início precoce. As doenças por príons podem se manifestar como distúrbios infecciosos, genéticos ou esporádicos. Como nenhum gene viral ou bacteriano que codifica a proteína patológica do príon pode ser identificado, a origem e o mecanismo de transmissão da doença por príons permanecem não elucidados.

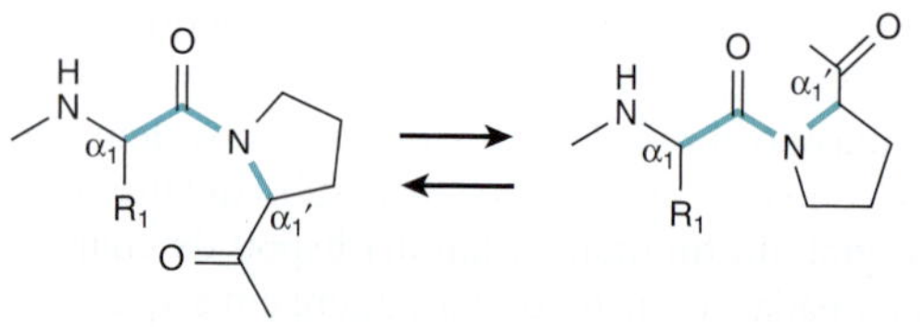

Atualmente, há o reconhecimento de que **as doenças por príons são doenças de conformação proteica** transmissíveis por modificar a conformação e, por conseguinte, as propriedades físicas das proteínas endógenas do hospedeiro. A proteína relacionada com o príon (PrP) humano, uma glicoproteína codificada no braço curto do cromossomo 20, normalmente é monomérica e rica em α-hélice. As proteínas priônicas patogênicas servem de moldes para a transformação conformacional da PrP normal, conhecida como PrPc, em PrPsc. A PrPsc é rica em folhas β com muitas cadeias laterais de aminoacil hidrofóbicas expostas ao solvente. À medida que se forma uma nova molécula de PrPsc, ela deflagra a produção de variantes ainda mais patológicas em uma reação em cadeia conformacional. Como as moléculas de PrPsc se associam firmemente entre si por meio de suas regiões hidrofóbicas expostas, as unidades de PrPsc que se acumulam coalescem, formando agregados insolúveis resistentes à protease. Como uma molécula de príon patológico ou de proteína relacionada com o príon pode servir como molde para a transformação conformacional de muitas vezes o seu número de moléculas de PrPc, as doenças por príons podem ser transmitidas pela proteína isolada sem o envolvimento do DNA ou do ácido ribonucleico (RNA, do inglês *ribonucleic acid*).

Doença de Alzheimer

O novo dobramento ou o dobramento incorreto de outra proteína endógena ao tecido cerebral humano, a β-amiloide, é um aspecto proeminente da doença de Alzheimer. Embora a causa principal da doença de Alzheimer permaneça desconhecida, as placas senis e os feixes neurofibrilares característicos contêm agregados da proteína β-amiloide, um polipeptídeo de 4,3 kDa produzido pela clivagem proteolítica de uma proteína maior, denominada proteína precursora do amiloide. Nos pacientes com doença de Alzheimer, os níveis de β-amiloide tornam-se elevados, e essa proteína sofre uma transformação conformacional a partir de um estado solúvel e rico em α-hélice, para um estado rico em folhas β e propenso à autoagregação. A apolipoproteína E foi implicada como mediador potencial dessa transformação conformacional.

β-Talassemias

As talassemias são causadas por defeitos genéticos que comprometem a síntese de uma das subunidades polipeptídicas da hemoglobina (ver Capítulo 6). Durante o período em que há o aumento acentuado de síntese da hemoglobina que ocorre durante o desenvolvimento da hemácia, uma chaperona

FIGURA 5-10 Isomerização da ligação peptídica *N*-α_1 prolil de uma configuração *cis* para uma configuração *trans* em relação ao esqueleto polipeptídico.

específica, chamada de proteína de estabilização da hemoglobina α (AHSP, do inglês *α-hemoglobin-stabilizing protein*), liga-se às subunidades α da hemoglobina que aguardam a incorporação no multímero da hemoglobina. Na ausência dessa chaperona, as subunidades α da hemoglobina livres agregam-se, e o precipitado resultante possui efeitos citotóxicos para a hemácia em desenvolvimento. As pesquisas que utilizam camundongos geneticamente modificados sugerem que a AHSP contribui para a modulação da gravidade da β-talassemia nos seres humanos.

O COLÁGENO ILUSTRA O PAPEL DO PROCESSAMENTO PÓS-TRADUCIONAL NA MATURAÇÃO PROTEICA

A maturação proteica frequentemente envolve formação e clivagem de ligações covalentes

A maturação das proteínas em seu estado estrutural final geralmente envolve a clivagem ou a formação (ou ambas) de ligações covalentes, um processo de **modificação pós-traducional**. Muitos polipeptídeos são inicialmente sintetizados como precursores maiores, chamados de **pró-proteínas**. Os segmentos polipeptídicos "extras" nessas pró-proteínas muitas vezes servem como sequências-líderes que direcionam um polipeptídeo para uma determinada organela ou facilitam sua passagem através de uma membrana. Outros segmentos garantem que a atividade potencialmente danosa de uma proteína, como as proteases tripsina e quimiotripsina, permaneça inibida até que essas proteínas alcancem o seu destino final. No entanto, quando esses requisitos transitórios são preenchidos, as novas regiões supérfluas do peptídeo são removidas pela proteólise seletiva. Outras modificações covalentes podem adicionar novas entidades químicas a uma proteína. A maturação do colágeno ilustra esses dois processos.

O colágeno é uma proteína fibrosa

O colágeno é a proteína fibrosa mais abundante, constituindo mais de 25% da massa proteica no corpo humano. As outras proteínas fibrosas proeminentes incluem a queratina e a miosina. Essas proteínas fibrosas representam uma fonte primária de força estrutural para as células (p. ex., o citoesqueleto) e os tecidos. A força e a flexibilidade da pele são derivadas de uma rede entremeada de fibras de colágeno e queratina, ao passo que os dentes e os ossos são sustentados por uma rede subjacente de fibras de colágeno análoga aos filamentos de aço no concreto reforçado. O colágeno também está presente nos tecidos conectivos, como ligamentos e tendões. O alto grau de força tênsil necessária para preencher esses papéis estruturais requer proteínas alongadas caracterizadas por sequências repetitivas de aminoácidos e uma estrutura secundária regular.

O colágeno forma uma tripla-hélice única

O tropocolágeno, a unidade repetitiva de uma fibra de colágeno madura, consiste em três polipeptídeos de colágeno, cada um deles contendo cerca de mil aminoácidos, mantidos unidos em uma configuração ímpar, a tripla-hélice do colágeno (**Figura 5-11**). Uma fibra de colágeno madura forma um bastão alongado com uma razão axial de aproximadamente 200. Três filamentos polipeptídicos entrelaçados, que se torcem para a esquerda, enrolam-se um sobre o outro à direita para formar a tripla-hélice do colágeno. O sentido opositor para a direita dessa super-hélice e seus polipeptídeos componentes tornam a tripla-hélice do colágeno altamente resistente ao desenrolamento – princípio também aplicado aos cabos de aço de pontes em suspensão. Uma tripla-hélice de colágeno possui 3,3 resíduos por volta e um aumento por resíduo que constitui quase o dobro daquele de uma α-hélice. Os grupamentos R de cada filamento polipeptídico da tripla-hélice agrupam-se tão intimamente que, de modo a se adaptar, um em cada três deve ser H. Dessa maneira, cada terceiro resíduo de aminoácido no colágeno é um resíduo de glicina. A coordenação dos três filamentos propicia o posicionamento apropriado das glicinas necessário por toda a hélice. O colágeno também é rico em prolina e hidroxiprolina, proporcionando um padrão Gli-X-Y repetitivo (Figura 5-11), no qual, em geral, o Y é a prolina ou a hidroxiprolina.

As triplas-hélices do colágeno são estabilizadas por ligações de hidrogênio entre os resíduos em *diferentes* cadeias polipeptídicas, processo auxiliado pelos grupamentos hidroxila dos resíduos hidroxiprolil. Estabilidade adicional é fornecida por ligações covalentes cruzadas formadas entre os resíduos lisil modificados tanto dentro quanto entre as cadeias polipeptídicas.

O colágeno é sintetizado como um precursor maior

Inicialmente, o colágeno é sintetizado como um polipeptídeo precursor maior, o pró-colágeno. Inúmeros resíduos prolil e lisil do pró-colágeno são hidroxilados pela prolil-hidroxilase e pela lisil-hidroxilase, enzimas que requerem ácido ascórbico (vitamina C; ver Capítulos 27 e 44). Os resíduos hidroxiprolil e hidroxilisil proporcionam a capacidade de formar ligações de hidrogênio adicionais que estabilizam a proteína madura. Além disso, a glicosil-transferase e a galactosil-transferase adicionam resíduos glicosil ou galactosil nos grupamentos hidroxila de resíduos hidroxilisil específicos.

Então, a porção central do polipeptídeo precursor associa-se a outras moléculas para formar a tripla-hélice característica. Esse processo é acompanhado pela remoção das extensões aminoterminal e carboxiterminal globulares do polipeptídeo precursor por meio da proteólise seletiva. Determinados resíduos lisil são modificados pela lisil-oxidase, uma proteína contendo cobre que converte os grupamentos ε-amino em aldeídos. Os aldeídos podem passar por uma condensação

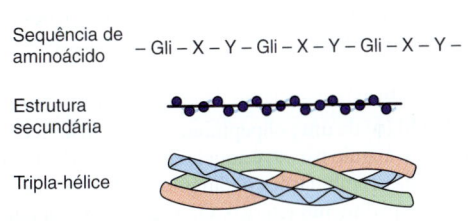

FIGURA 5-11 As estruturas primária, secundária e terciária do colágeno.

aldólica para formar uma ligação dupla C=C ou formar uma base de Schiff (eneimina) com o grupamento ε-amino de um resíduo lisil inalterado, que é subsequentemente reduzido, formando uma ligação simples C—N. Essas ligações covalentes entrelaçam polipeptídeos individuais e conferem força e rigidez excepcional à fibra. Essas ligações covalentes estabelecem uma ligação cruzada com os polipeptídeos individuais e conferem à fibra uma força e rigidez excepcionais.

Os distúrbios nutricionais e genéticos podem comprometer a maturação do colágeno

A complexa série de eventos na maturação do colágeno propicia um modelo que ilustra as consequências biológicas da maturação polipeptídica incompleta. O defeito mais bem conhecido na biossíntese do colágeno é o **escorbuto**, consequência da deficiência nutricional de vitamina C, necessária para a atividade da prolil-hidroxilase e da lisil-hidroxilase. O déficit resultante no número de resíduos de hidroxiprolina e hidroxilisina enfraquece a estabilidade conformacional das fibras de colágeno, levando a gengivas hemorrágicas, edema das articulações, cicatrização deficiente das feridas e, por fim, à morte. Caracterizada por pelos crespos e retardo do crescimento, a **síndrome de Menkes** reflete uma deficiência nutricional do cobre necessário pela lisil-oxidase, a qual catalisa uma etapa primordial na formação das ligações cruzadas covalentes que fortalecem as fibras de colágeno.

Os distúrbios genéticos da biossíntese do colágeno incluem diversas formas de osteogênese imperfeita, caracterizadas por ossos frágeis. Na síndrome de Ehlers-Danlos, um grupo de distúrbios do tecido conectivo que envolve a integridade comprometida das estruturas de sustentação e defeitos nos genes que codificam o colágeno-1 α, a pró-colágeno N-peptidase ou a lisil-hidroxilase resultam em articulações móveis e anormalidades cutâneas (ver Capítulo 50).

- O dobramento proteico é um processo pouco compreendido. Em termos gerais, os segmentos curtos do polipeptídeo recentemente sintetizado se dobram nas unidades estruturais secundárias. As forças que protegem as regiões hidrofóbicas contra o solvente direcionam o polipeptídeo parcialmente dobrado para um "glóbulo fundido", no qual os módulos da estrutura secundária são rearranjados para conferir a conformação nativa da proteína.
- As proteínas que auxiliam no dobramento incluem a proteína dissulfeto-isomerase, prolina-*cis*, *trans*-isomerase e as chaperonas que participam do dobramento de mais da metade das proteínas de mamíferos. As chaperonas protegem os polipeptídeos recentemente sintetizados contra o solvente e proporcionam um ambiente para que os elementos da estrutura secundária apareçam e coalesçam nos glóbulos fundidos.
- Os pesquisadores biomédicos estão atualmente trabalhando para desenvolver agentes que interferem no dobramento de proteínas virais e príons, como fármacos para o tratamento da hepatite C e de várias doenças neurodegenerativas.
- A cristalografia de raios X e a RMN são as principais técnicas utilizadas para estudar as ordens superiores da estrutura da proteína.
- Embora sem o nível de resolução atômica da cristalografia de raios X ou RMN, a crio-ME surgiu como uma ferramenta poderosa para a análise da dinâmica molecular de macromoléculas biológicas em amostras heterogêneas.
- Os príons – partículas de proteína que carecem de ácido nucleico – causam encefalopatias espongiformes fatais transmissíveis, como a doença de Creutzfeldt-Jakob, a encefalopatia espongiforme ovina e a encefalopatia espongiforme bovina. As doenças por príons envolvem uma estrutura secundária-terciária alterada de uma proteína de ocorrência natural, PrPc. Quando a PrPc interage com a sua isoforma patológica, PrPsc, a sua conformação é transformada de uma estrutura predominantemente α-helicoidal para a estrutura em folha β característica do PrPsc.
- O colágeno ilustra uma íntima relação entre a estrutura da proteína e a função biológica. As doenças da maturação do colágeno incluem a síndrome de Ehlers-Danlos e a doença por deficiência de vitamina C, o escorbuto.

RESUMO

- As proteínas podem ser classificadas com base em sua solubilidade, formato, função ou na presença de um grupamento prostético, como o heme.
- A estrutura primária de um polipeptídeo codificada pelo gene é a sequência de seus aminoácidos. A sua estrutura secundária resulta do dobramento dos polipeptídeos em motivos unidos por ligações de hidrogênio, como a α-hélice, a folha β preguada, as voltas β e as alças. As combinações desses motivos podem formar os motivos supersecundários.
- A estrutura terciária considera as relações entre os domínios estruturais secundários. A estrutura quaternária das proteínas com dois ou mais polipeptídeos (proteínas oligoméricas) diz respeito às relações espaciais entre os vários tipos de polipeptídeos.
- As estruturas primárias são estabilizadas por ligações peptídicas covalentes. As ordens superiores de estrutura são estabilizadas por forças fracas – múltiplas ligações de hidrogênio, pontes salinas (eletrostáticas) e associação de grupamentos R hidrofóbicos.
- O ângulo phi (φ) de um polipeptídeo é o ângulo ao redor da ligação C_α—N; o ângulo psi (ψ) é aquele em torno da ligação C_α—C_o. A maioria das combinações de ângulos phi-psi não é admitida, devido ao impedimento estérico. Os ângulos phi-psi que formam a α-hélice e a folha β caem dentro dos quadrantes esquerdos inferior e superior de um gráfico de Ramachandran, respectivamente.

REFERÊNCIAS

Doyle SM, Genest O, Wickner S: Protein rescue from aggregates by powerful molecular chaperone machines. Nat Rev Mol Cell Biol 2013;10:617.

Frausto SD, Lee E, Tang H: Cyclophilins as modulators of viral replication. Viruses 2013;5:1684.

Gianni S, Jemth P: Protein folding: vexing debates on a fundamental problem. Biophys Chem 2016;212:17.

Hartl FU, Hayer-Hartl M: Converging concepts of protein folding in vitro and in vivo. Nat Struct Biol 2009;16:574.

Jucker M, Walker LC: Self-propagation of pathogenic protein aggregates in neurodegenerative diseases. Nature 2013;501:45.

Kim YE, Hipp MS, Bracher A, et al: Molecular chaperone functions in protein folding and proteostasis. Annu Rev Biochem 2013;82:323.

Lee J, Kim SY, Hwang KJ, et al: Prion diseases as transmissible zoonotic diseases. Osong Public Health Res Perspect 2013;4:57.

Narayan M: Disulfide bonds: protein folding and subcellular protein trafficking. FEBS J 2013;279:2272.

Rider MH, Bertrand L, Vertommen D, et al: 6-Phosphofructo-2-kinase/fructose-2,6-bisphosphatase: head-to-head with a bifunctional nal enzyme that controls glycolysis. Biochem J 2004;381:561.

Shoulders MD, Raines RT: Collagen structure and stability. Annu Rev Biochem 2009;78:929.

White HE, Ignatiou A, Clare DK, et al: Structural study of heterogeneous biological samples by cryoelectron microscopy and image processing. Biomed Res Int 2017;2017:1032432.

Questões para estudo

Seção I – Estruturas e funções de proteínas e enzimas

1. Selecione a alternativa INCORRETA.
   A. A fermentação e a glicólise compartilham muitas características bioquímicas em comum.
   B. Louis Pasteur foi o primeiro a descobrir que preparações de levedura sem células podiam converter açúcares em etanol e dióxido de carbono.
   C. O ortofosfato orgânico (P_i) é essencial para a glicólise.
   D. O ^{14}C é uma importante ferramenta para detectar intermediários metabólicos.
   E. A medicina e a bioquímica fornecem conhecimentos uma à outra.

2. Selecione a alternativa INCORRETA.
   A. O NAD derivado de vitamina é essencial para a conversão da glicose em piruvato.
   B. A expressão "erros inatos do metabolismo" foi criada pelo médico Archibald Garrod.
   C. Fatias de tecido de mamífero podem incorporar amônia inorgânica em ureia.
   D. A descoberta de que o DNA é uma dupla-hélice permitiu a Watson e Crick descrever a reação em cadeia da polimerase (PCR).
   E. A mutação do genoma de um "organismo-modelo" pode fornecer informações sobre os processos bioquímicos.

3. Explique como as observações de Büchner no início do século XX levaram à descoberta dos detalhes da fermentação.

4. Cite algumas das primeiras descobertas que ocorreram após a constatação de que uma preparação de levedura sem células poderia catalisar o processo da fermentação.

5. Cite alguns dos tipos de preparações de tecidos que os bioquímicos no início do século XX empregaram para estudar a glicólise e a biossíntese de ureia e para descobrir as funções dos derivados de vitaminas.

6. Descreva como a disponibilidade de isótopos radioativos facilitou a identificação de intermediários metabólicos.

7. Cite vários "erros inatos do metabolismo" identificados pelo médico Archibald Garrod.

8. Cite um exemplo no metabolismo dos lipídeos em que a ligação entre as abordagens bioquímicas e genéticas contribuiu para o avanço da medicina e da bioquímica.

9. Cite vários dos "organismos-modelo" intactos, cujos genomas podem ser seletivamente alterados para fornecer informações sobre processos bioquímicos.

10. Selecione a alternativa INCORRETA.
    A tendência das moléculas de água a formar ligações de hidrogênio entre si é o principal fator responsável por todas as seguintes propriedades da água, EXCETO:
    A. Seu ponto de ebulição atipicamente alto.
    B. Seu alto calor de vaporização.
    C. Sua alta tensão superficial.
    D. Sua capacidade de dissolver hidrocarbonetos.
    E. Sua expansão com o congelamento.

11. Selecione a alternativa INCORRETA.
    A. As cadeias laterais dos aminoácidos cisteína e metionina absorvem luz a 280 nm.
    B. A glicina está frequentemente presente em regiões onde um polipeptídeo forma uma dobra acentuada, revertendo a direção de um polipeptídeo.
    C. Os polipeptídeos são nomeados como derivados do resíduo aminoacil C-terminal.
    D. Os átomos de C, N, O e H de uma ligação peptídica são coplanares.
    E. Um pentapeptídeo linear contém quatro ligações peptídicas.

12. Selecione a alternativa INCORRETA.
    A. Os tampões dos tecidos humanos incluem o bicarbonato, as proteínas e o ortofosfato.
    B. Um ácido fraco ou uma base fraca exibem a sua capacidade de tamponamento máxima quando o pH é igual a seu pK_a mais ou menos uma unidade de pH.
    C. O pH isoelétrico (pI) da lisina pode ser calculado utilizando a fórmula $(pK_2 + pK_3)/2$.
    D. A mobilidade de um ácido fraco monofuncional em um campo elétrico de corrente direta alcança o seu máximo quando o pH de seu ambiente circundante é igual a seu pK_a.
    E. Para simplificar, a força das bases fracas geralmente é expressa como pK_a de seus ácidos conjugados.

13. Selecione a alternativa INCORRETA.
    A. Se o pK_a de um ácido fraco for 4,0, 50% das moléculas estarão no estado dissociado quando o pH do ambiente circundante for 4,0.
    B. Um ácido fraco com pK_a de 4,0 será um tampão mais efetivo em pH 3,8 do que em pH 5,7.
    C. Em um pH igual a seu pI, um polipeptídeo não apresenta nenhum grupamento com carga elétrica.
    D. Os ácidos e as bases fortes são assim denominados por sofrerem dissociação completa quando dissolvidos em água.
    E. O pK_a de um grupamento ionizável pode ser influenciado pelas propriedades físicas e químicas de seu ambiente circundante.

14. Selecione a alternativa INCORRETA.
    A. Um importante objetivo da proteômica é identificar todas as proteínas presentes em uma célula em diferentes condições, bem como seus estados de modificação.
    B. A espectrometria de massa substituiu, em grande parte, o método de Edman para o sequenciamento de peptídeos e proteínas.
    C. O reagente de Sanger representou um avanço sobre o método de Edman, visto que o primeiro gera um novo aminoterminal, possibilitando a ocorrência de vários ciclos consecutivos de sequenciamento.
    D. Como a massa é uma propriedade universal de todos os átomos e de todas as moléculas, a espectrometria de massa é ideal para a detecção de modificações pós-traducionais em proteínas.
    E. Os espectrômetros de massa por tempo de voo aproveitam a relação F = ma.

15. Por que o azeite de oliva acrescentado à água tende a formar grandes gotículas?

16. O que diferencia uma base forte de uma base fraca?

17. Selecione a alternativa INCORRETA.
    A. A cromatografia de troca iônica separa proteínas com base no sinal e na magnitude de sua carga em determinado pH.
    B. A eletroforese em gel bidimensional separa inicialmente as proteínas com base em seus valores de pI e, em segundo lugar, com base na sua razão carga/massa utilizando a SDS-PAGE.
    C. A cromatografia por afinidade explora a seletividade das interações proteína-ligante para isolar uma proteína específica de uma mistura complexa.
    D. Muitas proteínas recombinantes são expressas com um domínio adicional fundido a seu N- ou C-terminal. Um componente comum desses domínios de fusão é um sítio de ligação de ligante projetado expressamente para facilitar a purificação por cromatografia por afinidade.
    E. Após a purificação por técnicas clássicas, a espectrometria de massa em *tandem* normalmente é utilizada para analisar peptídeos homogêneos individuais derivados de uma mistura complexa de proteínas.

18. Selecione a alternativa INCORRETA.
    A. O dobramento das proteínas é auxiliado pela intervenção de proteínas auxiliares especializadas, denominadas chaperonas.
    B. O dobramento das proteínas tende a ser modular, com formação inicial de áreas de estrutura secundária local, seguida de coalescência em um glóbulo fundido.
    C. O dobramento das proteínas é impulsionado em primeiro lugar e principalmente pela termodinâmica das moléculas de água adjacentes ao polipeptídeo nascente.
    D. A formação de ligações S-S em uma proteína madura é facilitada pela enzima proteína dissulfeto-isomerase.
    E. Apenas algumas proteínas incomuns, como o colágeno, exigem processamento pós-traducional por proteólise parcial para alcançar a sua conformação madura.

19. Calcule o pI de um polieletrólito contendo três grupamentos carboxila e três grupamentos amino, cujos valores de pK_a são 4,0, 4,6, 6,3, 7,7, 8,9 e 10,2.

20. Cite uma desvantagem da categorização dos aminoácidos proteicos simplesmente como "essenciais" ou "não essenciais".

21. Selecione a alternativa INCORRETA.
    A. As dobramento pós-traducionais das proteínas podem afetar tanto a sua função quanto o seu destino metabólico.
    B. O estado conformacional nativo é, em geral, aquele termodinamicamente favorável.
    C. As estruturas tridimensionais complexas da maioria das proteínas são formadas e estabilizadas pelos efeitos cumulativos de um grande número de interações fracas.
    D. Os cientistas pesquisadores utilizam matrizes genéticas para a detecção de alto rendimento da presença e nível de expressão de proteínas.
    E. Exemplos de interações fracas que estabilizam o dobramento das proteínas incluem ligações de hidrogênio, pontes salinas e forças de van der Waals.

22. Selecione a alternativa INCORRETA.
    A. As mudanças na configuração envolvem a ruptura de ligações covalentes.
    B. As mudanças na conformação envolvem a rotação de uma ou mais ligações simples.
    C. O gráfico de Ramachandran ilustra o grau com que o impedimento estérico limita os ângulos permissíveis das ligações simples no esqueleto de um peptídeo ou de uma proteína.
    D. A formação de uma α-hélice é estabilizada pelas ligações de hidrogênio entre cada oxigênio carboxílico da ligação peptídica e o grupo N-H da ligação peptídica seguintes.
    E. Na folha β, os grupamentos R de resíduos adjacentes apontam em direções opostas em relação ao plano da folha.

23. Selecione a alternativa INCORRETA.
    A. O descritor $\alpha_2\beta_2\gamma_3$ denota uma proteína com sete subunidades de três tipos diferentes.
    B. As alças consistem em regiões estendidas que conectam regiões adjacentes da estrutura secundária.
    C. Mais da metade dos resíduos em uma proteína estão localizados em α-hélices ou folhas β.
    D. As folhas β possuem, em sua maioria, uma torção para a direita.
    E. Os príons são vírus que causam doenças de dobramento de proteínas que atacam o cérebro.

24. Qual vantagem o grupo ácido do ácido fosfórico associado ao pK_2 oferece para o tamponamento nos tecidos humanos?

25. As constantes de dissociação para um aminoácido racêmico ainda não caracterizado, descoberto em um meteoro, foram determinadas como: pK_1 = 2,0, pK_2 = 3,5, pK_3 = 6,3, pK_4 = 8,0, pK_5 = 9,8 e pK_7 = 10,9.
    A. Qual grupo funcional carboxílico ou amínico provavelmente estaria associado a cada dissociação?
    B. Qual seria a carga líquida aproximada desse aminoácido em pH 2?
    C. Qual seria a carga líquida aproximada em pH 6,3?
    D. Durante a eletroforese de corrente contínua em pH 8,5, para qual eletrodo esse aminoácido provavelmente migraria?

26. Um tampão bioquímico é um composto que tende a resistir a mudanças de pH, mesmo quando são adicionados ácidos ou bases. Quais são as duas propriedades necessárias de um tampão fisiológico efetivo? Além do fosfato, quais outros compostos fisiológicos preenchem esses critérios?

27. Cite dois aminoácidos cuja modificação pós-traducional confere novas propriedades significativas a uma proteína.

28. Explique por que dietas deficientes em (a) cobre (Cu) ou em (b) ácido ascórbico levam a um processamento pós-traducional incompleto do colágeno.

29. Descreva a função das sequências sinal N-terminais na biossíntese de determinadas proteínas.

SEÇÃO II

Enzimas: cinética, mecanismo, regulação e papel dos metais de transição

CAPÍTULO 6

Proteínas: mioglobina e hemoglobina

Peter J. Kennelly, Ph.D. e Victor W. Rodwell, Ph.D.

OBJETIVOS

Após o estudo deste capítulo, você deve ser capaz de:

- Descrever as semelhanças e as diferenças estruturais mais importantes entre a mioglobina e a hemoglobina.
- Esboçar as curvas de ligação para a oxigenação da mioglobina e da hemoglobina.
- Identificar as ligações covalentes e outras associações próximas entre o heme e a globina na oximioglobina e na oxi-hemoglobina.
- Explicar por que a função fisiológica da hemoglobina exige uma curva de ligação de O_2 sigmoide, em vez de hiperbólica.
- Explicar o papel da histidina distal sobre a capacidade de ligação da hemoglobina ao monóxido de carbono (CO).
- Definir P_{50} e indicar seu significado no transporte e na liberação de oxigênio.
- Descrever as alterações estruturais e conformacionais da hemoglobina que acompanham sua oxigenação e subsequente desoxigenação.
- Explicar o papel do 2,3-bifosfoglicerato (BPG) na ligação e na liberação de oxigênio.
- Explicar como o efeito Bohr aumenta a capacidade das hemácias de transportar CO_2 e liberá-lo nos pulmões.
- Descrever as consequências estruturais para a hemoglobina S (HbS) decorrentes da diminuição da P_{O_2}.
- Identificar o defeito metabólico que ocorre como consequência das α e β-talassemias.

IMPORTÂNCIA BIOMÉDICA

A eficiência da entrega de oxigênio dos pulmões para os tecidos periféricos e a manutenção de reservas teciduais para proteger contra episódios de anoxia são essenciais à saúde. Em mamíferos, essas funções são realizadas pelas hemeproteínas homólogas hemoglobina e mioglobina, respectivamente. A mioglobina, uma proteína monomérica do músculo vermelho, liga-se firmemente ao oxigênio como uma reserva contra a privação de oxigênio. As múltiplas subunidades da hemoglobina, uma proteína tetramérica de hemácias, interagem de forma cooperativa, o que possibilita a esse transportador descarregar uma alta quantidade de O_2 nos tecidos periféricos enquanto mantém, ao mesmo tempo, a capacidade de ligá-lo com eficiência nos pulmões. Além de liberar O_2, a ligação de prótons à hemoglobina ajuda no transporte de CO_2, um importante produto da respiração, para a eliminação nos pulmões. A entrega de oxigênio é aumentada pela ligação de 2,3-bifosfoglicerato (BPG), que estabiliza a estrutura quaternária da desoxi-hemoglobina. A hemoglobina e a mioglobina ilustram tanto as relações estrutura-função da proteína quanto a base molecular das doenças genéticas, como a anemia falciforme e as talassemias. O cianeto e o monóxido de carbono (CO) provocam a morte porque rompem a função fisiológica das hemeproteínas citocromo-oxidase e hemoglobina, respectivamente.

O HEME E O FERRO FERROSO CONFEREM A CAPACIDADE DE ARMAZENAR E TRANSPORTAR OXIGÊNIO

A mioglobina e a hemoglobina contêm **heme**, um tetrapirrol cíclico contendo ferro, que consiste em quatro moléculas de pirrol ligadas por pontes de **meteno**. Essa rede planar de ligações duplas conjugadas absorve luz visível e colore o heme de vermelho intenso. Os substitutos nas posições β do heme são os grupamentos metil (M), vinil (V) e propionato (Pr) dispostos na ordem M, V, M, V, M, Pr, Pr, M (**Figura 6-1**). O átomo de ferro ferroso (Fe^{2+}) reside no centro do tetrapirrol planar. A oxidação do Fe^{2+} da mioglobina ou da hemoglobina a Fe^{3+} destrói a sua atividade biológica. As outras proteínas com grupamentos prostéticos tetrapirrólicos contendo metal incluem os citocromos (Fe e Cu) e a clorofila (Mg) (ver Capítulo 31).

A mioglobina é rica em α-hélice

O oxigênio armazenado na mioglobina do músculo é liberado durante a privação de O_2 (p. ex., durante exercício intenso) para uso nas mitocôndrias musculares para a síntese aeróbia de trifosfato de adenosina (ATP, do inglês *adenosine triphosphate*) (ver Capítulo 13). Um polipeptídeo de 153 resíduos aminoacil (peso molecular 17.000), a molécula de mioglobina compactamente dobrada mede 4,5 × 3,5 × 2,5 nm (**Figura 6-2**).

FIGURA 6-1 Heme. Os anéis pirrólicos e os carbonos da ponte de meteno são coplanares, e o átomo de ferro (Fe^{2+}) encontra-se quase no mesmo plano. A quinta e a sexta posições de coordenação do Fe^{2+} são diretamente perpendiculares – e estão diretamente acima e abaixo – ao plano do anel do heme. Observe a natureza dos grupamentos substitutos metil (em azul), vinil (em verde) e propionato (em laranja) nos carbonos β dos anéis pirrólicos, o átomo de ferro central (em vermelho) e a localização do lado polar do anel do heme (na posição equivalente a 7 horas) que se defronta com a superfície da molécula de mioglobina.

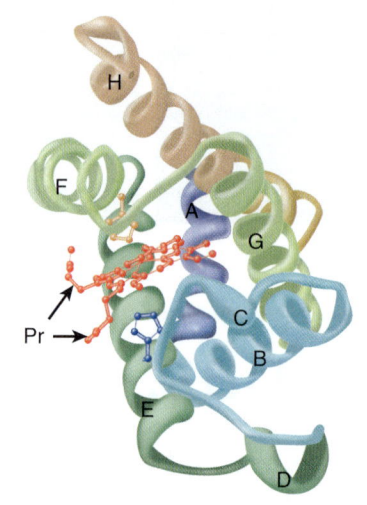

FIGURA 6-2 Estrutura tridimensional da mioglobina. O esqueleto polipeptídico da mioglobina está demonstrado em um diagrama em fita. A cor da cadeia polipeptídica é graduada ao longo do espectro visível, desde o azul (N-terminal) até o bronze (C-terminal). O grupamento prostético heme está em vermelho. As regiões α-helicoidais são designadas A a H. Os resíduos das histidinas distal (E7) e proximal (F8) estão destacados em azul e laranja, respectivamente. Observe como os substitutos propionato (Pr) polares se projetam para fora do heme no sentido do solvente. (Adaptada de Protein Data Bank ID no. 1a6n.)

Uma proporção excepcionalmente alta – cerca de 75% – dos resíduos está presente nas oito α-hélices de 7 a 20 resíduos direcionadas para a direita. A partir da extremidade amino-terminal, essas hélices são denominadas A a H. Típica de proteínas globulares, a superfície da mioglobina é rica em aminoácidos que contêm cadeias laterais polares e potencialmente carregadas, ao passo que – com duas exceções – o interior contém resíduos que possuem grupamentos R apolares (p. ex., Leu, Val, Phe e Met). As exceções são o sétimo e o nono resíduos nas hélices E e F, His E7 e His F8, que estão situados próximo ao ferro do heme, o sítio de ligação de O_2.

As histidinas F8 e E7 realizam funções únicas na ligação de oxigênio

O heme da mioglobina localiza-se em uma fenda entre as hélices E e F, orientado com seus grupamentos propionatos polares voltados para a superfície da globina (Figura 6-2). O restante reside no interior não polar. A quinta posição de coordenação do ferro é ocupada por um nitrogênio do anel imidazólico da **histidina proximal**, His F8. A **histidina distal**, His E7, localiza-se no lado do anel do heme oposto à His F8.

O ferro movimenta-se no sentido do plano do heme quando o oxigênio está ligado

O ferro da mioglobina não oxigenada se localiza a 0,03 nm (0,3 Å) fora do plano do anel do heme, no sentido de His F8. Como consequência, o heme "enruga" ligeiramente. Quando o O_2 ocupa a sexta posição de coordenação, o ferro move-se para dentro 0,01 nm (0,1 Å) do plano do anel do heme. A oxigenação da mioglobina é, dessa forma, acompanhada pelo movimento do ferro, de His F8, e dos resíduos ligados à His F8.

A apomioglobina fornece um ambiente oculto para o ferro do heme

Quando O_2 se liga à mioglobina, a ligação que une o primeiro e o segundo átomos de oxigênio encontra-se em um ângulo de 121° com o plano do heme, orientando o segundo oxigênio para longe da histidina distal (**Figura 6-3**, à esquerda). Isso possibilita a sobreposição máxima entre o ferro e um dos pares isolados de elétrons nos átomos de oxigênio hibridizados em sp^2, que se situam em um ângulo de aproximadamente 120° ao eixo da ligação dupla O=O (**Figura 6-4**, à esquerda) e protegem o oxigênio contra o seu deslocamento pelo CO. Quantidades muito pequenas de CO surgem de uma variedade de fontes biológicas, incluindo o catabolismo das hemácias no corpo humano, bem como a combustão incompleta de combustíveis fósseis. O CO liga-se ao ferro no heme livre com força 25 mil vezes maior que o oxigênio. Assim, por que o CO não desloca por completo o O_2 do ferro do heme presente na mioglobina e na hemoglobina? A explicação aceita é que as apoproteínas da mioglobina e da hemoglobina criam um **ambiente oculto** para os seus ligantes gasosos. Quando o CO se liga ao heme livre, todos os três átomos (Fe, C e O) situam-se **perpendicularmente** ao plano do heme. Essa geometria maximiza a sobreposição entre o par isolado de elétrons no carbono hibridizado sp da molécula de CO e o ferro Fe^{2+} (Figura 6-4, à direita). No entanto, na mioglobina e na hemoglobina, a histidina distal opõe-se estericamente a essa orientação preferida, de alta afinidade a CO, ao passo que ainda permite que O_2 atinja a sua orientação mais favorável. A ligação em um ângulo menos favorecido reduz a força da ligação heme-CO em cerca de 200 vezes em relação à ligação heme-O_2 (Figura 6-3, à direita). Portanto, o O_2, que está presente em grande excesso em relação ao CO, em geral, domina. Entretanto, cerca de 1% da mioglobina humana está normalmente presente combinada com CO.

AS CURVAS DE DISSOCIAÇÃO DE OXIGÊNIO PARA A MIOGLOBINA E PARA A HEMOGLOBINA ATENDEM ÀS SUAS FUNÇÕES FISIOLÓGICAS

Por que a mioglobina não é apropriada como proteína de transporte de O_2, mas se adapta bem para o armazenamento de O_2? A relação entre a concentração ou pressão parcial de O_2 (Po_2) e a quantidade de O_2 ligado é expressa como uma curva isotérmica de saturação de O_2 (**Figura 6-5**). A curva de ligação de oxigênio à mioglobina é hiperbólica. Por conseguinte, a mioglobina carrega prontamente o O_2 na Po_2 do leito capilar pulmonar (100 mmHg). Contudo, como a mioglobina libera apenas uma pequena fração de seu O_2 ligado nos valores da Po_2, comumente encontrados no músculo ativo (20 mmHg) ou outros tecidos (40 mmHg), ela representa um veículo ineficaz para a entrega de O_2. Quando o exercício extenuante reduz a Po_2 do tecido muscular para cerca de 5 mmHg, a dissociação de O_2 da mioglobina permite a síntese mitocondrial de ATP, e, consequentemente, a atividade muscular continua.

Em contrapartida, a hemoglobina comporta-se como se fosse duas proteínas. Em Po_2 elevada, ≥ 100 mmHg, a hemoglobina exibe alta afinidade pelo oxigênio, permitindo a ligação de oxigênio a praticamente todo ferro do heme disponível quando presente nos pulmões. Essa forma da proteína é

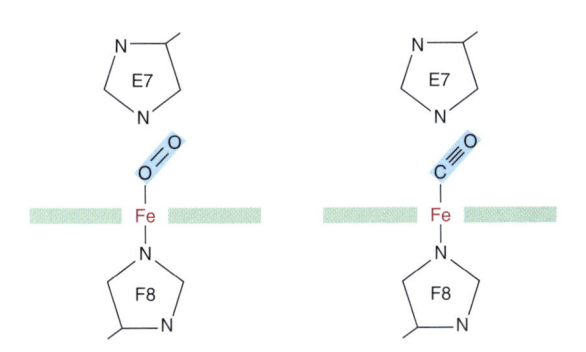

FIGURA 6-3 Ângulos para a ligação do oxigênio e do monóxido de carbono (CO) ao ferro do heme da mioglobina. A histidina distal E7 impede a ligação do CO no ângulo preferido (90°) em relação ao plano do anel do heme.

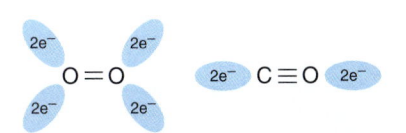

FIGURA 6-4 Orientação dos pares de elétrons isolados em relação às ligações O=O e C≡O de oxigênio e monóxido de carbono. No oxigênio molecular, a formação da ligação dupla entre os dois átomos de oxigênio é facilitada pela adoção de um estado de hibridização sp^2 pelo elétron de valência de cada átomo de oxigênio. Como consequência, os dois átomos da molécula de oxigênio e cada par de elétrons isolado são coplanares e separados por um ângulo de aproximadamente 120° (**à esquerda**). Em contrapartida, os dois átomos de monóxido de carbono são unidos por uma ligação tripla, o que exige que os átomos de carbono e de oxigênio adotem um estado de hibridização sp. Nesse estado, os pares de elétrons isolados e as ligações triplas estão dispostos de maneira linear, onde são separados por um ângulo de 180° (**à direita**).

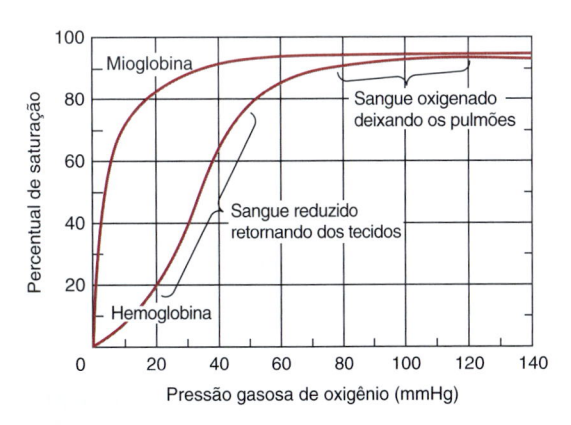

FIGURA 6-5 Curvas de ligação de oxigênio da hemoglobina e da mioglobina. A pressão de oxigênio arterial é de aproximadamente 100 mmHg; a pressão de oxigênio venoso misto é de cerca de 40 mmHg; a pressão de oxigênio capilar (muscular ativo) é de aproximadamente 20 mmHg; e a pressão de oxigênio mínima necessária para a citocromo-oxidase é de aproximadamente 5 mmHg. A associação das cadeias em uma estrutura tetramérica (hemoglobina) resulta em liberação muito maior de oxigênio do que seria possível com as cadeias simples. (Modificada, com permissão, de Scriver CR, et al. [editors]: *The Molecular and Metabolic Bases of Inherited Disease*, 7th ed. McGraw-Hill, 1995.)

comumente designada como **R**, para se referir à hemoglobina no **estado relaxado**. Na presença dos valores de P_{O_2} muito mais baixos encontrados nos tecidos periféricos, ≤ 40 mmHg, a hemoglobina exibe uma afinidade aparente muito menor pelo oxigênio. A transição da hemoglobina para esse **estado T** ou **tenso** de baixa afinidade permite a liberação de uma grande proporção do oxigênio anteriormente capturado nos pulmões. Essa troca dinâmica entre os estados R e T constitui a base da curva sigmoide de ligação de O_2 da hemoglobina.

AS PROPRIEDADES ALOSTÉRICAS DAS HEMOGLOBINAS RESULTAM DE SUAS ESTRUTURAS QUATERNÁRIAS

As propriedades de cada hemoglobina representam consequências de suas estruturas quaternária, bem como secundária e terciária. A estrutura quaternária da hemoglobina confere nítidas propriedades adicionais, ausentes na mioglobina monomérica, as quais a adapta aos seus papéis biológicos únicos. Além disso, as propriedades **alostéricas** (do Grego, *allos* = "outro", *steros* = "espaço") da hemoglobina proporcionam um modelo para a compreensão das outras proteínas alostéricas (ver Capítulo 17).

A hemoglobina é tetramérica

As hemoglobinas são tetrâmeros compostos por pares de duas subunidades polipeptídicas diferentes (**Figura 6-6**). As letras gregas são empregadas para designar cada tipo de subunidade. As composições das subunidades das principais hemoglobinas são $\alpha_2\beta_2$ (HbA; hemoglobina adulta normal), $\alpha_2\gamma_2$ (HbF; hemoglobina fetal), $\alpha_2\beta^S_2$ (HbS; hemoglobina falciforme) e $\alpha_2\delta_2$ (HbA$_2$; hemoglobina adulta menor). As estruturas primárias das cadeias β, γ e δ da hemoglobina humana são altamente conservadas.

A mioglobina e as subunidades β da hemoglobina compartilham estruturas secundárias e terciárias quase idênticas

Apesar das diferenças no tipo e na quantidade de aminoácidos presentes, a mioglobina e o polipeptídeo β da hemoglobina A possuem estruturas secundárias e terciárias quase idênticas. As semelhanças incluem a localização do heme e das regiões helicoidais, bem como a presença de aminoácidos com propriedades similares em localizações comparáveis. Embora possua sete regiões helicoidais, em vez de oito, o polipeptídeo α da hemoglobina também se assemelha muito à mioglobina.

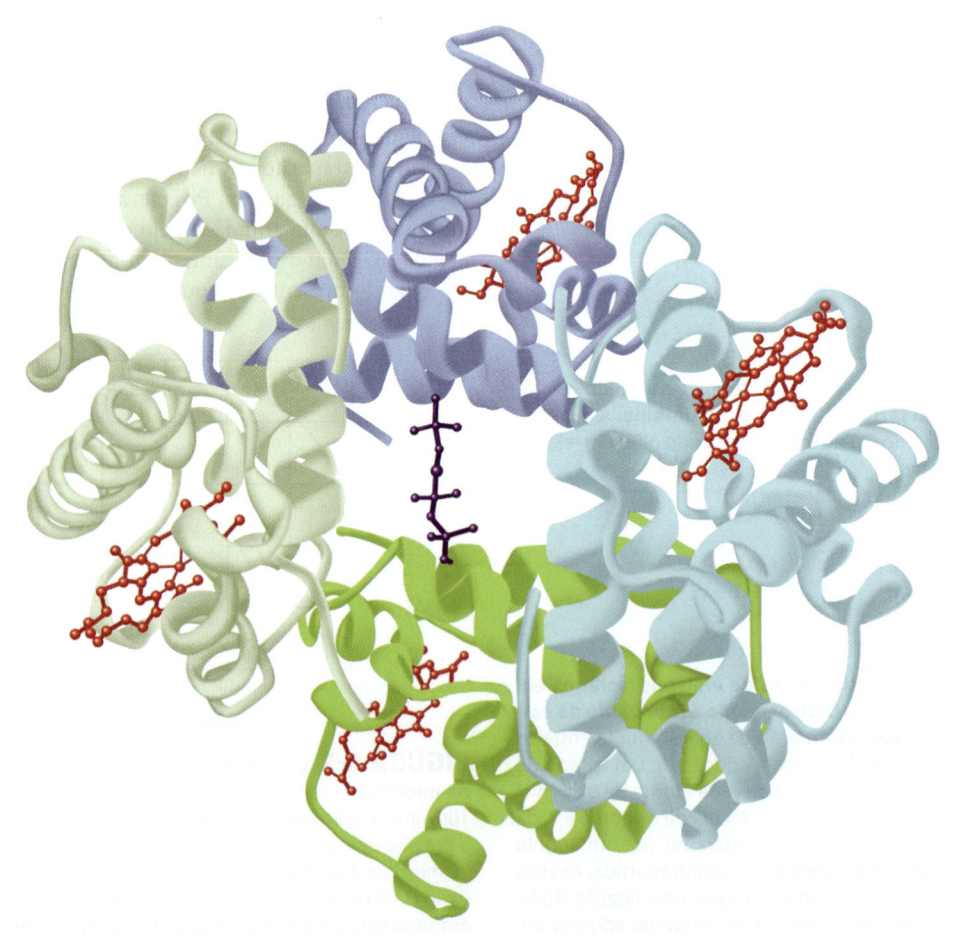

FIGURA 6-6 **Hemoglobina.** Aqui está a estrutura tridimensional da desoxi-hemoglobina com uma molécula de 2,3-bifosfoglicerato (em azul-escuro) ligada. As duas subunidades α são coloridas em tons mais escuros de verde e azul; as duas subunidades β, em tons mais claros de verde e azul; e os grupamentos prostéticos heme, em vermelho. (Adaptada de Protein Data Bank ID no. 1b86.)

A oxigenação da hemoglobina induz alterações conformacionais na apoproteína

As hemoglobinas podem ligar até quatro moléculas de O_2 por tetrâmero, uma por heme. Além disso, a hemoglobina liga-se a uma molécula de O_2 mais prontamente quando outras moléculas de O_2 já estão ligadas (Figura 6-5). Esse fenômeno, denominado **ligação cooperativa**, permite que a hemoglobina maximize tanto a quantidade de O_2 carregada na Po_2 dos pulmões quanto a quantidade de O_2 liberada na Po_2 dos tecidos periféricos. Essas interações cooperativas, que constituem uma propriedade exclusiva de certas proteínas *multiméricas*, são de importância crítica para a vida aeróbia.

A P_{50} expressa as afinidades relativas das diferentes hemoglobinas pelo oxigênio

O parâmetro P_{50}, a medida da concentração de O_2, é a pressão parcial de O_2 em que uma determinada hemoglobina alcança a metade da saturação. Dependendo do organismo, a P_{50} pode variar amplamente; todavia, em todos os casos, ela ultrapassa a Po_2 normal dos tecidos periféricos. Por exemplo, os valores da P_{50} para a HbA e a HbF são de 26 e 20 mmHg, respectivamente. Na placenta, essa diferença possibilita que a HbF extraia oxigênio da HbA do sangue materno. Contudo, a HbF é subótima no período pós-parto, pois sua elevada afinidade pelo O_2 limita a quantidade de O_2 liberada para os tecidos.

A composição de subunidades dos tetrâmeros da hemoglobina sofre alterações complexas durante o desenvolvimento. O feto humano inicialmente sintetiza o tetrâmero $\xi_2\varepsilon_2$. Ao fim do primeiro trimestre, as subunidades ξ e ε são substituídas pelas subunidades α e γ, formando HbF ($\alpha_2\gamma_2$), a hemoglobina da vida fetal tardia. Enquanto a síntese das subunidades β inicia no terceiro trimestre, a substituição das subunidades γ pelas subunidades β para formar HbA adulta ($\alpha_2\beta_2$) não se completa até algumas semanas após o parto (**Figura 6-7**).

A oxigenação da hemoglobina é acompanhada por grandes mudanças conformacionais

A ligação da primeira molécula de O_2 à desoxi-Hb desloca o ferro do heme para o plano do anel do heme (**Figura 6-8**). Esse movimento é transmitido através da histidina proximal (F8) e para os resíduos ligados daí em diante até o tetrâmero inteiro, provocando a ruptura das pontes salinas formadas pelos resíduos carboxiterminais de todas as quatro subunidades. Como resultado, um par das subunidades α/β gira 15° em relação ao outro, compactando o tetrâmero (**Figura 6-9**). As mudanças profundas nas estruturas secundária, terciária e quaternária

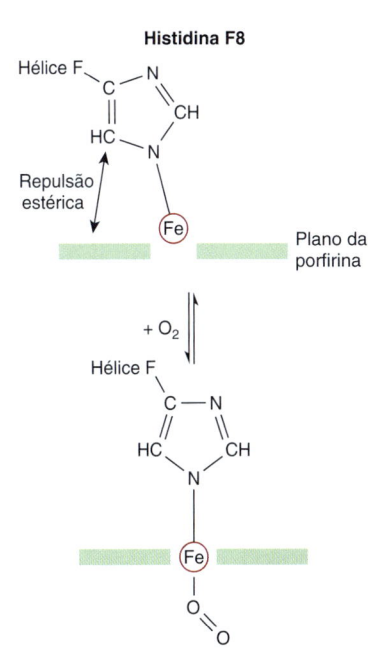

FIGURA 6-8 Com a oxigenação da hemoglobina, o átomo de ferro move-se no plano do heme. A histidina F8 e seus resíduos aminoacil associados são puxados juntamente com o átomo de ferro. Para uma representação desse movimento, ver http://www.rcsb.org/pdb/101/motm.do?momID=41.

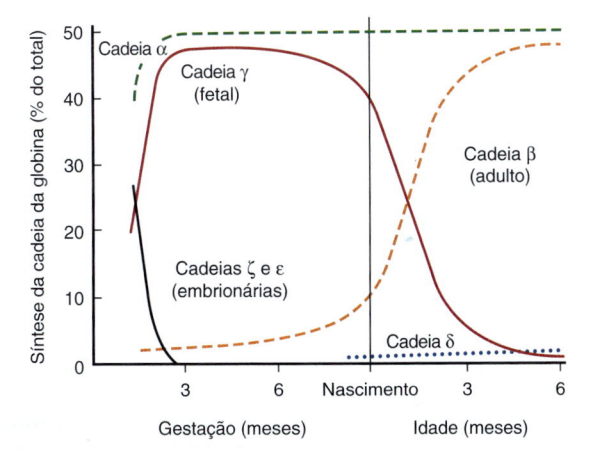

FIGURA 6-7 Padrão de desenvolvimento da estrutura quaternária das hemoglobinas fetal e neonatal. (Reproduzida, com permissão, de Ganong WF: *Review of Medical Physiology*, 20th ed. McGraw-Hill, 2001.)

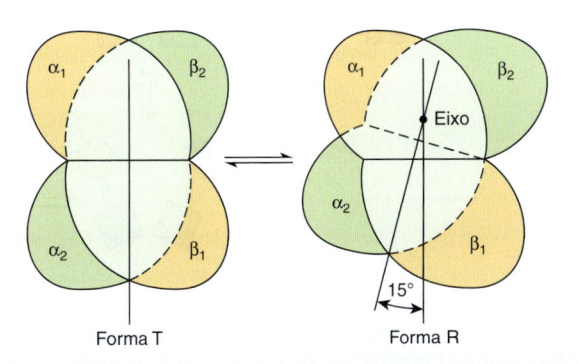

FIGURA 6-9 Durante a transição da forma T para a forma R da hemoglobina, o par de subunidades $\alpha_2\beta_2$ (em verde) gira 15° em relação ao par de subunidades $\alpha_1\beta_1$ (em amarelo). O eixo de rotação é excêntrico, e o par $\alpha_2\beta_2$ também se desloca ligeiramente em direção ao eixo. Na representação, o par $\alpha_1\beta_1$ em amarelo é mostrado fixo, ao passo que o par de subunidades $\alpha_2\beta_2$ em verde se desloca e gira.

acompanham a transição da hemoglobina induzida pelo O_2 do estado T (tenso), de baixa afinidade, para o estado R (relaxado), de alta afinidade. Essas alterações aumentam muito a afinidade dos hemes restantes não oxigenados pelo O_2, pois os eventos de ligação subsequentes exigem a ruptura de menos pontes salinas (**Figura 6-10**). Os termos T e R também são utilizados para se referir às conformações de baixa e alta afinidades das enzimas alostéricas, respectivamente.

A hemoglobina ajuda no transporte de CO_2 até os pulmões

Além de transportar o O_2 dos pulmões para os tecidos periféricos, as hemácias precisam retirar o CO_2, o subproduto da respiração, dos tecidos periféricos para a sua eliminação pelos pulmões. Cerca de 15% do CO_2 do sangue venoso são transportados pela hemoglobina como carbamatos formados com os nitrogênios aminoterminais das cadeias polipeptídicas:

$$CO_2 + Hb\text{—}NH_3^+ \rightleftharpoons 2H^+ + Hb\text{—}N(H)\text{—}C(=O)\text{—}O^-$$

A formação de carbamatos muda a carga na extremidade aminoterminal de positiva para negativa, favorecendo a formação de pontes salinas entre as cadeias α e β. O CO_2 remanescente é transportado principalmente como bicarbonato, que é formado nas hemácias pela hidratação do CO_2 a ácido carbônico (H_2CO_3), um processo catalisado pela anidrase carbônica. No pH do sangue venoso, o H_2CO_3 dissocia-se em bicarbonato e um próton.

$$CO_2 + H_2O \xrightarrow{\text{ANIDRASE CARBÔNICA}} \underset{\text{Ácido carbônico}}{H_2CO_3} \xrightarrow{\text{(Espontâneo)}} HCO_3^- + H^+$$

A hemoglobina no estado T liga dois prótons por tetrâmero. A ligação de prótons não apenas ajuda no tamponamento contra a acidificação do sangue na circulação periférica, que resulta da formação de ácido carbônico, como também aumenta a quantidade de CO_2 absorvida pelas hemácias, favorecendo a conversão de CO_2 em ácido carbônico e, portanto, em bicarbonato. Por sua vez, o CO_2 aumenta o fornecimento de O_2 aos tecidos que respiram ao estabilizar o estado T, induzindo a carbamatação e reduzindo o pH. Nos pulmões, esse processo é invertido. À medida que o O_2 se liga à desoxi-hemoglobina, a transição resultante para o estado R desencadeia a liberação de prótons ligados e a degradação de carbamatos, com liberação de CO_2. Os prótons liberados combinam-se com bicarbonato, formando ácido carbônico. Subsequentemente, o H_2CO_3 é desidratado, um processo catalisado pela enzima anidrase carbônica, para formar CO_2, que é exalado (**Figura 6-11**). Esse acoplamento da interconversão de CO_2 e H_2CO_3 com a ligação recíproca de prótons e O_2 pela hemoglobina nos estados T e R, respectivamente, é denominado **efeito Bohr**.

Os prótons surgem pela ruptura das pontes salinas quando o O_2 se liga

O efeito Bohr depende das interações cooperativas entre as subunidades e seus grupos heme associados do tetrâmero de hemoglobina. Nos pulmões, a pressão parcial de oxigênio impulsiona a conversão da hemoglobina do estado T ao estado R, rompendo as pontes salinas que envolvem o resíduo His 146 da cadeia β. A dissociação subsequente dos prótons da His 146 impulsiona a conversão do bicarbonato em acido carbônico (Figura 6-11). Nos tecidos que respiram, a concentração elevada de CO_2 impulsiona a formação de ácido carbônico e a acidificação das hemácias. Com a liberação de O_2, a estrutura T e suas pontes salinas voltam a se formar. Essa mudança conformacional aumenta o pK_a dos resíduos His 146 da cadeia β, que ligam os prótons. Ao estabilizar a formação da hemoglobina

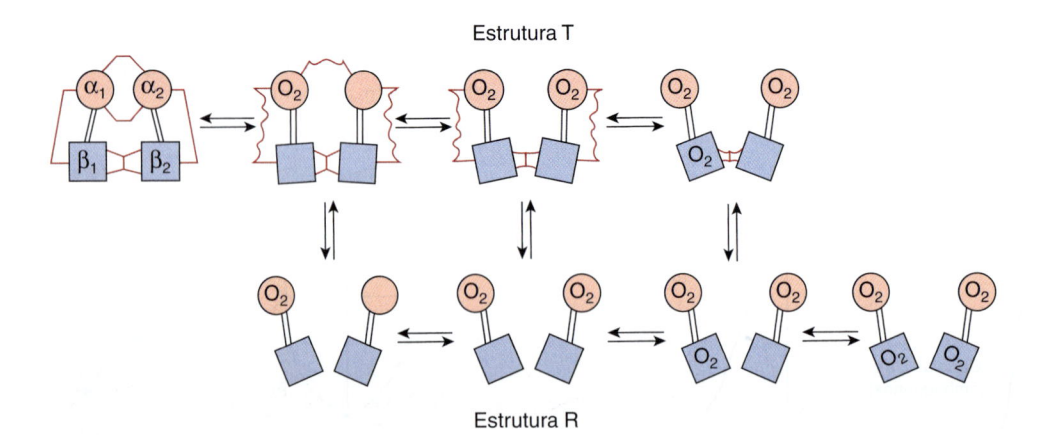

FIGURA 6-10 **Transição da estrutura T para a estrutura R.** Nesse modelo, as pontes salinas (linhas vermelhas) que ligam as subunidades na estrutura T quebram-se progressivamente à medida que o oxigênio é adicionado, e até mesmo as pontes salinas que ainda não foram rompidas são progressivamente enfraquecidas (linhas vermelhas onduladas). A transição de T para R não ocorre depois que um número fixo de moléculas de oxigênio tiver se ligado, mas se torna mais provável à medida que o oxigênio se liga sucessivamente. A transição entre as duas estruturas é influenciada por prótons, dióxido de carbono, cloreto e 2,3-bifosfoglicerato (BPG); quanto maiores forem suas concentrações, mais oxigênio deve ser ligado para induzir a transição. As moléculas totalmente oxigenadas, na estrutura T, e as moléculas totalmente desoxigenadas, na estrutura R, não são mostradas, pois são instáveis. (Modificada e redesenhada, com permissão, de Perutz MF: Hemoglobin structure and respiratory transport. Sci Am [Dec] 1978; 239:92.)

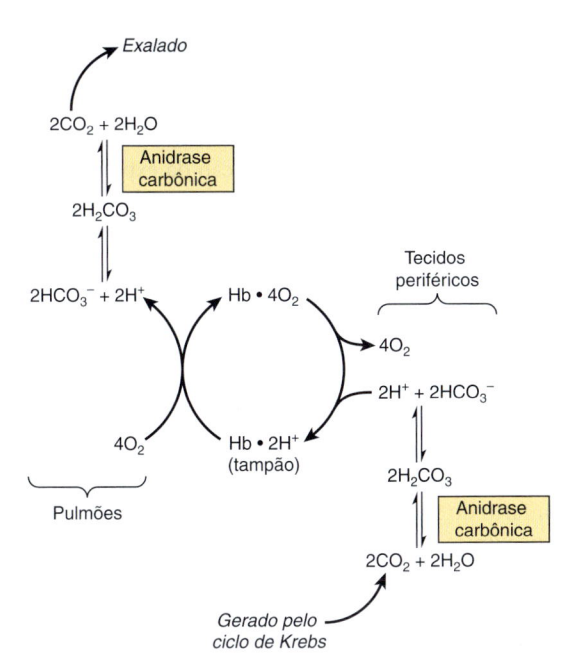

FIGURA 6-11 O efeito Bohr. O dióxido de carbono gerado nos tecidos periféricos combina-se com a água para formar o ácido carbônico, o qual se dissocia em prótons e íons bicarbonato. A desoxi-hemoglobina atua como um tampão ao se ligar aos prótons, liberando-os para os pulmões. Nos pulmões, a captação de oxigênio pela hemoglobina libera prótons, que se combinam com o íon bicarbonato, formando ácido carbônico, o qual, quando desidratado pela anidrase carbônica, transforma-se em dióxido de carbono, que é, então, exalado.

no estado T, o aumento na concentração de prótons impulsionado pelo CO_2 intensifica a liberação de O_2.

O 2,3-BPG estabiliza a estrutura T da hemoglobina

Nos tecidos periféricos, a redução do pH das hemácias induzida pelo CO_2 promove a síntese de 2,3-BPG nas hemácias. Quando a hemoglobina encontra-se no estado T, forma-se uma cavidade central na interface de suas quatro subunidades, que pode ligar uma molécula de BPG (Figura 6-6), que forma pontes salinas com os grupos aminoterminais de ambas as cadeias β por meio de Val NA1 e com Lys EF6 e His H21 (**Figura 6-12**). Por conseguinte, o BPG estabiliza a hemoglobina desoxigenada (estado T) ao formar pontes salinas adicionais que devem ser rompidas antes da conversão para o estado R.

A síntese de BPG a partir do intermediário glicolítico 1,3-BPG é catalisada pela enzima bifuncional **2,3-bifosfoglicerato-sintase/2-fosfatase** (BPGM). O BPG é hidrolisado a 3-fosfoglicerato pela atividade de 2-fosfatase da BPGM e a 2-fosfoglicerato por uma segunda enzima, a inositol-polifosfato-fosfatase múltipla (MIPP). As atividades dessas enzimas, e consequentemente o nível de BPG nas hemácias, são sensíveis ao pH. Em consequência, a ligação do BPG reforça o impacto dos prótons derivados do ácido carbônico no deslocamento do equilíbrio R-T a favor do estado T, aumentando a quantidade de O_2 liberada nos tecidos periféricos.

Na hemoglobina fetal, o resíduo H21 da subunidade γ é Ser, em vez de His. Como a Ser não pode formar uma ponte

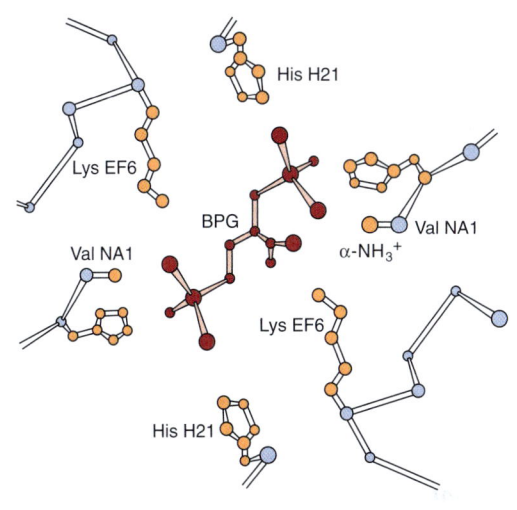

FIGURA 6-12 Modo de ligação do 2,3-bifosfoglicerato (BPG) à desoxi-hemoglobina humana. O BPG interage com três grupamentos de carga positiva em cada cadeia β. (Com base em Arnone A: X-ray diffraction study of binding of 2,3-diphosphoglycerate to human deoxyhemoglobin. Nature 1972; 237:146. Copyright © 1972. Adaptada, com permissão, de Macmillan Publishers Ltd.)

salina, o BPG liga-se mais fracamente à HbF do que à HbA. A menor estabilização conferida ao estado T pelo BPG contribui para que a HbF tenha maior afinidade pelo O_2 que a HbA.

Adaptação às altitudes elevadas

As mudanças fisiológicas que acompanham a exposição prolongada a altitudes elevadas incluem o aumento no número de hemácias, na concentração de hemoglobina dentro delas e na síntese de BPG. O BPG elevado diminui a afinidade da HbA pelo O_2 (aumenta a P_{50}), o que estimula a liberação de O_2 nos tecidos periféricos.

FORAM IDENTIFICADAS NUMEROSAS MUTAÇÕES QUE AFETAM AS HEMOGLOBINAS HUMANAS

As mutações nos genes que codificam as subunidades α ou β da hemoglobina podem afetar potencialmente sua função biológica. No entanto, quase todas as mais de 1.100 mutações genéticas conhecidas que afetam as hemoglobinas humanas são extremamente raras e benignas, não representando anormalidades clínicas. Quando uma mutação realmente compromete a função biológica, a condição é denominada **hemoglobinopatia**. Estima-se que mais de 7% da população mundial seja formada por portadores de distúrbios da hemoglobina. O URL http://globin.cse.psu.edu/ (Globin Gene Server) fornece informações – e *links* – sobre hemoglobinas normais e mutantes. Os exemplos selecionados são descritos adiante.

Metemoglobina e hemoglobina M

Na metemoglobinemia, o ferro do heme é férrico, em vez de ferroso, de modo que a metemoglobina é incapaz de ligar ou de transportar o O_2. Normalmente, o Fe^{3+} da metemoglobina retorna ao estado Fe^{2+} por meio da ação da enzima metemoglobina-redutase. Os níveis de metemoglobina podem aumentar até níveis fisiopatologicamente significativos devido a diversas causas: oxidação do Fe^{2+} a Fe^{3+} como efeito colateral de determinados agentes, como sulfonamidas, redução na atividade da metemoglobina-redutase ou herança do gene para uma forma alterada de hemoglobina, denominada HbM, causada por mutação.

Na hemoglobina M, a histidina F8 (His F8) é substituída pela tirosina. O ferro da HbM forma um firme complexo iônico com o ânion fenolato da tirosina que estabiliza a forma Fe^{3+}. Nas variantes da cadeia α da hemoglobina M, o equilíbrio R-T favorece o estado T. A afinidade pelo oxigênio é reduzida, e o efeito Bohr é ausente. Já as variantes da cadeia β da hemoglobina M exibem a interconversão R-T, e, consequentemente, o efeito Bohr está presente.

As mutações que favorecem o estado R (p. ex., na hemoglobina Chesapeake) aumentam a afinidade pelo O_2. Essas hemoglobinas falham, portanto, em liberar o O_2 de forma adequada para os tecidos periféricos. A hipoxia tecidual resultante leva à **policitemia**, uma concentração aumentada de hemácias.

Hemoglobina S

Na HbS, o aminoácido apolar valina substitui o resíduo de superfície polar Glu6 da subunidade β, gerando uma "**área adesiva**" hidrofóbica na superfície da subunidade β tanto da oxi-HbS quanto da desoxi-HbS. A HbA e a HbS contêm uma área adesiva complementar em suas superfícies que é exposta apenas no estado T desoxigenado. Por conseguinte, na presença de baixos valores de Po_2, a desoxi-HbS pode se polimerizar para formar fibras longas e solúveis. A ligação da desoxi-HbA interrompe a polimerização de fibras, visto que a HbA carece da segunda área adesiva necessária para a ligação de outra molécula de Hb (**Figura 6-13**). Essas fibras helicoidais torcidas distorcem a hemácia em um característico formato de foice, tornando-a vulnerável à lise nos interstícios dos sinusoides esplênicos. Eles também provocam múltiplos efeitos clínicos secundários. Uma Po_2 baixa, como a que ocorre em grandes altitudes, exacerba a tendência à polimerização. Os termos traço falciforme e doença falciforme referem-se a indivíduos nos quais houve mutação de um ou de ambos os genes da subunidade beta, respectivamente. Os tratamentos emergentes para a anemia falciforme incluem a indução da expressão da HbF para inibir a polimerização da HbS, o transplante de células-tronco e, no futuro, a terapia gênica.

IMPLICAÇÕES BIOMÉDICAS

Mioglobinúria

Após uma enorme lesão por esmagamento do músculo esquelético seguido de dano renal, a mioglobina liberada pode aparecer na urina. A mioglobina pode ser detectada no plasma após infarto do miocárdio; entretanto, o ensaio da troponina, das isoenzimas lactato-desidrogenase ou da creatina-cinase (ver Capítulo 7) fornece um índice mais sensível de lesão miocárdica.

Anemias

As anemias, reduções no número de hemácias ou de hemoglobina no sangue, podem refletir a síntese comprometida de hemoglobina (p. ex., na deficiência de ferro; ver Capítulo 53) ou a produção comprometida de hemácias (p. ex., na deficiência de ácido fólico ou de vitamina B_{12}; ver Capítulo 44). O diagnóstico das anemias inicia com a análise espectroscópica dos níveis de hemoglobina no sangue.

Talassemias

Os defeitos genéticos conhecidos como talassemias resultam da ausência parcial ou total de uma ou mais cadeias α ou β da hemoglobina. Mais de 750 mutações diferentes foram identificadas, porém apenas três são comuns. Tanto a cadeia α (α-talassemias) quanto a cadeia β (β-talassemias) podem ser afetadas. Um sobrescrito indica se uma subunidade está totalmente ausente ($α^0$ ou $β^0$) ou se a sua síntese está reduzida ($α^-$ ou $β^-$). Excetuando-se o transplante de medula, o tratamento é sintomático.

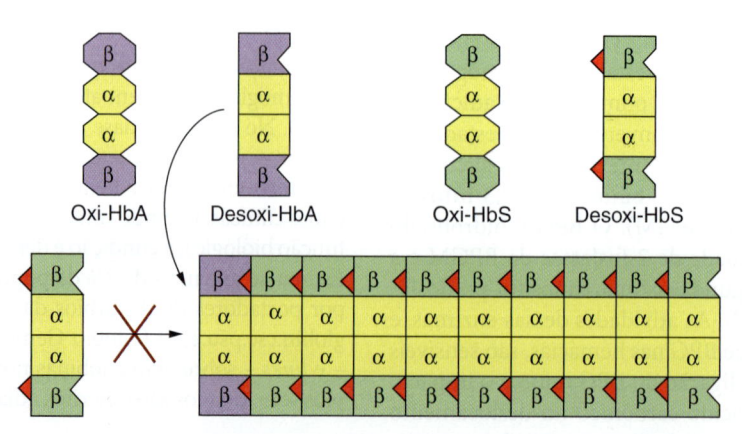

FIGURA 6-13 Polimerização da desoxi-hemoglobina S. A dissociação do oxigênio da hemoglobina S (HbS) revela uma área adesiva (triângulo vermelho) na superfície de suas subunidades β (em verde), que pode aderir a um sítio complementar nas subunidades β de outras moléculas de desoxi-HbS. A polimerização para formar um polímero fibroso é interrompida pela desoxi-HbA, cujas subunidades β (em roxo) carecem da área adesiva necessária para a ligação de subunidades de HbS adicionais.

Determinadas hemoglobinas mutantes são comuns em muitas populações, sendo que um paciente pode herdar mais de um tipo. Dessa maneira, os distúrbios da hemoglobina apresentam um complexo padrão de fenótipos clínicos. O emprego de sondas de DNA para seu diagnóstico é abordado no Capítulo 39.

HEMOGLOBINA GLICADA (HbA$_{1c}$)

A glicose do sangue que entra nas hemácias pode formar um aduto covalente com os grupos ε-amino de resíduos lisil e as valinas N-terminais das cadeias β de hemoglobina, um processo denominado **glicação**. Diferentemente da glicosilação (ver Capítulo 46), a glicação não é catalisada por enzimas. A fração da hemoglobina glicada, normalmente em torno de 5%, é proporcional à concentração de glicose no sangue. Como a meia-vida de uma hemácia é, em geral, de 60 dias, o nível da hemoglobina glicada (HbA$_{1c}$) reflete a concentração média de glicose no sangue durante as 6 a 8 semanas anteriores. A medição da HbA$_{1c}$ fornece, portanto, valiosas informações para o tratamento do diabetes melito.

RESUMO

- A mioglobina é monomérica; a hemoglobina é um tetrâmero de dois tipos de subunidades ($\alpha_2\beta_2$ na HbA). Embora possuam estruturas primárias distintas, a mioglobina e as subunidades da hemoglobina apresentam estruturas secundárias e terciárias quase idênticas.
- O grupamento heme, um tetrapirrol cíclico, essencialmente planar e ligeiramente enrugado, possui um Fe^{2+} central ligado a todos os quatro átomos de nitrogênio do heme, à histidina F8 e, na oxi-Mb e na oxi-Hb, também ao O$_2$.
- A curva de ligação de O$_2$ para a mioglobina é hiperbólica, mas para a hemoglobina é sigmoidal, uma consequência das interações cooperativas no tetrâmero.
- A cooperatividade surge da capacidade da hemoglobina de ocorrer em dois estados conformacionais diferentes: um estado relaxado ou R, em que todas as quatro subunidades exibem alta afinidade pelo oxigênio, e um estado tenso ou T, em que todas as quatro subunidades apresentam baixa afinidade pelo oxigênio.
- Os altos níveis de O$_2$ nos pulmões impulsionam o equilíbrio R-T a favor de estado R, enquanto a acidificação das hemácias, gerada pela hidratação catalítica do CO$_2$ nos tecidos periféricos, favorece o estado T. Por conseguinte, a cooperatividade maximiza a capacidade da hemoglobina de carregar o O$_2$ na PO_2 dos pulmões e de fornecer O$_2$ na PO_2 dos tecidos.
- As afinidades relativas das diferentes hemoglobinas pelo oxigênio são expressas como P$_{50}$, a PO_2 que as satura pela metade com O$_2$. As hemoglobinas saturam nas pressões parciais de seus respectivos órgãos respiratórios, como os pulmões ou a placenta.

- Sobre a oxigenação da hemoglobina, o ferro e a histidina F8 movem-se em direção ao anel do heme. A variação conformacional resultante no tetrâmero da hemoglobina inclui a ruptura das pontes salinas e a perda da estrutura quaternária que facilita a ligação de um O$_2$ adicional.
- O 2,3-BPG na cavidade central da desoxi-Hb forma pontes salinas com as subunidades β que estabilizam a hemoglobina no estado T. Com a oxigenação, a cavidade central se contrai com a transição para o estado R, ocorre extrusão do BPG, e a estrutura quaternária afrouxa.
- A hemoglobina auxilia no transporte de CO$_2$ dos tecidos periféricos para os pulmões por meio da formação de carbamatos e do **efeito Bohr**, uma consequência da ligação de prótons ao estado T da hemoglobina, mas não a seu estado R. A ligação de prótons aumenta a conversão de CO$_2$ em ácido carbônico hidrossolúvel e bicarbonato. Nos pulmões, a liberação de prótons da hemoglobina oxigenada no estado R favorece a conversão do bicarbonato e do ácido carbônico em CO$_2$, que é exalado.
- Na hemoglobina falciforme (HbS), a Val substitui Glu$_6$ na subunidade β da HbA, criando uma "área adesiva" que possui um complemento na desoxi-Hb (mas não na oxi-Hb). A desoxi-HbS polimeriza-se em baixas concentrações de O$_2$, formando fibras que torcem as hemácias em formato de foice.
- As α e β-talassemias são anemias que resultam da produção reduzida das subunidades α e β da HbA, respectivamente.

REFERÊNCIAS

Cho J, King JS, Qian X, et al: Dephosphorylation of 2,3-bisphosphogylcerate by MIPP expands the regulatory capacity of the Rapoport-Luebering glycolytic shunt. Proc Natl Acad Sci USA 2008;105:5998.

Lukin JA, Ho C: The structure–function relationship of hemoglobin in solution at atomic resolution. Chem Rev 2004;104:1219.

Ordway GA, Garry DJ: Myoglobin: An essential hemoprotein in striated muscle. J Exp Biol 2004;207:3441.

Papanikolaou E, Anagnou NP: Major challenges for gene therapy of thalassemia and sickle cell dsease. Curr Gene Ther 2010;10:404.

Piel FB: The present and future global burden of the inherited disorders of hemoglobin. Hematol Oncol Clin North Am 2016;30:327.

Schrier SL, Angelucci E: New strategies in the treatment of the thalassemias. Annu Rev Med 2005;56:157.

Steinberg MH, Brugnara C: Pathophysiological-based approaches to treatment of sickle-cell disease. Annu Rev Med 2003;54:89.

Umbreit J: Methemoglobin–it's not just blue: A concise review. Am J Hematol 2007;82:134.

Weatherall DJ, Akinyanju O, Fucharoen S, et al: Inherited disorders of hemoglobin. In: *Disease Control Priorities in Developing Countries*, Jamison DT, Breman JG, Measham AR (editors). Oxford University Press and the World Bank, 2006;663–680.

Weatherall DJ, Clegg JB, Higgs DR, et al: The hemoglobinopathies. In: *The Metabolic Basis of Inherited Disease*, 8th ed. Scriver CR, Sly WS, Childs B, et al (editors). McGraw-Hill, 2000;4571.

Yuan Y, Tam MF, Simplaceanu V, Ho C: New look at hemoglobin allostery. Chem Rev 2015;115:1702.

Enzimas: mecanismo de ação

Peter J. Kennelly, Ph.D. e Victor W. Rodwell, Ph.D.

OBJETIVOS

Após o estudo deste capítulo, você deve ser capaz de:

- Descrever as relações estruturais entre vitaminas B específicas e determinadas coenzimas.
- Delinear os quatro mecanismos catalíticos principais e descrever como podem ser combinados por enzimas para facilitar as reações químicas.
- Explicar o conceito de "encaixe induzido" e como ele facilita a catálise.
- Delinear os princípios dos imunoensaios ligados a enzimas.
- Descrever como o acoplamento de uma enzima à atividade de uma desidrogenase pode simplificar muitos ensaios enzimáticos.
- Identificar as proteínas cujos níveis plasmáticos são utilizados para o diagnóstico e o prognóstico.
- Descrever a aplicação das endonucleases de restrição e dos polimorfismos de comprimento de fragmento de restrição na detecção das doenças genéticas.
- Ilustrar a utilidade da mutagênese sítio-dirigida para a identificação de resíduos aminoacil envolvidos no reconhecimento de substratos ou efetores alostéricos, ou no mecanismo de catálise.
- Descrever como a adição de "marcadores de afinidade" pode facilitar a purificação de uma proteína expressa a partir de seu gene clonado.
- Indicar a função de proteases específicas na purificação de enzimas com marcadores de afinidade.
- Discutir os eventos que levaram à descoberta de que os RNAs podem agir como enzimas e descrever brevemente o conceito evolutivo do "mundo do RNA".

IMPORTÂNCIA BIOMÉDICA

As enzimas, que catalisam as reações químicas que tornam a vida na Terra possível, participam da quebra de nutrientes para fornecer energia e blocos químicos de construção; da montagem desses blocos de construção em proteínas, ácido desoxirribonucleico (DNA, do inglês *deoxyribonucleic acid*), membranas, células e tecidos; e do aproveitamento da energia para acionar a motilidade celular, a função neural e a contração muscular. Quase todas as enzimas são proteínas. Exceções notáveis incluem ácidos ribonucleicos (RNAs, do inglês *ribonucleic acids*) ribossômicos e algumas moléculas de RNA contendo atividade de endonuclease ou de nucleotídeo-ligase, conhecidas coletivamente como ribozimas. A capacidade de detectar e de quantificar a atividade de enzimas específicas no sangue, em outros líquidos teciduais ou em extratos celulares fornece informações que complementam a habilidade do médico de diagnosticar muitas doenças. Várias patologias representam a consequência direta de alterações na quantidade ou na atividade catalítica de enzimas essenciais, que resultam de defeitos genéticos, de déficits nutricionais, de dano tecidual, de toxinas ou de infecções por patógenos virais ou bacterianos (p. ex., *Vibrio cholerae*).

Além de atuar como catalisadores para todos os processos metabólicos, a atividade catalítica impressionante, a especificidade de substrato e a estereoespecificidade das enzimas as tornam capazes de desempenhar funções cruciais na saúde e no bem-estar dos seres humanos. Por exemplo, a protease renina é utilizada na produção de queijos, enquanto a lactase é empregada para remover a lactose do leite, de modo a beneficiar indivíduos com intolerância à lactose. As proteases e as amilases aumentam a capacidade dos detergentes de remover sujeiras e manchas, enquanto outras enzimas podem participar da síntese estereoespecífica de fármacos complexos ou antibióticos.

AS ENZIMAS SÃO CATALISADORES EFETIVOS E ALTAMENTE ESPECÍFICOS

As enzimas que catalisam a conversão de um ou mais compostos (**substratos**) em um ou mais compostos diferentes (**produtos**) geralmente aumentam a velocidade das reações não catalisadas correspondentes por um fator de 10^6 ou mais. As enzimas podem sofrer modificação transitória durante a catálise, porém não são consumidas nem alteradas de *maneira permanente*. Além de serem muito eficientes, as enzimas também são extremamente *seletivas*. Ao contrário da maioria dos catalisadores utilizados na química sintética, as enzimas são específicas não apenas para o tipo de reação catalisada, mas também para um único substrato ou para um pequeno grupo de substratos intimamente relacionados. As enzimas são, em sua maioria, catalisadores *estereoespecíficos*, que normalmente atuam apenas em um estereoisômero de determinado composto – por exemplo, D-açúcares, mas não L-açúcares, L-aminoácidos, mas não D-aminoácidos. Uma vez que elas ligam os substratos por meio de pelo menos "três pontos de ligação", as enzimas também podem produzir produtos quirais a partir de substratos não quirais. A **Figura 7-1** ilustra por que a redução do substrato não quiral piruvato catalisada por enzima produz exclusivamente L-lactato, e não uma mistura racêmica de D-lactato e L-lactato. A excelente especificidade dos catalisadores enzimáticos confere às células vivas a capacidade de conduzir simultaneamente e controlar de maneira independente um amplo espectro de processos químicos.

AS ENZIMAS SÃO CLASSIFICADAS PELO TIPO DE REAÇÃO

Alguns dos nomes das enzimas primeiramente descritas nos primórdios da bioquímica persistem em uso até hoje. Exemplos incluem a pepsina, a tripsina e a amilase. Os primeiros bioquímicos geralmente designavam as enzimas recém-descobertas adicionando o sufixo *-ase* a um descritor para o tipo de reação catalisada. Por exemplo, as enzimas que removem os átomos de hidrogênio, H_2 ou H^- mais H^+ geralmente são denominadas desidrogen*ases*, as enzimas que hidrolisam proteínas, prote*ases*, e as que catalisam rearranjos em configurações, isomer*ases*. Em muitos casos, esses descritores gerais eram suplementados com termos indicando o substrato específico sobre o qual a enzima atua (*xantina*-oxidase), a sua fonte (ribonuclease *pancreática*), seu modo de regulação (lipase *sensível a hormônio*) ou um aspecto característico de seu mecanismo de ação (*cisteína*-protease). Quando necessário, podem ser acrescentados designadores alfanuméricos para identificar as múltiplas formas de uma enzima ou isoenzimas (p. ex., RNA-polimerase III; proteína-cinase Cβ).

À medida que outras enzimas foram descobertas, essas primeiras convenções de nomenclatura resultaram cada vez mais na designação inadvertida de algumas enzimas com múltiplos nomes, ou o uso de nomes duplicados para enzimas que apresentam capacidades catalíticas semelhantes. Para abordar essas ambiguidades, a International Union of Biochemistry (IUB) desenvolveu um sistema inequívoco de nomenclatura das enzimas, no qual cada enzima possui um nome próprio e um número de código que identificam o *tipo* da reação catalisada e os *substratos* envolvidos. As enzimas são agrupadas nas seis classes a seguir.

1. **Oxidorredutases** – enzimas que catalisam oxidações e reduções.
2. **Transferases** – enzimas que catalisam a transferência de moléculas como os grupamentos glicosil, metil ou fosforil.
3. **Hidrolases** – enzimas que catalisam a clivagem *hidrolítica* de ligações C—C, C—O, C—N e outras ligações covalentes.
4. **Liases** – enzimas que catalisam a clivagem de ligações C—C, C—O, C—N e outras ligações covalentes por meio da *eliminação de átomo*, gerando ligações duplas.
5. **Isomerases** – enzimas que catalisam alterações geométricas ou estruturais *dentro* de uma molécula.
6. **Ligases** – enzimas que catalisam a união (ligação) de duas moléculas em reações acopladas à hidrólise do trifosfato de adenosina (ATP, do inglês *adenosine triphosphate*).

O nome dado pela IUB para a hexocinase é ATP:D-hexose-6-fosfotransferase E.C. 2.7.1.1. Esse nome identifica a hexocinase como um membro da classe 2 (transferases), subclasse 7 (transferência de um grupamento fosforil) e subsubclasse 1 (o álcool é o aceptor do fosforil), e "hexose-6" indica que o álcool fosforilado está no carbono 6 de uma hexose. Embora os números EC tenham provado ser particularmente úteis para diferenciar enzimas com funções ou com atividades catalíticas semelhantes, os nomes da IUB tendem a ser compridos e complicados. Em consequência, a hexocinase e muitas outras enzimas são comumente designadas pelos seus nomes tradicionais, embora algumas vezes ambíguos.

GRUPAMENTOS PROSTÉTICOS, COFATORES E COENZIMAS EXERCEM PAPÉIS IMPORTANTES NA CATÁLISE

Muitas enzimas contêm pequenas moléculas ou íons metálicos que participam diretamente da ligação ao substrato ou da catálise. Denominados **grupos prostéticos**, **cofatores** e

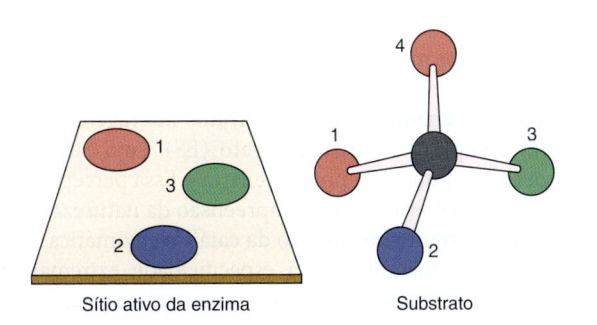

FIGURA 7-1 Representação planar dos "três pontos de ligação" de um substrato ao sítio ativo de uma enzima. Embora os átomos 1 e 4 sejam idênticos, quando os átomos 2 e 3 se ligam aos sítios complementares na enzima, apenas o átomo 1 pode se ligar. Uma vez ligados a uma enzima, os átomos aparentemente idênticos podem ser diferenciáveis, permitindo uma alteração química estereoespecífica.

coenzimas, eles ampliam o repertório de capacidades catalíticas além daquelas conferidas pelos grupos funcionais presentes nas cadeias laterais aminoacil dos peptídeos.

Grupamentos prostéticos

Os grupamentos prostéticos estão incorporados de maneira firme e estável na estrutura de uma proteína por meio de forças covalentes ou não covalentes. Os exemplos incluem piridoxal-fosfato, mononucleotídeo de flavina (FMN), dinucleotídeo de flavina-adenina (FAD), tiamina pirofosfato, ácido lipoico, biotina e metais de transição, como Fe, Co, Cu, Mg, Mn e Zn. Os íons metálicos que participam das reações redox geralmente estão ligados como complexos organometálicos, como os grupamentos prostéticos heme ou centros de ferro-enxofre (ver Capítulo 10). Os metais também podem facilitar a ligação e a orientação dos substratos, a formação de ligações covalentes com intermediários da reação (Co^{2+} na coenzima B_{12}; ver Capítulo 44) ou sua atuação como bases ou ácidos de Lewis para tornar os substratos mais **eletrofílicos** (pobres em elétrons) ou **nucleofílicos** (ricos em elétrons) e, consequentemente, mais reativos (ver Capítulo 10).

Os cofatores associam-se de maneira reversível a enzimas ou substratos

Os **cofatores** desempenham funções semelhantes àquelas dos grupamentos prostéticos. A principal diferença entre eles é operacional, e não química. Os cofatores ligam-se fraca e transitoriamente às suas enzimas cognatas ou substratos, formando complexos dissociáveis. Por conseguinte, diferentemente dos grupamentos prostéticos associados, os cofatores precisam estar presentes no meio adjacente para promover a formação de complexos, de modo que a catálise possa ocorrer. Os cofatores mais comuns também são íons metálicos. As enzimas que requerem um íon metálico como cofator são denominadas **enzimas ativadas por metal** para diferenciá-las das **metaloenzimas**, para as quais os íons metálicos servem como grupamentos prostéticos.

Muitas coenzimas, cofatores e grupamentos prostéticos são derivados das vitaminas B

As vitaminas B hidrossolúveis fornecem importantes componentes de inúmeras coenzimas. A **nicotinamida** é um componente das coenzimas redox NAD e NADP (**Figura 7-2**); a **riboflavina** é um componente das coenzimas redox FMN e FAD; e o **ácido pantotênico** é um componente do carreador de grupamento acila, a **coenzima A**. Como seu pirofosfato, a **tiamina** participa da descarboxilação de α-cetoácidos, enquanto as coenzimas ácido fólico e cobamida atuam no metabolismo de um carbono. Além disso, várias coenzimas contêm porções adenina, ribose e fosforil de monofosfato de adenosina (AMP, do inglês *adenosine monophosphate*) ou difosfato de adenosina (ADP, do inglês *adenosine diphosphate*) (Figura 7-2).

As coenzimas servem como transportadores de substrato

As **coenzimas** atuam como transportadores recicláveis que conduzem muitos substratos de um ponto a outro dentro da célula. A função desses transportadores é dupla. Primeiro, eles

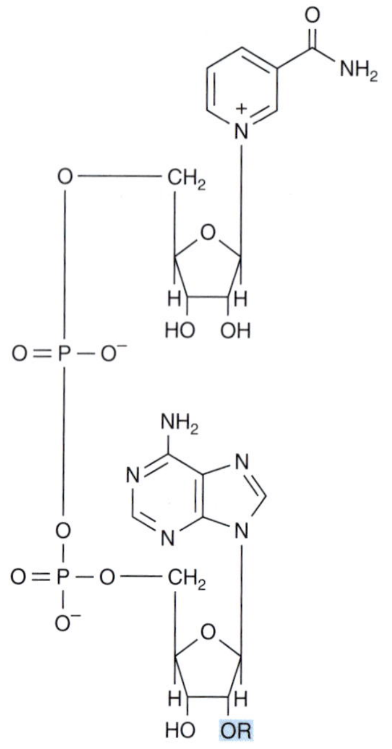

FIGURA 7-2 Estrutura do NAD⁺ e do NADP⁺. Para o NAD⁺, OR = —OH. Para o NADP⁺, —OR = —OPO_3^{2-}.

estabilizam espécies como átomos de hidrogênio ($FADH_2$) ou íons hidreto (NADH) que são muito reativos para persistir durante qualquer tempo significativo na presença de água ou moléculas orgânicas que permeiam células. Em segundo lugar, aumentam o número de pontos de contato entre substrato e enzima, o que aumenta a afinidade e a especificidade com que pequenos grupos químicos, como o acetato (coenzima A), a glicose (UDP) ou o hidreto (NAD⁺) são ligados pelas suas enzimas-alvo. Outras moléculas químicas transportadas pelas coenzimas incluem os grupamentos metil (folatos) e os oligossacarídeos (dolicol).

A CATÁLISE OCORRE NO SÍTIO ATIVO

Uma importante visão do início do século XX sobre a catálise enzimática veio da observação de que a presença de substratos torna as enzimas mais resistentes aos efeitos desnaturantes das temperaturas elevadas. Essa observação levou Emil Fischer a propor que as enzimas e seus substratos interagem para formar um complexo enzima-substrato (ES), cuja estabilidade térmica é maior que a da própria enzima. Essa percepção modelou profundamente nossa compreensão da natureza química e do comportamento cinético da catálise enzimática.

Fischer argumentou que a especificidade extremamente alta com que essas enzimas discriminam seus substratos quando formam um complexo ES era análoga à maneira como uma fechadura mecânica distingue a chave apropriada. A analogia com enzimas é que a "fechadura" é formada por uma fenda ou bolso na superfície da enzima, chamado de **sítio ativo** (ver Figuras 5-6 e 5-8). Como está implícito no adjetivo "ativo", o sítio ativo é muito mais do que simplesmente um sítio de reconhecimento para a ligação de substratos; ele fornece o ambiente onde a transformação química ocorre. Dentro do sítio ativo, os substratos são colocados em estreita proximidade um com o outro, em alinhamento ideal com os cofatores, grupamentos prostéticos e cadeias laterais de aminoácidos que participam da catálise da transformação de substratos em produtos (**Figura 7-3**). A catálise é adicionalmente estimulada pela capacidade do sítio ativo de proteger os substratos contra a água e produzir um ambiente cuja polaridade, hidrofobicidade, acidez ou alcalinidade podem diferir muito da do citoplasma adjacente.

AS ENZIMAS EMPREGAM MÚLTIPLOS MECANISMOS PARA FACILITAR A CATÁLISE

As enzimas utilizam uma combinação de quatro mecanismos gerais para conseguir aumentos significativos na velocidade das reações químicas.

Catálise por proximidade

Para que as moléculas possam interagir, elas devem estar em uma distância que possibilite a formação da ligação. Quanto maior for a sua concentração, mais frequentemente entrarão em contato umas com as outras, e maior será a velocidade de suas reações. Quando uma enzima liga moléculas de substrato ao seu sítio ativo, ela cria uma região de alta concentração de substrato no local, de forma que as moléculas de substrato são orientadas na posição ideal para interagirem quimicamente. Isso resulta em aumento da velocidade de pelo menos 1.000 vezes em comparação com a mesma reação não catalisada por enzima.

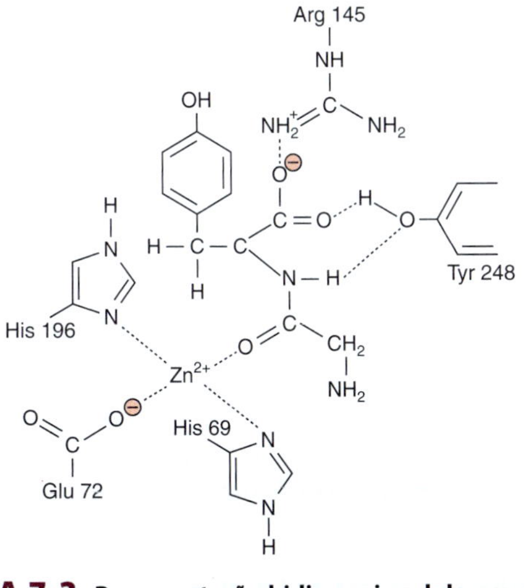

FIGURA 7-3 Representação bidimensional de um substrato dipeptídico, a glicil-tirosina, ligado dentro do sítio ativo da carboxipeptidase A.

Catálise acidobásica

Além de contribuir para a habilidade do sítio ativo de ligar substratos, os grupamentos funcionais ionizáveis das cadeias laterais aminoacil e os grupamentos prostéticos, quando presentes, podem contribuir para a catálise ao atuarem como ácidos ou bases. Distinguem-se dois tipos de catálise acidobásica. A **catálise específica ácida ou básica** refere-se a reações para as quais os únicos *participantes* ácidos ou básicos são prótons ou íons hidróxidos. A velocidade da reação, então, é sensível à variação na concentração de prótons ou íons hidróxidos, mas é *independente* da concentração de outros ácidos (doadores de prótons) ou bases (aceptores de prótons) presentes na solução ou no sítio ativo. Diz-se que as reações cujas velocidades são responsivas a *todos* os ácidos ou bases presentes estão sujeitas à **catálise ácida geral** ou à **catálise básica geral**.

Catálise por tensão

Para a catálise de reações líticas, que envolvem a quebra de uma ligação covalente, as enzimas normalmente ligam-se a seus substratos em uma conformação que enfraquece a ligação-alvo para clivagem por meio de distorção física e polarização eletrônica. Essa conformação tensa simula a do **estado intermediário de transição**, uma espécie transitória que representa o ponto médio na transformação de substratos em produtos. O detentor do Prêmio Nobel Linus Pauling foi o primeiro a sugerir um papel para a **estabilização do estado de transição** como um mecanismo geral pelo qual as enzimas aceleram as velocidades das reações químicas. O conhecimento do estado de transição de uma reação catalisada por enzima é frequentemente explorado pelos químicos para idealizar e criar inibidores mais efetivos das enzimas, chamados de **análogos do estado de transição**, como farmacóforos potenciais.

Catálise covalente

O processo da **catálise covalente** envolve a formação de uma ligação covalente entre a enzima e um ou mais substratos. **A enzima modificada, então, torna-se um reagente**. A catálise covalente proporciona uma nova via de reações, cuja energia de ativação é menor – e, portanto, a velocidade da reação é maior – do que as vias disponíveis em solução homogênea. O estado da enzima quimicamente modificada é, no entanto, transitório. Ao término da reação, a enzima retorna ao seu estado original não modificado. Dessa maneira, a sua função de catálise permanece. A catálise covalente é particularmente comum entre as enzimas que catalisam as **reações de transferência de grupamento**. Os resíduos na enzima que participam da catálise covalente geralmente são a cisteína ou a serina e, ocasionalmente, a histidina. Com frequência, a catálise covalente segue um mecanismo de "pingue-pongue", em que o primeiro substrato é ligado e seu produto é liberado antes da ligação do segundo substrato (**Figura 7-4**).

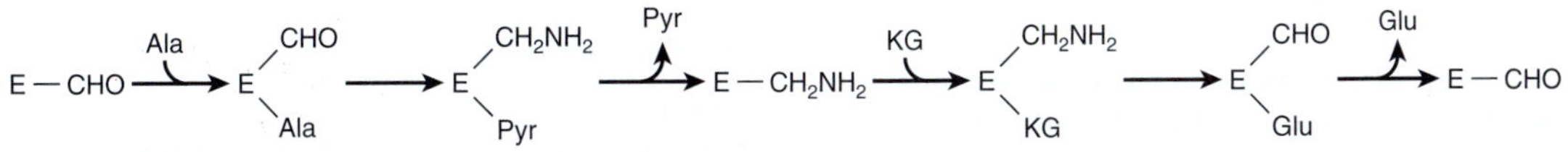

FIGURA 7-4 Mecanismo em "pingue-pongue" para a transaminação. E—CHO e E—CH$_2$NH$_2$ representam os complexos enzima-piridoxal-fosfato e enzima-piridoxamina, respectivamente. (Ala, alanina; Glu, glutamato; KG, α-cetoglutarato; Pyr, piruvato.)

OS SUBSTRATOS INDUZEM MUDANÇAS CONFORMACIONAIS NAS ENZIMAS

Embora o "modelo de chave e fechadura" de Fischer tenha explicado a notável especificidade das interações enzima-substrato, a rigidez imposta ao sítio ativo da enzima não conseguiu explicar as alterações dinâmicas que acompanham as transformações catalíticas. Esse obstáculo foi abordado pelo **modelo de ajuste induzido** de Daniel Koshland, o qual diz que, quando os substratos se aproximam e se ligam a uma enzima, eles induzem uma mudança conformacional análoga a colocar uma mão (substrato) em uma luva (enzima) (**Figura 7-5**). A enzima, por sua vez, induz alterações recíprocas em seus substratos, mantendo a energia de ligação para facilitar a transformação dos substratos em produtos. O modelo do ajuste induzido foi amplamente confirmado por estudos biofísicos da movimentação das enzimas durante a ligação com substratos.

A PROTEASE DO HIV ILUSTRA A CATÁLISE ACIDOBÁSICA

As enzimas da **família da aspartato-protease**, que incluem a enzima digestória pepsina, as catepsinas lisossomais e a protease produzida pelo vírus da imunodeficiência humana (HIV, do inglês *human immunodeficiency virus*), compartilham um mecanismo comum que emprega dois resíduos aspartil conservados como catalisadores acidobásicos. No primeiro estágio da reação, um aspartato atua como base geral (Asp X; **Figura 7-6**), que extrai um próton de uma molécula de água, tornando-a mais nucleofílica. O nucleófilo resultante ataca, em seguida, o carbono da carbonila eletrofílica da ligação peptídica direcionada à hidrólise, formando um **estado de transição intermediário tetraédrico**. Um segundo aspartato (Asp Y; Figura 7-6) facilita, então, a decomposição desse intermediário tetraédrico ao doar um próton para o grupamento amino formado pela

FIGURA 7-6 Mecanismo catalítico de uma aspartato-protease como a protease do vírus da imunodeficiência humana (HIV). As setas curvas indicam as direções do movimento do elétron. ① O aspartato X age como uma base para ativar uma molécula de água ao abstrair um próton. ② A molécula de água ativada ataca a ligação peptídica, formando um intermediário tetraédrico transitório. ③ O aspartato Y age como um ácido para facilitar a clivagem do intermediário tetraédrico e para liberar os produtos de degradação ao doar um próton para o grupamento amino recentemente formado. O transporte subsequente do próton de Asp X para Asp Y restaura a protease ao seu estado inicial.

ruptura da ligação peptídica. Os aspartatos de dois sítios ativos diferentes podem atuar simultaneamente como uma base geral ou como um ácido geral, pois seu ambiente adjacente favorece a ionização de um, mas não do outro.

A QUIMOTRIPSINA E A FRUTOSE-2,6-BIFOSFATASE ILUSTRAM A CATÁLISE COVALENTE

Quimotripsina

Enquanto a catálise pelas enzimas aspartato-protease envolve o ataque hidrolítico direto da água a uma ligação peptídica, a catálise pela **serina-protease** quimotripsina envolve a formação prévia de um intermediário acil-enzima covalente.

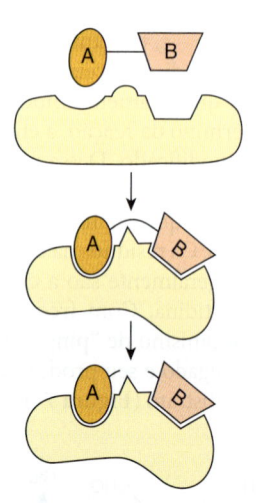

FIGURA 7-5 Representação bidimensional do modelo de ajuste induzido de Koshland do sítio ativo de uma liase. A ligação do substrato A—B induz alterações conformacionais na enzima que alinham os resíduos catalíticos que participam da catálise e tensionam a ligação entre A e B, facilitando sua clivagem.

Um resíduo de serina conservado, a serina 195, é ativada por meio de interações com a histidina 57 e o aspartato 102. Embora esses três resíduos estejam muito distantes na estrutura primária, no sítio ativo da proteína madura dobrada, eles estão dentro da distância de formação de ligação entre si. Alinhado na ordem Asp 102-His 57-Ser 195, esse trio forma uma **rede de retransmissão de carga** associada que atua como "**lançadeira de prótons**".

A ligação do substrato inicia o deslocamento de prótons que efetivamente transferem o próton da hidroxila da Ser 195 para o Asp 102 (**Figura 7-7**). A nucleofilicidade aumentada do oxigênio da serina facilita seu ataque sobre o carbono da carbonila da ligação peptídica do substrato, formando um **intermediário acil-enzima** covalente. O próton no Asp 102 move-se através da His 57 até o grupamento amino liberado quando a ligação peptídica é clivada. A porção do peptídeo original com um grupamento amino livre deixa o sítio ativo e é substituída por uma molécula de água. A rede de retransmissão de carga ativa a molécula de água ao retirar um próton por intermédio da His 57 para o Asp 102. O íon hidróxido resultante ataca o intermediário acil-enzima, e um transportador de prótons reverso devolve um próton para a Ser 195, restaurando seu estado original. Embora modificada durante o processo de catálise, a quimotripsina emerge inalterada ao término da reação. As proteases tripsina e elastase empregam um mecanismo catalítico similar, mas o número de resíduos em seu transportador de prótons Ser-His-Asp é diferente.

Frutose-2,6-bifosfatase

A frutose-2,6-bifosfatase, uma enzima reguladora da gliconeogênese (ver Capítulo 19), catalisa a liberação hidrolítica do fosfato do carbono 2 da frutose-2,6-bifosfato. A **Figura 7-8** ilustra os papéis de sete resíduos do sítio ativo. A catálise envolve uma "tríade catalítica", que consiste em um resíduo de Glu e dois resíduos de His, dos quais uma His forma um intermediário fosfo-histidil covalente.

OS RESÍDUOS CATALÍTICOS SÃO ALTAMENTE CONSERVADOS

Os membros de uma família de enzimas como as aspartato ou serina-proteases empregam um mecanismo similar para catalisar um tipo de reação comum, mas agem sobre diferentes substratos. A maioria das famílias de enzimas parece ter surgido por meio de eventos de duplicação gênica que criaram uma segunda cópia do gene que codifica uma determinada enzima. Os dois genes, e consequentemente suas proteínas codificadas, podem então evoluir de maneira independente, formando **homólogos** divergentes que reconhecem substratos diferentes. O resultado é exemplificado pela quimotripsina, que cliva ligações peptídicas do lado carboxiterminal de grandes aminoácidos hidrofóbicos, e pela tripsina, que cliva ligações peptídicas no lado carboxiterminal de aminoácidos básicos. Diz-se que as proteínas que se originam de um ancestral comum são **homólogas** entre si. O ancestral comum de enzimas pode ser deduzido a partir da presença de aminoácidos específicos na mesma posição em cada membro da família. Esses resíduos são considerados **evolutivamente conservados**.

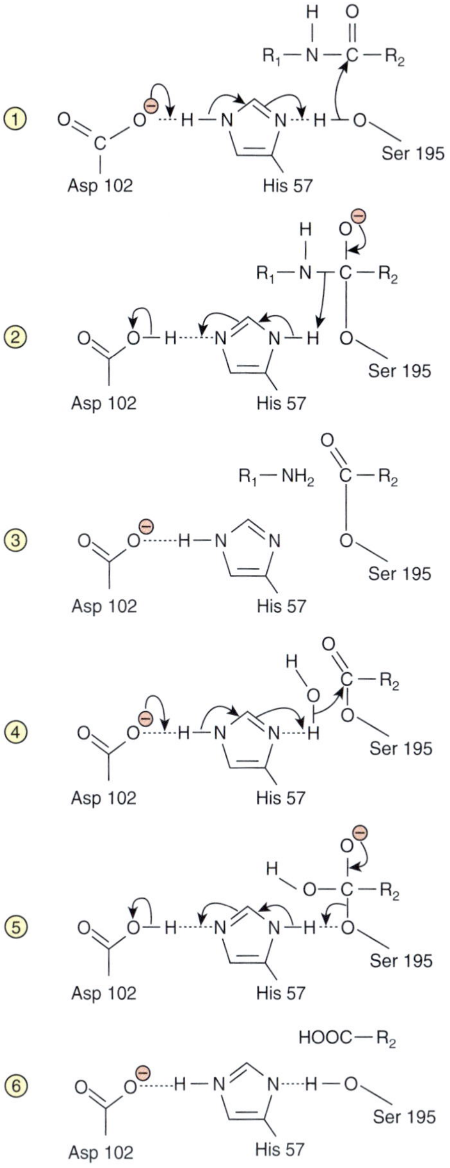

FIGURA 7-7 Catálise pela quimotripsina. ① O sistema de retransmissão de carga remove um próton da Ser 195, tornando-a um nucleófilo mais forte. ② A Ser 195 ativada ataca a ligação peptídica, formando um intermediário tetraédrico transitório. ③ A liberação do peptídeo aminoterminal é facilitada pela doação de um próton para o grupamento amino recentemente formado pela His 57 do sistema de retransmissão de carga, gerando um intermediário acil-Ser 195. ④ A His 57 e o Asp 102 colaboram para ativar uma molécula de água, que ataca a acil-Ser 195, formando um segundo intermediário tetraédrico. ⑤ O sistema de retransmissão de carga doa um próton para a Ser 195, facilitando a quebra do intermediário tetraédrico para liberar o peptídeo carboxiterminal ⑥.

AS ISOENZIMAS SÃO FORMAS ENZIMÁTICAS DISTINTAS QUE CATALISAM A MESMA REAÇÃO

Com frequência, os organismos superiores elaboram diversas versões fisicamente distintas de uma determinada enzima, e cada uma delas catalisa a mesma reação. Como os membros

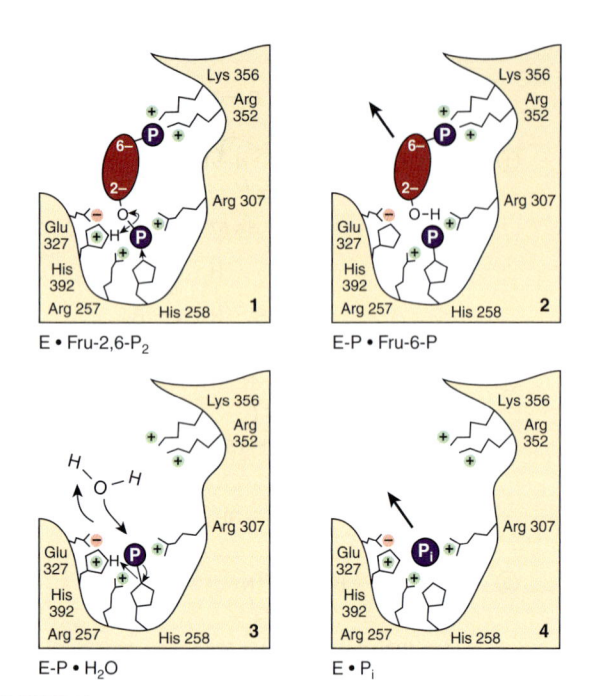

FIGURA 7-8 Catálise pela frutose-2,6-bifosfatase. (1) A Lys 356 e as Arg 257, 307 e 352 estabilizam a carga negativa quádrupla do substrato por meio de interações entre cargas. O Glu 327 estabiliza a carga positiva em His 392. (2) O nucleófilo His 392 ataca o grupamento fosforil C-2 e o transfere para a His 258, formando um intermediário fosforil-enzima. A frutose-6-fosfato deixa a enzima. (3) O ataque nucleofílico por uma molécula de água, possivelmente auxiliado pelo Glu 327 atuando como uma base, forma o fosfato inorgânico. (4) O ortofosfato inorgânico é liberado da Arg 257 e da Arg 307. (Reproduzida, com permissão, de Pilkis SJ, et al.: 6-Phosphofructo-2-kinase/fructose--2,6-bisphosphatase: a metabolic signaling enzyme. Annu Rev Biochem 1995;64:799. © 1995 por Annual Reviews, www.annualreviews.org.)

de outras famílias de proteínas, essas proteínas catalisadoras, ou **isoenzimas**, originam-se por meio da duplicação do gene. Embora as proteases homólogas descritas atuem em diferentes substratos, as isoenzimas diferem em características auxiliares, como sensibilidade a determinados fatores reguladores (ver Capítulo 9) ou localização subcelular, que as adaptam a tecidos ou circunstâncias específicos, mais do que a substratos distintos. As isoenzimas que catalisam reações idênticas também podem aumentar a sobrevivência, fornecendo uma "cópia de segurança" de uma enzima essencial.

A ATIVIDADE CATALÍTICA DAS ENZIMAS FACILITA SUA DETECÇÃO

As quantidades relativamente pequenas de enzimas normalmente contidas nas células dificultam a determinação de sua presença e concentração. Entretanto, a capacidade de transformar rapidamente milhares de moléculas de um substrato específico em produtos confere a cada enzima a capacidade de amplificar a sua presença. Sob determinadas circunstâncias (ver Capítulo 8), a velocidade da reação catalítica que está sendo monitorada é proporcional à quantidade da enzima existente, o que permite a dedução da sua concentração. Os ensaios de atividade catalítica das enzimas são, muitas vezes, utilizados nos laboratórios clínicos e na pesquisa.

Enzimologia de molécula única

A sensibilidade limitada dos ensaios enzimáticos tradicionais exige a utilização de um grande grupo, ou conjunto, de moléculas da enzima, a fim de produzir quantidades mensuráveis do produto. Portanto, os dados obtidos refletem a atividade *média* de enzimas individuais ao longo de múltiplos ciclos catalíticos. Avanços recentes na **nanotecnologia** e na tecnologia de imagem possibilitaram a observação de eventos catalíticos envolvendo moléculas distintas de enzimas e substratos. Em consequência, os cientistas agora podem medir a velocidade de eventos catalíticos individuais e, algumas vezes, uma etapa específica na catálise por um processo denominado **enzimologia de molécula única**. Um exemplo está ilustrado na **Figura 7-9**.

A descoberta de fármacos requer ensaios enzimáticos adequados para a triagem de alto desempenho

As enzimas constituem alvos frequentes para o desenvolvimento de fármacos e outros agentes terapêuticos. Em geral, esses agentes são inibidores enzimáticos (ver Capítulo 8). A descoberta de novos fármacos é muito facilitada quando um grande número de farmacóforos em potencial pode ser examinado de maneira rápida e automatizada – um processo referido como **triagem de alto desempenho** (**HTS**, do inglês *high-throughput screening*). A HTS emprega a robótica, a óptica, o processamento de dados e a microfluídica para conduzir e monitorar simultaneamente milhares de ensaios enzimáticos paralelos. Os dispositivos de HTS utilizam volumes de 4 a 100 μL em placas de plástico de 96, 384 ou 1.536 poços onde robôs industriais dispensam substratos, coenzimas, enzimas e inibidores potenciais em uma multiplicidade de combinações e concentrações. A HTS proporciona um perfeito complemento

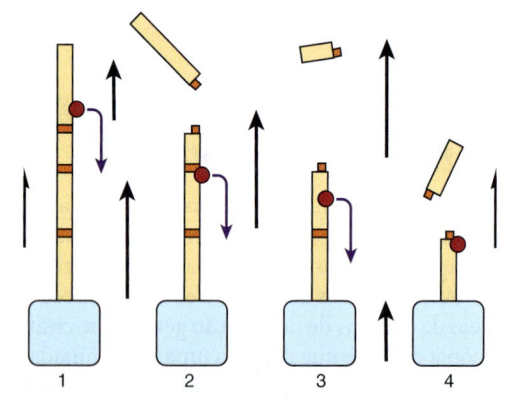

FIGURA 7-9 Observação direta de eventos isolados de clivagem de DNA catalisados por uma endonuclease de restrição. As moléculas do DNA imobilizadas por esferas (em azul) são colocadas em um fluxo corrente de tampão (setas pretas), o que as fazem assumir uma conformação estendida. A clivagem em um dos sítios de restrição (em laranja) por uma endonuclease leva a um encurtamento da molécula de DNA, o que pode ser observado diretamente em um microscópio, visto que as bases de nucleotídeo no DNA são fluorescentes. Mesmo que a endonuclease (em vermelho) não fluoresça e, por isso, seja invisível, a maneira progressiva como a molécula de DNA é encurtada (1 → 4) revela que a endonuclease se liga à extremidade livre da molécula de DNA e se movimenta ao longo dela de um sítio para outro.

da **química combinatória**, um método para gerar grandes bibliotecas de compostos químicos que abrangem todas as combinações possíveis de determinados conjuntos de precursores químicos. Os ensaios enzimáticos que produzem um produto cromogênico ou fluorescente são ideais, visto que os detectores ópticos podem facilmente monitorar múltiplas amostras.

Imunoensaios ligados à enzima

A sensibilidade dos ensaios enzimáticos pode ser explorada para detectar proteínas que carecem de atividade catalítica. O **ensaio de imunoadsorção ligado à enzima** (**Elisa**, do inglês *enzyme-linked immunosorbent assay*) utiliza anticorpos ligados de forma covalente a uma "enzima repórter", como a fosfatase alcalina ou a peroxidase, cujos produtos são prontamente detectados, em geral, pela absorbância da luz ou por emissão de fluorescência. As amostras séricas ou outras amostras biológicas a serem testadas são colocadas em uma placa plástica de microtitulação, onde as proteínas aderem à superfície do plástico e são imobilizadas. Qualquer região plástica que permaneça exposta é subsequentemente "bloqueada" pela adição de uma proteína não antigênica, como a albumina sérica bovina. Uma solução de anticorpo ligado de forma covalente a uma enzima repórter é acrescentada em seguida. Os anticorpos aderem ao antígeno imobilizado e são, eles mesmos, imobilizados. O excesso de moléculas de anticorpo livre é removido por lavagem. A presença e a quantidade de anticorpo ligado são, então, determinadas pelo acréscimo do substrato para a enzima repórter, com determinação da velocidade de conversão em produto.

As desidrogenases dependentes de NAD(P)$^+$ são analisadas por ensaios espectrofotométricos

As propriedades físico-químicas dos reagentes em uma reação catalisada por enzima ditam as opções para o ensaio da atividade enzimática. Os ensaios espectrofotométricos exploram a capacidade de um substrato ou de um produto de absorver luz. As coenzimas reduzidas NADH e NADPH, escritas como NAD(P)H, absorvem a luz em um comprimento de onda de 340 nm, ao passo que as suas formas oxidadas NAD(P)$^+$ não fazem isso (**Figura 7-10**). Assim, quando o NAD(P)$^+$ é reduzido, a absorbância a 340 nm aumenta proporcionalmente – e em uma velocidade determinada pela quantidade do NAD(P)H produzido. Em contrapartida, quando uma desidrogenase catalisa a oxidação do NAD(P)H, observa-se uma diminuição da absorbância a 340 nm. Em cada caso, a variação na taxa de absorção a 340 nm será proporcional à quantidade de enzima presente.

O ensaio das enzimas cujas reações não são acompanhadas por uma alteração na absorbância ou na fluorescência geralmente é mais difícil. Em alguns casos, o produto ou o restante do substrato pode ser transformado em um composto mais prontamente detectado, embora o produto da reação possa ter que ser separado do substrato inalterado antes de ser analisado. Uma estratégia alternativa consiste em idealizar um substrato sintético cujo produto absorva luz ou emita fluorescência. Por exemplo, a hidrólise da ligação fosfoéster do *p*-nitrofenil-fosfato (pNPP, do inglês *p-nitrophenyl phosphate*), uma molécula

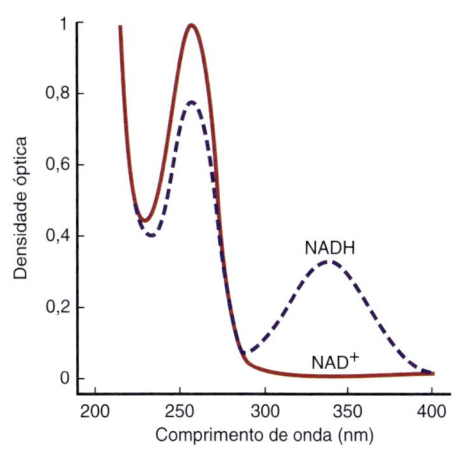

FIGURA 7-10 **Espectros de absorção do NAD$^+$ e do NADH.** As densidades são representadas para uma solução de 44 mg/L em uma célula com caminho óptico de 1 cm. O NADP$^+$ e o NADPH possuem espectros análogos ao NAD$^+$ e ao NADH, respectivamente.

de substrato artificial, é catalisada a uma velocidade mensurável por várias fosfatases, fosfodiesterases e serina-proteases. Embora o pNPP não absorva luz visível, a forma aniônica do *p*-nitrofenol (pK_a de 6,7) gerada com a sua hidrólise absorve fortemente a luz em 419 nm e, portanto, pode ser quantificada.

Muitas enzimas podem ser analisadas por meio de acoplamento a uma desidrogenase

Outra conduta bastante genérica consiste em empregar um ensaio "acoplado" (**Figura 7-11**). Normalmente, uma desidrogenase cujo substrato é o produto da enzima de interesse é adicionada em excesso catalítico. A velocidade de aparecimento ou desaparecimento de NAD(P)H depende, então, da velocidade da reação da enzima à qual a desidrogenase foi acoplada.

A ANÁLISE DE CERTAS ENZIMAS AUXILIA EM DIAGNÓSTICOS

A análise das enzimas no plasma sanguíneo tem desempenhado um papel central no diagnóstico de diversos processos

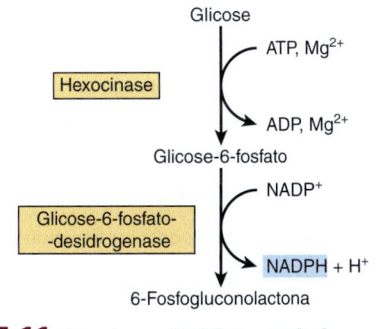

FIGURA 7-11 **Ensaio enzimático acoplado para a atividade da hexocinase.** A produção de glicose-6-fosfato pela hexocinase está acoplada à oxidação de seu produto pela glicose-6-fosfato-desidrogenase na presença de enzima adicionada e NADP$^+$. Quando está presente um excesso de glicose-6-fosfato-desidrogenase, a velocidade de formação do NADPH, que pode ser medida a 340 nm, é controlada pela velocidade de formação da glicose-6-fosfato pela hexocinase.

patológicos. Muitas enzimas são constituintes funcionais do sangue. Os exemplos incluem a pseudocolinesterase, a lipoproteína lipase e componentes das cascatas que desencadeiam a coagulação sanguínea, a dissolução do coágulo e a opsonização de micróbios invasores. Várias enzimas são liberadas no plasma após lesão ou morte celular. Como essas últimas enzimas não realizam funções fisiológicas no plasma, elas podem servir como **biomarcadores**, moléculas cujo aparecimento ou níveis podem auxiliar no diagnóstico e no prognóstico de doenças ou de dano em algum tecido específico. Após a ocorrência de lesão, a concentração plasmática de uma enzima ou outra proteína liberada pode aumentar precocemente ou de modo tardio, podendo diminuir de maneira rápida ou lenta. As proteínas citoplasmáticas tendem a aparecer mais rapidamente do que as das organelas subcelulares. A velocidade com que as enzimas e outras proteínas são removidas do plasma depende, em parte, de sua suscetibilidade à proteólise.

A análise quantitativa da atividade das enzimas liberadas ou de outras proteínas, geralmente no plasma ou no soro, mas também na urina ou em várias células, fornece informações relacionadas ao diagnóstico, ao prognóstico e à resposta ao tratamento. Os ensaios da *atividade* enzimática muitas vezes empregam ensaios cinéticos padronizados das velocidades iniciais de reação. A **Tabela 7-1** lista diversas enzimas valiosas no diagnóstico clínico. Observe que essas enzimas não são absolutamente específicas para a doença indicada. Por exemplo, os níveis sanguíneos elevados de fosfatase ácida prostática estão geralmente associados ao câncer de próstata, mas também a outros tipos de câncer e a condições não cancerosas. A interpretação dos dados de ensaios enzimáticos precisam levar em consideração a sensibilidade e a especificidade diagnóstica do teste enzimático, juntamente com outros fatores obtidos por meio de um exame clínico abrangente, que deve incluir a idade, o sexo e a história pregressa do paciente, bem como o possível uso de substâncias.

TABELA 7-1 Principais enzimas séricas utilizadas no diagnóstico clínico

Enzima sérica	Principal uso diagnóstico
Alanina-aminotransferase (ALT)	Hepatite viral
Amilase	Pancreatite aguda
Ceruloplasmina	Degeneração hepatolenticular (doença de Wilson)
Creatina-cinase	Distúrbios musculares
γ-Glutamil-transferase	Várias doenças hepáticas
Lactato-desidrogenase isoenzima 5	Doenças hepáticas
Lipase	Pancreatite aguda
β-Glicocerebrosidase	Doença de Gaucher
Fosfatase alcalina (isoenzimas)	Várias doenças ósseas, doenças hepáticas obstrutivas

Nota: Muitas das enzimas listadas não são específicas para a doença indicada.

Análise das enzimas séricas após lesão tecidual

Uma enzima útil para a enzimologia diagnóstica deve ser relativamente específica para o tecido ou órgão em estudo e deve aparecer no plasma ou em outro líquido em um determinado momento apropriado para o diagnóstico (a "janela diagnóstica"). No caso de infarto do miocárdio (IM), a detecção deve ser possível nas primeiras horas após o estabelecimento de um diagnóstico preliminar, de modo a permitir o início da terapia apropriada. As primeiras enzimas usadas para diagnosticar o IM foram a aspartato-aminotransferase (AST), a alanina-aminotransferase (ALT) e a lactato-desidrogenase (LDH, do inglês *lactate dehydrogenase*). O diagnóstico que utiliza a LDH explora as variações teciduais específicas de sua estrutura quaternária (**Figura 7-12**). Entretanto, a sua liberação é relativamente lenta após a ocorrência de lesão. A creatina-cinase (CK) possui três isoenzimas específicas de tecidos: a CK-MM (músculo esquelético), a CK-BB (encéfalo) e a CK-MB (músculo cardíaco e músculo esquelético), juntamente com uma janela diagnóstica mais ideal. À semelhança da LDH, as isoenzimas individuais da CK podem ser separadas por eletroforese. O ensaio dos níveis plasmáticos de CK continua sendo utilizado para avaliar distúrbios da musculatura esquelética, como a distrofia muscular de Duchenne.

A troponina plasmática constitui o marcador diagnóstico atualmente preferido para IM

A **troponina** é um complexo de três proteínas presentes no aparelho contrátil dos *músculos esquelético* e *cardíaco*, mas não do *músculo liso* (ver Capítulo 51). Os níveis de troponina aumentam em 2 a 6 horas após um IM e permanecem elevados por 4 a 10 dias. A análise imunológica dos níveis plasmáticos das troponinas cardíacas I e T fornecem, portanto, indicadores sensíveis e específicos de dano ao músculo cardíaco. Como outras fontes de dano ao músculo cardíaco também provocam elevação dos níveis séricos de troponina, as troponinas cardíacas proporcionam, assim, um marcador geral de lesão cardíaca.

Usos clínicos adicionais das enzimas

As enzimas são utilizadas no laboratório clínico para determinar a presença e a concentração de metabólitos críticos. Por exemplo, a glicose-oxidase é frequentemente utilizada para medir a concentração plasmática de glicose. As enzimas também são empregadas com frequência crescente para o tratamento de lesões e doenças. Entre os exemplos, destacam-se o ativador do plasminogênio tecidual (tPA, do inglês *tissue plasminogen activator*) ou a estreptocinase para o tratamento do infarto agudo do miocárdio e a tripsina para o tratamento da fibrose cística. A infusão intravenosa de glicosilases recombinantes pode ser utilizada para o tratamento de síndromes de depósito lisossômico, como a doença de Gaucher (β-glicosidase), a doença de Pompe (α-glicosidase), a doença de Fabry (α-galactosidase A) e a doença de Sly (β-glicuronidase).

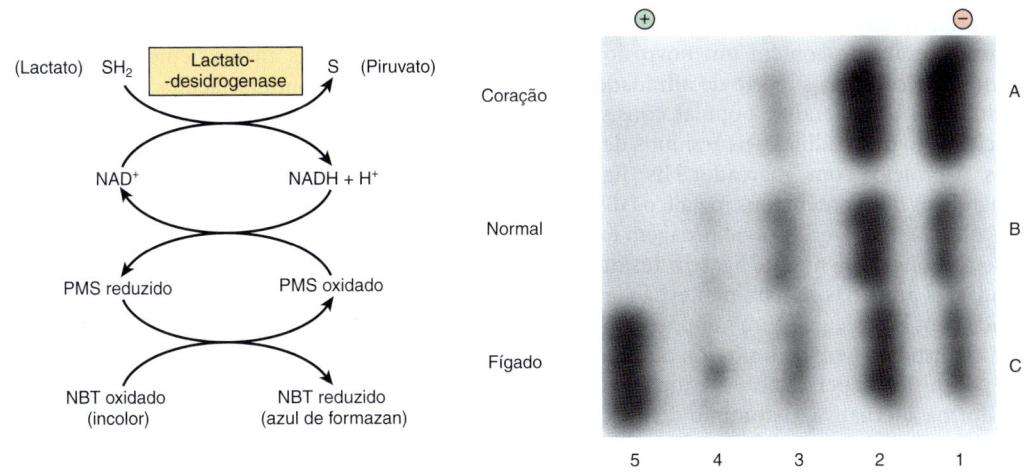

FIGURA 7-12 **Padrões normal e patológico das isoenzimas da lactato-desidrogenase (LDH) no soro humano.** Amostras de soro foram separadas por eletroforese. Em seguida, as isoenzimas da LDH foram visualizadas utilizando uma reação acoplada a corante, específica para LDH. O padrão **A** consiste em soro de um paciente com infarto do miocárdio; o padrão **B** representa o soro normal; e **C** é o soro de um paciente com doença hepática. Os números arábicos identificam as isoenzimas da LDH de 1 a 5. Por conseguinte, a eletroforese e uma técnica de detecção específica podem ser utilizadas para visualizar isoenzimas de outras enzimas além da LDH. (NBT, nitroazul de tetrazólio [do inglês, *nitroblue tetrazolium*]; PMS, metilsulfato de fenazina [do inglês, *phenazine methosulfate*]).

AS ENZIMAS FACILITAM O DIAGNÓSTICO DE DOENÇAS GENÉTICAS E INFECCIOSAS

Muitas técnicas de diagnóstico se beneficiam da especificidade e da eficiência das enzimas que atuam sobre oligonucleotídeos, como o DNA. As enzimas conhecidas como **endonucleases de restrição**, por exemplo, clivam a dupla-fita de DNA em sítios especificados por uma sequência de quatro, seis ou mais pares de bases, chamados de **sítios de restrição**. A clivagem de uma amostra de DNA com uma enzima de restrição produz um conjunto característico de fragmentos de DNA menores (ver Capítulo 39). Os desvios no padrão do produto normal, chamados de **polimorfismos de comprimento de fragmentos de restrição** (**RFLPs**, do inglês *restriction fragment length polymorphisms*), ocorrem quando uma mutação torna um sítio de restrição irreconhecível para sua endonuclease de restrição correspondente ou, de modo alternativo, gera um novo sítio de reconhecimento. Os RFLPs são atualmente utilizados para facilitar a detecção pré-natal de inúmeros distúrbios hereditários, inclusive o traço falciforme, a β-talassemia, a fenilcetonúria do lactente e a doença de Huntington.

Aplicações médicas da reação em cadeia da polimerase

Como descrito no Capítulo 39, a **reação em cadeia da polimerase** (**PCR**, do inglês *polymerase chain reaction*) emprega uma DNA-polimerase termoestável e *primers* (iniciadores) de oligonucleotídeos apropriados para produzir milhares de cópias de um segmento de DNA definido a partir de uma quantidade muito pequena de material inicial. A PCR possibilita que os cientistas médicos, biólogos e forenses detectem e caracterizem o DNA inicialmente presente em níveis muito baixos para a detecção direta. Além da triagem para as mutações genéticas, a PCR pode ser utilizada para detectar e identificar patógenos e parasitas, como o *Trypanosoma cruzi*, agente etiológico da doença de Chagas, e a *Neisseria meningitidis*, agente etiológico da meningite bacteriana, por meio da amplificação seletiva de seus DNAs.

O DNA RECOMBINANTE FORNECE UMA FERRAMENTA IMPORTANTE PARA O ESTUDO DAS ENZIMAS

Amostras de enzimas altamente purificadas são necessárias para o estudo de sua estrutura e função. O isolamento de uma enzima individual, sobretudo aquela presente em baixa concentração, a partir das milhares de proteínas presentes em uma célula, pode ser extremamente difícil. Clonando o gene para a enzima de interesse, geralmente é possível produzir grande quantidade da proteína codificada em *Escherichia coli* ou levedura. Entretanto, nem todas as proteínas animais podem ser expressas em sua forma adequadamente dobrada e funcionalmente competente nas células microbianas, visto que esses organismos são incapazes de realizar determinadas tarefas de processamento pós-traducional específicas dos organismos superiores. Nessas circunstâncias, as opções incluem a expressão de genes recombinantes em sistemas de cultura de células animais ou uso do vetor de expressão do baculovírus de células de inseto cultivadas. Para mais detalhes relacionados com as técnicas do DNA recombinante, ver Capítulo 39.

As proteínas de fusão recombinantes são purificadas por cromatografia de afinidade

A tecnologia do DNA recombinante também pode ser utilizada para gerar proteínas especificamente modificadas, o que possibilita a sua rápida purificação por meio de cromatografia de afinidade. O gene de interesse é ligado a uma sequência oligonucleotídica adicional, que codifica uma extensão carboxiterminal ou aminoterminal à proteína de interesse. A **proteína de fusão** resultante contém um novo domínio modelado para interagir com um suporte de afinidade adequadamente modificado. Uma conduta popular consiste em fixar um oligonucleotídeo que codifica seis resíduos de histidina consecutivos. A proteína com "marcador His" liga-se a suportes cromatográficos que contêm íons metálicos divalentes imobilizados, como Ni^{2+} ou Cd^{2+}. Essa abordagem explora a habilidade desses cátions divalentes de ligarem resíduos de His. Uma vez ligadas, as proteínas contaminantes são lavadas, e a enzima marcada com His é eluída com tampões contendo alta concentração de histidina livre ou imidazol, que compete com as caudas de poli-histidina pela ligação aos íons metálicos imobilizados. De forma alternativa, o domínio de ligação do substrato da glutationa-S-transferase (GST) pode servir como uma "marca GST". A **Figura 7-13** ilustra a purificação de uma proteína de fusão GST usando um suporte de afinidade contendo a glutationa ligada.

A adição de um domínio de fusão N-terminal também pode ajudar a induzir o dobramento correto do restante do polipeptídeo recombinante. Os domínios de fusão também possuem, em sua maioria, um sítio de clivagem para uma protease altamente específica, como a trombina, na região que liga as duas porções da proteína, possibilitando a sua eventual remoção.

A mutagênese sítio-dirigida fornece um entendimento de mecanismos

Uma vez estabelecida a capacidade de expressar uma proteína a partir de seu gene clonado, é possível empregar a **mutagênese sítio-dirigida** para modificar resíduos aminoacil específicos por meio da alteração de seus códons. Utilizada em combinação com as análises cinéticas e com a cristalografia de raios X, essa conduta facilita a identificação das funções específicas de determinados resíduos aminoacil na ligação e na catálise de substratos. Por exemplo, a dedução de que um determinado resíduo aminoacil atua como um ácido pode ser testada ao substituí-lo por um resíduo aminoacil incapaz de doar um próton.

RIBOZIMAS: ARTEFATOS DO MUNDO DO RNA

Cech descobriu a primeira molécula de RNA catalítica

A participação de enzimas catalisadoras na maturação pós-traducional de determinadas proteínas apresenta analogias no mundo do RNA. Muitas moléculas de RNA sofrem reações de processamento, que removem segmentos de oligonucleotídeo e que religam os segmentos remanescentes para formar o produto polinucleotídico maduro (ver Capítulo 36). No entanto, nem todos esses catalisadores são proteínas. Enquanto examinavam o processamento de moléculas de RNA ribossômico (rRNA) no protozoário ciliado *Tetrahymena*, no início da década de 1980, Thomas Cech e colaboradores observaram que o processamento do rRNA 26S prosseguia facilmente *in vitro*, até mesmo na *ausência* total de proteína. A origem dessa atividade de processamento foi rastreada até um segmento catalítico de 413 pb que retinha sua atividade catalítica mesmo quando replicado em *E. coli* (ver Capítulo 39). Antes desse período, pensava-se que os polinucleotídeos serviam apenas como armazenamento de informação e transmissão e que a catálise era restrita apenas às proteínas.

Várias outras ribozimas foram descobertas desde então. A grande maioria catalisa reações de deslocamento nucleofílico que visam às ligações fosfodiéster do esqueleto do RNA. Nos RNAs pequenos autoclivantes, como o RNA do tubarão-martelo ou do vírus delta da hepatite, o nucleófilo de ataque é a água, e o resultado é a hidrólise. Para as grandes ribozimas do grupo de íntrons I, o nucleófilo de ataque é a hidroxila 3′ da ribose terminal de outro segmento do RNA, e o resultado é uma reação de *splicing*.

O ribossomo – a ribozima final

O ribossomo foi o primeiro exemplo de uma "máquina molecular" a ser reconhecida. Um maciço complexo composto por grupos de subunidades de proteína e várias moléculas grandes de RNA ribossômico, o ribossomo realiza o processo altamente complexo e de vital importância de sintetizar longas cadeias polipeptídicas seguindo as instruções codificadas nas moléculas de RNA mensageiro (mRNA) (ver Capítulo 37). Durante muitos anos, supôs-se que os rRNAs desempenhassem um papel estrutural passivo ou talvez ajudassem no reconhecimento dos mRNAs cognatos por meio de um mecanismo de pareamento de bases. Foi surpreendente, então, quando se descobriu que rRNAs eram necessários e suficientes para catalisar a síntese de peptídeos.

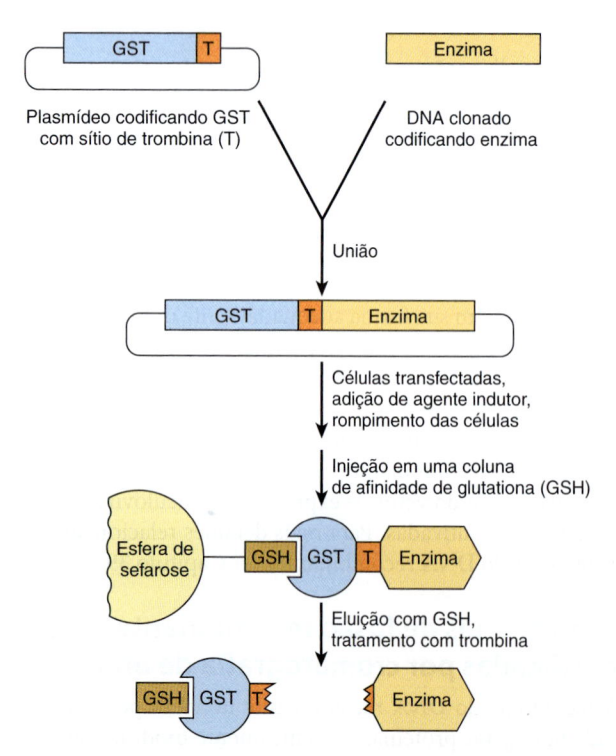

FIGURA 7-13 Uso de proteínas de fusão com a glutationa S-transferase (GST) para purificar proteínas recombinantes. (GSH, glutationa.)

A hipótese do mundo do RNA

A descoberta das ribozimas teve uma profunda influência sobre a teoria da evolução. Durante muitos anos, os cientistas especularam sobre a formação dos primeiros catalisadores biológicos quando os aminoácidos contidos na sopa primordial coalesceram para formar proteínas simples. Com a descoberta de que o RNA podia tanto transportar a informação quanto catalisar reações químicas, surgiu uma nova hipótese do "mundo do RNA", em que o RNA passou a constituir a primeira macromolécula biológica. Finalmente, um oligonucleotídeo quimicamente mais estável, o DNA, superou o RNA para o armazenamento da informação em longo prazo, enquanto as proteínas, em virtude de seu maior grupo funcional químico e diversidade conformacional, dominaram a catálise. Se partirmos do pressuposto de que algum tipo de híbrido RNA-proteína foi formado como intermediário na transição do ribonucleotídeo para catalisadores polipeptídicos, não é necessário procurar além do ribossomo para encontrar o suposto elo perdido.

Por que as proteínas não assumiram todas as funções catalíticas? Presumivelmente, no caso do ribossomo, o processo foi demasiado complexo e essencial para permitir muitas oportunidades para que possíveis competidores ganhassem um espaço. No caso dos pequenos RNAs de autoclivagem e íntrons *autosplicing*, eles podem representar um dos poucos casos em que a autocatálise do RNA é mais eficiente do que o desenvolvimento de um novo catalisador proteico.

RESUMO

- As enzimas são catalisadores eficientes, e sua especificidade limitada se estende ao tipo de reação catalisada e, em geral, a um único substrato.
- Os grupamentos prostéticos orgânicos e inorgânicos, os cofatores e as coenzimas desempenham funções importantes na catálise. As coenzimas, muitas das quais são derivadas das vitaminas B, servem como "transportadores" para grupamentos comumente utilizados, como aminas, elétrons e grupos acetila.
- Durante a catálise, as enzimas redirecionam as mudanças conformacionais induzidas pela ligação do substrato para efetuar alterações complementares que facilitam a sua transformação em produto.
- Os mecanismos catalíticos empregados pelas enzimas incluem a introdução de tensão, a aproximação dos reagentes, a catálise acidobásica e a catálise covalente. A protease do HIV ilustra a catálise acidobásica; a quimotripsina e a frutose-2,6-bifosfatase ilustram a catálise covalente.
- Os resíduos aminoacil que participam da catálise são altamente conservados ao longo da evolução das enzimas. A mutagênese sítio-dirigida, que é utilizada para modificar resíduos que provavelmente são importantes na catálise ou na ligação de substrato, proporciona um esclarecimento sobre os mecanismos de ação das enzimas.
- A atividade catalítica das enzimas revela sua presença, facilita sua detecção e propicia a base para os imunoensaios ligados a enzimas. Muitas enzimas podem ser analisadas por meio espectrofotométrico ao acoplá-las a uma desidrogenase dependente de $NAD(P)^+$.
- A química combinatória gera bibliotecas extensas de ativadores e inibidores enzimáticos potenciais, que podem ser testados por HTS.
- O ensaio das enzimas plasmáticas ajuda no diagnóstico e no prognóstico da pancreatite aguda e de vários distúrbios ósseos e hepáticos. Entretanto, as enzimas séricas foram substituídas pelo ensaio das troponinas plasmáticas como diagnósticas de infarto do miocárdio.
- As endonucleases de restrição facilitam o diagnóstico de doenças genéticas, revelando polimorfismos de comprimento de fragmento de restrição.
- A PCR amplifica o DNA inicialmente presente em quantidades muito pequenas para a sua análise.
- A ligação de uma "marca" poli-histidil, GST ou outra "marca" na extremidade N-terminal ou C-terminal de uma proteína recombinante facilita sua purificação por meio da cromatografia de afinidade em um suporte sólido que contenha um ligante imobilizado, como um cátion divalente (p. ex., Ni^{2+}) ou glutationa. Em seguida, proteases específicas podem remover as "marcas" de afinidade e produzir a enzima original.
- Nem todas as enzimas são proteínas. São conhecidas várias ribozimas que podem cortar e religar as ligações fosfodiéster do RNA.

REFERÊNCIAS

Apple FS, Sandoval Y, Jaffe AS, et al: Cardiac troponin assays: guide to understanding analytical characteristics and their impact on clinical care. Clin Chem 2017;63:73.

de la Peña M, García-Robles I, Cervera A: The hammerhead ribozyme: a long history for a short RNA. Molecules 2017;22:78.

Frey PA, Hegeman AD: *Enzyme Reaction Mechanisms*. Oxford University Press, 2006.

Gupta S, de Lemos JA: Use and misuse of cardiac troponins in clinical practice. Prog Cardiovasc Dis 2007;50:151.

Hedstrom L: Serine protease mechanism and specificity. Chem Rev 2002;102:4501.

Knight AE: Single enzyme studies: A historical perspective. Meth Mol Biol 2011;778:1.

Melanson SF, Tanasijevic MJ: Laboratory diagnosis of acute myocardial injury. Cardiovascular Pathol 2005;14:156.

Rho JH, Lampe PD: High–throughput analysis of plasma hybrid markers for early detection of cancers. Proteomes 2014;2:1.

Sun B, Wang MD: Single-hyphen molecule optical-trapping techniques to study molecular mechanisms of a replisome. Methods Enzymol 2017;582:55.

CAPÍTULO 8

Enzimas: cinética

Victor W. Rodwell, Ph.D.

OBJETIVOS

Após o estudo deste capítulo, você deve ser capaz de:

- Descrever a abrangência e os objetivos da análise da cinética enzimática.
- Indicar se ΔG, a variação total na energia livre para uma reação, depende do mecanismo da reação.
- Indicar se ΔG é uma função da velocidade das reações.
- Explicar a relação entre K_{eq}, concentrações de substratos e produtos em equilíbrio e a proporção das constantes de velocidade k_1/k_{-1}.
- Definir como a concentração de íons hidrogênio, de enzima e de substrato afetam a velocidade de uma reação catalisada por enzima.
- Utilizar a teoria da colisão para explicar como a temperatura afeta a velocidade das reações químicas.
- Definir as condições da velocidade inicial e explicar as vantagens obtidas de medir a velocidade de uma reação catalisada por uma enzima sob essas condições.
- Descrever a aplicação das formas lineares da equação de Michaelis-Menten para estimar K_m e $V_{máx}$.
- Fornecer uma razão pela qual a forma linear da equação de Hill é utilizada para avaliar como a ligação do substrato influencia o comportamento cinético de certas enzimas multiméricas.
- Diferenciar os efeitos de uma concentração crescente de substrato sobre a cinética da inibição competitiva e da inibição não competitiva simples.
- Descrever como os substratos são adicionados a – e como os produtos são liberados de – uma enzima que utiliza um mecanismo em pingue-pongue.
- Descrever como os substratos são adicionados a – e como os produtos são liberados de – uma enzima que segue o mecanismo de equilíbrio rápido.
- Fornecer exemplos da utilidade da cinética enzimática para determinar o mecanismo de ação de fármacos.

IMPORTÂNCIA BIOMÉDICA

Um conjunto completo e balanceado de atividades enzimáticas é necessário para manter a homeostasia. A cinética enzimática, que representa a medida quantitativa da velocidade das reações catalisadas por enzimas e o estudo sistemático dos fatores que afetam essas velocidades, constitui uma ferramenta central para a análise, o diagnóstico e o tratamento do desequilíbrio enzimático que fundamenta inúmeras doenças humanas. Por exemplo, a análise cinética pode revelar o número e a ordem das etapas individuais pelas quais as enzimas transformam os substratos em produtos, e, em conjunto com a mutagênese sítio-dirigida, as análises cinéticas podem revelar detalhes do mecanismo catalítico de uma determinada enzima. No sangue, o aparecimento ou o aumento nos níveis de determinadas enzimas serve como indicador clínico de patologias, como infarto do miocárdio, câncer de próstata e dano hepático. O envolvimento de enzimas em quase todos os processos fisiológicos as transforma nos alvos de escolha para fármacos que curam ou melhoram doenças humanas. A cinética enzimática aplicada representa o principal instrumento pelo qual os cientistas identificam e caracterizam os agentes terapêuticos que inibem seletivamente a taxa de processos catalisados por enzimas específicas. Dessa maneira, a cinética enzimática desempenha um papel central e crítico na descoberta de fármacos, na farmacodinâmica comparativa e na determinação do modo de ação dos fármacos.

AS REAÇÕES QUÍMICAS SÃO DESCRITAS UTILIZANDO EQUAÇÕES BALANCEADAS

Uma **equação química balanceada** lista as espécies químicas iniciais (substratos) presentes e as novas espécies químicas (produtos) formadas em uma determinada reação química, todas em suas respectivas proporções ou **estequiometria**. Por exemplo, a equação balanceada (1) indica que uma molécula de cada um dos substratos A e B reage para formar uma molécula de cada um dos produtos P e Q:

$$A + B \rightleftarrows P + Q \qquad (1)$$

As setas duplas indicam a reversibilidade, uma propriedade intrínseca de todas as reações químicas. Assim, para a reação (1), se A e B podem formar P e Q, então P e Q também podem formar A e B. A designação de um determinado reagente como um "substrato" ou "produto" é, então, um tanto arbitrária, pois os produtos para uma reação escrita em uma direção são os substratos para a reação inversa. Contudo, o termo "produto" é frequentemente utilizado para designar os reagentes cuja formação é favorecida do ponto de vista termodinâmico. As reações para as quais os fatores termodinâmicos favorecem fortemente a formação dos produtos para os quais a seta aponta geralmente são representadas com uma seta única, como se elas fossem "irreversíveis":

$$A + B \rightarrow P + Q \qquad (2)$$

As setas unidirecionais também são utilizadas para descrever as reações em células vivas em que os produtos da reação (2) são imediatamente consumidos por uma reação catalisada por uma enzima subsequente ou escapam rapidamente da célula, por exemplo, o CO_2. Portanto, a rápida remoção do produto P ou Q impede efetivamente a ocorrência da reação inversa, tornando a equação (2) **funcionalmente irreversível sob condições fisiológicas**.

AS VARIAÇÕES NA ENERGIA LIVRE DETERMINAM A DIREÇÃO E O ESTADO DE EQUILÍBRIO DAS REAÇÕES QUÍMICAS

A variação de energia livre de Gibbs ΔG (também chamada de energia livre ou energia de Gibbs) descreve tanto a *direção* para a qual uma reação química tende a prosseguir quanto as concentrações dos reagentes e produtos que estão presentes no equilíbrio. A ΔG de uma reação química é igual à soma das energias livres de formação dos produtos de reação, ΔG_P, subtraída pela soma das energias livres de formação dos substratos, ΔG_S. Um termo semelhante, mas diferente, designado ΔG^0, indica a variação da energia livre que acompanha a transição do estado-padrão, no qual a concentração de substratos e produtos é de um molar, até o equilíbrio. Um termo bioquímico mais útil é $\Delta G^{0\prime}$, que define ΔG^0 em um estado-padrão de 10^{-7} M de prótons, pH 7,0. Quando a energia livre da formação dos produtos é *menor* que aquela dos substratos, os sinais de ΔG^0 e $\Delta G^{0\prime}$ serão *negativos*, indicando que a reação, conforme escrita, é favorecida na direção da esquerda para a direita. Essas reações são referidas como **espontâneas**. O **sinal** e a **magnitude** da variação de energia livre determinam até onde prosseguirá a reação.

A equação (3) ilustra a relação entre a constante de equilíbrio, K_{eq}, e ΔG^0:

$$\Delta G^0 = -RT \ln K_{eq} \qquad (3)$$

em que R é a constante gasosa (1,98 cal/mol°K ou 8,31 J/mol°K) e T é a temperatura absoluta em graus Kelvin. A K_{eq} é igual ao produto das concentrações dos produtos da reação, cada um elevado à potência de sua estequiometria, dividido pelo produto dos substratos, cada um elevado à potência de sua estequiometria.

Para a reação $A + B \rightleftarrows P + Q$

$$K_{eq} = \frac{[P][Q]}{[A][B]} \qquad (4)$$

e para a reação (5)

$$A + A \rightleftarrows P \qquad (5)$$

$$K_{eq} = \frac{[P]}{[A]^2} \qquad (6)$$

a ΔG^0 pode ser calculada a partir da equação (3) quando as concentrações molares dos substratos e produtos presentes em equilíbrio são conhecidas. Quando ΔG^0 é um número negativo, K_{eq} será maior que uma unidade, e as concentrações dos produtos em equilíbrio superarão aquelas dos substratos. Quando ΔG^0 é positivo, a K_{eq} será inferior a uma unidade, e a formação de substratos será favorecida.

Observe que, como ΔG^0 é uma função exclusivamente dos estados inicial e final das espécies reagentes, ela pode fornecer informações apenas sobre a *direção* e o *estado de equilíbrio* da reação. A ΔG^0 independe do **mecanismo** da reação e, assim, não fornece informações a respeito das *velocidades* das reações. Consequentemente – e como explicado adiante –, embora uma reação possa ter ΔG^0 ou $\Delta G^{0\prime}$ negativos grandes, ela pode, apesar disso, ocorrer em uma velocidade desprezível.

AS VELOCIDADES DAS REAÇÕES SÃO DETERMINADAS PELAS SUAS ENERGIAS DE ATIVAÇÃO

As reações prosseguem por meio de estados de transição

O conceito do **estado de transição** é fundamental para compreender as bases químicas e termodinâmicas da catálise. A equação (7) demonstra uma reação de transferência de grupamento em que o grupo de entrada E desloca o grupo de saída L, inicialmente ligado a R:

$$E + R - L \rightleftarrows E - R + L \quad (7)$$

O resultado líquido desse processo é a transferência do grupamento R de L para E. Na trajetória desse deslocamento, a ligação entre R e L foi enfraquecida, mas ainda não foi totalmente desfeita, sendo que a nova ligação entre E e R ainda não está completamente formada. Esse intermediário transitório – em que nem o substrato livre nem o produto existem – é chamado de **estado de transição**, E...R...L. As linhas pontilhadas representam as ligações "parciais" que estão sofrendo formação e ruptura. A **Figura 8-1** fornece uma ilustração mais detalhada do intermediário do estado de transição formado durante a transferência de um grupamento fosforil.

Pode-se pensar na reação (7) como composta por duas "reações parciais", com a primeira correspondendo à formação (F), e a segunda, ao decaimento (D) subsequente do intermediário do estado de transição. Assim como para todas as reações, as alterações características na energia livre, ΔG_F e ΔG_D, estão associadas a cada reação parcial:

$$E + R - L \rightleftarrows E...R...L \quad \Delta G_F \quad (8)$$

$$E...R...L \rightleftarrows E - R + L \quad \Delta G_D \quad (9)$$

$$E + R - L \rightleftarrows E - R + L \quad \Delta G = \Delta G_F + \Delta G_D \quad (10)$$

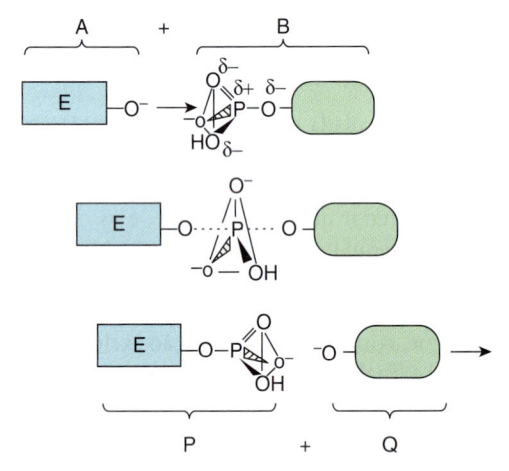

FIGURA 8-1 Formação de um estado de transição intermediário durante uma reação química simples, A + B → P + Q. Estão representados três estágios de uma reação química em que um grupo fosforil é transferido do grupo doador L (em verde) para um grupo receptor E (em azul). **Parte superior:** o grupamento E que entra (A, em chave) aproxima-se do outro reagente, L-fosfato (B, em chave). Observe como os três átomos de oxigênio ligados por linhas triangulares e o átomo de fósforo do grupamento fosforil formam uma pirâmide. **Centro:** à medida que E se aproxima do L-fosfato, a nova ligação entre E e o grupamento fosforil começa a se formar (linha tracejada), ao passo que a ligação de L ao grupamento fosfato enfraquece. Essas ligações formadas parcialmente são indicadas pelas linhas tracejadas. **Parte inferior:** a formação do novo produto, E-fosfato (P, em chave), está agora completa, enquanto o grupamento L sai (Q, em chave). A geometria do grupamento fosforil difere entre o estado de transição e o substrato ou produto. Observe como o fósforo e os três átomos de oxigênio que ocupam os quatro cantos de uma pirâmide no substrato e no produto se tornam coplanares, conforme enfatizado pelo triângulo, no estado de transição.

Para a reação geral (10), ΔG é o somatório de ΔG_F e ΔG_D. Como para qualquer equação de dois termos, não é possível deduzir de sua ΔG resultante o sinal ou a magnitude de ΔG_F ou ΔG_D.

Muitas reações envolvem vários estados de transição sucessivos, cada um com uma mudança associada de energia livre. Para essas reações, o ΔG total representa o somatório de *todas* as mudanças na energia livre associadas à formação e ao decaimento de *todos* os estados de transição. **Portanto, não é possível inferir da ΔG geral o número ou o tipo de estados de transição pelos quais a reação prossegue**. Ou seja, *a termodinâmica geral da reação não diz nada sobre o mecanismo ou a cinética*.

ΔG_F define a energia de ativação

Independentemente do sinal ou da magnitude de ΔG, para a maioria das reações químicas, a ΔG_F possui sinal positivo, que indica que a formação do estado de transição exige superar uma ou mais barreiras de energia. Por isso, a ΔG_F necessária para alcançar um estado de transição é frequentemente denominada **energia de ativação**, E_{at}. A facilidade – e, consequentemente, a frequência – com que essa barreira é superada está *inversamente* relacionada com a E_{at}. Os parâmetros termodinâmicos que determinam com qual rapidez uma reação acontece são os valores de ΔG_F para a formação dos estados de transição por meio dos quais a reação ocorre. Para uma reação simples, em que ∝ significa "proporcional a",

$$\text{Velocidade} \propto e^{-E_{at}/RT} \quad (11)$$

A energia de ativação para que a reação prossiga na direção oposta àquela esboçada é igual a $-\Delta G_D$.

DIVERSOS FATORES AFETAM A VELOCIDADE DA REAÇÃO

A **teoria cinética** – também chamada de **teoria da colisão** – da cinética química afirma que, para que duas moléculas reajam, elas (1) devem aproximar-se a uma distância que possibilite a formação de uma ligação entre si, ou "colidir", e (2) devem possuir energia cinética suficiente para superar a barreira de energia para atingir o estado de transição. Portanto, as condições que tendem a aumentar a *frequência* ou a *energia* de colisão entre os substratos tendem a aumentar a velocidade da reação de que participam.

Temperatura

A elevação da temperatura ambiente aumenta a energia cinética das moléculas. Conforme ilustrado na **Figura 8-2**, a quantidade total de moléculas cuja energia cinética excede a barreira de energia E_{at} (barra vertical) para a formação dos produtos aumenta a partir da temperatura baixa (A) para a intermediária (B) até a alta (C). O aumento da energia cinética das moléculas também aumenta sua rapidez de movimento e, em consequência, a frequência com que elas colidem. Essa combinação de colisões mais frequentes e mais altamente energéticas e, portanto, produtivas, aumenta a velocidade da reação.

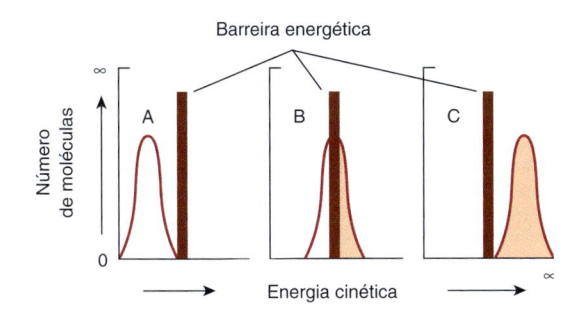

FIGURA 8-2 Representação da barreira de energia para reações químicas. (Ver discussão no texto.)

Concentração de reagente

A frequência com que as moléculas colidem é diretamente proporcional às suas concentrações. Para duas moléculas diferentes A e B, a frequência com que elas colidem duplicará quando a concentração de A ou B for duplicada. Quando as concentrações tanto de A quanto de B são duplicadas, a probabilidade de colisão aumentará em quatro vezes.

Para uma reação química que prossegue em temperatura constante envolvendo uma molécula de A e uma de B,

$$A + B \rightarrow P \quad (12)$$

a fração de moléculas que possuem uma determinada energia cinética será constante. O número de colisões entre as moléculas cuja energia cinética combinada é suficiente para produzir um produto P, consequentemente, será diretamente proporcional ao número de colisões entre A e B e, assim, às suas concentrações molares, representadas por colchetes:

$$\text{Velocidade} \propto [A][B] \quad (13)$$

De maneira similar, para a reação representada por

$$A + 2B \rightarrow P \quad (14)$$

que também pode ser escrita como

$$A + B + B \rightarrow P \quad (15)$$

a expressão da velocidade correspondente é

$$\text{Velocidade} \propto [A][B][B] \quad (16)$$

ou

$$\text{Velocidade} \propto [A][B]^2 \quad (17)$$

Para o caso geral, quando n moléculas de A reagem com m moléculas de B,

$$nA + mB \rightarrow P \quad (18)$$

a expressão da velocidade é

$$\text{Velocidade} \propto [A]^n[B]^m \quad (19)$$

Substituir o sinal de proporcionalidade com um sinal de igualdade pela introdução de uma **constante de velocidade**, k, característica da reação sob estudo, gera as equações (20) e (21), nas quais os subscritos 1 e –1 se referem às reações direta e inversa, respectivamente:

$$\text{Velocidade}_1 = k_1[A]^n[B]^m \quad (20)$$

$$\text{Velocidade}_{-1} = k_{-1}[P] \quad (21)$$

O somatório das proporções molares dos reagentes define a **ordem cinética** da reação. Considere a reação (5). O coeficiente estequiométrico para o único reagente, A, é 2. Portanto, a velocidade de produção de P é proporcional ao quadrado de [A], e diz-se que a reação é de *segunda ordem* em relação ao reagente A. Neste caso, a reação total também é de *segunda ordem*. Por conseguinte, k_1 é referida como uma *constante de velocidade de segunda ordem*.

A reação (12) descreve uma reação de segunda ordem simples entre dois reagentes distintos, A e B. O coeficiente estequiométrico para cada reagente é 1. Portanto, enquanto a reação é de segunda ordem, diz-se que ela é de *primeira ordem* em relação a A e de *primeira ordem* em relação a B.

No laboratório, a ordem cinética de uma reação em relação a um determinado reagente, designado por reagente ou substrato variável, pode ser determinada mantendo-se a concentração dos outros reagentes em excesso em relação ao reagente variável. Sob essas *condições de pseudo primeira ordem*, a concentração do reagente "fixo" permanece quase constante. Dessa maneira, a velocidade da reação dependerá exclusivamente da concentração do reagente variável, por vezes também chamado de reagente limitante. Os conceitos da ordem de reação e das condições de pseudo primeira ordem não se aplicam apenas às reações químicas simples, mas também às reações catalisadas por enzima.

A K_{eq} é uma razão das constantes de velocidade

Embora todas as reações químicas sejam, em alguma extensão, reversíveis, as concentrações *totais* dos reagentes e produtos permanecem constantes no equilíbrio. Em equilíbrio, a velocidade de conversão dos substratos em produtos iguala-se, em consequência, à velocidade em que os produtos são convertidos em substratos:

$$\text{Velocidade}_1 = \text{Velocidade}_{-1} \quad (22)$$

Portanto,

$$k_1 = [A]^n[B]^m = k_{-1}[P] \quad (23)$$

e

$$\frac{k_1}{k_{-1}} = \frac{[P]}{[A]^n[B]^m} \quad (24)$$

A razão entre k_1 e k_{-1} é igual à constante de equilíbrio, K_{eq}. As seguintes propriedades importantes de um sistema em equilíbrio devem ser mantidas em mente.

1. A constante de equilíbrio é uma proporção das *constantes de velocidade* da reação (não das *velocidades* de reação).
2. Em equilíbrio, as *velocidades* de reação (não as *constantes de velocidade*) das reações direta e inversa são iguais.
3. O valor numérico da constante de equilíbrio, K_{eq}, pode ser calculado tanto a partir das concentrações dos substratos e produtos em equilíbrio quanto a partir da proporção k_1/k_{-1}.

4. O equilíbrio é um estado *dinâmico*. Embora não exista alteração *líquida* na concentração dos substratos ou produtos, as moléculas individuais do substrato e do produto estão sob interconversão contínua. A interconversão pode ser provada pela adição de um traço de um produto radioisótopo a um sistema em equilíbrio, o que resultará no aparecimento de substrato marcado radioativamente.

A CINÉTICA DA CATÁLISE ENZIMÁTICA

As enzimas diminuem a barreira da energia de ativação para uma reação

Todas as enzimas aceleram a velocidade de reação ao diminuir a ΔG_F para a formação dos estados de transição. No entanto, elas podem diferir na maneira como isso é obtido. Embora a sequência de etapas químicas no sítio ativo seja paralela às que ocorrem quando os substratos reagem na ausência de um catalisador, **o ambiente do sítio ativo reduz a ΔG_F**, estabilizando os intermediários do estado de transição. Ou seja, a enzima pode ser visualizada ligando-se mais fortemente ao intermediário do estado de transição (Figura 8-1) do que ela faz tanto com os substratos quanto com os produtos. Conforme discutido no Capítulo 7, a estabilização pode envolver (1) os grupamentos acidobásicos adequadamente posicionados para transferir prótons para ou do intermediário do estado de transição em desenvolvimento, (2) os grupamentos carregados adequadamente posicionados ou íons metálicos que estabilizam as cargas em desenvolvimento, ou (3) a imposição da tensão estérica sobre os substratos, de maneira que a geometria deles se aproxime daquela do estado de transição. A protease do vírus da imunodeficiência humana (HIV, do inglês *human immunodeficiency virus*) (ver Figura 7-6) ilustra a catálise por uma enzima que diminui a barreira de ativação, em parte ao estabilizar um intermediário do estado de transição.

A catálise por enzimas que prossegue por meio de um mecanismo de reação *único* ocorre, em geral, quando o intermediário do estado de transição forma uma ligação covalente com a enzima (**catálise covalente**). O mecanismo catalítico da serina-protease quimotripsina (ver Figura 7-7) ilustra como uma enzima utiliza a catálise covalente para fornecer uma via de reação única possuindo uma E_{at} mais favorável.

AS ENZIMAS NÃO AFETAM A K_{eq}

Embora as enzimas sofram modificações transitórias durante o processo de catálise, elas sempre aparecem inalteradas ao término da reação. **Portanto, a presença de uma enzima não tem efeito sobre a ΔG^0 para a reação *geral***, o que é uma função unicamente dos **estados inicial e final** dos reagentes. A equação (25) mostra a relação entre a constante de equilíbrio para uma reação e a mudança de energia livre padrão para aquela reação:

$$\Delta G^0 = -RT \ln K_{eq} \quad (25)$$

Esse princípio é talvez mais facilmente ilustrado ao incluir a presença da enzima (Enz) no cálculo da constante de equilíbrio para uma reação catalisada por enzima:

$$A + B + Enz \rightleftharpoons P + Q + Enz \quad (26)$$

Como a enzima em ambos os lados da seta dupla está presente em quantidade igual e forma idêntica, a expressão para a constante de equilíbrio,

$$K_{eq} = \frac{[P][Q][Enz]}{[A][B][Enz]} \quad (27)$$

reduz para uma reação idêntica àquela na *ausência* da enzima:

$$K_{eq} = \frac{[P][Q]}{[A][B]} \quad (28)$$

Portanto, as enzimas não têm efeito sobre a K_{eq}.

MÚLTIPLOS FATORES AFETAM A VELOCIDADE DAS REAÇÕES CATALISADAS POR ENZIMAS

Temperatura

A elevação da temperatura aumenta a velocidade das reações, tanto das não catalisadas quanto das catalisadas por enzimas, por aumentar a energia cinética e a frequência de colisão das moléculas reagentes. No entanto, a energia na forma de calor também pode aumentar a flexibilidade conformacional da enzima até um ponto que exceda a barreira energética para romper as interações não covalentes que mantêm sua estrutura tridimensional. Então, a cadeia polipeptídica começa a se desdobrar, ou **desnaturar**, com consequente perda da atividade catalítica. A faixa de temperatura sobre a qual uma enzima mantém uma conformação estável e competente do ponto de vista catalítico depende – e, em geral, excede de modo moderado – da temperatura normal das células nas quais ela reside. As enzimas dos seres humanos geralmente exibem estabilidade em temperaturas de 45 a 55°C. Em contrapartida, as enzimas de microrganismos termofílicos que residem em correntes de águas vulcânicas ou em jatos hidrotermais suboceânicos podem ser estáveis em temperaturas ≥ 100°C.

O **coeficiente de temperatura (Q_{10})** é o fator pelo qual a velocidade de um processo biológico aumenta a cada aumento de 10°C na temperatura. Para as temperaturas em que as enzimas são estáveis, as velocidades da maioria dos processos biológicos normalmente duplicam para uma elevação de 10°C na temperatura (Q_{10} = 2). As alterações nas velocidades das reações catalisadas por enzimas que acompanham uma elevação ou queda na temperatura corporal constituem um proeminente aspecto de sobrevivência para as formas de vida "de sangue frio", como lagartos ou peixes, cujas temperaturas corporais são ditadas pelo ambiente externo. No entanto, para os mamíferos e outros organismos homeotérmicos, as alterações nas velocidades das reações enzimáticas com a temperatura assumem importância fisiológica apenas em circunstâncias como febre ou hipotermia.

Concentração de íon hidrogênio

A velocidade de quase todas as reações catalisadas por enzimas exibe uma significativa dependência da concentração de íon hidrogênio. A maioria das enzimas intracelulares exibe atividade ótima em valores de pH entre 5 e 9. A relação da atividade com a concentração de íons hidrogênio (**Figura 8-3**) reflete o

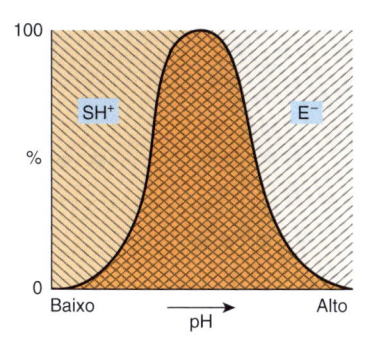

FIGURA 8-3 Efeito do pH sobre a atividade enzimática. Considere, por exemplo, uma enzima negativamente carregada (E⁻), que se liga a um substrato positivamente carregado (SH⁺). É mostrada a proporção (%) de SH⁺ [\\\] e de E⁻ [///] em função do pH. A enzima e o substrato comportam uma carga apropriada apenas na área hachurada.

equilíbrio entre a desnaturação da enzima em pH alto ou baixo e os efeitos sobre a carga da enzima, dos substratos ou de ambos. Para as enzimas cujo mecanismo envolve a catálise acidobásica, os resíduos envolvidos devem encontrar-se no estado apropriado de protonação para que a reação continue. A ligação e o reconhecimento das moléculas do substrato com grupamentos dissociáveis muitas vezes também envolvem a formação de pontes salinas com a enzima. Os grupamentos carregados mais comuns são os grupamentos carboxilatos (negativos) e as aminas protonadas (positivas). O ganho ou a perda de grupamentos carregados críticos afeta, de maneira negativa, a ligação e, assim, retarda ou abole a catálise.

OS ENSAIOS DE REAÇÕES CATALISADAS POR ENZIMAS NORMALMENTE MEDEM A VELOCIDADE INICIAL

A maioria das medidas da velocidade de uma reação catalisada por enzima envolve períodos relativamente curtos, condições que são consideradas para aproximação das **condições de velocidade inicial**. Sob essas condições, apenas traços do produto se acumulam, tornando a velocidade da reação inversa desprezível. A **velocidade inicial (v_i)** da reação é, dessa forma, essencialmente idêntica à da velocidade da reação direta. Os ensaios de atividade enzimática quase sempre empregam um grande excesso molar (10^3-10^6) de substrato em relação à enzima. Nessas condições, v_i é proporcional à concentração da enzima, isto é, é de pseudo primeira ordem em relação à enzima. Medir a velocidade inicial permite, portanto, estimar a quantidade de enzima presente em uma amostra biológica.

A CONCENTRAÇÃO DO SUBSTRATO AFETA A VELOCIDADE DA REAÇÃO

A seguir, as reações enzimáticas são tratadas como se tivessem apenas um substrato e um único produto. Para as enzimas com múltiplos substratos, os princípios discutidos aplicam-se com igual validade. Ademais, ao empregar condições de pseudo primeira ordem (ver anteriormente), os cientistas podem estudar a dependência da velocidade da reação sobre um reagente individual por meio da escolha apropriada de substratos fixos e variáveis. Em outras palavras, em condições de pseudo primeira ordem, o comportamento de uma enzima multissubstrato imita o de uma que possui um substrato. Nesse exemplo, no entanto, a constante da velocidade observada será uma função tanto da constante da velocidade k_1 para a reação quanto da concentração fixa do substrato.

Para uma enzima comum, à medida que a concentração do substrato é aumentada, a v_i aumenta até que alcance um valor máximo, $V_{máx}$ (**Figura 8-4**). Quando o aumento adicional na concentração do substrato falha em aumentar v_i, diz-se que a enzima está "saturada" com o substrato. Observe que o formato da curva que relaciona a atividade à concentração do substrato (Figura 8-4) é *hiperbólico*. Em um determinado instante, apenas as moléculas de substrato que estão combinadas com a enzima, como um complexo enzima-substrato (ES), podem ser transformadas em produto. Como a constante de equilíbrio para a formação do complexo enzima-substrato não é infinitamente grande, apenas uma fração da enzima pode estar presente como um complexo ES, mesmo quando o substrato está presente em excesso (pontos A e B da **Figura 8-5**). Nos pontos A ou B, portanto, aumentar ou diminuir [S] aumentará ou diminuirá o número de complexos ES com uma alteração correspondente na v_i. Contudo, no ponto C (Figura 8-5), quase toda a enzima está presente como complexo ES. Como nenhuma enzima livre permanece disponível para formar o ES, o aumento adicional na [S] não pode aumentar a velocidade da reação. **Sob essas condições de saturação, a v_i depende unicamente – e, dessa maneira, é limitada por – da rapidez em que o produto se dissocia da enzima, de modo que ela possa se combinar com mais substrato.**

AS EQUAÇÕES DE MICHAELIS-MENTEN E DE HILL MODELAM OS EFEITOS DA CONCENTRAÇÃO DE SUBSTRATO

Equação de Michaelis-Menten

A equação de Michaelis-Menten (29) ilustra, em termos matemáticos, a relação entre a velocidade de reação inicial v_i e a concentração do substrato [S], mostrada graficamente na Figura 8-4:

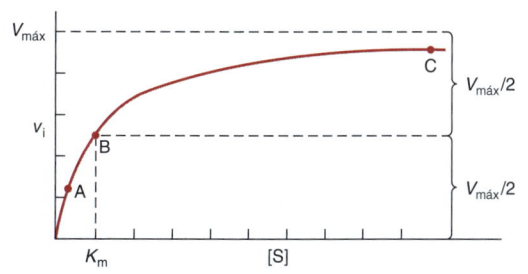

$$v_i = \frac{V_{máx}[S]}{K_m + [S]} \quad (29)$$

FIGURA 8-4 Efeito da concentração de substrato sobre a velocidade inicial de uma reação catalisada por enzima.

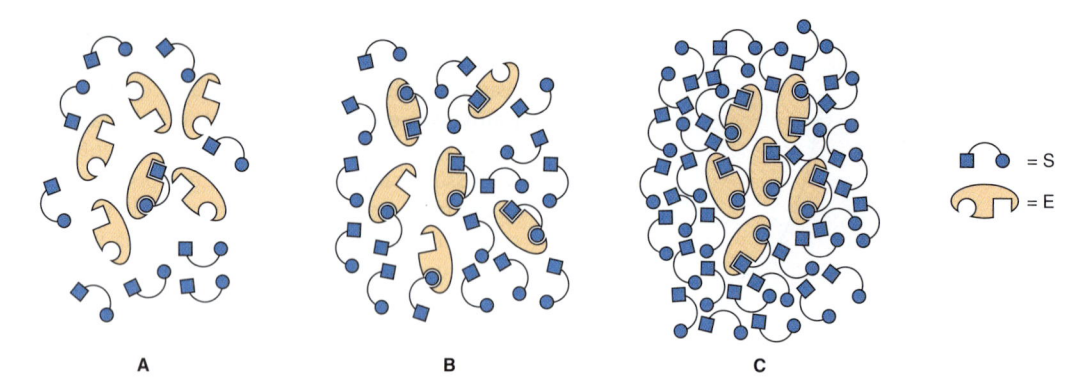

FIGURA 8-5 Representação de uma enzima na presença de uma concentração de substrato que está abaixo de K_m (A), em uma concentração igual a K_m (B) e em uma concentração muito superior a K_m (C). Os pontos A, B e C correspondem aos pontos na Figura 8-4.

A constante de Michaelis, K_m, é a concentração de substrato em que v_i é a metade da velocidade máxima ($V_{máx}/2$) atingível em uma determinada concentração da enzima. Assim, K_m possui a dimensão dada pela concentração de substrato. A dependência da velocidade inicial da reação de [S] e K_m pode ser ilustrada ao avaliar a equação de Michaelis-Menten sob três condições.

1. Quando [S] é muito menor que K_m (ponto A nas Figuras 8-4 e 8-5), o termo $K_m +$ [S] é praticamente igual a K_m. Substituir $K_m +$ [S] por K_m reduz a equação (29) para

$$v_i = \frac{V_{máx}[S]}{K_m + [S]} \quad v_i \approx \frac{V_{máx}[S]}{K_m} \approx \left(\frac{V_{máx}}{K_m}\right)[S] \quad (30)$$

em que ≈ significa "aproximadamente igual a". Como $V_{máx}$ e K_m são constantes, sua razão é uma constante. Em outras palavras, quando [S] está consideravelmente abaixo de K_m, v_i é proporcional a k[S]. Portanto, a velocidade inicial da reação é diretamente proporcional a [S].

2. Quando [S] é muito maior que K_m (ponto C nas Figuras 8-4 e 8-5), o termo $K_m +$ [S] é essencialmente igual a [S]. Substituir $K_m +$ [S] por [S] reduz a equação (29) para

$$v_i = \frac{V_{máx}[S]}{K_m + [S]} \quad v_i \approx \frac{V_{máx}[S]}{[S]} \approx V_{máx} \quad (31)$$

Assim, quando [S] supera muito K_m, a velocidade da reação é máxima ($V_{máx}$) e não é afetada por aumentos adicionais na concentração do substrato.

3. Quando [S] = K_m (ponto B nas Figuras 8-4 e 8-5):

$$v_i = \frac{V_{máx}[S]}{K_m + [S]} = \frac{V_{máx}[S]}{2[S]} = \frac{V_{máx}}{2} \quad (32)$$

A equação (32) diz que, quando [S] se iguala a K_m, a velocidade inicial é a metade da máxima. A equação (32) também revela que K_m é – e pode ser determinado de maneira experimental a partir de – a concentração do substrato em que a velocidade inicial é a metade da máxima.

Uma forma linear da equação de Michaelis-Menten é utilizada para determinar K_m e $V_{máx}$

A medição direta do valor numérico da $V_{máx}$, e, portanto, do cálculo de K_m, frequentemente requer altas concentrações de substrato impraticáveis para alcançar as condições de saturação. Uma forma linear da equação de Michaelis-Menten contorna essa dificuldade e permite que a $V_{máx}$ e a K_m sejam extrapoladas a partir dos dados da velocidade inicial obtidos em concentrações inferiores às de saturação do substrato. Deve-se iniciar com a equação (29),

$$v_i = \frac{V_{máx}[S]}{K_m + [S]} \quad (29)$$

inverter

$$\frac{1}{v_i} = \frac{K_m + [S]}{V_{máx}[S]} \quad (33)$$

fatorar

$$\frac{1}{v_i} = \frac{K_m}{V_{máx}[S]} + \frac{[S]}{V_{máx}[S]} \quad (34)$$

e simplificar

$$\frac{1}{v_i} = \left(\frac{K_m}{V_{máx}}\right)\frac{1}{[S]} + \frac{1}{V_{máx}} \quad (35)$$

A equação (35) é a equação para uma linha reta, $y = ax + b$, em que $y = 1/v_i$ e $x = 1/[S]$. Um gráfico de $1/v_i$ como y em função de $1/[S]$ como x fornece, portanto, uma linha reta, cuja interseção em y é $1/V_{máx}$ e cuja inclinação é $K_m/V_{máx}$. Esse gráfico é chamado de **gráfico de Lineweaver-Burk** ou **duplo-recíproco** (**Figura 8-6**). Considerando o termo y da equação (36) igual a zero e resolvendo x, revela-se que a interseção x é $-1/K_m$:

$$0 = ax + b; \quad \text{portanto}, \ x = \frac{-b}{a} = \frac{-1}{K_m} \quad (36)$$

A K_m pode ser calculada a partir da inclinação e da interseção no eixo y, mas é talvez mais facilmente calculada a partir da interseção negativa com o eixo x.

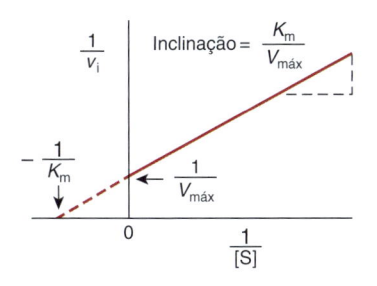

FIGURA 8-6 Gráfico duplo-recíproco ou de Lineweaver-Burk de $1/v_i$ versus $1/[S]$ utilizado para avaliar K_m e $V_{máx}$.

A maior vantagem do gráfico de Lineweaver-Burk é a facilidade com que ele pode ser utilizado para determinar os mecanismos cinéticos dos inibidores enzimáticos (ver adiante). Contudo, ao usar um gráfico duplo-recíproco para determinar as constantes cinéticas, é importante evitar a tendência por intermédio da aglomeração de dados em valores baixos de $1/[S]$. Essa tendência pode ser prontamente evitada no laboratório da seguinte forma. Prepare uma solução de substrato cuja diluição no ensaio produza a concentração máxima desejada do substrato. Agora, prepare diluições da solução-estoque nas proporções de 1:2, 1:3, 1:4, 1:5, etc. Os dados gerados utilizando volumes iguais dessas diluições cairão no eixo $1/[S]$ em intervalos igualmente espaçados de 1, 2, 3, 4, 5, etc. Um gráfico simples-recíproco, como o de Eadie-Hofstee (v_i vs. $v_i/[S]$) ou de Hanes-Woolf ($[S]/v_i$ vs. $[S]$), também pode ser usado para minimizar a aglomeração de dados.

A constante catalítica, k_{cat}

Diversos parâmetros podem ser empregados para comparar a atividade relativa de diferentes enzimas ou de diferentes preparações da mesma enzima. A atividade de preparações da enzima impuras é, comumente, expressa como uma *atividade específica* ($V_{máx}$ dividida pela concentração da proteína). Para uma enzima homogênea, pode-se calcular seu *número de renovação* ($V_{máx}$ dividida pelo número de mols da enzima existentes). Contudo, quando se conhece o número de sítios ativos existentes, a atividade catalítica de uma enzima homogênea é mais bem expressa como sua *constante catalítica*, k_{cat} ($V_{máx}$ dividida pelo número de sítios ativos, S_t):

$$k_{cat} = \frac{V_{máx}}{S_t} \quad (37)$$

Como as unidades de concentração se anulam, as unidades da k_{cat} são o inverso do tempo.

A eficiência catalítica, k_{cat}/K_m

Com qual medida devem ser quantificadas e comparadas a eficiência de diferentes enzimas, de diferentes substratos para uma determinada enzima, e a eficiência com a qual uma enzima catalisa uma reação nas direções direta e inversa? Embora seja importante a capacidade máxima de uma determinada enzima converter o substrato em produto, os benefícios de uma k_{cat} alta podem ser imaginados apenas quando a K_m é suficientemente baixa. Assim, a *eficiência catalítica* das enzimas é mais bem expressa em relação à proporção dessas duas constantes cinéticas, k_{cat}/K_m.

Para certas enzimas, quando o substrato se liga ao sítio ativo, ele é convertido no produto e liberado tão rapidamente que torna esses eventos instantâneos de maneira efetiva. Para esses catalisadores excepcionalmente eficientes, a etapa limitante da velocidade na catálise é a formação do complexo ES. Diz-se que essas enzimas são *limitadas por difusão*, ou cataliticamente perfeitas, já que a velocidade mais rápida possível é determinada pela velocidade com que as moléculas se movimentam ou se difundem na solução. Os exemplos de enzimas para as quais a k_{cat}/K_m se aproxima do limite de difusão de 10^8 a 10^9 $M^{-1}s^{-1}$ incluem a triosefosfato-isomerase, a anidrase carbônica, a acetilcolinesterase e a adenosina-desaminase.

Nas células vivas, a montagem de enzimas que catalisam reações sucessivas em complexos multiméricos pode evitar as limitações impostas pela difusão. As relações geométricas das enzimas nesses complexos são tais que os substratos e os produtos não se difundem para a solução até que a última etapa na sequência das etapas catalíticas esteja completa. A ácido graxo-sintetase estende esse conceito uma etapa adiante ao ligar de forma covalente a cadeia de ácido graxo do substrato em crescimento a uma biotina acoplada que roda de um sítio ativo para outro dentro do complexo até que a síntese de uma molécula de ácido palmítico esteja completa (ver Capítulo 23).

A K_m pode aproximar-se de uma constante de ligação

A afinidade de uma enzima por seu substrato é o inverso da constante de dissociação, K_d, para a dissociação do complexo enzima-substrato ES:

$$E + S \underset{k_{-1}}{\overset{k_1}{\rightleftharpoons}} ES \quad (38)$$

$$K_d = \frac{k_{-1}}{k_1} \quad (39)$$

Ou seja, quanto *menor* for a tendência de a enzima e seu substrato se *dissociarem*, *maior* será a afinidade da enzima por seu substrato. Embora a constante de Michaelis, K_m, frequentemente se aproxime da constante de dissociação, K_d, isso não deve ser assumido, visto que nem sempre é o caso. Para uma reação típica catalisada por enzima:

$$E + S \underset{k_{-1}}{\overset{k_1}{\rightleftharpoons}} ES \overset{k_2}{\longrightarrow} E + P \quad (40)$$

O valor da $[S]$ em que $v_i = V_{máx}/2$ é

$$[S] = \frac{k_{-1} + k_2}{k_1} = K_m \quad (41)$$

Quando $k_{-1} \gg k_2$, então

$$k_{-1} + k_2 \approx k_{-1} \quad (42)$$

e

$$[S] \approx \frac{k_1}{k_{-1}} = K_d \quad (43)$$

Portanto, $1/K_m$ apenas se aproxima de $1/K_d$ em condições em que a associação e a dissociação do complexo ES são rápidas em relação à catálise. Para as muitas reações catalisadas por enzimas para as quais $k_{-1} + k_2$ **não** é aproximadamente igual a k_{-1}, $1/K_m$ subestimará $1/K_d$.

A equação de Hill descreve o comportamento das enzimas que exibem ligação cooperativa do substrato

Embora a maioria das enzimas apresente a **cinética de saturação** simples exibida na Figura 8-4 e seja adequadamente descrita pela expressão de Michaelis-Menten, algumas enzimas se ligam a seus substratos de maneira **cooperativa**, análoga à ligação do oxigênio à hemoglobina (ver Capítulo 6). O comportamento cooperativo é uma propriedade *exclusiva* das enzimas multiméricas que se ligam ao substrato em múltiplos sítios.

Para as enzimas que demonstram cooperatividade positiva ao se ligar ao substrato, o formato da curva que relaciona as alterações em v_i com as alterações em [S] é sigmoide (**Figura 8-7**). A expressão de Michaelis-Menten e seus gráficos derivados não podem ser utilizados para avaliar a cinética cooperativa. Portanto, os enzimologistas empregam uma representação gráfica da **equação de Hill**, originalmente derivada para descrever a ligação cooperativa do O_2 à hemoglobina. A equação (44) representa a equação de Hill disposta em uma forma que prediz uma linha reta, em que k' é uma constante complexa:

$$\frac{\log v_i}{V_{máx} - v_i} = n\log[S] - \log k' \quad (44)$$

A equação (44) demonstra que, quando [S] é baixa em relação a k', a velocidade de reação inicial aumenta como a enésima potência de [S].

Um gráfico do log de $v_i/(V_{máx} - v_i)$ *versus* log[S] gera uma linha reta (**Figura 8-8**). A inclinação da reta, **n**, é o **coeficiente de Hill**, um parâmetro empírico cujo valor é uma função do número, do tipo e da força da interação dos múltiplos sítios de ligação ao substrato da enzima. Quando $n = 1$, todos os sítios de ligação se comportam de forma independente e se observa o comportamento cinético de Michaelis-Menten.

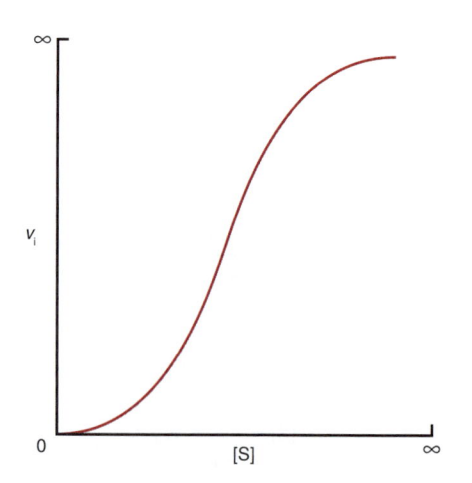

FIGURA 8-7 Representação da cinética de saturação sigmoide do substrato.

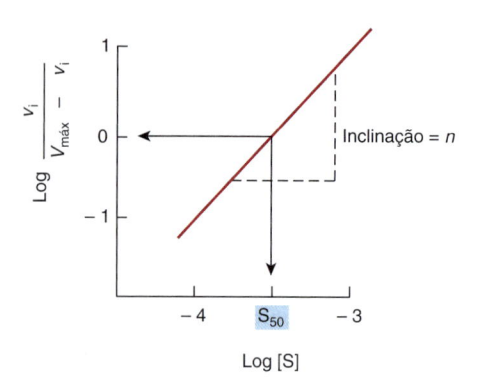

FIGURA 8-8 Uma representação gráfica de uma forma linear da equação de Hill é empregada para avaliar a S_{50}, a concentração de substrato que produz a metade da velocidade máxima e o grau de cooperatividade *n*.

Se $n > 1$, diz-se que a enzima exibe **cooperatividade positiva**. A ligação do substrato a um sítio, então, aumenta a afinidade dos sítios restantes para ligar substratos adicionais. Quanto maior for o valor de *n*, maior será o grau de cooperatividade e mais acentuada será a curva sigmoide no gráfico v_i *versus* [S]. Uma perpendicular traçada desde o ponto onde o termo y log $v_i/(V_{máx} - v_i)$ é zero faz interseção no eixo *x*, em uma concentração de substrato denominada S_{50}; a concentração de substrato que resulta em metade da velocidade máxima, S_{50}, é, portanto, análoga a P_{50} para a ligação do oxigênio à hemoglobina (ver Capítulo 6).

A ANÁLISE CINÉTICA DISTINGUE A INIBIÇÃO COMPETITIVA DA INIBIÇÃO NÃO COMPETITIVA

Os inibidores das atividades catalíticas das enzimas são tanto agentes farmacológicos quanto instrumentos de pesquisa para o estudo do mecanismo de ação da enzima. A força da interação entre um inibidor e a enzima depende de forças importantes na estrutura da proteína e na ligação do ligante (ligações de hidrogênio, interações eletrostáticas, interações hidrofóbicas e forças de van der Waals; ver Capítulo 5). Os inibidores podem ser classificados com base em seu sítio de ação na enzima, se modificam quimicamente a enzima, ou com base nos parâmetros cinéticos que influenciam. Os compostos que mimetizam o estado de transição de uma reação catalisada por enzima (**análogos do estado de transição**) ou que captam a vantagem do mecanismo catalítico de uma enzima (**inibidores com base no mecanismo**) podem ser inibidores particularmente potentes. Do ponto de vista cinético, diferenciam-se duas classes de inibidores com base na superação ou não da inibição com o aumento da concentração de substrato.

Os inibidores competitivos geralmente se assemelham aos substratos

Os efeitos dos inibidores competitivos podem ser superados ao elevar-se a concentração do substrato. De forma mais frequente, na inibição competitiva, o inibidor (**I**) liga-se à região de ligação do substrato no sítio ativo, bloqueando, assim, o acesso pelo substrato. As estruturas dos inibidores competitivos mais clássicos tendem, assim, a assemelhar-se às estruturas de um substrato e, dessa maneira, são chamados de **análogos do substrato**. A inibição da enzima succinato-desidrogenase pelo malonato ilustra a inibição competitiva por um análogo do substrato. A succinato-desidrogenase catalisa a remoção de um átomo de hidrogênio de cada um dos dois carbonos metileno do succinato (**Figura 8-9**). Tanto o succinato quanto seu análogo estrutural malonato ($^-OOC-CH_2-COO^-$) podem se ligar ao sítio ativo da succinato-desidrogenase, formando um complexo ES ou um complexo EI, respectivamente. No entanto, como o malonato contém apenas um carbono metileno, ele não pode sofrer desidrogenação.

A formação e a dissociação do complexo EI é um processo dinâmico descrito por

$$E - I \underset{k_{-1}}{\overset{k_1}{\rightleftharpoons}} E + I \qquad (45)$$

para a qual a constante de equilíbrio K_i é

$$K_i = \frac{[E][I]}{[E-I]} = \frac{k_1}{k_{-1}} \qquad (46)$$

Na verdade, **um inibidor competitivo age ao diminuir o número de moléculas de enzima livres disponíveis para se ligar ao substrato, isto é, para formar o complexo ES e, dessa forma, mais adiante, para formar o produto**, conforme descrito adiante.

Um inibidor competitivo e o substrato exercem efeitos recíprocos sobre a concentração dos complexos EI e ES. Como a formação dos complexos ES remove a enzima livre disponível para se combinar com o inibidor, aumentar [S] *diminui* a concentração do complexo EI e *aumenta* a velocidade da reação. A extensão em que [S] deve ser aumentada para superar totalmente a inibição depende da concentração de inibidor presente, de sua afinidade pela enzima (K_i) e da afinidade, K_m, da enzima por seu substrato.

Os gráficos duplo-recíprocos facilitam a avaliação dos inibidores

Em geral, os gráficos duplo-recíprocos são utilizados tanto para distinguir os inibidores competitivos dos não competitivos quanto para simplificar a avaliação das constantes de inibição. A v_i é determinada em diversas concentrações de substrato, tanto na presença quanto na ausência do inibidor. Para a inibição competitiva clássica, as linhas que conectam os pontos dos dados experimentais convergem no eixo y (**Figura 8-10**). Visto

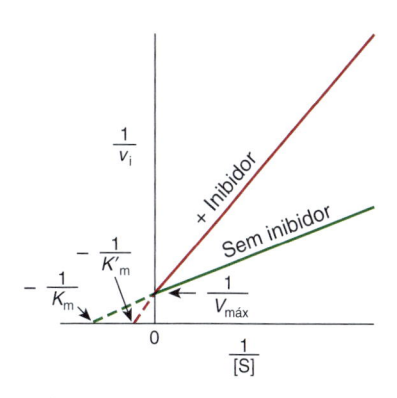

FIGURA 8-10 Gráfico de Lineweaver-Burk de inibição competitiva simples. Observe o alívio completo da inibição em alta [S] (i.e., baixa 1/[S]).

que a interseção com o eixo y é igual a $1/V_{máx}$, esse perfil indica que **quando 1/[S] se aproxima de 0, v_i é independente da presença do inibidor**. No entanto, a interseção no eixo x varia com a concentração do inibidor e, uma vez que $-1/K'_m$ é menor do que $-1/K_m$, K'_m ("K_m aparente") torna-se maior na presença de concentrações crescentes do inibidor. Dessa maneira, **um inibidor competitivo não tem efeito sobre a $V_{máx}$, porém eleva K'_m, o K_m aparente para o substrato**. Para uma inibição competitiva simples, a interseção no eixo x é

$$x = \frac{-1}{K_m}\left(1 + \frac{[I]}{K_i}\right) \qquad (47)$$

Uma vez determinada a K_m na ausência do inibidor, K_i pode ser calculada a partir da equação (47). Os valores de K_i são utilizados para comparar diferentes inibidores da mesma enzima. Quanto *menor* for o valor de K_i, mais efetivo será o inibidor. Por exemplo, as estatinas, que atuam como inibidores competitivos da 3-hidroxi-3-metilglutaril-coenzima A (HMG-CoA)--redutase (ver Capítulo 26), apresentam valores de K_i de várias ordens de magnitude menores que a K_m para o substrato, HMG-CoA.

Os inibidores não competitivos simples diminuem a $V_{máx}$, mas não afetam a K_m

Estritamente na inibição não competitiva, a ligação do inibidor não afeta a ligação do substrato. Por conseguinte, é possível haver formação de complexos tanto EI quanto enzima-inibidor-substrato (EIS). No entanto, embora o complexo enzima-inibidor ainda possa se ligar ao substrato, sua eficiência para transformar o substrato em produto, refletido por $V_{máx}$, mostra-se diminuída. Os inibidores não competitivos se ligam às enzimas em sítios distintos do sítio de ligação do substrato e, em geral, comportam pouca ou nenhuma semelhança estrutural com o substrato.

Para a inibição não competitiva simples, E e EI possuem afinidades idênticas pelo substrato, e o complexo EIS gera o produto em uma velocidade desprezível (**Figura 8-11**). A inibição não competitiva mais complexa ocorre quando a ligação do inibidor *afeta* a afinidade aparente da enzima pelo substrato, causando a interceptação das linhas no terceiro ou quarto

FIGURA 8-9 A reação da succinato-desidrogenase.

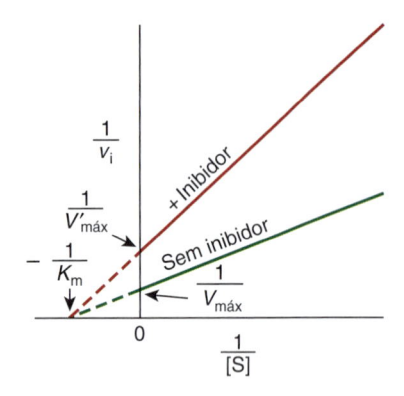

FIGURA 8-11 Gráfico de Lineweaver-Burk para a inibição não competitiva simples.

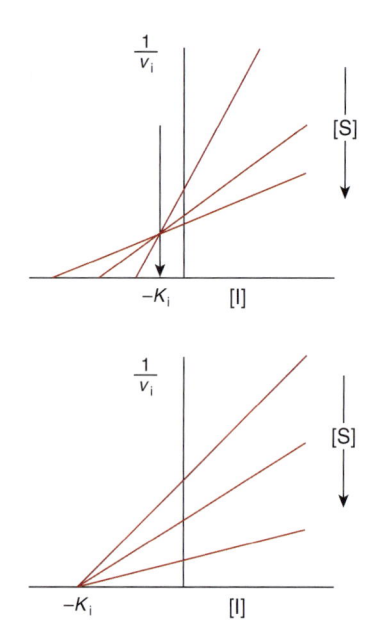

FIGURA 8-12 Aplicações dos gráficos de Dixon. **Parte superior:** inibição competitiva, estimativa de K_i. **Parte inferior:** inibição não competitiva, estimativa de K_i.

quadrantes de um gráfico duplo-recíproco (não mostrado). Embora determinados inibidores exibam as características de uma mistura de inibição competitiva e não competitiva, a avaliação desses inibidores excede a abrangência deste capítulo.

Gráfico de Dixon

O gráfico de Dixon é, por vezes, empregado como alternativa para o gráfico de Lineweaver-Burk para determinar as constantes de inibição. A velocidade inicial (v_i) é medida em várias concentrações do inibidor, mas em uma concentração fixa do substrato (S). Para um inibidor competitivo ou não competitivo simples, um gráfico de $1/v_i$ *versus* a concentração do inibidor [I] fornece uma linha reta. O experimento é repetido em diferentes concentrações fixas do substrato. O conjunto resultante de linhas faz interseção à esquerda do eixo y. Para a inibição competitiva, uma perpendicular traçada até o eixo x, a partir do ponto de interseção das linhas, fornece o $-K_i$ (**Figura 8-12**, parte superior). Para a inibição *não competitiva*, a interseção no eixo x é $-K_i$ (**Figura 8-12**, parte inferior). Com frequência, as publicações farmacêuticas empregam os gráficos de Dixon para ilustrar a potência comparativa dos inibidores competitivos.

IC$_{50}$

Uma alternativa menos rigorosa à K_i como medida da potência inibidora é a concentração do inibidor que produz 50% de inibição, a **IC$_{50}$**. Diferentemente da constante de dissociação no equilíbrio, K_i, o valor numérico da IC$_{50}$ varia como uma função das circunstâncias específicas da concentração de substrato, etc., sob as quais ela é determinada.

Inibidores firmemente ligados

Alguns inibidores se ligam às enzimas com uma afinidade tão alta, $K_i \leq 10^{-9}$ M, que a concentração do inibidor necessária para medir K_i fica abaixo da concentração da enzima geralmente presente em um ensaio. Nessas circunstâncias, uma fração significativa do inibidor total pode estar presente como um complexo EI. Nesse caso, isso vai contra a suposição, implícita na cinética de estado de equilíbrio clássica, de que a concentração de inibidor livre não depende da concentração da enzima. A análise cinética desses inibidores firmemente ligados requer equações cinéticas especializadas que incorporam a concentração da enzima para estimar a K_i ou a IC$_{50}$ e para diferenciar os inibidores competitivos dos não competitivos firmemente ligados.

Os inibidores irreversíveis "envenenam" as enzimas

Nos exemplos anteriores, os inibidores formam um complexo dinâmico dissociável com a enzima. A enzima totalmente ativa pode, portanto, ser recuperada simplesmente ao remover o inibidor do meio adjacente. No entanto, vários outros inibidores agem de forma *irreversível* ao modificar quimicamente a enzima. Em geral, essas modificações envolvem fazer ou romper ligações covalentes com resíduos aminoacil essenciais para a ligação do substrato, a catálise ou a manutenção da conformação funcional da enzima. Como essas ligações covalentes são relativamente estáveis, uma enzima que foi "envenenada" por um inibidor irreversível, como um átomo de metal pesado ou um reagente acilante, permanece inibida mesmo depois da remoção do inibidor remanescente do meio adjacente.

Inibição com base no mecanismo

Os inibidores "com base no mecanismo" ou "suicidas" são análogos especializados do substrato que contêm um grupamento químico que pode ser transformado pelo mecanismo catalítico da enzima-alvo. Depois de se ligar ao sítio ativo, a catálise pela enzima gera um grupamento altamente reativo que forma uma ligação covalente com um resíduo cataliticamente essencial e **bloqueia a função deste**. A especificidade e a persistência dos inibidores suicidas, que são específicos para a enzima e não são reativos fora dos limites do sítio ativo da enzima, tornam-nos líderes promissores para o desenvolvimento de fármacos específicos para determinada enzima. A análise cinética dos inibidores suicidas está além do escopo deste capítulo. Nem a abordagem de Lineweaver-Burk nem a de Dixon são aplicáveis, pois os inibidores suicidas violam uma condição limitante primordial comum a ambas as abordagens: a atividade da enzima não diminui durante o curso do ensaio.

A MAIORIA DAS REAÇÕES CATALISADAS POR ENZIMAS ENVOLVE DOIS OU MAIS SUBSTRATOS

Embora diversas enzimas tenham um único substrato, muitas outras possuem dois – e por vezes mais – substratos e produtos. Os princípios fundamentais anteriormente discutidos, embora ilustrados por enzimas com substrato único, também se aplicam a enzimas com múltiplos substratos. As expressões matemáticas utilizadas para avaliar as reações de múltiplos substratos são, no entanto, complexas. Embora uma análise detalhada da gama total das reações com múltiplos substratos exceda o escopo deste capítulo, alguns tipos comuns de comportamento cinético para reações de dois substratos, as reações de dois produtos (denominadas reações "Bi-Bi"), são considerados adiante.

Reações sequenciais ou de deslocamento único

Nas **reações sequenciais**, ambos os substratos devem se combinar com a enzima para formar um complexo ternário antes que a catálise possa prosseguir (**Figura 8-13**, parte superior). As reações sequenciais são por vezes referidas como reações de deslocamento único, porque o grupamento que sofre a transferência comumente é passado de maneira direta, em uma única etapa, de um substrato para o outro. As reações Bi-Bi sequenciais podem ser adicionalmente diferenciadas com base em se os dois substratos se somam em uma ordem **aleatória** ou em uma ordem **compulsória**. Para as reações de ordem aleatória, tanto o substrato A quanto o substrato B podem se combinar primeiramente com a enzima para formar um complexo EA ou um complexo EB (**Figura 8-13**, centro). Para as reações de ordem compulsória, A deve se combinar primeiramente com E antes que B possa se combinar com o complexo EA. Uma explicação sobre a razão pela qual algumas enzimas empregam mecanismos de ordem compulsória pode ser encontrada na hipótese de adaptação induzida de Koshland: a adição de A induz uma alteração conformacional na enzima que alinha os resíduos que reconhecem e ligam B.

Reações em pingue-pongue

O termo "**pingue-pongue**" aplica-se aos mecanismos em que um ou mais produtos são liberados a partir da enzima antes que todos os substratos tenham sido adicionados. As reações em pingue-pongue envolvem a catálise covalente e uma forma modificada transitória da enzima (ver Figura 7-4). As reações Bi-Bi em pingue-pongue são frequentemente referidas como **reações de deslocamento duplo**. O grupamento que sofre a transferência é primeiramente deslocado do substrato A pela enzima para formar o produto P e uma forma modificada da enzima (F). A transferência do grupamento subsequente de F para o segundo substrato B, formando o produto Q e regenerando E, constitui o segundo deslocamento (**Figura 8-13**, parte inferior).

A maioria das reações Bi-Bi obedece à cinética de Michaelis-Menten

A maioria das reações Bi-Bi obedece a uma forma um pouco mais complexa da cinética de Michaelis-Menten, na qual $V_{máx}$ se refere à velocidade da reação atingida quando *ambos* os substratos estão presentes em níveis saturantes. Cada substrato possui seu próprio valor de K_m característico, o qual corresponde à concentração que fornece metade da velocidade máxima quando o segundo substrato está presente em níveis saturantes. Da mesma forma que para as reações de substrato único, os gráficos duplo-recíprocos podem ser empregados para determinar a $V_{máx}$ e a K_m. A v_i é medida como uma função da concentração de um substrato (o substrato variável), ao passo que a concentração do outro substrato (o substrato fixo) é mantida constante. Quando as linhas obtidas para diversas concentrações de substrato fixo são plotadas no mesmo gráfico, é possível diferenciar um mecanismo de pingue-pongue, que fornece linhas paralelas (**Figura 8-14**), a partir de um mecanismo sequencial, que proporciona um padrão de linhas em interseção (não mostrado).

Os **estudos de inibição de produto** são utilizados para complementar as análises cinéticas e para diferenciar entre as reações Bi-Bi ordenadas e aleatórias. Por exemplo, em uma reação Bi-Bi aleatória, cada produto agirá como um inibidor competitivo na ausência de seus coprodutos, independentemente de qual substrato é designado como o substrato

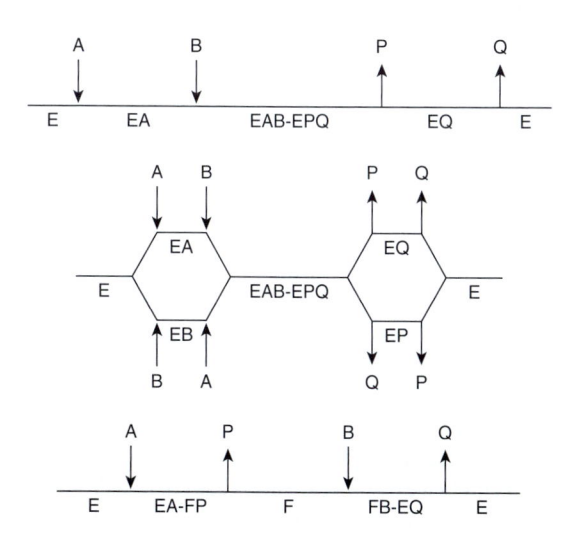

FIGURA 8-13 Representações de três classes de mecanismos de reações Bi-Bi. As linhas horizontais representam a enzima. As setas indicam a adição de substratos e a liberação de produtos. **Parte superior:** uma reação Bi-Bi ordenada, característica de muitas oxidorredutases NAD(P)H-dependentes. **Centro:** uma reação Bi-Bi aleatória, característica de muitas cinases e algumas desidrogenases. **Parte inferior:** uma reação em pingue-pongue, característica de aminotransferases e serina-proteases.

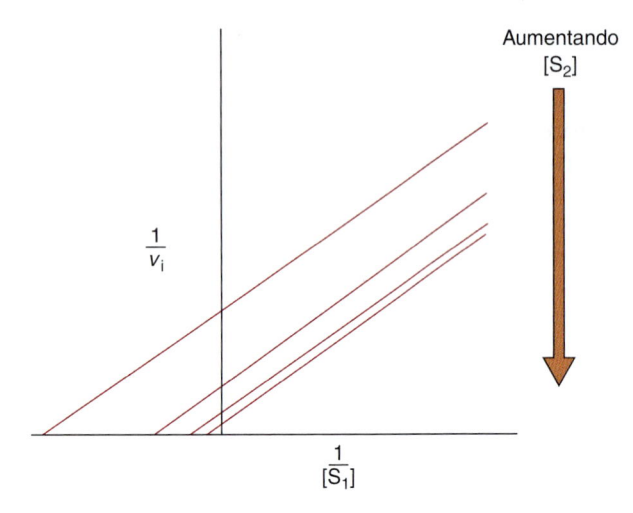

FIGURA 8-14 Gráfico de Lineweaver-Burk para uma reação em pingue-pongue com dois substratos. O aumento da concentração de um substrato (S_1), enquanto mantém constante a do outro substrato (S_2), altera a interseção com os eixos x e y, mas não a inclinação.

variável. No entanto, para um mecanismo sequencial (Figura 8-13, parte superior), apenas o produto Q fornecerá o padrão indicativo da inibição competitiva quando A é o substrato variável, ao passo que apenas o produto P produzirá esse padrão com B como o substrato variável. As outras combinações do inibidor do produto e do substrato variável produzirão formas de inibição não competitiva complexa.

O CONHECIMENTO DA CINÉTICA, DO MECANISMO E DA INIBIÇÃO ENZIMÁTICA AUXILIA NO DESENVOLVIMENTO DE FÁRMACOS

Muitos fármacos atuam como inibidores enzimáticos

O objetivo da farmacologia é identificar agentes que possam:

1. Destruir ou comprometer o crescimento, a característica invasiva ou o desenvolvimento dos patógenos invasores.
2. Estimular os mecanismos de defesa endógenos.
3. Conter ou impedir os processos moleculares anormais disparados por estímulos genéticos, ambientais ou biológicos com perturbação mínima das funções celulares normais do hospedeiro.

Em virtude de seus diversos papéis fisiológicos e do alto grau de seletividade do substrato, as enzimas constituem alvos naturais para o desenvolvimento de agentes farmacológicos que são potentes e específicos. Por exemplo, as estatinas diminuem a produção de colesterol ao inibir a enzima HMG-CoA-redutase (ver Capítulo 26), enquanto a entricitabina e o fumarato de tenofovir disoproxila bloqueiam a replicação do HIV ao inibir a transcriptase reversa viral (ver Capítulo 34). O tratamento farmacológico da hipertensão frequentemente inclui a administração de um inibidor da enzima conversora da angiotensina, diminuindo, assim, o nível de angiotensina II, um vasoconstritor (ver Capítulo 42).

A cinética da enzima define as condições de triagem apropriadas

A cinética enzimática desempenha um papel crucial na descoberta de fármacos. O conhecimento do comportamento cinético da enzima de interesse é necessário, em primeiro lugar, para selecionar as condições apropriadas do ensaio para detectar a presença de um inibidor. Por exemplo, a concentração do substrato deve ser ajustada de modo que seja produzida quantidade suficiente de produto para permitir a detecção fácil da atividade da enzima, sem ser tão alta que mascare a presença do inibidor. Em segundo lugar, a cinética da enzima fornece o meio para quantificar e comparar a potência de diferentes inibidores e definir a sua modalidade de ação. Os inibidores não competitivos são particularmente desejáveis, uma vez que – em contrapartida aos inibidores competitivos – seus efeitos nunca podem ser totalmente superados por aumentos na concentração de substrato.

A maioria dos fármacos é metabolizada *in vivo*

O desenvolvimento de fármacos muitas vezes envolve mais que a avaliação cinética da interação dos inibidores com a enzima-alvo. Com o objetivo de minimizar a sua dosagem efetiva, e consequentemente o potencial para efeitos colaterais danosos, um fármaco precisa ser resistente à degradação por enzimas presentes no paciente ou no patógeno, um processo chamado de **metabolismo de fármacos**. Por exemplo, a penicilina e outros antibióticos β-lactâmicos bloqueiam a síntese da parede celular ao inativar, de forma irreversível, a enzima alanil-alanina-carboxipeptidase-transpeptidase. Contudo, muitas bactérias produzem β-lactamases que hidrolisam a função β-lactâmica crítica na penicilina e nos fármacos relacionados. Uma estratégia para superar a resistência antibiótica resultante consiste em administrar simultaneamente um inibidor da β-lactamase com um antibiótico β-lactâmico.

A transformação metabólica é, por vezes, necessária para converter um precursor medicamentoso inativo, ou **profármaco**, em sua forma biologicamente ativa (ver Capítulo 47). O ácido 2′-desoxi-5-fluorouridílico, um potente inibidor da timidilato-sintase, um alvo comum da quimioterapia contra o câncer, é produzido a partir da 5-fluoruracila por meio de uma série de transformações enzimáticas catalisadas por uma fosforribosil-transferase e pelas enzimas da via de recuperação do desoxirribonucleosídeo (ver Capítulo 33). O planejamento efetivo e a administração de profármacos exigem o conhecimento da cinética e dos mecanismos das enzimas responsáveis por transformá-los em suas formas biologicamente ativas.

RESUMO

- O estudo da cinética enzimática – os fatores que afetam as velocidades das reações catalisadas por enzima – revela as etapas individuais pelas quais as enzimas transformam os substratos em produtos.

- A ΔG, a variação total na energia livre de uma reação, independe do mecanismo da reação e não fornece informações relacionadas às *velocidades* das reações.
- A K_{eq}, a razão das *constantes de velocidade* da reação, pode ser calculada a partir das concentrações de substratos e produtos em equilíbrio ou a partir da razão k_1/k_{-1}. As enzimas *não* afetam a K_{eq}.
- As reações prosseguem via estados de transição, para as quais a formação da energia de ativação é referida como ΔG_F. A temperatura, a concentração de íons hidrogênio, a concentração de enzimas, a concentração de substratos e inibidores afetam, sem exceção, as velocidades das reações catalisadas por enzimas.
- A medida da velocidade de uma reação catalisada por enzima emprega condições de velocidade inicial, para que a quase ausência de produtos efetivamente se oponha à ocorrência da reação inversa.
- As formas lineares da equação de Michaelis-Menten simplificam a determinação da K_m e da $V_{máx}$.
- Uma forma linear da equação de Hill é utilizada para avaliar a cinética de ligação cooperativa do substrato exibida por algumas enzimas multiméricas. A inclinação n, o coeficiente de Hill, reflete a quantidade, a natureza e a força das interações dos sítios de ligação ao substrato. Um valor de $n > 1$ indica cooperatividade positiva.
- Os efeitos dos inibidores competitivos simples, que geralmente se assemelham aos substratos, são superados pela elevação da concentração do substrato. Os inibidores não competitivos simples diminuem a $V_{máx}$, mas não afetam a K_m.
- Para inibidores competitivos e não competitivos simples, a constante de inibição K_i é igual à constante de dissociação no equilíbrio para o complexo enzima-inibidor relevante. Um termo mais simples e menos rigoroso amplamente utilizado em publicações farmacêuticas para avaliar a efetividade de um inibidor é o IC_{50}, a concentração de inibidor que produz 50% de inibição em determinadas condições de um experimento.
- Os substratos podem ser acrescentados em ordem aleatória (qualquer substrato pode combinar-se em primeiro lugar com a enzima) ou em ordem compulsória (o substrato A deve ligar-se antes do substrato B).
- Nas reações em pingue-pongue, um ou mais produtos são liberados da enzima antes que os substratos tenham sido adicionados.
- A aplicação da cinética enzimática facilita a identificação, a caracterização e a elucidação do mecanismo de ação de fármacos que inibem seletivamente uma enzima específica.
- A cinética enzimática exerce um papel fundamental na análise e na otimização do metabolismo de fármacos, um determinante essencial na eficácia de fármacos.

REFERÊNCIAS

Cook PF, Cleland WW: *Enzyme Kinetics and Mechanism*. Garland Science, 2007.
Copeland RA: *Evaluation of Enzyme Inhibitors in Drug Discovery*. John Wiley & Sons, 2005.
Cornish-Bowden A: *Fundamentals of Enzyme Kinetics*. Portland Press Ltd, 2004.
Dixon M: The graphical determination of K_m and K_i. Biochem J 1972;129:197.
Fersht A: *Structure and Mechanism in Protein Science: A Guide to Enzyme Catalysis and Protein Folding*. Freeman, 1999.
Schramm, VL: Enzymatic transition-state theory and transition-state analogue design. J Biol Chem 2007;282:28297.
Segel IH: *Enzyme Kinetics*. Wiley Interscience, 1975.
Wlodawer A: Rational approach to AIDS drug design through structural biology. Annu Rev Med 2002;53:595.

Enzimas: regulação das atividades

CAPÍTULO 9

Peter J. Kennelly, Ph.D. e Victor W. Rodwell, Ph.D.

OBJETIVOS

Após o estudo deste capítulo, você deve ser capaz de:

- Explicar o conceito da homeostasia corporal total.
- Discutir por que as concentrações celulares dos substratos para a maioria das enzimas tendem a ficar próximas de K_m.
- Listar os múltiplos mecanismos pelos quais se alcança o controle ativo do fluxo de metabólitos.
- Citar as vantagens da síntese de determinadas enzimas na forma de pró-enzimas.
- Descrever as mudanças estruturais típicas que acompanham a conversão de uma pró-enzima em sua forma ativa.
- Indicar duas maneiras gerais pelas quais um efetor alostérico pode modificar a atividade catalítica.
- Delinear os papéis das proteínas-cinase, das proteínas-fosfatase e de segundos mensageiros e hormônios reguladores dos processos metabólicos.
- Explicar como os requisitos de substrato das enzimas lisinas-acetiltransferase e das sirtuínas podem desencadear alterações no grau de acetilação da lisina de enzimas metabólicas.
- Descrever duas vias pelas quais as redes reguladoras podem ser construídas nas células.

IMPORTÂNCIA BIOMÉDICA

O fisiologista do século XIX Claude Bernard enunciou a base conceitual para a regulação metabólica. Ele observou que os organismos vivos respondem de uma maneira quantitativa e temporal apropriada que permite que eles sobrevivam aos múltiplos desafios impostos por mudanças em seus ambientes externo e interno. Subsequentemente, Walter Cannon cunhou o termo "homeostasia" para descrever a capacidade dos animais de manterem um ambiente intracelular constante, apesar das alterações em seus ambientes externos. Em nível celular, a homeostasia é mantida pela regulação das velocidades das reações metabólicas essenciais em resposta a mudanças internas. Entre os exemplos, destacam-se os níveis de intermediários metabólicos fundamentais, como o 5′-monofosfato de adenosina (AMP, do inglês *adenosine monophosphate*) e o dinucleotídeo de adenina-nicotinamida (NAD⁺, do inglês *nicotinamide adenine dinucleotide*), ou fatores externos, como os hormônios, que atuam por meio de cascatas de transdução de sinais controladas por receptores.

As perturbações da maquinaria sensor-resposta, responsável por manter o equilíbrio homeostático, podem ser prejudiciais à saúde humana. Câncer, diabetes, fibrose cística e doença de Alzheimer, por exemplo, são caracterizados por disfunções reguladoras desencadeadas pela interação entre agentes patogênicos, mutações genéticas, nutrientes consumidos e estilos de vida. Por exemplo, muitos vírus oncogênicos contribuem para o desenvolvimento de câncer, em consequência da elaboração de proteínas tirosinas-cinase, que modificam proteínas responsáveis pelos padrões de controle da expressão gênica. A toxina da cólera, que é produzida por *Vibrio cholerae*, incapacita as vias sensor-resposta nas células epiteliais intestinais por catalisar a adição de difosfato de adenosina (ADP, do inglês *adenosine diphosphate*) ribose às proteínas de ligação de trifosfato de guanosina (GTP, do inglês *guanosine triphosphate*) (proteínas G), que ligam receptores de superfície celular à adenilil-ciclase. A ativação da ciclase induzida pela ADP-ribose leva ao fluxo irrestrito de água no intestino, com consequente diarreia intensa e desidratação. A *Yersinia pestis*, o agente etiológico da peste, produz uma proteína tirosina-fosfatase, que hidrolisa grupamentos fosforil em proteínas citoesqueléticas importantes, comprometendo, assim, a maquinaria fagocítica dos macrófagos protetores. Acredita-se que as disfunções nos sistemas proteolíticos responsáveis pela degradação de proteínas defeituosas ou anormais exerçam um papel em doenças neurodegenerativas, como as doenças de Alzheimer e de Parkinson.

Além de sua função imediata como reguladores da atividade enzimática, da degradação de proteínas, etc., as modificações covalentes, como a fosforilação, a acetilação e a ubiquitinação, proporcionam um código baseado em proteína para o armazenamento e a transmissão da informação (ver Capítulo 35). Essa informação hereditária independente do ácido desoxirribonucleico (DNA, do inglês *deoxyribonucleic acid*) é designada como **epigenética**. O conhecimento dos fatores que controlam as velocidades das reações catalisadas por enzimas é, dessa forma, essencial para a compreensão da base molecular da doença e de sua transmissão. Este capítulo estabelece os mecanismos pelos quais os processos metabólicos são controlados e fornece exemplos ilustrativos. Os capítulos subsequentes fornecem exemplos adicionais.

A REGULAÇÃO DO FLUXO DE METABÓLITOS PODE SER ATIVA OU PASSIVA

As enzimas que atuam em sua velocidade máxima não conseguem aumentar o rendimento para acomodar aumentos repentinos na disponibilidade de substratos e reduzem a formação de produto somente se houver uma acentuada redução na concentração de substrato. Os valores de K_m para a maioria das enzimas, portanto, tendem a ser próximos à concentração intracelular média de seus substratos, de modo que as alterações na concentração do substrato gerem alterações correspondentes no fluxo de metabólitos (**Figura 9-1**). As respostas às alterações nos níveis de substrato representam uma forma importante, mas *passiva*, de coordenar o fluxo de metabólitos. Os mecanismos que regulam a eficiência das enzimas de maneira *ativa* em resposta aos sinais internos e externos são discutidos adiante.

O fluxo de metabólitos tende a ser unidirecional

Apesar da existência de oscilações de curto prazo nas concentrações dos metabólitos e nos níveis enzimáticos, as células vivas existem em um estado de equilíbrio dinâmico, no qual as concentrações médias dos intermediários metabólicos permanecem relativamente constantes com o tempo. Embora todas as reações químicas sejam, em certo grau, reversíveis, os produtos de uma reação catalisada por enzimas nas células vivas servem como substratos para outras reações catalisadas por enzimas e são removidos por essas reações (**Figura 9-2**). Nessas circunstâncias, muitas reações nominalmente reversíveis

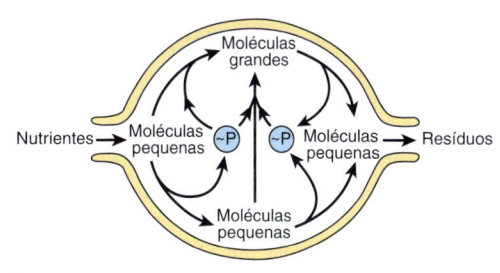

FIGURA 9-2 Célula idealizada em estado de equilíbrio dinâmico. Observe que o fluxo de metabólitos é unidirecional.

ocorrem de modo unidirecional. Essa sucessão de reações acopladas catalisadas por enzimas é acompanhada de uma mudança *geral* na energia livre, que favorece o fluxo unidirecional de metabólitos, análogo ao fluxo de água através de um tubo no qual uma extremidade está mais baixa do que a outra. O fluxo de água pelo cano continua unidirecional, apesar da presença de dobras, que simulam etapas com uma variação de energia livre pequena ou até mesmo desfavorável, devido à alteração global na altura, que corresponde à variação global de energia livre da via (**Figura 9-3**).

A COMPARTIMENTALIZAÇÃO ASSEGURA A EFICIÊNCIA METABÓLICA E SIMPLIFICA A REGULAÇÃO

Nos eucariotos, as vias anabólicas e catabólicas que sintetizam e degradam biomoléculas comuns são, com frequência, fisicamente separadas umas das outras. Determinadas vias metabólicas residem apenas dentro de tipos celulares especializados ou em compartimentos subcelulares distintos. Por exemplo, a biossíntese de ácidos graxos ocorre no citosol, enquanto a sua oxidação ocorre no interior das mitocôndrias (ver Capítulos 22 e 23), e muitas enzimas de degradação são encontradas dentro de organelas denominadas lisossomos. Além disso, vias aparentemente antagonistas podem coexistir na ausência de barreiras físicas, contanto que a termodinâmica estabeleça que cada uma prossiga com a formação de um ou mais *intermediários únicos*. Para qualquer reação ou série de reações, a variação na energia livre que ocorre quando o fluxo do metabólito prossegue na direção "direta" é igual em magnitude, *porém com sinal oposto* à variação necessária para prosseguir

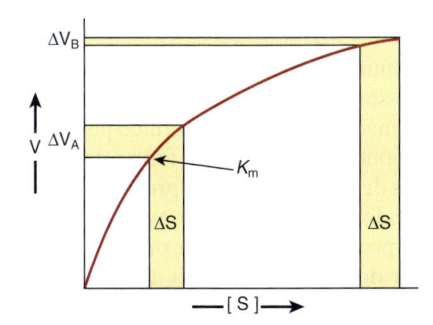

FIGURA 9-1 Resposta diferencial da velocidade de uma reação catalisada por enzima, ΔV, à mesma alteração incremental na concentração de substrato, em uma concentração de substrato próxima à K_m (ΔV_A) ou muito acima de K_m (ΔV_B).

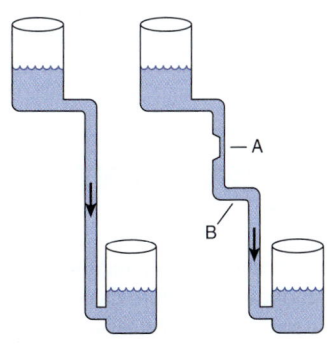

FIGURA 9-3 Analogia hidrostática para uma via com uma etapa limitante de velocidade (A) e uma etapa com valor de ΔG próximo a 0 (B).

na direção "inversa". Algumas enzimas nessas vias catalisam reações, como isomerizações, para as quais a diferença na energia livre entre substratos e produtos aproxima-se de zero. Esses catalisadores atuam de modo bidirecional, dependendo da razão entre substratos e produtos. Entretanto, praticamente todas as vias metabólicas possuem uma ou mais etapas para as quais o valor de ΔG é significativo. Por exemplo, a glicólise, que é a clivagem da glicose para formar duas moléculas de piruvato, tem um ΔG total favorável de –96 kJ/mol, um valor muito grande para simplesmente operar na direção "inversa" quando se deseja converter o excesso de piruvato em glicose. Consequentemente, a gliconeogênese prossegue por uma via em que as três etapas mais desfavorecidas em termos energéticos na glicólise são evitadas utilizando reações alternativas e termodinamicamente favoráveis, catalisadas por enzimas distintas (ver Capítulo 19).

A capacidade das enzimas de discriminar entre as coenzimas estruturalmente similares NAD⁺ e fosfato de dinucleotídeo de adenina-nicotinamida (NADP⁺, do inglês *nicotinamide adenine dinucleotide phosphate*) também resulta em uma forma de compartimentalização. Os potenciais de redução das duas coenzimas são similares. Entretanto, as reações que geram elétrons destinados à cadeia de transporte de elétrons reduzem, em sua maioria, o NAD⁺, enquanto as enzimas que catalisam as etapas de redução em muitas vias de biossíntese geralmente utilizam o NADPH como doador de elétrons.

As enzimas limitantes de velocidade constituem os alvos preferidos do controle regulador

Embora o fluxo de metabólitos pelas vias metabólicas envolva a catálise por inúmeras enzimas, o controle ativo da homeostasia é realizado pela regulação apenas de um seleto subgrupo de enzimas. A enzima ideal para a intervenção reguladora é aquela cuja quantidade ou eficiência catalítica dita que a reação por ela catalisada é lenta em relação a todas as outras na via. Diminuir a eficiência catalítica ou a quantidade do catalisador que participa de uma reação de "afunilamento" ou **reação limitante de velocidade** reduz imediatamente o fluxo de metabólitos por toda a via. Em contrapartida, um aumento na sua quantidade ou na sua eficiência catalítica induz aumento do fluxo pela via como um todo. As enzimas que catalisam etapas limitantes em que atuam como "governantes" naturais do fluxo metabólico também constituem alvos promissores de fármacos. Por exemplo, as "estatinas" são fármacos que reduzem a síntese de colesterol por inibir a 3-hidroxi-3-metilglutaril-coenzima A-redutase, a enzima catalisadora da reação limitante da velocidade da colesterogênese.

REGULAÇÃO DA QUANTIDADE DE ENZIMAS

A capacidade catalítica global do passo limitante de velocidade em uma via metabólica é o produto da concentração das moléculas de enzima e sua eficiência catalítica intrínseca. Portanto, a capacidade catalítica pode ser controlada pela variação da quantidade de enzimas presentes, pela alteração de sua eficiência catalítica intrínseca ou por uma combinação de ambas.

As proteínas são sintetizadas e degradadas de maneira contínua

Ao medir as velocidades de incorporação e perda subsequente de aminoácidos marcados com ^{15}N em proteínas, Schoenheimer deduziu que as proteínas existem em um estado de "equilíbrio dinâmico", no qual são continuamente sintetizadas e degradadas – um processo designado como **renovação proteica**. Mesmo as proteínas **constitutivas**, aquelas cujas concentrações permanecem essencialmente constantes ao longo do tempo, estão sujeitas a uma renovação contínua. Entretanto, as concentrações de muitas outras enzimas estão sujeitas a alterações dinâmicas em resposta a fatores hormonais, nutricionais, patológicos, etc., que podem afetar as constantes de velocidade globais para a sua síntese (k_s), degradação (k_{deg}) ou ambas.

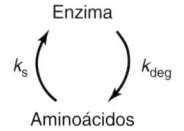

$$\text{Aminoácidos} \underset{k_{deg}}{\overset{k_s}{\rightleftarrows}} \text{Enzima}$$

Controle da síntese de enzimas

A síntese de determinadas enzimas depende da presença de **indutores**, que em geral são substratos ou compostos estruturalmente relacionados que estimulam a transcrição do gene que as codificam (ver Capítulos 36 e 37), ou **fatores de transcrição**. A *Escherichia coli* cultivada em meio com glicose, por exemplo, apenas catabolizará a lactose depois da adição de um β-galactosídeo, um indutor que desencadeia a síntese de uma β-galactosidase e de uma galactosídeo-permease. As enzimas induzíveis dos seres humanos incluem triptofano-pirrolase, treonina-desidratase, tirosina-α-cetoglutarato-aminotransferase, enzimas do ciclo da ureia, HMG-CoA-redutase, δ-aminolevulinato-sintase e enzimas citocromo P450. Em contrapartida, o excesso de um metabólito pode impedir a síntese de sua enzima cognata por meio da **repressão**. Tanto a indução quanto a repressão envolvem elementos *cis*, sequências de DNA específicas localizadas a montante dos genes regulados, e proteínas reguladoras *trans*. Os mecanismos moleculares de indução e repressão são discutidos no Capítulo 38. Por outro lado, a atividade dos fatores de transcrição é controlada pelos hormônios e por outros sinais extracelulares e seus correspondentes receptores celulares. As informações detalhadas sobre o controle da síntese proteica em resposta aos estímulos hormonais podem ser encontradas no Capítulo 42.

Controle da degradação de enzimas

Nos animais, muitas proteínas são degradadas pela via da ubiquitina-proteassomo. A degradação ocorre no proteassomo 26S, um complexo macromolecular constituído por mais de 30 subunidades polipeptídicas dispostas na forma de um cilindro oco. Os sítios ativos de suas subunidades proteolíticas ficam voltados para o interior do cilindro, evitando, assim, a degradação indiscriminada das proteínas celulares. As proteínas são direcionadas para o interior do proteassomo pela ligação covalente de uma ou mais moléculas de ubiquitina, uma pequena proteína de cerca de 8,5 kDa, que é altamente conservada entre os eucariotos. A "ubiquitinação" é catalisada por uma grande família de enzimas, denominadas ligases E3, que ligam a ubiquitina ao grupo amino da cadeia lateral de resíduos lisil em seus alvos.

A via ubiquitina-proteassomo é responsável pela degradação regulada de proteínas celulares selecionadas, como ciclinas (ver Capítulo 35), e pela remoção de espécies proteicas defeituosas ou aberrantes. A chave para a versatilidade e a seletividade do sistema ubiquitina-proteassomo reside na variedade de ligases E3 intracelulares e na capacidade de elas discriminarem entre os diferentes estados físicos ou conformacionais das proteínas-alvo. Dessa maneira, a via da ubiquitina-proteassomo pode degradar seletivamente as proteínas cujas integridade física e competência funcional foram comprometidas pela perda ou dano de um grupamento prostético, pela oxidação de resíduos de cisteína ou histidina ou pela desamidação dos resíduos de asparagina ou glutamina (ver Capítulo 58). O reconhecimento pelas enzimas proteolíticas também pode ser regulado por modificações covalentes, como a fosforilação; ligação de substratos ou efetores alostéricos; ou associação a membranas, oligonucleotídeos ou outras proteínas. A ocorrência de disfunções na via da ubiquitina-proteassomo algumas vezes contribui para o acúmulo e a agregação subsequente de proteínas inadequadamente dobradas, que constituem uma característica de várias doenças neurodegenerativas.

MÚLTIPLAS OPÇÕES ESTÃO DISPONÍVEIS PARA A REGULAÇÃO DA ATIVIDADE CATALÍTICA

Nos seres humanos, a indução da síntese proteica é um processo complexo de múltiplas etapas que, em geral, requer horas para produzir alterações significativas no nível enzimático total. Em contrapartida, ocorrem alterações na eficiência catalítica intrínseca desencadeadas pela ligação de ligantes dissociáveis (**regulação alostérica**) ou por **modificação covalente** em frações de segundos. Consequentemente, as alterações nos níveis de proteína, em geral, ocorrem em situações que requerem adaptações em longo prazo, ao passo que as alterações na eficiência catalítica são favorecidas por alterações rápidas e transitórias no fluxo de metabólitos.

OS EFETORES ALOSTÉRICOS REGULAM DETERMINADAS ENZIMAS

O princípio que controla a regulação alostérica estabelece que as propriedades do complexo enzima-efetor diferem daquelas da enzima e do efetor separados. Em alguns casos, o produto final de uma via de biossíntese de múltiplas etapas liga-se a uma enzima que catalisa uma das primeiras etapas da via e a inibe – um processo designado como regulação por retroalimentação. Na maioria dos casos, os inibidores por retroalimentação ligam-se à enzima que catalisa a primeira etapa comprometida em determinada sequência de biossíntese. No exemplo a seguir, a biossíntese de D a partir de A é catalisada pelas enzimas Enz_1 a Enz_3:

$$Enz_1 \quad Enz_2 \quad Enz_3$$
$$A \rightarrow B \rightarrow C \rightarrow D$$

Na ausência de controle regulador, se a célula não necessita mais do metabólito D, ela continuará acumulando-o até que seja alcançado o equilíbrio. Por sua vez, o acúmulo resultante de C causará o acúmulo de B. A inibição por retroalimentação proporciona uma alternativa para permitir simplesmente que a via "retroceda", como uma estrada na hora de pico, por meio da ligação de D à Enz_1 e da inibição da conversão de A em B. Nesse exemplo, D atua como **efetor alostérico negativo** da Enz_1. Em geral, um inibidor por retroalimentação, como D, liga-se a um **sítio alostérico**, um sítio espacialmente distinto do sítio catalítico da enzima-alvo. Por conseguinte, os inibidores por retroalimentação normalmente exibem pouca ou nenhuma semelhança estrutural com os substratos, por exemplo, "A," das enzimas que eles inibem. Por exemplo, o NAD^+ e o 3-fosfoglicerato, os substratos da 3-fosfoglicerato-desidrogenase, que catalisa a primeira etapa comprometida na biossíntese da serina, não possuem semelhança com o inibidor por retroalimentação serina. Nas vias de biossíntese ramificadas, como aquelas responsáveis pela biossíntese de nucleotídeos (ver Capítulo 33), as reações iniciais fornecem os intermediários necessários para a síntese de múltiplos produtos finais. A **Figura 9-4** mostra uma via de biossíntese ramificada hipotética, na qual as setas curvas conduzem a partir dos inibidores por retroalimentação para as enzimas cujas atividades eles inibem. As sequências $S_3 \rightarrow A$, $S_4 \rightarrow B$, $S_4 \rightarrow C$ e $S_3 \rightarrow \rightarrow D$ representam as sequências de reação lineares que são inibidas por retroalimentação por seus produtos finais. Assim, as enzimas dos pontos de ramificação podem ser orientadas para dirigir fases posteriores do fluxo de metabólitos.

A cinética da inibição por retroalimentação pode ser competitiva, não competitiva, parcialmente competitiva ou mista. Múltiplas alças de retroalimentação em camadas podem proporcionar um controle fino adicional. Por exemplo, conforme demonstrado na **Figura 9-5**, a presença de excesso de produto

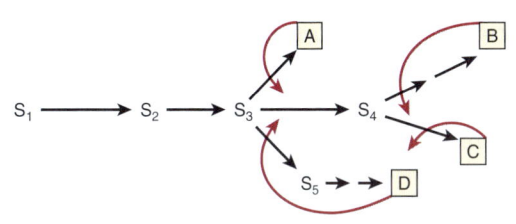

FIGURA 9-4 Sítios de inibição por retroalimentação em uma via de biossíntese ramificada. S_1 a S_5 são intermediários na biossíntese dos produtos finais A a D. As setas retas representam as enzimas que catalisam as conversões indicadas. As setas curvas vermelhas representam alças de retroalimentação e indicam os sítios de inibição por retroalimentação por meio de produtos finais específicos.

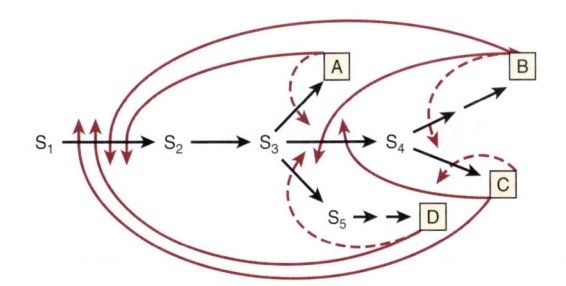

FIGURA 9-5 Múltiplas inibições por retroalimentação em uma via de biossíntese ramificada. Há sobreposição sobre as alças de retroalimentação simples (setas vermelhas tracejadas) de múltiplas alças de retroalimentação (setas vermelhas sólidas) que regulam as enzimas comuns à biossíntese de diversos produtos finais.

B diminui a necessidade de substrato S_2. Contudo, o S_2 também é necessário para a síntese de A, C e D. Portanto, para essa via, o excesso de B impede a síntese de todos os quatro produtos finais, independentemente da necessidade dos outros três. Para evitar essa dificuldade potencial, cada produto final pode inibir a atividade catalítica apenas *parcialmente*. O efeito inibidor de dois ou mais produtos finais presentes em excesso pode ser estritamente aditivo ou, de modo alternativo, maior do que seus efeitos individuais (inibição por retroalimentação cooperativa). Como alternativa, na via ramificada responsável pela síntese dos aminoácidos aromáticos fenilalanina, tirosina e triptofano em bactérias, múltiplas isoformas de uma enzima evoluíram, e cada uma delas é sensível à via de um produto final diferente. Altos níveis de qualquer um dos produtos finais inibem a catálise por apenas uma única isoforma, reduzindo, mas não eliminando, o fluxo através da porção compartilhada da via.

A aspartato-transcarbamoilase é um modelo de enzima alostérica

A aspartato-transcarbamoilase (ATCase), o catalisador da primeira reação exclusiva para a biossíntese de pirimidinas (ver Figura 33-9), é um alvo da regulação por retroalimentação por dois nucleotídeos trifosfatos: trifosfato de citidina (CTP, do inglês *citidine triphosphate*) e trifosfato de adenosina (ATP, do inglês *adenosine triphosphate*). O CTP, um produto final da via de biossíntese de pirimidinas, inibe a ATCase, ao passo que o nucleotídeo purínico ATP o ativa. Além disso, altos níveis de ATP podem superar a inibição pelo CTP, possibilitando que a síntese de nucleotídeos *pirimidinas* prossiga quando os níveis de nucleotídeos *purinas* estiverem elevados.

Os sítios alostérico e catalítico são espacialmente distintos

Jacques Monod propôs a existência de sítios alostéricos que são fisicamente distintos do sítio catalítico. Ele imaginou que a falta de semelhança estrutural entre a maioria dos inibidores por retroalimentação e o(s) substrato(s) das enzimas cuja atividade ele(s) regula(m) indicava que esses efetores não são **isostéricos** com um substrato, mas **alostéricos** ("ocupam outro espaço"). **Dessa maneira, as enzimas alostéricas são aquelas para as quais a catálise no sítio ativo pode ser modulada pela presença de efetores em um sítio alostérico.** Desde então, a existência de sítios alostéricos e ativos espacialmente distintos foi observada em diversas enzimas pelo uso de muitas linhas de evidência. Por exemplo, a cristalografia de raios X revelou que a ATCase da *E. coli* consiste em seis subunidades catalíticas e seis subunidades reguladoras, e, nas últimas, ligam-se os nucleotídeos trifosfatos que modulam a atividade. Em geral, a ligação de um regulador alostérico influencia a catálise por induzir uma mudança conformacional que engloba o sítio ativo.

Os efeitos alostéricos podem ser sobre K_m ou sobre $V_{máx}$

Referir-se à cinética da inibição alostérica como "competitiva" ou "não competitiva" com o substrato leva a implicações errôneas sobre o mecanismo. Em vez disso, referimo-nos a duas classes de enzimas alostericamente reguladas: enzimas da série K e enzimas da série V. Para as enzimas alostéricas da série K, a cinética de saturação de substrato é competitiva, no sentido de que a K_m está elevada, sem qualquer efeito sobre $V_{máx}$. Para as enzimas alostéricas da série V, o inibidor alostérico diminui a $V_{máx}$ sem afetar K_m. Com frequência, as alterações em K_m ou $V_{máx}$ são o produto das mudanças conformacionais no sítio catalítico induzidas pela ligação do efetor alostérico a seu sítio. Para uma enzima alostérica da série K, essa mudança conformacional pode enfraquecer as ligações entre o substrato e os resíduos de ligação ao substrato da enzima. Para uma enzima alostérica da série V, o efeito primário pode ser alterar a orientação ou a carga dos resíduos catalíticos, diminuindo a $V_{máx}$. Os efeitos intermediários sobre K_m e $V_{máx}$, no entanto, podem ser observados como consequência dessas mudanças conformacionais.

A REGULAÇÃO POR RETROALIMENTAÇÃO PODE SER ESTIMULADORA OU INIBIDORA

Tanto nas células de mamíferos quanto nas de bactérias, alguns produtos finais controlam sua própria síntese, em muitos casos pela inibição por retroalimentação de uma enzima inicial na biossíntese. Contudo, deve-se diferenciar entre **regulação por retroalimentação**, um termo que descreve um fenômeno desprovido de implicações sobre o mecanismo, e **inibição por retroalimentação**, um mecanismo para a regulação da atividade da enzima. Por exemplo, enquanto o colesterol na dieta diminui a síntese hepática de colesterol, essa **regulação** por retroalimentação não envolve a **inibição** por retroalimentação. A HMG-CoA-redutase, enzima limitante da velocidade da colesterogênese, é afetada, porém o colesterol não inibe sua atividade. Em vez disso, a regulação em resposta ao colesterol da dieta envolve a redução do gene que codifica a HMG-CoA-redutase pelo colesterol ou por um metabólito do colesterol (repressão enzimática) (ver Capítulo 26). Como mencionado anteriormente, o ATP, um produto da via dos nucleotídeos purinas, estimula a síntese de nucleotídeos pirimidinas por ativar a aspartato-transcarbamoilase, um processo algumas vezes chamado de regulação por "alimentação anterógrada".

MUITOS HORMÔNIOS ATUAM POR MEIO DE SEGUNDOS MENSAGEIROS

Os impulsos nervosos e a ligação de muitos hormônios a receptores de superfície celular provocam alterações na velocidade das reações catalisadas por enzimas dentro das células-alvo ao induzir a liberação ou a síntese de efetores alostéricos especializados, chamados de **segundos mensageiros**. O mensageiro primário, ou "primeiro", é a molécula do hormônio ou impulso nervoso. Os segundos mensageiros incluem o 3′,5′-cAMP, sintetizado a partir do ATP pela enzima adenilil-ciclase em resposta ao hormônio epinefrina, e o Ca^{2+}, que é armazenado no retículo endoplasmático da maioria das células. A despolarização da membrana resultante de um impulso nervoso abre um canal de membrana que permite a entrada de íons cálcio no citoplasma, onde eles se ligam a enzimas (e as ativam) envolvidas na regulação da contração muscular e na mobilização de estoques de glicose a partir de glicogênio para suprir o aumento da demanda de energia da contração muscular. Outros segundos mensageiros incluem o 3',5'-cGMP, o óxido nítrico e os polifosfoinositóis produzidos pela hidrólise de inositolfosfolipídeos por fosfolipases reguladas por hormônio. Os exemplos específicos da participação de segundos mensageiros na regulação de processos celulares podem ser encontrados nos Capítulos 18, 42 e 50.

AS MODIFICAÇÕES COVALENTES REGULADORAS PODEM SER REVERSÍVEIS OU IRREVERSÍVEIS

Nas células de mamíferos, ocorre uma ampla gama de modificações covalentes reguladoras. A **proteólise parcial** e a **fosforilação**, por exemplo, são frequentemente empregadas para regular a atividade catalítica das enzimas. Por outro lado, as histonas e outras proteínas de ligação ao DNA na cromatina estão sujeitas à extensa modificação por **acetilação**, **metilação**, **ADP-ribosilação**, bem como fosforilação. As últimas modificações, que modulam a maneira como as proteínas dentro da cromatina interagem entre si, bem como com o próprio DNA, constituem a base para o "código das histonas". As alterações resultantes na estrutura da cromatina dentro da região afetada podem tornar os genes mais acessíveis às proteínas responsáveis pela sua transcrição, facilitando a replicação de todo o genoma (ver Capítulo 38). Por outro lado, diz-se que as alterações na estrutura da cromatina que restringem a acessibilidade dos genes aos fatores de transcrição e às RNA (do inglês *ribonucleic acid* [ácido ribonucleico])-polimerases dependentes do DNA, etc., inibindo, assim, a transcrição, **silenciam** a expressão gênica.

O código das histonas

O "código das histonas" representa um exemplo clássico da **epigenética**, a transmissão hereditária de informação por meio diferente da sequência de nucleotídeos que compreendem o genoma. Nesse caso, o padrão da expressão gênica dentro de uma célula-filha recentemente formada será definido, em parte, por um determinado conjunto de modificações covalentes das histonas incorporadas nas proteínas da cromatina herdadas da "célula-mãe".

Modificação covalente reversível

A acetilação, a ADP-ribosilação, a metilação e a fosforilação são exemplos, sem exceção, de modificações covalentes "reversíveis". Nesse contexto, o termo reversível refere-se ao fato de a proteína modificada poder ser recuperada a seu estado original, sem modificação, e não ao mecanismo pelo qual ocorre a restauração. A termodinâmica estabelece que, se a reação catalisada por enzima por meio da qual a modificação foi introduzida for termodinamicamente favorável, a simples reversão do processo será impraticável devido à correspondente mudança desfavorável de energia livre. A fosforilação de proteínas nos resíduos seril, treonil ou tirosil, que é catalisada por proteínas-cinase, é termodinamicamente favorecida devido à utilização de um grupamento γ-fosforil de alta energia do ATP. Os grupamentos fosfato são removidos, não pela recombinação do fosfato com o ADP para formar ATP, mas por uma reação hidrolítica catalisada por enzimas chamadas de proteínas-fosfatase. De forma similar, as acetiltransferases empregam um substrato doador de alta energia, o NAD^+, enquanto as desacetilases catalisam uma hidrólise direta que produz acetato livre.

AS PROTEASES PODEM SER SECRETADAS COMO PRÓ-ENZIMAS CATALITICAMENTE INATIVAS

Certas proteínas são sintetizadas como proteínas precursoras inativas conhecidas como **pró-proteínas**. A proteólise seletiva ou "parcial" converte uma pró-proteína, por meio de uma ou mais clivagens proteolíticas sucessivas, em uma forma que exibe a atividade característica da proteína madura, por exemplo, sua atividade catalítica. As formas de pró-proteína de enzimas são denominadas **pró-enzimas** ou **zimogênios**. As proteínas sintetizadas como pró-proteínas incluem o hormônio insulina (pró-proteína = proinsulina), as enzimas digestórias pepsina, tripsina e quimotripsina (pró-proteínas = pepsinogênio, tripsinogênio e quimotripsinogênio, respectivamente), vários fatores de coagulação sanguínea e cascatas do complemento (ver Capítulos 52 e 55), e o colágeno proteico do tecido conectivo (pró-proteína = pró-colágeno).

A ativação proteolítica de pró-proteínas constitui uma modificação fisiologicamente irreversível, visto que a religação das duas porções de uma proteína produzida pela hidrólise de uma ligação peptídica é entropicamente desfavorável. Quando uma pró-proteína é ativada, ela continuará a realizar suas funções catalíticas ou outras funções até que seja removida por degradação ou por algum outro meio. Dessa maneira, a ativação do zimogênio representa um mecanismo simples e econômico, embora unidirecional, para restringir a atividade latente de uma proteína até que as circunstâncias apropriadas sejam encontradas. Portanto, não surpreende que a proteólise parcial seja frequentemente empregada para regular proteínas que atuam no trato gastrintestinal ou na corrente sanguínea, em vez de no interior das células.

As pró-enzimas facilitam a ativação rápida de uma atividade em resposta à demanda fisiológica

Determinados processos fisiológicos, como a digestão, a formação de coágulos sanguíneos e a remodelagem tecidual, ocorrem de modo intermitente, porém com relativa frequência. Cada um desses processos utiliza extensamente as proteases, que são sintetizadas como pró-enzimas cataliticamente inativas para proteger os tecidos de seus efeitos degradativos. Na pancreatite, a ativação prematura das proteases digestivas, com o tripsinogênio e o quimotripsinogênio, leva à autodigestão do tecido sadio, em vez da digestão das proteínas ingeridas. A formação de coágulo sanguíneo, a dissolução do coágulo e o reparo de tecidos são realizados de forma imediata apenas em resposta à necessidade fisiológica ou fisiopatológica premente. Os zimogênios oferecem uma fonte disponível e rapidamente ativada de proteínas da coagulação quando a síntese não é rápida o suficiente para responder a uma demanda fisiopatológica urgente, como a perda de sangue (ver Capítulo 55). Entretanto, para impedir a disseminação da formação de coágulos além do local de lesão, os processos de formação e de dissolução dos coágulos sanguíneos precisam estar temporalmente coordenados.

A ativação da pró-quimotripsina requer a proteólise seletiva

A proteólise seletiva envolve uma ou mais clivagens proteolíticas altamente específicas, que podem ou não ser acompanhadas de separação dos peptídeos resultantes, mas que geralmente desencadeiam mudanças conformacionais. Por exemplo, na quimotripsina α, os resíduos His 57 e Asp 102 cataliticamente essenciais residem no peptídeo B, enquanto os resíduos Ser 195 estão no peptídeo C (**Figura 9-6**). A hidrólise de ligações peptídicas essenciais no quimotripsinogênio desencadeia mudanças conformacionais, que alinham esses três resíduos da rede de retransmissão de carga (ver Figura 7-7), formando o sítio catalítico. O contato e os resíduos catalíticos podem estar localizados em diferentes cadeias peptídicas, mas ainda dentro da distância de formação de ligação do substrato acoplado.

MODIFICAÇÕES COVALENTES REVERSÍVEIS REGULAM PROTEÍNAS ESSENCIAIS DE MAMÍFEROS

Milhares de proteínas de mamíferos são modificadas por fosforilação covalente

As proteínas dos mamíferos constituem os alvos de uma ampla gama de processos de modificação covalente. Modificações como a prenilação, a glicosilação, a hidroxilação e a acilação por ácidos graxos introduzem aspectos estruturais únicos em proteínas recém-sintetizadas que tendem a persistir pelo restante da vida da proteína. Algumas modificações covalentes regulam a função proteica. As mais comuns são a fosforilação-desfosforilação e a acetilação-desacetilação. As **proteínas-cinase** fosforilam as proteínas ao catalisar a transferência do grupamento fosforil terminal do ATP para os grupamentos hidroxila de resíduos seril, treonil ou tirosil, formando resíduos O-fosfosseril, O-fosfotreonil ou O-fosfotirosil, respectivamente (**Figura 9-7**). A forma não modificada da proteína pode ser regenerada por meio de remoção hidrolítica de grupamentos fosforil, uma reação termodinamicamente favorável catalisada por **proteínas-fosfatase**.

Uma célula típica de mamífero possui milhares de proteínas fosforiladas e várias centenas de **proteínas-cinase e proteínas-fosfatase** que catalisam suas interconversões. A facilidade de interconversão de enzimas entre as suas formas fosforilada e desfosforilada responde, em parte, pela frequência com que a fosforilação-desfosforilação é utilizada como mecanismo regulador de controle. Diferentemente das modificações estruturais, a fosforilação covalente só persiste enquanto as propriedades funcionais afetadas da proteína modificada suprirem uma necessidade específica. Quando a necessidade cessa, a enzima pode ser novamente convertida à sua forma original, pronta para responder ao próximo evento estimulador. Um segundo fator subjacente ao uso disseminado da fosforilação-desfosforilação proteica reside nas propriedades químicas do próprio grupamento fosforil. A fim de alterar as propriedades funcionais de uma enzima, qualquer modificação de sua estrutura química deve influenciar a configuração tridimensional da proteína. A alta densidade de carga elétrica dos grupamentos fosforil ligados à proteína, geralmente –2 em pH fisiológico, a sua propensão a formar pontes salinas fortes com resíduos de arginil e lisil e sua capacidade excepcional de formar ligações de hidrogênio as transformam em poderosos

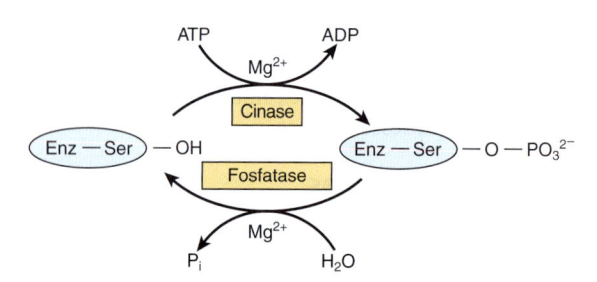

FIGURA 9-7 Modificação covalente de uma enzima regulada por fosforilação-desfosforilação de um resíduo seril.

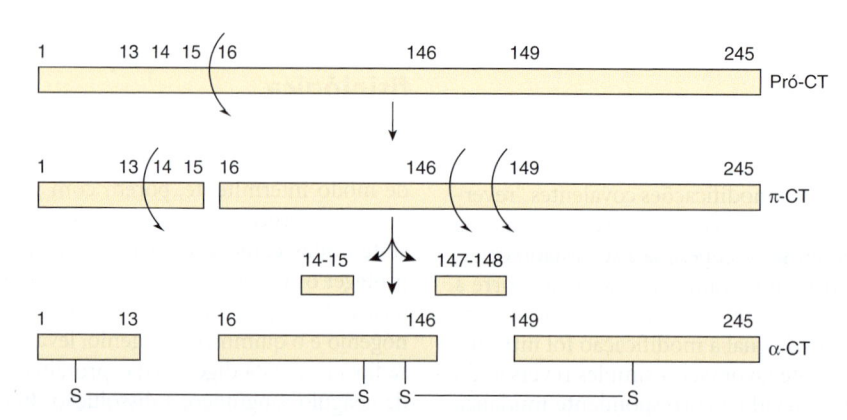

FIGURA 9-6 Representação bidimensional da sequência de eventos proteolíticos que resultam na formação do sítio catalítico da quimotripsina, que inclui a tríade catalítica Asp102-His57-Ser195 (ver Figura 7-7). A proteólise sucessiva forma pró-quimotripsina (pró-CT), π-quimotripsina (π-CT) e, por fim, α-quimotripsina (α-CT), uma protease ativa cujos três peptídeos (A, B, C) permanecem associados por ligações dissulfeto covalentes intercadeia.

agentes para modificar a estrutura e a função da proteína. A fosforilação geralmente influencia a eficiência catalítica intrínseca de uma enzima ou outras propriedades ao induzir mudanças conformacionais. Como consequência, os aminoácidos modificados pela fosforilação podem estar – e, em geral, estão – relativamente distantes do próprio sítio catalítico.

Acetilação das proteínas: modificação ubíqua das enzimas metabólicas

A acetilação-desacetilação covalente tem sido associada a histonas e a outras proteínas nucleares. Nos últimos anos, no entanto, estudos proteômicos revelaram que milhares de outras proteínas de mamíferos são submetidas à modificação por acetilação covalente, incluindo quase todas as enzimas presentes em vias metabólicas essenciais, como glicólise, síntese de glicogênio, gliconeogênese, ciclo do ácido tricarboxílico, β-oxidação de ácidos graxos e ciclo da ureia. O impacto regulador potencial da acetilação-desacetilação foi estabelecido apenas para algumas dessas proteínas. Todovia, elas incluem muitas enzimas metabolicamente importantes, como acetil-CoA-sintetase, acil-CoA-desidrogenase de cadeia longa, malato-desidrogenase, isocitrato-desidrogenase, glutamato-desidrogenase, carbamoil-fosfato-sintetase e ornitina-transcarbamoilase.

As **lisinas-acetiltransferase** catalisam a transferência de um grupamento acetil da acetil-CoA para os grupos ε-amino de resíduos de lisil, formando *N*-acetil-lisina. Além disso, algumas proteínas, sobretudo aquelas nas mitocôndrias, tornam-se acetiladas por meio de sua reação com acetil-CoA diretamente, isto é, sem a intervenção de uma enzima catalisadora. A acetilação não apenas aumenta o volume estérico da cadeia lateral da lisina, mas também transforma uma amina primária básica e com carga positiva potencial em uma amida neutra e não ionizável. Duas classes de proteínas desacetilases foram identificadas: as **histonas-desacetilase** e as **sirtuínas**. As histonas-desacetilase catalisam a remoção por hidrólise de grupos acetil, regenerando a forma não modificada da proteína e o acetato como produtos. As sirtuínas, por outro lado, utilizam NAD^+ como substrato, formando *O*-acetil ADP-ribose e nicotinamida como produtos, além da proteína não modificada.

As modificações covalentes regulam o fluxo de metabólitos

Em muitos aspectos, os sítios de fosforilação da proteína, acetilação e outras modificações covalentes podem ser considerados como outra forma de sítio alostérico. No entanto, nesse caso, o "ligante alostérico" liga-se de forma covalente à proteína. A fosforilação-desfosforilação, a acetilação-desacetilação e a inibição por retroalimentação representam formas de regulação de curto prazo prontamente reversíveis do fluxo de metabólitos em resposta a sinais fisiológicos específicos. As três agem de forma independente às mudanças da expressão gênica. À semelhança da inibição por retroalimentação, a fosforilação-desfosforilação de proteínas geralmente tem como alvo uma enzima inicial em uma via metabólica longa. A inibição por retroalimentação, no entanto, envolve uma única proteína que é influenciada indiretamente, se for, por sinais hormonais ou neuronais. Em contrapartida, a regulação das enzimas de mamíferos por fosforilação-desfosforilação envolve uma ou mais proteínas-cinase e proteínas-fosfatase e, em geral, está sob controle neural e hormonal direto.

A acetilação-desacetilação, por outro lado, tem como alvo múltiplas proteínas de uma via. Há a hipótese de que o grau de acetilação de enzimas metabólicas é modulado, em grande parte, pelo estado energético da célula. Por esse modelo, o alto nível de acetil-CoA (o substrato da lisina-acetiltransferase e o reagente da acetilação não enzimática da lisina) presente em uma célula bem-nutrida promoveria a acetilação da lisina. Quando os nutrientes estão em falta, os níveis de acetil-CoA caem e a razão $NAD^+/NADH$ aumenta, favorecendo a desacetilação proteica.

A FOSFORILAÇÃO DE PROTEÍNAS É EXTREMAMENTE VERSÁTIL

A fosforilação-desfosforilação proteica é um processo altamente versátil e seletivo. Nem todas as proteínas estão sujeitas à fosforilação, e, entre os muitos grupamentos hidroxila na superfície de uma proteína, apenas um ou um pequeno subgrupo constituem alvos. Embora a função proteica mais comumente afetada seja a eficiência catalítica de uma enzima, a fosforilação também pode alterar a sua localização no interior da célula, a suscetibilidade à degradação proteolítica ou a responsividade à regulação por ligantes alostéricos. Embora a fosforilação de algumas delas aumente a sua atividade catalítica, a forma fosforilada de outras enzimas pode ser cataliticamente inativa (**Tabela 9-1**).

Muitas proteínas podem ser fosforiladas em múltiplos sítios. Outras estão sujeitas à regulação por fosforilação-desfosforilação e pela ligação de ligantes alostéricos, ou por fosforilação-desfosforilação e outra modificação covalente. A fosforilacão-desfosforilação em qualquer sítio pode ser catalisada por múltiplas proteínas-cinase ou proteínas-fosfatase. Muitas proteínas-cinase e a maioria das proteínas-fosfatase atuam sobre mais de uma proteína e são interconvertidas entre as formas ativas e inativas pela ligação de segundos mensageiros ou por modificação covalente por intermédio da fosforilação-desfosforilação.

A inter-relação entre as proteínas-cinase e as proteínas-fosfatase, entre as consequências funcionais da fosforilação em diferentes sítios, entre sítios de fosforilação e sítios

TABELA 9-1 Exemplos de enzimas de mamíferos cuja atividade catalítica é alterada por fosforilação--desfosforilação covalente

Enzimas	Estado de atividade	
	Baixa	Alta
Acetil-CoA-carboxilase	EF	E
Glicogênio-sintase	EF	E
Piruvato-desidrogenase	EF	E
HMG-CoA-redutase	EF	E
Glicogênio-fosforilase	E	EF
Citrato-liase	E	EF
Fosforilase b cinase	E	EF
HMG-CoA-redutase-cinase	E	EF

E, desfosfoenzima; EF, fosfoenzima.

alostéricos ou entre sítios de fosforilação e outros sítios de modificação covalente proporciona a base para as redes reguladoras que integram os múltiplos sinais para gerar uma resposta celular coordenada apropriada. Nessas redes reguladoras sofisticadas, as enzimas individualmente respondem a diferentes sinais internos e ambientais. Por exemplo, quando uma enzima pode ser fosforilada em um único sítio por mais de uma proteína-cinase, ela pode ser convertida de uma forma cataliticamente eficiente para uma forma ineficaz (inativa) ou vice-versa em resposta a qualquer um de vários sinais. Se a proteína-cinase é ativada em resposta a um sinal diferente do sinal que ativa a proteína-fosfatase, a fosfoproteína torna-se um *ponto de decisão*, cujo produto funcional, geralmente a atividade catalítica, reflete o seu estado de fosforilação. Esse estado ou grau de fosforilação é determinado pelas atividades relativas da proteína-cinase e da proteína-fosfatase, um reflexo da presença e da força relativa dos sinais ambientais que agem por meio de cada uma.

A capacidade de muitas proteínas-cinase e proteínas-fosfatase de atuar sobre mais de uma proteína propicia um meio para que um sinal ambiental regule múltiplos processos metabólicos de forma coordenada. Por exemplo, as enzimas 3-hidroxi-3-metilglutaril-CoA-redutase e acetil-CoA-carboxilase – as enzimas que controlam a velocidade para a biossíntese de colesterol e de ácidos graxos, respectivamente – são fosforiladas e inativadas pela proteína-cinase ativada por AMP. Quando essa proteína-cinase é ativada por meio de fosforilação por outra proteína-cinase ou em resposta à ligação de seu ativador alostérico 5'-AMP, as duas vias principais responsáveis pela síntese de lipídeos a partir de acetil-CoA são inibidas.

OS EVENTOS REGULADORES INDIVIDUAIS COMBINAM-SE PARA FORMAR REDES SOFISTICADAS DE CONTROLE

As células realizam uma complexa série de processos metabólicos, que precisam ser regulados em resposta a um amplo espectro de fatores internos e externos. Por conseguinte, as enzimas interconversíveis e aquelas responsáveis pela sua interconversão atuam não como comutadores de "liga" e "desliga", porém como elementos binários dentro de redes integradas de processamento de informação biomolecular.

Um exemplo bem-estudado de uma dessas redes é o ciclo da célula eucariótica que controla a divisão celular. Após a saída do estado G_0 ou quiescente, o processo extremamente complexo da divisão celular prossegue por uma série de fases específicas, designadas como G_1, S, G_2 e M (**Figura 9-8**). Sistemas elaborados de monitoração, chamados de **pontos de verificação**, avaliam os principais indicadores da progressão para garantir que nenhuma fase do ciclo seja iniciada até que a fase anterior se complete. A Figura 9-8 mostra, de forma simplificada, o ponto de verificação que controla o início da replicação do DNA, denominado fase S. Uma proteína-cinase, denominada ATM, está associada ao genoma. A ATM liga-se a regiões de quebras de dupla-fita contendo cromatina do DNA e é ativada por elas. Após a ativação, uma subunidade do dímero de ATM ativado se dissocia e inicia uma série ou cascata de eventos de fosforilação-desfosforilação proteica mediada pelas proteínas-cinase CHK1 e CHK2, pela proteína-fosfatase

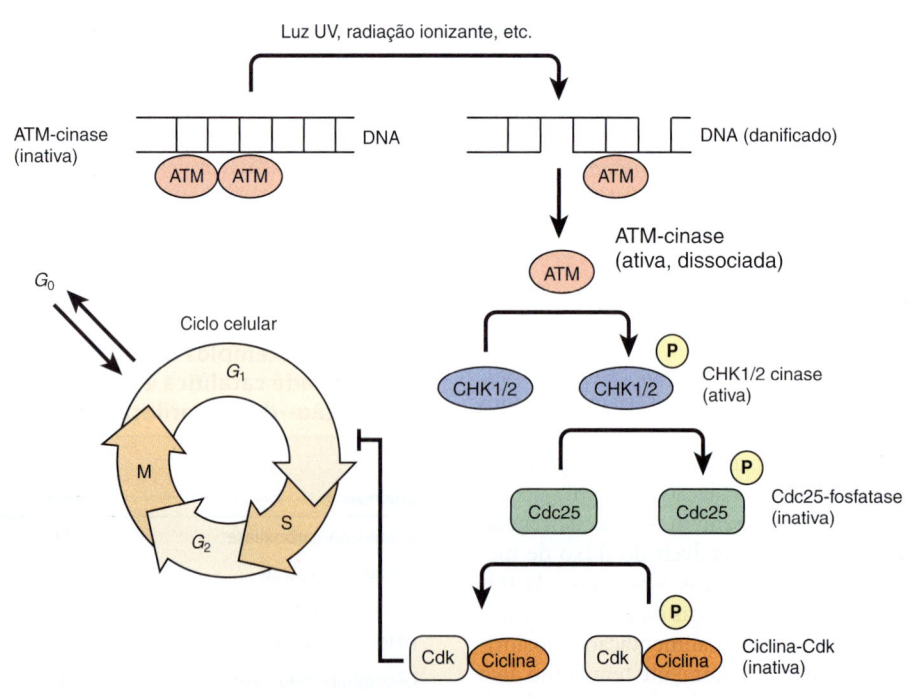

FIGURA 9-8 Representação simplificada do ponto de verificação G_1 a S do ciclo de uma célula eucariótica. O círculo mostra os vários estágios do ciclo celular dos eucariotos. Ocorre replicação do genoma durante a fase S, enquanto as duas cópias do genoma são segregadas e ocorre divisão celular durante a fase M. Cada uma dessas fases é separada por uma fase G ou de crescimento, caracterizada por um aumento no tamanho da célula e pelo acúmulo dos precursores necessários para montagem dos grandes complexos macromoleculares formados durante as fases S e M.

Cdc25 e, por fim, por um complexo entre uma ciclina e uma proteína-cinase dependente de ciclina, ou Cdk. A ativação do complexo Cdk-ciclina bloqueia a transição de G_1 para S, impedindo a replicação do DNA danificado. A falha nesse ponto de verificação pode levar a mutações no DNA que podem conduzir ao câncer ou a outras doenças. Cada etapa na cascata propicia uma via para monitorar indicadores adicionais do estado celular antes de entrar na fase S.

RESUMO

- A homeostasia envolve a manutenção de um ambiente intracelular e intraórgão relativamente constante, apesar das amplas flutuações que ocorrem no ambiente externo. Isso é alcançado por meio das mudanças apropriadas nas velocidades das reações bioquímicas em resposta à necessidade fisiológica.
- Os substratos para a maioria das enzimas geralmente estão presentes em uma concentração próxima à sua K_m. Isso facilita o ajuste passivo das velocidades de formação dos produtos em resposta a mudanças nos níveis dos intermediários metabólicos.
- A maioria dos mecanismos de controle metabólicos tem como alvo enzimas que catalisam uma reação inicial, comprometida e limitante de velocidade. O controle pode ser exercido pela variação da concentração da proteína-alvo, sua eficiência funcional ou alguma combinação das duas.
- A secreção de pró-enzimas inativas ou zimogênios facilita a rápida ativação da atividade por meio de proteólise parcial em resposta à lesão ou à necessidade fisiológica, enquanto protege o tecido de origem (p. ex., autodigestão por proteases).
- A ligação de metabólitos e segundos mensageiros a sítios distintos dos sítios catalíticos das enzimas induz mudanças conformacionais que alteram a $V_{máx}$ ou a K_m.
- A fosforilação por proteínas-cinase de resíduos seril, treonil ou tirosil específicos – e a desfosforilação subsequente por proteínas-fosfatase – regula a atividade de muitas enzimas nos seres humanos em resposta a sinais hormonais e neurais.
- Numerosas enzimas metabólicas são modificadas por acetilação-desacetilação de resíduos de lisina. Acredita-se que o grau de acetilação dessas proteínas seja modulado pela disponibilidade de acetil-CoA, o substrato doador de acetila para as acetiltransferases, e de NAD^+, um substrato para a sirtuína-desacetilase.
- A capacidade das proteínas-cinase, das proteínas-fosfatase, das lisinas-acetilase e das lisinas-desacetilase de atuar sobre múltiplas proteínas e sobre múltiplos sítios em proteínas é fundamental para a formação de redes reguladoras integradas que processam a informação ambiental complexa para produzir uma resposta celular apropriada.

REFERÊNCIAS

Baeza J, Smallegan MJ, Denu JM: Mechanisms and dynamics of protein acetylation in mitochondria. Trends Biochem Sci 2016;41:231.

Bett JS: Proteostasis regulation by the ubiquitin system. Essays Biochem 2016;60:143.

Dokholyan NV: Controlling allosteric networks in proteins. Chem Rev 2016;116:6463.

Elgin SC, Reuter G: In: Allis CD, Jenuwein T, Reinberg D, et al (editors): *Epigenetics*, Cold Spring Harbor Laboratory Press, 2007.

Johnson LN, Lewis RJ: Structural basis for control by phosphorylation. Chem Rev 2001;101:2209.

Muoio DM, Newgard CB: Obesity-related derangements in metabolic regulation. Anu Rev Biochem 2006;75:403.

Tu BP, Kudlicki A, Rowicka M, et al: Logic of the yeast metabolic cycle: temporal compartmentalization of cellular processes. Science 2005;310:1152.

CAPÍTULO

Funções bioquímicas dos metais de transição

10

Peter J. Kennelly, Ph.D.

OBJETIVOS

Após o estudo deste capítulo, você deve ser capaz de:

- Explicar por que os metais de transição essenciais são frequentemente designados como micronutrientes.
- Compreender a importância da multivalência para a capacidade dos metais de transição de participar do transporte de elétrons e de reações de oxidorredução.
- Compreender a diferença entre ácidos de Lewis e ácidos de Bronsted-Lowry.
- Definir o termo complexação quando se refere a íons metálicos.
- Fornecer uma justificativa para explicar por que o zinco é um grupo prostético comum em enzimas que catalisam reações hidrolíticas.
- Citar quatro benefícios obtidos com a incorporação de metais de transição em complexos organometálicos *in vivo*.
- Citar exemplos da capacidade de determinado metal de transição de atuar como carreador de elétrons em uma proteína, como carreador de oxigênio em outra proteína e como catalisador redox em outra proteína.
- Explicar como a presença de múltiplos íons metálicos nas metaloenzimas citocromo-oxidase e nitrogenase permite que elas catalisem a redução do oxigênio molecular e do nitrogênio, respectivamente.
- Descrever dois mecanismos pelos quais os níveis de metais de transição em excesso podem ser prejudiciais para os organismos.
- Fornecer uma definição operacional do termo "metal pesado" e citar três estratégias para o tratamento da intoxicação aguda por metais pesados.
- Descrever os processos pelos quais o Fe, o Co, o Cu e o Mo são absorvidos no trato gastrintestinal dos seres humanos.
- Descrever a função metabólica da sulfito-oxidase e a patologia de sua deficiência.
- Descrever a função dos motivos em dedo de zinco e fornecer um exemplo de seu papel no metabolismo de íons metálicos.

IMPORTÂNCIA BIOMÉDICA

A manutenção da saúde e da vitalidade dos seres humanos exige a ingestão de níveis mínimos de vários elementos inorgânicos, entre eles os metais de transição ferro (Fe), manganês (Mn), zinco (Zn), cobalto (Co), cobre (Cu), níquel (Ni), molibdênio (Mo), vanádio (V) e cromo (Cr). Em geral, os metais de transição são sequestrados em complexos organometálicos no interior do corpo, permitindo que suas propriedades sejam controladas e direcionadas para os locais onde a sua presença é necessária, e que a sua propensão a promover a geração de espécies reativas de oxigênio prejudiciais seja minimizada. Os metais de transição constituem componentes essenciais de várias enzimas e proteínas transportadoras de elétrons, bem como das proteínas de transporte do oxigênio, a hemoglobina e a hemocianina. Os motivos em dedo de zinco proporcionam os domínios de ligação do ácido desoxirribonucleico (DNA, do inglês *deoxyribonucleic acid*) para muitos fatores de transcrição, enquanto aglomerados Fe-S são encontrados em muitas das enzimas que participam da replicação e do reparo do DNA. As deficiências nutricionais ou geneticamente induzidas desses metais estão associadas a uma variedade de condições patológicas, incluindo anemia perniciosa (Fe), doença de Menkes (Cu) e deficiência da sulfito-oxidase (Mo). Quando ingeridos em grandes quantidades, a maioria dos metais pesados, incluindo vários metais de transição nutricionalmente essenciais, é altamente tóxica, e quase todos eles são potencialmente carcinogênicos.

OS METAIS DE TRANSIÇÃO SÃO ESSENCIAIS PARA A SAÚDE

Os seres humanos necessitam de quantidades mínimas de vários elementos inorgânicos

Normalmente, os elementos orgânicos oxigênio, carbono, hidrogênio, nitrogênio, enxofre e fósforo constituem mais de 97% da massa corporal nos seres humanos. O cálcio, cuja maior parte é encontrada nos ossos, nos dentes e na cartilagem, contribui com cerca de 2%. O restante, isto é, 0,4 a 0,5%, é constituído de numerosos elementos inorgânicos (**Tabela 10-1**). Muitos desses elementos são essenciais para a saúde, embora em quantidades mínimas, e, por esse motivo, são comumente classificados como **micronutrientes**. Exemplos de micronutrientes fisiologicamente essenciais incluem o iodo, que é necessário para a síntese de tri e tetraiodotironina (ver Capítulo 41); o selênio, que é necessário para a síntese do aminoácido selenocisteína (ver Capítulo 27); e vitaminas (ver Capítulo 44). Este capítulo trata das funções fisiológicas dos metais de transição nutricionalmente essenciais: o ferro (Fe), o manganês (Mn), o zinco (Zn), o cobalto (Co), o cobre (Cu), o níquel (Ni), o molibdênio (Mo), o vanádio (V) e o cromo (Cr).

Os metais de transição são multivalentes

Uma característica comum dos metais é a sua tendência a sofrer **oxidação**, um processo pelo qual eles doam um ou mais elétrons de sua camada externa ou camada de valência para uma espécie aceptora eletronegativa, como o oxigênio molecular. A oxidação de um álcali ou metal alcalinoterroso (**Figura 10-1**) resulta em uma única espécie ionizada, por exemplo, Na^+, K^+, Li^+, Mg^{2+} ou Ca^{2+}. Por outro lado, a **oxidação de metais de transição** pode produzir *múltiplos* estados de valência (**Tabela 10-2**). Em virtude dessa capacidade, os metais de transição podem sofrer transições dinâmicas entre estados de valência por meio da adição ou doação de elétrons e, portanto, atuam como carreadores de elétrons durante reações de oxidorredução (redox). A capacidade dos metais de transição de também atuar como *ácidos* expande ainda mais as suas funções biológicas.

Os íons dos metais de transição são ácidos de Lewis potentes

Além de atuarem como carreadores de elétrons, as capacidades funcionais dos metais de transição nutricionalmente essenciais são ampliadas pela sua capacidade de atuar como ácidos de Lewis. Os ácidos próticos (de Bronsted-Lowry) podem doar um próton (H^+) para um aceptor com um único par de elétrons, por exemplo, uma amina primária ou uma molécula de água. Em contrapartida, os **ácidos de Lewis** são *apróticos*. À semelhança dos íons H^+, os ácidos de Lewis possuem orbitais de valência vazios, capazes de associação não covalente ou "aceitação" de um único par de elétrons de uma segunda molécula "doadora". O ferro ferroso (Fe^{2+}) da mioglobina e da hemoglobina atua como base de Lewis, quando elas ligam-se ao oxigênio ou a outros gases diatômicos, como o monóxido de carbono (ver Capítulo 8). O Zn^{2+} ou Mn^{2+} divalentes podem atuar como ácidos de Lewis durante a catálise por enzimas hidrolíticas, especificamente ao intensificar a nucleofilicidade de moléculas de água de sítios ativos.

TOXICIDADE DOS METAIS PESADOS

Os metais pesados, um termo vagamente definido para referir-se a elementos metálicos com densidades > 5 g/cm^3 ou com números atômicos > 20, são, em sua maioria, tóxicos. Alguns exemplos bem-conhecidos incluem arsênio, antimônio, chumbo, mercúrio e cádmio, cuja toxicidade pode resultar de vários mecanismos.

Deslocamento de um cátion essencial

A capacidade de um metal pesado de deslocar um metal funcionalmente essencial pode facilmente levar à perda ou comprometimento de sua função. Exemplos clássicos incluem o

TABELA 10-1 Quantidades de elementos selecionados no corpo humano

Elemento	Massa	Essencial	Elemento	Massa	Essencial	Elemento	Massa	Essencial
Oxigênio	43 kg	+	Selênio	15 μg	+	Cádmio	50 μg	−
Carbono	16 kg	+	Ferro	4,2 g	+	Rubídio	680 μg	−
Hidrogênio	7 kg	+	Zinco	2,3 g	+	Estrôncio	320 μg	−
Nitrogênio	1,8 kg	+	Cobre	72 μg	+	Titânio	20 μg	−
Fósforo	780 g	+	Níquel	15 μg	+	Prata	2 μg	−
Cálcio	1,0 kg	+	Cromo	14 μg	+	Nióbio	1,5 μg	−
Enxofre	140 g	+	Manganês	12 μg	+	Zircônio	1 μg	−
Potássio	140 g	+	Molibdênio	5 μg	+	Tungstênio	20 ng	−
Sódio	100 g	+	Cobalto	3 μg	+	Ítrio	0,6 μg	−
Cloro	95 g	+	Vanádio	0,1 μg	+	Cério	40 μg	−
Magnésio	19 g	+	Silício	1,0 mg	Possivelmente	Bromo	260 μg	−
Iodo	20 μg	+	Flúor*	2,6 g	−	Chumbo*	120 μg	−

Os dados para um ser humano de 70 kg são de *Emsley, John, The Elements, 3rd ed. Clarendon Press, Oxford, 1998*. A essencialidade do cromo é baseada em seu papel biológico proposto.

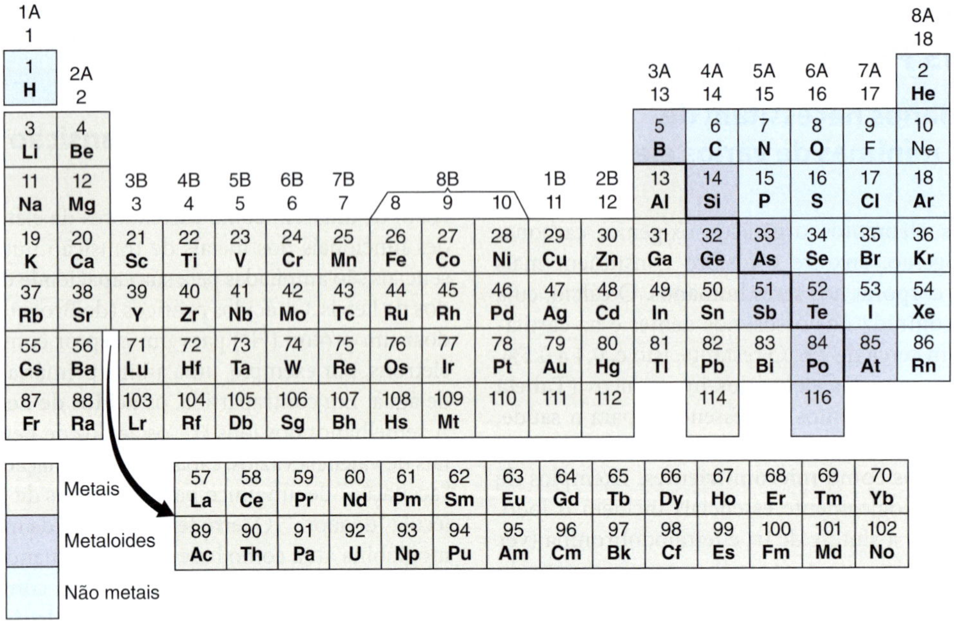

FIGURA 10-1 Tabela periódica dos elementos. Os metais de transição ocupam as colunas 3 a 11, também designadas como 1B a 8B.

deslocamento do ferro pelo **gálio** nas enzimas ribonucleotídeo-redutase e Fe, Cu superóxido-dismutase. O Ga^{3+}, embora tenha tamanho semelhante e carga idêntica ao Fe^{3+}, carece da capacidade de multivalência do ferro. Por conseguinte, a substituição do Fe^{3+} pelo Ga^{3+} torna as enzimas afetadas cataliticamente inertes.

Inativação enzimática

Os metais pesados formam prontamente adutos com grupamentos sulfidrila livres. Quando presentes em proteínas, a formação desses adutos afeta a integridade estrutural de uma proteína, com comprometimento concomitante de sua função. Exemplos incluem a inibição da δ-aminolevulinato-sintase pelo Pb (ver Capítulo 31) e a inativação do complexo piruvato-desidrogenase pelo arsênio ou mercúrio. Na piruvato-desidrogenase, os metais pesados reagem com a sulfidrila no grupo prostético essencial, o ácido lipoico (ver Capítulo 18), e não com uma peptidil-cisteína.

Formação de espécies reativas de oxigênio

Os metais pesados podem induzir a formação de espécies reativas de oxigênio (EROs, Espécies reativas de oxigênio, do inglês *reactive oxygen species*), que podem causar dano ao DNA, aos lipídeos de membrana e a outras biomoléculas (ver Capítulo 58). O dano oxidativo ao DNA pode causar mutações genéticas, que podem levar ao desenvolvimento de câncer ou outras condições fisiopatológicas. A peroxidação de moléculas de lipídeos mediada por ROS (ver Figura 21-23) pode levar à perda da integridade da membrana. A consequente dissipação dos potenciais de ação e o comprometimento de vários processos de transporte através da membrana podem ser particularmente deletérios para as funções neurológica e neuromuscular. Também foi relatado que ratos alimentados com níveis excessivos de metais pesados têm propensão a desenvolver tumores cancerosos.

TOXICIDADE DOS METAIS DE TRANSIÇÃO

Apesar de serem nutricionalmente essenciais, vários metais de transição são, entretanto, prejudiciais quando presentes em excesso no corpo (**Tabela 10-3**). Em consequência, os organismos superiores exercem um controle estrito sobre a captação e a excreção de íons de metais de transição. Exemplos incluem o sistema da **hepcidina** para a regulação do ferro (ver Figura 52-8), de modo a evitar o seu acúmulo em níveis passíveis de causar dano. Esses mecanismos podem ser contornados, em certo grau, quando os metais de transição entram no corpo por inalação ou absorção através da pele ou das mucosas,

TABELA 10-2 Estado de valência dos metais de transição essenciais

Metal de transição	Valências potenciais
Cobalto	Co^{-1}, Co^0, **Co^+**, **Co^{2+}**, **Co^{3+}**, Co^{4+}
Cromo	Cr^{-4}, Cr^{-2}, Cr^-, $Cr0$, Cr^+, Cr^{2+}, **Cr^{3+}**, Cr^{4+}, Cr^{5+}, Cr^{6+}
Cobre	Cu^0, **Cu^+**, **Cu^{2+}**
Ferro	Fe^0, Fe^+, **Fe^{2+}**, **Fe^{3+}**, **Fe^{4+}**, Fe^{5+}, Fe^{6+}
Manganês	Mn^{3-}, Mn^{2-}, Mn^-, Mn^0, Mn^+, **Mn^{2+}**, **Mn^{3+}**, Mn^{4+}, Mn^{5+}, Mn^{6+}, Mn^{7+}
Molibdênio	Mo^{4-}, Mo^{2-}, Mo^-, Mo^0, Mo^+, Mo^{2+}, Mo^{3+}, **Mo^{4+}**, **Mo^{5+}**, **Mo^{6+}**
Níquel	Ni^{2-}, Ni^-, Ni^0, Ni^+, **Ni^{2+}**, Ni^{4+}
Vanádio	V^-, V^0, V^+, V^{2+}, **V^{3+}**, **V^{4+}**, **V^{5+}**
Zinco	Zn^{2-}, Zn^0, Zn^+, **Zn^{2+}**

São mostrados os possíveis estados de valência para cada um dos metais de transição nutricionalmente essenciais. Os estados de valência de importância bioquímica e biofísica estão indicados em vermelho.

TABELA 10-3 Toxicidade relativa dos metais

Toxicidade		
Não tóxicos	**Baixa**	**Média a alta**
Alumínio Manganês	Bário Estanho	Antimônio Nióbio
Bismuto Molibdênio	Cério Itérbio	Berílio Paládio
Cálcio Potássio	Germânio Ítrio	Cádmio Platina
Césio Rubídio	Ouro	Cromo Selênio
Ferro Sódio	Ródio	Cobalto Tório
Lítio Estrôncio	Escândio	Cobre Titânio
Magnésio	Térbio	Índio Tungstênio
		Chumbo Urânio
		Mercúrio Vanádio
		Polônio Zircônio
		Níquel Zinco

Os metais de transição nutricionalmente essenciais estão em vermelho. US Geological Circular 1133 (1995).

podendo ser sobrepujados pela ingestão de níveis suprafisiológicos maciços. Os sintomas típicos de intoxicação aguda por metais pesados ou por metais de transição consistem em dor abdominal, vômitos, cãibras musculares, confusão e dormência. Os tratamentos incluem a administração de agentes quelantes de metais, diuréticos ou – se houver comprometimento da função renal – hemodiálise.

OS ORGANISMOS VIVOS ACONDICIONAM OS METAIS DE TRANSIÇÃO EM COMPLEXOS ORGANOMETÁLICOS

A complexação aumenta a solubilidade e controla a reatividade dos íons de metais de transição

Em circunstâncias normais, os níveis dos metais de transição livres no corpo são extremamente baixos. A maioria está associada diretamente a proteínas por meio dos átomos de oxigênio, nitrogênio e enxofre encontrados nas cadeias laterais de aminoácidos, como aspartato, glutamato, histidina ou cisteína (**Figura 10-2**); ou a outros componentes orgânicos, como porfirina (ver Figura 6-1), corrina (ver Figura 44-10) ou pterinas (**Figura 10-3**). O sequestro de metais de transição em complexos organometálicos proporciona múltiplas vantagens, incluindo proteção contra a oxidação, supressão da produção de ROS, aumento da solubilidade, controle da reatividade e montagem de unidades de múltiplos metais (**Figura 10-4**).

Importância da capacidade multivalente

A função fisiológica de cofatores que contêm metais de transição e grupos prostéticos depende da manutenção de um estado de oxidação apropriado do íon multivalente. Por exemplo, o anel de porfirina e os resíduos histidil proximal e distal da cadeia polipeptídica da globina que formam um complexo com os átomos de Fe^{2+} na hemoglobina a protegem da oxidação a metemoglobina Fe^{3+}, que é incapaz de se ligar ao oxigênio e

transportá-lo (ver Capítulo 6). Os íons de metais de transição livres são vulneráveis à oxidação pelo O_2 e por agentes presentes no interior da célula. Os íons de metais de transição livres são vulneráveis à oxidação inespecífica, e a sua interação com agentes oxidantes, como O_2, NO, e H_2O_2, geralmente resulta na geração de ROS ainda mais reativas (ver Figura 58-2). Por conseguinte, a incorporação em complexos organometálicos protegem tanto o estado de oxidação funcionalmente relevante do metal de transição quanto o potencial de geração de ROS prejudiciais.

Ligantes adjacentes podem modificar o potencial redox

Nos complexos organometálicos, a posição e a identidade dos ligantes adjacentes podem modificar ou ajustar o potencial redox e a potência de íons de metais de transição como ácidos de Lewis, otimizando-os, assim, para tarefas específicas (**Tabela 10-4**). Por exemplo, tanto o citocromo c quanto a mioglobina são pequenas proteínas monoméricas de 12 a 17 kDa, que contêm um único ferro heme. Embora o ferro na mioglobina seja otimizado pela sua vizinhança, tanto para ligar-se ao oxigênio

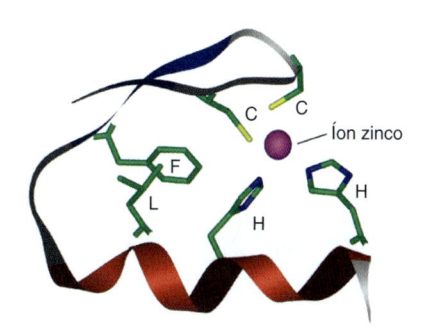

FIGURA 10-2 Diagrama em fita de um domínio em dedo de zinco C_2H_2 de consenso. São mostrados os grupos Zn^{2+} (em roxo) e R ligados dos resíduos conservados de fenilalanil (F), leucil (L), cisteinil (C) e histidinil (H), com seus átomos de carbono em verde. O esqueleto polipeptídico é mostrado na forma de fita, com as partes α-helicoidais em vermelho. Os átomos de enxofre e de nitrogênio dos grupamentos R dos resíduos cisteinil e histidil são mostrados em amarelo e azul, respectivamente.

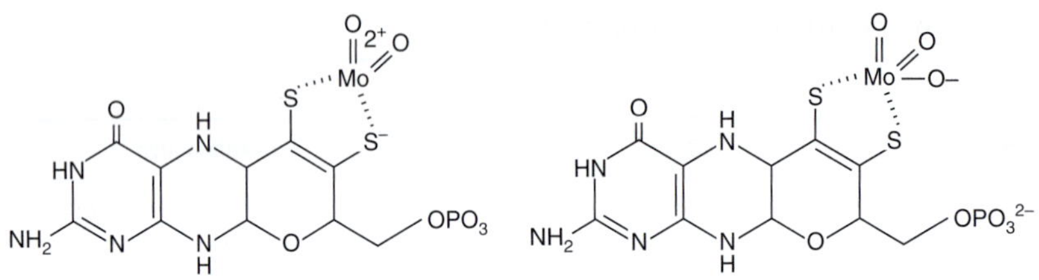

FIGURA 10-3 Molibdopterina. São mostradas as formas oxidada (**à esquerda**) e reduzida (**à direita**) da molibdopterina.

quanto para manter um estado de valência Fe^{2+} constante, o átomo de ferro no citocromo c é otimizado para ciclizar entre os estados de valência +2 e +3, de modo que a proteína possa carrear elétrons entre os complexos III e IV da cadeia de transporte de elétrons. As superóxido-dismutases (SODs) ilustram como a complexação pode adaptar diferentes metais de transição como catalisadores para uma reação química comum, o desproporcionamento de H_2O_2 em H_2O e O_2. Cada uma das quatro SODs distintas, não homólogas, contém diferentes metais de transição, cujos símbolos atômicos são utilizados para designar cada família: Fe-SODs, Mn-SODs, Ni-SODs e Cu, Zn-SODs.

A complexação pode organizar múltiplos íons metálicos em uma única unidade funcional

A formação de complexos organometálicos também possibilita a montagem de múltiplos íons metálicos em uma única unidade funcional, com capacidade que está além das que podem ser obtidas com um único íon metálico de transição. Na enzima vegetal urease, que catalisa a hidrólise da ureia nas plantas, a presença de dois átomos de Ni no sítio ativo permite que a enzima polarize simultaneamente elétrons na ligação C-N direcionada para a hidrólise e ative o ataque da molécula de água (Figura 10-4). A presença de dois átomos de Fe e dois átomos de Cu na citocromo-oxidase possibilita ao complexo IV da cadeia de transporte de elétrons o acúmulo dos quatro elétrons necessários para realizar a redução do oxigênio a água. De modo semelhante, a enzima bacteriana nitrogenase utiliza um grupo prostético 8Fe-7S, denominado grupo P, e um Mo-cofator de Fe, exclusivo para realizar a redução de oito elétrons do nitrogênio atmosférico a amônia.

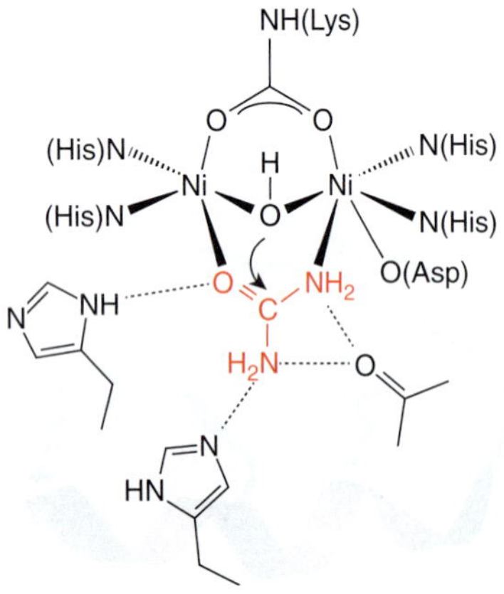

FUNÇÕES FISIOLÓGICAS DOS METAIS DE TRANSIÇÃO ESSENCIAIS

Ferro

O ferro é um dos metais de transição funcionalmente versáteis e fisiologicamente essenciais. Tanto na hemoglobina quanto na mioglobina, o ferro Fe^{2+} ligado ao heme é utilizado para a ligação de um gás diatômico, o O_2, para o seu transporte e armazenamento, respectivamente (ver Capítulo 6). De modo semelhante, nos invertebrados marinhos, o ferro presente (**Figura 10-5**) pode ligar-se ao oxigênio e transportá-lo. Por outro lado, os átomos de ferro contidos nos grupos heme dos citocromos tipo b e tipo c e os agrupamentos Fe-S (ver Figura 13-4) e centros de ferro de Rieske (**Figura 10-6**) de outros componentes da cadeia de transporte de elétrons transportam os elétrons pela sua ciclização entre os estados ferroso (+2) e férrico (+3).

Funções do ferro nas reações redox

Os átomos de ferro das metaloproteínas participam da catálise de reações de oxirredução ou redox. A proteína carreadora de estearoil-acil, a Δ^9-dessaturase, e a ribonucleotídeo-redutase tipo 1 empregam centros binucleares de ferro semelhantes ao da hemeritrina para catalisar a redução das ligações duplas carbono-carbono e um álcool, respectivamente, a grupamentos metileno. A metano-mono-oxigenase utiliza um par de centros binucleares de ferro semelhante para a oxidação do metano a metanol. Os membros da família do citocromo P450 geram $Fe = O^{3+}$. Trata-se de um poderoso oxidante, que participa da redução e neutralização de uma ampla variedade de xenobióticos por meio da redução de dois elétrons do O_2, um processo complexo durante o qual o ferro do heme ciliza entre os estados de oxidação +2, +3, +4 e +5.

Participação do ferro em reações não redox

As ácido purpurínico-fosfatases – enzimas bimetálicas que contêm um átomo de ferro combinado com um segundo metal, como Zn, Mn, Mg, ou um segundo Fe – catalisam a hidrólise de fosfomonoésteres. A mieloperoxidase utiliza o ferro

FIGURA 10-4 A hidrólise da ureia exige a influência cooperativa de dois átomos de Ni no sítio ativo. A figura mostra a formação do estado de transição intermediário para a hidrólise da primeira ligação C-N na ureia (em vermelho) pela enzima urease. Observe como os átomos de Ni quelam uma molécula de água para formar um hidróxido nucleofílico e enfraquecer a ligação C-N por meio de interações de ácido de Lewis com pares solitários de elétrons no átomo de O e em um dos átomos de N da ureia.

TABELA 10-4 Algumas metaloproteínas de importância biológica

Proteína	Função ou reação catalisada	Metal(is)
Aconitase	Isomerização	Centro de Fe-S
Álcool-desidrogenase	Oxidação	Zn
Fosfatase alcalina	Hidrólise	Zn
Arginase	Hidrólise	Mn
Aromatase	Hidroxilação	Fe do heme
Azurina (bactérias)	Transporte de e$^-$	Cu
Anidrase carbônica	Hidratação	Zn
Carboxipeptidase A	Hidrólise	Zn
Citocromo c	Transporte de e$^-$	Fe do heme
Citocromo-oxidase	Redução de O_2 a H_2O	Fe do heme
Citocromo P450	Oxidação e hidroxilação	Fe do heme (2) e Cu (2)
Dopamina β-hidroxilase	Hidroxilação	Cu
Ferredoxina	Transporte de e$^-$	Centro de Fe-S
Galactosil-transferase	Síntese de glicoproteínas	Mn
Hemoglobina	Transporte de O_2	Fe do heme (4)
Isocitrato-desidrogenase	Oxidação	Mn
β-Lactamase II (bactérias)	Hidrólise	Zn
Lisil-oxidase	Oxidação	Cu
Metaloprotease da matriz	Hidrólise	Zn
Mioglobina	Armazenamento de O_2	Fe do heme
Óxido nítrico-sintase	Redução	Fe do heme
Nitrogenase (bactérias)	Redução	Fe, cofator Mo, agrupamento P (Fe), centro de Fe-S
Fosfolipase C	Hidrólise	Zn
Ribonucleotídeo-redutase	Redução	Fe (2)
Sulfito-oxidase	Oxidação	Molibdopterina e centro de Fe-S
Superóxido-dismutase (citoplasmática)	Desproporcionamento	Cu, Zn
Urease (planta)	Hidrólise	Ni
Xantina-oxidase	Oxidação	Molibdopterina e centro de Fe-S

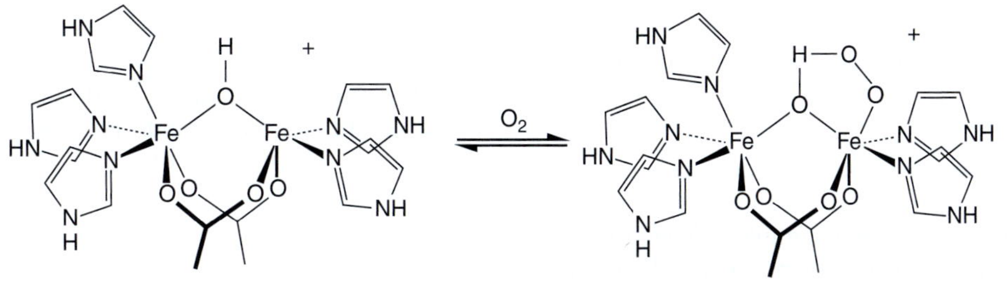

FIGURA 10-5 O centro binuclear de ferro das formas desoxi (à esquerda) e oxi (à direita) da hemeritrina. São mostradas as cadeias laterais dos resíduos de histidina, glutamato e aspartato responsáveis pela ligação dos íons metálicos ao polipeptídeo.

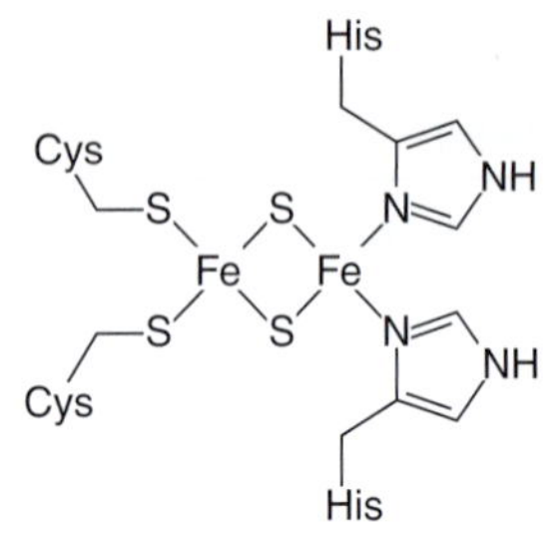

FIGURA 10-6 Estrutura do centro de ferro de Rieske. Os centros de ferro de Rieske constituem um tipo de agrupamento 2Fe-2S, em que os resíduos de histidina substituem dois dos resíduos de cisteína que normalmente se ligam ao grupo prostético da cadeia polipeptídica.

do heme para catalisar a condensação de H_2O_2 com íons Cl^-, produzindo ácido hipocloroso, HOCl, um potente bactericida usado por macrófagos para matar os microrganismos aprisionados. Recentemente, constatou-se que muitas enzimas envolvidas na replicação e no reparo do DNA, incluindo DNA-helicase, DNA-primase, várias DNA-polimerases, algumas glicosilases e endonucleases, e vários fatores de transcrição contêm agrupamentos Fe-S. Embora sua eliminação geralmente resulte em perda da função proteica, o papel ou papéis desempenhados por esses centros de Fe-S ainda não foram decifrados. Entretanto, como a maioria está localizada nos domínios de ligação do DNA, e não nos domínios catalíticos dessas proteínas, sugeriu-se que esses centros de Fe-S podem atuar como detectores eletroquímicos para a identificação de DNA danificado. Outros pesquisadores especulam que esses agrupamentos atuam como moduladores redox-sensíveis da atividade catalítica ou da ligação do DNA ou, simplesmente, como estabilizadores da estrutura tridimensional dessas proteínas.

Manganês

Os seres humanos possuem várias enzimas que contêm Mn, e a maioria está localizada dentro das mitocôndrias. Essas enzimas incluem a isocitrato-desidrogenase do ciclo do ácido tricarboxílico, dois componentes essenciais do metabolismo do nitrogênio: a glutamato-sintetase e a arginase, e as enzimas gliconeogênicas piruvato-carboxilase e fosfoenolpiruvato-carboxicinase, isopropil malato-sintase e a isoenzima mitocondrial da superóxido-dismutase. Na maioria dessas enzimas, o Mn está presente no estado de oxidação +2, e acredita-se que atue como ácido de Lewis. Por outro lado, algumas bactérias empregam o Mn em várias enzimas responsáveis pela catálise de reações redox, onde efetua um ciclo entre os estados de oxidação +2 e +3, por exemplo, na Mn-superóxido-dismutase (Mn-SOD), na Mn-ribonucleotídeo-redutase e Mn-catalase.

Zinco

Diferentemente dos íons divalentes (+2) de outros metais de transição da primeira fileira (Figura 10-1), a camada de valência do Zn^{2+} possui um conjunto completo de elétrons. Em consequência, os íons Zn^{2+} não adotam estados de oxidação alternados em condições fisiológicas, tornando-os inadequados para a sua participação em processos de transporte de elétrons ou como catalisadores em reações redox. Por outro lado, os íons Zn^{2+} inertes no que se refere ao estado redox também representam um risco mínimo de geração de ROS prejudiciais. Em virtude de seu estado singular entre os metais de transição fisiologicamente essenciais, o Zn^{2+} é um candidato ideal como ligante para a estabilização da conformação das proteínas.

Foi estimado que o corpo humano possui 3 mil metaloproteínas que contêm zinco. A maioria consiste em fatores de transcrição e outras proteínas de ligação de DNA e ácido ribonucleico (RNA, do inglês *ribonucleic acid*), que contêm desde uma até 30 cópias de um domínio de ligação de polinucleotídeos contendo Zn^{2+}, conhecido como dedo de zinco. Os dedos de zinco consistem em uma alça polipeptídica, cuja conformação é estabilizada pelas interações entre Zn^{2+} e pares solitários de elétrons doados pelos átomos de enxofre e nitrogênio contidos em dois resíduos conservados de cisteína e dois resíduos conservados de histidina (ver Figura 38-16). Os dedos de zinco ligam-se a polinucleotídeos com alto grau de especificidade de sítio, que é conferido, pelo menos em parte, por variações na sequência de aminoácidos que compõem o restante da alça. Cientistas estão trabalhando para explorar essa combinação de pequeno tamanho e a especificidade de ligação para construir nucleases de sequências específicas para uso na engenharia genética e, por fim, na terapia gênica.

O Zn^{2+} também é um componente essencial de várias metaloenzimas, incluindo carboxipeptidase A, anidrase carbônica II, adenosina desaminase, fosfatase alcalina, fosfolipase C, leucina-aminopeptidase, forma citosólica da superóxido-dismutase e álcool-desidrogenase. O Zn^{2+} também é um componente das β-lactamases tipo II utilizadas por bactérias para neutralizar a penicilina e outros antibióticos lactâmicos. Essas metaloenzimas exploram as propriedades de ácido de Lewis do Zn^{2+} para estabilizar o desenvolvimento de intermediários de carga negativa, polarizar a distribuição de elétrons em grupos carbonila e aumentar a nucleofilicidade da água (**Figura 10-7**).

Cobalto

A função bioquímica predominante – e, até agora, a única conhecida do cobalto dietético – é a sua presença como componente do núcleo da 5′-desoxiadenosilcobalamina, conhecida como vitamina B_{12} (ver Figura 44-10). O Co^{3+} nesse cofator situa-se no centro de um anel de corrina tetrapirrólico, onde atua como base de Lewis, que se liga e facilita a transferência de grupos de um carbono, na forma metila ou metileno. Em humanos, inclui a enzima que catalisa a transferência de um grupo $–CH_3$ do tetra-hidrofolato para a homocisteína, a etapa final na síntese do aminoácido metionina (ver Figura 44-13), e o rearranjo da metilmalonil-CoA para formar succinil-CoA durante o catabolismo do propionato gerado a partir do metabolismo da isoleucina e lipídeos contendo um número ímpar de carbonos (ver Figura 19-2). Nesta última reação, o Co^{3+} é transitoriamente reduzido ao estado de oxidação 2+ pela retirada de um elétron, gerando um radical metileno reativo, $R-CH_2$. Mais informações sobre o Co e a vitamina B_{12} podem ser encontradas no Capítulo 44.

Cobre

O cobre é um componente funcionalmente essencial de aproximadamente 30 metaloenzimas diferentes em humanos, incluindo citocromo-oxidase, dopamina-β-hidroxilase, tirosinase, a forma citosólica da superóxido-dismutase (Cu, Zn-SOD)

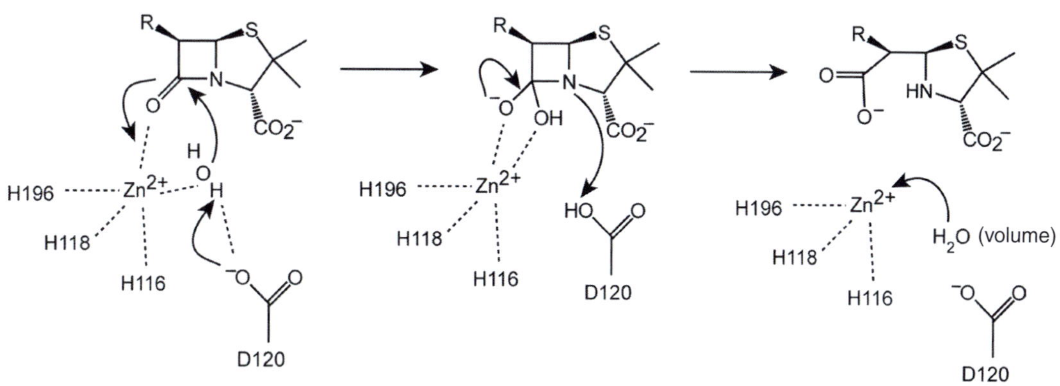

FIGURA 10-7 **Papel do Zn²⁺ nos mecanismos catalíticos da β-lactamase II.** O Zn^{2+} está ligado à enzima pelos átomos de nitrogênio presentes nas cadeias laterais de múltiplos resíduos de histidina (H). **À esquerda:** o Zn^{2+} ativa uma molécula de água, em que um dos prótons é acomodado pelo resíduo de ácido aspártico (D) 120, que (**centro**) executa um ataque nucleofílico do C da carbonila do anel lactâmico do antibiótico. **À direita:** em seguida, o D120 doa o próton ligado ao nitrogênio lactâmico, facilitando a clivagem da ligação C-N no intermediário tetraédrico.

e lisil-oxidase. Tanto a dopamina-β-hidroxilase quanto a tirosinase são catecolamina-oxidases, ou seja, enzimas que oxidam a posição orto nos anéis fenólicos da L-dopamina (ver Figura 41-10) e tirosina, respectivamente. A primeira é a etapa final na via de síntese de epinefrina nas glândulas suprarrenais, enquanto a última constitui a primeira etapa limitante de velocidade na síntese de melanina. Tanto a dopamina-β-hidroxilase quanto a tirosinase são membros da família de proteínas de cobre tipo 3, que compartilham um centro **binuclear de cobre** comum. Conforme mostrado na **Figura 10-8**, os átomos de cobre nas catecolamina-oxidases quelam uma molécula de oxigênio molecular, ativando-a para ataque de

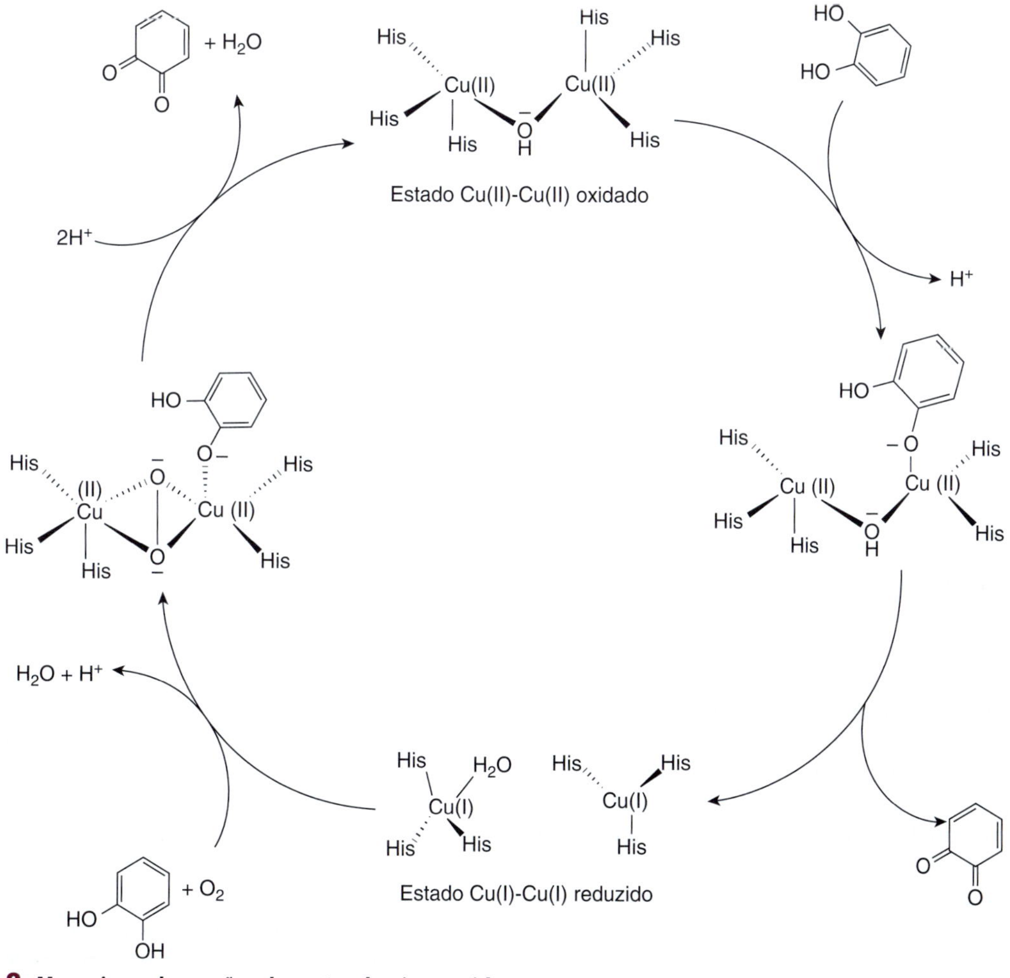

FIGURA 10-8 Mecanismo de reações das catecolaminas-oxidase.

um anel fenólico. Durante esse processo, os átomos de cobre ciclizam entre os estados de oxidação +2 e +1. Outra proteína de cobre tipo 3 é a hemocianina. Diferentemente das catecolamina-oxidases, o centro binuclear de cobre da hemocianina serve para transportar o oxigênio em animais invertebrados, como os moluscos, que carecem de hemoglobina.

Na Cu, Zn-SOD, o átomo de Cu^{2+} do centro binuclear metálico retira um elétron do superóxido, O_2^-, uma ROS extremamente reativa e citotóxica, formando O_2 e Cu^{1+}. O átomo de Cu na enzima é restaurado a seu estado de valência original, +2, pela doação de um elétron a uma segunda molécula de superóxido, gerando H_2O_2. Embora o peróxido de hidrogênio também seja uma ROS, ele é consideravelmente menos reativo do que O_2^-, um ânion radical. Além disso, pode ser convertido subsequentemente em água e O_2 por meio da ação de uma segunda enzima detoxificante, a catalase (ver Capítulo 12).

A lisil-oxidase emprega um único átomo de Cu^{2+} para converter os grupos épsilon-amino nas cadeias laterais de lisina no colágeno ou na elastina em aldeídos, utilizando oxigênio molecular. Os grupos aldeído na cadeia lateral do aminoácido resultante, alisina (ácido 2-amino-6-oxo-hexanoico), reagem quimicamente com as cadeias laterais de outros resíduos de alisina ou lisina em polipeptídeos adjacentes, gerando as ligações cruzadas químicas essenciais para a excepcional força de tensão das fibras maduras de colágeno e elastina. Outra característica essencial da enzima é a presença de um aminoácido modificado, 2,4,5-tri-hidroxifenilalanina quinona, no sítio ativo. Essa modificação é produzida pela oxidação autocatalítica da cadeia lateral do resíduo de tirosina conservado pela própria lisil-oxidase.

Níquel

Existem várias enzimas que contêm níquel nas bactérias, onde catalisam reações redox, como Ni, Fe-hidrogenase e metilcoenzima M-redutase, reações de transferase, como acetil-CoA-sintase, e reações de desproporcionamento, superóxido-dismutase. O Ni é um componente essencial da urease, uma enzima presente em bactérias, fungos e plantas (Figura 10-4). Entretanto, é preciso descobrir ainda a base molecular das necessidades dietéticas de níquel nos seres humanos e em outros mamíferos.

Molibdênio

Funções catalíticas da molibdopterina

O molibdênio é um componente essencial da molibdopterina, o cofator filogeneticamente universal (Figura 10-3). Nos animais, a molibdopterina atua como grupo prostético cataliticamente essencial para muitas enzimas, incluindo a xantina-oxidase, a aldeído-oxidase e a sulfito-oxidase. A xantina-oxidase, que também contém flavina, catalisa as duas etapas oxidativas finais na via de síntese de ácido úrico a partir de nucleotídeos de purina: a oxidação da hipoxantina a xantina e a oxidação da xantina a ácido úrico (ver Capítulo 33). A catálise desse processo em dois estágios é facilitada pela capacidade de ciclização do átomo de Mo ligado entre os estados de valência +4, +5 e +6. Além da molibdopterina e da flavina, a aldeído-oxidase também contém um agrupamento Fe-S. Seu complexo conjunto de grupos prostéticos permite à enzima oxidar uma ampla variedade de substratos, incluindo muitos compostos orgânicos heterocíclicos. Por conseguinte, foi sugerido que, à semelhança do sistema do citocromo P450, a aldeído-oxidase atua na detoxificação de xenobióticos (ver Capítulo 47).

Metaloenzimas de ferro e de molibdênio

A sulfito-oxidase, a metaloenzima que contém Fe e Mo, está localizada nas mitocôndrias, onde catalisa a oxidação do sulfito (SO_3^{2-}) gerado pelo catabolismo de biomoléculas contendo enxofre, a sulfato, SO_4^{2-}. À semelhança da xantina-oxidase, a capacidade de transição do íon molibdênio entre os estados de oxidação +6, +5 e +4 é de importância crítica para fornecer uma via catalítica por meio da qual os dois elétrons removidos da molécula de sulfito podem ser transferidos de modo sequencial para duas moléculas de citocromo c, e cada uma delas pode carrear apenas um elétron (**Figura 10-9**). As mutações em qualquer um dos três genes – *MOCS1*, *MOCS2* ou *GPNH* –, cujos produtos proteicos catalisam etapas essenciais na síntese de molibdopterina, podem levar à **deficiência de sulfito-oxidase**. Os indivíduos que sofrem desse erro inato do metabolismo hereditário autossômico são incapazes de degradar os aminoácidos que contêm enxofre, a cisteína e a metionina. O consequente acúmulo desses aminoácidos e seus derivados no sangue e tecidos do recém-nascido produz graves deformidades físicas e dano cerebral, resultando em convulsões refratárias, grave deficiência intelectual e, na maioria dos casos, morte no início da infância.

Vanádio

Embora seja nutricionalmente essencial, a função do vanádio nos organismos vivos ainda não foi decifrada. Até o momento, não foi identificado nenhum cofator contendo vanádio. O vanádio é encontrado em todo o corpo nos estados de oxidação +4 (p. ex., HVO_4^{2-}, $H_2VO_4^-$, etc.) e +5 (p. ex., VO^{2+}, HVO^{3+}, etc.). São conhecidas várias proteínas plasmáticas que se ligam a óxidos de vanádio, incluindo albumina, imunoglobulina G e transferrina. Embora o vanadato, um análogo de fosfato, seja conhecido por inibir as proteínas tirosina-fosfatase e fosfatase alcalina *in vitro*, não se sabe ao certo se essas interações são de importância fisiológica.

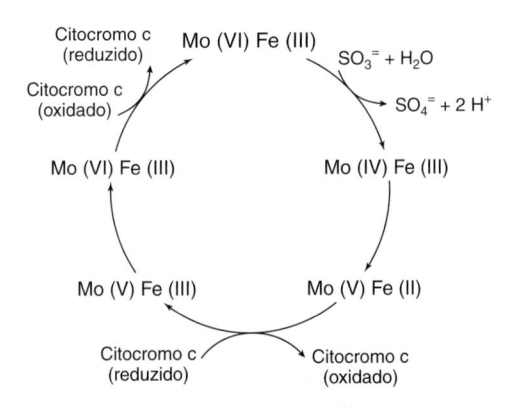

FIGURA 10-9 Mecanismo de reações da sulfito-oxidase, mostrando os estados de oxidação dos átomos de ferro e de molibdênio ligados à enzima.

Cromo

A função do Cr nos seres humanos permanece desconhecida. Na década de 1950, um "fator de tolerância à glicose" contendo Cr^{3+} foi isolado da levedura de cerveja, cujos efeitos laboratoriais implicaram esse metal de transição como cofator na regulação do metabolismo da glicose. Entretanto, décadas de pesquisa não tiveram sucesso para descobrir uma biomolécula contendo Cr ou uma doença genética relacionada com o Cr em animais. Todavia, muitos indivíduos continuam ingerindo suplementos dietéticos contendo Cr, como Cr^{3+}-picolinato, pelas suas supostas propriedades emagrecedoras.

ABSORÇÃO E TRANSPORTE DOS METAIS DE TRANSIÇÃO

Os metais de transição são absorvidos por diversos mecanismos

Em geral, a captação intestinal da maioria dos metais de transição é relativamente ineficaz. Apenas uma pequena porção dos metais de transição ingeridos diariamente é absorvida pelo corpo. Além disso, alguns metais de transição, como o Ni, podem ser prontamente absorvidos pelos pulmões quando presentes no ar contaminado ou como componente da fumaça de cigarro. A "ineficiência" percebida da absorção intestinal pode refletir a combinação das necessidades modestas desses elementos no corpo humano e a necessidade de tamponamento contra o acúmulo de quantidades excessivas desses metais pesados potencialmente tóxicos. Enquanto as vias pelas quais alguns metais de transição, como o Fe (ver Capítulo 52), são captados sejam conhecidas detalhadamente, em outros casos, foram obtidas poucas evidências concretas.

O Fe^{2+} é absorvido diretamente por meio de uma proteína transmembrana, a proteína de transporte de íons metálicos divalentes (DMT-1), na parte proximal do duodeno. Acredita-se também que a DMT-1 constitua o principal veículo para a captação de Mn^{2+}, Ni^{2+} e, em menor grau, de Cu^{2+}. Como a maior parte do ferro no estômago encontra-se no estado férrico, Fe^{3+}, ele precisa ser reduzido ao estado ferroso, Fe^{2+}, para ser absorvido. Essa reação é catalisada por uma redutase férrica também presente na superfície celular, a **citocromo b duodenal (Dcitb)**. A Dcitb também é responsável pela redução do Cu^{2+} a Cu^{1+} antes do seu transporte pela proteína transportadora de Cu de alta afinidade, a Ctr1. O molibdênio e o vanádio são absorvidos no intestino na forma dos oxiânions vanadato, HVO_4^{2-}, e molibdato, $HMoO_4^{2-}$, pelo mesmo transportador aniônico inespecífico responsável pela absorção de seus análogos estruturais de fosfato, HPO_4^{2-}, e sulfato, SO_4^{2-}. De modo semelhante, níveis de Zn em excesso podem induzir o desenvolvimento de anemia potencialmente letal por meio da inibição da absorção de um segundo metal de transição nutricionalmente essencial, o Cu.

O cobalto é absorvido como complexo organometálico, a cobalamina, isto é, a vitamina B_{12}, por uma via dedicada envolvendo duas proteínas secretadas de ligação da cobalamina, a haptocorrina e o fator intrínseco, e um receptor de superfície celular, a cubilina. No estômago, a cobalamina liberada dos alimentos ingeridos liga-se à haptocorrina, que protege a coenzima do pH extremo existente em seu ambiente. À medida que o complexo cobalamina-haptocorrina segue pelo duodeno, o pH aumenta, induzindo a dissociação do complexo. Em seguida, a cobalamina liberada é ligada por um homólogo de haptocorrina, conhecido como fator intrínseco. O complexo cobalamina-fator intrínseco resultante é então reconhecido e internalizado por receptores de cubilina existentes na superfície das células epiteliais intestinais.

RESUMO

- A manutenção da saúde e da vitalidade nos seres humanos exige o consumo dietético de quantidades mínimas de vários elementos inorgânicos, incluindo vários metais de transição.

- Muitos metais pesados, incluindo níveis excessivos de alguns dos metais de transição nutricionalmente essenciais, são tóxicos e potencialmente carcinogênicos.

- A maioria dos metais pesados, incluindo os metais de transição essenciais, podem gerar espécies reativas de oxigênio na presença de água e oxigênio.

- A intoxicação aguda por metais pesados é tratada pela ingestão de agentes quelantes, pela administração de diuréticos, juntamente com ingestão de água, ou por hemodiálise.

- A capacidade dos metais de transição de atuar como carreadores de elétrons e gases diatômicos, bem como de facilitar a catálise de uma ampla variedade de reações enzimáticas, provém de dois fatores: a sua capacidade de transição entre múltiplos estados de valência e as suas propriedades de ácidos de Lewis.

- No corpo, os íons de metais de transição são raramente encontrados na forma livre. Na maioria dos casos, ocorrem em complexos organometálicos ligados a proteínas, diretamente por cadeias laterais de aminoácidos ou como parte de grupos prostéticos organometálicos, como hemes, agrupamentos Fe-S ou molibdopterina.

- A incorporação em complexos organometálicos atua como meio de otimizar as propriedades dos metais de transição associados, evita a geração colateral de espécies reativas de oxigênio e leva à montagem de múltiplos metais de transição em uma única unidade funcional.

- Na cadeia de transporte de elétrons, muitos eventos essenciais de transferência de elétrons dependem da capacidade dos átomos de ferro presentes nos hemes, em agrupamentos de Fe-S e nos centros de ferro de Rieske de sofrer transição entre seus estados de oxidação +2 e +3.

- A presença de dois átomos de Fe e de dois átomos de Cu permite que a citocromo-oxidase acumule os quatro elétrons necessários para reduzir o oxigênio molecular a água na etapa final da cadeia de transporte de elétrons.

- O Fe é comumente utilizado como grupo prostético em muitas das metaloenzimas que catalisam reações de oxirredução.

- A maioria das quase 3 mil metaloproteínas de zinco preditas, codificadas pelo genoma humano, contém um motivo conservado de ligação de polinucleotídeos, o dedo de zinco.

- Existem agrupamentos de Fe-S em muitas das proteínas envolvidas na replicação e no reparo de DNA. Foi postulado que esses grupos prostéticos atuam como sensores eletroquímicos para o dano ao DNA.

- A capacidade de ácido de Lewis do Zn^{2+} é comumente utilizada para aumentar a nucleofilicidade da água por enzimas que catalisam reações hidrolíticas.

- Os átomos de Mo na xantina-oxidase e na sulfito-oxidase ciclizam entre três diferentes estados de valência durante a catálise.
- O acúmulo dos aminoácidos contendo S, metionina e cisteína, em indivíduos que apresentam deficiência da Fe, Mo metaloenzima sulfito-oxidase provoca graves defeitos de desenvolvimento e morte na infância.
- Nos seres humanos, a única função conhecida do Co é como componente da 5′-desoxiadenosilcobalamina, a vitamina B_{12}, um cofator envolvido na transferência de grupos de um carbono. O Co é absorvido no corpo na forma de complexo de vitamina B_{12}.

REFERÊNCIAS

Ba LA, Doering M, Burkholz T, Jacob C: Metal trafficking: from maintaining the metal homeostasis to future drug design. Metallomics 2009;1:292

Fuss JO, Tsai CL, Ishida JP, Tainer JA: Emerging critical roles of Fe-S clusters in DNA replication and repair. Biochim Biophys Acta 2015;1853:1253.

Liu J, Chakraborty S, Hosseinzadeh P, et al: Metalloproteins containing cytochrome, iron-sulfur, or copper redox centers. Chem Revf 2014;114:4366.

Lyons TJ, Elde DJ: Transport and storage of metal ions in biology. In *Biological Inorganic Chemistry*. Bertini I, Gray HB, Stiefel EI, Valentine JS (editors). University Science Books, 2007:57-77.

Maret M: Zinc biochemistry: from a single zinc enzyme to a key element of life. Adv Nutr 2013;4:82.

Maret M, Wedd A (editors): *Binding, Transport and Storage of Metal Ions in Biological Cells*. Royal Society of Chemistry, 2014:(Entire volume).

Zhang C: Essential functions of iron-requiring proteins in DNA replication, repair and cell cycle control. Protein Cell 2014;5:750.

Questões para estudo

Seção II – Enzimas: cinética, mecanismo, regulação e papel dos metais de transição

1. A respiração rápida e superficial pode levar à hiperventilação, uma condição em que o dióxido de carbono é exalado dos pulmões mais rapidamente do que é produzido pelos tecidos. Explique como a hiperventilação pode levar a um aumento do pH do sangue.

2. Um bioquímico especializado em proteínas deseja alterar o sítio ativo da quimotripsina, de modo que possa clivar ligações peptídicas do lado C-terminal dos resíduos de aspartil e glutamil. O bioquímico provavelmente terá sucesso se ele substituir o aminoácido hidrofóbico na parte inferior da bolsa do sítio ativo por:
   A. Fenilalanina.
   B. Treonina.
   C. Glutamina.
   D. Lisina.
   E. Prolina.

3. Selecione a alternativa INCORRETA.
   A. Muitas proteínas mitocondriais são covalentemente modificadas pela acetilação dos grupos épsilon-amino de resíduos de lisina.
   B. A acetilação proteica fornece um exemplo de uma modificação covalente que pode ser "revertida" em condições fisiológicas.
   C. Níveis elevados de acetil-CoA tendem a favorecer a acetilação das proteínas.
   D. A acetilação aumenta a massa estérica das cadeias laterais de aminoácidos que estão sujeitas a essa modificação.
   E. A cadeia lateral de um resíduo de lisil acetilado é uma base mais forte do que um resíduo de lisil não modificado.

4. Selecione a alternativa INCORRETA.
   A. A catálise acidobásica é uma característica proeminente do mecanismo catalítico da HIV-protease.
   B. O modelo de chave e fechadura de Fischer explica o papel de estabilização do estado de transição na catálise enzimática.
   C. A hidrólise de ligações peptídicas por serina-protease envolve a forma transitória de uma enzima modificada.
   D. Muitas enzimas empregam íons metálicos como grupos prostéticos ou cofatores.
   E. Em geral, as enzimas ligam-se a análogos de estado de transição mais firmemente do que a análogos de substratos.

5. Selecione a alternativa INCORRETA.
   A. Para calcular a K_{eq}, a constante de equilíbrio para uma reação, divida a velocidade inicial da reação direta (velocidade 1) pela velocidade inicial da reação reversa (velocidade 1).
   B. A presença de uma enzima não tem nenhum efeito sobre K_{eq}.
   C. Para uma reação realizada em temperatura constante, a fração das moléculas reagentes potenciais que possuem energia cinética suficiente para exceder a energia de ativação da reação é uma constante.
   D. As enzimas e outros catalisadores diminuem a energia de ativação das reações.
   E. O sinal algébrico de ΔG, a variação de energia livre de Gibbs para uma reação, indica a direção em que uma reação prosseguirá.

6. Selecione a alternativa INCORRETA.
   A. Conforme utilizada em bioquímica, a concentração no estado-padrão para produtos e reagentes diferentes de prótons é 1 molar.
   B. A ΔG é uma função do logaritmo de K_{eq}.
   C. Quando empregado em cinética das reações, o termo "espontaneidade" refere-se ao fato de que a reação, quando escrita, é favorecida para prosseguir da esquerda para a direita.
   D. $\Delta G°$ denota a mudança da energia livre que acompanha a transição do estado-padrão para o equilíbrio.
   E. Ao alcançar o equilíbrio, as velocidades das reações diretas e reversas caem para zero.

7. Selecione a alternativa INCORRETA.
   A. As enzimas diminuem a energia de ativação de uma reação.
   B. As enzimas frequentemente diminuem a energia de ativação pela desestabilização dos intermediários do estado de transição.
   C. Os resíduos de histidil do sítio ativo frequentemente ajudam a catálise pela sua atuação como doadores ou aceptores de prótons.
   D. A catálise covalente é utilizada por algumas enzimas para proporcionar uma via de reação alternativa.
   E. A presença de uma enzima não tem nenhum efeito sobre $\Delta G°$.

8. Selecione a alternativa INCORRETA.
   A. Para a maioria das enzimas, a velocidade da reação inicial v_i exibe uma dependência hiperbólica sobre [S].
   B. Quando [S] é muito menor do que K_m, a expressão $K_m + [S]$ na equação de Michaelis-Menten aproxima-se estreitamente de K_m. Nessas condições, a velocidade da catálise é uma função linear de [S].
   C. As concentrações molares de substratos e produtos são iguais quando a velocidade de uma reação catalisada por enzima alcança metade de seu valor máximo potencial ($V_{máx}/2$).
   D. Uma enzima é considerada saturada pelo substrato quando o aumento sucessivo de [S] é incapaz de produzir um aumento significativo em v_i.
   E. Quando são efetuadas medidas da velocidade no estado de equilíbrio dinâmico, a concentração de substratos deve ultrapassar acentuadamente a da enzima catalisadora.

9. Selecione a alternativa INCORRETA.
   A. Determinadas enzimas monoméricas exibem uma cinética de velocidade inicial sigmoidal.
   B. A equação de Hill é utilizada para realizar a análise quantitativa do comportamento cooperativo das enzimas ou de proteínas carreadoras, como a hemoglobina ou a calmodulina.
   C. Para uma enzima que exibe ligação cooperativa do substrato, afirma-se que um valor de n (coeficiente de Hill) maior do que a unidade exibe cooperatividade positiva.

D. Afirma-se que uma enzima que catalisa uma reação entre dois ou mais substratos opera por um mecanismo sequencial quando os substratos devem se ligar em uma ordem determinada.
E. Os grupos prostéticos permitem que as enzimas adicionem grupos químicos além daqueles presentes nas cadeias laterais de aminoácidos.

10. Selecione a alternativa INCORRETA.
    A. A IC_{50} é um termo operacional simples para expressar a potência de um inibidor.
    B. Os gráficos de Lineweaver-Burk e Dixon empregam versões rearranjadas da equação de Michaellis-Menten para gerar representações lineares do comportamento e inibição cinéticos.
    C. Um gráfico de $1/v_i$ versus $1/[S]$ pode ser utilizado para avaliar o tipo e a afinidade de um inibidor.
    D. Os inibidores não competitivos simples reduzem a K_m aparente de um substrato.
    E. Normalmente, os inibidores não competitivos exibem pouca ou nenhuma semelhança estrutural com o(s) substrato(s) de uma reação catalisada por enzima.

11. Selecione a alternativa INCORRETA.
    A. Para determinada enzima, as concentrações intracelulares de seus substratos tendem a ficar próximo a seus valores de K_m.
    B. O sequestro de determinadas vias dentro de organelas intracelulares facilita a tarefa da regulação metabólica.
    C. A primeira etapa em uma via bioquímica na qual o controle regulador pode ser eficientemente exercido é a primeira etapa comprometida.
    D. A regulação por retroalimentação refere-se ao controle alostérico de uma etapa inicial em uma via bioquímica pelo(s) produto(s) final(is) dessa via.
    E. O controle metabólico é mais efetivo quando uma das etapas mais rápidas em uma via é direcionada para a regulação.

12. Selecione a alternativa INCORRETA.
    A. O efeito Bohr refere-se à liberação de prótons que ocorre quando o oxigênio se liga à desoxi-hemoglobina.
    B. Pouco depois do nascimento de um lactente humano, a síntese da cadeia α sofre rápida indução até alcançar 50% do tetrâmero da hemoglobina.
    C. A cadeia β da hemoglobina fetal está presente durante toda a gestação.
    D. O termo talassemia refere-se a qualquer defeito genético decorrente da ausência parcial ou total das cadeias α ou β da hemoglobina.
    E. A conformação tensa da hemoglobina é estabilizada por várias pontes salinas que se formam entre as subunidades.

13. Selecione a alternativa INCORRETA.
    A. O impedimento estérico pela histidina E7 desempenha um papel crítico no enfraquecimento da afinidade da hemoglobina pelo monóxido de carbono (CO).
    B. A anidrase carbônica desempenha um papel crítico na respiração, devido à sua capacidade de clivar o 2,3-bifosfoglicerato nos pulmões.
    C. A hemoglobina S caracteriza-se por uma mutação genética que substitui Glu6 na subunidade β por Val, criando uma área adesiva em sua superfície.
    D. A oxidação do ferro do heme a partir do estado +2 para +3 suprime a capacidade da hemoglobina de se ligar ao oxigênio.
    E. As diferenças funcionais entre a hemoglobina e a mioglobina refletem, em grande parte, diferenças nas suas estruturas quaternárias.

14. Selecione a alternativa INCORRETA.
    A. A rede de retransmissão de carga da tripsina transforma o sítio ativo da serina em um nucleófilo mais forte.
    B. A constante de Michaellis-Menten é a concentração de substrato em que a velocidade da reação é metade da velocidade máxima.
    C. Durante reações de transaminação, ambos os substratos são ligados à enzima antes da liberação de qualquer produto.
    D. Os resíduos de histidina atuam tanto como ácidos quanto como bases durante a catálise por uma aspartato-protease.
    E. Muitas coenzimas e cofatores derivam de vitaminas.

15. Selecione a alternativa INCORRETA.
    A. As enzimas interconversíveis desempenham funções essenciais nas redes reguladoras integradas.
    B. A fosforilação de uma enzima frequentemente altera a sua eficiência catalítica.
    C. Os "segundos mensageiros" atuam como extensões intracelulares ou substitutos para hormônios e impulsos nervosos que alcançam receptores de superfície celular.
    D. A capacidade das proteínas-cinase de catalisar a reação reversa que remove o grupamento fosforil é fundamental para a versatilidade desse mecanismo regulador molecular.
    E. A ativação do zimogênio por proteólise parcial é irreversível em condições fisiológicas.

16. Qual dos seguintes efeitos NÃO é um benefício obtido pela incorporação de íons de metais de transição fisiologicamente essenciais em complexos organometálicos?
    A. Otimização da potência do metal ligado como ácido de Lewis.
    B. Capacidade de formar complexos contendo múltiplos íons de metais de transição.
    C. Atenuação da produção de espécies reativas de oxigênio.
    D. Proteção contra a oxidação indesejável.
    E. Tornar o metal de transição ligado multivalente.

17. Qual das seguintes alternativas NÃO é uma função potencial dos metais de transição fisiologicamente essencial?
    A. Ligação a moléculas gasosas diatômicas.
    B. Carreador de prótons.
    C. Estabilização da conformação de proteínas.
    D. Aumento da nucleofilicidade da água.
    E. Carreador de elétrons.

18. A intoxicação aguda por metais pesados pode ser tratada com:
    A. Administração de diuréticos.
    B. Ingestão de agentes quelantes.
    C. Hemodiálise.
    D. Todas as alternativas anteriores.
    E. Nenhuma das alternativas anteriores.

19. Qual das seguintes alternativas é o termo utilizado para se referir a um motivo de ligação ao DNA organometálico comum?
    A. Dedo de zinco.
    B. Molibdopterina.
    C. Centro de Fe-S.
    D. Todas as alternativas anteriores.
    E. Nenhuma das alternativas anteriores.

SEÇÃO III
Bioenergética

CAPÍTULO 11

Bioenergética: a função do ATP

Kathleen M. Botham, Ph.D., D.Sc. e Peter A. Mayes, Ph.D., D.Sc.

OBJETIVOS

Após o estudo deste capítulo, você deve ser capaz de:

- Relatar a primeira e a segunda leis da termodinâmica e compreender como elas se aplicam aos sistemas biológicos.
- Explicar o que significam os termos energia livre, entropia, entalpia, exergônica e endergônica.
- Observar como as reações endergônicas podem ser impulsionadas por meio de seu acoplamento a reações que são exergônicas nos sistemas biológicos.
- Explicar o papel do potencial de transferência de grupamento, do trifosfato de adenosina (ATP) e de outros nucleotídeos trifosfatos na transferência de energia livre dos processos exergônicos para os endergônicos, possibilitando a sua atuação como "moeda energética" das células.

IMPORTÂNCIA BIOMÉDICA

A bioenergética, ou termodinâmica bioquímica, é o estudo das alterações da energia que acompanham as reações bioquímicas. Os sistemas biológicos são essencialmente **isotérmicos** e utilizam energia química para ativar os processos vivos. A maneira como um animal obtém combustível adequado a partir da sua alimentação para o fornecimento dessa energia é fundamental para a compreensão da nutrição normal e do metabolismo. A morte por **inanição** ocorre quando as reservas de energia disponíveis são exauridas, sendo que determinadas formas de desnutrição estão associadas ao desequilíbrio da energia (**marasmo**). Os hormônios da tireoide controlam a **taxa metabólica** (velocidade de liberação da energia), e seu mau funcionamento leva ao desenvolvimento de doenças. O armazenamento excessivo da energia sobressalente provoca **obesidade**, uma doença cada vez mais comum na sociedade ocidental, que predispõe a muitas doenças, inclusive à doença cardiovascular e ao diabetes melito tipo 2, além de diminuir a expectativa de vida.

A ENERGIA LIVRE É A ENERGIA ÚTIL EM UM SISTEMA

A variação da **energia livre** de Gibbs (ΔG) é a porção da variação total de energia no sistema que está disponível para realizar trabalho – isto é, a energia útil, também conhecida como potencial químico.

Os sistemas biológicos adaptam-se às leis gerais da termodinâmica

A primeira lei da termodinâmica declara que **a energia total de um sistema, inclusive em seus arredores, permanece constante**. Isso significa que, dentro do sistema total, a energia não é perdida nem adquirida durante qualquer alteração. No entanto, a energia pode ser transferida de uma parte do sistema para outra ou ainda ser transformada em outra forma de energia. Nos sistemas vivos, a energia química pode ser transformada em calor ou em energia elétrica, radiante ou mecânica.

A segunda lei da termodinâmica afirma que **a entropia total de um sistema deve aumentar quando um processo ocorre de forma espontânea**. A **entropia** é a extensão da desordem ou da aleatoriedade do sistema e se torna máxima quando se aproxima do equilíbrio. Em condições de pressão e temperatura constantes, a relação entre a variação da energia livre (ΔG) de um sistema em reação e a variação na entropia (ΔS) é expressa pela seguinte equação, a qual combina as duas leis da termodinâmica:

$$\Delta G = \Delta H - T\Delta S$$

em que ΔH é a variação na **entalpia** (calor) e T é a temperatura absoluta.

Nas reações bioquímicas, considerando que ΔH é aproximadamente igual à **variação total da energia interna da reação ou ΔE**, a relação anterior pode ser expressa da seguinte forma:

$$\Delta G = \Delta E - T\Delta S$$

Quando a ΔG é negativa, a reação prossegue espontaneamente com perda de energia livre, isto é, ela é **exergônica**. Quando, além disso, a ΔG é de grande magnitude, a reação quase chega ao fim e é essencialmente irreversível. Por outro lado, se a ΔG for positiva, a reação prossegue apenas se a energia livre puder ser adquirida, isto é, ela é **endergônica**. Quando, além disso, a magnitude da ΔG é grande, o sistema é estável, com pouca ou nenhuma tendência para que ocorra uma reação. Quando a ΔG é zero, o sistema está em equilíbrio e não ocorre nenhuma alteração líquida.

Quando os reagentes estão presentes em concentrações de 1,0 mol/L, a ΔG^0 é a variação de energia livre padrão. Para as reações bioquímicas, um estado-padrão é definido como aquele que tem pH de 7,0. A variação da energia livre padrão nesse estado-padrão é indicada por $\Delta G^{0'}$.

A variação de energia livre padrão pode ser calculada a partir da constante de equilíbrio K_{eq}.

$$\Delta G^{0'} = -RT \ln K'_{eq}$$

em que R é a constante do gás e T é a temperatura absoluta (ver Capítulo 8). É importante observar que a ΔG real pode ser maior ou menor que $\Delta G^{0'}$, dependendo das concentrações dos diversos reagentes, inclusive do solvente, de vários íons e das proteínas.

Em um sistema bioquímico, uma enzima somente acelera a obtenção do equilíbrio; ela nunca altera as concentrações finais dos reagentes em equilíbrio.

OS PROCESSOS ENDERGÔNICOS PROSSEGUEM PELO ACOPLAMENTO COM PROCESSOS EXERGÔNICOS

Os processos vitais – por exemplo, reações de síntese, contração muscular, condução do impulso nervoso e transporte ativo – obtêm a energia pela ligação química, ou **acoplamento**, às reações oxidativas. Em sua forma mais simples, esse tipo de acoplamento pode ser representado conforme demonstrado na **Figura 11-1**. A conversão do metabólito A em metabólito B ocorre com liberação de energia livre e está acoplada a outra reação em que a energia livre é necessária para converter o metabólito C em metabólito D. Os termos **exergônico** e **endergônico**, em vez dos termos químicos normais "exotérmico" e "endotérmico", são utilizados para indicar que um processo é acompanhado pela perda ou ganho, respectivamente, de energia livre em qualquer forma, não necessariamente como calor. Na prática, um processo endergônico não pode existir de forma independente, mas deve ser um componente de um sistema exergônico-endergônico acoplado no qual a alteração líquida global é exergônica. As reações exergônicas são denominadas **catabolismo** (geralmente, a clivagem ou a oxidação das moléculas energéticas), ao passo que as reações de síntese que acumulam substâncias são denominadas **anabolismo**. Os processos catabólicos e anabólicos combinados constituem o **metabolismo**.

Quando a reação mostrada na Figura 11-1 ocorre da esquerda para a direita, então o processo global deve ser acompanhado por perda de energia livre na forma de calor. Um possível mecanismo de acoplamento poderia ser idealizado quando um intermediário (I) obrigatório comum toma parte em ambas as reações, isto é,

$$A + C \rightarrow I \rightarrow B + D$$

Algumas reações exergônicas e endergônicas nos sistemas biológicos são acopladas dessa forma. Esse tipo de sistema possui um mecanismo próprio para o controle biológico da velocidade dos processos oxidativos, pois o intermediário obrigatório comum permite que a velocidade da utilização do produto da via de síntese (D) seja determinada pela velocidade de ação da massa em que A é oxidada. Na verdade, essas relações são a base para o conceito do **controle respiratório**, o processo que impede que um organismo gaste energia fora de controle. Uma extensão do conceito de acoplamento é fornecida pelas reações de desidrogenação, que estão acopladas a hidrogenações por um carreador intermediário (**Figura 11-2**).

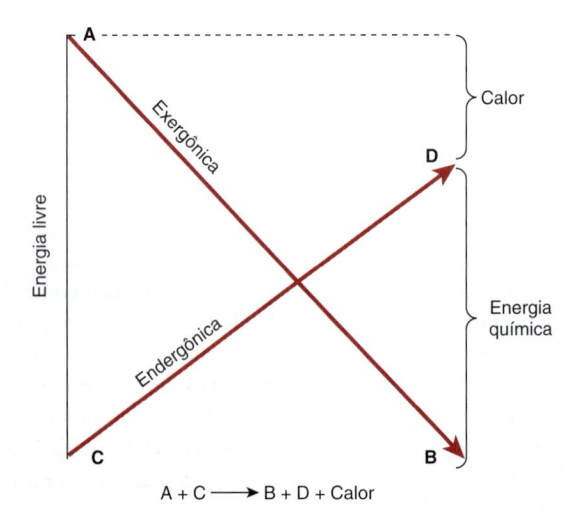

FIGURA 11-1 Acoplamento de uma reação exergônica a uma endergônica.

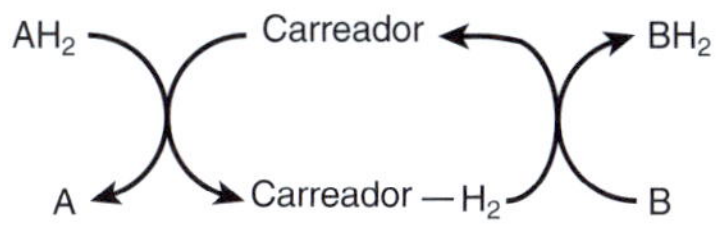

FIGURA 11-2 Acoplamento das reações de desidrogenação e hidrogenação por um carreador intermediário.

Um método alternativo para acoplar um processo exergônico a um endergônico consiste em sintetizar um composto de alto potencial energético na reação exergônica e incorporá-lo na reação endergônica, efetuando, assim, uma transferência de energia livre da via exergônica para a endergônica. A vantagem biológica desse mecanismo é que o composto de alto potencial de energia, ~Ⓔ, ao contrário de I no sistema anterior, não precisa estar estruturalmente relacionado a A, B, C ou D, possibilitando que Ⓔ sirva como transdutor de energia de uma ampla gama de reações exergônicas para uma gama igualmente grande de processos ou reações endergônicas, como a biossíntese, a contração muscular, a excitação nervosa e o transporte ativo. Na célula viva, o principal composto intermediário ou carreador de alta energia é o **trifosfato de adenosina (ATP**, do inglês *adenosine triphosphate*) (**Figura 11-3**).

OS FOSFATOS DE ALTA ENERGIA EXERCEM UMA FUNÇÃO CENTRAL NA CAPTURA E NA TRANSFERÊNCIA DE ENERGIA

Para manter os processos necessários à vida, todos os organismos devem obter suprimentos de energia livre a partir de seu ambiente. Os organismos **autotróficos** utilizam processos exergônicos simples; por exemplo, a energia da luz solar (plantas verdes), a reação $Fe^{2+} \rightarrow Fe^{3+}$ (algumas bactérias). Por outro lado, os organismos **heterotróficos** obtêm a energia livre ao acoplar seu metabolismo à degradação de moléculas orgânicas complexas em seu ambiente. Em todos esses organismos, o ATP desempenha um papel central na transferência de energia livre dos processos exergônicos para os processos endergônicos. O ATP é um nucleotídeo que consiste em um nucleosídeo adenosina (adenina ligada à ribose) e três grupos fosfatos (ver Capítulo 32). Em suas reações na célula, ele atua como complexo de Mg^{2+} (Figura 11-3).

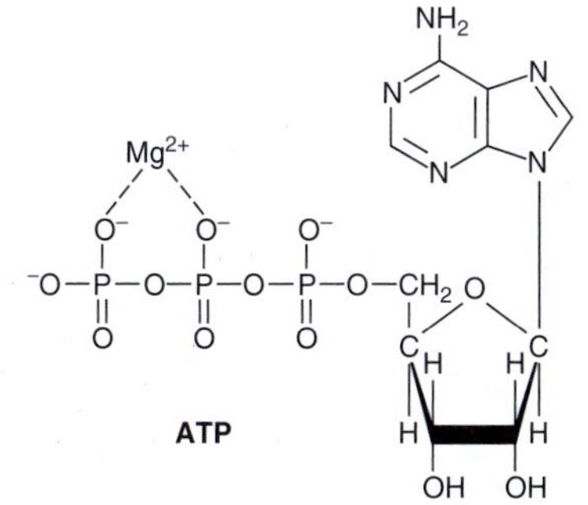

FIGURA 11-3 O trifosfato de adenosina (ATP) é mostrado como complexo de magnésio.

A importância dos fosfatos no metabolismo intermediário se tornou evidente com a descoberta da função do ATP, do difosfato de adenosina (ADP, do inglês *adenosine diphosphate*) e do fosfato inorgânico (P_i) na glicólise (ver Capítulo 17).

O valor intermediário para a energia livre da hidrólise do ATP possui importante significado bioenergético

A energia livre padrão da hidrólise de diversos fosfatos bioquimicamente importantes está mostrada na **Tabela 11-1**. Uma estimativa da tendência comparativa de cada um dos grupamentos fosfato à sua transferência para um aceptor adequado pode ser obtida a partir da $\Delta G^{0'}$ da hidrólise a 37°C. Isso é denominado **potencial de transferência de grupamento**. O valor para a hidrólise do fosfato terminal do ATP divide a lista em dois grupos. Os **fosfatos de baixa energia**, que apresentam um baixo potencial de transferência de grupamento, exemplificados pelos ésteres-fosfato encontrados nos intermediários da glicólise, possuem valores de $G^{0'}$ menores que os do ATP, ao passo que, nos **fosfatos de alta energia**, com $G^{0'}$ mais negativo, o valor é mais alto que o do ATP. Os componentes deste último grupo, inclusive o ATP, são, em geral, anidridos (p. ex., o 1-fosfato do 1,3-bifosfoglicerato), enolfosfatos (p. ex., fosfoenolpiruvato) e fosfoguanidinas (p. ex., creatina-fosfato, arginina-fosfato).

O símbolo ~Ⓟ indica que o grupamento acoplado à ligação, na transferência para um aceptor apropriado, resulta em transferência de maior quantidade de energia livre. Por conseguinte, o ATP apresenta um alto potencial de transferência de grupamento, enquanto o fosfato no monofosfato de adenosina

TABELA 11-1 Energia livre padrão da hidrólise de alguns organofosfatos de importância bioquímica

Composto	$\Delta G^{0'}$	
	kJ/mol	kcal/mol
Fosfoenolpiruvato	−61,9	−14,8
Carbamoil-fosfato	−51,4	−12,3
1,3-Bifosfoglicerato (para 3-fosfoglicerato)	−49,3	−11,8
Creatina-fosfato	−43,1	−10,3
ATP → AMP + PP_i	−32,2	−7,7
ATP → ADP + P_i	−30,5	−7,3
Glicose-1-fosfato	−20,9	−5,0
PP_i	−19,2	−4,6
Frutose-6-fosfato	−15,9	−3,8
Glicose-6-fosfato	−13,8	−3,3
Glicerol-3-fosfato	−9,2	−2,2

PP_i, pirofosfato; P_i, ortofosfato inorgânico.
Nota: Todos os valores foram obtidos de Jencks WP: Free energies of hydrolysis and decarboxylation. In: Handbook of Biochemistry and Molecular Biology, vol 1. Physical and Chemical Data. Fasman GD (editor). CRC Press, 1976:296-304, com exceção daquele do PP_i, que provém de Frey PA, Arabshahi A: Standard free-energy change for the hydrolysis of the alpha, beta-phosphoanhydride bridge in ATP. Biochemistry1995;34:11307. Os valores diferem entre os pesquisadores, dependendo das condições exatas em que foram realizadas as medições.

(AMP, do inglês *adenosine monophosphate*) é do tipo de baixa energia, visto que se trata de uma ligação éster normal (**Figura 11-4**). Nas reações de transferência de energia, o ATP pode ser convertido em ADP e P_i ou, em reações que necessitam de maior aporte de energia, em AMP + PP_i (Tabela 11-1).

A posição intermediária do ATP permite que ele desempenhe um papel importante na transferência de energia. A alta variação de energia livre na hidrólise do ATP se deve ao alívio da repulsão de carga dos átomos de oxigênio adjacentes, carregados negativamente, e à estabilização dos produtos de reação, sobretudo o fosfato, como híbridos de ressonância (**Figura 11-5**). Os outros "compostos de alta energia" são os tióis-éster que envolvem a coenzima A (p. ex., acetil-CoA), as proteínas carreadoras de acilas, os ésteres de aminoácidos envolvidos na síntese proteica, a S-adenosilmetionina (metionina ativa), a UDPGlc (uridina-difosfato-glicose) e o PRPP (5-fosforribosil-1-pirofosfato).

FIGURA 11-4 Estruturas do ATP, do ADP e do AMP, mostrando a posição e o número de fosfatos de alta energia (~ⓟ).

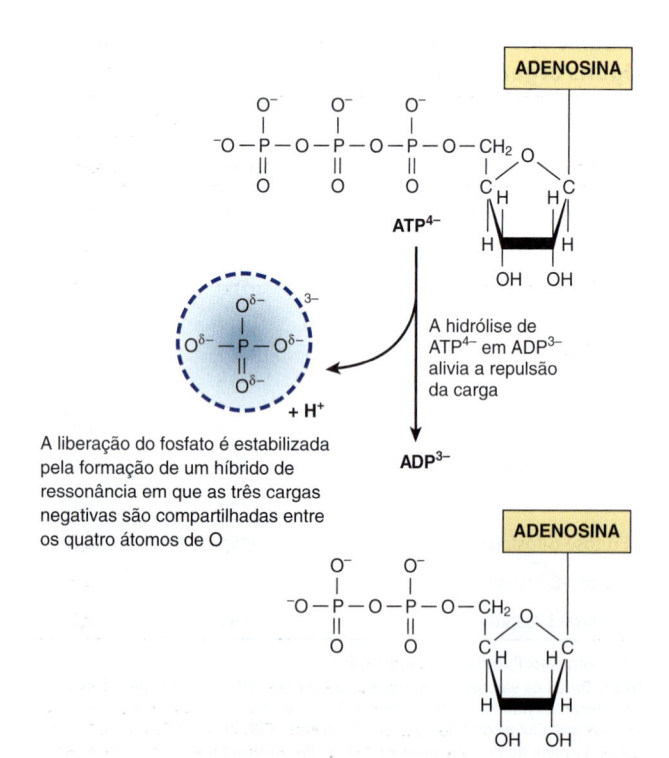

FIGURA 11-5 A variação da energia livre na hidrólise do trifosfato de adenosina (ATP) em difosfato de adenosina (ADP).

O ATP ATUA COMO "MOEDA ENERGÉTICA" DA CÉLULA

Devido ao alto potencial de transferência de grupamento, o ATP é capaz de atuar como doador de fosfato de alta energia para formar os compostos listados abaixo dele na Tabela 11-1. De modo semelhante, na presença das enzimas necessárias, o ADP pode aceitar grupamentos fosfato para formar ATP a partir dos compostos acima do ATP na tabela. Com efeito, um **ciclo de ATP/ADP** conecta os processos que geram ~ⓟ com os processos que utilizam ~ⓟ (**Figura 11-6**), consumindo e regenerando continuamente o ATP. Isso acontece em uma velocidade muito rápida, pois o reservatório total de ATP/ADP é extremamente pequeno e suficiente para manter um tecido ativo por apenas alguns segundos.

Existem três fontes principais de ~ⓟ que participam da **conservação de energia** ou da **captura de energia**:

1. **Fosforilação oxidativa.** Constitui a maior fonte quantitativa de ~ⓟ nos organismos aeróbios. O ATP é gerado na matriz mitocondrial à medida que O_2 é reduzido a H_2O pela transferência de elétrons na cadeia respiratória (ver Capítulo 13).
2. **Glicólise.** A formação líquida de dois ~ⓟ resulta da produção de lactato a partir de uma molécula de glicose, gerada em duas reações catalisadas pela fosfoglicerato-cinase e pela piruvato-cinase, respectivamente (ver Figura 17-2).
3. **Ciclo do ácido cítrico.** Um ~ⓟ é gerado diretamente no ciclo na etapa da succinato-tiocinase (ver Figura 16-3).

Os **fosfágenos** atuam como formas de armazenamento do potencial de transferência de grupamento e incluem a **creatina-fosfato**, que ocorre no músculo esquelético, no coração, nos espermatozoides e no cérebro dos vertebrados, e o **arginina-fosfato**, que ocorre no músculo de invertebrados. Quando o ATP está sendo rapidamente utilizado como fonte de energia para a contração muscular, os fosfágenos permitem a manutenção de suas concentrações; entretanto, quando a razão ATP/ADP está elevada, sua concentração pode aumentar para atuar como reserva de energia (**Figura 11-7**).

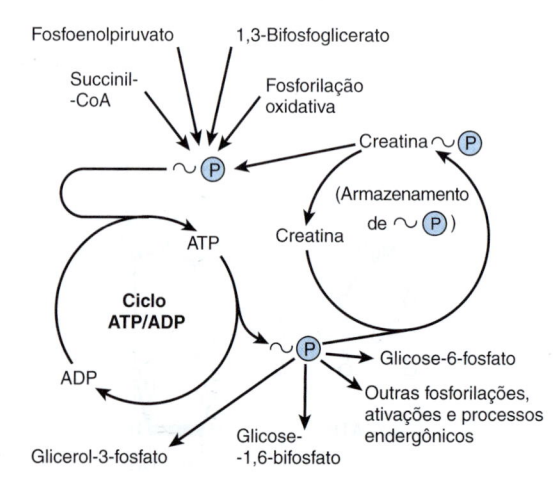

FIGURA 11-6 Papel do ciclo do ATP/ADP na transferência de fosfato de alta energia.

FIGURA 11-7 Transferência de fosfato de alta energia entre o trifosfato de adenosina (ATP) e a creatina.

Quando o ATP atua como doador de fosfato para formar compostos de menor energia livre de hidrólise (Tabela 11-1), o grupamento fosfato é invariavelmente convertido para um de baixa energia. Por exemplo, a fosforilação do glicerol para formar glicerol-3-fosfato:

Glicerol + Adenosina—P~P~P $\xrightarrow{\text{GLICEROL-CINASE}}$ Glicerol—P + Adenosina—P~P

O ATP permite o acoplamento de reações termodinamicamente desfavoráveis a reações favoráveis

As reações endergônicas não podem prosseguir sem a entrada de energia livre. Por exemplo, a fosforilação de glicose a glicose-6-fosfato, a primeira reação da glicólise (ver Figura 17-2):

$$\text{Glicose} + P_i \rightarrow \text{Glicose-6-fosfato} + H_2O \quad (1)$$
$$(\Delta G^{0\prime}) = +13,8 \text{ kJ/mol}$$

é altamente endergônica e não pode prosseguir em condições fisiológicas. Assim, para ocorrer, a reação deve ser acoplada a outra reação – mais exergônica –, como a hidrólise do fosfato terminal do ATP.

$$\text{ATP} \rightarrow \text{ADP} + P_i \, (\Delta G^{0\prime} = -30,5 \text{ kJ/mol}) \quad (2)$$

Quando (1) e (2) se acoplam em uma reação catalisada pela hexocinase, a fosforilação da glicose prossegue prontamente em uma reação altamente exergônica, que, em condições fisiológicas, é irreversível. Muitas reações de "ativação" seguem esse padrão.

A adenilil-cinase (miocinase) interconverte nucleotídeos de adenina

Essa enzima está presente na maioria das células. Ela catalisa a seguinte reação:

$$\text{ATP} + \text{AMP} \xrightleftharpoons[]{\text{ADENILIL-CINASE}} 2\text{ADP}$$

A adenilil-cinase é importante para a manutenção da homeostasia energética nas células, visto que ela permite que:

1. O potencial de transferência de grupamento no ADP seja utilizado na síntese de ATP.
2. O AMP formado como consequência de reações de ativação envolvendo ATP seja refosforilado a ADP.
3. A concentração de AMP aumente quando o ATP se torna escasso, de modo que seja capaz de atuar como sinal metabólico (alostérico) para aumentar a velocidade das reações catabólicas, que, por sua vez, levam à geração de mais ATP (ver Capítulo 14).

Quando o ATP forma AMP, ocorre produção de pirofosfato inorgânico (PP$_i$)

O ATP também pode ser diretamente hidrolisado a AMP, com liberação de PP$_i$ (Tabela 11-1). Isso ocorre, por exemplo, na ativação dos ácidos graxos de cadeia longa (ver Capítulo 22).

$$\text{ATP} + \text{CoA} \cdot \text{SH} + \text{R} \cdot \text{COOH} \xrightarrow{\text{ACIL-CoA-SINTETASE}} \text{AMP} + \text{PP}_i + \text{R} \cdot \text{CO—SCoA}$$

Essa reação é acompanhada da perda de energia livre como calor, o que assegura que a reação de ativação continuará para a direita e será adicionalmente auxiliada pela degradação hidrolítica do PP$_i$, catalisada pela **pirofosfatase inorgânica**, uma reação que, por si só, apresenta uma grande $\Delta G^{0\prime}$ de −9,2 kJ/mol. Observe que as ativações por meio da via do pirofosfato resultam na perda de dois ~P, em vez de um, como ocorre quando o ADP e o P$_i$ são formados.

$$\text{PP}_i + H_2O \xrightarrow{\text{PIROFOSFATASE INORGÂNICA}} 2P_i$$

Uma combinação das reações mostradas possibilita que o fosfato seja reciclado e que ocorra a interconversão de nucleotídeos de adenina (**Figura 11-8**).

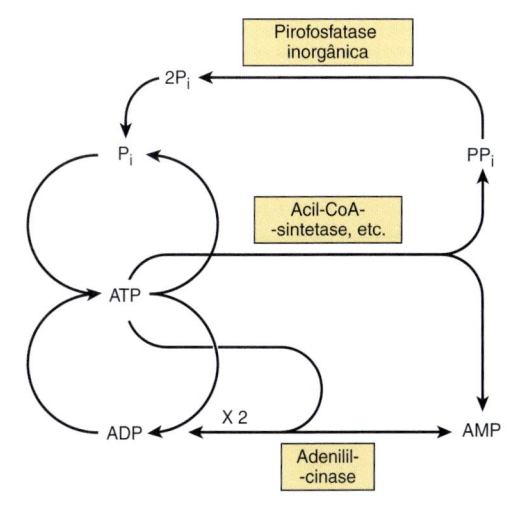

FIGURA 11-8 Ciclos do fosfato e interconversão de nucleotídeos de adenina.

Outros nucleosídeos-trifosfato participam do potencial de transferência de grupamento

Por meio das **enzimas nucleosídeo-difosfato (NDP)-cinase**, o UTP, o GTP e o CTP podem ser sintetizados a partir de seus difosfatos; por exemplo, o UDP reage com ATP para formar UTP.

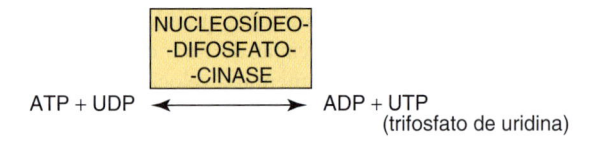

$$\text{ATP + UDP} \xleftrightarrow{\text{NUCLEOSÍDEO-DIFOSFATO-CINASE}} \text{ADP + UTP}$$
(trifosfato de uridina)

Todos esses trifosfatos participam de fosforilações na célula. De modo semelhante, **nucleosídeo-monofosfato (NMP)-cinases** específicas catalisam a formação de NDP a partir dos monofosfatos correspondentes.

Por conseguinte, a adenilil-cinase é uma NMP-cinase especializada.

RESUMO

- Os sistemas biológicos utilizam a energia química para impulsionar os processos vivos.
- As reações exergônicas ocorrem espontaneamente com perda de energia livre (ΔG é negativa). As reações endergônicas requerem ganho de energia livre (ΔG é positiva) e ocorrem apenas quando acopladas às reações exergônicas.
- O ATP atua como a "moeda energética" da célula, transferindo a energia livre derivada das substâncias de maior potencial energético àquelas de menor potencial energético.

REFERÊNCIAS

Haynie D: *Biological Thermodynamics*. Cambridge University Press, 2008.

Nicholls DG, Ferguson S: *Bioenergetics*, 4th ed. Academic Press, 2013.

CAPÍTULO 12

Oxidação biológica

Kathleen M. Botham, Ph.D., D.Sc. e Peter A. Mayes, Ph.D., D.Sc.

OBJETIVOS

Após o estudo deste capítulo, você deve ser capaz de:

- Explicar o significado do potencial redox e como ele pode ser empregado para predizer a direção do fluxo dos elétrons nos sistemas biológicos.
- Identificar as quatro classes de enzimas (oxidorredutases) envolvidas nas reações de oxidação e redução.
- Descrever a ação das oxidases e fornecer exemplos de onde elas desempenham um papel importante no metabolismo.
- Indicar as duas principais funções das desidrogenases e explicar a importância das desidrogenases ligadas ao nicotinamida adenina dinucleotídeo (NAD) e à riboflavina em vias metabólicas como a glicólise, o ciclo do ácido cítrico e a cadeia respiratória.
- Reconhecer os dois tipos de enzimas classificadas como hidroperoxidases; indicar as reações que elas catalisam e explicar por que elas são importantes.
- Determinar as duas etapas das reações catalisadas por oxigenases e identificar os dois subgrupos dessa classe de enzimas.
- Considerar o papel do citocromo P450 na detoxificação de substâncias e na síntese de esteroides.
- Descrever a reação catalisada pela superóxido-dismutase e explicar como ela protege os tecidos contra a toxicidade do oxigênio.

IMPORTÂNCIA BIOMÉDICA

Do ponto de vista químico, a **oxidação** é definida como a remoção de elétrons, e a **redução**, como o ganho de elétrons. Assim, a oxidação de uma molécula (o doador de elétrons) é sempre acompanhada da redução de uma segunda molécula (o aceptor de elétrons). Esse princípio de oxidação-redução aplica-se igualmente aos sistemas bioquímicos e constitui um importante conceito que fundamenta a compreensão da natureza da oxidação biológica. Muitas oxidações biológicas podem ocorrer sem a participação de oxigênio molecular, como as desidrogenações. A vida dos animais superiores é absolutamente dependente de um suprimento de oxigênio para a **respiração**, o processo pelo qual as células obtêm energia na forma de trifosfato de adenosina (ATP, do inglês *adenosine triphosphate*) a partir de uma reação controlada do hidrogênio com o oxigênio para formar água. Além disso, o oxigênio molecular é incorporado em diversos substratos por enzimas designadas como **oxigenases**; muitos fármacos, poluentes e carcinógenos químicos (xenobióticos) são metabolizados por enzimas dessa classe, denominadas **sistema citocromo P450**. A administração de oxigênio pode salvar a vida no tratamento de pacientes com insuficiência respiratória ou circulatória.

AS VARIAÇÕES DE ENERGIA LIVRE PODEM SER EXPRESSAS EM TERMOS DE POTENCIAL REDOX

Nas reações que envolvem oxidação e redução, a variação da energia livre é proporcional à tendência dos reagentes de doar ou aceitar elétrons. Dessa forma, além de expressar a variação da energia livre em termos de $\Delta G^{0'}$ (ver Capítulo 11), é possível, de forma análoga, expressá-la numericamente como **potencial de oxidação-redução** ou **potencial redox** (E'_0). Do ponto de vista químico, o potencial redox de um sistema (E_0) é, comumente, comparado com o potencial do eletrodo de hidrogênio (0,0 V em pH 0,0). Contudo, para os sistemas biológicos, o potencial redox (E'_0) é normalmente expresso em pH 7,0, pH no qual o potencial do eletrodo de hidrogênio é de –0,42 V. Os potenciais redox de alguns sistemas redox de interesse especial na bioquímica de mamíferos são mostrados na **Tabela 12-1**. As posições relativas dos sistemas redox na tabela permitem a predição da direção do fluxo dos elétrons de um par redox para outro.

As enzimas envolvidas na oxidação e na redução são chamadas de **oxidorredutases** e são classificadas em quatro grupos: **oxidases, desidrogenases, hidroperoxidases** e **oxigenases**.

TABELA 12-1 Alguns potenciais redox de interesse especial em sistemas de oxidação de mamíferos

Sistema	E'_0 Volts
H^+/H_2	–0,42
$NAD^+/NADH$	–0,32
Lipoato; ox/red	–0,29
Acetoacetato/3-hidroxibutirato	–0,27
Piruvato/lactato	–0,19
Oxalacetato/malato	–0,17
Fumarato/succinato	+0,03
Citocromo b; Fe^{3+}/Fe^{2+}	+0,08
Ubiquinona; ox/red	+0,10
Citocromo c_1; Fe^{3+}/Fe^{2+}	+0,22
Citocromo a; Fe^{3+}/Fe^{2+}	+0,29
Oxigênio/água	+0,82

AS OXIDASES UTILIZAM OXIGÊNIO COMO ACEPTOR DE HIDROGÊNIO

As oxidases catalisam a remoção de hidrogênio de um substrato, utilizando o oxigênio como aceptor de hidrogênio.* Elas formam água ou peróxido de hidrogênio como produto da reação (**Figura 12-1**).

A citocromo-oxidase é uma hemoproteína

A **citocromo-oxidase** é uma hemoproteína amplamente distribuída em muitos tecidos, possuindo o típico grupamento prostético heme presente na mioglobina, na hemoglobina e em outros citocromos (ver Capítulo 6). É o componente terminal da cadeia de transportadores respiratórios encontrados nas mitocôndrias (ver Capítulo 13) e transfere os elétrons resultantes da oxidação das moléculas de substrato pelas desidrogenases para o seu aceptor final, o oxigênio. A ação da enzima é bloqueada pelo **monóxido de carbono**, pelo **cianeto** e pelo **sulfeto de hidrogênio**, e isso causa intoxicação por impedir a respiração celular. O complexo enzimático citocromo-oxidase é constituído pelo heme a_3 combinado com outro heme, o heme a, formando uma única proteína, de modo que esse complexo é também denominado **citocromo aa_3**. Ele contém duas moléculas de heme, cada qual possuindo um átomo de

---
*O termo "oxidase" é, algumas vezes, usado coletivamente para denotar todas as enzimas que catalisam as reações envolvendo oxigênio molecular.

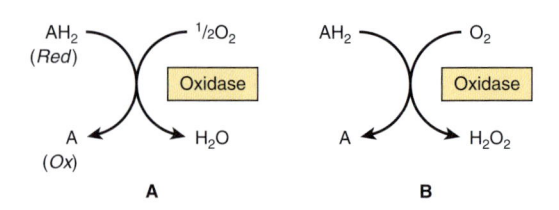

FIGURA 12-1 Oxidação de um metabólito catalisada por uma oxidase, (A) formando H_2O e (B) formando H_2O_2.

Fe que oscila entre Fe^{3+} e Fe^{2+} durante a oxidação e a redução. Além disso, existem dois átomos de cobre, cada um associado a cada unidade heme.

As outras oxidases são flavoproteínas

As enzimas flavoproteínas contêm **mononucleotídeo de flavina** (**FMN**, do *inglês flavin mononucleotide*) ou **flavina adenina dinucleotídeo** (**FAD**) como grupamentos prostéticos. O FMN e o FAD são formados no organismo a partir da vitamina **riboflavina** (ver Capítulo 44). Em geral, o FMN e o FAD ligam-se firmemente – mas não de forma covalente – às suas respectivas proteínas apoenzimas. As metaloflavoproteínas contêm um ou mais metais como cofatores essenciais. Exemplos de flavoproteínas-oxidase incluem a **L-aminoácido-oxidase**, uma enzima encontrada nos rins com especificidade geral para a desaminação oxidativa dos L-aminoácidos de ocorrência natural; a **xantina-oxidase**, que contém molibdênio e exerce um importante papel na conversão de bases purinas em ácido úrico (ver Capítulo 33) e é de particular importância para animais uricotélicos (ver Capítulo 28); e a **aldeído-desidrogenase**, uma enzima ligada a FAD presente no fígado de mamíferos, que contém molibdênio e ferro não heme e atua sobre aldeídos e substratos N-heterocíclicos. Os mecanismos de oxidação e de redução dessas enzimas são complexos. As evidências sugerem uma reação em duas etapas, conforme demonstrado na **Figura 12-2**.

AS DESIDROGENASES DESEMPENHAM DUAS FUNÇÕES PRINCIPAIS

Existe um grande número de enzimas na classe das desidrogenases. As duas principais funções são as seguintes:

1. Transferência de hidrogênio de um substrato para outro em uma reação de oxidação-redução acoplada (**Figura 12-3**). Essas desidrogenases frequentemente utilizam coenzimas comuns ou carreadores de hidrogênio comuns, como nicotinamida adenina dinucleotídeo (NAD^+). Esse tipo de reação, em que um substrato é oxidado/reduzido à custa de outro, é livremente reversível, possibilitando a transferência de equivalentes redutores dentro da célula e a ocorrência de processos oxidativos na ausência de oxigênio, como durante a fase anaeróbia da glicólise (ver Figura 17-2).

2. Transferência de elétrons na **cadeia respiratória** de transporte de elétrons do substrato para o oxigênio (ver Figura 13-3).

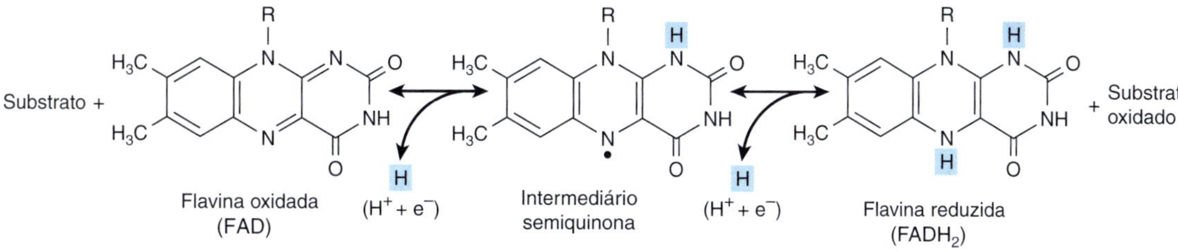

FIGURA 12-2 Oxidorredução do anel de isoaloxazina em nucleotídeos de flavina por meio de um intermediário semiquinona. Nas reações de oxidação, a flavina (p. ex., FAD) aceita dois elétrons e dois H⁺ em duas etapas, formando o intermediário semiquinona, seguido de flavina reduzida (p. ex., FADH₂), e o substrato é oxidado. Na reação inversa (redução), a flavina reduzida doa dois elétrons e dois H⁺, de forma que ela se torna oxidada (p. ex., a FAD), e o substrato é reduzido.

Muitas desidrogenases dependem de coenzimas nicotinamidas

Essas desidrogenases utilizam **NAD⁺** ou **nicotinamida adenina dinucleotídeo fosfato (NADP⁺)** – ou ambos –, que são formados no organismo a partir da vitamina **niacina** (ver Capítulo 44). A estrutura do NAD⁺ está representada na **Figura 12-4**. O NADP⁺ possui um grupamento fosfato esterificado na hidroxila 2' da porção adenosina, mas, com exceção dessa diferença, é idêntico ao NAD⁺. As formas oxidadas dos dois nucleotídeos possuem uma carga positiva no átomo de nitrogênio da porção nicotinamida, como indicado na Figura 12-4. As coenzimas são reduzidas pelo substrato específico da desidrogenase e reoxidadas por um aceptor de elétron adequado. Elas são capazes de se dissociar de modo livre e reversível de suas respectivas apoenzimas.

Em geral, as **desidrogenases ligadas ao NAD** catalisam reações de oxidorredução do tipo:

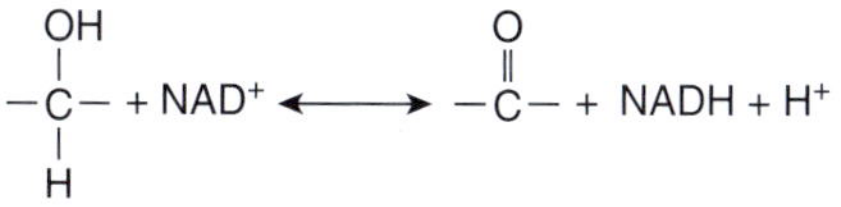

$$-\overset{OH}{\underset{H}{C}}- + NAD^+ \longleftrightarrow -\overset{O}{C}- + NADH + H^+$$

Quando um substrato é oxidado, ele perde dois átomos de hidrogênio e dois elétrons. Um H⁺ e os dois elétrons são aceitos pelo NAD⁺ para formar NADH, e o outro H⁺ é liberado (Figura 12-4). Muitas dessas reações ocorrem nas vias oxidativas do metabolismo, sobretudo na glicólise (ver Capítulo 17) e no ciclo do ácido cítrico (ver Capítulo 16). O NADH é gerado nessas vias pela oxidação de moléculas energéticas, e o NAD⁺ é regenerado pela oxidação de NADH, à medida que ele transfere os elétrons para o O₂ através da cadeia respiratória nas mitocôndrias, um processo que leva à formação de ATP (ver Capítulo 13). As **desidrogenases ligadas ao NADP** são encontradas, em geral, em vias de biossíntese onde as reações redutoras são necessárias, como na via extramitocondrial da síntese de ácidos graxos (ver Capítulo 23) e da síntese de esteroides (ver Capítulo 26) – e também na via das pentoses-fosfato (ver Capítulo 20).

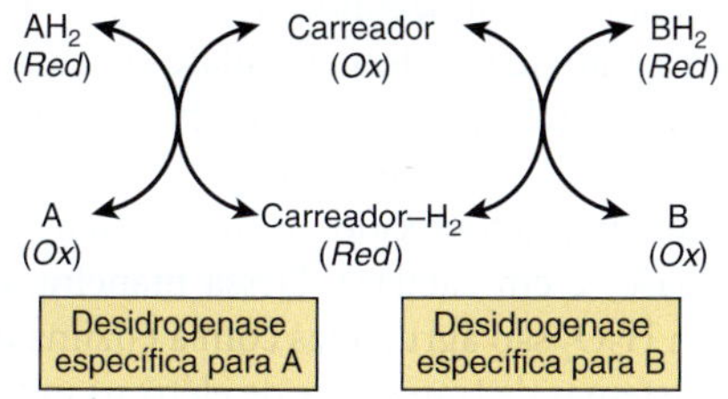

FIGURA 12-3 Oxidação de um metabólito catalisada por desidrogenases acopladas.

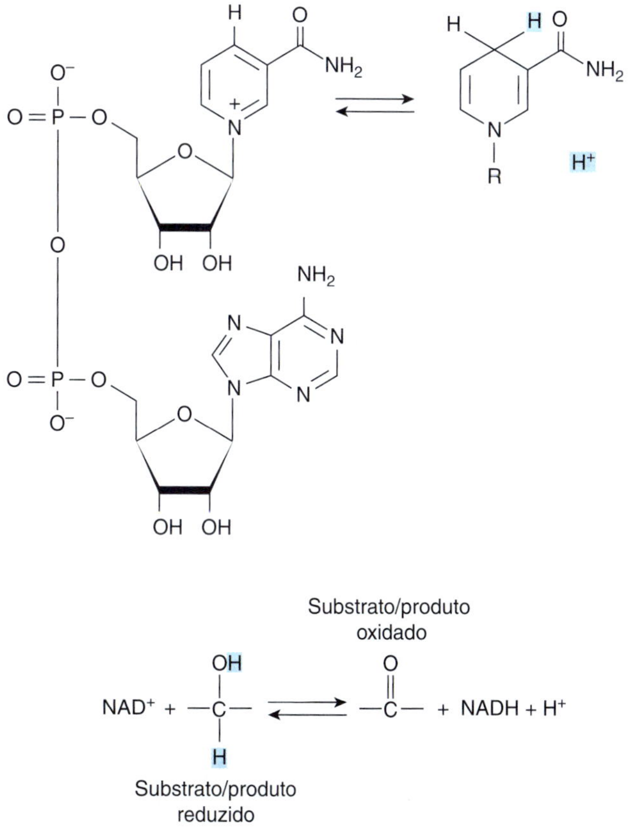

FIGURA 12-4 Oxidação e redução das coenzimas nicotinamidas. As coenzimas nicotinamidas consistem em um anel nicotinamida ligado a uma adenosina por uma ribose e um grupamento fosfato, formando um dinucleotídeo. NAD⁺/NADH são mostrados, mas NADP⁺/NADPH são idênticos, exceto pelo fato de terem um grupamento fosfato esterificado na OH 2' da adenosina. Uma reação de oxidação envolve a transferência de dois elétrons e um H⁺ do substrato para o anel nicotinamídico de NAD⁺, formando NADH e o produto oxidado. O hidrogênio remanescente do par de hidrogênios removido do substrato permanece livre como um íon hidrogênio. O NADH é oxidado a NAD⁺ pela reação inversa. R, parte da molécula inalterada na reação de oxidação/redução.

Outras desidrogenases dependem da riboflavina

Os **grupamentos flavina, como FMN e FAD**, estão associados às desidrogenases, bem como com às oxidases, como descrito anteriormente. O FAD é o aceptor de elétrons em reações do tipo:

$$-\underset{H}{\overset{H}{C}}-\underset{H}{\overset{|}{C}}- + FAD \longleftrightarrow -\underset{H}{C}=\underset{H}{C}- + FADH_2$$

O FAD aceita dois elétrons e dois H^+ na reação (Figura 12-2), formando **FADH$_2$**. Os grupamentos flavina são, em geral, mais fortemente ligados às suas apoenzimas do que as coenzimas nicotinamidas. As **desidrogenases ligadas à riboflavina** estão relacionadas, em sua maioria, com o transporte de elétrons dentro da (ou para a) cadeia respiratória (ver Capítulo 13). A **NADH-desidrogenase** atua como carreador de elétrons entre o NADH e os componentes de potencial redox mais elevado (ver Figura 13-3). Outras desidrogenases, como a **succinato-desidrogenase**, a **acil-CoA-desidrogenase** e a **glicerol-3-fosfato-desidrogenase mitocondrial**, transferem equivalentes redutores diretamente do substrato para a cadeia respiratória (ver Figura 13-5). Outro papel das desidrogenases dependentes de riboflavina é na desidrogenação (por meio da **di-hidrolipoil-desidrogenase**) do lipoato reduzido, um intermediário na descarboxilação oxidativa do piruvato e do α-cetoglutarato (ver Figuras 13-5 e 17-5). A **flavoproteína transferidora de elétrons** (**ETF**, do inglês *electron-transferring flavoprotein*) é um carreador intermediário de elétrons entre a acil-CoA-desidrogenase e a cadeia respiratória (ver Figura 13-5).

Os citocromos também podem ser considerados desidrogenases

Os **citocromos** são hemoproteínas que contêm ferro, nas quais o átomo de ferro oscila entre Fe^{3+} e Fe^{2+} durante a oxidação e a redução. Exceto pela citocromo-oxidase (previamente descrita), eles são classificados como desidrogenases. Na cadeia respiratória, atuam como carreadores de elétrons das flavoproteínas de um lado e para a citocromo-oxidase, do outro (ver Figura 13-5). Ocorrem vários citocromos identificáveis na cadeia respiratória, isto é, os citocromos b, c_1, c e a citocromo-oxidase (aa_3). Os citocromos também são encontrados em outros locais; por exemplo, no retículo endoplasmático (citocromos P450 e b_5) e em células vegetais, bactérias e leveduras.

AS HIDROPEROXIDASES UTILIZAM PERÓXIDO DE HIDROGÊNIO OU UM PERÓXIDO ORGÂNICO COMO SUBSTRATO

Dois tipos de enzimas encontradas tanto em animais quanto em plantas situam-se na categoria das **hidroperoxidases**: as **peroxidases** e a **catalase**.

As hidroperoxidases desempenham um papel importante na proteção do organismo contra os efeitos nocivos das **espécies reativas de oxigênio** (**EROs**). As EROs são moléculas contendo oxigênio altamente reativas, como os peróxidos, que são formadas durante o metabolismo normal, mas que podem ser danosas se acumuladas. Acredita-se que contribuam para a ocorrência de doenças como o câncer e a aterosclerose, bem como para o processo de envelhecimento em geral (ver Capítulos 21, 44 e 54).

As peroxidases reduzem os peróxidos utilizando diversos aceptores de elétrons

As peroxidases são encontradas no leite e em leucócitos, nas plaquetas e em outros tecidos envolvidos no metabolismo de eicosanoides (ver Capítulo 23). O grupamento prostético delas é o **proto-heme**. Na reação catalisada pela peroxidase, o peróxido de hidrogênio é reduzido à custa de várias substâncias que atuam como aceptores de elétrons, como o ascorbato (vitamina C), as quinonas e o citocromo c. A reação catalisada pela peroxidase é complexa; a reação total, porém, é a seguinte:

$$H_2O_2 + AH_2 \xrightarrow{\text{PEROXIDASE}} 2H_2O + A$$

Nas hemácias e em outros tecidos, a enzima **glutationa-peroxidase**, que contém **selênio** como grupamento prostético, catalisa a destruição do H_2O_2 e de hidroperóxidos lipídicos por meio da conversão da glutationa reduzida em sua forma oxidada, protegendo os lipídeos da membrana e a hemoglobina contra a oxidação pelos peróxidos (ver Capítulo 21).

A catalase utiliza o peróxido de hidrogênio como doador e aceptor de elétrons

A **catalase** é uma hemoproteína que contém quatro grupamentos heme. Pode atuar como peroxidase, catalisando reações como a mostrada anteriormente, mas também é capaz de catalisar a quebra de H_2O_2, formado pela ação das oxigenases, em água e oxigênio:

$$2H_2O_2 \xrightarrow{\text{CATALASE}} 2H_2O + O_2$$

Essa reação utiliza uma molécula de H_2O_2 como substrato doador de elétrons e outra molécula de H_2O_2 como oxidante ou aceptor de elétrons. É uma das reações enzimáticas conhecidas mais rápidas, destruindo milhões de moléculas de H_2O_2 potencialmente danosas por segundo. Na maior parte das condições *in vivo*, a atividade de peroxidase da catalase parece ser favorecida. A catalase é encontrada no sangue, na medula óssea, nas mucosas, nos rins e no fígado. Os **peroxissomos** são encontrados em muitos tecidos, inclusive no fígado. Eles são ricos em oxidases e em catalase. Dessa maneira, as enzimas que produzem H_2O_2 são agrupadas com a enzima que o cliva. Contudo, os sistemas de transporte de elétrons mitocondrial e microssomal, bem como a xantina-oxidase, devem ser considerados como fontes adicionais de H_2O_2.

AS OXIGENASES CATALISAM A TRANSFERÊNCIA DIRETA E A INCORPORAÇÃO DE OXIGÊNIO EM UMA MOLÉCULA DE SUBSTRATO

As oxigenases estão relacionadas com a síntese ou a degradação de muitos tipos diferentes de metabólitos. Elas catalisam a incorporação de oxigênio em uma molécula de substrato em duas etapas: (1) o oxigênio é ligado à enzima no sítio ativo e (2) o oxigênio ligado é reduzido ou transferido para o substrato. As oxigenases podem ser divididas em dois subgrupos, dioxigenases e monoxigenases.

As dioxigenases incorporam ambos os átomos do oxigênio molecular no substrato

A reação básica catalisada pelas dioxigenases é mostrada a seguir:

$$A + O_2 \rightarrow AO_2$$

Os exemplos incluem as enzimas hepáticas, **homogentisato-dioxigenase** (oxidase) e **3-hidroxiantranilato-dioxigenase** (oxidase), que contêm ferro; e **L-triptofano-dioxigenase** (triptofano-pirrolase) (ver Capítulo 29), que utiliza heme.

As monoxigenases (oxidases de função mista, hidroxilases) incorporam apenas um átomo do oxigênio molecular no substrato

O outro átomo de oxigênio é reduzido à água, sendo necessário um doador de elétron adicional ou cossubstrato (Z) para essa finalidade:

$$A-H + O_2 + ZH_2 \rightarrow A-OH + H_2O + Z$$

Os citocromos P450 são monoxigenases importantes no metabolismo de esteroides e para a detoxificação de muitos fármacos

Os **citocromos P450** constituem uma superfamília importante de monoxigenases que contêm heme, e foram identificadas mais de 50 dessas enzimas no genoma humano. Esses citocromos se localizam principalmente no retículo endoplasmático do fígado e do intestino, mas também estão nas mitocôndrias em alguns tecidos. Os citocromos participam de uma cadeia de transporte de elétrons em que tanto o NADH quanto o NADPH podem doar equivalentes redutores. Os elétrons são passados para o citocromo P450 em dois tipos de reações envolvendo FAD ou FMN. Os sistemas de classe I consistem em uma enzima redutase contendo FAD, uma proteína ferro-enxofre (Fe_2S_2) e a hemoproteína P450, ao passo que os sistemas de classe II contêm citocromo P450-redutase, que passa elétrons de $FADH_2$ para FMN (**Figura 12-5**). Os sistemas de classe I e II são bem caracterizados, mas, nos últimos anos, outros citocromos P450 que não se encaixam em nenhuma das duas categorias foram identificados. Na etapa final, o oxigênio aceita os elétrons do citocromo P450 e é reduzido, com um átomo sendo incorporado na H_2O, e o outro, no substrato, geralmente resultando em sua hidroxilação. Essa série de reações enzimáticas, conhecida como **ciclo da hidroxilase**, está ilustrada na **Figura 12-6**. No retículo endoplasmático do fígado, os citocromos P450 são encontrados com outra proteína contendo heme, o **citocromo b_5** (Figura 12-5), e, juntos, desempenham um importante papel no metabolismo de fármacos e na detoxificação. O citocromo b_5 também desempenha uma importante função como dessaturase de ácidos graxos. Juntos, os citocromos P450 e b_5 são responsáveis por cerca de 75% da modificação e degradação de fármacos que ocorre no organismo. A velocidade de detoxificação de muitas substâncias medicinais

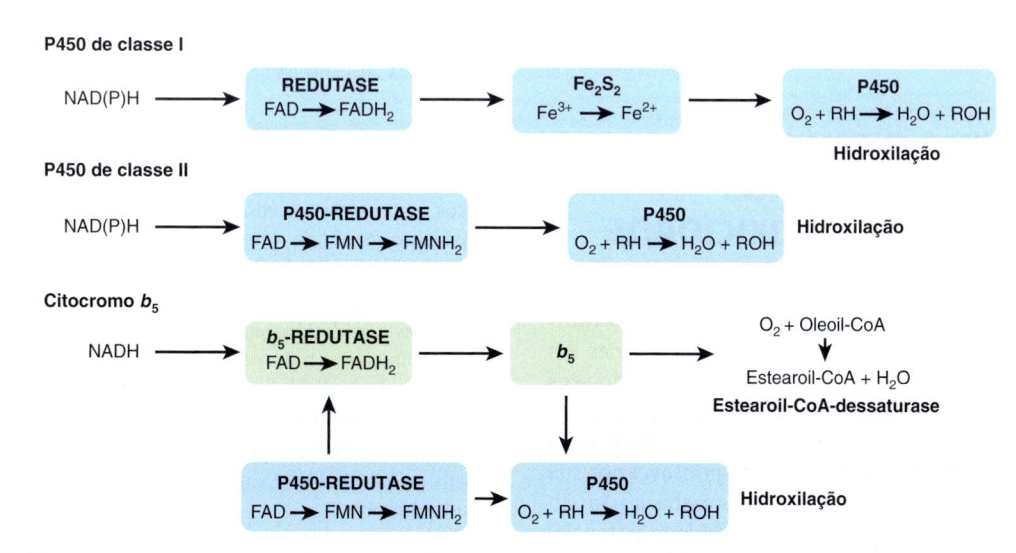

FIGURA 12-5 **Citocromos P450 e b_5 no retículo endoplasmático.** Os citocromos P450 são, em sua maioria, das classes I ou II. Além do citocromo P450, os sistemas de classe I contêm uma pequena redutase contendo FAD e uma proteína ferro-enxofre, enquanto a classe II apresenta a citocromo P450-redutase, que incorpora FAD e FMN. Os citocromos P450 catalisam muitas reações de hidroxilação de esteroides e etapas de detoxificação de fármacos. O citocromo b_5 atua em conjunto com a citocromo b_5-redutase que contém FAD na reação da acil-graxo-CoA-dessaturase (p. ex., estearoil-CoA-dessaturase) e também atua em associação com os citocromos P450 na detoxificação de fármacos. Ele é capaz de aceitar elétrons da citocromo P450-redutase por meio da citocromo b_5-redutase e doá-los ao citocromo P450.

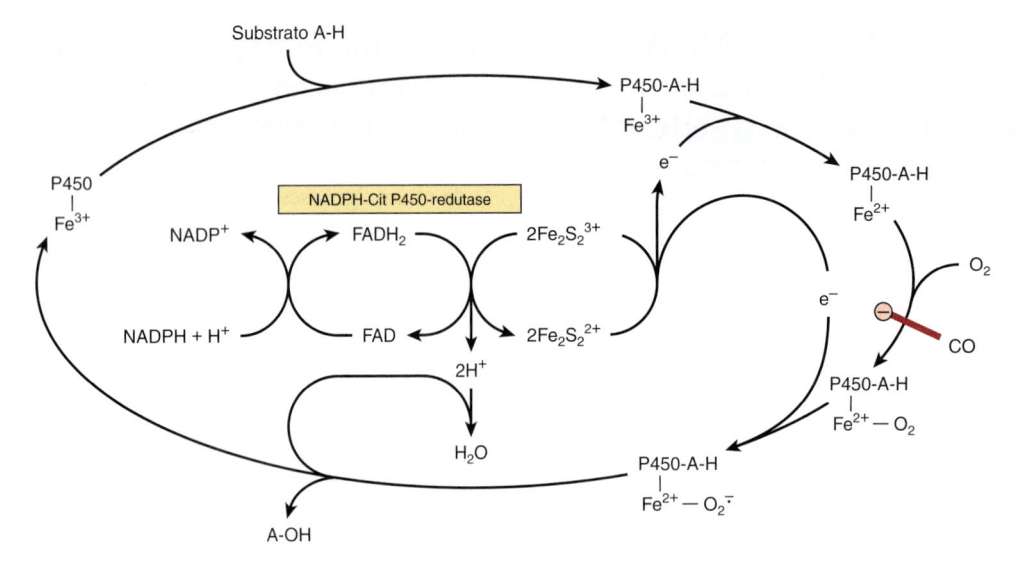

FIGURA 12-6 Ciclo da citocromo P450-hidroxilase. O sistema mostrado é típico das esteroide-hidroxilase do córtex da glândula suprarrenal. A citocromo P450-hidroxilase microssomal hepática não requer a proteína ferro-enxofre Fe_2S_2. O monóxido de carbono (CO) inibe a etapa indicada.

pelos citocromos P450 determina a duração de suas ações. O benzopireno, a aminopirina, a anilina, a morfina e a benzfetamina são hidroxilados, aumentando sua solubilidade e sua excreção. Muitos fármacos, como o fenobarbital, possuem a capacidade de induzir a síntese de citocromos P450.

Os sistemas de citocromos P450 mitocondriais são encontrados nos tecidos esteroidogênicos, como o córtex da glândula suprarrenal, os testículos, o ovário e a placenta, e estão relacionados com a biossíntese dos hormônios esteroides a partir do colesterol (hidroxilação em C_{22} e C_{20} na clivagem da cadeia lateral e nas posições 11b e 18). Além disso, os sistemas renais que catalisam a 1α-hidroxilação e a 24-hidroxilação do 25-hidroxicolecalciferol no metabolismo da vitamina D – e a colesterol-7α-hidroxilase e a esterol-27-hidroxilase envolvidas na biossíntese de ácidos biliares a partir do colesterol no fígado (ver Capítulos 26 e 41) – são enzimas P450.

A SUPERÓXIDO-DISMUTASE PROTEGE OS ORGANISMOS AERÓBIOS CONTRA A TOXICIDADE DO OXIGÊNIO

A transferência de um único elétron para o O_2 gera o **radical livre ânion superóxido** (O_2^-), o qual origina reações em cadeia de radicais livres (ver Capítulo 21), amplificando seus efeitos destrutivos. A facilidade com que o superóxido pode ser formado a partir do oxigênio nos tecidos e a ocorrência da **superóxido-dismutase** (**SOD**), a enzima responsável por sua remoção em todos os organismos aeróbios (embora não em anaeróbios obrigatórios), indicam que a toxicidade potencial do oxigênio se deve à sua conversão em superóxido.

O superóxido é formado quando as flavinas reduzidas – presentes, por exemplo, na xantina-oxidase – são reoxidadas de modo univalente pelo oxigênio molecular:

$$EnZ - Flavina - H_2 + O_2 \rightarrow EnZ - Flavina - H + O_2^- + H^+$$

O superóxido pode reduzir o citocromo c oxidado

$$O_2^- + Cit\,c\,(Fe^{3+}) \rightarrow O_2 + Cit\,c\,(Fe^{2+})$$

ou pode ser removido pela superóxido-dismutase, que catalisa a conversão do (O_2^-) em oxigênio e peróxido de hidrogênio.

Nessa reação, o superóxido age tanto como oxidante quanto como redutor. Dessa forma, a superóxido-dismutase protege os organismos aeróbios contra os efeitos tóxicos potenciais do superóxido. A enzima ocorre em todos os principais tecidos aeróbios, nas mitocôndrias e no citosol. Embora a exposição de animais a uma atmosfera de oxigênio a 100% provoque um aumento adaptativo na SOD, sobretudo nos pulmões, a exposição prolongada causa lesão pulmonar e morte. Os antioxidantes como o α-tocoferol (vitamina E), atuam como depuradores dos radicais livres e reduzem a toxicidade do oxigênio (ver Capítulo 44).

RESUMO

- Nos sistemas biológicos, assim como nos sistemas químicos, a oxidação (perda de elétrons) sempre é acompanhada pela redução de um aceptor de elétrons.

- As oxidorredutases possuem várias funções no metabolismo; as oxidases e as desidrogenases desempenham papéis importantes na respiração; as hidroperoxidases protegem o organismo contra a lesão pelos radicais livres; e as oxigenases medeiam a hidroxilação de fármacos e esteroides.

- Os tecidos estão protegidos contra a toxicidade do oxigênio causada pelo radical livre superóxido pela enzima específica superóxido-dismutase.

REFERÊNCIAS

Nelson DL, Cox MM: *Lehninger Principles of Biochemistry*, 6th ed. Macmillan Higher Education, 2013.

Nicholls DG, Ferguson SJ: *Bioenergetics*, 4th ed. Academic Press, 2013.

CAPÍTULO 13

Cadeia respiratória e fosforilação oxidativa

Kathleen M. Botham, Ph.D., D.Sc. e Peter A. Mayes, Ph.D., D.Sc.

OBJETIVOS

Após o estudo deste capítulo, você deve ser capaz de:

- Descrever a estrutura dupla da membrana da mitocôndria e indicar a localização de várias enzimas.
- Reconhecer que a energia proveniente da oxidação de substratos energéticos (gorduras, carboidratos, aminoácidos) é quase totalmente gerada nas mitocôndrias por meio de um processo denominado transporte de elétrons, no qual os elétrons passam por uma série de complexos (a cadeia respiratória) até reagirem finalmente com oxigênio para formar água.
- Caracterizar os quatro complexos proteicos envolvidos na transferência de elétrons por meio da cadeia respiratória e explicar os papéis das flavoproteínas, das proteínas ferro-enxofre e da coenzima Q.
- Compreender como a coenzima Q aceita os elétrons do NADH por meio do complexo I e do $FADH_2$ por meio do complexo II.
- Indicar como os elétrons são transferidos da coenzima Q reduzida para o citocromo *c* por meio do complexo III no ciclo Q.
- Explicar o processo pelo qual o citocromo *c* reduzido é oxidado e o oxigênio é reduzido à água por meio do complexo IV.
- Descrever como o transporte de elétrons gera um gradiente de prótons através da membrana mitocondrial interna, levando à formação de uma força próton-motriz, que gera ATP pelo processo da fosforilação oxidativa.
- Descrever a estrutura da enzima ATP-sintase e explicar como ela atua como um motor rotatório para produzir ATP a partir de ADP e P_i.
- Explicar como a oxidação de equivalentes redutores por meio da cadeia respiratória e a fosforilação oxidativa estão estreitamente acopladas na maioria das circunstâncias, de modo que uma delas não pode prosseguir, a não ser que a outra esteja funcionando.
- Indicar exemplos de substâncias tóxicas comuns que bloqueiam a respiração ou a fosforilação oxidativa e identificar seus sítios de ação.
- Explicar, com exemplos, como os desacopladores podem atuar como substâncias tóxicas ao dissociar a oxidação via cadeia respiratória da fosforilação oxidativa, bem como de que maneira podem ter um papel fisiológico na geração do calor corporal.
- Explicar o papel dos transportadores de troca presentes na membrana interna da mitocôndria na troca de íons e metabólitos, enquanto preservam o equilíbrio eletroquímico e osmótico.

IMPORTÂNCIA BIOMÉDICA

Os organismos aeróbios são capazes de capturar uma proporção muito maior da energia livre disponível nos substratos respiratórios que os organismos anaeróbios. Grande parte disso acontece dentro das **mitocôndrias**, que foram denominadas como "geradores de energia" da célula. A respiração é acoplada à geração do intermediário de alta energia, trifosfato de adenosina (ATP, do inglês *adenosine triphosphate*) (ver Capítulo 11), pela **fosforilação oxidativa**. Diversos medicamentos (p. ex., **amobarbital**) e substâncias tóxicas (p. ex., **cianeto**, **monóxido de carbono**) inibem a fosforilação oxidativa, geralmente com consequências fatais. Foram relatados vários defeitos hereditários mitocondriais envolvendo componentes da cadeia respiratória e da fosforilação oxidativa. Os pacientes apresentam **miopatia** e **encefalopatia**, manifestando, com frequência, **acidose lática**.

ENZIMAS ESPECÍFICAS ESTÃO ASSOCIADAS A COMPARTIMENTOS SEPARADOS PELAS MEMBRANAS MITOCONDRIAIS

A **matriz** mitocondrial (o compartimento interno) é delimitada por uma **membrana dupla**. A **membrana externa** é permeável à maioria dos metabólitos, e a **membrana interna** é seletivamente permeável (**Figura 13-1**). A membrana externa caracteriza-se pela presença de várias enzimas, incluindo a **acil-CoA-sintetase** (ver Capítulo 22) e a **glicerol-fosfato-aciltransferase** (ver Capítulo 24). Outras enzimas, incluindo a **adenilil-cinase** (ver Capítulo 11) e a **creatina-cinase** (ver Capítulo 51), são encontradas no **espaço intermembrana**. O fosfolipídeo **cardiolipina** fica concentrado na membrana interna, junto às enzimas da **cadeia respiratória**, à **ATP-sintase** e a diversos **transportadores de membrana**.

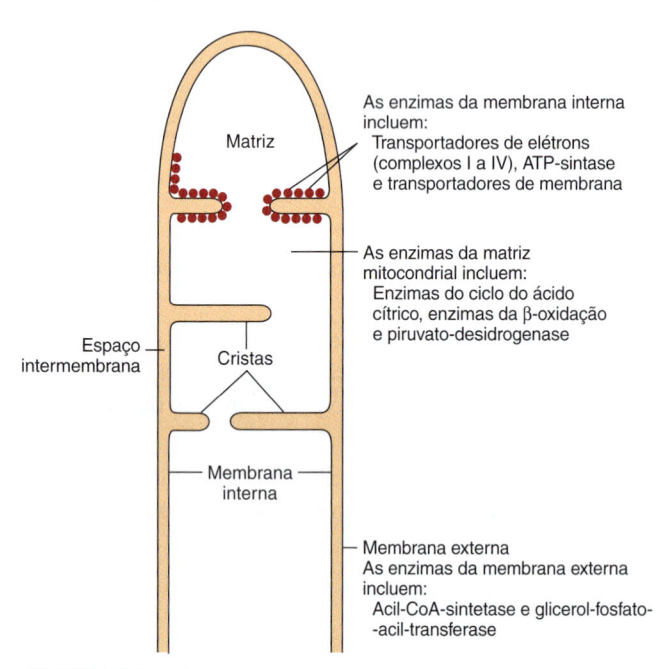

FIGURA 13-1 Estrutura das membranas micondriais. Observe que a membrana interna contém muitas pregas ou cristas.

A CADEIA RESPIRATÓRIA OXIDA EQUIVALENTES REDUTORES E ATUA COMO UMA BOMBA DE PRÓTONS

Grande parte da energia liberada durante a oxidação de carboidratos, ácidos graxos e aminoácidos é disponibilizada dentro das mitocôndrias como equivalentes redutores (—H ou elétrons) (**Figura 13-2**). As enzimas do ciclo do ácido cítrico e da β-oxidação (ver Capítulos 22 e 16), os **complexos da cadeia respiratória** e a maquinaria para a **fosforilação oxidativa** são encontrados na mitocôndria. A cadeia respiratória coleta e transporta equivalentes redutores, direcionando-os para a sua reação final com o oxigênio para formar água, e a fosforilação oxidativa é o processo pelo qual a energia livre liberada é aprisionada como **fosfato de alta energia**.

Os componentes da cadeia respiratória estão contidos em quatro grandes complexos proteicos inseridos na membrana mitocondrial interna

Os elétrons fluem pela cadeia respiratória através de uma extensão redox de 1,1 V do $NAD^+/NADH$ para $O_2/2H_2O$ (ver Tabela 12-1), passando por três grandes complexos proteicos: a **NADH-Q-oxidorredutase (complexo I)**, em que os elétrons são transferidos do desidrogenase do dinucleotídeo de adenina-nicotinamida (NADH, do inglês *nicotinamide adenine dinucleotide dehydrogenase*) para a **coenzima Q (Q)** (também denominada **ubiquinona**); a **Q-citocromo c-oxidorredutase (complexo III)**, que passa os elétrons até o **citocromo c**; e a **citocromo c-oxidase (complexo IV)**, que completa a cadeia, passando os elétrons para o O_2 e reduzindo-o a H_2O (**Figura 13-3**). Alguns substratos com potenciais redox mais positivos que o $NAD^+/NADH$ (p. ex., succinato) passam os elétrons para a Q por meio de um quarto complexo, o **succinato-Q-redutase (complexo II)**, em vez do complexo I. Os quatro complexos estão inseridos na membrana mitocondrial interna, mas a Q e o citocromo c são móveis. A Q difunde-se rapidamente dentro da membrana, ao passo que o citocromo c é uma proteína solúvel.

As flavoproteínas e as proteínas ferro-enxofre (Fe-S) são componentes dos complexos da cadeia respiratória

As **flavoproteínas** (ver Capítulo 12) são componentes importantes dos complexos I e II. A flavina nucleotídeo oxidada (flavina mononucleotídeo [FMN] ou flavina adenina dinucleotídeo [FAD]) pode ser reduzida em reações que envolvem a transferência de dois elétrons (para formar $FMNH_2$ ou $FADH_2$), porém também podem aceitar um elétron para formar a semiquinona (ver Figura 12-2). As **proteínas ferro-enxofre** (**proteínas sem ferro heme**, **Fe-S**) são encontradas nos complexos I, II e III. Elas podem conter um, dois ou quatro átomos de Fe ligados a átomos de enxofre inorgânico e/ou por meio de grupamentos cisteína-SH à proteína (**Figura 13-4**). O Fe-S participa das reações de transferência de um único elétron, nas quais um átomo de Fe sofre oxidorredução entre Fe^{2+} e Fe^{3+}.

CAPÍTULO 13 Cadeia respiratória e fosforilação oxidativa 119

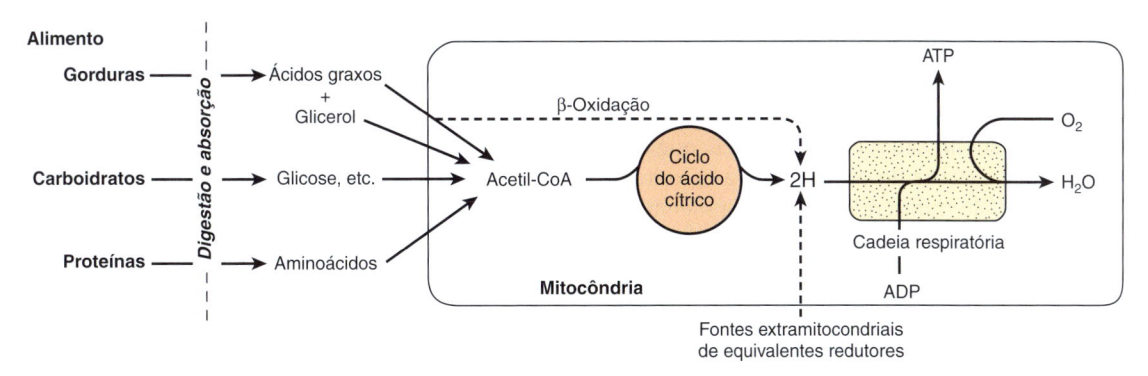

FIGURA 13-2 **Função da cadeia respiratória das mitocôndrias na conversão da energia alimentar em ATP.** A oxidação dos principais nutrientes leva à produção de equivalentes redutores (2H) que são coletados pela cadeia respiratória para oxidação e produção acoplada de ATP. (ADP, difosfato de adenosina; ATP, trifosfato de adenosina.)

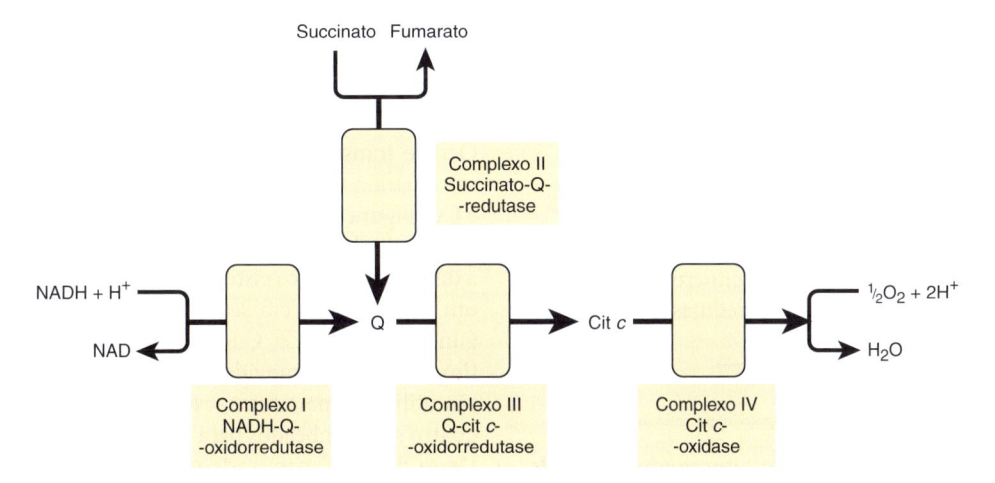

FIGURA 13-3 **Visão geral do fluxo de elétrons pela cadeia respiratória.** (cit, citocromo; Q, coenzima Q ou ubiquinona.)

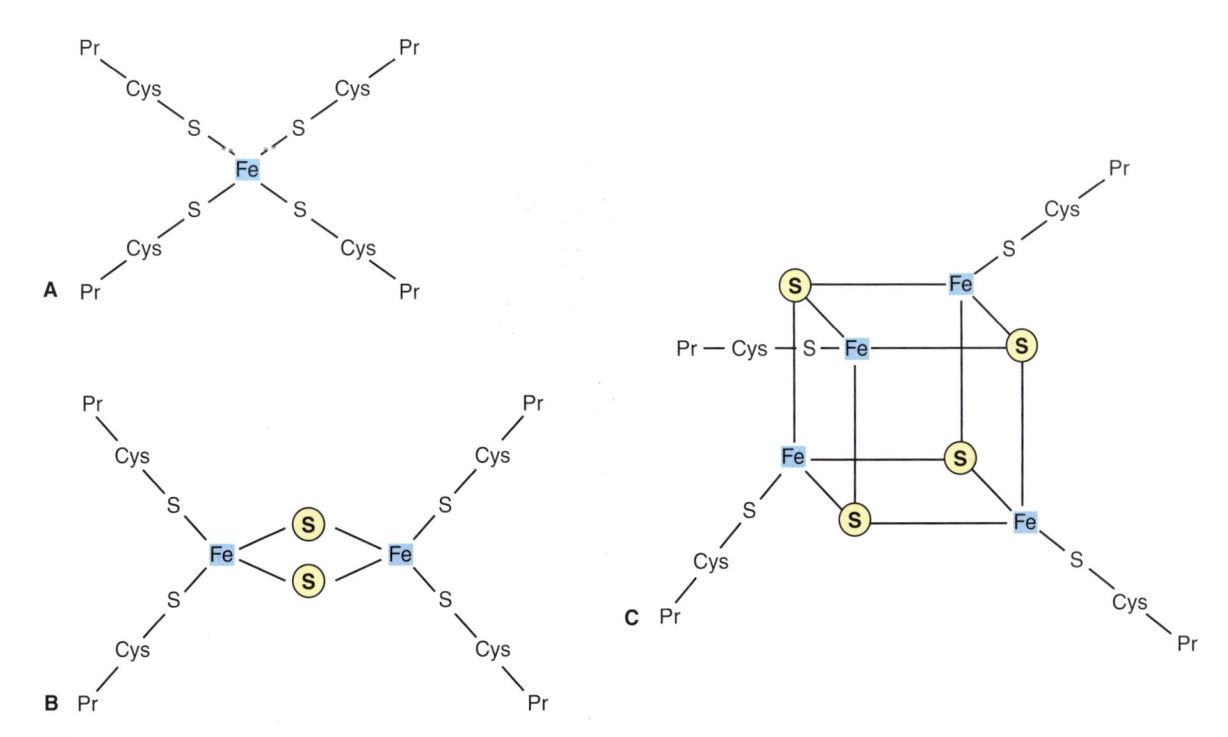

FIGURA 13-4 **Proteínas ferro-enxofre (Fe-S).** (**A**) O Fe-S mais simples com um Fe ligado a quatro cisteínas. (**B**) Centro 2Fe-2S. (**C**) Centro 4Fe-4S. (Cys, cisteína; Pr, apoproteína; Ⓢ, enxofre inorgânico.)

A Q aceita elétrons por meio dos complexos I e II

A NADH-Q-oxidorredutase ou complexo I é uma grande proteína de múltiplas subunidades em forma de L, que catalisa a transferência de elétrons do NADH para a Q; durante o processo, quatro H$^+$ são transferidos através da membrana para dentro do espaço intermembrana:

$$NADH + Q + 5H^+_{matriz} \rightarrow NAD + QH_2 + 4H^+_{espaço\ intermembrana}$$

A princípio, os elétrons são transferidos do NADH para o FMN, depois para uma série de centros Fe-S e, por fim, para a Q (**Figura 13-5**). No complexo II (succinato-Q-redutase), o FADH$_2$ é formado durante a conversão do succinato em fumarato no ciclo do ácido cítrico (ver Figura 16-3), e os elétrons são transferidos por meio de diversos centros Fe-S para a Q (Figura 13-5). O glicerol-3-fosfato (produzido na clivagem de triacilgliceróis ou a partir da glicólise; ver Figura 17-2) e a acil--CoA também passam elétrons para a Q por vias diferentes, envolvendo as flavoproteínas (Figura 13-5).

O ciclo Q acopla a transferência de elétrons ao transporte de prótons no complexo III

Os elétrons são passados do QH$_2$ para o citocromo c por meio do complexo III (Q-citocromo c-oxidorredutase):

$$QH_2 + 2Citc_{oxidado} + 2H^+_{matriz} \rightarrow$$
$$Q + 2Citc_{reduzido} + 4H^+_{espaço\ intermembrana}$$

Acredita-se que o processo envolva os **citocromos c_1, b_L e b_H** e uma proteína **Fe-S de Rieske** (uma proteína Fe-S incomum em que um dos átomos de Fe está ligado a dois resíduos de histidina, em vez de a dois resíduos de cisteína) (Figura 13-5) e é conhecido como **ciclo Q** (**Figura 13-6**). A Q pode existir em três formas: quinona oxidada, quinol reduzido ou semiquinona (Figura 13-6). A semiquinona é formada de modo transitório durante o ciclo, e cada volta leva à oxidação de 2QH$_2$ em Q, liberando 4H$^+$ no espaço intermembrana, e à redução de um Q a QH$_2$, causando a captação de 2H$^+$ da matriz (Figura 13-6). Observe que, enquanto a Q transporta dois elétrons, os citocromos carregam apenas um e, assim, a oxidação de um QH$_2$ está acoplada à redução de duas moléculas de citocromo c por meio do ciclo Q.

O oxigênio molecular é reduzido à água por meio do complexo IV

O citocromo c reduzido é oxidado pelo complexo IV (citocromo c-oxidase), com a redução concomitante do O$_2$ a duas moléculas de água:

$$2Citc_{reduzido} + O_2 + 8H^+_{matriz} \rightarrow$$
$$4Citc_{oxidado} + 2H_2O + 4H^+_{espaço\ intermembrana}$$

Ocorre transferência de quatro elétrons a partir do citocromo c para o O$_2$ por meio de **dois grupamentos heme, a e a_3, e Cu** (Figura 13-5). Os elétrons são inicialmente passados para um centro de Cu (Cu$_A$), o qual contém 2 átomos de Cu ligados a dois grupamentos cisteína-SH proteicos (assemelhando-se a um Fe-S), depois em sequência ao heme a, heme a_3, um segundo centro de Cu, Cu$_B$, o qual está ligado ao heme a_3, e, por fim, ao O$_2$. São removidos oito H$^+$ da matriz, dos quais quatro são utilizados para formar duas moléculas de água, enquanto quatro são bombeados para dentro do espaço intermembrana. Dessa maneira, para cada par de elétrons que continuam na cadeia desde o NADH ou FADH$_2$, 2H$^+$ são bombeados através da membrana pelo complexo IV. O O$_2$ permanece firmemente ligado ao complexo IV até que seja totalmente reduzido, minimizando a liberação de intermediários potencialmente

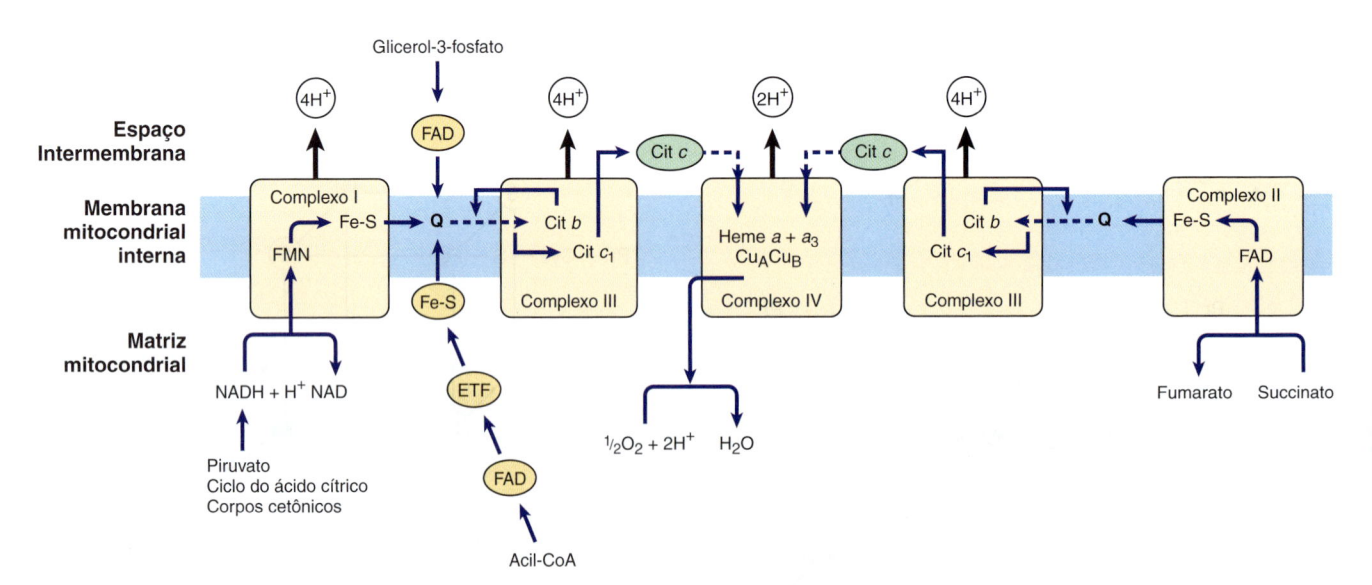

FIGURA 13-5 Fluxo de elétrons pelos complexos da cadeia respiratória, mostrando os pontos de entrada para equivalentes redutores a partir de substratos importantes. Q e cit c são componentes móveis do sistema, conforme indicado pelas setas tracejadas. O fluxo pelo complexo III (o ciclo Q) é mostrado em mais detalhes na Figura 13-6. (Cit, citocromo; ETF, flavoproteína transferidora de elétrons; Fe-S, proteína ferro-enxofre; Q, coenzima Q ou ubiquinona.)

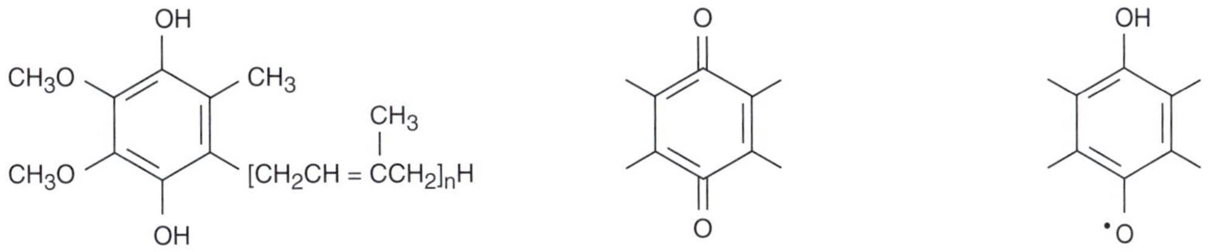

QH_2: Forma reduzida (quinol) (QH_2) **Q:** Forma completamente oxidada (quinona) **$^{\bullet}Q^-$:** Forma semiquinona (radical livre)

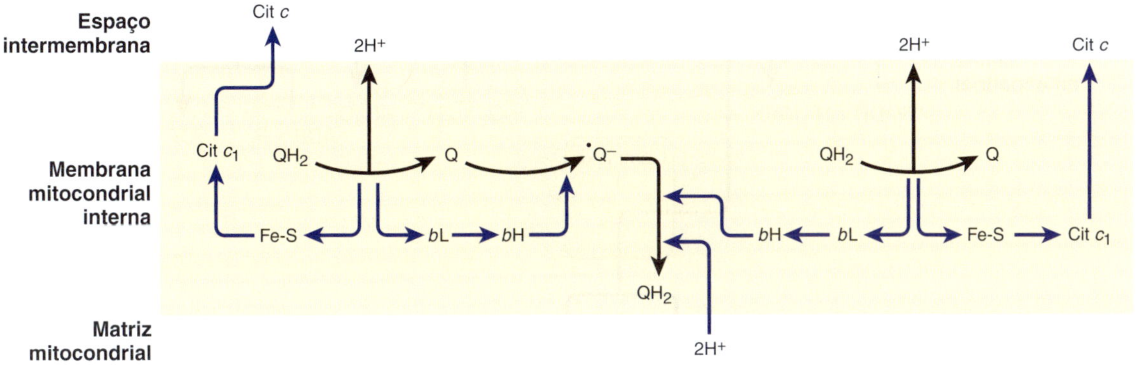

FIGURA 13-6 O ciclo Q. Durante a oxidação de QH_2 a Q, um elétron é doado para o cit *c* por meio de Fe-S Rieske e cit c_1, e o segundo para uma Q para formar a semiquinona por meio do cit b_L e cit b_H, com liberação de $2H^+$ no espaço intermembrana. Então, um processo similar ocorre com um segundo QH_2, mas, nesse caso, o segundo elétron é doado para a semiquinona, reduzindo-a a QH_2, sendo que $2H^+$ são captados da matriz. (Cit, citocromo; Fe-S, proteína ferro-enxofre; Q, coenzima Q ou ubiquinona.)

danosos, como ânions superóxido ou peróxido, os quais são formados quando o O_2 aceita um ou dois elétrons, respectivamente (ver Capítulo 12).

O TRANSPORTE DE ELÉTRONS PELA CADEIA RESPIRATÓRIA CRIA UM GRADIENTE DE PRÓTONS QUE DIRECIONA A SÍNTESE DE ATP

O fluxo dos elétrons pela cadeia respiratória gera ATP por meio do processo de **fosforilação oxidativa**. A **teoria quimiosmótica**, proposta por Peter Mitchell, em 1961, postula que os dois processos estão acoplados por um gradiente de prótons através da membrana mitocondrial interna, de modo que a **força próton-motriz** causada pela diferença do potencial eletroquímico (negativa no lado da matriz) impulsiona o mecanismo de síntese de ATP. Conforme já observado, os complexos I, III e IV atuam como **bombas de prótons**, movendo o H^+ da matriz mitocondrial para o espaço intermembrana. Como a membrana mitocondrial interna é impermeável aos íons em geral e principalmente aos prótons, estes acumulam-se no espaço intermembrana, criando a força próton-motriz predita pela teoria quimiosmótica.

Uma ATP-sintase localizada na membrana funciona como um motor rotatório para formar o ATP

A força próton-motriz impulsiona uma **ATP-sintase** localizada na membrana que forma ATP na presença de P_i + difosfato de adenosina (ADP, do inglês *adenosine diphosphate*). A ATP-sintase está inserida na membrana interna, juntamente aos complexos da cadeia respiratória (**Figura 13-7**). Várias subunidades da proteína assumem um formato semelhante a uma bola, dispostas ao redor de um eixo conhecido como F_1, o qual se projeta para dentro da matriz e contém o mecanismo de fosforilação (**Figura 13-8**). O F_1 está ligado a um complexo proteico de membrana conhecido como F_0, o qual também consiste em diversas subunidades proteicas. O F_0 atravessa a membrana e forma um canal de prótons. À medida que o fluxo de prótons através de F_0 é impulsionado pelo gradiente de prótons através da membrana, ele provoca a sua rotação, impulsionando a produção de ATP no complexo F_1 (Figuras 13-7 e 13-8). Acredita-se que isso ocorra por meio de um **mecanismo de troca de ligação**, no qual a conformação das subunidades β em F_1 é modificada, à medida que o eixo gira, de uma que se liga firmemente ao ATP para aquela que libera o ATP e se liga ao ADP e ao P_i, de maneira que o próximo ATP possa ser formado. Conforme assinalado anteriormente, para cada NADH oxidado, complexos I e III translocam, cada um deles, quatro prótons, enquanto o complexo IV transloca dois.

A CADEIA RESPIRATÓRIA FORNECE A MAIOR PARTE DA ENERGIA CAPTURADA DURANTE O CATABOLISMO

O ADP captura, na forma de fosfato de alta energia, uma proporção significativa da energia livre liberada por processos catabólicos. O ATP resultante é chamado de "**moeda" energética**

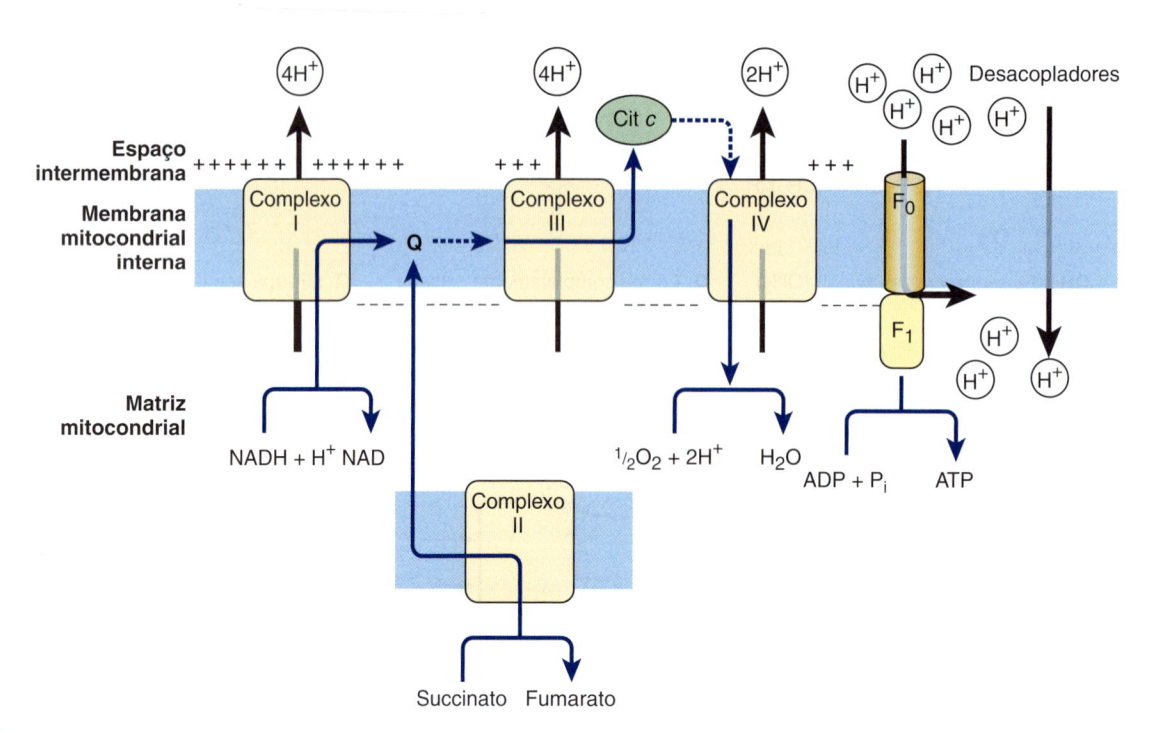

FIGURA 13-7 **A teoria quimiosmótica da fosforilação oxidativa.** Os complexos I, III e IV agem como bombas de prótons, criando um gradiente de prótons através da membrana, a qual é negativa no lado da matriz. A força próton-motriz gerada direciona a síntese de ATP à medida que os prótons fluem de volta para a matriz por meio da enzima ATP-sintase (ver Figura 13-8). Os desacopladores aumentam a permeabilidade da membrana aos íons, desfazendo o gradiente de prótons ao permitir que o H⁺ atravesse sem precisar passar pela ATP-sintase e, dessa maneira, desacopla o fluxo de elétrons pelos complexos respiratórios da síntese de ATP. (cit, citocromo; Q, coenzima Q ou ubiquinona.)

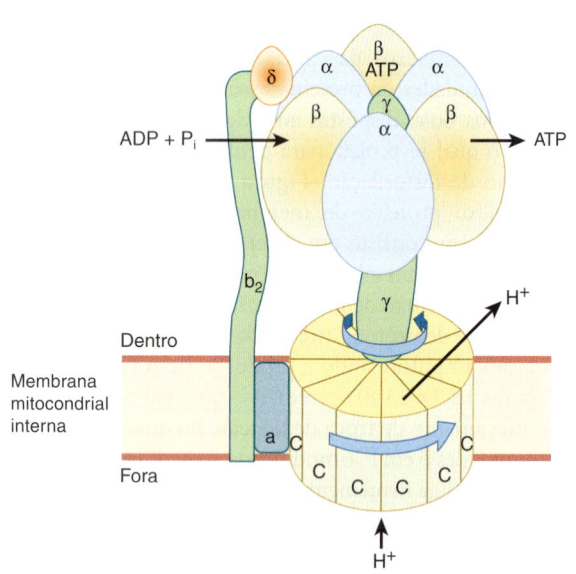

FIGURA 13-8 **Mecanismo de produção do ATP pela ATP-sintase.** O complexo enzimático consiste em um subcomplexo F_0, que é um disco de subunidades de proteína "C". Este se liga a uma subunidade γ na forma de um "eixo curvado". Os prótons que atravessam o disco de unidades "C" causam a rotação do disco e da subunidade γ acoplada. A subunidade γ adapta-se dentro do subcomplexo F_1 de três subunidades α e três subunidades β, que estão fixadas à membrana e não giram. O ADP e o P_i são captados sequencialmente pelas subunidades β para formar o ATP, que é expulso à medida que a subunidade γ rotatória espreme cada subunidade β por vez e muda sua conformação. Dessa maneira, três moléculas de ATP são produzidas a cada giro. Para maior clareza, nem todas as subunidades que foram identificadas são mostradas – por exemplo, o "eixo" também contém uma subunidade ε. (ADP, difosfato de adenosina; ATP, trifosfato de adenosina.)

da célula, porque transmite a energia livre para impulsionar processos que requerem energia (ver Figura 11-5).

Existe uma captura direta líquida de dois grupamentos fosfato de alta energia nas reações glicolíticas (ver Tabela 17-1). Mais dois fosfatos de alta energia por mol de glicose são capturados no ciclo do ácido cítrico durante a conversão da succinil-CoA em succinato (ver Capítulo 16). Todas essas fosforilações ocorrem no **nível de substrato**. Para cada mol de substrato oxidado por meio dos complexos I, III e IV na cadeia respiratória (i.e., pelo NADH), são formados 2,5 mols de ATP por 0,5 mol de O_2 consumido; isto é, a razão P:O = 2,5 (Figura 13-7). Por outro lado, quando 1 mol de substrato (p. ex., succinato ou 3-fosfoglicerato) é oxidado por meio dos complexos II, III e IV, apenas 1,5 mol de ATP é formado; isto é, P:O = 1,5. Essas reações são conhecidas como **fosforilação oxidativa no nível da cadeia respiratória**. Considerando esses valores, pode-se estimar que quase 90% dos fosfatos de alta energia produzidos a partir da oxidação completa de 1 mol de glicose são obtidos por meio da fosforilação oxidativa acoplada à cadeia respiratória (ver Tabela 17-1).

O controle respiratório garante um suprimento constante de ATP

A taxa da respiração na mitocôndria pode ser controlada por meio da disponibilidade de ADP. Isso ocorre porque a oxidação e a fosforilação estão **firmemente acopladas**; isto é, a oxidação não pode continuar por meio da cadeia respiratória sem a concomitante fosforilação do ADP. A **Tabela 13-1** mostra as cinco condições que controlam a taxa da respiração na

TABELA 13-1 Estados do controle respiratório

Condições limitadoras da taxa da respiração	
Estado 1	Disponibilidade de ADP e substrato
Estado 2	Disponibilidade apenas de substrato
Estado 3	A capacidade da própria cadeia respiratória, quando todos os substratos e componentes estão presentes em quantidades saturantes
Estado 4	Disponibilidade apenas de ADP
Estado 5	Disponibilidade apenas de oxigênio

mitocôndria. A maioria das células em estado de repouso encontra-se no **estado 4**, e a respiração é controlada pela disponibilidade de ADP. Quando se realiza trabalho, o ATP é convertido em ADP, possibilitando que ocorra mais respiração, o que, por sua vez, repõe a reserva de ATP. Em determinadas condições, a concentração de fosfato inorgânico também pode afetar a taxa de funcionamento da cadeia respiratória. À medida que a respiração aumenta (como ocorre no exercício), a célula aproxima-se do **estado 3 ou 5**, quando a capacidade da cadeia respiratória se torna saturada ou a PO_2 diminui abaixo do K_m para o heme a_3. Também há a possibilidade de o transportador de ADP/ATP, que facilita a entrada do ADP citosólico e a saída do ATP da mitocôndria, transformar-se no limitador da taxa.

Assim, a maneira como os processos oxidativos biológicos permitem que a energia livre decorrente da oxidação dos alimentos seja disponibilizada e utilizada é gradual, eficiente e controlada – em vez de explosiva, ineficiente e descontrolada, como em muitos processos não biológicos. A energia livre restante que não é capturada como fosfato de alta energia é liberada como **calor**. Essa energia não precisa ser considerada "perdida", pois ela assegura que o sistema respiratório como um todo seja suficientemente exergônico para ser tirado do equilíbrio, possibilitando o fluxo unidirecional contínuo e o fornecimento constante de ATP. Ela também contribui para a manutenção da temperatura corporal.

MUITAS SUBSTÂNCIAS TÓXICAS INIBEM A CADEIA RESPIRATÓRIA

Grande parte das informações a respeito da cadeia respiratória foi obtida por meio do uso de inibidores e, em contrapartida, isso gerou o conhecimento sobre o mecanismo de ação de diversas substâncias tóxicas (**Figura 13-9**). Elas podem ser classificadas como inibidores da cadeia respiratória, inibidores da fosforilação oxidativa ou desacopladores da fosforilação oxidativa.

Os **barbitúricos**, como o amobarbital, inibem o transporte de elétrons pelo complexo I ao bloquear a transferência de Fe-S para Q. Na dose suficiente, eles são fatais. A **antimicina A** e o **dimercaprol** inibem a cadeia respiratória no complexo III. As substâncias tóxicas clássicas H_2S, **monóxido de carbono** e **cianeto** inibem o complexo IV e, portanto, podem interromper totalmente a respiração. O **malonato** é um inibidor competitivo do complexo II.

O **atractilosídeo** inibe a fosforilação oxidativa ao inibir o transportador de ADP para dentro e o de ATP para fora da mitocôndria (**Figura 13-10**). O antibiótico **oligomicina** bloqueia por completo a oxidação e a fosforilação ao bloquear o fluxo de prótons por meio da ATP-sintase (Figura 13-9).

Os **desacopladores** dissociam a oxidação na cadeia respiratória da fosforilação (Figura 13-7). Esses compostos são tóxicos, tornando a respiração descontrolada, pois a taxa não é mais limitada pela concentração de ADP ou de P_i. O desacoplador que tem sido utilizado com maior frequência é o **2,4-dinitrofenol**, mas outros compostos atuam de maneira similar. A **termogenina** (ou **proteína desacopladora**) é um desacoplador fisiológico encontrado no tecido adiposo marrom

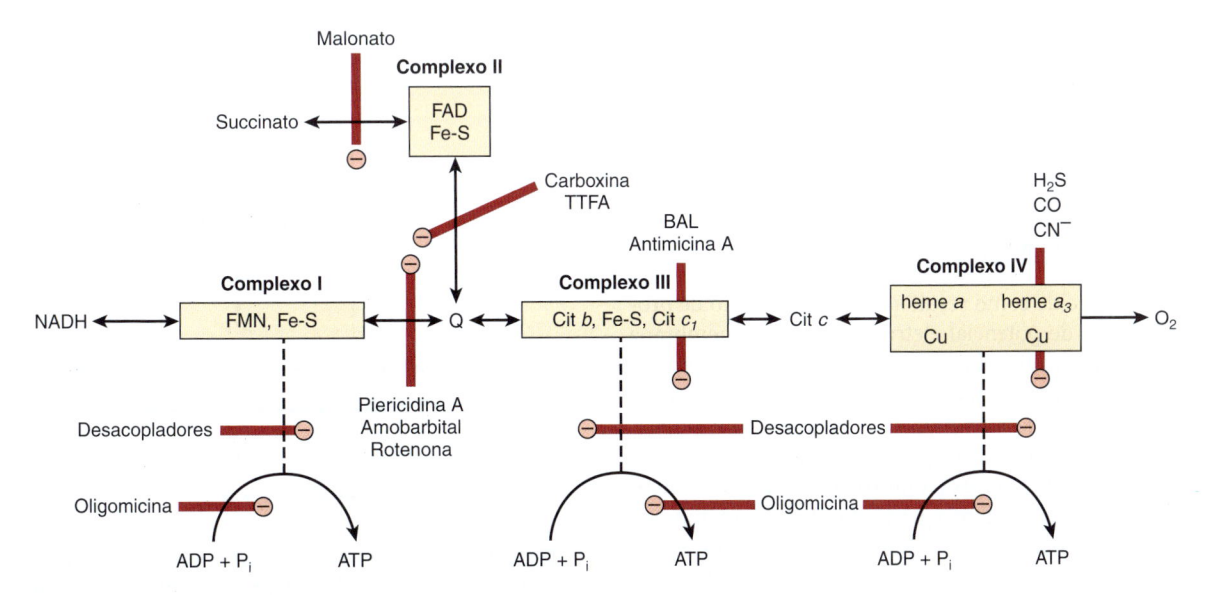

FIGURA 13-9 Sítios de inibição (⊖) da cadeia respiratória por fármacos específicos, substâncias químicas e antibióticos específicos. (BAL, dimercaprol; TTFA, um agente quelante do Fe. As outras abreviaturas são idênticas às da Figura 13-5.)

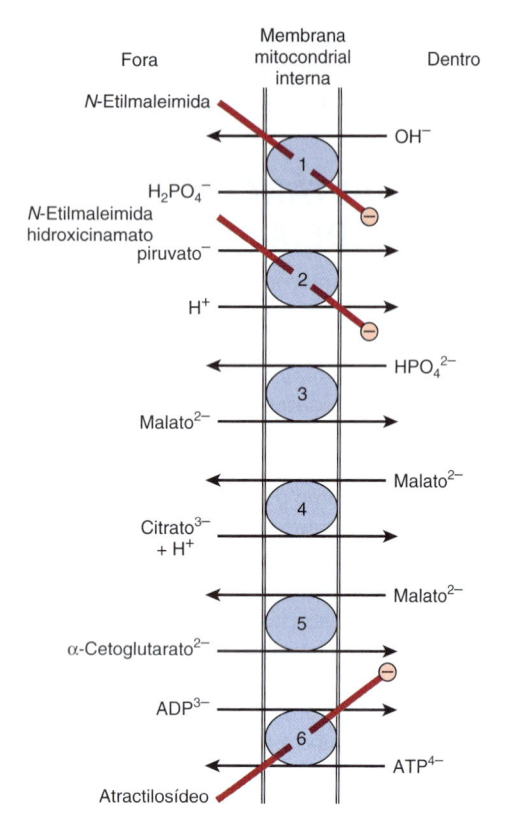

FIGURA 13-10 Sistemas transportadores na membrana mitocondrial interna. ① Transportador de fosfato, ② simporte de piruvato, ③ transportador de dicarboxilato, ④ transportador de tricarboxilato, ⑤ transportador de α-cetoglutarato, ⑥ transportador de adenina nucleotídeo. A N-etilmaleimida, o hidroxicinamato e o atractilosídeo inibem (⊖) os sistemas indicados. Também presentes (mas não mostrados) estão os sistemas transportadores para glutamato/aspartato (Figura 13-13), glutamina, ornitina, aminoácidos neutros e carnitina (ver Figura 22-1). (ADP, difosfato de adenosina; ATP, trifosfato de adenosina.)

que funciona para gerar o calor corporal, principalmente para recém-nascidos e durante a hibernação em animais (ver Capítulo 25).

A TEORIA QUIMIOSMÓTICA PODE SER RESPONSÁVEL PELO CONTROLE RESPIRATÓRIO E PELA AÇÃO DE DESACOPLADORES

Uma vez estabelecida como resultado da translocação de prótons, a diferença de potencial eletroquímico pela membrana inibe o transporte adicional de equivalentes redutores pela cadeia respiratória, a menos que seja dissipado pela translocação reversa de prótons pela membrana por meio da ATP-sintase. Por sua vez, isso depende da disponibilidade de ADP e P_i.

Os desacopladores (p. ex., dinitrofenol) são anfipáticos (ver Capítulo 21) e aumentam a permeabilidade da membrana mitocondrial interna lipóidica aos prótons, reduzindo, assim, o potencial eletroquímico e gerando uma falha da ATP-sintase (Figura 13-7). Dessa forma, a oxidação pode prosseguir sem a fosforilação.

A PERMEABILIDADE SELETIVA DA MEMBRANA MITOCONDRIAL INTERNA NECESSITA DE TRANSPORTADORES DE TROCA

Os **sistemas de difusão por troca** envolvendo proteínas transportadoras que atravessam a membrana estão presentes na membrana para a troca de ânions por íons OH^- e de cátions por íons H^+. Esses sistemas são necessários para a captação e a depuração dos metabólitos ionizados, enquanto preservam os equilíbrios elétrico e osmótico. A membrana mitocondrial interna é livremente permeável a **moléculas pequenas não carregadas**, como oxigênio, água, CO_2, NH_3 e **ácidos monocarboxílicos**, como o 3-hidroxibutírico, o acetoacético e o acético, sobretudo nas suas formas não dissociadas e mais lipossolúveis. Os **ácidos graxos de cadeia longa** são transportados para dentro das mitocôndrias por meio do sistema da carnitina (ver Figura 22-1); também existe um carreador especial para o **piruvato**, envolvendo um simporte que utiliza o gradiente de H^+ de fora para dentro da mitocôndria (Figura 13-10). No entanto, **ânions dicarboxilato e tricarboxilato** (p. ex., **malato**, **citrato**) e **aminoácidos** requerem transportadores específicos ou sistemas carreadores para facilitar a passagem através da membrana.

O transporte de ânions dicarboxílicos e tricarboxílicos está intimamente ligado ao do fosfato inorgânico, o qual penetra prontamente como o íon $H_2PO_4^-$ em troca de OH^-. A captação líquida de malato pelo transportador de dicarboxilato requer o fosfato inorgânico para a troca na direção oposta. A captação líquida de citrato, isocitrato ou cis-aconitato pelo transportador de tricarboxilatos requer malato em troca. O transporte de α-cetoglutarato também exige uma troca por malato. O transportador de adenina nucleotídeo permite a troca de ATP e ADP, mas não de monofosfato de adenosina (AMP, do inglês *adenosine monophosphate*). Isso é vital para a saída de ATP da mitocôndria para os locais extramitocondriais, onde será utilizado, e para o retorno de ADP para a produção de ATP dentro da mitocôndria (**Figura 13-11**). Como, nessa translocação, quatro

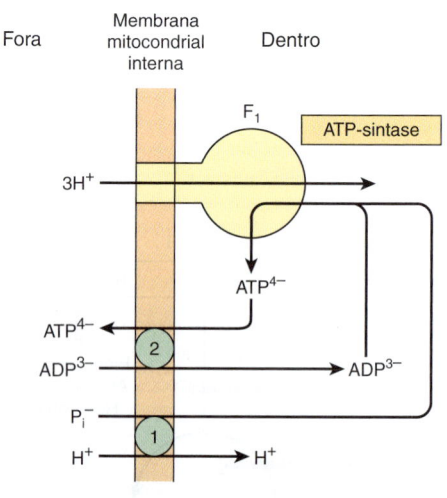

FIGURA 13-11 Combinação do transportador de fosfato ① com o transportador de adenina nucleotídeo ② na síntese de ATP. O simporte H^+/P_i representado é equivalente ao antiporte P_i/OH^- mostrado na Figura 13-10.

cargas negativas são removidas da matriz para cada três captadas, o gradiente eletroquímico através da membrana (a força próton-motriz) favorece a exportação de ATP. O Na^+ pode ser trocado pelo H^+, dirigido pelo gradiente de prótons. Acredita-se que a captação ativa de Ca^{2+} pelas mitocôndrias ocorra com transferência de carga efetiva de 1 (uniporte de Ca^+), possivelmente através de antiporte Ca^{2+}/H^+. A liberação de cálcio a partir das mitocôndrias é facilitada pela troca por Na^+.

Os ionóforos permitem que cátions específicos penetrem nas membranas

Os **ionóforos** são moléculas lipofílicas que se complexam com cátions específicos e facilitam seu transporte através de membranas biológicas, como a **valinomicina** (K^+). Os desacopladores clássicos, como o dinitrofenol, são, na verdade, ionóforos de prótons.

Uma transidrogenase de translocação de prótons é uma fonte de NADPH intramitocondrial

A **transidrogenase ligada à energia**, uma proteína da membrana mitocondrial interna, acopla a passagem de prótons a favor do gradiente eletroquímico de fora para dentro da mitocôndria, com a transferência de H do NADH intramitocondrial para o NADPH por enzimas intramitocondriais, como a glutamato-desidrogenase e as hidroxilases envolvidas na síntese de esteroide.

A oxidação do NADH extramitocondrial é mediada por lançadeiras de substrato

O NADH não consegue penetrar na membrana mitocondrial, mas é produzido de forma contínua no citosol pela 3-fosfogliceraldeído-desidrogenase, uma enzima da via glicolítica (ver Figura 17-2). No entanto, em condições aeróbias, o NADH extramitocondrial não se acumula, e presume-se que seja oxidado pela cadeia respiratória nas mitocôndrias. A transferência de equivalentes redutores através da membrana mitocondrial requer **pares de substratos** ligados por desidrogenases adequadas em cada lado da membrana mitocondrial. O mecanismo de transferência que utiliza a **lançadeira de glicerolfosfato** é mostrada na **Figura 13-12**. Como a enzima mitocondrial está ligada à cadeia respiratória por meio de uma flavoproteína, em vez de por NAD, apenas 1,5 mol de ATP, e não 2,5 mols, é formado por átomo de oxigênio consumido. Embora essa lançadeira esteja presente em alguns tecidos (p. ex., cérebro, músculo branco), em outros (p. ex., músculo cardíaco) ela é deficiente. Portanto, acredita-se que o sistema **lançadeira de malato** (**Figura 13-13**) apresente uma utilidade mais universal. A complexidade desse

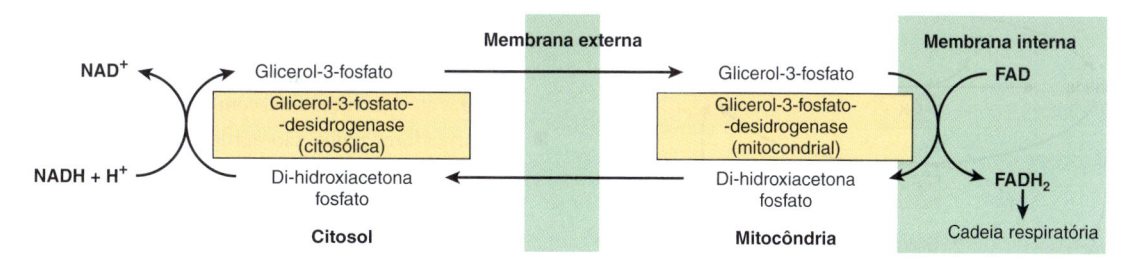

FIGURA 13-12 Lançadeira de glicerofosfato para a transferência de equivalentes redutores a partir do citosol para dentro da mitocôndria.

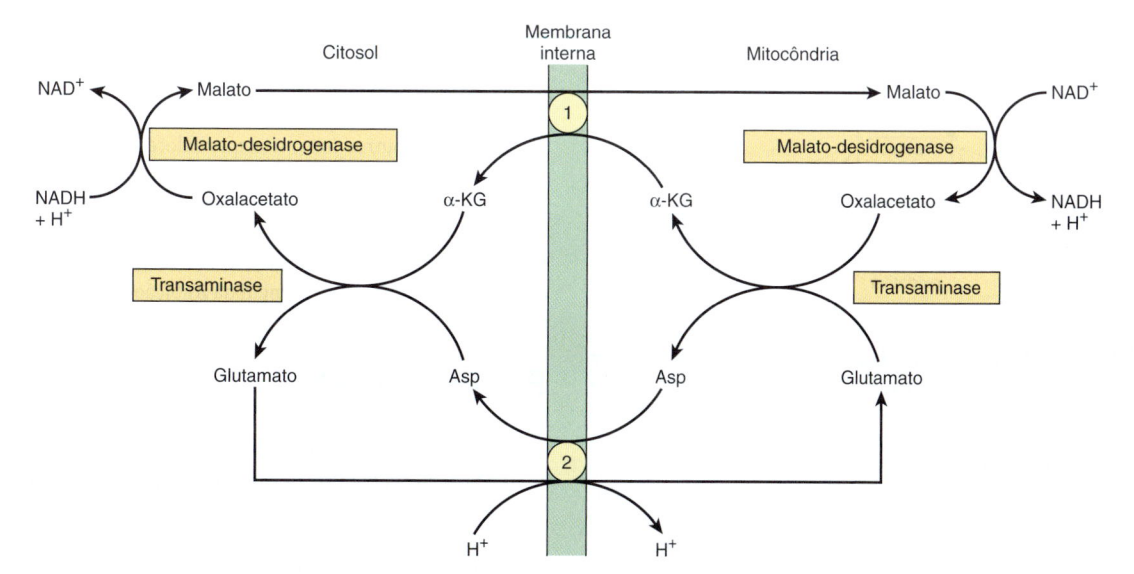

FIGURA 13-13 Lançadeira de malato para a transferência de equivalentes redutores a partir do citosol para dentro da mitocôndria. ① Transportador de α-cetoglutarato e ② transportador de glutamato/aspartato (observe o simporte de prótons com o glutamato).

sistema se deve à impermeabilidade da membrana mitocondrial ao oxalacetato, o qual deve reagir com o glutamato para formar aspartato e α-cetoglutarato por transaminação antes do transporte através da membrana mitocondrial e da reconstituição a oxalacetato no citosol.

O transporte de íons nas mitocôndrias está ligado à energia

As mitocôndrias mantêm ou acumulam cátions como K^+, Na^+, Ca^{2+}, Mg^{2+} e P_i. Acredita-se que uma bomba de prótons primária direcione a troca de cátions.

A lançadeira de creatina-fosfato facilita o transporte do fosfato de alta energia a partir das mitocôndrias

A **lançadeira de creatina-fosfato** (Figura 13-14) aumenta as funções da **creatina-fosfato** como um tampão de energia ao agir como um sistema dinâmico para a transferência de fosfato de alta energia nas mitocôndrias dos tecidos ativos, como o coração e o músculo esquelético. Uma isoenzima da **creatina-cinase** (CK_m) é encontrada no espaço intermembrana mitocondrial, catalisando a transferência do fosfato de alta energia para a creatina a partir do ATP oriundo do transportador de adenina nucleotídeo. Por sua vez, a creatina-fosfato é transportada para o citosol através de poros proteicos na membrana mitocondrial externa, tornando-se disponível para a produção do ATP extramitocondrial.

ASPECTOS CLÍNICOS

A condição conhecida como **miopatia mitocondrial infantil fatal e disfunção renal** envolve a grave redução ou ausência da maioria das oxidorredutases da cadeia respiratória. A **MELAS** (encefalopatia mitocondrial, acidose lática e acidente vascular encefálico) é uma condição herdada devido à deficiência de NADH-Q-oxidorredutase (complexo I) ou da citocromo-oxidase (complexo IV). É causada por uma mutação no ácido desoxirribonucleico (DNA, do inglês *deoxyribonucleic acid*) mitocondrial e pode estar envolvida na **doença de Alzheimer** e no **diabetes melito**. Vários fármacos e substâncias tóxicas atuam inibindo a fosforilação oxidativa (ver anteriormente).

RESUMO

- Quase toda a energia liberada a partir da oxidação de carboidratos, lipídeos e proteínas é disponibilizada nas mitocôndrias como equivalentes redutores (—H ou e⁻). Estes são afunilados na cadeia respiratória, onde são transmitidos por um gradiente redox de carreadores até sua reação final com o oxigênio para formar água.

- Os carreadores redox são agrupados em quatro complexos na cadeia respiratória da membrana mitocondrial interna. Três dos quatro complexos são capazes de usar a energia liberada no gradiente redox para bombear prótons para fora da membrana, criando um potencial eletroquímico entre a matriz e o espaço intermembrana.

- A ATP-sintase atravessa a membrana e atua como um motor rotatório que emprega a energia potencial do gradiente de prótons ou a força próton-motriz para sintetizar ATP a partir de ADP e P_i. Dessa maneira, a oxidação está firmemente acoplada à fosforilação para satisfazer as necessidades de energia da célula.

- Como a membrana mitocondrial interna é impermeável aos prótons e a outros íons, transportadores de troca especiais atravessam a membrana para permitir que íons como OH^-, ATP^{4-}, ADP^{3-} e metabólitos atravessem sem descarregar o gradiente eletroquímico através da membrana.

- Muitas substâncias tóxicas bem-conhecidas, como o cianeto, paralisam a respiração por meio da inibição da cadeia respiratória.

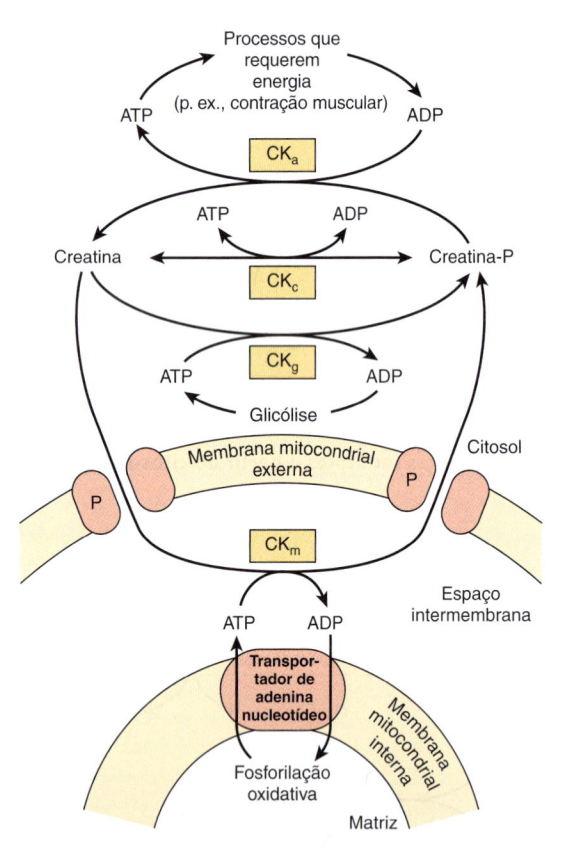

FIGURA 13-14 As lançadeiras de creatina-fosfato dos músculos cardíaco e esquelético. A lançadeira permite o rápido transporte do fosfato de alta energia da matriz mitocondrial para o citosol. (ADP, difosfato de adenosina; ATP, trifosfato de adenosina; CK_a, creatina-cinase relacionada às grandes demandas de ATP – p. ex., contração muscular; CK_c, creatina-cinase para manter o equilíbrio entre a creatina e a creatina-fosfato e ATP/ADP; CK_g, creatina-cinase que acopla a glicólise com a síntese de creatina-fosfato; CK_m, creatina-cinase mitocondrial que media a produção de creatina-fosfato a partir do ATP formado na fosforilação oxidativa; P, proteína do poro na membrana mitocondrial externa.)

REFERÊNCIAS

Kocherginsky N: Acidic lipids, H(+)-ATPases, and mechanism of oxidative phosphorylation. Physico-chemical ideas 30 years after P. Mitchell's Nobel Prize award. Prog Biophys Mol Biol 2009;99:20.

Mitchell P: Keilin's respiratory chain concept and its chemiosmotic consequences. Science 1979;206:1148.

Nakamoto RK, Baylis Scanlon JA, Al-Shawi MK: The rotary mechanism of the ATP synthase. Arch Biochem Biophys 2008;476:43.

Questões para estudo

Seção III – Bioenergética

1. Qual das seguintes afirmativas sobre a variação de energia livre (ΔG) em uma reação bioquímica é CORRETA?
   A. Se ΔG for negativa, a reação ocorre espontaneamente, com perda de energia livre.
   B. Em uma reação exergônica, o valor de ΔG é positivo.
   C. A variação de energia livre padrão quando os reagentes estão presentes em concentrações de 1,0 mol/L e o pH é de 7,0 é representada como ΔG^0.
   D. Em uma reação endergônica, ocorre perda de energia livre.
   E. Se uma reação for essencialmente irreversível, ela apresenta um valor positivo alto de ΔG.

2. Se ΔG de uma reação for zero:
   A. A reação prossegue praticamente até se completar e é essencialmente reversível.
   B. A reação é endergônica.
   C. A reação é exergônica.
   D. A reação prossegue apenas se for possível ganhar energia livre.
   E. O sistema está em equilíbrio, e não ocorre nenhuma mudança efetiva.

3. ΔG^0 é definida como a variação de energia livre padrão quando:
   A. Os reagentes estão presentes em concentrações de 1,0 mol/L.
   B. Os reagentes estão presentes em concentrações de 1,0 mol/L em pH de 7,0.
   C. Os reagentes estão presentes em concentrações de 1,0 mmol/L em pH de 7,0.
   D. Os reagentes estão presentes em concentrações de 1,0 µmol/L.
   E. Os reagentes estão presentes em concentrações de 1,0 mol/L em pH de 7,4.

4. Qual das seguintes afirmativas sobre o ATP é CORRETA?
   A. O ATP contém três ligações de fosfato de alta energia.
   B. O ATP é necessário no corpo para impulsionar as reações exergônicas.
   C. O ATP é utilizado como reserva energética no corpo.
   D. O ATP atua no corpo como complexo com Mg^{2+}.
   E. O ATP é sintetizado pela ATP-sintase na presença de desacopladores, como UCP-1 (termogenina).

5. Qual das seguintes enzimas utiliza oxigênio molecular como aceptor de hidrogênio?
   A. Citocromo c-oxidase.
   B. Isocitrato-desidrogenase.
   C. Homogentisado-dioxigenase.
   D. Catalase.
   E. Superóxido-dismutase.

6. Qual das seguintes afirmativas sobre os citocromos é INCORRETA?
   A. São hemoproteínas que participam de reações de oxirredução.
   B. Contêm ferro, que oscila entre o Fe^{3+} e o Fe^{2+} durante as reações das quais participam.
   C. Atuam como carreadores de elétrons na cadeia respiratória das mitocôndrias.
   D. Desempenham uma importante função na hidroxilação dos esteroides no retículo endoplasmático.
   E. Todos são enzimas desidrogenases.

7. Qual das seguintes afirmativas sobre os citocromos P450 é INCORRETA?
   A. São capazes de aceitar elétrons do NADH ou do NADPH.
   B. São encontrados exclusivamente no retículo endoplasmático.
   C. São enzimas monoxigenases.
   D. Desempenham uma importante função na detoxificação dos fármacos no fígado.
   E. Em algumas reações, atuam em conjunto com o citocromo b_5.

8. À medida que ocorre oxidação de uma molécula de NADH pela cadeia respiratória:
   A. 1,5 molécula de ATP é produzida no total.
   B. Uma molécula de ATP é produzida à medida que os elétrons passam pelo complexo IV.
   C. Uma molécula de ATP é produzida à medida que os elétrons passam pelo complexo II.
   D. Uma molécula de ATP é produzida à medida que os elétrons passam pelo complexo III.
   E. Ocorre produção de 0,5 molécula de ATP à medida que os elétrons passam pelo complexo I.

9. O número de moléculas de ATP produzidas para cada molécula de $FADH_2$ oxidada pela cadeia respiratória é:
   A. 1.
   B. 2,5.
   C. 1,5.
   D. 2.
   E. 0,5.

10. Diversos compostos inibem a fosforilação oxidativa – a síntese de ATP a partir de ADP e fosfato inorgânico ligada à oxidação de substratos nas mitocôndrias. Qual das seguintes afirmativas descreve a ação da oligomicina?
    A. Descarrega o gradiente de prótons através da membrana mitocondrial interna.
    B. Descarrega o gradiente de prótons através da membrana mitocondrial externa.
    C. Inibe diretamente a cadeia de transporte de elétrons por meio de sua ligação a um dos carreadores de elétrons na membrana mitocondrial interna.
    D. Inibe o transporte de ADP para dentro da matriz mitocondrial e o do ATP para fora da matriz mitocondrial.
    E. Inibe o transporte de prótons de volta à matriz mitocondrial por meio da ATP-sintase.

11. Diversos compostos inibem a fosforilação oxidativa – a síntese de ATP a partir de ADP e fosfato inorgânico ligada à oxidação de substratos nas mitocôndrias. Qual das seguintes alternativas descreve a ação de um desacoplador?
    A. Descarrega o gradiente de prótons através da membrana mitocondrial interna.
    B. Descarrega o gradiente de prótons através da membrana mitocondrial externa.

C. Inibe diretamente a cadeia de transporte de elétrons por meio de sua ligação a um dos carreadores de elétrons na membrana mitocondrial interna.
D. Inibe o transporte de ADP para dentro da matriz mitocondrial e o do ATP para fora da matriz mitocondrial.
E. Inibe o transporte de prótons de volta à matriz mitocondrial por meio da haste da partícula primária.

12. Uma estudante toma alguns comprimidos que lhe ofereceram em uma discoteca e, sem perguntar o que são, ela os engole. Pouco depois, começa a hiperventilar e fica muito quente. Qual é a ação mais provável dos comprimidos que ela tomou?
    A. Inibidor da síntese de ATP mitocondrial.
    B. Inibidor do transporte mitocondrial de elétrons.
    C. Inibidor do transporte de ADP nas mitocôndrias para fosforilação.
    D. Inibidor do transporte de ATP das mitocôndrias para o citosol.
    E. Desacoplador do transporte de elétrons mitocondrial e fosforilação oxidativa.

13. Normalmente, o fluxo de elétrons pela cadeia respiratória e a produção de ATP estão estreitamente acoplados. Esses processos são desacoplados por qual das seguintes alternativas?
    A. Cianeto.
    B. Oligomicina.
    C. Termogenina.
    D. Monóxido de carbono.
    E. Sulfeto de hidrogênio.

14. Qual das seguintes afirmativas sobre a ATP-sintase é INCORRETA?
    A. Está localizada na membrana mitocondrial interna.
    B. Exige uma força próton-motriz para formar ATP na presença de ADP e P_i.
    C. O ATP é produzido quando ocorre rotação de parte da molécula.
    D. Há formação de uma molécula de ATP para cada giro completo da molécula.
    E. O subcomplexo F_1 está fixado à membrana e não gira.

15. A teoria quimiosmótica de Peter Mitchell propõe um mecanismo para o forte acoplamento do transporte de elétrons pela cadeia respiratória até o processo de fosforilação oxidativa. Qual das seguintes opções NÃO é prevista pela teoria?
    A. Um gradiente de prótons através da membrana mitocondrial interna gerado pelo transporte de elétrons impulsiona a síntese de ATP.
    B. A diferença de potencial eletroquímico através da membrana mitocondrial interna, causada pelo transporte de elétrons, é positiva no lado da matriz.
    C. Os prótons são bombeados através da membrana mitocondrial interna à medida que os elétrons passam pela cadeia respiratória.
    D. Um aumento na permeabilidade da membrana mitocondrial interna aos prótons desacopla o processo de transporte de elétrons e da fosforilação oxidativa.
    E. A síntese de ATP ocorre quando a diferença de potencial eletroquímico através da membrana é desfeita pela translocação de prótons de volta através da membrana mitocondrial interna por meio da enzima ATP-sintase.

SEÇÃO IV
Metabolismo dos carboidratos

CAPÍTULO 14
Visão geral do metabolismo e do suprimento de combustíveis metabólicos

David A. Bender, Ph.D. e Peter A. Mayes, Ph.D., D.Sc.

OBJETIVOS

Após o estudo deste capítulo, você deve ser capaz de:

- Explicar os conceitos das vias metabólicas anabólicas, catabólicas e anfibólicas.
- Descrever, em linhas gerais, o metabolismo de carboidratos, lipídeos e aminoácidos no nível de tecidos e órgãos e no nível subcelular e a interconversão dos combustíveis metabólicos.
- Caracterizar o modo como é regulado o fluxo de metabólitos através de vias metabólicas.
- Elucidar como um suprimento de combustíveis metabólicos é fornecido tanto no estado alimentado quanto no jejum, assim como a formação de reservas de combustíveis metabólicos no estado alimentado e a sua mobilização durante o jejum.

IMPORTÂNCIA BIOMÉDICA

Metabolismo é o termo empregado para descrever a interconversão dos compostos químicos presentes no organismo, as vias percorridas pelas moléculas individualmente, suas inter-relações e os mecanismos que regulam o fluxo de metabólitos através dessas vias. As vias metabólicas são classificadas em três categorias. (1) **Vias anabólicas**, que estão envolvidas na síntese de compostos maiores e mais complexos a partir de precursores menores – por exemplo, a síntese de proteínas a partir de aminoácidos e a síntese de reservas de triacilgliceróis e glicogênio. As vias anabólicas são endotérmicas. (2) **Vias catabólicas**, que participam da quebra de moléculas maiores, comumente envolvendo reações oxidativas. Elas são exotérmicas, produtoras de equivalentes redutores e trifosfato de adenosina (ATP, do inglês *adenosine triphosphate*), principalmente via cadeia respiratória (ver Capítulo 13). (3) **Vias anfibólicas**, que ocorrem nos "cruzamentos" de metabolismo e atuam como conexões entre as vias anabólicas e catabólicas, como o ciclo do ácido cítrico (ver Capítulo 16).

O conhecimento do metabolismo normal é essencial para o entendimento das anormalidades que fundamentam a doença. O metabolismo normal inclui a adaptação aos períodos de jejum, fome e exercício, bem como à gravidez e à lactação. A ocorrência de anormalidades no metabolismo pode resultar de deficiência nutricional, de deficiências enzimáticas, da secreção anormal de hormônios ou de ações de fármacos e toxinas.

Um ser humano adulto de 70 kg requer cerca de 8 a 12 MJ (1.920-2.900 kcal) de combustíveis metabólicos por dia, dependendo da atividade física. Animais maiores requerem menos por quilograma de peso corporal, ao passo que animais menores requerem mais. Crianças e animais em crescimento possuem necessidades proporcionalmente maiores devido ao custo energético do crescimento. No que se refere aos seres humanos, essa necessidade de energia é suprida pelos carboidratos (40-60%), pelos lipídeos (principalmente triacilgliceróis, 30-40%) e pelas proteínas (10-15%), bem como pelo álcool. A mistura de carboidratos, lipídeos e proteínas que estão sendo oxidados varia conforme o estado do indivíduo – alimentado ou em jejum –, bem como de acordo com a duração e a intensidade do trabalho físico.

Existe uma necessidade constante de combustíveis metabólicos ao longo do dia; a atividade física média aumenta a taxa metabólica apenas em cerca de 40 a 50% acima da taxa metabólica basal ou em repouso. No entanto, a maioria das pessoas consome a sua ingestão diária de combustíveis metabólicos em duas ou três refeições, de forma que existe a necessidade de formar reservas de carboidratos (glicogênio no fígado e no músculo), lipídeos (triacilglicerol no tecido adiposo) e estoques de proteínas variáveis durante o período após uma refeição, para uso no intervalo de tempo em que não há consumo de alimentos.

Se a ingestão de combustíveis metabólicos for consistentemente maior do que o gasto energético, o excesso é armazenado, em grande parte, na forma de triacilgliceróis no tecido adiposo, levando ao desenvolvimento de **obesidade** e seus riscos associados à saúde. Em contrapartida, se a ingestão de combustíveis metabólicos for consistentemente menor do que o gasto energético, haverá uma reserva insignificante de gordura e carboidratos, e os aminoácidos que surgem da renovação das proteínas serão utilizados no metabolismo energético, em lugar de seu uso na síntese de proteínas para reposição, levando ao **emagrecimento excessivo**, perda da massa muscular e, por fim, à morte (ver Capítulo 43).

No estado alimentado, após uma refeição, existe um amplo suprimento de carboidratos, e o combustível metabólico para a maioria dos tecidos é a glicose. Em condições de jejum, a glicose precisa ser preservada para uso pelo sistema nervoso central (que depende, em grande parte, da glicose) e pelas hemácias (que dependem unicamente da glicose). Por conseguinte, os tecidos que podem utilizar fontes de energia diferentes da glicose o fazem; o músculo e o fígado oxidam ácidos graxos, e o fígado sintetiza corpos cetônicos a partir de ácidos graxos destinados à exportação para o músculo e outros tecidos. À medida que os estoques de glicogênio se esgotam, os aminoácidos provenientes da renovação das proteínas são usados para a **gliconeogênese** (ver Capítulo 19).

A formação e a utilização das reservas de triacilgliceróis e de glicogênio e o grau com que os tecidos captam e oxidam a glicose são, em grande parte, controlados pelos hormônios **insulina** e **glucagon**. No **diabetes melito**, há comprometimento na síntese e na secreção de insulina (diabetes melito tipo 1, algumas vezes denominado diabetes de início juvenil ou diabetes dependente de insulina) ou redução da sensibilidade dos tecidos à ação da insulina (diabetes melito tipo 2, algumas vezes denominado diabetes de início tardio ou diabetes não dependente de insulina), resultando em grave distúrbio metabólico. Em bovinos, as demandas da lactação intensa podem levar ao desenvolvimento de cetose, assim como as demandas de gestação gemelar em ovelhas.

VIAS QUE PROCESSAM OS PRINCIPAIS PRODUTOS DA DIGESTÃO

A natureza da alimentação estabelece o padrão básico de metabolismo. Existe uma necessidade de processar os produtos da digestão dos carboidratos, dos lipídeos e das proteínas da alimentação. Esses produtos da digestão consistem principalmente em glicose, ácidos graxos e glicerol e aminoácidos, respectivamente. Nos ruminantes (e, em menor grau, em outros herbívoros), a celulose da alimentação é fermentada por microrganismos simbióticos em ácidos graxos de cadeia curta (acético, propiônico, butírico), e o metabolismo desses animais está adaptado para utilizar esses ácidos graxos como principais substratos. Todos os produtos da digestão são metabolizados a um **produto comum**, a **acetil-CoA**, que é, então, oxidada pelo **ciclo do ácido cítrico** (ver Capítulo 16) (**Figura 14-1**).

O metabolismo dos carboidratos concentra-se no suprimento e no destino da glicose

A glicose constitui a principal fonte de energia da maioria dos tecidos (**Figura 14-2**). Ela é metabolizada a piruvato pela via da **glicólise** (ver Capítulo 17). Os tecidos aeróbios metabolizam o piruvato à **acetil-CoA**, que pode entrar no ciclo do ácido cítrico para oxidação completa a CO_2 e H_2O, ligados à formação de ATP no processo de **fosforilação oxidativa** (ver Figura 13-2). A glicólise também pode ocorrer de modo anaeróbio (i.e., na ausência de oxigênio) quando o produto final é o lactato.

A glicose e seus metabólitos também participam de outros processos – por exemplo, da síntese do polímero de armazenamento, o **glicogênio**, no músculo esquelético e no fígado (ver Capítulo 18) e na **via das pentoses-fosfato**, uma alternativa para parte da via da glicólise (ver Capítulo 20). Ela é uma fonte de equivalentes redutores (NADPH) para a síntese de ácidos graxos (ver Capítulo 23) e a fonte de **ribose** para a síntese de nucleotídeos e ácidos nucleicos (ver Capítulo 33). Os intermediários trioses-fosfato na glicólise originam a **porção glicerol** dos triacilgliceróis. O piruvato e os intermediários do ciclo do ácido cítrico fornecem os esqueletos de carbono para a síntese dos **aminoácidos** não essenciais ou dispensáveis (ver Capítulo 27), e a acetil-CoA é o precursor dos **ácidos graxos** (ver Capítulo 23) e do **colesterol** (ver Capítulo 26) e,

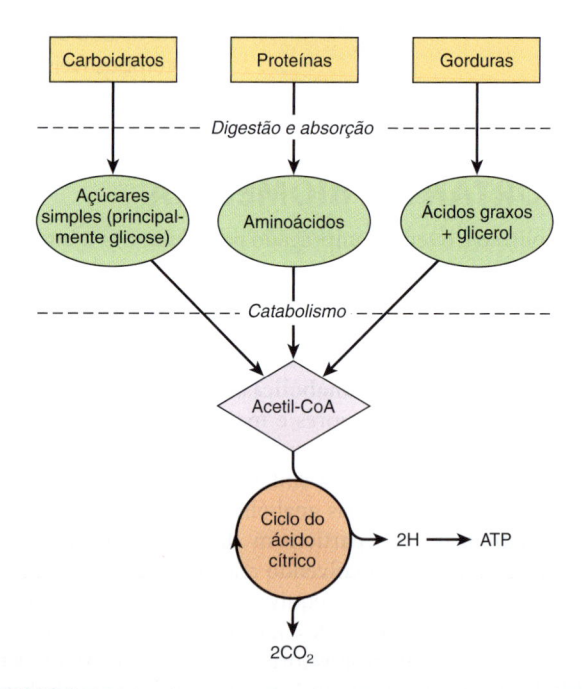

FIGURA 14-1 Resumo das vias para o catabolismo dos carboidratos, das proteínas e da gordura. Todas essas vias levam à produção de acetil-CoA, que é oxidada no ciclo do ácido cítrico, produzindo, por fim, ATP pelo processo de fosforilação oxidativa. (ATP, trifosfato de adenosina.)

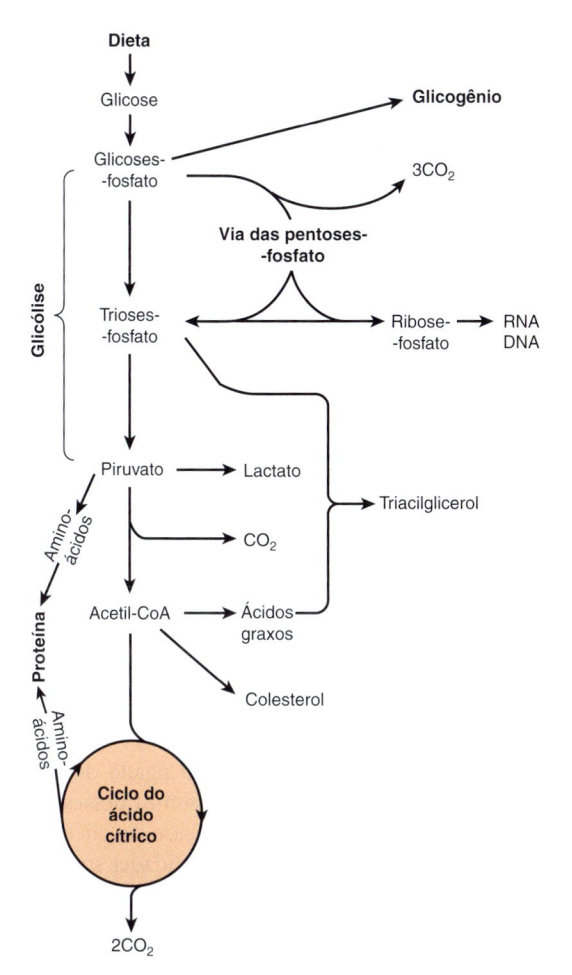

FIGURA 14-2 Visão geral do metabolismo dos carboidratos, mostrando as principais vias e os produtos finais. A gliconeogênese não é mostrada. DNA, ácido desoxirribonucleico; RNA, ácido ribonucleico.

consequentemente, de todos os hormônios esteroides sintetizados no corpo. A **gliconeogênese** (ver Capítulo 19) é o processo de síntese da glicose a partir de precursores não carboidratos, como lactato, aminoácidos e glicerol.

O metabolismo dos lipídeos está envolvido principalmente com os ácidos graxos e o colesterol

Os ácidos graxos de cadeia longa originam-se de lipídeos da dieta ou da síntese *de novo* a partir da acetil-CoA derivada dos carboidratos ou dos aminoácidos. Os ácidos graxos podem ser oxidados a **acetil-CoA** (**β-oxidação**) ou esterificados com glicerol, formando **triacilglicerol** como principal reserva de energia.

A acetil-CoA, que é formada pela β-oxidação de ácidos graxos, pode ter três destinos (**Figura 14-3**):

1. Como a acetil-CoA que se origina da glicólise, ela é **oxidada** a CO_2 + H_2O pelo ciclo do ácido cítrico.
2. É o precursor na síntese de **colesterol** e de outros **esteroides**.
3. No fígado, é utilizada para formar os **corpos cetônicos** acetacetato e 3-hidroxibutirato (ver Capítulo 22), que são importantes fontes de energia no jejum prolongado e na inanição.

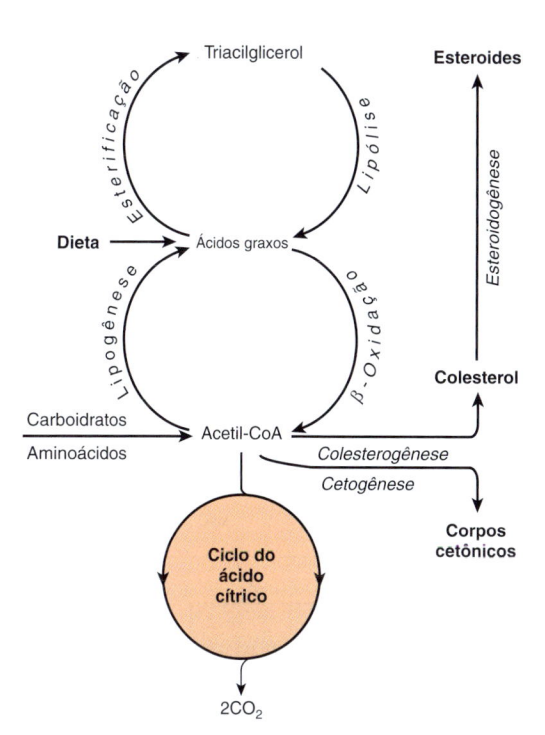

FIGURA 14-3 Visão geral do metabolismo dos ácidos graxos, mostrando as principais vias e os produtos finais. Os corpos cetônicos são acetacetato, 3-hidroxibutirato e acetona (que é formada não enzimaticamente pela descarboxilação do acetoacetato).

Grande parte do metabolismo dos aminoácidos envolve a transaminação

Os aminoácidos são necessários para a síntese de proteínas (**Figura 14-4**). Alguns precisam ser supridos na dieta (**os aminoácidos essenciais ou indispensáveis**), uma vez que não podem ser sintetizados pelo organismo. Os restantes são **aminoácidos não essenciais** ou **dispensáveis**, que são supridos na dieta, mas que também podem ser formados a partir de intermediários metabólicos por **transaminação**, utilizando o grupamento amino de outros aminoácidos (ver Capítulo 27). Após **desaminação**, o nitrogênio amino é excretado na forma de **ureia**, e os esqueletos de carbono que permanecem após a transaminação podem (1) ser oxidados a CO_2 pelo ciclo do ácido cítrico, (2) ser utilizados na síntese de glicose (gliconeogênese, ver Capítulo 19) ou (3) formar corpos cetônicos ou acetil-CoA, que pode ser oxidada ou utilizada para a síntese de ácidos graxos (ver Capítulo 28).

Vários aminoácidos também são precursores de outros compostos, como purinas, pirimidinas, hormônios, como a epinefrina e a tireoxina, e neurotransmissores.

AS VIAS METABÓLICAS PODEM SER ESTUDADAS EM DIFERENTES NÍVEIS DE ORGANIZAÇÃO

Além dos estudos no organismo como um todo, a localização e a integração das vias metabólicas são reveladas por estudos realizados em dois níveis de organização. Em **nível de tecidos e órgãos**, a natureza dos substratos que entram e dos metabólitos

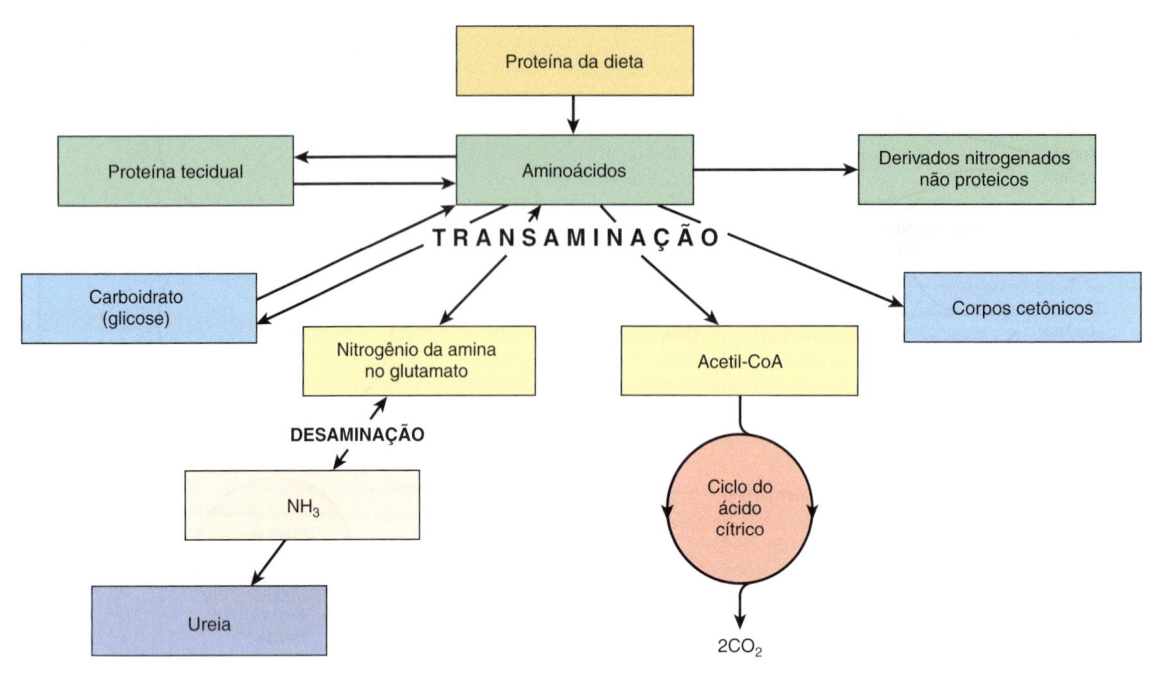

FIGURA 14-4 Visão geral do metabolismo dos aminoácidos, mostrando as principais vias e os produtos finais.

que saem de tecidos e órgãos pode ser medida. Em **nível subcelular**, cada organela celular (p. ex., a mitocôndria) ou compartimento (p. ex., o citosol) desempenha papéis específicos que fazem parte de um padrão subcelular de vias metabólicas.

Em nível de tecidos e órgãos, a circulação sanguínea integra o metabolismo

Os **aminoácidos** resultantes da digestão das proteínas da dieta e a **glicose** proveniente da digestão dos carboidratos são absorvidos pela veia porta do fígado. O fígado desempenha o papel de regular a concentração sanguínea desses metabólitos hidrossolúveis (**Figura 14-5**). No caso da glicose, isso é obtido pela captação de glicose em quantidades superiores às necessidades imediatas e pelo seu uso na síntese de glicogênio (**glicogênese**; Capítulo 18) ou de ácidos graxos (**lipogênese**; Capítulo 23). Entre as refeições, o fígado atua para manter o nível da glicemia a partir da degradação do glicogênio (**glicogenólise**; Capítulo 18) e, com o rim, converter os metabólitos não carboidratos, como lactato, glicerol e aminoácidos, em

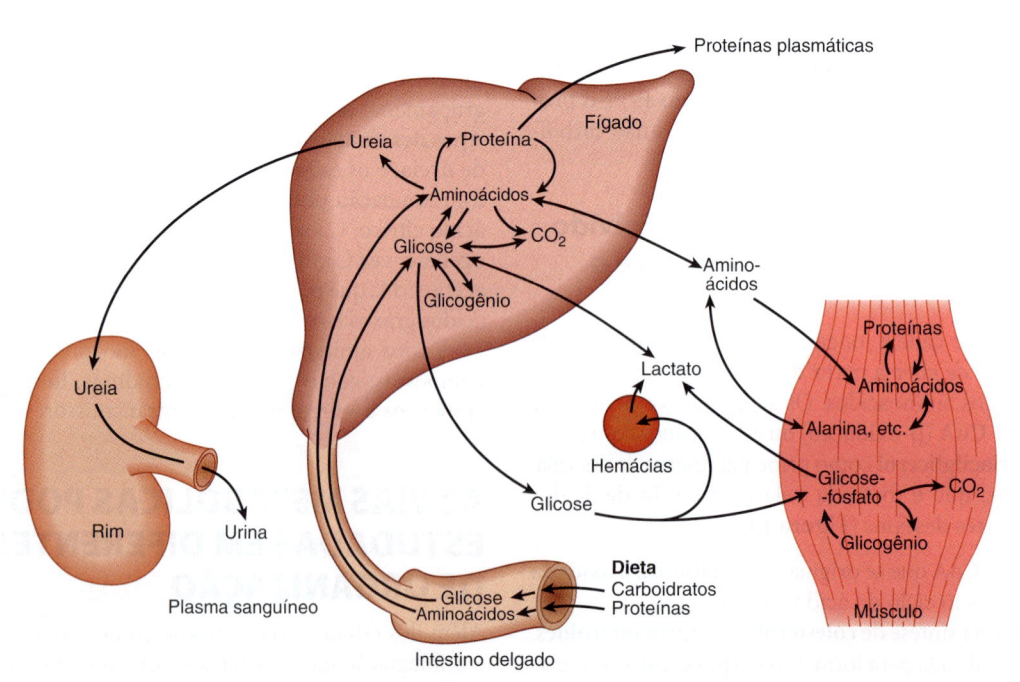

FIGURA 14-5 Transporte e destino dos principais substratos e metabólitos dos carboidratos e dos aminoácidos. Observe que existe pouca glicose livre no músculo, visto que ela é rapidamente fosforilada após a sua captação.

glicose (**gliconeogênese**; Capítulo 19). A manutenção de uma concentração sanguínea adequada de glicose é essencial para os tecidos em que ela é o principal combustível (o encéfalo) ou o único combustível (as hemácias). O fígado também **sintetiza as principais proteínas plasmáticas** (p. ex., albumina) e **desamina os aminoácidos** que estão acima das necessidades, produzindo ureia, que é transportada até o rim e excretada (ver Capítulo 28).

O **músculo esquelético** utiliza a glicose como combustível tanto de modo aeróbio, formando CO_2, quanto de modo anaeróbio, formando lactato. O músculo esquelético armazena glicogênio como substrato energético para uso durante a contração muscular e sintetiza proteína muscular a partir dos aminoácidos plasmáticos. O músculo responde por cerca de 50% da massa corporal e, consequentemente, representa uma considerável reserva de proteína, que pode ser empregada para suprir aminoácidos para a gliconeogênese em caso de inanição (ver Capítulo 19).

Os principais **lipídeos** da dieta (**Figura 14-6**) são triacilgliceróis, que são hidrolisados a monoacilgliceróis e ácidos graxos no intestino e, em seguida, reesterificados na mucosa intestinal. Na mucosa intestinal, são acondicionados com proteínas e secretados no sistema linfático e, em seguida, na corrente sanguínea como **quilomícrons**, a maior das **lipoproteínas** plasmáticas (ver Capítulo 25). Os quilomícrons também contêm outros nutrientes lipossolúveis, incluindo as vitaminas A, D, E e K (ver Capítulo 44). Ao contrário da glicose e dos aminoácidos absorvidos no intestino delgado, o triacilglicerol dos quilomícrons não é captado diretamente pelo fígado. Ele é inicialmente metabolizado por tecidos que apresentam a **lipoproteína-lipase**, a enzima que hidrolisa o triacilglicerol, liberando ácidos graxos, que são incorporados aos lipídeos teciduais ou oxidados como substratos energéticos. Os remanescentes de quilomícrons são depurados pelo fígado. A outra principal fonte de ácidos graxos de cadeia longa é a síntese (**lipogênese**), a partir de carboidratos, no tecido adiposo e no fígado (ver Capítulo 23).

O triacilglicerol no tecido adiposo representa a principal reserva de substrato energético do organismo. Ele é hidrolisado (**lipólise**), e o glicerol e os ácidos graxos não esterificados (livres) são liberados na circulação. O glicerol é um substrato para a gliconeogênese (ver Capítulo 19). Os ácidos graxos são transportados ligados à albumina sérica; são captados pela maioria dos tecidos (mas não pelo encéfalo nem pelas hemácias) e esterificados a triacilgliceróis para serem armazenados ou oxidados como substratos energéticos. No fígado, o triacilglicerol recém-sintetizado e o triacilglicerol dos remanescentes de quilomícrons (ver Figura 25-3) são secretados na circulação na **lipoproteína de densidade muito baixa** (**VLDLs**, do inglês *very low-density lipoprotein*). Esse triacilglicerol tem um destino semelhante ao dos quilomícrons. A oxidação parcial de ácidos graxos no fígado leva à produção de **corpos cetônicos** (**cetogênese**; Capítulo 22). Os corpos cetônicos são exportados para os tecidos extra-hepáticos, onde fornecem energia durante o jejum prolongado e a inanição.

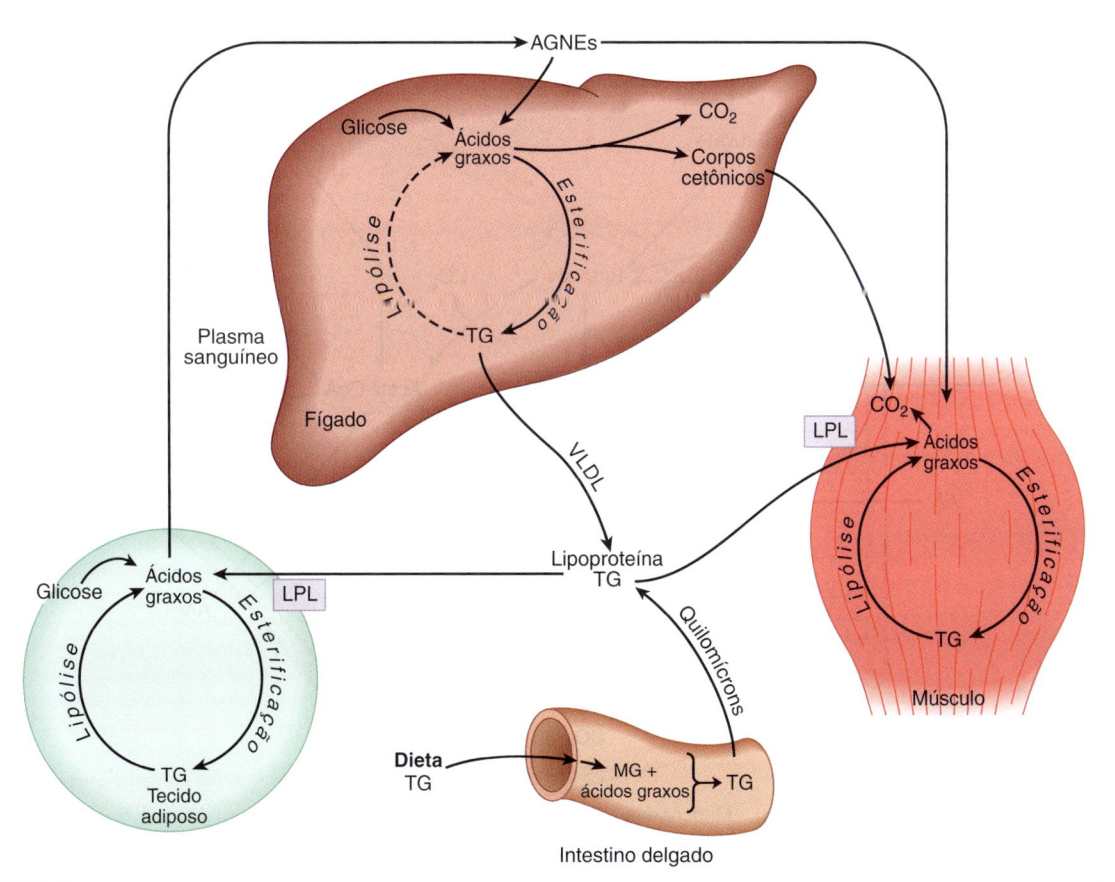

FIGURA 14-6 Transporte e destino dos principais substratos e metabólitos dos lipídeos. (AGNEs, ácidos graxos não esterificados; LPL, lipoproteína-lipase; MG, monoacilglicerol; TG, triacilglicerol; VLDL, lipoproteína de densidade muito baixa.)

Em nível subcelular, a glicólise ocorre no citosol, e o ciclo do ácido cítrico, nas mitocôndrias

A compartimentalização das vias em compartimentos subcelulares separados ou organelas possibilita a integração e a regulação do metabolismo. Nem todas as vias têm igual importância em todas as células. A **Figura 14-7** ilustra a compartimentalização subcelular das vias metabólicas em uma célula do parênquima hepático.

O papel central da **mitocôndria** é imediatamente evidente, visto que ela atua como foco do metabolismo de carboidratos, lipídeos e aminoácidos. Ela contém as enzimas do ciclo do ácido cítrico (ver Capítulo 16), da β-oxidação dos ácidos graxos e da cetogênese (ver Capítulo 22), assim como as da cadeia respiratória e a ATP-sintase (ver Capítulo 13).

A glicólise (ver Capítulo 17), a via das pentoses-fosfato (ver Capítulo 20) e a síntese dos ácidos graxos (ver Capítulo 23) ocorrem no citosol. Na gliconeogênese (ver Capítulo 19), substratos como o lactato e o piruvato, que são formados no citosol, entram na mitocôndria para produzir **oxalacetato** como precursor para a síntese de glicose no citosol.

As membranas do **retículo endoplasmático** contêm o sistema enzimático para a **síntese de triacilgliceróis** (ver Capítulo 24), e os **ribossomos** são responsáveis pela **síntese proteica** (ver Capítulo 37).

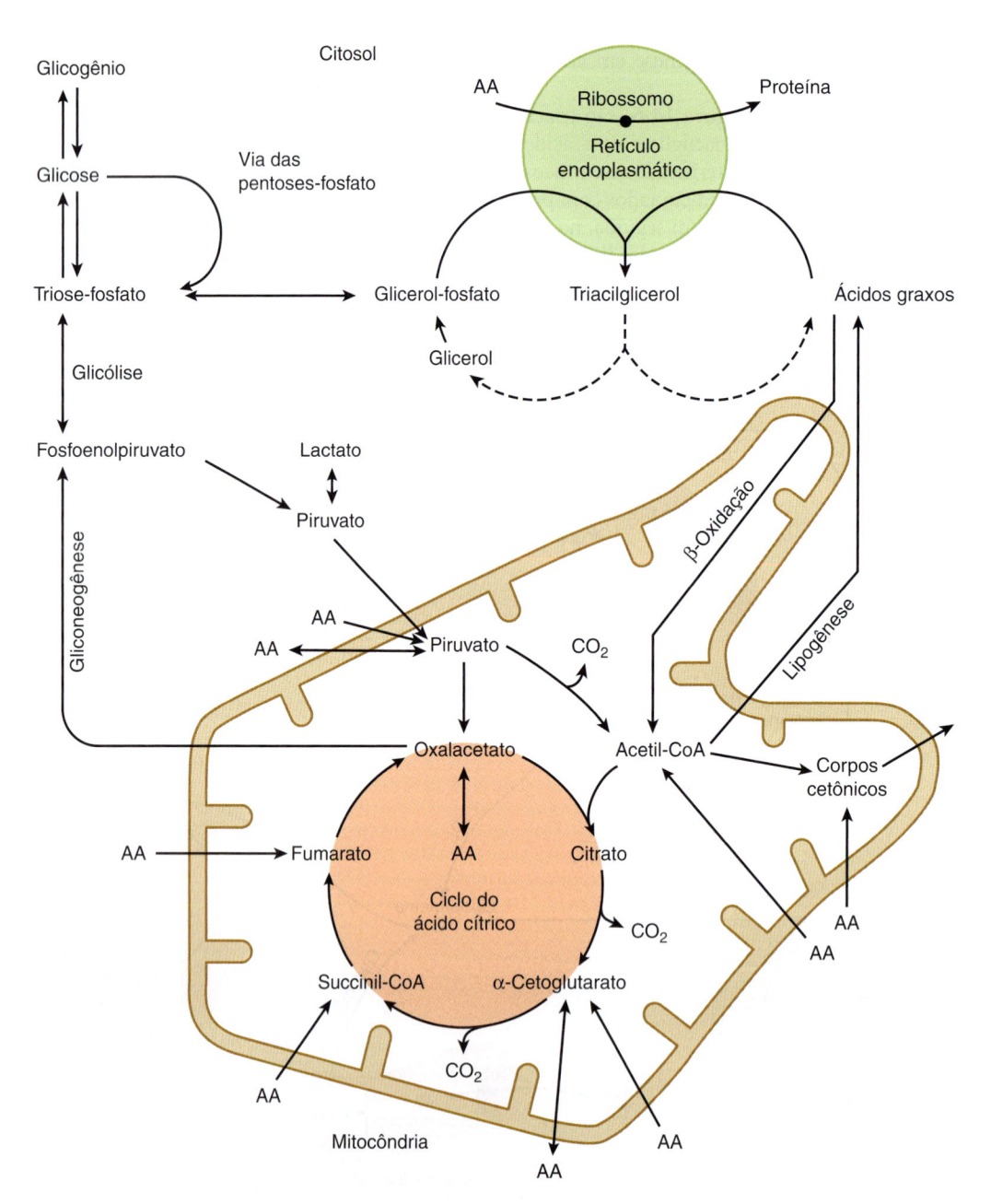

FIGURA 14-7 Localização intracelular e visão geral das principais vias metabólicas em uma célula do parênquima hepático. (AA →, metabolismo de um ou mais aminoácidos essenciais; AA ↔, metabolismo de um ou mais aminoácidos não essenciais.)

O FLUXO DE METABÓLITOS PELAS VIAS METABÓLICAS DEVE SER REGULADO DE FORMA COORDENADA

A regulação do fluxo global por uma via é importante para assegurar um suprimento apropriado dos produtos dessa via. Ela é obtida pelo controle de uma ou mais reações essenciais da via catalisadas por **enzimas reguladoras**. Os fatores físico-químicos que controlam a velocidade de uma reação catalisada por enzima, como a concentração de substrato, são muito importantes para o controle da velocidade global de uma via metabólica (ver Capítulo 9).

As reações que não estão em equilíbrio são pontos de controle potenciais

Em uma reação em equilíbrio, as reações direta e inversa ocorrem em taxas iguais, e, portanto, não existe nenhum fluxo líquido em qualquer direção.

$$A \leftrightarrow C \leftrightarrow D$$

Em condições de "equilíbrio dinâmico" *in vivo*, existe um fluxo líquido da esquerda para a direita, pois ocorre um suprimento contínuo do substrato A e a remoção do produto D. Na prática, existem normalmente uma ou mais reações que **não estão em equilíbrio** em uma via metabólica, em que os reagentes estão presentes em concentrações que estão longe do equilíbrio. Na tentativa de alcançar o equilíbrio, ocorrem grandes perdas de energia livre, tornando esse tipo de reação essencialmente irreversível. Essa via apresenta fluxo e direção. As enzimas que catalisam as reações fora do equilíbrio estão geralmente presentes em baixas concentrações e sujeitas a uma variedade de mecanismos regulatórios. Entretanto, a maioria das reações nas vias metabólicas não pode ser classificada como em equilíbrio ou fora de equilíbrio, situando-se em algum ponto entre esses dois extremos.

A reação de geração de fluxo é a primeira reação em uma via saturada com substrato

A reação de geração de fluxo pode ser identificada como uma reação que não está em equilíbrio em que o K_m da enzima é consideravelmente menor do que a concentração normal do substrato. A primeira reação na glicólise, que é catalisada pela hexocinase (ver Figura 17-2), é uma etapa de geração de fluxo, visto que o valor de K_m para a glicose, de 0,05 mmol/L, está bem abaixo do nível de glicemia normal de 3 a 5 mmol/L. As reações posteriores controlam a velocidade de fluxo pela via.

OS MECANISMOS ALOSTÉRICOS E HORMONAIS SÃO IMPORTANTES NO CONTROLE METABÓLICO DAS REAÇÕES CATALISADAS POR ENZIMAS

Na via metabólica mostrada na **Figura 14-8**,

$$A \leftrightarrow B \rightarrow C \leftrightarrow D$$

as reações $A \leftrightarrow B$ e $C \leftrightarrow D$ são reações em equilíbrio, enquanto $B \rightarrow C$ é uma reação que não está em equilíbrio. O fluxo por essa via pode ser regulado pela disponibilidade do substrato A. Isso depende de seu suprimento a partir do sangue, o que, por sua vez, depende da ingestão de alimento ou de reações-chave que liberam substratos das reservas teciduais na corrente sanguínea, como a glicogênio-fosforilase no fígado (ver Figura 18-1) e a lipase sensível a hormônio no tecido adiposo (ver Figura 25-8). Depende também do transporte do substrato A na célula. O músculo e o tecido adiposo só captam glicose da corrente sanguínea em resposta ao hormônio insulina.

O fluxo também é determinado pela remoção do produto final de D e pela disponibilidade de cossubstratos ou cofatores representados por X e Y. As enzimas que catalisam reações que não estão em equilíbrio são, com frequência, proteínas

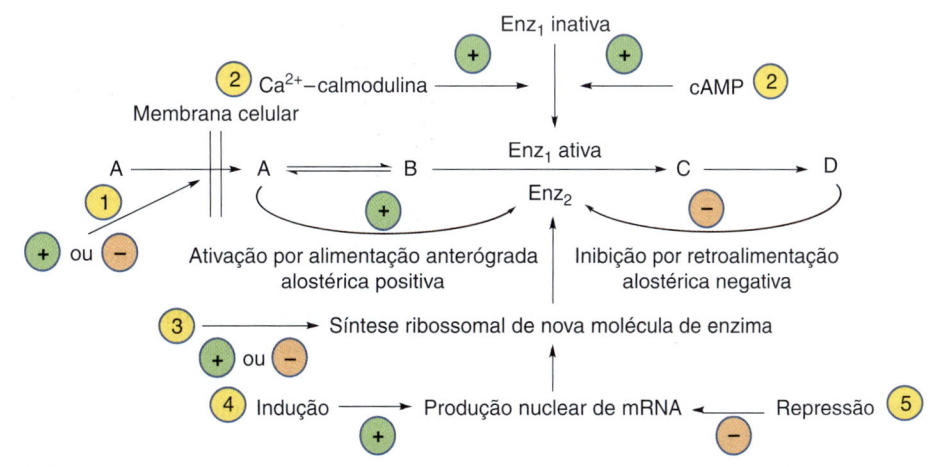

FIGURA 14-8 Mecanismos de controle de uma reação catalisada por enzima. Os números dentro de círculos indicam os possíveis locais de ação de hormônios: ① alteração da permeabilidade de membrana; ② conversão de uma enzima inativa em ativa, geralmente envolvendo reações de fosforilação/desfosforilação; ③ alteração da taxa de tradução do mRNA em nível ribossomal; ④ indução da formação de novos mRNAs; e ⑤ repressão da formação de mRNA. ① e ② são mecanismos rápidos de regulação, enquanto ③, ④ e ⑤ são mais lentos. (cAMP, monofosfato de adenosina cíclico; mRNA, ácido ribonucleico mensageiro.)

alostéricas sujeitas às ações rápidas de controle por "retroalimentação" ou "alimentação anterógrada" por **modificadores alostéricos**, em resposta imediata às necessidades da célula (ver Capítulo 9). Com frequência, o produto final de uma via de biossíntese inibe a enzima que catalisa a primeira reação da via. Outros mecanismos de controle dependem da ação dos **hormônios** que respondem às necessidades do organismo como um todo; eles podem atuar rapidamente ao modificar a atividade das moléculas de enzimas existentes, ou lentamente ao alterar a velocidade de síntese das moléculas de enzimas (ver Capítulo 42).

MUITOS COMBUSTÍVEIS METABÓLICOS SÃO INTERCONVERSÍVEIS

Os carboidratos em quantidades acima das necessidades para o metabolismo de produção imediata de energia e formação de reservas de glicogênio no músculo e no fígado podem ser prontamente utilizados para a síntese de ácidos graxos e, assim, de triacilglicerol tanto no tecido adiposo quanto no fígado (a partir do qual é exportado em lipoproteínas de densidade muito baixa). A importância da lipogênese em seres humanos não está clara; em países ocidentais, a gordura da dieta fornece 35 a 45% da energia consumida, ao passo que, em países menos desenvolvidos, onde os carboidratos podem prover 60 a 75% da energia consumida, a ingestão total de alimentos é tão baixa que há pouco excedente para a lipogênese. Uma alta ingestão de gordura inibe a lipogênese no tecido adiposo e no fígado.

Os ácidos graxos (e os corpos cetônicos formados a partir deles) não podem ser utilizados para a síntese de glicose. A reação da piruvato-desidrogenase, que forma acetil-CoA, é irreversível, e, para cada unidade de dois carbonos da acetil-CoA que entra no ciclo do ácido cítrico, há perda de dois átomos de carbono na forma de dióxido de carbono antes que o oxalacetato seja novamente formado. Isso significa que a acetil-CoA (e, portanto, qualquer substrato que a produza) nunca pode ser utilizada na gliconeogênese. Os ácidos graxos (relativamente raros) com número ímpar de átomos de carbono produzem propionil-CoA como produto do ciclo final da β-oxidação, podendo ser um substrato para a gliconeogênese, assim como o glicerol liberado pela lipólise das reservas de triacilgliceróis do tecido adiposo.

A maior parte dos aminoácidos em quantidades acima das necessárias para a síntese de proteínas (que provêm da alimentação ou da renovação das proteínas teciduais) produz piruvato ou intermediários de quatro e cinco carbonos do ciclo do ácido cítrico (ver Capítulo 29). O piruvato pode ser carboxilado a oxalacetato, que constitui o principal substrato para a gliconeogênese, e os outros intermediários do ciclo também resultam em um aumento efetivo na formação de oxalacetato, que, em seguida, torna-se disponível para a gliconeogênese. Esses aminoácidos são classificados como **glicogênicos**. Dois aminoácidos (lisina e leucina) produzem apenas acetil-CoA na oxidação e, assim, não podem ser utilizados para a gliconeogênese, ao passo que outros quatro (fenilalanina, tirosina, triptofano e isoleucina) dão origem à acetil-CoA e aos intermediários que podem ser usados na gliconeogênese. Esses aminoácidos que dão origem à acetil-CoA são designados como **cetogênicos**, visto que, durante o jejum prolongado e a inanição, grande parte da acetil-CoA é utilizada para a síntese de corpos cetônicos no fígado.

UM SUPRIMENTO DE COMBUSTÍVEIS METABÓLICOS É FORNECIDO TANTO NO ESTADO ALIMENTADO QUANTO NO JEJUM

A glicose é sempre necessária para o sistema nervoso central e as hemácias

As hemácias carecem de mitocôndrias e, portanto, dependem exclusivamente da glicólise (anaeróbia) e da via das pentoses-fosfato. O encéfalo pode metabolizar corpos cetônicos para suprir cerca de 20% de suas necessidades energéticas; o restante deve ser fornecido pela glicose. As variações metabólicas que ocorrem nos estados de jejum e de inanição servem para preservar a glicose e as limitadas reservas de glicogênio corporal para o uso pelo encéfalo e pelas hemácias, e para fornecer combustíveis metabólicos alternativos para outros tecidos. Durante a gestação, o feto necessita de uma quantidade significativa de glicose, assim como a síntese de lactose na lactação (**Figura 14-9**).

No estado alimentado, ocorre acúmulo de reservas de combustíveis metabólicos

Durante várias horas após uma refeição, enquanto os produtos da digestão estão sendo absorvidos, ocorre um suprimento abundante de combustíveis metabólicos. Nessas condições, a glicose constitui a principal fonte de energia para a oxidação na maioria dos tecidos; isso é observado na forma de aumento do quociente respiratório (a razão entre dióxido de carbono produzido e oxigênio consumido) de cerca de 0,8 no estado de jejum para quase 1 (**Tabela 14-1**).

A captação de glicose no músculo e no tecido adiposo é controlada pela **insulina**, que é secretada pelas células β das ilhotas do pâncreas em resposta a uma concentração aumentada de glicose no sangue portal. No estado de jejum, o transportador de glicose do músculo e do tecido adiposo (GLUT-4) encontra-se em vesículas intracelulares. Uma resposta inicial à insulina consiste na migração dessas vesículas para a superfície celular, onde se fundem com a membrana plasmática, expondo os transportadores ativos de glicose. Esses tecidos sensíveis à insulina captam glicose da corrente sanguínea em qualquer grau significativo apenas na presença do hormônio. À medida que a secreção de insulina diminui no estado de jejum, os receptores são novamente internalizados, reduzindo a captação de glicose. Entretanto, no músculo esquelético, o aumento na concentração citoplasmática de íons cálcio em resposta à estimulação nervosa provoca a migração das vesículas para a superfície celular e a exposição dos transportadores ativos de glicose, independentemente da presença ou não de estimulação significativa da insulina.

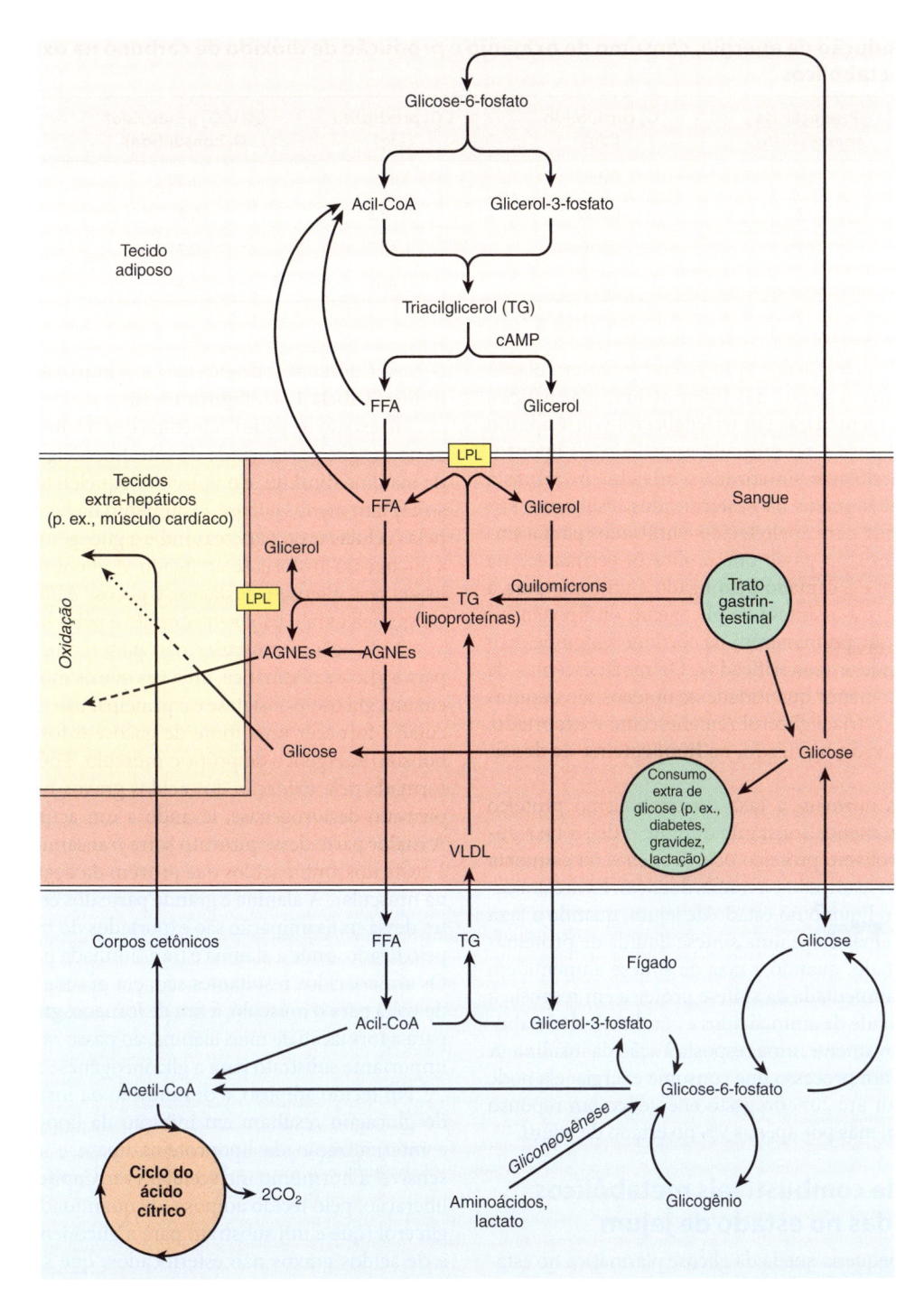

FIGURA 14-9 **Inter-relações metabólicas entre o tecido adiposo, o fígado e os tecidos extra-hepáticos.** Em tecidos como o coração, os combustíveis metabólicos são oxidados na seguinte ordem de preferência: corpos cetônicos > ácidos graxos > glicose. (AGNEs, ácidos graxos não esterificados; LPL, lipoproteína-lipase; cAMP, monofosfato de adenosina cíclico; VLDL, lipoproteínas de densidade muito baixa.)

A captação de glicose no fígado é independente da insulina, porém o fígado possui uma isoenzima da hexocinase (glicocinase) com alto valor de K_m, de modo que, à medida que a concentração de glicose que entra no fígado aumenta, também ocorre aumento com a taxa de síntese de glicose-6-fosfato. Isso representa um excesso em relação à demanda hepática para o metabolismo de produção de energia e é usado principalmente na síntese de **glicogênio**. Tanto no fígado quanto no músculo esquelético, a insulina atua para estimular a glicogênio-sintetase e inibir a glicogênio-fosforilase. Parte da glicose adicional que entra no fígado também pode ser utilizada para a lipogênese e, portanto, para a síntese de triacilglicerol. No tecido adiposo, a insulina estimula a captação de glicose, sua conversão em ácidos graxos e sua esterificação a triacilglicerol. Ela inibe a lipólise intracelular e a liberação de ácidos graxos não esterificados.

TABELA 14-1 Produção de energia, consumo de oxigênio e produção de dióxido de carbono na oxidação de combustíveis metabólicos

	Produção de energia (kJ/g)	O_2 consumido (L/g)	CO_2 produzido (L/g)	QR (CO_2 produzido/ O_2 consumido)	Energia (kJ)/L O_2
Carboidratos	16	0,829	0,829	1,00	~20
Proteínas	17	0,966	0,782	0,81	~20
Lipídeos	37	2,016	1,427	0,71	~20
Álcool	29	1,429	0,966	0,66	~20

Os produtos da digestão dos lipídeos entram na circulação como **quilomícrons**, a maior das lipoproteínas plasmáticas, que são particularmente ricas em triacilglicerol (ver Capítulo 25). No tecido adiposo e no músculo esquelético, a lipoproteína-lipase extracelular é sintetizada e ativada em resposta à insulina; os ácidos graxos não esterificados resultantes são captados, em grande parte, pelo tecido e utilizados para a síntese de triacilglicerol, ao passo que o glicerol permanece na corrente sanguínea e é captado pelo fígado e utilizado para a gliconeogênese e para a síntese de glicogênio ou lipogênese. Os ácidos graxos que permanecem na corrente sanguínea são captados pelo fígado e reesterificados. Os remanescentes de quilomícrons com menor quantidade de lipídeos são depurados pelo fígado, e o triacilglicerol remanescente é exportado, com aquele sintetizado no fígado, na **lipoproteína de densidade muito baixa**.

Em condições normais, a taxa do catabolismo proteico tecidual é mais ou menos constante durante o dia; a taxa aumentada do catabolismo proteico ocorre apenas na **caquexia** associada ao câncer avançado e a outras doenças. Existe um catabolismo proteico líquido no estado de jejum, quando a taxa de síntese de proteínas cai, e uma síntese líquida de proteínas no estado alimentado, quando a taxa de síntese aumenta em 20 a 25%. A taxa aumentada da síntese proteica em resposta à maior disponibilidade de aminoácidos e combustível metabólico representa, novamente, uma resposta à ação da insulina. A síntese proteica é um processo que consome energia; ela pode ser responsável por até 20% do gasto energético em repouso após uma refeição, mas por apenas 9% no estado de jejum.

As reservas de combustíveis metabólicos são mobilizadas no estado de jejum

Observa-se uma pequena queda da glicose plasmática no estado de jejum e também pouca alteração à medida que o jejum se prolonga até o estado de inanição. Os ácidos graxos não esterificados plasmáticos aumentam durante o jejum; todavia, em seguida, ocorre pouca elevação adicional na inanição. Quando o jejum é prolongado, a concentração plasmática de corpos cetônicos (acetoacetato e 3-hidroxibutirato) aumenta muito (**Tabela 14-2, Figura 14-10**).

No estado de jejum, à medida que a concentração de glicose no sangue portal vinda do intestino delgado cai, a secreção de insulina diminui, e o músculo esquelético e o tecido adiposo captam menos glicose. O aumento na secreção de **glucagon** pelas células α do pâncreas inibe a glicogênio-sintetase e ativa a glicogênio-fosforilase no fígado. A glicose-6-fosfato é hidrolisada pela glicose-6-fosfatase, e glicose é liberada na corrente sanguínea para o uso pelo encéfalo e pelas hemácias.

O glicogênio muscular não pode contribuir diretamente para a glicose plasmática, uma vez que os músculos carecem da enzima glicose-6-fosfatase e o principal uso do glicogênio muscular é fornecer uma fonte de glicose-6-fosfato para o metabolismo energético do próprio músculo. Todavia, a acetil-CoA formada pela oxidação dos ácidos graxos no músculo inibe a piruvato-desidrogenase, levando a um acúmulo de piruvato. A maior parte desse piruvato sofre transaminação em alanina, à custa dos aminoácidos que provêm da degradação da proteína muscular. A alanina e grande parte dos cetoácidos resultantes dessa transaminação são exportados do músculo e captados pelo fígado, onde alanina é transaminada para gerar piruvato. Os aminoácidos resultantes são, em grande parte, exportados de volta para o músculo, a fim de fornecer grupamentos amino para a formação de mais alanina, ao passo que o piruvato é um importante substrato para a gliconeogênese no fígado.

No tecido adiposo, a diminuição da insulina e o aumento do glucagon resultam em inibição da lipogênese, inativação e internalização da lipoproteína-lipase e ativação da lipase sensível a hormônio intracelular (ver Capítulo 25). Isso leva à liberação, pelo tecido adiposo, de quantidades aumentadas de glicerol (que é um substrato para a gliconeogênese no fígado) e de ácidos graxos não esterificados, que são utilizados pelo fígado, pelo coração e pelo músculo esquelético como seus substratos energéticos metabólicos preferidos, poupando, assim, a glicose.

Apesar de o músculo captar e metabolizar, preferencialmente, ácidos graxos não esterificados no estado de jejum, esse tecido

TABELA 14-2 Concentrações plasmáticas de combustíveis metabólicos (mmol/L) no estado alimentado e em jejum

	Alimentado	40 horas de jejum	Sete dias de inanição
Glicose	5,5	3,6	3,5
Ácidos graxos não esterificados	0,30	1,15	1,19
Corpos cetônicos	Quantidade desprezível	2,9	4,5

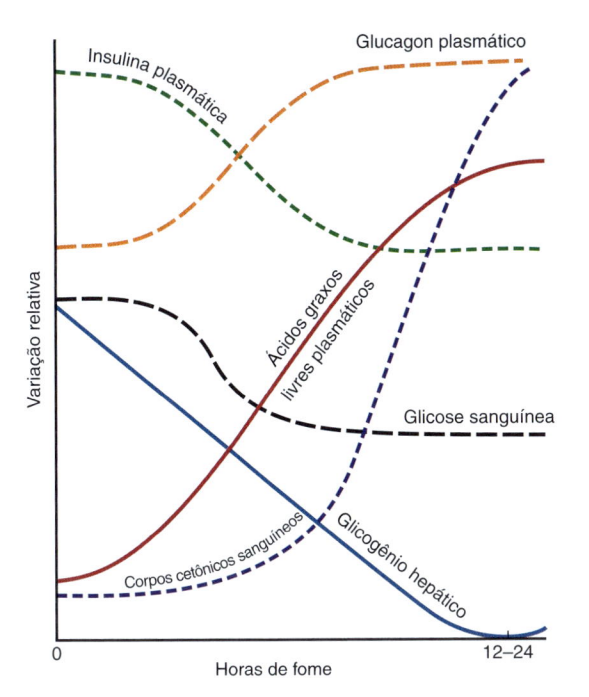

FIGURA 14-10 Variações relativas em hormônios plasmáticos e combustíveis metabólicos durante o início da inanição.

não pode suprir todas as necessidades energéticas pela β-oxidação. Em contrapartida, o fígado apresenta maior capacidade de β-oxidação do que a necessária para satisfazer as suas próprias necessidades energéticas e, à medida que o jejum se torna mais prolongado, o fígado forma mais acetil-CoA do que pode ser oxidada. Essa acetil-CoA é utilizada na síntese de **corpos cetônicos** (ver Capítulo 22), que constituem os principais combustíveis metabólicos para os músculos esquelético e cardíaco, podendo suprir até 20% das necessidades energéticas do encéfalo. Na inanição prolongada, a glicose pode representar menos de 10% do metabolismo produtor de energia de todo o organismo.

Se não houvesse nenhuma outra fonte de glicose, o glicogênio hepático e muscular estaria esgotado após cerca de 18 horas de jejum. À medida que o jejum se torna mais prolongado, uma quantidade crescente dos aminoácidos liberados em consequência do catabolismo das proteínas é utilizada no fígado e nos rins para a gliconeogênese (**Tabela 14-3**).

ASPECTOS CLÍNICOS

Na inanição prolongada, quando ocorre depleção das reservas do tecido adiposo, observa-se considerável aumento na taxa líquida de catabolismo das proteínas para fornecer

TABELA 14-3 Resumo das principais características metabólicas dos principais órgãos

Órgão	Principais vias	Principais substratos	Principais produtos exportados	Enzimas especializadas
Fígado	Glicólise, gliconeogênese, lipogênese, β-oxidação, ciclo do ácido cítrico, cetogênese, metabolismo das lipoproteínas, metabolismo de fármacos, síntese de sais biliares, ureia, ácido úrico, colesterol, proteínas plasmáticas	Ácidos graxos não esterificados, glicose (no estado alimentado), lactato, glicerol, frutose, aminoácidos, álcool	Glicose, triacilglicerol em VLDL, corpos cetônicos, ureia, ácido úrico, sais biliares, colesterol, proteínas plasmáticas	Glicocinase, glicose-6-fosfatase, glicerol-cinase, fosfoenolpiruvato-carboxicinase, frutocinase, arginase, HMG-CoA-sintase, HMG-CoA-liase, álcool-desidrogenase
Encéfalo	Glicólise, ciclo do ácido cítrico, metabolismo de aminoácidos, síntese de neurotransmissores	Glicose, aminoácidos, corpos cetônicos na inanição prolongada	Lactato, produtos finais do metabolismo dos neurotransmissores	Enzimas para a síntese e para o catabolismo dos neurotransmissores
Coração	β-Oxidação e ciclo do ácido cítrico	Corpos cetônicos, ácidos graxos não esterificados, lactato, quilomícrons e triacilglicerol das VLDLs, alguma glicose	–	Lipoproteína-lipase, cadeia de transporte de elétrons muito ativa
Tecido adiposo	Lipogênese, esterificação de ácidos graxos, lipólise (no jejum)	Glicose, quilomícrons e triacilglicerol das VLDLs	Ácidos graxos não esterificados, glicerol	Lipoproteína-lipase, lipase sensível a hormônio, enzimas da via das pentoses-fosfato
Contração muscular rápida	Glicólise	Glicose, glicogênio	Lactato (alanina e cetoácidos em jejum)	–
Contração muscular lenta	β-Oxidação e ciclo do ácido cítrico	Corpos cetônicos, quilomícrons e triacilglicerol das VLDLs	–	Lipoproteína-lipase, cadeia de transporte de elétrons muito ativa
Rins	Gliconeogênese	Ácidos graxos não esterificados, lactato, glicerol, glicose	Glicose	Glicerol-cinase, fosfoenolpiruvato-carboxicinase
Hemácias	Glicólise anaeróbia, via das pentoses-fosfato	Glicose	Lactato	Hemoglobina, enzimas da via das pentoses-fosfato

HMG-CoA, 3-hidroxi-3-metilglutaril-coenzima A; LDL, lipoproteína de densidade muito baixa.

aminoácidos, não apenas como substratos para a gliconeogênese, mas também como principal combustível metabólico de todos os tecidos. Ocorre morte quando as proteínas teciduais essenciais são catabolizadas e não são substituídas. Em pacientes com **caquexia** resultante da liberação de **citocinas** em resposta a tumores e patologias, há aumento na taxa no catabolismo de proteínas teciduais, assim como aumento considerável da taxa metabólica; logo, eles apresentam um estado de inanição avançado. Mais uma vez, ocorre morte quando as proteínas teciduais essenciais são catabolizadas e não são substituídas.

A alta demanda de glicose pelo feto e da síntese de lactose na lactação pode levar ao desenvolvimento de cetose. Ela pode manifestar-se como cetose discreta com hipoglicemia nos seres humanos; nas vacas em lactação e nas ovelhas em gestação gemelar, podem ocorrer cetoacidose muito pronunciada e hipoglicemia profunda.

No **diabetes melito** tipo 1 fracamente controlado, os pacientes podem tornar-se hiperglicêmicos como resultado da falta de insulina para estimular a captação e a utilização de glicose, e, devido à ausência de insulina para antagonizar as ações do glucagon, a gliconeogênese a partir de aminoácidos no fígado está aumentada. Ao mesmo tempo, a falta de insulina para antagonizar as ações do glucagon resulta em aumento da lipólise no tecido adiposo, e os ácidos graxos não esterificados resultantes são substratos para a cetogênese no fígado.

A utilização dos corpos cetônicos no músculo (e em outros tecidos) pode estar comprometida devido à falta de oxalacetato (todos os tecidos requerem algum metabolismo da glicose para manter uma quantidade adequada de oxalacetato para a atividade do ciclo do ácido cítrico). No diabetes não controlado, a cetose pode ser grave o suficiente para resultar em acidose pronunciada (**cetoacidose**); o acetoacetato e o 3-hidroxibutirato são ácidos relativamente fortes. O coma resulta tanto da acidose quanto da osmolalidade consideravelmente aumentada do líquido extracelular (principalmente em consequência da hiperglicemia e da diurese devida à excreção de glicose e corpos cetônicos na urina).

RESUMO

- Os produtos da digestão fornecem aos tecidos as unidades básicas de construção para a biossíntese de moléculas complexas, bem como os combustíveis para os processos metabólicos.

- Quase todos os produtos da digestão de carboidratos, lipídeos e proteínas são metabolizados a um metabólito comum, a acetil-CoA, antes da oxidação a CO_2 no ciclo do ácido cítrico.

- A acetil-CoA também é o precursor para a síntese de ácidos graxos de cadeia longa, esteroides (incluindo o colesterol) e corpos cetônicos.

- A glicose fornece os esqueletos de carbono para o glicerol dos triacilgliceróis e para os aminoácidos não essenciais.

- Os produtos hidrossolúveis da digestão são transportados diretamente até o fígado pela veia porta do fígado. O fígado regula a concentração de glicose e aminoácidos disponíveis para outros tecidos. Os lipídeos e os produtos lipossolúveis da digestão entram na corrente sanguínea a partir do sistema linfático, e o fígado procede à depuração dos remanescentes após a captação dos ácidos graxos pelos tecidos extra-hepáticos.

- As vias são compartimentalizadas dentro da célula. A glicólise, a glicogênese, a glicogenólise, a via das pentoses-fosfato e a lipogênese ocorrem no citosol. As mitocôndrias contêm as enzimas do ciclo do ácido cítrico e da β-oxidação de ácidos graxos, assim como a cadeia respiratória e a ATP-sintase. As membranas do retículo endoplasmático contêm as enzimas para vários outros processos, incluindo a síntese de triacilglicerol e o metabolismo de fármacos.

- As vias metabólicas são reguladas por mecanismos rápidos que afetam a atividade das enzimas existentes, isto é, pela modificação alostérica e covalente (frequentemente em resposta à ação hormonal), bem como por mecanismos lentos que afetam a síntese das enzimas.

- Os carboidratos e os aminoácidos da dieta, quando presentes em quantidades além das necessárias, podem ser usados para a síntese de ácidos graxos e, portanto, de triacilgliceróis.

- No jejum e na inanição, a glicose deve ser fornecida ao encéfalo e às hemácias; no estado inicial de jejum, essa glicose é suprida pelas reservas de glicogênio. Para poupar a glicose, o músculo e outros tecidos não captam a glicose quando a secreção de insulina está baixa; eles utilizam ácidos graxos (e, posteriormente, corpos cetônicos) como seus substratos energéticos preferidos.

- O tecido adiposo libera ácidos graxos não esterificados no estado de jejum. No jejum prolongado e na inanição, eles são usados pelo fígado para a síntese de corpos cetônicos, que são exportados para fornecer o principal substrato energético ao músculo.

- A maioria dos aminoácidos, que se originam da dieta ou da renovação das proteínas teciduais, pode ser utilizada para a gliconeogênese, assim como o glicerol dos triacilgliceróis.

- Nem os ácidos graxos, provenientes da dieta ou da lipólise do triacilglicerol do tecido adiposo, nem os corpos cetônicos, formados a partir de ácidos graxos no estado de jejum, podem fornecer substratos para a gliconeogênese.

Carboidratos de importância fisiológica

David A. Bender, Ph.D. e Peter A. Mayes, Ph.D., D.Sc.

C A P Í T U L O
15

OBJETIVOS

Após o estudo deste capítulo, você deve ser capaz de:

- Explicar o significado de glicoma, de glicobiologia e da ciência da glicômica.
- Explicar o significado dos termos monossacarídeo, dissacarídeo, oligossacarídeo e polissacarídeo.
- Ilustrar as diferentes maneiras pelas quais as estruturas da glicose e de outros monossacarídeos podem ser representadas e descrever os diversos tipos de isomerismo dos açúcares e as estruturas em anel piranose e furanose.
- Descrever a formação dos glicosídeos e as estruturas de dissacarídeos e polissacarídeos importantes.
- Explicar o significado do índice glicêmico de um carboidrato.
- Descrever os papéis dos carboidratos nas membranas celulares e nas lipoproteínas.

IMPORTÂNCIA BIOMÉDICA

Os carboidratos estão amplamente distribuídos em plantas e animais; eles possuem papéis estruturais e metabólicos importantes. Nas plantas, a glicose é sintetizada a partir do dióxido de carbono e da água por fotossíntese e é armazenada como amido ou utilizada para sintetizar a celulose das suas paredes celulares. Os animais podem sintetizar carboidratos a partir de aminoácidos, porém a maior parte deriva, por fim, das plantas. A **glicose** é o carboidrato mais importante; a maior parte dos carboidratos na dieta é absorvida para a corrente sanguínea à medida que a glicose é formada pela hidrólise do amido e dos dissacarídeos da dieta, sendo que outros açúcares são convertidos em glicose no fígado. A glicose é o principal combustível metabólico dos mamíferos (exceto dos ruminantes) e é o combustível universal do feto. Ela é a precursora para a síntese de todos os outros carboidratos no corpo, inclusive o **glicogênio** para armazenamento, **ribose** e **desoxirribose** para os ácidos nucleicos, e **galactose** para a síntese de lactose do leite, dos glicolipídeos e em combinação com a proteína nas glicoproteínas (ver Capítulo 46) e nos proteoglicanos. As doenças associadas ao metabolismo dos carboidratos incluem **diabetes melito, galactosemia, doenças de armazenamento de glicogênio** e **intolerância à lactose**.

A **glicobiologia** é o estudo das funções que os açúcares desempenham na saúde e na doença. O **glicoma** é o conteúdo completo de açúcares de um organismo, livres ou presentes em moléculas mais complexas. A **glicômica**, termo análogo à genômica e à proteômica, refere-se ao estudo abrangente dos glicomas, incluindo os aspectos genéticos, fisiológicos, patológicos e outros.

Uma quantidade muito grande de ligações glicosídicas pode ser formada entre açúcares. Por exemplo, três hexoses diferentes podem ligar-se entre si para formar mais de mil trissacarídeos diferentes. As conformações dos açúcares nas cadeias oligossacarídicas variam, dependendo de suas ligações e das proximidades de outras moléculas com as quais os oligossacarídeos podem interagir. As cadeias de oligossacarídeos codificam **informação biológica**, que depende de seus açúcares constituintes, sequências e ligações.

OS CARBOIDRATOS SÃO DERIVADOS DE ALDEÍDOS OU DE CETONAS DE ÁLCOOIS POLI-HÍDRICOS

Os carboidratos são classificados da seguinte maneira:

1. **Monossacarídeos** são os açúcares que não podem ser hidrolisados em carboidratos mais simples. Podem ser classificados em **trioses, tetroses, pentoses, hexoses** ou **heptoses**, dependendo do número de átomos de carbono (3 a 7), e como **aldoses** ou **cetoses**, em função dos grupamentos aldeído ou cetona. A **Tabela 15-1** fornece exemplos. Além dos aldeídos e das cetonas, os álcoois poli-hídricos (álcoois de açúcar ou **polióis**), nos quais o grupamento aldeído ou cetona foi reduzido a um grupamento álcool, também ocorrem naturalmente nos alimentos. Eles são sintetizados

TABELA 15-1 Classificação de açúcares importantes

	Aldoses	Cetoses
Trioses ($C_3H_6O_3$)	Glicerose (gliceraldeído)	Di-hidroxiacetona
Tetroses ($C_4H_8O_4$)	Eritrose	Eritrulose
Pentoses ($C_5H_{10}O_5$)	Ribose	Ribulose
Hexoses ($C_6H_{12}O_6$)	Glicose, galactose, manose	Frutose
Heptoses ($C_7H_{14}O_7$)	–	Sedoeptulose

por redução de monossacarídeos para uso na elaboração de alimentos para redução de peso e para diabéticos. Eles são mal absorvidos e possuem aproximadamente metade do poder energético dos açúcares.

2. **Dissacarídeos** são produtos da condensação de duas unidades monossacarídicas; por exemplo, lactose, maltose, isomaltose, sacarose e trealose.
3. **Oligossacarídeos** são produtos de condensação de 3 a 10 monossacarídeos. A maior parte não é digerida pelas enzimas humanas.
4. **Polissacarídeos** são produtos da condensação de mais de 10 unidades monossacarídicas; os exemplos são os amidos e as dextrinas, que podem ser polímeros lineares ou ramificados. Os polissacarídeos são, algumas vezes, classificados em hexosanos ou pentosanos, dependendo dos monossacarídeos constituintes (hexoses ou pentoses, respectivamente). Além dos amidos e das dextrinas (que são hexosanos), os alimentos contêm uma ampla variedade de outros polissacarídeos coletivamente conhecidos como polissacarídeos não amídicos; eles não são digeridos por enzimas humanas e são os principais componentes das fibras dietéticas. Exemplos são a celulose da parede celular de plantas (um polímero de glicose; ver Figura 15-13) e a inulina, um carboidrato de armazenamento em algumas plantas (um polímero de frutose; ver Figura 15-13).

A GLICOSE É O MONOSSACARÍDEO MAIS IMPORTANTE DO PONTO DE VISTA BIOMÉDICO

A estrutura da glicose pode ser representada de três maneiras

A fórmula estrutural de cadeia aberta (aldo-hexose; **Figura 15-1A**) pode contribuir para algumas das propriedades da glicose, porém uma estrutura cíclica (um **hemiacetal** formado pela reação entre o grupamento aldeído e um grupamento hidroxila) é favorecida do ponto de vista termodinâmico e contribui para outras propriedades. A estrutura cíclica é normalmente desenhada como mostrado na **Figura 15-1B**, a projeção de Haworth, na qual a molécula é visualizada lateralmente e acima do plano do anel; as ligações mais próximas ao observador estão em negrito e mais espessas, com os grupamentos hidroxil acima ou abaixo do plano do anel. Os átomos de hidrogênio ligados a cada carbono não estão mostrados na figura. O anel está, na verdade, na forma de uma cadeira (**Figura 15-1C**).

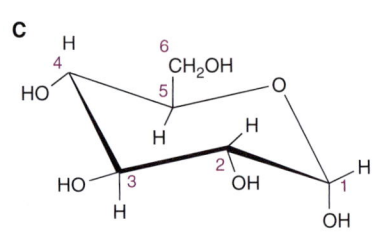

FIGURA 15-1 D-Glicose. (**A**) Forma em cadeia linear. (**B**) α-D-glicose; projeção de Haworth. (**C**) α-D-glicose; forma em cadeira.

Os açúcares exibem diversas formas de isomerismo

A glicose, com quatro átomos de carbono assimétrico, pode formar 16 isômeros. Os tipos mais importantes de isomerismo encontrados com a glicose são os seguintes:

1. **Isomerismos D e L:** a designação de um isômero de açúcar como a forma D ou de sua imagem espelhada como a forma L é determinada por sua relação espacial com o composto original dos carboidratos, o açúcar de três carbonos glicerose (gliceraldeído). As formas D e L desse açúcar e da glicose são mostradas na **Figura 15-2**. A orientação dos grupos —H e —OH ao redor do átomo de carbono adjacente ao carbono alcoólico terminal (carbono 5 na glicose) determina se o açúcar pertence à série D ou L. Quando o grupo —OH nesse carbono está à direita (como visto na Figura 15-2), o açúcar é o isômero D; quando ele está à esquerda, é o isômero L. A maioria dos monossacarídeos de ocorrência natural consiste em D-açúcares, e as enzimas responsáveis pelo seu metabolismo são específicas para essa configuração.
2. A presença de átomos de carbono assimétrico também confere **atividade óptica** ao composto. Quando um feixe de luz polarizada atravessa uma solução de um **isômero óptico**, ele gira para a direita, dextrorrotatório (+), ou para a esquerda, levorrotatório (–). A direção da rotação da luz polarizada independe da estereoquímica do açúcar, de

FIGURA 15-2 Isomerismo D e L da glicerose e da glicose.

FIGURA 15-4 Formas piranose e furanose da frutose.

modo que ele pode ser designado como D(−), D(+), L(−) ou L(+). Por exemplo, a forma de ocorrência natural da frutose é o isômero D(−). De forma confusa, o dextrorrotatório (+) já foi chamado de D, e o levorrotatório (−), de L. Essa nomenclatura é obsoleta, mas pode, às vezes, ser encontrada; ela não está relacionada ao isomerismo D e L. Em solução, a glicose é dextrorrotatória, e as soluções de glicose são, por vezes, conhecidas como **dextrose**.

3. **Estruturas em anel piranose e furanose:** as estruturas em anel dos monossacarídeos são similares às estruturas em aneldo pirano (um anel com seis componentes) ou do furano (um anel com cinco componentes) (**Figuras 15-3 e 15-4**). Para a glicose em solução, mais de 99% estão na forma piranose.

4. **Anômeros alfa e beta:** a estrutura en anel de uma aldose é um hemiacetal, visto que ela é formada pela reação entre um aldeído e um grupamento álcool. De modo similar, a estrutura em anel de uma cetose é um hemicetal. A glicose cristalina é uma α-D-glicopiranose. A estrutura cíclica é mantida em solução, porém o isomerismo ocorre em torno da posição 1, a carbonila ou **átomo de carbono anomérico**, para gerar uma mistura de α-glicopiranose (38%) e β-glicopiranose (62%). Menos de 0,3% é representado por anômeros α e β da glicofuranose.

5. **Epímeros:** os isômeros que diferem em consequência de variações na configuração do —OH e do —H nos átomos de carbono 2, 3 e 4 da glicose são conhecidos como epímeros. Biologicamente, os epímeros mais importantes da glicose são a manose (epimerizada no carbono 2) e a galactose (epimerizada no carbono 4) (**Figura 15-5**).

6. **Isomerismo aldose-cetose:** a frutose tem a mesma fórmula molecular da glicose, mas elas diferem quanto à existência de um potencial grupamento ceto na posição 2, o carbono anomérico da frutose, ao passo que, na glicose, há um potencial grupamento aldeído na posição 1, o carbono anomérico. São fornecidos exemplos de açúcares aldose e cetose nas **Figuras 15-6 e 15-7**, respectivamente. Quimicamente, as aldoses são compostos redutores, e são, às vezes, conhecidas como açúcares redutores. Isso é o princípio de um simples teste químico para detectar glicose na urina de pacientes com diabetes melito fracamente controlado, por meio da redução de uma solução de cobre alcalina (ver Capítulo 48).

Muitos monossacarídeos são fisiologicamente importantes

Os derivados das trioses, das tetroses, das pentoses e do açúcar de sete carbonos sedoeptulose são formados como intermediários metabólicos na glicólise (ver Capítulo 17) e na via das pentoses-fosfato (ver Capítulo 20). As pentoses são importantes em nucleotídeos, ácidos nucleicos e diversas coenzimas (**Tabela 15-2**). Glicose, galactose, frutose e manose são, fisiologicamente, as hexoses mais importantes (**Tabela 15-3**). As aldoses bioquimicamente importantes são mostradas na Figura 15-6, e as cetoses, na Figura 15-7.

Além disso, os derivados de ácido carboxílico da glicose são importantes, incluindo o D-glicuronato (para a formação da glicuronídeo e nos glicosaminoglicanos) e seus derivados metabólicos, L-iduronato (nos glicosaminoglicanos, **Figura 15-8**) e L-gulonato (um intermediário na via do ácido urônico; ver Figura 20-4).

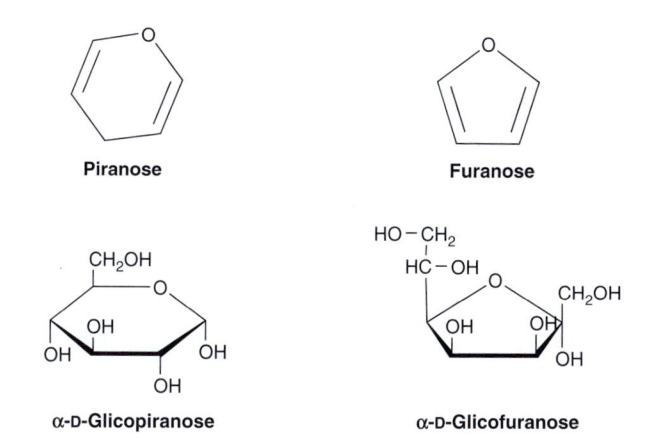

FIGURA 15-3 Formas piranose e furanose da glicose.

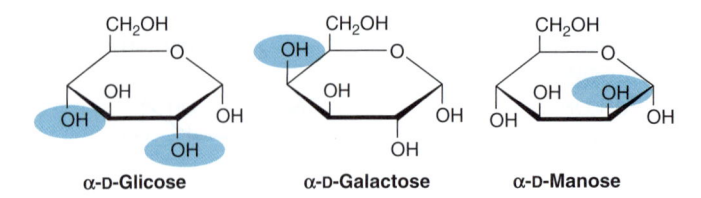

FIGURA 15-5 Epímeros da glicose.

FIGURA 15-6 Exemplos de aldoses com importância fisiológica.

FIGURA 15-7 Exemplos de cetoses com importância fisiológica.

TABELA 15-2 Pentoses de importância fisiológica

Açúcar	Fonte	Importância bioquímica e clínica
D-Ribose	Ácidos nucleicos e intermediários metabólicos	Componente estrutural dos ácidos nucleicos e das coenzimas, incluindo ATP, NAD(P) e coenzimas de flavina
D-Ribulose	Intermediário metabólico	Intermediário na via das pentoses-fosfato
D-Arabinose	Gomas vegetais	Constituinte das glicoproteínas
D-Xilose	Gomas vegetais, proteoglicanos, glicosaminoglicanos	Constituinte das glicoproteínas
L-Xilulose	Intermediário metabólico	Excretada na urina na pentosúria essencial

TABELA 15-3 Hexoses de importância fisiológica

Açúcar	Fonte	Importância bioquímica	Significado clínico
D-Glicose	Sucos de frutas, hidrólise do amido, açúcar da cana ou da beterraba, maltose e lactose	Principal combustível metabólico para os tecidos; "açúcar do sangue"	Excretada na urina (glicosúria) no diabetes melito malcontrolado devido à hiperglicemia
D-Frutose	Sucos de frutas, mel, hidrólise do açúcar da cana ou da beterraba e inulina, isomerização enzimática dos xaropes de glicose para a fabricação de alimento	Prontamente metabolizada via glicose ou por via direta	A intolerância à frutose hereditária leva ao acúmulo de frutose e à hipoglicemia
D-Galactose	Hidrólise da lactose	Prontamente metabolizada a glicose; sintetizada na glândula mamária para a síntese de lactose no leite; constituinte de glicolipídeos e glicoproteínas	A galactosemia hereditária devido à falha no metabolismo da galactose leva à catarata
D-Manose	Hidrólise de gomas mananas vegetais	Constituinte das glicoproteínas	

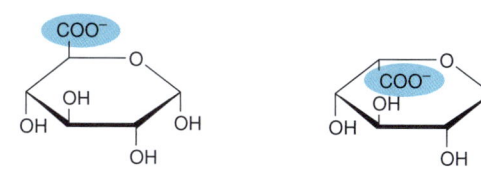

FIGURA 15-8 α-D-Glicuronato (à esquerda) e β-L-iduronato (à direita).

FIGURA 15-10 Glicosamina (2-amino-D-glicopiranose) (forma α). A galactosamina é a 2-amino-D-galactopiranose. Tanto a glicosamina quanto a galactosamina ocorrem como derivados N-acetil em carboidratos complexos, como as glicoproteínas.

Os açúcares formam glicosídeos com outros compostos e entre si

Os **glicosídeos** são formados pela condensação entre o grupamento hidroxila do carbono anomérico de um monossacarídeo e um segundo composto, que pode ser outro monossacarídeo ou, no caso de uma **aglicona**, um composto não açúcar. Quando o segundo grupamento é uma hidroxila, a ligação O-glicosídica é uma ligação **acetal**, uma vez que resulta de uma reação entre um grupamento hemiacetal (formado a partir de um aldeído e um grupamento —OH) e outro grupamento —OH. Quando a porção hemiacetal é a glicose, o composto resultante é um **glicosídeo**; quando é a galactose, um **galactosídeo**; e assim por diante. Quando o segundo grupamento é uma amina, forma-se uma ligação N-glicosídica, por exemplo, entre a adenina e a ribose nos nucleotídeos, como o trifosfato de adenosina (ATP, do inglês *adenosine triphosphate*) (ver Figura 11-4).

Os glicosídeos distribuem-se amplamente na natureza; a aglicona pode ser metanol, glicerol, esterol, fenol ou uma base, como a adenina. Os glicosídeos que são importantes na medicina devido à sua ação sobre o coração (**glicosídeos cardíacos**) contêm, sem exceção, esteroides, como a aglicona. Incluem derivados do digitálico e estropanto, como **ouabaína**, um inibidor da Na⁺–K⁺-ATPase das membranas celulares. Outros glicosídeos incluem antibióticos, como a **estreptomicina**.

Os desoxiaçúcares carecem de um átomo de oxigênio

Os desoxiaçúcares são aqueles em que um grupamento hidroxila foi substituído por hidrogênio. Um exemplo é a **desoxirribose** (**Figura 15-9**) no ácido desoxirribonucleico (DNA, do inglês *deoxyribonucleic acid*). O desoxiaçúcar L-fucose (ver Figura 15-15) ocorre nas glicoproteínas; a 2-desoxiglicose é utilizada experimentalmente como inibidor do metabolismo da glicose.

Os aminoaçúcares (hexosaminas) são componentes das glicoproteínas, dos gangliosídeos e dos glicosaminoglicanos

Os aminoaçúcares incluem a D-glicosamina, um constituinte do ácido hialurônico (**Figura 15-10**), a D-galactosamina (também conhecida como condrosamina), um constituinte da condroitina, e a D-manosamina. Vários **antibióticos** (p. ex., **eritromicina**) contêm aminoaçúcares, que são importantes para a sua atividade antibiótica.

Maltose, sacarose e lactose são dissacarídeos importantes

Os dissacarídeos são açúcares compostos por dois resíduos monossacarídicos ligados por uma ligação glicosídica (**Figura 15-11**). Os dissacarídeos fisiologicamente importantes são a maltose, a sacarose e a lactose (**Tabela 15-4**). A hidrólise da sacarose fornece uma mistura de glicose e frutose chamada de "açúcar invertido", visto que a frutose é fortemente levorrotatória e muda (inverte) a ação dextrorrotatória mais fraca da sacarose.

OS POLISSACARÍDEOS POSSUEM FUNÇÕES ESTRUTURAIS E DE ARMAZENAMENTO

Os polissacarídeos incluem vários carboidratos importantes fisiologicamente.

O **amido** é um homopolímero de glicose, formando uma cadeia α-glicosídica, chamada de **glicosano** ou **glicano**. É o mais importante carboidrato na dieta, e está presente em cereais, batatas, legumes e em outros vegetais. Os dois constituintes principais são a **amilose** (13-20%), que possui estrutura helicoidal não ramificada, e a **amilopectina** (80-87%), que consiste em cadeias ramificadas com 24 a 30 resíduos de glicose com ligações α1 → 4 nas cadeias e ligações α1 → 6 nos pontos de ramificação (**Figura 15-12**).

A extensão em que o amido nos alimentos é hidrolisado pela amilase é determinada por sua estrutura, pelo grau de cristalização ou hidratação (o resultado do cozimento) e pelo fato de ele estar (ou não) incluso em paredes de células vegetais intactas (e indigeríveis). O **índice glicêmico** de um alimento amiláceo é uma medida de sua digestibilidade, com base na extensão em que ele eleva a concentração sanguínea de glicose em comparação com uma quantidade equivalente de glicose ou de um alimento de referência como o pão branco ou o arroz cozido. O índice glicêmico varia de 1 (ou 100%) para os amidos que são prontamente hidrolisados no intestino delgado até 0 para aqueles que não sofrem hidrólise.

O **glicogênio** é o polissacarídeo de armazenamento em animais e é, algumas vezes, chamado de amido animal. É uma estrutura mais altamente ramificada que a amilopectina, com cadeias de 12 a 15 resíduos de α-D-glicopiranose (na ligação glicosídica

FIGURA 15-9 2-Desoxi-D-ribofuranose (forma β).

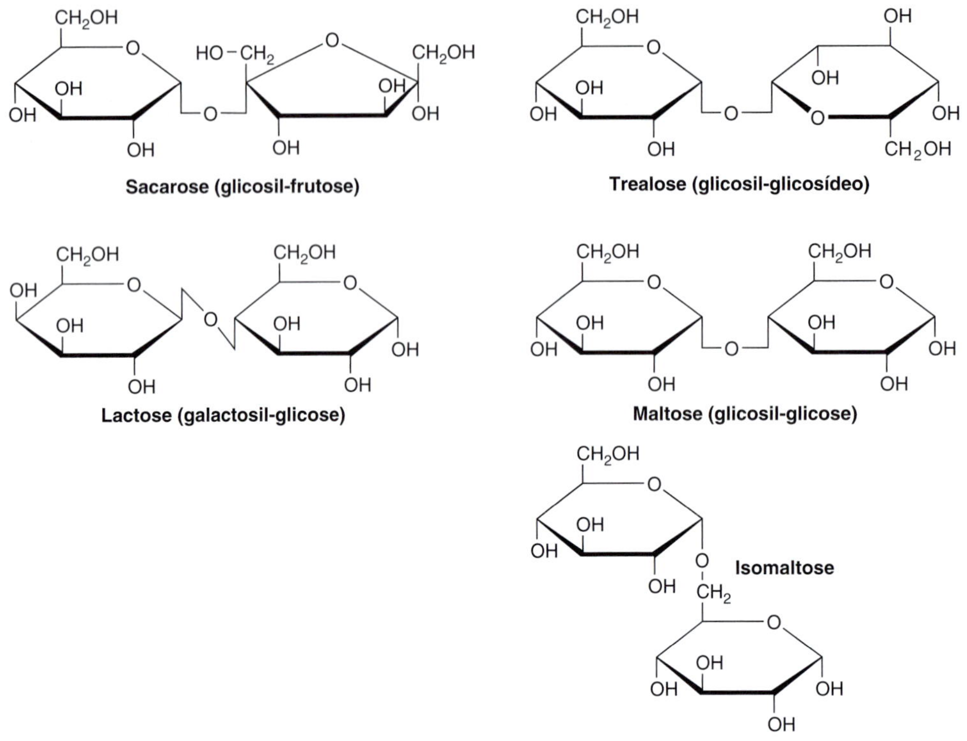

FIGURA 15-11 Estruturas de dissacarídeos nutricionalmente importantes.

α1 → 4) com ramificação por meio de ligações glicosídicas α1 → 6. Os grânulos de glicogênio no músculo (partículas β) são esféricos e contêm até 60 mil resíduos de glicose; no fígado, existem grânulos semelhantes e também rosetas de grânulos de glicogênio que parecem ser partículas β agregadas.

A **inulina** é um polissacarídeo de frutose (uma frutosana) encontrada em tubérculos e raízes de dálias, alcachofras e dentes-de-leão. É prontamente solúvel em água e é utilizada para determinar a taxa de filtração glomerular, porém não é hidrolisada pelas enzimas intestinais, de modo que não tem nenhum valor nutricional. As **dextrinas** são intermediários na hidrólise do amido. A **celulose** é o principal constituinte das paredes das células de plantas. É insolúvel e consiste em unidades de β-D-glicopiranose ligadas por ligações β1 → 4 para formar cadeias longas e retas fortalecidas por ligações de hidrogênio cruzadas. Os mamíferos carecem de qualquer enzima que hidrolise as ligações β1 → 4; portanto, não conseguem digerir a celulose. É o principal componente da fibra alimentar. Os microrganismos no intestino dos ruminantes e de outros herbívoros podem hidrolisar a ligação e fermentar os produtos a ácidos graxos de cadeia curta como uma importante fonte de energia. Há algum metabolismo bacteriano da celulose

TABELA 15-4 Dissacarídeos de importância fisiológica

Açúcar	Composição	Fonte	Significado clínico
Sacarose	O-α-D-glicopiranosil-(1→2)-β-D--frutofuranosídeo	Açúcar da cana e da beterraba, sorgo e algumas frutas e vegetais	A doença genética rara caracterizada pela falta de sacarase leva à intolerância à sacarose – diarreia e flatulência
Lactose	O-β-D-galactopiranosil-(1→4)-β-D--glicopiranose	Leite (e muitas preparações farmacêuticas como filtro)	A falta da lactase (alactasia) leva à intolerância à lactose – diarreia e flatulência; pode ser excretada na urina durante a gestação
Maltose	O-α-D-glicopiranosil-(1→4)-α-D--glicopiranose	Hidrólise enzimática do amido (amilase); cereais em germinação e malte	
Isomaltose	O-α-D-glicopiranosil-(1→6)-α-D--glicopiranose	Hidrólise enzimática do amido (os pontos de ramificação na amilopectina)	
Lactulose	O-α-D-galactopiranosil-(1→4)-β-D--frutofuranose	Leite aquecido (pequenas quantidades), principalmente sintético	Não hidrolisada por enzimas intestinais, mas fermentada por bactérias intestinais; utilizada como laxativo osmótico brando
Trealose	O-α-D-glicopiranosil-(1→1)-α-D--glicopiranosídeo	Leveduras e fungos; o principal açúcar da hemolinfa dos insetos	

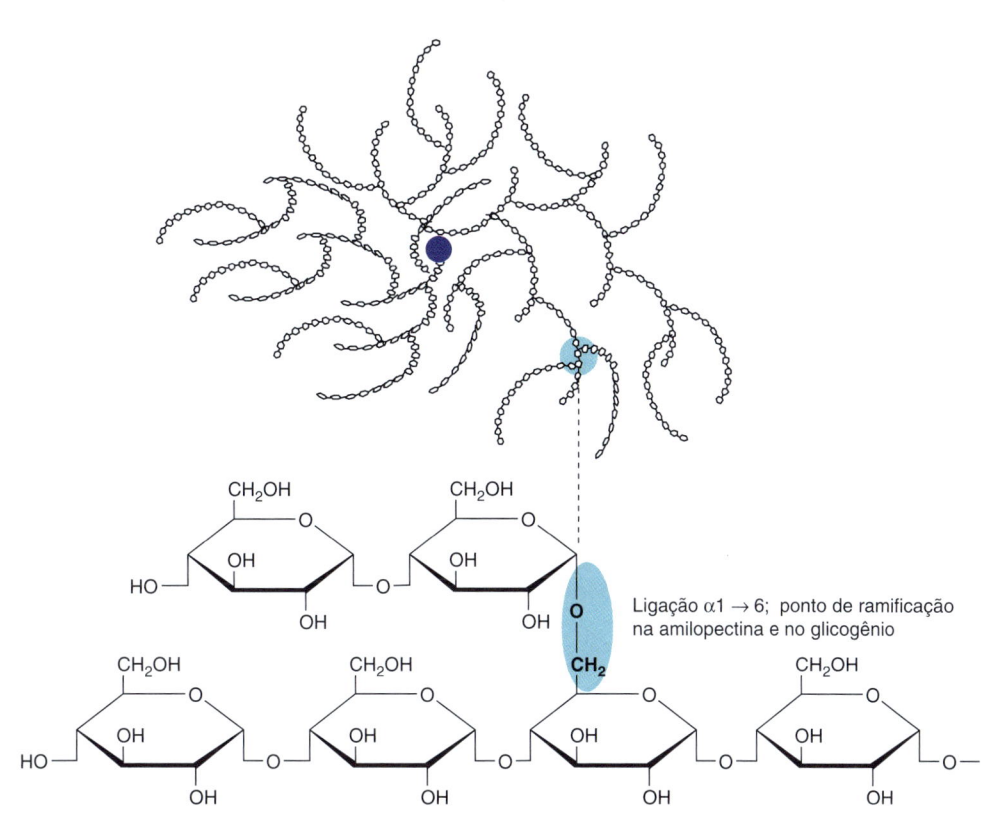

FIGURA 15-12 **A estrutura do amido e do glicogênio.** A amilose é um polímero linear de resíduos de glicose unidos por ligações α1 → 4, que se enrola em uma hélice. A amilopectina e o glicogênio consistem em cadeias curtas de resíduos de glicose unidos por ligações α1 → 4 com pontos de ramificação formados por ligações glicosídicas α1 → 6. A molécula do glicogênio é uma esfera de cerca de 21 nm de diâmetro que pode ser vista em micrografias eletrônicas. Ela tem massa molecular de aproximadamente 10^7 Da e consiste em cadeias polissacarídicas, cada uma com cerca de 13 resíduos de glicose. As cadeias podem ser ramificadas, ou não, e são arranjadas em 12 camadas concêntricas. As cadeias ramificadas (cada uma com dois ramos) são encontradas nas camadas internas, e as cadeias não ramificadas, na camada externa. O ponto azul no centro da molécula de glicogênio é a glicogenina, a molécula iniciadora da síntese de glicogênio.

no colo humano. A **quitina** é um polissacarídeo estrutural no exoesqueleto de crustáceos e insetos, assim como em cogumelos. Ela consiste em unidades de N-acetil-D-glicosamina unidas por ligações glicosídicas β1 → 4. A **pectina** ocorre em frutas; ela é um polímero de ácido galacturônico unido por ligações α1 → 4, com ramificações de galactose ou arabinose, e é parcialmente metilada (**Figura 15-13**).

Os **glicosaminoglicanos** (mucopolissacarídeos) são carboidratos complexos que contêm **aminoaçúcares** e **ácidos urônicos**. Eles podem estar ligados a uma molécula de proteína para formar um **proteoglicano**. Os proteoglicanos fornecem a substância fundamental ou embalagem do tecido conectivo (ver Capítulo 50). Eles detêm grandes quantidades de água e ocupam espaço, acolchoando ou lubrificando outras estruturas devido ao grande número de grupamentos —OH e às cargas negativas na molécula, que, por meio de repulsão, mantêm afastadas as cadeias de carboidratos. Os exemplos são o **ácido hialurônico**, a **condroitina-sulfato** e a **heparina** (**Figura 15-14**).

As **glicoproteínas** (também conhecidas como mucoproteínas) são proteínas contendo cadeias oligossacarídicas ramificadas ou não ramificadas (**Tabela 15-5**), incluindo fucose (**Figura 15-15**). Elas ocorrem nas membranas celulares (ver Capítulos 40 e 46) e muitas proteínas são glicosiladas. Os **ácidos siálicos** são derivados N- ou O-acil do ácido neuramínico (Figura 15-15). O **ácido neuramínico** é um açúcar de nove carbonos derivado da manosamina (um epímero da glicosamina) e do piruvato. Os ácidos siálicos são constituintes tanto de **glicoproteínas** quanto de **gangliosídeos**.

OS CARBOIDRATOS OCORREM NAS MEMBRANAS CELULARES E NAS LIPOPROTEÍNAS

Aproximadamente 5% do peso das membranas celulares constituem a parte de carboidratos das glicoproteínas (ver Capítulo 46) e glicolipídeos. A sua presença na superfície externa da membrana plasmática (o **glicocálice**) foi demonstrada com o emprego de **lectinas** vegetais, proteínas que se ligam a resíduos glicosil específicos. Por exemplo, a **concanavalina A** liga-se aos resíduos α-glicosil e α-manosil. A **glicoforina** é uma glicoproteína importante integrante da membrana de hemácias humanas. Ela possui 130 resíduos de aminoácidos e atravessa a membrana lipídica, com regiões polipeptídicas para fora da membrana tanto da superfície externa quanto da interna (citoplasmática). As cadeias de carboidratos estão ligadas à porção aminoterminal na superfície externa. Os carboidratos também estão presentes na apoproteína B das lipoproteínas plasmáticas.

Celulose: polímero de glicose unido pela ligação β1 → 4

Quitina: polímero de N-acetilglicosamina unido pela ligação β1 → 4

Pectina: polímero de ácido galacturônico unido pela ligação α1 → 4, parcialmente metilado; algumas ramificações de galactose e/ou arabinose

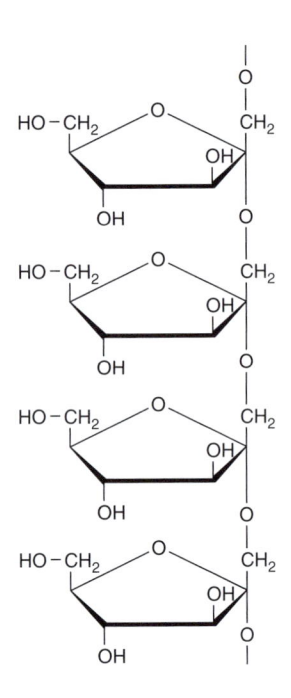

Inulina: polímero de frutose unido pela ligação β2 → 1

FIGURA 15-13 As estruturas de alguns polissacarídeos não amídicos importantes.

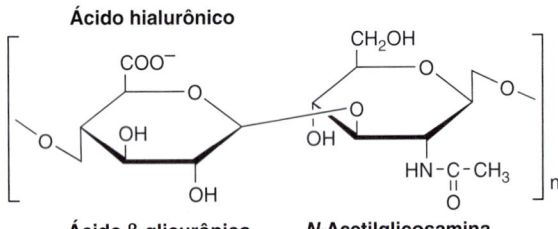

Ácido hialurônico

Ácido β-glicurônico — N-Acetilglicosamina

Sulfato de 4-condroitina

Ácido β-glicurônico — Sulfato de N-acetilglicosamina

Heparina

Glicosamina sulfatada — Ácido idurônico sulfatado

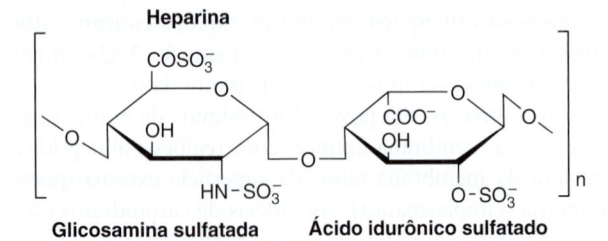

FIGURA 15-14 Estrutura de alguns polissacarídeos complexos e glicosaminoglicanos.

TABELA 15-5 Carboidratos encontrados nas glicoproteínas

Hexoses	Manose (Man), galactose (Gal)
Acetil-hexosaminas	N-Acetilglicosamina (GlcNAc), N-acetilgalactosamina (GalNAc)
Pentoses	Arabinose (Ara), Xilose (Xil)
Metil-pentose	L-Fucose (Fuc, ver Figura 15-15)
Ácidos siálicos	Derivados N-acil do ácido neuramínico; o ácido siálico predominante é o ácido N-acetilneuramínico (NeuAc, ver Figura 15-15)

Fucose

Ácido N-acetilneuramínico

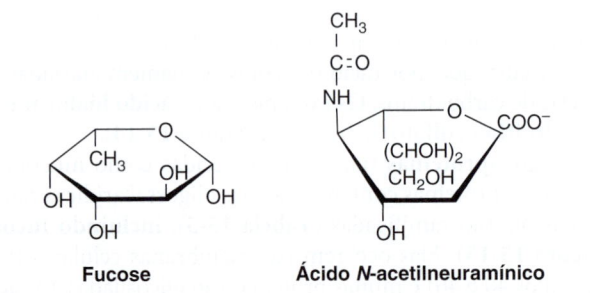

FIGURA 15-15 β-L-Fucose (6-desoxi-β-L-galactose) e ácido N-acetilneuramínico, um ácido siálico.

RESUMO

- O glicoma é o conteúdo completo de açúcares de um organismo, livres ou presentes em moléculas mais complexas. A glicômica é o estudo dos glicomas, incluindo aspectos genéticos, fisiológicos, patológicos e outros.

- Os carboidratos são os principais constituintes do alimento animal e dos tecidos animais. Eles caracterizam-se pelo tipo e pela quantidade de resíduos monossacarídicos em suas moléculas.

- A glicose é o carboidrato mais importante na bioquímica dos mamíferos, uma vez que quase todos os carboidratos no alimento são convertidos em glicose para o metabolismo.

- Os açúcares possuem grandes quantidades de estereoisômeros, pois contêm vários átomos de carbono assimétricos.

- Os monossacarídeos com importância fisiológica incluem a glicose, o "açúcar do sangue", e a ribose, importante constituinte de nucleotídeos e ácidos nucleicos.

- Os dissacarídeos importantes incluem a maltose (glicosil-glicose), um intermediário na digestão de amido; a sacarose (glicosil-frutose), importante como constituinte da dieta contendo frutose; e a lactose (galactosil-glicose), no leite.

- O amido e o glicogênio são os polímeros de armazenamento da glicose em plantas e animais, respectivamente. O amido é o principal combustível metabólico da dieta.

- Os carboidratos complexos contêm outros derivados do açúcar, como os aminoaçúcares, os ácidos urônicos e os ácidos siálicos. Eles incluem os proteoglicanos e os glicosaminoglicanos, os quais estão associados aos elementos estruturais dos tecidos, e as glicoproteínas, que são proteínas portadoras de cadeias de oligossacarídeos; eles são encontrados em muitas situações, inclusive na membrana celular.

- As cadeias oligossacarídicas codificam informação biológica, dependendo dos seus açúcares constituintes, de sua sequência e de suas ligações.

O ciclo do ácido cítrico: a via central do metabolismo de carboidratos, lipídeos e aminoácidos

CAPÍTULO 16

David A. Bender, Ph.D. e Peter A. Mayes, Ph.D., D.Sc.

OBJETIVOS

Após o estudo deste capítulo, você deve ser capaz de:

- Descrever as reações do ciclo do ácido cítrico e as reações que levam à produção de equivalentes redutores, os quais são oxidados na cadeia de transporte de elétrons mitocondrial para a produção de ATP.
- Explicar a importância das vitaminas no ciclo do ácido cítrico.
- Explicar como o ciclo do ácido cítrico fornece uma via tanto para o catabolismo de aminoácidos quanto para a sua síntese.
- Descrever as principais vias anapleróticas que possibilitam a reposição de intermediários do ciclo do ácido cítrico e como a retirada do oxalacetato para a gliconeogênese é controlada.
- Descrever o papel do ciclo do ácido cítrico na síntese de ácidos graxos.
- Explicar como a atividade do ciclo do ácido cítrico é controlada pela disponibilidade de cofatores oxidados.
- Explicar como a hiperamoniemia pode levar à perda da consciência.

IMPORTÂNCIA BIOMÉDICA

O ciclo do ácido cítrico (ciclo de Krebs ou ciclo do ácido tricarboxílico) consiste em uma sequência de reações nas mitocôndrias que oxida a porção acetil da acetil-CoA a CO_2 e reduz coenzimas que são reoxidadas por meio da cadeia de transporte de elétrons (ver Capítulo 13), ligada à formação de trifosfato de adenosina (ATP, do inglês *adenosine triphosphate*).

O ciclo do ácido cítrico é a via final comum para a oxidação dos carboidratos, dos lipídeos e das proteínas, visto que a glicose, os ácidos graxos e a maior parte dos aminoácidos são metabolizados à acetil-CoA ou a intermediários do ciclo. O ciclo do ácido cítrico também desempenha papel central na gliconeogênese, na lipogênese e na interconversão de aminoácidos. Muitos desses processos ocorrem na maioria dos tecidos, porém o fígado é o único tecido no qual todos ocorrem em grau significativo. Assim, as repercussões são profundas, quando, por exemplo, muitas células hepáticas são lesionadas, conforme observado na **hepatite** aguda, ou são substituídas por tecido conectivo (como na **cirrose**). Os poucos defeitos genéticos das enzimas do ciclo do ácido cítrico que já foram descritos estão associados à ocorrência de lesão neurológica grave, em consequência de comprometimento considerável na formação de ATP no sistema nervoso central.

A hiperamoniemia, como a que ocorre na doença hepática avançada, leva à perda da consciência, ao coma e a convulsões devido à atividade reduzida do ciclo do ácido cítrico, resultando em diminuição na formação de ATP. A amônia causa depleção dos intermediários do ciclo do ácido cítrico (ao retirar o α-cetoglutarato para a formação de glutamato e glutamina) e também inibe a descarboxilação oxidativa do α-cetoglutarato.

O CICLO DO ÁCIDO CÍTRICO FORNECE SUBSTRATOS PARA A CADEIA RESPIRATÓRIA

O ciclo começa com a reação entre a porção acetil da acetil--CoA e o oxalacetato, um ácido dicarboxílico de 4 carbonos, formando um ácido tricarboxílico de 6 carbonos, o citrato. Nas reações subsequentes, são liberadas 2 moléculas de CO_2, e o oxalacetato é regenerado (**Figura 16-1**). Apenas uma pequena quantidade de oxalacetato é necessária para a oxidação

CAPÍTULO 16 O ciclo do ácido cítrico: a via central do metabolismo de carboidratos, lipídeos e aminoácidos   151

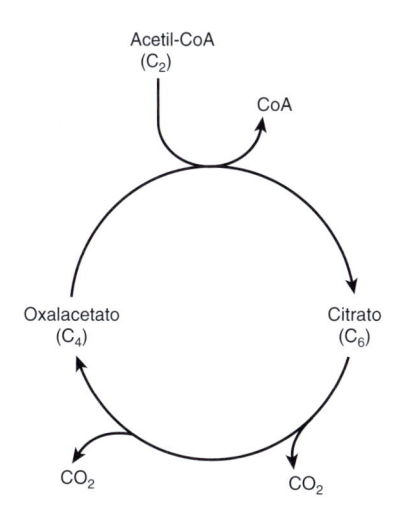

FIGURA 16-1 O ciclo do ácido cítrico, ilustrando o papel catalítico do oxalacetato.

de uma grande quantidade de acetil-CoA; pode-se considerar que o oxalacetato desempenha um **papel catalítico**, uma vez que é regenerado no fim do ciclo.

O ciclo do ácido cítrico é a principal via para a formação de ATP ligado à oxidação de combustíveis metabólicos. Durante a oxidação da acetil-CoA, as coenzimas são reduzidas e, em seguida, reoxidadas na cadeia respiratória, ligadas à formação de ATP (fosforilação oxidativa, **Figura 16-2**; ver também Capítulo 13). Esse processo é **aeróbio**, exigindo a presença de oxigênio como oxidante final das coenzimas reduzidas. As enzimas do ciclo do ácido cítrico localizam-se na **matriz mitocondrial**, na forma livre ou ancoradas à membrana mitocondrial interna e à membrana das cristas, onde também são encontradas as enzimas e as coenzimas da cadeia respiratória (ver Capítulo 13).

AS REAÇÕES DO CICLO DO ÁCIDO CÍTRICO PRODUZEM EQUIVALENTES REDUTORES E CO_2

A reação inicial entre a acetil-CoA e o oxalacetato para formar citrato é catalisada pela **citrato-sintase**, que forma uma ligação carbono-carbono entre o carbono metil da acetil-CoA e o carbono carbonil do oxalacetato (**Figura 16-3**). A ligação tioéster da citril-CoA resultante é hidrolisada, com liberação de citrato e CoASH – uma reação exotérmica.

O citrato é isomerizado a isocitrato pela enzima **aconitase** (aconitato-hidratase). A reação ocorre em duas etapas: a desidratação a *cis*-aconitato e a reidratação a isocitrato. Embora o citrato seja uma molécula simétrica, a aconitase reage de modo assimétrico com o citrato, de modo que os 2 átomos de carbono que são perdidos em reações subsequentes do ciclo não são aqueles que foram acrescentados a partir da acetil-CoA. Esse comportamento assimétrico resulta do processo de **canalização** – a transferência direta do produto da citrato-sintase para o sítio ativo da aconitase, sem necessidade de entrar em solução livre. A canalização possibilita a integração

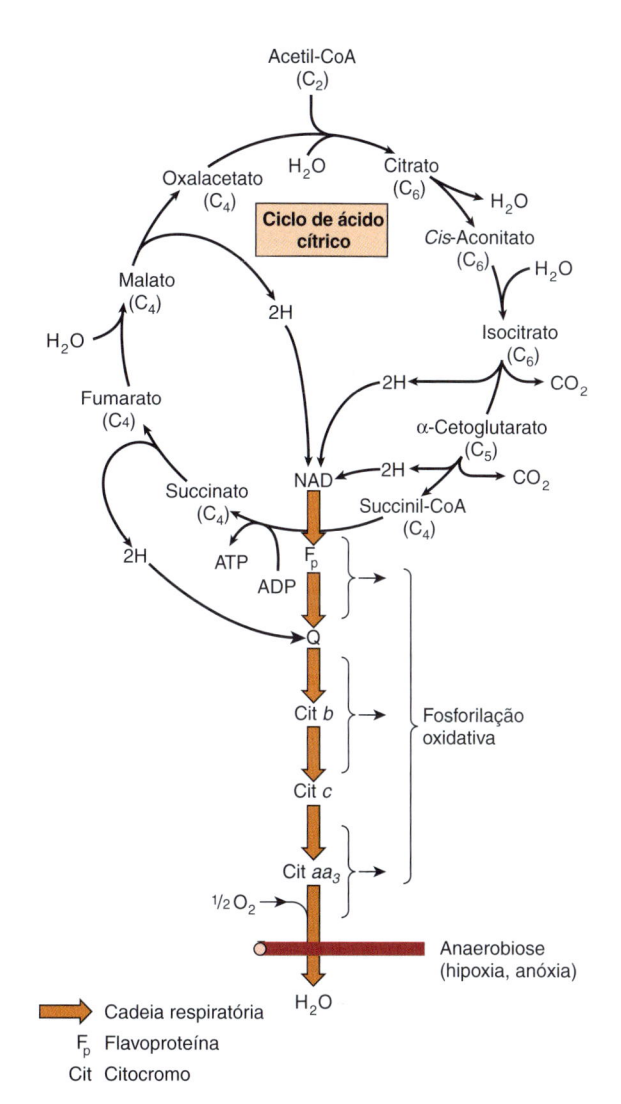

FIGURA 16-2 O ciclo do ácido cítrico: a principal via catabólica de acetil-CoA. A acetil-CoA, o produto do catabolismo de carboidratos, de proteínas e de lipídeos, entra no ciclo, formando citrato, e é oxidada a CO_2 com a redução de coenzimas. A reoxidação das coenzimas na cadeia respiratória leva à fosforilação de ADP a ATP. Para cada volta do ciclo, são geradas nove moléculas de ATP pela fosforilação oxidativa, e surge 1 molécula de ATP (ou GTP) em nível do substrato a partir da conversão da succinil-CoA em succinato. (ADP, difosfato de adenosina; ATP, trifosfato de adenosina; GTP, trifosfato de guanosina.)

da atividade do ciclo do ácido cítrico com o fornecimento de citrato no citosol como fonte de acetil-CoA para a síntese de ácidos graxos. O citrato só está disponível, livre em solução, para ser transportado das mitocôndrias até o citosol para a síntese de ácidos graxos, quando a aconitase é inibida pelo acúmulo de seu produto, o isocitrato.

A substância tóxica **fluoroacetato** é encontrada em algumas plantas, e o seu consumo pode ser fatal para animais de pastagem. Alguns compostos fluorados empregados como agentes antineoplásicos e substâncias químicas industriais (incluindo pesticidas) são metabolizados a fluoroacetato. Trata-se de uma substância tóxica, visto que a fluoroacetil-CoA se condensa com o oxalacetato para formar fluorocitrato, que inibe a aconitase, levando ao acúmulo de citrato.

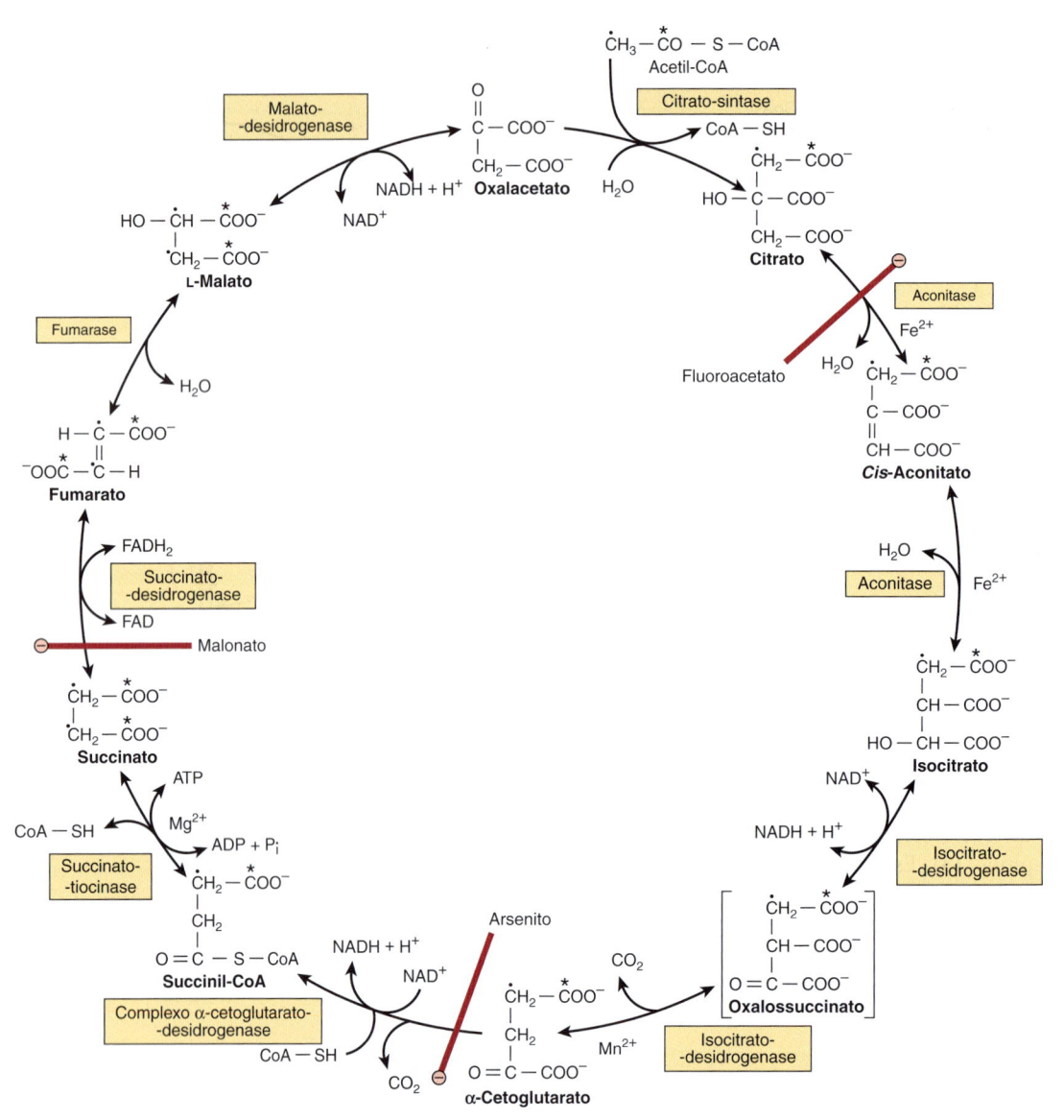

FIGURA 16-3 **O ciclo do ácido cítrico (de Krebs).** A oxidação de NADH e $FADH_2$ na cadeia respiratória leva à formação de ATP por fosforilação oxidativa. A fim de acompanhar o trajeto da acetil-CoA ao longo do ciclo, os 2 átomos de carbono da porção acetil estão marcados no carbono carboxil (*) e no carbono metil (•). Embora 2 átomos de carbono sejam perdidos como CO_2 a cada volta do ciclo, esses átomos não provêm da acetil-CoA que entrou imediatamente no ciclo, mas da parte da molécula de citrato derivada do oxalacetato. Entretanto, ao completar cada volta do ciclo, o oxalacetato regenerado está agora marcado, resultando na liberação de CO_2 marcado durante a segunda volta do ciclo. Como o succinato é um composto simétrico, ocorre "randomização" da marcação nessa etapa, de modo que todos os 4 átomos de carbono do oxalacetato aparecem marcados depois de uma volta do ciclo. Durante a gliconeogênese, parte da marcação do oxalacetato incorpora-se na glicose e no glicogênio (ver Figura 20-1). Estão indicados os locais de inibição (⊖) pelo fluoroacetato, pelo malonato e pelo arsenito. (ADP, difosfato de adenosina; ATP, trifosfato de adenosina.)

O isocitrato sofre desidrogenação catalisada pela **isocitrato-desidrogenase**, formando, inicialmente, oxalossuccinato, que permanece ligado à enzima e sofre descarboxilação a α-cetoglutarato. A descarboxilação requer a presença de íons Mg^{2+} ou Mn^{2+}. Existem três isoenzimas da isocitrato-desidrogenase. Uma delas, que utiliza nicotinamida adenina dinucleotídeo (NAD^+), é encontrada apenas nas mitocôndrias. As outras duas utilizam o $NADP^+$ e são encontradas nas mitocôndrias e no citosol. A oxidação do isocitrato ligada à cadeia respiratória ocorre por meio da enzima dependente de NAD^+.

O α-cetoglutarato sofre **descarboxilação oxidativa** em uma reação catalisada por um complexo multienzimático semelhante ao complexo envolvido na descarboxilação oxidativa do piruvato (ver Figura 17-5). O **complexo da α-cetoglutarato-desidrogenase** exige os mesmos cofatores que o complexo da piruvato-desidrogenase – tiamina-difosfato, lipoato, NAD^+, flavina adenina dinucleotídeo (FAD) e CoA – e resulta na formação de succinil-CoA. O equilíbrio dessa reação favorece tanto a formação de succinil-CoA que ela deve ser considerada, fisiologicamente, como unidirecional. Como no caso da oxidação do piruvato (Capítulo 17), o arsenito inibe a reação, causando acúmulo do substrato **α-cetoglutarato**. A presença de amônia em altas concentrações inibe a α-cetoglutarato-desidrogenase.

A succinil-CoA é convertida em succinato pela enzima **succinato-tiocinase (succinil-CoA-sintetase)**. Trata-se do único exemplo de fosforilação em nível do substrato no ciclo do ácido cítrico. Os tecidos onde ocorre gliconeogênese (fígado e rim) contêm duas isoenzimas da succinato-tiocinase, uma específica para o difosfato de guanosina (GDP, do inglês *guanosine diphosphate*), e a outra, para o difosfato de adenosina (ADP, do inglês *adenosine diphosphate*). O trifosfato de guanosina (GTP, do inglês *guanosine triphosphate*) formado é utilizado na descarboxilação do oxalacetato em fosfoenolpiruvato na gliconeogênese e estabelece uma ligação reguladora entre a atividade do ciclo do ácido cítrico e a retirada de oxalacetato para a gliconeogênese. Os tecidos não gliconeogênicos possuem apenas a isoenzima que fosforila ADP.

Quando os corpos cetônicos estão sendo metabolizados nos tecidos extra-hepáticos, ocorre uma reação alternativa catalisada pela **succinil-CoA-acetoacetato-CoA-transferase (tioforase)**, envolvendo a transferência de CoA da succinil-CoA para o acetoacetato, com formação de acetoacetil-CoA e succinato (ver Capítulo 22).

O metabolismo subsequente do succinato, que leva à regeneração do oxalacetato, segue a mesma sequência de reações químicas que ocorrem na β-oxidação dos ácidos graxos: desidrogenação para formar uma ligação dupla carbono-carbono, adição de água para formar um grupamento hidroxil e desidrogenação adicional para produzir o grupo oxo do oxalacetato.

A primeira reação de desidrogenação, que forma o fumarato, é catalisada pela **succinato-desidrogenase**, que está ligada à superfície interna da membrana mitocondrial interna. A enzima contém FAD e proteína ferro-enxofre (Fe-S), reduzindo diretamente ubiquinona na cadeia de transporte de elétrons. A **fumarase (fumarato-hidratase)** catalisa a adição de água por meio da ligação dupla do fumarato, dando origem ao malato. O malato é oxidado a oxalacetato pela **malato-desidrogenase**, ligada à redução de NAD^+. Embora o equilíbrio dessa reação favoreça fortemente o malato, o fluxo líquido ocorre em direção ao oxalacetato, devido à remoção contínua de oxalacetato (para formar citrato, como substrato para a gliconeogênese, ou para sofrer transaminação a aspartato) e também devido à reoxidação contínua do NADH.

SÃO FORMADAS 10 MOLÉCULAS DE ATP POR VOLTA DO CICLO DO ÁCIDO CÍTRICO

Como resultado das oxidações catalisadas pelas desidrogenases do ciclo do ácido cítrico, são produzidas três moléculas de NADH e uma de $FADH_2$ para cada molécula de acetil-CoA catabolizada em uma volta do ciclo. Esses equivalentes redutores são transferidos para a cadeia respiratória (ver Figura 13-3), onde a reoxidação de cada NADH resulta na formação de cerca de 2,5 moléculas de ATP, e a reoxidação do $FADH_2$ forma cerca de 1,5 molécula de ATP. Além disso, 1 molécula de ATP (ou GTP) é formada por fosforilação em nível do substrato, catalisada pela succinato-tiocinase.

AS VITAMINAS DESEMPENHAM PAPÉIS IMPORTANTES NO CICLO DO ÁCIDO CÍTRICO

Quatro das vitaminas B (ver Capítulo 44) são essenciais no ciclo do ácido cítrico e, portanto, no metabolismo produtor de energia: a **riboflavina**, na forma de FAD, é o cofator da succinato-desidrogenase; a **niacina**, na forma de NAD^+, é o aceptor de elétrons para a isocitrato-desidrogenase, a α-cetoglutarato-desidrogenase e a malato-desidrogenase; a tiamina (**vitamina B_1**), na forma de tiamina-difosfato, é a coenzima para a descarboxilação na reação da α-cetoglutarato-desidrogenase; e o **ácido pantotênico**, como parte da coenzima A, é esterificado a ácidos carboxílicos para formar acetil-CoA e succinil-CoA.

O CICLO DO ÁCIDO CÍTRICO DESEMPENHA UM PAPEL FUNDAMENTAL NO METABOLISMO

O ciclo do ácido cítrico não é apenas uma via para a oxidação de unidades de dois carbonos, mas também uma importante via para a interconversão de metabólitos que surgem da **transaminação** e da **desaminação** dos aminoácidos (ver Capítulos 28 e 29), fornecendo os substratos para a **síntese de aminoácidos** por transaminação (ver Capítulo 27), bem como para a **gliconeogênese** (ver Capítulo 19) e para a **síntese de ácidos graxos** (ver Capítulo 23). Em virtude de sua função em processos tanto oxidativos quanto de síntese, o ciclo é **anfibólico** (**Figura 16-4**).

O ciclo do ácido cítrico participa da gliconeogênese, da transaminação e da desaminação

Todos os intermediários do ciclo são potencialmente **glicogênicos**, visto que podem dar origem ao oxalacetato e, portanto, à produção de glicose (no fígado e no rim, que são responsáveis pela gliconeogênese; ver Capítulo 19). A enzima essencial que catalisa a transferência do ciclo para a gliconeogênese é a **fosfoenolpiruvato-carboxicinase**, que catalisa a descarboxilação do oxalacetato a fosfoenolpiruvato, sendo o GTP doador de fosfato (ver Figura 19-1). O GTP necessário para essa reação é fornecido pela isoenzima dependente de GDP da succinato-tiocinase. Isso assegura que o oxalacetato não será retirado do ciclo para a gliconeogênese, se isso levar à depleção dos intermediários do ciclo do ácido cítrico e, portanto, à produção reduzida de ATP.

A transferência líquida para o ciclo ocorre como resultado de várias reações. Entre as mais importantes dessas reações **anapleróticas** está a formação de oxalacetato pela carboxilação de piruvato, catalisada pela **piruvato-carboxilase** (Figura 16-4). Essa reação é importante para manter uma concentração adequada de oxalacetato para a reação de condensação com acetil-CoA. Se houver acúmulo de acetil-CoA, ela atuará tanto como ativador alostérico da piruvato-carboxilase quanto como inibidor da piruvato-desidrogenase, assegurando, assim, um suprimento de oxalacetato. O lactato, um importante substrato para a gliconeogênese, entra no ciclo por meio da

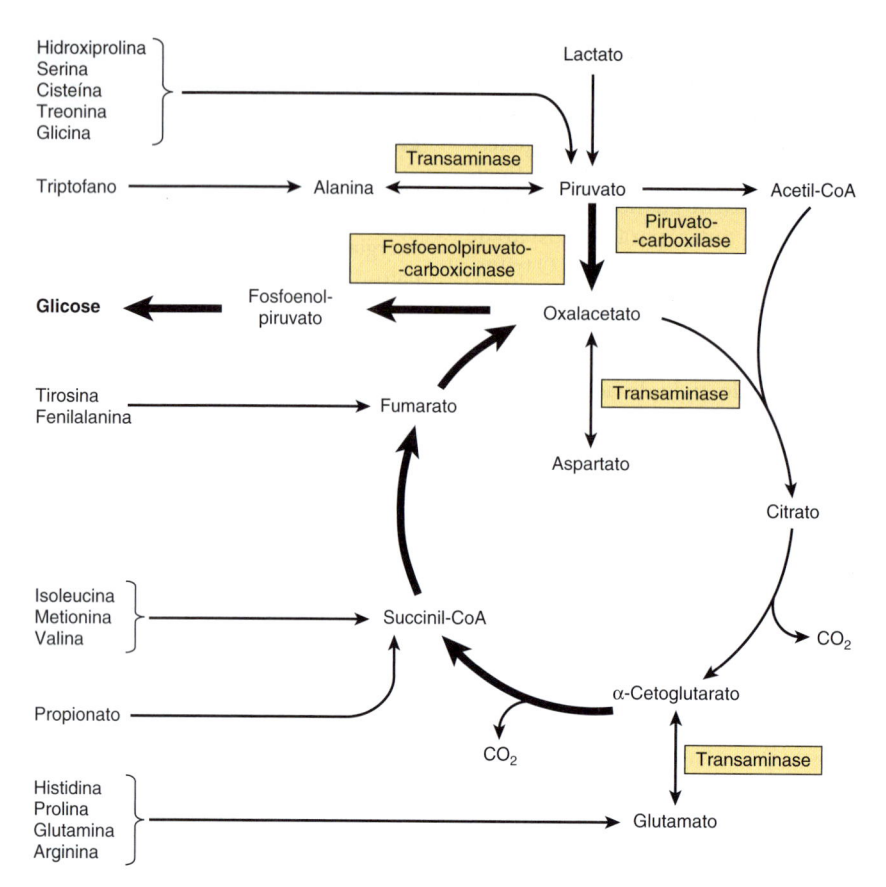

FIGURA 16-4 Participação do ciclo do ácido cítrico na transaminação e na gliconeogênese. As setas em negrito indicam a principal via de gliconeogênese.

oxidação a piruvato e, em seguida, da carboxilação a oxalacetato. O **glutamato** e a **glutamina** são substratos anapleróticos importantes, pois dão origem ao α-cetoglutarato como resultado das reações catalisadas pela glutaminase e pela glutamato-desidrogenase. A transaminação do **aspartato** leva diretamente à formação de oxalacetato, e diversos compostos que são metabolizados para produzir **propionil-CoA**, que pode ser carboxilado e isomerizado à succinil-CoA, também são substratos anapleróticos importantes.

As reações catalisadas pela **aminotransferase** (transaminase) formam piruvato a partir da alanina, oxalacetato a partir do aspartato e α-cetoglutarato a partir do glutamato. Como essas reações são reversíveis, o ciclo também serve como uma fonte de esqueletos de carbono para a síntese desses aminoácidos. Outros aminoácidos contribuem para a gliconeogênese, visto que seus esqueletos de carbono dão origem a intermediários do ciclo do ácido cítrico. Alanina, cisteína, glicina, hidroxiprolina, serina, treonina e triptofano dão origem ao piruvato; arginina, histidina, glutamina e prolina levam à produção de α-cetoglutarato; isoleucina, metionina e valina dão origem à succinil-CoA; tirosina e fenilalanina produzem fumarato (ver Figura 16-4).

O ciclo do ácido cítrico em si não fornece uma via para a oxidação completa dos esqueletos de carbono de aminoácidos que dão origem a intermediários, como α-cetoglutarato, succinil-CoA, fumarato e oxalacetato, pois isso resulta em aumento na quantidade de oxalacetato. Para que ocorra a oxidação completa, o oxalacetato precisa sofrer fosforilação e carboxilação a fosfoenolpiruvato (à custa de GTP) e, em seguida, desfosforilação a piruvato (em uma reação catalisada pela piruvato-cinase) e descarboxilação oxidativa à acetil-CoA (catalisada pela piruvato-desidrogenase).

Nos ruminantes, cujo principal combustível metabólico é constituído de ácidos graxos de cadeia curta formados pela fermentação bacteriana, a conversão do propionato, o principal produto glicogênico da fermentação no rúmen, em succinil-CoA pela via da metilmalonil-CoA (ver Figura 19-2) é particularmente importante.

O ciclo do ácido cítrico participa da síntese de ácidos graxos

A acetil-CoA, formada a partir do piruvato pela ação da piruvato-desidrogenase, constitui o principal substrato para a síntese de ácidos graxos de cadeia longa em animais não ruminantes (**Figura 16-5**). (Nos ruminantes, a acetil-CoA origina-se diretamente do acetato.) A piruvato-desidrogenase é uma enzima mitocondrial, e a síntese de ácidos graxos é uma via citosólica; a membrana mitocondrial é impermeável à acetil-CoA. Para que a acetil-CoA esteja disponível no citosol, o citrato é transportado da mitocôndria para o citosol e, então, clivado em uma reação catalisada pela **citrato-liase** (Figura 16-5). O citrato só se torna disponível para ser transportado para fora da mitocôndria quando a aconitase é inibida pelo seu produto e, portanto, está

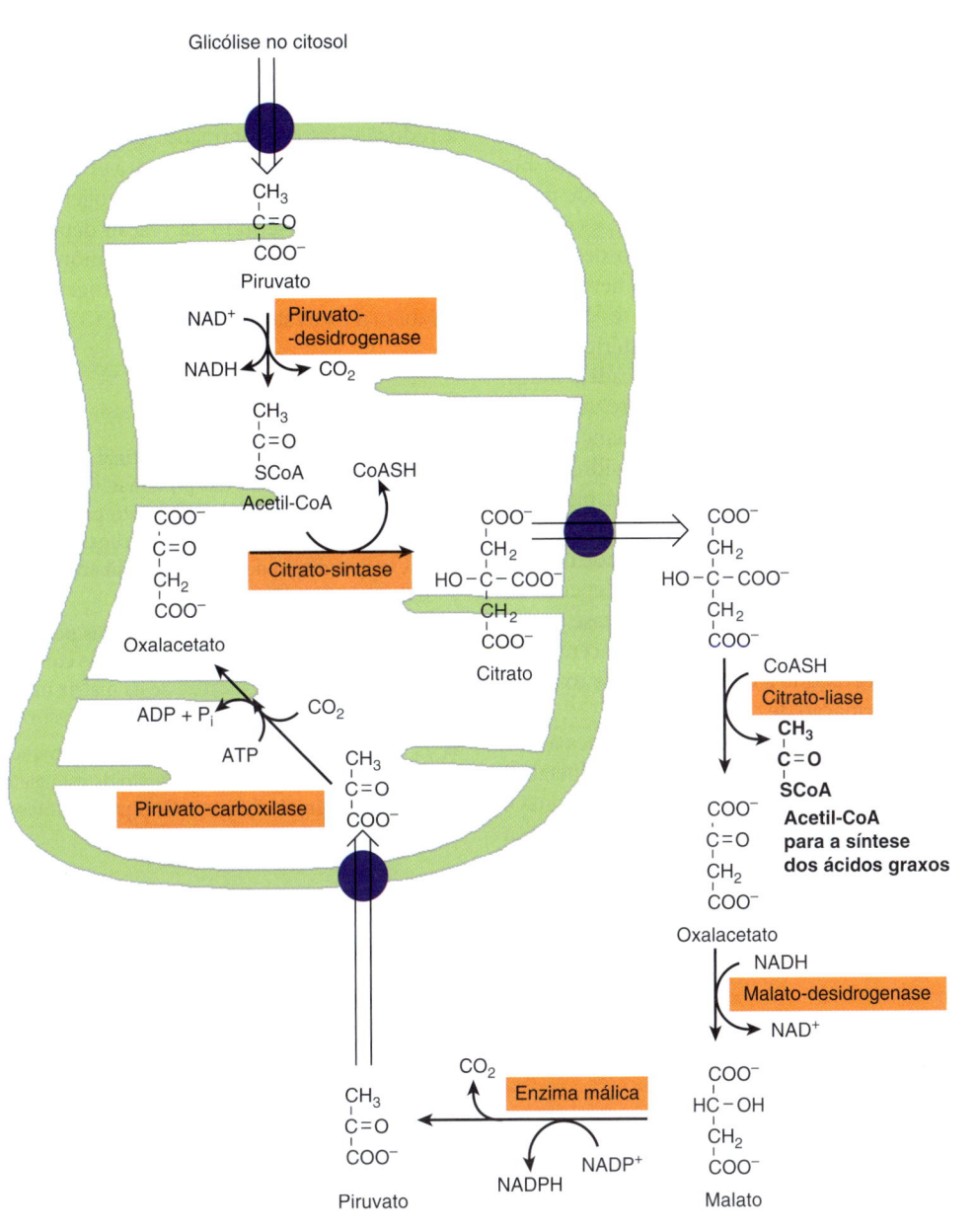

FIGURA 16-5 Participação do ciclo do ácido cítrico no fornecimento de acetil-CoA citosólica para a síntese dos ácidos graxos a partir de glicose. Ver também Figura 23-5. (ADP, difosfato de adenosina; ATP, trifosfato de adenosina.)

saturada com o seu substrato, de modo que o citrato não pode ser canalizado diretamente da citrato-sintase para a aconitase. Isso assegura que o citrato seja utilizado para a síntese de ácidos graxos apenas quando houver uma quantidade adequada para suprir a atividade contínua do ciclo.

O oxalacetato liberado pela citrato-liase não pode entrar novamente na mitocôndria, mas é reduzido a malato, à custa de NADH, e o malato passa por descarboxilação oxidativa a piruvato, reduzindo $NADP^+$ a NADPH. Essa reação, catalisada pela enzima málica, é a fonte de metade da quantidade de NADPH necessário para a síntese de ácidos graxos (o restante é fornecido pela via das pentoses-fosfato, ver Capítulo 20). O piruvato entra na mitocôndria e é carboxilado a oxalacetato pela piruvato-carboxilase, uma reação dependente de ATP, em que a coenzima é a vitamina biotina.

A regulação do ciclo do ácido cítrico depende principalmente de um suprimento de cofatores oxidados

Na maioria dos tecidos, onde o principal papel do ciclo do ácido cítrico consiste no metabolismo produtor de energia, a atividade do ciclo do ácido cítrico é regulada pelo **controle respiratório**, por meio da cadeia respiratória e fosforilação oxidativa (ver Capítulo 13). Por conseguinte, a atividade depende imediatamente do suprimento de NAD^+, que, por sua vez, devido ao estreito acoplamento entre a oxidação e a fosforilação, depende da disponibilidade de ADP e, portanto, da utilização do ATP no trabalho químico e físico. Além disso, as enzimas do ciclo são reguladas individualmente. Os principais locais de regulação consistem nas reações não equilibradas, catalisadas por piruvato-desidrogenase, citrato-sintase, isocitrato-desidrogenase e α-cetoglutarato-desidrogenase. As desidrogenases são ativadas pelo Ca^{2+}, cuja concentração aumenta durante a contração muscular e durante a secreção por outros tecidos, quando existe uma maior demanda de energia. Em um tecido como o encéfalo, que depende, em grande parte, dos carboidratos para o suprimento de acetil-CoA, o controle do ciclo do ácido cítrico pode ocorrer na piruvato-desidrogenase. Várias enzimas respondem ao estado de energia, conforme demonstrado pelas razões [ATP]/[ADP] e [NADH]/[NAD$^+$]. Por conseguinte, ocorre inibição alostérica da citrato-sintase pelo ATP e por acil graxo-CoA de cadeia longa. A ativação alostérica da isocitrato-desidrogenase mitocondrial dependente de NAD pelo ADP é contrabalançada por ATP e NADH. O complexo da α-cetoglutarato-desidrogenase é regulado da mesma maneira que o complexo da piruvato-desidrogenase (ver Figura 17-6). A succinato-desidrogenase é inibida pelo oxalacetato, enquanto a disponibilidade de oxalacetato é controlada pela malato-desidrogenase e depende da razão [NADH]/[NAD$^+$]. Como a K_m da citrato-sintase para o oxalacetato é da mesma ordem de grandeza da concentração intramitocondrial, é provável que a concentração de oxalacetato controle a taxa de formação de citrato.

A **hiperamoniemia**, que ocorre na doença hepática avançada e em algumas das doenças genéticas (raras) do metabolismo de aminoácidos, provoca perda da consciência, coma e convulsões, podendo ser fatal. Ela é devida principalmente à retirada de α-cetoglutarato para a formação de glutamato (reação catalisada pela glutamato-desidrogenase) e, em seguida, glutamina (reação catalisada pela glutamina-sintase), levando à redução das concentrações de todos os intermediários do ciclo do ácido cítrico e, portanto, à produção reduzida de ATP. O equilíbrio da glutamato-desidrogenase é primorosamente mantido, e o sentido da reação depende da razão NAD$^+$:NADH e da concentração de íons amônio. Além disso, a amônia inibe a α-cetoglutarato-desidrogenase e, possivelmente, também a piruvato-desidrogenase.

RESUMO

- O ciclo do ácido cítrico é a via final para a oxidação dos carboidratos, dos lipídeos e das proteínas. O metabólito final comum, a acetil-CoA, reage com oxalacetato para formar citrato. Por uma série de desidrogenações e descarboxilações, o citrato é degradado, com redução das coenzimas, liberação de duas moléculas de CO_2 e regeneração do oxalacetato.

- As coenzimas reduzidas são oxidadas pela cadeia respiratória ligada à formação de ATP. Assim, o ciclo constitui a principal via de formação de ATP e localiza-se na matriz mitocondrial, adjacente às enzimas da cadeia respiratória e da fosforilação oxidativa.

- O ciclo do ácido cítrico é anfibólico, visto que, além da oxidação, ele é importante no fornecimento de esqueletos de carbono para a gliconeogênese, de acetil-CoA para a síntese de ácidos graxos e na interconversão de aminoácidos.

CAPÍTULO

Glicólise e oxidação do piruvato

17

David A. Bender, Ph.D. e Peter A. Mayes, Ph.D., D.Sc.

OBJETIVOS

Após o estudo deste capítulo, você deve ser capaz de:

- Descrever a via da glicólise e seu controle, além de explicar como a glicólise pode atuar em condições anerôbias.
- Descrever a reação da piruvato-desidrogenase e sua regulação.
- Explicar como a inibição do metabolismo do piruvato leva à acidose láctica.

IMPORTÂNCIA BIOMÉDICA

A maior parte dos tecidos tem, pelo menos, alguma necessidade de glicose. No encéfalo, essa necessidade é considerável – até mesmo durante um jejum prolongado, o encéfalo não pode obter mais do que cerca de 20% de suas necessidades energéticas a partir dos corpos cetônicos. A glicólise constitui a principal via de metabolismo da glicose (e de outros carboidratos). A glicólise ocorre no citosol de todas as células e pode atuar em condições tanto aerôbias quanto anerôbias, dependendo da disponibilidade de oxigênio e da cadeia de transporte de elétrons (e, portanto, da presença de mitocôndrias). As hemácias, que carecem de mitocôndrias, dependem totalmente da glicose como combustível metabólico e a metabolizam por glicólise anerôbia.

A capacidade da glicólise de fornecer trifosfato de adenosina (ATP, do inglês *adenosine triphosphate*) na ausência de oxigênio permite ao músculo esquelético ter um desempenho em altos níveis de trabalho, quando o suprimento de oxigênio é insuficiente, e também possibilita a sobrevida dos tecidos durante episódios de anoxia. Todavia, o músculo cardíaco, que está adaptado ao trabalho aerôbio, apresenta atividade glicolítica relativamente baixa e sobrevida precária em condições de **isquemia**. As doenças em que ocorre deficiência de enzimas da glicólise (p. ex., piruvato-cinase) se manifestam principalmente como **anemias hemolíticas** ou, quando o defeito afeta o músculo esquelético (p. ex., fosfofrutocinase), como **fadiga**. Nas células cancerosas em crescimento rápido, a glicólise ocorre em alta taxa, formando grandes quantidades de piruvato, que é reduzido a lactato e exportado. Isso produz um ambiente local relativamente ácido no tumor. O lactato é utilizado para a gliconeogênese no fígado (ver Capítulo 19), um processo que consome muita energia e é responsável por grande parte do **hipermetabolismo** observado na **caquexia do câncer**. A **acidose láctica** tem várias causas, incluindo comprometimento da atividade da piruvato-desidrogenase, sobretudo na deficiência de tiamina (vitamina B_1).

A GLICÓLISE PODE FUNCIONAR EM CONDIÇÕES ANERÓBIAS

No início das pesquisas sobre a glicólise, foi constatado que a fermentação que ocorria nas leveduras era semelhante à degradação do glicogênio nos músculos. Quando um músculo se contrai em condições anerôbias, **o glicogênio desaparece**, enquanto **aparece o lactato**. Quando o oxigênio é reintroduzido, ocorre recuperação aerôbia, e o lactato deixa de ser produzido. Se a contração muscular ocorrer em condições aerôbias, o lactato não se acumula, e o piruvato constitui o produto final da glicólise. O piruvato é oxidado posteriormente a CO_2 e água (**Figura 17-1**). Quando o suprimento de oxigênio é fraco, a reoxidação mitocondrial do NADH formado durante a glicólise é prejudicada, e NADH é reoxidado pela redução de piruvato a lactato, permitindo, assim, que a glicólise continue. Embora a glicólise possa ocorrer em condições anerôbias, isso tem um preço, pois o processo limita a quantidade de ATP formada por mol de glicose oxidada, de modo que uma quantidade muito maior de glicose precisa ser metabolizada em condições anerôbias do que em condições aerôbias (**Tabela 17-1**). Nas leveduras e em alguns outros microrganismos, o piruvato formado na glicólise anerôbia não é reduzido a lactato, mas sim, descarboxilado e reduzido a etanol.

AS REAÇÕES DA GLICÓLISE CONSTITUEM A PRINCIPAL VIA DE UTILIZAÇÃO DA GLICOSE

A equação geral para a glicólise, desde a glicose até o lactato, é a seguinte:

$$\text{Glicose} + 2\ \text{ADP} + 2\ P_i \rightarrow 2\ \text{lactato} + 2\ \text{ATP} + 2\ H_2O$$

Todas as enzimas da glicólise (**Figura 17-2**) são citosólicas. A glicose entra na glicólise pela fosforilação a glicose-6-fosfato,

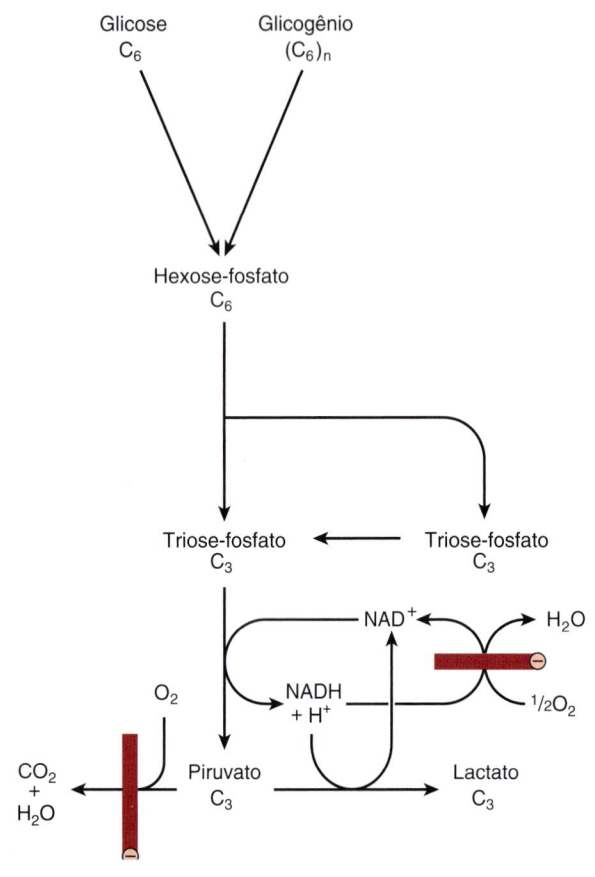

FIGURA 17-1 Resumo da glicólise. ⊖, bloqueada em condições anaeróbias ou pela ausência de mitocôndrias, contendo enzimas respiratórias essenciais, como observado nas hemácias.

catalisada pela **hexocinase**, usando ATP como doador de fosfato. Em condições fisiológicas, a fosforilação da glicose a glicose-6-fosfato pode ser considerada irreversível. A hexocinase é inibida alostericamente pelo seu produto, glicose-6-fosfato.

Em outros tecidos além do fígado (e das células β das ilhotas pancreáticas), a disponibilidade de glicose para a glicólise (ou síntese de glicogênio no músculo, Capítulo 18, e lipogênese no tecido adiposo, Capítulo 23) é controlada pelo seu transporte na célula, o qual, por sua vez, é regulado pela **insulina**. A hexocinase tem alta afinidade (baixo valor de K_m) para a glicose e, no fígado, está saturada em condições normais, de modo que atua em velocidade constante para fornecer glicose-6-fosfato e atender às necessidades do fígado. As células hepáticas também contêm uma isoenzima da hexocinase, a **glicocinase**, cujo valor de K_m é muito mais alto do que a concentração intracelular normal de glicose. A função da glicocinase no fígado é remover glicose do sangue portal hepático após uma refeição, regulando, assim, a concentração de glicose disponível para os tecidos periféricos. Isso fornece mais glicose-6-fosfato do que é necessário para a glicólise; ela é utilizada para a síntese de glicogênio e para a lipogênese. A glicocinase também é encontrada nas células β das ilhotas do pâncreas, onde atua para detectar a presença de altas concentrações de glicose no sangue portal. À medida que mais glicose é fosforilada pela glicocinase, há aumento da glicólise, levando ao aumento da formação de ATP. Isso leva ao fechamento de um canal de potássio dependente de ATP, causando a despolarização da membrana e abrindo um canal de cálcio dependente de voltagem. O influxo de íons cálcio resultante leva à fusão dos grânulos secretores de insulina com a membrana celular, e à liberação de insulina.

TABELA 17-1 Formação de ATP no catabolismo da glicose

Via	Reação catalisada por	Método de formação de ATP	ATP por mol de glicose
Glicólise	Gliceraldeído-3-fosfato-desidrogenase	Oxidação de 2 NADH na cadeia respiratória	5[a]
	Fosfoglicerato-cinase	Fosforilação em nível do substrato	2
	Piruvato-cinase	Fosforilação em nível do substrato	2
			9
	Consumo de ATP para as reações da hexocinase e da fosfofrutocinase		−2
			Total líquido 7
Ciclo do ácido cítrico	Piruvato-desidrogenase	Oxidação de 2 NADH na cadeia respiratória	5
	Isocitrato-desidrogenase	Oxidação de 2 NADH na cadeia respiratória	5
	α-Cetoglutarato-desidrogenase	Oxidação de 2 NADH na cadeia respiratória	5
	Succinato-tiocinase	Fosforilação em nível do substrato	2
	Succinato-desidrogenase	Oxidação de 2 $FADH_2$ na cadeia respiratória	3
	Malato-desidrogenase	Oxidação de 2 NADH na cadeia respiratória	5
			Total líquido 25
	Total por mol de glicose em condições aeróbias		32
	Total por mol de glicose em condições anaeróbias		2

[a] Isso pressupõe que o NADH formado durante a glicólise seja transportado para as mitocôndrias pela lançadeira de malato (ver Figura 13-13). Se for utilizada a lançadeira de glicerofosfato, haverá formação de apenas 1,5 ATP por mol de NADH. Existe uma considerável vantagem em utilizar glicogênio em vez de glicose para a glicólise anaeróbia no músculo, visto que o produto da glicogênio-fosforilase é a glicose-1-fosfato (ver Figura 18-1), que pode sofrer interconversão com a glicose-6-fosfato. Isso poupa o ATP que, de outro modo, seria utilizado pela hexocinase, aumentando o rendimento efetivo de ATP de 2 para 3 por molécula de glicose.

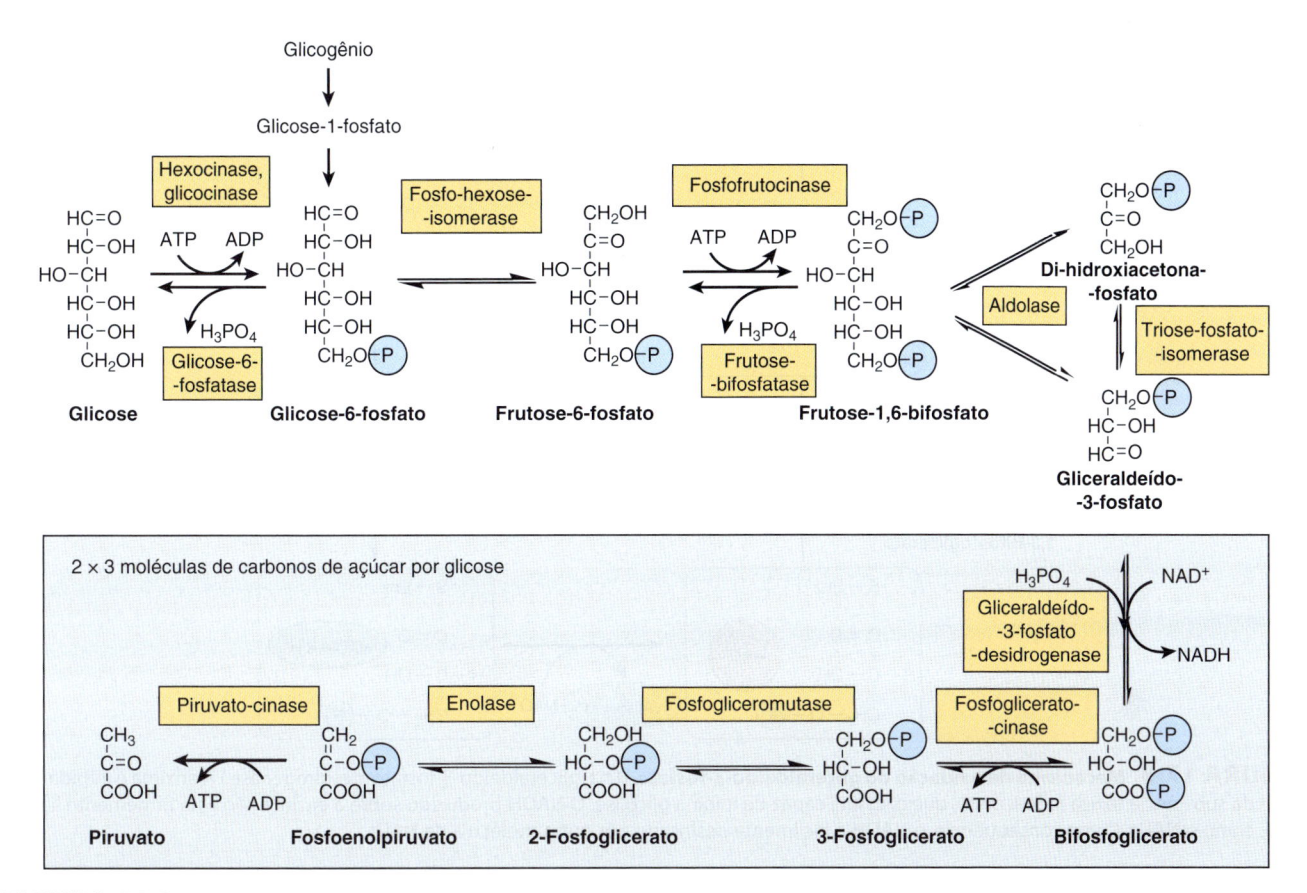

FIGURA 17-2 A via da glicólise. (Ⓟ, —PO$_3^{2-}$; P$_i$, HOPO$_3^{2-}$; ⊖, inibição.) Os carbonos 1 a 3 da frutose-bifosfato formam di-hidroxiacetona--fosfato, e os carbonos 4 a 6 formam gliceraldeído-3-fosfato. (ADP, difosfato de adenosina; ATP, trifosfato de adenosina.)

A glicose-6-fosfato é um composto importante na junção de diversas vias metabólicas: glicólise, gliconeogênese (ver Capítulo 19), via das pentoses-fosfato (ver Capítulo 20), glicogênese e glicogenólise (ver Capítulo 18). Na glicólise, é convertida em frutose-6-fosfato pela **fosfo-hexose-isomerase**, que envolve uma isomerização aldose-cetose. Essa reação é seguida de outra fosforilação, catalisada pela enzima **fosfofrutocinase** (fosfofrutocinase-1), formando frutose-1,6-bifosfato. A reação da fosfofrutocinase é irreversível em condições fisiológicas. A fosfofrutocinase é induzível e submetida à regulação alostérica, tendo um importante papel na regulação da velocidade de glicólise. A frutose-1,6-bifosfato é clivada pela **aldolase** (frutose-1,6-bifosfato-aldolase) em duas trioses-fosfato, gliceraldeído-3-fosfato e di-hidroxiacetona-fosfato, que são interconvertidas pela enzima **fosfotriose-isomerase**.

A glicólise continua com a oxidação de gliceraldeído-3--fosfato a 1,3-bifosfoglicerato. A enzima que catalisa essa oxidação, a **gliceraldeído-3-fosfato-desidrogenase**, é dependente de NAD. Do ponto de vista estrutural, a enzima consiste em quatro polipeptídeos idênticos (monômeros), formando um tetrâmero. Quatro grupos —SH estão presentes em cada polipeptídeo, derivado de resíduos de cisteína dentro da cadeia polipeptídica. Um dos grupos —SH é encontrado no sítio ativo da enzima (**Figura 17-3**). Inicialmente, o substrato combina-se com esse grupo —SH, formando um tio-hemiacetal, que é oxidado em um tióester; os hidrogênios removidos nessa oxidação são transferidos para o NAD$^+$. O tióester, então, passa por fosforólise; o fosfato inorgânico (P$_i$) é adicionado, formando 1,3-bifosfoglicerato e o grupo —SH livre.

Na reação seguinte, catalisada pela **fosfoglicerato-cinase**, o fosfato é transferido do 1,3-bifosfoglicerato para o difosfato de adenosina (ADP, do inglês *adenosine diphosphate*), formando ATP (fosforilação em nível do substrato) e 3-fosfoglicerato. Como duas moléculas de triose-fosfato são formadas para cada molécula de glicose metabolizada, ocorre produção de 2× ATP nessa reação para cada molécula de glicose na via da glicólise. A toxicidade do arsênio resulta da competição do arsenato com P$_i$, formando 1-arseno-3-fosfoglicerato, que sofre hidrólise espontânea a 3-fosfoglicerato, sem produção de ATP. O 3-fosfoglicerato é isomerizado a 2-fosfoglicerato pela **fosfoglicerato--mutase**. É provável que o 2,3-bifosfoglicerato (BPG) seja um intermediário nessa reação.

A etapa subsequente é catalisada pela **enolase** e envolve uma desidratação, formando fosfoenolpiruvato. A enolase é inibida por **fluoreto**, e, quando amostras de sangue são coletadas para dosagem de glicose, a glicólise é inibida pela coleta do sangue em tubos contendo fluoreto. A enolase também é dependente da presença de íons Mg^{2+} ou Mn^{2+}. O fosfato do fosfoenolpiruvato é transferido para o ADP em outra fosforilação em nível de substrato, catalisada pela **piruvato-cinase**, com formação de 2× ATP para cada molécula de glicose oxidada. A reação da piruvato-cinase é essencialmente irreversível em condições fisiológicas, em parte devido à grande variação de energia livre envolvida e, em parte, devido ao fato de o produto imediato da

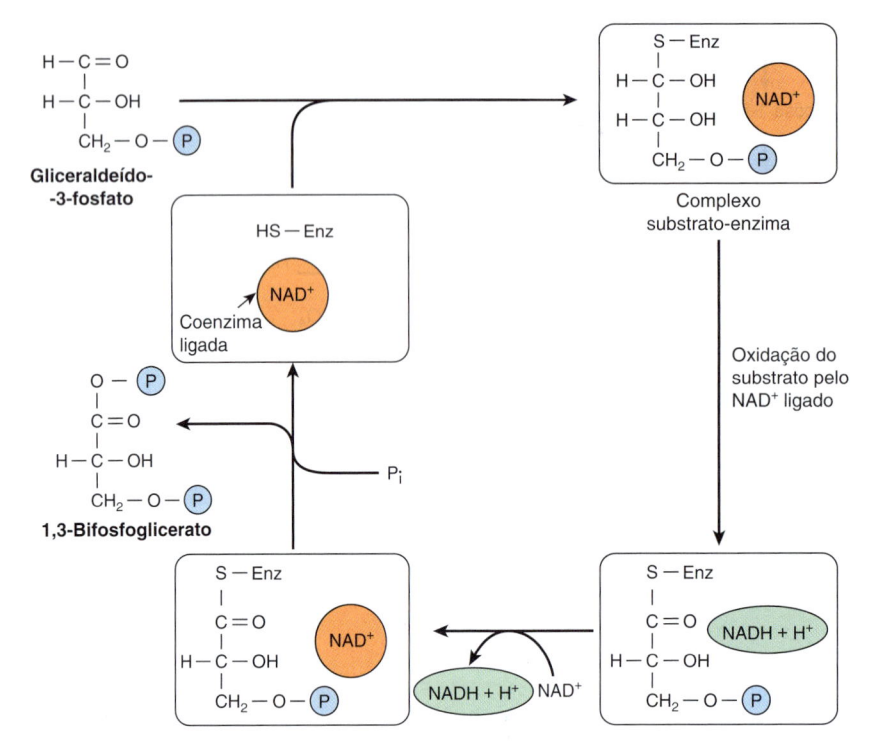

FIGURA 17-3 **Mecanismo de oxidação do gliceraldeído-3-fosfato.** (Enz, gliceraldeído-3-fosfato-desidrogenase.) A enzima é inibida pelo —SH da substância tóxica iodoacetato, que é, assim, capaz de inibir a glicólise. O NADH produzido sobre a enzima não está firmemente ligado a ela, como o NAD^+. Como consequência, o NADH é facilmente deslocado por outra molécula de NAD^+.

reação catalisada pela enzima ser o enolpiruvato, que sofre isomerização espontânea a piruvato, de modo que o produto da reação não está disponível para sofrer a reação inversa.

A disponibilidade de oxigênio determina qual das duas vias é seguida. Em **condições anaeróbias**, o NADH não pode ser reoxidado por meio da cadeia respiratória, e o piruvato é reduzido a lactato catalisado pela **lactato-desidrogenase**. Isso permite a oxidação de NADH, possibilitando que outra molécula de glicose passe pela glicólise. Em **condições aeróbias**, o piruvato é transportado para a mitocôndria e sofre descarboxilação oxidativa à acetil-CoA seguido de oxidação a CO_2 no ciclo do ácido cítrico (ver Capítulo 16). Os equivalentes redutores do NADH formado na glicólise são captados pela mitocôndria para oxidação via lançadeira malato-aspartato ou lançadeira glicerofosfato (ver Capítulo 13).

OS TECIDOS QUE FUNCIONAM EM CONDIÇÕES DE HIPOXIA PRODUZEM LACTATO

Isso é verdadeiro para o músculo esquelético, sobretudo para as fibras brancas, em que a intensidade de trabalho e, portanto, a necessidade de formação de ATP, pode ultrapassar a velocidade de captação e utilização do oxigênio. A glicólise nas hemácias sempre termina em lactato, pois as reações subsequentes de oxidação do piruvato são mitocondriais, e as hemácias carecem de mitocôndrias. Outros tecidos que normalmente obtêm grande parte de sua energia a partir da glicólise e que produzem lactato incluem o encéfalo, o trato gastrintestinal, a medula renal, a retina e a pele. A produção de lactato também aumenta em caso de choque séptico, e muitos tipos de câncer também produzem lactato. O fígado, os rins e o coração geralmente captam o lactato e o oxidam, porém o produzem apenas em condições de hipoxia.

Quando a produção de lactato está elevada, como no exercício físico vigoroso, em caso de choque séptico e na caquexia do câncer, grande parte é utilizada pelo fígado para a gliconeogênese (ver Capítulo 19), resultando em aumento da taxa metabólica para produzir o ATP e o GTP necessários. O aumento do consumo de oxigênio em consequência da oxidação aumentada de combustíveis metabólicos para fornecer o ATP e o GTP essenciais para a gliconeogênese é considerado como **débito de oxigênio** após exercício físico vigoroso.

Em algumas condições, pode haver formação de lactato no citosol; todavia, esse lactato entra nas mitocôndrias para ser oxidado a piruvato e prosseguir o seu metabolismo. Isso fornece uma via para a transferência de equivalentes redutores a partir do citosol para as mitocôndrias para a cadeia de transporte de elétrons, além das lançadeiras glicerofosfato (ver Figura 13-12) e malato-aspartato (ver Figura 13-13).

A GLICÓLISE É REGULADA EM TRÊS ETAPAS QUE ENVOLVEM REAÇÕES QUE NÃO ESTÃO EM EQUILÍBRIO

Embora a maioria das reações da glicólise seja livremente reversível, três são marcadamente exergônicas e devem, portanto, ser consideradas fisiologicamente irreversíveis. Essas reações, que são catalisadas pela **hexocinase** (e glicocinase), pela **fosfofrutocinase** e pela **piruvato-cinase**, constituem os principais locais de regulação da glicólise. A fosfofrutocinase é significativamente inibida por concentrações intracelulares normais de ATP. Conforme discutido no Capítulo 19, essa inibição pode ser rapidamente aliviada por 5'AMP que se forma à medida que o ADP começa a se acumular, sinalizando a necessidade de aumentar a velocidade da glicólise. As células com capacidade de **gliconeogênese** (que reverte a via glicolítica, Capítulo 19) possuem diferentes enzimas que catalisam reações para reverter essas etapas irreversíveis: a glicose-6-fosfatase, a frutose-1,6-bifosfatase e, para reverter a reação da piruvato-cinase, a piruvato-carboxilase e a fosfoenolpiruvato-carboxicinase. A regulação recíproca da fosfofrutocinase na glicólise e da frutose-1,6-bifosfatase na gliconeogênese é discutida no Capítulo 19.

A **frutose** entra na glicólise por fosforilação a frutose-1-fosfato e transpõe as principais etapas reguladoras, resultando na formação de mais piruvato e acetil-CoA do que o necessário para a formação de ATP. No fígado e no tecido adiposo, isso leva ao aumento da lipogênese, de modo que um grande consumo de frutose pode representar um fator no desenvolvimento da obesidade.

Nas hemácias, o primeiro local de formação de ATP na glicólise pode ser contornado

Nas hemácias, a reação catalisada pela **fosfoglicerato-cinase** pode ser, até certo ponto, contornada pela reação da **bifosfoglicerato-mutase**, que catalisa a conversão do 1,3-bifosfoglicerato em 2,3-bifosfoglicerato, seguida de hidrólise a 3-fosfoglicerato e P_i, em uma reação catalisada pela **2,3-bifosfoglicerato-fosfatase** (**Figura 17-4**). Essa via não envolve nenhuma produção líquida de ATP da glicólise, mas fornece 2,3-bifosfoglicerato, que se liga à hemoglobina, diminuindo sua afinidade por oxigênio, tornando o oxigênio mais prontamente disponível para os tecidos (ver Capítulo 6).

A OXIDAÇÃO DE PIRUVATO A ACETIL-CoA CONSTITUI A VIA IRREVERSÍVEL DA GLICÓLISE PARA O CICLO DO ÁCIDO CÍTRICO

O piruvato é transportado para dentro da mitocôndria por um simporte de prótons. No interior das mitocôndrias, o piruvato sofre descarboxilação oxidativa a acetil-CoA, catalisada por um complexo multienzimático que está associado à membrana mitocondrial interna. Esse **complexo da piruvato-desidrogenase** é análogo ao complexo da α-cetoglutarato-desidrogenase do ciclo do ácido cítrico (ver Capítulo 16). O piruvato é descarboxilado pelo componente **piruvato-desidrogenase** do complexo enzimático, formando um derivado hidroxietil do anel tiazólico da **tiamina-difosfato** ligada à enzima, que, por sua vez, reage com a lipoamida oxidada, o grupo prostético da **di-hidrolipoil-transacetilase**, formando acetil-lipoamida (**Figura 17-5**). Na deficiência de tiamina (vitamina B_1; ver Capítulo 44), o metabolismo da glicose está comprometido, e ocorrem acidose láctica e acidose pirúvica significativas

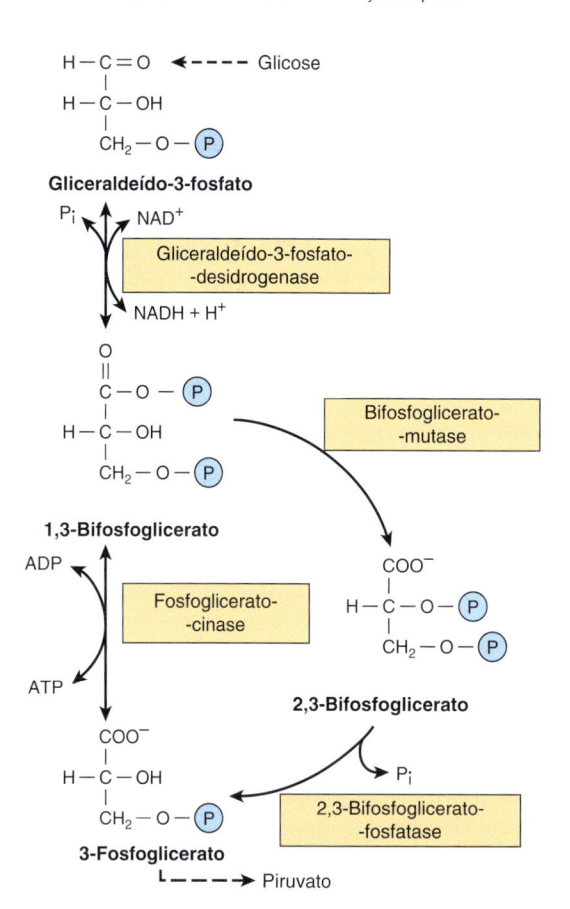

FIGURA 17-4 Via do 2,3-bifosfoglicerato nas hemácias. (ADP, difosfato de adenosina; ATP, trifosfato de adenosina; P_i, fosfato inorgânico.)

(e potencialmente fatais). A acetil-lipoamida reage com a coenzima A para formar acetil-CoA e lipoamida reduzida. A reação torna-se completa quando a lipoamida reduzida é reoxidada por uma flavoproteína, a **di-hidrolipoil-desidrogenase**, que contém flavina adenina dinucleotídeo (FAD). Por fim, a flavoproteína reduzida é oxidada pelo NAD+, que, por sua vez, transfere equivalentes redutores à cadeia respiratória. A reação global é:

$$\text{Piruvato} + \text{NAD}^+ + \text{CoA} \rightarrow \text{acetil-CoA} + \text{NADH} + \text{H}^+ + \text{CO}_2$$

O complexo da piruvato-desidrogenase consiste em um número de cadeias polipeptídicas de cada uma das três enzimas componentes, e os intermediários não se dissociam, porém são canalizados de um sítio enzimático para o próximo. Isso aumenta a velocidade da reação e impede reações colaterais.

A piruvato-desidrogenase é regulada por inibição pelos produtos finais e por modificação covalente

A piruvato-desidrogenase é inibida pelos seus produtos, acetil-CoA e NADH (**Figura 17-6**). É também regulada pela fosforilação (catalisada por uma cinase) de três resíduos de serina no componente piruvato-desidrogenase do complexo multienzimático, resultando em diminuição da atividade, e por desfosforilação (catalisada por uma fosfatase), que provoca aumento da atividade. A cinase é ativada por aumentos das

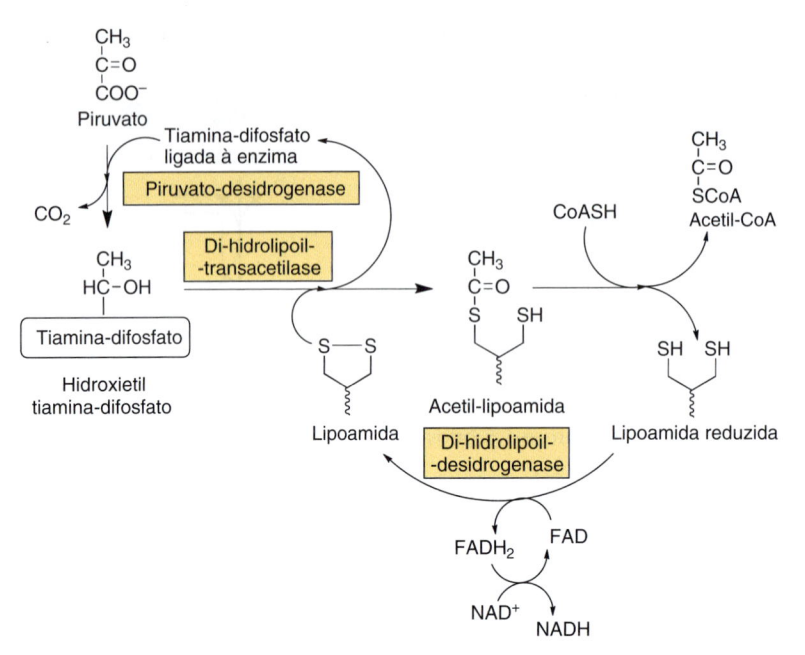

FIGURA 17-5 **Descarboxilação oxidativa do piruvato pelo complexo da piruvato-desidrogenase.** O ácido lipoico une-se por uma ligação amida a um resíduo de lisina do componente transacetilase do complexo enzimático. Ele forma um longo braço flexível, possibilitando a rotação sequencial do grupamento prostético ácido lipoico entre os sítios ativos de cada uma das enzimas do complexo. (FAD, flavina adenina dinucleotídeo; NAD^+, nicotinamida adenina dinucleotídeo.)

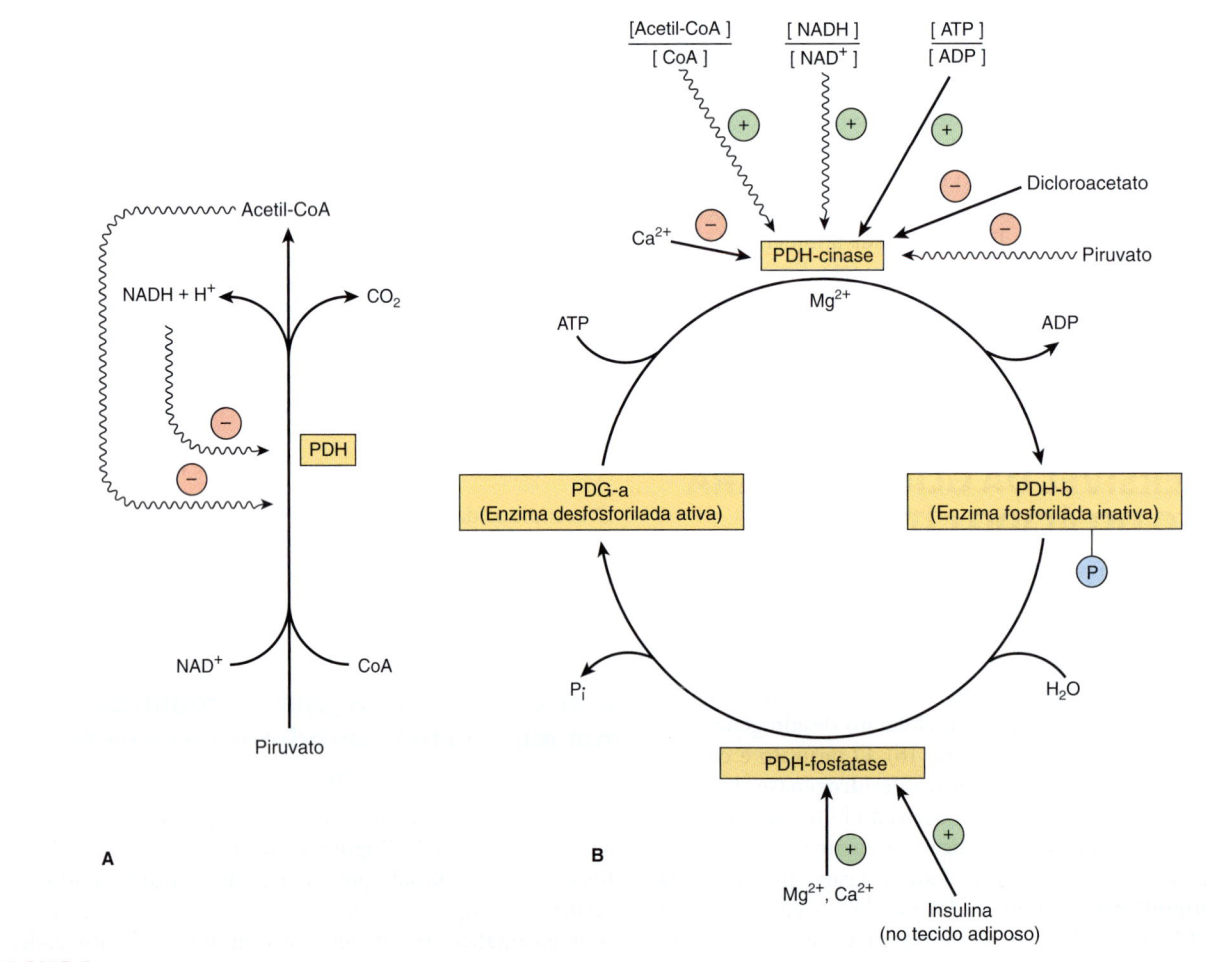

FIGURA 17-6 **Regulação da piruvato-desidrogenase (PDH).** As setas onduladas indicam efeitos alostéricos. **(A)** Regulação por inibição pelos produtos finais. **(B)** Regulação por interconversão entre as formas ativa e inativa. (ADP, difosfato de adenosina; ATP, trifosfato de adenosina.)

razões [ATP]/[ADP], [acetil-CoA]/[CoA] e [NADH]/[NAD⁺]. Assim, a piruvato-desidrogenase – e, portanto, a glicólise – é inibida quando existe uma quantidade adequada de ATP disponível (e coenzimas reduzidas para a formação de ATP) e também quando ocorre oxidação de ácidos graxos. No jejum, quando aumentam as concentrações de ácidos graxos não esterificados, verifica-se uma diminuição na proporção da enzima na sua forma ativa, resultando em preservação de carboidratos. No tecido adiposo, onde a glicose fornece acetil-CoA para a lipogênese, a enzima é ativada em resposta à insulina.

ASPECTOS CLÍNICOS

A inibição do metabolismo do piruvato leva à acidose láctica

Os íons arsenito e mercúrico reagem com os grupos —SH do ácido lipoico e inibem a piruvato-desidrogenase, assim como na **deficiência de tiamina na dieta** (ver Capítulo 44), levando ao acúmulo de piruvato. Muitos alcoólatras apresentam deficiência de tiamina (devido à alimentação precária e à inibição da absorção de tiamina pelo álcool) e podem desenvolver acidose pirúvica e acidose láctica, potencialmente fatais. Os pacientes com **deficiência hereditária de piruvato-desidrogenase**, que pode resultar de defeitos em um ou mais dos componentes do complexo enzimático, também apresentam acidose láctica, sobretudo após uma carga de glicose. Devido à dependência cerebral de glicose como fonte de energia, esses defeitos metabólicos frequentemente causam distúrbios neurológicos.

A deficiência hereditária de aldolase A e a deficiência de piruvato-cinase nas hemácias causam **anemia hemolítica**. Os pacientes com **deficiência de fosfofrutocinase muscular** têm baixa capacidade de efetuar exercícios físicos, particularmente quando consomem uma alimentação rica em carboidratos.

RESUMO

- A glicólise é a via citosólica de todas as células de mamíferos para o metabolismo da glicose (ou do glicogênio) a piruvato e lactato.
- A glicólise pode funcionar de modo aneróbio, regenerando o NAD⁺ oxidado (necessário na reação da gliceraldeído-3-fosfato-desidrogenase) pela redução do piruvato a lactato.
- O lactato é o produto final da glicólise em condições anaeróbias (p. ex., no músculo em exercício) e nas hemácias, onde não há mitocôndrias para permitir a oxidação adicional do piruvato.
- A glicólise é regulada por três enzimas que catalisam reações que não estão em equilíbrio: a hexocinase, a fosfofrutocinase e a piruvato-cinase.
- Nas hemácias, o primeiro local de glicólise para a produção de ATP pode ser contornado, levando à formação de 2,3-bifosfoglicerato, que é importante na diminuição da afinidade da hemoglobina pelo O_2.
- O piruvato é oxidado à acetil-CoA por um complexo multienzimático, a piruvato-desidrogenase, que depende de um cofator derivado de vitamina, a tiamina-difosfato.
- As condições que comprometem o metabolismo do piruvato frequentemente levam à acidose láctica.

CAPÍTULO 18

Metabolismo do glicogênio

David A. Bender, Ph.D. e Peter A. Mayes, Ph.D., D.Sc.

OBJETIVOS

Após o estudo deste capítulo, você deve ser capaz de:

- Descrever a estrutura do glicogênio e a sua importância como reserva de carboidratos.
- Descrever a síntese e a degradação do glicogênio e como os processos são regulados em resposta à ação hormonal.
- Descrever os vários tipos de doenças de armazenamento de glicogênio.

IMPORTÂNCIA BIOMÉDICA

O glicogênio é o principal carboidrato de armazenamento nos animais, correspondendo ao amido nas plantas. Trata-se de um polímero ramificado de α-D-glicose (ver Figura 15-12). Ocorre principalmente no fígado e nos músculos, com presença de quantidades modestas no encéfalo. Embora o teor de glicogênio no fígado seja maior do que o do músculo, cerca de 75% do glicogênio corporal total se encontram nos músculos, visto que a massa muscular do corpo é consideravelmente maior do que a do fígado (**Tabela 18-1**).

O glicogênio muscular fornece uma fonte prontamente disponível de glicose-1-fosfato para a glicólise dentro do próprio músculo. O glicogênio hepático atua como uma reserva para manter a concentração de **glicose sanguínea** em estado de jejum. A concentração hepática de glicogênio é cerca de 450 mmol/L equivalentes de glicose após uma refeição, caindo para cerca de 200 mmol/L após uma noite em jejum; depois de 12 a 18 horas de jejum, o glicogênio hepático está quase completamente esgotado. Embora o glicogênio muscular não forneça glicose livre diretamente (já que os músculos não possuem glicose-6-fosfatase), o piruvato formado pela glicólise nos músculos pode passar por transaminação à alanina, que é exportada dos músculos e utilizada na gliconeogênese hepática (ver Figura 19-4). As **doenças de armazenamento do glicogênio** constituem um grupo de distúrbios hereditários, que se caracterizam pela mobilização deficiente de glicogênio ou pelo depósito de formas anormais de glicogênio, levando ao dano hepático e à fraqueza muscular; algumas delas resultam em morte precoce.

A estrutura do glicogênio altamente ramificada (ver Figura 15-12) fornece um grande número de sítios para a glicogenólise, permitindo a rápida liberação de glicose-1-fosfato para a atividade muscular. Os atletas de resistência exigem uma liberação mais lenta e sustentada de glicose-1-fosfato. A formação de pontos de ramificação no glicogênio é mais lenta do que a adição de unidades de glicose a uma cadeia linear, e alguns atletas de resistência praticam a **carga de carboidratos** – isto é, exercício físico até a exaustão (quando o glicogênio muscular é, em grande parte, esgotado), seguido de refeição rica em carboidratos, resultando na rápida síntese de glicogênio com menos pontos de ramificação do que o normal.

A GLICOGÊNESE OCORRE PRINCIPALMENTE NOS MÚSCULOS E NO FÍGADO

A biossíntese de glicogênio envolve UDP-glicose

À semelhança da glicólise, a glicose é fosforilada a glicose-6-fosfato, em uma reação catalisada pela **hexocinase** no músculo e pela **glicocinase** no fígado (**Figura 18-1**). A glicose-6-fosfato é isomerizada a glicose-1-fosfato pela **fosfoglicomutase**. A própria enzima é fosforilada, e o grupamento fosfato participa de uma reação reversível em que a glicose-1,6-bisfosfato é um intermediário. A seguir, a glicose-1-fosfato reage com o trifosfato de uridina (UTP, do inglês *uridine triphosphate*), formando o nucleotídeo ativo **uridina-difosfato-glicose** (**UDPGlc**) e pirofosfato (**Figura 18-2**), catalisada pela **UDPGlc-pirofosforilase**. A reação ocorre na direção da formação de UDPGlc, pois a **pirofosfatase** catalisa a hidrólise do pirofosfato a 2 × fosfato, removendo, assim, um dos produtos da reação. A UDPGlc-pirofosforilase tem uma K_m baixa para glicose-1-fosfato e está presente em quantidades relativamente grandes, de forma que não é uma etapa reguladora na síntese de glicogênio.

As etapas iniciais na síntese de glicogênio envolvem a proteína **glicogenina**, uma proteína de 37 kDa que é glicosilada em um resíduo de tirosina específico pela UDPGlc. A glicogenina catalisa a transferência de mais sete resíduos de glicose da UDPGlc, em uma ligação 1 → 4, formando um **iniciador**

TABELA 18-1 Armazenamento de carboidratos em um indivíduo de 70 kg

	Porcentagem de peso tecidual	Peso tecidual	Conteúdo corporal (g)
Glicogênio hepático	5,0	1,8 kg	90
Glicogênio muscular	0,7	35 kg	245
Glicose extracelular	0,1	10 L	10

(*primer*) **de glicogênio**, que é o substrato para a glicogênio-sintase. A glicogenina permanece no núcleo do grânulo de glicogênio (ver Figura 15-12). A **glicogênio-sintase** catalisa a formação de uma ligação glicosídica entre o C-1 da glicose da UDPGlc e o C-4 de um resíduo terminal de glicose do glicogênio, liberando difosfato de uridina (UDP, do inglês *uridine diphosphate*). A adição de um resíduo de glicose a uma cadeia de glicogênio preexistente, ou "iniciador", ocorre na extremidade externa não redutora da molécula, com consequente alongamento dos ramos da molécula de glicogênio à medida que são formadas as ligações 1 → 4 sucessivas (**Figura 18-3**).

FIGURA 18-2 Uridina-difosfato-glicose (UDPGlc).

A ramificação envolve a separação das cadeias de glicogênio existentes

Quando a cadeia em crescimento tem um comprimento de pelo menos 11 resíduos de glicose, uma **enzima ramificadora** transfere uma parte da cadeia 1 → 4 (pelo menos seis resíduos de glicose) para uma cadeia adjacente, formando

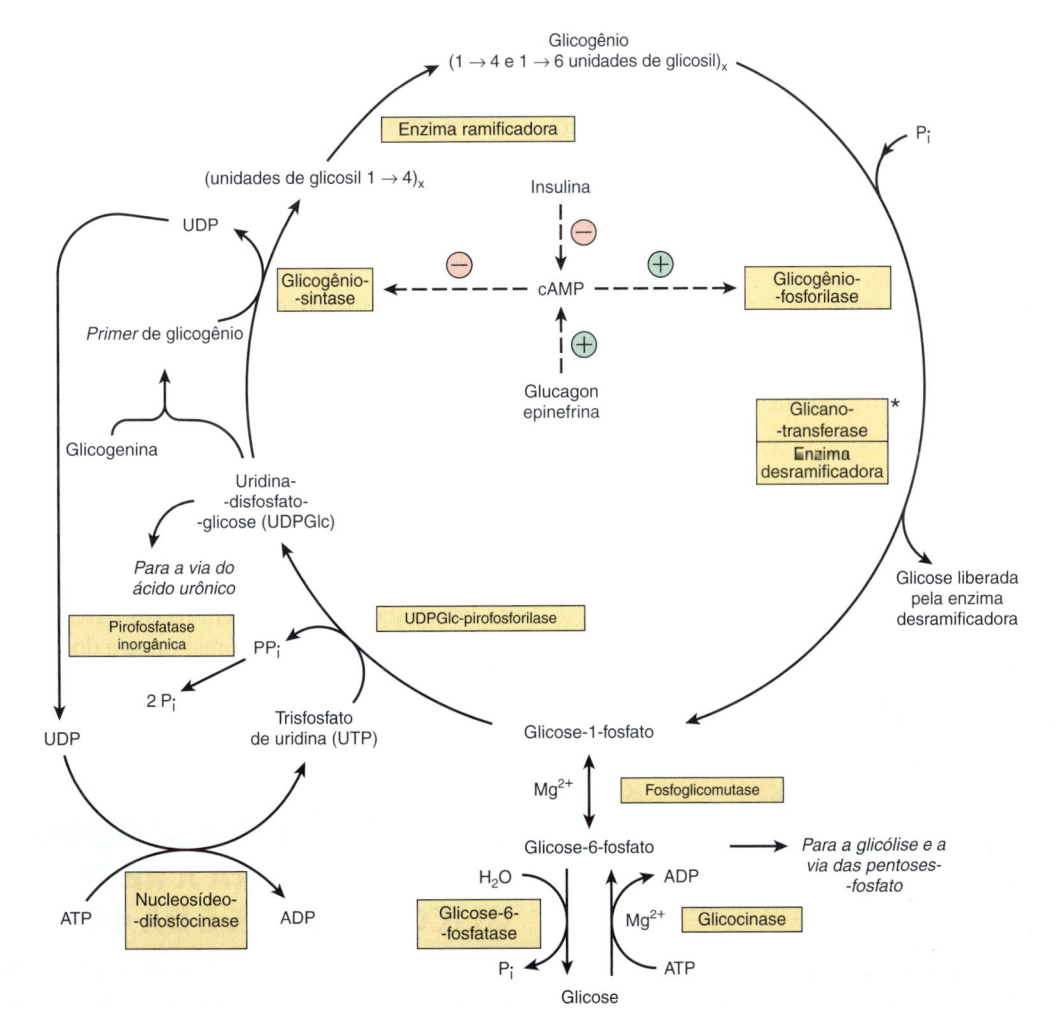

FIGURA 18-1 Vias de glicogênese e de glicogenólise no fígado. (⊕, Estimulação; ⊖, inibição.) A insulina diminui o nível de cAMP somente após ter sido elevada pelo glucagon ou pela epinefrina, isto é, ela antagoniza as suas ações. O glucagon atua sobre o músculo cardíaco, mas não sobre o músculo esquelético. *A glicano-transferase e a enzima desramificadora parecem ser duas atividades distintas da mesma enzima.

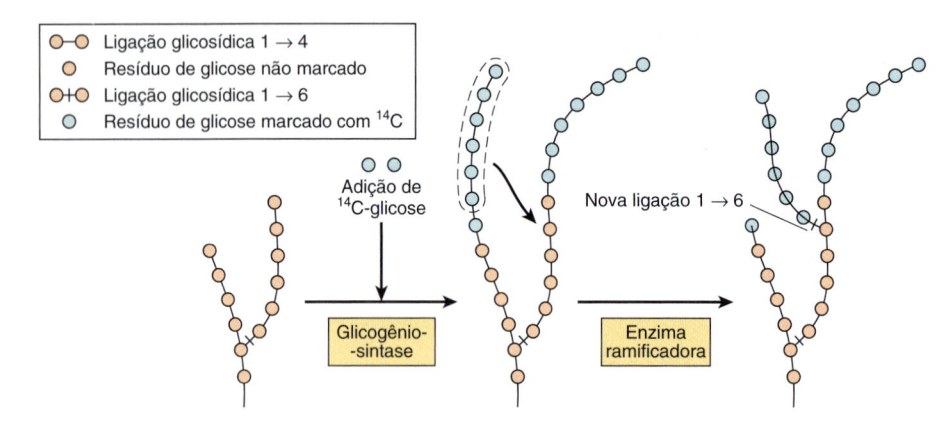

FIGURA 18-3 **Biossíntese do glicogênio.** Mecanismo de ramificação, conforme revelado pela ingestão de glicose marcada com ^{14}C e pelo exame do glicogênio hepático em determinados intervalos.

uma ligação 1 → 6, estabelecendo um **ponto de ramificação**. Os ramos crescem por adições subsequentes de unidades glicosil 1 → 4 e ramificações adicionais.

A GLICOGENÓLISE NÃO É O INVERSO DA GLICOGÊNESE, MAS UMA VIA DISTINTA

A **glicogênio-fosforilase** catalisa a etapa limitante de velocidade da glicogenólise – a clivagem fosforolítica das ligações 1 → 4 do glicogênio, produzindo glicose-1-fosfato (**Figura 18-4**). Existem diferentes isoenzimas da glicogênio-fosforilase no fígado, no músculo e no encéfalo, codificadas por diferentes genes. A glicogênio-fosforilase requer a presença de piridoxal-fosfato (ver Capítulo 44) como coenzima. Ao contrário das reações do metabolismo dos aminoácidos (ver Capítulo 28), em que o grupamento aldeído da coenzima é o grupo reativo, na fosforilase, o grupamento fosfato é cataliticamente ativo.

Os resíduos glicosil terminais das cadeias mais externas da molécula de glicogênio são removidos de modo sequencial até restarem aproximadamente quatro resíduos de glicose em cada um dos lados de uma ramificação 1 → 6 (Figura 18-4). A **enzima desramificadora** possui dois sítios catalíticos distintos em uma única cadeia polipeptídica. Um deles é uma glicano-transferase, que transfere uma unidade trissacarídica de uma ramificação para outra, expondo o ponto de ramificação 1 → 6. O outro é uma 1,6-glicosidase, que catalisa a hidrólise da ligação glicosídica 1 → 6, com liberação de glicose livre. Então, a ação subsequente da fosforilase pode ocorrer. A ação combinada da fosforilase e dessas outras enzimas leva à degradação completa do glicogênio.

A reação catalisada pela fosfoglicomutase é reversível, de modo que a glicose-6-fosfato pode ser formada a partir de glicose-1-fosfato. No **fígado**, mas não nos músculos, a **glicose-6-fosfatase** catalisa a hidrólise de glicose-6-fosfato, formando glicose, que é exportada, levando ao aumento da concentração de glicose sanguínea. A glicose-6-fosfatase está no lúmen do retículo endoplasmático liso, e defeitos genéticos do transportador de glicose-6-fosfato podem causar uma variante da doença de armazenamento de glicogênio tipo I (**Tabela 18-2**).

Os grânulos de glicogênio também podem ser englobados por **lisossomos**, onde a maltase ácida catalisa a hidrólise do glicogênio em glicose. Isso pode ser especialmente importante na homeostasia da glicose em recém-nascidos. A falha genética da maltase ácida lisossomal causa a doença de armazenamento de glicogênio tipo II (doença de Pompe, Tabela 18-2). O catabolismo lisossomal do glicogênio encontra-se sob controle hormonal.

O MONOFOSFATO DE ADENOSINA CÍCLICO INTEGRA A REGULAÇÃO DA GLICOGENÓLISE E DA GLICOGÊNESE

As principais enzimas que controlam o metabolismo do glicogênio – a glicogênio-fosforilase e a glicogênio-sintase – são reguladas em direções opostas por mecanismos alostéricos e modificações covalentes por fosforilação e desfosforilação reversíveis da enzima em resposta à ação hormonal

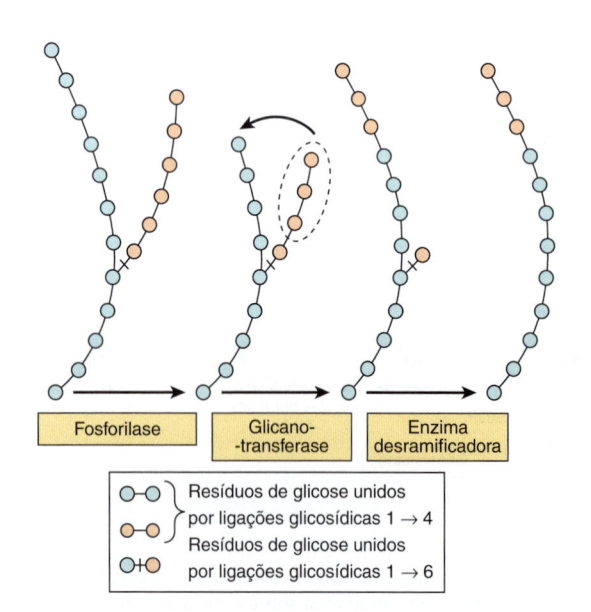

FIGURA 18-4 Etapas da glicogenólise.

TABELA 18-2 Doenças de armazenamento de glicogênio

Tipo	Nome	Deficiência enzimática	Manifestações clínicas
0	?	Glicogênio-sintase	Hipoglicemia; hipercetonemia; morte precoce
Ia	Doença de von Gierke	Glicose-6-fosfatase	Acúmulo de glicogênio nas células hepáticas e nas células tubulares renais; hipoglicemia; acidemia láctica; cetose; hiperlipemia
Ib	?	Transportador de glicose-6-fosfato no retículo endoplasmático	Iguais às do tipo Ia; neutropenia e comprometimento da função dos neutrófilos, resultando em infecções recorrentes
II	Doença de Pompe	α1 → 4 e α1 → 6 glicosidases lisossomais (maltase ácida)	Acúmulo de glicogênio nos lisossomos: variante de início juvenil, hipotonia muscular, morte por insuficiência cardíaca em torno dos 2 anos de idade; variante de início adulto, distrofia muscular
IIIa	Dextrinose limite, doença de Forbe ou de Cori	Enzima desramificadora hepática e muscular	Hipoglicemia em jejum; hepatomegalia na infância; acúmulo de polissacarídeo ramificado característico (dextrina limitante); fraqueza muscular
IIIb	Dextrinose limite	Enzima desramificadora hepática	Iguais às do tipo IIIa, porém sem fraqueza muscular
IV	Amilopectinose, doença de Andersen	Enzima ramificadora	Hepatoesplenomegalia; acúmulo de polissacarídeo com poucos pontos de ramificação; morte por insuficiência cardíaca ou hepática antes dos 5 anos de idade
V	Deficiência de miofosforilase, síndrome de McArdle	Fosforilase muscular	Pouca tolerância ao exercício; glicogênio muscular anormalmente alto (2,5-4%); nível sanguíneo de lactato muito baixo após o exercício
VI	Doença de Hers	Fosforilase hepática	Hepatomegalia; acúmulo de glicogênio no fígado; hipoglicemia leve; geralmente com bom prognóstico
VII	Doença de Tarui	Fosfofrutocinase-1 muscular e eritrocitária	Pouca tolerância ao exercício; glicogênio muscular anormalmente alto (2,5-4%); nível sanguíneo de lactato muito baixo após o exercício; também ocorre anemia hemolítica
VIII		Fosforilase-cinase hepática	Hepatomegalia; acúmulo de glicogênio no fígado; hipoglicemia leve; geralmente com bom prognóstico
IX		Fosforilase-cinase hepática e muscular	Hepatomegalia; acúmulo de glicogênio no fígado e no músculo; hipoglicemia leve; geralmente com bom prognóstico
X		Proteína-cinase A dependente de cAMP	Hepatomegalia; acúmulo de glicogênio no fígado

cAMP, monofosfato de adenosina cíclico.

(ver Capítulo 9). A fosforilação da glicogênio-fosforilase aumenta a sua atividade ao passo que a fosforilação da glicogênio-sintase reduz sua atividade.

A fosforilação aumenta em resposta ao monofosfato de adenosina cíclico (cAMP, do inglês *cyclic adenosine monophosphate*) (**Figura 18-5**) formado a partir do trifosfato de adenosina (ATP, do inglês *adenosine triphosphate*) pela **adenilil-ciclase**, localizada na superfície interna das membranas celulares, em resposta a hormônios como **epinefrina**, **norepinefrina** e **glucagon**. O cAMP é hidrolisado pela **fosfodiesterase**, interrompendo, assim, a ação hormonal; no fígado, a insulina aumenta a atividade da fosfodiesterase.

A regulação da glicogênio-fosforilase é diferente no fígado e no músculo

No fígado, o papel do glicogênio consiste em fornecer glicose livre para exportação, a fim de manter a glicemia; no músculo, é fornecer uma fonte de glicose-6-fosfato para a glicólise, em resposta à necessidade de ATP durante a contração muscular. Em ambos os tecidos, a enzima é ativada por fosforilação catalisada pela fosforilase-cinase (produzindo fosforilase a) e inativada por desfosforilação catalisada pela fosfoproteína-fosfatase (produzindo fosforilase b), em resposta a sinais hormonais e outros sinais.

Ocorre supressão instantânea desse controle hormonal. A fosforilase a ativa em ambos os tecidos é alostericamente inibida por ATP e glicose-6-fosfato; no fígado, mas não no músculo, a glicose livre também é um inibidor. A fosforilase muscular difere da isoenzima hepática por ter um sítio de ligação a 5' AMP (Figura 18-5), que atua como um ativador alostérico da forma b da enzima desfosforilada (inativa). O 5' AMP atua como um poderoso sinal do estado de energia da célula muscular; ele é formado à medida que a concentração de difosfato de adenosina (ADP, do inglês *adenosine diphosphate*) começa a aumentar (indicando a necessidade de elevação do metabolismo do substrato para possibilitar a formação de difosfato de adenosina (ADP), em consequência à reação da adenilato-cinase: $2 \times ADP \leftrightarrow ATP + 5' AMP$.

O cAMP ATIVA A GLICOGÊNIO-FOSFORILASE

A fosforilase-cinase é ativada em resposta ao cAMP (**Figura 18-6**). O aumento da concentração de cAMP ativa a

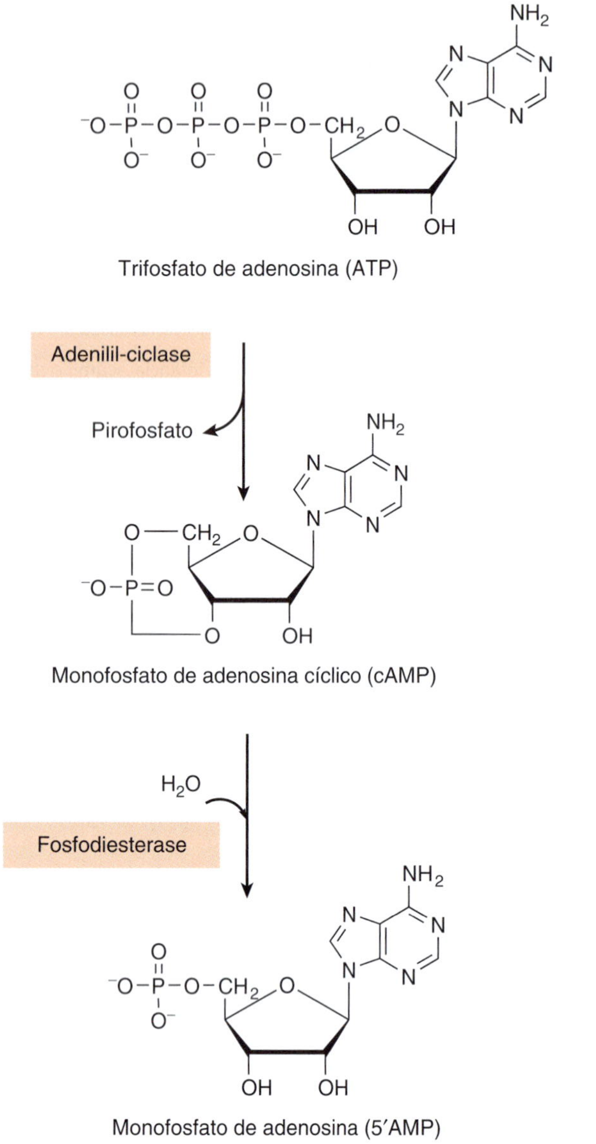

FIGURA 18-5 Formação e hidrólise do AMP cíclico (ácido 3′,5′-adenílico, cAMP).

proteína-cinase dependente de cAMP, que catalisa a fosforilação pelo ATP da **fosforilase-cinase b** inativa à **fosforilase-cinase a** ativa, a qual, por sua vez, fosforila a fosforilase b para formar fosforilase a. No fígado, ocorre formação de cAMP em resposta ao glucagon, que é secretado em resposta à queda da glicemia. O músculo é insensível ao glucagon; no músculo, o sinal para a formação aumentada de cAMP é a ação da norepinefrina, que é secretada em resposta ao medo ou pavor, quando existe a necessidade de aumentar a glicogenólise para possibilitar uma rápida atividade muscular.

O Ca^{2+} sincroniza a ativação da glicogênio-fosforilase com a contração muscular

A glicogenólise no músculo aumenta várias centenas de vezes no início da contração; o mesmo sinal (aumento da concentração citosólica de íon Ca^{2+}) é responsável pelo início da contração e da glicogenólise. A fosforilase-cinase muscular, que ativa a glicogênio-fosforilase, é um tetrâmero constituído de quatro subunidades diferentes, α, β, γ e δ. As subunidades α e β contêm resíduos de serina, que são fosforilados pela proteína-cinase dependente de cAMP. A subunidade δ é idêntica à proteína de ligação ao Ca^{2+}, a **calmodulina** (ver Capítulo 42), e liga-se a quatro Ca^{2+}. A ligação do Ca^{2+} ativa o sítio catalítico da subunidade γ, mesmo enquanto a enzima se encontra no estado b desfosforilado; a forma a fosforilada só é totalmente ativada na presença de altas concentrações de Ca^{2+}.

A glicogenólise no fígado pode ser independente de cAMP

No fígado, ocorre ativação da glicogenólise independente de cAMP em resposta à estimulação dos receptores α_1 **adrenérgicos** pela epinefrina e norepinefrina. Isso envolve a mobilização do Ca^{2+} para o citosol, seguida de estimulação de uma **fosforilase-cinase sensível a Ca^{2+}/calmodulina**. A glicogenólise independente de cAMP também é ativada pela vasopressina, pela ocitocina e pela angiotensina II, atuando por intermédio do cálcio ou da via do fosfatidilinositol-bifosfato (ver Figura 42-10).

A proteína-fosfatase-1 inativa a glicogênio-fosforilase

Tanto a fosforilase a quanto a fosforilase-cinase a são desfosforiladas e inativadas pela **proteína-fosfatase-1**. A proteína-fosfatase-1 é inibida por uma proteína, o **inibidor-1**, que está ativa apenas após ter sido fosforilada pela proteína-cinase dependente de cAMP. Assim, o cAMP controla tanto a ativação quanto a inativação da fosforilase (Figura 18-6). A **insulina** reforça esse efeito ao inibir a ativação da fosforilase b, pois, ao aumentar a captação de glicose, leva indiretamente à formação aumentada de glicose-6-fosfato, que é um inibidor da fosforilase-cinase.

As atividades da glicogênio-sintase e da fosforilase são reciprocamente reguladas

Existem diferentes isoenzimas da glicogênio-sintase no fígado, no músculo e no encéfalo. À semelhança da fosforilase, a glicogênio-sintase existe nos estados fosforilado e não fosforilado, e o efeito da fosforilação é o inverso daquele observado na fosforilase (**Figura 18-7**). A **glicogênio-sintase a** ativa é desfosforilada, e a **glicogênio-sintase b** inativa é fosforilada.

Seis proteínas-cinase diferentes atuam sobre a glicogênio-sintase, e existem pelo menos nove resíduos de serina distintos na enzima que podem ser fosforilados. Duas das proteínas-cinase são dependentes de Ca^{2+}/calmodulina (uma delas é a fosforilase-cinase). Outra cinase é a proteína-cinase dependente de cAMP, que permite que a ação hormonal mediada pelo cAMP iniba a síntese de glicogênio em sincronia com a ativação da glicogenólise. A insulina também promove glicogênese no músculo ao mesmo tempo em que inibe a glicogenólise por aumentar a concentração de glicose-6-fosfato, que

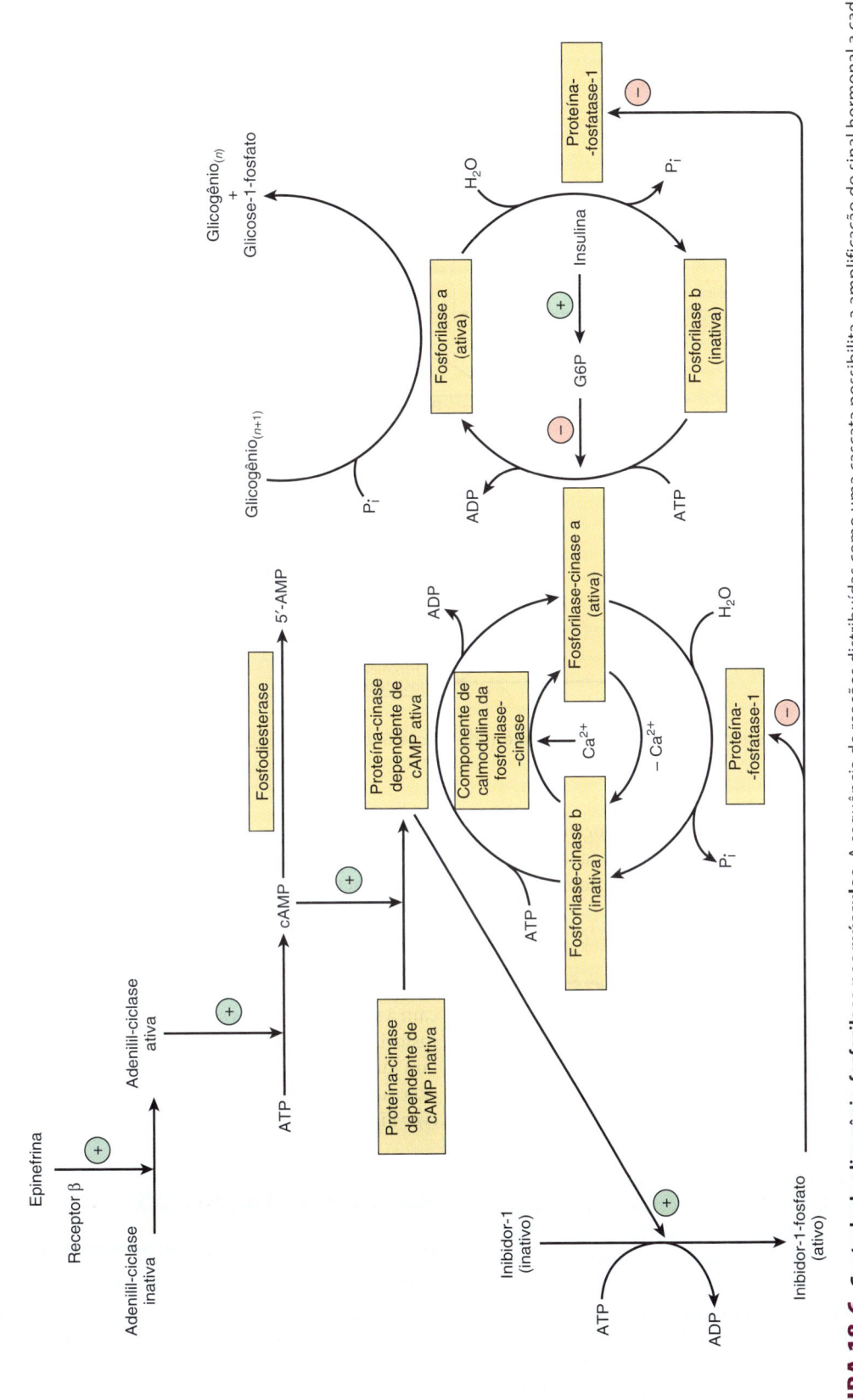

FIGURA 18-6 Controle da glicogênio-fosforilase nos músculos. A sequência de reações distribuídas como uma cascata possibilita a amplificação do sinal hormonal a cada etapa. (G6P, glicose-6-fosfato; n, número de resíduos de glicose.)

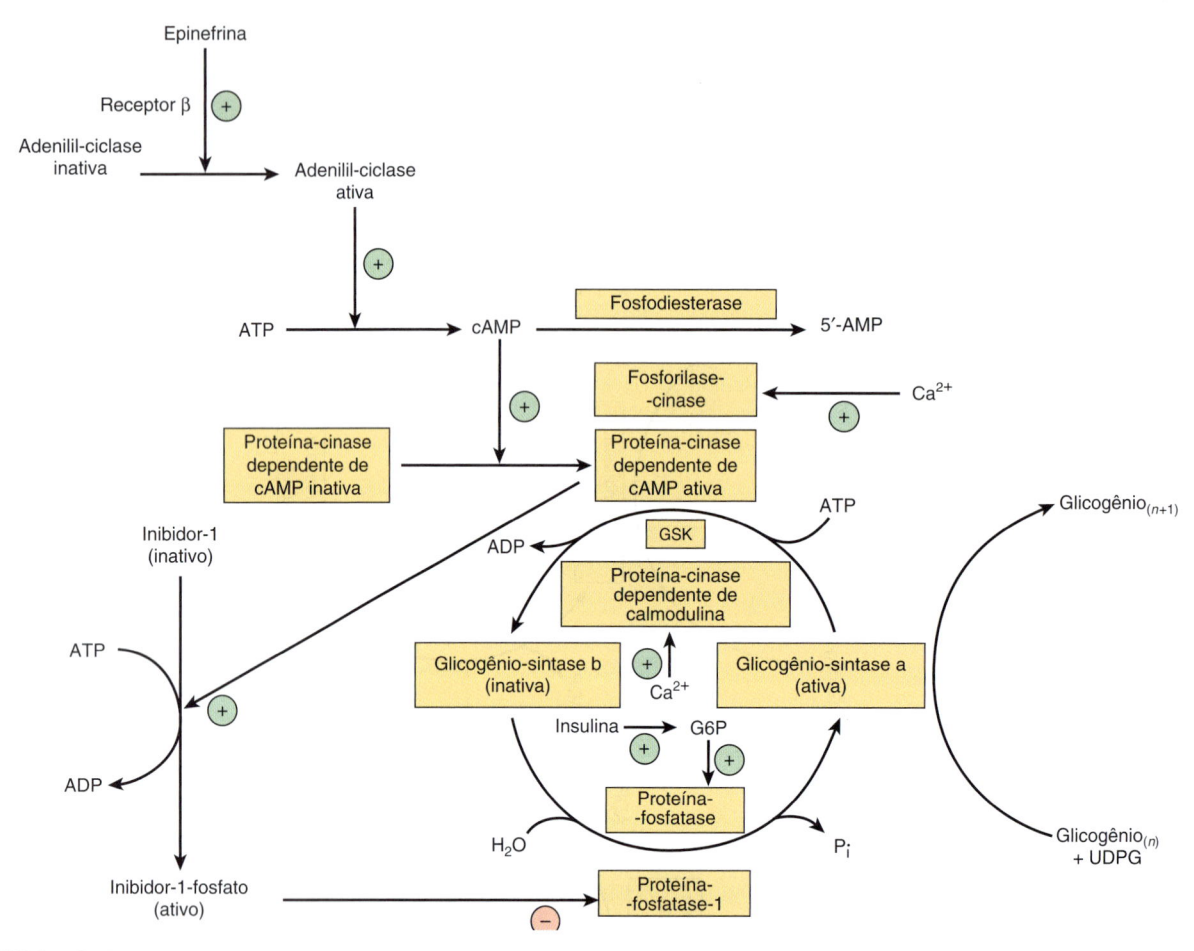

FIGURA 18-7 Controle da glicogênio-sintase no músculo. (G6P, glicose-6-fosfato; GSK, glicogênio-sintase-cinase; *n*, número de resíduos de glicose.)

estimula a desfosforilação e a ativação da glicogênio-sintase. A desfosforilação da glicogênio-sintase b é efetuada pela proteína-fosfatase-1, que está sob o controle da proteína-cinase dependente de cAMP.

O METABOLISMO DO GLICOGÊNIO É REGULADO POR UM EQUILÍBRIO NAS ATIVIDADES ENTRE A GLICOGÊNIO-SINTASE E A FOSFORILASE

Ao mesmo tempo em que a fosforilase é ativada pelo aumento da concentração de cAMP (via fosforilase-cinase), a glicogênio-sintase é convertida na forma inativa; ambos os efeitos são mediados pela **proteína-cinase dependente de cAMP** (Figura 18-8). Assim, a inibição da glicogenólise aumenta a glicogênese líquida, e a inibição da glicogênese aumenta a glicogenólise líquida. Além disso, a desfosforilação da fosforilase a, da fosforilase-cinase e da glicogênio-sintase b é catalisada por uma única enzima com ampla especificidade – a **proteína-fosfatase-1**. Por sua vez, a proteína-fosfatase-1 é inibida pela proteína-cinase dependente de cAMP por meio do inibidor-1. Portanto, a glicogenólise pode ser interrompida e a glicogênese pode ser estimulada, ou vice-versa, sincronicamente, visto que ambos os processos dependem da atividade da proteína-cinase dependente de cAMP. Tanto a fosforilase-cinase quanto a glicogênio-sintase podem ser reversivelmente fosforiladas em mais de um sítio por cinases e fosfatases distintas. Essas fosforilações secundárias modificam a sensibilidade dos sítios primários à fosforilação e à desfosforilação (**fosforilação multissítio**). Além disso, possibilitam que a insulina, por meio da elevação da glicose-6-fosfato, exerça efeitos que atuam de modo recíproco aos do cAMP (ver Figuras 18-6 e 18-7).

ASPECTOS CLÍNICOS

As doenças de armazenamento de glicogênio são hereditárias

Doença de armazenamento de glicogênio é um termo genérico empregado para descrever um grupo de distúrbios hereditários, caracterizados pelo depósito de um tipo ou de quantidades anormais de glicogênio nos tecidos ou pela incapacidade de mobilizar o glicogênio. As principais doenças estão resumidas na Tabela 18-2.

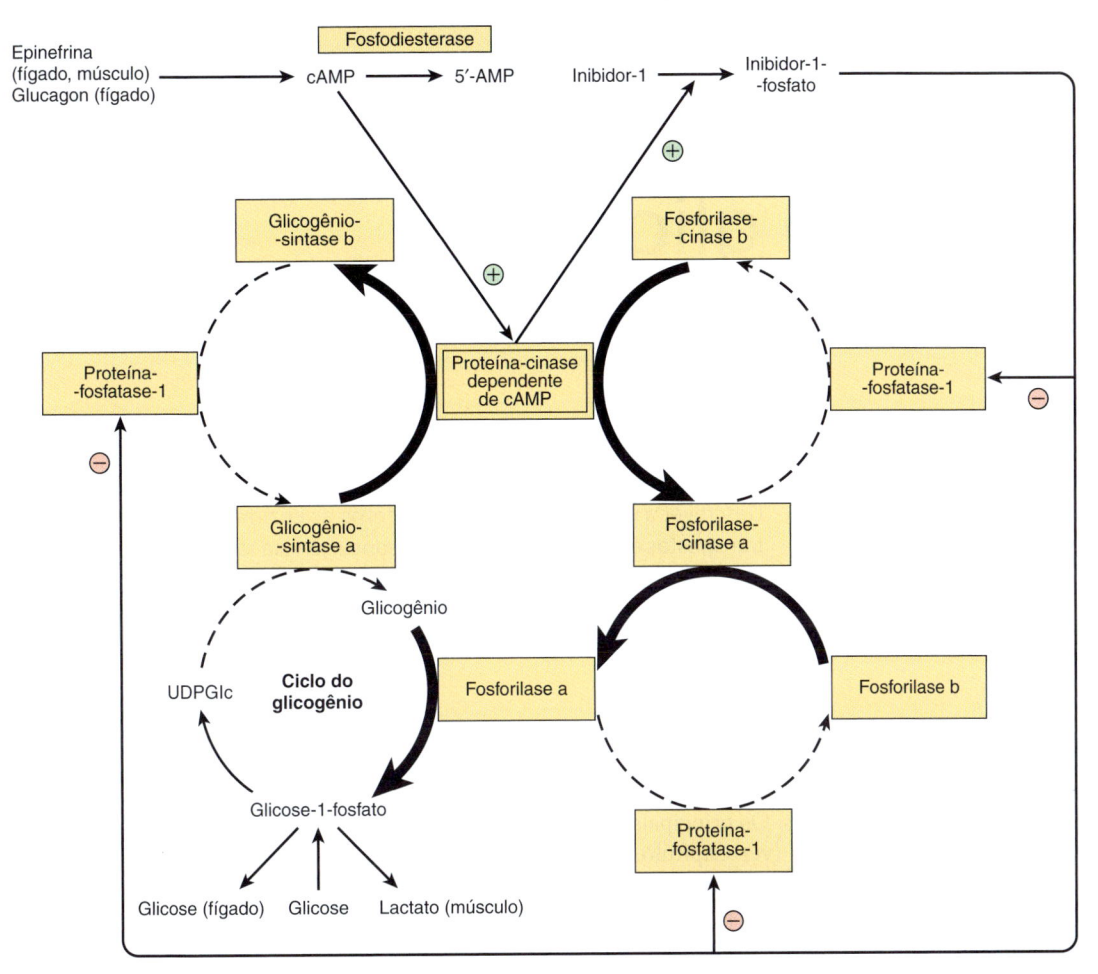

FIGURA 18-8 Controle coordenado da glicogenólise e da glicogênese pela proteína-cinase dependente de cAMP. As reações que levam à glicogenólise em consequência do aumento nas concentrações de cAMP são mostradas com setas em negrito, aquelas inibidas pela ativação da proteína-fosfatase-1 são mostradas com setas tracejadas. Observa-se o inverso quando as concentrações de cAMP diminuem como resultado da atividade da fosfodiesterase, levando à glicogênese.

RESUMO

- O glicogênio representa a principal forma de armazenamento de carboidrato no corpo, principalmente no fígado e no músculo.
- No fígado, a sua principal função consiste em fornecer glicose aos tecidos extra-hepáticos. No músculo, serve principalmente como fonte imediata de combustível metabólico para uso no próprio músculo. O músculo carece de glicose-6-fosfatase e não pode liberar glicose livre a partir de glicogênio.
- O glicogênio é sintetizado a partir da glicose pela via da glicogênese. Ele é degradado por uma via distinta, a glicogenólise.
- O cAMP integra a regulação da glicogenólise e da glicogênese, promovendo simultaneamente a ativação da fosforilase e a inibição da glicogênio-sintase. A insulina atua de modo recíproco, inibindo a glicogenólise e estimulando a glicogênese.
- As deficiências hereditárias de enzimas do metabolismo do glicogênio, tanto no fígado quanto no músculo, causam as doenças de armazenamento de glicogênio.

Gliconeogênese e o controle da glicemia

CAPÍTULO 19

David A. Bender, Ph.D. e Peter A. Mayes, Ph.D., D.Sc.

OBJETIVOS

Após o estudo deste capítulo, você deve ser capaz de:

- Explicar a importância da gliconeogênese na homeostasia da glicose.
- Descrever a via da gliconeogênese, como as enzimas irreversíveis da glicólise são transpostas e como a glicólise e a gliconeogênese são reguladas de modo recíproco.
- Explicar como a concentração plasmática de glicose é mantida dentro de limites estreitos nos estados alimentado e de jejum prolongado.

IMPORTÂNCIA BIOMÉDICA

A gliconeogênese refere-se ao processo de síntese de glicose a partir de precursores não carboidratos. Os principais substratos são os aminoácidos glicogênicos (ver Capítulo 29), o lactato, o glicerol e o propionato. O fígado e o rim constituem os principais tecidos gliconeogênicos; o rim pode contribuir com até 40% da síntese total de glicose em jejum e com uma maior porcentagem na condição de jejum prolongado. As enzimas gliconeogênicas essenciais são expressas no intestino delgado, porém não se sabe ao certo se ocorre ou não produção significativa de glicose pelo intestino em jejum, embora o propionato que surge da fermentação dos carboidratos pelas bactérias intestinais seja um substrato para a gliconeogênese nos enterócitos.

Um suprimento de glicose é necessário, principalmente para o sistema nervoso e para as hemácias. Depois de uma noite de jejum, a glicogenólise (ver Capítulo 18) e a gliconeogênese contribuem de modo aproximadamente igual para o nível de glicemia; com a depleção das reservas de glicogênio, a gliconeogênese torna-se progressivamente mais importante.

A falha da gliconeogênese é geralmente fatal. A **hipoglicemia** provoca disfunção cerebral, podendo levar ao coma e à morte. A glicose também é importante na manutenção de concentrações adequadas de intermediários do ciclo do ácido cítrico (ver Capítulo 16), inclusive quando ácidos graxos são a principal fonte de acetil-CoA nos tecidos. Além disso, a gliconeogênese remove o lactato produzido pelo músculo e pelas hemácias, bem como o glicerol formado pelo tecido adiposo. Nos ruminantes, o propionato, um produto do metabolismo dos carboidratos no rúmen, é um importante substrato para a gliconeogênese.

Ocorre gliconeogênese excessiva em **pacientes em estado crítico** em resposta à lesão e à infecção, contribuindo para a **hiperglicemia**, a qual está associada a um prognóstico ruim. A hiperglicemia resulta em alterações da osmolalidade dos líquidos corporais, comprometimento do fluxo sanguíneo, acidose intracelular e produção aumentada de radicais superóxido (ver Capítulo 45), com consequente perturbação da função endotelial e do sistema imune e comprometimento da coagulação sanguínea. A gliconeogênese excessiva também é um fator que contribui para a hiperglicemia no **diabetes melito tipo 2**, devido à regulação negativa comprometida em resposta à insulina.

A GLICONEOGÊNESE ENVOLVE A GLICÓLISE, O CICLO DO ÁCIDO CÍTRICO E ALGUMAS REAÇÕES ESPECIAIS ADICIONAIS

Barreiras termodinâmicas impedem a simples reversão da glicólise

Três reações que não estão em equilíbrio na glicólise (ver Capítulo 17), catalisadas pela hexocinase, pela fosfofrutocinase e pela piruvato-cinase, impedem a simples reversão da glicólise para a síntese de glicose (**Figura 19-1**). Essas reações são contornadas como mostrado a seguir.

Piruvato e fosfoenolpiruvato

A reversão da reação catalisada pela piruvato-cinase na glicólise envolve duas reações endotérmicas. A **piruvato-carboxilase** mitocondrial catalisa a carboxilação do piruvato a oxalacetato, uma reação com gasto de trifosfato de adenosina (ATP, do inglês *adenosine triphosphate*) em que a vitamina biotina é a coenzima. A biotina liga-se ao CO_2 do bicarbonato na forma de carboxibiotina antes da adição do CO_2 ao piruvato (ver Figura 44-14). O oxalacetato resultante é reduzido a malato e exportado da mitocôndria para o citosol, onde é oxidado novamente a oxalacetato. Uma segunda enzima, a **fosfoenolpiruvato-carboxicinase**, catalisa a descarboxilação e a fosforilação do

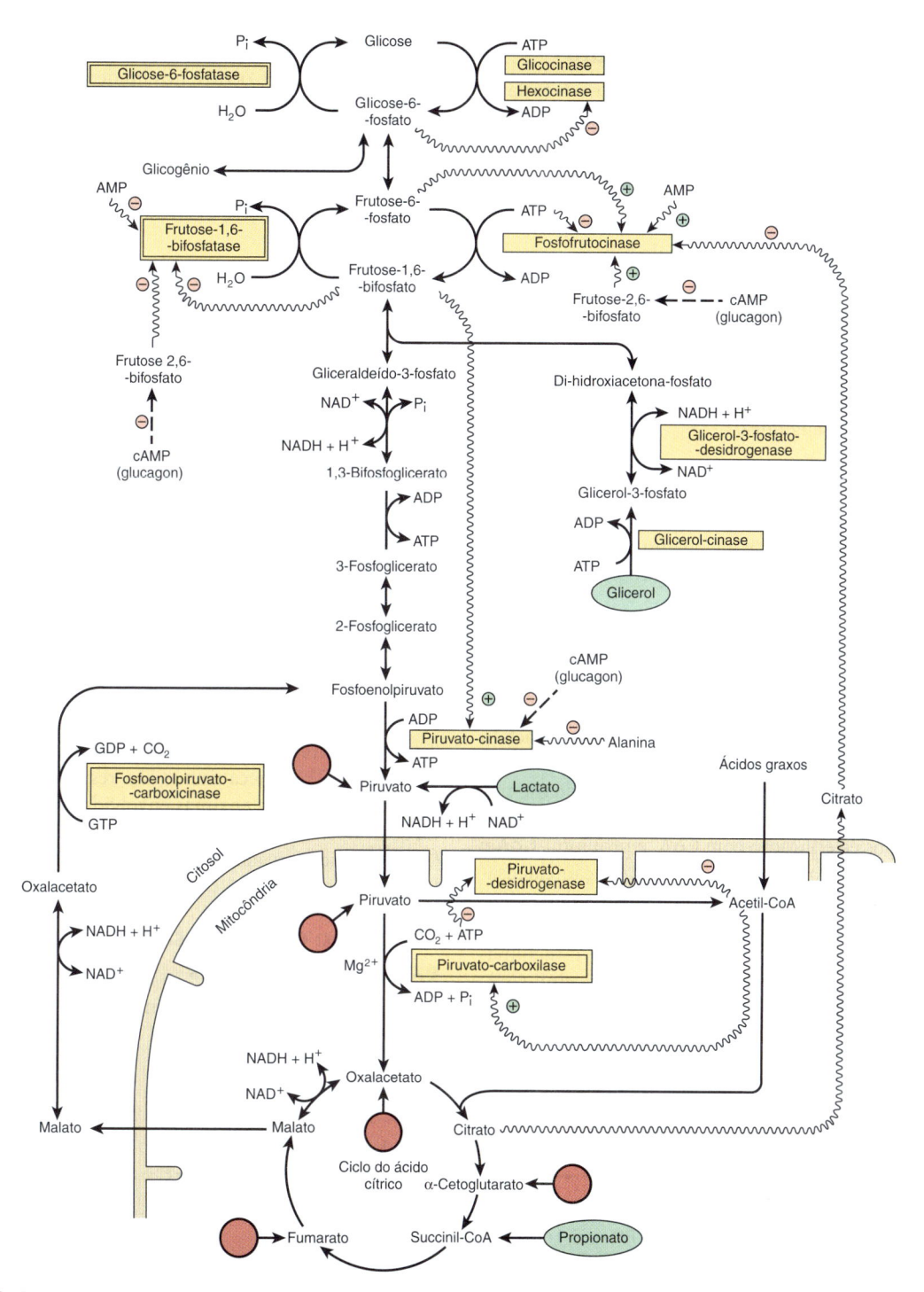

FIGURA 19-1 Principais vias e pontos de regulação da gliconeogênese e da glicólise no fígado. Os pontos de entrada dos aminoácidos glicogênicos após a transaminação estão indicados por setas que se estendem a partir dos círculos (ver também Figura 16-4). As enzimas gliconeogênicas essenciais são mostradas em retângulos de duplo contorno. O ATP necessário para a gliconeogênese é fornecido pela oxidação dos ácidos graxos. O propionato é importante apenas nos ruminantes. As setas onduladas indicam efeitos alostéricos; as setas tracejadas indicam modificação covalente por fosforilação reversível. A alanina em altas concentrações atua como "sinal gliconeogênico", inibindo a glicólise na etapa da piruvato-cinase. (ADP, difosfato de adenosina; ATP, trifosfato de adenosina; cAMP, monofosfato de adenosina cíclico; GDP, difosfato de guanosina; GTP, trifosfato de guanosina.)

oxalacetato a fosfoenolpiruvato, utilizando trifosfato de guanosina (GTP, do inglês *guanosine triphosphate*) como doador de fosfato. No fígado e no rim, a reação da succinato-tiocinase no ciclo do ácido cítrico (ver Capítulo 16) produz GTP (em vez de ATP, conforme observado em outros tecidos). O GTP é utilizado na reação da fosfoenolpiruvato-carboxicinase, estabelecendo, assim, uma ligação entre a atividade do ciclo do ácido cítrico e a gliconeogênese, de modo a impedir a remoção excessiva de oxalacetato para a gliconeogênese, o que comprometeria a atividade do ciclo do ácido cítrico.

Frutose-1,6-bifosfato e frutose-6-fosfato

A conversão de frutose-1,6-bifosfato em frutose-6-fosfato, para a reversão da glicólise, é catalisada pela **frutose-1,6-bifosfatase**. A sua presença determina se um tecido é capaz de sintetizar glicose (ou glicogênio) não apenas a partir de piruvato, mas também de trioses-fosfato. Essa enzima está presente no fígado, no rim e no músculo esquelético, mas provavelmente está ausente no coração e no músculo liso.

Glicose-6-fosfato e glicose

A conversão de glicose-6-fosfato em glicose é catalisada pela **glicose-6-fosfatase**. Ela está presente no fígado e nos rins, mas ausente nos músculos, os quais, portanto, não podem exportar glicose para a corrente sanguínea.

Glicose-1-fosfato e glicogênio

A degradação do glicogênio em glicose-1-fosfato é catalisada pela fosforilase. A síntese de glicogênio envolve uma via diferente por meio de uridina-difosfato-glicose e **glicogênio-sintase** (ver Figura 18-1).

As relações entre a gliconeogênese e a via glicolítica estão ilustradas na Figura 19-1. Após transaminação ou desaminação, os aminoácidos glicogênicos dão origem ao piruvato ou aos intermediários do ciclo do ácido cítrico. Assim, as reações anteriormente descritas podem responder pela conversão do lactato e dos aminoácidos glicogênicos em glicose ou glicogênio.

O propionato é um importante precursor da glicose nos ruminantes; ele entra na gliconeogênese por meio do ciclo do ácido cítrico. Após esterificação com CoA, a propionil-CoA é carboxilada a D-metilmalonil-CoA, em uma reação catalisada pela **propionil-CoA-carboxilase**, uma enzima dependente de biotina (**Figura 19-2**). A **metilmalonil-CoA-racemase** catalisa a conversão de D-metilmalonil-CoA em L-metilmalonil-CoA, que, a seguir, sofre isomerização a succinil-CoA, em uma reação catalisada pela **metilmalonil-CoA-mutase**. Nos animais não ruminantes, incluindo os seres humanos, o propionato surge a partir da β-oxidação dos ácidos graxos de cadeia ímpar que ocorre nos lipídeos dos ruminantes (ver Capítulo 22), bem como da oxidação da isoleucina e da cadeia lateral do colesterol, e constitui um substrato (relativamente menor) para a gliconeogênese. A metilmalonil-CoA-mutase é uma enzima dependente de vitamina B_{12}, e, na deficiência, o ácido metilmalônico é excretado na urina (**acidúria metilmalônica**).

O glicerol é liberado do tecido adiposo como resultado da lipólise da lipoproteína contendo triacilglicerol no estado alimentado; ele pode ser utilizado para a reesterificação de ácidos graxos livres a triacilglicerol, ou pode ser um substrato para a gliconeogênese no fígado. Durante o jejum, o glicerol liberado a partir da lipólise do triacilglicerol no tecido adiposo é utilizado exclusivamente como substrato para a gliconeogênese no fígado e nos rins.

A GLICÓLISE E A GLICONEOGÊNESE COMPARTILHAM A MESMA VIA, MAS EM DIREÇÕES OPOSTAS, E SÃO RECIPROCAMENTE REGULADAS

As variações na disponibilidade dos substratos são responsáveis pela maior parte das alterações do metabolismo, atuando direta ou indiretamente por meio de alterações na secreção de hormônios. Três mecanismos são responsáveis pela regulação da atividade das enzimas envolvidas no metabolismo dos carboidratos: (1) alterações na taxa de síntese das enzimas, (2) modificação covalente por fosforilação reversível e (3) efeitos alostéricos.

A indução e a repressão de enzimas-chave exigem várias horas

As mudanças da atividade enzimática no fígado que ocorrem em várias condições metabólicas estão listadas na **Tabela 19-1**.

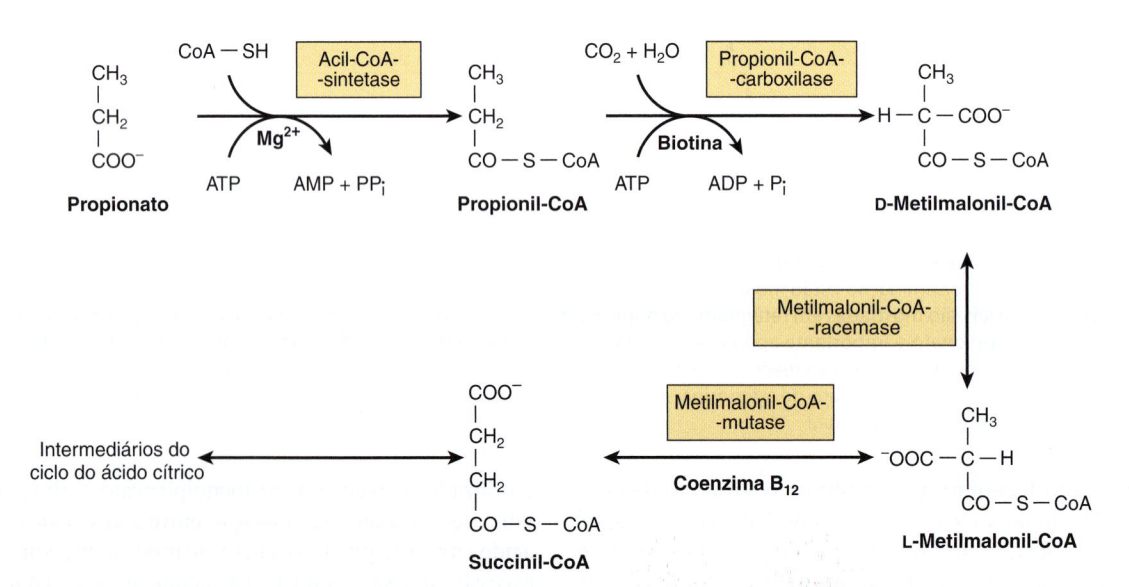

FIGURA 19-2 **Metabolismo do propionato.** (ADP, difosfato de adenosina; AMP, monofosfato de adenosina; ATP, trifosfato de adenosina.)

TABELA 19-1 Enzimas regulatórias e adaptativas associadas ao metabolismo dos carboidratos

	Atividade em					
	Ingestão de carboidratos	Jejum e diabetes melito	Indutor	Repressor	Ativador	Inibidor
Glicogenólise, glicólise e oxidação do piruvato						
Glicogênio-sintase	↑	↓			Insulina, glicose-6-fosfato	Glucagon
Hexocinase						Glicose-6-fosfato
Glicocinase	↑	↓	Insulina	Glucagon		
Fosfofrutocinase-1	↑	↓	Insulina	Glucagon	5' AMP, frutose-6-fosfato, frutose-2,6-bifosfato, P_i	Citrato, ATP, glucagon
Piruvato-cinase	↑	↓	Insulina, frutose	Glucagon	Frutose-1,6-bifosfato, insulina	ATP, alanina, glucagon, norepinefrina
Piruvato-desidrogenase	↑	↓			CoA, NAD^+, insulina, ADP, piruvato	Acetil-CoA, NADH, ATP (ácidos graxos, corpos cetônicos)
Gliconeogênese						
Piruvato-carboxilase	↓	↑	Glicocorticoides, glucagon, epinefrina	Insulina	Acetil-CoA	ADP
Fosfoenolpiruvato-carboxicinase	↓	↑	Glicocorticoides, glucagon, epinefrina	Insulina		Glucagon
Glicose-6-fosfatase	↓	↑	Glicocorticoides, glucagon, epinefrina	Insulina		

ADP, difosfato de adenosina; AMP, monofosfato de adenosina; ATP, trifosfato de adenosina; CoA, coenzima A; P_i, fosfato inorgânico.

As enzimas envolvidas catalisam reações fisiologicamente irreversíveis e que não estão em equilíbrio. Em geral, os efeitos são reforçados, pois a atividade das enzimas que catalisam as reações em sentido oposto varia de modo recíproco (ver Figura 19-1). As enzimas envolvidas na utilização da glicose (i.e., as da glicólise e da lipogênese) tornam-se mais ativas quando existe um excesso de glicose, e, nessas condições, as enzimas da gliconeogênese apresentam baixa atividade. A insulina, que é secretada em resposta a um aumento da glicemia, intensifica a síntese das enzimas-chave na glicólise. Ela também antagoniza o efeito dos glicocorticoides e do monofosfato de adenosina cíclico (cAMP, do inglês *cyclic adenosine monophosphate*) estimulado pelo glucagon, os quais induzem a síntese das enzimas-chave da gliconeogênese.

A modificação covalente por fosforilação reversível é rápida

O **glucagon** e a **epinefrina**, hormônios que respondem a uma diminuição da glicemia, inibem a glicólise e estimulam a gliconeogênese no fígado, aumentando a concentração de cAMP. Isso, por sua vez, ativa a proteína-cinase dependente de cAMP, levando à fosforilação e à inativação da **piruvato-cinase**. Além disso, eles também afetam a concentração de frutose-2,6-bifosfato e, portanto, a glicólise e a gliconeogênese, conforme descrito adiante.

A modificação alostérica é instantânea

Na gliconeogênese, a piruvato-carboxilase, que catalisa a síntese de oxalacetato a partir do piruvato, requer acetil-CoA como **ativador alostérico**. A adição de acetil-CoA resulta em uma modificação na estrutura terciária da proteína, diminuindo o valor de K_m para o bicarbonato. Isso significa que, à medida que a acetil-CoA é formada a partir do piruvato, ela assegura automaticamente o fornecimento de oxalacetato pela ativação da piruvato-carboxilase. A ativação dessa enzima e a inibição recíproca da piruvato-desidrogenase pela acetil-CoA proveniente da oxidação dos ácidos graxos explicam a ação da oxidação dos ácidos graxos na preservação da oxidação do piruvato e na estimulação da gliconeogênese. A relação recíproca entre essas duas enzimas altera o destino metabólico do piruvato, à medida que o tecido passa da oxidação dos carboidratos (glicólise) para a gliconeogênese durante a transição do estado alimentado para o jejum (ver Figura 19-1). Uma função fundamental da oxidação dos ácidos graxos na promoção da gliconeogênese é suprir o ATP necessário.

A **fosfofrutocinase (fosfofrutocinase-1)** ocupa uma posição fundamental na regulação da glicólise e também está sujeita ao controle por retroalimentação. Ela é inibida pelo citrato e por concentrações intracelulares normais de ATP, e é ativada pelo 5' AMP. No [ATP] intracelular normal, a enzima está cerca de 90% inibida; essa inibição é revertida por 5' AMP (**Figura 19-3**).

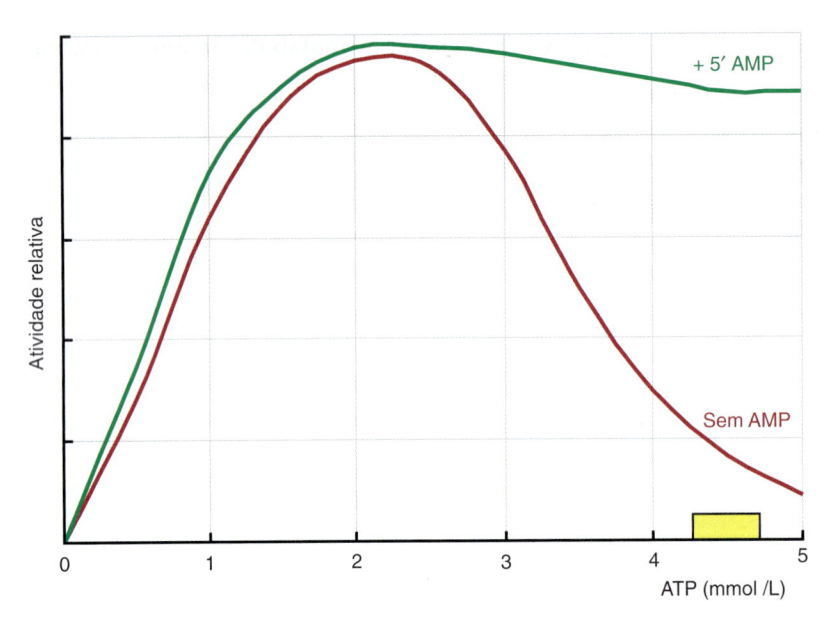

FIGURA 19-3 Inibição da fosfofrutocinase-1 por ATP e alívio da inibição por ATP. A barra amarela mostra a faixa normal da concentração intracelular de ATP. (AMP, monofosfato de adenosina; ATP, trifosfato de adenosina.)

O 5′ AMP atua como indicador do estado de energia da célula. A presença de **adenilil-cinase** no fígado e em muitos outros tecidos possibilita o rápido equilíbrio da reação

$$2ADP \leftrightarrow ATP + 5′AMP$$

Portanto, quando o ATP é utilizado em processos que necessitam de energia, resultando na formação de difosfato de adenosina (ADP, do inglês *adenosine diphosphate*), ocorre aumento de [AMP]. Uma redução relativamente pequena de [ATP] provoca aumento considerável de [AMP], de modo que [AMP] possa atuar como amplificador metabólico de uma pequena alteração de [ATP] e, então, como sinal sensível do estado de energia da célula. A atividade da fosfofrutocinase-1 é, assim, regulada em resposta ao estado de energia da célula para controlar a quantidade de carboidratos submetidos à glicólise antes de sua entrada no ciclo do ácido cítrico. Ao mesmo tempo, AMP ativa a glicogênio-fosforilase, aumentando, assim, a glicogenólise. Uma consequência da inibição da fosfofrutocinase-1 pelo ATP é o acúmulo de glicose-6-fosfato, que, por sua vez, inibe a captação adicional de glicose em tecidos extra-hepáticos pela inibição da hexocinase.

A frutose-2,6-bifosfato desempenha um papel singular na regulação da glicólise e da gliconeogênese no fígado

O ativador alostérico positivo mais potente da fosfofrutocinase-1 e inibidor da frutose-1,6-bifosfatase no fígado é a **frutose-2,6-bifosfato**. Ela alivia a inibição da fosfofrutocinase-1 pelo ATP, aumenta a afinidade pela frutose-6-fosfato, e inibe a frutose-1,6-bifosfatase ao aumentar o K_m para a frutose-1,6-bifosfato. A sua concentração está sob controle do substrato (alostérico) e sob controle hormonal (modificação covalente) (**Figura 19-4**).

A frutose-2,6-bifosfato é formada pela fosforilação de frutose-6-fosfato pela **fosfofrutocinase-2**. A mesma enzima é também responsável pela sua degradação, uma vez que ela possui atividade **frutose-2,6-bifosfatase**. Essa **enzima bifuncional** está sob controle alostérico de frutose-6-fosfato, que estimula a cinase e inibe a fosfatase. Consequentemente, quando existe um suprimento abundante de glicose, a concentração de frutose-2,6-bifosfato aumenta, estimulando a glicólise ao ativar a fosfofrutocinase-1 e inibir a frutose-1,6-bifosfatase. Durante o jejum, o glucagon estimula a produção de cAMP, ativando a proteína-cinase dependente de cAMP, que, por sua vez, inativa a fosfofrutocinase-2 e ativa a frutose-2,6-bifosfatase por fosforilação. Então, a gliconeogênese é estimulada por uma redução da concentração de frutose-2,6-bifosfato, que inativa a fosfofrutocinase-1 e atenua a inibição da frutose-1,6--bifosfatase. A xilulose-5-fosfato, um intermediário da via das pentoses-fosfato (ver Capítulo 20), ativa a proteína-fosfatase que desfosforila a enzima bifuncional, aumentando, assim, a formação de frutose-2,6-bifosfato, bem como a taxa de glicólise. Isso leva ao aumento do fluxo através da glicólise e da via das pentoses-fosfato e à síntese aumentada de ácidos graxos (ver Capítulo 23).

Os ciclos de substratos (fúteis) possibilitam um controle fino e uma resposta rápida

Os pontos de controle na glicólise e no metabolismo do glicogênio envolvem um ciclo de fosforilação e desfosforilação catalisado pela glicocinase e glicose-6-fosfatase; pela fosfofrutocinase-1 e frutose-1,6-bifosfatase; pela piruvato-cinase, piruvato-carboxilase e fosfoenolpiruvato-carboxicinase; e pela glicogênio-sintase e fosforilase. Seria aparentemente óbvio que essas enzimas de ações opostas fossem reguladas de modo que, quando as enzimas envolvidas na glicólise estivessem ativas, aquelas envolvidas na gliconeogênese estivessem inativas, visto que, de outro modo, haveria um ciclo

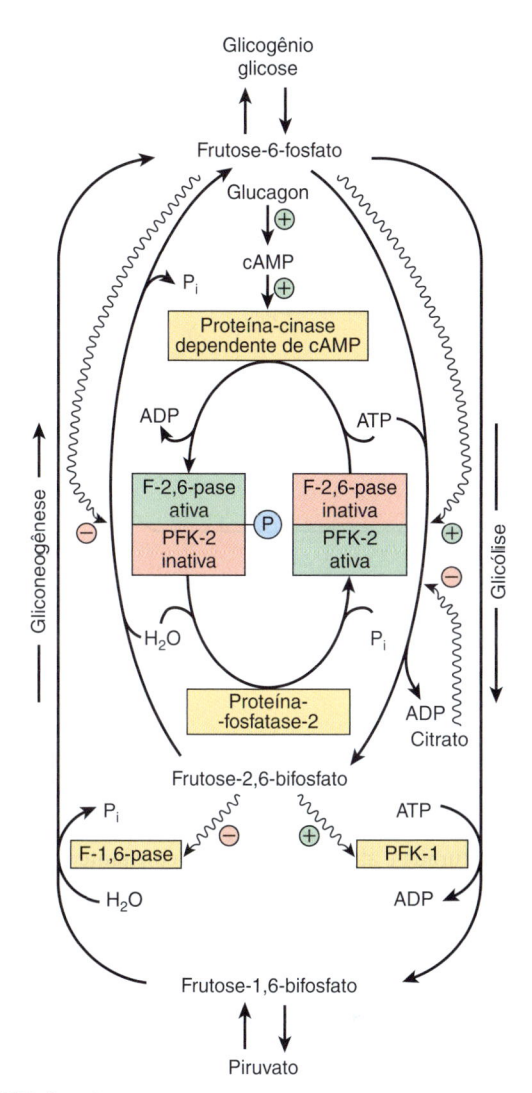

FIGURA 19-4 Controle da glicólise e da gliconeogênese no fígado pela frutose-2,6-bifosfato e pela enzima bifuncional PFK-2/F-2,6-pase (6-fosfofruto-2-cinase/frutose-2,6-bifosfatase). (F-1,6-Pase, frutose-1,6-bifosfatase; PFK-1, fosfofrutocinase-1 [6-fosfofruto-1-cinase].) As setas onduladas indicam efeitos alostéricos. (ADP, difosfato de adenosina; ATP, trifosfato de adenosina; cAMP, monofosfato de adenosina cíclico; Pi, fosfato inorgânico.)

entre intermediários fosforilados e não fosforilados, com hidrólise líquida de ATP. Embora isso ocorra, tanto a fosfofrutocinase quanto a frutose-1,6-bifosfatase no músculo exibem alguma atividade contínua, de modo que existe, de fato, algum grau de ciclo de substratos (com desperdício). Isso permite o aumento muito rápido da taxa de glicólise necessária para a contração muscular. Em repouso, a velocidade de atividade da fosfofrutocinase é cerca de 10 vezes maior que a da frutose-1,6-bifosfatase; na antecipação da contração muscular, a atividade de ambas as enzimas aumenta, a da frutose-1,6-bifosfatase 10 vezes mais que a da fosfofrutocinase, mantendo a mesma taxa líquida de glicólise. No início da contração muscular, a atividade da fosfofrutocinase aumenta ainda mais, ao passo que a da frutose-1,6-bifosfatase cai, elevando, assim, a taxa líquida de glicólise (e, portanto, a formação de ATP) em até mil vezes.

A CONCENTRAÇÃO DE GLICOSE NO SANGUE É REGULADA DENTRO DE LIMITES ESTREITOS

No estado pós-absortivo, o nível de glicemia é mantido entre 4,5 e 5,5 mmol/L. Após a ingestão de uma refeição rica em carboidratos, a concentração pode aumentar para 6,5 a 7,2 mmol/L e, na inanição, pode cair para 3,3 a 3,9 mmol/L. A ocorrência de uma súbita diminuição do nível de glicose (p. ex., em resposta a uma superdosagem de insulina) provoca convulsões, devido à dependência do encéfalo de um suprimento adequado de glicose. Todavia, concentrações muito mais baixas podem ser toleradas quando a hipoglicemia se desenvolve de forma suficientemente lenta para possibilitar a ocorrência de uma adaptação. O nível de glicose sanguínea nas aves é consideravelmente mais alto (14 mmol/L) e, nos ruminantes, consideravelmente mais baixo (cerca de 2,2 mmol/L nos ovinos e 3,3 mmol/L no gado bovino). Esses níveis normais mais baixos parecem estar associados ao fato de que os ruminantes fermentam praticamente todo o carboidrato da dieta em ácidos graxos de cadeia curta, os quais substituem, em grande parte, a glicose como principal combustível metabólico nos tecidos durante o estado alimentado.

A GLICOSE DO SANGUE PROVÉM DA DIETA, DA GLICONEOGÊNESE E DA GLICOGENÓLISE

Os carboidratos digeríveis da alimentação produzem glicose, galactose e frutose, que são transportadas até o fígado pela **veia porta do fígado**. A galactose e a frutose no fígado são prontamente convertidas em glicose (ver Capítulo 20).

A glicose é formada a partir de dois grupos de compostos que sofrem gliconeogênese (ver Figuras 16-4 e 19-1): (1) os que envolvem uma conversão líquida direta em glicose, incluindo a maioria dos **aminoácidos** e o **propionato**, e (2) os que são produtos do metabolismo da glicose nos tecidos. Portanto, o **lactato**, formado pela glicólise no músculo esquelético e nas hemácias, é transportado até o fígado e o rim, onde ocorre novamente a formação de glicose, que, mais uma vez, torna-se disponível para oxidação nos tecidos, por intermédio da circulação. Esse processo é conhecido como **ciclo de Cori**, ou **ciclo do ácido láctico** (**Figura 19-5**).

Durante o jejum, existe uma considerável liberação de alanina do músculo esquelético que ultrapassa acentuadamente a quantidade de proteínas musculares que estão sendo catabolizadas. Essa alanina é formada por transaminação do piruvato produzido pela glicólise do glicogênio muscular e exportada para o fígado, onde, após transaminação de volta ao piruvato, atua como substrato para a gliconeogênese. Esse **ciclo da glicose-alanina** (ver Figura 19-5) proporciona, assim, um meio indireto de utilizar o glicogênio muscular para a manutenção da glicemia em jejum. O ATP necessário para a síntese hepática de glicose a partir do piruvato é formado pela oxidação de ácidos graxos.

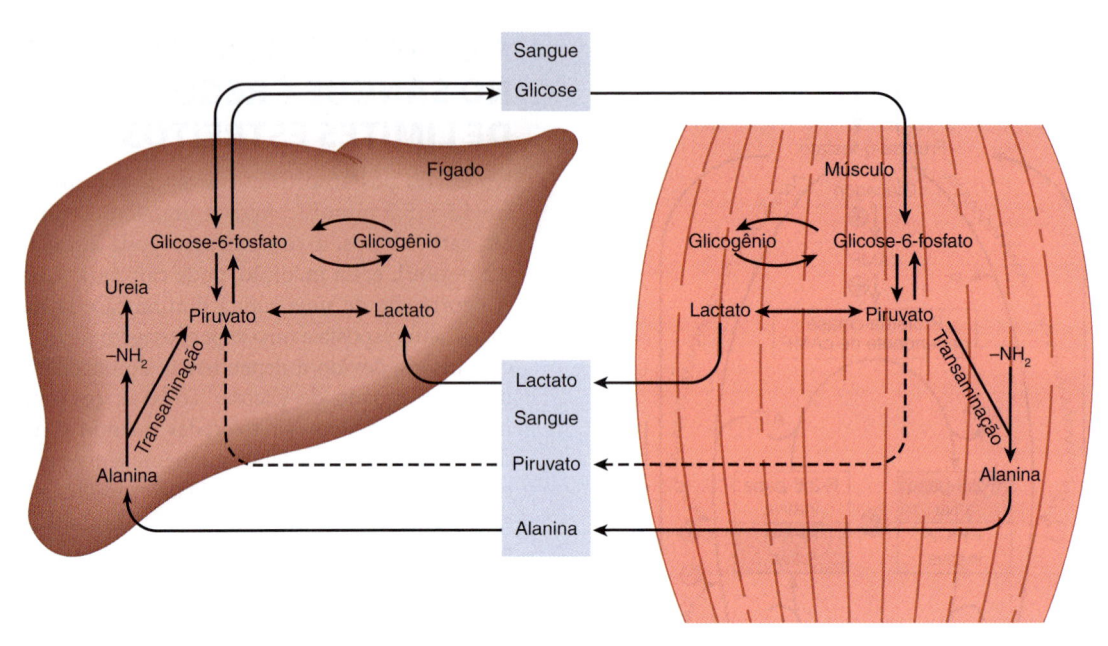

FIGURA 19-5 Os ciclos do ácido láctico (ciclo de Cori) e da glicose-alanina.

A glicose também é formada a partir do glicogênio hepático pela glicogenólise (ver Capítulo 18).

A concentração de glicose no sangue é regulada por mecanismos metabólicos e hormonais

A manutenção da concentração da glicose sanguínea estável é um dos mecanismos homeostáticos regulados com mais precisão, envolvendo o fígado, os tecidos extra-hepáticos e diversos hormônios. As células hepáticas são livremente permeáveis à glicose nas duas direções (por meio do transportador GLUT 2), ao passo que as células dos tecidos extra-hepáticos (exceto das células β pancreáticas) são relativamente impermeáveis, e seus transportadores unidirecionais de glicose são regulados pela insulina. Em consequência, a captação a partir da corrente sanguínea constitui a etapa limitadora da velocidade na utilização da glicose nos tecidos extra-hepáticos. O papel de várias proteínas de transporte de glicose encontradas nas membranas celulares é apresentado na **Tabela 19-2**.

A glicocinase é importante na regulação da glicemia após uma refeição

A hexocinase tem um baixo valor de K_m para a glicose e, no fígado, é saturada e atua em velocidade constante em todas as condições normais. Assim, ela garante uma taxa de glicólise adequada para satisfazer as necessidades do fígado. A glicocinase é uma enzima alostérica, com K_m aparente consideravelmente maior (menor afinidade) para a glicose, de modo que a sua atividade aumenta com a elevação da concentração de glicose na veia porta do fígado (**Figura 19-6**). Durante o jejum, a glicocinase está localizada no núcleo. Em resposta a um aumento na concentração intracelular de glicose, ela migra para o citosol, um processo mediado pela proteína de ligação ao elemento de resposta de carboidratos. Isso permite a captação de grande quantidade de glicose pelo fígado após uma refeição rica em carboidratos, para a síntese de glicogênio e ácidos graxos, de forma que, enquanto a concentração de glicose na veia porta do fígado pode alcançar 20 mmol/L após uma refeição, a concentração que deixa o fígado na circulação

TABELA 19-2 Principais transportadores de glicose

	Localização tecidual	Funções
Transportadores bidirecionais facilitadores		
GLUT 1	Encéfalo, rim, colo, placenta, hemácias	Captação de glicose
GLUT 2	Fígado, células β do pâncreas, intestino delgado, rim	Rápida captação ou liberação de glicose
GLUT 3	Encéfalo, rim, placenta	Captação de glicose
GLUT 4	Músculos cardíaco e esquelético, tecido adiposo	Captação de glicose estimulada pela insulina
GLUT 5	Intestino delgado	Absorção de frutose
Transportador unidirecional dependente de sódio		
SGLT 1	Intestino delgado e rim	Captação ativa de glicose contra um gradiente de concentração

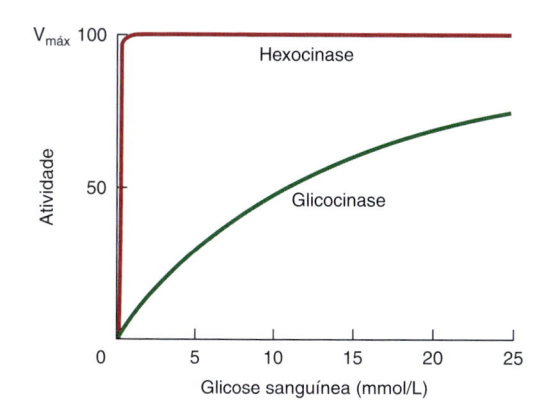

FIGURA 19-6 Variação da atividade da hexocinase e da glicocinase na fosforilação da glicose em concentrações crescentes de glicose no sangue. A K_m da hexocinase para a glicose é de 0,05 mmol/L, e a da glicocinase, de 10 mmol/L.

periférica normalmente não excede 8 a 9 mmol/L. A glicocinase está ausente no fígado dos ruminantes, nos quais apenas uma pequena quantidade de glicose proveniente do intestino penetra na circulação portal.

Em concentrações normais de glicose no sangue periférico (4,5-5,5 mmol/L), o fígado é um produtor de glicose. Entretanto, conforme o nível de glicose se eleva, a produção de glicose cessa, e ocorre captação efetiva.

A insulina e o glucagon exercem funções centrais na regulação da glicemia

Além dos efeitos diretos da hiperglicemia no aumento da captação de glicose pelo fígado, o hormônio **insulina** desempenha um papel central na regulação da glicose no sangue. Esse hormônio é produzido pelas células β das ilhotas de Langerhans no pâncreas, em resposta à hiperglicemia. As células β das ilhotas são livremente permeáveis à glicose via transportador GLUT 2, e a glicose é fosforilada pela glicocinase. Por isso, o aumento da glicemia aumenta o fluxo metabólico por meio da glicólise, do ciclo do ácido cítrico e da geração de ATP. A elevação de [ATP] inibe os canais de K^+ sensíveis ao ATP, causando despolarização da membrana celular, o que aumenta o influxo de Ca^{2+} pelos canais de Ca^{2+} sensíveis à voltagem, estimulando a exocitose da insulina. Assim, a concentração sanguínea de insulina segue paralela à da glicose no sangue. Outras substâncias que causam a liberação de insulina pelo pâncreas incluem aminoácidos, ácidos graxos não esterificados, corpos cetônicos, glucagon, secretina e as sulfonilureias – tolbutamida e gliburida. Esses fármacos são utilizados para estimular a secreção de insulina no diabetes melito tipo 2 pelos canais de K^+ sensíveis ao ATP. A epinefrina e a norepinefrina bloqueiam a liberação de insulina. A insulina diminui imediatamente a glicemia ao intensificar o transporte de glicose no tecido adiposo e no músculo por meio do recrutamento de transportadores de glicose (GLUT 4) do interior da célula para a membrana plasmática. Embora isso não afete diretamente a captação de glicose pelo fígado, a insulina potencializa a captação em longo prazo em consequência de suas ações sobre as enzimas que controlam a glicólise, a glicogênese e a gliconeogênese (ver Capítulo 18 e Tabela 19-1).

O **glucagon** é o hormônio produzido pelas células α das ilhotas pancreáticas em resposta à hipoglicemia. No fígado, ele estimula a glicogenólise por ativar a glicogênio-fosforilase. Ao contrário da epinefrina, o glucagon não tem efeito sobre a fosforilase muscular. O glucagon também aumenta a gliconeogênese a partir de aminoácidos e do lactato. Em todas essas ações, o glucagon atua por meio da geração de cAMP (Tabela 19-1). Tanto a glicogenólise quanto a gliconeogênese hepáticas contribuem para o **efeito hiperglicêmico** do glucagon, cujas ações se opõem às da insulina. A maior parte do glucagon endógeno (e da insulina) é depurada da circulação pelo fígado (**Tabela 19-3**).

Outros hormônios afetam a glicemia

A **adeno-hipófise** secreta hormônios que tendem a elevar a glicemia e, portanto, a antagonizar a ação da insulina: o hormônio do crescimento, o hormônio adrenocorticotrófico (ACTH, do inglês *adrenocorticotropic hormone*) e, possivelmente, outros hormônios "diabetogênicos". A secreção de hormônio do crescimento é estimulada pela hipoglicemia; o hormônio diminui a captação de glicose pelo músculo. Parte desse efeito pode ser indireta, já que o hormônio estimula a mobilização dos ácidos graxos não esterificados do tecido adiposo, os quais inibem a utilização da glicose. Os **glicocorticoides** (11-oxiesteroides) são secretados pelo córtex da glândula suprarrenal, e são também sintetizados de modo não regulado no tecido adiposo. Eles atuam aumentando a gliconeogênese em consequência do aumento do catabolismo hepático dos aminoácidos, devido à indução das aminotrans-

TABELA 19-3 Respostas dos tecidos à insulina e ao glucagon

	Fígado	Tecido adiposo	Músculo
Aumentadas pela insulina	Síntese de ácidos graxos	Captação de glicose	Captação de glicose
	Síntese de glicogênio	Síntese de ácidos graxos	Síntese de glicogênio
	Síntese de proteínas		Síntese de proteínas
Diminuídas pela insulina	Cetogênese	Lipólise	
	Gliconeogênese		
Aumentadas pelo glucagon	Glicogenólise	Lipólise	
	Gliconeogênese		
	Cetogênese		

ferases (e de outras enzimas, como a triptofano-dioxigenase) e das enzimas-chave da gliconeogênese. Além disso, os glicocorticoides inibem a utilização da glicose nos tecidos extra-hepáticos. Em todas essas ações, os glicocorticoides atuam de modo antagônico à insulina. Diversas **citocinas** secretadas por macrófagos que infiltram o tecido adiposo também exercem ações antagônicas às da insulina; junto com os glicocorticoides secretados pelo tecido adiposo, isso explica a resistência à insulina que frequentemente ocorre em indivíduos obesos.

A **epinefrina** é secretada pela medula da glândula suprarrenal em consequência de estímulos estressantes (medo, excitação, hemorragia, hipoxia, hipoglicemia, etc.) e leva à glicogenólise no fígado e no músculo, devido à estimulação da fosforilase pela geração de cAMP. No músculo, a glicogenólise resulta em aumento da glicólise, ao passo que, no fígado, determina a liberação de glicose na corrente sanguínea.

ASPECTOS CLÍNICOS ADICIONAIS

Ocorre glicosúria quando o limiar renal para a glicose é ultrapassado

Quando a glicemia aumenta e alcança níveis > 10 mmol/L, os rins também exercem um efeito (passivo) regulador. A glicose é filtrada continuamente pelos glomérulos; todavia, em condições normais, é totalmente reabsorvida nos túbulos renais por transporte ativo. A capacidade do sistema tubular de reabsorver a glicose é limitada a uma taxa de cerca de 2 mmol/min, e, na hiperglicemia (como ocorre no diabetes melito fracamente controlado), o filtrado glomerular pode conter mais glicose do que pode ser reabsorvido, resultando em **glicosúria**, quando o **limiar renal** para a glicose é excedido.

Pode ocorrer hipoglicemia durante a gestação e no recém-nascido

Durante a gestação, o consumo fetal de glicose aumenta, e existe risco de hipoglicemia materna e, possivelmente, fetal, sobretudo se houver longos intervalos entre as refeições ou à noite. Além disso, os lactentes prematuros ou com baixo peso ao nascer são mais suscetíveis à hipoglicemia, já que têm pouco tecido adiposo para fornecer ácidos graxos não esterificados. As enzimas da gliconeogênese podem não estar completamente desenvolvidas nesse momento, e a gliconeogênese é dependente do suprimento de ácidos graxos não esterificados para formação de ATP. Pouco glicerol, que normalmente seria liberado pelo tecido adiposo, está disponível para a gliconeogênese.

A capacidade de utilizar glicose pode ser avaliada pela determinação da tolerância à glicose

A tolerância à glicose refere-se à capacidade de regular o nível de glicemia após a administração de uma dose-teste de glicose (normalmente 1 g/kg de peso corporal) (**Figura 19-7**).

O **diabetes melito** (tipo 1, ou diabetes melito insulinodependente; DMID) caracteriza-se por redução da tolerância à glicose, devido à secreção diminuída de insulina como resultado da destruição progressiva das células β das ilhotas pancreáticas. A tolerância à glicose também está comprometida no diabetes melito tipo 2 (diabetes não insulinodependente [DMNID]), em consequência da redução da sensibilidade dos tecidos à ação da insulina. A resistência à insulina associada à obesidade (e, particularmente, à obesidade abdominal), que leva ao desenvolvimento de hiperlipidemia, seguida de aterosclerose e doença cardíaca coronariana, bem como diabetes manifesto, é conhecida como **síndrome metabólica**. A tolerância à glicose prejudicada ocorre em condições de

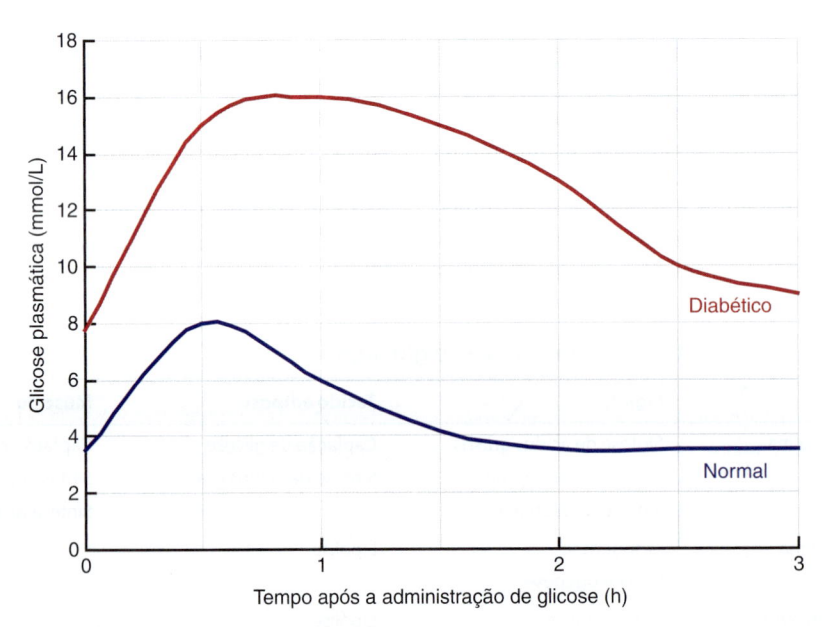

FIGURA 19-7 **Teste de tolerância à glicose.** Curvas de glicemia de um indivíduo normal e de um diabético após a administração oral de 1 g de glicose/kg de peso corporal. Observe a concentração inicial elevada no diabético em jejum. Um critério de normalidade é o retorno ao valor inicial dentro de 2 horas.

insuficiência hepática, em algumas infecções, e em resposta a alguns fármacos, assim como em condições que levam à hiperatividade da hipófise ou do córtex da glândula suprarrenal, devido ao fato de os hormônios secretados por essas glândulas antagonizarem as ações da insulina.

A administração de insulina (como no tratamento do diabetes melito) diminui a glicemia e aumenta a utilização e o armazenamento de glicose no fígado e no músculo na forma de glicogênio. A insulina em excesso pode causar **hipoglicemia**, resultando em convulsões e até mesmo em morte, a menos que a glicose seja imediatamente administrada. Observa-se aumento da tolerância à glicose na insuficiência hipofisária ou corticossuprarrenal, atribuível à diminuição do antagonismo à insulina pelos hormônios normalmente secretados por essas glândulas.

O custo energético da gliconeogênese explica por que as dietas com teor muito baixo de carboidratos promovem a perda de peso

As dietas com teor muito baixo de carboidratos, que fornecem apenas 20 g ou menos de carboidratos por dia (em comparação com uma ingestão desejável de 100-120 g/dia), mas que permitem consumo ilimitado de gorduras e proteínas, têm sido promovidas como um regime efetivo para a perda de peso, embora essas dietas sejam contrárias ao aconselhamento de uma dieta prudente visando à saúde. Como existe uma demanda contínua de glicose, haverá um grau considerável de gliconeogênese a partir dos aminoácidos; o elevado custo associado de ATP deve ser atendido pela oxidação dos ácidos graxos.

RESUMO

- A gliconeogênese é o processo de síntese de glicose ou de glicogênio a partir de precursores não carboidratos. Ela tem importância particular quando não há disponibilidade de carboidratos na alimentação. Os principais substratos incluem aminoácidos, lactato, glicerol e propionato.
- A via gliconeogênica no fígado e no rim utiliza as reações da glicólise que são reversíveis, junto com quatro reações adicionais que contornam as reações irreversíveis, que não estão em equilíbrio.
- Como a glicólise e a gliconeogênese compartilham a mesma via, porém operam em direções opostas, as suas atividades precisam ser reguladas de modo recíproco.
- O fígado regula a glicemia após uma refeição, pois contém a glicocinase com alto valor de K_m, que promove aumento na utilização hepática de glicose.
- A insulina é secretada como resposta direta à hiperglicemia; ela estimula o fígado a armazenar glicose na forma de glicogênio e facilita a captação de glicose nos tecidos extra-hepáticos.
- O glucagon é secretado em resposta à hipoglicemia e ativa tanto a glicogenólise quanto a gliconeogênese no fígado, causando a liberação de glicose no sangue.

Via das pentoses-fosfato e outras vias do metabolismo das hexoses

CAPÍTULO 20

David A. Bender, Ph.D. e Peter A. Mayes, Ph.D., D.Sc.

OBJETIVOS

Após o estudo deste capítulo, você deve ser capaz de:

- Descrever a via das pentoses-fosfato e suas funções como fonte de NADPH e de ribose para a síntese de nucleotídeos.
- Descrever a via do ácido urônico e sua importância na síntese do ácido glicurônico para reações de conjugação e (em animais nos quais não é uma vitamina) vitamina C.
- Descrever e explicar as consequências de um grande consumo de frutose.
- Descrever a síntese e a importância fisiológica da galactose.
- Explicar as consequências dos defeitos genéticos da deficiência de glicose-6-fosfato-desidrogenase (favismo), da via do ácido urônico (pentosúria essencial) e do metabolismo da frutose e da galactose.

IMPORTÂNCIA BIOMÉDICA

A via das pentoses-fosfato é uma via alternativa para o metabolismo da glicose. Essa via não leva à formação de trifosfato de adenosina (ATP, do inglês *adenosine triphosphate*), porém desempenha duas funções importantes: (1) a formação de **fosfato de dinucleotídeo de nicotinamida e adenina (NADPH**, do inglês *nicotinamide adenine dinucleotide phosphate*) para a síntese de ácidos graxos (ver Capítulo 23) e esteroides (ver Capítulo 26) e a manutenção de glutationa reduzida para atividade antioxidante, e (2) a síntese de **ribose** para a formação de nucleotídeos e ácidos nucleicos (ver Capítulo 32). A glicose, a frutose e a galactose são as principais hexoses absorvidas pelo trato gastrintestinal, provenientes do amido, da sacarose e da lactose da dieta, respectivamente. A frutose e a galactose podem ser convertidas em glicose, principalmente no fígado.

A deficiência genética de **glicose-6-fosfato-desidrogenase**, a primeira enzima da via das pentoses-fosfato, leva à hemólise aguda das hemácias, resultando em **anemia hemolítica**. O ácido glicurônico é sintetizado a partir da glicose pela **via do ácido urônico**, de importância quantitativa inferior, porém de grande significado para a conjugação e a excreção de metabólitos e substâncias químicas estranhas (xenobióticos, ver Capítulo 47) na forma de **glicuronídeos**. A deficiência na via leva ao quadro **pentosúria essencial**. A falta de uma enzima da via (gulonolactona-oxidase) em primatas e em alguns outros animais explica a razão pela qual o **ácido ascórbico** (vitamina C, ver Capítulo 44) constitui uma necessidade nutricional para os seres humanos, mas não para a maioria dos outros mamíferos. Deficiências das enzimas do metabolismo da frutose e da galactose levam ao desenvolvimento de doenças metabólicas, como a **frutosúria essencial**, a **intolerância hereditária à frutose** e a **galactosemia**.

A VIA DAS PENTOSES-FOSFATO FORMA NADPH E RIBOSE-FOSFATO

A via das pentoses-fosfato (desvio da hexose-monofosfato, **Figura 20-1**) é uma via mais complexa do que a glicólise (ver Capítulo 17). Três moléculas de glicose-6-fosfato dão origem a três moléculas de CO_2 e a três açúcares de cinco carbonos. Ocorre rearranjo dessas moléculas para regenerar duas moléculas de glicose-6-fosfato e uma molécula do intermediário glicolítico, o gliceraldeído-3-fosfato. Como duas moléculas de gliceraldeído-3-fosfato podem regenerar glicose-6-fosfato, a via pode responder pela oxidação completa da glicose.

AS REAÇÕES DA VIA DAS PENTOSES-FOSFATO OCORREM NO CITOSOL

À semelhança da glicólise, as enzimas da via das pentoses-fosfato são citosólicas. Diferentemente da glicólise, a oxidação ocorre por meio de desidrogenação, utilizando o **NADP⁺**, e não o **NAD⁺**, como aceptor de hidrogênio. A sequência de reações da via pode ser dividida em duas fases: uma **fase**

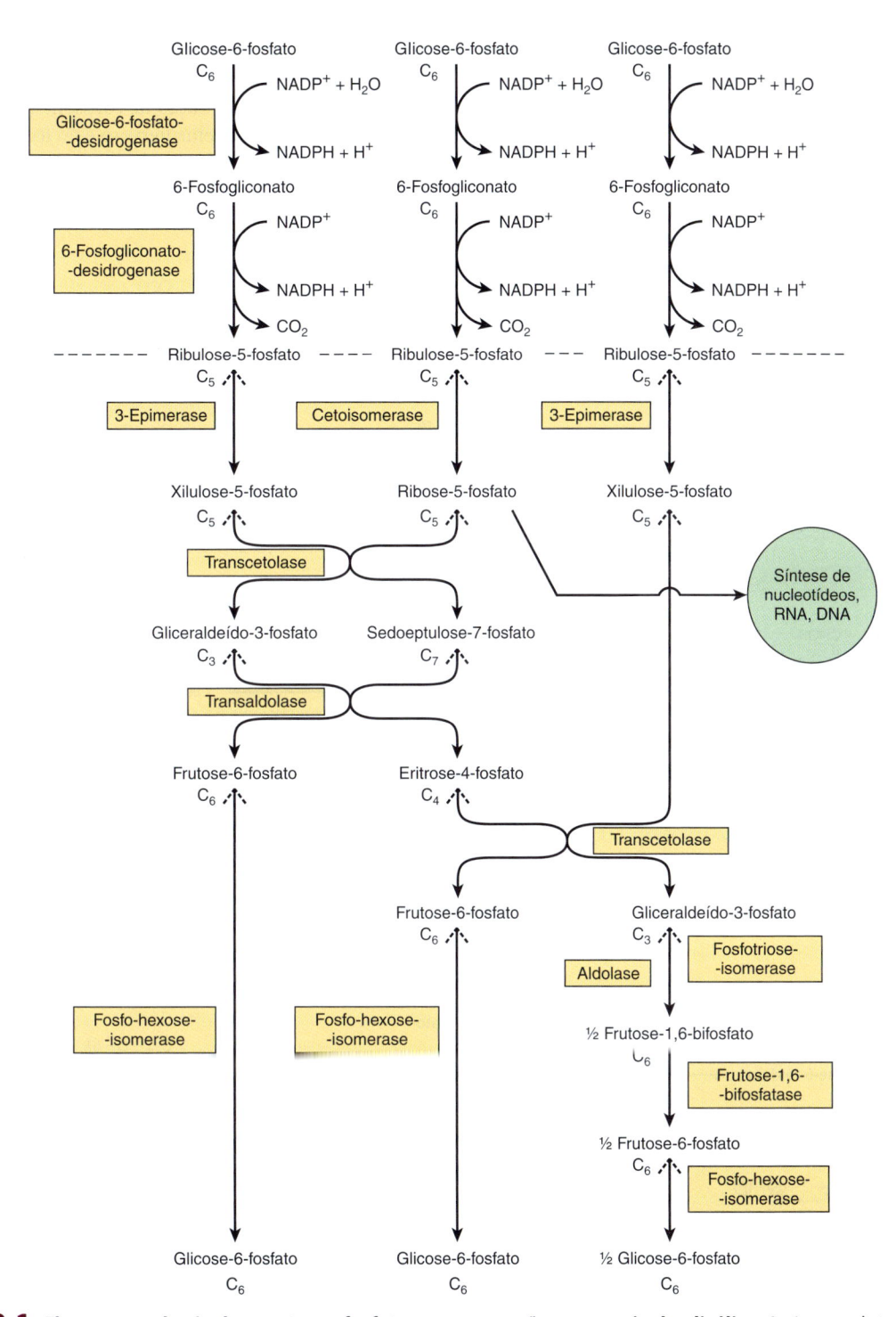

FIGURA 20-1 **Fluxograma da via das pentoses-fosfato e suas conexões com a via da glicólise.** A via completa, como indicada, consiste em três ciclos interconectados em que a glicose-6-fosfato é tanto substrato como produto final. As reações acima da linha tracejada são irreversíveis, ao passo que todas as reações abaixo da linha são livremente reversíveis, com exceção daquela catalisada pela frutose--1,6-bifosfatase. DNA, ácido desoxirribonucleico; NADPH, fosfato de dinucleotídeo de nicotinamida e adenina; RNA, ácido ribonucleico.

oxidativa irreversível e uma **fase não oxidativa reversível**. Na primeira fase, a glicose-6-fosfato passa por desidrogenação e descarboxilação para formar uma pentose, a ribulose-5--fosfato. Na segunda fase, a ribulose-5-fosfato é convertida de volta em glicose-6-fosfato por uma série de reações envolvendo principalmente duas enzimas: a **transcetolase** e a **transaldolase** (Figura 20-1).

A fase oxidativa gera NADPH

A desidrogenação de glicose-6-fosfato a 6-fosfogliconato ocorre por meio da formação de 6-fosfogliconolactona, catalisada pela **glicose-6-fosfato-desidrogenase**, uma enzima dependente de NADP (Figuras 20-1 e **20-2**). A hidrólise da 6-fosfogliconolactona é efetuada pela enzima **gliconolactona-hidrolase**.

Uma segunda etapa oxidativa é catalisada pela **6-fosfogliconato-desidrogenase**, que também requer NADP⁺ como aceptor de hidrogênio. A descarboxilação forma a cetopentose, a ribulose-5-fosfato.

No retículo endoplasmático, uma isoenzima da glicose-6-fosfato-desidrogenase, a hexose-6-fosfato-desidrogenase, fornece NADPH para as reações de hidroxilação (oxidase de função mista) e também para 11-β-hidroxiesteroide-desidrogenase-1. Essa enzima catalisa a redução da cortisona (inativa) a cortisol (ativo) no fígado, no sistema nervoso e no tecido adiposo. Trata-se da principal fonte de cortisol intracelular nesses tecidos, e pode ser importante na obesidade e na síndrome metabólica.

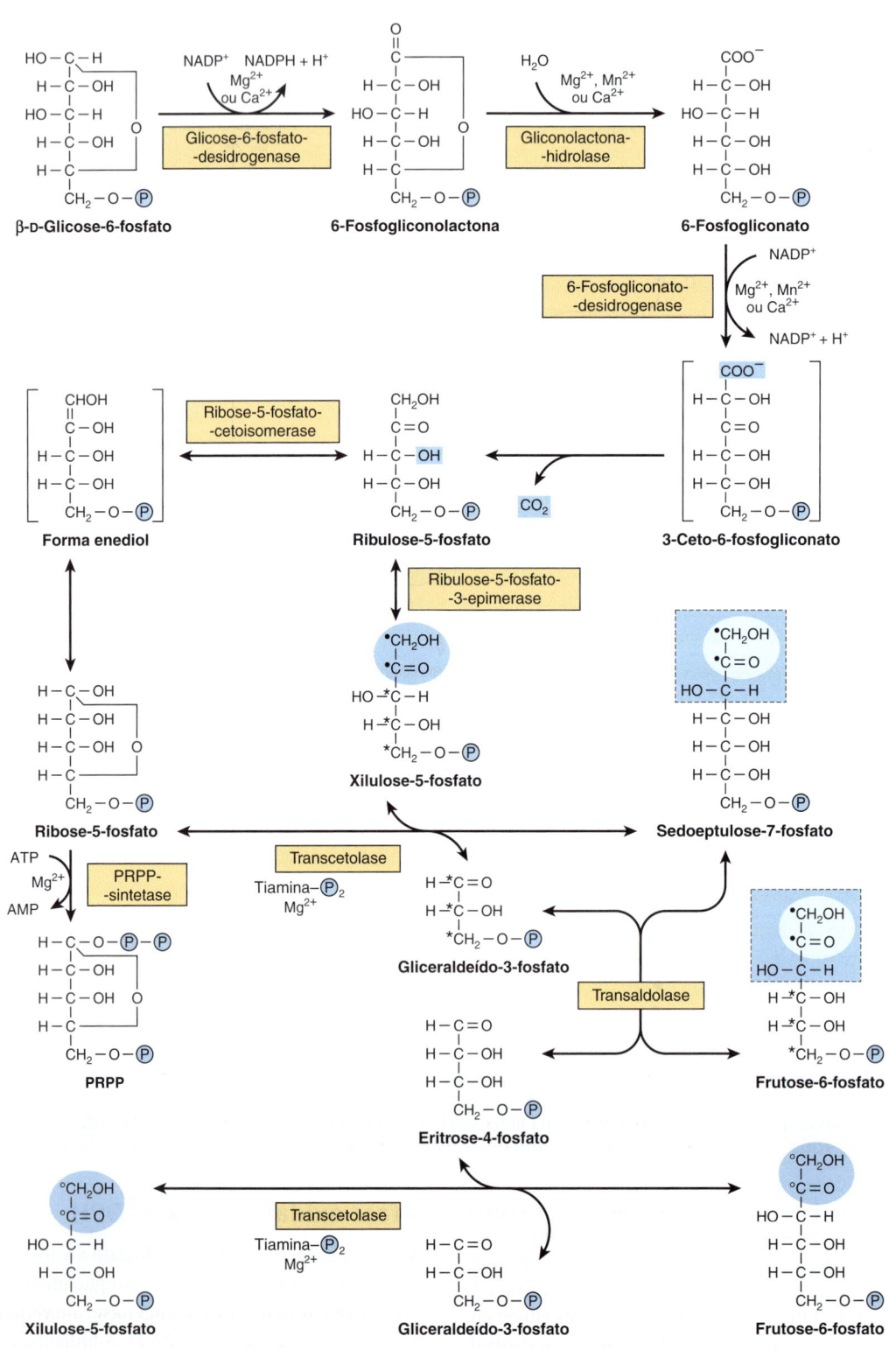

FIGURA 20-2 A via das pentoses-fosfato. (P, —PO₃²⁻; PRPP, 5-fosforribosil-1-pirofosfato.)

A fase não oxidativa gera precursores de ribose

A ribulose-5-fosfato é o substrato para duas enzimas. A **ribulose-5-fosfato-3-epimerase** altera a configuração em torno do carbono 3, formando o epímero xilulose-5-fosfato, também uma cetopentose. A **ribose-5-fosfato-cetoisomerase** converte ribulose-5-fosfato à aldopentose correspondente, a ribose-5-fosfato, que é utilizada para a síntese de nucleotídeos e ácidos nucleicos. A **transcetolase** transfere a unidade de dois carbonos, constituída pelos carbonos 1 e 2 de uma cetose, para o carbono aldeído de um açúcar aldose. Consequentemente, afeta a conversão de um açúcar cetose em uma aldose, com dois carbonos a menos, e de um açúcar aldose em uma cetose, com dois carbonos a mais. A reação requer a presença de Mg^{2+} e de **tiamina-difosfato** (vitamina B_1) como coenzima. A determinação da transcetolase eritrocitária e de sua ativação pela tiamina-difosfato fornece um índice do estado nutricional de vitamina B_1 (ver Capítulo 44). A fração de dois carbonos é transferida como glicolaldeído ligado à tiamina-difosfato. Portanto, a transcetolase catalisa a transferência da unidade de dois carbonos da xilulose-5-fosfato para a ribose-5-fosfato, produzindo a cetose de sete carbonos sedoeptulose-7-fosfato e a aldose gliceraldeído-3-fosfato. Esses dois produtos sofrem, então, transaldolação. A **transaldolase** catalisa a transferência da porção de três carbonos di-hidroxiacetona (carbonos 1-3) da cetose, a sedoeptulose-7-fosfato, para a aldose gliceraldeído-3-fosfato para formar a cetose frutose-6-fosfato e a aldose de quatro carbonos eritrose-4-fosfato. A transaldolase não tem nenhum cofator, e a reação prossegue por meio da formação intermediária de uma base de Schiff da di-hidroxiacetona com o grupamento ε-amino de um resíduo de lisina na enzima. Em uma reação adicional catalisada pela **transcetolase**, a xilulose-5-fosfato atua como doador de glicolaldeído. Nesse caso, a eritrose-4-fosfato é o aceptor, e os produtos da reação são frutose-6-fosfato e gliceraldeído-3-fosfato.

Para oxidar completamente glicose a CO_2 por meio da via das pentoses-fosfato, deve haver enzimas presentes no tecido para converter o gliceraldeído-3-fosfato em glicose-6-fosfato. Isso envolve a reversão da glicólise e a enzima gliconeogênica, a **frutose-1,6-bifosfatase**. Nos tecidos que carecem dessa enzima, o gliceradeído-3-fosfato segue a via normal da glicólise a piruvato.

As duas principais vias do catabolismo da glicose têm pouco em comum

Embora a glicose-6-fosfato seja comum a ambas as vias, a via das pentoses-fosfato é marcadamente diferente da glicólise. A oxidação utiliza o $NADP^+$, em vez do NAD^+, e ocorre produção de CO_2, que não é produzido na glicólise. Não há geração de ATP na via das pentoses-fosfato, mas esse composto é um importante produto da glicólise.

Entretanto, as duas vias são conectadas. A xilulose-5-fosfato ativa a proteína-fosfatase, que desfosforila a enzima bifuncional 6-fosfofruto-2-cinase/frutose-2,6-bifosfatase (ver Capítulo 17). Isso ativa a cinase e inativa a fosfatase, levando à formação aumentada de frutose-2,6-bifosfato, ao aumento da atividade da fosfofrutocinase-1 e, portanto, ao aumento do fluxo glicolítico. A xilulose-5-fosfato também ativa a proteína-fosfatase que inicia a translocação nuclear e a ligação ao DNA da proteína de ligação ao elemento de resposta a carboidratos, levando ao aumento da síntese de ácidos graxos (ver Capítulo 23) em resposta a uma dieta rica em carboidratos.

Os equivalentes redutores são gerados nos tecidos especializados em sínteses redutoras

A via das pentoses-fosfato é ativa no fígado, no tecido adiposo, no córtex da glândula suprarrenal, na glândula tireoide, nas hemácias, nos testículos e na glândula mamária em lactação. A sua atividade se apresenta baixa tanto na glândula mamária na ausência de lactação quanto no músculo esquelético. Os tecidos nos quais a via é ativa utilizam o NADPH na síntese redutora, por exemplo, de ácidos graxos, esteroides, aminoácidos por meio da glutamato-desidrogenase e glutationa reduzida. A síntese de glicose-6-fosfato-desidrogenase e de 6-fosfogliconato-desidrogenase também pode ser induzida pela insulina no estado alimentado, quando a lipogênese aumenta.

A ribose pode ser sintetizada em praticamente todos os tecidos

Pouca ou nenhuma ribose circula na corrente sanguínea, de modo que os tecidos precisam sintetizar a ribose necessária para a síntese de nucleotídeos e ácidos nucleicos usando a via das pentoses-fosfato (Figura 20-2). Não há necessidade de ter uma via das pentoses-fosfato totalmente funcional para que um tecido possa sintetizar ribose-5-fosfato. O músculo possui baixa atividade de glicose-6-fosfato-desidrogenase e 6-fosfogliconato-desidrogenase, mas, como a maioria dos outros tecidos, ele é capaz de sintetizar ribose-5-fosfato pela inversão da fase não oxidativa da via das pentoses-fosfato utilizando frutose-6-fosfato.

A VIA DAS PENTOSES-FOSFATO E A GLUTATIONA-PEROXIDASE PROTEGEM AS HEMÁCIAS DA HEMÓLISE

Nas hemácias, a via das pentoses-fosfato constitui a única fonte de NADPH para a redução da glutationa oxidada, catalisada pela **glutationa-redutase**, uma flavoproteína que contém flavina adenina dinucleotídeo (FAD). A glutationa reduzida remove H_2O_2, em uma reação catalisada pela **glutationa-peroxidase**, uma enzima que contém o análogo da cisteína contendo **selênio** (selenocisteína) no sítio ativo (**Figura 20-3**). A reação é importante, visto que o acúmulo de H_2O_2 pode diminuir o tempo de sobrevida das hemácias, causando lesão oxidativa na membrana celular, com consequente hemólise. Nos outros tecidos, o NADPH também pode ser produzido em uma reação catalisada pela enzima málica.

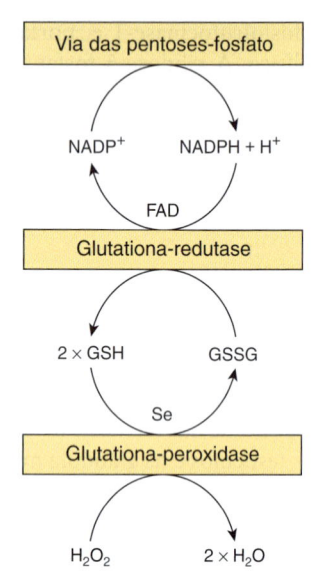

FIGURA 20-3 Papel da via das pentoses-fosfato na reação da glutationa-peroxidase das hemácias. (GSH, glutationa reduzida; GSSG, glutationa oxidada; Se, enzima contendo selênio.)

O GLICURONATO, UM PRECURSOR DOS PROTEOGLICANOS E GLICURONÍDEOS CONJUGADOS, É UM PRODUTO DA VIA DO ÁCIDO URÔNICO

No fígado, a **via do ácido urônico** catalisa a conversão da glicose em ácido glicurônico, em ácido ascórbico (exceto nos seres humanos e em outras espécies para os quais o ascorbato é uma vitamina, a vitamina C) e em pentoses (**Figura 20-4**). Trata-se também de uma via oxidativa alternativa para a glicose que, à semelhança da via das pentoses-fosfato, não leva à formação de ATP. A glicose-6-fosfato é isomerizada a glicose-1-fosfato, que, então, reage com o trifosfato de uridina (UTP, do inglês *uridine triphosphate*), formando uridina-difosfato-glicose (UDPGlc) em uma reação catalisada pela **UDPGlc-pirofosforilase**, como ocorre na síntese de glicogênio (ver Capítulo 18). A UDPGlc é oxidada no carbono 6 pela **UDPGlc-desidrogenase** dependente de NAD em uma reação de duas etapas para produzir UDP-glicuronato.

A UDP-glicuronato é a fonte de glicuronato para as reações que envolvem a sua incorporação em proteoglicanos (ver Capítulo 46) ou para a reação com substratos como hormônios esteroides, bilirrubina e vários medicamentos que são excretados na urina ou na bile como conjugados glicuronídeos (ver Figura 31-13 e Capítulo 47).

O glicuronato é reduzido a L-gulonato, o precursor direto de **ascorbato** nos animais com capacidade de sintetizar essa vitamina, em uma reação dependente de NADPH. Nos seres humanos e em outros primatas, bem como em cobaias, morcegos e algumas aves e peixes, o ácido ascórbico não pode ser sintetizado, devido à ausência de L-**gulonolactona-oxidase**. O L-gulonato é oxidado a 3-ceto-L-gulonato que, em seguida, é descarboxilado em L-xilulose. A L-xilulose é convertida no isômero D por uma redução dependente de NADPH em xilitol, seguida de oxidação a D-xilulose, em uma reação dependente de NAD. Após a conversão em D-xilulose-5-fosfato, é metabolizada pela via das pentoses-fosfato.

A INGESTÃO DE GRANDES QUANTIDADES DE FRUTOSE POSSUI CONSEQUÊNCIAS METABÓLICAS PROFUNDAS

As dietas ricas em sacarose ou em xaropes com alto teor de frutose (HFSs, do inglês *high-fructose syrups*), utilizados em alimentos processados e bebidas, resultam em grandes quantidades de frutose (e glicose) que entram na veia porta do fígado.

No fígado, a frutose sofre glicólise de forma mais rápida do que a glicose, visto que escapa da etapa reguladora catalisada pela fosfofrutocinase (**Figura 20-5**). Isso possibilita a saturação das vias no fígado pela frutose, resultando em aumento da síntese de ácidos graxos, esterificação dos ácidos graxos e secreção de lipoproteína de densidade muito baixa (VLDL, do inglês *very low-density lipoprotein*), o que pode elevar os níveis séricos de triacilgliceróis e, por fim, as concentrações de colesterol LDL (do inglês *low-density lipoprotein* [lipoproteína de baixa densidade]). A **frutocinase** no fígado, nos rins e no intestino catalisa a fosforilação de frutose a frutose-1-fosfato. Essa enzima não atua sobre a glicose, e, diferentemente da glicocinase, a sua atividade não é afetada pelo jejum nem pela insulina, o que pode explicar por que a frutose é depurada do sangue de pacientes diabéticos em uma taxa normal. A frutose-1-fosfato é clivada em D-gliceraldeído e di-hidroxiacetona-fosfato pela **aldolase B**, uma enzima encontrada no fígado, que também atua na glicólise hepática por meio de clivagem da frutose-1,6-bifosfato. O D-gliceraldeído entra na glicólise por fosforilação em gliceraldeído-3-fosfato, catalisada pela **triocinase**. As duas trioses-fosfato, a di-hidroxiacetona-fosfato e o gliceraldeído-3-fosfato, podem ser degradadas pela glicólise ou podem atuar como substratos para a aldolase e, portanto, para a gliconeogênese, que é o destino de grande parte da frutose metabolizada no fígado.

Nos tecidos extra-hepáticos, a hexocinase catalisa a fosforilação da maior parte dos açúcares hexoses, incluindo a frutose; porém, a glicose inibe a fosforilação da frutose, pois ela é um substrato melhor para a hexocinase. Todavia, alguma frutose pode ser metabolizada no tecido adiposo e no músculo. A frutose é encontrada no plasma seminal e na circulação fetal de ungulados e baleias. A aldose-redutase é encontrada na placenta das ovelhas e é responsável pela secreção de sorbitol no sangue fetal. A presença de sorbitol-desidrogenase no fígado, inclusive no fígado fetal, é responsável pela conversão do sorbitol em frutose. Essa via também é responsável pela ocorrência de frutose no líquido seminal.

A GALACTOSE É NECESSÁRIA PARA A SÍNTESE DA LACTOSE, DOS GLICOLIPÍDEOS, DOS PROTEOGLICANOS E DAS GLICOPROTEÍNAS

A galactose é derivada da hidrólise intestinal do dissacarídeo **lactose**, o açúcar encontrado no leite. É rapidamente convertida

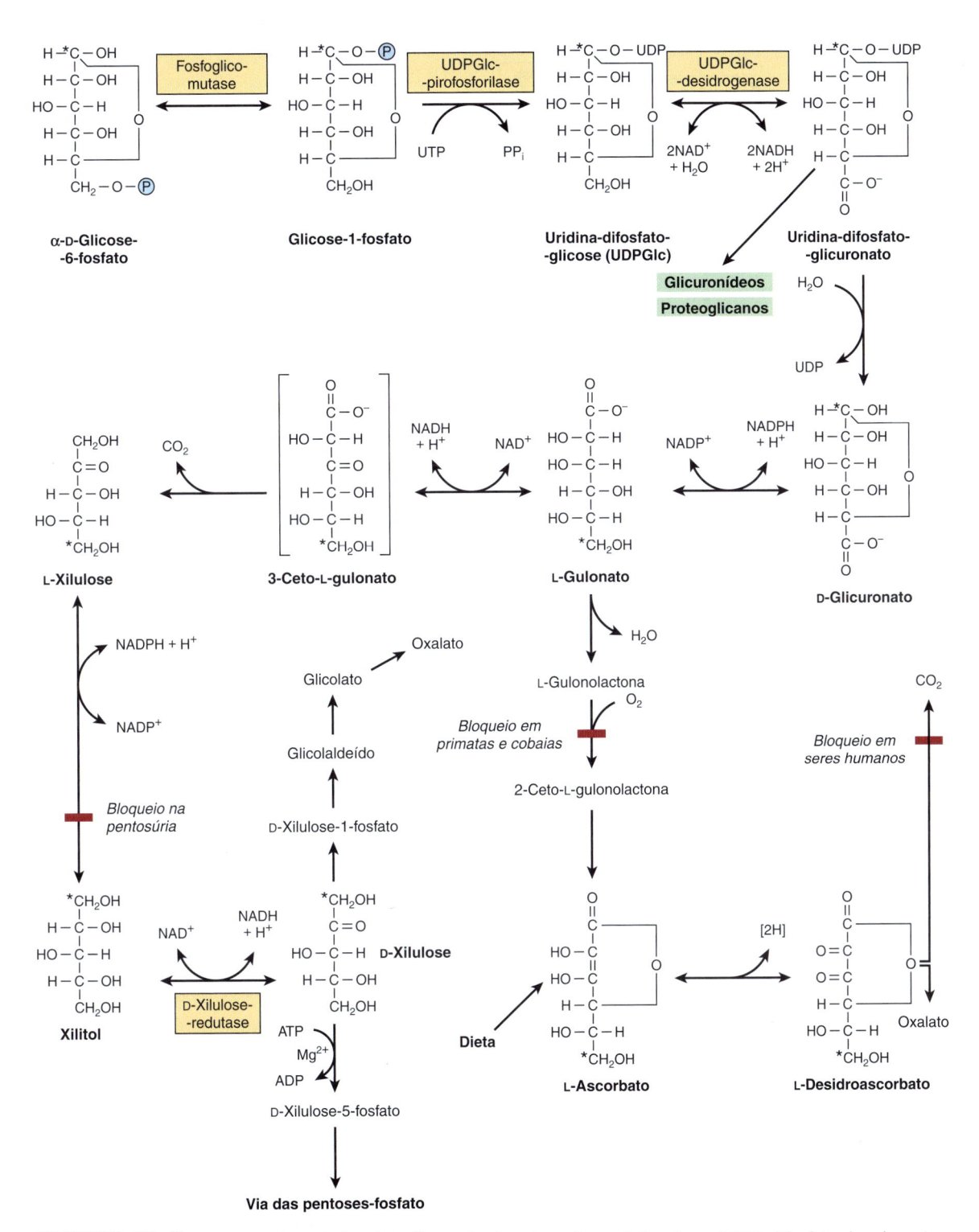

FIGURA 20-4 Via do ácido urônico. (* Indica o destino do carbono 1 da glicose.) ADP, difosfato de adenosina; ATP, trifosfato de adenosina; NADPH, fosfato de dinucleotídeo de nicotinamida e adenina; UDP, difosfato de uridina.

em glicose no fígado. A **galactocinase** catalisa a fosforilação da galactose, utilizando ATP como doador de fosfato (**Figura 20-6**). A galactose-1-fosfato reage com UDPGlc, formando uridina-difosfato-galactose (UDPGal) e glicose-1-fosfato, em uma reação catalisada pela **galactose-1-fosfato-uridil-transferase**. A conversão da UDPGal em UDPGlc é catalisada pela **UDPGal-4-epimerase**. A reação envolve oxidação, seguida de redução, do carbono 4, com NAD$^+$ como coenzima. A UDPGlc é, então, incorporada no glicogênio (ver Capítulo 18).

A reação da epimerase é livremente reversível, de modo que a glicose pode ser convertida em galactose, e a galactose não é um elemento nutricional essencial. A galactose é necessária no corpo não apenas para a formação de lactose na lactação, mas também como constituinte dos glicolipídeos

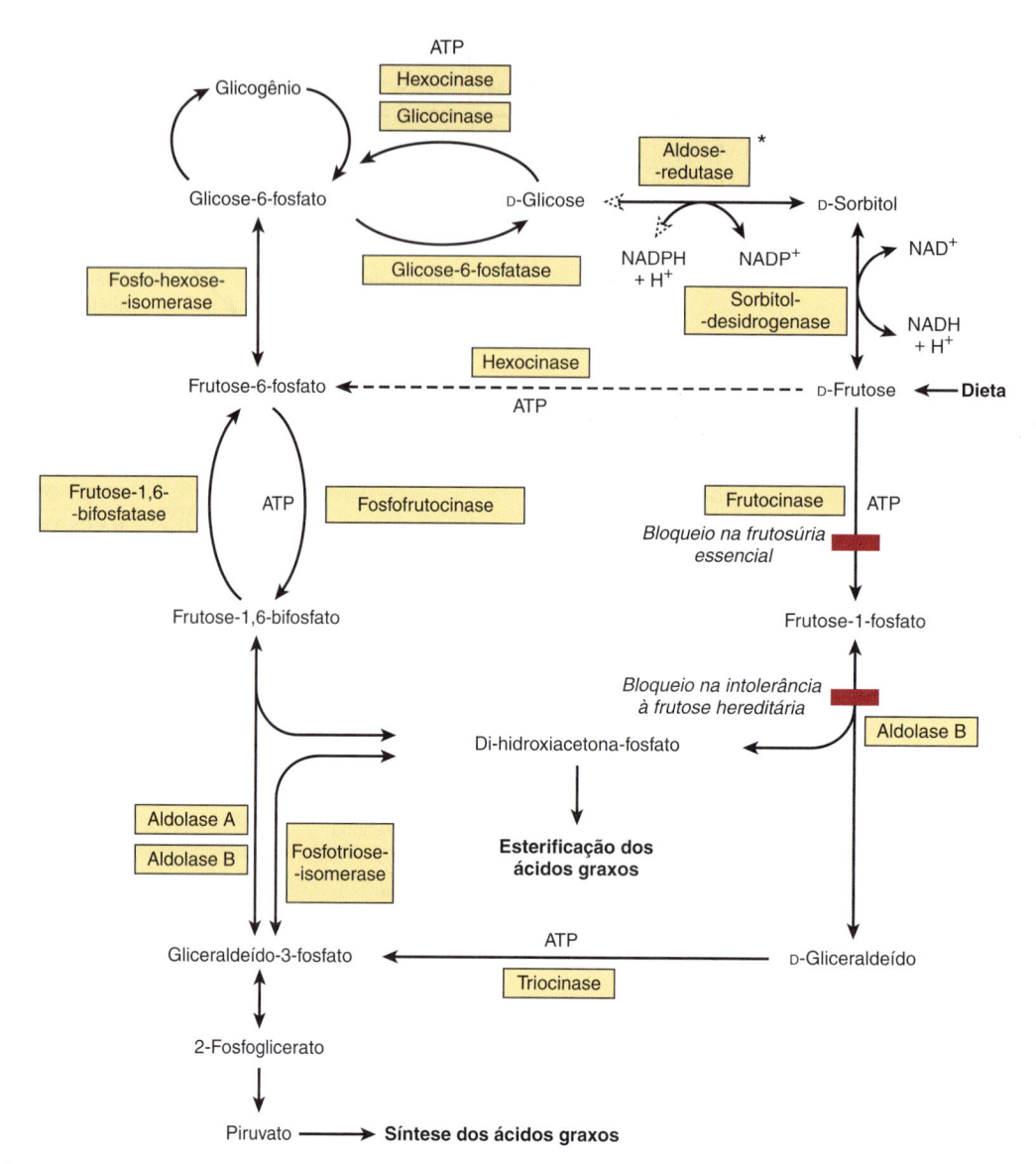

FIGURA 20-5 Metabolismo da frutose. A aldolase A é encontrada em todos os tecidos; a aldolase B constitui a forma predominante no fígado. (* Não encontrada no fígado.) ATP, trifosfato de adenosina; NADPH, fosfato de dinucleotídeo de nicotinamida e adenina.

(cerebrosídeos), dos proteoglicanos e das glicoproteínas. Na síntese de lactose na glândula mamária, a UDPGal condensa-se com a glicose para produzir lactose, em uma reação catalisada pela **lactose-sintase** (Figura 20-6).

A glicose é o precursor de aminoaçúcares (hexosaminas)

Os aminoaçúcares são componentes importantes das **glicoproteínas** (ver Capítulo 46), de certos **glicoesfingolipídeos** (p. ex., gangliosídeos; ver Capítulo 21) e dos glicosaminoglicanos (ver Capítulo 50). Os principais aminoaçúcares são as hexosaminas **glicosamina**, **galactosamina** e **manosamina**, bem como o composto de nove carbonos, o **ácido siálico**. O principal ácido siálico encontrado nos tecidos humanos é o ácido *N*-acetilneuramínico (NeuAc). A **Figura 20-7** fornece um resumo das **inter-relações metabólicas** entre os aminoaçúcares.

ASPECTOS CLÍNICOS

O comprometimento da via das pentoses--fosfato leva à hemólise das hemácias

Os defeitos genéticos de glicose-6-fosfato-desidrogenase, com consequente disfunção da geração de NADPH, são comuns na população do Mediterrâneo e de origem afro-caribenha. O gene localiza-se no cromossomo X, de modo que os indivíduos afetados são principalmente do sexo masculino. Cerca de 400 milhões de pessoas carregam um gene mutado para glicose-6-fosfato-desidrogenase, fazendo deste o defeito genético mais comum, mas a maior parte é assintomática. Em algumas populações, a deficiência de glicose-6-fosfatase é comum o suficiente para que possa ser considerada como um polimorfismo genético. A distribuição dos genes mutantes equivale à da malária, sugerindo que o estado de heterozigosidade confere resistência contra a malária. O defeito manifesta-se como hemólise

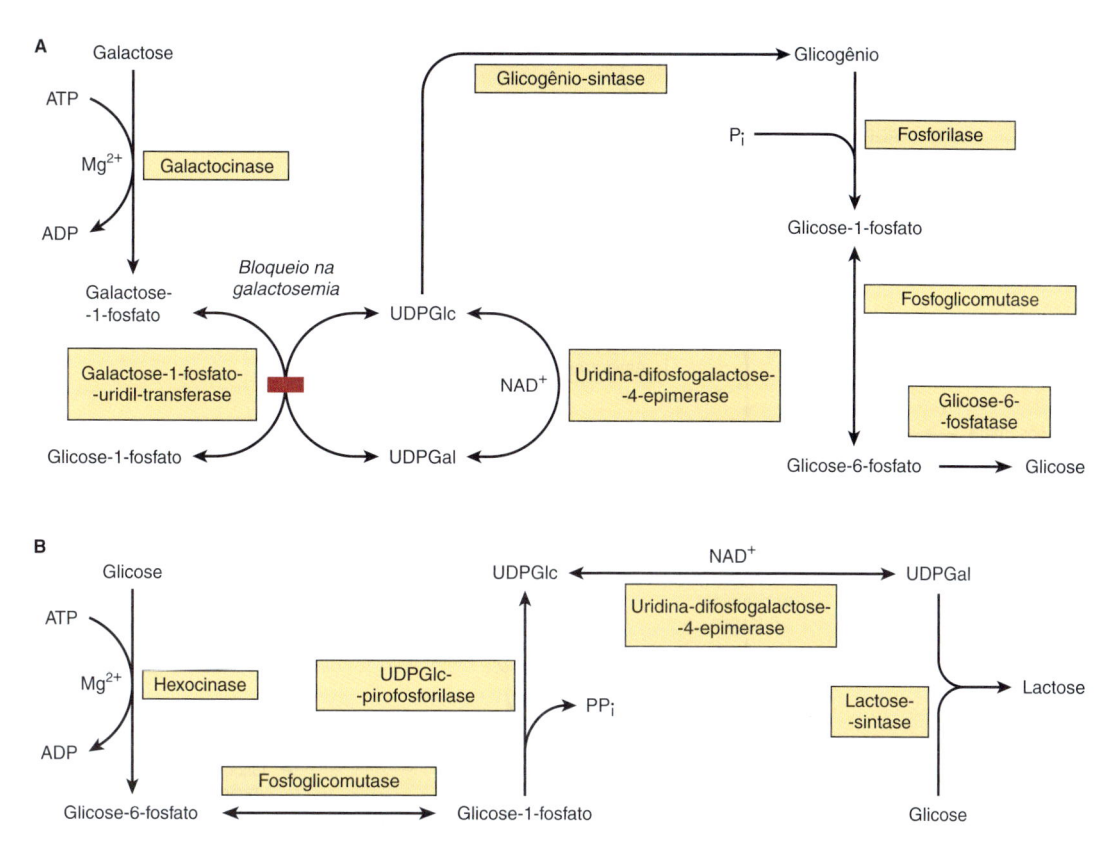

FIGURA 20-6 Via de conversão (A) da galactose em glicose no fígado e (B) da glicose em lactose na glândula mamária em lactação.
ADP, difosfato de adenosina; ATP, trifosfato de adenosina; P_i, fosfato inorgânico; PP_i, pirofosfato inorgânico.

das hemácias (**anemia hemolítica**) quando indivíduos suscetíveis são submetidos a estresse oxidativo (ver Capítulo 45) em decorrência de infecção, de fármacos antimaláricos, como a primaquina, e das sulfonamidas, ou quando consomem favas (*Vicia faba* – daí a designação da doença como **favismo**).

Muitas mutações diferentes são conhecidas no gene da glicose-6-fosfato-desidrogenase, levando às duas principais variantes de favismo. Na variante afro-caribenha, a enzima é instável, de modo que, embora a atividade eritrocitária média seja baixa, somente as hemácias mais velhas são afetadas pelo estresse oxidativo, e as crises hemolíticas tendem a ser autolimitadas. Em contrapartida, na variante do Mediterrâneo, a enzima é estável, porém apresenta baixa atividade em todas as hemácias. Nesses indivíduos, as crises hemolíticas são mais graves e podem ser fatais. A glutationa-peroxidase é dependente do suprimento de NADPH, que, nas hemácias, só pode ser formado por meio da via das pentoses-fosfato. Ela reduz peróxidos orgânicos e H_2O_2, como parte das defesas corporais contra a peroxidação de lipídeos. A determinação da **glutationa-redutase** eritrocitária e a sua ativação por FAD são utilizadas para avaliar o estado nutricional da **vitamina B_2** (ver Capítulo 44).

A interferência na via do ácido urônico é causada por defeitos enzimáticos e por alguns fármacos

Na condição hereditária benigna conhecida como **pentosúria essencial**, quantidades consideráveis de **xilulose** aparecem na urina, devido à falta de xilulose-redutase, a enzima necessária para reduzir xilulose em xilitol. Apesar de a pentosúria ser benigna, sem consequências clínicas, a xilulose é um açúcar redutor e pode dar resultados falso-positivos quando a glicose urinária é medida usando reagente de cobre em meio alcalino (ver Capítulo 48). Vários fármacos aumentam a taxa de entrada da glicose na via do ácido urônico. Por exemplo, a administração de barbital ou de clorobutanol a ratos resulta em aumento significativo na conversão de glicose em glicuronato, L-gulonato e ascorbato. A aminopirina e a antipirina aumentam a excreção de xilulose em indivíduos com pentosúria. A pentosúria também ocorre após o consumo de quantidades relativamente grandes de frutas, como peras, que constituem fontes ricas de pentoses (**pentosúria alimentar**).

A sobrecarga do fígado com frutose pode potencializar a hipertriacilglicerolemia, a hipercolesterolemia e a hiperuricemia

No fígado, a frutose aumenta a síntese de ácidos graxos e de triacilgliceróis, além da secreção de VLDL, levando à hipertriacilglicerolemia – e aumento de colesterol LDL –, que pode ser considerada como potencialmente aterogênica (ver Capítulo 26). A razão disso é que a frutose entra na glicólise pela frutocinase, e a frutose-1-fosfato assim formada escapa da etapa reguladora catalisada pela fosfofrutocinase (ver Capítulo 17). Além disso, uma sobrecarga aguda de frutose para o fígado, como a que pode ocorrer com infusão intravenosa ou após consumo muito alto de frutose, provoca sequestro de

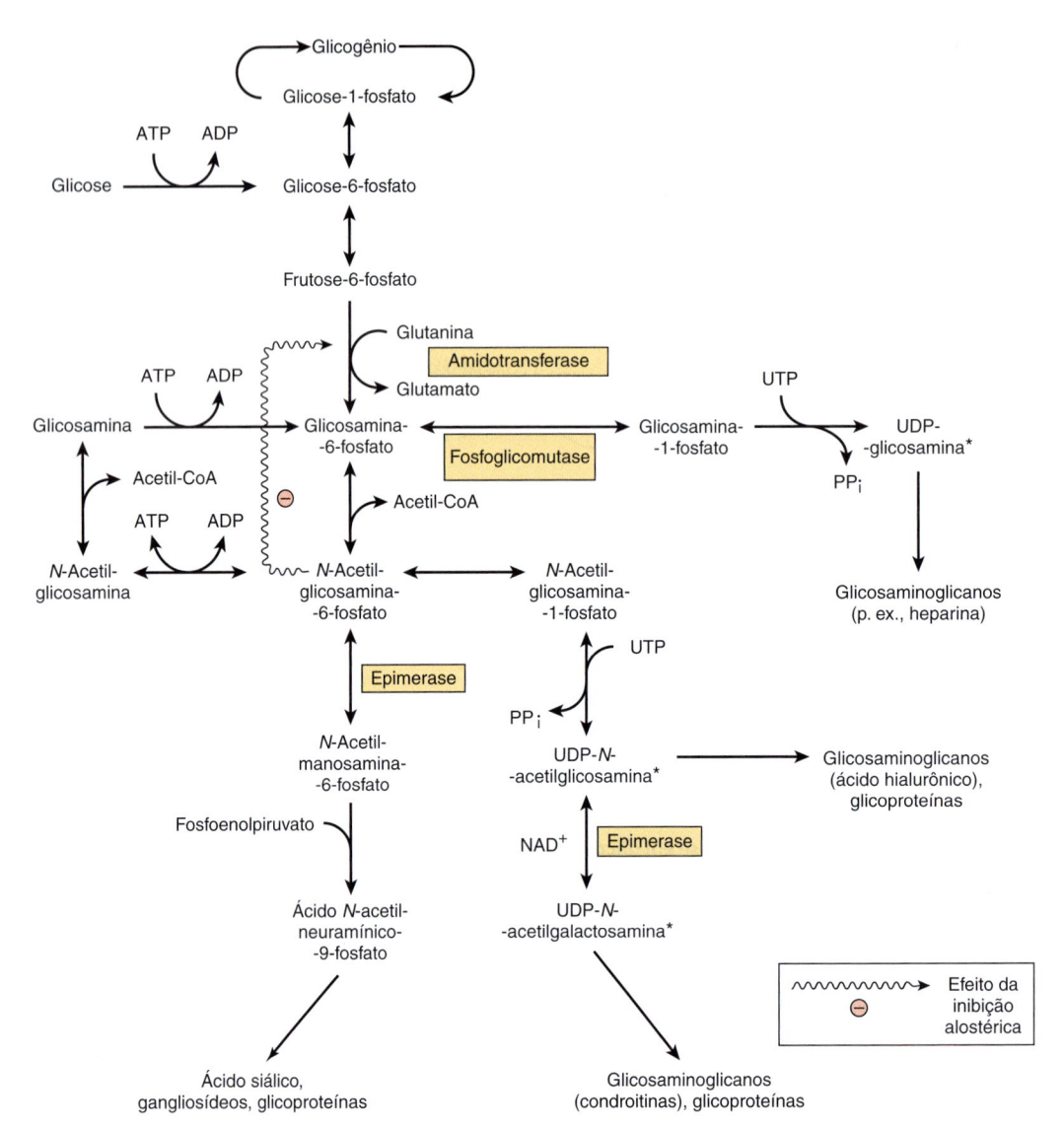

FIGURA 20-7 Resumo das inter-relações no metabolismo dos aminoaçúcares. (* Análogo à UDPGlc.) Outros nucleotídeos de purina ou de pirimidina podem se ligar de forma semelhante a açúcares ou a aminoaçúcares. São exemplos a TDP-glicosamina e a TDP-N-acetilglicosamina. ADP, difosfato de adenosina; ATP, trifosfato de adenosina; UDP, difosfato de uridina; UTP, trifosfato de uridina.

fosfato inorgânico na frutose-1-fosfato e diminuição da síntese de ATP. Como consequência, ocorre menor inibição da síntese *de novo* de purinas a partir de ATP, e observa-se aumento na formação de ácido úrico, causando hiperuricemia, que constitui a causa da **gota** (ver Capítulo 33). Como a frutose é absorvida pelo intestino delgado por difusão mediada por transportador (passiva), o uso de doses orais altas pode resultar em diarreia osmótica.

Os defeitos no metabolismo da frutose causam doença

A ausência de frutocinase hepática provoca **frutosúria essencial**, uma condição benigna e assintomática. A ausência de aldolase B, que cliva a frutose-1-fosfato, leva à **intolerância hereditária à frutose**, que é caracterizada por hipoglicemia profunda e vômitos após o consumo de frutose (ou sacarose, que gera frutose quando digerida). As dietas com baixo teor de frutose, sorbitol e sacarose são benéficas para ambas as condições. Uma consequência da intolerância hereditária à frutose e de uma condição relacionada, resultante da **deficiência de frutose-1,6-bifosfatase**, é a **hipoglicemia** induzida por frutose, apesar da presença de grandes reservas de glicogênio, visto que a frutose-1-fosfato e o 1,6-bifosfato inibem alostericamente a glicogênio-fosforilase hepática. O sequestro de fosfato inorgânico também leva à depleção de ATP e ao desenvolvimento de hiperuricemia.

A frutose e o sorbitol na lente do olho estão associados à catarata diabética

No diabetes melito, tanto a frutose quanto o sorbitol são encontrados na lente do olho em concentrações aumentadas e podem estar envolvidos na patogênese da **catarata diabética**. A **via do sorbitol** (**poliol**) (ausente no fígado) é responsável pela formação de frutose a partir da glicose (Figura 20-5), e a sua atividade aumenta à medida que a concentração de glicose aumenta nos tecidos que não são sensíveis à insulina, isto é, a lente, os nervos periféricos e os glomérulos renais. A glicose é reduzida a sorbitol pela **aldose-redutase**, seguida da oxidação do sorbitol em frutose na presença de NAD^+ e de sorbitol-desidrogenase (poliol-desidrogenase). O sorbitol não sofre difusão através das membranas celulares, porém, acumula-se, causando lesão osmótica. Simultaneamente, os níveis de mioinositol diminuem. Em animais de laboratório, o acúmulo de sorbitol e a depleção de mioinositol, bem como a formação de catarata diabética, podem ser evitados por inibidores da enzima aldose-redutase. Diversos inibidores estão sendo pesquisados em ensaios clínicos para prevenção dos efeitos adversos do diabetes melito.

As deficiências enzimáticas na via da galactose causam galactosemia

Ocorre incapacidade de metabolizar a galactose nas **galactosemias**, que podem ser causadas por defeitos hereditários da galactocinase, da uridil-transferase ou da 4-epimerase (Figura 20-6A), embora a deficiência de **uridil-transferase** seja a mais conhecida. A galactose é um substrato da aldose-redutase, com formação de galactitol, que se acumula na lente do olho, causando catarata. A condição é mais grave se resultar de um defeito na uridil-transferase, uma vez que a galactose-1-fosfato se acumula e provoca depleção de fosfato inorgânico no fígado. Por fim, ocorrem insuficiência hepática e deterioração mental. Na deficiência de uridil-transferase, a epimerase é encontrada em quantidades adequadas, de modo que o indivíduo com galactosemia ainda consegue formar UDPGal a partir da glicose. Isso explica como é possível que as crianças acometidas tenham crescimento e desenvolvimento normais, apesar da dieta desprovida de galactose utilizada para controlar os sintomas da doença.

RESUMO

- A via das pentoses-fosfato, presente no citosol, pode responder pela oxidação completa da glicose, produzindo NADPH e CO_2, mas não ATP.
- A via possui uma fase oxidativa, que é irreversível e que gera NADPH, e uma fase não oxidativa, que é reversível e fornece precursores de ribose para a síntese de nucleotídeos. A via completa é encontrada principalmente nos tecidos que requerem NADPH para processos de síntese redutora, como a lipogênese ou a esteroidogênese, ao passo que a fase não oxidativa ocorre em todas as células que necessitam de ribose.
- Nas hemácias, a via desempenha uma importante função na prevenção da hemólise, fornecendo NADPH para manter a glutationa no estado reduzido como o substrato da glutationa-peroxidase.
- A via do ácido urônico constitui a fonte de ácido glicurônico para a conjugação de muitas substâncias endógenas e exógenas antes de sua excreção, na forma de glicuronídeos, na urina e na bile.
- A frutose escapa da principal etapa reguladora na glicólise, catalisada pela fosfofrutocinase, e estimula a síntese de ácidos graxos e a secreção hepática de triacilgliceróis.
- A galactose é sintetizada a partir da glicose na glândula mamária em lactação e em outros tecidos nos quais é necessária para a síntese de glicolipídeos, proteoglicanos e glicoproteínas.

Questões para estudo

Seção IV – Metabolismo dos carboidratos

1. Qual dos seguintes açúcares não é um açúcar redutor?
   A. Eritrose.
   B. Frutose.
   C. Galactose.
   D. Glicose.
   E. Ribose.

2. Qual é a composição da sacarose?
   A. O-α-D-galactopiranosil-(1→4)-β-D-glicopiranose.
   B. O-α-D-glicopiranosil-(1→2)-β-D-frutofuranosídeo.
   C. O-α-D-glicopiranosil-(1→4)-α-D-glicopiranose.
   D. O-α-D-glicopiranosil-(1→1)-α-D-glicopiranosídeo.
   E. O-α-D-glicopiranosil-(1→6)-α-D-glicopiranose.

3. Qual dos seguintes não é uma pentose?
   A. Frutose.
   B. Ribose.
   C. Ribulose.
   D. Xilose.
   E. Xilulose.

4. Uma amostra de sangue é obtida de uma mulher de 50 anos de idade após um jejum noturno. Qual das seguintes alternativas estará em concentração mais alta do que após a ingestão de uma refeição?
   A. Glicose.
   B. Insulina.
   C. Corpos cetônicos.
   D. Ácidos graxos não esterificados.
   E. Triacilglicerol.

5. Uma amostra de sangue é obtida de um homem de 25 anos de idade após ele consumir três fatias de torrada e um ovo cozido. Qual das seguintes alternativas estará em uma concentração mais alta, em comparação com uma amostra de sangue coletada depois de um jejum noturno?
   A. Alanina.
   B. Glucagon.
   C. Glicose.
   D. Corpos cetônicos.
   E. Ácidos graxos não esterificados.

6. Uma amostra de sangue foi obtida de um homem de 40 anos de idade depois de um jejum completo de 1 semana de duração, apenas com ingestão de água. Qual das seguintes alternativas estará em uma concentração mais alta do que após uma noite de jejum normal?
   A. Glicose.
   B. Insulina.
   C. Corpos cetônicos.
   D. Ácidos graxos não esterificados.
   E. Triacilglicerol.

7. Qual das seguintes afirmativas sobre os estados metabólicos alimentado e em jejum está correta?
   A. No jejum, o glucagon atua para aumentar a atividade da lipoproteína-lipase no tecido adiposo.
   B. No jejum, o glucagon atua para aumentar a síntese de glicogênio a partir da glicose.
   C. No estado alimentado, a insulina atua para aumentar a degradação do glicogênio, de modo a manter o nível de glicemia.
   D. No estado alimentado, ocorre redução da secreção de insulina em resposta a um aumento da glicose na circulação porta.
   E. Ocorre síntese de corpos cetônicos no fígado em jejum, e a quantidade sintetizada aumenta à medida que o jejum progride para a inanição.

8. Qual das seguintes afirmativas sobre os estados metabólicos alimentado e em jejum está correta?
   A. No estado alimentado, o músculo pode captar glicose para usar como combustível metabólico, visto que o transporte de glicose no músculo é estimulado em resposta ao glucagon.
   B. No estado alimentado, ocorre aumento da secreção de glucagon em resposta ao aumento da glicose na circulação porta.
   C. No estado alimentado, o glucagon atua para aumentar a síntese de glicogênio a partir da glicose.
   D. O nível plasmático de glicose é mantido na inanição e no jejum prolongado pela gliconeogênese a partir dos corpos cetônicos.
   E. Ocorre aumento da taxa metabólica no jejum.

9. Qual das seguintes afirmativas sobre os estados metabólicos alimentado e em jejum está correta?
   A. No jejum, o músculo sintetiza glicose a partir de aminoácidos.
   B. No estado alimentado, o tecido adiposo pode captar glicose para a síntese de triacilglicerol, visto que o transporte de glicose no tecido adiposo é estimulado em resposta ao glucagon.
   C. Os corpos cetônicos são sintetizados no músculo durante o jejum, e a quantidade sintetizada aumenta à medida que o jejum se prolonga para o estado de inanição.
   D. Os corpos cetônicos fornecem um combustível alternativo para as hemácias durante o jejum.
   E. O nível plasmático de glicose é mantido na inanição e no jejum prolongado pela gliconeogênese a partir de ácidos graxos.

10. Qual das seguintes afirmativas sobre os estados metabólicos alimentado e em jejum está correta?
    A. No jejum, o tecido adiposo sintetiza a glicose e partir do glicerol liberado pela degradação do triacilglicerol.
    B. No jejum, o tecido adiposo sintetiza corpos cetônicos.
    C. No jejum, o principal combustível para as hemácias consiste em ácidos graxos liberados pelo tecido adiposo.
    D. Os corpos cetônicos fornecem o principal combustível para o sistema nervoso central durante o jejum.
    E. O nível plasmático de glicose é mantido na inanição e no jejum prolongado pela gliconeogênese no fígado a partir dos aminoácidos liberados pela degradação das proteínas musculares.

11. Qual das seguintes afirmativas sobre os estados metabólicos alimentado e em jejum está correta?
    A. Os ácidos graxos e o triacilglicerol são sintetizados no fígado no estado de jejum.
    B. No jejum, o principal combustível para o sistema nervoso central provém dos ácidos graxos liberados do tecido adiposo.
    C. No jejum, o principal combustível metabólico para a maioria dos tecidos provém dos ácidos graxos liberados do tecido adiposo.
    D. No estado alimentado, o músculo é incapaz de captar a glicose para uso como combustível metabólico, visto que o transporte de glicose no músculo é estimulado em resposta ao glucagon.
    E. O nível plasmático de glicose é mantido na inanição e no jejum prolongado pela gliconeogênese no tecido adiposo a partir do glicerol liberado dos triacilgliceróis.

12. Um homem de 25 anos de idade procura o seu médico com queixa de cólica abdominal e diarreia após a ingestão de leite. Qual é a causa mais provável desse problema?
    A. Proliferação excessiva de bactérias e leveduras no intestino grosso.
    B. Infecção pelo parasita intestinal *Giardia lamblia*.
    C. Ausência de amilase pancreática.
    D. Ausência de lactase no intestino delgado.
    E. Ausência de sacarase-isomaltase no intestino delgado.

13. Qual das seguintes afirmativas sobre a glicólise e a gliconeogênese está correta?
    A. Todas as reações da glicólise são livremente reversíveis para a gliconeogênese.
    B. A frutose não pode ser utilizada na gliconeogênese hepática, visto que ela não pode ser fosforilada a frutose-6-fosfato.
    C. A glicólise pode prosseguir na ausência de oxigênio apenas se o piruvato for formado a partir do lactato no músculo.
    D. As hemácias só metabolizam a glicose pela glicólise anaeróbia (e pela via das pentoses-fosfato).
    E. O inverso da glicólise é a via da gliconeogênese no músculo esquelético.

14. Qual das seguintes afirmativas sobre a etapa na glicólise catalisada pela hexocinase e na gliconeogênese pela glicose-6-fosfatase está correta?
    A. Como a hexocinase apresenta baixo valor de K_m, a sua atividade no fígado aumenta à medida que a concentração de glicose aumenta no sangue portal.
    B. A glicose-6-fosfatase é principalmente ativa no músculo em jejum.
    C. Se a hexocinase e a glicose-6-fosfatase forem igualmente ativas ao mesmo tempo, ocorre produção líquida de ATP a partir de ADP e fosfato.
    D. O fígado contém uma isoenzima da hexocinase, a glicocinase, que é particularmente importante no estado alimentado.
    E. O músculo pode liberar glicose na circulação a partir de suas reservas de glicogênio durante o jejum.

15. Qual das seguintes afirmativas sobre essa etapa da glicólise catalisada pela fosfofrutocinase e da gliconeogênese pela frutose-1,6-bifosfatase está correta?
    A. A frutose-1,6-bifosfatase é principalmente ativa no fígado no estado alimentado.
    B. A frutose-1,6-bifosfatase é principalmente ativa no fígado no estado alimentado.
    C. Se a fosfofrutocinase e a frutose-1,6-bifosfatase forem igualmente ativas ao mesmo tempo, ocorre produção líquida de ATP a partir de ADP e fosfato.
    D. A fosfofrutocinase é inibida mais ou menos completamente por concentrações fisiológicas de ATP.
    E. A fosfofrutocinase é principalmente ativa no fígado durante o jejum.

16. Qual das seguintes afirmativas sobre o metabolismo da glicose durante um esforço máximo está correta?
    A. A gliconeogênese a partir do lactato exige menos ATP do que a quantidade formada durante a glicólise anaeróbia.
    B. Durante o esforço máximo, o piruvato é oxidado a lactato no músculo.
    C. O débito de oxigênio é causado pela necessidade de exalar o dióxido de carbono produzido em resposta à acidose.
    D. O débito de oxigênio reflete a necessidade de repor o oxigênio que foi utilizado pelo músculo durante o exercício vigoroso.
    E. Ocorre acidose metabólica em consequência do exercício vigoroso.

17. Qual das seguintes afirmativas está correta?
    A. A glicose-1-fosfato pode ser hidrolisada, produzindo glicose livre no fígado.
    B. A glicose-6-fosfato pode ser formada a partir da glicose, mas não a partir do glicogênio.
    C. A glicose-6-fosfato não pode ser convertida em glicose-1-fosfato no fígado.
    D. A glicose-6-fosfato é formada a partir do glicogênio pela ação da enzima glicogênio-fosforilase.
    E. No fígado e nas hemácias, a glicose-6-fosfato pode entrar na glicólise ou na via das pentoses-fosfato.

18. Qual das seguintes afirmativas sobre o complexo multienzimático da piruvato-desidrogenase está correta?
    A. Na deficiência de tiamina (vitamina B_1), o piruvato formado no músculo não pode ser transaminado a alanina.
    B. Na deficiência de tiamina (vitamina B_1), o piruvato formado no músculo não pode ser carboxilado a oxalacetato.
    C. A reação da piruvato-desidrogenase envolve a descarboxilação e a oxidação do piruvato e, em seguida, a formação de acetil-CoA.
    D. A reação da piruvato-desidrogenase é prontamente reversível, de modo que a acetil-CoA pode ser utilizada na síntese de piruvato e, portanto, de glicose.
    E. A reação da piruvato-desidrogenase leva à oxidação do NADH a NAD^+ e, portanto, à formação de cerca de $2,5 \times ATP$ por mol de piruvato oxidado.

19. Qual das seguintes afirmativas sobre a via das pentoses-fosfato está correta?
    A. No favismo, as hemácias são mais suscetíveis ao estresse oxidativo, devido à falta de NADPH para a síntese de ácidos graxos.
    B. Os indivíduos com deficiência de glicose-6-fosfato-desidrogenase são incapazes de sintetizar ácidos graxos, devido à falta de NADPH no fígado e no tecido adiposo.
    C. A via das pentoses-fosfato é particularmente importante em tecidos que sintetizam ácidos graxos.
    D. A via das pentoses-fosfato constitui a única fonte de NADPH para a síntese de ácidos graxos.

E. A via das pentoses-fosfato fornece uma alternativa para a glicólise apenas durante o jejum.

20. Qual das seguintes afirmativas do metabolismo do glicogênio está correta?
    A. O glicogênio é sintetizado no fígado no estado alimentado; em seguida, é exportado para outros tecidos em lipoproteínas de baixa densidade.
    B. As reservas de glicogênio do fígado e do músculo atendem às necessidades de energia por vários dias durante o jejum prolongado.
    C. O fígado sintetiza mais glicogênio quando a concentração de glicose no sangue portal do fígado está elevada, devido à atividade da glicocinase no fígado.
    D. O músculo sintetiza glicogênio no estado alimentado, visto que a glicogênio-fosforilase é ativada em resposta à insulina.
    E. A concentração plasmática de glicogênio aumenta no estado alimentado.

21. Qual das seguintes afirmativas sobre a gliconeogênese está correta?
    A. Os ácidos graxos, por formarem acetil-CoA, podem constituir um substrato para gliconeogênese.
    B. Se o oxalacetato for retirado do ciclo do ácido cítrico para a gliconeogênese, ele pode ser substituído pela ação da piruvato-desidrogenase.
    C. A reação da fosfoenolpiruvato-carboxicinase é importante para reabastecer o reservatório de intermediários do ciclo do ácido cítrico.
    D. A utilização de GTP como doador de fosfato na reação da fosfoenolpiruvato-carboxicinase fornece uma ligação entre a atividade do ciclo do ácido cítrico e a gliconeogênese.
    E. Há maior produção de ATP na glicólise anaeróbia do que o custo para a síntese de glicose a partir do lactato.

22. Qual das seguintes afirmativas sobre o metabolismo dos carboidratos está correta?
    A. Uma etapa fundamental na biossíntese de glicogênio é a formação de UDP-glicose.
    B. O glicogênio pode ser degradado a glicose-6-fosfato no músculo, que, em seguida, libera glicose livre pela ação da enzima glicose-6-fosfatase.
    C. O glicogênio é armazenado principalmente no fígado e no encéfalo.
    D. A insulina inibe a biossíntese de glicogênio.
    E. A fosforilase-cinase é uma enzima que fosforila a enzima glicogênio-fosforilase e, portanto, diminui a degradação do glicogênio.

23. Qual das seguintes afirmativas sobre o metabolismo do glicogênio está correta?
    A. A atividade da glicogênio-sintase é aumentada pelo glucagon.
    B. A glicogênio-fosforilase é uma enzima que pode ser ativada por fosforilação de resíduos de serina.
    C. A glicogênio-fosforilase não pode ser ativada por íons cálcio.
    D. O cAMP ativa a síntese de glicogênio.
    E. A glicogênio-fosforilase rompe as ligações α1-4-glicosídicas por hidrólise.

24. Qual das seguintes afirmativas sobre o metabolismo da glicose está correta?
    A. O glucagon aumenta a taxa de glicólise.
    B. A glicólise necessita de $NADP^+$.
    C. Na glicólise, a glicose é clivada em dois compostos de três carbonos.
    D. Ocorre fosforilação em nível de substrato no sistema de transporte de elétrons.
    E. O principal produto da glicólise nas hemácias é o piruvato.

25. Qual das seguintes afirmativas sobre o metabolismo dos açúcares está correta?
    A. A frutocinase fosforila a frutose a frutose-6-fosfato.
    B. A frutose é um açúcar aldose semelhante à glicose.
    C. O transporte de frutose para dentro das células é dependente de insulina.
    D. A galactose é fosforilada a galactose-1-fosfato pela galactocinase.
    E. A sacarose pode ser biossintetizada a partir da glicose e da frutose no fígado.

26. Na glicólise, a conversão de 1 mol de frutose-1,6-bifosfato em 2 mols de piruvato resulta na formação de:
    A. 1 mol de NAD^+ e 2 mols de ATP.
    B. 1 mol de NADH e 1 mol de ATP.
    C. 2 mols de NAD^+ e 4 mols de ATP.
    D. 2 mols de NADH e 2 mols de ATP.
    E. 2 mols de NADH e de 4 mols de ATP.

27. Qual das seguintes alternativas fornece a principal fonte de energia para a contração muscular durante o esforço máximo de curta duração?
    A. Glicogênio muscular.
    B. Reservas musculares de triacilglicerol.
    C. Glicose plasmática.
    D. Ácidos graxos não esterificados plasmáticos.
    E. Triacilglicerol na lipoproteína de densidade muito baixa do plasma.

28. O dissacarídeo lactulose não é digerido, porém é fermentado por bactérias intestinais, produzindo 4 mols de lactato mais quatro prótons. O amônio (NH_4^+) está em equilíbrio com a amônia (NH_3) na corrente sanguínea. Qual das seguintes alternativas explica melhor como a lactulose atua no tratamento da hiperamonemia (concentração elevada de amônio no sangue)?
    A. A fermentação da lactulose aumenta a acidez da corrente sanguínea, de modo que há mais amônio e menos amônia disponíveis para atravessar a parede intestinal.
    B. A fermentação da lactulose resulta em acidificação do conteúdo intestinal, de modo que a amônia difunde-se da corrente sanguínea para o intestino e é capturada na forma de amônio, que não pode retornar.
    C. A fermentação da lactulose resulta em acidificação do conteúdo intestinal, de modo que a amônia produzida pelas bactérias intestinais é aprisionada como amônio, que é incapaz de se difundir na corrente sanguínea.
    D. A fermentação da lactulose resulta em um aumento de oito vezes na osmolalidade do conteúdo intestinal, de modo que há mais água para a dissolução da amônia do que para a do amônio e, consequentemente, uma menor quantidade é absorvida na corrente sanguínea.
    E. A fermentação da lactulose resulta em um aumento de oito vezes na osmolalidade do conteúdo intestinal, de modo que há mais água para a dissolução da amônia do que para a do amônio, resultando na difusão de uma maior quantidade da corrente sanguínea para o intestino.

SEÇÃO V
Metabolismo dos lipídeos

Lipídeos de importância fisiológica

CAPÍTULO 21

Kathleen M. Botham, Ph.D., D.Sc. e Peter A. Mayes, Ph.D., D.Sc.

OBJETIVOS

Após o estudo deste capítulo, você deve ser capaz de:

- Definir lipídeos simples e complexos e identificar as classes de lipídeos em cada grupo.
- Indicar a estrutura dos ácidos graxos saturados e insaturados, explicar como o comprimento da cadeia e o grau de insaturação influenciam seu ponto de fusão, fornecer exemplos e explicar a nomenclatura.
- Explicar a diferença entre as ligações duplas *cis* e *trans* entre átomos de carbono.
- Descrever como os eicosanoides são formados pela modificação da estrutura dos ácidos graxos insaturados; identificar as diversas classes dos eicosanoides e indicar suas funções.
- Delinear a estrutura geral dos triacilgliceróis e indicar as suas funções.
- Esboçar a estrutura geral dos fosfolipídeos e dos glicoesfingolipídeos e indicar as funções das diferentes classes.
- Reconhecer a importância do colesterol como precursor de muitos esteroides biologicamente importantes, inclusive hormônios esteroides, ácidos biliares e vitaminas D.
- Reconhecer o núcleo cíclico comum a todos os esteroides.
- Explicar por que os radicais livres causam danos aos tecidos e identificar os três estágios da reação em cadeia da peroxidação lipídica que os produz continuamente.
- Descrever como os antioxidantes protegem os lipídeos contra a peroxidação por meio de inibição da iniciação da cadeia ou sua ruptura.
- Compreender que muitas moléculas lipídicas são anfipáticas, tendo grupamentos hidrofóbicos e hidrofílicos em suas estruturas, e explicar como isso influencia seu comportamento em um ambiente aquoso e possibilita que determinadas classes, incluindo fosfolipídeos, esfingolipídeos e colesterol, formem a estrutura básica das membranas biológicas.

IMPORTÂNCIA BIOMÉDICA

Os lipídeos constituem um grupo heterogêneo de compostos, incluindo gorduras, óleos, esteroides, ceras e compostos afins, que são relacionados mais por suas propriedades físicas do que pelas propriedades químicas. Eles têm a propriedade comum de ser (1) relativamente **insolúveis em água** e (2) **solúveis em solventes apolares**, como o éter e o clorofórmio. Eles são constituintes importantes da dieta, não apenas devido ao alto valor energético das gorduras, mas também porque os **ácidos graxos essenciais** e as **vitaminas lipossolúveis** e outros **micronutrientes** lipofílicos estão contidos na gordura de alimentos naturais. Acredita-se que a suplementação da dieta com **ácidos graxos ω3 de cadeia longa** possua efeitos benéficos no caso de várias doenças crônicas, incluindo doenças cardiovasculares, artrite reumatoide e demência. A gordura é armazenada no **tecido adiposo**, onde serve como isolante térmico nos tecidos subcutâneos e ao redor de determinados órgãos. Os lipídeos apolares agem como **isolantes elétricos**, permitindo a rápida propagação das ondas de despolarização ao longo dos **nervos mielinizados**. Os lipídeos são transportados no sangue combinados com proteínas em partículas **lipoproteicas** (ver Capítulos 25 e 26). Os lipídeos possuem papéis essenciais na nutrição e na saúde, e o conhecimento da bioquímica dos lipídeos é necessário para a compreensão de muitas patologias biomédicas importantes, incluindo **obesidade**, **diabetes melito** e **aterosclerose**.

OS LIPÍDEOS SÃO CLASSIFICADOS COMO SIMPLES OU COMPLEXOS

1. Os **lipídeos simples** incluem as gorduras e as ceras, que são ésteres de ácidos graxos com diversos álcoois:
   a. **Gorduras:** ésteres de ácidos graxos com glicerol. Os **óleos** são gorduras em estado líquido.
   b. **Ceras:** ésteres de ácidos graxos com álcoois monoídricos de maior peso molecular.
2. Os **lipídeos complexos** são ésteres de ácidos graxos, que sempre contêm um álcool e um ou mais ácidos graxos, mas que também apresentam outros grupamentos. Podem ser divididos em três tipos:
   a. **Fosfolipídeos:** contêm um resíduo de ácido fosfórico. Frequentemente, eles possuem bases contendo nitrogênio (p. ex., colina) e outros substituintes. Em muitos fosfolipídeos, o álcool é o glicerol (**glicerofosfolipídeos**), mas, nos **esfingofosfolipídeos**, é a esfingosina, a qual contém um grupamento amino.
   b. **Glicolipídeos (glicoesfingolipídeos):** contêm um ácido graxo, uma esfingosina e um carboidrato.
   c. **Outros lipídeos complexos:** incluem lipídeos como os sulfolipídeos e os aminolipídeos. As lipoproteínas também podem ser classificadas nesta categoria.
3. Os **lipídeos derivados** são formados a partir da hidrólise de lipídeos simples e complexos. Incluem **ácidos graxos**, glicerol, esteroides, outros álcoois, aldeídos gordurosos, corpos cetônicos (ver Capítulo 22), hidrocarbonetos, vitaminas lipossolúveis, micronutrientes e hormônios. Alguns (p. ex., ácidos graxos livres, glicerol) também atuam como **lipídeos precursores** na formação de lipídeos simples e complexos.

Como não possuem carga elétrica, os acilgliceróis (glicerídeos), o colesterol e os ésteres de colesteril são denominados **lipídeos neutros**.

OS ÁCIDOS GRAXOS SÃO ÁCIDOS CARBOXÍLICOS ALIFÁTICOS

Os ácidos graxos ocorrem no organismo principalmente como ésteres em óleos e gorduras naturais, porém são encontrados na forma não esterificada como **ácidos graxos livres**, uma forma de transporte no plasma. Em geral, os ácidos graxos presentes nas gorduras naturais contêm um número par de átomos de carbono. A cadeia pode ser **saturada** (não contém ligações duplas) ou **insaturada** (contém uma ou mais ligações duplas) (**Figura 21-1**).

Os ácidos graxos são nomeados de acordo com os hidrocarbonetos correspondentes

A nomenclatura sistemática mais comumente empregada nomeia o ácido graxo a partir do hidrocarboneto com o mesmo número e arranjo de átomos de carbono, sendo **-oico** substituído pela terminação **-e** (sistema de Genebra). Portanto, os ácidos saturados terminam em **-anoico** – por exemplo, ácido octanoico (C8) –, e os ácidos insaturados com ligações duplas terminam em **-enoico** – por exemplo, ácido octadecenoico (ácido oleico, C18).

Os átomos de carbono são numerados a partir do carbono da carboxila (carbono nº 1). Os átomos de carbono adjacentes ao carbono da carboxila (nos 2, 3 e 4) são também conhecidos como carbonos α, β e γ, respectivamente, enquanto o carbono metilterminal é conhecido como carbono ω ou n.

Diversas convenções utilizam Δ para indicar o número e a posição das ligações duplas (**Figura 21-2**); por exemplo, Δ^9 indica uma ligação dupla entre os carbonos 9 e 10 do ácido graxo; ω9 indica uma ligação dupla no nono carbono a contar do carbono ω. Em animais, ligações duplas adicionais são introduzidas

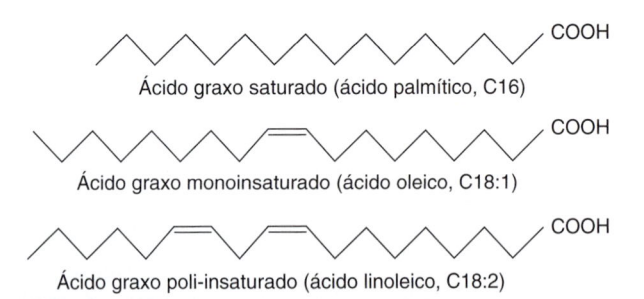

FIGURA 21-1 **Ácidos graxos.** São mostrados exemplos de ácidos graxos saturado (ácido palmítico), monoinsaturado (ácido oleico) e poli-insaturado (ácido linoleico).

```
    18 17 16 15 14 13 12 11 10         9         1   18:1;9 ou Δ9 18:1
    CH₃CH₂CH₂CH₂CH₂CH₂CH₂CH₂CH═══CH(CH₂)₇COOH
  ω ou n-1  2   3   4   5   6   7   8   9        10        18
```

FIGURA 21-2 **Nomenclatura para o número e a posição das ligações duplas nos ácidos graxos insaturados.** Ilustrada utilizando ácido oleico como exemplo. n—9 é equivalente a ω9.

apenas entre uma ligação dupla existente nas posições ω9, ω6 ou ω3 e o carbono carboxílico, formando as três séries de ácidos graxos conhecidas como famílias **ω9, ω6** e **ω3**, respectivamente.

Os ácidos graxos saturados não contêm ligações duplas

Os ácidos graxos saturados podem ser considerados em relação ao ácido acético (CH_3—COOH) como o primeiro membro da série em que o CH_2— é progressivamente adicionado entre o CH_3— terminal e os grupamentos —COOH. Exemplos são mostrados na **Tabela 21-1**. Sabe-se que existem outros membros maiores das séries, principalmente nas ceras. Alguns ácidos graxos de cadeia ramificada também foram isolados a partir de fontes vegetais e animais.

Os ácidos graxos insaturados contêm uma ou mais ligações duplas

Os ácidos graxos insaturados (Figura 21-1, **Tabela 21-2**, para exemplos) podem ser ainda subdivididos da seguinte maneira:

1. **Ácidos monoinsaturados** (monoetenoide, monoenoico), contendo uma ligação dupla.
2. **Ácidos poli-insaturados** (polietenoides, polienoicos), contendo duas ou mais ligações duplas.
3. **Eicosanoides:** esses compostos, derivados do ácido graxo eicosapolienoico (20 carbonos) (ver Capítulo 23), compreendem os **prostanoides**, os **leucotrienos (LTs)** e as **lipoxinas (LXs)**. Os prostanoides incluem as **prostaglandinas (PGs)**, as **prostaciclinas (PGIs)** e os **tromboxanos (TXs)**.

TABELA 21-1 Ácidos graxos saturados

Nome comum	Número de átomos de C	Ocorrência
Acético	2	Principal produto final da fermentação de carboidratos por organismos ruminantes
Butírico	4	Em determinadas gorduras, está em pequenas quantidades (principalmente manteiga); produto final da fermentação de carboidratos por organismos ruminantes[a]
Valérico	5	
Caproico	6	
Láurico	12	Espermacete, canela, palma, óleos de coco, louro, manteiga
Mirístico	14	Noz-moscada, palma, óleos de coco, murta, manteiga
Palmítico	16	Comum em todas as gorduras animais e vegetais
Esteárico	18	

[a] Também formado no ceco de herbívoros e, em menor extensão, no colo de seres humanos.

Há **prostaglandinas** em quase todos os tecidos de mamíferos, atuando como hormônios locais; elas apresentam importantes atividades fisiológicas e farmacológicas. Elas são sintetizadas *in vivo* por meio da ciclização do centro da cadeia carbonada de ácidos graxos poli-insaturados de 20 carbonos (eicosanoicos) (p. ex., ácido araquidônico) para formar um anel ciclopentano (**Figura 21-3**). Uma série relacionada de compostos, os **tromboxanos**, possui o anel ciclopentano

TABELA 21-2 Ácidos graxos insaturados de importância fisiológica e nutricional

Número de átomos de C e número e posição das ligações duplas comuns	Família	Nome comum	Nome sistemático	Ocorrência
Ácidos monoenoicos (uma ligação dupla)				
16:1;9	ω7	Palmitoleico	*cis*-9-Hexadecenoico	Em quase todas as gorduras
18:1;9	ω9	Oleico	*cis*-9-Octadecenoico	Possivelmente o ácido graxo mais comum nos gorduras naturais; particularmente elevado no azeite de oliva
18:1;9	ω9	Elaídico	*trans*-9-Octadecenoico	Gorduras hidrogenadas e de ruminantes
Ácidos dienoicos (duas ligações duplas)				
18:2;9,12	ω6	Linoleico	todo-*cis*-9,12-Octadecadienoico	Milho, amendoim, semente de algodão, soja e muitos óleos vegetais
Ácidos trienoicos (três ligações duplas)				
18:3;6,9,12	ω6	γ-Linolênico	todo-*cis*-6,9,12-Octadecatrienoico	Alguns vegetais (p. ex., óleo de prímula, óleo de borragem); ácido graxo secundário em animais
18:3;9,12,15	ω3	α-Linolênico	todo-*cis*-9,12,15-Octadecatrienoico	Frequentemente encontrado com o ácido linoleico, mas principalmente no óleo de linhaça
Ácidos tetraenoicos (quatro ligações duplas)				
20:4;5,8,11,14	ω6	Araquidônico	todo-*cis*-5,8,11,14-Eicosatetraenoico	Encontrado em gorduras animais; importante componente dos fosfolipídeos em animais
Ácidos pentaenoicos (cinco ligações duplas)				
20:5;5,8,11,14,17	ω3	Timnodônico	todo-*cis*-5,8,11,14,17-Eicosapentaenoico	Importante componente de óleos de peixe (p. ex., fígado de bacalhau, arenque, savelha, óleos de salmão)
Ácidos hexaenoicos (seis ligações duplas)				
22:6;4,7,10,13,16,19	ω3	Cervônico	todo-*cis*-4,7,10,13,16,19-Docosa-hexaenoico	Óleos de peixes, óleos de algas, fosfolipídeos no encéfalo

FIGURA 21-3 Prostaglandina E$_2$ (PGE$_2$).

interrompido por um átomo de oxigênio (anel oxano) (**Figura 21-4**). Três ácidos graxos eicosanoicos diferentes dão origem a três grupos de eicosanoides caracterizados pelo número de ligações duplas nas cadeias laterais (ver Figura 23-12); por exemplo, prostaglandina (PG)$_1$, PG$_2$ e PG$_3$. Diferentes grupos substituintes acoplados ao anel dão origem a uma série de prostaglandinas e tromboxanos marcados como A, B, etc. (ver Figura 23-13); por exemplo, a prostaglandina tipo "E" (PGE$_2$) possui um grupo ceto na posição 9, ao passo que o tipo "F" possui um grupamento hidroxil nessa posição. Os **leucotrienos** e as **lipoxinas** (**Figura 21-5**) constituem um terceiro grupo de derivados de eicosanoides formados pela **via da lipoxigenase** (ver Figura 23-13). Eles caracterizam-se pela presença de três ou quatro ligações duplas conjugadas, respectivamente. Os leucotrienos provocam broncoconstrição, e são potentes agentes pró-inflamatórios, desempenhando uma função na **asma**.

A maioria dos ácidos graxos insaturados de ocorrência natural possui ligações duplas *cis*

As cadeias de carbono dos ácidos graxos saturados formam um padrão em zigue-zague quando estendidas a baixas temperaturas (Figura 21-1). Em temperaturas mais elevadas, algumas ligações giram, provocando o encurtamento da cadeia, o que explica por que as biomembranas se tornam mais espessas com o aumento da temperatura. Um tipo de **isomerismo geométrico** ocorre em ácidos graxos insaturados, dependendo da orientação dos átomos ou dos grupamentos ao redor dos eixos das ligações duplas, o que não possibilita a rotação. Quando as cadeias de acil estão do mesmo lado da ligação, ela é ***cis***-, como no ácido oleico; quando em lados opostos, ela é ***trans***-, como no ácido elaídico, o isômero *trans* do ácido oleico (**Figura 21-6**). Quase todas as ligações duplas nos ácidos graxos insaturados de cadeia longa de ocorrência natural estão na configuração *cis*, e as moléculas estão "curvadas" 120° na ligação dupla. Portanto, o ácido oleico possui formato de V, ao passo que o ácido elaídico permanece "reto". O aumento no número de ligações duplas *cis* em um ácido graxo leva a uma gama de possíveis configurações espaciais da molécula – por exemplo, o ácido araquidônico, com suas quatro ligações duplas *cis*, está curvado em formato de U (**Figura 21-7**). Isso tem profunda importância para o acondicionamento molecular nas membranas celulares (ver Capítulo 40) e nas posições ocupadas pelos ácidos graxos em moléculas mais complexas, como os fosfolipídeos.

FIGURA 21-4 Tromboxano A$_2$ (TXA$_2$).

FIGURA 21-5 Estrutura dos leucotrienos e das lipoxinas. Os exemplos mostrados são o leucotrieno A$_4$ (LTA$_4$) e a lipoxina A$_4$ (LXA$_4$).

As ligações duplas *trans* alteram essas relações espaciais. Os **ácidos graxos *trans*** estão presentes em determinados alimentos, surgindo como subproduto da saturação dos ácidos graxos durante a hidrogenação ou "endurecimento" de óleos naturais na fabricação da margarina. Uma pequena contribuição adicional se origina da ingestão da gordura de ruminante que contém ácidos graxos *trans* que se originam da ação de microrganismos no rúmen. Atualmente, sabe-se que o consumo dos ácidos graxos *trans* é deletério para a saúde e está associado ao risco aumentado de doenças, inclusive de doença cardiovascular e diabetes melito. Isso levou à melhoria da tecnologia para produzir margarina cremosa pobre em (ou sem) ácidos graxos *trans*.

As propriedades físicas e fisiológicas dos ácidos graxos refletem o comprimento da cadeia e o grau de insaturação

Os pontos de fusão dos ácidos graxos com número par de carbonos aumentam com o comprimento da cadeia e diminuem de acordo com a insaturação. Um triacilglicerol contendo três

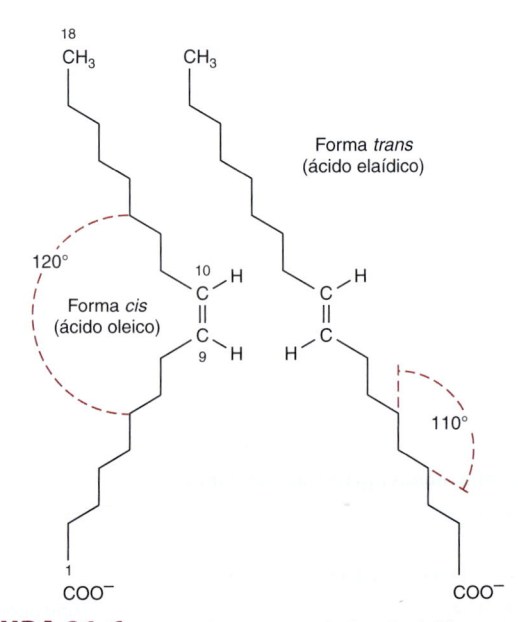

FIGURA 21-6 Isomerismo geométrico de ácidos graxos Δ^9, 18:1 (ácidos oleico e elaídico). Não há rotação em torno das ligações duplas entre átomos de carbono. Na configuração *cis*, as cadeias acila estão no mesmo lado da ligação, ao passo que, na forma *trans*, elas estão em lados opostos.

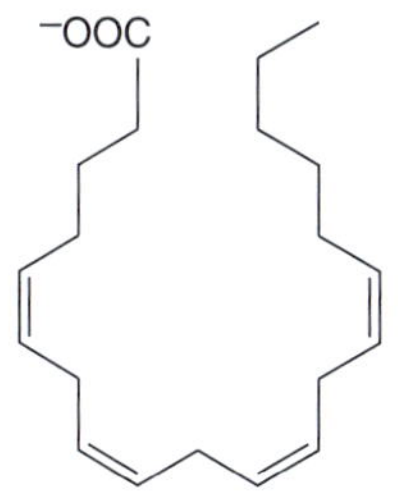

FIGURA 21-7 **Ácido araquidônico.** Quatro ligações duplas na configuração *cis* mantêm a molécula em formato de U.

ácidos graxos saturados de 12 carbonos ou mais é sólido à temperatura corporal; caso os resíduos de ácido graxo sejam poli-insaturados, ele será líquido abaixo de 0°C. Na prática, os acilgliceróis naturais contêm uma mistura de ácidos graxos modelados para se adequarem aos seus papéis funcionais. Por exemplo, os lipídeos de membrana, que devem ser fluidos em todas as temperaturas ambientais, são mais insaturados do que os lipídeos de armazenamento. Os lipídeos nos tecidos que estão sujeitos ao resfriamento, como durante a hibernação ou nas extremidades de animais, também são mais insaturados.

Os ácidos graxos ω3 são anti-inflamatórios e causam benefícios à saúde

Os ácidos graxos ω3 de cadeia longa, como os ácidos **α-linolênico** (**ALA**) (encontrado em óleos vegetais), **eicosapentaenoico** (**EPA**) (encontrado em óleo de peixe) e **docosa-hexaenoico** (**DHA**) (encontrado em óleos de peixe e de algas) (Tabela 21-2), possuem efeitos anti-inflamatórios, provavelmente devido ao seu efeito em promover a síntese de menor quantidade de prostaglandinas e leucotrienos inflamatórios quando comparados aos ácidos graxos ω6 (ver Figura 23-12). Diante disso, a sua potencial utilização como terapia em doenças crônicas graves, em que a inflamação é uma causa, está sob investigação intensiva. Evidências atuais sugerem que dietas ricas em ácidos graxos ω3 são benéficas, sobretudo em caso de **doenças cardiovasculares**, mas também em outras doenças degenerativas crônicas, como **câncer**, **artrite reumatoide** e **doença de Alzheimer**.

OS TRIACILGLICERÓIS (TRIGLICERÍDEOS)* SÃO AS PRINCIPAIS FORMAS DE ARMAZENAMENTO DOS ÁCIDOS GRAXOS

Os triacilgliceróis (**Figura 21-8**) são ésteres do álcool tri-hidratado glicerol e ácidos graxos. Os mono e diacilgliceróis, nos

---
* De acordo com a terminologia padronizada da International Union of Pure and Applied Chemistry e da International Union of Biochemistry, os monoglicerídeos, os diglicerídeos e os triglicerídeos devem ser designados como monoacilgliceróis, diacilgliceróis e triacilgliceróis, respectivamente. Entretanto, a antiga terminologia continua sendo amplamente utilizada, em particular na medicina clínica.

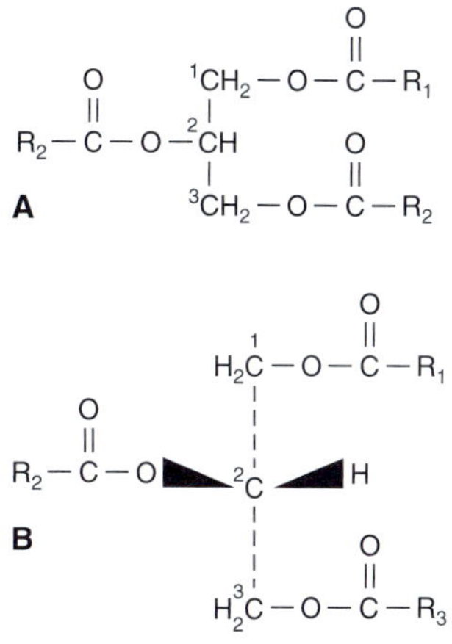

FIGURA 21-8 (A) Triacilglicerol. (B) Fórmula de projeção mostrando o triacil-*sn*-glicerol.

quais um ou dois ácidos graxos são esterificados com glicerol, também são encontrados nos tecidos. Eles são de particular importância na síntese e na hidrólise de triacilgliceróis (ver Capítulos 24 e 25).

Os carbonos 1 e 3 do glicerol não são idênticos

Para numerar os átomos de carbono do glicerol de forma inequívoca, utiliza-se o sistema -*sn* (numeração estereoquímica). É importante reconhecer que os carbonos 1 e 3 do glicerol não são idênticos quando visualizados em três dimensões (demonstrado como uma fórmula de projeção na Figura 21-8B). As enzimas distinguem facilmente entre elas e são quase sempre específicas para um ou outro carbono; por exemplo, glicerol é sempre fosforilado em *sn*-3 pela glicerol-cinase, formando glicerol-3--fosfato, e não glicerol-1-fosfato (ver Figura 24-2).

OS FOSFOLIPÍDEOS SÃO OS PRINCIPAIS CONSTITUINTES LIPÍDICOS DAS MEMBRANAS

Muitos fosfolipídeos são derivados do **ácido fosfatídico** (**Figura 21-9**), em que o fosfato é esterificado com um grupo OH do glicerol e os outros dois grupos OH do glicerol são esterificados com dois ácidos graxos de cadeia longa (glicerofosfolipídeos). O ácido fosfatídico é importante como intermediário na síntese de triacilgliceróis, assim como dos fosfogliceróis (ver Figura 24-2), mas não é encontrado em grande quantidade nos tecidos. Os esfingolipídeos como a **esfingomielina**, em que o fosfato é esterificado com **esfingosina**, um aminoálcool complexo (**Figura 21-10**), também são componentes importantes das membranas. Os glicerofosfolipídeos e os esfingolipídeos possuem duas caudas de hidrocarbonetos de cadeia longa importantes para sua função na formação da bicamada lipídica nas membranas celulares (ver Capítulo 40). Porém, no primeiro lipídeo, ambos são cadeias de ácidos graxos, ao passo que, no último, um é ácido graxo e o segundo é parte da molécula de esfingosina (**Figura 21-11**).

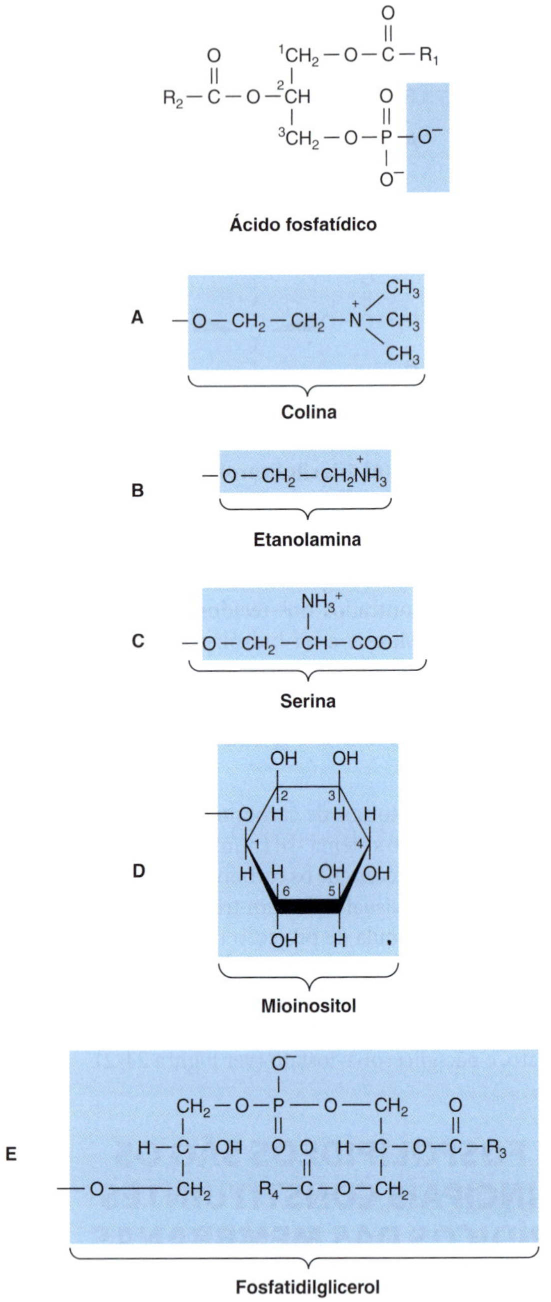

FIGURA 21-9 Fosfolipídeos. O O⁻ mostrado sombreado no ácido fosfatídico é substituído pelos substituintes mostrados, formando os fosfolipídeos: **(A)** 3-fosfatidilcolina, **(B)** 3-fosfatidiletanolamina, **(C)** 3-fosfatidilserina, **(D)** 3-fosfatidilinositol e **(E)** cardiolipina (difosfatidilglicerol).

As fosfatidilcolinas (lecitinas) e as esfingomielinas são abundantes nas membranas celulares

Os glicerofosfolipídeos contendo **colina** (Figura 21-9) (fosfatidilcolinas, comumente chamadas de **lecitinas**) são os fosfolipídeos mais abundantes da membrana celular e representam uma grande proporção do estoque de colina corporal. A colina é importante na transmissão nervosa, assim como a acetilcolina, e também como reserva de grupamentos metilláveis. O **dipalmitoil-lecitina** é um agente tensoativo muito efetivo e o principal constituinte do **surfactante** que impede a aderência, devida à tensão de superfície, das paredes internas dos pulmões. A sua ausência nos pulmões de lactentes prematuros provoca a **síndrome da angústia respiratória**. A maior parte dos fosfolipídeos possui um radical acil saturado na posição *sn*-1, mas um radical insaturado na posição *sn*-2 do glicerol.

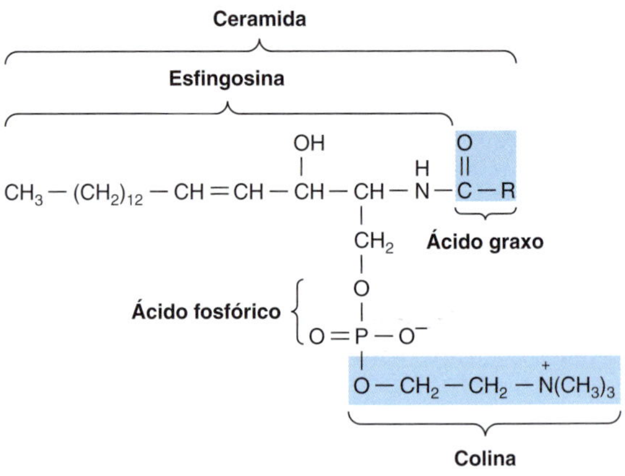

A **fosfatidiletanolamina** (**cefalina**) e a **fosfatidilserina** (encontrada na maioria dos tecidos) também são encontradas nas membranas celulares e diferem da fosfatidilcolina apenas pelo fato de que, nesta, a etanolamina ou a serina, respectivamente, substituem a colina (Figura 21-9). A fosfatidilserina também exerce função importante na **apoptose** (morte celular programada).

As esfingomielinas são encontradas na camada exterior da bicamada lipídica da membrana celular e são particularmente abundantes em áreas especializadas da membrana plasmática, conhecidas como **balsas lipídicas** (ver Capítulo 40). Elas também são encontradas em grandes quantidades na **bainha de mielina** que envolve as fibras nervosas. Acredita-se que desempenhem um papel na **sinalização celular** e na **apoptose**. As esfingomielinas não contêm glicerol e, quando hidrolisadas, formam um ácido graxo, ácido fosfórico, colina e esfingosina (Figura 21-10). A combinação de esfingosina mais ácido graxo é conhecida como **ceramida**, uma estrutura também encontrada nos glicoesfingolipídeos (ver próxima seção).

FIGURA 21-10 Esfingomielina.

O fosfatidilinositol é um precursor de segundos mensageiros

O inositol está presente no **fosfatidilinositol**, assim como no estereoisômero, mioinositol (Figura 21-9). Os fosfatidilinositóis fosforilados (**fosfoinositídeos**) são componentes minoritários das membranas celulares, mas desempenham funções importantes em processos de **sinalização celular e transporte através das membranas**. Os fosfoinositídeos podem ter 1, 2 ou 3 grupamentos fosfatos acoplados ao anel inositol. Por exemplo, o **fosfatidilinositol-4,5-bifosfato (PiP₂)** é clivado em **diacilglicerol** e **inositol-trifosfato** por meio de estimulação com agonista hormonal apropriado, e ambos atuam como sinais internos ou segundos mensageiros.

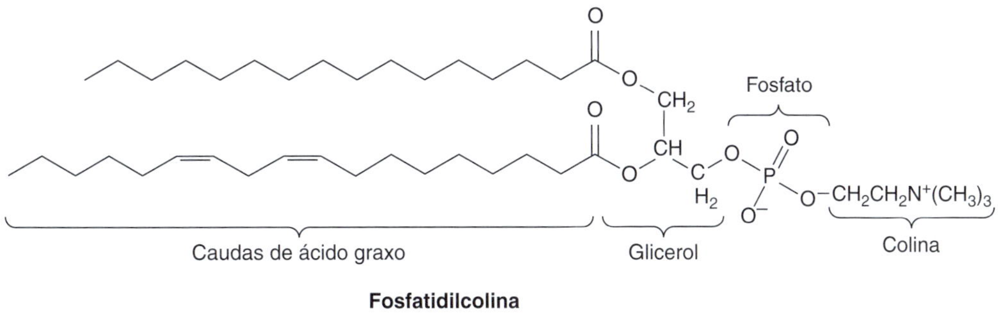

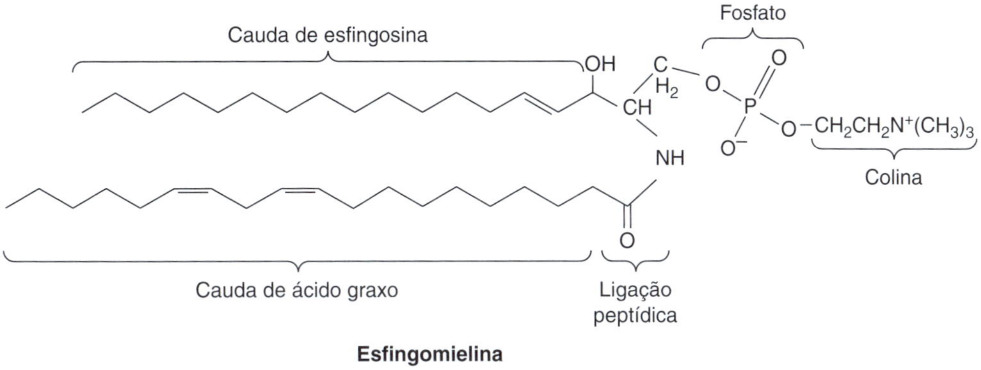

FIGURA 21-11 Comparação das estruturas dos glicerofosfolipídeos e esfingolipídeos. Os dois tipos de fosfolipídeos possuem duas caudas hidrocarbonadas; nos glicerofosfolipídeos, ambas são cadeias de ácidos graxos (está mostrada a fosfatidilcolina com um ácido graxo saturado e um insaturado) e, nos esfingolipídeos, uma é uma cadeia de ácido graxo e a outra é parte de uma porção da esfingosina (está mostrada uma esfingomielina). As duas caudas hidrofóbicas e o grupo cabeça polar são importantes para a função desses fosfolipídeos na bicamada lipídica das membranas celulares (ver Capítulo 40).

A cardiolipina é um lipídeo importante das membranas mitocondriais

O ácido fosfatídico é um precursor do **fosfatidilglicerol**, que, por sua vez, dá origem à **cardiolipina** (Figura 21-9). Esse fosfolipídeo é encontrado apenas nas mitocôndrias e é essencial para a função mitocondrial. Os níveis diminuídos de cardiolipina ou as alterações em sua estrutura ou no seu metabolismo provocam disfunção mitocondrial no envelhecimento e em condições patológicas, incluindo insuficiência cardíaca, hipotireoidismo e síndrome de Barth (miopatia cardioesquelética).

Os lisofosfolipídeos são intermediários no metabolismo dos fosfoglicerídeos

Estes fosfoacilgliceróis contêm apenas um radical acil, por exemplo, **lisofosfatidilcolina (lisolecitina)** (Figura 21-12), importante no metabolismo e na interconversão dos fosfolipídeos. Esse composto também é encontrado em lipoproteínas oxidadas e foi implicado em alguns de seus efeitos na promoção da **aterosclerose**.

Os plasmalogênios ocorrem no encéfalo e no músculo

Esses compostos constituem 10 a 30% dos fosfolipídeos do encéfalo e do coração. Do ponto de vista estrutural, os plasmalogênios assemelham-se à fosfatidiletanolamina, porém apresentam uma ligação éter no carbono sn-1, em vez da ligação éster encontrada nos acilgliceróis. Em geral, o radical alquil é um álcool insaturado (**Figura 21-13**). Em alguns casos, a colina, a serina ou o inositol podem substituir a etanolamina. A função dos plasmalogênios permanece mal compreendida, mas tem sido sugerido que podem ter efeito protetor contra espécies reativas de oxigênio.

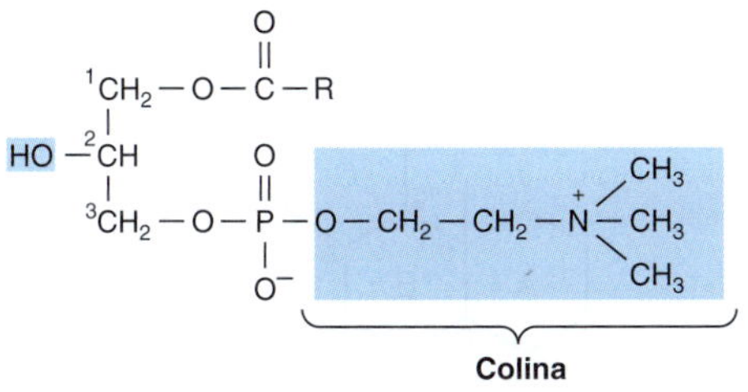

FIGURA 21-12 Lisofosfatidilcolina (lisolecitina).

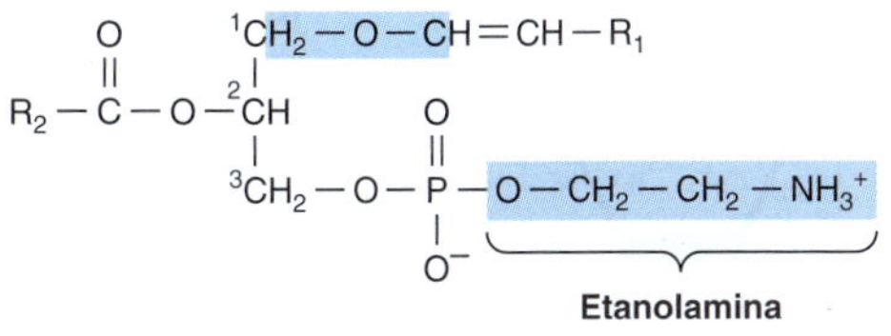

FIGURA 21-13 Plasmalogênio.

OS GLICOLIPÍDEOS (GLICOESFINGOLIPÍDEOS) SÃO IMPORTANTES NOS TECIDOS NERVOSOS E NA MEMBRANA CELULAR

Os glicolipídeos são lipídeos com um carboidrato (ou uma cadeia de carboidratos) acoplado. Os glicolipídeos estão amplamente distribuídos em qualquer tecido do organismo, sobretudo no tecido nervoso, como o encéfalo. Eles ocorrem particularmente na camada externa da membrana plasmática, onde formam os **carboidratos de superfície celular** que constituem o **glicocálice** (ver Capítulo 15).

Os principais glicolipídeos encontrados nos tecidos animais são os glicoesfingolipídeos. Eles contêm ceramida e um ou mais açúcares. A **galactosilceramida** (**Figura 21-14**) é um glicoesfingolipídeo majoritário no encéfalo e em outros tecidos nervosos, encontrada em quantidades relativamente baixas em outras partes. Ela contém inúmeros ácidos graxos C24 característicos, como o ácido cerebrônico.

A galactosilceramida pode ser convertida em sulfogalactosilceramida (**sulfatídeo**), que possui um grupamento sulfato acoplado ao O na posição três da galactose e está presente em grandes quantidades na **mielina**. A **glicosilceramida** é semelhante à galactosilceramida, mas o grupo cabeça polar é a glicose, em vez da galactose. A glicosilceramida é o glicoesfingolipídeo simples predominante nos tecidos extraneurais, e também ocorre no encéfalo em pequenas quantidades. Os **gangliosídeos** são glicoesfingolipídeos complexos derivados da glicosilceramida, que também contêm uma ou mais moléculas de um **ácido siálico**. O **ácido neuramínico** (NeuAc; ver Capítulo 15) é o principal ácido siálico encontrado nos tecidos humanos. Os gangliosídeos também estão presentes nos tecidos nervosos em concentrações elevadas. Eles atuam no reconhecimento e na comunicação entre células e atuam como receptores para hormônios e toxinas bacterianas, como a toxina da cólera. O gangliosídeo mais simples encontrado nos tecidos é o GM_3, o qual contém ceramida, uma molécula de glicose, uma molécula de galactose e uma molécula de NeuAc. Na nomenclatura abreviada utilizada, G representa gangliosídeo; M é uma espécie contendo monossialo; e o subscrito 3 é um número designado com base na migração cromatográfica. O GM1 (**Figura 21-15**), gangliosídeo mais complexo derivado do GM_3, é de considerável interesse biológico, pois se sabe que ele é o receptor no intestino humano para a **toxina da cólera**. Outros gangliosídeos podem conter de 1 a 5 moléculas de ácido siálico, originando di-, trissialogangliosídeos, etc.

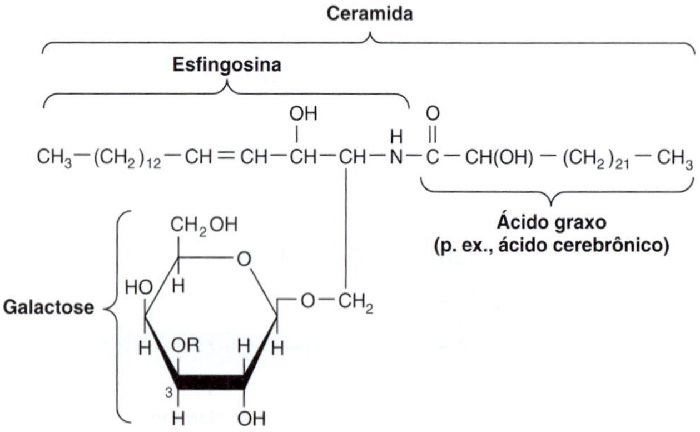

FIGURA 21-15 Gangliosídeo GM1, um monosialogangliosídeo, o receptor para a toxina da cólera no intestino humano.

OS ESTEROIDES DESEMPENHAM MUITAS FUNÇÕES FISIOLOGICAMENTE IMPORTANTES

Embora o **colesterol** provavelmente seja mais conhecido pela maioria das pessoas em virtude de sua associação à **aterosclerose** e à doença cardíaca, ele desempenha muitas funções essenciais no organismo. É o precursor de um grande número de **esteroides** igualmente importantes, que incluem os **ácidos biliares**, os **hormônios corticossuprarrenais**, os **hormônios sexuais**, a **vitamina D** (ver Capítulos 26, 41 e 44) e os **glicosídeos cardíacos**.

Todos os esteroides apresentam um núcleo cíclico similar, assemelhando-se ao fenantreno (anéis A, B e C), ao qual se liga um anel de ciclopentano (D). As posições dos carbonos no núcleo esteroide são numeradas conforme mostrado na **Figura 21-16**. É importante imaginar que, nas fórmulas estruturais dos esteroides, um anel hexagonal simples indica um anel de seis carbonos totalmente saturado com todas as valências satisfeitas pelas ligações de hidrogênio, salvo demonstração contrária; isto é, ele não é um anel benzênico. Todas as ligações duplas são mostradas dessa forma. As cadeias laterais de grupamentos metil são evidenciadas como ligações simples não acopladas na extremidade oposta (metil). Em geral, essas cadeias ocorrem nas posições 10 e 13 (constituindo os átomos de C 19 e 18). Uma cadeia lateral na posição 17 é comum (como no colesterol). Quando o composto possui um ou mais grupamentos hidroxil e nenhum grupamento carbonila ou carboxila, é um **esterol**, e seu nome termina em *-ol*.

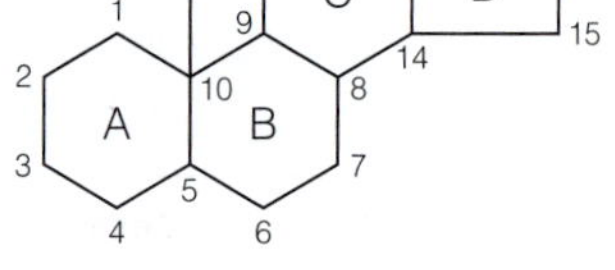

FIGURA 21-14 Estrutura da galactosilceramida.

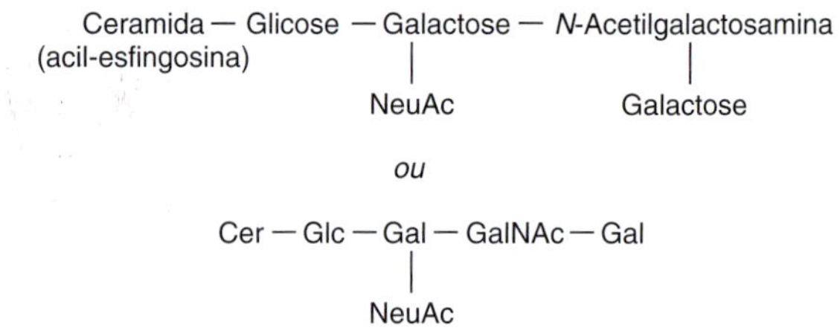

FIGURA 21-16 O núcleo do esteroide.

Devido à assimetria na molécula de esteroide, muitos estereoisômeros são possíveis

Cada um dos anéis de seis carbonos do núcleo esteroide é capaz de existir na conformação tridimensional tanto de uma "cadeira" quanto de um "barco" (**Figura 21-17**). Nos esteroides de ocorrência natural, quase todos os anéis estão na forma de "cadeira", a qual constitui a conformação mais estável. Se os anéis forem comparados entre eles, podem ser *cis* ou *trans* (**Figura 21-18**). A junção entre os anéis A e B pode ser *cis* ou *trans* nos esteroides de ocorrência natural. A junção entre B e C é *trans*, como ocorre habitualmente na junção C/D. As ligações que fixam os grupamentos substitutos acima do plano dos anéis (ligações β) são mostradas como linhas sólidas em negrito, ao passo que as ligações que prendem os grupamentos abaixo (ligações α) são indicadas por linhas tracejadas. O anel A de um esteroide 5α (i.e., o hidrogênio na posição 5 encontra-se na configuração α) é sempre *trans* para o anel B, enquanto é *cis* em um esteroide 5β (i.e., o hidrogênio na posição 5 encontra-se na configuração β). Os grupamentos metil ligados a C10 e C13 estão invariavelmente na configuração β.

O colesterol é um componente significativo de muitos tecidos

O colesterol (**Figura 21-19**) está amplamente distribuído em todas as células do organismo, mas principalmente no tecido nervoso. Trata-se de um importante constituinte da membrana plasmática (ver Capítulo 40) e das lipoproteínas plasmáticas (ver Capítulo 26). Com frequência, é encontrado como **éster de colesteril**, onde o grupamento hidroxil na posição 3 é esterificado com um ácido graxo de cadeia longa. Ele ocorre em animais, mas não em plantas ou em bactérias.

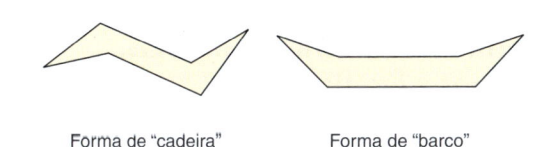

FIGURA 21-17 Conformações dos estereoisômeros do núcleo esteroide.

FIGURA 21-18 Núcleo esteroide generalizado, mostrando (A) uma configuração todo-*trans* entre anéis adjacentes, e (B) uma configuração *cis* entre os anéis A e B.

FIGURA 21-19 Colesterol.

O ergosterol é um precursor da vitamina D

O ergosterol ocorre em plantas e leveduras e é importante como fonte dietética de vitamina D (**Figura 21-20**). Quando irradiado com luz ultravioleta na pele, o anel B é aberto para formar vitamina D_2 em um processo semelhante ao que forma a vitamina D_3 a partir de 7-desidrocolesterol na pele (ver Figura 44-3).

Os poliprenoides compartilham o mesmo composto original com o colesterol

Os **poliprenoides** não são esteroides, porém estão relacionados com eles, visto que são sintetizados, como o colesterol (ver Figura 26-2), a partir de unidades de isopreno de cinco carbonos (**Figura 21-21**). Eles compreendem a **ubiquinona** (ver Capítulo 13), que participa da cadeia respiratória nas mitocôndrias, e o álcool de cadeia longa **dolicol** (**Figura 21-22**), que participa da síntese de glicoproteínas ao transferir resíduos de carboidratos para resíduos de asparagina no polipeptídeo (ver Capítulo 46). Poliprenoides derivados de plantas incluem a borracha, a cânfora, as vitaminas lipossolúveis A, D, E e K e o β-caroteno (provitamina A).

A PEROXIDAÇÃO LIPÍDICA É UMA FONTE DE RADICAIS LIVRES

A peroxidação (**auto-oxidação**) dos lipídeos expostos ao oxigênio é responsável não somente pela deterioração dos alimentos (**ranço**), mas também por danos aos tecidos *in vivo*, podendo constituir causa de câncer, doenças inflamatórias, aterosclerose e envelhecimento. Considera-se que os efeitos deletérios são causados pelos **radicais livres**, moléculas que possuem elétrons de valência não pareados, tornando-os altamente reativos. Os radicais livres contendo oxigênio (p. ex., ROO•, RO•, OH•) são chamados de **espécies reativas de oxigênio** (**EROs**). Estas são produzidas durante a formação de peróxidos a partir de ácidos graxos contendo ligações duplas

FIGURA 21-20 Ergosterol.

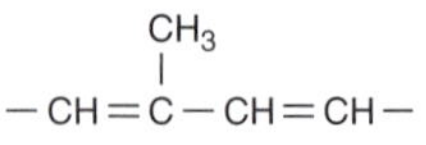

FIGURA 21-21 Unidade de isopreno.

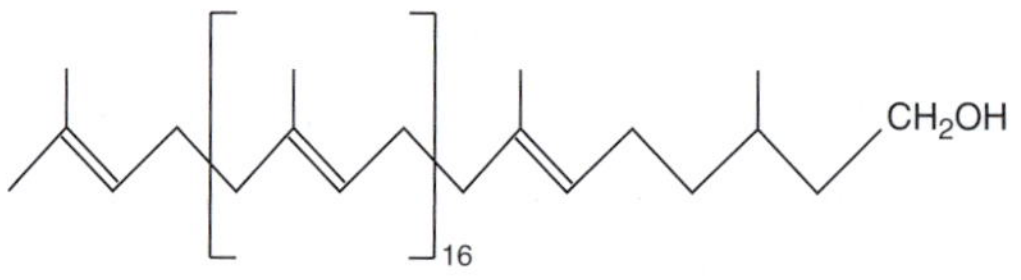

FIGURA 21-22 Dolicol – um álcool C95.

interrompidas por metileno, ou seja, aqueles encontrados nos ácidos graxos poli-insaturados que ocorrem naturalmente (**Figura 21-23**). A **peroxidação lipídica** é uma reação em cadeia, em que os radicais livres formados no estágio inicial por sua vez geram maiores números (propagação), exercendo, assim, efeitos potencialmente devastadores. Os processos de iniciação e propagação podem ser descritos da seguinte maneira:

1. Iniciação:

   $ROOH + Metal^{(n)+} \rightarrow ROO^{\bullet} + Metal^{(n-1)+} + H^+$

   $X^{\bullet} + RH \rightarrow R^{\bullet} + XH$

2. Propagação:

   $R^{\bullet} + O_2 \rightarrow ROO^{\bullet}$

   $ROO^{\bullet} + RH \rightarrow ROOH + R^{\bullet}$, etc.

O processo pode ser finalizado no terceiro estágio:

3. Terminação:

   $ROO^{\bullet} + ROO^{\bullet} \rightarrow ROOR + O_2$

   $ROO^{\bullet} + R^{\bullet} \rightarrow ROOR$

   $R^{\bullet} + R^{\bullet} \rightarrow RR$

Para controlar a reduzir a peroxidação lipídica, tanto os seres humanos em suas atividades quanto a natureza utilizam **antioxidantes**. O galato de propila, o hidroxianisol butilado (BHA) e o hidroxitolueno butilado (BHT) são antioxidantes empregados como aditivos alimentares. Os antioxidantes de ocorrência natural incluem a vitamina E (tocoferol) (ver Capítulo 44), que é lipossolúvel, bem como o urato e a vitamina C, que são hidrossolúveis. O β-caroteno é um antioxidante em PO_2 baixa. Os antioxidantes são classificados em dois tipos: (1) **antioxidantes preventivos**, que reduzem a velocidade de iniciação da cadeia (estágio 1, anteriormente) e (2) **antioxidantes que causam ruptura da cadeia** e interferem na propagação da cadeia (estágio 2, anteriormente). Os antioxidantes preventivos incluem a catalase e outras peroxidases, como a glutationa-peroxidase (ver Figura 20-3), que reagem com ROOH; o selênio, que é um componente essencial da glutationa-peroxidase e que regula a sua atividade; e quelantes de íons metálicos, como o etilenodiaminotetracetato (EDTA) e o dietilenotriaminopentacetato (DTPA). *In vivo*, os principais antioxidantes que causam ruptura da cadeia são a superóxido-dismutase, que atua na fase aquosa para capturar os radicais livres superóxidos ($O_2^{\bullet}$), o urato e a vitamina E, que atua na fase lipídica para capturar radicais $ROO^{\bullet}$.

A peroxidação também é catalisada *in vivo* por compostos contendo heme e pelas **lipoxigenases** (ver Figura 23-13) encontradas em plaquetas e leucócitos. Os outros produtos de auto-oxidação ou oxidação enzimática de importância fisiológica incluem os **oxiesteróis** (formados a partir do colesterol) e os **isoprostanos** semelhantes às prostaglandinas (formados a partir da peroxidação de ácidos graxos poli-insaturados, como o ácido araquidônico), que são utilizados como marcadores seguros de estresse oxidativo nos seres humanos.

AUTO-ORIENTAÇÃO DE LIPÍDEOS ANFIPÁTICOS EM INTERFACES ÓLEO-ÁGUA

Eles formam membranas, micelas, lipossomos e emulsões

Em geral, os lipídeos são insolúveis em água, pois contêm predominância de grupamentos apolares (hidrocarbonetos). No entanto, ácidos graxos, fosfolipídeos, esfingolipídeos, sais biliares e, em menor grau, o colesterol contêm grupamentos

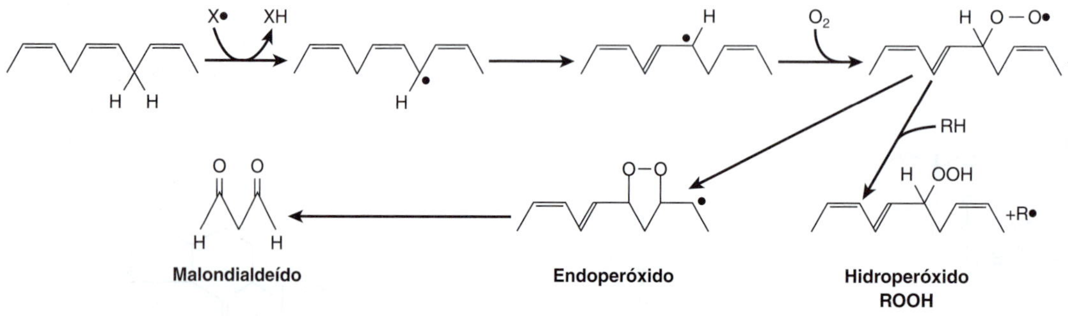

FIGURA 21-23 Peroxidação lipídica. A reação é iniciada por um radical livre existente (X•), pela luz ou por íons metálicos. O malondialdeído é formado somente por ácidos graxos com três ou mais ligações duplas e é utilizado como medida da peroxidação lipídica, com o etano oriundo dos dois carbonos terminais de ácidos graxos ω3 e do pentano originário dos cinco carbonos terminais de ácidos graxos ω6.

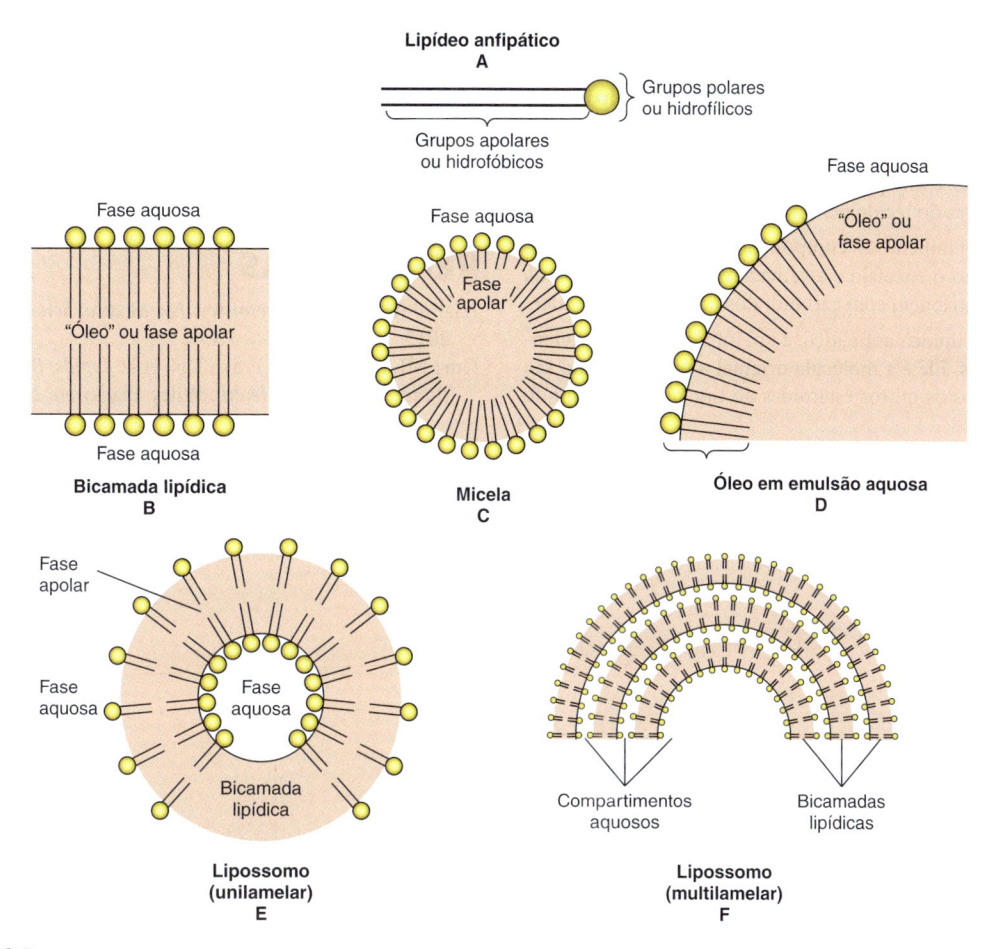

FIGURA 21-24 Formação de membranas lipídicas, micelas, emulsões e lipossomos a partir de lipídeos anfipáticos; por exemplo, os fosfolipídeos.

polares. Portanto, uma parte da molécula é **hidrofóbica**, ou insolúvel em água, e uma parte é **hidrofílica**, ou solúvel em água. Essas moléculas são descritas como **anfipáticas (Figura 21-24)**. Elas orientam-se nas interfaces óleo-água, com o grupamento polar na fase aquosa e o grupamento apolar na fase oleosa. Uma camada dupla desses lipídeos anfipáticos constitui a estrutura básica das **membranas** biológicas (ver Capítulo 40). Quando uma concentração crítica desses lipídeos está presente em meio aquoso, eles formam **micelas**. Os **lipossomos** podem ser formados pela sonicação de um lipídeo anfipático em meio aquoso. Eles consistem em esferas de bicamadas lipídicas que cercam parte do meio aquoso. As agregações de sais biliares nas micelas e nos lipossomos e a formação de **micelas mistas** com produtos da digestão lipídica são importantes na facilitação da absorção dos lipídeos a partir dos intestinos. Os lipossomos apresentam uso clínico potencial – principalmente quando combinados a anticorpos tecido-específicos – como transportadores de fármacos na circulação, direcionados para órgãos específicos; por exemplo, na terapia do câncer. Além disso, eles são utilizados para a transferência de gene para dentro das células vasculares e como transportadores para o fornecimento tópico e transdérmico de fármacos e cosméticos. As **emulsões** são partículas muito maiores, formadas geralmente por lipídeos apolares em meio aquoso. Elas são estabilizadas por agentes emulsificantes como lipídeos anfipáticos (p. ex., fosfatidilcolina), que formam uma camada na superfície, separando grande quantidade do material apolar da fase aquosa (Figura 21-24).

RESUMO

- Os lipídeos possuem a propriedade comum de ser relativamente insolúveis em água (hidrofóbicos), mas solúveis em solventes não polares. Os lipídeos anfipáticos também contêm um ou mais grupamentos polares, tornando-os apropriados como constituintes de membranas nas interfaces lipídeo-água.

- Os lipídeos de maior importância fisiológica incluem os ácidos graxos e seus ésteres, juntamente com o colesterol e outros esteroides.

- Os ácidos graxos de cadeia longa podem ser saturados, monoinsaturados ou poli-insaturados, de acordo com o número de ligações duplas existentes. A sua fluidez diminui com o comprimento da cadeia e aumenta de acordo com o grau de insaturação.

- Os eicosanoides são formados a partir de ácidos graxos poli-insaturados com 20 átomos de carbono e constituem um grupo importante de compostos ativos do ponto de vista fisiológico e farmacológico, conhecidos como prostaglandinas, tromboxanos, leucotrienos e lipoxinas.

- Os ésteres de glicerol são, do ponto de vista quantitativo, os lipídeos mais significativos, representados pelo triacilglicerol ("gordura"), importante componente de algumas classes de lipoproteína e forma de armazenamento de lipídeos no tecido adiposo. Os glicerofosfolipídeos e os esfingolipídeos são lipídeos anfipáticos e possuem funções importantes – como principais constituintes de membranas e da camada exterior de lipoproteínas, como surfactante nos pulmões, como precursores de segundos mensageiros e como constituintes do tecido nervoso.

- Os glicolipídeos também são componentes importantes do tecido nervoso, como o encéfalo e a camada externa da membrana celular, onde contribuem com carboidratos na superfície celular.
- O colesterol, um lipídeo anfipático, é um importante componente de membranas. Ele é a molécula original a partir da qual são sintetizados todos os outros esteroides no organismo, incluindo hormônios importantes como os corticossuprarrenais e os sexuais, as vitaminas D e os ácidos biliares.
- A peroxidação dos lipídeos que contêm ácidos graxos poli-insaturados leva à produção de radicais livres que causam danos aos tecidos e provocam doenças.

REFERÊNCIAS

Eljamil AS: *Lipid Biochemistry: For Medical Sciences*. iUniverse, 2015.

Gurr MI, Harwood JL, Frayn KN, et al: *Lipids, Biochemistry, Biotechnology and Health*. Wiley-Blackwell, 2016.

Oxidação dos ácidos graxos e cetogênese

C A P Í T U L O
22

Kathleen M. Botham, Ph.D., D.Sc. e Peter A. Mayes, Ph.D., D.Sc.

O B J E T I V O S

Após o estudo deste capítulo, você deve ser capaz de:

- Descrever os processos pelos quais os ácidos graxos são transportados no sangue, ativados e transportados para a matriz das mitocôndrias para a sua degradação e consequente obtenção de energia.
- Delinear a via da β-oxidação pela qual os ácidos graxos são metabolizados em acetil-CoA e explicar como esse processo leva à produção de grandes quantidades de ATP.
- Identificar os três compostos denominados "corpos cetônicos" e descrever as reações pelas quais são formados nas mitocôndrias hepáticas.
- Reconhecer que os corpos cetônicos são combustíveis importantes para os tecidos extra-hepáticos e indicar as condições nas quais a sua síntese e utilização são favorecidas.
- Indicar os três estágios no metabolismo dos ácidos graxos em que a cetogênese é regulada.
- Compreender que a produção excessiva de corpos cetônicos leva ao desenvolvimento de cetose e, quando prolongada, de cetoacidose, e identificar as condições patológicas nas quais esse processo ocorre.
- Fornecer exemplos de doenças associadas ao comprometimento da oxidação dos ácidos graxos.

IMPORTÂNCIA BIOMÉDICA

Os ácidos graxos são degradados nas mitocôndrias pela sua oxidação à acetil-CoA, em um processo que gera grandes quantidades de energia. Quando essa via ocorre em alta velocidade, o fígado produz três compostos – o **acetoacetato**, o **D-3-hidroxibutirato** e a **acetona** – conhecidos coletivamente como **corpos cetônicos**. O acetoacetato e o D-3-hidroxibutirato são utilizados como fontes de energia pelos tecidos extra-hepáticos no metabolismo normal, porém a produção excessiva de corpos cetônicos provoca **cetose**. O aumento na oxidação dos ácidos graxos e, consequentemente, o desenvolvimento de cetose constituem uma característica da inanição e do diabetes melito. Como os corpos cetônicos são ácidos, a sua produção em excesso por longos períodos de tempo, como ocorre no diabetes melito, causa **cetoacidose**, que acaba sendo fatal. Como a gliconeogênese depende da oxidação dos ácidos graxos, qualquer comprometimento na oxidação dos ácidos graxos leva à **hipoglicemia**. Isso ocorre em vários estados de **deficiência de carnitina** ou de deficiência de enzimas essenciais para a oxidação dos ácidos graxos, como a **carnitina-palmitoil-transferase**, ou durante a inibição da oxidação dos ácidos graxos por substâncias tóxicas, como a **hipoglicina**.

A OXIDAÇÃO DOS ÁCIDOS GRAXOS OCORRE NAS MITOCÔNDRIAS

Embora a acetil-CoA constitua tanto um ponto final do catabolismo dos ácidos graxos quanto o substrato inicial para a síntese de ácidos graxos, a degradação não constitui simplesmente o reverso da via de biossíntese, porém um processo totalmente separado, que ocorre em um compartimento diferente da célula. A separação entre a oxidação dos ácidos graxos, que ocorre nas mitocôndrias, e a sua biossíntese, que ocorre no citosol, permite que cada um desses dois processos seja controlado e integrado de acordo com as suas necessidades teciduais. Cada etapa na oxidação dos ácidos graxos envolve derivados de acil-CoA, é catalisada por enzimas distintas, utiliza NAD$^+$ e FAD como coenzimas e gera trifosfato de adenosina (ATP, do inglês *adenosine triphosphate*). Trata-se de um processo aeróbio, que exige a presença de oxigênio.

Os ácidos graxos são transportados no sangue como ácidos graxos livres

Os ácidos graxos livres (AGLs) – também chamados de ácidos graxos não esterificados (AGNEs) (ver Capítulo 21) – são ácidos graxos que estão no **estado não esterificado**. No plasma, os AGLs de cadeias mais longas são combinados com a **albumina**, enquanto na célula estão ligados a uma **proteína de ligação de ácidos graxos**, de modo que, na verdade, nunca estão realmente "livres". Os ácidos graxos de cadeias mais curtas são mais hidrossolúveis e ocorrem como ácidos não ionizados ou como ânions de ácido graxo.

Os ácidos graxos são ativados antes de ser catabolizados

Os ácidos graxos devem ser inicialmente convertidos em um intermediário ativo antes que possam ser catabolizados. Trata-se da única etapa em todo o processo de degradação de um ácido graxo que requer a energia proveniente do ATP. Na presença de ATP e de coenzima A, a **enzima acil-CoA-sintetase** (**tiocinase**) catalisa a conversão de um AGL a um "ácido graxo ativado" ou **acil-CoA**, usando um fosfato de alta energia e formando monofosfato de adenosina (AMP, do inglês *adenosine monophosphate*) e pirofosfato inorgânico (PP_i) (**Figura 22-1**).

O PP_i é hidrolisado pela **pirofosfatase inorgânica**, com perda de mais um fosfato de alta energia, assegurando o progresso da reação global até o seu término. As acil-CoA-sintetases são encontradas no retículo endoplasmático, nos peroxissomos e na membrana externa das mitocôndrias.

Os ácidos graxos de cadeia longa atravessam a membrana mitocondrial interna como derivados da carnitina

A **carnitina** (butirato de β-hidroxi-γ-trimetilamônio), $(CH_3)_3$ N^+—CH_2—$CH(OH)$—CH_2—COO^-, possui ampla distribuição e é particularmente abundante no músculo. Acilas-CoA de cadeia longa (ou AGLs) não podem atravessar a membrana interna das mitocôndrias. Na presença de carnitina, no entanto, a **carnitina-palmitoil-transferase-I**, localizada na membrana mitocondrial externa, transfere grupos acil de cadeia longa da CoA para a carnitina, formando **acilcarnitina** e liberando CoA. A acilcarnitina é capaz de penetrar na membrana interna e ter acesso ao sistema enzimático da β-oxidação por meio do transportador de troca na membrana interna, **carnitina-acilcarnitina-translocase**. O transportador liga acilcarnitina e a transporta através da membrana em troca de carnitina. O grupo acil é, então, transferido para a CoA, de forma que acil-CoA é formada novamente e a carnitina é liberada. Essa reação é catalisada pela **carnitina-palmitoil-transferase-II**, que está localizada no lado de dentro da membrana interna (Figura 22-1).

A β-OXIDAÇÃO DE ÁCIDOS GRAXOS ENVOLVE CLIVAGENS SUCESSIVAS COM LIBERAÇÃO DE ACETIL-CoA

Na **Figura 22-2**, que mostra a via de oxidação dos ácidos graxos, são clivados dois carbonos de moléculas de acil-CoA,

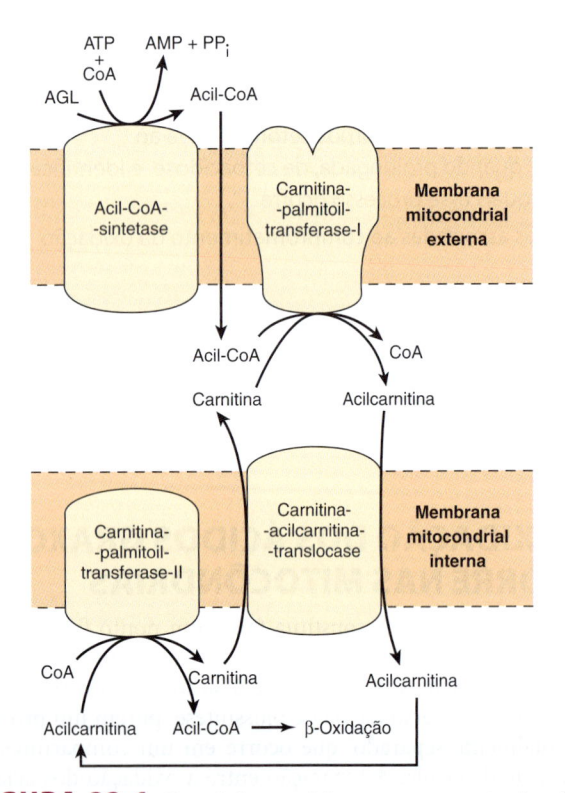

FIGURA 22-1 Papel da carnitina no transporte dos ácidos graxos de cadeia longa através da membrana mitocondrial interna. A acil-CoA de cadeia longa, que é formada pela acil-CoA-sintetase, entra no espaço intermembrana. Para o seu transporte através da membrana interna, os grupos acil precisam ser transferidos da CoA para a carnitina pela carnitina-palmitoil-transferase-I. A acilcarnitina formada é, então, carreada para dentro da matriz por uma enzima translocase, em troca de carnitina livre, e ocorre nova formação de acil-CoA pela carnitina-palmitoil-transferase-II.

FIGURA 22-2 Visão geral da β-oxidação dos ácidos graxos.

começando na extremidade carboxílica. A cadeia é clivada entre os átomos de carbono α(2) e β(3) – razão pela qual o processo é denominado **β-oxidação**. As unidades de dois carbonos formadas são de acetil-CoA; por conseguinte, o palmitoil-CoA (C16) forma oito moléculas de acetil-CoA.

O ciclo da β-oxidação gera FADH$_2$ e NADH

Várias enzimas, conhecidas como "oxidase de ácidos graxos", são encontradas na matriz mitocondrial ou na membrana interna, adjacentes à cadeia respiratória. Elas catalisam a oxidação de acil-CoA à acetil-CoA por meio da via da β-oxidação. O sistema prossegue de forma cíclica, o que resulta na degradação de ácidos graxos longos à acetil-CoA. Nesse processo, grandes quantidades de equivalentes redutores FADH$_2$ e NADH são geradas e utilizadas para formar ATP pela fosforilação oxidativa (ver Capítulo 13) (**Figura 22-3**).

A primeira etapa consiste na remoção de dois átomos de hidrogênio a partir dos átomos de carbono 2(α) e 3(β), em uma reação catalisada pela **acil-CoA-desidrogenase**, que exige a presença de flavina adenina dinucleotídeo (FAD). Isso resulta na formação de Δ^2-*trans*-enoil-CoA e FADH$_2$. A água é adicionada para saturar a ligação dupla e formar 3-hidroxiacil-CoA, catalisada pela Δ^2-**enoil-CoA-hidratase**. O derivado 3-hidroxi sofre uma desidrogenação adicional no carbono 3, catalisada pela **L-3-hidroxiacil-CoA-desidrogenase**, com formação do composto 3-cetoacil-CoA correspondente. Nesse caso, o NAD$^+$ é a coenzima envolvida. Por fim, a 3-cetoacil-CoA é clivada na posição 2,3 pela **tiolase** (3-cetoacil-CoA-tiolase), formando acetil-CoA e uma nova acil-CoA com dois carbonos a menos do que a molécula original de acil-CoA. A acil-CoA formada na reação de clivagem entra novamente na via oxidativa, na reação 2 (Figura 22-3). Dessa forma, um ácido graxo de cadeia longa com número par de átomos de carbono pode ser completamente degradado à acetil-CoA (unidades de C$_2$). Por exemplo, após sete ciclos, o ácido graxo C16, palmitato, seria convertido a oito moléculas de acetil-CoA. Como a acetil-CoA pode ser oxidada a CO$_2$ e água por meio do ciclo do ácido cítrico (que também é encontrado no interior das mitocôndrias), obtém-se, então, a oxidação completa dos ácidos graxos.

Os ácidos graxos com número ímpar de átomos de carbonos são oxidados pela via da β-oxidação descrita, produzindo acetil-CoA até formar um resíduo de três carbonos (propionil-CoA). Esse composto é convertido em succinil-CoA, um constituinte do ciclo do ácido cítrico (ver Figura 16-2). Portanto, **o resíduo propionil de um ácido graxo de cadeia ímpar constitui a única parte de um ácido graxo que é glicogênica**.

A oxidação dos ácidos graxos produz uma grande quantidade de ATP

Cada ciclo de β-oxidação gera uma molécula de FADH$_2$ e uma molécula de NADH. A degradação de 1 mol do ácido graxo C16, o palmitato, necessita de sete ciclos e produz 8 mols de acetil-CoA. A oxidação dos equivalentes redutores pela cadeia respiratória leva à síntese de 28 mols de ATP (**Tabela 22-1** e

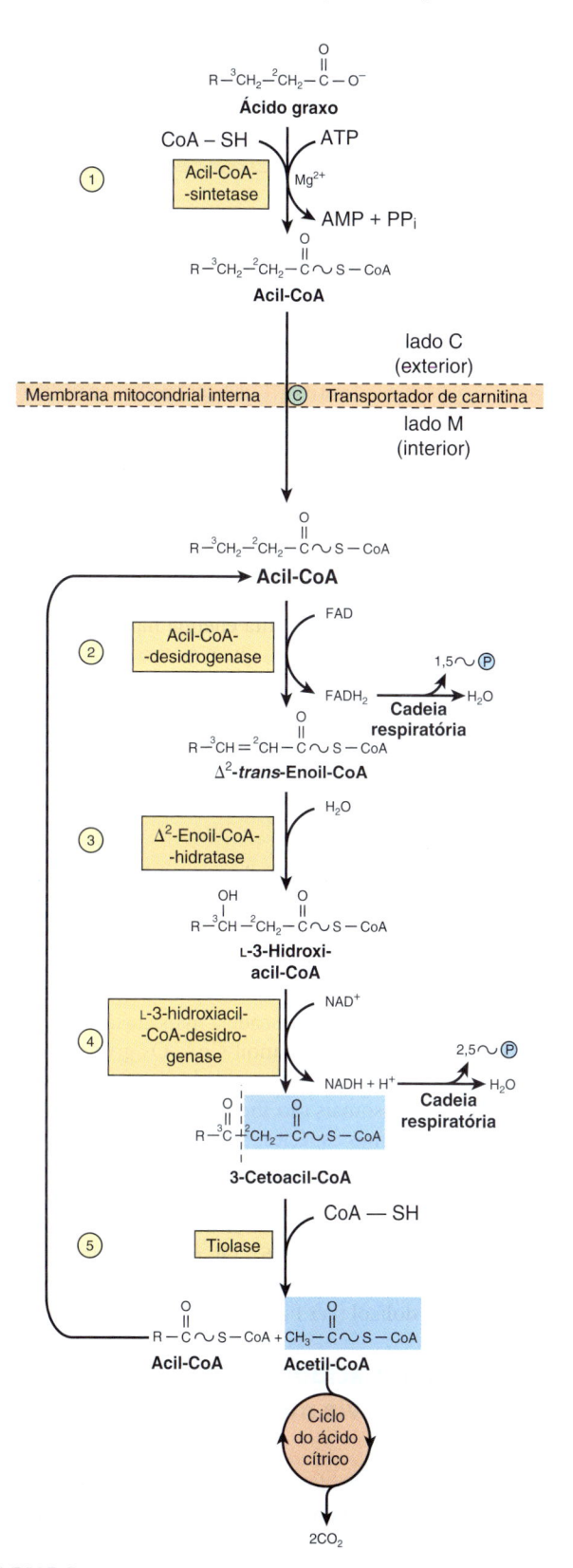

FIGURA 22-3 β-Oxidação dos ácidos graxos. A acil-CoA de cadeia longa é processada pelas reações ② a ⑤, com remoção de acetil-CoA, em cada ciclo, pela tiolase (reação ⑤). Quando o comprimento do radical acil é de apenas quatro átomos de carbono, são formadas duas moléculas de acetil-CoA na reação ⑤. (AMP, monofosfato de adenosina; ATP, trifosfato de adenosina; PPi, pirofosfato inorgânico.)

TABELA 22-1 Geração de ATP a partir da oxidação completa de um ácido graxo C16

Etapa	Produto	Quantidade de produto formado (mol)/mol palmitato	ATP formado (mol)/mol produto	ATP total formado (mol)/mol palmitato	ATP utilizado (mol)/mol palmitato
Ativação		–			2
β-Oxidação	$FADH_2$	7	1,5	10,5	–
β-Oxidação	NADH	7	2,5	17,5	–
Ciclo do ácido cítrico	Acetil-CoA	8	10	80	–
		Total de ATP formado (mol)/mol palmitato		108	
		Total de ATP utilizado (mol)/mol palmitato			2

A tabela mostra como a oxidação de 1 mol do ácido graxo C16, palmitato, gera 106 mols de ATP (108 formados no total − 2 utilizados na etapa de ativação).

ver Capítulo 13), enquanto a oxidação de acetil-CoA pelo ciclo do ácido cítrico produz 80 mols de ATP (Tabela 22-1 e ver Capítulo 16). Por conseguinte, a degradação de 1 mol de palmitato produz um total de 108 mols de ATP. Entretanto, são utilizados dois fosfatos de alta energia na etapa inicial de ativação (Figura 22-3), de modo que o ganho efetivo é de 106 mols de ATP por mol de palmitato utilizado (Tabela 22–1) ou 106 × 30,5* = 3.233 kJ. Isso representa 33% da energia livre obtida da combustão do ácido palmítico.

Os peroxissomos oxidam os ácidos graxos de cadeia muito longa

Nos **peroxissomos**, ocorre uma forma modificada de β-oxidação, que leva à degradação de ácidos graxos de cadeia muito longa (p. ex., C20, C22), com formação de acetil-CoA e H_2O_2, que é degradado pela catalase (ver Capítulo 12). Esse sistema não está ligado diretamente à fosforilação e à geração de ATP e não ataca os ácidos graxos de cadeia mais curta; a sequência de β-oxidação termina na octanoil-CoA. Os grupos octanoil e acetil são subsequentemente oxidados nas mitocôndrias. As enzimas peroxissomais são induzidas por dietas ricas em gordura e, em algumas espécies, por fármacos hipolipidêmicos, como o clofibrato.

Outro papel da β-oxidação peroxissomal consiste em encurtar a cadeia lateral do colesterol durante a formação dos ácidos biliares (ver Capítulo 26). Os peroxissomos também participam da síntese de glicerolipídeos éteres (ver Capítulo 24), colesterol e dolicol (ver Figura 26-2).

A oxidação dos ácidos graxos insaturados ocorre por uma via modificada de β-oxidação

Os ésteres de CoA de ácidos graxos insaturados são degradados pelas enzimas normalmente responsáveis pela β-oxidação até a formação de um composto Δ^3-*cis*-acil-CoA ou de um composto Δ^4-*cis*-acil-CoA, dependendo da posição das ligações duplas (**Figura 22-4**). O primeiro composto é isomerizado (Δ^3-*cis* → Δ^2-*trans*-**enoil-CoA-isomerase**) ao Δ^2-*trans*-CoA correspondente, para subsequente hidratação e oxidação.

Qualquer Δ^4-*cis*-acil-CoA remanescente, como no caso do ácido linoleico, ou que esteja entrando na via nesse ponto após conversão pela acil-CoA-desidrogenase em Δ^2-*trans*-Δ^4-*cis*-dienoil-CoA, é então metabolizado, conforme indicado na Figura 22-4.

A CETOGÊNESE OCORRE QUANDO HÁ UMA ELEVADA TAXA DE OXIDAÇÃO DE ÁCIDOS GRAXOS NO FÍGADO

Em condições metabólicas associadas a uma elevada taxa de oxidação dos ácidos graxos, o fígado produz quantidades consideráveis de **acetoacetato** e D-**3-hidroxibutirato** (β-hidroxibutirato). O acetoacetato sofre descarboxilação contínua e espontânea, produzindo **acetona**. Essas três substâncias são coletivamente conhecidas como **corpos cetônicos** (também denominados corpos de acetona ou "cetonas" [incorretamente**]) (**Figura 22-5**). O acetoacetato e o 3-hidroxibutirato sofrem interconversão pela enzima mitocondrial, a D-**3-hidroxibutirato-desidrogenase**; o equilíbrio é controlado pela razão [NAD^+]/[NADH] mitocondrial, isto é, pelo **estado redox**. A concentração total de corpos cetônicos no sangue de mamíferos bem-alimentados normalmente não ultrapassa 0,2 mmol/L. Entretanto, nos ruminantes, ocorre formação contínua de 3-hidroxibutirato a partir do ácido butírico (um produto da fermentação no rúmen) na parede do rúmen. Em animais não ruminantes, o fígado parece constituir o único órgão que contribui com quantidades significativas de corpos cetônicos no sangue. Os tecidos extra-hepáticos utilizam o acetoacetato e o 3-hidroxibutirato como substratos respiratórios. A acetona é um produto residual que, sendo volátil, pode ser excretado pelos pulmões. Como há síntese ativa, mas pouca utilização dos corpos cetônicos no fígado, enquanto eles são utilizados, mas não produzidos em tecidos extra-hepáticos, existe um fluxo líquido dos compostos para os tecidos extra-hepáticos (**Figura 22-6**).

---

* ΔG para a reação do ATP, conforme explicado no Capítulo 11.

** O termo "cetonas" não deve ser utilizado, já que existem cetonas no sangue que não são corpos cetônicos; por exemplo, o piruvato e a frutose.

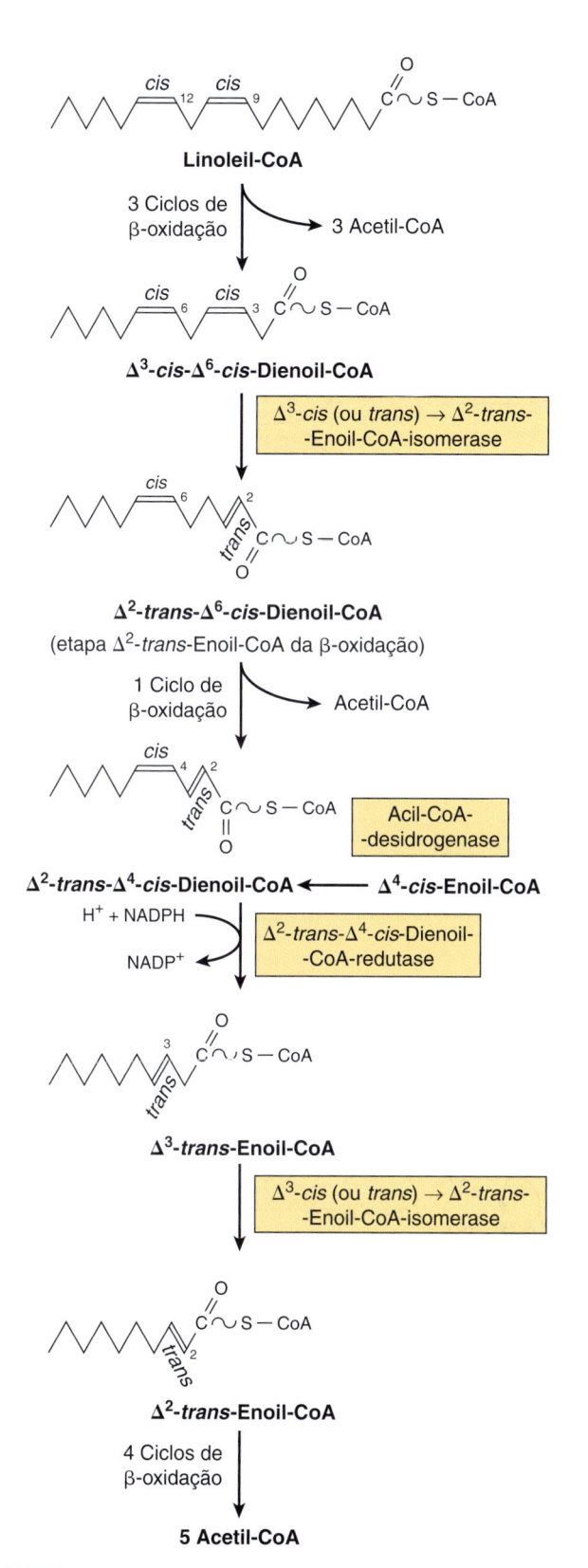

FIGURA 22-4 Sequência de reações na oxidação dos ácidos graxos insaturados, como o ácido linoleico. Os ácidos graxos Δ⁴-*cis* ou ácidos graxos que formam Δ⁴-*cis*-enoil-CoA entram na via na posição indicada na figura. O NADPH para a etapa da dienoil-CoA-redutase é fornecido por fontes intramitocondriais, como a glutamato-desidrogenase, a isocitrato-desidrogenase e a NAD(P)H *trans*-hidrogenase.

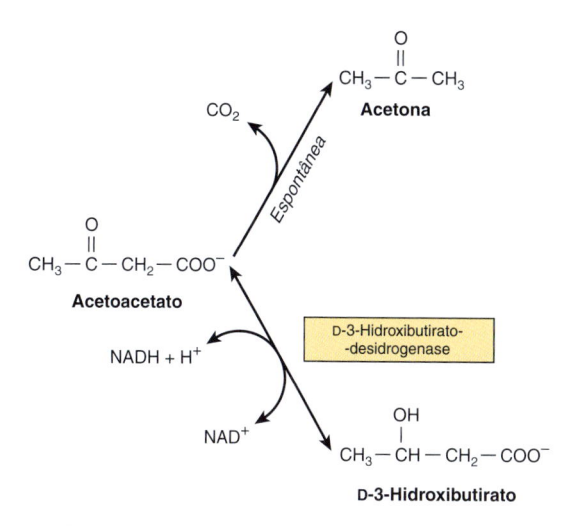

FIGURA 22-5 Inter-relações dos corpos cetônicos. A D-3-hidroxibutirato-desidrogenase é uma enzima mitocondrial.

A acetoacetil-CoA é o substrato para a cetogênese

As enzimas responsáveis pela formação dos corpos cetônicos (cetogênese) estão associadas principalmente às mitocôndrias. Ocorre formação de acetoacetil-CoA quando duas moléculas de acetil-CoA produzidas pela degradação de ácidos graxos se condensam para formar acetoacetil-CoA por meio de reversão da reação da **tiolase** (Figura 22-3); entretanto, pode também surgir diretamente a partir dos quatro carbonos terminais de um ácido graxo durante a β-oxidação (**Figura 22-7**). A condensação da acetoacetil-CoA com outra molécula de acetil-CoA pela **3-hidroxi-3-metilglutaril-CoA (HMG-CoA)-sintase** forma **HMG-CoA**. Em seguida, a **HMG-CoA-liase** realiza a clivagem da acetil-CoA da HMG-CoA, deixando o acetoacetato livre. **Ambas as enzimas precisam estar presentes nas mitocôndrias para que ocorra a cetogênese.** Nos mamíferos, os corpos cetônicos são formados exclusivamente no fígado e no epitélio do rúmen. O D-3-hidroxibutirato é, quantitativamente, o corpo cetônico predominante encontrado no sangue e na urina na presença de cetose.

Os corpos cetônicos servem como combustível para os tecidos extra-hepáticos

Embora o acetoacetato seja produzido por um mecanismo enzimático ativo a partir da acetoacetil-CoA no fígado, o acetoacetato, uma vez formado, só pode ser reativado diretamente no citosol, onde é utilizado em uma via diferente e muito menos ativa como precursor na síntese de colesterol (ver Capítulo 26). Isso explica a produção líquida de corpos cetônicos pelo fígado.

Nos tecidos extra-hepáticos, o acetoacetato é ativado a acetoacetil-CoA pela **succinil-CoA-acetoacetato-CoA-transferase**. A CoA é transferida da succinil-CoA para formar a acetoacetil-CoA (**Figura 22-8**). Em uma reação que necessita da adição de CoA, são formadas duas moléculas de acetil-CoA pela clivagem da acetoacetil-CoA pela tiolase, e essas moléculas são oxidadas no ciclo do ácido cítrico. Por essas vias, 1 mol de acetoacetato ou 3-hidroxibutirato produz, respectivamente,

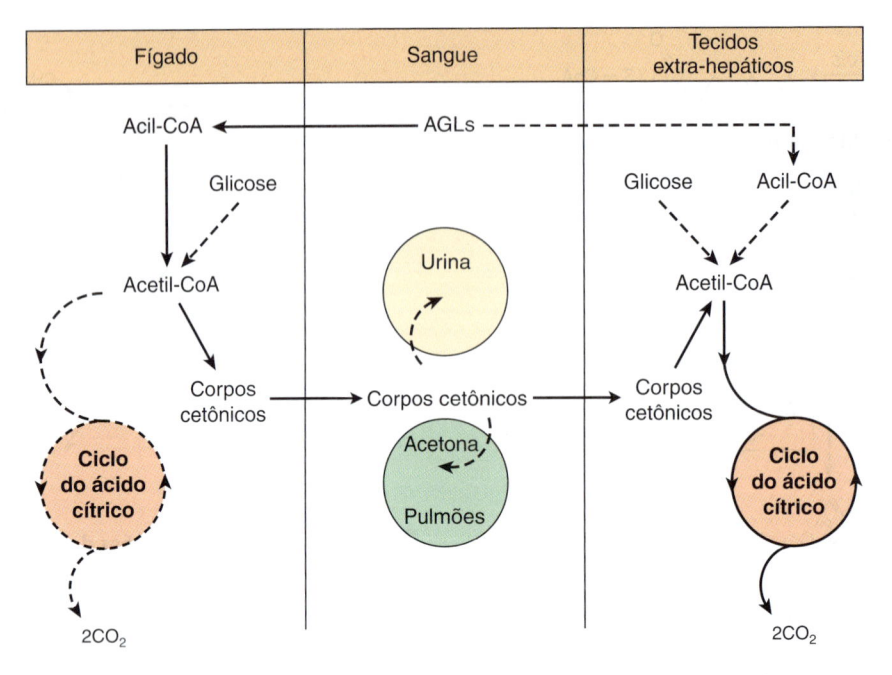

FIGURA 22-6 Formação, utilização e excreção dos corpos cetônicos. (A via principal está indicada por setas contínuas.) AGLs, ácidos graxos livres.

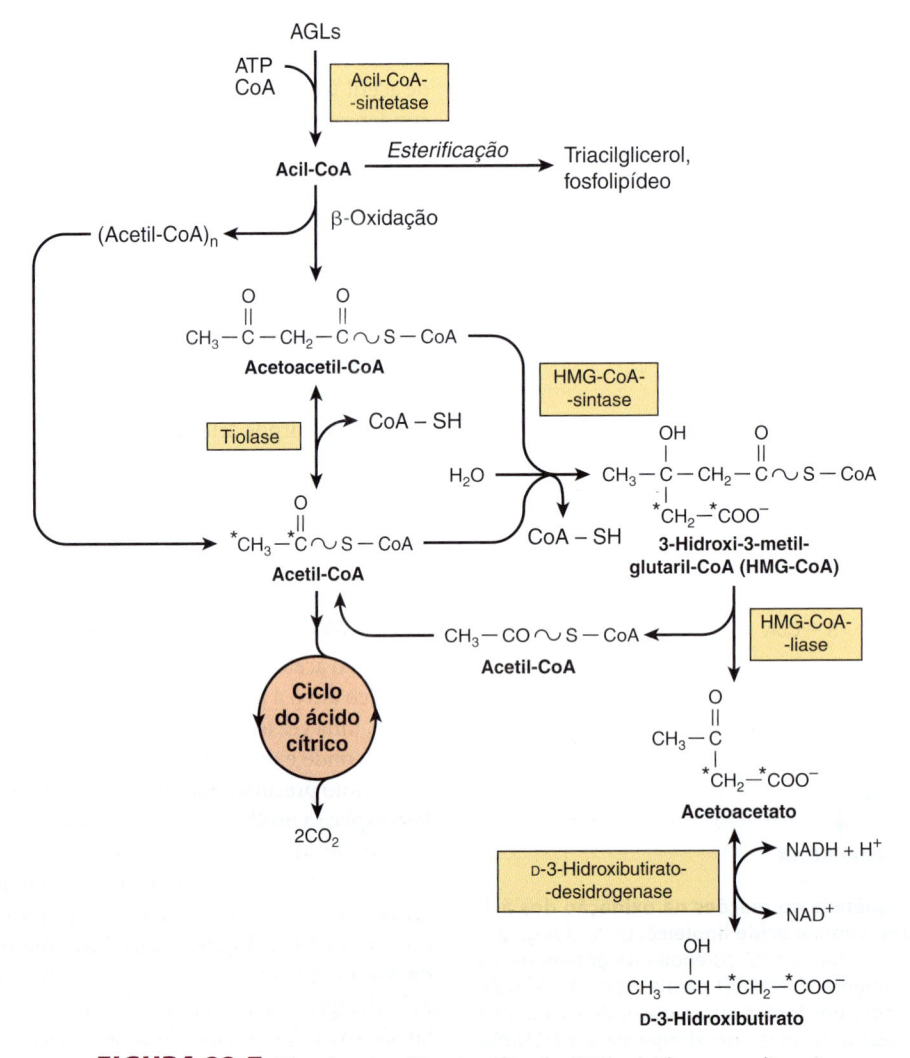

FIGURA 22-7 Vias da cetogênese no fígado. (AGLs, ácidos graxos livres.)

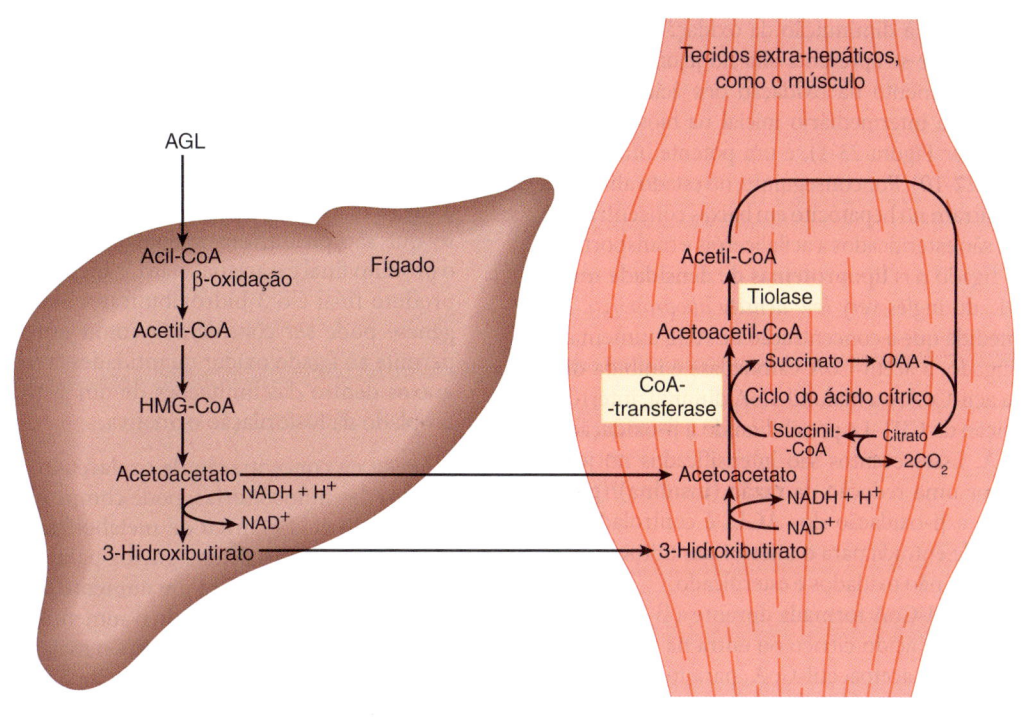

FIGURA 22-8 Transporte dos corpos cetônicos do fígado e vias de utilização e oxidação nos tecidos extra-hepáticos.

19 ou 21,5 mols de ATP. Se houver elevação dos níveis sanguíneos dos corpos cetônicos até uma concentração de cerca de 12 mmol/L, a maquinaria oxidativa torna-se saturada, e, nesse estágio, grande parte do consumo de oxigênio pode ser atribuída à sua oxidação.

Na cetonemia moderada, a perda de corpos cetônicos pela urina corresponde apenas a um pequeno percentual da produção e da utilização total dos corpos cetônicos. Como existem efeitos semelhantes ao limiar renal (não há um verdadeiro limiar), que variam de acordo com as espécies e os indivíduos, a determinação da cetonemia, e não da cetonúria, constitui o método preferido para avaliar a gravidade da cetose.

A CETOGÊNESE É REGULADA EM TRÊS ETAPAS CRUCIAIS

1. A cetose não ocorre *in vivo*, a não ser que haja aumento nos níveis de AGLs circulantes provenientes da lipólise do triacilglicerol no tecido adiposo. **Os AGLs são os precursores dos corpos cetônicos no fígado.** Tanto no estado alimentado quanto em condições de jejum, o fígado extrai cerca de 30% dos AGLs que passam por ele, de modo que, em altas concentrações, o fluxo que passa pelo fígado é substancial. **Portanto, os fatores que regulam a mobilização dos AGLs do tecido adiposo são importantes no controle da cetogênese (Figuras 22-9 e 25-8).**
2. Após a sua captação pelo fígado, os AGLs são **oxidados** em CO_2 ou corpos cetônicos, ou **esterificados** em triacilglicerol e fosfolipídeos. A entrada dos ácidos graxos na via oxidativa é regulada pela **carnitina-palmitoil-transferase-I (CPT-I)** (Figura 22-1), e o restante dos ácidos graxos captados é esterificado. A atividade da CPT-I é baixa no estado

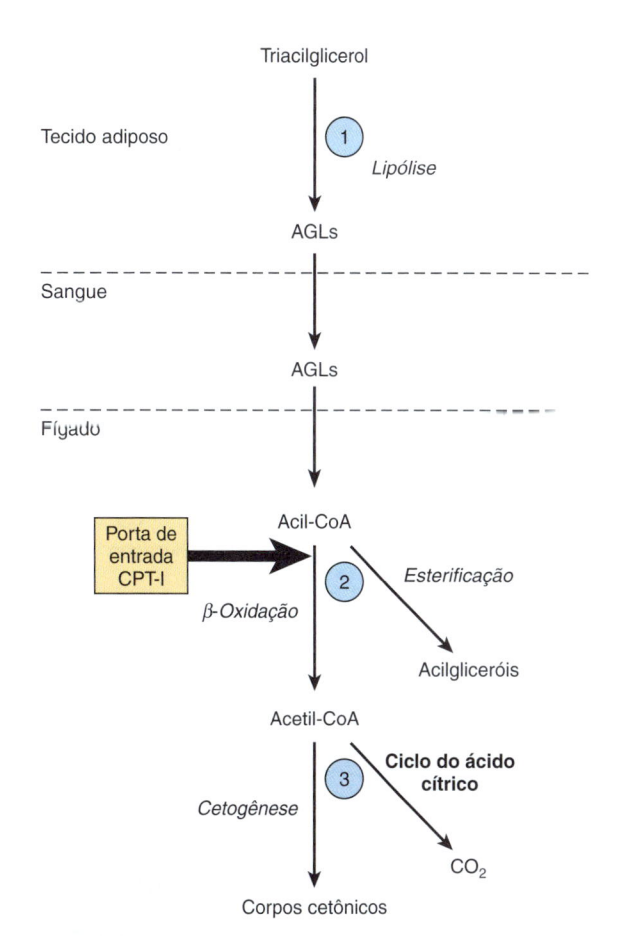

FIGURA 22-9 Regulação da cetogênese. ① a ③ mostram as três etapas cruciais na via do metabolismo dos ácidos graxos livres (AGLs), que determinam a magnitude da cetogênese. (CPT-I, carnitina-palmitoil-transferase-I.)

alimentado, levando à diminuição da oxidação dos ácidos graxos, ao passo que se apresenta alta no jejum prolongado, permitindo aumento na oxidação dos ácidos graxos. A **malonil-CoA**, o intermediário inicial na biossíntese de ácidos graxos (ver Figura 23-1), é um potente inibidor da CPT-I (**Figura 22-10**). Por conseguinte, no estado alimentado, os AGLs entram no hepatócito em baixas concentrações, e quase todos são esterificados a acilgliceróis e transportados para fora do fígado nas **lipoproteínas de densidade muito baixa** (VLDL, do inglês *very low-density lipoproteins*). Entretanto, à medida que a concentração de AGL aumenta no jejum prolongado, a acetil-CoA-carboxilase é inibida diretamente pela acil-CoA, e a malonil-CoA diminui, interrompendo a inibição da CPT-I e possibilitando a β-oxidação de mais acil-CoA. Esses eventos são intensificados no jejum prolongado por uma redução da **razão (insulina)/(glucagon)**. Por isso, a β-oxidação dos AGLs é controlada pela CPT-I, a porta de entrada para o interior das mitocôndrias, e o saldo de AGLs não oxidados é esterificado.

3. Por sua vez, a acetil-CoA formada durante a β-oxidação é oxidada no ciclo do ácido cítrico ou entra na via da cetogênese, por meio da acetoacetil-CoA, para formar corpos cetônicos. Com a elevação dos níveis séricos de AGL, uma quantidade proporcionalmente maior da acetil-CoA produzida a partir de sua degradação é convertida em corpos cetônicos, enquanto uma menor quantidade é oxidada pelo ciclo do ácido cítrico a CO_2. A distribuição de acetil-CoA entre a via da cetogênese e a via da oxidação a CO_2 é regulada de modo que a energia livre total captada em ATP, que resulta da oxidação dos AGLs, permanece constante à medida que a sua concentração sérica é alterada. Essa situação pode ser reconhecida quando se pensa que a oxidação completa de 1 mol de palmitato envolve uma produção líquida de 106 mols de ATP por meio da β-oxidação e do ciclo do ácido cítrico (ver anteriormente), ao passo que são produzidos apenas 26 mols de ATP quando o produto final é o acetoacetato, e apenas 21 mols quando o produto final é o 3-hidroxibutirato. Dessa forma, a cetogênese pode ser considerada como um mecanismo que permite ao fígado oxidar quantidades crescentes de ácidos graxos dentro das limitações de um sistema rigidamente acoplado da fosforilação oxidativa.

Uma queda na concentração de oxalacetato, particularmente no interior das mitocôndrias, pode comprometer a capacidade do ciclo do ácido cítrico de metabolizar acetil-CoA, desviando a oxidação dos ácidos graxos para a cetogênese. Essa queda pode ocorrer devido a um aumento da razão (NADH)/(NAD⁺), que é produzida quando o aumento da β-oxidação altera o equilíbrio entre o oxalacetato e o malato, levando a uma redução da concentração de oxalacetato, bem como quando a gliconeogênese está elevada, devido a baixos níveis de glicemia. A ativação pela acetil-CoA da piruvato-carboxilase, que catalisa a conversão do piruvato em oxalacetato, alivia parcialmente esse problema; entretanto, em quadros como a inanição e o diabetes melito não tratado, ocorre produção excessiva de corpos cetônicos, causando cetose.

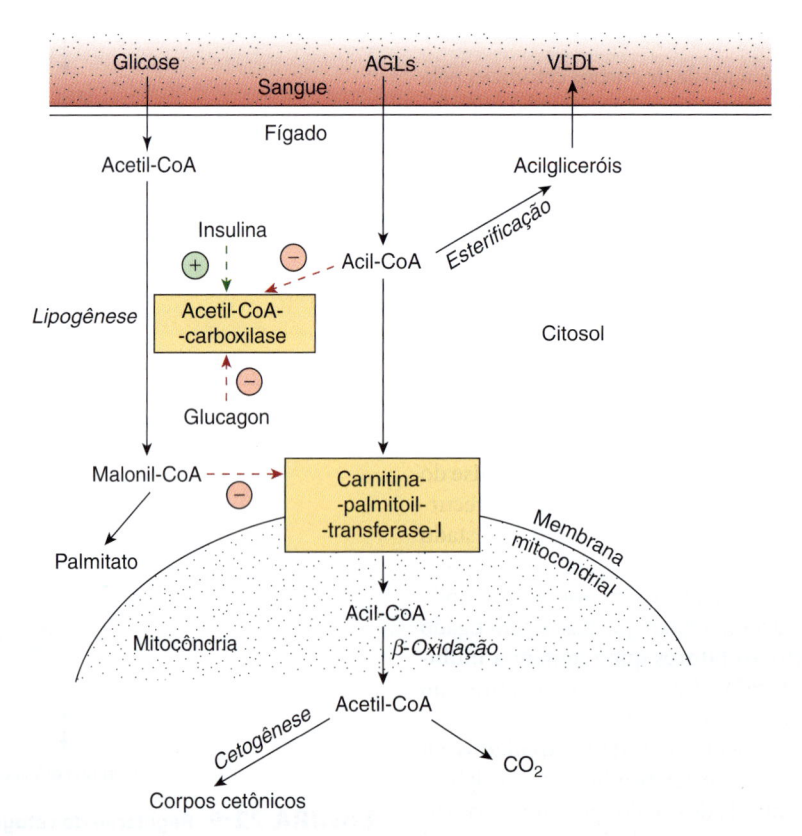

FIGURA 22-10 **Regulação da oxidação dos ácidos graxos de cadeia longa no fígado.** (AGLs, ácidos graxos livres; VLDL, lipoproteína de densidade muito baixa.) Os efeitos reguladores positivos (⊕) e negativos (⊖) estão representados por setas tracejadas, e o fluxo de substratos, por setas contínuas.

ASPECTOS CLÍNICOS

O comprometimento da oxidação dos ácidos graxos dá origem a doenças que frequentemente estão associadas à hipoglicemia

Pode ocorrer **deficiência de carnitina**, particularmente no recém-nascido – e, em particular, em lactentes prematuros –, devido à biossíntese inadequada ou à perda renal. Além disso, podem ocorrer perdas durante a hemodiálise. Isso sugere que, em alguns indivíduos, pode haver necessidade dietética de carnitina, semelhante àquela das vitaminas. Os sintomas de deficiência incluem hipoglicemia, que constitui uma consequência do comprometimento da oxidação dos ácidos graxos, e acúmulo de lipídeos com fraqueza muscular. O tratamento consiste em suplementação oral de carnitina.

A **deficiência hereditária de CPT-I** afeta apenas o fígado, resultando em diminuição da oxidação dos ácidos graxos e cetogênese, com hipoglicemia. A **deficiência de CPT-II** afeta principalmente o músculo esquelético e, quando grave, o fígado. As sulfonilureias (**gliburida [glibenclamida]** e **tolbutamida**), utilizadas no tratamento do diabetes melito tipo 2, reduzem a oxidação dos ácidos graxos e, portanto, a hiperglicemia ao inibirem a CPT-I.

Os defeitos hereditários das enzimas da β-oxidação e da cetogênese também levam à hipoglicemia não cetótica, ao coma e à esteatose hepática. Foram identificados defeitos na 3-hidroxiacil-CoA-desidrogenase de cadeias longas e curtas (a deficiência da enzima para cadeias longas pode constituir uma causa de **esteatose hepática aguda da gravidez**). As **deficiências de 3-cetoacil-CoA-tiolase** e de **HMG-CoA-liase** também afetam a degradação da leucina, um aminoácido cetogênico (Capítulo 29).

A **doença do vômito da Jamaica** é causada pelo consumo de frutos verdes da árvore *akee* (castanha-da-jamaica), que contêm a toxina **hipoglicina**. Essa toxina inativa a acil-CoA-desidrogenase de cadeias médias e curtas, inibindo a β-oxidação e causando hipoglicemia. A **acidúria dicarboxílica** caracteriza-se pela excreção de ácidos ω-dicarboxílicos C_6—C_{10} e por hipoglicemia não cetótica, sendo causada pela ausência de **acil-CoA-desidrogenase de cadeia média** nas mitocôndrias. A **doença de Refsum** é um distúrbio neurológico raro, devido a um defeito metabólico que leva ao acúmulo de ácido fitânico, encontrado em laticínios, bem como na gordura e na carne dos ruminantes. Acredita-se que o ácido fitânico tenha efeitos patológicos sobre a função das membranas, a prenilação das proteínas e a expressão gênica. A **síndrome de Zellweger (cérebro-hepatorrenal)** ocorre em indivíduos com ausência hereditária rara de peroxissomos em todos os tecidos. Esses indivíduos acumulam ácidos polienoicos C_{26}—C_{38} no tecido cerebral e também exibem perda generalizada das funções peroxissomais. A doença causa graves sintomas neurológicos, e a maioria dos pacientes morre no primeiro ano de vida.

A cetose prolongada resulta em cetoacidose

Quantidades de corpos cetônicos acima do normal no sangue ou na urina constituem a **cetonemia** (hipercetonemia) e a **cetonúria**, respectivamente. A condição global é denominada **cetose**. A forma básica da cetose ocorre na **inanição** e envolve a depleção dos carboidratos disponíveis, junto com a mobilização dos AGLs. Esse padrão geral de metabolismo é exagerado, produzindo os estados patológicos observados no **diabetes melito tipo 2, que é cada vez mais comum nos países ocidentais**; na **doença dos cordeiros gêmeos**; e na **cetose do gado leiteiro**. Formas não patológicas de cetose são encontradas na alimentação com alto teor de gorduras e após exercício físico intenso no estado pós-absortivo.

Os ácidos acetoacético e 3-hidroxibutírico são moderadamente fortes e tamponados quando presentes no sangue ou em outros tecidos. Todavia, a sua excreção contínua em grandes quantidades provoca depleção progressiva da reserva alcalina, causando **cetoacidose**. Isso pode ser fatal no **diabetes melito** não controlado.

RESUMO

- A oxidação dos ácidos graxos nas mitocôndrias leva à produção de grandes quantidades de ATP por um processo denominado β-oxidação, que cliva sequencialmente unidades de acetil-CoA a partir das cadeias de ácidos graxos. A acetil-CoA é oxidada no ciclo do ácido cítrico, gerando maior quantidade de ATP.

- Os corpos cetônicos (acetoacetato, 3-hidroxibutirato e acetona) são formados nas mitocôndrias hepáticas quando existe alta taxa de oxidação dos ácidos graxos. A via da cetogênese envolve a síntese e a degradação de HMG-CoA por duas enzimas-chave: a HMG-CoA-sintase e a HMG-CoA-liase.

- Os corpos cetônicos são combustíveis importantes nos tecidos extra-hepáticos.

- A cetogênese é regulada em três etapas cruciais: (1) o controle da mobilização de AGLs a partir do tecido adiposo; (2) a atividade da carnitina-palmitoil-transferase-I no fígado, que determina a proporção do fluxo de ácidos graxos que é oxidada, em vez de esterificada; e (3) a distribuição de acetil-CoA entre a via da cetogênese e o ciclo do ácido cítrico.

- As doenças associadas ao comprometimento da oxidação dos ácidos graxos resultam em hipoglicemia, infiltração de gordura nos órgãos e hipocetonemia.

- A cetose é leve no jejum prolongado, porém é grave no diabetes melito e na cetose dos ruminantes.

REFERÊNCIAS

Eljamil AS: *Lipid Biochemistry: For Medical Sciences*. iUniverse, 2015.

Gurr MI, Harwood JL, Frayn KN et al: *Lipids, Biochemistry, Biotechnology and Health*. Wiley-Blackwell 2016.

Houten SM, Wanders RJA: A general introduction to the biochemistry of mitochondrial fatty acid β-oxidation. J Inherit Metab Dis 2010;33:469.

C A P Í T U L O

Biossíntese de ácidos graxos e eicosanoides

23

Kathleen M. Botham, Ph.D., D.Sc. e Peter A. Mayes, Ph.D., D.Sc.

OBJETIVOS

Após o estudo deste capítulo, você deve ser capaz de:

- Descrever a reação catalisada pela acetil-CoA-carboxilase e compreender os mecanismos pelos quais a sua atividade é regulada para controlar a taxa de síntese de ácidos graxos.
- Esboçar a estrutura do complexo multienzimático do ácido graxo-sintase, indicando a sequência das enzimas nas duas cadeias peptídicas do homodímero.
- Explicar como os ácidos graxos de cadeia longa são sintetizados pela condensação sequencial de unidades de dois carbonos, com formação preferencial do palmitato de 16 carbonos na maioria dos tecidos, e identificar os cofatores necessários.
- Indicar as fontes de equivalentes redutores (NADPH) para a síntese de ácidos graxos.
- Compreender como a síntese de ácidos graxos é regulada pelo estado nutricional e identificar outros mecanismos de controle que operam além da modulação da atividade da acetil-CoA-carboxilase.
- Identificar os ácidos graxos nutricionalmente essenciais e explicar por que eles não podem ser sintetizados no organismo.
- Explicar como os ácidos graxos poli-insaturados são sintetizados pelas enzimas dessaturase e de alongamento.
- Delinear as vias da cicloxigenase e lipoxigenase responsáveis pela formação das várias classes de eicosanoides.

IMPORTÂNCIA BIOMÉDICA

Os ácidos graxos são sintetizados por um **sistema extramitocondrial**, que é responsável pela síntese completa do palmitato a partir de acetil-CoA no **citosol**. Na maioria dos mamíferos, a glicose é o principal substrato para a lipogênese, ao passo que, em ruminantes, o acetato é a principal molécula combustível que eles obtém da dieta. Não foram relatadas doenças críticas dessa via nos seres humanos. Entretanto, ocorre inibição da lipogênese no **diabetes melito** tipo 1 (insulinodependente), e as variações na atividade do processo afetam a natureza e a extensão da **obesidade**.

Os ácidos graxos insaturados nos fosfolipídeos das membranas celulares são importantes na manutenção da fluidez (ver Capítulo 40). Uma dieta com elevada proporção entre ácidos graxos poli-insaturados e ácidos graxos saturados (razão P:S) é considerada benéfica na prevenção de doença arterial coronariana. Os tecidos animais têm capacidade limitada para dessaturar os ácidos graxos e necessitam de certos ácidos graxos poli-insaturados de origem vegetal na dieta. Esses **ácidos graxos essenciais** são usados para formar os ácidos graxos eicosanoicos (C_{20}), que dão origem aos seguintes **eicosanoides**: prostaglandinas, tromboxanos, leucotrienos e lipoxinas. As prostaglandinas medeiam a **inflamação** e a **dor**, induzem o **sono** e também regulam a **coagulação sanguínea** e a **reprodução**. Os **anti-inflamatórios não esteroides** (**AINEs**), como o **ácido acetilsalicílico** e o **ibuprofeno**, atuam ao inibir a síntese de prostaglandinas. Os leucotrienos apresentam propriedades quimiotáticas e relacionadas à contração muscular e são importantes nas reações alérgicas e na inflamação.

A PRINCIPAL VIA PARA A SÍNTESE *DE NOVO* DE ÁCIDOS GRAXOS (LIPOGÊNESE) OCORRE NO CITOSOL

Esse sistema é encontrado em muitos tecidos, incluindo fígado, rins, encéfalo, pulmões, glândulas mamárias e tecido adiposo. Os cofatores necessários incluem fosfato de dinucleotídeo de nicotinamida e adenina (NADPH, do inglês *nicotinamide adenine dinucleotide phosphate*), trifosfato de adenosina (ATP, do inglês *adenosine triphosphate*), Mn^{2+}, biotina e HCO_3^- (como fonte de CO_2). A **acetil-CoA** é o substrato imediato, e o **palmitato livre** é o produto final.

A produção de malonil-CoA constitui a etapa inicial e de controle na síntese de ácidos graxos

O bicarbonato, como fonte de CO_2, é necessário na reação inicial de carboxilação de acetil-CoA em **malonil-CoA**, na presença de ATP e **acetil-CoA-carboxilase**. Essa enzima possui um papel fundamental na regulação da síntese de ácidos graxos (ver adiante). A acetil-CoA-carboxilase necessita da vitamina B **biotina** e é uma **proteína multienzimática** contendo a biotina, a enzima biotina-carboxilase, a proteína carreadora de carboxil-biotina e uma carboxil-transferase, assim como um sítio regulador alostérico. Uma subunidade do complexo contém todos os componentes, e um número variável de subunidades forma polímeros na enzima ativa (ver Figura 23-6). A reação ocorre em duas etapas: (1) carboxilação da biotina envolvendo ATP e (2) transferência de grupamento carboxila para acetil-CoA para formar malonil-CoA (**Figura 23-1**).

O complexo enzimático de ácido graxo-sintase é um homodímero de duas cadeias polipeptídicas contendo seis atividades enzimáticas e a proteína carreadora de acil

Após a formação de malonil-CoA, os ácidos graxos são formados pelo **complexo enzimático ácido graxo-sintase**. As enzimas individuais necessárias para a síntese de ácidos graxos estão ligadas a esse complexo polipeptídico multienzimático que incorpora a **proteína carreadora de grupamentos acil (ACP**, do inglês *acyl carrier protein*), que possui função similar à da CoA na via de β-oxidação (ver Capítulo 22). Esse complexo contém a vitamina **ácido pantotênico** na forma de 4′-fosfopanteteína (ver Figura 44-15). Na estrutura primária da proteína, os domínios enzimáticos estão ligados na sequência ilustrada na **Figura 23-2**. Entretanto, a cristalografia de raios X da estrutura tridimensional demonstrou que o complexo é um homodímero com duas subunidades idênticas, contendo, cada uma delas, seis enzimas e uma ACP, dispostas em formato de X (Figura 23-2). O uso de uma unidade funcional multienzimática tem as vantagens de obter a compartimentalização do processo dentro da célula, sem a necessidade de barreiras de permeabilidade, e a síntese de todas as enzimas no complexo é coordenada, visto que ele é codificado por um único gene.

Inicialmente, uma molécula iniciadora de acetil-CoA combina-se com um grupamento —SH de uma cisteína (**Figura 23-3**, reação 1a), ao passo que a malonil-CoA se combina com o grupamento —SH adjacente presente na 4′-fosfopanteteína da ACP do outro monômero (reação 1b). Essas reações são catalisadas pela **malonil-acetil-transacilase**, para formar a **enzima acetil-(acil)-malonil**. O grupamento acetil ataca o grupamento metileno do resíduo de malonil, em uma reação catalisada pela **3-cetoacil-sintase**, e libera CO_2, formando a **enzima 3-cetoacil** (enzima acetoacetil) (reação 2), liberando o grupamento —SH da cisteína. A descarboxilação permite que a reação prossiga até o seu término, levando toda a sequência das reações na direção direta. O grupamento 3-cetoacil é reduzido, desidratado e mais uma vez reduzido (reações 3 a 5) para formar a **acil-enzima saturada** (produto da reação 5) correspondente. Uma nova molécula de malonil-CoA combina-se com o —SH da 4′-fosfopanteteína, deslocando o resíduo acil saturado para o grupamento —SH da cisteína livre. A sequência de reações é repetida por mais seis vezes até a montagem

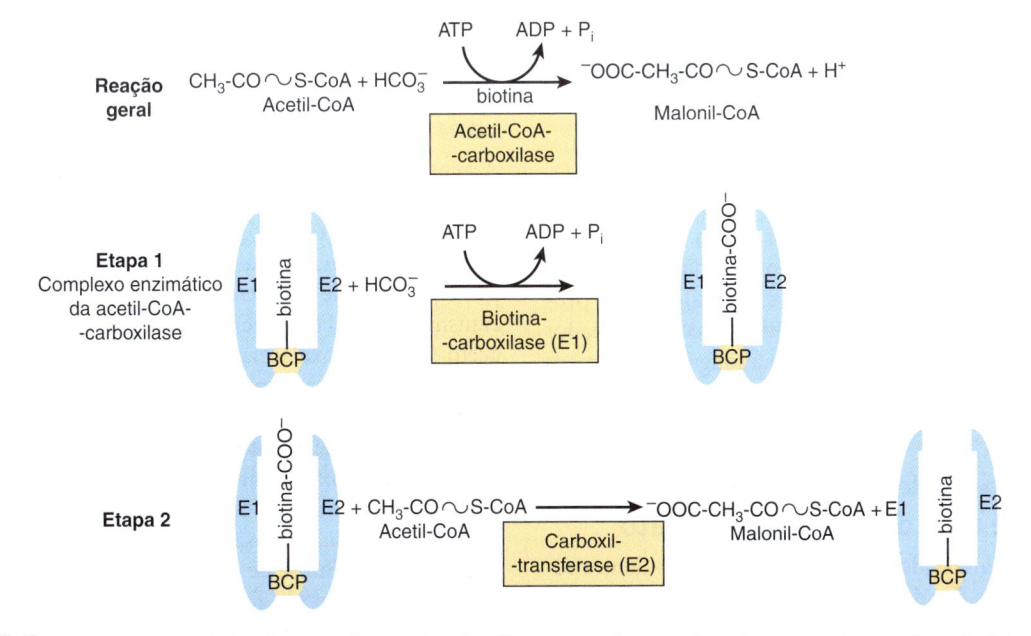

FIGURA 23-1 Biossíntese de malonil-CoA pela acetil-carboxilase. A acetil-carboxilase é um complexo multienzimático contendo duas enzimas, a biotina-carboxilase (E1) e a carboxil-transferase (E2), além da proteína carreadora de biotina (BCP). A biotina é covalentemente ligada à BCP. A reação ocorre em duas etapas. Na etapa 1, catalisada pela E1, a biotina é carboxilada à medida que aceita um grupamento COO^- do HCO_3^-, com gasto de ATP. Na etapa 2, catalisada pela E2, o COO^- é transferido para acetil-CoA, formando malonil-CoA. (ADP, difosfato de adenosina; ATP, trifosfato de adenosina; P_i, fosfato inorgânico.)

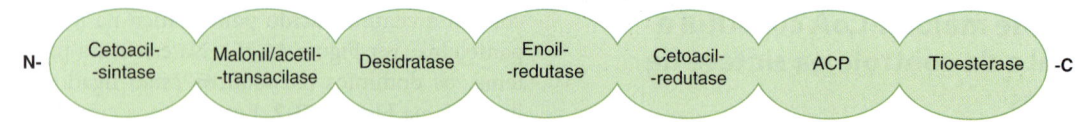

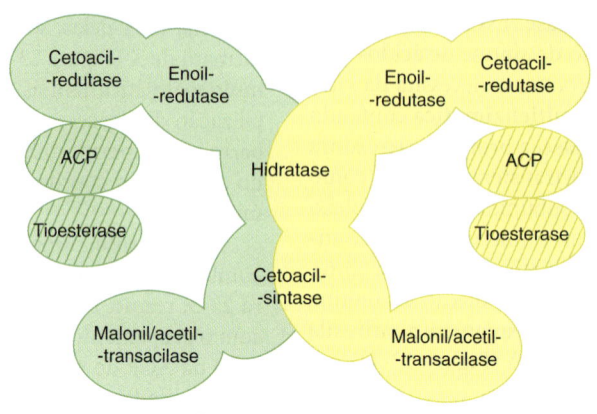

FIGURA 23-2 Complexo multienzimático ácido graxo-sintase. O complexo é um dímero constituído de dois monômeros polipeptídicos idênticos, em que seis enzimas e a proteína carreadora de grupamentos acil (ACP) estão ligadas na estrutura primária da sequência ilustrada. A cristalografia de raios X da estrutura tridimensional demonstrou que os dois monômeros no complexo estão dispostos em forma de X.

de um radical acil saturado de 16 carbonos (palmitoil). Ele é liberado do complexo enzimático pela atividade da sexta enzima do complexo, a **tioesterase** (desacilase). O palmitato livre deve ser ativado a acil-CoA antes de prosseguir por qualquer outra via metabólica. Os seus destinos possíveis são esterificação em acilgliceróis, alongamento ou dessaturação da cadeia ou esterificação em ésteres de colesteril. Na glândula mamária, existe uma tioesterase distinta específica para os resíduos acil de C_8, C_{10} ou C_{12}, os quais são encontrados subsequentemente nos lipídeos do leite.

A equação geral para a síntese do palmitato a partir de acetil-CoA e malonil-CoA é:

$$CH_3CO-S-CoA + 7HOOCCHCO-S-CoA + 14NADPH + 14H^+$$
$$\rightarrow CH_3(CH_2)_{14}COOH + 7CO_2 + 6H_2O + 8CoA-SH + 14NADP^+$$

A acetil-CoA usada como iniciador forma os átomos de carbono 15 e 16 do palmitato. A adição de todas as unidades subsequentes de C_2 ocorre por meio da malonil-CoA. A propionil-CoA, em vez da acetil-CoA, é utilizada como iniciador para a síntese de ácidos graxos de cadeia longa com número ímpar de átomos de carbono, que são encontrados particularmente na gordura e no leite dos ruminantes.

A principal fonte de NADPH para a lipogênese é a via das pentoses-fosfato

O NADPH está envolvido como doador de equivalentes redutores na redução dos derivados, tanto do 3-cetoacil quanto do acil 2,3-insaturado (Figura 23-3, reações 3 e 5). As reações oxidativas da via das pentoses-fosfato (ver Capítulo 20) constituem a principal fonte de hidrogênio necessário para a síntese redutora dos ácidos graxos. De modo significativo, os tecidos especializados na lipogênese ativa – isto é, o fígado, o tecido adiposo e a glândula mamária em lactação – também possuem uma via ativa das pentoses-fosfato. Além disso, ambas as vias metabólicas são encontradas no citosol da célula; dessa maneira, não existem membranas nem barreiras de permeabilidade contra a transferência do NADPH. Outras fontes de NADPH incluem a reação que converte o malato em piruvato, catalisada pela **NADP malato-desidrogenase (enzima málica)** (**Figura 23-4**) e a reação extramitocondrial da **isocitrato-desidrogenase** (que constitui uma fonte substancial nos ruminantes).

A acetil-CoA é o principal bloco de construção dos ácidos graxos

A acetil-CoA é formada a partir da glicose pela oxidação do piruvato na matriz das mitocôndrias (ver Capítulo 17). No entanto, como não se difunde prontamente através das membranas mitocondriais, o seu transporte para o citosol – o principal local de síntese dos ácidos graxos – requer um mecanismo especial envolvendo **citrato**. Após a condensação de acetil-CoA com oxalacetato no ciclo do ácido cítrico dentro da mitocôndria, o citrato produzido pode ser translocado para o compartimento extramitocondrial pelo transportador de tricarboxilatos, onde, na presença de CoA e ATP, sofre clivagem a acetil-CoA e oxalacetato catalisada pela **ATP-citrato-liase**, que aumenta sua atividade no estado bem-alimentado. Então, a acetil-CoA torna-se disponível para a formação de malonil-CoA e para a síntese de ácidos graxos (Figuras 23-1 e 23-3), e o oxalacetato pode formar malato por meio da malato-desidrogenase ligada ao NADH, seguido de geração de NADPH e de piruvato pela enzima málica. O NADPH torna-se disponível para a lipogênese, e o piruvato pode ser utilizado para regenerar acetil-CoA após transporte dentro da mitocôndria (Figura 23-4). Essa via representa um meio de transferir

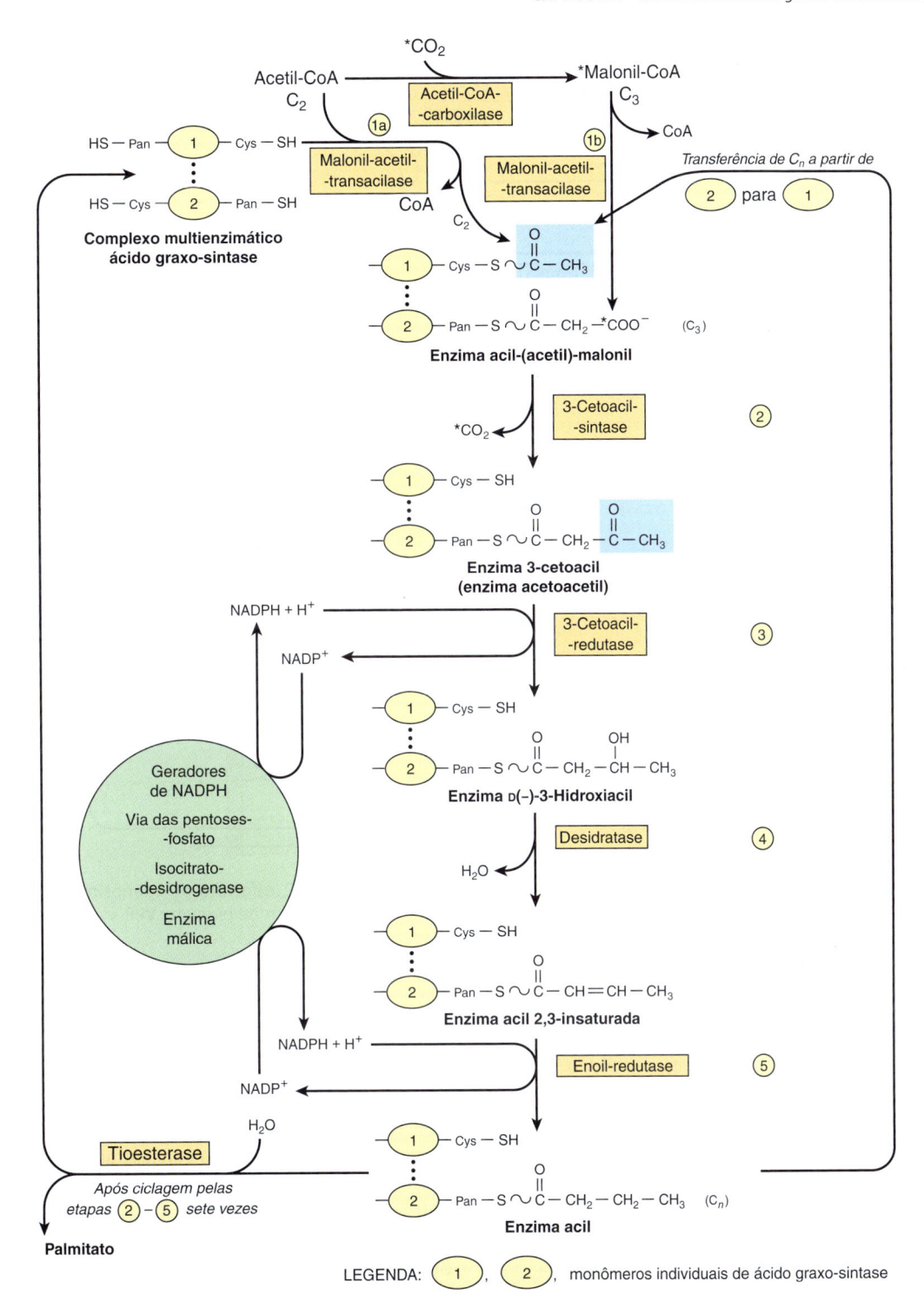

FIGURA 23-3 Biossíntese dos ácidos graxos de cadeia longa. Após a etapa iniciadora inicial, em que a acetil-CoA está ligada a um grupamento SH da cisteína na enzima ácido graxo-sintase (reação 1a), em cada ciclo, a adição de um resíduo malonil determina o crescimento da cadeia acil em dois átomos de carbono. (Cys, resíduo de cisteína; NADPH, fosfato de dinucleotídeo de nicotinamida e adenina; Pan, 4′-fosfopanteteína.) Os blocos destacados em azul contêm inicialmente uma unidade C_2 derivada da acetil-CoA (conforme ilustrado) e, subsequentemente, a unidade C_n formada na reação 5. * O carbono no CO_2 inicialmente incorporado em malonil-CoA é liberado na forma de CO_2 na reação 2.

equivalentes redutores do NADH extramitocondrial para o NADP. De modo alternativo, o próprio malato pode ser transportado na mitocôndria, onde tem a capacidade de formar novamente oxalacetato. O transportador de citrato (tricarboxilato) na membrana mitocondrial requer a presença de malato para troca com o citrato (ver Figura 13-10). Há pouca ATP-citrato-liase, ou enzima málica, nos ruminantes, provavelmente pelo fato de, nessas espécies, o acetato (derivado da digestão dos carboidratos no rúmen e ativado em acetil-CoA no meio extramitocondrial) constituir a principal fonte de acetil-CoA.

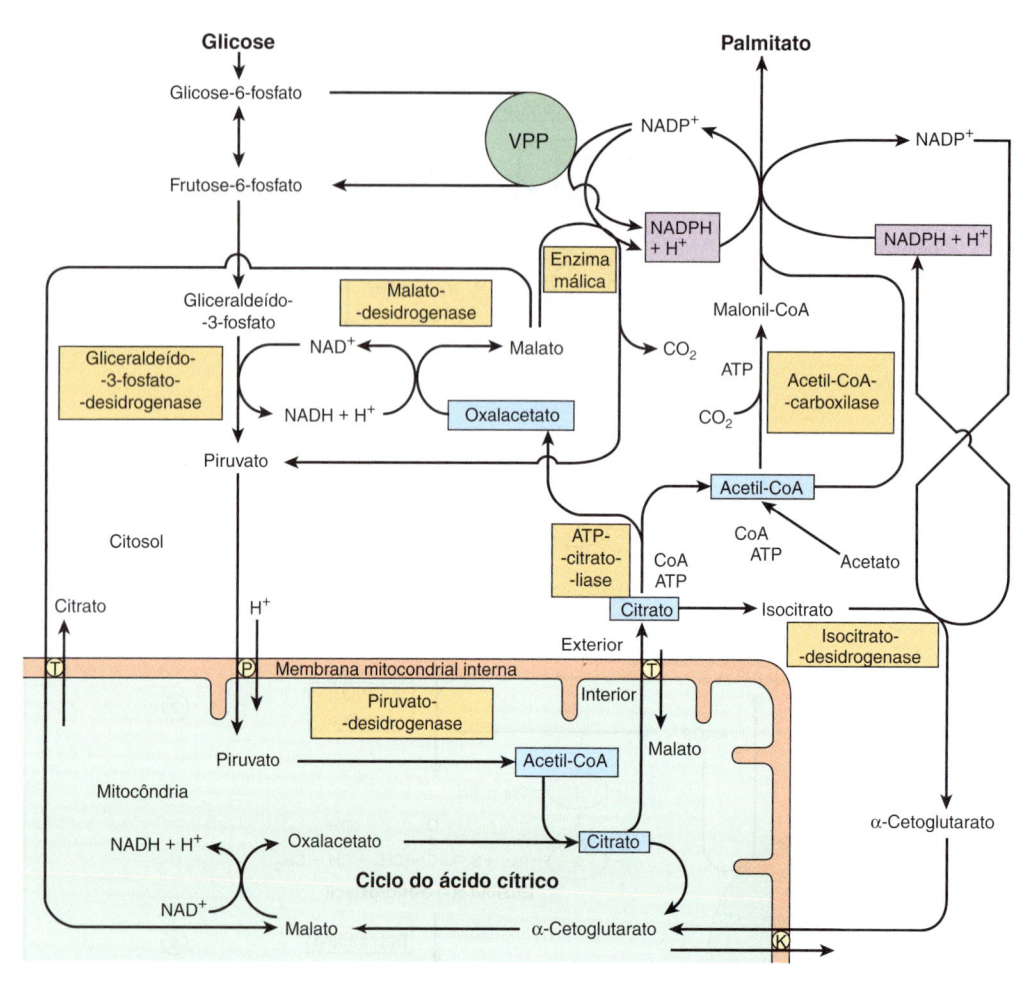

FIGURA 23-4 O suprimento de acetil-CoA e de NADPH para a lipogênese. (ATP, trifosfato de adenosina; K, transportador de α-cetoglutarato; NADPH, fosfato de dinucleotídeo de nicotinamida e adenina; P, transportador de piruvato; VPP, via das pentoses-fosfato; T, transportador de tricarboxilato.)

O alongamento das cadeias de ácidos graxos ocorre no retículo endoplasmático

Essa via (o "**sistema microssomal**") alonga as acil-CoA de ácidos graxos saturados e insaturados (a partir de C_{10}) em dois carbonos, utilizando a malonil-CoA, como doadora de acetil, e o NADPH, como agente redutor, em uma reação catalisada pelo sistema enzimático microssomal **ácido graxo-elongase** (**Figura 23-5**). O alongamento da estearil-CoA no encéfalo aumenta rapidamente durante a mielinização, a fim de fornecer ácidos graxos C_{22} e C_{24} para os esfingolipídeos.

O ESTADO NUTRICIONAL REGULA A LIPOGÊNESE

O excesso de carboidratos é armazenado na forma de gordura em muitos animais para prevenção em períodos de deficiência calórica, como jejum prolongado, hibernação, etc., bem como para fornecer a energia necessária entre as refeições, incluindo os seres humanos, que se alimentam em intervalos espaçados. A lipogênese converte a glicose e os intermediários excedentes, como piruvato, lactato e acetil-CoA, em gordura, auxiliando na fase anabólica desse ciclo alimentar. O estado nutricional do organismo constitui o principal fator que regula a taxa de lipogênese. Por isso, a taxa apresenta-se elevada no animal bem-alimentado cuja dieta contém alta proporção de carboidratos. A taxa é reduzida nos estados de restrição de aporte calórico, em dietas ricas em gordura, ou em caso de deficiência de insulina, como ocorre no diabetes melito. As últimas condições estão associadas a concentrações elevadas de ácidos graxos livres no plasma, e foi demonstrada uma relação inversa entre a lipogênese hepática e a concentração sérica de ácidos graxos livres. Ocorre aumento da lipogênese quando há ingestão de sacarose, em vez de glicose, pois a frutose escapa do ponto de controle da fosfofrutocinase na glicólise e segue para a via lipogênica (ver Figura 20-5).

A LIPOGÊNESE É REGULADA POR MECANISMOS DE CURTO E LONGO PRAZOS

A síntese de ácidos graxos de cadeia longa é controlada, em curto prazo, pela modificação alostérica e covalente de enzimas e, em longo prazo, por alterações na expressão dos genes que controlam a taxa de síntese das enzimas.

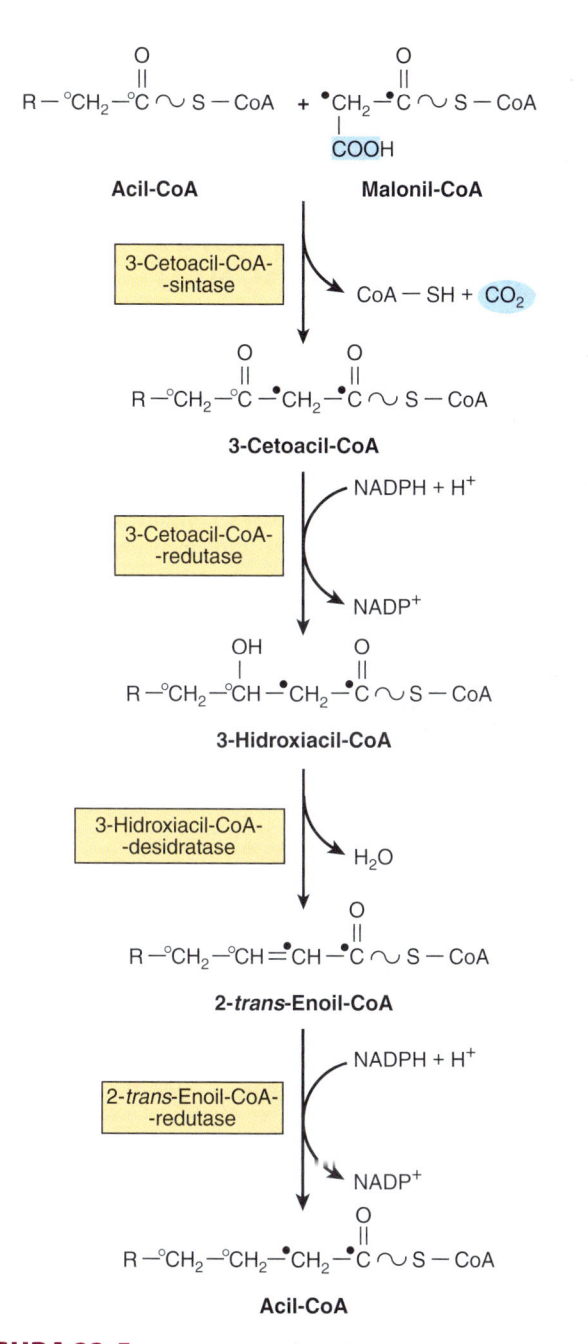

FIGURA 23-5 **Sistema microssomal de elongase para o alongamento das cadeias de ácidos graxos.** O NADH também pode ser utilizado pelas redutases, porém o NADPH é preferido.

A acetil-CoA-carboxilase é a enzima mais importante na regulação da lipogênese

A acetil-CoA-carboxilase é uma enzima alostérica ativada pelo **citrato**, cuja concentração aumenta no estado bem-alimentado e constitui um indicador de suprimento abundante de acetil-CoA. O citrato promove a conversão da enzima de um dímero inativo (duas subunidades do complexo enzimático) para uma forma polimérica ativa, com massa molecular de alguns milhões. A inativação é promovida pela fosforilação da enzima e por moléculas de acil-CoA de cadeia longa, fornecendo um exemplo de inibição por retroalimentação negativa por um produto da reação (**Figura 23-6**). Então, se houver acúmulo de acil-CoA por não ser esterificada rápido o suficiente, em consequência de um aumento da lipólise, ou ainda devido a um influxo de ácidos graxos livres no tecido, ela automaticamente reduz a síntese de novos ácidos graxos. A acil-CoA também inibe o **transportador de tricarboxilatos** mitocondrial, impedindo, assim, a ativação da enzima pelo efluxo de citrato das mitocôndrias para o citosol (Figura 23-6).

A acetil-CoA-carboxilase também é regulada por hormônios, como o **glucacon**, a **epinefrina** e a **insulina**, por meio de alterações em seu estado de fosforilação (detalhes na **Figura 23-7**).

A piruvato-desidrogenase também é regulada pela acil-CoA

A acil-CoA provoca inibição da piruvato-desidrogenase ao inibir o transportador de troca de ATP-ADP da membrana mitocondrial interna, levando ao aumento da razão (ATP)/(ADP) mitocondrial e, em consequência, à conversão da piruvato-desidrogenase ativa em sua forma inativa (ver Figura 17-6), regulando, dessa maneira, a disponibilidade de acetil-CoA para a lipogênese. Além disso, a oxidação da acil-CoA, devido a níveis aumentados de ácidos graxos livres, pode aumentar as razões de (acetil-CoA)/(CoA) e (NADH)/(NAD$^+$) na mitocôndria, inibindo a piruvato-desidrogenase.

A insulina também regula a lipogênese por outros mecanismos

A **insulina** estimula a lipogênese por vários outros mecanismos, bem como pelo aumento da atividade da acetil-CoA-carboxilase. Ela aumenta o transporte de glicose para dentro da célula (p. ex., no tecido adiposo), aumentando a disponibilidade tanto de piruvato, para a síntese de ácidos graxos, como de

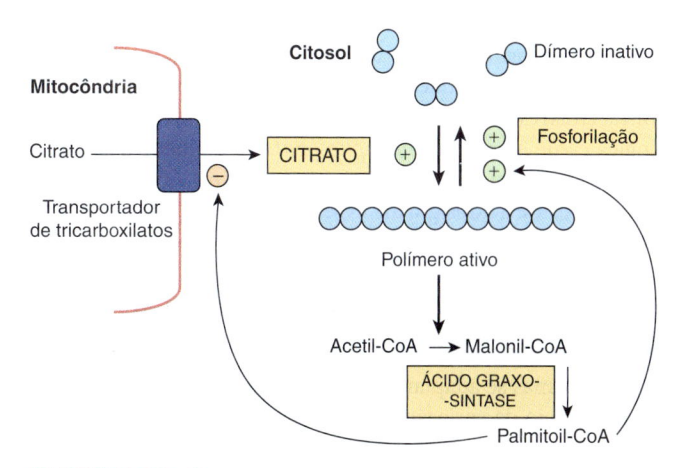

FIGURA 23-6 **Regulação da acetil-CoA-carboxilase.** A acetil-CoA-carboxilase é ativada pelo citrato, que promove a conversão da enzima de um dímero inativo em uma forma polimérica ativa. A inativação é promovida pela fosforilação da enzima e por moléculas de acil-CoA de cadeia longa, como o palmitoil-CoA. Além disso, a acil-CoA inibe o transportador de tricarboxilato, que transporta o citrato das mitocôndrias para o citosol, diminuindo, consequentemente, a concentração de citrato no citosol e favorecendo a inativação da enzima.

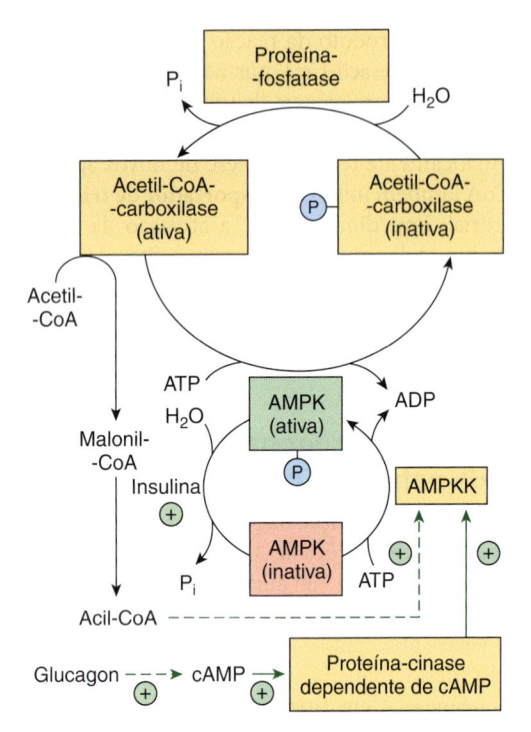

FIGURA 23-7 **Regulação da acetil-CoA-carboxilase por fosforilação/desfosforilação.** A enzima é inativada por fosforilação pela proteína-cinase ativada por AMP (AMPK), que, por sua vez, é fosforilada e ativada pela cinase ativada por proteína-cinase ativada por AMP (AMPKK). O glucagon e a epinefrina aumentam o cAMP e, portanto, ativa esta última enzima por meio da proteína-cinase dependente de cAMP. Acredita-se também que a enzima cinase seja ativada pela acil-CoA. A insulina ativa a acetil-CoA-carboxilase pela desfosforilação da AMPK. (ADP, difosfato de adenosina; ATP, trifosfato de adenosina; cAMP, monofosfato de adenosina cíclico; Pi, fosfato inorgânico.)

glicerol-3-fosfato, para a síntese de triacilglicerol por meio da esterificação do ácido graxo recém-formado (ver Figura 24-2). Ela também converte a forma inativa da piruvato-desidrogenase para a forma ativa no tecido adiposo, mas não no fígado. A insulina – em virtude de sua capacidade de reduzir os níveis intracelulares de monofosfato de adenosina cíclico (cAMP, do inglês *cyclic adenosine monophosphate*) – também **inibe a lipólise** no tecido adiposo, diminuindo, assim, a concentração plasmática de ácidos graxos livres e, portanto, de acil-CoA de cadeia longa, os quais são inibidores da lipogênese.

O complexo ácido graxo-sintase e a acetil-CoA-carboxilase são enzimas adaptativas

Essas enzimas se adaptam às necessidades fisiológicas do corpo, por meio da variação da expressão gênica, que leva ao aumento na quantidade total de moléculas de enzimas presente no estado alimentado e diminui durante a ingestão de uma dieta rica em gordura e em condições de inanição e no diabetes melito. A **insulina** desempenha um importante papel, promovendo a expressão gênica e a indução da biossíntese de enzimas, enquanto o **glucagon** (por meio do cAMP) antagoniza esse efeito. A ingestão de gorduras contendo ácidos graxos poli-insaturados regula, de modo coordenado, a inibição da expressão de enzimas essenciais da glicólise e da lipogênese.

Esses mecanismos para regulação em longo prazo da lipogênese levam vários dias para se manifestar por completo e aumentam o efeito direto e imediato dos ácidos graxos livres e de hormônios, como a insulina e o glucagon.

ALGUNS ÁCIDOS GRAXOS POLI-INSATURADOS NÃO PODEM SER SINTETIZADOS POR MAMÍFEROS E SÃO NUTRICIONALMENTE ESSENCIAIS

A **Figura 23-8** mostra alguns ácidos graxos insaturados de cadeia longa de importância metabólica nos mamíferos. Outros ácidos graxos polienoicos C_{20}, C_{22} e C_{24} podem ser derivados dos ácidos oleico, linoleico e α-linolênico por alongamento da cadeia. Os ácidos palmitoleico e oleico não são essenciais na dieta, visto que os tecidos podem introduzir uma ligação dupla na posição Δ^9 de um ácido graxo saturado. Os **ácidos linoleico e α-linolênico** são os únicos ácidos graxos conhecidos como essenciais para a nutrição completa de muitas espécies de animais, inclusive os seres humanos, e são denominados **ácidos graxos nutricionalmente essenciais**. Nos humanos e

Ácido palmitoleico (ω7, 16:1, Δ^9)

Ácido oleico (ω9, 18:1, Δ^9)

*Ácido linoleico (ω6, 18:2, $\Delta^{9,12}$)

*Ácido α-linolênico (ω3, 18:3, $\Delta^{9,12,15}$)

Ácido araquidônico (ω6, 20:4, $\Delta^{5,8,11,14}$)

Ácido eicosapentaenoico (ω3, 20:5, $\Delta^{5,8,11,14,17}$)

FIGURA 23-8 **Estrutura de alguns ácidos graxos insaturados.** Embora os átomos de carbono nas moléculas sejam numerados de modo convencional – isto é, a partir da extremidade carboxiterminal –, os números ω (p. ex., ω7 no ácido palmitoleico) são calculados a partir da extremidade oposta (metilterminal) das moléculas. A informação entre parênteses mostra, por exemplo, que o ácido α-linolênico contém ligações duplas que começam no terceiro carbono, a partir da extremidade metilterminal, e tem 18 carbonos e 3 ligações duplas, estando essas ligações duplas nos carbonos 9, 12 e 15 a partir da extremidade carboxiterminal. *Ácidos graxos nutricionalmente essenciais em seres humanos.

na maioria dos outros mamíferos, o **ácido araquidônico** pode ser formado a partir do ácido linoleico. Ligações duplas podem ser introduzidas nas posições Δ^4, Δ^5, Δ^6 e Δ^9 (ver Capítulo 21) na maioria dos animais, porém nunca além da posição Δ^9. Em contrapartida, as plantas são capazes de sintetizar os ácidos graxos nutricionalmente essenciais pela introdução de ligações duplas nas posições Δ^{12} e Δ^{15}.

OS ÁCIDOS GRAXOS MONOINSATURADOS SÃO SINTETIZADOS POR UM SISTEMA Δ^9-DESSATURASE

Vários tecidos, incluindo o fígado, são considerados responsáveis pela formação de ácidos graxos monoinsaturados não essenciais a partir de ácidos graxos saturados. A primeira ligação dupla introduzida em um ácido graxo saturado está quase sempre na posição Δ^9. Um sistema enzimático – a Δ^9-**dessaturase** (**Figura 23-9**) – presente no retículo endoplasmático catalisa a conversão de palmitoil-CoA ou estearoil-CoA em palmitoleoil-CoA ou oleoil-CoA, respectivamente. É necessária a presença de oxigênio e de NADH ou NADPH para a reação. As enzimas parecem ser similares ao sistema da monoxigenase envolvendo citocromo b_5 (ver Capítulo 12).

A SÍNTESE DE ÁCIDOS GRAXOS POLI-INSATURADOS ENVOLVE SISTEMAS ENZIMÁTICOS DE DESSATURASES E ELONGASES

As ligações duplas adicionais introduzidas nos ácidos graxos monoinsaturados existentes estão sempre separadas umas das outras por um grupamento metileno (metileno interrompido), exceto nas bactérias. Como os animais possuem uma Δ^9-dessaturase, eles são capazes de sintetizar a família ω9 (ácido oleico) de ácidos graxos insaturados completamente por uma combinação de alongamento e dessaturação da cadeia (Figuras 23-9 e **23-10**) após a formação de ácidos graxos saturados pelas vias descritas neste capítulo. No entanto, como indicado, os ácidos linoleico (ω6) ou α-linolênico (ω3) são necessários para a síntese de outros membros das famílias ω6 ou ω3 (vias mostradas na Figura 23-10) e devem ser fornecidos na dieta. O ácido linoleico é convertido em ácido araquidônico (20:4 ω6) via **ácido γ-linolênico** (**18:3 ω6**). A necessidade nutricional de araquidonato pode, portanto, ser dispensada se houver quantidade adequada de linoleato na dieta. Entretanto, os gatos são incapazes de efetuar essa conversão, devido à ausência da Δ^6-dessaturase, e devem obter o araquidonato na sua alimentação. O sistema de dessaturação e de alongamento da

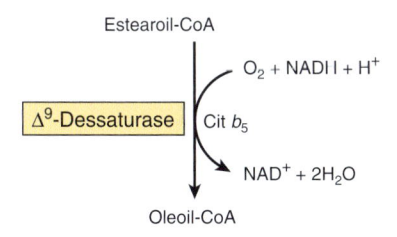

FIGURA 23-9 Δ^9-Dessaturase microssomal.

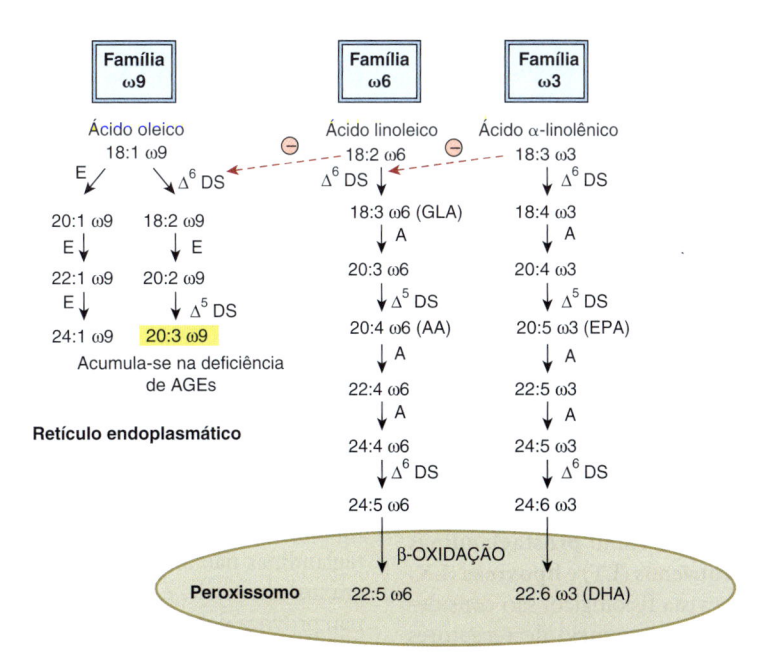

FIGURA 23-10 Biossíntese das famílias ω9, ω6 e ω3 de ácidos graxos poli-insaturados. Nos animais, as famílias ω9, ω6 e ω3 de ácidos graxos poli-insaturados são sintetizadas no retículo endoplasmático a partir dos ácidos oleico, linoleico e α-linolênico, respectivamente, por uma série de reações de alongamento e dessaturação. A produção de 22:5 ω6 (ácido osbond) ou 22:6 ω3 (ácido docosa-hexaenoico [DHA]), no entanto, requer um ciclo de β-oxidação que ocorre dentro dos peroxissomos após a formação de 24:5 ω6 ou 24:6 ω3. (AA, ácido araquidônico; E, elongase; DS, dessaturase; AGEs, ácidos graxos essenciais; EPA, ácido eicosapentaenoico; GLA, ácido γ-linolênico; ⊖, inibição.)

cadeia diminui acentuadamente no estado de jejum, em resposta à administração de glucagon e epinefrina e na ausência de insulina, como ocorre no diabetes melito tipo 1.

OCORREM SINTOMAS DE DEFICIÊNCIA QUANDO OS ÁCIDOS GRAXOS ESSENCIAIS ESTÃO AUSENTES NA DIETA

Ratos alimentados com uma dieta não lipídica purificada contendo vitaminas A e D exibem redução da velocidade de crescimento e deficiência de reprodução, que podem ser curadas pela adição dos **ácidos linoleico**, **α-linolênico** e **araquidônico** à dieta. Esses ácidos graxos são encontrados em altas concentrações nos óleos vegetais (ver Tabela 21-2) e em pequenas quantidades em carcaças de animais. Os ácidos graxos essenciais (AGEs) são necessários para a formação de prostaglandinas, tromboxanos, leucotrienos e lipoxinas (ver adiante), e também desempenham várias outras funções que não estão tão bem definidas. Eles são encontrados nos lipídeos estruturais das células, frequentemente na posição 2 dos fosfolipídeos, e participam da integridade estrutural da membrana mitocondrial.

O ácido araquidônico está presente em membranas e representa 5 a 15% dos ácidos graxos em fosfolipídeos. O ácido docosa-hexaenoico (DHA; ω3, 22:6), que é sintetizado em grau limitado a partir do ácido α-linolênico ou obtido diretamente dos óleos de peixe, é encontrado em altas concentrações na retina, no córtex cerebral, nos testículos e no esperma. O DHA é particularmente necessário para o desenvolvimento do encéfalo e da retina e é fornecido pela placenta e pelo leite. Pacientes com **retinite pigmentar** apresentam baixos níveis sanguíneos de DHA. Na **deficiência de ácidos graxos essenciais**, os ácidos polienoicos não essenciais da família ω9, particularmente o ácido $\Delta^{5,8,11}$-eicosatrienoico (ω9, 20:3) (Figura 23-10), substituem os ácidos graxos essenciais nos fosfolipídeos, em outros lipídeos complexos e nas membranas. A razão trieno:tetraeno nos lipídeos plasmáticos pode ser utilizada para diagnosticar o grau de deficiência de ácidos graxos essenciais.

OS EICOSANOIDES SÃO FORMADOS A PARTIR DOS ÁCIDOS GRAXOS C_{20} POLI-INSATURADOS

O araquidonato e outros ácidos graxos C_{20} poli-insaturados dão origem aos **eicosanoides**, compostos fisiológica e farmacologicamente ativos, conhecidos como **prostaglandinas** (**PG**), **tromboxanos** (**TX**), **leucotrienos** (**LT**) e **lipoxinas** (**LX**) (ver Capítulo 21). Do ponto de vista fisiológico, são considerados hormônios locais, que atuam por meio de receptores ligados à proteína G para produzir seus efeitos bioquímicos.

Existem três grupos de eicosanoides sintetizados a partir de ácidos eicosanoicos C_{20} derivados dos ácidos graxos essenciais **linoleato** e **α-linolenato**, ou diretamente a partir do araquidonato e do eicosapentaenoato encontrados na dieta (**Figura 23-11**). O araquidonato pode ser obtido a partir da dieta, mas, em geral, deriva da posição 2 dos fosfolipídeos na membrana plasmática pela ação da fosfolipase A_2 (Figura 24-5), e é o substrato para a síntese das séries PG_2, TX_2 (**prostanoides**) pela **via da cicloxigenase**, ou das séries LT_4 e LX_4 pela **via da lipoxigenase**, com as duas vias competindo pelo substrato araquidonato (Figura 23-11).

A VIA DA CICLOXIGENASE É RESPONSÁVEL PELA SÍNTESE DE PROSTANOIDES

Os prostanoides (ver Capítulo 21) são sintetizados por meio da via resumida na **Figura 23-12**. Na primeira reação, que é catalisada pela **cicloxigenase** (**COX**) (também denominada **prostaglandina H sintase**), uma enzima que possui duas atividades, uma **cicloxigenase** e uma **peroxidase**, são consumidas duas moléculas de O_2. A COX ocorre na forma de duas isoenzimas, a **COX-1** e a **COX-2**. O produto, um endoperóxido (PGH), é convertido em prostaglandinas D e E, bem como em tromboxano (TXA_2) e prostaciclina (PGI_2). Cada tipo celular produz apenas um tipo de prostanoide.

Os prostanoides são substâncias potentes e biologicamente ativas

Os **tromboxanos** são sintetizados nas plaquetas e, com a sua liberação, causam vasoconstrição e agregação plaquetária. A sua síntese é especificamente inibida pelo ácido acetilsalicílico administrado em baixas doses. As **prostaciclinas** (**PGI_2**) são produzidas pelas paredes dos vasos sanguíneos e atuam como potentes inibidores da agregação plaquetária.

Portanto, os tromboxanos e as prostaciclinas são antagonistas. A PG_3 e o TX_3, formados a partir do ácido eicosapentaenoico (EPA), inibem a liberação do araquidonato dos fosfolipídeos, bem como a formação de PG_2 e TX_2. A PGI_3 é tão potente quanto a PGI_2 como antiagregador plaquetário, enquanto o TXA_3 é um agregador mais fraco do que o TXA_2, modificando o equilíbrio da atividade e favorecendo tempos de coagulação mais longos. Cerca de 1 ng/mL de prostaglandina plasmática já é capaz de provocar contração do músculo liso nos animais.

Os ácidos graxos essenciais não exercem todos os seus efeitos fisiológicos por meio da síntese de prostaglandinas

O papel dos ácidos graxos essenciais na formação da membrana não está relacionado à síntese de prostaglandinas. As prostaglandinas não aliviam os sintomas da deficiência de ácidos graxos essenciais, e a inibição da síntese de prostaglandinas não provoca deficiência de ácidos graxos essenciais.

A cicloxigenase é uma "enzima suicida"

O bloqueio da atividade das prostaglandinas é obtido, em parte, por uma notável propriedade da cicloxigenase – a sua destruição autocatalisada, isto é, trata-se de uma "**enzima**

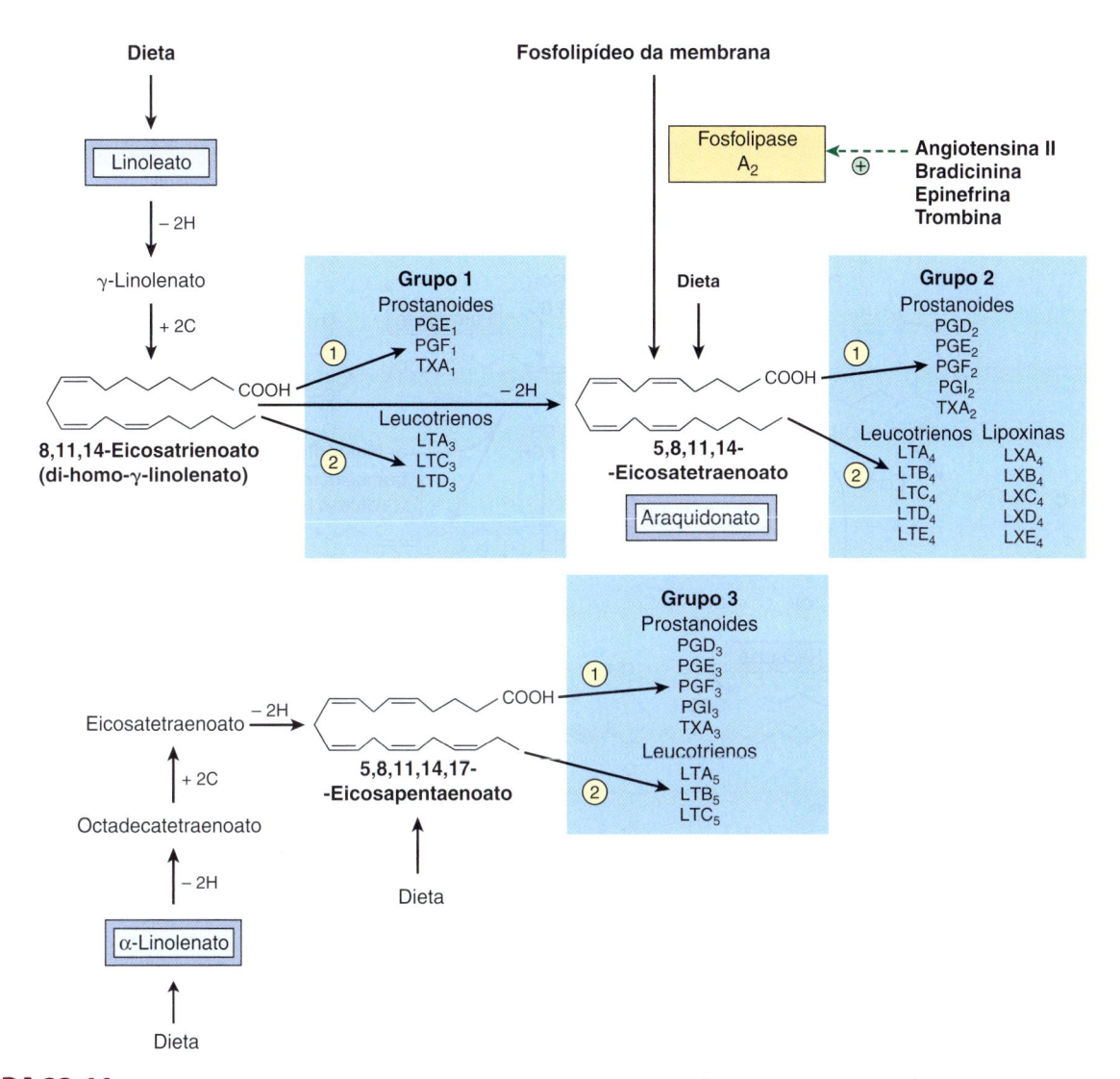

FIGURA 23-11 Os três grupos de eicosanoides e sua origem de biossíntese. (①, via da cicloxigenase; ②, via da lipoxigenase; LT, leucotrieno; LX, lipoxina; PG, prostaglandina; PGI, prostaciclina; TX, tromboxano.) O subscrito denota o número total de ligações duplas na molécula e a série à qual pertence o composto.

suicida". Além disso, a inativação das prostaglandinas pela **15-hidroxiprostaglandina-desidrogenase** é rápida. O bloqueio da ação dessa enzima com sulfassalazina ou indometacina pode prolongar a meia-vida das prostaglandinas no corpo.

OS LEUCOTRIENOS E AS LIPOXINAS SÃO FORMADOS PELA VIA DA LIPOXIGENASE

Os **leucotrienos** compreendem uma família de trienos conjugados formados a partir de ácidos eicosanoicos pela **via da lipoxigenase** nos leucócitos, em células de mastocitoma, nas plaquetas e nos macrófagos, em resposta a estímulos imunológicos e não imunológicos. Três lipoxigenases diferentes (dioxigenases) introduzem o oxigênio nas posições 5, 12 e 15 do ácido araquidônico, dando origem aos hidroperóxidos (HPETE). Apenas a **5-lipoxigenase** forma leucotrienos (detalhes na **Figura 23-13**). As **lipoxinas** são uma família de tetraenos conjugados, que também se originam nos leucócitos. Elas são formadas pela ação combinada de mais de uma lipoxigenase (Figura 23-13).

ASPECTOS CLÍNICOS

Os sintomas de deficiência de ácidos graxos essenciais nos seres humanos incluem lesões cutâneas e comprometimento do transporte de lipídeos

Em adultos que subsistem com dietas comuns, não é relatado nenhum sinal de deficiência de ácidos graxos essenciais. Entretanto, lactentes alimentados com dietas artificiais contendo baixos teores de gordura e pacientes mantidos por longos períodos de tempo exclusivamente com nutrição intravenosa pobre em ácidos graxos essenciais apresentam sintomas de deficiência, que podem ser evitados por um aporte de ácidos graxos essenciais correspondendo a 1 a 2% das necessidades calóricas totais.

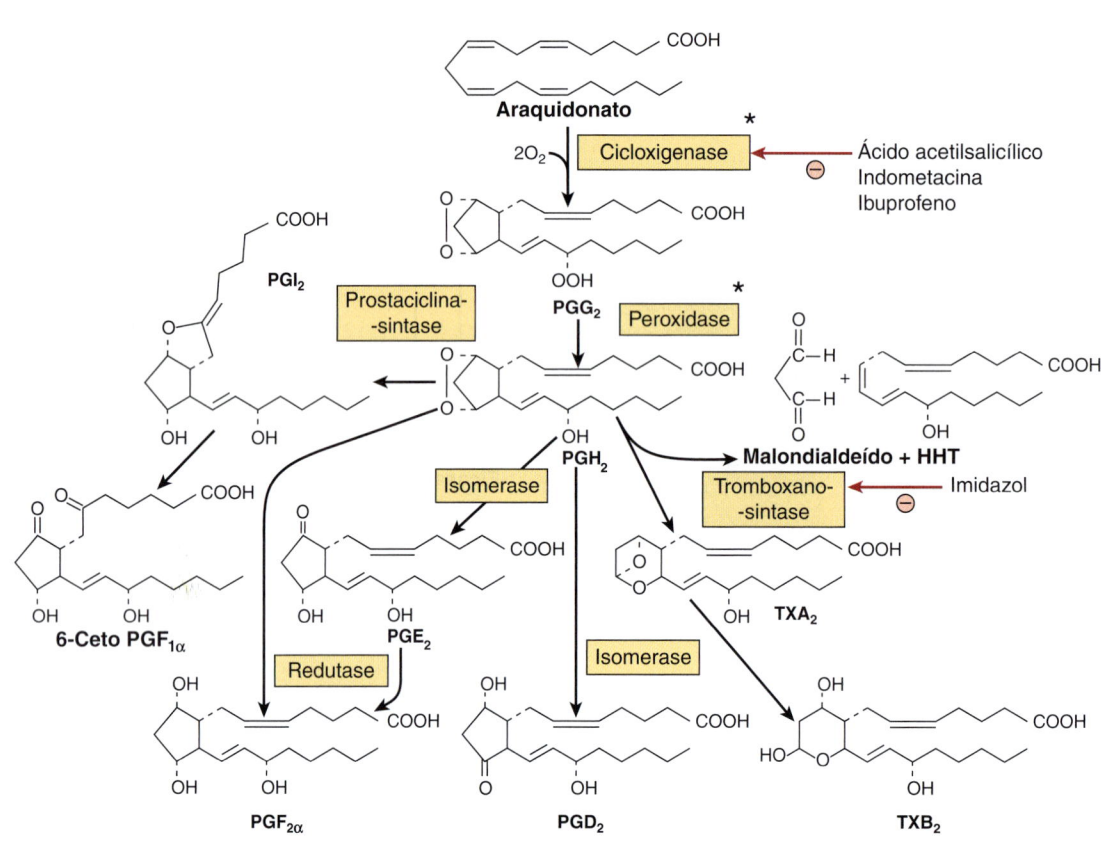

FIGURA 23-12 Conversão do ácido araquidônico em prostaglandinas e tromboxanos da série 2. (HHT, hidroxi-heptadecatrienoato; PG, prostaglandina; PGI, prostaciclina; TX, tromboxano.) (* Ambas as atividades indicadas com asterisco são atribuídas à enzima cicloxigenase [prostaglandina H-sintase]. Ocorrem conversões semelhantes em prostaglandinas e tromboxanos das séries 1 e 3.)

Ocorre metabolismo anormal de ácidos graxos essenciais em várias doenças

O metabolismo anormal de ácidos graxos essenciais, que pode estar relacionado a uma insuficiência dietética, foi observado na fibrose cística, na acrodermatite enteropática, na síndrome hepatorrenal, na síndrome de Sjögren-Larsson, na degeneração neuronal multissistêmica, na doença de Crohn, na cirrose, no alcoolismo e na síndrome de Reye. Foram encontrados níveis elevados de ácidos polienoicos de cadeia muito longa no encéfalo de pacientes com síndrome de Zellweger (ver Capítulo 22). As dietas com alta razão P:S (ácidos graxos poli-insaturados:saturados) reduzem os níveis séricos de colesterol e são consideradas benéficas em relação ao risco de desenvolvimento de doença arterial coronariana.

Os ácidos graxos *trans* estão implicados em vários distúrbios

Pequenas quantidades de ácidos graxos *trans*-insaturados são encontradas na gordura de ruminantes (p. ex., a gordura da manteiga tem 2-7%), onde eles surgem da ação de microrganismos no rúmen, mas a principal fonte na dieta humana é de óleos vegetais parcialmente hidrogenados (p. ex., margarina) (ver Capítulo 21). Os ácidos graxos *trans* competem com os ácidos graxos essenciais e podem exacerbar a deficiência destes. Além disso, assemelham-se, na sua estrutura, aos ácidos graxos saturados (ver Capítulo 21) e exercem efeitos comparáveis na promoção da hipercolesterolemia e da aterosclerose (ver Capítulo 26).

Os anti-inflamatórios não esteroides inibem a cicloxigenase

O ácido acetilsalicílico é um anti-inflamatório não esteroide (AINE) que inibe a COX-1 e a COX-2. Outros AINEs incluem a **indometacina** e o **ibuprofeno**, os quais inibem habitualmente as cicloxigenases pela sua competição com araquidonato. Como a inibição da COX-1 causa irritação gástrica, com frequência associada ao uso de AINEs, foram feitas tentativas para desenvolver fármacos que inibem seletivamente a COX-2 (**coxibes**). Porém, o sucesso dessa abordagem foi limitado, e alguns coxibes foram retirados ou suspensos do mercado, devido a efeitos colaterais indesejáveis e problemas de segurança. A transcrição da COX-2 – mas não da COX-1 – é totalmente inibida pelos **corticosteroides anti-inflamatórios**.

Os prostanoides podem ser utilizados terapeuticamente

Os usos terapêuticos potenciais incluem a prevenção da concepção, a indução do trabalho de parto a termo, a interrupção da gravidez, a prevenção ou o alívio de úlceras gástricas, o controle da inflamação e da pressão arterial e o alívio da asma e da congestão nasal. Além disso, a PGD_2 é uma potente substância que promove o sono. As prostaglandinas aumentam o cAMP

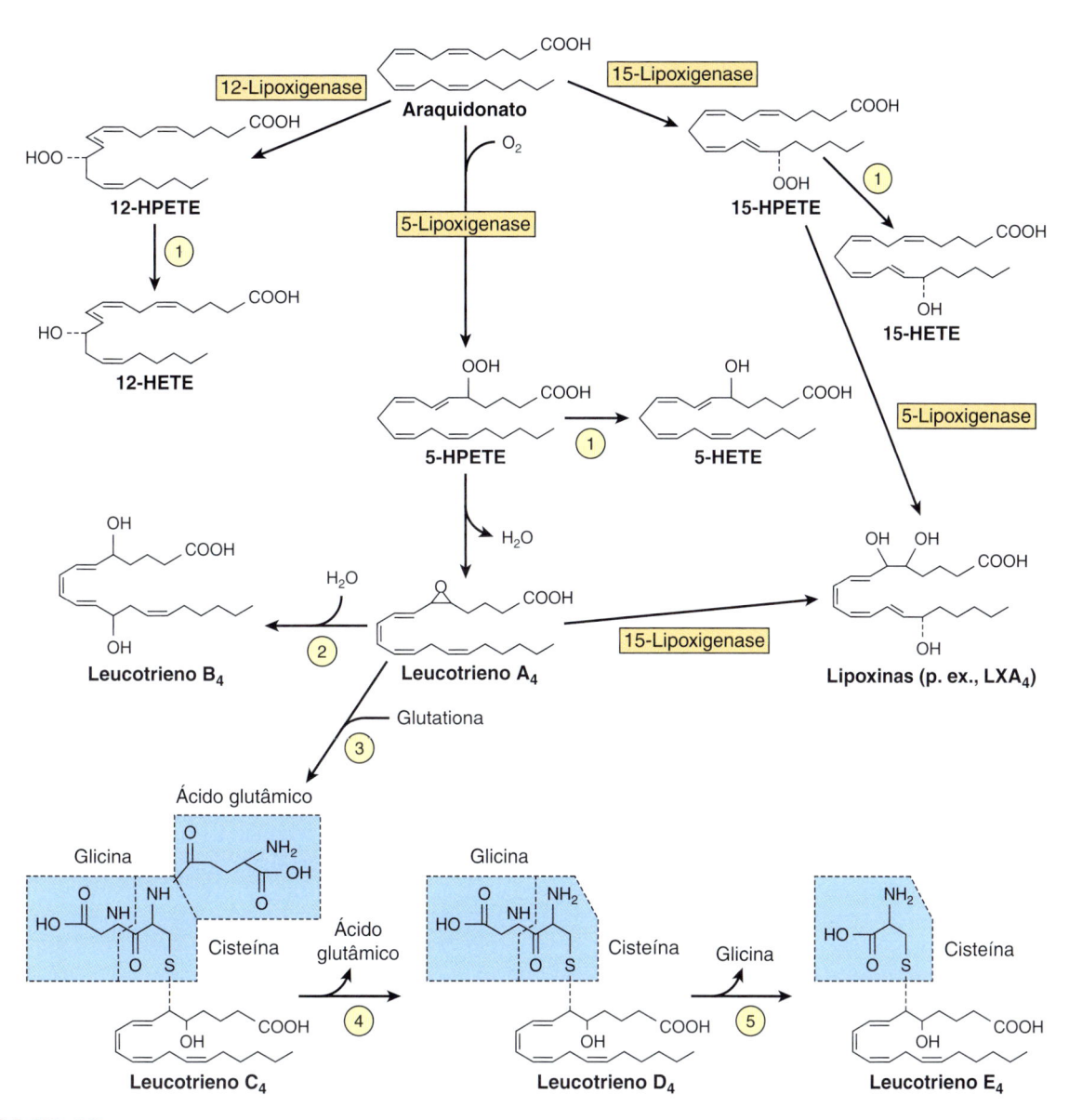

FIGURA 23-13 **Conversão do ácido araquidônico em leucotrienos e lipoxinas da série 4 pela via da lipoxigenase.** Ocorrem algumas conversões semelhantes nas séries 3 e 5 dos leucotrienos. (①, peroxidase; ②, leucotrieno A_4 epóxido hidrolase; ③, glutationa-S-transferase; ④, γ-glutamiltranspeptidase; ⑤, cisteinil-glicina-dipeptidase; HETE, hidroxieicosatetraenoato; HPETE, hidroperoxieicosatetraenoato.)

nas plaquetas, na tireoide, no corpo lúteo, nos ossos fetais, na adeno-hipófise e nos pulmões, porém, reduzem-no nas células tubulares renais e no tecido adiposo (ver Capítulo 25).

Os leucotrienos e as lipoxinas são potentes reguladores de muitos processos patológicos

A substância de reação lenta da anafilaxia é uma mistura dos leucotrienos C_4, D_4 e E_4. Essa mistura de leucotrienos atua como potente constritor da musculatura das vias respiratórias brônquicas. Esses leucotrienos, junto com o **leucotrieno B_4**, também provocam permeabilidade vascular, bem como atração e ativação dos leucócitos, e são importantes reguladores em muitas doenças, envolvendo reações inflamatórias ou de hipersensibilidade imediata, como a asma. Os leucotrienos são vasoativos, e a 5-lipoxigenase foi encontrada nas paredes das artérias. As evidências disponíveis sustentam que as lipoxinas desempenham um papel anti-inflamatório na função vasoativa e imunorreguladora, atuando, por exemplo, como compostos contrarreguladores (**chalonas**) da resposta imune.

RESUMO

- A síntese de ácidos graxos de cadeia longa (lipogênese) é efetuada por dois sistemas enzimáticos: a acetil-CoA-carboxilase e o ácido graxo-sintase.

- A via converte acetil-CoA em palmitato e requer a presença de NADPH, ATP, Mn^{2+}, biotina e ácido pantotênico como cofatores.

- A acetil-CoA-carboxilase converte acetil-CoA em malonil-CoA e, em seguida, o ácido graxo-sintase – um complexo multienzimático

- constituído de duas cadeias polipeptídicas idênticas contendo, cada uma, seis atividades enzimáticas separadas e ACP – catalisa a formação do palmitato a partir de uma molécula de acetil-CoA e sete moléculas de malonil-CoA.
- A lipogênese é regulada na etapa da acetil-CoA-carboxilase por modificadores alostéricos, por fosforilação/desfosforilação e pela indução e repressão da síntese enzimática. A enzima é alostericamente ativada pelo citrato e desativada por acil-CoA de cadeia longa. A desfosforilação (p. ex., pela insulina) promove a sua atividade, e a fosforilação (p. ex., por glucagon ou epinefrina) é inibidora.
- A biossíntese de ácidos graxos insaturados de cadeia longa é efetuada pelas enzimas dessaturase e elongase que, respectivamente, introduzem ligações duplas e alongam as cadeias acil existentes.
- Os animais superiores possuem Δ^4, Δ^5, Δ^6 e Δ^9-dessaturases, porém são incapazes de introduzir novas ligações duplas além da posição 9 nos ácidos graxos. Por isso, os ácidos graxos essenciais, linoleico ($\omega 6$) e α-linolênico ($\omega 3$), devem ser obtidos a partir da dieta.
- Os eicosanoides derivam de ácidos graxos C_{20} (eicosanoicos) sintetizados a partir dos ácidos graxos essenciais e compreendem importantes grupos de compostos fisiológica e farmacologicamente ativos, incluindo prostaglandinas, tromboxanos, leucotrienos e lipoxinas.

REFERÊNCIAS

Eljamil AS: *Lipid Biochemistry: For Medical Sciences*. iUniverse, 2015.

Smith WL, Murphy RC: The eicosanoids: cyclooxygenase, lipoxygenase, and epoxygenase pathways. In *Biochemistry of Lipids, Lipoproteins and Membranes*, 6th ed. Ridgway N, McLeod R (editors). Academic Press, 2015:260-296.

Metabolismo dos acilgliceróis e dos esfingolipídeos

CAPÍTULO 24

Kathleen M. Botham, Ph.D., D.Sc. e Peter A. Mayes, Ph.D., D.Sc.

OBJETIVOS

Após o estudo deste capítulo, você deve ser capaz de:

- Explicar que o catabolismo dos triacilgliceróis envolve a hidrólise a ácidos graxos e glicerol e indicar o destino desses metabólitos.
- Indicar que o glicerol-3-fosfato é o substrato para a formação dos triacilgliceróis e dos fosfogliceróis, e que um ponto de ramificação no fosfatidato leva à síntese de inositolfosfolipídeos e de cardiolipina e/ou triacilgliceróis e outros fosfolipídeos.
- Explicar a formação dos plasmalogênios e do fator de ativação de plaquetas (PAF) por uma via complexa que começa com a di-hidroxiacetona-fosfato.
- Ilustrar o papel das várias fosfolipases na degradação e no remodelamento dos fosfolipídeos.
- Explicar que a ceramida é o precursor a partir do qual são formados todos os esfingolipídeos.
- Indicar como a esfingomielina e os glicosfingolipídeos são produzidos pela reação da ceramida com fosfatidilcolina ou resíduo(s) de açúcar, respectivamente.
- Fornecer exemplos de doenças causadas por defeitos na síntese ou na degradação de fosfolipídeos ou esfingolipídeos.

IMPORTÂNCIA BIOMÉDICA

Os acilgliceróis constituem a maior parte dos lipídeos no corpo. Os triacilgliceróis representam os principais lipídeos nos depósitos de gordura e nos alimentos. O papel que desempenham no transporte e no armazenamento dos lipídeos, bem como em várias doenças, como a obesidade, o diabetes melito e a hiperlipoproteinemia, será descrito nos capítulos subsequentes. Em virtude de sua natureza anfipática, os fosfolipídeos e os esfingolipídeos são apropriadamente os principais componentes lipídicos das membranas celulares.

Os fosfolipídeos também atuam no metabolismo de muitos outros lipídeos. Alguns fosfolipídeos exercem funções especializadas; por exemplo, a dipalmitoil lecitina constitui um importante componente do **surfactante pulmonar**, que está ausente na **síndrome de angústia respiratória** do recém-nascido. Os inositolfosfolipídeos da membrana celular atuam como precursores de **segundos mensageiros de hormônios**, e o **fator de ativação de plaquetas** (PAF, do inglês *platelet-activating factor*) é um alquilfosfolipídeo. Os glicoesfingolipídeos, que contêm esfingosina e resíduos de açúcar, bem como um ácido graxo, são encontrados na camada externa da membrana plasmática, com suas cadeias de oligossacarídeos voltadas para o exterior. Constituem parte do **glicocálice** da superfície celular e são importantes (1) na adesão e no reconhecimento das células, (2) como receptores para toxinas bacterianas (p. ex., a toxina que causa cólera) e (3) como substâncias dos grupos sanguíneos ABO. Foram descritas várias **doenças de armazenamento de glicolipídeos** (p. ex., doença de Gaucher e doença de Tay-Sachs), cada uma delas decorrente de um defeito genético na via de degradação dos glicolipídeos nos lisossomos.

A HIDRÓLISE INICIA O CATABOLISMO DOS TRIACILGLICERÓIS

Os triacilgliceróis devem ser hidrolisados por uma **lipase** em seus constituintes, ácidos graxos e glicerol, antes que possa ocorrer catabolismo adicional. Grande parte dessa hidrólise (lipólise) ocorre no tecido adiposo, com liberação de ácidos graxos livres no plasma, onde são encontrados em combinação com albumina sérica (ver Figura 25-7). Isso é seguido pela captura de ácidos graxos livres pelos tecidos (incluindo fígado, coração, rins, músculo, pulmões, testículos e tecido adiposo, mas não facilmente pelo encéfalo), onde são oxidados para obter energia ou são reesterificados. A utilização do glicerol depende da presença, nesses tecidos, da enzima **glicerol-cinase**, que é encontrada em quantidades significativas no fígado, no rim, no intestino, no tecido adiposo marrom e na glândula mamária em lactação.

OS TRIACILGLICERÓIS E OS FOSFOGLICERÓIS SÃO FORMADOS PELA ACILAÇÃO DE TRIOSES-FOSFATO

As principais vias de biossíntese dos triacilgliceróis e dos fosfogliceróis estão esquematizadas na **Figura 24-1**. Substâncias importantes, como os triacilgliceróis, a fosfatidilcolina, a fosfatidiletanolamina, o fosfatidilinositol e a cardiolipina, um constituinte das membranas mitocondriais, são formadas a partir do **glicerol-3-fosfato**. São observados pontos de ramificação importantes na via nas etapas do **fosfatidato** e do **diacilglicerol**. Os fosfogliceróis que contêm uma ligação éter (—C—O—C—), dos quais os mais conhecidos são os plasmalogênios e o PAF, derivam da **di-hidroxiacetona-fosfato**. O glicerol-3-fosfato e a di-hidroxiacetona-fosfato são intermediários da glicólise, estabelecendo uma conexão muito importante entre o metabolismo dos carboidratos e dos lipídeos (ver Capítulo 14).

O fosfatidato é o precursor comum na biossíntese dos triacilgliceróis, de muitos fosfogliceróis e da cardiolipina

Tanto o glicerol quanto os ácidos graxos devem ser ativados pelo trifosfato de adenosina (ATP, do inglês *adenosine triphosphate*) antes que possam ser incorporados em acilgliceróis. A **glicerol-cinase** catalisa a ativação do glicerol em *sn*-glicerol-3-fosfato. Se a atividade dessa enzima estiver ausente ou baixa, como no músculo ou no tecido adiposo, a maior parte do glicerol-3-fosfato é formada a partir da di-hidroxiacetona-fosfato pela **glicerol-3-fosfato-desidrogenase** (**Figura 24-2**).

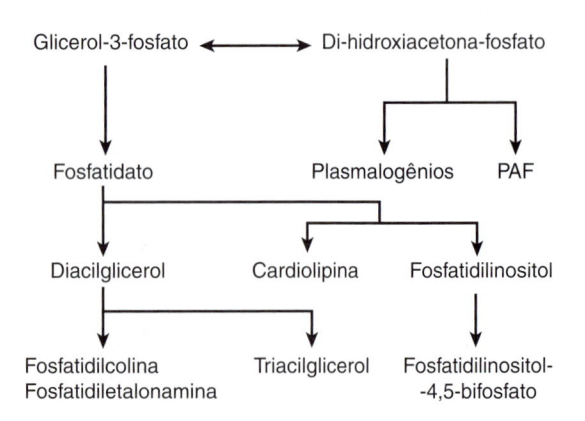

FIGURA 24-1 Visão geral da biossíntese de acilgliceróis. (PAF, fator de ativação de plaquetas.)

Biossíntese dos triacilgliceróis

Duas moléculas de acil-CoA, formadas pela ativação dos ácidos graxos pela **acil-CoA-sintetase** (ver Capítulo 22), combinam-se com glicerol-3-fosfato para formar **fosfatidato** (1,2-diacilglicerol-fosfato). Essa reação ocorre em dois estágios, catalisados pela **glicerol-3-fosfato-aciltransferase** e pela **1-acilglicerol-3-fosfato-aciltransferase**. O fosfatidato é convertido pela **fosfatidato-fosfo-hidrolase** (também chamada de **fosfatidato-fosfatase** [PAP, do inglês *phosphatidate phosphatase*]) e pela **diacilglicerol-aciltransferase** (**DGAT**) em 1,2-diacilglicerol e, então, em triacilglicerol. As **lipinas**, uma família de três proteínas, possuem atividade de PAP e também atuam como fatores de transcrição que regulam a expressão de genes envolvidos no metabolismo de lipídeos. A DGAT catalisa a única etapa específica para a síntese de triacilglicerol, e acredita-se que seja a enzima limitante da velocidade na maioria das circunstâncias. Na mucosa intestinal, a **monoacilglicerol-aciltransferase** converte o **monoacilglicerol** em 1,2-diacilglicerol na **via do monoacilglicerol**. A atividade dessas enzimas reside, em sua maior parte, no retículo endoplasmático; no entanto, observa-se também alguma atividade nas mitocôndrias. Embora a fosfatidato-fosfo-hidrolase seja encontrada principalmente no citosol, a forma ativa da enzima está ligada à membrana.

Biossíntese dos fosfolipídeos

Na biossíntese de **fosfatidilcolina** e **fosfatidiletanolamina** (Figura 24-2), a colina ou a etanolamina devem ser inicialmente ativadas por fosforilação pelo ATP, seguida de ligação à CDP. A CDP-colina ou a CDP-etanolamina resultante reage com o 1,2-diacilglicerol, formando fosfatidilcolina ou fosfatidiletanolamina, respectivamente. A **fosfatidilserina** é formada diretamente a partir da fosfatidiletanolamina pela sua reação com serina (Figura 24-2). A fosfatidilserina pode formar novamente fosfatidiletanolamina por descarboxilação. No fígado, uma via alternativa permite que a fosfatidiletanolamina dê origem diretamente à fosfatidilcolina por metilação progressiva do resíduo de etanolamina. Apesar dessas fontes de colina, ela é considerada um nutriente essencial em muitas espécies de mamíferos, embora isso não tenha sido estabelecido nos seres humanos.

A regulação da biossíntese de triacilglicerol, fosfatidilcolina e fosfatidiletanolamina depende da disponibilidade de ácidos graxos livres. Os que escapam da oxidação são preferencialmente convertidos em fosfolipídeos; quando essa necessidade está satisfeita, os ácidos graxos livres são utilizados na síntese de triacilgliceróis.

A **cardiolipina** (difosfatidilglicerol; ver Figura 21-9) é um fosfolipídeo presente nas mitocôndrias. A cardiolipina é formada a partir do fosfatidilglicerol, o qual, por sua vez, é sintetizado a partir do CDP-diacilglicerol (Figura 24-2) e glicerol-3-fosfato. A cardiolipina, encontrada na membrana interna das mitocôndrias, desempenha um papel essencial na estrutura e na função dessas organelas, e acredita-se, também, que esteja envolvida na morte celular programada (**apoptose**).

Biossíntese dos éteres glicerofosfolipídeos

Nos **éteres glicerofosfolipídeos**, um ou mais dos carbonos do glicerol estão acoplados a uma cadeia hidrocarbonada por uma

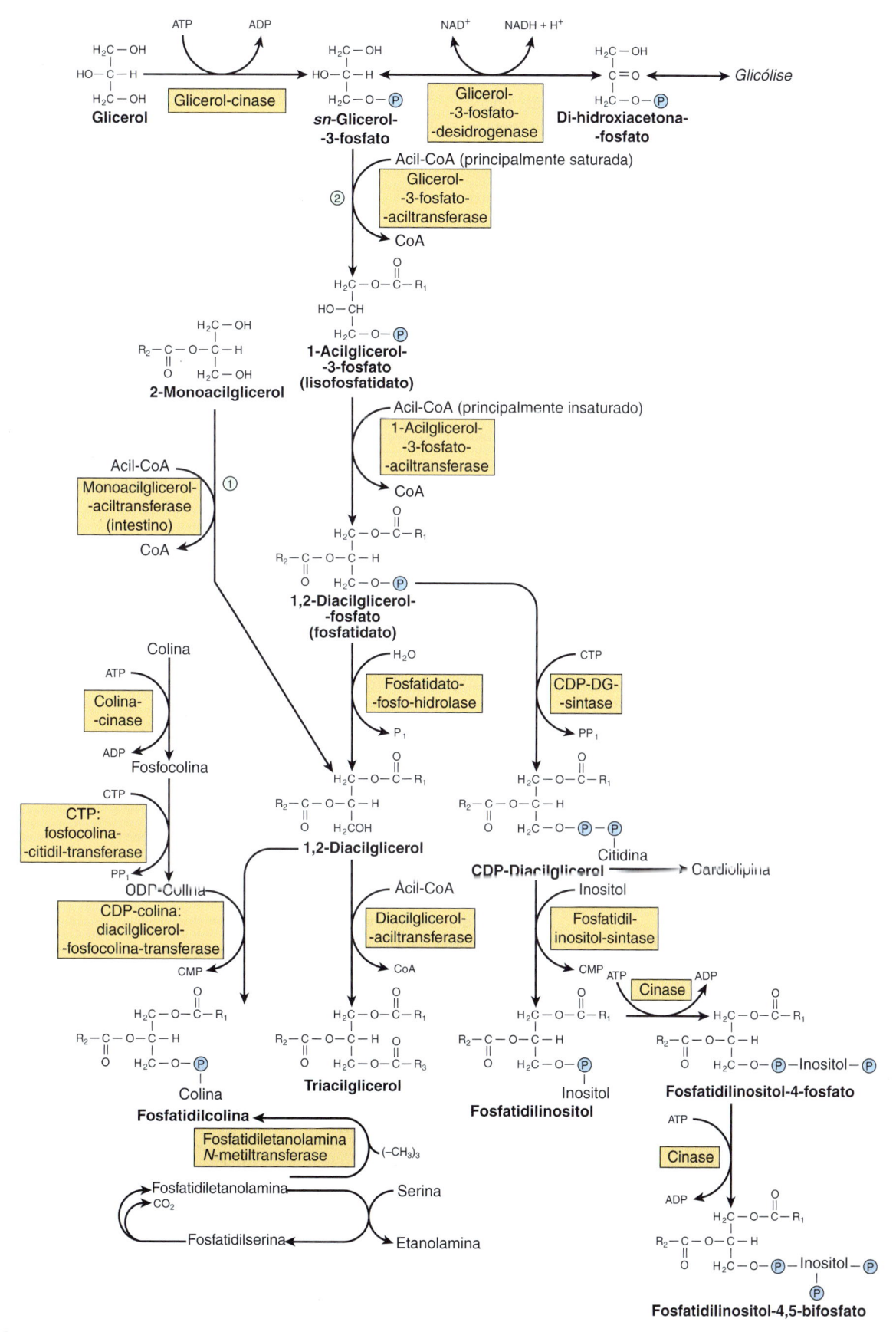

FIGURA 24-2 Biossíntese do triacilglicerol e de fosfolipídeos. ①, via do monoacilglicerol; ②, via do glicerol-fosfato. A fosfatidiletanolamina pode ser formada a partir da etanolamina por uma via semelhante à mostrada para a formação de fosfatidilcolina a partir da colina. Trifosfato de adenosina (ATP, do inglês *adenosine triphosphate*).

ligação éter, em vez de por uma ligação éster. Os **plasmalogênios** e o **PAF** fornecem exemplos importantes desse tipo de lipídeos. A via biossintética está localizada nos peroxissomos. A di-hidroxiacetona-fosfato é o precursor da porção glicerol (**Figura 24-3**). Ela combina-se com acil-CoA para formar 1-acildi-hidroxiacetona-fosfato, e a ligação éter é formada na reação seguinte, produzindo 1-alquildi-hidroxiacetona-fosfato, que é, então, convertida a 1-alquilglicerol-3-fosfato. Após mais uma acilação na posição 2, o 1-alquil-2-acilglicerol-3-fosfato resultante (análogo ao fosfatidato na Figura 24-2) é hidrolisado, dando origem ao derivado glicerol livre. Os plasmalogênios, que compreendem grande parte dos fosfolipídeos nas mitocôndrias, são formados pela dessaturação dos derivados análogos da 3-fosfoetanolamina (Figura 24-3). O PAF (1-alquil-2-acetil-*sn*-glicerol-3-fosfocolina) é sintetizado a partir do derivado correspondente da 3-fosfocolina. O PAF é formado por muitas células sanguíneas e por outros tecidos e agrega as plaquetas em concentrações de apenas 10^{-11} mol/L. Além disso, apresenta propriedades hipotensoras e ulcerogênicas e está envolvido em uma variedade de respostas biológicas, incluindo inflamação, quimiotaxia e fosforilação de proteínas.

As fosfolipases possibilitam a degradação e o remodelamento dos fosfogliceróis

Embora os fosfolipídeos sejam degradados ativamente, cada parte da molécula apresenta uma renovação em velocidade diferente – por exemplo, o tempo de renovação do grupamento fosfato é diferente do tempo do grupamento 1-acil. Isso se deve à presença de enzimas que permitem a degradação parcial da molécula, seguida de nova síntese (**Figura 24-4**). A **fosfolipase A$_2$** catalisa a hidrólise dos glicerofosfolipídeos, originando ácido graxo livre e lisofosfolipídeo, que, por sua vez, pode ser novamente acilado com acil-CoA na presença de uma aciltransferase. Alternativamente, o lisofosfolipídeo (p. ex., lisolecitina) é atacado pela **lisofosfolipase**, formando a base gliceril-fosforil correspondente, que, por sua vez, pode ser clivada por uma hidrolase, com liberação de glicerol-3-fosfato e da base. As **fosfolipases A$_1$, A$_2$, B, C e D** clivam as ligações indicadas na **Figura 24-5**. A **fosfolipase A$_2$** é encontrada no suco pancreático e no veneno das serpentes, bem como em muitos tipos de células; a **fosfolipase C** é uma das principais toxinas secretadas por bactérias; e a **fosfolipase D** é conhecida pela sua participação na transdução de sinais em mamíferos.

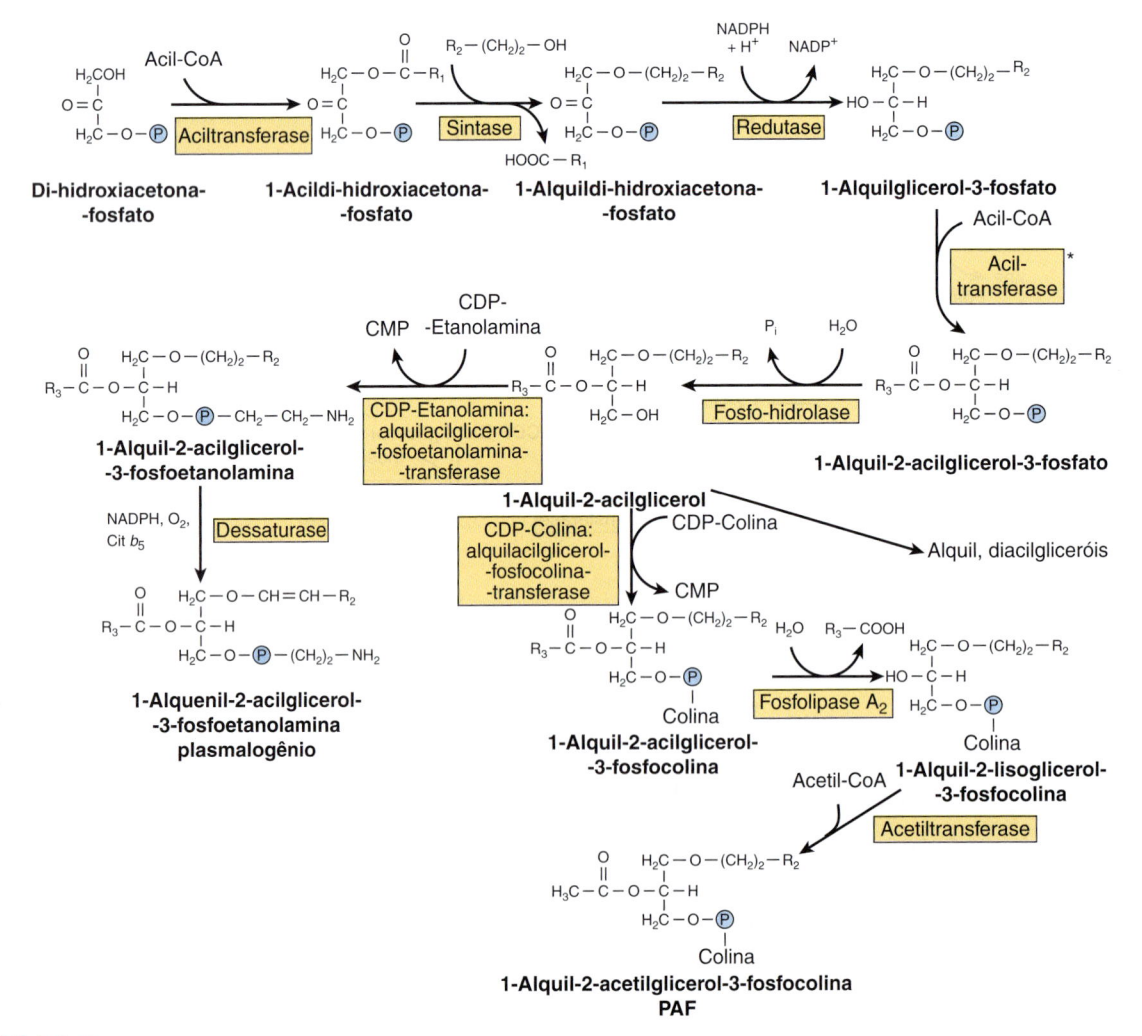

FIGURA 24-3 Biossíntese dos éteres lipídeos, incluindo os plasmalogênios e o fator de ativação das plaquetas (PAF). Na via *de novo* para a síntese de PAF, a acetil-CoA é incorporada no estágio*, evitando as duas últimas etapas da via aqui apresentada. (NADPH, fosfato de dinucleotídeo de nicotinamida e adenina.)

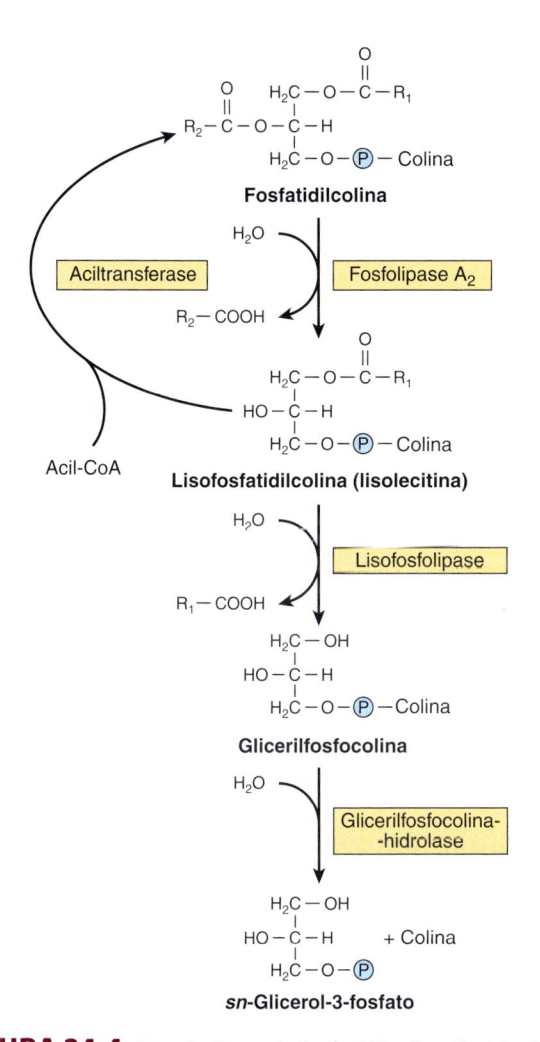

FIGURA 24-4 Metabolismo da fosfatidilcolina (lecitina).

passo que os ácidos graxos poli-insaturados (p. ex., os precursores das prostaglandinas) são incorporados mais frequentemente na posição 2. A incorporação de ácidos graxos na lecitina ocorre de três maneiras: pela síntese completa do fosfolipídeo; por transacilação entre o éster de colesteril e a lisolecitina; e por acilação direta da lisolecitina pela acil-CoA. Portanto, é possível haver troca contínua de ácidos graxos, particularmente no que diz respeito à introdução de ácidos graxos essenciais nas moléculas de fosfolipídeos.

TODOS OS ESFINGOLIPÍDEOS SÃO FORMADOS A PARTIR DA CERAMIDA

A **ceramida** (ver Capítulo 21) é sintetizada no retículo endoplasmático a partir do aminoácido serina, como mostrado na **Figura 24-6**. A ceramida é uma molécula de sinalização (segundo mensageiro) importante, que regula diversas vias, incluindo a morte celular programada (**apoptose**), o **ciclo celular** e a **diferenciação** e a **senescência das células**.

A **lisolecitina** (**lisofosfatidilcolina**) pode ser formada por uma via alternativa que envolve **lecitina: colesterol-aciltransferase** (**LCAT**). Essa enzima, encontrada no plasma, catalisa a transferência de um resíduo do ácido graxo da posição 2 da lecitina para o colesterol, originando um éster de colesteril e uma lisolecitina; ela é considerada responsável pela maior parte do éster de colesteril presente nas lipoproteínas plasmáticas (ver Capítulo 25).

Os ácidos graxos saturados de cadeia longa são encontrados predominantemente na posição 1 dos fosfolipídeos, ao

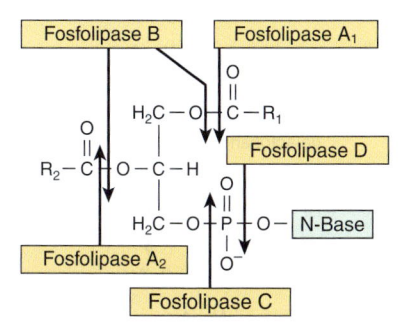

FIGURA 24-5 Locais de atividade hidrolítica das fosfolipases sobre um substrato de fosfolipídeo.

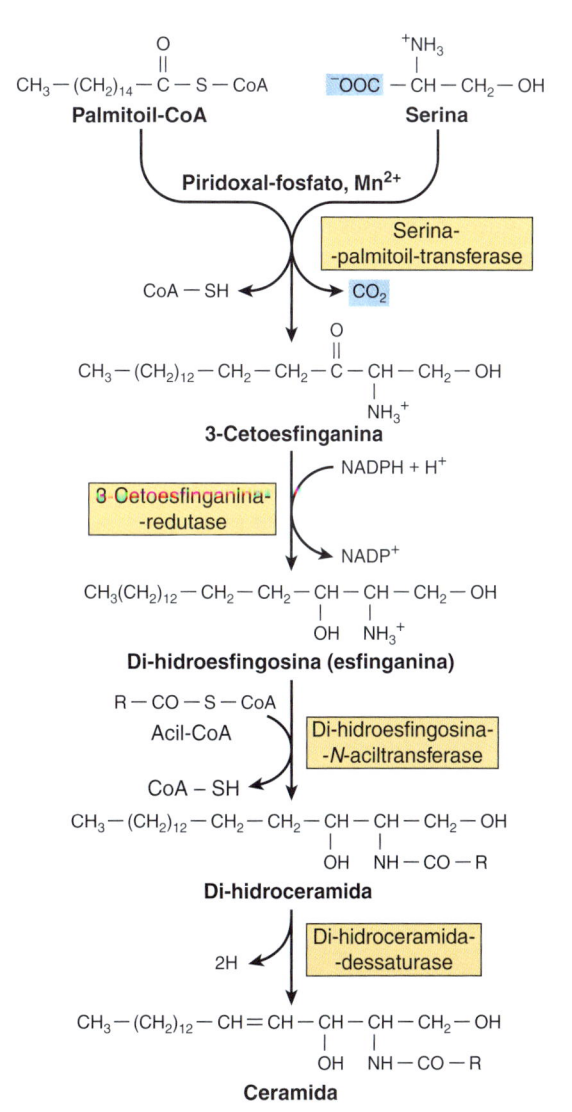

FIGURA 24-6 Biossíntese da ceramida. (NADPH, fosfato de dinucleotídeo de nicotinamida e adenina.)

As **esfingomielinas** (ver Figura 21-10) são fosfolipídeos formados quando uma ceramida reage com fosfatidilcolina, formando esfingomielina e diacilglicerol (**Figura 24-7A**). Isso ocorre principalmente no aparelho de Golgi e, em menor grau, na membrana plasmática.

Os glicosfingolipídeos são uma combinação de ceramida com um ou mais resíduos de açúcar

Os glicosfingolipídeos mais simples (**cerebrosídeos**) são a **galactosilceramida** (**GalCer**) (ver Figura 21-14) e a **glicosilceramida** (**GlcCer**). A GalCer é um importante lipídeo da **mielina**, ao passo que a GlcCer é o principal glicosfingolipídeo dos **tecidos extraneurais** e um precursor da maior parte dos glicosfingolipídeos mais complexos. A GalCer (**Figura 24-7B**) é formada em uma reação entre a ceramida e a uridina difosfato galactose (UDPGal) (formada por epimerização a partir da UDPGlc – Figura 20-6).

A **sulfogalactosilceramida** e outros sulfolipídeos, como os **sulfo(galacto)-glicerolipídeos** e os **sulfatos esteroides**, são formados após reações adicionais envolvendo a 3′-fosfoadenosina-5′-fosfossulfato (PAPS; "sulfato ativo"). Os **gangliosídeos** são sintetizados a partir da ceramida pela adição sequencial de açúcares ativados (p. ex., UDPGlc e UDPGal) e **ácido siálico**, geralmente o ácido *N*-acetilneuramínico (**Figura 24-8**). Pode haver formação de um grande número de gangliosídeos com pesos moleculares crescentes. As enzimas que transferem açúcares dos nucleotídeos (glicosiltransferases) são encontradas, em sua maioria, no aparelho de Golgi.

Os **glicosfingolipídeos** são constituintes da camada externa das membranas plasmáticas e são importantes na **adesão** e no **reconhecimento celular**. Alguns são antígenos, como o grupo de substâncias ABO do sangue. Certos gangliosídeos atuam como receptores de toxinas bacterianas (p. ex., para a **toxina da cólera** que, subsequentemente, ativa a adenilil-ciclase).

ASPECTOS CLÍNICOS

A deficiência de surfactante pulmonar causa a síndrome da angústia respiratória

O **surfactante pulmonar**, constituído principalmente por lipídeo com algumas proteínas e carboidratos, impede o colapso dos alvéolos. O fosfolipídeo **dipalmitoil-fosfatidilcolina** diminui a tensão superficial na interface entre ar e líquido e, assim, reduz acentuadamente o trabalho da respiração; no entanto, outros componentes lipídicos e proteicos do surfactante também são importantes na sua função. A deficiência de surfactante pulmonar nos pulmões de muitos recém-nascidos prematuros dá origem à **síndrome da angústia respiratória do recém-nascido** (**SARRN**). A administração de surfactante natural ou artificial tem benefício terapêutico.

Os fosfolipídeos e os esfingolipídeos estão envolvidos na esclerose múltipla e nas lipidoses

Certas doenças caracterizam-se por quantidades anormais desses lipídeos nos tecidos, frequentemente no sistema nervoso. Elas podem ser classificadas em dois grupos: (1) doenças desmielinizantes verdadeiras e (2) esfingolipidoses.

Na **esclerose múltipla**, uma doença desmielinizante, ocorre perda de fosfolipídeos (particularmente do plasmalogênio etanolamina) e de esfingolipídeos da substância branca. Por conseguinte, a composição lipídica da substância branca assemelha-se à da substância cinzenta. O líquido cerebrospinal apresenta níveis elevados de fosfolipídeos.

As **esfingolipidoses** (**doenças de depósito de lipídeos**) compreendem um grupo de doenças hereditárias causadas por defeito genético no catabolismo dos lipídeos contendo

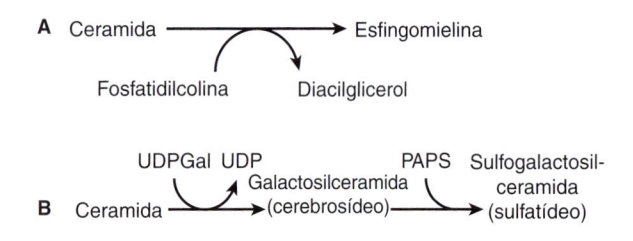

FIGURA 24-7 Biossíntese (A) da esfingomielina, (B) da galactosilceramida e seu derivado sulfa. (PAPS, "sulfato ativo", adenosina 3′-fosfato-5′-fosfossulfato.)

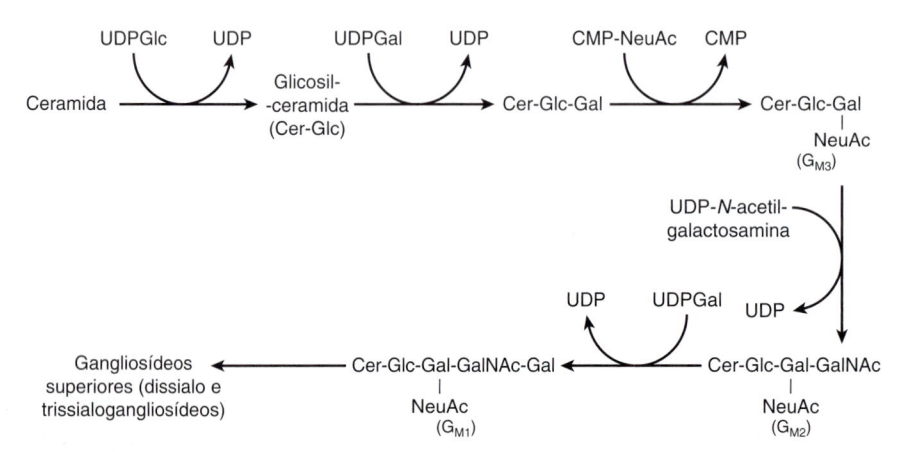

FIGURA 24-8 Biossíntese dos gangliosídeos. (NeuAc, ácido *N*-acetilneuramínico.)

TABELA 24-1 Exemplos de esfingolipidoses

Doença	Deficiência enzimática	Lipídeo que se acumula	Sintomas clínicos
Doença de Tay-Sachs	Hexosaminidase A	Cer—Glc—Gal(NeuAc)÷GalNAc G_{M2} Gangliosídeo	Deficiência intelectual, cegueira, fraqueza muscular
Doença de Fabry	α-Galactosidase	Cer—Glc—Gal—÷Gal Globotriaosilceramida	Erupção cutânea, insuficiência renal (os sintomas integrais são observados apenas em indivíduos do sexo masculino; herança recessiva ligada ao X)
Leucodistrofia metacromática	Arilsulfatase A	Cer—Gal—÷OSO_3 3-Sulfogalactosilceramida	Deficiência intelectual e transtornos psicológicos em adultos; desmielinização
Doença de Krabbe	β-Galactosidase	Cer—Gal÷Galactosilceramida	Deficiência intelectual; mielina quase ausente
Doença de Gaucher	β-Glicosidase	Cer—Glc÷Glicosilceramida	Aumento do fígado e do baço, erosão de ossos longos, deficiência intelectual em lactentes
Doença de Niemann-Pick	Esfingomielinase	Cer—÷P—colina Esfingomielina	Aumento do fígado e do baço, deficiência intelectual; fatal no início da vida
Doença de Farber	Ceramidase	Acil—÷Esfingosina Ceramida	Rouquidão, dermatite, deformação do esqueleto, deficiência intelectual; fatal no início da vida

Cer, ceramida; Gal, galactose; Glc, glicose; NeuAc, ácido N-acetilneuramínico; ÷, local da reação enzimática deficiente.

esfingosina. As esfingolipidoses fazem parte de um grupo maior de distúrbios dos lisossomos e exibem várias características constantes: (1) ocorre acúmulo de lipídeos complexos contendo ceramida nas células, particularmente nos neurônios, causando neurodegeneração e redução do tempo de sobrevida; (2) a taxa de **síntese** do lipídeo armazenado é normal; (3) o defeito enzimático está localizado na **via de degradação lisossômica** dos esfingolipídeos; (4) o grau de redução da atividade da enzima afetada é semelhante em todos os tecidos. Não existe nenhum tratamento efetivo para muitas das doenças, embora tenha sido obtido algum sucesso com **terapia de reposição enzimática** e **transplante de medula óssea** no tratamento da doença de Gaucher e da doença de Fabry. Outras abordagens promissoras são a **terapia de privação de substrato**, para inibir a síntese de esfingolipídeos, e a **terapia química com chaperona**. Atualmente, a **terapia gênica** para os distúrbios lisossomais também está em fase de pesquisa. A **Tabela 24-1** fornece alguns exemplos das mais importantes doenças de depósito de lipídeos.

A **deficiência múltipla de sulfatase** resulta em acúmulo de sulfogalactosilceramida, sulfatos esteroides e proteoglicanos, devido à deficiência combinada das arilsulfatases A, B e C e da esteroide sulfatase.

RESUMO

- Os triacilgliceróis constituem os principais lipídeos de armazenamento de energia, ao passo que os fosfogliceróis, a esfingomielina e os glicosfingolipídeos são anfipáticos e desempenham funções estruturais nas membranas celulares, além de outros papéis especializados.

- Os triacilgliceróis e alguns fosfogliceróis são sintetizados pela acilação progressiva de glicerol-3-fosfato. A via ramifica-se no fosfatidato, formando fosfolipídeos inositóis e cardiolipina por um lado, e triacilglicerol e fosfolipídeos de colina e etanolamina por outro.

- Os plasmalogênios e o PAF são éter fosfolipídeos formados a partir da di-hidroxiacetona-fosfato.

- Os esfingolipídeos são formados a partir da ceramida (N-acilesfingosina). A esfingomielina está presente nas membranas das organelas envolvidas em processos secretores (p. ex., aparelho de Golgi). Os glicosfingolipídeos mais simples são uma combinação de ceramida mais um resíduo de açúcar (p. ex., GalCer na mielina). Os gangliosídeos são glicosfingolipídeos mais complexos, que contêm mais resíduos de açúcar e ácido siálico. Eles são encontrados na camada externa da membrana plasmática, onde contribuem para o glicocálice, e são importantes como antígenos e receptores celulares.

- Os fosfolipídeos e os esfingolipídeos estão envolvidos em vários processos patológicos, incluindo a síndrome da angústia respiratória do recém-nascido (ausência de surfactante pulmonar), a esclerose múltipla (desmielinização) e as esfingolipidoses (incapacidade de degradar os esfingolipídeos nos lisossomos devido a defeitos hereditários das enzimas hidrolases).

REFERÊNCIAS

Eljamil AS: *Lipid Biochemistry: For Medical Sciences*. iUniverse, 2015.
Futerman AH: Sphingolipids. In *Biochemistry of Lipids, Lipoproteins and Membranes*, 6th ed. Ridgway N, McLeod R (editors). Academic Press, 2015:297-327.
Ridgway ND: Phospholipid synthesis in mammalian cells. In *Biochemistry of Lipids, Lipoproteins and Membranes*, 6th ed. Academic Press, 2015:210-236.

CAPÍTULO 25

Transporte e armazenamento de lipídeos

Kathleen M. Botham, Ph.D., D.Sc. e Peter A. Mayes, Ph.D., D.Sc.

OBJETIVOS

Após o estudo deste capítulo, você deve ser capaz de:

- Identificar os quatro principais grupos de lipoproteínas plasmáticas e as quatro principais classes de lipídeos que eles transportam.
- Ilustrar a estrutura de uma partícula de lipoproteína.
- Indicar os principais tipos de apolipoproteínas encontradas nas diferentes classes de lipoproteínas.
- Explicar que o triacilglicerol proveniente da dieta é transportado até o fígado em quilomícrons e do fígado para os tecidos extra-hepáticos nas lipoproteínas de densidade muito baixa (VLDL), e que essas partículas são sintetizadas por processos semelhantes nas células intestinais e hepáticas, respectivamente.
- Ilustrar os processos pelos quais os quilomícrons são metabolizados por lipases para formar remanescentes de quilomícrons, que são removidos da circulação pelo fígado.
- Explicar como a VLDL é metabolizada por lipases à lipoproteína de densidade intermediária (IDL), que pode ser depurada pelo fígado ou convertida em lipoproteína de baixa densidade (LDL), que atua no transporte de colesterol do fígado até os tecidos extra-hepáticos por meio do receptor de LDL (apoB100, E).
- Explicar como a lipoproteína de alta densidade (HDL) é sintetizada, indicar os mecanismos pelos quais ela aceita o colesterol dos tecidos extra-hepáticos e o transporta de volta ao fígado no transporte reverso do colesterol.
- Compreender como o fígado desempenha um papel central no transporte e no metabolismo dos lipídeos e como a secreção de VLDL hepática é regulada pela dieta e por hormônios.
- Indicar as funções da LDL e da HDL na promoção e no retardo do desenvolvimento da aterosclerose, respectivamente.
- Indicar as causas na esteatose hepática alcoólica e na doença hepática gordurosa não alcoólica (DHGNA).
- Explicar o processo pelo qual os ácidos graxos são liberados a partir do triacilglicerol armazenado no tecido adiposo.
- Compreender o papel do tecido adiposo marrom na produção de calor corporal.

IMPORTÂNCIA BIOMÉDICA

A gordura absorvida a partir da dieta e os lipídeos sintetizados pelo fígado e pelo tecido adiposo devem ser transportados entre os vários tecidos e órgãos para a sua utilização e armazenamento. Como os lipídeos são insolúveis em água, o problema de seu transporte no plasma sanguíneo aquoso é resolvido pela associação dos lipídeos apolares (triacilglicerol e ésteres de colesteril) aos lipídeos anfipáticos (fosfolipídeos e colesterol) e às proteínas para formar **lipoproteínas miscíveis em água**.

Em um onívoro, como o ser humano, as calorias em excesso são ingeridas na fase anabólica do ciclo alimentar, seguida de um período de balanço calórico negativo, quando o organismo recorre às suas reservas de carboidratos e gordura. Esse ciclo é mediado pelas lipoproteínas, que transportam lipídeos a partir do intestino sob a forma de **quilomícrons** – e a partir do fígado, sob a forma de **lipoproteínas de densidade muito baixa** (**VLDLs**, do inglês *very low-density lipoproteins*) – para a maioria dos tecidos para oxidação e até o tecido adiposo para armazenamento. Os lipídeos são mobilizados do tecido adiposo na forma de ácidos graxos livres (AGLs) ligados à albumina sérica. As anormalidades no metabolismo das lipoproteínas causam diversas **hipo** ou **hiperlipoproteinemias**. A mais comum delas é o **diabetes melito**, em que a deficiência de insulina causa mobilização excessiva de AGLs e utilização deficiente de quilomícrons e VLDLs, com consequente desenvolvimento de **hipertriacilglicerolemia**. As outras condições patológicas que afetam o transporte dos lipídeos são, em sua maioria, causadas principalmente por defeitos hereditários, alguns dos quais provocam **hipercolesterolemia** e **aterosclerose** prematura (ver Tabela 26-1). A **obesidade** – particularmente a obesidade abdominal – constitui fator de risco para aumento da mortalidade, da hipertensão arterial, do diabetes melito tipo 2, da hiperlipidemia, da hiperglicemia e de várias disfunções endócrinas.

OS LIPÍDEOS SÃO TRANSPORTADOS NO PLASMA COMO LIPOPROTEÍNAS

As quatro principais classes de lipídeos estão presentes nas lipoproteínas

Os lipídeos plasmáticos consistem em **triacilgliceróis** (16%), **fosfolipídeos** (30%), **colesterol** (14%) e **ésteres de colesteril** (36%) e em uma fração muito menor de ácidos graxos de cadeia longa não esterificados (ou AGLs, ácidos graxos livres) (4%). Esta última fração, os **AGLs**, é metabolicamente a mais ativa dos lipídeos plasmáticos.

Foram identificados quatro grandes grupos de lipoproteínas plasmáticas

Como a gordura é menos densa do que a água, a densidade de uma lipoproteína diminui à medida que aumenta a proporção de lipídeo para proteína (**Tabela 25-1**). Foram identificados quatro grupos principais de lipoproteínas, importantes tanto fisiologicamente quanto no diagnóstico clínico. Esses grupos consistem em: (1) **quilomícrons**, provenientes da absorção intestinal de triacilglicerol e outros lipídeos; (2) **VLDLs**, derivadas do fígado para a exportação de triacilglicerol; (3) **lipoproteínas de baixa densidade** (LDLs), que representam um estágio final do catabolismo das VLDLs; e (4) **lipoproteínas de alta densidade** (HDLs, do inglês *high-density lipoproteins*), envolvidas no transporte do colesterol, bem como no metabolismo das VLDLs e dos quilomícrons. O triacilglicerol constitui o lipídeo predominante presente nos quilomícrons e nas VLDLs, ao passo que o colesterol e os fosfolipídeos são os lipídeos predominantes encontrados nas LDLs e HDLs, respectivamente (Tabela 25-1). As lipoproteínas podem ser classificadas de acordo com suas propriedades eletroforéticas em **α-** (HDL), **β-** (LDL) e **pré-β** (VLDL)-**lipoproteínas**.

As lipoproteínas consistem em um núcleo apolar e em uma única camada superficial de lipídeos anfipáticos

O **núcleo de lipídeos apolares** consiste principalmente em **triacilglicerol** e **éster de colesteril** e é circundado por uma **única camada superficial** de moléculas de **fosfolipídeos anfipáticos** e moléculas de **colesterol** (**Figura 25-1**). Essas moléculas são orientadas de forma que seus grupos polares estejam virados para fora, para o meio aquoso, assim como nas membranas celulares (ver Capítulos 21 e 40). A fração proteica de uma lipoproteína é conhecida como **apolipoproteína** ou **apoproteína** e representa quase 70% de algumas HDLs e apenas 1% dos quilomícrons.

TABELA 25-1 Composição das lipoproteínas no plasma humano

Lipoproteína	Fonte	Diâmetro (nm)	Densidade (g/mL)	Composição		Principais componentes lipídicos	Apolipoproteínas
				Proteína (%)	Lipídeo (%)		
Quilomícrons	Intestino	90-1.000	< 0,95	1-2	98-99	Triacilglicerol	A-I, A-II, A-IV,[a] B-48, C-I, C-II, C-III, E
Remanescentes de quilomícrons	Quilomícrons	45-150	< 1,006	6-8	92-94	Triacilglicerol, fosfolipídeos, colesterol	B-48, E
VLDL	Fígado (intestino)	30-90	0,95-1,006	7-10	90-93	Triacilglicerol	B-100, C-I, C-II, C-III
IDL	VLDL	25-35	1,006-1,019	11	89	Triacilglicerol, colesterol	B-100, E
LDL	VLDL	20-25	1,019-1,063	21	79	Colesterol	B-100
HDL	Fígado, intestino, VLDL, quilomícrons					Fosfolipídeos, colesterol	A-I, A-II, A-IV, C-I, C-II, C-III, D,[b] E
HDL₁		20-25	1,019-1,063	32	68		
HDL₂		10-20	1,063-1,125	33	67		
HDL₃		5-10	1,125-1,210	57	43		
Pré-β-HDL[c]		< 5	> 1,210				A-I
Albumina/ácidos graxos livres	Tecido adiposo		> 1,281	99	1	Ácidos graxos livres	

[a] Secretada com quilomícrons, mas transferida para HDL.
[b] Associada às subfrações HDL₂ e HDL₃.
[c] Parte de uma fração menor, conhecida como lipoproteína de densidade muito alta (VHDL).
HDL, lipoproteína de alta densidade; IDL, lipoproteína de densidade intermediária; LDL, lipoproteína de baixa densidade; VLDL, lipoproteína de densidade muito baixa.

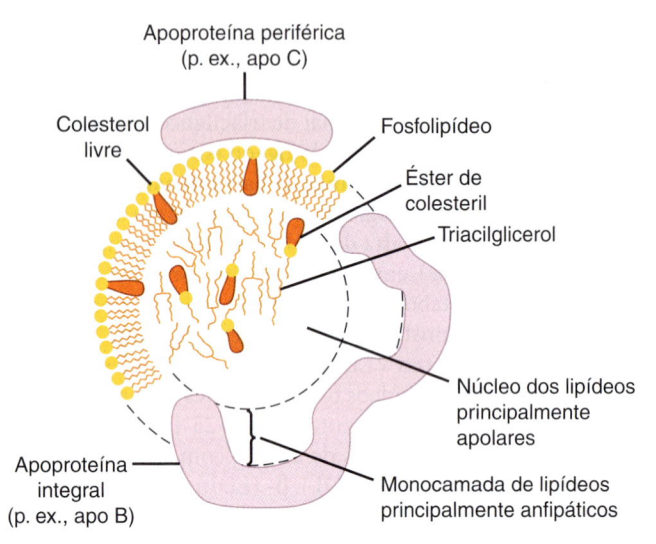

FIGURA 25-1 Estrutura generalizada de uma lipoproteína plasmática. São encontradas pequenas quantidades de éster de colesterol e de triacilglicerol na camada superficial, bem como uma pequena quantidade de colesterol livre no núcleo.

A lipoproteína é caracterizada pela distribuição das apolipoproteínas

Cada lipoproteína apresenta uma ou mais apolipoproteínas. Em geral, elas são abreviadas como apo, seguidas das letras A, B, C, etc. (Tabela 25-1). Algumas apolipoproteínas são integrais e não podem ser removidas (p. ex., apo B), ao passo que outras são ligadas à superfície e são livres para serem transferidas a outras lipoproteínas (p. ex., apo C e apo E). As principais apolipoproteínas de HDL (α-lipoproteína) são denominadas apo A (Tabela 25-1). A principal apolipoproteína de LDL (β-lipoproteína) é a apo B (B-100), que também é encontrada em VLDL. Os quilomícrons contêm uma forma truncada (48% de apo B-100) de apo B (B-48), que é sintetizada no intestino, enquanto a B-100 é sintetizada no fígado. A apo B-100 é uma das cadeias polipeptídicas simples mais longas conhecidas, com 4.536 aminoácidos e massa molecular de 550.000 Da. Para produzir a Apo B-48, um sinal de terminação é introduzido no transcrito de mRNA para a apo B-100 por uma enzima de edição do ácido ribonucleico (RNA, do inglês *ribonucleic acid*). As apos C-I, C-II e C-III são polipeptídeos menores (com massa molecular de 7.000 a 9.000 Da), que podem ser livremente transferidas entre várias lipoproteínas diferentes. A apo E, encontrada nas VLDLs, nas HDLs, nos quilomícrons e nos remanescentes de quilomícrons, também é livremente transferível; nos indivíduos normais, responde por 5 a 10% das apolipoproteínas totais das VLDLs.

As apolipoproteínas desempenham vários papéis: (1) podem constituir parte da estrutura da lipoproteína, como a apo B; (2) são cofatores de enzimas, como a C-II para a lipase-lipoproteica, a A-I para a lecitina:colesterol-aciltransferase (LCAT), ou inibidores enzimáticos, como a apo A-II e a apo C-III para a lipase-lipoproteica, a apo C-I para a proteína de transferência de ésteres de colesteril; e (3) atuam como ligantes para interação com receptores de lipoproteínas nos tecidos, como a apo B-100 e a apo E para o receptor de LDL, a apo E para a proteína relacionada com o receptor de LDL-1 (LRP-1), que reconhece lipoproteínas remanescentes (ver adiante), e a apo A-I para o receptor de HDL. Acredita-se que a apo A-IV tenha um papel no metabolismo dos quilomícrons e possa também atuar como regulador da saciedade e da homeostasia da glicose, tornando-a um alvo terapêutico potencial para o tratamento do diabetes melito e da obesidade, enquanto a apo D é considerada um importante fator em distúrbios neurodegenerativos humanos.

OS ÁCIDOS GRAXOS LIVRES SÃO RAPIDAMENTE METABOLIZADOS

Os AGLs (também denominados ácidos graxos não esterificados [AGNEs]) surgem no plasma a partir da degradação do triacilglicerol do tecido adiposo ou como resultado da ação da lipase-lipoproteica sobre os triacilgliceróis plasmáticos. São encontrados **em combinação com a albumina**, um solubilizador muito efetivo. Os níveis são baixos no estado alimentado e aumentam para 0,7 a 0,8 mEq/mL no jejum prolongado. No **diabetes melito** não controlado, os níveis podem alcançar até 2 mEq/mL.

Os AGLs são removidos do sangue com extrema rapidez pelos tecidos e são oxidados (preenchendo 25-50% das necessidades energéticas no jejum prolongado) ou esterificados para formar triacilgliceróis. Na inanição, os lipídeos esterificados da circulação ou nos tecidos também são oxidados, particularmente nas células cardíacas e do músculo esquelético, onde são encontradas reservas consideráveis de lipídeos.

A captação de AGLs pelos tecidos está diretamente relacionada à concentração plasmática desses ácidos que, por sua vez, é determinada pela taxa de lipólise no tecido adiposo. Após dissociação do complexo ácido graxo-albumina na membrana plasmática, os ácidos graxos ligam-se a uma **proteína de transporte de ácidos graxos da membrana**, a qual atua como cotransportador transmembrana com o Na^+. Após a sua entrada no citosol, os AGLs ligam-se às **proteínas de ligação de ácidos graxos** intracelulares. Acredita-se que o papel dessas proteínas no transporte intracelular seja semelhante ao da albumina sérica no transporte extracelular de ácidos graxos de cadeia longa.

O TRIACILGLICEROL É TRANSPORTADO DO INTESTINO EM QUILOMÍCRONS E A PARTIR DO FÍGADO EM LIPOPROTEÍNAS DE DENSIDADE MUITO BAIXA

Por definição, os **quilomícrons** são encontrados no **quilo**, que é formado apenas pelo sistema linfático que **drena o intestino**. Eles são responsáveis pelo transporte de todos os lipídeos da dieta para a circulação. Pequenas quantidades de VLDL também são encontradas no quilo; entretanto, a maior parte das **VLDLs no plasma** é de origem hepática. **Elas constituem os veículos de transporte de triacilglicerol do fígado para os tecidos extra-hepáticos.**

Existem semelhanças notáveis nos mecanismos de formação dos quilomícrons pelas células intestinais e das VLDLs pelas células parenquimatosas hepáticas (**Figura 25-2**), talvez pelo fato – com exceção da glândula mamária – de o intestino e o fígado serem os únicos tecidos a partir dos quais ocorre secreção de lipídeos na forma de partículas. Os quilomícrons e as VLDLs recém-secretadas ou "nascentes" contêm apenas uma pequena quantidade de apolipoproteínas C e E, visto que o complemento total é adquirido a partir das HDLs na circulação (**Figuras 25-3** e **25-4**). Entretanto, a apo B é parte integrante das partículas de lipoproteínas. É incorporada dentro das partículas durante a sua montagem no interior das células e é essencial na formação dos quilomícrons e das VLDLs. Na **abetalipoproteinemia** (uma doença rara), as lipoproteínas que contêm apo B não são formadas e ocorre acúmulo de gotículas de lipídeos no intestino e no fígado.

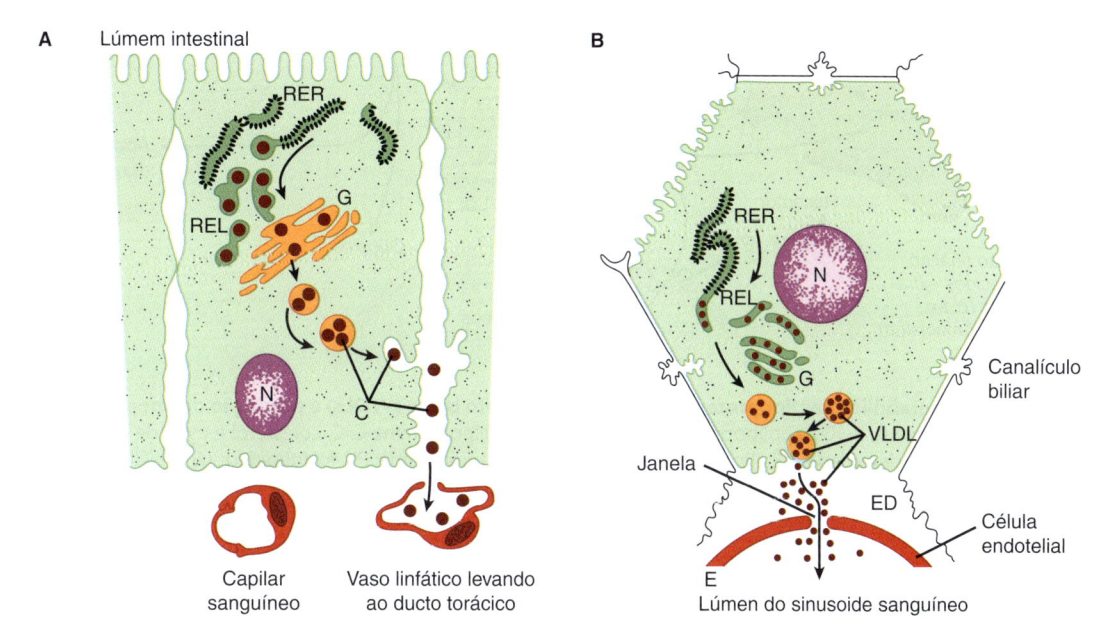

FIGURA 25-2 Formação e secreção (A) de quilomícrons por uma célula intestinal e (B) de lipoproteínas de densidade muito baixa por uma célula hepática. (C, quilomícrons; E, endotélio; G, aparelho de Golgi; N, núcleo; RER, retículo endoplasmático rugoso; ED, espaço de Disse, que contém plasma sanguíneo; REL, retículo endoplasmático liso; VLDL, lipoproteína de densidade muito baixa.) A apolipoproteína B, sintetizada no RER, é incorporada em partículas com triacilglicerol, colesterol e fosfolipídeos no REL. Após a adição de resíduos de carboidratos no G, são liberadas da célula por pinocitose reversa. Os quilomícrons passam para o sistema linfático. As VLDLs são secretadas no ED e, em seguida, nos sinusoides hepáticos através das janelas do revestimento endotelial.

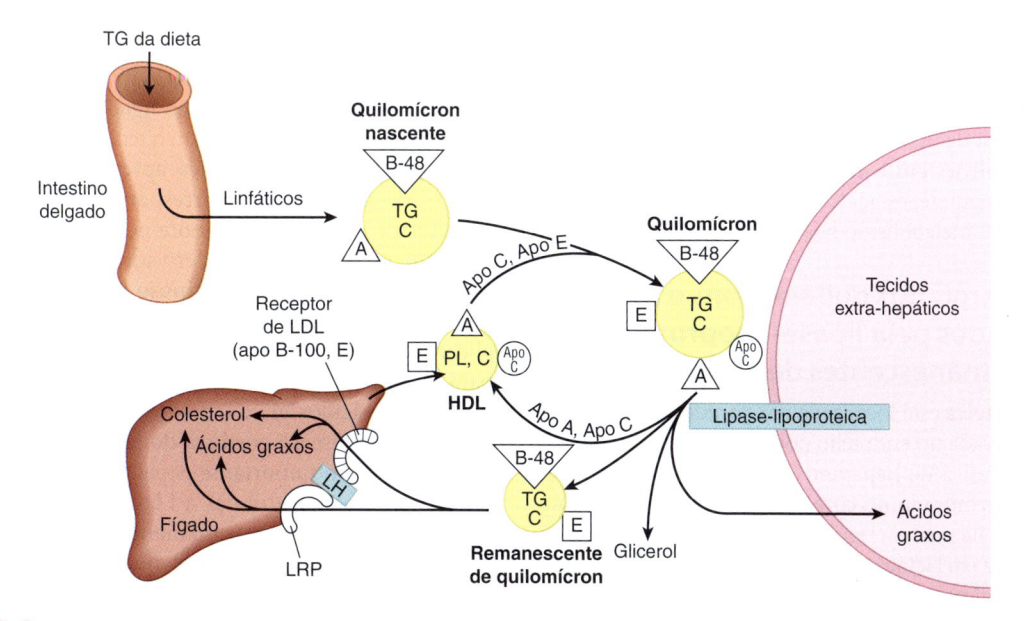

FIGURA 25-3 Destino metabólico dos quilomícrons. (A, apolipoproteína A; B-48, apolipoproteína B-48; Apo C, apolipoproteína C; C, colesterol e éster de colesteril; E, apolipoproteína E; HDL, lipoproteína de alta densidade; LH, lipase hepática; LRP, proteína relacionada ao receptor de LDL; PL, fosfolipídeo; TG, triacilglicerol.) São mostrados apenas os lipídeos predominantes.

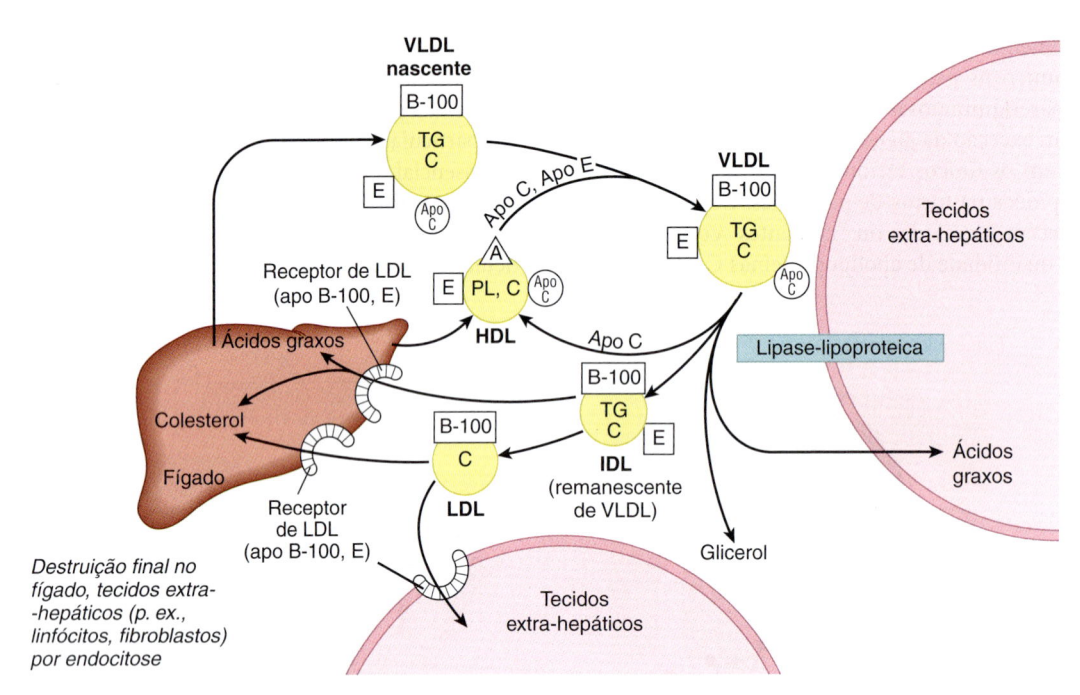

FIGURA 25-4 Destino metabólico das lipoproteínas de densidade muito baixa (VLDLs) e produção de lipoproteínas de baixa densidade (LDLs). (A, apolipoproteína A; B-100, apolipoproteína B-100; Apo C, apolipoproteína C; C, colesterol e éster de colesteril; E, apolipoproteína E; HDL, lipoproteína de alta densidade; IDL, lipoproteína de densidade intermediária; PL, fosfolipídeo; TG, triacilglicerol.) São mostrados apenas os lipídeos predominantes. É possível que alguma IDL também seja metabolizada por meio da proteína-1 relacionada com o receptor de lipoproteína de baixa densidade (LRP-1).

OS QUILOMÍCRONS E AS LIPOPROTEÍNAS DE DENSIDADE MUITO BAIXA SÃO RAPIDAMENTE CATABOLIZADOS

A depuração dos quilomícrons do sangue é rápida, sendo a meia-vida de desaparecimento de menos de 1 hora nos seres humanos. As partículas maiores são catabolizadas mais rapidamente do que as menores. Os ácidos graxos que se originam dos triacilgliceróis dos quilomícrons são transportados principalmente até o tecido adiposo, o coração e o músculo (80%), ao passo que cerca de 20% vão para o fígado. Entretanto, **o fígado não metaboliza significativamente os quilomícrons e as VLDLs**; por conseguinte, os ácidos graxos no fígado devem ser secundários ao seu metabolismo nos tecidos extra-hepáticos.

Os triacilgliceróis dos quilomícrons e as VLDLs são hidrolisados pela lipase-lipoproteica, formando remanescentes de lipoproteínas

A **lipase-lipoproteica** está localizada nas paredes dos capilares sanguíneos, ancorada no endotélio por cadeias de proteoglicanos de carga negativa de heparano sulfato. A lipase-lipoproteica tem sido encontrada no coração, no tecido adiposo, no baço, no pulmão, na medula renal, na aorta, no diafragma e na glândula mamária em lactação, embora não seja ativa no fígado do adulto. Normalmente, não é encontrada no sangue; entretanto, após a injeção de **heparina**, a lipase-lipoproteica é liberada na circulação a partir de seus sítios de ligação de heparano sulfato. A **lipase hepática** está ligada à superfície sinusoidal das células hepáticas e também é liberada pela heparina. Entretanto, essa enzima não reage prontamente com os quilomícrons ou as VLDLs, porém está envolvida no metabolismo dos remanescentes de quilomícrons e das HDLs (ver adiante).

Tanto os **fosfolipídeos** quanto a **apo C-II** são necessários como cofatores para a atividade da lipase-lipoproteica, ao passo que a **apo A-II** e a **apo C-III** atuam como inibidores. Ocorre hidrólise enquanto as lipoproteínas estão ligadas à enzima sobre o endotélio. O triacilglicerol é hidrolisado progressivamente de um diacilglicerol, formando um monoacilglicerol e, por fim, AGL mais glicerol. Alguns dos AGLs liberados retornam à circulação ligados à albumina, porém a maior parte é transportada para o tecido (Figuras 25-3 e 25-4). A lipase-lipoproteica cardíaca apresenta baixo valor de K_m para o triacilglicerol, que corresponde a cerca de um décimo do valor para a enzima presente no tecido adiposo. Isso permite que os ácidos graxos derivados do triacilglicerol sejam **redirecionados do tecido adiposo para o coração no estado de jejum prolongado** quando os níveis plasmáticos de triacilglicerol diminuem. Ocorre um redirecionamento semelhante para a glândula mamária durante a lactação, possibilitando a captação de ácidos graxos dos triacilgliceróis das lipoproteínas para a síntese de **gordura do leite**. O **receptor de VLDL** desempenha um importante papel na transferência de ácidos graxos do triacilglicerol das VLDLs para os adipócitos, uma vez que liga as VLDLs e as mantêm em estreito contato com a lipase-lipoproteica. No tecido adiposo, a **insulina** aumenta a síntese de lipase-lipoproteica nos adipócitos e o seu deslocamento para a superfície luminal do endotélio capilar.

A reação com a lipase-lipoproteica resulta em perda de 70 a 90% dos triacilgliceróis dos quilomícrons e perda da apo C (que retorna às HDLs), mas não da apo E, que é mantida. Os **remanescentes de quilomícrons** resultantes têm aproximadamente metade do diâmetro dos quilomícrons originais e são relativamente enriquecidos com colesterol e ésteres de colesteril, devido à perda dos triacilgliceróis (Figura 25-3). Ocorrem alterações semelhantes nas VLDLs, com formação de **remanescentes de VLDL** (também denominadas **lipoproteínas de densidade intermediária** [**IDLs**, do inglês *intermediate-density lipoprotein*]) (Figura 25-4).

O fígado é responsável pela captação de remanescentes de lipoproteínas

Os remanescentes de quilomícrons são captados pelo fígado por endocitose mediada por receptores, e os ésteres de colesteril e triacilgliceróis são hidrolisados e metabolizados. A captação é mediada pela **apo E** (Figura 25-3), por meio de dois receptores dependentes de apo E, o **receptor de LDL (apo B-100, E)** e a **proteína-1 relacionada com o receptor de LDL (LRP-1)**. A lipase hepática desempenha um duplo papel: (1) atua como ligante para facilitar a captação de remanescentes e (2) hidrolisa os remanescentes de triacilgliceróis e fosfolipídeos.

Após a conversão das VLDLs em IDLs, as partículas remanescentes podem ser captadas pelo fígado diretamente por meio do receptor de LDL (apo B-100, E), ou podem ser metabolizadas a LDL na circulação. Apenas uma molécula de apo B-100 está presente em cada uma dessas partículas de lipoproteína, sendo essa característica conservada durante as transformações. Por conseguinte, cada partícula de LDL origina-se de uma única partícula de VLDL precursora (Figura 25-4). Nos seres humanos, uma proporção relativamente grande de IDL forma LDL, respondendo pelas concentrações aumentadas de LDL nos seres humanos, em comparação com muitos outros mamíferos.

A LDL É METABOLIZADA PELO RECEPTOR DE LDL

O fígado e muitos tecidos extra-hepáticos expressam o **receptor de LDL (apo B-100, E)**. Esse receptor é assim designado por ser específico da apo B-100, mas não da B-48, que carece do domínio carboxiterminal da B-100 que contém o domínio de ligação ao receptor de LDL e também capta lipoproteínas ricas em apo E. Cerca de 30% das LDLs sofrem degradação nos tecidos extra-hepáticos, e 70%, no fígado. Existe correlação positiva entre a incidência de **aterosclerose** e a concentração plasmática de colesterol LDL. O receptor de LDL (apo B-100, E) está deficiente na **hipercolesterolemia familiar**, distúrbio genético caracterizado por níveis sanguíneos elevados de colesterol LDL, causando aterosclerose prematura (Tabela 26-1). Para uma discussão mais detalhada da regulação do receptor de LDL, ver Capítulo 26.

A HDL PARTICIPA DO METABOLISMO DO TRIACILGLICEROL DAS E DO COLESTEROL DAS LIPOPROTEÍNAS

A **HDL** é sintetizada e secretada tanto pelo fígado quanto pelo intestino (**Figura 25-5**). Entretanto, a apo C e a apo E são

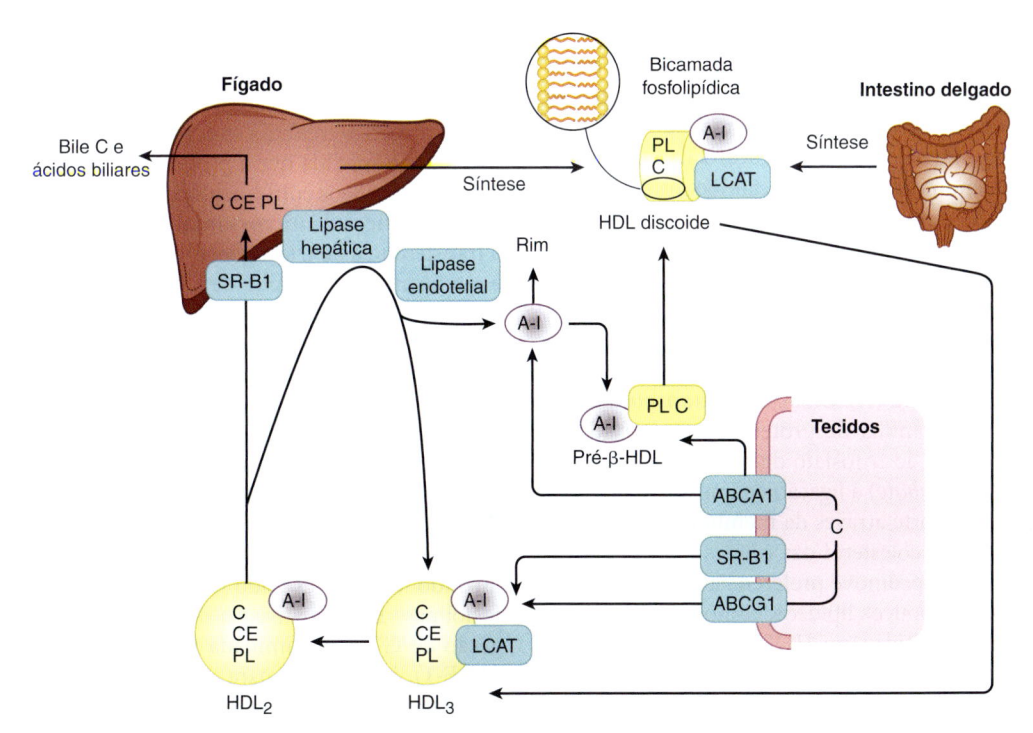

FIGURA 25-5 Metabolismo da lipoproteína de alta densidade (HDL) no transporte reverso do colesterol. (A-I, apolipoproteína A-I; ABCA1, transportadores com cassete de ligação ao ATP A1; ABCG1, transportadores com cassete de ligação ao ATP G1; C, colesterol; CE, éster de colesteril; LCAT, lecitina:colesterol-aciltransferase; PL, fosfolipídeo; SR-B1, receptor *scavenger* B1.) Pré-β-HDL, HDL$_2$, HDL$_3$ – ver Tabela 25-1. Os constituintes superficiais em excesso, em decorrência da ação da lipase-lipoproteica sobre os quilomícrons e as VLDLs, constituem outra fonte de pré-β-HDL.

sintetizadas no fígado e transferidas da HDL hepática para a HDL intestinal quando esta última entra no plasma. Uma importante função das HDLs consiste em atuar como depósito para apo C e apo E necessárias no metabolismo dos quilomícrons e das VLDLs. A HDL nascente consiste em bicamada fosfolipídica discoides contendo apo A e colesterol livre. Essas lipoproteínas assemelham-se às partículas encontradas no plasma de pacientes com deficiência da enzima plasmática **LCAT**, bem como no plasma de pacientes com **icterícia obstrutiva**. A LCAT – e o ativador da LCAT, a apo A-I – liga-se às partículas discoides, e o fosfolipídeo de superfície e o colesterol livre são convertidos em ésteres de colesteril e lisolecitina (ver Capítulo 24). Os ésteres de colesteril apolares deslocam-se para o interior hidrofóbico da bicamada, ao passo que a lisolecitina é transferida para a albumina plasmática. Dessa maneira, há geração de um núcleo apolar, formando uma HDL pseudomicelar esférica, coberta por um filme superficial de lipídeos polares e apolipoproteínas. Isso ajuda a remover o excesso de colesterol não esterificado das lipoproteínas e dos tecidos, conforme descrito adiante. O **receptor *scavenger* B1 (SR-B1) da classe B** foi identificado como **receptor de HDL com duplo papel no metabolismo das HDLs**. No fígado e nos tecidos esteroidogênicos, esse receptor se liga à HDL pela apo A-I, e o éster de colesteril é seletivamente liberado para as células, embora a partícula em si, incluindo a apo A-I, não seja captada. Por outro lado, nos tecidos, o SR-B1 medeia a recepção pela HDL do colesterol proveniente das células e, em seguida, transporta-o até o fígado para excreção pela bile (sob a forma de colesterol ou após conversão em ácidos biliares), em um processo conhecido como **transporte reverso do colesterol** (Figura 25-5). A HDL$_3$, gerada a partir da HDL discoide pela ação da LCAT, aceita o colesterol dos tecidos por meio do **SR-B1**, e o colesterol é esterificado pela LCAT, aumentando o tamanho das partículas para formar HDL$_2$ menos densa. Em seguida, ocorre nova formação de HDL$_3$ após liberação seletiva de éster de colesteril no fígado por meio do SR-B1 ou por hidrólise do fosfolipídeo e do triacilglicerol da HDL$_2$ pelas lipases hepática e endotelial. Esse intercâmbio entre HDL$_2$ e HDL$_3$ é denominado **ciclo das HDLs** (Figura 25-5). A apo A-I livre é liberada por esses processos e forma a **pré-β-HDL** após a sua associação a uma quantidade mínima de fosfolipídeo e colesterol. O excesso de apo A-I é destruído no rim. Um segundo mecanismo importante para o transporte reverso do colesterol envolve os **transportadores com cassete de ligação ao ATP A1 (ABCA1) e G1 (ABCG1)**. Esses transportadores são membros de uma família de proteínas transportadoras que acoplam a hidrólise do trifosfato de adenosina (ATP, do inglês *adenosine triphosphate*) à ligação de um substrato, possibilitando o seu transporte através da membrana. O ABCG1 medeia o transporte do colesterol das células para as HDLs, ao passo que o ABCA1 promove preferencialmente o efluxo de partículas contendo poucos lipídeos, como pré-β-HDL ou apo A-1, que são convertidas em HDL$_3$ pela HDL discoide (Figura 25-5). A pré-β-HDL constitui a forma mais potente de HDL que induz o efluxo de colesterol dos tecidos.

As concentrações de HDL variam de modo recíproco com as concentrações plasmáticas de triacilglicerol e diretamente com a atividade da lipase-lipoproteica. Isso pode ser devido à liberação do excesso de constituintes superficiais, como fosfolipídeos e apo A-I, durante a hidrólise dos quilomícrons e das VLDLs, contribuindo para a formação de pré-β-HDL e HDL discoide. As concentrações de HDL$_2$ estão **inversamente relacionadas à incidência de aterosclerose**, possivelmente por refletirem a eficiência do transporte reverso do colesterol. A HDL$_c$ (HDL$_1$) é encontrada no sangue de animais com hipercolesterolemia induzida pela dieta. É rica em colesterol, e sua única apolipoproteína é a apo E. Aparentemente, todas as lipoproteínas plasmáticas são componentes inter-relacionados de um ou mais ciclos metabólicos que, juntos, são responsáveis pelo processo complexo de transporte dos lipídeos plasmáticos.

O FÍGADO DESEMPENHA UM PAPEL CENTRAL NO TRANSPORTE E NO METABOLISMO DE LIPÍDEOS

O fígado desempenha as seguintes funções importantes no metabolismo dos lipídeos:

1. **Facilitação da digestão e da absorção de lipídeos** pela produção de **bile** (ver Capítulo 26).
2. **Síntese ativa e oxidação dos ácidos graxos** (ver Capítulos 22 e 23), bem como síntese de triacilgliceróis e fosfolipídeos (ver Capítulo 24).
3. **Conversão de ácidos graxos em corpos cetônicos (cetogênese)** (ver Capítulo 22).
4. **Síntese e metabolismo das lipoproteínas plasmáticas**.

A secreção hepática de VLDL está relacionada aos estados nutricional e hormonal

Os eventos celulares envolvidos na formação e na secreção das VLDL são mostrados na **Figura 25-6**. A montagem das VLDLs exige a síntese de apo B-100 e uma fonte de triacilglicerol. A apo B-100 é sintetizada em polirribossomos e translocada para o lúmen do retículo endoplasmático (RE) à medida que é formada. À medida que a proteína entra no lúmen, é lipidada com fosfolipídeos com o auxílio da **proteína de transferência de triacilglicerol microssomal (MTP)**, que também facilita a transferência de triacilgliceróis através da membrana do RE, e são formadas partículas de **VLDL2** (ou precursor de VLDL) contendo apo B. O triacilglicerol provém da lipólise de gotículas lipídicas de triacilglicerol no citosol, seguida de reesterificação em uma via que exige a presença de derivados de fosfolipídeos e diacilglicerol-aciltransferases. O triacilglicerol (TG) não utilizado para formação de VLDL1 é reciclado para as gotículas citosólicas. Após a sua montagem no RE, as VLDL2 são transportadas em vesículas de proteína de revestimento II (COPII) (ver Capítulo 49) para o aparelho de Golgi, onde se fundem com gotículas lipídicas ricas em triacilgliceróis, produzindo **VLDL1**. O ácido fosfatídico produzido pela ação da fosfolipase D após ativação por uma pequena proteína de ligação de GTP, denominada **fator de ribosilação de ADP-1 (ARF-1)**, é necessário para a formação das partículas ricas em triacilgliceróis e/ou VLDL2. Embora algumas partículas de VLDL2 possam ser secretadas sem a fusão, a maioria das partículas que deixam a célula ocorre na forma de VLDL1. Então, as VLDLs nascentes adquirem apolipoproteínas C e E a partir de HDL da circulação, tornando-se VLDLs maduras.

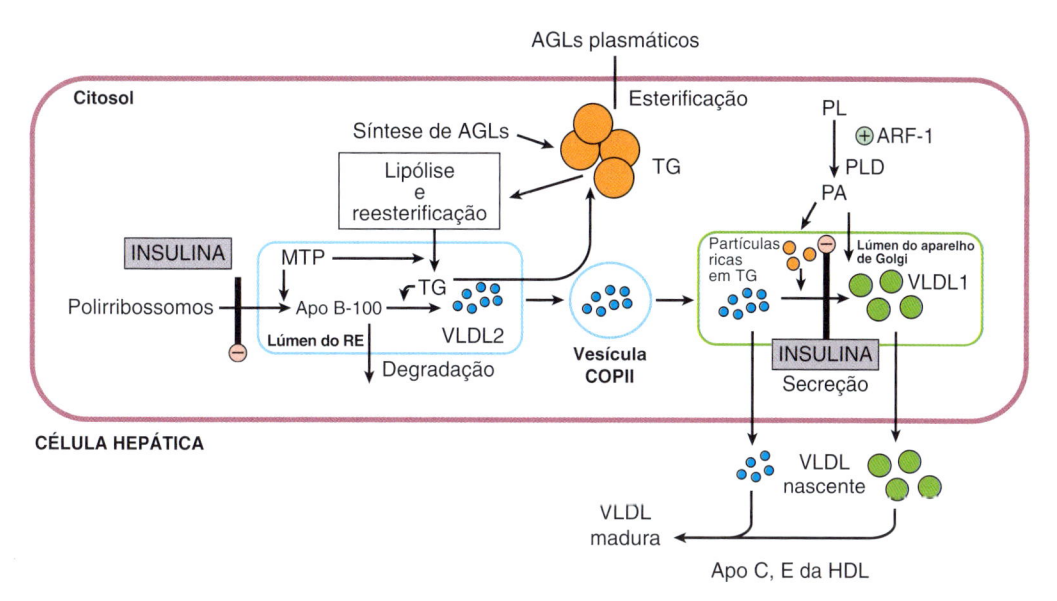

FIGURA 25-6 **Montagem da lipoproteína de densidade muito baixa (VLDL) no fígado.** (Apo, apolipoproteína; ARF-1, fator de ribosilação de ADP-1; AGLs, ácidos graxos livres; HDLs, lipoproteínas de alta densidade; MTP, proteína de transferência de triacilglicerol microssomal; PA, ácido fosfatídico; PL, fosfolipídeo; PLD, fosfolipase D; TG, triacilglicerol.) As vias indicadas formam a base para os eventos apresentados na Figura 25-2. A apo B-100 é sintetizada nos polirribossomos e os fosfolipídeos são adicionados pela MTP à medida que entra no lúmen do retículo endoplasmático (RE). Qualquer excesso é degradado nos proteassomos. O TG derivado da lipólise das gotículas lipídicas citosólicas seguida de ressíntese é transferido para o lúmen do RE com o auxílio da MTP e interage com a apo B-100, formando VLDL2. O excesso de TG é reciclado nas gotículas lipídicas citosólicas. As VLDL2 são translocadas para o aparelho de Golgi em vesículas COPII, onde se fundem com partículas ricas em TG, formando VLDL1. O PA é produzido pela ativação de PLD pelo ARF-1 e é incorporado em VLDL1 e/ou VLDL2 rica em TG. Tanto VLDL1 quanto VLDL2 podem ser secretadas no sangue. A insulina inibe a secreção de VLDL por meio da inibição da síntese de apo B-100 e formação de VLDL1 a partir de VLDL2.

O triacilglicerol para a formação de VLDL é sintetizado a partir de AGL. Os ácidos graxos utilizados provêm de duas fontes possíveis: (1) a síntese *de novo* no fígado a partir da **acetil-CoA**, derivada principalmente dos carboidratos (o que talvez não seja tão importante nos seres humanos) e (2) a captação de **AGLs** da circulação. A primeira fonte predomina no estado alimentado, quando a síntese de ácidos graxos está elevada e o nível de AGLs circulantes está baixo. Como o triacilglicerol normalmente não se acumula no fígado nessas condições, deve-se deduzir que ele é transportado a partir do fígado nas VLDLs tão rapidamente quanto é sintetizado. Os AGLs da circulação constituem a principal fonte de energia durante jejum prolongado, na ingestão de dietas ricas em gordura ou no diabetes melito, quando ocorre inibição da lipogênese hepática. Os fatores que aumentam tanto a síntese de triacilglicerol quanto a secreção de VLDL pelo fígado incluem (1) o estado alimentado, e não o de jejum prolongado; (2) a ingestão de dietas ricas em carboidratos (particularmente quando contêm sacarose ou frutose), resultando em altas taxas de lipogênese e esterificação dos ácidos graxos; (3) os níveis elevados de AGLs circulantes; (4) a ingestão de etanol; e (5) a presença de altas concentrações de insulina e baixas concentrações de glucagon, que aumentam a síntese e a esterificação de ácidos graxos e inibem a sua oxidação.

A insulina suprime a secreção hepática de VLDL ao inibir a síntese de apo B-100 e a conversão da VLDL2 menor em VLDL1 pela fusão com a massa de triacilglicerol. Outros fatores conhecidos por inibir ou prevenir a montagem de VLDL no fígado incluem o antibiótico brefeldina A, que inibe a ação do ARF-1; um fármaco hipoglicêmico sulfonilureia, a tolbutamida, os ácidos graxos ω3 da dieta (ver Capítulo 21), e o ácido orótico, um intermediário na síntese de pirimidinas (ver Capítulo 33) diminuem a taxa de lipólise de TG; e um defeito no gene *MTP*. A regulação da formação de VLDL no fígado é complexa e envolve interações entre fatores hormonais e dietéticos que ainda não estão completamente entendidos.

ASPECTOS CLÍNICOS

O desequilíbrio nas taxas de formação e exportação de triacilgliceróis provoca esteatose hepática

Por várias razões, os lipídeos – principalmente na forma de triacilgliceróis – podem acumular-se no fígado (Figura 25-6). O acúmulo extenso provoca **esteatose hepática**, que é considerada uma condição patológica. A **doença hepática gordurosa não alcoólica (DHGNA)** constitui o distúrbio hepático mais comum no mundo inteiro. Quando o acúmulo de lipídeos no fígado se torna crônico, pode-se verificar o desenvolvimento de alterações inflamatórias e fibróticas, resultando em **esteato-hepatite não alcoólica (EHNA)**, que pode evoluir para doenças hepáticas, incluindo **cirrose**, **hepatocarcinoma** e **insuficiência hepática**.

O fígado gorduroso é classificado em duas categorias principais. O primeiro tipo está associado a **níveis plasmáticos elevados de ácidos graxos livres**, devido à mobilização de gordura do tecido adiposo ou da hidrólise do triacilglicerol das lipoproteínas pela lipase-lipoproteica nos tecidos extra-hepáticos. A produção de VLDL não acompanha o influxo e a esterificação crescentes de ácidos graxos livres, permitindo o acúmulo de triacilglicerol, o que, por sua vez, resulta em fígado gorduroso. Isso ocorre durante o **jejum prolongado** e o consumo de **dietas ricas em gordura**. A capacidade de secretar VLDL também pode estar comprometida (p. ex., no jejum prolongado). No **diabetes melito** não controlado, na **doença de gestação múltipla em ovinos** e na **cetose bovina**, a infiltração gordurosa é grave o suficiente para causar aumento e palidez visível (aparência gordurosa) do fígado, com possível disfunção hepática.

O segundo tipo de fígado gorduroso é geralmente devido a um **bloqueio metabólico na produção de lipoproteínas plasmáticas**, possibilitando o acúmulo de triacilgliceróis. Teoricamente, a lesão pode ser devida a (1) um bloqueio na síntese de apolipoproteínas (ou a um aumento de sua degradação antes que possa ser incorporado nas VLDLs); (2) um bloqueio na síntese da lipoproteína a partir de lipídeos e apolipoproteínas; (3) uma falha no suprimento de fosfolipídeos encontrados nas lipoproteínas; ou (4) uma falha no próprio mecanismo secretor.

Um tipo de esteatose hepática que foi extensamente estudado em ratos é causado por deficiência de **colina**, motivo pelo qual foi designada como **fator lipotrópico**. O **ácido orótico** também provoca esteatose hepática; acredita-se que ele interfira na glicosilação das lipoproteínas, inibindo a sua liberação; além disso, pode comprometer o recrutamento de triacilglicerol para as partículas. A deficiência de vitamina E aumenta a necrose hepática que ocorre na esteatose hepática por deficiência de colina. A adição de vitamina E ou de uma fonte de **selênio** tem efeito protetor ao combater a peroxidação dos lipídeos. Além da deficiência de proteínas, as deficiências de ácidos graxos essenciais e de vitaminas (p. ex., ácido linoleico, piridoxina e ácido pantotênico) podem causar infiltração gordurosa do fígado.

O etanol também provoca esteatose hepática

A **esteatose hepática alcoólica** constitui o primeiro estágio da **doença hepática alcoólica** (**DHA**), que é causada pelo **alcoolismo** e leva, por fim, à **cirrose**. O acúmulo de gordura no fígado é causado por combinação de comprometimento da oxidação dos ácidos graxos e aumento da lipogênese, o que se acredita ser devido a alterações do potencial redox de [NADH]/[NAD$^+$] no fígado, bem como à interferência na ação de fatores de transcrição que regulam a expressão das enzimas envolvidas nas vias. A oxidação de etanol pela **álcool-desidrogenase** resulta em produção excessiva de NADH, que compete com equivalentes redutores de outros substratos, incluindo ácidos graxos, pela cadeia respiratória. Isso inibe a sua oxidação e provoca aumento da esterificação dos ácidos graxos para formar triacilglicerol, resultando em fígado gorduroso. A oxidação do etanol leva à formação de acetaldeído, que é oxidado pela **aldeído-desidrogenase**, produzindo acetato. O aumento da razão (NADH)/(NAD$^+$) também provoca aumento da razão (lactato)/(piruvato), com consequente desenvolvimento de **hiperacidemia láctica**, que diminui a excreção de ácido úrico, agravando a **gota**.

Ocorre algum metabolismo do etanol por meio de um sistema microssomal de oxidação do etanol (MEOS) dependente do citocromo P450, envolvendo o fosfato de dinucleotídeo de nicotinamida e adenina (NADPH, do inglês *nicotinamide adenine dinucleotide phosphate*) e o O$_2$. A atividade desse sistema aumenta no **alcoolismo crônico** e pode responder pelo aumento da depuração metabólica de etanol nessa condição, porém pode também promover o desenvolvimento de DHA. O etanol também inibe o metabolismo de alguns fármacos, como os barbitúricos, por meio de sua competição pelas enzimas dependentes do citocromo P450.

Em algumas populações asiáticas e em norte-americanos nativos, o consumo de álcool resulta em reações adversas mais intensas ao acetaldeído, devido a um defeito genético da aldeído-desidrogenase mitocondrial.

O TECIDO ADIPOSO É O PRINCIPAL LOCAL DE ARMAZENAMENTO DE TRIACILGLICEROL NO CORPO

Os triacilgliceróis são armazenados no tecido adiposo em grandes gotas lipídicas e estão continuamente passando por lipólise (hidrólise) e reesterificação. Esses dois processos consistem em vias totalmente diferentes, envolvendo substratos e enzimas diferentes. Isso possibilita a regulação separada dos processos de esterificação ou de lipólise por muitos fatores nutricionais, metabólicos e hormonais. O equilíbrio entre esses dois processos determina a magnitude do reservatório de AGLs no tecido adiposo, o que, por sua vez, determina o nível de AGLs circulantes no plasma. Como este último exerce efeitos mais profundos sobre o metabolismo de outros tecidos, particularmente fígado e músculo, os fatores que operam no tecido adiposo para regular o efluxo de AGLs exercem influência muito além do próprio tecido. Além disso, o papel do tecido adiposo como órgão endócrino tem sido reconhecido desde a descoberta, nos últimos 20 anos, de que ele secreta hormônios, como **leptina** e **adiponectina**, conhecidos como **adipocinas**. A leptina regula a homeostasia energética, estimulando o consumo de energia e limitando a ingestão de alimento. Se a leptina estiver ausente, a ingestão de alimento pode ser descontrolada, causando obesidade. A adiponectina modula o metabolismo de glicose e lipídeos no músculo e no fígado e aumenta a sensibilidade dos tecidos à insulina.

O suprimento de glicerol-3-fosfato regula a esterificação: a lipólise é controlada pela lipase sensível a hormônio

O triacilglicerol é sintetizado a partir de acil-CoA e glicerol-3-fosfato (ver Figura 24-2). Como a enzima **glicerol-cinase** não é expressa no tecido adiposo, o glicerol não pode ser utilizado para suprimento de glicerol-3-fosfato, que deve ser obtido da glicose a partir da glicólise (**Figura 25-7**).

reesterificados com glicerol-3-fosfato, formando triacilglicerol. Portanto, **existe um ciclo contínuo de lipólise e reesterificação dentro do tecido** (Figura 25-7). Entretanto, quando a taxa de reesterificação não é suficiente para acompanhar a taxa de lipólise, os AGLs acumulam-se e difundem-se no plasma, onde se ligam à albumina e aumentam a concentração plasmática de AGLs.

O aumento do metabolismo da glicose reduz o efluxo de AGL

Quando a utilização de glicose pelo tecido adiposo aumenta, o efluxo de AGL diminui. Entretanto, a liberação de glicerol continua, demonstrando que o efeito da glicose não é mediado pela redução da taxa de lipólise. O efeito é devido ao fornecimento de glicerol-3 fosfato, que aumenta a esterificação de AGL. A glicose pode seguir diversas vias no tecido adiposo, incluindo a oxidação a CO_2 pelo ciclo do ácido cítrico, a oxidação na via das pentoses-fosfato, a conversão em ácidos graxos de cadeia longa e a formação de acilglicerol pelo glicerol-3-fosfato (Figura 25-7). Quando a utilização da glicose está elevada, uma maior proporção da captação de glicose é oxidada a CO_2 e convertida em ácidos graxos. Todavia, à medida que a utilização de glicose total diminui, a maior proporção da glicose é direcionada para a formação de glicerol-3-fosfato para a esterificação da acil-CoA, o que ajuda a minimizar o efluxo de AGL.

OS HORMÔNIOS REGULAM A MOBILIZAÇÃO DE GORDURA

A lipólise no tecido adiposo é inibida pela insulina

A taxa de liberação de AGL do tecido adiposo é afetada por muitos hormônios que influenciam a taxa de esterificação ou a taxa de lipólise. A **insulina** inibe a liberação de AGL do tecido adiposo, resultando em queda dos níveis plasmáticos circulantes de AGLs. A insulina também aumenta a lipogênese e a síntese de acilglicerol, bem como a oxidação da glicose gerando CO_2 pela via das pentoses-fosfato. Todos esses efeitos dependem da presença de glicose e podem ser explicados, em grande parte, com base na capacidade da insulina de aumentar a captação de glicose nas células adiposas por meio do **transportador GLUT 4**. Além disso, a insulina aumenta a atividade das enzimas piruvato-desidrogenase, acetil-CoA-carboxilase e glicerol-fosfato-aciltransferase, reforçando os efeitos da captação aumentada de glicose sobre o aumento da síntese de ácidos graxos e acilglicerol. Essas três enzimas são reguladas de modo coordenado por mecanismos de fosforilação-desfosforilação (ver Capítulos 17, 23 e 24).

Outra ação importante da insulina no tecido adiposo consiste na inibição da atividade da **lipase sensível a hormônio**, reduzindo a liberação não apenas dos AGLs, mas também do glicerol. O tecido adiposo é muito mais sensível à insulina do que muitos outros tecidos e, portanto, constitui um importante local de ação da insulina *in vivo*.

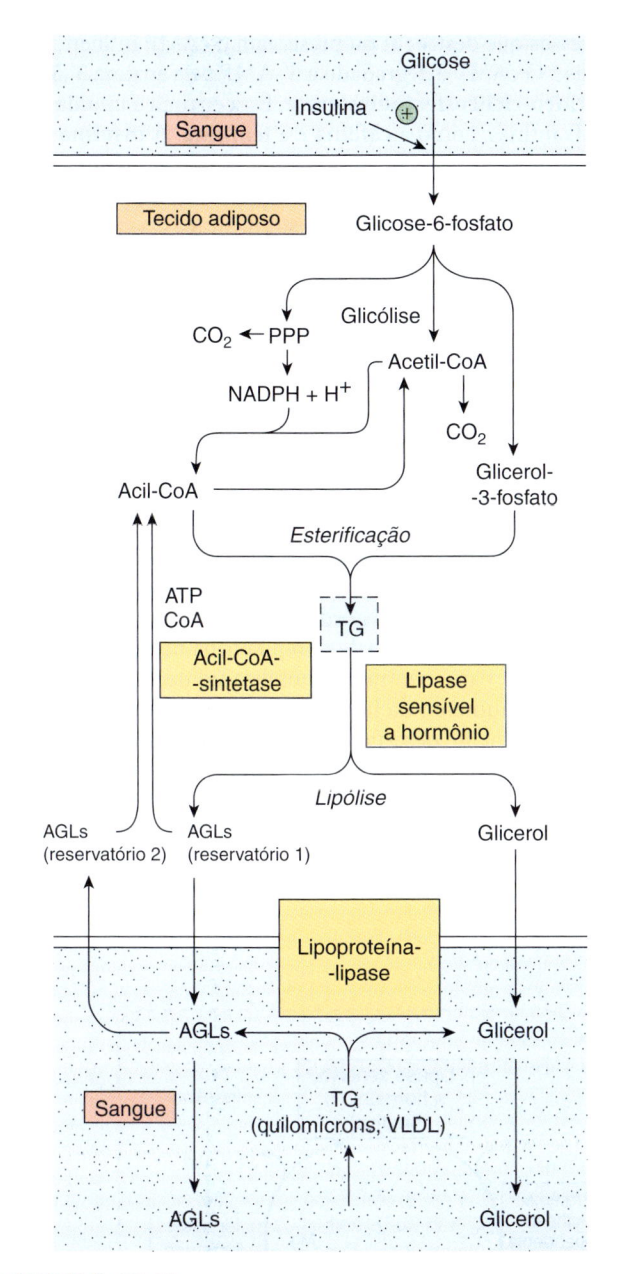

FIGURA 25-7 Metabolismo do triacilglicerol no tecido adiposo. A lipase sensível ao hormônio é ativada por ACTH, TSH, glucagon, epinefrina, norepinefrina e vasopressina; e inibida por insulina, prostaglandina E_1 e ácido nicotínico. Os detalhes da formação do glicerol-3-fosfato a partir de intermediários da glicólise são apresentados na Figura 24-2. (AGLs, ácidos graxos livres; NADPH, fosfato de dinucleotídeo de nicotinamida e adenina; PPP, via das pentoses-fosfato; TG, triacilglicerol; VLDL, lipoproteína de densidade muito baixa.)

O triacilglicerol é hidrolisado pela **lipase sensível a hormônio**, com formação de AGLs e glicerol. Essa lipase é distinta da lipase-lipoproteica, que catalisa a hidrólise do triacilglicerol das lipoproteínas antes de sua captação pelos tecidos extra-hepáticos (ver anteriormente). Como não pode ser utilizado, o glicerol entra no sangue circulante e é captado e transportado para tecidos como o fígado e o rim, que possuem glicerol-cinase ativa. Os AGLs formados pela lipólise podem ser reconvertidos, no tecido adiposo, à **acil-CoA-sintetase** e

Vários hormônios promovem a lipólise

Outros hormônios aceleram a liberação de AGLs do tecido adiposo e causam elevação da concentração plasmática de AGLs ao aumentar a taxa de lipólise das reservas de triacilglicerol (**Figura 25-8**). Esses hormônios incluem a **epinefrina**, a **norepinefrina**, o **glucagon**, o **hormônio adrenocorticotrófico** (**ACTH**, do inglês *adrenocorticotropic hormone*), os **hormônios estimulantes de melanócitos** (**MSHs**, do inglês *melanocyte-stimulating hormone*) α e β, o **hormônio tireoestimulante** (**TSH**, do inglês *thyroid-stimulating hormone*), o **hormônio do crescimento** (**GH**, do inglês *growth hormone*) e a **vasopressina**. Muitos desses hormônios ativam a lipase sensível a hormônio. Para produzir o melhor efeito, a maioria desses processos lipolíticos requer a presença de **glicocorticoides** e **hormônios tireoidianos**. Esses hormônios atuam com capacidade **facilitadora** ou **permissiva** em relação a outros fatores endócrinos lipolíticos.

Os hormônios que atuam rapidamente na promoção da lipólise, isto é, as catecolaminas (epinefrina e norepinefrina), estimulam a atividade da **adenilil-ciclase**, a enzima que converte o ATP em cAMP. O mecanismo é análogo ao responsável pela estimulação hormonal da glicogenólise (ver Capítulo 18). O cAMP, ao estimular a **proteína-cinase dependente de cAMP**, ativa a lipase sensível a hormônio. Portanto, os processos que destroem ou preservam o cAMP influenciam a lipólise. O cAMP é degradado a 5'-AMP pela enzima **3',5'-nucleotídeo-cíclico-fosfodiesterase**. Essa enzima é inibida pelas metilxantinas, como a **cafeína** e a **teofilina**. A **insulina** antagoniza os efeitos dos hormônios lipolíticos. A lipólise parece ser mais sensível a alterações na concentração de insulina do que a utilização da glicose e a esterificação. Os efeitos antilipolíticos da insulina, do ácido nicotínico e da prostaglandina E_1 são explicados pela inibição da síntese de cAMP no sítio da adenilil-ciclase, atuando por meio de uma proteína G_i. A insulina também estimula a fosfodiesterase e a lipase-fosfatase que inativa a lipase sensível a hormônio. O efeito do hormônio do crescimento na promoção da lipólise depende da GH na formação de cAMP. Os glicocorticoides promovem a lipólise pela síntese de nova proteína lipase por via independente de cAMP, que pode ser inibida pela insulina, bem como pela promoção da transcrição de genes envolvidos na cascata de sinalização do cAMP. Esses achados ajudam a explicar o papel da hipófise e do córtex da glândula suprarrenal no aumento da mobilização da gordura. O sistema nervoso simpático, por meio da liberação de norepinefrina no tecido adiposo, desempenha papel central na mobilização de AGLs. Por conseguinte, o aumento da lipólise causado por muitos dos fatores anteriormente descritos pode ser reduzido ou abolido por desnervação do tecido adiposo ou por bloqueio ganglionar.

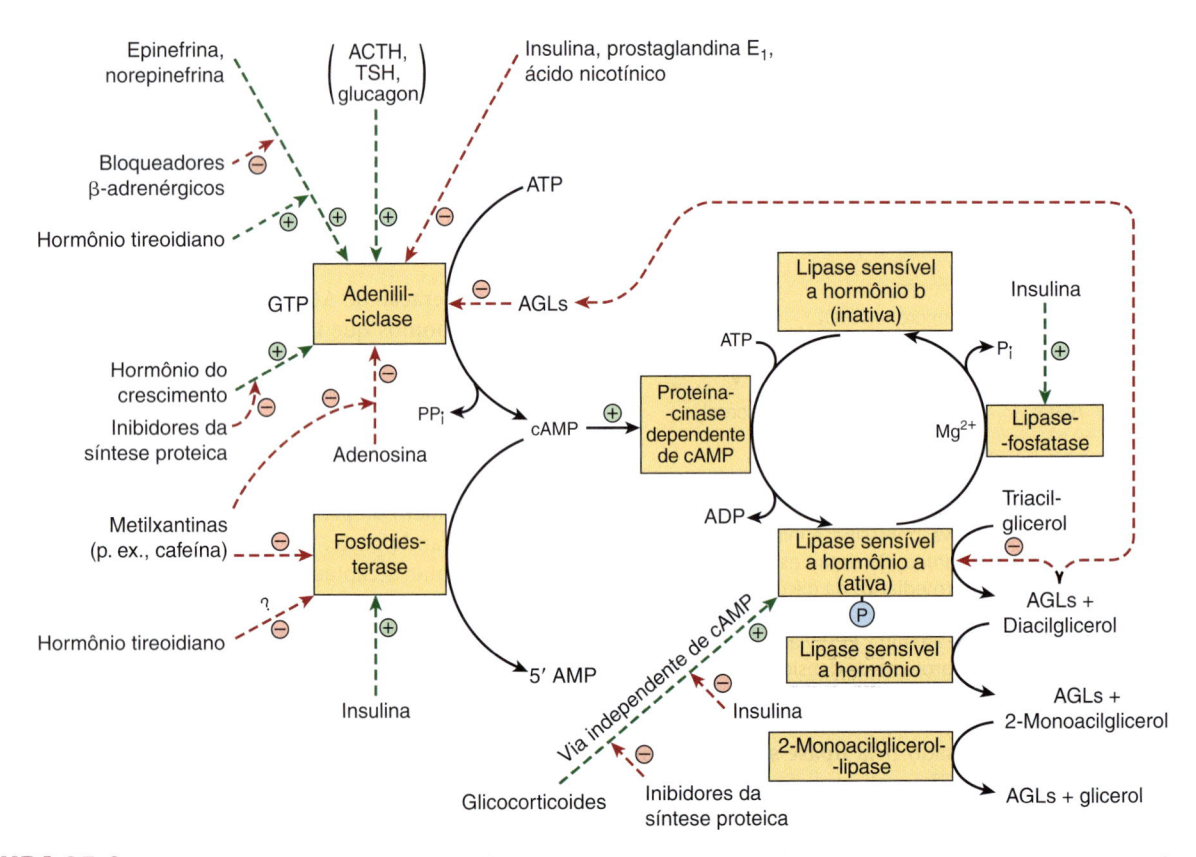

FIGURA 25-8 Controle da lipólise do tecido adiposo. (ACTH, hormônio adrenocorticotrófico; AGLs, ácidos graxos livres; TSH, hormônio tireoestimulante.) A sequência da cascata de reações produz amplificação em cada etapa. O estímulo lipolítico é "desligado" pela remoção do hormônio estimulante; pela ação da lipase-fosfatase; pela inibição da lipase e da adenilil-ciclase, por altas concentrações de AGLs; pela inibição da adenilil-ciclase pela adenosina; e pela remoção do cAMP em decorrência da ação da fosfodiesterase. ACTH, TSH e glucagon podem não ativar a adenilil-ciclase *in vivo*, visto que a concentração necessária *in vitro* de cada hormônio é muito maior do que a encontrada na circulação. Os efeitos reguladores positivo (⊕) e negativo (⊖) são representados pelas linhas tracejadas, e o fluxo de substrato, pelas linhas sólidas.

A perilipina regula o equilíbrio entre o armazenamento de triacilglicerol e a lipólise nos adipócitos

A **perilipina**, uma proteína envolvida na formação de gotículas de lipídeos nos adipócitos, inibe a lipólise em condições basais, impedindo o acesso das enzimas lipases aos triacilgliceróis armazenados. No entanto, à estimulação com hormônios que promovem a degradação de triacilglicerol, a proteína torna-se fosforilada e altera sua conformação, expondo a superfície da gota lipídica à lipase sensível a hormônio, promovendo, assim, a lipólise. Por isso, a perilipina permite que o armazenamento e a degradação dos triacilgliceróis sejam coordenados de acordo com as necessidades metabólicas do corpo.

O tecido adiposo humano pode não ser um local importante de lipogênese

No tecido adiposo, não ocorre incorporação significativa da glicose ou do piruvato em ácidos graxos de cadeia longa; a ATP-citrato-liase, uma enzima-chave na lipogênese, não parece estar presente, e outras enzimas lipogênicas – por exemplo, a glicose-6-fosfato-desidrogenase e a enzima málica – não sofrem alterações adaptativas. De fato, foi sugerido que, nos seres humanos, existe uma "**síndrome de excesso de carboidrato**", devida à limitação singular na capacidade de processar o excesso de carboidratos pela lipogênese. Nas aves, a lipogênese é restrita ao fígado, onde é particularmente importante no fornecimento de lipídeos para a formação dos ovos, estimulada pelos estrogênios.

O TECIDO ADIPOSO MARROM PROMOVE A TERMOGÊNESE

O tecido adiposo marrom (TAM) é uma forma especializada de tecido adiposo envolvido no metabolismo e na **termogênese** (geração de calor). Assim, esse tecido é extremamente ativo em algumas espécies; por exemplo, no término da hibernação em animais expostos ao frio (termogênese sem calafrios) e na produção de calor no recém-nascido. Embora não seja um tecido proeminente nos seres humanos, o TAM está presente em indivíduos normais. O tecido caracteriza-se por suprimento sanguíneo bem desenvolvido e alto conteúdo de mitocôndrias e citocromos, mas baixa atividade de ATP-sintase. A ênfase metabólica está na oxidação da glicose e dos ácidos graxos. A **norepinefrina** liberada a partir das terminações nervosas simpáticas é importante para aumentar a lipólise nesse tecido e para aumentar a síntese da lipase-lipoproteica, de modo a intensificar a utilização das lipoproteínas ricas em triacilglicerol presentes na circulação. A oxidação e a fosforilação não estão acopladas nas mitocôndrias desse tecido, devido à presença de uma proteína desacopladora termogênica, a termogenina (também denominada proteína desacopladora 1 [UCP1]), e a fosforilação observada ocorre em nível do substrato, por exemplo, na etapa succinato-tiocinase, e na glicólise. Desse modo, **a oxidação produz muito calor, e pouca energia livre é retida no ATP**. A **termogenina** atua como via de condutância de prótons, dissipando o potencial eletroquímico através

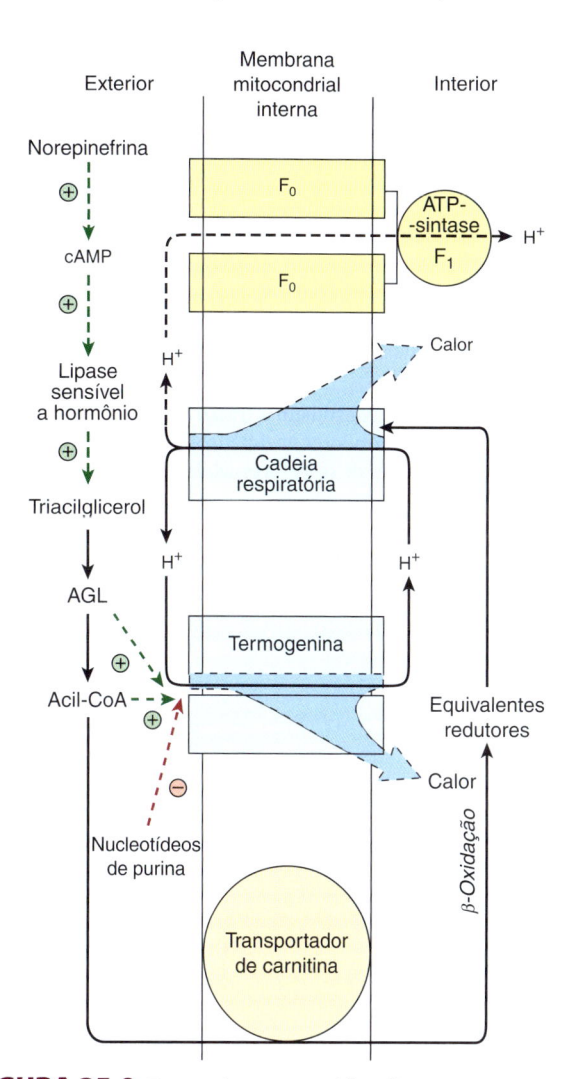

FIGURA 25-9 Termogênese no tecido adiposo marrom. A atividade da cadeia respiratória resulta na translocação de prótons da matriz mitocondrial para dentro do espaço intermembrana (ver Figura 13-7). A presença de termogenina (UCP1) no tecido adiposo marrom possibilita o fluxo retrógrado dos prótons na matriz, sem passar pela ATP-sintase F_1, e a energia gerada é dissipada como calor, em vez de ser capturada como ATP. A passagem de H^+ pela termogenina é inibida por nucleotídeos de purina quando o tecido adiposo marrom não é estimulado. Sob influência da norepinefrina, a inibição é removida pela produção de ácidos graxos livres (AGLs) e acil-CoA. Observe a dupla função da acil-CoA ao facilitar a ação da termogenina e ao fornecer equivalentes redutores para a cadeia respiratória. ⊕ e ⊖ indicam efeitos reguladores positivos ou negativos.

da membrana mitocondrial (**Figura 25-9**). Pesquisas recentes mostraram que a atividade do TAM está inversamente relacionada com o conteúdo de gordura corporal e, portanto, representa um alvo potencial para o tratamento da obesidade e dos distúrbios metabólicos relacionados.

RESUMO

- Por serem insolúveis em água, os lipídeos apolares combinam-se, para o seu transporte entre os tecidos no plasma aquoso do sangue, com lipídeos anfipáticos e com proteínas, formando lipoproteínas miscíveis em água.

- São reconhecidos quatro grupos principais de lipoproteínas. Os quilomícrons transportam lipídeos resultantes da digestão e da absorção. As VLDLs transportam triacilgliceróis provenientes do fígado. As LDLs liberam colesterol nos tecidos, enquanto as HDLs removem o colesterol dos tecidos e o devolvem ao fígado para a sua excreção, no processo conhecido como transporte reverso do colesterol.

- Os quilomícrons e as VLDLs são metabolizados pela hidrólise de seus triacilgliceróis, deixando remanescentes das lipoproteínas na circulação. Esses remanescentes são captados pelo fígado, no entanto alguns desses remanescentes (IDL), resultantes das VLDLs, formam LDLs, que são captadas pelo fígado e por outros tecidos via receptor de LDL.

- As apolipoproteínas constituem a fração proteica das lipoproteínas. Atuam como ativadores enzimáticos (p. ex., apo C-II e apo A-I) ou como ligantes de receptores celulares (p. ex., apo A-I, apo E e apo B-100).

- O triacilglicerol é o principal lipídeo de armazenamento no tecido adiposo. Com a sua mobilização, ocorre liberação de AGLs e glicerol. Os AGLs são fontes importantes de combustível.

- O tecido adiposo marrom constitui o local da "termogênese sem calafrios". Esse tecido é encontrado em animais que hibernam e recém-nascidos e também está presente em pequenas quantidades nos seres humanos adultos. A termogênese resulta da presença da UCP1, a termogenina, na membrana mitocondrial interna.

REFERÊNCIAS

Eljamil AS: *Lipid Biochemistry: For Medical Sciences*. iUniverse, 2015.

Francis G: High density lipoproteins: metabolism and protective roles against atherosclerosis. In *Biochemistry of Lipids, Lipoproteins and Membranes*, 6th ed. Ridgway N, McLeod R (editors). Academic Press, 2015:437-459.

McLeod RS, Yao Z: Assembly and secretion of triacylglycerol-rich lipoproteins. In *Biochemistry of Lipids, Lipoproteins and Membranes*, 6th ed. Ridgway N, McLeod R (editors). Academic Press, 2015:460-488.

CAPÍTULO 26

Síntese, transporte e excreção do colesterol

Kathleen M. Botham, Ph.D., D.Sc. e Peter A. Mayes, Ph.D., D.Sc.

OBJETIVOS

Após o estudo deste capítulo, você deve ser capaz de:

- Explicar a importância do colesterol como componente estrutural essencial das membranas celulares e como precursor de todos os outros esteroides no organismo, e descrever o seu papel patológico na doença dos cálculos biliares de colesterol e no desenvolvimento da aterosclerose.
- Identificar as cinco etapas na biossíntese do colesterol a partir da acetil-CoA.
- Compreender o papel da 3-hidroxi-3-metilglutaril-CoA-redutase (HMG-CoA-redutase) no controle da taxa de síntese do colesterol e explicar os mecanismos pelos quais a sua atividade é regulada.
- Reconhecer que o equilíbrio do colesterol nas células é rigorosamente regulado e indicar os fatores envolvidos na manutenção do equilíbrio correto.
- Explicar o papel das lipoproteínas plasmáticas, incluindo os quilomícrons, a lipoproteína de densidade muito baixa (VLDL), a lipoproteína de baixa densidade (LDL) e a lipoproteína de alta densidade (HDL), no transporte do colesterol entre os tecidos no plasma.
- Citar os dois principais ácidos biliares encontrados nos mamíferos e delinear as vias pelas quais são sintetizados a partir do colesterol no fígado.
- Reconhecer a importância da síntese de ácidos biliares não apenas na digestão e na absorção das gorduras, mas também como importante via de excreção do colesterol.
- Explicar como os ácidos biliares secundários são produzidos a partir dos ácidos biliares primários pelas bactérias intestinais.
- Explicar o que se entende por "circulação êntero-hepática" e por que ela é importante.
- Identificar vários fatores relacionados com as concentrações plasmáticas de colesterol que afetam o risco de doença cardíaca coronariana, incluindo dieta e estilo de vida e a classe de lipoproteína na qual é carreado.
- Citar exemplos de distúrbios hereditários e não hereditários que afetam o metabolismo das lipoproteínas, causando hipo ou hiperlipoproteinemia.

IMPORTÂNCIA BIOMÉDICA

O **colesterol** está presente nos tecidos e no plasma na forma de colesterol livre ou em combinação com um ácido graxo de cadeia longa como o éster de colesteril, sua forma de armazenamento. No plasma, ambas as formas são transportadas em lipoproteínas (ver Capítulo 25). O colesterol é um lipídeo anfipático e, desse modo, um componente estrutural essencial das membranas, onde é importante na manutenção da permeabilidade e da fluidez apropriadas, bem como da camada externa das lipoproteínas plasmáticas. Ele é sintetizado em muitos tecidos a partir de acetil-CoA e constitui o precursor de todos os outros esteroides no organismo, incluindo os **corticosteroides**, os **hormônios sexuais**, os **ácidos biliares** e a **vitamina D**. Como produto típico do metabolismo animal, o colesterol é encontrado nos alimentos de origem animal, como a gema do ovo, a carne, o fígado e o cérebro. A **lipoproteína de baixa densidade** (**LDL**, do inglês *low-density lipoprotein*) plasmática é o veículo que fornece o colesterol e o éster de colesteril em muitos tecidos. O colesterol livre é removido dos tecidos pela **lipoproteína de alta densidade** (**HDL**, do inglês *high-density lipoprotein*) plasmática e transportado até o fígado, onde é eliminado do organismo em sua forma inalterada ou após conversão em ácidos biliares por um processo conhecido como **transporte reverso do colesterol** (ver Capítulo 25). O colesterol é um importante constituinte dos **cálculos biliares**. Entretanto, seu principal papel em processos patológicos consiste em atuar como fator na gênese da **aterosclerose** de artérias vitais, causando doença vascular cerebral, coronariana e periférica.

O COLESTEROL É BIOSSINTETIZADO A PARTIR DA ACETIL-CoA

Pouco mais da metade do colesterol do organismo se origina por síntese (cerca de 700 mg/dia), ao passo que o restante provém da dieta normal. Nos seres humanos, o fígado e o intestino são responsáveis, cada um, por cerca de 10% da síntese total. Praticamente todos os tecidos que contêm células nucleadas são capazes de efetuar a síntese de colesterol, que ocorre no retículo endoplasmático e nos compartimentos citosólicos.

A acetil-CoA constitui a fonte de todos os átomos de carbono do colesterol

O colesterol é um composto de 27 carbonos, consistindo em quatro anéis e uma cadeia lateral (ver Figura 21-19). Ele é sintetizado a partir de acetil-CoA por uma longa via que pode ser dividida em cinco etapas: (1) síntese do **mevalonato** a partir da acetil-CoA (**Figura 26-1**); (2) formação de **unidades isoprenoides** a partir do mevalonato com a perda de CO_2 (**Figura 26-2**); (3) condensação de seis unidades isoprenoides para formar o **esqualeno** (Figura 26-2); (4) ciclização do esqualeno, dando origem ao esteroide parental, o **lanosterol**; (5) formação do colesterol a partir do lanosterol (**Figura 26-3**).

Etapa 1 – Biossíntese do mevalonato: ocorre formação de HMG-CoA (3-hidroxi-3-metilglutaril-CoA) pelas reações utilizadas nas mitocôndrias para a síntese dos corpos cetônicos (ver Figura 22-7). Entretanto, como a síntese do colesterol é extramitocondrial, as duas vias são distintas. Inicialmente, ocorre condensação de duas moléculas de acetil-CoA para formar acetoacetil-CoA, em uma reação catalisada pela **tiolase** citosólica. O acetoacetil-CoA condensa-se com outra molécula de acetil-CoA em outra reação catalisada pela **HMG-CoA-sintase**, com formação de HMG-CoA, que é reduzida a **mevalonato** pelo fosfato de dinucleotídeo de nicotinamida e adenina (NADPH, do inglês *nicotinamide adenine dinucleotide phosphate*), em uma reação catalisada pela **HMG-CoA-redutase**. Esta última etapa constitui a principal etapa reguladora na via de síntese do colesterol e o local de ação da classe mais efetiva de fármacos redutores do colesterol, as estatinas, que são inibidores da HMG-CoA-redutase (Figura 26-1).

Etapa 2 – Formação de unidades isoprenoides: o mevalonato é fosforilado sequencialmente com o uso de trifosfato de adenosina (ATP, do inglês *adenosine triphosphate*) por três cinases e, após descarboxilação (Figura 26-2) da unidade isoprenoide ativa, ocorre formação de **isopentenil-difosfato**.

Etapa 3 – Formação do escaleno a partir de seis unidades isoprenoides: o isopentenil-difosfato é isomerizado por um deslocamento da ligação dupla para formar **dimetilalil-difosfato** e, em seguida, condensado com outra molécula de isopentenil-difosfato para formar o intermediário de 10 carbonos, o **geranil-difosfato** (Figura 26-2). Uma condensação adicional com isopentenil-difosfato forma o **farnesil-difosfato**. Duas moléculas de farnesil-difosfato condensam-se na extremidade difosfato, formando o **esqualeno**. Inicialmente, o pirofosfato inorgânico é eliminado, resultando no pré-esqualeno-difosfato, que é, então, reduzido pelo NADPH, com eliminação de mais uma molécula de pirofosfato inorgânico.

Etapa 4 – Formação do lanosterol: o esqualeno pode dobrar-se em uma estrutura que se assemelha estreitamente ao núcleo esteroide (Figura 26-3). Antes do fechamento do anel, o esqualeno é convertido em esqualeno-2,3-epóxido por uma oxidase de função mista presente no retículo endoplasmático, a **esqualeno-epoxidase**. O grupamento metil em C_{14} é transferido para o C_{13} e o do C_8 para o C_{14} à medida que ocorre a ciclização, catalisada pela **oxidoesqualeno-lanosterol-ciclase**.

Etapa 5 – Formação do colesterol: a formação do colesterol a partir do **lanosterol** ocorre nas membranas do retículo endoplasmático e envolve alterações no núcleo esteroide e na cadeia lateral (Figura 26-3). Os grupamentos metila em C_{14} e C_4 são removidos para formar 14-desmetil-lanosterol e, em seguida, zimosterol. Posteriormente, a ligação dupla em C_8—C_9 é transferida para C_5—C_6 em duas etapas, com formação do **desmosterol**. Por fim, a ligação dupla da cadeia lateral é reduzida, produzindo colesterol.

O farnesil-difosfato dá origem ao dolicol e à ubiquinona

Os poli-isoprenoides **dolicol** (ver Figura 21-22 e Capítulo 46) e **ubiquinona** (ver Figura 13-6) são formados a partir

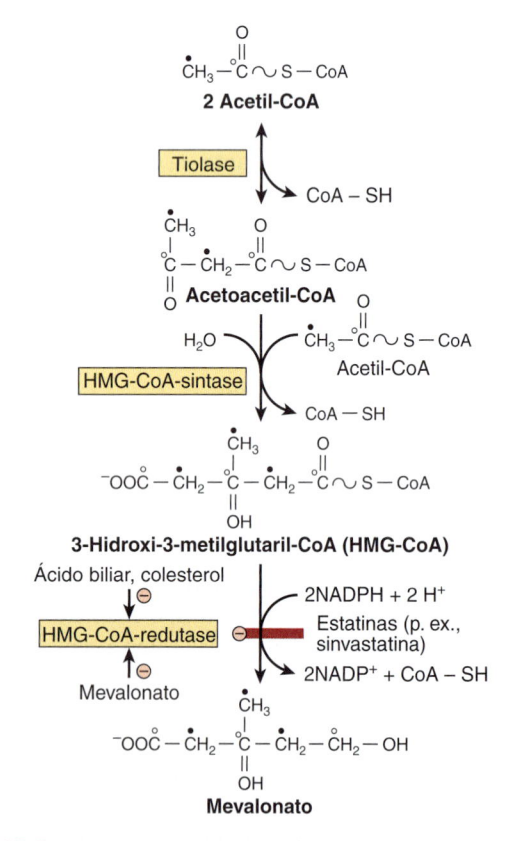

FIGURA 26-1 Biossíntese do mevalonato. A HMG-CoA-redutase é inibida pelas estatinas. Os pequenos círculos abertos e fechados indicam o destino de cada um dos carbonos na porção acetil da acetil-CoA. (NADPH, fosfato de dinucleotídeo de nicotinamida e adenina.)

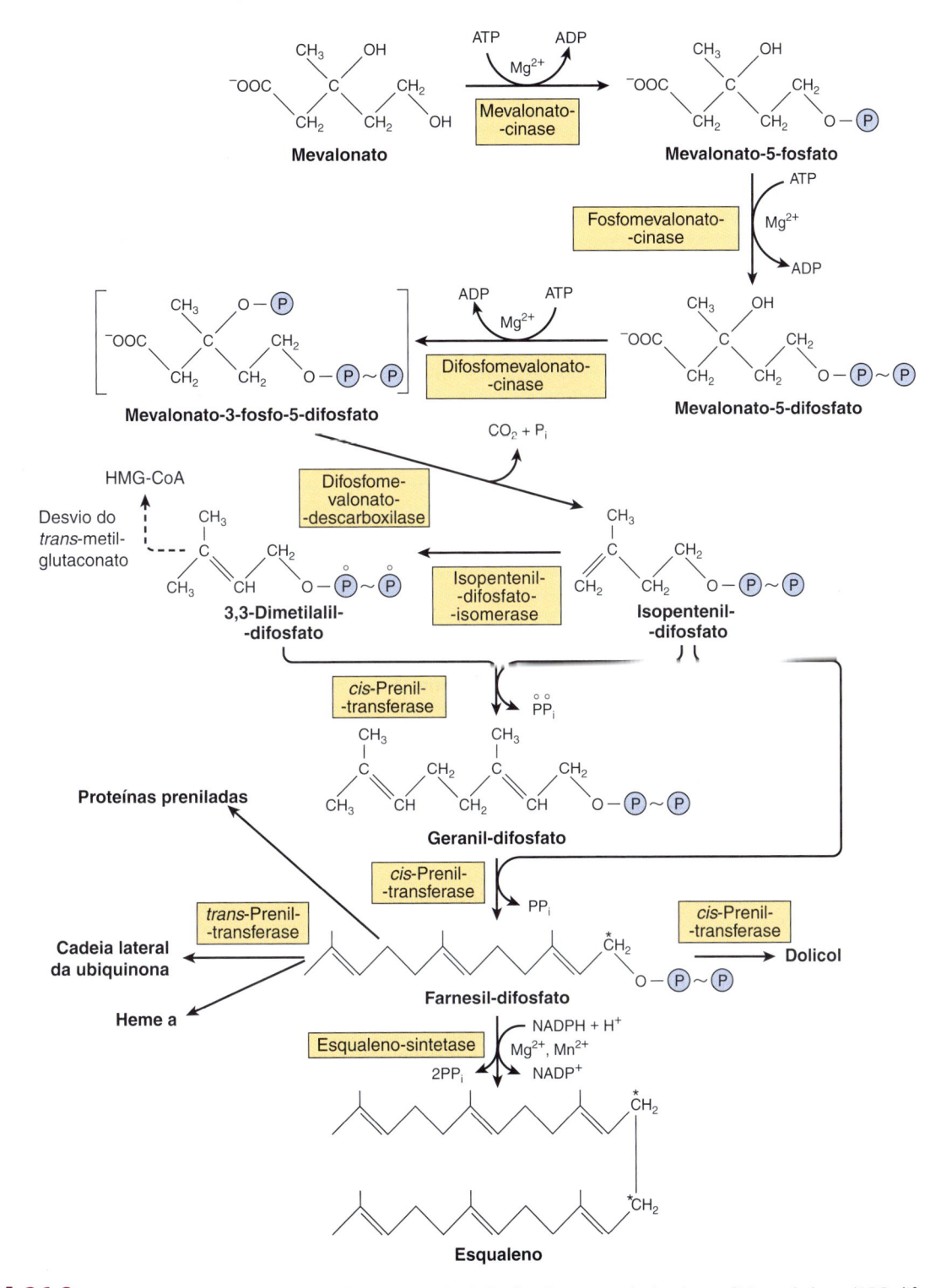

FIGURA 26-2 Biossíntese do esqualeno, da ubiquinona, do dolicol e de outros derivados poli-isoprênicos. (ADP, difosfato de adenosina; ATP, trifosfato de adenosina; HMG, 3-hidroxi-3-metilglutaril ; NADPH, fosfato de dinucleotídeo de nicotinamida e adenina; P_i, fosfato inorgânico; P_{ii}, pirofosfato inorgânico.) Existe um resíduo de farnesil no heme de uma citocromo-oxidase. O carbono marcado com asterisco torna-se o C_{11} ou o C_{12} no esqualeno. A esqualeno-sintetase é uma enzima microsomal; todas as outras enzimas indicadas são proteínas citosólicas solúveis, e algumas são encontradas nos peroxissomos.

do farnesil-difosfato pelo acréscimo adicional de até 16 (dolicol) ou 3 a 7 (ubiquinona) resíduos isopentenil-difosfato (Figura 26-2). Algumas **proteínas de ligação ao GTP** na membrana celular são preniladas com resíduos de farnesil ou geranilgeranil (20 carbonos). Acredita-se que a **prenilação proteica** facilite a ancoragem das proteínas em membranas lipídicas e também possa estar envolvida nas interações entre proteínas e no transporte de proteínas associadas à membrana.

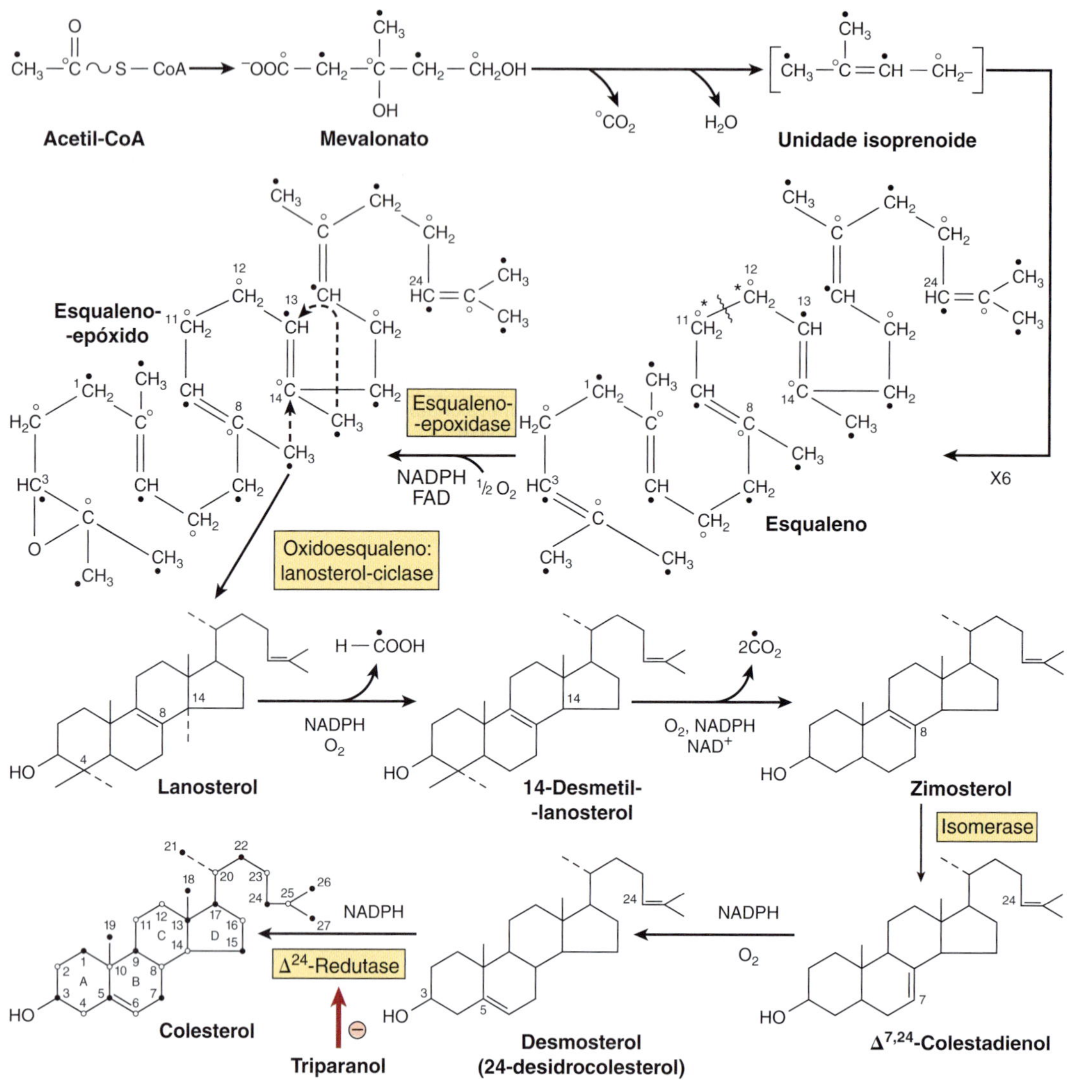

FIGURA 26-3 Biossíntese do colesterol. As posições numeradas correspondem ao núcleo esteroide, e os pequenos círculos abertos e fechados indicam o destino de cada um dos carbonos da fração acetil da acetil-CoA. (* Referem-se à numeração do esqualeno na Figura 26-2.)

A SÍNTESE DE COLESTEROL É CONTROLADA PELA REGULAÇÃO DA HMG-CoA-REDUTASE

A síntese do colesterol é rigorosamente controlada por regulação na etapa da HMG-CoA-redutase. A atividade da enzima é inibida pelo mevalonato, o produto imediato da reação, e pelo colesterol, o principal produto da via. Assim, a ingestão aumentada de colesterol da alimentação leva a uma redução da síntese *de novo*, particularmente no fígado. Os mecanismos reguladores incluem tanto a modulação da síntese da proteína enzimática quanto a modificação pós-tradução. O colesterol e seus metabólitos suprimem a transcrição do ácido ribonucleico mensageiro (mRNA, do inglês *messenger ribonucleic acid*) da HMG-CoA-redutase pela inibição de um fator de transcrição, a **proteína de ligação ao elemento regulador de esteróis (SREBP,** do inglês *sterol regulatory element-binding protein*). As SREBPs constituem uma família de proteínas que regulam a transcrição de uma gama de genes envolvidos na captação e no metabolismo celular do colesterol e de outros lipídeos. A ativação da SREBP é inibida pelo gene induzido por insulina (**Insig**), uma proteína cuja expressão, como o próprio nome indica, é induzida pela insulina e está presente no retículo endoplasmático. A Insig também promove a degradação da HMG-CoA-redutase. Tanto a síntese de colesterol quanto a atividade da redutase exibem **variação diurna**. Entretanto, alterações da enzima em curto prazo são produzidas por modificação pós-tradução (**Figura 26-4**). A **insulina** ou o **hormônio tireoidiano** aumentam a atividade da HMG-CoA-redutase, enquanto o **glucagon** ou os **glicocorticoides** a diminuem. A atividade é reversivelmente modificada por mecanismos de fosforilação-desfosforilação, alguns dos quais podem ser dependentes de monofosfato de adenosina cíclico (cAMP, do inglês *cyclic adenosine monophosphate*) e, portanto, imediatamente responsivos ao glucagon. A **proteína-cinase ativada por AMP** (**AMPK**) (antes chamada de HMG-CoA-redutase-cinase) fosforila e inativa a HMG-CoA-redutase. A AMPK é ativada por fosforilação pela **AMPK-cinase** (**AMPKK**) e por modificação alostérica pelo AMP.

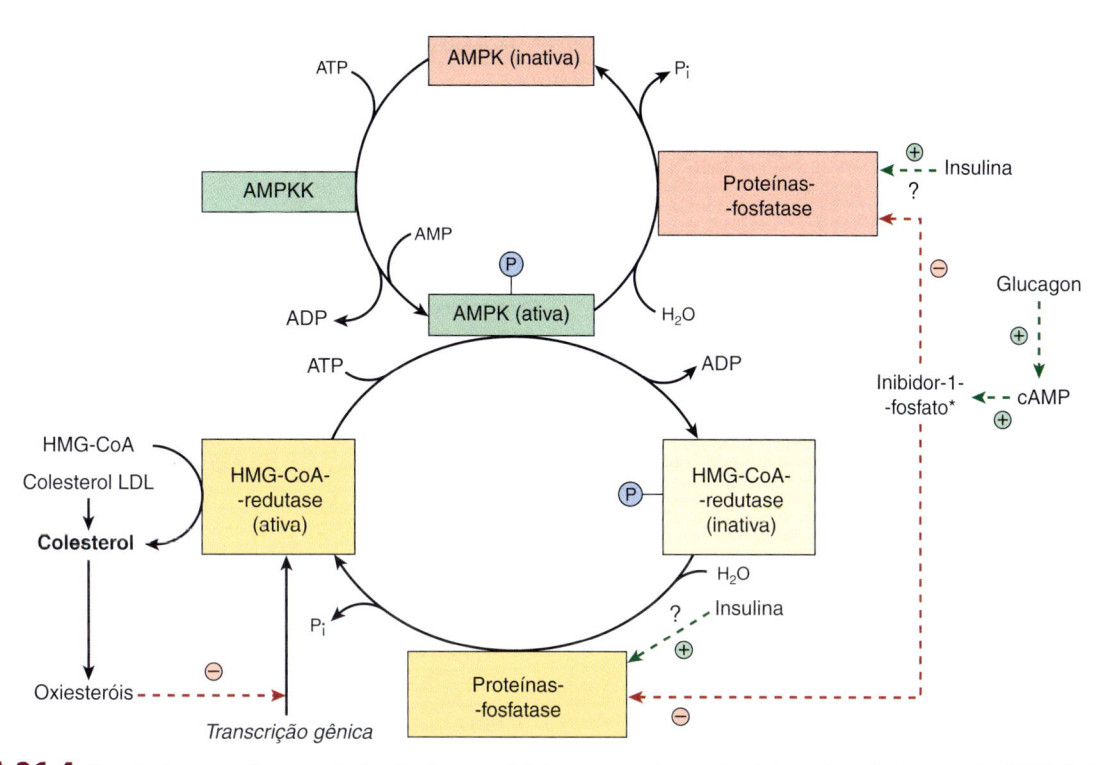

FIGURA 26-4 Possíveis mecanismos pós-tradução envolvidos na regulação da síntese de colesterol pela HMG-CoA-redutase. A insulina desempenha um papel dominante em comparação com o glucagon. (ADP, difosfato de adenosina; AMPK, proteína-cinase ativada por AMP; AMPKK, cinase ativada por proteína-cinase ativada por AMP; ATP, trifosfato de adenosina; cAMP, monofosfato de adenosina cíclico; P_i, fosfato inorgânico.) * Ver Figura 18-6.

MUITOS FATORES INFLUENCIAM O EQUILÍBRIO DO COLESTEROL NOS TECIDOS

Nos tecidos, o equilíbrio do colesterol é regulado como descrito a seguir (**Figura 26-5**). O aumento do colesterol celular é causado pela captação de lipoproteínas contendo colesterol por receptores, como o receptor de LDL ou receptores de depuração, como CD36, pela captação de colesterol livre das lipoproteínas ricas em colesterol para a membrana celular, pela síntese de colesterol e pela hidrólise de ésteres de colesteril pela enzima **éster de colesteril-hidroxilase**. A redução é produzida pelo efluxo do colesterol da membrana para as HDLs por meio de ABCA1, ABCG1 ou SR-B1 (ver Figura 25-5); por esterificação do colesterol pela **ACAT** (acil-CoA:colesterol-aciltransferase); e pela utilização do colesterol para a síntese de outros esteroides, como hormônios, ou de ácidos biliares no fígado.

O receptor de LDL é altamente regulado

Os receptores de LDL (apo B-100, E) ocorrem na superfície celular, em cavidades revestidas no lado citosólico da membrana celular por uma proteína denominada **clatrina**. O receptor de glicoproteína estende-se por toda a membrana, com a região de ligação a B-100 localizada na extremidade amino-terminal exposta. Após a ligação, a LDL é captada de modo inalterado por **endocitose**. A seguir, a apoproteína e o éster de colesteril são hidrolisados nos lisossomos, e o colesterol é transferido para dentro da célula. Os receptores são reciclados e retornam à superfície celular. Esse influxo de colesterol inibe a transcrição dos genes que codificam a HMG-CoA-sintase, a HMG-CoA-redutase e outras enzimas envolvidas na síntese do colesterol, bem como o próprio receptor de LDL por meio da via da SREBP e, dessa forma, suprime de modo coordenado a síntese e a captação do colesterol. A atividade da ACAT também é estimulada, promovendo a esterificação do colesterol. Pesquisas recentes mostraram que a proteína **pró-proteína-convertase-subtilisina/quexina tipo 9** (**PCSK9**) regula a reciclagem do receptor para a superfície celular, direcionando-o para degradação. Por esses mecanismos, a atividade do receptor de LDL na superfície da célula é regulada pela necessidade de colesterol para as membranas, para a síntese dos hormônios esteroides ou de ácido biliar, e o conteúdo de colesterol livre da célula é mantido em limites relativamente estreitos (Figura 26-5).

O COLESTEROL É TRANSPORTADO ENTRE OS TECIDOS EM LIPOPROTEÍNAS PLASMÁTICAS

O colesterol é transportado no plasma em lipoproteínas, a maior parte na forma de éster de colesteril (**Figura 26-6**) e, em seres humanos, a maior proporção é encontrada nas LDLs. O colesterol da dieta entra em equilíbrio com o colesterol plasmático dentro de alguns dias e com o colesterol tecidual em algumas semanas. O éster de colesteril presente na dieta

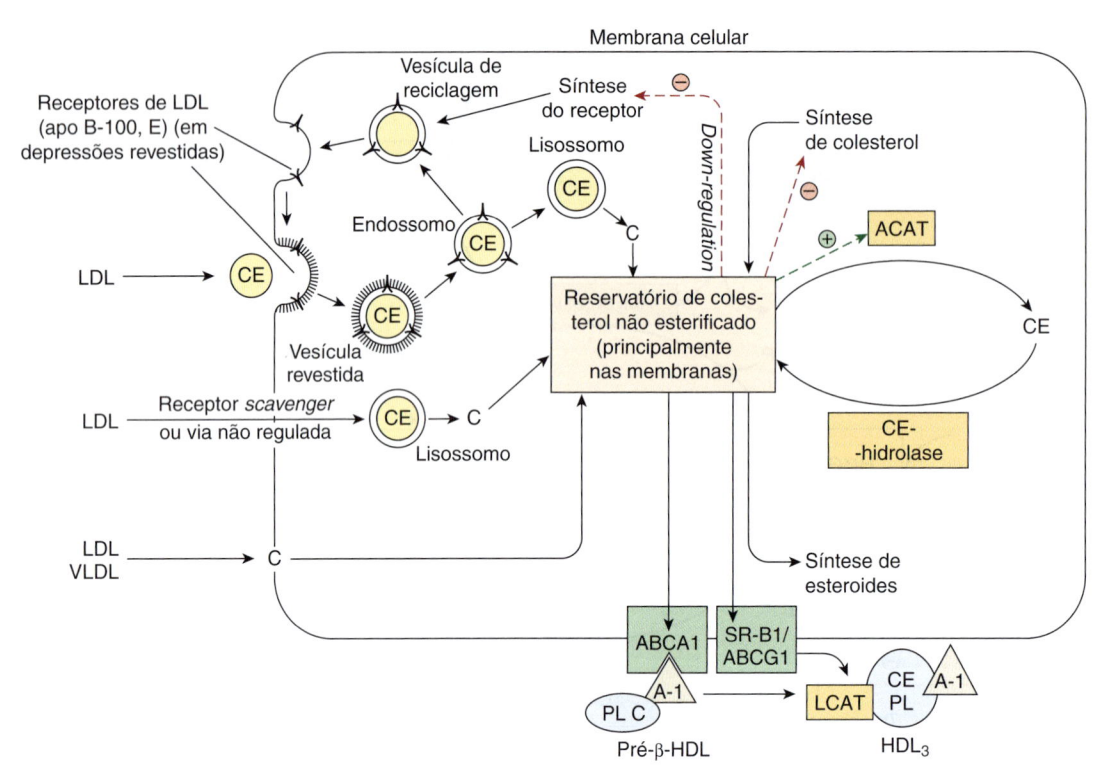

FIGURA 26-5 Fatores que afetam o equilíbrio do colesterol em nível celular. O transporte reverso do colesterol pode ser mediado pela proteína transportadora ABCA1 (com a pré-β-HDL atuando como aceptor exógeno) ou SR-B1 ou ABCG1 (com HDL₃ atuando como aceptor exógeno). (ACAT, acil-CoA:colesterol-aciltransferase; A-I, apolipoproteína A-I; C, colesterol; CE, éster de colesteril; HDL, lipoproteína de alta densidade; LCAT, lecitina:colesterol-aciltransferase; LDL, lipoproteína de baixa densidade; PL, fosfolipídeo; VLDL, lipoproteína de densidade muito baixa.) A LDL e a HDL não estão representadas em escala.

é hidrolisado em colesterol, que é, então, absorvido pelo intestino, junto com o colesterol não esterificado e outros lipídeos da dieta. Com o colesterol sintetizado no intestino, ele é incorporado, a seguir, nos quilomícrons (ver Capítulo 25). Do colesterol absorvido, 80 a 90% são esterificados com ácidos graxos de cadeia longa na mucosa intestinal. Cerca de 95% do colesterol dos quilomícrons são liberados para o fígado em quilomícrons remanescentes, e a maior parte do colesterol secretado pelo fígado nas lipoproteínas de densidade muito baixa (VLDLs, do inglês *very low-density lipoproteins*) é retido durante a formação das lipoproteínas de densidade intermediária (IDL, do inglês *intermediate-density lipoprotein*) e, por fim, LDL, que é captada pelo receptor de LDL no fígado e nos tecidos extra-hepáticos (ver Capítulo 25).

A lecitina:colesterol-aciltransferase plasmática é responsável pela formação de quase todo o éster de colesteril plasmático nos humanos

A atividade da **lecitina:colesterol-aciltransferase (LCAT)** está associada à HDL, que contém apo A-I. À medida que o colesterol da HDL se torna esterificado, ele gera um gradiente de concentração que atrai o colesterol presente nos tecidos e em outras lipoproteínas (Figuras 26-5 e 26-6), permitindo, assim, que a HDL funcione no **transporte reverso do colesterol** (ver Figura 25-5).

A proteína de transferência de éster de colesteril facilita a transferência do éster de colesteril das HDLs para outras lipoproteínas

A **proteína de transferência de éster de colesteril**, que está associada à HDL, é encontrada no plasma em humanos e muitas outras espécies. Essa proteína facilita a transferência do éster de colesteril da HDL para a VLDL, a IDL e a LDL em troca de triacilglicerol, aliviando a inibição pelo produto da atividade da LCAT na HDL. Por isso, em humanos, grande parte do éster de colesteril formado pela LCAT alcança o fígado por meio dos remanescentes de VLDL (IDL) ou LDL (Figura 26-6). A HDL₂ enriquecida com triacilglicerol libera o seu colesterol no fígado no ciclo da HDL (ver Figura 25-5).

O COLESTEROL É EXCRETADO PELO ORGANISMO NA BILE COMO COLESTEROL OU ÁCIDOS (SAIS) BILIARES

O colesterol é excretado pelo organismo pela bile, na forma não esterificada ou após conversão em ácidos biliares no fígado. O **coprostanol** é o principal esterol encontrado nas fezes e é formado a partir do colesterol pelas bactérias presentes na parte distal do intestino.

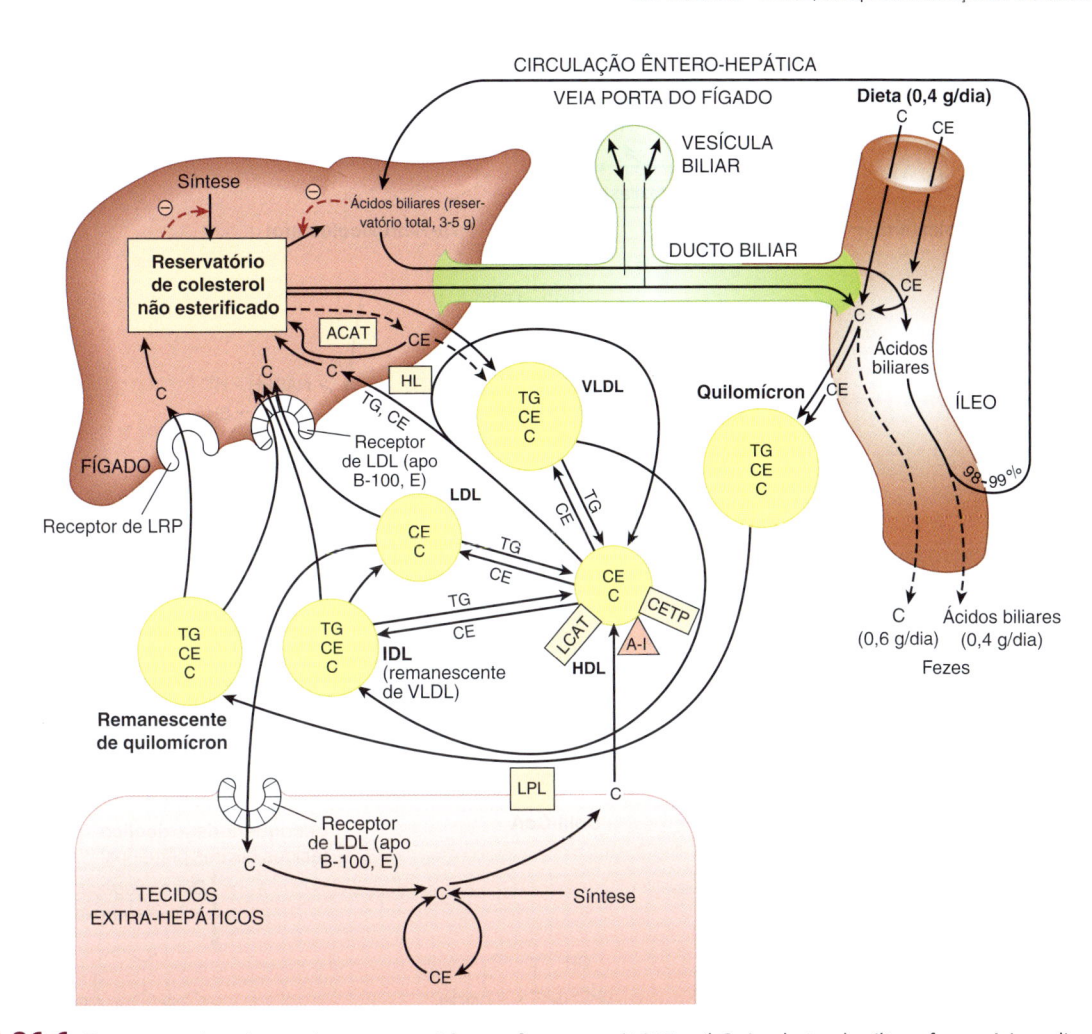

FIGURA 26-6 Transporte do colesterol entre os tecidos em humanos. (ACAT, acil-CoA:colesterol-aciltransferase; A-I, apolipoproteína A-I; C, colesterol não esterificado; CE, éster de colesteril; CETP, proteína de transferência de ésteres de colesteril; HDL, lipoproteína de alta densidade; HL, lipase hepática; IDL, lipoproteína de densidade intermediária; LCAT, lecitina:colesterol-aciltransferase; LDL, lipoproteína de baixa densidade; LPL, lipoproteína-lipase; LRP, proteína-1 relacionada com o receptor de LDL; TG, triacilglicerol; VLDL, lipoproteína de densidade muito baixa.)

Os ácidos biliares são formados a partir do colesterol

Os **ácidos biliares primários** são sintetizados no fígado a partir do colesterol. São eles: o **ácido cólico** (encontrado em maior quantidade na maioria dos mamíferos) e o **ácido quenodesoxicólico** (**Figura 26-7**). A 7α-hidroxilação do colesterol constitui a primeira e a principal etapa reguladora na biossíntese dos ácidos biliares e é catalisada pela **colesterol 7α-hidroxilase**, uma enzima microssomal do citocromo P450, designada como **CYP7A1** (ver Capítulo 12). Essa enzima, que é uma monoxigenase típica, requer oxigênio, NADPH e citocromo P450. As etapas subsequentes de hidroxilação também são catalisadas por monoxigenases. A via de biossíntese dos ácidos biliares é dividida inicialmente em uma via que leva à formação de **colil-CoA**, caracterizada por um grupo α-OH adicional na posição 12, e em outra via que leva à produção de quenodesoxicolil-CoA (Figura 26-7). Uma segunda via mitocondrial envolvendo a 27-hidroxilação do colesterol pela citocromo P450 **esterol-27-hidroxilase** (**CYP27A1**), como primeira etapa, é responsável por uma significativa proporção dos principais ácidos biliares sintetizados. Os ácidos biliares primários (Figura 26-7) entram na bile sob a forma de conjugados de glicina ou taurina. A conjugação ocorre nos peroxissomos hepáticos. Em humanos, a razão entre os conjugados de glicina e taurina é normalmente de 3:1. Na bile alcalina (pH de 7,6-8,4), presume-se que os ácidos biliares e seus conjugados estejam na forma de sais – daí o termo "sais biliares".

Os ácidos biliares primários são, ainda, metabolizados no intestino pela atividade das bactérias intestinais. Portanto, ocorrem desconjugação e 7α-desidroxilação, produzindo os **ácidos biliares secundários**, o **ácido desoxicólico** e o **ácido litocólico**.

A maior parte dos ácidos biliares retorna ao fígado pela circulação êntero-hepática

Embora os produtos da digestão das gorduras, incluindo o colesterol, sejam absorvidos nos primeiros 100 cm do intestino delgado, os ácidos biliares primários e secundários são absorvidos quase exclusivamente no íleo, e 98 a 99% retornam ao fígado pela circulação portal. Esse processo é conhecido como circulação **êntero-hepática** (Figura 26-6). Entretanto, em virtude de sua insolubilidade, o ácido litocólico não é

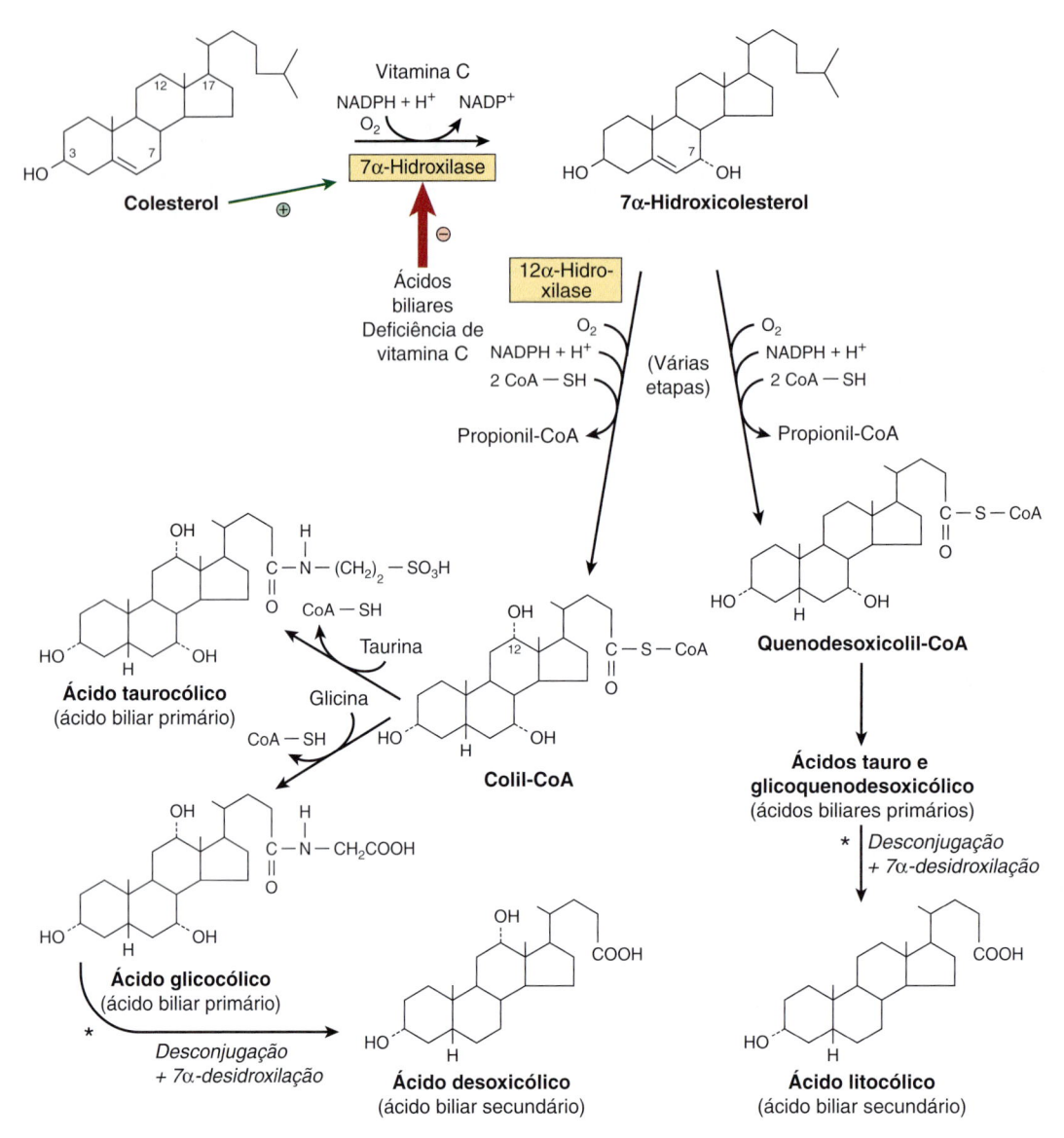

FIGURA 26-7 **Biossíntese e degradação dos ácidos biliares.** Uma segunda via presente nas mitocôndrias envolve a hidroxilação do colesterol pela esterol-27-hidroxilase. * Catalisada por enzimas microbianas.

reabsorvido em quantidades significativas. Apenas uma fração pequena dos sais biliares escapa da absorção e, portanto, é eliminada nas fezes. Todavia, isso representa uma importante via de eliminação do colesterol. Diariamente, a mistura de ácidos biliares (3-5 g) circula 6 a 10 vezes pelo intestino, e uma quantidade de ácidos biliares equivalente àquela perdida nas fezes é sintetizada a partir do colesterol, com consequente manutenção do reservatório de ácidos biliares de tamanho constante. Esse processo é obtido por um sistema de controle por retroalimentação.

A síntese de ácidos biliares é regulada na etapa da CYP7A1

A principal etapa limitante da taxa de biossíntese de ácidos biliares é a **reação da CYP7A1** (Figura 26-7). A atividade da enzima é regulada por retroalimentação por meio do receptor nuclear de ligação de ácidos biliares, o **receptor farnesoide X** (FXR). Quando o tamanho do reservatório de ácidos biliares na circulação êntero-hepática aumenta, o FXR é ativado, e a transcrição do gene *CYP7A1* é suprimida. O ácido quenodesoxicólico é particularmente importante na ativação do FXR. A atividade da CYP7A1 também é aumentada pelo colesterol da dieta e de origem endógena e é regulada pelos hormônios insulina, glucagon, glicocorticoides e tireoidianos.

ASPECTOS CLÍNICOS

O colesterol sérico está correlacionado com a incidência de aterosclerose e doença arterial coronariana

A aterosclerose é uma doença inflamatória caracterizada pela deposição de colesterol e ésteres de colesteril das lipoproteínas plasmáticas nas paredes das artérias e é a principal causa de doenças cardíacas. Os níveis elevados de colesterol plasmático (> 5,2 mmol/L) são um dos fatores mais importantes na promoção da aterosclerose, mas atualmente se sabe que os níveis elevados de triacilgliceróis no sangue também constituem um fator de risco independente. As doenças nas quais existe elevação prolongada dos níveis de VLDL, IDL, remanescentes de quilomícrons ou LDL no sangue (p. ex., **diabetes melito**, **nefrose lipídica**, **hipotireoidismo** e **outras condições de hiperlipidemia**) são frequentemente acompanhadas de aterosclerose prematura ou mais grave. Existe também uma relação inversa entre as concentrações de HDL (HDL_2) e doença arterial coronariana, tornando a **razão colesterol LDL:HDL um parâmetro preditivo confiável**. Isso é compatível com a função das HDLs no transporte reverso do colesterol. A suscetibilidade à aterosclerose varia amplamente entre as espécies, e os seres humanos constituem uma das poucas espécies nas quais a doença pode ser induzida por dietas ricas em colesterol.

A dieta pode desempenhar um importante papel na redução do colesterol sérico

Os fatores hereditários desempenham o papel mais importante na determinação das concentrações séricas de colesterol no indivíduo; entretanto, os fatores nutricionais e ambientais também contribuem, e, dentre esses fatores, o mais benéfico consiste em substituir, na dieta, os ácidos graxos saturados por **ácidos graxos poli-insaturados** e **monoinsaturados**. Os óleos vegetais, como óleo de milho e óleo de sementes de girassol, contêm alta proporção de ácidos graxos poli-insaturados ω6, ao passo que o azeite de oliva contém alta concentração de ácidos graxos monoinsaturados. Os ácidos graxos ω3 encontrados nos óleos de peixe também são benéficos (ver Capítulo 21). Por outro lado, as gorduras da manteiga e da carne e o óleo de palma contêm elevada proporção de ácidos graxos saturados. A sacarose e a frutose exercem um maior efeito na elevação dos lipídeos sanguíneos, particularmente dos triacilgliceróis, em comparação com outros carboidratos.

Um dos mecanismos pelos quais os ácidos graxos insaturados reduzem os níveis sanguíneos de colesterol consiste na suprarregulação dos receptores de LDL na superfície celular, causando aumento na taxa de catabolismo das LDLs, a principal lipoproteína aterogênica. Além disso, os ácidos graxos ω3 exercem efeitos anti-inflamatórios e de redução dos triacilgliceróis. Os ácidos graxos saturados também levam à formação de partículas menores de VLDL, que contêm quantidades relativamente maiores de colesterol, e que são utilizadas pelos tecidos extra-hepáticos em uma taxa mais lenta do que as partículas maiores – uma tendência que pode ser considerada aterogênica.

O estilo de vida afeta os níveis séricos de colesterol

Outros fatores que parecem desempenhar um papel na doença arterial coronariana incluem a **hipertensão arterial**, o **tabagismo**, o **sexo masculino**, a **obesidade (sobretudo a obesidade abdominal)**, a **falta de exercícios físicos** e a **ingestão de água mole, em vez de água dura**. Os fatores associados a uma elevação dos ácidos graxos livres (AGLs) plasmáticos, seguida de aumento na liberação de triacilglicerol e colesterol na circulação nas VLDLs incluem **estresse emocional** e **consumo de café**. As mulheres na pré-menopausa parecem estar protegidas de muitos desses fatores deletérios, e acredita-se que essa proteção esteja relacionada com os efeitos benéficos do **estrogênio**. Existe uma associação entre o **consumo moderado de álcool** e a menor incidência de doença arterial coronariana. Isso pode ser atribuído à elevação das concentrações de HDL em decorrência da síntese aumentada de apo A-I e de alterações na atividade da proteína de transferência de éster de colesteril. Acredita-se que o vinho tinto seja particularmente benéfico, talvez em virtude de seu teor de antioxidantes. A prática regular de exercícios físicos reduz os níveis plasmáticos de LDL e aumenta os níveis de HDL. As concentrações de triacilgliceróis também são reduzidas, provavelmente devido ao aumento da sensibilidade à insulina, que intensifica a expressão da lipoproteína-lipase.

Quando as mudanças nos hábitos alimentares falham, os fármacos hipolipidêmicos podem reduzir os níveis séricos de colesterol e triacilglicerol

Uma família de fármacos conhecidos como **estatinas** demonstrou ser altamente eficaz na redução do colesterol plasmático e na prevenção da doença cardíaca. As estatinas atuam pela inibição da HMG-CoA-redutase e por suprarregulação da atividade dos receptores de LDL. Exemplos de estatinas atualmente utilizadas incluem a **atorvastatina**, a **sinvastatina**, a **fluvastatina** e a **pravastatina**. A **ezetimiba** reduz os níveis sanguíneos de colesterol ao inibir a sua absorção pelo intestino por meio do bloqueio da captação pela **proteína semelhante a Niemann-Pick C 1**. Outros fármacos utilizados incluem os fibratos, como o **clofibrato**, a **genfibrozila** e o **ácido nicotínico**, que atuam principalmente na redução dos níveis plasmáticos de triacilgliceróis ao diminuir a secreção hepática de VLDL contendo triacilglicerol e colesterol. Como a PCSK9 reduz o número de receptores de LDL expostos na membrana celular, ela tem o efeito de elevar os níveis sanguíneos de colesterol; por conseguinte, os fármacos que inibem a sua atividade são potencialmente antiaterogênicos, e dois desses compostos foram recentemente aprovados para uso, enquanto outros estão em fase de ensaios clínicos.

Os distúrbios primários das lipoproteínas plasmáticas (dislipoproteinemias) são hereditários

Os defeitos hereditários no metabolismo das lipoproteínas levam à condição primária de **hipolipoproteinemia** ou **hiperlipoproteinemia** (Tabela 26-1). Por exemplo, a **hipercolesterolemia familiar** (**HF**) causa hipercolesterolemia grave e também está associada com aterosclerose precoce. O defeito é mais frequente no gene do receptor de LDL, de forma que a LDL não é retirada do sangue. Além disso, doenças como diabetes melito, hipotireoidismo, doença renal (síndrome nefrótica) e aterosclerose estão associadas a padrões anormais secundários de lipoproteínas, que são muito semelhantes a

TABELA 26-1 Distúrbios primários das lipoproteínas plasmáticas (dislipoproteinemias)

Nome	Defeito	Comentários
Hipolipoproteinemias Abetalipoproteinemia	Não há formação de quilomícrons, VLDL ou LDL, devido a um defeito na ligação da apo B aos lipídeos.	Rara; os níveis sanguíneos de acilgliceróis são baixos; o intestino e o fígado acumulam acilgliceróis. Má-absorção intestinal. A morte precoce pode ser evitada pela administração de grandes doses de vitaminas lipossolúveis, sobretudo vitamina E.
Deficiência familiar de α-lipoproteína Doença de Tangier Doença do olho de peixe Deficiências de apo A-I	Todas apresentam níveis baixos ou quase ausentes de HDL.	Tendência à hipertriacilglicerolemia, devido à ausência de apo C-II, causando inativação da LPL. Baixos níveis de LDL. Aterosclerose nos idosos.
Hiperlipoproteinemias Deficiência familiar de LPL (tipo I)	Hipertriacilglicerolemia devida à deficiência de LPL, LPL anormal ou deficiência de apo C-II resultando em inativação da LPL.	Depuração lenta dos quilomícrons e da VLDL. Baixos níveis de LDL e HDL. Nenhum risco aumentado de doença coronariana.
Hipercolesterolemia familiar (tipo IIa)	Receptores de LDL defeituosos ou mutação na região do ligante da apo B-100.	Níveis elevados de LDL e hipercolesterolemia, resultando em aterosclerose e doença coronariana.
Hiperlipoproteinemia familiar tipo III (doença β larga, doença de remoção de remanescentes, disbetalipoproteinemia familiar)	Deficiência na depuração dos remanescentes pelo fígado, causada por uma anormalidade da apo E. Os pacientes carecem das isoformas E3 e E4 e apresentam apenas E2, a qual não reage com o receptor E.[a]	Aumento dos remanescentes de quilomícrons e da VLDL com densidade < 1,019 (β-VLDL). Causa hipercolesterolemia, xantomas e aterosclerose.
Hipertriacilglicerolemia familiar (tipo IV)	A produção excessiva de VLDL está frequentemente associada à intolerância à glicose e à hiperinsulinemia.	Os níveis de colesterol aumentam com a concentração de VLDL. A LDL e a HDL tendem a estar abaixo do normal. Esse padrão está comumente associado à doença arterial coronariana, ao diabetes melito tipo 2, à obesidade, ao alcoolismo e à administração de hormônios progestacionais.
Hiperalfalipoproteinemia familiar	Concentrações aumentadas de HDL.	Distúrbio raro, aparentemente benéfico à saúde e à longevidade.
Deficiência de lipase hepática	A deficiência dessa enzima leva ao acúmulo de HDL rica em triacilgliceróis e remanescentes de VLDL grandes.	Os pacientes apresentam xantomas e doença arterial coronariana.
Deficiência familiar de lecitina: colesterol-aciltransferase (LCAT)	A ausência da LCAT leva ao bloqueio do transporte reverso do colesterol. A HDL permanece na forma de discos nascentes, incapazes de captar e esterificar o colesterol.	As concentrações plasmáticas de ésteres de colesteril e de lisolecitina são baixas. Está presente uma fração LDL anormal, a lipoproteína X, também encontrada em pacientes com colestase. A VLDL está anormal (β-VLDL).
Excesso de lipoproteína(a) familiar	A Lp(a) consiste em 1 mol de LDL ligado a 1 mol de apo(a). A apo(a) exibe homologias estruturais com o plasminogênio.	Doença arterial coronariana prematura devida à aterosclerose, e trombose em consequência da inibição da fibrinólise.

[a] Existe uma associação entre pacientes que apresentam o alelo apo E4 e a incidência da doença de Alzheimer. Aparentemente, a apo E4 liga-se com maior afinidade ao β-amiloide encontrado nas placas neuríticas.

LDL, lipoproteína de baixa densidade; LPL, lipoproteína-lipase; HDL, lipoproteína de alta densidade; VLDL, lipoproteína de densidade muito baixa.

alguns distúrbios hereditários primários. Quase todos os distúrbios primários são causados por um defeito em um estágio na formação, no transporte ou na degradação das lipoproteínas (ver Figuras 25-4, 26-5 e 26-6). Nem todas essas anormalidades são prejudiciais.

RESUMO

- O colesterol é o precursor de todos os esteroides do organismo, por exemplo, os corticosteroides, os hormônios sexuais, os ácidos biliares e a vitamina D. Além disso, desempenha um importante papel estrutural nas membranas e na camada externa das lipoproteínas.

- O colesterol é inteiramente sintetizado no organismo a partir de acetil-CoA. Três moléculas de acetil-CoA formam o mevalonato pela reação reguladora importante da via, catalisada pela HMG-CoA-redutase. Em seguida, uma unidade isoprenoide de cinco carbonos é sintetizada, e seis dessas unidades se condensam para formar o esqualeno. O esqualeno sofre ciclização para formar o esteroide parental, o lanosterol, o qual, após a remoção de três grupamentos metil e outras alterações, forma o colesterol.

- A síntese do colesterol no fígado é regulada, em parte, pelo colesterol da dieta. Nos tecidos, o equilíbrio do colesterol é mantido entre os fatores que produzem ganho de colesterol (p. ex., síntese, captação por meio dos receptores de LDL ou receptores *scavenger*) e os fatores que causam perda do colesterol (p. ex., síntese de esteroides, formação de ésteres de colesteril, excreção). Para alcançar esse equilíbrio, a atividade do receptor de LDL é modulada pelos níveis celulares de colesterol. No transporte reverso do colesterol, a HDL capta-o dos tecidos, e a LCAT esterifica-o e deposita-o no núcleo das partículas. O éster de colesteril da HDL é captado pelo fígado, diretamente ou após transferência para a VLDL, a IDL ou a LDL por meio da proteína de transferência de éster de colesteril.

- O colesterol em excesso é excretado pelo fígado na bile, sob a forma de colesterol ou sais biliares. Uma grande proporção de sais biliares é absorvida na circulação portal e retorna ao fígado como parte da circulação êntero-hepática.
- Os níveis elevados de colesterol presentes em VLDL, IDL ou LDL estão associados à aterosclerose, e os níveis elevados de HDL exercem um efeito protetor.
- Os defeitos hereditários do metabolismo das lipoproteínas levam a uma condição primária de hipo ou hiperlipoproteinemia. Certas doenças, como diabetes melito, hipotireoidismo, doença renal e aterosclerose, exibem padrões anormais secundários de lipoproteína, que se assemelham a alguns dos distúrbios primários.

REFERÊNCIAS

Brown AJ, Sharpe LJ: Cholesterol synthesis. In *Biochemistry of Lipids, Lipoproteins and Membranes*, 6th ed. Ridgway N, McLeod R (editors). Academic Press, 2015:328-358.

Dawson PA: Bile acid metabolism. In *Biochemistry of Lipids, Lipoproteins and Membranes*, 6th ed. Ridgway N, McLeod R (editors). Academic Press, 2015:359-390.

Francis G: High density lipoproteins: metabolism and protective roles against atherosclerosis. In *Biochemistry of Lipids, Lipoproteins and Membranes*, 6th ed. Ridgway N, McLeod R (editors). Academic Press, 2015;437-459.

Questões para estudo

Seção V – Metabolismo dos lipídeos

1. Qual das afirmativas a seguir relacionadas às moléculas de ácidos graxos está CORRETA?
   A. Elas consistem em um grupo cabeça de ácido carboxílico ligado a uma cadeia de carboidratos.
   B. Elas são chamadas de poli-insaturadas quando contêm uma ou mais ligações duplas carbono-carbono.
   C. Os seus pontos de fusão aumentam com o aumento do número de insaturações.
   D. Elas quase sempre têm suas duplas ligações na configuração cis quando ocorrem naturalmente.
   E. Elas ocorrem no organismo, principalmente, na forma de ácidos graxos livres (não esterificados).

2. Qual dos seguintes NÃO é um fosfolipídeo?
   A. Esfingomielina.
   B. Plasmalogênio.
   C. Cardiolipina.
   D. Galactosilceramida.
   E. Lisolecitina.

3. Qual das afirmativas a seguir sobre gangliosídeos está INCORRETA?
   A. Eles são derivados da galatosilceramida.
   B. Eles contêm uma molécula ou mais de ácido siálico.
   C. Eles estão presentes no tecido nervoso em altas concentrações.
   D. O gangliosídeo GM1 é o receptor da toxina colérica no intestino humano.
   E. Eles atuam no reconhecimento célula a célula.

4. Qual dos seguintes é um antioxidante que quebra a cadeia?
   A. Glutationa-peroxidase.
   B. Selênio.
   C. Superóxido-dismutase.
   D. EDTA.
   E. Catalase.

5. Depois de produzidos a partir de acetil-CoA no fígado, os corpos cetônicos são utilizados principalmente em qual dos processos a seguir?
   A. Excreção como resíduo.
   B. Geração de energia no fígado.
   C. Conversão de ácidos graxos para estoque de energia.
   D. Geração de energia nos tecidos.
   E. Geração de energia nas hemácias.

6. O local subcelular da quebra dos ácidos graxos de cadeia longa à acetil-CoA por meio da β-oxidação é:
   A. O citosol.
   B. A matriz mitocondrial.
   C. O retículo endoplasmático.
   D. O espaço intermembrana da mitocôndria.
   E. O aparelho de Golgi.

7. A carnitina é necessária para a oxidação de ácidos graxos PORQUE:
   A. Ela é um cofator para a acil-CoA-sintetase, que ativa os ácidos graxos para a degradação.
   B. A acil-CoA de cadeia longa ("ácidos graxos ativados") precisa entrar na matriz mitocondrial para ser oxidada, porém não pode atravessar a membrana mitocondrial externa. A transferência do grupo acil-CoA para a carnitina possibilita que o deslocamento ocorra.
   C. A acilcarnitina, formada quando grupos acil de cadeia longa são transferidos da CoA para a carnitina, é o substrato para o primeiro passo da via de β-oxidação.
   D. A acil-CoA de cadeia longa ("ácidos graxos ativados") precisa entrar no espaço intermembrana da mitocôndria para ser oxidada, porém não pode atravessar a membrana mitocondrial interna.
   A transferência do grupo acil-CoA para a carnitina possibilita que o deslocamento ocorra.
   E. Previne a quebra de ácido graxo acil-CoA de cadeia longa no espaço intermembrana da mitocôndria.

8. A degradação de uma molécula de um ácido graxo C16 completamente saturado (ácido palmítico) por β-oxidação leva à formação de:
   A. 8 $FADH_2$, 8 NADH e 8 moléculas de acetil-CoA.
   B. 7 $FADH_2$, 7 NADH e 7 moléculas de acetil-CoA.
   C. 8 $FADH_2$, 8 NADH e 7 moléculas de acetil-CoA.
   D. 7 $FADH_2$, 8 NADH e 8 moléculas de acetil-CoA.
   E. 7 $FADH_2$, 7 NADH e 8 moléculas de acetil-CoA.

9. Malonil-CoA, o primeiro intermediário na síntese de ácidos graxos, é um importante regulador do metabolismo de ácidos graxos PORQUE:
   A. A sua formação a partir de acetil-CoA e bicarbonato pela enzima acetil-CoA-carboxilase é a principal etapa limitante da velocidade de síntese dos ácidos graxos.
   B. Previne a entrada de grupos acil graxos na matriz mitocondrial porque é um potente inibidor da carnitina-palmitoil-transferase-I.
   C. Previne a entrada de grupos acil graxos na matriz mitocondrial porque é um potente inibidor da carnitina-palmitoil-transferase-II.
   D. Previne a entrada de grupos acil graxos na matriz mitocondrial porque é um potente inibidor da carnitina-acilcarnitina-translocase.
   E. Inibe a síntese do ácido graxo acil-CoA.

10. O ácido α-linolênico é considerado nutricionalmente essencial para os seres humanos PORQUE:
    A. Ele é um ácido graxo ω3.
    B. Ele contém três ligações duplas.
    C. Em humanos, a ligação dupla não pode ser introduzida em ácidos graxos acima da posição Δ9.
    D. Em humanos, a ligação dupla não pode ser introduzida em ácidos graxos acima da posição Δ12.
    E. Tecidos humanos não são capazes de introduzir uma ligação dupla na posição Δ9 dos ácidos graxos.

11. A inativação da acetil-CoA-carboxilase é favorecida QUANDO:
    A. Os níveis de citrato citosólico estão altos.
    B. Ela estiver na forma polimérica.
    C. Os níveis de palmitoil-CoA forem baixos.
    D. O transportador de tricarboxilatos estiver inibido.
    E. Ela estiver desfosforilada.

12. Qual dos eicosanoides a seguir é sintetizado a partir do ácido linoleico por meio da via da cicloxigenase?
    A. Prostaglandina E_1 (PGE_1).
    B. Leucotrieno A_3 (LTA_3).
    C. Prostaglandina E_3 (PGE_3).
    D. Lipoxina A_4 (LXA_4).
    E. Tromboxano A_3 (TXA_3).

13. Qual das enzimas a seguir é inibida pelo ácido acetilsalicílico, um anti-inflamatório não esteroide (AINE)?
    A. Lipoxigenase.
    B. Prostaciclina-sintase.
    C. Cicloxigenase.
    D. Tromboxano-sintase.
    E. Δ^6-dessaturase.

14. Qual das opções a seguir é o principal produto do ácido graxo-sintase?
    A. Acetil-CoA.
    B. Oleato.
    C. Palmitoil-CoA.
    D. Acetoacetato.
    E. Palmitato.

15. Os ácidos graxos são degradados pela remoção repetida de fragmentos de dois carbonos na forma de acetil-CoA no ciclo de β-oxidação e sintetizados pela condensação repetida de acetil-CoA até que é formada uma longa cadeia saturada de ácido graxo com um número par de átomos de carbono. Uma vez que os ácidos graxos precisam ser degradados quando a energia está escassa e sintetizados quando ela está abundante, existem importantes diferenças entre os dois processos que ajudam as células a regulá-los de forma eficiente. Qual das afirmativas a seguir relacionada a essas diferenças está INCORRETA?
    A. A degradação dos ácidos graxos ocorre dentro da mitocôndria, ao passo que a síntese ocorre no citosol.
    B. A degradação dos ácidos graxos utiliza NAD^+ e produz NADH, ao passo que a síntese utiliza NADPH e produz NADP.
    C. Os grupos acil graxos são ativados para degradação utilizando CoA e para síntese utilizando a proteína carreadora de grupos acila.
    D. O transporte através da membrana mitocondrial de grupos acil graxos e acetil-CoA é necessário para a degradação e síntese de ácidos graxos, respectivamente.
    E. O glucagon promove a síntese de ácidos graxos e inibe a degradação dos ácidos graxos.

16. A lipase sensível a hormônio, a enzima que mobiliza ácidos graxos a partir dos estoques de triacilgliceróis no tecido adiposo, é inibida por:
    A. Glucagon.
    B. ACTH.
    C. Epinefrina.
    D. Vasopressina.
    E. Prostaglandina E.

17. Qual das alternativas a seguir melhor descreve a ação da fosfolipase C?
    A. Ela libera a cadeia de acil graxo da posição *sn*-2 de um fosfolipídeo.
    B. Ela cliva um fosfolipídeo em seu grupo principal contendo fosfato e um diacilglicerol.
    C. Ela libera o grupo principal de um fosfolipídeo, gerando ácido fosfatídico.
    D. Ela libera a cadeia de acil graxo da posição *sn*-1 de um fosfolipídeo.
    E. Ela libera as cadeias de acil graxo das posições *sn*-1 e *sn*-2 de um fosfolipídeo.

18. O distúrbio de Tay-Sachs é uma doença de armazenamento de lipídeo causada por um defeito genético que causa a deficiência da enzima:
    A. β-Galactosidase.
    B. Esfingomielinase.
    C. Ceramidase.
    D. Hexosaminidase A.
    E. β-Glicosidase.

19. Qual das lipoproteínas plasmáticas é mais bem descrita como se segue: sintetizada na mucosa intestinal, contendo alta concentração de triacilglicerol e responsável pelo transporte de lipídeos da dieta pela circulação?
    A. Quilomícrons.
    B. Lipoproteína de alta densidade.
    C. Lipoproteína de densidade intermediária.
    D. Lipoproteína de baixa densidade.
    E. Lipoproteína de densidade muito baixa.

20. Qual das lipoproteínas plasmáticas é mais bem descrita como se segue: sintetizada no fígado, contendo alta concentração de triacilglicerol e eliminada da circulação principalmente pelos tecidos adiposo e muscular?
    A. Quilomícrons.
    B. Lipoproteína de alta densidade.
    C. Lipoproteína de densidade intermediária.
    D. Lipoproteína de baixa densidade.
    E. Lipoproteína de densidade muito baixa.

21. Qual das lipoproteínas plasmáticas é mais bem descrita como se segue: formada na circulação pela remoção de triacilglicerol das lipoproteínas de densidade muito baixa, contém colesterol captado da lipoproteína de alta densidade e entrega o colesterol pra os tecidos extra-hepáticos?
    A. Quilomícrons.
    B. Lipoproteína de alta densidade.
    C. Lipoproteína de densidade intermediária.
    D. Lipoproteína de baixa densidade.
    E. Lipoproteína de densidade muito baixa.

22. Qual das seguintes estará elevada na corrente sanguínea cerca de 2 horas após a ingestão de uma refeição rica em gordura?
    A. Quilomícrons.
    B. Lipoproteína de alta densidade.
    C. Corpos cetônicos.
    D. Ácidos graxos não esterificados.
    E. Lipoproteína de densidade muito baixa.

23. Qual das seguintes estará elevada na corrente sanguínea cerca de 4 horas após a ingestão de uma refeição rica em gordura?
    A. Lipoproteína de baixa densidade.
    B. Lipoproteína de alta densidade.
    C. Corpos cetônicos.
    D. Ácidos graxos não esterificados.
    E. Lipoproteína de densidade muito baixa.

24. Qual dos processos a seguir NÃO está envolvido no efluxo de colesterol dos tecidos extra-hepáticos e na entrega do colesterol para o fígado para excreção através da HDL?
    A. Efluxo de colesterol dos tecidos para pré-β-HDL via ABCA1.
    B. Esterificação do colesterol a éster de colesteril pela LCAT, formando HDL_3.
    C. Transferência de éster de colesteril do HDL para VLDL, IDL e LDL pela ação da proteína de transferência de éster de colesteril (CETP).
    D. Efluxo de colesterol dos tecidos para HDL_3 via SR-B1 e ABCG1.
    E. Captação seletiva de éster de colesteril a partir de HDL_2 pelo fígado via SR-B1.

25. Qual das seguintes afirmações sobre os quilomícrons está CORRETA?
    A. Os quilomícrons são produzidos dentro das células intestinais e secretados na linfa, onde eles adquirem as apolipoproteínas B e C.
    B. O núcleo dos quilomícrons contém triacilglicerol e fosfolipídeos.
    C. A enzima lipase sensível a hormônio atua sobre os quilomícrons liberando ácidos graxos dos triacilgliceróis quando eles estão ligados à superfície das células endoteliais nos capilares sanguíneos.
    D. Os remanescentes de quilomícrons diferem dos quilomícrons por serem menores e por conter uma proporção menor de triacilglicerol e uma maior proporção de colesterol.
    E. Os quilomícrons são captados pelo fígado.

26. Qual das seguintes afirmações sobre a biossíntese do colesterol é a CORRETA?
    A. A etapa limitante da velocidade é a formação de 3-hidroxi-3-metilglutaril-CoA (HMG-CoA) pela enzima HMG-CoA-sintase.
    B. A síntese ocorre no citosol das células.
    C. Todos os átomos de carbono do colesterol sintetizado são originários de acetil-CoA.
    D. O esqualeno é o primeiro intermediário cíclico da via.
    E. O substrato inicial é o mevalonato.

27. A classe de fármacos chamada de estatinas tem-se revelado muito eficaz contra a hipercolesterolemia, a principal causa de aterosclerose, e doenças cardiovasculares associadas. Esses medicamentos reduzem os níveis de colesterol plasmático por:
    A. Prevenir a absorção de colesterol do intestino.
    B. Aumentar a excreção de colesterol do organismo por meio da conversão a ácidos biliares.
    C. Inibir a conversão de 3-hidroxi-3-metilglutaril-CoA a mevalonato na via de biossíntese de colesterol.
    D. Aumentar a velocidade de degradação da 3-hidroxi-3--metilglutaril-CoA-redutase.
    E. Estimular a atividade do receptor de LDL no fígado.

28. Qual das seguintes afirmações sobre os ácidos biliares (ou sais biliares) está INCORRETA:
    A. Os ácidos biliares primários são sintetizados no fígado a partir de colesterol.
    B. Os ácidos biliares são necessários para a digestão das gorduras pela lipase pancreática.
    C. Os ácidos biliares secundários são produzidos por modificação dos ácidos biliares primários no fígado.
    D. Os ácidos biliares facilitam a absorção dos produtos da digestão lipídica no jejuno.
    E. Os ácidos biliares são reciclados entre o fígado e o intestino delgado na circulação êntero-hepática.

29. Um homem de 35 anos com hipercolesterolemia grave tem história familiar de morte de jovens com doença cardíaca e acidente vascular encefálico. Qual dos seguintes genes, provavelmente, é o comprometido?
    A. Apolipoproteína E.
    B. Receptor de LDL.
    C. Lipoproteína-lipase.
    D. *PCSK9*.
    E. LCAT.

30. A proteína recentemente descoberta, proproteína-convertase--subtilisina/kexina tipo 9 (PCSK9), foi identificada como um alvo em potencial para fármacos antiaterogênicos PORQUE:
    A. Diminui o número de receptores LDL expostos na superfície celular, de forma que a captação de LDL é reduzida, e os níveis de colesterol sanguíneo aumentam.
    B. Inibe a ligação de apoB ao receptor de LDL, bloqueando, assim, a captação da lipoproteína e aumentando os níveis de colesterol sanguíneo.
    C. Aumenta a absorção de colesterol intestinal.
    D. Previne a degradação de colesterol a ácidos biliares no fígado.
    E. Aumenta a síntese e a secreção de VLDL no fígado, levando ao aumento da formação de LDL no sangue.

SEÇÃO VI
Metabolismo das proteínas e dos aminoácidos

Biossíntese dos aminoácidos nutricionalmente não essenciais

CAPÍTULO 27

Victor W. Rodwell, Ph.D.

OBJETIVOS

Após o estudo deste capítulo, você deve ser capaz de:

- Explicar por que a ausência de certos aminoácidos na dieta, que estão presentes na maioria das proteínas, não é prejudicial para a saúde humana.
- Avaliar a distinção entre os termos aminoácido "essencial" e aminoácido "nutricionalmente essencial" e identificar os aminoácidos que são nutricionalmente não essenciais.
- Citar os intermediários do ciclo do ácido cítrico e da glicólise que são precursores do aspartato, da asparagina, do glutamato, da glutamina, da glicina e da serina.
- Ilustrar a função essencial das transaminases no metabolismo dos aminoácidos.
- Explicar o processo pelo qual são formadas a 4-hidroxiprolina e a 5-hidroxilisina em proteínas como o colágeno.
- Descrever a apresentação clínica do escorbuto e fornecer uma explicação bioquímica do motivo por que a privação grave de vitamina C (ácido ascórbico) resulta nessa disfunção nutricional.
- Reconhecer que, apesar da toxicidade do selênio, a selenocisteína é um componente essencial de várias proteínas de mamíferos.
- Definir e delinear a reação catalisada pela oxidase de função mista.
- Identificar o papel da tetra-hidrobiopterina na biossíntese de tirosina.
- Indicar o papel de um RNA transportador (tRNA) modificado na inserção cotraducional da selenocisteína em proteínas.

IMPORTÂNCIA BIOMÉDICA

Os estados de deficiência de aminoácidos podem ocorrer se aminoácidos nutricionalmente essenciais estiverem ausentes na dieta ou estiverem presentes em quantidades inadequadas. Exemplos, em certas regiões da África Ocidental, incluem o **kwashiorkor**, que ocorre quando uma criança é desmamada para uma dieta à base de amido e pobre em proteínas, e o **marasmo**, em que tanto a ingestão calórica quanto a de aminoácidos específicos estão deficientes. Os pacientes com síndrome do intestino curto, que são incapazes de absorver quantidades suficientes de calorias e nutrientes, apresentam anormalidades nutricionais e metabólicas significativas. Tanto o distúrbio nutricional conhecido como **escorbuto**, uma deficiência dietética de vitamina C, quanto distúrbios genéticos específicos estão associados a uma redução da capacidade do tecido conectivo de formar peptidil-4-hidroxiprolina e peptidil-5-hidroxilisina. A consequente instabilidade conformacional do colágeno é acompanhada de sangramento das gengivas, edema das articulações, cicatrização deficiente de feridas e, por fim, morte. A **síndrome de Menkes**, caracterizada por pelos crespos e retardo no crescimento, resulta da deficiência de cobre na dieta, um cofator essencial para a enzima lisil-oxidase que atua na formação das ligações covalentes cruzadas que dão força às fibras de colágeno. Os distúrbios genéticos da biossíntese de colágeno incluem várias formas de **osteogênese imperfeita**, caracterizada por fragilidade óssea, e **síndrome de**

Ehlers-Danlos, um grupo de distúrbios do tecido conectivo que resultam em mobilidade das articulações e anormalidades da pele, devido a defeitos nos genes que codificam enzimas, incluindo a pró-colageno-lisina-5-hidroxilase.

AMINOÁCIDOS NUTRICIONALMENTE ESSENCIAIS E NUTRICIONALMENTE NÃO ESSENCIAIS

Embora muitas vezes empregados em referência aos aminoácidos, os termos "essenciais" e "não essenciais" são equivocados, já que todos os 20 aminoácidos comuns são essenciais para assegurar a saúde. Desses 20 aminoácidos, 8 precisam estar presentes na dieta humana e, portanto, são mais bem designados como "*nutricionalmente essenciais*". Os outros 12 aminoácidos são "*nutricionalmente não essenciais*", visto que não precisam estar presentes na dieta (**Tabela 27-1**). A distinção entre essas duas classes de aminoácidos foi estabelecida na década de 1930, quando indivíduos foram alimentados com aminoácidos purificados, em vez de proteína. As pesquisas bioquímicas subsequentes revelaram as reações e os intermediários envolvidos na biossíntese de todos os 20 aminoácidos. Os distúrbios de deficiência de aminoácidos são endêmicos em certas regiões da África Ocidental, onde a nutrição se baseia, em grande parte, em cereais que são pobres em triptofano e lisina. Esses distúrbios nutricionais incluem o **kwashiorkor**, que ocorre quando uma criança é desmamada e passa a ser alimentada com uma dieta à base de amido e pobre em proteínas, e o **marasmo**, em que há deficiência tanto de aporte calórico quanto de aminoácidos específicos.

Os aminoácidos nutricionalmente essenciais são formados por vias metabólicas longas

A existência de necessidades nutricionais sugere que a dependência de uma fonte externa de determinado nutriente pode ser mais importante para a sobrevivência do que a capacidade de biossintetizá-lo. Por quê? Se um nutriente específico estiver presente no alimento, um organismo capaz de sintetizá-lo transferirá à sua progênie uma informação genética de valor de sobrevivência *negativo*. O valor de sobrevivência é negativo, e não nulo, visto que é necessária a presença de trifosfato de adenosina (ATP, do inglês *adenosine triphosphate*) e nutrientes para sintetizar ácido desoxirribonucleico (DNA, do inglês *deoxyribonucleic acid*) "desnecessário" – mesmo se os genes codificados específicos não forem mais expressos. A quantidade de enzimas necessárias nas células procarióticas para sintetizar os aminoácidos nutricionalmente essenciais é grande em relação à quantidade de enzimas necessárias para a síntese dos aminoácidos nutricionalmente não essenciais (**Tabela 27-2**). Isso sugere uma vantagem de sobrevivência na retenção da capacidade de produzir aminoácidos "fáceis", porém, com perda da capacidade de produzir aminoácidos "difíceis". As vias metabólicas que formam os aminoácidos nutricionalmente essenciais ocorrem nas plantas e nas bactérias, mas não nos seres humanos, razão pela qual não serão discutidas aqui. Este capítulo trata das reações e dos intermediários envolvidos na biossíntese dos 12 aminoácidos nutricionalmente *não essenciais* pelos tecidos humanos, bem como de distúrbios nutricionais e metabólicos selecionados associados ao seu metabolismo.

BIOSSÍNTESE DOS AMINOÁCIDOS NUTRICIONALMENTE NÃO ESSENCIAIS

Glutamato

O glutamato, precursor dos chamados aminoácidos da "família do glutamato", é formado pela amidação redutiva do α-cetoglutarato do ciclo do ácido cítrico, uma reação catalisada

TABELA 27-1 Necessidades de aminoácidos em humanos

Nutricionalmente essenciais	Nutricionalmente não essenciais
Arginina[a]	Alanina
Histidina	Asparagina
Isoleucina	Aspartato
Leucina	Cisteína
Lisina	Glutamato
Metionina	Glutamina
Fenilalanina	Glicina
Treonina	Hidroxiprolina[b]
Triptofano	Hidroxilisina[b]
Valina	Prolina
	Serina
	Tirosina

[a] Nutricionalmente "semiessencial". Sintetizada em taxas inadequadas para sustentar o crescimento de crianças.
[b] Não é necessária para a síntese de proteínas, porém é formada durante o processamento pós-traducional do colágeno.

TABELA 27-2 Enzimas necessárias para a síntese de aminoácidos a partir de intermediários anfibólicos

Quantidade de enzimas necessárias para a síntese			
Nutricionalmente essenciais		Nutricionalmente não essenciais	
Arg[a]	7	Ala	1
His	6	Asp	1
Thr	6	Asn[b]	1
Met	5 (4 compartilhadas)	Glu	1
Lys	8	Gln[a]	1
Ile	8 (6 compartilhadas)	Hyl[c]	1
Val	6 (todas compartilhadas)	Hyp[d]	1
Leu	7 (5 compartilhadas)	Pro[a]	3
Phe	10	Ser	3
Trp	8 (5 compartilhadas)	Gly[e]	1
	59 (total)	Cys[f]	2
		Tyr[g]	1
			17 (total)

[a] A partir de Glu.
[b] A partir de Asp.
[c] A partir de Lys.
[d] A partir de Pro.
[e] A partir de Ser.
[f] A partir de Ser mais sulfato.
[g] A partir de Phe.

pela glutamato-desidrogenase mitocondrial (**Figura 27-1**). A reação favorece significativamente a síntese de glutamato, o que reduz a concentração de íon amônio citotóxico.

Glutamina

A amidação do glutamato a glutamina, catalisada pela glutamina-sintase (**Figura 27-2**), envolve a formação do intermediário γ-glutamil-fosfato (**Figura 27-3**). Após a ligação ordenada do glutamato e do ATP, o glutamato ataca o fósforo γ do ATP, formando γ-glutamil-fosfato e difosfato de adenosina (ADP, do inglês *adenosine diphosphate*). Em seguida, o NH_4^+ liga-se, e o NH_3 não carregado ataca o γ-glutamil-fosfato. A liberação de fosfato inorgânico (P_i) e de um próton do grupo γ-amino do intermediário tetraédrico permite a liberação do produto, a glutamina.

Alanina e aspartato

A transaminação do piruvato forma a alanina (**Figura 27-4**). De modo similar, a transaminação do oxalacetato forma o aspartato.

A glutamato-desidrogenase, a glutamina-sintetase e as aminotransferases desempenham papéis centrais na biossíntese dos aminoácidos

A ação combinada das enzimas glutamato-desidrogenase, glutamina-sintetase e aminotransferases (Figuras 27-1, 27-2 e 27-4) resulta em conversão do íon amônio inorgânico no nitrogênio α-amino dos aminoácidos.

Asparagina

A conversão do aspartato em asparagina, catalisada pela asparagina-sintetase (**Figura 27-5**), assemelha-se à reação da glutamina-sintetase (Figura 27-2), porém, a glutamina, e não o íon amônio, fornece o nitrogênio. Entretanto, as asparaginas-sintetase bacterianas também podem utilizar o íon amônio. A reação envolve a formação do intermediário aspartil-fosfato (**Figura 27-6**). O acoplamento da hidrólise de pirofosfato inorgânico (PP_i) a P_i pela pirofosfatase (EC 3.6.1.1), assegura que a reação seja fortemente favorecida.

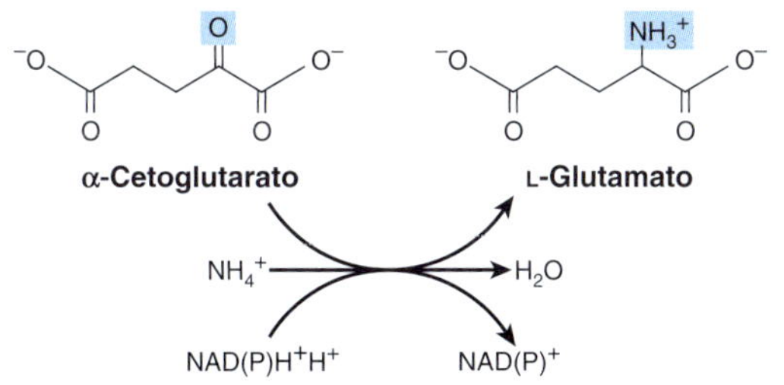

Serina

A oxidação do grupo α-hidroxila do intermediário glicolítico 3-fosfoglicerato, catalisada pela 3-fosfoglicerato-desidrogenase, converte-o em 3-fosfo-hidroxipiruvato. A transaminação e a desfosforilação subsequentes formam a serina (**Figura 27-7**).

Glicina

As glicinas aminotransferases podem catalisar a síntese de glicina a partir do glioxilato e do glutamato ou da alanina. Diferentemente da maioria das reações das aminotransferases, essas reações favorecem fortemente a síntese de glicina. Outras vias importantes para a formação de glicina nos mamíferos são a partir da colina (**Figura 27-8**) e da serina (**Figura 27-9**).

Prolina

A reação inicial da biossíntese de prolina converte o grupo γ-carboxila do glutamato no anidrido ácido misto de glutamato-γ-fosfato (Figura 27-3). A redução subsequente forma glutamato-γ-semialdeído que, após a ciclização espontânea, é reduzido à L-prolina (**Figura 27-10**).

Cisteína

Apesar de não ser nutricionalmente essencial, a cisteína é formada a partir da metionina, que é nutricionalmente essencial. Após a conversão da metionina em homocisteína (ver Figura 29-18), a homocisteína e a serina formam a cistationina, cuja hidrólise produz cisteína e homosserina (**Figura 27-11**).

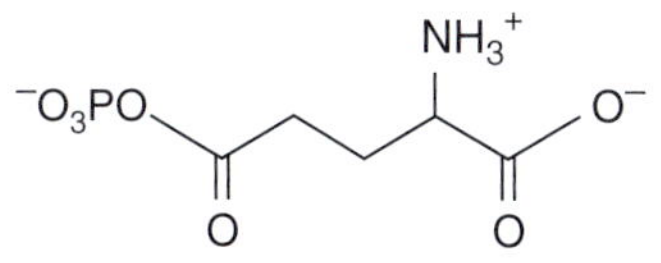

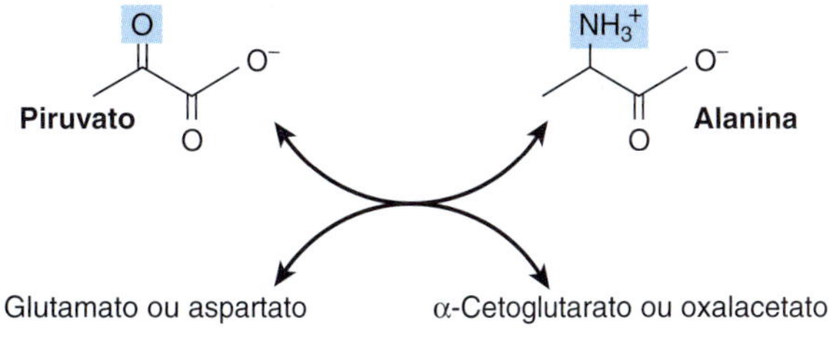

FIGURA 27-3 γ-Glutamil-fosfato.

FIGURA 27-1 Reação catalisada pela glutamato-desidrogenase (EC 1.4.1.3).

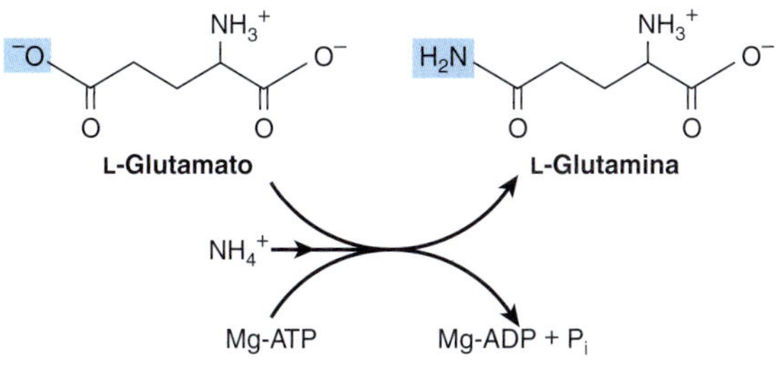

FIGURA 27-2 Reação catalisada pela glutamina-sintetase (EC 6.3.1.2).

FIGURA 27-4 Formação da alanina por transaminação do piruvato. O doador de amino pode ser o glutamato ou o aspartato. Por isso, o outro produto é α-cetoglutarato ou oxalacetato.

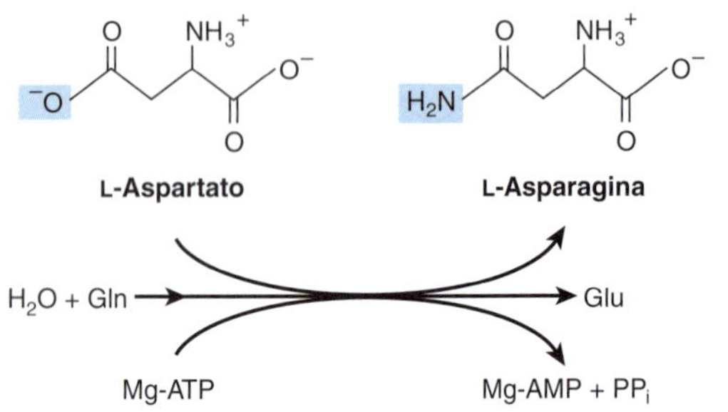

FIGURA 27-5 Reação catalisada pela asparagina-sintetase (EC 6.3.5.4). Observe as semelhanças e as diferenças em relação à reação da glutamina-sintetase (Figura 27-2).

Tirosina

A fenilalanina-hidroxilase converte a fenilalanina em tirosina (**Figura 27-12**). Quando a dieta contém quantidades adequadas do aminoácido nutricionalmente essencial fenilalanina, a tirosina é nutricionalmente não essencial. Entretanto, como a reação da fenilalanina-hidroxilase é irreversível, a tirosina de origem nutricional não pode substituir a fenilalanina. A catálise por essa oxigenase de função mista incorpora um átomo de O_2 na posição *para* da fenilalanina e reduz o outro átomo a água. O poder redutor, proporcionado como tetra-hidrobiopterina, provém, em última análise, do NADPH.

Hidroxiprolina e hidroxilisina

A hidroxiprolina e a hidroxilisina ocorrem principalmente no colágeno. Como não existe nenhum tRNA para ambos os aminoácidos hidroxilados, nem a hidroxiprolina nem a hidroxilisina da dieta são incorporadas durante a síntese de proteína. A peptidil-hidroxiprolina e a peptidil-hidroxilisina originam-se da prolina e da lisina, porém, somente após a incorporação desses aminoácidos em peptídeos. A hidroxilação dos resíduos de peptidil-prolil e peptidil-lisil catalisada pela **prolil-hidroxilase** e pela **lisil-hidroxilase** da pele, do músculo esquelético e das feridas em processo de granulação exige, além do substrato, O_2 molecular, ascorbato, Fe^{2+} e α-cetoglutarato (**Figura 27-13**). Para cada mol de prolina ou lisina hidroxilado, um mol de α-cetoglutarato é descarboxilado em succinato. As hidroxilases são oxidases de função mista. Um átomo de O_2 é incorporado na prolina ou na lisina, e o outro, no succinato (Figura 27-13). A deficiência de vitamina C, cuja presença é necessária para essas duas hidroxilases, resulta em **escorbuto**, caracterizado por sangramento das gengivas, edema das articulações e cicatrização deficiente de feridas, devido ao comprometimento da estabilidade do colágeno (ver Capítulos 5 e 50).

Valina, leucina e isoleucina

Embora a leucina, a valina e a isoleucina sejam aminoácidos nutricionalmente essenciais, as aminotransferases teciduais

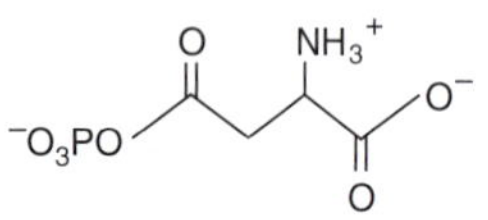

FIGURA 27-6 Aspartil-fosfato.

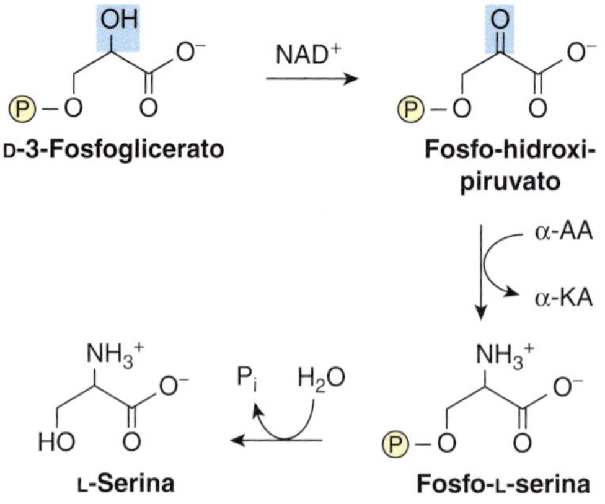

FIGURA 27-7 Biossíntese da serina. A oxidação de 3-fosfoglicerato é catalisada pela 3-fosfoglicerato-desidrogenase (EC 1.1.1.95). A transaminação converte o fosfo-hidroxipiruvato em fosfosserina. A remoção hidrolítica do grupamento fosforila catalisada pela fosfosserina-hidrolase (EC 3.1.3.3) forma L-serina.

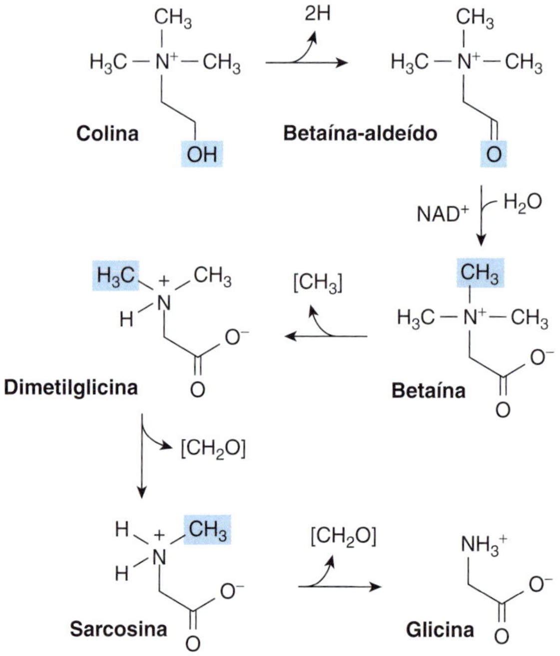

FIGURA 27-8 Formação da glicina a partir da colina. Os catalisadores incluem a colina-desidrogenase (EC 1.1.3.17), a betaína-aldeído-desidrogenase (EC 1.2.1.8), a betaína-homocisteína-*N*-metiltransferase (EC 2.1.1.157), a sarcosina-desidrogenase (EC 1.5.8.3) e a dimetilglicina-desidrogenase (EC 1.5.8.4).

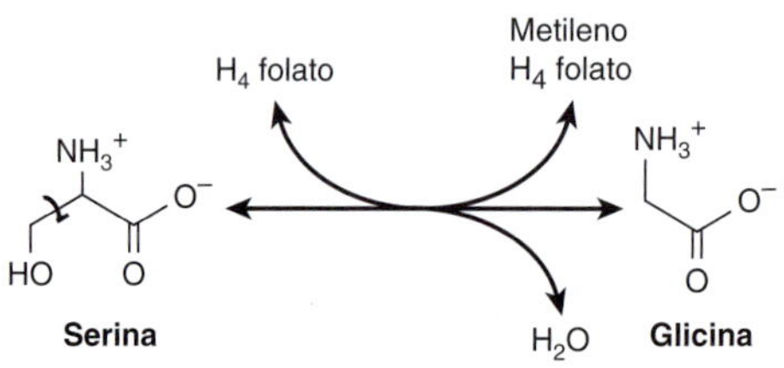

FIGURA 27-9 Interconversão de serina e glicina, catalisada pela serina-hidroximetil-transferase (EC 2.1.2.1). A reação é livremente reversível. (H_4 folato, tetra-hidrofolato.)

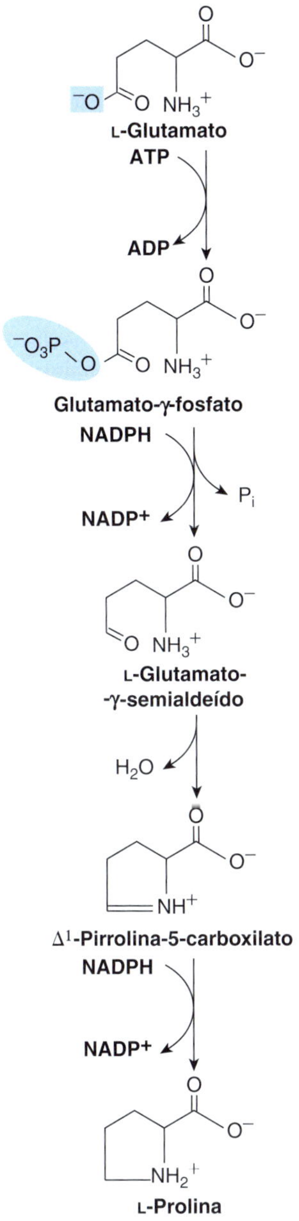

FIGURA 27-10 **Biossíntese da prolina a partir do glutamato.** Os catalisadores dessas reações são glutamato-5-cinase (EC 2.7.2.11), glutamato-5-semialdeído-desidrogenase (EC 1.2.1.41) e pirrolina-5-carboxilato-redutase (EC 1.5.1.2). O fechamento do anel do glutamato-semialdeído é espontâneo. (ADP, difosfato de adenosina; ATP, trifosfato de adenosina; P_i, fosfato inorgânico.)

efetuam a interconversão reversível de todos os três aminoácidos e seus α-cetoácidos correspondentes. Por isso, esses α-cetoácidos podem substituir seus aminoácidos na dieta.

Selenocisteína, o 21º aminoácido

Apesar de a ocorrência da selenocisteína (**Figura 27-14**) ser incomum nas proteínas, são conhecidas pelo menos 25 selenoproteínas humanas. A selenocisteína é encontrada no sítio ativo de várias enzimas humanas que catalisam reações de oxidorredução. Exemplos incluem a tiorredoxina-redutase, a glutationa-peroxidase e a desiodinase, que converte a tiroxina em

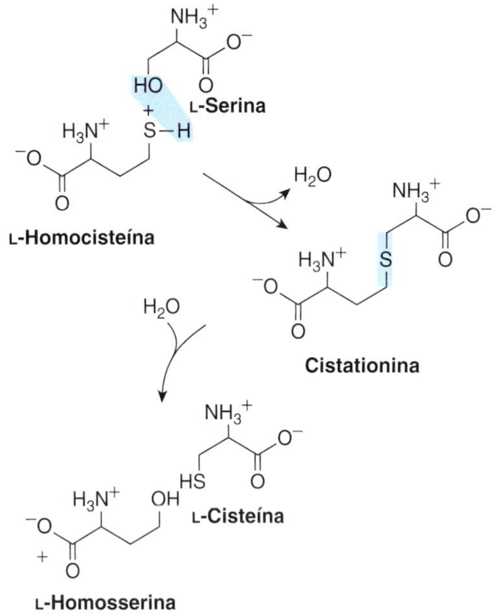

FIGURA 27-11 **Conversão da homocisteína e da serina em homosserina e cisteína.** O enxofre da cisteína provém da metionina, e o esqueleto de carbono, da serina. Os catalisadores são a cistationina-β-sintase (EC 4.2.1.22) e a cistationina-γ-liase (EC 4.4.1.1).

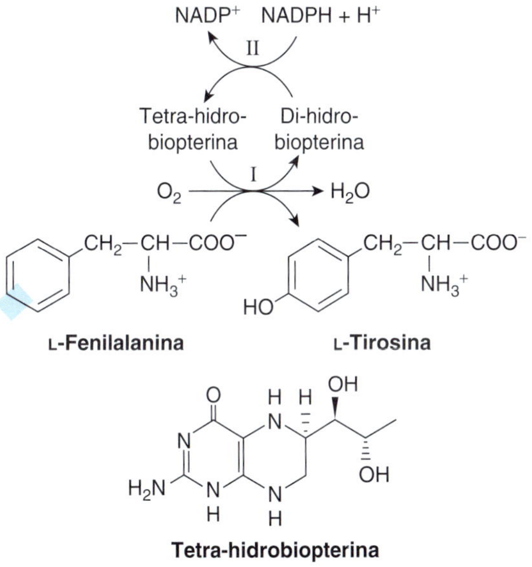

FIGURA 27-12 **Conversão da fenilalanina em tirosina pela fenilalanina-hidroxilase (EC 1.14.16.1).** Duas atividades enzimáticas distintas estão envolvidas. A atividade II catalisa a redução da di-hidrobiopterina pelo NADPH, e a atividade I, a redução de O_2 a H_2O e de fenilalanina à tirosina. Essa reação está associada a vários defeitos do metabolismo da fenilalanina, discutidos no Capítulo 29.

tri-iodotironina. Quando presente, a selenocisteína participa do mecanismo catalítico dessas enzimas. De modo significativo, a substituição da selenocisteína pela cisteína pode, na verdade, *reduzir* a atividade catalítica. A ocorrência de deficiência de selenoproteínas humanas tem sido envolvida na tumorigênese e na aterosclerose e está associada à miocardiopatia por deficiência de selênio (doença de Keshan).

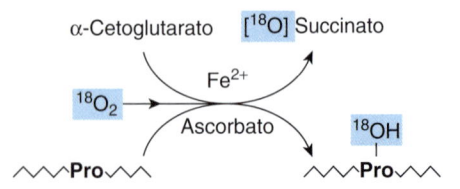

FIGURA 27-13 **Hidroxilação de um peptídeo rico em prolina.** O oxigênio é incorporado tanto no succinato quanto na prolina. A pró-colágeno-prolina-4-hidroxilase (EC 1.14.11.2) é, portanto, uma oxidase de função mista. A pró-colágeno-lisina-5-hidroxilase (EC 1.14.11.4) catalisa uma reação análoga.

A biossíntese de selenocisteína exige a presença de cisteína, selenato (SeO_4^{2-}), ATP, um tRNA específico e várias enzimas. A serina fornece o esqueleto de carbono para a selenocisteína. O selenofosfato, que é formado a partir de ATP e selenato (Figura 27-14), atua como doador de selênio. Diferentemente da 4-hidroxiprolina ou da 5-hidroxilisina, a selenocisteína surge de modo *cotraducional* durante a sua incorporação em peptídeos. O anticódon UGA do tRNA incomum, denominado tRNA^{Sec}, normalmente sinaliza TÉRMINO. A capacidade do mecanismo de síntese proteica de identificar um códon UGA específico de selenocisteína envolve o elemento de inserção da selenocisteína, uma estrutura em haste-alça situada na região não traduzida do RNA mensageiro (mRNA). O tRNA^{Sec} é inicialmente carregado com serina pela ligase que carrega o tRNA-^{Ser}. A substituição subsequente do oxigênio da serina por selênio envolve o selenofosfato formado pela selenofosfato-sintetase (Figura 27-14). Reações sucessivas catalisadas por enzimas convertem o cisteil-tRNA^{Sec} em aminoacrilil-tRNA^{Sec} e, a seguir, em selenocisteil-tRNA^{Sec}. Na presença de um fator de alongamento específico, que reconhece o selenocisteil-tRNA^{Sec}, a selenocisteína pode ser, então, incorporada em proteínas.

FIGURA 27-14 **Selenocisteína (parte superior) e a reação catalisada pela selenofosfato-sintetase (EC 2.7.9.3) (parte inferior).** (AMP, monofosfato de adenosina; ATP, trifosfato de adenosina; P_i, fosfato inorgânico.)

RESUMO

- Todos os vertebrados podem sintetizar certos aminoácidos a partir de intermediários anfibólicos ou a partir de outros aminoácidos obtidos da dieta. Os intermediários e os aminoácidos a partir dos quais se originam são o α-cetoglutarato (Glu, Gln, Pro, Hyp), o oxalacetato (Asp, Asn) e o 3-fosfoglicerato (Ser, Gly).

- A cisteína, a tirosina e a hidroxilisina são formadas a partir de aminoácidos nutricionalmente essenciais. A serina fornece o esqueleto de carbonos, e a homocisteína fornece o enxofre para a biossíntese de cisteína.

- No escorbuto, doença nutricional que resulta da deficiência de vitamina C, o comprometimento na hidroxilação da peptidil-prolina e da peptidil-lisina resulta na incapacidade de fornecer os substratos necessários para a ligação cruzada nos colágenos em maturação.

- A fenilalanina-hidroxilase converte a fenilalanina em tirosina. Como a reação catalisada pela oxidase de função mista é irreversível, a tirosina não pode dar origem à fenilalanina.

- A hidroxiprolina e a hidroxilisina provenientes da dieta não são incorporadas em proteínas, visto que não há nenhum códon ou tRNA para determinar a sua inserção em peptídeos.

- A peptidil-hidroxiprolina e a hidroxilisina são formadas por hidroxilação da peptidil-prolina ou da lisina, em reações catalisadas por oxidases de função mista que exigem a presença de vitamina C como cofator.

- A selenocisteína, um resíduo de sítio ativo essencial presente em várias enzimas dos mamíferos, surge por inserção cotraducional a partir de um tRNA previamente modificado.

REFERÊNCIAS

Beckett GJ, Arthur JR: Selenium and endocrine systems. J Endocrinol 2005;184:455.
Bender DA: *Amino Acid Metabolism*, 3rd ed. Wiley, 2012.
Donovan J, Copeland PR: The efficiency of selenocysteine incorporation is regulated by translation initiation factors. J Mol Biol 2010;400:659.
Kilberg MS: Asparagine synthetase chemotherapy. Annu Rev Biochem 2006;75:629.
Ruzzo EK, Capo-Chichi JM, Ben-Zeev B, et al: Deficiency of asparagine synthetase causes congenital microcephaly and a progressive form of encephalopathy. Neuron 2013;80:429.
Stickel F, Inderbitzin D, Candinas D: Role of nutrition in liver transplantation for end-stage chronic liver disease. Nutr Rev 2008;66:47.
Turanov AA, Shchedrina VA, Everley RA, et al: Selenoprotein S is involved in maintenance and transport of multiprotein complexes. Biochem J 2014;462:555.

CAPÍTULO

28

Catabolismo das proteínas e do nitrogênio dos aminoácidos

Victor W. Rodwell, Ph.D.

OBJETIVOS

Após o estudo deste capítulo, você deve ser capaz de:

- Descrever a renovação das proteínas, indicar a taxa média de renovação proteica nos indivíduos saudáveis e fornecer exemplos de proteínas humanas que são degradadas em taxas maiores do que a média.
- Delinear os eventos no processo de renovação das proteínas pelas vias dependente e independente de ATP e indicar as funções na degradação proteica exercidas pelo proteassomo, pela ubiquitina, pelos receptores de superfície celular, pelas assialoglicoproteínas circulantes e pelos lisossomos.
- Indicar como os produtos finais do catabolismo do nitrogênio nos mamíferos diferem daqueles das aves e dos peixes.
- Ilustrar os papéis centrais das transaminases (aminotransferases), da glutamato-desidrogenase e da glutaminase no metabolismo do nitrogênio nos seres humanos.
- Utilizar fórmulas estruturais para representar as reações que convertem NH_3, CO_2 e o nitrogênio da amida do aspartato em ureia, e identificar as localizações subcelulares das enzimas que catalisam a biossíntese de ureia.
- Indicar as funções da regulação alostérica e do acetilglutamato na regulação das etapas iniciais da biossíntese de ureia.
- Explicar por que os defeitos metabólicos em diferentes enzimas da biossíntese da ureia, apesar de distintos em nível molecular, apresentam sinais e sintomas clínicos semelhantes.
- Descrever as abordagens clássicas e o papel da espectrometria de massa em *tandem* no rastreamento de recém-nascidos para doenças metabólicas hereditárias.

IMPORTÂNCIA BIOMÉDICA

Nos adultos saudáveis, o aporte de nitrogênio corresponde ao nitrogênio excretado. O crescimento e a gestação são acompanhados de um balanço nitrogenado positivo, isto é, um excesso de nitrogênio ingerido em relação à sua quantidade excretada. O balanço nitrogenado negativo, em que a excreção é maior do que o aporte, pode ocorrer após cirurgia, na presença de câncer avançado e nos distúrbios nutricionais conhecidos como kwashiorkor e marasmo. Os distúrbios genéticos resultantes dos defeitos nos genes que codificam ubiquitina, ubiquitinas-ligase ou as enzimas desubiquitinadoras que participam da degradação de certas proteínas incluem a síndrome de Angelman, a doença de Parkinson juvenil, a síndrome de von Hippel-Lindau e a policitemia congênita. Este capítulo descreve como o nitrogênio dos aminoácidos é convertido em ureia e os distúrbios metabólicos que acompanham os defeitos nesse processo. A amônia, que é altamente tóxica, origina-se nos seres humanos principalmente do nitrogênio α-amino dos aminoácidos. Dessa forma, os tecidos convertem a amônia no nitrogênio amida não tóxico do aminoácido glutamina. A desaminação subsequente da glutamina no fígado libera amônia, que é convertida em ureia, uma substância atóxica. Entretanto, se houver comprometimento da função hepática, como o que ocorre na cirrose e na hepatite, a presença de níveis sanguíneos elevados de amônia produz sinais e sintomas clínicos. Cada enzima do ciclo da ureia fornece exemplos de defeitos metabólicos e suas consequências fisiológicas. Além disso, o ciclo da ureia fornece um modelo molecular útil para o estudo de outros distúrbios metabólicos humanos.

RENOVAÇÃO DAS PROTEÍNAS

O contínuo processo de degradação e síntese (renovação) das proteínas celulares ocorre em todas as formas de vida. Todos os dias, os seres humanos reciclam 1 a 2% de suas proteínas corporais totais, principalmente proteínas musculares. Ocorrem altas taxas de degradação proteica nos tecidos que sofrem rearranjo estrutural, como o tecido uterino durante a gestação, o músculo esquelético em situações de jejum prolongado e o tecido da cauda do girino durante a metamorfose. Em torno de 75% dos aminoácidos liberados pela degradação proteica são reutilizados, ao passo que o excesso remanescente de aminoácidos livres não é estocado para uso futuro. Os aminoácidos que não são incorporados de imediato em proteínas novas são rapidamente degradados. A principal porção dos esqueletos de carbono dos aminoácidos é convertida em intermediários anfibólicos, ao passo que, nos seres humanos, o nitrogênio amino é convertido em ureia e excretado na urina.

AS PROTEASES E AS PEPTIDASES DEGRADAM PROTEÍNAS A AMINOÁCIDOS

A suscetibilidade relativa de uma proteína à degradação é expressa como a sua **meia-vida** ($t_{1/2}$), isto é, o tempo necessário para reduzir sua concentração à metade do seu valor inicial. A meia-vida das proteínas hepáticas varia de menos de 30 minutos até mais de 150 horas. As enzimas "de manutenção", como as da glicólise, possuem valores de $t_{1/2}$ de mais de 100 horas. Em contrapartida, as enzimas reguladoras essenciais podem ter valores de $t_{1/2}$ de apenas 0,5 a 2 horas. As sequências PEST, regiões ricas em prolina (P), glutamato (E), serina (S) e treonina (T), direcionam algumas proteínas para rápida degradação. As proteases intracelulares hidrolisam as ligações peptídicas internas. Os peptídeos resultantes são, então, degradados em aminoácidos por endopeptidases, que clivam ligações peptídicas internas, e por aminopeptidases e carboxipeptidases, que removem sequencialmente os aminoácidos a partir das extremidades aminoterminal e carboxiterminal, respectivamente.

Degradação independente de ATP

A degradação das glicoproteínas do sangue (ver Capítulo 46) é acompanhada da perda de uma porção de ácido siálico das extremidades não redutoras de suas cadeias oligossacarídicas. A seguir, as assialoglicoproteínas são internalizadas por receptores de assialoglicoproteínas na célula hepática e degradadas por proteases lisossômicas. As proteínas extracelulares associadas à membrana e as proteínas intracelulares de vida longa são degradadas nos lisossomos por processos independentes de trifosfato de adenosina (ATP, do inglês *adenosine triphosphate*).

Degradação dependente de ATP e de ubiquitina

A degradação das proteínas reguladoras com meias-vidas curtas e das proteínas anormais ou com enovelamento incorreto ocorre no citosol e exige a presença de ATP e de **ubiquitina**. Nomeada com base em sua presença em todas as células eucarióticas, a ubiquitina é um pequeno polipeptídeo (8,5 kDa, 76 resíduos) que direciona muitas proteínas intracelulares para a degradação. A estrutura primária da ubiquitina é altamente conservada. Apenas 3 dos 76 resíduos diferem entre a ubiquitina de levedura e a ubiquitina humana. A **Figura 28-1** ilustra a estrutura tridimensional da ubiquitina. As moléculas de ubiquitina estão unidas por **ligações peptídicas não α**, formadas entre a extremidade carboxiterminal da ubiquitina e os grupos ε-amino de resíduos de lisil na proteína-alvo (**Figura 28-2**). O resíduo presente na extremidade aminoterminal afeta a maneira como uma proteína é ubiquitinada. Resíduos de Met ou

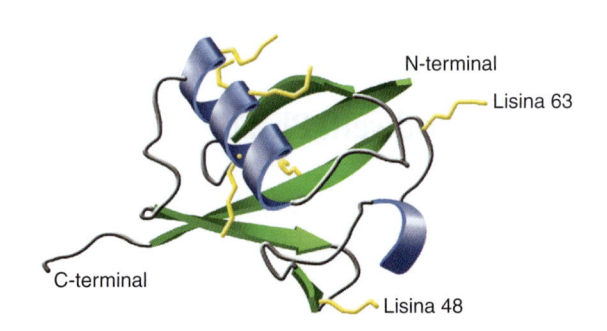

FIGURA 28-1 **Estrutura tridimensional da ubiquitina.** Estão representadas as α-hélices (em azul), as folhas β (em verde) e os grupos R dos resíduos lisil (em laranja). A Lys48 e a Lys63 são sítios de ligação de moléculas adicionais de ubiquitina durante a poliubiquitinação. Criada por Rogerdodd na Wikipédia utilizando PyMOL, PDB id 1ubi, com créditos do European Bioinformatics Institute.

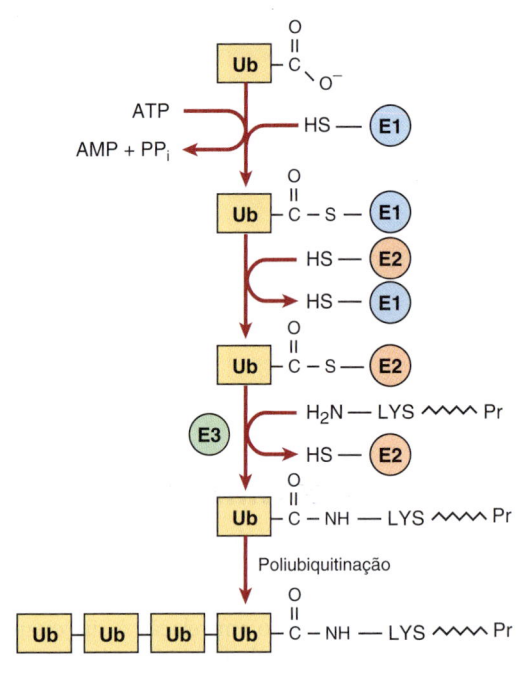

FIGURA 28-2 **Reações envolvidas na fixação da ubiquitina (Ub) às proteínas.** Existem três enzimas envolvidas. A E1 é uma enzima ativadora, a E2 é uma transferase, e a E3, uma ligase. Embora sejam indicadas como entidades únicas, existem vários tipos de E1 e mais de 500 tipos de E2. O COOH terminal da ubiquitina forma inicialmente um tioéster. O acoplamento da hidrólise de pirofosfato inorgânico (PP_i) pela pirofosfatase assegura que a reação ocorra rapidamente. Uma reação de troca de tioéster transfere a ubiquitina ativada para a E2. Em seguida, a E3 catalisa a transferência da ubiquitina para o grupo ε-amino de um resíduo lisil da proteína-alvo. Ciclos adicionais de ubiquitinação resultam em poliubiquitinação subsequente. (AMP, monofosfato de adenosina; ATP, trifosfato de adenosina.)

de Ser aminoterminais retardam a ubiquitinação, ao passo que Asp ou Arg a aceleram. A ligação de uma única molécula de ubiquitina a proteínas transmembranas altera a sua localização subcelular e as torna alvos de degradação. As proteínas solúveis sofrem **poliubiquitinação**, que consiste na ligação de quatro ou mais moléculas adicionais de ubiquitina, em uma reação catalisada pela ligase (Figura 28-1). A degradação subsequente das proteínas marcadas com ubiquitina ocorre no **proteassomo**, uma macromolécula que também é ubíqua em células eucarióticas. O proteassomo consiste em um complexo macromolecular cilíndrico de proteínas, cujos anéis empilhados formam um poro central que abriga os sítios ativos de enzimas proteolíticas. Para a degradação, a proteína deve entrar primeiramente no poro central. A entrada é regulada pelos dois anéis mais externos que reconhecem proteínas poliubiquitinadas (**Figuras 28-3 e 28-4**).

Aaron Ciechanover e Avram Hershko, de Israel, e Irwin Rose, dos Estados Unidos, receberam o Prêmio Nobel de Química, em 2004, pela descoberta do processo de degradação das proteínas mediada pela ubiquitina. Os distúrbios genéticos que resultam dos defeitos nos genes que codificam ubiquitina, ubiquitinas-ligase ou enzimas desubiquitinadoras incluem a síndrome de Angelman, a doença de Parkinson juvenil autossômica recessiva, a síndrome de von Hippel-Lindau e a policitemia congênita. Para aspectos adicionais da degradação proteica e da ubiquitinação, incluindo o seu papel no ciclo celular, ver Capítulos 4 e 35.

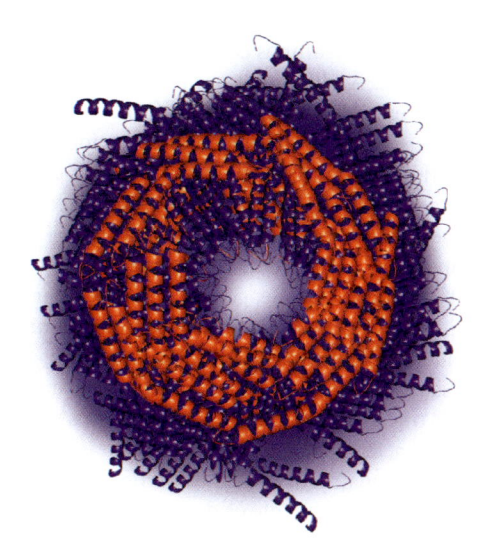

FIGURA 28-4 Vista de cima de um proteassomo. Criada por Rogerdodd na Wikipédia, com créditos do European Bioinformatics Institute.

A TROCA ENTRE ÓRGÃOS MANTÉM OS NÍVEIS CIRCULANTES DE AMINOÁCIDOS

A manutenção das concentrações de aminoácidos no plasma circulante, no estado de equilíbrio dinâmico entre as refeições, depende do equilíbrio líquido entre a liberação das reservas endógenas de proteínas e a sua utilização por vários tecidos. O músculo gera mais da metade do reservatório corporal total de aminoácidos livres, e o fígado constitui o local das enzimas do ciclo da ureia necessárias para o processamento do excesso de nitrogênio. Portanto, o músculo e o fígado desempenham importantes papéis na manutenção dos níveis circulantes de aminoácidos.

A **Figura 28-5** fornece um resumo do estado pós-absortivo. Os aminoácidos livres, sobretudo a alanina e a glutamina, são liberados do músculo para a circulação. A alanina é extraída principalmente pelo fígado, e a glutamina é extraída pelo

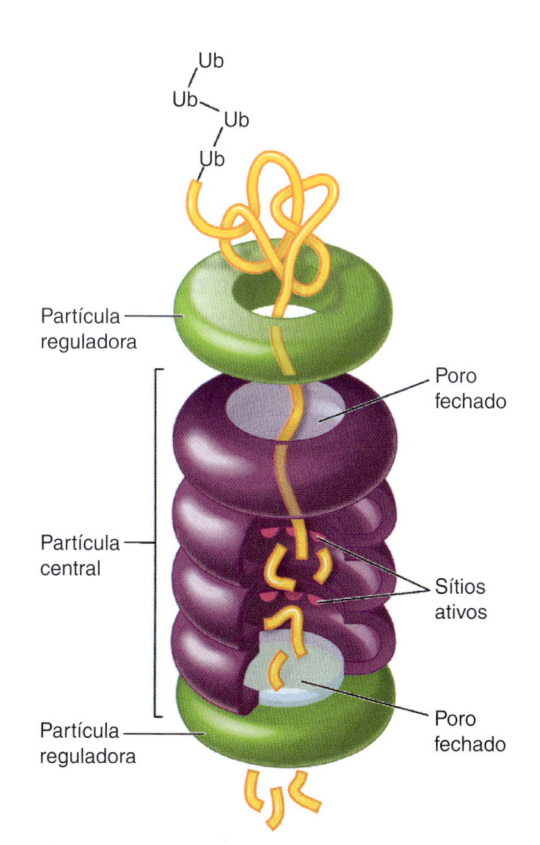

FIGURA 28-3 Representação da estrutura de um proteassomo. O anel superior é fechado para permitir que apenas proteínas poliubiquitinadas entrem no proteassomo, onde proteases internas imobilizadas as degradam em peptídeos.

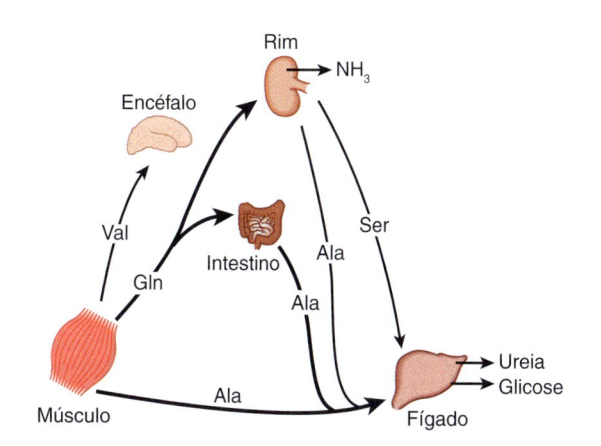

FIGURA 28-5 Troca de aminoácidos entre órgãos em seres humanos normais no estado pós-absortivo. A Figura mostra o papel essencial da alanina no débito de aminoácidos do músculo e do intestino e sua captação pelo fígado.

intestino e pelos rins – ambos convertem uma porção significativa em alanina. A glutamina também atua como fonte de amônia para a excreção renal. Os rins fornecem uma importante fonte de serina para captação pelos tecidos periféricos, incluindo o fígado e o músculo. Os aminoácidos de cadeia ramificada, em particular a valina, são liberados pelo músculo e captados predominantemente pelo encéfalo.

A alanina é um **aminoácido gliconeogênico** essencial (**Figura 28-6**). A taxa de gliconeogênese hepática a partir da alanina é muito maior do que a de todos os outros aminoácidos. A capacidade de gliconeogênese do fígado a partir da alanina só atinge a saturação quando a concentração de alanina alcança 20 a 30 vezes o seu nível fisiológico normal. Após uma refeição rica em proteína, os tecidos esplâncnicos liberam aminoácidos (**Figura 28-7**), enquanto os músculos periféricos extraem aminoácidos, predominantemente os de cadeia ramificada em ambos os casos. Os aminoácidos de cadeia ramificada, portanto, possuem uma função especial no metabolismo do nitrogênio.

No estado de jejum, eles fornecem ao encéfalo uma fonte de energia, e no estado pós-prandial, eles são extraídos predominantemente pelos músculos, sendo poupados pelo fígado.

OS ANIMAIS CONVERTEM O NITROGÊNIO α-AMINO A PRODUTOS FINAIS VARIADOS

Dependendo de seu nicho ecológico e de sua fisiologia, os diferentes tipos de animais excretam o excesso de nitrogênio na forma de amônia, de ácido úrico ou de ureia. O ambiente aquoso dos peixes teleósteos, os quais são **amoniotélicos** (que excretam amônia), permite que eles excretem água continuamente para facilitar a excreção de amônia, que é muito tóxica. Esse mecanismo é apropriado para animais aquáticos, ao passo que as aves precisam conservar a água e manter o seu baixo peso. As aves, que são **uricotélicas**, resolvem ambos os problemas com a excreção de ácido úrico rico em nitrogênio (ver Figura 33-11) na forma de guano semissólido. Muitos animais terrestres, incluindo os seres humanos, são **ureotélicos** e excretam ureia altamente hidrossolúvel e atóxica. Como a ureia não é tóxica para os seres humanos, a presença de níveis sanguíneos elevados na doença renal constitui uma consequência, e não uma causa, de comprometimento da função renal.

BIOSSÍNTESE DA UREIA

A biossíntese da ureia ocorre em quatro estágios: (1) transaminação, (2) desaminação oxidativa do glutamato, (3) transporte de amônia e (4) reações do ciclo da ureia (**Figura 28-8**). A expressão no fígado dos RNAs de todas as enzimas do ciclo da ureia aumenta várias vezes no estado de jejum, provavelmente secundário ao aumento da degradação proteica para prover energia.

A transaminação transfere o nitrogênio α-amino para o α-cetoglutarato, formando glutamato

As reações de transaminação efetuam a interconversão de pares de α-aminoácidos e α-cetoácidos (**Figura 28-9**). As reações

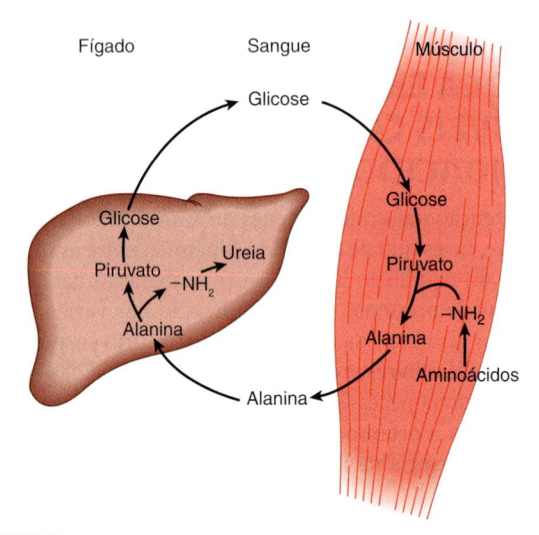

FIGURA 28-6 O ciclo de glicose-alanina. A alanina é sintetizada no músculo por transaminação do piruvato, derivado da glicose, liberada na corrente sanguínea e captada pelo fígado. No fígado, o esqueleto de carbono da alanina é novamente convertido em glicose, que é liberada na corrente sanguínea, onde fica disponível para captação pelo músculo e para nova síntese de alanina.

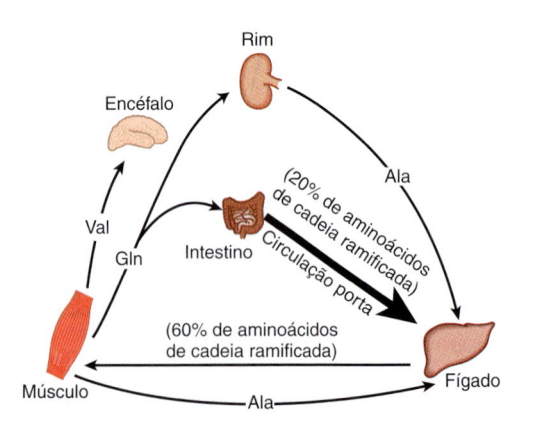

FIGURA 28-7 Resumo da troca de aminoácidos entre órgãos imediatamente após a ingestão de alimentos.

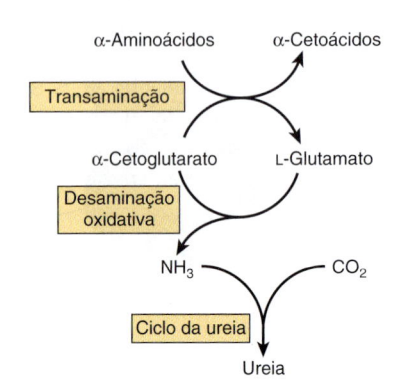

FIGURA 28-8 Fluxo global do nitrogênio no catabolismo dos aminoácidos.

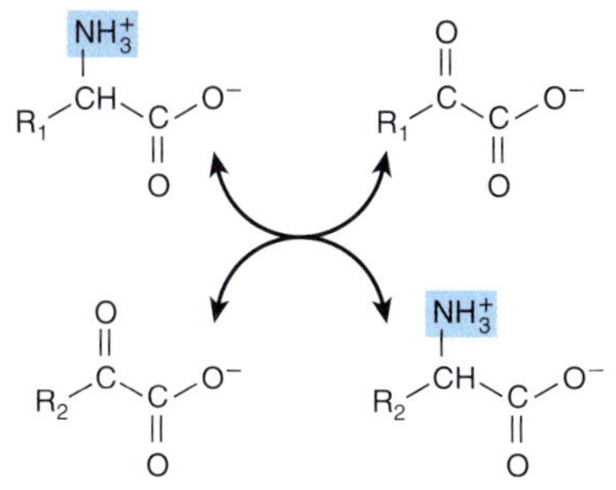

FIGURA 28-9 **Transaminação.** A reação é livremente reversível, com uma constante de equilíbrio próximo de 1.

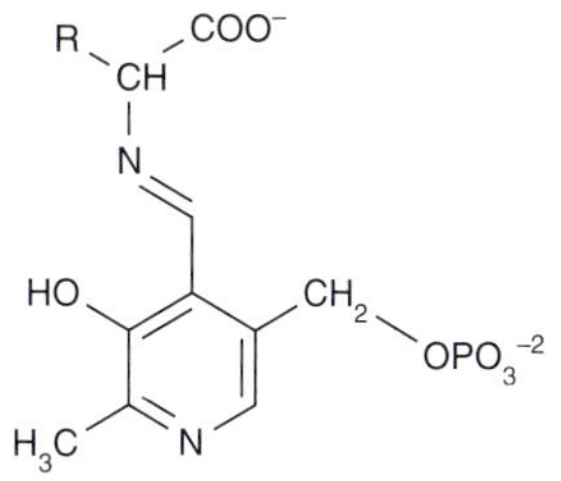

FIGURA 28-11 Estrutura de uma base de Schiff formada entre o piridoxal-fosfato e um aminoácido.

de transaminação, livremente reversíveis, também atuam na biossíntese de aminoácidos (ver Figura 27-4). Todos os aminoácidos comuns, exceto lisina, treonina, prolina e hidroxiprolina, participam de transaminações. As transaminações não são restritas aos grupos α-amino. O grupo δ-amino da ornitina (mas não o grupo ε-amino da lisina) sofre transaminação prontamente.

A alanina-piruvato-aminotransferase (alanina-aminotransferase, EC 2.6.1.2) e a glutamato-α-cetoglutarato-aminotransferase (glutamato-aminotransferase, EC 2.6.1.1) catalisam a transferência de grupos amino para o piruvato (formando alanina) ou para o α-cetoglutarato (formando glutamato).

Cada aminotransferase é específica para um par de substratos, porém é inespecífica para o outro par. Como a alanina também é um substrato da glutamato-aminotransferase, o nitrogênio α-amino de todos os aminoácidos que sofrem transaminação pode ser concentrado em glutamato. Esse aspecto é importante, visto que o L-glutamato é o único aminoácido que sofre desaminação oxidativa em uma taxa apreciável nos tecidos dos mamíferos. Por isso, a formação de amônia a partir de grupos α-amino ocorre principalmente pelo nitrogênio α-amino do L-glutamato.

A transaminação ocorre por um mecanismo em "pingue-pongue", caracterizado pela adição alternada de um substrato e pela liberação de um produto (**Figura 28-10**). Após a remoção de seu nitrogênio α-amino por transaminação, o "esqueleto" de carbono remanescente de um aminoácido é degradado pelas vias discutidas no Capítulo 29.

O piridoxal-fosfato (PLP), um derivado da vitamina B_6, está presente no sítio catalítico de todas as aminotransferases e exerce uma função essencial na catálise. Durante a transaminação, o PLP atua como "carreador" de grupos amino. Ocorre formação de uma base de Schiff ligada à enzima (**Figura 28-11**) entre o grupo oxo do PLP ligado à enzima e o grupo α-amino de um α-aminoácido. A base de Schiff pode sofrer rearranjo de várias maneiras. Na transaminação, o rearranjo forma um α-cetoácido e uma piridoxamina-fosfato ligada à enzima. Conforme assinalado, certas doenças estão associadas a níveis séricos elevados de aminotransferases (ver Tabela 7-1).

A L-GLUTAMATO-DESIDROGENASE OCUPA UMA POSIÇÃO CENTRAL NO METABOLISMO DO NITROGÊNIO

A transferência do nitrogênio amino para o α-cetoglutarato forma L-glutamato. A **L-glutamato-desidrogenase** (GDH) hepática, que pode usar NAD^+ ou $NADP^+$, libera esse nitrogênio como amônia (**Figura 28-12**). A conversão do nitrogênio α-amino em amônia pela ação combinada da glutamato-aminotransferase e da GDH é frequentemente denominada "transdesaminação". A atividade da GDH hepática é alostericamente inibida por ATP, trifosfato de guanosina (GTP, do inglês *guanosine triphosphate*) e NADH, e ativada pelo difosfato de adenosina (ADP, do inglês *adenosine diphosphate*). A reação catalisada pela GDH é livremente reversível e também funciona na biossíntese de aminoácidos (ver Figura 27-1).

AS AMINOÁCIDOS-OXIDASE REMOVEM O NITROGÊNIO NA FORMA DE AMÔNIA

A L-aminoácido-oxidase do fígado e dos rins converte um aminoácido a um α-iminoácido que se decompõe a um α-cetoácido com a liberação de íon amônio (**Figura 28-13**). A flavina reduzida é reoxidada pelo oxigênio molecular, formando peróxido de hidrogênio (H_2O_2), que, em seguida, é clivado em O_2 e H_2O pela **catalase** (EC 1.11.1.6).

A intoxicação pela amônia é potencialmente fatal

A amônia produzida pelas bactérias entéricas e absorvida no sangue venoso portal e a amônia produzida pelos tecidos são

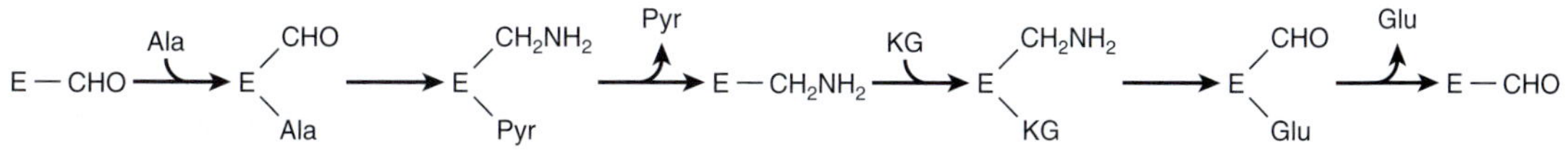

FIGURA 28-10 **Mecanismo em "pingue-pongue" para a transaminação.** E—CHO e E—CH_2NH_2 representam o piridoxal-fosfato e a piridoxamina-fosfato ligados à enzima, respectivamente. (Ala, alanina; Glu, glutamato; KG, α-cetoglutarato; Pyr, piruvato.)

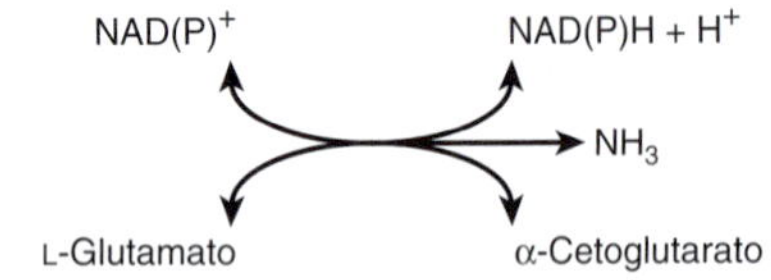

FIGURA 28-12 Reação catalisada pela glutamato-desidrogenase (EC 1.4.1.2). O NAD(P)⁺ significa que o NAD⁺ ou o NADP⁺ podem atuar como oxidorredutores. A reação é reversível, mas favorece significativamente a formação de glutamato.

rapidamente removidas da circulação pelo fígado e convertidas em ureia. Desse modo, normalmente, existem apenas traços de amônia (10-20 μg/dL) no sangue periférico. Esse processo de remoção é essencial, visto que a amônia é tóxica para o sistema nervoso central. Se o sangue portal deixa de passar pelo fígado, os níveis sanguíneos sistêmicos de amônia podem alcançar níveis tóxicos. Essa situação é observada em caso de grave comprometimento da função hepática ou de desenvolvimento de ligações colaterais entre as veias porta e sistêmicas na cirrose. Os sintomas de **intoxicação por amônia** consistem em tremor, fala arrastada, visão embaçada, coma e, por fim, morte. A amônia pode ser tóxica para o encéfalo, em parte devido à sua reação com o α-cetoglutarato, formando glutamato. A consequente depleção dos níveis de α-cetoglutarato compromete, então, a função do ciclo dos ácidos tricarboxílicos nos neurônios.

A glutamina-sintetase fixa a amônia na forma de glutamina

A formação de glutamina é catalisada pela **glutamina-sintetase** mitocondrial (**Figura 28-14**). Como a síntese de ligações amida está acoplada à hidrólise de ATP em ADP e P_i, a reação favorece fortemente a síntese de glutamina. Durante a catálise, o glutamato ataca o grupo γ-fosforil do ATP, formando γ-glutamil-fosfato e ADP. Após a desprotonação do NH_4^+, a NH_3 ataca o γ-glutamil-fosfato e ocorre liberação de glutamina e P_i. Além de fornecer glutamina para atuar como carreador de nitrogênio, carbono e energia entre os órgãos

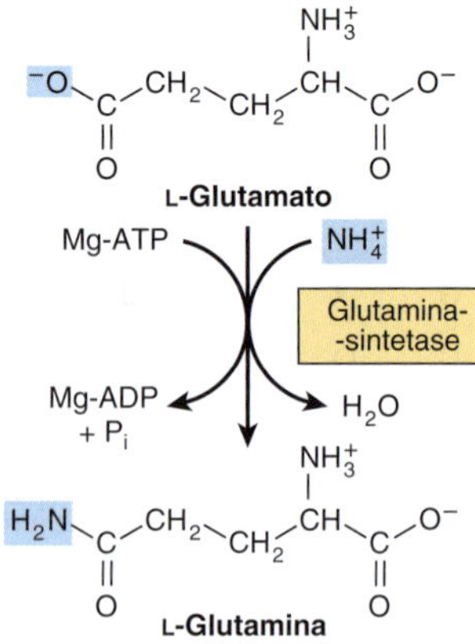

FIGURA 28-14 Formação de glutamina, catalisada pela glutamina-sintetase (EC 6.3.1.2).

(Figura 28-5), a glutamina-sintetase desempenha um importante papel tanto na desintoxicação da amônia quanto na homeostasia acidobásica. Uma rara deficiência de glutamina-sintetase no recém-nascido resulta em grave lesão cerebral, falência múltipla de órgãos e morte.

A glutaminase e a asparaginase desamidam a glutamina e a asparagina

Existem duas isoformas humanas da **glutaminase** mitocondrial, chamadas de glutaminases hepática e renal. As glutaminases, que são produtos de diferentes genes, diferem em relação à sua estrutura, à sua cinética e à sua regulação. Os níveis de glutaminase hepática aumentam em resposta a um elevado aporte de proteína, e a glutaminase tipo renal aumenta na acidose metabólica. A liberação hidrolítica do nitrogênio amídico da glutamina na forma de amônia, em uma reação catalisada pela glutaminase (**Figura 28-15**), favorece fortemente a formação de glutamato. Uma reação análoga é catalisada pela L-asparaginase (EC 3.5.1.1). Nessas condições, a ação combinada da glutamina-sintetase e da glutaminase catalisa a interconversão do íon amônio livre e da glutamina.

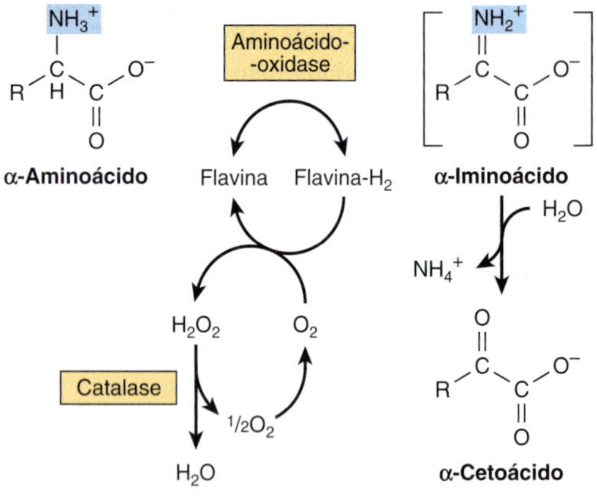

FIGURA 28-13 Desaminação oxidativa catalisada pela L-aminoácido-oxidase (L-α-aminoácido:O_2-oxidorredutase, EC 1.4.3.2). O α-iminoácido, mostrado entre colchetes, não é um intermediário estável.

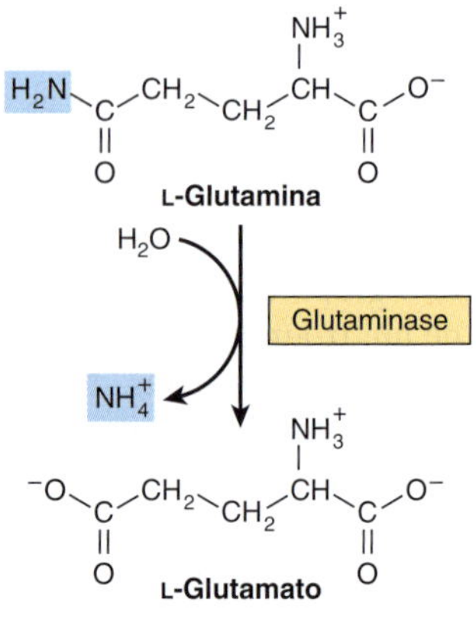

FIGURA 28-15 Reação catalisada pela glutaminase (EC 3.5.1.2). A reação prossegue essencialmente de modo irreversível na direção da formação de glutamato e NH_4^+. Observe que o nitrogênio *amida*, e não o nitrogênio α-amino, é removido.

A formação e a secreção de amônia mantêm o equilíbrio acidobásico

A excreção de amônia produzida pelas células tubulares renais na urina facilita a conservação de cátions e a regulação do equilíbrio acidobásico. A produção de amônia a partir dos aminoácidos renais intracelulares, particularmente a glutamina, aumenta na **acidose metabólica** e diminui na **alcalose metabólica**.

A ureia é o principal produto final do catabolismo do nitrogênio nos seres humanos

A síntese de 1 mol de ureia requer 3 mols de ATP, 1 mol de íon amônio e 1 mol de aspartato e utiliza 5 enzimas (**Figura 28-16**). Dos seis aminoácidos que participam do processo, o N-acetilglutamato atua exclusivamente como ativador enzimático. Os outros servem como carreadores dos átomos que, por fim, formarão a ureia. A função metabólica principal da **ornitina**, da **citrulina** e do **argininossuccinato** em mamíferos é a síntese de ureia. A síntese de ureia é um processo cíclico. O íon amônio, o CO_2, o ATP e o aspartato são consumidos, ao passo que a ornitina consumida na reação 2 é regenerada na reação 5. Por conseguinte, não há perda nem ganho líquido de ornitina, citrulina, argininossuccinato ou arginina. Como indicado na Figura 28-16, algumas reações da síntese de ureia ocorrem na matriz mitocondrial, e outras reações, no citosol.

A carbamoil-fosfato-sintetase I inicia a biossíntese da ureia

A condensação de CO_2, amônia e ATP para formar **carbamoil-fosfato** é catalisada pela **carbamoil-fosfato-sintetase I** mitocondrial (EC 6.3.4.16). A forma citosólica dessa enzima,

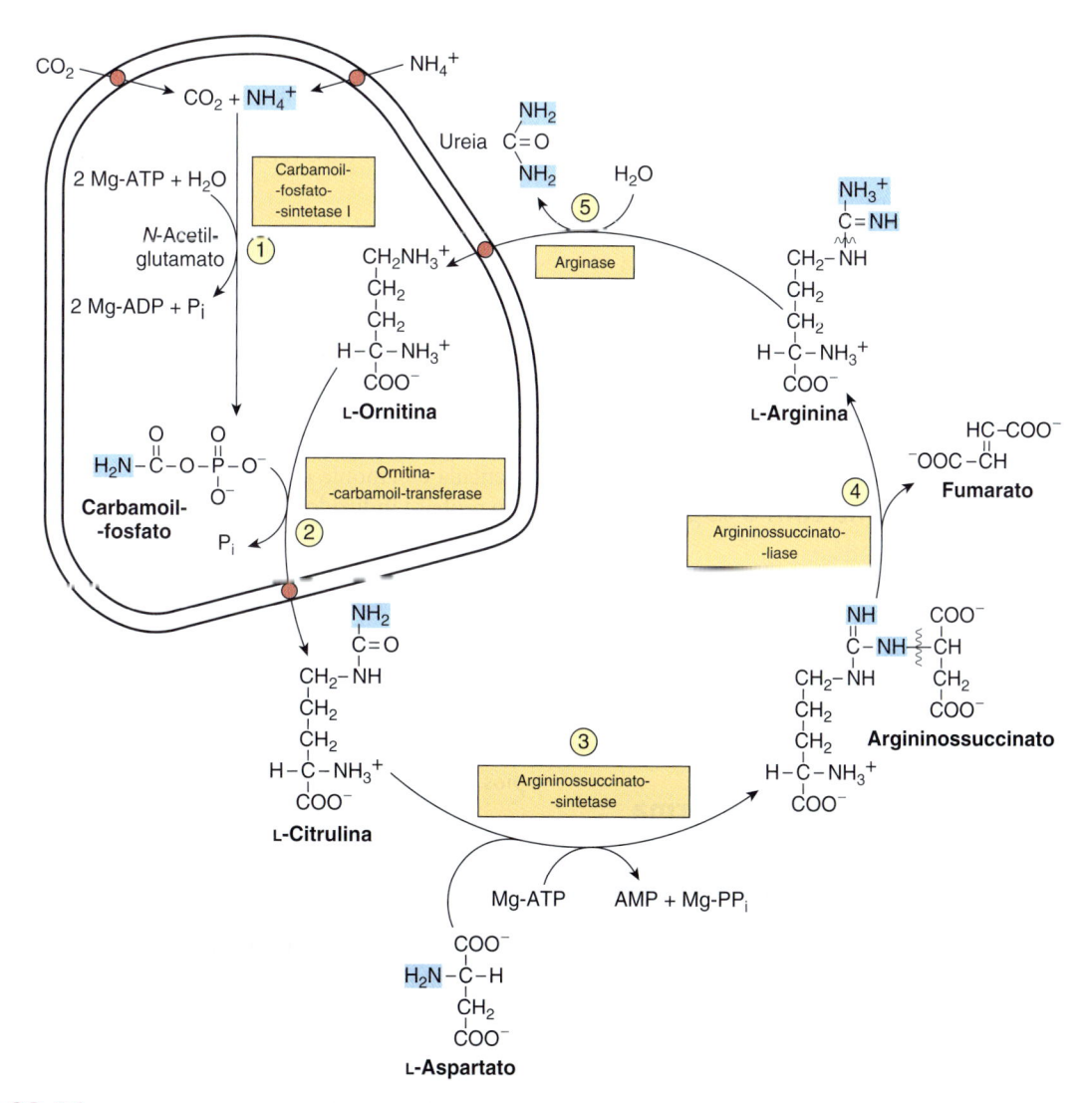

FIGURA 28-16 **Reações e intermediários da biossíntese de ureia.** Os grupos contendo nitrogênio que contribuem para a formação da ureia estão sombreados. As reações ① e ② ocorrem na matriz das mitocôndrias hepáticas, e as reações ③, ④ e ⑤ ocorrem no citosol dos hepatócitos. O CO_2 (na forma de bicarbonato), o íon amônio, a ornitina e a citrulina entram na matriz mitocondrial por meio de carreadores específicos (ver pontos vermelhos) presentes na membrana interna das mitocôndrias hepáticas.

a carbamoil-fosfato-sintetase II, utiliza glutamina, em vez de amônia, como doador de nitrogênio e atua na biossíntese de pirimidinas (ver Figura 33-9). Por isso, a ação combinada da glutamato-desidrogenase e da carbamoil-fosfato-sintetase I transporta, em ambas as direções, o nitrogênio amino para o carbamoil-fosfato, um composto com alto potencial de transferência de grupo.

A carbamoil-fosfato-sintetase I, enzima limitante da velocidade do ciclo da ureia, é ativa apenas na presença de **N-acetilglutamato**, um ativador alostérico que aumenta a afinidade da sintetase pelo ATP. A síntese de 1 mol de carbamoil-fosfato requer 2 mols de ATP. Um ATP serve como doador de grupamento fosforila para a formação da ligação anidrido ácido misto de carbamoil-fosfato. O segundo ATP fornece a força motriz para a síntese da ligação amida do carbamoil-fosfato. Os outros produtos consistem em 2 mols de ADP e 1 mol de P_i (reação 1, Figura 28-16). A reação prossegue de modo sequencial. A reação do bicarbonato com o ATP forma carbonil-fosfato e ADP. Em seguida, a amônia desloca o ADP, formando carbamato e ortofosfato. A fosforilação do carbamato pelo segundo ATP forma carbamoil-fosfato.

A combinação do carbamoil-fosfato com a ornitina forma a citrulina

A **L-ornitina-transcarbamoilase** (EC 2.1.3.3) catalisa a transferência do grupo carbamoil do carbamoil-fosfato para a ornitina, formando citrulina e ortofosfato (reação 2, Figura 28-16). Embora a reação ocorra na matriz mitocondrial, tanto a formação de ornitina quanto o metabolismo subsequente da citrulina ocorrem no citosol. Dessa forma, a entrada de ornitina nas mitocôndrias e a saída da citrulina das mitocôndrias envolvem permeases da membrana mitocondrial interna (Figura 28-16).

A combinação da citrulina com o aspartato forma o argininossuccinato

A **argininossuccinato-sintetase** (EC 6.3.4.5) liga o aspartato e a citrulina pelo grupo amino do aspartato (reação 3, Figura 28-16) e proporciona o segundo nitrogênio da ureia. Essa reação requer a presença de ATP e envolve a reação intermediária de citrulil-AMP. O deslocamento subsequente do AMP pelo aspartato forma o argininossuccinato.

A clivagem do argininossuccinato forma arginina e fumarato

A clivagem de argininossuccinato é catalisada pela **argininossuccinato-liase** (EC 4.3.2.1). A reação prossegue com retenção de todos os três nitrogênios na arginina e com liberação do esqueleto do aspartato na forma de fumarato (reação 4, Figura 28-16). A adição subsequente de água ao fumarato forma L-malato, cuja subsequente oxidação dependente de NAD^+ forma oxalacetato. Essas duas reações são análogas às reações do ciclo do ácido cítrico, mas são catalisadas pelas enzimas **citosólicas** fumarase e **malato-desidrogenase**. A transaminação do oxalacetato pela glutamato-aminotransferase forma novamente aspartato. Portanto, o esqueleto de carbono do aspartato-fumarato atua como carreador de nitrogênio do glutamato em um precursor da ureia.

A clivagem da arginina libera ureia e forma novamente ornitina

A clivagem hidrolítica do grupo guanidino da arginina, catalisada pela **arginase** hepática (EC 3.5.3.1), libera ureia (reação 5, Figura 28-16). O outro produto, a ornitina, entra novamente nas mitocôndrias hepáticas e participa de ciclos adicionais de síntese de ureia. A ornitina e a lisina são potentes inibidores da arginase e competem com a arginina. A arginina também atua como precursora do potente relaxante muscular óxido nítrico (NO) em uma reação dependente de Ca^{2+} catalisada pela NO-sintetase.

A carbamoil-fosfato-sintetase I é a enzima marca-passo do ciclo da ureia

A atividade da carbamoil-fosfato-sintetase I é determinada pelo **N-acetilglutamato**, cujo nível no estado de equilíbrio dinâmico é determinado pelo equilíbrio entre a sua taxa de síntese, a partir de acetil-CoA e glutamato, e a sua taxa de hidrólise a acetato e glutamato, reações catalisadas pela N-acetilglutamato-sintetase (NAGS) e N-acetilglutamato-hidrolase, respectivamente.

Acetil-CoA + L-glutamato → N-acetil-L-glutamato + CoASH

N-acetil-L-glutamato + H_2O → L-glutamato + acetato

Mudanças importantes na dieta podem aumentar em 10 a 20 vezes as concentrações das enzimas individuais do ciclo da ureia. Por exemplo, o jejum prolongado eleva os níveis enzimáticos, presumivelmente, para lidar com a produção aumentada de amônia que acompanha o aumento da degradação proteica induzido pelo jejum prolongado.

CARACTERÍSTICAS GERAIS DOS DISTÚRBIOS METABÓLICOS

Os distúrbios metabólicos comparativamente raros, porém bem caracterizados e clinicamente devastadores, associados às enzimas da biossíntese da ureia ilustram os seguintes princípios gerais das doenças metabólicas hereditárias.

1. Sinais e sintomas clínicos semelhantes ou idênticos podem caracterizar várias mutações genéticas em um gene que codifica determinada enzima ou em enzimas que catalisam reações sucessivas em uma via metabólica.
2. A terapia racional baseia-se na compreensão das reações bioquímicas relevantes catalisadas por enzimas nos indivíduos saudáveis e nos indivíduos acometidos.
3. A identificação de intermediários e de produtos derivados que se acumulam antes de um bloqueio metabólico fornece a base para testes de rastreamento metabólico que podem revelar a reação que está comprometida.
4. O diagnóstico definitivo envolve um ensaio quantitativo da atividade da enzima com suspeita de deficiência.

5. A sequência de ácido desoxirribonucleico (DNA, do inglês *deoxyribonucleic acid*) do gene que codifica determinada enzima mutante é comparada com a do gene tipo selvagem para identificar a(s) mutação(ões) específica(s) que causa(m) a doença.
6. O aumento exponencial no sequenciamento do DNA dos genes humanos identificou dezenas de mutações de um gene afetado, as quais são benignas ou estão associadas a sintomas de gravidade variável de determinado distúrbio metabólico.

OS DISTÚRBIOS METABÓLICOS ESTÃO ASSOCIADOS A CADA UMA DAS REAÇÕES DO CICLO DA UREIA

Cinco doenças bem-documentadas estão associadas a defeitos na biossíntese das enzimas do ciclo da ureia. A análise genética e molecular localizou os *loci* das mutações associadas a cada deficiência, e cada uma delas exibe consideráveis variabilidades genética e fenotípica (**Tabela 28-1**).

Os distúrbios associados ao ciclo da ureia caracterizam-se por hiperamoniemia, encefalopatia e alcalose respiratória. Quatro das cinco doenças metabólicas, as deficiências da carbamoil-fosfato-sintetase I, da ornitina-carbamoil-transferase, da argininossuccinato-sintetase e da argininossuccinato-liase, resultam em acúmulo de precursores da ureia, principalmente amônia e glutamina. A intoxicação por amônia é mais grave quando o bloqueio metabólico ocorre nas reações 1 ou 2 (Figura 28-16), visto que, se houver síntese de citrulina, alguma amônia já é removida pela sua ligação covalente a um metabólito orgânico.

Os sintomas clínicos compartilhados por todos os distúrbios do ciclo da ureia consistem em vômitos, aversão a alimentos ricos em proteínas, ataxia intermitente, irritabilidade, letargia e deficiência intelectual grave. A apresentação clínica mais notável é observada em crianças, que inicialmente têm aparência normal, mas que, em seguida, exibem letargia progressiva, hipotermia e apneia, devido aos níveis plasmáticos elevados de amônia. As manifestações clínicas e o tratamento de todos os cinco distúrbios são semelhantes. Uma dieta hipoproteica ingerida na forma de refeições pequenas e frequentes, para evitar aumentos súbitos nos níveis sanguíneos de amônia, pode ser acompanhada de melhora significativa e minimização da lesão cerebral. O objetivo da terapia dietética é fornecer proteínas, arginina e energia suficientes para promover o crescimento e o desenvolvimento, bem como minimizar simultaneamente as distúrbios metabólicos.

Carbamoil-fosfato-sintetase I

O *N*-acetilglutamato é essencial para a atividade da carbamoil-fosfato-sintetase I (EC 6.3.4.16) (reação 1, Figura 28-16). Defeitos na carbamoil-fosfato-sintetase I são responsáveis pela doença metabólica relativamente rara (frequência estimada de 1:62.000), denominada "hiperamoniemia tipo 1".

N-Acetilglutamato-sintetase

A *N*-acetilglutamato-sintetase (NAGS) (EC 2.3.1.1), catalisa a formação de acetil-CoA e glutamato a partir de *N*-acetilglutamato, essencial para a atividade da carbamoil-fosfato-sintetase I.

L-Glutamato + acetil-CoA → *N*-acetil-L-glutamato + CoASH

Embora as manifestações clínicas e as características bioquímicas da deficiência de NAGS sejam indistinguíveis daquelas observadas em um defeito da carbamoil-fosfato-sintetase I, a deficiência de NAGS pode responder à administração de *N*-acetilglutamato.

Ornitina-permease

A síndrome de hiperornitinemia, hiperamoniemia e homocitrulinúria (**HHH**) resulta da mutação do gene *ORNT1* que codifica a ornitina-permease da membrana mitocondrial. A incapacidade de importar a ornitina citosólica para a matriz mitocondrial torna o ciclo da ureia inoperante, com consequente hiperamoniemia, e hiperornitinemia devido ao acúmulo concomitante de ornitina citosólica. Na ausência de seu aceptor normal (ornitina), o carbamoil-fosfato mitocondrial carbamoíla a lisina em homocitrulina, resultando em homocitrulinúria.

Ornitina-transcarbamoilase

A deficiência ligada ao cromossomo X, denominada "hiperamoniemia tipo 2", reflete um defeito da ornitina-transcarbamoilase (reação 2, Figura 28-16). As mães também exibem hiperamoniemia e aversão por alimentos ricos em proteína. Os níveis de glutamina estão elevados no sangue, no líquido cerebrospinal (LCS) e na urina, provavelmente em consequência da síntese aumentada de glutamina em resposta aos níveis elevados de amônia nos tecidos.

TABELA 28-1 Enzimas dos distúrbios metabólicos hereditários do ciclo da ureia

Enzimas	Número no catálogo de enzimas	Referência OMIM[a]	Figura e reação
Carbamoil-fosfato-sintetase 1	6.3.4.16	237300	28-13①
Ornitina-carbamoil-transferase	2.1.3.3	311250	28-13②
Argininossuccinato-sintetase	6.3.4.5	215700	28-13③
Argininossuccinato-liase	4.3.2.1	608310	28-13④
Arginase	3.5.3.1	608313	28-13⑤

[a] Banco de dados da Online Mendelian Inheritance in Man (OMIM): ncbi.nlm.nih.gov/omim/.

Argininossuccinato-sintetase

Além dos pacientes que carecem de atividade detectável da argininossuccinato-sintetase (reação 3, Figura 28-16), foi relatada uma elevação de 25 vezes no valor de K_m para a citrulina. Na citrulinemia resultante, os níveis de citrulina no plasma e no **LCS** estão elevados, e ocorre excreção diária de 1 a 2 g de citrulina.

Argininossuccinato-liase

A acidúria argininossuccínica, acompanhada por níveis elevados de argininossuccinato no sangue, no LCS e na urina, está associada a cabelos quebradiços, em tufos (tricorrexe nodosa). São conhecidos os tipos de início precoce e tardio. O defeito metabólico reside na argininossuccinato-liase (reação 4, Figura 28-16). O diagnóstico baseia-se na determinação da atividade da argininossuccinato-liase eritrocitária, que pode ser efetuada em amostra de sangue do cordão umbilical ou em células do líquido amniótico.

Arginase

A hiperargininemia é um defeito autossômico recessivo no gene da arginase (reação 5, Figura 28-16). Diferentemente de outros distúrbios do ciclo da ureia, os primeiros sintomas de hiperargininemia, em geral, não aparecem até os 2 a 4 anos de idade. Os níveis de arginina no sangue e no LCS estão elevados. O padrão de aminoácidos urinários, que se assemelha ao da lisinocistinúria (ver Capítulo 29), pode refletir a competição com lisina e cisteína pela arginina para reabsorção nos túbulos renais.

A análise do sangue do recém-nascido por espectrometria de massa em *tandem* pode detectar doenças metabólicas

As doenças metabólicas causadas pela ausência ou pela disfunção das enzimas metabólicas podem ser devastadoras. Entretanto, a intervenção nutricional precoce pode, em muitos casos, melhorar os efeitos adversos que, de outro modo, seriam inevitáveis. Assim, a detecção precoce dessas doenças metabólicas é de suma importância. Nos Estados Unidos, desde o estabelecimento de programas de triagem neonatal na década de 1960, todos os estados agora realizam uma triagem metabólica dos recém-nascidos. A técnica poderosa e sensível da **espectrometria de massa** (MS, do inglês *mass spectrometry*) **em** *tandem* (ver Capítulo 4) pode, em poucos minutos, detectar mais de 40 itens importantes analisados na detecção dos distúrbios metabólicos. Nos Estados Unidos, a maioria dos estados emprega a MS em *tandem* para rastreamento em recém-nascidos na detecção de distúrbios metabólicos, como acidemias orgânicas, aminoacidemias, distúrbios da oxidação dos ácidos graxos e defeitos das enzimas do ciclo da ureia. Um artigo publicado na *Clinical Chemistry* 2006 39:315 fornece uma revisão da teoria da MS em *tandem*, a sua aplicação na detecção de distúrbios metabólicos e as situações que podem produzir resultados falso-negativos, incluindo uma extensa tabela de itens analisados detectáveis e as doenças metabólicas relevantes.

Os distúrbios metabólicos podem ser corrigidos por meio de modificação dos genes ou das proteínas?

Apesar dos resultados obtidos em modelos animais, usando um vetor de adenovírus para tratamento da citrulinemia, a terapia gênica não fornece nenhuma solução efetiva para os seres humanos no momento atual. Entretanto, a modificação direta baseada em CRISPR/Cas9 de uma enzima defeituosa pode restaurar a atividade enzimática funcional de células-tronco pluripotentes humanas cultivadas.

RESUMO

- Os seres humanos degradam 1 a 2% de suas proteínas corporais diariamente, a uma taxa que varia muito entre as proteínas e com o estado fisiológico. As enzimas reguladoras essenciais frequentemente apresentam meias-vidas curtas.

- As proteínas são degradadas por vias dependentes e independentes de ATP. A ubiquitina marca muitas proteínas intracelulares para sofrer degradação. Os receptores de superfície nas células hepáticas ligam-se e internalizam as assialoglicoproteínas circulantes destinadas à degradação lisossômica.

- As proteínas poliubiquitinadas são degradadas por proteases na superfície interna de uma macromolécula cilíndrica, o proteassomo. A entrada no proteassomo é fechada por uma proteína em formato de rosca que impede a entrada de todas as proteínas, exceto as proteínas poliubiquitinadas.

- Os peixes excretam diretamente quantidades altamente tóxicas de NH_3. Os pássaros convertem NH_3 em ácido úrico. Os vertebrados superiores convertem NH_3 em ureia.

- A transaminação canaliza o nitrogênio dos aminoácidos para o glutamato. A GDH ocupa uma posição central no metabolismo do nitrogênio.

- A glutamina-sintetase converte a NH_3 em glutamina atóxica. A glutaminase libera NH_3 para uso na síntese de ureia.

- A NH_3, o CO_2 e o nitrogênio amida do aspartato fornecem os átomos da ureia.

- A síntese hepática de ureia ocorre, em parte, na matriz mitocondrial e, em parte, no citosol.

- A biossíntese da ureia é regulada por alterações dos níveis enzimáticos e pela regulação alostérica da carbamoil-fosfato-sintetase I pelo *N*-acetilglutamato.

- As doenças metabólicas estão associadas a defeitos em cada enzima do ciclo da ureia, da ornitina-permease associada à membrana e da NAGS.

- Os distúrbios metabólicos da biossíntese de ureia ilustram seis princípios gerais de todos os distúrbios metabólicos.

- A espectrometria de massa em *tandem* constitui a técnica de escolha para o rastreamento em recém-nascidos para doenças metabólicas hereditárias.

REFERÊNCIAS

Adam S, Almeida MF, Assoun M et al: Dietary management of urea cycle disorders: European practice. Mol Genet Metab 2013;110:439.

Burgard P, Kölker S, Haege G, et al. Neonatal mortality and outcome at the end of the first year of life in early onset urea cycle disorders. J Inherit Metab Dis. 2016;39:219.

Dwane L, Gallagher WM, Ni Chonghaile T, et al: The emerging role of non-traditional ubiquitination in oncogenic pathways. J Biol Chem 2017;292:3543.

Häberle J, Pauli S, Schmidt E, et al: Mild citrullinemia in caucasians is an allelic variant of argininosuccinate synthetase deficiency (citrullinemia type 1). Mol Genet Metab 2003;80:302.

Jiang YH, Beaudet AL: Human disorders of ubiquitination and proteasomal degradation. Curr Opin Pediatr 2004;16:419.

Monné M, Miniero DV, Dabbabbo L, et al: Mitochondrial transporters for ornithine and related amino acids: a review. Amino Acids 2015;9:1963.

Pal A, Young MA, Donato NJ: Emerging potential of therapeutic targeting of ubiquitin-specific proteases in the treatment of cancer. Cancer Res 2014;14:721.

Pickart CM: Mechanisms underlying ubiquitination. Annu Rev Biochem 2001;70:503.

Sylvestersen KB, Young C, Nielsen ML: Advances in characterizing ubiquitylation sites by mass spectrometry. Curr Opin Chem Biol 2013;17:49.

Waisbren SE, Gropman AL: Improving long term outcomes in urea cycle disorders. J Inherit Metab Dis 2016;39:573.

CAPÍTULO

Catabolismo dos esqueletos de carbono dos aminoácidos

29

Victor W. Rodwell, Ph.D.

OBJETIVOS

Após o estudo deste capítulo, você deve ser capaz de:

- Citar os principais catabólitos dos esqueletos de carbono dos aminoácidos proteicos e os principais destinos metabólicos desses catabólitos.
- Escrever a equação para uma reação da aminotransferase (transaminase) e ilustrar o papel desempenhado pela coenzima.
- Resumir as vias metabólicas de cada um dos aminoácidos comuns e identificar as reações associadas a distúrbios metabólicos clinicamente significativos.
- Fornecer exemplos de aminoacidúrias que surgem em decorrência de defeitos na reabsorção tubular glomerular e descrever as consequências do comprometimento da absorção intestinal de triptofano.
- Explicar por que os defeitos metabólicos em diferentes enzimas envolvidas no catabolismo de um aminoácido específico podem estar associados a sinais e sintomas clínicos semelhantes.
- Descrever as implicações do defeito metabólico na Δ^1-pirrolina-5-carboxilato--desidrogenase para o catabolismo da prolina e da 4-hidroxiprolina.
- Relatar como o nitrogênio α-amino da prolina e da lisina é removido por processos diferentes de transaminação.
- Estabelecer analogias entre as reações que participam do metabolismo dos ácidos graxos e dos aminoácidos de cadeia ramificada.
- Identificar os defeitos metabólicos específicos na hipervalinemia, na doença da urina do xarope do bordo, na cetonúria intermitente de cadeias ramificadas, na acidemia isovalérica e na acidúria metilmalônica.

IMPORTÂNCIA BIOMÉDICA

O Capítulo 28 descreveu a remoção por transaminação e o destino metabólico dos átomos de nitrogênio da maioria dos L-α-aminoácidos das proteínas. Neste capítulo, são considerados os destinos metabólicos dos esqueletos hidrocarbônicos resultantes de cada um dos aminoácidos proteicos, as enzimas e os intermediários envolvidos e várias doenças metabólicas ou "erros inatos do metabolismo" associados. A maioria dos distúrbios do catabolismo de aminoácidos é rara, mas, se esses distúrbios não forem tratados, podem levar a dano cerebral irreversível e mortalidade precoce. Portanto, a detecção pré-natal ou pós-natal imediata dos distúrbios metabólicos e o início do tratamento no momento apropriado são essenciais. A capacidade de detectar as atividades de enzimas em culturas de células do líquido amniótico facilita o diagnóstico pré-natal por amniocentese. Nos Estados Unidos, todos os estados realizam testes de triagem nos recém-nascidos para até 40 doenças metabólicas, incluindo distúrbios associados a defeitos no catabolismo de aminoácidos. Os testes de triagem mais confiáveis utilizam a espectrometria de massa em *tandem* para detectar, em algumas gotas de sangue do recém-nascido, catabólitos sugestivos de determinado defeito metabólico, com base na ausência ou redução de atividade de uma ou mais enzimas específicas.

Mutações de um gene ou de regiões reguladoras do ácido desoxirribonucleico (DNA, do inglês *deoxyribonucleic acid*) associadas podem resultar tanto em falha na síntese da enzima codificada como na síntese de uma enzima parcial ou completamente não funcional. As mutações que afetam a atividade enzimática, que comprometem a sua estrutura tridimensional ou que produzem ruptura de seus sítios catalíticos ou reguladores podem ter graves consequências metabólicas. A baixa eficiência catalítica de uma enzima mutante pode resultar do posicionamento inadequado de resíduos envolvidos na catálise ou na ligação de um substrato, coenzima ou íon metálico. As mutações também podem comprometer a capacidade de determinadas enzimas responderem apropriadamente aos sinais que modulam sua atividade, alterando a afinidade da enzima por um regulador alostérico da atividade. Tendo em vista que diferentes mutações podem produzir efeitos semelhantes sobre qualquer um dos fatores já mencionados, várias mutações podem resultar nos mesmos sinais e sintomas clínicos. Portanto, constituem doenças moleculares distintas em nível molecular. O tratamento atual dos distúrbios metabólicos dos aminoácidos consiste principalmente em dietas pobres no aminoácido cujo catabolismo está comprometido. Entretanto, a engenharia genética pode ser capaz de corrigir permanentemente um defeito metabólico específico.

OS AMINOÁCIDOS SÃO CATABOLIZADOS A INTERMEDIÁRIOS PARA A BIOSSÍNTESE DE CARBOIDRATOS E DE LIPÍDEOS

Estudos nutricionais realizados no período de 1920 a 1940, reforçados e confirmados por estudos que utilizaram aminoácidos marcados com isótopos, conduzidos de 1940 a 1950, estabeleceram a interconversão dos átomos de carbono dos lipídeos, dos carboidratos e das proteínas. Esses estudos também revelaram que todo o esqueleto de carbono de todos os aminoácidos ou parte dele é convertido em carboidratos, gorduras ou tanto gorduras quanto carboidratos (**Tabela 29-1**). A **Figura 29-1** fornece uma visão geral dos aspectos globais dessas interconversões.

TABELA 29-1 Destino dos esqueletos de carbono dos L-α-aminoácidos das proteínas

Convertidos em intermediários anfibólicos que formam		
Carboidratos (glicogênicos)	Lipídeos (cetogênicos)	Glicogênio e lipídeos (glicogênicos e cetogênicos)
Ala	Hyp	Leu	Ile
Arg	Met	Lys	Phe
Asp	Pro		Trp
Cys	Ser		Tyr
Glu	Thr		
Gly	Val		
His			

O CATABOLISMO DOS AMINOÁCIDOS É GERALMENTE INICIADO COM TRANSAMINAÇÃO

A remoção do nitrogênio α-amino por transaminação, catalisada por uma aminotransferase (uma transaminase; ver Figura 28-9), é a primeira reação catabólica da maior parte dos aminoácidos proteicos. As exceções incluem a prolina, a hidroxiprolina, a treonina e a lisina, cujos grupos α-amino não participam da transaminação. Em seguida, os esqueletos hidrocarbonados remanescentes são degradados a intermediários anfibólicos, conforme ilustrado na Figura 29-1.

A asparagina e o aspartato formam oxalacetato

Todos os quatro carbonos da asparagina e do aspartato formam **oxalacetato** por meio de reações catalisadas pela **asparaginase** (EC 3.5.1.1) e por uma **transaminase**.

Asparagina + H_2O → aspartato + NH_4^+
Aspartato + piruvato → alanina + oxalacetato

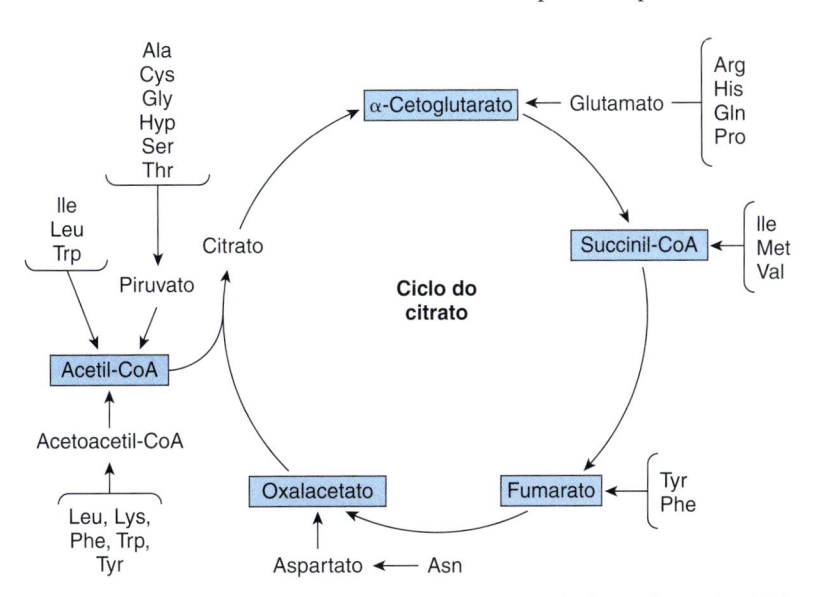

FIGURA 29-1 Visão geral dos intermediários anfibólicos que resultam do catabolismo dos aminoácidos proteicos.

A glutamina e o glutamato formam α-cetoglutarato

Reações sucessivas, catalisadas pela **glutaminase** (EC 3.5.1.2) e por uma **transaminase**, formam o **α-cetoglutarato**

Glutamina + H_2O → glutamato + NH_4^+
Glutamato + piruvato → alanina + α-cetoglutarato

Embora tanto o glutamato quanto o aspartato sejam substratos para a mesma transaminase, os defeitos metabólicos nas transaminases, que desempenham funções anfibólicas centrais, podem ser incompatíveis com a vida. Em consequência, não há nenhum defeito metabólico conhecido que seja associado a essas duas vias catabólicas curtas, que convertem a asparagina e a glutamina em intermediários anfibólicos.

Prolina

O catabolismo da prolina ocorre nas mitocôndrias. Como a prolina não participa da transaminação, o seu nitrogênio do grupo α-amino permanece retido ao longo de uma oxidação de duas fases que forma glutamato. A oxidação a Δ^1-pirrolina-5-carboxilato é catalisada pela prolina-desidrogenase (EC 1.5.5.2). A oxidação subsequente a glutamato é catalisada pela Δ^1-pirrolina-5-carboxilato-desidrogenase (também chamada de glutamato-γ-semialdeído-desidrogenase, EC 1.2.1.88) (**Figura 29-2**). Existem dois distúrbios metabólicos do catabolismo da prolina. Herdados de forma autossômica recessiva, ambos são compatíveis com uma vida adulta normal. O bloqueio metabólico na **hiperprolinemia tipo I** ocorre na **prolina-desidrogenase**. Não há nenhum comprometimento associado ao catabolismo da hidroxiprolina. O bloqueio metabólico na **hiperprolinemia tipo II** é na Δ^1-pirrolina-5-carboxilato-desidrogenase, que também participa do catabolismo da arginina, da ornitina e da hidroxiprolina (ver a seguir). Como o catabolismo da prolina e da hidroxiprolina é afetado, tanto Δ^1-pirrolina-5-carboxilato quanto Δ^1-pirrolina-3-hidroxi-5-carboxilato são excretadas (ver Figura 29-11).

Arginina e ornitina

As reações iniciais do catabolismo da arginina consistem na conversão em ornitina, seguida de transaminação da ornitina formando glutamato-γ-semialdeído (**Figura 29-3**). O catabolismo subsequente do glutamato-γ-semialdeído a **α-cetoglutarato** ocorre conforme descrito para a prolina (ver Figura 29-2). A ocorrência de mutações na **ornitina-δ-aminotransferase** (ornitina-transaminase, EC 2.6.1.13) provoca elevações dos níveis plasmáticos e urinários de ornitina e está associada à **atrofia girata da coroide e da retina**. O tratamento consiste em restrição da arginina na dieta. Na **síndrome de hiperornitinemia-hiperamoniemia**, um **transportador de ornitina-citrulina** mitocondrial defeituoso (ver Figura 28-16) compromete o transporte da ornitina nas mitocôndrias, onde participa da síntese de ureia.

Histidina

O catabolismo da histidina ocorre por meio de urocanato, 4-imidazolona-5-propionato e N-formiminoglutamato (Figlu). A transferência do grupo formimino para o tetra-hidrofolato forma glutamato e, em seguida, **α-cetoglutarato** (**Figura 29-4**). Na **deficiência de ácido fólico**, a transferência do grupo formimino está comprometida, e o Figlu é excretado. Desse modo, a excreção de Figlu após uma dose de histidina pode ser utilizada para detectar a deficiência de ácido fólico. Os distúrbios benignos do catabolismo da histidina incluem a **histidinemia** e a **acidúria urocânica** associadas ao comprometimento da **histidase** e da **urocanase**, respectivamente.

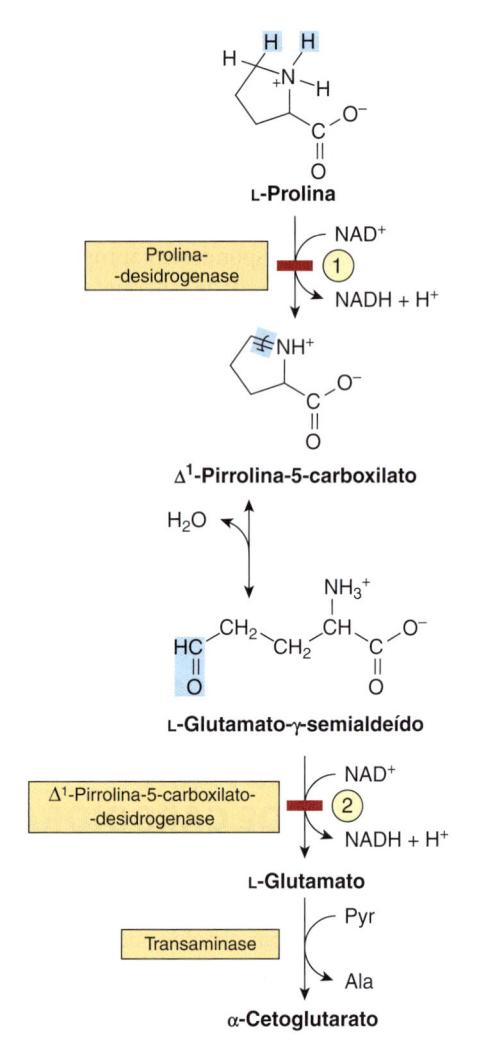

FIGURA 29-2 Catabolismo da prolina. As barras em vermelho e os números dentro dos círculos indicam o local dos defeitos metabólicos hereditários na ① hiperprolinemia tipo I e na ② hiperprolinemia tipo II. Nesta Figura e nas seguintes, a cor azul realça as porções das moléculas que sofrem alteração química.

CATABOLISMO DE GLICINA, SERINA, ALANINA, CISTEÍNA, TREONINA E 4-HIDROXIPROLINA

Glicina

O **complexo de clivagem da glicina** das mitocôndrias hepáticas degrada a glicina em CO_2 e NH_4^+ e forma N^5,N^{10}-metileno-tetra-hidrofolato.

FIGURA 29-3 Catabolismo da arginina. A clivagem da L-arginina, catalisada pela arginase, forma ureia e L-ornitina. Essa reação (barra vermelha) representa o local do defeito metabólico hereditário na hiperargininemia. A transaminação subsequente da ornitina em glutamato-γ-semialdeído é seguida de sua oxidação a α-cetoglutarato.

$$\text{Glicina} + H_4\text{folato} + NAD^+ \rightarrow CO_2 + NH_3 + 5,10\text{-}CH_2\text{-}H_4\text{folato} + NADH + H^+$$

O sistema de clivagem da glicina (**Figura 29-5**) consiste em três enzimas e uma "H-proteína" que apresenta uma fração di-hidrolipoil ligada de modo covalente. A Figura 29-5 também ilustra as reações individuais e os intermediários na clivagem da glicina. Na **hiperglicinemia não cetótica**, um erro inato raro da degradação da glicina, ocorre acúmulo de glicina em todos os tecidos do corpo, incluindo o sistema nervoso central. O distúrbio **hiperoxalúria primária** consiste na incapacidade de catabolizar o glioxilato formado pela desaminação da glicina. A oxidação subsequente do glioxilato a oxalato resulta em urolitíase, nefrocalcinose e mortalidade precoce por insuficiência renal ou hipertensão. A **glicinúria** resulta de defeito na reabsorção tubular renal.

Serina

Após a sua conversão em glicina, catalisada pela glicina-hidroximetiltransferase (EC 2.1.2.1), o catabolismo da serina funde-se com o da glicina (**Figura 29-6**).

Alanina

A transaminação da α-alanina forma piruvato. Provavelmente em virtude de seu papel central no metabolismo, não existe nenhum defeito metabólico conhecido no catabolismo da α-alanina.

Cistina e cisteína

A cistina é inicialmente reduzida a cisteína pela **cistina-redutase** (EC 1.8.1.6) (**Figura 29-7**). Em seguida, duas vias

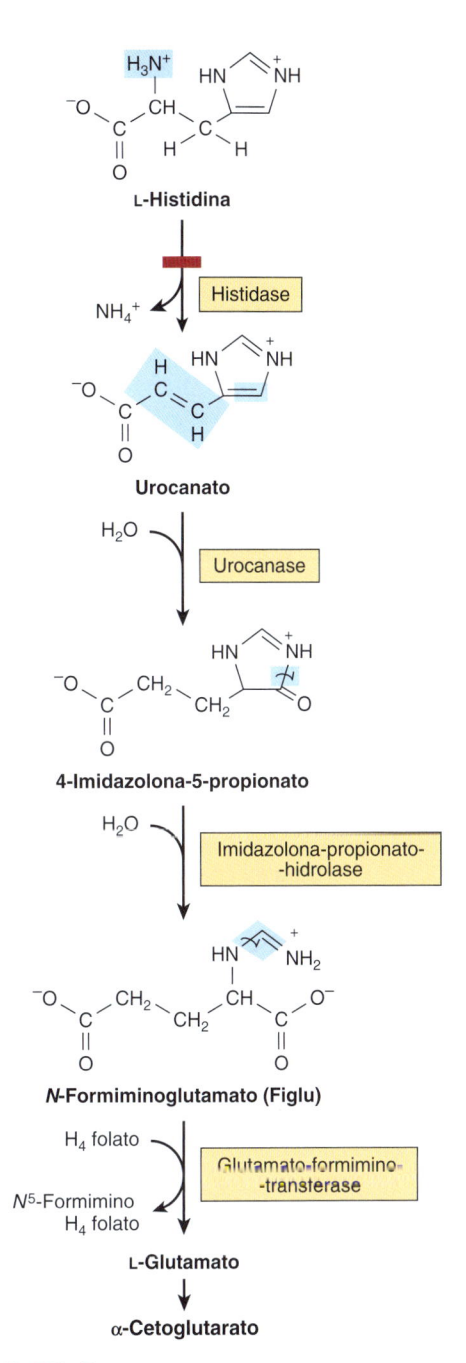

FIGURA 29-4 Catabolismo da L-histidina a α-cetoglutarato. (H_4 folato, tetra-hidrofolato.) A barra vermelha indica o local de um defeito metabólico hereditário.

diferentes convertem a cisteína em piruvato (**Figura 29-8**). Existem várias anormalidades no metabolismo da cisteína. Ocorre excreção de cistina, lisina, arginina e ornitina na **cistina-lisinúria** (**cistinúria**), um defeito na reabsorção renal desses aminoácidos. Com exceção dos cálculos de cistina, a cistinúria é benigna. O dissulfeto misto da L-cisteína e da L-homocisteína (**Figura 29-9**), que é excretado por pacientes com cistinúria, é mais solúvel do que a cistina e diminui a formação de cálculos de cistina.

Vários defeitos metabólicos resultam em **homocistinúria** responsiva ou não responsiva à vitamina B_6. Entre esses

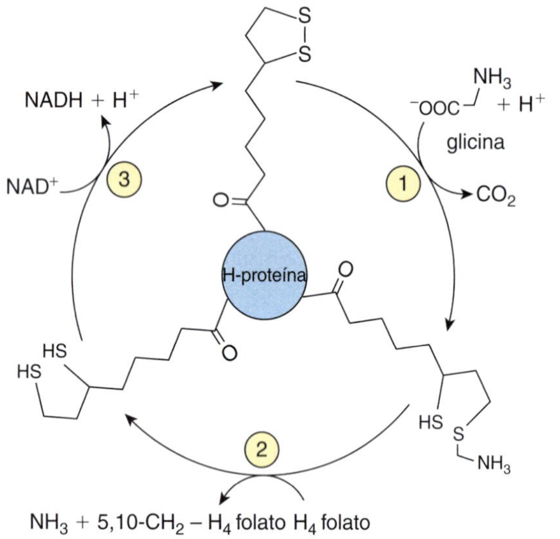

FIGURA 29-5 Sistema de clivagem da glicina das mitocôndrias hepáticas. O complexo de clivagem da glicina consiste em três enzimas e uma "H-proteína" que apresenta di-hidrolipoato ligado de modo covalente. Os catalisadores das reações numeradas são ① glicina-desidrogenase (descarboxilação), ② uma aminometiltransferase formadora de amônia e ③ di-hidrolipoamida-desidrogenase. (H_4 folato, tetra-hidrofolato.)

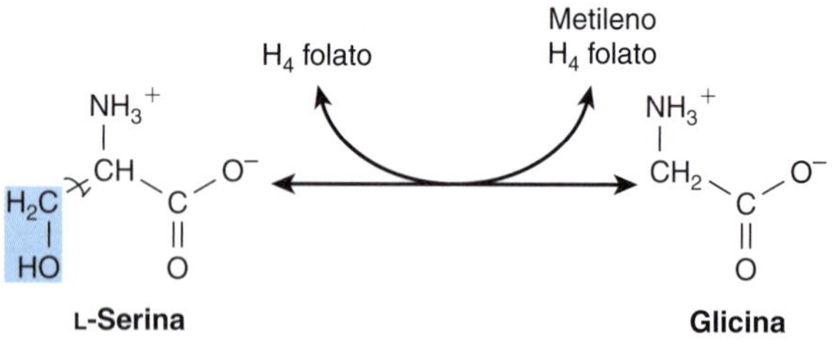

FIGURA 29-6 Interconversão da serina e da glicina pela glicina-hidroximetiltransferase. (H_4 folato, tetra-hidrofolato.)

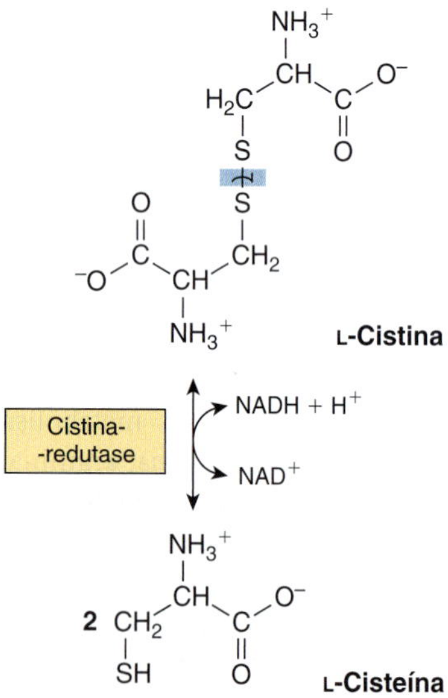

FIGURA 29-7 Redução da cistina a cisteína pela cistina-redutase.

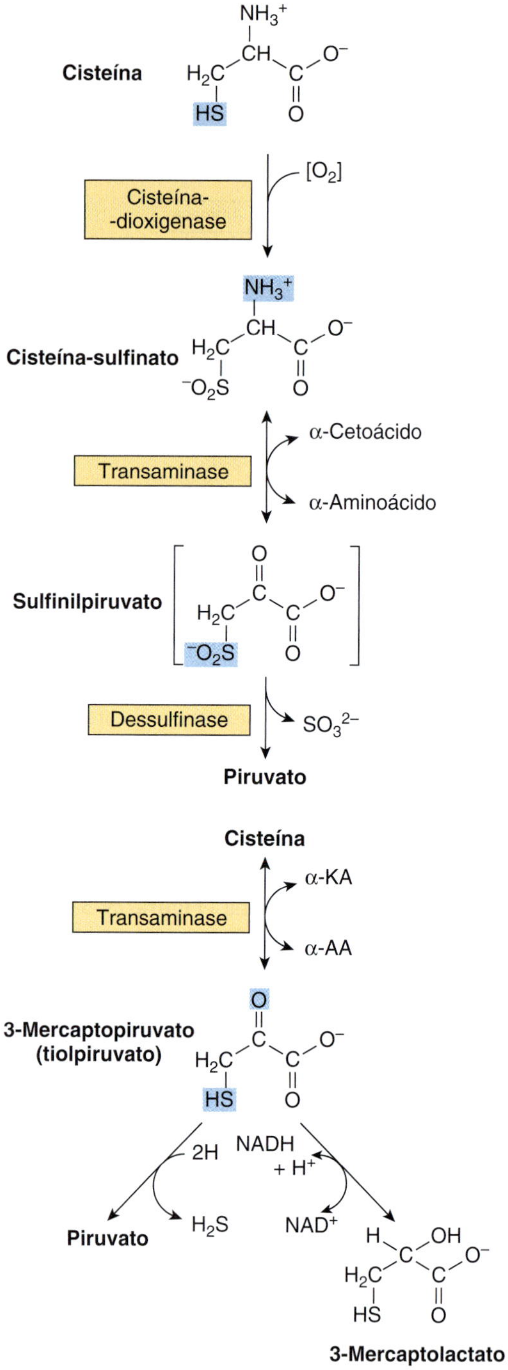

FIGURA 29-8 Duas vias catabolizam a cisteína: a via da cisteína-sulfinato (*parte superior*) e a via do 3-mercaptopiruvato (*parte inferior*).

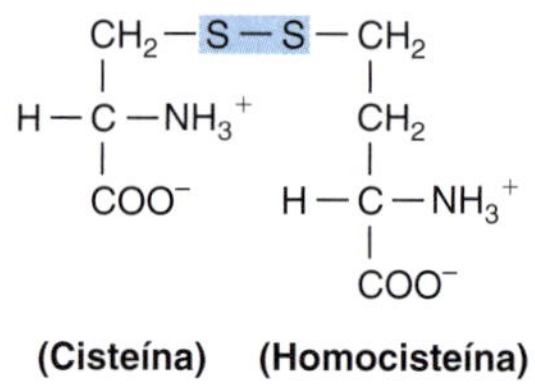

FIGURA 29-9 Estrutura do dissulfeto misto de cisteína e homocisteína.

defeitos, encontra-se a deficiência na reação catalisada pela cistationina-β-sintase (EC 4.2.1.22):

Serina + homocisteína → cistationina + H₂O

As consequências incluem osteoporose e deficiência intelectual. O transporte deficiente da cistina mediado por carreador resulta em **cistinose** (**doença de armazenamento de cistina**) com depósito de cristais de cistina nos tecidos e mortalidade precoce por insuficiência renal aguda. Dados epidemiológicos e outras informações associam os níveis plasmáticos de homocisteína a risco cardiovascular, mas o papel da homocisteína como causa de risco cardiovascular permanece controverso.

Treonina

A treonina-aldolase (EC 4.1.2.5) cliva a treonina a glicina e acetaldeído. O catabolismo da glicina já foi discutido. A oxidação do acetaldeído a acetato é seguida de formação de acetil-CoA (**Figura 29-10**).

4-Hidroxiprolina

O catabolismo de 4-hidroxi-L-prolina forma, sucessivamente, L-Δ¹-pirrolina-3-hidroxi-5-carboxilato, γ-hidroxi-L-glutamato-γ-semialdeído, eritro-γ-hidroxi-L-glutamato e α-ceto-γ-hidroxiglutarato. Em seguida, uma clivagem do tipo aldol forma glioxilato e piruvato (**Figura 29-11**). Um defeito na

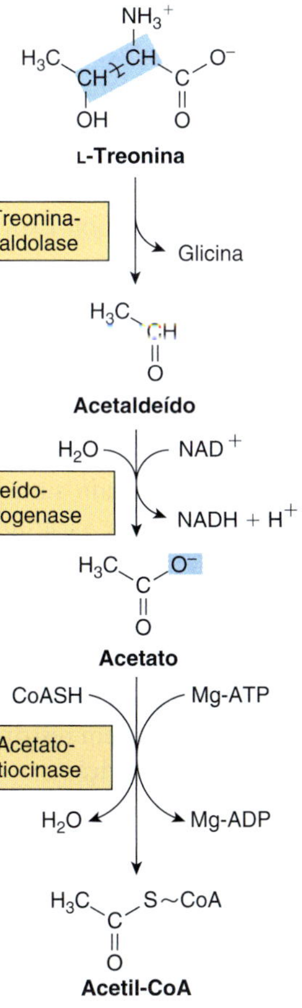

FIGURA 29-10 Intermediários na conversão da treonina em glicina e acetil-CoA.

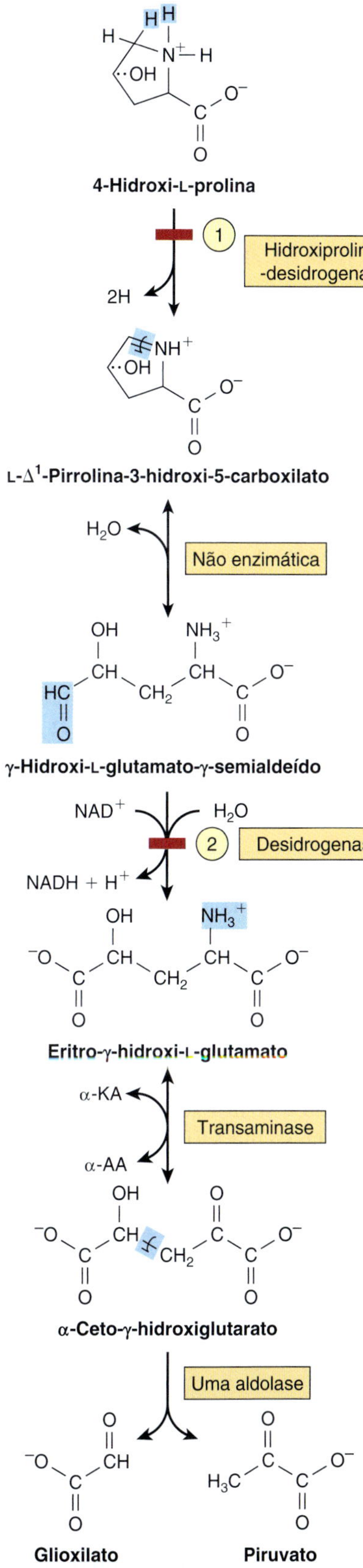

FIGURA 29-11 Intermediários no catabolismo da hidroxiprolina. (α-AA, α-aminoácido; α-KA, α-cetoácido.) As barras vermelhas indicam os sítios dos defeitos metabólicos hereditários na ① hiper-hidroxiprolinemia e na ② hiperprolinemia tipo II.

4-hidroxiprolina-desidrogenase resulta em **hiper-hidroxiprolinemia**, que é benigna. Não existe nenhum comprometimento associado ao catabolismo da prolina. Um defeito na **glutamato-γ-semialdeído-desidrogenase** é acompanhado pela excreção de Δ^1-pirrolina-3-hidroxi-5-carboxilato.

AMINOÁCIDOS ADICIONAIS QUE FORMAM ACETIL-CoA

Tirosina

A **Figura 29-12** ilustra os intermediários e as enzimas que participam do catabolismo da tirosina a intermediários anfibólicos. Após a transaminação da tirosina para formar *p*-hidroxifenilpiruvato, reações sucessivas formam homogentisato, maleilacetoacetato, fumarilacetoacetato, fumarato, acetacetato e, por fim, acetil-CoA e acetato.

Vários distúrbios metabólicos estão associados à via do catabolismo da tirosina. O provável defeito metabólico da **tirosinemia tipo I (tirosinose)** envolve a **fumarilacetoacetato-hidrolase** (EC 3.7.1.12) (reação 4, Figura 29-12). O tratamento consiste em dieta com baixo teor de tirosina e fenilalanina. Sem tratamento, a tirosinose aguda e crônica leva à morte por insuficiência hepática. Metabólitos alternativos da tirosina também são excretados na **tirosinemia tipo II (síndrome de Richner-Hanhart)**, um defeito na **tirosina-aminotransferase** (reação 1, Figura 29-12), e na **tirosinemia neonatal**, devido à redução na atividade da *p*-hidroxifenilpiruvato-hidroxilase (EC 1.13.11.27) (reação 2, Figura 29-12). O tratamento consiste em dieta com baixo teor de proteínas.

O defeito metabólico na **alcaptonúria** é uma disfunção da **homogentisato-oxidase** (EC 1.13.11.5), a enzima que catalisa a reação 3 da Figura 29-12. A urina escurece quando exposta ao ar devido à oxidação do homogentisato excretado. Nos estágios avançados da doença, ocorrem artrite e pigmentação do tecido conectivo (ocronose) em consequência da oxidação do homogentisato a benzoquinona acetato, que sofre polimerização e se liga ao tecido conectivo. Descrita pela primeira vez no século XVI, com base na observação de que a urina escurecia quando exposta ao ar, a alcaptonúria forneceu a base para as ideias clássicas de Sir Archibald Garrod, no início do século XX, sobre os distúrbios metabólicos hereditários. Com base na presença de ocronose e evidências químicas, o primeiro caso conhecido de alcaptonúria foi detectado em 1977, em uma múmia egípcia datando de 1500 a.C.

Fenilalanina

A fenilalanina é inicialmente convertida em tirosina (ver Figura 27-12). As reações subsequentes são as mesmas envolvidas no metabolismo da tirosina (Figura 29-12). As **hiperfenilalaninemias** surgem em decorrência de defeitos na fenilalanina-hidroxilase (EC 1.14.16.1) (**fenilcetonúria [PKU] clássica tipo I**, com frequência de 1 a cada 10 mil nascimentos), na di-hidrobiopterina-redutase (**tipos II e III**) ou na biossíntese de di-hidrobiopterina (**tipos IV e V**) (ver Figura 27-12). Catabólitos alternativos são excretados (**Figura 29-13**). Uma dieta com baixo teor de fenilalanina pode evitar a ocorrência de deficiência intelectual da PKU.

As sondas de DNA facilitam o diagnóstico pré-natal de defeitos da fenilalanina-hidroxilase ou da di-hidrobiopterina-redutase. A fenilalanina elevada no sangue pode não ser detectável até 3 a 4 dias após o parto. Nos lactentes prematuros, os resultados falso-positivos podem refletir maturação tardia das enzimas envolvidas no catabolismo da fenilalanina. Um teste de triagem mais antigo e menos confiável emprega o $FeCl_3$ para detectar o fenilpiruvato na urina. A triagem com $FeCl_3$ para PKU na urina de recém-nascidos é obrigatória em muitos países, porém nos Estados Unidos foi suplantada, em grande parte, pela espectrometria de massa em *tandem*.

Lisina

A remoção do ε-nitrogênio da lisina ocorre por meio da formação inicial de **sacaropina** e reações subsequentes, que também liberam α-nitrogênio. O produto final do esqueleto carbônico é a crotonil-CoA. Os números dentro de círculos referem-se às reações correspondentes numeradas na **Figura 29-14**. As reações 1 e 2 convertem a base de Schiff formada entre o α-cetoglutarato e o grupo ε-amino da lisina em L-α-aminoadipato-δ-semialdeído. As reações 1 e 2 são catalisadas por uma única enzima bifuncional, a aminoadipato-semialdeído-sintase (EC 1.5.1.8), cujos domínios *N* e *C*-terminal contêm as atividades lisina-α-cetoglutarato-redutase e sacaropina-desidrogenase, respectivamente. A redução do L-α-aminoadipato-δ-semialdeído a L-α-aminoadipato (reação 3) é seguida pela transaminação a α-cetoadipato (reação 4). A conversão a tioéster-glutaril-CoA (reação 5) é seguida pela descarboxilação de glutaril-CoA a crotonil-CoA (reação 6). A redução da crotonil-CoA pela crotonil-CoA-redutase (EC 1.3.1.86), forma butanoil-CoA:

Crotonil-CoA + NADPH + H$^+$- → butanoil-CoA + NADP$^+$

As reações subsequentes são as do catabolismo de ácidos graxos (ver Capítulo 22).

A hiperlisinemia pode resultar do defeito metabólico tanto na primeira quanto na segunda atividade da enzima bifuncional aminoadipato-δ-semialdeído-sintase, mas isso é acompanhado por níveis elevados de sacaropina no sangue apenas se o defeito envolver a segunda atividade. Um defeito metabólico na reação 6 resulta em doença metabólica hereditária associada à degeneração estriatal e cortical; caracteriza-se por concentrações elevadas de glutarato e seus metabólitos, glutaconato e 3-hidroxiglutarato. O desafio no tratamento desses defeitos metabólicos consiste em restringir a ingesta alimentar de L-lisina sem causar desnutrição.

Triptofano

O triptofano é degradado em intermediários anfibólicos por meio da via quinurenina-antranilato (**Figura 29-15**). A **triptofano-2,3-dioxigenase** (EC 1.13.11.11) (**triptofano-pirrolase**), abre o anel indol, incorpora o oxigênio molecular e forma *N*-formilquinurenina. A triptofano-oxigenase, uma metaloproteína de ferro-porfirina induzível no fígado pelos

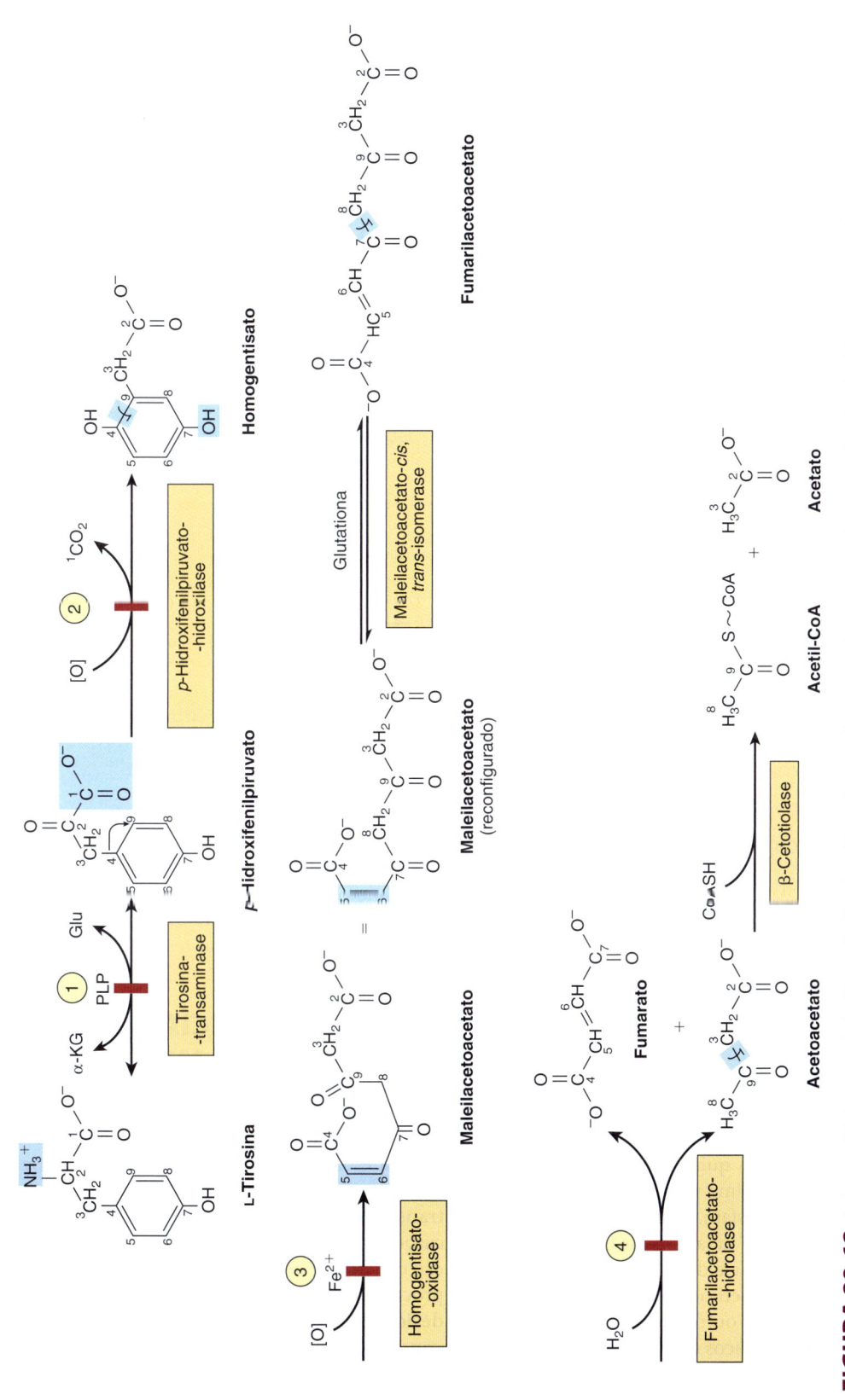

FIGURA 29-12 Intermediários no catabolismo da tirosina. Os carbonos são numerados para ressaltar o seu destino final. (α-KG, α-cetoglutarato; Glu, glutamato; PLP, piridoxal-fosfato.) As barras vermelhas indicam os prováveis locais dos defeitos metabólicos hereditários na tirosinemia tipo II; ① na alcaptonúria; e ② na tirosinemia tipo I, ou tirosinose. ③ alcaptonúria; e ④ tirosinemia tipo I ou tirosinose.

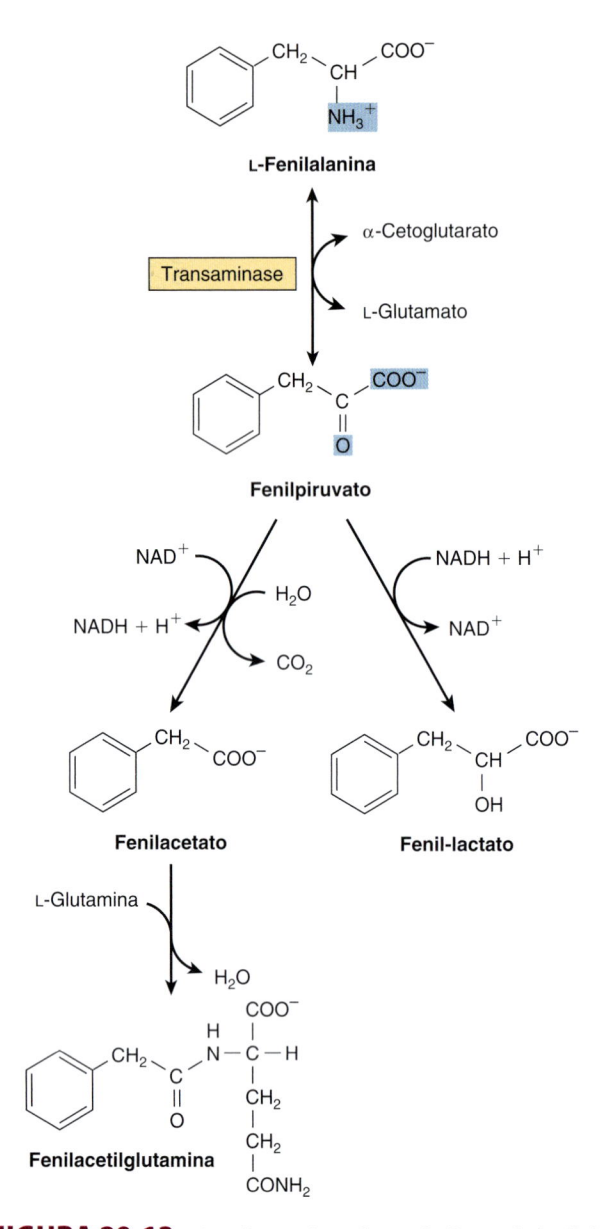

FIGURA 29-13 Vias alternativas do catabolismo da fenilalanina na fenilcetonúria. As reações também ocorrem no tecido hepático normal, porém têm pouco significado.

FIGURA 29-14 Reações e intermediários do catabolismo da lisina.

Metionina

A metionina reage com trifosfato de adenosina (ATP, do inglês *adenosine triphosphate*), formando S-adenosilmetionina, a "metionina ativa" (**Figura 29-17**). As reações subsequentes formam propionil-CoA (**Figura 29-18**), cuja conversão em succinil-CoA ocorre por meio das reações 2, 3 e 4 da Figura 19-2.

AS REAÇÕES INICIAIS SÃO COMUNS PARA OS TRÊS AMINOÁCIDOS DE CADEIA RAMIFICADA

As primeiras três reações do catabolismo da isoleucina, da leucina e da valina (**Figura 29-19**) são análogas às reações do catabolismo dos ácidos graxos (ver Figura 22-3). Após transaminação (Figura 29-19, reação 1), os esqueletos de carbono dos α-cetoácidos resultantes sofrem descarboxilação oxidativa e conversão em tioésteres de coenzima A. Esse processo em múltiplas etapas é catalisado pelo **complexo da desidrogenase de α-cetoácidos de cadeia ramificada mitocondrial**, cujos componentes são funcionalmente idênticos aos do complexo piruvato-desidrogenase (PDH) (ver Figura 18-5). À semelhança da PDH, o complexo da desidrogenase dos α-cetoácidos de cadeia ramificada consiste em cinco componentes.

corticosteroides suprarrenais e pelo triptofano, é inibida por retroalimentação pelos derivados do ácido nicotínico, incluindo NADPH. A remoção hidrolítica do grupo formil da *N*-formilquinurenina, catalisada pela **quinurenina-formilase** (EC 3.5.1.9), produz quinurenina. Uma vez que a **quinureninase** (EC 3.7.1.3) requer piridoxal-fosfato, a excreção de xanturenato (**Figura 29-16**) em resposta a uma carga de triptofano confirma o diagnóstico de deficiência de vitamina B$_6$. A **doença de Hartnup** reflete o comprometimento do transporte intestinal e renal do triptofano e de outros aminoácidos neutros. São excretados derivados indólicos do triptofano não absorvidos, formados pelas bactérias intestinais. O defeito limita a disponibilidade de triptofano para a biossíntese de niacina e é responsável pelos sinais e sintomas semelhantes aos da pelagra.

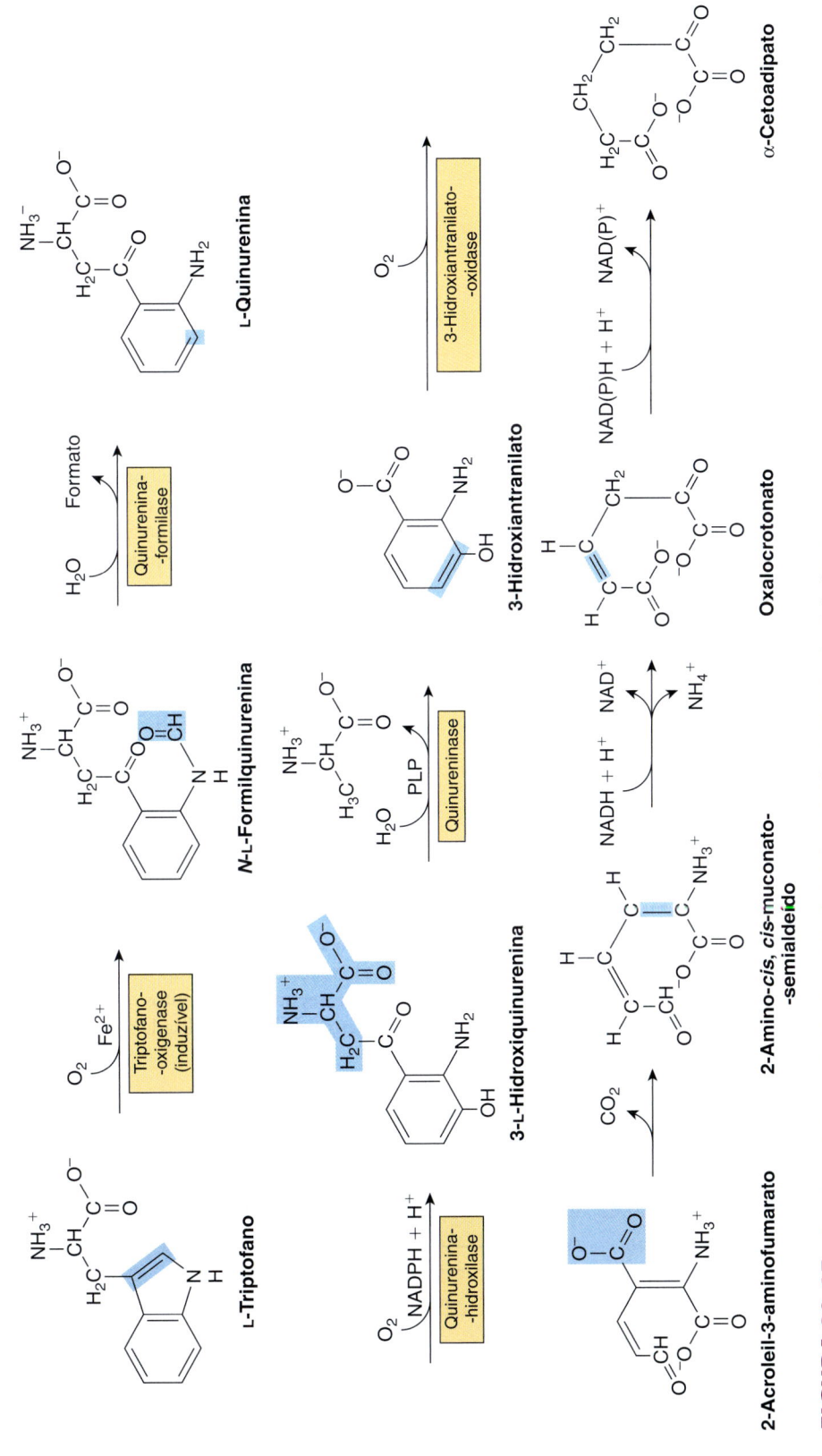

FIGURA 29-15 Reações e intermediários do catabolismo do triptofano. (PLP, piridoxal-fosfato.)

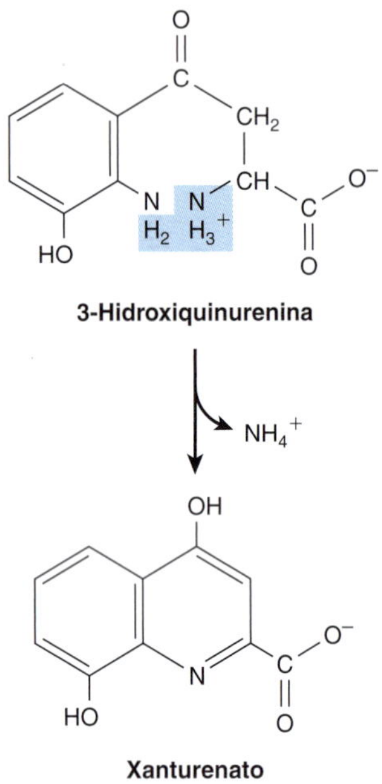

FIGURA 29-16 **Formação do xanturenato na deficiência de vitamina B$_6$.** A conversão do metabólito do triptofano, a 3-hidroxiquinurenina, em 3-hidroxiantranilato está comprometida (ver Figura 29-15). Em consequência, uma grande fração é convertida a xanturenato.

E1: descarboxilase dos α-cetoácidos de cadeia ramificada dependente de tiamina-pirofosfato (TPP)

E2: di-hidrolipoil-transacilase (contém lipoamida)

E3: di-hidrolipoamida-desidrogenase (contém FAD)

Proteína-cinase

Proteína-fosfatase

À semelhança da piruvato-desidrogenase, a proteína-cinase e a proteína-fosfatase regulam a atividade do complexo da desidrogenase dos α-cetoácidos de cadeia ramificada via fosforilação (inativação) e desfosforilação (ativação).

A desidrogenação dos tioésteres de coenzima A resultantes (reação 3, Figura 29-19) prossegue como a desidrogenação dos tioésteres de acil-CoA graxo derivados de lipídeos (ver Capítulo 22). As reações subsequentes, exclusivas para o esqueleto de cada aminoácido, são apresentadas nas **Figuras 29-20**, **29-21** e **29-22**.

DISTÚRBIOS METABÓLICOS DO CATABOLISMO DE AMINOÁCIDOS DE CADEIA RAMIFICADA

Como o próprio nome indica, o odor da urina na **doença da urina do xarope do bordo** (**cetonúria de cadeia ramificada**, ou **MSUD** [do inglês *maple syrup urine disease*]) sugere ser o mesmo do xarope do bordo ou de açúcar queimado. O defeito bioquímico na MSUD envolve o **complexo da α-cetoácido-descarboxilase** (reação 2, Figura 29-19). Os níveis plasmáticos e urinários de leucina, isoleucina, valina e seus α-cetoácidos e α-hidroxiácidos (α-cetoácidos reduzidos) estão elevados, porém os cetoácidos urinários provêm principalmente da leucina. Os sinais e sintomas da MSUD frequentemente consistem em cetoacidose fatal, distúrbios neurológicos, deficiência mental e odor da urina semelhante ao xarope do bordo. O mecanismo da toxicidade não é conhecido. O diagnóstico precoce estabelecido por análise enzimática é essencial para evitar lesão cerebral e mortalidade precoce, mediante substituição de proteínas alimentares por uma mistura de aminoácidos sem leucina, isoleucina e valina.

A genética molecular da MSUD é heterogênea. A MSUD pode resultar de mutações nos genes que codificam E1α, E1β, E2 e E3. Com base no *locus* afetado, são reconhecidos subtipos genéticos de MSUD. A MSUD tipo IA decorre de mutações no gene *E1α*; o tipo IB, no gene *E1β*; o tipo II, no gene *E2*; e o tipo III, no gene *E3* (**Tabela 29-2**). Na **cetonúria intermitente de cadeias ramificadas**, a α-cetoácido-descarboxilase conserva alguma atividade, e os sintomas aparecem posteriormente durante a vida. Na **acidemia isovalérica**, a ingestão de alimentos ricos em proteínas aumenta os níveis de isovalerato, o produto de desacilação da isovaleril-CoA. A enzima acometida na **acidemia isovalérica** é a **isovaleril-CoA-desidrogenase** (EC 1.3.8.4) (reação 3, Figura 29-19). A ingestão de proteína em excesso é seguida de vômitos, acidose e coma. A isovaleril-CoA acumulada é hidrolisada a isovalerato e excretada.

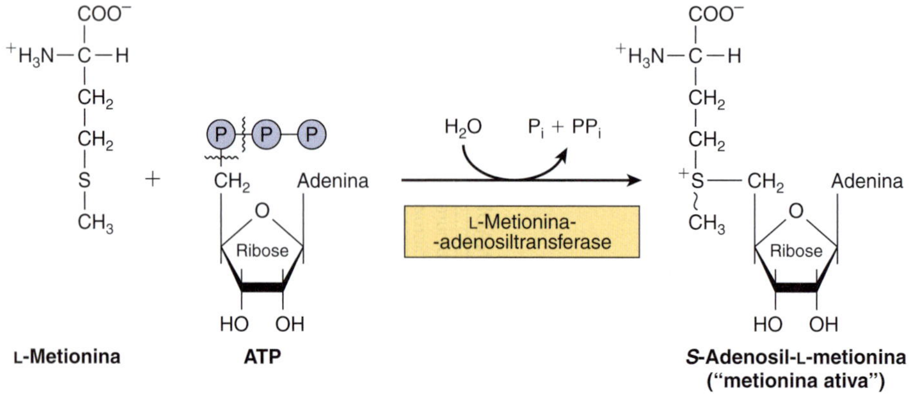

FIGURA 29-17 **Formação da S-adenosilmetionina.** ~CH$_3$ representa o grupo de alto potencial de transferência da "metionina ativa". (ATP, trifosfato de adenosina; P$_i$, fosfato inorgânico; PP$_i$, pirofosfato inorgânico.)

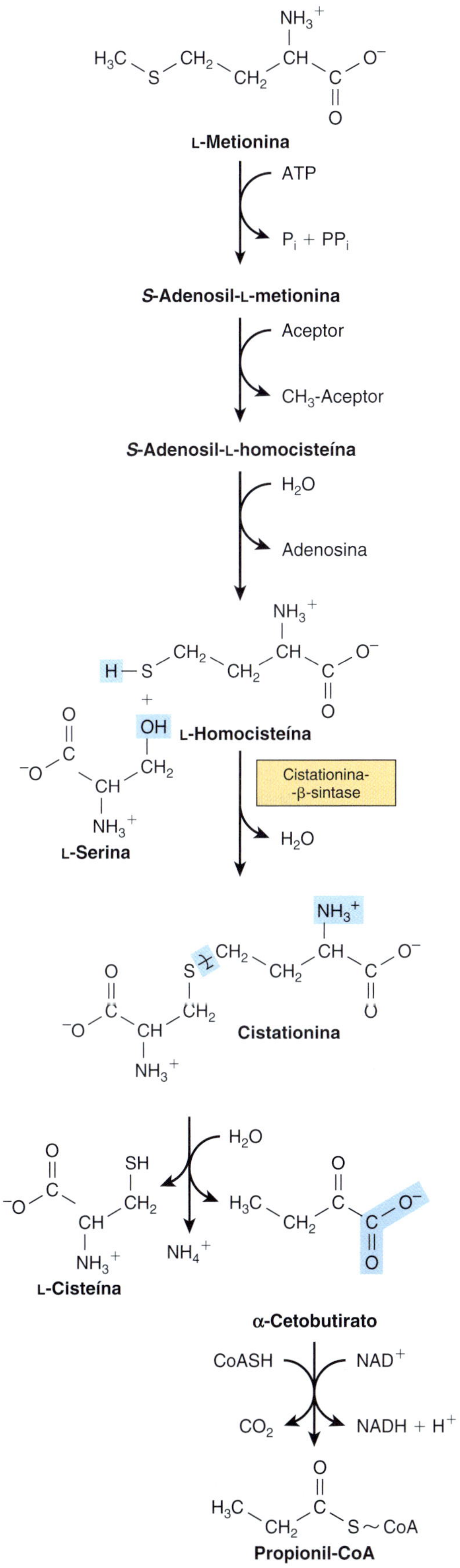

FIGURA 29-18 **Conversão da metionina em propionil-CoA.** (ATP, trifosfato de adenosina; P_i, fosfato inorgânico; PP_i, pirofosfato inorgânico.)

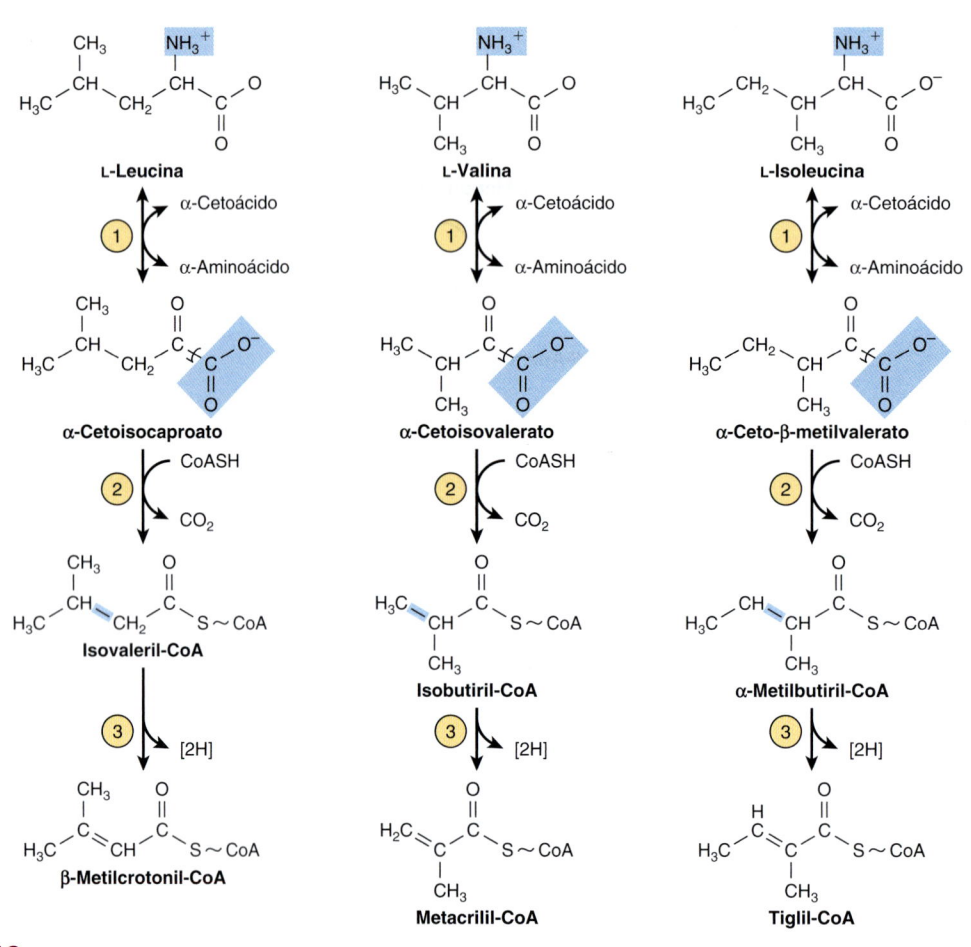

FIGURA 29-19 **As primeiras três reações no catabolismo da leucina, da valina e da isoleucina.** Observe a analogia das reações 2 e 3 com as reações do catabolismo dos ácidos graxos (ver Figura 22-3). A analogia com o catabolismo dos ácidos graxos continua, como mostram as figuras seguintes.

FIGURA 29-20 **Catabolismo da β-metilcrotonil-CoA formada a partir da L-leucina.** Os asteriscos indicam átomos de carbono derivados do CO_2.

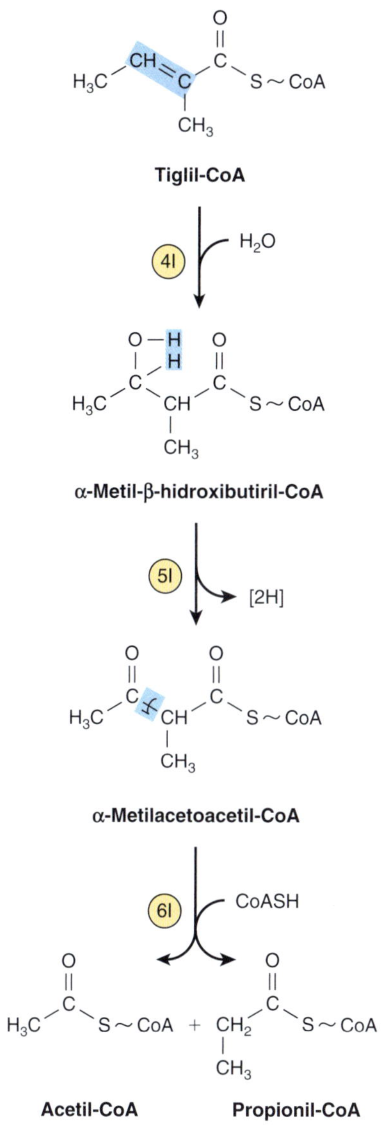

FIGURA 29-21 Catabolismo subsequente da tiglil-CoA formada a partir da L-isoleucina.

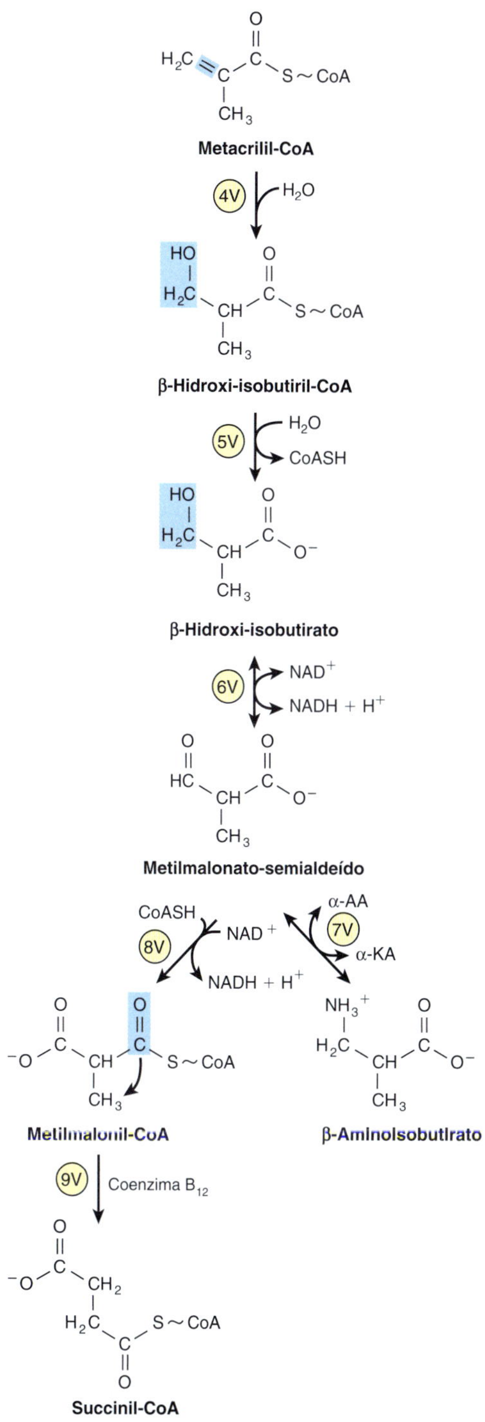

TABELA 29-2 A doença da urina do xarope do bordo pode refletir o comprometimento da função de vários componentes do complexo da α-cetoácido-descarboxilase

Componente do complexo da α-cetoácido-descarboxilase de cadeias ramificadas		Referência OMIM[a]	Doença da urina do xarope do bordo
E1α	α-Cetoácido-descarboxilase	608348	Tipo 1A
E1β	α-Cetoácido-descarboxilase	248611	Tipo 1B
E2	Di-hidrolipoil-transacilase	608770	Tipo II
E3	Di-hidrolipoamida-desidrogenase	238331	Tipo III

[a] Banco de dados da Online Mendelian Inheritance in Man (OMIM): ncbi.nlm.nih.gov/omim/.

FIGURA 29-22 Catabolismo subsequente da metacrilil-CoA formada a partir da L-valina (ver Figura 29-19). (α-AA, α-aminoácido; α-KA, α-cetoácido.)

A **Tabela 29-3** fornece um resumo dos distúrbios metabólicos associados ao catabolismo de aminoácidos, incluindo a enzima afetada, o seu número no catálogo de enzimas (EC) da International Union of Biochemistry and Molecular Biology (IUBMB), uma referência cruzada para uma Figura específica, a reação numerada nesse texto e um *link* numérico no banco de dados da *Online Mendelian Inheritance in Man* (**OMIM**).

TABELA 29-3 Doenças metabólicas do metabolismo dos aminoácidos

Enzima deficiente	Número no catálogo de enzimas	Referência OMIM[a]	Principais sinais e sintomas	Figura e reação
S-Adenosil-homocisteína-hidrolase	3.3.1.1	180960	Hipermetioninemia	29-18 ③
Arginase	3.5.3.1	207800	Argininemia	29-3 ①
Cistationina-β-sintase	4.2.1.22	236200	Homocistinúria	29-18 ④
Fumarilacetoacetato-hidrolase	3.7.1.12	276700	Tirosinemia tipo I (tirosinose)	29-12 ④
Histidina-amônia-liase (histidase)	4.3.1.3	609457	Histidinemia e acidemia urocânica	29-4 ①
Homogentisato-oxidase	1.13.11.5	607474	Alcaptonúria. Excreção de homogentizado	29-12 ③
p-Hidroxifenilpiruvato-hidroxilase	1.13.11.27	276710	Tirosinemia neonatal	29-12 ③
Isovaleril-CoA-desidrogenase	1.3.8.4	607036	Acidemia isovalérica	29-19 ③
Complexo da α-cetoácido-descarboxilase de cadeias ramificadas		248600	Cetonúria de cadeias ramificadas (MSUD)	29-19 ①
Metionina-adenosiltransferase	2.5.1.6	250850	Hipermetioninemia	29-17 ①
Ornitina-δ-aminotransferase	2.6.1.13	258870	Ornitemia, atrofia girata	29-3 ②
Fenilalanina-hidroxilase	1.14.16.1	261600	Fenilcetonúria tipo I (clássica)	27-9 ①
Prolina-desidrogenase	1.5.5.2	606810	Hiperprolinemia tipo I	29-2 ①
Δ¹-Pirrolina-5-carboxilato-desidrogenase	1.2.1.88	606811	Hiperprolinemia tipo II e hiper-4-hidroxiprolinemia	29-2 ②
Sacaropina-desidrogenase	1.5.1.7	268700	Sacaropinúria	29-14 ②
Tirosina-aminotransferase	2.6.1.5	613018	Tirosinemia tipo II	29-12 ①

[a] Banco de dados da Online Mendelian Inheritance in Man (OMIM): ncbi.nlm.nih.gov/omim/.

RESUMO

- Os aminoácidos em excesso são catabolizados a intermediários anfibólicos, que atuam como fontes de energia ou para a biossíntese de carboidratos e lipídeos.

- A transaminação é a reação inicial mais comum no catabolismo dos aminoácidos. As reações subsequentes removem qualquer nitrogênio adicional e reestruturam os esqueletos hidrocarbonados para conversão em oxalacetato, α-cetoglutarato, piruvato e acetil-CoA.

- As doenças metabólicas associadas ao catabolismo da glicina incluem a glicinúria e a hiperoxalúria primária.

- Duas vias distintas convertem a cisteína em piruvato. Os distúrbios metabólicos do catabolismo da cisteína incluem cistina-lisinúria, doença de armazenamento de cistina e as homocistinúrias.

- O catabolismo da treonina mistura-se com o da glicina após a clivagem da treonina pela treonina-aldolase, formando glicina e acetaldeído.

- Após a transaminação, o esqueleto de carbono da tirosina é degradado a fumarato e acetoacetato. As doenças metabólicas do catabolismo da tirosina incluem a tirosinose, a síndrome de Richner-Hanhart, a tirosinemia neonatal e a alcaptonúria.

- Os distúrbios metabólicos do catabolismo da fenilalanina incluem a PKU e várias hiperfenilalaninemias.

- Nenhum nitrogênio da lisina participa da transaminação. Entretanto, o mesmo efeito final é obtido pela formação intermediária de sacaropina. As doenças metabólicas do catabolismo da lisina incluem as formas periódica e persistente de hiperlisinemia-amonemia.

- O catabolismo da leucina, da valina e da isoleucina apresenta muitas analogias com o catabolismo dos ácidos graxos. Os distúrbios metabólicos do catabolismo dos aminoácidos de cadeia ramificada incluem a hipervalinemia, a doença da urina do xarope do bordo, a cetonúria intermitente de cadeia ramificada, a acidemia isovalérica e a acidúria metilmalônica.

REFERÊNCIAS

Bliksrud YT, Brodtkorb E, Andresen PA, et al: Tyrosinemia type I, de novo mutation in liver tissue suppressing an inborn splicing defect. J Mol Med 2005;83:406.

Dobrowolski SF, Pey AL, Koch R, et al: Biochemical characterization of mutant phenylalanine hydroxylase enzymes and correlation with clinical presentation in hyperphenylalaninaemic patients. J Inherit Metab Dis 2009;32:10.

Garg U, Dasouki M: Expanded newborn screening of inherited metabolic disorders by tandem mass spectrometry. Clinical and laboratory aspects. Clin Biochem 2006;39:315.

Geng J, Liu A: Heme-dependent dioxygenases in tryptophan oxidation. Arch Biochem Biophys 2014;44:18.

Heldt K, Schwahn B, Marquardt I, et al: Diagnosis of maple syrup urine disease by newborn screening allows early intervention without extraneous detoxification. Mol Genet Metab 2005;84:313.

Houten SM, Te Brinke H, Denis S, et al: Genetic basis of hyperlysinemia. Orphanet J Rare Dis 2013;8:57.

Lamp J, Keyser B, Koeller DM, et al: Glutaric aciduria type 1 metabolites impair the succinate transport from astrocytic to neuronal cells. J Biol Chem 2011;286:17-777.

Mayr JA, Feichtinger RG, Tort F, et al: Lipoic acid biosynthesis defects. J Inherit Metab Dis 2014;37:553.

Nagao M, Tanaka T, Furujo M: Spectrum of mutations associated with methionine adenosyltransferase I/III deficiency among individuals identified during newborn screening in Japan. Mol Genet Metab 2013;110:460.

Stenn FF, Milgram JW, Lee SL, et al: Biochemical identification of homogentisic acid pigment in an ochronotic Egyptian mummy. Science 1977;197:566.

Tondo M, Calpena E, Arriola G, et al: Clinical, biochemical, molecular and therapeutic aspects of 2 new cases of 2-aminoadipic semialdehyde synthase deficiency. Mol Genet Metab 2013;110:231.

Conversão dos aminoácidos em produtos especializados

C A P Í T U L O 30

Victor W. Rodwell, Ph.D.

OBJETIVOS

Após o estudo deste capítulo, você deve ser capaz de:

- Citar exemplos da participação dos aminoácidos em uma variedade de processos de biossíntese, além da síntese de proteínas.
- Delinear como a arginina participa da biossíntese da creatina, do óxido nítrico (NO), da putrescina, da espermina e da espermidina.
- Indicar a contribuição da cisteína e da β-alanina para a estrutura da coenzima A.
- Discutir o papel exercido pela glicina no catabolismo e na excreção de fármacos.
- Descrever, de modo sucinto, o papel da glicina na biossíntese do heme, das purinas, da creatina e da sarcosina.
- Identificar a reação que converte um aminoácido no neurotransmissor histamina.
- Descrever o papel da S-adenosilmetionina no metabolismo.
- Reconhecer as estruturas dos metabólitos do triptofano: serotonina, melatonina, triptamina e indol-3-acetato.
- Descrever como a tirosina dá origem à norepinefrina e à epinefrina.
- Ilustrar os papéis essenciais da peptidil-serina, da treonina e da tirosina na regulação metabólica e nas vias de transdução de sinais.
- Delinear as funções da glicina, da arginina e da S-adenosilmetionina na biossíntese da creatina.
- Explicar o papel da creatina-fosfato na homeostasia energética.
- Descrever a formação do γ-aminobutirato (GABA) e dos distúrbios metabólicos raros associados a defeitos no catabolismo do GABA.

IMPORTÂNCIA BIOMÉDICA

Certas proteínas contêm aminoácidos que foram modificados após o processo de tradução, para permitir que atuem em funções específicas. Entre os exemplos, destacam-se a carboxilação do glutamato, para formar γ-carboxiglutamato, que atua na ligação de Ca^{2+}, a hidroxilação da prolina, para incorporação na tripla-hélice do colágeno, e a hidroxilação da lisina em 5-hidroxilisina, cuja modificação subsequente e ligação cruzada estabilizam as fibras de colágeno em processo de maturação. Além de servirem como blocos de construção para a síntese de proteínas, os aminoácidos atuam como precursores de materiais biológicos diversos e importantes, como o heme, as purinas, as pirimidinas, os hormônios, os neurotransmissores e os peptídeos biologicamente ativos. A histamina desempenha um papel central em muitas reações alérgicas. Os neurotransmissores derivados de aminoácidos incluem o γ-aminobutirato (GABA), a 5-hidroxitriptamina (serotonina), a dopamina, a norepinefrina e a epinefrina. Muitos fármacos utilizados no tratamento de distúrbios neurológicos e transtornos psiquiátricos atuam alterando o metabolismo desses neurotransmissores. A seguir, são discutidos o metabolismo e as funções metabólicas de α-aminoácidos e não α-aminoácidos selecionados.

L-α-AMINOÁCIDOS

Alanina

A alanina atua como carreador de amônia e dos carbonos do piruvato do músculo esquelético para o fígado por meio do ciclo

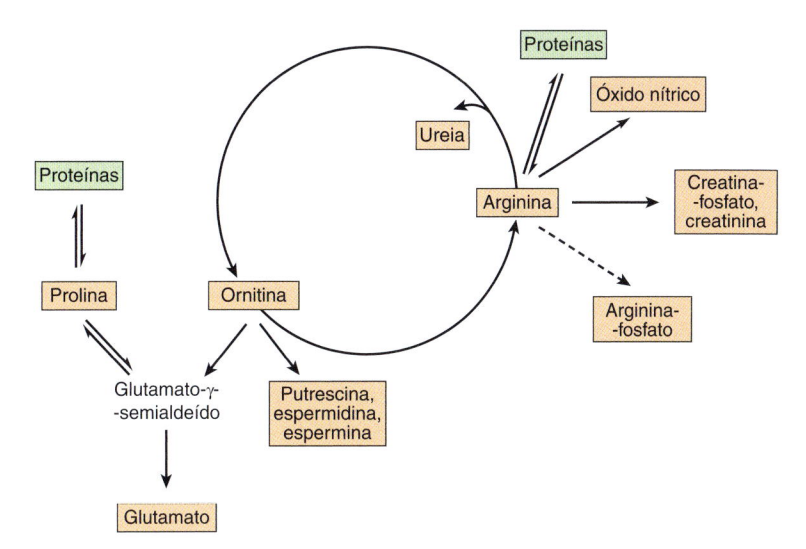

FIGURA 30-1 **Metabolismo da arginina, da ornitina e da prolina.** Todas as reações com setas de traço contínuo ocorrem nos tecidos dos mamíferos. A síntese de putrescina e de espermina ocorre tanto em mamíferos quanto em bactérias. A arginina-fosfato do músculo dos invertebrados funciona como análogo fosfagênico da creatina-fosfato do músculo dos mamíferos.

de Cori (ver Capítulos 19 e 28) e, junto com a glicina, constitui uma importante fração dos aminoácidos livres no plasma.

Arginina

A **Figura 30-1** resume os destinos metabólicos da arginina. Além de atuar como carreador de átomos de nitrogênio na biossíntese da ureia (ver Figura 28-16), o grupo guanidino da arginina é incorporado na creatina e, após conversão em ornitina, o seu esqueleto de carbono passa a constituir o esqueleto das poliaminas putrescina e espermina (ver a seguir).

A reação, catalisada pela óxido nítrico-sintase (EC 1.14.13.39) (**Figura 30-2**), uma oxidorredutase de cinco elétrons com múltiplos cofatores, converte um nitrogênio do grupo guanidino da arginina em L-ornitina e óxido nítrico, uma molécula de sinalização intercelular, que atua como neurotransmissor, como relaxante do músculo liso e como vasodilatador (ver Capítulo 51).

Cisteína

A cisteína participa da biossíntese da coenzima A (ver Capítulo 44) por meio de sua reação com o pantotenato, com formação de 4-fosfopantotenoil-cisteína. A taurina, formada a partir da cisteína, pode deslocar a fração coenzima A da colil-CoA para formar o ácido biliar ácido taurocólico (ver Capítulo 26). A conversão da cisteína em taurina envolve a catálise pela enzima contendo Fe^{2+} não heme, a cisteína-dioxigenase (EC 1.13.11.20), pela sulfinoalanina-descarboxilase (EC 4.1.1.29) e hipotaurina-desidrogenase (EC 1.8.1.3) (**Figura 30-3**).

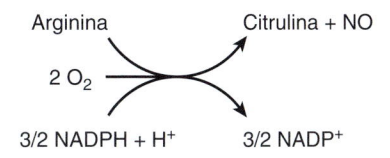

FIGURA 30-2 **Reação catalisada pela óxido nítrico-sintase.**

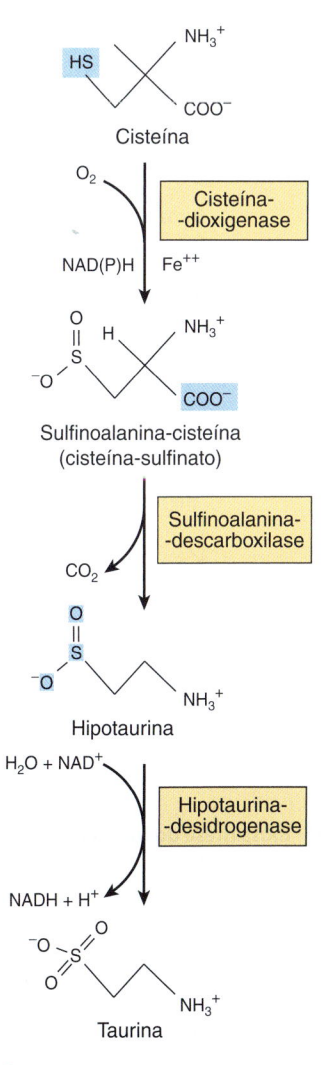

FIGURA 30-3 **Conversão da cisteína em taurina.** As reações são catalisadas pela cisteína-dioxigenase, pela cisteína-sulfinato-descarboxilase e pela hipotaurina-descarboxilase, respectivamente.

Glicina

Muitos metabólitos relativamente apolares são convertidos em conjugados de glicina hidrossolúveis. Um exemplo é o ácido hipurínico, formado a partir do aditivo alimentar benzoato (**Figura 30-4**). Muitos fármacos, metabólitos de fármacos e outros compostos com grupos carboxila são conjugados com glicina. Isso os torna mais hidrossolúveis e, consequente, facilita a sua excreção na urina.

A glicina é incorporada à creatina, e o nitrogênio e o α-carbono da glicina são incorporados nos anéis pirrólicos e nos carbonos da ligação metileno do heme (ver Capítulo 31), e toda a molécula de glicina passa a constituir os átomos 4, 5 e 7 das purinas (ver Figura 33-1).

Histidina

A descarboxilação da histidina à histamina é catalisada pela enzima dependente de piridoxal-5′-fosfato, a histidina-descarboxilase (EC 4.1.1.22) (**Figura 30-5**). A histamina, uma amina biogênica que atua em reações alérgicas e na secreção gástrica, é encontrada em todos os tecidos. A sua concentração no hipotálamo varia de acordo com o ritmo circadiano.

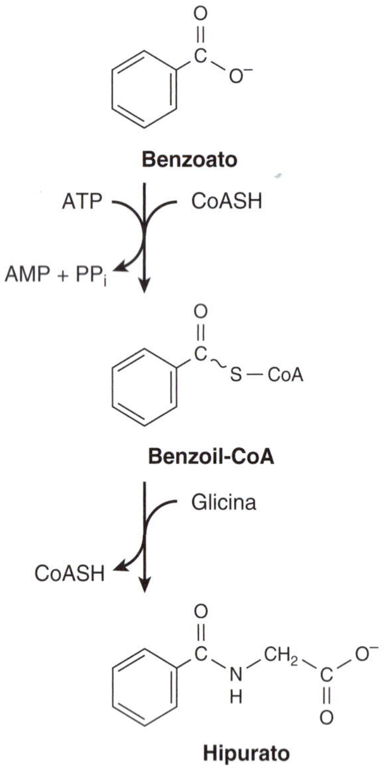

Compostos de histidina presentes no corpo humano incluem a carnosina e os derivados da dieta ergotioneína e anserina (**Figura 30-6**). A carnosina (β-alanil-histidina) e a homocarnosina (γ-aminobutiril-histidina) constituem os principais constituintes dos tecidos excitáveis, do encéfalo e do músculo esquelético. Os níveis urinários de 3-metil-histidina estão acentuadamente baixos em pacientes com **doença de Wilson**.

Metionina

O principal destino não proteico da metionina consiste em sua conversão em S-adenosilmetionina, a principal fonte de grupamentos metila no corpo. A biossíntese de S-adenosilmetionina a partir de metionina e trifosfato de adenosina (ATP, do inglês *adenosine triphosphate*) é catalisada pela metionina-adenosiltransferase (MAT) (EC 2.5.1.6) (**Figura 30-7**). Os tecidos humanos contêm três isoenzimas de MAT: MAT-1 e MAT-3 no fígado, e MAT-2 nos tecidos extra-hepáticos. Embora uma acentuada redução da atividade hepática da MAT-1 e da MAT-3 possa resultar em **hipermetioninemia**, se houver atividade residual da MAT-1 ou da MAT-3 e a atividade da MAT-2 estiver normal, uma alta concentração tecidual de metionina assegurará a síntese de quantidades adequadas de S-adenosilmetionina.

FIGURA 30-4 Biossíntese do hipurato. Ocorrem reações análogas com muitos fármacos ácidos e catabólitos (AMP, monofosfato de adenosina; ATP, trifosfato de adenosina; PP$_i$, pirofosfato inorgânico.)

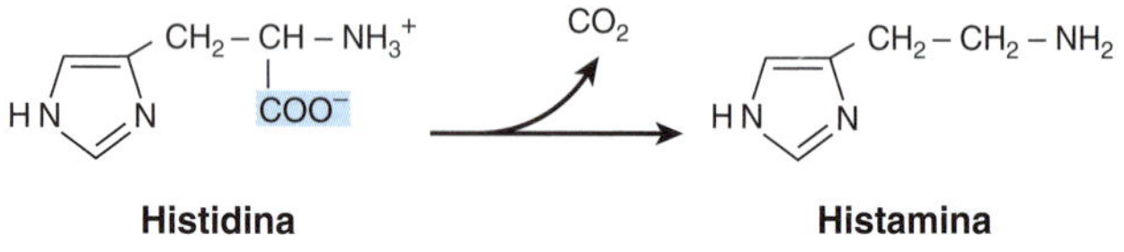

FIGURA 30-5 Reação catalisada pela histidina-descarboxilase.

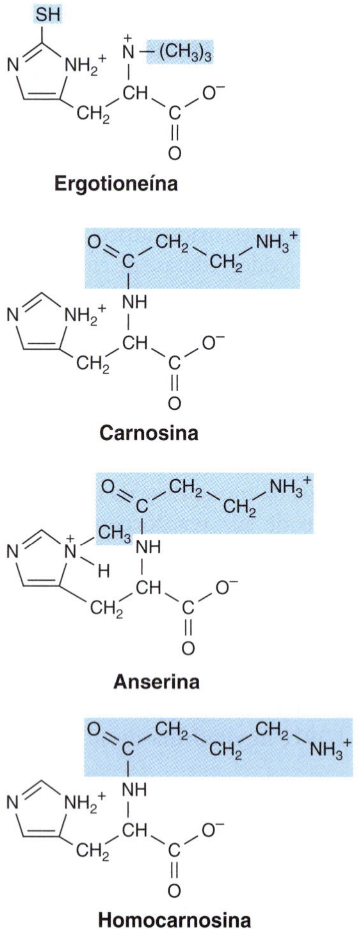

FIGURA 30-6 Derivados da histidina. Os quadros coloridos contêm os componentes não derivados da histidina. O grupo SH da ergotioneína deriva da cisteína.

FIGURA 30-7 Biossíntese da S-adenosilmetionina, catalisada pela metionina-adenosiltransferase.

Após descarboxilação da S-adenosilmetionina pela metionina-descarboxilase (EC 4.1.1.57), três carbonos e o grupo α-amino da metionina contribuem para a biossíntese das poliaminas, a **espermina** e a **espermidina**. Essas poliaminas atuam na proliferação e no crescimento celular, são fatores de crescimento para células de mamíferos em cultura e estabilizam células intactas, organelas subcelulares e membranas. As poliaminas em doses farmacológicas são hipotérmicas e hipotensoras. Como elas carregam múltiplas cargas positivas, as poliaminas associam-se prontamente ao ácido desoxirribonucleico (DNA, do inglês *deoxyribonucleic acid*) e ao ácido ribonucleico (RNA, do inglês *ribonucleic acid*). A **Figura 30-8** fornece um resumo da biossíntese das poliaminas a partir da metionina e da ornitina, e a **Figura 30-9** apresenta o catabolismo das poliaminas.

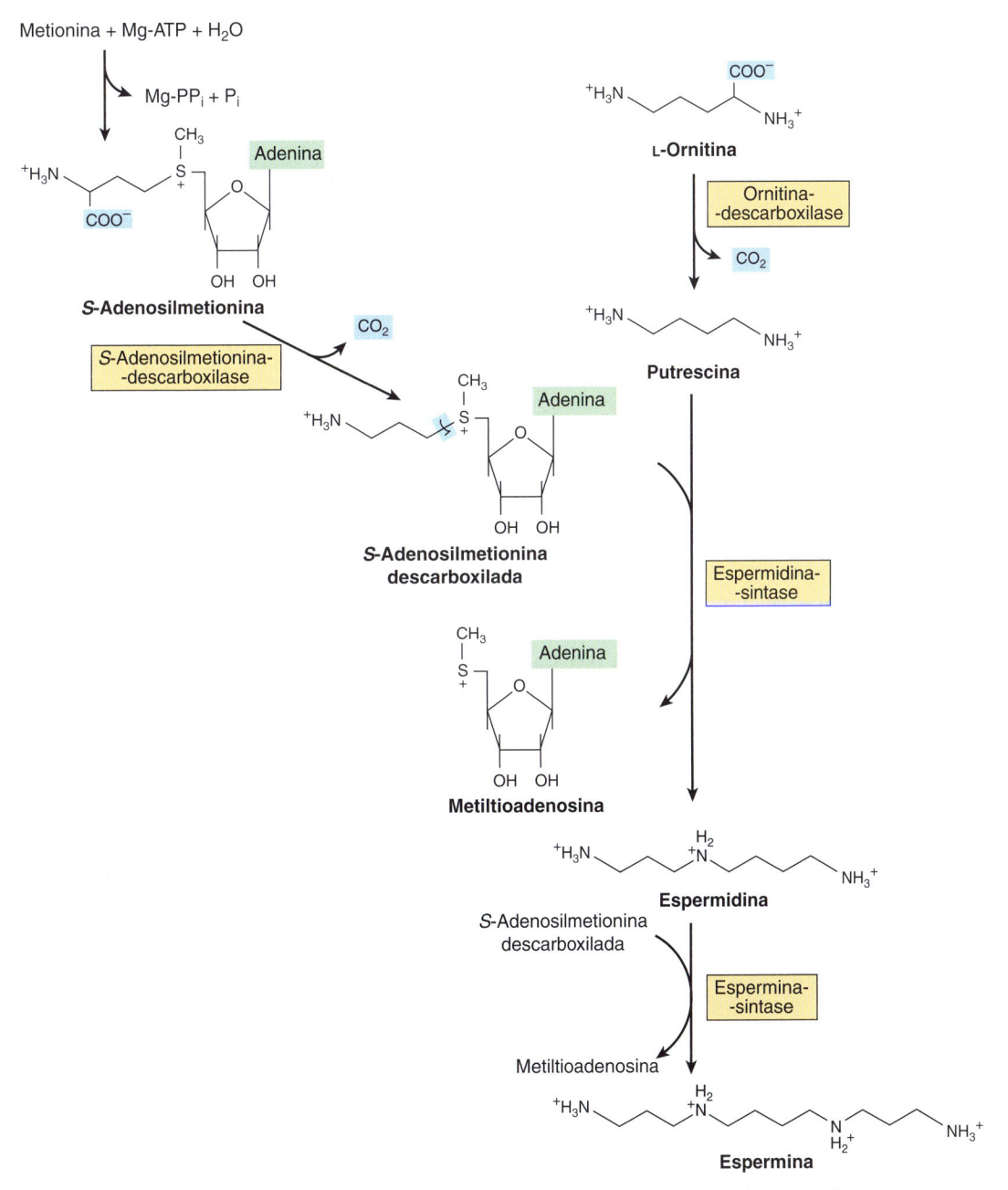

FIGURA 30-8 Intermediários e enzimas que participam da biossíntese da espermidina e da espermina.

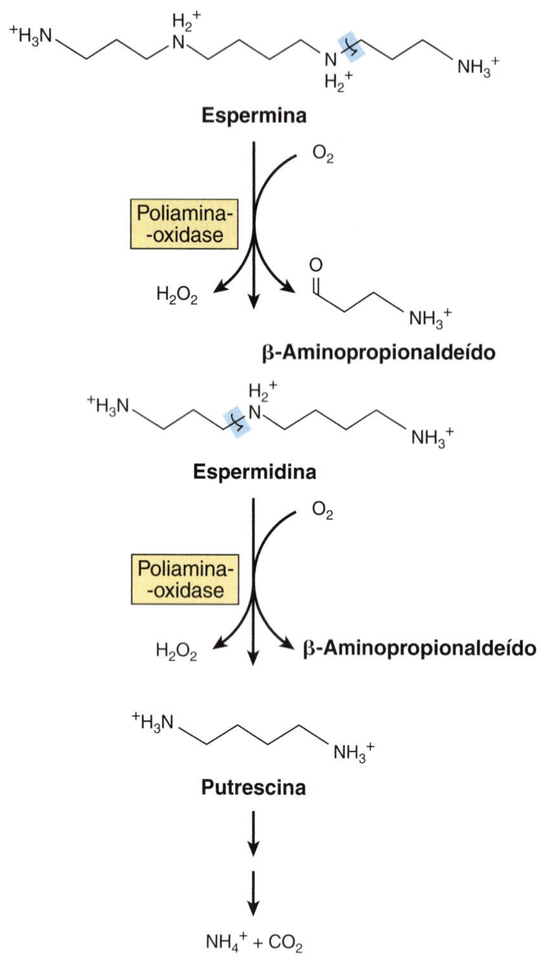

FIGURA 30-9 Catabolismo das poliaminas.

Serina

A serina participa da biossíntese da esfingosina (ver Capítulo 24), bem como de purinas e pirimidinas, fornecendo os carbonos 2 e 8 das purinas e o grupo metil da timina (ver Capítulo 33). Os defeitos genéticos na cistationina-β-sintase (EC 4.2.1.22),

$$\text{Serina} + \text{homocisteína} \rightarrow \text{cistationina} + H_2O$$

uma hemeproteína, que catalisa a condensação dependente de piridoxal-5′-fosfato da serina com a homocisteína para formar a cistationina, resultam em **homocistinúria**. Por fim, a serina (mas não a cisteína) atua como precursor da peptidil-selenocisteína (ver Capítulo 27).

Triptofano

Após a hidroxilação de triptofano a 5-hidroxitriptofano pela triptofano-hidroxilase hepática (EC 1.14.16.4), a descarboxilação subsequente forma serotonina (5-hidroxitriptamina), um vasoconstritor potente e estimulador da contração dos músculos lisos. O catabolismo de serotonina é iniciado pela desaminação a 5-hidroxindol-3-acetato, uma reação catalisada pela monoaminoxidase (EC 1.4.3.4) (**Figura 30-10**). A estimulação psíquica que ocorre após a administração de iproniazida resulta de sua capacidade de prolongar a ação da serotonina por meio da inibição da monoaminoxidase. No carcinoide (argentafinoma), as células tumorais produzem serotonina em excesso. Os metabólitos urinários da serotonina em pacientes com carcinoide incluem o glicuronídeo de *N*-acetilserotonina e o conjugado de glicina do 5-hidroxindolacetato. A serotonina e a 5-metoxitriptamina são metabolizadas aos ácidos correspondentes pela monoaminoxidase. A *N*-acetilação da serotonina, seguida de sua *O*-metilação na glândula pineal, forma a melatonina. A melatonina circulante é captada por todos os tecidos, incluindo o encéfalo, porém é rapidamente metabolizada por hidroxilação, seguida de conjugação com sulfato ou com ácido glicurônico. O tecido renal, o tecido hepático e as bactérias fecais convertem o triptofano em triptamina e, a seguir, em indol-3-acetato. Os principais catabólitos normais do triptofano são o 5-hidroxindolacetato e o indol-3-acetato (Figura 30-10).

Tirosina

As células neurais convertem a tirosina em epinefrina e norepinefrina (**Figura 30-11**). Embora a dopa também seja um intermediário na formação da melanina, a tirosina é hidroxilada por diferentes enzimas nos melanócitos. A DOPA-descarboxilase (EC 4.1.1.28), uma enzima dependente de piridoxal-fosfato, forma dopamina. A hidroxilação subsequente, catalisada pela dopamina-β-oxidase (EC 1.14.17.1), forma norepinefrina. Na medula da glândula suprarrenal, a feniletanolamina-*N*-metiltransferase (EC 2.1.1.28) utiliza S-adenosilmetionina para metilar a amina primária de norepinefrina, formando epinefrina (Figura 30-11). A tirosina também é um precursor da tri-iodotironina e da tiroxina (ver Capítulo 41).

Fosfosserina, fosfotreonina e fosfotirosina

A fosforilação e a desfosforilação de resíduos específicos de seril, treonil ou tirosil de proteínas regulam a atividade de certas enzimas do metabolismo dos lipídeos e dos carboidratos, bem como de proteínas que participam de cascatas de transdução de sinais (ver Capítulo 42).

Sarcosina (*N*-metilglicina)

A biossíntese e o catabolismo da sarcosina (*N*-metilglicina) ocorrem nas mitocôndrias. A formação de sarcosina a partir de dimetilglicina é catalisada pela flavoproteína dimetilglicina-desidrogenase (EC 1.5.8.4), que requer pteroilpentaglutamato reduzido (TPG).

$$\text{Dimetilglicina} + FADH_2 + H_4TPG + H_2O \rightarrow \text{sarcosina} + N\text{-formil-TPG}$$

Traços de sarcosina também podem surgir pela metilação da glicina, uma reação catalisada pela glicina-*N*-metiltransferase (EC 2.1.1.20).

$$\text{Glicina} + S\text{-adenosilmetionina} \rightarrow \text{sarcosina} + S\text{-adenosil-homocisteína}$$

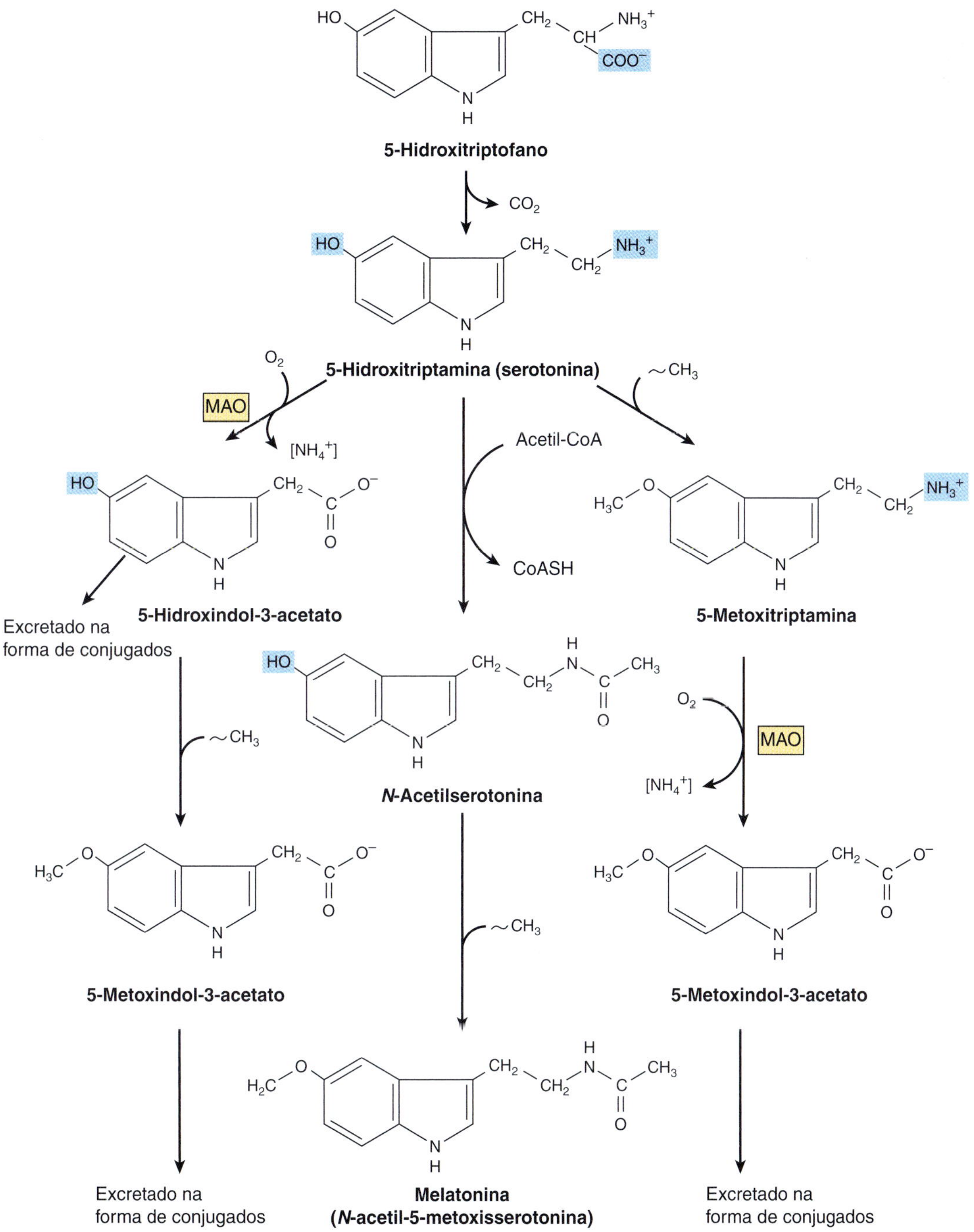

FIGURA 30-10 **Biossíntese e metabolismo da serotonina e da melatonina.** ([NH$_4^+$], por transaminação; MAO, monoaminoxidase; ~CH$_3$, proveniente da S-adenosilmetionina.)

O catabolismo de sarcosina a glicina, catalisado pela flavoproteína sarcosina-desidrogenase (EC 1.5.8.3), também requer pteroilpentaglutamato reduzido.

Sarcosina + FAD + H$_4$TPG + H$_2$O → glicina + FADH$_2$ + N-formil-TPG

As reações de desmetilação que formam e degradam a sarcosina representam importantes fontes de unidades de um carbono. O FADH$_2$ é reoxidado por meio da cadeia de transporte de elétrons (ver Capítulo 13).

Creatina e creatinina

A creatinina é formada nos músculos a partir da creatina-fosfato por desidratação não enzimática irreversível e perda de fosfato (**Figura 30-12**). Considerando que a excreção urinária diária de creatinina é proporcional à massa muscular, ela fornece uma medida de quando uma amostra completa de urina de 24 horas foi coletada. A glicina, a arginina e a metionina participam da biossíntese de creatina. A síntese da creatina é concluída pela metilação do guanidinoacetato pela S-adenosilmetionina (Figura 30-12).

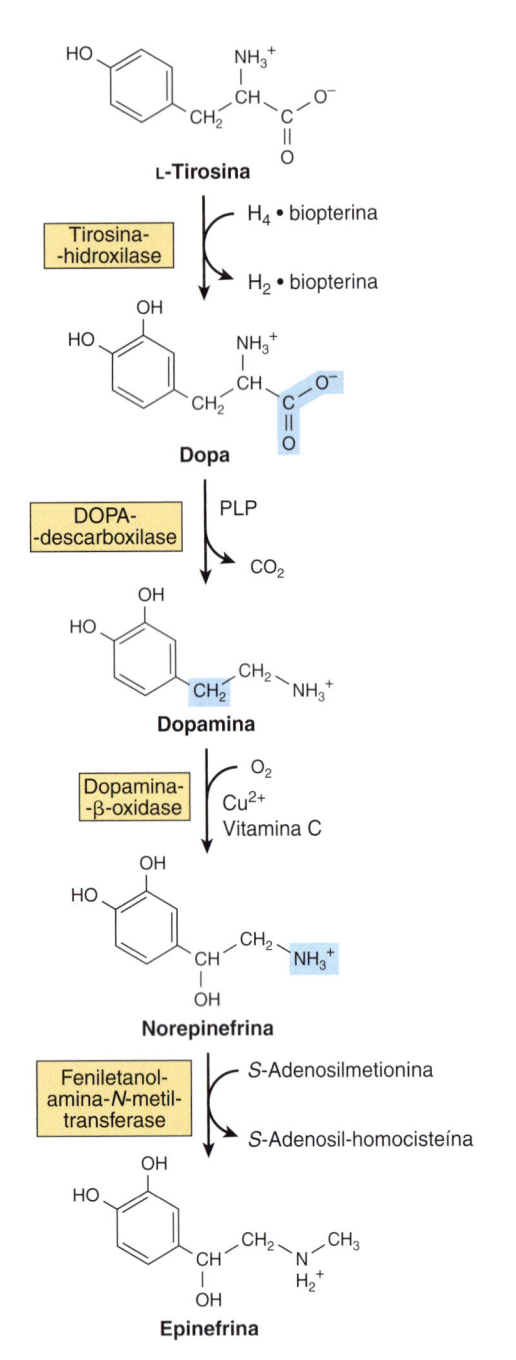

FIGURA 30-11 Conversão da tirosina em epinefrina e norepinefrina nas células neuronais e suprarrenais. (PLP, piridoxal-fosfato.)

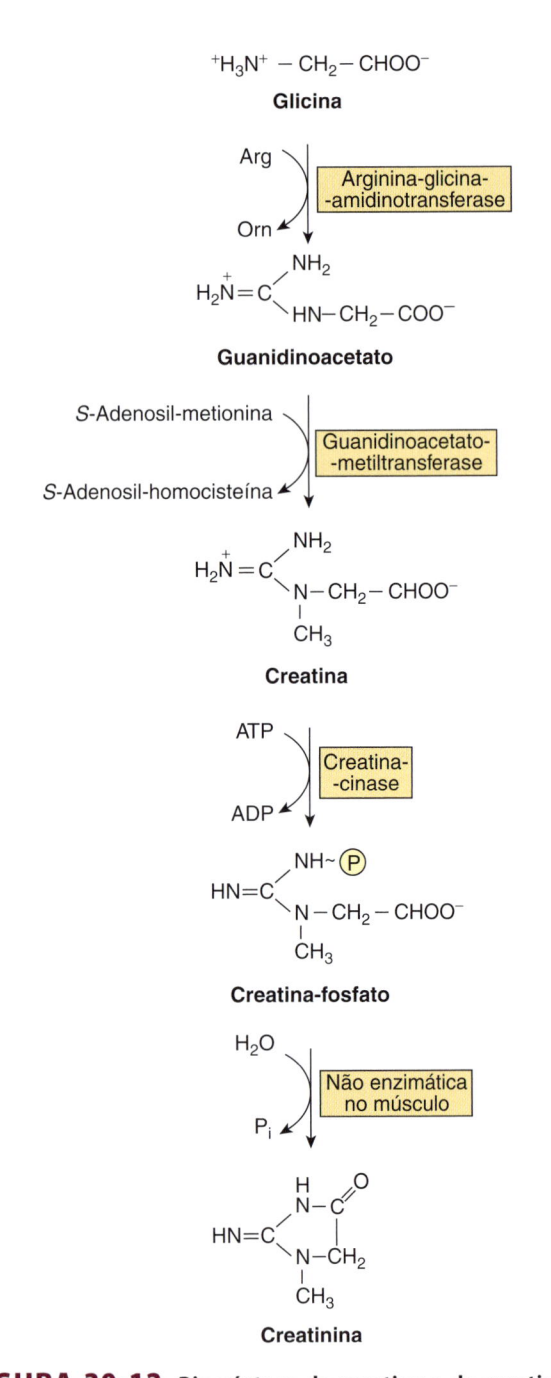

FIGURA 30-12 Biossíntese da creatina e da creatinina. A conversão da glicina e do grupo guanidino da arginina em creatina e creatina-fosfato. A Figura também mostra a hidrólise não enzimática da creatina-fosfato em creatinina. (ADP, difosfato de adenosina; ATP, trifosfato de adenosina; P_i, fosfato inorgânico.)

NÃO α-AMINOÁCIDOS

Os não α-aminoácidos, que são encontrados em tecidos na forma livre, incluem a β-alanina, o β-aminoisobutirato e o GABA. A β-alanina também está presente em forma combinada na coenzima A e nos dipeptídeos β-alanil-carnosina, anserina e homocarnosina (ver adiante).

β-Alanina e β-aminoisobutirato

A β-alanina e o β-aminoisobutirato são formados durante o catabolismo das pirimidinas uracila e timina, respectivamente (ver Figura 33-9). Traços de β-alanina também resultam da hidrólise dos dipeptídeos β-alanil pela enzima carnosinase (EC 3.4.13.20). O β-aminoisobutirato também surge pela transaminação do semialdeído metilmalonato, um catabólito de L-valina (ver Figura 29-22).

A reação inicial do catabolismo da β-alanina consiste em transaminação a malonato-semialdeído. A transferência subsequente da coenzima A da succinil-CoA forma a malonil-CoA-semialdeído, que é oxidada à malonil-CoA e descarboxilada no intermediário anfibólico acetil-CoA. O catabolismo do β-aminoisobutirato é caracterizado por reações análogas. A transaminação forma o semialdeído metilmalonato, que é convertido ao intermediário anfibólico succinil-CoA pelas reações 8V e 9V da Figura 29-22. Os distúrbios do metabolismo da β-alanina e do β-aminoisobutirato decorrem de defeitos nas enzimas da via catabólica das pirimidinas. Entre os principais distúrbios, destacam-se os que resultam de uma deficiência total ou parcial da di-hidropirimidina-desidrogenase (ver Capítulo 33).

β-Alanil dipeptídeos

Os β-alanil dipeptídeos, carnosina e anserina (N-metilcarnosina) (Figura 30-6), ativam a miosina-ATPase (EC 3.6.4.1), efetuam a quelação e aumentam a captação do cobre. O β-alanil-imidazol tampona o pH do músculo esquelético durante a contração aneróbia. A biossíntese de carnosina é catalisada pela carnosina-sintetase (EC 6.3.2.11), em uma reação em dois estágios, que envolve a formação inicial de um intermediário acil-adenilato da β-alanina ligado à enzima e subsequente transferência da porção β-alanil para a L-histidina.

$$ATP + \beta\text{-alanina} \rightarrow \beta\text{-alanil-AMP} + PP_i$$
$$\beta\text{-Alanil-AMP} + L\text{-histidina} \rightarrow \text{carnosina} + AMP$$

A hidrólise da carnosina a β-alanina e L-histidina é catalisada pela carnosinase. O distúrbio hereditário de deficiência de carnosinase caracteriza-se por **carnosinúria**.

A homocarnosina (Figura 30-6), presente no encéfalo humano em níveis mais altos do que a carnosina, é sintetizada no tecido cerebral pela carnosina-sintetase. A carnosinase sérica não hidrolisa a homocarnosina. A **homocarnosinose**, um raro distúrbio genético, está associada à paraplegia espástica progressiva e à deficiência intelectual.

γ-Aminobutirato

O γ-aminobutirato (GABA) atua no tecido cerebral como neurotransmissor inibitório, alterando as diferenças de potencial transmembrana. O GABA é formado pela descarboxilação de glutamato pela L-glutamato-descarboxilase (EC 4.1.1.15) (**Figura 30-13**). A transaminação do GABA produz o succinato-semialdeído, que pode ser reduzido a γ-hidroxibutirato pela L-lactato-desidrogenase, ou oxidado a succinato e, em seguida, por meio do ciclo do ácido cítrico, a CO_2 e a H_2O (Figura 30-13). Um raro distúrbio genético do metabolismo do GABA se caracteriza por uma anormalidade da GABA-aminotransferase (EC 2.6.1.19), uma enzima que participa do catabolismo de GABA após a sua liberação pós-sináptica no tecido cerebral. Os defeitos na succinato-semialdeído-desidrogenase (EC 1.2.1.24) (Figura 30-13) são responsáveis pela **acidúria 4-hidroxibutírica**, um raro distúrbio metabólico do catabolismo do GABA, que se caracteriza pela presença de 4-hidroxibutirato na urina, no plasma e no líquido cerebrospinal (LCS). Atualmente, não há tratamento disponível para o acompanhamento dos sintomas neurológicos que variam de leves a graves.

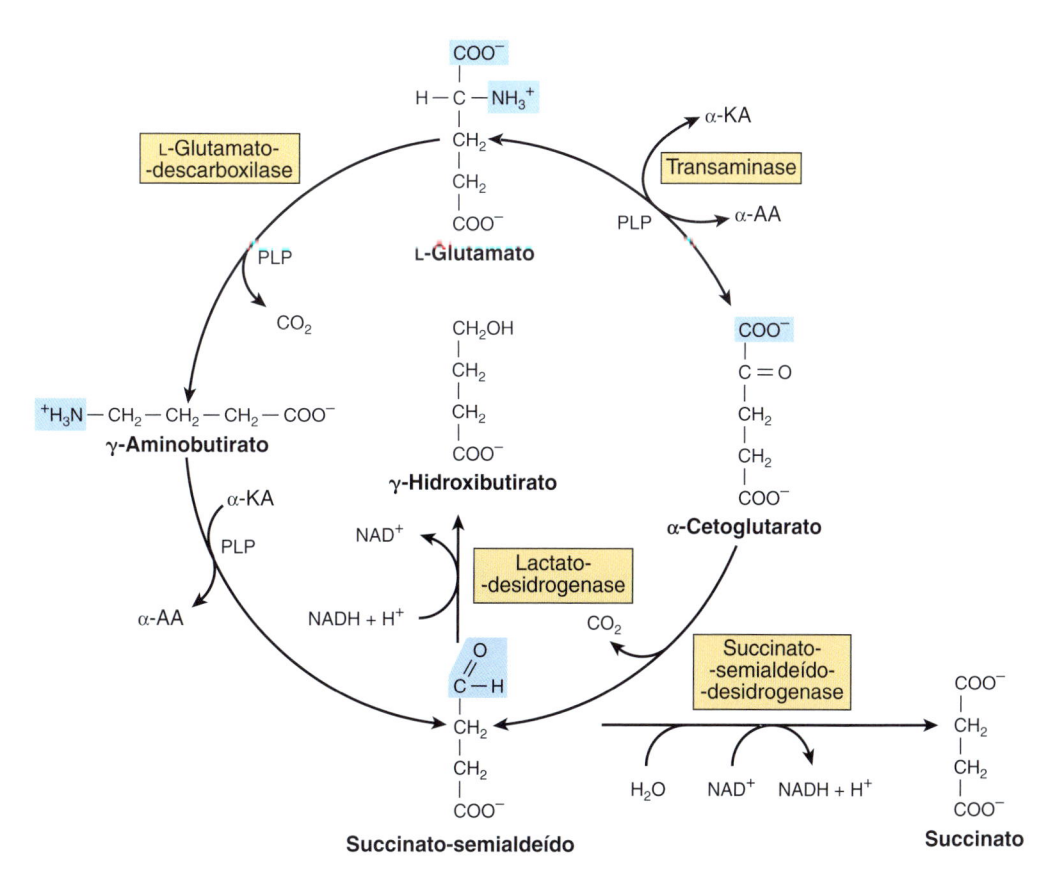

FIGURA 30-13 Metabolismo do γ-aminobutirato. (α-AA, α-aminoácidos; α-KA, α-cetoácidos; PLP, piridoxal-fosfato.)

RESUMO

- Além de desempenhar papéis estruturais e funcionais nas proteínas, os α-aminoácidos participam de uma grande variedade de outros processos biossintéticos.

- A arginina fornece o grupo formamidina da creatina e o nitrogênio do NO. Por meio da ornitina, a arginina fornece o esqueleto das poliaminas putrescina, espermina e espermidina.

- A cisteína fornece a porção tioetanolamina da coenzima A e, após a sua conversão em taurina, parte do ácido biliar ácido taurocólico.

- A glicina participa da biossíntese do heme, das purinas, da creatina e da N-metilglicina (sarcosina). Muitos fármacos e seus metabólitos são excretados na forma de conjugados de glicina. Isso aumenta a sua hidrossolubilidade para excreção urinária.

- A descarboxilação da histidina forma o neurotransmissor histamina. Os compostos de histidina encontrados no corpo humano incluem a ergotioneína, a carnosina e a anserina.

- A S-adenosilmetionina, que constitui a principal fonte de grupos metil do metabolismo, contribui com o seu esqueleto de carbono na biossíntese das poliaminas espermina e espermidina.

- Além de suas funções na biossíntese de fosfolipídeos e de esfingosina, a serina fornece os carbonos 2 e 8 das purinas e o grupo metil da timina.

- Os principais metabólitos do triptofano incluem a serotonina e a melatonina. Os tecidos renal e hepático, bem como as bactérias fecais, convertem o triptofano em triptamina e, a seguir, em indol-3-acetato. Os principais catabólitos do triptofano na urina são o indol-3-acetato e o 5-hidroxindolacetato.

- A tirosina forma a norepinefrina e a epinefrina e, após iodação, os hormônios tireoidianos – tri-iodotironina e tiroxina.

- A interconversão catalisada por enzima das formas fosfo e desfosfo da serina, da treonina e da tirosina ligadas a peptídeos desempenha um papel essencial na regulação metabólica, inclusive na transdução de sinais.

- A glicina, a arginina e a S-adenosilmetionina participam da biossíntese da creatina que, na forma de creatina-fosfato, atua como importante reserva de energia nos tecidos muscular e cerebral. A excreção de seu catabólito creatinina na urina é proporcional à massa muscular.

- A β-alanina e o β-aminoisobutirato estão presentes nos tecidos na forma de aminoácidos livres. A β-alanina também ocorre na forma ligada na coenzima A. O catabolismo da β-alanina envolve a conversão sequencial em acetil-CoA. O β-aminoisobutirato é catabolizado a succinil-CoA por reações análogas. Os distúrbios do metabolismo da β-alanina e do β-aminoisobutirato surgem em decorrência de defeitos nas enzimas do catabolismo das pirimidinas.

- A descarboxilação do glutamato forma o neurotransmissor inibitório GABA. Dois distúrbios metabólicos raros estão associados a defeitos no catabolismo do GABA.

REFERÊNCIAS

Allen GF, Land JM, Heales SJ: A new perspective on the treatment of aromatic L-amino acid decarboxylase deficiency. Mol Genet Metab 2009;97:6.

Caine C, Shohat M, Kim JK, et al: A pathogenic S250F missense mutation results in a mouse model of mild aromatic L-amino acid decarboxylase (AADC) deficiency. Hum Mol Genet 2017;26:4406.

Cravedi E, Deniau E, Giannitelli M, et al: Tourette syndrome and other neurodevelopmental disorders: a comprehensive review. Child Adolesc Psychiatry Ment Health 2017;11:59.

Jansen EE, Vogel KR, Salomons GS, et al: Correlation of blood biomarkers with age informs pathomechanisms in succinic semialdehyde dehydrogenase deficiency (SSADHD), a disorder of GABA metabolism. J Inherit Metab Dis 2016;39:795.

Manegold C, Hoffmann GF, Degen I, et al: Aromatic L-amino acid decarboxylase deficiency: clinical features, drug therapy and followup. J Inherit Metab Dis 2009;32:371.

Moinard C, Cynober L, de Bandt JP: Polyamines: metabolism and implications in human diseases. Clin Nutr 2005;24:184.

Montioli R, Dindo M, Giorgetti A, et al: A comprehensive picture of the mutations associated with aromatic amino acid decarboxylase deficiency: from molecular mechanisms to therapy implications. Hum Mol Genet 2014;23:5429.

Pearl PL, Gibson KM, Cortez MA, et al: Succinic semialdehyde dehydrogenase deficiency: lessons from mice and men. J Inherit Metab Dis 2009;32:343.

Schippers KJ, Nichols SA: Deep, dark secrets of melatonin in animal evolution. Cell 2014;159:9.

Wernli C, Finochiaro S, Volken C, et al: Targeted screening of succinic semialdehyde dehydrogenase deficiency (SSADHD) employing an enzymatic assay for γ-hydroxybutyric acid (GHB) in biofluids. Mol Genet Metab Rep. 2016;17:81.

C A P Í T U L O 31

Porfirinas e pigmento biliares

Victor W. Rodwell, Ph.D. e Robert K. Murray, M.D., Ph.D.

OBJETIVOS

Após o estudo deste capítulo, você deve ser capaz de:

- Escrever as fórmulas estruturais dos dois intermediários anfibólicos, cuja condensação inicia a biossíntese do heme.
- Identificar a enzima que catalisa a enzima regulada essencial na biossíntese hepática do heme.
- Explicar por que, embora os porfirinogênios e as porfirinas sejam tetrapirrólicos, as porfirinas possuem cor, e os porfirinogênios são incolores.
- Especificar as localizações intracelulares das enzimas e dos metabólitos envolvidos na biossíntese do heme.
- Descrever, em linhas gerais, as causas e as apresentações clínicas das várias porfirias.
- Identificar as funções da hemeoxigenase e da UDP-glicosil-transferase no catabolismo do heme.
- Definir icterícia, citar algumas de suas causas e sugerir como determinar a sua base bioquímica.
- Especificar a base bioquímica das expressões laboratoriais clínicas "bilirrubina direta" e "bilirrubina indireta".

IMPORTÂNCIA BIOMÉDICA

A bioquímica das porfirinas e dos pigmentos biliares são tópicos intimamente relacionados. O heme é sintetizado a partir das porfirinas e do ferro, e os produtos da degradação do heme são os pigmentos biliares e o ferro. A bioquímica das porfirinas e do heme é fundamental para o entendimento das várias funções das **hemoproteínas** e para o entendimento das **porfirias**, um grupo de doenças causadas por anormalidades na via de biossíntese de porfirinas. Uma condição clínica muito mais comum é a **icterícia**, uma consequência de níveis elevados de bilirrubina no plasma, causada pela produção excessiva de bilirrubina ou por uma falha na sua excreção. A icterícia ocorre em diversas doenças, variando de anemias hemolíticas até hepatite viral e câncer de pâncreas.

PORFIRINAS

As **porfirinas** são compostos cíclicos formados pela ligação de quatro **anéis pirrólicos** por meio de pontes de meteno (=HC—) (**Figura 31-1**). Várias **cadeias laterais** podem substituir os oito átomos de hidrogênio numerados dos anéis pirrólicos.

As porfirinas podem formar complexos com íons metálicos, que estabelecem ligações coordenadas com o átomo de nitrogênio de cada um dos quatro anéis pirrólicos. Exemplos incluem as **ferroporfirinas**, como o **heme** da hemoglobina, e a porfirina **clorofila contendo magnésio**, que é o pigmento fotossintético das plantas. As hemeproteínas estão por toda parte na biologia e atuam em diversas funções, incluindo, mas não limitadas a, transporte e armazenamento de oxigênio (p. ex., hemoglobina e mioglobina) e transporte de elétrons (p. ex., citocromo c e citocromo P450). Os hemes são **tetrapirróis**, dos quais dois tipos predominam, o heme b e o heme c (**Figura 31-2**). No heme c, os grupos vinílicos do heme b são substituídos por ligações covalentes tioéter a uma apoproteína, comumente, via resíduos cisteinil. Ao contrário do heme b, o heme c não se dissocia prontamente de sua apoproteína.

As proteínas que contêm heme são amplamente distribuídas na natureza (**Tabela 31-1**). Em geral, as hemeproteínas de vertebrados ligam-se a um mol de heme c por mol, embora as de invertebrados possam ligar-se significativamente a mais moléculas de heme.

O HEME É SINTETIZADO A PARTIR DE SUCCINIL-CoA E GLICINA

A biossíntese do heme envolve reações e intermediários tanto citosólicos quanto mitocondriais. A biossíntese do heme

FIGURA 31-1 **Molécula de porfirina.** Os anéis são numerados como I, II, III e IV. As posições dos substituintes estão marcadas de 1 a 8. As quatro pontes de meteno (=HC—) estão marcadas como α, β, γ e δ.

TABELA 31-1 Exemplos de hemeproteínas importantes[a]

Proteína	Função
Hemoglobina	Transporte de oxigênio no sangue
Mioglobina	Armazenamento de oxigênio no músculo
Citocromo c	Envolvimento na cadeia de transporte de elétrons
Citocromo P450	Hidroxilação dos xenobióticos
Catalase	Degradação do peróxido de hidrogênio
Triptofano-pirrolase	Oxidação do triptofano

[a] As funções das proteínas citadas estão descritas em vários capítulos deste livro.

ocorre na maioria das células de mamíferos, exceto em hemácias maduras, que carecem de mitocôndrias. Aproximadamente 85% da síntese do heme ocorrem em células precursoras eritroides na **medula óssea**, e a maior parte do restante, nos **hepatócitos**. A biossíntese do heme é iniciada pela condensação de succinil-CoA e glicina em uma reação dependente de piridoxal-fosfato catalisada pela **δ-aminolevulinato-sintase** (**ALA-sintase**, EC 2.3.1.37) mitocondrial.

$$\text{Succinil-CoA} + \text{glicina} \rightarrow \text{δ-aminolevulinato} + \text{CoA-SH} + CO_2 \quad (1)$$

Os seres humanos expressam duas isoenzimas da ALA-sintase. A ALAS1 é ubiquamente expressa em todo o organismo, enquanto a ALAS2 é expressa nas células precursoras eritroides. A formação de δ-aminolevulinato é limitante de velocidade para a biossíntese de porfirinas no fígado de mamíferos (**Figura 31-3**).

Após a saída do δ-aminolevulinato para o citosol, a reação catalisada pela **ALA-desidratase** (EC 4.2.1.24; porfobilinogênio-sintase) citosólica condensa duas moléculas de ALA, com formação de **porfobilinogênio** (**Figura 31-4**):

$$2 \text{ δ-Aminolevulinato} \rightarrow \text{porfobilinogênio} + 2\ H_2O \quad (2)$$

A ALA-desidratase é uma metaloproteína contendo zinco sensível à inibição por **chumbo**, o que pode ocorrer em situações de intoxicação por chumbo.

A terceira reação, que é catalisada pela **hidroximetilbilano-sintase** (uroporfirinogênio I-sintase I, EC 2.5.1.61) *citosólica*, envolve a condensação da cabeça com a cauda de quatro moléculas de porfobilinogênio, com formação do tetrapirrol *linear*, o **hidroximetilbilano** (**Figura 31-5**, *parte superior*):

$$4 \text{ Porfobilinogênio} + H_2O \rightarrow \text{hidroximetilbilano} + 4\ NH_3 \quad (3)$$

A ciclização subsequente do hidroximetilbilano, que é catalisada pela **uroporfirinogênio III-sintase** (EC 4.2.1.75), citosólica,

$$\text{Hidroximetilbilano} \rightarrow \text{uroporfirinogênio III} + H_2O \quad (4)$$

forma o **uroporfirinogênio III** (**Figura 31-5**, *parte inferior à direita*). O hidroximetilbilano pode sofrer ciclização espontânea, com formação de **uroporfirinogênio I** (**Figura 31-5**, *parte inferior à esquerda*); entretanto, em condições normais, o uroporfirinogênio formado é quase exclusivamente o isômero do tipo III. Os isômeros de porfirinogênios tipo I são, no entanto, formados em excesso em certas porfirias. Como os anéis

FIGURA 31-2 Estruturas do heme *b* e do heme *c*.

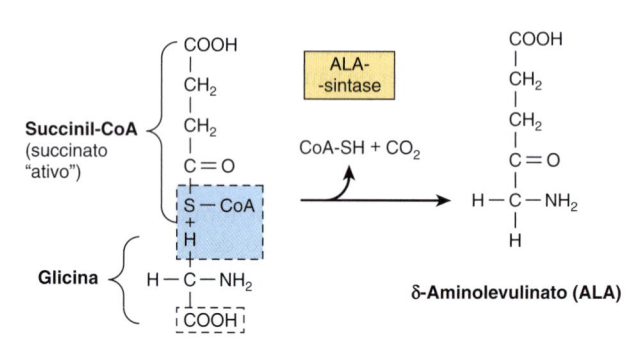

FIGURA 31-3 Síntese de δ-aminolevulinato (ALA). Essa reação *mitocondrial* é catalisada pela ALA-sintase.

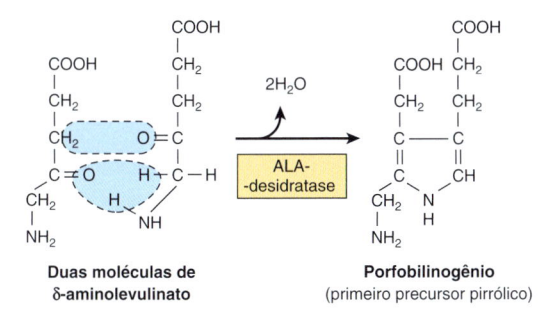

FIGURA 31-4 Formação do porfobilinogênio. A porfobilinogênio-sintase *citosólica* converte duas moléculas de δ-aminolevulinato em porfobilinogênio.

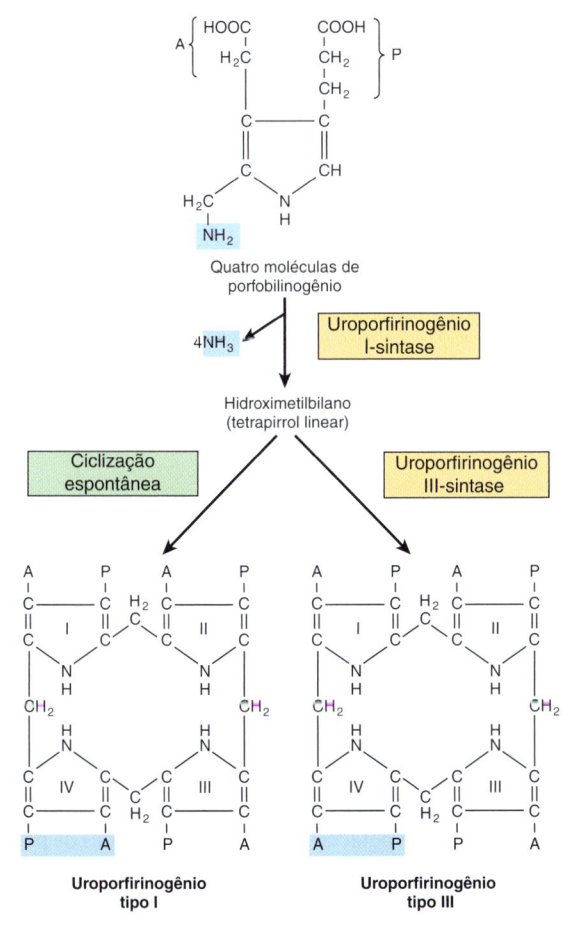

FIGURA 31-5 Síntese de hidroximetilbilano e sua ciclização subsequente em porfobilinogênio III. A hidroximetilbilano-sintase (ALA-desidratase) *citosólica* forma um tetrapirrol linear, que sofre ciclização pela uroporfirinogênio-sintase *citosólica* para formar o **uroporfirinogênio III**. Observe a assimetria dos substituintes no anel 4, de modo que os substituintes de acetato e propionato destacados são revertidos em uroporfirinogênios I e III. (A, acetato [—CH$_2$COO$^-$]; P, propionato [—CH$_2$CH$_2$COO$^-$].)

pirrólicos desses uroporfirinogênios estão conectados por **metileno** (—CH$_2$—), em vez de pontes de meteno (=HC—), as ligações duplas não formam um sistema conjugado. Por conseguinte, os **porfirinogênios** são **incolores**. Entretanto, são prontamente auto-oxidados a **porfirinas coloridas**.

Todas as quatro frações de acetato do uroporforinogênio III sofrem, em seguida, descarboxilação a substituintes metila (M), formando o **coproporfirinogênio III**, em uma reação citosólica catalisada pela **uroporfirinogênio-descarboxilase** (EC 4.1.1.37) (**Figura 31-6**):

Uroporfirinogênio III → coproporfirinogênio III + 4 CO$_2$ (5)

Essa descarboxilase também pode converter o uroporfirinogênio I, se presente, em coproporfirinogênio I.

Todas as três reações finais de biossíntese do heme ocorrem nas mitocôndrias. O coproporfirinogênio III entra nas mitocôndrias e é convertido, sucessivamente, em **protoporfirinogênio III** e, em seguida, em **protoporfirina III**. Essas reações são catalisadas pela **coproporfirinogênio-oxidase** (EC 1.3.3.3), que descarboxila e oxida as duas cadeias de ácidos propiônicos, formando **protoporfirinogênio III**:

$$\text{Coproporfirinogênio III} + O_2 + 2\,H^+ \rightarrow \quad (6)$$
$$\text{protoporfirinogênio III} + 2\,CO_2 + 2\,H_2O$$

Essa oxidase é específica para o coproporfirinogênio tipo III, de forma que, em geral, as protoporfirinas tipo I não ocorrem em seres humanos. O protoporfirinogênio III é, na sequência, oxidado à **protoporfirina III**, em uma reação catalisada pela **protoporfirinogênio-oxidase** (EC 1.3.3.4):

$$\text{Protoporfirinogênio III} + 3\,O_2 \rightarrow \text{protoporfirina III} \quad (7)$$
$$+ 3\,H_2O_2$$

A oitava e última etapa na síntese do heme envolve a incorporação do ferro ferroso na protoporfirina III, em uma reação catalisada pela **ferroquelatase** (heme-sintase, EC 4.99.1.1) (**Figura 31-7**):

$$\text{Protoporfirina III} + Fe^{2+} \rightarrow \text{heme} + 2\,H^+ \quad (8)$$

A **Figura 31-8** fornece um resumo dos estágios da biossíntese dos derivados de porfirina a partir do porfobilinogênio. Para as reações anteriores, os números correspondem aos da Figura 31-8 e da **Tabela 31-2**.

A ALA-sintase é a enzima reguladora essencial na biossíntese hepática do heme

Diferentemente da ALAS2, que é expressa exclusivamente em células precursoras das hemácias, a ALAS1 é expressa em

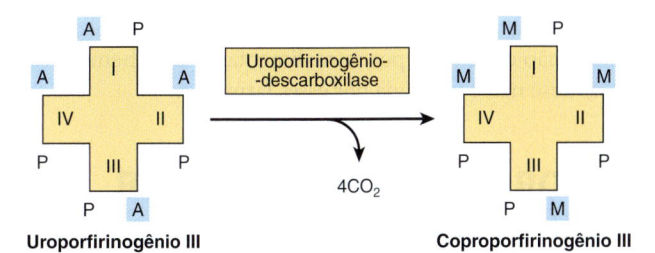

FIGURA 31-6 Descarboxilação do uroporfirinogênio III a coproporfirinogênio III. A Figura mostra uma representação do tetrapirrol para enfatizar a conversão de quatro grupos acetil fixados em grupos metil. (A, acetil; M, metil; P, propionil.)

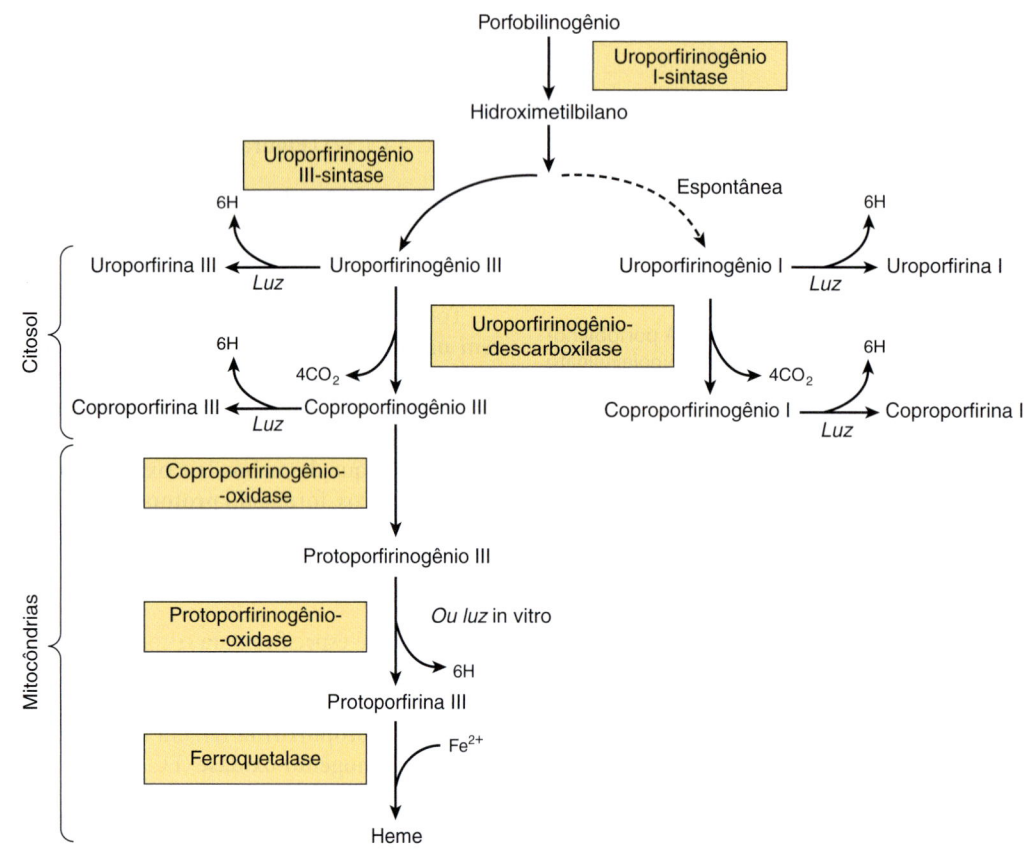

FIGURA 31-7 Biossíntese dos derivados de porfirina indicados a partir do porfobilinogênio.

todos os tecidos do corpo. A reação catalisada pela ALA-sintase 1 (Figura 31-3) é limitante da velocidade de biossíntese de heme no fígado. Caracteristicamente para uma enzima que catalisa uma reação limitante de velocidade, a ALAS1 possui meia-vida curta. O **heme**, provavelmente ao atuar por meio de uma molécula aporrepressora, atua como **regulador negativo** da síntese de ALAS1 (Figura 31-8). Por conseguinte, a síntese de ALAS1 aumenta acentuadamente na *ausência* de heme, porém diminui na sua *presença*. O heme também afeta a tradução da ALAS1 e a sua translocação de seu local de síntese no citosol para dentro da mitocôndria. Muitos fármacos, cujo metabolismo requer a hemeproteína citocromo P450, aumentam a biossíntese de citocromo P450. O esgotamento resultante do reservatório intracelular de heme induz a síntese de ALAS1, e a velocidade da síntese de heme aumenta para atender à demanda metabólica. Em contrapartida, como a ALAS2 não é regulada por retroalimentação pelo heme, a sua biossíntese não é induzida por esses fármacos.

AS PORFIRINAS POSSUEM COR E EMITEM FLUORESCÊNCIA

Os **porfirinogênios são incolores**, ao passo que as várias **porfirinas são coloridas**. As **ligações duplas conjugadas** nos anéis pirrólicos e os grupos metilenos das porfirinas (ausentes nos porfirinogênios) são responsáveis por seus espectros de absorção e de fluorescência característicos. Os espectros visível e de ultravioleta das porfirinas e de seus derivados são úteis para a sua identificação (**Figura 31-9**). A forma da banda de absorção **próximo de 400 nm**, uma característica diferencial compartilhada por todas as porfirinas, é chamada de **banda de Soret** em homenagem ao seu descobridor, o físico francês Charles Soret.

As porfirinas dissolvidas em ácidos minerais fortes ou em solventes orgânicos e iluminadas por luz ultravioleta emitem uma forte **fluorescência** vermelha, propriedade frequentemente utilizada para detectar pequenas quantidades de porfirinas livres. As propriedades fotodinâmicas das porfirinas sugerem a sua possível utilização no tratamento de certos tipos de câncer, um procedimento chamado de **fototerapia do câncer**. Como os tumores frequentemente utilizam mais porfirinas do que os tecidos normais, a **hematoporfirina** ou compostos relacionados são administrados a pacientes com determinados tumores. Em seguida, o tumor é exposto a um *laser* **de argônio** que excita as porfirinas, produzindo efeitos citotóxicos.

A espectrofotometria é utilizada para detectar porfirinas e seus precursores

As coproporfirinas e as uroporfirinas são excretadas em quantidades aumentadas nas **porfirias**. Quando presentes nas fezes ou na urina, elas podem ser separadas por extração com solventes apropriados e, então, identificadas e quantificadas usando métodos espectrofotométricos.

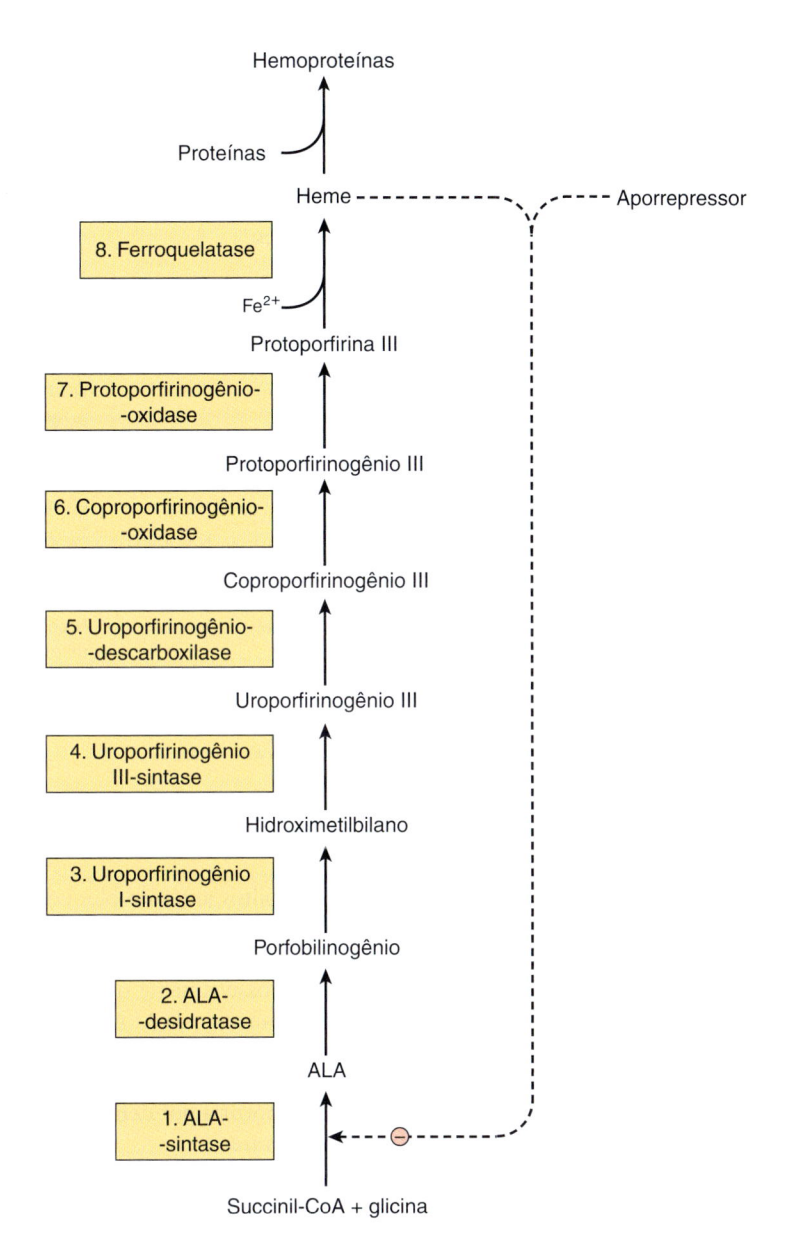

FIGURA 31-8 Intermediários, enzimas e regulação da síntese do heme. Os números das enzimas que catalisam as reações indicadas são aqueles utilizados no texto e na coluna 1 da **Tabela 31-2**. As enzimas 1, 6, 7 e 8 são *mitocondriais*, e as enzimas 2 a 5 são *citosólicas*. A regulação da síntese hepática do heme ocorre na ALA-sintase (ALAS1) por um mecanismo de repressão-desrepressão mediado pelo heme e por um aporrepressor hipotético (não mostrado). As mutações no gene que codifica a enzima 1 causam anemia sideroblástica ligada ao X. As mutações nos genes que codificam as enzimas 2 a 8 dão origem às porfirias.

DISTÚRBIOS DA BIOSSÍNTESE DO HEME

Os distúrbios da biossíntese do heme podem ser genéticos ou adquiridos. Um exemplo de um defeito adquirido é a intoxicação por chumbo. O chumbo pode inativar a ferroquelatase e a ALA-desidratase por combinar-se com grupos tióis essenciais. Os sinais incluem níveis elevados de protoporfirina nas hemácias e níveis elevados de ALA e coproporfirina na urina.

Os distúrbios genéticos do metabolismo do heme e da bilirrubina (ver adiante) compartilham as mesmas características dos distúrbios metabólicos da biossíntese da ureia (ver Capítulo 28):

1. Sinais e sintomas clínicos semelhantes ou idênticos podem surgir de diferentes mutações em genes que codificam uma determinada enzima ou a enzima que catalisa uma reação sucessiva.
2. A terapia racional requer um entendimento da bioquímica das reações catalisadas por enzimas em indivíduos normais e afetados.
3. A identificação de intermediários e produtos colaterais que se acumulam antes de um bloqueio metabólico pode fornecer a base para os testes de rastreamento metabólico que podem implicar a reação prejudicada.
4. O diagnóstico definitivo envolve um ensaio quantitativo da atividade da(s) enzima(s) com suspeita de deficiência.

TABELA 31-2 Resumo das principais características das porfirias[a]

Enzima envolvida[b]	Tipo, classe e número OMIM	Principais sinais e sintomas	Resultados dos exames laboratoriais
1. ALA-sintase 2 (ALAS2) (EC 2.3.1.37)	Anemia sideroblástica ligada ao X[c] (eritropoiética) (OMIM 301300)	Anemia	Baixas contagens de hemácias e níveis diminuídos de hemoglobina
2. ALA-desidratase (EC 4.2.1.24)	Deficiência de ALA-desidratase (hepática) (OMIM 125270)	Dor abdominal, sintomas neuropsiquiátricos	Níveis urinários elevados de ALA e coproporfirina III
3. Uroporfirinogênio I-sintase,[d] (EC 2.5.1.61)	Porfiria intermitente aguda (hepática) (OMIM 176000)	Dor abdominal, sintomas neuropsiquiátricos	Níveis urinários elevados de ALA e de PBG[e]
4. Uroporfirinogênio III-sintase (EC 4.2.1.75)	Porfiria eritropoiética congênita (eritropoiética) (OMIM 263700)	Fotossensibilidade	Níveis urinários, fecais e eritrocitários elevados de uroporfirinas I
5. Uroporfirinogênio-descarboxilase (EC 4.1.1.37)	Porfiria cutânea tardia (hepática) (OMIM 176100)	Fotossensibilidade	Níveis urinários elevados de uroporfirina I
6. Coproporfirinogênio-oxidase (EC 1.3.3.3)	Coproporfiria hereditária (hepática) (OMIM 121300)	Fotossensibilidade, dor abdominal, sintomas neuropsiquiátricos	Níveis urinários elevados de ALA, PBG e coproporfirina III, e níveis fecais elevados de coproporfirina III
7. Protoporfirinogênio-oxidase (EC 1.3.3.4)	Porfiria variegata (hepática) (OMIM 176200)	Fotossensibilidade, dor abdominal, sintomas neuropsiquiátricos	Níveis urinários elevados de ALA, PBG e coproporfirina III, e níveis fecais elevados de protoporfirina IX
8. Ferroquelatase (EC 4.99.1.1)	Protoporfiria (eritropoiética) (OMIM 177000)	Fotossensibilidade	Níveis fecais e eritrocitários elevados de protoporfirina IX

[a] Apenas os achados bioquímicos nos estágios ativos dessas doenças são listados. Algumas anormalidades bioquímicas podem ser detectadas nos estágios latentes de alguns dos distúrbios listados. Os distúrbios 3, 5 e 8 são, em geral, as porfirias mais prevalentes. O distúrbio 2 é raro.
[b] A numeração das enzimas nesta tabela corresponde à utilizada na Figura 31-8.
[c] A anemia sideroblástica ligada ao X não é uma porfiria, porém está incluída aqui devido à atuação da ALA-sintase.
[d] Essa enzima também é chamada de PBG-desaminase ou hidroximetilbilano-sintase.
[e] PBG = porfobilinogênio III.
ALA, ácido δ-aminolevulínico; PBG, porfobilinogênio.

Além disso, devem-se considerar fatores que ainda não foram totalmente identificados e que facilitam a translocação de enzimas e intermediários entre os compartimentos celulares.

5. A comparação da sequência de ácido desoxirribonucleico (DNA, do inglês *deoxyribonucleic acid*) do gene que codifica uma determinada enzima mutante com aquela do gene selvagem pode identificar a(s) mutação(ões) específica(s) que causa(m) a doença.

As porfirias

Os sinais e sintomas da porfiria resultam da **deficiência** de intermediários além do bloqueio enzimático, ou do **acúmulo** de metabólitos antes do bloqueio. A Tabela 31-2 lista os seis principais tipos de **porfiria** que refletem a atividade baixa ou ausente de enzimas que catalisam as reações 2 a 8 da Figura 31-8. Possivelmente devido à potencial letalidade, não há defeito conhecido da ALAS1. Os indivíduos com baixa atividade de ALAS2 desenvolvem anemia, não porfiria (Tabela 31-2). A porfiria devida à baixa atividade da ALA-desidratase, chamada de porfiria por deficiência de ALA-desidratase, é extremamente rara.

Porfiria eritropoiética congênita

A maior parte das porfirias é herdada de **forma autossômica dominante**, ao passo que a porfiria eritropoiética congênita é herdada de **forma recessiva**. A enzima deficiente na porfiria eritropoiética congênita é a **uroporfirinogênio III-sintase** (Figura 31-5, parte inferior). A fotossensibilidade e a desfiguração grave exibida por algumas vítimas da porfiria eritropoiética congênita as indicou como protótipos dos chamados lobisomens.

Porfiria intermitente aguda

A enzima deficiente na porfiria intermitente aguda é a hidroximetilbilano-sintase (Figura 31-5, parte inferior). ALA e porfobilinogênio acumulam-se nos tecidos e líquidos corporais (**Figura 31-10**).

Bloqueios metabólicos subsequentes

Os bloqueios no fim da via resultam no **acúmulo de porfirinogênios**, como indicado nas Figuras 31-8 e 31-10. Os seus produtos de oxidação, os derivados porfirínicos correspondentes, causam **fotossensibilidade** à luz visível em torno do

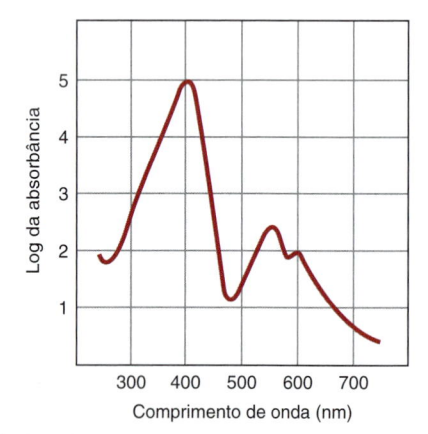

FIGURA 31-9 Espectro de absorção da hematoporfirina. O espectro é de uma solução diluída (0,01%) de hematoporfirina em HCl 5%.

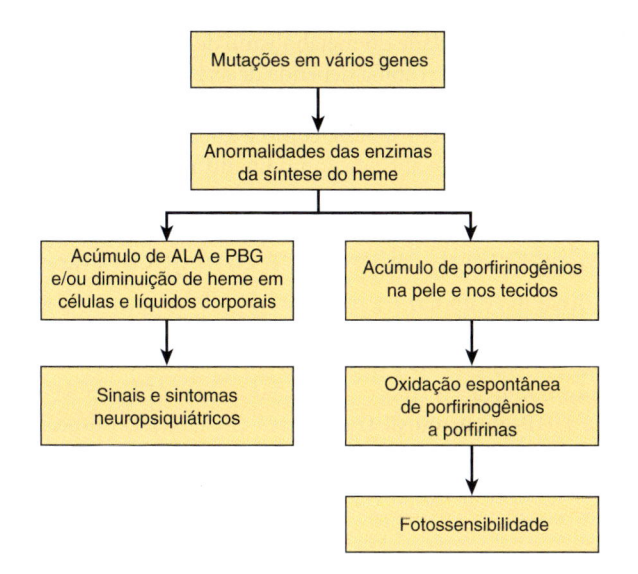

FIGURA 31-10 Base bioquímica dos principais sinais e sintomas das porfirias.

comprimento de onda de 400 nm. Possivelmente, como resultado de sua excitação e reação com oxigênio molecular, os radicais de oxigênio resultantes danificam os lisossomos e outras organelas subcelulares, liberando enzimas degradativas que causam graus variados de danos à pele, incluindo cicatrizes.

CLASSIFICAÇÃO DAS PORFIRIAS

As porfirias podem ser chamadas de **eritropoiéticas** ou **hepáticas** com base nos órgãos mais afetados, em geral, a medula óssea e o fígado (Tabela 31-2). Os níveis diferentes e variáveis de heme, precursores tóxicos ou metabólitos provavelmente explicam por que porfirias específicas afetam alguns tipos de células e órgãos de maneira distinta. Alternativamente, as porfirias podem ser classificadas como **agudas** ou **cutâneas** com base em suas características clínicas. O diagnóstico de um tipo específico de porfiria envolve a história clínica e familiar, o exame físico e exames laboratoriais apropriados. A Tabela 31-2 lista os principais sinais e sintomas e parâmetros laboratoriais relevantes nos seis principais tipos de porfiria.

Porfiria induzida por fármaco

Certos fármacos (p. ex., barbitúricos, griseofulvina) induzem a produção de citocromo P450. Em pacientes com porfiria, isso pode precipitar um ataque de porfiria por esgotar os níveis de heme. Como compensação, a desrepressão da síntese de ALAS1 resulta nos níveis elevados de precursores de heme potencialmente tóxicos.

Possíveis tratamentos para as porfirias

O tratamento atual das porfirias é essencialmente sintomático: evitar fármacos que induzem a produção de citocromo P450, evitar o consumo de grandes quantidades de carboidratos e administrar hematina para reprimir a síntese de ALAS1 e diminuir a produção de precursores nocivos do heme. Pacientes que exibem fotossensibilidade se beneficiam dos protetores solares e, possivelmente, da administração de β-caroteno, que parece diminuir a produção de radicais livres, reduzindo a fotossensibilidade.

O CATABOLISMO DO HEME PRODUZ BILIRRUBINA

Normalmente, nos seres humanos adultos, são destruídas cerca de 200 bilhões de hemácias por dia. Assim, para um ser humano de 70 kg, a renovação diária da **hemoglobina** é de aproximadamente **6 g**. Todos os produtos são reaproveitados. A **globina** é degradada em seus aminoácidos constituintes, e o **ferro** liberado entra no reservatório de ferro. A porção **porfirina** desprovida de ferro também é degradada, principalmente nas células reticuloendoteliais do fígado, do baço e da medula óssea.

O catabolismo do heme proveniente de todas as hemeproteínas ocorrem na **fração microssomal** das células pela **hemeoxigenase** (EC 1.14.18.18). A síntese da hemeoxigenase é induzida pelo substrato, e o heme também serve como substrato e como cofator para a reação. Em geral, o ferro do heme que alcança a hemeoxigenase foi oxidado à sua **forma férrica** (**hemina**). A conversão de 1 mol de heme-Fe^{3+} a biliverdina, monóxido de carbono e Fe^{3+} consome 3 mols de O_2, mais 7 elétrons fornecidos pelo NADH e pela NADPH-citocromo P450-redutase.

$$Fe^{3+}\text{-Heme} + 3\ O_2 + 7\ e^- \rightarrow \text{biliverdina} + CO + Fe^{3+}$$

Apesar de sua alta afinidade pelo heme-Fe^{2+} (ver Capítulo 6), o monóxido de carbono produzido não inibe a hemeoxigenase com gravidade. Aves e anfíbios excretam biliverdina de cor verde diretamente. Nos seres humanos, a **biliverdina-redutase** (EC 1.3.1.24) reduz a ponte de metileno central da biliverdina em um grupo metila, produzindo a **bilirrubina**, um pigmento amarelo (**Figura 31-11**):

$$\text{Biliverdina} + NADPH + H^+ \rightarrow \text{bilirrubina} + NADP^+$$

Como 1 g de hemoglobina produz cerca de 35 mg de bilirrubina, **humanos adultos formam 250 a 350 mg de bilirrubina por dia**. Isso é derivado, principalmente, da hemoglobina, mas também da eritropoiese ineficaz e do catabolismo de outras proteínas heme.

A conversão do heme em bilirrubina pelas células reticuloendoteliais pode ser observada visualmente à medida que a cor púrpura do heme em um **hematoma** é lentamente convertida ao pigmento amarelo da bilirrubina.

A bilirrubina é transportada para o fígado ligada à albumina sérica

Em contrapartida à bilirrubina, que é apenas moderadamente hidrossolúvel, a bilirrubina ligada à albumina sérica é facilmente transportada até o fígado. A albumina parece ter um sítio de alta afinidade e outro de baixa afinidade pela bilirrubina. O sítio de alta afinidade pode ligar cerca de 25 mg de bilirrubina/100 mL de plasma. A bilirrubina mais fracamente ligada pode ser liberada de imediato e difundir-se para os tecidos. Antibióticos ou outros fármacos podem competir com, e deslocar, a bilirrubina pelo sítio de alta afinidade na albumina.

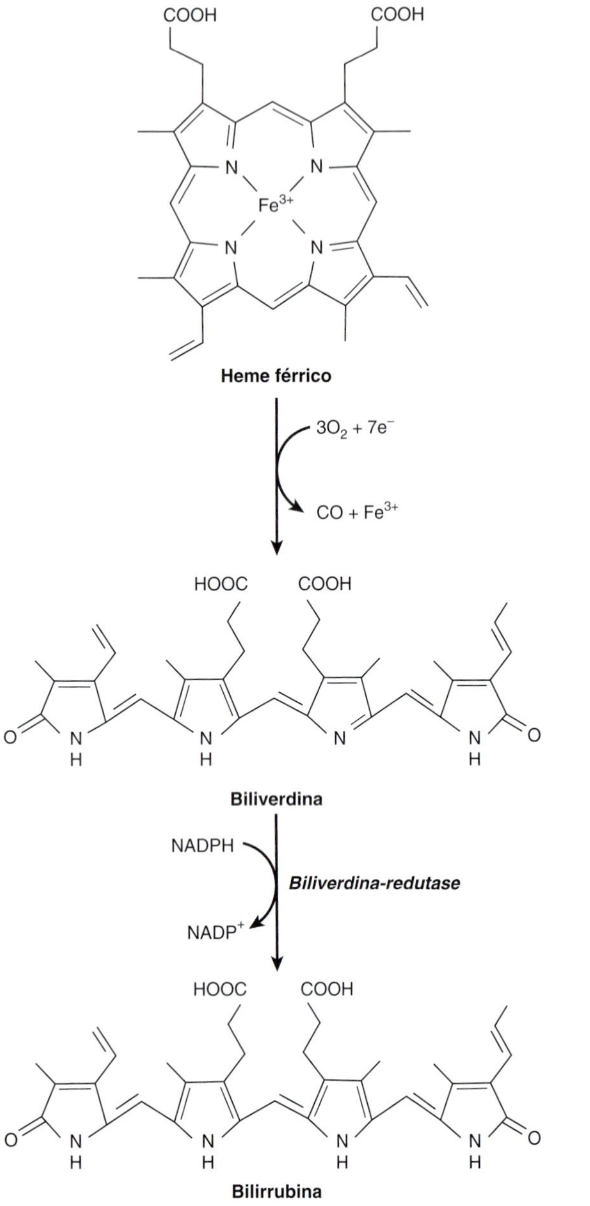

limitante da velocidade do metabolismo de bilirrubina. A captação líquida de bilirrubina depende de sua **remoção** pelo metabolismo subsequente. Uma vez internalizada, a bilirrubina liga-se a proteínas citosólicas, como a glutationa-S-transferase, anteriormente conhecida como **ligandina**, de modo a prevenir a reentrada da bilirrubina na corrente sanguínea.

Conjugação de bilirrubina com glicuronato

A bilirrubina é **apolar** e persistiria nas células (p. ex., ligada a lipídeos), se não fosse convertida em uma forma mais solúvel em água. A bilirrubina é convertida em uma molécula mais **polar** por conjugação com o ácido glicurônico (**Figura 31-12**). Uma **UDP-glicuronosil-transferase** (EC 2.4.1.17) específica da bilirrubina encontrada no retículo endoplasmático catalisa a transferência sequencial de duas frações de glicosil do UDP-glicuronato para a bilirrubina:

Bilirrubina + UDP-glicuronato → monoglicuronídeo de bilirrubina + UDP
Monoglicuronídeo de bilirrubina + UDP-glicuronato → diglicuronídeo de bilirrubina + UDP

Secreção de bilirrubina na bile

A secreção da bilirrubina conjugada na bile ocorre por um mecanismo de **transporte ativo**, que provavelmente constitui a etapa limitante da velocidade de todo o processo de metabolismo hepático da bilirrubina. A proteína envolvida é um **transportador multiespecífico de ânions orgânicos** (**MOAT**) localizado na **membrana plasmática** do canalículo biliar. Um membro da família dos transportadores com cassete de ligação ao trifosfato de adenosina (ATP, do inglês *adenosine triphosphate*), o MOAT transporta diversos ânions orgânicos. O transporte hepático de bilirrubina conjugada até a bile é **induzível** pelos mesmos fármacos que podem induzir a conjugação de bilirrubina. A conjugação e a excreção de bilirrubina, portanto, constituem uma unidade funcional coordenada.

A maior parte da bilirrubina excretada na bile de mamíferos está na forma de diglicuronídeo de bilirrubina. A atividade da bilirrubina UDP-glicuronosil-transferase pode ser **induzida** por vários fármacos, incluindo o fenobarbital. Entretanto, mesmo quando os conjugados de bilirrubina aparecem anormalmente no plasma humano (p. ex., na icterícia obstrutiva), eles são, predominantemente, **monoglicuronídeos**. A **Figura 31-13** fornece um resumo dos três processos principais

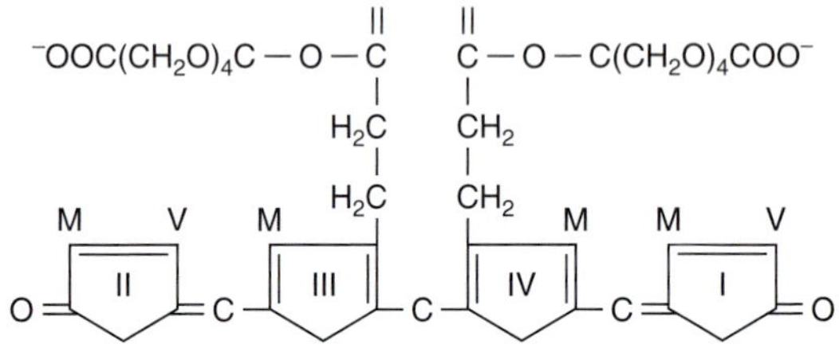

FIGURA 31-11 Conversão do heme férrico em biliverdina e, em seguida em bilirrubina. (1) A conversão do heme férrico em biliverdina é catalisada pelo sistema da hemeoxigenase. (2) Subsequentemente, a biliverdina-redutase reduz a biliverdina a bilirrubina.

O metabolismo adicional da bilirrubina ocorre principalmente no fígado

O catabolismo hepático da bilirrubina ocorre em três estágios: captação pelo fígado, conjugação com ácido glicurônico e secreção na bile.

Captação de bilirrubina pelas células do parênquima hepático

A bilirrubina é removida da albumina e capturada pela superfície sinusoidal dos hepatócitos por um **sistema de transporte facilitado** de grande capacidade e saturável. Mesmo em condições patológicas, o transporte não parece ser o fator

FIGURA 31-12 Diglicuronídeo de bilirrubina. Frações de glicuronato são acopladas por meio de ligações éster aos dois grupos de propionato da bilirrubina. Clinicamente, o diglicuronídeo também é chamado de bilirrubina de "reação direta".

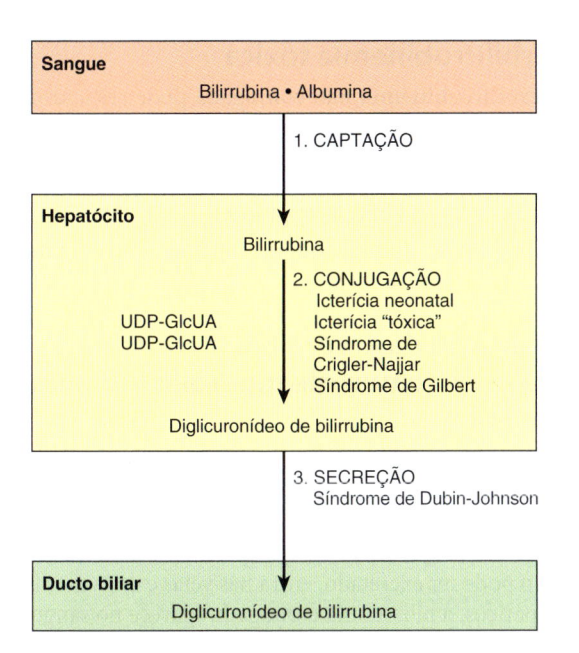

FIGURA 31-13 Representação esquemática dos três principais processos (captação, conjugação e secreção) envolvidos na transferência da bilirrubina do sangue para a bile. Algumas proteínas dos hepatócitos ligam-se à bilirrubina intracelular e podem impedir o seu efluxo para a corrente sanguínea. Os processos afetados em certas condições que causam icterícia também são mostrados.

envolvidos na transferência da bilirrubina do sangue para a bile. Os locais afetados em diversas condições que causam icterícia também são indicados.

A bilirrubina conjugada é reduzida a urobilinogênio pelas bactérias intestinais

Quando a bilirrubina conjugada alcança a parte terminal do íleo e o intestino grosso, as porções glicuronosil são removidas por β-glicuronidases (EC 3.2.1.31) bacterianas específicas. A subsequente redução pela microbiota fecal forma um grupo de tetrapirróis incolores, chamados de **urobilinogênios**. Pequenas porções de urobilinogênios são reabsorvidas na parte terminal do íleo e no intestino grosso e, subsequentemente, são reexcretadas por meio do **ciclo êntero-hepático do urobilinogênio**. Sob condições anormais, sobretudo quando é formada grande quantidade de pigmento biliar ou quando uma disfunção hepática interrompe esse ciclo intra-hepático, o urobilinogênio também pode ser excretado na urina. A maior parte dos urobilinogênios incolores formados no cólon é **oxidada** ali mesmo a **urobilinas** coloridas e são excretadas nas fezes. O escurecimento fecal após a exposição ao ar resulta da oxidação de urobilinogênios a urobilinas.

Quantificação de bilirrubina no soro

A quantificação de bilirrubina emprega um método colorimétrico com base na cor púrpuro-avermelhada formada quando a bilirrubina reage com o ácido sulfanílico diazotizado. Um ensaio conduzido na *ausência* de metanol mede a "**bilirrubina direta**", que é o **glicuronídeo bilirrubina**. Um ensaio conduzido na *presença* de metanol mede a **bilirrubina total**.

A *diferença* entre bilirrubina total e bilirrubina direta é conhecida como "**bilirrubina indireta**", que é a **bilirrubina não conjugada**.

A HIPERBILIRRUBINEMIA CAUSA ICTERÍCIA

A **hiperbilirrubinemia**, condição em que o nível sanguíneo de bilirrubina excede 1 mg por dL (17 μmol/L), pode resultar da **produção** de mais bilirrubina do que o fígado normal pode excretar, ou devido à falha de o fígado danificado **excretar** quantidades normais de bilirrubina. Na ausência de dano hepático, a **obstrução** dos ductos excretores do fígado impede a excreção de bilirrubina, e também causa hiperbilirrubinemia. Em todas essas situações, quando a concentração sanguínea de bilirrubina alcança 2 a 2,5 mg/dL, ela se difunde para os tecidos, tornando-os amarelo, uma condição denominada **icterícia**.

Ocorrência de bilirrubina não conjugada no sangue

As formas de hiperbilirrubinemia incluem a **hiperbilirrubinemia de retenção**, devido à produção excessiva de bilirrubina, e a **hiperbilirrubinemia de regurgitação**, devido ao refluxo na corrente sanguínea em consequência de obstrução biliar.

Devido à sua **hidrofobicidade**, apenas a bilirrubina *não conjugada* pode atravessar a barreira hematencefálica para o sistema nervoso central. A encefalopatia devida à hiperbilirrubinemia (**querníctero**) ocorre, portanto, apenas com bilirrubina não conjugada, como na hiperbilirrubinemia de retenção. Alternativamente, devido à sua solubilidade em água, apenas a bilirrubina *conjugada* pode aparecer na urina. Portanto, a **icterícia colúrica** (colúria refere-se à presença de pigmentos biliares na urina) só ocorre na hiperbilirrubinemia de regurgitação, e a **icterícia acolúrica** só é observada na presença de quantidades excessivas de bilirrubina não conjugada. A **Tabela 31-3** fornece uma lista de algumas causas de hiperbilirrubinemias não conjugada e conjugada. Uma hiperbilirrubinemia moderada acompanha as **anemias hemolíticas**. A hiperbilirrubinemia é geralmente modesta (< 4 mg de bilirrubina por dL; < 68 μmol/L) apesar da extensa hemólise, devido à alta capacidade de o fígado saudável metabolizar a bilirrubina.

TABELA 31-3 Algumas causas de hiperbilirrubinemias não conjugada e conjugada

Não conjugada	Conjugada
Anemias hemolíticas	Obstrução da árvore biliar
"Icterícia fisiológica" neonatal	Síndrome de Dubin-Johnson
Síndrome de Crigler-Najjar tipos I e II	Síndrome de Rotor
Síndrome de Gilbert	Doenças hepáticas, como os vários tipos de hepatite
Hiperbilirrubinemia tóxica	

Essas causas são discutidas de modo sucinto no texto. As causas comuns de obstrução da árvore biliar consistem em cálculo no ducto biliar comum e câncer da cabeça do pâncreas. Várias doenças hepáticas (p. ex., os vários tipos de hepatite) constituem causas frequentes de hiperbilirrubinemia predominantemente conjugada.

DISTÚRBIOS DO METABOLISMO DA BILIRRUBINA

"Icterícia fisiológica" neonatal

A hiperbilirrubinemia não conjugada do recém-nascido, "icterícia fisiológica", resulta da hemólise acelerada e de um sistema hepático imaturo para a captação, a conjugação e a secreção de bilirrubina. Nessa condição transitória, a atividade da bilirrubina-glicuronosiltransferase e, provavelmente, também a síntese de UDP-glicuronato estão reduzidas. Quando a concentração plasmática da bilirrubina não conjugada excede aquela que pode estar firmemente ligada à albumina (20-25 mg/dL), a bilirrubina pode penetrar na barreira hematencefálica. Se deixada sem tratamento, a **encefalopatia tóxica hiperbilirrubínica**, ou **querníctero**, resultante pode causar deficiência intelectual. A exposição de recém-nascidos com icterícia à luz azul (fototerapia) promove a excreção hepática da bilirrubina não conjugada por meio da conversão de alguns derivados que são excretados na bile; o fenobarbital, um promotor do metabolismo de bilirrubina, pode ser administrado.

Defeitos da bilirrubina UDP-glicuronosiltransferase

As glicuronosiltransferases (EC 2.4.1.17), uma família de enzimas com diferentes especificidades de substratos, aumenta a polaridade de vários fármacos e seus metabólitos, facilitando, assim, a sua excreção. A ocorrência de mutações no gene que codifica a **bilirrubina UDP-glicuronosiltransferase** pode resultar em atividade reduzida ou ausente da enzima codificada. As síndromes cuja apresentação clínica reflete a gravidade da deficiência incluem a síndrome de Gilbert e dois tipos da síndrome de Crigler-Najjar.

Síndrome de Gilbert

Contanto que cerca de 30% da atividade da bilirrubina UDP-glicuronosiltransferase sejam mantidos na síndrome de Gilbert, a condição é inócua.

Síndrome de Crigler-Najjar tipo I

A icterícia congênita grave (mais de 20 mg de bilirrubina por dL de soro) e o dano cerebral que acompanha a síndrome de Crigler-Najjar tipo I refletem a ausência completa da atividade hepática da enzima UDP-glicuronosiltransferase. A fototerapia reduz um pouco os níveis de bilirrubina no plasma, mas o fenobarbital não tem efeito benéfico. Com frequência, a doença é fatal nos primeiros 15 meses de vida.

Síndrome de Crigler-Najjar tipo II

Na síndrome de Crigler-Najjar tipo II, alguma atividade da bilirrubina UDP-glicuronosiltransferase é conservada. Por conseguinte, esse distúrbio é mais benigno do que a síndrome do tipo I. A bilirrubina sérica tende a não ultrapassar 20 mg/dL, e os pacientes respondem ao tratamento com grandes doses de fenobarbital.

Hiperbilirrubinemia tóxica

A **hiperbilirrubinemia não conjugada** pode resultar de **disfunção hepática induzida por toxina** causada, por exemplo, por clorofórmio, arsfenaminas, tetracloreto de carbono, paracetamol, vírus da hepatite, cirrose ou envenenamento pelo cogumelo *Amanita*. Essas disfunções adquiridas envolvem danos nas células do parênquima hepático, que prejudicam a conjugação de bilirrubina.

A obstrução da árvore biliar constitui a causa mais comum de hiperbilirrubinemia conjugada

Em geral, a **hiperbilirrubinemia conjugada** resulta da obstrução dos ductos hepáticos ou do ducto colédoco, mais frequentemente devido a um **cálculo biliar** ou a um **câncer da cabeça do pâncreas** (Figura 31-14). O diglicuronídeo de bilirrubina, que não pode ser excretado, entra nas veias e nos vasos linfáticos hepáticos, a bilirrubina conjugada aparece no sangue e na urina (**icterícia colúrica**), e as fezes são, na maioria das vezes, de cor clara.

O termo **icterícia colestática** inclui todos os casos de icterícia obstrutiva extra-hepática, bem como a hiperbilirrubinemia conjugada, devido à micro-obstrução dos dúctulos biliares intra-hepáticos pelos hepatócitos danificados, como pode ocorrer na hepatite infecciosa.

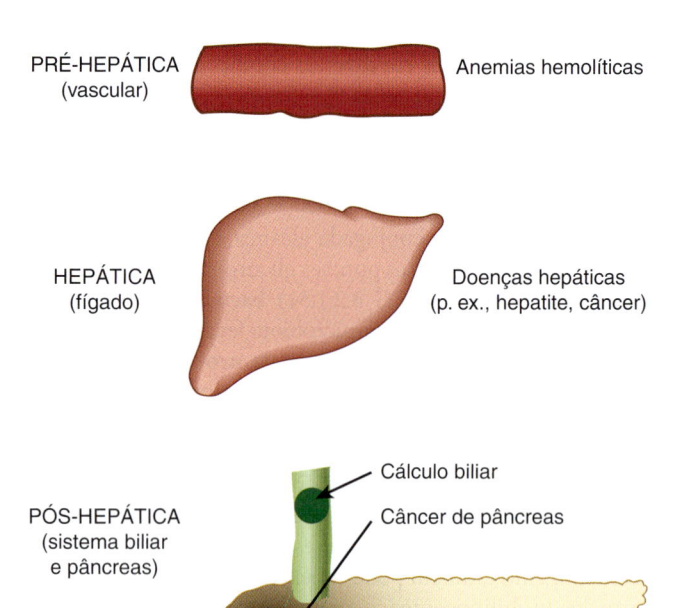

FIGURA 31-14 Principais causas de icterícia. A **icterícia pré-hepática** indica eventos na corrente sanguínea, e as principais consistem em várias formas de anemia hemolítica. A **icterícia hepática** surge em consequência de hepatite ou outras doenças hepáticas (p. ex., câncer). A **icterícia pós-hepática** refere-se a eventos na árvore biliar, em que as principais causas são a obstrução do ducto biliar comum por um cálculo biliar ou câncer da cabeça do pâncreas.

Síndrome de Dubin-Johnson

Esse distúrbio autossômico recessivo benigno consiste em **hiperbilirrubinemia conjugada** na infância ou na vida adulta. A hiperbilirrubinemia é causada por mutações no gene que codifica a proteína envolvida na **secreção** da bilirrubina conjugada na bile.

Parte da bilirrubina conjugada pode ligar-se à albumina de modo covalente

Quando os níveis de bilirrubina permanecem altos no plasma, uma fração pode ligar-se covalentemente à albumina. Essa fração, chamada de **δ-bilirrubina**, possui **maior tempo de meia-vida** no plasma do que a bilirrubina conjugada convencional e permanece elevada durante a recuperação da icterícia obstrutiva. No entanto, alguns pacientes continuam a apresentar icterícia mesmo após o nível de bilirrubina conjugada circulante retornar ao normal.

Urobilinogênio e bilirrubina na urina são indicadores clínicos

Na **obstrução completa do ducto biliar**, a bilirrubina não tem acesso ao intestino para conversão em urobilinogênio, de forma que o urobilinogênio não está presente na urina. A presença de bilirrubina conjugada na urina sem urobilinogênio sugere icterícia obstrutiva intra-hepática ou pós-hepática.

Na **icterícia secundária à hemólise**, a produção aumentada de bilirrubina resulta em aumento da produção de **urobilinogênio**, que aparece na urina em grandes quantidades. Em geral, a bilirrubina não é encontrada na urina na icterícia hemolítica. Assim, a combinação de urobilinogênio aumentado e ausência de bilirrubina é sugestiva de icterícia hemolítica. A destruição aumentada no sangue por qualquer etiologia provoca aumento do urobilinogênio urinário.

A **Tabela 31-4** fornece um resumo dos resultados laboratoriais obtidos em pacientes com icterícia por causas pré-hepáticas, hepáticas ou pós-hepáticas: **anemia hemolítica** (causa pré-hepática), **hepatite** (causa hepática) e **obstrução do ducto biliar comum** (causa pós-hepática) (ver Figura 31-14). Os testes laboratoriais no **sangue** (avaliação da possibilidade de anemia hemolítica e medida do tempo de protrombina) e no **soro** (p. ex., eletroforese de proteínas; fosfatase alcalina e atividades das enzimas alanina-aminotransferase e aspartato-aminotransferase) também ajudam a distinguir as causas da icterícia entre pré-hepática, hepática e pós-hepática.

RESUMO

- O heme de hemoproteínas, como a hemoglobina e os citocromos, é uma porfirina contendo ferro que consiste em quatro anéis pirrólicos unidos por pontes meteno.

- Os oito substituintes metil, vinil e propionil nos quatro anéis pirrólicos do heme estão dispostos em uma sequência específica. O íon metálico (Fe^{2+} na hemoglobina; Mg^{2+} na clorofila) está ligado aos quatro átomos de nitrogênio dos anéis pirrólicos.

- A biossíntese do anel do heme envolve oito reações catalisadas por enzimas, algumas das quais ocorrem nas mitocôndrias, enquanto outras são observadas no citosol.

- A síntese do heme começa com a condensação da succinil-CoA e da glicina para formar ALA. Essa reação é catalisada pela ALAS1, a enzima reguladora da biossíntese do heme.

- A síntese de ALAS1 aumenta em resposta a um baixo nível de heme disponível. Por exemplo, certos fármacos (como o fenobarbital) desencadeiam indiretamente a síntese aumentada de ALAS1 ao promover a síntese da hemeproteína, o citocromo P450, com consequente depleção do reservatório do heme. Em contrapartida, a ALAS2 não é regulada pelos níveis de heme e, consequentemente, não é afetada por fármacos que promovem a síntese do citocromo P450.

- As anormalidades genéticas em 7 das 8 enzimas da biossíntese do heme resultam em porfirias hereditárias. As hemácias e o fígado são os principais locais de expressão das porfirias. Queixas comuns consistem em fotossensibilidade e problemas neurológicos. A ingestão de certas toxinas (p. ex., chumbo) pode causar porfirias adquiridas. Quantidades aumentadas de porfirinas ou de seus precursores podem ser detectadas no sangue e na urina, facilitando o estabelecimento do diagnóstico.

- O catabolismo do anel do heme, iniciado pela enzima mitocondrial hemeoxigenase, produz a biliverdina, um tetrapirrol linear. A redução subsequente de biliverdina no citosol forma bilirrubina.

- A bilirrubina liga-se à albumina para o transporte dos tecidos periféricos até o fígado, onde é capturada pelos hepatócitos. O ferro do heme é liberado e reutilizado.

TABELA 31-4 Resultados laboratoriais em indivíduos saudáveis e em pacientes com três causas diferentes de icterícia

Condição	Bilirrubina sérica	Urobilinogênio urinário	Bilirrubina urinária	Urobilinogênio fecal
Normal	Direta: 0,1-0,4 mg/dL Indireta: 0,2-0,7 mg/dL	0-4 mg/24 h	Ausente	40-280 mg/24 h
Anemia hemolítica	↑ Indireta	Aumentado	Ausente	Aumentado
Hepatite	↑ Direta e indireta	Reduzido se houver micro-obstrução	Presente se houver micro-obstrução	Diminuído
Icterícia obstrutiva[a]	↑ Direta	Ausente	Presente	De traços a ausente

[a] As causas mais comuns de icterícia obstrutiva (pós-hepática) consistem em câncer da cabeça do pâncreas e cálculo alojado no ducto biliar comum. A presença de bilirrubina na urina é, algumas vezes, designada como colúria – assim, a hepatite e a obstrução do ducto biliar comum causam icterícia colúrica, ao passo que a icterícia da anemia hemolítica é designada como acolúrica. Os resultados laboratoriais em pacientes com hepatite são variáveis, dependendo da extensão da lesão das células parenquimatosas e do grau de micro-obstrução dos dúctulos biliares. Os níveis séricos de **alanina-aminotransferase** (ALT) e **aspartato-aminotransferase** (AST) estão, em geral, acentuadamente elevados na hepatite, e os níveis séricos de **fosfatase alcalina** estão elevados na doença hepática obstrutiva.

- A solubilidade em água da bilirrubina é aumentada pela adição de 2 mols da cadeia glicuronosil altamente polar, derivada do UDP-glicuronato, por mol de bilirrubina. O acoplamento das cadeias glicuronosil é catalisado pela enzima bilirrubina UDP-glicuronosiltransferase, a qual faz parte de uma grande família de enzimas com diferentes especificidades de substrato que aumenta a polaridade de vários fármacos e de seus metabólitos, facilitando sua excreção.

- As mutações no gene codificante resultam em atividade reduzida ou ausente da bilirrubina UDP-glicuronosiltransferase. Situações clínicas que refletem a gravidade da(s) mutação(ões) incluem a síndrome de Gilbert e dois tipos de síndrome de Crigler-Najjar, condições cuja gravidade dependem da extensão da atividade enzimática remanescente.

- Após a secreção de bilirrubina da bile para o intestino, enzimas bacterianas convertem a bilirrubina em urobilinogênio e urobilina, que são excretadas nas fezes e na urina.

- As análises colorimétricas da bilirrubina empregam a cor formada quando a bilirrubina reage com o ácido sulfanílico diazotizado. Os ensaios conduzidos na *ausência* de metanol medem a "bilirrubina direta" (i.e., glicuronídeo de bilirrubina). Os ensaios conduzidos na *presença* de metanol medem a bilirrubina total. A diferença entre a bilirrubina total e a bilirrubina direta, chamada de "bilirrubina indireta", é a bilirrubina não conjugada.

- A icterícia resulta de um nível elevado de bilirrubina no plasma. As causas da icterícia podem ser classificadas em pré-hepática (p. ex., anemias hemolíticas), hepática (p. ex., hepatite) e pós-hepática (p. ex., obstrução do ducto biliar comum). A quantificação de bilirrubina total e não conjugada no plasma, de urobilinogênio e bilirrubina na urina, da atividade de certas enzimas séricas e a análise de amostras de fezes ajudam a distinguir entre as causas da icterícia.

REFERÊNCIAS

Ajioka RS, Phillips JD, Kushner JP: Biosynthesis of heme in mammals. Biochim Biophys Acta 2006;1763:723.

Desnick RJ, Astrin KH: The porphyrias. In *Harrison's Principles of Internal Medicine*, 17th ed. Fauci AS (editor). McGraw-Hill, 2008.

Dufour DR: Liver disease. In *Tietz Textbook of Clinical Chemistry and Molecular Diagnostics*, 4th ed. Burtis CA, Ashwood ER, Bruns DE (editors). Elsevier Saunders, 2006.

Higgins T, Beutler E, Doumas BT: Hemoglobin, iron and bilirubin. In *Tietz Textbook of Clinical Chemistry and Molecular Diagnostics*, 4th ed. Burtis CA, Ashwood ER, Bruns DE (editors). Elsevier Saunders, 2006.

Pratt DS, Kaplan MM: Evaluation of liver function. In *Harrison's Principles of Internal Medicine*, 17th ed. Fauci AS (editor). McGraw-Hill, 2008.

Wolkoff AW: The hyperbilirubinemias. In *Harrison's Principles of Internal Medicine*, 17th ed. Fauci AS (editor). McGraw-Hill, 2008.

Questões para estudo

Seção VI – Metabolismo das proteínas e dos aminoácidos

1. Selecione a alternativa INCORRETA:
   A. A Δ^1-pirrolina-5-carboxilato é um intermediário tanto na biossíntese quanto no catabolismo da L-prolina.
   B. Os tecidos humanos podem formar aminoácidos não essenciais na dieta a partir de intermediários anfibólicos ou a partir de aminoácidos nutricionalmente essenciais.
   C. Nos seres humanos, o tecido hepático pode formar serina a partir do intermediário glicolítico, o 3-fosfoglicerato.
   D. A reação catalisada pela fenilalanina-hidroxilase é responsável pela interconversão entre fenilalanina e tirosina.
   E. O poder redutor da tetra-hidrobiopterina deriva, em última análise, do NADPH.

2. Identifique o metabólito que NÃO serve como precursor de um aminoácido nutricionalmente essencial:
   A. α-Cetoglutarato.
   B. 3-Fosfoglicerato.
   C. Glutamato.
   D. Aspartato.
   E. Histamina.

3. Selecione a alternativa INCORRETA:
   A. A selenocisteína está presente nos sítios ativos de certas enzimas humanas.
   B. A selenocisteína é inserida em proteínas por um processo pós-traducional.
   C. A transaminação dos α-cetoácidos da dieta pode substituir os aminoácidos essenciais na dieta – a leucina, a isoleucina e a valina.
   D. A conversão da peptidil-prolina em peptidil-4-hidroxiprolina é acompanhada de incorporação de oxigênio no succinato.
   E. A serina e a glicina são interconvertidas em uma única reação da qual participam derivados do tetra-hidrofolato.

4. Selecione a alternativa CORRETA:
   A primeira reação na degradação da maioria dos aminoácidos proteicos envolve a participação de:
   A. NAD^+.
   B. Tiamina-pirofosfato (TPP).
   C. Piridoxal-fosfato.
   D. FAD.
   E. NAD^+ e TPP.

5. Identifique o aminoácido que é o principal contribuinte para o transporte do nitrogênio destinado à excreção como ureia:
   A. Alanina.
   B. Glutamina.
   C. Glicina.
   D. Lisina.
   E. Ornitina.

6. Selecione a alternativa INCORRETA:
   A. A síndrome de Angelman está associada a uma ubiquitina-E3-ligase defeituosa.
   B. Após uma refeição rica em proteína, os tecidos esplâncnicos liberam predominantemente aminoácidos de cadeia lateral ramificada, que são captados pelo tecido muscular periférico.
   C. A taxa de gliconeogênese hepática a partir da glutamina ultrapassa a de qualquer outro aminoácido.
   D. A conversão de um α-aminoácido em seu α-cetoácido correspondente, em uma reação catalisada pela L-α-amino-oxidase, é acompanhada da liberação de NH_4^+.
   E. Sinais e sintomas semelhantes ou até mesmo idênticos podem estar associados a diferentes mutações do gene que codifica uma determinada enzima.

7. Selecione a alternativa INCORRETA:
   A. As sequências de PEST marcam algumas proteínas para a sua rápida degradação.
   B. Normalmente, o ATP e a ubiquitina participam da degradação das proteínas associadas à membrana e de outras proteínas com meias-vidas longas.
   C. As moléculas de ubiquitina estão ligadas a proteínas-alvo por ligações não α-peptídicas.
   D. Os descobridores da degradação de proteínas mediada pela ubiquitina receberam o Prêmio Nobel.
   E. A degradação das proteínas marcadas com ubiquitina ocorre no proteassomo, uma macromolécula de múltiplas subunidades encontrada em todos os eucariotos.

8. Nos distúrbios metabólicos do ciclo da ureia, qual das seguintes alternativas está INCORRETA?
   A. A intoxicação por amônia é mais grave quando o bloqueio metabólico no ciclo da ureia ocorre antes da reação catalisada pela argininossuccinato-sintase.
   B. Os sintomas clínicos consistem em deficiência intelectual e esquiva de alimentos ricos em proteína.
   C. Os sinais clínicos incluem acidose.
   D. O aspartato fornece o segundo nitrogênio do argininossuccinato.
   E. O manejo dietético concentra-se em uma dieta hipoproteica, com frequentes refeições pequenas.

9. Selecione a alternativa INCORRETA:
   A. Uma função metabólica da glutamina consiste em sequestrar o nitrogênio em uma forma atóxica.
   B. A glutamato-desidrogenase hepática é alostericamente inibida pelo ATP e ativada pelo ADP.
   C. A ureia é formada a partir da amônia absorvida produzida pelas bactérias entéricas e a partir da amônia gerada pela atividade metabólica dos tecidos.
   D. A ação combinada da glutamato-desidrogenase e da glutamato-aminotransferase pode ser denominada transdesaminação.
   E. O fumarato gerado durante a biossíntese do arginossuccinato forma, em última análise, oxalacetato em reações que ocorrem nas mitocôndrias, catalisadas, sucessivamente, pela fumarase e pela malato-desidrogenase.

10. Selecione a alternativa INCORRETA:
    A. A treonina fornece a fração tioetanol para a biossíntese de coenzima A.
    B. A histamina origina-se a partir da descarboxilação da histidina.
    C. A ornitina atua como precursor da espermina e da espermidina.
    D. A serotonina e a melatonina são metabólitos do triptofano.
    E. A glicina, a arginina e a metionina contribuem, cada uma delas, com átomos para a biossíntese de creatina.

11. Selecione a alternativa INCORRETA:
    A. A creatinina excretada é uma função da massa muscular e pode ser utilizada para determinar se um paciente forneceu uma amostra completa de urina de 24 horas.
    B. Muitos fármacos e seus catabólitos são excretados na urina como conjugados de glicina.
    C. O principal destino metabólico não proteico da metionina consiste em sua conversão em S-adenosilmetionina.
    D. A concentração de histamina no hipotálamo exibe um ritmo circadiano.
    E. A descarboxilação da glutamina forma o neurotransmissor inibitório GABA (γ-aminobutirato).

12. O que distingue as vias pelas quais cada um dos seguintes aminoácidos aparece em proteínas humanas?

    5-Hidroxilisina

    γ-Carboxiglutamato

    Selenocisteína

13. Qual vantagem evolutiva poderia ser adquirida pelo fato de que certos aminoácidos são *nutricionalmente* essenciais para os seres humanos?

14. Como você poderia explicar o fato de que não foram detectados defeitos metabólicos que resultam na ausência completa de atividade da glutamato-desidrogenase?

15. Qual das seguintes alternativas NÃO é uma hemoproteína?
    A. Mioglobina.
    B. Citocromo *c*.
    C. Catalase.
    D. Citocromo P450.
    E. Albumina.

16. Um homem de 30 anos de idade chegou a uma clínica com história de dor abdominal intermitente e episódios de confusão e problemas psiquiátricos. Os exames laboratoriais revelaram aumentos nos níveis urinários de δ-aminolevulinato e de porfobilinogênio. A análise mutacional revelou uma mutação no gene da uroporfirinogênio I-sintase (porfobilinogênio-desaminase). O diagnóstico provável foi:
    A. Porfiria intermitente aguda.
    B. Anemia sideroblástica ligada ao X.
    C. Porfiria eritropoiética congênita.
    D. Porfiria cutânea tardia.
    E. Porfiria variegata.

17. Selecione a alternativa INCORRETA:
    A. A bilirrubina é um tetrapirrol cíclico.
    B. A bilirrubina ligada à albumina é transportada até o fígado.
    C. A bilirrubina em níveis elevados pode causar dano ao encéfalo de recém-nascidos.
    D. A bilirrubina contém grupos metil e vinil.
    E. A bilirrubina não contém ferro.

18. Uma mulher de 62 anos de idade chegou a uma clínica com icterícia intensa, que aumentou constantemente no decorrer dos 3 meses precedentes. A paciente forneceu uma história de dor intensa na parte superior do abdome, irradiando-se para as costas, além de uma considerável perda de peso. Ela observou que suas fezes estavam muito claras há algum tempo. Os exames laboratoriais revelaram um nível muito elevado de bilirrubina direta, bem como elevação da bilirrubina urinária. O nível plasmático de alanina-aminotransferase (ALT) estava apenas ligeiramente elevado, enquanto o nível de fosfatase alcalina estava acentuadamente elevado. A ultrassonografia do abdome não revelou nenhuma evidência de cálculos biliares. Com base nesses dados, qual é o diagnóstico mais provável?
    A. Síndrome de Gilbert.
    B. Anemia hemolítica.
    C. Síndrome de Crigler-Najjar tipo I.
    D. Carcinoma de pâncreas.
    E. Hepatite infecciosa.

19. Os laboratórios clínicos normalmente utilizam o ácido sulfanílico diazotizado para medir o nível sérico de bilirrubina e seus derivados. Qual é a base física que permite ao laboratório fornecer resultados ao médico em termos dessas duas formas de bilirrubina?

20. O que assinala a ocorrência de síntese do heme?

SEÇÃO VII
Estrutura, função e replicação de macromoléculas informacionais

CAPÍTULO 32

Nucleotídeos

Victor W. Rodwell, Ph.D.

OBJETIVOS

Após o estudo deste capítulo, você deve ser capaz de:

- Escrever as fórmulas estruturais que representam os amino e oxotautômeros de uma purina e de uma pirimidina e especificar qual tautômero predomina em condições fisiológicas.
- Reproduzir as fórmulas estruturais dos principais nucleotídeos presentes no DNA e no RNA e dos nucleotídeos menos comuns: a 5-metilcitosina, a 5-hidroximetilcitosina e a pseudouridina (ψ).
- Representar a D-ribose ou a 2-desoxi-D-ribose ligadas com conformação *syn* ou *anti* a uma purina, nomear a ligação entre o açúcar e a base e indicar qual conformação predomina na maioria das condições fisiológicas.
- Numerar os átomos de C e N de um ribonucleosídeo pirimidínico e de um desoxirribonucleosídeo purínico, incluindo o uso de um número marcado para os átomos de C dos açúcares.
- Comparar o potencial de transferência do grupo fosforil de cada grupo fosforil de um nucleosídeo-trifosfato.
- Descrever, em linhas gerais, as funções fisiológicas dos fosfodiésteres cíclicos cAMP e cGMP.
- Reconhecer que os polinucleotídeos são macromoléculas direcionais compostas por mononucleotídeos ligados por ligações fosfodiéster 3′ → 5′.
- Compreender que, nas representações abreviadas das estruturas dos polinucleotídeos, como pTpGpT ou TGCATCA, a extremidade 5′ é sempre mostrada à esquerda, e todas as ligações fosfodiéster são 3′ → 5′.
- Indicar os mecanismos pelos quais os análogos sintéticos específicos de bases púricas e pirimídicas e seus derivados, que atuam como agentes antineoplásicos, inibem o metabolismo.

IMPORTÂNCIA BIOMÉDICA

Além de atuar como precursores de ácidos nucleicos, os nucleotídeos purínicos e pirimidínicos atuam em funções metabólicas diversificadas, como o metabolismo energético, a síntese de proteínas, a regulação da atividade enzimática e a transdução de sinais. Quando ligados a vitaminas ou derivados de vitaminas, os nucleotídeos constituem uma porção de muitas coenzimas. Como principais doadores e aceptores de grupos fosforil no metabolismo, os nucleosídeos tri e difosfato, como trifosfato de adenosina (ATP, do inglês *adenosine triphosphate*) e difosfato de adenosina (ADP, do inglês *adenosine diphosphate*), desempenham o principal papel na transdução de energia que acompanha as interconversões metabólicas e a fosforilação oxidativa. Os nucleosídeos, ligados a açúcares ou a lipídeos, constituem intermediários essenciais de biossíntese. Os derivados de açúcar, UDP-glicose e UDP-galactose, participam das interconversões de açúcares, bem como da biossíntese de amido e glicogênio. De modo semelhante, os derivados de nucleosídeo-lipídeo, como o CDP-acilglicerol, são intermediários na biossíntese de lipídeos. Os papéis desempenhados pelos nucleotídeos na regulação metabólica incluem a fosforilação dependente de ATP de enzimas metabólicas essenciais, a regulação alostérica de enzimas por ATP, ADP, monofosfato de adenosina (AMP, do inglês *adenosine monophosphate*) e trifosfato de citidina (CTP, do inglês *cytidine triphosphate*) e o controle da taxa de fosforilação oxidativa pelo ADP. Os nucleotídeos cíclicos cAMP e cGMP atuam como segundos mensageiros em eventos regulados por hormônios, e tanto o trifosfato de guanosina (GTP, do inglês *guanosine triphosphate*) quanto o difosfato de guanosina (GDP, do inglês *guanosine diphosphate*) desempenham papéis fundamentais na cascata de eventos que caracterizam as vias de transdução de sinais. Além das funções centrais que os nucleotídeos exercem no metabolismo, as suas aplicações médicas incluem o uso de análogos sintéticos purínicos e pirimidínicos, que contêm halogênios, tióis ou átomos de nitrogênio adicional, na quimioterapia do câncer e na síndrome da imunodeficiência adquirida (Aids, do inglês *acquired immunodeficiency syndrome*) e como supressores da resposta imune durante o transplante de órgãos.

QUÍMICA DE PURINAS, PIRIMIDINAS, NUCLEOSÍDEOS E NUCLEOTÍDEOS

As purinas e as pirimidinas são compostos heterocíclicos

As purinas e as pirimidinas são estruturas cíclicas **heterocíclicas** contendo nitrogênio que apresentam, além dos átomos de carbono, outros átomos (heteroátomos), como o nitrogênio. A molécula menor, que é a pirimidina, tem o nome maior, e a molécula maior, que é a purina, tem o nome menor, com os anéis de seis átomos numerados em sentidos opostos (**Figura 32-1**). As purinas ou as pirimidinas com um grupo —NH_2 são bases fracas (valores de pK_a de 3 a 4), embora o próton presente em pH baixo esteja associado, não ao grupo amino exocíclico como seria de esperar, mas a um nitrogênio do anel, geralmente N1 da adenina, N7 da guanina e N3 da citosina.

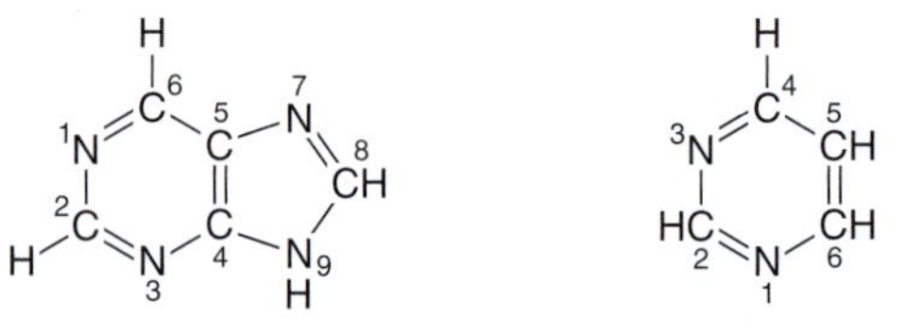

FIGURA 32-1 **Purina e pirimidina.** Os átomos estão numerados de acordo com o sistema internacional.

A estrutura planar das purinas e das pirimidinas facilita a sua estreita associação, ou "empilhamento", o que estabiliza o ácido desoxirribonucleico (DNA, do inglês *deoxyribonucleic acid*) de dupla-fita (ver Capítulo 34). Os grupos oxo e amino das purinas e das pirimidinas exibem **tautomerismo** cetoenol e amino-imina (**Figura 32-2**), porém as condições fisiológicas favorecem fortemente as formas amino e oxo.

Os nucleosídeos são *N*-glicosídeos

Os **nucleosídeos** são derivados das purinas e das pirimidinas com um açúcar ligado a um nitrogênio do anel de uma purina ou pirimidina. Os números com apóstrofo (p. ex., 2' ou 3') distinguem os átomos de açúcar dos átomos do heterociclo. O açúcar nos **ribonucleosídeos** é a D-ribose, ao passo que, nos **desoxirribonucleosídeos**, é a 2-desoxi-D-ribose. Ambos os açúcares estão ligados ao heterociclo por uma **ligação β-*N*-glicosídica**, quase sempre no *N*-1 de uma pirimidina ou no *N*-9 de uma purina (**Figura 32-3**).

Os nucleotídeos são nucleosídeos fosforilados

Os **mononucleotídeos** são **nucleosídeos** com um grupo fosforil esterificado a um grupo hidroxila do açúcar. Os nucleotídeos 3' e 5' são nucleosídeos com um grupo fosforil no grupo hidroxila 3' ou 5' do açúcar, respectivamente. Como os nucleotídeos são, em sua maioria, 5', o prefixo "5'-" é geralmente omitido em sua denominação. Por isso, o UMP e o dAMP representam nucleotídeos com um grupo fosforil no C-5 da pentose. Outros grupos fosforil, ligados por **ligações de anidrido ácido** ao grupo fosforil de um mononucleotídeo, formam os **nucleosídeos difosfato e trifosfato** (**Figura 32-4**).

Os *N*-glicosídeos heterocíclicos existem nas conformações *syn* e *anti*

O impedimento estérico proporcionado pela base heterocíclica não permite a liberdade de rotação em torno da ligação β-*N*-glicosídica dos nucleosídeos ou nucleotídeos. Logo, ambos ocorrem nas **conformações *syn* ou *anti*** não interconversíveis (**Figura 32-5**). Ambas as conformações, *syn* e *anti*, ocorrem na natureza, mas a conformação *anti* é a predominante.

FIGURA 32-2 **Tautomerismo dos grupos funcionais oxo e amino das purinas e pirimidinas.**

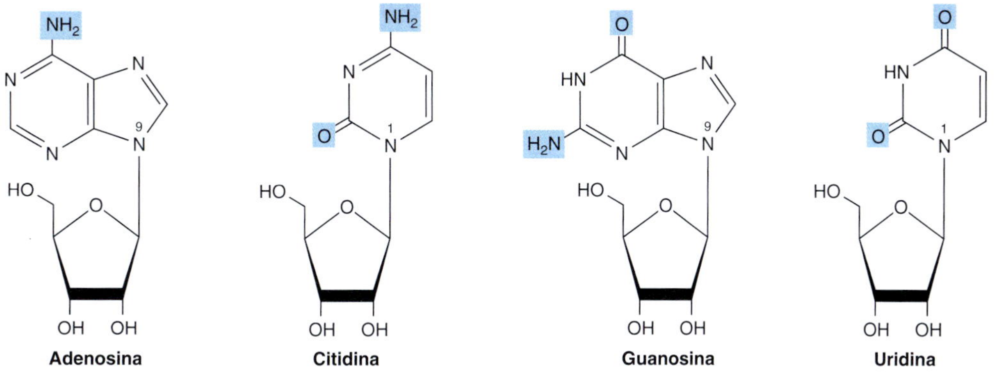

FIGURA 32-3 Ribonucleosídeos apresentados na conformação *syn*.

A **Tabela 32-1** fornece uma lista das principais purinas e pirimidinas e seus derivados nucleosídeos e nucleotídeos. São utilizadas abreviaturas de uma letra para identificar a adenina (A), a guanina (G), a citosina (C), a timina (T) e a uracila (U), estejam em sua forma livre ou presentes em nucleosídeos ou nucleotídeos. O prefixo "d" (desoxi) indica que o açúcar é 2′-desoxi-D-ribose (p. ex., no dATP) (**Figura 32-6**).

A modificação de polinucleotídeos pode gerar estruturas adicionais

Ocorrem pequenas quantidades de purinas e pirimidinas adicionais no DNA e nos RNAs. Exemplos incluem a 5-metilcitosina do DNA bacteriano e humano, a 5-hidroximetilcitosina dos ácidos nucleicos bacterianos e virais, e a adenina e a guanina mono e di-*N*-metiladas dos RNAs mensageiros de mamíferos (**Figura 32-7**), que atuam no reconhecimento de oligonucleotídeos e na regulação das meias-vidas dos RNAs. Bases heterocíclicas livres incluem a hipoxantina, a xantina e o ácido úrico (**Figura 32-8**), intermediários no catabolismo de adenina e guanina (ver Capítulo 33). Os heterociclos metilados de vegetais incluem os derivados da xantina – a cafeína do café, a teofilina do chá e a teobromina do cacau (**Figura 32-9**).

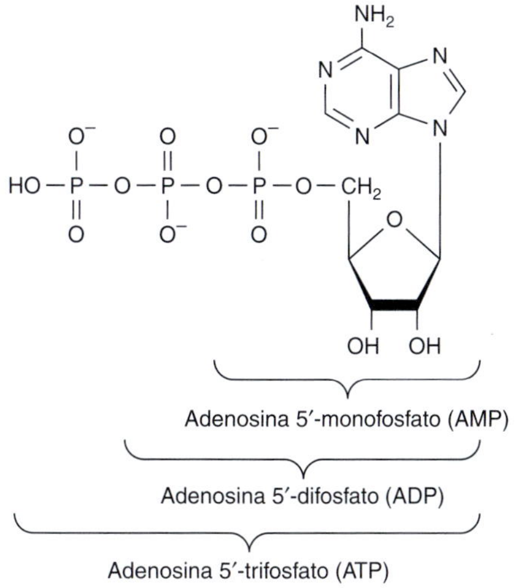

Os nucleotídeos são ácidos polifuncionais

Os grupos fosforil primários e secundários dos nucleosídeos apresentam valores de pK_a de cerca de 1,0 e 6,2, respectivamente. Por isso, os nucleotídeos apresentam carga negativa significativa em pH fisiológico. Os valores de pK_a dos grupos fosforil secundários permitem que eles atuem tanto como doadores quanto como aceptores de prótons em valores de pH de aproximadamente duas ou mais unidades acima ou abaixo da neutralidade.

Os nucleotídeos absorvem luz ultravioleta

As ligações duplas conjugadas dos derivados purínicos e pirimidínicos absorvem luz ultravioleta. Embora os espectros sejam dependentes do pH, no pH 7 todos os nucleotídeos comuns absorvem luz em um comprimento de onda próximo a 260 nm. Desse modo, a concentração de nucleotídeos e de ácidos nucleicos é frequentemente expressa em termos de "absorbância a 260 nm". O efeito mutagênico da luz ultravioleta deve-se à sua absorção por nucleotídeos no DNA, resultando em modificações químicas (ver Capítulo 35).

Os nucleotídeos desempenham diversas funções fisiológicas

Além de seus papéis como precursores dos ácidos nucleicos, o ATP, o GTP, o UTP, o CTP e seus derivados desempenham, cada um deles, funções fisiológicas específicas discutidas em

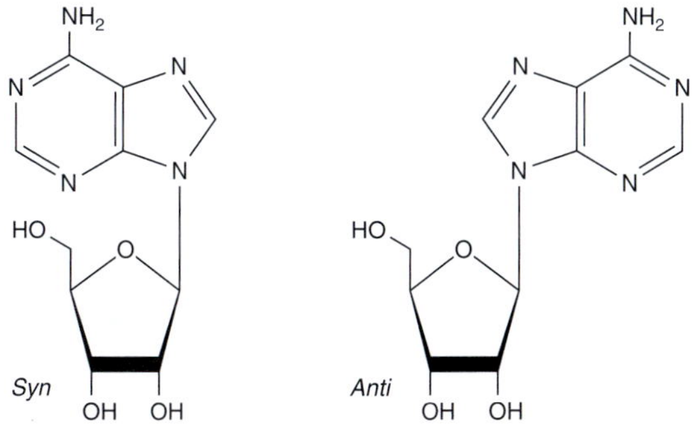

FIGURA 32-4 ATP, seu difosfato e seu monofosfato.

FIGURA 32-5 As conformações *syn* e *anti* da adenosina diferem quanto à orientação em torno da ligação *N*-glicosídica.

TABELA 32-1 Bases púricas, ribonucleosídeos e ribonucleotídeos

Purina ou pirimidina	X = H	X = Ribose	X = Ribose-fosfato
(Adenina)	Adenina	Adenosina	Monofosfato de adenosina (AMP)
(Guanina)	Guanina	Guanosina	Monofosfato de guanosina (GMP)
(Citosina)	Citosina	Citidina	Monofosfato de citidina (CMP)
(Uracila)	Uracila	Uridina	Monofosfato de uridina (UMP)
(Timina)	Timina	Timidina	Monofosfato de timidina (TMP)

outros capítulos. Entre os exemplos, destacam-se o papel do ATP como principal transdutor biológico de energia livre, e o segundo mensageiro cAMP (**Figura 32-10**). A concentração intracelular média de ATP, o nucleotídeo livre mais abundante nas células de mamíferos, é de cerca de 1 mmol/L. Uma vez que existe pouca necessidade de cAMP, a concentração intracelular de cAMP (cerca de 1 nmol/L) é seis ordens de magnitude abaixo da concentração de ATP. Outros exemplos incluem adenosina 3′-fosfato-5′-fosfossulfato (**Figura 32-11**), o doador de sulfato para os proteoglicanos sulfatados (ver Capítulo 50) e para a conjugação de fármacos com sulfato; e o doador de grupo metil, S-adenosilmetionina (**Figura 32-12**). O GTP funciona como regulador alostérico e como fonte de energia para a síntese de proteínas, enquanto o cGMP

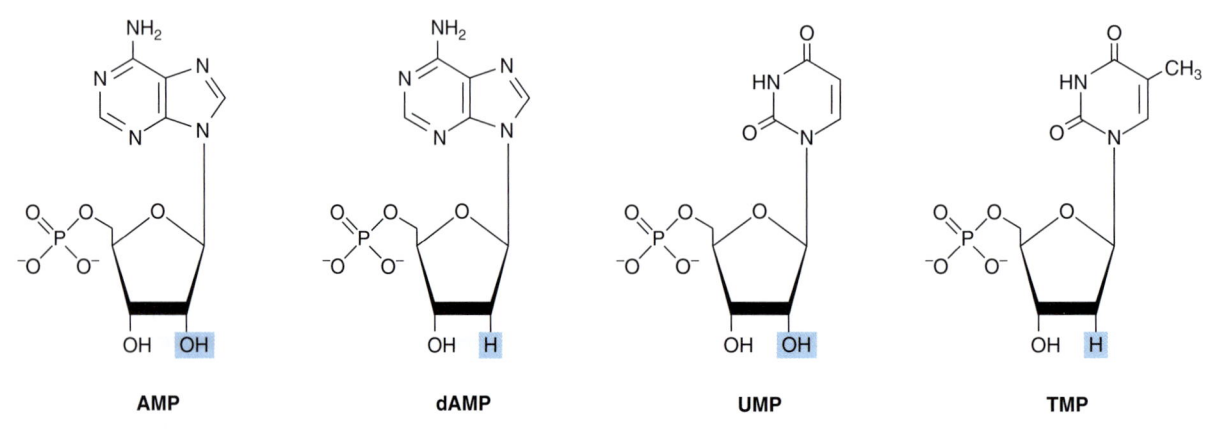

FIGURA 32-6 Estrutura do AMP, dAMP, UMP e TMP.

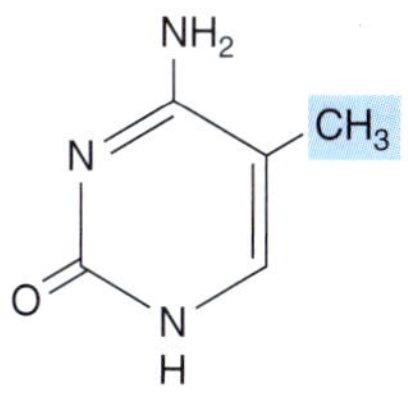

5-Metilcitosina

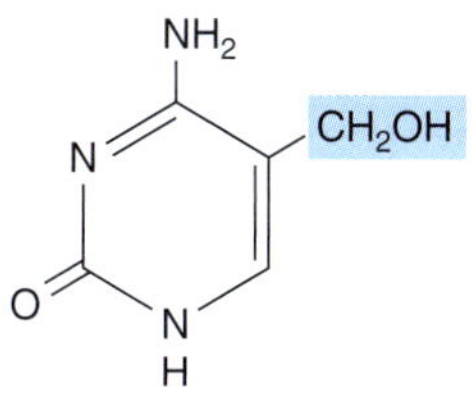

5-Hidroximetilcitosina

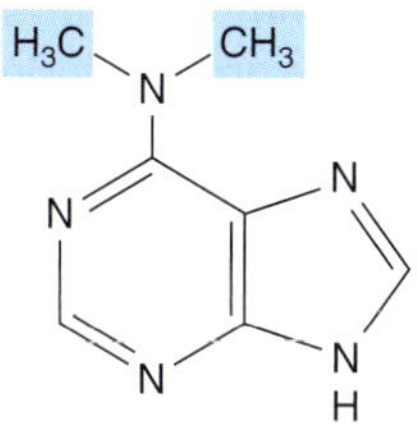

Dimetilaminoadenina

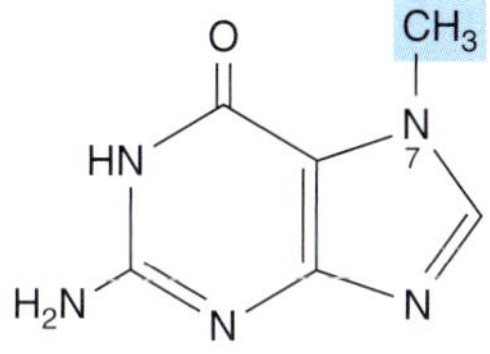

7-Metilguanina

FIGURA 32-7 Quatro pirimidinas e purinas incomuns de ocorrência natural.

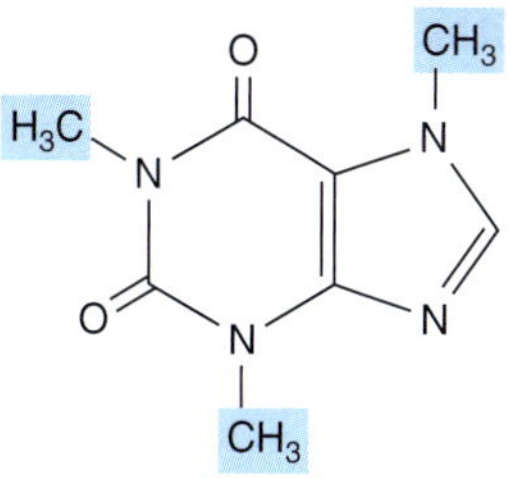

FIGURA 32-9 **Cafeína, uma trimetilxantina.** As dimetilxantinas teobromina e teofilina são semelhantes, mas carecem do grupo metila em *N*-1 e *N*-7, respectivamente.

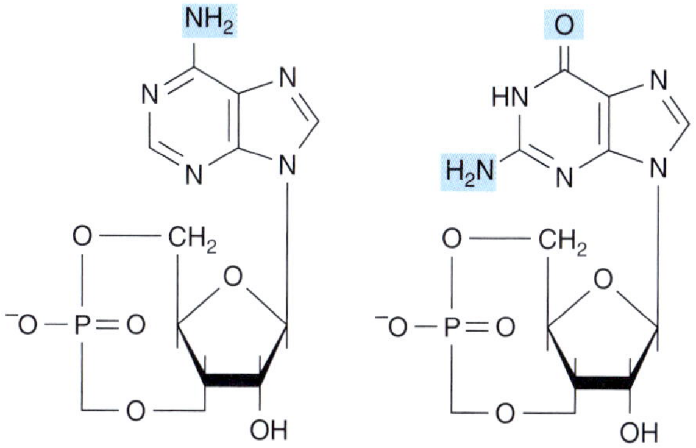

(Figura 32-10) atua como segundo mensageiro em resposta ao óxido nítrico (NO) durante o relaxamento do músculo liso (ver Capítulo 51).

Os derivados de UDP-açúcar participam das epimerizações dos açúcares e da biossíntese de glicogênio (ver Capítulo 18), de glicosil dissacarídeos e de oligossacarídeos das glicoproteínas e dos proteoglicanos (ver Capítulos 46 e 50). O UDP-ácido glicurônico forma os conjugados de glicuronídeo de bilirrubina urinários (ver Capítulo 31) e de muitos fármacos, incluindo o ácido acetilsalicílico. O CTP participa da biossíntese de fosfoglicerídeos, de esfingomielina e de outras esfingosinas substituídas (ver Capítulo 24). Por fim, muitas coenzimas também incorporam nucleotídeos e estruturas semelhantes aos nucleotídeos purínicos e pirimidínicos (**Tabela 32-2**).

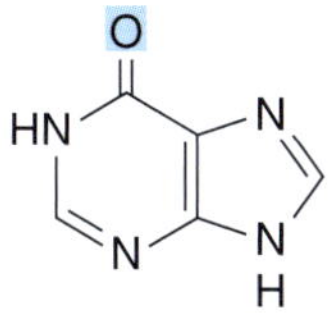

FIGURA 32-10 cAMP, 3′,5′-AMP cíclico e cGMP, 3′,5′-GMP cíclico.

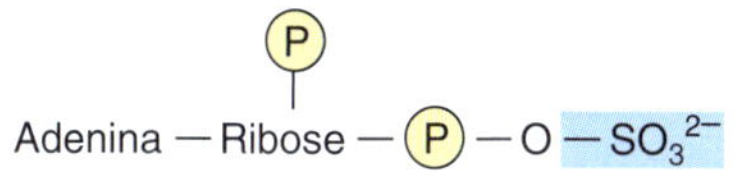

FIGURA 32-11 Adenosina 3′-fosfato-5′-fosfossulfato.

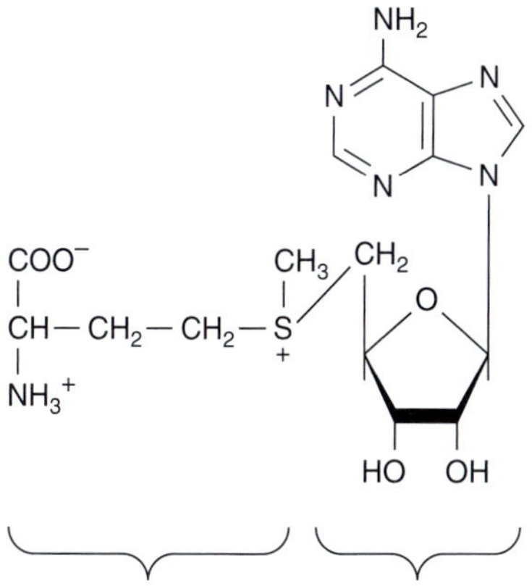

Hipoxantina
(6-oxopurina)

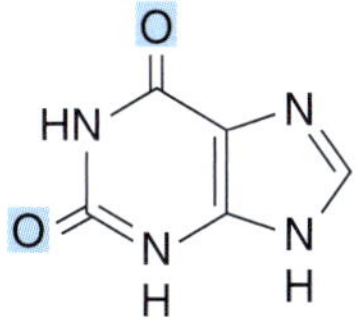

Xantina
(2,6-dioxopurina)

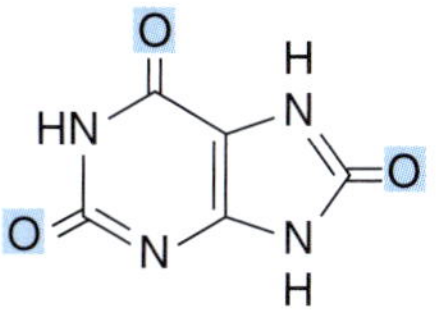

Ácido úrico
(2,6,8-trioxipurina)

FIGURA 32-8 Estruturas da hipoxantina, da xantina e do ácido úrico, representadas como tautômeros oxo.

FIGURA 32-12 S-Adenosilmetionina.

TABELA 32-2 Muitas coenzimas e compostos relacionados são derivados do monofosfato de adenosina

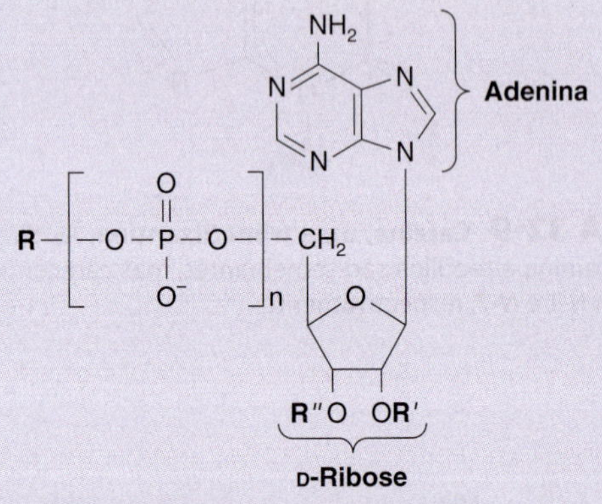

Coenzima	R	R'	R"	n
Metionina ativa	Metionina[a]	H	H	0
Adenilatos de aminoácidos	Aminoácido	H	H	1
Sulfato ativo	SO_3^{2-}	H	PO_3^{2-}	1
3',5'-AMP cíclico	—	H	PO_3^{2-}	1
NAD[b]	Nicotinamida	H	H	2
NADP[b]	Nicotinamida	PO_3^{2-}	H	2
FAD	Riboflavina	H	H	2
Coenzima A	Pantotenato	H	PO_3^{2-}	2

[a] Substitui o grupo fosforil.
[b] R é um derivado da vitamina B.

Os nucleosídeos-trifosfato possuem alto potencial de transferência de grupos

Os nucleosídeos-trifosfato têm duas ligações anidrido ácido e uma ligação éster. Diferentemente dos ésteres, os anidridos ácidos exibem alto potencial de transferência de grupos. O valor de $\Delta G^{0\prime}$ para a hidrólise de cada um dos dois grupos fosforil (β e γ) terminais de um nucleosídeo-trifosfato é de cerca de –7 kcal/mol (–30 kJ/mol). Esse alto potencial de transferência de grupos não apenas permite que os nucleosídeos-trifosfato de purina e pirimidina funcionem como reagentes de transferência de grupos, mais comumente do grupo γ-fosforil, mas também, em certas ocasiões, permite a transferência de um nucleotídeo-monofosfato, com liberação concomitante de pirofosfato inorgânico (PP_i). Em geral, a clivagem de uma ligação anidrido ácida está acoplada a um processo altamente endergônico, como a síntese de ligações covalentes, por exemplo, a polimerização de nucleosídeos-trifosfato para formar um ácido nucleico (ver Capítulo 34).

OS ANÁLOGOS SINTÉTICOS DE NUCLEOTÍDEOS SÃO UTILIZADOS NA QUIMIOTERAPIA

Os análogos sintéticos das purinas, das pirimidinas, dos nucleosídeos e dos nucleotídeos modificados no anel heterocíclico ou na porção açúcar apresentam várias aplicações na medicina clínica. Seus efeitos tóxicos refletem a inibição de enzimas essenciais para a síntese dos ácidos nucleicos ou a sua incorporação em ácidos nucleicos, com consequente ruptura do pareamento de bases. Os oncologistas empregam a 5-fluoruracila ou 5-iodouracila, a 3-desoxiuridina, a 6-tioguanina e a 6-mercaptopurina, a 5 ou 6-azauridina, a 5 ou 6-azacitidina e a 8-azaguanina (**Figura 32-13**), que são incorporadas ao DNA

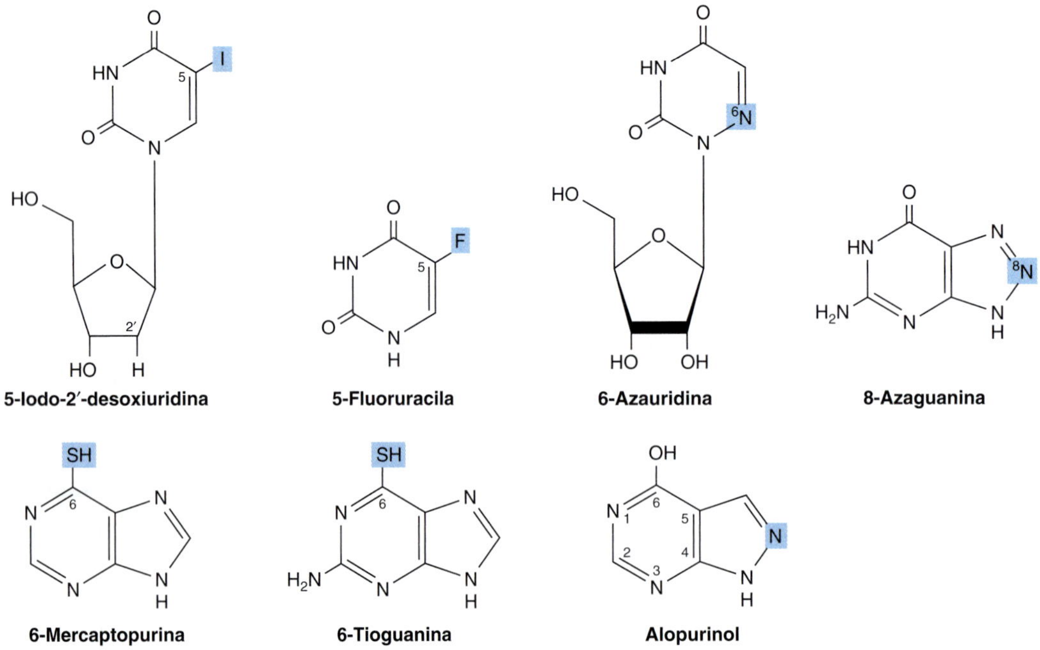

FIGURA 32-13 Análogos sintéticos selecionados das pirimidinas e purinas.

antes da divisão celular. O alopurinol, análogo purínico utilizado no tratamento da hiperuricemia e da gota, inibe a biossíntese de purinas e a atividade da xantina-oxidase. A citarabina é utilizada na quimioterapia do câncer, enquanto a azatioprina, que é catabolizada a 6-mercaptopurina, é empregada durante o transplante de órgãos para suprimir a rejeição imunológica (**Figura 32-14**).

Os análogos não hidrolisáveis de nucleosídeos-trifosfato são utilizados como ferramentas de pesquisa

Os análogos sintéticos não hidrolisáveis de nucleosídeos-trifosfato (**Figura 32-15**) permitem que os pesquisadores diferenciem dos efeitos dos nucleotídeos sobre a transferência de grupos fosforil dos efeitos mediados pela ocupação de sítios alostéricos de ligação a nucleotídeos em enzimas que são reguladas (ver Capítulo 9).

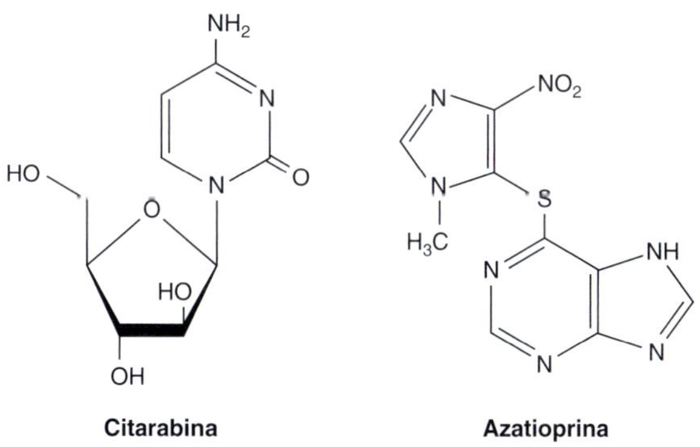

FIGURA 32-14 Citarabina e azatioprina.

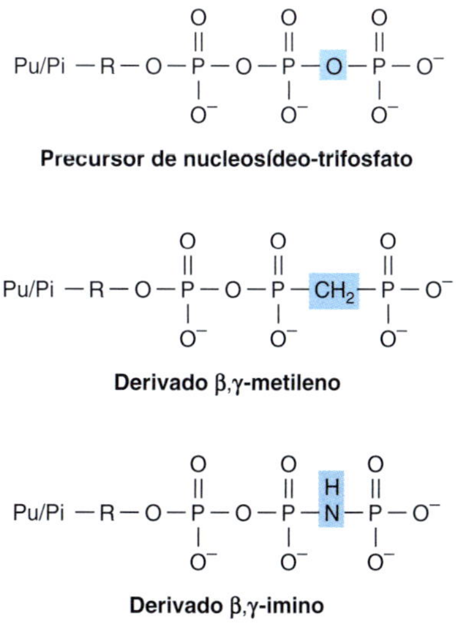

FIGURA 32-15 Derivados sintéticos de nucleosídeos-trifosfato incapazes de sofrer liberação hidrolítica do grupo fosforil terminal. (Pu/Pi, uma base purínica ou pirimidínica; R, ribose ou desoxirribose.) A figura mostra o nucleosídeo-trifosfato precursor (hidrolisável) (**parte superior**) e os derivados β-metilenos (**centro**) e γ-imino (**parte inferior**) não hidrolisáveis.

O DNA E O RNA SÃO POLINUCLEOTÍDEOS

O grupo 5′-fosforil de um mononucleotídeo pode esterificar um segundo grupo hidroxila, formando um **fosfodiéster**. Mais comumente, esse segundo grupo hidroxila é a 3′-OH da pentose de um segundo nucleotídeo. Assim, há formação de um **dinucleotídeo**, em que as porções de pentose estão ligadas por uma ligação 3′,5′-fosfodiéster para formar o "esqueleto" do RNA e do DNA. A formação de um dinucleotídeo pode ser representada como a eliminação de água entre dois mononucleotídeos. Entretanto, não ocorre formação biológica de dinucleotídeos dessa maneira, visto que a reação inversa, isto é, a hidrólise da ligação fosfodiéster, é fortemente favorecida em termos termodinâmicos. Todavia, apesar de um ΔG extremamente favorável, na ausência de catálise pelas **fosfodiesterases**, a hidrólise das ligações fosfodiéster do DNA só ocorre após longos períodos de tempo. Assim, o DNA persiste por períodos consideráveis, e a sua presença foi detectada até mesmo em fósseis. Os RNAs são muito menos estáveis do que o DNA, já que o grupo 2′-hidroxila do RNA (ausente no DNA) funciona como nucleófilo durante a hidrólise da ligação 3′,5′-fosfodiéster.

A modificação pós-traducional de **polinucleotídeos** pré-formados pode gerar estruturas adicionais, como a **pseudouridina**, um nucleosídeo em que a D-ribose está ligada ao C-5 da uracila por uma **ligação carbono-carbono**, em vez de pela ligação β-N-glicosídica habitual. O nucleotídeo ácido pseudouridílico (ψ) surge do rearranjo de um UMP de um tRNA pré-formado. De modo semelhante, a metilação da S-adenosilmetionina de um UMP de tRNA pré-formado produz TMP (monofosfato de timidina), que contém ribose, em vez de desoxirribose.

Os polinucleotídeos são macromoléculas direcionais

As ligações fosfodiéster de sentido 3′ → 5′ ligam os monômeros de polinucleotídeos. Como cada extremidade de um polinucleotídeo é distinta, são especificadas a "extremidade 5′" ou a "extremidade 3′" de um polinucleotídeo. Como todas as ligações fosfodiéster são 3′ → 5′, a representação pGpGpApTpCpA indica que apenas a 5′-hidroxila é fosforilada. De maneira mais concisa, a representação GGATC, que mostra apenas a sequência de bases, é, por convenção, escrita com a base 5′ (G) à esquerda e a base 3′ (C) à direita.

RESUMO

- Em condições fisiológicas, predominam os tautômeros amino e oxo das purinas, das pirimidinas e de seus derivados.
- Além de A, G, C, T e U, os ácidos nucleicos contêm traços de 5-metilcitosina, 5-hidroximetilcitosina, pseudouridina (ψ) e heterociclos N-metilados.
- A maioria dos nucleosídeos contém D-ribose ou 2-desoxi-D-ribose ligada ao N-1 de uma pirimidina ou ao N-9 de uma purina por uma ligação β-glicosídica, cuja conformação *syn* predomina.

- Um número com apóstrofo indica a hidroxila ao qual está ligado o grupo fosforil do açúcar do mononucleotídeo (p. ex., 3′-GMP, 5′-dCMP). Os grupos fosforil adicionais ligados ao primeiro por ligações de anidrido ácido formam os nucleosídeos difosfato e trifosfato.

- Os nucleosídeos-trifosfato apresentam alto potencial de transferência de grupos e participam da síntese de ligações covalentes. Os fosfodiésteres cíclicos cAMP e cGMP atuam como segundos mensageiros intracelulares.

- Os mononucleotídeos ligados por ligações fosfodiéster 3′ → 5′ formam polinucleotídeos, macromoléculas direcionais com extremidades 3′ e 5′ distintas. Quando representados como pTpGpT ou TGCATCA, a extremidade 5′ está do lado esquerdo e todas as ligações fosfodiéster são 3′ → 5′.

- Os análogos sintéticos das bases púricas e pirimídicas e seus derivados são utilizados como agentes antineoplásicos, visto que inibem uma enzima da biossíntese de nucleotídeos ou são incorporados ao DNA ou ao RNA.

REFERÊNCIAS

Adams RLP, Knowler JT, Leader DP: *The Biochemistry of the Nucleic Acids*, 11th ed. Chapman & Hall, 1992.

Blackburn GM, Gait MJ, Loaks D, et al: *Nucleic Acids in Chemistry and Biology*, 3rd ed., RSC Publishing, 2006.

Pacher P, Nivorozhkin A, Szabo C: Therapeutic effects of xanthine oxidase inhibitors: renaissance half a century after the discovery of allopurinol. Pharmacol Rev 2006;58:87.

Metabolismo dos nucleotídeos de purinas e pirimidinas

CAPÍTULO 33

Victor W. Rodwell, Ph.D.

OBJETIVOS

Após o estudo deste capítulo, você deve ser capaz de:

- Comparar e diferenciar os papéis dos ácidos nucleicos provenientes da dieta e da biossíntese *de novo* para a produção de purinas e pirimidinas destinadas à biossíntese de polinucleotídeos.
- Explicar por que os antifolatos e os análogos do aminoácido glutamina inibem a biossíntese de purinas.
- Mostrar a sequência de reações que convertem o monofosfato de inosina (IMP), inicialmente em AMP e GMP e, subsequentemente, em seus nucleosídeos-trifosfato correspondentes.
- Descrever a formação dos desoxirribonucleotídeos (dNTPs) a partir de ribonucleotídeos.
- Indicar o papel regulador do fosforribosil-pirofosfato (PRPP) na biossíntese hepática de purinas e a reação específica da biossíntese hepática de purinas, que é inibida por meio de retroalimentação por AMP e GMP.
- Estabelecer a relevância do controle coordenado da biossíntese de nucleotídeos de purina e pirimidina.
- Identificar as reações discutidas que são inibidas por fármacos antineoplásicos.
- Escrever a estrutura do produto final do catabolismo das purinas. Comentar a sua solubilidade e indicar o seu papel na gota, na síndrome de Lesch-Nyhan e na doença de von Gierke.
- Identificar as reações cujo comprometimento leva a sinais e sintomas patológicos modificados.
- Determinar por que existem poucos distúrbios clinicamente significativos do catabolismo das pirimidinas.

IMPORTÂNCIA BIOMÉDICA

Embora uma dieta possa ser rica em nucleoproteínas, as purinas e as pirimidinas da alimentação não são incorporadas diretamente aos ácidos nucleicos teciduais. Os seres humanos sintetizam os ácidos nucleicos e seus derivados trifosfato de adenosina (ATP, do inglês *adenosine triphosphate*), NAD$^+$, coenzima A, etc., a partir de intermediários anfibólicos. Todavia, quando *injetados*, análogos das purinas ou pirimidinas, incluindo agentes antineoplásicos potenciais, podem ser incorporados ao ácido desoxirribonucleico (DNA, do inglês *deoxyribonucleic acid*). A biossíntese de ribonucleotídeos-trifosfato (NTPs) de purinas e pirimidinas e de dNTPs são eventos regulados com precisão. Mecanismos de retroalimentação coordenados asseguram a sua produção em quantidades e em ocasiões apropriadas para suprir as demandas fisiológicas variáveis (p. ex., divisão celular). As doenças humanas que envolvem anormalidades no metabolismo das purinas incluem a gota, a síndrome de Lesch-Nyhan, a deficiência da adenosina-desaminase e a deficiência da purina nucleosídeo fosforilase. As doenças da biossíntese de pirimidinas são mais raras, mas incluem as acidúrias oróticas. Diferentemente da baixa solubilidade do ácido úrico formado pelo catabolismo das purinas, os produtos finais do catabolismo das pirimidinas (dióxido de carbono, amônia, β-alanina e γ-aminoisobutirato) são altamente hidrossolúveis. Um distúrbio genético do catabolismo das pirimidinas é a acidúria β-hidroxibutírica, causada pela deficiência total ou parcial da enzima di-hidropirimidina-desidrogenase. Esse distúrbio do catabolismo das pirimidinas, também conhecido como uracilúria-timinúria combinada, também é um distúrbio da biossíntese dos β-aminoácidos, visto que a formação de β-alanina e de β-aminoisobutirato está comprometida. Uma forma não genética pode ser desencadeada pela administração de 5-fluoruracila a pacientes com baixos níveis de di-hidropirimidina-desidrogenase.

AS PURINAS E AS PIRIMIDINAS NÃO SÃO ESSENCIAIS NA DIETA

Os tecidos humanos normais são capazes de sintetizar purinas e pirimidinas a partir de intermediários anfibólicos em quantidades e em ocasiões apropriadas para suprir as demandas fisiológicas variáveis. Portanto, os ácidos nucleicos e os nucleotídeos ingeridos não são essenciais do ponto de vista alimentar. Após a sua decomposição no trato intestinal, os mononucleotídeos resultantes podem ser absorvidos ou convertidos em bases púricas ou pirimídicas. Em seguida, as bases púricas são oxidadas a ácido úrico, que pode ser absorvido e excretado na urina. Embora pouca ou nenhuma purina ou pirimidina alimentar seja incorporada nos ácidos nucleicos dos tecidos, os compostos *injetados* são incorporados. Por isso, a incorporação da [^{3}H]-timidina injetada ao DNA recém-sintetizado pode ser utilizada para avaliar a velocidade de síntese do DNA.

BIOSSÍNTESE DE NUCLEOTÍDEOS PURÍNICOS

Com exceção dos protozoários parasitas, todas as formas de vida sintetizam nucleotídeos purínicos e pirimidínicos. A síntese a partir de intermediários anfibólicos ocorre em taxas controladas, apropriadas para todas as funções celulares. Para manter a homeostasia, os mecanismos intracelulares percebem e regulam o tamanho do conjunto de NTPs, que aumentam durante o crescimento ou a regeneração de tecidos, quando as células estão em rápida divisão.

Os nucleotídeos purínicos e pirimidínicos são sintetizados *in vivo*, em taxas compatíveis com as necessidades fisiológicas. Os primeiros pesquisadores da biossíntese de nucleotídeos utilizaram aves e, posteriormente, *Escherichia coli*. Precursores isotópicos do ácido úrico administrados a pombos estabeleceram a origem de cada átomo de uma purina (**Figura 33-1**) e possibilitaram o estudo dos intermediários da biossíntese de purinas. Os tecidos das aves também serviram como fonte de genes clonados que codificam enzimas da biossíntese de purinas e proteínas reguladoras que controlam a velocidade de biossíntese das purinas.

Os três processos que contribuem para a biossíntese dos nucleotídeos purínicos são, por ordem decrescente de importância:

1. Síntese a partir de intermediários anfibólicos (síntese *de novo*).
2. Fosforribosilação das purinas.
3. Fosforilação dos nucleosídeos purínicos.

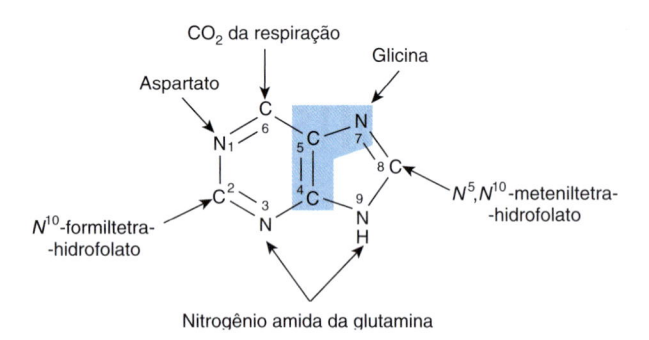

FIGURA 33-1 Fontes dos átomos de nitrogênio e de carbono do anel purínico. Os átomos 4, 5 e 7 (**destacados em azul**) derivam da glicina.

O MONOFOSFATO DE INOSINA (IMP) É SINTETIZADO A PARTIR DE INTERMEDIÁRIOS ANFIBÓLICOS

A reação inicial na biossíntese de purinas, a transferência de dois grupos fosforil do ATP para o carbono 1 da ribose-5-fosfato, com formação de fosforribosil-pirofosfato (PRPP), é catalisada pela PRPP-sintetase (EC 2.7.6.1). O produto final das 10 reações subsequentes catalisadas por enzimas é o IMP (**Figura 33-2**).

Após a síntese de IMP, vias distintas levam ao AMP e ao GMP (**Figura 33-3**). A transferência subsequente do grupo fosforil do ATP converte o AMP e o GMP em ADP e GDP, respectivamente. A conversão de GDP em GTP envolve a transferência de um segundo grupo fosforil do ATP, ao passo que a conversão de ADP em ATP é efetuada principalmente pela fosforilação oxidativa (ver Capítulo 13).

Catalisadores multifuncionais participam da biossíntese de nucleotídeos purínicos

Nos procariotos, cada uma das reações da Figura 33-2 é catalisada por um polipeptídeo diferente. Em contrapartida, as enzimas dos eucariotos são polipeptídeos que apresentam múltiplas atividades catalíticas, cujos sítios catalíticos adjacentes facilitam a transferência dos intermediários entre esses sítios. Três enzimas multifuncionais distintas catalisam as reações ③, ④ e ⑥; as reações ⑦ e ⑧; e as reações ⑩ e ⑪ da Figura 33-2.

Os antifolatos e os análogos de glutamina bloqueiam a biossíntese de nucleotídeos purínicos

Os carbonos adicionados nas reações ④ e ⑩ da Figura 33-2 são fornecidos por derivados do tetra-hidrofolato. Embora sejam raros nos seres humanos, os estados de deficiência de purinas geralmente refletem uma deficiência de ácido fólico. Os compostos que inibem a formação de tetra-hidrofolatos e que, portanto, bloqueiam a síntese de purinas têm sido utilizados na quimioterapia do câncer. Os compostos inibidores e as reações que eles inibem incluem a **azasserina** (reação ⑤, Figura 33-2), a **diazanorleucina** (reação ②, Figura 33-2), a **6-mercaptopurina** (reações ⑬ e ⑭, Figura 33-3) e o **ácido micofenólico** (reação ⑭, Figura 33-3).

CAPÍTULO 33 Metabolismo dos nucleotídeos de purinas e pirimidinas

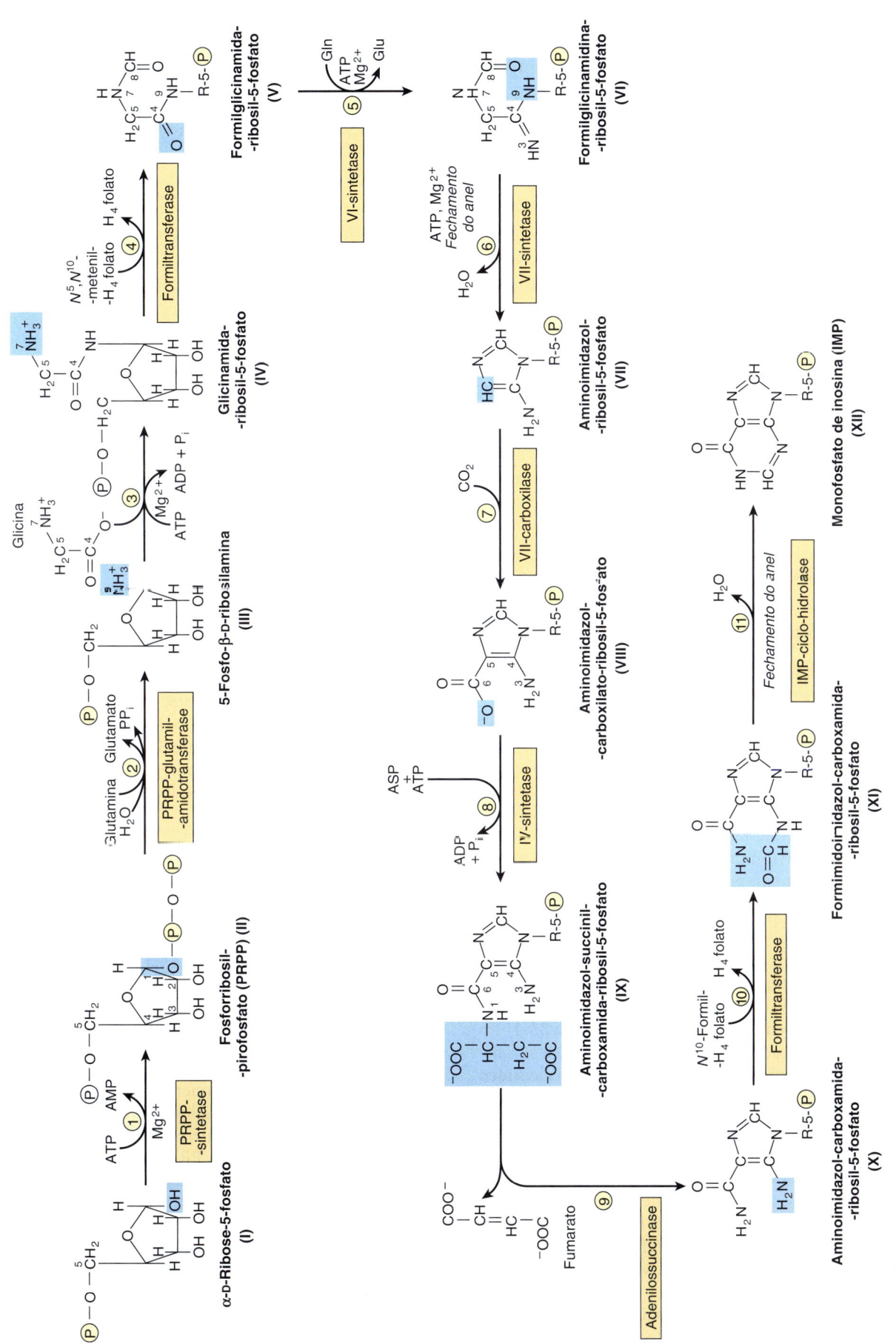

FIGURA 33-2 Biossíntese das purinas a partir da ribose-5-fosfato e do ATP. Ver explicações no texto. (Ⓟ, PO_3^{2-} ou PO_2^{-}.)

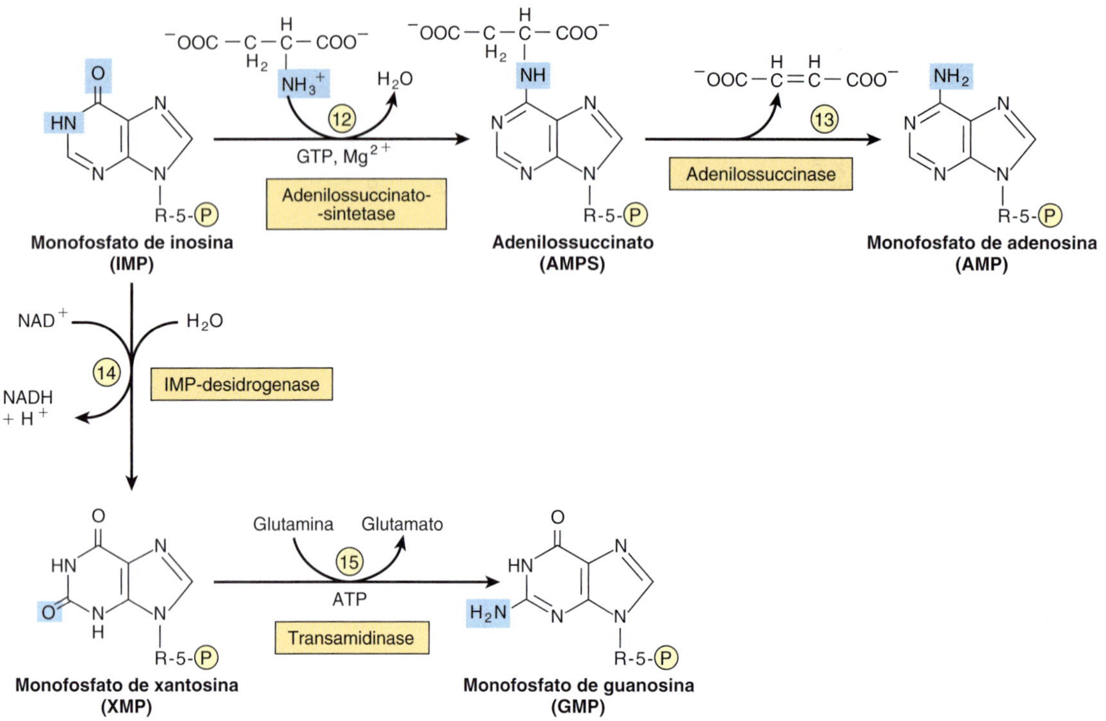

FIGURA 33-3 Conversão do IMP em AMP e GMP.

AS "REAÇÕES DE RECUPERAÇÃO" CONVERTEM AS PURINAS E SEUS NUCLEOSÍDEOS EM MONONUCLEOTÍDEOS

A conversão das purinas, dos seus ribonucleo**sídeos** e seus desoxirribonucleo**sídeos** em mononucleo**tídeos** envolve "vias de recuperação", que necessitam de muito menos energia do que a síntese *de novo*. O mecanismo mais importante envolve a fosforribosilação pelo PRPP (estrutura II, Figura 33-2) de uma purina (Pu) livre para formar uma purina 5'-mononucleotídeo (Pu-RP).

$$Pu + PR–PP \rightarrow Pu–RP + PP_i$$

A transferência de um grupo fosforil do PRPP, catalisada por adenosina e hipoxantina-fosforribosil-transferases (EC 2.4.2.7 e EC 2.4.2.8, respectivamente), converte a adenina, a hipoxantina e a guanina em seus mononucleotídeos (**Figura 33-4**).

Um segundo mecanismo de recuperação envolve a transferência do grupo fosforil do ATP para uma ribonucleo**sídeo** de purina (Pu-R):

$$Pu-R + ATP \rightarrow PuR-P + ADP$$

A fosforilação dos nucleotídeos de purina, catalisada pela adenosina-cinase (EC 2.7.1.20), converte a adenosina e a desoxiadenosina em AMP e dAMP. De forma semelhante, a desoxicitidina-cinase (EC 2.7.1.24) fosforila a desoxicitidina e a 2'-desoxiguanosina, formando dCMP e dGMP, respectivamente.

O fígado, principal órgão de biossíntese dos nucleotídeos purínicos, fornece purinas e nucleosídeos purínicos para a via de recuperação e para utilização por tecidos incapazes de efetuar a sua biossíntese. O tecido cerebral humano apresenta baixos níveis de PRPP-glutamil-amidotransferase (EC 2.4.2.14) (reação ②, Figura 33-2) e, portanto, depende, em parte, das purinas exógenas. As hemácias e os leucócitos polimorfonucleares são incapazes de sintetizar a 5-fosforribosilamina (estrutura III, Figura 33-2) e, por conseguinte, utilizam purinas exógenas para a síntese de nucleotídeos.

A BIOSSÍNTESE HEPÁTICA DE PURINAS É RIGOROSAMENTE REGULADA

A retroalimentação por AMP e GMP regula a PRPP-glutamil-amidotransferase

A biossíntese de IMP é energeticamente dispendiosa. Além do ATP, ocorre consumo de glicina, glutamina, aspartato e derivados do tetra-hidrofolato reduzidos. Assim, é vantajoso para a sobrevivência regular rigorosamente a biossíntese de purinas em resposta às necessidades fisiológicas variáveis. O determinante global da taxa de biossíntese *de novo* dos nucleotídeos purínicos é a concentração de PRPP. Isso, por sua vez, depende da taxa de síntese, utilização, degradação e regulação de PRPP. A taxa de síntese do PRPP depende da disponibilidade de ribose-5-fosfato e da atividade da PRPP-sintetase (EC 2.7.6.1) (reação ②, **Figura 33-5**), enzima cuja atividade é inibida por retroalimentação por AMP, ADP, GMP e GDP. Portanto, a presença de níveis elevados desses nucleosídeos-fosfato sinaliza uma diminuição global e fisiologicamente apropriada de sua biossíntese.

FIGURA 33-4 Fosforribosilação da adenina, da hipoxantina e da guanina para formar AMP, IMP e GMP, respectivamente.

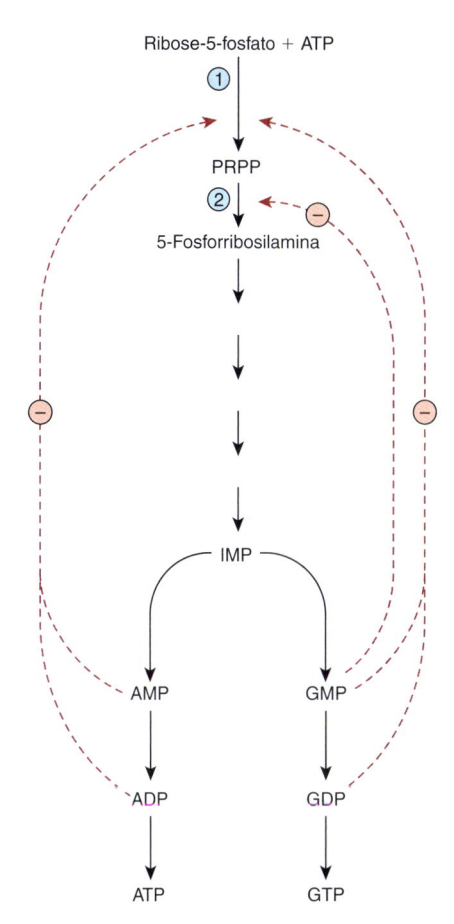

FIGURA 33-5 Controle da taxa de biossíntese *de novo* de nucleotídeos purínicos. As reações ① e ② são catalisadas pela PRPP-sintetase e pela PRPP-glutamil-amidotransferase, respectivamente. As linhas sólidas representam o fluxo químico. As linhas vermelhas tracejadas representam a inibição por retroalimentação por intermediários da via.

A retroalimentação por AMP e GMP regula a sua formação a partir do IMP

Além da regulação em nível da biossíntese de PRPP, mecanismos adicionais que regulam a conversão de IMP em ATP e GTP estão resumidos na **Figura 33-6**. A retroalimentação por AMP inibe a adenilsuccinato-sintetase (EC 6.3.4.4) (reação ⑫, Figura 33-3), enquanto a retroalimentação por GMP inibe a IMP-desidrogenasee (EC 1.1.1.205) (reação ⑭, Figura 33-3). Além disso, a conversão de IMP em adenilsuccinato em direção ao AMP (reação ⑫, Figura 33-3) requer a presença de GTP, ao passo que a conversão do xantinilato (XMP) em GMP necessita de ATP. Portanto, essa regulação cruzada entre as vias do metabolismo do IMP serve para equilibrar a biossíntese de nucleosídeos-trifosfato de purina ao diminuir a síntese de nucleotídeo purínico quando há deficiência do outro nucleotídeo. O AMP e o GMP também inibem a hipoxantina-guanina-fosforribosiltransferase, que converte a hipoxantina e a guanina em IMP e GMP (Figura 33-4), e GMP inibe, por retroalimentação, a PRPP-glutamil-amidotransferase (reação ②, Figura 33-2).

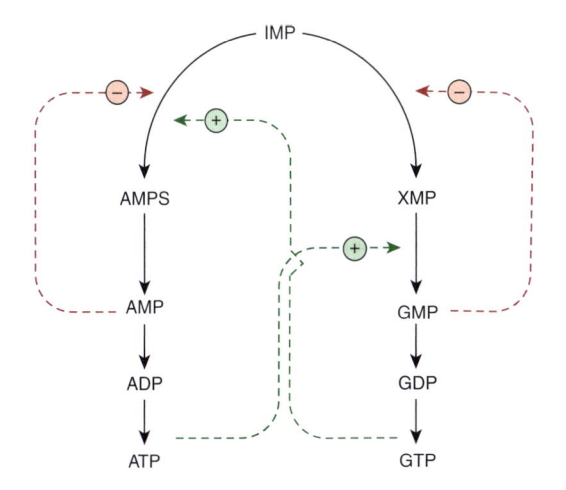

FIGURA 33-6 Regulação da conversão do IMP em nucleotídeos de adenosina e nucleotídeos de guanosina. As linhas sólidas representam o fluxo químico. As linhas verdes tracejadas representam alças de retroalimentação positiva ⊕, e as linhas vermelhas tracejadas representam alças de retroalimentação negativa ⊖. (AMPS, adenilossuccinato; XMP, monofosfato de xantosina; suas estruturas são apresentadas na Figura 33-3.)

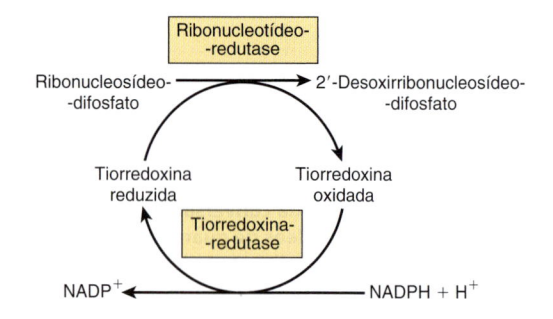

A REDUÇÃO DE RIBONUCLEOSÍDEOS-DIFOSFATO FORMA DESOXIRRIBONUCLEOSÍDEOS-DIFOSFATO

A redução da 2'-hidroxila dos ribonucleotídeos purínicos e pirimidínicos, catalisada pelo complexo que inclui a **ribonucleotídeo-redutase** (EC 1.17.4.1) (**Figura 33-7**), fornece os desoxirribonucleosídeos-difosfato (dNDPs), necessários tanto para a síntese quanto para o reparo do DNA (ver Capítulo 35). O complexo enzimático só é funcional quando as células sintetizam ativamente o DNA. A redução requer tiorredoxina reduzida, tiorredoxina-redutase (EC 1.8.1.9) e NADPH. O agente redutor imediato, a tiorredoxina reduzida, é produzido pela redução dependente de NADPH da tiorredoxina oxidada (Figura 33-7). A redução dos ribonucleosídeos-difosfato (NDPs) a dNDPs está sujeita a controles reguladores complexos, que possibilitam a produção equilibrada de dNTPs para a síntese de DNA (**Figura 33-8**).

BIOSSÍNTESE DE NUCLEOTÍDEOS DE PIRIMIDINA

A **Figura 33-9** ilustra os intermediários e as enzimas da biossíntese de nucleotídeos pirimidínicos. O catalisador para a reação inicial é a carbamoil-fosfato-sintetase II *citosólica* (EC 6.3.5.5), uma enzima diferente da carbamoil-fosfato-sintetase I *mitocondrial* da síntese da ureia (ver Figura 28-16). Assim, a compartimentalização proporciona um reservatório independente de carbamoil-fosfato para cada processo. Ao contrário da biossíntese de purinas, em que o PRPP serve de estrutura para a montagem do anel de purina (Figura 33-2), o PRPP participa da biossíntese de pirimidinas apenas depois da montagem do anel pirimidínico. À semelhança da biossíntese de pirimidinas, a biossíntese de nucleosídeos purínicos é de alto custo energético.

As proteínas multifuncionais catalisam as primeiras reações da biossíntese de pirimidinas

Cinco das seis primeiras atividades enzimáticas na biossíntese de pirimidinas residem em **polipeptídeos multifuncionais**. O CAD, um único polipeptídeo designado pelas primeiras letras de suas atividades enzimáticas, catalisa as primeiras três reações da Figura 33-9. Uma segunda enzima bifuncional catalisa as reações ⑤ e ⑥ da Figura 33-9. A estreita proximidade de múltiplos sítios ativos em um polipeptídeo funcional facilita a canalização eficiente dos intermediários da biossíntese de pirimidinas.

FIGURA 33-7 Redução dos ribonucleosídeos-difosfato a 2'-desoxirribonucleosídeos-difosfato.

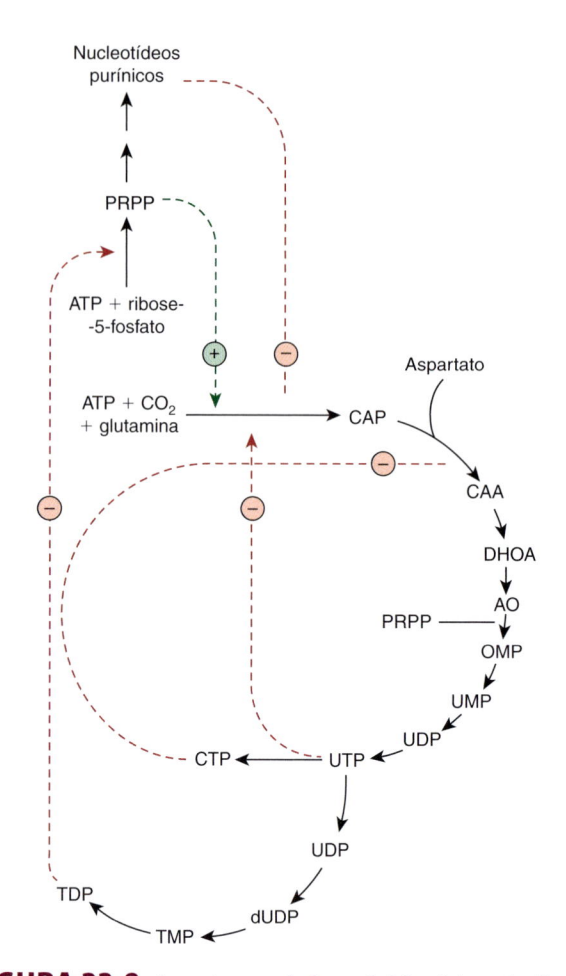

FIGURA 33-8 Aspectos reguladores da biossíntese de ribonucleotídeos purínicos e pirimidínicos e redução a seus respectivos 2'-desoxirribonucleotídeos. A linha verde tracejada representa uma alça de retroalimentação positiva. As linhas vermelhas tracejadas representam alças de retroalimentação negativa. São fornecidas as abreviaturas dos intermediários na biossíntese de nucleotídeos pirimidínicos cujas estruturas são apresentadas na Figura 33-9. (CAA, carbamoil-aspartato; DHOA, di-hidro-orotato; AO, ácido orótico; OMP, monofosfato de orotidina; PRPP, fosforribosil-pirofosfato.)

OS DESOXIRRIBONUCLEOSÍDEOS DE URACILA E CITOSINA SÃO RECUPERADOS

A adenina, a guanina e a hipoxantina, liberadas durante a renovação dos ácidos nucleicos, particularmente do RNA mensageiro, são reconvertidas em nucleosídeos-trifosfato pelas chamadas **vias de recuperação**. As células de mamíferos reutilizam uma pequena parte de pirimidinas *livres*, ao passo que as "reações de recuperação" convertem os ribonucleo*sídeos* das

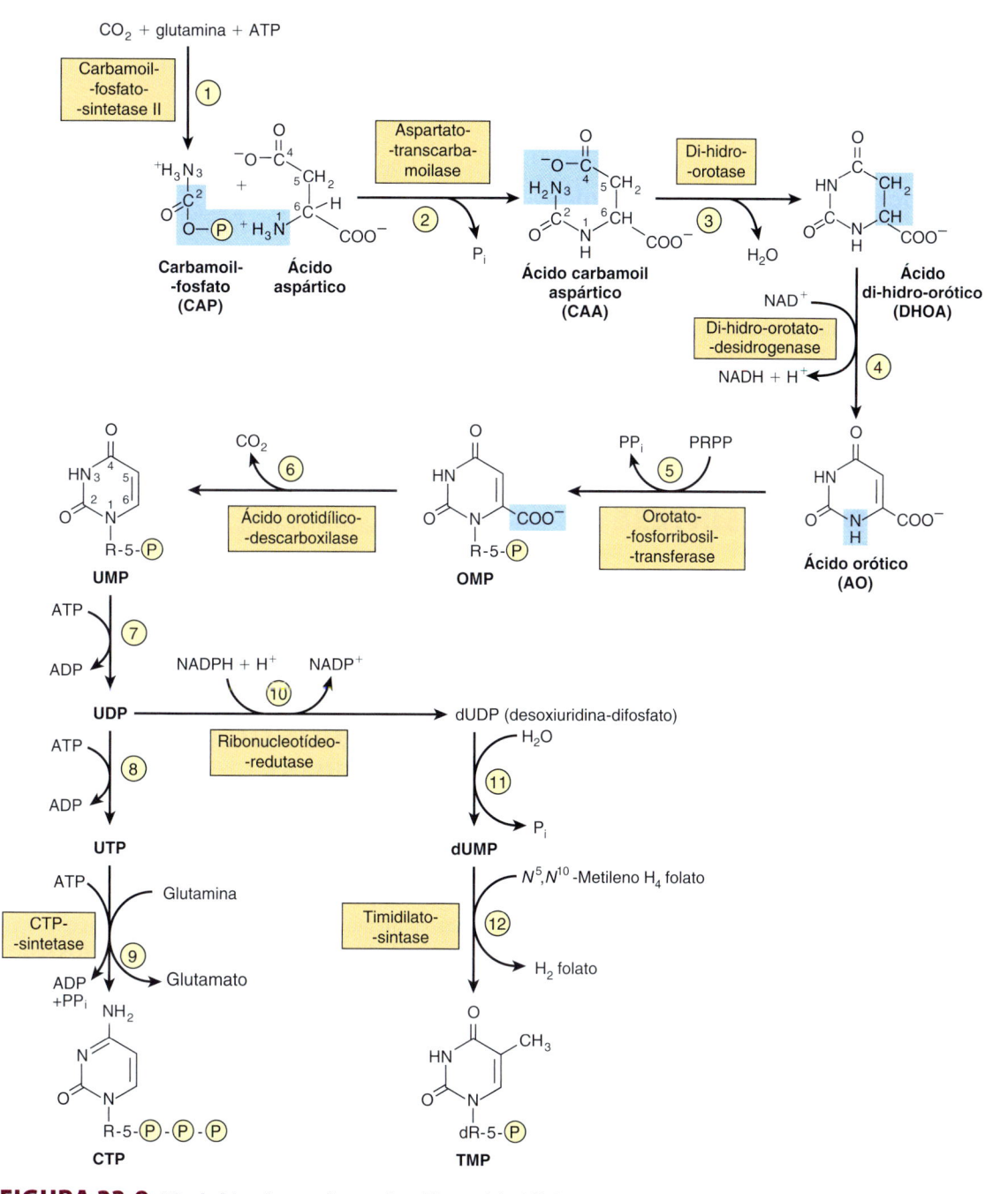

FIGURA 33-9 Via de biossíntese dos nucleotídeos pirimidínicos.

pirimidinas uridina e citidina e os desoxirribonucleo*sídeos* das pirimidinas timidina e desoxicitidina em seus nucleo*tídeos* respectivos.

$$\text{Guanina} + \text{PRPP} \rightarrow \text{GMP} + \text{PP}_i$$
$$\text{Hipoxantina} + \text{PRPP} \rightarrow \text{IMP} + \text{PP}_i$$

As fosforiltransferases (cinases) catalisam a transferência do grupo γ-fosforil do ATP para os difosfatos de dNDPs, 2′-desoxicitidina, 2′-desoxiguanosina e 2′-desoxiadenosina, convertendo-os nos nucleosídeos-trifosfato correspondentes.

$$\text{NDP} + \text{ATP} \rightarrow \text{NTP} + \text{ADP}$$
$$\text{dNDP} + \text{ATP} \rightarrow \text{dNTP} + \text{ADP}$$

O metotrexato bloqueia a redução do di-hidrofolato

A reação catalisada pela timidilato-sintase (EC 2.1.1.45) (reação ⑫ da Figura 33-9) é a única reação da biossíntese de nucleotídeos de pirimidina que requer um derivado tetra-hidrofolato. Durante essa reação, o grupo metileno do N^5,N^{10}--metileno-tetra-hidrofolato é reduzido ao grupo metil, que é transferido para a posição 5 do anel da pirimidina, e o tetra--hidrofolato é oxidado a di-hidrofolato. Para que ocorra a síntese subsequente das pirimidinas, o di-hidrofolato precisa ser novamente reduzido a tetra-hidrofolato. Essa redução, catalisada pela di-hidrofolato-redutase (EC 1.5.1.3), é inibida pelo **metotrexato**. Portanto, as células em divisão, que precisam gerar TMP e di-hidrofolato, são particularmente sensíveis aos inibidores da di-hidrofolato-redutase, como o metotrexato, um agente antineoplásico.

Alguns análogos das pirimidinas atuam como substratos para enzimas da biossíntese de nucleotídeos pirimidínicos

O **alopurinol** e o fármaco antineoplásico **5-fluoruracila** (ver Figura 32-13) são substratos alternativos para a orotato-fosforribosiltransferase (EC 2.4.2.10) (reação ⑤, Figura 33-9). Ambos os fármacos são fosforribosilados, e o alopurinol é convertido em um nucleotídeo em que o ribosil-fosfato é ligado ao N^1 do anel pirimidínico.

REGULAÇÃO DA BIOSSÍNTESE DE NUCLEOTÍDEOS PIRIMIDÍNICOS

A expressão gênica e a atividade enzimática são reguladas

O CAD representa o principal foco na regulação da biossíntese de pirimidinas. A expressão do gene CAD é regulada tanto em nível de transcrição quanto de tradução. Quanto ao nível de atividade enzimática, a atividade de carbamoil-fosfato-sintetase II (CPS) de CAD é ativada pelo PRPP e inibida por retroalimentação pelo UTP. Entretanto, o efeito do UTP é abolido pela fosforilação da serina 1406 do CAD.

As biossínteses dos nucleotídeos purínicos e pirimidínicos são reguladas de modo coordenado

As biossínteses das purinas e das pirimidinas correm paralelamente uma à outra do ponto de vista quantitativo, isto é, mol por mol, sugerindo controle coordenado de sua biossíntese. Vários sítios de *regulação cruzada* caracterizam as vias que levam à biossíntese dos nucleotídeos purínicos e pirimidínicos. A PRPP-sintetase (reação ①, Figura 33-2), que forma um precursor essencial para ambos os processos, é inibida por retroalimentação pelos nucleotídeos purínicos e pirimidínicos, como a conversão dos nucleotídeos pirimidínicos e purínicos NDPs em NTPs (**Figura 33-10**).

OS SERES HUMANOS CATABOLIZAM AS PURINAS EM ÁCIDO ÚRICO

Os seres humanos convertem a adenosina e a guanosina em ácido úrico (**Figura 33-11**). A adenosina é primeiramente convertida em inosina pela adenosina-desaminase (EC 3.5.4.4). Nos mamíferos, com exceção dos primatas superiores, a uricase (EC 1.7.3.3) converte o ácido úrico em alantoína, um

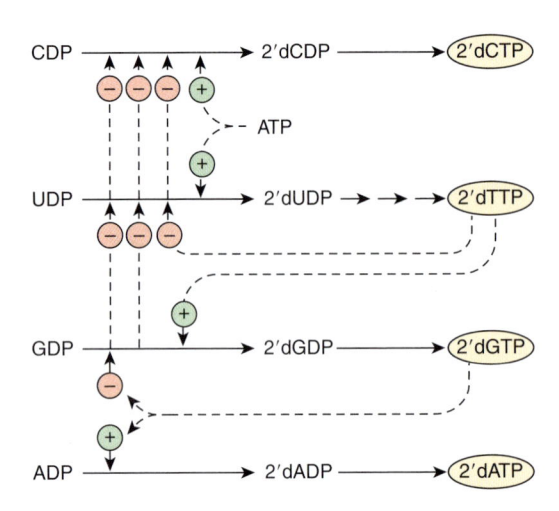

FIGURA 33-10 Regulação da conversão de NDPs purínicos e pirimidínicos em NTPs. As linhas sólidas representam o fluxo químico. As linhas tracejadas indicam alvos de inibição por retroalimentação positiva ⊕ ou negativa ⊖.

produto hidrossolúvel. Todavia, como os seres humanos carecem de uricase, o produto final do catabolismo das purinas em seres humanos é o ácido úrico.

DISTÚRBIOS DO METABOLISMO DAS PURINAS

Vários defeitos genéticos da PRPP-sintetase (reação ①, Figura 33-2) manifestam-se clinicamente na forma de gota. Cada um desses distúrbios – por exemplo, elevação de $V_{máx}$, maior afinidade pela ribose-5-fosfato ou resistência à inibição por retroalimentação – resulta em produção ou excreção excessiva dos catabólitos das purinas. Quando os níveis séricos de urato ultrapassam o limite de solubilidade, o urato de sódio cristaliza nos tecidos moles e nas articulações e provoca uma reação inflamatória conhecida como **artrite gotosa**. Entretanto, a maioria dos casos de gota reflete anormalidades no processamento renal do ácido úrico.

Embora os estados de deficiência de purinas sejam raros nos seres humanos, existem vários distúrbios genéticos do catabolismo das purinas. As **hiperuricemias** podem ser diferenciadas com base na excreção de quantidades normais ou excessivas de uratos totais. Algumas hiperuricemias refletem distúrbios enzimáticos específicos. Outras são secundárias a doenças, como câncer ou psoríase, que aumentam a renovação dos tecidos.

Síndrome de Lesch-Nyhan

A síndrome de Lesch-Nyhan, uma hiperuricemia causada por produção excessiva de ácido úrico, caracterizada por episódios frequentes de litíase e por uma síndrome bizarra de automutilação, reflete um defeito da **hipoxantina-guanina-fosforribosiltransferase**, uma das enzimas que atua na recuperação de purinas (Figura 33-4). A elevação concomitante do PRPP intracelular resulta em produção excessiva de purinas. As mutações que diminuem ou suprimem a atividade da hipoxantina-guanina-fosforribosiltransferase incluem deleções, mutações de fase de leitura, substituições de bases e *splicing* anormal do RNA mensageiro (mRNA).

Doença de von Gierke

Na doença de von Gierke (**deficiência da glicose-6-fosfatase**), a produção excessiva de purinas e a hiperuricemia ocorrem secundariamente à geração aumentada do precursor do PRPP, a ribose-5-fosfato. A acidose lática associada eleva o limiar renal para o urato, com consequente aumento dos uratos corporais totais.

Hipouricemia

A hipouricemia e a excreção aumentada de hipoxantina e xantina estão associadas a uma deficiência na **xantina-oxidase** (EC 1.17.3.2) (Figura 33-11) causada por defeito genético ou por dano hepático grave. Os pacientes com deficiência enzimática grave podem apresentar xantinúria e litíase xântica.

Deficiência da adenosina-desaminase e da purina nucleosídeo fosforilase

A **deficiência da adenosina-desaminase** (Figura 33-11) está associada a uma imunodeficiência na qual tanto os linfócitos derivados do timo (células T) quanto os linfócitos derivados da medula óssea (células B) são escassos e disfuncionais. Os pacientes apresentam imunodeficiência grave. Na ausência de reposição enzimática ou de transplante de medula óssea, os lactentes frequentemente morrem de infecções fatais. A atividade deficiente da **purina nucleosídeo fosforilase** (EC 2.4.2.1) está associada a uma grave deficiência de células T, porém, aparentemente com função normal das células B. As disfunções imunes parecem resultar do acúmulo de dGTP e de dATP, que inibem a ribonucleotídeo-redutase e, portanto, causam depleção dos precursores de DNA das células. A **Tabela 33-1** fornece um resumo dos distúrbios conhecidos do metabolismo das purinas.

OS CATABÓLITOS DAS PIRIMIDINAS SÃO HIDROSSOLÚVEIS

Diferentemente dos produtos de baixa solubilidade do catabolismo das purinas, o catabolismo das pirimidinas forma produtos altamente hidrossolúveis – CO_2, NH_3, β-alanina e β-aminoisobutirato (**Figura 33-12**). A excreção de β-aminoisobutirato aumenta na leucemia e na exposição intensa à radiação por raios X, devido à destruição aumentada do DNA. Todavia, alguns indivíduos de ascendência chinesa ou japonesa excretam rotineiramente o β-aminoisobutirato.

Os distúrbios do metabolismo da β-alanina e do β-aminoisobutirato surgem de defeitos das enzimas envolvidas no catabolismo das pirimidinas. Entre os defeitos, está a **acidúria β-hidroxibutírica**, um distúrbio devido à deficiência total ou parcial da enzima **di-hidropirimidina-desidrogenase** (EC 1.3.1.2) (Figura 33-12). A doença genética reflete a ausência da enzima. Um distúrbio do catabolismo das pirimidinas, conhecido como uracilúria-timinúria combinadas, também é

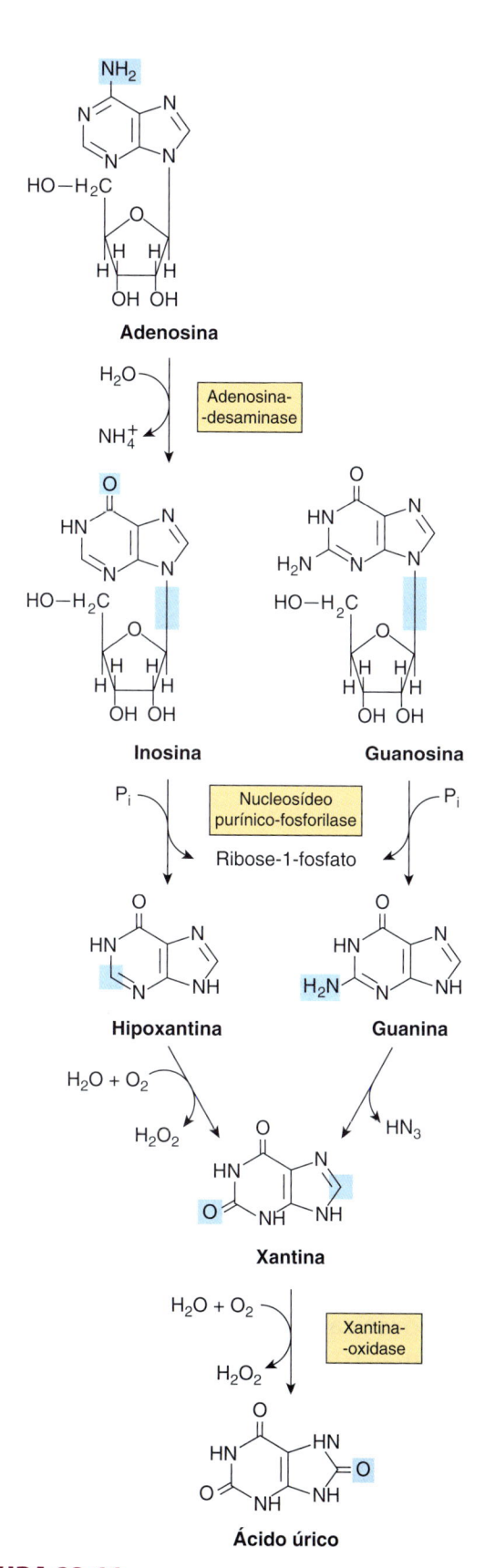

FIGURA 33-11 Formação do ácido úrico a partir de nucleosídeos purínicos por meio das bases púricas hipoxantina, xantina e guanina. Os desoxirribonucleosídeos purínicos são degradados pela mesma via catabólica e por enzimas, presentes na mucosa do trato gastrintestinal dos mamíferos.

TABELA 33-1 Distúrbios metabólicos do metabolismo das purinas e das pirimidinas

Enzima deficiente	Número no catálogo de enzimas	Referência OMIM	Principais sinais e sintomas	Figura e reação
Metabolismo das purinas				
Hipoxantina-guanina--fosforribosiltransferase	2.4.2.8	308000	Síndrome de Lesch-Nyhan Uricemia, automutilação	33-4 ②
PRPP-sintase	2.7.6.1	311860	Gota; artrite gotosa	33-2 ①
Adenosina-desaminase	3.5.4.6	102700	Grave comprometimento do sistema imune	33-1 ①
Purina nucleosídeo-fosforilase	2.4.2.1	164050	Distúrbios autoimunes; infecções benignas e oportunistas	33-11 ②
Metabolismo das pirimidinas				
Di-hidropirimidina-desidrogenase	1.3.1.2	274270	Pode desenvolver toxicidade à 5-flururacila, também um substrato para essa desidrogenase	33-12 ②
Orotato-fosforribosiltransferase e ácido orotidílico-descarboxilase	2.4.2.10 e 4.1.1.23	258900	Acidúria orótica tipo 1; anemia megaloblástica	33-9 ⑤ e ⑥
Ácido orotidílico-descarboxilase	4.1.1.23	258920	Acidúria orótica tipo 2	33-9 ⑥

um distúrbio do metabolismo de β-aminoácidos, visto que ocorre comprometimento na *formação* de β-alanina e β-aminoisobutirato. Quando causado por um erro genético, ocorrem graves complicações neurológicas. Uma forma não genética é desencadeada pela administração do agente antineoplásico 5-fluruoracila (ver Figura 32-13) a pacientes com baixos níveis de di-hidropirimidina-desidrogenase.

A pseudouridina é excretada de modo inalterado

Nenhuma enzima humana catalisa a hidrólise ou a fosforólise da pseudouridina (ψ) derivada da degradação de moléculas de RNA. Como consequência, esse nucleotídeo incomum é excretado de modo inalterado na urina de indivíduos saudáveis. A pseudouridina foi, de fato, isolada pela primeira vez a partir da urina humana (**Figura 33-13**).

SUPERPRODUÇÃO DE CATABÓLITOS DE PIRIMIDINAS

Como os produtos finais do catabolismo das pirimidinas são altamente hidrossolúveis, a produção de pirimidinas em excesso resulta em poucos sinais clínicos ou sintomáticos. A Tabela 33-1 fornece uma lista das exceções. Na hiperuricemia associada à produção excessiva de PRPP, ocorre formação excessiva de nucleotídeos pirimidínicos e excreção aumentada de β-alanina. Como o N^5,N^{10}-metileno-tetra-hidrofolato é necessário para a síntese do timidilato, os distúrbios do metabolismo do folato e da vitamina B_{12} resultam em deficiência de TMP.

Acidúria orótica

A acidúria orótica que acompanha a **síndrome de Reye** provavelmente é uma consequência da incapacidade das mitocôndrias gravemente danificadas de utilizar o carbamoil--fosfato, que fica, então, disponível para a produção excessiva de ácido orótico no citosol. A **acidúria orótica tipo I** reflete a deficiência das enzimas orotato-fosforribosiltransferase (EC 2.1.3.3), e orotidilato-descarboxilase (EC 4.1.1.23) (reações ⑤ e ⑥, Figura 33-9). A **acidúria orótica tipo II**, mais rara, deve-se à deficiência apenas da orotidilato-descarboxilase (reação ⑥, Figura 33-9).

A deficiência de uma enzima do ciclo da ureia resulta em excreção de precursores das pirimidinas

A excreção aumentada de ácido orótico, uracila e uridina acompanha uma deficiência da ornitina-transcarbamoilase mitocondrial hepática (ver reação ②, Figura 28-16). O carbamoil-fosfato em excesso sai para o citosol, onde estimula a biossíntese de nucleotídeos pirimidínicos. A consequente **acidúria orótica** moderada é agravada por alimentos ricos em nitrogênio.

Determinados fármacos podem precipitar acidúria orótica

O **alopurinol** (ver Figura 32-13), um substrato alternativo para a orotato-fosforribosiltransferase (reação ⑤, Figura 33-9), compete com o ácido orótico. O produto nucleotídico resultante também inibe a orotidilato-descarboxilase (reação ⑥, Figura 33-9), resultando em **acidúria orótica** e **orotidinúria**. A 6-azauridina, após ser convertida a 6-azauridilato, também inibe competitivamente a orotidilato-descarboxilase (reação ⑥, Figura 33-9), aumentando a excreção de ácido orótico e orotidina. Foram identificados quatro genes que codificam transportadores de urato. Duas das proteínas codificadas estão localizadas na membrana apical das células tubulares proximais.

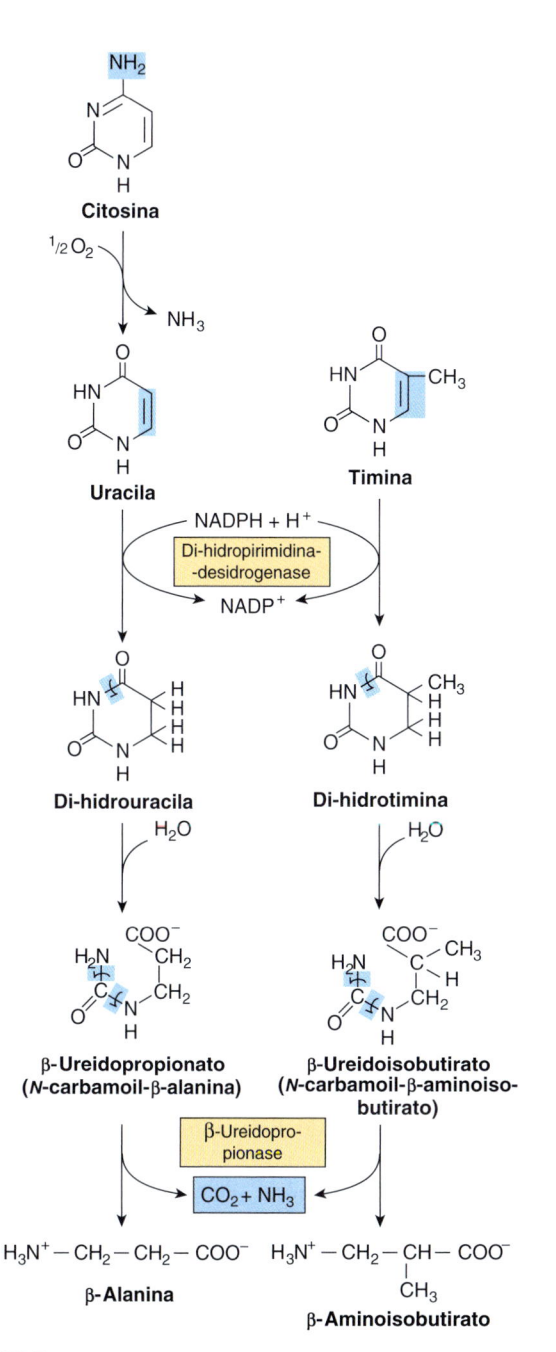

FIGURA 33-12 Catabolismo das pirimidinas. A β-ureidopropionase hepática catalisa a formação de β-alanina e β-aminoisobutirato a partir de precursores pirimidínicos.

FIGURA 33-13 Pseudouridina, em que a ribose está ligada ao C5 da uridina.

RESUMO

- Os ácidos nucleicos ingeridos são degradados a purinas e pirimidinas. As purinas e as pirimidinas são formadas a partir de intermediários anfibólicos e, portanto, não são essenciais na dieta.
- Várias reações de biossíntese do IMP necessitam de derivados do folato e da glutamina. Consequentemente, os antifolatos e os análogos da glutamina inibem a biossíntese de purinas.
- IMP é um precursor tanto de AMP quanto de GMP. A glutamina fornece o grupo 2-amino do GMP, e o aspartato, o grupo 6-amino do AMP.
- A transferência de um grupo fosforil do ATP converte AMP e GMP em ADP e GDP. Uma segunda transferência de grupo fosforil do ATP forma GTP, mas o ADP é convertido em ATP principalmente por fosforilação oxidativa.
- A biossíntese hepática de nucleotídeos purínicos é finamente regulada pelo tamanho do reservatório de PRPP e por inibição por retroalimentação da PRPP-glutamil-amidotransferase por AMP e GMP.
- A regulação coordenada da biossíntese dos nucleotídeos purínicos e pirimidínicos assegura a sua presença em proporções apropriadas para a síntese de ácidos nucleicos e outras necessidades metabólicas do organismo.
- Os seres humanos catabolizam as purinas em ácido úrico (pK_a de 5,8), que está presente na forma de ácido relativamente insolúvel em pH ácido ou na forma de sal de urato de sódio mais solúvel em pH próximo da neutralidade. A presença de cristais de urato é diagnóstica de gota. Outros distúrbios do catabolismo das purinas incluem a síndrome de Lesch-Nyhan, a doença de von Gierke e as hipouricemias.
- Como os catabólitos das pirimidinas são hidrossolúveis, a sua produção excessiva não resulta em anormalidades clínicas. Todavia, a excreção de precursores pirimidínicos pode resultar de deficiência da ornitina-transcarbamoilase, visto que o carbamoil-fosfato em excesso fica disponível para a biossíntese de pirimidinas.

REFERÊNCIAS

Brassier A, Ottolenghi C, Boutron A, et al: Dihydrolipoamide dehydrogenase deficiency: a still overlooked cause of recurrent acute liver failure and Reye-like syndrome. Mol Genet Metab 2013;109:28.

Fu R, Jinnah HA: Genotype-phenotype correlations in Lesch-Nyhan disease: moving beyond the gene. J Biol Chem 2012;287:2997.

Fu W, Li Q, Yao J, et al: Protein expression of urate transporters in renal tissue of patients with uric acid nephrolithiasis. Cell Biochem Biophys 2014;70:449.

Moyer RA, John DS: Acute gout precipitated by total parenteral nutrition. J Rheumatol 2003;30:849.

Uehara I, Kimura T, Tanigaki S, et al: Paracellular route is the major urate transport pathway across the blood-placental barrier. Physiol Rep 2014;20:2.

Wu VC, Huang JW, Hsueh PR, et al: Renal hypouricemia is an ominous sign in patients with severe acute respiratory syndrome. Am J Kidney Dis 2005;45:88.

Estrutura e função dos ácidos nucleicos

C A P Í T U L O

34

P. Anthony Weil, Ph.D.

OBJETIVOS

Após o estudo deste capítulo, você deve ser capaz de:

- Reconhecer a estrutura química monomérica e polimérica do material genético, o ácido desoxirribonucleico (DNA), que é encontrado no interior do núcleo das células eucarióticas.
- Explicar por que o DNA genômico é de dupla-fita e com carga altamente negativa.
- Compreender, em linhas gerais, como a informação genética do DNA pode ser duplicada com fidelidade.
- Descrever como a informação genética do DNA é transcrita, ou copiada, em uma miríade de diferentes formas de ácido ribonucleico (RNA).
- Reconhecer que uma forma de RNA rico em informação, o denominado RNA mensageiro (mRNA), pode ser subsequentemente traduzido em proteínas, as moléculas que constroem as estruturas, os formatos e, em última análise, as funções das células individuais, dos tecidos e dos órgãos.

IMPORTÂNCIA BIOMÉDICA

A descoberta de que a informação genética é codificada ao longo do comprimento de uma molécula composta por apenas quatro tipos de unidades monoméricas foi uma das principais conquistas científicas do século XX. Essa molécula polimérica, o **ácido desoxirribonucleico** (**DNA**, do inglês *deoxyribonucleic acid*), é a base química da hereditariedade e está organizada em genes, as unidades fundamentais da informação genética. A via de informação básica – isto é, o DNA, que direciona a síntese de RNA, que, por sua vez, tanto direciona quanto regula a síntese proteica – foi elucidada. Os genes não funcionam de maneira autônoma: suas replicações e funções são controladas por vários produtos gênicos, geralmente em colaboração com componentes de várias vias de transdução de sinais. O conhecimento da estrutura e da função dos ácidos nucleicos é essencial na compreensão da genética e de muitos aspectos da fisiopatologia bem como da base genética de doenças.

O DNA CONTÉM A INFORMAÇÃO GENÉTICA

A demonstração de que o DNA continha a informação genética foi feita, pela primeira vez, em 1944, em uma série de experimentos realizados por Avery, MacLeod e McCarty. Eles mostraram que a determinação genética do caráter (tipo) da cápsula de uma determinada bactéria do tipo pneumococo poderia ser transmitida para outro com um tipo de cápsula diferente, por meio da introdução de DNA purificado do primeiro coco para o segundo. Esses autores chamaram o agente (depois demonstrado como o DNA) que realizava a mudança de "fator de transformação". Posteriormente, esse tipo de manipulação genética tornou-se comum. Hoje, experimentos semelhantes são regularmente realizados utilizando vários tipos de células eucarióticas, incluindo as células humanas e de embriões de mamíferos como receptores, e DNA clonado molecularmente como o doador da informação genética.

O DNA contém quatro desoxinucleotídeos

A natureza química das unidades monoméricas de desoxinucleotídeos de DNA – **desoxiadenilato**, **desoxiguanilato**, **desoxicitidilato** e **timidilato** – está descrita no Capítulo 32. Essas unidades monoméricas de DNA estão dispostas em uma forma polimérica de ligações 3′,5′-fosfodiéster, que constituem uma fita simples, como representado na **Figura 34-1**. O conteúdo de informações do DNA (o código genético) reside na sequência em que esses monômeros – os desoxirribonucleotídeos purina e pirimidina – estão ordenados. O polímero, como descrito, possui uma polaridade; uma extremidade tem uma 5′-hidroxila ou fosfato terminal, ao passo que a outra tem um 3′-fosfato ou hidroxila terminal. A importância dessa polaridade se tornará evidente. Uma vez que a informação

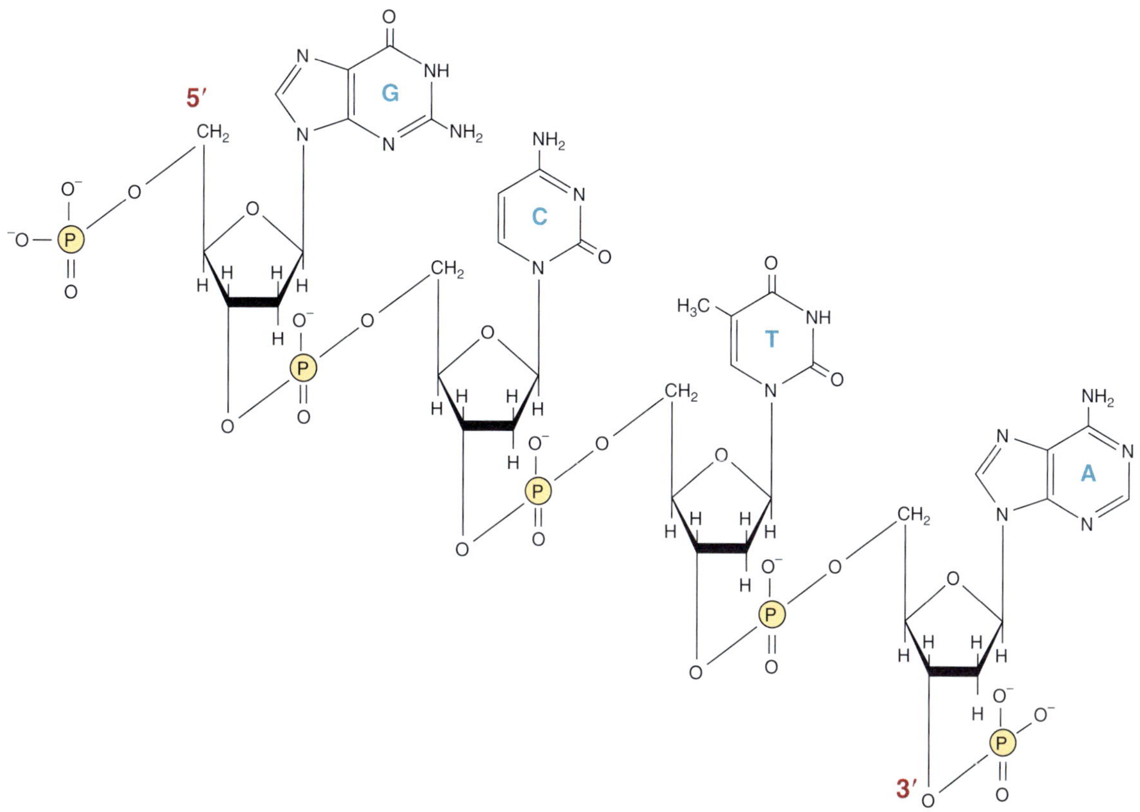

FIGURA 34-1 Um segmento de uma fita de uma molécula de DNA em que as bases púricas e pirimídicas guanina (G), citosina (C), timina (T) e adenina (A) são mantidas unidas por um esqueleto fosfodiéster entre as 2′-desoxirriboses ligadas às bases nucleares por uma ligação *N*-glicosídica. O esqueleto de fosfodiéster apresenta carga negativa e polaridade (i.e., uma direção). A convenção estabelece que uma sequência de DNA de fita simples é escrita na direção 5′ para 3′ (i.e., pGpCpTpAp, em que G, C, T e A representam as quatro bases e p representa os fosfatos interconectantes). (DNA, ácido desoxirribonucleico.)

genética reside na ordem das unidades monoméricas no interior dos polímeros, deve existir um mecanismo de reprodução ou replicação dessa informação específica com alto grau de fidelidade. Essa exigência, em conjunto com dados de difração de raios X da molécula de DNA, produzida por Franklin, e com a observação de Chargaff de que nas moléculas de DNA a concentração de nucleotídeos de desoxiadenosina (A) é igual à de nucleotídeos de timidina (T) (A = T), ao passo que a concentração de nucleotídeos de desoxiguanosina (G) é igual à de nucleotídeos de desoxicitidina (C) (G = C), levou Watson, Crick e Wilkins a propor, no início dos anos 1950, um modelo de dupla-fita da molécula de DNA. O modelo que eles propuseram está representado na **Figura 34-2**. As duas fitas dessa hélice em dupla-fita são mantidas no lugar tanto por **ligações de hidrogênio** entre as bases púricas e pirimídicas de suas respectivas moléculas lineares quanto por **interações de van der Waals** e **interações hidrofóbicas** entre as pilhas de pares de bases adjacentes. Os pareamentos entre os nucleotídeos púrinicos e pirimidínicos nas fitas opostas são muito específicos e dependentes de ligações de **A com T** e de **G com C** (Figura 34-2). Os **pares de bases A–T e G–C** são frequentemente designados como **pares de bases de Watson-Crick**.

A forma comum de DNA é considerada a voltada à direita, pois quando a dupla-hélice é visualizada de cima para baixo, os resíduos das bases formam uma espiral no sentido horário.

Na molécula de dupla-fita, as restrições impostas pela rotação sobre as ligações fosfodiéster, a *anti*configuração favorecida das ligações glicosídicas (ver Figura 32-5) e os tautômeros predominantes (ver Figura 32-2) das quatro bases (A, G, T e C) permitem o pareamento de A somente com T e de G somente com C, conforme representado na **Figura 34-3**. Essa restrição de pareamento de bases explica a observação anterior de que, em uma molécula de DNA de dupla-fita, o conteúdo de A é igual ao de T, enquanto o conteúdo de G é igual ao de C. As duas fitas da molécula de dupla-hélice, cada uma delas com uma **polaridade**, são **antiparalelas**; isto é, uma fita corre na direção 5′–3′, e a outra na direção 3′–5′. No interior de um gene específico nas moléculas de DNA de dupla-hélice, a informação genética reside na sequência de nucleotídeos em uma fita, a **fita-molde**. Esta é a fita de DNA que é copiada ou transcrita durante a síntese de **ácido ribonucleico** (**RNA**, do inglês *ribonucleic acid*). Ela é, algumas vezes, chamada de **fita não codificante**. A fita oposta é considerada a **fita codificante**, pois corresponde à sequência do RNA transcrito (mas contendo uracila no lugar de timina; ver Figura 34-8) que codifica a proteína.

As duas fitas, em que as bases opostas são mantidas juntas por ligações de hidrogênio, rodeiam um eixo central na forma de uma **dupla-hélice**. Em tubo de ensaio, o DNA de dupla-fita pode existir em pelo menos seis formas (A a E e Z).

Essas formas de DNA diferem em relação às interações intra e interfitas e envolvem rearranjos estruturais no interior de unidades monoméricas de DNA. **A forma B é habitualmente encontrada em condições fisiológicas**. Uma única volta do DNA B sobre o eixo longo de uma molécula contém 10 pb. A distância percorrida por uma volta do DNA B é de 3,4 nm (34 Å). A largura (diâmetro helicoidal) da dupla-hélice no DNA B é de 2 nm (20 Å).

Como representado na Figura 34-3, três ligações de hidrogênio (ver Figura 2-2), formadas por hidrogênio ligado a um átomo eletronegativo, como N ou O, mantêm o nucleotídeo desoxiguanosina ligado ao nucleotídeo desoxicitidina, e o outro par, o par A–T, é mantido unido por duas ligações de hidrogênio. Observe que as quatro bases nucleotídicas do DNA (purinas [dG, dA] e pirimidinas [dT, dC]; ver Figura 32-1 e Tabela 32-1) são moléculas planares. Essas propriedades fundamentais das bases nucleotídicas possibilitam o seu estreito empilhamento dentro do DNA dúplex (Figura 34-2). Os átomos dentro das bases heterocíclicas aromáticas são altamente polarizáveis e, associado ao fato de que muitos dos átomos dentro das bases contêm cargas parciais, permitem que as bases empilhadas formem interações de van der Waals e eletrostáticas. Essas forças são coletivamente designadas como forças ou interações de empilhamento de bases. As interações por empilhamento de bases entre pares de bases G–C (ou C–G) adjacentes são mais fortes do que os pares de bases A–T (ou T–A). Assim, as sequências de DNA ricas em G–C são mais resistentes à desnaturação ou separação de fitas – denominada "fusão" – do que as regiões do DNA ricas em A–T.

A desnaturação do DNA é utilizada para analisar a sua estrutura

A estrutura de dupla-fita do DNA pode ser separada nas duas fitas que a compõem, em solução, pelo aumento da temperatura ou diminuição da concentração de sais. Não só as duas pilhas de bases são separadas, mas as próprias bases se desempilham enquanto ainda estão ligadas no polímero pelo esqueleto fosfodiéster. De forma concomitante a essa desnaturação da molécula de DNA, há aumento na absorbância óptica das bases púricas e pirimídicas – fenômeno chamado de **hipercromicidade** da desnaturação. Devido ao empilhamento das bases e às ligações de hidrogênio entre as pilhas, a dupla-fita da molécula de DNA exibe as propriedades de um bastonete rígido e, em solução, é um material viscoso que perde sua viscosidade após a desnaturação.

As fitas de determinada molécula de DNA separam-se em uma determinada faixa de temperatura. O ponto médio é chamado de **temperatura de fusão**, ou T_m. A T_m é influenciada pela composição de bases do DNA e pela concentração de sal (ou outros solutos, ver a seguir) da solução. O DNA rico em pares G–C, que apresentam três ligações de hidrogênio, funde-se em uma temperatura mais elevada que o DNA rico em pares A–T, que possuem duas ligações de hidrogênio. Um aumento de 10 vezes na concentração de um cátion monovalente aumenta a T_m em torno de 16,6°C por meio da neutralização da repulsão intrínseca intercadeia entre os fosfatos de alta carga negativa do esqueleto fosfodiéster. Por outro lado,

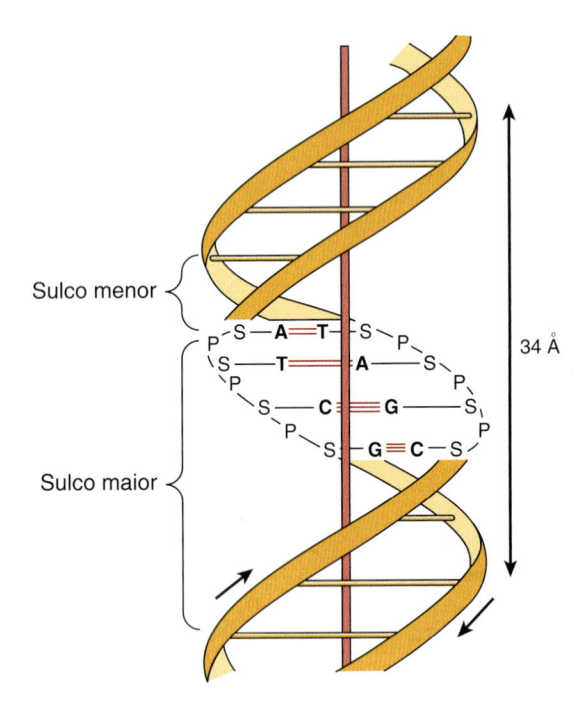

FIGURA 34-2 Representação diagramática do modelo de Watson e Crick da estrutura em dupla-hélice da forma B do DNA. A seta horizontal indica a largura da dupla-hélice (20 Å), enquanto a seta vertical indica a distância alcançada por uma volta completa da dupla-hélice (34 Å). Uma volta do DNA B inclui 10 pares de bases (pb) e, assim, a distância é de 3,4 Å por pb. O eixo central da dupla-hélice é indicado pela haste vertical. As setas pequenas designam a polaridade das fitas antiparalelas. Os sulcos maiores e menores são representados. (A, adenina; C, citosina; G, guanina; P, fosfato; S, açúcar [desoxirribose]; T, timina.) As ligações de hidrogênio entre as bases A/T e G/C são indicadas por linhas horizontais vermelhas curtas.

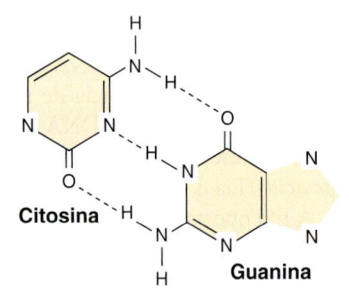

FIGURA 34-3 O pareamento de bases de DNA de Watson-Crick-clássico entre desoxinucleotídeos complementares envolve a formação de ligações de hidrogênio. Duas dessas ligações de H formam-se entre adenina e timina, e três ligações de H formam-se entre citidina e guanina. As linhas tracejadas representam as ligações de H.

o solvente orgânico formamida, que é comumente utilizado em experimentos de DNA recombinante, desestabiliza as ligações de hidrogênio entre as bases, diminuindo, portanto, a T_m. A adição de formamida possibilita a separação das fitas de DNA ou de híbridos DNA–RNA em temperaturas muito mais baixas e minimiza a quebra das ligações fosfodiéster e o dano químico aos nucleotídeos que podem ocorrer com incubação prolongada em temperaturas mais altas.

A renaturação do DNA exige pares de bases complementares

É importante ressaltar que as fitas de DNA se renaturam ou se reassociam quando as condições fisiológicas adequadas de temperatura e concentração de sais são atingidas; esse processo de recombinação é frequentemente chamado de **hibridização**. A taxa de recombinação depende da concentração de fitas complementares. A recombinação das duas fitas de DNA complementares de um cromossomo após a transcrição é um exemplo fisiológico de renaturação (ver a seguir). Em uma determinada temperatura e concentração de sais, uma fita particular de ácido nucleico se associa fortemente apenas a uma fita complementar. Moléculas híbridas também se formam em condições adequadas. Por exemplo, o DNA forma um híbrido com um DNA complementar (cDNA) ou um RNA mensageiro cognato (mRNA; ver a seguir). Quando a hibridização é combinada com técnicas de eletroforese em gel que separam os ácidos nucleicos por tamanho, associadas a marcações com sondas radiativas ou fluorescentes, a fim de proporcionar um sinal detectável, as técnicas analíticas resultantes são chamadas de **Southern (DNA/DNA)** e **Northern (RNA–DNA)** *blotting*, respectivamente. Esses procedimentos permitem uma identificação discriminatória de alta sensibilidade de tipos específicos de ácidos nucleicos a partir de misturas complexas de DNA ou RNA (ver Capítulo 39).

Há sulcos na molécula de DNA

A análise do modelo representado na Figura 34-2 revela um **sulco maior** e um **sulco menor** serpenteando ao longo da molécula, paralelas ao esqueleto fosfodiéster. Nesses sulcos, as proteínas podem interagir especificamente com átomos expostos dos nucleotídeos (por meio de pontes salinas e hidrofóbicas específicas), desse modo, reconhecendo e ligando-se a sequências de nucleotídeos específicas, bem como às formas únicas decorrentes. A ligação geralmente ocorre sem desfazer o pareamento de bases da molécula de DNA de dupla-hélice. Conforme discutido nos Capítulos 35, 36 e 38, as proteínas reguladoras que controlam a replicação, o reparo e a recombinação do DNA, bem como a transcrição de genes específicos, ocorrem por meio dessas interações de proteína-DNA.

O DNA existe nas formas relaxada e supertorcida

Em alguns organismos, como bactérias, bacteriófagos, muitos vírus de animais contendo DNA, assim como em organelas, como as mitocôndrias (ver Figura 35-8), as extremidades das moléculas de DNA são unidas para criar um círculo fechado sem extremidades covalentes livres. Isso, é claro, não destrói a polaridade das moléculas, mas elimina todos os grupos livres 3′-hidroxila e 5′-hidroxila e grupos fosforil. Círculos fechados existem nas formas relaxadas ou supertorcidas. As supertorções são introduzidas quando um círculo fechado é torcido em torno do seu próprio eixo, ou quando uma peça linear do DNA dúplex, cujas extremidades são fixas, é torcida. Esse processo dependente de energia coloca a molécula em estresse de torção, e quanto maior o número de supertorções, maior o estresse ou torção (teste isso torcendo um elástico). Há formação de **super-hélices negativas** quando a molécula é torcida na direção oposta das voltas no sentido horário da dupla-hélice voltada para a direita encontrada no DNA B. Esse DNA é considerado subenrolado. A energia necessária para atingir esse estágio é, de certo modo, armazenada nas supertorções. A transição para outra forma que necessite de energia é, portanto, facilitada pelo desenrolamento (ver Figura 35-19). Uma transição desse tipo é a separação das fitas, que é um pré-requisito para a replicação e a transcrição do DNA. O DNA supertorcido é, portanto, uma forma preferida em sistemas biológicos. Enzimas que catalisam mudanças topológicas de DNA são chamadas de **topoisomerases**. As topoisomerases podem relaxar ou inserir supertorções, utilizando o trifosfato de adenosina (ATP, do inglês *adenosine triphosphate*) como fonte de energia. Existem homólogos dessas enzimas em todos os organismos, e são alvos importantes para a quimioterapia do câncer. Supertorções também podem se formar no interior de DNAs lineares, se segmentos específicos do DNA forem restritos por fortes interações com proteínas nucleares, que estabelecem dois sítios de ligação, definindo um domínio topológico.

O DNA FORNECE UM MOLDE PARA A REPLICAÇÃO E PARA A TRANSCRIÇÃO

A informação genética armazenada na sequência de nucleotídeos de DNA serve a dois propósitos. Ela é a fonte de informação para a síntese de todas as moléculas de proteínas das células e dos organismos, e fornece a informação herdada pelas células-filhas ou pela prole. Ambas as funções exigem que a molécula de DNA funcione como molde – no primeiro caso, para a transcrição da informação em RNA e, no segundo caso, para a replicação da informação nas moléculas-filhas de DNA.

Quando cada fita da molécula de dupla-fita parental de DNA se separa de seu complemento durante a replicação, cada fita, independentemente, serve de molde no qual uma nova fita complementar é sintetizada (**Figura 34-4**). As duas moléculas-filhas de DNA de dupla-hélice recém-formadas, cada uma contendo uma fita (complementar, mas não idêntica) da molécula do DNA parental de dupla-hélice, são, então, separadas durante a mitose entre as duas células-filhas (**Figura 34-5**). Cada célula-filha contém as moléculas de DNA com informação idêntica à que a célula parental possuía, embora em cada célula-filha a molécula de DNA da célula parental tenha sido apenas semiconservada.

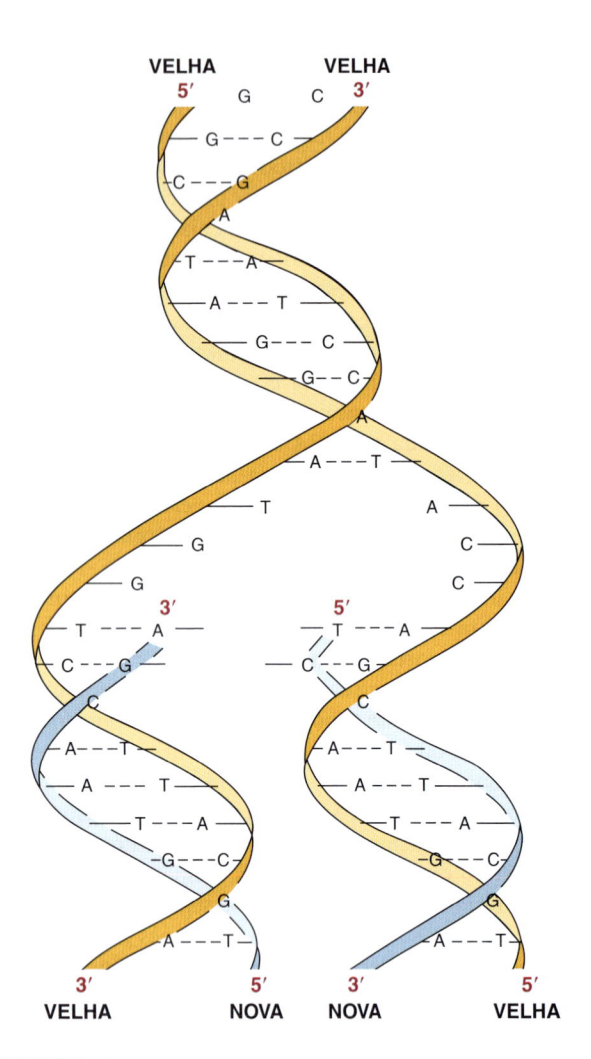

FIGURA 34-4 A síntese do DNA mantém a sequência e a estrutura do molde original de DNA. A estrutura de dupla-fita do DNA e a função molde de cada fita velha (em laranja) em que uma nova fita complementar (em azul) é sintetizada.

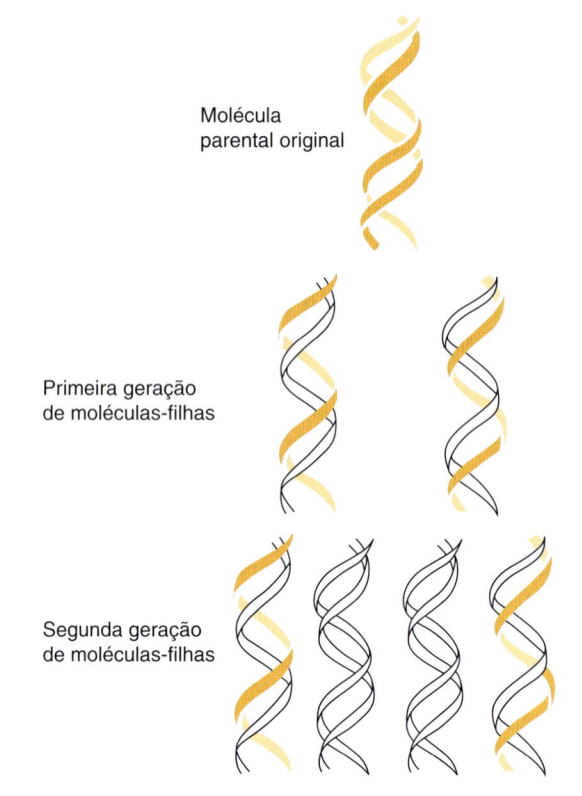

FIGURA 34-5 A replicação do DNA é semiconservativa. Durante um ciclo de replicação, cada uma das duas fitas de DNA serve de molde para a síntese de uma nova fita complementar. A natureza semiconservativa da replicação do DNA apresenta implicações bioquímicas (ver Figura 35-16), citogenéticas (ver Figura 35-2) e de controle epigenético da expressão gênica (ver Figuras 38-8 e 38-9).

O DNA E O RNA APRESENTAM NATUREZAS BIOQUÍMICAS DIFERENTES

O RNA é um polímero de ribonucleotídeos de purinas e pirimidinas ligados entre si por ligações 3′,5′-fosfodiéster, análogas às do DNA (**Figura 34-6**). Apesar de compartilhar muitas características com o DNA, o RNA tem várias diferenças específicas:

1. No RNA, a porção do açúcar à qual os fosfatos e as bases púricas e pirimídicas estão ligadas é a ribose, e não a 2′-desoxirribose do DNA (ver Figuras 19-2 e 32-3).
2. Os componentes de pirimidina do RNA podem ser diferentes dos do DNA. Embora o RNA contenha os ribonucleotídeos de adenina, guanina e citosina, ele não tem timina, exceto nos raros casos mencionados adiante. Em vez de timina, o RNA contém o ribonucleotídeo de uracila.
3. O RNA geralmente existe como fita simples, ao passo que o DNA existe como uma molécula helicoidal de dupla-fita.

Entretanto, a partir da sequência de bases complementares adequada, com polaridade oposta, a fita simples de RNA – como demonstrado na **Figura 34-7** e na Figura 34-11 – é capaz de dobrar-se sobre si, como um grampo de cabelo, adquirindo as características de dupla-fita: G pareando com C, e A pareando com U.
4. Uma vez que a molécula de RNA é uma fita simples complementar a apenas uma ou duas fitas de um gene, seu conteúdo de guanina não é necessariamente igual ao seu conteúdo de citosina, assim como o seu teor de adenina não é necessariamente igual ao seu teor de uracila.
5. A molécula de RNA pode ser hidrolisada por bases em 2′,3′-diésteres cíclicos de mononucleotídeos, compostos que não podem ser formados a partir do DNA tratado com bases (álcalis) devido à ausência do grupo 2′-hidroxila. A labilidade alcalina do RNA é útil tanto para o diagnóstico quanto para a análise.

A informação dentro de uma fita simples de RNA está contida em sua sequência ("estrutura primária") de nucleotídeos de purina e pirimidina no interior do polímero. A sequência é complementar à fita-molde do gene a partir da qual ela foi transcrita. Devido a essa complementaridade, uma molécula de RNA pode ligar-se especificamente por regras de pareamento das bases à sua fita-molde de DNA (A–T, **G**–C, **C**–G, **U**–A; bases de RNA em negrito); ela não se ligará

FIGURA 34-6 Um segmento da molécula de ácido ribonucleico (RNA) em que as bases púricas e pirimídicas – guanina (G), citosina (C), uracila (U) e adenina (A) – são mantidas unidas por ligações fosfodiéster entre as riboses ligadas às bases nucleares por ligações *N*-glicosídicas. Observe que as cargas negativas no esqueleto fosfodiéster não estão representadas (i.e., Figura 34-1), e o polímero apresenta polaridade indicada pelos fosfatos 3′ e 5′ marcados na figura.

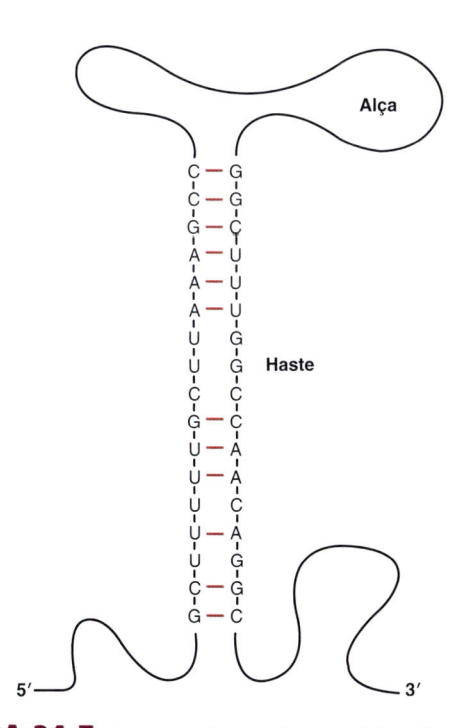

FIGURA 34-7 Representação diagramática da estrutura secundária de uma molécula de RNA de fita simples, na qual houve formação de uma estrutura em haste-alça ou "grampo de cabelo". A formação dessa estrutura depende do pareamento de bases intramoleculares indicadas (linhas horizontais coloridas entre as bases). Observe que G emparelha com C, como no DNA; entretanto, no RNA, ocorre pareamento de A com U por meio de ligações de hidrogênio.

("hibridizará") com a outra (codificadora) fita do seu gene. A sequência da molécula de RNA (exceto para U no lugar de T) é a mesma da fita que codifica o gene (**Figura 34-8**).

QUASE TODAS AS DIVERSAS, ABUNDANTES E ESTÁVEIS ESPÉCIES DE RNA ESTÃO ENVOLVIDAS EM ALGUM ASPECTO DA SÍNTESE DE PROTEÍNAS

As moléculas de RNA citoplasmáticas que funcionam como moldes para a síntese de proteínas (que transferem a informação genética do DNA para uma maquinaria sintetizadora de proteínas) são designadas como **RNA mensageiros** (**mRNAs**). Muitas outras moléculas de RNA citoplasmáticas abundantes (**RNAs ribossômicos** [**rRNAs**]) têm funções estruturais em que contribuem para a formação e a função dos ribossomos (a maquinaria de organelas para a síntese de proteínas) ou funcionam como moléculas adaptadoras (**RNAs de transferência** [**tRNAs**]) para a tradução da informação do RNA em sequências específicas de aminoácidos polimerizados.

Curiosamente, algumas moléculas de RNA possuem atividade catalítica intrínseca. A atividade dessas enzimas de RNA, ou **ribozimas**, frequentemente envolve a clivagem de um ácido nucleico. Duas ribozimas são a peptidiltransferase, que catalisa a formação das ligações peptídicas no ribossomo, e as ribozimas que estão envolvidas no processamento do RNA.

```
Fitas de DNA:
Codificadora → 5′—T G G A A T T G T G A G C G G A T A A C A A T T T C A C A C A G G A A A C A G C T A T G A C C A T G—3′
      Molde → 3′—A C C T T A A C A C T C G C C T A T T G T T A A A G T G T G T C C T T T G T C G A T A C T G G T A C—5′

Transcrito de RNA:   5′—— p p p A U U G U G A G C G G A U A A C A A U U U C A C A C A G G A A A C A G C U A U G A C C A U G   3′
```

FIGURA 34-8 A relação entre as sequências de um transcrito de RNA e seu gene, no qual as fitas codificante e molde são mostradas com suas polaridades. O transcrito de RNA com polaridade 5′ para 3′ é complementar à fita-molde com polaridade 3′ para 5′. A sequência no transcrito de RNA e sua polaridade são as mesmas da fita codificante, exceto pelo fato de o U no transcrito substituir o T do gene; o nucleotídeo iniciador dos RNAs contém um 5′-trifosfato terminal (i.e., pppA-acima).

Em todas as células eucarióticas, existem espécies de **RNA nuclear pequeno (snRNA)** que não estão diretamente envolvidas na síntese proteica, mas que desempenham um papel fundamental no processamento do RNA, particularmente no processamento do mRNA. Essas moléculas relativamente pequenas variam em tamanho de 90 a cerca de 300 nucleotídeos (**Tabela 34-1**). As propriedades das diversas classes de RNAs celulares são detalhadas a seguir.

O material genético de alguns vírus de animais e plantas é RNA, em vez de DNA. Embora alguns vírus de RNA nunca tenham a sua informação transcrita em uma molécula de DNA, muitos vírus de RNA animais – especificamente, os retrovírus (p. ex., o vírus da imunodeficiência humana ou HIV) – são transcritos por **DNA-polimerase dependente de RNA viral, a denominada transcriptase reversa**, para produzir uma cópia de DNA de dupla-fita de seu genoma de RNA. Em muitos casos, a transcrição resultante da dupla-fita de DNA é integrada ao genoma do hospedeiro e, posteriormente, funciona como molde para a expressão gênica a partir da qual novos genomas de RNA e mRNAs virais podem ser transcritos. A inserção genômica dessas moléculas de DNA "provirais" integrantes pode, dependendo do local envolvido, ser mutagênica, inativando um gene ou desregulando a sua expressão (ver Figura 35-11).

EXISTEM VÁRIAS CLASSES DISTINTAS DE RNA

Como observado anteriormente, em todos os organismos procarióticos e eucarióticos, existem quatro classes principais de moléculas de RNA: mRNA, tRNA, rRNA e RNAs pequenos. Cada uma difere das outras pela quantidade, pelo tamanho, pela função e pela estabilidade geral.

TABELA 34-1 Algumas espécies de RNAs pequenos estáveis encontradas em células de mamíferos

Nome	Comprimento (nucleotídeos)	Moléculas por célula	Localização
U1	165	1×10^6	Nucleoplasma
U2	188	5×10^5	Nucleoplasma
U3	216	3×10^5	Nucléolo
U4	139	1×10^5	Nucleoplasma
U5	118	2×10^5	Nucleoplasma
U6	106	3×10^5	Grânulos de pericromatina
4,5S	95	3×10^5	Núcleo e citoplasma
7SK	280	5×10^5	Núcleo e citoplasma

RNA mensageiro

Essa classe é a mais heterogênea em quantidade, tamanho e estabilidade; por exemplo, na levedura da cerveja, os mRNAs específicos estão presentes em centenas por célula para, em média, ≤ 0,1/mRNA/célula em uma população geneticamente homogênea. Como detalhado nos Capítulos 36 e 38, os mecanismos específicos de transcrição e pós-transcrição contribuem para essa grande faixa dinâmica em conteúdo de mRNA. Em células de mamíferos, a quantidade de mRNA provavelmente varia em uma faixa maior que 10^4 vezes. Todos os membros da classe funcionam como mensageiros que transportam a informação de um gene para a maquinaria sintetizadora de proteínas, onde cada mRNA funciona como um molde, em que uma sequência específica de aminoácidos é polimerizada para formar uma molécula de proteína específica, o último produto do gene (**Figura 34-9**).

Os mRNAs eucarióticos têm características químicas únicas. A extremidade terminal 5′ do mRNA é "coberto por um *cap* (capuz)" de trifosfato de 7-metilguanosina, que está ligado a um 2′-O-metil-ribonucleosídeo adjacente na 5′-hidroxila por meio de três fosfatos (**Figura 34-10**). As moléculas de mRNA frequentemente contêm nucleotídeos de 6-metiladenina e outros 2′-O-ribose-metilados internos. O *cap* está envolvido no reconhecimento do mRNA pela maquinaria de síntese de tradução e também ajuda a estabilizá-lo, evitando o ataque nucleolítico por 5′-exorribonucleases. A maquinaria da síntese de proteínas começa a tradução do mRNA em proteínas, começando a jusante da extremidade terminal 5′ ou *cap*.

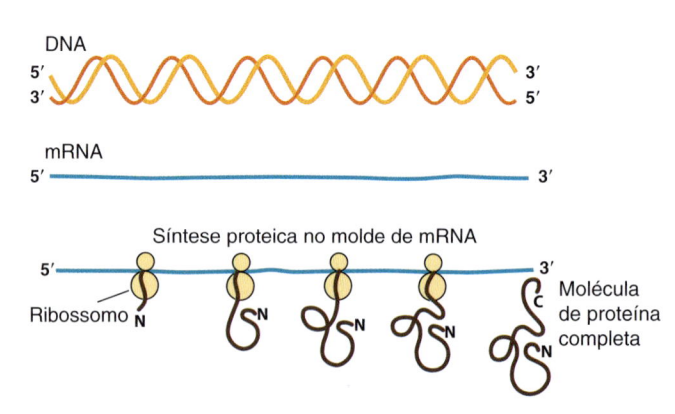

FIGURA 34-9 A figura mostra a expressão da informação genética dentro do DNA na forma de um mRNA transcrito com polaridade 5′ para 3′ e, em seguida, em proteína com polaridade N para C. O DNA é transcrito em mRNA que, posteriormente, é traduzido por ribossomos em uma molécula específica de proteína que exibe polaridade N-terminal (**N**) para C-terminal (**C**).

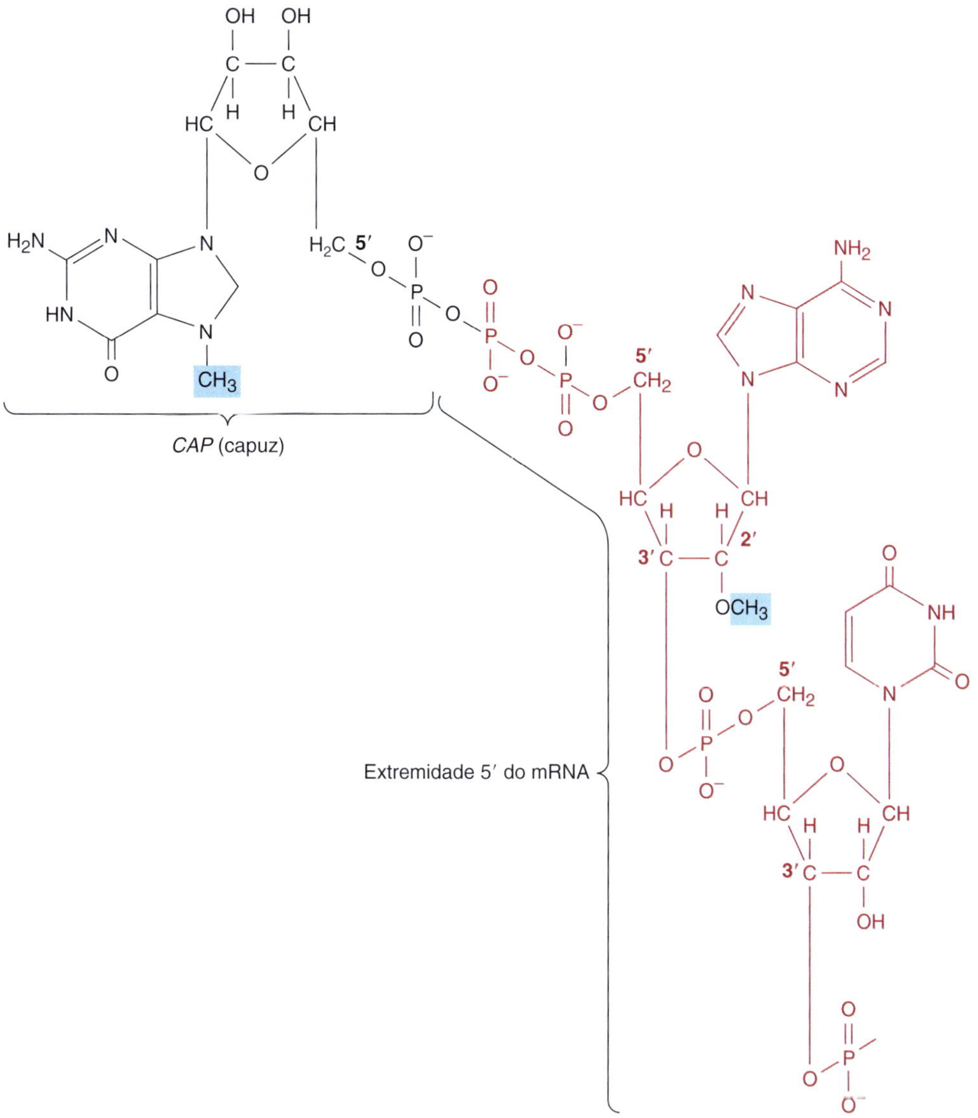

FIGURA 34-10 **A estrutura *cap* ligada à extremidade 5′ da maioria das moléculas de mRNA de eucariotos.** Um trifosfato de 7-metil-guanosina (em preto) está ligado à extremidade 5′ do mRNA (em vermelho), que geralmente também contém um nucleotídeo 2′-*O*-metilpurina. Essas modificações (o *cap* e o grupo metil) são adicionadas após o mRNA ser transcrito a partir do DNA. Os γ e β-fosfatos do GTP adicionados para formar o *cap* (em preto na figura) são perdidos após a adição do *cap*, ao passo que o γ-fosfato do nucleotídeo iniciador (aqui um resíduo A; em vermelho na figura) é perdido durante a adição do *cap*.

Na outra extremidade de quase todas as moléculas de mRNA dos eucariotos, a extremidade terminal 3′-hidroxila apresenta um polímero ligado, não codificado geneticamente, de resíduos de adenilato de 20 a 250 nucleotídeos de comprimento. A "cauda" poli(A) na extremidade terminal 3′ dos mRNAs mantém a estabilidade intracelular do mRNA específico, impedindo o ataque de 3′-exorribonucleases e facilitando também a tradução (ver Figura 37-7). Tanto o *"cap"* quanto a "cauda poli(A)" do mRNA são adicionados pós-transcrição por enzimas sem moldes e direcionadas para moléculas precursoras de mRNA (pré-mRNA). O mRNA representa 2 a 5% de RNA celular total dos eucariotos.

Em células de mamíferos, incluindo as células humanas, as moléculas de mRNA presentes no citoplasma não são os produtos de RNA imediatamente sintetizados a partir de um molde de DNA, mas devem ser formados por processamento a partir de pré-mRNA antes de ir para o citoplasma. Assim, em núcleos de mamíferos, os produtos imediatos da transcrição do gene (transcritos primários) são muito heterogêneos, e podem ser 10 a 50 vezes maiores que as moléculas de mRNA maduras. Como discutido no Capítulo 36, as moléculas de pré-mRNA são processadas para gerar as moléculas de mRNA que, então, entram no citoplasma para atuar como moldes para a síntese proteica.

RNA transportador

As moléculas de tRNA variam em comprimento, de 74 a 95 nucleotídeos, e, como muitos outros RNAs, também são geradas por processamento nuclear de uma molécula precursora (ver Capítulo 36). As moléculas de tRNA funcionam como adaptadores para a tradução da informação na sequência de nucleotídeos do mRNA para aminoácidos específicos. Há pelo menos 20 espécies de moléculas de tRNA em cada célula, sendo que pelo menos uma (e, frequentemente, várias) corresponde a cada um dos 20 aminoácidos necessários para a síntese proteica. Embora cada tRNA específico seja diferente dos demais em sua sequência de nucleotídeos, as moléculas de tRNA, como uma classe, têm muitas características em comum. A estrutura primária – isto é, a sequência de nucleotídeos – de todas as moléculas de tRNA permite o dobramento extenso e a complementaridade entre as fitas para gerar uma estrutura secundária que aparece em duas dimensões, como uma folha de trevo (**Figura 34-11**).

Todas as moléculas de tRNA contêm quatro braços principais de dupla-fita, conectados por alças de fita simples, denominadas com base na sua respectiva composição de nucleotídeos ou função. O **braço aceptor** termina nos nucleotídeos CpCpA$_{OH}$. Esses três nucleotídeos são acrescentados após a transcrição por uma enzima nucleotidil-transferase específica. O aminoácido apropriado para o tRNA é ligado ou "carregado" no grupo 3'-OH da porção A do braço aceptor por meio da ação de aminoacil-tRNAsintetases específicas (ver Figura 37-1). Os **braços D, TψC e extras** ajudam a definir um tRNA específico. Os tRNAs compõem cerca de 20% do RNA celular total.

RNA ribossômico

Um ribossomo é uma estrutura de nucleoproteína citoplasmática que atua como a maquinaria para a síntese de proteínas a partir de moldes de mRNA. Nos ribossomos, as moléculas de mRNA e de tRNA interagem para traduzir a informação transcrita no gene durante a síntese de mRNA em uma proteína específica. Nos períodos de síntese proteica ativa, muitos ribossomos podem ser associados a qualquer molécula de mRNA para formar um conjunto chamado de **polissomo** (ver Figura 37-7).

Os componentes dos ribossomos de mamíferos, que têm peso molecular de cerca de $4,2 \times 10^6$ e coeficiente de velocidade de sedimentação de 80S (**S = unidades Svedberg**, parâmetro sensível ao tamanho e ao formato moleculares), são mostrados na **Tabela 34-2**. O ribossomo de mamíferos contém duas subunidades principais de nucleoproteínas – uma maior, com peso molecular de $2,8 \times 10^6$ (60S), e uma subunidade menor, com peso molecular de $1,4 \times 10^6$ (40S). A subunidade 60S contém um rRNA 5S, um rRNA 5,8S e um rRNA 28S; há também mais de 50 polipeptídeos específicos. A subunidade 40S é menor e contém um único rRNA 18S e, aproximadamente, 30 cadeias de polipeptídeos diferentes. Todas as moléculas de rRNA, exceto o rRNA 5S, que é transcrito de maneira independente, são processadas a partir de uma única molécula precursora de RNA 45S, no nucléolo (ver Capítulo 36). As moléculas de rRNA altamente metiladas são acondicionadas no nucléolo com proteínas ribossomais específicas. No citoplasma, os ribossomos permanecem bastante estáveis e capazes de realizar vários ciclos de tradução. As funções exatas das moléculas de rRNA na partícula ribossomal não são completamente compreendidas, mas são necessárias para a montagem ribossomal e também desempenham papéis fundamentais na ligação dos mRNAs aos ribossomos e na sua tradução. Estudos recentes indicam que o componente maior de rRNA desempenha a atividade de peptidiltransferase e, portanto, é uma ribozima. Os rRNAs (28S + 18S) representam cerca de 70% do total de RNA celular.

RNA pequeno

Uma grande quantidade de espécies de RNA pequeno altamente conservadas e distintas é encontrada nas células eucarióticas; algumas são bastante estáveis. A maior parte dessas moléculas está complexada com proteínas para formar as ribonucleoproteínas e está distribuída no núcleo, no citoplasma ou em ambos. Variam, quanto ao tamanho, de 20 a 1.000 nucleotídeos e estão presentes em 100.000 a 1.000.000 de cópias por célula, representando coletivamente ≤ 5% do RNA celular.

RNAs nucleares pequenos

Os snRNAs, um subconjunto de pequenos RNAs (Tabela 34-1), estão significativamente envolvidos no processamento do rRNA e do mRNA e na regulação gênica. Dos vários snRNAs, U1, U2, U4, U5 e U6 estão envolvidos na remoção de íntrons e no processamento de precursores de mRNA dentro do núcleo (ver Capítulo 36). O snRNA U7 está envolvido na produção da extremidade 3' correta do mRNA da histona – que é desprovido de cauda poli(A). O RNA 7SK associa-se a várias proteínas para formar um complexo de ribonucleoproteína, denominado P-TEFb, que modula o alongamento da transcrição do gene do mRNA pela RNA-polimerase II (ver Capítulo 36).

RNAs reguladores não codificantes grandes e pequenos: micro-RNAs (miRNAs), RNAs silenciadores (siRNAs), RNAs não codificantes longos (lncRNAs) e RNAs circulares (circRNAs)

Uma das descobertas mais animadoras e imprevistas da biologia reguladora eucariótica na última década foi a identificação e a caracterização de RNAs reguladores que não codificam proteínas (ncRNAs). Os ncRNAs existem em duas classes gerais de tamanho: grande (50-1.000 nt) e pequena (20-22-nt). Os ncRNAs reguladores foram descritos na maioria dos eucariotos (ver Capítulo 38).

Os **ncRNAs pequenos, chamados de miRNAs e siRNAs, normalmente inibem a expressão gênica** no nível da produção de proteínas específicas, por meio do direcionamento de mRNAs por um de vários mecanismos distintos. Os miRNAs são gerados por processamento nucleolítico específico dos produtos de genes distintos/unidades de transcrição (ver Figura 36-17). Os precursores de miRNAs, que têm *cap* (capuz) 5' e são 3'-poliadenilados, variam geralmente em tamanho de 500 a 1.000 nucleotídeos.

Por outro lado, os siRNAs são gerados por processamento nucleolítico específico de dsRNAs grandes, que podem ser produzidos a partir de outros RNAs endógenos ou a partir de dsRNAs introduzidos na célula, como o RNA viral. **Os siRNAs e os miRNAs normalmente hibridizam, por meio da formação da hibridização RNA–RNA com seus mRNAs-alvos** (ver Figura 38-19). Até hoje, já foram descritas centenas de miRNAs e siRNAs diferentes em seres humanos; as estimativas sugerem que existam cerca de 1.000 genes humanos

Estrutura primária (1ª)

5' pGCGGAUUUAGCUCAGUUGGGAGAGCGCCAGACUGAAGAUCUGGAGGUCCUGUGUUCGAUCCACAGAAUUCGCACCA_OH 3'
         10   20   30   40   50   60   70

Estrutura secundária (2ª)

```
                                3'
                                A-OH
                                C        Aminoácidos
                                C        Haste do aceptor
                           5'   A
                           pG — C
                             C — G
                             G — C₇₀
                             G — U
                             G — A
                             A — U
                             U — A
            Alça D          U   A               GACAC  C₆₀U
              ↓         A                                   ᵐ¹A         Alça TѱC
            D G A   CUC²ᵐG₁₀              ⁵ᵐCUGUG    TѱC
            D                         
            G       GAGC         mᵐ²G    CU   A G ᵐ⁷G
            G₂₀G A           G — C
                             C — G
                             A — U
                             G₃₀ᵐC₄₀          Alça variável
                             C_m    ѱ
                             U     Y
            Alça anticódon → G_m A A
```

Estrutura terciária (3ª)

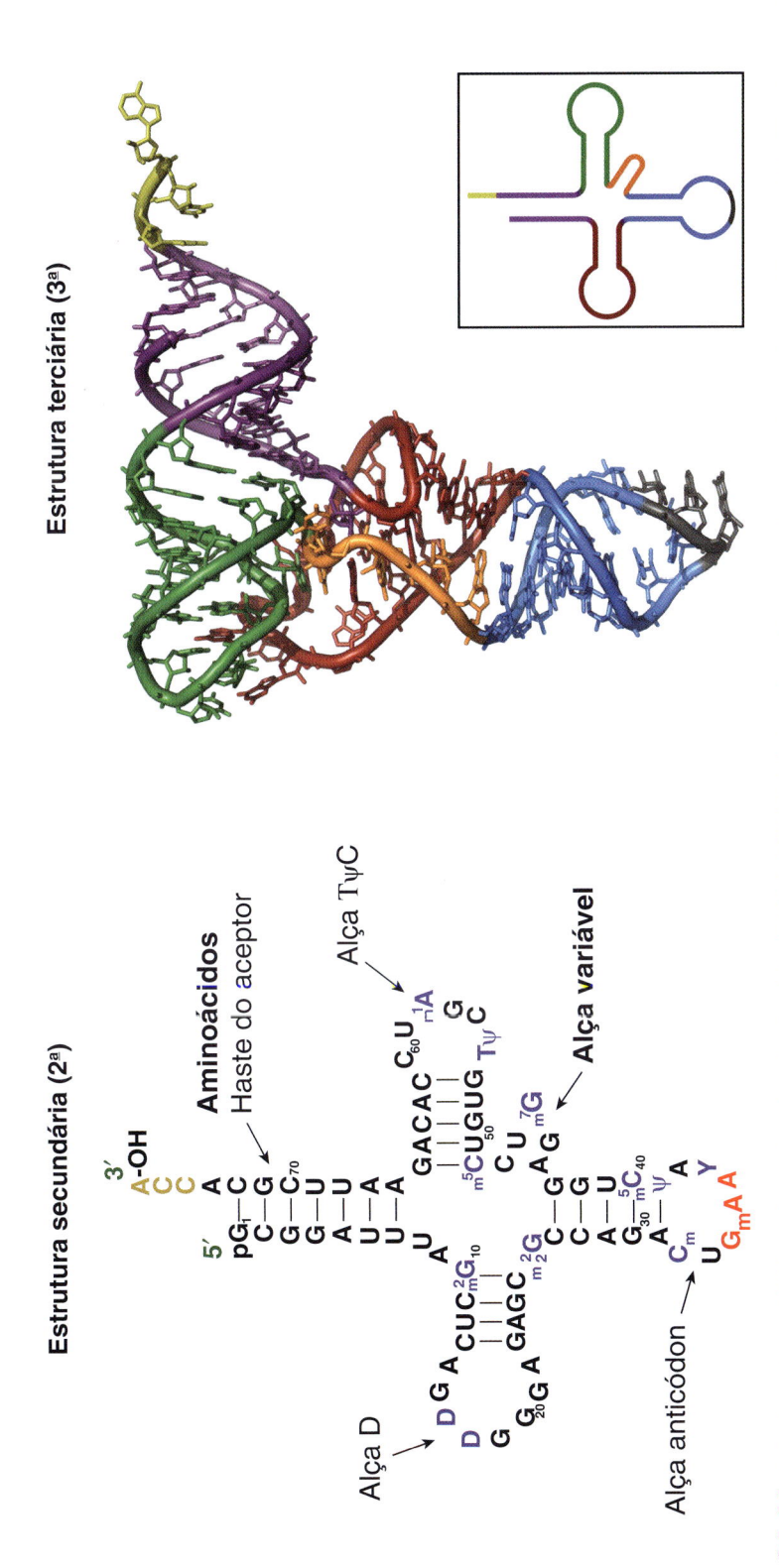

FIGURA 34-11 Estrutura de um tRNA maduro e funcional, o fenilalanil-tRNA (tRNA^Phe) de levedura. São mostradas as estruturas primária (1ª), secundária (2ª) e terciária (3ª) (partes superior, inferior esquerda e inferior direita, respectivamente) do tRNA^Phe. Os números abaixo da estrutura primária do tRNA^Phe de 76 nucleotídeos de comprimento indicam o número de nucleotídeos da extremidade 5' (+1) para a extremidade 3' (+76) da molécula. Observe que o nucleotídeo +1 contém uma porção 5'-fosfato (P), enquanto o nucleotídeo 3' tem um grupo 3'-hidroxila (OH) livre. As bases sublinhadas e em negrito dentro da sequência do tRNA^Phe estão bastante alteradas com relação aos nucleotídeos mostrados na representação da estrutura secundária do tRNA^Phe. Essa estrutura é frequentemente descrita como "folha de trevo". Alguns desses nucleotídeos apresentam nomes de ribonucleotídeos não canônicos, conforme representado no modelo de estrutura secundária. Dentro do tRNA^Phe, os nucleot deos U₁₆, D₁₇, G₃₇, U₃₉ e U₅₅ em ѱ; e U₅₄ em T₅₄ (ver texto adiante para mais detalhes). As linhas retas entre bases dentro da estrutura secundária do tRNA representam ligações de hidrogênio formada entre bases (A–U; G–C). Observe que essas regiões de estrutura secundária formam-se com a mesma polaridade de fita (5' para 3' e 3' para 5') do que as regiões de pares de bases do DNA. As três bases da alça anticódon são representadas em vermelho. No caso de tRNAs carregados de aminoácidos, uma fração aminoacil é esterificada à extremidade 3'-CCA_OH (em marrom; neste caso, o aminoácido seria a fenilalanina; não mostrado). Em azul, estão destacados os nucleotídeos não tradicionais introduzidos por modificação pós-tradução, abreviados do seguinte modo: m²G = 2-metilguanosina; D = 5,6-di-hidrouridina; m²₂G = N2-dimetilguanosina; C_m = O2'-metilcitidina; G_m = O2'-metilguanosina; T = 5-metiluridina; Y = vibutosina; ѱ = pseudouridina; m⁵C = 5-metilcitidina; m⁷G = 7-metilguanosina; m¹A = 1-metiladenosina. Praticamente todos os tRNAs dobram-se em estruturas terciárias (3ª) características e semelhantes, conforme mostrado na parte inferior à direita. As partes distintas da molécula nas configurações 2ª (detalhe) e 3ª têm cores correspondentes nessa imagem para maior clareza. O tRNA^Phe foi o primeiro ácido nucleico cuja estrutura foi determinada por cristalografia de raios X. Essas estruturas de tRNA tridimensionais distintas ligam-se especificamente a sítios funcionais importantes em aminoacil-tRNA-sintetases e ribossomos durante a síntese de proteínas (ver Capítulo 37). As imagens das estruturas secundária e terciária do tRNA^Phe são ilustrações públicas obtidas da Wikipédia (wikimedia.org/wikipedia/commons/b/ba/TRNA-Phe_yeast_1ehz-1.png).

TABELA 34-2 Componentes dos ribossomos de mamíferos

Componente	Massa (PM)	Proteína		RNA		
		Número	Massa	Tamanho	Massa	Bases
Subunidade 40S	$1,4 \times 10^6$	33	7×10^5	18S	7×10^5	1.900
Subunidade 60S	$2,8 \times 10^6$	50	1×10^6	5S	$3,5 \times 10^4$	120
				5,8S	$4,5 \times 10^4$	160
				28S	$1,6 \times 10^6$	4.700

Nota: as subunidades ribossômicas estão definidas de acordo com a velocidade de sedimentação em unidades Svedberg (**S**; 40S ou 60S). Estão listados o número de proteínas únicas e suas massas totais (PM), os componentes de RNA de cada subunidade em tamanho (unidades Svedberg), a massa e o número de bases.

codificantes de miRNA. Em função de sua primorosa especificidade genética, os miRNAs e os siRNAs representam **novos agentes potenciais e interessantes para o desenvolvimento de fármacos terapêuticos**. Os siRNAs são frequentemente utilizados para diminuir ou realizar "*knockdown*" de níveis de proteínas específicas (por meio da degradação do mRNA dirigida por homologia ao siRNA) em contextos experimentais no laboratório, uma alternativa extremamente útil e poderosa para a tecnologia de nocaute gênico (do inglês *gene-knockout*) (ver Capítulo 39). De fato, vários ensaios clínicos terapêuticos com base em siRNA estão em andamento para testar a eficácia dessas novas moléculas como fármacos para doenças humanas.

Outras observações recentes e interessantes no âmbito do RNA são a identificação e a caracterização de duas classes de RNAs não codificantes maiores, os **RNAs circulares (circRNAs)** e os **RNAs não codificantes longos**, ou **lncRNAs**. Muitos **circRNAs** foram recentemente descobertos e caracterizados. Os circRNAs parecem ser produzidos por reações de tipo *splicing* do RNA a partir de uma ampla variedade de RNAs precursores, tanto precursores de mRNA quanto precursores de lncRNA não proteicos (ver adiante para informações mais detalhadas sobre os lncRNAs). Embora não constituam uma classe abundante de moléculas de RNA na maioria das células, os circRNAs foram detectados em todos os eucariotos testados, particularmente em metazoários. Embora as funções dos circRNAs ainda estejam sendo elucidadas, eles parecem ser particularmente abundantes em células do sistema nervoso. À semelhança dos lncRNAs, essas moléculas provavelmente desempenham funções importantes na biologia celular, regulando a expressão gênica em múltiplos níveis. Os LncRNAs, como o próprio nome indica, não codificam proteínas e variam de tamanho de cerca de 300 a milhares de nucleotídeos de comprimento. Esses RNAs são normalmente transcritos a partir de grandes regiões de genomas eucarióticos que não codificam proteínas (genes que codificam mRNA). De fato, a análise de transcriptomas indica que **> 90% de todo o DNA genômico eucariótico são transcritos**. Os ncRNAs perfazem uma porção significativa dessa transcrição. Os ncRNAs desempenham muitos papéis, que podem variar desde a contribuição para aspectos estruturais da cromatina até regulação da transcrição gênica de mRNA pela RNA-polimerase II. Trabalhos futuros caracterizarão melhor essa importante e recentemente descoberta classe de moléculas de RNA.

Curiosamente, as bactérias também contêm RNAs reguladores, pequenos e heterogêneos, chamados de sRNAs. Os sRNAs bacterianos variam em tamanho de 50 a 500 nucleotídeos e, como os mi/si/lncRNAs de eucariotos, também controlam uma grande variedade de genes. Os sRNAs frequentemente reprimem, mas algumas vezes ativam, a síntese proteica, por meio da ligação a um mRNA específico.

NUCLEASES ESPECÍFICAS DIGEREM OS ÁCIDOS NUCLEICOS

As enzimas capazes de degradar os ácidos nucleicos foram identificadas há muitos anos. Essas nucleases podem ser classificadas de vários modos. As que exibem especificidade para o DNA são chamadas de **desoxirribonucleases**. As nucleases que hidrolisam especificamente o RNA são as **ribonucleases**. Algumas nucleases degradam tanto o DNA quanto o RNA. No interior de ambas as classes, as enzimas são capazes de clivar as ligações fosfodiéster internas para produzir tanto extremidades 3'-hidroxila e 5'-fosforil quanto extremidades 5'-hidroxila e 3'-fosforil. Elas são chamadas de **endonucleases**. Algumas são capazes de hidrolisar ambas as fitas de uma molécula de **dupla-fita**, ao passo que outras podem apenas clivar **fitas simples** de ácidos nucleicos. Algumas nucleases podem hidrolisar apenas fitas simples não pareadas, ao passo que outras são capazes de hidrolisar fitas simples que participam da formação de uma molécula de dupla-fita. Existem várias classes de endonucleases que reconhecem sequências específicas no DNA. Uma classe dessas enzimas de clivagem do DNA, as **endonucleases de restrição**, também denominadas enzimas de restrição, atuam diretamente por meio de sua ligação a pares de bases de DNA contíguos (normalmente, 4, 5, 6 ou 8 pb) e clivagem de ambas as fitas do DNA, habitualmente DNA dentro do elemento de sequência de ligação/reconhecimento. A segunda classe de enzimas, que consistem em complexos de ribonucleoproteína, utiliza um "RNA-guia" de sequência de nucleotídeos específica, que tem como alvo uma nuclease para clivar sequências distintas de DNA ou de RNA. Trata-se da família de enzimas **CRISPR-Cas**. Ambas as classes de enzimas de clivagem do DNA são descritas com mais detalhes no Capítulo 39. Essas enzimas representam ferramentas clinicamente importantes na genética molecular e nas ciências médicas.

Algumas nucleases são capazes de hidrolisar um nucleotídeo apenas quando ele está presente na extremidade de uma molécula; elas são chamadas de **exonucleases**. As exonucleases atuam apenas em uma direção ($3' \rightarrow 5'$ ou $5' \rightarrow 3'$). Em bactérias, uma exonuclease $3' \rightarrow 5'$ é uma parte integrante da maquinaria de replicação do DNA e funciona nesse local para editar – ou revisar – os erros no pareamento das bases dos desoxinucleotídeos recentemente adicionados.

RESUMO

- O DNA consiste em quatro bases – A, G, C e T – mantidas em um arranjo linear por ligações fosfodiéster, por meio das posições 3′ e 5′ de desoxirriboses adjacentes.

- O DNA está organizado em duas fitas pelo pareamento de bases A com T e G com C de fitas complementares. Essas fitas formam uma dupla-hélice em volta de um eixo central.

- Os cerca de 3×10^9 pb de DNA em seres humanos estão organizados em um complemento haploide de 23 cromossomos. A sequência exata desses 3 bilhões de nucleotídeos define a singularidade de cada indivíduo.

- O DNA fornece um molde para sua própria replicação e, portanto, para a manutenção do genótipo e para a transcrição de cerca de 25 mil genes codificantes de proteínas humanas, bem como para uma grande matriz de RNAs reguladores que não codificam proteínas.

- O RNA existe em várias estruturas de fitas simples diferentes, e a maior parte está direta ou indiretamente envolvida na síntese de proteínas ou em sua regulação. O arranjo linear de nucleotídeos no RNA consiste em A, G, C e U, e o açúcar é a ribose.

- As principais formas de RNA incluem mRNA, rRNA, tRNA e snRNAs e ncRNAs reguladores. Algumas moléculas de RNA agem como catalisadores (ribozimas).

REFERÊNCIAS

Cech TR, Steitz JA: The noncoding RNA revolution-trashing old rules to forge new ones. Cell 2014;157:77.

Mayerle M, Guthrie C: Genetics and biochemistry remain essential in the structural era of the spliceosome. Methods 2017;125:3.

Muruhan K, Babu K, Sundaresan R, et al: The revolution continues: newly discovered systems expand the CRISPR-Cas toolkit. Molecular Cell 2017;68:15.

Noller HF: The parable of the caveman and the Ferrari: protein synthesis and the RNA world. Philos Trans R Soc Lond B Biol Sci 2017;372(1716):20160187.

Rich A, Zhang S: Timeline: Z-DNA: the long road to biological function. Nat Rev Genet 2003;4:566.

Salzman J: Circular RNA expression: its potential regulation and function. Trends Genet 2016;32:309.

Watson JD, Crick FH: Molecular structure of nucleic acids: a structure for deoxyribose nucleic acid. Nature 1953;171:737.

CAPÍTULO 35

Organização, replicação e reparo do DNA

P. Anthony Weil, Ph.D.

OBJETIVOS

Após o estudo deste capítulo, você deve ser capaz de:

- Observar que os cerca de 3×10^9 pares de bases de DNA que compõem o genoma humano haploide são divididos singularmente entre 23 unidades de DNA lineares, os cromossomos. Os seres humanos, por serem diploides, têm 23 pares desses cromossomos lineares: 22 autossomos e 2 cromossomos sexuais.

- Compreender que o DNA do genoma humano, se estendido de ponta a ponta, teria metros de comprimento, mas ainda assim cabe no interior do núcleo da célula, uma organela que tem apenas alguns mícrons (μ; 10^{-6} metro) de diâmetro. Essa condensação no comprimento do DNA é induzida, em parte, após a sua associação com histonas, proteínas com significativas cargas positivas, resultando na formação de um complexo DNA-histona único, denominado nucleossomo. Os nucleossomos contêm DNA enrolado em volta da superfície de um octâmero de histonas.

- Explicar que as unidades de nucleossomos se formam ao longo de sequências lineares de DNA genômico para produzir a cromatina que, por si só, pode ser mais fortemente acondicionada e condensada, o que, em última análise, leva à formação dos cromossomos.

- Reconhecer que, enquanto os cromossomos são as unidades funcionais macroscópicas para a transcrição do DNA, a replicação, a recombinação, a ordenação dos genes e a divisão celular, cabe ao DNA, em nível dos nucleotídeos individuais, a função de compor as sequências reguladoras ligadas a genes específicos, os quais são essenciais para a vida.

- Descrever as etapas, a fase do ciclo celular e as moléculas responsáveis pela replicação, pelo reparo e pela recombinação do DNA e compreender os efeitos negativos que podem ter erros em qualquer um desses processos sobre a integridade e a saúde celular e do organismo.

IMPORTÂNCIA BIOMÉDICA*

A informação genética no ácido desoxirribonucleico (DNA, do inglês *deoxyribonucleic acid*) de um cromossomo pode ser transmitida por replicação exata ou pode ser trocada por meio de diversos processos, incluindo *crossing over*, recombinação, transposição e conversão gênica. Esses processos fornecem um meio de assegurar a adaptabilidade e a diversidade para o organismo; entretanto, quando são alterados, podem também resultar em doença. Diversos sistemas enzimáticos estão envolvidos na replicação, na alteração e no reparo do DNA. As mutações se devem a uma mudança nas sequências de bases do DNA e podem resultar em replicação, movimento ou reparo do DNA incorreto e ocorrer com uma frequência de cerca de 1 em cada 10^6 divisões celulares. As anormalidades nos produtos gênicos (seja no ácido ribonucleico [RNA, do inglês *ribonucleic acid*], na função proteica ou na sua quantidade) podem resultar de mutações que ocorrem na codificação de proteínas transcritas e no DNA que não codifica proteínas ou na região reguladora não transcrita do DNA. Uma mutação em uma célula germinativa é transmitida para a

---
* Na medida do possível, a discussão neste capítulo e nos Capítulos 36, 37 e 38 é dedicada aos mamíferos que, naturalmente, estão entre os eucariotos superiores. Algumas vezes, é necessário fazer referências a observações realizadas em organismos procarióticos, como bactérias e vírus, ou em sistemas de modelos de eucariotos inferiores, como *Drosophila*, *Caenorhabditis elegans* ou a levedura *Saccharomyces cerevisae*. Entretanto, nesses casos, a informação poderá ser facilmente extrapolada aos mamíferos.

prole (a chamada transmissão vertical de doença hereditária). Diversos fatores, incluindo vírus, substâncias químicas, raios ultravioleta e radiação ionizante, aumentam a taxa de mutação. As mutações frequentemente afetam as células somáticas e, assim, são transmitidas às gerações sucessivas de células, mas apenas no interior de um organismo (i.e., horizontalmente). Torna-se evidente que várias doenças – e provavelmente a maioria dos cânceres – devem-se aos efeitos combinados de transmissão vertical de mutações, bem como transmissão horizontal de mutações induzidas.

A CROMATINA É O MATERIAL CROMOSSÔMICO NOS NÚCLEOS DAS CÉLULAS DE ORGANISMOS EUCARIÓTICOS

A **cromatina** consiste em **moléculas de DNA de dupla-fita (dsDNA)** muito longas e com massa aproximadamente igual à de proteínas básicas muito pequenas, chamadas de **histonas**, bem como uma quantidade menor de proteínas não histonas (a maior parte é ácida e maior do que as histonas) e uma pequena quantidade de **RNA**. As proteínas não histonas incluem enzimas envolvidas na replicação e no reparo do DNA e as proteínas envolvidas na síntese, no processamento e no transporte de RNA para o citoplasma. A hélice do dsDNA em cada cromossomo tem um comprimento que é milhares de vezes o diâmetro do núcleo da célula. Um dos objetivos das moléculas que compõem a cromatina, particularmente as histonas, é o de condensar o DNA; entretanto, é importante observar que as histonas também participam integralmente da regulação dos genes (Capítulos 36, 38 e 42); de fato, as histonas contribuem, de forma importante, para a totalidade das operações moleculares direcionadas pelo DNA. Estudos de microscopia eletrônica da cromatina mostraram a presença de partículas esféricas densas, chamadas de **nucleossomos**, com aproximadamente 10 nm de diâmetro e conectadas por filamentos de DNA (**Figura 35-1**). Os nucleossomos são compostos por DNA emaranhado em volta de um complexo octamérico de moléculas de histona.

As histonas são as proteínas mais abundantes da cromatina

As histonas são uma pequena família de proteínas básicas estreitamente relacionadas. As **histonas H1** são as que se ligam menos fortemente à cromatina (**Figuras 35-1, 35-2 e 35-3**) e são, portanto, facilmente removidas com uma solução salina, após a qual a cromatina se torna mais solúvel. A unidade organizacional dessa cromatina solúvel é o nucleossomo. **Os nucleossomos contêm quatro tipos principais de histonas: H2A, H2B, H3 e H4**. A sequência e as estruturas de todas as quatro histonas – H2A, H2B, H3 e H4 –, as denominadas histonas nucleares que formam o nucleossomo, têm sido altamente conservadas entre as espécies, embora existam variantes das histonas, que são utilizadas para propósitos especializados. Essa elevada conservação indica que a função das histonas é idêntica em todos os eucariotos, e

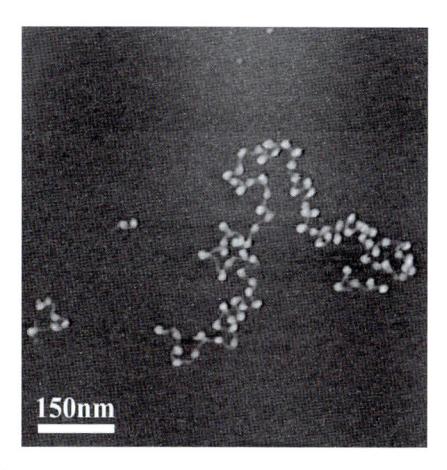

FIGURA 35-1 Micrografia eletrônica de cromatina, mostrando nucleossomos individuais (brancos, esféricos) fixados a fitas de DNA (linha fina e cinza); ver também a Figura 35-2. (Reproduzida, com autorização, de Shao Z: Probing nanometer structures with atomic force microscopy. News Physiol Sci 1999;14:142–149. Cortesia do Professor Zhifeng Shao, University of Virginia.)

que a molécula inteira está envolvida muito especificamente no exercício dessas funções. Dois terços das extremidades carboxiterminais das moléculas de histona são hidrofóbicos, enquanto os terços das extremidades aminoterminais são particularmente ricos em aminoácidos básicos. **Essas quatro histonas do cerne estão sujeitas a pelo menos seis tipos de modificações covalentes ou modificações pós-traducionais (PTMs)**: acetilação, metilação, fosforilação, ADP-ribosilação, monoubiquitilação e sumoilação. Essas modificações na histona desempenham um importante papel na estrutura e na função da cromatina, como ilustrado na **Tabela 35-1**.

As histonas interagem umas com as outras de maneiras muito específicas: **H3 e H4 formam um tetrâmero**, contendo duas moléculas de cada (H3-H4)$_2$, ao passo que **H2A e H2B formam dímeros** (H2A-H2B). Sob condições fisiológicas, esses oligômeros de histona se associam para formar o **octâmero de histona** da composição (H3-H4)$_2$–(H2A-H2B)$_2$.

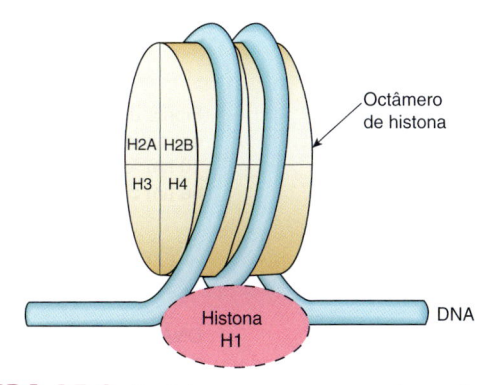

FIGURA 35-2 Modelo para a estrutura do nucleossomo. O DNA está enrolado em volta da superfície de um cilindro de proteína, que consiste em duas de cada uma das histonas H2A, H2B, H3 e H4, que formam o octâmero de histona. Os cerca de 145 pb de DNA, consistindo em 1,75 volta super-helicoidal, estão em contato com o octâmero de histonas. A posição da histona H1, quando está presente, é indicada pelo contorno na parte inferior da figura. Observe que a histona H1 interage com o DNA quando entra no nucleossomo e sai dele.

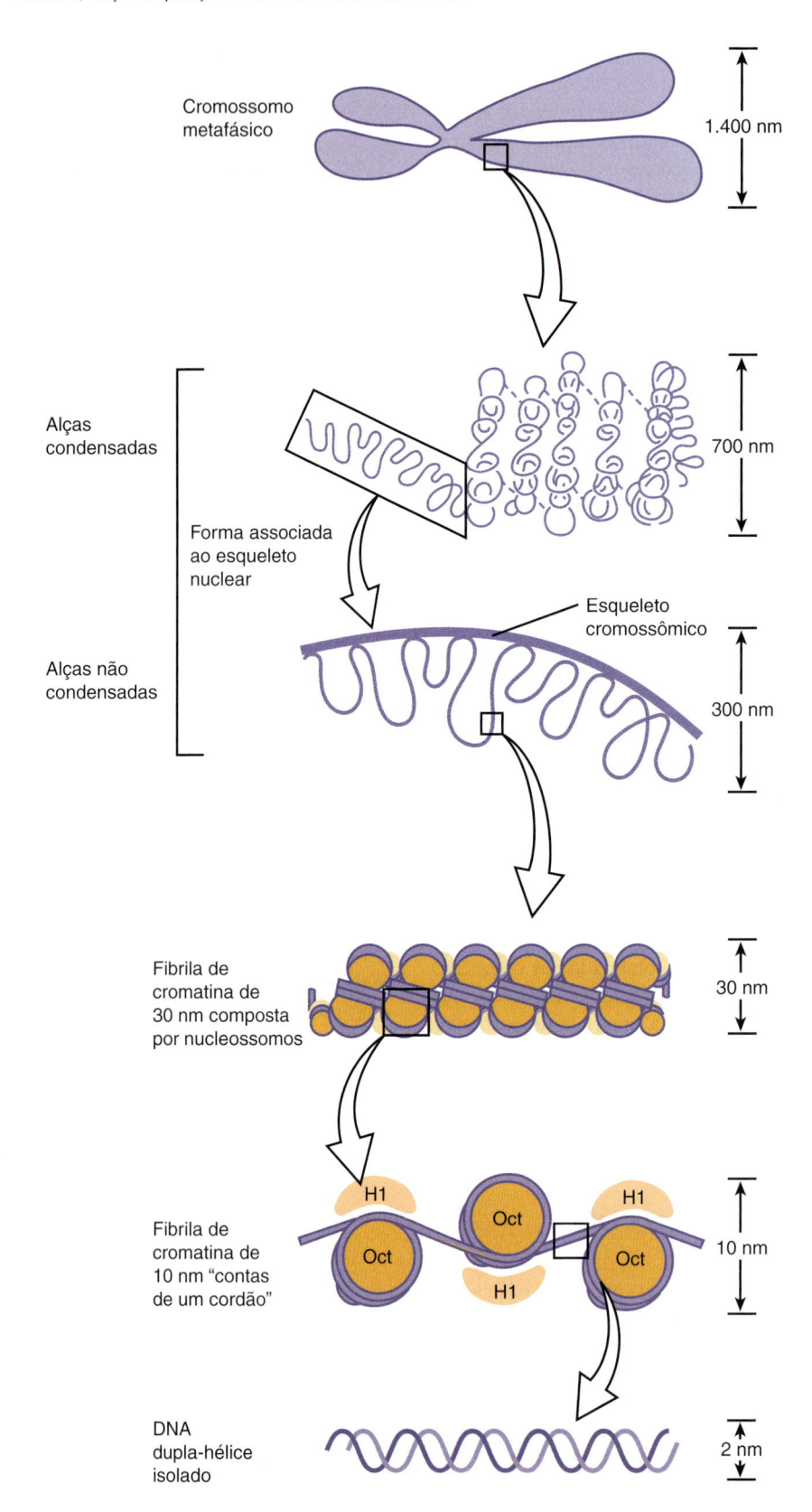

FIGURA 35-3 **Grau de compactação do DNA em cromossomos na metáfase (parte superior) em relação ao DNA dúplex observado (parte inferior).** O DNA cromossômico é acondicionado e organizado em vários níveis como mostrado (ver Tabela 35-2). Cada fase de condensação ou compactação e organização (de baixo para cima) diminui a acessibilidade geral do DNA a ponto de as sequências de DNA nos cromossomos metafásicos serem quase totalmente inertes em termos de transcrição. Ao todo, esses cinco níveis de compactação resultam em diminuição do comprimento linear de aproximadamente 10^4 vezes de ponta a ponta. A condensação completa e a descompactação do DNA linear nos cromossomos ocorrem em um espaço de horas durante o ciclo celular replicativo normal (ver Figura 35-20).

TABELA 35-1 Possíveis funções das histonas modificadas pós-tradução

1. A acetilação das histonas H3 e H4 está associada à ativação ou à inativação da transcrição gênica.
2. A acetilação das histonas do centro está associada à formação de cromossomos durante a replicação de DNA.
3. A fosforilação da histona H1 está associada à condensação dos cromossomos durante o ciclo de replicação.
4. A ADP-ribosilação das histonas está associada ao reparo do DNA.
5. A metilação das histonas está correlacionada com a ativação e a repressão da transcrição gênica.
6. A monoubiquitinação está associada à ativação gênica, à repressão e ao silenciamento dos genes heterocromáticos.
7. A sumoilação das histonas (SUMO; modificador pequeno relacionado à ubiquitina) está associada à repressão da transcrição.

O nucleossomo contém histona e DNA

Quando o octâmero de histona é misturado com dsDNA purificado sob condições iônicas adequadas, o padrão de difração de raios X é o mesmo observado em cromatinas recém-isoladas. Estudos bioquímicos e com microscopia eletrônica confirmam a existência de nucleossomos reconstituídos. Além disso, a reconstituição de nucleossomos a partir do DNA e das histonas H2A, H2B, H3 e H4 é independente da origem celular ou do organismo de seus vários componentes. Nem a histona H1 nem as proteínas não histonas são necessárias para a reconstituição do núcleo do nucleossomo.

No nucleossomo, o DNA está supertorcido, com uma hélice enrolada para a esquerda sobre a superfície de um octâmero de histona em forma de disco (Figura 35-2). A maioria das proteínas histonas do centro interage com o DNA no interior da super-hélice sem se projetar, embora se acredite que as caudas aminoterminais de todas as histonas se estendam para fora dessa estrutura e estejam disponíveis para as PTMs reguladoras (ver Tabela 35-1).

O tetrâmero $(H3-H4)_2$ pode, por si só, conferir propriedades semelhantes às do nucleossomo ao DNA e, portanto, desempenhar um papel central na formação do nucleossomo. A adição de dois dímeros H2A-H2B estabiliza a partícula primária e liga firmemente duas meias-voltas adicionais de DNA, previamente ligadas apenas frouxamente a $(H3-H4)_2$. Assim, 1,75 volta de DNA super-helicoidal é enrolada em torno da superfície do octâmero de histona, protegendo os 145 a 150 pb de DNA e formando a partícula do centro do nucleossomo (Figura 35-2). Na cromatina, **as partículas do centro são separadas por uma região de aproximadamente 30 pb de DNA, denominada "ligante"**. A maior parte do DNA está em uma série repetitiva dessas estruturas, conferindo à cromatina uma aparência de "contas em um cordão" quando examinada à microscopia eletrônica (Figura 35-1).

A montagem dos nucleossomos *in vivo* é mediada por um entre diversos fatores de montagem da cromatina nuclear, facilitados pelas chaperonas de histonas, um grupo de proteínas que exibe alta afinidade de ligação às histonas. À medida que o nucleossomo é montado, as histonas são liberadas das chaperonas. Os nucleossomos parecem ter preferência por certas regiões específicas das moléculas de DNA, mas a base dessa distribuição não aleatória, chamada de **faseamento**, ainda não está completamente compreendida. O faseamento está provavelmente relacionado tanto à relativa flexibilidade física de sequências nucleotídicas específicas para acomodar as regiões de torção no interior da super-hélice, bem como à presença de outros fatores ligados ao DNA, que limitam os locais de deposição de nucleossomos.

ESTRUTURAS DE ORDEM SUPERIOR PROPORCIONAM A COMPACTAÇÃO DA CROMATINA

A microscopia eletrônica da cromatina revela duas ordens de estrutura superiores – a fibrila de 10 nm e a fibra de cromatina de 30 nm – além daquela do próprio nucleossomo. A estrutura do nucleossomo é semelhante à de um disco, possuindo 10 nm de diâmetro e 5 nm de altura. A **fibrila de 10 nm** consiste em nucleossomos dispostos com suas bordas separadas por uma pequena distância (30 pb de DNA ligante) com suas faces planas paralelas ao eixo da fibrila (Figura 35-3). A fibrila de 10 nm é provavelmente supertorcida adicionalmente com seis ou sete nucleossomos por volta para formar a **fibra de cromatina de 30 nm** (Figura 35-3). Cada volta da super-hélice é relativamente plana, e as faces dos nucleossomos de voltas sucessivas seriam aproximadamente paralelas umas às outras. As histonas H1 parecem estabilizar a fibra de 30 nm, mas suas posições e as do DNA ligante de comprimento variável não são claras. É provável que os nucleossomos possam formar diversas estruturas compactadas. Para formar um cromossomo mitótico, a fibra de 30 nm deve ser compactada em comprimento outras 100 vezes (ver adiante).

Nos **cromossomos da interfase**, as fibras de cromatina parecem estar organizadas em **alças ou domínios** de 30.000 a 100.000 pb ancorados em um **andaime** ou matriz de suporte no interior do núcleo, a chamada **matriz nuclear**. No interior desses domínios, algumas sequências de DNA podem estar localizadas de modo não aleatório. Sugeriu-se que cada volta ou domínio de cromatina corresponde a uma ou mais funções genéticas separadas, contendo tanto regiões codificantes quanto não codificantes do gene ou genes cognatos. Essa arquitetura nuclear é provavelmente dinâmica, tendo importantes efeitos reguladores sobre a regulação do gene. Dados recentes sugerem que certos genes ou regiões de genes são móveis no interior do núcleo, movendo-se obrigatoriamente para *loci* distintos no interior do núcleo a partir de ativação. Trabalhos adicionais determinarão quais são os mecanismos moleculares responsáveis.

ALGUMAS REGIÕES DA CROMATINA SÃO "ATIVAS" E OUTRAS "INATIVAS"

Em geral, cada célula de um organismo metazoário individual contém a mesma informação genética. Assim, as diferenças entre os tipos de células no interior de um organismo podem ser explicadas pela expressão diferenciada da informação genética comum. A cromatina que contém genes ativos (a cromatina ativa de modo transcricional ou potencialmente transcricional) mostrou-se diferente, de várias maneiras, daquelas de regiões inativas. A estrutura do nucleossomo de cromatina ativa parece estar alterada, algumas vezes de modo muito extenso, em regiões altamente ativas. O DNA na cromatina ativa contém grandes regiões (em torno de 100 mil bases de extensão) relativamente mais **sensíveis à digestão por uma nuclease**, como a DNase I. A DNase I faz cortes na fita simples em quase todo segmento de DNA, devido à sua baixa especificidade de sequência. Ela digerirá o DNA que não estiver protegido ou ligado por uma proteína aos desoxinucleotídeos que o compõem. A sensibilidade à DNase I das regiões de cromatina ativa reflete apenas um potencial de transcrição, em vez da transcrição em si, e, em vários sistemas celulares diferentes, pode estar correlacionada com uma falta relativa de 5-metildesoxicitidina (meC; ver Figura 32-7) no DNA e em variantes de histonas particulares e/ou PTMs das histonas (fosforilação, acetilação, etc.; Tabela 35-1).

No interior de grandes regiões de cromatina ativa, existem segmentos mais curtos de 100 a 300 nucleotídeos, que exibem sensibilidade ainda maior (outras 10 vezes) à DNase I. Esses **locais de hipersensibilidade** provavelmente resultam de uma conformação estrutural que favorece o acesso da nuclease ao DNA. Essas regiões são, com frequência, localizadas imediatamente a montante do gene ativo e constituem o local da estrutura nucleossômica interrompida, causada por uma ligação de proteínas não histonas que são fatores reguladores da transcrição (proteínas ativadoras transcricionais de ligação a potencializadores; ver Capítulos 36 e 38). Em muitos casos, parece que, se um gene é capaz de ser transcrito, é muito comum que ele apresente um sítio (ou sítios) de hipersensibilidade à DNase I na cromatina do trecho imediatamente a montante. Como observado, as proteínas não histonas reguladoras envolvidas no controle da transcrição e as envolvidas na manutenção do acesso à fita-molde levam à formação de sítios de hipersensibilidade. Esses sítios muitas vezes fornecem a primeira pista sobre a presença e a localização de um elemento de controle da transcrição.

Em contrapartida, a cromatina inativa transcricionalmente é densamente compactada durante a interfase, como observado por estudos de microscopia eletrônica, e é chamada de **heterocromatina**; a cromatina ativa transcricionalmente cora-se menos densamente e é chamada de **eucromatina**. Em geral, a eucromatina é replicada mais cedo que a heterocromatina nos ciclos celulares dos mamíferos (ver a seguir). A cromatina nessas regiões de inatividade tem, com frequência, alto conteúdo de meC, e as histonas contêm níveis relativamente mais baixos de algumas modificações covalentes de "ativação" e níveis mais elevados de histonas PTMs de "repressão".

Há dois tipos de heterocromatina: constitutiva e facultativa. A **heterocromatina constitutiva** está sempre condensada e, portanto, é essencialmente inativa. Ela é encontrada em regiões próximas ao centrômero cromossômico e nas extremidades cromossômicas (telômeros). A **heterocromatina facultativa** está, algumas vezes, condensada, mas outras vezes é transcrita ativamente e, portanto, não é condensada, sendo semelhante à eucromatina. Dos dois membros do par de cromossomos X de fêmeas de mamíferos, um cromossomo X é quase completamente inativo na transcrição e é heterocromático. Entretanto, o cromossomo X heterocromático descondensa durante a gametogênese e se torna ativo na transcrição no início da embriogênese – assim, ele é uma heterocromatina facultativa.

Certas células de insetos, por exemplo, de *Chironomus* e *Drosophila*, contêm cromossomos gigantes que foram replicados por ciclos múltiplos sem separação das cromátides-filhas. Essas cópias de DNA alinham-se lado a lado em um registro preciso e produzem um cromossomo com bandas que contêm regiões de cromatina condensada e bandas mais claras de cromatina mais solta. Regiões transcricionalmente ativas desses **cromossomos politênicos** são especialmente descondensadas em "*puffs*" que podem conter as enzimas responsáveis pela transcrição e ser locais de síntese de RNA (**Figura 35-4**). Utilizando-se sondas de hibridização altamente sensíveis marcadas com fluorescência, sequências de genes específicos podem ser mapeadas, ou "pintadas", no interior de núcleos de células humanas, mesmo sem a formação de cromossomos politênicos, utilizando técnicas de hibridização *in situ* por fluorescência (FISH; ver Capítulo 39).

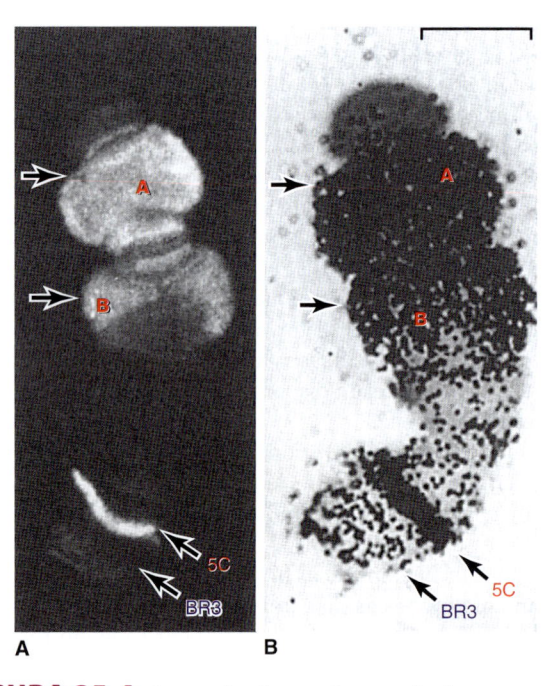

FIGURA 35-4 Ilustração da estreita correlação entre a presença da RNA-polimerase II (Tabela 36-2) e a síntese de RNA mensageiro. Vários genes, chamados de A, B (parte superior) e 5C, mas não os genes no *locus* (banda) BR3 (5C, BR3, parte inferior), são ativados quando larvas da mosca *Chironomus tentans* são submetidas a choque térmico (39 °C por 30 minutos). (**A**) Distribuição da RNA-polimerase II no cromossomo IV isolado de glândula salivar (**nas setas**). A enzima foi detectada por imunofluorescência, utilizando um anticorpo marcado com fluorescência dirigido contra a polimerase. O 5C e o BR3 são bandas específicas no cromossomo IV, e as setas indicam *puffs* (A, B, 5C). (**B**) Autorradiografia de um cromossomo IV que foi incubado em ³H-uridina para marcar o RNA. Observe a correspondência entre a imunofluorescência e a presença do RNA radioativo (pontos pretos) (A, B, 5C). Barra = 7 μm. (Reproduzida, com autorização, de Sass H: RNA polymerase B in polytene chromosomes. Cell 1982;28:274. Copyright © 1982. Reimpressa, com autorização, de Elsevier.)

O DNA É ORGANIZADO EM CROMOSSOMOS

Na metáfase, os **cromossomos** de mamíferos têm simetria dupla, com **cromátides-irmãs** idênticas duplicadas, conectadas no **centrômero**, cuja posição relativa é característica de determinado cromossomo (**Figura 35-5**). O centrômero é uma região rica em adenina-timina (A-T) contendo sequências de DNA repetidas, que variam em tamanho de 10^2 (levedura de cerveja) a 10^6 (mamíferos) **pares de bases (pb)**. Os centrômeros dos metazoários estão ligados por nucleossomos contendo a proteína variante de histona H3 CENP-A e outras proteínas específicas ligadoras de centrômero. Esse complexo, chamado de **cinetocoro**, fornece a âncora para o fuso mitótico. Portanto, trata-se de uma estrutura essencial para a segregação dos cromossomos durante a mitose.

As extremidades de cada cromossomo contêm estruturas chamadas de **telômeros. Os telômeros consistem em repetições curtas ricas em TG**. Os telômeros humanos apresentam um número variável de repetições da sequência 5′-TTAGGG-3′, que pode se estender por várias quilobases. A **telomerase**, um complexo multissubunidade contendo um molde de RNA relacionado a DNA-polimerases virais dependentes de RNA (transcriptases reversas), é a enzima responsável pela síntese telomérica e, portanto, por manter o comprimento do telômero. Tendo em vista que o encurtamento do telômero tem sido associado tanto à transformação maligna (Capítulo 56) quanto ao envelhecimento (Capítulo 58), essa enzima tornou-se um alvo interessante para a quimioterapia do câncer e o desenvolvimento de fármacos (ver Capítulo 56). Cada cromátide-irmã contém uma molécula de dsDNA. Conforme esquematizado na Figura 35-3, durante a interfase, o empacotamento da molécula de DNA é menos denso do que no cromossomo condensado durante a metáfase. Os cromossomos metafásicos são quase completamente inativos transcricionalmente.

O genoma haploide humano consiste em cerca de 3×10^9 pb e cerca de $1,7 \times 10^7$ nucleossomos. Assim, cada uma das 23 cromátides no genoma haploide humano conteria, em média, $1,3 \times 10^8$ nucleotídeos em uma molécula de dsDNA. Portanto, o comprimento de cada molécula de DNA deve ser comprimido cerca de 8 mil vezes para gerar a estrutura de um cromossomo metafásico condensado. Nos cromossomos metafásicos, as fibras de cromatina de 30 nm também são dobradas em uma série de **domínios em alça**, cujas porções proximais estão ancoradas na matriz nuclear, provavelmente por meio de interações com proteínas denominadas **laminas**, que constituem componentes integrais da membrana nuclear interna no interior do núcleo (Figuras 35-3 e 49-4). As proporções de compactação de cada uma das ordens da estrutura do DNA estão resumidas na **Tabela 35-2**. A compactação das nucleoproteínas no interior da cromátide não é aleatória, como evidenciado por padrões característicos observados quando os cromossomos são corados com corantes específicos como a quinacrina ou a coloração de Giemsa (**Figura 35-6**).

De indivíduo para indivíduo em uma mesma espécie, o padrão de coloração (bandeamento) do complemento do cromossomo inteiro é altamente reproduzível; entretanto, ele difere significativamente entre espécies, mesmo entre as proximamente relacionadas. Assim, a compactação das nucleoproteínas nos cromossomos de eucariotos superiores deve ser, de algum modo, dependente de características específicas das moléculas de DNA de cada espécie.

Uma combinação de técnicas de coloração especializadas e de microscopia de alta resolução tem permitido aos citogeneticistas mapear, com muita precisão, vários genes para regiões específicas de cromossomos de ratos e de seres humanos. Com a elucidação recente das sequências dos genomas de ratos e de seres humanos (entre outros), ficou claro que muitos desses métodos de mapeamento visual eram notavelmente precisos.

TABELA 35-2 Proporções de empacotamento ou compactação de cada uma das ordens da estrutura de DNA

Forma da cromatina	Taxa de compactação
Dupla-hélice de DNA isolada	~1,0
Fibrilas de nucleossomos de 10 nm	7-10
Fibra de cromatina de 30 nm de nucleossomos super-helicoidais	40-60
Alças de cromossomo metafásico condensado	8.000

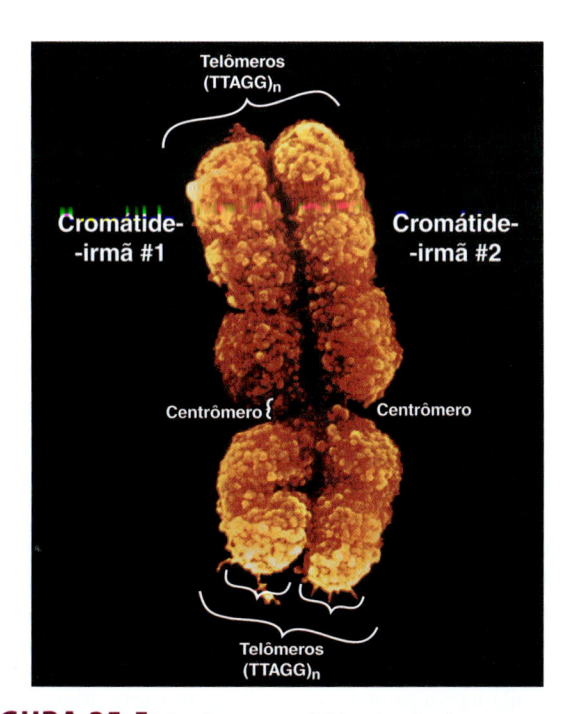

FIGURA 35-5 As duas cromátides-irmãs do cromossomo humano 12 na mitose. A localização da região do centrômero rica em A+T conectando as duas cromátides-irmãs é indicada, bem como dois dos quatro telômeros, encontrados nas extremidades das cromátides que se prendem uma à outra no centrômero. (Reimpressa, com autorização, de Biophoto Associates/Photo Researchers, Inc.)

As regiões de codificação são frequentemente interrompidas por sequências intervenientes

As regiões codificantes de proteínas no DNA, cujas transcrições, em última análise, aparecem no citoplasma como moléculas únicas de mRNA, são geralmente interrompidas no

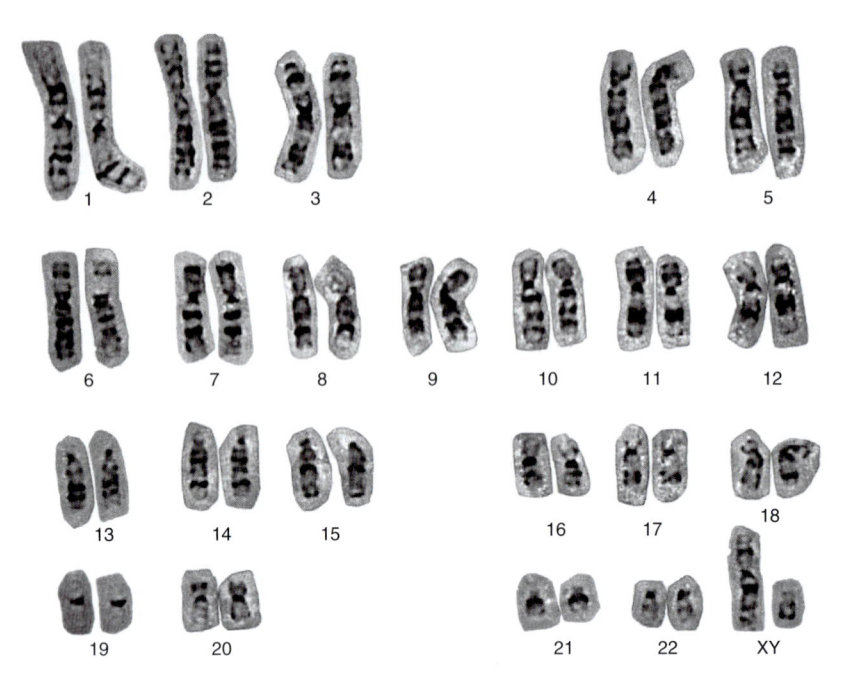

FIGURA 35-6 Cariótipo humano (de um homem com constituição normal 46,XY) no qual os cromossomos metafásicos foram corados pelo método de Giemsa e dispostos de acordo com a Convenção de Paris. (Reimpressa, com autorização, de H Lawce e F Conte.)

genoma eucariótico por grandes sequências intervenientes de DNA não codificantes de proteínas. Consequentemente, **transcritos primários** ou **precursores de mRNA** (originalmente denominado **hnRNA**, uma vez que esse tipo de RNA era bastante heterogêneo em tamanho [comprimento] e praticamente restrito ao núcleo) contém sequências intervenientes não codificantes de RNA que devem ser removidas em um processo que também une os segmentos codificantes adequados para formar um mRNA maduro. A maior parte das sequências codificantes para um único mRNA é interrompida no genoma (e, portanto, no transcrito primário) por pelo menos uma – e, em alguns casos, por até 50 – sequências intervenientes não codificantes (**íntrons**). Na maioria dos casos, os íntrons são muito maiores do que as regiões codificantes (**éxons**). O processamento do transcrito primário, que envolve a remoção precisa de íntrons e o *splicing* de éxons adjacentes, é descrito no Capítulo 36.

A função das sequências intervenientes, ou íntrons, não está totalmente esclarecida. Entretanto, as moléculas precursoras de mRNA podem sofrer *splicing* de modo diferente, aumentando, portanto, o número de proteínas distintas (ainda que relacionadas) produzidas por um único gene e seu correspondente transcrito gênico primário de mRNA. Os íntrons podem servir também para separar domínios funcionais (éxons) de informação codificante, de modo a permitir a ocorrência mais rápida de rearranjo genético por recombinação do que se todas as regiões codificantes para uma determinada função genética fossem contíguas. Tal proporção melhorada de rearranjo genético de domínios funcionais poderia permitir uma evolução mais rápida das funções biológicas. Em alguns casos, outros RNAs, codificantes ou não codificantes de proteínas, estão localizados no interior do DNA intrônico de alguns genes (ver Capítulo 34). As relações entre o DNA cromossômico, os agrupamentos de genes no cromossomo, a estrutura éxon-íntron dos genes e o produto final do mRNA estão ilustradas na **Figura 35-7**.

A FUNÇÃO EXATA DE GRANDE PARTE DO GENOMA DE MAMÍFEROS NÃO É BEM COMPREENDIDA

O genoma haploide de cada célula humana consiste em $3,3 \times 10^9$ pb de DNA subdividido em 23 cromossomos. O genoma haploide completo contém DNA suficiente para conter quase 1,5 milhão de genes codificantes de proteínas de tamanho médio (i.e., cerca de 2.200 pb de DNA codificante de proteínas). Entretanto, estudos sobre as taxas de mutação e sobre a complexidade dos genomas dos organismos superiores sugerem fortemente que os seres humanos possuem significativamente menos de 100 mil proteínas codificadas por cerca de 1% do genoma humano, o qual é composto por DNA exônico. De fato, estimativas atuais, baseadas no sequenciamento do genoma humano, sugerem que existem cerca de 25 mil genes que codificam proteínas nos seres humanos. Isso implica que a maior parte do DNA não codifica proteínas – isto é, sua informação nunca é traduzida em uma sequência de aminoácidos de uma molécula de proteína. Certamente, uma parte das sequências de DNA em excesso serve para regular a expressão de genes durante o desenvolvimento, a diferenciação e a adaptação ao meio, servindo tanto como sítios de ligação para proteínas reguladoras quanto para a codificação de ncRNAs reguladores. Alguns excessos claramente constituem as sequências intervenientes ou íntrons que separam as regiões codificantes dos genes, e outra porção dos excessos parece ser composta por muitas famílias de sequências

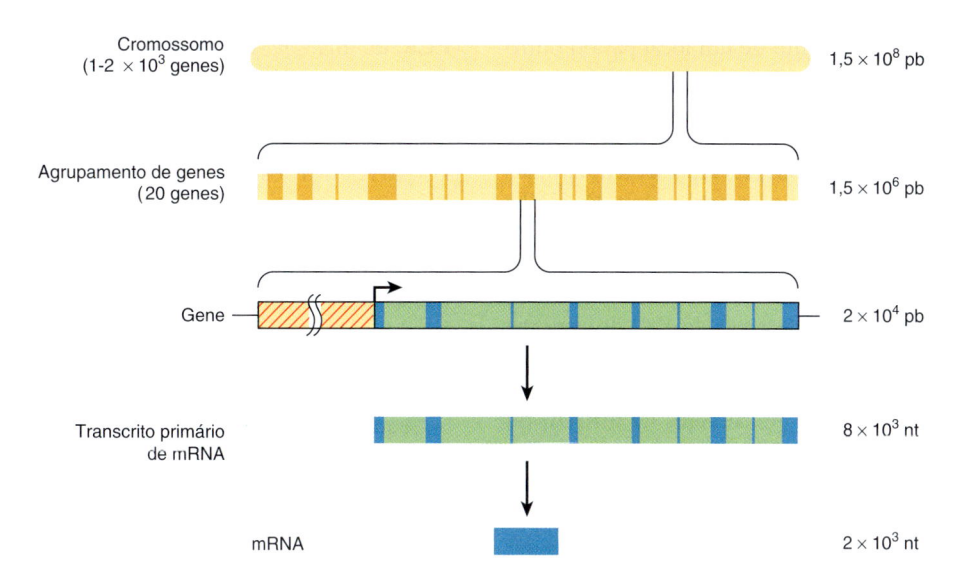

FIGURA 35-7 Relação entre o DNA cromossômico e o mRNA. O complemento do DNA haploide humano de 3×10^9 pb é distribuído não uniformemente entre os 23 cromossomos (ver Figura 35-6). Os genes estão, com frequência, reunidos em grupos nesses cromossomos. Um gene em média tem 2×10^4 pb de comprimento, incluindo a região reguladora (área hachurada em vermelho), a qual é, em geral, localizada na extremidade 5' do gene. A região reguladora é apresentada aqui como adjacente ao local de início da transcrição (seta dobrada). A maioria dos genes dos eucariotos tem éxons e íntrons alternados. Neste exemplo, há nove éxons (áreas coloridas em azul) e oito íntrons (áreas coloridas em verde). Os íntrons são removidos do transcrito primário por meio de reações de processamento, e os éxons estão ligados entre si em sequência para formar um mRNA maduro por um processo denominado *splicing* do RNA. (nt, nucleotídeos.)

repetidas para as quais ainda não foram definidas funções claras, embora alguns RNAs pequenos transcritos a partir dessas repetições possam modular a transcrição, tanto diretamente, pela interação com a maquinaria de transcrição, quanto indiretamente, afetando a atividade do molde de cromatina. É interessante assinalar que o ENCODE Project Consortium (ver Capítulos 10 e 39) mostrou que a maior parte da sequência genômica é, de fato, transcrita em pelo menos alguns tipos de células nos seres humanos, ainda que em baixo nível. Uma grande fração dessa transcrição parece gerar os lncRNAs (ver Capítulo 34). Pesquisas adicionais elucidarão o(s) papel(éis) desempenhado(s) por esses transcritos.

O DNA em um genoma eucariótico pode ser dividido em duas grandes "classes de sequências". A primeira classe consiste em DNA de sequências únicas ou DNA de sequências não repetitivas, enquanto a segunda é de DNA de sequências repetitivas. No genoma haploide, o DNA de sequência única geralmente inclui os genes de cópia única que codificam proteínas. O DNA repetitivo no genoma haploide inclui sequências que variam em número de cópias de 2 até 10^7 por célula.

Mais da metade do DNA em organismos eucarióticos está em sequências únicas ou não repetitivas

Essa estimativa e a organização genômica ampla de DNA de sequências repetitivas foram baseadas em uma variedade de técnicas e, mais recentemente, no sequenciamento direto do DNA genômico. Foram utilizadas técnicas semelhantes para determinar o número de genes codificantes de proteínas. Na levedura de cerveja (*Saccharomyces cerevisiae*, um eucarioto inferior), cerca de dois terços dos 6.200 genes são expressos, mas apenas cerca de um quinto é necessário para a viabilidade em condições de crescimento em laboratório. Nos tecidos típicos de eucariotos superiores (p. ex., rins e fígado de mamíferos), 10 mil a 15 mil genes são ativamente expressos. É claro que diferentes combinações de genes são expressas em cada tecido, e a maneira como isso é realizado constitui uma das principais questões não respondidas na biologia.

No DNA humano, pelo menos 30% do genoma consistem em sequências repetitivas

O DNA de sequências repetitivas pode ser amplamente classificado como moderadamente repetitivo ou muito repetitivo. As sequências muito repetitivas consistem em 5 a 500 pares de bases de comprimento repetidos várias vezes em sequência. Essas sequências estão geralmente agrupadas nos centrômeros e nos telômeros do cromossomo, e algumas estão presentes em cerca de 1 a 10 milhões de cópias por genoma haploide. A maioria dessas sequências é inativa transcricionalmente, e algumas desempenham uma função estrutural no cromossomo (Figura 35-5; ver Capítulo 39).

As sequências moderadamente repetitivas, que são definidas como estando presentes em um número de menos de 10^6 cópias por genoma haploide, não estão agrupadas, mas são intercaladas com sequências únicas. Em muitos casos, essas repetições longas intercaladas são transcritas pela RNA-polimerase II e contêm estruturas *5-cap*, que são indistinguíveis daquelas do mRNA. Dependendo de seu comprimento, as sequências moderadamente repetitivas são classificadas em **elementos nucleares intercalados longos** (**LINEs**, do inglês *long interspersed nuclear elements*) ou **elementos nucleares intercalados curtos** (**SINEs**, do inglês *short interspersed nuclear elements*). Ambos os tipos parecem ser **retropósons**, isto é, surgiram a partir do movimento de um local para o outro (**transposição**) por meio de um intermediário de RNA, pela ação da transcriptase reversa que transcreve um molde de RNA em DNA. Os genomas de mamíferos contêm 20 mil a 50 mil cópias de LINEs de 6 a 7 kpb. Eles representam famílias de elementos repetitivos específicos de cada espécie. Os SINEs são mais curtos (70-300 pb), e podem existir mais de 100 mil cópias por genoma. Dos SINEs no genoma humano, uma família, a **família Alu**, está presente em cerca de 500 mil cópias por genoma haploide e representa cerca de 10% do genoma humano. Os membros da família humana Alu e seus análogos estreitamente relacionados em outros animais são transcritos como componentes integrais de precursores de mRNA, ou como moléculas de RNA distinguíveis, incluindo os bem estudados RNA 4,5S e RNA 7S. Os membros dessa família particular são altamente conservados dentro de uma mesma espécie, bem como entre espécies de mamíferos. Os componentes das repetições intercaladas curtas, incluindo os membros da família Alu, podem ser elementos móveis, capazes de saltar para dentro e para fora de vários sítios no interior do genoma (ver a seguir). Esses eventos de transposição podem ter resultados desastrosos, como exemplificado pela inserção de sequências Alu em um gene que, quando sofre uma mutação, provoca a neurofibromatose. Além disso, os RNAs SINE Alu B1 e B2 parecem regular a produção de mRNA em níveis de transcrição e *splicing* de mRNA.

Sequências de repetição microssatélites

Uma categoria de sequências repetitivas existe tanto dispersa quanto agrupada em conjuntos de sequências. As sequências consistem em 2 a 6 pb repetidas até 50 vezes. Essas **sequências microssatélites** são encontradas mais comumente como repetições de dinucleotídeos de AC em uma fita e TG na fita oposta; entretanto, várias outras formas podem ocorrer, incluindo CG, AT e CA. As sequências repetitivas AC ocorrem em 50 mil a 100 mil locais no genoma. Em qualquer *locus*, o número dessas repetições pode variar nos dois cromossomos e, assim, fornecer heterozigosidade no número de cópias de um número particular de microssatélites em um indivíduo. Trata-se de um traço hereditário, e, em virtude de seu número e fácil detecção utilizando a **reação em cadeia da polimerase**

(**PCR**, do inglês *polymerase chain reaction*) (ver Capítulo 39), essas repetições são úteis na construção de mapas genéticos de ligação. A maioria dos genes está associada a um ou mais marcadores microssatélites, assim, pode ser avaliada tanto a posição relativa dos genes nos cromossomos quanto a associação entre um gene e uma doença. Utilizando a PCR, um grande número de membros de uma família pode ser rapidamente rastreado para determinado **polimorfismo de microssatélite**. A associação de um polimorfismo específico a um gene em membros de uma família afetada – e a ausência dessa associação em membros não afetados – pode ser a primeira pista sobre a base genética de uma doença.

Sequências de trinucleotídeos que aumentam em número (instabilidade de microssatélite) podem causar doença. A sequência repetitiva instável $(CGG)_n$ está associada à síndrome do X frágil. Outras repetições de trinucleotídeos que sofrem mutação dinâmica (geralmente, um aumento) estão associadas à coreia de Huntington (CAG), à distrofia miotônica (CTG), à atrofia muscular espinobulbar (CAG) e à doença de Kennedy (CAG). O advento das tecnologias de sequenciamento do DNA de última geração (ver Capítulo 39) teve enorme impacto sobre a velocidade, a acurácia e a precisão com que os pesquisadores e médicos podem analisar a estrutura do genoma humano. Alguns exames clínicos recentemente instituídos envolvem o sequenciamento do DNA genômico alvo preparado a partir de amostras de tecido ou de soro.

UM POR CENTO DO DNA CELULAR ESTÁ NAS MITOCÔNDRIAS

A maioria dos polipeptídeos nas mitocôndrias (cerca de 54 de 67) é codificada por genes nucleares, ao passo que o restante é codificado por genes encontrados no DNA mitocondrial (mt). A mitocôndria humana contém 2 a 10 cópias de moléculas de dsDNA circular pequeno de cerca de 16 kpb, que compreende aproximadamente 1% do DNA celular total. Esse mtDNA codifica RNAs ribossômicos e RNAs de transferência específicos das mitocôndrias e também codifica 13 proteínas que desempenham papéis essenciais na cadeia respiratória (ver Capítulo 13). O mapa estrutural linearizado dos genes mitocondriais

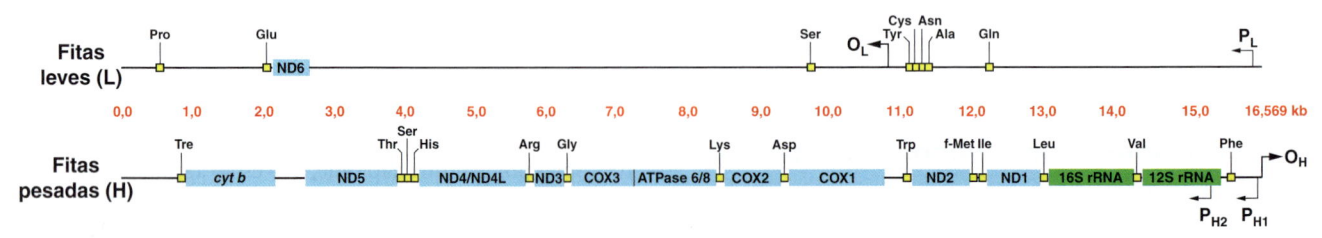

FIGURA 35-8 **Mapa dos genes mitocondriais humanos.** Os mapas representam as denominadas fitas leves (L; parte superior) e fitas pesadas (H [do inglês *heavy*]; parte inferior) do DNA mitocondrial (mt) linearizado de 16.569 pares de base. Os mapas mostram os genes mt que codificam subunidades da NADH-coenzima Q oxidorredutase (ND1 a ND6), da citocromo *c* oxidase (COX1 a COX3), do citocromo *b* (*cyt b*), da ATP-sintase (ATPase 6 e 8) e dos RNA ribossômicos mt 12S e 16S. Os genes que codificam o RNA transportador (tRNA) mt estão indicados por pequenas caixas amarelas, e o código de três letras indica os aminoácidos cognatos que eles especificam durante a tradução mt. A origem da replicação da fita pesada (O_H) e da fita leve (O_L) do DNA, bem como os promotores para iniciação da transcrição da fita pesada (P_{H1} e P_{H2}) e fita leve (P_L) são indicados por setas e letras (ver também Tabela 57-3). Figura gerada utilizando mitocôndria de *Homo sapiens*, genoma completo; sequência: NCBI referência NC_012920.1 e suas anotações.

TABELA 35-3 Principais características do DNA mitocondrial humano

- É circular, de dupla-fita e composto por cadeias ou fitas pesadas (H) e leves (L).
- Contém 16.569 pb.
- Codifica 13 subunidades proteicas da cadeia respiratória (de um total de cerca de 67).
    Sete subunidades da NADH-desidrogenase (complexo I).
    Citocromo *b* do complexo III.
    Três subunidades da citocromo-oxidase (complexo IV).
    Duas subunidades da ATP-sintase.
- Codifica RNAs ribossomais mt grandes (16S) e pequenos (12S).
- Codifica 22 moléculas de tRNA mt.
- O código genético difere ligeiramente do código-padrão.
    UGA (códon de terminação padrão) é lido como Trp.
    AGA e AGG (códons-padrão para Arg) são lidos como códons de terminação.
- Contém poucas sequências não traduzidas.
- Alta taxa de mutação (5-10 vezes mais do que a do DNA nuclear).
- Comparações das sequências de mtDNA fornecem evidências acerca das origens evolutivas de primatas e outras espécies.

Fonte: Adaptada de Harding AE: Neurological disease and mitochondrial genes. Trends Neurol Sci 1991;14:132. Copyright © 1991. Reimpressa, com autorização, de Elsevier.

humanos é mostrado na **Figura 35-8**. Algumas das características do mtDNA são mostradas na **Tabela 35-3**.

Uma característica importante do mtDNA humano é que – como todas as mitocôndrias são fornecidas pelo óvulo durante a formação do zigoto – ele é transmitido por herança materna não mendeliana. Assim, em doenças que resultam de mutações no mtDNA, uma mãe afetada poderia, teoricamente, transmitir a doença para todas as suas filhas, mas apenas as suas filhas poderiam transmitir o traço. Entretanto, em alguns casos, deleções no mtDNA ocorrem durante a oogênese e, portanto, não são herdadas da mãe. Várias doenças já mostraram resultar de mutações no mtDNA. Elas incluem uma variedade de miopatias, doenças neurológicas e alguns casos de diabetes melito.

O MATERIAL GENÉTICO PODE SER ALTERADO E REARRANJADO

Uma alteração na sequência de bases púricas e pirimídicas em um gene, em função de uma mudança – uma remoção ou uma inserção – de uma ou mais bases, pode resultar em um produto gênico alterado ou em uma alteração da expressão gênica, se houver envolvimento do DNA que não codifica proteínas. Essas inserções ou deleções são denominadas **indels**. Com frequência, as *indels* resultam em **mutação**, cujas consequências são discutidas com detalhes no Capítulo 37.

A recombinação cromossômica é um modo de realizar rearranjo do material genético

A informação genética pode ser trocada entre cromossomos semelhantes ou homólogos. A troca, ou evento de **recombinação**, ocorre principalmente durante a meiose nas células de mamíferos e requer o alinhamento de cromossomos homólogos metafásicos, o que quase sempre ocorre com grande exatidão. Um processo de *crossing over* ocorre como mostrado na **Figura 35-9**. Isso geralmente resulta em uma troca igual e recíproca de informação genética entre cromossomos homólogos. Se os cromossomos homólogos possuem alelos diferentes dos mesmos genes, a troca pode produzir diferenças genéticas perceptíveis e hereditárias. Em casos raros, em que o alinhamento de cromossomos homólogos não é exato, o *crossing over* ou o evento de recombinação pode resultar em uma troca de informação desigual. Um cromossomo pode receber menos material genético e, portanto, uma deleção, e o outro parceiro do par de cromossomos recebe mais material genético e, assim, uma inserção ou duplicação. Um exemplo bem-estudado de *crossing over* desigual, que ocorre em seres humanos, envolve os genes que codificam hemoglobinas. O *crossing over* desigual resulta em uma hemoglobinopatia humana, denominada Lepore e anti-Lepore (**Figura 35-10**).

Quanto mais distante estiver qualquer um dos dois genes em um cromossomo específico, maior a probabilidade de um evento de recombinação de *crossing over*. Essa é a base dos métodos de mapeamento genético. Um **crossing over desigual** afeta conjuntos de sequências de DNAs repetidos, sejam eles relacionados aos genes da globina, como na Figura 35-10, ou a DNAs repetitivos mais abundantes. Um *crossing over* desigual por um deslizamento no emparelhamento pode resultar em expansão ou contração no número de cópias de uma família repetida e pode contribuir para a expansão e a fixação de membros variantes em todo o conjunto repetido.

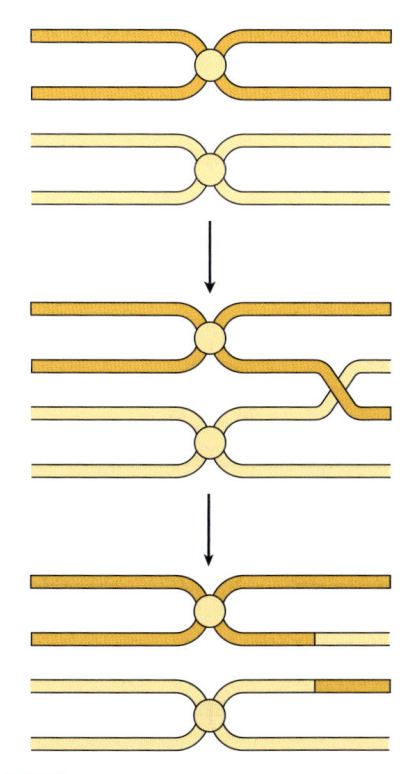

FIGURA 35-9 Processo de *crossing over* entre cromossomos homólogos na metáfase, gerando cromossomos recombinantes. Ver também Figura 35-12.

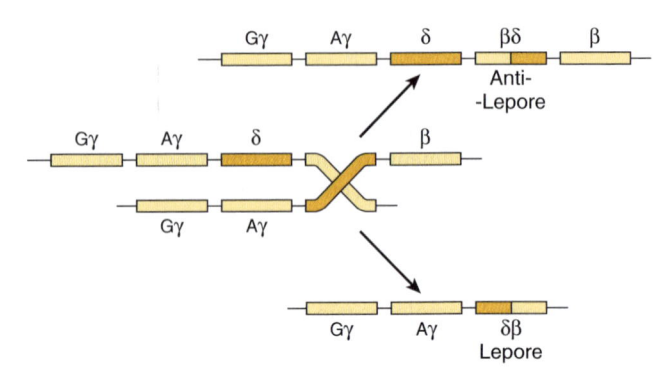

FIGURA 35-10 O processo de *crossing over* desigual na região do genoma de mamíferos que abriga os genes estruturais que codificam as hemoglobinas e a geração dos produtos recombinantes desiguais hemoglobina delta-beta Lepore e beta-delta anti-Lepore. Os exemplos fornecidos mostram as localizações das regiões de recombinação no interior das regiões codificantes de aminoácidos dos genes indicados (i.e., genes das globinas β e δ). (Redesenhada e reproduzida, com autorização, de Clegg JB, Weatherall DJ: β⁰ Thalassemia: time for a reappraisal? Lancet 1974;2:133. Copyright © 1974. Reimpressa, com autorização, de Elsevier.)

Ocorre integração cromossômica em alguns vírus

Alguns vírus de bactérias (bacteriófagos) são capazes de se recombinar com o DNA de um hospedeiro bacteriano, de modo que a informação genética do bacteriófago é incorporada de maneira linear à informação genética do hospedeiro. Essa integração, que é uma forma de recombinação, ocorre por um mecanismo ilustrado na **Figura 35-11**. O esqueleto do genoma circular do bacteriófago é quebrado, assim como a molécula de DNA do hospedeiro; as extremidades adequadas são religadas com a polaridade correta. O DNA do bacteriófago é, de modo figurativo, esticado ("linearizado") à medida que é integrado a uma molécula de DNA bacteriano – frequentemente também um círculo fechado. O local em que o genoma do bacteriófago se reintegra ou recombina com o genoma bacteriano é escolhido por um de dois mecanismos. Se o bacteriófago contém uma sequência de DNA homóloga a uma sequência na molécula de DNA do hospedeiro, pode ocorrer um evento de recombinação análogo ao que acontece entre cromossomos **homólogos**. Entretanto, alguns bacteriófagos sintetizam proteínas que ligam sítios específicos dos cromossomos bacterianos a sítios **não homólogos** característicos da molécula de DNA do bacteriófago. A integração que ocorre nesse local é chamada de "**sítio-específica**".

Muitos vírus de animais, em particular os vírus oncogênicos – de maneira direta ou, no caso dos vírus de RNA, como o vírus da imunodeficiência humana (HIV, do inglês *human immunodeficiency virus*) que causa a síndrome da imunodeficiência adquirida (Aids, do inglês *acquired immunodeficiency syndrome*), por cópias de DNA de dupla-fita geradas por ação de **DNA-polimerase dependente de RNA**, ou **transcriptase reversa** –, podem ser integrados nos cromossomos das células de mamíferos. A integração do DNA viral no genoma das células infectadas geralmente não é "sítio-específica", porém apresenta preferências quanto ao sítio; essas inserções podem ser mutagênicas.

A transposição pode produzir genes processados

Em células eucarióticas, pequenos elementos de DNA que claramente não são vírus são capazes de autotransposição para dentro e para fora do genoma do hospedeiro, de modo a afetar a função das sequências de DNA próximas. Esses elementos móveis, algumas vezes chamados de "**DNAs saltadores**" ou genes saltadores, podem carregar regiões adjacentes de DNA e, portanto, afetar profundamente a evolução. Como mencionado, a família Alu de sequências moderadamente repetitivas de DNA tem características estruturais semelhantes às dos terminais dos retrovírus, o que explicaria a capacidade destes últimos de se moverem para dentro e para fora do genoma de mamíferos.

Evidências diretas para a transposição de outros elementos pequenos de DNA para o genoma humano foram fornecidas pela descoberta de "**genes processados**" para moléculas de imunoglobulinas, moléculas de α-globinas e várias outras. Esses genes processados consistem em sequências de DNA idênticas ou quase idênticas às do mRNA para o produto adequado do gene. Isto é, a região 5′ não traduzida, a região codificante sem representação de íntrons e a cauda 3′ poli(A) estão presentes contiguamente. Esse arranjo de sequência particular de DNA deve ter resultado de transcrição reversa de uma molécula de mRNA adequadamente processada, da qual as regiões de íntrons foram removidas e a cauda poli(A) foi adicionada. O único mecanismo reconhecido que essa transcrição reversa poderia ter utilizado para integrar-se ao genoma teria sido um evento de transposição. De fato, esses "genes processados"

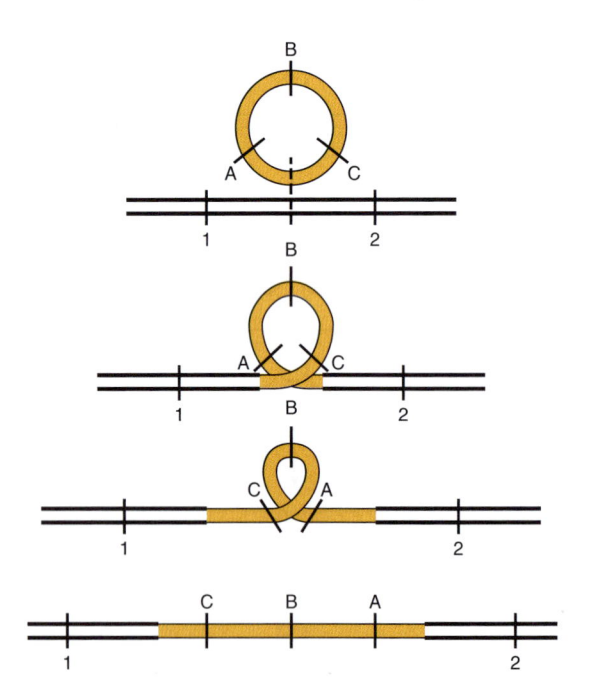

FIGURA 35-11 A integração de um genoma circular de um vírus (com genes A, B e C) na molécula de DNA de um hospedeiro (com genes 1 e 2) e a consequente ordenação dos genes.

apresentam repetições terminais curtas em cada extremidade, como as sequências transpostas conhecidas em outros organismos. Na ausência de sua transcrição e, portanto, de seleção genética para função, muitos dos genes processados foram aleatoriamente alterados ao longo da evolução, de modo que agora eles contêm códons sem sentido, o que impede a sua capacidade de codificar uma proteína intacta funcional, até mesmo se pudessem ser transcritos (ver Capítulo 37). Por conseguinte, são designados como "**pseudogenes**."

A conversão gênica produz rearranjos

Além da recombinação e transposição desiguais, um terceiro mecanismo pode efetuar mudanças rápidas no material genético. Sequências semelhantes em cromossomos homólogos ou não homólogos podem, ocasionalmente, emparelhar e eliminar quaisquer sequências incompatíveis entre elas. Isso pode levar à fixação acidental de uma variante ou outra ao longo de uma família de sequências repetidas e, portanto, homogeneizar as sequências dos membros de famílias de DNAs repetitivos. Esse processo é designado como **conversão do gene**.

Troca de cromátides-irmãs

Em organismos eucarióticos diploides, como os seres humanos, após a sua progressão pela fase S, as células apresentam um conteúdo tetraploide de DNA. Esse conteúdo encontra-se na forma de cromátides-irmãs de pares de cromossomos (Figura 35-6). Cada uma dessas cromátides-irmãs contém informação genética idêntica, pois cada uma é produto da replicação semiconservativa da molécula parental original de DNA daquele cromossomo. O *crossing over* pode ocorrer entre essas cromátides-irmãs geneticamente idênticas. Naturalmente, essas **trocas de cromátides-irmãs** (**Figura 35-12**) não têm qualquer consequência genética desde que a troca resulte de um *crossing over* igual.

Rearranjo dos genes de imunoglobulinas

Em células de mamíferos, alguns rearranjos de genes interessantes ocorrem normalmente durante o desenvolvimento e a diferenciação. Por exemplo, os genes V_L e C_L, que codificam as porções variável (V_L) e constante (C_L) da cadeia leve da imunoglobulina G (IgG) em uma única molécula de IgG (ver Capítulos 38 e 52), são amplamente separados no DNA da linhagem germinativa. No DNA de uma célula diferenciada produtora de IgG (plasma), os mesmos genes V_L e C_L foram aproximados fisicamente e ligados entre si no genoma em uma unidade única de transcrição. Entretanto, ainda assim, esse rearranjo de DNA durante a diferenciação não torna os genes V_L e C_L contíguos no DNA. Em vez disso, o DNA contém um íntron de cerca de 1.200 pb na junção das regiões V e C ou próximo a elas. Essa sequência de íntron é transcrita em RNA juntamente com os éxons V_L e C_L, e a informação da sequência não IgG intrônica intercalada é removida do RNA durante o seu processamento nuclear (ver Capítulos 36 e 38).

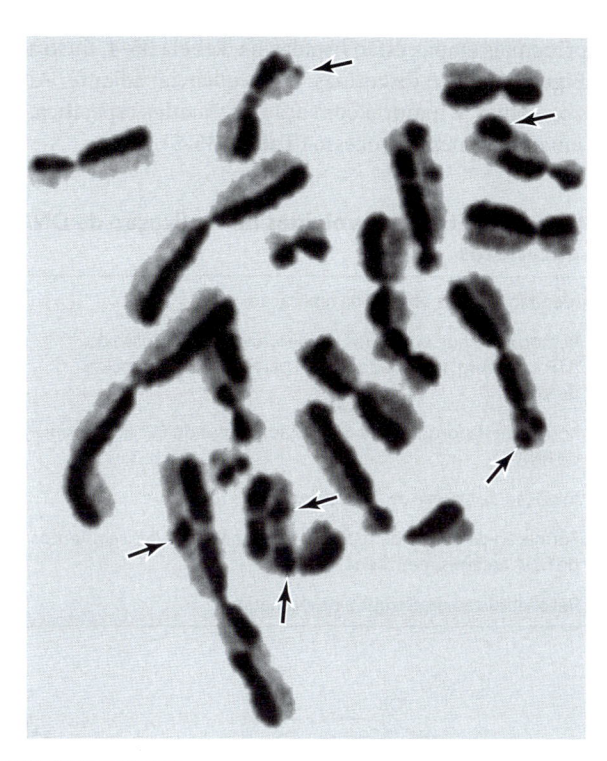

FIGURA 35-12 Trocas de cromátides-irmãs entre cromossomos humanos. As trocas são detectáveis pela coloração de Giemsa dos cromossomos de células replicadas por dois ciclos na presença de bromodesoxiuridina. As setas indicam algumas regiões de troca. (Reimpressa, com autorização, de S Wolff e J Bodycote.)

A SÍNTESE E A REPLICAÇÃO DO DNA SÃO RIGIDAMENTE CONTROLADAS

A principal função da replicação do DNA consiste em produzir a descendência com a informação genética dos pais. Assim, a replicação do DNA deve ser completa e realizada de modo a manter a estabilidade genética no interior do organismo e das espécies. O processo de replicação do DNA é complexo e envolve muitas funções celulares e vários procedimentos de verificação para garantir a fidelidade na replicação. Cerca de 30 proteínas estão envolvidas na replicação do cromossomo de *Escherichia coli*, e esse processo é mais complexo em organismos eucarióticos.

Em todas as células, a replicação pode ocorrer apenas a partir de um molde de DNA de fita simples (ssDNA). Portanto, devem existir mecanismos que têm como alvo os sítios de iniciação de replicação e que desenrolem o dsDNA naquela região. Então, o complexo de replicação deve formar-se. Uma vez concluída a replicação em uma área, as fitas parentais e filhas precisam formar novamente dsDNA. Em células eucarióticas, uma etapa adicional precisa ocorrer. O dsDNA deve voltar a formar a estrutura de cromatina, incluindo os nucleossomos, que existiam antes do início da replicação. Embora todo esse processo não seja completamente compreendido em células eucarióticas, a replicação tem sido descrita com bastante precisão em células procarióticas, e os princípios gerais são os mesmos em ambas.

As principais etapas estão listadas na **Tabela 35-4**, ilustradas na **Figura 35-13** e discutidas, em sequência, adiante. Algumas proteínas, a maioria com ação enzimática específica, estão envolvidas nesse processo (**Tabela 35-5**).

TABELA 35-4 Etapas envolvidas na replicação de DNA em eucariotos

1. Identificação das origens da replicação
2. Remoção de nucleossomos impulsionada por hidrólise do ATP e desenrolamento do dsDNA para fornecer um molde de ssDNA
3. Formação da forquilha de replicação; síntese do iniciador (*primer*) de RNA
4. Iniciação da síntese de DNA e alongamento
5. Formação de bolhas de replicação com a ligação dos segmentos de DNA recém-sintetizados
6. Reconstituição da estrutura da cromatina

A origem da replicação

Na **origem da replicação** (**ori**), há uma associação de proteínas de ligação de dsDNA de sequência específica com uma série de sequências de DNA de repetição direta. Em *E. coli*, a oriC está ligada pela proteína dnaA, que forma um complexo constituído de 150 a 250 pb de DNA e multímeros de proteína de ligação ao DNA. Isso leva à desnaturação local e ao desenrolamento de uma região adjacente do DNA rica em A+T. **Sequências de replicação autônomas** (**ARSs**, do inglês *autonomously replicating sequences*) **ou replicadores**, funcionalmente semelhantes, foram identificados em células de leveduras. As ARS contêm uma sequência um tanto degenerada de 11 pb, denominada **elemento de origem da replicação** (**ORE**, do inglês *origin replication element*). O ORE liga-se a um conjunto de proteínas, análogas à proteína dnaA de *E. coli*, sendo o grupo de proteínas coletivamente denominado **complexo de reconhecimento da origem** (**ORC**, do inglês *origin recognition complex*). Homólogos do ORC foram encontrados em todos os eucariotos examinados. O ORE está

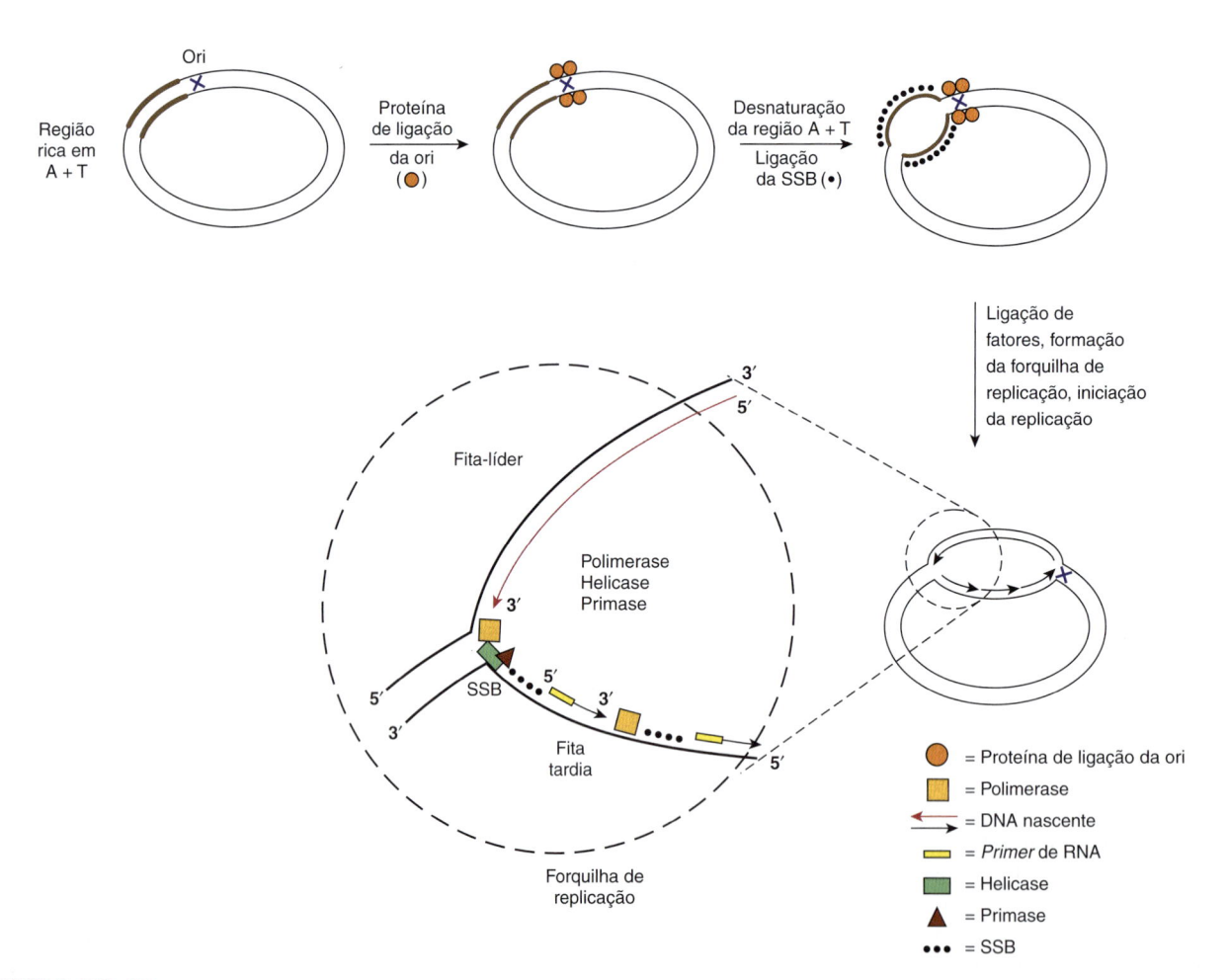

FIGURA 35-13 **Etapas envolvidas na replicação do DNA.** Esta figura descreve a replicação de DNA em uma célula de *Escherichia coli*, porém as etapas gerais são semelhantes nos eucariotos. Uma interação específica de uma proteína (a proteína dnaA) com a origem da replicação (oriC) resulta em desenrolamento local do DNA em uma região adjacente rica em A+T. Nessa área, a conformação do DNA em fita simples (ssDNA) é mantida por proteínas de ligação de fita simples (SSBs). Isso permite que várias proteínas, incluindo a helicase, a primase e a DNA-polimerase, liguem-se e iniciem a síntese de DNA. A forquilha de replicação procede à medida que a síntese de DNA ocorre continuamente (seta vermelha longa) na fita-líder e descontinuamente (setas pretas pequenas) na fita tardia. O DNA nascente é sempre sintetizado na direção 5′ para 3′, uma vez que as DNA-polimerases podem adicionar nucleotídeos apenas à extremidade 3′ de uma fita de DNA.

TABELA 35-5 Classes de proteínas envolvidas na replicação

Proteína	Funções
DNA-polimerase	Polimerização de desoxinucleotídeos
Helicase	Desenrolamento processivo do DNA impulsionado pelo ATP
Topoisomerase	Liberação da força de torção que resulta do desenrolamento induzido pela helicase
DNA-primase	Iniciação da síntese dos iniciadores (*primers*) de RNA
Proteínas de ligação de fita simples (SSBs)	Impedem o reanelamento prematuro das fitas de ssDNA para formar dsDNA
DNA-ligase	Fechamento do corte da fita simples entre a cadeia nascente e os fragmentos de Okazaki na fita tardia

localizado adjacente a uma sequência rica em A+T de aproximadamente 80 pb, que é fácil de desenrolar. Isso é chamado de **elemento de desenrolamento do DNA** (**DUE**, do inglês *DNA unwinding element*). O DUE é a origem da replicação em leveduras e está ligado ao complexo de proteínas MCM.

Sequências de consenso com estrutura semelhante à ori ou à ARS não foram precisamente definidas nas células de mamíferos, embora várias das proteínas que participam do reconhecimento e da função de ori tenham sido identificadas e pareçam ser muito semelhantes a seus congêneres de leveduras tanto na sequência quanto na função dos aminoácidos.

Desenrolamento do DNA

A interação de proteínas com a ori define o sítio de início da replicação e fornece uma região curta de ssDNA essencial para o início da síntese da fita de DNA nascente. Esse processo exige a formação de um certo número de interações proteína-proteína e proteína-DNA. Uma etapa essencial é realizada por uma DNA-helicase que permite o processo de desenrolamento do DNA. Essa função é desempenhada por um complexo de dnaB helicase e da proteína dnaC. As proteínas de ligação de DNA de fita simples (SSBs) estabilizam esse complexo.

Formação da forquilha de replicação

A forquilha de replicação consiste em quatro componentes que se formam na seguinte sequência: (1) a DNA-helicase desenrola um segmento curto do DNA dúplex parental; (2) as SSBs ligam-se ao ssDNA para impedir o reanelamento prematuro do ssDNA em dsDNA; (3) uma primase inicia a síntese de uma molécula de RNA que é essencial para o início (*priming*) da síntese de DNA; e (4) a DNA-polimerase inicia a síntese da fita-filha nascente.

A enzima DNA-polimerase III (o produto do gene *dnaE* em *E. coli*) liga-se ao molde de DNA como parte de um complexo multiproteico que consiste em vários fatores acessórios de polimerases (β', γ, δ, δ' e τ). As DNA-polimerases só sintetizam o DNA na direção 5' para 3', e apenas um dos vários tipos diferentes de polimerases está envolvido na forquilha de replicação. Como as fitas de DNA são antiparalelas (ver Capítulo 34), a polimerase funciona de forma assimétrica. Na **fita-líder** (**para a frente**), o DNA é sintetizado continuamente. Na **fita tardia** (**retrógrada**), o DNA é sintetizado em fragmentos curtos (1-5 kb; ver Figura 35-16), chamados de **fragmentos de Okazaki**, assim denominados em homenagem ao cientista que os descobriu. Vários fragmentos de Okazaki (até 1.000) precisam ser sequencialmente sintetizados para cada forquilha de replicação. Para garantir que isso ocorra, a helicase atua na fita tardia para desenrolar o dsDNA na direção 5' para 3'. A helicase associa-se à primase, a fim de proporcionar o acesso adequado desta última ao molde. Isso permite que o iniciador (*primer*) de RNA seja feito e que, por sua vez, a polimerase inicie a replicação do DNA. Esta é uma sequência de reação importante, uma vez que as DNA-polimerases não podem iniciar a síntese de DNA *de novo*. O complexo móvel entre a helicase e a primase foi chamado de **primossomo**. À medida que a síntese de um fragmento de Okazaki se completa e a polimerase é liberada, um novo *primer* é sintetizado. A mesma molécula de polimerase permanece associada à forquilha de replicação e passa a sintetizar o novo fragmento de Okazaki.

O complexo DNA-polimerase

Algumas moléculas de DNA-polimerase estão envolvidas na replicação do DNA. Elas compartilham três propriedades importantes: (1) o **alongamento da cadeia**, (2) a **processividade** e (3) a **revisão**. O alongamento da cadeia é responsável pela velocidade (em **nucleotídeos por segundo**; **nt/s**) com que a polimerização ocorre. A processividade é uma expressão do número de nucleotídeos adicionados à cadeia nascente antes que a polimerase se separe do molde. A função de revisão identifica erros nas cópias e sua subsequente correção. Em *E. coli*, a DNA-polimerase III (pol III) funciona na forquilha de replicação. De todas as polimerases, ela catalisa a maior taxa de alongamento de cadeia e é a mais ativa na processividade. Ela é capaz de polimerizar 0,5 Mb de DNA em um ciclo na fita-líder. A pol III é um grande complexo (> 1 MDa) proteico de multissubunidades em *E. coli*. A DNA-pol III associa-se a duas subunidades β idênticas do "grampo" deslizante de DNA; essa associação aumenta drasticamente a estabilidade do complexo de DNA-pol III, a processividade (de 100 para mais de 50 mil nucleotídeos) e a taxa de alongamento da cadeia (20-50 nt/s), gerando o alto grau de processividade que a enzima apresenta.

A polimerase I (pol I) e a polimerase II (pol II) estão envolvidas principalmente na revisão e no reparo do DNA. As células eucarióticas possuem congêneres para cada uma dessas enzimas, além de um grande número de polimerases adicionais envolvidas principalmente no reparo do DNA. Uma comparação é mostrada na **Tabela 35-6**.

Em células de mamíferos, a polimerase é capaz de polimerizar em um ritmo um pouco mais lento do que a taxa de polimerização de desoxinucleotídeos pelo complexo DNA-polimerase bacteriano. Esse ritmo diminuído pode ser o resultado da interferência de nucleossomos.

Iniciação e alongamento da síntese de DNA

A iniciação da síntese de DNA (**Figura 35-14**) necessita de um *priming* por um RNA de comprimento curto, de cerca de 10 a 200 nucleotídeos de comprimento. Em *E. coli*, ele é catalisado por uma dnaG (primase); em eucariotos, a DNA-pol α

TABELA 35-6 Comparação das DNA-polimerases de procariotos e eucariotos

E. coli	Eucariotos	Funções
I		Preenchimento de lacunas após a replicação, o reparo e a recombinação do DNA
II		Revisão e reparo do DNA
	β	Reparo do DNA
	γ	Síntese do DNA mitocondrial
III	ε	Processividade, síntese da fita-líder
DnaG	α	Primase
	δ	Processividade, síntese da fita tardia

sintetiza esses iniciadores (*primers*) de RNA. O processo de *priming* envolve um ataque nucleofílico pelo grupo 3′-hidroxila do *primer* de RNA no fosfato do primeiro desoxinucleosídeo-trifosfato que entra (*N* na Figura 35-14), com a quebra do pirofosfato; essa transição para a síntese de DNA é catalisada por DNA-polimerases adequadas (DNA-pol III em *E. coli*; DNA-pol δ ε em eucariotos). Então, o grupo 3′-hidroxila do recentemente ligado desoxirribonucleosídeo-monofosfato fica livre para realizar o **ataque nucleofílico** no próximo desoxirribonucleosídeo-trifosfato que entrar (*N* + 1 na Figura 35-14), mais uma vez no seu radical fosfato α com a quebra do pirofosfato. É claro que a seleção do desoxirribonucleotídeo adequado, cujo grupo 3′-hidroxila terminal deve ser atacado, é dependente de um pareamento adequado de bases com outra fita da molécula de DNA, de acordo com as regras de pareamento de bases de Watson e Crick (**Figura 35-15**). Quando um adenina-desoxirribonucleosídeo monofosforilado está na posição de molde, uma timidina-trifosfato entrará, e seu fosfato α será atacado pelo grupo 3′-hidroxila de desoxirribonucleosídeo monofosforilado mais recentemente adicionado ao polímero. Por esse processo em etapas, o molde determina qual desoxirribonucleosídeo-trifosfato é complementar e, por meio de ligações de hidrogênio, mantém-no em seu lugar, ao passo que o grupo 3′-hidroxila da fita em crescimento ataca e incorpora os novos nucleotídeos no polímero. Esses segmentos de DNA ligados a um componente iniciador do RNA são os fragmentos de Okazaki (**Figura 35-16**). Em mamíferos, após a geração de muitos fragmentos de Okazaki, o complexo de replicação começa a remover os *primers* de RNA, a fim de preencher as lacunas deixadas por sua remoção com os pares de bases de desoxinucleotídeos adequados e, em seguida, religar os fragmentos do DNA recém-sintetizado. Para que isso ocorra, são empregadas as enzimas chamadas de **DNA-ligases**.

A replicação exibe a polaridade

Como já foi mencionado, as moléculas de DNA são de dupla-fita e as duas fitas são antiparalelas. A replicação do DNA em procariotos e eucariotos ocorre em ambas as fitas simultaneamente. Entretanto, uma enzima capaz de polimerizar o DNA na direção 3′ para 5′ não existe em nenhum organismo, de modo que ambas as fitas de DNA recém-duplicadas não podem crescer na mesma direção de maneira simultânea. No entanto, em bactérias, a mesma enzima replica ambas as fitas ao mesmo tempo (em eucariotos, pol ε e pol δ catalisam a síntese da fita-líder e da fita tardia; ver Tabela 35-6). A enzima sozinha replica uma fita ("fita-líder") de modo contínuo na direção 5′ para 3′, com a mesma orientação geral para adiante. Ela replica a outra fita ("fita tardia") descontinuamente, enquanto polimeriza os nucleotídeos em etapas curtas de 150 a 250 nucleotídeos, mais uma vez na direção 5′ para 3′, mas ao mesmo tempo está voltada para a extremidade traseira do iniciador (*primer*) de RNA precedente, em vez de voltada para a porção não replicada. Esse processo de **síntese semidescontínua de DNA** é mostrado esquematicamente nas Figuras 35-13 e 35-16.

Formação de bolhas de replicação

A replicação de um cromossomo bacteriano circular, composto por aproximadamente 5×10^6 pb de DNA, ocorre a partir de uma única ori. Esse processo termina em cerca de 30 minutos, com velocidade de replicação de 3×10^5 pb/min. O genoma completo de um mamífero replica em aproximadamente 9 horas, o tempo médio necessário para a formação de um genoma tetraploide a partir de um genoma diploide em uma célula em replicação. Se um genoma de mamífero (3×10^9 pb) fosse replicado na mesma proporção que o de uma bactéria (i.e., 3×10^5 pb/min), mas a partir de uma única ori, a replicação levaria mais de 150 horas. Os organismos metazoários contornam esse problema utilizando duas estratégias. Primeiro, a replicação é bidirecional. Segundo, a replicação ocorre a partir de múltiplas origens em cada cromossomo (um total de até 100 em seres humanos). Assim, a replicação ocorre em ambas as direções ao longo de todos os cromossomos, e ambas as fitas são replicadas simultaneamente. Esse processo de replicação gera "**bolhas de replicação**" (**Figura 35-17**).

Os múltiplos sítios de ori que servem como origens para a replicação do DNA em eucariotos são pouco definidos, exceto em alguns vírus de animais e em leveduras. Entretanto, está claro que a iniciação é regulada tanto espacial quanto temporalmente, uma vez que grupos de sítios adjacentes iniciam a replicação simultaneamente. O disparo da replicação, ou o início da replicação do DNA em um replicador/ori, é influenciado por algumas propriedades distintas da estrutura da cromatina que estão apenas começando a ser compreendidas. É evidente, entretanto, que há mais replicadores e ORC em excesso do que o necessário para replicar o genoma de mamíferos no tempo de uma fase S típica. Portanto, devem existir mecanismos que controlem o excesso de replicadores ligados ao ORC. A compreensão do controle da formação e do disparo de complexos de replicação é um dos principais desafios nesse campo.

Durante a replicação do DNA, deve haver uma separação das duas fitas para permitir que cada uma sirva como molde pelas ligações de hidrogênio de suas bases de nucleotídeos aos desoxinucleosídeo-trifosfato que entram. A separação das fitas do DNA é promovida por **SSBs** em *E. coli* e por uma proteína denominada **proteína de replicação A (RPA) nos eucariotos**. Essas moléculas estabilizam a estrutura de fita simples à medida que a forquilha de replicação progride. As proteínas estabilizadoras ligam-se cooperativa e estequiometricamente às fitas simples, sem interferir na capacidade de os nucleotídeos servirem como moldes (Figura 35-13). Além de separar as duas

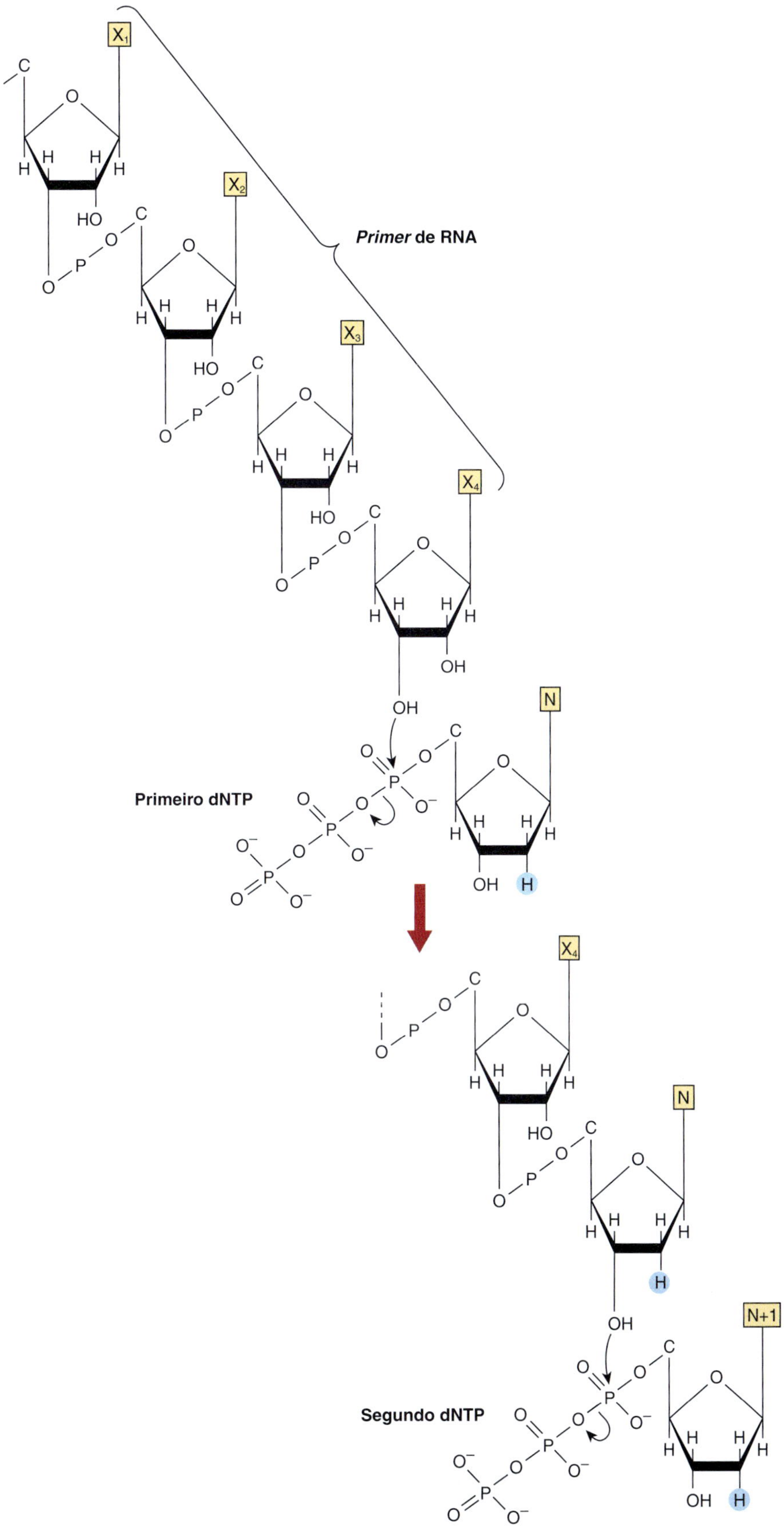

FIGURA 35-14 Iniciação da síntese de DNA a partir de um iniciador (*primer*) de RNA e ligação subsequente do segundo desoxirribonucleosídeo-trifosfato.

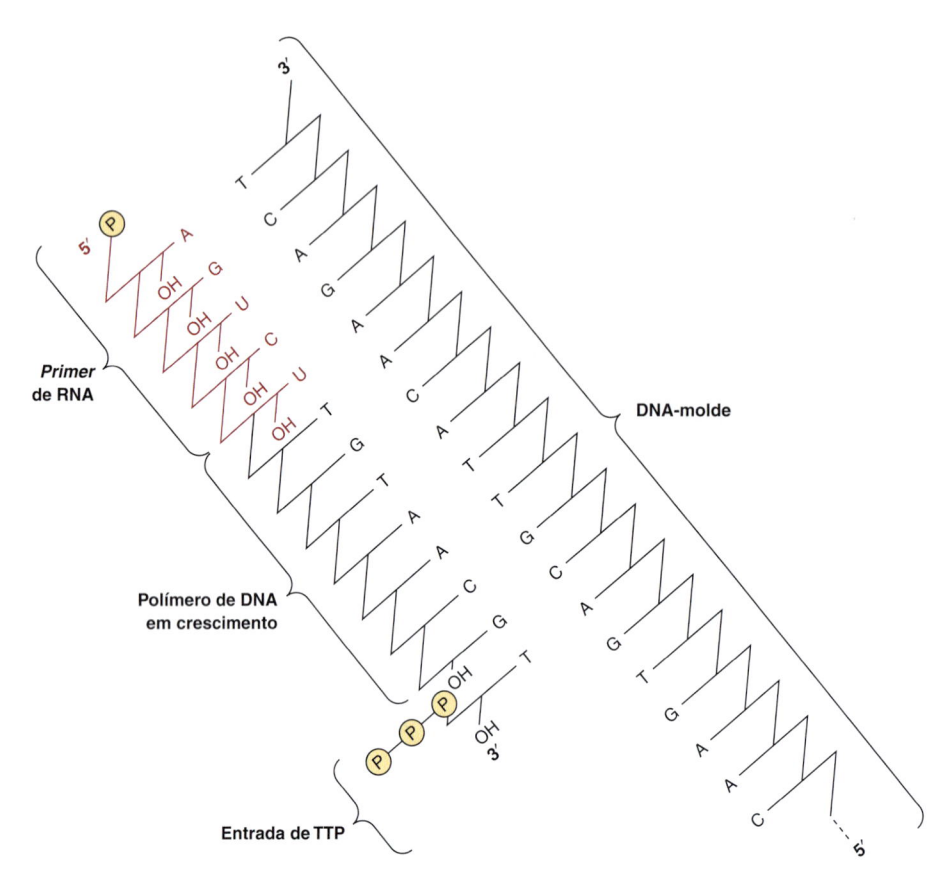

FIGURA 35-15 Síntese do DNA a partir do iniciador (*primer*) de RNA, demonstrando a função de molde da fita complementar de DNA parental.

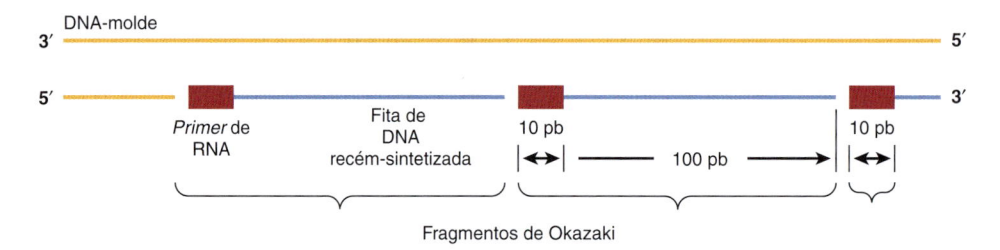

FIGURA 35-16 Polimerização descontínua de desoxirribonucleotídeos na fita tardia; a formação dos fragmentos de Okazaki durante a síntese de DNA da fita tardia está ilustrada. Os fragmentos de Okazaki possuem 100 a 250 nucleotídeos de comprimento em eucariotos e 1.000 a 2.000 nucleotídeos em procariotos.

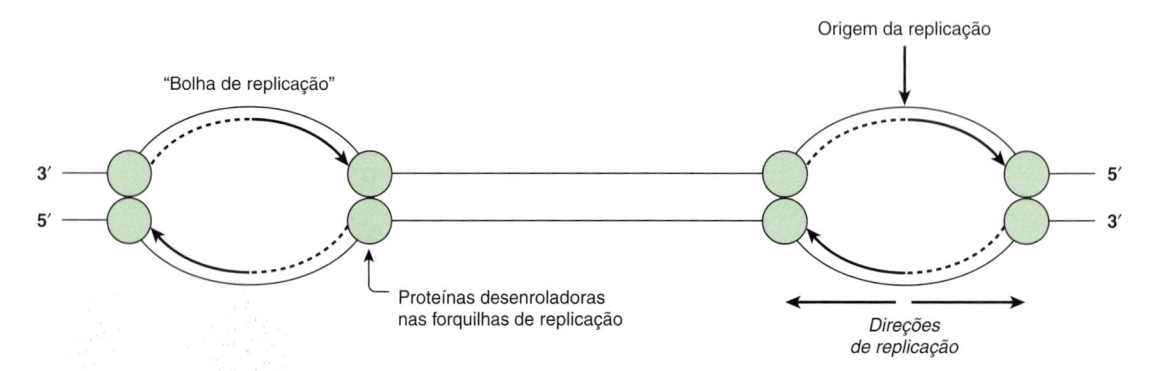

FIGURA 35-17 Geração de "bolhas de replicação" durante o processo de síntese de DNA. A replicação bidirecional e as posições esperadas das proteínas desenroladoras nas forquilhas de replicação são mostradas.

fitas da dupla-hélice, deve haver um desenrolamento da molécula (uma vez a cada 10 pares de nucleotídeos) para permitir a separação das fitas. O complexo proteico DNAB hexamérico desenrola o DNA em *E. coli*, ao mesmo tempo que o complexo hexamérico MCM desenrola o DNA eucariótico. Esse desenrolamento acontece em segmentos adjacentes à bolha de replicação. Para neutralizar esse desenrolamento, existem múltiplos "suportes giratórios" intercalados nas moléculas de DNA de todos os organismos. A função do suporte giratório é realizada por enzimas específicas, que introduzem "**cortes**" **em uma fita da dupla-hélice desenrolada**, permitindo, assim, que o processo de desenrolamento aconteça. Os cortes são rapidamente religados sem a necessidade de fornecimento de energia, devido à formação de uma ligação covalente rica em energia entre o esqueleto de fosfodiéster cortado e a enzima de selagem do corte. As enzimas de selagem de cortes são chamadas de **DNA-topoisomerases**. Esse processo é apresentado esquematicamente na **Figura 35-18** e é comparado com a selagem dependente de trifosfato de adenosina (ATP, do inglês *adenosine triphosphate*), que é realizada pelas DNA-ligases (ver Tabela 39-2). As topoisomerases também são capazes de desenrolar o DNA super-helicoidal. O DNA super-helicoidal é uma estrutura de ordem superior que ocorre em moléculas de DNA circular enroladas em volta de um núcleo, como representado na Figura 35-2 e na **Figura 35-19**.

Em uma determinada espécie de vírus de animais (retrovírus), existe uma classe de enzimas capazes de sintetizar uma fita simples e, em seguida, uma molécula de dsDNA a partir de um RNA-molde de fita simples. Essa polimerase, a DNA-polimerase dependente de RNA, ou "**transcriptase reversa**", primeiro sintetiza uma molécula híbrida de DNA-RNA

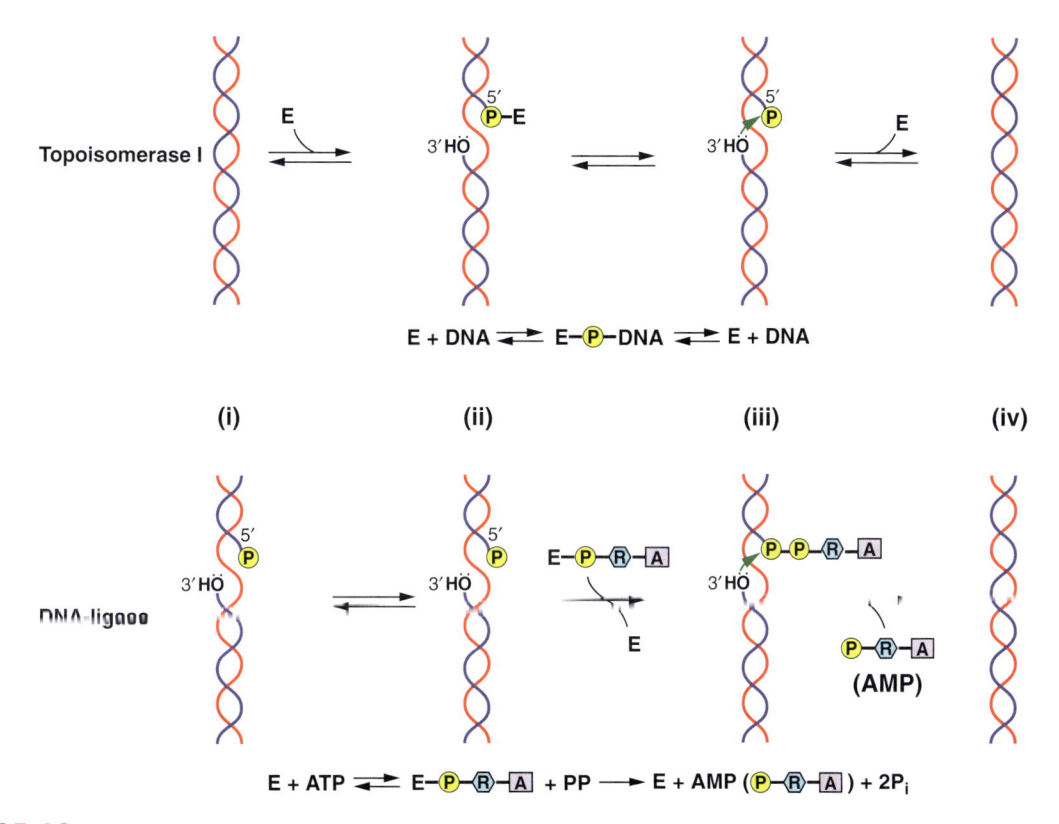

FIGURA 35-18 Os dois tipos de reações de corte-selagem do DNA. São representadas duas formas de selagem dos cortes: independente de ATP (parte superior) e dependente de ATP (parte inferior). Os processos de selagem de cortes ocorrem em múltiplas etapas: (i)-substrato em → (iv)-produto. As enzimas envolvidas estão representadas por E (partes superior e inferior), enquanto as pequenas moléculas de reagentes e produtos estão indicadas como Fosfato (P); Pirofosfato (PP), Fosfato inorgânico (P_i) gerado a partir do PP pela ação de pirofosfatases ubíquas, Ribose (R) e Adenina (A). A reação de corte-selagem na parte superior é catalisada pela DNA-topoisomerase I e não depende da energia do ATP, visto que a energia para a reformação das ligações fosfodiéster do DNA está armazenada na ligação covalente da topoisomerase I ao DNA (P-E; parte superior; etapa ii). A reformação da ligação é realizada pelo ataque nucleofílico do grupo 3' OH (seta verde, etapa iii) ao fosfato do complexo P-E. Essa reação libera topoisomerase I livre (E) e DNA de dupla-fita intacto (etapa iv). A reação enzimática global está esquematizada na parte inferior da figura (etapas I → iv). A reação de corte-selagem, catalisada pela DNA-ligase (parte inferior) procede ao reparo de quebras do DNA de fita simples no esqueleto fosfodiéster, que resultam da replicação e/ou do reparo do DNA (etapa i; parte inferior). A reação completa da DNA-ligase exige a hidrólise de duas das ligações fosfodiéster de alta energia do ATP. A figura mostra o esquema de reação geral de corte-selagem da DNA-ligase desde o corte, a ligação enzima-DNA, a ativação da enzima que libera Pirofosfato (PP) até a liberação da enzima livre, AMP e DNA intacto (parte inferior; conforme assinalado no texto, PP é rapidamente convertido em 2 mols de P_i pela ação de pirofosfatases ubíquas). A ligase ativada (E-P-R-A) reage com o 5' P no sítio do corte, formando um complexo DNA-P-P-R-A transitório (nota: P-R-A = AMP), que libera a Enzima DNA-Ligase Livre (E). O ataque nucleofílico do grupo 3' OH livre com o 5' P do complexo DNA-5'P-AMP (seta verde, etapa iii) efetua a selagem do corte e libera AMP. A reação enzimática global que converte o DNA cortado em DNA intacto (E + ATP → E + AMP + $2P_i$) está esquematizada na parte inferior da figura (etapas i → iv).

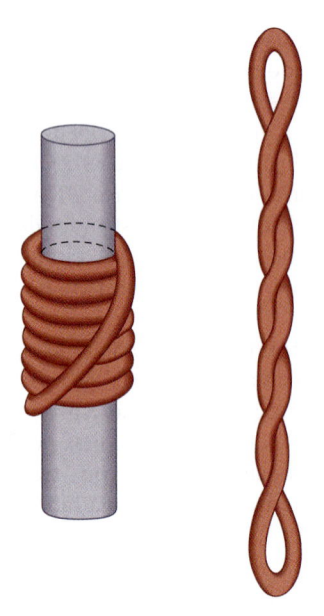

FIGURA 35-19 Supertorção DNA. Uma supertorção toroidal (solenoidal) voltada para a esquerda será convertida em uma supertorção voltada para a direita quando o núcleo cilíndrico for removido. Esta transição é análoga à que ocorre quando os nucleossomos são desfeitos pela extração de histonas da cromatina por meio da alta concentração de sais.

utilizando o genoma de RNA como molde. Uma nuclease específica codificada pelo vírus, a **RNase H**, degrada o molde hibridizado de fita do RNA. Subsequentemente, a fita de DNA remanescente serve de molde para formar uma molécula de dsDNA que contém a informação genética originalmente presente no genoma de RNA do vírus de animais. O dsDNA resultante pode, então, integrar-se ao genoma do hospedeiro.

Reconstituição da estrutura de cromatina

Há evidências de que a organização nuclear e a estrutura da cromatina estão envolvidas na determinação da regulação e na iniciação da síntese de DNA. Como observado, a frequência de polimerização em células eucarióticas, que possuem cromatina e nucleossomos, é mais lenta do que em células procarióticas, que não possuem nucleossomos canônicos. É também evidente que a estrutura da cromatina precisa ser reformada após a replicação. O DNA recém-replicado é rapidamente montado em nucleossomos, e os octâmeros de histona preexistentes e recentemente montados são distribuídos de maneira aleatória para cada braço da forquilha de replicação. Essas reações são facilitadas por meio da ação de proteínas chaperonas de histona, trabalhando em conjunto com os complexos de montagem e remodelagem de cromatina.

A síntese do DNA ocorre durante a fase S do ciclo celular

Em células animais, incluindo as células humanas, a replicação do genoma de DNA ocorre apenas em um tempo específico durante o período de vida da célula. Esse tempo é chamado de **fase de síntese**, ou **fase S**. Em geral, isso é temporalmente separado da **fase mitótica**, ou **fase M**, por períodos de ausência de síntese, designados como **fases gap 1 (G_1) e gap 2 (G_2)**, que ocorrem antes e depois da fase S, respectivamente (**Figura 35-20**). Entre outras ações, a célula prepara-se para a síntese de DNA em G_1 e para a mitose em G_2. A célula regula a síntese do DNA, permitindo que ela ocorra apenas uma vez por ciclo celular, e apenas durante a fase S, em células que se preparam para se dividir por processo mitótico.

Todas as células eucarióticas possuem produtos de genes que controlam a transição de uma fase do ciclo celular para outra. As **ciclinas** são uma família de proteínas cujas concentrações aumentam e diminuem em tempos específicos, isto é, "passam por ciclos" durante o ciclo celular – daí o seu nome. As ciclinas ativam, no tempo certo, diferentes **proteínas-cinase dependentes de ciclinas** (**CDKs**, do inglês *cyclin-dependent protein kinases*) que fosforilam substratos essenciais para a progressão pelo ciclo celular (**Figura 35-21**). Por exemplo, os níveis de ciclina D aumentam na fase tardia de G_1 e permitem a progressão para além do ponto de **início** (**levedura**) ou **ponto de restrição** (**mamíferos**), o ponto além do qual as células irrevogavelmente progridem para a fase S, ou fase de síntese do DNA.

As ciclinas D ativam CDK4 e CDK6. Essas duas cinases também são sintetizadas durante G_1 nas células que sofrem divisão ativa. As ciclinas D e as CDK4 e CDK6 são proteínas nucleares, cuja montagem ocorre na forma de complexo na parte final da fase G_1. O complexo ciclina-CDK é agora uma serina-treonina proteína-cinase ativa. Um substrato para essa cinase

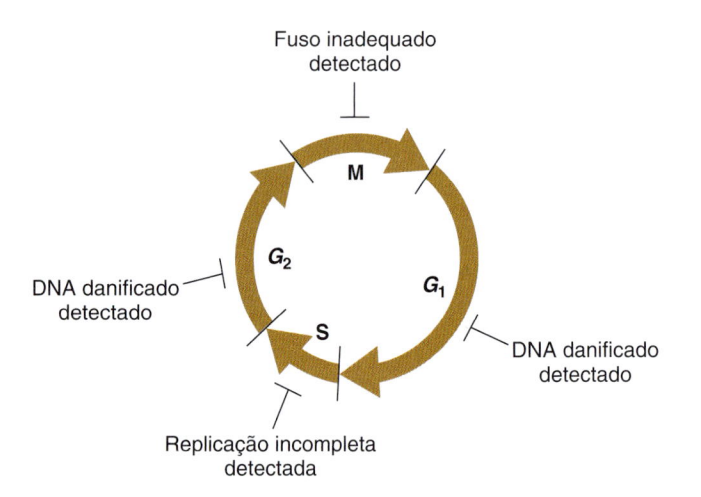

FIGURA 35-20 O progresso ao longo do ciclo celular de mamíferos é continuamente monitorado por múltiplos pontos de verificação do ciclo celular. O DNA, os cromossomos e a integridade da segregação cromossômica são continuamente monitorados durante todo o ciclo celular. Se for detectado dano ao DNA tanto na fase G_1 quanto na G_2 do ciclo celular, se o genoma for replicado incompletamente ou se a maquinaria da segregação cromossômica normal estiver incompleta (i.e., um fuso defeituoso), as células não progredirão além da fase do ciclo em que os defeitos são detectados. Em alguns casos, se o dano não puder ser reparado, essas células passam pelo processo de morte celular programada (apoptose). Observe que as células podem deixar reversivelmente o ciclo celular durante G_1, entrando em um estado de ausência de replicação, denominado G_0 (não mostrado, ver Figura 9-8). Quando ocorrem sinais/condições apropriados, as células entram novamente em G_1 e progridem normalmente por todo o ciclo celular.

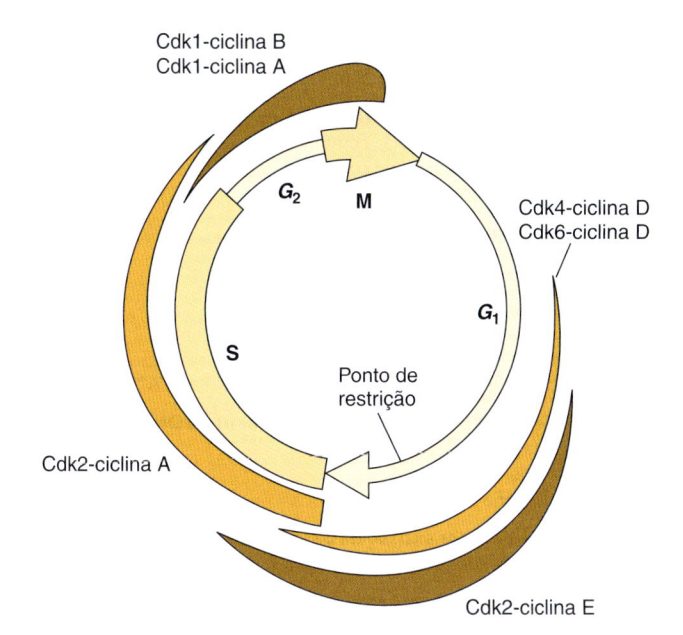

FIGURA 35-21 Ilustração esquemática dos pontos durante o ciclo celular de mamíferos, em que ocorre ativação das ciclinas e cinases dependentes de ciclinas indicadas. A espessura das várias linhas coloridas é indicativa do grau de atividade.

é a proteína do retinoblastoma (Rb). A Rb é um regulador do ciclo celular, visto que ela se liga e inativa um fator de transcrição (E2F), que é necessário para a transcrição de determinados genes (genes de histona, proteínas de replicação do DNA, etc.) necessários para a progressão da fase G_1 para a fase S. A fosforilação da Rb por CDK4 ou CDK6 resulta na liberação de E2F da repressão da transcrição mediada por Rb – assim, ocorrem ativação da transcrição gênica e progressão do ciclo celular.

Outras ciclinas e CDKs estão envolvidas em diferentes aspectos da progressão do ciclo celular (**Tabela 35-7**). A ciclina E e a CDK2 formam um complexo na parte final da fase G_1. A ciclina E sofre rápida degradação, e a CDK2 liberada forma, em seguida, um complexo com a ciclina A. Essa sequência é necessária para a iniciação da síntese de DNA na fase S. Um complexo entre a ciclina B e a CDK1 é o fator limitante de velocidade para a transição de G_2/M nas células eucarióticas.

Muitos dos vírus causadores de câncer (oncovírus) e dos genes indutores de câncer (oncogenes) são capazes de atenuar ou de interromper a aparente restrição que normalmente controla a entrada de G_1 na fase S nas células de mamíferos. A partir do exposto, seria possível supor que a produção excessiva de ciclina, a perda de um inibidor específico de CDK (ver a seguir) ou a produção ou ativação de uma ciclina/CDK em um momento inadequado poderiam resultar em uma divisão celular anormal ou sem controle. Do mesmo modo, as oncoproteínas (ou proteínas transformadoras), produzidas por vários vírus de DNA, têm como alvo inativar o repressor da transcrição de Rb, induzindo a divisão celular de maneira inadequada, ao passo que a inativação de Rb, que em si é um gene supressor de tumor, leva ao crescimento celular descontrolado e à formação de tumores.

Durante a fase S, as células de mamíferos contêm quantidades maiores de DNA-polimerase do que durante as fases não sintetizadoras do ciclo celular. Além disso, as enzimas responsáveis pela formação dos substratos para a síntese de DNA – isto é, desoxirribonucleosídeos-trifosfato – também aumentam suas atividades, e sua expressão diminui após a fase de síntese até o reaparecimento do sinal para uma nova síntese de DNA. Durante a fase S, **o DNA nuclear é completamente replicado uma vez, e apenas uma vez**. Após a replicação da cromatina, ela é marcada de modo a evitar que continuem novas replicações até que ela passe novamente pela mitose. Esse processo é denominado licença de replicação. Os mecanismos moleculares para esse fenômeno nas células humanas envolvem a dissociação e/ou a fosforilação de ciclina-CDK e a subsequente degradação de várias proteínas de ligação da origem, que desempenham papéis fundamentais na formação do complexo de replicação. Consequentemente, as origens disparam apenas uma vez por ciclo celular.

Em geral, um determinado par de cromossomos se replicará simultaneamente no interior de uma porção fixa da fase S em cada replicação. Em um cromossomo, grupos de unidades de replicação replicam de maneira coordenada. A natureza dos sinais que regulam a síntese de DNA nesses níveis é desconhecida, mas a regulação parece ser uma propriedade intrínseca de cada cromossomo individual que é mediada por várias origens de replicação contidas nele.

Todos os organismos contêm mecanismos elaborados conservados evolutivamente para o reparo do DNA danificado

O reparo do DNA danificado é fundamental para a manutenção da integridade genômica e, portanto, para impedir a propagação de mutações tanto horizontais (células somáticas) quanto verticais (células germinativas). O DNA está sujeito a uma grande variedade de agressões diárias por substâncias químicas, físicas e biológicas (**Tabela 35-8**) e, portanto, o reconhecimento e o reparo nas lesões do DNA são essenciais. Consequentemente, as células eucarióticas contêm cinco principais vias de reparo de DNA, cada uma delas contendo múltiplas proteínas, por vezes compartilhadas; em geral, essas proteínas de reparo do DNA contêm ortólogos nos procariotos. Os mecanismos de reparo do DNA incluem o **reparo por excisão de nucleotídeos** (**NER**); o **reparo de mau pareamento** (**MMR**); o **reparo por excisão de bases** (**BER**); a **recombinação homóloga** (**HR**); e as **vias de reparo de união de extremidades não homólogas** (**NHEJ**) (**Figura 35-22**). O experimento para testar a importância de muitas dessas proteínas de reparo de DNA para a biologia humana tem sido realizado pela natureza – mutações naturais em grande número

TABELA 35-7 Ciclinas e cinases dependentes de ciclinas envolvidas na progressão do ciclo celular

Ciclina	Cinase	Funções
D	CDK4, CDK6	Progressão além do ponto de restrição no limite G_1/S
E, A	CDK2	Início da síntese de DNA no início da fase S
B	CDK1	Transição de G_2 para M

TABELA 35-8 Tipos de dano ao DNA

I. Alteração de uma única base
   A. Depurinação
   B. Desaminação da citosina a uracila
   C. Desaminação da adenina a hipoxantina
   D. Alquilação da base
   E. Incorporação de análogo de uma base

II. Alteração de duas bases
   A. Indução do dímero timina-timina (pirimidina) pela luz UV
   B. Ligação cruzada de agente alquilante bifuncional

III. Quebra da cadeia
   A. Radiação ionizante
   B. Desintegração radiativa do elemento do esqueleto
   C. Formação de radicais livres oxidativos

IV. Ligações cruzadas
   A. Entre bases da mesma fita ou de fitas opostas
   B. Entre moléculas de DNA e proteínas (p. ex., histonas)

TABELA 35-9 Doenças humanas de reparo do DNA danificado

Reparo da união de extremidades não homólogas (NHEJ) defeituoso
Doença da imunodeficiência combinada grave (SCID)
Doença da imunodeficiência combinada grave sensível à radiação (RS-SCID)

Reparo homólogo (HR) defeituoso
Distúrbio semelhante à AT (ATLD)
Síndrome de quebra de Nijmegen (NBS)
Síndrome de Bloom (SB)
Síndrome de Werner (SW)
Síndrome de Rothmund-Thomson (SRT)
Suscetibilidade ao câncer de mama 1 e 2 (BRCA1, BRCA2)

Reparo defeituoso por excisão de nucleotídeos do DNA (NER)
Xeroderma pigmentoso (XP)
Síndrome de Cockayne (SC)
Tricotiodistrofia (TTD)

Reparo defeituoso por excisão de bases do DNA (BER)
Polipose associada a MUTYH (MAP)

Reparo de mau pareamento (MMR) do DNA defeituoso
Câncer colorretal hereditário sem polipose (HNPCC)

desses genes que levam a doenças em seres humanos (**Tabela 35-9**). Além disso, experimentos sistemáticos de "nocaute" direcionados a genes (ver Capítulo 39) com camundongos de laboratório e células em cultura também atribuíram claramente a esses genes funções críticas de manutenção da integridade dos genes. Nesses estudos genéticos, foi observado que, de fato, as mutações que tiveram esses genes como alvo induziram defeitos no reparo do DNA, ao passo que, muitas vezes, também aumentaram muito a suscetibilidade ao câncer.

Um dos mecanismos mais intensivamente estudados de reparo do DNA é aquele utilizado para reparar **quebras no DNA de dupla-fita**, ou **DSBs**; elas serão discutidas aqui com algum detalhe. Há duas vias, **HR** e **NHEJ**, que as células eucarióticas utilizam para remover DSBs. A escolha entre as duas depende da fase do ciclo celular (Figuras 35-20 e 35-21) e do tipo exato de quebra de DSB que deve ser reparado (**Tabela 35-8**). Durante as fases G_0/G_1 do ciclo celular, as DSBs são corrigidas pela via NHEJ, ao passo que, durante

AGENTES DANIFICADORES DO DNA	LESÕES PRODUZIDAS NO DNA	VIAS DE REPARO DO DNA	FIDELIDADE DE REPARO
Radiação ionizante, Raios X, Fármacos antitumor	Quebra de dupla-fita, Quebra de fita simples, Ligações cruzadas no interior de cada fita	União de extremidades não homólogas (NHEJ)	+
		Recombinação homóloga (HR)	++
Luz UV, Substâncias químicas	Adutos volumosos, Dímeros de pirimidinas	Reparo por excisão de nucleotídeos (NER)	+++
Radicais de oxigênio, Hidrólise, Agentes alquilantes	Sítios abásicos, Quebras de fita simples, Lesões 8-oxoguaninas	Reparo por excisão de bases (BER)	+++
Erros de replicação	Mau pareamento de bases, Inserções, Deleções	Reparo de mau pareamento (MMR)	+++

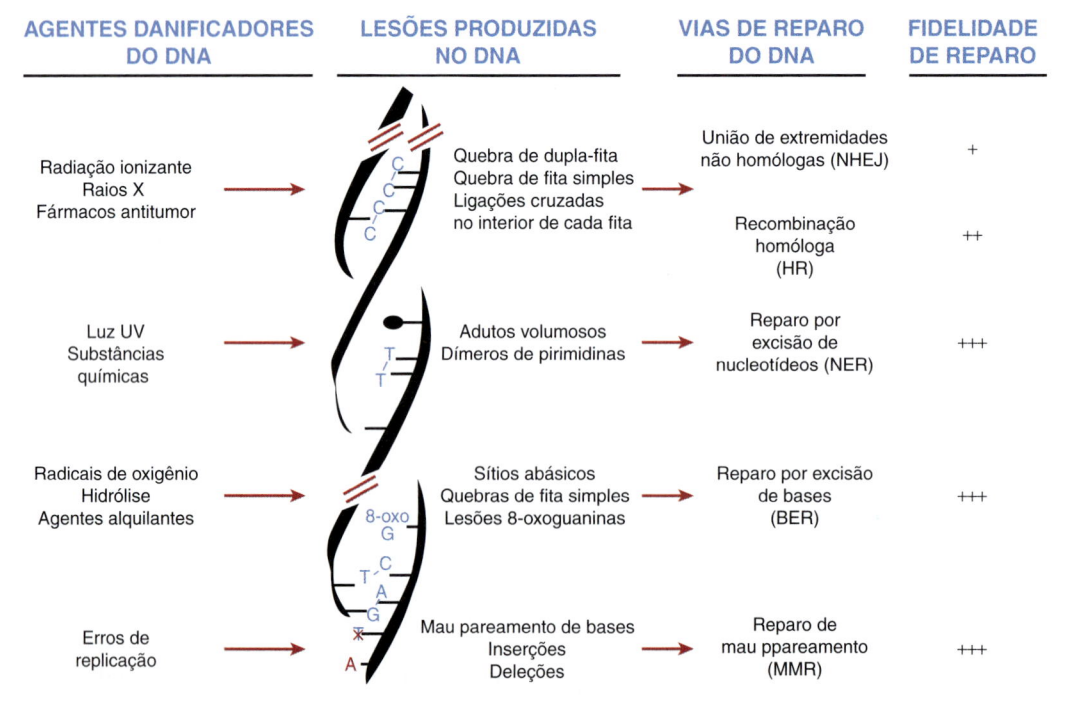

FIGURA 35-22 Os mamíferos utilizam múltiplas vias de reparo do DNA de acurácia variável para proceder ao reparo das inúmeras formas de dano às quais o DNA genômico está sujeito. São listados os principais tipos de agentes danificadores do DNA, as lesões de DNA por eles produzidas (esquematizadas e listadas), a via de reparo de DNA responsável pelo reparo das diferentes lesões, e a fidelidade relativa dessas vias. (Modificada, com autorização, de: "DNA-damage response in tissue-specific and cancer stem cells" *Cell Stem Cell* 8:16–29 (2011) copyright © 2011 Elsevier Inc.)

CAPÍTULO 35 Organização, replicação e reparo do DNA 371

as fases S, G_2 e M do ciclo celular, a HR é utilizada. Todas as etapas de reparo do dano ao DNA são catalisadas por moléculas conservadas evolutivamente, que incluem **sensores de danos de DNA**, **transdutores** e **mediadores de reparo de danos**. Coletivamente, essas cascatas de proteínas participam da resposta celular a danos ao DNA. De modo importante, os resultados celulares finais de dano ao DNA e das tentativas das células em reparar esses danos variam de um **atraso no ciclo celular**, para permitir o reparo do DNA, à **parada do ciclo celular** até **apoptose** ou **senescência** (ver **Figura 35-23** e mais detalhes adiante). As moléculas envolvidas nesses complexos e processos altamente integrados variam de modificações de histona específica do dano (i.e., desmetilação de histona H4 em lisina 20; H4K20me2) e incorporação de variantes de isotipos de histonas, como a histona **H2AX** nos nucleossomos nos locais de dano do DNA (ver Tabela 35-1), poli-ADP-ribose-polimerase (**PARP**) o complexo proteico MRN (subunidades Mre11-Rad50-NBS1) até proteínas de sinalização/reconhecimento de cinases ativadas pelo dano ao DNA (**ATM** [ataxia telangiectasia, mutada] e cinase relacionada à ATM (**ATR**), a multissubunidade de proteína-cinase dependente de DNA [**DNA-PK e Ku70/80**], e cinases 1 e 2 de ponto de verificação

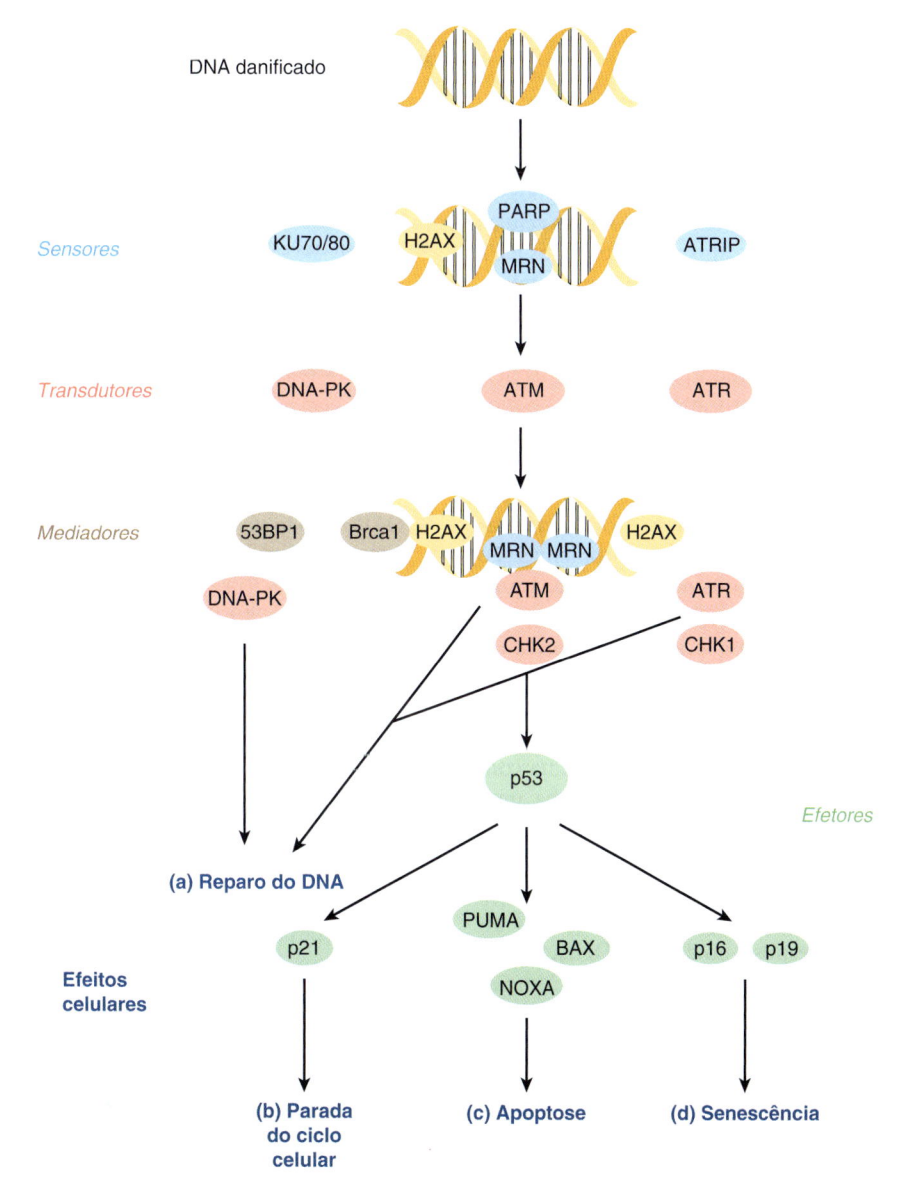

FIGURA 35-23 **O mecanismo do reparo em múltiplas etapas da quebra de dupla-fita do DNA.** São mostradas, de cima para baixo, as proteínas (complexos proteicos) que identificam DSBs no DNA genômico (sensores), fazem a transdução e amplificam o dano identificado no DNA (transdutores e mediadores), bem como as moléculas que determinam os resultados finais da resposta ao dano no DNA (efetores). O DNA danificado pode ser (a) reparado diretamente (reparo de DNA) ou, por vias mediadas por p53 e, dependendo do grau de gravidade da lesão no DNA, por genes induzidos ativados por p53, (b) as células podem ter o seu ciclo celular interrompido por p21/WAF1, o potente inibidor do complexo CDK-ciclina, a fim de obter tempo para que o DNA extensamente danificado possa ser reparado, ou (c) e (d) se a extensão da lesão do DNA for grande demais para ser reparada, as células podem entrar em apoptose ou em senescência – ambos os processos impedem que as células que contêm o DNA danificado se dividam e, portanto, possam induzir câncer ou outros resultados biológicos deletérios. (Com base em: "DNA-damage response in tissue-specific and cancer stem cells" *Cell Stem Cell* 8:16–29 (2011) copyright © 2011 Elsevier Inc.)

[**CHK1**, **CHK2**]). Essas cinases múltiplas fosforilam e, consequentemente, modulam as atividades de muitas proteínas, como as numerosas proteínas reparadoras de DNA, controle de pontos de verificação, e proteínas de controle do ciclo celular como CDC25A, B, C, Wee1, p21, p16 e p19 (todas reguladoras de ciclina-CDK [ver Figura 9-8; e a seguir]; várias exonucleases e endonucleases; proteínas de ligação específicas de DNA de fita simples [RPA]; PCNA e DNA-polimerases específicas [DNA-pol δ e η]). Muitos desses tipos de proteínas/enzimas foram discutidos no contexto da replicação do DNA. O reparo do DNA e sua relação com o controle do ciclo celular constituem áreas muito ativas de pesquisa devido aos seus papéis centrais na biologia celular e ao potencial para gerar e prevenir o câncer.

A integridade do DNA e dos cromossomos é monitorada ao longo do ciclo celular

Dada a importância do DNA e do funcionamento cromossômico normais para a vida, não surpreende o fato de as células eucarióticas terem desenvolvido mecanismos elaborados para monitorar a integridade do material genético. Como detalhado, alguns sistemas complexos de enzimas com múltiplas subunidades evoluíram para reparar o DNA danificado no nível da sequência de nucleotídeos. De modo semelhante, os acidentes do DNA no nível dos cromossomos também são monitorados e reparados. Como mostrado na Figura 35-20, tanto a integridade do DNA quanto a do cromossomo são continuamente monitoradas ao longo do ciclo celular. As quatro etapas específicas em que esse monitoramento ocorre foram chamadas de **controles de pontos de verificação**. Se problemas são detectados em quaisquer desses pontos de verificação, a progressão pelo ciclo é interrompida, e o trânsito pelo ciclo celular é suspenso até que o dano seja reparado. Os mecanismos moleculares subjacentes à detecção de dano ao DNA durante as fases G_1 e G_2 do ciclo celular são mais bem compreendidos do que os que atuam durante as fases S e M.

A **proteína supressora de tumor p53**, uma proteína com PM aparente de 53 kDa em SDS-PAGE, desempenha uma função essencial no controle dos pontos de verificação G_1 e G_2. Em geral, uma proteína muito instável, a p53, é um fator de transcrição de ligação ao DNA, **um membro de uma família de proteínas relacionadas** (i.e., **p53**, **p63** e **p73**), que, de algum modo, se estabiliza em resposta ao dano ao DNA, provavelmente por interações diretas da p53 com o DNA. Como as histonas já mencionadas, ela está sujeita a um arsenal de PTMs reguladoras, e é provável que todas elas modifiquem suas múltiplas atividades biológicas. Níveis aumentados de p53 ativam a transcrição de um conjunto de genes que atuam coletivamente para retardar o trânsito por meio do ciclo. Uma dessas proteínas induzidas, a **p21**, **é um potente inibidor de CDK-ciclina** (**CKI**) que é capaz de inibir, de maneira eficaz, a ação de todas as CDKs. Claramente, a inibição das CDKs interrompe a progressão ao longo do ciclo celular (ver Figuras 35-20 e 35-21). Se o dano ao DNA é muito extenso para ser reparado, as células afetadas sofrem **apoptose** (**morte celular programada**) de modo dependente da p53. Nesse caso, a p53 induz a ativação de um conjunto de genes que induz a apoptose. As células sem p53 funcional não conseguem sofrer apoptose em resposta a níveis elevados de radiação ou a agentes quimioterápicos ativadores do DNA. Não é de surpreender, então, que o p53 seja um dos mais frequentes genes mutados em cânceres humanos (ver Capítulo 56). Na verdade, estudos recentes de sequenciamento genômico de numerosas amostras de DNA de tumores sugerem que mais de 80% dos cânceres humanos apresentam mutações de perda de função da p53. Pesquisas adicionais sobre os mecanismos de controle dos pontos de verificação serão extremamente valiosas para o desenvolvimento de opções terapêuticas efetivas contra o câncer.

RESUMO

- O DNA nas células eucarióticas está associado a uma variedade de proteínas, resultando em uma estrutura chamada de cromatina.
- A maior parte do DNA está associada a proteínas histonas para formar uma estrutura chamada de nucleossomo. Os nucleossomos são compostos por um octâmero de histonas em volta do qual está enrolado o DNA de cerca de 150 pb.
- As histonas estão sujeitas a um amplo conjunto de modificações covalentes dinâmicas que possuem consequências reguladoras importantes.
- Os nucleossomos e as estruturas de ordem superior formadas a partir deles servem para compactar o DNA.
- O DNA em regiões transcricionalmente ativas é relativamente mais sensível ao ataque de nucleases *in vitro*; algumas regiões, chamadas de sítios hipersensíveis, são excepcionalmente sensíveis e nelas, com frequência, são encontrados sítios de controle de transcrição.
- O DNA muito ativo em termos de transcrição (genes) está frequentemente agrupado em regiões de cada cromossomo. No interior dessas regiões, os genes podem ser separados por DNA inativo nas estruturas dos nucleossomos. Muitas unidades de transcrição eucarióticas (i.e., a porção de um gene que é copiada pela RNA-polimerase) frequentemente consistem em regiões codificadoras de DNA (éxons) interrompidas por sequências intervenientes de DNA não codificador (íntrons). Isso é particularmente verdadeiro para os genes que codificam mRNA.
- Após a transcrição, durante o processamento do RNA, os íntrons são removidos e os éxons são ligados em conjunto para formar o mRNA maduro que aparece no citoplasma; esse processo é chamado de *splicing* do RNA.
- O DNA em cada cromossomo é replicado exatamente de acordo com as regras de pareamento de bases durante a fase S do ciclo celular.
- Cada fita da dupla-hélice é replicada simultaneamente, mas por mecanismos um pouco diferentes. Um complexo de proteínas, incluindo a DNA-polimerase, replica a fita-líder continuamente na direção 5' para 3'. A fita tardia é replicada de modo descontínuo, em pequenas partes de 100 a 250 nucleotídeos pela DNA-polimerase, sintetizando na direção 5' para 3'.
- A replicação do DNA é iniciada em sítios especiais, denominados origens, para gerar bolhas de replicação. Cada cromossomo eucariótico contém múltiplas origens. Todo o processo leva cerca de 9 horas em uma célula humana típica e ocorre apenas durante a fase S do ciclo celular.
- Vários mecanismos que empregam diferentes sistemas enzimáticos reparam o DNA celular danificado após a exposição das células a mutagênicos químicos e físicos.
- Células normais que contêm DNA que não pode ser reparado sofrem morte celular programada.

REFERÊNCIAS

Braunschweig U, Gueroussov S, Plocik AM, Graveley BR, Blencowe BJ: Dynamic integration of splicing within gene regulatory pathways. Cell 2013;152:1252.

Burgers PMJ, Kunkel TA: Eukaryotic DNA replication fork. Annu Rev Biochem 2017;86:417.

Chabot B, Shkreta L: Defective control of pre-messenger RNA splicing in human disease. J Cell Biol 2016;212:13.

Dominguez-Brauer C, Thu KL, Mason, JL, Blaser H, Bray MR, Mak TM: Targeting mitosis in cancer: emerging strategies. Mol Cell 2015;60:524.

Hills SA, Diffley JFX: DNA replication and oncogene-induced replicative stress. Curr Biol 2014;24:R435.

Kunkel TA: Celebrating DNA's repair crew. Cell 2015;163:1301.

Naftelberg S, Schor IE, Ast G, Kornblihtt AR: Regulation of alternative splicing through coupling with transcription and chromatin structure. Ann Rev Biochem 2015;84:165.

Neupert W: Mitochondrial gene expression: a playground of evolutionary tinkering. Ann Rev Biochem 2016;85:65.

Pozo K, Bibb JA: The Emerging role of Cdk5 in cancer. Trends Cancer 2016;2:606.

Sabari BR, Zhang D, Allis CD, Zhao Y: Metabolic regulation of gene expression through histone acylations. Nat Rev Mol Cell Biol 2017;18:90.

Salazar-Roa M, Malumbres M: Fueling the cell division cycle. Trends Cell Biol 2017;27:69.

Smith OK, Aladjem MI: Chromatin structure and replication origins: determinants of chromosome replication and nuclear organization. J Mol Biol 2014;426:3330.

Tang YC, Amon A: Gene copy-number alterations: a cost-benefit analysis. Cell 2013;152:394.

Síntese, processamento e modificação do RNA

C A P Í T U L O

36

P. Anthony Weil, Ph.D.

OBJETIVOS

Após o estudo deste capítulo, você deve ser capaz de:

- Descrever as moléculas envolvidas e o mecanismo da síntese do RNA.
- Explicar como as RNA-polimerases dependentes de DNA de eucariotos, em colaboração com um conjunto de fatores acessórios específicos, podem transcrever diferencialmente o DNA genômico para produzir moléculas precursoras de mRNA específicas.
- Descrever a estrutura dos precursores do mRNA eucariótico, que são altamente modificados internamente e em ambas as terminações.
- Avaliar o fato de que a maioria dos genes codificadores de mRNA de mamíferos são interrompidos por múltiplas sequências que não codificam proteínas, denominadas íntrons, que são intercaladas entre regiões codificadoras de proteínas, denominadas éxons.
- Elucidar o fato de que, uma vez que o íntron de RNA não codifica proteínas, o RNA intrônico deve ser removido específica e precisamente de modo a gerar mRNAs funcionais a partir das moléculas precursoras de mRNA, em uma série de eventos moleculares precisos, denominados *splicing* do RNA.
- Detalhar as etapas e as moléculas que catalisam o *splicing* de mRNA, um processo que converte as moléculas precursoras com terminações modificadas em mRNAs que são funcionais para a tradução.

IMPORTÂNCIA BIOMÉDICA

A síntese de uma molécula de ácido ribonucleico (RNA, do inglês *ribonucleic acid*) a partir do ácido desoxirribonucleico (DNA, do inglês *deoxyribonucleic acid*) é um processo complexo que envolve uma enzima do grupo das RNA-polimerases dependentes de DNA e algumas proteínas associadas. As etapas gerais necessárias para sintetizar o transcrito primário são iniciação, alongamento e terminação. A mais conhecida é a iniciação. Algumas regiões do DNA (geralmente localizadas a montante do sítio de iniciação) e fatores proteicos que se ligam a essas sequências para regular a iniciação da transcrição foram identificados. Certos RNAs – mRNAs, em particular – possuem tempos de vida muito diferentes em uma célula. As moléculas de RNA sintetizadas nas células de mamíferos são compostas como moléculas precursoras que devem ser processadas em RNAs ativos maduros. É importante entender os princípios básicos da síntese e do metabolismo do RNA mensageiro (mRNA), para que a modulação desse processo resulte em taxas alteradas de síntese de proteínas e, portanto, em uma variedade tanto de mudanças metabólicas quanto fenotípicas. Essa é a maneira como todos os organismos se adaptam às mudanças do ambiente. É também a maneira como são estabelecidas e mantidas as estruturas e funções celulares diferenciadas. Erros ou mudanças na síntese, no processamento, no *splicing*, na estabilidade ou na função das transcrições de mRNA são causas de doenças.

O RNA EXISTE EM DUAS CLASSES PRINCIPAIS

Todas as células eucarióticas possuem duas grandes classes de RNA (**Tabela 36-1**), os **RNAs codificadores de proteínas** ou **mRNAs**, e duas formas de **RNAs não codificadores de proteínas**, presentes em quantidades abundantes, classificados com base no seu tamanho: os RNAs ribossômicos (**rRNAs**) grandes e os RNAs não codificadores longos (**lncRNAs**) e os pequenos RNAs transportadores não codificadores (**tRNAs**), os pequenos RNAs nucleares (**snRNAs**) e os microRNAs e RNAs silenciadores (**miRNAs** e **siRNAs**). Os mRNAs, os rRNAs e os tRNAs estão diretamente envolvidos na síntese proteica, ao passo que os outros RNAs participam do *splicing* de mRNA (snRNAs) ou da modulação da expressão gênica, por meio de alteração da função do mRNA (mi/siRNAs) e/ou sua expressão (lncRNAs). Esses RNAs diferem quanto à sua diversidade, estabilidade e abundância nas células.

TABELA 36-1 Classes de RNAs eucarióticos

RNA	Tipos	Abundância	Estabilidade
RNAs codificadores de proteínas			
Mensageiro (mRNA)	≥ 10^5 espécies diferentes	2 a 5% do total	Instável a muito estável
RNAs não codificadores de proteínas (ncRNAs)			
ncRNAs grandes			
Ribossômico (rRNA)	28S, 18S	80% do total	Muito estável
lncRNAs	~ 1.000s	~ 1 a 2%	Instáveis a muito estáveis
ncRNAs pequenos			
Pequenos RNAs ribossômicos	5,8S; 5S	~ 2%	Muito estáveis
RNA transportador	~ 60 espécies diferentes	~ 15% do total	Muito estáveis
Nucleares pequenos (snRNA)	~ 30 espécies diferentes	≤ 1% do total	Muito estáveis
Micro/silenciadores (mi/siRNAs)	100s a 1.000	< 1% do total	Estáveis

O RNA É SINTETIZADO A PARTIR DE UM MOLDE DE DNA POR UMA RNA-POLIMERASE

Os processos de síntese do DNA e do RNA são semelhantes, visto que envolvem (1) as etapas gerais de iniciação, alongamento e terminação com polaridade 5′ para 3′; (2) grandes complexos de iniciação e polimerização de múltiplos componentes; e (3) fidelidade às regras de pareamento de bases de Watson-Crick. Entretanto, as sínteses de DNA e RNA são diferentes em vários aspectos importantes, incluindo os seguintes: (1) os ribonucleotídeos são utilizados na síntese do RNA, em vez de desoxirribonucleotídeos; (2) U substitui T como base complementar para A no RNA; (3) um iniciador (*primer*) não está envolvido na síntese do RNA, uma vez que as RNA-polimerases possuem a capacidade para iniciar a síntese *de novo*; (4) em uma determinada célula, apenas partes do genoma são vigorosamente transcritas ou copiadas em RNA, ao passo que todo o genoma deve ser copiado, uma vez e apenas uma durante a replicação do DNA; e (5) não há função de revisão eficaz e altamente ativa durante a transcrição do RNA.

O processo de síntese de RNA a partir de um molde de DNA foi mais bem caracterizado em procariotos. Embora nas células de mamíferos a regulação da síntese do RNA e o processamento das transcrições de RNA sejam diferentes daqueles nos procariotos, o processo de síntese de RNA em si é muito semelhante nessas duas classes de organismos. Portanto, a descrição da síntese de RNA em procariotos, nos quais é mais bem compreendida, é aplicável a eucariotos, embora as enzimas envolvidas e os sinais reguladores, ainda que relacionados, sejam diferentes.

A fita-molde de DNA é transcrita

A sequência de ribonucleotídeos em uma molécula de RNA é complementar à sequência de desoxirribonucleotídeos em uma fita da molécula de dupla-fita de DNA (ver Figura 34-8). A fita que é transcrita ou copiada em uma molécula de RNA é chamada de **fita-molde** do DNA. A outra fita de DNA, a **fita não molde**, é frequentemente denominada **fita codificadora** daquele gene. É assim denominada porque, com exceção da troca de T por U, ela corresponde exatamente à sequência do transcrito primário do mRNA, que codifica o produto (proteína) do gene. No caso de uma molécula de dupla-fita de DNA que contém muitos genes, a fita-molde para cada gene não será necessariamente a mesma fita do DNA de dupla-hélice (**Figura 36-1**). Assim, uma determinada fita de uma molécula de dupla-fita de DNA servirá de fita-molde para alguns genes e de fita codificadora para outros genes. Observe que a sequência de nucleotídeos de uma transcrição de RNA será a mesma (exceto para U substituindo T) que a da fita codificadora. A informação na fita-molde é lida na direção 3′ para 5′. Embora não seja mostrado na Figura 36-1, há exemplos de genes incorporados no interior de outros genes.

A RNA-polimerase dependente de DNA se liga a um sítio distinto, o promotor, e inicia a transcrição

A **RNA-polimerase dependente de DNA** (**RNAP**) é a enzima responsável pela polimerização de ribonucleotídeos em uma sequência complementar à fita-molde do gene (**Figuras 36-2** e **36-3**). A enzima liga-se a um sítio específico – o promotor – no molde de DNA. Segue-se o início da síntese de RNA no ponto de partida, e o processo continua até que uma sequência

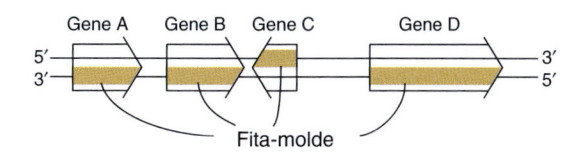

FIGURA 36-1 Os genes podem ser transcritos a partir de ambas as fitas de DNA. As pontas das setas indicam a direção de transcrição (polaridade). A fita-molde sempre é lida na direção 3′ para 5′. A fita oposta é chamada de fita codificadora, uma vez que ela é idêntica (exceto pela troca de T por U) ao transcrito do mRNA (transcrito primário em células eucarióticas) que codifica o produto proteico do gene.

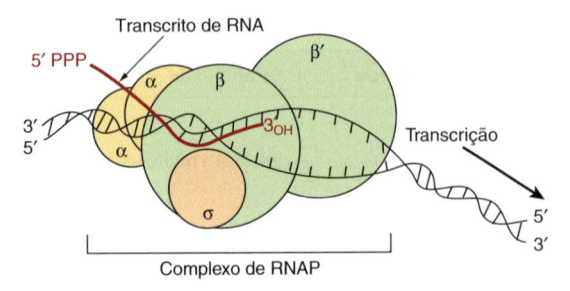

FIGURA 36-2 A RNA-polimerase catalisa a polimerização de ribonucleotídeos em uma sequência de RNA, que é complementar à fita-molde do gene. O transcrito de RNA apresenta a mesma polaridade (5' para 3') que a fita codificadora, mas contém U no lugar de T. A RNAP bacteriana consiste em um complexo central de duas subunidades β (β e β') e duas subunidades α. A holoenzima contém a subunidade σ ligada ao conjunto $α_2ββ'$ do núcleo da enzima. A subunidade ω não é mostrada. A "bolha" de transcrição é uma área de aproximadamente 20 pb de DNA desfeito, e o complexo inteiro cobre de 30 a 75 pb de DNA, dependendo da conformação da RNAP.

3', é o **transcrito primário**. A frequência de transcrição varia de gene para gene, mas pode ser muito elevada. Uma micrografia eletrônica da transcrição em ação é apresentada na **Figura 36-4**. Em procariotos, ela pode representar o produto de vários genes contíguos; em células de mamíferos, em geral, representa o produto de um único gene. Os terminais 5' do transcrito de RNA primário e o RNA citoplasmático maduro são idênticos. Portanto, o **sítio de iniciação da transcrição** (**TSS**) corresponde ao nucleotídeo 5' do mRNA. Ele é chamado de posição +1, assim como o nucleotídeo correspondente no DNA. Os números aumentam positivamente à medida que a sequência prossegue *a jusante* do ponto de partida. Essa convenção facilita a localização de regiões específicas, como as fronteiras dos íntrons e éxons. O nucleotídeo no promotor adjacente ao sítio de início da transcrição *a montante* é chamado de −1, e esses números negativos aumentam à medida que a sequência segue a montante e se afasta do TSS. Esse sistema de numeração +/− fornece um modo convencional de definição do local de elementos reguladores em um gene (**Figura 36-5**).

de terminação seja alcançada (Figura 36-3). Uma **unidade de transcrição** é definida como a região do DNA que inclui os sinais para a iniciação, o alongamento e a terminação da transcrição. O produto de RNA, que é sintetizado na direção 5' para

Os transcritos primários gerados pela RNA-polimerase II – uma das três RNA-polimerases dependentes de DNA nucleares distintas em eucariotos – são imediatamente modificados pela adição de *caps* de trifosfato de 7-metilguanosina (ver Figura 34-10), que persistem e eventualmente aparecem

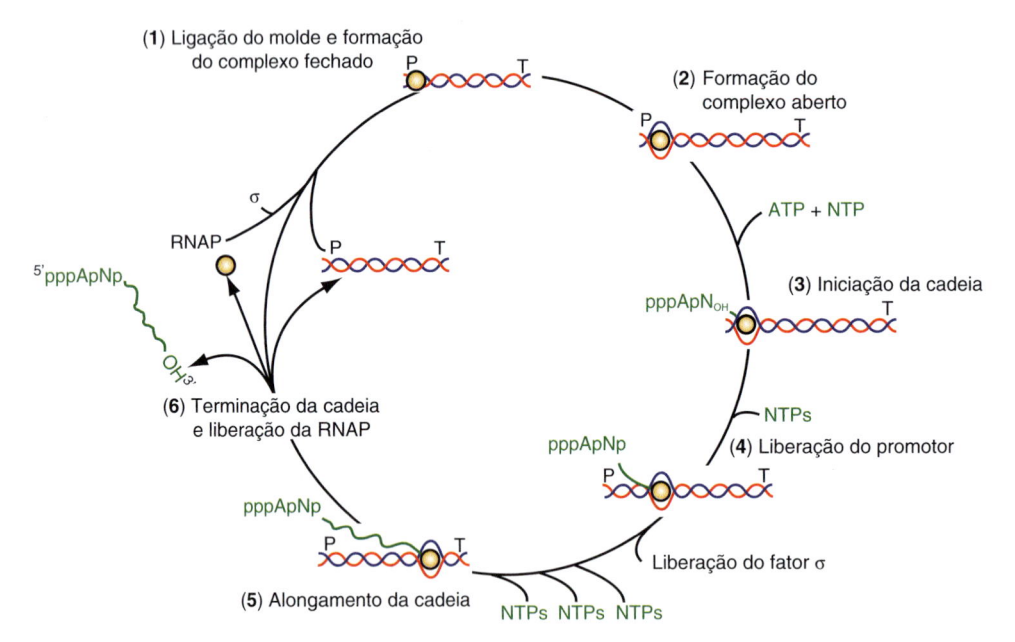

FIGURA 36-3 O ciclo de transcrição. O ciclo de transcrição pode ser descrito em seis etapas. **(1) Ligação ao molde e formação do complexo RNA-polimerase-promotor:** a RNAP liga-se ao DNA e, em seguida, localiza um elemento de sequência do DNA do promotor (**P**). **(2) Formação do complexo do promotor aberto:** uma vez ligada ao promotor, a RNAP dissocia as duas fitas de DNA para formar um complexo promotor aberto; esse complexo também é designado como complexo de pré-iniciação ou PIC. A separação das fitas permite à polimerase acessar a informação codificadora na fita-molde de DNA. **(3) Iniciação da cadeia:** utilizando a informação codificante do molde, a RNAP catalisa o acoplamento da primeira base (frequentemente uma purina) à segunda, um ribonucleosídeo-trifosfato direcionado pelo molde para formar um dinucleotídeo (neste exemplo, para formar o dinucleotídeo 5' pppApN$_{OH}$ 3'). **(4) Liberação do promotor:** quando o comprimento da cadeia de RNA alcança cerca de 10 a 20 nt, a polimerase sofre uma mudança conformacional e, em seguida, torna-se capaz de se afastar do promotor, transcrevendo a unidade de transcrição. Em muitos genes, o fator σ é liberado da RNAP nessa fase do ciclo de transcrição. **(5) Alongamento da cadeia:** resíduos sucessivos são adicionados ao terminal 3'-OH da molécula de RNA nascente, até que seja encontrado um elemento de sequência de DNA de terminação da transcrição (**T**). **(6) Terminação da cadeia e liberação da RNAP:** após encontrar o sítio de terminação da transcrição, a RNAP sofre uma mudança conformacional adicional, que leva à liberação da cadeia de RNA completa, do molde de DNA e da RNAP. A RNAP pode se religar ao DNA começando o processo de busca do promotor, e o ciclo é repetido. Todas as etapas do ciclo de transcrição são facilitadas por proteínas adicionais e, de fato, estão frequentemente sujeitas à regulação por fatores que atuam como positivos e/ou negativos.

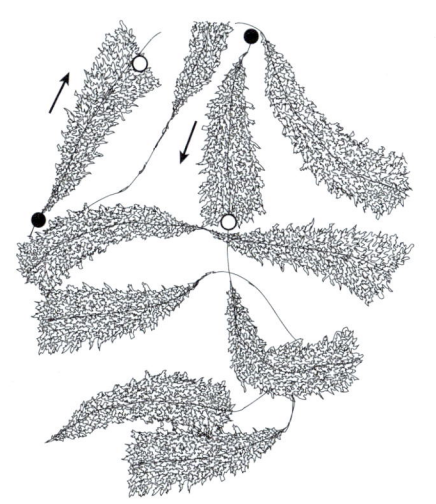

FIGURA 36-4 Representação esquemática de uma fotomicrografia eletrônica de múltiplas cópias de genes codificadores de rRNA de um anfíbio no processo de transcrição. O aumento é de aproximadamente 6.000 ×. Observe que o comprimento dos transcritos aumenta à medida que as moléculas de RNA-polimerase progridem ao longo dos genes de rRNA individuais dos locais de início da transcrição (círculos com preenchimento sólido) para os locais de terminação da transcrição (círculos sem preenchimento). A RNA-polimerase I (não visualizada aqui) encontra-se na base dos transcritos nascentes de rRNA. Assim, a terminação proximal do gene transcrito apresenta pequenos transcritos presos a ela, e transcritos muito maiores estão presos à terminação distal do gene. As setas indicam a direção da transcrição (5'→3').

na extremidade 5' do mRNA citoplasmático maduro. Esses *caps* são necessários para o processamento subsequente do transcrito primário em mRNA, para a tradução do mRNA e para a proteção do mRNA contra o ataque nucleolítico por 5'-exonucleases.

A RNA-polimerase bacteriana dependente de DNA é uma enzima de múltiplas subunidades

A RNA-polimerase dependente de DNA básica, ou RNAP, da bactéria *Escherichia coli* existe como um complexo (núcleo) de aproximadamente 400 kDa, consistindo em duas subunidades α idênticas, duas subunidades β e β' grandes e uma subunidade ω. A subunidade β liga-se aos íons Mg^{2+} e compõe a subunidade catalítica (Figura 36-2). O **núcleo da RNA-polimerase**, $\beta\beta'\alpha_2\omega$, frequentemente denominado **E**, associa-se a um fator proteico específico (**o fator sigma [σ]**) para formar a **holoenzima**, $\beta\beta'\alpha_2\sigma$ ou **Eσ**. Os genes que codificam todas essas proteínas são essenciais para a viabilidade, com exceção do gene codificador de ω. A subunidade σ permite que as enzimas do núcleo reconheçam e se liguem à região do promotor (Figura 36-5) para formar o **complexo de pré-iniciação** (**PIC**). Há múltiplos genes codificadores de fatores σ distintos em todas as espécies de bactérias. Os fatores sigma possuem uma função dupla no processo de reconhecimento do promotor; a associação de σ ao núcleo da RNA-polimerase diminui sua afinidade pelo DNA não promotor, ao passo que aumenta simultaneamente a afinidade da holoenzima pelo promotor do DNA. Os múltiplos fatores σ competem pela interação com o núcleo limitante da RNA-polimerase (i.e., **E**). Cada um desses fatores σ únicos atua como uma proteína reguladora que modifica a especificidade de reconhecimento do promotor da holoenzima RNA-polimerase única resultante (i.e., $E\sigma_1$, $E\sigma_2$,...). O aparecimento de diferentes fatores σ e sua associação ao núcleo da RNA-polimerase para formar novas formas de holoenzimas podem ser correlacionados temporalmente a vários programas de expressão gênica em sistemas procarióticos, como a esporulação, o crescimento em várias fontes pobres em nutrientes e a resposta ao choque térmico.

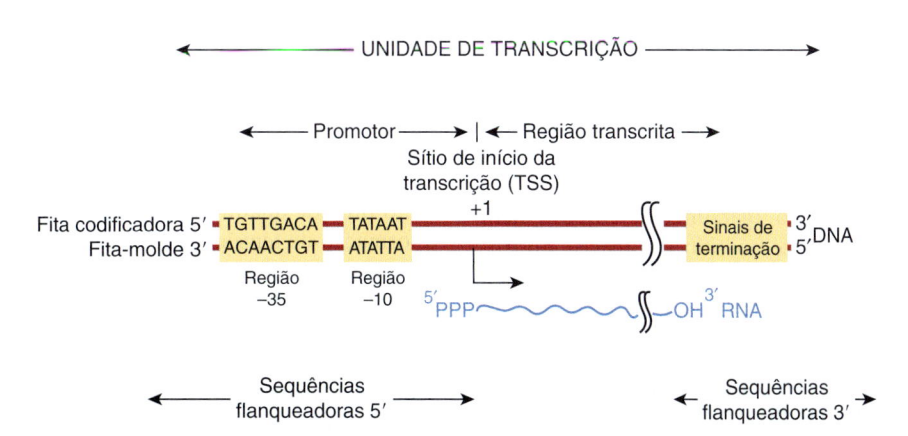

FIGURA 36-5 Os promotores procarióticos compartilham duas regiões de sequência de nucleotídeos altamente conservada. Essas regiões estão localizadas 35 e 10 pb a montante de TSS, o qual é indicado como +1. Por convenção, todos os nucleotídeos a montante do sítio de iniciação da transcrição (em +1) são numerados com um sentido negativo e são chamados de sequências adjacentes 5', ao passo que as sequências a jusante do TSS +1 são numeradas em sentido positivo. Também por convenção, os elementos da sequência reguladora do DNA promotor, como os elementos TATA −35 e −10, são descritos na direção 5' → 3', como estão na fita codificadora. Esses elementos atuam apenas no DNA de dupla-fita. Entretanto, outros elementos regulatórios da transcrição frequentemente podem atuar de maneira independente da direção, e esses elementos *cis* são desenhados adequadamente em qualquer esquema (Figura 36-8). O transcrito produzido a partir dessa unidade de transcrição tem a mesma polaridade ou "sentido" (p. ex., orientação 5' → 3') da fita codificadora. Os elementos *cis* das terminações localizam-se no fim da unidade de transcrição (ver Figura 36-6 para mais detalhes). Por convenção, as sequências a jusante do sítio em que ocorre a terminação da transcrição são chamadas de sequências flanqueadoras 3'.

As células de mamíferos possuem três RNA-polimerases distintas dependentes de DNA nuclear

Algumas propriedades distintas de polimerases nucleares de mamíferos são descritas na **Tabela 36-2**. Cada uma dessas RNA-polimerases dependentes de DNA é responsável pela transcrição de conjuntos de genes diferentes. Os tamanhos das RNA-polimerases variam de um peso molecular (PM) de 500 a 600 kDa. Essas enzimas exibem perfis de subunidades mais complexos que as RNA-polimerases de procariotos. Todas possuem duas subunidades grandes, que apresentam, notavelmente, fortes semelhanças nas sequências e estruturas das subunidades β e β' de procariotos e várias subunidades menores – de até 14, como no caso da RNA-pol III. As funções de cada uma das subunidades ainda não são completamente compreendidas. Uma toxina peptídica do cogumelo *Amanita phalloides*, a α-amanitina, é um inibidor diferencial específico de RNA-polimerases dependentes de DNA do núcleo de eucariotos e, como tal, demonstrou ser uma ferramenta de pesquisa importante (Tabela 36-2). A α-amanitina bloqueia a translocação da RNA-polimerase durante a formação das ligações fosfodiésteres.

A SÍNTESE DE RNA É UM PROCESSO CÍCLICO QUE ENVOLVE A INICIAÇÃO, O ALONGAMENTO E A TERMINAÇÃO DA CADEIA DE RNA

O processo de síntese de RNA em bactérias – descrito na Figura 36-3 – é cíclico e envolve múltiplas etapas. A primeira holoenzima da RNA-polimerase (Eσ) deve localizar e, então, ligar-se especificamente a um promotor (**P**; Figura 36-3). Uma vez localizado o promotor, o complexo DNA-Eσ-promotor passa por mudança conformacional dependente de temperatura e desenrola ou funde o DNA no sítio de iniciação de transcrição ou em volta dele (em +1). Esse complexo é denominado PIC. Esse desenrolamento permite que o sítio ativo de Eσ acesse a fita-molde que, então, determina a sequência de ribonucleotídeos que devem ser polimerizados em RNA. Então, o primeiro nucleotídeo (geralmente, embora nem sempre, uma purina) associa-se ao sítio de ligação do nucleotídeo da enzima e, na presença do próximo nucleotídeo apropriado ligado à polimerase apropriada, a RNAP catalisa a formação da primeira ligação fosfodiéster, e a cadeia nascente é, então, ligada ao sítio de polimerização na subunidade β da RNAP. Essa reação é denominada **iniciação**. A analogia com os sítios A e P no ribossomo deve ser notada; ver Figura 37-9. O dinucleotídeo nascente mantém o trifosfato 5' do nucleotídeo iniciador (Figura 36-3, ATP).

A RNA-polimerase continua a incorporar nucleotídeos, em torno de +3 a cerca de +10, ponto em que a polimerase sofre outra modificação conformacional e se afasta do promotor; essa reação é denominada liberação do promotor (**liberação do promotor**). Em muitos genes, o fator σ dissocia-se da montagem ββ'α$_2$ nesse ponto. A **fase de alongamento** começa, então, e nela a molécula de RNA nascente cresce na direção 5' para 3', à medida que etapas consecutivas de incorporação de NTP continuam de modo cíclico e antiparalelo ao molde. A enzima polimeriza os ribonucleotídeos na sequência específica determinada pela fita-molde e interpretada pelas regras de pareamento de bases de Watson-Crick. O **pirofosfato** (**PP$_i$**) é liberado depois de cada ciclo de polimerização. Como na síntese de DNA, esse PP$_i$ sofre rápida degradação em duas moléculas de **fosfato inorgânico** (**P$_i$**) por **pirofosfatases** ubíquas, estabelecendo, assim, a irreversibilidade da reação de síntese global. A decisão de permanecer no promotor em um estado pronto ou parado, ou da transição para o alongamento, parece ser uma etapa reguladora importante tanto na transcrição procariótica quanto eucariótica da transcrição dos genes do mRNA.

À medida que o complexo de **alongamento** contendo a RNA-polimerase progride ao longo da molécula de DNA, o **desenrolamento do DNA** deve ocorrer de modo a permitir o acesso para o pareamento de bases adequado aos nucleotídeos da fita codificadora. A extensão dessa bolha de transcrição (i.e., desenrolamento do DNA) é constante durante toda a transcrição e estimada em aproximadamente 20 pb por molécula de polimerase (Figura 36-2). Assim, o tamanho da região desenrolada do DNA é determinado pela polimerase e é independente da sequência de DNA nesse complexo. A RNA-polimerase possui uma atividade intrínseca de "enzima de desenrolar" que abre a hélice do DNA (i.e., ver formação do PIC anteriormente). O fato de que a dupla-hélice de DNA deve se desenrolar e as fitas devem se afastar, pelo menos transitoriamente, para a transcrição, significa alguma ruptura da estrutura do nucleossomo nas células eucarióticas. A topoisomerase tanto precede quanto segue a RNA-polimerase para impedir a formação de tensões super-helicoidais que poderiam servir para aumentar a energia necessária para desenrolar o molde de DNA antes da RNAP.

A **terminação** da síntese do RNA em bactérias é assinalada por sequências no molde de DNA (Figura 36-3; **T**) e por sequências dentro do transcrito. Em muitos genes, a RNAP isoladamente termina a transcrição de modo eficiente. Entretanto, é necessário um subgrupo de genes da **proteína de terminação**, denominada **fator rho** (**ρ**), para mediar a terminação da transcrição. Após a terminação, tanto o núcleo livre da RNAP (E) quanto o produto de RNA dissociam-se do DNA-molde. O núcleo livre da RNAP (E) resultante é capaz de se associar ao fator σ para a nova formação de Eσ e entrar novamente no ciclo de transcrição. Em células eucarióticas, a terminação é menos bem compreendida, mas as enzimas catalisadoras do processamento de RNA, da terminação e as

TABELA 36-2 Nomenclatura e propriedades das RNA-polimerases nucleares dependentes de DNA em mamíferos

Forma da RNA-polimerase	Sensibilidade à α-amanitina	Produtos principais
I	Insensível	rRNA
II	Alta sensibilidade	mRNA, lncRNA, miRNA, snRNA
III	Sensibilidade intermediária	tRNA, 5s rRNA, alguns snRNAs

proteínas de poliadenilação, parecem acumular-se na direção da RNA-polimerase II logo após a iniciação (ver a seguir). Mais de uma molécula de RNA-polimerase pode transcrever a mesma fita-molde de um gene simultaneamente, mas o processo é faseado e espaçado, de modo que, a qualquer momento, cada uma está transcrevendo uma porção diferente da sequência de DNA (Figuras 36-1 e 36-4).

A FIDELIDADE E A FREQUÊNCIA DA TRANSCRIÇÃO SÃO CONTROLADAS POR PROTEÍNAS LIGADAS A DETERMINADAS SEQUÊNCIAS DE DNA

A análise da sequência de DNA de genes específicos permitiu o reconhecimento de algumas sequências importantes na transcrição de genes. A partir do grande número de genes bacterianos estudados, é possível construir modelos de consenso de sinais de iniciação e de terminação da transcrição.

A questão "Como a RNAP encontra o local correto para iniciar a transcrição?" não é trivial quando a complexidade do genoma é levada em conta. *Escherichia coli* possui aproximadamente 4×10^3 sítios de iniciação (i.e., promotores de genes) no interior do genoma de $4,2 \times 10^6$ pb. A situação é ainda mais complexa em seres humanos, nos quais até 150 mil sítios de iniciação da transcrição diferentes (unidades de transcrição) são distribuídos ao longo de 3×10^9 pb de DNA. A RNAP pode se ligar, com baixa afinidade, a várias regiões do DNA, mas ela verifica a sequência do DNA – em uma taxa $\geq 10^3$ pb/s – até reconhecer certas regiões específicas do DNA, às quais ela se liga com maior afinidade. Essas regiões são denominadas promotoras, e é a associação da RNAP com os promotores que garante o início preciso da transcrição. O processo de reconhecimento e utilização do promotor é o alvo para a regulação tanto em bactérias quanto em seres humanos.

Os promotores bacterianos são relativamente simples

Os promotores bacterianos têm aproximadamente 40 nucleotídeos (40 pb ou quatro voltas de DNA de dupla-hélice) de comprimento, uma região pequena o bastante para ser coberta por uma molécula de RNA-holopolimerase de *E. coli*. Em um promotor de consenso, há dois elementos de sequência curtos conservados. Aproximadamente 35 pb a montante do sítio de iniciação da transcrição se encontra uma sequência-consenso de oito pares de nucleotídeos (consenso: 5′-TGTTGACA-3′) à qual a RNAP se liga para formar o chamado **complexo fechado**. Mais próximo do sítio de iniciação da transcrição – cerca de 10 nucleotídeos a montante –, encontra-se uma sequência de seis pares de nucleotídeos rica em A+T (consenso: 5′-TATAAT-3′). Juntos, esses elementos de sequência conservados incluem o promotor e são mostrados esquematicamente na Figura 36-5. A última sequência tem uma menor temperatura de fusão porque não possui os pares de nucleotídeos CG. Assim, acredita-se que a chamada "**caixa TATA**" ("TATA box") facilite a dissociação das duas fitas de DNA, de modo que a RNA-polimerase ligada à região do promotor possa ter acesso à sequência de nucleotídeos de sua fita-molde imediatamente a jusante. Uma vez que o processo de separação de fitas ocorre, a combinação de RNA-polimerase mais promotor é chamada de **complexo aberto**. Outras bactérias possuem sequências de consenso um pouco diferentes em seus promotores, mas todas, em geral, têm dois componentes para o promotor; elas tendem a estar na mesma posição em relação ao sítio de iniciação da transcrição e, em todos os casos, as sequências entre os dois elementos promotores não têm nenhuma semelhança, mas ainda fornecem funções de espaçamento críticas que facilitam o reconhecimento de sequências –35 e –10 pela holoenzima de RNA-polimerase. No interior da célula bacteriana, diferentes conjuntos de genes são muitas vezes regulados de maneira coordenada. Um modo importante de conseguir isso é o fato de esses genes corregulados partilharem sequências promotoras específicas –35 e –10. Esses promotores únicos são reconhecidos por diferentes fatores σ ligados ao núcleo da RNA-polimerase (i.e., $E\sigma_1$, $E\sigma_2$,...).

A RNAP bacteriana isoladamente tem a capacidade intrínseca de terminar especificamente a transcrição em cerca de 50% dos genes celulares. Quanto aos genes bacterianos restantes, é necessário o fator de terminação ρ acessório. Os mecanismos propostos para os eventos de terminação da transcrição independentes e dependentes de ρ são apresentados na **Figura 36-6**. A maioria dos eventos de transcrição gênica de mRNA eucarióticos é dependente do fator de transcrição acessório.

Como discutido em detalhes no Capítulo 38, a transcrição do gene bacteriano é controlada pela ação de proteínas repressoras e ativadoras. Essas proteínas geralmente se ligam a sequências de DNA únicas e específicas que ficam adjacentes aos promotores. Essas proteínas repressoras e ativadoras afetam a capacidade de a RNA-polimerase se ligar ao promotor do DNA e/ou formar complexos abertos. O efeito resultante é o estímulo ou a inibição da formação do PIC e o início da transcrição – consequentemente, bloqueando ou estimulando a síntese de RNA específico.

Os promotores dos eucariotos são mais complexos

Existem dois tipos de sinais proximais de TSS no DNA, que controlam a transcrição em células eucarióticas. Desses dois tipos, o **promotor** define onde a transcrição deve iniciar no DNA-molde, enquanto o outro consiste em elementos do DNA que estimulam e reprimem a transcrição, contribuindo para os mecanismos que controlam com que frequência a transcrição deve ocorrer. Por exemplo, no gene da timidina-cinase (*tk*) do vírus herpes simplex (HSV, do inglês *herpes simplex virus*), que utiliza os fatores de transcrição de seu hospedeiro mamífero para seu programa de expressão gênica inicial, há um único TSS específico, e a iniciação precisa da transcrição, a partir desse sítio, depende de uma sequência de nucleotídeos localizada cerca de 25 nucleotídeos a montante do sítio de iniciação (i.e., em –25) (**Figura 36-7**). Essa região tem a sequência de **TATAAAAG** e apresenta semelhança notável com a funcionalmente relacionada **caixa TATA**, que está localizada cerca de 10 pb a montante do TSS do mRNA de procariotos (Figura 36-5). A mutação da caixa TATA reduz acentuadamente a

A Genes independentes de ρ

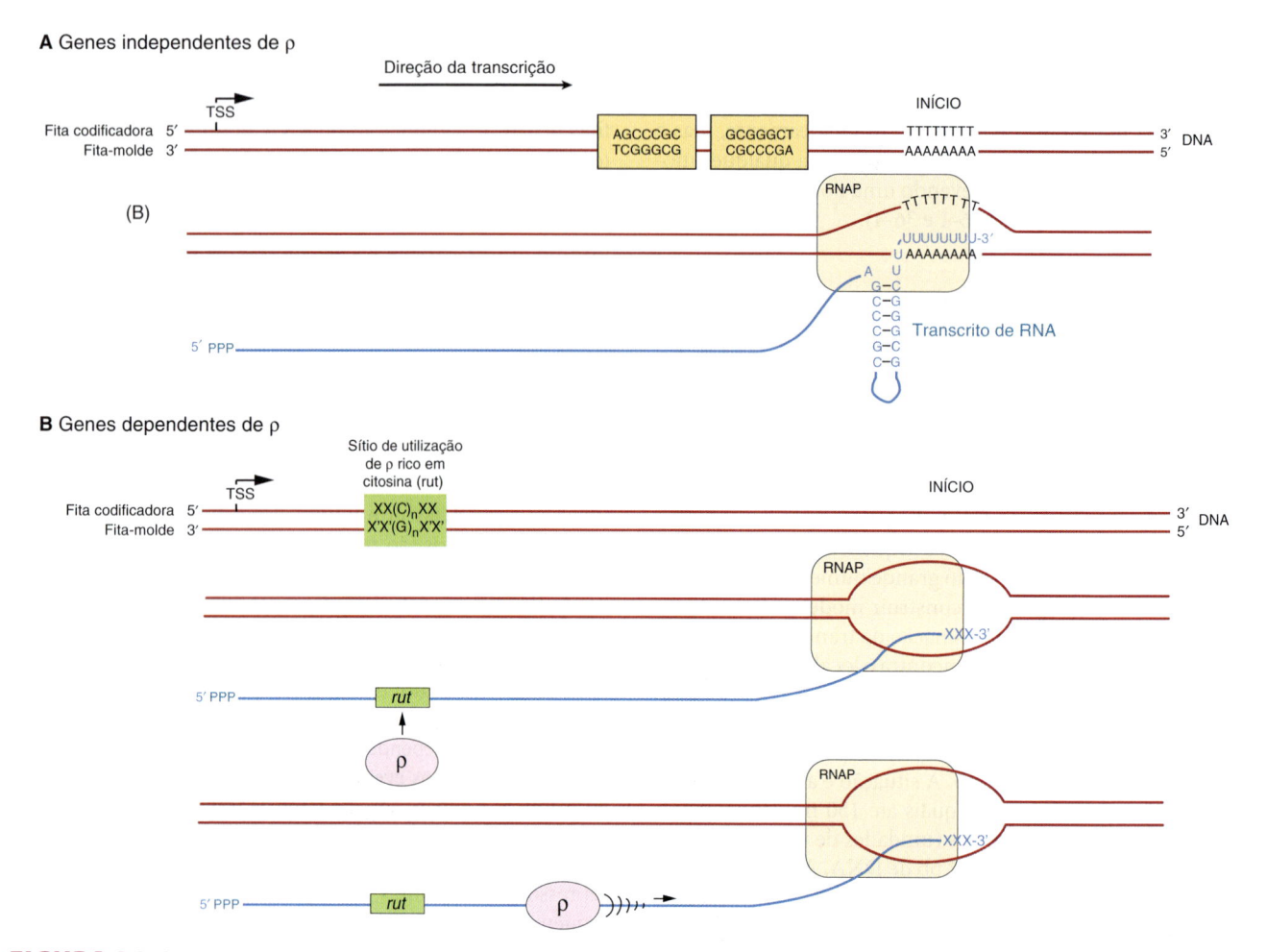

FIGURA 36-6 Os dois principais mecanismos de terminação da transcrição em bactérias. (A) A RNAP bacteriana pode terminar diretamente a transcrição após o reconhecimento de sinais de RNA e de DNA específicos dentro de transcritos/unidades de transcrição. Nessas situações, o sinal de terminação da transcrição contém uma repetição hifenizada invertida (as duas áreas em caixas), seguida de um segmento de pb A na fita-molde (aqui, fita na parte inferior). As sequências contendo repetições invertidas, quando transcritas em RNA, podem gerar uma estrutura secundária semelhante àquela presente no transcrito de RNA mostrado. A formação desse grampo de RNA faz a RNA-polimerase sofrer uma pausa e, após o reconhecimento da sequência poli(A) na fita-molde, induz a terminação da cadeia de transcrição. (B) Em casos nos quais os genes não contêm os dois elementos *cis* assinalados anteriormente, um novo elemento rico em guanina no DNA e um fator de transcrição acessório, a proteína ρ, atuam para facilitar a terminação da transcrição. O transcrito contém uma série de resíduos C, que atuam como sítio de ligação para o fator ρ, que consiste em uma ATPase hexamérica. Quando presente no transcrito, esse elemento, denominado sítio de utilização do fator ρ ou *rut*, é diretamente reconhecido pelo fator ρ. Com a ligação do elemento *rut*, a sua atividade de ATPase intrínseca é ativada, e o fator ρ sofre translocação de 5' para 3' no transcrito, até ρ encontrar a RNA-polimerase de transcrição. A interação entre o fator ρ e a RNAP induz a terminação da transcrição e a dissociação do DNA, RNA e proteína.

transcrição do gene *tk* do HSV e muitos outros genes celulares que contêm esse elemento de consenso ***cis*-ativo** (**Figuras** 36-7 e **36-8**). Em geral, a caixa TATA está localizada 25 a 30 pb a montante do sítio de iniciação da transcrição em genes de mamíferos que a contêm. A sequência de consenso para a caixa TATA é TATAAA, embora numerosas variações tenham sido descritas. A caixa TATA humana está ligada por uma **proteína de ligação de TATA** (**TBP**, do inglês *TATA-binding protein*) de 34 kDa, que é uma subunidade em pelo menos dois complexos de múltiplas subunidades, TFIID e SAGA/P-CAF. As subunidades não TBP de TFIID são proteínas chamadas de **fatores associados à TBP** (**TAFs**, do inglês *TBP-associated factors*). A ligação do complexo TFIID TBP-TAF à sequência da caixa TATA representa a primeira etapa na formação do complexo de transcrição no promotor.

Um grande número de genes que codificam mRNA em eucariotos não possui uma caixa TATA de consenso. Nesses casos, elementos *cis* de DNA adicionais, uma **sequência iniciadora** (**Inr**) e/ou o **elemento promotor a jusante** (**DPE**, do inglês *downstream promoter element*) dirigem a maquinaria de transcrição da RNA-polimerase II para o promotor e atuam para dirigir a RNA-pol II a iniciar a transcrição a partir do sítio correto. O elemento Inr estende-se pelo sítio de iniciação (de −3 a +5) e consiste na sequência de consenso geral TCA^{+1} G/T T T/C (A^{+1} indica o primeiro nucleotídeo transcrito, i.e., TSS). As proteínas que se ligam ao Inr para direcionar a ligação da pol II incluem o TFIID. Os promotores que possuem tanto uma caixa TATA quanto o Inr podem ser transcritos "com mais força" e mais vigorosamente do que os promotores com apenas um desses elementos. O DPE possui a sequência de consenso

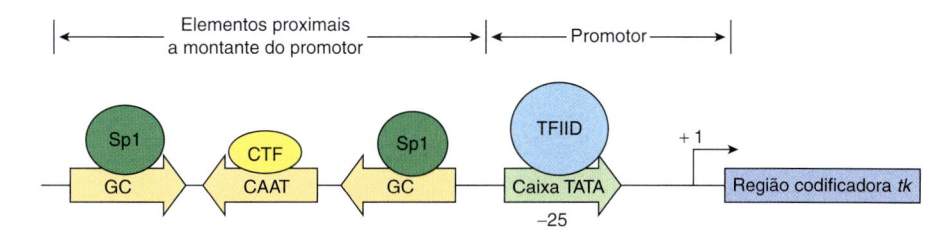

FIGURA 36-7 Elementos de transcrição e fatores de ligação no gene da timidina-cinase (*tk*) do vírus herpes simplex. A RNA-polimerase II dependente de DNA (não mostrada) liga-se à região que abrange a caixa TATA (que é mostrada nessa figura ligada pelo fator de transcrição TFIID) e TSS em +1 (ver também Figura 36-9) para formar um PIC multicomponente capaz de iniciar a transcrição em um único nucleotídeo (TSS +1). A frequência desse evento é aumentada pela presença de elementos a montante atuando como *cis* (como caixas GC e CAAT) localizados próximos do promotor (promotores proximais) ou distantes do promotor (elementos distais; ver Figura 36-8). Os elementos *cis* dos DNAs proximal e distal estão ligados por fatores de transcrição atuando como *trans*, neste exemplo, Sp1 e CTF (também chamados de C/EBP, NF1, NFY). Esses elementos *cis* podem funcionar independentemente da orientação (setas).

A/GGA/TCGTG e está localizado a cerca de 25 pb a jusante do TSS +1. Como o Inr, as sequências de DPE também estão ligadas por subunidades TAF de TFIID. Em uma pesquisa com milhares de genes codificadores de proteínas de eucariotos, cerca de 30% continham caixa TATA e Inr, 25% continham Inr e DPE, 15% continham todos os três elementos, e cerca de 30% continham somente o Inr.

Em geral, mas não sempre, as sequências logo a montante do local de início contribuem de modo importante com a frequência com que ocorre a transcrição. De modo não surpreendente, a ocorrência de mutações nessas regiões reduz a frequência de iniciação da transcrição em 10 a 20 vezes. As caixas GC e CAAT são típicas desses elementos de DNA, assim denominadas devido às sequências de DNA envolvidas. Como ilustrado na Figura 36-7, cada um desses elementos de DNA estão ligados por uma proteína específica, Sp1 no caso da caixa GC e a CTF pela caixa CAAT; ambos ligam-se aos seus **domínios de ligação ao DNA** (**DBDs**, do inglês *DNA-binding domains*) diferentes. A frequência de iniciação da transcrição é uma consequência dessas interações proteína-DNA e de interações complexas entre os domínios particulares dos fatores de transcrição (distintos dos domínios DBD – os denominados **domínios de ativação**; **ADs**) e o restante da maquinaria de transcrição (RNA-polimerase II, os **fatores basais** ou **gerais**, **GTFs**, **TFIIA**, **B**, **D**, **E**, **F**, **H** e outros fatores correguladores, como fatores mediadores, remodeladores da cromatina e modificadores da cromatina). (Ver **Figuras 36-9** e **36-10**.) As interações proteína-DNA na caixa TATA que envolvem a RNA-polimerase II e outros componentes da maquinaria de transcrição basal garantem a fidelidade do início.

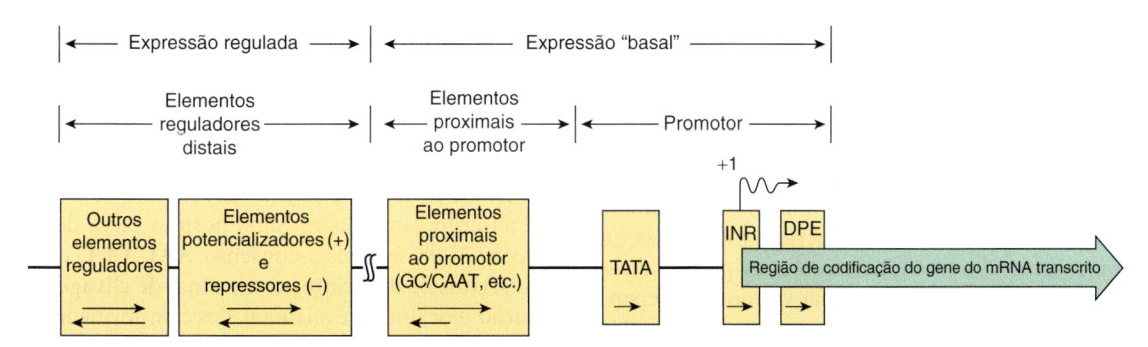

FIGURA 36-8 Esquema mostrando as regiões de controle da transcrição em um gene eucariótico hipotético produtor de mRNA transcrito pela RNA-polimerase II. Esse gene pode ser dividido em suas regiões, codificadora e reguladora, como definido pelo sítio de iniciação da transcrição (seta; +1). A região codificadora contém a sequência de DNA que é transcrita em mRNA, que é, em última análise, traduzida em proteína, normalmente após extenso processamento do mRNA por meio de *splicing* (Figuras 36-12 a 36-16). A região reguladora consiste em duas classes de elementos. Uma classe é responsável por assegurar a expressão basal. O "promotor", que é frequentemente composto da caixa TATA e/ou Inr e/ou elementos DPE (ver Tabela 36-3), dirige a maquinaria de transcrição da RNA-polimerase II para o sítio correto (fidelidade). Entretanto, em certos genes que não possuem TATA, os chamados promotores sem TATA, um iniciador (Inr) e/ou elementos DPE podem direcionar a polimerase para esse local. Outro componente, os elementos a montante, especifica a frequência da iniciação; esses elementos podem ser proximais (50 a 200 pb) ou distais (1.000 a 10^5 pb) em relação ao promotor, como mostrado. Entre os elementos proximais mais bem estudados, está a caixa CAAT, mas vários outros elementos (ligados pelas proteínas transativadoras Sp1, NF1, AP1, etc.; Tabela 36-3) podem ser utilizados em vários genes. Os elementos distais estimulam ou reprimem a expressão, e vários deles mediam a resposta a vários sinais, incluindo hormônios, proteínas de choque térmico, metais pesados e substâncias químicas. A expressão tecidual específica também envolve sequências específicas desse tipo. A dependência de orientação de todos os elementos é indicada pelas setas no interior das caixas. Por exemplo, elementos proximais ao promotor (caixa TATA, INR, DPE) devem estar em uma orientação 5' → 3', ao passo que os elementos a montante proximais frequentemente trabalham melhor na orientação 5' → 3', mas alguns podem estar revertidos. As localizações de alguns elementos não são fixas em relação ao sítio de início da transcrição. De fato, alguns elementos responsáveis pela expressão regulada podem se localizar de modo intercalado aos elementos a montante ou podem estar localizados a jusante do local de início, no interior, ou mesmo a jusante do próprio gene regulado.

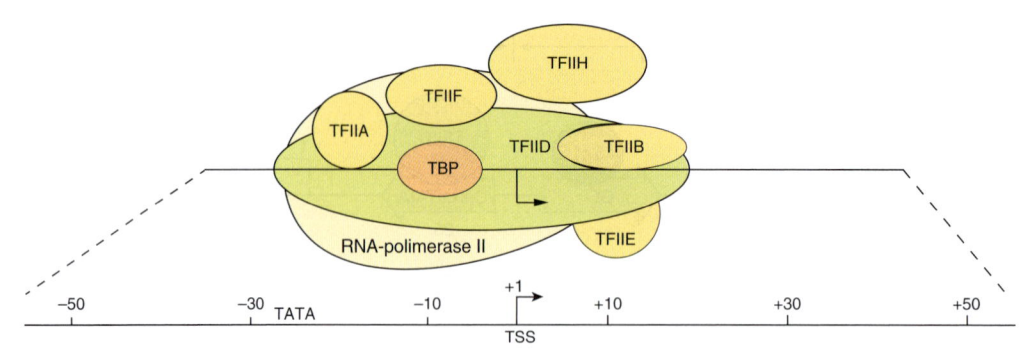

FIGURA 36-9 Complexo de transcrição basal eucariótico. A formação do complexo de transcrição basal começa quando ocorre a ligação de TFIID, por meio da subunidade de sua proteína de ligação ao TATA (TBP) e de várias subunidades de seus 14 fatores associados à TBP (TAF), à caixa TATA. Em seguida, o TFIID dirige a montagem de vários outros componentes por interações proteína-DNA e proteína-proteína: TFIIA, B, E, F, H e polimerase II (pol II). Todo o complexo abrange o DNA da posição aproximada de –30 a +30, em relação ao TSS em +1 (marcado pela seta dobrada). No nível atômico, as estruturas deduzidas de raios X da RNA-polimerase II isoladamente e da subunidade TBP de TFIID ligada ao promotor TATA do DNA na presença de TFIIB ou TFIIA foram todas elucidadas a uma resolução de 3 Å. Recentemente, as estruturas dos PICs de mamíferos e leveduras também foram determinadas por microscopia eletrônica a uma resolução de 10 Å. Assim, as estruturas moleculares da maquinaria de transcrição em ação começam a ser esclarecidas. A maioria dessa informação estrutural é consistente com os modelos aqui apresentados.

Em conjunto, o promotor mais os elementos *cis* ativos proximais ao promotor a montante conferem fidelidade e modulam a frequência da iniciação sobre um gene, respectivamente. A caixa TATA tem uma exigência particularmente rígida tanto para a posição quanto para a orientação. Como com os promotores bacterianos, alterações de uma única base em qualquer um desses elementos *cis* podem ter efeitos drásticos no funcionamento pela redução da afinidade de ligação dos fatores *trans* cognatos (TFIID/TBP ou Sp1, CTF e fatores semelhantes). O espaçamento da caixa TATA, Inr e DPE também é crítico.

Uma terceira classe de elementos da sequência também aumenta ou diminui a velocidade de transcrição de genes em eucariotos. Esses elementos são chamados de **potencializadores** ou **repressores** (**ou silenciadores**), dependendo de como afetam a transcrição. Foram encontrados em diversas localizações tanto a montante quanto a jusante do local de início da transcrição e até no interior de proteínas transcritas de porções codificadoras de alguns genes. Potencializadores e silenciadores podem exercer os seus efeitos quando localizados a milhares ou mesmo dezenas de milhares de bases de distância a partir das unidades de transcrição localizadas no mesmo cromossomo. Surpreendentemente, os potencializadores e os silenciadores podem funcionar de modo independente da orientação. Literalmente, centenas desses elementos foram descritos. Em alguns casos, os requisitos da sequência para a ligação são rigidamente restritos; em outros, considerável variação na sequência é permitida. Algumas sequências são ligadas por apenas uma única proteína; entretanto, a maioria dessas sequências reguladoras está ligada por várias proteínas diferentes. Juntos, esses muitos transfatores que se ligam aos elementos *cis* distais e proximais aos promotores regulam a transcrição em resposta a um vasto conjunto de sinais biológicos. Os eventos reguladores da transcrição contribuem de modo importante para o controle da expressão gênica.

Sinais específicos regulam a terminação da transcrição

Os sinais para a terminação da transcrição pela RNA-polimerase II eucariótica são pouco compreendidos. Os sinais de terminação parecem existir bem mais a jusante da sequência codificadora dos genes de eucariotos. Por exemplo, o sinal de terminação da transcrição para a β-globina de ratos ocorre em várias posições de 1.000 a 2.000 bases além do sítio em que a cauda de poli(A) do mRNA será eventualmente adicionada. Pouco se conhece sobre o processo de terminação ou se os fatores de terminação específicos, semelhantes ao fator bacteriano ρ, podem estar envolvidos. Entretanto, sabe-se que a formação do terminal 3′ do mRNA, que é produzido de maneira pós-transcricional, é, de algum modo, acoplada a eventos ou estruturas formadas no momento e no local da iniciação. Além disso, a formação do mRNA e, nesse caso, a formação da terminação 3′ do mRNA, depende de uma estrutura especial presente na extremidade C-terminal da maior subunidade da RNA-polimerase II, o **domínio C-terminal** (**CTD**; ver a seguir), e esse processo parece envolver pelo menos duas etapas da seguinte maneira. Após a RNA-polimerase II ter percorrido a região da unidade de transcrição codificadora da extremidade 3′ do transcrito, as endonucleases de RNA clivam o transcrito primário em uma posição cerca de 15 bases na direção 3′ da sequência-consenso **AAUAAA**, que serve nos **transcritos de eucariotos** como **sinal de clivagem e poliadenilação**. Por fim, esse terminal 3′ recém-formado é poliadenilado no nucleoplasma, como descrito adiante.

O COMPLEXO DE TRANSCRIÇÃO EM EUCARIOTOS

Um aparato complexo composto por até 50 proteínas exclusivas proporciona uma transcrição precisa e regulável de genes de eucariotos. As enzimas RNA-polimerases (pol I, pol II e pol III) transcrevem a informação contida na fita-molde do DNA em RNA. Essas polimerases devem reconhecer um local específico no promotor para iniciar a transcrição no nucleotídeo certo. Em contrapartida à situação em procariotos, as RNA-polimerases de eucariotos por si não são capazes de discriminar entre as sequências do promotor e outras regiões não promotoras do DNA em tubos de ensaio. Todas as

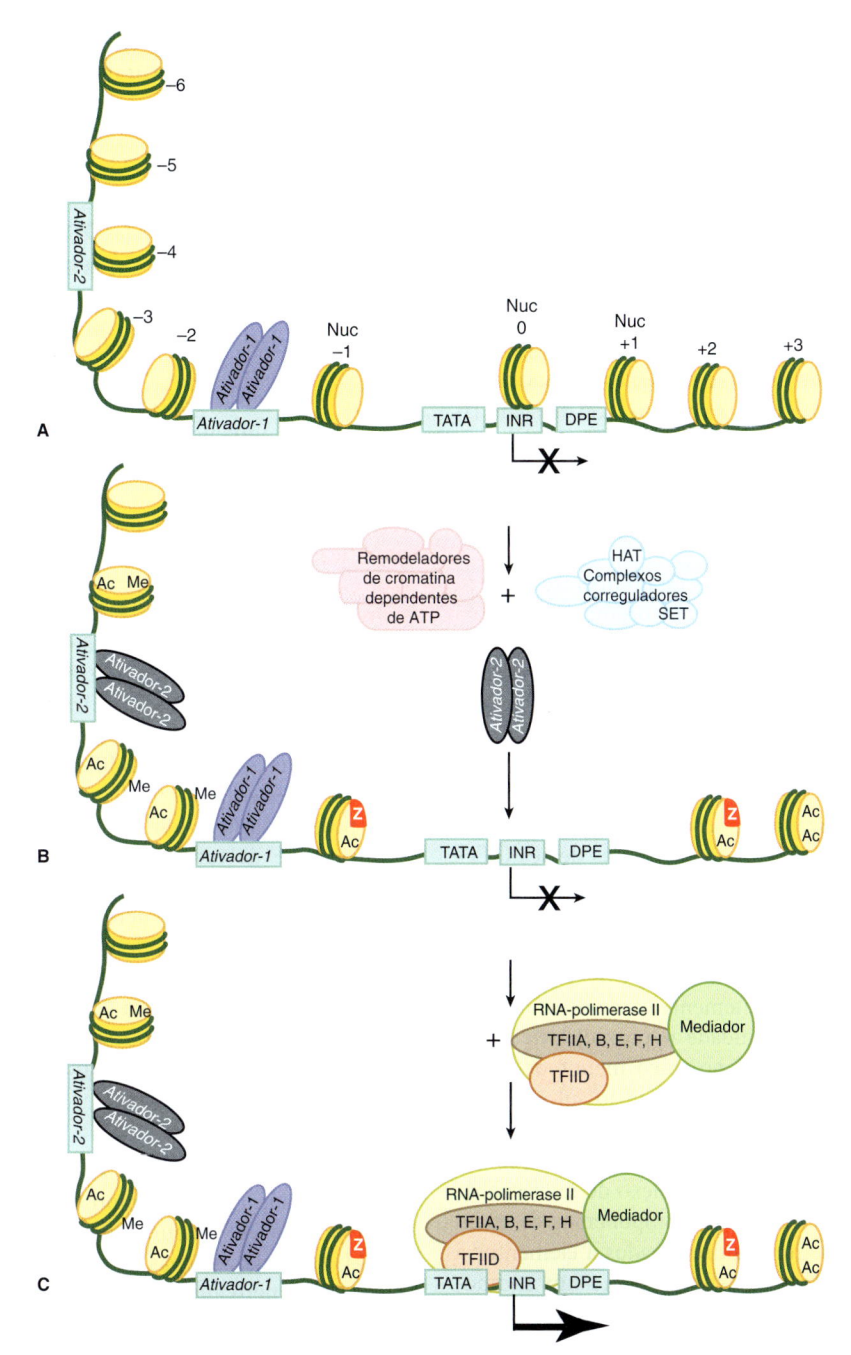

FIGURA 36-10 **As modificações covalentes, o remodelamento e a expulsão do nucleossomo por correguladores ativos da cromatina modulam a formação e a transcrição do PIC.** Um gene inativo codificador de mRNA (ver **X** sobre TSS), mostrado em **A**, com um único fator de transcrição dimérico (Ativador-1; ovais violetas) ligado ao seu sítio de ligação potencializador cognato (*Ativador-1*). Esse elemento potencializador particular era livre de nucleossomos e, portanto, disponível para interação com sua proteína de ligação ativadora cognata. Entretanto, esse gene ainda está inativo (X sobre TSS) devido ao fato de uma parte do seu potencializador (nesta ilustração, o potencializador é bipartido e composto pelos sítios de ligação do DNA *Ativador-1* e *Ativador-2*) e o promotor estarem cobertos por nucleossomos. Os nucleossomos apresentam aproximadamente 150 pb de DNA enrolado ao redor do octâmero de histona. Portanto, o único nucleossomo sobre o promotor obstruirá o acesso da maquinaria da transcrição (pol II+GTFs) aos elementos dos promotores TATA, Inr e/ou DPE. (**B**) O Ativador-1 de ligação do DNA potencializador interage com qualquer um de vários complexos correguladores de remodeladores da cromatina dependentes de ATP e de modificadores da cromatina. Em conjunto, esses correguladores possuem a capacidade para mover ou remodelar (i.e., mudar o conteúdo da histona octomérica e/ou remover os nucleossomos), por meio da ação de vários remodeladores dependentes de ATP, bem como modificar covalentemente histonas de nucleossomos, utilizando acetilases intrínsecas (HAT; resultando na acetilação [Ac]) e metilases (SET; resultando na metilação [Me], entre outras PTMs; Tabela 35-1) transportadas por subunidades desses complexos. (**C**) As mudanças resultantes na posição do nucleossomo e na sua ocupação (i.e., nucleossomos −4, 0 e +1), composição (nucleossomo −1 e nucleossomo +2; substituição de H2A nucleossomal pela histona H2AX[Z]) permitem, assim, a ligação do segundo dímero Ativador-2 às sequências de DNA do *Ativador-2*, que leva, em última análise, à ligação da maquinaria de transcrição (TFIIA, B, D, E, F, H; polimerase II e mediador) ao promotor (TATA-INR-DPE) e à formação de um PIC ativo, que leva à transcrição ativada (seta grande em TSS).

RNA-polimerases de eucariotos necessitam de outras proteínas, conhecidas como fatores de transcrição gerais ou GTFs, para catalisar a transcrição específica. A RNA-polimerase II necessita de TFIIA, B, D (ou TBP), E, F e H tanto para facilitar a ligação ao promotor específico da enzima quanto para a formação do complexo de pré-iniciação (PIC). As RNA-polimerases I e III precisam de seus próprios GTFs específicos de polimerases. No interior da célula, a maquinaria de transcrição (RNA-polimerase II e GTFs) e ativador, as proteínas interagem com outro grupo de proteínas – os **coativadores** (também conhecidos como **correguladores**). Os correguladores estabelecem uma ponte entre as proteínas ativadoras de ligação do DNA potencializadoras e a maquinaria de transcrição, regulando, assim, a velocidade de transcrição.

Formação do complexo de transcrição da pol II

Em bactérias, o complexo holoenzima da polimerase-fator σ, Eσ, liga-se seletiva e diretamente ao DNA promotor para formar o PIC. A situação é muito mais complexa em genes de eucariotos. Os genes codificadores de mRNA, que são transcritos pela pol II, são descritos como um exemplo. No caso dos genes transcritos pela pol II, a função dos fatores σ é assumida por várias proteínas. A formação do PIC necessita de pol II e dos seis GTFs (TFIIA, TFIIB, TFIID, TFIIE, TFIIF, TFIIH). Esses GTFs servem para promover a transcrição da RNA-polimerase II essencialmente em todos os genes. Alguns desses GTFs são compostos por múltiplas subunidades. O complexo TFIID de 15 subunidades (o TFIID consiste em 15 subunidades, TBP e 13 a 14 TAFs de TBP) liga-se ao elemento promotor da caixa TATA por meio de suas subunidades TBP e TAF. O TFIID é o único GTF que é independentemente capaz de se ligar de maneira específica e com alta afinidade ao promotor de DNA.

A TBP liga-se à caixa TATA no sulco menor do DNA (a maioria dos fatores de transcrição liga-se ao sulco maior) e provoca uma curvatura ou dobra de aproximadamente 100 graus na hélice do DNA. Essa curvatura facilita a interação dos TAFs com outros componentes do complexo de iniciação da transcrição, com os promotores multicomponentes de eucariotos e, possivelmente, com os fatores ligados a elementos a montante. Embora inicialmente definido como um componente necessário somente para a transcrição de promotores de genes pol II, a TBP, em virtude de sua associação com conjuntos distintos de TAFs polimerase-específicos, é também um componente importante dos complexos de iniciação da transcrição de pol I e pol II, mesmo que eles não contenham as caixas TATA.

A ligação do TFIID marca um promotor específico para a transcrição. Das várias etapas subsequentes *in vitro*, a primeira é a ligação do TFIIA e, depois, o TFIIB liga-se ao complexo promotor-TFIID. Isso resulta em um complexo de multiproteína-DNA estável, que está mais precisamente localizado e ligado mais firmemente ao sítio de iniciação da transcrição. Esse complexo atrai e fixa o complexo pol II e TFIIF ao promotor. A adição de TFIIE e TFIIH são as etapas finais na formação do PIC. Cada um desses eventos de ligação aumenta o tamanho do complexo, de modo que, no fim, são cobertos aproximadamente 60 pb (de −30 a +30 em relação ao TSS +1)

(Figura 36-9). O PIC está agora completo e é capaz da transcrição basal iniciada a partir do nucleotídeo correto. Em genes caixa TATA, os mesmos fatores são necessários. Nesses casos, o Inr e/ou DPE atuam para posicionar o complexo para a iniciação acurada da transcrição (ver Figura 36-8).

A acessibilidade ao promotor – e, portanto, a formação do PIC – é frequentemente modulada por nucleossomos

Em alguns genes de eucariotos, a maquinaria da transcrição (pol II, etc.) não pode acessar as sequências do promotor (i.e., TATA–INR–DPE), pois esses elementos essenciais do promotor estão envolvos nos nucleossomos (ver Figuras 35-2, 35-3 e 36-10). Somente após a ligação dos fatores de transcrição ao DNA potencializador a montante do promotor e após o recrutamento de fatores correguladores de remodelamento e modificação da cromatina, como Swi/Snf, SRC-1, p300/CBP (ver Capítulo 42), ou fatores P/CAF, é que os nucleossomos repressores são removidos (Figura 36-10). Uma vez que o promotor é "aberto" após a expulsão do nucleossomo, os GTFs e a RNA-polimerase II podem se ligar e iniciar a transcrição do gene de mRNA. Essa ligação de transativadores e correguladores podem ser sensíveis a e/ou diretamente controlar a composição e/ou o estado de modificação covalente do DNA e das histonas no interior dos nucleossomos e ao redor do promotor e do potencializador, aumentando ou diminuindo, portanto, a capacidade de todos os outros componentes necessários para a formação do PIC interagirem com um gene específico. O chamado **código epigenético do DNA, as modificações de histonas e proteínas**, pode contribuir de forma importante para o controle da transcrição genética. De fato, as mutações nas proteínas que catalisam (escritoras do código) removem (apagadoras do código) ou se ligam de modo diferenciado (leitoras do código) ao DNA modificado e/ou as histonas podem levar a doenças humanas.

A fosforilação ativa a pol II

A pol II de eucariotos é composta por 12 subunidades. Como observado, as duas subunidades maiores de pol II (PM 220 e 150 kDa) são homólogas às subunidades bacterianas β' e β. Além do número aumentado de subunidades, a pol II de eucariotos difere de sua equivalente nos procariotos, visto que apresenta uma série de repetições de sete resíduos com a sequência de consenso Tyr-Ser-Pro-Thr-Ser-Pro-Ser na extremidade carboxiterminal da maior subunidade da pol II, o denominado **CTD** ou **domínio C-terminal**. Esse CTD possui 26 unidades repetidas na levedura e 52 unidades em mamíferos. O CTD é um substrato para várias enzimas (cinases, fosfatases, prolil-isomerases, glicosilases). A fosforilação do CTD foi a primeira PTM na forma de CTD descoberta. Entre outras proteínas, a subunidade cinase de TFIIH pode modificar o CTD. O CTD modificado de modo covalente é o sítio de ligação para um grande conjunto de proteínas e interage com muitas enzimas modificadoras e processadoras de mRNA e proteínas de transporte nuclear. A associação desses fatores com o CTD da RNA-polimerase II (e outros componentes da maquinaria basal) serve, portanto, para acoplar o início da transcrição com a introdução do *cap* no mRNA, *splicing*, formação da extremidade 3' e transporte para o citoplasma. A polimerização da pol II é ativada quando fosforilada nos resíduos Ser e Thr e exibe atividade reduzida quando o CTD é desfosforilado. A fosforilação/desfosforilação do CTD é essencial para a liberação do promotor, o alongamento e a terminação e, ainda, para o processamento adequado do mRNA. A pol II que não possui a cauda de CTD é incapaz de ativar a transcrição, e as células que expressam pol II sem o CTD são inviáveis. Esses resultados destacam a importância desse domínio para a biogênese do mRNA.

A pol II pode estar associada a outras proteínas, denominadas **mediadoras** ou proteínas **Med**, para formar um complexo, algumas vezes chamado de holoenzima de pol II; esse complexo pode se formar no promotor ou em solução antes da formação do PIC (ver a seguir). As proteínas Med (mais de 30 proteínas; Med1 a Med31) são essenciais para a regulação adequada da transcrição de pol II, servindo para vários papéis, ativando e reprimindo a transcrição. Assim, a mediadora, como o TFIID, é um corregulador transcricional (**Figura 36-11**).

O papel dos ativadores e correguladores da transcrição

O TFIID foi originalmente considerado como uma proteína única, a TBP. Entretanto, diversas evidências levaram à importante descoberta de que o TFIID é, na verdade, um complexo composto por TBP e por 14 TAFs. A primeira evidência de que o TFIID era mais complexo do que apenas moléculas de TBP veio da observação de que a TBP se liga a um segmento de 10 pb de DNA, imediatamente sobre a caixa TATA do gene, ao passo que holo-TFIID nativo cobre uma região de 35 ou mais pb (Figura 36-9). Segundo, a TBP expressa de *E. coli* recombinante purificada apresenta massa molecular de 20 a 40 kDa (dependendo da espécie), e o complexo TFIID nativo apresenta massa de cerca de 1.000 kDa. Finalmente, e talvez mais importante, a TBP estimula a transcrição basal, mas não a transcrição aumentada induzida por certos ativadores, por exemplo, o Sp1 ligado à caixa GC. O TFIID, por outro lado, estimula tanto a transcrição basal quanto a transcrição potencializada por Sp1, Oct1, AP1, CTF, ATF, etc. (**Tabela 36-3**). Os TAF são essenciais para essa transcrição intensificada por esse ativador. Provavelmente, existem várias formas de TFIID nos metazoários, que diferem ligeiramente no seu complemento de TAFs. Assim, diferentes combinações de TAFs com TBP – ou um dos vários recentemente descobertos fatores semelhantes à TBP (TLFs, do inglês *TBP-like factors*) – ligam-se a diferentes promotores, e relatos recentes sugerem que isso pode ser responsável pela ativação gênica seletiva em células ou tecidos, observada em vários promotores e para diferentes intensidades de certos promotores. Os TAFs, uma vez necessários para a ação de ativadores, são, com frequência, chamados de coativadores ou correguladores. Assim, há três classes de fatores de transcrição envolvidos na regulação dos genes da pol II: pol II e GTFs, correguladores e ativadores/repressores ligadores de DNA (**Tabela 36-4**). A maneira como essas classes de proteínas interagem para controlar tanto o local quanto a frequência da transcrição é uma questão de importância central e investigação ativa. Atualmente, pensa-se que os correguladores atuam como uma ponte entre os transativadores ligadores de DNA e poli II/GTFs e modificam a cromatina.

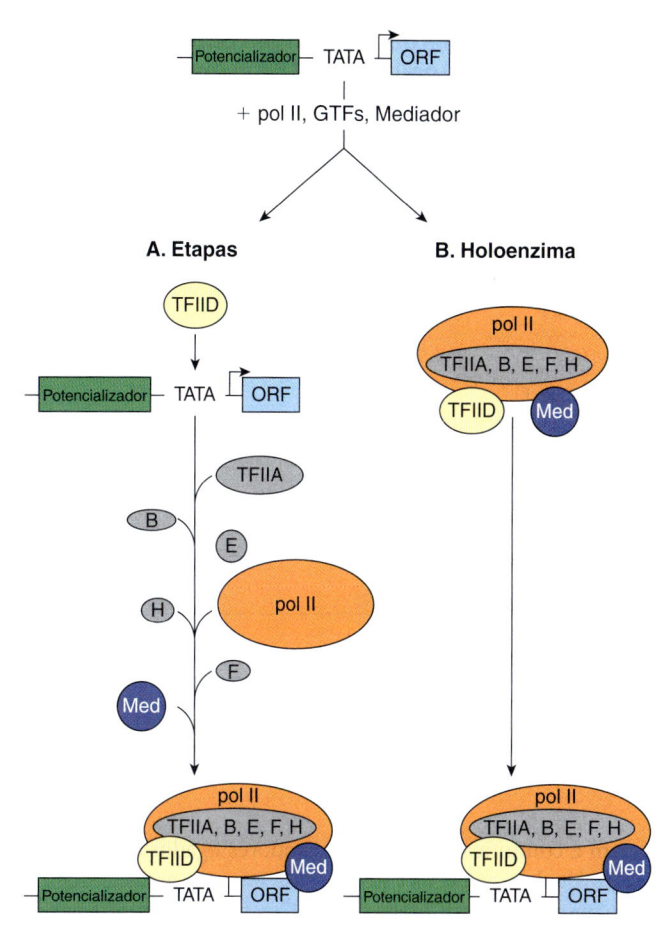

FIGURA 36-11 Modelos para a formação de um complexo de pré-iniciação da RNA-polimerase II. A parte superior mostra uma unidade típica de transcrição gênica de mRNA: potencializador-promotor (TATA)-TSS (seta curva) e ORF (fase de leitura aberta; sequências codificadoras da proteína) dentro da região transcrita. Foi constatado que os PICs se formam por pelo menos dois mecanismos distintos *in vitro*: **(A)** a ligação em etapas de GTFs, pol II e mediador (Med), ou **(B)** pela ligação de um único complexo multiproteína composto por pol II, Med e seis GTFs. As proteínas transativadoras de ligação do DNA ligam-se especificamente a potencializadores e, em parte, facilitam a formação do PIC (ou a sua função) pela ligação direta às subunidades TFIID-TAF ou às subunidades Med do mediador (não mostrado, ver Figura 36-10) ou outros componentes da maquinaria de transcrição. O mecanismo (ou mecanismos) molecular pelo qual essas interações proteína-proteína estimulam a transcrição continua sendo um assunto de intensa investigação.

Dois modelos podem explicar a formação do complexo de pré-iniciação

A formação do PIC descrita é baseada na adição sequencial de componentes purificados, como observado por meio de experimentos *in vitro*. Uma característica essencial desse modelo é que a formação do PIC ocorre em um molde de DNA em que todas as proteínas de transcrição têm livre acesso ao DNA. Por conseguinte, acredita-se que os ativadores da transcrição, que apresentam domínios autônomos de ligação de DNA e ativação (DBDs e ADs; ver Capítulo 38) atuem por meio de estimulação da formação de PIC. Aqui, os complexos TAF ou mediadores são considerados como fatores de ponte que

TABELA 36-3 Alguns dos elementos controladores da trancrição da RNA-polimerase II de mamíferos, suas sequências-consenso e os fatores que se ligam a eles

Elemento	Sequência-consenso	Fator
Caixa TATA	TATAAA	TBP/TFIID
Inr	T/CT/CANt/AT/CT/C	TFIID
DPE	A/GGA/TCGTG	TFIID
Caixa CAAT	CCAATC	C/EBP,* NF-Y*
Caixa GC	GGGCGG	Sp1*
E-box (Caixa E)	CAACTGAC	Myo D
Motivo κB	GGGACTTTCC	NF-κB
Octâmero Ig	ATGCAAAT	Oct1, 2, 4, 6*
AP1	TGAG/cTC/AA	Jun, Fos, ATF*
Resposta sérica	GATGCCCATA	SRF
Choque térmico	(NGAAN)₃	HSF

Nota: todos os elementos listados são escritos na direção 5'–3', e apenas a fita do topo do elemento dúplex é mostrada. Uma lista completa incluiria centenas de exemplos. O asterisco (*) significa que há vários membros dessa família. Os nucleotídeos separados por uma / indicam que um dos dois nucleotídeos pode estar nessa posição (i.e., T/C na primeira posição do Inr indica que tanto T quanto C podem ocupar essa posição); N indica que qualquer uma das quatro bases de DNA A, G, C ou T pode ocupar essa determinada posição no elemento *cis* indicado.

fazem a comunicação entre os ativadores ligados a montante da molécula e os GTFs e pol II. Essa imagem assume que há uma **montagem em etapas** do PIC – promovida por várias interações entre os ativadores, coativadores e componentes do PIC, como ilustrado no painel A da Figura 36-11. Esse modelo é apoiado por observações de que muitas dessas proteínas podem, na verdade, ligar-se umas às outras *in vitro*.

Evidências recentes sugerem que existe outro mecanismo possível de formação do PIC e, portanto, da regulação da transcrição. Primeiro, os grandes complexos pré-montados de GTFs e pol II são encontrados em extratos celulares, e esses complexos podem associar-se ao promotor em uma única etapa. Segundo, a velocidade de transcrição alcançada quando os ativadores são adicionados às concentrações limitantes da holoenzima pol II pode ser combinada por um aumento artificial na concentração de pol II e GTFs, na ausência de ativadores. Assim, pelo menos *in vitro*, pode-se estabelecer condições nas quais os ativadores não são, em si, absolutamente essenciais

TABELA 36-4 Três classes de fatores de transcrição envolvidos na transcrição gênica de mRNA

Mecanismos gerais	Componentes específicos
Componentes basais	RNA-polimerase II, TBP, TFIIA, B, D, E, F e H
Corregulares	TAFs (TBP + TAFs) = TFIID; alguns genes
	Mediador, Meds
	Modificadores da cromatina (pCAF, p300/CBP)
	Remodeladores da cromatina (Swi/Snf)
Ativadores	SP1, ATF, CTF, AP1, etc.

para a formação do PIC. Essas observações levaram à **hipótese do "recrutamento"**, que já foi testada experimentalmente. Simplificando, o papel dos ativadores e de alguns coativadores pode consistir exclusivamente no recrutamento de um complexo pré-formado de holoenzima-GTF para o promotor. A exigência para um domínio de ativação é contornada quando um componente de TFIID ou da holoenzima pol II são artificialmente amarrados, utilizando técnicas de DNA recombinante, ao DBD de um ativador. Essa ancoragem, por meio do componente DBD da molécula ativadora, leva a uma estrutura de transcrição competente, e não há qualquer requisito adicional para o domínio de ativação do ativador. Nesse sentido, o papel dos domínios de ativação é o de direcionar os complexos pré-formados de holoenzima-GTF para o promotor; eles não auxiliam na formação do PIC (ver painel B, Figura 36-11). Nesse modelo, a eficácia do processo de recrutamento determina diretamente a taxa de transcrição de um determinado promotor.

AS MOLÉCULAS DE RNA SÃO PROCESSADAS ANTES DE SE TORNAREM FUNCIONAIS

Em organismos procarióticos, os transcritos primários dos genes codificadores de mRNA começam a servir como moldes de tradução antes mesmo de terem completado sua transcrição. Isso pode ocorrer porque o local de transcrição não é compartimentalizado em um núcleo como acontece em organismos eucarióticos. Assim, a transcrição e a tradução são acopladas em células procarióticas. Consequentemente, os mRNAs de procariotos são submetidos a pouco processamento antes de realizar sua função planejada na síntese de proteínas. Portanto, a regulação adequada de alguns genes (p. ex., o óperon *Trp*) depende desse acoplamento de transcrição e tradução. As moléculas de rRNA e tRNA de procariotos são transcritas em unidades consideravelmente maiores do que a molécula final. Na verdade, muitas das unidades de transcrição de tRNA codificam mais de uma molécula de tRNA. Assim, em procariotos, o processamento dessas moléculas precursoras de rRNA e tRNA é necessário para a geração de moléculas funcionais maduras.

Quase todas as transcrições primárias de RNAs de eucariotos sofrem um processamento extenso desde o momento que são sintetizadas até o momento de sua última função, seja como mRNA, miRNAs ou como componente da maquinaria de tradução, como rRNA ou tRNA. O processamento ocorre principalmente no interior do núcleo. Os processos de transcrição, de processamento do RNA e, inclusive, de transporte do RNA a partir do núcleo são altamente coordenados. De fato, um coativador transcricional denominado SAGA, em leveduras, e P/CAF, em células humanas, "conecta" a ativação da transcrição ao processamento do RNA, recrutando um segundo complexo denominado TREX para alongamento da transcrição, de *splicing* e de exportação nuclear. O **TREX** representa uma provável ligação (conexão) molecular entre os complexos de alongamento da transcrição, a maquinaria de *splicing* do RNA e a exportação nuclear (**Figura 36-12**).

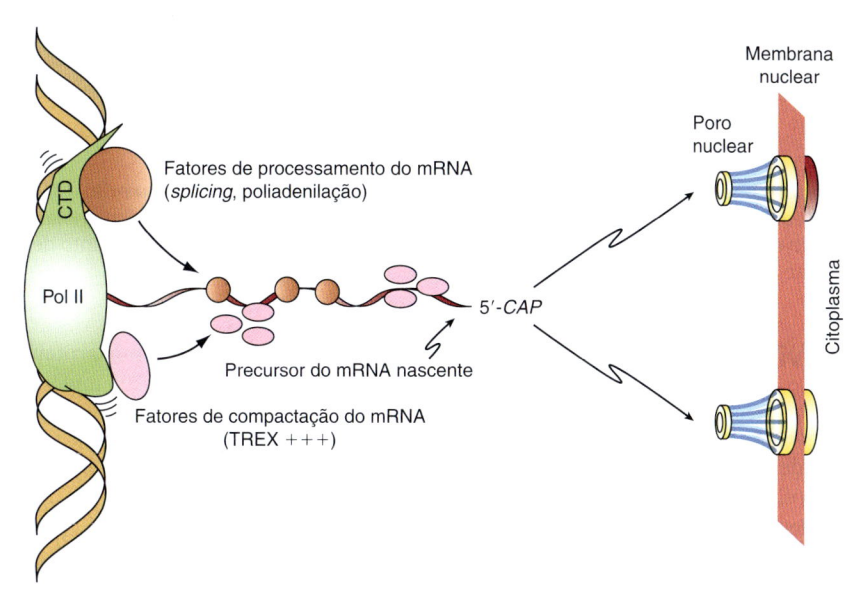

FIGURA 36-12 **A transcrição gênica do mRNA mediada pela RNA-polimerase II é cotranscricionalmente acoplada ao processamento e transporte do RNA.** É mostrada a RNA-pol II transcrevendo ativamente um gene codificador de mRNA (alongamento de cima para baixo na figura). Os fatores de processamento do RNA (i.e., os fatores de *splicing* contendo motivos SR/RRM, bem como poliadenilação e fatores de terminação) interagem com o domínio C-terminal (CTD, composto por múltiplas cópias de um heptapeptídeo com a sequência-consenso –YSPTSPS–) de pol II, e fatores de empacotamento do mRNA, como os complexos THO/TREX (ovais cor-de-rosa), são recrutados para o transcrito primário do RNA nascente, por meio de interações diretas com pol II, como mostrado, ou por meio de interações com SR/fatores de *splicing* (círculos marrons), residentes no mRNA nascente. O CTD não está desenhado em escala. O CTD da subunidade Rpb1 da pol II, evolutivamente conservado, tem, na verdade, 5 a 10 vezes o comprimento da polimerase, devido às suas várias prolinas e consequente natureza não estruturada, representando, portanto, um sítio significativo de ancoragem para o processamento de RNA e proteínas de transporte. Em ambos os casos, as cadeias de mRNA nascentes são mais rápida e precisamente processadas devido ao rápido recrutamento desses vários fatores à cadeia crescente de mRNA (precursor). Após o processamento adequado do mRNA, o mRNA maduro é liberado nos poros nucleares (Figuras 36-17 e 49-4) espalhados pela membrana nuclear, onde, após o seu transporte através dos poros, os mRNAs podem ser ligados aos ribossomos e traduzidos em proteínas.

Esse acoplamento, presumivelmente, aumenta muito tanto a fidelidade e a taxa de processamento quanto o movimento do mRNA para o citoplasma para ser traduzido.

As porções codificadoras (éxons) da maioria dos genes codificadores de mRNA de eucariotos são interrompidas por íntrons

Sequências de RNA que aparecem em RNAs maduros são denominadas **éxons**. Em genes que codificam mRNA, os éxons são frequentemente interrompidos por longas sequências de DNA que não aparecem no mRNA maduro e também não contribuem para a informação genética finalmente traduzida em uma sequência de aminoácidos de uma molécula de proteína (ver Capítulo 35). De fato, essas sequências frequentemente interrompem a região codificadora dos genes que codificam proteínas. Essas **sequências intervenientes**, ou **íntrons**, existem no interior da maioria (mas não de todos) dos genes codificadores de mRNA de eucariotos superiores. Os éxons dos genes codificadores de mRNA nos seres humanos apresentam, em média, cerca de 150 nt, enquanto os íntrons são muito mais heterogêneos, variando de 10 a 30 mil nucleotídeos de comprimento. As sequências de íntrons de RNA são clivadas para fora do transcrito e os éxons da transcrição são adequadamente unidos em conjunto no núcleo, antes que a molécula resultante de mRNA apareça no citoplasma para a tradução (**Figuras 36-13** e **36-14**).

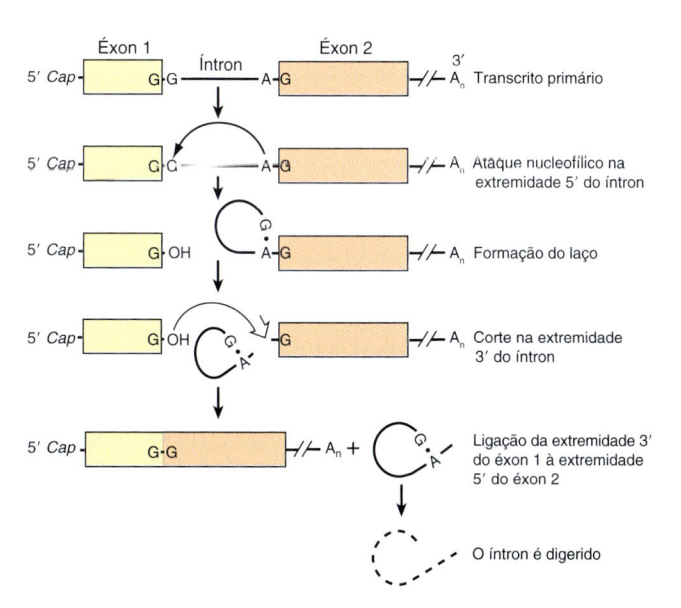

FIGURA 36-13 **Processamento do transcrito primário em mRNA.** Neste transcrito hipotético, a extremidade 5′ (**à esquerda**) do íntron é cortada (→) e forma-se uma estrutura semelhante a um laço entre **G** na extremidade 5′ do íntron e um **A** próximo à extremidade 3′, na sequência-consenso UACUA**A**C. Essa sequência é chamada de ponto de ramificação e é o A mais a 3′ que forma a ligação 5′–2′ com o G. A extremidade 3′ (**à direita**) do íntron é, então, cortada (⇓). Isso libera o laço, que é digerido, e o éxon 1 é unido ao éxon 2 nos resíduos de G.

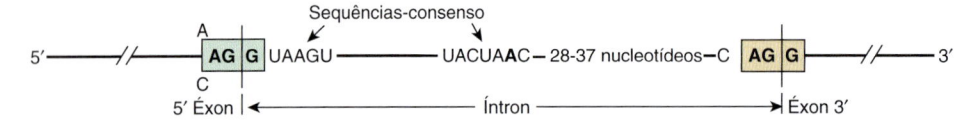

FIGURA 36-14 Sequências-consenso nas junções de *splicing*. As sequências 5′ (doador; **à esquerda**) e 3′ (aceptor; **à direita**) são mostradas. Também é mostrada a sequência-consenso da levedura (UACUA**A**C) para o ponto de ramificação. Em células de mamíferos, essa sequência-consenso é PiNPiPiPuAPi, em que Pi é uma pirimidina, Pu é uma purina e N é qualquer nucleotídeo. O ponto de ramificação está localizado 20 a 40 nucleotídeos a montante do sítio 3′ de *splicing*.

Os íntrons são removidos e os éxons são unidos por *splicing*

Diversos mecanismos de reação de *splicing* diferentes para a remoção de íntrons foram descritos. O mais frequentemente utilizado em células eucarióticas é descrito adiante. Embora as sequências de nucleotídeos nos íntrons de vários transcritos de eucariotos – e até aquelas no interior de um único transcrito – sejam muito heterogêneas, existem sequências razoavelmente conservadas em cada uma das duas junções de éxon-íntron (*splice*) e no ponto de ramificação, que está localizado 20 a 40 nucleotídeos a montante do sítio 3′ do *splice* (ver as sequências-consenso na Figura 36-14). Um complexo multicomponente especial, o ***spliceossomo***, está envolvido na conversão do transcrito primário em mRNA. Os *spliceossomos* consistem no transcrito primário, cinco snRNAs (U1, U2, U4, U5 e U6) e mais de 60 proteínas, e muitas delas contêm **RRM (RNA de reconhecimento)** conservados e **motivos de proteínas SR (serina-arginina)**. Coletivamente, os cinco snRNAs e proteínas contendo RRM/SR formam uma pequena ribonucleoproteína nuclear, denominada **complexo snRNP**. É provável que esse *spliceossomo* penta-snRNP se forme antes da interação com os precursores de mRNA. Os snRNPs posicionam os segmentos de RNA de éxons e íntrons para as reações de *splicing* necessárias. A reação de *splicing* inicia com um corte na junção do éxon 5′ (doador, à esquerda) e do íntron (Figura 36-13). Isso é realizado por um ataque nucleofílico por um resíduo de adenilato na sequência ponto de ramificação localizada imediatamente a montante da extremidade 3′ desse íntron. O terminal 5′ livre forma, a seguir, um circuito ou uma estrutura em laço que está ligada por uma ligação fosfodiéster 5′–2′ pouco comum a um A reativo na sequência do ponto de ramificação PiNPiPiPuAPi (Figura 36-14). Esse resíduo adenilato está geralmente localizado 20 a 30 nucleotídeos a montante da extremidade 3′ do íntron a ser removido. O ponto de ramificação identifica o sítio do *splicing* 3′. Um segundo corte é feito na junção do íntron com o éxon 3′ (doador, à direita). Nessa segunda reação de transesterificação, a 3′-hidroxila do éxon a montante da molécula ataca o fosfato 5′ no limite (na ponta) do éxon-íntron a jusante na molécula, e a estrutura em laço que contém o íntron é liberada e hidrolisada. Os éxons 5′ e 3′ ligam-se para formar uma sequência contínua.

Os snRNPs e as proteínas associadas são necessários para a formação de várias estruturas e intermediários. O U1 no interior do complexo snRNP liga-se primeiro pelo pareamento de bases no limite 5′ éxon-íntron. O U2 no interior do complexo snRNAs liga-se, a seguir, ao ponto de ramificação por meio de pareamento de bases, e isso expõe o resíduo nucleofílico A. Os U4/U5/U6 dentro do complexo snRNP medeiam um desenrolamento mediado por proteína, dependente de trifosfato de adenosina (ATP, do inglês *adenosine triphosphate*), que resulta em ruptura do complexo U4–U6 de bases pareadas, com liberação de U4. O U6 é, então, capaz de interagir primeiro com o U2 e, a seguir, com o U1. Essas interações servem para aproximar o sítio de *splicing* 5′, o ponto de ramificação com seu A reativo e o sítio de *splicing* 3′. Esse alinhamento é intensificado por U5. O processo também resulta na formação do circuito ou estrutura em laço. As duas extremidades são clivadas, provavelmente pelos U2–U6 no interior do complexo snRNP. U6 é certamente essencial, visto que células de levedura com deficiência desse snRNA não são viáveis. É importante notar que o RNA funciona como um agente catalítico. Essa sequência de eventos é, então, repetida em genes que contêm múltiplos íntrons. Nesses casos, um padrão definitivo é seguido por cada gene, embora os íntrons não sejam necessariamente removidos na sequência – 1, depois 2, depois 3, etc.

O *splicing* alternativo proporciona a produção de diferentes mRNAs a partir de um único transcrito primário de mRNA, aumentando, assim, o potencial genético de um organismo

O processamento das moléculas de mRNA é um local para a regulação da expressão gênica. Os padrões alternativos de *splicing* de mRNA resultam de mecanismos adaptativos específicos de tecidos e de mecanismos de controle do desenvolvimento. Curiosamente, estudos recentes sugerem que o *splicing* alternativo é controlado, pelo menos em parte, por marcações epigenéticas de cromatina (Tabela 35-1). Essa forma de acoplamento da transcrição ao processamento do mRNA pode ser mediada cineticamente e/ou por interações entre PTMs de histonas específicas e fatores de *splicing* alternativo que podem atuar nos transcritos nascentes do gene de mRNA durante o processo de transcrição (Figura 36-12).

Como mencionado, a sequência de eventos do *splicing* de éxon-íntron geralmente segue uma ordem hierárquica para um determinado gene. O fato de várias estruturas de RNA complexas serem formadas durante o *splicing* – e de alguns snRNAs e proteínas estarem envolvidos – oferece inúmeras possibilidades para uma mudança dessa ordem e para a geração de diferentes mRNAs. Do mesmo modo, a utilização de sítios alternativos de poliadenilação por terminação-clivagem também resulta em variabilidade no mRNA. Alguns exemplos esquemáticos desses processos, todos ocorrendo na natureza, são mostrados na **Figura 36-15**.

De forma não surpreendente, defeitos no *splicing* do mRNA podem causar doença. Um dos primeiros exemplos da importância crítica de *splicing* acurado foi a descoberta de que

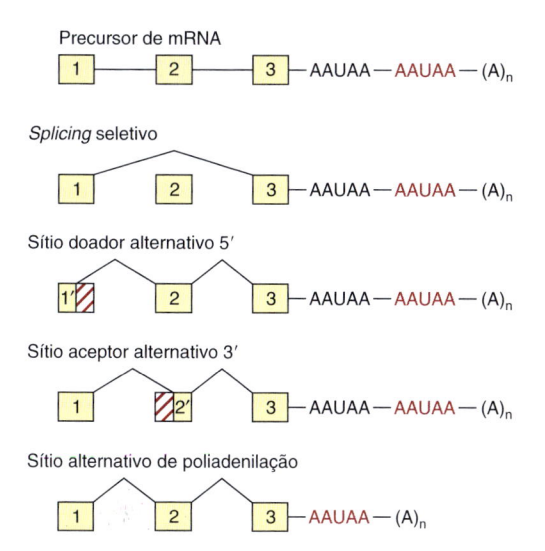

FIGURA 36-15 **Mecanismos de processamento alternativo de precursores do mRNA.** Essa forma de processamento do mRNA envolve a inclusão ou a exclusão seletiva de éxons, o uso de sítios de doador 5′ ou aceptor 3′ alternativos e o uso de sítios diferentes de poliadenilação, além de aumentar muito o potencial de codificação proteico diferencial do genoma.

uma forma de β-talassemia, uma doença em que ocorre grave subexpressão do gene da β-globina da hemoglobina, resulta de uma troca de nucleotídeo na junção éxon-íntron. Essa mutação impede a remoção do íntron, alterando a fase de leitura da tradução do mRNA da β-globina, com consequente bloqueio da produção da proteína da cadeia β e, portanto, da hemoglobina.

A utilização do promotor alternativo também proporciona uma forma de regulação

A regulação da expressão do gene tecido-específica pode ser fornecida por *splicing* alternativo, como observado, pelos elementos de controle no promotor ou pelo uso de promotores alternativos. O gene da glicocinase (*GK*) é composto por 10 éxons intercalados por 9 íntrons. A sequência de éxons 2 a 10 é idêntica nas células β-pancreáticas e hepáticas, os principais tecidos que expressam a proteína GK. A expressão do gene *GK* é regulada de modo muito diferente – por dois tipos de promotores – nesses dois tecidos. O promotor hepático e o éxon 1L estão localizados próximos aos éxons 2 a 10; o éxon 1L está ligado diretamente ao éxon 2. Por outro lado, o promotor das células β-pancreáticas está localizado cerca de 30 kpb a montante. Nesse caso, o limite 3′ do éxon 1B está ligado ao limite 5′ do éxon 2. O promotor hepático e o éxon 1L são excluídos e removidos durante a reação de *splicing* (**Figura 36-16**). A existência de múltiplos promotores distintos permite padrões de expressão celulares e teciduais específicos de um gene específico (mRNA). No caso do *GK*, a insulina e o cAMP (ver Capítulo 42) controlam a transcrição de *GK* no fígado, ao passo que a glicose controla a expressão de *GK* nas células β. Além disso, conforme assinalado anteriormente, essa variação nos mRNAs que sofreram *splicing* também pode modificar o potencial codificador de proteína desses mRNAs.

Os RNAs ribossômicos e a maior parte dos RNAs transportadores são processados a partir de precursores maiores

Em células de mamíferos, as três moléculas de rRNA (28S, 18S, 5,8S) são transcritas como parte de uma única grande molécula precursora de 45S. O precursor é subsequentemente processado no nucléolo para fornecer esses três componentes de RNA para as subunidades ribossomais encontradas no citoplasma. Os genes de rRNA estão localizados nos nucléolos das células de mamíferos. Centenas de cópias desses genes estão presentes em cada célula. Esse grande número de genes é necessário para sintetizar cópias suficientes de cada tipo de rRNA para formar os 10^7 ribossomos necessários para cada replicação celular. Enquanto uma única molécula de mRNA pode ser copiada em 10^5 moléculas de proteínas, proporcionando uma grande amplificação, os rRNAs são produtos finais. Essa ausência de amplificação requer um grande número de genes e uma alta taxa de transcrição, geralmente sincronizados com a taxa de crescimento celular. Da mesma forma, os tRNAs são frequentemente sintetizados como precursores, com sequências extras tanto de sequências 5′ quanto 3′ compondo o tRNA maduro. Uma pequena fração de tRNAs contém íntrons.

OS RNAs PODEM SER EXTENSIVAMENTE MODIFICADOS

Conforme introduzido na descrição dos tRNAs (ver Figura 34-11), praticamente todos os RNAs são modificados de modo covalente após a transcrição. Está claro que pelo menos algumas dessas modificações são reguladoras.

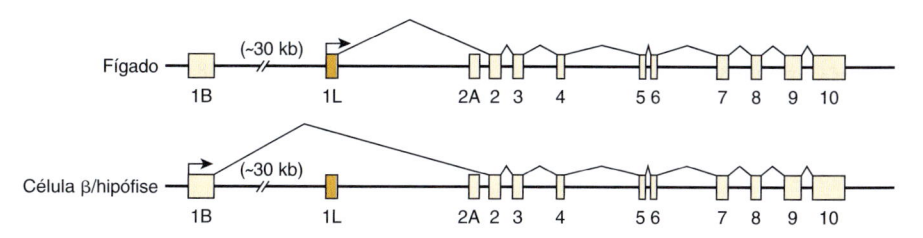

FIGURA 36-16 **Uso do promotor alternativo nos genes da glicocinase (*GK*) do fígado e da célula β do pâncreas.** A regulação diferencial do gene da glicocinase é feita por meio do uso de promotores teciduais específicos. O gene promotor *GK* das células β e o éxon 1B estão localizados cerca de 30 kpb a montante do promotor do fígado e do éxon 1L. Cada promotor tem uma estrutura única e é regulado de maneira diferente. Os éxons 2 a 10 são idênticos nos dois genes, e as proteínas GK codificadas pelos mRNAs das células hepáticas e células β têm propriedades cinéticas idênticas.

O RNA mensageiro é modificado nas extremidades 5' e 3'

Os mRNAs de eucariotos contêm uma **estrutura *cap* de 7-metilguanosina** em sua extremidade 5' terminal (ver Figura 34-10), e a maioria possui uma **cauda poli(A)** na extremidade 3' terminal. A estrutura de *cap* é adicionada à extremidade 5' do precursor recentemente transcrito de mRNA no núcleo, logo após a síntese e antes do transporte da molécula de mRNA para o citoplasma. O *cap* 5' do transcrito de RNA é necessário tanto para a iniciação eficiente da tradução (ver Figura 37-7) quanto para a proteção da extremidade 5' do mRNA de ataques por 5' → 3' exonucleases. As metilações secundárias das moléculas de mRNA, aquelas em 2'-hidroxi e N^7 dos resíduos de adenilato, ocorrem após a molécula de mRNA aparecer no citoplasma.

As caudas poli(A) são adicionadas à extremidade 3' das moléculas de mRNA em uma etapa de processamento pós-transcricional. O mRNA é inicialmente clivado em cerca de 20 nucleotídeos a jusante da sequência de reconhecimento, AAUAA. Outra enzima, a **poli(A)-polimerase**, adiciona uma cauda poli(A), que se estende subsequentemente até 200 resíduos A. A cauda poli(A) protege a extremidade 3' do mRNA contra o ataque das 3' → 5' exonucleases e também facilita a tradução (ver Figura 37-7). A presença ou ausência da cauda poli(A) não determina se uma molécula precursora no núcleo aparece no citoplasma, uma vez que todas as moléculas de mRNA nuclear com cauda poli(A) não contribuem para o mRNA citoplasmático, nem todas as moléculas de mRNA citoplasmático contêm caudas poli(A) (mRNAs de histonas são as mais notáveis nesse sentido). Após o transporte nuclear, as enzimas citoplasmáticas em células de mamíferos podem tanto adicionar quanto remover os resíduos de adenilato das caudas poli(A); esse processo tem sido associado a uma alteração da estabilidade e da capacidade de tradução do mRNA.

O tamanho de algumas moléculas de mRNA citoplasmático, mesmo após a remoção da cauda poli(A), é ainda consideravelmente maior do que o tamanho necessário para codificar proteínas específicas, para as quais elas são os moldes, frequentemente por um fator de 2 ou 3 vezes. Os nucleotídeos extras ocorrem em regiões não traduzidas (codificação não proteica) nas sequências 5' e 3' da região de codificação; as sequências não traduzidas mais longas estão geralmente na extremidade 3'. As sequências **5' UTR e 3' UTR** estão implicadas no processamento, no transporte, no armazenamento, na degradação e na tradução do RNA; cada uma dessas reações contribui potencialmente com níveis adicionais de controle da expressão gênica. Muitos desses eventos pós-transcricionais envolvendo mRNAs ocorrem em organelas citoplasmáticas, denominadas corpos P (ver Capítulo 37).

Os micro-RNAs são derivados de grandes transcritos primários por processamento nucleolítico específico

A maioria dos miRNAs são transcritos pela RNA-pol II em **transcritos primários**, denominados **pri-miRNAs**. Os pri-miRNAs apresentam um *cap* 5' e são 3'-poliadenilados (**Figura 36-17**). Os pri-miRNAs são sintetizados a partir de unidades de transcrição, que codificam um ou mais miRNAs distintos; essas unidades de transcrição estão localizadas de modo independente no genoma ou no interior de DNAs intrônicos de outros genes. Em função dessa organização, os genes que codificam os miRNAs devem minimamente possuir, portanto, um promotor distinto, uma região codificadora e sinais de poliadenilação/terminação. Os pri-miRNAs apresentam uma segunda estrutura extensa, e essa estrutura intramolecular é mantida após o processamento pela **Drosha-DGCR8 nuclease**; a porção que contém o grampo de RNA é preservada, transportada pelos poros nucleares por meio da ação da exportina 5 e, uma vez no citoplasma, ela é processada adicionalmente pelo **complexo dicer nuclease-TRBP** heterodimérico a **21 ou 22-mer**. Por fim, uma das duas fitas é selecionada para ser processada pelo **complexo silenciador induzido por RNA (RISC)**, que é composto por uma das quatro **proteínas Argonautas (Ago 1 → 4)**, para formar um miRNA de fita simples maduro, com 21 a 22 nt funcionais. Os siRNAs são produzidos de modo semelhante. Uma vez no interior do complexo RISC, os miRNAs podem modular a função do mRNA por um dos três mecanismos: (a) promovendo a degradação do mRNA diretamente; (b) estimulando a degradação da cauda poli(A) mediada pelo complexo CCR4/NOT; ou (c) inibindo a tradução por meio da ação no fator de tradução eIF4 de ligação da metila 5' do *cap* (ver Figuras 37-7 e 37-8) ou diretamente nos ribossomos. Dados recentes sugerem que pelo menos alguns genes codificadores de miRNA reguladores podem estar ligados a seus genes-alvo e, portanto, coevoluir com eles.

A edição do RNA altera a sequência do mRNA após a transcrição

O dogma central afirma que para um determinado gene e produto gênico há uma relação linear entre a sequência codificadora no DNA, a sequência do mRNA e a sequência de proteína (ver Figura 35-7). Alterações na sequência de DNA deveriam refletir uma mudança na sequência de mRNA e, dependendo do códon utilizado, na sequência de proteína. Entretanto, foram documentadas exceções a esse dogma. A informação codificadora pode ser alterada no nível do mRNA por uma **edição do RNA**. Nesses casos, a sequência de codificação de mRNA difere da sequência do DNA cognato. Um exemplo é o gene da apolipoproteína B (*apoB*) e o mRNA. No fígado, um único gene *apoB* é transcrito em um mRNA que direciona a síntese de uma proteína de 100 kDa, a apoB100. No intestino, o mesmo gene direciona a síntese do transcrito primário de RNA idêntico; entretanto, uma citidina-desaminase converte um códon CAA no mRNA em UAA em um único sítio específico. Em vez de codificar glutamina, esse códon torna-se um sinal de terminação (ver Tabela 37-1) e produz, portanto, uma proteína truncada de 48 kDa (apoB48). A apoB100 e a apoB48 têm funções diferentes nos dois órgãos. Um número crescente de outros exemplos incluem mudança de glutamina para arginina no receptor de glutamato e várias mudanças em mRNAs mitocondriais de tripanossoma, geralmente envolvidos na adição ou deleção de uridina. A extensão exata da edição de RNA é desconhecida, mas estimativas correntes sugerem que 0,01% dos mRNAs sejam editados desse modo. Recentemente, a edição de miRNAs foi descrita, sugerindo que essas duas formas de mecanismos de controle de transcrição poderiam contribuir cooperativamente para a regulação do gene.

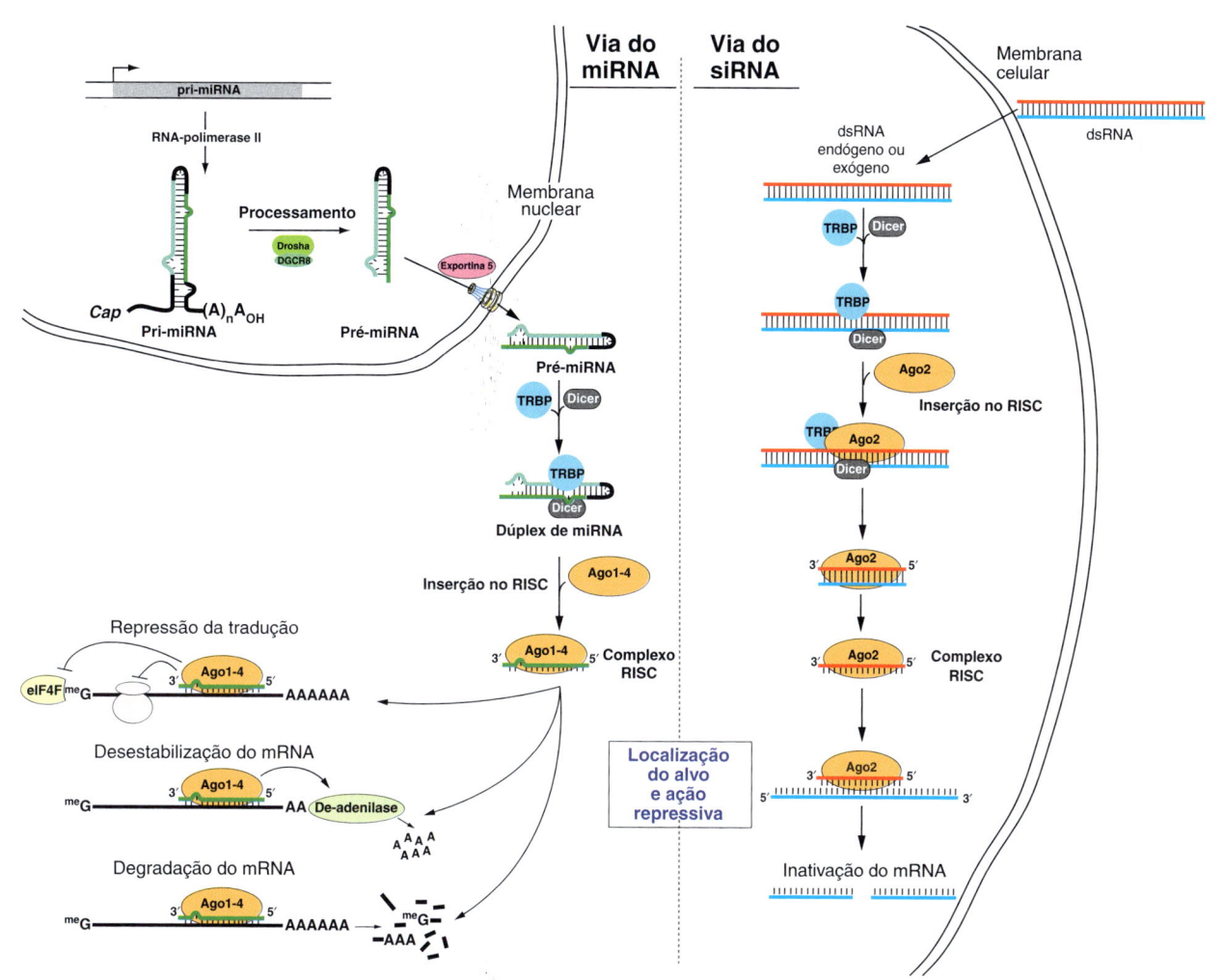

FIGURA 36-17 Biogênese dos micro (mi)RNA e dos (si)RNAs silenciadores. (À esquerda) Genes codificadores de miRNA são transcritos pela RNA-pol II em um miRNA primário (pri-miRNA), que apresenta *cap* 5' e é poliadenilado, como é típico para o mRNA codificador de transcritos primários. Esse pri-miRNA é submetido a processamento no interior do núcleo pela ação da nuclease Drosha-DGCR8, que remove sequências tanto da extremidade 5' quanto da 3', gerando o pré-miRNA. Esse RNA de dupla-fita parcialmente processado é transportado pelo poro nuclear pela exportina 5. O pré-miRNA citoplasmático é, então, aparado adicionalmente pela ação da nuclease heterodimérica, chamada de Dicer (TRBP-Dicer), para formar o miRNA duplo de 21 a 22 nt. Uma das duas fitas resultantes de RNA longos de 21 a 22 nucleotídeos é selecionada, o dúplex é desenrolado, e a fita selecionada é carregada no complexo silenciador induzido por RNA, ou no complexo RISC, gerando, portanto, um miRNA maduro e funcional. Após dirigir-se para a localização do mRNA e à sequência específica de anelamento de miRNA-mRNA, o miRNA funcional pode modular a função do mRNA por um dos três mecanismos: repressão da tradução, desestabilização do mRNA pela desadenilação do mRNA, ou degradação do mRNA. **(À direita)** A via do siRNA gera siRNAs funcionais a partir das duplas-fitas grandes de RNAs, que são formadas no meio intracelular pela hibridização RNA-RNA (inter ou intramolecular) ou a partir de fontes extracelulares, como vírus de RNA. Esses dsRNAs virais são novamente processados para segmentos de dsRNAs siRNAs de cerca de 22 nt, por meio da nuclease Dicer heterodimérica, carregada no complexo RISC contendo Ago-2. Uma fita é, então, selecionada para gerar siRNAs que localizam sequências-alvo de RNA por meio de anelamento de sequências específicas de siRNA-RNA. Esse complexo-alvo ternário RNA-siRNA-Ago2 induz a clivagem do RNA, que inativa o RNA-alvo.

O RNA transportador é extensamente processado e modificado

Como descrito nos Capítulos 34 e 37, as moléculas de tRNA servem como moléculas adaptadoras para a tradução do mRNA em sequências de proteínas. Os tRNAs contêm muitas modificações de bases padrão A, U, G e C, incluindo metilação, redução, desaminação e rearranjo de ligações glicosídicas. Modificações pós-transcrição adicionais incluem alquilações de nucleotídeos e a ligação do CpCpA$_{OH}$ terminal característico à extremidade 3' da molécula pela enzima nucleotidil-transferase. O 3' OH da ribose A é o ponto de ligação para o aminoácido específico que entra na reação de polimerização da síntese de proteína. A metilação dos precursores de tRNA de mamíferos provavelmente ocorre no núcleo, ao passo que a clivagem e a ligação do CpCpA$_{OH}$ são funções citoplasmáticas, uma vez que os terminais se renovam de posição mais rapidamente do que as próprias moléculas de tRNA. São necessárias aminoacil-tRNA-sintetases específicas no citoplasma das células de mamíferos para a ligação dos diferentes aminoácidos aos resíduos CpCpA$_{OH}$ (ver Capítulo 37).

O RNA PODE ATUAR COMO CATALISADOR

Além da ação catalítica dos snRNAs na formação do mRNA, diversas outras funções enzimáticas foram atribuídas ao RNA. As **ribozimas** são moléculas de RNA com atividade catalítica. Essa atividade geralmente envolve as reações de transesterificação, e a maior parte está envolvida com o metabolismo de RNA (*splicing* e endorribonuclease). Recentemente, um componente de rRNA foi implicado na hidrólise de um éster de aminoacil e, portanto, desempenha papel central no funcionamento da ligação peptídica (peptidil-transferases; ver Capítulo 37). Essas observações, feitas utilizando moléculas de RNA derivadas de organelas de plantas, leveduras, vírus e células de eucariotos superiores, mostram que o RNA pode atuar como uma enzima e revolucionaram as ideias sobre a atuação das enzimas e sobre a própria origem da vida.

RESUMO

- O RNA é sintetizado a partir de um molde de DNA pela enzima RNA-polimerase dependente de DNA.
- Enquanto as bactérias contêm uma única RNA-polimerase ($\beta\beta\alpha_2\sigma\omega$), existem três RNA-polimerases nucleares distintas dependentes de DNA nos mamíferos: as RNA-polimerases I, II e III. Essas enzimas catalisam a transcrição dos genes que codificam rRNA(pol I), mRNA/mi/siRNAs/lncRNAs (pol II), tRNA e rRNA 5S (pol III).
- As RNA-polimerases interagem com regiões *cis*-ativas singulares dos genes, denominadas promotores, para formar PICs capazes de realizar a iniciação. Em eucariotos, o processo de formação do PIC pela pol II necessita, além da polimerase, de múltiplos fatores de transcrição gerais (GTFs), TFIIA, B, D, E, F e H.
- A formação de PIC em eucariotos pode ocorrer em promotores acessíveis de modo sequencial – por interações ordenadas e sequenciais de GTFs e RNA-polimerase com promotores de DNA – ou em uma única etapa por meio do reconhecimento do promotor por um complexo pré-formado de holoenzima GTF-RNA-polimerase.
- A transcrição ocorre em três fases: iniciação, alongamento e terminação. Todas são dependentes de elementos *cis* distintos de DNA e podem ser moduladas por diferentes fatores proteicos *trans*-ativos.
- A presença de nucleossomos pode aumentar ou impedir a ligação dos transfatores e da maquinaria de transcrição para seus elementos *cis* do DNA cognato, inibindo, portanto, a transcrição.
- A maioria dos RNAs de eucariotos é sintetizada na forma de precursores que contêm sequências em excesso, as quais são removidas antes da geração do RNA funcional maduro. Essas reações de processamento fornecem etapas potenciais adicionais para a regulação da expressão gênica.
- A síntese do mRNA em eucariotos resulta em um precursor pré-mRNA que contém grandes quantidades de RNA em excesso (íntrons) que devem ser removidos com precisão por *splicing* de RNA para gerar o mRNA funcional traduzível composto por sequências codificadoras de éxons e sequências não codificadoras 5' e 3'.
- Todas as etapas – das alterações no molde de DNA, na sequência e na acessibilidade na cromatina até a estabilidade e a capacidade de tradução do RNA – estão sujeitas à modulação e, portanto, são sítios de controle potencial para a regulação de genes de eucariotos.

REFERÊNCIAS

Davis MC, Kesthely CA, Franklin EA, MacLellan SR: The essential activities of the bacterial sigma factor. Can J Microbiol 2017;63:89-99.

Decker KB, Hinton DM: Transcription regulation at the core: similarities among bacterial, archaeal, and eukaryotic RNA polymerases. Ann Rev Microbiol 2013;67:113-139.

Elkon R, Ugalde AP, Agami R: Alternative cleavage and polyadenylation: extent, regulation and function. Nat Rev Gen 2013;14:496-506.

Kugel JF, Goodrich JA: Finding the start site: redefining the human initiator element. Genes Dev 2017;31:1-2.

Lee Y, Rio DC: Mechanisms and regulation of alternative pre-mRNA splicing. Ann Rev Biochem 2015;84:291-323.

Miguel-Escalada I, Pasquali L, Ferrer J: Transcriptional enhancers: functional insights and role in human disease. Curr Opin Genet Dev 2015;33:71-76.

Niederriter AR, Varshney A, Parker SC, Martin DM: Super enhancers in cancers, complex disease, and developmental disorders. Genes 2015;6:1183-1200.

Nogales E, Louder RK, He Y: Cryo-EM in the study of challenging systems: the human transcription pre-initiation complex. Curr Opin Struc Biol 2016;40:120-127.

Proudfoot NJ: Transcriptional termination in mammals: stopping the RNA polymerase II juggernaut. Science 2016;352:aad9926.

Sentenac A, Riva M: Odd RNA polymerases or the A(B)C of eukaryotic transcription. Biochim Biophys Acta 2013;1829:251-257.

Takizawa Y, Binshtein E, Erwin AL, Pyburn TM, Mittendorf KF, Ohi MD: While the revolution will not be crystallized, biochemistry reigns supreme. Prot Sci 2017;26:69-81.

Venkatesh S, Workman JL: Histone exchange, chromatin structure and the regulation of transcription. Nat Rev Mol Cell Biol 2015;16:178-189.

Zhang Q, Lenardo MJ, Baltimore D: 30 years of NF-KB: a blossoming of relevance to human pathobiology. Cell 2017;168:37-57.

A síntese de proteínas e o código genético

C A P Í T U L O 37

P. Anthony Weil, Ph.D.

OBJETIVOS

Após o estudo deste capítulo, você deve ser capaz de:

- Compreender que o código genético é um código de três letras de nucleotídeos que está contido em um arranjo linear dos éxons de DNA (composto por tripletes de A, G, C e T) de genes codificadores de proteínas, e que esse código de três letras é traduzido em mRNA (composto por tripletes de A, G, C e U) para especificar a ordem linear de adição de aminoácidos durante a síntese de proteínas por meio do processo de tradução.
- Entender que o código genético universal é degenerado, não ambíguo, não sobreposto e sem pontuação.
- Explicar que o código genético é composto por 64 códons, dos quais 61 codificam aminoácidos, ao passo que três induzem o término da síntese de proteínas.
- Descrever como os RNAs transportadores (tRNAs) atuam como agentes de informação finais, que descodificam o código genético dos RNAs mensageiros (mRNAs).
- Compreender o mecanismo do processo de síntese de proteínas com elevado gasto energético que ocorre nos complexos RNA-proteína, denominados ribossomos.
- Reconhecer que a síntese de proteínas, como a replicação e a transcrição do DNA, é controlada com precisão pela ação de múltiplos fatores acessórios que respondem a múltiplos estímulos de sinalização reguladores extra e intracelulares.

IMPORTÂNCIA BIOMÉDICA

As letras A, G, T e C correspondem aos nucleotídeos encontrados no ácido desoxirribonucleico (DNA, do inglês *deoxyribonucleic acid*). No interior dos genes codificadores de proteínas, esses nucleotídeos estão organizados em palavras com código de três letras, denominadas **códons**, e o conjunto desses códons, uma vez transcritos em mRNA, constitui o **código genético**. Era impossível compreender a síntese proteica – ou explicar as mutações – antes de o código genético ser elucidado. O código fornece uma base para explicar a maneira como os defeitos nas proteínas podem provocar doenças genéticas e para explicar o diagnóstico – e, talvez, o tratamento – desses distúrbios. Além disso, a fisiopatologia de muitas infecções virais está relacionada com a capacidade desses agentes infecciosos de prejudicar a síntese proteica celular do hospedeiro. Muitos fármacos antibacterianos são eficazes porque seletivamente prejudicam a síntese proteica na célula da bactéria invasora, mas não afetam a síntese proteica nas células eucarióticas.

A INFORMAÇÃO GENÉTICA PASSA DO DNA PARA O RNA E PARA A PROTEÍNA

A informação genética no interior da sequência de nucleotídeos de DNA é transcrita no núcleo para a sequência de nucleotídeos específica de uma molécula de mRNA. A sequência de nucleotídeos no transcrito de ácido ribonucleico (RNA, *do inglês ribonucleic acid*) é complementar à sequência de nucleotídeos da fita-molde de seu gene, de acordo com as regras de pareamento de bases. Muitas classes diferentes de RNA se combinam para controlar a síntese proteica.

Em procariotos, há uma correspondência linear entre o gene, o **RNA mensageiro (mRNA)** transcrito a partir do gene e o produto polipeptídico. A situação é mais complicada em células de eucariotos superiores, nas quais o transcrito primário é muito maior do que o mRNA maduro. Os grandes precursores de mRNA contêm regiões codificadoras (**éxons**) que formarão o mRNA maduro e longas sequências interpostas (**íntrons**) que separam os éxons. O mRNA é processado no interior do núcleo, e os íntrons, que constituem muito mais desse RNA que os éxons, são removidos. Os éxons são unidos para formar o mRNA maduro, que é transportado até o citoplasma, onde é traduzido em proteína (ver Capítulo 36).

A célula deve possuir a maquinaria necessária para traduzir a informação com precisão e eficácia a partir da sequência de nucleotídeos de um mRNA para a sequência de aminoácidos da proteína específica correspondente. O esclarecimento da nossa compreensão desse processo, denominado **tradução**, esperava pela decifração do código genético. Compreendeu-se logo que as moléculas de mRNA em si não possuem afinidade por aminoácidos e, portanto, que a tradução da informação da sequência de nucleotídeos do mRNA para a sequência de aminoácidos de uma proteína necessita de uma molécula adaptadora intermediária. Essa molécula adaptadora deve reconhecer, por um lado, a sequência de nucleotídeos específica, bem como um aminoácido específico, por outro lado. Com essa molécula adaptadora, a célula pode direcionar um aminoácido específico para a posição sequencial adequada de uma proteína durante a sua síntese, como determinado pela sequência de nucleotídeos do mRNA específico. De fato, os grupos funcionais dos aminoácidos em si não entram em contato com o molde de mRNA.

A SEQUÊNCIA DE NUCLEOTÍDEOS DE UMA MOLÉCULA DE mRNA CONTÉM UMA SÉRIE DE CÓDONS QUE ESPECIFICAM A SEQUÊNCIA DE AMINOÁCIDOS DA PROTEÍNA CODIFICADA

São necessários 20 aminoácidos diferentes para a síntese do complemento celular de proteínas; assim, devem existir pelo menos 20 códons diferentes que constituem o código genético. Uma vez que só existem quatro nucleotídeos diferentes no mRNA, cada códon deve ser composto por mais do que um único nucleotídeo de purina ou pirimidina. Os códons que consistem em dois nucleotídeos poderiam fornecer apenas 16 (4^2) códons diferentes, e os códons de três nucleotídeos poderiam fornecem 64 (4^3) códons específicos.

Sabe-se, atualmente, que cada códon consiste em uma sequência de três nucleotídeos: **é um código de tripletes** (Tabela 37-1). A decifração inicial do **código genético** dependeu muito da síntese *in vitro* dos polímeros de nucleotídeos, particularmente os tripletes em sequência repetida. Esses tripletes de ribonucleotídeos sintéticos foram utilizados como mRNAs para programar a síntese de proteínas em tubo de ensaio e permitiram que os pesquisadores deduzissem o código genético.

O CÓDIGO GENÉTICO É DEGENERADO, NÃO AMBÍGUO, NÃO SOBREPOSTO, SEM PONTUAÇÃO E UNIVERSAL

Três dos 64 códons possíveis não codificam aminoácidos específicos; estes foram denominados **códons sem sentido**.

TABELA 37-1 O código genético[a] (atribuições dos códons nos RNAs mensageiros de mamíferos)

Primeiro nucleotídeo	Segundo nucleotídeo				Terceiro nucleotídeo
	U	C	A	G	
U	Phe	Ser	Tyr	Cys	U
	Phe	Ser	Tyr	Cys	C
	Leu	Ser	Term	Term[b]	A
	Leu	Ser	Term	Trp	G
C	Leu	Pro	His	Arg	U
	Leu	Pro	His	Arg	C
	Leu	Pro	Gln	Arg	A
	Leu	Pro	Gln	Arg	G
A	Ile	Thr	Asn	Ser	U
	Ile	Thr	Asn	Ser	C
	Ile[a]	Thr	Lys	Arg[b]	A
	Met	Thr	Lys	Arg[b]	G
G	Val	Ala	Asp	Gly	U
	Val	Ala	Asp	Gly	C
	Val	Ala	Glu	Gly	A
	Val	Ala	Glu	Gly	G

[a] Os termos primeiro, segundo e terceiro nucleotídeos referem-se aos nucleotídeos individuais de um códon triplo lido na direção 5'-3', da esquerda para a direita. A, nucleotídeo adenina; C, nucleotídeo citosina; G, nucleotídeo guanina; Term, códon de término da cadeia; U, nucleotídeo uridina. AUG, que codifica Met, serve como códon de início nas células de mamíferos e também codifica metionina internas em uma proteína. (As abreviações dos aminoácidos são explicadas no Capítulo 3.)
[b] Nas mitocôndrias de mamíferos, AUA codifica Met, UGA codifica Trp, e AGA e AGG servem como terminadores de cadeia.

Os códons sem sentido são utilizados na célula como **sinais de término**; eles especificam onde a polimerização de aminoácidos em uma molécula de proteína deve parar. Os 61 códons restantes codificam para os 20 aminoácidos que ocorrem naturalmente (Tabela 37-1). Assim, há "**degeneração**" no código genético, isto é, múltiplos códons decodificam o mesmo aminoácido. Alguns aminoácidos são codificados por vários códons; por exemplo, seis códons diferentes – UCU, UCC, UCA, UCG, AGU e AGC – especificam a serina. Outros aminoácidos, como a metionina e o triptofano, possuem um único códon. Em geral, o terceiro nucleotídeo em um códon é menos importante que os dois primeiros na determinação do aminoácido específico a ser incorporado, e isso é responsável pela maior parte da degeneração do código. Entretanto, para qualquer códon específico, apenas um único aminoácido é indicado; com raras exceções, o código genético é **não ambíguo** – isto é, dado um códon específico, apenas um único aminoácido é indicado. A distinção entre **ambiguidade** e **degeneração** é um conceito importante.

O código não ambíguo, mas degenerado, pode ser explicado em termos moleculares. O reconhecimento de códons específicos no mRNA por moléculas adaptadoras de tRNA depende da **região anticódon** do tRNA e das regras específicas de pareamento de bases que determinam a ligação dos códons de tRNA–mRNA. Cada molécula de tRNA contém uma sequência específica, complementar a um códon, que é denominada seu anticódon. Para um determinado códon no mRNA, apenas uma única espécie de molécula de tRNA possui o anticódon certo. Uma vez que cada molécula de tRNA pode ser carregada com apenas um aminoácido específico, cada códon especifica, portanto, apenas um aminoácido. Entretanto, algumas moléculas de tRNA podem utilizar o anticódon para reconhecer mais de um códon. Com raras exceções, considerando um códon específico, apenas um aminoácido específico será incorporado – embora, dado um aminoácido específico, mais de um códon possa ser utilizado.

Como discutido adiante, a leitura do código genético durante o processo de síntese de proteínas não envolve qualquer sobreposição de códons. Assim, o código genético **não é sobreposto**. Além disso, uma vez iniciada a leitura em um códon específico, **não há interrupção** entre os códons, e a mensagem é lida em uma sequência contínua de tripletes de nucleotídeos até que um códon de término de tradução seja alcançado.

Até recentemente, pensava-se que o código genético fosse universal. Hoje, foi demonstrado que o conjunto de moléculas de tRNA nas mitocôndrias (que contêm seus próprios conjuntos de maquinaria de tradução separados e distintos) de eucariotos inferiores e superiores, incluindo os seres humanos, lê quatro códons diferentemente das moléculas de tRNA no citoplasma, até mesmo nas mesmas células. Conforme nota de rodapé da Tabela 37-1, o códon AUA nas mitocôndrias de mamíferos é lido como Met, e UGA codifica Trp. Além disso, nas mitocôndrias, os códons AGA e AGG são lidos como códons de término ou terminadores de cadeia, em vez de serem lidos como Arg. Em consequência dessas alterações específicas dessas organelas no código genético, as mitocôndrias necessitam de apenas 22 moléculas de tRNA (ver Figura 35-8 para a localização desses genes no mrDNA) para ler o seu código genético, enquanto o sistema de tradução citoplasmático possui um complemento completo de 31 espécies de tRNA. Salientadas essas exceções, o código genético é **universal**. A frequência de utilização de cada códon de aminoácido varia consideravelmente entre espécies e entre os diferentes tecidos dentro de uma mesma espécie. Os níveis específicos de tRNA geralmente refletem essas variações na utilização de códons. Assim, um códon particular utilizado abundantemente é decodificado por tRNA específico, da mesma forma abundante, que reconhece esse códon em particular. Os quadros de utilização de códons são atualmente muito precisos, uma vez que muitos genomas foram sequenciados e essas informações são vitais para a produção em grande escala de proteínas para fins terapêuticos (i.e., insulina, eritropoietina). Essas proteínas são frequentemente produzidas em células não humanas utilizando a tecnologia de DNA recombinante (ver Capítulo 39). As principais características do código genético são listadas na **Tabela 37-2**.

EXISTE PELO MENOS UMA ESPÉCIE DE tRNA PARA CADA UM DOS 20 AMINOÁCIDOS

As moléculas de tRNA apresentam funções e estruturas tridimensionais extraordinariamente similares. A função de adaptador das moléculas de tRNA exige o carregamento de cada tRNA específico com seu aminoácido específico. Como não há afinidade dos ácidos nucleicos com os grupos funcionais específicos dos aminoácidos, esse reconhecimento deve ser feito por uma molécula de proteína capaz de reconhecer tanto uma molécula de tRNA específica quanto um aminoácido específico. Pelo menos 20 enzimas específicas são necessárias para essas funções de reconhecimento específico e para a ligação correta dos 20 aminoácidos às moléculas de tRNA específicas. Esse processo de reconhecimento e de ligação que exige energia, conhecido como **carregamento de aminoácido do tRNA**, ocorre em duas etapas e é catalisado por uma enzima para cada um dos 20 aminoácidos. Essas enzimas são denominadas **aminoacil-tRNA-sintetase**. Elas formam um intermediário ativado do complexo aminoacil-AMP-enzima (**Figura 37-1**). O complexo aminoacil-AMP-enzima específico reconhece um tRNA específico, ao qual ele anexa a porção aminoacil ao 3′-hidroxila do terminal adenosil. As reações de

TABELA 37-2 Características do código genético

- Degenerado
- Não ambíguo
- Não sobreposto
- Sem interrupção
- Universal

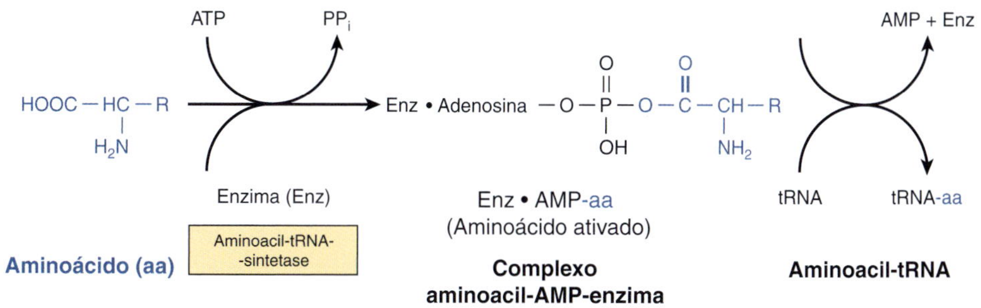

FIGURA 37-1 Formação de aminoacil-tRNA. Uma reação em duas etapas, envolvendo a enzima aminoacil-tRNA-sintetase, resulta na formação do aminoacil-tRNA. A primeira reação envolve a formação de um complexo AMP-aminoácido-enzima. Esse aminoácido ativado é, em seguida, transferido para a molécula de tRNA correspondente. O AMP e a enzima são liberados, e o último pode ser reutilizado. As reações de carregamento apresentam uma taxa de erro (i.e., esterificação do aminoácido incorreto no tRNA[xxx]) de menos de um evento de carregamento incorreto para 10^4 eventos de carregamento de aminoácidos.

carregamento têm uma taxa de erro de menos de 10^{-4} e, assim, são bastante precisas. O aminoácido permanece ligado a seu tRNA específico em uma ligação éster até ser incorporado em uma posição específica durante a síntese de um polipeptídeo no ribossomo.

As regiões da molécula de tRNA referidas no Capítulo 34 (e ilustradas na Figura 34-11) agora se tornam importantes. O **braço ribotimidina pseudouridina citidina (TψC)** está envolvido na ligação do aminoacil-tRNA à superfície ribossomal no local de síntese de proteínas. O **braço D** é um dos sítios importantes para o reconhecimento adequado de uma determinada espécie de tRNA por sua aminoacil-tRNA-sintetase adequada. O **braço aceptor**, localizado na 3′-hidroxila do terminal adenosil, é o sítio de ligação do aminoácido específico.

A região do anticódon (braço) consiste em sete nucleotídeos, e ela reconhece o códon de três letras no mRNA (**Figura 37-2**). A sequência lida na direção 3′ para 5′ na alça anticódon consiste em uma base variável (N)– purina modificada (Pu*)– XYZ (o anticódon)–pirimidina (Pi)– pirimidina (Pi)-5′. Essa direção de leitura do anticódon é 3′ para 5′, enquanto o código genético na Tabela 37-1 é lido na direção 5′ para 3′, uma vez que o códon e a alça do anticódon das moléculas de mRNA e tRNA, respectivamente, são antiparalelas em sua complementaridade, assim como todas as outras interações intermoleculares entre as fitas de ácido nucleico.

A degeneração do código genético reside principalmente no último nucleotídeo do códon no triplete, sugerindo que o pareamento de bases entre este último nucleotídeo e o nucleotídeo correspondente do anticódon não segue estritamente a regra de Watson-Crick. Isso é chamado de **oscilação**; o pareamento entre códon e anticódon pode "oscilar" nesse local de pareamento específico de nucleotídeo-nucleotídeo. Por exemplo, os dois códons para arginina, AGA e AGG, podem ligar-se ao mesmo anticódon tendo uma uracila na sua extremidade 5′ (UCU). Do mesmo modo, três códons para glicina – GGU, GGC e GGA – podem formar um par de bases a partir de um anticódon, 3′ CCI 5′ (i.e., I, inosina, pode parear com U, C e A). A inosina é gerada pela desaminação da adenina (ver Figura 33-2 para a estrutura).

AS MUTAÇÕES RESULTAM DE MUDANÇAS NAS SEQUÊNCIAS DE NUCLEOTÍDEOS

Embora a alteração inicial possa não ocorrer na fita-molde na molécula de DNA de dupla-fita para esse gene, após a replicação, as moléculas-filhas de DNA com mutações na fita-molde se separam e aparecem na população de organismos.

Algumas mutações ocorrem por substituição de bases

Mudanças de uma única base (**mutações pontuais**) podem ser **transições** ou **transversões**. No primeiro caso, uma determinada pirimidina é trocada por outra pirimidina ou uma purina é trocada por outra purina. As transversões são trocas de uma purina por qualquer uma das duas pirimidinas ou a troca de uma pirimidina por qualquer uma das duas purinas, como mostrado na **Figura 37-3**.

Quando a sequência de nucleotídeos de um gene codificador de proteína contendo a mutação é transcrita em uma molécula de mRNA, a molécula de RNA certamente possuirá a mudança de base na localização correspondente.

As trocas de uma única base nas moléculas de mRNA podem ocasionar vários efeitos quando traduzidas em proteínas:

1. Pode não haver nenhum defeito detectável, devido à degeneração do código; essas mutações são frequentemente chamadas de **mutações silenciosas**. Isso seria mais provável se a base trocada na molécula de mRNA fosse o terceiro nucleotídeo de um códon. Devido à oscilação, a tradução de um códon é menos sensível a uma mudança na terceira posição.

2. Um **efeito de troca de sentido** (*missense*) ocorre quando um aminoácido diferente é incorporado no local correspondente na molécula de proteína. Esse aminoácido incorreto – ou *missense*, dependendo de sua localização na proteína específica – pode ser aceitável, parcialmente aceitável ou inaceitável para a função dessa molécula de proteína. A partir de um exame cuidadoso do código genético, pode-se

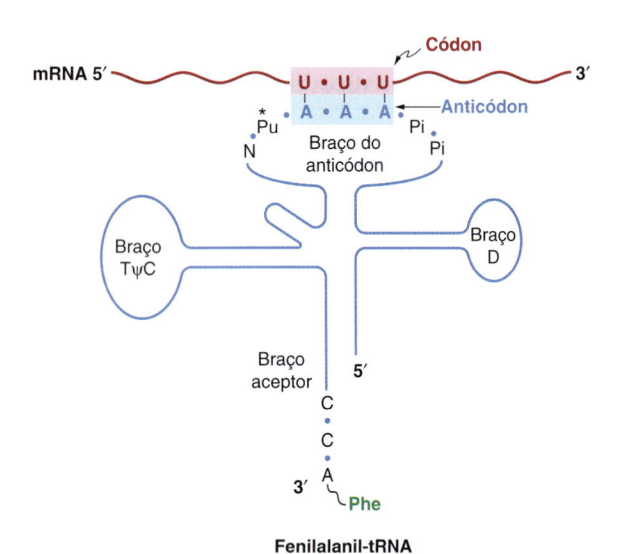

FIGURA 37-2 **Reconhecimento do códon pelo anticódon.** Um dos códons para fenilalanina é UUU. O tRNA carregado com fenilalanina (Phe) tem a sequência complementar AAA; portanto, ele forma um complexo de pares de bases com o códon. A região anticódon (braço) geralmente consiste em uma sequência de sete nucleotídeos: variável (N), purina modificada (Pu*), X, Y, Z (neste caso, AAA) e duas pirimidinas (Pi) na direção 3′ para 5′.

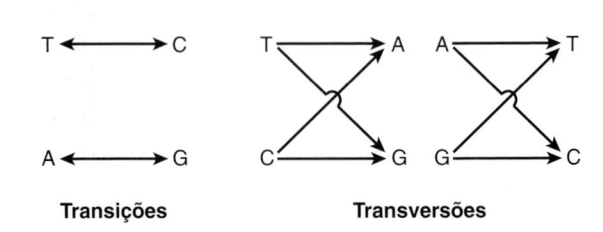

FIGURA 37-3 Representação diagramática de mutações de transição e transversão.

concluir que a maioria das trocas de uma única base resultaria na substituição de um aminoácido por outro de grupos funcionais bastante semelhantes. Este é um mecanismo de "tamponamento" efetivo para evitar mudanças drásticas nas propriedades físicas de uma molécula de proteína. Se um efeito de troca de sentido aceitável ocorre, a molécula de proteína resultante pode não ser distinguível da molécula normal. Um efeito de troca de sentido parcialmente aceitável resulta em uma molécula com uma função parcial, porém anormal. Se ocorrer um efeito de troca de sentido inaceitável, a molécula de proteína não será capaz de funcionar normalmente.

3. Então, parece que um códon **sem sentido** resultaria na **terminação prematura** da tradução e na produção de apenas um fragmento da molécula de proteína desejada. É alta a probabilidade de uma molécula de proteína ou um fragmento peptídico, terminados prematuramente, não funcionarem em seu papel prescrito. Exemplos de diferentes tipos de mutações e seus efeitos na codificação potencial do mRNA são mostrados nas **Figuras 37-4 e 37-5**.

Mutações da fase de leitura resultam da deleção ou da inserção de nucleotídeos no DNA, gerando mRNAs modificados

A deleção de um único nucleotídeo a partir de uma fita codificadora de um gene resulta em um quadro de leitura modificado no mRNA. A maquinaria de tradução do mRNA não reconhece a falta da base, uma vez que não há interrupção na leitura dos códons. Assim, ocorre uma alteração importante na sequência de polimerização de aminoácidos, como mostrado no Exemplo 1, na Figura 37-5. A mudança na fase de leitura resulta em tradução alterada do mRNA posterior à deleção de um único nucleotídeo. Não apenas a sequência de aminoácidos distal a essa deleção é alterada, mas a leitura da mensagem também pode resultar no aparecimento de um códon sem sentido e, portanto, na produção de um polipeptídeo tanto alterado quanto terminado prematuramente (Exemplo 3, Figura 37-5).

Se três nucleotídeos ou um múltiplo de três nucleotídeos forem deletados de uma região codificadora, a tradução do mRNA correspondente gerará uma proteína sem o número correspondente de aminoácidos (Exemplo 2, Figura 37-5). Como a fase de leitura é um triplete, a leitura não será perturbada para os códons posteriores à deleção. Se, no entanto, a deleção de um ou dois nucleotídeos ocorrer imediatamente antes ou no interior de um códon de término normal (códon sem sentido), a leitura do sinal de terminação normal será alterada. Essa deleção poderia resultar em uma leitura por meio do sinal de terminação agora "mutado" até encontrar outro códon sem sentido (não mostrado).

Inserções em um gene de um, dois ou de um número de nucleotídeos não múltiplo de três resultam em um mRNA em que a fase de leitura é distorcida na tradução, e os mesmos efeitos que ocorrem com as deleções se refletem na tradução do mRNA. Isso pode resultar em sequências truncadas de aminoácidos posteriores à inserção e na geração de um **códon sem sentido** na inserção ou posterior a ela, ou talvez na leitura além do códon de término normal. Após a deleção em um gene, uma inserção (ou vice-versa) pode restabelecer a fase de leitura adequada (Exemplo 4, Figura 37-5). O mRNA correspondente, quando traduzido, poderia conter uma sequência

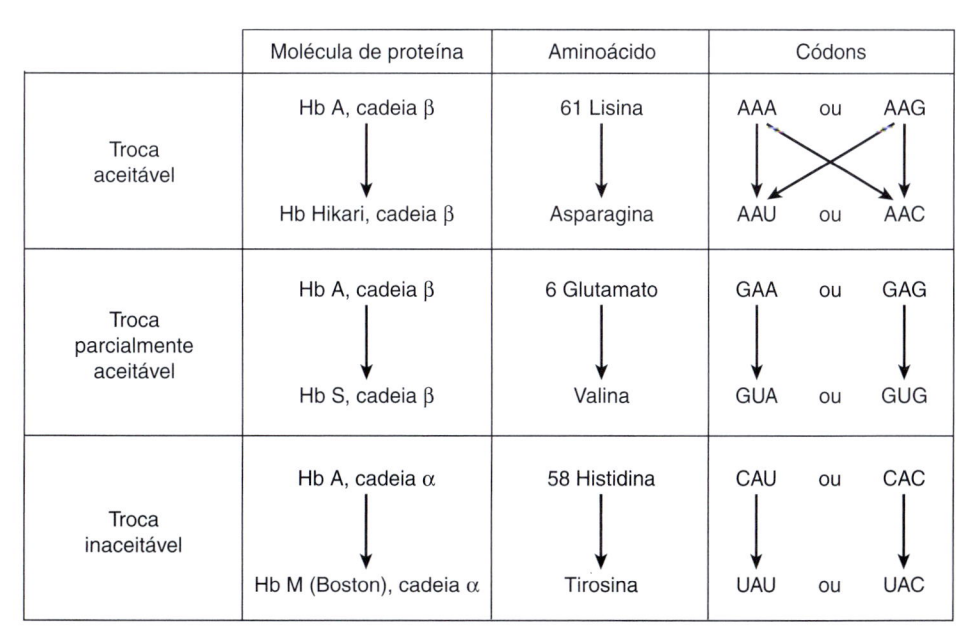

	Molécula de proteína	Aminoácido	Códons		
Troca aceitável	Hb A, cadeia β ↓ Hb Hikari, cadeia β	61 Lisina ↓ Asparagina	AAA ↓ AAU	ou	AAG ↓ AAC
Troca parcialmente aceitável	Hb A, cadeia β ↓ Hb S, cadeia β	6 Glutamato ↓ Valina	GAA ↓ GUA	ou	GAG ↓ GUG
Troca inaceitável	Hb A, cadeia α ↓ Hb M (Boston), cadeia α	58 Histidina ↓ Tirosina	CAU ↓ UAU	ou	CAC ↓ UAC

FIGURA 37-4 Exemplos de três tipos de mutações de troca de sentido, resultando em cadeias de hemoglobina anormais. As alterações de aminoácidos e possíveis alterações nos respectivos códons são indicadas. A mutação da cadeia β da hemoglobina Hikari apresenta propriedades fisiológicas aparentemente normais, mas é eletroforeticamente alterada. A hemoglobina S tem uma mutação na cadeia β e função parcial; a hemoglobina S liga-se ao oxigênio, mas precipita quando desoxigenada; isso faz as hemácias assumirem um formato de foice e representa a base celular e molecular da doença anemia falciforme (ver Figura 6-13). A hemoglobina M Boston, uma mutação da cadeia α, permite a oxidação do ferro do heme no estado ferroso ao estado férrico e, assim, não se liga ao oxigênio de maneira nenhuma.

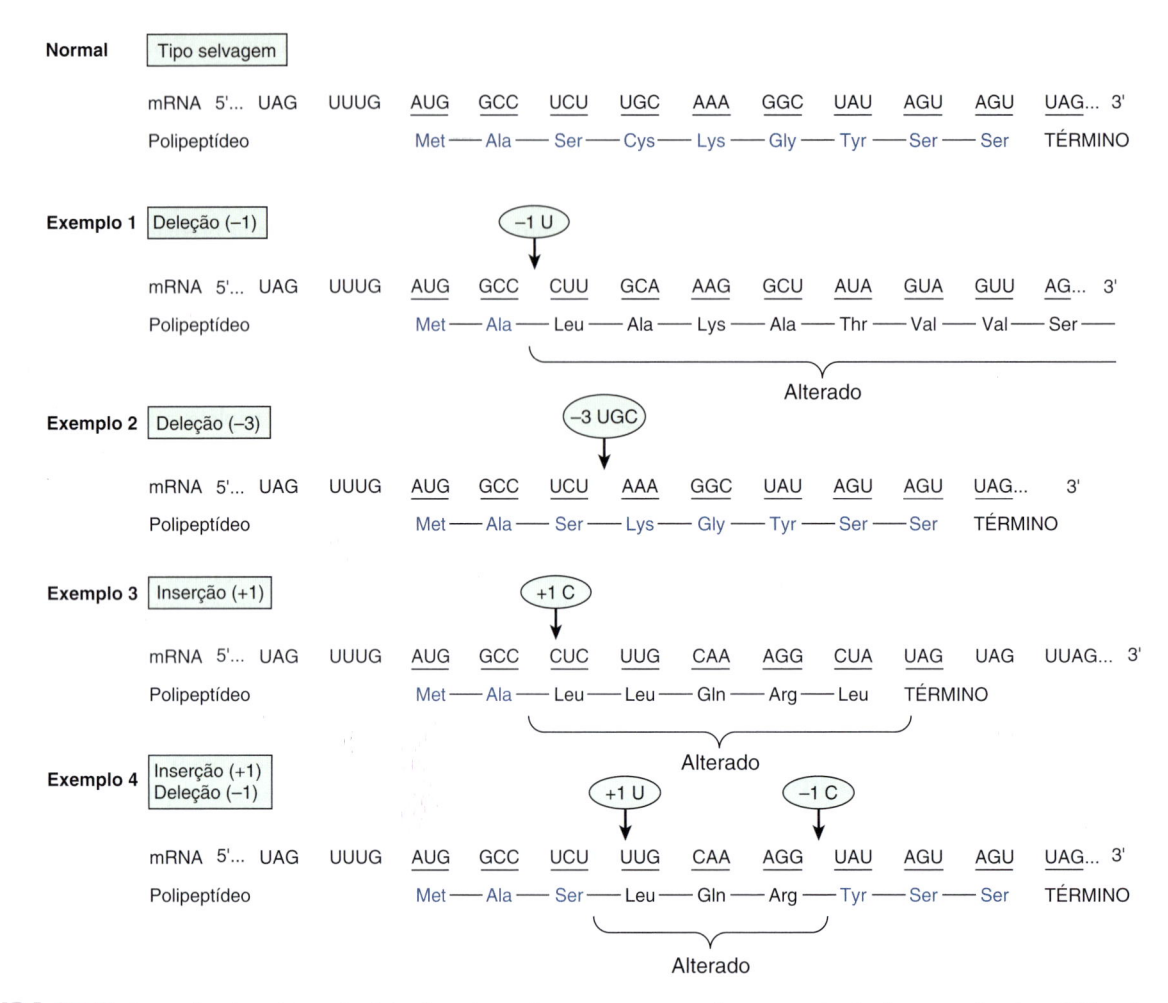

FIGURA 37-5 Exemplos dos efeitos de deleções e inserções em um gene sobre a sequência do transcrito de mRNA e da cadeia de polipeptídeo traduzida a partir disso. As setas indicam os sítios de deleções ou inserções, e os números nos ovais indicam o número de resíduos de nucleotídeos removidos ou inseridos. As letras coloridas indicam os aminoácidos corretos na ordem correta.

de aminoácidos alterada entre a inserção e a deleção. Além do restabelecimento da fase de leitura, a sequência de aminoácidos seria correta. Pode-se imaginar que diferentes combinações de **inserções** ou **deleções** (i.e., **indels**) ou ambas resultariam na formação de uma proteína, em que uma parte está anormal, porém circundada pelas sequências normais de aminoácidos. Esses fenômenos foram demonstrados de maneira convincente em várias doenças humanas.

Mutações supressoras podem neutralizar alguns dos efeitos de mutações de troca de sentido, mutações sem sentido e mutações de fase de leitura

A discussão anterior sobre os produtos de proteínas alteradas de mutações de genes é baseada na presença de moléculas de tRNA que funcionam normalmente. Entretanto, em organismos procarióticos e eucarióticos inferiores, foram descobertas moléculas de tRNA que funcionam anormalmente e que são resultados de mutações. Algumas dessas moléculas de tRNA anormais são capazes de se ligar e decodificar códons alterados e, desse modo, suprimir os efeitos de mutações em genes estruturais mutantes distintos codificadores de mRNA. Essas **moléculas de tRNA supressoras**, geralmente formadas como resultado de alterações em suas regiões de anticódons, são capazes de suprimir certas mutações de troca de sentido, mutações sem sentido e mutações da fase de leitura. Entretanto, uma vez que as moléculas de tRNA supressoras não são capazes de distinguir entre um códon normal e um códon resultante de uma mutação de um gene, sua presença na célula microbiana geralmente resulta em menor viabilidade. Por exemplo, as moléculas de tRNA supressoras sem sentido podem suprimir os sinais de terminação normais para permitir uma leitura além da terminação, quando isso não é desejável. As moléculas de tRNA supressoras da fase de leitura podem ler um códon normal e mais um componente de um códon justaposto para fornecer uma fase de leitura, mesmo quando não é desejável. Moléculas de tRNA supressoras podem existir em células de mamíferos, pois a leitura além do código de terminação tem sido observada em algumas ocasiões. No contexto laboratorial, esses tRNAs supressores, acoplados a variantes mutadas de aminoacil-tRNA-sintetases, podem ser utilizados para incorporar aminoácidos não naturais em locais definidos no interior de genes alterados que carregam mutações sem sentido modificadas. As proteínas marcadas resultantes podem ser utilizadas para ligações cruzadas *in vivo* e *in vitro* e estudos biofísicos. Essas novas ferramentas auxiliam, de forma significativa, os biólogos interessados em estudar os mecanismos de uma ampla variedade de processos biológicos.

ASSIM COMO A TRANSCRIÇÃO, A SÍNTESE DE PROTEÍNAS PODE SER DESCRITA EM TRÊS FASES: INICIAÇÃO, ALONGAMENTO E TERMINAÇÃO

As características estruturais gerais dos ribossomos são discutidas no Capítulo 34. Essas entidades particulares servem como a maquinaria em que a sequência de nucleotídeos do mRNA é traduzida na sequência de aminoácidos de uma proteína específica. A tradução do mRNA começa próximo à extremidade 5′ com a formação da extremidade aminoterminal correspondente da molécula de proteína. A mensagem é decodificada de 5′ para 3′, concluindo a formação da extremidade carboxiterminal da proteína. Mais uma vez, manifesta-se o conceito de **polaridade**. Como descrito no Capítulo 36, a transcrição de um gene no mRNA correspondente, ou em seu precursor, forma primeiro a extremidade 5′ da molécula de RNA. Em procariotos, isso permite o início da tradução do mRNA antes que a transcrição do gene seja concluída. Em organismos eucarióticos, o processo de transcrição é nuclear, ao passo que a tradução do mRNA ocorre no citoplasma, impedindo a transcrição e a tradução simultâneas e permitindo o processamento necessário para gerar o mRNA maduro a partir do transcrito primário.

A iniciação envolve vários complexos de proteína-RNA

A iniciação da síntese de proteínas requer que uma molécula de mRNA seja selecionada para a tradução por um ribossomo (**Figura 37-6**). Quando o mRNA se liga ao ribossomo, este deve localizar o códon de início, estabelecendo, assim, a fase de leitura correta no mRNA, e iniciar a tradução. Esse processo envolve tRNA, rRNA, mRNA e pelo menos **10 fatores de iniciação eucarióticos** (**eIFs,** do inglês *eukaryotic initiation factors*), alguns dos quais possuem múltiplas subunidades (3-8). Estão envolvidos também o trifosfato de guanosina (GTP, do inglês *guanosine triphosphate*), o trifosfato de adenosina (ATP, do inglês *adenosine triphosphate*) e aminoácidos. A iniciação pode ser dividida em três etapas, todas obrigatoriamente precedidas da dissociação do ribossomo 80S em seus constituintes, as subunidades 40S e 60S: (1) a ligação de um complexo ternário constituído pelo **iniciador metionil-tRNA** (**met-tRNA^i**), GTP e **eIF-2** ao ribossomo 40S para formar o **complexo de pré-iniciação 43S**; (2) a ligação do mRNA ao complexo de pré-iniciação 40S para formar o **complexo de iniciação 48S**; e (3) a combinação do complexo de iniciação 48S com a subunidade ribossômica 60S para formar o **complexo de iniciação 80S**.

Dissociação ribossomal

Antes da iniciação, os ribossomos 80S dissociam-se nas subunidades componentes 40S e 60S durante o término da tradução (ver adiante). A dissociação possibilita a participação desses componentes em ciclos subsequentes de tradução. Três fatores de iniciação, **eIF-3**, **eIF-1** e **eIF-1A**, ligam-se à subunidade ribossomal 40S recém-dissociada. Isso retarda a sua reassociação com a subunidade 60S e permite que outros fatores de iniciação da tradução se associem com a subunidade 40S.

Formação do complexo de pré-iniciação 43S

A primeira etapa da iniciação da tradução envolve a ligação do GTP pelo eIF-2. Então, esse complexo binário se liga ao **metionil-tRNA^i**, um tRNA especificamente envolvido na ligação ao códon de início AUG. É importante observar que há dois tRNAs para metionina. Um especifica a metionina para o códon de início, e o outro, para metioninas internas. Cada um possui uma sequência de nucleotídeos única; ambos são aminoacilados pela mesma metionil-tRNA-sintetase. O complexo ternário GTP-eIF-2-tRNA^i liga-se à subunidade ribossomal 40S para formar o complexo de pré-iniciação 43S. O complexo ternário-subunidade 40S é estabilizado pelo eIF-3 e eIF-1A e pela ligação subsequente ao **eIF-5**.

O eIF-2 é um dos dois pontos de controle para iniciação da síntese proteica nas células eucarióticas. O eIF-2 consiste em subunidades α, β e γ. O **eIF-2α é fosforilado** (na serina 51) por pelo menos **quatro proteínas-cinase diferentes** (**HCR**, **PKR**, **PERK** e **GCN2**), as quais são ativadas quando a célula está sob estresse e quando o despendimento de energia necessário para a síntese proteica pode ser danoso. Essas condições incluem jejum prolongado de aminoácidos ou glicose, infecção viral, presença intracelular de grandes quantidades de proteínas mal-enoveladas (estresse do retículo endoplasmático [RE]), privação de soro, hiperosmolalidade e choque térmico. A PKR é particularmente interessante nesse aspecto. Essa cinase é ativada por vírus e provoca um mecanismo de defesa no hospedeiro que diminui a síntese de proteínas, incluindo a síntese de proteínas virais, inibindo, dessa forma, a replicação viral. O eIF-2α fosforilado liga-se fortemente à proteína eIF-2B de reciclagem de GTP-GDP e a inativa, evitando, assim, a formação do complexo de pré-iniciação 43S e bloqueando a síntese proteica.

Formação do complexo de iniciação 48S

Como descrito no Capítulo 36, os terminais 5′ das moléculas de mRNA nas células de eucariotos apresentam um "*cap*". O ^{7me}G-*cap* facilita a ligação do mRNA ao complexo de pré-iniciação 43S. Um **complexo de proteína de ligação ao *cap*, eIF-4F** (**4F**), que consiste em **eIF-4E** (**4E**) e no **complexo eIF-4G** (**4G**)-**eIF-4A** (**4A**), liga-se ao *cap* por meio da proteína 4E. A seguir, o **eIF-4B** (**4B**) liga-se e reduz a estrutura secundária do complexo da extremidade 5′ do mRNA por meio de sua atividade helicase dependente de ATP. A associação do mRNA ao complexo de pré-iniciação 43S para formar o complexo de iniciação 48S requer hidrólise de ATP. O eIF-3 é uma proteína essencial porque se liga, com alta afinidade, ao componente 4G de 4F, e conecta esse complexo à subunidade ribossomal 40S. Após a associação do complexo de pré-iniciação 43S ao *cap* do mRNA e a redução ("fusão") da estrutura secundária próxima da extremidade 5′ do mRNA, pela

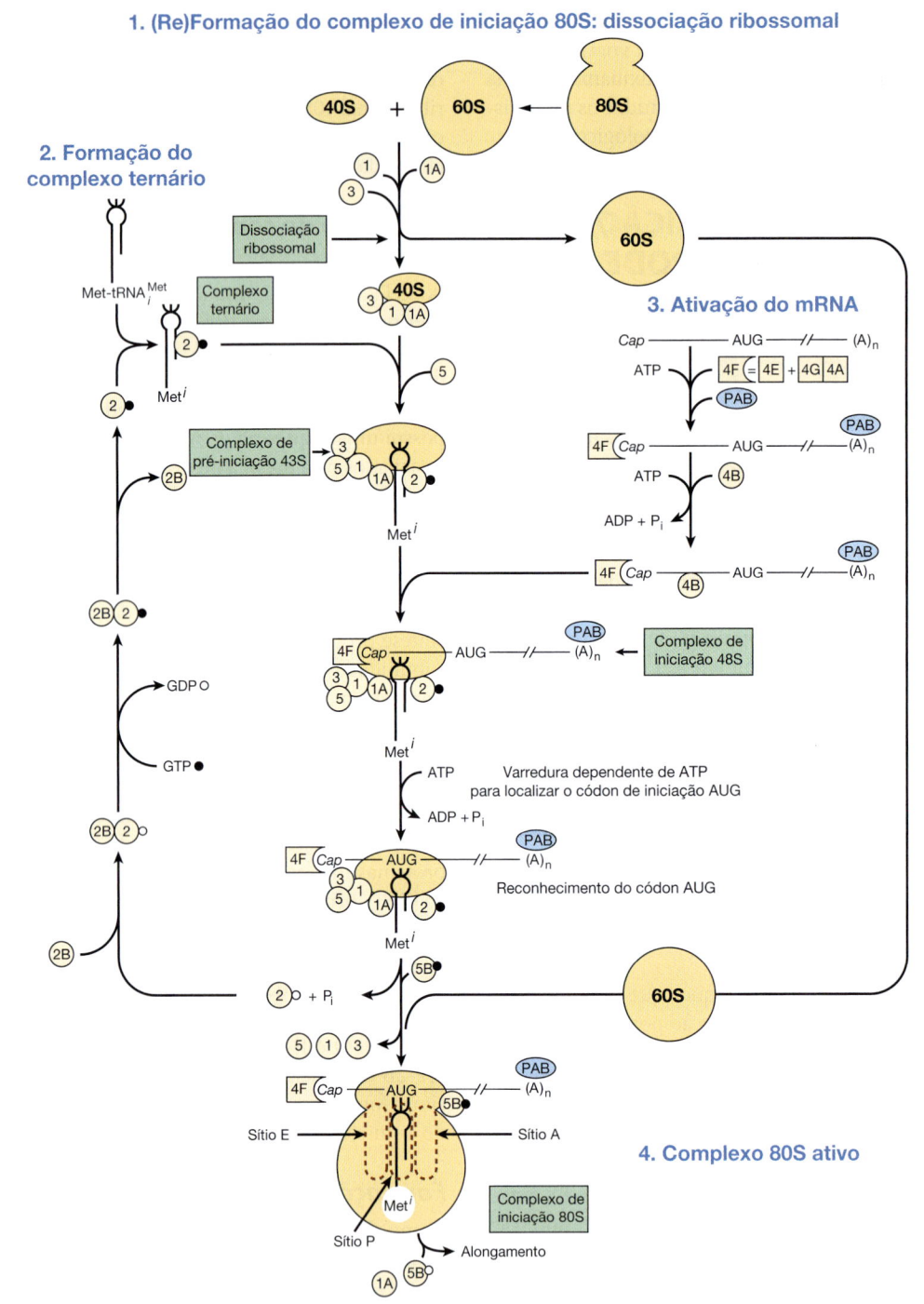

FIGURA 37-6 Representação diagramática da fase de iniciação da síntese de proteínas em um mRNA eucariótico. Os mRNAs de eucariotos contêm um 5′ $^{7\text{me}}$G-*cap* (*Cap*) e um terminal 3′ [(A)$_n$] poli(A), como mostrado. A formação do complexo de pré-iniciação da tradução ocorre em várias etapas. (1) Dissociação do complexo 80S nas subunidades componentes 40S e 60S, um processo que é facilitado pela ligação dos fatores eIF-1, eIF-1A e eIF-3 à subunidade 40S ribossomal (parte superior). (2) Formação do complexo de pré-iniciação 43S, um complexo ternário que consiste em met-tRNA$_i$ e GTP-ligado ao fator de iniciação eIF-2 (eIF-2-GTP; à esquerda). Em seguida, esse complexo é ligado pelo fator de iniciação eIF-5, com formação do complexo de pré-iniciação 43S completo. (3) Ativação do mRNA com *cap* e formação do complexo de iniciação 48S. O mRNA é ligado por meio de seu 5′-*Cap* pelo eIF-4F (composto dos fatores eIF-4E, eIF-4G e eIF-4A) e a cauda 3′ Poli(A) pela proteína de ligação de Poli A, com formação do complexo de iniciação 48S. A varredura do mRNA 5′ para 3′, dependente da hidrólise do ATP, possibilita a localização do códon de iniciação AUG, que, em seguida, é ligado pelo met-tRNA$_i$. (4) Após a adição de eIF-5B ligado ao GTP e dissociação do eIF-1, eIF-2-GDP, eIF-3 e eIF-5, ocorre formação do complexo de iniciação 80S quando uma subunidade ribossomal 60S reciclada une-se ao complexo 48S. Essa reação posiciona o iniciador met-tRNA$_i$ dentro do sítio P do complexo de iniciação 80S ativo; a formação induz a dissociação do eIF-1A e do eIF-5B ligado ao GDP (ver o texto para mais detalhes). Esse complexo está agora competente para a iniciação da tradução (GTP, •; GDP, °). Os vários fatores de iniciação aparecem na forma abreviada como círculos ou quadrados, por exemplo, eIF-3, (③), eIF-4F, (4F), (4F). 4•F é um complexo que consiste em 4E e 4A ligados a 4G (ver Figura 37-7). Observe que a estrutura "circular" do mRNA ilustrada na Figura 37-7 é considerada como a verdadeira forma de mRNA na qual ocorrem efetivamente as etapas 1 a 4.

ação da helicase 4B e do ATP, o complexo transloca na direção 5′ → 3′ e examina o mRNA em busca de um códon de iniciação adequado. Em geral, este é o AUG mais distante na direção 5′, mas o códon de início preciso é determinado pelas denominadas **sequências-consenso de Kozak** que envolvem o códon de iniciação **AUG**:

$$\overset{-3}{}\overset{+1}{}\overset{+4}{}$$
$$\text{GCCPuGCC}\textbf{AUG}\text{G}$$

A preferida é a presença de uma purina (Pu) nas posições −3 e uma G na posição +4.

Função da cauda poli(A) na iniciação

Experimentos bioquímicos e genéticos revelaram que a cauda 3′ poli(A) e a **proteína de ligação de poli(A)**, **PAB**, são necessárias para a iniciação eficiente da síntese de proteínas. Estudos adicionais mostraram que a cauda poli(A) estimula o recrutamento da subunidade ribossomal 40S para o mRNA por meio de um conjunto complexo de interações. A PAB (**Figura 37-7**), ligada à cauda poli(A), interage com as subunidades eIF-4G e 4E do eIF-4F ligado ao *cap* para formar uma estrutura circular, que ajuda a direcionar a subunidade ribossomal 40S para a extremidade 5′ do mRNA e que provavelmente também estabiliza os mRNAs da degradação exonucleolítica. Isso ajuda a explicar como as estruturas do *cap* e da cauda poli(A) possuem um efeito sinérgico na síntese proteica. De fato, as interações diferenciais proteína-proteína entre os repressores da tradução de mRNA gerais e específicos e o eIF-4E resultam em um controle de tradução m^7G *cap*-dependente (**Figura 37-8**).

Formação do complexo de iniciação 80S

A ligação da subunidade ribossomal 60S ao complexo de iniciação 48S envolve a hidrólise do GTP ligado ao eIF-2 por **eIF-5**. Essa reação resulta na liberação dos fatores de iniciação ligados ao complexo de iniciação 48S (esses fatores são, então, reciclados) e na rápida associação das subunidades 40S e 60S para formar o ribossomo 80S. Nesse ponto, o met-$tRNA_i$ está no sítio P do ribossomo, pronto para o início do ciclo de alongamento.

A regulação do eIF-4E controla a taxa de iniciação

O complexo 4F é particularmente importante no controle da taxa de tradução de proteínas. Como descrito, o 4F é um complexo composto por 4E, que se liga à estrutura do m^7G *cap* na extremidade 5′ do mRNA, e pelo 4G, que funciona como uma

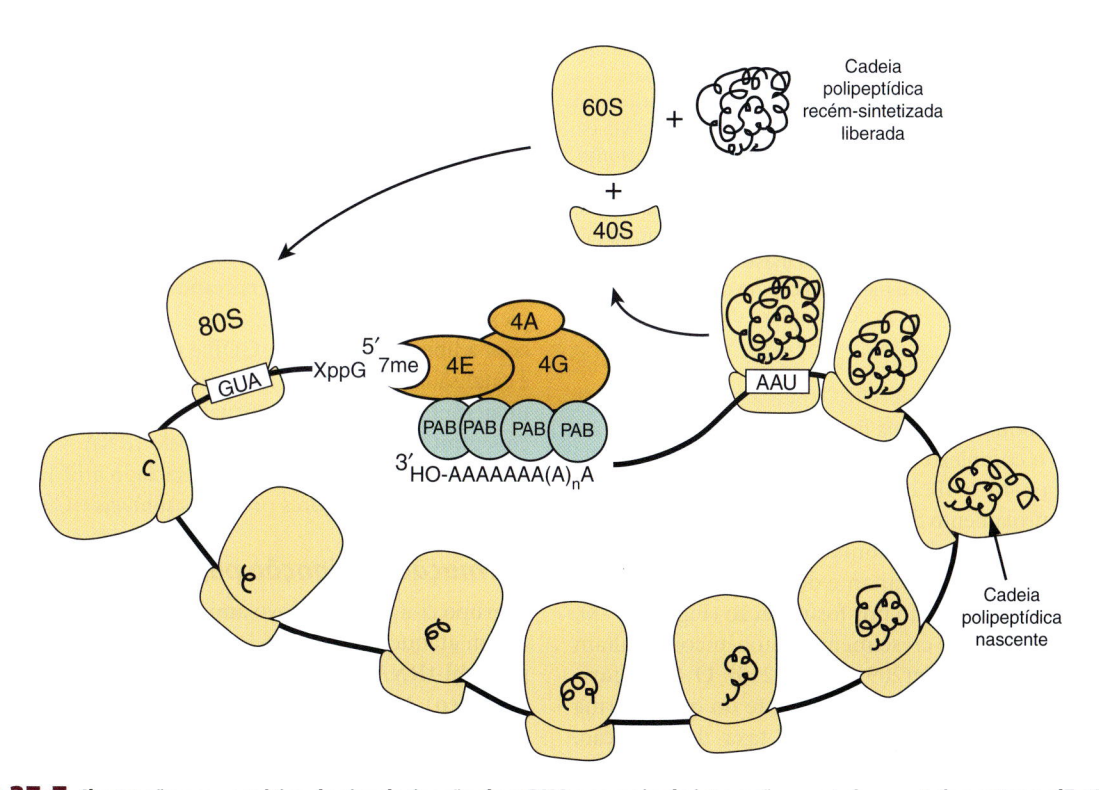

FIGURA 37-7 Ilustração esquemática da circularização do mRNA por meio de interações proteína-proteína entre o eIF-4F ligado ao *cap* ^{7me}G e a proteína de ligação de poli(A) ligada à cauda poli(A). O eIF-4F, constituído pelas subunidades eIF-4A, 4E e 4G, liga-se com alta afinidade ao *Cap* 5′-^{7me}G do mRNA ($^{7me}GpppX$-) a jusante do códon de iniciação da tradução (AUG). A subunidade eIF-4G do complexo também se liga à proteína de ligação de poli(A) (PAB) com alta afinidade. A circularização resulta da ligação forte de PAB à cauda poli(A) 3′-do mRNA (5′-(X)$_n$A(A)$_n$ AAAAAAA$_{OH}$ 3′). São mostrados múltiplos ribossomos 80S que se encontram no processo de traduzir o mRNA circularizado em proteína (espirais pretos), formando um polissomo. Ao encontrar o códon de término (aqui, UAA), ocorre a terminação da tradução, levando à liberação de novas proteínas recém-traduzidas e à dissociação do ribossomo 80S em subunidades 60S e 40S. As subunidades ribossomais dissociadas podem ser recicladas por meio de outro ciclo de tradução (ver Figuras 37-6 e 37-10).

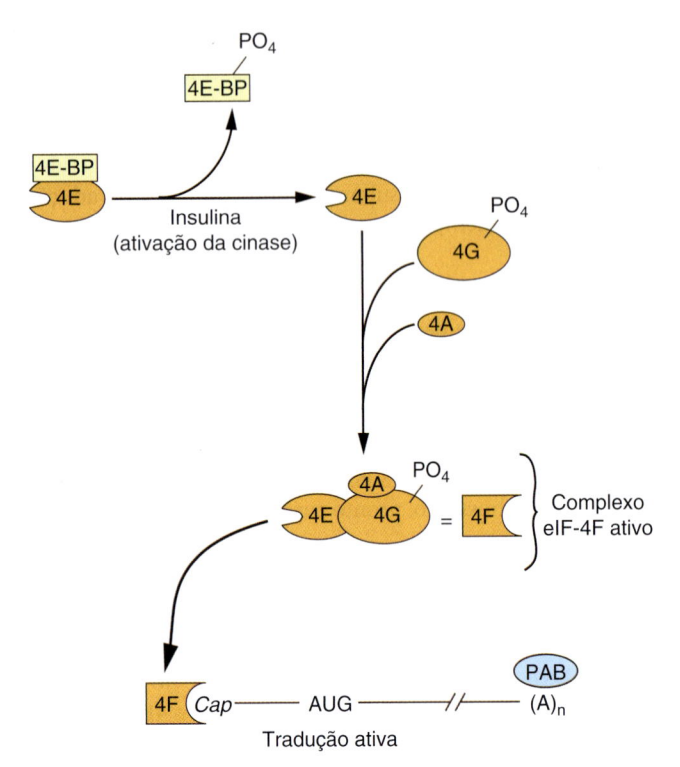

FIGURA 37-8 Ativação do eIF-4E pela insulina e formação do complexo eIF-4F de ligação do *cap*. O complexo 4F-*cap* mRNA é mostrado nas Figuras 37-6 e 37-7. O complexo 4F consiste em eIF-4E (4E), eIF-4A e eIF-4G. O 4E é inativo quando ligado a uma das proteínas da família de proteínas de ligação (4E-BPs). A insulina e os polipeptídeos de crescimento mitogênicos ou fatores de crescimento (p. ex., IGF-1, PDGF, interleucina 2 e angiotensina II) ativam a via da cinase PI3K/AKT, que ativam a mTOR-cinase, o que resulta na fosforilação de 4E-BP (ver Figura 42-8). O 4E-BP fosforilado dissocia-se de 4E, e o último é capaz de formar o complexo 4F e se ligar ao *cap* do mRNA. Esses polipeptídeos de crescimento também induzem a fosforilação do próprio 4G pelas vias de mTOR e MAP-cinase (ver Capítulo 42). O 4F fosforilado liga-se mais avidamente ao *cap* do que o 4F não fosforilado, o que estimula a formação do complexo de iniciação 48S e, portanto, a tradução.

proteína de arcabouço. Além da ligação ao 4E, o 4G liga-se ao eIF-3, que liga o complexo à subunidade ribossomal 40S. Ele também se liga a 4A e 4B, o complexo ATPase-helicase que auxilia no desenrolamento do RNA (Figura 37-8).

O 4E é responsável pelo reconhecimento da estrutura do *cap* do mRNA, uma etapa limitante de velocidade da tradução. Esse processo é regulado por fosforilação (Figura 37-8). A insulina e os fatores de crescimento mitogênicos resultam na fosforilação de 4E na Ser209 (ou Thr210). O 4E fosforilado liga-se ao *cap* muito mais avidamente do que a forma não fosforilada, estimulando, assim, a taxa de iniciação. Os componentes das vias da MAP-cinase, PI3K, mTOR, RAS e S6 cinase (ver Figura 42-8) podem, em condições adequadas, ser envolvidos nessas reações de fosforilação reguladoras.

A atividade da 4E é modulada em uma segunda forma e isso também envolve fosforilação; um conjunto de proteínas liga-se a e inativa 4E. Essas proteínas incluem **4E-BP1** (**BP1**, também conhecida como **PHAS-1**) e suas proteínas estreitamente relacionadas **4E-BP2** e **4E-BP3**. A BP1 liga-se com alta afinidade à 4E. A associação 4E-BP1 impede que 4E se ligue a 4G (para formar 4F). Uma vez que essa interação é essencial para a ligação de 4F à subunidade ribossomal 40S e para seu posicionamento correto no mRNA com *cap*, o BP-1 inibe efetivamente a iniciação da tradução.

A insulina e outros fatores de crescimento resultam na fosforilação de BP-1 em sete sítios exclusivos. A fosforilação de BP-1 resulta em sua dissociação de 4E, e ele não pode se religar até que sítios críticos sejam desfosforilados. Esses efeitos na ativação de 4E explicam, em parte, como a insulina provoca aumento pós-transcricional acentuado da síntese proteica no fígado e nos tecidos adiposo e muscular.

O alongamento também é um processo de múltiplas etapas facilitado por fatores acessórios

O alongamento é um processo cíclico no ribossomo, no qual é adicionado um aminoácido por vez à cadeia nascente de peptídeos (**Figura 37-9**). A sequência de peptídeos é determinada pela ordem de códons no mRNA. O alongamento envolve várias etapas catalisadas por proteínas, chamadas de **fatores de alongamento** (**EFs**, do inglês *elongation factors*). Essas etapas são (1) ligação do aminoacil-tRNA ao sítio A, (2) formação da ligação peptídica, (3) translocação do ribossomo no mRNA e (4) expulsão do tRNA desacilado dos sítios P e E.

Ligação do aminoacil-tRNA ao sítio A

No ribossomo 80S completo formado durante o processo de iniciação, o **sítio A** (**sítio aminoacil ou aceptor**) e o **sítio E** (**sítio de saída do tRNA desacilado**) estão livres (Figura 37-6). A ligação do aminoacil-tRNA adequado ao sítio A requer o reconhecimento do códon correto. O **fator de alongamento 1A** (**EF1A**) forma um complexo ternário com o GTP e o aminoacil-tRNA que está entrando (Figura 37-9). Esse complexo permite que o aminoacil-tRNA correto entre no sítio A com a liberação de EF1A-GDP e fosfato. A hidrólise do GTP é catalisada por um sítio ativo no ribossomo; a hidrólise induz uma mudança conformacional no ribossomo, aumentando concomitantemente a afinidade pelo tRNA. Como mostrado na Figura 37-9, o EF1A-GDP é reciclado a EF1A-GTP com o auxílio de outros fatores proteicos solúveis e GTP.

Formação da ligação peptídica

O grupo α-amino do novo aminoacil-tRNA, no sítio A, realiza um ataque nucleofílico ao grupo carboxila esterificado do **peptidil-tRNA** que ocupa o **sítio P** (**sítio peptidil** ou **polipeptídeo**). Na iniciação, esse sítio é ocupado pelo met-tRNA[i] iniciador. Essa reação é catalisada por uma **peptidil-transferase**, um componente do RNA 28S da subunidade ribossomal 60S. Este é outro exemplo de atividade de ribozima e indica um importante – e previamente ignorado – papel direto do RNA na síntese de proteínas (**Tabela 37-3**). Como o aminoácido no aminoacil-tRNA já está "ativado", nenhuma fonte de energia adicional é necessária para essa reação. A reação resulta na ligação da cadeia de peptídeo em crescimento ao tRNA no sítio A.

TABELA 37-3 Evidências de que o rRNA é uma peptidil-transferase

- Os ribossomos podem fazer ligações peptídicas (embora de modo ineficiente), mesmo quando as proteínas são removidas ou inativadas.
- Certas partes da sequência de rRNA são altamente conservadas em todas as espécies.
- Essas regiões conservadas estão na superfície da molécula de RNA.
- O RNA pode ser catalítico em muitas outras reações químicas.
- Mutações que resultam em resistência antibiótica no nível da síntese proteica são mais frequentemente encontradas em rRNA do que em componentes proteicos do ribossomo.
- A estrutura cristalográfica de raios X da subunidade grande ligada aos tRNAs sugere o mecanismo detalhado.

Translocação

O agora desacilado tRNA está ligado pelo seu anticódon ao sítio P em uma extremidade e por uma cauda 3′ CCA aberta ao sítio de saída (E) na grande subunidade ribossomal (parte central da Figura 37-9). Nesse ponto, o **fator de alongamento 2** (**EF2**) liga-se ao peptidil-tRNA e o desloca do sítio A para o sítio P. Por sua vez, o tRNA desacilado está no sítio E, a partir do qual deixa o ribossomo. O complexo EF2-GTP é hidrolisado a EF2-GDP, movendo efetivamente o mRNA para a frente em um códon e deixando o sítio A aberto para ser ocupado por outro complexo ternário de aminoácido tRNA-EF1A-GTP e outro ciclo de alongamento.

O carregamento da molécula de tRNA com o radical aminoacil requer a hidrólise de um ATP em AMP, equivalente à hidrólise de dois ATPs a dois ADPs e fosfatos. A entrada do aminoacil-tRNA no sítio A resulta na hidrólise de um GTP em GDP. A translocação do recém-formado peptidil-tRNA do sítio A para o sítio P pelo EF2 resulta, do mesmo modo, na hidrólise de GTP em GDP e fosfato. Assim, as necessidades energéticas para a formação de uma ligação peptídica incluem o equivalente à hidrólise de duas moléculas de ATP em ADP e de duas moléculas de GTP em GDP, ou à hidrólise de quatro ligações de fosfato de alta energia. Os ribossomos de eucariotos podem incorporar até 6 aminoácidos por segundo, e os de procariotos incorporam até 18 por segundo. Assim, o processo de síntese peptídica, que precisa de energia, ocorre com grande velocidade e precisão até que um códon de terminação seja alcançado.

A terminação ocorre quando um códon de término é reconhecido

Comparada à iniciação e ao alongamento, a terminação é um processo relativamente simples (**Figura 37-10**). Depois de múltiplos ciclos de alongamento, culminando na polimerização dos aminoácidos específicos em uma molécula de proteína, o códon de terminação do mRNA (UAA, UAG, UGA) aparece no sítio A. Normalmente, não há nenhum tRNA com um anticódon capaz de reconhecer esse sinal de terminação. O **fator de liberação 1** (**RF1**) reconhece que um códon de terminação reside no sítio A (Figura 37-10). O RF1 é ligado por um complexo constituído pelo **fator de liberação 3** (**RF3**) com GTP ligado. Esse complexo, com a peptidil-transferase, promove a

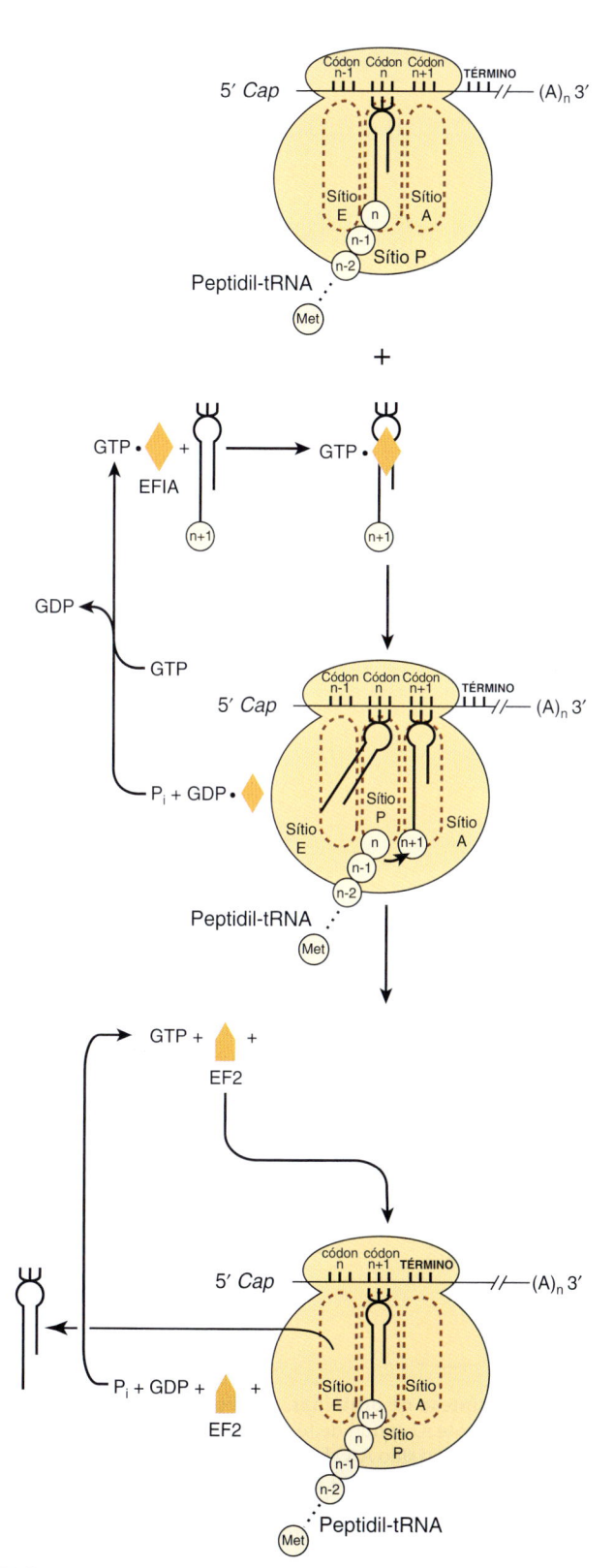

FIGURA 37-9 Representação diagramática do processo de alongamento do peptídeo da síntese de proteínas. Os pequenos círculos marcados n − 1, n, n + 1, etc., representam os resíduos de aminoácidos da molécula de proteína recém-formada (na orientação N-terminal para C-terminal) e os códons correspondentes no mRNA. EF1A e EF2 representam os fatores de alongamento 1 e 2, respectivamente. Os sítios do peptidil-tRNA, do aminoacil-tRNA e de saída no ribossomo são representados pelos sítios P, A e E, respectivamente.

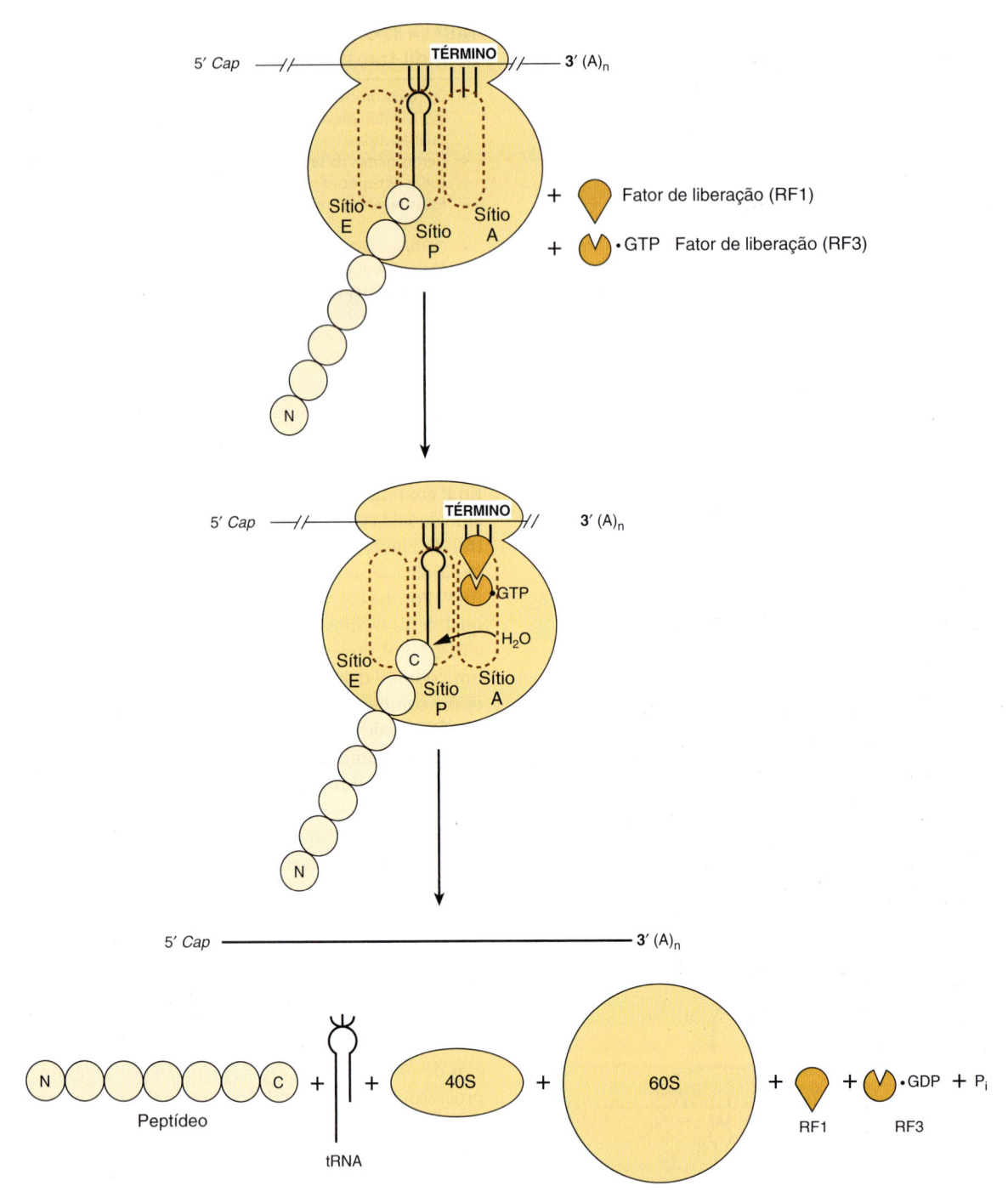

FIGURA 37-10 Representação diagramática do processo de terminação da síntese de proteínas. Os sítios da peptidil-tRNA ribossomal 60S, aminoacil-tRNA e de saída estão indicados como sítios P, A e E, respectivamente. O códon de término é indicado pelas três barras verticais e pela palavra "TÉRMINO". O fator de liberação RF1 liga-se ao códon de terminação no sítio A. O fator de liberação RF3, que está ligado ao GTP, liga-se ao RF1. A hidrólise do complexo peptidil-tRNA é mostrada pela entrada de água (H_2O); seta. N e C indicam os aminoácidos amino-terminal e carboxiterminal da cadeia polipeptídica nascente, respectivamente, ilustrando a polaridade da síntese proteica. A terminação resulta em liberação do mRNA, da proteína recém-sintetizada (extremidades N- e C-terminal; N, C), tRNA livre, subunidades 40S e 60S, bem como RF1, RF3 ligado ao GDP e P_i inorgânico, conforme mostrado na parte inferior.

hidrólise da ligação entre o peptídeo e o tRNA que ocupa o sítio P. Assim, uma molécula de água, em vez de um aminoácido, é adicionada. Essa hidrólise libera a proteína e o tRNA do sítio P. Após hidrólise e liberação, o ribossomo 80S dissocia-se em suas subunidades 40S e 60S, que são então recicladas (Figura 37-7). Por conseguinte, os fatores de liberação são proteínas que hidrolisam a ligação peptidil-tRNA quando um códon de terminação ocupa o sítio A. Em seguida, o mRNA é liberado do ribossomo, que se dissocia em suas subunidades componentes 40S e 60S, e outro ciclo pode ser repetido.

Os polissomos são conjuntos de ribossomos

Muitos ribossomos podem traduzir a mesma molécula de mRNA de maneira simultânea. Devido ao seu tamanho relativamente grande, as partículas ribossomais não podem se ligar a um mRNA a menos de 35 nucleotídeos de distância. Múltiplos ribossomos na mesma molécula de mRNA formam um **polirribossomo**, ou "**polissomo**" (Figura 37-7). Em um sistema sem restrição, o número de ribossomos ligados a um mRNA (e, portanto, o tamanho dos polirribossomos) correlaciona-se positivamente ao comprimento da molécula de mRNA.

Os polirribossomos que sintetizam ativamente proteínas podem existir na forma de partículas livres no citoplasma celular, ou podem estar ligados a lâminas de estruturas citoplasmáticas membranosas, designadas como **RE**. A ligação dos polirribossomos particulados ao RE é responsável pela sua aparência "rugosa", que é observada na microscopia eletrônica. As proteínas sintetizadas pelos polirribossomos ligados são expelidas para o espaço da cisterna entre as lâminas de RE rugoso, e são exportadas a partir desse local. Alguns dos produtos proteicos do RE rugoso são acondicionados pelo aparelho de Golgi para exportação final (ver Figuras 49-2 e 49-6). As partículas de polirribossomos livres no citosol são responsáveis pela síntese de proteínas necessárias para as funções intracelulares.

Os mRNAs não traduzidos podem formar partículas de ribonucleoproteínas que se acumulam em organelas citoplasmáticas, denominadas corpos P

Os mRNAs, ligados por proteínas empacotadoras específicas e exportados do núcleo como **partículas de ribonucleoproteínas (mRNPs)**, algumas vezes não se associam imediatamente aos ribossomos para serem traduzidos. Em vez disso, os mRNAs específicos podem associar-se a componentes proteicos que formam os **corpos P**, compartimentos densos pequenos que incorporam os mRNAs como mRNPs (**Figura 37-11**). Essas organelas citoplasmáticas estão relacionadas a pequenos grânulos semelhantes que contêm mRNAs, encontrados em neurônios e em certas células maternas. Os corpos P constituem sítios de metabolismo do mRNA. Foi sugerido que mais de 35 proteínas distintas residem exclusivamente ou de maneira extensa no interior dos corpos P. Essas proteínas incluem desde enzimas de retirada do *cap* do mRNA, RNA-helicases e RNA-exonucleases (5'-3' e 3'-5') até componentes envolvidos na função do miRNA e no controle de qualidade do mRNA. Entretanto, a incorporação de um mRNP não é uma inequívoca "sentença de morte" do mRNA. De fato, embora os mecanismos não sejam totalmente compreendidos, certos mRNAs parecem ser temporariamente armazenados nos corpos P e, então, recuperados e utilizados na tradução de proteínas. Isso sugere que há um equilíbrio no qual as funções citoplasmáticas do mRNA (tradução e degradação) são controladas por interações dinâmicas do mRNA com os polissomos e os corpos P.

A maquinaria da síntese proteica pode responder a ameaças ambientais

A **ferritina**, uma proteína de ligação ao ferro, evita que o ferro ionizado (Fe^{2+}) atinja níveis tóxicos no interior das células.

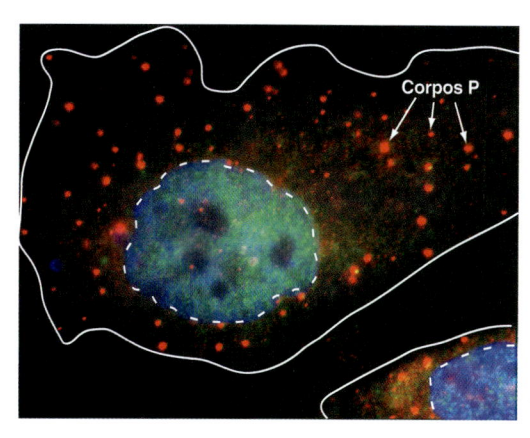

FIGURA 37-11 O corpo P é uma organela citoplasmática envolvida no metabolismo do mRNA. Fotomicrografia de duas células de mamíferos em que uma única proteína distinta constituinte do corpo P foi visualizada usando o anticorpo cognato marcado fluorescentemente. Os corpos P aparecem como pequenos círculos vermelhos de tamanhos variados no citoplasma. As membranas plasmáticas das células são indicadas por uma linha sólida branca, e as nucleares, por uma linha tracejada. Os núcleos foram contracorados com um corante fluorescente com espectros de excitação/emissão de fluorescência diferentes do anticorpo marcado, utilizado para identificar os corpos P; a coloração nuclear intercala-se entre os pares de bases de DNA e aparece como azul/verde. Modificada de http://www.mcb.arizona.edu/parker/WHAT/what.htm. (Utilizada com autorização do Dr. Roy Parker.)

O ferro elementar estimula a síntese de ferritina, provocando a liberação de uma proteína citoplasmática que se liga a uma região específica na região 5' não traduzida do mRNA da ferritina. O rompimento dessa interação proteína-mRNA ativa o mRNA da ferritina e resulta em sua tradução. Esse mecanismo fornece um rápido controle da síntese de uma proteína que sequestra Fe^{2+}, uma molécula potencialmente tóxica (ver Figuras 52-7 e 52-8). Do mesmo modo, o estresse ambiental e a inanição inibem as funções positivas de mTOR (Figuras 37-8 e 42-8) na promoção da ativação do eIF-4F e da formação do complexo 48S.

Muitos vírus cooptam pela maquinaria da síntese proteica da célula do hospedeiro

A maquinaria de síntese proteica também pode ser modificada de modo prejudicial. Os vírus replicam utilizando os processos das células hospedeiras, incluindo aqueles envolvidos na síntese proteica. Alguns mRNAs virais são traduzidos de maneira bem mais eficiente do que aqueles das células do hospedeiro (p. ex., vírus da encefalomiocardite). Outros, como os reovírus e o vírus da estomatite vesicular, replicam de maneira eficiente e, assim, os seus mRNAs muito abundantes possuem vantagem competitiva sobre os mRNAs das células do hospedeiro para fatores de tradução limitados. Outros vírus inibem a síntese proteica da célula do hospedeiro ao impedirem a associação do mRNA com o ribossomo 40S.

O poliovírus e outros picornavírus ganham uma vantagem seletiva interrompendo a função do complexo 4F. Os mRNAs desses vírus não possuem uma estrutura de *cap* para direcionar a ligação da subunidade ribossomal 40S (ver anteriormente). Em vez disso, a subunidade ribossomal 40S entra em contato com um **sítio de entrada ribossomal interno** (**IRES**, do inglês *internal ribosomal entry site*) em uma reação que requer o 4G, mas não o 4E. O vírus ganha uma vantagem seletiva pela posse de uma protease que ataca o 4G e remove o sítio de ligação aminoterminal do 4E. Agora o complexo 4E-4G (4F) não pode se formar, logo, a subunidade ribossomal 40S não pode ser direcionada aos mRNAs com *cap* do hospedeiro, abolindo a síntese proteica da célula do hospedeiro. O fragmento 4G pode direcionar a ligação da subunidade ribossomal 40S para os mRNAs que contêm IRES, de modo que a tradução do mRNA viral seja muito eficaz (**Figura 37-12**). Esses vírus também promovem a desfosforilação de BP1 (PHAS-1) e, assim, diminuem a tradução dependente de *cap* (4E) (Figura 37-8).

O PROCESSAMENTO PÓS-TRADUÇÃO AFETA A ATIVIDADE DE MUITAS PROTEÍNAS

Alguns vírus de animais, principalmente o vírus da imunodeficiência humana (HIV, do inglês *human immunodeficiency virus*), o poliovírus e o vírus da hepatite A, sintetizam proteínas policistrônicas longas a partir de uma molécula de mRNA longa. As moléculas de proteínas virais traduzidas a partir desses longos mRNAs são clivadas subsequentemente em sítios específicos para fornecer várias proteínas virais específicas necessárias para a função do vírus. Em células animais, muitas proteínas celulares são sintetizadas a partir do molde de mRNA como uma molécula precursora que, a seguir, deve ser modificada para chegar à proteína ativa. O protótipo é a insulina, uma pequena proteína que possui duas cadeias polipeptídicas com ligações dissulfeto inter e intracadeias. A molécula é sintetizada como uma única cadeia precursora, ou **pró-hormônio**, que se dobra para permitir a formação das ligações dissulfeto. Uma protease específica remove o segmento que conecta as duas cadeias, formando a molécula de insulina funcional (ver Figura 41-12).

Muitos outros peptídeos são sintetizados como pró-proteínas que necessitam de modificações antes de exercer suas atividades biológicas. Muitas modificações pós-tradução envolvem a remoção de resíduos de aminoácidos aminoterminais por aminopeptidases específicas (ver Figura 41-14). Em contrapartida, o colágeno, uma proteína abundante nos espaços extracelulares em eucariotos superiores, é sintetizado como pró-colágeno. Três moléculas polipeptídicas de pró-colágeno, frequentemente com sequências não idênticas, alinham-se de modo particular dependente da existência de peptídeos aminoterminais específicos (ver Figura 5-11). Enzimas específicas, então, realizam as hidroxilações e oxidações de resíduos de aminoácidos específicos no interior das moléculas de pró-colágeno, fornecendo as ligações cruzadas para maior estabilidade. Os peptídeos aminoterminais são clivados para fora da molécula para formar o produto final – uma molécula de colágeno forte e insolúvel. Ocorrem muitas outras modificações pós-tradução de proteínas. Modificações covalentes por acetilação, fosforilação, metilação, ubiquitinação e glicosilação são comuns (ver Capítulo 5 e Tabela 35-1).

MUITOS ANTIBIÓTICOS ATUAM INIBINDO SELETIVAMENTE A SÍNTESE DE PROTEÍNAS EM BACTÉRIAS

Os ribossomos em bactérias e nas mitocôndrias de células de eucariotos superiores são diferentes dos ribossomos de

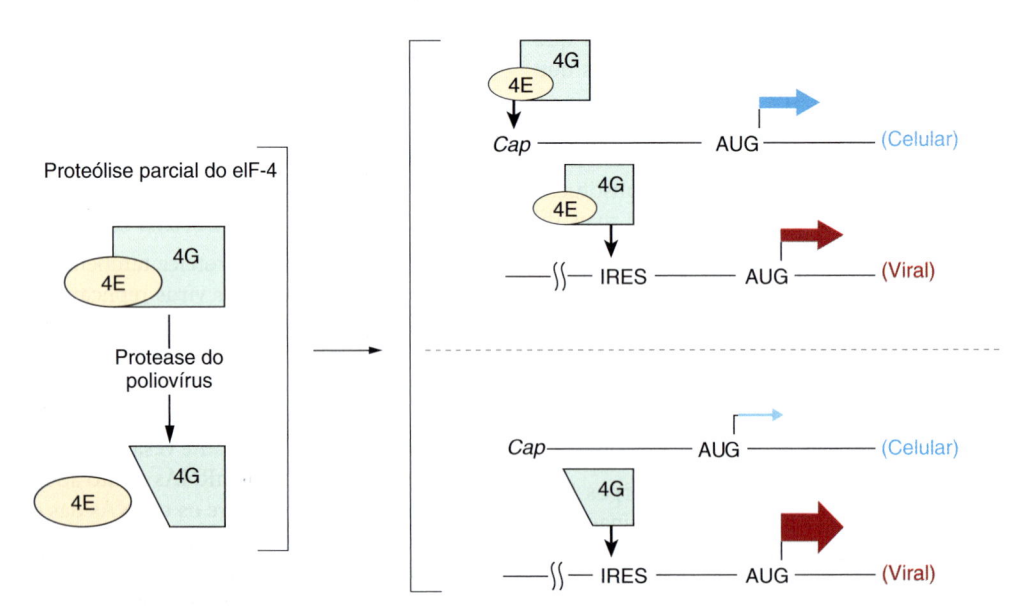

FIGURA 37-12 Os picornavírus desorganizam o complexo 4F. O complexo 4E-4G (4F) dirige a subunidade ribossomal 40S para o mRNA geralmente com *cap* (ver texto). Entretanto, o 4G, por si, é suficiente para direcionar a subunidade 40S para o sítio de entrada ribossomal interno (IRES) de alguns mRNAs virais. Para ganhar vantagem seletiva, certos vírus (p. ex., poliovírus) expressam uma protease que cliva o sítio de ligação 4E da extremidade aminoterminal do 4G. Esse 4G truncado pode direcionar a subunidade ribossomal 40S para os mRNAs que possuem um IRES, mas não para aqueles que possuem um *cap* (i.e., mRNAs da célula do hospedeiro). As larguras das setas indicam a taxa de iniciação da tradução a partir do códon AUG em cada exemplo. Outros vírus utilizam processos diferentes para realizar a iniciação seletiva da tradução dos seus mRNAs virais cognatos por meio de elementos IRES.

mamíferos descritos no Capítulo 34. O ribossomo bacteriano é menor (70S vs. 80S) e apresenta moléculas proteicas e um complemento de RNA um pouco mais simples e diferentes. Essa diferença pode ser explorada para fins clínicos, pois muitos antibióticos eficazes interagem especificamente com as proteínas e os RNAs de ribossomos de procariotos e, assim, apenas inibem a síntese proteica bacteriana. Isso resulta em parada do crescimento ou morte da bactéria. Os membros mais eficientes dessa classe de **antibióticos** (p. ex., **tetraciclinas**, **lincomicina**, **eritromicina** e **cloranfenicol**) não interagem com os componentes de ribossomos de eucariotos e, assim, não são tóxicos para os eucariotos. A tetraciclina impede a ligação dos aminoacil-tRNAs ao sítio A do ribossomo bacteriano. O cloranfenicol atua por meio de sua ligação ao 23S rRNA, o que é interessante tendo em vista o papel recém-reconhecido do rRNA na formação da ligação peptídica por meio de sua atividade de peptidil-transferase. Deve-se mencionar que a semelhança estreita entre os ribossomos procarióticos e mitocondriais pode levar a complicações na utilização de alguns antibióticos.

Outros antibióticos inibem a síntese proteica em todos os ribossomos (**puromicina**) ou apenas naqueles de células de eucariotos (**ciclo-heximida**). A puromicina (**Figura 37-13**) é um análogo estrutural do tirosinil-tRNA. A puromicina é incorporada por meio do sítio A ao ribossomo na posição carboxiterminal de um peptídeo, mas provoca a liberação prematura do polipeptídeo. A puromicina, como análogo do tirosinil-tRNA, inibe efetivamente a síntese proteica tanto em procariotos quanto em eucariotos. A ciclo-heximida inibe a peptidil-transferase na subunidade ribossomal 60S em eucariotos, ligando-se, provavelmente, a um componente do rRNA.

A **toxina diftérica**, uma exotoxina do *Corynebacterium diphtheriae* infectado por um fago lisogênico específico, catalisa a ADP-ribosilação do EF-2 no aminoácido singular diftamida (uma versão da histidina modificada pós-traducionalmente) em células de mamíferos. Essa modificação inativa o EF-2, inibindo, dessa forma, especificamente, a síntese proteica em mamíferos. Vários animais (p. ex., camundongos) são resistentes à toxina diftérica. Essa resistência deve-se à incapacidade de a toxina diftérica cruzar a membrana celular, em vez de ser resultante de insensibilidade do EF-2 dos camundongos à ADP-ribosilação via NAD catalisada pela toxina diftérica.

A **ricina**, uma molécula extremamente tóxica isolada da mamona, inativa o RNA ribossômico 28S de eucariotos catalisando a clivagem N-glicolítica ou a remoção de uma única adenina.

Muitos desses compostos – puromicina e ciclo-heximida, em particular – não são clinicamente úteis, mas têm sido importantes na elucidação do papel da síntese proteica na regulação dos processos metabólicos, sobretudo na indução enzimática por hormônios.

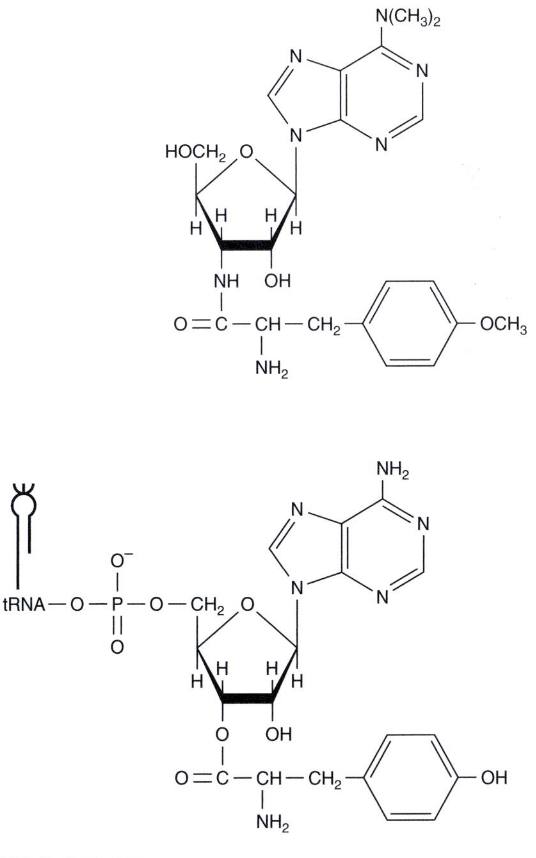

RESUMO

- O fluxo da informação genética segue geralmente a sequência de DNA → RNA → proteína.
- O RNA ribossômico (rRNA), o RNA transportador (tRNA) e o RNA mensageiro (mRNA) estão diretamente envolvidos na síntese proteica.
- A informação no mRNA está em uma sequência ordenada de códons, e cada um deles tem três nucleotídeos de comprimento.
- O mRNA é lido de maneira contínua do códon de início (AUG) para o códon de término (UAA, UAG, UGA).
- A fase de leitura aberta (ORF) do mRNA é a série de códons, cada um especificando um certo aminoácido, que determina a sequência de aminoácidos precisa da proteína.
- A síntese proteica, como a síntese de DNA e RNA, segue a polaridade 5′ para 3′ do mRNA e pode ser dividida em três processos: iniciação, alongamento e terminação.
- Proteínas mutantes surgem quando substituições de uma única base resultam em códons que especificam um aminoácido diferente em certa posição, quando um códon de término resulta em uma proteína truncada, ou quando adições ou deleções de bases alteram a fase de leitura, de modo que códons diferentes sejam lidos.
- Uma variedade de compostos, incluindo vários antibióticos, inibe a síntese proteica ao afetar uma ou mais etapas envolvidas na síntese de proteínas.

FIGURA 37-13 As estruturas comparativas do antibiótico puromicina (parte superior) e da porção 3′ terminal do tirosinil-tRNA (parte inferior).

REFERÊNCIAS

Crick FH, Barnett L, Brenner S, et al: General nature of the genetic code for proteins. Nature 1961;192:1227-1232.

Frank, J: Whither ribosome structure and dynamics? (A perspective). J Mol Biology 2016;428:3565-3569.

Hinnebusch AG: The scanning mechanism of eukaryotic translation initiation. Ann Rev Biochem 2014;83:779-812.

Hinnebusch AG, Ivanov IP, Sonenberg N: Translational control by 5'-untranslated regions of eukaryotic mRNAs. Science 2016;352:1413-1416.

Jain S, Parker R: The discovery and analysis of P bodies. Adv Exp Med Biol 2013;768:23-43.

Kozak M: Structural features in eukaryotic mRNAs that modulate the initiation of translation. J Biol Chem 1991;266:1986-1970.

Liu CC, Schultz PG: Adding new chemistries to the genetic code. Annu Rev Biochem 2010;79:413-444.

Moore PB, Steitz TA: The roles of RNA in the synthesis of protein. Cold Spring Harb Perspect Biol 2011;3:a003780.

Sonenberg N, Hinnebusch AG: Regulation of translation initiation in eukaryotes: mechanisms and biological targets. Cell 2009;136:731-745.

Thompson SR: Tricks an IRES uses to enslave ribosomes. Trends Microbiol 2012;20:558-566.

Wang Q, Parrish AR, Wang L: Expanding the genetic code for biological studies. Chem Biol 2009;16:323-336.

Weatherall DJ: Thalassaemia: the long road from bedside to genome. Nat Rev Genet 2004;5:625-631.

Wilson DN: Ribosome-targeting antibiotics and mechanisms of bacterial resistance. Nat Rev Microbiol 2013;12:35-48.

CAPÍTULO 38

Regulação da expressão gênica

P. Anthony Weil, Ph.D.

OBJETIVOS

Após o estudo deste capítulo, você deve ser capaz de:

- Explicar que as muitas etapas envolvidas nos processos vetoriais de expressão gênica, que compreendem desde a modulação direcionada do número de cópias de genes até o rearranjo gênico, a transcrição, o processamento e o transporte do mRNA a partir do núcleo, a tradução, a compartimentalização subcelular de proteínas e a modificação pós-traducional e degradação de proteínas, estão todas submetidas a um controle regulador, tanto positivo quanto negativo. Alterações em um ou em vários desses múltiplos processos podem aumentar ou diminuir a quantidade e/ou a atividade do produto gênico cognato.

- Compreender que os fatores de transcrição de ligação ao DNA, proteínas que se ligam a sequências específicas do DNA que estão fisicamente ligadas a seus elementos promotores de transcrição, podem ativar ou reprimir a transcrição gênica.

- Reconhecer que os fatores de transcrição de ligação ao DNA são frequentemente proteínas modulares compostas por domínios estruturais e funcionais distintos, que podem controlar a transcrição gênica do RNA mensageiro (mRNA), direta ou indiretamente, por meio de contatos com a RNA-polimerase e seus cofatores, ou por meio de interações com correguladores que modulam a estrutura do nucleossomo, a composição e a posição por meio de modificações covalentes e/ou deslocamento do nucleossomo.

- Compreender que os eventos reguladores direcionados pelo nucleossomo geralmente aumentam ou diminuem a acessibilidade do DNA subjacente, como sequências potencializadoras ou promotoras, embora a modificação do nucleossomo também possa criar novos sítios de ligação para outros correguladores.

- Descrever como os processos de transcrição gênica, processamento do RNA e exportação nuclear do RNA estão todos acoplados.

IMPORTÂNCIA BIOMÉDICA

Os organismos alteram a expressão dos genes em resposta a sinais ou a programas de desenvolvimento genético, a desafios ambientais ou a doenças, modulando a quantidade e os padrões espaciais e/ou temporais da expressão gênica. Os mecanismos que controlam a expressão gênica foram estudados em detalhes e frequentemente envolvem a modulação da transcrição gênica. O controle da transcrição resulta, em última análise, em mudanças no modo de interação de moléculas regulatórias específicas, geralmente proteínas, com várias regiões de ácido desoxirribonucleico (DNA, do inglês *deoxyribonucleic acid*) do gene controlado. Essas interações podem ter tanto efeitos positivos quanto negativos na transcrição. O controle da transcrição pode resultar em expressão gênica específica de um tecido, e a regulação gênica pode ser influenciada por uma variedade de agentes fisiológicos, biológicos, ambientais e farmacológicos.

Além dos controles em nível de transcrição, a expressão gênica também pode ser modulada pela amplificação gênica, pelo rearranjo gênico, por modificações pós-transcricionais, pela estabilização do ácido ribonucleico (RNA, do inglês *ribonucleic acid*), pelo controle de tradução e pela modificação, compartimentalização, estabilização ou degradação de proteínas. Muitos dos mecanismos que controlam a expressão gênica são utilizados para responder a sinais de desenvolvimento, fatores de crescimento, hormônios, agentes ambientais e medicamentos. A desregulação da expressão gênica pode levar a doenças em seres humanos. Por conseguinte, a compreensão molecular desses processos leva ao desenvolvimento de agentes terapêuticos capazes de alterar os mecanismos fisiopatológicos ou de inibir a função ou interromper o crescimento de organismos patogênicos.

A REGULAÇÃO DA EXPRESSÃO GÊNICA É NECESSÁRIA PARA O DESENVOLVIMENTO, A DIFERENCIAÇÃO E A ADAPTAÇÃO

A informação genética presente em cada célula somática normal de um organismo metazoário é praticamente idêntica. As exceções conectadas e geneticamente reproduzíveis são encontradas nas poucas células com genes amplificados ou rearranjados para realizar funções celulares especializadas. Naturalmente, em várias doenças, a integridade do cromossomo é alterada (i.e., câncer; Figura 56-11), e em alguns casos, de todo o cromossomo (p. ex., trissomia do 21, que causa a síndrome de Down). A expressão da informação genética deve ser regulada durante a ontogenia e a diferenciação do organismo e seus componentes celulares. Além disso, para o organismo se adaptar ao seu ambiente e para conservar energia e nutrientes, a expressão da informação genética deve ser sincronizada a sinais extrínsecos e responder apenas quando necessário. Com a evolução dos organismos, surgiram mecanismos reguladores mais sofisticados, os quais fornecem ao organismo e às suas células a capacidade de resposta necessária para a sobrevivência em um ambiente complexo. As células de mamíferos possuem cerca de mil vezes mais informação genética do que a bactéria *Escherichia coli*. Uma grande parcela dessa informação genética adicional está provavelmente envolvida na regulação da expressão gênica durante a diferenciação de tecidos e em processos biológicos no organismo pluricelular e para assegurar que o organismo possa responder aos desafios ambientais complexos.

Em termos simples, há apenas dois tipos de regulação gênica: **regulação positiva** e **regulação negativa** (Tabela 38-1). Quando a expressão de informação genética é quantitativamente aumentada pela presença de um elemento regulador específico, a regulação é considerada positiva; quando a expressão da informação genética é diminuída pela presença de um elemento regulador específico, a regulação é considerada negativa. O elemento, ou a molécula, mediador da regulação negativa é chamado de **regulador negativo**, **silenciador** ou **repressor**; o mediador da regulação positiva é um **regulador positivo**, um **potencializador** (em inglês, *enhancer*, ou amplificador) ou **ativador**. Entretanto, um **duplo-negativo** tem o efeito de ação de um positivo. Assim, um efetor que inibe o funcionamento de um regulador negativo aparecerá como responsável por uma regulação positiva. Muitos sistemas regulados que parecem ser induzidos são, na verdade, **desreprimidos** no nível molecular. (Ver Capítulo 9 para uma explicação adicional desses termos.)

OS SISTEMAS BIOLÓGICOS EXIBEM TRÊS TIPOS DE RESPOSTAS TEMPORAIS A UM SINAL REGULADOR

A **Figura 38-1** mostra a extensão ou a quantidade de expressão gênica em três tipos de resposta temporal a um sinal indutor. A **resposta do tipo A** é caracterizada por um aumento da expressão gênica, que é dependente da presença contínua do sinal indutor. Quando o sinal indutor é removido, a quantidade de expressão gênica diminui para seu nível basal, mas a quantidade aumenta repetidamente em resposta ao reaparecimento do sinal específico. Esse tipo de resposta é comumente observado em procariotos como reação a mudanças súbitas

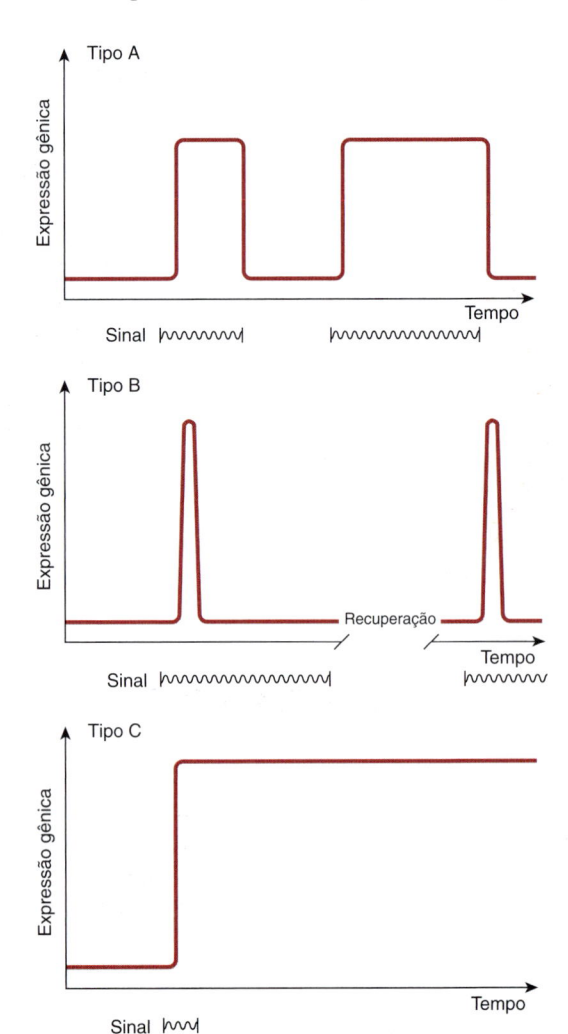

FIGURA 38-1 Representações diagramáticas das respostas do grau de expressão de um gene a sinais regulatórios específicos como função do tempo.

TABELA 38-1 Efeitos da regulação positiva e negativa na expressão gênica

	Taxa de expressão gênica	
	Regulação negativa	Regulação positiva
Regulador presente	Diminuída	Aumentada
Regulador ausente	Aumentada	Diminuída

da concentração intracelular de um nutriente. É também observado em muitos organismos superiores após exposição a indutores, como hormônios, nutrientes ou fatores de crescimento (ver Capítulo 42).

A **resposta do tipo B** exibe um aumento transitório da expressão gênica, mesmo na presença contínua de um sinal regulador. Após a terminação do sinal regulador e de ter sido permitido que a célula se recuperasse, pode ser observada uma segunda resposta transitória a um sinal regulador subsequente. Esse fenômeno de recuperação da resposta-dessensibilização caracteriza a ação de muitos agentes farmacológicos, mas também é uma característica de muitos processos que ocorrem naturalmente. Em geral, esse tipo de resposta ocorre durante o desenvolvimento de um organismo, quando apenas o aparecimento transitório de um produto gênico específico é necessário, embora o sinal persista.

O padrão de **resposta do tipo C** exibe, em resposta ao sinal regulador, um aumento da expressão gênica que persiste indefinidamente, mesmo após a terminação do sinal. O sinal atua como um gatilho nesse padrão. Uma vez que a expressão gênica é iniciada na célula, ela não pode ser encerrada, mesmo nas células-filhas; ela é, portanto, uma alteração irreversível e herdada. Esse tipo de resposta geralmente ocorre durante o desenvolvimento de funções diferenciadas em um tecido ou órgão.

Organismos unicelulares e pluricelulares simples servem como modelos valiosos para o estudo da expressão gênica em células de mamíferos

A análise da regulação da expressão gênica em células procarióticas ajudou a estabelecer o princípio de que a informação segue do gene para um mRNA e deste para uma molécula de proteína específica. Esses estudos foram auxiliados pelas análises genéticas avançadas que puderam ser realizadas em organismos procarióticos e em organismos eucarióticos inferiores, como a levedura do pão, *Saccharomyces cerevisiae*, e a mosca-da-fruta, *Drosophila melanogaster*, entre outros. Recentemente, os princípios estabelecidos nesses estudos, acoplados a uma variedade de técnicas de biologia molecular, levaram a um notável progresso na análise da regulação gênica em organismos eucarióticos superiores, incluindo mamíferos. Neste capítulo, a discussão inicial será centrada em sistemas de procariotos. Os impressionantes estudos genéticos não serão descritos, mas a fisiologia da expressão gênica será discutida. Entretanto, quase todas as conclusões sobre essa fisiologia derivaram de estudos genéticos e foram confirmadas por experimentos bioquímicos e de genética molecular.

Algumas características da expressão gênica de procariotos são singulares

Antes que a fisiologia da expressão gênica possa ser explicada, alguns termos genéticos especializados e reguladores devem ser definidos para sistemas procarióticos. Em procariotos, os genes envolvidos na via metabólica estão frequentemente presentes em uma série linear, chamada de **óperon**, por exemplo, o óperon *lac*. O óperon pode ser regulado por um único promotor ou por uma única região reguladora. O **cístron** é a menor unidade de expressão gênica. Um único mRNA que codifica mais de uma proteína traduzida separadamente é chamado de **mRNA policistrônico**. Por exemplo, o mRNA policistrônico do óperon *lac* é traduzido em três proteínas separadas (ver adiante). Os mRNAs de óperons e policistrônicos são comuns em bactérias, mas não em eucariotos.

Um **gene induzível** é aquele cuja expressão aumenta em resposta a um **indutor** ou **ativador**, um sinal regulador positivo específico. Em geral, genes induzíveis possuem taxas relativamente baixas de transcrição basal. Por outro lado, genes com taxas basais elevadas de transcrição são frequentemente sujeitos ao *downregulation* por repressores.

A expressão de alguns genes é **constitutiva**, isto é, eles são expressos a uma taxa razoavelmente constante e parecem não estar sujeitos à regulação. Eles são, em geral, chamados de **genes constitutivos** ou **de manutenção** (*housekeeping*). Como resultado de mutação, alguns produtos gênicos induzíveis se tornam constitutivamente expressos. Uma mutação que resulta em expressão constitutiva do que era anteriormente um gene regulado é chamada de **mutação constitutiva**.

A análise do metabolismo da lactose em *E. coli* levou à descoberta dos princípios básicos da ativação e da repressão da transcrição gênica

Jacob e Monod, em 1961, descreveram o seu **modelo de óperon** em um artigo clássico. Sua hipótese era, em grande parte, baseada em observações da regulação do metabolismo da lactose pela bactéria intestinal *E. coli*. Os mecanismos moleculares responsáveis pela regulação dos genes envolvidos no metabolismo da lactose estão, atualmente, entre os mais bem compreendidos em qualquer organismo. A β-galactosidase hidrolisa o β-galactosídeo lactose em galactose e glicose. O gene que codifica a β-galactosidase (*lacZ*) está agrupado com os genes que codificam a lactose-permease (*lacY*) e a tiogalactosídeo-transacetilase (*lacA*). Os genes que codificam essas três enzimas, juntamente com o promotor *lac* e o operador *lac* (uma região reguladora), e o gene *lacI* que codifica o repressor LacI estão fisicamente ligados e constituem o **óperon *lac***, conforme ilustrado na **Figura 38-2**. Esse arranjo genético do óperon *lac* possibilita a **expressão coordenada** das

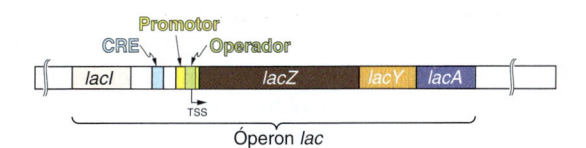

FIGURA 38-2 As relações de posição dos elementos codificadores e reguladores de proteínas do óperon *lac* de cerca de 6 kpb. O *lacZ* codifica a β-galactosidase, o *lacY* codifica uma permease e o *lacA* codifica uma tiogalactosídeo-transacetilase. O *lacI* codifica a proteína repressora do óperon *lac*. É mostrado também o local de início da transcrição (TSS) para a transcrição do óperon *lac*. Observe que o sítio de ligação para a proteína LacI (i.e., repressor *lac*) – o operador *lac* (Operador) sobrepõe-se ao promotor *lac*. Imediatamente a montante do promotor do óperon *lac* se situa o sítio de ligação (CRE) para a proteína de ligação de cAMP, CAP, o regulador positivo da transcrição do óperon *lac*. Ver Figura 38-3 para mais detalhes.

três enzimas envolvidas no metabolismo da lactose. Cada um desses genes ligados é transcrito em uma grande molécula de mRNA policistrônica que contém múltiplos códons de início (AUG) e de término (UAA) independentes de tradução para cada um dos três cístrons. Assim, cada proteína é traduzida separadamente, e elas não são processadas a partir de uma única grande proteína precursora.

Atualmente, é convencional considerar que um gene inclui sequências regulatórias, bem como a região que codifica o transcrito primário. Embora existam muitas exceções históricas, um gene é geralmente escrito em letras minúsculas e em itálico, e a proteína codificada, quando abreviada, é expressa em algarismo romano com a primeira letra maiúscula. Por exemplo, o gene *lacI* codifica a proteína repressora LacI. Quando *E. coli* é colocada em presença da lactose ou de alguns análogos específicos de lactose, em condições apropriadas de não repressão (p. ex., altas concentrações de lactose, nenhuma ou pouca glicose no meio; ver a seguir), a expressão das atividades de β-galactosidase, galactosídeo-permease e tiogalactosídeo-transacetilase é aumentada em cem a mil vezes. Esta é uma resposta do tipo A, como mostrado na Figura 38-1. A cinética de indução pode ser muito rápida; os mRNAs *lac*-específicos são completamente induzidos em cerca de 5 minutos após a adição de lactose à cultura; a proteína β-galactosidase é máxima em 10 minutos. Em condições de indução completa, pode haver até 5 mil moléculas de β-galactosidase por célula, uma quantidade aproximadamente mil vezes maior do que o nível basal, não induzido. Após a remoção do sinal, isto é, do indutor, a síntese dessas três enzimas diminui.

Quando *E. coli* é exposta tanto à lactose quanto à glicose como fontes de carbono, as células metabolizam primeiro a glicose e, então, temporariamente param de crescer, até que os genes do óperon *lac* sejam induzidos a fornecer a habilidade para metabolizar a lactose como fonte de energia utilizável. Embora a lactose esteja presente desde a fase inicial de crescimento da bactéria, a célula não induz as enzimas necessárias para o catabolismo da lactose até que a glicose se tenha esgotado. Esse fenômeno foi inicialmente atribuído à repressão do óperon *lac* por alguns catabólitos de glicose; por isso, foi denominado repressão de catabólitos. Sabe-se, agora, que a repressão de catabólitos é, de fato, mediada por uma **proteína ativadora de catabólitos** (**CAP**, do inglês *catabolite activator protein*), juntamente com o **3′,5′-monofosfato de adenosina cíclico** (**cAMP**; ver Figura 18-5). Essa proteína também é chamada de proteína reguladora de cAMP (CRP, do inglês *cAMP regulatory protein*). A expressão de muitos sistemas enzimáticos induzíveis ou óperons em *E. coli* e em outros procariotos é sensível à repressão de catabólitos, como discutido adiante.

A fisiologia da indução do óperon *lac* é bem compreendida no nível molecular (**Figura 38-3**). A expressão do gene *lacI* normal do óperon *lac* é constitutiva; ele é expresso a uma taxa constante, resultando na formação de subunidades do **repressor lac**. Quatro subunidades idênticas com pesos moleculares de 38.000 formam uma molécula tetramérica repressora Lac. A molécula de proteína repressora LacI, produto do *lacI*, possui alta afinidade (constante de dissociação, K_d de cerca de 10^{-13} mol/L) para o *locus* operador. O ***locus* operador** é uma região de DNA de dupla-fita que exibe simetria rotacional dupla e um palíndromo invertido (indicado por setas próximas ao eixo pontilhado) em uma região de 21 pb de comprimento, como mostrado a seguir:

```
          ⎯⎯⎯⎯⎯⎯→          :
5′ – AATTGT GAG C GATAACAATT
3′ – TTAACACTCG C CTAT TGTTAA
                            :     ←⎯⎯⎯⎯⎯⎯
```

A qualquer momento, apenas duas das quatro subunidades do repressor parecem ligar-se ao operador e, no interior da região dos 21 pares de bases, quase todas as bases de cada par estão envolvidas no reconhecimento e na ligação da LacI. A ligação ocorre principalmente no **sulco maior**, sem interromper a natureza de bases pareadas e dupla-hélice do DNA operador. O ***locus* operador** está entre o **sítio promotor** – ao qual a RNA-polimerase dependente de DNA se liga para iniciar a transcrição – e o sítio de início da transcrição do **gene *lacZ***, o gene estrutural para a β-galactosidase (Figura 38-2). Quando ligada ao *locus* operador, a molécula repressora LacI impede a transcrição dos genes estruturais distais, *lacZ*, *lacY* e *lacA*, interferindo na ligação da RNA-polimerase ao promotor; a RNA-polimerase e o repressor LacI não podem se ligar efetivamente ao óperon *lac* ao mesmo tempo. Assim, a molécula repressora LacI é um **regulador negativo**; em sua presença (e na ausência de indutor; ver a seguir), a expressão dos genes *lacZ*, *lacY* e *lacA* é muito, muito baixa. Existem normalmente cerca de 30 moléculas tetraméricas do repressor na célula, uma concentração (3×10^{-8} mol/L) de tetrâmeros suficiente para efetuar, em um determinado momento, > 95% de ocupação de um elemento do operador *lac* em uma bactéria, garantindo, assim, uma baixa transcrição basal (mas não zero) do gene óperon *lac* na ausência de sinais de indução.

Um análogo da lactose capaz de induzir o óperon *lac*, embora, ele mesmo, não sirva como substrato para a β-galactosidase, é um exemplo de **indutor gratuito**. Um exemplo é o **isopropiltiogalactosídeo** (**IPTG**). A adição de lactose ou de um indutor gratuito, como o IPTG, a bactérias crescendo em uma fonte de carbono pobremente utilizada (como o succinato) resulta na indução imediata das enzimas do óperon *lac*. Pequenas quantidades do indutor gratuito ou de lactose são capazes de entrar na célula, mesmo na ausência de permease. As moléculas repressoras da LacI – tanto as ligadas aos *loci* dos operadores quanto as livres no citosol – possuem alta afinidade pelo indutor. A ligação do indutor à molécula repressora induz uma mudança conformacional na estrutura do repressor e leva a uma diminuição na ocupação do DNA operador, pois sua afinidade ao operador é agora 10^4 vezes menor (K_d cerca de 10^{-9} mol/L) do que a da LacI na ausência de IPTG. A RNA-polimerase dependente de DNA pode, agora, ligar-se ao promotor (i.e., Figuras 36-3 e 36-8), e a transcrição começará, embora esse processo seja relativamente ineficaz (ver adiante). Dessa maneira, **um indutor desreprime um óperon *lac*** e possibilita a transcrição dos genes que codificam a β-galactosidase, a galactosídeo-permease e a tiogalactosídeo-transacetilase. A tradução do mRNA policistrônico pode ocorrer, mesmo antes de a transcrição ser completada. A desrepressão do óperon *lac* permite que a célula sintetize as enzimas necessárias para catabolizar a lactose como fonte de energia. Com base na fisiologia recém-descrita, a expressão induzida pelo IPTG de plasmídeos transfectados portadores do promotor-operador *lac*

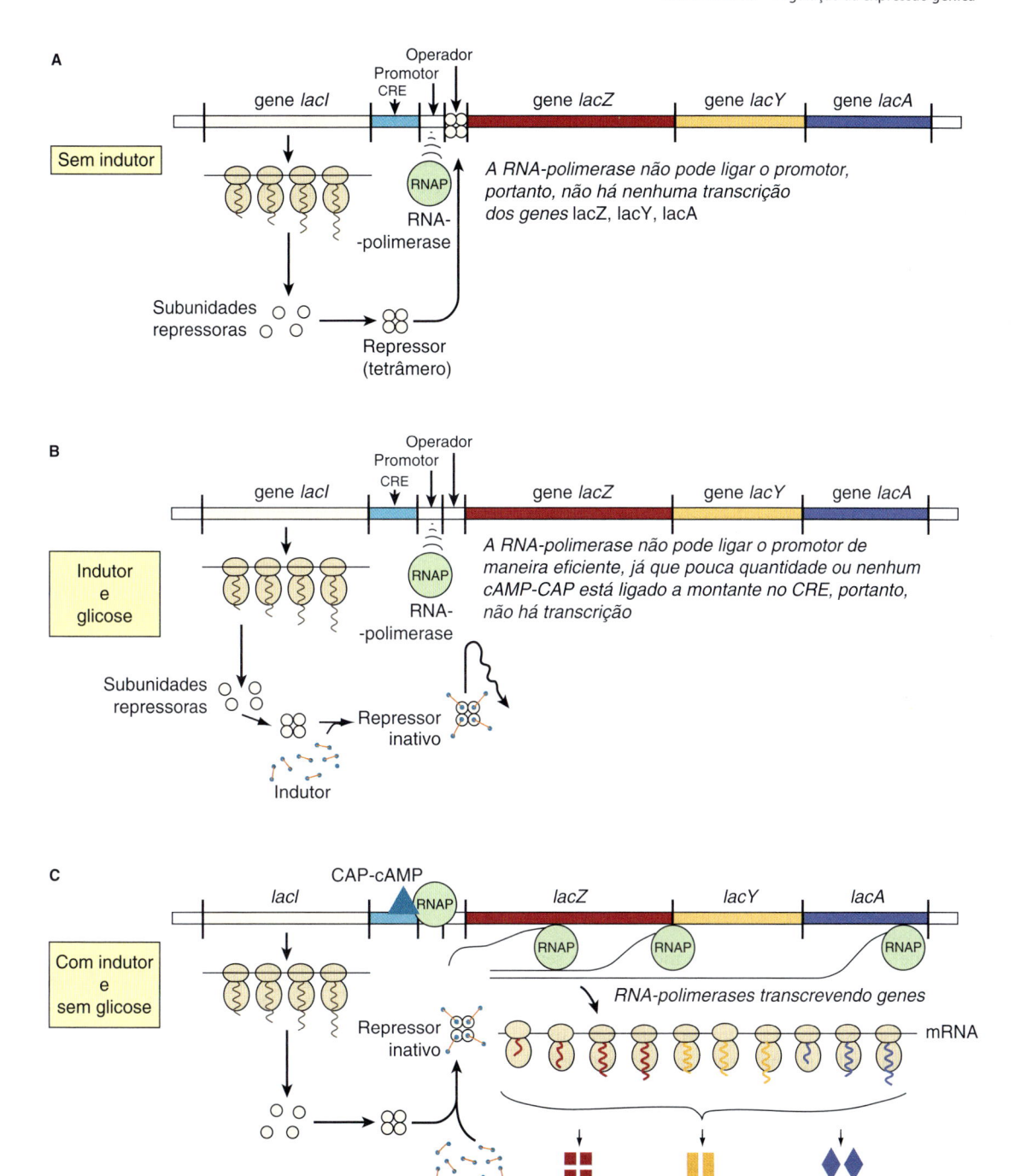

FIGURA 38-3 Mecanismo de repressão, desrepressão e ativação do óperon *lac*. Quando não há um indutor presente (**A**), os produtos do gene *lacI* constitutivamente sintetizados formam um tetrâmero repressor que se liga ao operador. A ligação repressor-operador impede a ligação da RNA-polimerase e, consequentemente, impede a transcrição dos genes estruturais *lacZ*, *lacY* e *lacA* em um mRNA policistrônico. Quando o indutor está presente, mas também há a presença de glicose no meio de cultura (**B**), as moléculas repressoras tetraméricas são alteradas de modo conformacional pelo indutor e não conseguem se ligar de maneira eficiente ao *locus* operador (afinidade da ligação reduzida em mais de mil vezes). Entretanto, a RNA-polimerase não se ligará de modo eficiente ao promotor e iniciará a transcrição, pois as interações positivas proteína-proteína entre a proteína CAP ligada ao CRE não ocorrem; assim, o óperon *lac* não é transcrito de maneira eficiente. Entretanto, quando o indutor está presente e o meio está desprovido de glicose (**C**), a adenilil-ciclase é ativada e o cAMP é produzido. O cAMP liga-se com grande afinidade à sua proteína de ligação, a proteína ativadora de cAMP, ou CAP. O complexo CAP-cAMP liga-se à sua sequência de reconhecimento (CRE, o elemento de resposta ao cAMP) na coordenada do nucleotídeo −50 do óperon *lac*. Os contatos diretos proteína-proteína entre a CAP ligada ao CRE e a RNA-polimerase aumentam a ligação ao promotor em mais de 20 vezes; portanto, RNAP transcreve, de maneira eficiente, o óperon *lac*, e a molécula de mRNA policistrônica *lacZ-lacY-lacA* formada pode ser traduzida nas moléculas das proteínas correspondentes β-galactosidase, permease e transacetilase, como mostrado. Essa produção de proteínas permite o catabolismo celular da lactose como única fonte de carbono para o crescimento.

ligado a construtos adequados produzidos por bioengenharia é comumente utilizada para expressar proteínas recombinantes de mamíferos em *E. coli*.

Para que a RNA-polimerase forme um complexo de pré-iniciação (PIC) no sítio promotor de modo mais eficiente, o complexo cAMP-CAP também deve estar presente na célula. Por um mecanismo independente, a bactéria acumula cAMP apenas quando é privada de uma fonte de carbono. Na presença de glicose – ou de glicerol em concentrações suficientes para o crescimento –, a bactéria não possuirá cAMP suficiente para se ligar à CAP, porque a glicose inibe a adenilil-ciclase, a enzima que converte trifosfato de adenosina (ATP, do inglês *adenosine triphosphate*) em cAMP (ver Capítulo 42). Assim, em presença de glicose ou glicerol, a CAP saturada de cAMP está ausente, de modo que a RNA-polimerase dependente de DNA não pode iniciar a transcrição do óperon *lac* na sua taxa máxima. Entretanto, na presença do complexo CAP-cAMP, que se liga ao DNA do **elemento de resposta à CAP** (**CRE**, do inglês *CAP response element*), imediatamente a montante do sítio promotor, a transcrição ocorre em níveis máximos (Figura 38-3). Estudos indicam que uma região da CAP entra em contato direto com a subunidade α da RNA-polimerase, e essas interações proteína-proteína facilitam a ligação da RNAP ao promotor. Por conseguinte, o regulador CAP-cAMP atua como **regulador positivo**, visto que a sua presença é necessária para a expressão gênica ótima. O óperon *lac* é, portanto, controlado por dois diferentes fatores *trans* de ligação ao DNA modulados por ligantes: um que atua positivamente (complexo cAMP-CRP) para facilitar a ligação produtiva da RNA-polimerase ao promotor, e outro que atua negativamente (repressor LacI) para antagonizar a ligação da RNA-polimerase ao promotor. A atividade máxima do óperon *lac* ocorre quando os níveis de glicose estão baixos (alto cAMP com ativação da CAP) e a lactose está presente (a LacI é impedida de ligar-se ao operador).

Quando o gene *lacI* sofre mutações, de modo que o seu produto, LacI, não é capaz de se ligar ao DNA operador, o organismo exibirá **expressão constitutiva** do óperon *lac*. Em contrapartida, um organismo com a mutação do gene *lacI*, que produz uma proteína LacI que impede a ligação a lactose ou outra molécula pequena indutora ao repressor, permanecerá reprimido, até mesmo na presença da molécula indutora, visto que esses ligantes não podem se ligar ao repressor no *locus* do operador para desreprimir o óperon. De forma semelhante, bactérias que abrigam mutações em seu *locus* operador *lac*, de modo que a sequência do operador não se liga a uma molécula repressora normal, expressam constitutivamente os genes do óperon *lac*. Os mecanismos de regulação positiva e negativa, comparáveis aos descritos aqui para o sistema *lac*, foram observados em células de eucariotos (ver a seguir).

O interruptor genético do bacteriófago lambda (λ) fornece outro paradigma para a compreensão do papel das interações proteína-DNA na regulação transcricional em células eucarióticas

À semelhança de alguns vírus de eucariotos (p. ex., herpes-vírus simples e vírus da imunodeficiência humana [HIV, do inglês *human immunodeficiency virus*]), alguns vírus de bactérias também podem residir em estado inativo no interior dos cromossomos do hospedeiro ou podem se replicar no interior de uma bactéria e, por fim, levar à lise e à morte do hospedeiro bacteriano. Algumas *E. coli* abrigam um desses vírus "moderados", o bacteriófago lambda (λ). Quando lambda infecta um organismo dessa espécie, ele injeta seu genoma de DNA linear de dupla-fita de 45.000 pb na célula (**Figura 38-4**). Dependendo do estado nutricional da célula, o DNA do lambda **integra-se** ao genoma do hospedeiro (**via lisogênica**) e permanece inativo até ser ativado (ver adiante), ou começa a

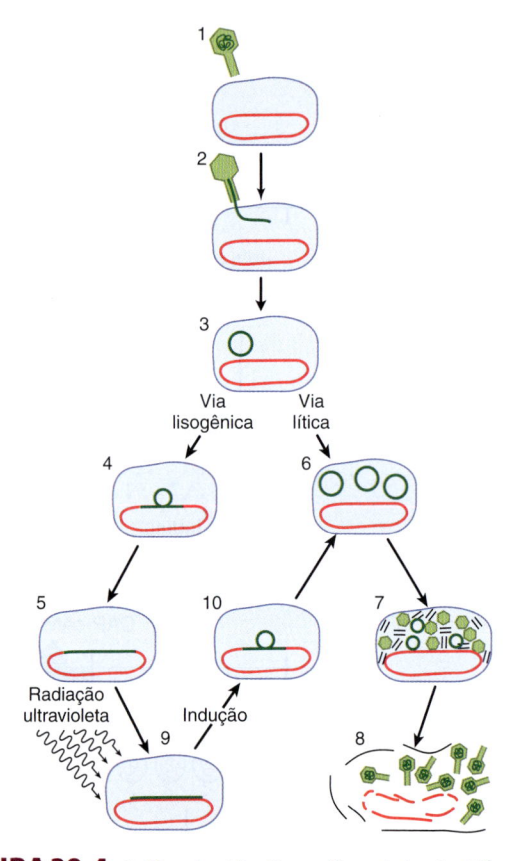

FIGURA 38-4 Estilos de vida alternativos do bacteriófago lambda. A infecção da bactéria *Escherichia coli* pelo fago lambda começa quando uma partícula viral fixa-se a receptores específicos existentes na superfície da célula bacteriana (**1**) e injeta o seu DNA (linha verde-escura) dentro da célula (**2**), onde o genoma do fago circulariza (**3**). A infecção pode tomar um de dois caminhos, dependendo de qual dos dois conjuntos de genes virais é ativado. Na via lisogênica, o DNA viral integra-se ao cromossomo bacteriano (**em vermelho**) (**4**, **5**), onde se replica passivamente, como parte do DNA bacteriano, durante a divisão celular de *E. coli*. Esse vírus inativo genomicamente integrado é chamado de prófago, e a célula que o abriga é chamada de lisogênica. No modo lítico alternativo de infecção, o DNA viral sai do cromossomo de *E. coli* e autorreplica (**6**) para direcionar a síntese de proteínas virais (**7**). Cerca de 100 novas partículas virais são formadas. Os vírus em proliferação induzem à lise da célula (**8**). Um prófago pode ser "induzido" por um agente danoso ao DNA, como a radiação ultravioleta (**9**). O agente de indução lança um interruptor (ver texto e Figura 38-5; o "interruptor molecular" λ), de modo a ligar um conjunto de genes virais diferentes. O DNA viral faz uma alça, é excisado do cromossomo de *E. coli* (**10**) e se replica; em seguida, o vírus prossegue ao longo da via lítica. (Reproduzida, com autorização, de Ptashne M, Johnson AD, Pabo CO: A genetic switch in a bacterial virus. Sci Am [Nov] 1982;247:128.)

replicar-se até ter feito cerca de 100 cópias completas de vírus com proteínas virais compactadas, quando, então, provoca a lise do seu hospedeiro (**via lítica**). As partículas virais recém-produzidas podem, então, infectar outras células hospedeiras suscetíveis. Condições de crescimento ruins favorecem a lisogenia, ao passo que boas condições de crescimento promovem a via lítica do crescimento do lambda.

Quando integrado ao genoma do hospedeiro em seu estado dormente, o lambda permanece nesse estado até ser ativado por exposição do seu hospedeiro bacteriano a agentes deletérios ao DNA. Em resposta ao estímulo nocivo, o bacteriófago inativo torna-se "induzido" e começa a transcrever e, subsequentemente, a traduzir os genes do seu próprio genoma que são necessários para a sua excisão do cromossomo do hospedeiro, a replicação do seu DNA e a síntese de sua cobertura proteica e de suas enzimas líticas. Esse evento atua como gatilho ou resposta do tipo C (Figura 38-1); isto é, uma vez que o lambda inativo tenha se comprometido com a indução, não há volta até que a célula seja lisada e o bacteriófago replicado seja liberado. Esse interruptor que passa de um estado inativo ou **estado prófago** para uma **infecção lítica** é bem compreendido nos níveis genético e molecular e será descrito em detalhes neste capítulo; embora menos compreendidos no nível molecular, o HIV e o herpes-vírus podem se comportar de modo semelhante, passando de um estado dormente para um estado de infecção.

O evento de interruptor genético lítico/lisogênico no lambda é centrado em torno de uma região de 80 pb em seu genoma de DNA de dupla-fita, chamado de "operador direito" (O_D) (**Figura 38-5A**). O **operador direito** (em inglês, *right operator*) situa-se entre o gene para a proteína repressora lambda, *cI*, e à direita do gene que codifica outras proteínas reguladoras, o gene ***cro***. Quando o lambda está em seu estado de prófago – isto é, integrado no genoma do hospedeiro –, o gene repressor *cI* é o *único* gene lambda que é expresso. Quando o bacteriófago está em crescimento lítico, o gene repressor *cI* não está expresso, mas o gene *cro* – bem como muitos outros genes lambda – está expresso. Por conseguinte, quando o gene repressor *cI* está ligado, o gene *cro* está desligado, e quando o gene *cro* está ligado, o gene repressor *cI* está desligado. Como será visto, esses dois genes regulam a expressão um do outro e, portanto, em última análise, a decisão entre o crescimento lítico ou lisogênico do lambda. Essa decisão entre a transcrição do gene repressor e a transcrição do gene *cro* é um exemplo paradigmático de um interruptor transcricional molecular.

O operador direito, O_D, lambda de 80 pb pode ser subdividido em três elementos de DNA *cis*-ativo de 17 pb, discretos e uniformemente espaçados, que representam os sítios de ligação para uma das duas proteínas reguladoras do bacteriófago lambda. De modo importante, as sequências de nucleotídeos desses três sítios arranjados em conjunto são semelhantes, mas não idênticas (**Figura 38-5B**). Os três elementos *cis* relacionados, denominados operadores O_D1, O_D2 e O_D3, podem ser ligados pelas proteínas cI ou Cro. Entretanto, as afinidades relativas de cI e Cro para cada um dos sítios varia, e essa afinidade de ligação diferenciada é fundamental para o funcionamento adequado do "interruptor molecular" do fago lambda lítico ou lisogênico. A região do DNA entre os genes *cro* e repressor também contém duas sequências promotoras que direcionam a ligação da RNA-polimerase em uma orientação específica, em que ela começa a transcrever genes adjacentes. Um promotor direciona a RNA-polimerase para transcrever para a direita e, portanto, transcrever o *cro* e outros genes distais, e o outro promotor direciona a transcrição do gene repressor *cI* para a esquerda (Figura 38-5B).

O produto do gene repressor *cI*, a **proteína repressora λ cI**, de 236 aminoácidos, é uma molécula com **dois domínios**: o **domínio de ligação ao DNA** (**DBD**, do inglês *DNA-binding domain*) **aminoterminal** e o **domínio de dimerização carboxiterminal**. A associação entre duas proteínas repressoras forma um dímero. Os **dímeros** de repressores cI ligam-se ao DNA operador com muito mais força do que os monômeros (**Figuras 38-6A** a **38-6C**).

O produto do gene *cro*, a **proteína Cro** de 66 aminoácidos e 9 kDa, possui um único domínio, mas também se liga ao DNA operador mais fortemente como um dímero (**Figura 38-6D**). O domínio único da proteína Cro faz a mediação tanto da ligação com o operador quanto da dimerização.

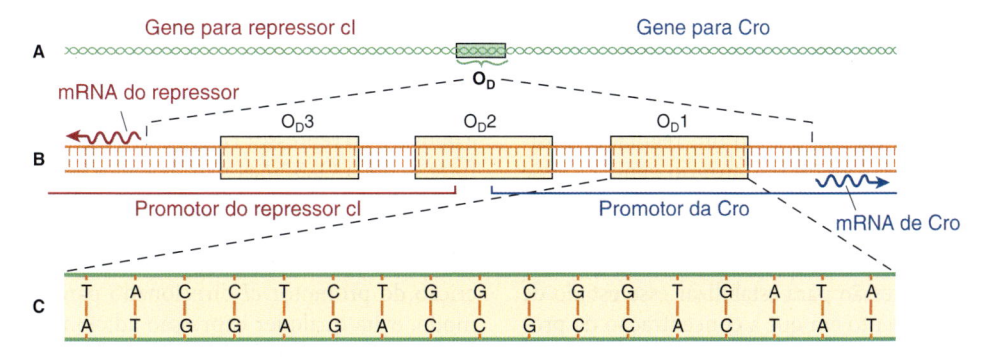

FIGURA 38-5 **Organização genética do "interruptor molecular" para o estilo de vida do lambda.** "O operador direito (em inglês, *right operator*) (O_D) é mostrado em detalhe crescente nesta série de imagens. O operador está em uma região do DNA viral com cerca de 70 pb de comprimento (**A**). À sua esquerda, encontra-se o gene que codifica o repressor lambda (*cI*); à sua direita, está o gene (*cro*) que codifica a proteína reguladora Cro. Quando a região do operador é ampliada (**B**), ele inclui três sub-regiões chamadas de operadoras: O_D1, O_D2 e O_D3, cada uma com 17 pb de comprimento. Esses três elementos de DNA são sítios de reconhecimento aos quais as proteínas repressora λ cI e Cro podem se ligar. Os sítios de reconhecimento sobrepõem-se a dois promotores divergentes – sequências de bases às quais a RNA-polimerase se liga para transcrever esses genes em mRNA (linhas onduladas), que são traduzidos em proteína. O sítio O_D1 está ampliado (**C**) para mostrar sua sequência de bases. (Reproduzida, com autorização, de Ptashne M, Johnson AD, Pabo CO: A genetic switch in a bacterial virus. Sci Am [Nov] 1982;247:128.)

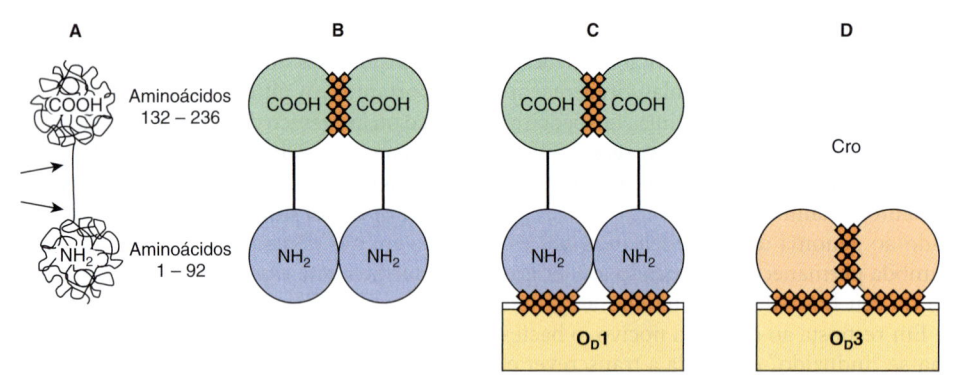

FIGURA 38-6 Estruturas moleculares esquemáticas das proteínas reguladoras do lambda, cI e Cro. A proteína repressora lambda é um polipeptídeo de 236 aminoácidos. A cadeia dobra-se em formato de halteres com duas subestruturas: um domínio aminoterminal (NH$_2$) e um domínio carboxiterminal (COOH). Os dois domínios são ligados por uma região da cadeia que é menos estruturada e suscetível à clivagem por proteases (indicada pelas duas setas em **A**). Moléculas repressoras únicas (monômeros) tendem a associar-se reversivelmente para formar dímeros. (**B**) Um dímero mantém-se unido principalmente pelo contato entre os domínios carboxiterminais (hachura). Os dímeros repressores cI ligam-se aos (e podem dissociar-se de) sítios de reconhecimento na região do operador; eles apresentam afinidades diferentes para os três sítios do operador, $O_D1 > O_D2 > O_D3$ (**C**). O domínio de ligação ao DNA (DBD) da molécula repressora estabelece contato com o DNA (hachura). A Cro (**D**) possui um único domínio, que promove a dimerização cro–cro, e um DBD que promove a ligação de dímeros ao operador. É importante que cro apresente afinidade mais elevada para O_D3, ao contrário da preferência de ligação da sequência para a proteína cI. (Reproduzida, com autorização, de Ptashne M, Johnson AD, Pabo CO: A genetic switch in a bacterial virus. Sci Am [Nov] 1982;247:128.)

Em uma bactéria lisogênica – isto é, uma bactéria que contém um prófago lambda dormente integrado –, o dímero repressor lambda liga-se preferencialmente ao O_D1, mas ao fazer isso, por meio de uma interação cooperativa, estimula a ligação (em cerca de 10 vezes) de outro dímero repressor ao O_D2 (**Figura 38-7**). A afinidade do repressor por O_D3 é a menor das três sub-regiões do operador. A ligação do repressor a O_D1 tem dois efeitos principais. Primeiro, a ocupação do O_D1 pelo repressor bloqueia a ligação da RNA-polimerase ao promotor direcionado para a direita e, desse modo, previne a expressão do *cro*. Segundo, como mencionado, o dímero repressor ligado ao O_D1 estimula a ligação do dímero repressor ao O_D2. A ligação do repressor ao O_D2 tem um efeito adicional importante de estimular a ligação da RNA-polimerase ao promotor direcionado para a esquerda, que se sobrepõe ao O_D3 e, portanto, estimula a transcrição e subsequente expressão do gene repressor. Esse estímulo à transcrição é mediado por interações diretas proteína-proteína entre a RNA-polimerase ligada ao promotor e o O_D2 ligado ao repressor, sobretudo como descrito para a proteína CAP e a RNA-polimerase no óperon *lac*. Portanto, o repressor cI λ é tanto um regulador negativo, ao impedir a transcrição do *cro*, quanto um regulador positivo, estimulando a transcrição do seu próprio gene, *cI*. Esse efeito dual do repressor é responsável pelo estado estável do bacteriófago lambda dormente; o repressor não apenas evita a expressão dos genes necessários para a lise, mas também promove a sua própria expressão para estabilizar esse estado de diferenciação. Em um evento em que a concentração da proteína repressora intracelular se torna muito alta, esse excesso de repressor se liga ao O_D3 e, agindo desse modo, diminui a transcrição do gene repressor pelo promotor direcionado para a esquerda, pelo bloqueio da ligação da RNAP ao promotor cI, até que a concentração do repressor caia e ele se dissocie do O_D3. Curiosamente, exemplos semelhantes de proteínas repressoras que também possuem a capacidade de ativar a transcrição foram observados em eucariotos.

Com esse estado lisogênico, estável, repressor e mediado por cI, pode-se perguntar como o ciclo lítico poderia alguma vez ser iniciado. Entretanto, esse processo ocorre de maneira muito eficiente. Quando um sinal causador de dano ao DNA, como a luz ultravioleta, atinge a bactéria lisogênica hospedeira, fragmentos do DNA de fita simples são produzidos, a fim de ativar uma coprotease específica codificada por um gene bacteriano, chamado de *recA* (Figura 38-7). A protease recA ativada hidrolisa a porção da proteína repressora que conecta os domínios aminoterminal e carboxiterminal dessa molécula (ver Figura 38-6A). A clivagem desses domínios repressores faz os dímeros repressores se dissociarem, o que, por sua vez, leva à dissociação das moléculas repressoras de O_D2 e, por fim, de O_D1. Os efeitos de remoção de repressor de O_D1 e O_D2 são previsíveis. A RNA-polimerase tem acesso imediato ao promotor direcionado para a direita e inicia a transcrição do gene *cro*, e o efeito estimulante do repressor no O_D2, na transcrição direcionada para a esquerda, é perdido (Figura 38-7).

A proteína Cro recém-sintetizada resultante também se liga à região do operador na forma de dímero; entretanto, conforme assinalado anteriormente, sua ordem de preferência é oposta à do repressor (Figura 38-7). Isto é, a Cro liga-se mais fortemente a O_D3, mas não há efeito cooperativo de Cro em O_D3 na ligação de Cro a O_D2. Em concentrações cada vez mais elevadas de Cro, a proteína se ligará a O_D2 e, por fim, a O_D1.

A ocupação de O_D3 por Cro desliga imediatamente a transcrição do promotor *cI* direcionado para a esquerda e, desse modo, evita qualquer expressão adicional do gene repressor. O interruptor molecular é, assim, completamente "lançado" na direção lítica. O gene *cro* é agora expresso, e o gene repressor é completamente desligado. Esse evento é irreversível, e a expressão de outros genes lambda inicia como parte do ciclo lítico. Quando a concentração do repressor Cro se torna muito alta, ele eventualmente ocupará O_D1 e, agindo dessa forma, reduzirá a expressão de seu próprio gene, processo necessário para efetuar as etapas finais do ciclo lítico.

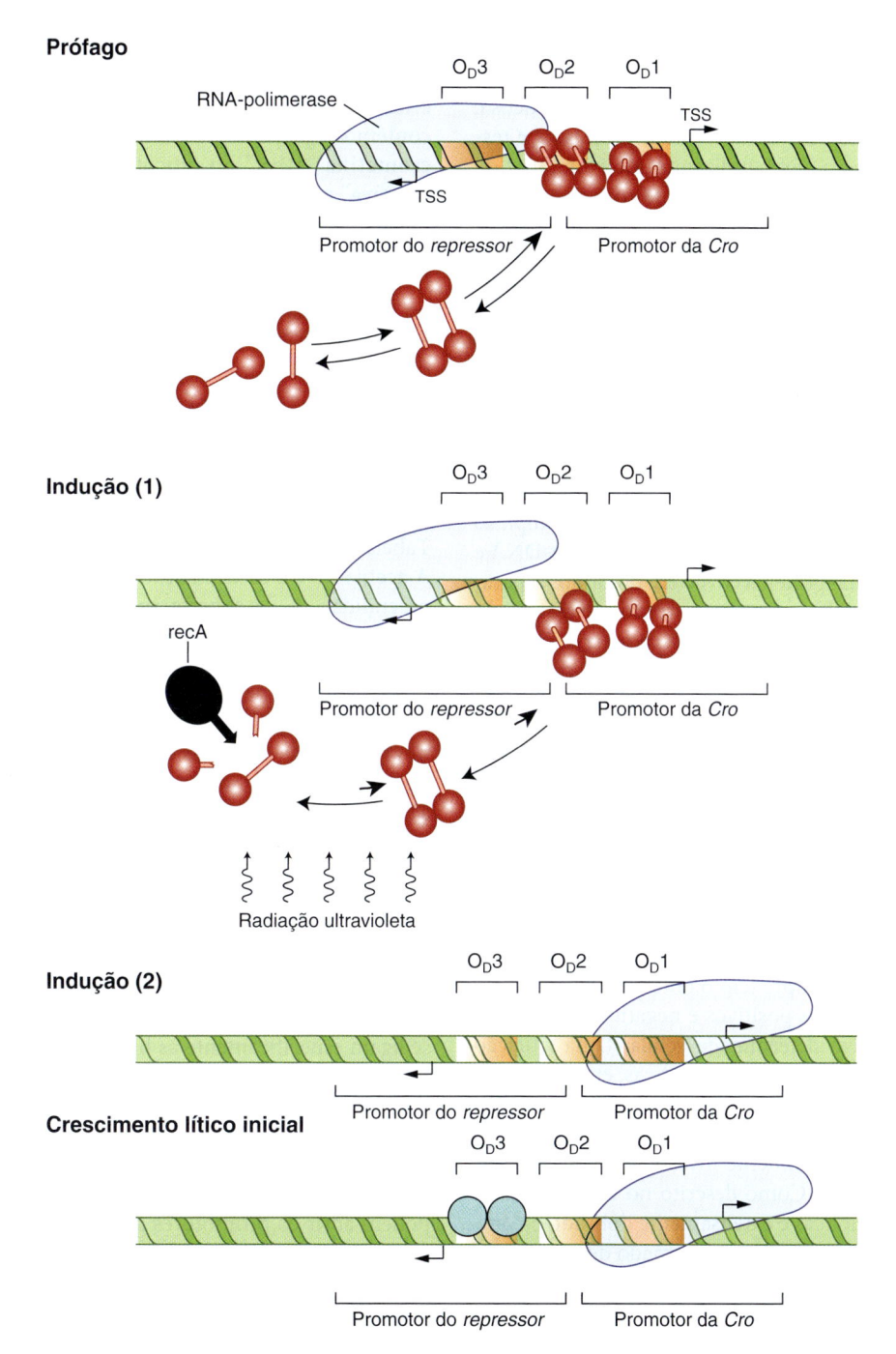

FIGURA 38-7 **A configuração do interruptor lítico/lisogênico é mostrada em quatro estágios do ciclo de vida do lambda.** A via lisogênica (na qual o vírus permanece dormente como prófago) é selecionada quando um dímero repressor se liga a O_D1, tornando, assim, mais provável que O_D2 seja imediatamente preenchido por outro dímero, devido à natureza cooperativa da ligação do cI-O_D DNA. No prófago (**parte superior**), os dímeros repressores ligados a O_D1 e O_D2 impedem que a RNA-polimerase se ligue ao promotor *cro* direcionado para a direita e bloqueiam a síntese de Cro (controle negativo). Simultaneamente, essas proteínas cI de ligação ao DNA aumentam a ligação da polimerase ao promotor à esquerda (controle positivo), o que resulta na transcrição do gene repressor em RNA (linha ondulada; iniciação no sítio de início da transcrição [TSS] do gene *cI*) e, assim, mais repressores são sintetizados, mantendo o estado lisogênico. O prófago é induzido (**centro**) quando a radiação ultravioleta ativa a protease recA, que cliva os monômeros repressores. **Indução** (**1**) O equilíbrio entre os monômeros livres, dímeros livres e dímeros ligados é, portanto, deslocado pela ação de massa, e os dímeros dissociam-se dos sítios do operador. A RNA-polimerase não é mais estimulada a ligar-se ao promotor direcionado para a esquerda, de modo que o repressor não é mais sintetizado. À medida que a indução continua, **Indução** (**2**) todos os sítios do operador tornam-se livres, de modo que a polimerase possa se ligar ao promotor do lado direito e sintetizar Cro (*cro* TSS mostrada). Durante o crescimento lítico inicial, um único dímero Cro liga-se a O_D3 (círculos sombreados de azul-claro), o sítio para o qual ele possui maior afinidade, ocluindo, portanto, o promotor *cI*. Consequentemente, a RNA-polimerase não pode se ligar ao promotor direcionado para a esquerda, mas o promotor direcionado para a direita permanece acessível. A polimerase continua a ligar-se ali, transcrevendo *cro* e outros genes líticos iniciais. Segue-se o crescimento lítico (**parte inferior**). (Reproduzida, com autorização, de Ptashne M, Johnson AD, Pabo CO: A genetic switch in a bacterial virus. Sci Am [Nov] 1982;247:128.)

As estruturas tridimensionais de Cro e da proteína repressora lambda foram determinadas por cristalografia de raios X, e modelos para a sua ligação e efeitos nos eventos genéticos e moleculares, anteriormente descritos, foram propostos e testados. Ambas se ligam ao DNA utilizando motivos DBD de hélice-volta-hélice (ver adiante). Juntamente com a regulação da expressão do óperon *lac*, o interruptor molecular λ descrito aqui proporciona, seguramente, a melhor compreensão dos eventos moleculares envolvidos na ativação e na repressão da transcrição gênica.

A análise detalhada do repressor λ levou ao importante conceito de que as proteínas reguladoras de transcrição possuem vários domínios funcionais. Por exemplo, o repressor lambda liga-se ao DNA com grande afinidade. Monômeros repressores formam dímeros, interagem cooperativamente entre si, e o repressor interage com a RNA-polimerase para estimular ou bloquear a ligação do promotor ou a formação do complexo aberto de RNAP (ver Figura 36-3). A interface proteína-DNA e as três interfaces proteína–proteína envolvem domínios separados e distintos da molécula do repressor. Conforme assinalado adiante (ver Figura 38-19), trata-se de uma característica que é típica da maioria das moléculas que regulam a transcrição.

CARACTERÍSTICAS ESPECIAIS ESTÃO ENVOLVIDAS NA REGULAÇÃO DA TRANSCRIÇÃO GÊNICA EM EUCARIOTOS

A maior parte do DNA nas células procarióticas está organizada em genes, e, como o DNA não está compactado com histonas do nucleossomo, ele sempre tem o potencial de ser transcrito se houver fatores *trans* positivos e negativos adequados em uma forma ativa em determinada célula. Uma situação muito diferente ocorre nas células eucarióticas, em que muito pouco do total do DNA está organizado em genes que codificam o mRNA e suas regiões reguladoras associadas. A função do DNA extra tem sido ativamente investigada (i.e., Capítulo 39; Projetos ENCODE). Como descrito no Capítulo 35, o DNA em células eucarióticas é extensamente dobrado e compactado no complexo proteína-DNA, chamado de cromatina. As histonas são uma parte importante desse complexo, uma vez que formam as estruturas conhecidas como nucleossomos (ver Capítulo 35) e também afetam significativamente os mecanismos reguladores de genes, como destacado adiante.

O molde de cromatina contribui, de modo importante, para o controle da transcrição gênica de eucariotos

A estrutura da cromatina fornece um nível adicional de controle da transcrição gênica. Como discutido no Capítulo 35, grandes regiões de cromatina são inativas transcricionalmente, ao passo que outras podem ser ativas ou potencialmente ativas. Com poucas exceções, cada célula contém o mesmo complemento de genes e, portanto, o desenvolvimento de órgãos especializados, tecidos e células e suas funções em todo o organismo dependem da expressão diferencial dos genes.

Algumas dessas expressões diferenciais se devem à presença de diferentes regiões de cromatina disponíveis para a transcrição em células de vários tecidos. Por exemplo, o DNA que contém o agrupamento de genes da β-globina está em uma **cromatina "ativa"** no reticulócito, mas em uma **cromatina "inativa"** nas células musculares. Ainda não foram elucidados todos os fatores envolvidos na determinação da cromatina ativa. A presença de nucleossomos e de complexos de histonas e DNA (ver Capítulo 35) certamente fornece uma barreira contra a associação imediata entre fatores de transcrição e regiões específicas do DNA. A dinâmica da formação e a interrupção da estrutura do nucleossomo constituem, portanto, uma parte importante da regulação gênica de eucariotos.

A **modificação covalente de histonas**, também chamada de **código das histonas**, é um determinante importante da atividade gênica. As histonas são submetidas a uma grande variedade de modificações pós-traducionais específicas (ver Tabela 35-1). Essas modificações são dinâmicas e reversíveis. A acetilação e a desacetilação de histonas são mais bem compreendidas. A descoberta surpreendente de que a histona-acetilase e outras atividades enzimáticas estão associadas a correguladores envolvidos na regulação da transcrição gênica (ver Capítulo 42 para exemplos específicos) forneceu um novo conceito de regulação gênica. Sabe-se que a acetilação ocorre nos resíduos de lisina nas caudas aminoterminais das moléculas de histona, e ela tem sido consistentemente correlacionada à transcrição ou, alternativamente, ao potencial transcricional. A acetilação da histona reduz a carga positiva dessas caudas e, provavelmente, contribui para uma diminuição na afinidade de ligação da histona pelo DNA negativamente carregado. Além disso, a modificação covalente das histonas cria novos sítios de ligação para proteínas adicionais, como os complexos de remodelação da cromatina dependentes de ATP, que contêm subunidades que transportam domínios estruturais que se ligam especificamente às histonas que estavam submetidas às modificações pós-tradução (PTMs) de correguladores. Esses complexos podem aumentar a acessibilidade de sequências de DNA adjacentes por meio da remoção ou alteração das histonas nucleossomais. Então, os correguladores (modificadores e remodeladores de cromatina), trabalhando em conjunto, podem abrir os promotores gênicos e as regiões reguladoras, facilitando a ligação de outros fatores *trans* e da RNA-polimerase II e GTFs (ver Figuras 36-10 e 36-11). A desacetilação de histonas, catalisada pelos correpressores transcricionais, teria o efeito oposto. Proteínas diferentes com atividades acetilase e desacetilase específicas estão associadas a vários componentes do aparato transcricional. As proteínas que catalisam as PTMs de histonas são, algumas vezes, chamadas de "**escritoras do código**", e as proteínas que reconhecem, ligam-se e, portanto, interpretam as PTMs de histonas são chamadas de "**leitoras do código**". As enzimas que removem as PTMs de histonas são chamadas de "**apagadores do código**". (A analogia com a transdução de sinais, com suas cinases, fosfatases e proteínas de ligação de fosfoaminoácidos deve ser evidente – ver Capítulo 42.) Coletivamente, as PTMs de histonas representam uma fonte de informação reguladora muito dinâmica e rica. As regras exatas e os mecanismos que definem a especificidade desses vários processos estão em investigação. Alguns exemplos específicos são ilustrados no Capítulo 42.

Várias empresas comerciais estão trabalhando no desenvolvimento de medicamentos que alterem especificamente a atividade de proteínas que orquestram o código das histonas.

Além do código das histonas (ver Capítulo 35) e seus efeitos sobre todas as reações mediadas por DNA, a **metilação de resíduos de desoxicitidina**, **5MeC** (na sequência 5'-^{me}CpG-3'), no DNA tem efeitos importantes sobre a cromatina, alguns dos quais levam a uma diminuição da transcrição gênica. Por exemplo, no fígado de camundongo, apenas os genes ribossomais não metilados podem ser expressos, e há evidências de que muitos vírus de animais não são transcritos quando seus DNAs são metilados. A desmetilação intensa dos resíduos de 5MeC em regiões específicas de genes induzíveis por hormônios esteroides tem sido associada a um aumento da taxa de transcrição gênica. Entretanto, ainda não é possível generalizar que o DNA metilado é transcricionalmente inativo, que toda cromatina inativa é metilada ou que o DNA ativo não é metilado.

Por fim, a ligação de fatores de transcrição específicos aos elementos do DNA cognato pode resultar na ruptura da estrutura do nucleossomo. Muitos genes eucarióticos apresentam múltiplas proteínas de ligação a elementos do DNA. A ligação seriada de fatores de transcrição a esses elementos – de modo combinatório – pode romper diretamente a estrutura do nucleossomo, evitando a sua reformação, ou recrutar, por interações proteína-proteína, complexos correguladores multiproteicos que têm a capacidade de modificar e/ou de remodelar os nucleossomos de modo covalente. Essas alterações resultam em mudanças estruturais na cromatina que, no fim, aumentam ou diminuem a acessibilidade do DNA a outros fatores e à maquinaria de transcrição.

O DNA eucariótico que está em uma região "ativa" de cromatina pode ser transcrito. Como em células procarióticas, um **promotor** determina onde a RNA-polimerase iniciará a transcrição, mas o promotor em células de mamíferos (ver Capítulo 36) é mais complexo. Uma complexidade adicional é acrescentada por elementos ou fatores que estimulam ou reprimem a transcrição, definem a expressão tecido-específica e modulam as ações de muitas moléculas efetoras. Finalmente, resultados recentes sugerem que a ativação e a repressão gênica devem ocorrer quando genes particulares se movem para dentro ou para fora de diferentes compartimentos ou locais subnucleares.

Mecanismos epigenéticos contribuem, de modo importante, para o controle da transcrição gênica

As moléculas e a biologia regulatória descritas são importantes para a regulação transcricional. De fato, recentemente, o papel da modificação covalente do DNA e das proteínas histonas (e não histonas) e dos ncRNAs recém-descobertos tem recebido enorme atenção no campo da pesquisa da regulação gênica, sobretudo por meio da investigação sobre como tais modificações químicas e/ou moléculas estáveis alteram os padrões de expressão gênica sem alterar a sequência de genes do DNA subjacente. Esse campo de estudo foi chamado de **epigenética**. Como mencionado no Capítulo 35, um aspecto desses mecanismos, as PTMs de histonas, foi chamado de **código das histonas** ou código epigenético das histonas. O termo "epigenética" significa "acima da genética" e refere-se ao fato de esses mecanismos reguladores não alterarem a sequência de DNA regulada subjacente, mas simplesmente alterarem os padrões de expressão desse DNA. Os mecanismos epigenéticos desempenham papéis fundamentais no estabelecimento, na manutenção e na reversibilidade dos estados transcricionais. Uma característica importante dos mecanismos epigenéticos é a de que os estados transcricionais controlados ligados/desligados podem ser mantidos por muitos ciclos de divisão celular. Essa observação indica que devem existir mecanismos robustos e de base bioquímica para manter e propagar esses estados epigenéticos de maneira estável.

Podem ser descritas **duas formas de sinais epigenéticos**: sinais epigenéticos *cis* e *trans*; elas estão ilustradas esquematicamente na **Figura 38-8**. Um evento de sinalização *trans* simples, composto de retroalimentação transcricional positiva, mediada por um transativador difusível abundante, que se divide de maneira eficiente e de modo aproximadamente igual entre a célula-mãe e a célula-filha a cada divisão, é mostrado na Figura 38-8A. Desde que o fator de transcrição seja expresso em nível suficiente para permitir que todas as células-filhas subsequentes herdem o sinal epigenético *trans* (fator de transcrição), as células terão o fenótipo molecular ou celular determinado pelos outros genes-alvo desse ativador transcricional. Na Figura 38-8, painel B, está um exemplo de como um sinal epigenético *cis* (aqui como uma marcação específica de metilação 5MeCpG) pode ser propagado de forma estável para as duas células-filhas após a divisão celular. A marcação do DNA hemimetilado (i.e., apenas uma das duas fitas de DNA sofre modificação 5MeC) gerada durante a replicação do DNA direciona a metilação da fita recém-replicada por meio da ação de DNA-metilases de manutenção ubíqua. Essa metilação 5MeC resulta na marcação epigenética *cis* completa em ambas as fitas-filhas de DNA.

Os sinais epigenéticos *cis* e *trans* podem resultar em estados de expressão estáveis e hereditários e, portanto, geralmente representam respostas de expressão gênica tipo C (i.e., Figura 38-1). Entretanto, é importante notar que ambos os estados podem ser reversíveis se os sinais epigenéticos *trans* ou *cis* forem removidos, por exemplo, pela extinção da expressão do fator de transcrição de execução (sinal *trans*) ou por remoção de um sinal epigenético *cis* de DNA (por meio da desmetilação do DNA). Foram descritas enzimas que podem remover as modificações de proteínas PTMs e 5MeC.

A transmissão estável dos estados epigenéticos liga/desliga pode ser afetada por múltiplos mecanismos moleculares. Na **Figura 38-9**, são mostrados três modos pelos quais as marcações epigenéticas *cis* podem se propagar por meio de um ciclo de replicação de DNA. O primeiro exemplo da transmissão da marcação epigenética envolve a propagação das marcações 5MeC de DNA e ocorre como descrito na Figura 38-8. O segundo exemplo de transmissão do estado epigenético ilustra como uma PTM de histona nucleossomal (neste exemplo, a histona H3 trimetilada na lisina K-27; H3K27me3) pode ser propagada. Neste exemplo, imediatamente após a replicação do DNA, tanto os nucleossomos H3K27me3 marcados quanto os H3 não marcados se reformam aleatoriamente em ambas as fitas-filhas de DNA. O **complexo repressor policomb 2** (**PRC2**, do inglês *polycomb repressive complex 2*), composto pelas subunidades de EED-SUZ12-EZH2 e

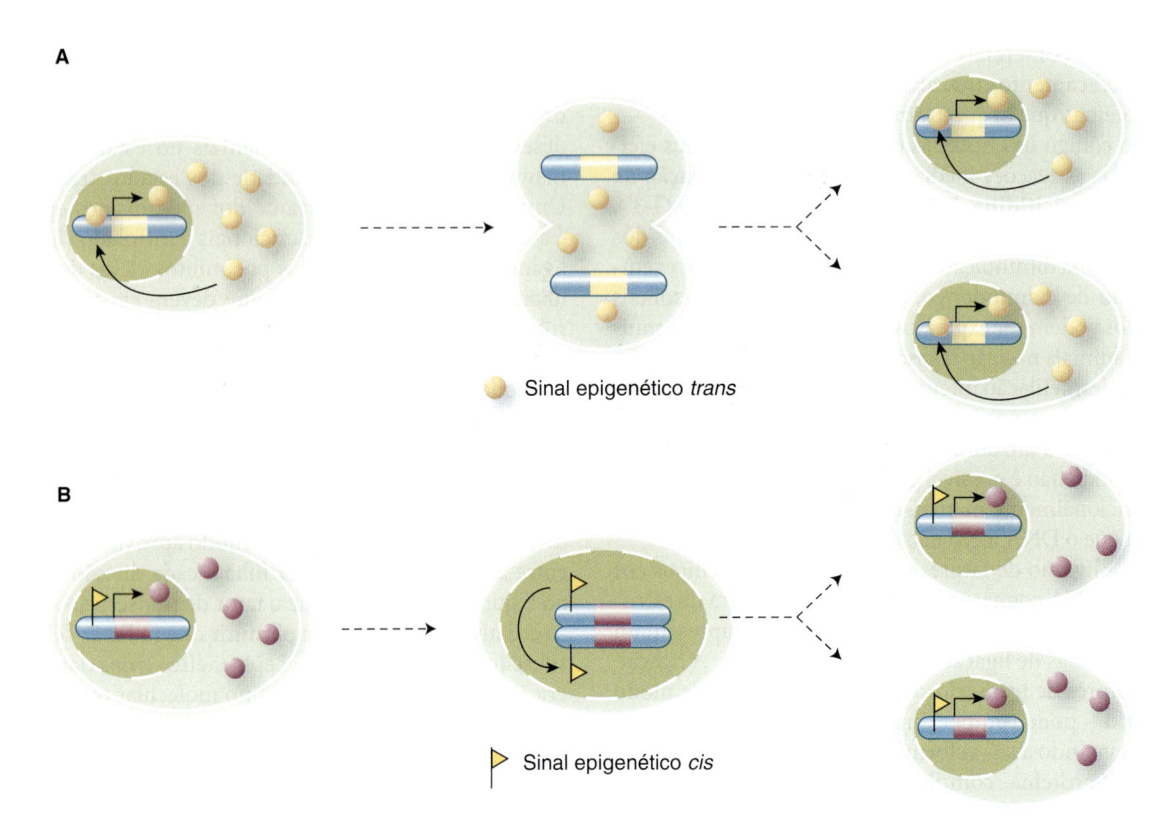

FIGURA 38-8 **Sinais epigenéticos *cis* e *trans*.** (**A**) Um exemplo de um sinal epigenético que atua em *trans*. Uma proteína transativadora de ligação ao DNA (círculo amarelo) é transcrita a partir de seu gene cognato (barra amarela) localizado em um cromossomo particular (em azul). A proteína expressa é livremente difusível entre os compartimentos nuclear e citoplasmático. O excesso de transativador reentra no núcleo após a divisão celular, liga-se ao seu próprio gene e ativa a transcrição em ambas as células-filhas. Esse ciclo restabelece o circuito de retroalimentação positiva em funcionamento antes da divisão celular e, assim, reforça a expressão estável dessa proteína ativadora transcricional em ambas as células. (**B**) Um sinal epigenético *cis*; um gene (em cor-de-rosa) localizado em um cromossomo particular (em azul) carrega um sinal epigenético *cis* (pequena bandeira amarela) no interior da região reguladora a montante da unidade de transcrição gênica cor-de-rosa. Nesse caso, o sinal epigenético é associado à transcrição gênica ativa e à subsequente produção do produto gênico (círculos cor-de-rosa). Durante a replicação do DNA, a cromatina recém-replicada serve como um molde que provoca e molda a introdução do mesmo sinal epigenético, ou marcação, na cromátide recém-sintetizada sem marcação. Consequentemente, ambas as células-filhas contêm o gene cor-de-rosa em um estado *cis* epigeneticamente marcado de modo semelhante, o que garante a expressão de um modo idêntico em ambas. Ver o texto para mais detalhes. (Imagem retirada de: Bonasio, R, Tu S, Reinberg D: Molecular signals of epigenetic states. Science 2010;330:612–616. Reimpressa, com autorização, de AAAS.)

RbAP, liga-se ao nucleossomo que contém a marcação preexistente de H3K27me3 por meio da subunidade EED. A ligação de PRC2 a essa histona marcada estimula a atividade de metilação da subunidade EZH2 do PRC2, o que resulta na metilação local da H3 nucleossomal. A metilação da histona H3 leva, assim, à transmissão estável e completa da marcação epigenética H3K27me3 para ambas as cromátides. Por fim, o *locus*/sequência que tem como alvo especificamente os sinais epigenéticos *cis* da histona nucleossomal pode ser obtido pela ação dos lncRNAs, como mostrado na Figura 38-9, painel C. Nesse caso, um ncRNA específico interage com as sequências de DNA-alvo, e o complexo RNA-DNA resultante é reconhecido por uma proteína ligadora de RNA (RBP). Assim, provavelmente por meio de uma proteína adaptadora específica (A), o complexo RNA-DNA-RBP recruta um **complexo modificador de cromatina** (CMC), que modifica localmente as histonas nucleossomais. Mais uma vez, esse mecanismo leva à transmissão de uma marcação epigenética estável.

Trabalhos adicionais serão necessários para estabelecer os detalhes moleculares completos desses processos epigenéticos, para determinar quão ubiquamente esses processos ocorrem e para identificar o complemento total das moléculas envolvidas e os genes controlados. Os sinais epigenéticos são muito importantes para a regulação gênica, como evidenciado pelo fato de as mutações e/ou a superexpressão de muitas das moléculas que contribuem para o controle epigenético levarem a doenças em seres humanos.

Certos elementos do DNA potencializam ou reprimem a transcrição de genes eucarióticos

Além das alterações grosseiras da cromatina que afetam a atividade transcricional, certos elementos de DNA facilitam ou potencializam a iniciação no promotor e, portanto, são denominados **potencializadores** (*enhancers*). Os elementos potencializadores, que geralmente contêm múltiplos sítios de ligação para proteínas transativadoras, diferem do promotor de modo notável. Eles podem exercer sua influência positiva na transcrição mesmo quando separados por dezenas de

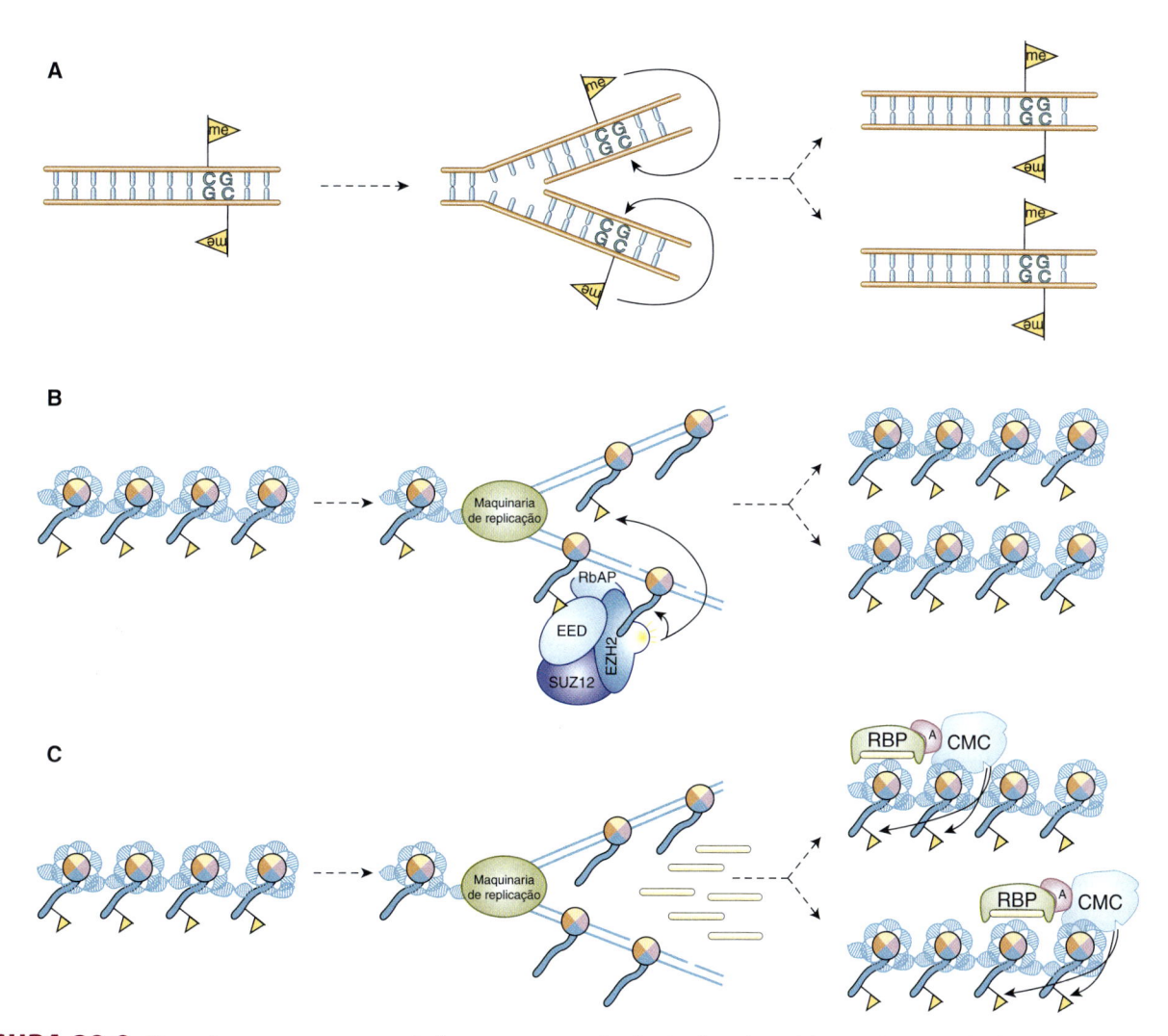

FIGURA 38-9 **Mecanismos para a transmissão e a propagação de sinais epigenéticos após um ciclo de replicação do DNA.**
(**A**) Propagação de um sinal 5MeC (bandeira amarela; ver Figura 38-8B). (**B**) A propagação do sinal epigenético da PTM de histona (H3K27me) é mediada pela ação do PRC2, um complexo de modificação da cromatina, ou CMC. O PRC2 é composto por histonas metilases EED, EZH2 e subunidades RbAP e SUZ12. Neste contexto, o PRC2 é tanto um leitor do código das histonas (pelo domínio de ligação da histona metilada em EED) quanto um escritor do código da histona (por meio do domínio SET da metilase de histona no interior de EZH2). A deposição local-específica do sinal epigenético *cis* da PTM da histona é direcionada pelo reconhecimento das marcações H3K27me nas histonas nucleossomais preexistentes (bandeira amarela). (**C**) Outro exemplo da transmissão do sinal epigenético de uma histona (bandeira amarela), exceto pelo fato de que, aqui, o direcionamento dos sinais é mediado pela ação de pequenos ncRNAs que trabalham em conjunto com uma proteína ligadora de RNA (RBP), uma proteína adaptadora (A) e um CMC. Ver o texto para mais detalhes. (Imagem retirada de: Bonasio R, Tu S, Reinberg D: Molecular signals of epigenetic states. Science 2010;330:612–616. Reimpressa, com autorização, de AAAS.)

milhares de pares de bases de um promotor; eles funcionam quando orientados em qualquer direção; e podem funcionar a montante (5′) ou a jusante (3′) do promotor. Experimentalmente, pode-se demonstrar que os potencializadores são promíscuos, visto que podem estimular a transcrição de qualquer promotor em sua proximidade e podem atuar em mais de um promotor. O potencializador viral SV40 pode influenciar, por exemplo, a transcrição da β-globina, aumentando sua transcrição 200 vezes em células que contêm tanto o potencializador SV40 quanto o gene da β-globina no mesmo plasmídeo (ver adiante e **Figura 38-10**); nesse caso, o gene da β-globina do potencializador SV40 foi construído com a utilização da tecnologia do DNA recombinante – ver Capítulo 39. O elemento potencializador não produz um produto que, por sua vez, atua no promotor, uma vez que ele só é ativo quando está na mesma molécula do DNA como (i.e., em *cis*, ou fisicamente ligado ao) o promotor. As proteínas de ligação ao potencializador são responsáveis por esse efeito. Os mecanismos exatos pelos quais esses ativadores de transcrição funcionam são objeto de intensa investigação. Foi constatado que os fatores *trans* de ligação de potencializadores, alguns dos quais são específicos do tipo celular, enquanto outros são de expressão ubíqua, interagem com uma grande variedade de outras proteínas de transcrição. Essas interações incluem os coativadores modificadores de cromatina, o mediador, bem como os componentes individuais da maquinaria de transcrição basal da RNA-polimerase II. Por fim, os eventos de ligação do potencializador-transfator do DNA resultam em aumento na

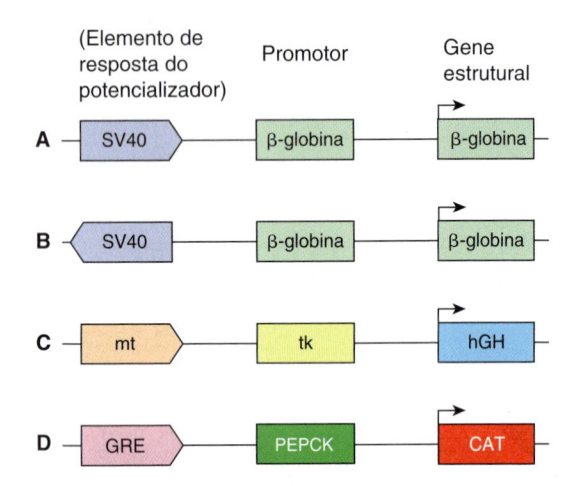

FIGURA 38-10 Esquema ilustrando os métodos utilizados para estudar a organização e a ação dos potencializadores e de outros elementos reguladores de atuação *cis*. Esses modelos de genes quiméricos são construídos por técnicas de DNA recombinante *in vitro* (ver Capítulo 39) e consistem em um gene repórter que codifica uma proteína que pode ser rapidamente analisada e que não é normalmente produzida nas células estudadas, em um promotor que garante a iniciação precisa da transcrição, e nos elementos potencializadores indicados (resposta reguladora). Em todos os casos, a transcrição de alto nível das quimeras indicadas depende da presença de potencializadores, os quais estimulam a transcrição ≥ 100 vezes acima dos níveis transcricionais basais (i.e., transcrição dos mesmos genes quiméricos contendo apenas promotores fusionados ao gene repórter indicado). Os exemplos (**A**) e (**B**) ilustram o fato de os potencializadores (p. ex., aqui, o SV40) trabalharem em qualquer orientação e sobre um promotor heterólogo. O exemplo (**C**) ilustra que o elemento regulador da metalotioneína (mt) (que sob influência de cádmio ou zinco induz a transcrição do gene *mt* endógeno e, portanto, a proteína mt de ligação ao metal) trabalhará por meio do promotor do gene da timidina-cinase (*tk*) do herpes-vírus simples (HSV) para aumentar a transcrição do gene repórter do hormônio de crescimento humano (*hGH*). Em um experimento separado, esse construto de engenharia genética foi introduzido nos pró-núcleos masculinos de embriões unicelulares de camundongos, e os embriões foram colocados no útero de uma mãe substituta para o seu desenvolvimento como animais transgênicos. Uma prole foi gerada nessas condições e, em alguns indivíduos, a adição de íons zinco à água potável teve como efeito um aumento na expressão do hormônio de crescimento no fígado. Nesse caso, esses animais transgênicos responderam aos níveis elevados de hormônio de crescimento, tornando-se duas vezes maiores do que seus companheiros normais de ninhada. O exemplo (**D**) ilustra que o potencializador do elemento de resposta de glicocorticoide (GRE) trabalhará por meio dos promotores do gene homólogo (gene **PEPCK**) ou heterólogo (não mostrado; i.e., promotor de HSV *tk*, promotor de SV40, promotor de β-globina, etc.) para direcionar a expressão do gene repórter da cloranfenicol-acetiltransferase (*CAT*).

TABELA 38-2 Resumo das propriedades dos potencializadores (*enhancers*)

- Funcionam quando localizados a longas distâncias do promotor
- Funcionam quando estão a montante ou a jusante do promotor
- Funcionam quando orientados em qualquer direção
- Podem funcionar com promotores homólogos ou heterólogos
- Funcionam ligando uma ou mais proteínas
- Funcionam recrutando os complexos correguladores modificadores de cromatina
- Funcionam facilitando a ligação ou a função do complexo de transcrição basal no promotor ligado a *cis*

ligação e/ou atividade da maquinaria de transcrição basal no promotor ligado. Os elementos potencializadores e as proteínas de ligação associadas frequentemente transmitem a hipersensibilidade da nuclease às regiões onde residem (ver Capítulo 35). Um resumo das propriedades dos potencializadores é apresentado na **Tabela 38-2**.

Um dos sistemas de potencializadores de mamíferos mais bem compreendidos é o do gene da β-interferona. Esse gene é induzido por infecção viral de células de mamíferos. Um dos objetivos da célula, quando infectada por um vírus, é tentar montar uma resposta antiviral – se não para salvar a célula infectada, para ajudar a salvar o organismo todo da infecção viral. A produção de interferona é um dos mecanismos pelo qual isso é obtido. Essa família de proteínas é secretada por células infectadas por vírus. A interferona secretado interage com as células vizinhas para provocar inibição da replicação viral por vários mecanismos, limitando, desse modo, a extensão da infecção viral. O elemento potencializador que controla a indução do gene da β-interferona, que está localizado entre os nucleotídeos –110 e –45 em relação ao sítio de início da transcrição (+1), é bem caracterizado. Esse potencializador consiste em quatro elementos *cis* distintos agrupados, cada um ligado por um único fator *trans*. Um elemento *cis* é ligado ao fator de transativação NF-κB (ver Figuras 42-10 e 42-13), o segundo, por um membro da família de IRF (fator regulador de interferona) dos fatores de transativação, e o terceiro, por um fator heterodimérico do zíper de leucina ATF-2/c-Jun (ver adiante). O quarto fator é o fator de transcrição arquitetural abundante e ubíquo conhecido como HMG I(Y). Após ligar-se aos seus sítios de ligação ricos em A+T, o HMG I(Y) induz uma curvatura significativa no DNA. Há quatro sítios de ligação HMG I(Y) intercalados ao longo do potencializador. Esses sítios desempenham um papel essencial na formação de uma estrutura 3D particular, junto com os três fatores *trans* mencionados, ao induzir uma série de curvas criticamente espaçadas no DNA. Consequentemente, o HMG I(Y) induz a formação cooperativa de uma estrutura 3D única e estereoespecífica, no interior da qual todos os quatro fatores são ativados quando os sinais de infecção viral são percebidos pela célula. A estrutura formada pela montagem cooperativa desses quatro fatores é denominada *enhanceosome* da β-interferona (**Figura 38-11**), assim denominado por sua óbvia semelhança estrutural ao nucleossomo, que também é uma estrutura tridimensional única de proteína-DNA na qual o DNA envolve um conjunto de proteínas (ver Figuras 35-1 e 35-2). O *enhanceossome*, uma vez formado, induz um grande aumento na transcrição do gene da β-interferona mediante uma infecção viral. A transcrição do gene da β-interferona não é induzida simplesmente pela ocupação de proteína dos sítios dos elementos *cis* apostos linearmente – ao contrário, é a formação do *enhanceossome* apropriado que fornece superfícies adequadas para o recrutamento de coativadores que resulta na formação acentuada do PIC em um promotor *cis*-ligado e, assim, na ativação da transcrição.

Os elementos do DNA de atuação *cis*, que diminuem a expressão de genes específicos, são denominados **silenciadores**. Foram também identificados silenciadores em diversos genes eucarióticos. Entretanto, como um número menor

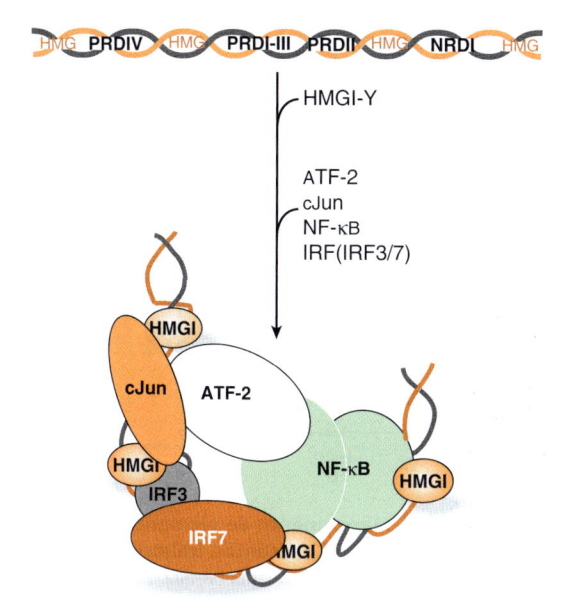

FIGURA 38-11 Formação e suposta estrutura do *enhanceosome* formado no potencializador do gene da β-interferona humano. A distribuição dos elementos *cis* múltiplos (HMG, PRDIV, PRDI-III, PRDII, NRDI) que compõem o potencializador do gene da β-interferona está representada diagramaticamente na parte superior. O potencializador intacto medeia a indução transcricional do gene da β-interferona (*IFNB1*) mais de 100 vezes diante de uma infecção viral em células humanas. Os elementos *cis* desse potencializador modular representam os sítios de ligação para os fatores *trans* HMG I(Y), cJun-ATF-2, IRF3-IRF7, e NF-κB, respectivamente. Os fatores interagem com esses elementos de DNA de modo obrigatório, ordenado e altamente cooperativo, como indicado pela seta. A ligação inicial de quatro proteínas HMG I(Y) induz curvas acentuadas do DNA no potencializador, fazendo toda a região de 70 a 80 pb assumir um alto grau de curvatura. Essa curvatura é integral à subsequente ligação altamente cooperativa dos outros fatores *trans*, uma vez que permite que os fatores ligados ao DNA realizem importantes interações diretas proteína-proteína, que contribuem para a formação e a estabilidade do *enhanceosome* e geram uma superfície 3D única que serve para recrutar correguladores modificadores de cromatina que realizam atividades enzimáticas (p. ex., Swi/Snf: ATPase, remodeladora de cromatina e P/CAF: histona-acetiltransferase), bem como para a maquinaria de transcrição geral (RNA-polimerase II e GTFs). Embora quatro dos cinco elementos *cis* (PRDIV, PRDI-III, PRDII, NRDI) independentemente possam estimular de maneira moderada (cerca de 10 vezes) a transcrição de um gene repórter em células transfectadas (ver Figuras 38-10 e 38-12), todos os cinco elementos *cis*, em ordem adequada, são necessários para formar um potencializador que possa estimular apropriadamente a transcrição do gene *IFNB1* (i.e., ≥ 100 vezes) em resposta à infecção viral de uma célula humana. Essa distinção indica a necessidade estrita da arquitetura apropriada do *enhanceosome* para uma ativação *trans* eficiente. *Enhanceosomes* semelhantes, envolvendo distintos fatores *cis* e *trans* e correguladores, devem formar-se em muitos outros genes de mamíferos.

desses elementos foi intensivamente estudado, não é possível formular generalizações acuradas sobre o seu mecanismo de ação. Assim, é evidente que, à semelhança da ativação gênica, as modificações covalentes das histonas em nível de cromatina e de outras proteínas por repressores recrutados por silenciadores e correpressores de múltiplas subunidades correcrutados provavelmente desempenham funções centrais nesses eventos reguladores.

A expressão tecido-específica pode resultar tanto da ação dos potencializadores ou repressores quanto da combinação dos elementos reguladores que atuam como *cis*

Sabe-se, agora, que a maioria dos genes abriga elementos potencializadores em várias localizações, em relação às suas regiões codificantes. Além de serem capazes de potencializar a transcrição gênica, alguns desses elementos potencializadores claramente possuem a capacidade de fazer isso de um modo específico para cada tecido. Pela fusão de potencializadores ou silenciadores tecido-específicos conhecidos ou suspeitos aos genes repórteres (ver a seguir) e pela introdução dessas estruturas quiméricas potencializador-repórter por microinjeções nos embriões unicelulares, pode-se criar um animal transgênico (ver Capítulo 39) e testar rigorosamente se um determinado potencializador ou silenciador-teste pode modular de fato a expressão na célula ou no tecido de maneira específica. Essa abordagem do **animal transgênico** tem revelado ser útil no estudo da expressão gênica específica de tecidos.

Os genes repórteres são utilizados para definir potencializadores e outros elementos reguladores que modulam a expressão gênica

Pela ligação de regiões de DNA suspeitas de abrigar sequências reguladoras a vários genes repórteres (a **abordagem gênica repórter** ou **quimérica**) (**Figuras 38-10**, **38-12** e **38-13**), é possível determinar quais regiões nas proximidades dos genes estruturais influenciam sua expressão. Partes do DNA que abrigam os elementos reguladores, frequentemente identificados por alinhamentos de sequências na bioinformática, são ligadas a um gene repórter específico e introduzidas na célula do hospedeiro (Figura 38-12). A expressão do gene repórter aumentará se o DNA tiver um potencializador específico. Por exemplo, a adição de diferentes hormônios a culturas separadas aumentará a expressão do gene repórter se o DNA possuir um determinado **elemento de resposta hormonal** (**HRE**) (Figura 38-13; ver também Capítulo 42). A localização do elemento pode ser identificada pela utilização de peças progressivamente mais curtas de DNA, deleções ou mutações pontuais (Figura 38-13).

Essa estratégia, geralmente utilizando células transfectadas em culturas (i.e., células induzidas a aceitar DNAs exógenos), permitiu a identificação de centenas de potencializadores, silenciadores/repressores, como elementos específicos de tecidos, e elementos de resposta a hormônios, metais pesados e medicamentos. A atividade de um gene em qualquer momento reflete a interação desses numerosos elementos de DNA de atuação *cis* com seus respectivos fatores que atuam como *trans* EM. Em geral, a resposta transcricional é determinada pelo equilíbrio entre sinalização positiva e negativa para a maquinaria de transcrição. O desafio agora é solucionar como essa regulação ocorre exatamente no nível molecular, de modo que seja possível, em última análise, adquirir a capacidade de modular terapeuticamente a transcrição gênica.

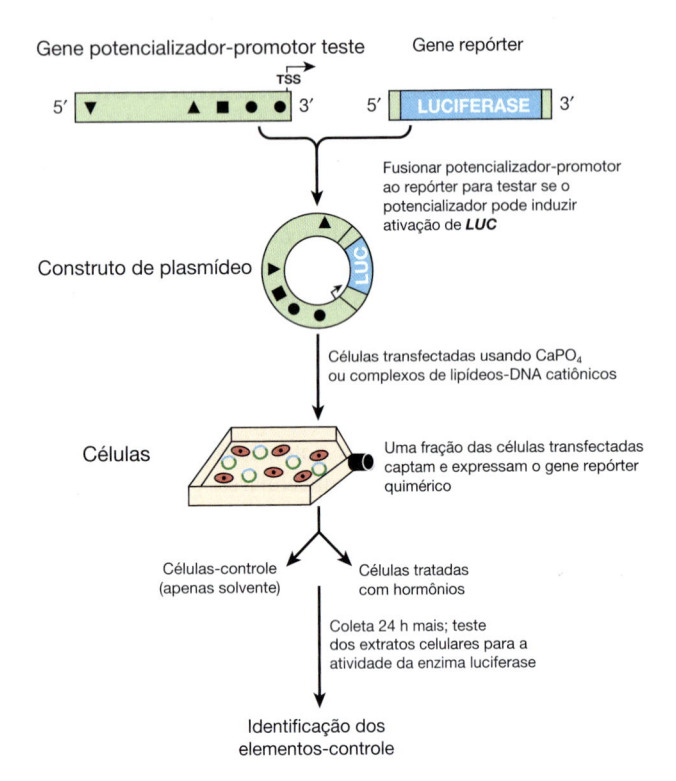

FIGURA 38-12 Uso de genes repórteres para definir os elementos reguladores do DNA. Um fragmento de DNA portador de elementos reguladores *cis* (triângulos, quadrado, círculos no diagrama) do gene em questão – neste exemplo, aproximadamente 2 kb de DNA flanqueador 5' e do promotor cognato – é ligado a um vetor de plasmídeo que contém um gene repórter adequado – neste caso, a enzima luciferase de vagalumes, abreviada como LUC. Como observado na Figura 38-10, nesses experimentos, o repórter não pode estar presente de modo endógeno nas células transfectadas pelo plasmídeo. Consequentemente, qualquer detecção dessas atividades em um extrato de células significa que a célula foi transfectada pelo plasmídeo com sucesso. Não é mostrado aqui, mas geralmente um repórter adicional, como a luciferase de *Renilla*, é cotransfectada para servir como controle da eficiência de transfecção. As condições de ensaio para as luciferases de vagalumes e de *Renilla* são diferentes; portanto, as duas atividades podem ser sequencialmente analisadas pelo uso do mesmo extrato celular. Um aumento da atividade de luciferase de vagalumes em relação ao nível basal, por exemplo, após a adição de um ou mais hormônios, significa que a região de DNA inserida no plasmídeo do gene repórter contém elementos de resposta hormonal (HREs) funcionais. Regiões progressivamente mais curtas do DNA, regiões com deleções internas ou regiões com mutações pontuais podem ser construídas e inseridas a montante do gene repórter para apontar o elemento de resposta (Figura 38-13). Uma ressalva para essa abordagem é o fato de que os DNAs de plasmídeos transfectados provavelmente não formam estruturas de cromatina "clássicas".

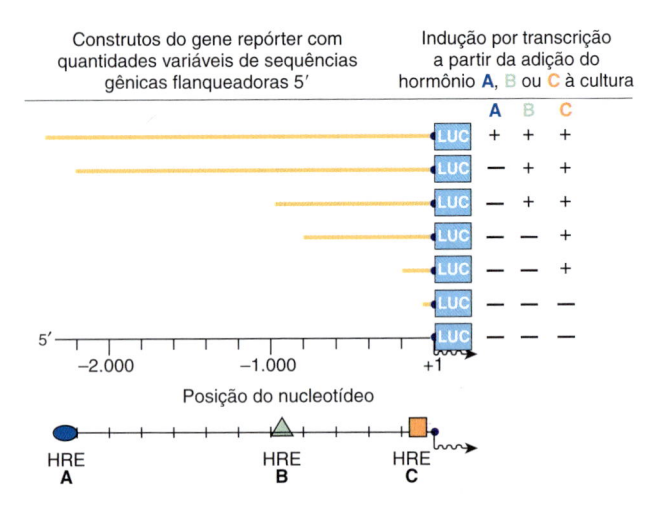

FIGURA 38-13 Mapeamento de elementos de resposta a hormônios (HREs) (A), (B) e (C) distintos, utilizando a abordagem de transfecção do gene repórter. Uma família de genes repórteres, construídos como descrito nas Figuras 38-10 e 38-12, pode ser transfectada individualmente em uma célula receptora. Analisando quando determinadas respostas hormonais são perdidas em comparação com o ponto final de deleção 5', elementos potencializadores de resposta hormonal específicos podem ser localizados e definidos, em última análise com precisão até o nível de nucleotídeo (ver resumo, na parte inferior).

Combinações dos elementos de DNA e proteínas associadas fornecem diversidade nas respostas

Os genes de procariotos são frequentemente regulados de modo liga/desliga em resposta a estímulos ambientais simples. Alguns genes de eucariotos são regulados no modo simples liga/desliga, mas o processo na maioria dos genes, sobretudo em mamíferos, é muito mais complicado. Sinais que representam vários estímulos ambientais complexos podem convergir para um único gene. A resposta do gene a esses sinais pode ter várias características fisiológicas. Primeiro, a resposta pode variar consideravelmente. Isso é obtido por meio de respostas positivas aditivas e sinérgicas contrabalançadas por efeitos negativos ou repressores. Em alguns casos, tanto as respostas positivas quanto as negativas podem ser dominantes. Também é necessário um mecanismo em que um efetor, como um hormônio, possa ativar alguns genes em uma célula, enquanto reprime outros, deixando ainda outros sem serem afetados. Quando todos esses processos são acoplados a elementos de fatores específicos de tecidos, uma flexibilidade considerável é obtida. Essas variáveis fisiológicas necessitam, obviamente, de um arranjo muito mais complicado do que um interruptor liga/desliga. A coleção e a organização de elementos do DNA em um promotor determinam – por fatores associados – como um gene específico responderá e por quanto tempo uma resposta particular será mantida. Alguns exemplos simples são ilustrados na **Figura 38-14**.

Os domínios de transcrição podem ser definidos por regiões de controle do *locus* e isoladores

O grande número de genes em células eucarióticas e o conjunto complexo de fatores reguladores da transcrição apresentam um problema organizacional. Por que alguns genes estão disponíveis para a transcrição em uma determinada célula, e outros não? Se os potencializadores podem regular vários genes a dezenas de quilobases de distância e não são dependentes de posição ou orientação, como eles são impedidos de desencadear a transcrição de todos os genes *cis*-ligados próximos? Parte da solução desses problemas é obtida tendo a cromatina disposta em unidades funcionais que restringem os padrões

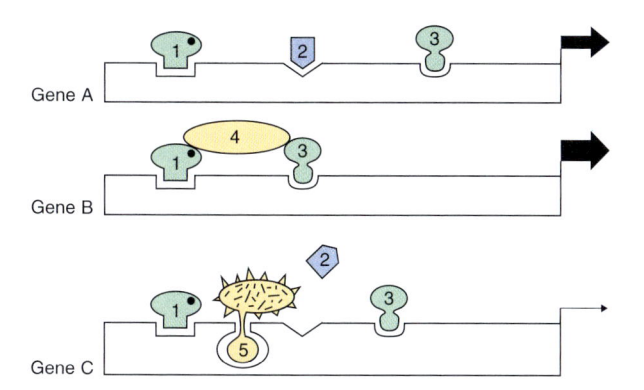

FIGURA 38-14 Combinações de elementos do DNA e proteínas proporcionam diversidade na resposta de um gene. O gene A é ativado (a largura da seta indica a extensão) pela combinação de proteínas ativadoras de transcrição 1, 2 e 3 (provavelmente com coativadores, como mostrado nas Figuras 36-10 e 38-11). O gene B é ativado, neste caso de maneira mais efetiva, pela combinação dos fatores 1, 3 e 4; observe que o fator de transcrição 4 não estabelece contato direto com o DNA neste exemplo. Os ativadores poderiam formar uma ponte linear para ligar a maquinaria basal ao promotor, ou, de modo alternativo, isso poderia ser realizado pela formação de alça do DNA ou formação de estrutura 3D (i.e., Figura 38-11). De qualquer modo, o propósito consiste em direcionar a maquinaria de transcrição basal para o promotor. O gene C é inativado pela combinação dos fatores de transcrição 1, 5 e 3. Nesse caso, evidencia-se que o fator 5 impede a ligação essencial do fator 2 ao DNA, como ocorre no exemplo A. Se o ativador 1 promove a ligação cooperativa da proteína repressora 5, e se a ligação do ativador 1 precisa de um ligante (ponto sólido), pode-se ver como o ligante poderia ativar um gene em uma célula (gene A) e reprimir outro (gene C) na mesma célula.

de expressão gênica. Isso pode ser obtido porque a cromatina forma uma estrutura com a matriz nuclear ou outra entidade física ou compartimento no interior do núcleo. Como alternativa, algumas regiões são controladas por elementos de DNA complexos, chamados de **regiões de controle do *locus*** (**LCRs**, do inglês *locus control regions*). Uma LCR – com proteínas ligadas associadas – controla a expressão de um grupo de genes. A LCR mais bem definida regula a expressão da família do gene da globina sobre uma grande região do DNA. Outro mecanismo é fornecido pelos **isoladores**. Esses elementos de DNA, também em associação a uma ou mais proteínas, impedem um potencializador de atuar sobre um promotor, do outro lado de um isolador, em outro domínio de transcrição. Os isoladores, portanto, servem como **elementos periféricos** transcricionais. No agrupamento de genes de globina e em muitos outros genes, as sequências do potencializador e promotor estabelecem contato físico por meio de eventos específicos de formação de alça do DNA. As regras que controlam essa formação de alça do cromossomo constituem atualmente objeto de intenso estudo.

DIVERSOS MOTIVOS COMPÕEM OS DOMÍNIOS DE LIGAÇÃO DO DNA DE FATORES DE TRANSCRIÇÃO REGULADORES PROTEICOS

A especificidade envolvida no controle da transcrição requer que as proteínas reguladoras se liguem com grande afinidade e especificidade à região correta do DNA. Três motivos especiais – a **hélice-volta-hélice**, o **dedo de zinco** e o **zíper de leucina** – explicam muitas dessas interações proteína-DNA específicas. Exemplos de proteínas que contêm esses motivos são apresentados na **Tabela 38-3**.

A comparação das atividades de ligação das proteínas que contêm esses motivos leva a várias generalizações importantes.

1. A ligação deve ser de alta afinidade ao sítio específico e de baixa afinidade a outro DNA.
2. Pequenas regiões da proteína fazem contato direto com o DNA; o restante da proteína, além de fornecer os domínios de ativação *trans*, pode estar envolvido na dimerização de monômeros da proteína de ligação, pode proporcionar uma superfície de contato para a formação de heterodímeros, pode fornecer um ou mais sítios de ligação ao ligante ou pode oferecer superfícies para a interação com coativadores, correpressores ou a maquinaria de transcrição.
3. As interações proteína-DNA feitas por essas proteínas são mantidas por ligações de hidrogênio, interações iônicas e forças de van der Waals.
4. Os motivos encontrados nessas proteínas são especiais; sua presença em uma proteína de função desconhecida sugere que a proteína pode se ligar ao DNA.
5. As proteínas com motivos hélice-volta-hélice ou zíper de leucina formam dímeros, e seus respectivos sítios de ligação do DNA são palíndromos simétricos. Em proteínas com o motivo em dedo de zinco, o sítio de ligação é repetido 2 a 9 vezes. Essas características permitem interações cooperativas entre os sítios de ligação e estimulam o grau e a afinidade da ligação.

O motivo hélice-volta-hélice

O primeiro motivo descrito foi a **hélice-volta-hélice**. A análise da estrutura 3D do regulador de transcrição lambda Cro revelou que cada monômero é composto por três folhas β antiparalelas e três α-hélices (**Figura 38-15**). O dímero forma-se pela associação de folhas $β_3$ antiparalelas. As $α_3$-hélices formam a superfície de reconhecimento do DNA, e o restante da molécula parece

TABELA 38-3 Exemplos de fatores de transcrição que contêm vários motivos de ligação do DNA

Motivo de ligação	Organismo	Proteína reguladora
Hélice-volta-hélice	E. coli	Repressor lac, CAP
	Fago	Repressores λcI, cro e 434
	Mamíferos	Proteínas *homeobox* Pit-1, Oct1, Oct2
Dedo de zinco	E. coli	Proteína do gene 32
	Levedura	Gal4
	Drosophila	Serendipidade, *hunchback*
	Xenopus	TFIIIA
	Mamíferos	Família do receptor de esteroide, Sp1
Zíper de leucina	Levedura	GCN4
	Mamíferos	C/EBP, fos, Jun, Fra-1, proteína de ligação de CRE (CREB), c-*myc*, n-*myc*, l-*myc*

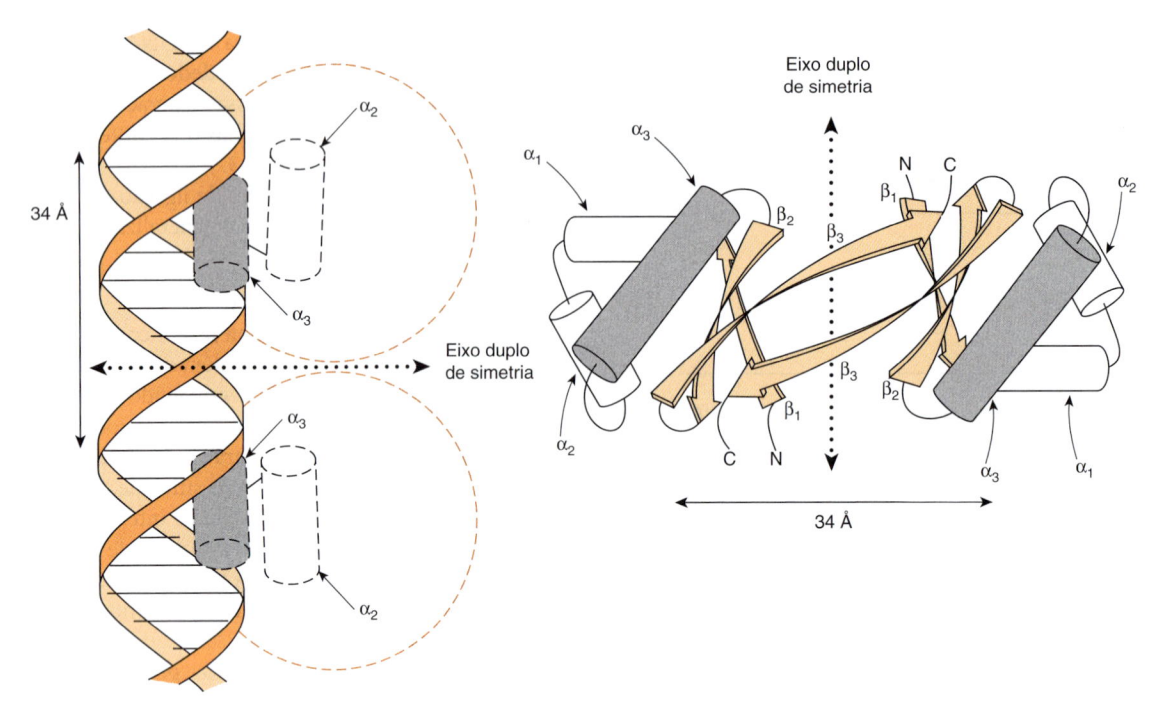

FIGURA 38-15 Representação esquemática da estrutura 3D da proteína Cro e sua ligação ao DNA pelo motivo hélice-volta-hélice (à esquerda). O monômero Cro consiste em três folhas β antiparalelas ($β_1$ a $β_3$) e três α-hélices ($α_1$ a $α_3$). O motivo hélice-volta-hélice (HTH) é formado porque as hélices $α_3$ e $α_2$ se unem em mais ou menos 90° de cada uma por uma volta de quatro aminoácidos. A $α_3$-hélice do Cro é a superfície de reconhecimento do DNA (**sombreado**). Dois monômeros associam-se por meio de interações entre as duas folhas $β_3$ antiparalelas para formar um dímero com o dobro de eixo de simetria (**à direita**). Um dímero Cro liga-se ao DNA por meio de suas $α_3$-hélices, e cada uma delas liga-se a cerca de 5 pb na mesma face do sulco maior (ver Figuras 34-2 e 38-6). A distância entre pontos comparáveis nas duas α-hélices de DNA é de 34 Å, que é a distância necessária para uma volta completa da dupla-hélice. (Reimpressa, com autorização, de B Mathews.)

estar envolvido na estabilização dessas estruturas. O diâmetro médio de uma α-hélice é de 1,2 nm, que é aproximadamente a largura do sulco maior na forma B do DNA.

O domínio de reconhecimento do DNA de cada monômero Cro interage com 5 pb, e os sítios de ligação do dímero abrangem 3,4 nm, permitindo o ajuste em meias-voltas sucessivas do sulco maior na mesma superfície do DNA (Figura 38-15). Análises de raio X do repressor cI do lambda, de CAP (a proteína receptora de cAMP de *E. coli*), do repressor triptofano e do repressor 434 do fago também mostram essa estrutura dimérica hélice-volta-hélice que está presente igualmente em proteínas de ligação do DNA de eucariotos (ver Tabela 38-3).

O motivo dedo de zinco

O **dedo de zinco** foi o segundo motivo de ligação do DNA a ter sua estrutura atômica elucidada. Sabia-se que a proteína TFIIIA, um regulador positivo da transcrição do gene do RNA 5S, necessitava de zinco para a sua atividade. Análises estruturais e biofísicas revelaram que cada molécula de TFIIIA contém nove íons zinco em um complexo de coordenação repetido, formado por resíduos de cisteína-cisteína rigorosamente espaçados, seguidos de 12 a 13 aminoácidos e, em seguida, por um par de histidina-histidina (**Figura 38-16**). Em alguns casos – notavelmente a família de receptores hormonais nucleares de esteroides-hormônios tireoidianos –, a dupla His-His é substituída por um segundo par Cys-Cys. Os motivos dedo de zinco da proteína encontram-se em uma face da hélice do DNA, com dedos sucessivos alternativamente posicionados em uma volta do sulco maior. Como acontece com o domínio de reconhecimento na proteína hélice-volta-hélice, cada dedo de zinco TFIIIA contata cerca de 5 pb de DNA. A importância desse motivo na ação dos hormônios esteroides é ressaltada por um "experimento da natureza". A mutação de um único aminoácido em qualquer um dos dois dedos de zinco da proteína receptora de $1,25(OH)_2$-D_3 resulta em resistência à ação desse hormônio e na síndrome clínica do raquitismo.

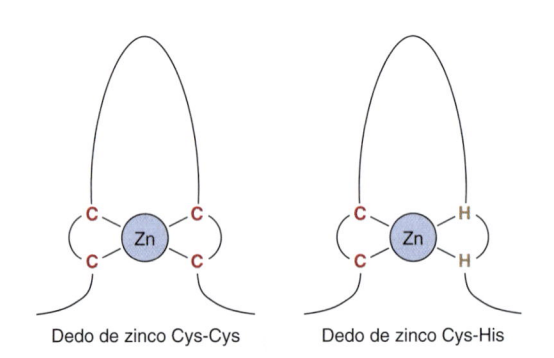

FIGURA 38-16 Os dedos de zinco representam uma série de domínios repetidos (dois a nove), em que cada um está centrado em uma coordenação tetraédrica com o zinco. No caso do fator de transcrição de ligação ao DNA TFIIIA, a coordenação é fornecida por um par de resíduos de cisteína (C) separados por 12 a 13 aminoácidos a partir de um par de resíduos de histidina (H). Em outras proteínas com dedo de zinco, o segundo par também consiste em resíduos C. Os dedos de zinco ligam-se ao sulco maior, com os dedos adjacentes estabelecendo contato com 5 pb ao longo da mesma face da hélice.

O motivo zíper de leucina

A análise cuidadosa de uma sequência de 30 aminoácidos na região carboxiterminal da proteína de ligação de intensificador C/EBP revelou uma nova estrutura, o **motivo zíper de leucina**. Como ilustrado na **Figura 38-17**, essa região da proteína forma uma α-hélice na qual há uma repetição periódica dos resíduos de leucina a cada sete posições. Isso ocorre para oito voltas helicoidais e quatro repetições de leucina. Foram encontradas estruturas semelhantes em várias outras proteínas associadas à regulação da transcrição em todos os eucariotos testados. Essa estrutura permite que dois monômeros idênticos ou não idênticos (p. ex., Jun-Jun ou Fos-Jun) se "fechem como um zíper" em uma espiral e formem um complexo dimérico estreito (Figura 38-17). Essa interação proteína–proteína serve para intensificar a associação dos DBDs separados com seus sítios-alvo de DNA (Figura 38-17).

A LIGAÇÃO DO DNA E OS DOMÍNIOS DE TRANSATIVAÇÃO DA MAIORIA DAS PROTEÍNAS REGULADORAS SÃO SEPARADOS

A ligação do DNA pode resultar em uma mudança conformacional geral que permite que a proteína ligada ative a transcrição, ou essas duas funções poderiam ser servidas por domínios separados e independentes. Experimentos de troca de domínios sugerem que esta última é a que ocorre geralmente.

O produto do gene *GAL1* está envolvido no metabolismo da galactose em leveduras. A transcrição desse gene é regulada positivamente pela proteína Gal4, que se liga a uma sequência de ativação a montante (UAS, do inglês *upstream activator sequence*), ou potencializador, por um domínio **DBD** aminoterminal. Para testar sistematicamente as contribuições de AD e DBD da Gal4 para a ativação da transcrição do gene *GAL1*, foi realizada uma série de experimentos de troca de domínios (**Figura 38-18**). O DBD aminoterminal de 73 aminoácidos de Gal4 foi removido e substituído pelo DBD de LexA, uma proteína de ligação de DNA de *E. coli*. Essa troca de domínio resultou em uma molécula que não se ligou à UAS do *GAL1* e, é claro, não ativou o gene *GAL1* (Figura 38-18). Se, no entanto, o operador *lexA* – a sequência de DNA normalmente ligada pelo DBD LexA – fosse inserido na região promotora do gene *GAL*, substituindo, assim, o potencializador *GAL1* normal, a proteína híbrida se ligaria a esse promotor (no operador *LexA* substituído) e ativaria a transcrição de *GAL1*. Esse experimento geral foi repetido muitas vezes com diferentes DBDs heterólogos. Os resultados demonstram que a região carboxiterminal de Gal4 contém um **domínio de ativação**, ou **AD**, transcricional. Esses dados também demonstram que o DBD e o AD podem atuar independentemente. A hierarquia envolvida na montagem dos complexos de ativação da transcrição gênica inclui proteínas que se ligam ao DNA e realizam a transativação; outras que formam complexos de proteína–proteína que ligam proteínas de ligação ao DNA às proteínas transativadoras; e outras que formam complexos de proteína-proteína com componentes de correguladores ou

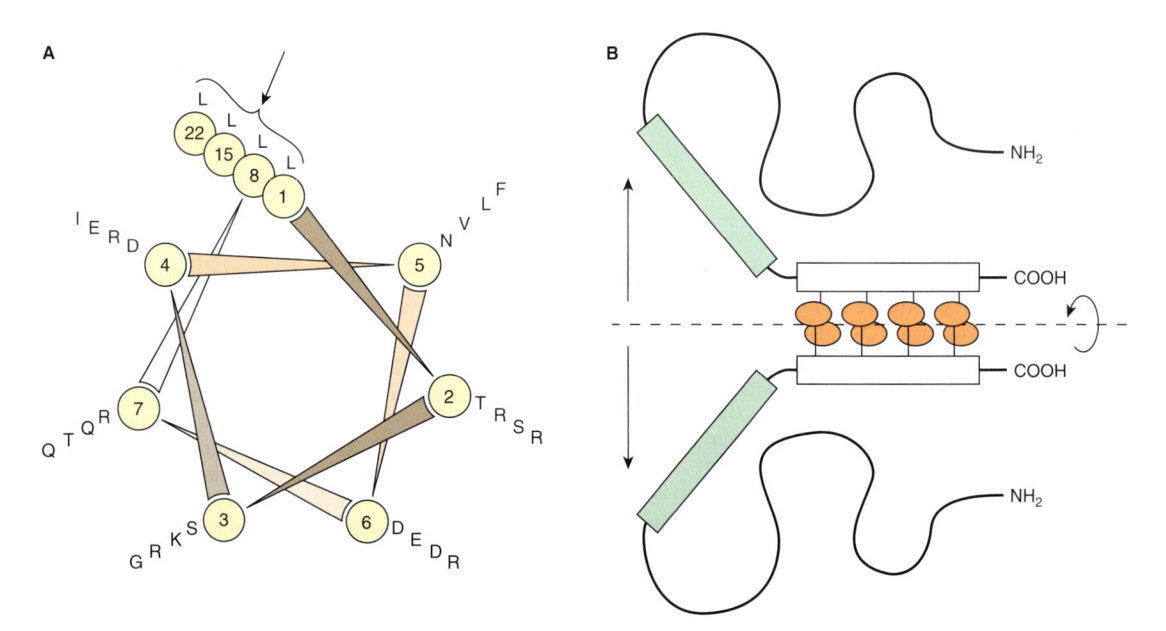

FIGURA 38-17 **Motivo do zíper de leucina.** (**A**) Análise do giro da hélice de uma porção carboxiterminal da proteína de ligação ao DNA C/EBP (ver Tabela 36-3). A sequência de aminoácidos é apresentada de uma terminação à outra, ao longo do eixo de uma α-hélice esquemática (ver Figuras 5-2 a 5-4). O giro da hélice consiste em sete raios que correspondem a sete aminoácidos que fazem parte de cada duas voltas da α-hélice. Observe que os resíduos de leucina (L) ocorrem a cada sete posições (nessa C/EBP esquemática, os resíduos de aminoácidos 1, 8, 15, 22, indicados pela seta). Outras proteínas com "zíperes de leucina" têm padrão semelhante de giro de hélice. (**B**) Modelo esquemático do domínio de ligação ao DNA de C/EBP. Duas cadeias polipeptídicas idênticas de C/EBP são mantidas em uma formação de dímero pelo domínio do zíper de leucina de cada polipeptídeo (mostrado como retângulos brancos ligados aos círculos ovais sombreados em laranja). Essa associação é necessária para manter os domínios de ligação do DNA de cada polipeptídeo (retângulos sombreados em verde) em conformação adequada e registro para a ligação ao DNA. (Reimpressa, com autorização, de S McKnight.)

do aparelho de transcrição basal. Uma determinada proteína pode, portanto, ter várias superfícies modulares ou domínios que executam diferentes funções (**Figura 38-19**). Embora não seja mostrado aqui, as proteínas repressoras da ligação ao DNA estão organizadas de maneira semelhante, com DBDs e **domínios silenciadores**, **SDs**, separáveis. Como descrito no Capítulo 36, o objetivo principal dessas moléculas é facilitar a montagem e/ou atividade do aparato de transcrição basal no promotor *cis*-ligado.

A REGULAÇÃO GÊNICA EM PROCARIOTOS E EUCARIOTOS DIFERE EM OUTROS ASPECTOS IMPORTANTES

Além da transcrição, as células eucarióticas empregam vários mecanismos para regular a expressão gênica (**Tabela 38-4**). Um maior número de etapas, principalmente no processamento do RNA, está envolvido na expressão dos genes de eucariotos e não na dos genes de procariotos, e essas etapas fornecem sítios adicionais para influências reguladoras que não existem nos procariotos. Essas etapas de processamento do RNA em eucariotos, descritas em detalhes no Capítulo 36, incluem o *cap* da extremidade 5′ dos transcritos primários, a adição de uma cauda de poliadenilato à extremidade 3′ dos transcritos e a excisão das regiões de íntrons para gerar éxons unidos em uma molécula de mRNA madura. Até agora, as

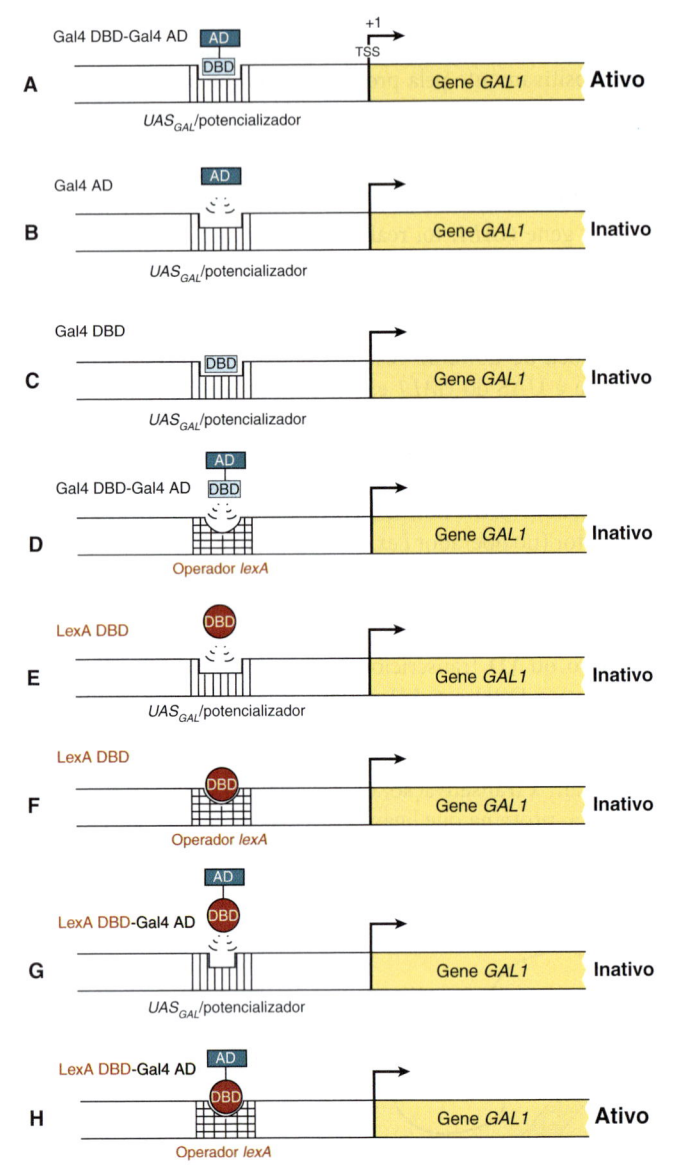

FIGURA 38-18 Os experimentos de troca de domínios demonstram a natureza independente da ligação ao DNA e dos domínios de ativação da transcrição. O gene *GAL1* de levedura contém uma sequência de ativação a montante/potencializador (UASGAL/potencializador), que está ligado pela proteína ativadora da transcrição reguladora da ligação ao DNA de múltiplos domínios, Gal4. A Gal4, à semelhança da proteína cI do lambda, é modular e contém um domínio de ligação do DNA (DBD) N-terminal e um domínio de ativação (AD) C-terminal. Quando o fator de transcrição de Gal4 intacto liga-se ao UASGAL/potencializador de GAL1, ocorre ativação da transcrição do gene GAL-1 [(**A**); **Ativo**]. Experimentos de controle demonstram que todos os três componentes específicos do gene *GAL1* (i.e., componentes *cis*- e *trans*-ativos: potencializador de DNA UASGAL, DBD de Gal4 e AD de Gal4) são necessários para a transcrição ativa do gene *GAL1* natural, conforme esperado [(**B**), (**C**), (**D**), (**E**), (**F**) – todos **Inativos**]. Uma proteína quimérica, em que o DBD de Gal4 é substituído pelo DBD da proteína de ligação do DNA do operador específica de *Escherichia coli*, LexA, não é capaz de estimular a transcrição de *GAL1*, visto que o DBD da LexA não pode se ligar ao UASGAL/potencializador [(**G**); **Inativo**]. Em contrapartida, a proteína de fusão DBD de LexA-AD de Gal4 ativa a transcrição de *GAL1*, quando o operador de *lexA* (o alvo natural do DBD de LexA) é inserido na região promotora de *GAL1*, substituindo o UASGAL/potencializador normal [(**H**); **Ativo**].

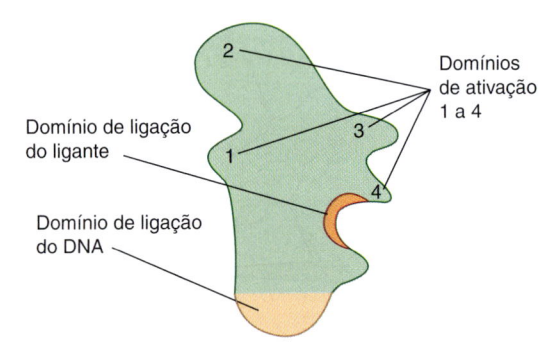

FIGURA 38-19 As proteínas que regulam transcrição possuem vários domínios. Este fator de transcrição hipotético tem um DBD que é distinto de um domínio de ligação ao ligante (LBD) e vários domínios de ativação (ADs) (1 a 4). Outras proteínas podem não ter o DBD ou o LBD e todas podem ter números variáveis de domínios que estabelecem contato com outras proteínas, incluindo as correguladoras e as do complexo de transcrição basal (ver também Capítulos 41 e 42).

TABELA 38-4 A expressão gênica é regulada pela transcrição e por outras maneiras em células eucarióticas

- Amplificação gênica
- Rearranjo gênico
- Processamento do RNA
- *Splicing* alternativo de mRNA
- Transporte do mRNA do núcleo para o citoplasma
- Regulação da estabilidade de mRNA
- Compartimentalização
- Silenciamento e ativação do ncRNA

análises da expressão gênica de eucariotos fornecem evidências de que a regulação ocorre no nível da transcrição, do processamento nuclear do RNA, da estabilidade do mRNA e da tradução. Além disso, a amplificação e o rearranjo dos genes influenciam a expressão gênica.

Devido ao advento da tecnologia do DNA recombinante e do sequenciamento de DNA e RNA de alto desempenho e outras ferramentas genéticas (ver Capítulo 39), foram realizados muitos progressos nos últimos anos na compreensão da expressão gênica dos eucariotos. Entretanto, como a maioria dos organismos eucarióticos contém muito mais informação genética do que os procariotos e como a manipulação desses genes é muito mais difícil, os aspectos moleculares da regulação gênica de eucariotos são menos bem compreendidos do que os exemplos discutidos neste capítulo. Esta seção descreve brevemente alguns tipos diferentes de regulação gênica em eucariotos.

Os ncRNAs modulam a expressão gênica pela alteração da função do mRNA

Conforme assinalado no Capítulo 35, a classe recentemente descoberta dos ncRNAs não codificantes de proteína ubíquos grandes e pequenos em eucariotos contribui de modo significativo para o controle da expressão gênica. O mecanismo de ação dos miRNAs e siRNAs pequenos é mais bem compreendido. Esses RNAs, com cerca de 22 nucleotídeos, regulam a função/expressão de mRNAs específicos, pela inibição da tradução ou pela indução da degradação do mRNA, por diferentes mecanismos; em poucos casos, os miRNAs estimulam a função do mRNA. Acredita-se que pelo menos uma parte da modulação do miRNA na atividade do mRNA ocorra no **corpo P** (ver Figura 37-11). A ação do miRNA pode resultar em mudanças drásticas na produção de proteínas e, portanto, na expressão gênica. Esses ncRNAs pequenos estão envolvidos em várias doenças humanas, como cardiopatias, câncer, perda de massa muscular, infecções virais e diabetes melito.

Os miRNAs e os siRNAs, como os fatores de transcrição de ligação ao DNA descritos em detalhes anteriormente, são transativos e, uma vez sintetizados e adequadamente processados, interagem com proteínas específicas e se ligam a mRNAs-alvo (ver Figura 36-17). A ligação dos miRNAs aos mRNAs-alvo é orientada pelas regras normais de pareamento de bases. Em geral, se o pareamento de bases miRNA–mRNA tiver um ou mais não pareamentos, a tradução do mRNA "alvo" cognato é inibida, ao passo que, se o pareamento de bases miRNA–mRNA for perfeito em todos os 22 nucleotídeos, ocorre degradação do mRNA correspondente.

Devido à enorme e sempre crescente importância dos miRNAs, muitos cientistas e empresas de biotecnologia estão estudando ativamente a biogênese, o transporte e a função do miRNA na esperança da cura de doenças humanas. O tempo dirá a magnitude e a universalidade da regulação gênica mediada por ncRNA.

Os genes de eucariotos podem ser amplificados ou rearranjados durante o desenvolvimento ou em resposta a fármacos

Durante o desenvolvimento inicial de metazoários, há um aumento súbito na necessidade de moléculas específicas, como moléculas de rRNA e mRNA, para produção de proteínas que compõem células ou tecidos específicos. Um modo de elevar a taxa em que tais moléculas podem ser formadas é aumentar o número de genes disponíveis para a transcrição dessas moléculas específicas. Entre as sequências de DNA repetitivo no interior do genoma estão centenas de cópias de genes de rRNA. Esses genes preexistem repetitivamente no DNA dos gametas e, assim, são transmitidos em um grande número de cópias de geração a geração. Em alguns organismos específicos, como a mosca-da-fruta (*Drosophila*), durante a oogênese, ocorre amplificação de alguns genes preexistentes, como os das proteínas do cório (casca do ovo). Posteriormente, esses genes amplificados, presumivelmente gerados por um processo de iniciações repetidas durante a síntese do DNA, fornecem múltiplos sítios para a transcrição do gene (Figura 36-4 e **Figura 38-20**). O lado obscuro da amplificação gênica específica é o fato de, em células humanas, a resistência a fármacos poder se desenvolver com tratamento terapêutico estendido em função da amplificação e do aumento da expressão de genes que codificam proteínas que degradam ou bombeiam os fármacos das células-alvo.

Como observado no Capítulo 36, as sequências de codificação responsáveis pela geração de moléculas de proteínas específicas são frequentemente não contíguas no genoma de mamíferos. No caso dos genes codificadores de anticorpos, isso é particularmente verdadeiro. Como descrito em detalhes no Capítulo 52, as imunoglobulinas são compostas por dois polipeptídeos, as chamadas cadeias pesadas (cerca de 50 kDa) e cadeias leves (cerca de 25 kDa). Os mRNAs que codificam essas duas subunidades de proteínas são codificados por sequências gênicas que estão sujeitas a extensas mudanças de codificação de sequência do DNA. Essas mudanças de codificação do DNA são fundamentais para gerar o requisito de diversidade de reconhecimento, central para o funcionamento adequado da imunidade.

Os mRNAs das cadeias leve e pesada de IgG são codificados por vários segmentos diferentes que são repetidos em *tandem* na linhagem germinativa. Assim, por exemplo, a cadeia leve de IgG consiste em domínios ou segmentos variáveis (V_L), juntos (J_L) e constantes (C_L). Para subconjuntos particulares de cadeias leves de IgG, existem em torno de 300 segmentos que codificam genes de V_L repetidos em *tandem*, 5 sequências codificantes de J_L arranjadas em *tandem* e cerca de 10 segmentos

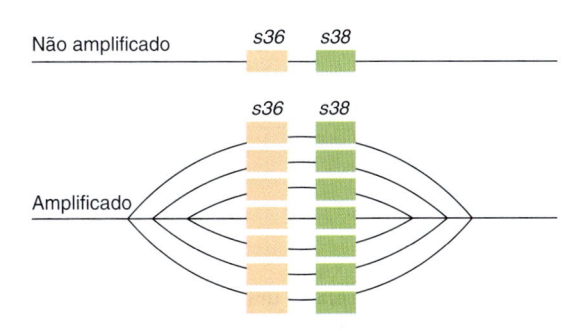

FIGURA 38-20 Representação esquemática da amplificação dos genes de proteínas coriônicas *s36* e *s38*. (Reproduzida, com autorização, de Chisholm R: Gene amplification during development. Trends Biochem Sci 1982;7:161. Copyright © 1982. Reimpressa, com autorização, de Elsevier.)

que codificam genes C_L. Todas essas múltiplas regiões codificantes distintas estão localizadas na mesma região do mesmo cromossomo, e cada tipo de segmento codificante (V_L, J_L e C_L) é repetido em *tandem* da cabeça para a cauda no interior da região de repetição do segmento. Tendo múltiplos segmentos de V_L, J_L e C_L para escolher, uma célula imune possui um maior repertório de sequências para trabalhar, a fim de desenvolver tanto a flexibilidade quanto a especificidade imunológica. Entretanto, uma determinada unidade de transcrição de cadeia leve de IgG funcional – como todas as outras unidades de transcrição "normais" de mamíferos – contém apenas as sequências codificantes para uma única proteína. Portanto, antes que uma cadeia leve de IgG específica possa ser expressa, as sequências codificantes *individuais* de V_L, J_L e C_L devem ser recombinadas para gerar uma unidade de transcrição única e contígua que exclui os múltiplos segmentos não utilizados (i.e., aproximadamente 300 segmentos V_L não utilizados, 4 segmentos J_L não utilizados e 9 segmentos C_L não utilizados). Essa deleção da informação gênica não utilizada é acompanhada pela recombinação seletiva do DNA que remove o código de DNA não desejado, enquanto mantém as sequências codificantes necessárias: uma sequência V_L, uma J_L e uma C_L. (As sequências V_L sofrem uma mutagênese pontual adicional para gerar ainda mais variabilidade – daí o seu nome.) As sequências recém-recombinadas formam, assim, uma única unidade de transcrição responsável pela transcrição mediada pela RNA-polimerase II em um único mRNA monocistrônico. Embora os genes de IgG representem um dos casos mais bem estudados de rearranjo de DNA direcionado modulando a expressão gênica, foram descritos outros casos de rearranjo de DNA regulador de genes.

O processamento do RNA alternativo é outro mecanismo de controle

Além de afetar a eficiência de utilização do promotor, as células eucarióticas empregam o processamento do RNA alternativo para controlar a expressão gênica. Isso pode ocorrer quando promotores alternativos, sítios de *splicing* de íntron–éxon ou sítios de poliadenilação são utilizados. Em certas ocasiões, ocorre heterogeneidade no interior de uma célula, porém é mais comum o mesmo transcrito primário ser processado diferentemente em tecidos distintos. Alguns exemplos de cada um desses tipos de regulação são apresentados a seguir.

A utilização de **sítios de iniciação de transcrição alternativos** resulta em um éxon 5′ diferente em mRNAs que codificam a amilase e a cadeia leve de miosina em camundongos, a glicocinase em ratos e a álcool-desidrogenase e actina em drosófilas. Os **sítios de poliadenilação alternativos** do transcrito primário da cadeia pesada de imunoglobulina μ resultam em mRNAs que podem ter 2.700 bases de comprimento (μ_m) ou 2.400 bases de comprimento (μ_s). Isso resulta em uma região carboxiterminal diferente das proteínas codificadas, de forma que a proteína μ_m permanece ligada à membrana do linfócito B, e a imunoglobulina μ_s é secretada. O *splicing* e o **processamento alternativos** resultam na formação de sete mRNAs únicos de α-tropomiosina em sete tecidos diferentes. Não está ainda totalmente elucidado como essas decisões de processamento-*splicing* são tomadas ou exatamente como essas etapas podem ser reguladas.

A regulação da estabilidade do mRNA fornece outro mecanismo de controle

Embora a maioria dos mRNAs em células de mamíferos seja muito estável (meias-vidas medidas em horas), alguns são repostos muito rapidamente (meias-vidas de 10-30 minutos). Em certos casos, a estabilidade do mRNA está sujeita à regulação. Isso tem importantes implicações, uma vez que há geralmente uma relação direta entre a quantidade de mRNA e a tradução desse mRNA em sua proteína cognata. Mudanças na estabilidade de um mRNA específico podem, portanto, ter efeitos importantes em processos biológicos.

Os mRNAs existem no citoplasma como **partículas de ribonucleoproteínas** (**RNPs**). Algumas dessas proteínas protegem o mRNA da digestão por nucleases, enquanto outras podem, em certas condições, promover o ataque de nucleases. Acredita-se que os mRNAs sejam estabilizados ou desestabilizados pela interação de proteínas com essas várias estruturas ou sequências. Certos efetores, como os hormônios, podem regular a estabilidade do mRNA, aumentando ou diminuindo a quantidade dessas proteínas de ligação do mRNA.

Sabe-se que as extremidades das moléculas de mRNA estão envolvidas na estabilidade do mRNA (**Figura 38-21**). A estrutura do *cap* 5′ no mRNA de eucariotos impede o ataque de exonucleases 5′, e a cauda poli(A) evita a ação de exonucleases 3′. Em moléculas de mRNA com essas estruturas, presume-se que um único corte endonucleolítico permita que

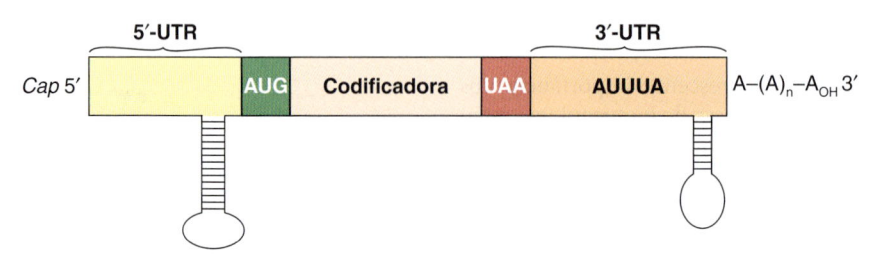

FIGURA 38-21 **Estrutura de um mRNA eucariótico típico, mostrando os elementos que estão envolvidos na regulação da estabilidade do mRNA.** O mRNA típico de eucariotos apresenta uma sequência não codificante (NCS) 5′, ou uma região exônica não traduzida (5′-UTR), uma região codificante e uma região NCS não traduzida exônica 3′ (3′-UTR). Essencialmente todos os mRNAs apresentam capeamento na extremidade 5′, e a maioria apresenta uma sequência poliadenilada de 100 a 200 nt em sua extremidade 3′. O *cap* 5′ e a cauda poli(A) 3′ protegem o mRNA contra o ataque de exonucleases e estão ligados a proteínas específicas que interagem para facilitar a tradução (ver Figura 37-7). Estruturas de alça em grampo na NCS 5′ e 3′, e a região rica em AU na NCS 3′ representam os sítios de ligação para proteínas específicas que modulam a estabilidade do mRNA.

as exonucleases ataquem e façam a digestão da molécula inteira. Outras estruturas (sequências) na região não traduzida 5′ (5′ UTR), na região codificadora e na 3′ UTR promovem ou impedem essa ação endonucleolítica inicial (Figura 38-21). A maior parte desse metabolismo do mRNA provavelmente ocorre em corpos P citoplasmáticos.

Por conseguinte, é evidente que vários mecanismos são utilizados para regular a estabilidade do mRNA e, portanto, a sua função – assim como vários mecanismos são utilizados para regular a síntese de mRNA. A regulação coordenada desses dois processos confere uma extraordinária adaptabilidade à célula.

RESUMO

- As constituições genéticas das células somáticas de metazoários são quase todas idênticas.
- O fenótipo (especificidade de tecidos ou células) é determinado por diferenças na expressão gênica do complemento celular dos genes.
- Alterações na expressão gênica permitem que uma célula se adapte às mudanças ambientais, aos estímulos de desenvolvimento e a sinais fisiológicos.
- A expressão gênica pode ser controlada em múltiplos níveis por meio de mudanças na transcrição, no processamento do mRNA, na localização e na estabilidade ou tradução. A amplificação gênica e os rearranjos também influenciam a expressão gênica.
- Os controles da transcrição operam no nível das interações proteína-DNA e proteína–proteína. Essas interações apresentam modularidade do domínio proteico e alta especificidade.
- Foram identificadas várias classes diferentes de DBD em fatores de transcrição.
- Modificações da cromatina e do DNA contribuem de modo importante para o controle da transcrição eucariótica, modulando a acessibilidade do DNA e especificando o recrutamento de coativadores e correpressores específicos para os genes-alvo.
- Vários mecanismos epigenéticos para o controle gênico foram descritos, e os mecanismos moleculares pelos quais esses processos operam estão sendo elucidados no nível molecular.
- Os ncRNAs modulam a expressão gênica. Os miRNAs e siRNAs curtos modulam a tradução e a estabilidade do mRNA.

REFERÊNCIAS

Ambrosi C, Manzo M, Baubec T: Dynamics and context-dependent roles of DNA methylation. J Mol Biol 2017;429(10):1459-1475.

Browning DF, Busby SJ: Local and global regulation of transcription inititiation in bacteria. Nat Rev Microbiol 2016;14:638-650.

Dekker J, Mirny L: The 3D genome as moderator of chromosomal communication. Cell 2016;164:1110-1121.

Jacob F, Monod J: Genetic regulatory mechanisms in protein synthesis. J Mol Biol 1961;3:318-356.

Klug A: The discovery of zinc fingers and their applications in gene regulation and genome manipulation. Annu Rev Biochem 2010;79:213-231.

Lemon B, Tjian R: Orchestrated response: a symphony of transcription factors for gene control. Genes Dev 2000;14:2551-2569.

Lee TI, Young RA: Transcriptional regulation and its misregulation in disease Cell 2013;152:1237-1251.

Manning KS, Cooper TA: The roles of RNA processing in translating genotype to phenotype. Nat Rev Mol Cell Biol 2017;18:102-114.

Ptashne M: *A Genetic Switch*, 2nd ed. Cell Press and Blackwell Scientific Publications, 1992.

Pugh BF: A preoccupied position on nucleosomes. Nat Struct Mol Biol 2010;17:923.Roeder RG: Transcriptional regulation and the role of diverse coactivators in animal cells. FEBS Lett 2005;579:909-915.

Schmitt AM, Chang HY: Long noncoding RNAs in cancer pathways. Cancer Cell 2016;29:452-463.

Schwartzman O, Tanay A: Single-cell epigenomics: techniques and emerging applications. Nat Rev Genet 2015;16:716-726.

Scotti MM, Swanson MS: RNA mis-splicing in disease. Nat Rev Genet 2016;17:19-32.

Small EM, Olson EN: Pervasive roles of microRNAs in cardiovascular biology. Nature 2011;469:336-342.

Tee WW, Reinberg D: Chromatin features and the epigenetic regulation of pluripotency states in ESCs. Development 2014;141:2376-2390.

Tian B, Manley JL: Alternative polyadenylation of mRNA precursors. Nat Rev Mol Cell Biol 2017;18:18-30.

Zaborowska J, Egloff S, Murphy S: The pol II CTD: new twists in the tail. Nat Struct Mol Biol 2016;23:771-777.

Zhang, Q Lenardo MJ, Baltimore, D: 30 years of NF-KB: a blossoming of relevance to human pathobiology. Cell 2017;168:37-57.

Genética molecular, DNA recombinante e tecnologia genômica

C A P Í T U L O
39

P. Anthony Weil, Ph.D.

OBJETIVOS

Após o estudo deste capítulo, você deve ser capaz de:

- Explicar os procedimentos básicos e os métodos envolvidos na tecnologia do DNA recombinante e na engenharia genética.
- Reconhecer a base lógica contida nos métodos utilizados para sintetizar, analisar e sequenciar o DNA e o RNA.
- Explicar como identificar e quantificar proteínas individuais, tanto solúveis quanto insolúveis (i.e., ligadas à membrana ou compartimentalizadas intracelularmente), bem como as proteínas ligadas a sequências específicas do DNA e do RNA genômicos.

IMPORTÂNCIA BIOMÉDICA*

O desenvolvimento das técnicas do ácido desoxirribonucleico (DNA, do inglês *deoxyribonucleic acid*) recombinante, dos microarranjos (*microarrays*) de DNA de alta densidade, do rastreamento de alto rendimento, do sequenciamento do DNA e do ácido ribonucleico (RNA, do inglês *ribonucleic acid*) em escala genômica de baixo custo e de outras metodologias de genética molecular revolucionou a biologia e está tendo impacto crescente na medicina clínica. Embora se tenha aprendido muito sobre as doenças genéticas humanas por meio da análise genealógica e do estudo das proteínas afetadas, essas abordagens não podem ser utilizadas em muitos casos em que o defeito genético é desconhecido. As novas tecnologias contornam essas limitações, buscando informações diretamente nas moléculas de DNA e RNA celulares. A manipulação de uma sequência de DNA e a construção de moléculas quiméricas – denominada engenharia genética – proporcionam meios para estudar como um segmento específico de DNA controla a função celular. Novas ferramentas bioquímicas e de genética molecular permitem aos pesquisadores buscar e manipular sequências genômicas, bem como examinar todo o complemento do RNA celular, das proteínas e do estado de PTM das proteínas em nível molecular, até mesmo em uma única célula.

A compreensão da tecnologia de genética molecular é importante por várias razões. (1) Ela oferece uma abordagem racional para a compreensão das bases moleculares das doenças. Por exemplo, a hipercolesterolemia familiar, a doença falciforme, as talassemias, a fibrose cística, a distrofia muscular, bem como doenças multifatoriais mais complexas, como as doenças cardíacas e vasculares, a doença de Alzheimer, o câncer, a obesidade e o diabetes. (2) Proteínas humanas podem ser produzidas em grande quantidade para terapia (p. ex., insulina, hormônio do crescimento, ativador do plasminogênio tecidual). (3) Proteínas para o preparo de vacinas (p. ex., hepatite B) e para exames complementares (p. ex., testes para Ebola e síndrome da imunodeficiência humana [Aids, do inglês *human immunodeficiency virus*]) podem ser obtidas com facilidade. (4) Essa tecnologia é utilizada tanto para o diagnóstico de doenças existentes quanto para prever o risco de desenvolvimento de determinada doença e a resposta individual à terapia farmacológica – a denominada **medicina personalizada**. (5) Técnicas especiais levaram a notáveis avanços na medicina forense, possibilitando a análise diagnóstica molecular do DNA de uma única célula. (6) Por fim, em doenças muito bem conhecidas, pode-se desenvolver uma terapia gênica potencialmente curativa para doenças causadas por uma deficiência de um único gene, como a doença falciforme, as talassemias, a deficiência de adenosina-desaminase e outras.

A TECNOLOGIA DO DNA RECOMBINANTE ENVOLVE O ISOLAMENTO E A MANIPULAÇÃO DO DNA PARA FORMAR MOLÉCULAS QUIMÉRICAS

O isolamento e a manipulação do DNA, incluindo as junções terminoterminais das sequências de várias fontes diferentes para formar moléculas quiméricas (p. ex., moléculas contendo sequências de DNA humano e de bactérias em uma sequência independente), constituem a essência da pesquisa sobre o DNA recombinante. Ela envolve várias técnicas e reagentes especiais.

---
* Ver glossário de termo no fim deste capítulo.

Enzimas de restrição clivam cadeias de DNA em localizações específicas

Certas endonucleases – enzimas que cortam o DNA em sequências de DNA específicas dentro da molécula (em oposição às exonucleases, que realizam uma digestão processiva a partir das extremidades das moléculas de DNA, principalmente de modo independente da sequência) – constituem uma ferramenta essencial na pesquisa do DNA recombinante. Essas enzimas foram denominadas **enzimas de restrição** ou **REs**, visto que a sua presença em determinada bactéria restringia ou impedia o crescimento de determinados vírus bacterianos, denominados bacteriófagos. As enzimas de restrição cortam o DNA de qualquer fonte em pequenos pedaços únicos em uma sequência específica – ao contrário da maioria das outras enzimas, substâncias químicas ou métodos físicos, que quebram o DNA aleatoriamente. Essas enzimas defensivas (foram descobertas centenas) protegem o DNA do hospedeiro bacteriano do genoma do DNA de organismos estranhos (principalmente fagos infecciosos), inativando especificamente o DNA do fago invasor por meio da digestão. O sistema interferona induzido por RNA viral (ver Capítulo 38; Figura 38-11) proporciona o mesmo tipo de defesa molecular contra vírus de RNA em células de mamíferos. Entretanto, as endonucleases de restrição estão apenas presentes em células que também possuem uma enzima associada, que metila o DNA em sítios específicos do hospedeiro bacteriano, de modo que não possa ser passível de clivagem por aquela enzima de restrição particular. Por conseguinte, as DNA-metilases sequência-específicas e as endonucleases de restrição sequência-específicas têm como alvo exatamente os mesmos sítios sempre ocorrem em pares em determinada bactéria.

As enzimas de restrição são nomeadas considerando-se o nome da bactéria a partir da qual foram isoladas. Por exemplo, *Eco*RI vem de *Escherichia coli*, e *Bam*HI, de *Bacillus amyloliquefaciens* (**Tabela 39-1**). As primeiras três letras no nome da enzima de restrição consistem na primeira letra do gênero (*E*) e nas primeiras duas letras da espécie (*co*), no caso da enzima de restrição *Eco*RI da cepa R de *E. coli*. Essas designações podem ser seguidas da designação da cepa (*R*) e de um algarismo romano (*I*) para indicar a ordem da descoberta (p. ex., *Eco*RI e *Eco*RII). Cada enzima reconhece e cliva uma sequência de DNA de dupla-fita específica, em geral, com 4 a 8 pb de comprimento. Essas clivagens do DNA resultam em **extremidades cegas** (p. ex., *Hpa*I) ou extremidades sobrepostas (**adesivas ou coesivas**) (p. ex., *Bam*HI) (**Figura 39-1**), dependendo do mecanismo utilizado pela enzima. As extremidades adesivas são particularmente úteis na construção de moléculas de DNA híbridas ou quiméricas (ver a seguir). Se os quatro nucleotídeos forem distribuídos aleatoriamente em uma determinada molécula de DNA, pode-se calcular a frequência com que uma determinada enzima clivará um comprimento de DNA. Para cada posição na molécula de DNA, há quatro possibilidades (A, C, G e T); portanto, uma enzima de restrição que reconhece a sequência de 4 pb cliva, em média, uma vez a cada 256 pb (4^4), ao passo que outra enzima que reconhece uma sequência de 6 pb cliva uma vez a cada 4.096 pb (4^6). Um determinado pedaço de DNA possui um arranjo linear característico de sítios para as várias enzimas determinado pela sequência linear de

TABELA 39-1 Endonucleases de restrição selecionadas e suas especificidades de sequência

Endonuclease	Sequência reconhecida Sítios de clivagem mostrados	Fonte bacteriana
*Bam*HI	↓ G GATCC CCTAC C ↑	*Bacillus amyloliquefaciens* H
*Bgl*II	↓ A GATCT TCTAG A ↑	*Bacillus globigii*
*Eco*RI	↓ G AATTC CTTAA C ↑	*Escherichia coli* RY13
*Eco*RII	↓ CCTGG GGACC ↑	*Escherichia coli* R245
*Hin*dIII	↓ A AGCTT TTCGA A ↑	*Haemophilus influenzae* R_d
*Hha*I	↓ GCG C C GCG ↑	*Haemophilus haemolyticus*
*Hpa*I	↓ GTT AAC CAA TTC ↑	*Haemophilus Parainfluenza*
*Mst*II	↓ CC TnAGG GGAnT CC ↑	Cepa de *Microcoleus strain*
*Pst*I	↓ CTGCA G GACGTC ↑	*Providencia stuartii* 164
*Taq*I	↓ T CGA AGC T ↓	*Thermus aquaticus* YTI

A, adenina; C, citosina; G, guanina; T, timina. As setas mostram o sítio de clivagem; dependendo do sítio, as extremidades da dupla-fita de DNA clivado resultante são denominadas extremidades adesivas (*Bam*HI) ou extremidades cegas (*Hpa*I). O comprimento da sequência de reconhecimento pode ser de 4 pb (*Taq*I), 5 pb (*Eco*RII), 6 pb (*Eco*RI), 7 pb (*Mst*II) ou mais longo. Por convenção, eles são escritos na direção 5'-3' para a fita superior de cada sequência de reconhecimento, e a fita inferior é apresentada com a polaridade oposta (i.e., 3'-5'). Observe que a maioria das sequências de reconhecimento é formada por palíndromos (i.e., a sequência é a mesma lida em ambas as direções nas duas fitas). Um resíduo denominado n significa que qualquer nucleotídeo é permitido.

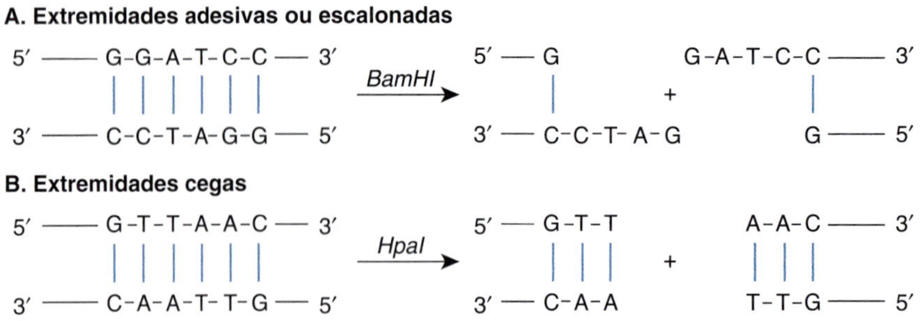

A. Extremidades adesivas ou escalonadas

```
5' —— G-G-A-T-C-C —— 3'              5' —— G              G-A-T-C-C —— 3'
       | | | | | |          BamHI            |        +            |
3' —— C-C-T-A-G-G —— 5'              3' —— C-C-T-A-G              G —— 5'
```

B. Extremidades cegas

```
5' —— G-T-T-A-A-C —— 3'              5' —— G-T-T          A-A-C —— 3'
       | | | | | |          HpaI           | | |    +     | | |
3' —— C-A-A-T-T-G —— 5'              3' —— C-A-A          T-T-G —— 5'
```

FIGURA 39-1 **Resultados da digestão pela endonuclease de restrição.** A digestão com uma endonuclease de restrição pode resultar na formação de fragmentos de DNA com extremidades adesivas ou coesivas (**A**) ou extremidades cegas (**B**); esqueleto fosfodiéster, linhas pretas; ligações de hidrogênio entre as fitas entre bases purínicas e pirimidínicas, linhas azuis. A geração de fragmentos cujas extremidades possuem estruturas particulares (i.e. cegas, coesivas) constitui um importante aspecto a considerar no planejamento das estratégias de clonagem.

suas bases; portanto, um **mapa de restrição** pode ser construído. Quando o DNA é digerido por uma enzima particular, as extremidades de todos os fragmentos possuem a mesma sequência de DNA. Os fragmentos produzidos podem ser isolados por eletroforese em gel de agarose ou de poliacrilamida (ver a discussão sobre *blotting* a seguir); essa etapa é essencial na clonagem do DNA, bem como em várias análises do DNA, e é uma utilização importante dessas enzimas.

Várias outras enzimas que agem no DNA e no RNA constituem uma parte importante da tecnologia do DNA recombinante. Muitas delas são referidas neste capítulo e nos próximos (**Tabela 39-2**).

Enzimas de restrição, endonucleases, recombinases e DNA-ligases são utilizadas para produzir e preparar moléculas quiméricas de DNA

A ligação de extremidades adesivasou adesivas ou coesivas complementares de fragmentos de DNA é tecnicamente fácil, mas, com frequência, algumas técnicas especiais são necessárias para superar problemas inerentes a essa abordagem. Extremidades adesivas de um vetor podem se reconectar, com nenhum ganho final de DNA. Extremidades adesivas de fragmentos também se anelam, de modo que inserções

TABELA 39-2 Algumas das enzimas utilizadas na pesquisa com DNA recombinante

Enzimas	Reação	Uso primário
Fosfatases	Desfosforila as extremidades 5' do RNA e do DNA	Remoção de grupos 5'-PO_4 antes da marcação por cinase; também é utilizada para evitar a autoligação
DNA-ligase	Catalisa as ligações entre moléculas de DNA	União de moléculas de DNA
DNA-polimerase I	Sintetiza DNA de dupla-fita a partir de DNA de fita simples	Síntese de cDNA de dupla-fita; marcação de DNA e tradução de cadeia com quebras; geração de extremidades cegas a partir de extremidades adesivas
DNA-polimerases termoestáveis	Sintetizam DNA em temperaturas elevadas (60-80°C)	Reação em cadeia da polimerase (síntese de DNA), mutagênese
DNase I	Em condições apropriadas, produz cortes em uma das fitas do DNA	Tradução de cadeia com quebras; mapeamento de sítios hipersensíveis; mapeamento das interações proteína-DNA
Exonuclease III	Remove nucleotídeos das extremidades 3' do DNA	Sequenciamento do DNA; ChIP-exo, mapeamento das interações DNA-proteína
Exonuclease λ	Remove nucleotídeos das extremidades 5' do DNA	Sequenciamento do DNA, mapeamento de interações DNA-proteína
Polinucleotídeo-cinase	Transfere o fosfato terminal (posição γ) do ATP para grupos 5'-OH do DNA ou RNA	Marcação das extremidades ^{32}P do DNA ou do RNA
Transcriptase reversa	Sintetiza DNA a partir do molde de RNA	Síntese do cDNA a partir do mRNA; estudos de mapeamento do RNA (extremidade 5')
RNase H	Degrada a parte de RNA de um híbrido DNA–RNA	Síntese de cDNA a partir de mRNA
Nuclease S1	Degrada DNA de fita simples	Remoção do "grampo" na síntese do cDNA; estudos de mapeamento do RNA (extremidades 5' e 3')
Transferase terminal	Adiciona nucleotídeos às extremidades 3' do DNA	Formação da cauda de homopolímero
Recombinases (CRE, INT, FLP)	Catalisam recombinações sítio-específicas entre moléculas de DNA contendo sequências-alvo homólogas	Produção de moléculas de DNA quiméricas específicas, atuando *in vitro* e *in vivo*
CRISPR-Cas9/C2c2	Nuclease dirigida por DNA ou RNA tendo RNA como alvo	Edição do genoma e com variações, modulação da expressão gênica nos níveis de DNA e RNA

heterogêneas em *tandem* se formam. Os sítios das extremidades adesivas também podem não estar disponíveis ou em uma posição conveniente. Para contornar esses problemas, pode ser utilizada uma enzima que produza extremidades cegas. As extremidades cegas podem ser ligadas diretamente; entretanto, a ligação não é direcional. Para evitar esse problema, podem ser acrescentadas novas extremidades de DNA de sequência específica por meio de ligação direta da extremidade cega, utilizando a enzima do bacteriófago T4, a DNA-ligase. Como alternativa, sítios de reconhecimento de RE convenientes podem ser adicionados a um fragmento de DNA pelo uso de amplificação por reação em cadeia da polimerase (PCR, do inglês *polymerase chain reaction*) (ver adiante).

Como complemento para o uso das endonucleases de restrição para combinar e obter fragmentos de DNA por engenharia, os cientistas começaram a utilizar recombinases, como sítios P lox bacterianos, que são reconhecidos pela CRE-recombinase, sítios att do bacteriófago λ reconhecidos pela proteína INT codificada do fago λ ou sítios FRT de leveduras reconhecidas pela Flp-recombinase de leveduras. Esses sistemas de recombinases catalisam a incorporação específica de dois fragmentos de DNA, que possuem as sequências de reconhecimento adequadas e realizam a recombinação homóloga (ver Figura 35-9) entre os sítios de reconhecimento relevantes. Um novo sistema regulador de edição de DNA/gene, denominado **CRISPR-Cas9** (repetições palindrômicas curtas, agrupadas e regularmente intercaladas associadas ao gene **9**), descoberto em 2012, revolucionou os estudos do DNA genômico. O sistema CRISPR, encontrado em muitas bactérias, representa uma forma de imunidade adquirida ou adaptativa (ver Capítulos 52 e 54) para prevenir a reinfecção de uma bactéria por bacteriófagos específicos. O CRISPR complementa o sistema de endonucleases de restrição e metilases anteriormente descrito. O CRISPR utiliza alvos com base no RNA para levar a nuclease Cas9 até o DNA estranho (ou qualquer complementar). No interior da bactéria, esse complexo CRISPR-RNA-Cas9 degrada e inativa o DNA-alvo. O sistema CRISPR foi adaptado para uso em células eucarióticas, incluindo células humanas, nas quais foi demonstrado ser uma nuclease específica de sítio e dirigida por RNA, exatamente como nas bactérias. Variações na utilização do CRISPR possibilitam a deleção gênica, edição de genes, visualização de genes e até mesmo a modulação da transcrição gênica. Assim, o CRISPR contribuiu com uma nova tecnologia interessante, altamente eficiente e muito específica para o conjunto de métodos empregados na manipulação da análise genética e do DNA de células de mamíferos. Os aspectos básicos da função do CRISPR-Cas9 são apresentados, em linhas gerais, na **Figura 39-2**.

As semelhanças entre o CRISPR-Cas direcionado ao RNA e os métodos de inativação gênica e a repressão da expressão mediada por mi/siRNA em eucariotos superiores são notáveis. Ambas as metodologias estão sendo ativamente exploradas para fins experimentais e terapêuticos. É interessante assinalar que uma variante do sistema CRISPR-Cas, C2c2, demonstrou clivar o RNA de maneira sítio-específica. Essa notável descoberta abre o caminho para alterações específicas potenciais dos níveis de mRNA/ncRNA em células humanas sem os desafios éticos e técnicos inerentes à edição do genoma com o sistema CRISPR-Cas9.

A clonagem amplifica o DNA

Um **clone** refere-se a uma grande população de moléculas, células ou organismos idênticos, que se originam de um ancestral comum. A clonagem molecular permite a produção de um grande número de moléculas de DNA idênticas que podem ser caracterizadas ou utilizadas para outros propósitos. Essa técnica baseia-se no fato de que as moléculas de DNA quiméricas

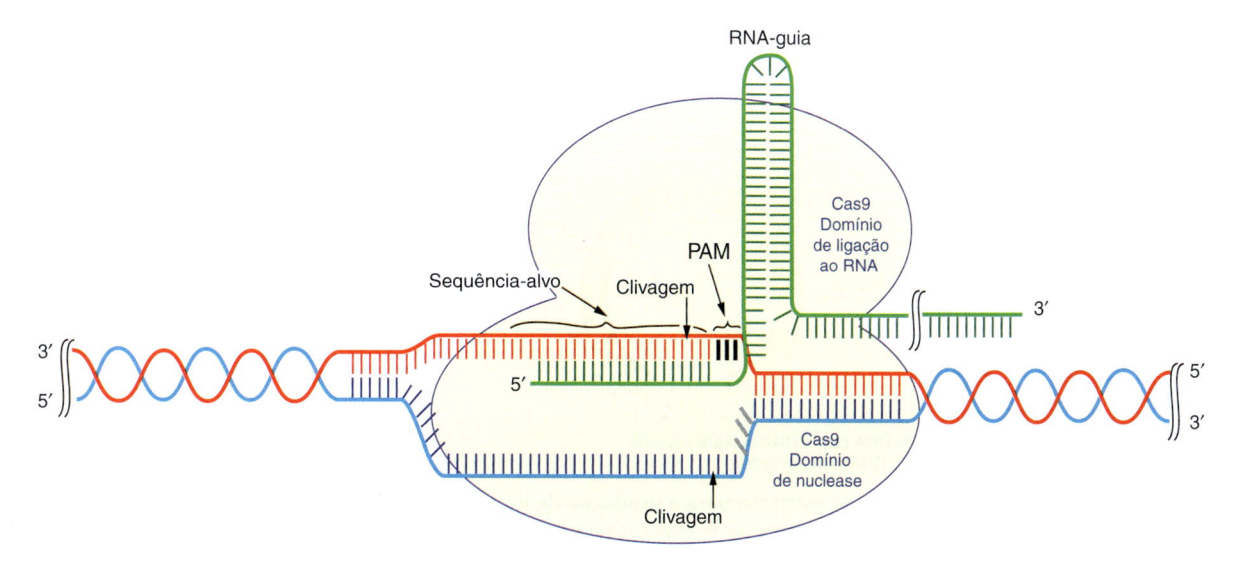

FIGURA 39-2 Visão geral do mecanismo do CRISPR-Cas9. A figura mostra o sistema de CRISPR-Cas9-nuclease de dois domínios ligado a um DNA genômico (em vermelho, em azul) e RNA-guia específico (em verde), que, por meio da complementaridade de bases (20 nts), localiza o seu alvo genômico, que está adjacente a um curto motivo adjacente de protoespaçador ou PAM. A ligação do RNA-guia e os domínios de nuclease estão indicados. Após a sua localização específica, os dois centros ativos distintos da Cas9-nuclease clivam ambas as fitas do DNA genômico marcado (clivagem; setas) imediatamente a jusante do PAM, resultando em quebra da dupla-fita de DNA. O reparo subsequente do DNA por atividades celulares (ver Capítulo 35) pode introduzir mutações, inativando, assim, o gene-alvo. As variações quanto ao uso do CRISPR-Cas9 são numerosas e permitem esculpir a estrutura e a expressão do DNA genômico.

ou híbridas podem ser construídas em **vetores de clonagem** – normalmente, plasmídeos bacterianos, fagos ou cosmídeos (plasmídeos híbridos que também contêm sequências específicas de fago)–, que em seguida continuam se replicando de modo clonal em uma única célula hospedeira em seus próprios sistemas de controle. Desse modo, o DNA quimérico é amplificado. O procedimento geral é ilustrado na **Figura 39-3**.

Os **plasmídeos** bacterianos são moléculas de DNA dúplex pequenas e circulares cuja função natural é conferir resistência a antibióticos para a célula do hospedeiro. Os plasmídeos têm várias propriedades que os tornam extremamente úteis como vetores de clonagem. Eles existem como cópias únicas ou múltiplas no interior da bactéria e replicam de modo independente do DNA bacteriano como **epissomos** (i.e., um genoma acima ou fora do genoma bacteriano) enquanto utilizam principalmente o mecanismo de replicação do hospedeiro. A sequência completa de DNA de milhares de plasmídeos é conhecida; por conseguinte, a localização precisa dos sítios de clivagem da enzima de restrição está disponível para inserção do DNA estranho. Os plasmídeos são menores do que o cromossomo do hospedeiro e são, portanto, facilmente separados do último, e o DNA desejado inserido no plasmídeo pode ser facilmente removido clivando o plasmídeo com a enzima específica para o sítio de restrição no qual a peça original de DNA foi inserida.

Os **fagos** (**vírus bacterianos**) frequentemente apresentam genomas de DNA lineares, nos quais o DNA estranho pode ser inserido em sítios exclusivos de enzimas de restrição. O DNA quimérico resultante é coletado após o fago passar por seu ciclo lítico e produzir partículas de fago maduras e infectantes. Uma importante vantagem dos vetores de fagos é que, enquanto os plasmídeos aceitam segmentos de DNA de até cerca de 10 kb de comprimento, os fagos podem aceitar prontamente fragmentos de DNA de até cerca de 20 kb de comprimento. O tamanho final da inserção é imposto pela quantidade de DNA que pode ser acondicionada dentro da cabeça do fago durante a propagação do vírus.

Fragmentos maiores de DNA podem ser clonados em **cosmídeos**, vetores de clonagem de DNA que combinam as melhores características dos plasmídeos e dos fagos. Os cosmídeos são plasmídeos que contêm as sequências de DNA, chamadas de **sítios cos**, necessárias para o acondicionamento do DNA lambda em uma partícula do fago. Esses vetores crescem sob a forma de plasmídeos na bactéria, mas uma vez que a maior parte do DNA lambda desnecessário é removido, mais DNA quimérico pode ser acumulado na cabeça da partícula. Os cosmídeos podem transportar inserções de DNA quimérico de 35 a 50 kb de comprimento. Até mesmo segmentos maiores de DNA podem ser incorporados ao cromossomo artificial bacteriano (**BAC**, do inglês *bacterial artificial*

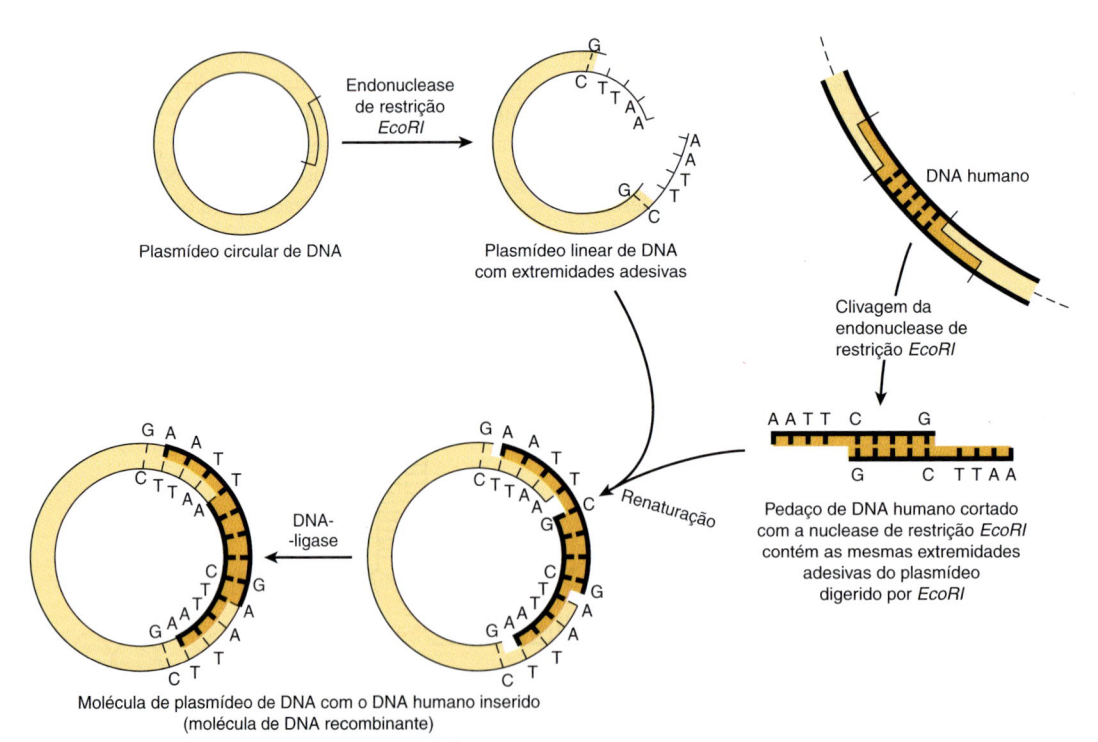

FIGURA 39-3 Uso de endonucleases de restrição para a produção de novas moléculas de DNA recombinantes ou quiméricas. Quando inseridos de volta em uma célula bacteriana (pelo processo chamado de transformação mediada por DNA), em geral apenas um único plasmídeo é incorporado por uma única célula, e o DNA de plasmídeo sofre replicação clonal, replicando não apenas ele próprio, mas também o novo DNA inserido fisicamente ligado. Como a recombinação das extremidades adesivas, conforme indicado, normalmente regenera a mesma sequência de DNA reconhecida pela enzima de restrição original, o DNA clonado inserido pode ser corretamente removido do círculo de plasmídeo recombinante com essa endonuclease. Como alternativa, as sequências de inserção podem ser especificamente amplificadas a partir do plasmídeo de DNA quimérico purificado por meio de PCR (Figura 39-7). Se uma mistura de todos os pedaços de DNA criados pelo tratamento da totalidade do DNA humano com uma única nuclease de restrição for usada como fonte de DNA humano, podem ser obtidos cerca de 1 milhão de diferentes tipos de moléculas de DNA recombinante, cada uma delas pura em seu próprio clone bacteriano. (Modificada e reproduzida, com autorização, de Cohen SN: The manipulationof genes. SciAm [July] 1975;233:25. Copyright © The Estate of Bunji Tagawa.)

chromosome), ao cromossomo artificial de levedura (**YAC**, do inglês *yeast artificial chromosome*) ou a vetores de cromossomo artificial derivado do bacteriófago P1 de *E. coli* (**PAC**, do inglês *P1-derived artificial chromosome*). Esses vetores aceitam e propagam as inserções de DNA de várias centenas de quilobases ou mais, substituindo, em grande parte, os vetores de plasmídeos, de fagos e de cosmídeos para algumas aplicações de clonagem e mapeamento genético de eucariotos. Uma comparação desses vetores é mostrada na **Tabela 39-3**.

Como a inserção do DNA em uma região funcional do vetor interfere na ação dessa região, deve-se tomar cuidado para não interromper uma função essencial desse vetor. Esse conceito pode ser explorado, no entanto, para proporcionar uma técnica de seleção poderosa duplo-positiva/negativa. Por exemplo, um vetor de plasmídeo inicial comum, **pBR322**, possui genes que conferem resistência à **tetraciclina** (**Tet**) e à **ampicilina** (**Amp**), isto é, crescimento resistente a **Tet^r** e **Amp^r**, respectivamente. Um único sítio da enzima de restrição *PstI* no interior do gene de resistência Amp é comumente utilizado como sítio de inserção para um pedaço de DNA estranho.

Além de apresentar extremidades adesivas (Tabela 39-1 e Figura 39-1), o DNA inserido nesse sítio rompe a ORF do gene *bla* codificador de β-lactamase. A β-lactamase, uma enzima secretada, degrada e inativa a ampicilina. A bactéria que possui esse tipo de plasmídeo será sensível à Amp (Amp^s). Assim, as células que carregam o plasmídeo parental, que fornece a resistência a ambos os antibióticos, podem ser facilmente diferenciadas e separadas das células que carregam o plasmídeo quimérico, que é resistente apenas à tetraciclina (**Figura 39-4**). Os YACs contêm funções de seleção, de replicação e de segregação que atuam tanto em células de bactérias quanto em células de leveduras e, portanto, podem ser propagadas em ambos os organismos.

Além dos vetores descritos na Tabela 39-3, que são desenhados principalmente para a propagação em células bacterianas, vetores para a propagação em células de mamíferos e para inserção do gene (cDNA)/expressão proteica também foram desenvolvidos. Esses vetores se baseiam em diversos vírus de eucariotos compostos por genomas de RNA ou DNA. Exemplos importantes desses **vetores virais** são os que utilizam genomas de **adenovírus** (**Ad**) ou **vírus associado ao adenovírus** (**AAV**) (com base em DNA) e de **retrovírus** (com base em RNA). Embora um pouco limitados quanto ao tamanho das sequências de DNA que podem ser inseridas, os **vetores de clonagem viral de mamíferos** compensam essa lacuna, pois, de maneira eficiente, infectam uma grande variedade de tipos celulares diferentes. Por essa razão, vários vetores virais de mamíferos, alguns com genes de seleção positiva e negativa (também conhecidos como "marcadores" de seleção, como observado para pBR322) estão em investigação para o uso em **terapia gênica** e são comumente utilizados em experimentos de laboratório.

TABELA 39-3 Capacidades de clonagem de vetores de clonagem comuns

Vetor	Tamanho da inserção de DNA (kb)
Plasmídeo pUC19	0,01-10
Lambda charon 4A	10-20
Cosmídeos	35-50
BAC, P1	50-250
YAC	500-3.000

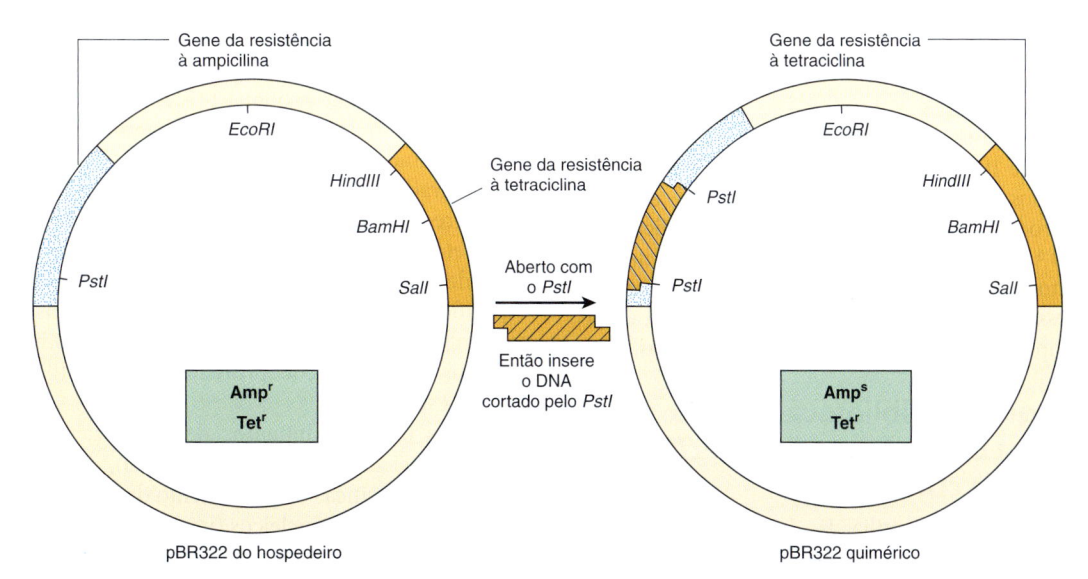

FIGURA 39-4 **Método de rastreamento de recombinantes para fragmentos de DNA inseridos.** Usando o plasmídeo pBR322, um pedaço de DNA é inserido no sítio único *PstI*. Essa inserção rompe a fase de leitura do códon para o gene que codifica uma proteína que confere resistência à ampicilina no hospedeiro bacteriano. Portanto, as células que possuem um plasmídeo quimérico não irão crescer/sobreviver muito mais tempo no meio líquido de cultura ou em placa contendo esse antibiótico. A sensibilidade diferencial à tetraciclina e à ampicilina pode, portanto, ser usada para distinguir clones de plasmídeos que contenham uma inserção. Um esquema similar que depende da produção de uma fusão *in-frame* de um DNA recém-inserido, produzindo um fragmento de peptídeo capaz de complementar uma forma inativa, truncada e N-terminal da enzima β-galactosidase, um componente do óperon *lac* (ver Figura 38-2), permite a formação de colônias branco-azuladas nas placas de ágar contendo um corante hidrolisável pelo β-galactosídeo. As colônias β-galactosidase positivas são azuis; elas contêm plasmídeos nos quais um DNA foi inserido de forma bem sucedida.

Uma biblioteca é uma coleção de clones recombinantes

A combinação de enzimas de restrição e de vários vetores de clonagem permite que o genoma completo de um organismo seja acondicionado individualmente, em pequenos segmentos, em um vetor. Uma coleção desses diferentes clones recombinantes é chamada de biblioteca. Uma **biblioteca genômica** é preparada a partir do DNA total de uma linhagem celular ou tecido, que foi fragmentado utilizando endonucleases de restrição, ou cisalhamento e ligação de adaptador aos fragmentos resultantes. Uma **biblioteca de cDNA** compreende as cópias de DNA complementares da população de mRNAs em um tecido. As bibliotecas de DNA genômico são frequentemente preparadas pela realização da **digestão parcial do DNA total** com uma enzima de restrição que corta o DNA com frequência (p. ex., uma enzima cortadora de quatro bases, como a *TaqI*). A ideia é gerar fragmentos bastante grandes para que a maioria dos genes fique intacta. Os vetores BAC, YAC e P1 são os preferidos, uma vez que podem aceitar fragmentos muito grandes de DNA e, assim, oferecer melhor chance de isolamento de um gene codificador de mRNA eucariótico intacto em um único fragmento de DNA.

Um vetor no qual a proteína codificada pelo gene introduzido pela tecnologia do DNA recombinante é, na verdade, sintetizado, é conhecido como **vetor de expressão**. Atualmente, esses vetores são usados, na maioria das vezes, para detectar moléculas de DNA específicas em bibliotecas e para produzir proteínas por meio de técnicas de engenharia genética. Esses vetores são especialmente construídos para conter promotores induzíveis muito ativos, códons de iniciação de tradução em fase adequados, sinais de terminação de transcrição e tradução, e sinais de processamento de proteínas adequados, se necessário. Alguns vetores de expressão contêm até mesmo genes que codificam inibidores de protease, de modo que o rendimento final do produto é aumentado. Curiosamente, como o custo da síntese do DNA sintético caiu, muitos pesquisadores agora sintetizam frequentemente um cDNA inteiro (gene) de interesse (em segmentos de 100-150 nt), incorporando as preferências de códons do hospedeiro utilizado para expressão, a fim de maximizar a produção de proteína. Novas técnicas eficazes na síntese do DNA sintético permitem hoje a síntese *de novo* de genes completos e até de genomas. Esses avanços inauguram novas e interessantes possibilidades na biologia sintética, mas, ao mesmo tempo, introduzem potenciais dilemas éticos.

Sondas pesquisam bibliotecas ou amostras complexas em busca de genes específicos ou moléculas de cDNA

Várias moléculas podem ser utilizadas como "sondas" em bibliotecas para pesquisar um gene específico ou uma molécula de cDNA ou para definir e quantificar o DNA ou RNA separados por eletroforese por meio de vários géis. As sondas são geralmente partes de DNA ou RNA marcadas com um nucleotídeo que contém um ^{32}P – ou nucleotídeos marcados com fluorescência (mais utilizados atualmente). É importante observar que nenhuma modificação (^{32}P ou marcação com fluorescência) afeta as propriedades de hibridização das sondas marcadas resultantes de ácido nucleico. Para ser efetiva, a sonda deve reconhecer uma sequência complementar. Um cDNA sintetizado a partir de um mRNA específico (ou oligonucleotídeo sintético) pode ser utilizado para o rastreamento de um cDNA mais longo em uma biblioteca de cDNA ou em uma biblioteca genômica, para uma sequência complementar na região codificadora de um gene. As sondas de cDNA/oligonucleotídeo/cRNA são utilizadas para detectar fragmentos de DNA em transferências *Southern blot* e para detectar e quantificar o RNA em transferências *Northern blot* (ver a seguir).

As técnicas de *blotting* e sonda possibilitam a visualização de moléculas-alvo específicas

A visualização de um fragmento específico de DNA ou de RNA (ou de proteína, ver adiante) entre os muitos milhares de moléculas não alvo "contaminantes" presentes em uma amostra complexa exige a convergência de várias técnicas, coletivamente denominadas **transferência blot**. A **Figura 39-5** ilustra os procedimentos de transferência *Southern* (DNA), *Northern* (RNA) e *Western* (proteína) *blot*. O nome da primeira técnica foi dado em homenagem à pessoa que desenvolveu a técnica, Edward Southern, enquanto os outros nomes surgiram como jargão de laboratório, porém são termos atualmente aceitos. Esses procedimentos são úteis para determinar quantas cópias de um gene estão em um determinado tecido ou se há quaisquer alterações em um gene (deleções, inserções ou rearranjos), uma vez que a etapa de eletroforese requisitada separa as moléculas com base no tamanho. Ocasionalmente, se uma base específica for trocada e um sítio de restrição for alterado, esses procedimentos podem detectar uma mutação pontual (i.e., Figura 39-9 a seguir). As técnicas de transferência *Northern* e *Western blot* são usadas para determinar o tamanho e a quantidade de RNA específico e de moléculas de proteínas, respectivamente. Uma quarta técnica, o ***Southwestern*** ou **superposto blot**, que examina interações proteína-ácido nucleico ou proteína-proteína, respectivamente, são variantes dos métodos de *Southern/Northern/Western blotting* (não mostrados). Nestas últimas duas técnicas, as proteínas são separadas por eletroforese, transferidas para uma membrana, renaturadas e analisadas à procura de uma interação com determinada sequência de DNA ou RNA ou proteína por meio de incubação com uma sonda de ácido nucleico marcada específica (*Southwestern*) ou sonda proteica (ensaio superposto), utilizando uma proteína marcada, ou, como alternativa, são detectadas interações proteína-proteína utilizando um anticorpo específico.

Todos os procedimentos de hibridização baseados em ácidos nucleicos, discutidos nesta seção, dependem das propriedades específicas de pareamento de bases de fitas complementares de ácidos nucleicos (ver Capítulo 34). Combinações perfeitas hibridizam rapidamente e resistem a altas temperaturas e/ou a tampões de baixa força iônica nas reações de hibridização e de lavagens. Combinações menos perfeitas não toleram as **condições rigorosas** (i.e., temperaturas elevadas e baixas concentrações de sais); assim, a hibridização pode nunca ocorrer ou ser interrompida durante a etapa de lavagem. Foram desenvolvidas condições de hibridização capazes de detectar uma única combinação errônea de pares de bases (pb) entre a sonda e o alvo.

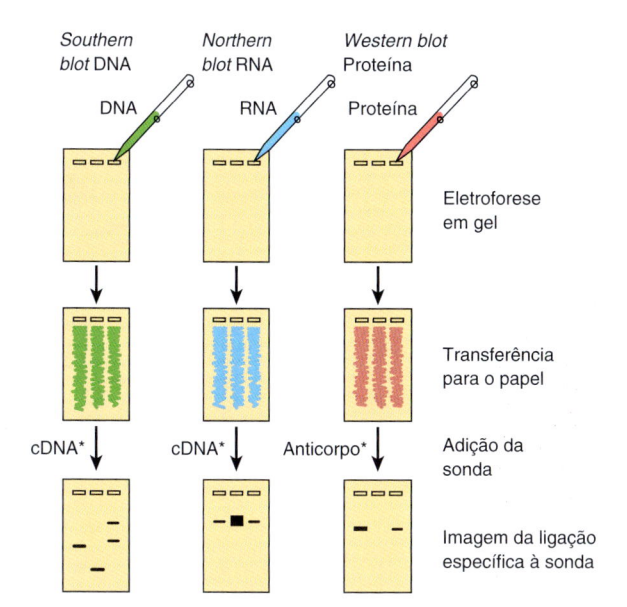

FIGURA 39-5 **O procedimento de transferência *blot*.** Em um *Southern blot*, ou transferência de DNA, o DNA isolado de uma linhagem celular ou de um tecido é digerido por uma ou mais enzimas de restrição. Essa mistura é pipetada em um reservatório em gel de agarose ou poliacrilamida e exposto a uma corrente elétrica direta. O DNA, carregado negativamente, migra na direção do ânodo; os fragmentos menores movem-se mais rapidamente. Depois de um período de tempo adequado, o DNA no interior do gel é desnaturado por exposição a uma base fraca e transferido, por ação capilar (ou eletrotransferência – não mostrada), para nitrocelulose ou papel náilon, resultando em uma réplica exata do padrão no gel, utilizando a técnica *blotting* desenvolvida por *Southern*. O DNA é ligado ao papel pela exposição ao calor ou UV, e o papel é exposto à sonda marcada de *cDNA*, que hibridiza com fitas complementares no filtro. Após várias lavagens, o papel é exposto a um filme de raios X ou a uma tela de imagem, que é desenvolvido para revelar várias bandas específicas correspondentes aos fragmentos de DNA que foram reconhecidos (hibridizados para) pelas sequências na sonda de *cDNA*. O *Northern blot*, ou transferência de RNA, é conceitualmente semelhante. O RNA é submetido à eletroforese antes da transferência. Isso demanda algumas etapas diferentes daquelas da transferência de DNA, principalmente para garantir que o RNA permaneça intacto, e geralmente é um pouco mais difícil. No *Western blot*, ou transferência de proteína, as proteínas são submetidas à eletroforese e transferidas para o papel especial, que avidamente se liga a proteínas, e são marcadas com um anticorpo específico ou outra molécula-sonda. (Os asteriscos significam sondas marcadas, por radioatividade ou fluorescência.) No caso do *Southwestern blotting* (ver texto; não mostrado), uma transferência de proteína semelhante àquela mostrada anteriormente como "*Western*" é exposta a ácidos nucleicos marcados, e os complexos de proteína-ácido nucleico que se formam são detectados por autorradiografia ou imagem.

Técnicas manuais e automatizadas estão disponíveis para determinar a sequência do DNA

Os segmentos de moléculas específicas de DNA obtidos por tecnologia do DNA recombinante podem ser analisados para determinar sua sequência de nucleotídeos. O sequenciamento do DNA depende da disponibilidade de uma população de moléculas de DNA idênticas. Essa necessidade pode ser satisfeita pela clonagem do fragmento de interesse, utilizando as técnicas descritas, ou utilizando métodos de PCR (ver a seguir).

O **método enzimático manual de Sanger** emprega didesoxinucleotídeos específicos, que terminam a síntese da fita de DNA em nucleotídeos específicos, à medida que a fita é sintetizada no molde de DNA de fita simples purificado. As reações são ajustadas, de modo que uma população de fragmentos de DNA, que representam a terminação em cada nucleotídeo, é obtida. Com a incorporação de uma marcação radiativa no sítio de terminação, os fragmentos podem ser separados de acordo com o tamanho, utilizando-se a eletroforese em gel de poliacrilamida. Uma autorradiografia é feita, e cada um dos fragmentos produz uma imagem (banda) no filme de raios X ou placa de imagem. As imagens são lidas para fornecer a sequência de DNA (**Figura 39-6**). As técnicas que não necessitam do uso de radioisótopos são empregadas no sequenciamento automatizado do DNA. A técnica mais comumente empregada é um procedimento automatizado, em que são utilizados quatro marcadores fluorescentes diferentes, representando, cada um, um nucleotídeo. Cada uma emite um sinal específico após excitação por feixe de *laser* de um determinado comprimento de onda, que é medido por detectores sensíveis, e isso pode ser registrado em um computador. As máquinas de sequenciamento de DNA mais recentes utilizam nucleotídeos marcados com fluorescência, mas detectam a incorporação utilizando a microscopia óptica. Essas máquinas reduziram o custo do sequenciamento do DNA em várias ordens de magnitude. As reduções no custo inauguraram a era do sequenciamento do genoma personalizado. De fato, utilizando essa nova tecnologia, a sequência do genoma do codescobridor da dupla-hélice, James Watson, foi completamente determinada.

Agora, a síntese de oligonucleotídeos é rotineira

A síntese química automatizada de oligonucleotídeos moderadamente longos (cerca de 100 nucleotídeos) de sequência precisa é, hoje, um procedimento de rotina no laboratório. Cada ciclo de síntese leva apenas alguns minutos, de modo que moléculas muito grandes de DNA podem ser produzidas pela síntese de segmentos relativamente curtos que, em seguida, podem ser ligados uns aos outros. Conforme já mencionado, para o sequenciamento do DNA, o processo foi miniaturizado e pode ser realizado significativamente em paralelo, de modo a permitir a síntese simultânea de centenas a milhares de oligonucleotídeos de sequências definidas. Os oligonucleotídeos são agora indispensáveis para o sequenciamento do DNA, o rastreamento de bibliotecas, os ensaios de ligação de proteína-DNA, o método de PCR (ver adiante), a mutagênese sítio-dirigida, a síntese completa de genes sintéticos, bem como a síntese completa do genoma (bacteriano) e várias outras aplicações.

O método de reação em cadeia da polimerase amplifica as sequências de DNA

A **PCR** é um método de amplificação de uma sequência-alvo de DNA. O desenvolvimento da PCR revolucionou as maneiras como o DNA e o RNA podem ser estudados. Ela fornece um meio extremamente rápido, sensível e seletivo de amplificação de qualquer sequência de DNA desejada. A especificidade está baseada no uso de dois iniciadores (*primers*) de oligonucleotídeos que hibridizam com sequências complementares em

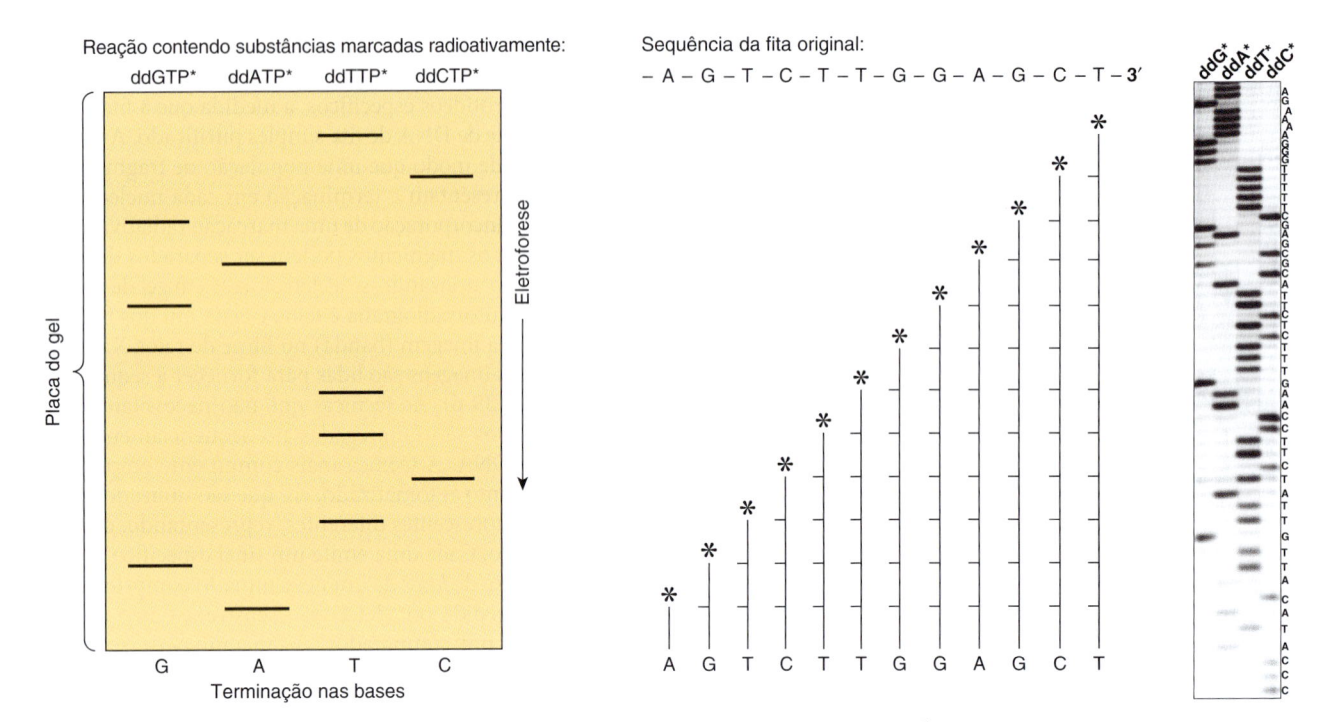

FIGURA 39-6 **Sequenciamento do DNA pelo método de terminação de cadeia desenvolvido por Sanger.** Os arranjos semelhantes a uma escada representam, de baixo para cima, todos os fragmentos sucessivamente mais longos da fita de DNA original. Sabendo-se qual reação específica de didesoxinucleotídeos foi feita para produzir cada mistura de fragmentos, pode-se determinar a sequência de nucleotídeos da extremidade não marcada à extremidade marcada (*) pela leitura do gel. As regras de pareamento de Watson e Crick (A-T, G-C) ditam a sequência da outra fita (complementar). (Os asteriscos significam local de radiomarcação.) São mostrados esquematicamente (**à esquerda, centro**) os produtos finais da síntese de fragmento hipotético de DNA, listado em sequência (**no centro, parte superior**). É mostrada uma autorradiografia (**à direita**) de um conjunto verdadeiro de reações de sequenciamento de DNA que empregou os quatro didesoxinucleotídeos marcados com ^{32}P indicados no topo da autorradiografia digitalizada (i.e., didesoxi(dd)G, ddA, ddT, ddC). A eletroforese foi feita de cima para baixo. A sequência de DNA deduzida é listada no lado direito do gel. Observe a relação log-linear entre a distância de migração (i.e., de cima para baixo do gel) e o comprimento dos fragmentos de DNA. Os modernos sequenciadores de DNA não utilizam mais a eletroforese em gel para o fracionamento dos produtos sintetizados marcados. Além disso, nas plataformas de sequenciamento NGS, a síntese é seguida pelo monitoramento da incorporação dos quatro dXTPs marcados com fluorescência.

fitas opostas de DNA e flanqueiam a sequência-alvo (**Figura 39-7**). A amostra de DNA é inicialmente desnaturada pelo calor (> 90°C) para separar as duas fitas do DNA-molde que contêm a sequência-alvo; os iniciadores (*primers*), adicionados em excesso, são deixados para anelamento com o DNA (normalmente a 50-75°C), de modo a gerar o complexo molde-iniciador necessário. Subsequentemente, cada fita é copiada por uma DNA-polimerase, começando nos sítios dos iniciadores, na presença de todos os quatro dXTPs. Cada uma das duas fitas de DNA serve de molde para a síntese do novo DNA, a partir dos dois iniciadores. Os ciclos repetidos de desnaturação por calor, anelamento dos iniciadores com suas sequências complementares e extensão dos iniciadores anelados com DNA-polimerase resultam em amplificação exponencial de segmentos de DNA de comprimento definido. O produto de DNA duplica a cada ciclo de PCR. A síntese do DNA é catalisada por uma DNA-polimerase termoestável, purificada a partir de várias bactérias termofílicas diferentes, microrganismos que crescem a 70 a 80°C. As DNA-polimerases termoestáveis resistem a incubações curtas de até 90°, temperaturas necessárias para desnaturar completamente o DNA. Essas DNA-polimerases termoestáveis possibilitaram a automação da PCR.

As sequências de DNA de apenas 50 a 100 pb e com até 10 kb de comprimento podem ser amplificadas por PCR. Vinte ciclos fornecem uma amplificação de 10^6 (i.e., 2^{20}) e 30 ciclos, 10^9 (2^{30}). Cada ciclo leva ≤ 5 a 10 minutos, de modo que mesmo moléculas grandes de DNA podem ser amplificadas rapidamente. Devido a diferenças sutis na sequência do DNA com cada novo alvo de PCR, as condições exatas para a amplificação precisam ser empiricamente otimizadas. A técnica de PCR é fundamental para muitas tecnologias de sequenciamento de DNA/RNA. A PCR permite que o DNA de uma única célula, folículo piloso ou espermatozoide possa ser amplificado e analisado. Assim, as aplicações da PCR para a medicina forense são óbvias. A PCR também é utilizada (1) para detectar e quantificar agentes infecciosos, particularmente vírus latentes; (2) para o estabelecimento de diagnóstico genético pré-natal; (3) para detectar polimorfismos alélicos, que incluem desde alterações de um único par de bases até *indels* grandes e pequenas e amplificação gênica; (4) para estabelecer tipos de tecidos precisos para transplantes; e (5) para estudar a evolução, utilizando DNA de amostras arqueológicas (6) para análises quantitativas do RNA após copiar o RNA e quantificar o mRNA pelo denominado método RT-PCR (cópias de cDNA de mRNA geradas por transcriptase reversa retroviral) ou (7) para marcar a ocupação *in vivo* de proteína-DNA, utilizando ensaios de imunoprecipitação de cromatina (ver adiante). Novas utilizações para a PCR são desenvolvidas a cada ano.

HÁ VÁRIAS APLICAÇÕES PRÁTICAS PARA A TECNOLOGIA DO DNA RECOMBINANTE

O isolamento de um gene específico codificador de mRNA (cerca de 1.000 pb) a partir de um genoma inteiro exige uma técnica que discrimina uma parte em 1 milhão. A identificação de uma região reguladora, que pode ter apenas 10 pb de comprimento, exige sensibilidade de uma parte em 3×10^8; uma doença como a anemia falciforme é causada por uma única mudança de base, ou uma parte em 3×10^9. A tecnologia do DNA é suficientemente poderosa para realizar todas essas atividades.

O mapeamento genético localiza genes específicos em cromossomos distintos

A localização de genes pode definir um mapa do genoma humano. Isso já está fornecendo informações úteis na definição de doenças humanas. A hibridização de células somáticas e a hibridização *in situ* são duas técnicas utilizadas para cumprir esse objetivo. Na **hibridização *in situ***, o procedimento mais simples e direto, uma sonda radioativa é adicionada a uma dispersão de cromossomos em metáfase sobre uma lâmina de vidro. A área exata da hibridização é localizada por emulsão fotográfica de camadas sobre a lâmina e, após exposição, pelo alinhamento dos grânulos com alguma identificação histológica do cromossomo. A **hibridização por fluorescência *in situ*** (**FISH**, do inglês *fluorescence in situ hybridization*), que utiliza sondas com marcação fluorescente, em vez de radioativa, é uma técnica muito sensível, também utilizada para esse propósito. Isso frequentemente coloca o gene em um local de uma determinada banda ou região do cromossomo. Alguns dos genes humanos localizados pelo uso dessas técnicas são listados na **Tabela 39-4**. Essa tabela representa apenas uma amostra dos genes mapeados a partir de dezenas de milhares de genes que foram mapeados como resultado do sequenciamento recente do genoma humano. Uma vez localizado o defeito em uma região do DNA que tem a estrutura característica de um gene, uma cópia de cDNA sintético do gene pode ser construída, contendo apenas éxons codificadores de mRNA, e expressa em um vetor adequado, e sua função pode ser avaliada – ou o polipeptídeo putativo, deduzido da fase de leitura aberta na região codificadora, pode ser sintetizado. Os anticorpos direcionados contra essa proteína ou fragmentos de peptídeos derivados podem ser utilizados para avaliar se pessoas saudáveis expressam essa proteína e se ela está ausente ou alterada nas pessoas com síndromes genéticas.

As proteínas podem ser produzidas para pesquisas, diagnósticos e fins comerciais

Um objetivo prático da pesquisa do DNA recombinante é a produção de materiais para aplicações biomédicas. Essa tecnologia tem dois méritos distintos: (1) pode fornecer grandes quantidades de material que não poderia ser obtido por métodos de purificação convencional (p. ex., interferonas, fator ativador do plasminogênio tecidual, etc.); e (2) pode fornecer material humano (p. ex., insulina e hormônio do crescimento). Em ambos os casos, as vantagens são óbvias. Embora o objetivo principal seja o fornecimento de produtos – em geral,

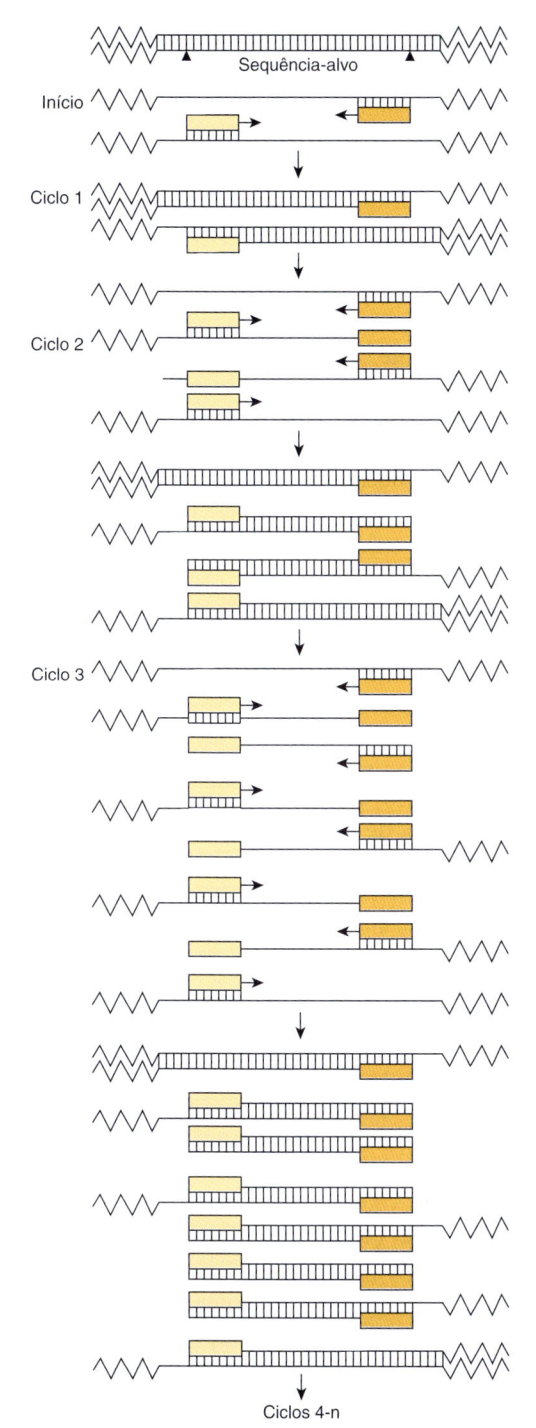

FIGURA 39-7 **A técnica da reação em cadeia da polimerase é utilizada para amplificar sequências gênicas específicas.** O DNA de dupla-fita é aquecido para ser separado em suas fitas individuais. Essas fitas se ligam a dois iniciadores (*primers*) distintos, que são direcionados a sequências específicas nas fitas opostas e definem o segmento a ser amplificado. A DNA-polimerase estende os iniciadores em cada direção e sintetiza duas fitas complementares às duas originais. Esse ciclo é repetido 30 ou mais vezes, fornecendo um produto amplificado de comprimento e sequência definidos. Observe que os quatro dXTPs e os dois iniciadores estão presentes em excesso, de modo a minimizar a possibilidade de que esses componentes sejam limitantes para a polimerização/amplificação. É importante assinalar que, à medida que o número de ciclos aumenta, as taxas de incorporação podem cair, e as taxas de mutação/erro podem aumentar.

TABELA 39-4 Localização dos genes humanos[a]

Gene	Cromossomo	Doença
Insulina	11p15	Diabetes melito
Prolactina	6p23-q12	Síndrome de Sheehan
Hormônio do crescimento	17q21-qter	Deficiência do hormônio do crescimento
α-Globina	16p12-pter	α-Talassemia
β-Globina	11p12	β-Talassemia, células falciformes
Adenosina-desaminase	20q13-qter	Deficiência de adenosina-desaminase
Fenilalanina-hidroxilase	12q24	Fenilcetonúria
Hipoxantina-guanina--fosforribosiltransferase	Xq26-q27	Síndrome de Lesch-Nyhan
Segmento de DNA G8	4p	Coreia de Huntington

[a] Esta tabela indica a localização cromossômica de vários genes e as doenças associadas à produção deficiente ou anormal de produtos gênicos. O cromossomo envolvido está indicado pelo primeiro número ou letra. Os outros números e letras referem-se a localizações precisas, como definido em McKusick VA: *Mendelian Inheritance in Man: Catalogs of Autosomal Dominant, Autosomal Recessive, and X-Linked Phenotypes.* Baltimore: Johns Hopkins University Press; 1983.

proteínas – para tratamento (insulina) e diagnóstico (teste da Aids) de doenças humanas e de outros animais e para a prevenção de doenças (vacina para hepatite B), há outras aplicações comerciais potenciais, sobretudo na agricultura. Um exemplo desta última é a tentativa para desenvolver plantas mais resistentes à seca ou a temperaturas extremas, mais eficientes na fixação do nitrogênio, ou que produzam sementes contendo o complemento completo de aminoácidos essenciais (arroz, trigo, milho, etc.).

A tecnologia do DNA recombinante é utilizada na análise molecular de doenças

Variações gênicas normais

Há uma variação normal da sequência do DNA, como acontece com aspectos mais óbvios da estrutura humana. Variações da sequência de DNA, os **polimorfismos**, ocorrem aproximadamente uma vez a cada 500 a 1.000 nucleotídeos. Uma comparação recente da sequência de nucleotídeos do genoma de James Watson, o codescobridor da estrutura do DNA, identificou cerca de 3.300.000 polimorfismos de nucleotídeo único (SNPs, do inglês *single-nucleotide polymorphisms*) em relação ao "padrão" do genoma humano de referência inicialmente sequenciado. Curiosamente, mais de 80% dos SNPs encontrados no DNA de Watson já foram identificados em outros indivíduos. Há também deleções genômicas e inserções de DNA (i.e., **variações no número de cópias** [**CNVs**, do inglês *copy number variations*]), bem como substituições de uma única base. Em pessoas saudáveis, essas alterações obviamente ocorrem em regiões não codificadoras do DNA ou em locais que não causam mudança na função da proteína codificada. Esse polimorfismo hereditário da estrutura do DNA pode estar associado a certas doenças no interior de uma grande linhagem, podendo ser utilizado para pesquisar o gene envolvido específico, como ilustrado adiante. Ele também pode ser usado em várias aplicações na medicina forense.

Variações gênicas que provocam doenças

A genética clássica ensinou que a maioria das doenças genéticas era devida a mutações pontuais que resultavam em uma proteína alterada. Isso ainda pode ser verdade, mas se na leitura de capítulos anteriores fosse indicado que a doença genética poderia resultar de um problema de qualquer uma das etapas principais, da replicação até a transcrição, para o transporte/processamento do RNA e síntese proteica, PTMs e/ou localização subcelular e estado físico (i.e., agregação e polimerização), deveria ter sido feita uma avaliação adequada. Esse ponto é novamente bem ilustrado pelo exemplo do gene da β-globina. Esse gene está localizado em um agrupamento no cromossomo 11 (**Figura 39-8**), e uma versão expandida dele é ilustrada na **Figura 39-9**. A produção defeituosa da β-globina resulta em várias doenças e deve-se a muitas lesões diferentes no gene da β-globina e em sua volta (**Tabela 39-5**).

Mutações pontuais

O exemplo clássico é a **doença falciforme**, que é causada por uma mutação de uma única base de um total de 3×10^9 no genoma, uma substituição de T por A no DNA, que, por sua vez, resulta em uma mudança de A para U no mRNA correspondente ao sexto códon do gene da β-globina. O códon alterado especifica um aminoácido diferente (valina no lugar de ácido glutâmico) e isso leva a uma anormalidade estrutural da molécula de β-globina, provocando a agregação da hemoglobina e o "afoiçamento" das hemácias. Outras mutações pontuais no e em volta do gene da β-globina resultam na diminuição ou, em alguns casos, na ausência de produção de β-globina; a β-talassemia é o resultado dessas mutações. (As talassemias são caracterizadas por defeitos na síntese de subunidades da hemoglobina e, portanto, a β-talassemia resulta da insuficiência da produção da β-globina.) A Figura 39-9 ilustra as mutações pontuais que afetam cada um dos muitos processos envolvidos na geração de um mRNA normal (e, portanto, uma proteína normal) que foram implicadas como causa de β-talassemia.

Deleções, inserções e rearranjos do DNA

Estudos realizados em bactérias, vírus, leveduras, moscas-da-fruta e, agora, em seres humanos, mostram que é possível haver a movimentação ou transposição de segmentos do DNA de um local para outro dentro do genoma pelo processo de **transposição do DNA**. A deleção de uma parte crítica de DNA, o rearranjo do DNA no interior do gene ou a inserção ou amplificação de uma parte de DNA no interior de uma região codificadora ou reguladora podem causar mudanças na expressão do gene, resultando em doença. Novamente, uma análise molecular de talassemias produz vários exemplos desses processos – sobretudo deleções – como causas de doenças (Figura 39-8). Os agrupamentos de genes da globina parecem particularmente propensos a essa lesão. As deleções no agrupamento da α-globina, localizado no cromossomo 16, causa a α-talassemia. Há forte associação étnica para muitas dessas deleções, de modo que os norte-europeus, os filipinos, os negros e os povos mediterrâneos apresentam diferentes lesões, todas resultando na ausência da hemoglobina A e na α-talassemia.

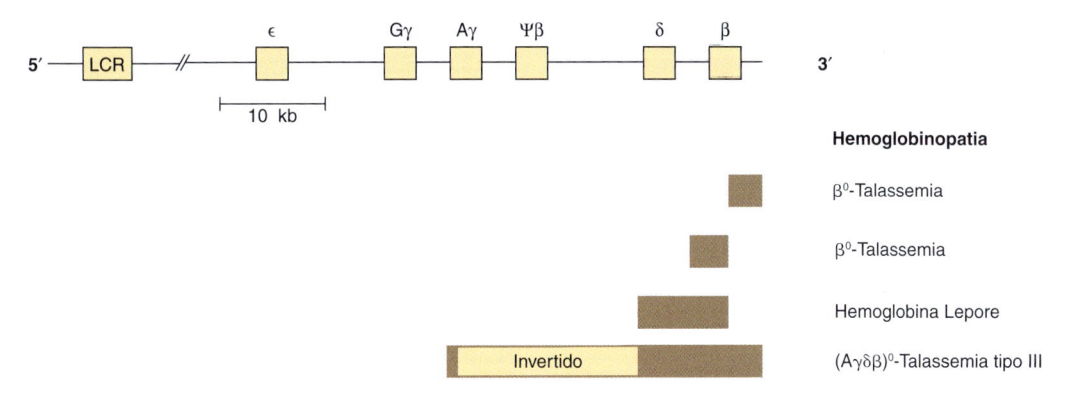

FIGURA 39-8 **Representação esquemática do agrupamento do gene da β-globina e das lesões em alguns distúrbios genéticos.** O gene da β-globina está localizado no cromossomo 11 em associação estreita com os dois genes da γ-globina e com o gene da δ-globina. A família do gene β é disposta na ordem 5'-ε-Gγ-Aγ-ψβ-δ-β-3'. O *locus* ε é expresso no início da vida embrionária (como $\alpha_2\varepsilon_2$). Os genes γ são expressos durante a vida fetal, formando a hemoglobina fetal (HbF, $\alpha_2\gamma_2$). A hemoglobina adulta consiste em HbA ($\alpha_2\beta_2$) ou HbA2 ($\alpha_2\delta_2$). O ψβ é um pseudogene que tem homologia de sequência com β, mas contém mutações que impedem a sua expressão. Uma região de controle de *locus* (LCR), um poderoso potencializador localizado a montante (5') desses seis genes, controla a taxa de transcrição de todo o agrupamento do gene da β-globina. Deleções (barras sólidas escuras, parte inferior) no *locus* β provocam a β-talassemia (deficiência ou ausência [β^0] de β-globina). A recombinação meiótica entre δ e β leva à hemoglobina Lepore e resulta na deleção no DNA e fusões na sequência que codifica δ-β, reduzindo os níveis de HbB (ver Figuras 6-7 e 35-10). Uma inversão (Aγδβ)^0 nessa região (barra maior) interrompe o funcionamento do gene e também resulta em talassemia (tipo III). Cada tipo de talassemia tende a ser encontrada em determinado grupo de pessoas, por exemplo, a inversão da deleção (Aγδβ)^0 ocorre em indivíduos provenientes da Índia. A maioria das deleções nessa região foi mapeada, e cada uma delas causa um tipo de talassemia.

Uma análise semelhante poderia ser feita para várias outras doenças. As mutações pontuais são geralmente definidas pelo sequenciamento do gene em questão, embora, às vezes, se a mutação destruir ou criar um sítio de enzima de restrição, a técnica de análise do fragmento de restrição pode ser utilizada para apontar com precisão essa lesão. As deleções ou inserções do DNA maiores do que 50 pb podem, com frequência, ser detectadas por procedimento de *Southern blotting*, ao passo que os ensaios com base em PCR podem detectar mudanças muito menores na estrutura do DNA.

Análise da genealogia

A doença falciforme novamente fornece um excelente exemplo de como a tecnologia do DNA recombinante pode ser aplicada para o estudo da doença humana. A substituição de T por A na fita-molde do DNA no gene da β-globina altera a sequência na região que corresponde ao sexto códon a partir de

para

```
    ↓
C C T G A G G      Fita codificadora
G G A C Ⓣ C C      Fita-molde
        ↑

C C T G T G G      Fita codificadora
G G A C Ⓐ C C      Fita-molde
```

e destrói um sítio de reconhecimento para a enzima de restrição *MstII* (CCTNAGG; mostrado por pequenas setas verticais; Tabela 39-1).

Outros sítios de *MstII* 5' e 3' a partir desse sítio (**Figura 39-10**) não são afetados e, portanto, serão cortados. Assim, a incubação do DNA de indivíduos saudáveis (AA), heterozigotos (AS) e homozigotos (SS) resulta em três padrões diferentes na transferência *Southern blot* (Figura 39-10). Isso mostra como uma genealogia de DNA pode ser estabelecida utilizando os

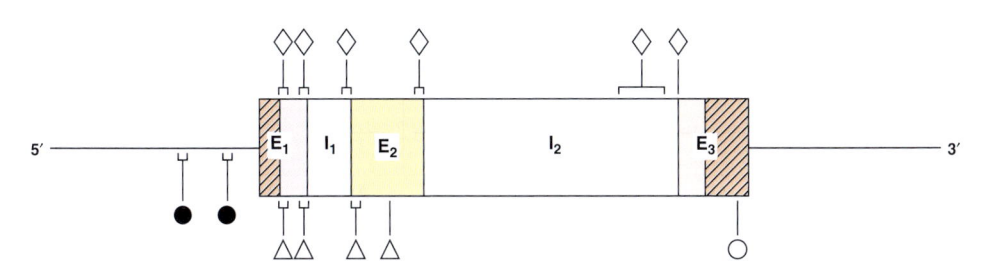

FIGURA 39-9 **Mutações no gene da β-globina, causando β-talassemia.** O gene da β-globina é mostrado na orientação 5'-3'. As áreas hachuradas indicam as regiões não traduzidas (UTRs) 5' e 3'. Com a sua leitura na direção de 5' para 3', as áreas sombreadas são éxons 1 a 3 (E_1, E_2, E_3), enquanto as áreas brancas entre os éxons são os íntrons 1 (I_1) e 2 (I_2). Mutações que afetam o controle da transcrição (•) estão localizadas na região flanqueadora 5' do DNA. Exemplos de mutações sem sentido (△), mutações no processamento do RNA (◇) e mutações de clivagem do RNA (○) foram identificadas e estão indicadas. Em algumas regiões, várias mutações distintas foram encontradas. Elas são indicadas pelo tamanho e pela localização dos colchetes.

TABELA 39-5 Alterações estruturais do gene da β-globina

Alteração	Função afetada	Doença
Mutações pontuais	Dobramento de proteínas	Anemia falciforme
	Controle transcricional	β-Talassemia
	Mutações de mudança de fase e sem sentido	β-Talassemia
	Processamento do RNA	β-Talassemia
Deleção	Produção do mRNA	β⁰-Talassemia
		Hemoglobina Lepore
Rearranjo	Produção do mRNA	β-Talassemia tipo III

princípios discutidos neste capítulo. A análise da genealogia tem sido empregada para várias doenças genéticas e é mais útil naquelas causadas por deleções e inserções, ou nos raros casos em que o sítio de clivagem de uma endonuclease de restrição é afetado, como no exemplo citado aqui. Essas análises são facilitadas atualmente pela PCR, que pode amplificar e, portanto, fornecer DNA suficiente para análise a partir de algumas poucas células nucleadas.

Diagnóstico pré-natal

Se a lesão genética é compreendida e uma sonda específica está disponível, o diagnóstico pré-natal é possível. O DNA de células coletadas a partir de um pequeno volume de líquido amniótico (ou por biópsia das vilosidades coriônicas) pode ser

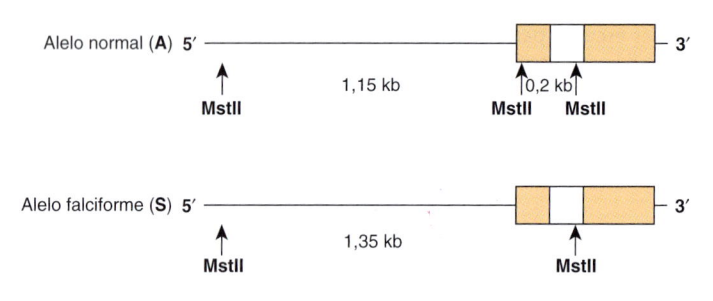

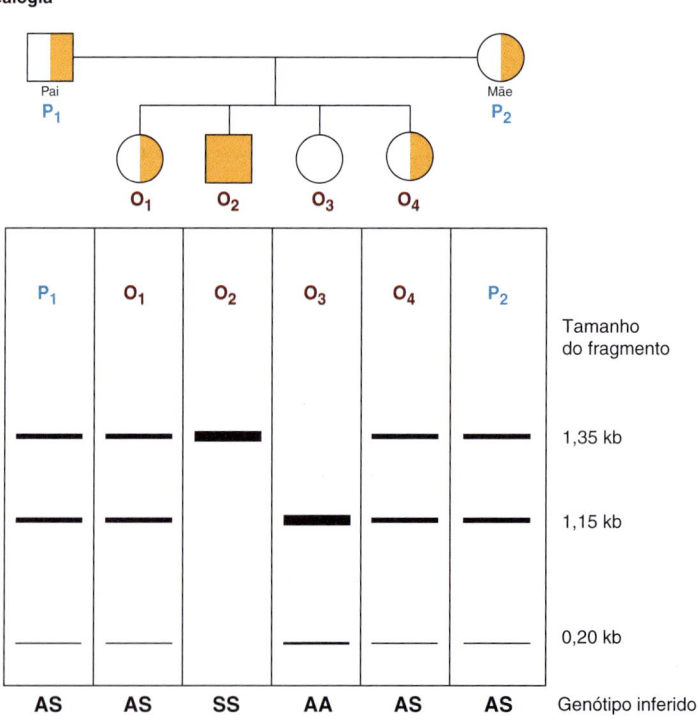

FIGURA 39-10 **Análise genealógica da doença falciforme.** A parte superior da figura (**A**) mostra a primeira parte do gene da β-globina e os sítios da enzima de restrição *MstII* nos genes da β-globina normal (A) e falciforme (S). A digestão com a enzima de restrição *MstII* resulta em fragmentos de DNA de 1,15 kb e 0,2 kb de comprimento em indivíduos saudáveis. A mudança de T para A em indivíduos com doença falciforme elimina um dos três sítios de *MstII* em torno do gene da β-globina; portanto, um único fragmento de restrição de 1,35 kb de comprimento é gerado em resposta a *MstI*. Essa diferença de tamanho é facilmente detectada em um *Southern blot*. (**B**) A análise da genealogia mostra três possibilidades para quatro filhos: O_1, O_2, O_3 e O_4, com genótipos heterozigotos parentais (P_1, P_2) (**AS**): AA, normal (círculo aberto); AS, heterozigoto (círculos meio sólidos, quadrado meio sólido); SS, homozigoto (quadrado sólido). Essa abordagem permite o diagnóstico pré-natal da doença falciforme (quadrado com contorno tracejado).

analisado por transferência *Southern blot* e a partir de volumes muito menores se forem utilizados ensaios baseados na PCR. Um feto com padrão de restrição AA na Figura 39-10 não apresenta doença falciforme e também não é portador. Um feto com o padrão SS desenvolverá a doença. Atualmente, estão disponíveis sondas para esse tipo de análise para muitas doenças genéticas.

Polimorfismo do comprimento dos fragmentos de restrição e SNPs

As diferenças na sequência de DNA citadas podem resultar em variações dos sítios de restrição e, portanto, no comprimento dos fragmentos de restrição. De modo semelhante, é possível detectar **SNPs** pelo método sensível da PCR. Uma diferença herdada no padrão de digestão da enzima de restrição (p. ex., uma variação do DNA que ocorre em mais de 1% da população geral) é conhecida como **polimorfismo do comprimento dos fragmentos de restrição** (**RFLP**, do inglês *restriction fragment length polymorphism*). Foram construídos mapas extensos de RFLP e SNP do genoma humano. Esses mapas estão sendo úteis no Projeto de Análise do Genoma Humano e constituem um importante componente do esforço para a compreensão de várias doenças monogênicas ou multigênicas. Os RFLPs resultam de mudanças em uma única base (p. ex., doença falciforme) ou de deleções ou inserções (CNVs) de DNA em um fragmento de restrição (p. ex., as talassemias) e revelaram-se úteis como ferramentas diagnósticas. Eles têm sido encontrados em *loci* de genes conhecidos e em sequências que não têm função conhecida; assim, os RFLPs podem interromper a função do gene ou podem não apresentar consequências biológicas aparentes. Como mencionado, 80% dos SNPs no genoma de um único indivíduo conhecido já foram mapeados de maneira independente pelos esforços do componente de mapeamento de SNP do International HapMap e são atualmente complementados pelo sequenciamento genômico.

Os RFLPs e os SNPs são hereditários e segregam-se de forma mendeliana. A principal utilização dos SNPs/RFLPs é na definição de doenças hereditárias em que o déficit funcional é desconhecido. Os SNPs/RFLPs podem ser utilizados para estabelecer grupos de ligação, que, por sua vez, pelos processos de análises genealógicas e de *chromosome walking*, definirão, por fim, o *locus* da doença. Por esse processo (**Figura 39-11**), um fragmento que representa uma extremidade de um longo pedaço de DNA é usado para isolar outro que se sobrepõe ao primeiro, mas que o estende. A direção da extensão é determinada pelo mapeamento de restrição, e o procedimento é repetido sequencialmente até que a sequência desejada seja obtida. Coleções de DNAs mapeados do genoma humano clonado sobrepondo-se a BAC ou PAC estão disponíveis comercialmente. Os distúrbios ligados ao cromossomo X são particularmente acessíveis à abordagem do *chromosome walking*, visto que apenas um único alelo é expresso. Portanto, 20% dos RFLPs definidos estão no cromossomo X, e um mapa de ligação completo (e sequência genômica) desse cromossomo foi definido. Descobriu-se o gene do distúrbio ligado ao X, a distrofia muscular de Duchenne, por meio de RFLP. Do mesmo modo, o defeito na doença de Huntington foi localizado na região terminal do braço curto do cromossomo 4, e o defeito que provoca a doença do rim policístico está ligado ao *locus* da α-globina no cromossomo 16. O sequenciamento genômico depende dessa "sobreposição" entre os fragmentos sequenciados do DNA para formar sequências de DNA genômico completas.

Os polimorfismos do DNA-microssatélite

Unidades de DNA repetidas em *tandem*, curtas (2-6 pb) e herdadas ocorrem cerca de 50 mil a 100 mil vezes no genoma humano (ver Capítulo 35). Como ocorrem mais frequentemente e, tendo em vista a aplicação rotineira de métodos sensíveis de PCR, elas estão substituindo os RFLPs como *loci* marcadores para várias pesquisas de genoma.

RFLPs e VNTRs na medicina forense

Números variáveis de unidades repetidas em *tandem* (**VNTRs**, do inglês *variable numbers of tandemly repeated*) são um tipo comum de "inserção" que resulta em um RFLP. Os VNTRs podem ser herdados, sendo úteis para estabelecer uma associação genética com uma doença em uma família ou entre parentes; ou podem ser característicos de um indivíduo e, assim, servir como uma impressão digital molecular daquela pessoa.

Sequenciamento direto de DNA genômico

Conforme assinalado anteriormente, os avanços recentes na tecnologia de sequenciamento do DNA, a denominada última geração (NGS), ou nas plataformas de sequenciamento de alto

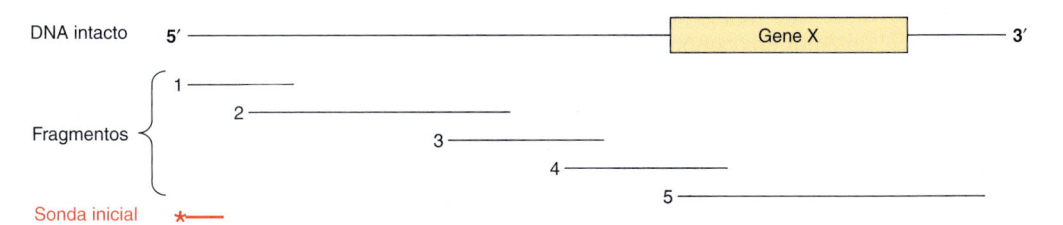

FIGURA 39-11 A técnica do *chromosome walking*. O gene X deve ser isolado de um grande pedaço de DNA. A localização exata desse gene não é conhecida, mas uma sonda (*——) direcionada contra um fragmento de DNA (mostrado na extremidade 5′ nesta representação) está disponível, bem como uma biblioteca de clones contendo uma série de fragmentos de inserção de DNA sobrepostos. Para simplificação, apenas cinco desses são apresentados. A sonda inicial hibridizará apenas com clones contendo o fragmento 1, que pode, então, ser isolado e utilizado como uma sonda para detectar o fragmento 2. Esse procedimento é repetido até que o fragmento 4 hibridize com o fragmento 5, que contém toda a sequência do gene X. Um método conceitualmente semelhante de sobreposição da sequência do DNA é utilizado para montar as leituras de sequências contíguas geradas pelo NGS/sequenciamento de alto rendimento de fragmentos de DNA genômico.

rendimento (HTS), reduziram acentuadamente o custo por base do sequenciamento do DNA. A sequência inicial do genoma humano custou aproximadamente 350 milhões de dólares (Estados Unidos). O custo do sequenciamento do mesmo genoma humano diploide de 3×10^9 pb, utilizando as novas plataformas NGS, é estimado em < 0,03% do original. Muito recentemente, foi desenvolvida uma tecnologia para permitir o sequenciamento do genoma humano por mil dólares (Estados Unidos). Essa redução acentuada no custo estimulou várias iniciativas internacionais em sequenciar o genoma inteiro de milhares de indivíduos de várias origens raciais e étnicas para determinar a real extensão dos polimorfismos de DNA/genoma presentes no interior da população. A enorme quantidade de informação genética resultante e o custo cada vez menor do sequenciamento do DNA genômico estão aumentando muito a capacidade de diagnosticar e, em última instância, de tratar as doenças humanas. Obviamente, quando o sequenciamento do genoma pessoal se tornar comum, acontecerão mudanças acentuadas na prática médica porque as terapias serão, em última análise, individualizadas e adaptadas para a exata composição genética de cada indivíduo.

A terapia gênica e a biologia das células-tronco

As doenças causadas por deficiência do produto de um único gene (Tabela 39-4) são todas, teoricamente, sujeitas à terapia de substituição. A estratégia é clonar uma cópia normal do gene relevante (p. ex., o gene que codifica a adenosina-desaminase) em um vetor que será facilmente absorvido e incorporado ao genoma de uma célula hospedeira. Células precursoras da medula óssea estão sendo investigadas com esse propósito porque elas, presumivelmente, vão restabelecer-se e replicar-se na medula óssea. O gene introduzido começaria a dirigir a expressão do seu produto proteico, e este seria capaz de corrigir a deficiência na célula hospedeira.

Como alternativa para "substituir" os genes defeituosos para curar doenças humanas, muitos cientistas estão investigando a viabilidade de identificar e caracterizar células-tronco pluripotentes que tenham a capacidade de se diferenciar em qualquer tipo celular no corpo humano. Resultados recentes nesse campo mostraram que células somáticas de seres humanos adultos podem ser convertidas prontamente em aparentes **células-tronco pluripotentes induzidas** (**iPSCs**, do inglês *induced pluripotent stem cells*) por transfecção com cDNAs que codificam vários fatores de transcrição de ligação ao DNA. Esses e outros novos desenvolvimentos nos campos da terapia gênica e da biologia de células-tronco prometem interessantes novas terapias potenciais para a cura de doenças humanas. Finalmente, a geração de iPSCs a partir de células de um paciente doente também oferece a oportunidade para criar modelos autênticos para estudos em laboratório das bases moleculares das doenças humanas.

Animais transgênicos

A terapia de substituição de genes da célula somática descrita não seria passada para a prole. Outras estratégias para alterar as linhagens de células germinativas foram concebidas, mas foram testadas apenas em animais experimentais. Uma porcentagem dos genes injetados em um ovo fertilizado de camundongo será incorporada ao genoma e encontrada tanto em células somáticas quanto germinativas. Centenas de animais transgênicos foram criadas e são úteis para a análise dos efeitos específicos do tecido na expressão gênica e dos efeitos de superprodução dos produtos gênicos (p. ex., aqueles do gene do hormônio do crescimento ou dos oncogenes) e para a descoberta de genes envolvidos no desenvolvimento – um processo que até agora tem sido difícil de estudar em mamíferos. A abordagem transgênica tem sido usada para corrigir uma deficiência genética em camundongos. Ovos fertilizados obtidos de camundongos com hipogonadismo genético foram injetados com DNA que contém a sequência codificadora da proteína precursora do hormônio liberador de gonadotrofina (GnRH, do inglês *gonadotropin-releasing hormone*). Esse gene foi expresso e regulado normalmente no hipotálamo de alguns camundongos resultantes, e todos esses animais eram normais em todos os aspectos. Sua prole tampouco demonstrou qualquer evidência de deficiência de GnRH. Esta é, portanto, a evidência de expressão da célula somática no transgene e de sua manutenção em células germinativas.

Regulação gênica direcionada por destruição ou *knockout*, *knockin*, edição e expressão controlada

Vários avanços técnicos permitiram a modificação precisa de genes de mamíferos. Os métodos exatos utilizados na engenharia genética do genoma de mamíferos evoluíram de outros métodos mais lentos e menos eficientes com base na seleção de fármacos positivos e negativos e na recombinação homóloga (*knockout*/*knockin*) até chegar ao recentemente descrito sistema CRISPR-Cas9, já apresentado. O objetivo final de todos esses métodos consiste em gerar uma família de variantes genéticas de um gene de interesse que tenham (a) um alelo nulo ou com perda de função completa; (b) alelos recessivos com perda de função; e (c) idealmente, alelos dominantes com ganho de função. Essas alterações genéticas são geradas em células-tronco pluripotentes, que permitem a introdução e a propagação em todos os organismos-modelo (moscas, peixes, vermes, roedores, etc.). Possuindo todas as três variantes genéticas, é possível determinar todos os mecanismos de ação de qualquer gene. Entretanto, as análises genéticas de muitos genes podem ser mais complicadas, pois suas funções são essenciais para a viabilidade. Para contornar esse problema, devem ser geradas variantes genéticas específicas de células ou tecidos. Esse obstáculo foi resolvido com a utilização de estimuladores específicos de células e tecidos, que podem direcionar a expressão condicional (i.e., controlada experimentalmente) de recombinases-alvo (i.e., CRE-lox) e/ou nucleases (CRISPR-Cas9) que geram genes alterados, alelos nulos ou com perda/ganho de função. Alternativamente, a perda de função seletiva pode ser gerada pela expressão de siRNA equivalente para acabar com a produção de um produto gênico específico. Coletivamente, esses métodos permitem testes genéticos e bioquímicos sofisticados da função gênica e permitem que os cientistas possam investigar a estrutura e a função de genes de mamíferos em situações fisiológicas. Novas ideias incríveis de mecanismos moleculares continuarão a ser obtidas sobre a etiologia molecular das doenças humanas por essas e outras abordagens bioquímicas. O futuro reserva tempos de descobertas fascinantes!

Perfil de RNA e proteínas e mapeamento da interação proteína-DNA

A revolução "-ômica" da última década culminou na determinação da sequência completa de nucleotídeos de dezenas de milhares de genomas, incluindo aqueles de brotamentos e fissão de leveduras, de várias bactérias, da mosca-da-fruta, do verme *Caenorhabditis elegans*, de vegetais, camundongos, ratos, galinhas, macacos e, mais notavelmente, de seres humanos. Genomas adicionais estão sendo sequenciados em ritmo acelerado. A disponibilidade de todas essas informações sobre sequência de DNA, acoplada aos avanços da engenharia genética, levou ao desenvolvimento de várias metodologias revolucionárias, e a maioria delas baseia-se na **tecnologia de microarranjo de alta densidade**, ou em plataformas de **sequenciamento NGS**. No caso dos microarranjos, agora é possível depositar milhares de sequências de DNA específicas e conhecidas em uma lâmina de microscópio ou outro suporte inerte, em um espaço de poucos centímetros quadrados. Pelo acoplamento desses microarranjos de DNA à detecção altamente sensível de sondas de ácidos nucleicos hibridizadas, marcadas com fluorescência e derivadas de mRNA, os pesquisadores podem, rápida e precisamente, gerar perfis de expressão gênica (p. ex., conteúdo celular específico de mRNA) de amostras de células e tecidos de apenas 1 g ou menos. Assim, a **informação do transcriptoma** completo (a coleção inteira de RNAs celulares) para essas fontes de células ou tecidos pode ser obtida rapidamente em apenas poucos dias. No caso do sequenciamento NGS, os mRNAs são convertidos em cDNAs usando a transcrição reversa, e esses cDNAs são amplificados e sequenciados diretamente; esse método é chamado de **RNA-Seq**. Esses métodos permitem a descrição quantitativa de todo o transcriptoma. Relatos recentes na literatura utilizaram o RNA-Seq para descrever o transcriptoma de células individuais, que, quando acoplado ao perfil dos ribossomos de alta sensibilidade (ver adiante) e à proteômica baseada na espectrometria de massas (ver adiante), definem com confiabilidade os perfis de expressão gênica nos níveis de mRNA e proteína.

Recentes avanços metodológicos (**PRO-Seq**, sequenciamento *Run-On* de precisão, e **NET-Seq**, sequenciamento de alongamento do transcrito nativo) permitem o sequenciamento do RNA no interior dos complexos ternários de RNA-polimerase-DNA-RNA, permitindo, portanto, descrições no nível de nucleotídeos, de todo o genoma, da transcrição em células vivas. Um método paralelo, denominado **perfil de ribossomos**, permite aos investigadores utilizar o sequenciamento de DNA de alto rendimento para determinar tanto a identidade quanto o número de mRNAs celulares no processo de tradução ativa – definindo, assim, o proteoma celular. A informação do transcriptoma permite *prever* quantitativamente a coleção de proteínas que devem ser expressas em determinada célula, tecido ou órgão no estado normal e na presença de doenças, com base nos mRNAs existentes nessas células, enquanto o perfil de ribossomos possibilita a medição quantitativa do proteoma celular *real*.

Complementando os métodos de perfil de alto rendimento de expressão genômica ampla descritos anteriormente, está o desenvolvimento de métodos para mapear a localização ou a ocupação de proteínas específicas ligadas a sequências de DNA distintas no interior das células vivas. Esse método, ilustrado na **Figura 39-12**, é denominado **imunoprecipitação de cromatina** (**ChIP**, do inglês *chromatin immunoprecipitation*). As proteínas sofrem ligações cruzadas *in situ* em células ou tecidos, a cromatina celular é isolada, cortada e são obtidos complexos de DNA-proteína purificados específicos, utilizando anticorpos que reconhecem uma proteína em particular ou uma isoforma de proteína. O DNA ligado a essa proteína é recuperado e amplificado utilizando a PCR e analisado por eletroforese em gel, hibridização de microarranjos (**ChIP-chip**) ou sequenciamento direto. Há duas versões de leitura dos testes de sequenciamento de DNA. Na primeira, o DNA imunopurificado é submetido diretamente ao sequenciamento NGS/DNA de alto rendimento (**ChIP-Seq**). Na segunda versão, o complexo de ligação cruzada proteína-DNA imunopurificado é tratado com exonucleases para remover as sequências de DNA de ligação cruzada que não estão em contato próximo com as proteínas de interesse; ela é chamada de **ChIP-Exo**. Coletivamente, os métodos ChIP-chip e ChIP-Seq permitem identificar a localização de uma única proteína ao longo do genoma de todos os cromossomos. O ChIP-Exo possui a vantagem adicional de permitir o mapeamento *in vivo* da ocupação da proteína, no nível da resolução de um único nucleotídeo. Por fim, com os métodos de espectrometria de massas de alta sensibilidade e alto rendimento de metabólitos (**metabolômica**), várias moléculas pequenas (lipídeos, **lipidômica**; carboidratos, **glicômica**, etc.) e amostras de proteínas complexas (**proteômica**) foram desenvolvidas. Novos métodos de espectrometria de massas permitem identificar centenas a milhares de proteínas em amostras extraídas de um número muito pequeno de células (< 1 g). Essas análises podem agora ser utilizadas para medir as quantidades relativas de proteínas em duas amostras, bem como o nível de alguns PTMs, como fosforilação, acetilação, etc.; e, com o uso desses anticorpos específicos, definir interações proteína-proteína específicas. Essas informações fundamentais indicam aos pesquisadores quais dentre os muitos mRNAs detectados nos estudos de mapeamento do transcriptoma são, na verdade, traduzidos em proteínas, em geral o ditador final do fenótipo.

Foram também planejados novos meios genéticos para a identificação das interações proteína-proteína e função das proteínas. O *knockdown* da expressão gênica sistemática do genoma amplo utilizando siRNAs, os rastreamentos da interação genética fatal sintética ou, mais recentemente, o *knockdown* de CRISPR-Cas9 foram utilizados para avaliar a contribuição de genes individuais em vários processos de modelos sistêmicos (fungos, vermes e moscas) e em células de mamíferos (seres humanos e camundongos). O mapeamento de redes específicas de interações proteína-proteína, com base em um genoma amplo, foi identificado por variantes de alto rendimento de testes de **duas interações híbridas** (**Figura 39-13**). Esse método simples, porém poderoso, pode ser realizado em

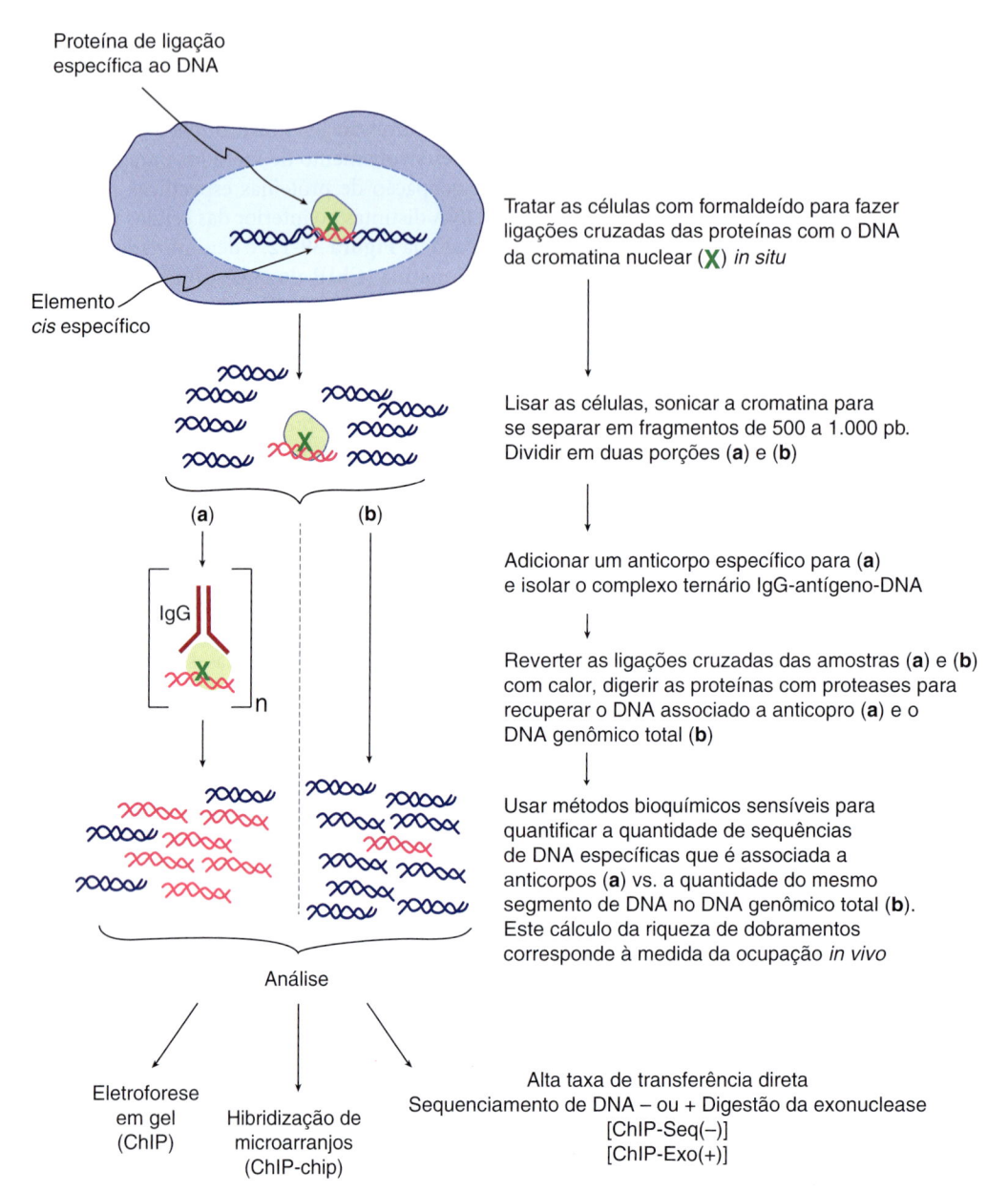

FIGURA 39-12 Visão geral da técnica de imunoprecipitação de cromatina (ChIP). Esse método permite a localização precisa de uma proteína particular (ou proteína modificada se um anticorpo apropriado estiver disponível; p. ex., **n** = histonas fosforiladas ou acetiladas, fatores de transcrição, etc.) em um elemento de sequência particular em células vivas. Dependendo do método usado para analisar o DNA imunopurificado, alguma informação quantitativa ou semiquantitativa pode ser obtida, próximo do nível de resolução dos nucleotídeos. A ocupação proteína-DNA pode ser registrada em todo o genoma de duas maneiras. Primeiro, por ChIP-chip, um método que utiliza uma leitura de hibridização. Em ChIP-chip, o DNA genômico total é marcado com um fluoróforo particular e o DNA imunopurificado é marcado com um fluoróforo espectralmente distinto. Esses DNAs marcados diferencialmente são misturados e hibridizados em *chips* de microarranjos (lâminas de microscópio) que contêm fragmentos de DNA específicos ou, mais comumente agora, oligonucleotídeos sintéticos com 50 a 70 nucleotídeos de comprimento. Esses oligonucleotídeos específicos dos genes são depositados e covalentemente ligados em coordenadas/posições X, Y predeterminadas e conhecidas na lâmina. Os DNAs marcados são hibridizados, as lâminas são lavadas e a hibridização para cada sonda de oligonucleotídeo é registrada usando digitalização diferencial a *laser* e fotodetecção em resolução mícron. As intensidades dos sinais de hibridização são quantificadas e a razão de IP DNA/sinais de DNA genômico é usada para registrar os níveis de ocupação. O segundo método, chamado de ChIP-Seq, sequencia diretamente os DNAs imunopurificados utilizando métodos de sequenciamento NGS. São mostradas duas variantes de ChIP-Seq: ChIP-Seq "padrão" e ChIP-Exo. Essas duas abordagens diferem em sua capacidade para resolver e mapear as localizações da proteína ligada ao DNA genômico. A resolução do ChIP-Seq padrão é de 50 a 100 nt, ao passo que ChIP-Exo apresenta quase um único nível de resolução de nt. Ambas as abordagens dependem de algoritmos da bioinformática eficazes para lidar com os conjuntos de dados muito grandes que são gerados. As técnicas ChIP-chip e ChIP-Seq fornecem uma medida (semi) quantitativa da ocupação da proteína *in vivo*. Embora não esquematizados na figura, métodos semelhantes, denominados RIP (imunoprecipitação de RNA) ou CLIP (ligação cruzada proteína-RNA e imunoprecipitação), que diferem principalmente no método de ligação cruzada proteína-RNA, podem quantificar *in vivo* a ligação de proteínas específicas a tipos específicos de RNA (em geral, mRNAs, embora qualquer tipo de RNA possa ser analisado por essas técnicas).

O OBJETIVO DA BIOLOGIA DE SISTEMAS É INTEGRAR A ENORME QUANTIDADE DE DADOS -ÔMICOS, DE MODO A DECIFRAR OS PRINCÍPIOS FUNDAMENTAIS DA REGULAÇÃO BIOLÓGICA

Técnicas de microarranjos, sequenciamento do DNA genômico de alto rendimento, RNA-Seq, perfil de ribossomos, espectrometria de massas, ChIP-Seq/ChIP-Exo, rastreamento duplo híbrido de genoma amplo, *knockdown* genético e rastreamentos letais sintéticos acoplados a experimentos de identificação de proteínas e metabólitos por espectrometria de massas levaram à geração de enormes quantidades de dados. O manejo, a análise e a interpretação adequados dos dados da enorme quantidade de informações provenientes desses estudos basearam-se na aplicação de métodos estatísticos e novos algoritmos para a análise ou a "extração" e visualização desses enormes conjuntos de dados. Isso levou ao desenvolvimento do campo da **bioinformática** (ver também Capítulo 11). Essas novas tecnologias, acopladas à imensa quantidade de dados experimentais, levaram ao desenvolvimento do campo da **biologia de sistemas**, uma disciplina cujo objetivo é a análise quantitativa e a integração dessa imensa quantidade de informações biologicamente importantes, de modo a obter novos esclarecimentos sobre a biologia e suas manifestações patológicas. Trabalhos futuros na interseção de bioinformática, engenharia, biofísica, genética, perfis de transcrição de proteínas/PTM e biologia de sistemas revolucionarão a compreensão da fisiologia e da medicina e, por fim, da saúde humana.

RESUMO

- Na clonagem do DNA, um segmento específico de DNA é sintetizado diretamente ou é removido de seu ambiente normal, utilizando PCR ou uma das muitas endonucleases de DNA. Esse DNA é, então, ligado em um vetor, no qual o segmento do DNA pode ser amplificado e produzido em abundância.

- A manipulação do DNA para alterar a sua estrutura, a chamada engenharia genética, é um elemento essencial na clonagem (p. ex., a construção de moléculas quiméricas) e também pode ser utilizada para estudar a função de um fragmento de DNA e para analisar como os genes são regulados.

- Várias técnicas sensíveis podem ser aplicadas para o isolamento e a caracterização de genes e a quantificação desses produtos gênicos de modo estático (i.e., equilíbrio) ou dinâmico (cinético). Esses métodos permitem a identificação dos genes responsáveis por doenças e o estudo de como a falta/regulação de um gene pode causar doença.

- Agora, os genomas de mamíferos podem ser precisamente modificados por engenharia para *knockin* (acrescentar/substituir um gene), *knockout* (deletar ou inativar) e/ou para manipular ativa e condicionalmente genes específicos, utilizando miRNAs e siRNAs e novas enzimas de edição de genoma (recombinases) e sistemas de enzima-RNA (CRISPR-Cas).

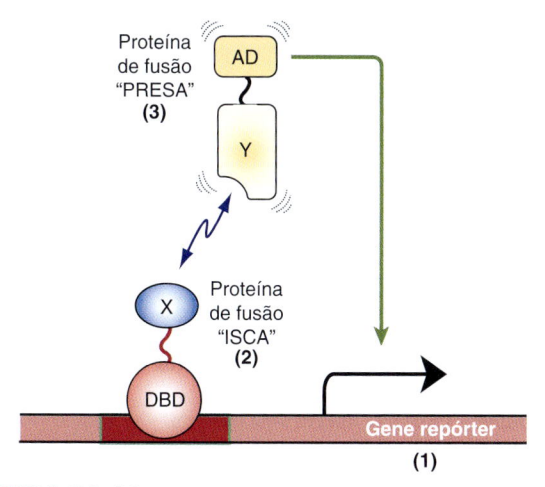

FIGURA 39-13 Visão geral do sistema duplo-híbrido para a identificação e a caracterização das interações proteína-proteína. São mostrados os componentes básicos e a operação do sistema de duplo-híbrido, desenvolvido originalmente por Fields e Song (Nature 340:245–246 [1989]) para funcionar no sistema de leveduras. **(1)** Um gene repórter ou um marcador seletivo (i.e., um gene conferindo crescimento prototrófico em meios seletivos ou produzindo uma enzima para a qual existe um ensaio colorimétrico para a colônia, como a β-galactosidase) que é expresso apenas quando um fator de transcrição se liga a montante a um potencializador *cis*-ligado (barra vermelho-escura). **(2)** Uma proteína de fusão "isca" (**DBD-X**) produzida a partir de um gene quimérico, expressando um domínio modular de ligação do DNA (DBD; frequentemente derivado de uma proteína Gal4 de levedura ou da proteína bacteriana LexA, ambas proteínas de ligação ao DNA de alta afinidade e alta especificidade) fundida *in-frame* a uma proteína de interesse, neste caso, X. Em experimentos de duplo-híbrido, um está testando se qualquer proteína pode interagir com a proteína X. A proteína X "presa" pode se fundir totalmente ou, com frequência, de modo alternativo, apenas uma porção dela é expressa *in-frame* com o DBD. **(3)** Uma proteína "presa" (**Y-AD**), que representa uma fusão de uma proteína específica fundida *in-frame* a um domínio de ativação transcricional (AD; frequentemente derivado da proteína ativadora VP16 do herpes-vírus simples ou da proteína Gal4 da levedura). Esse sistema serve como um teste útil das interações proteína-proteína entre proteínas X e Y, porque, na ausência da ligação de um transativador funcional ao potencializador indicado, não ocorre transcrição do gene repórter (i.e., ver Figura 38-16). Portanto, observa-se a transcrição apenas se ocorrerem interações entre as proteínas X e Y, trazendo, assim, um AD funcional à unidade de transcrição *cis*-ligada, nesse caso, ativando a transcrição do gene repórter. Nesse cenário, a proteína DBD-X sozinha é incapaz de ativar a transcrição do repórter, pois o domínio X fundido ao DBD não contém um AD. Do mesmo modo, uma proteína Y-AD sozinha não consegue ativar a transcrição do gene repórter, porque ela não possui um DBD para direcionar a proteína Y-AD para o potencializador. Apenas quando ambas as proteínas estão expressas em uma única célula e se ligam ao potencializador e, via interações proteína-proteína DBD-X-Y-AD, regeneram uma "proteína" binária transativadora funcional, a transcrição do gene repórter resulta na ativação e síntese de mRNA (linha verde do AD ao gene repórter).

bactérias, leveduras ou células de metazoários e possibilita a detecção de interações proteína-proteína específicas em células vivas. Experimentos de reconstrução indicam que as interações proteína-proteína com afinidades de ligação de > K_d cerca de 10^{-6} mol/L podem ser facilmente detectadas com esse método. Em conjunto, essas tecnologias fornecem novas ferramentas poderosas para dissecar a complexidade da biologia humana.

REFERÊNCIAS

Abecasis GR, Auton A, Brooks LD, et al: The 1000 Genomes Project Consortium. An integrated map of genetic variation from 1,092 human genomes. Nature 2012;491:56–65. [see also: http://www.internationalgenome.org].

Abudayyeh OO, Gootenberg JS, Konermann S, et al: C2c2 is a single-component programmable RNA-guided RNA-targeting CRISPR effector. Science 2016;353(6299):aaf5573.

Baltimore D, Berg P, Botchan M, et al: Biotechnology. A prudent path forward for genomic engineering and germline gene modification. Science 2015;348:36-38.

Churchman LS, Weissman JS: Nascent transcript sequencing visualizes transcription at nucleotide resolution. Nature 2011;469:368-373.

Collins FS, Varmus H: A new initiative on precision medicine. N England J Med 2015;372:793-795.

Deng Q, Ramsköld D, Reinius B, et al: Single-cell RNA-seq reveals dynamic, random monoallelic gene expression in mammalian cells. Science 2014;343:193-196.

Gandhi TK, Zhong J, Mathivanan S, et al: Analysis of the human protein interactome and comparison with yeast, worm and fly interaction datasets. Nat Genet 2006;38:285-293.

Gibson DG, Glass JI, Lartigue C, et al: Creation of a bacterial cell controlled by a chemically synthesized genome. Science 2010;329:52-56.

Green MR, Sambrook J: *Molecular Cloning: A Laboratory Manual*, 4th ed. Cold Spring Harbor Laboratory Press, 2012.

Horvath P, Barrangou R: CRISPR/Cas, the immune system of bacteria and archaea. Science 2010;327:167-170.

Ingolia TN: Ribosome footprint profiling of translation throughout the genome. Cell 2016;165:22-33.

Kwak H, Fuda NJ, Core LJ, Lis JT: Precise maps of RNA polymerase reveal how promoters direct initiation and pausing. Science 2013;339:950-953.

Liu SJ, Horlbeck MA, Cho SW, et al: CRISPRi-based genome-scale identification of functional long nondoding RNA loci in human cells. Science 2017;355:355(6320).

Martin JB, Gusella JF: Huntington's disease: pathogenesis and management. N Engl J Med 1986;315:1267-1276.

Morgan MA, Shilatifard A: Chromatin signatures of cancer. Genes Dev 2015;29:238-249.

Myers RM, Stamatoyannopoulos J, Snyder M, et al: A user's guide to the encyclopedia of DNA elements (ENCODE). PLoS Biol 2011;9:e1001046.

Rhee HS, Pugh BF: Comprehensive genome-wide protein-DNA interactions detected at single-nucleotide resolution. Cell 2011;147:1408-1419.

Sampson TR, Weiss DS: Exploiting CRISPR/Cas systems for biotechnology. Bioessays 2014;36:34-38.

Sudmant PH, Rausch T, Gardner EJ, et al: An integrated map of structural variation in 2,504 human genomes. Nature 2015;526:75-81.

Tajuddin SM, Schick UM, Eicher JD, et al: Large-scale exome-wide association analysis identifies loci for white blood cell traits and pleotropy with immune-mediated diseases. Am J Hum Genet 2016;99:22-39.

Takahashi K, Tanabe K, Ohnuki M, et al: Induction of pluripotent stem cells from adult human fibroblasts by defined factors. Cell 2007;131:861-872.

The 1000 Genome Project Consortium: A global reference for human genetic variation. Nature 2015;526:68-74.

Wang L, Wheeler DA: Genomic sequencing for cancer diagnosis and therapy. Annu Rev Med 2014;65:33-48.

Weatherall DJ: A journey in science: early lessons from the hemoglobin field. Mol Med 2014;20:478-485.

Wheeler DA, Srinivasan M, Egholm M, et al: The complete genome of an individual by massively parallel DNA sequencing. Nature 2008;452:872-876.

GLOSSÁRIO

ARS: sequência de replicação autônoma; a origem da replicação em leveduras.

Autorradiografia: detecção de moléculas radioativas (p. ex., DNA, RNA e proteína) pela visualização de seus efeitos em um filme fotográfico ou de raios X.

Bacteriófago: vírus que infecta uma bactéria.

Biblioteca: coleção de fragmentos clonados que representam, em grupos, todo o genoma completo. As bibliotecas podem ser de DNA genômico (nas quais são representados íntrons e éxons) ou de cDNA (nas quais são representados apenas os éxons).

CAGE: análise do *cap* da expressão gênica. Método que permite a captação seletiva, a amplificação, a clonagem e o sequenciamento dos mRNAs por meio da estrutura 5'-*cap*.

cDNA: molécula de DNA de fita simples complementar a uma molécula de mRNA, sintetizada a partir desta pela ação da transcriptase reversa.

ChIP, imunoprecipitação de cromatina: técnica que possibilita a determinação da localização exata de determinada proteína ou isoforma de proteína, ou qualquer localização genômica particular em uma célula viva. O método se baseia na ligação cruzada de células vivas, na interrupção celular, na fragmentação do DNA e na imunoprecipitação com anticorpos específicos que purificam a proteína cognata que apresenta ligação cruzada com o DNA. As ligações cruzadas são revertidas, o DNA associado é purificado, e as sequências específicas que são purificadas são medidas com o uso de qualquer um de vários métodos diferentes (ver as três entradas do glossário a seguir).

ChIP-chip, imunoprecipitação de cromatina determinada por leitura de hibridização de *chip* de microarranjo: método baseado na hibridização, que utiliza técnicas de imunoprecipitação de cromatina (ChIP) para mapear, em todo o genoma, os sítios *in vivo* de ligação de proteínas específicas na cromatina de células vivas. A sequência da ligação é determinada pela renaturação de amostras de DNA marcado com fluorescência com microarranjos (arranjo).

ChIP-Exo, imunoprecipitação de cromatina de ensaio por meio de leitura de NGS/sequenciamento profundo após tratamento de complexos de proteína-DNA imunoprecipitados com exonucleases: variação do ChIP-Seq (ver próxima entrada), que possibilita uma precisão em nível de nucleotídeo no mapeamento e na descrição dos elementos *cis* de DNA ligados por determinada proteína.

ChIP-Seq, imunoprecipitação de cromatina por leitura de sequenciamento NGS: localização da ligação do DNA genômico em um ChIP determinado por sequenciamento de alto rendimento, em vez de hibridização com microarranjos (*microarrays*).

CLIP: método que utiliza uma ligação cruzada UV para induzir a fixação covalente de proteínas distintas a RNAs específicos *in vivo*: os RNAs ligados a proteínas podem ser subsequentemente purificados a partir de lisados de células por imunoprecipitação e posterior sequenciamento. Uma variante recém-desenvolvida de CLIP, denominada PAR-CLIP, utiliza nucleotídeos fotoativáveis para intensificar a eficiência de ligação cruzada.

Clone: muitos organismos, células ou moléculas idênticos a uma única célula ou molécula de organismo parental.

Código epigenético: padrões de modificação do DNA cromossômico (i.e., metilação da citosina) e modificações pós-traducionais da histona dos nucleossomos. Essas alterações no estado de modificação podem levar a alterações drásticas na expressão gênica. Notavelmente, no entanto, a sequência de DNA subjacente efetivamente envolvida não se altera.

Cosmídeo: plasmídeo em que as sequências de DNA do bacteriófago lambda que são necessárias para o acondicionamento do DNA (sítios λ *cos*) foram inseridas; isso permite que o plasmídeo de DNA seja acondicionado *in vitro*.

CRISPR-Cas9: "sistema imune" procariótico que confere resistência a genes externos de bacteriófago. Esse sistema fornece uma versão bacteriana da imunidade adquirida. O CRISPR (repetições palindrômicas curtas agrupadas e regularmente intercaladas) RNA derivado de espaçador combina-se com a Cas9-nuclease para se direcionar e clivar especificamente o DNA do fago invasor, inativando, assim, esses genomas invasores. Isso protege efetivamente a bactéria da infecção produtiva e da lise pelo fago. Uma variante de CRISPR-Cas9, que utiliza proteínas relacionadas e RNAs-guia para se direcionar para RNAs específicos para degradação, é catalisada pelo sistema bacteriano C2c2.

DNA com extremidade adesiva: fitas simples complementares de DNA que se projetam a partir das extremidades opostas de um DNA dúplex ou das extremidades de moléculas dúplex diferentes (ver também DNA de extremidade cega).

DNA de extremidade cega: duas fitas de DNA dúplex com extremidades niveladas uma com a outra.

DNA recombinante: DNA alterado que resulta da inserção de uma sequência de desoxinucleotídeos não encontrados previamente em uma molécula de DNA existente por meios enzimáticos ou químicos.

Endonuclease: enzima que cliva ligações internas no DNA ou no RNA.

Enzima de restrição: DNA-endonuclease, que produz clivagem de ambas as fitas de DNA em sítios altamente específicos, determinados pela sequência de bases.

Excinuclease: nuclease de excisão envolvida no reparo por troca de nucleotídeos do DNA.

Exoma: sequência de nucleotídeos de todo o complemento dos éxons de mRNA expressos em uma célula, tecido, órgão ou organismo particular. O exoma difere do transcriptoma, que representa a coleção inteira de transcritos do genoma.

Éxon: sequência de um gene que é representada (expressa) como mRNA (ou outro RNA maduro totalmente processado).

Exonuclease: enzima que cliva nucleotídeos de extremidades 3′ ou 5′ de DNA ou RNA.

FISH: hibridização por fluorescência *in situ* – um método utilizado para mapear a localização de sequências específicas de DNA no interior de núcleos fixos.

Footprinting: o DNA (ou RNA; ver perfil de ribossomos, adiante) com proteína ligada é resistente à digestão por enzimas DNases (ou RNases). Quando uma reação de sequenciamento é realizada utilizando esse DNA (ou RNA), uma área protegida, que representa o "*footprint*" da proteína ligada, será detectada, visto que as nucleases são incapazes de clivar o DNA (ou RNA) diretamente ligado pela proteína.

Grampo (*hairpin*): segmento de dupla-hélice formado pelo pareamento de bases entre as sequências complementares próximas de uma fita simples de DNA ou de RNA.

Hibridização: reassociação específica de fitas complementares de ácidos nucleicos (DNA com DNA, DNA com RNA, ou RNA com RNA).

Impressão digital (*fingerprinting*) do DNA: utilização de RFLPs ou sequências repetidas de DNA para estabelecer um padrão único de fragmentos de DNA para um indivíduo.

Inserção: um comprimento adicional de pares de bases no DNA, geralmente introduzido por técnicas da tecnologia do DNA recombinante.

Íntron: a sequência de um gene que codifica mRNA que é transcrita, porém retirada, antes da tradução. Os genes de tRNA também contêm íntrons.

Ligação: união de dois segmentos do DNA ou do RNA em um único segmento, catalisada por enzima na ligação fosfodiéster; as enzimas respectivas são DNA- e RNA-ligases.

LINES: longas sequências de repetição intercaladas.

miRNAs: microRNAs, espécie de RNA de 21 a 22 nucleotídeos de comprimento, derivados principalmente de unidades de transcrição da RNA-polimerase II, por meio de processamento do RNA. Esses RNAs desempenham papéis fundamentais na regulação gênica, alterando a função do mRNA.

Molécula quimérica: molécula (p. ex., DNA, RNA e proteína) que contém sequências derivadas de duas espécies diferentes.

NET-seq, sequenciamento de alongamento nativo: análise genômica ampla das extremidades 3′ das cadeias nascentes de mRNA de eucariotos, mapeadas com resolução em nível de nucleotídeos. Os complexos de alongamento da RNA-polimerase II são capturados por imunopurificação com IgG anti-pol II, e os RNAs nascentes que contêm um grupo 3′-OH livre são marcados pela ligação com um ligante de RNA e, subsequentemente, amplificados por PCR e submetidos a sequenciamento NGS.

Northern blot: método de transferência de RNA a partir de um gel de agarose ou de poliacrilamida para um filtro de náilon ou nitrocelulose sobre o qual o RNA pode ser detectado por sondas precisas de hibridização específicas.

Oligonucleotídeo: sequência definida de nucleotídeos curtos unida em uma ligação fosfodiéster característica.

Ori: a origem de replicação do DNA.

PAC: vetor de clonagem de alta capacidade (70-95 kb) baseado no bacteriófago lítico de *E. coli* P1, que se replica em bactérias como elemento extracromossômico.

Palíndromo: sequência de DNA dúplex que é a mesma quando as duas fitas são lidas em direções opostas.

Perfil de ribossomos: variante de *footprinting*, que possibilita o isolamento de pequenos fragmentos de mRNA protegidos da digestão por nucleases por meio de ribossomos de tradução ativa. Permite a estimativa da quantidade e da taxa de síntese do proteoma das células.

Plasmídeo: pequena molécula circular de DNA extracromossômico, ou epissomo, que se replica independentemente do DNA do hospedeiro.

Polimorfismo de microssatélites: heterozigosidade de determinada repetição de microssatélites em um indivíduo.

Primossomo: complexo móvel de helicase e primase que está envolvido na replicação do DNA.

Projeto ENCODE: projeto de enciclopédia de elementos do DNA; esforço de diversos laboratórios do mundo para fornecer uma representação detalhada bioquimicamente informativa do genoma humano, utilizando métodos de sequenciamento de alto rendimento para identificar e catalogar os elementos funcionais no interior do genoma humano. modENCODE é uma iniciativa paralela para a realização de análises semelhantes em organismos-modelo (leveduras, vermes, moscas, etc.).

PRO-Seq, sequenciamento de separação de precisão: método em que transcritos nascentes são especificamente capturados e sequenciados utilizando técnicas de sequenciamento NGS. Esse método possibilita o mapeamento da localização de complexos de transcrição ativos genômicos amplos.

Proteoma: a coleção completa de proteínas expressas em um organismo.

Pseudogene: segmento inativo de DNA que surge por mutação de um gene ativo parental; geralmente gerado por transposição de uma cópia de cDNA de um mRNA.

Reação em cadeia da polimerase (PCR): método enzimático para a cópia repetida (e, portanto, amplificação) das duas fitas de DNA que compõem uma sequência gênica específica.

RIP: método de imunoprecipitação de RNA, realizado como ChIP, que é utilizado para quantificar a ligação específica de uma proteína a um RNA específico *in vivo*. A RIP utiliza a ligação cruzada do formaldeído para induzir a ligação covalente de proteínas ao RNA (ver também CLIP/PAR-CLIP).

RNA-Seq: método em que populações de RNA celular são convertidas por meio de ligação por ligante e PCR em cDNAs que são, então, submetidas a sequenciamento profundo para determinar a sequência completa de quase todos os RNAs na preparação.

RT-PCR: método utilizado para quantificar os níveis de mRNA, que depende de uma primeira etapa de cópia de mRNA pelo cDNA, catalisada pela transcriptase reversa, antes da amplificação e quantificação pela PCR.

Sequências de repetição de microssatélites: sequências de repetição intercaladas ou em grupo de 2 a 5 pb repetidas até 50 vezes. Podem ocorrer entre 50 a 100 mil localizações no genoma.

Sinal: produto final observado quando uma sequência específica de DNA ou RNA é detectada por autorradiografia ou algum outro método. A hibridização com um polinucleotídeo radioativo complementar (p. ex., por *Southern blotting* ou *Northern blotting*) é comumente usada para gerar o sinal.

SINES: sequências de repetição curtas intercaladas.

siRNAs: RNAs silenciadores, com 21 a 25 nt de comprimento, gerados pela degradação nucleolítica seletiva de RNAs de dupla-fita da célula ou vírus de origem. Ocorre anelamento de siRNAs a vários sítios específicos nos RNAs, levando à degradação do mRNA e, consequentemente, ao *knockdown* gênico.

SNP: polimorfismo de nucleotídeo único. Refere-se ao fato de a variação genética de um único nucleotídeo na sequência genômica ocorrer em *loci* discretos ao longo dos cromossomos. A medida das diferenças alélicas de SNP é útil para os estudos de mapeamento genético.

snRNA: RNA nuclear pequeno. Essa família de RNAs é mais conhecida por seu papel no processamento do mRNA.

Sonda: molécula utilizada para detectar a presença de um fragmento específico de DNA ou de RNA em, por exemplo, uma colônia bacteriana que é formada a partir de uma biblioteca genômica ou durante a análise das técnicas de transferência *blot*; sondas comuns são moléculas de cDNA, oligodesoxinucleotídeos sintéticos de sequência definida ou anticorpos para proteínas específicas.

Southern blot: método de transferência de DNA de um gel de agarose para um filtro de nitrocelulose, no qual o DNA pode ser detectado por uma sonda apropriada (p. ex., DNA ou RNA complementares).

Southwestern blot: método para a detecção de interações proteína-DNA pela aplicação de uma sonda de DNA marcada para uma membrana de transferência que contém uma proteína renaturada.

Spliceossomo: complexo macromolecular responsável pelo *splicing* do mRNA precursor. O *spliceossomo* é composto por pelo menos cinco pequenos RNAs nucleares (snRNA; U1, U2, U4, U5 e U6) e muitas proteínas.

Splicing: remoção dos íntrons do RNA acompanhada pela junção aos seus éxons.

Tandem: termo utilizado para descrever cópias múltiplas da mesma sequência (p. ex., DNA) que estão adjacentes umas às outras.

Tradução: síntese de proteínas que utiliza o mRNA como molde.

Tradução de cadeia com quebras: técnica de marcação do DNA, baseada na capacidade da DNA-polimerase I de *E. coli* de degradar uma fita de DNA que foi cortada e, em seguida, ressintetizar a fita; se for utilizado um nucleosídeo trifosfato radioativo, a fita ressintetizada torna-se marcada e pode ser utilizada como sonda radioativa.

Transcrição: síntese de ácidos nucleicos direcionada pelo molde de DNA, geralmente a síntese de RNA direcionada por DNA.

Transcrição reversa: síntese de DNA direcionada pelo RNA, catalisada pela transcriptase reversa.

Transcriptoma: coleção inteira de RNAs expressos em uma célula, tecido, órgão ou organismo; inclui mRNAs e ncRNAs.

Transferase terminal: enzima que adiciona nucleotídeos de um tipo (p. ex., resíduos de desoxiadeno nucleotidil) à extremidade 3′ das fitas de DNA.

Transgênico: descreve a introdução de um novo DNA em células germinativas por sua injeção no núcleo do óvulo.

Variação no número de cópias (CNV): alteração no número de cópias de regiões genômicas específicas do DNA entre dois ou mais indivíduos. As CNVs podem ser grandes, de até 10^6 pb de DNA, e pequenas, de apenas alguns pb. As CNVs também incluem inserções ou deleções (*indels*).

Vetor: plasmídeo ou bacteriófago em que o DNA estranho pode ser introduzido com objetivo de clonagem.

Western blot: método de transferência de proteína para um filtro de nitrocelulose, no qual a proteína pode ser detectada por uma sonda adequada (p. ex., um anticorpo).

Questões para estudo

Seção VII – Estrutura, função e replicação de macromoléculas informacionais

1. Qual das seguintes alternativas sobre derivados β,γ-metileno e β,γ-imino de purina e pirimidina trifosfatos está CORRETA?
   A. São fármacos antineoplásicos potenciais.
   B. São precursores das vitaminas B.
   C. O fosfato terminal sofre facilmente remoção hidrolítica.
   D. Podem ser utilizados para envolver a participação de nucleotídeos trifosfatos por outros efeitos, além da transferência de fosforil.
   E. Atuam como precursores de polinucleotídeos.

2. Qual das seguintes afirmativas sobre as estruturas dos nucleotídeos NÃO ESTÁ CORRETA?
   A. Os nucleotídeos são ácidos polifuncionais.
   B. A cafeína e a teobromina diferem do ponto de vista estrutural apenas quanto ao número de grupos metil ligados a seus anéis de nitrogênio.
   C. Uma purina é uma molécula aromática heterocíclica composta por um anel pirimidínico fundido com um anel imidazol.
   D. O NAD^+, o FMN, a S-adenosilmetionina e a coenzima A são todos derivados de ribonucleotídeos.
   E. O 3′,5′-AMP cíclico e o 3′,5′-GMP cíclico (cAMP e cGMP) atuam como segundos mensageiros na fisiologia humana.

3. Qual das seguintes afirmativas sobre o metabolismo dos nucleotídeos de purina NÃO ESTÁ CORRETA?
   A. Uma etapa inicial na biossíntese de purinas é a formação de PRPP (fosforribosil-1-pirofosfato).
   B. Monofosfato de inosina (IMP) é um precursor tanto do AMP quanto do GMP.
   C. O ácido orótico é um intermediário na biossíntese de nucleotídeos de pirimidinas.
   D. Os humanos catabolizam a uridina e a pseudouridina por reações análogas.
   E. A ribonucleotídeo-redutase converte nucleosídeos difosfatos aos desoxirribonucleosídeos difosfatos correspondentes.

4. Qual das seguintes afirmativas NÃO ESTÁ CORRETA?
   A. Os distúrbios metabólicos raramente estão associados a defeitos no catabolismo das purinas.
   B. As disfunções imunes estão associadas tanto a uma deficiência de adenosina-desaminase quanto a uma deficiência de purina nucleosídeo-fosforilase.
   C. A síndrome de Lesch-Nyhan reflete um defeito na hipoxantina-guanina-fosforribosil-transferase.
   D. A litíase de xantinas pode ser causada por um grave defeito na xantina-oxidase.
   E. A hiperuricemia pode resultar de várias condições, como câncer, caracterizadas por aumento da renovação tecidual.

5. Quais dos seguintes componentes são encontrados no DNA? **Escolha a resposta mais completa.**
   A. Um grupo fosfato, adenina e ribose.
   B. Um grupo fosfato, guanina e desoxirribose.
   C. Citosina e ribose.
   D. Timina e desoxirribose.
   E. Um grupo fosfato e adenina.

6. A estrutura de uma molécula de DNA é constituída por quais dos seguintes componentes?
   A. Açúcares e bases nitrogenadas alternados.
   B. Apenas bases nitrogenadas.
   C. Apenas grupos fosfato.
   D. Grupos fosfato e açúcares alternados.
   E. Apenas açúcares de cinco carbonos.

7. Qual das seguintes ligações é a ligação de interconexão que conecta os nucleotídeos de RNA e de DNA?
   A. Ligações N-glicosídicas.
   B. Ligações 3′-5′-fosfodiéster.
   C. Fosfomonoésteres.
   D. Ligações 2′-fosfodiéster.
   E. Ligações peptídicas de ácidos nucleicos.

8. Qual dos seguintes componentes do DNA dúplex faz a molécula ter uma carga negativa efetiva em pH fisiológico?
   A. Desoxirribose.
   B. Ribose.
   C. Grupos fosfato.
   D. Íon cloro.
   E. Adenina.

9. Qual característica molecular listada leva o DNA dúplex a exibir uma largura quase constante ao longo de seu eixo longitudinal?
   A. Uma base nitrogenada purínica sempre pareada com outra base nitrogenada purínica.
   B. Uma base nitrogenada pirimidínica sempre pareada com outra base nitrogenada pirimidínica.
   C. Uma base nitrogenada pirimidínica sempre pareada com uma base nitrogenada purínica.
   D. A repulsão entre grupos fosfato mantém as fitas separadas por uma distância uniforme.
   E. A atração entre os grupos fosfato mantém as fitas separadas por uma distância uniforme.

10. O modelo de replicação do DNA proposto pela primeira vez por Watson e Crick postulava que toda molécula-filha de DNA de dupla-fita recém-replicada:
    A. Era composta por duas fitas da molécula de DNA parental.
    B. Continha apenas duas fitas de DNA recém-sintetizado.
    C. Continha duas fitas que eram misturas aleatórias de novo e de velho DNA no interior de cada fita.
    D. Era composta por uma fita derivada do DNA dúplex parental original e de uma fita recém-sintetizada.
    E. Era composta por sequências de nucleotídeos totalmente distintas de qualquer uma das fitas do DNA parental.

11. Cite o mecanismo pelo qual os RNAs são sintetizados a partir do DNA.
    A. Duplicação replicacional.
    B. Tradução.
    C. Reparo translesão.
    D. Transesterificação.
    E. Transcrição.

12. Qual das forças ou interações listadas a seguir desempenha um papel predominante para impulsionar a formação das estruturas secundária e terciária do RNA?
    A. Repulsão hidrofílica.
    B. Formação de regiões de pares de bases complementares.
    C. Interação hidrofóbica.
    D. Interações de van der Waals.
    E. Formação de pontes salinas.

13. Cite a enzima que sintetiza RNA a partir de um molde de DNA de dupla-fita.
    A. RNA-polimerase dependente de RNA.
    B. RNA-convertase dependente de DNA.
    C. Replicase dependente de RNA.
    D. RNA-polimerase dependente de DNA.
    E. Transcriptase reversa.

14. Defina a diferença característica mais notável em relação à expressão gênica entre eucariotos e procariotos.
    A. Comprimentos dos nucleotídeos do RNA ribossômico.
    B. Mitocôndrias.
    C. Lisossomos e peroxissomos.
    D. Sequestro do material genético no núcleo.
    E. Clorofila.

15. Qual das seguintes opções descreve corretamente o número aproximado de pb de DNA de _____, que é separado em _____ cromossomos em uma célula humana diploide típica em estado de não replicação?
    A. 64 bilhões, 23.
    B. 6,4 trilhões, 46.
    C. 23 bilhões, 64.
    D. 64 bilhões, 46.
    E. 6,4 bilhões, 46.

16. Qual é o número aproximado de pares de bases associados a um único nucleossomo?
    A. 146.
    B. 292.
    C. 73.
    D. 1.460.
    E. 900.

17. Todas as seguintes histonas, com exceção de uma, estão localizadas dentro da super-hélice formada entre o DNA e o octâmero de histonas; essa histona é:
    A. Histona H2B.
    B. Histona H3.
    C. Histona H1.
    D. Histona H3.
    E. Histona H4.

18. A cromatina pode ser amplamente definida como ativa e reprimida. Qual das seguintes opções é uma subclasse de cromatina que é especificamente inativada em certos momentos da vida de um organismo e/ou em conjuntos específicos de células diferenciadas?
    A. Eucromatina constitutiva.
    B. Heterocromatina facultativa.
    C. Eucromatina.
    D. Heterocromatina constitutiva.

19. Qual das seguintes hipóteses afirma que o estado físico e funcional de determinada região da cromatina genômica depende dos padrões de modificações pós-traducionais (PTMs) de histonas específicas e/ou do estado de metilação do DNA?
    A. Código morse.
    B. Hipótese PTM.
    C. Hipótese do corpo nuclear.
    D. Código epigenético.
    E. Código genético.

20. Qual é o nome do segmento repetido incomum de DNA localizado nas pontas de todos os cromossomos eucarióticos?
    A. Cinetocoro.
    B. Telômero.
    C. Centríolo.
    D. Cromômero.
    E. Micrômero.

21. Tendo em vista que as DNA-polimerases são incapazes de sintetizar DNA sem um iniciador (*primer*), qual molécula serve como iniciador para essas enzimas durante a replicação do DNA?
    A. Açúcares de cinco carbonos.
    B. Apenas desoxirribose.
    C. Uma molécula curta de RNA.
    D. Proteínas com grupos hidroxila livres.
    E. Fosfomonoéster.

22. Qual dos seguintes termos é utilizado para referir-se à replicação descontínua do DNA que ocorre durante a replicação, catalisada pela produção de pequenos segmentos de DNA?
    A. Fragmentos de Okazaki.
    B. Pedaços de Toshihiro.
    C. Oligonucleotídeos de Onishi.
    D. Fitas de Crick.
    E. Fragmentos de Watson.

23. Qual molécula ou força fornece a energia que impulsiona a liberação da tensão mecânica pela DNA-girase?
    A. Conversão de pirimidina em purina.
    B. Hidrólise de GDP.
    C. Hidrólise de ATP.
    D. Glicólise.
    E. Molécula ou força de gradiente de prótons.

24. Qual é o nome da fase do ciclo celular entre o término da divisão celular e o início da síntese de DNA?
    A. G_1.
    B. S.
    C. G_2.
    D. M.
    E. G_0.

25. Em que estágio do ciclo celular são ativadas proteínas-cinase essenciais, como a cinase dependente de ciclina?
    A. Imediatamente antes da mitose.
    B. No início da fase S.
    C. Próximo ao término da fase G_1.
    D. No final da fase G_2.
    E. Todas as alternativas anteriores.

26. Qual doença está frequentemente associada à perda da capacidade de uma célula de regular/controlar a sua própria divisão?
    A. Doença renal.
    B. Câncer.
    C. Enfisema.
    D. Diabetes melito.
    E. Doença cardíaca.

27. Qual é o mecanismo molecular responsável pela rápida diminuição da atividade de Cdk, que leva à saída da fase M e entrada na fase G_1?
    A. Queda na concentração de ciclina mitótica.
    B. Diminuição na concentração de ciclina na fase G_1.
    C. Elevação da concentração de ciclina na fase G_2.
    D. Aumento na concentração de ciclina mitótica
    E. Elevação da concentração de ciclina na fase G_1.

28. Qual das seguintes opções é o sítio ao qual a RNA-polimerase liga-se no molde do DNA antes do início da transcrição?
    A. Junção íntron/éxon.
    B. Fase de leitura aberta do DNA.
    C. Terminador.
    D. Códon de iniciação de metionina.
    E. Promotor.

29. Os grandes genes de rRNA de eucariotos, como os genes que codificam RNAs 18S e 28S, são transcritos por qual das seguintes RNA-polimerases?
    A. RNA-polimerase III.
    B. RNA-polimerase δ dependente de RNA.
    C. RNA-polimerase I.
    D. RNA-polimerase II.
    E. RNA-polimerase mitocondrial.

30. Todas as RNA-polimerases eucarióticas necessitam de uma grande variedade de proteínas acessórias para possibilitar a sua ligação a promotores e formar complexos de transcrição fisiologicamente relevantes. Qual é o nome dessas proteínas?
    A. Fatores de transcrição basais ou gerais.
    B. Ativadores.
    C. Fatores acessórios.
    D. Fatores de alongamento.
    E. Polipeptídeos facilitadores.

31. O segmento de DNA a partir do qual o transcrito primário é copiado ou transcrito é denominado:
    A. Fita codificadora.
    B. Domínio de iniciação de metionina.
    C. Unidade de tradução.
    D. Transcriptoma.
    E. Códon inicial.

32. A que classe de sequências de DNA pertencem os genes eucarióticos que codificam rRNAs?
    A. DNA de cópia única.
    B. DNA altamente repetitivo.
    C. DNA moderadamente repetitivo.
    D. DNA de sequência mista.

33. Como ocorrem as modificações dos nucleotídeos dos pré-tRNAs, pré-rRNAs e pré-mRNAs?
    A. Pós-prandialmente.
    B. Pós-mitoticamente.
    C. Pré-transcricionalmente.
    D. Pós-transcricionalmente.
    E. Prematuramente.

34. Os promotores da RNA-polimerase II estão localizados em qual lado da unidade de transcrição?
    A. Interno.
    B. 3′ a jusante.
    C. O mais próximo do C-terminal.
    D. O mais próximo do N-terminal.
    E. 5′ a montante.

35. Em relação aos mRNAs eucarióticos, qual das seguintes afirmativas não é uma propriedade normal dos mRNAs?
    A. Os mRNAs eucarióticos possuem modificações especiais em suas extremidades 5′ (*cap*) e 3′ (cauda poli(A)).
    B. Estão ligados aos ribossomos quando são traduzidos.
    C. São encontrados no citoplasma, dentro dos peroxissomos.
    D. A maioria apresenta um segmento não codificador significativo, que não direciona a montagem dos aminoácidos.
    E. Contêm sequências de nucleotídeos contínuas, que codificam determinado polipeptídeo.

36. Qual das seguintes opções é a ligação que conecta o nucleotídeo de iniciação do mRNA à estrutura *cap* 5me-G?
    A. Ponte 3′-5′ fosfodiéster.
    B. Ponte 5′-5′ trifosfato.
    C. Ponte 3′-3′ trifosfato.
    D. Ponte 3′-5′ trifosfato.
    E. Ponte 5′-3′ trifosfato.

37. Qual sequência característica dos mRNAs maduros provavelmente protege os mRNAs da degradação?
    A. Modificações pós-traducionais especiais.
    B. Cauda 3′poli $(C)_n$.
    C. *Cap* 5me-G.
    D. Íntrons.
    E. Estruturas em laço.

38. Quais seriam as consequências do *splicing* de mRNA errado para o RNA?
    A. Um único erro de base em uma junção de *splicing* causará uma grande deleção.
    B. Um único erro de base em uma junção de *splicing* causará uma grande inserção.
    C. Um único erro de base em uma junção de *splicing* causará uma grande inversão.
    D. C e E.
    E. Um único erro de base em uma junção de *splicing* modificará a fase de leitura e resultará em tradução errada do mRNA.

39. Qual é o complexo macromolecular que se associa a íntrons durante o *splicing* do mRNA?
    A. *Splicer*.
    B. Dicer.
    C. Corpo nuclear.
    D. *Spliceossomo*.
    E. *Slicer*.

40. Qual é a reação catalisada pela transcriptase reversa?
    A. Tradução do RNA em DNA.
    B. Transcrição do DNA em RNA.
    C. Conversão de ribonucleotídeos em desoxirribonucleotídeos.
    D. Transcrição do RNA em DNA.
    E. Conversão de um ribonucleotídeo em desoxirribonucleotídeos na dupla-hélice de DNA.

41. O RNAi ou RNA de interferência mediado por dsRNA atua como mediador de:
    A. Ligação do RNA.
    B. Silenciamento do RNA.
    C. Inversão do RNA.
    D. Restauração do RNA.
    E. Supressão do RNA.

42. Enquanto o código genético tem 64 códons, existem apenas 20 aminoácidos de ocorrência natural. Consequentemente, alguns aminoácidos são codificados por mais de um códon. Essa característica do código genético é uma ilustração de que o código genético é:
    A. Degenerado.
    B. Duplicado.
    C. Não sobreposto.
    D. Sobreposto.
    E. Redundante.

43. O código genético contém quantos códons de terminação?
    A. 3.
    B. 21.
    C. 61.
    D. 64.
    E. 20.

44. Se um tRNA apresenta a sequência 5′-CAU-3′, que códon ele reconheceria (ignore o pareamento de bases oscilante)?
    A. 3′-UAC-5′.
    B. 3′-AUG-5′.
    C. 5′-ATG-3′.
    D. 5′-AUC-3′.
    E. 5′-AUG-3′.

45. O que está na extremidade 3′ de todos os tRNAs maduros funcionais?
    A. A alça em trevo.
    B. O anticódon.
    C. A sequência CCA.
    D. O códon.

46. A maioria das aminoacil-tRNA-sintetases possui uma atividade que é compartilhada com as DNA-polimerases. Essa atividade é uma função _____.
    A. De revisão.
    B. De hidrogenase.
    C. Proteolítica.
    D. De helicase.
    E. Endonucleolítica.

47. Qual das seguintes ordens está CORRETA quanto às três fases distintas do processo de síntese de proteínas?
    A. Iniciação, terminação, alongamento.
    B. Terminação, iniciação, alongamento.
    C. Iniciação, alongamento, terminação.
    D. Alongamento, iniciação, terminação.
    E. Alongamento, terminação, iniciação.

48. Qual é o aminoácido de iniciação para essencialmente todas as proteínas?
    A. Cisteína.
    B. Treonina.
    C. Triptofano.
    D. Metionina.
    E. Ácido glutâmico.

49. O tRNA iniciador está localizado dentro do complexo 80S ativo em qual dos três "sítios" ribossômicos canônicos durante a síntese de proteínas?
    A. Sítio E.
    B. Sítio I.
    C. Sítio P.
    D. Sítio A.
    E. Sítio de ligação do fator de liberação.

50. Nomeie a enzima que forma a ligação peptídica durante a síntese de proteínas e defina a sua composição química.
    A. Pepsintase, proteína.
    B. Peptidil-transferase, RNA.
    C. Peptidase, glicolipídeo.
    D. Peptidil-transferase, proteína.
    E. GTPase, glicopeptídeo.

51. Qual é o termo empregado para mutações no meio de uma fase de leitura aberta que criam um códon de terminação?
    A. Mutação de fase de leitura.
    B. Mutação de troca de sentido.
    C. Mutação não sem sentido.
    D. Mutação pontual.
    E. Mutação sem sentido.

52. Qual é a direcionalidade da síntese de polipeptídeos?
    A. Direção C-terminal para N-terminal.
    B. Direção N-terminal para 3′.
    C. Direção N-terminal para C-terminal.
    D. Direção 3′ para 5′.
    E. Direção 5′ para 3′.

53. Qual dos seguintes elementos de atuação *cis* normalmente encontra-se adjacente ou se sobrepõe a muitos promotores procarióticos?
    A. Gene regulador.
    B. Gene(s) estrutural(is).
    C. Repressor.
    D. Operador.
    E. Terminador.

54. Qual é o termo empregado para se referir a um segmento de um cromossomo bacteriano em que os genes para as enzimas de determinada via metabólica estão agrupados ou sujeitos a controle coordenado?
    A. Óperon.
    B. Operador.
    C. Promotor.
    D. Controlador de terminação.
    E. Origem.

55. Qual é o termo empregado para se referir à coleção completa de proteínas presentes em determinado tipo de célula?
    A. Genoma.
    B. Coleção peptídica.
    C. Transcriptoma.
    D. Translatoma.
    E. Proteoma.

56. Como a formação do nucleossomo no DNA genômico afeta as fases de iniciação e/ou alongamento da transcrição?
    A. Os nucleossomos inibem o acesso das enzimas envolvidas em todas as fases da transcrição.
    B. Os nucleossomos recrutam histonas e enzimas de modificação do DNA, e as ações dessas enzimas recrutadas afetam o acesso das proteínas de transcrição ao DNA.
    C. Os nucleossomos induzem a degradação do DNA no local em que o DNA entra em contato com as histonas.
    D. Os nucleossomos não têm nenhum efeito significativo sobre a transcrição.

57. Que tipos de moléculas interagem com os sítios do promotor central do gene do mRNA eucariótico para facilitar a associação da RNA-polimerase II?
    A. Fatores de terminação.
    B. Fatores de transcrição específicos de sequência (transativadores).
    C. Fatores de alongamento.
    D. GTPases.
    E. Fatores de transcrição gerais ou basais (i.e., GTFs).

58. A maioria dos fatores de transcrição de eucariotos contém pelo menos dois domínios, cada um dos quais medeia diferentes aspectos da função do fator de transcrição. Esses domínios são:
    A. Domínio de ligação ao RNA e domínio de repressão.
    B. Domínio de ativação e domínio de repressão.
    C. Domínio de ligação ao DNA e domínio de ativação.
    D. Domínio de ligação ao DNA e domínio de ligação ao ligante.
    E. Domínio de ligação ao RNA e domínio de ativação.

59. Os fatores de transcrição ligados a potencializadores que estimulam a iniciação da transcrição no promotor central *cis*-ligado por meio da ação de intermediários são denominados:
    A. Coativadores.
    B. Proteínas de cotranscrição.
    C. Correpressores.
    D. Receptores.
    E. Coordenadores.

60. Que reações entre as proteínas de transcrição expandem acentuadamente a diversidade dos fatores reguladores que pode ser gerada a partir de um pequeno número de polipeptídeos?
    A. Recombinação.
    B. Homodimerização.
    C. Heterozigosidade.
    D. Heterodimerização.
    E. Trimerização.

61. A região do gene contendo a caixa TATA e que se estende até o sítio de iniciação da transcrição (TSS) é frequentemente denominada:
    A. Lar da polimerase.
    B. Iniciador.
    C. Seletor de iniciação.
    D. Promotor central.
    E. Operador.

62. Quais dos seguintes mecanismos possíveis para o modo pelo qual os potencializadores podem estimular a transcrição a partir de grandes distâncias são atualmente considerados CORRETOS?
    A. Os potencializadores podem reversivelmente excisar o DNA intercalado entre potencializadores e promotores.
    B. A RNA-polimerase II liga-se com avidez a sequências potencializadoras.
    C. Os potencializadores desenrolam o DNA.
    D. Os potencializadores podem procurar ao longo do DNA e ligar-se diretamente ao promotor central associado.
    E. Os potencializadores e promotores centrais são colocados em estreita proximidade por meio da formação de uma alça de DNA, mediada por proteínas de ligação do DNA.

63. Qual dos seguintes aminoácidos de histona é normalmente acetilado?
    A. Lisina.
    B. Arginina.
    C. Asparagina.
    D. Histidina.
    E. Leucina.

64. Coloque as seguintes etapas em ordem. Quais são as etapas que ocorrem sequencialmente durante um evento de ativação da transcrição após a ligação de um ativador de transcrição a seu sítio de ligação do ativador cognato no DNA genômico?
    1. O complexo de remodelagem da cromatina liga-se às histonas do cerne na região-alvo.
    2. As ações combinadas dos vários complexos moleculares aumentam a acessibilidade do promotor à maquinaria de transcrição.
    3. O ativador recruta um coativador para uma região de cromatina que é alvo de transcrição.
    4. A maquinaria de transcrição reúne-se no sítio onde a transcrição será iniciada.
    5. O coativador acetila as histonas do cerne de nuclessomos adjacentes.

    A. 1 – 2 – 3 – 4 – 5.
    B. 3 – 1 – 5 – 2 – 4.
    C. 3 – 5 – 1 – 2 – 4.
    D. 5 – 3 – 1 – 2 – 4.
    E. 3 – 5 – 1 – 4 – 2.

65. Que estratégia na pesquisa dos fatores de transcrição possibilita a identificação simultânea de todos os sítios genômicos ligados por determinado fator de transcrição em determinado conjunto de condições fisiológicas?
    A. Mapeamento de deleções sistemáticas.
    B. Sensibilidade da DNAse I.
    C. Sequenciamento de imunoprecipitação de cromatina (ChIP-seq).
    D. FISH.
    E. Microscopia de imagem por tempo de vida de fluorescência.

66. Quais sequências se estendem entre o *cap* de 5'-metilguanosina presente nos mRNAs eucarióticos e o códon de iniciação AUG?
    A. Códon de terminação.
    B. Último éxon.
    C. Último íntron.
    D. 3'-UTR.
    E. 5'-UTR.

67. Qual das seguintes características do mRNA eucariótico contribui de maneira importante para sinalizar a meia-vida?
    A. Sequências 5'-UTR.
    B. O promotor.
    C. O operador.
    D. 3'-UTR e cauda poli(A).
    E. O primeiro íntron.

SEÇÃO VIII
Bioquímica da comunicação extracelular e intracelular

CAPÍTULO 40

Membranas: estrutura e função

P. Anthony Weil, Ph.D.

OBJETIVOS

Após o estudo deste capítulo, você deve ser capaz de:

- Saber que as membranas biológicas são principalmente constituídas de uma bicamada lipídica e de proteínas e glicoproteínas associadas. Os principais lipídeos são os fosfolipídeos, o colesterol e os glicoesfingolipídeos.
- Reconhecer que as membranas são estruturas dinâmicas e assimétricas, que contêm uma mistura de proteínas integrais e periféricas.
- Descrever o modelo de mosaico fluido amplamente aceito da estrutura da membrana.
- Compreender os conceitos de difusão passiva, difusão facilitada, transporte ativo, endocitose e exocitose.
- Reconhecer que os transportadores, os canais iônicos, a Na^+-K^+-ATPase, os receptores e as junções comunicantes são protagonistas importantes da função da membrana.
- Saber que diversos distúrbios resultam de anormalidades na estrutura e na função das membranas, incluindo hipercolesterolemia familiar, fibrose cística, esferocitose hereditária e outros.

IMPORTÂNCIA BIOMÉDICA

As membranas são estruturas dinâmicas e altamente fluidas, que consistem em uma bicamada lipídica e proteínas associadas. As **membranas plasmáticas** formam compartimentos fechados em torno do citoplasma para delimitar as células. A membrana plasmática apresenta **permeabilidades seletivas** e atua como barreira, mantendo, assim, as diferenças de composição entre os meios interno e externo da célula. A permeabilidade seletiva da membrana a moléculas é gerada pela ação de **transportadores** específicos e **canais iônicos**. A membrana plasmática também realiza a troca de materiais com o meio extracelular por **exocitose** e **endocitose**, e existem áreas especiais na estrutura da membrana – **junções comunicantes** – através das quais as células adjacentes trocam materiais. Além disso, a membrana plasmática desempenha funções essenciais nas **interações intercelulares** e na **sinalização transmembrana**.

As membranas também formam **compartimentos especializados** no interior da célula. Essas membranas intracelulares ajudam a dar **forma** a muitas das estruturas morfologicamente distinguíveis (organelas), como as mitocôndrias, o retículo endoplasmático (RE), o aparelho de Golgi, os grânulos secretores, os lisossomos e o núcleo. As membranas localizam **enzimas**, atuam como elementos integrantes na **relação estímulo-resposta** e constituem locais de **transdução de energia**, como na fotossíntese (cloroplastos) e na fosforilação oxidativa (mitocôndrias).

A ocorrência de mudanças nos componentes da membrana pode afetar o balanço hídrico e o fluxo de íons e, portanto, vários processos intracelulares. As deficiências ou alterações específicas de determinados componentes da membrana (p. ex., causadas por mutações de genes que codificam proteínas da membrana) levam a uma variedade de **doenças** (ver Tabela 40-7). Em resumo, a função celular normal depende essencialmente da existência de membranas normais.

A MANUTENÇÃO DE UM AMBIENTE NORMAL INTRACELULAR E EXTRACELULAR É FUNDAMENTAL À VIDA

A vida originou-se em um ambiente aquoso; as reações enzimáticas e os processos celulares e subcelulares foram desenvolvidos, portanto, para funcionar nesse ambiente, circunscrito no interior de uma célula.

A água interna do organismo está compartimentalizada

A água constitui cerca de **60%** da massa corporal magra do corpo humano e se distribui em dois grandes compartimentos.

Líquido intracelular (LIC)

Esse compartimento representa **dois terços** da água corporal total e fornece um ambiente especializado para a célula (1) produzir, armazenar e utilizar energia; (2) realizar seu próprio reparo; (3) replicar-se; e (4) desempenhar funções celulares específicas.

Líquido extracelular (LEC)

Esse compartimento contém cerca de **um terço** da água corporal total e está distribuído entre o plasma e os compartimentos intersticiais. O LEC é um **sistema de distribuição**. Ele traz nutrientes (p. ex., glicose, ácidos graxos e aminoácidos), oxigênio, vários íons e oligoelementos às células, bem como uma variedade de moléculas reguladoras (hormônios) que coordenam as funções de células amplamente distantes umas das outras. O LEC **remove** o CO_2, bem como produtos de degradação metabólica e compostos tóxicos ou substâncias detoxificadas provenientes do ambiente celular imediato.

As composições iônicas dos líquidos intracelular e extracelular diferem acentuadamente

Conforme observado na **Tabela 40-1**, o **ambiente interno** é rico em K^+ e Mg^{2+}, sendo o fosfato o principal ânion inorgânico. O citosol das células contém elevada concentração de proteína, que atua como importante tampão intracelular. O **líquido extracelular** caracteriza-se por elevada concentração de Na^+ e Ca^{2+}, sendo o Cl^- o principal ânion. Essas diferenças iônicas são mantidas devido às várias membranas encontradas nas células. Essas membranas possuem composições únicas de lipídeos e proteínas. Uma fração dos constituintes proteicos das proteínas de membrana é especializada em gerar e manter as composições iônicas diferenciais dos compartimentos extracelulares e intracelulares.

AS MEMBRANAS SÃO ESTRUTURAS COMPLEXAS FORMADAS POR LIPÍDEOS, PROTEÍNAS E MOLÉCULAS CONTENDO CARBOIDRATOS

São analisadas principalmente as membranas encontradas nas células eucarióticas, embora muitos dos princípios descritos também se apliquem às membranas dos procariotos. As diversas membranas celulares apresentam composições diferentes de lipídeos e proteínas. A proporção de proteínas e lipídeos nas diferentes membranas está mostrada na **Figura 40-1** e é responsável pela divergentes funções das organelas celulares. As membranas são estruturas fechadas semelhantes a lâminas, que consistem em uma bicamada lipídica assimétrica, com

TABELA 40-1 Comparação das concentrações médias de várias moléculas fora e dentro de uma célula de mamífero

Substância	Líquido extracelular	Líquido intracelular
Na^+	140 mmol/L	10 mmol/L
K^+	4 mmol/L	140 mmol/L
Ca^{2+} (livre)	2,5 mmol/L	0,1 µmol/L
Mg^{2+}	1,5 mmol/L	30 mmol/L
Cl^-	100 mmol/L	4 mmol/L
HCO_3^-	27 mmol/L	10 mmol/L
PO_4^{3-}	2 mmol/L	60 mmol/L
Glicose	5,5 mmol/L	0-1 mmol/L
Proteína	2 g/dL	16 g/dL

Membrana plasmática derivada de:
- Mielina: 0,23
- Células hepáticas de camundongos: 0,85
- Bastonetes da retina (bovina): 1,0
- Hemácia humana: 1,1
- Ameba: 1,3
- Células HeLa: 1,5

- Membrana mitocondrial externa: 1,1
- Retículo sarcoplasmático: 2,0
- Membrana mitocondrial interna: 3,2

Razão de massa entre proteínas e lipídeos

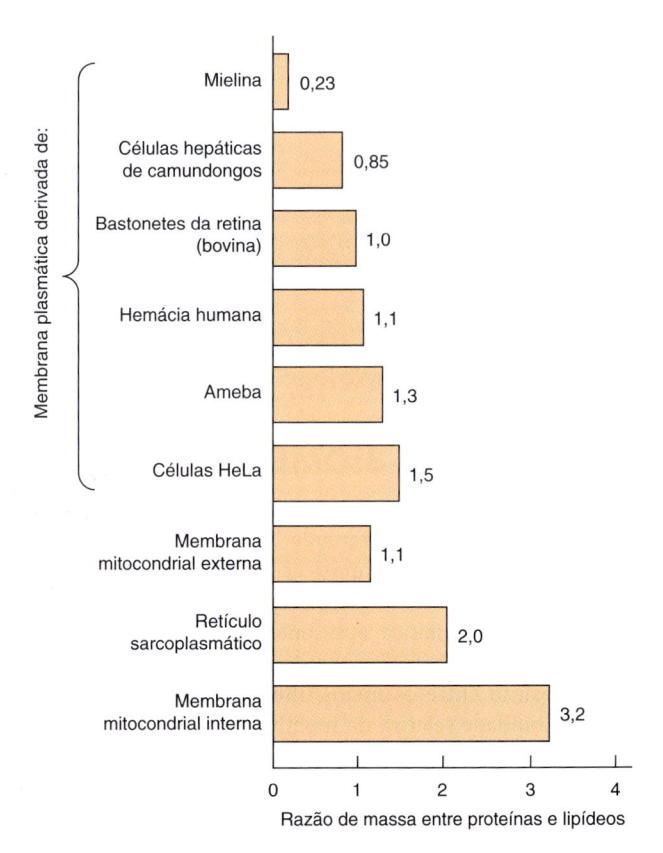

FIGURA 40-1 O conteúdo de proteína da membrana é altamente variável. A quantidade de proteínas iguala-se à quantidade de lipídeos ou a excede em quase todas as membranas. A exceção notável é a mielina, um isolante elétrico encontrado em muitas fibras nervosas.

superfícies interna e externa distintas ou folhetos. Essas estruturas e superfícies são conjuntos laminares não covalentes repletos de proteínas que se formam espontaneamente na água devido à natureza anfipática de lipídeos e proteínas contidos no interior da membrana.

Os principais lipídeos nas membranas dos mamíferos são os fosfolipídeos, os glicoesfingolipídeos e o colesterol

Fosfolipídeos

Das duas classes principais de fosfolipídeos presentes nas membranas, os **fosfoglicerídeos** são os mais comuns e consistem em uma estrutura de glicerol à qual estão ligados dois ácidos graxos por ligações ésteres e um álcool (**Figura 40-2**). Em geral, os **ácidos graxos** constituintes são moléculas com números pares de carbonos, contendo, geralmente, 16 ou 18 átomos de carbono. Eles não são ramificados e podem ser saturados ou não com uma ou mais ligações duplas. O fosfoglicerídeo mais simples é o **ácido fosfatídico**, um 1,2-diacilglicerol-3-fosfato, um intermediário essencial na formação de outros fosfoglicerídeos (ver Capítulo 24). Na maioria dos fosfoglicerídeos existentes nas membranas, o 3-fosfato é esterificado em um **álcool**, como colina, etanolamina, glicerol, inositol ou serina (ver Capítulo 21). Em geral, a fosfatidilcolina constitui o principal fosfoglicerídeo por massa nas membranas das células humanas.

A segunda classe principal de fosfolipídeos é constituída de **esfingomielina** (ver Figura 21-11), um fosfolipídeo que contém uma estrutura de esfingosina em lugar de glicerol. Um ácido graxo está ligado ao grupo amino da esfingosina por uma ligação amida, formando a **ceramida**. Quando o grupo hidroxil primário da esfingosina é esterificado em fosforilcolina, forma-se a esfingomielina. Como o nome sugere, a esfingomielina é abundante nas bainhas de mielina.

Glicoesfingolipídeos

Os **glicoesfingolipídeos** (**GSLs**) são lipídeos que contêm açúcares construídos em uma estrutura de **ceramida**. Os GSLs incluem **galactosil** e **glicosil-ceramidas** (cerebrosídeos) e os **gangliosídeos** (ver estruturas no Capítulo 21), localizando-se principalmente nas membranas plasmáticas das células, expondo seus componentes glicídicos para o meio extracelular.

Esteróis

O esterol mais comum nas membranas das células animais é o **colesterol** (ver Capítulo 21). A maior parte do colesterol encontra-se no interior das **membranas plasmáticas**, porém pequenas quantidades são encontradas nas membranas das mitocôndrias, do aparelho de Golgi e do núcleo. O colesterol fica intercalado entre os fosfolipídeos da membrana, com seu grupamento hidroxil hidrofílico na interface aquosa, e o restante da molécula fica mergulhado no interior do folheto da bicamada lipídica. Do ponto de vista nutricional, é importante saber que o colesterol não ocorre nas plantas.

Os lipídeos podem ser separados uns dos outros e quantificados por técnicas como a cromatografia de coluna, em camada fina e líquido-gasosa, e suas estruturas são estabelecidas por espectrometria de massa e outras técnicas (ver Capítulo 4).

Os lipídeos da membrana são anfipáticos

Todos os lipídeos principais das membranas contêm regiões hidrofóbicas e hidrofílicas e, por conseguinte, são conhecidos como **anfipáticos**. Se a região hidrofóbica fosse separada do restante da molécula, ela seria insolúvel em água, mas solúvel em solventes orgânicos. Por outro lado, se a região hidrofílica estivesse separada do restante da molécula, ela seria insolúvel em solventes orgânicos, mas solúvel em água. A natureza anfipática de um fosfolipídeo está representada na **Figura 40-3**,

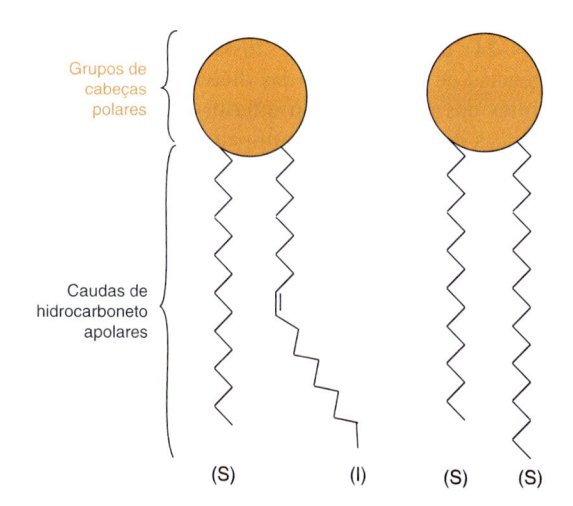

FIGURA 40-3 Representação esquemática de um fosfolipídeo ou outro lipídeo de membrana. O grupo da cabeça polar é hidrofílico, ao passo que as caudas de hidrocarbonetos são hidrofóbicas ou lipofílicas. Os ácidos graxos nas caudas são saturados (**S**) ou insaturados (**I**); os primeiros estão geralmente ligados ao carbono 1 do glicerol, e os últimos, ao carbono 2 (ver Figura 40-2). Observe a torção da cauda do ácido graxo insaturado (I), importante para conferir à membrana um aumento de fluidez.

O fosfolipídeo **S-I** à esquerda contém o ácido palmítico, um lipídeo saturado C_{16}, e o ácido cis-oleico, um lipídeo C_{18} monoinsaturado; ambos são esterificados a glicerol (ver Figura 40-2). O fosfolipídeo **S-S** esquematizado à direita contém um ácido palmítico, um lipídeo saturado C_{16}, e o ácido esteárico, um lipídeo C_{18} saturado.

FIGURA 40-2 Fosfoglicerídeo exibindo os ácidos graxos (R_1 e R_2), o glicerol e um componente de álcool fosforilado. Em geral, os ácidos graxos saturados estão ligados ao carbono 1 do glicerol, e os ácidos graxos insaturados, ao carbono 2. No ácido fosfatídico, R_3 é o hidrogênio.

bem como na Figura 21-24. Assim, os **grupos de cabeças polares** dos fosfolipídeos e o grupo hidroxil do colesterol ficam na interface com o ambiente aquoso; uma situação semelhante é observada com as **porções glicídicas** das GSLs (ver a seguir).

Os **ácidos graxos saturados** possuem caudas retas, ao passo que os ácidos graxos insaturados, que geralmente ocorrem na forma *cis* nas membranas, possuem caudas "torcidas" (Figura 40-3; ver também Figuras 21-1 e 21-6). Enquanto o número de ligações duplas nas cadeias laterais dos lipídeos aumenta, o número de torções nas caudas aumenta. Como consequência, os lipídeos da membrana apresentam uma disposição mais frouxa e a membrana torna-se mais fluida. O problema causado pela presença dos **ácidos graxos *trans*** nos lipídeos da membrana está descrito no Capítulo 21.

Os **detergentes** são moléculas anfipáticas importantes em bioquímica, bem como no ambiente doméstico. A estrutura molecular de um detergente não é diferente da estrutura de um fosfolipídeo. Certos detergentes são amplamente usados para **solubilizar** e purificar proteínas de membrana. A extremidade hidrofóbica do detergente liga-se às regiões hidrofóbicas das proteínas, deslocando a maior parte dos lipídeos ligados. A extremidade polar do detergente é livre, trazendo as proteínas para a solução como complexos detergente-proteína, geralmente contendo também alguns lipídeos residuais.

Os lipídeos da membrana formam bicamadas

O caráter anfipático dos fosfolipídeos sugere que as duas regiões da molécula apresentam solubilidades incompatíveis. Entretanto, em um solvente como a água, os fosfolipídeos organizam-se espontaneamente em **micelas** (Figura 40-4 e Figura 21-24), um conjunto que satisfaz termodinamicamente as exigências de solubilidade das duas regiões quimicamente distintas das moléculas. No interior da micela, as regiões hidrofóbicas dos fosfolipídeos anfipáticos estão protegidas da água, ao passo que os grupos polares hidrofílicos estão imersos no ambiente aquoso. As micelas, em geral, apresentam dimensões relativamente pequenas (p. ex., cerca de 200 nm) e, por isso, são limitadas no seu potencial de formação de membranas. De modo geral, os detergentes formam micelas.

Os fosfolipídeos e as moléculas anfipáticas semelhantes podem formar outra estrutura, a **bicamada lipídica bimolecular**, que também satisfaz as exigências termodinâmicas de moléculas anfipáticas em um ambiente aquoso. As bicamadas constituem as estruturas fundamentais das membranas biológicas. As bicamadas ocorrem na forma de lâminas, nas quais as regiões hidrofóbicas dos fosfolipídeos ficam isoladas do ambiente aquoso, enquanto as regiões hidrofílicas com carga são expostas à água (**Figura 40-5** e Figura 21-24). As extremidades ou bordas da lâmina em bicamada podem ser eliminadas pelo dobramento da lâmina sobre si mesma, formando uma vesícula fechada sem bordas. A bicamada fechada responde por uma das propriedades mais essenciais das membranas. A bicamada lipídica é **impermeável à maioria das moléculas hidrossolúveis**, visto que essas moléculas carregadas seriam insolúveis no núcleo hidrofóbico da bicamada. A **automontagem das bicamadas lipídicas** é impulsionada pelo **efeito hidrofóbico**, que descreve a tendência das moléculas apolares à autoassociação em um ambiente aquoso, excluindo a H_2O no processo. Quando as moléculas lipídicas se reúnem em uma bicamada, a entropia das moléculas de solvente circundantes aumenta devido à liberação da água imobilizada.

Duas questões surgem a partir da consideração das informações descritas anteriormente. Em primeiro lugar, quantas moléculas biologicamente importantes são **lipossolúveis** e conseguem, portanto, penetrar com facilidade na célula? Os gases, como o oxigênio, o CO_2 e o nitrogênio – moléculas pequenas com pouca interação com solventes –, difundem-se facilmente através das regiões hidrofóbicas da membrana. Os **coeficientes de permeabilidade** de vários íons e de várias outras moléculas em uma bicamada lipídica são apresentados na **Figura 40-6**. Os eletrólitos Na^+, K^+ e Cl^- atravessam a bicamada muito mais lentamente do que a água. Em geral, os coeficientes de permeabilidade das moléculas pequenas em uma bicamada lipídica **correlacionam-se com suas solubilidades em solventes apolares**. Por exemplo, os **esteroides** atravessam mais facilmente a bicamada lipídica do que os eletrólitos. O alto coeficiente de permeabilidade da própria água é surpreendente, porém é explicado, em parte, pelo seu pequeno tamanho e por sua relativa ausência de carga. Muitos **fármacos** são hidrofóbicos e podem atravessar facilmente as membranas e penetrar nas células.

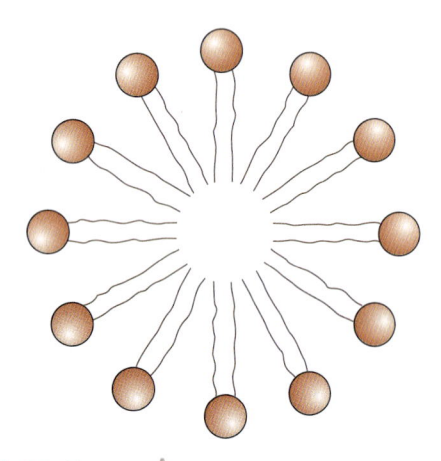

FIGURA 40-4 Corte transversal esquemático de uma micela. Os grupos de cabeças polares estão banhados em água, ao passo que as caudas hidrofóbicas de hidrocarboneto são circundadas por outros hidrocarbonetos e, portanto, ficam protegidas da água. As micelas são estruturas esféricas relativamente pequenas (em comparação com as bicamadas lipídicas).

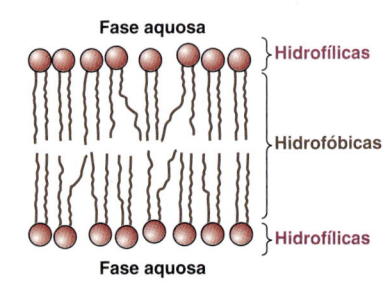

FIGURA 40-5 Diagrama de um corte de uma membrana de bicamada formada por fosfolipídeos. As caudas de ácidos graxos insaturados são torcidas e proporcionam maior espaço entre os grupos de cabeças polares, possibilitando, assim, maior amplitude de movimento. Isso, por sua vez, resulta em aumento de fluidez da membrana.

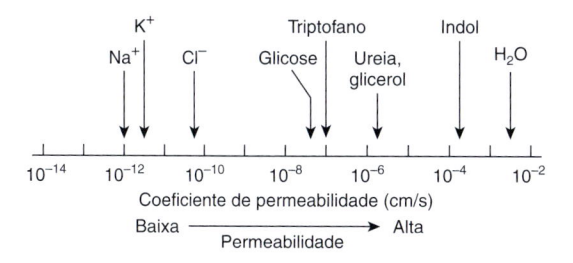

FIGURA 40-6 **Coeficientes de permeabilidade da água, alguns íons e de outras pequenas moléculas nas membranas com bicamada lipídica.** O coeficiente de permeabilidade é uma medida da capacidade de uma molécula de se difundir através de uma barreira de permeabilidade. As moléculas que atravessam rapidamente determinada membrana apresentam alto coeficiente de permeabilidade.

A segunda questão refere-se a **moléculas que não são lipossolúveis**. Como são mantidos os gradientes de concentração transmembrana para essas moléculas? A resposta é que as **membranas contêm proteínas**, muitas das quais atravessam a bicamada lipídica. Essas proteínas formam **canais** para o movimento de íons e pequenas moléculas ou funcionam como **transportadores** para moléculas que, de outro modo, não conseguiriam atravessar a bicamada lipídica (membrana). A natureza, as propriedades e as estruturas dos canais e dos transportadores de membrana são descritos a seguir.

As proteínas de membrana estão associadas à bicamada lipídica

Os **fosfolipídeos** da membrana atuam como solvente para as proteínas de membrana, criando um ambiente no qual essas proteínas podem funcionar. Conforme descrito no Capítulo 5, a **estrutura α-helicoidal das proteínas** minimiza a natureza hidrofílica das próprias ligações peptídicas. Desse modo, as proteínas podem ser anfipáticas e formar parte integral da membrana pela presença de regiões hidrofílicas que penetram nas superfícies interna e externa da membrana, mas que estão conectadas a uma região hidrofóbica que atravessa o núcleo hidrofóbico da bicamada. Na verdade, as regiões das proteínas de membrana que atravessam as membranas contêm uma quantidade substancial de aminoácidos hidrofóbicos e quase sempre apresentam alto conteúdo α-helicoidal. Na maioria das membranas, um segmento de cerca de 20 aminoácidos em uma configuração α-helicoidal atravessa a bicamada lipídica de um lado a outro (ver Figura 5-2).

É possível calcular se uma determinada sequência de aminoácidos presente em uma proteína é compatível com uma **localização transmembrana**. Isso pode ser feito ao consultar uma tabela que relaciona as hidrofobicidades de cada um dos 20 aminoácidos comuns e os valores de energia livre para a sua transferência do interior de uma membrana para a água. Os aminoácidos hidrofóbicos possuem valores positivos; os aminoácidos polares possuem valores negativos. Os valores de energia livre total para a transferência de sequências sucessivas de 20 aminoácidos na proteína são representados graficamente, gerando o denominado **gráfico de hidropatia**. Os valores > 20 kcal mol^{-1} são compatíveis com a interpretação de que a sequência hidrofóbica é um segmento transmembrana, embora não a comprovem.

Outro aspecto da interação entre lipídeos e proteínas é o fato de algumas proteínas estarem ancoradas a um folheto da bicamada lipídica por ligações covalentes com determinados lipídeos; esse processo é denominado **lipidação proteica**. A lipidação pode ocorrer nas terminações proteicas (N– ou C–) ou internamente. Os eventos comuns de lipidação proteica são a **isoprenilação**, a **colesterilação** e **adição de glicofosfatidilinositol** (**GPI**; ver Figura 46-1) da extremidade C-terminal da proteína; a **miristoilação** da extremidade N-terminal e a **S-prenilação** e a **S-acilação** da cisteína interna. Essa lipidação só ocorre em um subgrupo específico de proteínas e normalmente desempenha funções essenciais em sua biologia.

Diferentes membranas apresentam composições distintas de proteínas

A **quantidade de proteínas diferentes** em uma membrana varia de menos de uma dúzia no retículo sarcoplasmático das células musculares a centenas nas membranas plasmáticas. As proteínas são as **principais moléculas funcionais** das membranas e consistem em **enzimas**, **bombas** e **transportadores**, **canais**, **componentes estruturais**, **antígenos** (p. ex., para histocompatibilidade) e **receptores** para várias moléculas. Como cada tipo de membrana possui um complemento diferente de proteínas, não existe uma estrutura de membrana típica. As enzimas associadas às várias membranas diferentes são apresentadas na **Tabela 40-2**.

As membranas são estruturas dinâmicas

As membranas e seus componentes são estruturas dinâmicas. Os lipídeos e as proteínas de membrana sofrem renovação, assim como fazem em outros compartimentos da célula. Os diversos lipídeos apresentam diferentes taxas de renovação, e as taxas de renovação de espécies distintas de proteínas de membrana podem variar amplamente. Em alguns casos, a própria membrana pode sofrer renovação ainda mais rapidamente do que qualquer um de seus componentes. Essa característica é discutida de modo mais detalhado na seção sobre endocitose.

Outro indicador da natureza dinâmica das membranas é o fato de diversos estudos demonstrarem que os lipídeos e algumas proteínas sofrem **difusão lateral** no plano de suas

TABELA 40-2 Marcadores enzimáticos de diferentes membranas[a]

Membrana	Enzimas
Plasmática	5'-Nucleotidase Adenilil-ciclase Na$^+$-K$^+$-ATPase
Retículo endoplasmático	Glicose-6-fosfatase

Aparelho de Golgi
  Cis
  Medial
  Trans
  Rede de Golgi trans
	
	GlcNAc-transferase I
	Golgi-manosidase II
	Galactosil-transferase
	Sialiltransferase

Membrana mitocondrial interna	ATP-sintase

[a] As membranas contêm diversas proteínas, e algumas delas possuem atividade enzimática. Algumas dessas enzimas estão localizadas apenas em determinadas membranas e, portanto, podem ser utilizadas como marcadores para acompanhar a purificação dessas membranas.

membranas. Algumas proteínas imóveis não exibem difusão lateral, visto que elas estão ancoradas ao citoesqueleto de actina subjacente. Por outro lado, o movimento **transversal** dos lipídeos através das membranas (*flip-flop*) é extremamente lento (ver adiante) e não parece ocorrer em uma taxa notável no caso das proteínas de membrana.

As membranas são estruturas assimétricas

As proteínas assumem orientações singulares nas membranas, de modo que **as superfícies externas são diferentes das superfícies internas**. Uma **assimetria entre o lado interno e o lado externo** também é assegurada pela localização externa dos carboidratos ligados às proteínas da membrana. Além disso, existem proteínas específicas que estão localizadas exclusivamente no lado externo ou interno das membranas.

Também são observadas **heterogeneidades regionais** nas membranas. Algumas, como as que ocorrem nas bordas vilosas das células da mucosa, são quase visíveis ao exame macroscópico. Outras, como aquelas das junções comunicantes, das junções oclusivas e das sinapses, ocupam regiões muito menores da membrana e produzem assimetrias locais correspondentemente menores.

Também existe uma **assimetria dos fosfolipídeos** entre os lados interno e externo. Os **fosfolipídeos que contêm colina** (fosfatidilcolina e esfingomielina) estão localizados principalmente na **lâmina externa**; os **aminofosfolipídeos** (fosfatidilserina e fosfatidiletanolamina) localizam-se preferencialmente na **lâmina interna**. Naturalmente, para que essa **assimetria lipídica** exista, deve haver uma **mobilidade transversal limitada**, ou "flip-flop", dos fosfolipídeos da membrana. Na verdade, os fosfolipídeos em bicamadas sintéticas exibem uma taxa extraordinariamente lenta de *flip-flop*; a meia-vida da assimetria nessas bicamadas sintéticas está em torno de algumas semanas.

Os mecanismos envolvidos na assimetria dos lipídeos não estão bem elucidados. As enzimas envolvidas na síntese dos fosfolipídeos estão localizadas no lado citoplasmático das vesículas de membrana microssomais. Existem translocases (**flipases**) que transferem determinados fosfolipídeos (p. ex., fosfatidilcolina) da lâmina interna para a externa. Proteínas específicas que se ligam preferencialmente a determinados fosfolipídeos também parecem estar presentes nas duas lâminas, contribuindo para a distribuição assimétrica dessas moléculas lipídicas. Além disso, as **proteínas de troca de fosfolipídeos** reconhecem determinados fosfolipídeos e os transferem de uma membrana (p. ex., **RE**) para outras (p. ex., membrana mitocondrial e peroxissomal). Uma questão relacionada trata de como os lipídeos penetram nas membranas. Essa questão não foi estudada tão intensamente quanto a maneira como as proteínas entram nas membranas (ver Capítulo 49), e os conhecimentos ainda são relativamente escassos. Muitos lipídeos da membrana são sintetizados no RE. Pelo menos três vias foram identificadas: (1) transporte do RE em vesículas, que em seguida transferem o conteúdo lipídico para a membrana receptora; (2) entrada via contato direto de uma membrana (p. ex., o RE) com outra, facilitado por proteínas específicas; e (3) transporte por meio das proteínas de troca de fosfolipídeos (também conhecidas como proteínas de transferência de lipídeos) mencionadas anteriormente, que efetuam apenas a troca de lipídeos, mas não são responsáveis pela transferência total.

Existe uma assimetria adicional em relação aos glicoesfingolipídeos e às **glicoproteínas**; todas as frações de açúcar dessas moléculas são projetadas para fora da membrana plasmática e estão ausentes da sua face interna.

As membranas contêm proteínas integrais e periféricas

É útil classificar as proteínas de membrana em dois tipos: **integrais** e **periféricas** (Figura 40-7). A maioria das proteínas de membrana pertence à **classe das proteínas integrais**, isto é, elas interagem extensamente com os fosfolipídeos e **exigem o**

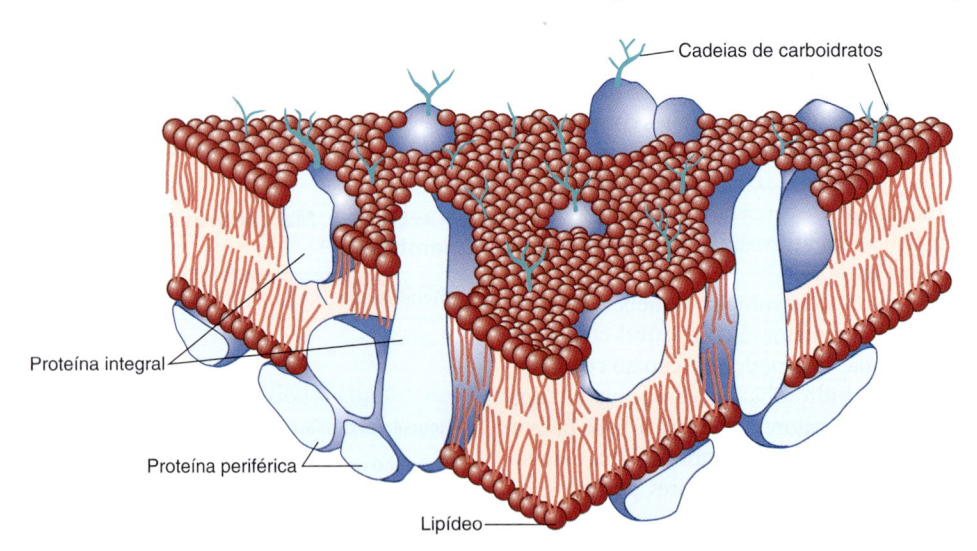

FIGURA 40-7 Modelo de mosaico fluido da estrutura da membrana. A membrana consiste em uma camada lipídica bimolecular, com proteínas inseridas ou ligadas a uma de suas superfícies. As proteínas de membrana integrais estão firmemente inseridas nas camadas lipídicas. Algumas dessas proteínas atravessam completamente a bicamada e são denominadas proteínas transmembrana, ao passo que outras estão inseridas na camada externa ou interna da bicamada lipídica. As proteínas periféricas estão frouxamente ligadas à superfície externa ou interna da membrana. Muitas das proteínas e todos os glicolipídeos apresentam cadeias de carboidratos oligossacarídicos expostas no lado externo. (Reproduzida, com autorização, de Junqueira LC, Carneiro J: *Basic Histology*: Text & Atlas, 10th ed. McGraw-Hill, 2003.)

uso de detergentes para a sua solubilização. Além disso, elas geralmente se estendem de um lado a outro da bicamada lipídica, sob a forma de um feixe de segmentos transmembrana α-helicoidais. Em geral, as proteínas integrais são globulares e anfipáticas. Essas proteínas consistem em duas extremidades hidrofílicas separadas por uma região hidrofóbica interveniente, que atravessa o núcleo hidrofóbico da bicamada. À medida que as estruturas das proteínas integrais de membrana foram elucidadas, ficou evidente que algumas delas (p. ex., moléculas transportadoras, canais iônicos, vários receptores e proteínas G) atravessam a bicamada várias vezes de um lado a outro, ao passo que outras proteínas simples de membrana (p. ex., glicoforina A) atravessam a membrana apenas uma vez (ver Figuras 42-4 e 52-5). As proteínas integrais exibem uma distribuição assimétrica por meio da bicamada da membrana. Essa orientação assimétrica é adquirida devido à de sua inserção na bicamada lipídica durante a biossíntese no RE. Os mecanismos moleculares envolvidos na inserção das proteínas nas membranas e a montagem das membranas são discutidos no Capítulo 49.

As **proteínas periféricas** não interagem diretamente com os núcleos hidrofóbicos dos fosfolipídeos na bicamada lipídica e, portanto, **não exigem o uso de detergentes** para a sua liberação. Essas proteínas estão ligadas às regiões hidrofílicas de proteínas integrais específicas e aos grupos da cabeça de fosfolipídeos, podendo ser liberadas mediante tratamento com soluções salinas de alta concentração iônica. Por exemplo, a anquirina, uma proteína periférica, está ligada à superfície interna da "banda 3" de proteína integral da membrana da hemácia. A espectrina, estrutura citoesquelética dentro da hemácia, está ligada, por sua vez, à anquirina e, desse modo, desempenha um importante papel na manutenção do formato bicôncavo da hemácia.

MEMBRANAS ARTIFICIAIS COMO MODELO DE FUNÇÃO DAS MEMBRANAS

É possível preparar sistemas de membranas artificiais por técnicas apropriadas. Em geral, esses sistemas consistem em misturas de um ou mais fosfolipídeos de origem natural ou sintética, que podem ser tratados por **sonicação branda** para induzir a formação de vesículas esféricas nas quais os lipídeos formam uma bicamada. Essas vesículas, circundadas por uma bicamada lipídica com interior aquoso, são denominadas **lipossomos** (ver Figura 21-24).

As vantagens e as aplicações dos sistemas de membranas artificiais para o estudo bioquímico da função das membranas são:

1. O **teor lipídico** das membranas pode ser variado, possibilitando o exame sistemático dos efeitos da composição variável dos lipídeos sobre determinadas funções.
2. **Proteínas de membrana** ou enzimas purificadas podem ser incorporadas a essas vesículas para determinar os fatores (p. ex., lipídeos específicos ou proteínas complementares) necessários para que as proteínas possam recuperar sua função.
3. O **ambiente** desses sistemas pode ser rigorosamente controlado e sistematicamente variado (p. ex., concentrações iônicas e ligantes).
4. Quando os lipossomos são formados, podem ser preparados para **incorporar** determinados compostos em seu interior, como fármacos e genes isolados. Existe um interesse em utilizar os lipossomos para distribuir fármacos em determinados tecidos, e, se os componentes (p. ex., anticorpos dirigidos contra certas moléculas da superfície celular) pudessem ser incorporados aos lipossomos, de modo que fossem direcionados para tecidos ou tumores específicos, o impacto terapêutico seria considerável. O DNA incorporado no interior de lipossomos parece ser menos sensível ao ataque das nucleases; essa abordagem poderá ser útil nos esforços aplicados à **terapia gênica**.

O MODELO DE MOSAICO FLUIDO DA ESTRUTURA DA MEMBRANA É AMPLAMENTE ACEITO

O **modelo de mosaico fluido** da estrutura da membrana, proposto em 1972 por Singer e Nicolson (Figura 40-7) é, hoje, amplamente aceito. O modelo é frequentemente comparado a *icebergs* de proteínas integrais de membrana flutuando em um oceano de moléculas de **fosfolipídeos** (predominantemente) fluidas. A primeira evidência desse modelo foi a descoberta de que proteínas integrais de membrana marcadas por fluorescência poderiam ser vistas a nível microscópico se redistribuindo rápida e aleatoriamente na membrana plasmática de uma célula híbrida formada pela fusão artificial de duas células parentais distintas (murina e humana; uma marcada e a outra não). Foi demonstrado, em seguida, que os **fosfolipídeos** sofrem uma redistribuição ainda mais rápida no plano da membrana. Avaliações indicam que, no plano da membrana, uma molécula de fosfolipídeo pode se mover alguns micrômetros por segundo.

As **mudanças de fase** – e, portanto, a **fluidez** das membranas – em grande parte dependem da composição lipídica da membrana. Em uma bicamada lipídica, as cadeias hidrofóbicas dos ácidos graxos podem estar altamente alinhadas ou ordenadas, de modo a formar uma estrutura bastante rígida. À medida que a temperatura aumenta, as cadeias laterais hidrofóbicas passam por uma **transição** do **estado ordenado** (fase mais semelhante ao gel ou cristalina) para um **estado desordenado**, assumindo um arranjo mais semelhante ao aspecto líquido ou fluido. A temperatura em que a estrutura sofre transição do estado ordenado para o desordenado (i.e., derrete) é conhecida como "**temperatura de transição**" (T_m). As cadeias de ácidos graxos mais longas e mais saturadas interagem mais fortemente entre si por meio de suas cadeias de hidrocarboneto estendidas e, portanto, geram valores mais altos de T_m – isto é, são necessárias temperaturas mais elevadas para aumentar a fluidez da bicamada. Por outro lado, as **ligações insaturadas** que existem na **configuração *cis*** tendem a aumentar a fluidez da bicamada ao reduzir a densidade das cadeias laterais acondicionadas sem diminuir a hidrofobicidade (Figuras 40-3 e 40-5). Os fosfolipídeos das membranas celulares, em geral, contêm pelo menos um ácido graxo insaturado com pelo menos uma ligação dupla *cis*.

O colesterol atua como um tampão para modificar a fluidez das membranas. Em temperaturas abaixo da T_m, o colesterol interfere na interação das caudas de hidrocarboneto dos ácidos graxos e, portanto, aumenta a fluidez. Em temperaturas acima da T_m, ele limita a desordem, visto que é mais rígido do que as caudas de hidrocarboneto dos ácidos graxos e não consegue se mover na membrana na mesma extensão, limitando, assim, a fluidez.

A fluidez da membrana afeta as suas funções de maneira significativa. À medida que a fluidez da membrana aumenta, o mesmo ocorre com a sua permeabilidade à água e a outras moléculas hidrofílicas pequenas. A mobilidade lateral das proteínas integrais aumenta à medida que a fluidez da membrana aumenta. Se o sítio ativo de uma proteína integral envolvida em determinada função estiver exclusivamente em suas regiões hidrofílicas, a mudança da fluidez lipídica provavelmente terá pouco efeito sobre a atividade da proteína; entretanto, se a proteína estiver envolvida em uma função de transporte, na qual os componentes transportadores atravessam a membrana de um lado a outro, os efeitos da fase lipídica podem alterar significativamente a taxa de transporte. O receptor de insulina (ver Figura 42-8) é um excelente exemplo de alteração da função com as mudanças de fluidez. Conforme a concentração de ácidos graxos insaturados na membrana aumenta (por cultura de células em meio rico nessas moléculas), a fluidez aumenta. O aumento da fluidez altera o receptor, de modo que ele passa a se ligar mais efetivamente à insulina. Na temperatura corporal normal (37°C), a bicamada lipídica encontra-se em estado fluido. Ressaltando a importância da fluidez da membrana, tem sido demonstrado que as bactérias podem modificar a composição dos seus lipídeos de membrana para se adaptar às alterações na temperatura.

Balsas lipídicas, cavéolas e junções de oclusão são estruturas especializadas das membranas plasmáticas

As membranas plasmáticas contêm **determinadas estruturas especializadas**, cuja natureza bioquímica foi investigada com alguns detalhes.

As **balsas lipídicas** são áreas especializadas da **lâmina exoplasmática** (**externa**) da bicamada lipídica, enriquecidas com colesterol, esfingolipídeos e certas proteínas (**Figura 40-8**). Existe a hipótese de que elas estejam envolvidas na transdução de sinal e em outros processos. Acredita-se que a reunião de certos componentes dos sistemas de sinalização possa aumentar a eficiência de sua função.

As **cavéolas** podem originar-se das balsas lipídicas. Muitas delas, senão todas, contêm a proteína **caveolina-1**, que pode estar envolvida na sua formação a partir das balsas. As cavéolas podem ser detectadas por microscopia eletrônica como indentações em formato de balão da membrana celular para o interior do citosol (**Figura 40-9**). As proteínas detectadas nas cavéolas incluem vários componentes no sistema de transdução de sinais (p. ex., o receptor de insulina e algumas proteínas G; ver Capítulo 42), o receptor de folato e a óxido nítrico-sintase endotelial (eNOS, do inglês *endothelial nitric oxide synthase*). As cavéolas e as balsas lipídicas constituem áreas ativas de pesquisa, e os conceitos relativos a seus possíveis papéis em vários processos biológicos estão evoluindo rapidamente.

As **junções de oclusão** (zônulas de oclusão) são outras estruturas encontradas nas superfícies das membranas. Com frequência,

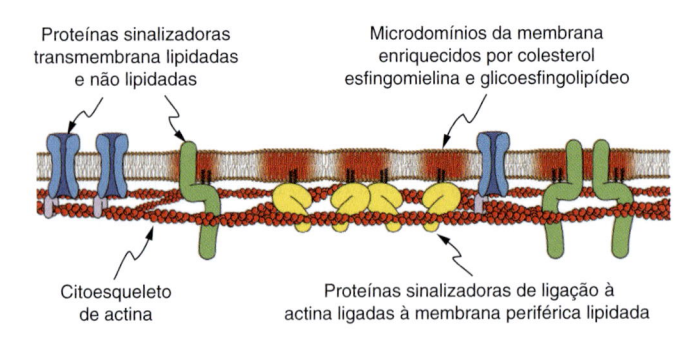

FIGURA 40-8 Ilustração esquemática de uma balsa lipídica. São observadas, de forma esquemática, múltiplas balsas lipídicas (sombreamento da membrana em vermelho) que representam microdomínios localizados ricos em lipídeos indicados e em proteínas sinalizadoras (azul, verde, amarelo). As balsas lipídicas são estabilizadas por meio de interações (diretas e indiretas) com o citoesqueleto de actina (cadeias bi-helicoidais em vermelho; ver Figura 51-3). (Figura modificada de: The lipid raft hypothesis revisited – new insights on raft composition and function from super-resolution fluorescence microscopy. Bioessays 2012;34:739-747. Wiley Periodical, Inc. Copyright © 2012.)

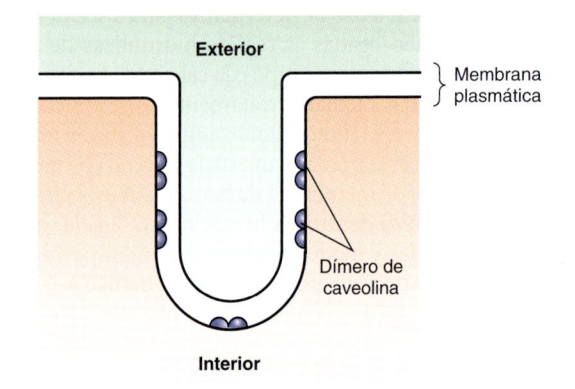

FIGURA 40-9 Ilustração esquemática de uma cavéola. A cavéola é uma invaginação da membrana plasmática. A proteína caveolina parece desempenhar um importante papel na formação das cavéolas e ocorre em forma de dímero. Cada monômero de caveolina está ancorado na camada interna da membrana plasmática por três moléculas de palmitoil (não ilustradas).

estão localizadas abaixo das superfícies apicais das células epiteliais e impedem a difusão de macromoléculas entre as células. Elas são constituídas de diversas proteínas, incluindo ocludina, várias claudinas e moléculas de adesão juncional.

Outras estruturas especializadas encontradas nas superfícies das membranas incluem **desmossomos, junções aderentes** e **microvilosidades**; sua natureza química e funções não são discutidas aqui. A natureza das **junções comunicantes** é descrita a seguir.

A SELETIVIDADE DA MEMBRANA PERMITE AJUSTES NA COMPOSIÇÃO E NA FUNÇÃO DAS CÉLULAS

Se a membrana plasmática é relativamente impermeável, como a maioria das moléculas entra na célula? De que modo a seletividade desse movimento é estabelecida? As respostas a essas perguntas são importantes para compreender como as células se adaptam ao ambiente extracelular em constante mudança. Os organismos metazoários também precisam ter meios de comunicação entre células adjacentes e distantes, de modo que os processos biológicos complexos possam ser coordenados. Esses sinais precisam chegar à membrana e ser transmitidos por ela ou devem ser gerados como consequência de alguma interação com a membrana. A **Tabela 40-3** relaciona alguns dos principais mecanismos utilizados para atingir esses objetivos distintos.

A difusão passiva envolvendo transportadores e canais iônicos movimenta muitas moléculas pequenas através das membranas

As moléculas podem atravessar **passivamente** a bicamada de acordo com gradientes eletroquímicos por **difusão simples** ou por **difusão facilitada**. Esse movimento espontâneo em direção ao equilíbrio se diferencia do **transporte ativo**, que **requer energia**, uma vez que representa um movimento contra um gradiente eletroquímico. A **Figura 40-10** fornece uma representação esquemática desses mecanismos.

A **difusão simples** refere-se ao fluxo passivo de um soluto de uma concentração mais alta para uma concentração mais baixa, devido ao movimento térmico aleatório. Por outro lado, a **difusão facilitada** é o transporte passivo de um soluto de uma concentração mais alta para uma concentração mais baixa, mediado por uma proteína transportadora específica. O **transporte ativo** é o transporte de um soluto através de uma membrana contra um gradiente de concentração que,

TABELA 40-3 Transferência de materiais e informações através das membranas

Movimento transversal de pequenas moléculas na membrana

Difusão (passiva e facilitada)

Transporte ativo

Movimento transversal de grandes moléculas na membrana

Endocitose

Exocitose

Transmissão de sinais através das membranas

Receptores de superfície celular

1. Transdução de sinais (p. ex., glucagon → cAMP)
2. Internalização de sinais (acoplada a endocitose, p. ex., o receptor de LDL)

Movimento para os receptores intracelulares (hormônios esteroides; uma forma de difusão)

Contato e comunicação intercelulares

A difusão passiva (simples) é o fluxo de um soluto de uma concentração mais alta para uma concentração mais baixa, devido ao movimento térmico aleatório

A difusão facilitada é o transporte passivo de um soluto de uma concentração mais alta para uma concentração mais baixa, mediado por uma proteína transportadora específica

O transporte ativo é o transporte de um soluto através da membrana na direção da concentração aumentada e, portanto, requer energia (frequentemente obtida a partir da hidrólise do ATP); um transportador específico (bomba) está envolvido

Secreção e captação de microvesículas e exossomos extracelulares

Os outros termos empregados nesta tabela serão explicados posteriormente neste capítulo ou em outra parte do texto.

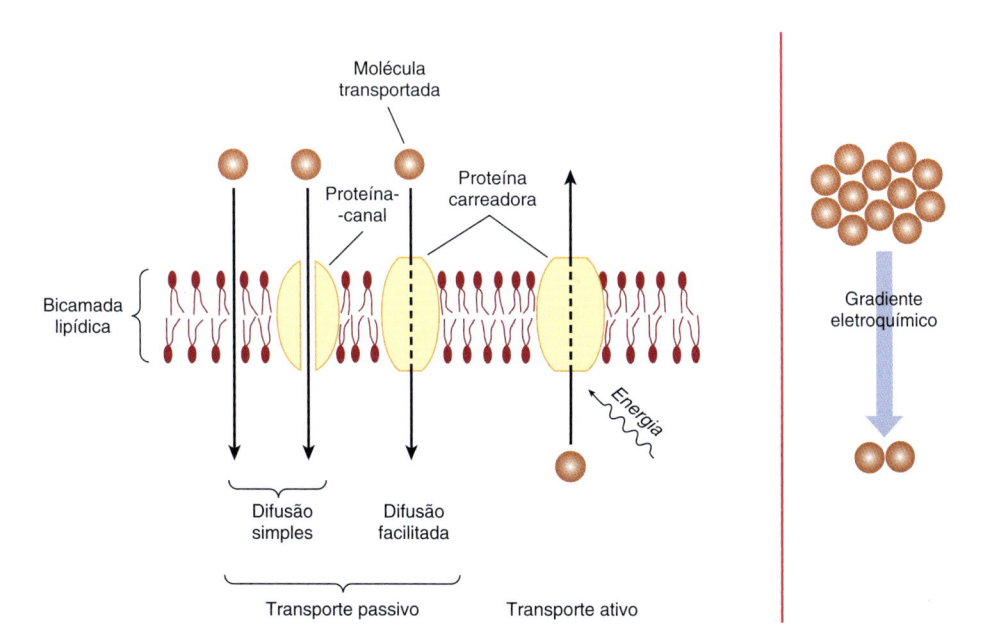

FIGURA 40-10 **Muitas moléculas pequenas sem carga atravessam livremente a bicamada lipídica por difusão simples.** As moléculas maiores sem carga e algumas moléculas pequenas sem carga são transferidas por proteínas carreadoras específicas (transportadoras) ou por canais ou poros. O transporte passivo ocorre sempre obedecendo a um gradiente eletroquímico (mostrado no esquema, à direita), no sentido do equilíbrio. O transporte ativo ocorre contra um gradiente eletroquímico e requer o consumo de energia, o que não ocorre com o transporte passivo. (Redesenhada e reproduzida, com autorização, de Alberts B et al. *Molecular Biology of the Cell*. Garland, 1983.)

portanto, requer energia (frequentemente obtida a partir da hidrólise do trifosfato de adenosina [ATP, do inglês *adenosine triphosphate*]); é necessário o envolvimento de um transportador específico (**bomba**).

Conforme mencionado neste capítulo, alguns solutos, como os gases, podem entrar na célula por difusão a favor de um gradiente eletroquímico através da membrana, não exigindo energia metabólica. A **difusão simples** de um soluto através da membrana é limitada por três fatores: (1) a agitação térmica daquela molécula específica; (2) o gradiente de concentração através da membrana; e (3) a solubilidade daquele soluto (o coeficiente de permeabilidade, Figura 40-6) no núcleo hidrofóbico da bicamada da membrana. A solubilidade é inversamente proporcional ao número de ligações de hidrogênio que precisam ser rompidas para que um soluto na fase aquosa externa seja incorporado à bicamada hidrofóbica. Os eletrólitos, que são pouco solúveis em lipídeos, não formam ligações de hidrogênio com a água, mas adquirem um envoltório de água a partir de hidratação por interação eletrostática. O tamanho dessa camada é diretamente proporcional à densidade de carga do eletrólito. Os eletrólitos com alta densidade de carga apresentam uma camada de hidratação maior e, portanto, uma taxa de difusão mais lenta. Por exemplo, o Na^+ apresenta uma densidade de carga maior que a do K^+. Assim, o Na^+ hidratado é maior do que o K^+ hidratado; este último, portanto, tende a se mover mais facilmente através da membrana.

Os fatores descritos a seguir afetam a **difusão líquida** de uma substância. (1) Gradiente de concentração através da membrana: o soluto movimenta-se da alta para a baixa concentração. (2) Potencial elétrico através da membrana: o soluto movimenta-se em direção à solução que possui a carga oposta. O interior da célula, em geral, apresenta carga negativa. (3) Coeficiente de permeabilidade da substância para a membrana. (4) Gradiente de pressão hidrostática através da membrana: a pressão aumentada eleva a taxa e a força de colisão entre as moléculas e a membrana. (5) Temperatura, visto que a temperatura elevada aumenta o movimento da partícula e, portanto, aumenta a frequência de colisões entre as partículas externas e a membrana.

A **difusão facilitada** envolve certos transportadores ou canais iônicos (**Figura 40-11**). O transporte ativo é mediado por outros transportadores, e a maior parte deles é impulsionada pelo ATP. Existem numerosos transportadores e canais nas membranas biológicas que representam a via de entrada e saída de íons das células. A **Tabela 40-4** resume algumas diferenças importantes entre transportadores e canais iônicos.

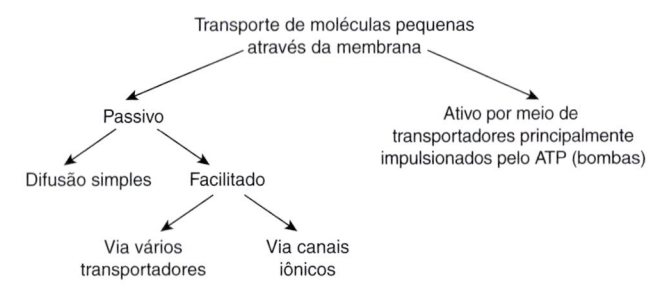

FIGURA 40-11 Ilustração esquemática dos dois tipos de transporte de moléculas pequenas através da membrana.

TABELA 40-4 Comparação entre transportadores e canais iônicos

Transportadores	Canais iônicos
Ligam-se ao soluto e sofrem alterações de sua conformação, transferindo o soluto através da membrana	Formam poros nas membranas
Envolvidos no transporte passivo (difusão facilitada) e transporte ativo	Envolvidos apenas no transporte passivo
O transporte é significativamente mais lento do que aquele através dos canais iônicos	O transporte é significativamente mais rápido do que aquele através de transportadores

Nota: Os transportadores são também conhecidos como carreadores ou permeases. Os transportadores ativos são frequentemente denominados como bombas.

Os transportadores são proteínas específicas envolvidas na difusão facilitada e também no transporte ativo

Os sistemas de transporte podem ser descritos do ponto de vista funcional, de acordo com o número de moléculas transportadas e a direção do movimento (**Figura 40-12**), ou considerando se o movimento ocorre em direção ao ou contra o equilíbrio. A seguinte **classificação** depende principalmente do primeiro. Um sistema **uniporte** possibilita o movimento bidirecional de um tipo de molécula. Nos sistemas **cotransportadores**, a transferência de um soluto depende da transferência simultânea ou sequencial estequiométrica de outro soluto. O sistema **simporte** transfere dois solutos na mesma direção. São exemplos o transportador de próton-açúcar nas bactérias e os transportadores de Na^+-açúcar (para a glicose e alguns outros açúcares) e de Na^+-aminoácidos nas células dos mamíferos. Os sistemas **antiporte** transferem duas moléculas em direções contrárias (p. ex., Na^+ para dentro e Ca^{2+} para fora).

As moléculas hidrofílicas que não podem atravessar livremente a bicamada lipídica da membrana fazem isso passivamente por **difusão facilitada** ou por **transporte ativo**. O transporte passivo é impulsionado pelo gradiente transmembrana de substrato. O transporte ativo sempre ocorre contra

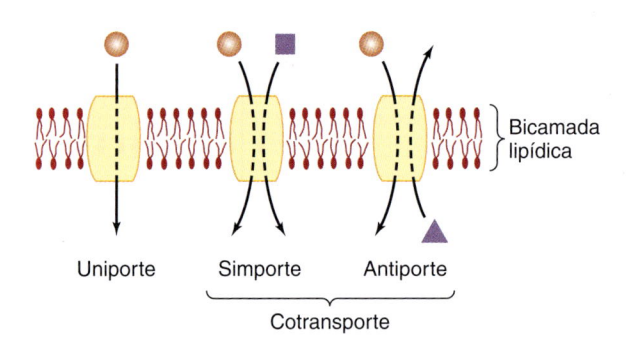

FIGURA 40-12 **Representação esquemática dos tipos de sistemas de transporte.** Os transportadores podem ser classificados com base na direção do movimento e na transferência de uma ou mais moléculas específicas. Um sistema uniporte também pode possibilitar um movimento em direção contrária, dependendo das concentrações da molécula transportada dentro e fora da célula. (Redesenhada e reproduzida, com autorização, de Alberts B et al.: *Molecular Biology of the Cell.* Garland, 1983.)

um gradiente elétrico ou químico, de modo que ele necessita de energia, habitualmente na forma de ATP. Ambos os tipos de transporte envolvem **proteínas carreadoras específicas** (transportadores) e ambos exibem **especificidade** para íons, açúcares e aminoácidos. Os transportes passivo e ativo assemelham-se a uma interação entre substrato e enzima. Os aspectos semelhantes entre ambos e a ação enzimática são os que seguem. (1) Existe um tipo de ligação específica para o soluto. (2) O carreador é saturável, de modo que ele apresenta uma taxa máxima de transporte ($V_{máx}$; **Figura 40-13**). (3) Existe uma constante de ligação (K_m) para o soluto, de modo que todo o sistema possui uma K_m (Figura 40-13). (4) O transporte é bloqueado por inibidores competitivos estruturalmente semelhantes. Por conseguinte, os transportadores são semelhantes a enzimas, porém geralmente não modificam seus substratos.

Os **cotransportadores** utilizam o gradiente de um substrato criado pelo transporte ativo para impulsionar o movimento do outro substrato. O gradiente de Na^+ produzido pela Na^+-K^+-ATPase é utilizado para impulsionar o transporte de vários metabólitos importantes. A ATPase constitui um exemplo muito importante de **transporte primário**, ao passo que os sistemas dependentes de Na^+ são exemplos de **transporte secundário** que dependem do gradiente produzido por outro sistema. Desse modo, a inibição da Na^+-K^+-ATPase nas células também bloqueia a captação dependente de Na^+ de substâncias como a glicose.

A difusão facilitada é mediada por uma variedade de transportadores específicos

Alguns solutos específicos se difundem a favor de gradientes eletroquímicos através da membrana mais rapidamente do que seria esperado com base no seu tamanho, na sua carga ou no seu coeficiente de partição. Isso se deve à participação de transportadores específicos. Essa **difusão facilitada** exibe propriedades distintas das observadas na difusão simples. A taxa de difusão facilitada, que é um sistema uniporte, pode ser saturada; isto é, o número de sítios envolvidos na difusão dos solutos específicos parece ser limitado. Muitos sistemas de difusão facilitada são estereoespecíficos, porém, à semelhança da difusão simples, são impulsionados pelo gradiente eletroquímico transmembrana.

O **mecanismo de "pingue-pongue"** (**Figura 40-14**) ajuda a explicar a difusão facilitada. Nesse modelo, a proteína carreadora existe em duas conformações principais. No estado "**pingue**", ela fica exposta a altas concentrações do soluto, e as moléculas do soluto ligam-se a sítios específicos na proteína transportadora. A ligação induz uma alteração da conformação, que expõe o carreador a uma concentração mais baixa de soluto (estado "**pongue**"). Esse processo é completamente reversível, e o fluxo líquido através da membrana depende do gradiente de concentração. A taxa de entrada de solutos em uma célula por difusão facilitada é determinada pelos seguintes fatores: (1) o gradiente de concentração através da membrana; (2) a quantidade de carreador disponível (trata-se de uma etapa de controle essencial); (3) a afinidade da interação entre soluto e carreador; e (4) a rapidez da mudança conformacional do carreador carregado ou descarregado.

Os **hormônios** podem regular a difusão facilitada ao modificar o número de transportadores disponíveis. A insulina, por

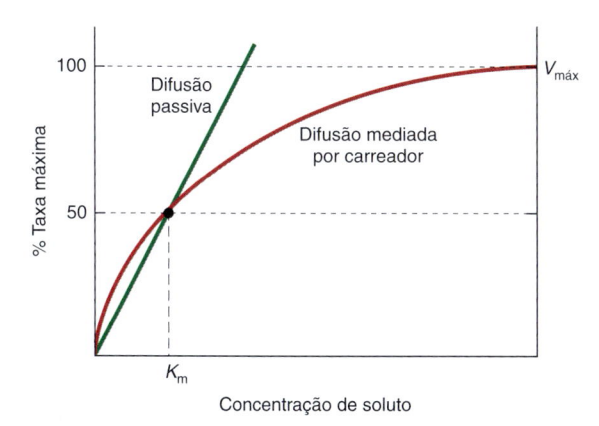

FIGURA 40-13 **Comparação da cinética de difusão mediada por carreador (facilitada) com a difusão passiva.** A taxa de movimento na difusão passiva é diretamente proporcional à concentração de soluto, ao passo que o processo é saturável quando estão envolvidos transportadores. A concentração na metade da velocidade máxima é igual à constante de ligação (K_m) do carreador para o soluto. ($V_{máx}$, velocidade máxima.)

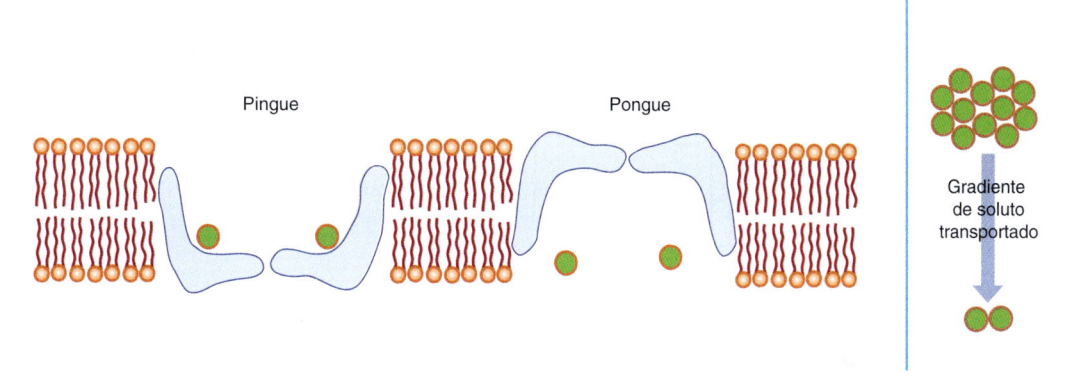

FIGURA 40-14 **Modelo de "pingue-pongue" da difusão facilitada.** Uma proteína carreadora (estrutura em azul) presente na bicamada lipídica se associa a um soluto em alta concentração em um lado da membrana. Ocorre uma alteração de conformação ("pingue" para "pongue"), e o soluto é liberado no lado que favorece o novo equilíbrio (gradiente de concentração do soluto mostrado esquematicamente à direita). Em seguida, o carreador vazio readquire a conformação original ("pongue" para "pingue") para completar o ciclo.

meio de uma via de sinalização complexa, aumenta o transporte da glicose no tecido adiposo e no músculo por meio do recrutamento de **transportadores de glicose (GLUTs)** a partir de um reservatório intracelular. A insulina também aumenta o transporte de aminoácidos no fígado e em outros tecidos. Uma das ações coordenadas dos hormônios glicocorticoides consiste em aumentar o transporte de aminoácidos para o fígado, onde eles servem de substrato para a gliconeogênese. O hormônio do crescimento eleva o transporte de aminoácidos em todas as células, ao passo que os estrogênios exercem a mesma função no útero. Nas células animais, existem pelo menos cinco sistemas de transportadores diferentes para os aminoácidos. Cada um desses sistemas é específico para um grupo de aminoácidos estreitamente relacionados, e a maioria opera como sistemas de simporte de Na^+ (Figura 40-12).

Os canais iônicos são proteínas transmembrana que permitem a entrada seletiva de vários íons

As membranas naturais contêm canais transmembrana, isto é, estruturas semelhantes a poros compostas por proteínas que constituem **canais iônicos** seletivos. Os canais que transportam cátions apresentam um diâmetro médio de cerca de 5 a 8 nm. A **permeabilidade** de um canal depende do tamanho, do grau de hidratação e da densidade de cargas do íon. Foram identificados canais específicos para o Na^+, o K^+, o Ca^{2+} e o Cl^-. A subunidade α funcional de um canal de Na^+ está ilustrada esquematicamente na **Figura 40-15**. A subunidade α é composta por quatro domínios (I a IV), cada um deles formado por seis α-hélices transmembrana contíguas; cada um desses domínios é conectado por alças intracelulares e extracelulares de comprimento variável. As extremidades aminoterminal e carboxiterminal da subunidade α estão localizadas no citoplasma. O verdadeiro poro no canal através do qual os íons Na^+ atravessam é formado por interações entre os quatro domínios, gerando uma estrutura terciária a partir das interações entre os quatro conjuntos de α-hélices 5 e 6 dos domínios I a IV. Os canais de Na^+ são geralmente **sensíveis à voltagem** ou **regulados** por ela; o sensor de voltagem do canal é formado por meio do domínio de interação I a IV às quatro α-hélices-4 formadas quando os domínios I a IV interagem. Esse poro de cerca de 5 a 8 nm constitui o centro da estrutura do canal terciário.

Os canais iônicos são muito **seletivos**, permitindo, na maioria dos casos, a passagem de apenas um tipo de íon (Na^+, Ca^{2+}, etc.). O **filtro de seletividade** dos canais de K^+ é constituído de um anel de grupos carbonil doados pelas subunidades. Os grupos carbonil deslocam a água ligada do íon e, portanto, restringem o seu tamanho para dimensões precisas apropriadas para a sua passagem pelo canal. Muitas variações do tema estrutural mostrado anteriormente para o canal de Na^+ têm sido descritas. Entretanto, todos os canais iônicos são basicamente formados por subunidades transmembrana, que se reúnem para formar um poro central através do qual os íons passam seletivamente.

As membranas das células nervosas contêm canais iônicos bem-estudados, que são responsáveis pela geração dos potenciais de ação. A atividade de alguns desses canais é controlada por neurotransmissores; consequentemente, a atividade do canal pode ser regulada.

Os canais iônicos abrem-se transitoriamente e, portanto, são "**dependentes**". Os portões podem ser controlados por abertura ou fechamento. Nos **canais dependentes de ligantes**, uma molécula específica liga-se a um receptor e abre o canal. Os **canais dependentes de voltagem** abrem-se (ou fecham-se) em resposta a mudanças no potencial de membrana. Os **canais regulados mecanicamente** respondem a estímulos mecânicos (pressão e toque). As **Tabelas 40-4** e **40-5** apresentam algumas propriedades dos canais iônicos.

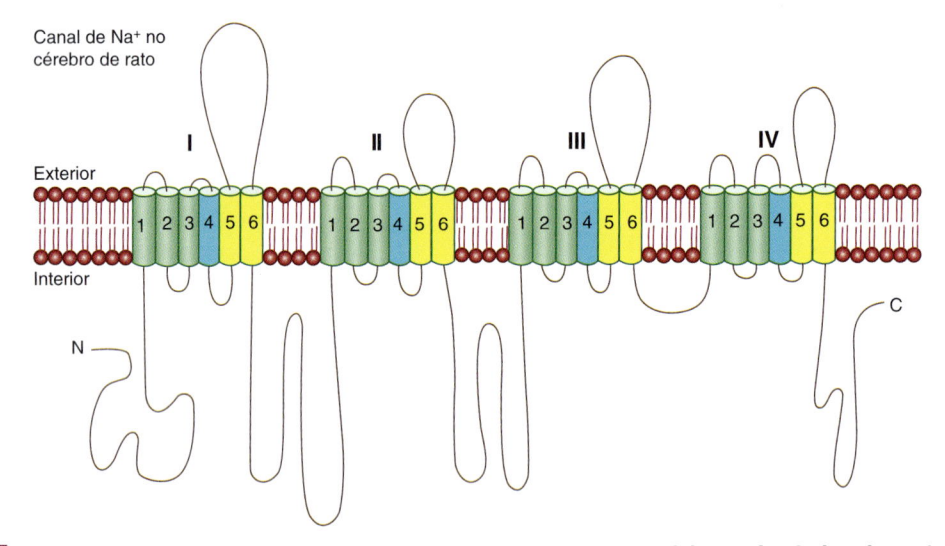

FIGURA 40-15 Representação esquemática das estruturas de um canal iônico (canal de Na^+ do cérebro de rato). Os algarismos romanos indicam os quatro domínios (I-IV) da subunidade α do canal de Na^+. Os domínios α-hélice transmembrana de cada domínio estão numerados de 1 a 6. As quatro subunidades sombreadas em azul nos diferentes domínios representam a porção sensível à voltagem da subunidade α. O poro verdadeiro através do qual passam os íons (Na^+) não está mostrado, porém é formado pela aposição das α-hélices transmembrana 5 e 6 dos domínios I a IV (em amarelo). As áreas específicas das subunidades envolvidas na abertura e no fechamento do canal também não estão representadas. (De WK Catterall. Modificada e reproduzida, com autorização, de Hall ZW: *An Introduction to Molecular Neurobiology.* Sinauer, 1992.)

TABELA 40-5 Algumas propriedades dos canais iônicos

- São constituídos de subunidades de proteínas transmembrana.
- A maioria é altamente seletiva para determinado íon; alguns não são seletivos.
- Permitem que íons impermeáveis atravessem as membranas em uma taxa que se aproxima dos limites da difusão.
- Podem permitir fluxos iônicos de 10^6 a 10^7/s.
- As suas atividades são reguladas.
- Os principais tipos são canais dependentes de voltagem, dependentes de ligantes e mecanicamente regulados.
- Em geral, são altamente conservados entre as espécies.
- A maioria das células apresenta uma variedade de canais de Na^+, K^+, Ca^{2+} e Cl^-.
- As mutações nos genes que os codificam podem causar doenças específicas.[a]
- As suas atividades são afetadas por determinados fármacos.

[a] Algumas doenças causadas por mutações dos canais iônicos são descritas de modo sucinto no Capítulo 49.

Estudos detalhados de um canal de K^+ e de um canal dependente de voltagem contribuíram para um melhor conhecimento de suas ações

Existem pelo menos quatro aspectos dos canais iônicos que precisam ser elucidados: (1) as suas estruturas gerais; (2) como eles conduzem tão rapidamente os íons; (3) a sua seletividade; e (4) as suas propriedades reguladoras. Conforme descrito adiante, foram realizados progressos consideráveis na solução dessas difíceis questões.

O **canal de K^+** (KvAP) é uma proteína integral de membrana composta por quatro subunidades idênticas, cada uma com dois segmentos transmembrana, criando uma estrutura invertida **tipo "V"** (**Figura 40-16**). A parte dos canais que conferem seletividade iônica (**filtro de seletividade**) mede 12 Å de comprimento (um comprimento relativamente curto da membrana, de modo que o K^+ não precisa percorrer uma longa distância na membrana) e localiza-se na extremidade larga do "V" invertido. A grande cavidade preenchida de água e os dipolos helicoidais mostrados na Figura 40-16 ajudam a superar a barreira de energia eletrostática relativamente grande para que um cátion atravesse a membrana. O filtro de seletividade é revestido por átomos de oxigênio carboxílico (provenientes de uma sequência TVGYG), assegurando um número de sítios com os quais o K^+ pode interagir. Os íons K^+, que sofrem desidratação à medida que entram no estreito filtro de seletividade, encaixam-se com coordenação apropriada no filtro, mas o Na^+ é pequeno demais para interagir com os átomos de oxigênio carboxílico em alinhamento correto, sendo consequentemente rejeitado. Dois íons K^+, quando próximos um do outro no filtro, repelem-se. Essa repulsão supera as interações entre o K^+ e a molécula proteica circundante e possibilita uma condução muito rápida do K^+ com alta seletividade.

Outros estudos sobre um canal iônico regulado por voltagem (HvAP) do *Aeropyrum pernix* revelaram muitos aspectos de seus mecanismos sensíveis a e dependentes de voltagem. Esse canal é constituído de quatro subunidades, cada uma com seis segmentos transmembrana. Um dos seis segmentos (S4 e parte do S3) é o sensor de voltagem. Comporta-se como uma **pá eletricamente carregada** (**Figura 40-17**), visto que pode se mover pelo interior da membrana, transferindo quatro cargas positivas (devido a quatro resíduos de Arg em cada subunidade) de uma superfície da membrana para a outra em resposta a mudanças da voltagem. Existem quatro sensores de voltagem em cada canal, ligados ao portão. A parte do portão do canal é formada por hélices S6 (uma de cada subunidade). Os movimentos dessa parte do canal em resposta a uma mudança de voltagem fecham efetivamente o canal ou reabrem-no, permitindo, no último caso, a passagem de uma corrente de íons.

Os ionóforos são moléculas que atuam como transportadores de membrana para vários íons

Certos microrganismos sintetizam pequenas moléculas orgânicas cíclicas, os **ionóforos**, **como a valinomicina**, que funcionam como transportadores para o movimento de íons (K^+ no caso

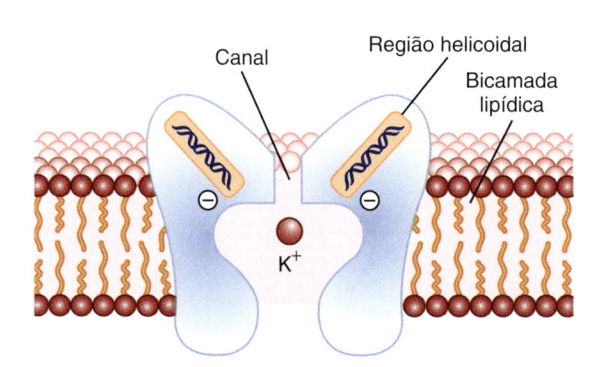

FIGURA 40-16 Ilustração esquemática da estrutura de um canal de K^+ (KvAP) de *Streptomyces lividans*. Um único K^+ está ilustrado em uma grande cavidade aquosa dentro do interior da membrana. As duas regiões helicoidais da proteína do canal estão orientadas com suas extremidades de carboxilato em direção ao local onde se encontra o K^+. O canal está revestido por oxigênio carboxílico. (Modificada, com autorização, de Doyle DA et al.: The structure of the potassium channel: molecular basis of K^+ conduction and selectivity. Science 1998;280:69. Reimpressa, com autorização, de AAAS.)

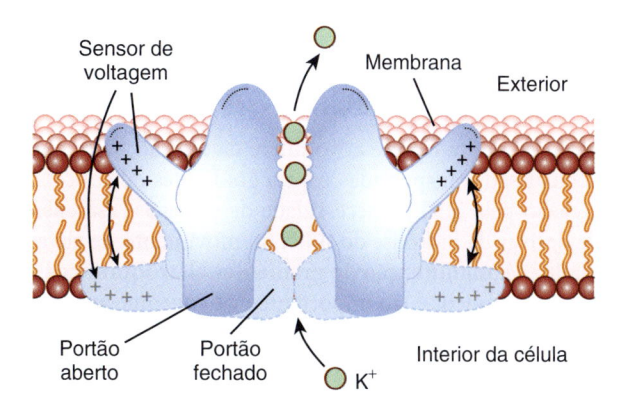

FIGURA 40-17 Ilustração esquemática do canal de K^+ regulado por voltagem de *Aeropyrum pernix*. Os sensores de voltagem comportam-se como pás eletricamente carregadas que se movem pelo interior da membrana. Quatro sensores de voltagem (apenas dois estão ilustrados aqui) estão ligados mecanicamente ao portão do canal. Cada sensor tem quatro cargas positivas geradas pelos resíduos de arginina. (Modificada, com autorização, de Sigworth FJ: Nature 2003;423:21. Copyright © 2003. Macmillan Publishers Ltd.)

da valinomicina) através das membranas. Os ionóforos contêm centros hidrofílicos circundados por regiões hidrofóbicas periféricas. Íons específicos ligam-se no interior do centro hidrofílico da molécula que, em seguida, difunde-se através da membrana, liberando, de maneira eficiente, o íon em questão para o citosol. Outros ionóforos (o polipeptídeo antibiótico **gramicidina**) se dobram para formar canais ocos através dos quais os íons podem atravessar a membrana.

Toxinas microbianas, como a **toxina diftérica**, e **componentes do complemento sérico** ativados podem produzir grandes poros nas membranas celulares, permitindo, assim, que as macromoléculas tenham acesso direto ao meio interno. A toxina α-**hemolisina** (produzida por certas espécies de *Streptococcus*) consiste em sete subunidades que se reúnem para formar um barril β, que permite o extravasamento de metabólitos, como o ATP, das células, resultando em lise celular.

As aquaporinas são proteínas que formam canais de água em determinadas membranas

Em algumas células (p. ex., hemácias e células dos ductos coletores do rim), o movimento de água por difusão simples é intensificado pelo seu movimento através de **canais de água**. Esses canais são constituídos de proteínas transmembrana tetraméricas, denominadas **aquaporinas**. Foram identificadas pelo menos 10 aquaporinas distintas (AP-1 a AP-10). Estudos cristalográficos, entre outros, revelaram como esses canais possibilitam a passagem de água, porém excluem a passagem de íons e prótons. Em essência, os poros são muito estreitos para permitir a passagem de íons. Os prótons são excluídos, visto que o átomo de oxigênio da água se liga a dois resíduos de asparagina que revestem o canal, tornando a água indisponível para participar de uma substituição de H$^+$ e impedindo, assim, a entrada de prótons. Constatou-se que a ocorrência de mutações no gene que codifica a AP-2 constitui a causa de um tipo de **diabetes insípido nefrogênico**, uma condição comum na qual existe incapacidade para concentrar a urina.

OS SISTEMAS DE TRANSPORTE ATIVO NECESSITAM DE UMA FONTE DE ENERGIA

O processo de transporte ativo difere da difusão, visto que as moléculas são transportadas contra gradientes de concentração, razão pela qual há necessidade de energia. Essa energia pode derivar da hidrólise do ATP, do movimento de elétrons ou da luz. A **manutenção de gradientes eletroquímicos** nos sistemas biológicos é tão importante que consome aproximadamente **30% do gasto total de energia** de uma célula.

Como mostrado na **Tabela 40-6**, quatro principais classes de transportadores ativos dependentes de ATP (transportadores **P**, **F**, **V** e **ABC**) foram identificadas. A nomenclatura é explicada na legenda da tabela. O primeiro exemplo da classe P, a Na$^+$-K$^+$-ATPase, é discutida adiante. A Ca^{2+}-ATPase do músculo é discutida no Capítulo 51. A segunda classe é designada como tipo F. O exemplo mais importante dessa classe é a ATP-sintase mt, descrita no Capítulo 13. Os transportadores ativos tipo V bombeiam prótons para o interior de lisossomos e outras estruturas. Os transportadores ABC incluem a proteína **CFTR**, um canal de cloreto envolvido na etiologia da fibrose cística (descrita mais adiante, neste capítulo, e no Capítulo 58). Outro membro importante dessa classe é a proteína de resistência a múltiplos fármacos 1 (proteína **MDR-1**). Esse transportador bombeia uma variedade de fármacos, incluindo muitos agentes antineoplásicos, para fora das células. Trata-se de uma causa muito importante de resistência das células cancerosas à quimioterapia, embora muitos outros mecanismos também estejam implicados (ver Capítulo 56).

TABELA 40-6 Principais tipos de transportadores ativos impulsionados pelo ATP

Tipo	Exemplo com localização subcelular
Tipo P	Ca^{2+}-ATPase (RS); Na$^+$-K$^+$-ATPase (MP)
Tipo F	ATP-sintase mt da fosforilação oxidativa
Tipo V	ATPase que bombeia prótons para o interior de lisossomos e vesículas sinápticas
Transportador ABC	Proteína CFTR (MP); proteína MDR-1 (MP)

CFTR, proteína reguladora transmembrana da fibrose cística, um transportador de Cl$^-$ e a proteína implicada na etiologia da fibrose cística (ver mais detalhes adiante neste capítulo, bem como no Capítulo 57); proteína MDR-1 (proteína de resistência a múltiplos fármacos 1), uma proteína que bombeia numerosos agentes quimioterápicos para fora das células cancerosas, constituindo, assim, um importante fator que contribui para a resistência de certas células cancerosas ao tratamento; mt, mitocondrial; MP, membrana plasmática; RS, retículo sarcoplasmático do músculo. P (em tipo P) refere-se à fosforilação (essas proteínas autofosforilam).
F (em tipo F) indica fatores de acoplamento da energia.
V (em tipo V) significa vacuolar.
ABC refere-se ao transportador de cassete de ligação ao ATP (todos apresentam dois domínios de ligação de nucleotídeos e dois segmentos transmembrana).

A Na$^+$-K$^+$-ATPase da membrana plasmática é uma enzima fundamental na regulação das concentrações intracelulares de Na$^+$ e K$^+$

Conforme mostrado na Tabela 40-1, as células mantêm uma baixa concentração intracelular de Na$^+$ e uma alta concentração intracelular de K$^+$, juntamente com um potencial elétrico negativo líquido no interior. A bomba que mantém esses gradientes iônicos é uma ATPase, que é ativada por Na$^+$ e K$^+$ (**Na$^+$-K$^+$-ATPase**). As bombas Na$^+$-K$^+$-ATPase bombeiam três Na$^+$ para fora e dois K$^+$ para o interior das células (**Figura 40-18**).

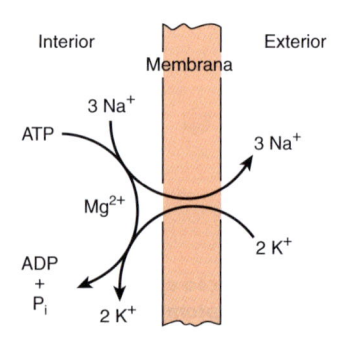

FIGURA 40-18 Estequiometria da bomba de Na$^+$-K$^+$-ATPase. Essa bomba transfere três íons Na$^+$ de dentro para fora da célula e transporta dois íons K$^+$ de fora para dentro para cada molécula de ATP hidrolisada a ADP pela ATPase associada à membrana. A ouabaína e outros glicosídeos cardíacos inibem essa bomba ao atuar na superfície extracelular da membrana. (Reimpressa, com autorização, de R Post.)

Essa bomba é uma proteína integral de membrana que contém um domínio transmembrana, que permite a passagem de íons, e domínios citosólicos que acoplam a hidrólise do ATP ao transporte. Existem centros catalíticos tanto para o ATP quanto para o Na$^+$ no lado citoplasmático (interno) da membrana plasmática, ao passo que existem sítios de ligação de K$^+$ localizados no lado extracelular da membrana. A fosforilação pelo ATP induz uma alteração conformacional da proteína, levando à transferência de três íons Na$^+$ do lado interno para o lado externo da membrana plasmática. Duas moléculas de K$^+$ ligam-se a sítios da proteína na superfície externa da membrana celular, levando à desfosforilação da proteína e à transferência dos íons K$^+$ através da membrana para o interior. Assim, três íons Na$^+$ são transportados para o exterior para cada dois íons K$^+$ que entram. Esse transporte iônico diferencial cria um desequilíbrio de carga entre o interior e o exterior da célula, tornando o interior mais negativo (efeito **eletrogênico**). Dois fármacos cardíacos clinicamente importantes, a **ouabaína** e os **digitálicos**, inibem a Na$^+$-K$^+$-ATPase, ligando-se ao domínio extracelular. Essa enzima pode consumir quantidades significativas da energia do ATP celular. A Na$^+$-K$^+$-ATPase pode ser acoplada a vários outros transportadores, como os envolvidos no transporte da glicose (ver adiante).

A TRANSMISSÃO DE IMPULSOS NERVOSOS ENVOLVE CANAIS IÔNICOS E BOMBAS

A membrana que circunda as **células neuronais** mantém uma assimetria de voltagem entre o interior e o exterior (potencial elétrico) e também é **eletricamente excitável** devido à presença de canais dependentes de voltagem. Quando apropriadamente estimulados por um sinal químico mediado por um receptor específico da membrana sináptica (ver discussão sobre a transmissão de sinais bioquímicos adiante), os canais na membrana são abertos para permitir o rápido influxo de Na$^+$ ou Ca^{2+} (com ou sem efluxo de K$^+$), de modo que a diferença de voltagem desaparece rapidamente e aquele segmento da membrana é **despolarizado**. Todavia, em virtude da ação das bombas iônicas na membrana, o gradiente é rapidamente restabelecido.

Quando grandes áreas da membrana são **despolarizadas** dessa maneira, o distúrbio eletroquímico propaga-se de forma semelhante a uma onda ao longo da membrana, gerando um **impulso nervoso**. As **bainhas de mielina**, formadas pelas células de Schwann, enrolam-se ao redor das fibras nervosas e constituem um **isolante elétrico** que circunda a maior parte do nervo e acelera acentuadamente a propagação da onda (sinal), permitindo a entrada e a saída de íons da membrana apenas nos pontos em que ela não tem isolamento (nos **nós de Ranvier**). A membrana de mielina apresenta um conteúdo de lipídeos muito elevado, responsável pela sua notável propriedade isolante. Existem quantidades relativamente pequenas de proteínas na membrana mielínica; aquelas presentes parecem manter unidas várias bicamadas da membrana para formar a estrutura isolante hidrofóbica impermeável aos íons e à água. Algumas doenças, como a **esclerose múltipla** e a **síndrome de Guillain-Barré**, caracterizam-se por desmielinização e comprometimento da condução nervosa.

O TRANSPORTE DE GLICOSE ENVOLVE DIVERSOS MECANISMOS

Uma discussão sobre o transporte da glicose resume muitos dos aspectos discutidos anteriormente. A glicose precisa entrar nas células como primeira etapa na utilização de energia. Vários GLUTs diferentes estão envolvidos, variando nos diferentes tecidos (ver Tabela 19-2). Nos adipócitos e no músculo esquelético, a glicose entra por um sistema de transporte específico (GLUT4) estimulado pela insulina. Alterações no transporte são causadas basicamente por alterações da $V_{máx}$ (presumivelmente por um maior ou menor número de transportadores); no entanto, alterações na K_m também podem estar envolvidas.

O transporte da glicose no intestino delgado envolve alguns aspectos diferentes dos princípios de transporte discutidos anteriormente. A glicose e for o Na$^+$ ligam-se a diferentes sítios de um **simporte Na$^+$-glicose** localizado na **superfície apical**. O Na$^+$ entra na célula ao longo de seu gradiente eletroquímico e "arrasta" a glicose com ele (**Figura 40-19**). Por conseguinte, quanto maior for o gradiente de Na$^+$, mais glicose entrará; e, se a concentração de Na$^+$ no LEC estiver baixa, o transporte de glicose será interrompido. Para manter um gradiente de Na$^+$ elevado, esse transportador simporte de Na$^+$-glicose depende dos gradientes gerados pela Na$^+$-K$^+$-ATPase, que mantém uma concentração intracelular baixa de Na$^+$. Mecanismos

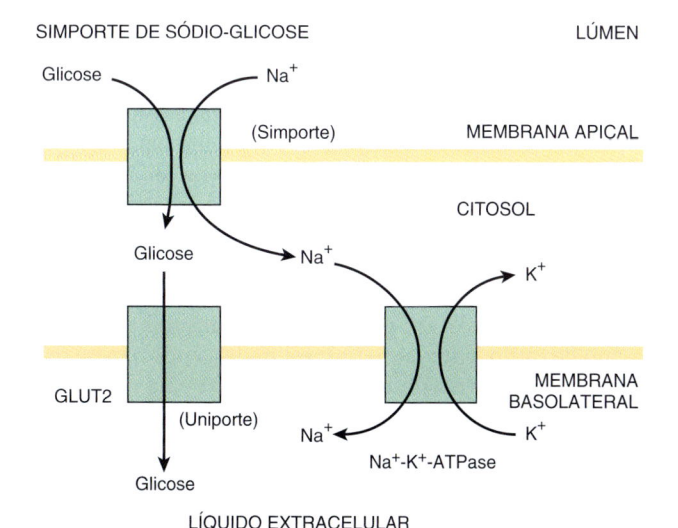

FIGURA 40-19 Movimento transcelular da glicose em uma célula intestinal. A glicose acompanha o Na$^+$ através da membrana epitelial luminal. O gradiente de Na$^+$ que impulsiona esse simporte é estabelecido pela troca de Na$^+$-K$^+$, que ocorre na membrana basal voltada para o compartimento do líquido extracelular, pela ação da Na$^+$-K$^+$-ATPase. A glicose em altas concentrações dentro da célula segue um movimento a favor do gradiente para o líquido extracelular por difusão facilitada (um mecanismo uniporte), via GLUT2 (um transportador de glicose, ver Tabela 19-2). O simporte de sódio-glicose transporta efetivamente 2 Na$^+$ para cada glicose.

semelhantes são utilizados para transportar outros açúcares, bem como aminoácidos, através do lúmen apical nas células polarizadas, como aquelas encontradas no intestino e no rim. Nesse caso, o movimento transcelular de glicose envolve outro componente: um sistema uniporte (Figura 40-19), que permite que a glicose acumulada no interior da célula atravesse a **membrana basolateral** e envolva um **uniporte de glicose** (GLUT2).

O tratamento de casos graves de **diarreia** (como a que ocorre no cólera) baseia-se nas informações anteriores. No **cólera** (ver Capítulo 57), quantidades maciças de líquido podem ser eliminadas sob a forma de fezes aquosas em um intervalo de tempo muito curto, resultando em grave desidratação e, possivelmente, morte. A **terapia de reidratação oral**, que consiste principalmente em **NaCl e glicose**, foi desenvolvida pela Organização Mundial da Saúde (OMS). O transporte da glicose e do Na$^+$ através do epitélio intestinal força (por osmose) a transferência de água do lúmen intestinal para dentro das células intestinais, resultando em reidratação. A glicose ou o NaCl isoladamente não seriam efetivos.

AS CÉLULAS TRANSPORTAM DETERMINADAS MACROMOLÉCULAS ATRAVÉS DA MEMBRANA PLASMÁTICA POR ENDOCITOSE E EXOCITOSE

O processo pelo qual as células captam moléculas grandes é conhecido como **endocitose**. Algumas dessas moléculas, quando hidrolisadas no interior da célula, **produzem nutrientes** (p. ex., polissacarídeos, proteínas e polinucleotídeos). A endocitose também representa um mecanismo para **regular** o teor de determinados componentes da membrana, sendo os receptores de hormônios um exemplo típico. A endocitose pode ser utilizada para entender melhor como as células funcionam. O DNA de um tipo celular pode ser utilizado para transfectar uma célula diferente e alterar a função ou fenótipo desta última. Com frequência, utiliza-se um gene específico nesses experimentos, fornecendo uma maneira singular de estudar e analisar a regulação desse gene. A **transfecção de DNA** depende da endocitose, que é responsável pela entrada do DNA no interior da célula. Em geral, esses experimentos empregam fosfato de cálcio, visto que o Ca^{2+} estimula a endocitose e precipita o DNA, tornando-o mais apropriado para o processo de endocitose (ver Capítulo 39). As células também **liberam macromoléculas** por **exocitose**. Tanto a endocitose quanto a exocitose envolvem a formação de vesículas com ou a partir da membrana plasmática.

A endocitose envolve a ingestão de partes da membrana plasmática

Quase todas as células eucarióticas estão reciclando continuamente partes de suas membranas plasmáticas. As vesículas endocíticas são geradas quando segmentos da membrana plasmática se invaginam, englobando um pequeno volume de LEC e seu conteúdo. Em seguida, a vesícula desprende-se, à medida que a fusão das membranas plasmáticas veda o colo da vesícula no local original da invaginação (**Figura 40-20**). Em seguida, a bicamada lipídica da membrana, ou a **vesícula** assim gerada, funde-se com outras estruturas da membrana e, então, possibilita o transporte de seu conteúdo para outros compartimentos celulares ou até mesmo de volta para o exterior da célula. A maioria das vesículas endocíticas se funde com **lisossomos primários** para formar **lisossomos secundários**, que contêm enzimas hidrolíticas e representam, portanto, organelas especializadas para distribuição intracelular. Os conteúdos macromoleculares são digeridos, produzindo aminoácidos, açúcares simples ou nucleotídeos, que são transportados para fora das vesículas e (re)utilizados pela célula. A endocitose requer (1) energia, em geral proveniente da hidrólise do ATP; (2) Ca^{2+}; e (3) elementos contráteis na célula (provavelmente o sistema de microfilamentos) (ver Capítulo 50).

Existem dois **tipos gerais de endocitose**. A **fagocitose** ocorre apenas em células especializadas, como os macrófagos e os granulócitos. A fagocitose envolve a ingestão de grandes partículas, como vírus, bactérias, células ou restos celulares. Os macrófagos são extremamente ativos nesse aspecto e podem ingerir 25% de seu volume por hora. Nesse processo, um macrófago pode internalizar 3% de sua membrana plasmática por minuto ou toda a membrana a cada 30 minutos.

A **pinocitose** ("célula que bebe") constitui uma propriedade de todas as células e possibilita a captação celular de líquidos e de conteúdos líquidos. Existem dois tipos de pinocitose.

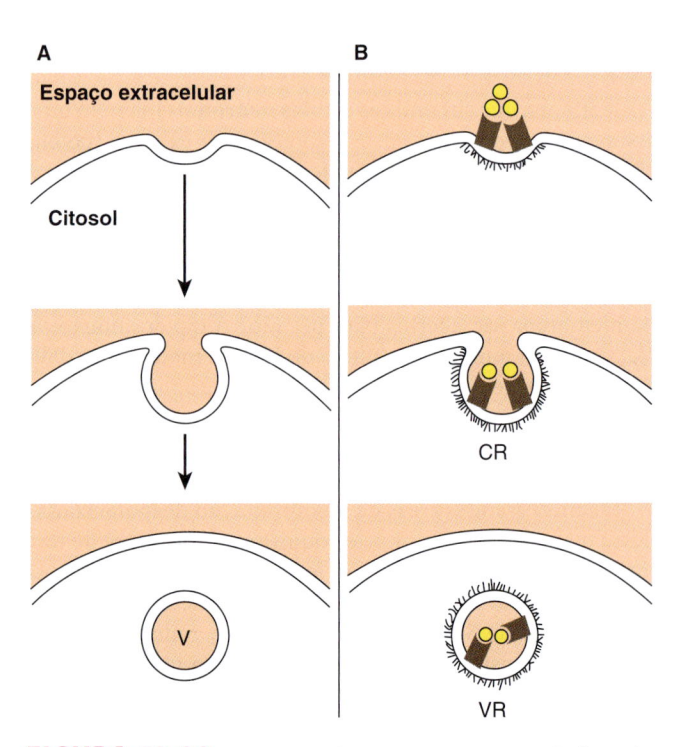

FIGURA 40-20 Dois tipos de pinocitose. Uma vesícula endocitótica (V) forma-se em consequência da invaginação de uma parte da membrana plasmática. A pinocitose de fase líquida (**A**) é rara e não direcionada. A endocitose absortiva (mediada por receptor) (**B**) é seletiva e ocorre em cavidades revestidas (CR) pela proteína clatrina (o material difuso). A especificidade do alvo é assegurada pelos receptores (símbolos marrons), que são específicos para uma variedade de moléculas. Isso leva à formação de uma vesícula revestida (VR) por clatrina internalizada.

A **pinocitose de fase líquida** é um processo não seletivo em que a captação de um soluto pela formação de pequenas vesículas é simplesmente proporcional à sua concentração no LEC circundante. A formação dessas vesículas é um processo extremamente ativo. Por exemplo, os fibroblastos internalizam a sua membrana plasmática em uma taxa de cerca de um terço da taxa dos macrófagos. Esse processo ocorre mais rapidamente do que a geração das membranas. A área de superfície e o volume de uma célula não se alteram muito, de modo que as membranas precisam ser repostas por exocitose ou por reciclagem tão rapidamente quanto são removidas por endocitose.

O outro tipo de pinocitose, a **pinocitose absortiva** ou **endocitose mediada por receptor**, é principalmente responsável pela captação de macromoléculas específicas para as quais existem sítios de ligação na membrana plasmática. Esses receptores de alta afinidade permitem a concentração seletiva de ligantes provenientes do meio, minimizam a captação de líquido ou de macromoléculas livres solúveis e aumentam acentuadamente a taxa de entrada de moléculas específicas na célula. As vesículas formadas durante a pinocitose absortiva derivam de invaginações (cavidades) recobertas, no lado citoplasmático, por um material filamentoso, apropriadamente designadas como **cavidades revestidas**. Em muitos sistemas, a proteína **clatrina** é o material filamentoso. Possui uma estrutura constituída de três pernas (chamada de **trisquélio**), em que cada uma das pernas é formada por uma cadeia leve e uma cadeia pesada de clatrina. A polimerização da clatrina dentro de uma vesícula é controlada por **partículas de montagem**, compostas por quatro **proteínas adaptadoras**. Essas proteínas interagem com determinadas sequências de aminoácidos dos receptores que se tornam carregados, assegurando a seletividade da captação. O lipídeo **fosfatidilinositol-4,5-bifosfato** (**PIP$_2$**) (ver Capítulo 21) também desempenha um papel importante na montagem das vesículas. Além disso, a proteína **dinamina**, que se liga ao GTP e o hidrolisa, é necessária para o desprendimento das vesículas revestidas por clatrina da superfície celular. As cavidades revestidas podem constituir até 2% da superfície de algumas células. Outros aspectos das vesículas serão discutidos no Capítulo 49.

Como exemplo, a molécula de **lipoproteína de baixa densidade** (**LDL**, do inglês *low-density lipoprotein*) e seu receptor (Capítulo 25) são internalizados por meio de cavidades revestidas contendo o receptor de LDL. Vesículas endocitóticas contendo o complexo do receptor da LDL ligado à LDL se fundem aos lisossomos na célula. O receptor é liberado e reciclado, retornando à membrana da superfície celular, ao passo que a apoproteína da LDL é degradada e os ésteres de colesteril são metabolizados. A síntese do receptor de LDL é regulada pelas consequências secundárias ou terciárias da pinocitose, por exemplo, pelos produtos metabólicos – como o colesterol – liberados durante a degradação de LDL. Os distúrbios do receptor de LDL e de sua internalização são clinicamente importantes e foram discutidos nos Capítulos 25 e 26.

A pinocitose absortiva das **glicoproteínas extracelulares** exige que essas glicoproteínas transportem sinais de reconhecimento específicos de carboidratos. Esses sinais de reconhecimento são ligados por moléculas receptoras da membrana que desempenham um papel análogo ao do receptor de LDL. Um **receptor de galactosil** na superfície dos hepatócitos é fundamental na pinocitose absortiva de **assialoglicoproteínas** a partir da circulação (ver Capítulo 46). As **hidrolases ácidas** captadas por pinocitose absortiva nos fibroblastos são reconhecidas pelas suas frações de **manose-6-fosfato**. É interessante assinalar que a fração de manose-6-fosfato também parece desempenhar um papel importante no direcionamento intracelular das hidrolases ácidas para os lisossomos das células nas quais são sintetizadas (ver Capítulo 46).

Existe uma consequência desvantajosa no processo de endocitose mediada por receptor, visto que os **vírus** que causam doenças como a hepatite (que acomete as células hepáticas), a poliomielite (que afeta os neurônios motores) e a síndrome da imunodeficiência adquirida (Aids, do inglês *acquired immunodeficiency syndrome*) (que afeta as células T) iniciam seus ciclos infecciosos pela entrada nas células por esse mecanismo. A **toxicidade do ferro** também começa com a captação excessiva de ferro por endocitose.

A exocitose libera determinadas macromoléculas das células

A maioria das células libera macromoléculas no exterior por **exocitose**. Esse processo também está envolvido na remodelação da membrana, quando os componentes sintetizados no RE e no aparelho de Golgi são transportados em vesículas, que se fundem com a membrana plasmática. O sinal para essa "exocitose clássica" (ver a seguir) é, com frequência, um hormônio que, quando se liga a um receptor de superfície celular, induz uma alteração local e transitória na concentração de Ca^{2+}. O Ca^{2+} desencadeia o processo de exocitose. A **Figura 40-21** fornece uma comparação entre os mecanismos de exocitose e endocitose.

As moléculas liberadas por essa forma de exocitose têm, pelo menos, três destinos: (1) serão proteínas de membrana e permanecerão associadas à superfície celular; (2) poderão se tornar parte da matriz extracelular, como o colágeno e os glicosaminoglicanos; ou (3) poderão penetrar no LEC e transmitir sinais para outras células. A insulina, o paratormônio e as catecolaminas são acondicionados em grânulos e processados no interior das células, sendo liberados com estimulação apropriada.

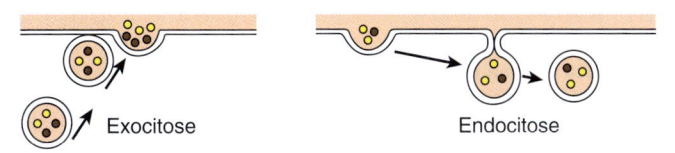

FIGURA 40-21 **Comparação entre os mecanismos de endocitose e exocitose.** A exocitose envolve o contato de duas monocamadas da superfície interna (lado citoplasmático), ao passo que a endocitose resulta do contato de duas monocamadas da superfície externa.

VÁRIOS SINAIS PODEM SER TRANSMITIDOS ATRAVÉS DAS MEMBRANAS

Sinais bioquímicos específicos, como os neurotransmissores, hormônios e imunoglobulinas, ligam-se a proteínas receptoras integrais de membrana via seus domínios extracelulares expostos, transmitindo informações através dessas membranas ao citoplasma. Esse processo, denominado **sinalização transmembrana** ou **transdução de sinal**, envolve a formação de diversas moléculas de sinalização como segundos mensageiros, incluindo nucleotídeos cíclicos, cálcio, fosfoinositídeos e diacilglicerol (ver Capítulo 42). Muitas dessas etapas envolvem a fosforilação dos receptores e proteínas a jusante.

AS JUNÇÕES COMUNICANTES POSSIBILITAM O FLUXO DIRETO DE MOLÉCULAS DE UMA CÉLULA PARA OUTRA

As **junções comunicantes** são estruturas que permitem a transferência direta de moléculas pequenas (até cerca de 1.200 Da) de uma célula para outra adjacente. As junções comunicantes são constituídas de uma família de proteínas, denominas **conexinas**, que formam uma estrutura bi-hexagonal, que consiste em 12 dessas proteínas. Seis conexinas formam um hemicanal de conexina e ligam-se a uma estrutura semelhante da célula adjacente, produzindo um **canal conéxon** completo (**Figura 40-22**). Uma junção comunicante contém vários conéxons. Diferentes conexinas são encontradas em diferentes tecidos. Constatou-se que as mutações dos genes que codificam as conexinas estão associadas a diversos distúrbios, incluindo anormalidades cardiovasculares, um tipo de surdez e a forma ligada ao X da doença de Charcot-Marie-Tooth (um distúrbio neurológico desmielinizante).

AS VESÍCULAS EXTRACELULARES (EXOSSOMOS) REPRESENTAM UM MECANISMO NOVO E ANTERIORMENTE NÃO RECONHECIDO DE COMUNICAÇÃO INTERCELULAR

Na última década, uma classe de vesículas secretadas pequenas e heterogêneas, denominadas **vesículas extracelulares**, foi identificada e caracterizada. Essas vesículas extracelulares foram implicadas como novo e importante mediador da comunicação intercelular, que provavelmente contribuem de modo significativo para a fisiologia normal e patológica. Essas vesículas, que são circundadas por uma bicamada lipídica, são, de certo modo, heterogêneas no seu tamanho (30-2.000 nm de diâmetro) e são geradas por pelo menos dois mecanismos distintos (**Figura 40-23**): as **microvesículas** são geradas por brotamento da membrana plasmática de uma **célula original**, enquanto os **exossomos** são gerados a partir do corpo multivesicular

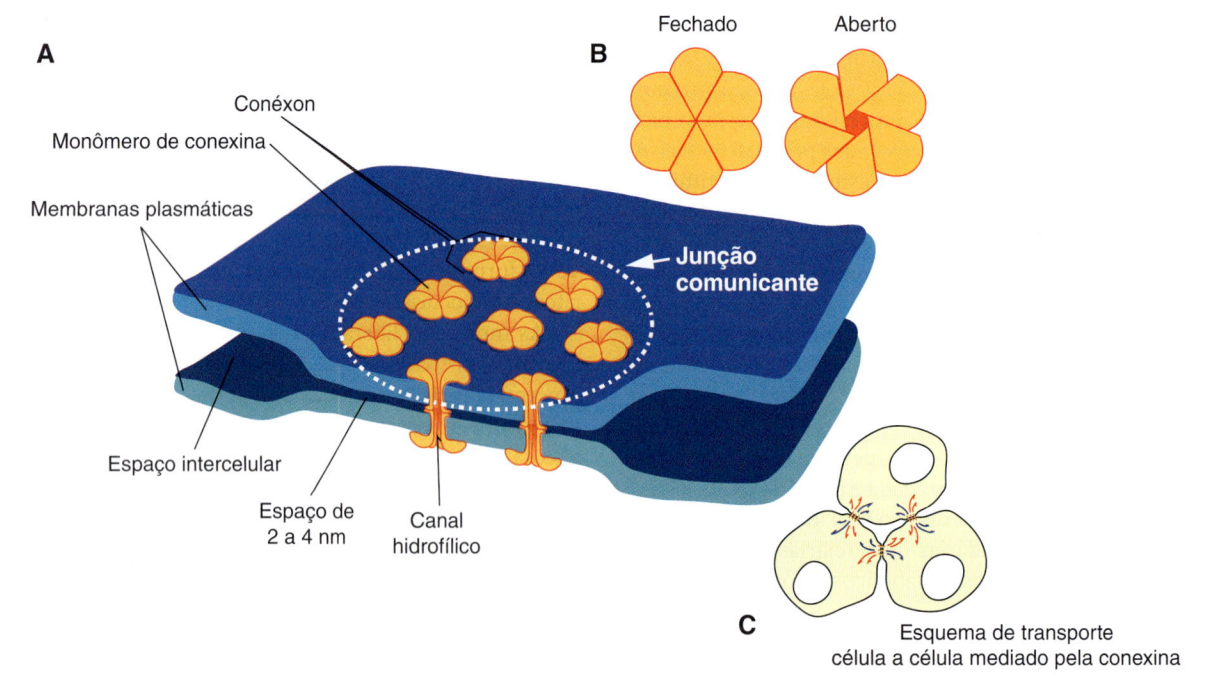

FIGURA 40-22 Ilustração esquemática de uma junção comunicante. Estão representados esquematicamente (**A**) as relações entre as células que contêm conexina; (**B**) os canais de conexina completos abertos e fechados; e (**C**) o fluxo de moléculas (setas azuis e vermelhas) entre um grupo de três células. Um conéxon é formado por dois hemiconéxons. Cada hemiconéxon é constituído de seis moléculas de conexina. Pequenos solutos são capazes de se difundir através do canal central quando aberto, proporcionando, assim, um mecanismo direto de comunicação intercelular. As conexinas ligam as células que se encontram entre 2 a 4 nm uma da outra. Fonte da imagem: http://upload.wikimedia.org/wikipedia/commons/b/b7/Gap_cell_junction-en.svg.

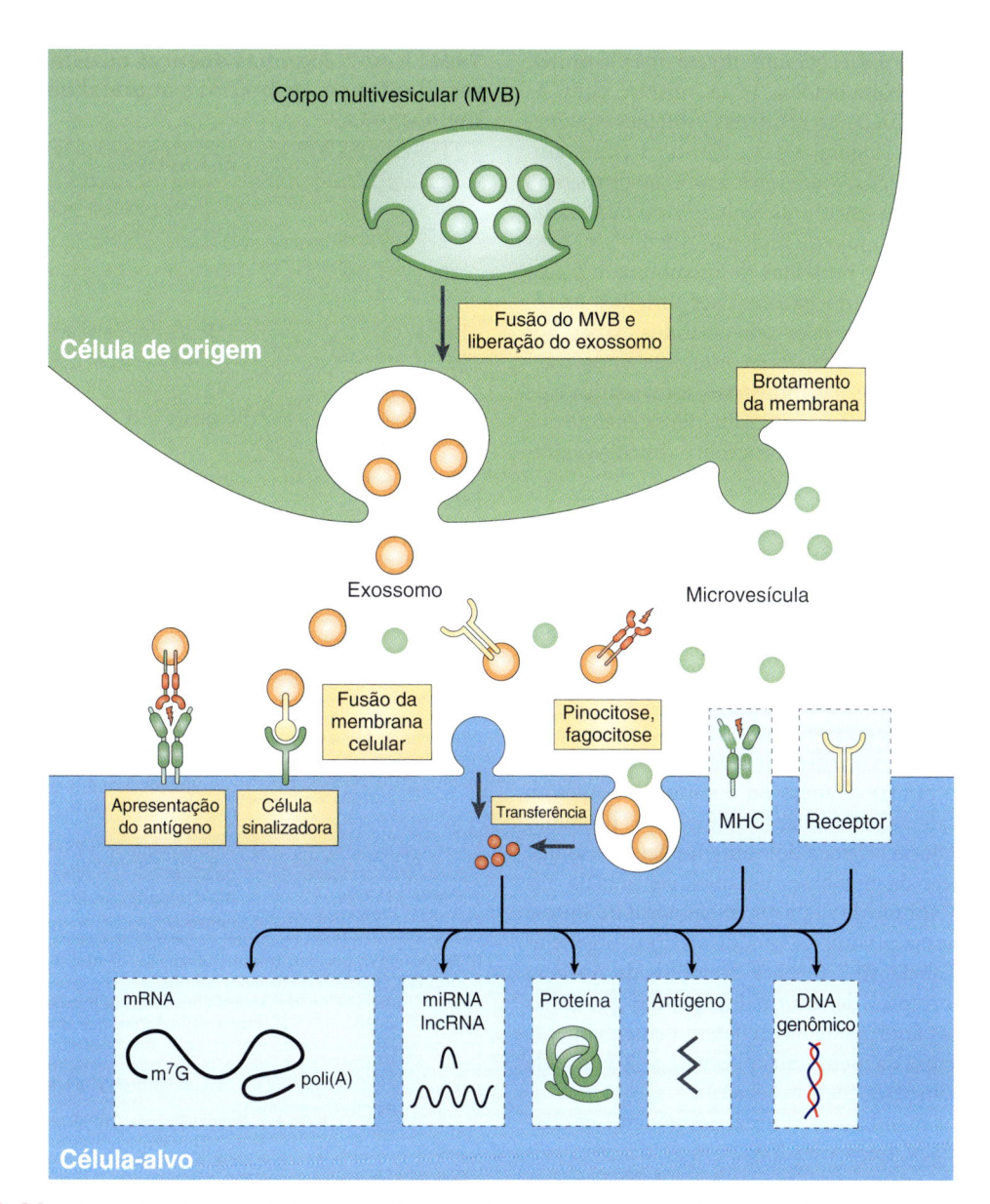

FIGURA 40-23 Comunicação intercelular por meio de vesículas extracelulares. São mostrados os mecanismos propostos para a formação e a produção de exossomos e microvesículas via endocitose (exossomo) e brotamento da membrana (microvesícula) a partir de uma célula de **origem**. As vesículas produzidas no corpo multivesicular (MVB) podem ser exocitadas após a fusão com a membrana plasmática, como evidenciado, ou brotadas para o espaço extracelular. Todos esses processos envolvem o conjunto de proteínas, lipídeos e moléculas sinalizadoras previamente implicadas na exocitose e no brotamento (não mostrado). Uma vez liberados a partir da célula de origem, os exossomos e/ou microvesículas resultantes localizam suas células-**alvo** e, de acordo com os tipos de interações vesícula-célula-alvo mostradas, liberam seus conteúdos (ver setas pretas no interior da célula-alvo). Demonstrou-se que diferentes vesículas contêm RNA (mRNA, miRNA, lncRNA; ver Capítulo 36) e DNA, proteínas e lipídeos bioativos específicos; antígenos; e pequenas moléculas biologicamente ativas. É importante mencionar que vesículas extracelulares apresentam efeitos biológicos positivos ou negativos sobre células-alvo tanto no estado normal quanto no patológico.

(MVB, do inglês *multivesicular body*), um componente do sistema de tráfego endocítico da membrana descrito anteriormente (ver Figura 40-12). Os exossomos são secretados a partir da célula original por fusão do MVB com a membrana plasmática. Em ambos os casos, as vesículas extracelulares (exossomos e microvesículas) fundem-se, por fim, às suas **células-alvo** para entregar uma determinada "encomenda". Infelizmente, devido à recente descoberta de vesículas extracelulares, os nomes e termos exatos empregados para descrever essas vesículas, suas cargas e células originais e células-alvo variam na literatura biomédica. Além disso, os termos "microvesícula" e "exossomo", em geral, são reunidos como simplesmente "exossomos".

O conteúdo da vesícula varia de uma célula de origem para outra e, inclusive, tem sido mostrado como pode ser diferente a partir da mesma célula de origem desenvolvida sob diferentes condições. Os conteúdos da vesícula podem incluir uma variedade de proteínas nucleares e citoplasmáticas, proteínas ligadas à membrana abrangendo desde canais até receptores, moléculas do complexo principal de histocompatibilidade

(MHC, do inglês *major histocompatibility complex*), proteínas de interação com a balsa lipídica, DNA, mRNA, ncRNAs grandes e pequenos, assim como pequenas proteínas e pequenas moléculas bioativas (Figura 40-23). Devido à rica e ampla diversidade dos conteúdos das vesículas/exossomos, não é surpreendente que essas estruturas tenham sido implicadas em um âmbito bastante amplo da biologia. Além disso, considerando seu conteúdo de proteínas de membrana e o fato de que vesículas extracelulares parecem ser dirigidas às células receptoras específicas, o valor potencial dos exossomos como sistemas de liberação terapêutica está recebendo interesse e atenção significativos nas indústrias farmacêutica e de biotecnologia. Futuros trabalhos determinarão se essa nova e interessante área da pesquisa biomédica sobre vesículas extracelulares progredirá de acordo com essa promessa.

MUTAÇÕES QUE AFETAM AS PROTEÍNAS DE MEMBRANA CAUSAM DOENÇAS

Como as membranas são encontradas em muitas organelas e estão envolvidas em vários processos, não é surpreendente constatar que as mutações que afetam seus constituintes proteicos resultem em muitas doenças ou distúrbios. Enquanto algumas mutações afetam diretamente a função das proteínas de membrana, a maioria provoca dobramento defeituoso que compromete o tráfego da membrana em qualquer uma das diversas etapas (ver Capítulo 49) a partir do seu local de síntese no RE até a membrana plasmática ou outros sítios/organelas intracelulares. A **Tabela 40-7** fornece exemplos de doenças ou distúrbios decorrentes de anormalidades nas proteínas de membrana. Essas anormalidades refletem principalmente mutações em proteínas da membrana plasmática, e uma afeta a função dos lisossomos (doença da célula I).

As proteínas das membranas plasmáticas podem ser classificadas em receptores, transportadores, canais iônicos, enzimas e componentes estruturais. Os membros de todas essas classes frequentemente são glicosilados, de modo que as mutações que afetam esse processo podem alterar a sua função (ver Capítulo 46). As mutações que ocorrem nos receptores podem causar defeitos na sinalização transmembrana, um evento comum no câncer (ver Capítulo 56). Muitas doenças ou distúrbios genéticos foram atribuídos a mutações que afetam várias proteínas que atuam no transporte de aminoácidos, açúcares, lipídeos, urato, ânions, cátions, água e vitaminas através da membrana plasmática.

As mutações nos genes que codificam proteínas em compartimentos ligados à membrana também podem ter consequências deletérias. Por exemplo, a ocorrência de mutações em genes que codificam as proteínas das membranas mitocondriais envolvidas na fosforilação oxidativa pode causar distúrbios neurológicos e outros problemas (p. ex., **neuropatia óptica hereditária de Leber [NOHL]**, uma condição na qual foi relatado algum sucesso na terapia gênica).

As proteínas das membranas também podem ser afetadas por outras anormalidades além das mutações. A produção de autoanticorpos contra o receptor de acetilcolina no músculo

TABELA 40-7 Algumas doenças ou estados patológicos resultantes ou atribuídos a anormalidades das membranas[a]

Doença	Anormalidade
Acondroplasia (OMIM 100800)	Mutações no gene que codifica o receptor 3 do fator de crescimento de fibroblastos
Hipercolesterolemia familiar (OMIM 143890)	Mutações no gene que codifica o receptor de LDL
Fibrose cística (OMIM 219700)	Mutações no gene que codifica a proteína CFTR, um transportador de Cl^-
Síndrome congênita do QT longo (OMIM 192500)	Mutações nos genes que codificam os canais iônicos do coração
Doença de Wilson (OMIM 277900)	Mutações no gene que codifica uma ATPase dependente de cobre
Doença da célula I (OMIM 252500)	Mutações no gene que codifica a GlcNAc-fosfotransferase, levando à ausência do sinal Man-6-P para a localização lisossomal de determinadas hidrolases
Esferocitose hereditária (OMIM 182900)	Mutações nos genes que codificam a espectrina ou outras proteínas estruturais da membrana da hemácia
Metástase de células cancerosas	Acredita-se que as anormalidades das cadeias oligossacarídicas das glicoproteínas e dos glicolipídeos das membranas sejam importantes
Hemoglobinúria paroxística noturna (OMIM 311770)	Mutação que resulta em fixação deficiente da âncora de GPI (ver Capítulo 46) a determinadas proteínas da membrana da hemácia

CFTR, proteína reguladora transmembrana da fibrose cística; GPI, glicosilfosfatidilinositol; LDL, lipoproteína de baixa densidade.
[a] Os distúrbios relacionados aqui são discutidos de modo detalhado em outros capítulos. A tabela fornece exemplos de mutações que afetam dois receptores, um transportador, vários canais iônicos (síndrome congênita do QT longo), duas enzimas e uma proteína estrutural. São também apresentados exemplos de alterações ou anormalidades da glicosilação das glicoproteínas. A maioria dos distúrbios listados afeta a membrana plasmática.

esquelético provoca miastenia grave. A isquemia pode comprometer rapidamente a integridade de vários canais iônicos nas membranas. A superexpressão da P-glicoproteína (MDR-1), uma bomba de fármacos localizada na membrana plasmática, resulta em resistências a múltiplos fármacos (RMF) em células cancerosas. As anormalidades observadas em outros constituintes da membrana, além das proteínas, também podem ser prejudiciais. Quanto aos lipídeos, o excesso de colesterol (p. ex., na hipercolesterolemia familiar), de lisofosfolipídeos (p. ex., após picadas de determinadas serpentes, cujos venenos contêm fosfolipases) ou de glicoesfingolipídeos (p. ex., na esfingolipidose) pode afetar a estrutura e, portanto, a função da membrana.

A fibrose cística deve-se às mutações no gene que codifica a CFTR, um transportador de cloreto

A **fibrose cística** (**FC**) é um distúrbio genético recessivo, prevalente entre indivíduos brancos na América do Norte e em certas regiões da Europa Setentrional. A FC é caracterizada por infecções bacterianas crônicas das vias respiratórias e dos seios da face, má digestão de gordura devido à insuficiência do pâncreas exócrino, infertilidade masculina em consequência do desenvolvimento anormal do ducto deferente e níveis elevados de cloreto no suor (> 60 mmol/L). Sabe-se que mutações no gene que codifica uma proteína denominada **proteína reguladora transmembrana da fibrose cística** (**CFTR**, do inglês *cystic fibrosis transmembrane regulator protein*) são responsáveis pela FC. A proteína CFTR é um transportador de Cl⁻ regulado pelo AMP cíclico. As principais manifestações clínicas da FC e outras informações sobre o gene responsável pela doença e sobre a CFTR serão apresentadas no Caso 5, no Capítulo 57.

RESUMO

- As membranas são estruturas dinâmicas complexas constituídas de lipídeos, proteínas e moléculas contendo carboidratos.
- A estrutura básica de todas as membranas consiste na bicamada lipídica. Essa bicamada é formada por duas lâminas de fosfolipídeos, nas quais os grupos de cabeça polares hidrofílicos estão dirigidos em sentido contrário e ficam expostos ao meio aquoso nas superfícies externa e interna da membrana. As caudas apolares hidrofóbicas dessas moléculas estão orientadas na mesma direção, isto é, para o centro da membrana.
- As membranas são estruturas muito dinâmicas. Os lipídeos e algumas proteínas sofrem difusão lateral rápida. O *flip-flop* é muito lento para os lipídeos e quase inexistente para as proteínas.
- O modelo de mosaico fluido proporciona uma base útil para a compreensão da estrutura e da função das membranas.
- As proteínas de membrana são classificadas em proteínas integrais, quando estão firmemente inseridas na bicamada, e periféricas, quando estão fixadas à superfície externa ou interna da membrana.
- As 20 ou mais membranas existentes em uma célula de mamífero apresentam composições e funções diferentes e definem compartimentos essenciais ou ambientes especializados dentro da célula, os quais desempenham funções específicas.
- Algumas moléculas hidrofóbicas se difundem livremente através das membranas, porém o movimento de outras é limitado por seu tamanho e/ou carga.
- Diversos mecanismos passivos e ativos (em geral, dependentes de ATP) são empregados para manter os gradientes de muitas moléculas distintas através de diferentes membranas.
- Determinados solutos, como a glicose, entram nas células por difusão facilitada, ao longo de um gradiente de concentração, de uma concentração alta para uma concentração baixa, utilizando proteínas carreadoras (transportadoras) específicas.
- As principais bombas impulsionadas por ATP são classificadas em transportadores P (fosforilados), F (fatores de energia), V (vacuolares) e ABC.
- Os canais iônicos dependentes de ligantes ou de voltagem são frequentemente utilizados para a transferência de moléculas de carga elétrica (Na^+, K^+, Ca^{2+}, etc.) através das membranas, ao longo de seus gradientes eletroquímicos.
- As moléculas grandes podem entrar ou sair das células por mecanismos como a endocitose ou a exocitose. Esses processos frequentemente necessitam da ligação da molécula a um receptor, conferindo especificidade ao processo.
- As vesículas extracelulares, denominadas exossomos, também possibilitam o movimento direto de macromoléculas de uma célula para outra por meio de pequenas vesículas. Os conteúdos do exossomo podem incluir lipídeos específicos, proteínas (receptores, canais, proteínas sinalizadoras), DNA, RNA e pequenas moléculas bioativas.
- As mutações que afetam a estrutura das proteínas de membrana podem causar doenças.

REFERÊNCIAS

Boulanger CM, Loyer X, Rautou PE, Amabile N: Extracellular vesicles in coronary artery disease. Nat Rev Cardiol 2017;14(5):259-272.

Doherty GJ, McMahon HT: Mechanisms of endocytosis. Annu Rev Biochem 2009;78:857-902.

Fujimoto T, Parmryd I: Interleaflet coupling, pinning, and leaflet asymmetry-major players in plasma membrane nanodomain formation. Front Cell Dev Biol 2017;4:155.

Longo N: Inherited defects of membrane transport. In *Harrison's Principles of Internal Medicine*, 17th ed. Fauci AS, et al (editors). McGraw-Hill, 2008.

Mittelbrunn M, Sánchez-Madrid F: Intercellular communication: diverse structures for exchange of genetic information. Nat Rev Mol Cell Biol 2012:13:328-335.

Nicolson GL: The Fluid-Mosaic Model of Membrane Structure: still relevant to understanding the structure, function and dynamics of biological membranes after more than 40 years. Biochim Biophys Acta 2014;1838:1451-1466.

Raposo G, Stoorvogel W: Extracellular vesicles: exosomes, microvesicles, and friends. J Cell Biol 2013;200:373-383.

Singer SJ: Some early history of membrane molecular biology. Annu Rev Physiol 2004;66:1-27.

Spielberg DR, Clancy JP: Cystic fibrosis and its management through established and emerging therapies. Annu Rev Genomics Hum Genet 2016;17:155-175.

Stone MB, Shelby SA, Veatch SL: Super-resolution microscopy: shedding light on the cellular plasma membrane. Chem Rev 2017;17(11):7457-7477.

Vance DE, Vance J (editors): *Biochemistry of Lipids, Lipoproteins and Membranes*, 5th ed. Elsevier, 2008.

Voelker DR: Genetic and biochemical analysis of non-vesicular lipid traffic. Annu Rev Biochem 2009;78:827-856.

A diversidade do sistema endócrino

P. Anthony Weil, Ph.D.

CAPÍTULO 41

OBJETIVOS

Após o estudo deste capítulo, você deve ser capaz de:

- Explicar os princípios básicos da ação dos hormônios endócrinos.
- Compreender a ampla diversidade e os mecanismos de ação dos hormônios endócrinos.
- Reconhecer as etapas complexas envolvidas na produção, no transporte e no armazenamento dos hormônios.

ACTH	Hormônio adrenocorticotrófico	**IGF-I**	Fator de crescimento semelhante à insulina I
ANF	Fator natriurético atrial	**LH**	Hormônio luteinizante
cAMP	Monofosfato de adenosina cíclico	**LPH**	Lipotrofina
CBG	Globulina de ligação dos corticosteroides	**MIT**	Monoiodotirosina
CG	Gonadotrofina coriônica	**MSH**	Hormônio estimulante de melanócitos
cGMP	Monofosfato de guanosina cíclico	**OHSD**	Hidroxiesteroide-desidrogenase
CLIP	Peptídeo do lobo intermediário semelhante à corticotrofina	**PNMT**	Feniletanolamina-*N*-metiltransferase
DBH	Dopamina β-hidroxilase	**POMC**	Pró-opiomelanocortina
DHEA	Desidroepiandrosterona	**PRL**	Prolactina
DHT	Di-hidrotestosterona	**SHBG**	Globulina de ligação dos hormônios sexuais
DIT	Di-iodotirosina	**StAR**	(Proteína) reguladora aguda da esteroidogênese
DOC	Desoxicorticosterona	**TBG**	Globulina de ligação da tiroxina
EGF	Fator de crescimento epidérmico	**TEBG**	Globulina de ligação da testosterona-estrogênio
FSH	Hormônio folículo-estimulante	**TRH**	Hormônio de liberação da tireotrofina
GH	Hormônio do crescimento	**TSH**	Hormônio tireoestimulante

IMPORTÂNCIA BIOMÉDICA

A sobrevida dos organismos multicelulares depende de sua capacidade de adaptação a um ambiente em constante mudança. Para essa adaptação, são necessários mecanismos de comunicação intercelular. O sistema nervoso e o sistema endócrino proporcionam essa ampla comunicação intercelular nos organismos. A princípio, o sistema nervoso era considerado um sistema de comunicação fixo, ao passo que o sistema endócrino produzia hormônios, que consistiam em mensagens móveis. De fato, existe uma notável convergência desses sistemas reguladores. Por exemplo, a regulação neural do sistema endócrino é importante na produção e na secreção de alguns hormônios; muitos neurotransmissores se assemelham a hormônios quanto à sua síntese, transporte e mecanismo de ação; e muitos hormônios são sintetizados no sistema nervoso. O termo "hormônio" origina-se de um termo grego e significa "despertar para a atividade". De acordo com a sua definição clássica, o hormônio é uma substância sintetizada em um órgão e transportada pelo sistema circulatório para atuar em outro tecido. Entretanto, essa descrição original é muito restritiva, visto que os hormônios podem atuar em células adjacentes (ação parácrina) e na célula onde foram sintetizados (ação autócrina) sem a necessidade de entrar na circulação sistêmica. Uma gama diversificada de hormônios – cada um com mecanismos de ação e propriedades de biossíntese, armazenamento, secreção, transporte e metabolismo distintos – evoluiu para assegurar respostas homeostáticas. Essa diversidade bioquímica constitui o tema deste capítulo.

O CONCEITO DE CÉLULA-ALVO

Existem mais de 200 tipos de células diferenciadas nos seres humanos. Apenas algumas produzem hormônios, porém praticamente todos os 75 trilhões de células do corpo humano são alvos de um ou mais dos mais de 50 hormônios conhecidos. O conceito de célula-alvo proporciona uma maneira útil de compreender a ação dos hormônios. No passado, acreditava-se que os hormônios afetavam um único tipo celular – ou apenas alguns tipos de células – e que o hormônio desempenhava uma única ação bioquímica ou fisiológica. Atualmente, sabe-se que um determinado hormônio pode afetar vários tipos celulares diferentes, que mais de um hormônio pode atuar em um determinado tipo de célula e que os hormônios podem exercer muitos efeitos diferentes em uma determinada célula ou em células distintas. Com a descoberta dos receptores de hormônios específicos intracelulares e de superfície celular, a definição de alvo foi ampliada para incluir qualquer célula na qual o hormônio (ligante) liga-se a seu receptor, independentemente da existência comprovada ou não de uma resposta bioquímica ou fisiológica.

Vários fatores determinam a resposta de uma célula-alvo a um hormônio. Eles podem ser considerados de duas maneiras gerais: (1) como fatores que afetam a concentração do hormônio na célula-alvo (**Tabela 41-1**) e (2) como fatores que afetam a resposta efetiva da célula-alvo ao hormônio (**Tabela 41-2**).

OS RECEPTORES DE HORMÔNIOS SÃO DE IMPORTÂNCIA FUNDAMENTAL

Os receptores discriminam com precisão

A **Figura 41-1** ilustra um dos principais desafios enfrentados para que o sistema de comunicação hormonal possa funcionar. Os hormônios estão presentes em concentrações muito baixas no líquido extracelular, geralmente na faixa de femtomolar a nanomolar (10^{-15} a 10^{-9} mol/L). Essa concentração é muito menor que a das numerosas moléculas estruturalmente semelhantes (esteróis, aminoácidos, peptídeos e proteínas) e outras moléculas que circulam em concentrações na faixa de micromolares a milimolares (10^{-6} a 10^{-3} mol/L). Por conseguinte, as células-alvo precisam distinguir não apenas entre os diferentes hormônios presentes em pequenas quantidades, como também entre determinado hormônio e as outras moléculas

TABELA 41-1 Determinantes da concentração de um hormônio na célula-alvo

A taxa de síntese e secreção dos hormônios
A proximidade da célula-alvo em relação à fonte do hormônio (efeito de diluição)
A afinidade (constante de dissociação; K_d) do hormônio com proteínas transportadoras plasmáticas específicas (se houver)
A conversão de formas inativas ou parcialmente ativas do hormônio na forma totalmente ativa
A taxa de depuração do hormônio a partir do plasma por outros tecidos ou por digestão, metabolismo ou excreção

TABELA 41-2 Determinantes da resposta da célula-alvo

O número, a atividade relativa e o estado de ocupação dos receptores específicos na membrana plasmática, no citoplasma ou no núcleo
O metabolismo (ativação ou inativação) do hormônio na célula-alvo
A presença de outros fatores no interior da célula necessários para a resposta hormonal
Upregulation ou a *downregulation* do receptor em consequência da interação com seu ligante
A dessensibilização pós-receptor da célula, incluindo *downregulation* do receptor

semelhantes em concentrações 10^6 a 10^9 vezes maiores. Esse alto grau de discriminação é assegurado por moléculas de reconhecimento associadas às células, denominadas receptores. Os hormônios iniciam seus efeitos biológicos por meio de sua ligação a receptores específicos, e como qualquer sistema de controle efetivo também deve assegurar uma maneira de interromper determinada resposta. As ações induzidas pelos hormônios geralmente, mas nem sempre, terminam quando o efetor se dissocia do receptor (ver Figura 38-1; resposta Tipo A).

A célula-alvo é definida pela sua capacidade de ligar seletivamente determinado hormônio a seu receptor correspondente. Para que as interações entre o hormônio e o receptor sejam fisiologicamente relevantes, vários aspectos bioquímicos dessa interação são importantes: (1) a ligação deve ser específica, isto é, passível de ser desfeita por um agonista ou antagonista; (2) a ligação deve ser saturável; e (3) a ligação deve ocorrer dentro da faixa de concentrações da resposta biológica esperada.

Os receptores possuem domínios tanto de reconhecimento quanto de acoplamento

Todos os receptores apresentam pelo menos dois domínios funcionais. Um domínio de reconhecimento liga-se ao ligante hormonal, e uma segunda região gera um sinal que acopla o reconhecimento do hormônio a alguma função intracelular. Esse acoplamento, ou transdução de sinal, ocorre de duas

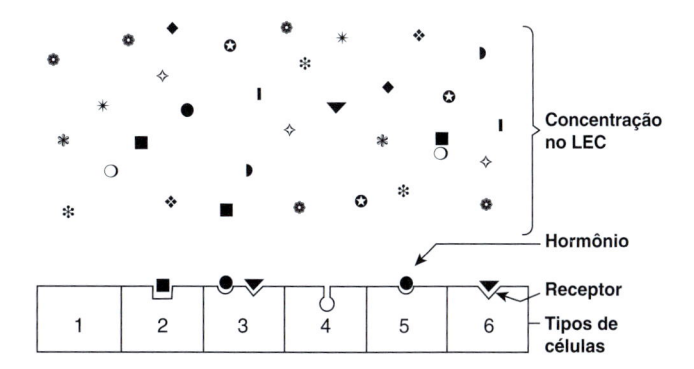

FIGURA 41-1 **Especificidade e seletividade dos receptores de hormônios.** Várias moléculas diferentes circulam no líquido extracelular (LEC), porém apenas algumas delas são reconhecidas pelos receptores de hormônios. Os receptores devem selecionar essas moléculas a partir de altas concentrações das outras moléculas. Esta ilustração simplificada mostra que uma célula pode não ter receptores de hormônios (tipo celular 1), pode apresentar um tipo de receptor (tipos celulares 2, 5 e 6), ter receptores de vários hormônios (tipo celular 3) ou ter um receptor, porém sem hormônio nas proximidades (tipo celular 4).

maneiras gerais. Os hormônios polipeptídicos e proteicos, bem como as catecolaminas, ligam-se a receptores localizados na membrana plasmática e, portanto, geram um sinal que regula várias funções intracelulares, muitas vezes ao modificar a atividade de uma enzima. Por outro lado, os hormônios esteroides lipofílicos, retinoides e hormônios tireoidianos interagem com receptores intracelulares, e esse complexo ligante-receptor fornece o sinal diretamente, em geral para genes específicos, cuja taxa de transcrição é consequentemente afetada.

Os domínios responsáveis pelo reconhecimento do hormônio e pela geração de sinais foram identificados nos receptores de hormônios polipeptídicos proteicos e das catecolaminas. À semelhança de muitos outros fatores de transcrição de ligação ao DNA, os receptores de hormônios esteroides, tireoidianos e retinoides apresentam vários domínios funcionais: um sítio liga-se ao hormônio; outro sítio liga-se a regiões específicas do DNA; um terceiro sítio está envolvido na interação com diversas proteínas correguladoras, que resultam na ativação (ou na repressão) da transcrição gênica; e, por fim, uma quarta região que pode especificar a ligação a uma ou mais proteínas adicionais que influenciam o tráfego intracelular do receptor (ver Figura 38-19).

A dupla função de ligação e de acoplamento define, em última análise, um receptor, sendo que o acoplamento da ligação do hormônio à transdução do sinal – o denominado **acoplamento receptor-efetor** – assegura a primeira etapa na amplificação da resposta hormonal. Essa dupla função também diferencia o receptor da célula-alvo das proteínas carreadoras plasmáticas que se ligam ao hormônio, mas que não geram sinais (ver Tabela 41-6).

Os receptores são proteínas

Foram definidas várias classes de receptores de hormônios peptídicos. Por exemplo, o receptor da insulina é um heterotetrâmero composto por duas cópias de duas subunidades proteicas diferentes ($\alpha_2\beta_2$), ligadas por múltiplas ligações dissulfeto, nas quais a subunidade α extracelular se liga à insulina, ao passo que a subunidade β que atravessa a membrana de um lado ao outro é responsável pela transdução do sinal por meio do domínio tirosina-cinase localizado na porção citoplasmática desse polipeptídeo. Em geral, os receptores do **fator de crescimento semelhante à insulina I** (IGF-I, do inglês *insulin-like growth factor I*) e do **fator de crescimento epidérmico** (EGF, do inglês *epidermal growth factor*) assemelham-se, na sua estrutura, ao receptor da insulina. Os receptores do **hormônio do crescimento** e da **prolactina** também atravessam a membrana plasmática das células-alvo de um lado ao outro, porém não contêm atividade intrínseca de proteína cinase. Todavia, a ligação do ligante a esses receptores resulta na associação e na ativação de uma via de sinalização completamente diferente de proteína cinase, a via Jak-Stat. Os receptores de hormônios polipeptídicos e de catecolaminas, que transduzem sinais ao alterar a taxa de produção do **cAMP** por meio das **proteínas G**, que consistem em proteínas de ligação do nucleotídeo guanosina, caracterizam-se pela presença de sete domínios que atravessam a membrana. A ativação da proteína cinase e a geração de AMP cíclico (cAMP, ácido 3'5'-adenílico; ver Figura 18-5) constituem uma ação a jusante dessa classe de receptores (ver Capítulo 42 para mais detalhes).

Uma comparação de vários receptores diferentes de esteroides com os receptores dos hormônios tireoidianos revelou uma notável conservação da sequência de aminoácidos em determinadas regiões, particularmente nos domínios de ligação do DNA. Essa observação levou ao reconhecimento de que os receptores dos esteroides e dos hormônios tireoidianos são membros de uma grande superfamília de receptores nucleares. Na atualidade, muitos membros relacionados dessa família não possuem ligantes conhecidos e, por esse motivo, são denominados receptores órfãos. A superfamília dos receptores nucleares desempenha um papel fundamental na regulação da transcrição gênica pelos hormônios, conforme descrito no Capítulo 42.

OS HORMÔNIOS PODEM SER CLASSIFICADOS DE DIVERSAS MANEIRAS

Os hormônios podem ser classificados de acordo com a composição química, as propriedades de solubilidade, a localização dos receptores e a natureza do sinal utilizado para mediar a ação hormonal dentro da célula. A **Tabela 41-3** fornece uma classificação com base nestas últimas duas propriedades, ao passo que a **Tabela 41-4** descreve as características gerais de cada grupo.

Os hormônios do grupo I são lipofílicos. Após a sua secreção, esses hormônios associam-se a proteínas plasmáticas transportadoras ou carreadoras, em um processo que evita o problema da solubilidade e, ao mesmo tempo, prolonga a meia-vida plasmática do hormônio. As porcentagens relativas do hormônio ligado e do hormônio livre são determinadas pela quantidade, pela afinidade de ligação e pela capacidade de ligação da proteína de transporte. O hormônio livre, que constitui a forma biologicamente ativa, atravessa prontamente a membrana plasmática lipofílica de todas as células e alcança os receptores situados no citosol ou no núcleo das células-alvo. O complexo ligante-receptor é o mensageiro intracelular nesse grupo.

O segundo grupo principal consiste nos hormônios hidrossolúveis, os quais se ligam a receptores específicos que atravessam a membrana plasmática da célula-alvo de um lado ao outro. Os hormônios que se ligam a esses receptores de superfície das células comunicam-se com os processos metabólicos intracelulares por meio de moléculas intermediárias, denominadas **segundos mensageiros** (o próprio hormônio é o primeiro mensageiro), que são geradas em consequência da interação ligante-receptor. O conceito de segundo mensageiro originou-se da observação de que a epinefrina se liga à membrana plasmática de determinadas células e aumenta o cAMP intracelular. Em seguida, foram realizados diversos experimentos, nos quais foi constatado que o cAMP modula os efeitos de muitos hormônios. Os hormônios que empregam esse mecanismo são mostrados no grupo II.A da Tabela 41-3. O fator natriurético atrial (ANF, do inglês *atrial natriuretic factor*) utiliza o cGMP como segundo mensageiro (grupo II.B). Vários hormônios – anteriormente, acreditava-se que muitos deles tivessem influência sobre o cAMP – parecem utilizar

TABELA 41-3 Classificação dos hormônios de acordo com o mecanismo de ação

I. Hormônios que se ligam a receptores intracelulares
- Androgênios
- Calcitriol (1,25[OH]$_2$-D$_3$)
- Estrogênios
- Glicocorticoides
- Mineralocorticoides
- Progestinas
- Ácido retinoico
- Hormônios tireoidianos (T$_3$ e T$_4$)

II. Hormônios que se ligam a receptores de superfície celular

A. O segundo mensageiro é o cAMP
- Catecolaminas α$_2$-adrenérgicas
- Catecolaminas β-adrenérgicas
- Hormônio adrenocorticotrófico (ACTH)
- Hormônio antidiurético (vasopressina)
- Calcitonina
- Gonadotrofina coriônica humana (hCG)
- Hormônio de liberação da corticotrofina
- Hormônio folículo-estimulante (FSH)
- Glucagon
- Lipotrofina (LPH)
- Hormônio luteinizante (LH)
- Hormônio estimulador de melanócitos (MSH)
- Paratormônio (PTH)
- Somatostatina
- Hormônio tireoestimulante (TSH)

B. O segundo mensageiro é o cGMP
- Fator natriurético atrial
- Óxido nítrico

C. O segundo mensageiro é o cálcio ou o fosfatidilinositol (ou ambos)
- Acetilcolina (muscarínico)
- Catecolaminas α$_1$-adrenérgicas
- Angiotensina II
- Hormônio antidiurético (vasopressina)
- Colecistocinina
- Gastrina
- Hormônio de liberação das gonadotrofinas
- Ocitocina
- Fator de crescimento derivado das plaquetas (PDGF)
- Substância P
- Hormônio de liberação da tireotrofina (TRH)

D. O segundo mensageiro é uma cascata de cinases ou fosfatases
- Adiponectina
- Somatomamotrofina coriônica
- Fator de crescimento epidérmico (EGF)
- Eritropoietina (EPO)
- Fator de crescimento dos fibroblastos (FGF)
- Hormônio do crescimento (GH)
- Insulina
- Fatores de crescimento semelhantes à insulina I e II
- Leptina
- Fator de crescimento neuronal (NGF)
- PDGF
- Prolactina

TABELA 41-4 Características gerais das classes de hormônios

	Grupo I	Grupo II
Tipos	Esteroides, iodotironinas, calcitriol, retinoides	Polipeptídeos, proteínas, glicoproteínas, catecolaminas
Solubilidade	Lipofílicos	Hidrofílicos
Proteínas transportadoras	Sim	Não
Meia-vida plasmática	Longa (horas a dias)	Curta (minutos)
Receptores	Intracelular	Membrana plasmática
Mediador	Complexo receptor-hormônio	cAMP, cGMP, Ca^{2+}, metabólitos de fosfinositóis complexos, cascatas de cinases

A DIVERSIDADE DO SISTEMA ENDÓCRINO

Os hormônios são sintetizados em uma variedade de arranjos celulares

Os hormônios são sintetizados em órgãos distintos desenvolvidos exclusivamente para esse propósito específico, como a glândula tireoide (tri-iodotironina), as glândulas suprarrenais (glicocorticoides e mineralocorticoides) e a hipófise (TSH, FSH, LH, GH, PRL, ACTH). Alguns órgãos estão destinados a desempenhar duas funções distintas, porém estreitamente relacionadas. Por exemplo, os ovários produzem ovócitos maduros, bem como os hormônios reprodutores – o estradiol e a progesterona. Os testículos produzem espermatozoides maduros e sintetizam a testosterona. Os hormônios também são produzidos em células especializadas dentro de outros órgãos, como o intestino delgado (peptídeo semelhante ao glucagon), a glândula tireoide (calcitonina) e os rins (angiotensina II). Por fim, a síntese de alguns hormônios depende das células parenquimatosas de mais de um órgão – por exemplo, a pele, o fígado e o rim são necessários para a produção de 1,25(OH)$_2$-D$_3$ (calcitriol). A seguir, são discutidos alguns exemplos dessa diversidade nos processos de síntese hormonal, tendo cada um deles evoluído para cumprir um propósito específico.

Os hormônios são quimicamente distintos

Os hormônios são sintetizados a partir de uma ampla variedade de blocos químicos de construção. Um grande conjunto origina-se do colesterol. Esses hormônios incluem os glicocorticoides, os mineralocorticoides, os androgênios, os estrogênios, as progestinas e a 1,25(OH)$_2$-D$_3$ (**Figura 41-2**). Em alguns casos, um hormônio esteroide atua como molécula precursora para outro hormônio. Por exemplo, a progesterona é um hormônio propriamente dito, mas também atua como precursor na síntese dos glicocorticoides, dos mineralocorticoides, da testosterona e dos estrogênios. A testosterona é um intermediário obrigatório na biossíntese do estradiol e na formação da di-hidrotestosterona (DHT). Nesses exemplos,

o cálcio iônico (Ca^{2+}) ou os metabólitos de fosfoinositídeos complexos (ou ambos) como sinal intracelular do segundo mensageiro. Esses hormônios estão incluídos no grupo II.C da tabela. O mensageiro intracelular para o grupo II.D consiste em cascatas de proteínas cinase-fosfatase; várias delas foram identificadas, e um determinado hormônio pode utilizar mais de uma cascata de cinase. Alguns hormônios são classificados em mais de uma categoria, e as atribuições mudam à medida que novas informações são obtidas.

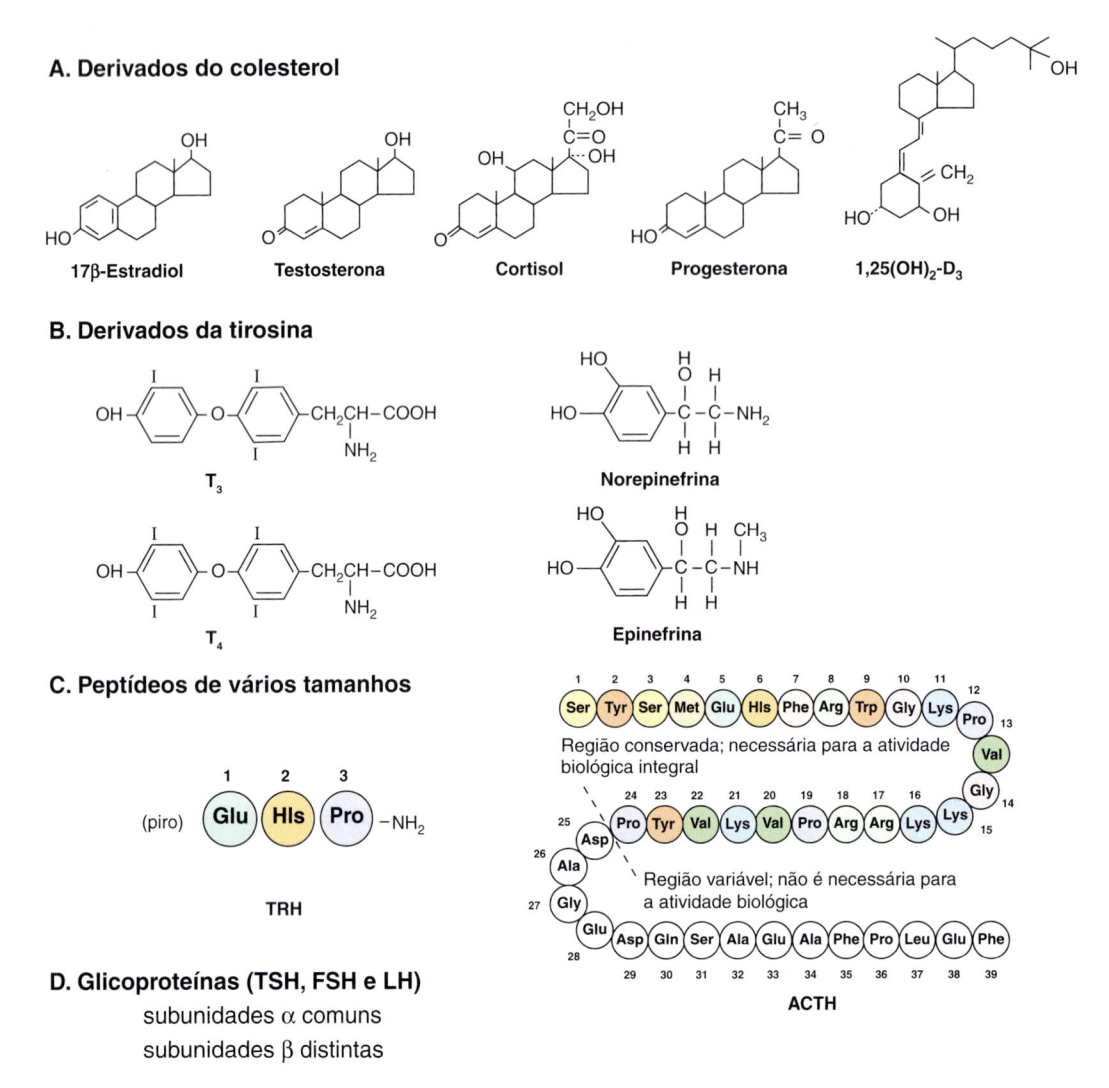

FIGURA 41-2 **Diversidade química dos hormônios.** (**A**) Derivados do colesterol; (**B**) derivados da tirosina; (**C**) peptídeos de vários tamanhos (nota: o ácido piroglutâmico [piro] é uma variante cíclica do ácido glutâmico na qual a cadeia lateral carboxil e os grupos amino livres assumem a forma de anel para constituir um lactâmico). (**D**) Glicoproteínas (TSH, FSH e LH) com subunidades α comuns e subunidades β distintas.

descritos adiante em detalhes, o produto final é determinado pelo tipo celular e pelo conjunto associado de enzimas nos quais se encontra o precursor.

O aminoácido tirosina é o ponto de partida na síntese das catecolaminas e dos hormônios tireoidianos tetraiodotironina (tiroxina; T_4) e tri-iodotironina (T_3) (Figura 41-2). T_3 e T_4 são singulares, visto que necessitam da adição de iodo (na forma de I^-) para a sua bioatividade. Como o iodo da dieta é muito escasso em muitas regiões do mundo, o organismo desenvolveu um mecanismo complexo para o acúmulo e a conservação do I^-.

Vários hormônios são polipeptídeos ou glicoproteínas. As dimensões desses hormônios variam desde um tripeptídeo, como o hormônio de liberação da tireotrofina (TRH, do inglês *thyrotropin-releasing hormone*), até polipeptídeos de cadeias simples, como o hormônio adrenocorticotrófico (ACTH; 39 aminoácidos), o paratormônio (PTH; 84 aminoácidos) e o hormônio do crescimento (GH; 191 aminoácidos) (Figura 41-2). A insulina é um heterodímero de cadeias AB de 21 e 30 aminoácidos, respectivamente. O hormônio folículo-estimulante (FSH, do inglês *follicle-stimulating hormone*), o hormônio luteinizante (LH, do inglês *luteinizing hormone*), o hormônio tireoestimulante (TSH, do inglês *thyrotropin-stimulating hormone*) e a gonadotrofina coriônica (CG, do inglês *chorionic gonadotropin*) são hormônios glicoproteicos com estrutura heterodimérica αβ. A cadeia α é idêntica em todos esses hormônios, e as cadeias β distintas conferem aos hormônios a sua singularidade. Esses hormônios apresentam massa molecular na faixa de 25 a 30 kDa, dependendo do grau de glicosilação e do comprimento da cadeia β.

Os hormônios são sintetizados e modificados de várias maneiras para exercer a sua atividade completa

Alguns hormônios são sintetizados em sua forma final e secretados imediatamente. Nessa classe, estão incluídos os hormônios que se originam do colesterol. Outros, como as catecolaminas, são sintetizados em suas formas finais e armazenados nas células que os produzem, enquanto alguns, como a insulina, são sintetizados a partir de moléculas precursoras nas células produtoras e, em seguida, são processados e secretados na presença de um estímulo fisiológico (concentrações plasmáticas de glicose). Por fim, outros hormônios são convertidos nas formas ativas a partir de moléculas precursoras nos tecidos periféricos (T_3 e DHT). Todos esses exemplos serão discutidos em detalhes adiante.

MUITOS HORMÔNIOS SÃO SINTETIZADOS A PARTIR DO COLESTEROL

Esteroidogênese suprarrenal

Os hormônios esteroides suprarrenais são sintetizados a partir do colesterol, que provém, em sua maior parte, do plasma, ao passo que uma pequena parcela é sintetizada *in situ* a partir da acetil-CoA por meio do mevalonato e do esqualeno. O colesterol presente nas glândulas suprarrenais é, em grande parte, esterificado e armazenado nas gotículas lipídicas do citoplasma. Com a estimulação da glândula suprarrenal pelo ACTH, ocorre ativação de uma esterase, e o colesterol livre formado é transportado para dentro da mitocôndria, onde uma **enzima de clivagem da cadeia lateral do citocromo P450 (P450scc)** converte o colesterol em pregnenolona. A clivagem da cadeia lateral envolve hidroxilações sequenciais, em primeiro lugar no C_{22} e, então, no C_{20}, seguidas da clivagem da cadeia lateral (remoção do fragmento de 6 carbonos isocaproaldeído) para produzir o esteroide de 21 carbonos (**Figura 41-3**, parte superior). Uma **proteína reguladora aguda da esteroidogênese (StAR)** dependente de ACTH é essencial para o transporte do colesterol até a P450scc na membrana mitocondrial interna.

Todos os hormônios esteroides dos mamíferos são formados a partir do colesterol pela pregnenolona, por meio de uma série de reações que ocorrem nas mitocôndrias ou no retículo endoplasmático da célula produtora. As hidroxilases que necessitam de oxigênio molecular e NADPH são essenciais, porém as desidrogenases, uma isomerase e uma liase também são necessárias em determinadas etapas. Existe especificidade celular na esteroidogênese suprarrenal. Por exemplo, a 18-hidroxilase e a 19-hidroxiesteroide-desidrogenase, necessárias para a síntese de aldosterona, são encontradas apenas nas células da zona glomerulosa (a região mais externa do córtex da glândula suprarrenal), de modo que a biossíntese desse mineralocorticoide se limita a essa região. A **Figura 41-4** fornece uma representação esquemática das vias envolvidas na síntese das três principais classes de esteroides suprarrenais. As enzimas são mostradas nos retângulos, e as modificações em cada etapa estão sombreadas.

Síntese dos mineralocorticoides

A síntese de aldosterona segue a via dos mineralocorticoides e ocorre na zona glomerulosa. A pregnenolona é convertida em progesterona pela ação de duas enzimas do retículo endoplasmático liso, a **3β-hidroxiesteroide-desidrogenase (3β-OHSD)** e a **Δ^{5,4}-isomerase**. A progesterona é hidroxilada na posição C_{21} para formar a 11-desoxicorticosterona (DOC), um mineralocorticoide ativo (na retenção de Na^+). A hidroxilação seguinte, que ocorre em C_{11}, produz a corticosterona, que possui atividade glicocorticoide e é um mineralocorticoide fraco (apresenta < 5% da potência da aldosterona). Em algumas espécies (p. ex., roedores), trata-se do glicocorticoide mais potente. A hidroxilação do C_{21} é necessária para as atividades mineralocorticoide e glicocorticoide, porém a maioria dos

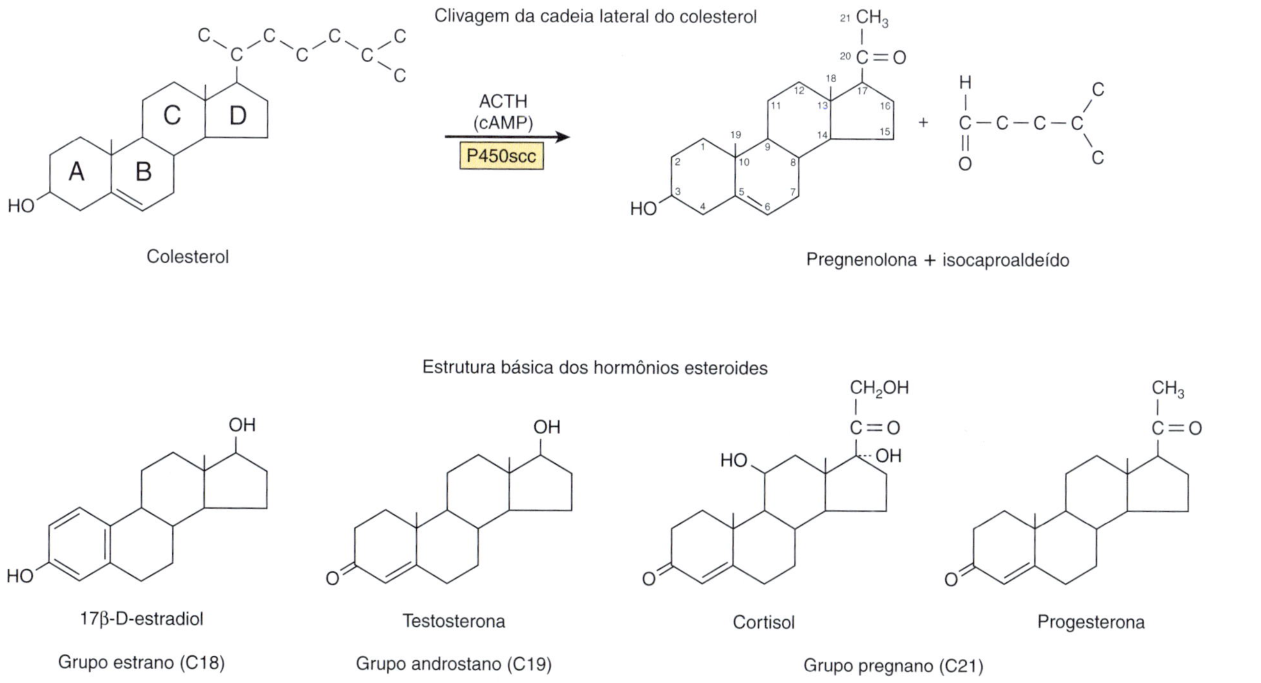

FIGURA 41-3 **Clivagem da cadeia lateral do colesterol e estruturas básicas dos hormônios esteroides.** Os anéis esteróis básicos são identificados pelas letras A a D. Os átomos de carbono são numerados de 1 a 21, começando pelo anel A (ver Figura 26-3).

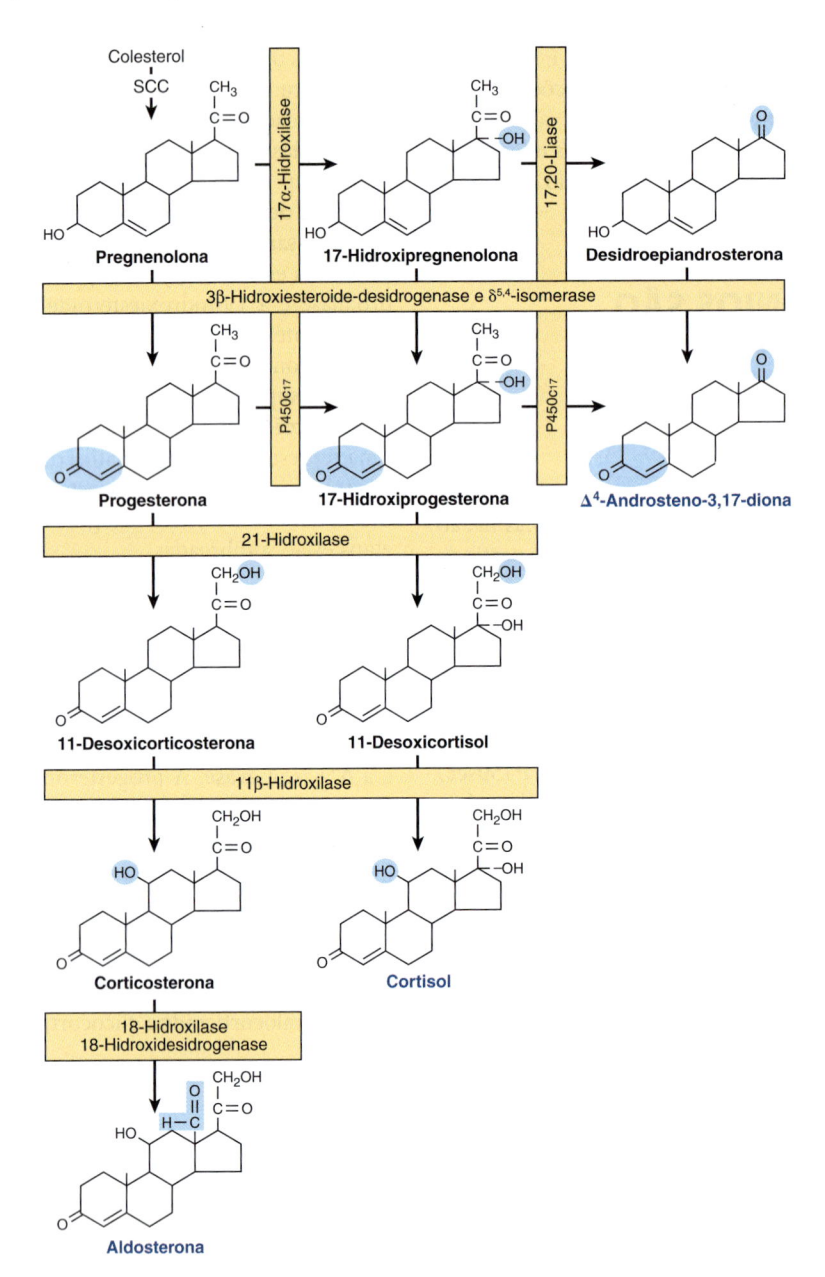

FIGURA 41-4 Vias envolvidas na síntese das três principais classes de esteroides suprarrenais (mineralocorticoides, glicocorticoides e androgênios). As enzimas são apresentadas nos retângulos, ao passo que as modificações em cada etapa estão sombreadas. Observe que as atividades da 17α-hidroxilase e da 17,20-liase fazem parte de uma enzima, designada como P450c17. (Ligeiramente modificada e reproduzida, com autorização, de Harding BW: In: *Endocrinology*, vol 2. DeGroot LJ [editor]. Grune & Stratton, 1979. Copyright © 1979 Elsevier Inc. Reimpressa, com autorização, da Elsevier.)

esteroides com um grupo hidroxila em C_{17} exibe mais ação glicocorticoide e menos atividade mineralocorticoide. Na zona glomerulosa, que não apresenta a enzima 17α-hidroxilase do retículo endoplasmático liso, existe uma 18-hidroxilase mitocondrial. A **18-hidroxilase (aldosterona-sintase)** atua sobre a corticosterona para formar a 18-hidroxicorticosterona, que é transformada em aldosterona por conversão de 18-álcool em um aldeído. Essa distribuição singular das enzimas e a regulação especial da zona glomerulosa pelo K^+ e pela angiotensina II levaram alguns pesquisadores a sugerir que, além de a glândula suprarrenal consistir em duas glândulas, o córtex da suprarrenal representa, na verdade, dois órgãos separados.

Síntese dos glicocorticoides

A síntese do cortisol requer três hidroxilases localizadas nas zonas fasciculada e reticulada do córtex da glândula suprarrenal, que atuam de modo sequencial nas posições C_{17}, C_{21} e C_{11}. As primeiras duas reações são rápidas, ao passo que a hidroxilação do C_{11} é relativamente lenta. Se a posição C_{11} for hidroxilada em primeiro lugar, a ação da **17α-hidroxilase** é impedida, e as reações seguem a via dos mineralocorticoides (com formação de corticosterona ou de aldosterona, dependendo do tipo de célula). A 17α-hidroxilase é uma enzima do retículo endoplasmático liso que atua sobre a progesterona ou, o que é mais comum, sobre a pregnenolona. A 17α-hidroxiprogesterona é hidroxilada no C_{21} para formar o 11-desoxicortisol, que, em seguida, é hidroxilado no C_{11} para produzir o cortisol, que é o hormônio glicocorticoide natural mais potente nos seres humanos. A 21-hidroxilase é uma enzima do retículo endoplasmático liso, ao passo que a 11β-hidroxilase é uma enzima mitocondrial. Portanto, a esteroidogênese envolve o movimento bidirecional de substratos para dentro e para fora das mitocôndrias.

Síntese dos androgênios

O principal androgênio, ou precursor androgênico, produzido pelo córtex da glândula suprarrenal é a desidroepiandrosterona (DHEA). A maior parte da 17-hidroxipregnenolona segue a via dos glicocorticoides, porém uma pequena fração sofre cisão oxidativa, com remoção da cadeia lateral de 2 carbonos pela ação da 17,20-liase. Na verdade, a atividade de liase faz parte da mesma enzima (P450c17) que catalisa a 17α-hidroxilação. Assim, trata-se de uma **proteína de função dupla**. A atividade de liase é importante tanto nas glândulas suprarrenais quanto nas gônadas e atua exclusivamente nas moléculas que contêm 17α-hidroxi. A produção de androgênios suprarrenais aumenta acentuadamente se a biossíntese de glicocorticoides for impedida pela ausência de uma das hidroxilases (**síndrome adrenogenital**). Na verdade, a DHEA é um pró-hormônio, visto que as ações da 3β-OHSD e da $\Delta^{5,4}$-isomerase convertem o androgênio fraco DHEA em **androstenediona**, que é mais potente. Pequenas quantidades de androstenediona também são produzidas nas glândulas suprarrenais pela ação da liase sobre a 17α-hidroxiprogesterona. A redução da androstenediona na posição C_{17} leva à formação da **testosterona**, o androgênio suprarrenal mais potente. Pequenas quantidades de testosterona são produzidas nas glândulas suprarrenais por esse mecanismo, porém a maior parte dessa conversão ocorre nos testículos.

Esteroidogênese testicular

Os androgênios testiculares são sintetizados no tecido intersticial das células de Leydig. O precursor imediato dos esteroides gonadais é, à semelhança dos esteroides suprarrenais, o colesterol. Conforme observado também nas glândulas suprarrenais, a etapa limitante consiste no transporte do colesterol até a membrana interna das mitocôndrias pela proteína transportadora StAR. Quando se encontra no local apropriado, o colesterol é submetido à ação da enzima de clivagem da cadeia lateral, P450scc. A conversão do colesterol em pregnenolona é idêntica nas glândulas suprarrenais, nos ovários e nos testículos. Entretanto, nestes dois últimos tecidos, a reação é promovida pelo LH, e não pelo ACTH.

A conversão da pregnenolona em testosterona exige a ação de cinco atividades enzimáticas contidas em três proteínas: (1) 3β-hidroxiesteroide-desidrogenase (3β-OHSD) e $\Delta^{5,4}$-isomerase; (2) 17α-hidroxilase e 17,20-liase; e (3) 17β-hidroxiesteroide-desidrogenase (17β-OHSD). Essa sequência, conhecida como via da **progesterona** (**ou Δ^4**) está ilustrada no lado direito da **Figura 41-5**. A pregnenolona também pode ser convertida em testosterona pela via da **desidroepiandrosterona** (**ou Δ^5**), ilustrada no lado esquerdo da Figura 41-5. A via Δ^5 parece ser mais utilizada nos testículos humanos.

As cinco atividades enzimáticas estão localizadas na fração microssomal nos testículos de ratos, e existe uma estreita associação funcional entre as atividades da 3β-OHSD e da $\Delta^{5,4}$-isomerase e entre as atividades da 17α-hidroxilase e da 17,20-liase. A Figura 41-5 mostra esses pares enzimáticos na sequência da reação geral, ambos contidos em uma única proteína.

A DHT é formada a partir da testosterona nos tecidos periféricos

A testosterona é metabolizada por duas vias. Uma delas envolve a oxidação na posição 17, ao passo que a outra envolve a redução da ligação dupla do anel A e da 3-cetona. O metabolismo pela primeira via ocorre em muitos tecidos, incluindo o fígado, e produz 17-cetosteroides que geralmente são inativos ou menos ativos do que o composto original. O metabolismo pela segunda via, que é menos eficiente, ocorre principalmente nos tecidos-alvos e produz o potente metabólito DHT.

O produto metabólico mais significativo da testosterona é a DHT, visto que, em muitos tecidos, incluindo a próstata, os órgãos genitais externos e algumas áreas da pele, ela é a forma ativa do hormônio. No homem adulto, a concentração plasmática de DHT é cerca de um décimo da concentração da testosterona, e, diariamente, são produzidos cerca de 400 μg de DHT, em comparação com cerca de 5 mg de testosterona. Cerca de 50 a 100 μg de DHT são secretados pelos testículos. O restante é produzido perifericamente a partir da testosterona, em uma reação catalisada pela **5α-redutase** dependente de NADPH (**Figura 41-6**). Desse modo, a testosterona pode ser considerada um pró-hormônio, visto que é convertida em um composto muito mais potente (DHT) e que a maior parte dessa conversão ocorre fora dos testículos. Parte do estradiol é formada a partir da aromatização periférica da testosterona, particularmente nos homens.

Esteroidogênese ovariana

Os estrogênios constituem uma família de hormônios sintetizados em uma variedade de tecidos. O 17β-estradiol é o principal estrogênio de origem ovariana. Em algumas espécies, a estrona, sintetizada em vários tecidos, é mais abundante. Na gestação, ocorre produção de uma quantidade relativamente maior de estriol, proveniente da placenta. A via geral e a localização subcelular das enzimas envolvidas nas etapas iniciais da síntese do estradiol são as mesmas que as envolvidas na biossíntese dos androgênios. A **Figura 41-7** ilustra as características próprias dos ovários.

Os estrogênios são formados pela aromatização dos androgênios em um processo complexo que envolve três etapas de hidroxilação, exigindo, cada uma delas, a presença de O_2 e de NADPH. Acredita-se que o **complexo enzimático aromatase** inclua uma monoxigenase P450. O estradiol será formado se o substrato desse complexo enzimático for a testosterona, ao passo que a estrona resulta da aromatização da androstenediona.

Tem sido difícil desvendar a fonte celular dos vários esteroides ovarianos, porém a transferência de substratos entre dois tipos de células está envolvida. As células da teca constituem a fonte de androstenediona e de testosterona. Ambas são convertidas pela enzima aromatase nas células da granulosa em estrona e estradiol, respectivamente. A progesterona, um

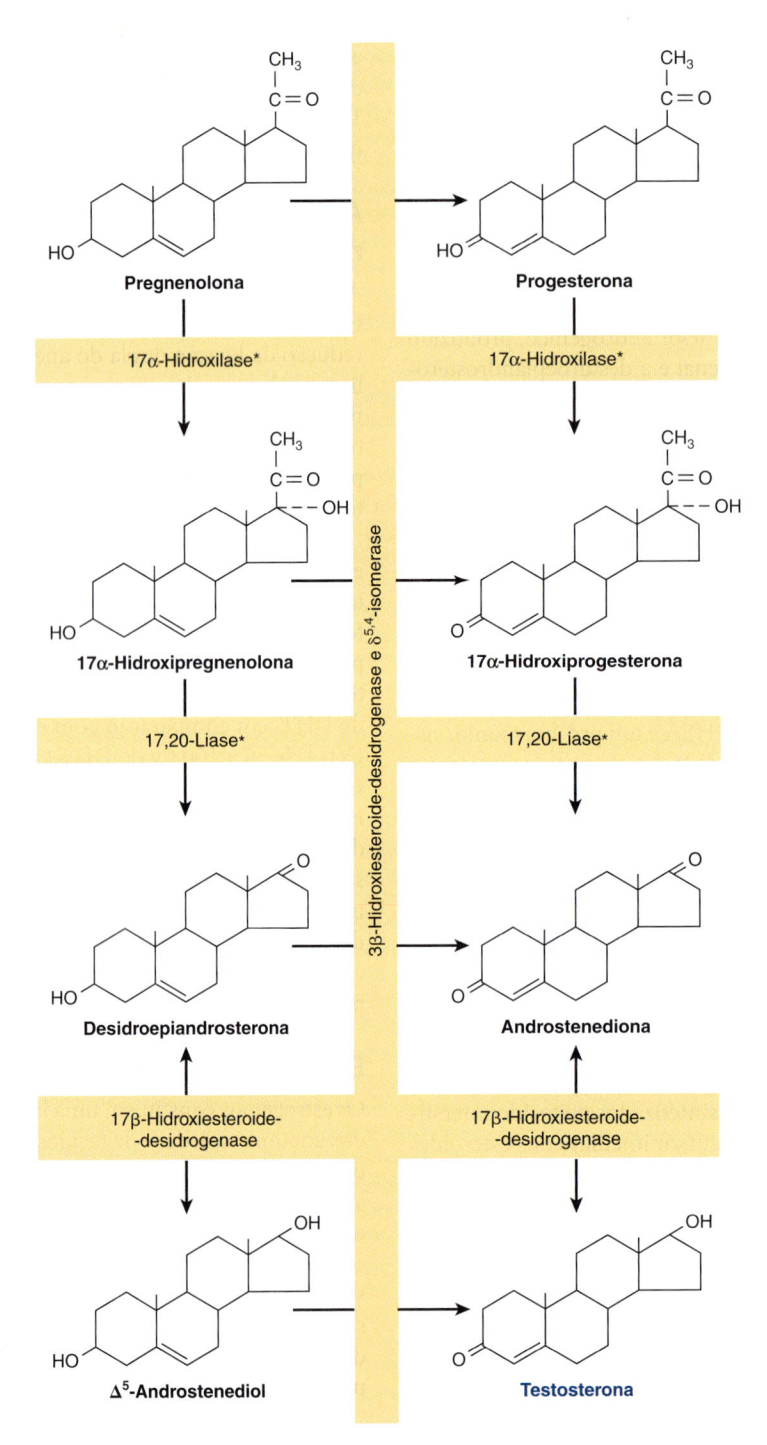

FIGURA 41-5 **Vias de biossíntese da testosterona.** A via no lado esquerdo da figura é denominada via Δ^5 ou da desidroepiandrosterona; a via no lado direito é denominada via Δ^4 ou da progesterona. O asterisco indica que as atividades da 17α-hidroxilase e da 17,20-liase residem em uma única proteína, a P450c17.

precursor de todos os hormônios esteroides, é sintetizada e secretada pelo corpo lúteo como produto final hormonal, visto que essas células não contêm as enzimas necessárias para converter a progesterona em outros hormônios esteroides (**Figura 41-8**).

A aromatização periférica dos androgênios produz quantidades significativas de estrogênio. Nos homens, a aromatização periférica da testosterona em estradiol (E_2) responde por 80% da produção deste último hormônio. Nas mulheres, os androgênios suprarrenais são substratos importantes, visto que até 50% do E_2 formado durante a gestação provêm da aromatização dos androgênios. Por fim, a conversão da androstenediona em estrona constitui a principal fonte de estrogênios em mulheres na pós-menopausa. A atividade da aromatase está presente nas células adiposas, bem como no fígado, na pele e em outros tecidos. A atividade aumentada dessa enzima

FIGURA 41-6 A di-hidrotestosterona é formada a partir da testosterona pela ação da enzima 5α-redutase.

pode contribuir para a "estrogenização" que caracteriza certas doenças, como a cirrose hepática, o hipertireoidismo, o envelhecimento e a obesidade. Os inibidores da aromatase constituem agentes terapêuticos promissores no câncer de mama e, possivelmente, em outras neoplasias malignas do aparelho reprodutor feminino.

A 1,25(OH)$_2$-D$_3$ (calcitriol) é sintetizada a partir de um derivado do colesterol

A 1,25(OH)$_2$-D$_3$ é sintetizada por uma série complexa de reações enzimáticas que envolvem o transporte plasmático de moléculas precursoras a vários tecidos diferentes (**Figura 41-9**). Um desses precursores é a vitamina D – na verdade, não se trata de uma vitamina, porém esse termo comum permanece. A molécula ativa, 1,25(OH)$_2$-D$_3$, é transportada para outros órgãos, onde ativa processos biológicos de modo semelhante ao utilizado pelos hormônios esteroides.

Pele

Pequenas quantidades do precursor para a síntese da 1,25(OH)$_2$-D$_3$ estão presentes nos alimentos (óleo de fígado de peixe e gema do ovo); no entanto, a maior parte desse precursor é produzida no estrato de Malpighi da epiderme a partir do 7-desidrocolesterol, em uma reação de **fotólise** não enzimática. A amplitude dessa conversão está diretamente relacionada à intensidade da exposição e inversamente relacionada ao grau de pigmentação da pele. Devido ao envelhecimento, ocorre redução do 7-desidrocolesterol na epiderme, que pode estar relacionada ao equilíbrio negativo de cálcio associado à idade avançada.

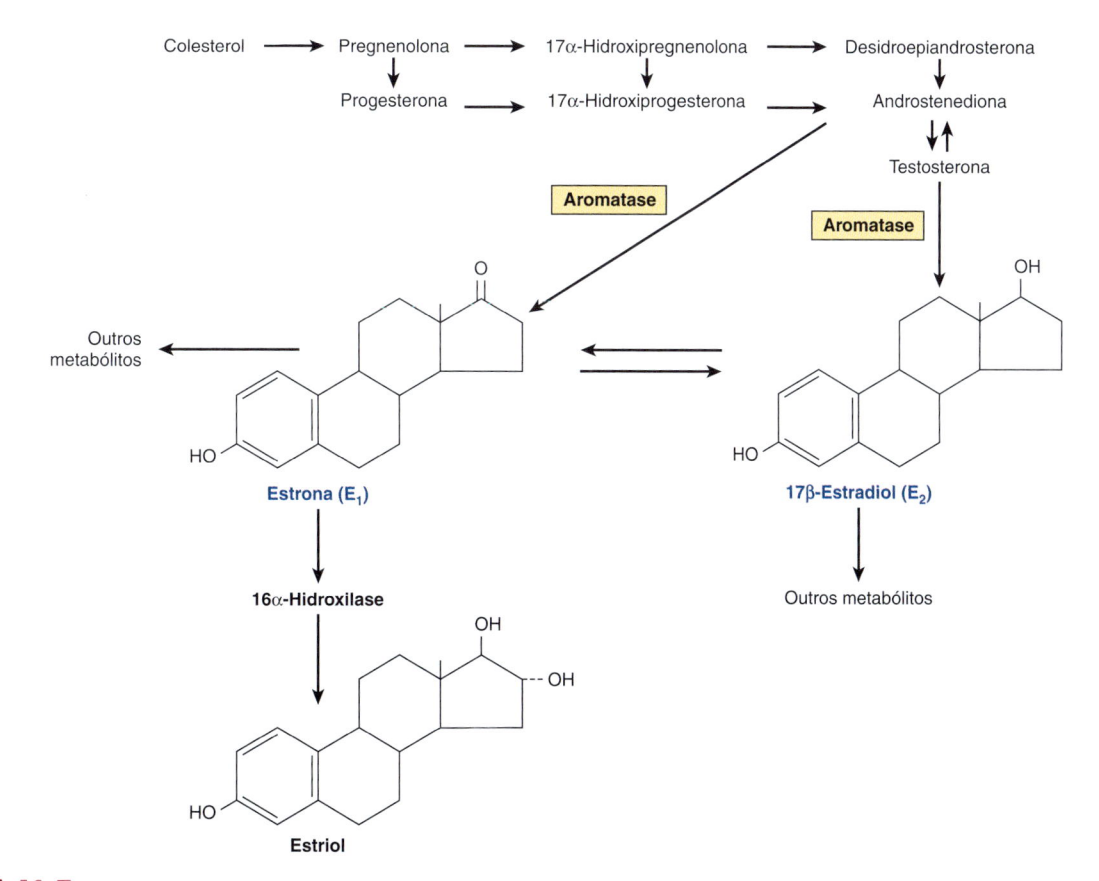

FIGURA 41-7 **Biossíntese dos estrogênios.** (Ligeiramente modificada e reproduzida, com autorização, de Ganong WF: Review of Medical Physiology, 21st ed. McGraw-Hill, 2005.)

FIGURA 41-8 Biossíntese da progesterona no corpo lúteo.

Fígado

Uma proteína de transporte específica, denominada **proteína de ligação da vitamina D**, liga-se à vitamina D_3 e a seus metabólitos, transferindo a vitamina D_3 da pele ou do intestino para o fígado, onde sofre 25-hidroxilação, a primeira reação obrigatória na síntese da $1,25(OH)_2$-D_3. A 25-hidroxilação ocorre no retículo endoplasmático, em uma reação que requer a presença de magnésio, NADPH, oxigênio molecular e de um fator citoplasmático que ainda não foi caracterizado. Duas enzimas estão envolvidas: um citocromo P450-redutase dependente de NADPH e um citocromo P450. Essa reação não é regulada e também ocorre com baixa eficiência nos rins e no intestino. A $25(OH)_2$-D_3 entra na circulação, onde constitui a principal forma da vitamina D encontrada no plasma, e é, então, transportada aos rins pela proteína de ligação da vitamina D.

Rins

A $25(OH)_2$-D_3 é um agonista fraco que precisa ser modificado por hidroxilação na posição C_1 para exercer a sua atividade biológica integral. Essa reação ocorre nas mitocôndrias dos túbulos contornados proximais dos rins por uma reação de monoxigenase de três componentes que exige a presença de NADPH, Mg^{2+}, oxigênio molecular e de pelo menos três

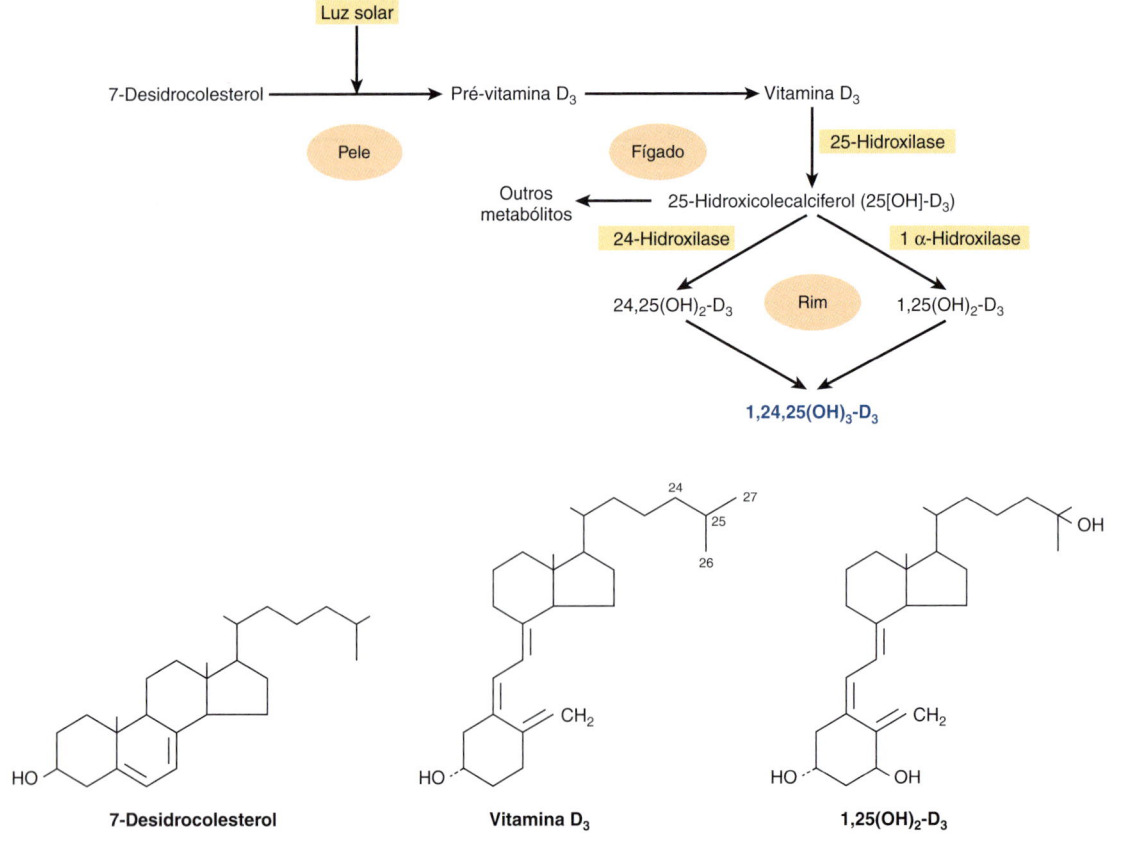

FIGURA 41-9 **Formação e hidroxilação da vitamina D_3.** A 25-hidroxilação ocorre no fígado, ao passo que as outras hidroxilações ocorrem nos rins. É provável que também haja formação de $25,26(OH)_2$-D_3 e de $1,25,26(OH)_3$-D_3. As estruturas do 7-desidrocolesterol, da vitamina D_3 e da $1,25(OH)_2$-D_3 também estão evidenciadas. (Modificada e reproduzida, com autorização, de Ganong WF: *Review of Medical Physiology*, 21st ed. McGraw-Hill, 2005.)

enzimas: (1) uma flavoproteína, a ferredoxina-redutase renal; (2) uma proteína de ferro e enxofre, a ferredoxina renal; e (3) o citocromo P450. Esse sistema produz a 1,25(OH)$_2$-D$_3$, que constitui o metabólito de ocorrência natural mais potente da vitamina D.

AS CATECOLAMINAS E OS HORMÔNIOS DA TIREOIDE SÃO FORMADOS A PARTIR DA TIROSINA

As catecolaminas são sintetizadas em sua forma final e armazenadas em grânulos de secreção

Três aminas – dopamina, norepinefrina e epinefrina – são sintetizadas a partir da tirosina nas células cromafinas da medula da glândula suprarrenal. O principal produto da medula da glândula suprarrenal é a epinefrina. Esse composto constitui aproximadamente 80% das catecolaminas na medula e não é sintetizado no tecido extramedular. Em contrapartida, a maior parte da norepinefrina encontrada em órgãos inervados pelos nervos simpáticos é sintetizada *in situ* (cerca de 80% do total), e a maior parte do restante é produzida em outras terminações nervosas, alcançando os locais de ação pela circulação. A epinefrina e a norepinefrina podem ser sintetizadas e armazenadas em diferentes células da medula da glândula suprarrenal e de outros tecidos cromafins.

A conversão da tirosina em epinefrina ocorre em quatro etapas sequenciais: (1) hidroxilação do anel; (2) descarboxilação; (3) hidroxilação da cadeia lateral para formar norepinefrina; e (4) *N*-metilação para gerar epinefrina. A **Figura 41-10** ilustra a via da biossíntese e as enzimas envolvidas.

A tirosina-hidroxilase constitui a etapa limitante de velocidade da biossíntese das catecolaminas

A **tirosina** é o precursor imediato das catecolaminas, e a **tirosina-hidroxilase** é a enzima limitante da velocidade da biossíntese das catecolaminas. A tirosina-hidroxilase é encontrada nas formas solúvel e ligada a partículas somente nos tecidos que sintetizam as catecolaminas; ela atua como oxidorredutase, com tetra-hidropteridina como cofator, para converter a L-tirosina em L-di-hidroxifenilalanina (L-**dopa**). Por ser a enzima que limita a velocidade de síntese, a tirosina-hidroxilase é regulada de várias formas. O mecanismo mais importante envolve a inibição por retroalimentação das catecolaminas, que competem com a enzima pelo cofator pteridina. As catecolaminas são incapazes de atravessar a barreira hematencefálica; por conseguinte, no encéfalo, elas precisam ser sintetizadas localmente. Em determinadas doenças do sistema nervoso central (p. ex., doença de Parkinson), ocorre deficiência local da síntese de dopamina. A L-dopa, o precursor da dopamina, atravessa com facilidade a barreira hematencefálica e, dessa maneira, constitui um importante agente no tratamento da doença de Parkinson.

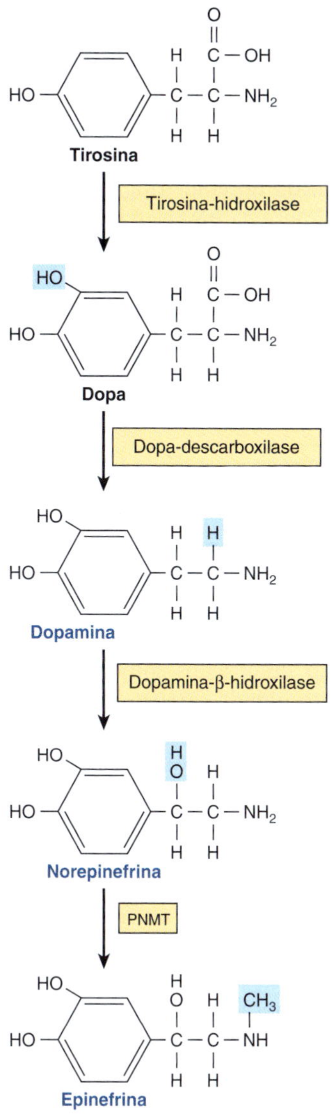

FIGURA 41-10 Biossíntese das catecolaminas. (PNMT, feniletanolamina-*N*-metiltransferase.)

A dopa-descarboxilase está presente em todos os tecidos

Essa enzima solúvel requer a presença de piridoxal-fosfato para a conversão da L-dopa em 3,4-di-hidroxifeniletilamina (**dopamina**). Os compostos que se assemelham à L-dopa, como a α-metildopa, são inibidores competitivos dessa reação. A α-metildopa mostra-se efetiva no tratamento de alguns tipos de hipertensão.

A dopamina-β-hidroxilase (DBH) catalisa a conversão de dopamina em norepinefrina

A DBH é uma monoxigenase que utiliza o ascorbato como doador de elétrons, o cobre no sítio ativo e o fumarato como modulador. A DBH encontra-se na fração particulada das células medulares, provavelmente nos grânulos secretores; dessa maneira, a conversão da dopamina em **norepinefrina** ocorre nessa organela.

A feniletanolamina-N-metiltransferase (PNMT) catalisa a produção da epinefrina

A PNMT catalisa a N-metilação da norepinefrina para formar a **epinefrina** nas células produtoras de epinefrina da medula da glândula suprarrenal. Como a PNMT é solúvel, supõe-se que a conversão da norepinefrina em epinefrina ocorra no citoplasma. A síntese da PNMT é induzida pelos hormônios glicocorticoides que alcançam a medula da glândula suprarrenal pelo sistema portal intrassuprarrenal. Esse sistema especial assegura um gradiente de concentração de esteroides cem vezes maior do que o do sangue arterial sistêmico, e essa alta concentração intrassuprarrenal parece ser necessária para a indução da PNMT.

A T_3 e a T_4 ilustram a diversidade da síntese de hormônios

A síntese de **tri-iodotironina** (T_3) e de **tetraiodotironina** (**tiroxina**; T_4) (ver Figura 41-2) ilustra muitos dos princípios de diversidade discutidos neste capítulo. Esses hormônios exigem a presença de um elemento raro (iodo) para a sua bioatividade; são sintetizados como parte de uma molécula precursora muito grande (tireoglobulina); são armazenados em um reservatório intracelular (coloide); e ocorre conversão periférica da T_4 em T_3, que é um hormônio muito mais ativo.

Os hormônios tireoidianos T_3 e T_4 são singulares, visto que o iodo (na forma de iodeto) constitui um componente essencial de ambos. Em quase todas as partes do mundo, o iodo é um componente escasso do solo e, por essa razão, encontra-se em quantidades muito pequenas nos alimentos. Os organismos desenvolveram um mecanismo complexo para adquirir e reter esse elemento crucial a fim de convertê-lo em uma forma apropriada para incorporação em compostos orgânicos. Ao mesmo tempo, a glândula tireoide precisa sintetizar tironina a partir da tirosina, e essa síntese ocorre na tireoglobulina (**Figura 41-11**).

A **tireoglobulina** é o precursor de T_4 e T_3. Trata-se de uma grande proteína glicosilada e iodada, com massa molecular de 660 kDa. O carboidrato responde por 8 a 10% do peso da tireoglobulina, enquanto o iodeto representa cerca de 0,2 a 1%, dependendo do teor de iodo da dieta. A tireoglobulina é composta por duas grandes subunidades. Ela contém 115 resíduos de tirosina, e cada um desses resíduos constitui um sítio potencial de iodinação. Cerca de 70% do iodeto na tireoglobulina estão presentes nos precursores inativos, **monoiodotirosina** (**MIT**) e **di-iodotirosina** (**DIT**), ao passo que 30% encontram-se na forma de **resíduos de iodotironil**, T_4 e T_3. Quando o suprimento de iodo é suficiente, a razão $T_4:T_3$ é de aproximadamente 7:1. Na **deficiência de iodo**, essa razão diminui, assim como a razão DIT:MIT. A tireoglobulina, uma molécula grande com cerca de 5 mil aminoácidos, assegura a conformação necessária para o acoplamento de tirosil e a organificação do iodeto necessários à formação dos hormônios tireoidianos com diaminoácidos. A tireoglobulina é sintetizada na porção basal da célula e desloca-se até o lúmen, onde constitui uma forma de armazenamento de T_3 e T_4 no coloide; na glândula tireoide normal, existe um suprimento desses hormônios por várias semanas. Poucos minutos após a estimulação da tireoide pelo TSH, o coloide entra novamente na célula e observa-se aumento acentuado na atividade dos fagolisossomos. Várias proteases ácidas e peptidases hidrolisam a tireoglobulina em seus aminoácidos constituintes, incluindo T_4 e T_3, que são descarregadas no espaço extracelular (ver Figura 41-11). Por conseguinte, a tireoglobulina é um pró-hormônio muito grande.

O metabolismo do iodeto envolve várias etapas distintas

A glândula tireoide tem a capacidade de concentrar o I^- contra um forte gradiente eletroquímico. Trata-se de um processo dependente de energia, que está ligado ao transportador de I^- da tireoide dependente de Na^+-K^+-ATPase. A razão entre o iodeto da tireoide e o iodeto do soro (razão T:S) reflete a atividade desse transportador. Essa atividade é controlada principalmente pelo TSH e varia desde 500:1, em animais cronicamente estimulados com TSH, até 5:1 ou menos, em animais submetidos à hipofisectomia (sem TSH). Nos seres humanos submetidos a uma dieta contendo teor normal de iodo, a razão T:S é de aproximadamente 25:1.

A glândula tireoide é o único tecido capaz de oxidar o I^- em um estado de valência mais alta, uma etapa obrigatória na organificação do I^- e na biossíntese dos hormônios tireoidianos. Essa etapa envolve uma peroxidase contendo heme e ocorre na superfície luminal da célula folicular. A tireoperoxidase, uma proteína tetramérica com massa molecular de 60 kDa, requer a presença de peróxido de hidrogênio (H_2O_2) como agente oxidante. O H_2O_2 é produzido por uma enzima dependente de NADPH que se assemelha à citocromo c-redutase. Diversos compostos inibem a oxidação do I^- e, portanto, a sua incorporação subsequente à MIT e à DIT. Os mais importantes desses compostos são os fármacos da tioureia. Esses compostos são usados como fármacos antitireoidianos, em virtude de sua capacidade de inibir a biossíntese dos hormônios tireoidianos nessa etapa. Quando ocorre iodação, o iodo não deixa a tireoide prontamente. A tirosina livre pode ser iodada, porém não é incorporada às proteínas, uma vez que não existe nenhum tRNA para reconhecer a tirosina iodada.

O acoplamento de duas moléculas de DIT para formar T_4 – ou de uma molécula de MIT e uma molécula de DIT para formar T_3 – ocorre no interior da molécula de tireoglobulina. Não foi identificada uma enzima de acoplamento separada, e, como se trata de um processo oxidativo, supõe-se que a mesma tireoperoxidase catalise essa reação ao estimular a formação de radicais livres da iodotirosina. Essa hipótese é sustentada pela observação de que os mesmos fármacos que inibem a oxidação de I^- também inibem o acoplamento. Os hormônios tireoidianos sintetizados continuam como partes integrais da tireoglobulina até que ela sofra degradação, conforme descrito anteriormente.

A deiodinase remove o I^- das moléculas inativas de monoiodotironina e di-iodotironina na glândula tireoide. Esse mecanismo assegura uma quantidade substancial do I^- utilizado na biossíntese de T_3 e T_4. Uma deiodinase periférica nos tecidos-alvo, como a hipófise, os rins e o fígado, remove seletivamente o I^- da posição 5' de T_4 para formar T_3 (ver Figura 41-2), que é uma molécula muito mais ativa. Nesse sentido, pode-se considerar a T_4 como um pró-hormônio, embora exiba alguma atividade intrínseca.

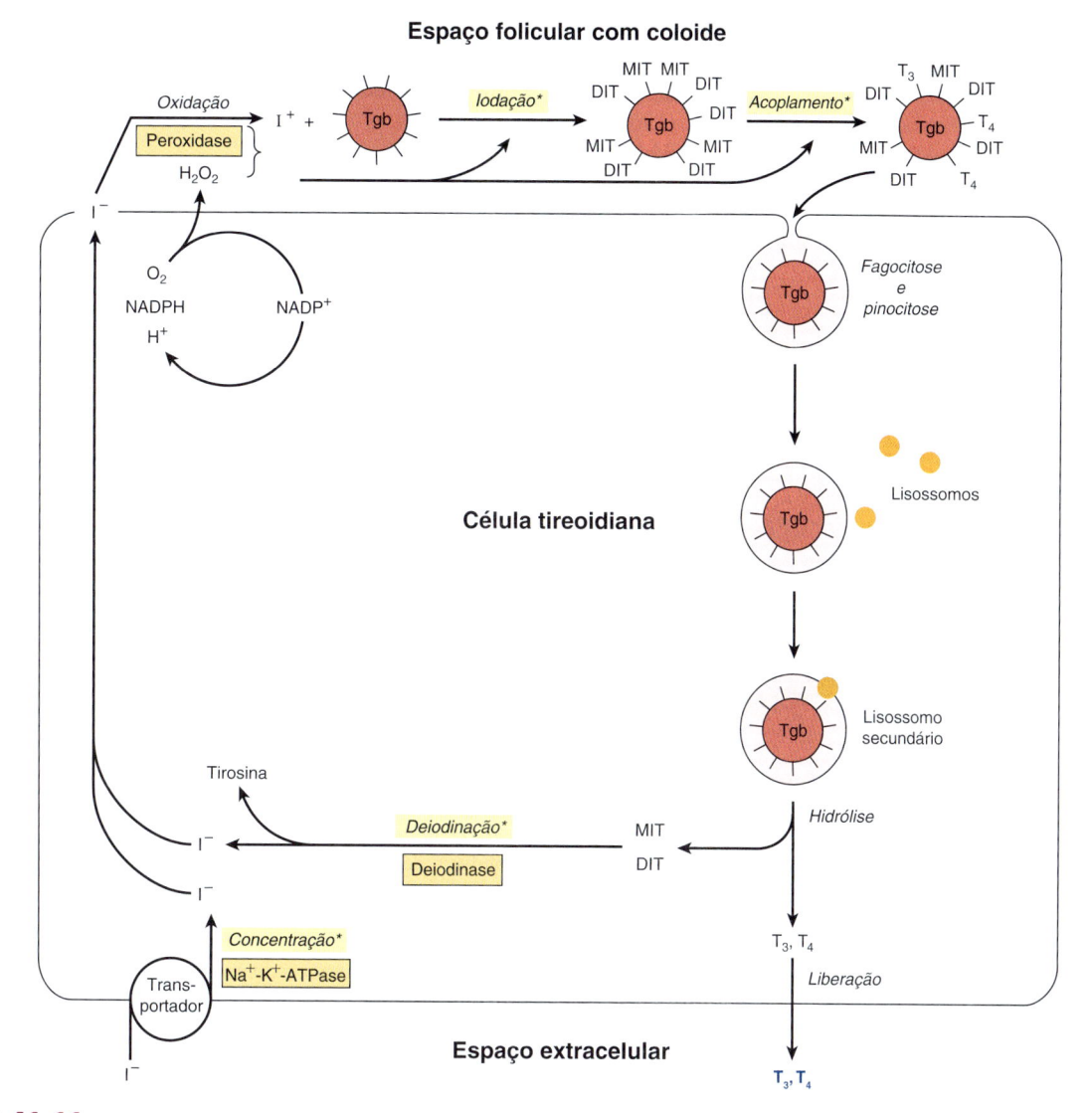

FIGURA 41-11 **Modelo do metabolismo do iodeto no folículo da tireoide.** Uma célula folicular está ilustrada de frente para o lúmen folicular (**parte superior**) e o espaço extracelular (**parte inferior**). O iodeto penetra na tireoide principalmente através de um transportador (lado esquerdo inferior). A síntese de hormônio tireoidiano ocorre no espaço folicular por uma série de reações, muitas das quais são mediadas por peroxidases. Os hormônios tireoidianos, que são armazenados no coloide do espaço folicular, são liberados da tireoglobulina por hidrólise dentro da célula tireoidiana. (DIT, di-iodotirosina; MIT, monoiodotirosina; Tgb, tireoglobulina; T_3, tri-iodotironina; T_4, tetraiodotironina; as estruturas de T_3 e T_4 estão evidenciadas na Figura 41-2B.) Os asteriscos indicam as etapas ou processos onde a ocorrência de deficiências enzimáticas hereditárias provoca bócio congênito e, com frequência, resulta em hipotireoidismo.

Vários hormônios são formados a partir de precursores peptídicos maiores

A formação das pontes dissulfeto essenciais na insulina exige que esse hormônio seja primeiro sintetizado como parte de uma molécula precursora maior, denominada proinsulina. Do ponto de vista conceitual, esse processo assemelha-se ao exemplo dos hormônios tireoidianos, que só podem ser sintetizados na presença de uma molécula muito maior. Vários outros hormônios são sintetizados como parte de moléculas precursoras maiores, não em virtude de alguma exigência estrutural especial, mas sim como mecanismo para controlar a quantidade disponível do hormônio ativo. O PTH e a angiotensina II são exemplos desse tipo de regulação. Outro exemplo interessante é a proteína pró-opiomelanocortina (POMC), que pode ser processada em muitos hormônios diferentes de acordo com o tecido específico. Esses exemplos serão discutidos em detalhes adiante.

A insulina é sintetizada como pré-pró-hormônio e modificada no interior das células β

A insulina possui uma estrutura heterodimérica AB, com uma ponte dissulfeto intracadeia (A6-A11) e duas pontes dissulfeto entre as cadeias (A7-B7 e A20-B19) (**Figura 41-12**). As cadeias A e B poderiam ser sintetizadas em laboratório, porém as tentativas de efetuar uma síntese bioquímica da molécula madura de insulina produziram resultados muito insatisfatórios. A razão disso ficou evidente quando foi descoberto

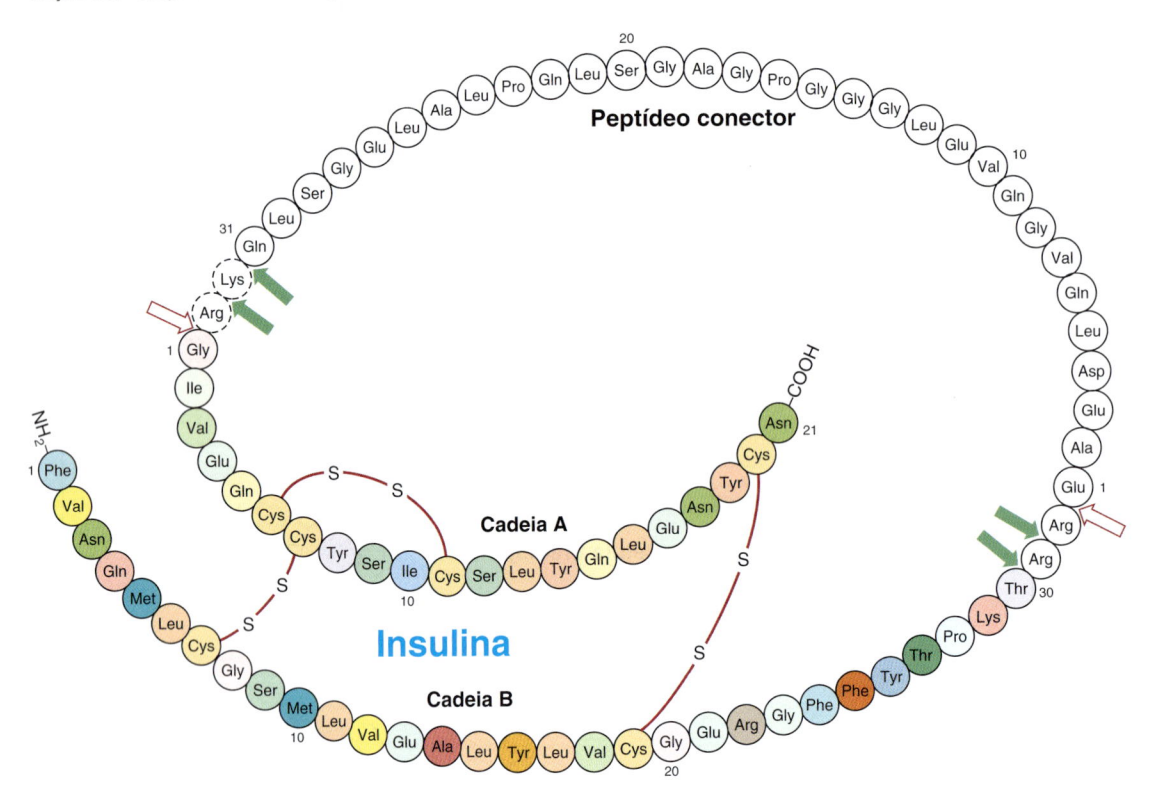

FIGURA 41-12 Estrutura da proinsulina humana. As moléculas da insulina e do peptídeo C estão ligadas em dois sítios por ligações peptídicas. Uma clivagem inicial por uma enzima semelhante à tripsina (setas vazadas vermelhas), seguida de várias clivagens por uma enzima semelhante à carboxipeptidase (setas contínuas verdes), resulta na produção da molécula de insulina heterodimérica (AB) (colorida), que é mantida unida por duas pontes dissulfeto de cisteína intrapeptídeo, e do peptídeo C da insulina (em branco).

que a insulina é sintetizada como um **pré-pró-hormônio** (peso molecular de cerca de 11.500), que é o protótipo dos peptídeos processados a partir de moléculas precursoras maiores. A sequência pré, ou líder, hidrofóbica de 23 aminoácidos direciona a molécula para o interior das cisternas do retículo endoplasmático e, em seguida, é removida. Essa remoção resulta na molécula de proinsulina com peso molecular de 9.000, que apresenta a conformação necessária para a formação apropriada e eficiente das pontes dissulfeto. Conforme ilustrado na Figura 41-12, a sequência da proinsulina, que começa na extremidade aminoterminal, é a cadeia B – peptídeo conector (C) – cadeia A. A molécula de proinsulina sofre uma série de clivagens peptídicas específicas de sítios, resultando na formação de quantidades equimolares de insulina madura e peptídeo C. Essas clivagens enzimáticas estão resumidas na Figura 41-12.

O PTH é secretado como um peptídeo de 84 aminoácidos

O precursor imediato do **paratormônio** (**PTH**) é o **pró-PTH**, que difere do hormônio nativo de 84 aminoácidos pela presença de uma extensão aminoterminal hexapeptídica altamente básica. O principal produto gênico e precursor imediato do pró-PTH é o **pré-pró-PTH** de 115 aminoácidos. Este difere do pró-PTH pela presença de uma extensão NH_2-terminal adicional de 25 aminoácidos que, em comum com as outras sequências-líder ou de sinalização características das proteínas secretadas, é predominantemente de natureza hidrofóbica.

A **Figura 41-13** ilustra a estrutura completa do pré-pró-PTH, bem como as sequências de pró-PTH e PTH. O PTH_{1-34} possui atividade biológica completa, e a região 25 a 34 é principalmente responsável pela ligação ao receptor.

A biossíntese do PTH e a sua secreção subsequente são reguladas pela concentração plasmática de cálcio ionizado (Ca^{2+}) por meio de um processo complexo. A redução aguda de Ca^{2+} resulta em acentuado aumento do mRNA do PTH, e esse processo é seguido de aumento na taxa de síntese e secreção do PTH. Entretanto, aproximadamente 80 a 90% do pró-PTH sintetizado não podem ser considerados como PTH intacto nas células ou no meio de incubação de sistemas experimentais. Esse achado levou à conclusão de que a maior parte do pró-PTH sintetizado sofre rápida degradação. Posteriormente, foi constatado que essa taxa de degradação diminui quando as concentrações de Ca^{2+} estão baixas e aumenta quando as concentrações de Ca^{2+} estão elevadas. Esses efeitos são mediados por um receptor de Ca^{2+} localizado na superfície da célula da paratireoide. São produzidos fragmentos muito específicos do PTH durante a sua digestão proteolítica (Figura 41-13). Diversas enzimas proteolíticas, incluindo as catepsinas B e D, foram identificadas no tecido da paratireoide. A catepsina B cliva o PTH em dois fragmentos: PTH_{1-36} e PTH_{37-84}. O PTH_{37-84} não é degradado subsequentemente; entretanto, o PTH_{1-36} sofre clivagem rápida e progressiva em dipeptídeos e tripeptídeos. A maior parte da proteólise do PTH ocorre dentro da glândula, porém vários estudos confirmaram que, uma vez secretado, o PTH é degradado por proteólise em outros tecidos, particularmente o fígado, por mecanismos semelhantes.

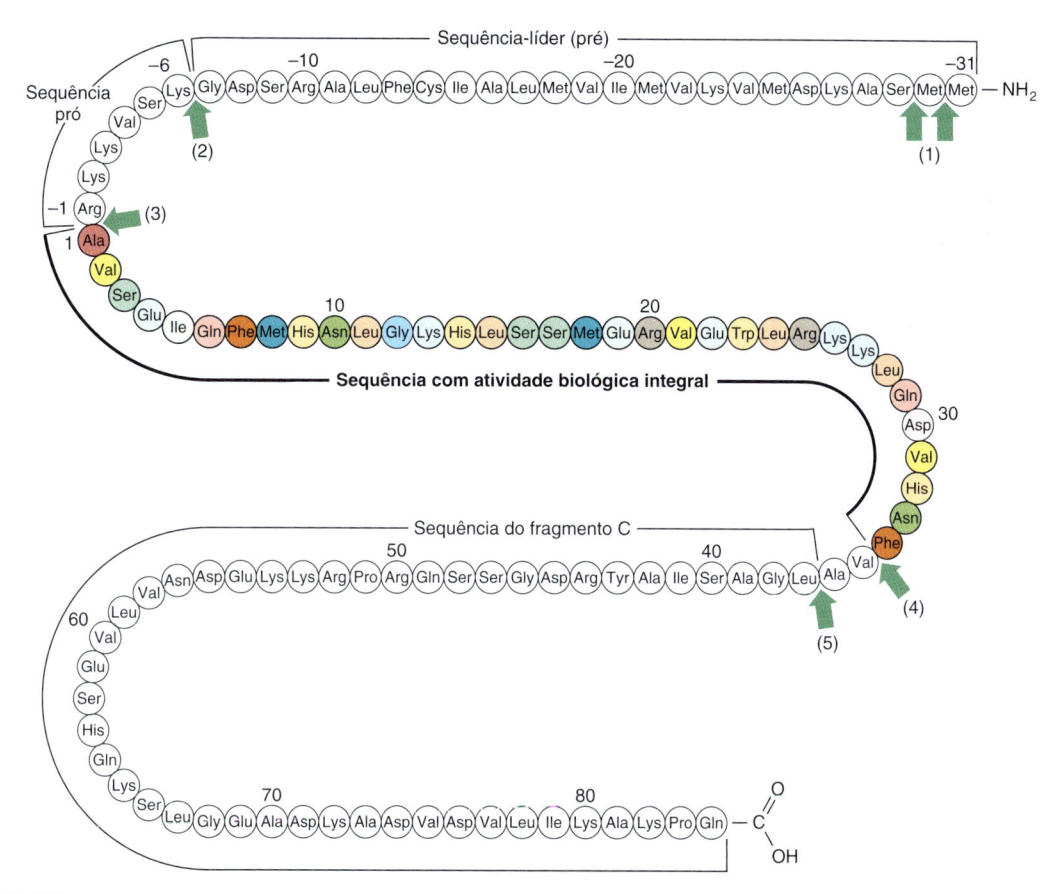

FIGURA 41-13 **Estrutura do pré-pró-paratormônio bovino.** As setas verdes indicam sítios de clivagem por enzimas de processamento na glândula paratireoide e no fígado, após a secreção do hormônio (números 1 a 5). A região biologicamente ativa da molécula (colorida) é flanqueada pela sequência que não é necessária para atividade nos receptores-alvo. (Ligeiramente modificada e reproduzida, com autorização, de Habener JF: Recent advances inparathyroid hormoneresearch. Clin Biochem 1981;14:223. Copyright ©1981. Reimpressa, com autorização, de Elsevier.)

A angiotensina II também é sintetizada a partir de um grande precursor

O sistema renina-angiotensina está envolvido na regulação da pressão arterial e do metabolismo eletrolítico (pela síntese de aldosterona). O principal hormônio envolvido nesses processos é a angiotensina II, um octapeptídeo formado a partir do angiotensinogênio (**Figura 41-14**). O angiotensinogênio, uma grande α_2-globulina produzida no fígado, é o substrato da renina, uma enzima sintetizada nas células justaglomerulares da arteríola aferente renal. Em virtude de sua localização, essas células são particularmente sensíveis a alterações da pressão arterial, e muitos dos reguladores fisiológicos da liberação de renina atuam por meio de barorreceptores renais. As células justaglomerulares também são sensíveis a mudanças nas concentrações de Na^+ e Cl^- do líquido tubular renal; por conseguinte, qualquer combinação de fatores que diminua o volume de líquido (desidratação, queda da pressão arterial ou perda de líquido ou de sangue) ou reduza a concentração de NaCl estimula a liberação de renina. Os nervos simpáticos renais que terminam nas células justaglomerulares mediam os efeitos posturais e do sistema nervoso central sobre a liberação de renina, independentemente dos efeitos dos barorreceptores e da concentração de sal, um mecanismo que envolve o receptor β-adrenérgico. A renina atua no substrato angiotensinogênio e produz a angiotensina I, um decapeptídeo.

A **enzima conversora da angiotensina** (**ECA**), uma glicoproteína encontrada nos pulmões, nas células endoteliais e no plasma, remove dois aminoácidos carboxiterminais do decapeptídeo angiotensina I para formar a angiotensina II, em uma etapa que não é considerada limitante de velocidade. Vários análogos nonapeptídicos da angiotensina I e outros compostos atuam como inibidores competitivos da enzima conversora e são utilizados no tratamento da hipertensão dependente de renina. Esses agentes são designados como inibidores da ECA. A angiotensina II aumenta a pressão arterial por meio de vasoconstrição da arteríola e é uma substância vasoativa muito potente. Ela inibe a liberação de renina das células justaglomerulares e atua como potente estimulador da síntese de aldosterona. Essas ações resultam em retenção de Na^+, expansão do volume e elevação da pressão arterial.

Em algumas espécies, a angiotensina II é convertida no heptapeptídeo angiotensina III (Figura 41-14), um estimulador igualmente potente da síntese de aldosterona. Nos seres humanos, o nível plasmático de angiotensina II é quatro vezes maior que o da angiotensina III, de modo que a maior parte dos efeitos é exercida pelo octapeptídeo. As angiotensinas II e III são rapidamente inativadas pelas angiotensinases.

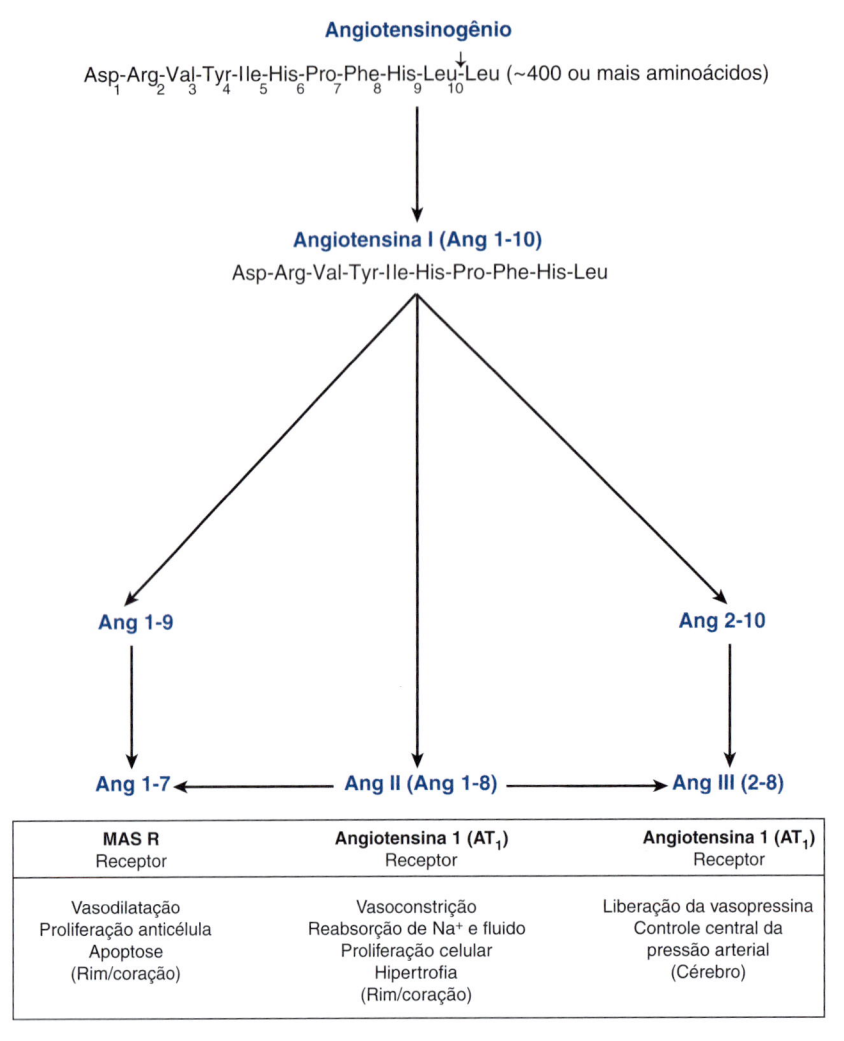

Angiotensinogênio
Asp-Arg-Val-Tyr-Ile-His-Pro-Phe-His-Leu-Leu (~400 ou mais aminoácidos)
 1   2   3   4   5   6   7   8   9   10

Angiotensina I (Ang 1-10)
Asp-Arg-Val-Tyr-Ile-His-Pro-Phe-His-Leu

Ang 1-9   **Ang 2-10**

Ang 1-7 ← **Ang II (Ang 1-8)** → **Ang III (2-8)**

MAS R Receptor	Angiotensina 1 (AT$_1$) Receptor	Angiotensina 1 (AT$_1$) Receptor
Vasodilatação Proliferação anticélula Apoptose (Rim/coração)	Vasoconstrição Reabsorção de Na$^+$ e fluido Proliferação celular Hipertrofia (Rim/coração)	Liberação da vasopressina Controle central da pressão arterial (Cérebro)

FIGURA 41-14 Formação, metabolismo e atividades fisiológicas selecionadas das angiotensinas. As três formas de maior atividade biológica da angiotensina (Ang), Ang 1-7, Ang 1-8 (Ang II) e Ang 2-8 (Ang III), são evidenciadas. Os números que representam os aminoácidos presentes em cada Ang são numerados em relação à sequência de Ang 1-10 (Ang I). Todas as formas de Ang são derivadas por proteólise catalisada por várias proteases distintas. O processamento inicial do precursor de mais de 400 aminoácidos de comprimento, o angiotensinogênio, é catalisado pela renina, ao passo que alguns dos outros eventos proteolíticos são catalisados pela enzima conversora da angiotensina 1 (ECA1), ou ECA2. São mostrados os receptores ligados às diferentes formas de Ang, assim como as consequências fisiológicas da ligação ao receptor (**parte inferior**).

A angiotensina II liga-se a receptores específicos existentes nas células da zona glomerulosa do córtex da glândula suprarrenal. A interação entre hormônio e receptor não ativa a adenilil-ciclase, e o cAMP não parece mediar a ação desse hormônio. As ações da angiotensina II, que consistem em estimular a conversão do colesterol em pregnenolona e a conversão da corticosterona em 18-hidroxicorticosterona e aldosterona, podem envolver alterações da concentração de cálcio intracelular e dos metabólitos fosfolipídicos por mecanismos semelhantes aos descritos no Capítulo 42.

O processamento complexo gera a família de peptídeos da pró-opiomelanocortina

A família da POMC consiste em peptídeos que atuam como hormônios (ACTH, LPH, MSH) e em outros que podem atuar como neurotransmissores ou neuromoduladores (endorfinas) (**Figura 41-15**). A POMC é sintetizada na forma de uma molécula precursora de 285 aminoácidos e é processada de modo diferente em várias regiões da hipófise.

O gene da POMC é expresso nos lobos anterior e intermediário da hipófise. As sequências mais conservadas entre as espécies situam-se no fragmento aminoterminal, nas regiões do ACTH e da β-endorfina. A POMC ou produtos relacionados são encontrados em vários outros tecidos de vertebrados, como o encéfalo, a placenta, o trato gastrintestinal, o aparelho reprodutor, os pulmões e os linfócitos.

A proteína POMC é processada de modo diferente no lobo anterior e no lobo intermediário da hipófise. O lobo intermediário da hipófise é rudimentar nos seres humanos adultos, porém é ativo nos fetos humanos e em mulheres grávidas no fim da gestação; também é ativo em muitas espécies animais. O processamento da proteína POMC nos tecidos periféricos (intestino, placenta e sistema reprodutor masculino) assemelha-se àquele observado no lobo intermediário. Existem três grupos de peptídeos básicos: (1) o ACTH, que pode dar origem ao α-MSH

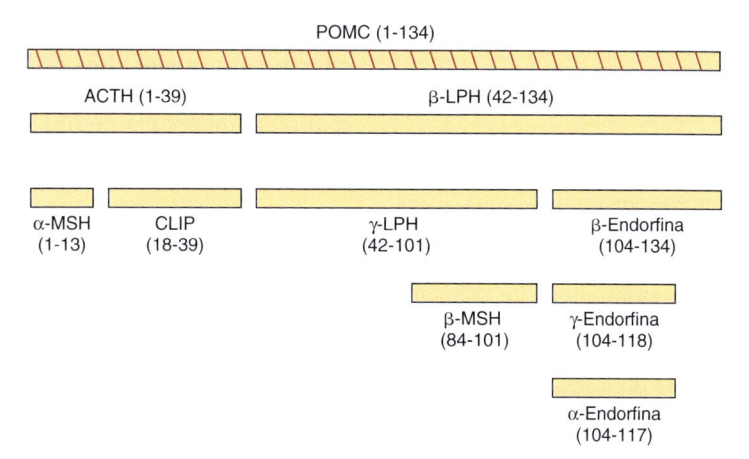

FIGURA 41-15 Produtos de clivagem da pró-opiomelanocortina (POMC). (CLIP, peptídeo do lobo intermediário semelhante à corticotrofina; LPH, lipotrofina; MSH, hormônio estimulador de melanócitos.)

e ao peptídeo do lobo intermediário semelhante à corticotrofina (CLIP, do inglês *corticotropin-like intermediate lobe peptide*); (2) a β-lipotrofina (β-LPH), que pode gerar a γ-LPH, o β-MSH e a β-endorfina (e, portanto, as α e γ-endorfinas); e (3) um peptídeo aminoterminal grande, que gera o γ-MSH (não ilustrado). A diversidade desses produtos deve-se aos numerosos grupos de aminoácidos dibásicos que constituem locais potenciais de clivagem para enzimas semelhantes à tripsina. Cada um dos peptídeos mencionados é precedido por resíduos Lys-Arg, Arg-Lys, Arg-Arg ou Lys-Lys. Após a clivagem do segmento do pré-hormônio, a próxima clivagem, tanto no lobo anterior quanto no intermediário, ocorre entre o ACTH e a β-LPH, resultando em um peptídeo aminoterminal com ACTH e um segmento de β-LPH (Figura 41-15). Subsequentemente, o $ACTH_{1-39}$ é clivado a partir do peptídeo aminoterminal, e no lobo anterior não ocorre praticamente nenhuma clivagem adicional. No lobo intermediário, o $ACTH_{1-39}$ é clivado em α-MSH (resíduos 1-13) e no CLIP (18-39); a β-LPH (42-134) é convertida em γ-LPH (42-101) e em β-endorfina (104-134). O β-MSH (84-101) é derivado da γ-LPH, ao passo que o γ-MSH (50-74) se origina de um fragmento N-terminal (1-74) da POMC.

Esses peptídeos sofrem modificações adicionais extensas, específicas do tecido, que afetam a sua atividade. Essas modificações incluem fosforilação, acetilação, glicosilação e amidação.

As mutações do receptor do α-MSH estão associadas a uma forma comum de obesidade de início precoce. Essa observação redirecionou a atenção para os hormônios peptídicos da POMC.

EXISTEM VARIAÇÕES NO ARMAZENAMENTO E NA SECREÇÃO DE HORMÔNIOS

Conforme assinalado anteriormente, os hormônios esteroides e a $1,25(OH)_2\text{-}D_3$ são sintetizados em sua forma ativa final. São também secretados à medida que são produzidos, de modo que não existe nenhum reservatório intracelular desses hormônios. As catecolaminas, também sintetizadas na forma ativa, são armazenadas em grânulos das células cromafins da medula da glândula suprarrenal. Em resposta a uma estimulação neural apropriada, esses grânulos são liberados da célula por exocitose, e as catecolaminas são liberadas na circulação. Nas células cromafins, existe um suprimento de reserva de catecolaminas para muitas horas.

O PTH também ocorre em vesículas de armazenamento. Até 80 a 90% do pró-PTH sintetizado são degradados antes de sua entrada nesse compartimento de armazenamento final, particularmente quando os níveis de Ca^{2+} estão elevados na célula da glândula paratireoide (ver anteriormente). O PTH é secretado quando o nível de Ca^{2+} está baixo nas células paratireoides, as quais contêm um suprimento do hormônio para várias horas.

O pâncreas humano secreta cerca de 40 a 50 unidades de insulina por dia; isso representa aproximadamente 15 a 20% do hormônio armazenado nas células β. A insulina e o peptídeo C (Figura 41-12) são normalmente secretados em quantidades equimolares. Assim, estímulos como a glicose, que provoca a secreção de insulina, desencadeiam o processamento da proinsulina à insulina como parte essencial da resposta secretora.

Existe um suprimento de T_3 e T_4 para várias semanas na tireoglobulina que está armazenada no coloide no lúmen dos folículos tireoidianos. Esses hormônios podem ser liberados com a estimulação do TSH. Trata-se do exemplo mais evidente de um pró-hormônio, visto que uma molécula contendo cerca de 5 mil aminoácidos precisa ser, em primeiro lugar, sintetizada e, em seguida, decomposta para fornecer algumas moléculas dos hormônios ativos, T_4 e T_3.

A **Tabela 41-5** ilustra a diversidade no armazenamento e na secreção dos hormônios.

TABELA 41-5 Diversidade no armazenamento dos hormônios

Hormônio	Suprimento armazenado na célula
Esteroides e $1,25(OH)_2\text{-}D_3$	Nenhum
Catecolaminas e PTH	Horas
Insulina	Dias
T_3 e T_4	Semanas

ALGUNS HORMÔNIOS POSSUEM PROTEÍNAS DE TRANSPORTE PLASMÁTICAS

Os hormônios da classe I são hidrofóbicos na sua natureza química e, portanto, não são muito solúveis no plasma. Esses hormônios, principalmente os esteroides e os hormônios tireoidianos, possuem proteínas de transporte plasmáticas especializadas que atendem a vários propósitos. Em primeiro lugar, essas proteínas superam o problema da solubilidade e, assim, liberam o hormônio na célula-alvo. Além disso, asseguram um reservatório circulante do hormônio, que pode ser substancial, como no caso dos hormônios tireoidianos. Os hormônios, quando ligados às proteínas de transporte, não podem ser metabolizados, o que prolonga a sua meia-vida plasmática ($t_{½}$). A afinidade de ligação de determinado hormônio pelo seu transportador determina a razão entre frações ligada e livre do hormônio. Isso é importante, uma vez que apenas a forma livre de um hormônio é biologicamente ativa. Em geral, a concentração plasmática do hormônio livre é muito baixa, da ordem de 10^{-15} a 10^{-9} mol/L. É importante distinguir entre proteínas plasmáticas de transporte e receptores hormonais. Ambos ligam-se aos hormônios, porém com características muito diferentes (**Tabela 41-6**).

Os hormônios hidrofílicos – geralmente da classe II e de estrutura peptídica – estão livremente solúveis no plasma e não necessitam de proteínas de transporte. Hormônios como a insulina, o hormônio do crescimento, o ACTH e o TSH circulam na forma ativa livre e apresentam meias-vidas plasmáticas muito curtas. Uma notável exceção é o IGF-I, que é transportado ligado a membros de uma família de proteínas de ligação.

Os hormônios tireoidianos são transportados pela globulina de ligação à tireoide

Muitos dos princípios discutidos anteriormente podem ser ilustrados na descrição das proteínas de ligação à tireoide. Metade a dois terços da T_4 e da T_3 no corpo se encontram em um reservatório fora da glândula tireoide. A maior parte circula na forma ligada, isto é, fixada a uma proteína de ligação específica, a **globulina de ligação da tiroxina** (**TBG**, do inglês *thyroxine-binding globulin*). A TBG, uma glicoproteína com massa molecular de 50 kDa, liga-se a T_4 e à T_3 e tem a capacidade de ligar-se a 20 µg/dL de plasma. Em condições normais, a TBG liga-se – de forma não covalente – a quase toda a T_4 e a T_3 presente no plasma, porém com afinidade maior pela T_4 do que pela T_3 (**Tabela 41-7**). A meia-vida plasmática da T_4 é 4 a 5 vezes maior que a da T_3. A pequena fração não ligada (livre) é responsável pela atividade biológica. Por conseguinte, apesar da grande diferença na quantidade total, a fração livre da T_3 aproxima-se daquela de T_4, e, tendo em vista que T_3 é intrinsecamente mais ativa do que T_4, a maior parte da atividade biológica é atribuída à T_3. A TBG não se liga a nenhum outro hormônio.

Os glicocorticoides são transportados pela globulina de ligação dos corticosteroides

A hidrocortisona (cortisol) também circula no plasma na forma livre e na forma ligada às proteínas. A principal proteína de ligação no plasma é uma α-globulina, denominada **transcortina**, ou **globulina de ligação dos corticosteroides** (**CBG**, do inglês *corticosteroid-binding globulin*). A CBG é sintetizada no fígado, e, à semelhança da TBG, a sua síntese é aumentada pelos estrogênios. A CBG liga-se à maior parte do hormônio quando os níveis plasmáticos de cortisol estão dentro da faixa normal; quantidades muito menores de cortisol se ligam à albumina. A afinidade de ligação ajuda a determinar as meias-vidas biológicas de vários glicocorticoides. O cortisol liga-se firmemente à CBG e apresenta uma $t_{½}$ de 1,5 a 2 horas, ao passo que a corticosterona, que se liga menos firmemente, tem uma $t_{½} < 1$ hora (**Tabela 41-8**). O cortisol

TABELA 41-6 Comparação dos receptores com as proteínas de transporte

Característica	Receptores	Proteínas de transporte
Concentração	Muito baixa (milhares/célula)	Muito alta (bilhões/µL)
Afinidade de ligação (K_d)	Alta (faixa de pmol/L a nmol/L)	Baixa (faixa de µmol/L)
Especificidade de ligação	Muito alta	Baixa
Saturabilidade	Sim	Não
Reversibilidade	Sim	Sim
Transdução de sinais	Sim	Não

TABELA 41-7 Comparação de T_4 e T_3 no plasma

| Hormônio | Hormônio total (µg/dL) | Hormônio livre | | | $t_{½}$ no sangue (dias) |
		Porcentagem do total	ng/dL	Molaridade	
T_4	8	0,03	~2,24	$3,0 \times 10^{-11}$	6,5
T_3	0,15	0,3	~0,4	$0,6 \times 10^{-11}$	1,5

TABELA 41-8 Afinidades aproximadas dos esteroides pelas proteínas de ligação séricas

	SHBG[a]	CBG[a]
Di-hidrotestosterona	1	> 100
Testosterona	2	> 100
Estradiol	5	> 10
Estrona	> 10	> 100
Progesterona	> 100	~2
Cortisol	> 100	~3
Corticosterona	> 100	~5

[a] Afinidade expressa como K_d (nmol/L).
CBG, globulina de ligação dos corticosteroides; SHBG, globulina de ligação dos hormônios sexuais.

livre (não ligado) constitui cerca de 8% do total e representa a fração biologicamente ativa. A ligação à CBG não se limita aos glicocorticoides. A desoxicorticosterona e a progesterona interagem com a CBG com afinidade suficiente para competir com a ligação do cortisol. A aldosterona, o mineralocorticoide natural mais potente, não apresenta uma proteína de transporte específica no plasma. Os esteroides gonadais ligam-se muito fracamente à CBG (Tabela 41-8).

Os esteroides gonadais são transportados pela globulina de ligação dos hormônios sexuais

A maioria dos mamíferos, inclusive os seres humanos, possui uma β-globulina plasmática que se liga à testosterona com especificidade, afinidade relativamente alta e capacidade limitada (Tabela 41-8). Essa proteína, habitualmente denominada **globulina de ligação dos hormônios sexuais** (**SHBG**, do inglês *sex hormone-binding globulin*) ou globulina de ligação da testosterona-estrogênio (TEBG, do inglês *testosterone-estrogen-binding globulin*), é sintetizada no fígado. Sua produção é aumentada pelos estrogênios (as mulheres apresentam concentrações séricas de SHBG duas vezes maiores do que os homens), por determinados tipos de doença hepática e pelo hipertireoidismo; ela é diminuída pelos androgênios, pelo envelhecimento e pelo hipotireoidismo. Muitas dessas condições também afetam a síntese da CBG e da TBG. Como a SHBG e a albumina ligam-se a 97 a 99% da testosterona circulante, apenas uma pequena fração do hormônio na circulação encontra-se na forma livre (biologicamente ativa). A principal função da SHBG pode ser a de limitar a concentração sérica da testosterona livre. A testosterona liga-se à SHBG com mais afinidade do que o estradiol (Tabela 41-8). Portanto, uma alteração do nível de SHBG provoca uma maior variação nos níveis de testosterona livre do que nos níveis de estradiol livre.

Os estrogênios ligam-se à SHBG, e as progestinas, à CBG. A SHBG liga-se ao estradiol cerca de cinco vezes menos avidamente do que à testosterona ou à DHT, ao passo que a progesterona e o cortisol têm pouca afinidade por essa proteína (Tabela 41-8). Por outro lado, a progesterona e o cortisol ligam-se com afinidade quase igual à CBG, que, por sua vez, tem pouca afinidade pelo estradiol e ainda menos pela testosterona, pela DHT ou pela estrona.

Essas proteínas de ligação também asseguram um reservatório circulante de hormônio, e, devido à sua capacidade de ligação relativamente grande, elas provavelmente tamponam alterações súbitas do nível plasmático. Como as taxas de depuração metabólica desses esteroides estão inversamente relacionadas com a afinidade de sua ligação à SHBG, a estrona é depurada mais rapidamente do que o estradiol, que, por sua vez, sofre depuração mais rápida que a testosterona ou a DHT.

RESUMO

- A presença de um receptor específico define as células-alvo de determinado hormônio.
- Os receptores são proteínas que se ligam a hormônios específicos e geram um sinal intracelular (acoplamento receptor-efetor).
- Alguns hormônios possuem receptores intracelulares, enquanto outros se ligam a receptores presentes na membrana plasmática.
- Os hormônios são sintetizados a partir de várias moléculas precursoras, incluindo o colesterol, a própria tirosina e todos os aminoácidos constituintes dos peptídeos e das proteínas.
- Vários processos de modificação alteram a atividade dos hormônios. Por exemplo, muitos hormônios são sintetizados a partir de moléculas precursoras maiores.
- O complemento de enzimas em um determinado tipo celular possibilita a síntese de uma classe específica de hormônios esteroides.
- Os hormônios lipossolúveis ligam-se, em sua maioria, a proteínas transportadoras plasmáticas bastante específicas.

REFERÊNCIAS

Bain DL, Heneghan AF, Connaghan-Jones KD, Miura MT: Nuclear receptor structure: implications for function. Annu Rev Physiol 2007;69:201-220.
Bartalina L: Thyroid hormone-binding proteins: update 1994. Endocr Rev 1994;13:140-142.
Cristina Casals-Casas C, Desvergne B: Endocrine disruptors: from endocrine to metabolic disruption. Annu Rev Physiol 2011;73:135-162.
DeLuca HR: The vitamin D story: a collaborative effort of basic science and clinical medicine. FASEB J 1988;2:224-236.
Douglass J, Civelli O, Herbert E: Polyprotein gene expression: generation of diversity of neuroendocrine peptides. Annu Rev Biochem 1984;53:665-715.
Farooqi IS, O'Rahilly S: Monogenic obesity in humans. Annu Rev Med 2005;56:443-458.
Fan W, Atkins AR, Yu RT, et al: Road to exercise mimetics: targeting nuclear receptor in skeletal muscle. J Mol Endocrinol 2013;51:T87-T100.
Hah N, Kraus WL: Hormone-regulated transcriptomes: lessons learned from estrogen signaling pathways in breast cancer cells. Mol Cell Endocrinol 2014;382:652-664.
Miller WL: Molecular biology of steroid hormone biosynthesis. Endocr Rev 1988;9:295-318.
Russell DW, Wilson JD: Steroid 5 alpha-reductase: two genes/two enzymes. Annu Rev Biochem 1994;63:25-61.
Steiner DF, Smeekens SP, Ohagi S, et al: The new enzymology of precursor processing endoproteases. J Biol Chem 1992;267: 23435-23438.
Taguchi A, White M: Insulin-like signaling, nutrient homeostasis, and life span. Annu Rev Physiol 2008;70:191-212.
Weikum ER, Knuesel MT, Ortlund EA, Yamamoto KR: Glucocorticoid receptor control of transcription: precision and plasticity via allostery. Nat Rev Mol Cell Biol 2017;18: 159-174.
Xu Y, O'Malley BW, Elmquist JK: Brain nuclear receptors and body weight regulation. J Clin Invest 2017;127:1172-1180.

Ação dos hormônios e transdução de sinais

CAPÍTULO 42

P. Anthony Weil, Ph.D.

OBJETIVOS

Após o estudo deste capítulo, você deve ser capaz de:

- Explicar os papéis do estímulo, da liberação de hormônios, da geração de sinais e da resposta efetora nos processos fisiológicos regulados por hormônios.
- Descrever o papel dos receptores e das proteínas G de ligação de nucleotídeo de guanosina na transdução de sinais hormonais, particularmente no que se refere à geração de segundos mensageiros.
- Reconhecer os padrões complexos de comunicação cruzada da via de transdução de sinais em relação à mediação de processos fisiológicos complicados.
- Compreender os papéis essenciais que a modificação pós-traducional de proteína-ligante, proteína-proteína e proteína e as interações proteína-DNA desempenham na mediação dos processos fisiológicos dirigidos por hormônios.
- Reconhecer que os receptores modulados por hormônios, os segundos mensageiros e as moléculas de sinalização associadas representam uma fonte rica para o desenvolvimento potencial de fármacos direcionados para alvos, tendo em vista seus papéis fundamentais na regulação da fisiologia.

IMPORTÂNCIA BIOMÉDICA

As adaptações homeostáticas produzidas por um organismo em um ambiente em constante mudança são realizadas, em grande parte, por meio de alterações na atividade e na quantidade das proteínas. Os hormônios representam um importante mecanismo para facilitar essas mudanças. Uma interação entre hormônio e receptor leva à geração de um sinal intracelular amplificado, que pode regular a atividade de determinado conjunto de genes, alterando a quantidade de certas proteínas na célula-alvo, ou afetar a atividade de proteínas específicas, incluindo enzimas, transportadores ou proteínas de canais. Os sinais podem influenciar a localização das proteínas na célula e, com frequência, afetam processos gerais, como a síntese de proteínas, o crescimento celular e a replicação, por meio de seus efeitos sobre a expressão gênica. Outras moléculas de sinalização – incluindo citocinas, interleucinas, fatores de crescimento e metabólitos – utilizam alguns dos mesmos mecanismos gerais e vias de transdução de sinais. A produção e a liberação excessivas, deficientes ou inapropriadas de hormônios e das outras moléculas sinalizadoras de regulação constituem importantes causas de doença. Muitos agentes farmacoterapêuticos são desenvolvidos com o propósito de corrigir ou influenciar, de algum modo, as vias discutidas neste capítulo.

OS HORMÔNIOS TRANSDUZEM SINAIS PARA AFETAR MECANISMOS HOMEOSTÁTICOS

A **Figura 42-1** ilustra as etapas gerais envolvidas na produção de uma resposta coordenada a determinado estímulo. O estímulo pode ser um desafio ou uma ameaça ao organismo, a um determinado órgão ou à integridade de uma única célula daquele organismo. O reconhecimento do estímulo constitui a primeira etapa da resposta adaptativa. Em um organismo, o reconhecimento geralmente envolve o sistema nervoso e os sentidos especiais (visão, audição, sensibilidade à dor, olfação e sensibilidade tátil). Em nível orgânico, tecidual ou celular, o reconhecimento envolve fatores físico-químicos, como o pH, a pressão de O_2, a temperatura, o suprimento de nutrientes, os metabólitos deletérios e a osmolaridade. O reconhecimento apropriado resulta na liberação de um ou mais hormônios que controlam a geração da resposta adaptativa necessária. Para o propósito dessa discussão, os hormônios são classificados conforme descrito na Tabela 41-4, ou seja, com base na localização de seus receptores celulares específicos e no tipo de sinais gerados. Os hormônios do grupo I interagem com receptores intracelulares, enquanto os hormônios do grupo II atuam em locais de reconhecimento de receptores localizados

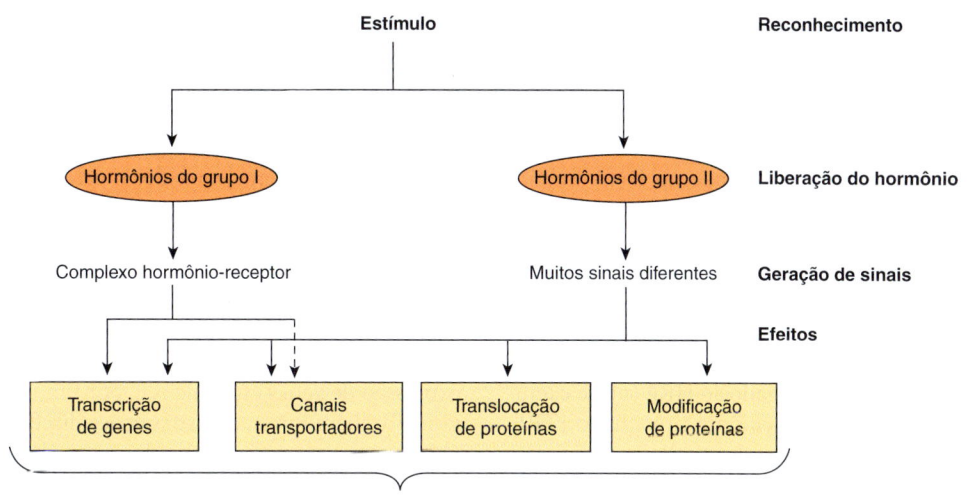

FIGURA 42-1 **Atuação hormonal nas respostas a determinado estímulo.** As necessidades fisiológicas ou as ameaças à integridade do organismo desencadeiam uma resposta, que inclui a liberação de um ou mais hormônios. Esses hormônios geram sinais nas células-alvo ou em seu interior, e esses sinais regulam uma variedade de processos biológicos que asseguram uma resposta coordenada ao estímulo ou desafio. Ver Figura 42-8 para um exemplo específico.

na superfície extracelular da membrana plasmática das células-alvo. As citocinas, as interleucinas e os fatores de crescimento também devem ser incluídos nesta última categoria. Essas moléculas, de importância fundamental na adaptação homeostática, são hormônios no sentido de que são sintetizados em células específicas, exercem o equivalente às ações autócrinas, parácrinas e endócrinas, ligam-se a receptores de superfície celular e ativam muitas das mesmas vias de transdução de sinais utilizadas pelos hormônios mais tradicionais do grupo II.

GERAÇÃO DO SINAL

O complexo ligante-receptor constitui o sinal para os hormônios do grupo I

Os hormônios lipofílicos do grupo I difundem-se através da membrana plasmática de todas as células, porém encontram seus receptores intracelulares específicos de alta afinidade apenas nas células-alvo. Esses receptores podem estar localizados no citoplasma ou no núcleo dessas células. Inicialmente, o complexo hormônio-receptor sofre uma **reação de ativação**. Conforme ilustrado na **Figura 42-2**, a ativação do receptor ocorre por meio de pelo menos dois mecanismos. Por exemplo, os glicocorticoides sofrem difusão através da membrana plasmática e encontram seus respectivos receptores no citoplasma das células-alvo. A ligação do ligante ao receptor produz uma mudança conformacional do receptor, levando à dissociação da proteína de choque térmico 90 (Hsp90, do inglês *heat shock protein 90*). Esse passo é necessário para a localização nuclear subsequente do receptor de glicocorticoide (GR, do inglês *glucocorticoid receptor*). Esse receptor também contém uma sequência de localização nuclear que estará, nesse momento, livre para auxiliar na sua translocação do citoplasma para o núcleo. O receptor ativado é transferido para o núcleo (Figura 42-2) e se liga com alta afinidade a uma sequência específica do ácido desoxirribonucleico (DNA, do

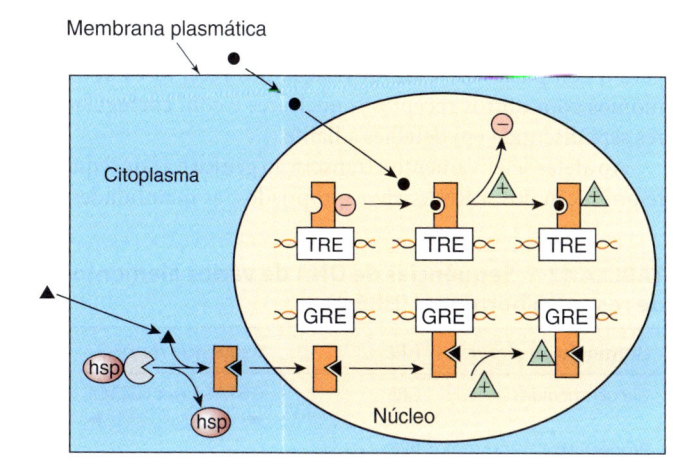

FIGURA 42-2 **Regulação da expressão gênica por dois hormônios diferentes do grupo I, o hormônio tireoidiano e os glicocorticoides.** Os hormônios esteroides hidrofóbicos têm fácil acesso ao compartimento citoplasmático das células-alvo por difusão através da membrana plasmática. Os hormônios glicocorticoides (triângulos sólidos) encontram seus respectivos receptores (GR) no citoplasma, onde o GR existe na forma de um complexo com uma proteína chaperona, a proteína de choque térmico 90 (hsp90). A ligação do ligante provoca dissociação da hsp90 e uma mudança conformacional do receptor. Em seguida, o complexo receptor-ligante atravessa a membrana nuclear e liga-se ao DNA com especificidade e alta afinidade em um elemento de resposta aos glicocorticoides (GRE). Esse evento afeta a arquitetura de diversos correguladores da transcrição (triângulos verdes), dando início a uma transcrição aumentada. Por outro lado, os hormônios tireoidianos e o ácido retinoico (círculo preto) penetram diretamente no núcleo, onde seus respectivos receptores heterodiméricos (TR-RXR; ver Figura 42-12) já estão ligados aos elementos de resposta apropriados com um complexo correpressor de transcrição associado (círculos vermelhos). Ocorre ligação de hormônios, o que mais uma vez induz mudanças conformacionais no receptor, levando à dissociação do complexo correpressor do receptor, possibilitando, assim, a montagem de um complexo ativador, que consiste em TR-TRE e coativator. Em seguida, o gene é ativamente transcrito.

inglês *deoxyribonucleic acid*), denominada **elemento de resposta hormonal** (**HRE**, do inglês *hormone response element*). No caso do GR, trata-se de um elemento de resposta aos glicocorticoides (GRE, do inglês *element glucocorticoid response*). A **Tabela 42-1** apresenta as sequências de consenso para os HREs. O complexo ligante-receptor ligado ao DNA funciona como um sítio de ligação de alta afinidade para uma ou mais proteínas coativadoras, e, quando isso ocorre, inicia-se a transcrição gênica acelerada. Por outro lado, determinados hormônios, como os hormônios tireoidianos e os retinoides, difundem-se a partir do líquido extracelular através da membrana plasmática e dirigem-se diretamente ao núcleo. Nesse caso, o respectivo receptor já está ligado ao HRE (nesse exemplo, ao elemento de resposta ao hormônio tireoidiano [TRE, do inglês *thyroid hormone response element*]). Todavia, esse receptor ligado ao DNA não consegue ativar a transcrição pelo fato de formar um complexo com um correpressor. Na verdade, esse complexo receptor-correpressor atua como repressor tônico da transcrição gênica. A associação de um ligante a esses receptores resulta em dissociação do(s) correpressor(es). Nessa etapa, o receptor com o ligante é capaz de se ligar com alta afinidade a um ou mais coativadores, resultando no recrutamento da RNA-polimerase II e GTFs, bem como na ativação da transcrição gênica, conforme assinalado anteriormente para o complexo GR-GRE. A relação dos receptores de hormônios com outros receptores nucleares e com correguladores será discutida em detalhes adiante.

Ao afetar seletivamente a transcrição gênica e a consequente produção dos mRNAs-alvo apropriados, as quantidades de proteínas específicas são alteradas, e os processos metabólicos são influenciados. A influência de cada um desses hormônios é muito específica; em geral, um determinado hormônio afeta diretamente menos de 1% dos genes, do mRNA ou das proteínas de uma célula-alvo; ocasionalmente, apenas alguns são afetados. As ações nucleares dos hormônios esteroides, tireoidianos e retinoides estão bem definidas. As evidências sugerem, em sua maioria, que esses hormônios exercem seu efeito predominante ao modular a transcrição dos genes, porém eles – e muitos hormônios incluídos nas outras classes descritas adiante – podem atuar em qualquer etapa da "via de informação", conforme ilustrado na **Figura 42-3**, para controlar a expressão de genes específicos e, por fim, uma resposta biológica. Também foram descritas ações diretas dos esteroides no citoplasma e em várias organelas e membranas. Recentemente, foram implicados microRNAs e lncRNAs na mediação de algumas das diversas ações dos hormônios.

OS HORMÔNIOS DO GRUPO II (PEPTÍDEOS E CATECOLAMINAS) POSSUEM RECEPTORES DE MEMBRANA E UTILIZAM MENSAGEIROS INTRACELULARES

Muitos hormônios são hidrossolúveis, não possuem proteínas de transporte (e, portanto, apresentam uma meia-vida plasmática curta) e desencadeiam uma resposta por meio de sua ligação a um receptor localizado na membrana plasmática (ver Tabelas 41-3 e 41-4). O mecanismo de ação desse grupo de hormônios pode ser descrito de modo mais apropriado em termos dos **sinais intracelulares** que eles geram. Esses sinais incluem **cAMP** (AMP cíclico; ácido 3′,5′-adenílico; ver Figura 18-5), um nucleotídeo derivado do trifosfato de adenosina (ATP, do inglês *adenosine triphosphate*) pela ação da

TABELA 42-1 Sequências de DNA de vários elementos de resposta hormonal (HREs)[a]

Hormônio ou efetor	HRE	Sequência do DNA
Glicocorticoides	GRE	GGTACA NNN TGTTCT
Progestinas	PRE	
Mineralocorticoides	MRE	
Androgênios	ARE	
Estrogênios	ERE	AGGTCA — TGACCT
Hormônio tireoidiano	TRE	AGGTCA N(1-5) AGGTCA
Ácido retinoico	RARE	
Vitamina D	VDRE	
cAMP	CRE	TGACGTCA

[a] As letras referem-se aos nucleotídeos; N significa qualquer um dos quatro que possa ser utilizado nessa posição. As setas que apontam para direções contrárias ilustram os palíndromos invertidos ligeiramente imperfeitos, presentes em muitos HREs; em alguns casos, essas áreas são denominadas "meios-sítios de ligação" ou meios-sítios, visto que cada uma se liga a um monômero do receptor. O GRE, o PRE, o MRE e o ARE consistem na mesma sequência de DNA. A especificidade pode ser conferida pela concentração intracelular do ligante ou do receptor hormonal, pelo flanqueamento das sequências de DNA não incluídas no consenso ou por outros elementos acessórios. Um segundo grupo de HREs inclui aqueles dos hormônios tireoidianos, dos estrogênios, do ácido retinoico e da vitamina D. Esses HREs são semelhantes, exceto no que se refere à orientação e ao espaçamento entre os meios-palíndromos. O espaçamento determina a especificidade do hormônio. O VDRE (N = 3), o TRE (N = 4) e o RARE (N = 5) ligam-se a repetições diretas, e não a repetições invertidas. Outro membro da superfamília dos receptores de esteroides, o receptor de retinoide X (RXR), forma heterodímeros com o VDR, o TR e o RARE, constituindo as formas funcionais desses fatores de transação. O cAMP afeta a transcrição gênica por meio do CRE.

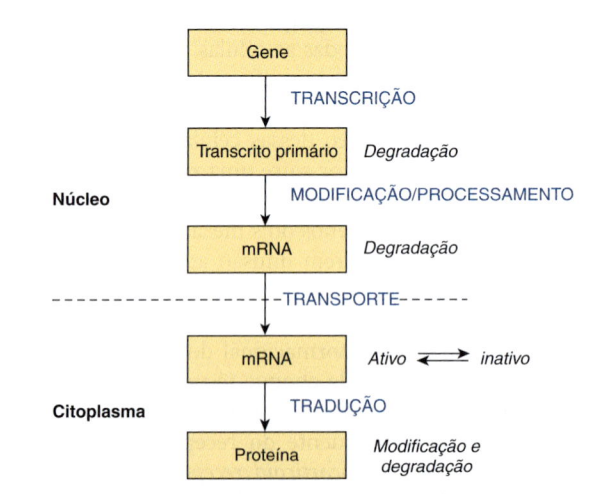

FIGURA 42-3 "Via de informação". A informação flui do gene para o transcrito primário, para o mRNA e para a proteína. Os hormônios podem influenciar qualquer uma das etapas envolvidas e são capazes de afetar as taxas de processamento, degradação ou modificação dos vários produtos.

adenilil-ciclase; **cGMP**, um nucleotídeo formado pela guanilil-ciclase; **Ca^{2+}**; e **fosfatidilinositídeos**; essas pequenas moléculas são denominadas **segundos mensageiros**, já que sua síntese é desencadeada pela presença do hormônio (molécula) primário que se liga a seu receptor. Muitos desses segundos mensageiros afetam a transcrição gênica, conforme descrito no parágrafo anterior; todavia, eles também influenciam vários outros processos biológicos, conforme ilustrado na Figura 42-3; ver também as Figuras 42-6 e 42-8.

Receptores acoplados à proteína G

Muitos hormônios do grupo II ligam-se a receptores que se acoplam aos efetores por meio de uma **proteína de ligação ao GTP** (**proteínas G**) intermediária. Normalmente, esses receptores apresentam domínios hidrofóbicos α-helicoidais que atravessam sete vezes a membrana plasmática, aqui ilustrados por sete cilindros interconectados que se estendem através da bicamada lipídica na **Figura 42-4**. Os receptores dessa classe, que fornecem sinais por meio das proteínas G, são conhecidos como **receptores acoplados à proteína G** (**GPCRs**, do inglês *G-protein–coupled receptors*). Até o momento, foram identificados centenas de genes *GPCR*, representando a maior família de receptores de superfície celular nos seres humanos. Não surpreende o fato de que uma ampla variedade de respostas seja mediada pelos GPCRs.

O cAMP representa o sinal intracelular para muitas respostas

O cAMP foi o primeiro sinal intracelular de segundo mensageiro identificado nas células dos mamíferos. Existem vários componentes que constituem um sistema para a geração, a degradação e a ação do cAMP (**Tabela 42-2**).

Adenilil-ciclase

Diferentes hormônios peptídicos podem estimular (e) ou inibir (i) a produção de cAMP pela adenilil-ciclase por meio da ação das proteínas G. As proteínas G são codificadas por pelo menos 10 genes diferentes (**Tabela 42-3**). Dois sistemas paralelos, um estimulador (e) e um inibidor (i), convergem para uma molécula catalítica (C). Cada um consiste em um receptor, R$_e$ ou R$_i$, e em um complexo regulador de proteína G, denominado G$_e$ e G$_i$. Tanto G$_e$ quanto G$_i$ são **proteínas G heterotriméricas**

TABELA 42-2 Subclassificação dos hormônios do grupo II.A

Hormônios que estimulam a adenilil-ciclase (H$_e$)	Hormônios que inibem a adenilil-ciclase (H$_i$)
ACTH	Acetilcolina
ADH	α$_2$-Adrenérgicos
β-Adrenérgicos	Angiotensina II
Calcitonina	Somatostatina
CRH	
FSH	
Glucagon	
hCG	
LH	
LPH	
MSH	
PTH	
TSH	

ACTH, hormônio adrenocorticotrófico; ADH, hormônio antidiurético; CRH, hormônio de liberação da corticotrofina; FSH, hormônio folículo-estimulante; hCG, gonadotrofina coriônica humana; LH, hormônio luteinizante; LPH, lipotrofina; MSH, hormônio estimulante de melanócitos; PTH, paratormônio; TSH, hormônio tireoestimulante.

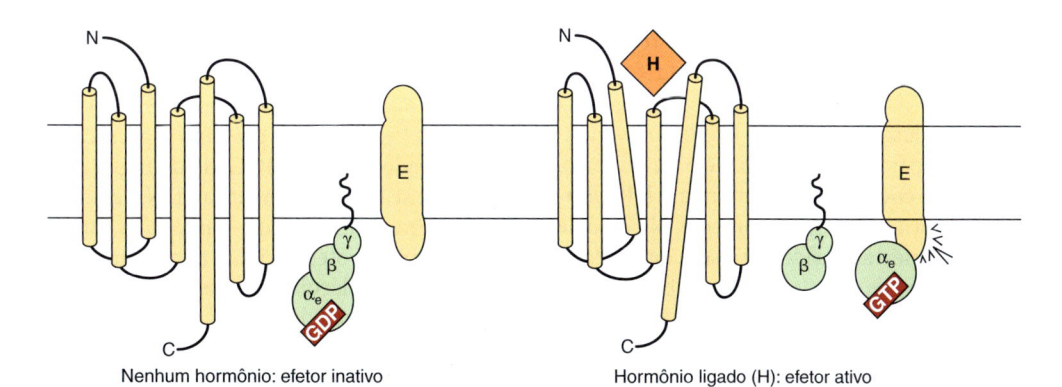

FIGURA 42-4 **Componentes do sistema efetor do receptor de hormônio-proteína G.** Os receptores que se acoplam a efetores por meio de proteínas G, os receptores acoplados à proteína G (GPCRs), normalmente apresentam domínios α-helicoidais que atravessam sete vezes a membrana (mostrados aqui na forma de cilindros longos). Na ausência do hormônio (**à esquerda**), o complexo heterotrimérico (α, β, γ) com a proteína G encontra-se sob a forma inativa ligada ao difosfato de guanosina (GDP) e, provavelmente, não está associado ao receptor. Esse complexo está ancorado na membrana plasmática por meio de grupos prenilados presentes nas subunidades βγ (**linhas onduladas**) e, talvez, por grupos miristoilados nas subunidades α (não ilustrados). Com a ligação do hormônio (H) ao receptor, ocorrem mudanças conformacionais dentro do receptor (indicadas pelos domínios transmembrana inclinados) e associação do complexo da proteína G ao receptor que sofreu rearranjo – o que ativa o complexo da proteína G. Essa ativação resulta da troca do GDP pelo trifosfato de guanosina (GTP) na subunidade α, quando então ocorre dissociação de α e βγ. A subunidade α liga-se ao efetor (E) e o ativa. O E pode ser a adenilil-ciclase, os canais de Ca^{2+}, Na$^+$ ou Cl$^-$ (α$_e$), ou pode ser um canal de K$^+$ (α$_i$), fosfolipase Cβ (α$_q$) ou cGMP-fosfodiesterase (α$_t$); ver Tabela 42-3. A subunidade βγ também pode exercer ações diretas sobre o E. (Modificada e reproduzida, com autorização, de Granner DK. In: *Principles and Practice of Endocrinology and Metabolism*, 2nd ed. Becker KL (editor). Lippincott, 1995.)

TABELA 42-3 Classes e funções de proteínas G selecionadas[a]

Classe ou tipo		Estímulo	Efetor	Efeito
G_s				
	α_s	Glucagon, β-adrenérgicos	↑ Adenilil-ciclase	Gliconeogênese, lipólise, glicogenólise
			↑ Canais de Ca^{2+}, Cl^- e Na^+ cardíacos	Olfato
	α_{olf}	Odorífero	↑ Adenilil-ciclase	
G_i				
	$\alpha_{i-1,2,3}$	Acetilcolina, α_2-adrenérgicos	↓ Adenilil-ciclase	Redução da frequência cardíaca
			↑ Canais de potássio	
		M_2 colinérgicos	↓ Canais de cálcio	
	α_o	Opioides, endorfinas	↑ Canais de potássio	Atividade elétrica neuronal
	α_t	Luz	↑ cGMP-fosfodiesterase	Visão
G_q				
	α_q	M_1 colinérgicos		
		α_1-Adrenérgicos	↑ Fosfolipase C-β1	↓ Contração muscular
	α_{11}	α_1-Adrenérgicos	↑ Fosfolipase C-β2	↓ Pressão arterial
G_{12}				
	α_{12}	Trombina	Rho	Alteração do formato da célula

[a] As quatro classes ou famílias principais de proteínas G dos mamíferos (G_s, G_i, G_q e G_{12}) baseiam-se na homologia das sequências das proteínas. Os membros representativos de cada classe estão ilustrados, juntamente com os estímulos conhecidos, os efetores e os efeitos biológicos bem-definidos. Foram identificadas nove isoformas de adenilil-ciclase (isoformas I a IX). Todas as isoformas são estimuladas por α_s; as isoformas α_i inibem os tipos V e VI, e a isoforma α_0 inibe os tipos I e V. Foram identificadas pelo menos 16 subunidades diferentes.
Fonte: Modificada e reproduzida, com autorização, de Granner DK: In: *Principles and Practice of Endocrinology and Metabolism,* 2nd ed. Becker KL (editor). Lippincott, 1995.

compostas por subunidades α, β e γ. Como a subunidade α na G_e difere daquela da G_i, as proteínas, que são produtos de genes distintos, são designadas como α_e e α_i. As subunidades α ligam-se aos nucleotídeos de guanina. As subunidades β e γ provavelmente estão sempre associadas (βγ) e parecem funcionar predominantemente como heterodímero. A ligação de um hormônio ao R_e ou ao R_i resulta em uma ativação da proteína G mediada pelo receptor, que leva à troca do difosfato de guanosina (GDP, do inglês *guanosine diphosphate*) pelo trifosfato de guanosina (GTP, do inglês *guanosine triphosphate*) em α e à dissociação concomitante de βγ de α.

A proteína α_e possui atividade intrínseca de GTPase. A forma ativa, α_e-GTP, é inativada pela hidrólise do GTP a GDP; em seguida, o **complexo G_e trimérico (αβγ)** é novamente formado e está pronto para efetuar outro ciclo de ativação. As **toxinas do cólera** e **da coqueluche** catalisam a **ADP-ribosilação** de α_e e α_{i-2} (Tabela 42-3), respectivamente. No caso de α_e, essa modificação suprime a atividade intrínseca da GTPase; por conseguinte, a α_e não pode se reassociar com βγ e, assim, é ativada de modo irreversível. A ADP-ribosilação de α_{i-2} impede a dissociação de α_{i-2} de βγ, e, portanto, não pode haver formação de α_{i-2} livre. Então, a atividade de α_e nessas células ocorre sem oposição.

Existe uma grande família de proteínas G, e estas fazem parte da superfamília das GTPases. A família das proteínas G é classificada de acordo com a homologia das sequências em quatro subfamílias, conforme ilustrado na Tabela 42-3. Existem 21 genes que codificam a subunidade α, 5 para a subunidade β e 8 para a subunidade γ. Várias combinações dessa subunidade proporcionam um grande número de possíveis complexos αβγ.

As subunidades α e o complexo βγ exercem ações independentes daquelas da adenilil-ciclase (ver Figura 42-4 e Tabela 42-3). Algumas formas de α_i estimulam os canais de K^+ e inibem os canais de Ca^{2+}, ao passo que algumas moléculas de α_e produzem efeitos opostos. Os membros da família G_q ativam o grupo de enzimas da fosfolipase C. Os complexos βγ foram associados à estimulação dos canais de K^+ e à ativação da fosfolipase C. As proteínas G estão envolvidas em muitos processos biológicos importantes, além da ação hormonal. Exemplos notáveis incluem o olfato (α_{OLF}) e a visão (α_t). Alguns exemplos estão listados na Tabela 42-3. Os GPCRs estão implicados em algumas doenças e constituem alvos importantes para agentes farmacêuticos.

Proteína-cinase

Conforme discutido no Capítulo 38, o cAMP nas células procarióticas liga-se a uma proteína específica, denominada proteína ativadora de cAMP (CAP, do inglês *cAMP activator protein*), que se liga diretamente ao DNA e influencia a expressão gênica. Em contrapartida, nas células eucarióticas, o cAMP liga-se a uma proteína-cinase denominada **proteína-cinase A** (**PKA**), uma molécula heterotetramérica que consiste em duas subunidades reguladoras (R), que inibem a atividade de duas subunidades catalíticas (C) quando ligadas como um complexo tetramérico. A ligação do cAMP ao tetrâmero R_2C_2 resulta na seguinte reação:

$$4cAMP + R_2C_2 \rightleftarrows R_2\text{-}4cAMP + 2C$$

O complexo R_2C_2 carece de atividade enzimática; entretanto, a ligação do cAMP à subunidade R induz a dissociação do complexo R-C, ativando, assim, este último (**Figura 42-5**). A subunidade C ativa catalisa a transferência do fosfato γ do ATP para um resíduo de serina ou de treonina em uma variedade de proteínas. Os sítios de consenso de fosforilação de PKA são -ArgArg/Lys-X-Ser/Thr- e -Arg-Lys-X-X-Ser-, em que X pode ser qualquer aminoácido.

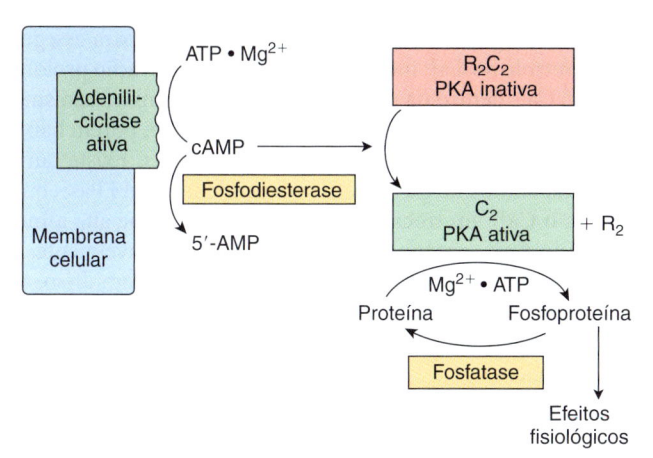

FIGURA 42-5 **Regulação hormonal dos processos celulares por meio da proteína-cinase dependente de cAMP (PKA).** A PKA existe em uma forma inativa, como um heterotetrâmero R_2C_2, constituído de duas subunidades reguladoras (R) e duas subunidades catalíticas (C). O cAMP gerado pela ação da adenilil-ciclase (ativada conforme ilustrado na Figura 42-4) liga-se à subunidade reguladora da PKA. Isso resulta em dissociação das subunidades reguladoras e catalíticas e em ativação destas últimas. As subunidades catalíticas ativas fosforilam diversas proteínas-alvo nos resíduos de serina e treonina. As fosfatases removem o fosfato desses resíduos e, portanto, interrompem a resposta fisiológica. Uma fosfodiesterase também pode interromper a resposta ao converter o cAMP em 5'-AMP.

Historicamente, as atividades das proteínas-cinase foram descritas como "dependentes de cAMP" ou "independentes de cAMP". Essa classificação foi modificada, já que, atualmente, a fosforilação proteica é reconhecida como um mecanismo de regulação importante e universal. Até a presente data, foram descritas várias centenas de proteínas-cinase. Essas cinases estão relacionadas na sua sequência e estrutura dentro do domínio catalítico, porém cada uma delas é uma molécula singular que exibe considerável variabilidade no que se refere à composição das subunidades, ao peso molecular, à autofosforilação, à K_m para o ATP e à especificidade de substrato. As atividades de cinase e de proteína-fosfatase podem ser marcadas pela interação com proteínas específicas de ligação às cinases. No caso de PKA, as proteínas-alvo são denominadas proteínas de ancoragem à cinase A (**AKAPs**, do inglês *A kinase anchoring proteins*). As AKAPs atuam como estruturas que localizam a PKA próximo a substratos, focalizando, assim, a atividade da PKA para substratos fisiológicos e facilitando a regulação biológica espaçotemporal, enquanto permitem também que proteínas compartilhadas comuns induzam respostas fisiológicas específicas. Múltiplas AKAPs têm sido descritas e é importante mencionar que podem se ligar à PKA e a outras cinases, bem como a fosfatases, fosfodiesterases (que hidrolisam o cAMP) e substratos de proteínas-cinase. A multifuncionalidade das AKAPs facilita a localização, a taxa (produção e destruição de sinais), a especificidade e a dinâmica da sinalização.

Fosfoproteínas

Acredita-se que todos os efeitos do cAMP nas células eucarióticas sejam mediados pela fosforilação-desfosforilação das proteínas, principalmente nos resíduos de serina e de treonina.

O controle de qualquer um dos efeitos do cAMP, inclusive processos distintos como a esteroidogênese, a secreção, o transporte iônico, o metabolismo dos carboidratos e das gorduras, a indução enzimática, a regulação gênica, a transmissão sináptica e o crescimento e a replicação celulares, pode ser conferido por uma proteína-cinase específica, por uma fosfatase específica ou por substratos específicos para fosforilação. O conjunto de substratos específicos contribui criticamente para a definição de um tecido-alvo, e esses substratos estão envolvidos na definição da extensão de determinada resposta dentro de uma célula específica. Por exemplo, os efeitos do cAMP sobre a transcrição dos genes são mediados pela proteína de ligação do elemento de resposta ao AMP cíclico (**CREB**, do inglês *cyclic AMP response element binding protein*). A CREB liga-se a um elemento estimulador do DNA responsivo ao cAMP (**CRE**, do inglês *cAMP responsive DNA enhancer element*) (ver Tabela 42-1) no seu estado não fosforilado e atua como ativador fraco da transcrição. Entretanto, quando fosforilada pela PKA em aminoácidos essenciais, a CREB liga-se ao coativador, a **proteína de ligação de CREB CBP/p300** (ver adiante) e, em consequência, constitui um ativador muito mais potente da transcrição. A CBP e a p300 relacionada contêm atividades de histona-acetiltransferase e, portanto, atuam como correguladores transcricionais ativos na cromatina (ver Capítulos 36 e 38). É interessante assinalar que a CBP/p300 também pode acetilar determinados fatores de transcrição, estimulando, assim, a sua capacidade de ligar-se ao DNA e modular a transcrição.

Fosfodiesterases

As ações produzidas pelos hormônios que aumentam a concentração de cAMP podem ser interrompidas de diversas maneiras, inclusive a hidrólise do cAMP em 5'-AMP por fosfodiesterases (ver Figura 42-5). A presença dessas enzimas hidrolíticas assegura uma rápida renovação do sinal (cAMP) e, portanto, uma rápida interrupção do processo biológico após a remoção do estímulo hormonal. Existem pelo menos 11 membros conhecidos da família de enzimas das fosfodiesterases. Essas enzimas estão sujeitas à regulação pelos seus substratos, o cAMP e o cGMP; por hormônios; e por mensageiros intracelulares, como o cálcio, que provavelmente atua por meio da calmodulina. Os inibidores da fosfodiesterase, mais notavelmente os derivados da xantina metilados, como a cafeína, aumentam o cAMP intracelular e simulam ou prolongam as ações dos hormônios por meio desse sinal.

Fosfoproteínas-fosfatase

Tendo em vista a importância da fosforilação proteica, não surpreende que a regulação da reação de desfosforilação proteica constitua outro mecanismo importante de controle (ver Figura 42-5). As próprias fosfoproteínas-fosfatase estão sujeitas à regulação por reações de fosforilação-desfosforilação e por uma variedade de outros mecanismos, como interações proteína-proteína. De fato, a especificidade de substrato das fosfosserinas-fosfotreoninas-fosfatase pode ser determinada por subunidades reguladoras distintas, cuja ligação é regulada por ação hormonal. Um dos papéis mais bem estudados da regulação pela desfosforilação de proteínas é o metabolismo do glicogênio no músculo (ver Figuras 18-6 a 18-8). Foram descritos dois tipos principais de fosfosserina-fosfotreonina-fosfatase. O tipo I desfosforila preferencialmente a subunidade β da fosforilase-cinase, ao passo que o tipo II desfosforila a subunidade α. A fosfatase tipo I está implicada na regulação da glicogênio-sintase, da fosforilase e da fosforilase-cinase. Essa fosfatase é regulada pela fosforilação de algumas de suas subunidades, e essas reações são revertidas pela ação de uma das fosfatases tipo II. Além disso, dois inibidores proteicos termoestáveis regulam a atividade da fosfatase tipo I. O inibidor-1 é fosforilado e ativado por proteínas-cinase dependentes de cAMP, enquanto o inibidor-2, que pode ser uma subunidade da fosfatase inativa, também é fosforilado, possivelmente pela glicogênio-sintase-cinase-3. As fosfatases que atacam a fosfotirosina também são importantes na transdução de sinais (ver Figura 42-8).

O cGMP também é um sinal intracelular

O GMP cíclico é gerado a partir do GTP pela enzima guanilil-ciclase, que ocorre nas formas solúvel e ligada à membrana. Cada uma dessas formas de enzimas apresenta propriedades fisiológicas singulares. As atriopeptinas, uma família de peptídeos produzidos nos tecidos atriais cardíacos, causam natriurese, diurese, vasodilatação e inibição da secreção de aldosterona. Esses peptídeos (p. ex., fator natriurético atrial) ligam-se à forma da guanilil-ciclase ligada à membrana e a ativam. Isso leva a um aumento de cGMP de até 50 vezes em alguns casos, e acredita-se que esse aumento module os efeitos mencionados anteriormente. Outras evidências relacionam o cGMP com a vasodilatação. Diversos compostos, como o nitroprusseto, a nitroglicerina, o óxido nítrico, o nitrito de sódio e a azida sódica, provocam relaxamento da musculatura lisa e são potentes vasodilatadores. Esses agentes aumentam o cGMP por meio da ativação da forma solúvel da guanilil-ciclase, e os inibidores da cGMP-fosfodiesterase (p. ex., o fármaco sildenafila) intensificam e prolongam essas respostas. Os níveis aumentados de cGMP ativam a proteína-cinase dependente de cGMP (PKG), a qual, por sua vez, fosforila diversas proteínas do músculo liso. Presumivelmente, esse mecanismo está envolvido no relaxamento da musculatura lisa e na vasodilatação.

Vários hormônios atuam por meio do cálcio ou dos fosfatidilinositóis

O cálcio ionizado, Ca^{2+}, é um importante regulador de uma variedade de processos celulares, como a contração muscular, o acoplamento estímulo-secreção, a cascata da coagulação sanguínea, a atividade enzimática e a excitabilidade da membrana. O Ca^{2+} também é um mensageiro intracelular da ação hormonal.

Metabolismo do cálcio

A concentração extracelular de Ca^{2+} é de cerca de 5 mmol/L e está sujeita a um controle muito rígido. Embora quantidades substanciais de cálcio estejam associadas às organelas intracelulares, como as mitocôndrias e o retículo endoplasmático, a concentração intracelular de cálcio livre ou ionizado (Ca^{2+}) é muito baixa: 0,05 a 10 μmol/L. Apesar desse gradiente de concentração significativo e de um gradiente elétrico transmembrana favorável, a entrada do Ca^{2+} na célula é restrita. Uma quantidade significativa de energia é consumida para assegurar o controle do Ca^{2+} intracelular, visto que a elevação prolongada do Ca^{2+} dentro da célula é muito tóxica. Um mecanismo de troca de Na^+/Ca^{2+}, que possui alta capacidade, porém baixa afinidade, bombeia o Ca^{2+} para fora das células. Existe também uma bomba de Ca^{2+}/prótons dependente de ATPase, que expulsa o Ca^{2+} em troca de H^+. Esse sistema exibe alta afinidade pelo Ca^{2+}, porém baixa capacidade e, provavelmente, é responsável pelo ajuste fino do Ca^{2+} no citosol. Além disso, as Ca^{2+}-ATPases bombeiam o Ca^{2+} do citosol para o lúmen do retículo endoplasmático. Existem três maneiras de alterar os níveis citosólicos de Ca^{2+}. (1) Determinados hormônios (da classe II.C, Tabela 41-3), por meio de sua ligação a receptores que são, eles próprios, canais de Ca^{2+}, aumentam a permeabilidade da membrana ao Ca^{2+} e, por conseguinte, aumentam o seu influxo. (2) Os hormônios também promovem, indiretamente, o influxo do Ca^{2+} ao modular o potencial de membrana na membrana plasmática. A despolarização da membrana abre os canais de Ca^{2+} dependentes de voltagem e possibilita o influxo do Ca^{2+}. (3) O Ca^{2+} pode ser mobilizado do retículo endoplasmático e, possivelmente, das reservas mitocondriais.

Uma observação importante que relaciona o Ca^{2+} com a ação hormonal envolveu a definição dos alvos intracelulares de ação do Ca^{2+}. A descoberta de um regulador da atividade das fosfodiesterases dependente de Ca^{2+} forneceu a base para uma ampla compreensão do processo de interação do Ca^{2+} e do cAMP dentro das células.

Calmodulina

A proteína reguladora dependente de cálcio é a calmodulina, uma proteína de 17 kDa, que é homóloga na sua estrutura e função à proteína muscular, a troponina C. A calmodulina possui quatro sítios de ligação do Ca^{2+}, e a ocupação integral desses sítios leva a uma acentuada mudança conformacional, que permite à calmodulina ativar enzimas e canais iônicos. A interação do Ca^{2+} com a calmodulina (com consequente alteração da atividade desta última) assemelha-se, do ponto de vista conceitual, à ligação do cAMP à PKA e à ativação subsequente dessa molécula. A calmodulina pode ser uma das várias subunidades de proteínas complexas e está particularmente envolvida na regulação de várias cinases e enzimas da geração e degradação de nucleotídeos cíclicos. A **Tabela 42-4** fornece uma lista parcial das enzimas reguladas direta ou indiretamente pelo Ca^{2+}, provavelmente por meio da calmodulina.

TABELA 42-4 Algumas enzimas e proteínas reguladas pelo cálcio ou pela calmodulina

- Adenilil-ciclase
- Proteínas-cinase dependentes de Ca^{2+}
- Ca^{2+}-Mg^{2+}-ATPase
- Proteína-cinase dependente de Ca^{2+}-fosfolipídeo
- Nucleotídeo cíclico-fosfodiesterase
- Algumas proteínas do citoesqueleto
- Alguns canais iônicos (p. ex., canais de cálcio tipo L)
- Óxido nítrico-sintase
- Fosforilase-cinase
- Fosfoproteína-fosfatase 2B
- Alguns receptores (p. ex., receptor de glutamato tipo NMDA)

NDMA, receptor de N-metil-D-aspartato.

Além de seus efeitos sobre as enzimas e o transporte de íons, o Ca^{2+}/calmodulina regula a atividade de muitos elementos estruturais das células. Isso inclui o complexo de actina-miosina do músculo liso, que está sob controle β-adrenérgico, bem como vários processos mediados por microfilamentos nas células não contráteis, incluindo motilidade celular, alterações da conformação da célula, mitose, liberação de grânulos e endocitose.

O cálcio é um mediador da ação hormonal

O papel do Ca^{2+} na ação hormonal é sugerido pelas observações de que o efeito de muitos hormônios é (1) atenuado por meios desprovidos de Ca^{2+} ou quando há depleção do cálcio intracelular; (2) simulado por agentes que aumentam o Ca^{2+} citosólico, como o ionóforo de Ca^{2+} A23187; e (3) influenciado pelo fluxo de cálcio celular. Mais uma vez, a regulação do metabolismo do glicogênio no fígado fornece um bom exemplo (pela vasopressina e pelas catecolaminas β-adrenérgicas; ver Figuras 18-6 e 18-7).

Várias enzimas metabólicas importantes são reguladas pelo Ca^{2+}, pela fosforilação ou por ambos. As enzimas incluem a glicogênio-sintase, a piruvato-cinase, a piruvato-carboxilase, a glicerol-3-fosfato-desidrogenase e a piruvato-desidrogenase, entre outras (ver Figura 19-1).

O metabolismo dos fosfatidilinositídeos afeta a ação hormonal dependente de Ca^{2+}

Algum sinal precisa estabelecer uma comunicação entre o receptor hormonal na membrana plasmática e os reservatórios intracelulares de Ca^{2+}. Essa função é desempenhada pelos produtos do metabolismo dos fosfatidilinositóis. Quando ocupados pelos seus respectivos ligantes, os receptores de superfície celular, como os receptores de acetilcolina, do hormônio antidiurético e das catecolaminas tipo α_1, atuam como potentes ativadores da fosfolipase C. A ligação do receptor e a ativação da fosfolipase C são acopladas pelas isoformas da G_q (Tabela 42-3 e **Figura 42-6**). A fosfolipase C catalisa a hidrólise do fosfatidilinositol-4,5-bifosfato em inositol-trifosfato (IP_3) e 1,2-diacilglicerol (**Figura 42-7**). O próprio diacilglicerol (**DAG**) é capaz de ativar a **proteína-cinase C** (**PKC**), cuja atividade também depende do Ca^{2+} (ver Capítulo 21 e Figuras 24-1, 24-2 e 55-1). Ao interagir com um receptor intracelular específico, o IP_3 atua como liberador efetivo de Ca^{2+} a partir dos locais de reserva intracelulares no retículo endoplasmático. Desse modo, a hidrólise do fosfatidilinositol-4,5-bifosfato leva à ativação da PKC e promove aumento do Ca^{2+} citoplasmático. Conforme ilustrado na Figura 42-4, a ativação das proteínas G também pode exercer uma ação direta sobre os

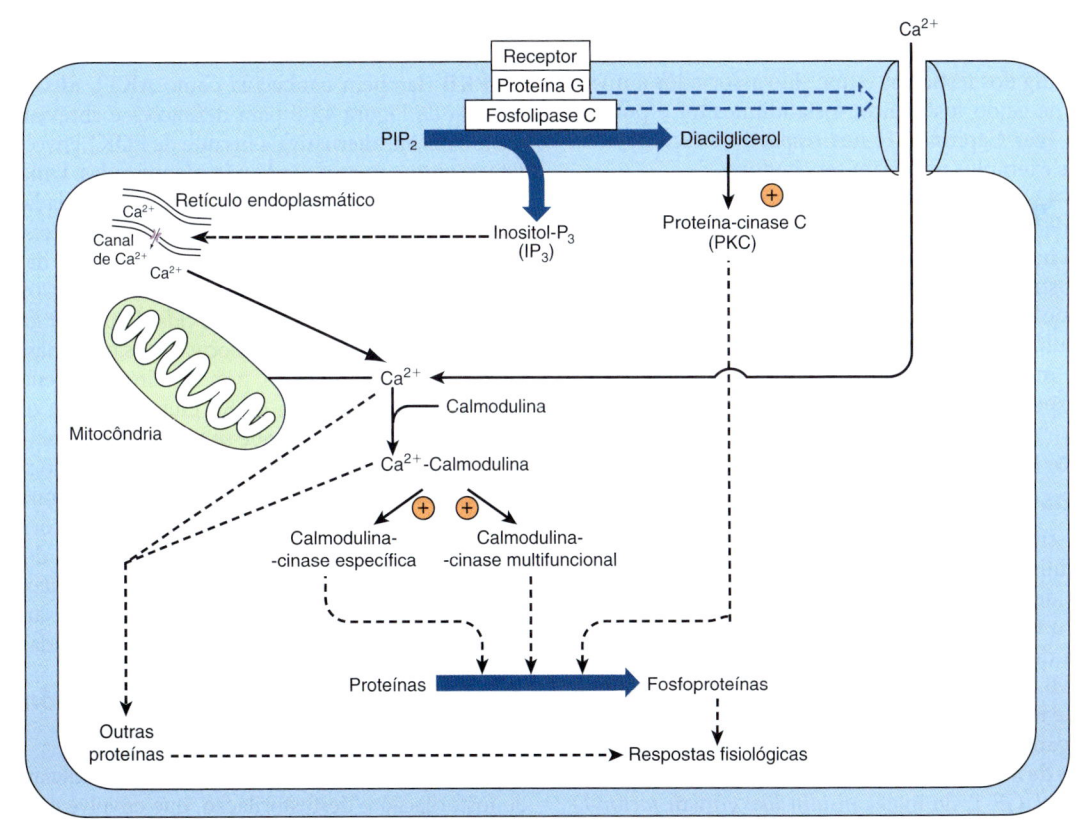

FIGURA 42-6 Algumas interações entre hormônio e receptor resultam na ativação da fosfolipase C (PLC). A ativação da PLC parece envolver uma proteína G específica, que também pode ativar um canal de cálcio. A fosfolipase C gera inositol-trifosfato (IP_3) a partir de PIP_2 (fosfoinositol-4,5-bifosfato; ver Figura 42-7), que libera o Ca^{2+} intracelular armazenado, e diacilclicerol (DAG), um potente ativador da proteína-cinase C (PKC). Nesse esquema, a PKC ativada fosforila substratos específicos que, em seguida, alteram processos fisiológicos. De modo semelhante, o complexo Ca^{2+}-calmodulina pode ativar cinases específicas, das quais duas estão ilustradas aqui. Essas ações resultam na fosforilação dos substratos, levando a uma alteração das respostas fisiológicas. Esta figura também mostra que o Ca^{2+} pode entrar nas células pelos canais de Ca^{2+} dependentes de voltagem ou de ligantes. O Ca^{2+} intracelular também é regulado pelo armazenamento e liberação desse íon das mitocôndrias e do retículo endoplasmático. (Reimpressa, com autorização, de JH Exton.)

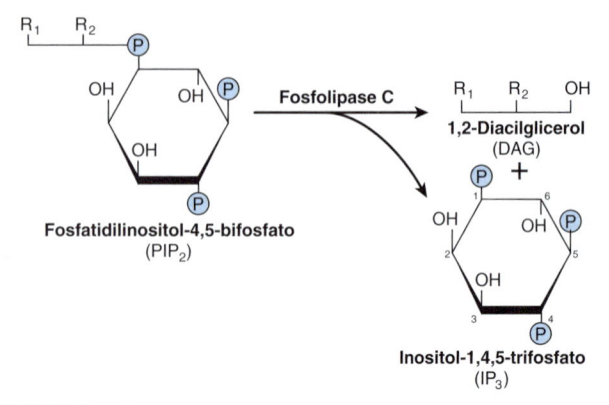

FIGURA 42-7 A fosfolipase C cliva o PIP_2 em diacilglicerol e inositol-trifosfato. R_1 é, em geral, estearato, enquanto R_2 é habitualmente araquidonato. O IP_3 pode ser desfosforilado (em I-1,4-P_2 inativo) ou fosforilado (em I-1,3,4,5-P_4 potencialmente ativo).

canais de Ca^{2+}. A consequente elevação do Ca^{2+} citosólico ativa cinases dependentes de Ca^{2+}-calmodulina e muitas outras enzimas também dependentes de Ca^{2+}-calmodulina.

Os agentes esteroidogênicos – incluindo hormônio adrenocorticotrófico (ACTH, do inglês *adrenocorticotropic hormone*) e cAMP no córtex da glândula suprarrenal, a angiotensina II, o K^+, a serotonina, o ACTH e o cAMP na zona glomerulosa da glândula suprarrenal, o hormônio luteinizante (LH, do inglês *luteinizing hormone*) no ovário, e o LH e o cAMP nas células de Leydig dos testículos – têm sido associados a níveis aumentados de ácido fosfatídico, fosfatidilinositol e polifosfoinositídeos (ver Capítulo 21) nos respectivos tecidos-alvo. Vários outros exemplos poderiam ser citados.

A Figura 42-6 mostra as funções que o Ca^{2+} e os produtos de degradação dos polifosfoinositídeos podem desempenhar na ação hormonal. Nesse esquema, a PKC ativada pode fosforilar substratos específicos que, em seguida, alteram os processos fisiológicos. De modo semelhante, o complexo Ca^{2+}-calmodulina pode ativar cinases específicas. Em seguida, essas cinases modificam os substratos e, consequentemente, alteram as respostas fisiológicas.

Alguns hormônios atuam por meio de uma cascata de proteínas-cinase

As proteínas-cinase independentes, como a PKA, a PKC e as Ca^{2+}-calmodulina (CaM)-cinases, que levam à fosforilação dos resíduos de serina e de treonina nas proteínas-alvo, desempenham um papel muito importante na ação hormonal. A descoberta de que o receptor do fator de crescimento epidérmico (EGF, do inglês *epidermal growth factor*) contém uma atividade intrínseca de tirosina-cinase, que é ativada pela ligação do ligante EGF, representou um importante avanço. Os receptores de insulina e do fator de crescimento semelhante à insulina 1 (IGF-1, do inglês *insulin-like growth factor 1*) também exibem atividade intrínseca de tirosina-cinase ativada por ligante. Vários receptores – em geral, aqueles envolvidos na ligação de ligantes relacionados com o controle do crescimento, a diferenciação e a resposta inflamatória – apresentam atividade intrínseca de tirosina-cinase ou estão associados a proteínas que são tirosinas-cinase. Outro aspecto de diferenciação dessa classe de ação hormonal consiste no fato de essas cinases fosforilarem preferencialmente os resíduos de tirosina, e a fosforilação da tirosina não é frequente (< 0,03% da fosforilação total dos aminoácidos) nas células dos mamíferos. Uma terceira característica diferenciadora é que a interação ligante-receptor, que resulta em fosforilação da tirosina, desencadeia uma cascata que pode envolver várias proteínas-cinase, fosfatases e outras proteínas reguladoras.

A insulina transmite sinais por várias cascatas de cinases

Os **receptores de insulina**, **do EGF** e **do IGF-1** possuem atividades intrínsecas de proteína tirosina-cinase, que estão localizadas em seus domínios citoplasmáticos. Essas atividades são estimuladas quando os ligantes se ligam a seus respectivos receptores. Em seguida, os receptores são autofosforilados nos resíduos de tirosina, o que desencadeia uma complexa série de eventos (resumidos, de modo simplificado, na **Figura 42-8**). A seguir, o receptor fosforilado de insulina fosforila os **substratos do receptor de insulina** (existem pelo menos quatro dessas moléculas, denominadas **IRSs 1 a 4**) nos resíduos de tirosina. O IRS fosforilado liga-se aos domínios de **homologia ao Src 2** (**SH2**, do inglês *Src homology 2*) de uma variedade de proteínas que estão diretamente envolvidas na mediação dos diferentes efeitos da insulina. Uma dessas proteínas, a PI-3-cinase, liga a ativação do receptor de insulina à ação do hormônio por meio da ativação de diversas moléculas, incluindo a cinase dependente de fosfoinositídeo 1 (PDK1, do inglês *phosphoinositide-dependent kinase 1*). Essa enzima propaga o sinal por meio de várias outras cinases, incluindo **PKB** (também conhecida como **AKT**), **SKG** e **aPKC** (ver legenda da Figura 42-8 para definições e abreviaturas ampliadas). Uma via alternativa a jusante de PDK1 envolve **p70S6K** e, talvez, outras cinases ainda não identificadas. Uma segunda via importante inclui **mTOR**. Essa enzima é regulada diretamente pelos níveis de aminoácidos e pela insulina e é essencial para a atividade da p70S6K. O sistema de sinalização de mTOR proporciona uma distinção entre os ramos PKB e p70S6K a jusante de PKD1, do inglês *phosphoinositide-dependent kinase 1*. Essas vias estão envolvidas na translocação das proteínas, na atividade enzimática e na regulação, pela insulina, dos genes envolvidos no metabolismo (Figura 42-8). Outra proteína que contém o domínio SH2 é a **GRB2**, que se liga ao IRS-1 e acopla a fosforilação da tirosina com várias proteínas, resultando na ativação de uma cascata de treonina e serinas-cinase. A Figura 42-8 ilustra uma via pela qual essa interação insulina-receptor ativa a via da proteína-cinase ativada por mitógeno (**MAPK**, do inglês *mitogen-activated protein kinase*) e os efeitos anabólicos da insulina. As funções exatas de muitas dessas proteínas de ancoragem, cinases e fosfatases estão sendo ativamente estudadas.

A via Jak/STAT é utilizada por hormônios e por citocinas

A ativação da tirosina-cinase também pode iniciar uma cascata de fosforilação e desfosforilação, que envolve a ação de várias outras proteínas-cinase e ações compensatórias de fosfatases. Dois mecanismos são utilizados para iniciar essa cascata. Alguns hormônios, como o hormônio do crescimento, a prolactina, a eritropoietina e as citocinas, iniciam a sua ação com a ativação de uma tirosina-cinase, porém essa atividade não constitui parte integral do receptor hormonal. A interação entre hormônio e receptor promove a ligação e a ativação das **proteínas tirosinas-cinase citoplasmáticas**, como **JAK1**, **JAK2** ou **TYK**.

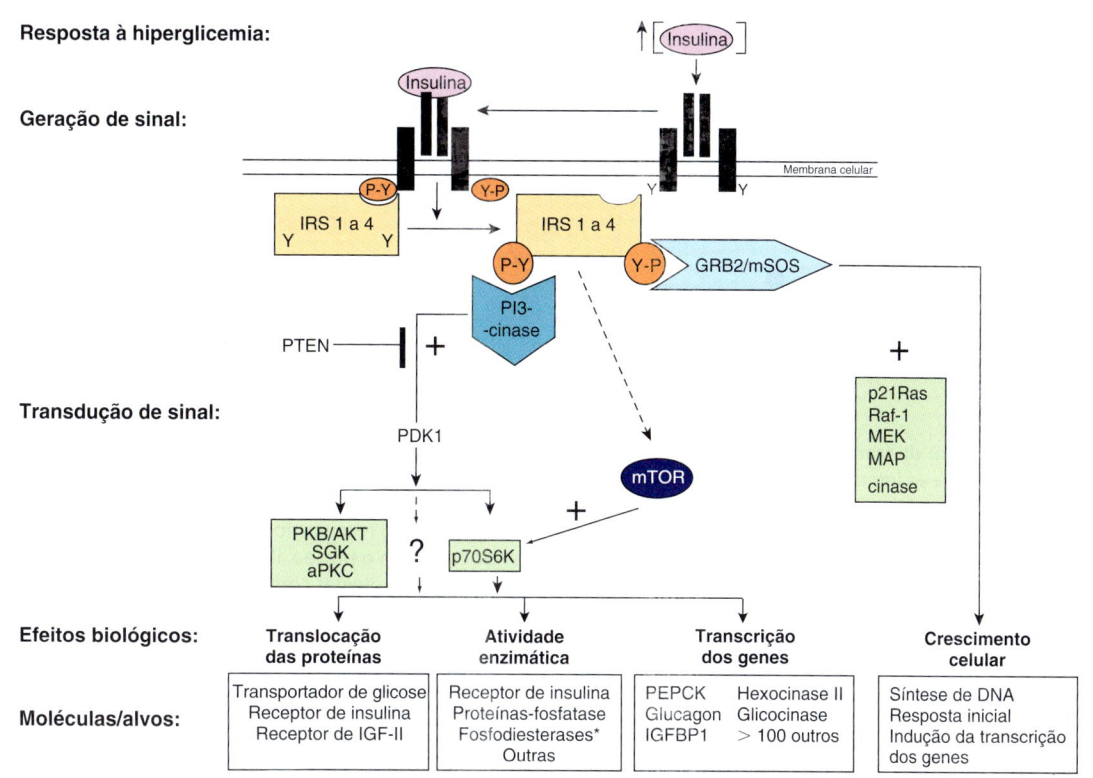

FIGURA 42-8 Vias de sinalização da insulina. As vias de sinalização da insulina fornecem um excelente exemplo do paradigma "reconhecimento → liberação de hormônio → geração de sinal → efeitos", esquematizado na Figura 42-1. A insulina é liberada na corrente sanguínea pelas células β do pâncreas em resposta à hiperglicemia. A ligação da insulina ao seu receptor (IR) heterotetramérico da membrana plasmática, específico da célula-alvo, resulta em uma cascata de eventos intracelulares. Primeiro, a atividade intrínseca de tirosina-cinase do receptor de insulina é ativada e assinala o evento inicial. A ativação do receptor resulta em aumento da fosforilação da tirosina (conversão de resíduos Y específicos → Y-P) no interior do receptor. Em seguida, uma ou mais moléculas do substrato do receptor de insulina (IRS) (IRS 1-4) ligam-se ao receptor fosforilado em tirosina, e elas próprias são especificamente fosforiladas na tirosina. As proteínas IRS interagem com o IR ativado por meio dos domínios de PH (homologia da plecstrina) N-terminal e de ligação da fosfotirosina (PTB). As proteínas IRS ancoradas ao IR são fosforiladas na tirosina, e os resíduos Y-P resultantes formam o sítio de ancoragem para várias outras proteínas de sinalização (i.e., cinase PI-3, GRB2 e mTOR). GRB2 e PI-3K ligam-se aos resíduos Y-P de IRS por meio de seus domínios SH (homologia Src). A ligação aos resíduos IRS-Y-P leva à ativação da atividade de muitas moléculas de sinalização intracelulares, como GTPases, proteínas-cinase e lipídeos-cinase, que desempenham papéis essenciais em determinadas ações metabólicas da insulina. A figura mostra as duas vias mais bem descritas. De forma detalhada, a fosforilação de uma molécula de IRS (provavelmente IRS-2) resulta em ancoragem e ativação da lipídeo-cinase, a PI-3-cinase; a PI-3K gera novos lipídeos de inositol, que atuam como moléculas de "segundo mensageiro". Por sua vez, essas moléculas ativam a PDK1 e, em seguida, uma variedade de moléculas de sinalização distais, incluindo a proteína-cinase B (PKB/AKT), SGK e PKCα. Uma via alternativa envolve a ativação da p70S6K e, talvez, de outras cinases ainda não identificadas. Em seguida, a fosforilação da molécula de IRS (provavelmente IRS-1) resulta em ancoragem de GRB2/mSOS e ativação da pequena GTPase, a p21Ras, que inicia uma cascata de proteínas-cinase que ativa Raf-1, MEK e as isoformas p42/p44 da MAP-cinase. Essas proteínas-cinase são importantes na regulação da proliferação e diferenciação de muitos tipos celulares. A via do mTOR fornece uma maneira alternativa de ativar p70S6K e está envolvida na sinalização de nutrientes, bem como na ação da insulina. Cada uma dessas cascatas pode influenciar diferentes processos biológicos, como mostrado (translocação de proteínas, atividade proteica/enzimática, transcrição gênica, crescimento celular). Todos os eventos de fosforilação são reversíveis por meio da ação de fosfatases específicas. Por exemplo, a lipídeo-fosfatase PTEN desfosforila o produto da reação da PI-3-cinase, antagonizando a via e interrompendo o sinal. Os efeitos representativos das principais ações da insulina estão apresentados nos retângulos (parte inferior). O asterisco depois da fosfodiesterase indica que a insulina afeta indiretamente a afinidade de muitas enzimas por ativação das fosfodiesterases e redução dos níveis intracelulares de cAMP. (PKCα, proteína-cinase C atípica; GRB2, proteína de ligação do fator de crescimento 2; IGFBP, proteína de ligação do fator de crescimento semelhante à insulina; IRS 1-4, isoformas do substrato do receptor de insulina 1 a 4; MAP-cinase, proteína-cinase ativada por mitógeno; MEK,MAP-cinase e ERK-cinase; mSOS, *mammalian son of sevenless*; mTOR, alvo da rapamicina dos mamíferos; p70S6K, proteína-cinase S6 do ribossomo p70; PDK1, cinase dependente de fosfoinositídeo; PI-3-cinase, fosfatidilinositol-3-cinase; PKB, proteína-cinase B; PTEN, fosfatase e homólogo da tensina deletada no cromossomo 10; SGK, cinase sérica e regulada por glicocorticoides.)

Essas cinases fosforilam uma ou mais proteínas citoplasmáticas, que, em seguida, associam-se a outras proteínas de ancoragem por meio da ligação aos domínios SH2. Esse tipo de interação resulta na ativação de uma família de proteínas citosólicas, denominadas **STATs**, ou **transdutores de sinais e ativadores da transcrição**. A proteína STAT fosforilada forma dímeros e é transferida para o núcleo, liga-se a um elemento específico do DNA, como o elemento de resposta ao interferona (IRE, do inglês *interferon response element*), e ativa a transcrição. Esse processo está ilustrado na **Figura 42-9**. Outros eventos de ancoragem ao SH2 podem levar à ativação da PI-3-cinase, da via da MAP-cinase (por meio de SHC ou GRB2), ou à ativação mediada pela proteína G da fosfolipase C (PLCγ) com consequente produção de diacilglicerol e ativação da PKC. É evidente que existe a possibilidade de "comunicação cruzada" quando diferentes hormônios ativam essas várias vias de transdução de sinais.

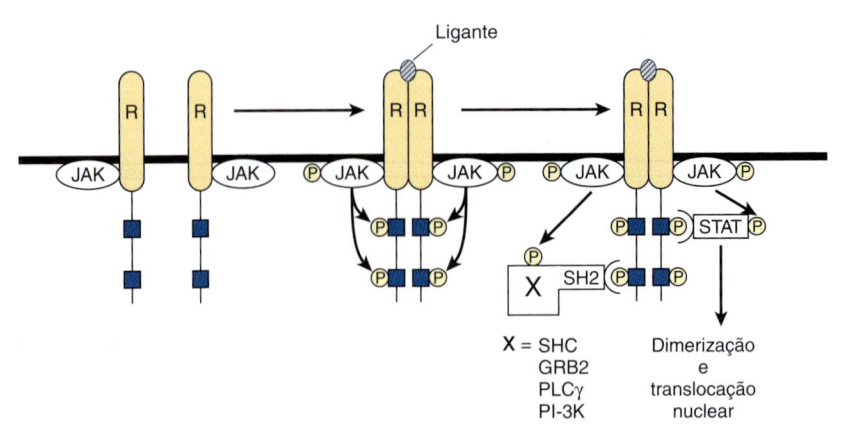

FIGURA 42-9 **Iniciação da transdução de sinais por receptores ligados às Jak-cinases.** Os receptores (R) que se ligam à prolactina, ao hormônio do crescimento, às interferonas e às citocinas carecem de tirosina-cinase endógena. Com a ligação dos ligantes, esses receptores sofrem dimerização, e uma proteína-cinase associada (JAK1, JAK2 ou TYK), embora inativa, é fosforilada. A fosfo-JAK está agora ativada e procede à fosforilação do receptor nos resíduos de tirosina. As proteínas STAT associam-se ao receptor fosforilado e, em seguida, elas próprias são fosforiladas pela JAK-P. A proteína STAT fosforilada, STAT (P), dimeriza, é translocada para o núcleo, liga-se a elementos específicos do DNA e regula a transcrição. Os resíduos de fosfotirosina do receptor ligam-se também a várias proteínas contendo o domínio SH2 (X-SH2), resultando em ativação da via da MAP-cinase (por meio de SHC ou GRB2), da PLCγ, ou PI-3-cinase.

A via do NF-κB é regulada por glicocorticoides

O fator de transcrição de ligação do DNA **NF-κB** é um complexo heterodimérico, normalmente composto por duas subunidades, denominadas **p50** e **p65** (**Figura 42-10**). Normalmente, o NF-κB é mantido sequestrado no citoplasma em uma forma transcricionalmente inativa por membros da família de proteínas **IκB** (inibidores do NF-κB). Estímulos extracelulares, como as citocinas pró-inflamatórias, as espécies reativas de oxigênio e os mitógenos, levam à ativação do **complexo IKK** (IκB-cinase), que é uma estrutura hétero-hexamérica, constituída de subunidades α, β e γ. O IKK fosforila IκB em dois resíduos de serina. Essa fosforilação direciona o IκB para a poliubiquitinação e degradação subsequente pelo proteassomo. Após a degradação do IκB, o NF-κB livre transloca ao núcleo, onde se liga a vários promotores de genes e ativa a transcrição, sobretudo de genes envolvidos na **resposta inflamatória**.

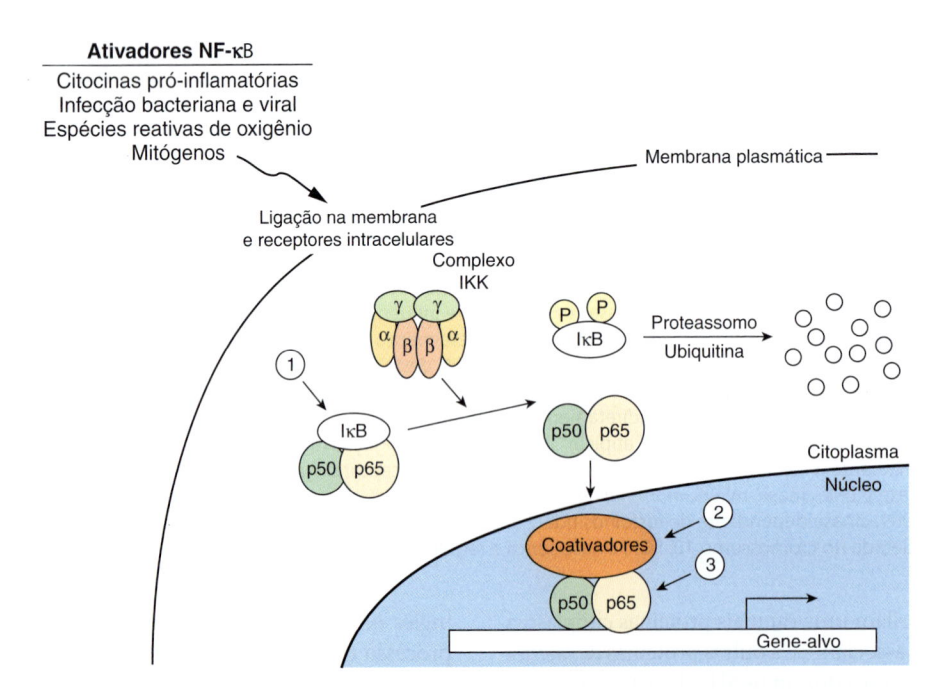

FIGURA 42-10 **Regulação da via do NF-κB.** O NF-κB consiste em duas subunidades, p50 e p65, que, quando presentes no núcleo, regulam a transcrição de grande quantidade de genes importantes para a resposta inflamatória. O NF-κB é impedido de entrar no núcleo pelo IκB, um inibidor do NF-κB. O IκB liga-se ao sinal de localização nuclear do NF-κB e o mascara. Essa proteína citoplasmática é fosforilada por um complexo IKK, que é ativado por citocinas, espécies reativas de oxigênio e mitógenos. O IκB fosforilado pode ser ubiquitinilado e degradado, com consequente liberação do NF-κB, permitindo a translocação nuclear. Acredita-se que os glicocorticoides, que são agentes anti-inflamatórios potentes, afetem pelo menos três etapas nesse processo (1, 2, 3), conforme descrito no texto.

A regulação transcricional do NF-κB é mediada por uma variedade de coativadores, como a proteína de ligação da CREB (CBP, do inglês *CREB-binding protein*), conforme descrito adiante (Figura 42-13).

Os **hormônios glicocorticoides** são agentes terapeuticamente úteis no tratamento de uma variedade de doenças inflamatórias e imunes. As suas ações anti-inflamatórias e imunomoduladoras são explicadas, em parte, pela inibição do NF-κB e suas ações subsequentes. Foram apresentadas evidências de três mecanismos para a inibição do NF-κB pelos glicocorticoides: (1) os glicocorticoides aumentam o mRNA do IκB, levando a um aumento da proteína IκB e ao sequestro mais eficiente do NF-κB no citoplasma; (2) o receptor de glicocorticoides compete com o NF-κB pela ligação a coativadores; e (3) o receptor de glicocorticoides liga-se diretamente à subunidade p65 do NF-κB e inibe a sua ativação (Figura 42-10).

OS HORMÔNIOS PODEM INFLUENCIAR EFEITOS BIOLÓGICOS ESPECÍFICOS PELA MODULAÇÃO DA TRANSCRIÇÃO

Os sinais gerados, conforme descrito anteriormente, precisam ser traduzidos em uma ação que permita à célula adaptar-se de modo efetivo a um estímulo (Figura 42-1). Grande parte dessa adaptação é obtida por meio de alterações nas taxas de transcrição de genes específicos. Muitas observações diferentes levaram ao atual conceito para explicar como os hormônios afetam a transcrição. Algumas dessas observações são as que seguem. (1) Os genes ativamente transcritos encontram-se em regiões de cromatina "abertas" (experimentalmente definida como suscetibilidade relativa à enzima DNase I e contendo certas modificações pós-traducionais [PTMs, do inglês *post-translational modifications*] de histonas ou "marcas"), o que possibilita o acesso dos fatores de transcrição ao DNA. (2) Os genes apresentam regiões reguladoras, e os fatores de transcrição ligam-se a essas regiões para modular a frequência da iniciação da transcrição. (3) O complexo hormônio-receptor pode constituir um desses fatores de transcrição. A sequência do DNA à qual o complexo se liga é denominada **HRE** (ver exemplos na Tabela 42-1). (4) Como alternativa, outros sinais gerados por hormônios podem modificar a localização, a quantidade ou a atividade dos fatores de transcrição e, assim, influenciar a ligação ao elemento regulador ou de resposta. (5) Os membros de uma grande superfamília de receptores nucleares atuam com os receptores hormonais descritos anteriormente – ou de modo análogo. (6) Esses receptores nucleares interagem com outro grande grupo de moléculas correguladoras para produzir alterações na transcrição de genes específicos.

Vários HREs foram definidos

Os HREs assemelham-se a elementos estimuladores, uma vez que não são estritamente dependentes da posição ou da localização ou orientação. Em geral, esses elementos são encontrados a uma distância de algumas centenas de nucleotídeos a montante (5′) do sítio de iniciação da transcrição; entretanto, podem estar localizados dentro da região de codificação do gene, em íntrons. Os HREs foram definidos pela estratégia ilustrada na Figura 38-11. As sequências-consenso ilustradas na Tabela 42-1 foram deduzidas por meio da análise de numerosos genes regulados por determinado hormônio, utilizando sistemas simples de repórteres heterólogos (ver Figura 38-10). Embora esses HREs simples liguem-se ao complexo hormônio-receptor com mais afinidade do que ao DNA circundante – ou ao DNA de uma fonte não relacionada – e confiram uma responsividade hormonal ao gene repórter, logo ficou evidente que o circuito regulador dos genes naturais deve ser muito mais complicado. Os glicocorticoides, as progestinas, os mineralocorticoides e os androgênios exercem ações fisiológicas amplamente diferentes. Como a especificidade exigida para esses efeitos poderia ser conseguida pela regulação da expressão dos genes pelo mesmo HRE (Tabela 42-1)? Perguntas desse tipo levaram a experimentos que possibilitaram a elaboração de um modelo mais complexo de regulação da transcrição pela família de proteínas do receptor de hormônios esteroides. Por exemplo, na grande maioria dos genes celulares, o HRE é encontrado associado a outros elementos reguladores específicos do DNA (e a proteínas de ligação associadas); essas associações são obrigatórias para uma função ótima. A extensa semelhança de sequência observada entre os receptores dos hormônios esteroides, particularmente em seus domínios de ligação ao DNA (DBDs, do inglês *DNA-binding domains*), levou à descoberta da **superfamília de receptores nucleares** de proteínas. Essas proteínas – bem como um grande número de **proteínas correguladoras** – possibilitam uma ampla variedade de interações entre o DNA-proteína e proteína-proteína, bem como a especificidade necessária para o controle fisiológico altamente regulado. A **Figura 42-11** ilustra um esquema desse tipo de montagem.

Existe uma grande família de proteínas de receptores nucleares

A superfamília de receptores nucleares consiste em um conjunto diverso de fatores de transcrição, que foram descobertos em virtude de uma semelhança de sequência em seus DBDs. Essa família, atualmente com mais de 50 membros, inclui os receptores hormonais nucleares discutidos anteriormente, vários outros receptores cujos ligantes foram descobertos após a identificação dos receptores e muitos receptores supostos ou órfãos, para os quais ainda não foi descoberto um ligante.

Esses receptores nucleares apresentam várias características estruturais comuns (**Figura 42-12**). Todos possuem um DBD de localização central, que possibilita a ligação do receptor com alta afinidade a seu HRE cognato. O DBD contém dois motivos de ligação em dedo de zinco (ver Figura 38-14), que determinam a ligação na forma de homodímeros, heterodímeros (em geral, com um parceiro do receptor de retinoide X [RXR, do inglês *retinoid X receptor*]) ou monômeros. O elemento de resposta-alvo consiste em uma ou duas sequências-consenso de meio-sítio do DNA, dispostas como repetição invertida ou direta. O espaçamento entre elas ajuda a determinar a especificidade de ligação. Nessas condições, em geral, uma repetição direta com três, quatro ou cinco regiões espaçadoras de nucleotídeos especifica a ligação dos receptores de vitamina D, dos hormônios tireoidianos e do ácido retinoico, respectivamente, ao mesmo elemento de resposta de consenso (Tabela 42-1). Um **domínio**

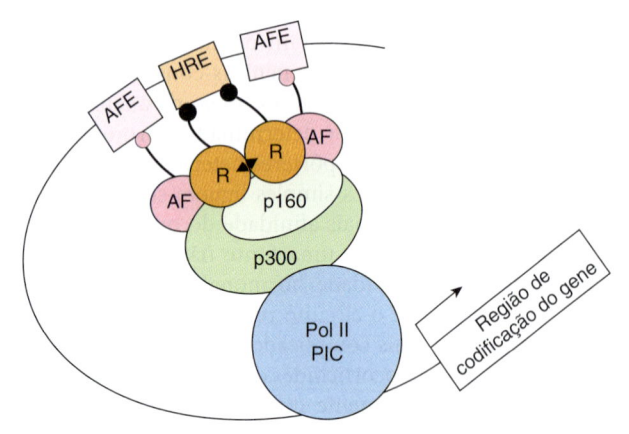

FIGURA 42-11 Unidade de ativação transcricional da resposta hormonal. A unidade de transcrição da resposta hormonal é uma montagem de elementos do DNA e de proteínas cognatas complementares ligadas ao DNA que interagem, por meio de interações proteína-proteína, com diversas moléculas coativadoras ou correpressoras. Um componente essencial é o elemento de resposta hormonal, que se liga ao receptor (R) ligado ao ligante (▲). Os elementos de fatores acessórios (AFEs) com os fatores de transcrição ligados também são importantes. Mais de 20 desses fatores acessórios (AFs), que são, em geral, membros da superfamília dos receptores nucleares, foram associados aos efeitos dos hormônios sobre a transcrição. Os AFs podem interagir entre si, com os receptores nucleares ocupados por ligantes ou com correguladores. Esses componentes se comunicam com o mecanismo de transcrição basal, formando a polimerase-II PIC (i.e., RNAP II e GTFs; Figura 36-10) por meio de um complexo corregulador, que pode consistir em um ou mais membros das famílias de p160, correpressora, relacionada com mediadores ou das famílias CBP/p300 (ver Tabela 42-6). Convém lembrar (Capítulos 36 e 38) que muitos correguladores da transcrição transportam atividades enzimáticas intrínsecas que modificam o DNA de modo covalente, as proteínas de transcrição e as histonas presentes nos nucleossomos (não ilustrados aqui) dentro ou ao redor do estimulador (HRE, AFE) e promotor. Coletivamente, o hormônio, o receptor hormonal, a cromatina, o DNA e o mecanismo de transcrição integram e processam os sinais hormonais para regular fisiologicamente a transcrição.

de ligação do ligante (**LBD**, do inglês *ligand-binding domain*) multifuncional localiza-se na metade carboxiterminal do receptor. O LBD liga-se aos hormônios ou aos metabólitos com seletividade e, portanto, especifica uma determinada resposta biológica. O LBD também contém domínios que modulam a ligação das proteínas do choque térmico, a dimerização, a localização nuclear e a transativação. Esta última função é facilitada pela função de ativação da transcrição carboxiterminal ou **domínio de ativação/AD** (**domínio AF-2**), que forma uma superfície necessária para a interação dos coativadores. Uma **região de dobradiça** altamente variável separa o DBD do LBD. Essa região confere flexibilidade ao receptor, de modo que possa assumir diferentes conformações de ligação ao DNA. Por fim, existe uma região aminoterminal altamente variável, que contém outro AD, designado como **AF-1**. O domínio AF-1 provavelmente desempenha funções fisiológicas distintas por meio da ligação de diferentes proteínas correguladoras. Essa região do receptor, por meio do uso de promotores diferentes, sítios de *splicing* alternativo e múltiplos sítios de iniciação da tradução, fornece isoformas de receptores que compartilham uma identidade de DBD e LBD, mas que exercem respostas fisiológicas diferentes, devido à associação de vários correguladores com esse domínio AF-1 aminoterminal variável.

É possível classificar de várias maneiras esse grande número de receptores em grupos. Neste capítulo, esses receptores são discutidos de acordo com o modo como se ligam a seus respectivos elementos de DNA (Figura 42-12). Os receptores hormonais clássicos de glicocorticoides (GR), de mineralocorticoides (MR), de estrogênios (ER), de androgênios (AR) e de progestinas (PR) ligam-se na forma de homodímeros a sequências repetidas invertidas. Outros receptores hormonais, como os receptores dos hormônios tireoidianos (TR), do ácido retinoico (RAR) e da vitamina D (VDR), bem como os receptores que se ligam a vários ligantes metabólitos, como PPAR α, β e γ, FXR, LXR, PXR e CAR, ligam-se na forma de heterodímeros, com o RXR como parceiro, para dirigir as sequências

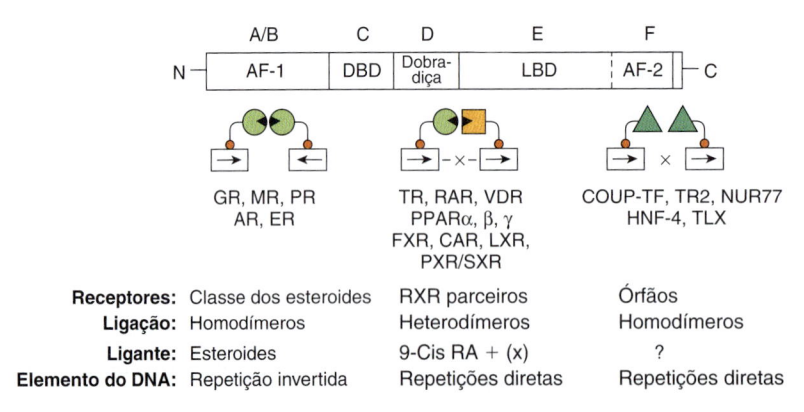

FIGURA 42-12 Superfamília de receptores nucleares. Os membros dessa família são divididos em seis domínios estruturais (A a F). O domínio A/B é também denominado AF-1 ou região moduladora, visto que contém um AD e está envolvido na ativação da transcrição. O domínio C consiste no domínio de ligação ao DNA (DBD). A região D contém a dobradiça, que confere flexibilidade entre o DBD e o domínio de ligação ao ligante (LBD, região E). A parte C-terminal da região E contém o AF-2, outro AD que tem uma importante contribuição para a ativação da transcrição. A região F não está tão bem definida. As funções desses domínios são discutidas de modo mais detalhado no texto. Os receptores com ligantes conhecidos, como hormônios esteroides, ligam-se na forma de homodímeros em meios-sítios repetidos invertidos. Outros receptores formam heterodímeros com o RXR correspondente nos elementos repetidos diretos. Pode haver espaçadores nucleotídicos de uma a cinco bases entre essas repetições diretas (DR1 a 5; ver Tabela 42-1 para maiores detalhes). Outra classe de receptores para os quais não foram determinados ligantes definitivos (receptores órfãos) se liga na forma de homodímeros para repetições diretas e, em certas ocasiões, na forma de monômeros a um meio-sítio único.

TABELA 42-5 Receptores nucleares com ligantes especiais[a]

Receptor		Parceiro	Ligante	Processo afetado
Peroxissomo	PPAR$_\alpha$	RXR (DR1)	Ácidos graxos	Proliferação dos peroxissomos
Ativado por proliferador	PPAR$_\beta$		Ácidos graxos	
	PPAR$_\gamma$		Ácidos graxos	Metabolismo dos lipídeos e dos carboidratos
			Eicosanoides, tiazolidinedionas	
Farnesoide X	FXR	RXR (DR4)	Farnesol, ácidos biliares	Metabolismo dos ácidos biliares
Fígado X	LXR	RXR (DR4)	Oxiesteróis	Metabolismo do colesterol
Xenobiótico X	CAR	RXR (DR5)	Androstanos	Proteção contra determinados fármacos, metabólitos tóxicos e xenobióticos
			Fenobarbital	
			Xenobióticos	
	PXR	RXR (DR3)	Pregnanos	
			Xenobióticos	

[a] Muitos membros da superfamília dos receptores nucleares foram descobertos por clonagem por "homologia", e os ligantes correspondentes foram subsequentemente identificados. Esses ligantes não são hormônios no sentido clássico, porém desempenham uma função semelhante, visto que ativam membros específicos da superfamília dos receptores nucleares. Os receptores descritos aqui formam heterodímeros com o RXR e apresentam sequências nucleotídicas variáveis separando os elementos de ligação repetidos diretos (DR1 a 5). Esses receptores regulam uma variedade de genes que codificam o citocromo p450s (CYP), as proteínas de ligação citosólicas e os transportadores cassete de ligação ao ATP (ABC) para influenciar o metabolismo e proteger as células contra fármacos e agentes nocivos.

repetidas (ver Figura 42-12 e **Tabela 42-5**). Outro grupo de receptores órfãos que ainda não apresentam nenhum ligante conhecido liga-se na forma de homodímeros ou monômeros às sequências repetidas diretas.

Conforme ilustrado na Tabela 42-5, a descoberta da superfamília de receptores nucleares levou a uma compreensão essencial de como uma variedade de metabólitos e xenobióticos regula a expressão dos genes e, por fim, o metabolismo, a desintoxicação e a eliminação dos produtos corporais normais e agentes exógenos, como os fármacos. Não surpreende que essa área constitua um campo fértil de pesquisa de novas intervenções terapêuticas.

Muitos correguladores dos receptores nucleares também participam da regulação da transcrição

A remodelagem da cromatina (modificações das histonas, metilação do DNA, reposicionamento/remodelagem/deslocamento do nucleossomo), a modificação dos fatores de transcrição por várias atividades enzimáticas e a comunicação entre os receptores nucleares e a maquinaria de transcrição basal são realizadas por interações entre proteínas com uma ou mais de uma classe de moléculas correguladoras. Atualmente, essas moléculas correguladoras ultrapassam o número de 100, sem incluir as variações de espécies e as variantes de *splicing*. A primeira dessas moléculas a ser descrita foi a **proteína de ligação da CREB** (**CBP**). A CBP, por meio de um domínio aminoterminal, liga-se à serina fosforilada 137 da CREB e medeia a transativação em resposta ao cAMP. Por conseguinte, é descrita como um coativador. A CBP e seu parente próximo, a p300, interagem direta ou indiretamente com vários fatores de transcrição de ligação ao DNA, incluindo a **proteína ativadora 1** (**AP-1**), **STATs**, **receptores nucleares** e a **CREB** (Figura 42-13). A **CBP/p300** liga-se também à família p160 de coativadores descritos adiante, bem como a várias outras proteínas, incluindo a proteína-cinase p90^{rsk} e a RNA-helicase A. Conforme assinalado anteriormente, é importante ressaltar que a

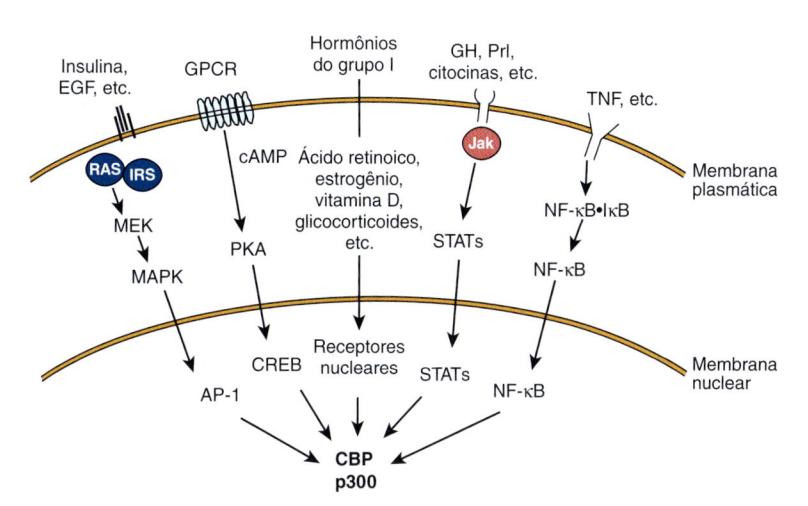

FIGURA 42-13 Diversas vias de transdução de sinais convergem para a CBP/p300. Muitos ligantes que se associam aos receptores de membrana ou nucleares acabam convergindo para a CBP/p300. Diversas vias diferentes de transdução de sinais estão ilustradas. (EGF, fator de crescimento epidérmico; GH, hormônio do crescimento; Prl, prolactina; TNF, fator de necrose tumoral; outras abreviaturas e siglas são apresentadas no texto.)

CBP/p300 também possui **atividade intrínseca de histona-acetiltransferase (HAT)**. Algumas das numerosas ações da CBP/p300, que parecem depender das atividades enzimáticas intrínsecas e da capacidade de atuar como suporte para a ligação de outras proteínas, estão ilustradas na Figura 42-11. Outros correguladores desempenham funções semelhantes.

Foram descritas várias outras famílias de moléculas coativadoras. Os membros da **família p160 de proteínas coativadoras**, todos com cerca de 160 kDa, incluem: (1) SRC-1 e NCoA-1; (2) GRIP 1, TIF2 e NCoA-2; e (3) p/CIP, ACTR, AIB1, RAC3 e TRAM-1 (**Tabela 42-6**). Os diferentes nomes dos membros dentro de uma determinada subfamília frequentemente representam variações entre espécies ou pequenas variantes de *splicing*. Existe uma identidade de aminoácidos de cerca de 35% entre os membros das diferentes subfamílias. Os coativadores p160 compartilham várias atividades. Eles (1) ligam-se aos receptores nucleares de maneira dependente do agonista e do domínio de transativação do AF-2, (2) apresentam um motivo hélice-alça-hélice básico (bHLH) aminoterminal conservado (ver Capítulo 38), (3) exibem um domínio de transativação carboxiterminal fraco e um domínio de transativação aminoterminal mais forte em uma região que é necessária para a interação CBP/p160, (4) contêm, no mínimo, três dos **motivos LXXLL** necessários para a interação proteína-proteína com outros coativadores, e (5) com frequência, possuem atividade de HAT. O papel da HAT é particularmente interessante, já que as mutações do domínio da HAT desativam muitos desses fatores de transcrição. O conceito atual sustenta que essas atividades de HAT acetilam as histonas, o que facilita a remodelagem da cromatina em um ambiente eficiente para a transcrição. Portanto, a acetilação/desacetilação das histonas desempenha um papel crítico na expressão dos genes. Por fim, é importante assinalar que foram descritos outros substratos proteicos para a acetilação mediada pela HAT, como ativadores da transcrição de ligação ao DNA e outros correguladores. Esses eventos de PTMs sem histonas provavelmente constituem um fator importante na resposta reguladora geral.

Um pequeno número de proteínas, incluindo **NCoR** e **SMRT**, constitui a **família dos correpressores**. Esses correpressores atuam, pelo menos em parte, conforme mostra a Figura 42-2. Outra família inclui TRAPs, DRIPs e ARC (Tabela 42-6). Essas proteínas representam subunidades do mediador (ver Capítulo 36), e seu tamanho varia de 80 a 240 kDa. Acredita-se que atuem na ligação do complexo nuclear receptor-coativador à RNA-polimerase II e de outros componentes da maquinaria de transcrição basal.

Atualmente, o papel exato desses coativadores está sendo objeto de investigação intensa. Muitas dessas proteínas possuem atividades enzimáticas intrínsecas. Isso é particularmente interessante, tendo em vista o fato de que foi proposto que a acetilação, a fosforilação, a metilação, a sumoilação e a ubiquitinação – bem como a proteólise e a translocação celular – alteram a atividade de alguns desses correguladores e seus alvos.

Determinadas combinações de correguladores – e, portanto, diferentes combinações de ativadores e inibidores – parecem ser responsáveis por ações específicas induzidas por ligantes por meio de vários receptores. Além disso, essas interações em determinado promotor são dinâmicas. Em alguns casos, foram observados complexos constituídos de mais de 45 fatores de transcrição em um único gene.

TABELA 42-6 Algumas proteínas correguladoras dos mamíferos

I. Família de coativadores de 300kDa		
	A. CBP	Proteína de ligação da CREB
	B. p300	Proteína de 300 kDa
II. Família de coativadores de 160kDa		
	A. SRC-1,2,3	Coativadores do receptor de esteroides 1, 2 e 3
	NCoA-1	Coativador do receptor nuclear 1
	B. TIF2	Fator intermediário transcricional 2
	GRIP1	Proteína de interação com o receptor de glicocorticoides
	NCoA-2	Coativador do receptor nuclear 2
	C. p/CIP	Proteína 1 associada ao cointegrador p300/CBP
	ACTR	Ativador dos receptores de hormônios tireoidianos e do ácido retinoico
	AIB	Amplificado no câncer de mama
	RAC3	Coativador 3 associado ao receptor
	TRAM-1	Molécula 1 ativadora do TR
III. Correpressores		
	A. NCoR	Correpressor do receptor nuclear
	B. SMRT	Mediador silenciador do RXR e do TR
IV. Subunidades mediadoras		
	A. TRAPs	Proteínas associadas ao receptor de hormônios tireoidianos
	B. DRIPs	Proteínas de interação com o receptor de vitamina D
	C. ARC	Cofator recrutado por ativador

RESUMO

- Os hormônios, as citocinas, as interleucinas e os fatores de crescimento utilizam uma variedade de mecanismos de sinalização para facilitar as respostas adaptativas das células.

- O complexo ligante-receptor atua como sinal inicial para os membros da família dos receptores nucleares.

- Os hormônios peptídicos/proteicos e as catecolaminas da classe II, que se ligam aos receptores de superfície celular, geram uma variedade de sinais intracelulares. Estes incluem o cAMP, o cGMP, o Ca^{2+}, os fosfatidilinositídeos e as cascatas de proteínas-cinase.

- Muitas respostas hormonais são obtidas por meio de alterações na taxa de transcrição de genes específicos.

- A superfamília de proteínas de receptores nucleares desempenha um papel central na regulação da transcrição gênica.

- Os receptores nucleares de ligação ao DNA, cujos ligantes podem incluir hormônios, metabólitos ou fármacos, ligam-se a HREs específicos na forma de homodímeros ou heterodímeros com RXR.

- Outra grande família de proteínas correguladoras remodela a cromatina, modifica outros fatores de transcrição e liga os receptores nucleares ao aparato de transcrição basal.

REFERÊNCIAS

Arvanitakis L, Geras-Raaka E, Gershengorn MC: Constitutively signaling G-protein-coupled receptors and human disease. Trends Endocrinol Metab 1998;9:27.

Beene DL, Scott JD: A-kinase anchoring proteins take shape. Curr Opin in Cell Biol 2007;19:192.

Cheung E, Kraus WL: Genomic analyses of hormone signaling and gene regulation. Annu Rev Physiol 2010;72:191-218.

Cohen P, Spiegelman BM: Cell biology of fat storage. Mol Biol Cell 2016;27:2523-2527.

Darnell JE Jr, Kerr IM, Stark GR: Jak-STAT pathways and transcriptional activation in response to IFNs and other extracellular signaling proteins. Science 1994;264:1415.

Dasgupta S, Lonard DM, O'Malley BW: Nuclear receptor coactivators: master regulators of human health and disease. Annu Rev Med 2014;65:279-292.

Fan W, Evans RM: Exercise mimetics: impact on health and performance. Cell Metab 2017;25:242-247.

Fantl WJ, Johnson DE, Williams LT: Signalling by receptor tyrosine kinases. Annu Rev Biochem 1993;62:453.

Jaken S: Protein kinase C isozymes and substrates. Curr Opin Cell Biol 1996;8:168.

Kobilka BK: Structural insights into adrenergic receptor function and pharmacology. Trends Pharmacol Sci 2011;32:213-218.

Lazar MA: Maturing the nuclear receptor family. J Clin Invest 2017; 127:1123-1125.

Manglik A, Kobilka B: The role of protein dynamics in GPCR function: insights from the β2AR and rhodopsin. Curr Opin Cell Biol 2014;27:136-143.

Métivier R, Reid G, Gannon F: Transcription in four dimensions: nuclear receptor-directed initiation of gene expression. EMBO Rep 2006;7:161.

O'Malley B: Coregulators: from whence came these "master genes." Mol Endocrinol 2007;21:1009.

Ravnskjaer K, Madiraju A, Montminy M: Role of the cAMP pathway in glucose and lipid metabolism. Handb Exp Pharmacol 2016;233:29-49.

Reiter E, Ahn S, Shukla AK: Molecular mechanism of β-arrestin-biased agonism at seven-transmembrane receptors. Annu Rev Pharmacol Toxicol 2012;52:179-197.

Szwarc MM, Lydon JP, O'Malley BW: Steroid receptor coactivators as therapeutic targets in the female reproductive system. J Steroid Biochem Mol Biol 2015;154:32-38.

Wang Z, Schaffer NE, Kliewer SA, Mangelsdorf DJ: Nuclear receptors: emerging drug targets for parasitic diseases. J Clin Invest 2017;127:1165-1171.

Weikum ER, Knuesel MT, Ortlund EA, Yamamoto KR: Glucocorticoid receptor control of transcription: precision and plasticity via allostery. Nat Rev Mol Cell Biol 2017; 18:159-174.

Zhang Q Lenardo MJ, Baltimore D: 30 years of NF-κB: a blossoming of relevance to human pathobiology. Cell 2017;168:37-57.

Questões para estudo

Seção VIII – Bioquímica da comunicação extracelular e intracelular

1. Em relação aos lipídeos da membrana, assinale a única afirmativa INCORRETA.
   A. O principal fosfolipídeo por massa nas membranas dos seres humanos é geralmente a fosfatidilcolina.
   B. Os glicolipídeos estão localizados nas camadas interna e externa da membrana plasmática.
   C. O ácido fosfatídico é um precursor da fosfatidilserina, mas não da esfingomielina.
   D. A fosfatidilcolina e a fosfatidiletanolamina estão localizadas principalmente na camada externa da membrana plasmática.
   E. O *flip-flop* dos fosfolipídeos nas membranas é muito lento.

2. Em relação às proteínas da membrana, assinale a única afirmativa INCORRETA.
   A. Devido a considerações estéricas, não podem existir α-hélices nas membranas.
   B. Um gráfico de hidropatia ajuda a estimar se um determinado segmento de uma proteína é predominantemente hidrofóbico ou hidrofílico.
   C. Determinadas proteínas estão ancoradas na camada externa das membranas plasmáticas por meio de estruturas de glicofosfatidilinositol (GPI).
   D. A adenilil-ciclase é uma enzima marcadora para a membrana plasmática.
   E. A mielina possui um conteúdo muito elevado de lipídeos, em comparação com as proteínas.

3. Em relação ao transporte nas membranas, assinale a única afirmativa INCORRETA.
   A. O potássio apresenta uma menor densidade de carga do que o sódio e tende a se mover mais rapidamente através das membranas do que o sódio.
   B. O fluxo de íons pelos canais iônicos é um exemplo de transporte passivo.
   C. A difusão facilitada exige uma proteína como transportador.
   D. A inibição da Na^+-K^+-ATPase inibe a captação de glicose dependente de sódio nas células intestinais.
   E. A insulina, ao recrutar os transportadores de glicose para a membrana plasmática, aumenta a captação de glicose nas células adiposas, mas não no músculo.

4. Em relação à Na^+-K^+-ATPase, assinale a única afirmativa INCORRETA.
   A. A sua ação mantém a elevada concentração intracelular de sódio, em comparação com a do potássio.
   B. Pode utilizar até 30% do gasto total de ATP de uma célula.
   C. É inibida por digitálicos, que são fármacos úteis em determinadas condições cardíacas.
   D. Localiza-se na membrana plasmática das células.
   E. A fosforilação está envolvida em seu mecanismo de ação, levando à sua classificação como transportador ativo impulsionado por ATP do tipo P.

5. Quais são as moléculas que permitem às células responder a uma molécula sinalizadora extracelular específica?
   A. Carboidratos receptores específicos localizados na superfície interna da membrana plasmática.
   B. Bicamada lipídica plasmática.
   C. Canais iônicos.
   D. Receptores que reconhecem e ligam-se especificamente à molécula mensageira específica.
   E. Membranas nucleares intactas.

6. Indique o termo geralmente aplicado às moléculas de mensageiros extracelulares que se ligam a proteínas receptoras transmembrana.
   A. Inibidor competitivo.
   B. Ligante.
   C. Curva de Scatchard.
   D. Substrato.
   E. Chave.

7. Na sinalização autócrina:
   A. As moléculas mensageiras alcançam as células-alvo por meio de sua passagem pela corrente sanguínea.
   B. As moléculas mensageiras percorrem apenas curtas distâncias através do espaço extracelular até células que estão em estreita proximidade da célula que está gerando a mensagem.
   C. A célula que produz a mensagem expressa receptores em sua superfície, que podem responder a esse mensageiro.
   D. As moléculas mensageiras são, em geral, rapidamente degradadas e, portanto, só podem atuar em distâncias curtas.

8. Independentemente de como um determinado sinal é iniciado, o evento de ligação do ligante é propagado pelos segundos mensageiros ou por recrutamento de proteínas. Qual é o resultado bioquímico final desses eventos de ligação?
   A. Ocorre ativação de uma proteína no meio de uma via de sinalização intracelular.
   B. Ocorre ativação de uma proteína na parte inferior de uma via de sinalização intracelular.
   C. Ocorre ativação de uma proteína na parte superior de uma via de sinalização extracelular.
   D. Ocorre desativação de uma proteína na parte superior de uma via de sinalização intracelular.
   E. Ocorre ativação de uma proteína na parte superior de uma via de sinalização intracelular.

9. Quais características da superfamília de receptores nucleares sugerem que essas proteínas evoluíram a partir de um ancestral comum?
   A. Todas se ligam ao mesmo ligante com alta afinidade.
   B. Todas funcionam dentro do núcleo.
   C. Todas estão sujeitas à fosforilação reguladora.
   D. Todas contêm regiões de alta semelhança/identidade na sequência de aminoácidos.
   E. Todas se ligam ao DNA.

10. Qual efeito a degradação dos complexos receptor-ligante após a sua internalização possui sobre a capacidade de uma célula de responder se for imediatamente reexposta ao mesmo hormônio?
    A. A resposta celular é atenuada, devido a uma redução no número de receptores celulares.
    B. A resposta celular é intensificada, devido a uma redução da competição receptor-ligante.
    C. A resposta celular não é alterada a estímulos subsequentes.
    D. A resposta hormonal da célula é agora bimodal. intensificada por um curto período de tempo e, em seguida, inativada.

11. Normalmente, qual é a primeira reação após a ligação da maioria dos receptores de proteínas-tirosina-cinase (RTKs) a seu ligante?
    A. Trimerização do receptor.
    B. Degradação do receptor.
    C. Desnaturação do receptor.
    D. Dissociação do receptor.
    E. Dimerização do receptor.

12. Onde se localiza o domínio catalítico de cinase dos receptores de proteínas-tirosina-cinase?
    A. Na superfície extracelular do receptor, imediatamente adjacente ao domínio de ligação do ligante.
    B. No domínio citoplasmático do receptor.
    C. Em uma proteína independente, que se liga rapidamente ao receptor com a ligação do ligante.
    D. Dentro da porção transmembrana do receptor.

13. As subunidades das proteínas G heterotriméricas são denominadas subunidades ___, ___ e ___.
    A. α, β e χ.
    B. α, β e δ.
    C. α, γ e δ.
    D. α, β e γ.
    E. γ, δ e η.

14. Entre os receptores listados a seguir, quais deles podem conduzir diretamente um fluxo de íons através da membrana plasmática quando ligados a seus ligantes cognatos?
    A. Receptores de tirosina-cinase (RTKs).
    B. Receptores acoplados à proteína G (GPCRs).
    C. Subunidade α da proteína G gama.
    D. Receptores de hormônios esteroides.
    E. Canais regulados por ligantes.

15. Qual das seguintes alternativas NÃO é um ligante natural que se liga aos receptores acoplados à proteína G?
    A. Hormônios.
    B. Hormônios esteroides.
    C. Quimioatraentes.
    D. Derivados do ópio.
    E. Neurotransmissores.

16. Coloque os eventos de sinalização listados a seguir em sua ordem CORRETA.
    1. A proteína G liga-se ao receptor ativado, formando um complexo receptor-proteína G.
    2. Liberação de GDP pela proteína G.
    3. Mudança na conformação das alças citoplasmáticas do receptor.
    4. Ligação do GTP pela proteína G.
    5. Aumento da afinidade do receptor por uma proteína G na superfície citoplasmática da membrana.
    6. Ligação de um hormônio ou neurotransmissor a um receptor acoplado à proteína G.
    7. Mudança conformacional na subunidade α da proteína G.
    A. 6 – 3 – 5 – 1 – 2 – 4 – 7.
    B. 6 – 5 – 4 – 1 – 7 – 2 – 3.
    C. 6 – 3 – 5 – 1 – 7 – 2 – 4.
    D. 6 – 7 – 3 – 5 – 1 – 2 – 4.
    E. 6 – 3 – 5 – 4 – 7 – 2 – 1.

17. Quais proteínas G heterotriméricas acoplam receptores à adenilil-ciclase por meio da ativação das subunidades G_α ligadas ao GTP?
    A. Família G_e.
    B. Família G_q.
    C. Família G_i.
    D. Família $G_{12/13}$.
    E. Família G_x.

18. O que precisa ocorrer para impedir a estimulação excessiva por um hormônio?
    A. Os hormônios precisam ser degradados.
    B. As proteínas G precisam ser recicladas e, em seguida, degradadas.
    C. Os receptores precisam ser bloqueados para não continuar a ativar as proteínas G.
    D. Os receptores precisam sofrer dimerização.

19. Qual dos seguintes hormônios, denominado hormônio de "luta ou fuga", é secretado pela medula da glândula suprarrenal?
    A. Epinefrina.
    B. Ocitocina.
    C. Insulina.
    D. Glucagon.
    E. Somatostatina.

20. Qual hormônio é secretado pelas células α do pâncreas em resposta a baixos níveis de glicemia?
    A. Insulina.
    B. Glucagon.
    C. Estradiol.
    D. Epinefrina.
    E. Somatostatina.

21. Nas células hepáticas, a expressão dos genes que codificam enzimas gliconeogênicas, como a fosfoenolpiruvato-carboxicinase, é induzida em resposta a qual das seguintes moléculas?
    A. cGMP.
    B. Insulina.
    C. ATP.
    D. cAMP.
    E. Colesterol.

22. O que ocorre com a proteína-cinase A (PKA) após a ligação do cAMP?
    A. As subunidades reguladoras da PKA dissociam-se, com consequente ativação das subunidades catalíticas.
    B. Em seguida, as subunidades catalíticas da PKA ligam-se a duas subunidades reguladoras, com consequente ativação das subunidades catalíticas.
    C. As subunidades reguladoras inibitórias dissociam-se das subunidades catalíticas, com inativação completa da enzima.
    D. As subunidades reguladoras estimuladoras dissociam-se das subunidades catalíticas, inibindo a enzima.
    E. A fosfodiesterase liga-se às subunidades catalíticas, resultando em inativação da enzima.

SEÇÃO IX
Tópicos especiais (A)

CAPÍTULO 43

Nutrição, digestão e absorção

David A. Bender, Ph.D., e Peter A. Mayes, Ph.D., D.Sc.

OBJETIVOS

Após o estudo deste capítulo, você deve ser capaz de:

- Descrever a digestão e a absorção dos carboidratos, dos lipídeos, das proteínas, das vitaminas e dos minerais.
- Explicar como as necessidades energéticas podem ser medidas e estimadas e como o cálculo do quociente respiratório possibilita a estimativa da mistura de combustíveis metabólicos oxidados.
- Descrever as consequências da desnutrição: marasmo, caquexia e kwashiorkor.
- Explicar como as necessidades proteicas são determinadas e por que há necessidade de maiores quantidades de determinadas proteínas do que outras para manter o equilíbrio do nitrogênio.

IMPORTÂNCIA BIOMÉDICA

Além da água, a dieta precisa fornecer combustíveis metabólicos (principalmente carboidratos e lipídeos), proteínas (para o crescimento e a renovação das proteínas teciduais, e também como fonte de combustível metabólico), fibras (para a formação de volume no lúmen intestinal), minerais (que contêm elementos com funções metabólicas específicas), e vitaminas e ácidos graxos essenciais (compostos orgânicos necessários em quantidades menores para outras funções metabólicas e fisiológicas). Os polissacarídeos, os triacilgliceróis e as proteínas, que constituem a maior parte da dieta, devem ser hidrolisados em seus monossacarídeos, ácidos graxos e aminoácidos constituintes, respectivamente, antes de serem absorvidos e utilizados. Os minerais e as vitaminas devem ser liberados da complexa matriz do alimento antes que possam ser absorvidos e utilizados.

A **desnutrição** é disseminada globalmente, causando retardo do crescimento, comprometimento do sistema imune e redução da capacidade de trabalho. Por outro lado, nos países desenvolvidos e, cada vez mais, nos países em desenvolvimento, há um consumo excessivo de alimentos, levando à obesidade e ao desenvolvimento de diabetes melito, doença cardiovascular e alguns tipos de câncer. No mundo todo, existem mais indivíduos com sobrepeso e obesos do que desnutridos. As deficiências de vitamina A, de ferro e de iodo representam um importante problema de saúde em muitos países, e as deficiências de outras vitaminas e sais minerais constituem uma importante causa de comprometimento da saúde. Nos países desenvolvidos, a deficiência nutricional é rara, embora existam grupos vulneráveis da população que correm maior risco. O consumo de minerais e vitaminas em quantidades adequadas para evitar a sua deficiência pode ser inadequado para promover condições ideais de saúde e longevidade.

A secreção excessiva de ácido gástrico, associada à infecção por *Helicobacter pylori*, pode levar ao desenvolvimento de **úlceras** gástricas e duodenais; pequenas alterações na composição da bile podem levar à cristalização do colesterol na forma de **cálculos biliares**; o comprometimento da secreção do pâncreas exócrino (como na **fibrose cística**) leva à desnutrição e à esteatorreia. A **intolerância à lactose** resulta da deficiência de lactase, causando diarreia e desconforto intestinal quando o indivíduo consome lactose. A absorção de peptídeos intactos que estimulam as respostas humorais provoca **reações alérgicas**; a **doença celíaca** é uma reação alérgica ao glúten do trigo.

DIGESTÃO E ABSORÇÃO DE CARBOIDRATOS

A digestão dos carboidratos ocorre por hidrólise, com liberação de oligossacarídeos e, em seguida, de dissacarídeos e monossacarídeos livres. O aumento da glicemia após a ingestão de uma dose-teste de um carboidrato, em comparação com aquele que ocorre após uma quantidade equivalente de glicose (na forma de glicose ou de um alimento de referência rico em amido) é conhecido como **índice glicêmico**. A glicose e a galactose apresentam um índice glicêmico de 1 (ou 100%), assim como a lactose, a maltose, a isomaltose e a trealose, que dão origem a esses dois primeiros monossacarídeos após a sua hidrólise. A frutose e os álcoois de açúcar são absorvidos menos rapidamente e apresentam índice glicêmico mais baixo, assim como a sacarose. O índice glicêmico do amido varia entre quase 1 (ou 100%) e quase 0, em virtude das taxas variáveis de hidrólise, ao passo que o índice dos polissacarídeos que não contêm amido (ver Figura 15-13) é 0. Os alimentos com baixos índices glicêmicos são considerados mais benéficos, visto que causam menos flutuações na secreção de insulina. Os polissacarídeos resistentes de amido e sem amido fornecem substratos para a fermentação bacteriana no intestino grosso, e a formação resultante de butirato e outros ácidos graxos de cadeia curta asseguram uma fonte significativa de combustível para os enterócitos intestinais. Existem evidências de que o butirato também apresenta atividade antiproliferativa, proporcionando proteção contra o câncer colorretal.

As amilases catalisam a hidrólise do amido

A hidrólise do amido é catalisada pelas amilases salivar e pancreática, que catalisam a hidrólise aleatória das ligações glicosídicas α (1 → 4), liberando dextrinas e, em seguida, uma mistura de glicose, maltose e maltotriose, bem como pequenas dextrinas ramificadas (a partir dos pontos de ramificação da amilopectina; Figura 15-12).

As dissacaridases são enzimas da borda em escova

As dissacaridases, a maltase, a sacarase-isomaltase (enzima bifuncional que catalisa a hidrólise da sacarose e da isomaltose), a lactase e a trealase estão localizadas na borda em escova das células da mucosa intestinal, onde os monossacarídeos resultantes e aqueles provenientes da dieta são absorvidos. A deficiência congênita de lactase ocorre raramente em lactentes, resultando em intolerância à lactose e retardo do crescimento quando amamentados ou alimentados com fórmulas para lactentes. A deficiência congênita de sacarase-maltase ocorre entre os inuítes, levando a uma intolerância à sacarose, com diarreia persistente e retardo do crescimento quando a dieta contém sacarose.

Na maioria dos mamíferos e dos seres humanos, a atividade da lactase começa a declinar depois do desmame e desaparece quase por completo no fim da adolescência, levando a uma **intolerância à lactose**. A lactose permanece no lúmen intestinal, onde atua como substrato para a fermentação bacteriana em lactato, resultando em desconforto abdominal e diarreia após o consumo de quantidades relativamente grandes.

Em dois grupos de populações, pessoas de ascendência da Europa Setentrional e tribos nômades da África Subsaariana e da Arábia, a lactase persiste depois do desmame e durante a vida adulta. Os mamíferos marinhos secretam um leite rico em gordura que não contém carboidratos, e seus filhotes carecem de lactase.

Existem dois mecanismos distintos para a absorção de monossacarídeos no intestino delgado

A glicose e a galactose são absorvidas por um processo dependente de sódio. Ambas são transportadas pela mesma proteína transportadora (SGLT 1) e competem entre si pela absorção intestinal (**Figura 43-1**). Outros monossacarídeos são absorvidos por difusão mediada por carreadores. Como não são ativamente transportados, a frutose e os álcoois de açúcar são absorvidos apenas a favor de seu gradiente de concentração, e, após o seu consumo moderadamente alto, uma parte pode permanecer no lúmen intestinal, atuando como substrato para a fermentação bacteriana. O consumo significativo de frutose e de álcoois de açúcar pode resultar em diarreia osmótica.

DIGESTÃO E ABSORÇÃO DE LIPÍDEOS

Os principais lipídeos da dieta são os triacilgliceróis e, em menor grau, os fosfolipídeos. Eles são moléculas hidrofóbicas, que precisam ser hidrolisadas e emulsificadas em gotículas muito pequenas (micelas com diâmetro de 4-6 nm) para que possam ser absorvidas. As vitaminas lipossolúveis A, D, E e K, bem como uma variedade de outros lipídeos (incluindo colesterol e

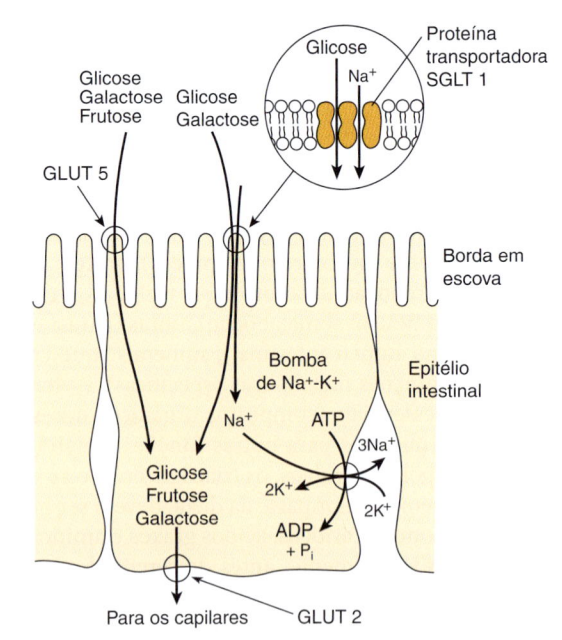

FIGURA 43-1 Transporte da glicose, da frutose e da galactose através do epitélio intestinal. O transportador SGLT 1 é acoplado à bomba de Na^+-K^+, possibilitando o transporte da glicose e da galactose contra seus gradientes de concentração. O transportador facilitador independente de Na^+, GLUT 5, permite que a frutose, a glicose e a galactose sejam transportadas a favor de seus gradientes de concentração. A saída de todos os açúcares da célula ocorre por meio do transportador facilitador GLUT 2.

carotenos), são absorvidas em sua forma dissolvida nas micelas lipídicas. A absorção de carotenos e vitaminas lipossolúveis é comprometida por uma dieta muito pobre em gordura.

A hidrólise dos triacilgliceróis é iniciada pelas lipases lingual e gástrica, que atacam a ligação éster *sn*-3 para gerar 1,2-diacilgliceróis e ácidos graxos livres, os quais atuam como agentes emulsificadores. A lipase pancreática é secretada no intestino delgado e requer a presença de outra proteína pancreática, a colipase, para a sua atividade. Essa enzima é específica para as ligações ésteres primárias – isto é, as posições 1 e 3 nos triacilgliceróis – e resulta na liberação de 2-monoacilgliceróis e ácidos graxos livres como principais produtos finais da digestão luminal dos triacilgliceróis. Inibidores da lipase pancreática são utilizados para inibir a hidrólise do triacilglicerol no tratamento da obesidade grave. A esterase pancreática no lúmen intestinal hidrolisa os monoacilgliceróis; entretanto, eles não são substratos apropriados, de modo que apenas cerca de 25% dos triacilgliceróis ingeridos são totalmente hidrolisados a glicerol e ácidos graxos antes de sua absorção (**Figura 43-2**). Os sais biliares, produzidos no fígado e secretados na bile, possibilitam a emulsificação dos produtos da digestão dos lipídeos em micelas, juntamente com os fosfolipídeos da dieta e o colesterol secretado na bile (cerca de 2 g/dia), bem como o colesterol da dieta (cerca de 0,5 g/dia). As micelas possuem menos de 1 μm de diâmetro e são solúveis, de modo que permitem que os produtos da digestão, incluindo as vitaminas lipossolúveis, sejam transportados no ambiente aquoso do lúmen intestinal para entrar em contato direto com a borda em escova das células da mucosa intestinal, possibilitando a sua captação pelo epitélio. Os sais biliares permanecem no lúmen intestinal, onde a maior parte é absorvida a partir do íleo para a **circulação êntero-hepática** (ver Capítulo 26).

No interior do epitélio intestinal, os 1-monoacilgliceróis são hidrolisados em ácidos graxos e glicerol, enquanto os 2-monoacilgliceróis são reacilados em triacilgliceróis por meio da **via dos monoacilgliceróis**. O glicerol liberado no lúmen intestinal é absorvido na veia porta do fígado; o glicerol liberado dentro do epitélio é reutilizado para a síntese de triacilgliceróis por meio da via normal do ácido fosfatídico (ver Capítulo 24). Os ácidos graxos de cadeia longa são esterificados para produzir triacilglicerol nas células da mucosa e, juntamente com os outros produtos da digestão dos lipídeos, são secretados como quilomícrons nos linfáticos, alcançando a circulação sanguínea pelo ducto torácico (ver Capítulo 25). Os ácidos graxos de cadeia curta e de cadeia média são principalmente absorvidos para a veia porta do fígado sob a forma de ácidos graxos livres.

O colesterol é absorvido dissolvido em micelas lipídicas e é esterificado principalmente na mucosa intestinal, antes de ser incorporado aos quilomícrons. Os esteróis e os estanóis vegetais (nos quais o anel B é saturado) competem com o colesterol pela sua esterificação, porém não são substratos apropriados, de modo que existe quantidade aumentada de colesterol não esterificado nas células da mucosa. O colesterol não esterificado e outros esteróis são ativamente transportados das células da mucosa para o lúmen intestinal. Isso significa que os esteróis e os estanóis vegetais inibem efetivamente a absorção não apenas do colesterol da dieta, mas também da maior quantidade secretada na bile, reduzindo, assim, o conteúdo corporal total de colesterol e, consequentemente, a sua concentração plasmática.

DIGESTÃO E ABSORÇÃO DE PROTEÍNAS

As proteínas nativas são resistentes à digestão, visto que poucas ligações peptídicas são acessíveis às enzimas proteolíticas sem antes ocorrer desnaturação pelo calor do cozimento ou pela ação do ácido gástrico.

Vários grupos de enzimas catalisam a digestão das proteínas

Existem duas classes principais de enzimas digestórias proteolíticas (**proteases**), que exibem diferentes especificidades pelos aminoácidos que formam a ligação peptídica a ser hidrolisada. As **endopeptidases** hidrolisam as ligações peptídicas entre aminoácidos específicos em toda a extensão da molécula. Elas são as primeiras enzimas que atuam, produzindo maior quantidade de fragmentos menores. A pepsina no suco gástrico catalisa a hidrólise de ligações peptídicas adjacentes a aminoácidos com cadeias laterais volumosas (aminoácidos aromáticos e de cadeia ramificada e metionina). A tripsina, a quimotripsina e a elastase são secretadas no intestino delgado pelo pâncreas. A tripsina catalisa a hidrólise de ésteres de lisina e arginina, a quimotripsina atua nos ésteres de aminoácidos aromáticos, e a elastase, em ésteres de pequenos aminoácidos alifáticos neutros. As **exopeptidases** catalisam a hidrólise das ligações peptídicas, uma por vez, a partir das extremidades dos peptídeos. As **carboxipeptidases**, secretadas no suco pancreático, liberam aminoácidos da extremidade carboxiterminal livre; as **aminopeptidases**, secretadas pelas células da mucosa intestinal, liberam aminoácidos da extremidade aminoterminal. As **dipeptidases** e as **tripeptidases** localizadas na borda em escova das células da mucosa intestinal catalisam a hidrólise dos dipeptídeos e tripeptídeos, que não são substratos para as aminopeptidases e carboxipeptidases.

As proteases são secretadas como **zimogênios** inativos; o sítio ativo da enzima é mascarado por uma pequena região da cadeia peptídica, removida por hidrólise de uma ligação peptídica específica. O pepsinogênio é ativado a pepsina pelo ácido gástrico e pela pepsina ativada. No intestino delgado, o tripsinogênio, precursor da tripsina, é ativado pela enteropeptidase, que é secretada pelas células epiteliais do duodeno; em seguida, a tripsina pode ativar o quimotripsinogênio em quimotripsina, a proelastase em elastase, a procarboxipeptidase em carboxipeptidase e a proaminopeptidase em aminopeptidase.

Os aminoácidos livres e os pequenos peptídeos são absorvidos por mecanismos diferentes

O produto final da ação das endopeptidases e exopeptidases consiste em uma mistura de aminoácidos livres, dipeptídeos, tripeptídeos e oligopeptídeos, e todos são absorvidos. Os aminoácidos livres são absorvidos através da mucosa intestinal por transporte ativo dependente de sódio. Existem vários transportadores diferentes de aminoácidos, com especificidade para a natureza da cadeia lateral do aminoácido (grande ou pequena, neutra, ácida ou básica). Os diversos aminoácidos transportados por qualquer transportador competem entre si pela sua absorção e captação tecidual. Os dipeptídeos e os tripeptídeos entram na borda em escova das células da mucosa

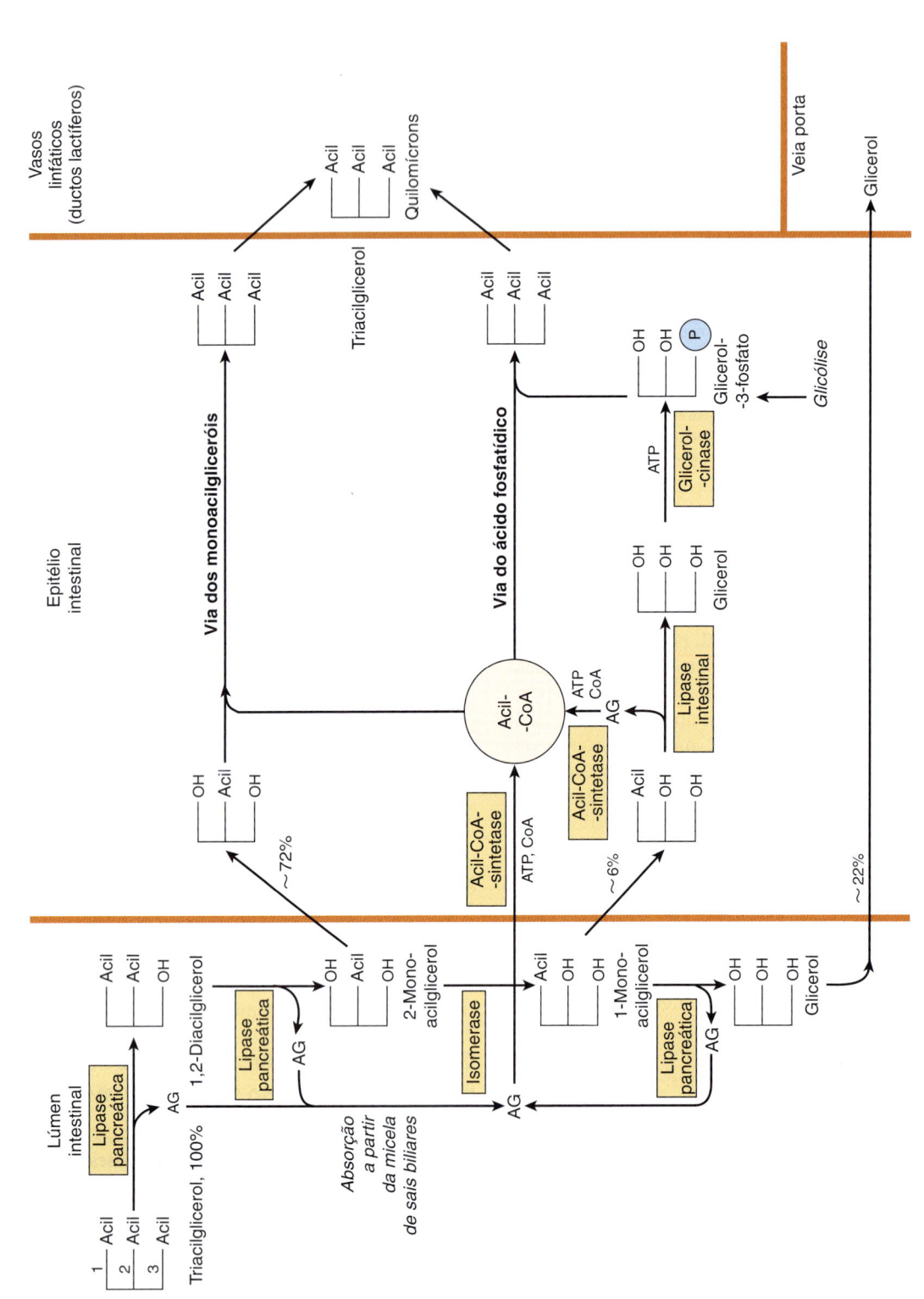

FIGURA 43-2 **Digestão e absorção dos triacilgliceróis.** Os valores fornecidos para a porcentagem de captação podem variar amplamente, porém indicam a importância relativa das três vias ilustradas.

intestinal, onde são hidrolisados em aminoácidos livres, que são, então, transportados para a veia porta do fígado. Os peptídeos relativamente grandes podem ser absorvidos em sua forma intacta, seja por captação pelas células epiteliais da mucosa (transcelular) ou pela sua passagem entre as células epiteliais (paracelular). Muitos desses peptídeos são grandes o suficiente para estimular a formação de anticorpos – constituindo a base das **reações alérgicas** aos alimentos.

DIGESTÃO E ABSORÇÃO DE VITAMINAS E MINERAIS

As vitaminas e os minerais são liberados dos alimentos durante a digestão, embora esse processo não seja completo e a disponibilidade de vitaminas e minerais dependa do tipo de alimento e, particularmente no caso dos minerais, da presença de compostos quelantes. As vitaminas lipossolúveis são absorvidas nas micelas lipídicas, que resultam na digestão das gorduras; as vitaminas hidrossolúveis e a maioria dos sais minerais são absorvidos pelo intestino delgado por transporte ativo ou por difusão mediada por carreador, seguida de ligação às proteínas intracelulares para permitir uma captação concentrada. A absorção da vitamina B_{12} depende de uma proteína transportadora específica, o fator intrínseco (ver Capítulo 44); a absorção de cálcio é dependente da vitamina D; a absorção de zinco provavelmente requer um ligante de ligação do zinco secretado pelo pâncreas exócrino; e a absorção de ferro é limitada (ver adiante).

A absorção do cálcio é dependente da vitamina D

Além de seu papel na regulação da homeostasia do cálcio, a vitamina D é necessária para a absorção intestinal de cálcio. A síntese da proteína intracelular de ligação do cálcio, a **calbindina**, necessária para a absorção do cálcio, é induzida pela vitamina D. A vitamina D também atua para recrutar transportadores de cálcio até a superfície celular, aumentando rapidamente a absorção de cálcio – processo que é independente da síntese de novas proteínas.

O ácido fítico (inositol-hexafosfato) nos cereais liga-se ao cálcio no lúmen intestinal, impedindo a sua absorção. Outros minerais, incluindo o zinco, também são quelados pelo fitato. Isso representa um problema principalmente entre os indivíduos que consomem grandes quantidades de produtos à base de trigo integral não fermentado; a levedura contém uma enzima, a **fitase**, que desfosforila o fitato, tornando-o inativo. As altas concentrações de ácidos graxos no lúmen intestinal, que ocorrem em consequência do comprometimento da absorção de gorduras, também podem reduzir a absorção do cálcio, formando sais de cálcio insolúveis; algumas vezes, a ingestão elevada de oxalato pode causar deficiência, visto que o oxalato de cálcio é insolúvel.

A absorção de ferro é limitada e rigorosamente controlada, mas aumentada pela vitamina C e pelo álcool

Embora a deficiência de ferro constitua um problema comum tanto em países desenvolvidos quanto em desenvolvimento, cerca de 10% dos indivíduos são geneticamente vulneráveis à sobrecarga de ferro (**hemocromatose**), e, para reduzir o risco de efeitos adversos da formação não enzimática de radicais livres por sais de ferro, a absorção é rigorosamente regulada. O ferro inorgânico é transportado para a célula da mucosa por um transportador de íons metálicos divalentes ligado a prótons e acumula-se intracelularmente pela sua ligação à **ferritina**. O ferro deixa a célula da mucosa por meio de uma proteína transportadora, a ferroportina, mas apenas na presença de **transferrina** livre no plasma para a sua ligação. Quando a transferrina está saturada com ferro, qualquer ferro que tenha se acumulado nas células da mucosa é perdido com a descamação celular. A expressão do gene da ferroportina (e, possivelmente, também do transportador de íons metálicos divalentes) é modulada negativamente pela hepcidina, um peptídeo secretado pelo fígado quando as reservas corporais de ferro estão adequadas. Em resposta à hipoxia, à anemia ou à hemorragia, ocorre redução na síntese de hepcidina, resultando em aumento da síntese de ferroportina e absorção aumentada de ferro (**Figura 43-3**).

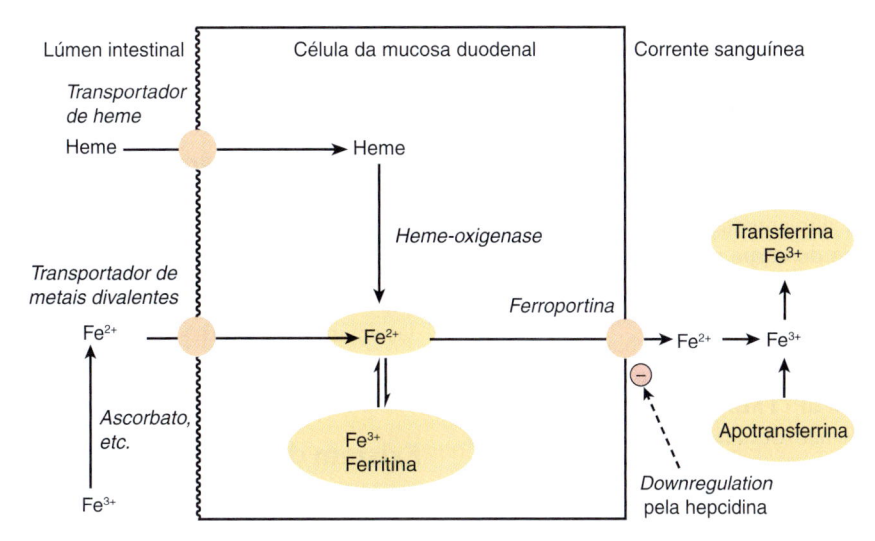

FIGURA 43-3 Absorção do ferro. A hepcidina secretada pelo fígado leva a *downregulation* a síntese de ferroportina e limita a absorção de ferro.

Em consequência dessa barreira mucosa, apenas cerca de 10% do ferro da dieta são absorvidos, e somente 1 a 5% a partir de diversos alimentos vegetais.

O ferro inorgânico é absorvido em seu estado Fe^{2+} (reduzido), de modo que a presença de agentes redutores aumenta a sua absorção. O composto mais efetivo é a **vitamina C**, e, embora a ingestão de 40 a 80 mg/dia de vitamina C seja suficiente para atender às demandas, uma ingestão de 25 a 50 mg por refeição aumenta a absorção do ferro, particularmente quando são utilizados sais de ferro no tratamento da anemia ferropriva. O álcool e a frutose também aumentam a absorção do ferro. O ferro do heme proveniente das carnes é absorvido separadamente e é consideravelmente mais disponível do que o ferro inorgânico. Entretanto, a absorção tanto do ferro inorgânico quanto do ferro do heme é afetada pelo cálcio – um copo de leite ingerido com uma refeição reduz significativamente a disponibilidade de ferro.

BALANÇO ENERGÉTICO: NUTRIÇÃO EXCESSIVA E DESNUTRIÇÃO

Depois da água, a primeira necessidade do corpo consiste em combustíveis metabólicos – gorduras, carboidratos e aminoácidos das proteínas. A ingestão alimentar acima do gasto energético leva à **obesidade**, ao passo que uma ingestão abaixo do gasto calórico provoca emagrecimento e perdas, **marasmo** e **kwashiorkor**. Tanto a obesidade quanto a desnutrição grave estão associadas a um aumento da mortalidade. O índice de massa corporal = peso (em kg)/altura² (em m) é normalmente utilizado para expressar a obesidade relativa; a faixa desejável situa-se entre 20 e 25.

As necessidades energéticas são estimadas pela determinação do gasto energético

O gasto energético pode ser calculado diretamente pela determinação do calor gerado pelo corpo; entretanto, é estimado, em geral, por meios indiretos a partir do consumo de oxigênio. Existe um gasto energético de cerca de 20 kJ/L de oxigênio consumido, independentemente de o combustível metabolizado ser carboidrato, gordura ou proteína (ver Tabela 14-1).

O cálculo da razão entre o volume de dióxido de carbono produzido e o volume de oxigênio consumido (**quociente respiratório [QR]**) fornece uma indicação da mistura de combustíveis metabólicos oxidados (ver Tabela 14-1).

Uma técnica mais recente permite a estimativa do gasto energético total no decorrer de um período de 1 a 3 semanas com o uso da água duplamente marcada com isótopos, $^2H_2^{18}O$. O ^2H é eliminado do corpo somente na água, ao passo que o ^{18}O deixa o corpo na água e no dióxido de carbono; a diferença na taxa de perda dos dois marcadores possibilita a estimativa da produção total de dióxido de carbono e, portanto, do consumo de oxigênio e do gasto energético (**Figura 43-4**).

A **taxa metabólica basal** (**TMB**) é o gasto energético do corpo em repouso, mas não durante o sono, em condições controladas de neutralidade térmica, medido durante cerca de 12 horas após a última refeição, e depende do peso, da idade e do sexo do indivíduo. O **gasto de energia total** depende da TMB, da energia necessária para a atividade física e do custo

FIGURA 43-4 Água com marcação isotópica dupla para avaliação do gasto energético.

energético na síntese de reservas no estado alimentado. Portanto, é possível estimar as necessidades energéticas de um indivíduo com base no seu peso corporal, na idade, no sexo e no nível de atividade física. O peso corporal afeta a TMB, visto que existe maior quantidade de tecido ativo em um corpo mais volumoso. A redução da TMB com a idade, mesmo quando o peso corporal permanece constante, resulta da substituição do tecido muscular por tecido adiposo, que é metabolicamente menos ativo. De forma semelhante, as mulheres apresentam uma TMB significativamente mais baixa do que os homens com o mesmo peso corporal e idade, visto que os corpos das mulheres contêm uma quantidade proporcionalmente maior de tecido adiposo.

As necessidades energéticas aumentam com a atividade

A maneira mais útil de expressar o custo energético da atividade física é na forma de múltiplo de TMB. Este é conhecido como **taxa de atividade física** (**TAF**) ou **equivalente metabólico da tarefa** (**MET**, do inglês *metabolic equivalent of the task*). As atividades sedentárias consomem apenas cerca de 1,1 a 1,2 × TMB. Em contrapartida, o esforço vigoroso, como subir escadas, caminhar em trilhas e escalar montanhas, pode consumir 6 a 8 × TMB. O **nível de atividade física** (**NAF**) total é a soma da TAF de diferentes atividades, multiplicada pelo tempo consumido por aquela atividade, dividida por 24 horas.

Dez por cento da energia fornecida por uma refeição pode ser consumida na formação das reservas

Ocorre aumento considerável da taxa metabólica depois de uma refeição (**termogênese induzida pela dieta**). Uma pequena parte desta é representada pelo custo energético da secreção das enzimas digestórias e do transporte ativo dos produtos da digestão; a maior parte resulta da síntese das reservas de glicogênio, triacilgliceróis e proteínas.

Existem duas formas extremas de desnutrição

O **marasmo** pode ocorrer tanto em adultos quanto em crianças e é observado em grupos vulneráveis de todas as populações. O **kwashiorkor** acomete apenas crianças e só tem sido relatado nos países em desenvolvimento. A característica que distingue o kwashiorkor consiste na retenção de líquidos, resultando em edema, e na infiltração gordurosa do fígado. O marasmo é um estado de emagrecimento extremo; ele é resultado de um balanço energético negativo prolongado. Além do esgotamento das reservas de gordura corporal, há também perda da massa muscular e, à medida que a doença evolui, perda das proteínas do coração, do fígado e dos rins. Os aminoácidos liberados pelo catabolismo das proteínas teciduais são utilizados como fonte de combustível metabólico e como substratos para a gliconeogênese, visando manter um suprimento de glicose para o encéfalo e para as hemácias (ver Capítulo 20). Em consequência da síntese reduzida de proteínas, ocorrem comprometimento da resposta imune e aumento no risco de infecção. Observa-se um comprometimento da proliferação celular na mucosa intestinal, resultando em diminuição da área de superfície da mucosa intestinal e redução na absorção desses nutrientes, quando disponíveis.

Os pacientes com câncer avançado e Aids apresentam desnutrição

Os pacientes com câncer avançado, com infecção pelo vírus da imunodeficiência humana (HIV, do inglês *human immunodeficiency virus*) e síndrome da imunodeficiência adquirida (Aids, do inglês *acquired immunodeficiency virus*) e com várias outras doenças crônicas frequentemente apresentam desnutrição, uma condição denominada **caquexia**. Fisicamente, esses pacientes exibem todos os sinais de marasmo, porém há perda consideravelmente maior de proteínas corporais do que a que ocorre no jejum prolongado. Diferentemente do marasmo, em que a síntese de proteínas está reduzida, porém o catabolismo não é afetado, a secreção de citocinas na caquexia em resposta à infecção e ao câncer aumenta o catabolismo da proteína tecidual pela via da ubiquitina-proteassomo dependente de trifosfato de adenosina (ATP, do inglês *adenosine triphosphate*), com consequente aumento do gasto energético. Os pacientes são **hipermetabólicos**, isto é, apresentam aumento considerável da TMB. Além da ativação da via da ubiquitina-proteassomo do catabolismo proteico, outros três fatores estão envolvidos. Muitos tumores metabolizam a glicose de modo anaeróbio, liberando lactato. Em seguida, o lactato é utilizado para a gliconeogênese hepática, um processo que consome energia, com custo efetivo de 6 ATPs para cada mol de glicose que entra no ciclo (ver Figura 19-4). Ocorre aumento da estimulação das **proteínas desacopladoras** mitocondriais pelas **citocinas**, resultando em termogênese e oxidação aumentadas dos combustíveis metabólicos. Ocorre um **ciclo fútil de lipídeos**, visto que a lipase sensível a hormônio é ativada por um proteoglicano secretado por tumores, resultando em liberação de ácidos graxos do tecido adiposo e em reesterificação em triacilgliceróis com gasto de ATP no fígado, que são exportados em lipoproteínas de densidade muito baixa (VLDL, do inglês *very-low-density lipoprotein*).

O kwashiorkor acomete crianças subnutridas

Além da perda da massa muscular, da perda da mucosa intestinal e do comprometimento das respostas imunes observados no marasmo, as crianças com **kwashiorkor** apresentam várias manifestações. A característica que o define é o **edema**, associado a uma concentração diminuída de proteínas plasmáticas. Além disso, ocorre hepatomegalia em consequência do acúmulo de gordura. No passado, acreditava-se que a causa do kwashiorkor fosse uma carência de proteínas, com ingestão mais ou menos apropriada de substratos energéticos; entretanto, a análise das dietas das crianças acometidas mostra que não é esse o caso. A deficiência de proteínas leva a um atraso do crescimento, e as crianças com kwashiorkor apresentam menor ocorrência de retardo do crescimento do que aquelas com marasmo. Além disso, o edema começa a regredir no início do tratamento, quando a criança ainda está recebendo uma dieta hipoproteica.

Com muita frequência, o kwashiorkor é precipitado por infecção. Superposta à deficiência alimentar generalizada, existe provavelmente uma deficiência de nutrientes antioxidantes, como o zinco, o cobre, o caroteno e as vitaminas C e E. A **explosão respiratória** em resposta à infecção resulta na produção de **radicais livres** de oxigênio e halogênio como parte da ação citotóxica dos macrófagos estimulados. Esse estresse oxidante adicional desencadeia o desenvolvimento do kwashiorkor.

NECESSIDADES DE PROTEÍNAS E AMINOÁCIDOS

As necessidades de proteínas podem ser determinadas pela avaliação do balanço nitrogenado

O estado de nutrição proteica pode ser avaliado pela determinação da ingestão da dieta e eliminação de compostos nitrogenados do corpo. Embora os ácidos nucleicos também contenham nitrogênio, as proteínas constituem a principal fonte dietética de nitrogênio, e a determinação da captação total de nitrogênio fornece uma boa estimativa da ingestão de proteínas (mg de N × 6,25 = mg de proteína, visto que o N constitui 16% da maioria das proteínas). A eliminação do N do corpo ocorre principalmente na forma de ureia e de quantidades menores de outros compostos na urina, bem como de proteínas não digeridas (incluindo enzimas digestivas e descamação de células da mucosa intestinal) nas fezes; quantidades significativas também podem ser perdidas no suor e com a descamação da pele. A diferença entre o aporte e a eliminação de compostos nitrogenados é conhecida como **balanço nitrogenado**. Três estados podem ser definidos. No adulto saudável, o nitrogênio está em **equilíbrio**; o consumo é igual à eliminação, e não ocorre nenhuma mudança no conteúdo corporal total de proteínas. Nas crianças em crescimento, nas mulheres grávidas ou nos indivíduos em recuperação de perda proteica, a excreção de compostos nitrogenados é menor do que a ingestão alimentar, e ocorre retenção efetiva de nitrogênio no corpo na forma de proteínas – **balanço nitrogenado positivo**. Em resposta a traumatismos ou infecções, ou se a ingestão de proteínas for inadequada para suprir as necessidades, ocorre perda efetiva do nitrogênio proteico do corpo – **balanço nitrogenado negativo**. Exceto durante a reposição das perdas proteicas, o equilíbrio do nitrogênio pode ser mantido em qualquer nível de ingestão proteica acima da necessária. Uma elevada ingestão de proteína não leva a um balanço nitrogenado positivo; embora aumente a taxa de síntese proteica, ela também aumenta a taxa de catabolismo das proteínas, de modo que o equilíbrio do nitrogênio é mantido, apesar de uma maior taxa de renovação proteica. Tanto a síntese quanto o catabolismo das proteínas consomem ATP, e essa taxa aumentada de renovação proteica explica o aumento da termogênese induzida pela dieta observado em indivíduos que consomem uma dieta hiperproteica.

O catabolismo contínuo das proteínas teciduais cria a necessidade de proteínas da dieta, mesmo no adulto que não está em crescimento; embora alguns dos aminoácidos liberados possam ser reutilizados, grande parte é utilizada na gliconeogênese durante o jejum. Os estudos de balanço nitrogenado mostram que a necessidade diária média é de 0,66 g de proteína por kg de peso corporal (considerando uma ingestão de referência de 0,825 g de proteína/kg de peso corporal, levando em consideração as variações individuais); cerca de 55 g/dia, ou 8 a 9% de aporte energético. Nos países desenvolvidos, a ingestão média de proteínas situa-se em torno de 80 a 100 g/dia, isto é, 14 a 15% do aporte energético. Como as crianças em crescimento estão aumentando o conteúdo de proteínas do corpo, elas têm uma necessidade proporcionalmente maior do que os adultos e devem estar em balanço nitrogenado positivo. Mesmo assim, a necessidade é relativamente pequena em comparação com a necessidade para a renovação proteica. Em alguns países, a ingestão de proteínas é insuficiente para suprir essas necessidades, resultando em atraso do crescimento. Há poucas evidências ou nenhuma de que atletas e fisiculturistas necessitem de grandes quantidades de proteína; o simples consumo de mais de uma dieta normal, fornecendo cerca de 14% da energia a partir das proteínas, assegura uma quantidade de proteína além da suficiente para a síntese aumentada das proteínas musculares – a principal necessidade consiste em aumento do aporte energético para possibilitar a síntese aumentada de proteínas.

Ocorre perda de proteínas do corpo em resposta ao traumatismo e à infecção

Uma das reações metabólicas a traumatismos significativos, como queimadura, fratura de membro ou cirurgia, consiste em aumento do catabolismo efetivo das proteínas teciduais, em resposta às citocinas e aos hormônios glicocorticoides, bem como em decorrência da utilização excessiva de treonina e de cisteína na síntese de **proteínas de fase aguda**. Pode haver perda de até 6 a 7% das proteínas corporais totais no decorrer de 10 dias. O repouso prolongado ao leito resulta em perda considerável de proteínas, devido à atrofia dos músculos. Pode ocorrer aumento do catabolismo das proteínas em resposta às citocinas, e, sem o estímulo do exercício físico, essa proteína não é totalmente substituída. A proteína perdida é reposta durante a **convalescença**, quando se observa um balanço nitrogenado positivo. Também nessa situação assim como no caso dos atletas, uma dieta normal é adequada para possibilitar essa síntese proteica de reposição.

A necessidade não é apenas de proteínas, mas também de aminoácidos específicos

Nem todas as proteínas são nutricionalmente equivalentes. Algumas são necessárias em maiores quantidades do que outras para que o balanço nitrogenado se mantenha, visto que as diferentes proteínas contêm quantidades distintas dos vários aminoácidos. O organismo necessita de aminoácidos em proporções corretas para repor as proteínas teciduais. Os aminoácidos podem ser divididos em dois grupos: **essenciais** e **não essenciais**. Existem nove aminoácidos essenciais ou indispensáveis, que não podem ser sintetizados pelo organismo: histidina, isoleucina, leucina, lisina, metionina, fenilalanina, treonina, triptofano e valina. Se um desses aminoácidos estiver ausente ou presente em quantidades inadequadas, independentemente da ingestão total de proteínas, não será possível manter o balanço nitrogenado, visto que não haverá quantidades suficientes do aminoácido específico para a síntese de proteínas.

Dois aminoácidos, a cisteína e a tirosina, podem ser sintetizados pelo organismo, porém apenas a partir de aminoácidos essenciais precursores – a cisteína a partir da metionina, e a tirosina a partir da fenilalanina. Desse modo, a ingestão dietética de cisteína e tirosina afeta as necessidades de metionina e fenilalanina. Os 11 aminoácidos restantes encontrados nas proteínas são classificados como não essenciais ou dispensáveis, visto que podem ser sintetizados, contanto que haja uma quantidade total suficiente de proteína na dieta. Se um desses aminoácidos for omitido da dieta, o balanço nitrogenado ainda poderá ser mantido. Entretanto, apenas três aminoácidos, a alanina, o aspartato e o glutamato, podem ser considerados verdadeiramente dispensáveis; eles são sintetizados por transaminação de intermediários metabólicos comuns (piruvato, oxalacetato e cetoglutarato, respectivamente). Os aminoácidos restantes são classificados como não essenciais; todavia, em algumas circunstâncias, a demanda pode superar a capacidade de síntese.

RESUMO

- A digestão envolve a hidrólise das moléculas dos alimentos em moléculas menores para absorção pelo epitélio gastrintestinal. Os polissacarídeos são absorvidos como monossacarídeos; os triacilgliceróis, como 2-monoacilgliceróis, ácidos graxos e glicerol; e as proteínas, como aminoácidos e peptídeos pequenos.

- Os distúrbios da digestão surgem em consequência de (1) deficiência de enzimas, como lactase e sacarase; (2) má absorção, por exemplo, de glicose e de galactose, em consequência de defeitos no cotransportador de Na^+-glicose (SGLT 1); (3) absorção de polipeptídeos não hidrolisados, desencadeando respostas imunes, como na doença celíaca; e (4) precipitação do colesterol da bile na forma de cálculos biliares.

- Além da água, a dieta deve fornecer combustíveis metabólicos (carboidratos e gorduras) para o crescimento e para a atividade do organismo; proteínas para a síntese das proteínas teciduais; fibras para a formação de volume no conteúdo intestinal; minerais para o desempenho de funções metabólicas específicas (ver Capítulo 44); ácidos graxos poli-insaturados das famílias n-3 e n-6; e vitaminas – compostos orgânicos necessários em pequenas quantidades para outras funções essenciais (ver Capítulo 44).

- A desnutrição ocorre em duas formas extremas: o marasmo, observado em adultos e em crianças, e o kwashiorkor, que ocorre em crianças. A doença crônica também pode levar a uma subnutrição (caquexia) em consequência do hipermetabolismo.

- A nutrição excessiva leva a um aporte energético excessivo e está associada a doenças crônicas não transmissíveis, como obesidade, diabetes tipo 2, aterosclerose, câncer e hipertensão.

- A síntese de proteínas requer 20 aminoácidos diferentes, dos quais nove são essenciais na dieta humana. A quantidade de proteína necessária pode ser determinada por estudos do balanço nitrogenado e é afetada pela qualidade da proteína – as quantidades de aminoácidos essenciais presentes nas proteínas da dieta em comparação com as quantidades necessárias para a síntese das proteínas teciduais.

Micronutrientes: vitaminas e minerais

C A P Í T U L O

44

David A. Bender, Ph.D.

OBJETIVOS

Após o estudo deste capítulo, você deve ser capaz de:

- Descrever como os valores de referência para a ingestão de vitaminas e minerais são determinados e explicar por que os valores de referência de consumo publicados por diferentes autoridades nacionais e internacionais diferem entre si.
- Definir uma vitamina e descrever o metabolismo, as principais funções, as doenças por deficiência associadas a um aporte inadequado e a toxicidade causada pelo consumo excessivo de vitaminas.
- Explicar por que os sais minerais são necessários na dieta.

IMPORTÂNCIA BIOMÉDICA

As vitaminas constituem um grupo de nutrientes orgânicos necessários em pequenas quantidades para uma variedade de funções bioquímicas. Em geral, o organismo não é capaz de sintetizar as vitaminas e, portanto, elas devem ser fornecidas pela dieta.

As vitaminas lipossolúveis são compostos hidrofóbicos que podem ser absorvidos de modo eficiente apenas quando há absorção normal de gorduras. À semelhança de outros lipídeos, essas vitaminas são transportadas no sangue em lipoproteínas ou fixadas a proteínas de ligação específicas. As vitaminas lipossolúveis desempenham diversas funções – por exemplo, a vitamina A, visão e diferenciação celular; a vitamina D, metabolismo do cálcio e do fosfato, bem como diferenciação celular; a vitamina E, antioxidante; e a vitamina K, coagulação sanguínea. Assim como a insuficiência nutricional, os distúrbios que afetam a digestão e a absorção das vitaminas lipossolúveis, como dieta muito pobre em gordura, esteatorreia e distúrbios do sistema biliar, podem levar a síndromes de deficiência, incluindo cegueira noturna e xeroftalmia (vitamina A); ao raquitismo em crianças pequenas e à osteomalacia nos adultos (vitamina D); a distúrbios neurológicos e à anemia hemolítica no recém-nascido (vitamina E); e à doença hemorrágica no recém-nascido (vitamina K). A ingestão excessiva das vitaminas A e D pode resultar em toxicidade. A vitamina A e os carotenos (muitos dos quais são precursores da vitamina A), bem como a vitamina E, são antioxidantes (ver Capítulo 45) e possivelmente desempenham um papel na prevenção da aterosclerose e do câncer, embora em excesso também possam atuar como pró-oxidantes nocivos.

As vitaminas hidrossolúveis são as vitaminas B e C, o ácido fólico, a biotina e o ácido pantotênico; eles funcionam principalmente como cofatores enzimáticos. O ácido fólico atua como carreador de unidades de um carbono. A deficiência de uma única vitamina do complexo B é rara, visto que as dietas pobres estão mais frequentemente associadas a **estados de deficiência múltipla**. Todavia, existem síndromes específicas características da deficiência de cada vitamina – por exemplo, o beri béri (tiamina); a queilose, a glossite e a seborreia (riboflavina); a pelagra (niacina); a anemia megaloblástica, a acidúria metilmalônica e a anemia perniciosa (vitamina B_{12}); a anemia megaloblástica (ácido fólico); e o escorbuto (vitamina C).

Os elementos minerais inorgânicos que desempenham uma função no organismo precisam ser fornecidos pela dieta. Quando o aporte é insuficiente, podem surgir sinais de deficiência, como anemia (ferro) e cretinismo e bócio (iodo). O consumo excessivo pode ser tóxico.

A determinação das necessidades de micronutrientes depende dos critérios de normalidade escolhidos

Para cada nutriente, existe uma faixa de consumo entre o que é claramente inadequado, resultando em **doença clínica por deficiência**, e aquilo que está muito acima da capacidade metabólica do organismo, podendo resultar em sinais de **toxicidade**. Entre esses dois extremos, existe um nível de consumo adequado para a saúde normal e para a manutenção da integridade metabólica. As necessidades são determinadas em estudos de depleção/repleção, nos quais os indivíduos são privados do nutriente até que ocorra uma alteração metabólica e, em seguida, recebem novamente o nutriente até que a alteração se normalize. Nem todos os indivíduos têm as mesmas necessidades de nutrientes, mesmo quando elas são calculadas com base nas dimensões corporais e no gasto energético. Existe uma faixa de necessidades individuais de até 25% em torno do valor médio. Por conseguinte, para avaliar a adequação das dietas, é necessário estabelecer um nível de referência de ingestão alta o suficiente para assegurar que nenhum indivíduo desenvolva deficiência ou corra risco de toxicidade. Supondo que as necessidades individuais estejam distribuídas em um padrão estatisticamente normal em torno da necessidade média observada, a faixa de ± 2 × o desvio-padrão (DP) em torno da média inclui, então, as necessidades de 95% da população. Portanto, os valores de referência ou recomendados são estabelecidos como a necessidade média + 2 × DP e, desse modo, atendem ou ultrapassam as necessidades de 97,5% da população.

Os valores de referência e recomendados de ingestão de vitaminas e minerais publicados por diferentes autoridades nacionais e internacionais diferem devido a diferentes interpretações dos dados disponíveis e à disponibilidade de novos dados experimentais em publicações mais recentes.

AS VITAMINAS REPRESENTAM UM GRUPO DISTINTO DE COMPOSTOS COM UMA VARIEDADE DE FUNÇÕES METABÓLICAS

Uma vitamina é definida como um composto orgânico necessário na dieta em quantidades pequenas para a manutenção da integridade metabólica normal. A deficiência provoca uma doença específica, que é curada ou evitada apenas pela reposição da vitamina na dieta (**Tabela 44-1**). Entretanto, a **vitamina D**, que é sintetizada na pele a partir do 7-deidrocolesterol sob exposição à luz solar, e a **niacina**, que pode ser produzida a partir do aminoácido essencial triptofano, não obedecem estritamente a essa definição.

TABELA 44-1 As vitaminas

Vitaminas		Funções	Doenças por deficiência
Lipossolúveis			
A	Retinol, β-caroteno	Pigmentos visuais da retina; regulação da expressão dos genes e diferenciação celular (o β-caroteno é um antioxidante)	Cegueira noturna, xeroftalmia; queratinização da pele
D	Calciferol	Manutenção do equilíbrio do cálcio; aumenta a absorção intestinal do Ca^{2+} e mobiliza o mineral ósseo; regulação da expressão gênica e da diferenciação celular	Raquitismo = mineralização deficiente do osso em crianças; osteomalacia = desmineralização do osso em adultos
E	Tocoferóis, tocotrienóis	Antioxidante, particularmente nas membranas celulares; funções na sinalização celular	Extremamente rara – disfunção neurológica grave
K	Filoquinona: menaquinonas	Coenzima na formação do γ-carboxiglutamato em enzimas da coagulação sanguínea e da matriz óssea	Comprometimento da coagulação sanguínea, doença hemorrágica
Hidrossolúveis			
B_1	Tiamina	Coenzima das piruvato e α-cetoglutarato desidrogenases e transcetolase; regula o canal de Cl^- na condução nervosa	Lesão dos nervos periféricos (beri béri) ou lesão do sistema nervoso central (síndrome de Wernicke-Korsakoff)
B_2	Riboflavina	Coenzima nas reações de oxidação e redução (FAD e FMN); grupamento prostético das flavoproteínas	Lesões das extremidades da boca, dos lábios e da língua, dermatite seborreica
Niacina	Ácido nicotínico, nicotinamida	Coenzima das reações de oxidação e redução; parte funcional do NAD e do NADP; desempenha um papel na regulação do cálcio intracelular e na sinalização celular	Pelagra – dermatite fotossensível, psicose depressiva
B_6	Piridoxina, piridoxal, piridoxamina	Coenzima na transaminação e na descarboxilação dos aminoácidos e da glicogênio-fosforilase; modula a ação dos hormônios esteroides	Distúrbios do metabolismo dos aminoácidos; convulsões
	Ácido fólico	Coenzima na transferência de fragmentos de um carbono	Anemia megaloblástica
B_{12}	Cobalamina	Coenzima na transferência de um carbono e no metabolismo do ácido fólico	Anemia perniciosa = anemia megaloblástica com degeneração da medula espinal
	Ácido pantotênico	Parte funcional da CoA e da proteína carreadora de acila: síntese e metabolismo dos ácidos graxos	Lesão dos nervos periféricos (melalgia nutricional ou "síndrome de ardor nos pés")
H	Biotina	Coenzima nas reações de carboxilação da gliconeogênese e síntese dos ácidos graxos; desempenha um papel na regulação do ciclo celular	Comprometimento do metabolismo das gorduras e dos carboidratos, dermatite
C	Ácido ascórbico	Coenzima na hidroxilação da prolina e da lisina na síntese do colágeno; antioxidante; aumenta a absorção do ferro	Escorbuto – cicatrização deficiente de feridas, perda do cimento dentário, hemorragia subcutânea

VITAMINAS LIPOSSOLÚVEIS

DOIS GRUPOS DE COMPOSTOS APRESENTAM ATIVIDADE DE VITAMINA A

Os retinoides compreendem o **retinol**, o **retinaldeído** e o **ácido retinoico** (vitamina A pré-formada, encontrada apenas em alimentos de origem animal). Os carotenoides, encontrados nos vegetais, são constituídos de carotenos e compostos relacionados. Muitos são precursores da vitamina A, já que podem ser clivados para produzir retinaldeído e, em seguida, retinol e ácido retinoico (**Figura 44-1**). Do ponto de vista quantitativo, os α, β e γ-carotenos e a criptoxantina constituem os carotenoides da provitamina A mais importantes. O β-caroteno e outros carotenoides da provitamina A são clivados na mucosa intestinal pela caroteno-dioxigenase, produzindo retinaldeído, que é reduzido a retinol, esterificado e secretado em quilomícrons, juntamente com ésteres formados a partir do retinol da dieta. A atividade intestinal da caroteno-dioxigenase é baixa, de modo que uma proporção relativamente grande do β-caroteno ingerido pode aparecer na circulação em sua forma inalterada. Existem duas isoenzimas da caroteno-dioxigenase. Uma catalisa a clivagem da ligação central do β-caroteno; a outra catalisa a clivagem assimétrica, levando à formação de 8′, 10′ e 12′-apocarotenais, que são oxidados a ácido retinoico, mas que não podem ser utilizados como fontes de retinol ou retinaldeído.

Embora possa parecer que uma molécula de β-caroteno deve produzir duas moléculas de retinol, isso não ocorre na prática; 6 μg de β-caroteno equivalem a 1 μg de retinol pré-formado. A quantidade total de vitamina A nos alimentos é, portanto, expressa em microgramas de equivalentes de retinol = μg de vitamina A pré-formada + 1/6 × μg de β-caroteno + 1/12 × μg de outros carotenoides de provitamina A. Antes da disponibilidade de vitamina A pura para análise química, o conteúdo de vitamina A dos alimentos era determinado por ensaio biológico, e os resultados eram expressos em unidades internacionais (UI). Uma UI = 0,3 μg de retinol; 1 μg de retinol = 3,33 UI. Apesar de obsoleta, a UI ainda é utilizada algumas vezes em rótulos de alimentos. O termo **equivalente de atividade de retinol** (**RAE**) leva em consideração a absorção e o metabolismo incompletos dos carotenoides; 1 RAE = 1 μg de todo-*trans*-retinol, 12 μg de β-caroteno, 24 μg de α-caroteno ou β-criptoxantina. Nessa base, 1 UI de atividade de vitamina A é igual a 3,6 μg de β-caroteno ou a 7,2 μg de outros carotenoides da provitamina A.

A vitamina A desempenha uma função na visão

Na retina, o retinaldeído atua como grupo prostético das proteínas opsinas fotossensíveis, formando a **rodopsina** (nos bastonetes) e a **iodopsina** (nos cones). Qualquer célula-cone contém apenas um tipo de opsina e é sensível a apenas uma cor. No epitélio pigmentar da retina, o todo-*trans*-retinol é isomerizado a 11-*cis*-retinol e oxidado a 11-*cis*-retinaldeído. Este reage com um resíduo de lisina na opsonina, formando a holoproteína rodopsina. Conforme mostrado na **Figura 44-2**, a absorção da luz pela rodopsina provoca isomerização do retinaldeído da forma 11-*cis* para todo-*trans*, bem como uma mudança conformacional da opsina. Isso leva à liberação do retinaldeído da proteína e à geração de um impulso nervoso. A produção da forma inicial excitada da rodopsina, a batorrodopsina, ocorre em picossegundos de iluminação. Em seguida, há uma série de mudanças de conformação que levam à formação da metarrodopsina II, a qual desencadeia uma cascata de amplificação de nucleotídeo de guanina e, em seguida, um impulso nervoso. A etapa final consiste na hidrólise para liberar o todo-*trans*-retinaldeído e a opsina. O elemento fundamental para iniciar o ciclo visual é a disponibilidade de 11-*cis*-retinaldeído e, portanto, de vitamina A. Na deficiência, tanto o tempo necessário para a adaptação à escuridão quanto a capacidade de enxergar em condições de pouca luminosidade estão comprometidos.

O ácido retinoico desempenha um papel na regulação da expressão gênica e na diferenciação tecidual

Uma importante função da vitamina A consiste no controle da diferenciação e da renovação celulares. Os ácidos todo-*trans*-retinoico e 9-*cis*-retinoico (Figura 44-1) regulam o crescimento, o desenvolvimento e a diferenciação tecidual, porém exercem ações distintas em tecidos diferentes. À semelhança dos hormônios tireoidianos e esteroides e da vitamina D, o ácido retinoico liga-se a receptores nucleares, que se ligam aos elementos de resposta do ácido desoxirribonucleico (DNA, do inglês *deoxyribonucleic acid*) e regulam a transcrição de genes específicos. Existem duas famílias de receptores retinoides nucleares: os receptores do ácido retinoico (RARs) ligam-se ao ácido todo-*trans*-retinoico ou ao ácido 9-*cis*-retinoico, ao passo que os receptores de retinoide X (RXRs, do inglês *retinoid X receptors*) se ligam ao ácido 9-*cis*-retinoico. Os RXRs também formam dímeros com os receptores de vitamina D, dos hormônios tireoidianos e de outros hormônios de ação nuclear. A deficiência de vitamina A compromete a função da vitamina D e do hormônio da tireoide devido à falta de ácido 9-*cis*-retinoico para formar dímeros de receptores ativos. Os RXRs livres formam dímeros com a vitamina D e com os receptores do hormônio tireoidiano ocupados; contudo, eles não apenas deixam de ativar a expressão gênica como também a reprimem; portanto, a deficiência de vitamina A possui um efeito mais grave sobre a função da vitamina D e do hormônio

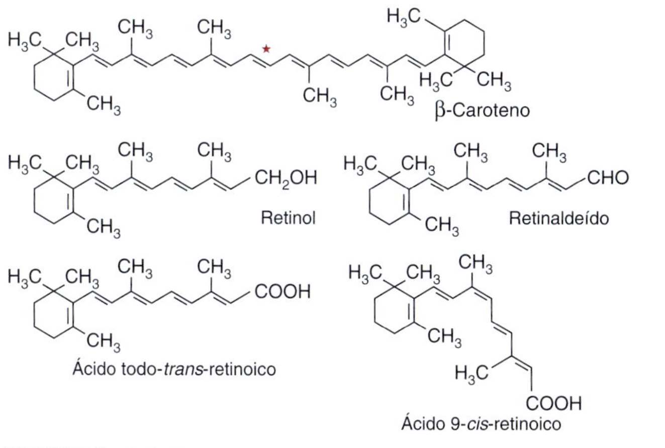

FIGURA 44-1 β-**Caroteno e os principais vitâmeros da vitamina A.** O asterisco mostra o sítio de clivagem simétrica do β-caroteno pela caroteno-dioxigenase, produzindo retinaldeído.

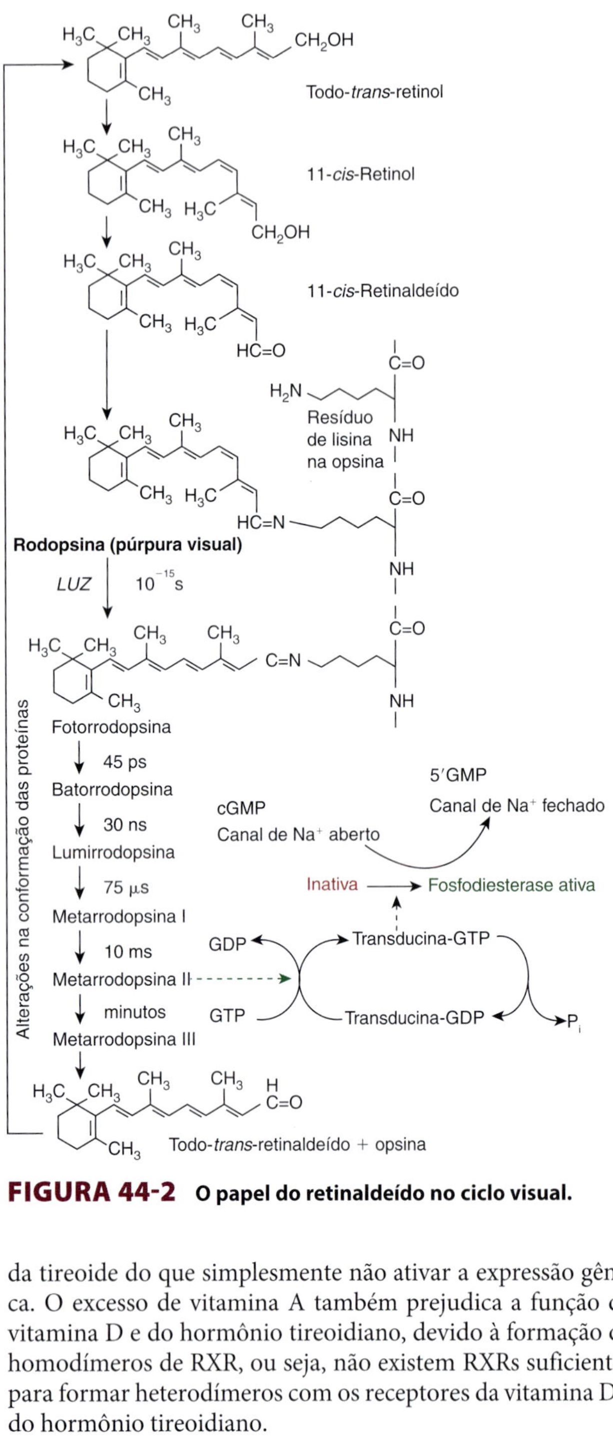

FIGURA 44-2 O papel do retinaldeído no ciclo visual.

da tireoide do que simplesmente não ativar a expressão gênica. O excesso de vitamina A também prejudica a função da vitamina D e do hormônio tireoidiano, devido à formação de homodímeros de RXR, ou seja, não existem RXRs suficientes para formar heterodímeros com os receptores da vitamina D e do hormônio tireoidiano.

A deficiência de vitamina A representa um importante problema mundial de saúde pública

A deficiência de vitamina A constitui a causa evitável mais importante de cegueira. O primeiro sinal de deficiência consiste em perda de sensibilidade à luz verde, seguida de comprometimento da adaptação a condições de baixa luminosidade, seguido de cegueira noturna, uma incapacidade para ver no escuro. A deficiência mais prolongada leva à **xeroftalmia**: queratinização da córnea e cegueira. A vitamina A também desempenha um importante papel na diferenciação das células do sistema imune, e até mesmo a presença de deficiência leve resulta em aumento da suscetibilidade a doenças infecciosas. A síntese da proteína de ligação do retinol é reduzida em resposta à infecção (trata-se de uma **proteína de fase aguda** negativa), diminuindo a concentração circulante da vitamina e comprometendo ainda mais as respostas imunes.

A vitamina A em excesso é tóxica

A capacidade de metabolizar a vitamina A é limitada, e a sua ingestão em excesso leva ao acúmulo da vitamina além da capacidade das proteínas de ligação intracelulares; a vitamina A livre provoca lise da membrana e lesão tecidual. Os sintomas de toxicidade afetam o sistema nervoso central (cefaleia, náusea, ataxia e anorexia, que são causadas pela elevação da pressão do líquido cerebrospinal); o fígado (hepatomegalia com alterações histológicas e hiperlipidemia); a homeostasia do cálcio (espessamento dos ossos longos, hipercalcemia e calcificação dos tecidos moles); e a pele (ressecamento excessivo, descamação e alopecia).

A VITAMINA D É, NA VERDADE, UM HORMÔNIO

A vitamina D não é estritamente uma vitamina, uma vez que ela pode ser sintetizada na pele, e, na maioria das condições, esta é a principal fonte da vitamina. A necessidade de uma fonte alimentar surge somente quando a exposição à luz solar é inadequada. A principal função da vitamina D consiste na regulação da absorção e da homeostasia do cálcio; a maior parte de suas ações é mediada por receptores nucleares, que regulam a expressão gênica. Além disso, ela desempenha um papel na regulação da proliferação e da diferenciação celulares. Há evidências de que uma ingestão consideravelmente acima dos valores necessários para manter a homeostasia do cálcio reduz o risco de resistência à insulina, obesidade e síndrome metabólica, bem como o risco de vários tipos de câncer. A deficiência, que provoca raquitismo em crianças e osteomalacia em adultos, continua sendo um problema nas latitudes setentrionais, onde a exposição à luz solar é inadequada.

A vitamina D é sintetizada na pele

O 7-deidrocolesterol (um intermediário na síntese do colesterol que se acumula na pele) sofre uma reação não enzimática com a exposição à luz ultravioleta, produzindo a pré-vitamina D (**Figura 44-3**). No decorrer de um período de várias horas, este último composto sofre uma reação adicional para formar o colecalciferol, sendo absorvido para a corrente sanguínea. Nos climas temperados, a concentração plasmática de vitamina D apresenta-se mais elevada no fim do verão e mais baixa no fim do inverno. Acima de latitudes em torno de 40° ao norte ou ao sul, existe, no inverno, pouquíssima radiação ultravioleta com comprimento de onda apropriado.

A vitamina D é metabolizada em seu metabólito ativo, o calcitriol, no fígado e nos rins

O colecalciferol, que é sintetizado na pele ou obtido a partir dos alimentos, sofre duas hidroxilações para produzir o metabólito

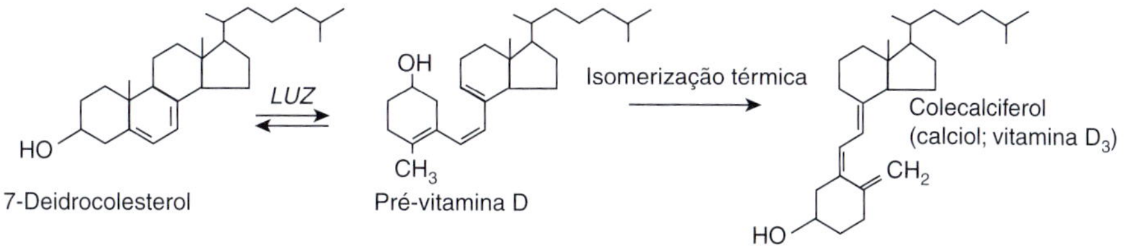

FIGURA 44-3 Síntese da vitamina D na pele.

ativo 1,25-di-hidroxivitamina D ou calcitriol (**Figura 44-4**). O ergocalciferol, proveniente de alimentos enriquecidos, sofre uma hidroxilação semelhante para produzir o ercalcitriol. No fígado, o colecalciferol é hidroxilado para formar o derivado 25-hidroxi, o calcidiol. Esse composto é liberado na circulação ligado a uma globulina de ligação da vitamina D, que constitui a principal forma de armazenamento da vitamina. Nos rins, o calcidiol sofre uma 1-hidroxilação, produzindo o metabólito ativo 1,25-di-hidroxivitamina D (calcitriol), ou uma 24-hidroxilação, gerando um metabólito provavelmente inativo, a 24,25-di-hidroxivitamina D (24-hidroxicalcidiol). Alguns tecidos, além daqueles envolvidos na homeostasia do cálcio, captam o calcidiol da circulação e sintetizam calcitriol, que atua no interior da célula que o sintetizou.

O metabolismo da vitamina D é regulado pela homeostasia do cálcio e também a regula

A principal função da vitamina D consiste em controlar a homeostasia do cálcio, e, por sua vez, o metabolismo dessa vitamina é regulado por fatores que respondem às concentrações plasmáticas de cálcio e de fosfato. O calcitriol atua para reduzir a sua própria síntese ao induzir a 24-hidroxilase e ao reprimir a 1-hidroxilase nos rins. A principal função da vitamina D consiste em manter a concentração plasmática de cálcio. O calcitriol exerce esse efeito de três maneiras: aumentando a absorção intestinal de cálcio; reduzindo a excreção de cálcio (por meio da estimulação de sua reabsorção nos túbulos renais distais); e mobilizando o mineral ósseo. Além disso, o calcitriol está envolvido na secreção de insulina, na síntese e na secreção do paratormônio e dos hormônios tireoidianos, na inibição da síntese de interleucinas pelos linfócitos T ativados e das imunoglobulinas pelos linfócitos B ativados, na diferenciação das células precursoras dos monócitos e na modulação da proliferação celular. Na maioria dessas ações, o calcitriol age como um hormônio esteroide, ligando-se aos receptores nucleares e aumentando a expressão de genes, embora também exerça efeitos rápidos sobre os transportadores de cálcio na mucosa intestinal.

Um maior consumo de vitamina D pode ser benéfico

Há evidências crescentes de que níveis maiores de vitamina D conferem proteção contra vários tipos de câncer, incluindo câncer de próstata e câncer colorretal, bem como contra o pré-diabetes e a síndrome metabólica. Os níveis desejáveis de ingestão podem ser consideravelmente mais altos do que os valores atuais de referência e certamente não podem ser obtidos a partir de alimentos não enriquecidos. Embora a exposição aumentada à luz solar satisfaça a necessidade, ela está associada ao risco de desenvolvimento de câncer de pele.

A deficiência de vitamina D acomete crianças e adultos

Na deficiência causada pela deficiência de vitamina D, o **raquitismo**, os ossos de crianças apresentam mineralização deficiente causada por pouca absorção de cálcio. Ocorrem problemas semelhantes em consequência da deficiência observada durante o crescimento na puberdade. Nos adultos, a **osteomalacia** resulta da desmineralização do osso, particularmente em

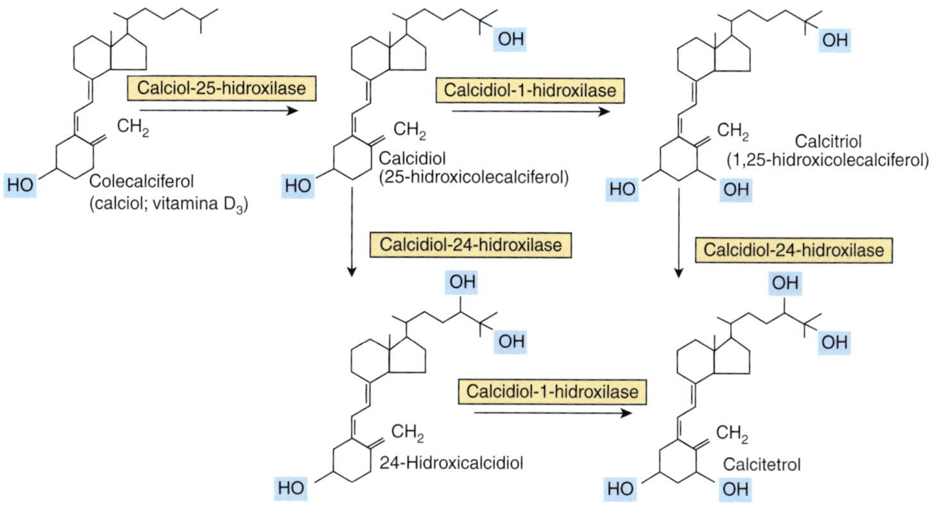

FIGURA 44-4 Metabolismo da vitamina D.

mulheres com pouca exposição à luz solar, sobretudo depois de várias gestações. Embora a vitamina D seja essencial para o tratamento e a prevenção da osteomalacia no idoso, há poucas evidências de que seja benéfica no tratamento da **osteoporose**.

A vitamina D em excesso é tóxica

Alguns lactentes são sensíveis a uma ingestão de vitamina D de apenas 50 μg/dia, resultando em concentrações plasmáticas elevadas de cálcio. Isso pode levar à contração dos vasos sanguíneos, hipertensão arterial e **calcinose** – a calcificação dos tecidos moles. Em alguns casos, a hipercalcemia resultante de baixa ingestão de vitamina D é devida a distúrbios genéticos da 24-hidroxilase, a enzima que leva à inativação da vitamina. Embora a vitamina D obtida em excesso a partir da dieta seja tóxica, a exposição excessiva à luz solar não leva à intoxicação por essa vitamina, devido à capacidade limitada de sintetizar o precursor, o 7-deidrocolesterol, e pelo fato de a exposição prolongada da pré-vitamina D à luz solar levar à formação de compostos inativos.

A VITAMINA E NÃO DESEMPENHA UMA FUNÇÃO METABÓLICA PRECISAMENTE DEFINIDA

Nenhuma função singular e inequívoca para a vitamina E foi definida. A vitamina E atua como **antioxidante** lipossolúvel nas membranas celulares, onde muitas de suas funções podem ser desempenhadas por antioxidantes sintéticos, e também é importante na manutenção da fluidez das membranas celulares. Além disso, desempenha um papel (relativamente pouco definido) na sinalização celular. A vitamina E é o descritor genérico para duas famílias de compostos: os **tocoferóis** e os **tocotrienóis** (**Figura 44-5**). Os diferentes vitâmeros têm potências biológicas distintas; o mais ativo é o D-α-tocoferol, e a ingestão de vitamina E é, muitas vezes, expressa em termos de miligramas de equivalentes de D-α-tocoferol. O DL-α-tocoferol sintético não apresenta a mesma potência biológica do composto natural.

A vitamina E é o principal antioxidante lipossolúvel das membranas celulares e das lipoproteínas plasmáticas

A principal função da vitamina E consiste em atuar como antioxidante que cliva cadeias e sequestra os radicais livres nas membranas celulares e lipoproteínas plasmáticas, reagindo com os radicais de peróxidos lipídicos formados pela peroxidação dos ácidos graxos poli-insaturados (ver Capítulo 45). O radical tocoferoxila é relativamente não reativo e acaba formando compostos sem radicais. Em geral, o radical tocoferoxila é novamente reduzido a tocoferol por meio de uma reação com a vitamina C do plasma. Em seguida, o radical monodesidroascorbato estável resultante sofre reação enzimática ou não enzimática para produzir ascorbato e deidroascorbato, os quais não são radicais.

Deficiência de vitamina E

Nos animais de laboratório, a deficiência de vitamina E resulta em reabsorção dos fetos e em atrofia testicular. Nos seres

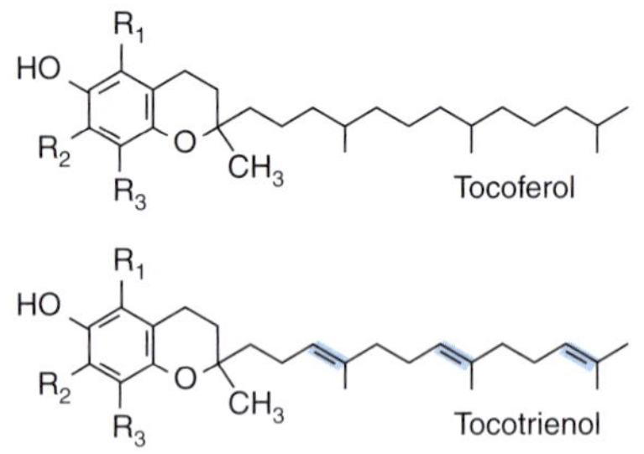

FIGURA 44-5 Vitâmeros da vitamina E. No α-tocoferol e no tocotrienol, R_1, R_2 e R_3 são grupos –CH_3. Nos β-vitâmeros, R_2 é H; nos γ-vitâmeros, R_1 é H; e nos δ-vitâmeros, tanto R_1 quanto R_2 são H.

humanos, a deficiência dietética de vitamina E não é conhecida, embora pacientes com má absorção grave de gordura, fibrose cística e algumas formas de doença hepática crônica apresentem deficiência, visto que são incapazes de absorver a vitamina ou de transportá-la, resultando em lesão das membranas neurais e musculares. Os lactentes prematuros nascem com reservas inadequadas da vitamina. As membranas das hemácias são anormalmente frágeis, devido à peroxidação dos lipídeos, resultando em anemia hemolítica.

A VITAMINA K É NECESSÁRIA PARA A SÍNTESE DE PROTEÍNAS ENVOLVIDAS NA COAGULAÇÃO SANGUÍNEA

A vitamina K foi descoberta em consequência de pesquisas sobre a causa de um distúrbio hemorrágico, conhecido como doença hemorrágica (doença do trevo-doce) do gado e de aves alimentadas com dieta sem gorduras. O fator ausente da dieta das galinhas era a vitamina K, ao passo que a ração do gado continha **dicumarol**, um antagonista da vitamina. Os antagonistas da vitamina K são utilizados para reduzir a coagulação sanguínea em pacientes com risco de trombose; o mais amplamente usado é a **varfarina**.

Três compostos possuem a atividade biológica da vitamina K (**Figura 44-6**): a **filoquinona**, que constitui a fonte alimentar normal, é encontrada nos vegetais verdes; as **menaquinonas**, que são sintetizadas pelas bactérias intestinais, com cadeias laterais de diferentes comprimentos; e a **menadiona** e o diacetato de menadiol, os quais são compostos sintéticos que podem ser metabolizados a filoquinona. As menaquinonas são absorvidas em certo grau, porém ainda não foi esclarecido até que ponto elas são biologicamente ativas, visto que é possível induzir sinais de deficiência da vitamina K simplesmente pela ingestão de uma dieta deficiente em filoquinona, sem inibir a ação das bactérias intestinais.

A vitamina K é a coenzima necessária para a carboxilação do glutamato na modificação pós-sintética das proteínas que se ligam ao cálcio

A vitamina K é o cofator para a carboxilação dos resíduos de glutamato na modificação pós-sintética das proteínas para formar o aminoácido incomum γ-carboxiglutamato (Gla)

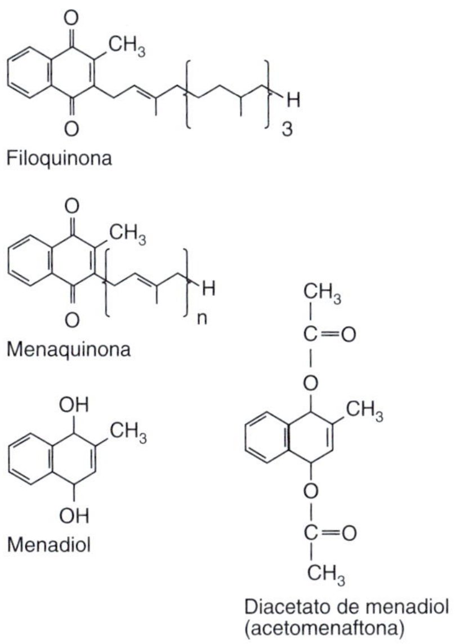

FIGURA 44-6 Vitâmeros da vitamina K. O menadiol (ou menadiona) e o diacetato de menadiol são compostos sintéticos, que são convertidos em menaquinona no fígado.

(**Figura 44-7**). Inicialmente, a hidroquinona da vitamina K é oxidada a epóxido, que ativa um resíduo de glutamato no substrato proteico para formar um carbânion, o qual reage de modo não enzimático com o dióxido de carbono para formar o γ-carboxiglutamato. O epóxido da vitamina K é reduzido à quinona por uma redutase sensível à varfarina, e a quinona é reduzida à hidroquinona ativa pela mesma redutase sensível à varfarina ou por uma quinona-redutase insensível à varfarina.

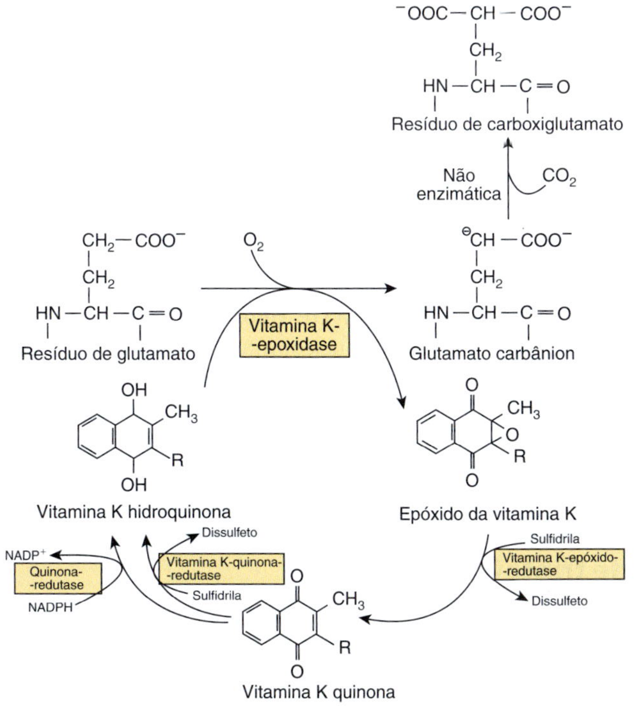

FIGURA 44-7 Papel da vitamina K na síntese do γ-carboxiglutamato.

Na presença de varfarina, o epóxido da vitamina K não pode ser reduzido, mas se acumula e é excretado. Se a dieta fornecer uma quantidade suficiente de vitamina K (na forma de quinona), ela pode ser reduzida à hidroquinona ativa pela enzima insensível à varfarina, e a carboxilação pode prosseguir com a utilização estequiométrica da vitamina K e a excreção do epóxido. Uma alta dose de vitamina K funciona como antídoto para uma superdosagem de varfarina.

A protrombina e várias outras proteínas do sistema de coagulação sanguínea (fatores VII, IX e X, bem como proteínas C e S; ver Capítulo 52) contêm 4 a 6 resíduos de γ-carboxiglutamato. O γ-carboxiglutamato quela íons cálcio e, desse modo, possibilita a ligação das proteínas da coagulação sanguínea às membranas. Na deficiência de vitamina K ou na presença de varfarina, um precursor anormal da protrombina (pré-protrombina), que contém pouco ou nenhum γ-carboxiglutamato e é incapaz de quelar o cálcio, é liberado na circulação.

A vitamina K também é importante na síntese das proteínas do osso e de outras proteínas que se ligam ao cálcio

Várias outras proteínas sofrem a mesma carboxilação dependente de vitamina K do glutamato a γ-carboxiglutamato, incluindo a osteocalcina e a proteína Gla da matriz do osso, a nefrocalcina nos rins e o produto do gene específico da parada de crescimento *Gas6*, que está envolvido tanto na regulação da diferenciação e do desenvolvimento do sistema nervoso quanto no controle da apoptose em outros tecidos. Todas essas proteínas que contêm γ-carboxiglutamato ligam-se ao cálcio, o que provoca uma mudança conformacional, de modo que passam a interagir com fosfolipídeos da membrana. A liberação de osteocalcina na circulação fornece um indício do estado da vitamina D.

VITAMINAS HIDROSSOLÚVEIS

A VITAMINA B_1 (TIAMINA) DESEMPENHA UM PAPEL ESSENCIAL NO METABOLISMO DOS CARBOIDRATOS

A **tiamina** desempenha um papel central no metabolismo energético e, em particular, no metabolismo dos carboidratos (**Figura 44-8**). O **difosfato de tiamina** atua como coenzima para três complexos multienzimáticos que catalisam as reações de descarboxilação oxidativa: a piruvato-desidrogenase no metabolismo dos carboidratos (ver Capítulo 17); a α-cetoglutarato-desidrogenase no ciclo do ácido cítrico (ver Capítulo 16); e a desidrogenase de cetoácidos de cadeia ramificada, envolvida no metabolismo da leucina, da isoleucina e da

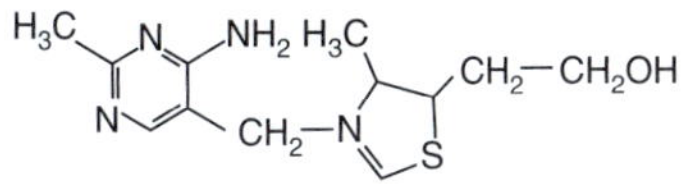

FIGURA 44-8 Tiamina.

valina (ver Capítulo 29). Em todos os casos, a difosfato de tiamina fornece um carbono reativo na porção tiazol que forma um carbânion que, em seguida, contribui para o grupamento carbonila, como o piruvato. Em seguida, o composto de adição é descarboxilado, eliminando CO_2. O difosfato de tiamina também é a coenzima da transcetolase na via das pentoses-fosfato (ver Capítulo 20).

O trifosfato de tiamina desempenha um papel na condução nervosa, visto que fosforila e, portanto, ativa um canal de cloreto na membrana das células nervosas.

A deficiência de tiamina afeta o sistema nervoso e o coração

A deficiência de tiamina pode resultar em três síndromes distintas: uma neurite periférica crônica, o **beri béri**, que pode ou não estar associado à **insuficiência cardíaca** e ao **edema**; o beri béri pernicioso agudo (fulminante) (beri béri shoshin), no qual predominam insuficiência cardíaca e anormalidades metabólicas, sem neurite periférica; e a **encefalopatia de Wernicke** com **psicose de Korsakoff**, associada particularmente ao abuso de álcool e de narcóticos. O papel do difosfato de tiamina na piruvato-desidrogenase significa que, na deficiência, ocorre comprometimento da conversão do piruvato em acetil-CoA. Nos indivíduos que consomem uma dieta relativamente rica em carboidratos, isso resulta em aumento das concentrações plasmáticas de lactato e piruvato, podendo causar **acidose láctica** potencialmente fatal.

A presença de tiamina na dieta pode ser avaliada pela ativação da transcetolase eritrocitária

A ativação da apotranscetolase (proteína enzimática) em lisados de hemácias pela adição de difosfato de tiamina in vitro se tornou o índice aceito para a referência da tiamina na dieta.

A VITAMINA B_2 (RIBOFLAVINA) DESEMPENHA UM PAPEL CENTRAL NO METABOLISMO ENERGÉTICO

A riboflavina fornece as ações reativas das coenzimas **mononucleotídeo de flavina** (**FMN**) e **dinucleotídeo de flavina-adenina** (**FAD**) (ver Figura 12-2). A FMN é formada pela fosforilação dependente de trifosfato de adenosina (ATP, do inglês *adenosine triphosphate*) da riboflavina; a FAD é sintetizada pela reação subsequente com ATP na qual a fração AMP é transferida para a FMN. As principais fontes alimentares de riboflavina são o leite e os laticínios. Além disso, em virtude de sua intensa cor amarela, a riboflavina é amplamente utilizada como aditivo alimentar.

As coenzimas de flavina são carreadoras de elétrons nas reações de oxirredução

As reações incluem a cadeia respiratória mitocondrial, enzimas essenciais na oxidação dos ácidos graxos e dos aminoácidos e o ciclo do ácido cítrico. A reoxidação da flavina reduzida em oxigenases e oxidases de função mista prossegue por meio da formação do radical flavina e da hidroperóxido de flavina, com geração intermediária dos radicais superóxido e peridroxila e do peróxido de hidrogênio. Por esse motivo, as flavinas-oxidase contribuem de modo significativo para o estresse oxidativo total do organismo (ver Capítulo 45).

A deficiência de riboflavina é amplamente disseminada, mas não é fatal

Embora a riboflavina esteja envolvida essencialmente no metabolismo dos lipídeos e dos carboidratos, e a sua deficiência ocorra em muitos países, o distúrbio não é fatal, devido à sua conservação muito eficiente nos tecidos. A riboflavina liberada pelo catabolismo das enzimas é rapidamente incorporada em enzimas recém-sintetizadas. A deficiência de riboflavina caracteriza-se por queilose, descamação e inflamação da língua, bem como por dermatite seborreica. O estado nutricional da riboflavina é avaliado pela determinação da ativação da glutationa-redutase eritrocitária pela adição de FAD *in vitro*.

A NIACINA NÃO É ESTRITAMENTE UMA VITAMINA

A niacina foi descoberta como um nutriente durante estudos sobre a **pelagra**. Não se trata estritamente de uma vitamina, uma vez que ela pode ser sintetizada no organismo a partir do aminoácido essencial triptofano. Dois compostos, o **ácido nicotínico** e a **nicotinamida**, possuem a atividade biológica da niacina; a sua função metabólica ocorre na forma do anel de nicotinamida das coenzimas **NAD** e **NADP** em reações de oxidação/redução (ver Figuras 7-2 e 12-4). Cerca de 60 mg de triptofano equivalem a 1 mg de niacina alimentar. O teor de niacina dos alimentos é expresso como

$$\text{mg de equivalentes de niacina} = \text{mg de niacina pré-formada} + 1/60 \times \text{mg de triptofano}$$

Como a maior parte da niacina nos cereais não está biologicamente disponível, esse valor deve ser descontado.

O NAD constitui a fonte de ADP-ribose

Além de sua função como coenzima, o NAD constitui a fonte de ADP-ribose para a **ADP-ribosilação** das proteínas e poli-ADP-ribosilação das nucleoproteínas envolvidas no **mecanismo de reparo do DNA**. A ADP-ribose cíclica e o ácido nicotínico dinucleotídeo de adenina, formados a partir do NAD, atuam para aumentar o cálcio intracelular em resposta a neurotransmissores e hormônios.

A pelagra é causada pela deficiência de triptofano e niacina

A pelagra caracteriza-se por dermatite fotossensível. À medida que a condição progride, ocorre psicose depressiva e, possivelmente, diarreia. A pelagra não tratada é fatal. Embora a etiologia nutricional da pelagra esteja bem estabelecida, e o triptofano ou a niacina evitem ou curem a doença, outros fatores podem ser importantes, incluindo a deficiência de riboflavina ou de vitamina B_6, sendo ambas necessárias para a síntese de nicotinamida a partir do triptofano. Na maioria dos surtos de pelagra, as mulheres são acometidas duas vezes mais do que os homens, provavelmente devido à inibição do metabolismo do triptofano pelos metabólitos dos estrogênios.

A pelagra pode ocorrer em consequência de doença, apesar de uma ingestão adequada de triptofano e niacina

Diversas doenças genéticas que resultam em distúrbios do metabolismo do triptofano estão associadas ao desenvolvimento da pelagra, a despeito de uma ingestão aparentemente adequada de triptofano e niacina. A **doença de Hartnup** é um distúrbio genético raro, caracterizado por um defeito no mecanismo de transporte do triptofano na membrana, resultando em perdas pronunciadas em consequência de má absorção intestinal e falha do mecanismo de reabsorção renal. Na **síndrome carcinoide**, ocorrem metástases de um tumor hepático primário de células enterocromafins, que sintetizam a 5-hidroxitriptamina. A produção excessiva de 5-hidroxitriptamina pode ser responsável por até 60% do metabolismo corporal do triptofano, causando pelagra devido ao desvio desse composto da síntese do NAD.

A niacina em excesso é tóxica

O ácido nicotínico tem sido utilizado no tratamento da hiperlipidemia, quando há necessidade de uma quantidade da ordem de 1 a 6 g/dia, causando dilatação dos vasos sanguíneos e rubor, juntamente com irritação cutânea. A ingestão de ácido nicotínico e de nicotinamida > 500 mg/dia também provoca lesão hepática.

A VITAMINA B_6 É IMPORTANTE NO METABOLISMO DOS AMINOÁCIDOS E DO GLICOGÊNIO, BEM COMO NA AÇÃO DOS HORMÔNIOS ESTEROIDES

Seis compostos apresentam atividade de vitamina B_6 (**Figura 44-9**): a **piridoxina**, o **piridoxal**, a **piridoxamina** e seus 5′-fosfatos. A coenzima ativa é o piridoxal-5′-fosfato. Cerca de 80% da vitamina B_6 total no organismo consiste em piridoxal-fosfato nos músculos, principalmente em associação à glicogênio-fosforilase. Esse composto não está disponível em situações de deficiência, porém é liberado em estado de inanição, quando ocorre depleção das reservas de glicogênio, e torna-se disponível, particularmente para o fígado e os rins, a fim de atender às necessidades aumentadas para a gliconeogênese a partir dos aminoácidos.

A vitamina B_6 desempenha vários papéis no metabolismo

O piridoxal-fosfato é uma coenzima para muitas enzimas envolvidas no metabolismo dos aminoácidos, particularmente na transaminação e na descarboxilação. Atua também como

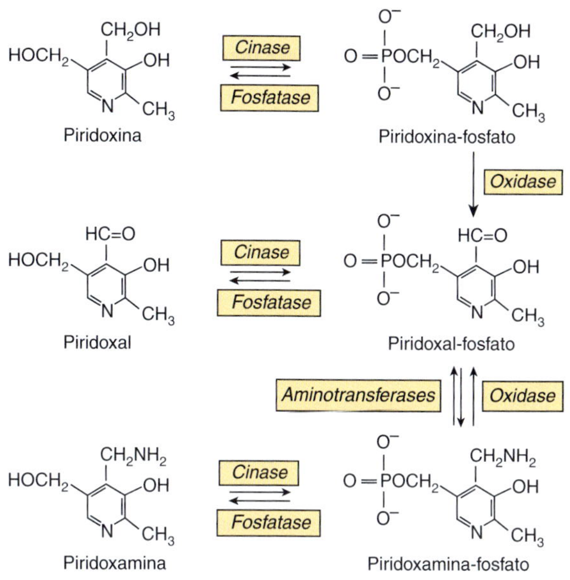

FIGURA 44-9 Interconversão dos vitâmeros da vitamina B_6.

cofator da glicogênio-fosforilase, em que o grupo fosfato é cataliticamente importante. Além disso, a vitamina B_6 é importante na ação dos hormônios esteroides. O piridoxal-fosfato remove o complexo hormônio-receptor de sua ligação ao DNA, interrompendo a ação dos hormônios. Na deficiência de vitamina B_6, ocorre aumento da sensibilidade às ações de baixas concentrações de estrogênios, androgênios, cortisol e vitamina D.

A deficiência de vitamina B_6 é rara

Embora a doença clínica por deficiência seja rara, há evidências de que uma porcentagem significativa da população apresenta um estado limítrofe de vitamina B_6. A deficiência moderada resulta em anormalidades do metabolismo do triptofano e da metionina. O aumento da sensibilidade à ação dos hormônios esteroides pode ser importante no desenvolvimento do **câncer dependente de hormônio** de mama, útero e próstata, e o estado da vitamina B_6 pode influenciar o prognóstico.

O nível de vitamina B_6 é avaliado pelo ensaio das transaminases eritrocitárias

O método mais amplamente utilizado para avaliar a concentração da vitamina B_6 consiste na ativação da transaminase eritrocitária pela adição de piridoxal-fosfato *in vitro*, expresso como coeficiente de ativação. Utiliza-se também a determinação das concentrações plasmáticas da vitamina.

A vitamina B_6 em excesso provoca neuropatia sensitiva

Foi relatado o desenvolvimento de neuropatia sensitiva em pacientes em uso de 2 a 7 g/dia de piridoxina por uma variedade de motivos. Foi observada alguma lesão residual após a retirada dessas altas doses; outros relatos sugerem que o consumo excessivo de 100 a 200 mg/dia esteja associado a dano neurológico.

A VITAMINA B_{12} É ENCONTRADA APENAS EM ALIMENTOS DE ORIGEM ANIMAL

O termo "vitamina B_{12}" é utilizado como descritor genérico das **cobalaminas** – **corrinoides** (compostos contendo cobalto que possuem o anel corrina) que apresentam atividade biológica da vitamina (**Figura 44-10**). Alguns corrinoides que atuam como fatores de crescimento para microrganismos não apenas carecem da atividade de vitamina B_{12}, como também podem atuar como antimetabólitos da vitamina. Embora seja sintetizada exclusivamente pelos microrganismos, para fins práticos, a vitamina B_{12} só é encontrada em alimentos de origem animal, visto que não existem fontes vegetais dessa vitamina. Isso significa que os vegetarianos estritos (veganos) correm risco de desenvolver deficiência de vitamina B_{12}. As pequenas quantidades da vitamina produzidas pelas bactérias na superfície das frutas podem ser adequadas para atender às necessidades, mas estão disponíveis preparações de vitamina B_{12} produzidas por fermentação bacteriana.

A absorção de vitamina B_{12} exige duas proteínas de ligação

A vitamina B_{12} é absorvida ligada ao **fator intrínseco**, uma glicoproteína pequena secretada pelas células parietais da mucosa gástrica. O ácido gástrico e a pepsina liberam a vitamina de sua ligação à proteína no alimento e a tornam disponível para se ligar à **cobalofilina**, uma proteína de ligação secretada na saliva. No duodeno, a cobalofilina é hidrolisada, liberando a vitamina para a sua ligação ao fator intrínseco. Por esse motivo, a **insuficiência pancreática** pode constituir um fator no desenvolvimento da deficiência da vitamina B_{12}, resultando na excreção dessa vitamina ligada à cobalofilina. O fator intrínseco liga-se apenas aos vitâmeros ativos da vitamina B_{12}, e não a outros corrinoides. A vitamina B_{12} é absorvida no terço distal do íleo por meio de receptores que se ligam ao complexo fator intrínseco-vitamina B_{12}, mas não ao fator intrínseco livre ou à vitamina livre. Existe uma considerável circulação êntero-hepática da vitamina B_{12}, com excreção na bile, seguida pela reabsorção após ligação ao fator intrínseco no íleo.

Existem duas enzimas dependentes de vitamina B_{12}

A **metilmalonil-CoA-mutase** e a **metionina-sintase** (**Figura 44-11**) são enzimas dependentes da vitamina B_{12}. A metilmalonil-CoA é formada como intermediário no catabolismo da valina e por carboxilação do propionil-CoA que surge no catabolismo da isoleucina, do colesterol e, raramente, dos ácidos graxos com número ímpar de átomos de carbono, ou diretamente do propionato, um produto importante da fermentação microbiana no rúmen. A metilmalonil-CoA sofre um rearranjo dependente da vitamina B_{12} e forma succinil-CoA, em uma reação catalisada pela metilmalonil-CoA-mutase (ver Figura 19-2). A atividade dessa enzima é acentuadamente reduzida na deficiência de vitamina B_{12}, levando ao acúmulo de metilmalonil-CoA e à excreção urinária de ácido metilmalônico, que proporciona um meio de avaliar o estado nutricional da vitamina B_{12}.

A deficiência de vitamina B_{12} causa anemia perniciosa

Ocorre anemia perniciosa quando a deficiência de vitamina B_{12} afeta o metabolismo do ácido fólico, levando a uma deficiência funcional de folato que compromete a eritropoiese, produzindo precursores imaturos das hemácias, que são liberadas na circulação (anemia megaloblástica). A causa mais comum da anemia perniciosa consiste na incapacidade de absorção da vitamina B_{12}, mais do que na sua deficiência dietética. Isso pode resultar da falha de secreção do fator intrínseco causada por doença autoimune, que acomete as células parietais, ou da produção de anticorpos contra o fator intrínseco.

FIGURA 44-10 **Vitamina B_{12}.** Os quatro sítios de coordenação do átomo de cobalto central são quelados pelos átomos de nitrogênio do anel corrina e um pelo nitrogênio do dimetilbenzimidazol-nucleotídeo. O sexto sítio de coordenação pode ser ocupado por CN^- (cianocobalamina), OH^- (hidroxocobalamina), H_2O (aquocobalamina), —CH_3 (metilcobalamina) ou 5′-desoxiadenosina (adenosilcobalamina).

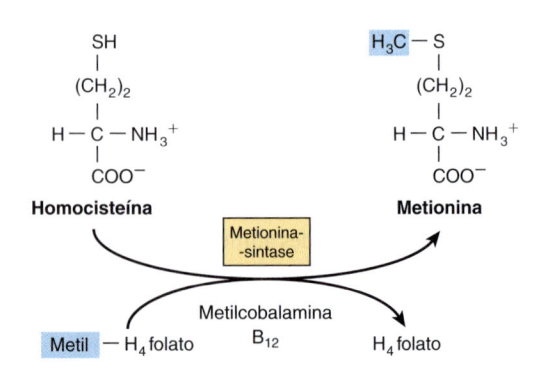

FIGURA 44-11 **Homocisteína e o sequestro do folato.** A deficiência de vitamina B_{12} leva ao comprometimento da metionina-sintase, resultando em acúmulo de homocisteína e sequestro de folato na forma de metiltetra-hidrofolato.

Na anemia perniciosa, ocorre degeneração irreversível da medula espinal, em consequência da falha de metilação de um resíduo de arginina na proteína básica da mielina. Esse fato resulta da deficiência de metionina no sistema nervoso central, e não da deficiência secundária de folato.

EXISTEM MÚLTIPLAS FORMAS DE FOLATO NA DIETA

A forma ativa de ácido fólico (pteroilglutamato) é o tetra-hidrofolato (**Figura 44-12**). Os folatos presentes nos alimentos podem ter até sete resíduos adicionais de glutamato unidos por ligações γ-peptídicas. Além disso, todos os folatos com substituintes de um carbono na Figura 44-12 também podem ser encontrados nos alimentos. O grau de absorção das diferentes formas de folato varia, e a ingestão de folato é calculada na forma de equivalentes de folato da dieta – a soma dos folatos alimentares em μg + 1,7 × μg de ácido fólico (utilizado nos alimentos enriquecidos).

FIGURA 44-12 Ácido tetra-hidrofólico e os folatos com substituição de um carbono.

O tetra-hidrofolato é um carreador de unidades de um carbono

O tetra-hidrofolato pode transportar fragmentos de um carbono ligados ao N-5 (grupos formil, formimino ou metil), ao N-10 (formil) ou ao complexo N-5-N-10 (grupos metileno ou metenil). O 5-formil-tetra-hidrofolato é mais estável do que o folato – e, portanto, é utilizado em fármacos (conhecido como **ácido folínico**) – e o composto sintético (racêmico) (**leucovorina**). O principal ponto de entrada de fragmentos de um carbono dentro dos folatos substituído é o metileno-tetra-hidrofolato (**Figura 44-13**), que é formado pela reação da glicina, serina e colina com tetra-hidrofolato. A serina constitui a fonte mais importante de folatos substituídos para as reações de biossíntese, e a atividade da serina-hidroximetil-transferase é regulada pelo estado de substituição do folato e pela disponibilidade desse composto. A reação é reversível e, no fígado, pode formar serina a partir da glicina como substrato para a gliconeogênese. O metileno-tetra-hidrofolato, o metenil-tetra-hidrofolato e o 10-formil-tetra-hidrofolato são interconversíveis. Quando não há necessidade de folatos de um carbono, a oxidação do formil-tetra-hidrofolato para produzir dióxido de carbono fornece um mecanismo para a manutenção do reservatório de folato livre.

Os inibidores do metabolismo do folato fornecem fármacos para quimioterapia do câncer, agentes antibacterianos e antimaláricos

A metilação do monofosfato de desoxiuridina (dUMP, do inglês *deoxyuridine monophosphate*) em monofosfato de timidina (TMP, do inglês *thymidine monophosphate*), que é catalisada pela timidilato-sintase, é essencial para a síntese do DNA. O fragmento de um carbono do metileno-tetra-hidrofolato é reduzido a um grupo metil com liberação do di-hidrofolato, o qual é, então, reduzido novamente a tetra-hidrofolato pela **di-hidrofolato-redutase**. A timidilato-sintase e a di-hidrofolato-redutase são particularmente ativas nos tecidos que apresentam uma elevada taxa de divisão celular. O **metotrexato**, um análogo do 10-metil-tetra-hidrofolato, inibe a di-hidrofolato-redutase e é utilizado como agente quimioterápico para o câncer. As di-hidrofolato-redutases de algumas bactérias e parasitas diferem da enzima humana; os inibidores dessas enzimas podem ser usados como fármacos antibacterianos (p. ex., **trimetoprima**) e antimaláricos (p. ex., **pirimetamina**).

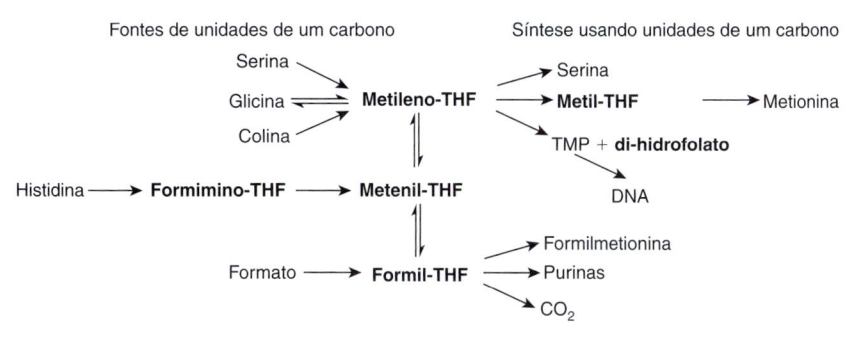

FIGURA 44-13 Fontes e utilização dos folatos com substituição de um carbono.

A deficiência de vitamina B_{12} causa deficiência funcional de folato – o "sequestro do folato"

Quando atua como doador de metila, a S-adenosilmetionina forma a homocisteína, que pode ser novamente metilada pelo metil-tetra-hidrofolato em uma reação catalisada pela metionina-sintase, uma enzima dependente de vitamina B_{12} (Figura 44-11). Como a redução do metileno-tetra-hidrofolato a metil-tetra-hidrofolato é irreversível, e a principal fonte de tetra-hidrofolato para os tecidos é o metil-tetra-hidrofolato, o papel da metionina-sintase é de importância vital e proporciona uma ligação entre as funções do folato e da vitamina B_{12}. O comprometimento da metionina-sintase na deficiência de vitamina B_{12} leva ao acúmulo de metil-tetra-hidrofolato que não pode ser utilizado – o "sequestro do folato". Portanto, existe uma deficiência funcional de folato, secundária à deficiência de vitamina B_{12}.

A deficiência de folato provoca anemia megaloblástica

A deficiência do próprio ácido fólico ou a deficiência de vitamina B_{12}, que leva a uma deficiência funcional de ácido fólico, afetam as células em rápida divisão, visto que elas necessitam de grande quantidade de timidina para a síntese do DNA. Clinicamente, isso prejudica a medula óssea, levando ao desenvolvimento de anemia megaloblástica.

Os suplementos de ácido fólico reduzem o risco de defeitos do tubo neural e de hiper-homocisteinemia e podem reduzir a incidência de doença cardiovascular e de alguns tipos de câncer

O uso de suplementos de 400 μg/dia de folato, quando iniciado antes da concepção, resulta em redução significativa na incidência de **espinha bífida** e de outros **defeitos do tubo neural**. Devido a esse fato, muitos países exigem que a farinha seja enriquecida com ácido fólico. O nível sanguíneo elevado de homocisteína constitui um fator de risco significativo para a **aterosclerose**, **trombose** e **hipertensão**. A condição resulta de um comprometimento na capacidade de sintetizar o metil-tetra-hidrofolato pela ação da metileno-tetra-hidrofolato-redutase, causando deficiência funcional de folato, com consequente incapacidade de metilar novamente a homocisteína em metionina. Os indivíduos com uma variante anormal da metileno-tetra-hidrofolato-redutase, que é observada em 5 a 10% da população, não desenvolvem hiper-homocisteinemia se tiverem um aporte relativamente alto de folato. Vários estudos clínicos de suplementos de folato (geralmente com vitaminas B_6 e B_{12}) controlados por placebo mostraram a redução esperada dos níveis plasmáticos de homocisteína, porém, à exceção da redução da incidência de acidente vascular encefálico, não foi observado nenhum efeito sobre a morte por doença cardiovascular.

Também há evidências de que a baixa ingestão de folato compromete a metilação das ilhas de CpG no DNA, um fator envolvido no desenvolvimento do câncer colorretal e de outros tipos de câncer. Vários estudos sugerem que a suplementação com ácido fólico ou o consumo de alimentos enriquecidos podem reduzir o risco de desenvolvimento de alguns tipos de câncer. Entretanto, há algumas evidências de que os suplementos de folato aumentam a taxa de transformação dos pólipos colorretais pré-neoplásicos em câncer, de modo que os indivíduos portadores desses pólipos podem correr o risco de desenvolver câncer colorretal se realizarem uma alta ingestão de folato.

O enriquecimento dos alimentos com ácido fólico pode representar um risco para algumas pessoas

Os suplementos de ácido fólico corrigem a anemia megaloblástica da deficiência de vitamina B_{12}, mas não o dano neural irreversível. Uma alta ingestão de ácido fólico pode, portanto, mascarar a deficiência de vitamina B_{12}. Esse fato representa um problema em especial nos indivíduos idosos, já que a gastrite atrófica que se desenvolve com o aumento da idade leva à perda da secreção de ácido gástrico e, portanto, à incapacidade de liberar vitamina B_{12} das proteínas contidas na dieta. Portanto, embora muitos países tenham adotado o enriquecimento obrigatório da farinha com ácido fólico para prevenir defeitos no tubo neural, outros não o fizeram. Existe também um antagonismo entre o ácido fólico e alguns anticonvulsivantes utilizados no tratamento da epilepsia, e, conforme assinalado anteriormente, existem algumas evidências de que os suplementos de folato podem aumentar o risco de desenvolvimento de câncer colorretal entre indivíduos portadores de pólipos colorretais pré-neoplásicos.

A DEFICIÊNCIA ALIMENTAR DE BIOTINA NÃO É CONHECIDA

A **Figura 44-14** ilustra as estruturas da biotina, da biocitina e da carboxibiotina (o intermediário metabólico ativo). A biotina está amplamente distribuída em muitos alimentos na forma de biocitina (ε-amino-biotinil-lisina), que é liberada por proteólise. Ela é sintetizada pela microbiota intestinal em quantidades além das necessárias. A deficiência não é conhecida, exceto em pacientes mantidos por muitos meses com nutrição parenteral total e em uma porcentagem muito pequena

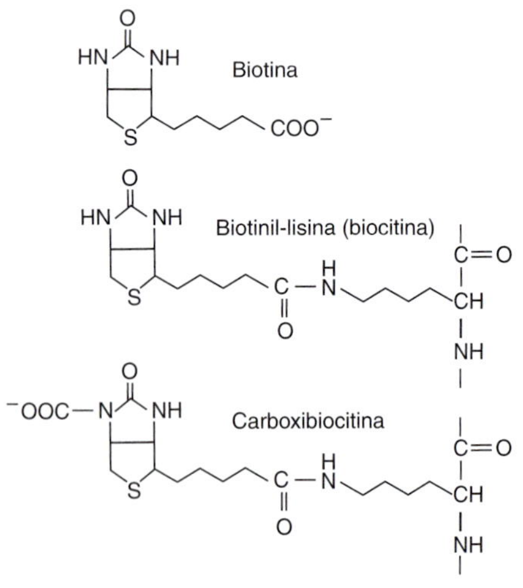

FIGURA 44-14 Biotina, biocitina e carboxibiocitina.

de indivíduos que ingerem quantidades anormalmente grandes de clara de ovo crua, que contém avidina, uma proteína que se liga à biotina, impossibilitando a sua absorção.

A biotina é uma coenzima das enzimas carboxilases

A biotina atua na transferência do dióxido de carbono em um pequeno número de reações: acetil-CoA-carboxilase (ver Figura 23-1), piruvato-carboxilase (ver Figura 19-1), propionil-CoA-carboxilase (ver Figura 19-2) e metilcrotonil-CoA-carboxilase. A holocarboxilase-sintetase catalisa a transferência da biotina para um resíduo de lisina da apoenzima para formar o resíduo de biocitina da holoenzima. O intermediário reativo é a 1-N-carboxibiocitina, formada a partir do bicarbonato em uma reação dependente de ATP. Em seguida, o grupo carboxila é transferido ao substrato para carboxilação.

A biotina também desempenha um papel na regulação do ciclo celular, atuando na biotinilação das proteínas nucleares essenciais.

O ÁCIDO PANTOTÊNICO, COMO PARTE DA COENZIMA A E DA ACP, ATUA COMO CARREADOR DE GRUPOS ACILA

O ácido pantotênico desempenha um papel central no metabolismo dos grupos acil, pois atua como porção funcional de panteteína da coenzima A ou da proteína carreadora de acil (ACP, do inglês *acyl carrier protein*) (**Figura 44-15**). A panteteína é formada após a combinação do pantotenato com cisteína, que fornece o grupo prostético —SH da CoA e da ACP. A CoA participa das reações do ciclo do ácido cítrico (ver Capítulo 16), da oxidação dos ácidos graxos (ver Capítulo 22), das acetilações e da síntese do colesterol (ver Capítulo 26). A ACP participa da síntese dos ácidos graxos (ver Capítulo 23). A vitamina está amplamente distribuída em todos os tipos de alimentos, e a sua deficiência não foi inequivocadamente relatada nos seres humanos, exceto em estudos de depleção específica.

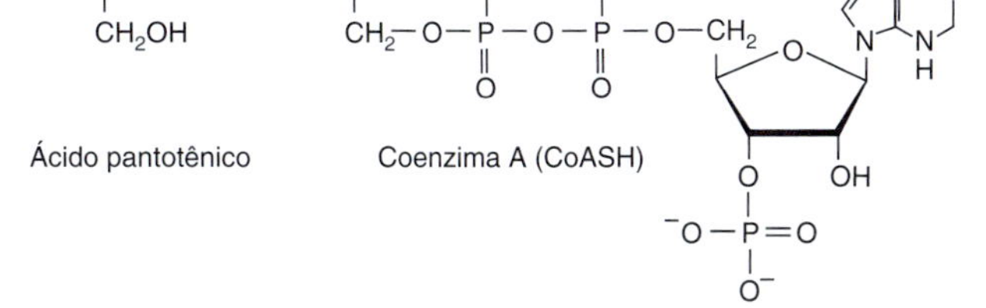

FIGURA 44-15 **Ácido pantotênico e coenzima A.** O asterisco mostra o sítio de acilação pelos ácidos graxos.

O ÁCIDO ASCÓRBICO É UMA VITAMINA APENAS PARA ALGUMAS ESPÉCIES

A **vitamina C** (**Figura 44-16**) é uma vitamina para os seres humanos e outros primatas, porquinhos-da-índia, morcegos, aves passeriformes e a maioria dos peixes e invertebrados; outros animais a sintetizam como intermediário na via do ácido urônico do metabolismo da glicose (ver Figura 20-4). Nas espécies em que atua como vitamina, a gulonolactona-oxidase está ausente. Tanto o ácido ascórbico quanto o ácido deidroascórbico apresentam atividade de vitamina.

A vitamina C é a coenzima para dois grupos de hidroxilases

O ácido ascórbico desempenha funções específicas nas hidroxilases que contêm cobre e nas hidroxilases que contêm ferro ligadas ao α-cetoglutarato. O ácido ascórbico também aumenta a atividade de outras enzimas *in vitro*, embora seja uma ação redutora inespecífica. Além disso, exerce vários efeitos não enzimáticos em decorrência de sua ação como agente redutor e sequestrador de radicais de oxigênio (ver Capítulo 45).

A **dopamina β-hidroxilase** é uma enzima que contém cobre e está envolvida na síntese das catecolaminas (norepinefrina e epinefrina) a partir da tirosina na medula da glândula suprarrenal e no sistema nervoso central. Durante a hidroxilação, o Cu^+ é oxidado a Cu^{2+}; a redução de volta ao Cu^+ exige especificamente a presença de ascorbato, que é oxidado em monodeidroascorbato.

Diversos hormônios peptídicos apresentam uma amida carboxiterminal que deriva de um resíduo de glicina terminal. Essa glicina é hidroxilada no carbono α por uma enzima que contém cobre, a **peptidilglicina-hidroxilase**, que também exige a presença de ascorbato para a redução do Cu^{2+}.

Várias hidroxilases que contêm ferro e dependem da presença de ascorbato compartilham um mecanismo de reação comum, em que a hidroxilação do substrato está ligada à descarboxilação oxidativa do α-cetoglutarato. Muitas dessas enzimas estão envolvidas na modificação de proteínas precursoras. A **prolina-hidroxilase** e a **lisina-hidroxilase** são necessárias para a modificação pós-sintética do **pró-colágeno** a **colágeno**, e a prolina-hidroxilase também é necessária na formação da **osteocalcina** e do componente C1q do **complemento**. A aspartato-β-hidroxilase é necessária para a modificação pós-sintética do precursor da proteína C, a protease dependente de vitamina K que hidrolisa o fator V ativado na cascata da coagulação sanguínea (ver Capítulo 52). A trimetil-lisina-hidroxilase e a γ-butirobetaína-hidroxilase são necessárias para a síntese da carnitina. Nessas enzimas, o

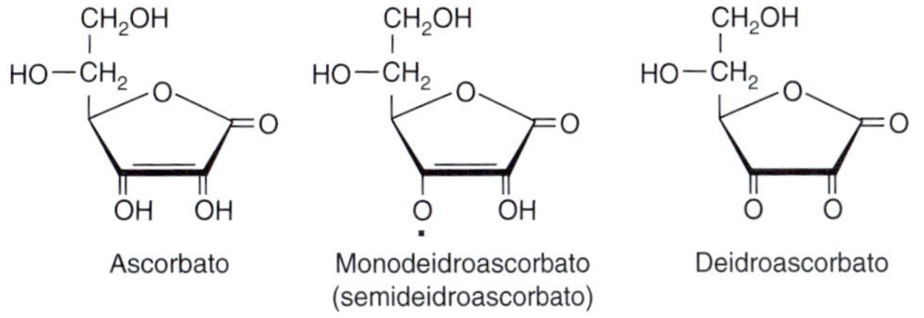

FIGURA 44-16 Vitamina C.

ascorbato é necessário para reduzir o grupo prostético de ferro após oxidação acidental durante a reação; não é consumido estequiometricamente com os substratos e tampouco desempenha uma função catalítica simples.

A deficiência de vitamina C provoca escorbuto

Os sinais de deficiência de vitamina C consistem em alterações cutâneas, fragilidade dos capilares sanguíneos, deterioração das gengivas, queda dos dentes e fraturas ósseas, muitos dos quais podem ser atribuídos ao comprometimento da síntese de colágeno, bem como em alterações psicológicas, que podem ser atribuídas à síntese reduzida de catecolaminas.

A ingestão de quantidades maiores de vitamina C pode ser benéfica

Com uma ingestão > 100 mg/dia, a capacidade do organismo de metabolizar a vitamina C fica saturada, e qualquer quantidade adicional ingerida é excretada na urina. Todavia, além de suas outras funções, a vitamina C aumenta a absorção do ferro inorgânico, e essa propriedade depende de sua presença no intestino. Por conseguinte, a ingestão aumentada de vitamina C pode ser benéfica, e ela é frequentemente prescrita com suplementos de ferro para o tratamento da anemia ferropriva. Há poucas evidências de que a vitamina C em altas doses possa evitar o resfriado comum, embora possa reduzir a duração e a gravidade dos sintomas.

OS MINERAIS SÃO NECESSÁRIOS PARA FUNÇÕES FISIOLÓGICAS E BIOQUÍMICAS

Muitos dos minerais essenciais (**Tabela 44-2**) estão amplamente distribuídos nos alimentos, e os indivíduos que consomem dietas balanceadas tendem, em sua maioria, a ingerir quantidades adequadas. As quantidades necessárias variam desde alguns gramas por dia, no caso do sódio e do cálcio, até miligramas por dia (p. ex., ferro e zinco) e microgramas por dia, no caso dos oligoelementos. Em geral, as deficiências de minerais ocorrem quando os alimentos provêm de uma região onde o solo pode estar deficiente em alguns minerais (p. ex., iodo e selênio, cujas deficiências ocorrem em muitas áreas do mundo). Quando os alimentos provêm de várias regiões, é menos provável que ocorra deficiência de minerais. A deficiência de ferro constitui um problema geral, visto que, se as perdas de ferro do organismo forem relativamente grandes (p. ex., em consequência de parasitas intestinais ou da perda maciça de sangue menstrual), será difícil assegurar uma ingestão adequada para repor as perdas. Entretanto, 10% da população (e mais em algumas áreas) encontram-se geneticamente em risco de sobrecarga de ferro, levando à formação de radicais livres como resultado de reações não enzimáticas de íons ferro em solução livre quando a capacidade de proteínas de ligação ao ferro tiver sido excedida. Os alimentos cultivados em solos que contêm altos níveis de selênio causam efeitos tóxicos, e a ingestão excessiva de sódio provoca hipertensão em indivíduos suscetíveis.

RESUMO

- As vitaminas são nutrientes orgânicos que desempenham funções metabólicas essenciais, geralmente necessárias em pequenas quantidades na dieta, visto que elas não podem ser sintetizadas pelo organismo. As vitaminas lipossolúveis (A, D, E e K) são moléculas hidrofóbicas, que exigem a absorção normal de gorduras para a sua absorção.
- A vitamina A (retinol), presente nas carnes, e a provitamina (β-caroteno), encontrada nos vegetais, formam o retinaldeído, utilizado na visão, e o ácido retinoico, que atua no controle da expressão gênica.
- A vitamina D é um pró-hormônio esteroide que produz o hormônio ativo calcitriol, que regula o metabolismo do cálcio e do fosfato; sua deficiência leva ao raquitismo e à osteomalacia. A vitamina D desempenha um papel no controle da diferenciação celular e na secreção de insulina.
- A vitamina E (tocoferol) é o antioxidante lipossolúvel mais importante do organismo, que atua na fase lipídica das membranas e protege contra os efeitos dos radicais livres.
- A vitamina K age como o cofator de uma carboxilase que atua sobre os resíduos de glutamato de proteínas precursoras dos fatores da coagulação, do osso e de outras proteínas, possibilitando a quelação do cálcio.
- As vitaminas hidrossolúveis atuam como cofatores enzimáticos. A tiamina é um cofator na descarboxilação oxidativa dos α-cetoácidos e da transcetolase na via das pentoses-fosfato. A riboflavina e a niacina são cofatores importantes em reações de oxirredução, presentes nas enzimas flavoproteínas e no NAD e NADP, respectivamente.
- O ácido pantotênico está presente na coenzima A e na proteína carreadora de acila, que atuam como transportadores de grupos acila nas reações metabólicas.
- A vitamina B_6, sob a forma de piridoxal-fosfato, é a coenzima de várias enzimas do metabolismo dos aminoácidos, incluindo as transaminases, e da glicogênio-fosforilase. A biotina é a coenzima de várias carboxilases.
- A vitamina B_{12} e o folato fornecem resíduos de um carbono para a síntese do DNA e outras reações; a sua deficiência resulta em anemia megaloblástica.
- A vitamina C é um antioxidante hidrossolúvel que mantém a vitamina E e outros cofatores metálicos no estado reduzido.
- Os elementos minerais inorgânicos que desempenham uma função no organismo precisam ser fornecidos pela dieta. Quando a ingestão é insuficiente, pode ocorrer deficiência, e a sua ingestão excessiva pode ser tóxica.

TABELA 44-2 Classificação dos minerais de acordo com a sua função

Função	Mineral
Função estrutural	Cálcio, magnésio, fosfato
Envolvidos na função das membranas	Sódio, potássio
Atuam como grupamentos prostéticos em enzimas	Cobalto, cobre, ferro, molibdênio, selênio, zinco
Papel regulador ou papel na ação hormonal	Cálcio, cromo, iodo, magnésio, manganês, sódio, potássio
Comprovadamente essenciais, porém com função desconhecida	Silício, vanádio, níquel, estanho
Exercem efeitos no organismo, porém a sua natureza essencial não está estabelecida	Fluoreto, lítio
Podem estar presentes em alimentos, e o seu excesso é reconhecidamente tóxico	Alumínio, arsênico, antimônio, boro, bromo, cádmio, césio, germânio, chumbo, mercúrio, prata, estrôncio

Radicais livres e nutrientes antioxidantes

C A P Í T U L O
45

David A. Bender, Ph.D.

OBJETIVOS

Após o estudo deste capítulo, você deve ser capaz de:

- Descrever os danos causados pelos radicais livres ao DNA, aos lipídeos e às proteínas, bem como as doenças associadas aos danos por radicais livres.
- Descrever as principais fontes de radicais de oxigênio no organismo.
- Descrever os mecanismos e os fatores da dieta que protegem o organismo contra danos por radicais livres.
- Explicar como os antioxidantes podem atuar como pró-oxidantes e o motivo pelo qual os estudos clínicos de intervenção com nutrientes antioxidantes geralmente têm produzido resultados decepcionantes.

IMPORTÂNCIA BIOMÉDICA

Os radicais livres são produzidos no organismo em condições normais. Esses radicais livres provocam dano aos ácidos nucleicos, às proteínas, aos lipídeos da membrana celular e às lipoproteínas plasmáticas. A sua ação pode causar câncer, aterosclerose, doença arterial coronariana e doenças autoimunes. Os estudos epidemiológicos e laboratoriais realizados identificaram diversos nutrientes antioxidantes protetores, como o selênio, as vitaminas C e E, o β-caroteno e outros carotenoides, bem como uma variedade de compostos polifenólicos derivados de alimentos de origem vegetal. Muitas pessoas ingerem suplementos de um ou mais nutrientes antioxidantes. Entretanto, os estudos clínicos de intervenção demonstraram que os suplementos de antioxidantes têm pouco benefício, exceto entre indivíduos que inicialmente estavam deficientes, e muitos estudos clínicos sobre o β-caroteno e a vitamina E mostraram taxa aumentada de mortalidade entre indivíduos que fazem uso de suplementos.

As reações dos radicais livres consistem em reações em cadeia autoperpetuantes

Os radicais livres são espécies moleculares altamente reativas com um ou mais elétrons não pareados; eles persistem apenas por um período muito curto de tempo (da ordem de 10^{-9} a 10^{-12} segundos) antes de colidir com outra molécula e extrair ou doar um elétron para alcançar estabilidade. Desse modo, os radicais livres geram um novo radical a partir da molécula com a qual colidiram. A principal maneira pela qual um radical livre pode ser sequestrado, interrompendo essa reação em cadeia, consiste na reação entre dois radicais, quando os elétrons não pareados podem ser emparelhados em uma das moléculas originais. Entretanto, isso ocorre raramente, em virtude da meia-vida muito curta do radical e das concentrações muito baixas de radicais nos tecidos.

Os radicais que provocam maior dano aos sistemas biológicos são os radicais de oxigênio (algumas vezes denominados espécies reativas de oxigênio) – particularmente o superóxido, $\cdot O_2^-$, a hidroxila, $\cdot OH$, e a peridroxila, $\cdot O_2 H$. O dano tecidual causado por radicais de oxigênio é frequentemente denominado dano oxidativo, e os fatores que protegem contra dano por radicais de oxigênio são conhecidos como antioxidantes.

Os radicais podem danificar o DNA, os lipídeos e as proteínas

As interações dos radicais com bases do ácido desoxirribonucleico (DNA, do inglês *deoxyribonucleic acid*) podem levar a alterações químicas que, se não forem corrigidas por reparo (ver Capítulo 35), podem ser herdadas pelas células-filhas. O dano causado pelos radicais aos ácidos graxos insaturados nas membranas celulares e nas lipoproteínas plasmáticas leva à formação de peróxidos lipídicos e, em seguida, de dialdeídos altamente reativos, capazes de modificar quimicamente as proteínas e as bases dos ácidos nucleicos. As proteínas também estão sujeitas a sofrer modificação química direta pela sua interação com radicais. O dano oxidativo dos resíduos de tirosina nas proteínas pode levar à formação de di-hidroxifenilalanina, que pode sofrer reações não enzimáticas, com consequente formação de radicais de oxigênio (**Figura 45-1**).

A carga corporal total de radicais pode ser estimada pela medição dos produtos da peroxidação lipídica. Os peróxidos de lipídeos podem ser medidos pelo ensaio da oxidação do ferro em alaranjado de xilenol (FOX, do inglês *ferrous oxidation in xylenol orange*). Em condições ácidas, eles oxidam o Fe^{2+} a Fe^{3+}, que forma um cromóforo com o alaranjado de xilenol. Os dialdeídos formados a partir dos peróxidos lipídicos

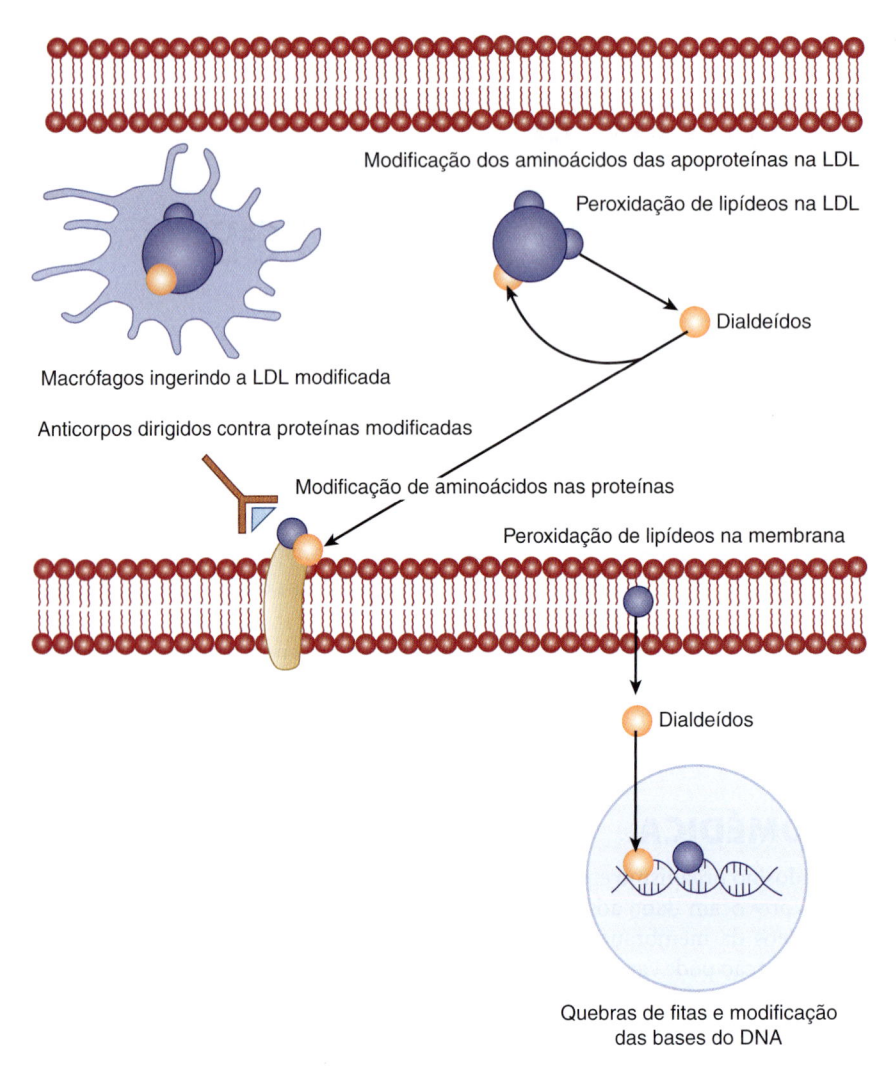

FIGURA 45-1 Dano tecidual por radicais.

podem ser medidos pela reação com o ácido tiobarbitúrico, quando formam um aduto fluorescente vermelho – os resultados desse ensaio são geralmente expressos como substâncias reativas ao ácido tiobarbitúrico (TBARSs, do inglês *thiobarbituric acid reactive substances*) totais. A peroxidação dos ácidos graxos poli-insaturados n-6 leva à formação de pentano, ao passo que a dos ácidos graxos poli-insaturados n-3 leva à produção de etano, e ambos podem ser medidos no ar expirado.

O dano por radicais pode causar mutações, câncer, doença autoimune e aterosclerose

O dano por radicais ao DNA nas células germinativas dos ovários e dos testículos pode levar à herança de mutações; nas células somáticas, pode levar ao desenvolvimento de câncer. Os dialdeídos formados em decorrência da peroxidação de lipídeos induzida por radicais nas membranas celulares também podem modificar as bases do DNA.

A modificação química de aminoácidos em proteínas, seja pela ação direta dos radicais ou como resultado da reação com os produtos da peroxidação lipídica induzida por radicais, leva ao reconhecimento das proteínas como não próprias pelo sistema imune. Os anticorpos produzidos também apresentarão uma reação cruzada com as proteínas teciduais normais, desencadeando, assim, uma doença autoimune.

A modificação química das proteínas ou dos lipídeos nas lipoproteínas de baixa densidade (LDL, do inglês *low-density lipoprotein*) plasmáticas leva à formação de LDLs anormais, que não são reconhecidas pelos receptores hepáticos de LDL, não sendo, portanto, depuradas pelo fígado. As LDLs modificadas são captadas por receptores de depuração dos macrófagos. Os macrófagos saturados de lipídeos infiltram o endotélio dos vasos sanguíneos (particularmente quando já existe algum dano no endotélio) e são mortos pelo alto conteúdo de colesterol não esterificado acumulado por eles. Esse processo é observado no desenvolvimento das placas ateroscleróticas, que, em casos extremos, podem causar oclusão mais ou menos completa de um vaso sanguíneo.

Existem múltiplas fontes de radicais de oxigênio no corpo

A radiação ionizante (raios X e UV) pode causar hidrólise, levando à formação de radicais hidroxila. Os íons metálicos de transição, incluindo Cu^+, Co^{2+}, Ni^{2+} e Fe^{2+}, podem reagir de

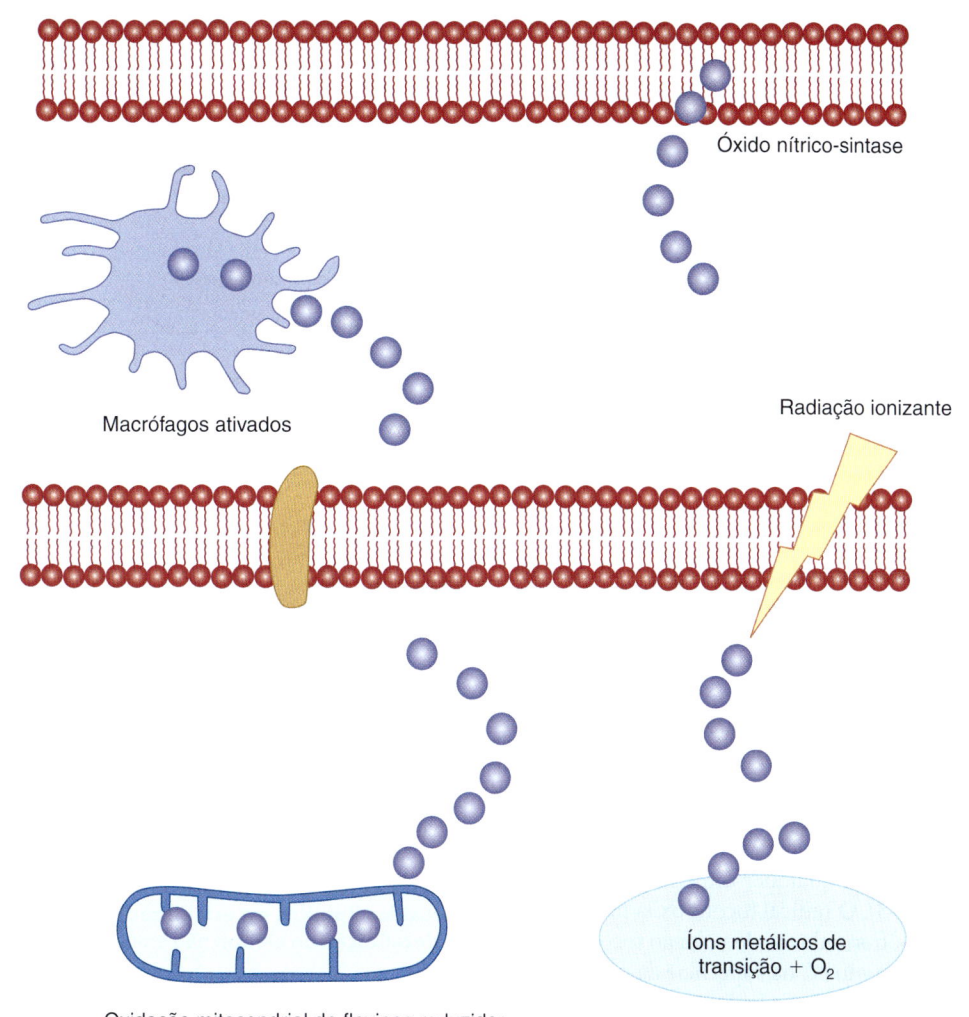

FIGURA 45-2 Fontes de radicais.

modo não enzimático com o oxigênio ou com o peróxido de hidrogênio, levando, mais uma vez, à formação de radicais hidroxila. O próprio óxido nítrico (um importante composto na sinalização celular, originalmente descrito como fator de relaxamento derivado do endotélio) é um radical e, mais importante que isso, pode reagir com superóxido para produzir o peroxinitrito, que se decompõe para formar radicais hidroxila (**Figura 45-2**).

A explosão respiratória dos macrófagos ativados (ver Capítulo 53) consiste na utilização aumentada de glicose pela via das pentoses-fosfato (ver Capítulo 20) para reduzir o NADP$^+$ a NADPH, e na utilização aumentada de oxigênio para oxidar o NADPH, produzindo radicais de oxigênio (e halogênio) como agentes citotóxicos para destruir os microrganismos fagocitados. A oxidase da explosão respiratória (NADPH-oxidase) é uma flavoproteína que reduz o oxigênio a superóxido:

$$NADPH + 2O_2 \rightarrow NADP^+ + 2 \cdot O_2^- + 2H^+$$

Os marcadores plasmáticos de dano aos lipídeos por radicais aumentam de modo considerável mesmo em resposta a uma infecção leve.

A oxidação das coenzimas de flavina reduzidas nas cadeias de transporte de elétrons mitocondrial (ver Capítulo 13) e microssomal prossegue por meio de uma série de etapas nas quais o radical de semiquinona da flavina é estabilizado pela proteína à qual está ligado, formando radicais de oxigênio como intermediários transitórios. Embora os produtos finais não sejam radicais, ocorre um considerável "vazamento" de radicais em virtude da natureza imprevisível dos radicais, e cerca de 3 a 5% do consumo diário de 30 mols de oxigênio por um ser humano adulto são convertidos em oxigênio singlete, peróxido de hidrogênio, superóxido, peridroxila e radicais hidroxila, em vez de sofrer redução completa à água. Isso resulta na produção diária de cerca de 1,5 mol de espécies reativas de oxigênio.

Existem vários mecanismos de proteção contra o dano causado por radicais

Os íons metálicos que sofrem reação não enzimática para formar radicais de oxigênio não estão normalmente livres em solução, porém ligados às proteínas para as quais fornecem o grupamento prostético, ou a proteínas específicas de transporte e de armazenamento, de modo que não são reativos.

O ferro está ligado à transferrina, à ferritina e à hemossiderina, e o cobre, à ceruloplasmina, ao passo que outros íons metálicos estão ligados à metalotioneína. Essa ligação às proteínas de transporte, que são muito grandes para serem filtradas nos rins, também impede a perda dos íons metálicos na urina.

O superóxido é produzido acidentalmente e também como uma espécie reativa de oxigênio necessária para diversas reações catalisadas por enzimas. Uma família de superóxido-dismutases catalisa a reação entre o superóxido e os prótons, produzindo oxigênio e peróxido de hidrogênio:

$$\cdot O_2^- + 2H^+ \rightarrow H_2O_2$$

Em seguida, o peróxido de hidrogênio é removido pela catalase e por várias peroxidases: $2H_2O_2 \rightarrow 2H_2O + O_2$. As enzimas que produzem e necessitam de superóxido estão, em sua maioria, contidas nos peroxissomos, juntamente com superóxido-dismutase, catalase e peroxidases.

Os peróxidos formados devido a danos por radicais aos lipídeos das membranas e das lipoproteínas plasmáticas são reduzidos a hidróxi ácidos graxos pela glutationa-peroxidase, uma enzima dependente de selênio (o que explica a importância de um aporte adequado de selênio para maximizar a atividade antioxidante), e a glutationa oxidada é reduzida pela glutationa-redutase dependente de NADPH (ver Figura 20-3). Os peróxidos de lipídeos também são reduzidos a ácidos graxos por reação com a vitamina E, formando o radical tocoferoxila, que é relativamente estável, uma vez que o elétron não emparelhado pode se localizar em qualquer uma das três posições na molécula (**Figura 45-3**). O radical tocoferoxila persiste por tempo suficiente para sofrer redução de volta ao tocoferol por meio de reação com a vitamina C na superfície da célula ou da lipoproteína. Então, o radical monodeidroascorbato resultante sofre uma redução enzimática de volta a ascorbato ou uma reação não enzimática de 2 mols de monodeidroascorbato para produzir 1 mol de ascorbato e 1 mol de deidroascorbato.

O ascorbato, o ácido úrico e uma variedade de polifenóis derivados de alimentos vegetais atuam como antioxidantes hidrossolúveis de sequestro de radicais, os quais formam radicais relativamente estáveis que persistem por tempo suficiente para sofrer reação em produtos não radicais. A ubiquinona e os carotenos atuam de modo semelhante como antioxidantes lipossolúveis de sequestro de radicais nas membranas e nas lipoproteínas plasmáticas.

O paradoxo do antioxidante – os antioxidantes também podem ser pró-oxidantes

Embora o ascorbato seja um antioxidante, reagindo com superóxido e hidroxila para produzir monodeidroascorbato e peróxido de hidrogênio ou água, ele também pode constituir uma fonte de radicais superóxido pela sua reação com oxigênio, assim como de radicais hidroxila pela sua reação com íons Cu^{2+} (**Tabela 45-1**). Todavia, essas ações pró-oxidantes necessitam de concentrações relativamente altas de ascorbato que não tendem a ser alcançadas nos tecidos, visto que, quando a concentração plasmática de ascorbato atinge cerca de 30 mmol/L, o limiar renal é alcançado, e, com uma ingestão de cerca de 100 a 120 mg/dia, a vitamina é excretada quantitativamente na urina de acordo com a sua ingestão.

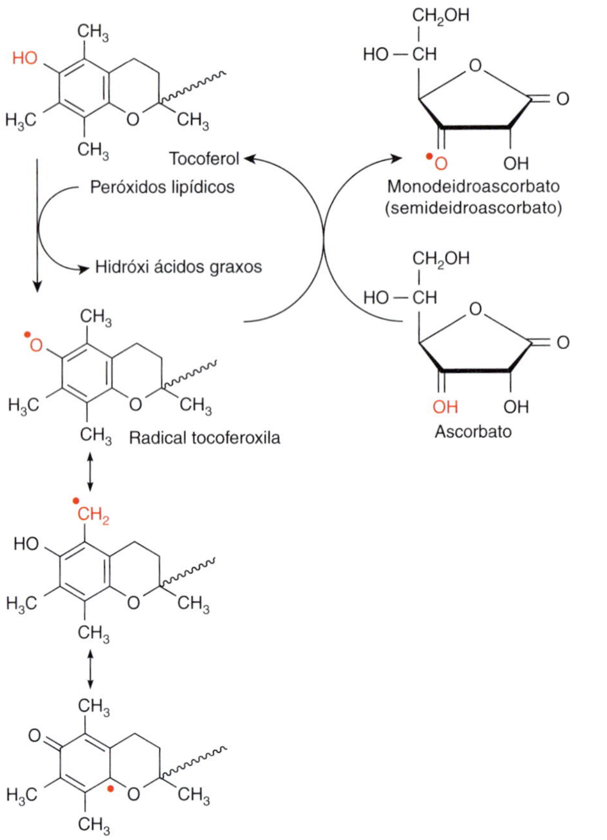

Evidências epidemiológicas consideráveis sugerem que o caroteno possui a função de proteger contra o câncer de pulmão e outros tipos de câncer. Entretanto, dois estudos clínicos de intervenção de grande porte, realizados na década de 1990, demonstraram aumento da taxa de mortalidade por câncer de pulmão (e outros tipos de câncer) entre pessoas que tomavam suplementos de β-caroteno. O problema é que, apesar de o β-caroteno ser, com efeito, um antioxidante que sequestra radicais em condições de baixa pressão parcial de oxigênio, conforme observado na maioria dos tecidos, na presença de alta pressão parcial de oxigênio (como aquela encontrada nos pulmões) e, particularmente, em altas concentrações, o β-caroteno é um

FIGURA 45-3 As funções das vitaminas E e C na redução de peróxidos lipídicos e a estabilização do radical tocoferoxila por deslocalização do elétron não emparelhado.

TABELA 45-1 Funções antioxidantes e pró-oxidantes da vitamina C

Funções antioxidantes:

Ascorbato + $\cdot O_2^- \rightarrow H_2O_2$ + monodeidroascorbato; catalase e peroxidases catalisam a reação: $2H_2O_2 \rightarrow 2H_2O + O_2$

Ascorbato + $\cdot OH \rightarrow H_2O$ + monodeidroascorbato

Funções pró-oxidantes:

Ascorbato + $O_2 \rightarrow \cdot O_2^-$ + monodeidroascorbato

Ascorbato + $Cu^{2+} \rightarrow Cu^+$ + monodeidroascorbato

$Cu^+ + H_2O_2 \rightarrow Cu^{2+} + OH^- + \cdot OH$

pró-oxidante autocatalítico, podendo, assim, causar dano por radicais a lipídeos e proteínas.

As evidências epidemiológicas também sugerem que a vitamina E protege contra a aterosclerose e a doença cardiovascular. Entretanto, uma metanálise de estudos clínicos de intervenção com vitamina E mostrou taxa aumentada de mortalidade entre pessoas que ingerem suplementos (em altas doses). Todos esses estudos clínicos utilizaram o α-tocoferol, e é possível que os outros vitâmeros da vitamina E que estão presentes nos alimentos, mas não nos suplementos, sejam importantes. Quando a vitamina E é removida, as lipoproteínas plasmáticas formam menos hidroperóxidos de ésteres de colesterol em incubação *in vitro* com fontes de radicais peridroxila em baixas concentrações do que quando a vitamina E está presente. O problema parece residir na ação da vitamina E como antioxidante, formando um radical estável que persiste por tempo suficiente para ser metabolizado em produtos não radicais. Isso significa que o radical também persiste por período de tempo suficiente para penetrar mais profundamente nas lipoproteínas, causando mais lesão por radicais, em vez de interagir com um antioxidante hidrossolúvel na superfície da lipoproteína.

O óxido nítrico e outros radicais são importantes na sinalização celular e, principalmente, na sinalização da morte celular programada (apoptose) de células que sofreram lesão do DNA ou outros tipos de danos. É provável que altas concentrações de antioxidantes, em vez de proteger contra lesão tecidual, possam anular os radicais sinalizadores, permitindo, assim, a sobrevivência continuada de células danificadas, aumentando, e não reduzindo, o risco de desenvolvimento de câncer.

RESUMO

- Radicais livres são espécies moleculares altamente reativas com um elétron não emparelhado. Eles podem reagir e modificar proteínas, ácidos nucleicos e ácidos graxos das membranas celulares e das lipoproteínas plasmáticas.

- O dano causado por radicais nos lipídeos e nas proteínas das lipoproteínas plasmáticas constitui um fator no desenvolvimento da aterosclerose e da doença arterial coronariana; o dano dos ácidos nucleicos por radicais pode induzir mutações herdadas e câncer; o dano das proteínas por radicais pode levar ao desenvolvimento de doenças autoimunes.

- Os radicais de oxigênio surgem em decorrência da exposição à radiação ionizante, de reações não enzimáticas de íons metálicos de transição, da explosão respiratória dos macrófagos ativados e da oxidação normal de coenzimas de flavina reduzida.

- A proteção contra o dano por radicais é proporcionada por enzimas que removem íons superóxido e peróxido de hidrogênio, pela redução enzimática de peróxidos de lipídeos ligados à oxidação da glutationa, pela reação não enzimática de peróxidos de lipídeos com vitamina E, e pela reação de radicais com determinados compostos, como as vitaminas C e E, o caroteno, a ubiquinona, o ácido úrico e os polifenóis da dieta, que formam radicais relativamente estáveis que persistem por um período de tempo longo o suficiente para sofrer reação, formando produtos não radicais.

- Com exceção dos indivíduos que inicialmente são deficientes, os estudos clínicos de intervenção com vitamina E e β-caroteno mostraram, de modo geral, aumento da taxa de mortalidade entre os que tomam suplementos. O β-caroteno é antioxidante apenas em baixas concentrações de oxigênio; em concentrações mais altas de oxigênio, ele atua como pró-oxidante autocatalítico. A vitamina E forma um radical estável capaz de sofrer reação com antioxidantes hidrossolúveis ou penetrar mais profundamente nas lipoproteínas e nos tecidos, aumentando, assim, o dano por radicais.

- Os radicais são importantes na sinalização celular e, principalmente, na sinalização da apoptose de células que sofreram lesão do DNA. É provável que altas concentrações de antioxidantes, em vez de proteger contra lesão tecidual, possam anular os radicais sinalizadores, permitindo, assim, a sobrevivência continuada de células danificadas, aumentando, e não reduzindo, o risco de desenvolvimento de câncer.

CAPÍTULO 46

Glicoproteínas

David A. Bender, Ph.D. e Robert K. Murray, M.D., Ph.D.

OBJETIVOS

Após o estudo deste capítulo, você deve ser capaz de:

- Explicar a importância das glicoproteínas na saúde e na doença.
- Descrever os principais açúcares encontrados nas glicoproteínas.
- Descrever as principais classes de glicoproteínas (*N*-ligadas, *O*-ligadas e GPI-ligadas).
- Descrever as principais características das vias de biossíntese e degradação de glicoproteínas.
- Explicar como muitos microrganismos, como o influenzavírus, fixam-se às superfícies das células por meio de cadeias de açúcar.

IMPORTÂNCIA BIOMÉDICA

As **glicoproteínas** são proteínas que contêm cadeias de oligossacarídeos (glicanos) ligadas de modo covalente aos aminoácidos; a **glicosilação** (ligação enzimática de açúcares) constitui a modificação pós-traducional mais frequente das proteínas. Muitas proteínas também sofrem glicosilação reversível com um único açúcar (*N*-acetilglicosamina) ligado a um resíduo de serina ou treonina que também representa um sítio para fosforilação reversível. Este é um importante mecanismo de regulação metabólica. Também pode ocorrer a ligação não enzimática dos açúcares às proteínas, processo conhecido como **glicação**. Esse processo pode ter consequências patológicas graves (p. ex., no diabetes melito inadequadamente controlado).

As glicoproteínas constituem uma classe de **glicoconjugados** ou **carboidratos complexos** – moléculas que contêm uma ou mais cadeias de carboidratos ligadas de modo covalente às proteínas (para formar **glicoproteínas** ou **proteoglicanos**, ver Capítulo 50) ou aos lipídeos (para formar **glicolipídeos**, ver Capítulo 21). Quase todas as **proteínas plasmáticas** e muitos **hormônios peptídicos** são glicoproteínas, bem como várias **substâncias de grupos sanguíneos** (outras são glicoesfingolipídeos). Muitas **proteínas de membranas celulares** (ver Capítulo 40) contêm quantidades substanciais de carboidratos, e muitas estão ancoradas à bicamada lipídica por uma cadeia de glicano. Há evidências cada vez mais numerosas de que as alterações nas estruturas das glicoproteínas e de outros glicoconjugados na superfície de células neoplásicas são importantes na formação de metástases.

AS GLICOPROTEÍNAS ESTÃO AMPLAMENTE DISTRIBUÍDAS E DESEMPENHAM NUMEROSAS FUNÇÕES

As glicoproteínas ocorrem na maioria dos organismos, desde bactérias até os seres humanos. Muitos vírus também contêm glicoproteínas, algumas das quais desempenham funções essenciais na fixação dos vírus às células hospedeiras. As glicoproteínas desempenham uma ampla variedade de funções (**Tabela 46-1**); o seu teor de carboidratos varia de 1 a mais de 85% do seu peso. As estruturas glicano das glicoproteínas modificam-se em resposta aos sinais envolvidos na diferenciação, na fisiologia normal e na transformação neoplásica das células. Isso resulta de diferentes padrões de expressão das glicosiltransferases. Na **Tabela 46-2**, são listadas algumas das principais funções das cadeias de glicano das glicoproteínas.

AS CADEIAS OLIGOSSACARÍDICAS CODIFICAM INFORMAÇÕES BIOLÓGICAS

A informação biológica na sequência e nas ligações de açúcares em glicanos difere daquela do ácido desoxirribonucleico (DNA, do inglês *deoxyribonucleic acid*), do ácido ribonucleico (RNA, do inglês *ribonucleic acid*) e das proteínas em um aspecto importante: ela representa uma informação secundária, e não primária. O padrão de glicosilação de uma determinada proteína depende do padrão de expressão de várias **glicosiltransferases** na célula que estão envolvidas na síntese de glicoproteínas, da afinidade das diferentes glicosiltransferases pelos seus substratos de carboidratos e da disponibilidade relativa dos diferentes substratos de carboidratos. Em consequência, existe uma **micro-heterogeneidade** de glicoproteínas, o que complica a sua análise. Nem todas as cadeias de glicanos de uma determinada glicoproteína são completas; algumas são truncadas.

A informação a partir dos açúcares é expressa por meio de interações entre os glicanos e as proteínas como as **lectinas** (ver a seguir) ou outras moléculas. Essas interações levam a alterações da atividade celular.

TABELA 46-1 Algumas funções desempenhadas pelas glicoproteínas

Funções	Glicoproteínas
Moléculas estruturais	Colágenos
Agentes lubrificantes e protetores	Mucinas
Moléculas de transporte	Transferrina, ceruloplasmina
Molécula imunológica	Imunoglobulinas, antígenos de histocompatibilidade
Hormônios	Gonadotrofina coriônica, hormônio tireoestimulante (TSH)
Enzimas	Várias (p. ex., fosfatase alcalina)
Sítio de reconhecimento e fixação celular	Várias proteínas envolvidas nas interações entre células (p. ex., espermatozoide e oócito), entre vírus e células, entre bactérias e células e entre hormônios e células
Anticongelantes	Proteínas plasmáticas dos peixes de águas frias
Interações com carboidratos específicos	Lectinas, selectinas (lectinas de adesão celular), anticorpos
Receptores	Proteínas da superfície celular envolvidas na ação dos hormônios e dos fármacos
Regulação do dobramento de proteínas que são exportadas da célula	Calnexina, calreticulina
Regulação da diferenciação e do desenvolvimento	Notch e seus análogos, proteínas essenciais no desenvolvimento
Homeostasia (e trombose)	Glicoproteínas específicas na superfície das membranas das plaquetas

OITO AÇÚCARES PREDOMINAM NAS GLICOPROTEÍNAS HUMANAS

Apenas oito monossacarídeos são comumente encontrados nas glicoproteínas (**Tabela 46-3** e Capítulo 15). O ácido *N*-acetilneuramínico (NeuAc) é geralmente encontrado nas terminações das cadeias oligossacarídicas, ligado à galactose (Gal) subterminal ou a resíduos de *N*-acetilgalactosamina (GalNAc).

TABELA 46-2 Algumas funções das cadeias oligossacarídicas de glicoproteínas

- Alterar propriedades físico-químicas da proteína, como solubilidade, viscosidade, carga, conformação, desnaturação
- Fornecer sítios de ligação para diversas moléculas, assim como bactérias, vírus e alguns parasitas
- Fornecer sinais de reconhecimento na superfície celular
- Proteger contra proteólise
- Garantir o dobramento correto de proteínas que são exportadas da célula e marcar proteínas com dobramento incorreto para o transporte a partir do retículo endoplasmático de volta ao citoplasma para catabolismo
- Proteger hormônios peptídicos e outras proteínas plasmáticas contra a depuração hepática
- Permitir a ancoragem de proteínas extracelulares à membrana celular e de proteínas intracelulares no interior de organelas subcelulares, como o retículo endoplasmático e o aparelho de Golgi
- Direcionar a migração intracelular, a seleção e a secreção de proteínas
- Influenciar o desenvolvimento embrionário e a diferenciação celular e tecidual
- Podem afetar sítios de metástases selecionados por células neoplásicas

Os outros açúcares são habitualmente encontrados em posições mais internas. Com frequência, o **sulfato** está presente em glicoproteínas, habitualmente ligado à galactose, à *N*-acetilglicosamina ou à *N*-acetilgalactosamina.

À semelhança da maioria das reações de biossíntese, o açúcar livre ou fosforilado não é o substrato para a síntese de glicoproteínas, mas sim o **açúcar nucleotídico** correspondente (ver Figura 18-2); alguns contêm difosfato de uridina (UDP, do inglês *uridine diphosphate*), e outros, difosfato de guanosina (GDP, do inglês *guanosine diphosphate*) ou monofosfato de citidina (CMP, do inglês *citidine monophosphate*).

AS LECTINAS PODEM SER UTILIZADAS PARA PURIFICAR GLICOPROTEÍNAS E INVESTIGAR SUAS FUNÇÕES

As lectinas são **proteínas de ligação dos carboidratos** que aglutinam as células ou precipitam glicoconjugados; algumas dessas lectinas são glicoproteínas. As imunoglobulinas que reagem com açúcares não são consideradas lectinas. As lectinas contêm pelo menos dois sítios de ligação de açúcar; as proteínas com apenas um único sítio de ligação de açúcar não aglutinam as células nem precipitam glicoconjugados.

As lectinas foram descobertas pela primeira vez em plantas e em microrganismos, porém hoje são conhecidas muitas lectinas de origem animal, incluindo o **receptor de assialoglicoproteína** de mamíferos. Muitos hormônios peptídicos e a maioria das proteínas plasmáticas são glicoproteínas. O tratamento da proteína com neuraminidase remove a porção terminal do ácido *N*-acetilneuramínico, expondo o resíduo subterminal de galactose. Essa assialoglicoproteína é retirada da circulação muito mais rapidamente do que a glicoproteína intacta. As células hepáticas contêm um receptor de assialoglicoproteína que reconhece a fração galactose de muitas proteínas plasmáticas dessialiladas, resultando em sua endocitose e catabolismo.

As lectinas de origem vegetal foram chamadas anteriormente de **fito-hemaglutininas**, devido à sua capacidade de aglutinar hemácias por reagirem com as glicoproteínas da superfície celular. As lectinas não desnaturadas nos legumes malcozidos podem levar à descamação grave da mucosa intestinal por aglutinar as células da mucosa.

Elas são usadas para purificar glicoproteínas, como ferramentas para investigar os perfis glicoproteicos das superfícies celulares e como reagentes para gerar células mutantes com deficiência de determinadas enzimas envolvidas na biossíntese das cadeias oligossacarídicas.

EXISTEM TRÊS CLASSES PRINCIPAIS DE GLICOPROTEÍNAS

As glicoproteínas podem ser divididas em três grupos principais, com base na natureza da ligação entre o polipeptídeo e as cadeias oligossacarídicas (**Figura 46-1**); existem outras classes menores de glicoproteínas:

1. As que contêm uma **ligação *O*-glicosídica** (*O*-ligadas), envolvendo a cadeia lateral hidroxila da serina ou da treonina

TABELA 46-3 Os principais açúcares encontrados nas glicoproteínas humanas[a]

Açúcar	Tipo	Abreviatura	Açúcar nucleotídico	Comentários
Galactose	Hexose	Gal	UDP-Gal	Frequentemente encontrada em posição subterminal ao NeuAc nas glicoproteínas N-ligadas. Além disso, é encontrada no trissacarídeo central dos proteoglicanos.
Glicose	Hexose	Glc	UDP-Glc	Presente durante a biossíntese das glicoproteínas N-ligadas, porém não é habitualmente encontrada nas glicoproteínas maduras. Presente em alguns fatores da coagulação.
Manose	Hexose	Man	GDP-Man	Açúcar comum nas glicoproteínas N-ligadas.
Ácido N-acetilneuramínico	Ácido siálico (9 átomos de C)	NeuAc	CMP-NeuAc	Com frequência, é o açúcar terminal nas glicoproteínas N- e O-ligadas. Outros tipos de ácido siálico também são encontrados, porém o NeuAc constitui a principal espécie presente nos seres humanos. Podem ocorrer também grupos acetil como espécies O-acetil e N-acetil.
Fucose	Desoxi-hexose	Fuc	GDP-Fuc	Pode ser externa nas glicoproteínas tanto N-ligadas quanto O-ligadas ou pode ser interna, ligada ao resíduo de GlcNAc fixado a Asn nas espécies N-ligadas. Pode também ocorrer internamente, ligada ao OH da Ser (p. ex., no ativador do plasminogênio tecidual [t-PA] e em alguns fatores da coagulação).
N-Acetilgalactosamina	Amino-hexose	GalNAc	UDP-GalNAc	Presente nas glicoproteínas N-ligadas e O-ligadas.
N-Acetilglicosamina	Amino-hexose	GlcNAc	UDP-GlcNAc	O açúcar fixado à cadeia polipeptídica por meio de Asn nas glicoproteínas N-ligadas; encontrada também em outros sítios nos oligossacarídeos dessas proteínas. Muitas proteínas nucleares apresentam GlcNAc fixada a OH da Ser ou Thr como único açúcar.
Xilose	Pentose	Xyl	UDP-Xyl	A Xyl está fixada à OH da Ser em muitos proteoglicanos. Por sua vez, a Xyl está ligada a dois resíduos de Gal, formando um trissacarídeo ligado. A Xyl também é encontrada no t-PA e em alguns fatores da coagulação.

[a] As estruturas dos açúcares estão ilustradas no Capítulo 15.

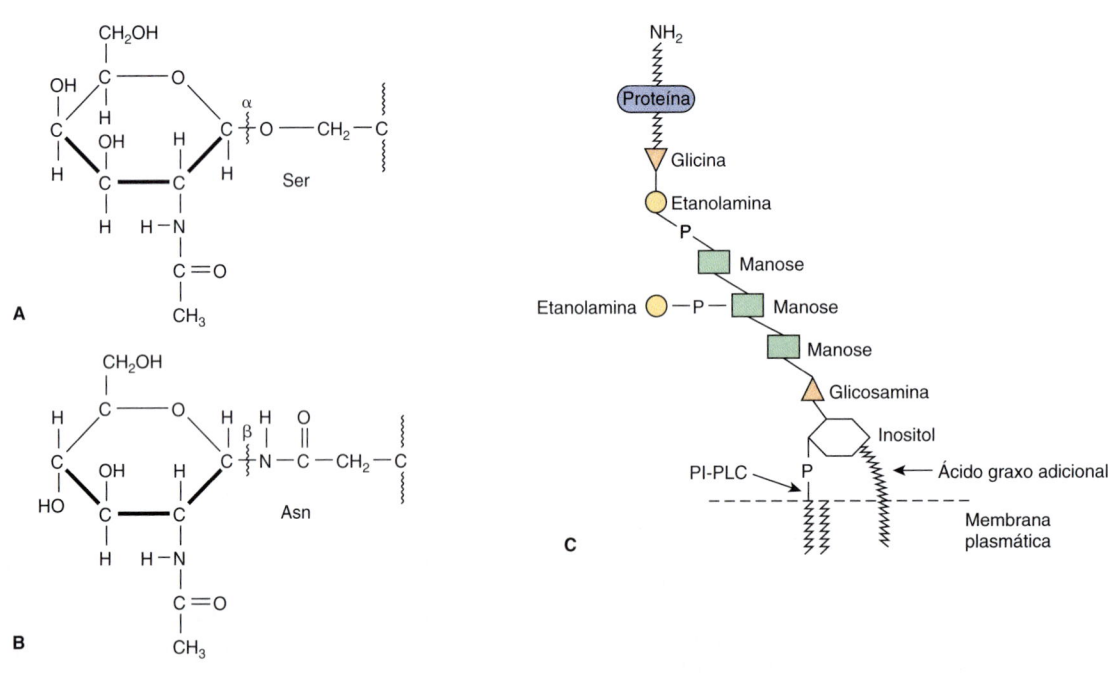

FIGURA 46-1 Três principais tipos de glicoproteínas: (A) uma O-ligação (N-acetilgalactosamina à serina), (B) uma N-ligação (N-acetilglicosamina à asparagina) e (C) uma ligação glicosilfosfatidilinositol (GPI). A estrutura do GPI mostrada é aquela que liga a acetilcolinesterase à membrana plasmática das hemácias humanas. O sítio de ação da fosfolipase C-PI (PLC-PI), que libera a enzima da ligação à membrana, está indicado. Esse GPI particular contém um ácido graxo extra ligado ao inositol e também uma porção fosforiletanolamina extra ligada ao resíduo central de manose. As variações observadas entre as diferentes estruturas de GPI incluem a identidade do aminoácido carboxiterminal, as moléculas ligadas aos resíduos de manose e a natureza precisa da porção lipídica.

(e, às vezes, também da tirosina) e um açúcar, como a N-acetilgalactosamina (GalNAc-Ser[Thr]).

2. As glicoproteínas que contêm uma **ligação N-glicosídica** (N-ligadas), envolvendo o nitrogênio amida da asparagina e a N-acetilglicosamina (GlcNAc-Asn).

3. As que estão ligadas ao aminoácido carboxiterminal de uma proteína por meio de uma porção fosforil-etanolamina a um oligossacarídeo (glicano), que, por sua vez, está ligado por meio de glicosamina ao fosfatidilinositol (PI). Estas são as glicoproteínas **ancoradas ao glicosilfosfatidilinositol** (**ancoradas ao GPI**). Entre outras funções, estão envolvidas no direcionamento de glicoproteínas para as áreas apicais ou basolaterais da membrana plasmática de células epiteliais polarizadas (ver Capítulo 40 e adiante).

O número de cadeias oligossacarídicas ligadas a uma proteína pode variar de 1 a 30 ou mais, e as cadeias de açúcares variam de um ou dois resíduos de comprimento até estruturas muito maiores. A cadeia glicano pode ser linear ou ramificada. Muitas proteínas contêm mais de um tipo de cadeia de açúcar; por exemplo, a **glicoforina**, uma importante glicoproteína da membrana eritrocitária (ver Capítulo 53), contém os oligossacarídeos O-ligados e N-ligados.

AS GLICOPROTEÍNAS CONTÊM DIVERSOS TIPOS DE LIGAÇÕES O-GLICOSÍDICAS

Pelo menos quatro subclasses de ligações O-glicosídicas são encontradas nas glicoproteínas humanas:

1. A ligação **N-acetilgalactosamina-Ser** (**Thr**), mostrada na Figura 46-1, é a ligação predominante. Em geral, um resíduo de galactose ou de ácido N-acetilneuramínico está ligado à N-acetilgalactosamina, porém são encontradas muitas variações nas composições dos açúcares e nos comprimentos dessas cadeias oligossacarídicas. Esse tipo de ligação ocorre nas **mucinas** (ver adiante).

2. Os **proteoglicanos** contêm um trissacarídeo galactose-galactose-xilose (chamado de trissacarídeo de ligação) fixado à serina.

3. Os **colágenos** (ver Capítulo 50) apresentam uma ligação **galactose-hidroxilisina**.

4. Muitas **proteínas nucleares e citosólicas** possuem cadeias laterais, que consistem em uma única N-acetilglicosamina fixada a um resíduo de serina ou de treonina.

As mucinas apresentam um elevado teor de oligossacarídeos O-ligados e exibem sequências de aminoácidos repetidas

As mucinas são glicoproteínas altamente resistentes à proteólise, visto que a densidade das cadeias oligossacarídicas torna difícil o acesso das **proteases** à cadeia polipeptídica. Elas ajudam a **lubrificar** e formar uma **barreira física protetora** nas superfícies epiteliais.

As mucinas possuem duas características principais: um elevado conteúdo de **oligossacarídeos O-ligados** (o conteúdo de carboidratos das mucinas é geralmente superior a 50%) e a presença de **números variáveis de repetições em** *tandem* de sequência peptídica no centro da cadeia polipeptídica, às quais estão ligadas as cadeias de O-glicano em grupos. Essas repetições em série são ricas em serina, treonina e prolina; na verdade, até 60% da necessidade alimentar de treonina podem ser obtidos pela síntese de mucinas. Apesar do predomínio dos O-glicanos, as mucinas frequentemente também contêm várias cadeias de N-glicano.

Existem mucinas **secretoras** ou **ligadas à membrana**. O **muco** secretado pelos tratos gastrintestinal, respiratório e reprodutor é uma solução que contém aproximadamente 5% de mucinas. Em geral, as mucinas secretoras apresentam uma estrutura oligomérica, com monômeros ligados por ligações dissulfeto e, por isso, uma massa molecular muito elevada. O muco possui uma alta viscosidade e geralmente forma um gel devido ao seu conteúdo de mucinas. O alto teor de O-glicanos confere uma estrutura extensa. Isso é explicado, em parte, por interações estéricas entre as porções de N-acetilgalactosamina e os aminoácidos adjacentes, resultando em um efeito de enrijecimento da cadeia, de modo que a conformação das mucinas muitas vezes se transforma em bastonetes rígidos. As interações não covalentes intermoleculares entre açúcares nas cadeias adjacentes de glicanos contribuem para a formação do gel. O alto teor de resíduos de **ácido N-acetilneuramínico** e de **sulfato** encontrado em muitas mucinas lhes confere uma carga negativa.

As mucinas ligadas à membrana participam das **interações intercelulares** e também podem ocultar antígenos de superfície. Muitas células neoplásicas formam grandes quantidades de mucinas que ocultam os antígenos de superfície e protegem as células cancerosas da vigilância imunológica. As mucinas também apresentam epítopos de peptídeos e carboidratos específicos do câncer. Alguns destes têm sido utilizados para estimular uma resposta imune contra as células neoplásicas.

As glicoproteínas O-ligadas são sintetizadas pela adição sequencial de açúcares a partir de açúcares nucleotídicos

Como a maioria das glicoproteínas são ligadas à membrana ou secretadas, o seu mRNA é geralmente traduzido em polirribossomos ligados à membrana (ver Capítulo 37). As cadeias de glicano são construídas pela doação sequencial de açúcares a partir de açúcares nucleotídicos, catalisada por **glicoproteínas-glicosiltransferase**. Como muitas reações de glicosilação ocorrem no lúmen do aparelho de Golgi, existem **sistemas carreadores** (permeases e transportadores) para o transporte de açúcares nucleotídicos (UDP-galactose, GDP-manose e CMP-ácido N-acetilneuramínico) através da membrana de Golgi. São sistemas **antiportes**; o influxo de uma molécula de açúcar nucleotídico é equilibrado pelo efluxo de uma molécula do nucleotídeo correspondente (UMP, GMP ou CMP).

Existem 41 tipos diferentes de glicosiltransferases de glicoproteínas. As famílias de glicosiltransferases são denominadas a partir do açúcar nucleotídico doador, e as subfamílias, com base na ligação formada entre o açúcar e o substrato aceptor; a transferência pode ocorrer com retenção ou inversão da conformação no C-1 do açúcar. A ligação do açúcar nucleotídico na enzima leva a uma alteração conformacional na enzima que permite a ligação do substrato aceptor. As glicosiltransferases apresentam elevado grau de especificidade para o substrato aceptor, atuando, em geral, apenas no produto da reação precedente. Os diferentes estágios na formação do glicano – e, portanto, as diferentes glicosiltransferases – estão localizados em diferentes regiões do aparelho de Golgi, de modo que existe uma separação espacial das diferentes etapas do processo. Nem todas as cadeias de glicanos de uma determinada glicoproteína são completas; algumas são truncadas, levando à micro-heterogeneidade. Não se conhece uma sequência-consenso para determinar quais resíduos de serina e treonina estão glicosilados, porém a primeira porção de açúcar incorporada é geralmente a N-acetilgalactosamina.

AS GLICOPROTEÍNAS N-LIGADAS CONTÊM UMA LIGAÇÃO DE ASPARAGINA-N-ACETILGLICOSAMINA

As glicoproteínas N-ligadas constituem a principal classe de glicoproteínas, incluindo tanto as glicoproteínas **ligadas à membrana** quanto as **circulantes**. Distinguem-se pela presença da ligação asparagina – N-acetilglicosamina (Figura 46-1). Existem três classes principais de oligossacarídeos N-ligados: **complexos**, **ricos em manose** e **híbridos**. As três classes possuem o mesmo pentassacarídeo ramificado, $Man_3GlcNAc_2$, ligado à asparagina, mas diferem em suas ramificações externas (**Figura 46-2**).

Os oligossacarídeos complexos contêm duas, três, quatro ou cinco ramificações externas. Com frequência, os ramos oligossacarídicos são designados como **antenas**, de modo que podem ser encontradas estruturas bi, tri, tetra e penta-antenares. Em geral, eles contêm resíduos de ácido N-acetilneuramínico terminais e galactose subjacente e resíduos de N-acetilglicosamina, e, na maioria das vezes, os últimos são constituídos do dissacarídeo N-acetil-lactosamina. As **unidades de N-acetil-lactosamina** repetidas – $[Gal\beta1-3/4GlcNAc\beta1-3]n$ (poli--N-acetil-lactosaminoglicanos) – são frequentemente encontradas nas cadeias de glicanos N-ligados. As moléculas do grupo sanguíneo I/i pertencem a essa classe. Existe um número extraordinário de cadeias do tipo complexo, e aquela indicada na Figura 46-2 é apenas um de muitos exemplos. Outras cadeias complexas podem terminar em galactose ou fucose.

Em geral, os oligossacarídeos ricos em manose apresentam 2 a 6 resíduos de manose adicionais, ligados ao núcleo de pentassacarídeo. As moléculas híbridas apresentam características das outras duas classes.

A biossíntese de glicoproteínas N-ligadas envolve o dolicol-P-P-oligossacarídeo

A síntese de todas as glicoproteínas N-ligadas começa com a síntese de um oligossacarídeo ramificado ligado ao **dolicol--pirofosfato** (**Figura 46-3**) no lado citosólico da membrana do retículo endoplasmático, que é translocado para o lúmen do retículo endoplasmático, onde sofre glicosilação adicional, antes de a cadeia oligossacarídica ser transferida por uma oligossacariltransferase para o resíduo de asparagina da apoglicoproteína aceptora quando entra no retículo endoplasmático durante a síntese nos polirribossomos ligados à membrana.

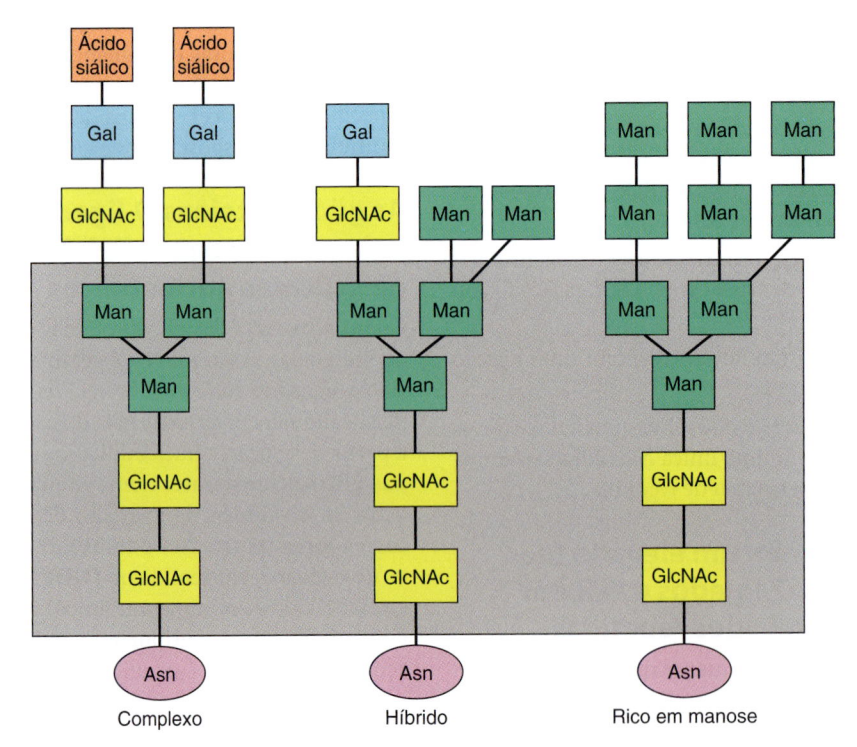

FIGURA 46-2 **Estruturas dos principais tipos de oligossacarídeos ligados à asparagina.** A área dentro do retângulo engloba o núcleo pentassacarídico comum a todas as glicoproteínas N-ligadas.

FIGURA 46-3 **Estrutura do dolicol.** O grupo entre colchetes é uma unidade de isopreno (n = 17 a 20 unidades isoprenoides).

Esta é, portanto, uma modificação cotraducional. Em muitas glicoproteínas N-ligadas, existe uma sequência-consenso de Asn-X-Ser/Thr (em que X = qualquer aminoácido diferente de prolina) para determinar o sítio de glicosilação; em outras, não existe uma sequência-consenso definida para glicosilação.

Como mostrado na **Figura 46-4**, o primeiro passo é uma reação entre UDP-N-acetilglicosamina e dolicol-fosfato, formando N-acetilglicosamina-dolicol-pirofosfato. Uma segunda N-acetilglicosamina é adicionada a partir da UDP-N-acetilglicosamina, seguida da adição de cinco moléculas de manose da GDP-manose. O oligossacarídeo dolicol-pirofosfato é, em seguida, translocado para o lúmen do retículo endoplasmático, e, posteriormente, são adicionadas moléculas de manose e glicose para formar o oligossacarídeo dolicol-pirofosfato final, usando a dolicol-fosfato-manose e a dolicol-fosfato-glicose como doadoras. O oligossacarídeo dolicol-pirofosfato é, em seguida, transferido para o resíduo de asparagina aceptor da cadeia proteica nascente.

Para formar **cadeias ricas em manose**, a glicose e alguns resíduos de manose periféricos são removidos por glicosidases. Para formar uma cadeia oligossacarídica do **tipo complexo**, os resíduos de glicose e quatro resíduos de manose são removidos por glicosidases no retículo endoplasmático e no aparelho de Golgi, e, em seguida, N-acetilglicosamina, galactose e ácido N-acetilneuramínico são adicionados em reações catalisadas por glicosiltransferases no aparelho de Golgi. **Cadeias híbridas** são formadas por processamento parcial, produzindo cadeias complexas em um dos braços e unidades de manose no outro braço.

As glicoproteínas e a calnexina asseguram o dobramento adequado de proteínas no retículo endoplasmático

A **calnexina** é uma proteína chaperona na membrana do retículo endoplasmático; a ligação à calnexina previne a agregação da glicoproteína. Ela é uma lectina, reconhecendo sequências específicas de carboidrato na cadeia de glicano da glicoproteína. Glicoproteínas com dobramento incorreto sofrem desglicosilação parcial e são marcadas para serem transportadas do retículo endoplasmático de volta ao citosol para catabolismo.

A calnexina liga-se às glicoproteínas que possuem uma estrutura central monoglicosilada da qual o resíduo de glicose terminal foi removido, deixando ligada apenas a glicose mais interna. A calnexina e a glicoproteína ligada formam um complexo com a **ERp57**, um homólogo da proteína dissulfeto-isomerase, que catalisa o intercâmbio de ligações dissulfeto, facilitando o dobramento correto. A glicoproteína ligada é liberada de seu complexo com calnexina-ERp57 quando a única glicose remanescente é hidrolisada por uma glicosidase e, em seguida, fica disponível para secreção se estiver corretamente dobrada. Se não estiver adequadamente dobrada,

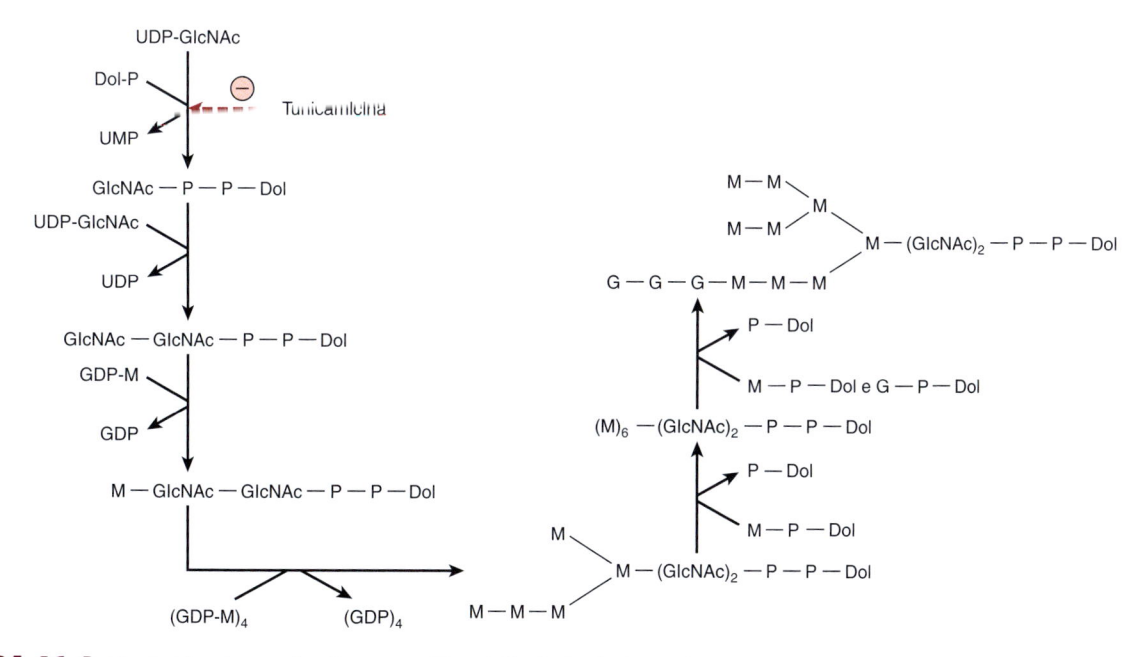

FIGURA 46-4 **Via de biossíntese do oligossacarídeo dolicol-pirofosfato.** Observe que os primeiros cinco resíduos internos de manose são doados pela GDP-manose, ao passo que os resíduos mais externos de manose e os resíduos de glicose são doados pela dolicol-P-manose e pela dolicol-P-glicose. (Dol, dolicol; GDP, difosfato de guanosina; P, fosfato; UDP, difosfato de uridina; UMP, monofosfato de uridina.)

uma **glicosiltransferase** reconhece essa situação e glicosila novamente a glicoproteína, que volta a se ligar ao complexo calnexina-ERp57. Se agora ela estiver corretamente dobrada, a glicoproteína é mais uma vez desglicosilada e secretada. Se ela não for capaz de sofrer dobramento correto, será translocada do retículo endoplasmático para o citosol, a fim de sofrer catabolismo. A glicosiltransferase percebe o dobramento da glicoproteína e volta a glicosilar apenas as proteínas maldobradas. A proteína solúvel do retículo endoplasmático **calreticulina** realiza uma função semelhante à da calnexina.

Vários fatores regulam a glicosilação das glicoproteínas

A glicosilação das glicoproteínas envolve um grande número de enzimas; cerca de 1% do genoma humano codifica genes que estão envolvidos na glicosilação proteica. Existem pelo menos 10 N-acetilglicosamina-transferases distintas e múltiplas isoenzimas das outras glicosiltransferases. Os fatores de controle no primeiro estágio da biossíntese de glicoproteínas N-ligadas (montagem e transferência do oligossacarídeo dolicol-pirofosfato) incluem não apenas a disponibilidade dos açúcares nucleotídicos, mas também a presença de sítios aceptores adequados em proteínas, a concentração tecidual de dolicol-fosfato e a atividade do oligossacarídeo: proteína-transferase.

Foi constatado que várias **células neoplásicas** sintetizam cadeias de oligossacarídeos diferentes daquelas produzidas nas células normais (p. ex., ramificações maiores). Esse fato pode ser devido às células neoplásicas expressarem padrões de glicosiltransferases distintos daqueles das células normais, como resultado de ativação ou da repressão gênica específica. As diferenças nas cadeias oligossacarídicas poderiam influenciar as interações de adesão entre as células neoplásicas e as células teciduais normais originais, contribuindo para a ocorrência de metástases.

ALGUMAS PROTEÍNAS ESTÃO ANCORADAS À MEMBRANA PLASMÁTICA POR MOLÉCULAS DE GLICOFOSFATIDILINOSITOL

A terceira classe principal de glicoproteínas é constituída pelas proteínas ligadas à membrana, que estão ancoradas à bicamada lipídica por uma cauda de glicofosfatidilinositol (GPI) (Figura 46-1). A ligação do GPI é a forma mais comum por meio da qual várias proteínas são ancoradas às membranas celulares.

As proteínas são ancoradas à face externa da membrana plasmática ou à camada interna (luminal) da membrana em vesículas secretoras pelos ácidos graxos de **fosfatidilinositol**. O fosfatidilinositol é ligado por meio da N-acetilglicosamina a uma cadeia de glicano contendo uma variedade de açúcares, incluindo manose e glicosamina. Por sua vez, a cadeia oligossacarídica está ligada pela fosforiletanolamina em uma ligação amida ao aminoácido carboxiterminal da proteína fixada. Constituintes adicionais são encontrados em muitas estruturas de GPI; por exemplo, a estrutura ilustrada na Figura 46-1 contém uma fosforiletanolamina adicional fixada no meio dos três resíduos de manose do glicano e um ácido graxo extra fixado à glicosamina.

Existem três funções relacionadas com essa ligação do GPI:

1. A âncora de GPI permite o aumento da **mobilidade** de uma proteína na membrana plasmática, comparada à de uma proteína que contenha sequências transmembrana. A âncora de GPI está fixada apenas à face externa da bicamada lipídica, ficando, assim, mais livre para se difundir do que uma proteína ancorada em ambas as camadas da membrana. A mobilidade aumentada pode ser importante para facilitar respostas rápidas aos estímulos.
2. Algumas âncoras de GPI podem se conectar por vias de **transdução de sinal**, de modo que as proteínas que não possuem um domínio transmembrana possam, apesar disso, ser receptores para hormônios e outros sinais da superfície celular.
3. As estruturas de GPI podem **direcionar** proteínas para domínios apicais ou basolaterais da membrana plasmática de células epiteliais polarizadas.

A âncora de GPI é pré-formada no retículo endoplasmático e, em seguida, fixada à proteína após a síntese ribossomal ter sido completada. Os produtos de tradução primária de proteínas ancoradas ao GPI possuem não somente uma sequência sinalizadora aminoterminal que as direciona para o retículo endoplasmático durante a síntese, mas também um domínio hidrofóbico carboxiterminal, que atua como sinal para a ligação à âncora de GPI. O primeiro estágio na síntese da âncora de GPI é a inserção de ácidos graxos de fosfatidilinositol na face luminal da membrana do retículo endoplasmático, seguida pela glicosilação, iniciada com a esterificação da N-acetilglicosamina ao grupo fosfato do fosfatidilinositol. Uma porção fosfoetanolamina terminal é adicionada à cadeia de glicano completa. O domínio hidrofóbico carboxiterminal da proteína é deslocado pelo grupo amino de etanolamina na reação de transamidação que forma a ligação amida entre a âncora GPI e um resíduo aspartato na proteína.

ALGUMAS PROTEÍNAS SOFREM GLICOSILAÇÃO RAPIDAMENTE REVERSÍVEL

Muitas proteínas, incluindo proteínas do poro nuclear, proteínas do citoesqueleto, fatores de transcrição e proteínas associadas à cromatina, assim como proteínas codificadas por oncogenes nucleares e proteínas supressoras de tumores, sofrem O-glicosilação com uma única porção glicídica, a N-acetilglicosamina. Os sítios de glicosilação da serina e da treonina são os mesmos daqueles que sofrem fosforilação nessas proteínas, e a glicosilação e a fosforilação ocorrem reciprocamente em resposta à sinalização celular.

A N-acetilglicosamina-transferase O-ligada que catalisa essa glicosilação utiliza UDP-N-acetilglicosamina como açúcar doador e apresenta atividade fosfatase, de modo que pode substituir diretamente uma serina ou treonina-fosfato por uma N-acetilglicosamina. Não existe uma sequência-consenso absoluta para essa reação, porém aproximadamente metade dos sítios sujeitos à glicosilação e à fosforilação recíprocas é Pro-Val-Ser. A *N*-acetilglicosamina-transferase *O*-ligada é ativada por fosforilação em resposta à ação da insulina, e a *N*-acetilglicosamina é removida pela *N*-acetilglicosaminidase, deixando o sítio disponível para fosforilação.

Tanto a atividade quanto a especificidade peptídica da *N*-acetilglicosamina-transferase *O*-ligada dependem da concentração de UDP-*N*-acetilglicosamina. Dependendo do tipo celular, até 2 a 5% do metabolismo da glicose ocorrem por meio da via da hexosamina, levando à formação da *N*-acetilglicosamina e dando à *N*-acetilglicosamina-transferase *O*-ligada um papel de detecção de nutrientes na célula. A *O*-glicosilação excessiva com *N*-acetilglicosamina (e, portanto, fosforilação reduzida) de proteínas-alvo está implicada na **resistência à insulina** e na toxicidade da glicose no **diabetes melito**, bem como em doenças neurodegenerativas.

OS PRODUTOS FINAIS DA GLICAÇÃO AVANÇADA SÃO IMPORTANTES NA ETIOLOGIA DA LESÃO TECIDUAL NO DIABETES MELITO

A **glicação** refere-se à fixação não enzimática de açúcares (principalmente glicose) a grupos amino das proteínas (bem como de outras moléculas, incluindo DNA e lipídeos), diferentemente da **glicosilação**, que é catalisada por enzimas. Inicialmente, a glicose forma uma **base de Schiff** na extremidade aminoterminal da proteína que, em seguida, sofre o **rearranjo de Amadori** para produzir **cetoaminas (Figura 46-5)** e reações adicionais para gerar **produtos finais de glicação avançada** (**AGEs**, do inglês *advanced glycation end-products*). A série completa de reações é conhecida como **reação de Maillard**, que está envolvida no **escurecimento** de certos tipos de alimentos durante armazenamento ou **aquecimento** e representa parte do sabor de alguns alimentos.

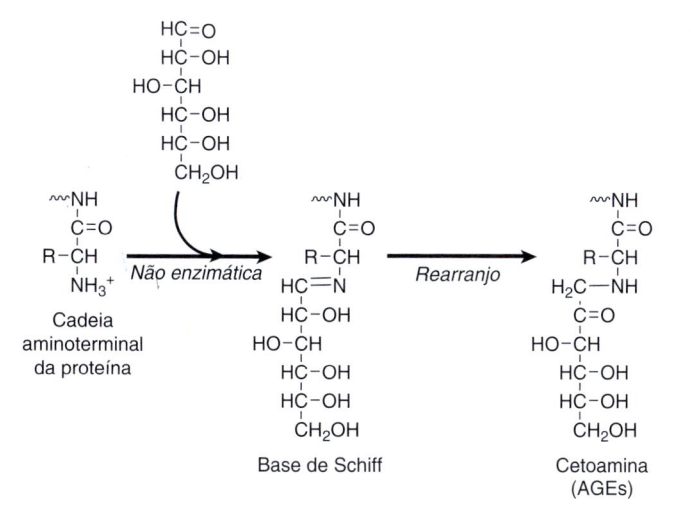

FIGURA 46-5 Formação de produtos finais de glicação avançada (AGEs) a partir da glicose.

Os AGEs estão na base do processo de **lesão tecidual** no **diabetes melito** inadequadamente controlado. Quando a concentração de glicose sanguínea se encontra consistentemente elevada, ocorre aumento na glicação de proteínas. A glicação do colágeno e de outras proteínas na matriz extracelular altera suas propriedades (p. ex., aumentando a **ligação cruzada do colágeno**). A ligação cruzada pode levar ao acúmulo de várias proteínas plasmáticas nas paredes dos vasos sanguíneos; em particular, o acúmulo de lipoproteína de baixa densidade (**LDL**, do inglês *low-density lipoprotein*) pode contribuir para a **aterogênese**. Os AGEs parecem estar envolvidos nas lesões **microvasculares** e nas lesões **macrovasculares** no diabetes melito. As células endoteliais e os macrófagos possuem receptores de AGE em suas superfícies; a captação de proteínas glicadas por esses receptores pode ativar o fator de transcrição **NF-κB** (ver Capítulo 52), gerando uma variedade de **citocinas** e **moléculas pró-inflamatórias**.

A glicação não enzimática da **hemoglobina A** presente nas hemácias leva à formação de HbA_{1c}. Isso ocorre normalmente em pequeno grau, porém está aumentada em pacientes com diabetes melito com controle glicêmico inadequado, cujos níveis de glicemia estão consistentemente elevados. Conforme discutido no Capítulo 6, a determinação da HbA_{1c} passou a ser uma parte muito importante no **manejo de pacientes com diabetes melito**.

AS GLICOPROTEÍNAS ESTÃO ENVOLVIDAS EM MUITOS PROCESSOS BIOLÓGICOS E EM MUITAS DOENÇAS

Conforme relacionado na Tabela 46-1, as glicoproteínas desempenham muitas funções diferentes, incluindo moléculas de transporte, moléculas imunológicas e hormônios. Elas também são importantes na fertilização e na inflamação, e diversas doenças são causadas por defeitos na síntese e no catabolismo das glicoproteínas.

As glicoproteínas são importantes na fertilização

Para alcançar a membrana plasmática de um oócito, um espermatozoide precisa atravessar a **zona pelúcida (ZP)**, um envoltório acelular transparente e espesso que circunda o oócito. A glicoproteína ZP3 é uma glicoproteína *O*-ligada que atua como receptor do espermatozoide. Uma proteína da superfície do espermatozoide interage com as cadeias oligossacarídicas de ZP3. Por meio da sinalização transmembrana, essa interação induz a **reação acrossomal**, na qual enzimas como proteases e hialuronidase e outros conteúdos do acrossomo do espermatozoide são liberados. A liberação dessas enzimas permite que o espermatozoide atravesse a zona pelúcida e alcance a membrana plasmática do oócito. Outra glicoproteína, a PH-30, é importante na ligação da membrana plasmática do espermatozoide à do oócito, bem como na fusão subsequente das duas membranas, possibilitando a entrada do espermatozoide e a fertilização do oócito.

As selectinas desempenham papéis essenciais na inflamação e no endereçamento dos linfócitos

Os **leucócitos** desempenham importantes funções em muitos processos inflamatórios e imunológicos; as primeiras etapas consistem em interações entre os leucócitos circulantes e as **células endoteliais** antes da saída dos leucócitos da circulação. Os leucócitos e as células endoteliais contêm lectinas na superfície celular, denominadas **selectinas**, que participam da adesão intercelular. As selectinas são proteínas transmembrana de cadeia única que se ligam ao Ca^{2+}; as extremidades aminoterminais apresentam o domínio lectina, que está envolvido na ligação aos ligantes específicos de carboidratos.

As interações entre as selectinas da superfície da célula do neutrófilo e as glicoproteínas da célula endotelial prendem os neutrófilos temporariamente, de modo que eles passam a rolar sobre a superfície endotelial. Durante esse processo, os neutrófilos são ativados, sofrem uma alteração em seu formato e, então, aderem firmemente ao endotélio. Essa adesão é o resultado de interações entre as **integrinas** (ver Capítulo 53) dos neutrófilos e as proteínas relacionadas com as imunoglobulinas presentes nas células endoteliais. Após a adesão, os neutrófilos introduzem pseudópodes dentro das junções entre as células endoteliais, espremem-se por essas junções, atravessam a membrana basal e, em seguida, ficam livres para migrar no espaço extravascular.

As selectinas ligam-se aos **oligossacarídeos sialilados e fucosilados**. Os lipídeos sulfatados (ver Capítulo 21) também podem ser ligantes. A síntese de compostos como anticorpos monoclonais que bloqueiam interações ligantes-selectina pode ser terapeuticamente útil para inibir respostas inflamatórias. Em geral, as **células neoplásicas** apresentam ligantes de selectina em suas superfícies, que podem desempenhar um papel na invasão e na metástase de células neoplásicas.

As anormalidades na síntese das glicoproteínas estão na base de determinadas doenças

A **deficiência de adesão dos leucócitos** II é um distúrbio raro provavelmente causado por mutações que afetam a atividade de um transportador de GDP-fucose localizado no aparelho de Golgi. A ausência de ligantes fucosilados para as selectinas leva a uma acentuada diminuição no rolamento dos neutrófilos. Os pacientes apresentam infecções bacterianas recorrentes e potencialmente fatais, bem como retardo psicomotor e deficiência intelectual. A doença pode responder à fucose por via oral.

A **hemoglobinúria paroxística noturna** é uma anemia branda adquirida caracterizada pela presença de hemoglobina na urina causada pela hemólise das hemácias, particularmente durante o sono, o que pode refletir uma leve queda no pH plasmático durante o sono, que aumenta a suscetibilidade à lise pelo sistema do complemento (ver Capítulo 52). A condição é devida à aquisição, pelas células hematopoiéticas, de mutações somáticas no gene que codifica a enzima que liga a glicosamina ao fosfatidilinositol na estrutura GPI. Isso leva a uma deficiência de proteínas que estão ancoradas à membrana da hemácia por meio de ligação ao GPI. Duas proteínas, o **fator acelerador de degradação** e a **CD59**, normalmente interagem com componentes do sistema do complemento para prevenir a hemólise. Quando deficientes, o sistema do complemento atua na membrana da hemácia, causando hemólise.

Algumas das **distrofias musculares congênitas** resultam de distúrbios na síntese de glicanos na proteína α-distroglicano (α-DG). Essa proteína se projeta a partir da membrana plasmática das células musculares e interage com a laminina 2 (merosina) na lâmina basal. Se os glicanos do α-DG não forem formados corretamente (como resultado de mutações nos genes que codificam algumas glicosiltransferases), esse fato leva à interação deficiente de α-DG com a laminina.

A **artrite reumatoide** está associada a uma alteração na glicosilação das moléculas circulantes de imunoglobulina G (IgG) (ver Capítulo 52), de modo que elas carecem de galactose em suas regiões Fc e terminam com N-acetilglicosamina. A **proteína de ligação à manose**, uma lectina sintetizada pelas células hepáticas e secretada na circulação, liga-se à manose, à N-acetilglicosamina e a alguns outros açúcares. Ela pode, portanto, ligar-se às moléculas IgG agalactosil que, em seguida, ativam o sistema do complemento, contribuindo para a inflamação crônica nas membranas sinoviais das articulações.

A **proteína de ligação à manose** também pode se ligar a açúcares quando estão presentes nas superfícies de bactérias, fungos e vírus, preparando esses patógenos para a opsonização ou para a destruição pelo sistema do complemento. Trata-se de um exemplo de **imunidade inata**, que não envolve imunoglobulinas nem linfócitos T. A deficiência dessa proteína em lactentes de pouca idade em consequência de mutação os torna suscetíveis a infecções recorrentes.

A doença da célula de inclusão (célula I) resulta de um direcionamento incorreto das enzimas lisossomais

A manose-6-fosfato serve para direcionar enzimas para o interior do lisossomo. A doença da célula I é uma condição rara caracterizada por retardo psicomotor progressivo grave e uma variedade de sinais físicos; na maioria das vezes, o óbito ocorre na primeira década de vida. As células em cultura de pacientes com doença da célula I carecem de quase todas as enzimas lisossomais normais; portanto, os lisossomos acumulam muitos tipos diferentes de moléculas não degradadas, com consequente formação de corpúsculos de inclusão. O plasma desses pacientes contém atividades muito elevadas de enzimas lisossomais, sugerindo que as enzimas são sintetizadas, mas não chegam a seu destino intracelular adequado e, em vez disso, são secretadas. Enzimas lisossomais de indivíduos normais apresentam o marcador de reconhecimento manose-6-fosfato; as células de pacientes com a doença da célula I não possuem a N-acetilglicosamina-fosfotransferase localizada no aparelho de Golgi. Duas lectinas atuam como **proteínas receptoras de manose-6-fosfato**; ambas atuam na seleção intracelular de enzimas lisossomais para dentro de vesículas revestidas de clatrina no aparelho de Golgi. Em seguida, essas vesículas deixam o aparelho de Golgi e se fundem com um compartimento pré-lisossomal.

As deficiências genéticas das hidrolases lisossomais das glicoproteínas provocam doenças como a α-manosidose

A renovação das glicoproteínas envolve o catabolismo das cadeias oligossacarídicas, catalisado por diversas hidrolases lisossomais, incluindo α-neuraminidase, β-galactosidase, β-hexosaminidase, α e β-manosidases, α-N-acetilgalactosaminidase, α-fucosidase, endo-β-N-acetilglicosaminidase e aspartilglicosaminidase. Distúrbios genéticos dessas enzimas levam à degradação anormal de glicoproteínas. O acúmulo nos tecidos de glicoproteínas parcialmente degradadas leva a diversas doenças. Entre as mais conhecidas estão a manosidose, a fucosidose, a sialidose, a aspartilglicosaminúria e a doença de Schindler, causadas, respectivamente, pelas deficiências de α-manosidase, α-fucosidase, α-neuraminidase, aspartilglicosaminidase e α-N-acetilgalactosaminidase.

OS GLICANOS ESTÃO ENVOLVIDOS NA LIGAÇÃO DE VÍRUS, DE BACTÉRIAS E DE ALGUNS PARASITAS ÀS CÉLULAS HUMANAS

Uma característica dos glicanos que explica muitas de suas ações biológicas consiste na sua ligação específica às proteínas e a outros glicanos. Um reflexo desse fato é a sua capacidade de se ligar a determinados vírus, bactérias e parasitas.

O **vírus influenza A** liga-se a moléculas receptoras de glicoproteína da superfície celular contendo ácido N-acetilneuramínico por meio uma proteína denominada **hemaglutinina**. O vírus também possui uma **neuraminidase** que desempenha um papel essencial ao possibilitar a eluição da progênie recém-sintetizada das células infectadas. Se esse processo for inibido, a disseminação do vírus diminui muito. Atualmente, existem inibidores dessa enzima (p. ex., zanamivir, oseltamivir) para uso no tratamento de pacientes com *influenza*. Os vírus influenza são classificados de acordo com o tipo de hemaglutinina (H) e de neuraminidase (N) que possuem. Existem pelo menos 16 tipos de hemaglutininas e 9 tipos de neuraminidases. Assim, o **vírus da** *influenza* **aviária** é classificado como **H5N1**.

O **vírus da imunodeficiência humana tipo 1** (**HIV-1**), a causa da síndrome da imunodeficiência humana (Aids, do inglês *acquired immunodeficiency virus*), liga-se às células por uma de suas glicoproteínas de superfície (gp 120) e utiliza outra glicoproteína de superfície (gp 41) para se fundir à membrana da célula hospedeira. Os **anticorpos** dirigidos contra a gp 120 desenvolvem-se durante a infecção pelo HIV-1, e tem havido interesse no uso dessa proteína como vacina. Um dos principais problemas com essa abordagem é o fato de que a estrutura da gp 120 pode ser alterada de modo relativamente rápido devido a mutações, permitindo que o vírus escape da atividade neutralizante dos anticorpos dirigidos contra ele.

O *Helicobacter pylori* é a principal causa de **úlceras pépticas**. Ele liga-se a, pelo menos, dois diferentes glicanos presentes na superfície das células epiteliais do estômago, permitindo que se estabeleça um sítio de ligação estável ao revestimento do estômago. Da mesma forma, muitas bactérias que causam **diarreia** fixam-se às células superficiais do intestino por meio de glicanos presentes nas glicoproteínas ou nos glicolipídeos. A fixação do parasita da malária, *Plasmodium falciparum*, às células humanas é mediada por um GPI presente na superfície do parasita.

RESUMO

- As glicoproteínas são proteínas de ampla distribuição com diversas funções que contêm uma ou mais cadeias de carboidratos ligadas de forma covalente.
- O conteúdo de carboidrato de uma glicoproteína varia de 1 a mais de 85% de seu peso, e pode ser simples ou muito complexo na sua estrutura. São encontrados principalmente oito açúcares nas cadeias glicídicas das glicoproteínas humanas: a xilose, a fucose, a galactose, a glicose, a manose, a N-acetilgalactosamina, a N-acetilglicosamina e o ácido N-acetilneuramínico.
- Pelo menos algumas das cadeias oligossacarídicas de glicoproteínas codificam informações biológicas; elas também são importantes na modulação da solubilidade e da viscosidade de glicoproteínas, protegendo-as contra a proteólise, bem como em suas ações biológicas.
- As glicosidases hidrolisam ligações específicas nos oligossacarídeos.
- As lectinas são proteínas de ligação de carboidratos envolvidas na adesão celular e em muitos outros processos.
- As principais classes de glicoproteínas são O-ligadas (envolvendo serina ou treonina), N-ligadas (envolvendo o grupo amida da asparagina) e GPI-ligadas.
- As mucinas constituem uma classe de glicoproteínas O-ligadas que estão distribuídas pelas superfícies das células epiteliais dos tratos respiratório, gastrintestinal e reprodutor.
- O retículo endoplasmático e o aparelho de Golgi desempenham um importante papel nas reações de glicosilação envolvidas na biossíntese das glicoproteínas.
- As cadeias oligossacarídicas das glicoproteínas O-ligadas são sintetizadas pelo acréscimo sequencial de açúcares doados por açúcares nucleotídeos em reações catalisadas por glicosiltransferases de glicoproteínas.
- A síntese das glicoproteínas N-ligadas envolve um dolicol-P-P-oligossacarídeo específico e várias glicotransferases e glicosidases. Dependendo das enzimas e das proteínas precursoras existentes em determinado tecido, ele pode sintetizar oligossacarídeos N-ligados complexos, híbridos ou ricos em manose.
- As glicoproteínas estão implicadas em muitos processos biológicos, incluindo fertilização e inflamação.
- Existem diversas doenças que envolvem anormalidades na síntese e na degradação das glicoproteínas. As glicoproteínas também estão envolvidas em muitas outras doenças, incluindo *influenza*, Aids, artrite reumatoide, fibrose cística e úlcera péptica.

Metabolismo dos xenobióticos

C A P Í T U L O

47

David A. Bender, Ph.D. e Robert K. Murray, M.D., Ph.D.

OBJETIVOS

Após o estudo deste capítulo, você deve ser capaz de:

- Descrever as duas fases do metabolismo dos xenobióticos: a primeira envolve principalmente reações de hidroxilação catalisadas por citocromos P450, e a segunda envolve reações de conjugação.
- Descrever a importância metabólica da glutationa.
- Descrever como os xenobióticos podem exercer efeitos tóxicos, imunológicos e carcinogênicos.

IMPORTÂNCIA BIOMÉDICA

Estamos expostos a uma grande variedade de compostos que são estranhos ao organismo (**xenobióticos**, do grego *xenos* = estranho), tanto a compostos de ocorrência natural em alimentos de origem vegetal quanto a compostos sintéticos em fármacos, aditivos alimentares e poluentes ambientais. O conhecimento do metabolismo dos xenobióticos é essencial para uma compreensão da farmacologia, da terapêutica e da toxicologia. Muitos dos xenobióticos presentes em alimentos de origem vegetal têm efeitos potencialmente benéficos (p. ex., atuando como antioxidantes, Capítulo 45).

O conhecimento dos mecanismos envolvidos no metabolismo dos xenobióticos permitirá o desenvolvimento de microrganismos e plantas transgênicos contendo genes que codificam enzimas que poderão ser utilizadas para converter poluentes potencialmente perigosos em compostos inócuos. De forma semelhante, organismos transgênicos podem ser usados para a biossíntese de fármacos e de outras substâncias químicas.

OS SERES HUMANOS ENTRAM EM CONTATO COM MUITOS XENOBIÓTICOS QUE PRECISAM SER METABOLIZADOS ANTES DE SEREM EXCRETADOS

Os principais xenobióticos de importância médica são **fármacos**, **carcinógenos químicos**, compostos de ocorrência natural em alimentos de origem vegetal e uma ampla variedade de compostos que chegaram até o nosso ambiente, como as bifenilas policloradas (PCBs, do inglês *polychlorinated biphenyls*), e inseticidas e outros pesticidas. Esses compostos são, em sua maioria, metabolizados, principalmente no fígado. Enquanto o metabolismo dos xenobióticos é geralmente considerado um processo de detoxificação, algumas vezes os próprios metabólitos de compostos inertes ou inócuos são biologicamente ativos. Isso pode ser desejável, como na ativação de um profármaco ao composto ativo, ou pode ser indesejável, como na formação de um agente carcinogênico ou mutagênico a partir de um precursor inerte.

O metabolismo dos xenobióticos ocorre em duas fases. Na **fase 1**, a principal ação envolvida é a **hidroxilação**, que é catalisada por enzimas que são **monoxigenases** ou **citocromos P450**. Além da hidroxilação, essas enzimas catalisam uma ampla variedade de outras reações, incluindo desaminação, desalogenação, dessulfatação, epoxidação, peroxigenação e redução. As reações que envolvem a hidrólise (p. ex., catalisadas por esterases) e outras reações não catalisadas pelo citocromo P450 também ocorrem na fase 1.

O metabolismo de fase 1 origina compostos mais reativos, introduzindo grupos que podem ser conjugados com ácido glicurônico, sulfato, acetato, glutationa ou aminoácidos no metabolismo de fase 2. Este produz **compostos polares** que são hidrossolúveis e podem, portanto, ser prontamente excretados na urina ou na bile.

Em alguns casos, as reações metabólicas da fase 1 convertem xenobióticos de compostos **inativos** em **biologicamente ativos**. Nesses casos, os xenobióticos originais são conhecidos como **profármacos** ou **pró-carcinógenos**. Algumas vezes, reações adicionais da fase 1 (p. ex., reações adicionais de hidroxilação) convertem esses compostos ativos em formas menos ativas ou inativas antes da conjugação. Em outros casos, as reações de conjugação convertem os produtos ativos das reações da fase 1 em compostos inativos, que são excretados.

AS ISOFORMAS DO CITOCROMO P450 HIDROXILAM UMA AMPLA VARIEDADE DE XENOBIÓTICOS NA FASE 1 DE SEU METABOLISMO

A principal reação envolvida no metabolismo de fase 1 é a **hidroxilação**, catalisada por uma família de enzimas conhecidas como **monoxigenases** ou **citocromos P450**. Existem pelo menos 57 genes que codificam citocromos P450 no genoma humano. O citocromo P450 é uma enzima do tipo heme. Ele é assim designado porque foi originalmente descoberto quando se observou que preparações de microssomos (fragmentos do retículo endoplasmático) que tinham sido reduzidas quimicamente e, em seguida, expostas ao monóxido de carbono exibiam pico de absorção em 450 nm.

Pelo menos 50% dos fármacos comuns que ingerimos são metabolizados por isoformas do citocromo P450. Elas também atuam sobre hormônios esteroides, carcinógenos e poluentes. Além disso, os citocromos P450 são importantes no metabolismo de diversos compostos fisiológicos – por exemplo, na síntese de hormônios esteroides (ver Capítulo 26) e na conversão da vitamina D em seu metabólito ativo, o calcitriol (ver Capítulo 44).

A reação geral catalisada por um citocromo P450 é:

$$RH + O_2 + NADPH + H^+ \rightarrow R\text{-}OH + H_2O + NADP$$

O mecanismo da reação é mostrado na Figura 12-6. A **NADPH-citocromo P450-redutase** catalisa a transferência de elétrons do NADPH para o citocromo P450. O citocromo P450 reduzido catalisa a **ativação redutora do oxigênio molecular**, em que um dos átomos passa a ser o grupo hidroxila no substrato, enquanto o outro é reduzido a água. O **citocromo b_5**, outra hemoproteína encontrada nas membranas do retículo endoplasmático liso (ver Capítulo 12), pode estar envolvido como doador de elétrons em alguns casos.

As isoformas do citocromo P450 formam uma superfamília de enzimas que contêm heme

Existe uma **nomenclatura sistemática** para os citocromos P450 e seus genes, baseada na homologia de sequência dos aminoácidos. A raiz abreviada CYP refere-se a um citocromo P450. Essa abreviatura é seguida de um número que designa a **família**; os citocromos P450 estão incluídos na mesma família quando exibem uma identidade de 40% ou mais na sequência de aminoácidos. Esse número é seguido de uma letra maiúscula que indica a **subfamília**; os P450s estão incluídos na mesma subfamília se apresentarem uma identidade de sequência de mais de 55%. Os P450s **individuais** recebem números na sua subfamília. Assim, CYP1A1 indica um citocromo P450 que é membro da família 1 e da subfamília A, tendo sido o primeiro membro identificado dessa subfamília. A nomenclatura para os **genes** que codificam os citocromos P450 é a mesma, exceto pelo fato de que os algarismos são utilizados em itálico; por conseguinte, o gene que codifica a CYP1A1 é o *CYP1A1*.

Os principais citocromos P450 envolvidos no metabolismo de fármacos são CYP1 (com 3 subfamílias), CYP2 (13 subfamílias) e CYP3 (1 subfamília). Os vários citocromos P450 apresentam especificidades de substratos superpostas, de modo que uma variedade muito ampla de xenobióticos pode ser metabolizada por uma ou outra das enzimas.

Os citocromos P450 estão presentes em maiores quantidades nas **células hepáticas** e nos enterócitos. No fígado e na maioria dos outros tecidos, estão localizados principalmente nas **membranas do retículo endoplasmático liso**, que constituem parte da **fração microsomal** quando o tecido é submetido a fracionamento subcelular. Nos microssomos hepáticos, os citocromos P450 podem constituir até 20% das proteínas totais. Nas **glândulas suprarrenais**, onde estão envolvidos na biossíntese de colesterol e hormônios esteroides, são encontrados nas **mitocôndrias**, bem como no retículo endoplasmático (ver Capítulos 26 e 41).

A superposição de especificidade dos citocromos P450 explica as interações entre fármacos e entre fármacos e nutrientes

As isoformas do citocromo P450 são, em sua maioria, **induzíveis**. Por exemplo, a administração de fenobarbital ou de outros fármacos provoca hipertrofia do retículo endoplasmático liso e aumento de 3 a 4 vezes na quantidade de citocromo P450 em poucos dias. Na maioria dos casos, isso envolve um aumento da transcrição do ácido ribonucleico mensageiro (mRNA, do inglês *messenger ribonucleic acid*). Entretanto, em alguns casos, a indução envolve a estabilização do mRNA ou a própria enzima, ou um aumento da tradução do mRNA existente.

A indução do citocromo P450 constitui a base das **interações medicamentosas**, quando os efeitos de um fármaco são alterados pela administração de outro. Por exemplo, o anticoagulante **varfarina** é metabolizado pela CYP2C9, que é induzida pelo fenobarbital. A indução de **CYP2C9** aumenta o metabolismo da varfarina, reduzindo, assim, a sua eficácia, de modo que é necessário aumentar a dose. A CYP2E1 catalisa o metabolismo de alguns solventes amplamente utilizados e compostos encontrados na fumaça do tabaco, muitos dos quais são **pró-carcinógenos**; ela é induzida pelo **etanol**, aumentando o risco de carcinogenicidade.

Compostos que ocorrem naturalmente em alimentos também podem afetar o citocromo P450. A toranja (*grapefruit*) contém uma variedade de furanocumarinas, que inibem o citocromo P450 e, portanto, afetam o metabolismo de muitos fármacos. Alguns fármacos são ativados pelo citocromo P450, de modo que a toranja reduz sua atividade; outros são inativados pelo citocromo P450, de modo que a toranja aumenta sua atividade. Os fármacos que são afetados incluem as estatinas, o omeprazol, os anti-histamínicos e os antidepressivos benzodiazepínicos.

O **polimorfismo** dos citocromos P450 pode explicar muitas das variações nas respostas a fármacos observadas em diferentes pacientes; variantes com baixa atividade catalítica levam a um metabolismo mais lento do substrato e, portanto, a uma ação prolongada do fármaco. A **CYP2A6** está envolvida no metabolismo da **nicotina** a cotinina. Foram identificados três alelos *CYP2A6*: um tipo selvagem e dois alelos inativos. Os indivíduos com alelos nulos, que apresentam comprometimento do metabolismo da nicotina, são aparentemente protegidos, conferindo-lhes a capacidade de não se tornarem fumantes dependentes de tabaco. Esses indivíduos fumam menos, presumivelmente porque as concentrações sanguíneas e cerebrais de nicotina permanecem elevadas por mais tempo do que as dos indivíduos com alelo tipo selvagem. Sugeriu-se que a inibição de CYP2A6 pode representar uma nova abordagem para auxiliar no abandono do tabagismo.

AS REAÇÕES DE CONJUGAÇÃO NA FASE 2 DO METABOLISMO PREPARAM OS XENOBIÓTICOS PARA A SUA EXCREÇÃO

Nas reações da fase 1, os xenobióticos são convertidos em derivados hidroxilados mais polares. Nas reações da fase 2, esses derivados são conjugados com moléculas, como o ácido glicurônico, o sulfato ou a glutationa. Isso os torna ainda mais hidrossolúveis, sendo, por fim, excretados na urina ou na bile.

A glicuronidação constitui a reação de conjugação mais frequente

A **glicuronidação** da bilirrubina é discutida no Capítulo 31; os xenobióticos sofrem glicuronidação essencialmente semelhante, utilizando o ácido UDP-glicurônico (ver Figura 20-4), catalisada por uma variedade de glicuronil-transferases, presentes tanto no retículo endoplasmático quanto no citosol. Moléculas como o 2-acetilaminofluoreno (um carcinógeno), a anilina, o ácido benzoico, o meprobamato (um tranquilizante), o fenol e muitos hormônios esteroides são excretadas na forma de glicuronídeos. O glicuronídeo pode estar ligado ao oxigênio, ao nitrogênio ou a grupos com enxofre dos substratos.

Alguns álcoois, arilaminas e fenóis são sulfatados

O **doador de sulfato** nesses compostos e outras reações biológicas e de sulfatação (p. ex., sulfatação de esteroides, glicosaminoglicanos, glicolipídeos e glicoproteínas) é o "sulfato ativo" – **adenosina-3′-fosfato-5′-fosfossulfato** (**PAPS**, ver Capítulo 24).

A glutationa é necessária para a conjugação de compostos eletrofílicos

O tripeptídeo glutationa (γ-glutamilcisteinilglicina) é importante no metabolismo de fase II de compostos eletrofílicos, formando glutationa-S-conjugados que são excretados na urina e na bile. A reação catalisada pelas glutationa-S-transferases é:

$$R + GSH \rightarrow R\text{-}S\text{-}G$$

em que R é um composto eletrofílico.

Existem quatro classes de glutationa-S-transferases citosólicas e duas classes de enzima ligada à membrana microssomal, assim como uma classe kappa, que é estruturalmente distinta e encontrada nas mitocôndrias e nos peroxissomos. As glutationa-S-transferases são homodímeros ou heterodímeros de pelo menos sete tipos diferentes de subunidades, e diferentes subunidades são induzidas por xenobióticos distintos.

Como as glutationa-S-transferases também se ligam a diversos ligantes que não são substratos, incluindo a bilirrubina, hormônios esteroides e alguns carcinógenos e seus metabólitos, elas são, às vezes, conhecidas como **ligandinas**. A glutationa-S-transferase liga-se à bilirrubina em um sítio distinto do sítio catalítico, transportando-a da corrente sanguínea ao fígado e, em seguida, até o retículo endoplasmático para conjugação com o ácido glicurônico e excreção na bile (ver Capítulo 31). A ligação de carcinógenos captura-os, prevenindo suas ações sobre o ácido desoxirribonucleico (DNA, do inglês *deoxyribonucleic acid*).

O fígado apresenta atividade muito alta de glutationa-S-transferase; *in vitro*, todo o reservatório de glutationa pode ser depletado em minutos pela exposição aos substratos xenobióticos. A atividade da glutationa-S-transferase encontra-se positivamente regulada em muitos tumores, levando à resistência à quimioterapia.

Os conjugados de glutationa podem ser transportados para fora do fígado, onde são substratos para γ-glutamiltranspeptidase e dipeptidases extracelulares. Os S-conjugados de cisteína resultantes são capturados por outros tecidos (particularmente o rim) e N-acetilados, produzindo ácidos mercaptúricos (S-conjugados de N-acetilcisteína), que são excretados na urina. Alguns S-conjugados de glutationa hepáticos penetram nos canalículos biliares, onde são degradados a S-conjugados de cisteína, que são, em seguida, capturados pelo fígado para sofrer N-acetilação e ser novamente excretados na bile.

Além do seu papel no metabolismo de fase 2, a glutationa possui diversos outros papéis no metabolismo:

1. Fornece o redutor para a redução do **peróxido de hidrogênio** a água, na reação catalisada pela glutationa-peroxidase (ver Figura 20-3).
2. É um importante **redutor intracelular e antioxidante**, ajudando a manter os grupos SH essenciais das enzimas em seu estado reduzido.
3. Um ciclo metabólico que envolve GSH como carreador foi implicado no **transporte de alguns aminoácidos** através das membranas nos rins. A primeira reação do ciclo é catalisada pela **γ-glutamiltransferase** (**GGT**):

$$\text{Aminoácido} + GSH \rightarrow \gamma\text{-glutamil aminoácido} + \text{cisteinilglicina}$$

Essa reação transfere aminoácidos através da membrana plasmática, e o aminoácido é subsequentemente hidrolisado de seu complexo com glutamato, com nova síntese de GSH a partir da cisteinilglicina. A GGT está presente na membrana plasmática das células tubulares renais e nas células dos ductos biliares, bem como no retículo endoplasmático dos hepatócitos. É liberada no sangue pelos hepatócitos em várias doenças hepatobiliares, fornecendo uma indicação precoce de dano hepático.

OUTRAS REAÇÕES TAMBÉM ESTÃO ENVOLVIDAS NA FASE 2 DO METABOLISMO

As duas reações mais importantes além da conjugação são a acetilação e a metilação.

A reação de **acetilação** é:

$$X + acetil\text{-}CoA \rightarrow acetil\text{-}X + CoA$$

em que X representa um xenobiótico ou seu metabólito. Como ocorre em outras reações de acetilação, a **acetil-CoA** é o doador de acetil. Essas reações são catalisadas por **acetiltransferases** presentes no citosol de vários tecidos, particularmente do fígado. O fármaco **isoniazida**, utilizado no tratamento da tuberculose, sofre acetilação. Existe o polimorfismo das acetiltransferases, de modo que os indivíduos são classificados em **acetiladores lentos ou rápidos**. Os acetiladores lentos estão mais sujeitos aos efeitos tóxicos da isoniazida, visto que esse fármaco persiste por mais tempo.

Alguns xenobióticos sofrem **metilação** por metiltransferases, utilizando S-adenosilmetionina (ver Figura 29-17) como doador de metila.

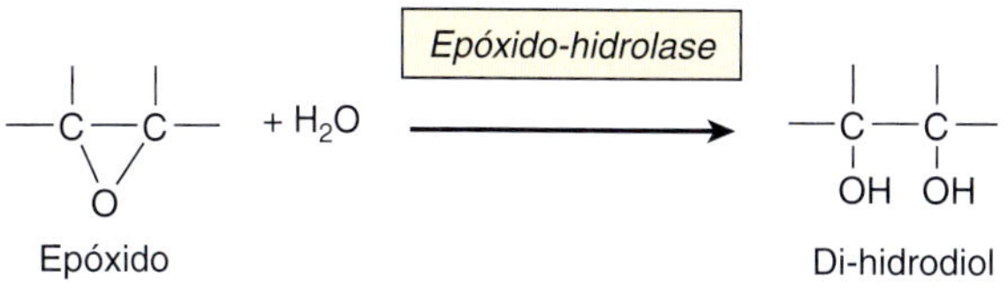

AS RESPOSTAS AOS XENOBIÓTICOS INCLUEM EFEITOS TÓXICOS, IMUNOLÓGICOS E CARCINOGÊNICOS

Existem muito poucos xenobióticos, incluindo fármacos, que não apresentam pelo menos alguns efeitos tóxicos se a dose for suficientemente elevada. Os **efeitos tóxicos dos xenobióticos** abrangem um amplo espectro, porém podem ser considerados em três categorias gerais:

1. A ligação covalente de metabólitos xenobióticos às macromoléculas, incluindo **DNA**, **RNA** e **proteínas**, pode levar ao dano celular (**citotoxicidade**), que pode ser grave o suficiente para levar à morte celular. Em resposta à lesão do DNA, o **mecanismo de reparo do DNA** da célula é ativado. Parte dessa resposta envolve a transferência de múltiplas unidades de ADP-ribose para as proteínas que se ligam ao DNA, catalisada pela poli(ADP-ribose-polimerase). A fonte de ADP-ribose é o NAD, e, em resposta ao dano grave do DNA, ocorre considerável depleção de NAD. Esse fato, por sua vez, leva ao comprometimento grave da geração de trifosfato de adenosina (ATP, do inglês *adenosine triphosphate*) e à morte celular.
2. O metabólito reativo de um xenobiótico pode se ligar a uma proteína, atuando como hapteno e alterando a sua **antigenicidade**. Por conta própria, ele não estimula a produção de anticorpos, mas faz isso quando ligado a uma proteína. Os anticorpos resultantes reagem não apenas com a proteína modificada, mas também com a proteína não modificada, iniciando potencialmente uma **doença autoimune**.
3. As reações de alguns xenobióticos ativados com **DNA** são importantes na **carcinogênese química**. Alguns compostos químicos (p. ex., benzo[α]pireno) exigem a sua ativação pelo citocromo P450 do retículo endoplasmático para se transformar em agentes carcinogênicos (razão pela qual são denominados **carcinógenos indiretos**). As atividades das enzimas que metabolizam os xenobióticos e que estão presentes no retículo endoplasmático ajudam a determinar se esses compostos se transformarão em agentes carcinogênicos ou serão "detoxificados".

FIGURA 47-1 Reação da epóxido-hidrolase.

A enzima **epóxido-hidrolase** nas membranas do retículo endoplasmático pode fornecer proteção contra alguns carcinógenos. Os produtos da ação do citocromo P450 sobre alguns substratos pró-carcinogênicos são **epóxidos**. Os epóxidos são altamente reativos e mutagênicos ou carcinogênicos. Conforme mostrado na **Figura 47-1**, a hidrolase catalisa a hidrólise de epóxidos a di-hidrodióis muito menos reativos.

RESUMO

- Os xenobióticos são compostos químicos estranhos ao corpo, incluindo fármacos, aditivos nutricionais e poluentes ambientais, bem como compostos que ocorrem naturalmente em alimentos de origem vegetal.
- Os xenobióticos são metabolizados em duas fases. A principal reação de fase 1 consiste na hidroxilação catalisada por uma variedade de monoxigenases, conhecidas como citocromos P450. Na fase 2, as espécies hidroxiladas são conjugadas com uma variedade de compostos hidrofílicos, como o ácido glicurônico, o sulfato ou a glutationa. A ação combinada dessas duas fases converte os compostos hidrofílicos em moléculas hidrossolúveis que podem ser excretadas na urina ou na bile.
- Os citocromos P450 catalisam reações que introduzem um átomo de oxigênio derivado do oxigênio molecular no substrato, gerando um produto hidroxilado, e o outro na água. O NADPH e a NADPH-citocromo P450-redutase estão envolvidos no mecanismo de reação.
- Os citocromos P450 são hemoproteínas que, em geral, exibem ampla especificidade de substrato, atuando em numerosos substratos endógenos e exógenos. Nos tecidos humanos, são encontrados pelo menos 57 genes que codificam os citocromos P450.
- Os citocromos P450 estão geralmente localizados no retículo endoplasmático das células, sobretudo no fígado.
- Muitos citocromos P450 são induzíveis. Esse fato possui implicações importantes para interações entre fármacos.
- As reações de conjugação da fase 2 são catalisadas por enzimas, como as glicuroniltransferases, as sulfotransferases e as glutationa-S-transferases, que utilizam como doadores, respectivamente, o UDP-ácido glicurônico, o PAPS (sulfato ativo) e a glutationa.
- A glutationa não apenas desempenha um importante papel nas reações da fase 2, como também atua como agente redutor intracelular.
- Os xenobióticos podem produzir uma variedade de efeitos biológicos, incluindo toxicidade, reações imunológicas e câncer.

C A P Í T U L O 48

Bioquímica clínica

David A. Bender, Ph.D. e Robert K. Murray, M.D., Ph.D.

OBJETIVOS

Após o estudo deste capítulo, você deve ser capaz de:

- Explicar a importância dos exames laboratoriais nas medicinas clínica e veterinária.
- Explicar o que significa a faixa de referência dos resultados de um exame.
- Explicar a diferença entre a precisão e a exatidão de um método de ensaio, e explicar a sensibilidade e a especificidade de um método de ensaio.
- Explicar o que significam a sensibilidade, a especificidade e o valor preditivo de um exame laboratorial.
- Listar as técnicas normalmente utilizadas em laboratório diagnóstico que realiza testes bioquímicos e explicar o princípio de cada método.
- Explicar por que as altas concentrações plasmáticas de enzimas são consideradas indicadoras de lesão tecidual.
- Descrever, em termos gerais, as diferentes exigências para a medição de uma enzima em amostra de plasma e para a utilização de uma enzima para medir um analito.

IMPORTÂNCIA DOS EXAMES LABORATORIAIS NA MEDICINA

Vários exames laboratoriais constituem uma parte essencial da prática da medicina e da veterinária. Testes bioquímicos podem ser utilizados para pesquisar uma doença, para confirmar (ou descartar) um diagnóstico estabelecido no exame clínico, e para monitorar a progressão de uma doença e o resultado do tratamento. Amostras de sangue e de urina são mais comumente utilizadas; algumas vezes, podem ser usadas amostras de fezes, de saliva ou de líquido cerebrospinal (LCS) e, em raras ocasiões, amostras de biópsia tecidual. A maior parte do conhecimento e da compreensão sobre as causas básicas das doenças metabólicas e dos efeitos da doença no metabolismo veio da análise de metabólitos no sangue e na urina e da medição de enzimas no sangue. Por sua vez, esse conhecimento permitiu avanços no tratamento das doenças, bem como o desenvolvimento de fármacos mais efetivos.

Os avanços na tecnologia significam que muitos exames que anteriormente só eram realizados em laboratórios especializados podem agora ser efetuados junto ao leito do paciente, no consultório médico ou na prática veterinária, algumas vezes até mesmo em casa pelos próprios pacientes, com máquinas automatizadas ou "tiras" de utilização simples. Outros exames ainda são conduzidos nos laboratórios de hospitais ou por laboratórios particulares de química clínica, com as amostras sendo enviadas pelo médico responsável. Alguns testes requisitados com menor frequência e que podem ser tecnicamente mais exigentes são realizados apenas em centros especializados. Estes envolvem, em geral, técnicas especializadas para estudar doenças metabólicas raras (e algumas vezes recém-descobertas). Além disso, os testes de amostras de atletas (e de cavalos de corrida) para fármacos que aumentam o desempenho e de outras substâncias proibidas normalmente são realizados apenas em um número limitado de laboratórios especialmente licenciados.

CAUSAS DE ANORMALIDADES NOS NÍVEIS DE ANALITOS MEDIDOS EM LABORATÓRIO

Diversas condições diferentes podem levar a anormalidades nos resultados dos exames laboratoriais. A lesão tecidual que leva ao comprometimento das membranas celulares e ao aumento da permeabilidade da membrana plasmática leva ao extravasamento de material intracelular para a corrente sanguínea (p. ex., a liberação de creatina-cinase MB para a corrente sanguínea após infarto do miocárdio). Em outros casos, a síntese de proteínas e de hormônios encontra-se aumentada ou diminuída (p. ex., proteína C-reativa nos estados inflamatórios ou hormônios nos distúrbios endócrinos). A insuficiência renal e a insuficiência hepática levam ao acúmulo de diversos compostos (p. ex., creatinina e bilirrubina, respectivamente) no sangue, devido a uma incapacidade do órgão em questão de excretar ou metabolizar o composto específico.

FAIXA DE REFERÊNCIA

Para qualquer composto avaliado (um **analito**), existe uma faixa de valores em torno da média que pode ser considerada normal. Ela é o resultado de variações biológicas entre indivíduos. Além disso, variações diárias ou semanais podem ocorrer nos resultados de um mesmo indivíduo. Portanto, o primeiro passo no estabelecimento de qualquer exame laboratorial para pesquisa ou diagnóstico de uma doença ou para monitorar o tratamento é a determinação da faixa de resultados em uma população de indivíduos saudáveis. No caso de alguns testes, isso também significa determinar as faixas normais de analitos em indivíduos de diferentes faixas etárias. A faixa normal de alguns analitos é diferente entre homens e mulheres, e podem ser observadas diferenças entre grupos étnicos distintos que também devem ser consideradas.

Se os resultados obtidos para um grupo populacional alvo saudável (dependendo da idade, do sexo e, talvez, da etnicidade) forem distribuídos de forma estatisticamente normal (i.e., os resultados apresentam distribuição gaussiana simétrica em torno da média), então a faixa normal ou aceitável será considerada como ± 2× o desvio-padrão em torno da média. Essa faixa inclui 95% da população-alvo e é conhecida como faixa de referência. Os valores fora dessa faixa são considerados anormais, merecedores de investigação posterior. Se os resultados da população saudável não estiverem distribuídos de forma estatisticamente normal e estiverem distorcidos, então será necessária uma etapa posterior de manipulação estatística antes que uma faixa de referência de 95% possa ser estabelecida.

Para alguns testes, os resultados de diferentes laboratórios diferem, visto que, em geral, utilizam diferentes métodos de avaliação. Cada laboratório estabelece o seu próprio conjunto de faixas de referência para a análise que realiza. Alguns laboratórios fornecem os resultados na forma de valor; outros fornecem os resultados como o número de desvios-padrão fora da média – o denominado escore Z. Isso permite ao médico verificar o quanto o resultado está afastado da média – em outras palavras, o quanto está anormal. Algumas vezes, os resultados são apresentados como 5 ou 10× (ou mais) acima do limite superior da normalidade.

O uso da faixa de 95% como faixa de referência apresenta uma consequência infeliz. Ao acaso, 5% dos resultados "normais" estarão fora da faixa de referência. Isso se tornou aparente pela primeira vez na década de 1970, quando foram desenvolvidos os analisadores de múltiplos canais capazes de determinar 20 ou mais analitos em cada amostra. Quase todas as amostras forneceram um resultado que se encontrava fora da faixa de referência; no entanto, se o mesmo indivíduo fornecesse uma amostra alguns dias mais tarde, o resultado aparentemente anormal estaria, então, dentro da faixa de referência, embora, ao acaso, o resultado de outro analito pudesse estar fora da faixa de referência agora.

VALIDADE DOS RESULTADOS LABORATORIAIS

Laboratórios de diagnóstico estão sujeitos à inspeção e a procedimentos reguladores para avaliar a validade de seus resultados e garantir o **controle de qualidade** de seus registros. Essas medidas asseguram que o valor fornecido da concentração, da atividade ou da quantidade de determinada substância representa o melhor valor passível de ser obtido com o método, os reagentes e os instrumentos utilizados.

No estabelecimento de um novo teste ou de um novo método, quatro questões devem ser respondidas:

1. **Quão preciso é o método?** Esta é uma medida da reprodutibilidade do método. Se a mesma amostra for analisada várias vezes, quanta variação será observada nos resultados obtidos? A **Figura 48-1** ilustra essa questão. Nesse exemplo, um conjunto de resultados é muito mais preciso do que o outro (existe diferença entre os dois na distribuição dos resultados em torno da média), embora apresentem o mesmo resultado médio. A precisão não é absoluta, mas está sujeita às variações inerentes à complexidade do método utilizado, à estabilidade dos reagentes, à sofisticação do equipamento utilizado para o ensaio e à habilidade dos técnicos envolvidos.

2. **Quão exato é o resultado?** Esta é uma medida de quão próximo o resultado se encontra do valor verdadeiro. A **Figura 48-2** mostra os resultados de ensaios por dois métodos diferentes ou pelo mesmo método, porém realizados em dois laboratórios diferentes. Ambos apresentam precisão semelhante, mas os valores médios são muito diferentes. A partir dessa informação, não é possível dizer qual laboratório está correto (e esta é parte da razão pela qual os laboratórios estabelecem suas próprias faixas de referência). Existem diversos esquemas de controle de qualidade nos quais todos os laboratórios participantes recebem a mesma amostra (mista) de sangue ou urina. Cada laboratório mede os diversos analitos na amostra mista. Os resultados obtidos em todos os laboratórios são colocados em uma curva de distribuição. A média desses valores é calculada e considerada o "valor verdadeiro". Esse esquema de controle de qualidade permite que cada laboratório participante determine o quão próximo seus resultados se encontram do "valor verdadeiro".

FIGURA 48-1 Precisão de um método analítico. O gráfico mostra os resultados de um analito medido diversas vezes na mesma amostra, por dois diferentes métodos analíticos ou pelo mesmo método em dois diferentes laboratórios. Em ambos os casos, o resultado médio é o mesmo. Entretanto, um método ou laboratório, mostrado em azul, apresenta distribuição pequena de resultados e, portanto, baixo desvio-padrão e alta precisão; o outro, mostrado em vermelho, apresenta distribuição elevada de resultados, alto desvio-padrão e baixa precisão.

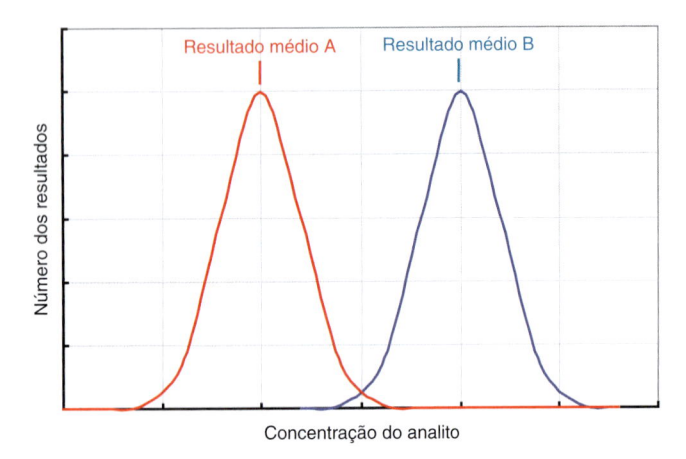

FIGURA 48-2 Exatidão de um método analítico. Dois diferentes métodos analíticos, realizados em múltiplas amostras, ou o mesmo método realizado em dois diferentes laboratórios, com a mesma distribuição de resultados e, portanto, com o mesmo desvio-padrão e a mesma precisão. Entretanto, os valores médios dos analitos obtidos para os dois métodos ou laboratórios são muito diferentes; não é possível dizer qual resultado está mais próximo do valor verdadeiro.

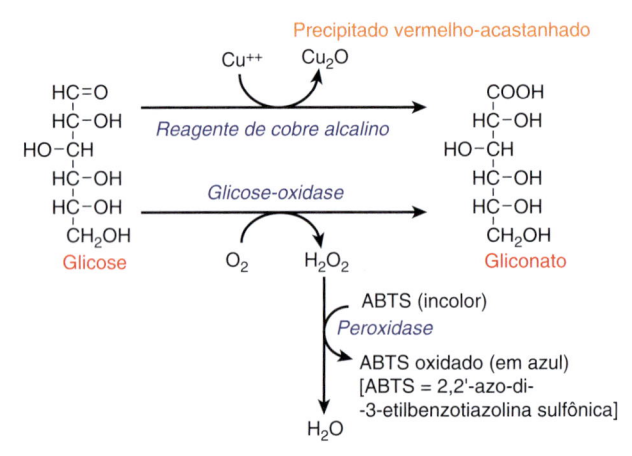

FIGURA 48-3 Especificidade de um método analítico. Medição da glicose sanguínea por dois métodos. A redução química do Cu^{2+} em solução alcalina detectará não apenas a glicose, mas também qualquer outro açúcar redutor e outras substâncias, como a vitamina C. A oxidação enzimática da glicose por meio da glicose-oxidase é uma reação específica; nenhum outro composto será oxidado e nem contribuirá para o valor obtido.

3. **Quão sensível é o método?** Em outras palavras, qual é a menor concentração do analito que pode ser determinada de forma confiável? Qual é o menor limite de detecção confiável? Esse fato é obviamente importante quando os resultados abaixo da faixa de referência são clinicamente significativos ou quando as amostras que estão sendo analisadas se referem a narcóticos ou substâncias que aumentam o desempenho e são proibidas em um esporte competitivo.

4. **Quão específico é o método?** Esse fato lida com a questão da confiança de que o ensaio esteja, de fato, medindo o analito de interesse. Por exemplo, um método atualmente obsoleto para avaliar a glicose no sangue e na urina usava uma solução alcalina de cobre (Cu^{2+}), que era reduzida a Cu^+ pela glicose. Entretanto, outros compostos redutores presentes na urina ou no sangue, como a xilose ou a vitamina C, também reduzem a glicose, fornecendo resultado falso-positivo. Os métodos modernos para avaliação da glicose dependem da enzima glicose-oxidase, que reage apenas com a glicose e, portanto, é altamente específica. Entretanto, um dos produtos da ação da glicose-oxidase sobre a glicose é o peróxido de hidrogênio; o segundo passo no ensaio é a redução do peróxido de hidrogênio produzido a água e oxigênio, usando peroxidase. Um composto incolor que se torna azul quando oxidado pelo oxigênio produzido também está presente no ensaio. Concentrações elevadas de vitamina C, que são observadas quando o paciente está tomando suplementos vitamínicos, reduzem o corante de volta à sua forma incolor, fornecendo resultado falso-negativo (**Figura 48-3**).

AVALIAÇÃO DA VALIDADE CLÍNICA DE UM TESTE LABORATORIAL

Os quatro critérios apresentados devem ser estabelecidos para cada método analítico. Além disso, o **valor clínico** do teste deve ser estabelecido levando em consideração a sua sensibilidade, especificidade e valores preditivos positivo e negativo (**Tabela 48-1**). Aqui, infelizmente, os mesmos dois termos – sensibilidade e especificidade – são usados, mas com diferentes significados dos utilizados no estabelecimento do método analítico.

A **sensibilidade** de um teste refere-se à **porcentagem de resultados de testes positivos em pacientes com a doença** ("**verdadeiro-positivo**"). Por exemplo, o teste para fenilcetonúria é altamente sensível; obtém-se um resultado positivo em todos os indivíduos que apresentam a doença (sensibilidade de 100%). Por outro lado, o teste para o antígeno carcinoembrionário (CEA, do inglês *carcinoembryonic antigen*) para diagnóstico de carcinoma de colo apresenta uma menor sensibilidade; apenas 72% dos indivíduos portadores de carcinoma de colo têm resultados positivos quando a doença é extensa, e apenas 20% nos casos de doença inicial.

A **especificidade** de um teste refere-se à **porcentagem de resultados de testes negativos entre indivíduos que não apresentam a doença**. O teste para fenilcetonúria é altamente específico; 99,9% dos indivíduos normais apresentam um resultado negativo; apenas 0,1% tem um resultado falso-positivo. Por outro lado, o teste para CEA exibe especificidade variável; cerca de 3% dos indivíduos não fumantes apresentam um resultado falso-positivo (especificidade de 97%), enquanto 20% dos fumantes têm um resultado falso-positivo (especificidade de 80%).

A sensibilidade e a especificidade de um teste estão inversamente relacionadas uma com a outra. Se o ponto de corte for estabelecido em um valor muito elevado, pouquíssimos indivíduos saudáveis apresentarão resultado falso-positivo, no entanto muitos indivíduos com a doença poderão apresentar resultado falso-negativo. Portanto, a sensibilidade será baixa, mas a especificidade será alta. Em contrapartida, se o ponto de corte for muito baixo, quase todos os indivíduos com a doença serão detectados (o teste apresenta alta sensibilidade), porém um maior número de indivíduos sem a doença pode obter um resultado falso-positivo (o teste apresenta baixa especificidade).

O **valor preditivo de um teste positivo** (valor preditivo positivo) é a porcentagem de resultados positivos que são

TABELA 48-1 Sensibilidade, especificidade e valores preditivos positivo e negativo de um teste laboratorial

		O paciente apresenta alguma doença?	
		Sim	**Não**
Qual é o resultado do teste?	**Positivo**	Verdadeiro-positivo (a)	Falso-positivo (b)
	Negativo	Falso-negativo (c)	Verdadeiro-negativo (d)
Sensibilidade	=	\multicolumn{2}{c}{$\dfrac{\text{Verdadeiro-positivo (a)} \times 100}{\text{Número de pacientes que apresentam a doença (a + c)}}$}
Especificidade	=	\multicolumn{2}{c}{$\dfrac{\text{Verdadeiro-negativo (d)} \times 100}{\text{Número de pacientes que não apresentam a doença (b + d)}}$}
Valor preditivo positivo	=	\multicolumn{2}{c}{$\dfrac{\text{Verdadeiro-positivo (a)} \times 100}{\text{Número de pacientes que apresentam um teste positivo (a + b)}}$}
Valor preditivo negativo	=	\multicolumn{2}{c}{$\dfrac{\text{Verdadeiro-negativo (d)} \times 100}{\text{Número de pacientes que apresentam um teste negativo (c + d)}}$}

verdadeiro-positivos. De modo semelhante, o **valor preditivo de um teste negativo** (valor preditivo negativo) é a porcentagem de resultados negativos que são verdadeiro-negativos. Esse valor está relacionado com a prevalência da doença. Por exemplo, em um grupo de pacientes em uma enfermaria de urologia, a prevalência de doença renal é maior do que na população geral. Nesse grupo, a concentração de creatinina mostra maior valor preditivo do que na população geral. As fórmulas para o cálculo da sensibilidade, da especificidade e dos valores preditivos de um teste para diagnóstico são apresentadas na Tabela 48-1.

AMOSTRAS PARA ANÁLISE

O sangue e a urina constituem as amostras habituais para análise. O sangue é coletado em tubos com ou sem anticoagulante, dependendo da necessidade de plasma ou de soro. Com menos frequência, podem ser utilizadas amostras de saliva, LCS ou fezes.

Existe uma diferença entre a medição de um analito na amostra sanguínea ou na urina. A concentração de um analito no sangue reflete os níveis presentes no momento em que a amostra foi coletada, ao passo que uma amostra de urina representa a excreção acumulada de um analito durante um período de tempo. Uma diferença adicional é que normalmente os resultados dos exames de sangue são expressos em quantidades do analito (ou atividade enzimática) por mililitro ou litro de sangue (ou plasma ou soro). O registro da concentração de um analito na urina da mesma forma não é útil, pois o volume de urina depende muito da ingestão de líquido. Em alguns casos, pede-se ao paciente que forneça amostra completa de urina de 24 horas; esse é um procedimento cansativo e é difícil saber se realmente houve coleta completa de 24 horas. Alternativamente, a concentração do analito é fornecida por mol de creatinina. A excreção diária de creatinina é razoavelmente constante para qualquer indivíduo, mas varia entre indivíduos, uma vez que depende principalmente da massa muscular, já que a creatinina é sintetizada de forma não enzimática a partir da creatina e da creatina-fosfato, e a maior parte encontra-se no músculo esquelético.

Com exceção da avaliação dos gases sanguíneos, para a qual são necessárias amostras arteriais, as amostras sanguíneas são geralmente de sangue venoso. Na maioria dos casos, a glicose sanguínea é medida no sangue capilar a partir de uma punção digital. Algumas análises utilizam sangue total; outras requerem soro ou plasma. Para uma amostra de soro, permite-se que o sangue coagule e, em seguida, as hemácias e o coágulo de fibrina são removidos por centrifugação. No caso de amostra de plasma, o sangue é coletado em um tubo contendo anticoagulante e as hemácias são removidas por centrifugação. A diferença entre o soro e o plasma é que o plasma contém protrombina e os outros fatores de coagulação, incluindo fibrinogênio, ao passo que o soro não contém. São utilizados diferentes anticoagulantes (citrato, EDTA ou oxalato – todos quelam o cálcio e, portanto, inibem a coagulação) para a coleta de amostras de plasma, dependendo do ensaio a ser realizado. A heparina, que atua pela ativação da antitrombina III, também é utilizada. Para a medição da glicose sanguínea, é adicionado fluoreto de potássio como inibidor da glicólise nas hemácias.

TÉCNICAS UTILIZADAS EM QUÍMICA CLÍNICA

A maior parte das reações químicas da rotina clínica envolve o desenvolvimento de um produto colorido a partir de uma reação química ou enzimática que será avaliado por **espectrofotometria de absorção**. Diferentes compostos absorvem a luz em diferentes comprimentos de onda; a energia da luz absorvida excita elétrons para um orbital instável. A absorbância da luz em um comprimento de onda específico da faixa visível ou ultravioleta é diretamente proporcional à concentração do produto final colorido e, portanto, à concentração do analito na amostra. Embora, em algum momento, essas análises tenham sido realizadas manualmente, hoje a maioria dos ensaios é automatizada e um único instrumento pode realizar múltiplos ensaios em uma única amostra.

Na espectrofotometria de absorção, os elétrons excitados voltam ao seu estado basal em uma série de pequenos saltos quânticos, emitindo a energia absorvida sob a forma de calor. No caso de alguns compostos, os elétrons retornam a um estado de energia inferior em um único salto quântico, emitindo luz de comprimento de onda maior (energia inferior) do que a luz excitante. Esta é a fluorescência, e a técnica é conhecida como **espectrofotometria de fluorescência** ou **espectrofotofluorimetria**. A amostra é iluminada com luz de comprimento de onda específico, e a luz emitida é medida em ângulos retos à direção do comprimento de onda que ilumina. Mais uma vez, a intensidade da fluorescência é proporcional à concentração do fluoróforo e, portanto, à concentração do analito. A fluorimetria permite maior especificidade e maior sensibilidade do ensaio. A especificidade é maior do que na espectrofotometria de absorção, uma vez que tanto o comprimento de onda excitante quanto o comprimento de onda emitido são específicos para o fluoróforo, ao passo que, na espectrofotometria de absorção, existe apenas um comprimento de onda a ser operado, o da luz que é absorvida. A fluorimetria é mais sensível porque é mais fácil detectar a emissão de pequena quantidade de luz do que a absorção.

Cada vez mais, principalmente em centros de pesquisa e especializados, múltiplas análises são medidas na mesma amostra usando-se **cromatografia líquida de alta pressão** para separar analitos, seguida pela detecção colorimétrica, fluorimétrica ou eletroquímica, ou ligada à espectrometria de massas para identificar compostos. Esses métodos formam a base da **metabolômica**, o estudo de um conjunto completo de metabólitos em uma única amostra, e da **metabonômica**, o estudo de alterações nos analitos em resposta a um fármaco ou a algum tipo de tratamento experimental.

Historicamente, os **eletrólitos**, como o sódio e o potássio, eram medidos por **fotometria de chama**, medindo a luz emitida quando o íon era introduzido em uma chama clara. O sódio fornece chama amarela, e o potássio, chama roxa. Atualmente, estes e outros íons são medidos com o uso de **eletrodos íon-específicos**. Em alguns casos, os íons metálicos são medidos por **espectrometria de absorção atômica**. Aqui, a amostra é introduzida em uma chama e iluminada em um comprimento de onda específico. A energia da luz absorvida excita elétrons a um orbital instável e a absorção da luz é diretamente proporcional à concentração do elemento na amostra, como é o caso da espectrofotometria de absorção.

Enzimas em química clínica

As enzimas são importantes na química clínica de três formas diferentes: para medir analitos em uma amostra, para medir a atividade das próprias enzimas em uma amostra e como teste de avaliação nutricional de vitaminas.

O uso de uma enzima para medir a concentração de um analito confere alto grau de especificidade ao ensaio, visto que, em geral, uma enzima atua apenas sobre um único substrato ou uma pequena faixa de substratos intimamente relacionados, enquanto uma única reação química pode responder muito bem a uma variedade de analitos (possivelmente não relacionados). Por exemplo, como mostrado na Figura 48-3, uma variedade de compostos redutores reage com um reagente de cobre alcalino para fornecer resultado falso-positivo para glicose, ao passo que o ensaio enzimático utilizando a glicose-oxidase indica resultado positivo apenas com a glicose, e nenhum outro composto redutor.

Quando uma enzima é utilizada para detectar um analito, o fator limitante no ensaio deve ser o próprio analito; a enzima e os demais reagentes devem estar presentes em excesso. E, mais importante, a concentração do analito na amostra deve ser ajustada para um valor inferior ao K_m da enzima, de modo que ocorra ampla variação na taxa de reação com pequena mudança na concentração do analito (região A na **Figura 48-4**).

Quando as células são lesionadas ou morrem, seus conteúdos são liberados na corrente sanguínea. Portanto, a avaliação de enzimas no plasma pode ser utilizada para detectar lesão tecidual; a informação é obtida a partir do padrão de enzimas (e de isoenzimas tecido-específicas) liberadas. O grau de aumento da atividade enzimática no plasma acima da faixa normal frequentemente indica a gravidade da lesão tecidual. Quando um ensaio pretende determinar a atividade de uma enzima no plasma, o fator limitante deve ser a própria enzima. A concentração de substrato adicionado deve estar em excesso considerável em relação ao K_m da enzima, de modo que a enzima esteja atuando em sua $V_{máx}$ ou próximo a ela, e mesmo uma alteração relativamente ampla na concentração do substrato não apresentará efeito significativo na taxa de reação (região B na Figura 48-4). Na prática, isso significa que a concentração de substrato adicionado será cerca de 20 vezes superior ao K_m da enzima.

Se uma enzima possui uma coenzima derivada de vitamina que seja essencial para sua atividade, então a avaliação da atividade da enzima nas hemácias, com e sem a adição da coenzima, pode ser utilizada como índice do estado nutricional da vitamina. Isso fornece uma indicação do estado nutricional funcional, enquanto a determinação da vitamina e de seus metabólitos pode refletir um aporte recente, em vez de adequação fisiológica. O princípio básico é que as hemácias precisam competir com outros tecidos do corpo pelo que seria

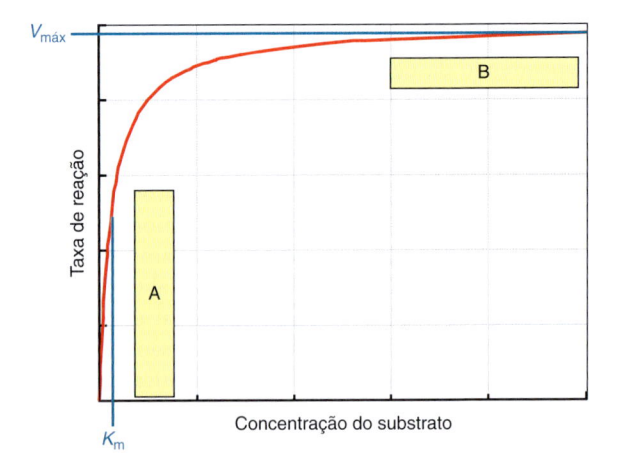

FIGURA 48-4 Uso de enzimas para medir analitos e determinação da atividade enzimática em amostras biológicas. Em concentrações de substrato (analito) iguais ou inferiores ao K_m da enzima (região A no gráfico), ocorre aumento muito agudo na taxa de reação com pequena alteração na concentração do analito, de modo que o ensaio ligado à enzima apresenta maior sensibilidade nessa faixa de concentração. Em concentrações de substrato consideravelmente superiores ao K_m da enzima, quando a enzima se aproxima da $V_{máx}$ (região B no gráfico), é a quantidade de enzima na amostra que limita a taxa de formação do produto, de modo que essa é a faixa adequada de concentração de substrato para utilização na avaliação da atividade enzimática em uma amostra biológica.

um suprimento limitado da coenzima. Portanto, a extensão de saturação da enzima da hemácia pela sua coenzima refletirá a disponibilidade da coenzima durante o período correspondente à meia-vida das hemácias. O ensaio consiste na incubação de duas amostras de lisado de hemácias: uma pré-incubada com a adição da coenzima, e a outra, na sua ausência. Em seguida, o substrato é adicionado a ambas as amostras, e determina-se a atividade da enzima. Na amostra pré-incubada sem adição da coenzima, apenas a enzima que possuía coenzima ligada (a holoenzima) será ativa. Na amostra que foi pré-incubada com a coenzima, qualquer apoenzima (enzima inativa sem coenzima ligada) será ativada para a holoenzima. Portanto, sempre existirá ausência de alteração na atividade enzimática sob a adição da coenzima, indicando saturação completa da enzima pela coenzima ou aumento na atividade, refletindo a ativação da apoenzima pela coenzima adicionada. Os resultados são registrados como um **coeficiente de ativação** da enzima (a razão de atividade nas amostras pré-incubadas com coenzima:sem coenzima). As faixas de referência para o coeficiente de ativação são estabelecidas da mesma forma que para quaisquer outros testes. Os ensaios de ativação enzimática estão disponíveis para tiamina (vitamina B_1, usando transcetolase eritrocitária), riboflavina (vitamina B_2, usando glutationa-redutase eritrocitária) e vitamina B_6 (usando uma ou outra das transaminases eritrocitárias).

Ensaios de ligação a ligantes competitivos e imunoensaios

Se existe uma proteína que se liga a um analito, e o analito (ligante) ligado e livre pode ser separado e medido, então é possível elaborar um ensaio para o analito. Talvez o mais simples desses ensaios de ligação seja o ensaio para o hormônio cortisol, que é transportado na corrente sanguínea ligado a uma globulina específica de ligação ao cortisol. É fácil preparar uma amostra de plasma contendo a globulina de ligação que foi separada de seu ligante (cortisol) por incubação com óxido de alumínio ou carvão. Isso é feito usando amostra de plasma relativamente grande e fornecendo globulina de ligação para um grande número de ensaios. O hormônio é extraído de cada amostra a ser analisada, usando solvente orgânico, que é evaporado até a dessecação e, em seguida, dissolvido em etanol e tampão adequado, com a adição de quantidade em traços de hormônio radioativo de atividade específica elevada. Em seguida, cada amostra é incubada com a globulina de ligação a 37°C e, a seguir, refrigerada a 4°C. O carvão é adicionado para adsorver o ligante não ligado e rapidamente removido por centrifugação. A radioatividade é medida no sobrenadante. Esta representa a quantidade de ligante ligado e é expressa como uma porcentagem da radioatividade total adicionada a cada amostra. Uma curva-padrão é elaborada usando-se quantidades conhecidas de hormônio, de modo que a concentração do hormônio na amostra possa ser determinada.

Uma grande variedade de outros hormônios e outros analitos podem ser avaliados da mesma forma, gerando anticorpos monoclonais ou antissoros policlonais dirigidos contra o analito (p. ex., injetando em um animal o analito ligado de forma covalente a uma proteína). O antissoro contra um hormônio gerado em um único coelho pode ser utilizado para muitos milhares de ensaios. Cada lote de antissoro deve, obviamente, ter sua especificidade testada para o hormônio (garantindo que ele não se ligue também a hormônios relacionados, um problema especial com hormônios esteroides) e sua sensibilidade. Quando a proteína de ligação é um anticorpo ou antissoro, o ensaio é normalmente chamado de **radioimunoensaio**.

Em uma variante do ensaio de ligação competitivo, o anticorpo é ligado de forma covalente à superfície de grânulos. Em seguida, é fácil separar os ligantes ligado e livre simplesmente por lavagem dos grânulos com tampão gelado, conservando o ligante ligado aos grânulos para medir a radioatividade ligada. Como alternativa, o anticorpo pode ligar-se covalentemente à superfície do tubo de ensaio, ou a cada poço em uma placa com múltiplos poços. Após incubação, é retirada uma amostra do meio de incubação para medir a radioatividade não ligada.

Com a intenção de minimizar a exposição aos materiais radioativos, cada vez mais se usa ligante ou anticorpo marcado por fluorescência. Um desenvolvimento posterior é o **ensaio-sanduíche**, no qual dois anticorpos diferentes dirigidos contra o ligante são utilizados, e cada um deles liga-se a uma região diferente (epítopo) do analito. O primeiro anticorpo é ligado de forma covalente à superfície de cada poço de uma placa de cultura, e a amostra é adicionada e incubada. Após remoção do meio de incubação e lavagem de cada poço, o segundo anticorpo é adicionado, prendendo o analito entre os dois anticorpos. O segundo anticorpo é marcado com um isótopo radioativo ou um fluoróforo, permitindo a medição do segundo anticorpo ligado e, portanto, do ligante ligado. Em alguns casos, o segundo anticorpo é marcado com uma enzima, e a medição desse segundo anticorpo ligado (e, portanto, do ligante ligado) é feita pela avaliação da atividade da enzima que está agora ligada à parede de cada poço da placa, após lavagem para remoção do segundo anticorpo não ligado e adição de excesso de substrato enzimático. Este é o **ensaio de imunoadsorção ligado à enzima** (**Elisa**).

Tiras de química seca

Para a realização de diversos ensaios, as enzimas ou anticorpos e os reagentes podem ser combinados sobre uma tira plástica especialmente fabricada. Para a determinação da glicemia, uma amostra de sangue obtida por punção digital é colocada sobre a tira do teste que contém glicose e os reagentes, como mostrado na Figura 48-3. A intensidade da cor azul formada (i.e., a concentração de glicose) é medida utilizando um dispositivo portátil, denominado glicosímetro. Este representa um método simples e confiável para estimar a glicose no leito de hospital, em uma clínica médica ou até em casa. Para o teste de urina, diversos ensaios diferentes podem ser incluídos como grânulos separados sobre uma tira plástica (p. ex., para detectar ou estimar semiquantitativamente níveis de glicose, corpos cetônicos, proteínas e diversos outros analitos ao mesmo tempo). Produtos similares estão disponíveis para detectar gonadotrofina coriônica humana (hCG, do inglês *human chorionic gonadotropin*) na urina, como teste de gravidez de farmácia.

Testes de triagem em neonatos para erros inatos do metabolismo

Muitos erros inatos do metabolismo podem levar à deficiência intelectual bastante grave caso o tratamento não seja iniciado de forma suficientemente precoce. No caso de condições como fenilcetonúria e doença da urina do xarope de bordo, a restrição alimentar dos aminoácidos que não são metabolizados normalmente (fenilalanina na fenilcetonúria; os aminoácidos de cadeia ramificada leucina, isoleucina e valina na doença da urina do xarope de bordo) é essencial para o tratamento da condição. Portanto, é normal, na maioria dos países desenvolvidos, que os neonatos sejam testados em relação a essas condições. A concentração do(s) aminoácido(s) em questão é medida em uma amostra de sangue que é normalmente colhida 1 semana após o nascimento, quando as enzimas que são afetadas pela doença deveriam ter alcançado sua expressão máxima. O comum é que uma amostra de sangue capilar seja coletada por punção do calcanhar e colocada sobre um papel absorvente para ser enviada ao laboratório para análise.

O primeiro teste de triagem desse tipo para um erro inato do metabolismo foi o teste de inibição bacteriana de Guthrie. Um disco do papel contendo a amostra sanguínea é colocado sobre uma placa de ágar na qual foi semeada uma cepa de *Bacillus subtilis* dependente de fenilalanina, juntamente com um inibidor competitivo da captação de fenilalanina pela bactéria (β-tienilalanina) em uma concentração que competirá com a fenilalanina em níveis normalmente encontrados no sangue, de modo que a bactéria não cresça. Se a concentração de fenilalanina for superior à encontrada normalmente no sangue, ela será mais captada pela bactéria do que o inibidor, e a bactéria formará colônias visíveis no ágar.

Na maioria dos centros, o teste de inibição bacteriana tem sido suplantado pelas técnicas de cromatografia que permitem a detecção de uma variedade de metabólitos anormais e, portanto, a detecção de uma variedade de diferentes erros inatos do metabolismo.

TESTES DE FUNÇÃO DE ÓRGÃOS

Os exames que fornecem informações sobre o funcionamento de determinados órgãos são frequentemente reunidos como testes de função de órgãos. Esses testes agrupados incluem provas de função renal, hepática e tireoidiana.

Testes de função renal

Uma **urinálise** completa inclui a avaliação das características físicas e químicas da urina. As características físicas a serem avaliadas incluem volume (isso requer amostra de urina programada, geralmente de 24 horas), odor, cor, aparência (límpida ou turva), densidade e pH. Os constituintes anormais da urina que aparecem em diferentes doenças incluem proteína, glicose, sangue, corpos cetônicos, sais biliares e pigmentos biliares.

A **ureia** e a **creatinina** são excretadas na urina; suas concentrações no soro podem ser utilizadas como marcadores da função renal, uma vez que a concentração sérica aumenta quando a função renal deteriora. A creatinina é um melhor marcador da função renal do que a ureia, visto que a sua concentração sanguínea não é significativamente afetada por fatores não renais, tornando-a, assim, um indicador específico de função renal; diversos fatores afetam a concentração sanguínea de ureia.

Normalmente, menos de 150 mg de proteína e menos de 30 mg de albumina são excretados na urina durante 24 horas. Essa concentração é inferior ao limite de detecção dos testes rotineiros. A presença de proteína em excesso superior a essa concentração é chamada de **proteinúria** e é um importante sinal de comprometimento renal. A causa mais comum de proteinúria consiste em perda da integridade da membrana basal glomerular (proteinúria glomerular), conforme observado na síndrome nefrótica e na nefropatia diabética. A principal proteína encontrada na proteinúria glomerular é a albumina. A **microalbuminúria** é definida como a presença de 30 a 300 mg de albumina em uma amostra de urina de 24 horas. Ela representa um marcador precoce de comprometimento renal no diabetes melito.

Embora a creatinina sérica seja considerada um marcador específico de função renal, a ocorrência de aumento significativo na sua concentração sanguínea é observada apenas na presença de declínio de aproximadamente 50% na taxa de filtração glomerular (TFG). A medição da creatinina sérica é, portanto, um teste de pouca sensibilidade. A medição da **depuração da creatinina** fornece uma estimativa da TFG e, portanto, pode ser utilizada para detectar os estágios iniciais da insuficiência renal. A **depuração** é o volume de plasma a partir do qual um composto é completamente depurado pelo rim em uma unidade de tempo. É calculada pela seguinte fórmula:

$$\text{Depuração (mL/min)} = (U \times V)/P$$

em que U é a concentração do analito medido em uma amostra programada de urina (geralmente 24 horas); P é a concentração plasmática do analito; e V é o volume de urina por minuto (calculado dividindo-se o valor do volume de urina coletada em 24 horas por 1.440 [24×60]).

Um composto útil para a avaliação da depuração renal possui concentração sanguínea bastante constante, é excretado apenas na urina, é livremente filtrado pelo glomérulo e não é nem reabsorvido e nem secretado pelos túbulos renais. Embora a depuração da creatinina seja normalmente medida, ela superestima a TFG, pois é secretada em pequena extensão pelos túbulos renais. A depuração da inulina preenche todos os critérios essenciais para que um composto seja utilizado em testes de depuração. Entretanto, ao contrário da creatinina, a inulina é um composto exógeno que precisa ser infundido por via intravenosa em taxa constante.

Testes de função hepática

Os testes de função hepática (TFHs) constituem um grupo de testes que ajudam no diagnóstico, na avaliação do prognóstico e no monitoramento do tratamento da doença hepática. Cada teste avalia um aspecto específico da função hepática. O aumento na **bilirrubina sérica** tem muitas causas e leva à **icterícia**. Na obstrução do ducto biliar (icterícia obstrutiva), é principalmente a bilirrubina conjugada que aumenta. Na doença hepatocelular, as bilirrubinas conjugada e não conjugada em geral se encontram elevadas, refletindo a incapacidade do fígado de captar, conjugar e excretar a bilirrubina na bile (ver Capítulo 31). Os níveis séricos totais de proteína e albumina encontram-se baixos nas doenças hepáticas crônicas, como a cirrose. O tempo de protrombina (TP; ver Capítulo 55) pode estar prolongado nos distúrbios agudos do fígado devido ao comprometimento da síntese de fatores de coagulação.

As atividades da alanina-aminotransferase (ALT) e da aspartato-aminotransferase (AST) séricas (ver Capítulo 28) estão significativamente elevadas vários dias antes do aparecimento de icterícia na hepatite viral aguda. A ALT é considerada mais específica do que a AST para a insuficiência hepática, pois a AST se encontra elevada em casos de lesão do músculo cardíaco ou esquelético, o que não ocorre com a ALT. A atividade da fosfatase alcalina sérica está elevada na icterícia obstrutiva. Observa-se também uma alta atividade da fosfatase alcalina sérica na doença óssea.

Testes de função da tireoide

A glândula tireoide secreta os hormônios tireoidianos – a tiroxina ou tetraiodotironina (T_4) e a tri-iodotironina (T_3). É comum a ocorrência de doenças associadas ao aumento ou à diminuição na síntese dos hormônios tireoidianos (hipertireoidismo e hipotireoidismo, respectivamente). O diagnóstico clínico de uma doença da tireoide é confirmado pela determinação dos níveis séricos do hormônio tireoestimulante (tireotrofina, ou TSH) e tiroxina livre e tri-iodotironina. A concentração de tiroxina sérica total pode ser afetada por alterações na concentração da globulina de ligação da tiroxina, na ausência de doença da tireoide. Atualmente, os níveis séricos de tiroxina total raramente são determinados, uma vez que os ensaios para medir a tiroxina livre já se encontram disponíveis.

Testes de função suprarrenal

O diagnóstico clínico de hiperfunção (síndrome de Cushing) ou de hipofunção (doença de Addison) da glândula suprarrenal é confirmado por testes de função suprarrenal. A secreção de cortisol pela glândula suprarrenal mostra variação diurna; o cortisol sérico é máximo durante as primeiras horas da manhã e mínimo em torno da meia-noite. A perda dessa variação diurna constitui um dos primeiros sinais de hiperfunção da glândula suprarrenal. A medição do cortisol sérico em amostras sanguíneas feita à meia-noite e às 8 horas da manhã é, portanto, útil como teste de seleção. Um diagnóstico de hiperfunção suprarrenal é confirmado pela demonstração da incapacidade de supressão da concentração matinal de cortisol após a administração de 1 mg de dexametasona (um potente glicocorticoide sintético) à meia-noite; este é o **teste de supressão da dexametasona**.

Marcadores de risco cardiovascular e infarto do miocárdio

Como discutido no Capítulo 25, o colesterol total plasmático e, especialmente, a razão entre os colesteróis LDL:HDL fornecem um índice do risco de desenvolver aterosclerose. As lipoproteínas plasmáticas foram originalmente separadas por centrifugação; portanto, são classificadas por densidade. Métodos posteriores envolveram a separação por eletroforese. Hoje em dia, determina-se o colesterol plasmático total; em seguida, as lipoproteínas que contém apoproteína B (ver Tabela 25-1) são precipitadas utilizando um cátion divalente, permitindo a determinação do colesterol associado à lipoproteína de alta densidade (HDL, do inglês *high-density lipoprotein*).

Um eletrocardiograma pode nem sempre mostrar alterações típicas após infarto do miocárdio. Nesse caso, a elevação dos níveis séricos de troponina cardíaca ou da isoenzima creatina-cinase MB confirma a ocorrência de infarto do miocárdio, pois ambos os marcadores são específicos do músculo cardíaco.

RESUMO

- Os testes laboratoriais podem fornecer informações úteis para o diagnóstico e o tratamento de doenças, assim como fornecer informações sobre o metabolismo normal e a patologia da doença.

- A faixa de referência de um analito é a faixa ± 2× o desvio-padrão em torno do valor médio para o grupo populacional em consideração. Valores fora dessa faixa de referência são sugestivos de alguma anormalidade que merece investigação adicional.

- A precisão de um método analítico é uma consequência da sua reprodutibilidade; a exatidão de um método é uma medida de quão próximo o resultado se encontra do valor verdadeiro.

- A sensibilidade de um método analítico é uma medida da quantidade mínima que pode ser detectada de um analito. A especificidade é o limite para que outros compostos presentes na amostra possam fornecer resultado falso-positivo.

- A sensibilidade de um teste refere-se à porcentagem de pacientes com a doença que fornecerão resultado positivo. A especificidade de um teste representa a porcentagem de pacientes sem a doença que fornecerão resultado negativo.

- As amostras para análise consistem habitualmente em sangue e urina, porém a saliva, as fezes e o LCS também podem ser utilizados. Amostras de sangue podem ser coletadas em tubos com anticoagulante (para amostras de plasma) ou sem anticoagulante (para amostras de soro).

- Muitos exames laboratoriais consistem na produção de um produto colorido que pode ser medido por espectrofotometria de absorção ou de fluorimetria.

- Muitos compostos podem ser medidos por cromatografia líquida de alta pressão, algumas vezes junto com espectrometria de massas. A avaliação de grande número de analitos em uma amostra é a base da metabolômica e também da metabonômica, que é o efeito de uma doença, fármaco ou outro tratamento no metabolismo.

- As enzimas podem ser utilizadas para fornecer métodos de ensaios específicos e sensíveis para os analitos. Nesse caso, deve haver excesso de enzima na amostra, de modo que o fator limitante seja a concentração do analito na amostra.

- Muitas enzimas são liberadas na corrente sanguínea a partir das células que estão morrendo na doença, e a sua avaliação pode fornecer informações prognósticas e diagnósticas úteis. A fim de determinar a atividade de uma enzima em uma amostra, deve haver excesso de substrato, de modo que o fator limitante seja a quantidade de enzima presente.

- Muitos analitos (especialmente hormônios) são medidos por ensaios de ligação competitivos, usando-se uma proteína de ligação de ocorrência natural ou um antissoro ou anticorpo monoclonal para se combinar ao ligante. São utilizadas quantidades vestigiais de ligantes radioativos de atividade específica elevada, ou ligantes ou proteínas de ligação marcados por fluorescência.

REFERÊNCIAS

Lab Tests Online: www.labtestsonline.org (A comprehensive web site provided by the American Association of Clinical Chemists that provides accurate information on many laboratory tests).

MedlinePlus: http://www.nlm.nih.gov/medlineplus/encyclopedia.html (The A.D.A.M. Medical Encyclopedia includes over 4000 articles about diseases, lab tests and other matters).

Questões para estudo

Seção IX – Tópicos especiais (A)

1. Qual dos seguintes itens estará elevado na corrente sanguínea cerca de 1 a 2 horas após a ingestão de uma refeição rica em gorduras?
   A. Quilomícrons.
   B. Lipoproteína de alta densidade.
   C. Corpos cetônicos.
   D. Ácidos graxos não esterificados.
   E. Lipoproteína de densidade muito baixa.

2. Qual dos seguintes itens estará elevado na corrente sanguínea cerca de 4 a 5 horas após a ingestão de uma refeição rica em gorduras?
   A. Quilomícrons.
   B. Lipoproteína de alta densidade.
   C. Corpos cetônicos.
   D. Ácidos graxos não esterificados.
   E. Lipoproteína de densidade muito baixa.

3. Qual das seguintes afirmativas é a melhor definição de índice glicêmico?
   A. O aumento na concentração sanguínea de glucagon após o consumo de alimento, em comparação com a concentração após o consumo de uma quantidade equivalente de pão branco.
   B. O aumento na concentração sanguínea de glicose após o consumo do alimento.
   C. O aumento na concentração sanguínea de glicose após o consumo do alimento, em comparação com a concentração obtida após o consumo de uma quantidade equivalente de pão branco.
   D. O aumento na concentração sanguínea de insulina após o consumo de alimento.
   E. O aumento na concentração sanguínea de insulina após o consumo de alimento, em comparação com a concentração obtida após o consumo de uma quantidade equivalente de pão branco.

4. Qual dos alimentos a seguir tem o índice glicêmico mais baixo?
   A. Maçã cozida.
   B. Batata cozida.
   C. Maçã crua.
   D. Batata crua.
   E. Suco de maçã.

5. Qual dos alimentos a seguir tem o índice glicêmico mais alto?
   A. Maçã cozida.
   B. Batata cozida.
   C. Maçã crua.
   D. Batata crua.
   E. Suco de maçã.

6. Qual das seguintes afirmativas sobre os quilomícrons está CORRETA?
   A. Os quilomícrons são produzidos no interior das células intestinais e secretados na linfa, onde adquirem as apolipoproteínas B e C.
   B. O cerne dos quilomícrons contém triacilglicerol e fosfolipídeos.
   C. A enzima lipase sensível a hormônio atua sobre os quilomícrons, liberando ácidos graxos do triacilglicerol quando estão ligados à superfície de células endoteliais nos capilares sanguíneos.
   D. Os remanescentes de quilomícrons diferem dos quilomícrons, visto que são menores e contêm uma menor proporção de triacilglicerol.
   E. Os quilomícrons são captados pelo fígado.

7. Os esteróis e os estanóis das plantas inibem a absorção do colesterol pelo trato gastrintestinal. Qual das seguintes afirmativas descreve melhor a sua atuação?
   A. São incorporados nos quilomícrons, em lugar do colesterol.
   B. Competem com o colesterol pela esterificação no lúmen intestinal, de modo que menos colesterol é esterificado.
   C. Competem com o colesterol pela esterificação na célula mucosa, e o colesterol não esterificado é ativamente transportado para fora da célula, dentro do lúmen intestinal.
   D. Competem com o colesterol pela esterificação na célula mucosa, e o colesterol não esterificado não é incorporado aos quilomícrons.
   E. Deslocam o colesterol das micelas lipídicas, de modo que não esteja disponível para absorção.

8. Qual das seguintes afirmativas sobre o metabolismo energético está CORRETA?
   A. O tecido adiposo não contribui para a taxa metabólica basal (TMB).
   B. O nível de atividade física (NAF) é a soma das razões de atividade física para diferentes atividades ao longo do dia, multiplicada pelo tempo levado em cada atividade, expresso como múltiplo da TMB.
   C. A razão de atividade física (PAR) é o custo energético da atividade física ao longo do dia.
   D. A taxa metabólica em repouso (TMR) é o gasto energético do corpo durante o sono.
   E. O custo energético da atividade física pode ser determinado pela medida do quociente respiratório (QR) durante a atividade.

9. Uma paciente com câncer colorretal metastático perdeu 6 kg de peso corporal durante o último mês. Qual das seguintes alternativas fornece a melhor explicação para a sua perda de peso?
   A. Devido ao tumor, a paciente está edematosa.
   B. A quimioterapia provocou náusea e perda de apetite.
   C. A sua taxa metabólica basal caiu em consequência do catabolismo proteico causado pelo fator de necrose tumoral e outras citocinas.
   D. A sua taxa metabólica basal (TMB) aumentou, em consequência da glicólise anaeróbia no tumor e do custo energético da gliconeogênese a partir do lactato resultante no fígado.
   E. O tumor tem uma necessidade energética muito alta para a proliferação celular.

10. Uma criança de 5 anos de idade chegou ao centro de refugiados no leste da África com parada de crescimento (com apenas 89% da altura esperada para a sua idade), porém sem edema. Você considera que essa criança está:
    A. Apresentando kwashiorkor.
    B. Apresentando kwashiorkor marásmico.
    C. Apresentando marasmo.
    D. Apresentando desnutrição.
    E. Subalimentada, porém não clinicamente desnutrida.

11. Uma criança de 5 anos de idade chegou ao centro de refugiados no leste da África com parada de crescimento (com apenas 55% da altura esperada para a sua idade), porém sem edema. Você considera que essa criança está:
    A. Apresentando kwashiorkor.
    B. Apresentando kwashiorkor marásmico.
    C. Apresentando marasmo.
    D. Apresentando desnutrição.
    E. Subalimentada, porém não clinicamente desnutrida.

12. Qual das seguintes alternativas é a definição de balanço nitrogenado?
    A. Consumo de proteína como porcentagem do aporte energético total.
    B. Diferença entre o consumo de proteínas e a excreção de compostos nitrogenados.
    C. A razão entre excreção de compostos nitrogenados e consumo de proteínas.
    D. A razão entre consumo de proteínas e excreção de compostos nitrogenados.
    E. A soma do consumo de proteínas e excreção de compostos nitrogenados.

13. Qual das seguintes afirmativas sobre o balanço nitrogenado está CORRETA?
    A. Se o consumo de proteínas for maior do que as necessidades, haverá sempre um balanço nitrogenado positivo.
    B. No equilíbrio de nitrogênio, a excreção de metabólitos nitrogenados é maior do que o consumo de compostos nitrogenados na dieta.
    C. No balanço nitrogenado positivo, a excreção de metabólitos nitrogenados é menor do que o consumo de compostos nitrogenados na dieta.
    D. O balanço nitrogenado é a razão entre o consumo de compostos nitrogenados e a eliminação de metabólitos nitrogenados do corpo.
    E. Um balanço nitrogenado positivo significa que há uma perda efetiva de proteínas do corpo.

14. Em uma série de experimentos para determinar as necessidades de aminoácidos, voluntários adultos jovens e saudáveis foram alimentados com misturas de aminoácidos como única fonte de proteína. Qual das seguintes misturas levaria a um balanço nitrogenado negativo (pressupondo que todos os outros aminoácidos sejam fornecidos em quantidades adequadas)?
    A. Uma mistura com falta de alanina, glicina e tirosina.
    B. Uma mistura com falta de arginina, glicina e cisteína.
    C. Uma mistura com falta de asparagina, glutamina e cisteína.
    D. Uma mistura com falta de lisina, glicina e tirosina.
    E. Uma mistura com falta de prolina, alanina e glutamato.

15. Qual das seguintes vitaminas fornece o cofator para as reações de redução na síntese de ácidos graxos?
    A. Folato.
    B. Niacina.
    C. Riboflavina.
    D. Tiamina.
    E. Vitamina B_6.

16. A deficiência de qual das seguintes vitaminas constitui uma importante causa de cegueira no mundo inteiro?
    A. Vitamina A.
    B. Vitamina B_{12}.
    C. Vitamina B_6.
    D. Vitamina D.
    E. Vitamina K.

17. A deficiência de qual das seguintes vitaminas pode levar à anemia megaloblástica?
    A. Vitamina B_6.
    B. Vitamina B_{12}.
    C. Vitamina D.
    D. Vitamina E.
    E. Vitamina K.

18. Qual dos seguintes critérios de adequação de vitamina pode ser definido como "não há sinais de deficiência em condições normais, porém qualquer traumatismo ou estresse revela o estado precário das reservas corporais que pode precipitar sinais clínicos"?
    A. Resposta anormal a uma carga metabólica.
    B. Doença por deficiência clínica.
    C. Deficiência não manifesta.
    D. Saturação incompleta das reservas corporais.
    E. Deficiência subclínica.

19. Qual dos seguintes critérios de adequação de vitamina pode ser definido como anormalidades metabólicas em condições normais?
    A. Resposta anormal a uma carga metabólica.
    B. Doença por deficiência clínica.
    C. Deficiência não manifesta.
    D. Saturação incompleta das reservas corporais.
    E. Deficiência subclínica.

20. Qual das seguintes alternativas fornece a melhor definição do valor de referência de ingestão de nutrientes (RNI) ou ingestão recomendada de nutrientes (RDA) de uma vitamina ou mineral?
    A. Um desvio-padrão acima da necessidade média do grupo populacional em consideração.
    B. Um desvio-padrão abaixo da necessidade média do grupo populacional em consideração.
    C. A necessidade média do grupo populacional em consideração.
    D. Dois desvios-padrão acima da necessidade média do grupo populacional em consideração.
    E. Dois desvios-padrão abaixo da necessidade média do grupo populacional em consideração.

21. Qual é a porcentagem da população que alcançará as necessidades de uma vitamina ou mineral se a sua ingestão for igual ao RNI ou à RDA?
    A. 2,5%.
    B. 5%.
    C. 50%.
    D. 95%.
    E. 97,5%.

22. Qual porcentagem da população alcançará as necessidades de uma vitamina ou mineral se a sua ingestão for igual ou inferior ao valor de referência de ingestão de nutrientes mais baixo (LRNI)?
    A. 2,5%.
    B. 5%.
    C. 50%.
    D. 95%.
    E. 97,5%.

23. Qual porcentagem da população alcançará as necessidades de uma vitamina ou mineral se a sua ingestão for igual à necessidade média?
    A. 2,5%.
    B. 5%.
    C. 50%.
    D. 95%.
    E. 97,5%.

24. Para o indivíduo cujo consumo de vitamina ou mineral é igual à necessidade média, qual é a probabilidade de esse nível de aporte ser adequado para suprir suas necessidades individuais?
    A. 2,5%.
    B. 5%.
    C. 50%.
    D. 95%.
    E. 97,5%.

25. Para o indivíduo cujo consumo de vitamina ou mineral é igual ao LNRI, qual é a probabilidade de esse nível de aporte ser adequado para suprir suas necessidades individuais?
    A. 2,5%.
    B. 5%.
    C. 50%.
    D. 95%.
    E. 97,5%.

26. Para o indivíduo cujo consumo de vitamina ou mineral é igual ao RNI, qual é a probabilidade de esse nível de aporte ser adequado para suprir suas necessidades individuais?
    A. 2,5%.
    B. 5%.
    C. 50%.
    D. 95%.
    E. 97,5%.

27. Qual das seguintes opções NÃO constitui uma fonte de radicais de oxigênio?
    A. Ação da superóxido-dismutase.
    B. Ativação dos macrófagos.
    C. Reações não enzimáticas de íons de metais de transição.
    D. Reação do β-caroteno com oxigênio.
    E. Radiação ultravioleta.

28. Qual das seguintes opções fornece proteção contra a lesão dos tecidos por radicais de oxigênio?
    A. Ação da superóxido-dismutase.
    B. Ativação dos macrófagos.
    C. Reações não enzimáticas de íons de metais de transição.
    D. Reação do β-caroteno com oxigênio.
    E. Radiação ultravioleta.

29. Qual das seguintes alternativas NÃO é o resultado da ação de radicais de oxigênio?
    A. Ativação dos macrófagos.
    B. Modificação de bases no DNA.
    C. Oxidação de aminoácidos em apoproteínas das LDLs.
    D. Peroxidação de ácidos graxos insaturados nas membranas.
    E. Quebras de fitas no DNA.

30. Qual dos seguintes tipos de lesão por radicais de oxigênio pode levar ao desenvolvimento de doença autoimune da tireoide?
    A. Modificação química de bases de DNA em células somáticas.
    B. Modificação química do DNA em células de linhagens germinativas.
    C. Oxidação de aminoácidos em proteínas da membrana celular.
    D. Oxidação de aminoácidos em proteínas mitocondriais.
    E. Oxidação de ácidos graxos insaturados em lipoproteínas plasmáticas.

31. Qual dos seguintes tipos de lesão por radicais de oxigênio pode levar ao desenvolvimento de aterosclerose e doença cardíaca coronariana?
    A. Modificação química de bases de DNA em células somáticas.
    B. Modificação química do DNA em células de linhagens germinativas.
    C. Oxidação de aminoácidos em proteínas da membrana celular.
    D. Oxidação de aminoácidos em proteínas mitocondriais.
    E. Oxidação de ácidos graxos insaturados em lipoproteínas plasmáticas.

32. Qual dos seguintes tipos de lesão por radicais de oxigênio pode levar ao desenvolvimento de câncer?
    A. Modificação química de bases de DNA em células somáticas.
    B. Modificação química do DNA em células de linhagens germinativas.
    C. Oxidação de aminoácidos em proteínas da membrana celular.
    D. Oxidação de aminoácidos em proteínas mitocondriais.
    E. Oxidação de ácidos graxos insaturados em lipoproteínas plasmáticas.

33. Qual dos seguintes tipos de lesão por radicais de oxigênio pode levar ao desenvolvimento de mutações hereditárias?
    A. Modificação química de bases de DNA em células somáticas.
    B. Modificação química do DNA em células de linhagens germinativas.
    C. Oxidação de aminoácidos em proteínas da membrana celular.
    D. Oxidação de aminoácidos em proteínas mitocondriais.
    E. Oxidação de ácidos graxos insaturados em lipoproteínas plasmáticas.

34. Qual das seguintes afirmativas explica melhor a ação antioxidante da vitamina E?
    A. Ela forma um radical estável, que pode ser reduzido de volta à vitamina E ativa pela reação com vitamina C.
    B. Trata-se de um radical, de modo que, quando reage com outro radical, forma-se um produto não radical.
    C. É convertida em um radical estável pela reação com a vitamina C.
    D. É lipossolúvel e pode reagir com radicais livres no plasma sanguíneo resultantes da formação de óxido nítrico (NO) pelo endotélio vascular.
    E. A vitamina E oxidada pode ser reduzida de volta à vitamina E ativa pela reação com glutationa e glutationa-peroxidase.

35. Qual das seguintes alternativas descreve melhor o glicoma?
    A. O DNA codificante para glicosiltransferase.
    B. O complemento total de todos os carboidratos no corpo.
    C. O complemento total de açúcares livres nas células e nos tecidos.
    D. O complemento total de glicoproteínas e glicolipídeos no corpo.
    E. O complemento total de glicosiltransferases no corpo.

36. Qual dos seguintes métodos NÃO pode ser utilizado para determinar as estruturas das glicoproteínas?
    A. Microarranjos de carboidratos.
    B. Degradação utilizando endo e exoglicosidases.
    C. Análise genômica.
    D. Espectrometria de massa.
    E. Cromatografia de sepharose-lectina.

37. Qual das seguintes alternativas NÃO constitui uma função das glicoproteínas?
    A. Ancoragem de proteínas na superfície celular.
    B. Proteção de proteínas plasmáticas contra a depuração pelo fígado.
    C. Fornecimento de um sistema de transporte para o folato nas células.
    D. Fornecimento de um sistema de transporte para a captação de LDL no fígado.
    E. Fornecimento de sinais de reconhecimento da superfície celular.

38. Qual das seguintes alternativas NÃO é um constituinte de glicoproteínas?
    A. Fucose.
    B. Galactose.
    C. Glicose.
    D. Manose.
    E. Sacarose.

39. Qual das seguintes alternativas é utilizada como doador de açúcar na síntese do pentassacarídeo comum de glicoproteínas N-ligadas?
    A. Ácido CMP-N-acetilneuramínico.
    B. Dolicol-pirofosfato N-acetilglicosamina.
    C. Dolicol-pirofosfato-manose.
    D. GDP-fucose.
    E. UDP-N-acetilglicosamina.

40. Qual das seguintes alternativas NÃO é utilizada como doador de açúcar na síntese de glicoproteínas N-ligadas no retículo endoplasmático?
    A. Dolicol-pirofosfato-frutose.
    B. Dolicol-pirofosfato-galactose.
    C. Dolicol-pirofosfato-manose.
    D. Dolicol-pirofosfato-N-acetilglicosamina.
    E. Dolicol-pirofosfato-ácido N-acetilneuramínico.

41. Qual das seguintes alternativas descreve melhor a ligação do pentapeptídeo comum à apoproteína na síntese de uma glicoproteína N-ligada?
    A. Glicação direta do aminoácido aminoterminal do peptídeo.
    B. Deslocamento da região aminoterminal do peptídeo em uma reação de transamidação.
    C. Deslocamento da região aminoterminal do peptídeo em uma reação de transaminação.
    D. Deslocamento da região carboxiterminal do peptídeo em uma reação de transamidação.
    E. Deslocamento da região carboxiterminal do peptídeo em uma reação de transaminação.

42. Qual das seguintes alternativas NÃO é uma glicoproteína?
    A. Colágeno.
    B. Imunoglobulina G.
    C. Albumina sérica.
    D. Hormônio tireoestimulante.
    E. Transferrina.

43. Qual das seguintes afirmativas está INCORRETA?
    A. A calnexina assegura o dobramento correto das glicoproteínas no retículo endoplasmático.
    B. O oligossacarídeo dolicol-pirofosfato doa todos os açúcares encontrados nas glicoproteínas N-ligadas.
    C. As mucinas contêm predominantemente glicanos O-ligados.
    D. O ácido N-acetilneuramínico é comumente encontrado nas extremidades terminais de cadeias de açúcares N-ligados de glicoproteínas.
    E. As cadeias de açúcar O-ligadas de glicoproteínas são construídas pela adição gradual de açúcares a partir de nucleotídeos de açúcar.

44. Qual das seguintes alternativas NÃO é uma atividade do citocromo P450?
    A. Ativação da vitamina D.
    B. Hidroxilação de precursores dos hormônios esteroides.
    C. Hidroxilação de xenobióticos.
    D. Hidroxilação do ácido retinoico.
    E. Metilação de xenobióticos.

45. Qual das seguintes alternativas descreve melhor a reação de um citocromo P450?
    A. $RH + O_2 + NADP^+ \rightarrow R\text{-}OH + H_2O + NADPH$.
    B. $RH + O_2 + NAP^+ \rightarrow R\text{-}OH + H_2O + NADH$.
    C. $RH + O_2 + NADPH \rightarrow R\text{-}OH + H_2O + NADP^+$.
    D. $RH + O_2 + NADPH \rightarrow R\text{-}OH + H_2O_2 + NADP^+$.
    E. $RH + O_2 + NADH \rightarrow R\text{-}OH + H_2O + NAD^+$.

46. Qual das seguintes alternativas é o componente lipídico preferido do sistema do citocromo P450?
    A. Dolicol-fosfato.
    B. Fosfatidilcolina.
    C. Fosfatidiletanolamina.
    D. Fosfatidilinositol.
    E. Fosfatidilserina.

47. Qual das seguintes afirmativas descreve melhor as interações farmacológicas entre o fenobarbital e a varfarina?
    A. O fenobarbital induz a CYP2C9, resultando em diminuição do catabolismo da varfarina.
    B. O fenobarbital induz a CYP2C9, resultando em aumento do catabolismo da varfarina.
    C. O fenobarbital reprime a CYP2C9, resultando em aumento do catabolismo da varfarina.
    D. A varfarina induz a CYP2C9, resultando em diminuição do catabolismo do fenobarbital.
    E. A varfarina induz a CYP2C9, resultando em aumento do catabolismo do fenobarbital.

48. Qual das seguintes alternativas descreve melhor os efeitos dos polimorfismos de CYP2A6?
    A. Indivíduos com o alelo ativo têm menos tendência a se tornarem fumantes dependentes do tabaco, visto que esse citocromo inativa a nicotina, transformando-a em cotinina.
    B. Indivíduos com o alelo inativo (nulo) têm menos tendência a se tornarem fumantes dependentes do tabaco, visto que esse citocromo inativa a nicotina, transformando-a em cotinina.
    C. Indivíduos com o alelo inativo (nulo) têm menos tendência a se tornarem fumantes dependentes do tabaco, visto que esse citocromo ativa a nicotina, transformando-a em cotinina.
    D. Indivíduos com o alelo inativo (nulo) têm mais tendência a se tornarem fumantes dependentes do tabaco, visto que esse citocromo inativa a nicotina, transformando-a em cotinina.
    E. Indivíduos com o alelo inativo (nulo) têm mais tendência a se tornarem fumantes dependentes do tabaco, visto que esse citocromo ativa a nicotina, transformando-a em cotinina.

49. Qual das seguintes alternativas NÃO constitui uma função da glutationa?
    A. Coenzima para a redução de peróxido de hidrogênio.
    B. Conjugação da bilirrubina.
    C. Conjugação de alguns produtos do metabolismo de xenobióticos de fase I.
    D. Transporte de aminoácidos através das membranas celulares.
    E. Transporte da bilirrubina na corrente sanguínea.

50. Qual das seguintes alternativas descreve melhor a faixa de referência de um exame laboratorial?
    A. Uma faixa de ± 1× o desvio-padrão em torno do valor médio.
    B. Uma faixa de ± 1,5× o desvio-padrão em torno do valor médio.
    C. Uma faixa de ± 2× o desvio-padrão em torno do valor médio.
    D. Uma faixa de ± 2,5× o desvio-padrão em torno do valor médio.
    E. Uma faixa de ± 3× o desvio-padrão em torno do valor médio.

51. Qual das seguintes afirmativas sobre exames laboratoriais está INCORRETA?
    A. O valor preditivo de um exame refere-se à extensão até onde irá prever corretamente se um indivíduo apresenta ou não a doença.
    B. A sensibilidade e a especificidade de um teste são inversamente relacionadas.
    C. A sensibilidade de um teste é uma medida de quantos indivíduos com a doença terão um resultado positivo.
    D. A especificidade de um teste é uma medida de quantos indivíduos com a doença fornecerão um resultado positivo.
    E. A especificidade de um teste é uma medida de quantos indivíduos sem a doença apresentarão um resultado negativo.

52. Qual das seguintes afirmativas está CORRETA quando uma enzima é utilizada para medir um analito em uma amostra de sangue?
    A. A concentração de substrato precisa ser cerca de 20 vezes a K_m da enzima.
    B. A concentração de substrato precisa ser igual à K_m da enzima.
    C. A concentração de substrato precisa ser igual ou inferior à K_m da enzima.
    D. A concentração de substrato no ensaio não é importante.
    E. A concentração de substrato precisa ser de aproximadamente 1/20 da K_m da enzima.

53. Qual das seguintes alternativas está CORRETA quando uma enzima está sendo medida em uma amostra de sangue?
    A. A concentração de substrato precisa ser cerca de 20 vezes a K_m da enzima.
    B. A concentração de substrato precisa ser igual à K_m da enzima.
    C. A concentração de substrato precisa ser igual ou inferior à K_m da enzima.
    D. A concentração de substrato no ensaio não é importante.
    E. A concentração de substrato precisa ser de aproximadamente 1/20 da K_m da enzima.

54. Qual das seguintes alternativas explica melhor o uso de ensaios de ativação enzimática para avaliar o estado nutricional das vitaminas?
    A. A adição do cofator derivado da vitamina à incubação converte a apoenzima previamente inativa na holoenzima ativa.
    B. A adição do cofator derivado da vitamina à incubação converte a holoenzima previamente inativa na apoenzima ativa.
    C. A adição do cofator derivado da vitamina à incubação converte a holoenzima previamente ativa na apoenzima inativa.
    D. A adição do cofator derivado da vitamina à incubação converte a apoenzima previamente ativa na holoenzima inativa.
    E. A adição do cofator derivado da vitamina à incubação leva a uma redução da atividade enzimática.

55. Qual das seguintes alternativas seria utilizada para preparar soro a partir de uma amostra de sangue?
    A. Um tubo vazio.
    B. Um tubo contendo citrato.
    C. Um tubo contendo EDTA.
    D. Um tubo contendo oxalatos.
    E. Um tubo com vácuo para excluir o oxigênio.

56. Qual das seguintes alternativas seria utilizada para coletar uma amostra de sangue para gasometria?
    A. Um tubo vazio.
    B. Um tubo contendo citrato.
    C. Um tubo contendo EDTA.
    D. Um tubo contendo oxalatos.
    E. Um tubo com vácuo para excluir o oxigênio.

57. Qual das seguintes afirmativas explica melhor a diferença entre a depuração da creatinina e a depuração da inulina como testes de função renal?
    A. A depuração da creatinina é maior que a da inulina, visto que a creatinina é ativamente secretada nos túbulos renais distais.
    B. A depuração da creatinina é maior que a da inulina, visto que a inulina é ativamente secretada nos túbulos renais proximais.
    C. A depuração da creatinina é maior que a da inulina, visto que a inulina é ativamente secretada nos túbulos renais distais.
    D. A depuração da creatinina é menor que a da inulina, visto que a creatinina é ativamente secretada nos túbulos renais distais.
    E. A depuração da creatinina é menor que a da inulina, visto que a inulina não é totalmente filtrada no glomérulo.

SEÇÃO X
Tópicos especiais (B)

CAPÍTULO 49
Tráfego intracelular e seleção de proteínas

Kathleen M. Botham, Ph.D., D.Sc. e
Robert K. Murray, M.D., Ph.D.

OBJETIVOS
Após o estudo deste capítulo, você deve ser capaz de:

- Saber que muitas proteínas são direcionadas por sequências-sinal a seus destinos corretos, e que o aparelho de Golgi desempenha um papel importante na seleção de proteínas.
- Compreender que sinais especializados estão envolvidos na seleção de proteínas para as mitocôndrias, o núcleo e os peroxissomos.
- Reconhecer que peptídeos-sinal N-terminais desempenham um papel essencial no direcionamento das proteínas recém-sintetizadas para o lúmen do retículo endoplasmático (RE).
- Explicar como as chaperonas impedem o dobramento defeituoso de outras proteínas, como as proteínas incorretamente dobradas são eliminadas e como o RE atua como compartimento de controle de qualidade.
- Explicar o papel da ubiquitina como molécula-chave na degradação das proteínas.
- Reconhecer o importante papel das vesículas transportadoras no transporte intracelular.
- Indicar que muitas doenças resultam de mutações em genes que codificam proteínas envolvidas no transporte intracelular.

IMPORTÂNCIA BIOMÉDICA

As proteínas são sintetizadas em polirribossomos, porém desempenham funções variadas em diferentes localizações subcelulares, incluindo o citosol, organelas específicas ou membranas. Outras proteínas são destinadas à exportação. Portanto, existe considerável **tráfego intracelular de proteínas**. Conforme inicialmente reconhecido por Blobel, em 1970, para que as proteínas possam alcançar suas localizações corretas, sua estrutura contém um sinal ou uma sequência codificante que as **direciona** apropriadamente. Isso levou à identificação de numerosos sinais específicos (**Tabela 49-1**), bem como ao reconhecimento de que **certas doenças** resultam de mutações que afetam adversamente esses sinais. Neste capítulo, são analisados o tráfego intracelular das proteínas e sua seleção; em seguida, são descritos, de maneira sucinta, alguns dos distúrbios que resultam da ocorrência de anormalidades.

MUITAS PROTEÍNAS SÃO DIRECIONADAS POR SEQUÊNCIAS-SINAL PARA SEUS DESTINOS CORRETOS

As vias de biossíntese de proteínas nas células podem ser consideradas como um **grande sistema de seleção**. Muitas proteínas transportam **sinais** (habitualmente, mas nem sempre,

TABELA 49-1 Sequências ou moléculas que direcionam as proteínas para organelas específicas

Sequência ou composto de direcionamento	Organela-alvo
Peptídeo-sinal N-terminal	RE
Sequência KDEL carboxiterminal (Lys-Asp-Glu-Leu) em proteínas residentes do RE em vesículas COPI	Lúmen do RE
Sequências diácidas (p. ex., Asp-X-Glu) em proteínas de membrana em vesículas COPII	Membranas de Golgi
Sequência aminoterminal (20-50 resíduos)	Matriz mitocondrial
NLS (p. ex., Pro$_2$-Lys$_3$-Arg-Lys-Val)	Núcleo
PTS (p. ex., Ser-Lys-Leu)	Peroxissomo
Manose-6-fosfato	Lisossomo

NLS, sinal de localização nuclear; PTS, sequência de direcionamento da matriz peroxissômica; RE, retículo endoplasmático.

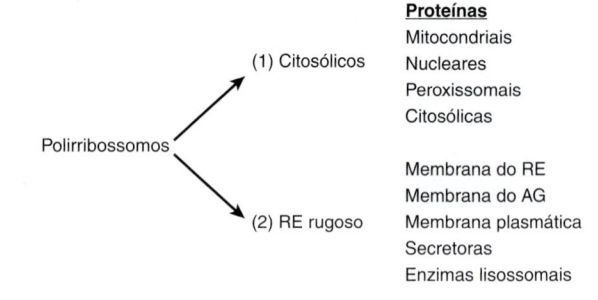

FIGURA 49-1 Os dois ramos da seleção de proteínas. As proteínas são sintetizadas nos polirribossomos citosólicos (livres) ou nos polirribossomos ligados à membrana no RE rugoso. Proteínas mitocondriais codificadas por genes nucleares são derivadas da via citosólica. (AG, aparelho de Golgi; RE, retículo endoplasmático.)

sequências específicas de aminoácidos), que as direcionam para seus destinos subcelulares específicos; esses sinais constituem um componente fundamental do sistema de seleção. Em geral, as sequências-sinal são reconhecidas e interagem com áreas complementares de outras proteínas, que atuam como receptores que reconhecem esses sinais.

Ocorre uma **importante decisão seletiva** no início da biossíntese de proteínas, quando são sintetizadas proteínas específicas nos **polirribossomos citosólicos** (livres) ou **ligados à membrana** (ver Capítulo 37). A **hipótese do sinal** foi proposta por Blobel e Sabatini, em 1971, em parte para explicar a diferença entre os polirribossomos livres e os ligados à membrana. Esses pesquisadores propuseram que as proteínas sintetizadas nos ribossomos ligados à membrana contêm um **peptídeo-sinal N-terminal**, que determina a sua fixação às membranas do RE e facilita a transferência da proteína para o lúmen do RE. Por outro lado, as proteínas sintetizadas nos polirribossomos livres carecem do peptídeo-sinal e conservam o movimento livre no citosol. Um aspecto importante da hipótese do sinal é que **todos os ribossomos apresentam a mesma estrutura**, e que a diferença entre ribossomos ligados à membrana e ribossomos livres depende unicamente das proteínas carreadoras dos primeiros, que apresentam peptídeos-sinal. Como muitas proteínas de membrana são sintetizadas nos polirribossomos ligados à membrana, a hipótese do sinal desempenha um importante papel nos **conceitos de montagem da membrana**. As regiões do RE que contêm polirribossomos fixados são denominadas **RE rugoso** (RER), e a distinção entre os dois tipos de ribossomos resulta em dois ramos da via de seleção de proteínas, conhecidos como **ramo citosólico** e **ramo do RER** (Figura 49-1).

As proteínas sintetizadas pelos polirribossomos citosólicos são dirigidas às mitocôndrias, aos núcleos e aos peroxissomos por sinais específicos, ou permanecem no citosol caso careçam de sinal. Toda proteína que contém uma sequência de direcionamento posteriormente removida é designada como **pré-proteína**. Em alguns casos, um segundo peptídeo também é removido, e, assim, a proteína original é conhecida como **pré-pró-proteína** (p. ex., pré-pró-albumina; ver Capítulo 52).

As proteínas sintetizadas e selecionadas no **ramo do RER** (Figura 49-1) incluem muitas proteínas destinadas às várias membranas (p. ex., do RE, do aparelho de Golgi [AG], da membrana plasmática [MP]), bem como enzimas lisossomais. Além disso, as proteínas para **exportação a partir da célula por exocitose** (secreção) são sintetizadas por essa via. Portanto, essas diversas proteínas podem residir nas membranas ou no lúmen do RE, ou podem seguir a principal via de transporte das proteínas intracelulares para o AG. Na **via secretora** ou **exocítica**, as proteínas são transportadas a partir de RE → AG → MP e, em seguida, liberadas para o ambiente externo. A secreção pode ser **constitutiva**, o que significa que ocorre transporte continuamente, ou pode ser **regulada**, em que o transporte é ativado e desativado, de acordo com as necessidades. As proteínas destinadas ao AG, à MP, a alguns outros sítios ou à secreção constitutiva são transportadas em **vesículas de transporte** (Figura 49-2) (ver também adiante). Outras proteínas sujeitas à **secreção regulada** são transportadas em **vesículas secretoras** (Figura 49-2). Essas vesículas são particularmente proeminentes no pâncreas e em algumas outras glândulas. A passagem de enzimas para os lisossomos, que utilizam o sinal de manose-6-fosfato, é descrita no Capítulo 46.

O aparelho de Golgi está envolvido na glicosilação e na seleção de proteínas

O **AG** desempenha dois papéis importantes na síntese proteica. Em primeiro lugar, ele está envolvido no **processamento das cadeias oligossacarídicas** da membrana e de outras glicoproteínas *N*-ligadas e também contém enzimas envolvidas na *O*-glicosilação (ver Capítulo 46). Em segundo lugar, ele está envolvido na **seleção** de várias proteínas antes de seu transporte a seus destinos intracelulares apropriados. **O AG consiste em cisternas *cis*** (voltadas para o RE), mediais e *trans* (pilhas de membrana) e na rede *trans*-Golgi (TGN, do inglês *trans-Golgi network*) (Figura 49-2). Todas as partes do AG participam da primeira função, enquanto a TGN está particularmente envolvida na segunda função e é muito rica em vesículas.

As chaperonas são proteínas que estabilizam proteínas desdobradas ou parcialmente dobradas

As **chaperonas moleculares** são proteínas que **estabilizam os intermediários desdobrados ou parcialmente dobrados**, proporcionando-lhes tempo suficiente para o seu dobramento

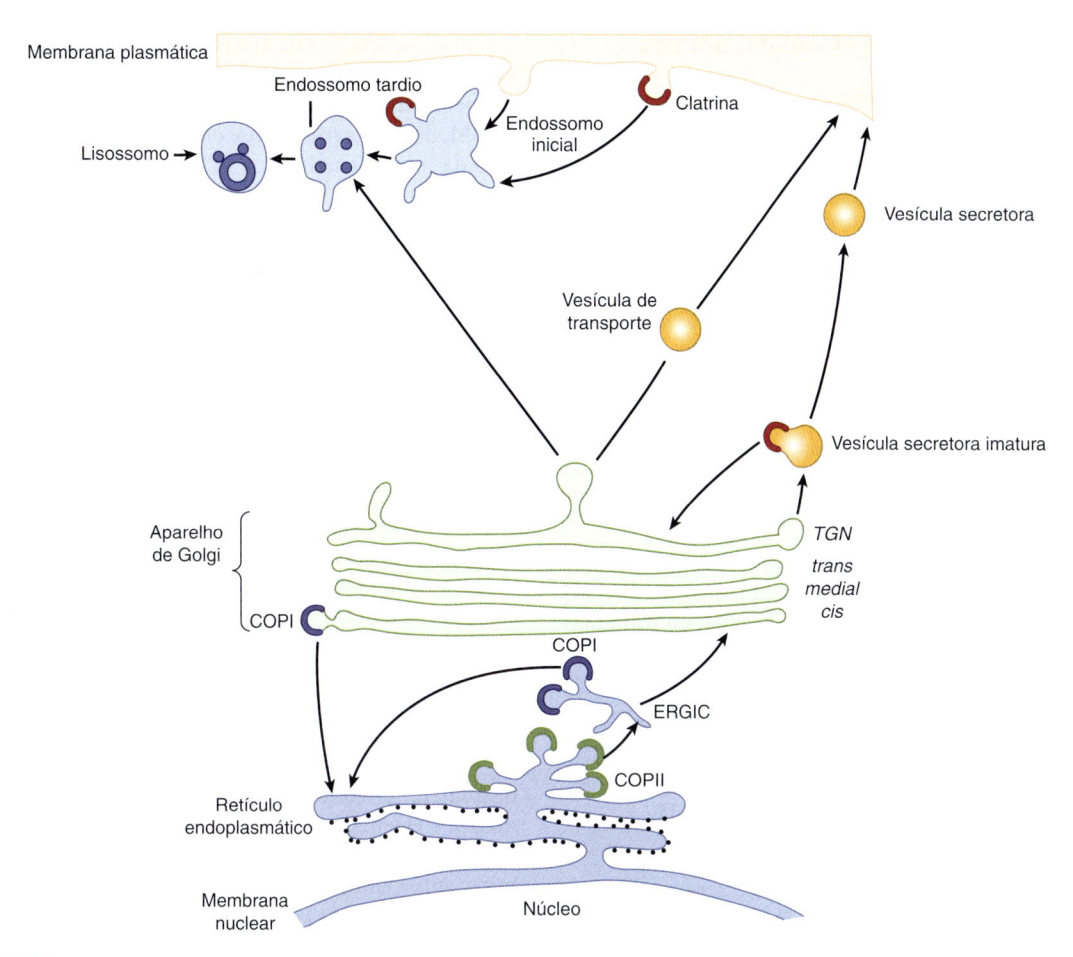

FIGURA 49-2 **O ramo do retículo endoplasmático (RE) rugoso para a seleção de proteínas.** As proteínas recém-sintetizadas são inseridas na membrana ou no lúmen do RE a partir dos polirribossomos ligados à membrana (pequenos círculos pretos recobrindo a superfície citosólica do RE). As proteínas que são transportadas para fora do RE são carreadas em vesículas COPII para o *cis*-Golgi (transporte anterógrado). As proteínas movimentam-se através do Golgi conforme as cisternas (estruturas semelhantes a sacos) se tornam maduras. Na rede *trans*-Golgi (TGN), o lado de exportação do Golgi, as proteínas são segregadas e selecionadas. Na secreção regulada, as proteínas acumulam-se nas vesículas secretoras, ao passo que as proteínas destinadas à inserção na membrana plasmática para secreção constitutiva são levadas para a superfície da célula em vesículas transportadoras. As vesículas revestidas de clatrina estão envolvidas na endocitose, transportando o seu carregamento até os endossomos tardios e os lisossomos. A manose-6-fosfato (não ilustrada; ver Capítulo 46) atua como sinal para transportar enzimas até os lisossomos. As vesículas COPI transportam proteínas do AG para o RE (transporte retrógrado) e podem estar envolvidas em algum transporte intra-Golgi. O carregamento normalmente passa pelo compartimento do complexo intermediário RE-Golgi (ERGIC) até o AG. (Cortesia de E. Degen.)

apropriado, e impedem a ocorrência de interações inadequadas, combatendo a formação de estruturas não funcionais. A maioria das chaperonas exibe **atividade de ATPase** e ligam-se ao difosfato de adenosina (ADP, do inglês *adenosine diphosphate*) e ao trifosfato de adenosina (ATP, do inglês *adenosine triphosphate*). Essa atividade é importante para o seu efeito no dobramento das proteínas. O complexo ADP-chaperona possui, com frequência, alta afinidade pela proteína desdobrada que, quando ligada, estimula a substituição do ADP por ATP. Por sua vez, o complexo ATP-chaperona libera os segmentos da proteína que foram dobrados de maneira apropriada, e o **ciclo** envolvendo a ligação de ADP e ATP é repetido até a liberação da proteína. Elas são necessárias para o direcionamento correto de proteínas para suas localizações subcelulares. Várias propriedades importantes dessas proteínas estão listadas na **Tabela 49-2**.

As **chaperoninas** constituem a segunda classe importante de chaperonas. Elas formam complexas **estruturas semelhantes a um barril** em que uma proteína desdobrada é sequestrada de outras proteínas, fornecendo tempo suficiente e condições apropriadas para o seu dobramento correto. A estrutura da chaperonina bacteriana **GroEL** tem sido estudada em detalhes. Ela é polimérica, possui duas estruturas semelhantes a anéis, cada uma composta por sete subunidades idênticas, e, novamente, o ATP está envolvido em sua ação. A proteína de choque térmico **Hsp60** é a equivalente de GroEL nos eucariotos.

O RAMO CITOSÓLICO DE SELEÇÃO DE PROTEÍNAS DIRECIONA AS PROTEÍNAS PARA ORGANELAS SUBCELULARES

As proteínas sintetizadas pelo ramo de seleção citosólico contêm um sinal de captação, possibilitando que sejam captadas

TABELA 49-2 Algumas propriedades das proteínas chaperonas

- Ocorrem em ampla gama de espécies, desde bactérias a humanos
- Muitas são denominadas proteínas de choque térmico (Hsp)
- Algumas são induzíveis por condições que causam o desdobramento das proteínas recém-sintetizadas (p. ex., temperatura elevada e várias substâncias químicas)
- Ligam-se predominantemente a regiões hidrofóbicas das proteínas desdobradas e impedem a sua agregação
- Atuam, em parte, como mecanismos de controle de qualidade ou de edição para a detecção de proteínas dobradas de maneira imprópria ou defeituosas
- As chaperonas exibem, em sua maioria, atividade de ATPase associada, estando o ATP ou o ADP envolvidos na interação proteína-chaperona
- São encontradas em vários compartimentos celulares, como o citosol, as mitocôndrias e o lúmen do retículo endoplasmático

para o interior da organela subcelular correta, ou, quando estão destinadas ao citosol, não apresentam sinal de direcionamento. Sinais específicos de captação direcionam proteínas para a mitocôndria, o núcleo e os peroxissomos (Tabela 49-1). Como a síntese de proteínas se completa antes que ocorra o transporte, esses processos são chamados de translocação pós-traducional.

A maioria das proteínas mitocondriais é importada

As **mitocôndrias** contêm muitas proteínas. Treze polipeptídeos (principalmente componentes da cadeia de transporte de elétrons da membrana) são codificados pelo **genoma mitocondrial (mt)** e sintetizados naquela organela, utilizando o seu próprio sistema de síntese proteica. Entretanto, a maioria (pelo menos várias centenas) é codificada por **genes nucleares** e sintetizada fora das mitocôndrias nos **polirribossomos citosólicos** e precisa ser importada. Os maiores progressos foram realizados no estudo das proteínas presentes na **matriz mitocondrial**, como as subunidades da ATP-sintase (ver Capítulo 13). Apenas a via de importação das proteínas da matriz será discutida de modo detalhado a seguir.

As **proteínas da matriz** devem percorrer desde os polirribossomos citosólicos através das **membranas mitocondriais externa** e **interna** para alcançar o seu destino. A passagem através das duas membranas é denominada **translocação**. Essas proteínas apresentam uma sequência-líder aminoterminal (**pré-sequência**), com cerca de 20 a 50 aminoácidos de comprimento (Tabela 49-1), que é anfipática e contém muitos aminoácidos hidrofóbicos e de carga positiva (p. ex., Lys ou Arg). A pré-sequência equivale ao peptídeo-sinal que medeia a fixação dos polirribossomos às membranas do RE (ver adiante), porém, nesse caso, **direcionando proteínas para a matriz**. Algumas características gerais da passagem de uma proteína do citosol para a matriz mitocondrial são mostradas na Figura 49-3.

A translocação é um processo **pós-traducional**, que ocorre após a liberação das pré-proteínas da matriz a partir dos polirribossomos citosólicos. As interações com algumas das proteínas citosólicas que atuam como **chaperonas** (ver a seguir) e como **fatores de direcionamento** ocorrem antes da translocação.

Dois **complexos de translocação** distintos estão situados nas membranas mitocondriais externa e interna, designados (respectivamente) como **translocase da membrana externa** (**TOM**, do inglês *translocase of the outer membrane*) e translocase da membrana interna (**TIM**, do inglês *translocase of the inner membrane*). Cada complexo foi analisado, e foi constatado que são constituídos de diversas proteínas, das quais algumas atuam como **receptores** (p. ex., **Tom20/22**) para as proteínas que chegam, enquanto outras atuam como **componentes** (p. ex., **Tom40**) dos **poros transmembrana** através dos quais essas proteínas devem passar. As proteínas devem estar no **estado desdobrado** para passar pelos complexos, e isso torna-se possível pela **ligação dependente de ATP a várias proteínas chaperonas**, incluindo **Hsp70** (Figura 49-3). Nas mitocôndrias, as chaperonas estão envolvidas na translocação, na seleção, no dobramento, na montagem e na degradação das proteínas importadas. É necessária uma **força próton-motriz** através da membrana interna para importação; ela é resultante do **potencial elétrico** através da membrana (interior negativo) e do **gradiente de pH** (ver Capítulo 13). A passagem da sequência-líder de carga positiva através da membrana pode ser auxiliada pela carga negativa da matriz. Além disso, é necessária uma estreita aposição nos **sítios de contato** entre as membranas externa e interna para que ocorra translocação.

A pré-sequência é separada da matriz por uma **protease da matriz**. O contato com **outras chaperonas** presentes na matriz é essencial para completar o processo de importação. A interação com Hsp70 mt (Hsp = proteína de choque térmico; mt = mitocondrial; 70 = cerca de 70 kDa) assegura a importação correta para dentro da matriz e impede o dobramento incorreto ou a agregação, ao passo que a interação com o sistema Hsp60-mt-Hsp10 assegura um dobramento apropriado. As interações das proteínas importadas com as chaperonas mencionadas anteriormente exigem **hidrólise de ATP** para impulsionar a sua ocorrência.

O processo discutido anteriormente descreve a principal via das proteínas destinadas à matriz mitocondrial. Entretanto, determinadas proteínas são inseridas na **membrana mitocondrial externa**, facilitadas pelo complexo da TOM. Outras permanecem no **espaço intermembrana**, enquanto algumas são inseridas na **membrana interna**. Outras, ainda, seguem até a matriz e, em seguida, retornam à membrana interna ou ao espaço intermembrana. Diversas proteínas contêm duas sequências de sinalização – uma para entrar na matriz mitocondrial e outra para mediar a relocação subsequente (p. ex., na membrana interna). Certas proteínas mitocondriais carecem de pré-sequências (p. ex., citocromo *c*, localizado no espaço intermembrana), enquanto outras contêm **pré-sequências internas**. Em geral, as proteínas utilizam vários mecanismos e vias para alcançar o seu destino final nas mitocôndrias.

A **Tabela 49-3** resume as características gerais que se aplicam à importação das proteínas dentro das organelas, incluindo as mitocôndrias e outras organelas, que são discutidas adiante.

O transporte de macromoléculas para dentro e para fora do núcleo envolve sinais de localização

Foi estimado que mais de um milhão de macromoléculas são transportadas por minuto entre o núcleo e o citoplasma em

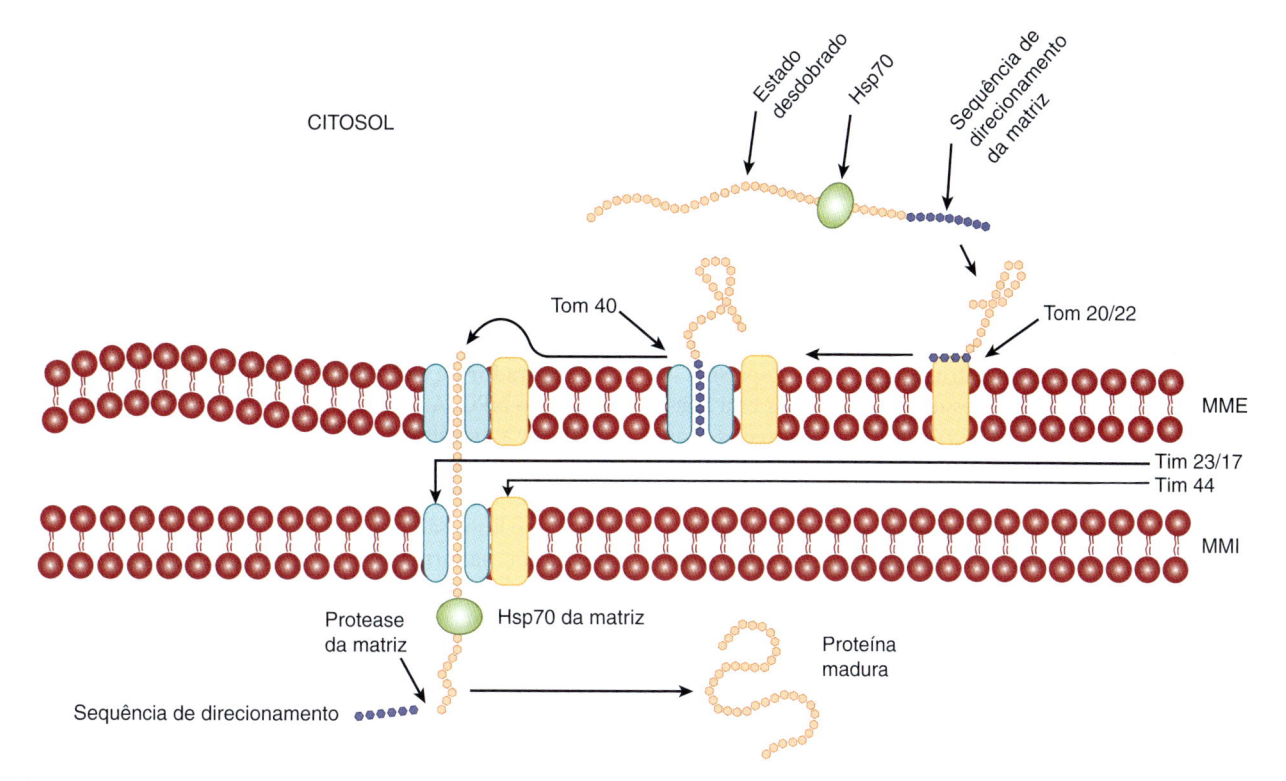

FIGURA 49-3 Entrada de uma proteína na matriz mitocondrial. Após a sua síntese em polirribossomos citosólicos, uma proteína desdobrada contendo uma sequência de direcionamento para a matriz interage com a chaperona citosólica, a Hsp70, e, em seguida, com as mitocôndrias (mt) por meio do receptor translócon da membrana externa (Tom) 20/22. A etapa seguinte consiste em transferência para o canal de importação Tom 40, seguida de translocação através da membrana externa. O transporte através da membrana mt interna ocorre por meio de um complexo constituído das proteínas Tim (translócon da membrana interna) 23 e Tim 17. No interior da membrana mt interna, a proteína interage com a chaperona da matriz Hsp70, que, por sua vez, interage com a proteína de membrana Tim 44. A hidrólise do ATP pela Hsp70 mt provavelmente ajuda a impulsionar a translocação, assim como o interior eletronegativo da matriz. A sequência de direcionamento é subsequentemente clivada pela protease da matriz, e a proteína importada assume o seu formato final, algumas vezes com o auxílio prévio de interação com uma chaperonina mt. No local de translocação, as membranas mt externa e interna estão em estreito contato. MME, membrana mitocondrial externa; MMI, membrana mitocondrial interna. (Modificada, com autorização, de Lodish H, et al.: *Molecular Cell Biology*, 6th ed. W.H. Freeman & Co, 2008.)

TABELA 49-3 Algumas características gerais da importação de proteínas para as organelas

- A importação de uma proteína para uma organela ocorre geralmente em três etapas: reconhecimento, translocação e maturação
- As sequências de direcionamento presentes na proteína são reconhecidas no citoplasma ou na superfície da organela
- Em geral, a proteína é desdobrada para translocação, e esse estado é mantido no citoplasma por chaperonas
- A passagem da proteína através da membrana requer energia e chaperonas das organelas no lado *trans* da membrana
- Os ciclos de ligação e liberação da proteína à chaperona possibilitam que a cadeia polipeptídica seja arrastada através da membrana
- Outras proteínas existentes dentro da organela catalisam o dobramento da proteína, fixando, frequentemente, cofatores ou oligossacarídeos e efetuando a sua montagem em monômeros ou oligômeros ativos

Fonte: Dados de McNew JA, Goodman JM: The targeting and assembly of peroxissomal proteins: some old rules do not apply. Trends Biochem Sci 1998;21:54. Reimpressa, com autorização, de Elsevier.

uma célula eucariótica ativa. Essas macromoléculas incluem histonas, proteínas e subunidades ribossomais, fatores de transcrição e moléculas de mRNA. O transporte é bidirecional e ocorre por meio dos **complexos dos poros nucleares** (NPCs, do inglês *nuclear pore complexes*). Os NPCs são estruturas complexas, que apresentam uma massa aproximadamente 15 vezes maior que a de um ribossomo e são constituídas de agregados de cerca de 30 proteínas diferentes. O diâmetro mínimo de um NPC é de aproximadamente 9 nm. As moléculas com menos de 40 kDa podem atravessar o canal do NPC por **difusão**, porém existem **mecanismos de translocação especiais** para moléculas maiores.

Aqui, serão descritos principalmente os conhecimentos atuais sobre a **importação nuclear** de determinadas macromoléculas. A conclusão geral que pode ser tirada é que as proteínas a serem importadas (moléculas de carga) transportam um **sinal de localização nuclear** (**NLS**, do inglês *nuclear localization signal*). Um exemplo de NLS é a sequência de aminoácidos $(Pro)_2$-$(Lys)_3$-Arg-Lys-Val (Tabela 49-1), que é significativamente rica em resíduos básicos. Dependendo do NLS que ela possua, uma molécula de carga interage com um membro de uma família de proteínas solúveis, denominadas **importinas**, e o complexo **ancora-se** transitoriamente ao NPC. Outra família de proteínas, denominada **Ran**, desempenha um papel regulador crítico na interação do complexo com o NPC, bem como na sua translocação através desse complexo. As proteínas Ran consistem em **GTPases** nucleares monoméricas pequenas e, à semelhança de outras GTPases, existem nos estados ligado ao GTP ou ligado ao GDP. Essas proteínas são reguladas por **fatores de troca de nucleotídeos de guanina** (**GEFs**, do inglês *guanine nucleotide exchange factors*), que estão localizados no núcleo, e por **proteínas aceleradoras de GTPase** (**GAPs**, do inglês *GTPase-accelerating proteins*) de Ran, que são predominantemente citoplasmáticas. O estado da Ran ligado ao GTP é favorecido no núcleo, ao passo que a forma ligada ao GDP predomina no citoplasma. As conformações e as atividades das moléculas de Ran variam, dependendo da ligação de GTP ou de GDP a essas proteínas (a forma ligada ao GTP é ativa; ver discussão das proteínas G no Capítulo 42). Acredita-se que a **assimetria** entre o núcleo e o citoplasma – no que diz respeito a qual desses dois nucleotídeos está ligado às moléculas de Ran – seja crucial para compreender as funções da Ran na transferência unidirecional de complexos através do NPC. Quando as **moléculas de carga são liberadas no interior do núcleo**, as **importinas recirculam para o citoplasma** para serem utilizadas novamente. A **Figura 49-4** fornece um resumo de algumas das principais características do processo descrito anteriormente.

Proteínas semelhantes às importinas, designadas como **exportinas**, estão envolvidas na exportação de muitas macromoléculas (várias proteínas, moléculas de tRNA, subunidades ribossomais e certas moléculas de mRNA) presentes no núcleo. As moléculas de carga para exportação apresentam **sinais de exportação nuclear** (**NESs**, do inglês *nuclear export signals*). As proteínas Ran também estão envolvidas nesse processo, e atualmente está bem estabelecido que os processos de importação e exportação compartilham certas características. As importinas e exportinas pertencem à família das **carioferinas**.

Outro sistema está envolvido na translocação da maior parte das **moléculas de mRNA**. Essas moléculas são exportadas do núcleo para o citoplasma na forma de complexos de ribonucleoproteína (RNP) fixados a uma proteína denominada **exportador de mRNP**, que transporta moléculas de RNP através do NPC. A Ran não está envolvida. Esse sistema parece utilizar a hidrólise do **ATP** por uma RNA-helicase (Dbp5) para impulsionar a translocação.

Outras **GTPases monoméricas pequenas** (p. ex., ARF, Rab, Ras e Rho) são importantes em diversos processos celulares, como na formação e no transporte de vesículas (ARF e Rab; ver adiante), em determinados processos de crescimento e de diferenciação (Ras) e na formação do citoesqueleto de actina (Rho). Um processo envolvendo GTP e GDP também é crucial no transporte de proteínas através da membrana do RE (ver adiante).

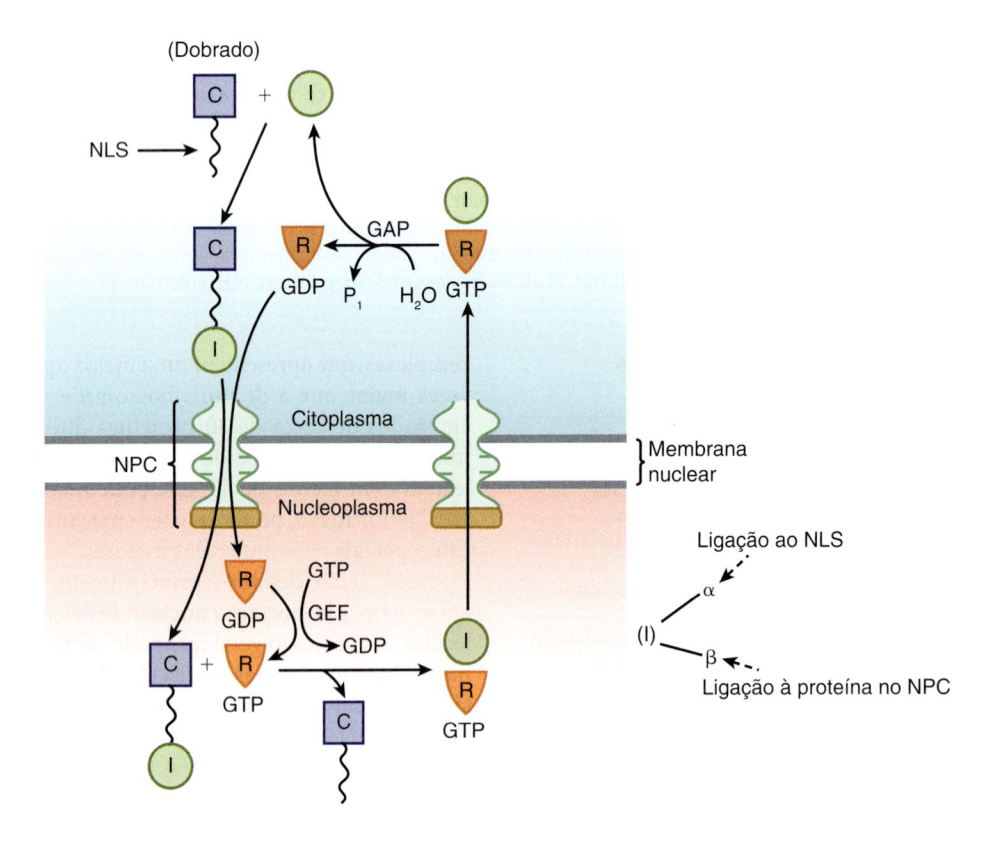

FIGURA 49-4 **Entrada de uma proteína no nucleoplasma.** Uma molécula de carga (C) no citoplasma interage via sinal de localização nuclear (NLS) para formar um complexo com uma importina (I). (Pode ser uma importina α ou as importinas α e β.) Esse complexo liga-se a Ran (R)·GDP e atravessa o complexo do poro nuclear (NPC) no nucleoplasma. No nucleoplasma, Ran·GDP é convertida em Ran·GTP pelo fator de troca de nucleotídeos de guanina (GEF), provocando uma mudança de conformação da Ran, que libera a molécula de carga. Em seguida, o complexo I-Ran·GTP deixa o nucleoplasma pelo NPC para retornar ao citoplasma. Aqui, a importina (I) é liberada pela ação da proteína de aceleração da GTPase (GAP), que converte o GTP em GDP, possibilitando a sua ligação a outra C. A Ran·GTP constitui a forma ativa do complexo, enquanto a forma Ran·GDP é inativa. Acredita-se que a direcionalidade seja conferida ao processo global pela dissociação da Ran·GTP no citoplasma. (Modificada, com autorização, de Lodish H, et al.: *Molecular CellBiology*, 6th ed. W.H. Freeman & Co, 2008.)

As proteínas importadas para os peroxissomos transportam sequências de direcionamento singulares

O **peroxissomo** é uma organela importante envolvida em certos aspectos do metabolismo de numerosas moléculas, incluindo ácidos graxos e outros lipídeos (p. ex., plasmalogênios, colesterol, ácidos biliares), purinas, aminoácidos e peróxido de hidrogênio. O peroxissomo é delimitado por uma única membrana e contém mais de 50 enzimas; a catalase e a urato-oxidase são enzimas marcadoras dessa organela. Suas proteínas são **sintetizadas em polirribossomos citosólicos**, e o seu dobramento ocorre antes da importação. As vias de importação de algumas de suas proteínas e enzimas foram estudadas, algumas das quais são **componentes da matriz** (**Figura 49-5**), e outras, **componentes da membrana**. Foram descobertas pelo menos duas **sequências de direcionamento da matriz peroxissomal** (**PTSs**, do inglês *peroxisomal-matrix targeting sequences*). Uma delas, a **PTS1**, é um tripeptídeo (i.e., Ser-Lys-Leu [SKL], porém foram detectadas variações dessa sequência) localizado na extremidade carboxiterminal de diversas proteínas da matriz, incluindo a catalase. Outra, a **PTS2**, é uma sequência de nove aminoácidos na extremidade N-terminal, e foi detectada em pelo menos quatro proteínas da matriz (p. ex., tiolase). Nenhuma dessas duas sequências é clivada após a sua entrada na matriz. As proteínas que contêm sequências de PTS1 **formam complexos** com uma proteína receptora citosólica (**Pex5**) e as proteínas que contêm sequências de PTS2 formam complexos com outra proteína receptora (**Pex7**). Em seguida, os complexos resultantes interagem com um complexo receptor da membrana, **Pex2/10/12**, que os transloca para a matriz. Existem também proteínas envolvidas no transporte subsequente das proteínas para a matriz. O Pex5 é reciclado para o citosol. Foi constatado que a maioria das **proteínas de membrana dos peroxissomos** não contém nenhuma das duas sequências de direcionamento citadas anteriormente, mas, aparentemente, apresenta outras sequências. O sistema de importação pode processar **oligômeros intactos** (p. ex., catalase tetramérica). A importação de **proteínas da matriz** requer **ATP**, ao passo que a importação de **proteínas de membrana não exige a sua presença**.

A maioria dos casos de síndrome de Zellweger é causada por mutações dos genes envolvidos na biogênese dos peroxissomos

O interesse na importação de proteínas para dentro dos peroxissomos foi estimulado pelos estudos da **síndrome de Zellweger**. Essa doença se manifesta ao nascimento e se caracteriza por **profundo comprometimento neurológico**, e as vítimas muitas vezes chegam ao óbito em 1 ano. A quantidade de peroxissomos pode variar, desde um número quase normal até praticamente a sua ausência em alguns pacientes. Os achados bioquímicos consistem em acúmulo de ácidos graxos de cadeia muito longa, anormalidades na síntese dos ácidos biliares e acentuada redução dos plasmalogênios. A condição é geralmente causada por **mutações** em genes que codificam

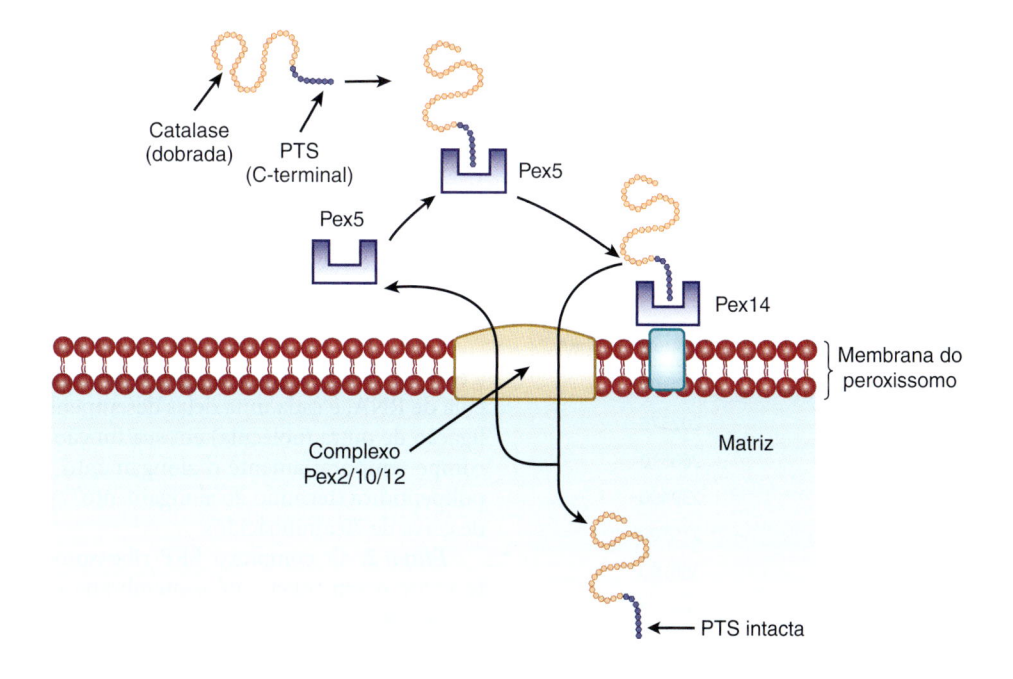

FIGURA 49-5 **Entrada de uma proteína na matriz peroxissomal.** A proteína a ser importada para a matriz é sintetizada nos polirribossomos citosólicos, assume seu formato dobrado antes da importação e contém uma sequência de direcionamento da matriz peroxissomal (PTS) C-terminal. Liga-se à proteína receptora citosólica Pex5, e, em seguida, o complexo interage com um receptor na membrana peroxissomal, Pex14. Por sua vez, o complexo proteína-Pex14 passa para o complexo Pex2/10/12 na membrana peroxissomal e é translocado. O receptor Pex5 retorna ao citosol. A proteína conserva a sua PTS na matriz. (Modificada, com autorização, de Lodish H, et al.: *Molecular Cell Biology*, 6th ed. W.H. Freeman & Co, 2008.)

determinadas proteínas – a família de genes PEX, também chamada de **peroxinas** – envolvidas em várias etapas da **biogênese do peroxissomo** (como a importação das proteínas anteriormente descritas) ou dos genes que codificam algumas enzimas peroxissomais. Duas doenças estreitamente relacionadas são a **adrenoleucodistrofia neonatal** e a **doença de Refsum infantil**. A síndrome de Zellweger e essas duas doenças representam um **espectro** de manifestações superpostas, entre as quais a síndrome de Zellweger é a **mais grave** (muitas proteínas afetadas) e a doença de Refsum infantil é a menos grave (apenas uma ou poucas proteínas afetadas). A **Tabela 49-4** fornece uma lista dessas doenças e de distúrbios relacionados.

AS PROTEÍNAS SELECIONADAS PELO RAMO DO RETÍCULO ENDOPLASMÁTICO RUGOSO POSSUEM PEPTÍDEOS-SINAL N-TERMINAIS

Conforme indicado anteriormente, o **ramo do RER** é o segundo dos dois ramos envolvidos na síntese e na seleção das proteínas. Nesse ramo, as proteínas apresentam **peptídeos-sinal N-terminais** e são sintetizadas nos **polirribossomos ligados à membrana**. Em geral, são **translocadas para o lúmen** do RER antes da seleção posterior (Figura 49-2). Entretanto, algumas proteínas de membrana são transferidas diretamente para o interior da membrana do RE, sem alcançar o lúmen.

Algumas características dos peptídeos-sinal N-terminais estão resumidas na **Tabela 49-5**.

Existem muitas **evidências que sustentam** a hipótese do sinal, confirmando que os peptídeos-sinal N-terminais estão envolvidos no processo de translocação da proteína através da membrana do RE. Por exemplo, as proteínas mutantes que contêm peptídeos-sinal alterados, nos quais os aminoácidos hidrofóbicos são substituídos por aminoácidos hidrofílicos,

TABELA 49-4 Distúrbios causados por anormalidades dos peroxissomos

	Número OMIM[a]
Síndrome de Zellweger	214100
Adrenoleucodistrofia neonatal	202370
Doença de Refsum infantil	266510
Acidemia hiperpipecólica	239400
Condrodisplasia puntiforme rizomélica	215100
Adrenoleucodistrofia	300100
Pseudoadrenoleucodistrofia neonatal	264470
Pseudossíndrome de Zellweger	261515
Hiperoxalúria tipo 1	259900
Acatalasemia	115500
Deficiência de glutaril-CoA-oxidase	231690

[a] OMIM, *Online Mendelian Inheritance in Man*. Cada número especifica uma referência pela qual podem ser encontradas informações sobre cada um dos distúrbios citados.
Fonte: Reproduzida, com autorização, de Seashore MR, Wappner RS: *Genetics in Primary Care & Clinical Medicine*. Appleton & Lange, 1996.

TABELA 49-5 Algumas propriedades dos peptídeos-sinal que direcionam as proteínas para o RE

- Localizados geralmente, mas nem sempre, na região aminoterminal
- Contêm aproximadamente 12-35 aminoácidos
- A metionina frequentemente é o aminoácido aminoterminal
- Contêm um grupo central (cerca de 6-12) de aminoácidos hidrofóbicos
- A região próxima ao N-terminal apresenta carga líquida positiva
- O resíduo de aminoácido no local de clivagem é variável, porém os resíduos −1 e −3 relacionados ao local de clivagem devem ser pequenos e neutros

não são inseridas no lúmen do RE. Por outro lado, proteínas não membranares (p. ex., α-globina) às quais foram fixados peptídeos-sinal por engenharia genética podem ser inseridas no lúmen do RE ou até mesmo secretadas.

A translocação de proteínas para o retículo endoplasmático pode ser cotraducional ou pós-traducional

As proteínas nascentes são, em sua maioria, transferidas através da membrana do RE para o lúmen pela **via cotraducional**, assim denominada pelo fato de que o processo ocorre durante a síntese de proteínas. O processo de alongamento da porção restante da proteína que está sendo sintetizada provavelmente facilita a passagem da proteína nascente através da bicamada lipídica. É importante que as proteínas sejam mantidas em **estado desdobrado** antes de entrar no canal de condutância – caso contrário, podem não ser capazes de ter acesso ao canal. A via envolve várias proteínas especializadas, incluindo a **partícula de reconhecimento de sinal** (**SRP**, do inglês *signal recognition particle*), o **receptor de SRP** (**SRP-R**) e o **translócon**. O translócon consiste em três proteínas de membrana (o complexo Sec61), que formam um **canal de condução de proteínas** na membrana do RE, através da qual a proteína recém-sintetizada pode passar. O canal **só se abre quando um peptídeo-sinal estiver presente**. O fechamento do canal quando não está havendo translocação de proteínas impede o vazamento de íons, como cálcio e outras moléculas, causando disfunção celular. O processo segue por cinco etapas, que estão resumidas a seguir, bem como na **Figura 49-6**.

Etapa 1: A sequência-sinal emerge do ribossomo e liga-se à **SRP**. A SRP contém **seis proteínas** associadas a uma molécula de RNA, e cada uma delas desempenha um papel (p. ex., ligação de outra molécula) em sua função. Essa ligação interrompe temporariamente o alongamento posterior da cadeia polipeptídica (término do alongamento) após a polimerização de cerca de 70 aminoácidos.

Etapa 2: O complexo SRP-ribossomo-proteína nascente segue o seu trajeto até a membrana do RE, onde se liga ao **SRP-R**, uma proteína da membrana do RE composta por duas subunidades. A subunidade α (SPR-Rα) liga-se ao complexo SRP, enquanto a subunidade β que atravessa a membrana (SPR-Rβ) ancora SPR-Rα na membrana do RE. A SRP orienta o complexo para o SRP-R, que impede a expulsão prematura do polipeptídeo em crescimento no citosol.

Etapa 3: A SRP é liberada, a tradução recomeça, o ribossomo liga-se ao **translócon** (**complexo Sec61**), e o peptídeo-sinal é inserido no canal no translócon. A SRP e ambas as subunidades do SRP-R ligam-se ao **GTP**, e isso possibilita a sua interação, resultando em hidrólise do GTP. Em seguida, a SRP dissocia-se do SRP-R e é liberada, e o ribossomo liga-se ao translócon, possibilitando a entrada do peptídeo-sinal.

Etapa 4: O peptídeo-sinal induz a abertura do canal no translócon, induzindo o movimento da tampa (mostrada na base do translócon, na Figura 49-6). Em seguida, o peptídeo em crescimento é totalmente translocado através da membrana, sendo o processo impulsionado pela sua síntese contínua.

Etapa 5: Ocorre clivagem do peptídeo-sinal pela **peptidase-sinal** e o polipeptídeo/proteína totalmente translocado é liberado no lúmen do RE. O peptídeo-sinal é degradado por proteases. Os ribossomos são liberados da membrana do RE e dissociam-se em seus dois tipos de subunidades.

As **proteínas secretoras** e as **proteínas solúveis destinadas às organelas distais ao RE** atravessam totalmente a bicamada da membrana e são descarregadas no lúmen. Muitas proteínas secretoras são N-glicosiladas. As **cadeias de N-glicanos**, quando presentes, são adicionadas pela enzima **oligossacarídeo:proteína-transferase** (ver Capítulo 46) à medida que essas proteínas atravessam a parte interna da membrana do RE – um processo denominado **glicosilação cotraducional**. Em seguida, essas glicoproteínas são encontradas no **lúmen do aparelho de Golgi**, onde ocorrem alterações adicionais nas cadeias de glicano (ver Capítulo 46) antes da distribuição intracelular ou secreção.

Em contrapartida, as proteínas destinadas a ser incorporadas nas **membranas do RE** ou em **outras membranas** ao longo da via secretora sofrem apenas **translocação parcial** através da membrana do RE (etapas 1 a 4, anteriormente). Elas são capazes de inserir-se na membrana do RE por transferência lateral através da parede do translócon (ver a seguir).

A **translocação pós-traducional** de proteínas para o RE ocorre em eucariotos, embora seja menos comum do que a via cotraducional. O processo (**Figura 49**-7) envolve o complexo translócon Sec61, o **complexo Sec62/Sec63**, que é também ligado à membrana, e as proteínas chaperonas da família da Hsp70. Algumas destas também impedem o dobramento da proteína no citosol; porém, uma delas, a **proteína de ligação da imunoglobulina** (**BiP**, do inglês *binding immunoglobulin protein*), encontra-se no interior do lúmen do RE. A proteína a ser translocada inicialmente se liga ao translócon, e as chaperonas citosólicas são liberadas. Em seguida, a extremidade-líder do peptídeo liga-se à BiP no lúmen. O ATP ligado à BiP interage com Sec62/63, o ATP é hidrolisado a ADP e fornece energia para o movimento da proteína adiante, ao passo que o BiP-ADP ligado impede o seu movimento de volta ao citosol. Ele pode, em seguida, ser encaminhado por ligação sequencial às moléculas BiP e por hidrólise de ATP. Quando o peptídeo completo tiver penetrado no lúmen, o ADP é trocado por ATP, permitindo que a BiP seja liberada. Além de sua função na seleção de proteínas para o lúmen do RE, a BiP **promove o dobramento apropriado ao prevenir a agregação** e se liga temporariamente às cadeias pesadas de imunoglobulina e a muitas outras proteínas anormalmente dobradas, impedindo que deixem o RE.

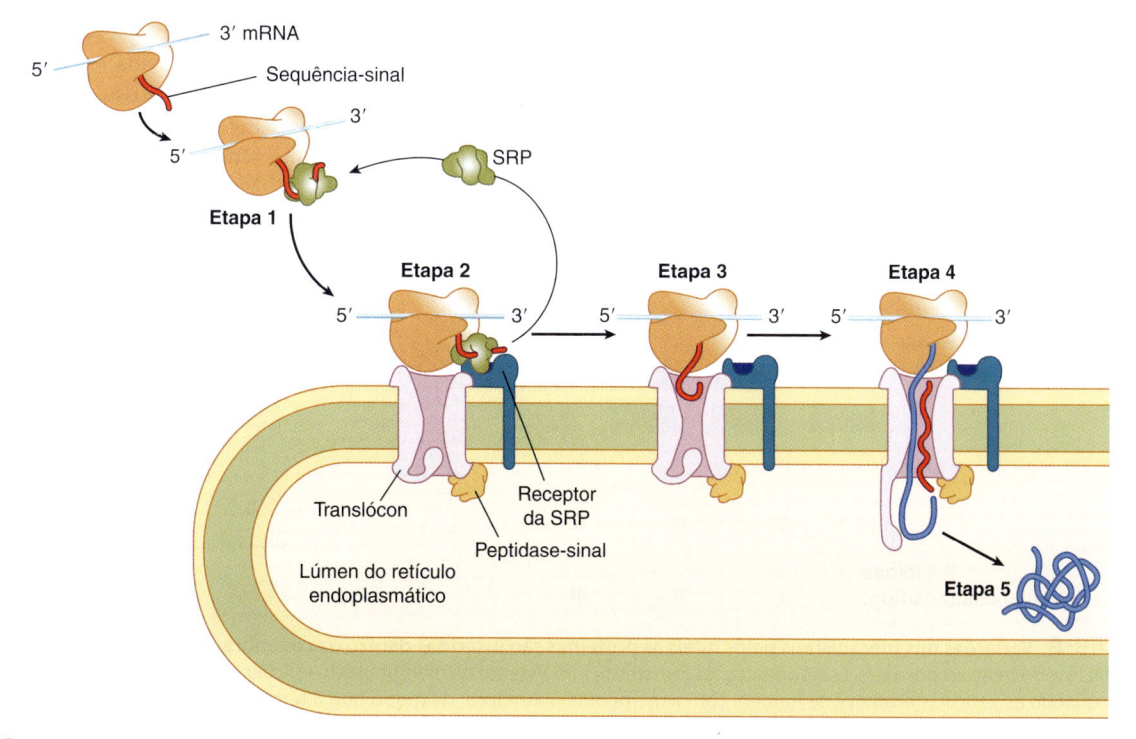

FIGURA 49-6 Endereçamento cotraducional das proteínas secretoras para o retículo endoplasmático (RE). **Etapa 1:** À medida que a sequência-sinal emerge do ribossomo, ela é reconhecida e ligada pela partícula de reconhecimento de sinal (SRP) e a tradução é interrompida. **Etapa 2:** A SRP escolta o complexo até a membrana do RE, onde se liga ao receptor de SRP (SR). **Etapa 3:** A SRP é liberada, o ribossomo liga-se ao translócon, a tradução recomeça e a sequência-sinal é inserida no canal da membrana. **Etapa 4:** A sequência-sinal abre o translócon, e a cadeia polipeptídica em crescimento é translocada através da membrana. **Etapa 5:** A clivagem da sequência-sinal pela peptidase-sinal libera o polipeptídeo no lúmen do RE. (Reproduzida, com autorização, de Cooper GM, Hausman RE: *The Cell:* A Molecular Approach. Sinauer Associates, Inc, 2009.)

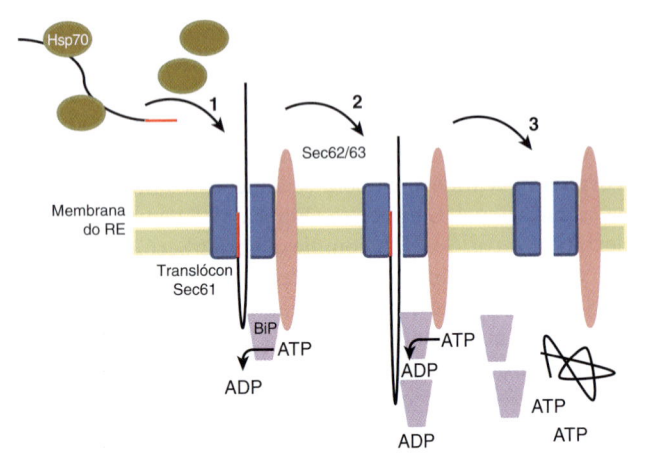

FIGURA 49-7 Translocação pós-traducional de proteínas para dentro do retículo endoplasmático (RE). 1. Proteínas sintetizadas no citosol têm o seu dobramento impedido pelas proteínas chaperonas, como os membros da família da Hsp70. A sequência-sinal N-terminal insere-se no complexo translócon Sec61 e as chaperonas citosólicas são liberadas. A BiP interage com a proteína e o complexo Sec62/63, e seu ATP ligado é hidrolisado a ADP. 2. A proteína é impedida de retornar ao citosol pela BiP ligada e pela ligação sucessiva de BiP, e a hidrólise de ATP puxa a proteína para o interior do lúmen. 3. Quando a proteína completa está no interior, ADP é trocado por ATP, e BiP é liberada.

Há evidências de que a membrana do RE está envolvida no **transporte retrógrado** de várias moléculas do lúmen do RE **para o citosol**. Essas moléculas incluem glicoproteínas desdobradas ou dobradas de maneira imprópria, glicopeptídeos e oligossacarídeos. Pelo menos algumas moléculas são **degradadas em proteassomos** (ver a seguir). A participação do translócon na retrotranslocação não está bem esclarecida; um ou mais canais adicionais podem estar envolvidos. De qualquer forma, existe **tráfego bidirecional** através da membrana do RE.

AS PROTEÍNAS SEGUEM VÁRIOS CAMINHOS PARA A SUA INSERÇÃO OU FIXAÇÃO NAS MEMBRANAS DO RETÍCULO ENDOPLASMÁTICO

Os caminhos que as proteínas seguem para serem inseridas nas membranas do RE incluem a inserção cotraducional, a inserção pós-traducional, a retenção no AG seguida pela recuperação para o RE, e o transporte retrógrado a partir do AG.

A inserção cotraducional exige sequências de término de transferência ou sequências de inserção interna

A **Figura 49-8** ilustra diversas maneiras pelas quais as proteínas são distribuídas nas membranas. Em particular, as extremidades **aminoterminais** de determinadas proteínas (p. ex., o receptor de lipoproteínas de baixa densidade [LDL, do inglês *low-density lipoproteins*]) podem ser encontradas na face extracitoplasmática, ao passo que, para outras proteínas (p. ex., o receptor de assialoglicoproteínas), as extremidades **carboxiterminais** encontram-se nessa face. Essas disposições são explicadas pelos eventos iniciais de biossíntese na membrana do RE. Proteínas, como o **receptor de LDL**, entram na membrana do RE por um processo análogo ao de uma proteína secretora (Figura 49-6); elas atravessam parcialmente a membrana do RE, o peptídeo-sinal é clivado, e a sua região aminoterminal faz protrusão no lúmen (ver também Figura 49-14). Entretanto, esse tipo de proteína contém um segmento altamente hidrofóbico que atua como **sinal de término de transferência** e leva à sua retenção na membrana (**Figura 49-9**). Essa sequência possui sua extremidade N-terminal no lúmen do RE e a C-terminal no citosol; o sinal de término de transferência forma o único segmento

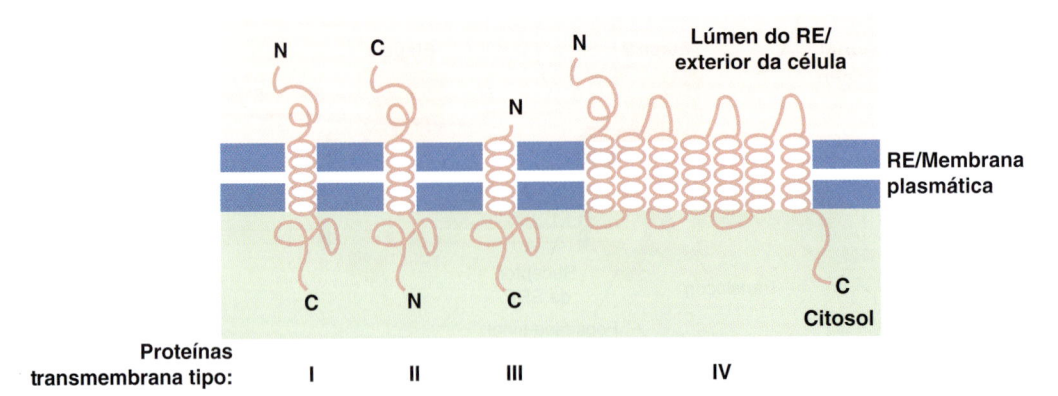

FIGURA 49-8 Variações nos mecanismos pelos quais as proteínas são inseridas dentro das membranas. Esta representação esquemática ilustra diversas orientações possíveis. Essas orientações formam-se inicialmente na membrana do retículo endoplasmático (RE); entretanto, são conservadas quando as vesículas brotam e se fundem com a membrana plasmática, de modo que o terminal inicialmente voltado para o lúmen do RE sempre se volta para fora da célula. As proteínas transmembrana tipo I (p. ex., o receptor de LDL e a hemaglutinina da *influenza*) atravessam a membrana uma vez e apresentam suas regiões aminoterminais no lúmen do RE/exterior da célula. As proteínas transmembrana tipo II (p. ex., as assialoglicoproteínas e os receptores de transferrina) também atravessam a membrana uma vez, porém apresentam suas regiões C-terminais no lúmen do RE/exterior da célula. As proteínas transmembrana tipo III (p. ex., o citocromo P450, uma proteína de membrana do RE) apresentam disposição semelhante às proteínas tipo I, porém não contêm um peptídeo-sinal passível de clivagem. As proteínas transmembrana tipo IV (p. ex., os receptores acoplados à proteína G e os transportadores de glicose) atravessam a membrana várias vezes (7 vezes no caso dos receptores e 12 vezes no caso dos transportadores); elas também são denominadas proteínas politópicas de membrana. (C, carboxiterminal; N, aminoterminal.)

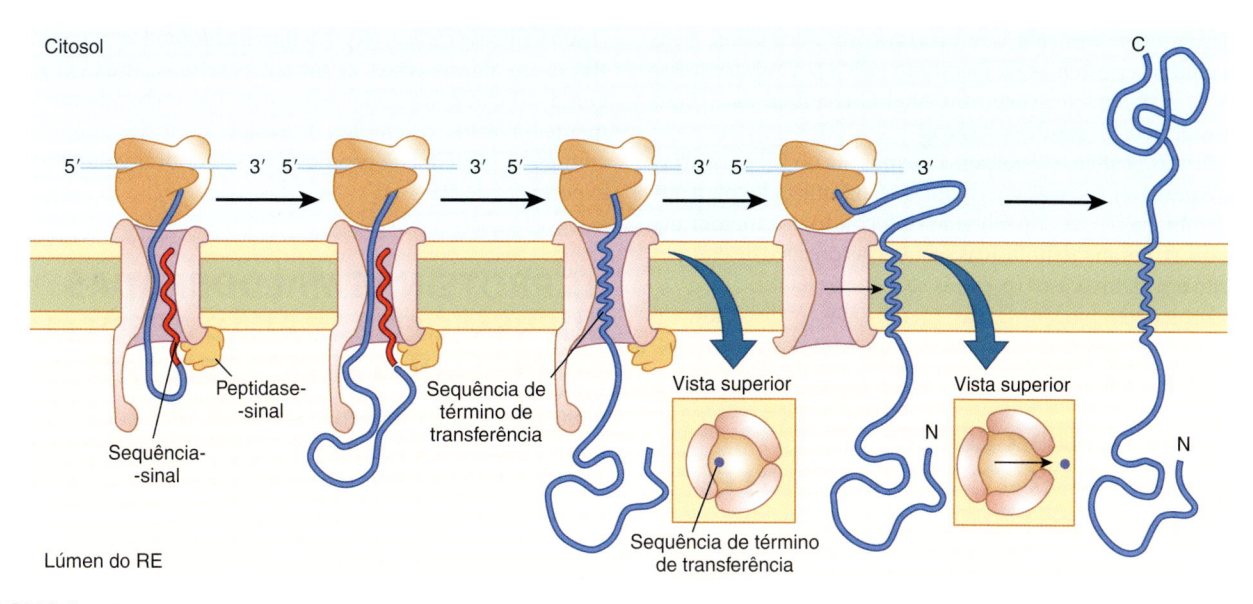

FIGURA 49-9 **Inserção de uma proteína de membrana com uma sequência-sinal passível de clivagem e uma única sequência de término de transferência.** A sequência-sinal é clivada à medida que a cadeia polipeptídica atravessa a membrana, de modo que a região aminoterminal da cadeia polipeptídica fica exposta no lúmen do retículo endoplasmático (RE). Entretanto, a translocação da cadeia polipeptídica através da membrana é interrompida quando o translócon reconhece uma sequência de término de transferência transmembrana. Isso permite que a proteína deixe o canal pelo portão lateral e se ancore na membrana do RE. A continuação da tradução resulta em uma proteína que atravessa a membrana, com a sua região carboxiterminal no lado citosólico. (Reproduzida, com autorização, de Cooper GM, Hausman RE: *The Cell: A Molecular Approach*. Sinauer Associates, Inc, 2009.)

transmembrana da proteína e constitui o seu domínio de âncora na membrana. Acredita-se que a proteína deixe o translócon para o interior da membrana por um portão lateral que se abre e fecha continuamente, permitindo que as sequências hidrofóbicas penetrem na bicamada lipídica.

A pequena placa de membrana do RE na qual está localizado o receptor de LDL recém-sintetizado brota, em seguida, como componente de uma vesícula de transporte, que, por fim, se funde com a MP, de modo que as regiões C-terminais ficarão voltadas para o citosol e as N-terminais agora se voltarão para o exterior da célula (Figura 49-14). Em contrapartida, o **receptor das assialoglicoproteínas** carece de um peptídeo-sinal N-terminal passível de clivagem, mas possui uma **sequência de inserção interna**, que se insere na membrana, mas que não pode ser clivada. Esta atua como uma âncora, e a sua região C-terminal é colocada através da membrana para o interior do lúmen do RE. O citocromo P450 é ancorado de forma semelhante, porém sua porção N-terminal, e não a C-terminal, é colocada para o interior do lúmen. A disposição mais complexa de um **transportador transmembrana** (p. ex., para a glicose) que possa ter atravessado a membrana até 12 vezes pode ser explicada pelo fato de as α-hélices transmembrana alternadas atuarem como sequências de inserção não clivadas e como sinais de término de transferência, respectivamente. Cada par de segmentos helicoidais é inserido como um grampo de cabelo. As sequências que determinam a estrutura de uma proteína em uma membrana são denominadas **sequências topogênicas**. O receptor de LDL, o receptor de assialoglicoproteínas e o transportador de glicose são exemplos de proteínas transmembrana tipos I, II e IV e são encontrados na MP, ao passo que o citocromo P450 é um exemplo de uma proteína tipo III que permanece na membrana do RE (Figura 49-8).

Algumas proteínas são sintetizadas nos polirribossomos livres e ligam-se à membrana do retículo endoplasmático após a tradução

As proteínas podem penetrar na membrana do RE após a tradução através do portão lateral no translócon, de forma semelhante às moléculas selecionadas cotraducionalmente. Um exemplo é o **citocromo b_5**, que parece penetrar diretamente na membrana do RE após a tradução, auxiliado por várias chaperonas.

Outros caminhos incluem a retenção no AG com recuperação para o RE, bem como o transporte retrógrado a partir do AG

Diversas proteínas apresentam a sequência de aminoácidos **KDEL** (Lys-Asp-Glu-Leu) em sua região carboxiterminal (ver Tabela 49-1). As proteínas que contêm KDEL deslocam-se inicialmente para o **AG** em **vesículas cobertas com a proteína de cobertura II (COPII)** (ver a seguir). Esse processo é conhecido como **transporte vesicular anterógrado**. No AG, elas interagem com uma proteína receptora específica de KDEL, que as retém temporariamente. Em seguida, **retornam ao RE em vesículas cobertas com COPI** (**transporte vesicular retrógrado**), onde se dissociam do receptor e são, portanto, recuperadas. As sequências HDEL (H, histidina) têm finalidade semelhante. Os processos recém-descritos levam à localização final de certas proteínas solúveis no lúmen do RE.

Outras **proteínas que não contêm KDEL** também passam para o AG e, em seguida, retornam por transporte vesicular retrógrado ao RE, onde são inseridas. Essas proteínas incluem componentes da vesícula que precisam ser reciclados, bem como algumas proteínas da membrana do RE. Com frequência, essas proteínas possuem um sinal C-terminal localizado no citosol, rico em resíduos básicos.

Assim, as proteínas alcançam a membrana do RE por **várias vias**, e é provável que vias semelhantes sejam utilizadas para outras membranas (p. ex., membranas mitocondriais e membrana plasmática). Foram identificadas sequências precisas de endereçamento em alguns casos (p. ex., as sequências KDEL).

O tópico da biogênese das membranas é discutido de modo mais detalhado em seções subsequentes deste capítulo.

O RE FUNCIONA COMO COMPARTIMENTO DE CONTROLE DE QUALIDADE DA CÉLULA

Após a sua entrada no RE, as proteínas recém-sintetizadas procuram dobrar-se com o auxílio das chaperonas e de enzimas de dobramento, e seu estado de dobramento é monitorado por chaperonas e também por enzimas (**Tabela 49-6**).

A chaperona **calnexina** é uma proteína de ligação ao cálcio localizada na membrana do RE. Essa proteína se liga a uma ampla variedade de proteínas, inclusive aos antígenos do complexo principal de histocompatibilidade (MHC, do inglês *major histocompatibility complex*), e a uma variedade de proteínas plasmáticas. Conforme descrito no Capítulo 46, a calnexina liga-se às espécies monoglicosiladas das glicoproteínas que ocorrem durante o processamento das glicoproteínas, conservando-as no RE até que haja dobramento apropriado da glicoproteína. A **calreticulina**, que também é uma proteína de ligação ao cálcio, exibe propriedades semelhantes às da calnexina, porém não está ligada à membrana. Além das chaperonas, duas enzimas do RE estão relacionadas ao dobramento apropriado das proteínas. A **proteína dissulfeto-isomerase (PDI)** promove **rápida formação** e rearranjo das ligações dissulfeto até que a combinação correta seja obtida. A **peptidil-prolil-isomerase (PPI)** acelera o dobramento das proteínas que contêm prolina, catalisando a isomerização *cis-trans* das ligações X-Pro, em que X representa qualquer resíduo de aminoácido.

As proteínas maldobradas ou com dobramento incompleto interagem com as chaperonas, que as retêm no RE, impedindo que sejam exportadas a seus destinos finais. Se essas interações continuam por um período prolongado de tempo, o acúmulo prejudicial de proteínas maldobradas é evitado por meio de **degradação associada ao RE** (**ERAD**, do inglês *ER-associated degradation*). Em várias doenças genéticas, como a fibrose cística, as proteínas maldobradas são retidas no RE, e, em alguns casos, as proteínas retidas ainda exibem alguma atividade funcional. Conforme discutido adiante, atualmente há fármacos em fase de pesquisa que deverão interagir com essas proteínas e promover o seu dobramento correto e exportação do RE.

AS PROTEÍNAS MALDOBRADAS SOFREM DEGRADAÇÃO ASSOCIADA AO RETÍCULO ENDOPLASMÁTICO

A manutenção da **homeostasia do RE** é importante para a função celular normal. A perturbação do ambiente singular no interior do lúmen do RE (p. ex., por alterações do Ca^{2+} do RE, alterações do estado redox, exposição a várias toxinas ou a alguns vírus) pode levar à capacidade reduzida de dobramento das proteínas, com acúmulo de proteínas maldobradas. O acúmulo de proteínas maldobradas no RE é designado como **estresse do RE**. A **resposta a proteínas maldobradas** (**UPR**, do inglês *unfolded protein response*) é o mecanismo no interior das células que percebe os níveis de proteínas maldobradas e ativa mecanismos de sinalização intracelular para restaurar a homeostasia do RE. A UPR é iniciada por **sensores de estresse do RE**, que são proteínas transmembrana inseridas na membrana do RE. Sua ativação produz três efeitos principais: (1) inibição transitória da tradução, de modo a reduzir a síntese de novas proteínas, (2) indução da transcrição para aumentar a expressão de chaperonas do RE e (3) síntese aumentada de proteínas envolvidas na degradação de proteínas maldobradas do RE (discutidas adiante). Por conseguinte, a UPR aumenta a capacidade de dobramento do RE e impede o acúmulo de produtos proteicos improdutivos e potencialmente tóxicos, além de promover outras respostas para restaurar a homeostasia celular. Entretanto, se o dobramento inadequado persistir, as vias de morte celular (apoptose) são ativadas. Uma compreensão mais profunda da UPR provavelmente fornecerá novas abordagens ao tratamento de doenças nas quais ocorrem estresse do RE e dobramento defeituoso de proteínas (**Tabela 49-7**).

As proteínas que apresentam mau dobramento no RE são degradadas pela via da ERAD (**Figura 49-10**). Esse processo transporta seletivamente proteínas tanto luminais quanto de membranas **de volta através do RE** (**translocação ou deslocamento retrógrado**) para dentro do citosol, onde são degradadas em **proteassomos** (ver Capítulo 28). As **chaperonas** presentes no lúmen do RE (p. ex., BiP) ajudam a direcionar as proteínas maldobradas para os proteassomos.

A montagem do translócon de retrotranslocação que compreende diversas proteínas é iniciada pelo reconhecimento de proteínas maldobradas. Acredita-se que ocorram vários tipos de translócons, porém um translócon típico pode incluir Sec61, Derlin, Hrd1 e Sel1L. À medida que ocorre retrotranslocação, as proteínas maldobradas são poliubiquitinadas (ver Capítulo 28) por ubiquitinas-ligase no lado citosólico e, em seguida, puxadas da membrana pela **P97**, uma **AAA-ATPase** (ATPase associada a várias atividades celulares) e entregues ao proteassomo para degradação com o auxílio das chaperonas receptoras de ubiquitina.

TABELA 49-6 Algumas chaperonas e enzimas envolvidas no dobramento estão localizadas no retículo endoplasmático rugoso

- BiP (proteína de ligação da imunoglobulina de cadeia pesada)
- GRP94 (proteína regulada pela glicose)
- Calnexina
- Calreticulina
- PDI (proteína dissulfeto-isomerase)
- PPI (peptidil-prolil-*cis-trans*-isomerase)

TABELA 49-7 Algumas doenças conformacionais causadas por anormalidades no transporte intracelular de proteínas específicas e enzimas devido a mutações[a]

Doença	Proteína afetada
Deficiência de α_1-antitripsina com doença hepática	α_1-Antitripsina
Síndrome de Chediak-Higashi	Reguladora do tráfego lisossomal
Deficiência combinada dos fatores V e VIII	ERGIC53, uma lectina de ligação à manose
Fibrose cística	CFTR
Diabetes melito (alguns casos)	Receptor de insulina (subunidade α)
Hipercolesterolemia familiar, autossômica dominante	Receptor de LDL
Doença de Gaucher	β-Glicosidase
Hemofilia A e B	Fatores VIII e IX
Hemocromatose hereditária	HFE
Síndrome de Hermansky-Pudlak	Complexo adaptador AP-3, subunidade β3A
Doença da célula I	N-acetilglicosamina-1-fosfotransferase
Síndrome oculocerebrorrenal de Lowe	$PIP_2$5-fosfatase
Doença de Tay-Sachs	β-Hexosaminidase
Doença de von Willebrand	Fator de von Willebrand

LDL, lipoproteína de baixa densidade; PIP_2, fosfatidilinositol-4,5-bifosfato.
[a] Ver Schroder M, Kaufman RJ: The mammalian unfolded protein response. Annu Rev Biochem 2005;74:739 e Olkonnen V, Ikonen E: Genetic defects of intracellular membrane transport. N Engl J Med 2000;343:10095.

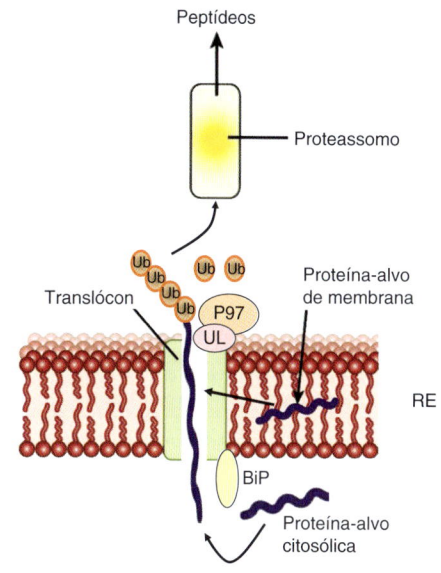

FIGURA 49-10 Esquema simplificado dos eventos na ERAD. Uma proteína-alvo do retículo endoplasmático (RE) que está mal dobrada no lúmen ou na membrana sofre transporte retrógrado para o citosol por meio de um translócon, que é constituído por diversas proteínas, incluindo geralmente Sec61, Derlin, Hrd1 e Sel1L. Proteínas chaperonas, como BiP, são direcionadas para as proteínas maldobradas para retrotranslocação. À medida que a proteína entra no citosol, ela é ubiquitinada por ubiquitina-ligase (UL), puxada da membrana pela P97, uma AAA-ATPase, e entregue ao proteassomo com o auxílio de chaperonas receptores de ubiquitina. No interior do proteassomo, é degradada a pequenos peptídeos que, após a sua saída, podem ter vários destinos.

A ubiquitina é uma molécula essencial na degradação das proteínas

Nos eucariotos, existem duas vias principais de degradação das proteínas. Uma delas envolve **proteases lisossomais** e não requer ATP, porém a via principal envolve **ubiquitina** e é dependente de ATP. A via da ubiquitina está particularmente associada à **eliminação de proteínas e enzimas reguladoras maldobradas, que apresentam meias-vidas curtas**. A ubiquitina é conhecida por estar envolvida em diversos processos fisiológicos importantes, incluindo **regulação do ciclo celular** (degradação de ciclinas), **reparo de ácido desoxirribonucleico (DNA,** do inglês *deoxyribonucleic acid*), **inflamação e resposta imune** (ver Capítulo 52), **perda muscular, infecções virais e muitos outros**. A ubiquitina é uma pequena proteína (76 aminoácidos) altamente conservada, que marca várias proteínas para degradação em proteassomos. O mecanismo de fixação da ubiquitina a uma proteína-alvo (p. ex., uma forma maldobrada do regulador de condutância transmembrana da fibrose cística [CFTR, do inglês *cystic fibrosis transmembrane conductance regulator*], a proteína envolvida na etiologia da fibrose cística; ver Capítulo 40) é mostrado na Figura 28-2, e o processo envolvido é descrito com detalhes no Capítulo 28.

As proteínas ubiquitinadas são degradadas nos proteassomos

As proteínas-alvo poliubiquitinadas entram nos **proteassomos** localizados no citosol. Os proteassomos são complexos proteicos com uma **estrutura cilíndrica relativamente grande** e são compostos por quatro anéis com uma **região central** (cerne) vazada, contendo os sítios ativos da protease, e uma ou duas unidades (*caps*) ou **partículas reguladoras** que reconhecem os substratos poliubiquitinados e iniciam a degradação (Figuras 28-3 e 28-4). As proteínas-alvo são desdobradas por ATPases presentes nas cápsulas do proteassomo. Os proteassomos podem hidrolisar uma variedade muito ampla de ligações peptídicas. As proteínas-alvo passam para o cerne, onde são degradadas em pequenos peptídeos, que, em seguida, saem do proteassomo para serem posteriormente degradados por peptidases citosólicas. Proteínas com dobramento normal e anormal são substratos para o proteassomo. As moléculas de ubiquitina liberadas são recicladas. O proteassomo desempenha um importante papel na **apresentação de peptídeos pequenos** produzidos pela **degradação de vários vírus** e outras moléculas para **moléculas do MHC de classe I**, uma etapa fundamental na apresentação dos antígenos aos linfócitos T.

AS VESÍCULAS DE TRANSPORTE SÃO FUNDAMENTAIS NO TRÁFEGO INTRACELULAR DE PROTEÍNAS

As proteínas sintetizadas nos polirribossomos ligados à membrana e destinadas ao AG ou à MP alcançam esses sítios no interior de **vesículas de transporte**. Conforme indicado na **Tabela 49-8**, existem vários tipos diferentes de vesículas. Pode haver outros tipos de vesículas a serem descobertos.

TABELA 49-8 Alguns tipos de vesículas e suas funções

Vesícula	Funções
COPI	Envolvida no transporte intra-AG e no transporte retrógrado do AG para o RE
COPII	Envolvida na exportação a partir do RE para o ERGIC ou o AG
Clatrina	Envolvida no transporte em localizações pós-AG, incluindo a MP, a TGN e os endossomos
Vesículas secretoras	Envolvidas na secreção regulada de órgãos, como o pâncreas (p. ex., secreção de insulina)
Vesículas da TGN para a MP	Transportam proteínas até a MP e também estão envolvidas na secreção constitutiva

RE, retículo endoplasmático; ERGIC, compartimento intermediário; RE-AG; AG, aparelho de Golgi; MP, membrana plasmática; TGN, rede *trans*-Golgi (a rede de membranas localizada no lado do aparelho de Golgi distalmente ao RE).
Nota: Cada vesícula tem seu próprio conjunto de proteínas de revestimento. A clatrina está associada a diversas proteínas adaptadoras, formando diferentes tipos de vesículas de clatrina que possuem diferentes alvos intracelulares.

TABELA 49-9 Alguns fatores envolvidos na formação de vesículas não revestidas de clatrina e seu transporte

- ARF: fator de ribosilação de ADP, uma GTPase envolvida na formação de COPI e também das vesículas revestidas por clatrina
- Proteínas de revestimento: uma família de proteínas encontradas nas vesículas revestidas; as diferentes vesículas de transporte apresentam complementos diferentes de proteínas de revestimento
- NSF: fator sensível à *N*-etilmaleimida, uma ATPase
- Sar1: uma GTPase que desempenha uma função essencial na montagem das vesículas COPII
- Sec12p: um fator de troca de nucleotídeo de guanina (GEF), que efetua a interconversão de Sar1·GDP e Sar1·GTP
- α-SNAP: proteína de fixação de NSF solúvel; juntamente com NSF, essa proteína está envolvida na dissociação de complexos SNARE
- SNARE: receptor de SNAP; as SNAREs são moléculas essenciais na fusão das vesículas com membranas aceptoras
- t-SNARE: SNARE-alvo
- v-SNARE: SNARE da vesícula
- Proteínas Rab: família de proteínas relacionadas a Ras (GTPases monoméricas) observadas pela primeira vez no encéfalo de rato; são ativas quando o GTP está ligado; diferentes moléculas de Rab atracam vesículas diferentes às membranas aceptoras
- Proteínas efetoras de Rab: família de proteínas que interagem com moléculas de Rab; algumas atuam para ancorar as vesículas às membranas aceptoras

Cada vesícula tem seu próprio conjunto de proteínas de revestimento. A **clatrina** é usada em vesículas destinadas à exocitose (ver discussões do receptor de LDL nos Capítulos 25 e 26) e, em algumas delas, transporta carga aos lisossomos. Essa proteína consiste em três espirais interligadas, que interagem para formar uma grade ao redor da vesícula. Entretanto, COPI e COPII – as vesículas envolvidas no **transporte retrógrado** (do AG para o RE) e no **transporte anterógrado** (do RE para o AG), respectivamente – são livres de clatrina. As vesículas de transporte e as vesículas secretoras que transportam carga do AG para a MP também são livres de clatrina. Nesta seção, a atenção é voltada principalmente às vesículas COPII, COPI e revestidas por clatrina. Cada tipo apresenta um complemento diferente de proteínas em seu revestimento. Para maior clareza, as vesículas não revestidas de clatrina são designadas, neste texto, como **vesículas de transporte**. Os princípios relacionados à agregação desses diferentes tipos são geralmente semelhantes, embora alguns detalhes de formação para COPI e vesículas cobertas por clatrina sejam diferentes dos para COPII (ver a seguir).

O modelo de vesículas de transporte envolve SNAREs e outros fatores

As **vesículas** ocupam uma posição central no transporte intracelular de muitas proteínas. **Abordagens genéticas** e **sistemas acelulares** foram utilizados para elucidar os mecanismos de formação e transporte das vesículas. O processo global é complexo e envolve uma variedade de proteínas citosólicas e de membrana, GTP, ATP e fatores acessórios. O **brotamento**, a **fixação**, a **ancoragem** e a **fusão com a membrana** constituem etapas fundamentais no ciclo de vida das vesículas, com as proteínas de ligação ao GTP, **Sar1**, **ARF** e **Rab** atuando como **interruptores moleculares**. A Sar1 é a proteína envolvida na etapa 1 da formação das vesículas COPII, ao passo que a ARF está envolvida na formação das vesículas COPI e das vesículas revestidas por clatrina. As funções das várias proteínas envolvidas no processamento de vesículas e as abreviações utilizadas são mostradas na **Tabela 49-9**.

Existem etapas gerais comuns na formação das vesículas de transporte, no direcionamento das vesículas e na fusão com membrana-alvo, independentemente da membrana a partir da qual a vesícula se forma ou de seu destino intracelular. As naturezas das proteínas de revestimento, das GTPases e dos fatores-alvo diferem, dependendo do local de formação da vesícula e de seu destino final. O transporte anterógrado a partir do RE para o AG envolvendo vesículas COPII é o exemplo mais bem estudado. Pode-se considerar que o processo ocorre em oito etapas (**Figura 49-11**). O conceito básico é o de que cada vesícula de transporte é carregada com uma carga específica, bem como com uma ou mais proteínas **v-SNARE** que dirigem o endereçamento. Cada membrana-alvo apresenta uma ou mais **proteínas t-SNARE complementares**, com as quais as v-SNAREs interagem, mediando a fusão da vesícula dependente de proteína SNARE com a membrana. Além disso, as proteínas Rab também ajudam a direcionar as vesículas para membranas específicas e sua fixação na membrana-alvo.

Etapa 1: O **brotamento** é iniciado quando a GTPase **Sar1** é ativada pela ligação do GTP em troca de GDP por meio da ação do fator de troca de nucleotídeo de guanina (GEF, do inglês *guanine nucleotide exchange factor*), **Sec12p** (Tabela 49-9), realizando uma troca de uma forma solúvel para uma forma ligada à membrana por meio de uma mudança conformacional que expõe a cauda hidrofóbica. Isso possibilita a sua inserção na membrana do RE para formar um ponto focal para a montagem da vesícula.

Etapa 2: Várias **proteínas de revestimento** ligam-se à Sar1·GTP. Por sua vez, as proteínas da carga da membrana ligam-se às proteínas de revestimento **diretamente** ou por meio de **proteínas intermediárias** que se fixam às proteínas de revestimento e, em seguida, são encerradas em suas vesículas apropriadas. As proteínas da carga solúveis ligam-se a regiões receptoras no interior das vesículas. Foram identificadas várias **sequências-sinal** nas moléculas da carga (Tabela 49-1). Por exemplo, as sequências KDEL direcionam determinadas

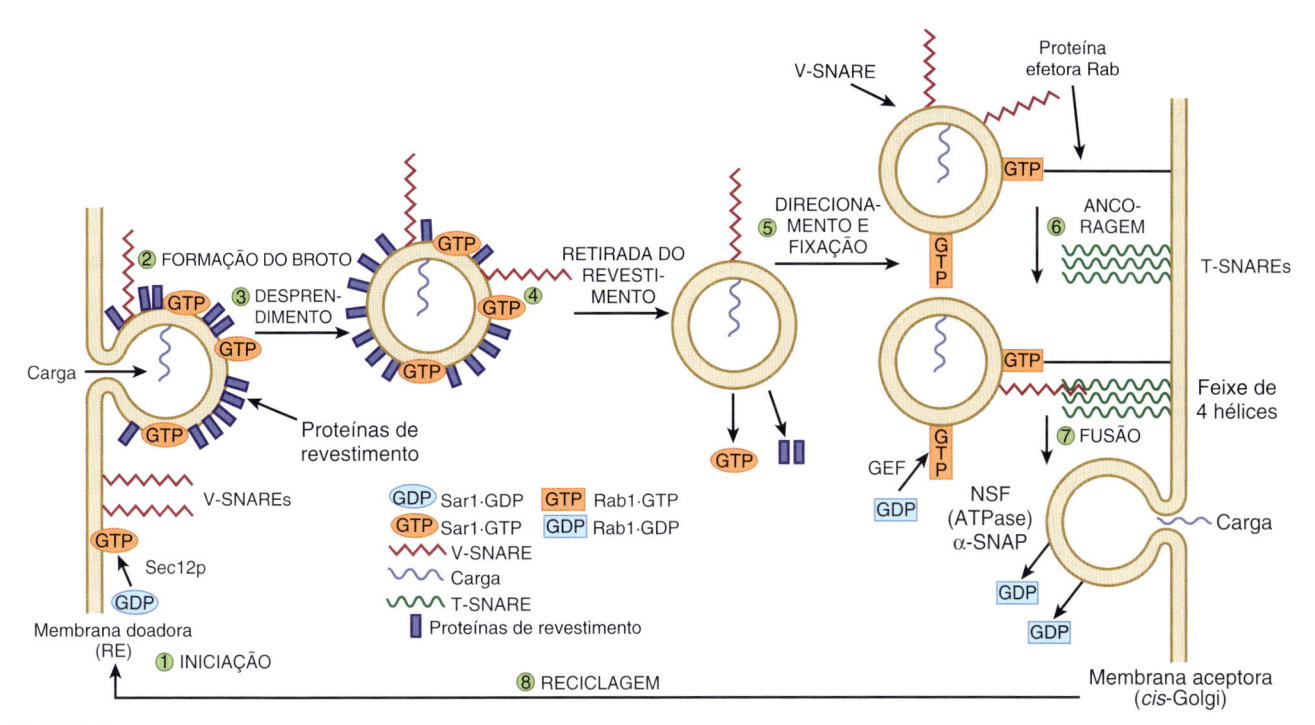

FIGURA 49-11 Modelo das etapas de um ciclo de transporte anterógrado envolvendo vesículas COPII. **Etapa 1:** a Sar1 é ativada quando o GDP se transforma em GTP e fica incorporado à membrana do retículo endoplasmático (RE) para formar um ponto focal de formação de broto. **Etapa 2:** as proteínas de revestimento ligam-se à Sar1·GTP, e as proteínas de carga ficam encerradas dentro das vesículas. **Etapa 3:** o broto se desprende, formando uma vesícula revestida completa. As vesículas movem-se pelas células ao longo de microtúbulos ou filamentos de actina. **Etapa 4:** a vesícula perde o revestimento quando o GTP ligado é hidrolisado a GDP por Sar1. **Etapa 5:** as moléculas de Rab são fixadas às vesículas após troca de Rab·GDP por Rab·GTP, um GEF específico (ver Tabela 49-9). As proteínas efetoras Rab sobre as membranas-alvo ligam-se a Rab·GTP, prendendo as vesículas à membrana-alvo. **Etapa 6:** as v-SNAREs emparelham com t-SNAREs cognatas na membrana-alvo para formar um feixe de quatro hélices que ancora as vesículas e inicia a fusão. **Etapa 7:** quando v-SNARE e t-SNARE estão estreitamente alinhadas, a vesícula funde-se com a membrana e o conteúdo é liberado. O GTP é hidrolisado a GDP, e as moléculas de Rab-GDP são liberadas no citosol. Uma ATPase (NSF) e α-SNAP (ver Tabela 49-9) dissociam o feixe de quatro hélices entre v-SNARE e t-SNARE de modo que elas possam ser reutilizadas. **Etapa 8:** as proteínas Rab e SNARE são recicladas para ciclos adicionais de fusão de vesículas. (Adaptada, com autorização, de Rothman JE: *Mechanisms of intracelular protein transport.* Nature 1994;372:55.)

proteínas em fluxo retrógrado do AG para o RE em vesículas COPI. As sequências diácidas (p. ex., Asp-X-Glu; X = qualquer aminoácido) e as sequências hidrofóbicas curtas nas proteínas de membrana destinadas à membrana do AG estão envolvidas em interações com proteínas de revestimento das vesículas COPII. Entretanto, nem todas as moléculas de carga possuem um sinal de seleção. Algumas proteínas secretoras altamente abundantes são transportadas a vários destinos celulares em vesículas de transporte por **fluxo de massa**; isto é, entram nas vesículas de transporte nas mesmas concentrações em que ocorrem na organela. Entretanto, as proteínas parecem ser, em sua maioria, ativamente selecionadas (concentradas) no interior de vesículas de transporte, sendo o fluxo de massa usado apenas por um grupo selecionado de proteínas da carga. Outras proteínas de revestimento são reunidas para a **formação completa de broto**. As proteínas de revestimento promovem o brotamento, contribuem para a curvatura dos brotos e também ajudam a selecionar as proteínas.

Etapa 3: O **broto desprende-se**, completando a formação da vesícula revestida. A curvatura da membrana do RE e as interações proteína-proteína e proteína-lipídeo no broto facilitam o desprendimento dos locais de saída do RE. As vesículas movem-se pelas células ao longo de **microtúbulos** ou ao longo de **filamentos de actina**.

Etapa 4: A **desmontagem do revestimento ou perda do revestimento** (envolvendo a **dissociação** de **Sar1** e a **camada** de proteínas de revestimento) ocorrem após a **hidrólise do GTP ligado a GDP** por Sar1, um processo promovido por uma proteína de revestimento específica. Por conseguinte, Sar1 desempenha um papel essencial tanto na montagem quanto na dissociação das proteínas de revestimento. A **perda do revestimento** é necessária para que a fusão ocorra.

Etapa 5: O **direcionamento da vesícula** é alcançado pela ligação de moléculas de **Rab** às vesículas. As Rabs são uma família de proteínas semelhantes à Ras, cuja presença é necessária em várias etapas do transporte intracelular de proteínas, bem como na secreção e na endocitose reguladas. Existem **GTPases monoméricas pequenas**, que se ligam às faces citosólicas de vesículas de brotamento no **estado ligado ao GTP** e também estão presentes nas membranas aceptoras. As moléculas de Rab·GDP no citosol são trocadas por moléculas de Rab·GTP por um GEF específico (Tabela 49-9). As **proteínas efetoras Rab** nas membranas aceptoras ligam-se a moléculas de Rab·GTP, mas não a moléculas de Rab·GDP, **fixando**, assim, as vesículas às membranas.

Etapa 6: As **v-SNAREs emparelham-se com t-SNAREs cognatas** na membrana-alvo para **ancorar** as vesículas e iniciar a fusão. Em geral, uma v-SNARE na vesícula emparelha-se com três t-SNAREs na membrana aceptora, formando um apertado **feixe de quatro hélices**. Nas **vesículas sinápticas**, uma v-SNARE é denominada **sinaptobrevina**. A **toxina botulínica B**, uma das toxinas mais letais conhecidas e a causa mais grave de intoxicação alimentar, contém uma **protease** que se liga à **sinaptobrevina**, **inibindo a liberação de acetilcolina** na junção neuromuscular, e que frequentemente é fatal.

Etapa 7: Ocorre **fusão** da vesícula com a membrana aceptora após o alinhamento estreito de v-SNAREs e t-SNAREs. Após a fusão da vesícula e a liberação do conteúdo, o GTP é hidrolisado a GDP, e as moléculas Rab·GDP são liberadas no citosol. Quando uma SNARE de uma membrana interage com uma SNARE de outra membrana, ligando as duas membranas, o complexo é designado como complexo ***trans*-SNARE** ou **pino SNARE**. As interações das SNAREs na mesma membrana formam um **complexo *cis*-SNARE**. Para dissociar o feixe de quatro hélices entre as v-SNAREs e t-SNAREs, de modo que possam ser reutilizadas, são necessárias duas proteínas adicionais. Essas proteínas são uma **ATPase** (NSF) e uma **α-SNAP** (Tabela 49-9). O NSF hidrolisa o ATP, e a energia liberada dissocia o feixe de quatro hélices, tornando as proteínas SNARE disponíveis para outro ciclo de fusão da membrana.

Etapa 8: Determinados componentes, como as proteínas Rab e SNARE, são **reciclados** para ciclos subsequentes de fusão de vesículas.

Durante o ciclo anteriormente descrito, as SNAREs, as proteínas de fixação, a proteína Rab e outras proteínas colaboram para liberar uma vesícula e seu conteúdo no local apropriado.

Algumas vesículas de transporte se deslocam pela rede *trans*-Golgi

As proteínas encontradas nas áreas **apical** ou **basolateral** das membranas plasmáticas de células epiteliais polarizadas podem ser transportadas até esses locais de várias maneiras: em **vesículas de transporte** por brotamento a partir da **rede *trans*-Golgi**, em que diferentes proteínas Rab direcionam algumas vesículas para as regiões apicais e outras para as regiões basolaterais; por meio de direcionamento inicial para a membrana basolateral, seguido de endocitose e transporte através da célula por **transcitose** até a região apical; ou por um processo envolvendo a âncora de **glicosilfosfatidilinositol** (GPI), descrita no Capítulo 46. Com frequência, essa estrutura também está presente nas **balsas lipídicas** (ver Capítulo 40).

Quando as proteínas na via secretora alcançam o *cis*-Golgi a partir do RE, podem ser retidas em vesículas para o seu transporte através do AG até *trans*-Golgi, ou podem passar por um processo denominado **maturação cisternal**, em que as **cisternas** (**os discos de membrana achatados do AG que brotam a partir do RE**) se movimentam e se transformam entre si ou, talvez em alguns casos, por **difusão** através de conexões intracisternais. Nesse modelo, os elementos vesiculares do RE fundem-se entre si para ajudar a formar *cis*-Golgi, que, por sua vez, pode mover-se para a frente até o *trans*-Golgi. As vesículas COPI transportam enzimas de Golgi (p. ex., glicosiltransferases) de volta das cisternas distais (*trans*) do AG para cisternas mais proximais (*cis*).

A formação de vesículas COPI é inibida pela brefeldina

O metabólito fúngico, **brefeldina A**, **inibe a formação de vesículas COPI, impedindo a ligação do GTP ao ARF**. Na sua presença, o AG parece **colapsar para o interior do RE**. Por isso, a brefeldina A mostrou ser uma ferramenta útil para analisar alguns aspectos da estrutura e da função do AG.

Algumas proteínas sofrem processamento posterior enquanto estiverem no interior de vesículas

Algumas proteínas são submetidas a processamento adicional **por proteólise** enquanto estão no interior das vesículas de transporte ou de secreção. Por exemplo, a **albumina** é sintetizada por hepatócitos como **pré-pró-albumina** (ver Capítulo 52). Seu peptídeo-sinal é removido, convertendo-a em **pró-albumina**. Por sua vez, a pró-albumina, enquanto está no interior das vesículas de transporte, é convertida em **albumina** pela ação da **furina** (**Figura 49-12**). Essa enzima cliva um hexapeptídeo da pró-albumina imediatamente C-terminal a um sítio de dois aminoácidos básicos (ArgArg). A albumina madura resultante é secretada no plasma. Hormônios, como a **insulina** (ver Capítulo 41), estão sujeitos a clivagens proteolíticas semelhantes enquanto estiverem no interior das vesículas secretoras.

A MONTAGEM DAS MEMBRANAS É COMPLEXA

Existem vários tipos de membranas celulares, incluindo desde a MP que separa o conteúdo celular do ambiente externo até as

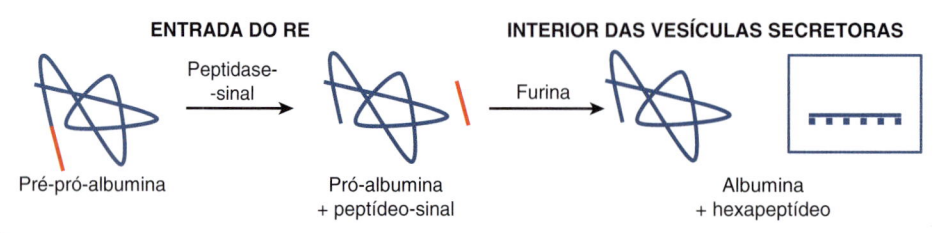

FIGURA 49-12 Processamento da pré-pró-albumina em albumina. O peptídeo-sinal é removido da pré-pró-albumina conforme se movimenta para o interior do retículo endoplasmático (RE). A furina cliva a pró-albumina na extremidade C-terminal de um dipeptídeo básico (ArgArg) enquanto a proteína se encontra no interior da vesícula secretora. A albumina madura é secretada no plasma.

membranas internas de organelas subcelulares, como as mitocôndrias e o RE. Embora a estrutura geral da bicamada lipídica seja semelhante em todas as membranas, elas diferem em seus conteúdos específicos de proteínas e lipídeos e cada tipo possui suas características específicas (ver Capítulo 40). Atualmente, não se dispõe de nenhum esquema satisfatório para descrever a montagem de qualquer uma dessas membranas. O transporte vesicular e a maneira como várias proteínas são inicialmente inseridas na membrana do RE foram discutidos anteriormente. Alguns aspectos gerais relativos à montagem das membranas serão discutidos a seguir.

A assimetria entre as proteínas e os lipídeos é mantida durante a montagem da membrana

As vesículas formadas a partir das membranas do RE e do AG, seja naturalmente ou por desprendimento por homogeneização, exibem **assimetrias transversais** tanto de lipídeos quanto de proteínas. Essas **assimetrias são mantidas** durante a fusão das vesículas de transporte com a MP. Depois da fusão, o **interior** das vesículas transforma-se no **exterior da membrana plasmática**, ao passo que a superfície citoplasmática das vesículas continua sendo o lado citoplasmático da membrana (**Figura 49-13**). As enzimas responsáveis pela síntese de fosfolipídeos, a principal classe de lipídeos nas membranas (ver Capítulo 40), residem na superfície citoplasmática das cisternas (as estruturas saculares) do RE. Os fosfolipídeos são sintetizados nesse local, e acredita-se que sofram automontagem em camadas bimoleculares termodinamicamente estáveis, ampliando a membrana e, talvez, promovendo o desprendimento das denominadas **vesículas lipídicas** da membrana. Sugeriu-se que essas vesículas seguem um trajeto para outros locais, doando seus lipídeos a outras membranas. Acredita-se que as **proteínas de troca de fosfolipídeos**, que são proteínas citosólicas que captam fosfolipídeos de uma membrana e os liberam em outra, possam desempenhar uma função na regulação da composição lipídica específica de várias membranas.

Convém assinalar que as **composições lipídicas** do RE, do AG e da MP diferem entre si, as últimas duas membranas contendo **quantidades mais elevadas de colesterol, esfingomielina** e **glicoesfingolipídeos** e **menos fosfoglicerídeos** do que o RE. Os esfingolipídeos agrupam-se mais densamente nas membranas do que os fosfoglicerídeos. Essas diferenças afetam as estruturas e as funções das membranas. Por exemplo, a **espessura da bicamada** do AG e da MP é maior que a da RE, o que influencia os tipos de proteínas transmembrana específicas encontradas nessas organelas. Além disso, acredita-se que as **balsas lipídicas** (ver Capítulo 40) sejam formadas no AG.

Os lipídeos e as proteínas sofrem renovação em taxas distintas em diferentes membranas

Foi constatado que as meias-vidas dos lipídeos das membranas do RE do fígado de rato são, em geral, mais curtas que as de suas proteínas, de modo que **as taxas de renovação dos lipídeos e das proteínas são independentes**. De fato, observou-se que diferentes lipídeos apresentam meias-vidas diferentes.

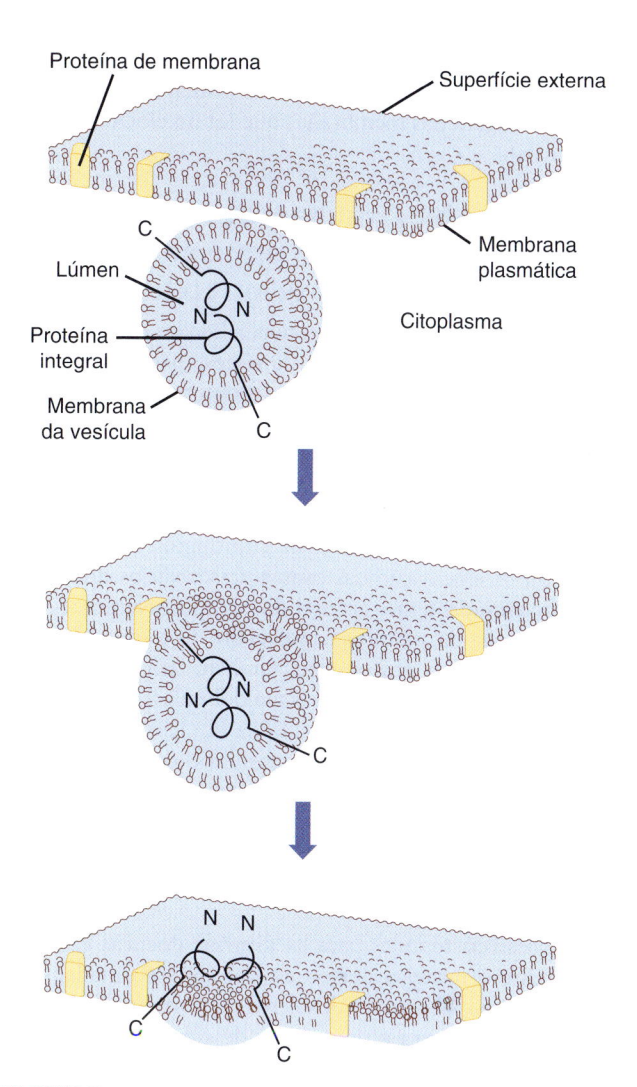

FIGURA 49-13 **A fusão de uma vesícula com a membrana plasmática preserva a orientação das proteínas integrais inseridas na bicamada da vesícula.** Inicialmente, a região aminoterminal da proteína está voltada para o lúmen, ou cavidade interna, dessa vesícula. Após a ocorrência da fusão, a região aminoterminal fica na superfície externa da membrana plasmática. O lúmen de uma vesícula e o exterior da célula são topologicamente equivalentes. (Redesenhada e modificada, com autorização, de Lodish HF, Rothman JE: The assembly of cell membranes. Sci Am [Jan] 1979;240:43.)

Além disso, as meias-vidas das proteínas dessas membranas variam amplamente, visto que algumas exibem meias-vidas curtas (horas) e outras, longas (dias). Portanto, os lipídeos e as proteínas individuais das membranas do RE parecem ser inseridos de modo relativamente independente, e acredita-se que esse seja o caso de muitas outras membranas.

Por conseguinte, a biogênese das membranas é um processo complexo sobre o qual ainda há muito para se aprender. Uma indicação da complexidade envolvida consiste no número de **modificações pós-traducionais** que as proteínas de membrana podem sofrer antes de atingir o seu estado maduro. Podem incluir formação de dissulfeto, proteólise, montagem em multímeros, glicosilação, adição de uma âncora de glicofosfatidilinositol (GPI), sulfatação da tirosina ou de frações de carboidrato, fosforilação, acilação e prenilação.

Entretanto, foram efetuados avanços significativos; na **Tabela 49-10**, há um resumo de algumas das principais características da montagem das membranas que foram elucidadas até a presente data.

Vários distúrbios resultam de mutações em genes que codificam proteínas envolvidas no transporte intracelular

Alguns distúrbios que refletem anormalidades da função dos **peroxissomos** e anormalidades de síntese proteica no **RE** e da síntese de **proteínas lisossomais** foram relacionados anteriormente neste capítulo (ver Tabelas 49-4 e 49-7, respectivamente). Foram relatadas muitas outras mutações que afetam o dobramento das proteínas e o seu transporte intracelular para várias organelas, incluindo distúrbios degenerativos, como a doença de Alzheimer, a doença de Huntington e a doença de Parkinson. A elucidação das causas desses vários **distúrbios conformacionais** tem contribuído significativamente para a compreensão da **patologia molecular**. O termo "**doenças por deficiências na proteostase**" também tem sido aplicado a doenças causadas por proteínas maldobradas. A proteostase é uma palavra composta, derivada de homeostasia proteica. A proteostase normal resulta do equilíbrio de vários fatores, como síntese, dobramento, tráfego, agregação e degradação normal. Se qualquer um desses processos for afetado (p. ex., por mutação, envelhecimento, estresse ou lesão celular), pode ocorrer uma variedade de distúrbios, dependendo das proteínas específicas envolvidas.

As possíveis terapias para as diversas doenças causadas por disfunção proteica devido ao dobramento inadequado têm como alvo a correção dos erros conformacionais. Uma estratégia promissora é o emprego de chaperonas, como a Hsp70, para promover o dobramento correto. Além disso, tem sido demonstrado que o antibiótico **geldanamicina** ativa as proteínas de choque térmico. Também se demonstrou que fármacos de pequenas moléculas que atuam como chaperonas químicas impedem o mau dobramento e restauram a função proteica. Todavia, essas estratégias até então foram testadas apenas em experimentos com animais e em sistemas *in vitro*, e a sua eficácia em seres humanos ainda precisa ser estabelecida.

TABELA 49-10 Algumas das principais características da montagem das membranas

- Os lipídeos e as proteínas são inseridos independentemente nas membranas
- Os lipídeos e as proteínas individuais das membranas sofrem renovação independente e em taxas diferentes
- As sequências topogênicas (p. ex., sinal [aminoterminal ou interno] e término da transferência) são importantes na determinação da inserção e da disposição das proteínas nas membranas
- As proteínas de membrana dentro das vesículas de transporte brotam a partir do retículo endoplasmático em seu trajeto até o aparelho de Golgi; a seleção final de muitas proteínas de membrana ocorre na rede *trans*-Golgi
- Sequências específicas de seleção orientam as proteínas para determinadas organelas, como lisossomos, peroxissomos e mitocôndrias

RESUMO

- Muitas proteínas são direcionadas a seus destinos por sequências-sinal. Uma decisão seletiva importante é feita quando as proteínas são distribuídas entre os polirribossomos citosólicos (ou livres) e os polirribossomos ligados à membrana, em virtude da ausência ou presença de um peptídeo-sinal N-terminal.

- As proteínas sintetizadas nos polirribossomos citosólicos são endereçadas por sequências-sinal específicas para as mitocôndrias, os núcleos, os peroxissomos e o RE. As proteínas que não possuem sinal permanecem no citosol.

- As proteínas sintetizadas nos polirribossomos ligados à membrana entram inicialmente na membrana ou no lúmen do RE, e muitas são destinadas, em última análise, a outras membranas, incluindo a MP e a do AG, a lisossomos e para secreção por exocitose.

- Ocorrem muitas reações de glicosilação nos compartimentos do aparelho de Golgi, e as proteínas são, ainda, selecionadas na rede *trans*-Golgi.

- As chaperonas moleculares estabilizam as proteínas desdobradas ou parcialmente dobradas. Elas são necessárias para o direcionamento correto de proteínas para suas localizações subcelulares.

- Na translocação pós-traducional, as proteínas são transportadas às suas organelas-alvo após a sua síntese estar completa. As proteínas destinadas às mitocôndrias, ao núcleo e aos peroxissomos seguem essa via, assim como uma minoria de proteínas dirigidas ao RE.

- A maioria das proteínas penetra no lúmen do RE pela via cotraducional, onde a translocação corre durante a síntese de proteína em curso.

- As proteínas inseridas na membrana do RE podem fazê-lo cotraducionalmente, pós-traducionalmente ou após transporte para o AG (transporte anterógrado), retenção transitória e volta ao RE (transporte retrógrado).

- O acúmulo nocivo de proteínas maldobradas desencadeia a resposta a proteínas maldobradas, e elas são degradadas pela via ERAD. As proteínas são direcionadas para a degradação pela adição de um número de moléculas de ubiquitina e, em seguida, penetram no citosol, onde são degradadas em proteassomos.

- Diferentes tipos de vesículas de transporte são envolvidos por diferentes proteínas. As vesículas revestidas por clatrina são destinadas à exocitose e a lisossomos, ao passo que as proteínas de cobertura I e II estão associadas às vesículas COPI e COPII, que são responsáveis pelo transporte retrógrado e anterógrado, respectivamente.

- O processamento da vesícula de transporte é complexo e requer muitos fatores proteicos. O brotamento a partir da membrana doadora é seguido por movimento através do citosol, ligação, ancoragem e fusão com a membrana-alvo.

- Algumas proteínas (p. ex., precursores da albumina e da insulina) são submetidas à proteólise dentro das vesículas de transporte, produzindo as proteínas maduras.

- As GTPases pequenas (p. ex., Ran, Rab) e os GEFs desempenham papéis essenciais em muitos aspectos do tráfego intracelular.

- As vesículas formadas a partir de membranas do RE e do AG são assimétricas nos conteúdos lipídico e proteico. A assimetria é mantida durante a fusão de vesículas de transporte com a MP, de modo que o interior de vesículas após a fusão se torna o lado externo da MP, e a face citoplasmática das vesículas permanece voltada para o citosol.

- Os lipídeos e as proteínas são inseridos independentemente e são reciclados a taxas diferentes. Os detalhes exatos do processo de montagem ainda não foram estabelecidos.
- Demonstrou-se que muitos distúrbios são causados por mutações de genes ou por outros fatores que afetam o dobramento de várias proteínas. Essas condições foram denominadas doenças conformacionais ou, de modo alternativo, doenças por deficiências na proteostase. Estratégias terapêuticas promissoras incluem o uso de chaperonas, como a Hsp70, e de pequenas moléculas que possam impedir o mau dobramento e restaurar a função proteica.

REFERÊNCIAS

Alberts B, Johnson A, Lewis J, et al: *Molecular Biology of the Cell*, 6th ed. Garland Science, 2014. (An excellent textbook of cell biology, with comprehensive coverage of trafficking and sorting.)

Cooper GM, Hausman RE: *The Cell: A Molecular Approach*, 7th ed. Palgrave, 2015. (An excellent textbook of cell biology, with comprehensive coverage of trafficking and sorting.)

Hebert DN, Molinari M: In and out of the ER: protein folding, quality control, degradation and related human diseases. Physiol Rev 2007;87:1377.

CAPÍTULO 50

Matriz extracelular

Kathleen M. Botham, Ph.D., D.Sc. e
Robert K. Murray, M.D., Ph.D.

OBJETIVOS

Após o estudo deste capítulo, você deve ser capaz de:

- Reconhecer a importância da matriz extracelular (MEC) e seus componentes tanto na saúde quanto na doença.
- Descrever as propriedades estruturais e funcionais do colágeno e da elastina, as principais proteínas da MEC.
- Indicar as principais características da fibrilina, da fibronectina e da laminina, outras proteínas importantes da MEC.
- Descrever as propriedades e as características da síntese e da degradação dos glicosaminoglicanos e dos proteoglicanos, bem como suas contribuições para a MEC.
- Descrever, de forma sucinta, as principais características bioquímicas do osso e da cartilagem.

IMPORTÂNCIA BIOMÉDICA

As células dos mamíferos estão localizadas, em sua maioria, em tecidos onde estão circundadas por uma complexa **matriz extracelular** (**MEC**), frequentemente designada como "**tecido conectivo**", que protege os órgãos e que também fornece elasticidade, quando necessário (p. ex., nos vasos sanguíneos, nos pulmões e na pele). A MEC contém três classes principais de biomoléculas: as **proteínas estruturais**, como **colágeno**, **elastina** e **fibrilina**; determinadas **proteínas especializadas**, como **fibronectina** e **laminina**, que formam uma rede de fibras que estão incorporadas na terceira classe de biomoléculas, os **proteoglicanos**. A MEC está envolvida em muitos processos, tanto normais quanto patológicos; por exemplo, desempenha funções importantes no desenvolvimento, nos estados inflamatórios e na disseminação das células neoplásicas. Certos componentes da MEC têm uma participação tanto na **artrite reumatoide** quanto na **osteoartrite**. Várias doenças (p. ex., osteogênese imperfeita e alguns tipos de síndrome de Ehlers-Danlos) são causadas por distúrbios genéticos na síntese do colágeno, um importante componente da MEC. Os componentes específicos dos proteoglicanos (os glicosaminoglicanos [GAGs]) estão afetados no grupo de distúrbios genéticos conhecidos como **mucopolissacaridoses**. Ocorrem alterações na MEC durante o **processo de envelhecimento**. Este capítulo descreve a bioquímica básica das três principais classes de biomoléculas encontradas na MEC e ilustra a sua importância biomédica. Além disso, também são analisadas sucintamente as principais características bioquímicas de duas formas especializadas de MEC – o osso e a cartilagem –, bem como várias doenças que as acometem.

O COLÁGENO É A PROTEÍNA MAIS ABUNDANTE NO REINO ANIMAL

O **colágeno**, que constitui o principal componente da maioria dos tecidos conectivos, representa cerca de 25% da proteína dos mamíferos. Ele fornece estrutura extracelular para todos os animais metazoários e é encontrado em praticamente todos os tecidos animais. Nos tecidos humanos, foram identificados pelo menos 28 tipos distintos de colágeno, formados por mais de 30 cadeias polipeptídicas distintas (cada uma delas codificada por um gene distinto) (**Tabela 50-1**). Embora vários desses tipos de colágeno só estejam presentes em pequenas proporções, eles podem desempenhar um papel importante na determinação das propriedades físicas de tecidos específicos. Além disso, diversas proteínas (p. ex., o componente C1q do sistema do complemento, as proteínas surfactantes pulmonares SPA e SPD), que não são classificadas como colágeno, apresentam domínios semelhantes ao colágeno em suas estruturas; essas proteínas são algumas vezes designadas como "colágenos não colágenos".

OS COLÁGENOS SÃO CONSTITUÍDOS POR UMA ESTRUTURA EM TRIPLA-HÉLICE

Todos os tipos de colágeno apresentam uma **estrutura em tripla-hélice**, constituída por três subunidades de cadeias polipeptídicas (**cadeias α**). Em alguns colágenos, toda a molécula forma uma tripla-hélice, ao passo que, em outros, apenas uma fração da estrutura pode estar nessa forma. O **colágeno tipo I**

TABELA 50-1 Tipos de colágenos e sua distribuição tecidual

Tipo	Distribuição
I	Tecidos conectivos não cartilaginosos, incluindo osso, tendão, pele
II	Cartilagem, humor vítreo
III	Tecidos conectivos extensíveis, incluindo pele, pulmões, sistema vascular
IV	Membranas basais
V	Componente menor em tecidos que contêm colágeno I
VI	Músculo e a maioria dos tecidos conectivos
VII	Junção dermoepidérmica
VIII	Endotélio e outros tecidos
IX	Tecidos que contêm colágeno II
X	Cartilagem hipertrófica
XI	Tecidos que contêm colágeno II
XII	Tecidos que contêm colágeno I
XIII	Muitos tecidos, incluindo junções neuromusculares e pele
XIV	Tecidos que contêm colágeno I
XV	Associado a colágenos próximos às membranas basais em diversos tecidos, incluindo olho, músculo, microvasos
XVI	Muitos tecidos
XVII	Epitélios, hemidesmossomos da pele
XVIII	Associado a colágenos próximos às membranas basais, homólogo estrutural semelhante do XV
XIX	Raro, membranas basais, células de rabdomiossarcoma
XX	Muitos tecidos, particularmente epitélio da córnea
XXI	Muitos tecidos
XXII	Junções teciduais, incluindo cartilagem-líquido sinovial, folículo piloso-derme
XXIII	Limitado em tecidos, principalmente formas transmembrana e liberadas
XXIV	Córnea e osso em desenvolvimento
XXV	Encéfalo
XXVI	Testículos, ovários
XXVII	Cartilagem embrionária e outros tecidos em desenvolvimento, cartilagem em adultos
XXVIII	Membrana basal em torno das células de Schwann

maduro pertence ao primeiro tipo; cada subunidade polipeptídica está torcida em uma hélice de poliprolina orientada para a esquerda de três resíduos por volta, formando uma cadeia α. Em seguida, três dessas cadeias são entrelaçadas em uma **tripla-hélice orientada para a direita** ou **super-hélice**, formando uma molécula semelhante a um bastão, com 1,4 nm de diâmetro e cerca de 300 nm de comprimento (**Figura 50-1**). Ocorrem resíduos de **glicina** a cada terceira posição da porção helicoidal tripla da cadeia α. Essa glicina é necessária porque é o único aminoácido pequeno o suficiente para se acomodar no espaço limitado disponível dentro do cerne central da

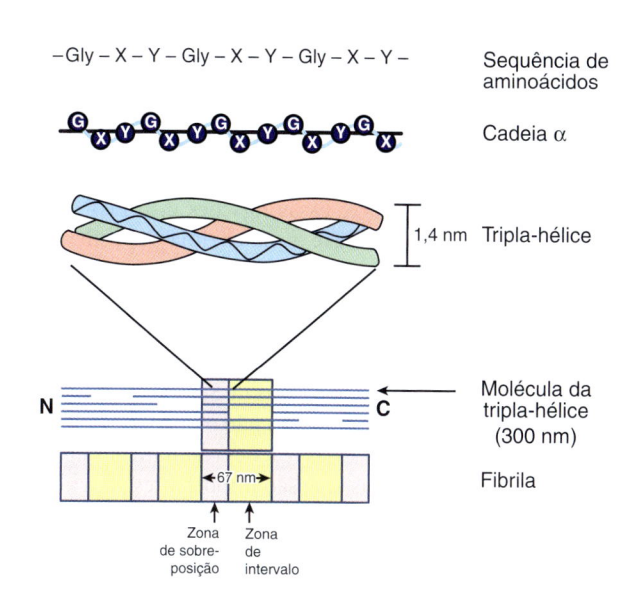

FIGURA 50-1 Características moleculares da estrutura do colágeno desde a sequência primária até a fibrila. Cada cadeia polipeptídica individual é torcida em uma hélice orientada à esquerda de três resíduos (Gly-X-Y) por volta, e três dessas cadeias são entrelaçadas em uma super-hélice orientada à direita. As triplas-hélices são, em seguida, montadas em um alinhamento "escalonado em um quarto" para formar fibrilas. Esse arranjo forma áreas onde ocorre sobreposição completa das moléculas, alternando com áreas onde existe um intervalo, dando às fibrilas uma aparência em banda regular. (Modificada e reproduzida de Eyre DR: Collagen: molecular diversity in the body's protein scaffold. Science 1980;207:1315. Reimpressa, com autorização, de AAAS.)

tripla-hélice. Essa **estrutura repetitiva**, representada como $(Gly-X-Y)n$, é um pré-requisito absoluto para a formação da tripla-hélice. Embora X e Y possam ser quaisquer outros aminoácidos, as posições X consistem frequentemente em prolina, e as posições Y são, com frequência, hidroxiprolina. A prolina e a hidroxiprolina conferem **rigidez** à molécula do colágeno. A **hidroxiprolina** é formada pela hidroxilação pós-tradução de resíduos de prolina ligados a peptídeos, em uma reação catalisada pela enzima **prolil-hidroxilase**, cujos cofatores são o **ácido ascórbico** (vitamina C) e o α-cetoglutarato. As moléculas de lisina na posição Y também podem ser modificadas após tradução em hidroxilisina pela ação da **lisil-hidroxilase**, uma enzima que utiliza cofatores semelhantes. Algumas dessas moléculas de hidroxilisina ainda podem ser modificadas pelo acréscimo de galactose ou de galactosil-glicose por uma **ligação O-glicosídica** (ver Capítulo 46), um sítio de glicosilação exclusivo do colágeno.

Alguns tipos de colágeno formam longas fibras semelhantes a bastões nos tecidos. Esses colágenos são montados pela associação lateral dessas unidades helicoidais triplas em **fibrilas** (10-300 nm de diâmetro), em um "**alinhamento escalonado em um quarto**", de modo que cada uma é deslocada longitudinalmente de sua vizinha por uma distância ligeiramente menos de um quarto de seu comprimento (Figura 50-1). As fibrilas, por sua vez, associam-se em **fibras** mais espessas (1-20 μm de diâmetro). Como o alinhamento escalonado em um quarto resulta em intervalos espaçados regularmente entre as moléculas de tripla-hélice no arranjo, as fibras apresentam aparência em banda nos tecidos conectivos. Em alguns tecidos, como nos tendões, as fibras associam-se até em feixes maiores, que podem apresentar diâmetro de até 500 μm. As fibras de colágeno também são estabilizadas pela formação de **ligações cruzadas covalentes**, tanto no interior quanto entre as unidades de tripla-hélice. Essas ligações cruzadas se formam pela ação da **lisil-oxidase**, uma enzima dependente de cobre que desamina os grupos ε-amino de certos resíduos de lisina e hidroxilisina de maneira oxidativa, produzindo aldeídos reativos. Esses aldeídos podem formar produtos de condensação aldóis com outros aldeídos derivados da lisina ou da hidroxilisina, ou podem formar bases de Schiff com os grupos ε-amino das lisinas ou hidroxilisinas não oxidadas. Após rearranjos químicos adicionais, essas reações resultam nas ligações cruzadas covalentes estáveis, que são importantes para a força de tensão das fibras. A histidina também pode estar envolvida em determinadas ligações cruzadas.

As principais fibrilas que formam colágenos na pele e ossos e na cartilagem, respectivamente, são os tipos **I** e **II**, embora outros colágenos também possam adotar essa estrutura. Além disso, entretanto, existem muitos colágenos que não são formadores de fibrilas e suas estruturas e funções serão descritas de maneira breve na seção a seguir.

Alguns tipos de colágenos não formam fibrilas

Vários tipos de colágeno não formam fibrilas nos tecidos (**Figura 50-2**). Caracterizam-se por interrupções da tripla-hélice, com extensões de proteína que carecem de sequências repetitivas Gly-X-Y. Por conseguinte, existem áreas de estrutura globular intercaladas na estrutura da tripla-hélice. Os **colágenos semelhantes a redes**, como os do tipo IV, formam redes em membranas basais; os **colágenos associados a fibrilas com triplas-hélices interrompidas** (FACITs, do inglês *fibril-associated collagens with interrupted triple helices*), como o próprio nome indica, apresentam interrupções nos domínios da tripla-hélice; os **filamentos frisados** consistem em longas cadeias de moléculas de colágeno que apresentam aparência frisada regular; o colágeno VII constitui a principal parte das **fibrilas de ancoragem** nos tecidos epiteliais; os **colágenos transmembrana** apresentam curtos domínios intracelulares N-terminais e domínios extracelulares com longas triplas-hélices interrompidas; e as **multiplexinas** são colágenos com múltiplos domínios de tripla-hélice e interrupções.

O colágeno sofre modificações pós-traducionais extensas

O colágeno recém-sintetizado sofre extensa **modificação pós-traducional** antes de fazer parte de uma fibra de colágeno extracelular madura (**Tabela 50-2**). À semelhança da maioria das proteínas secretadas, o colágeno é sintetizado nos ribossomos em uma forma precursora, o **pré-pró-colágeno**, que contém uma sequência-líder ou sequência sinalizadora, que direciona a cadeia polipeptídica para o lúmen do retículo endoplasmático (RE) (ver Capítulo 49). Quando entra no RE, essa sequência-líder é removida enzimaticamente. A **hidroxilação** de resíduos de prolina e lisina e a **glicosilação** de hidroxilisinas na molécula de **pró-colágeno** também ocorrem nesse local. A molécula de pró-colágeno contém extensões polipeptídicas (**peptídeos de extensão**) de 20 a 35 kDa nas extremidades aminoterminal e carboxiterminal, que não estão presentes no colágeno maduro. Ambos os peptídeos de extensão contêm resíduos de cisteína. O pró-peptídeo aminoterminal forma apenas ligações dissulfeto dentro das cadeias, ao passo que os pró-peptídeos carboxiterminais estabelecem ligações dissulfeto dentro das cadeias, bem como entre elas. A formação dessas ligações dissulfeto ajuda no **registro** das três moléculas de colágeno para formar a tripla-hélice, cuja torção começa na extremidade carboxiterminal. Após a formação da tripla-hélice, não pode ocorrer nenhuma hidroxilação adicional da prolina ou da lisina, nem glicosilação das hidroxilisinas. A **automontagem** é um princípio fundamental na biossíntese do colágeno.

Após a **secreção** da célula pelo aparelho de Golgi, enzimas extracelulares denominadas **pró-colágeno-aminoproteinase** e **pró-colágeno-carboxiproteinase** removem os peptídeos de extensão nas extremidades aminoterminal e carboxiterminal, respectivamente, formando as unidades monoméricas de colágeno, denominadas **tropocolágenos**. A clivagem dos pró-peptídeos pode ocorrer dentro das criptas ou das dobras na membrana celular. Uma vez removidos os pró-peptídeos, as moléculas de tropocolágeno, contendo cerca de mil aminoácidos por cadeia, sofrem **montagem espontânea** em fibras de colágeno. Essas fibras também são estabilizadas pela formação de **ligações cruzadas intercadeias e intracadeias** por meio da ação da lisil-oxidase, conforme descrito anteriormente.

TABELA 50-2 Sequência e localização do processamento do precursor do colágeno fibrilar

Intracelular
1. Clivagem do peptídeo-sinal
2. Hidroxilação dos resíduos prolil e de alguns resíduos lisil; glicosilação de alguns resíduos hidroxilisil
3. Formação de ligações S–S entre e dentro das cadeias dos peptídeos em extensão
4. Formação da tripla-hélice

Extracelular
1. Clivagem dos pró-peptídeos aminoterminal e carboxiterminal
2. Montagem das fibras de colágeno em alinhamento disperso de um quarto
3. Desaminação oxidativa dos grupos ε-amino dos resíduos lisil e hidroxilisil em aldeídos
4. Formação de ligações cruzadas entre e dentro das cadeias por bases de Schiff e produtos de condensação aldóis

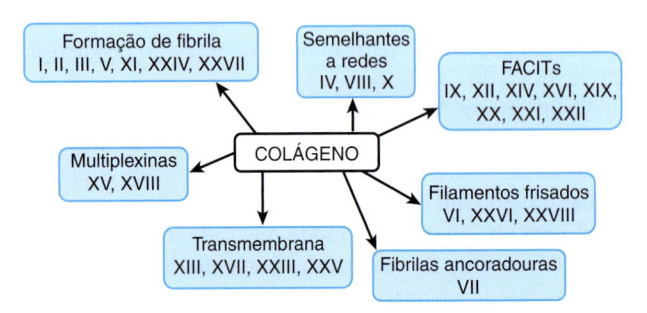

FIGURA 50-2 Classificação dos colágenos de acordo com as estruturas que formam. FACITs, colágenos associados a fibrilas com triplas-hélices interrompidas; multiplexina, múltiplos domínios de tripla-hélice e interrupções.

As mesmas células que secretam colágeno também secretam a **fibronectina**, uma glicoproteína grande encontrada nas superfícies celulares, na MEC e no sangue (ver adiante). A fibronectina liga-se às fibras de colágeno durante a agregação e altera a cinética de formação das fibras na matriz pericelular. Nessa matriz, em associação à fibronectina e ao pró-colágeno, encontram-se os **proteoglicanos** heparan-sulfato e condroitina-sulfato (ver adiante). De fato, o **colágeno tipo IX**, um tipo de colágeno de menor importância da cartilagem, contém uma cadeia de glicosaminoglicano ligada. Essas interações podem servir para regular a formação das fibras de colágeno e determinar a sua orientação nos tecidos.

Uma vez formado, o colágeno apresenta relativa **estabilidade metabólica**. Entretanto, a sua decomposição é acelerada durante a inanição e em vários estados inflamatórios. Ocorre produção excessiva de colágeno em algumas condições, como a cirrose hepática.

Diversas doenças genéticas e de deficiência resultam de anormalidades na síntese do colágeno

Mais de 30 genes codificam o colágeno, sendo designados de acordo com o tipo de pró-colágeno e suas cadeias α constituintes, denominadas cadeias pró-α. Os colágenos podem ser homotriméricos, contendo três cadeias pró-α idênticas, ou heterotriméricos, em que as cadeias pró-α são diferentes. Por exemplo, o colágeno tipo I é heterotrimérico, contendo duas cadeias pró-α1(I) e uma cadeia pró-α2(I) (o número arábico refere-se à cadeia pró-α, e o número romano entre parênteses indica o tipo de colágeno), e o colágeno tipo II é homotrimérico, apresentando três cadeias pró-α1(II). Os genes que codificam o colágeno apresentam o prefixo *COL*, seguido pelo tipo em números arábicos e, em seguida, um A e o número da cadeia pró-α que codificam. Portanto, *COL1A1* e *COL1A2* são os genes que codificam as cadeias pró-α1 e 2 do colágeno tipo I, *COL2A1* é o gene que codifica a cadeia pró-α1 do colágeno tipo II, e assim por diante.

A via da biossíntese de colágeno é complexa, envolvendo pelo menos oito etapas pós-traducionais catalisadas por enzimas. Assim, não é surpreendente o fato de que diversas doenças (**Tabela 50-3**) sejam causadas por **mutações dos genes do colágeno** ou em **genes que codificam algumas enzimas** envolvidas nessas modificações pós-traducionais. As doenças que acometem os ossos (p. ex., osteogênese imperfeita) e a cartilagem (p. ex., condrodisplasias) serão discutidas posteriormente neste capítulo.

A **síndrome de Ehlers-Danlos** (antes chamada de cútis hiperelástica) compreende um grupo de distúrbios hereditários, cujas principais manifestações clínicas consistem em hiperextensibilidade da pele, fragilidade anormal dos tecidos e aumento da mobilidade das articulações. O quadro clínico é variável, refletindo a extensa heterogeneidade genética subjacente. Várias formas da doença causadas por distúrbios genéticos em proteínas envolvidas na síntese e na montagem de colágenos tipos I, III e V são conhecidas, e, desde 1997, a classificação Villefranche de seis subtipos com base em seus fenótipos e distúrbios moleculares tem sido utilizada (**Tabela 50-4**). Os subtipos **hipermobilidade**, **vascular** e **clássico** são mais comuns, enquanto os outros três, **cifoescoliose**, **artrocalasia**

TABELA 50-3 Doenças causadas por mutações dos genes do colágeno ou por deficiências das atividades de enzimas envolvidas na biossíntese pós-traducional do colágeno

Gene ou enzima afetados	Doença[a]
COL1A1, COL1A2	Osteogênese imperfeita tipo 1[b] Osteoporose Síndrome de Ehlers-Danlos, subtipo artrocalasia
COL2A1	Condrodisplasia grave Osteoartrite
COL3A1	Síndrome de Ehlers-Danlos, subtipo vascular
COL4A3-COL4A6	Síndrome de Alport (autossômica e ligada ao X)
COL7A1	Epidermólise bolhosa, distrófica
COL10A1	Condrodisplasia metafisária de Schmid
COL5A1, COL5A2, COL1A1	Síndrome de Ehlers-Danlos, subtipo clássico
COL3A1, tenascina XB (*TNXB*)	Síndrome de Ehlers-Danlos, subtipo hipermobilidade
Lisil-hidroxilase	Síndrome de Ehlers-Danlos, subtipo cifoescoliose
ADAM metalopeptidase com motivo trombospondina tipo 1 (*ADAMTS2*) (também chamada de pró-colágeno-*N*-proteinase)	Síndrome de Ehlers-Danlos, subtipo dermatosparaxia
Lisil-oxidase	Doença de Menkes[c]

[a] Foi demonstrada uma ligação genética com os genes do colágeno para outras condições que não estão listadas aqui.
[b] São reconhecidos oito diferentes tipos de osteogênese imperfeita, porém a maioria dos casos é causada por mutações nos genes *COL1A1* e *COL1A2*.
[c] Secundária a uma deficiência de cobre (ver Capítulo 52).

e **dermatosparaxia**, são extremamente raros. O subtipo vascular é o mais grave, em virtude de sua tendência à ruptura espontânea das artérias no intestino, refletindo anormalidades do colágeno tipo III. Pacientes com cifoescoliose exibem curvatura progressiva da coluna (escoliose) e tendência à ruptura ocular devido à deficiência de lisil-hidroxilase. Uma deficiência da pró-colágeno-*N*-proteinase (ADAM metalopeptidase com motivo trombospondina tipo 1 [*ADAMTS2*]), levando à formação de fibrilas de colágeno anormais irregulares e finas, resulta em dermatosparaxia, manifestada por pele flácida e marcantemente frágil.

A **síndrome de Alport** (nefrite hereditária) é a designação aplicada a distúrbios genéticos (tanto ligados ao X quanto autossômicos) afetando o colágeno **tipo IV**, um colágeno semelhante à rede que forma parte da estrutura das membranas basais dos glomérulos renais, da orelha interna e do olho (ver discussão sobre laminina, a seguir). Foram demonstradas mutações em vários genes que codificam as fibras de colágeno tipo IV. O principal sinal inicial consiste em hematúria, acompanhada por lesões oculares e perda de audição, e os pacientes podem desenvolver, por fim, doença renal terminal. A microscopia eletrônica revela anormalidades características da estrutura da membrana basal e da lâmina densa.

TABELA 50-4 Classificação de Villefranche[a] dos subtipos da síndrome de Ehlers-Danlos

Nome do subtipo	Distúrbio em	Incidência	Sinais clínicos
Hipermobilidade	Colágeno tipo III, tenascina X[b]	1:10.000-15.000	Hipermobilidade articular, anormalidades cutâneas, osteoartrite, dor intensa
Clássico	Colágenos tipos I e V	1:20.000-30.000	Similar ao subtipo hipermobilidade, porém com anormalidades cutâneas mais graves e alterações articulares menos graves
Vascular	Colágeno tipo III	1:100.000	Vasos sanguíneos e órgãos frágeis, estatura pequena, pele translúcida e fina, contusões fáceis
Cifoescoliose	Lisil-hidroxilase	< 60 casos	Curvatura da coluna vertebral (escoliose), fraqueza muscular grave, olhos frágeis, hiperextensibilidade e tendência a surgirem equimoses da pele
Artrocalasia	Colágeno tipo I	< 40 casos	Articulações muito frouxas e deslocamento dos quadris
Dermatosparaxia	ADAM metalopeptidase com motivo trombospondina tipo 1 (*ADAMTS2*)[c]	< 10 casos	Pele muito frágil e flácida

[a] Beighton P, De Paepe A, Steinmann B, et al.: Ehlers-Danlos syndromes: revised nosology, Villefranche, Ehlers-Danlos National Foundation (USA) and Ehlers-Danlos Support Group (UK). Am J Med Genet 1998;64:31-37.
[b] Glicoproteína expressa nos tecidos conectivos, como pele, articulações e músculos.
[c] Também denominada pró-colágeno-*N*-proteinase.

Na **epidermólise bolhosa**, a pele sofre ruptura e forma bolhas em consequência de trauma leve. A forma distrófica da doença é causada por mutações no gene *COL7A1*, que afetam a estrutura do colágeno **tipo VII**. Esse colágeno forma delicadas fibrilas que ancoram a lâmina basal às fibrilas de colágeno na derme. Foi constatado que essas fibrilas de ancoragem estão acentuadamente reduzidas na epidermólise bolhosa distrófica, levando, provavelmente, à formação de bolhas. A epidermólise bolhosa simples, outra variante, é causada por mutações na queratina 5 (ver Capítulo 51).

Embora o **escorbuto** afete a estrutura do colágeno, ele é causado por uma **deficiência dietética de ácido ascórbico** (vitamina C) (ver Capítulo 44), e não por uma anormalidade genética. Os principais sinais consistem em hemorragias gengivais e subcutâneas e cicatrização deficiente de feridas. Esses sinais refletem a síntese deficiente de colágeno devido à atividade reduzida das enzimas **prolil-hidroxilase** e **lisil-hidroxilase**; ambas requerem ácido ascórbico como cofator e estão envolvidas nas modificações pós-traducionais que fornecem rigidez às moléculas do colágeno.

Na **doença de Menkes**, a deficiência de cobre resulta em ligação cruzada deficiente de colágeno e de elastina pela enzima dependente de cobre, a lisil-oxidase. (A doença de Menkes será discutida no Capítulo 52.)

A ELASTINA CONFERE EXTENSIBILIDADE E RETRATIBILIDADE AOS PULMÕES, AOS VASOS SANGUÍNEOS E AOS LIGAMENTOS

A **elastina** é uma proteína do tecido conectivo responsável pelas propriedades de extensibilidade e retração elástica dos tecidos. Embora não seja tão conhecida quanto o colágeno, a elastina está presente em grandes quantidades, sobretudo nos tecidos que necessitam dessas propriedades físicas, como os pulmões, as artérias de grande calibre e alguns ligamentos elásticos. Quantidades menores de elastina também são encontradas na pele, na cartilagem da orelha e em vários outros tecidos. Diferentemente do colágeno, apenas um tipo genético de elastina é conhecido, embora surjam variantes por meio de *splicing* alternativo (ver Capítulo 36) do hnRNA para a elastina. A elastina é sintetizada na forma de um monômero solúvel de cerca de 70 kDa, denominado **tropoelastina**. Algumas das prolinas da tropoelastina são hidroxiladas em **hidroxiprolina** pela prolil-hidroxilase, embora a hidroxilisina e a hidroxilisina glicosilada não estejam presentes. Diferentemente do colágeno, a tropoelastina não é sintetizada em uma pró-forma com peptídeos de extensão. Além disso, a elastina não contém sequências repetitivas de Gly-X-Y, nem estrutura helicoidal tripla ou frações de carboidrato.

Após a secreção da célula, certos resíduos lisil da tropoelastina sofrem desaminação oxidativa em aldeídos pela **lisil-oxidase**, a mesma enzima envolvida nesse processo com o colágeno. Entretanto, as principais ligações cruzadas formadas na elastina são as **desmosinas**, resultantes da condensação de três desses aldeídos derivados da lisina com uma lisina não modificada, formando uma ligação cruzada tetrafuncional característica da elastina. A elastina, em sua forma extracelular madura com ligações cruzadas, é altamente insolúvel, **extremamente estável** e apresenta *turnover* muito lento. As várias conformações helicoidais aleatórias existentes em sua estrutura permitem o estiramento da proteína e, subsequentemente, a sua retração durante o desempenho de suas funções fisiológicas.

A **Tabela 50-5** fornece um resumo das principais diferenças entre o colágeno e a elastina.

Foram encontradas deleções do gene da elastina (localizado em 7q11.23) em cerca de 90% dos indivíduos com a **síndrome de Williams-Beuren**, um distúrbio de desenvolvimento que acomete o tecido conectivo e o sistema nervoso central. As mutações afetam a síntese de elastina e, provavelmente, desempenham um papel etiológico na **estenose aórtica supravalvar**, que é observada com frequência nessa doença. A fragmentação ou, alternativamente, a diminuição da elastina é observada em distúrbios como o **enfisema pulmonar**, a **cútis flácida** e o **envelhecimento da pele**.

TABELA 50-5 Principais diferenças entre o colágeno e a elastina

Colágeno	Elastina
1. Muitos tipos genéticos diferentes	Um tipo genético
2. Tripla-hélice	Ausência de tripla-hélice; conformações helicoidais aleatórias que possibilitam seu estiramento
3. Estrutura repetitiva $(Gly-X-Y)_n$	Ausência de estrutura repetitiva $(Gly-X-Y)_n$
4. Presença de hidroxilisina	Ausência de hidroxilisina
5. Contém carboidratos	Não contém carboidratos
6. Ligações cruzadas intramoleculares de aldol	Ligações cruzadas intramoleculares de desmosina
7. Presença de peptídeos de extensão durante a biossíntese	Ausência de peptídeos de extensão durante a biossíntese

AS FIBRILINAS SÃO COMPONENTES ESTRUTURAIS DAS MICROFIBRILAS

As **microfibrilas** são feixes finos semelhantes a fibras com 10 a 12 nm de diâmetro que fornecem um **arcabouço** para a deposição de elastina na MEC. As **fibrilinas** são glicoproteínas grandes (cerca de 350 kDa) que constituem o principal componente estrutural dessas fibras. Elas são secretadas (após clivagem proteolítica) no interior da MEC por fibroblastos e são incorporadas no interior das microfibrilas insolúveis. A **fibrilina 1** é a principal fibrilina presente, porém as fibrilinas 2 e 3 também foram identificadas, e acredita-se que a fibrilina 2 seja importante na deposição de microfibrilas no início do desenvolvimento. Outras proteínas, incluindo **proteínas associadas às microfibrilas** (**MAGPs**, do inglês *microfibril-associated glycoproteins*), **fibulinas** e **membros da família ADAMTS**, também estão associadas às microfibrilas. As microfibrilas de fibrilina são encontradas em fibras elásticas e também em feixes sem elastina nos olhos, nos rins e nos tendões.

A síndrome de Marfan é causada por mutações no gene da fibrilina 1

A **síndrome de Marfan** é uma doença hereditária relativamente prevalente que acomete o tecido conectivo; ela é herdada como caráter autossômico dominante. Acomete os **olhos** (p. ex., causando luxação da lente, conhecida como *ectopia lentis*), o **sistema esquelético** (a maioria dos pacientes tem estatura alta e apresenta dedos longos [aracnodactilia] e hiperextensibilidade das articulações) e o **sistema circulatório** (p. ex., causando enfraquecimento da túnica média da aorta, com consequente dilatação da parte ascendente da aorta). É possível que Abraham Lincoln tenha tido essa doença. Os casos são devidos, em sua maioria, a mutações no gene da fibrilina 1 (localizado no cromossomo 15). Essas mutações resultam em fibrilina anormal e/ou quantidades menores depositadas na MEC. Como o fator de transformação do crescimento β (**TGF-β**, do inglês *transforming growth factor β*), que é uma citocina, liga-se normalmente à fibrilina 1, a sua ligação diminuída na síndrome de Marfan causa distúrbios na sinalização desse fator. Esse achado pode levar ao desenvolvimento de terapias para o distúrbio, utilizando fármacos que antagonizam o TGF-β (p. ex., o antagonista do receptor de angiotensina II, losartana).

Mutações no gene da fibrilina 1 também foram identificadas recentemente como causa da **displasia acromícrica** e da **displasia geleofísica**, que são caracterizadas por pequena estatura, espessamento da pele e rigidez articular. A **aracnodactilia contratural congênita** está associada a uma mutação no gene que codifica a fibrilina 2. A **Figura 50-3** resume a provável sequência de eventos que levam à síndrome de Marfan.

A FIBRONECTINA ESTÁ ENVOLVIDA NA ADESÃO E NA MIGRAÇÃO DAS CÉLULAS

A **fibronectina** é uma importante glicoproteína da MEC e também é encontrada, em forma solúvel, no plasma. Ela é constituída de duas subunidades idênticas, cada uma com cerca de 230 kDa, unidas por duas ligações dissulfeto, próximos às regiões carboxiterminais. O gene que codifica a fibronectina é muito grande, contendo cerca de 50 éxons; o RNA produzido pela sua transcrição está sujeito a *splicing* alternativo considerável, e foram detectados até 20 mRNAs diferentes em vários tecidos. A fibronectina contém três tipos de motivos repetitivos (I, II e III), que estão organizados em **domínios** (pelo menos sete); as funções desses domínios incluem a ligação à fibronectina, permitindo que as moléculas da proteína interajam com a **heparina** (ver adiante), a fibrina, o colágeno e superfícies celulares (**Figura 50-4**). A fibronectina liga-se às células por meio de uma proteína receptora transmembrana, que pertence à classe de proteínas da **integrina** (ver Capítulo 55). A fibronectina possui uma **sequência Arg-Gly-Asp** (**RGD**) que se liga ao receptor de integrina. Essa sequência é comum a várias outras proteínas presentes na MEC que se ligam às integrinas presentes na membrana plasmática da célula, e a sua presença nos peptídeos sintéticos permite que eles inibam a ligação da fibronectina às células. A **Figura 50-5** ilustra a interação do colágeno, da fibronectina e da laminina, proteínas importantes da MEC, com uma célula típica (p. ex., fibroblasto) presente na matriz.

O receptor de fibronectina interage indiretamente com microfilamentos de **actina** (ver Capítulo 51) presentes no citosol por meio de diversas proteínas, conhecidas coletivamente como **proteínas de fixação**, que incluem **talina**, **vinculina**, **α-actinina** e **paxilina** (**Figura 50-6**). Esses grandes

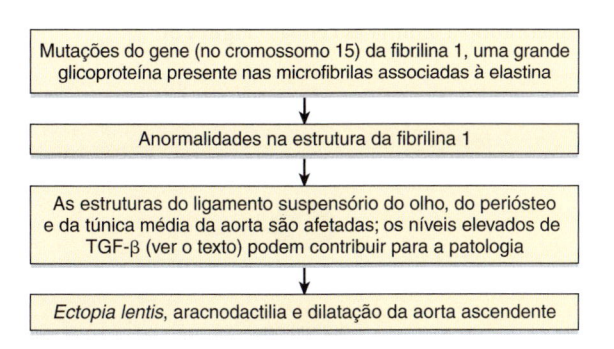

FIGURA 50-3 Provável sequência de eventos como causa dos principais sinais apresentados por pacientes com síndrome de Marfan.

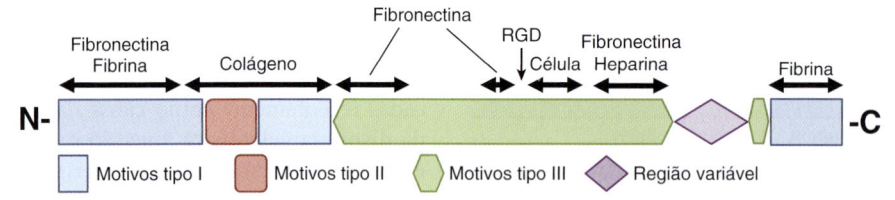

FIGURA 50-4 Estrutura do monômero da fibronectina. A fibronectina é um dímero ligado por ligações dissulfeto (não mostradas) situadas próximo às extremidades carboxiterminais dos monômeros. Cada monômero consiste principalmente em motivos repetitivos tipos I, II ou III e possui vários domínios de ligação à proteína. Quatro deles se ligam à fibronectina, e também existem domínios para colágeno, heparina, fibrina e ligação celular. A localização aproximada da sequência RGD da fibronectina, que interage com uma variedade de receptores de integrina e fibronectina nas superfícies celulares, está indicada pela seta.

complexos proteicos formam **adesões focais** que não apenas ancoram as células à MEC, como também transmitem sinais do exterior que influenciam o comportamento celular. Portanto, a interação da fibronectina com o seu receptor assegura uma via pela qual o **exterior da célula pode se comunicar com o interior**. A fibronectina também está envolvida na **migração celular**, uma vez que fornece um local de ligação para as células, ajudando-as a percorrer o seu trajeto pela MEC. A quantidade de fibronectina ao redor de muitas **células transformadas** está acentuadamente reduzida, explicando, em parte, a sua interação defeituosa com a MEC.

A LAMININA É UM IMPORTANTE COMPONENTE PROTEICO DAS LÂMINAS BASAIS

As **lâminas basais** são áreas especializadas da MEC que circundam as células epiteliais e algumas outras células (p. ex., células musculares). A **laminina** (uma glicoproteína de cerca de 850 kDa e de 70 nm de comprimento) consiste em três cadeias polipeptídicas alongadas distintas (cadeias α, β e γ, cada uma das quais com variantes genéticas), ligadas entre si para formar uma estrutura alongada complexa (ver Figura 51-11, **que mostra a laminina-2, também denominada merosina**). Nas lâminas basais, a laminina forma redes que estão ligadas às redes de colágeno tipo IV pela **entactina** (também chamada de nidogênio), uma glicoproteína contendo uma sequência RGD e o proteoglicano heparan-sulfato, **perlecano**. O colágeno interage com a laminina (e não diretamente com a superfície celular), que, por sua vez, interage com integrinas ou outras proteínas, como os **distroglicanos** (ver Capítulo 51), ancorando a lâmina às células (**Figura 50-7**).

No **glomérulo renal**, a lâmina basal é formada por duas camadas distintas de células (uma endotelial e outra epitelial), cada uma disposta em lados opostos da lâmina; essas três camadas constituem a **membrana glomerular**. Essa lâmina basal relativamente espessa desempenha um importante papel na **filtração glomerular**. A membrana glomerular permite a passagem de pequenas moléculas, como a **insulina** (5,2 kDa), tão facilmente como a água. Por outro lado, grandes moléculas, incluindo a maior parte das proteínas plasmáticas, não são capazes de passar através dessa membrana. Existem duas razões para isso: (1) os **poros** na membrana glomerular têm cerca de 8 nm, de modo que as moléculas maiores são incapazes de atravessá-los; (2) embora algumas proteínas plasmáticas, como a albumina, sejam menores do que o tamanho desses poros, elas são impedidas de passar com facilidade em virtude das **cargas negativas** de heparan-sulfato e de certas glicoproteínas que contêm ácido siálico presentes na lâmina, que repelem a maioria das proteínas plasmáticas que apresentam cargas negativas no pH do sangue. A estrutura normal do glomérulo pode ser

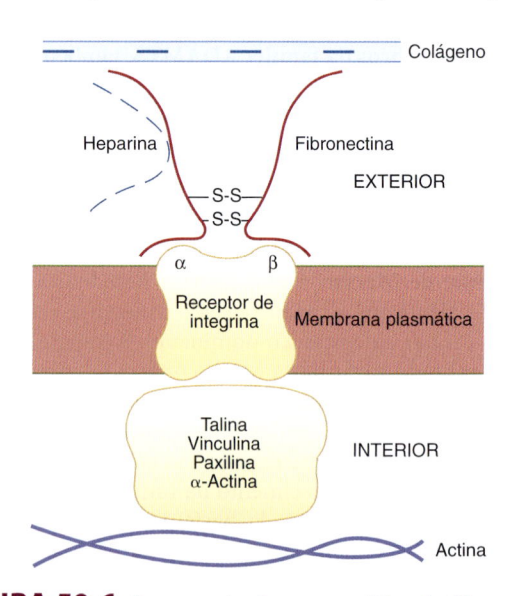

FIGURA 50-6 Representação esquemática da fibronectina interagindo com a actina no citosol por meio de um receptor de fibronectina integrina. O dímero de fibronectina no lado externo da membrana plasmática liga-se ao receptor de integrina que atravessa a membrana por meio das sequências RGD. No lado citosólico, a integrina interage com proteínas de fixação, incluindo talina, vinculina, α-actinina e paxilina (mostradas na forma de complexo), que interagem com filamentos de actina, ligando indiretamente a fibronectina na matriz extracelular com a actina no citosol da célula.

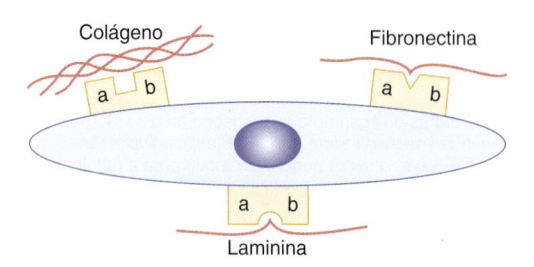

FIGURA 50-5 Representação esquemática das interações celulares com as principais proteínas da matriz extracelular. a e b indicam as cadeias α e β-polipeptídicas das integrinas.

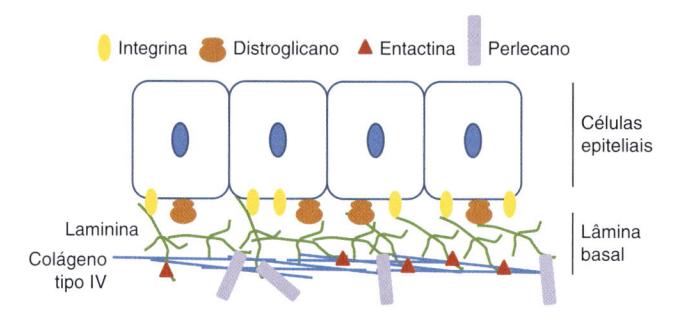

FIGURA 50-7 Estrutura da lâmina basal. A laminina é ligada ao colágeno tipo IV por meio de entactina e perlecano (formando a lâmina basal) e à camada de células epiteliais por integrinas e distroglicanos.

gravemente danificada em determinados tipos de **glomerulonefrite** (p. ex., causadas por anticorpos dirigidos contra vários componentes da membrana glomerular). Isso altera os poros e as quantidades e disposições das macromoléculas de carga negativa citadas, e quantidades relativamente maciças de albumina (e de algumas outras proteínas plasmáticas) podem ser eliminadas na urina, resultando em **albuminúria** grave.

PROTEOGLICANOS E GLICOSAMINOGLICANOS

Os glicosaminoglicanos encontrados nos proteoglicanos são formados por dissacarídeos repetitivos

Os **proteoglicanos**, que são proteínas que contêm **glicosaminoglicanos** (GAGs) ligados covalentemente (ver também Capítulos 15 e 46), constituem um importante componente da MEC. Foram caracterizados pelo menos 30 proteoglicanos, por exemplo, sindecano, betaglicano, serglicina, perlecano, agrecano, versicano, decorina, biglicano e fibromodulina. Um proteoglicano consiste em uma **proteína central** ou do cerne, ligada de modo covalente aos GAGs, e essas unidades formam grandes complexos com outros componentes da matriz extracelular, como o ácido hialurônico e o colágeno. As **Figuras 50-8** e **50-9** mostram a estrutura geral desses complexos. Esses complexos são muito grandes, com uma estrutura global que lembra a de uma escova para garrafa. O exemplo mostrado na Figura 50-9 contém uma longa fita de ácido hialurônico (um tipo de GAG) (ver Capítulo 15) onde as proteínas estão fixadas por **ligações não covalentes**. Por sua vez, as proteínas de ligação interagem de modo não covalente com moléculas de proteínas centrais, a partir da qual se projetam cadeias de outros GAG (p. ex., queratan-sulfato e condroitina-sulfato). Os proteoglicanos variam na sua distribuição tecidual, natureza da proteína central, GAGs fixados e a função desempenhada. A quantidade de **carboidrato** de um proteoglicano é geralmente muito maior do que a encontrada em uma glicoproteína e pode representar até 95% do seu peso.

Existem pelo menos sete GAGs: **ácido hialurônico (hialuronano), condroitina-sulfato, queratan-sulfatos I e II, heparina, heparan-sulfato** e **dermatan-sulfato**. Os GAGs são polissacarídeos não ramificados formados por dissacarídeos repetitivos, entre os quais um componente é sempre

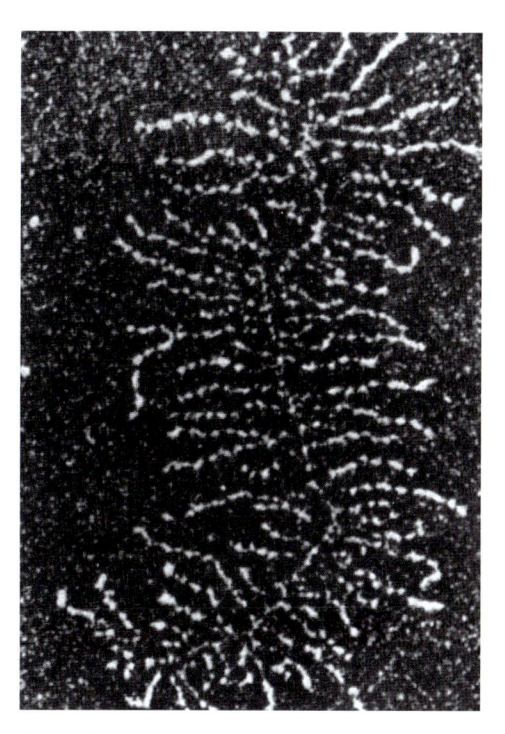

FIGURA 50-8 Micrografia eletrônica de campo escuro de um agregado de proteoglicano. As subunidades do proteoglicano e o arcabouço filamentoso estão particularmente bem estendidos nesta imagem. (Reproduzida, com autorização, de Rosenberg L, Hellman W, Kleinschmidt AK: Electron microscopic studies of proteoglycan aggregates from bovine articular cartilage. J Biol Chem 1975;250:1877.)

um **aminoaçúcar** (daí o nome GAG), seja D-glicosamina ou D-galactosamina. O outro componente do dissacarídeo repetitivo (exceto no caso do queratan-sulfato) é um **ácido urônico**, seja o ácido D-glicurônico (GlcUA) ou seu epímero 5′, o ácido L-idurônico (IdUA). Com exceção do ácido hialurônico, todos os GAGs contêm grupos sulfato, na forma de O-ésteres ou N-sulfato (na heparina e no heparan-sulfato). O ácido hialurônico também é excepcional, uma vez que parece existir como polissacarídeo na MEC, sem estabelecer ligação covalente com a proteína, conforme especificado pela definição de proteoglicano supradescrita. O estudo dos GAGs e dos proteoglicanos tem sido difícil, em parte devido à sua complexidade. Todavia, como constituem componentes importantes da MEC e desempenham vários papéis biológicos importantes, como seu envolvimento em diversos processos patológicos, o interesse por eles cresceu muito nos últimos anos.

A biossíntese dos glicosaminoglicanos envolve a fixação às proteínas centrais, o alongamento da cadeia e a terminação da cadeia

Fixação às proteínas centrais

Em geral, a ligação entre os GAGs e suas proteínas centrais é classificada em três tipos:

1. Uma ligação **O-glicosídica** entre a **xilose** (Xyl) e a **Ser**, uma ligação exclusiva dos proteoglicanos. Essa ligação é formada

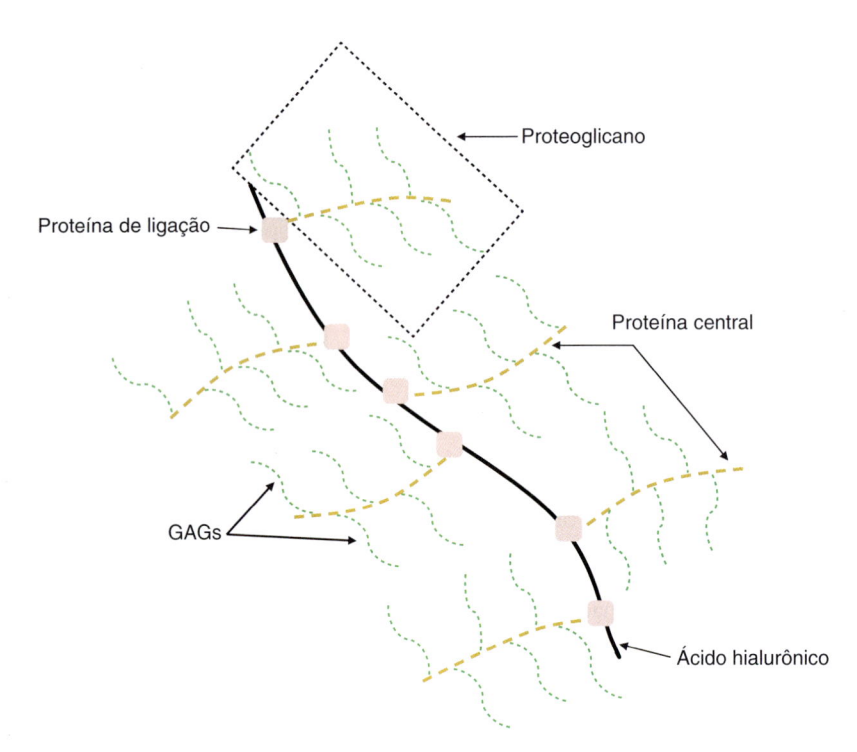

FIGURA 50-9 Representação esquemática de um complexo de proteoglicanos. Neste exemplo, os proteoglicanos estão fixados por meio de ligações não covalentes a proteínas, as quais, por sua vez, estão ligadas de modo não covalente a uma longa fita de glicosaminoglicano (GAG), o ácido hialurônico.

pela transferência de um resíduo de Xyl para a Ser da UDP-xilose. Em seguida, são acrescentados dois resíduos de Gal ao resíduo de Xyl, formando um **trissacarídeo de ligação**, Gal-Gal-Xyl-Ser. O crescimento subsequente da cadeia do GAG ocorre na Gal terminal.

2. Uma **ligação O-glicosídica** entre a **GalNAc** (*N*-acetilgalactosamina) e **Ser** (**Thr**) (ver Figura 46-1A), presente no queratan-sulfato II. Essa ligação é formada pela doação de um resíduo de GalNAc à Ser (ou Thr), utilizando UDP-GalNAc como doador.
3. Uma **ligação N-glicosamina** entre a GlcNAc (*N*-acetilglicosamina) e o nitrogênio amida da **Asn**, conforme observado nas glicoproteínas *N*-ligadas (ver Figura 46-1B). Acredita-se que a sua síntese envolva dolicol-PP oligossacarídeo.

A síntese das proteínas centrais ocorre no **RE**, onde também ocorre a formação de pelo menos algumas das ligações anteriormente citadas. A maior parte das etapas mais avançadas na biossíntese das cadeias de GAGs e suas modificações subsequentes ocorrem no **aparelho de Golgi**.

Alongamento da cadeia

Açúcares nucleotídicos apropriados e **glicosiltransferases** altamente específicas localizadas no aparelho de Golgi são utilizados para a síntese das cadeias oligossacarídicas dos GAGs. Nesse caso, parece haver relação de "**uma enzima, uma ligação**", conforme observado no caso de certos tipos de ligações encontradas nas glicoproteínas. Os sistemas enzimáticos envolvidos no alongamento das cadeias são capazes de reproduzir, com alta fidelidade, os GAGs complexos (ver também Capítulo 46).

Terminação da cadeia

Esse processo parece resultar da (1) **sulfatação**, particularmente em determinadas posições dos açúcares, e da (2) **progressão** da cadeia de GAG em crescimento para fora do local onde ocorre a catálise na membrana.

Modificações adicionais

Após a formação da cadeia de GAG, ocorrem **numerosas modificações químicas**, como a introdução de grupos sulfato na GalNAc e outras frações e a epimerização de GlcUA a resíduos de IdUA. As enzimas que catalisam a sulfatação são designadas como **sulfotransferases** e utilizam **3′-fosfoadenosina-5′-fosfossulfato** (PAPS; sulfato ativo) (ver Capítulo 32) como doador de sulfato. Essas enzimas localizadas no aparelho de Golgi são altamente específicas, e enzimas distintas catalisam a sulfatação em posições diferentes (p. ex., carbonos 2, 3, 4 e 6) nos açúcares aceptores. Uma **epimerase** catalisa as conversões dos resíduos glicuronil em iduronil.

Os proteoglicanos são importantes na organização estrutural da matriz extracelular

Os proteoglicanos são encontrados em **todos os tecidos** do corpo, principalmente na MEC ou "substância fundamental". Os proteoglicanos estão associados entre si e também com os outros componentes estruturais principais da matriz, o colágeno e a elastina, em configurações específicas. Alguns proteoglicanos se ligam ao colágeno, e outros, à elastina. Essas interações são importantes para determinar a organização estrutural da matriz. Alguns proteoglicanos (p. ex., decorina) também podem se **ligar a fatores de crescimento**, como TGF-β, modulando seus efeitos nas células. Além disso, alguns deles interagem com determinadas **proteínas adesivas**, como a fibronectina e a laminina (ver anteriormente), que também estão localizadas na matriz. Os GAGs presentes nos proteoglicanos são **poliânions** e, portanto, ligam-se aos policátions e cátions, como Na$^+$ e K$^+$. Esta última propriedade atrai a água por pressão osmótica para dentro da MEC, contribuindo para o seu turgor. Os GAGs também formam um **gel** em concentrações relativamente baixas. Tendo em vista a natureza extensa e longa das cadeias polissacarídicas dos GAGs e a sua capacidade de formar gel, os proteoglicanos podem atuar como **peneiras**, restringindo a passagem de macromoléculas grandes para a MEC, porém, permitindo a difusão relativamente livre de pequenas moléculas. Também nesse caso, em virtude de suas estruturas extensas e dos enormes agregados macromoleculares que muitas vezes formam, os GAGs ocupam **grande volume** da matriz em relação às proteínas.

Vários glicosaminoglicanos apresentam diferenças na estrutura e possuem distribuições características e funções diversas

Os sete GAGs citados diferem entre si em relação a várias das seguintes propriedades: composição de aminoaçúcares, composição de ácido urônico, ligações entre esses componentes, comprimento das cadeias dos dissacarídeos, presença ou ausência de grupos sulfato e suas posições de fixação aos açúcares constituintes, natureza das proteínas centrais às quais estão fixados, natureza da ligação às proteínas centrais, distribuição tecidual e subcelular e funções biológicas.

A estrutura (**Figura 50-10**), a distribuição e as funções de cada um dos GAGs serão agora discutidas de maneira sucinta. A **Tabela 50-6** fornece um resumo das principais características dos sete GAGs.

Ácido hialurônico

O **ácido hialurônico** consiste em uma cadeia não ramificada de unidades dissacarídicas repetitivas que contêm GlcUA e GlcNAc. Ele está presente nas bactérias e é encontrado na MEC de quase todos os tecidos animais, porém apresenta concentração especialmente elevada em tipos altamente hidratados, como a pele e o cordão umbilical, e no osso, na cartilagem, nas articulações (líquido sinovial) e no humor vítreo ocular, assim como em tecidos embrionários. Acredita-se que desempenhe importante papel em permitir a **migração celular** durante a morfogênese e o reparo de feridas. A sua habilidade em atrair água para a MEC leva ao afrouxamento da matriz, auxiliando nesse processo. As altas concentrações de ácido hialurônico junto com as condroitinas-sulfato presentes na **cartilagem** contribuem para a sua compressibilidade (ver adiante).

Condroitinas-sulfato (condroitina-4-sulfato e condroitina-6-sulfato)

Os proteoglicanos ligados à **condroitina-sulfato** pela ligação Xyl-Ser O-glicosídica são componentes importantes da **cartilagem** (ver adiante). O dissacarídeo repetitivo assemelha-se ao encontrado no ácido hialurônico e contém GlcUA, porém com **GalNAc** substituindo GlcNAc. A GalNAc é substituída por **sulfato** em sua posição 4′ ou 6′, com presença de cerca de um sulfato para cada unidade dissacarídica. A condroitina-sulfato desempenha papel importante na manutenção da estrutura da

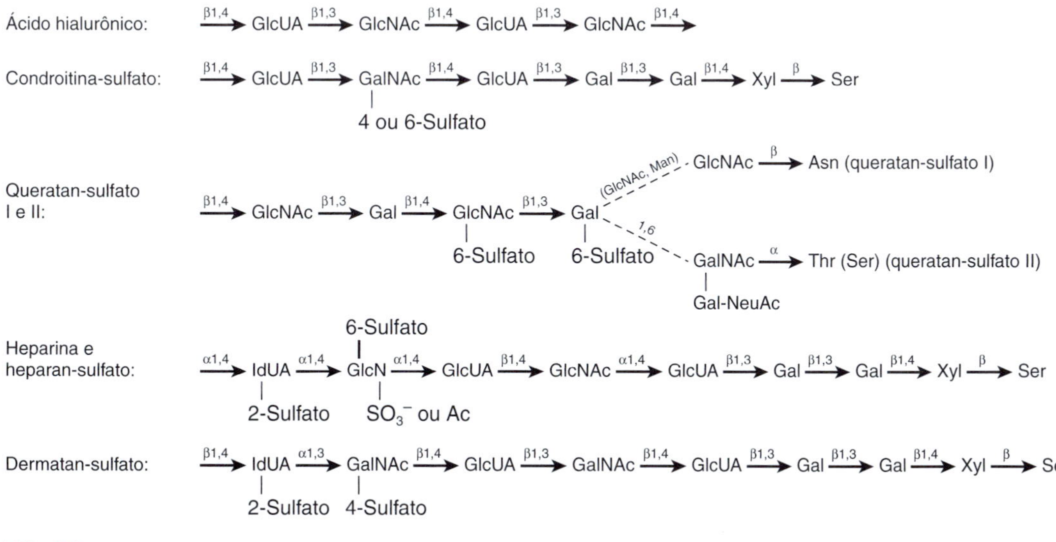

FIGURA 50-10 **Estruturas dos glicosaminoglicanos e suas ligações às proteínas centrais.** (Ac, acetil; Asn, L-asparagina; Gal, D-galactose; GalN, D-galactosamina; GlcN, D-glicosamina; GlcUA, ácido D-glicurônico; IdUA, ácido L-idurônico; Man, D-manose; NeuAc, ácido N-acetilneuramínico; Ser, L-serina; Thr, L-treonina; Xyl, L-xilose.) As estruturas resumidas são apenas representações qualitativas e não refletem, por exemplo, a composição de ácido urônico dos glicosaminoglicanos híbridos, como a heparina e o dermatan-sulfato, que contêm os ácidos L-idurônico e D-glicurônico. O ácido hialurônico não apresenta nenhuma ligação covalente às proteínas. Os condroitina-sulfatos, a heparina, o heparan-sulfato e o dermatan-sulfato ligam-se a uma Ser na proteína central por meio do trissacarídeo de ligação Gal-Gal-Xyl. O queratan-sulfato I liga-se a uma proteína central Asn por meio de GlcNAc, enquanto o queratan-sulfato II liga-se a uma Ser (ou Thr) por meio de GalNAc.

TABELA 50-6 Propriedades dos glicosaminoglicanos

GAG	Açúcares	Sulfato[a]	Ligação à proteína	Localização
Ácido hialurônico	GlcNAc, GLcUA	–	Nenhuma	Pele, líquido sinovial, osso, cartilagem, humor vítreo, tecidos embrionários
Condroitina-sulfato	GalNAc, GlcUA	GalNAc	Xyl-Ser; associado ao HA por proteínas de ligação	Cartilagem, osso, sistema nervoso central
Queratan-sulfato I e II	GlcNAc, Gal	GlcNAc	GlcNAc-Asn (KS I) GalNAc-Thr (KS II)	Córnea, cartilagem, tecido conectivo frouxo
Heparina	Gln, IdUA	GlcN GlcN IdUA	Ser	Mastócitos, fígado, pulmão, pele
Heparan-sulfato	GlcN, GlcUA	GlcN	Xyl-Ser	Pele, membrana basal do rim
Dermatan-sulfato	GalNAc, IdUA, (GlcUA)	GalNAc IdUA	Xyl-Ser	Pele, distribuição ampla

[a] O sulfato está ligado a várias posições dos açúcares indicados (ver Figura 50-10). Observe que todos os GAGs, exceto os queratan-sulfatos, contêm um ácido urônico que pode ser um ácido glicurônico ou idurônico.

MEC. Elas estão localizadas nas regiões de calcificação no **osso** endocondral e representam o principal componente da **cartilagem**. Elas são encontradas em quantidades elevadas na MEC do sistema nervoso central e, além de sua função estrutural, parecem atuar como moléculas sinalizadoras na prevenção do reparo de terminações nervosas após lesão.

Queratan-sulfatos I e II

Conforme mostrado na Figura 50-10, os queratan-sulfatos consistem em unidades dissacarídicas de **Gal-GlcNAc** repetitivas contendo **sulfato** ligado à posição 6′ da GlcNAc ou, ocasionalmente, da Gal. O **queratan-sulfato I** foi originalmente isolado da córnea, e o **queratan-sulfato II** foi obtido da cartilagem. Os dois GAGs diferem em suas ligações estruturais às proteínas centrais, e, à semelhança de I ou II, a classificação baseia-se na ligação diferente à proteína central (Figura 50-10). No olho, localizam-se entre as fibrilas de colágeno e desempenham um papel crucial na transparência da córnea. As alterações na composição dos proteoglicanos observadas nas cicatrizes de córnea desaparecem quando a córnea cicatriza.

Heparina

A **heparina**, um dissacarídeo repetitivo, contém **glicosamina** (GlcN) e um dos dois ácidos urônicos (GlcUA ou IdUA) (**Figura 50-11**). Os grupos amino dos resíduos de GlcN são, em sua maioria, **N-sulfatados**, porém alguns são acetilados (GlcNAc). A GlcN também apresenta um sulfato ligado ao carbono 6.

A maioria dos resíduos de ácido urônico é **IdUA**. Inicialmente, todos os ácidos urônicos são GlcUA, porém, uma 5′-epimerase converte cerca de 90% dos resíduos de GlcUA em IdUA após a formação da cadeia polissacarídica. A molécula proteica do proteoglicano heparina é singular, visto que consiste exclusivamente em resíduos de serina e glicina. Cerca de dois terços dos resíduos de serina contêm cadeias de GAG, geralmente de 5 a 15 kDa, porém, algumas vezes muito maiores. A heparina é encontrada nos grânulos dos **mastócitos** e também no fígado, nos pulmões e na pele. É um importante **anticoagulante**. É liberada no sangue a partir das paredes capilares pela ação da lipoproteína-lipase e liga-se aos fatores IX e XI, porém a sua interação mais importante ocorre com a **antitrombina plasmática** (discutida no Capítulo 55).

Heparan-sulfato

Essa molécula está presente em um proteoglicano encontrado em muitas **superfícies celulares** extracelulares. Contém **GlcN** com menos N-sulfatos do que a heparina e, diferentemente desta última, o seu ácido urônico predominante é o **GlcUA**. O **heparan-sulfato** está associado à membrana plasmática das células, e suas proteínas centrais atravessam a membrana de um lado ao outro. Nessa estrutura, podem atuar como **receptores** e também podem participar da mediação do **crescimento celular** e **comunicação intercelular**. A fixação das células a seu substrato em cultura é mediada, pelo menos em parte, pelo heparan-sulfato. Esse proteoglicano também é encontrado na **membrana basal do rim** junto com o colágeno tipo IV

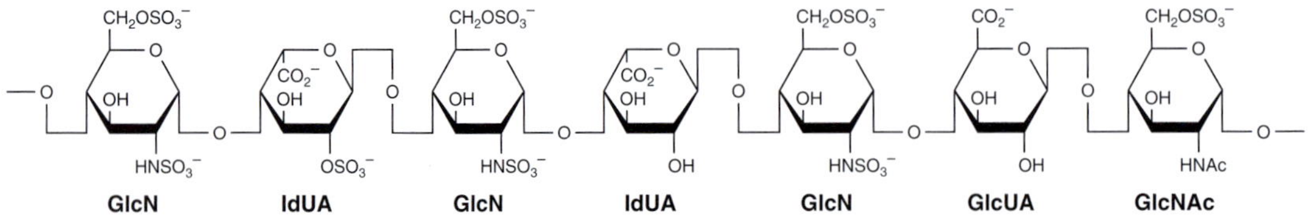

FIGURA 50-11 Estrutura da heparina. São mostradas as características estruturais típicas da heparina. Cada dissacarídeo repetitivo contém glicosamina (GlcN) e ácido D-glicurônico (GlcUA) ou L-idurônico (IdUA). Alguns resíduos de GlcN são acetilados (GlcNAc). A sequência das unidades dissacarídicas repetitivas e substituídas de modo variado foram selecionadas arbitrariamente. Podem ocorrer também resíduos de glicosamina não O-sulfatados ou 3-O-sulfatados. (Modificada e redesenhada de Lindahl U, et al: Structure and biosynthesis of heparin-like polysaccharides. Fed Proc 1977;36:19.)

e a laminina (ver anteriormente), onde desempenham um importante papel na determinação da seletividade de cargas da filtração glomerular.

Dermatan-sulfato

Essa substância está amplamente distribuída nos tecidos animais. A sua estrutura se assemelha à da condroitina-sulfato, exceto pelo fato de que, no lugar de um GlcUA em ligação β-1,3 à GalNAc, ele contém um **IdUA** em uma ligação α-1,3 à **GalNAc**. Ocorre formação do IdUA, como na heparina e no heparan-sulfato, por 5′-epimerização do GlcUA. Como essa reação é regulada pelo grau de sulfatação, e tendo em vista que a sulfatação é incompleta, o dermatan-sulfato contém os **dissacarídeos** IdUA-GalNAc e GlcUA-GalNAc. O **dermatan-sulfato** apresenta ampla distribuição nos tecidos e é o principal GAG na pele. Evidências sugerem que ele participe da coagulação sanguínea, do reparo de lesões e da resistência à infecção.

Os proteoglicanos também são encontrados em **locais intracelulares**, como o núcleo, onde se acredita que tenham um papel regulador em funções como proliferação celular e transporte de moléculas entre o núcleo e o citosol. A **Tabela 50-7** sintetiza as várias funções dos GAGs.

As deficiências das enzimas que degradam os glicosaminoglicanos levam ao desenvolvimento das mucopolissacaridoses

Tanto as **exoglicosidases** quanto as **endoglicosidases** degradam os GAGs. À semelhança da maioria das outras biomoléculas, os GAGs estão sujeitos à **renovação**, sendo tanto sintetizados quanto degradados. Nos tecidos dos adultos, os GAGs geralmente exibem renovação relativamente **lenta**, com meias-vidas de vários dias a semanas.

A compreensão das vias de degradação dos GAGs, como no caso das glicoproteínas (ver Capítulo 46) e dos glicoesfingolipídeos (ver Capítulo 24), foi amplamente facilitada pela elucidação das deficiências enzimáticas específicas que ocorrem em determinados **erros inatos do metabolismo**. Quando os GAGs estão envolvidos, esses erros inatos são denominados **mucopolissacaridoses** (**MPSs**) (**Tabela 50-8**).

A **degradação** dos GAGs é realizada por uma série de **hidrolases lisossomais**. Incluem as **endoglicosidases**, as **exoglicosidases** e as **sulfatases**, que geralmente atuam em sequência. As **MPSs** (Tabela 50-8) compartilham um mecanismo etiológico comum, envolvendo uma mutação em um gene que codifica uma hidroxilase lisossômica, responsável pela degradação de um ou mais GAGs. Isso leva a um defeito na enzima e ao acúmulo dos substratos GAGs em vários tecidos, incluindo o fígado, o baço, o osso, a pele e o sistema nervoso central. As doenças são habitualmente herdadas de modo **autossômico recessivo**, e as síndromes de **Hurler** e de **Hunter** são, talvez, as mais amplamente estudadas. Nenhuma delas é comum. Em geral, essas condições são crônicas e progressivas e afetam múltiplos órgãos. Muitos pacientes apresentam organomegalia (p. ex., hepatomegalia e esplenomegalia); anomalias graves no desenvolvimento da cartilagem e do osso; aparência facial anormal; e deficiência intelectual. Além disso, podem estar presentes distúrbios na audição, na visão e no sistema circulatório. Testes diagnósticos incluem análise de GAGs na urina ou em amostras de biópsia tecidual; ensaio de enzimas supostamente deficientes nos leucócitos, nos fibroblastos ou no soro; e testes para genes específicos. Hoje, o diagnóstico pré-natal é possível usando-se células do líquido amniótico ou amostras de biópsia das vilosidades coriônicas. Em alguns casos, obtém-se **história familiar** de mucopolissacaridose.

O termo "**mucolipidose**" foi introduzido para descrever doenças que combinavam características comuns das muco-polissacaridoses e das esfingolipidoses (ver Capítulo 24). Na **sialidose** (mucolipidose I, ML-I), vários oligossacarídeos derivados de glicoproteínas e de alguns gangliosídeos podem se acumular nos tecidos. A **doença da célula I** (ML-II) e a **polidistrofia pseudo-Hurler** (ML-III) são descritas no Capítulo 46. O termo "mucolipidose" foi mantido, visto que ainda tem uso clínico relativamente amplo, embora não seja apropriado para descrever estas últimas duas doenças, pois o seu mecanismo etiológico envolve **localização incorreta** de determinadas enzimas lisosomais. Os defeitos genéticos do catabolismo das cadeias oligossacarídicas das glicoproteínas (p. ex., manosidose, fucosidose) também são descritos no Capítulo 46. Esses defeitos são caracterizados, em sua maioria, pela excreção aumentada de vários fragmentos das glicoproteínas na urina, que se acumulam em virtude do bloqueio metabólico, como no caso das mucolipidoses.

A **hialuronidase** é uma enzima importante envolvida no catabolismo do ácido hialurônico e da condroitina-sulfato. Trata-se de uma endoglicosidase amplamente distribuída, que cliva as ligações hexosaminídicas. A partir do ácido hialurônico, a enzima gera um tetrassacarídeo com a estrutura (GlcUAβ-1,3-GlcNAc-β-1,4)$_2$, que também pode ser degradado pela β-glicuronidase e β-N-acetil-hexosaminidase. Um distúrbio genético na hialuronidase causa MPS IX, um distúrbio do armazenamento lisossomal no qual há acúmulo de ácido hialurônico nas articulações.

TABELA 50-7 Algumas funções dos glicosaminoglicanos e dos proteoglicanos

- Atuam como componentes estruturais da MEC
- Apresentam interações específicas com o colágeno, a elastina, a fibronectina, a laminina e outras proteínas, como os fatores de crescimento
- Como poliânions, ligam-se a policátions e cátions
- Contribuem para o turgor característico de vários tecidos
- Funcionam como peneiras na MEC
- Facilitam a migração celular (HA)
- Desempenham um papel na compressibilidade da cartilagem na sustentação do peso (HA, CS)
- Desempenham um papel na transparência da córnea (KS I e DS)
- Têm função estrutural na esclera (DS)
- Atuam como anticoagulantes (heparina)
- São componentes das membranas plasmáticas, onde podem atuar como receptores e podem participar da adesão celular e de interações intercelulares (p. ex., HS)
- Determinam a seletividade de carga do glomérulo renal (HS)
- Constituem as vesículas sinápticas e outras vesículas (p. ex., HS)
- Desempenham um papel em funções nucleares, como proliferação celular e transporte de moléculas entre o núcleo e o citosol

CS, condroitina-sulfato; DS, dermatan-sulfato; MEC, matriz extracelular; HA, ácido hialurônico; HS, heparan-sulfato; KS I, queratan-sulfato I.

TABELA 50-8 As mucopolissacaridoses

Nome da doença	Abreviatura[a]	Enzima deficiente	GAG(s) afetado(s)	Sintomas
Síndrome de Hurler, de Scheie ou de Hurler-Scheie	MPS I	α-L-Iduronidase	Dermatan-sulfato, heparan-sulfato	Deficiência intelectual, características faciais grosseiras, hepatoesplenomegalia, córnea turva
Síndrome de Hunter	MPS II	Iduronato-sulfatase	Dermatan-sulfato, heparan-sulfato	Deficiência intelectual
Síndrome de Sanfilippo A	MPS IIIA	Heparan-sulfato-N-sulfatase[b]	Heparan-sulfato	Atraso no desenvolvimento, disfunção motora
Síndrome de Sanfilippo B	MPS IIIB	α-N-Acetilglicosaminidase	Heparan-sulfato	Igual à MPS IIIA
Síndrome de Sanfilippo C	MPS IIIC	α-Glicosaminida-N-acetiltransferase	Heparan-sulfato	Igual à MPS IIIA
Síndrome de Sanfilippo D	MPS IIID	N-acetilglicosamina-6-sulfatase	Heparan-sulfato	Igual à MPS IIIA
Síndrome de Morquio A	MPS IVA	Galactosamina-6-sulfatase	Queratan-sulfato, condroitina-6-sulfato	Displasia esquelética, estatura pequena
Síndrome de Morquio B	MPS IVB	β-Galactosidase	Queratan-sulfato	Igual à MPS IVA
Síndrome de Maroteaux-Lamy	MPS VI	N-Acetilgalactosamina-4-sulfatase[c]	Dermatan-sulfato	Curvatura da coluna, estatura pequena, displasia esquelética, distúrbios cardíacos
Síndrome de Sly	MPS VII	β-Glicuronidase	Dermatan-sulfato, heparan-sulfato, condroitina-4-sulfato, condroitina-6-sulfato	Displasia esquelética, pequena estatura, hepatomegalia, córnea turva
Síndrome de Natowicz	MPS IX	Hialuronidase	Ácido hialurônico	Dor articular, pequena estatura

[a] Os termos MPS V e MPS VIII não são mais usados.
[b] Também denominada sulfaminidase.
[c] Também denominada arilsulfatase B.

Os proteoglicanos estão associados a doenças importantes e ao envelhecimento

O ácido hialurônico pode ser importante no sentido de permitir a **migração das células tumorais** através da MEC. As células tumorais podem induzir os fibroblastos a sintetizar quantidades muito elevadas desse GAG, talvez facilitando a sua própria disseminação. Algumas células tumorais possuem menos heparan-sulfato em suas superfícies, e isso pode contribuir para a **falta de adesividade** apresentada por essas células.

A íntima da **parede arterial** contém proteoglicanos, como ácido hialurônico e condroitina-sulfato, dermatan-sulfato e heparan-sulfato. Desses proteoglicanos, o dermatan-sulfato liga-se às lipoproteínas de baixa densidade. Além disso, o dermatan-sulfato parece ser o principal GAG sintetizado pelas células do músculo liso arterial. Como essas células proliferam em **lesões ateroscleróticas** das artérias, o dermatan-sulfato pode desempenhar um importante papel no desenvolvimento da placa aterosclerótica.

Em vários tipos de **artrite**, os proteoglicanos podem atuar como **autoantígenos**, contribuindo para as manifestações patológicas dessas doenças. A quantidade de condroitina-sulfato na cartilagem diminui de acordo com a idade, e as quantidades de queratan-sulfato e de ácido hialurônico aumentam. Essas mudanças podem contribuir para o desenvolvimento da **osteoartrite**, assim como a atividade aumentada da enzima agrecanase, que atua na degradação do agrecano. As alterações nas quantidades de determinados GAGs na pele ajudam a explicar suas alterações características no **envelhecimento**.

Nos últimos anos, ficou claro que além do seu papel estrutural na MEC, os proteoglicanos atuam como moléculas sinalizadoras que influenciam o comportamento celular, sendo que, atualmente, acredita-se que eles desempenhem um importante papel em diversas doenças, como fibrose, doença cardiovascular e câncer.

O OSSO É UM TECIDO CONECTIVO MINERALIZADO

O osso contém materiais **orgânicos** e **inorgânicos**. A matéria **orgânica** consiste principalmente em **proteína**. A **Tabela 50-9** fornece uma lista das principais proteínas do osso; o **colágeno tipo I** é a principal proteína, representando 90 a 95% do material orgânico. O colágeno tipo V também está presente em quantidades pequenas, assim como várias proteínas não colágeno, algumas delas relativamente específicas do osso. Acredita-se, agora, que possam desempenhar um papel ativo no processo de mineralização. O componente **inorgânico** ou mineral consiste principalmente em **hidroxiapatita** cristalina – $Ca_{10}(PO_4)_6(OH)_2$ –, juntamente com sódio, magnésio, carbonato e fluoreto; cerca de 99% do cálcio do corpo estão localizados no osso (ver Capítulo 44). A hidroxiapatita confere ao osso a força e a resistência necessárias para suas funções fisiológicas.

TABELA 50-9 Principais proteínas encontradas no osso[a]

Proteínas	Comentários
Colágenos	
Colágeno tipo I	Aproximadamente 90% das proteínas ósseas totais; constituído de duas cadeias α1(I) e uma cadeia α2(I)
Colágeno tipo V	Componente menor
Proteínas não colágeno	
Proteínas plasmáticas	Mistura de várias proteínas plasmáticas
Proteoglicanos[b] CS-PG I (biglicano)	Contêm duas cadeias de GAG; encontrados em outros tecidos
CS-PG II (decorina)	Contém uma cadeia de GAG; encontrado em outros tecidos
CS-PG III	Específico do osso
Proteína SPARC[c] óssea (osteonectina)	Não específica do osso
Osteocalcina (proteína Gla óssea)	Contém resíduos de γ-carboxiglutamato (Gla), que se ligam à hidroxiapatita; específica do osso
Osteopontina	Não específica do osso; glicosilada e fosforilada
Sialoproteína óssea	Específica do osso; acentuadamente glicosilada e sulfatada na tirosina
Proteínas morfogenéticas do osso (BMPs)	Família de proteínas secretadas (pelo menos 20), com uma variedade de ações sobre o osso; muitas induzem crescimento de osso ectópico
Osteoprotegerina	Inibe a osteoclastogênese

[a] Proteínas não colágeno estão envolvidas na regulação do processo de mineralização. Várias outras proteínas também estão presentes no osso, incluindo a proteína ácida da matriz rica em tirosina (TRAMP), alguns fatores de crescimento (p. ex., TGF-β) e enzimas envolvidas na síntese do colágeno (p. ex., lisil-oxidase).
[b] CS-PG, condroitina-sulfato-proteoglicano; assemelham-se aos dermatan-sulfato-PGs (DS-PGs) da cartilagem.
[c] SPARC, proteína ácida secretada e rica em cisteína.

O osso é uma **estrutura dinâmica**, que sofre ciclos contínuos de remodelagem, os quais consistem em reabsorção (desmineralização), seguida de deposição de novo tecido ósseo (mineralização). Essa remodelagem permite ao osso se adaptar a sinais físicos (p. ex., aumento na sustentação do peso) e hormonais.

Os principais tipos de células envolvidas na reabsorção e na deposição ósseas são os **osteoclastos** e os **osteoblastos**, respectivamente (**Figura 50-12**). Os **osteócitos** são encontrados no osso maduro e também estão envolvidos na manutenção da matriz óssea. Eles são descendentes dos osteoblastos e têm meia-vida bastante longa (25 anos, em média).

Os **osteoclastos** são células multinucleadas que se originam de células-tronco hematopoiéticas pluripotentes. Eles possuem um domínio na membrana apical, exibindo uma borda ondulada que desempenha um papel fundamental na reabsorção óssea (**Figura 50-13**). Uma **ATPase** translocadora de prótons especial expele os prótons através da borda ondulada para dentro da área de reabsorção, que é o microambiente de pH baixo ilustrado na figura. Isso reduz o pH local para 4 ou menos, aumentando a solubilidade da hidroxiapatita e auxiliando na sua quebra em Ca^{2+}, H_3PO_4 e H_2CO_3 e água, permitindo que ocorra a desmineralização. As proteases ácidas lisossomais, como as catepsinas, também são liberadas e digerem as proteínas de matriz que agora estão acessíveis. Os **osteoblastos** – células mononucleares que derivam de precursores mesenquimais pluripotentes – sintetizam a maior parte das proteínas encontradas no osso (Tabela 50-9), bem como vários fatores de crescimento e citocinas. Essas células são responsáveis pela deposição de nova matriz óssea (osteoide) e pela sua mineralização subsequente. Os osteoblastos **controlam a mineralização** ao regular a passagem de íons cálcio e fosfato através de suas membranas de superfície. A **fosfatase alcalina**, uma enzima presente na membrana celular, gera íons fosfato a partir de fosfatos orgânicos. Os mecanismos envolvidos na mineralização não estão totalmente elucidados; entretanto, diversos fatores foram implicados, incluindo a **fosfatase alcalina inespecífica de tecido** (**TNAP**), uma isoenzima da fosfatase alcalina, e vesículas da matriz, que contêm cálcio e fosfato e brotam da membrana do osteoblasto, e **colágeno tipo I**. A mineralização torna-se inicialmente evidente nas lacunas existentes entre as moléculas sucessivas de colágeno. Acredita-se que as **fosfoproteínas ácidas**, como a **sialoproteína** e a **osteopontina ósseas**, possam atuar como sítios de nucleação. Essas proteínas contêm sequências RGD para ligação celular e motivos (p. ex., sequências poli-Asp e poli-Glu) que se ligam ao cálcio e podem fornecer estrutura inicial para o processo de mineralização. Algumas macromoléculas, como certos proteoglicanos e glicoproteínas, também podem atuar como **inibidores** da nucleação.

O osso consiste em dois tipos de tecido; o **osso trabecular** (também denominado **esponjoso**), encontrado na extremidade dos ossos longos, próximo às articulações, é menos denso do que o **osso compacto** (ou **cortical**) que, além de ser mais denso, é mais duro e mais resistente. Forma o córtex (a camada externa) da maioria dos ossos e responde por cerca de 80% do peso do esqueleto humano. Estima-se que, no adulto sadio típico, ocorra **renovação anual** de aproximadamente 4% do osso compacto e 20% do osso trabecular. Muitos fatores estão envolvidos na **regulação do metabolismo ósseo**. Alguns desses fatores **estimulam a atividade dos osteoblastos** (p. ex., paratormônio e 1,25-di-hidroxicolecalciferol [ver Capítulo 44]) para promover a mineralização, enquanto outros a **inibem** (p. ex., corticoides). O paratormônio e o 1,25-di-hidroxicolecalciferol também estimulam a reabsorção óssea por meio de aumento da atividade dos osteoclastos, enquanto a calcitonina e os estrogênios possuem o efeito oposto.

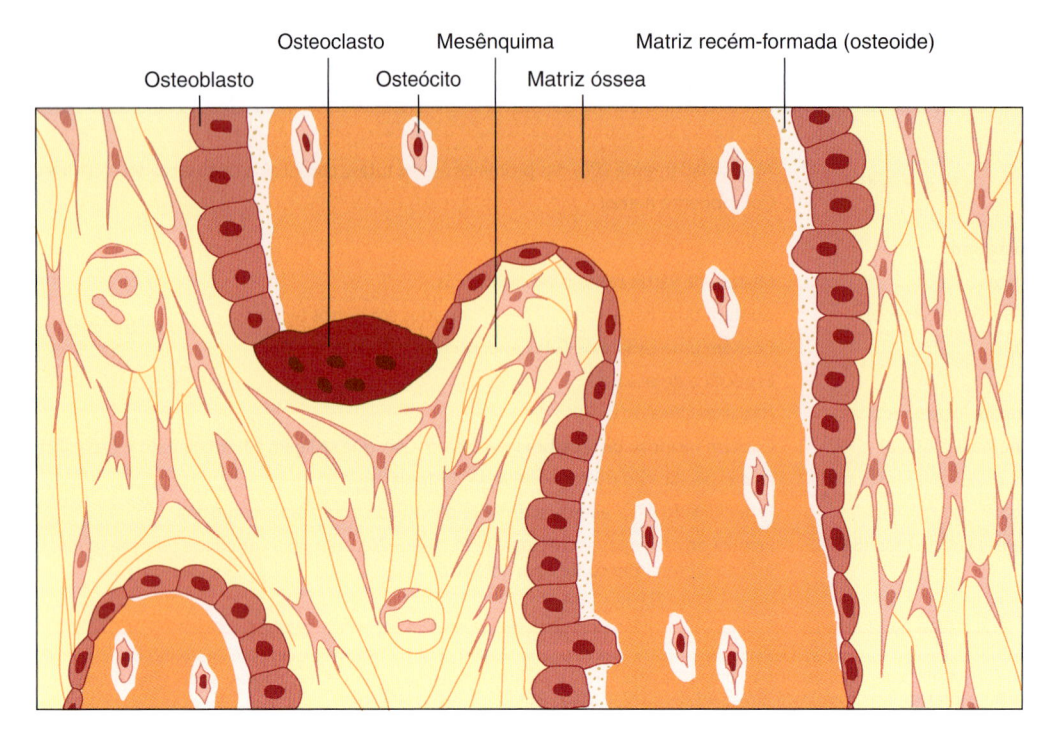

FIGURA 50-12 **Ilustração esquemática das principais células presentes no osso membranoso.** Os osteoblastos (cor mais clara) sintetizam colágeno tipo I, que forma uma matriz que retém as células. À medida que isso ocorre, os osteoblastos diferenciam-se gradualmente em osteócitos. (Reproduzida, com autorização, de Junqueira LC, Carneiro J: *Basic Histology:* Text & Atlas, 10th ed. McGraw-Hill, 2003.)

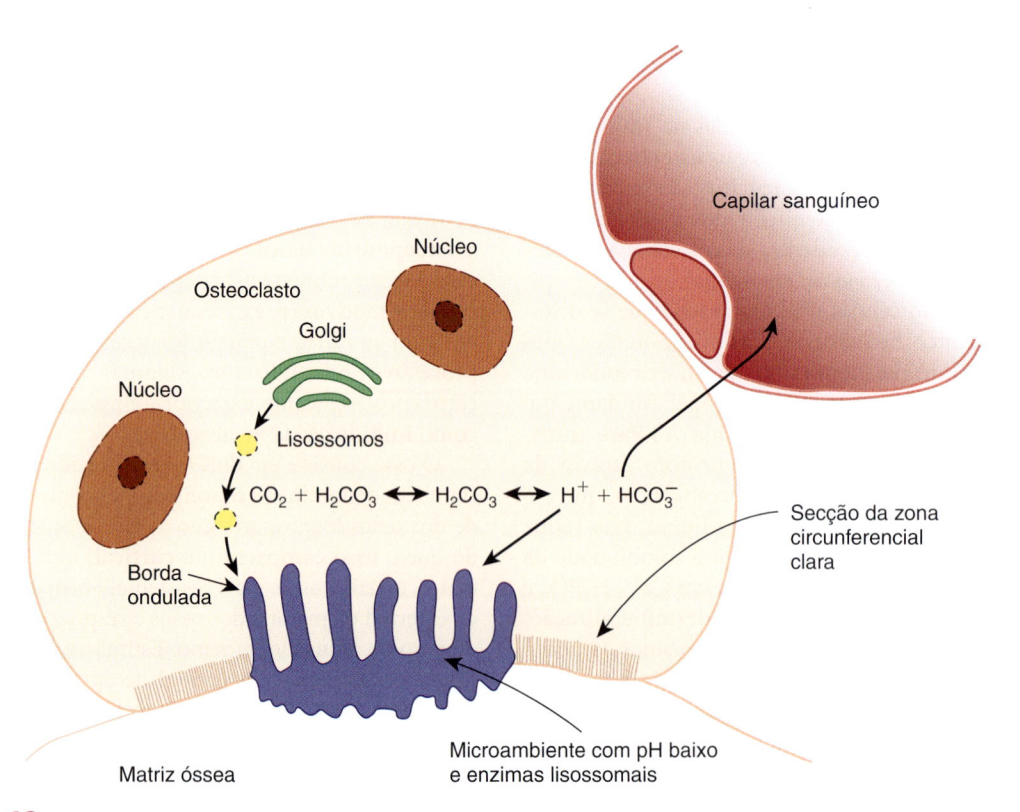

FIGURA 50-13 **Ilustração esquemática do papel do osteoclasto na reabsorção óssea.** As enzimas lisossomais e os íons hidrogênio são liberados no microambiente confinado, criado pela fixação entre a matriz óssea e a zona periférica clara do osteoclasto. A acidificação desse espaço confinado facilita a dissolução do fosfato de cálcio do osso e constitui o pH ideal para a atividade das hidrolases lisossomais. Dessa maneira, a matriz óssea é removida, e os produtos da reabsorção óssea são captados no citoplasma do osteoclasto, provavelmente digeridos e transferidos para os capilares. A equação química apresentada refere-se à ação da anidrase carbônica II, descrita no texto. (Reproduzida, com autorização, de Junqueira LC, Carneiro J: *Basic Histology:* Text & Atlas, 10th ed. McGraw-Hill, 2003.)

O OSSO É AFETADO POR MUITOS DISTÚRBIOS METABÓLICOS E GENÉTICOS

Vários distúrbios metabólicos e genéticos afetam o osso, e alguns dos exemplos mais importantes estão listados na **Tabela 50-10**.

A **osteogênese imperfeita** (ossos quebradiços) caracteriza-se por fragilidade anormal dos ossos. Com frequência, a esclera do olho está anormalmente fina e translúcida, podendo parecer azulada, devido a uma deficiência de tecido conectivo. Foram identificados **oito tipos** (I a VIII) dessa condição. Os tipos I a IV são causados por mutações nos genes *COL1A1* ou *COL1A2* ou em ambos. O tipo I é leve, porém o tipo II é grave, e os lactentes nascidos com essa condição habitualmente não sobrevivem, enquanto os tipos III e IV são progressivos e/ou causam deformidades. Mais de 100 mutações desses dois genes foram documentadas e incluem deleções parciais dos genes e duplicações. Outras mutações afetam o *splicing* do RNA, e o tipo mais frequente resulta na **substituição da glicina** por outro aminoácido mais volumoso, afetando a formação da tripla-hélice. Em geral, essas mutações resultam em expressão diminuída do colágeno ou em cadeias pró estruturalmente anormais, que se reúnem em **fibrilas anormais**, enfraquecendo a estrutura global do osso. Quando uma cadeia anormal está presente, ela pode interagir com duas cadeias normais, porém o dobramento pode ser impedido, resultando em degradação enzimática de todas as cadeias. Esse processo é denominado "**suicídio do pró-colágeno**" e fornece um exemplo de mutação negativa dominante, resultado frequentemente observado quando uma proteína consiste em múltiplas subunidades diferentes. Os tipos V a VIII são menos comuns e são causados por mutações nos genes que codificam as proteínas envolvidas na mineralização óssea que não a do colágeno.

A **osteopetrose** (doença dos ossos de mármore), caracterizada por **densidade óssea aumentada**, é uma condição rara caracterizada pela incapacidade de reabsorção óssea. Ela é causada por mutações do gene (localizado no cromossomo 8q22) que codifica a **anidrase carbônica II** (AC II), uma das quatro isoenzimas da anidrase carbônica presente nos tecidos humanos. A deficiência de AC II nos osteoclastos impede a reabsorção óssea normal, resultando em osteopetrose.

A **osteoporose** refere-se a uma redução progressiva e generalizada da massa de tecido ósseo por unidade de volume, causada por um desequilíbrio entre a reabsorção e a deposição de osso, com consequente enfraquecimento do esqueleto. A condição primária do tipo 1 ocorre comumente em mulheres depois da menopausa. Acredita-se que seja principalmente causada pela falta de estrogênio, que promove a reabsorção óssea e diminui a mineralização do osso. A osteoporose primária do tipo 2 ou osteoporose senil ocorre em ambos os sexos depois dos 75 anos, embora seja mais prevalente em mulheres (razão entre mulheres e homens de 2:1). A razão entre **elementos minerais** e **orgânicos** não é alterada no osso normal remanescente. Fraturas de vários ossos, como a cabeça do fêmur, ocorrem com muita facilidade e representam uma enorme carga tanto para os pacientes afetados quanto para a sociedade em geral.

OS PRINCIPAIS COMPONENTES DA CARTILAGEM SÃO O COLÁGENO TIPO II E DETERMINADOS PROTEOGLICANOS

Existem três tipos de cartilagem. O principal tipo é a **cartilagem hialina (articular)**, e suas principais proteínas estão listadas na **Tabela 50-11**. O **colágeno tipo II** constitui o principal componente proteico (**Figura 50-14**), e vários outros tipos menores de colágeno também estão presentes. Além desses componentes, a **cartilagem elástica**, o segundo tipo de cartilagem, contém elastina, enquanto o terceiro tipo, **cartilagem**

TABELA 50-10 Algumas doenças metabólicas e genéticas que afetam o osso e a cartilagem

Condição	Causas	Condição	Causas
Nanismo	Muitas vezes, deficiência do hormônio do crescimento, porém apresenta muitas outras causas	Osteoporose	Relacionado com a idade, deficiência de estrogênio pós-menopausa, mutações em genes que afetam o metabolismo ósseo,[a] incluindo o receptor da vitamina D (VDR), o receptor do estrogênio α (ER-α) e o COL1A1
Raquitismo	Deficiência de vitamina D na infância	Osteoartrite	Degeneração da cartilagem relacionada à idade, mutações em vários genes,[a] incluindo VDR, ER-α e COL2A1
Osteomalacia	Deficiência de vitamina D em adultos	Condrodisplasias	Mutações em COL2A1
Hiperparatireoidismo	Excesso de paratormônio causando reabsorção óssea	Síndromes de Pfeiffer, Jackson-Weiss e Crouzon[b]	Mutações no gene do receptor do fator de crescimento dos fibroblastos (FGFR) 1 e/ou 2
Osteogênese imperfeita	Mutações em COL1A1 e COL1A2, afetando a síntese e a estrutura do colágeno	Acondroplasia e displasia tanatofórica[c]	Mutação no gene para FGFR3

[a] Apenas um pequeno número de casos.
[b] Nas síndromes de Pfeiffer, Jackson-Weiss e Crouzon, ocorre fusão prematura de alguns ossos do crânio (craniossinostose).
[c] A displasia tanatofórica é a displasia esquelética letal mais comum em recém-nascidos.

TABELA 50-11 Principais proteínas encontradas na cartilagem

Proteínas	Comentários
Proteínas do colágeno	
Colágeno tipo II	90-98% do colágeno total da cartilagem hialina; composto por três cadeias α1(II)
Colágenos V, VI, IX, X e XI	O tipo IX apresenta ligação cruzada com o colágeno tipo II O tipo XI pode ajudar a controlar o diâmetro das fibrilas tipo II
Proteínas não colágeno	
Proteína da matriz oligomérica da cartilagem (COMP)	Importante componente estrutural da cartilagem; regula a mobilidade e a fixação das células
Agrecano	Principal proteoglicano da cartilagem
DS-PG I (biglicano)[a]	Semelhante ao CS-PG I do osso
DS-PG II (decorina)	Semelhante ao CS-PG II do osso
Condronectina	Promove a fixação dos condrócitos ao colágeno tipo II

[a] As proteínas centrais dos proteoglicanos DS-PG I e DS-PG II são homólogas às do CS-PG I e CS-PG II encontrados no osso. Uma possível explicação é o fato de que os osteoblastos carecem da epimerase necessária para converter o ácido glicurônico em ácido idurônico, sendo este último encontrado no dermatan-sulfato.

fibroelástica, contém colágeno tipo I. A cartilagem possui diversos **proteoglicanos**, que desempenham uma importante função na sua compressibilidade. O **agrecano** (cerca de 2×10^3 kDa) é o proteoglicano principal. Conforme ilustrado na **Figura 50-15**, o agrecano apresenta estrutura muito complexa e contém vários GAGs (ácido hialurônico, condroitina-sulfato e queratan-sulfato), bem como proteínas de ligação e proteínas centrais. A proteína central apresenta três domínios: A, B e C. O ácido hialurônico liga-se de modo não covalente ao domínio A da proteína central, bem como à proteína de ligação, que estabiliza as interações entre o hialuronato e a proteína central. As cadeias de queratan-sulfato estão localizadas no domínio B, ao passo que as cadeias de condroitina-sulfato estão situadas no domínio C; ambos os tipos de GAGs estão ligados de forma covalente à proteína central. A proteína central também contém cadeias oligossacarídicas O-ligadas e N-ligadas.

Os outros proteoglicanos encontrados na cartilagem apresentam estruturas mais simples que a do agrecano.

A **condronectina** está envolvida na fixação do colágeno tipo II aos condrócitos (as células na cartilagem).

A cartilagem é um tecido avascular que obtém a maior parte de seus nutrientes a partir do líquido sinovial. Ela apresenta **renovação** lenta, porém contínua. Várias **proteases** (p. ex., colagenases e estromelisina) sintetizadas pelos condrócitos podem **degradar o colágeno** e as outras proteínas encontradas na cartilagem. A interleucina-1 (IL-1) e o fator de necrose tumoral α (TNF-α, do inglês *tumor necrosis factor α*) parecem estimular a produção dessas proteases, enquanto o TGF-β e o fator de crescimento semelhante à insulina (IGF-I, do inglês *insulin-like growth factor 1*) geralmente exercem uma influência anabólica sobre a cartilagem.

AS CONDRODISPLASIAS SÃO CAUSADAS POR MUTAÇÕES EM GENES QUE CODIFICAM O COLÁGENO TIPO II E OS RECEPTORES DO FATOR DE CRESCIMENTO DOS FIBROBLASTOS

As condrodisplasias constituem um grupo de distúrbios hereditários mistos que acometem a cartilagem. Manifestam-se por nanismo com membros curtos e numerosas deformidades

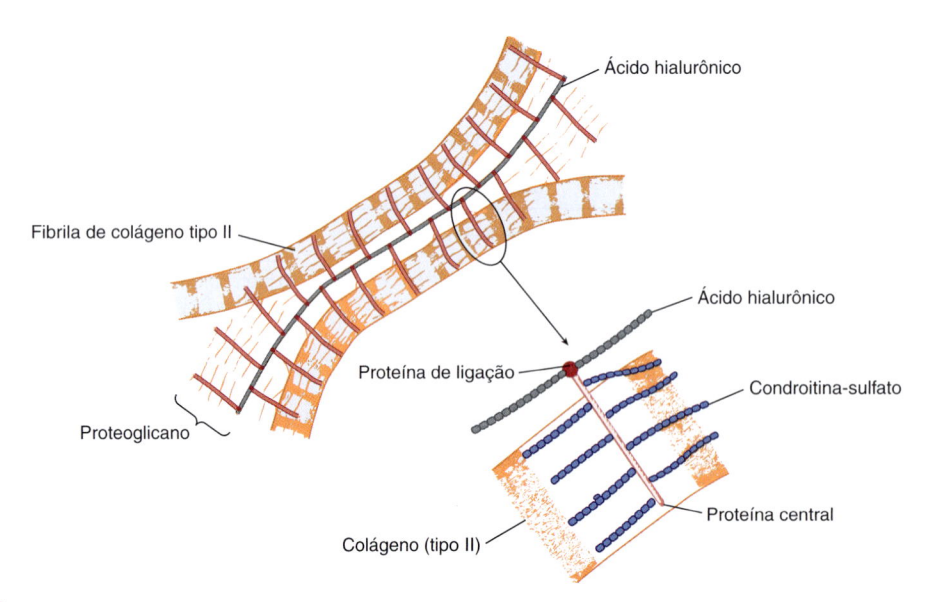

FIGURA 50-14 Representação esquemática da organização molecular da matriz cartilaginosa. As proteínas de ligação ligam, de modo não covalente, a proteína central (em vermelho) dos proteoglicanos às moléculas lineares de ácido hialurônico (em cinza). As cadeias laterais de condroitina-sulfato do proteoglicano ligam-se eletrostaticamente às fibrilas de colágeno, formando uma matriz de ligação cruzada. A marcação oval circunda a área ampliada na parte inferior da figura. (Reproduzida, com autorização, de Junqueira LC, Carneiro J: *Basic Histology: Text & Atlas*, 10th ed. McGraw-Hill, 2003.)

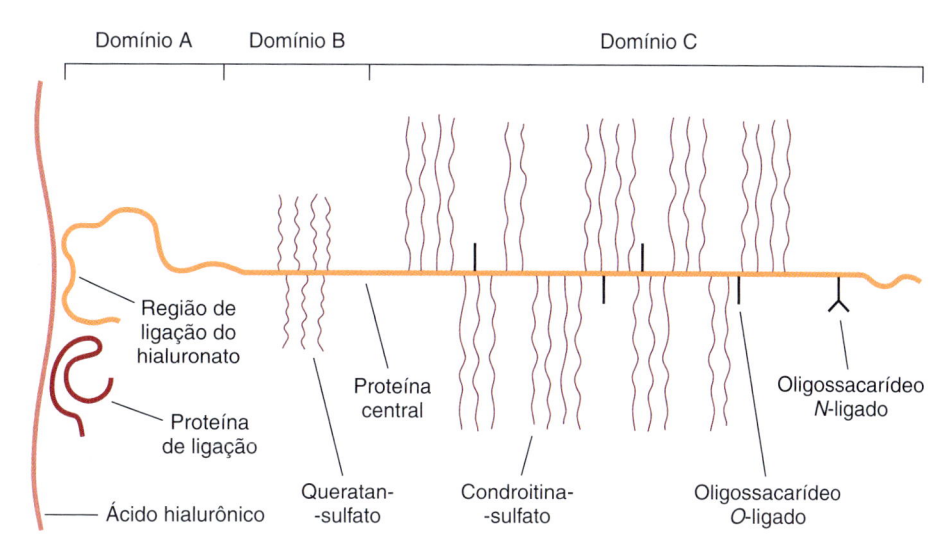

FIGURA 50-15 Representação esquemática do agrecano. Uma fita de ácido hialurônico está representada à esquerda. A proteína central (cerca de 210 kDa) apresenta três domínios principais. O domínio A, localizado em sua extremidade aminoterminal, interage com cerca de cinco dissacarídeos repetitivos no hialuronato. A proteína de ligação interage com o hialuronato e com o domínio A, estabilizando as suas interações. Cerca de 30 cadeias de queratan-sulfato estão fixadas por meio de ligações GalNAc-Ser ao domínio B. O domínio C contém cerca de 100 cadeias de condroitina-sulfato unidas por ligações Gal-Gal-Xyl-Ser e cerca de 40 cadeias oligossacarídicas O-ligadas. Uma ou mais cadeias de glicanos N-ligados também são encontradas próximo à extremidade carboxiterminal da proteína central. (Moran LA, et al.: Biochemistry, 2nd ed., © 1994, pp. 9-43. Adaptada, com autorização, de Pearson Education, Inc., Upper Saddle River, NJ.)

esqueléticas. Algumas condrodisplasias são causadas por uma variedade de mutações no gene COL2A1, resultando em formas anormais de colágeno tipo II. Um exemplo é a **síndrome de Stickler**, manifestada pela degeneração da cartilagem articular e do corpo vítreo do olho.

Entre as condrodisplasias, a mais conhecida é a **acondroplasia**, a causa mais comum de **nanismo com membros curtos**. Os indivíduos acometidos possuem membros curtos, tronco de dimensões normais, macrocefalia e várias outras anormalidades esqueléticas. Com frequência, o distúrbio é herdado com caráter autossômico dominante, porém muitos casos são devido a novas mutações. A acondroplasia não é um distúrbio do colágeno, porém é causada por mutações do gene que codifica o **receptor do fator de crescimento dos fibroblastos 3** (**FGFR3**, do inglês *fibroblast growth factor receptor 3*). Os **fatores de crescimento dos fibroblastos** compreendem uma família de mais de 20 proteínas que afetam o crescimento e a diferenciação das células de origem mesenquimal e neuroectodérmica. Os seus **receptores** são proteínas transmembrana e constituem um subgrupo da família dos receptores tirosina-cinase. O FGFR3 é membro desse subgrupo e modula as ações do FGF3 na cartilagem. Em quase todos os casos de acondroplasia que foram investigados, foram identificadas mutações envolvendo o nucleotídeo 1138, resultando na substituição da glicina (resíduo número 380) pela arginina no domínio transmembrana da proteína, tornando-a inativa. Esse tipo de mutação não foi encontrado em indivíduos saudáveis.

Outras mutações do mesmo gene podem resultar em **hipocondroplasia**, **displasia tanatofórica** (tipos I e II) (outras formas de nanismo de membros curtos) e **fenótipo SADDAN** (do inglês *severe achondroplasia with developmental delay and acanthosis nigricans* [acondroplasia grave com retardo do desenvolvimento e acantose nigricans – esta última consiste em hiperpigmentação castanha a preta da pele]).

Conforme indicado na Tabela 50-10, **outras displasias esqueléticas** (incluindo algumas síndromes de craniossinostose) também são causadas por mutações dos genes que codificam receptores do FGF. Foi constatado que outro tipo de displasia esquelética, a **displasia diastrófica**, deve-se à mutação de um transportador de sulfato.

RESUMO

- Os principais componentes da MEC consistem nas proteínas estruturais colágeno, elastina e fibrilina 1, diversas proteínas especializadas (p. ex., fibronectina e laminina) e vários proteoglicanos.

- O colágeno constitui a proteína mais abundante no reino animal: foram isolados 28 tipos. Todos os colágenos contêm extensões maiores ou menores de tripla-hélice e uma estrutura repetitiva (Gly-X-Y)n.

- A biossíntese do colágeno é complexa e caracteriza-se por muitos eventos pós-traducionais, incluindo hidroxilação da prolina e da lisina.

- As doenças associadas à síntese comprometida do colágeno incluem escorbuto, osteogênese imperfeita, síndrome de Ehlers-Danlos (seis subtipos) e doença de Menkes.

- A elastina confere extensibilidade e retração elástica aos tecidos. A elastina carece de hidroxilisina, sequências Gly-X-Y, estrutura helicoidal tripla e açúcares, porém contém ligações cruzadas de desmosina e isodesmosina não encontradas no colágeno.

- A fibrilina 1 localiza-se nas microfibrilas. As mutações do gene que codifica a fibrilina 1 causam a síndrome de Marfan. A citocina TGF-β parece contribuir para a patologia cardiovascular.

- Os glicosaminoglicanos (GAGs) são constituídos de dissacarídeos repetitivos contendo um ácido urônico (ácido glicurônico ou idurônico) ou uma hexose (galactose) e uma hexosamina (galactosamina ou glicosamina). Com frequência, existe também um sulfato.

- Os principais GAGs são o ácido hialurônico, a condroitina-4--sulfato e a condroitina-6-sulfato, o queratan-sulfatos I e II, a heparina, o heparan-sulfato e o dermatan-sulfato.
- Os GAGs são sintetizados pelas ações sequenciais de um conjunto de enzimas específicas (glicosiltransferases, epimerases, sulfotransferases, etc.) e são degradados pela ação sequencial de hidrolases lisossomais. As deficiências genéticas destas últimas enzimas resultam nas mucopolissacaridoses (p. ex., síndrome de Hurler).
- Os GAGs ocorrem nos tecidos ligados a várias proteínas (proteínas de ligação e proteínas centrais), constituindo os proteoglicanos. Com frequência, essas estruturas apresentam peso molecular muito alto e desempenham muitas funções nos tecidos.
- Muitos componentes da MEC ligam-se às integrinas, proteínas encontradas na superfície celular, constituindo uma via por meio da qual o meio externo da célula pode se comunicar com o meio interno.
- O osso e a cartilagem são formas especializadas de MEC. O colágeno tipo I e a hidroxiapatita constituem os principais componentes do osso. O colágeno tipo II e alguns proteoglicanos são os principais constituintes da cartilagem.
- Diversas doenças hereditárias do osso (p. ex., osteogênese imperfeita) e da cartilagem (p. ex., as condrodistrofias) são causadas por mutações nos genes que codificam o colágeno e as proteínas envolvidas na mineralização óssea e na formação da cartilagem.

REFERÊNCIAS

Kadler KE, Baldock C, Bella J, Boot-Handford RP: Collagens at a glance. J Cell Sci 2007;120:1955.

Kasper DL, Fauci AS, Hauser SL et al: *Harrison's Principles of Internal Medicine*, 19th ed. McGrawHill Education, 2017.

Scriver CR, Beaudet AL, Valle D, et al (editors): *The Metabolic and Molecular Bases of Inherited Disease*, 8th ed. McGraw-Hill, 2001. (This comprehensive four-volume text and the updated online version [www.ommbid.com] contain chapters on disorders of collagen biosynthesis and structure, Marfan syndrome, the mucopolysaccharidoses, achondroplasia, Alport syndrome, and craniosynostosis syndromes.)

Seibel MJ, Robins SP, Bilezikian JP: *Dynamics of Bone and Cartilage Metabolism*. Academic Press, 2006.

CAPÍTULO 51

Músculo e citoesqueleto

Peter J. Kennelly, Ph.D. e Robert K. Murray, M.D., Ph.D.

OBJETIVOS

Após o estudo deste capítulo, você deve ser capaz de:

- Descrever as diferenças entre a regulação da contração muscular com base na actina e com base na miosina.
- Descrever, em linhas gerais, a composição e a organização dos filamentos grossos e finos nos músculos estriados.
- Descrever a função central do Ca^{2+} na iniciação da contração e do relaxamento dos músculos.
- Citar os vários canais, bombas e trocadores envolvidos na regulação dos níveis intracelulares de Ca^{2+} em vários tipos de músculo.
- Citar as principais fontes de energia para a regeneração do ATP no tecido muscular.
- Identificar as fontes de energia preferidas para as fibras de contração rápida e de contração lenta.
- Compreender as bases moleculares da hipertermia maligna, das distrofias musculares de Duchenne e de Becker e das miocardiopatias hereditárias.
- Explicar como o óxido nítrico (NO) induz relaxamento do músculo liso vascular.
- Identificar as estruturas gerais e as funções dos principais componentes do citoesqueleto: microfilamentos, microtúbulos e filamentos intermediários.
- Explicar o papel das mutações no gene que codifica a lamina A e lamina na síndrome de progéria de Hutchinson-Gilford (**progéria**).

IMPORTÂNCIA BIOMÉDICA

A forma, a integridade e a organização interna de todas as células nos mamíferos são mantidas por uma rede interna de fibras de proteínas poliméricas e motores moleculares associados, denominada **citoesqueleto**. Essa rede estrutural mecânica medeia processos que envolvem movimento, como citocinese, endocitose, exocitose, secreção, fagocitose e diapedese. Vários microrganismos patogênicos, entre os quais *Yersinia*, *Salmonella enterica*, *Listeria monocytogenes* e *Shigella*, atacam ou incorporam o citoesqueleto do hospedeiro infectado como parte integral de seus mecanismos de virulência.

As células musculares altamente especializadas elaboram redes internas extensas, que consistem em polímeros de **actina** e **miosina** fisicamente justapostos ou fibrilas, que formam o cerne do aparelho contrátil. Essa maquinaria contrátil mecanicamente poderosa é controlada por vias de transdução de sinais, nas quais o segundo mensageiro Ca^{2+} desempenha um papel central. O tecido muscular está sujeito a uma variedade de condições patológicas, muitas das quais de natureza hereditária, incluindo distrofia muscular de tipo Duchenne, hipertermia maligna, uma grave complicação que ocorre em alguns pacientes submetidos a certos tipos de anestesia, e miocardiopatias. A **insuficiência cardíaca** é uma condição clínica muito comum, que apresenta uma variedade de causas. Seu tratamento exige uma compreensão da bioquímica do músculo cardíaco. Por exemplo, muitos **vasodilatadores** amplamente utilizados – como a nitroglicerina, empregada no tratamento da angina de peito – atuam aumentando a formação de NO.

O MÚSCULO É UM TECIDO ESTRUTURAL E FUNCIONALMENTE ESPECIALIZADO

Existem três tipos de músculo: esquelético, cardíaco e liso

O músculo é um tecido altamente especializado, configurado para converter a energia química do potencial de trifosfato de adenosina (ATP, do inglês *adenosine triphosphate*) em energia mecânica em uma escala macroscópica de massa. Nos vertebrados, são encontrados três tipos de músculos. Os músculos **esquelético** e **cardíaco** exibem uma aparência estriada, em consequência do alinhamento paralelo das fibrilas de seu aparelho contrátil. O músculo **liso** é desprovido de estrias, em consequência da orientação (mais) aleatória de suas fibrilas contráteis. Do ponto de vista mecânico, essas diferenças na orientação significam que os músculos cardíaco e esquelético se contraem e exercem força em apenas uma dimensão, à semelhança de uma mola espiral, enquanto o músculo liso que se contrai exerce força e sofre encurtamento em todas as direções, à semelhança do polímero de um balão inflado. O músculo esquelético também está sob controle nervoso consciente ou **voluntário**, enquanto tanto o músculo cardíaco quanto o músculo liso trabalham de maneira **involuntária** ou inconsciente.

O sarcômero é a unidade funcional do músculo

O músculo estriado é composto por fibras musculares multinucleadas, que podem se estender por todo o comprimento do músculo, circundadas por uma membrana plasmática eletricamente excitável, o **sarcolema**. Dentro de cada fibra muscular individual orientada longitudinalmente ao longo de seu comprimento, são encontrados feixes de **miofibrilas** paralelas, que consistem em filamentos grossos e finos interdigitados e sobrepostos, inseridas no líquido intracelular denominado **sarcoplasma**. Quando uma **miofibrila** é examinada à microscopia eletrônica, podem-se observar bandas claras e escuras alternadas (**Figura 51-1**).

Por conseguinte, essas bandas são designadas como **bandas A** e **I**, respectivamente. Na banda A, os filamentos finos estão dispostos em torno do filamento grosso (de miosina), formando um arranjo hexagonal secundário. Cada filamento fino situa-se simetricamente entre três filamentos grossos (**Figura 51-2**; centro, corte transversal central), e cada filamento grosso é circundado simetricamente por seis filamentos finos. A região central da banda A, uma região aparentemente menos densa conhecida como **banda H**, consiste totalmente em filamentos grossos. A banda I corresponde a uma zona que só contém filamentos finos e é dividida ao meio pela **linha Z** densa e estreita, que consiste em uma complexa rede de polipeptídeos que ancoram os filamentos finos (Figura 51-2).

O **sarcômero** é definido como a região compreendida entre duas linhas Z (Figuras 51-1 e 51-2) que se repete ao longo do eixo de uma fibrila, a distâncias de 1.500 a 2.300 nm, dependendo do estado de contração. As fibras musculares estão, em sua maioria, alinhadas, de modo que seus sarcômeros estão em registro paralelo (Figura 51-1).

Os filamentos finos e grossos deslizam uns sobre os outros durante a contração

O modelo de deslizamento de filamento foi baseado, em grande parte, em cuidadosas observações morfológicas do músculo em repouso, em extensão e em contração. Quando o músculo se contrai, ocorre encurtamento das zonas H e das bandas I (ver legenda da Figura 51-2). Tendo em vista que os

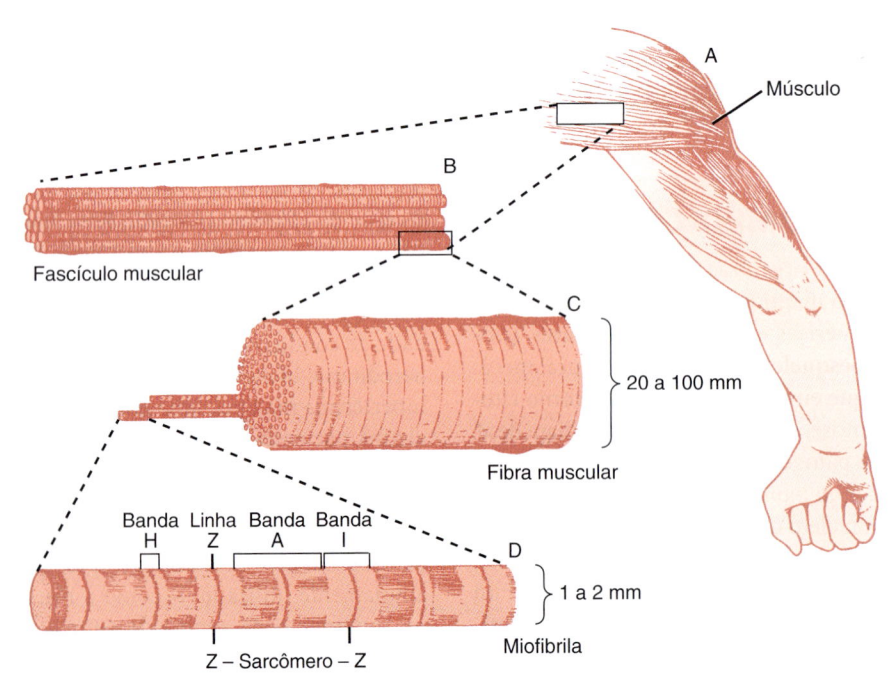

FIGURA 51-1 Estrutura do músculo voluntário. O sarcômero é a região localizada entre as linhas Z. (Desenho de Sylvia Colard Keene. Reproduzida, com autorização, de Bloom W, Fawcett DW: A *Textbook of Histology*, 10th ed. Saunders, 1975.)

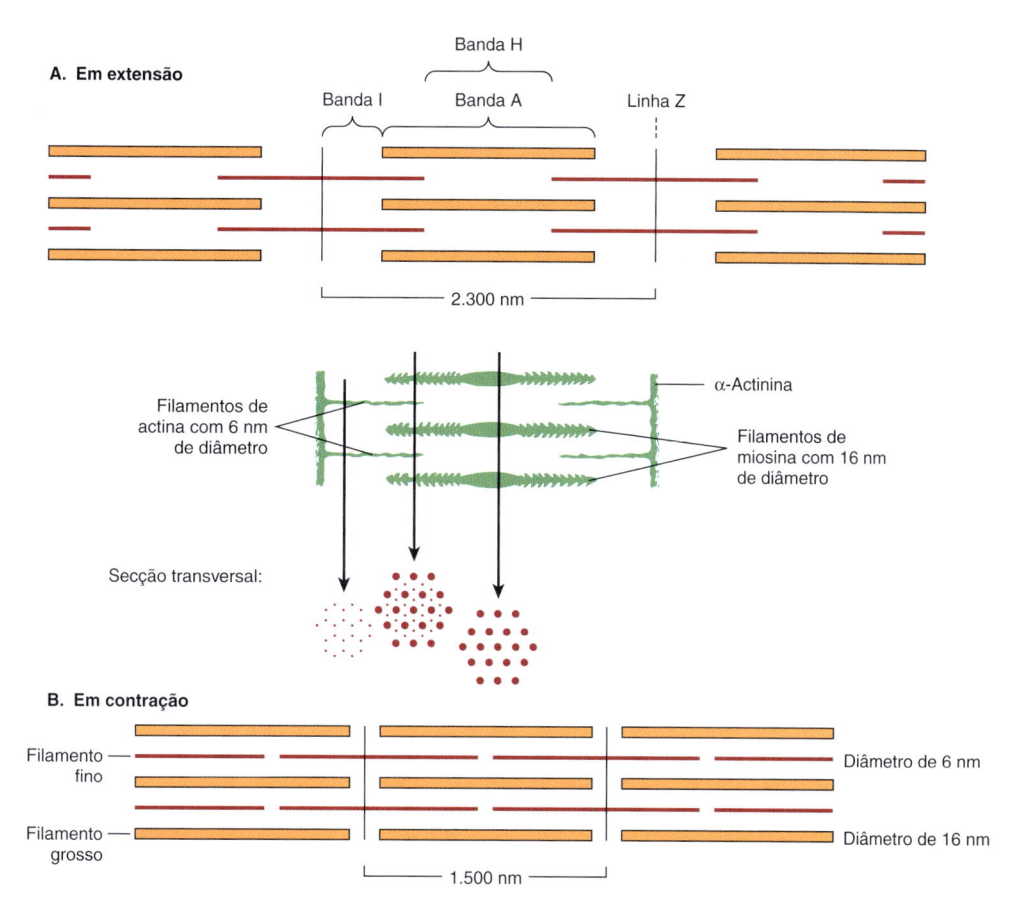

FIGURA 51-2 Arranjo dos filamentos no músculo estriado. **(A)** Em extensão. São mostradas as posições das bandas I, A e H no estado de extensão. Os filamentos finos sobrepõem-se parcialmente às extremidades dos filamentos grossos, e os filamentos finos estão ancorados nas linhas Z (frequentemente denominadas discos Z). Na parte inferior da Figura 51-2A, há "pontas de setas" que se originam dos filamentos de miosina (espessos) e apontam em direções opostas. A figura mostra quatro filamentos de actina (finos) ligados a duas linhas Z por meio da α-actinina. A região central dos três filamentos de miosina, que carece de pontas de setas, é denominada banda M (não indicada). São mostrados cortes transversais feitos através das bandas M, em uma área onde os filamentos de miosina e de actina se sobrepõem e em uma área na qual estão presentes apenas filamentos de actina. **(B)** Em contração. Pode-se observar que os filamentos de actina deslizaram um em direção ao outro ao longo das fibras de miosina. Não houve mudança nos comprimentos dos filamentos grossos (indicados pelas bandas A) e dos filamentos finos (distância entre as linhas Z e as bordas adjacentes das bandas H). Entretanto, houve redução no comprimento dos sarcômeros (de 2.300 para 1.500 nm), e os comprimentos das bandas H e I também diminuíram, devido à sobreposição entre os filamentos grossos e finos. Essas observações morfológicas forneceram parte da base para o modelo da contração muscular por deslizamento de filamentos.

filamentos finos e grossos permanecem intactos, a conclusão foi a de que os filamentos interdigitados deslizam uns sobre os outros durante a contração. Como a tensão desenvolvida durante a contração muscular é proporcional ao grau de sobreposição dos filamentos, ficou aparente que a contração envolvia uma interação dinâmica entre os filamentos, por meio da qual são ativamente tracionados uns sobre os outros.

ACTINA E MIOSINA

A actina e a miosina representam 75% da massa de proteína no músculo

A actina e a miosina constituem 20 e 55% da massa proteica no músculo, respectivamente. A forma monomérica da actina, a **actina G** (43 kDa; G, de globular) sofre polimerização na presença de Mg^{2+}, formando um filamento insolúvel em dupla-hélice, denominado actina F (**Figura 51-3**).

A fibra de **actina F**, também conhecida como filamento fino, tem 6 a 7 nm de espessura e uma estrutura que se repete a cada 35,5 nm. Os seres humanos contêm genes que codificam 12 classes de miosinas. A distribuição tecidual e as quantidades relativas dessas isoformas de miosina podem variar em diferentes situações anatômicas, fisiológicas e patológicas.

A **miosina I**, que é encontrada nas células como monômeros, liga microfilamentos citoesqueléticos à membrana plasmática. A forma predominante de miosina nos tecidos contráteis é a **miosina II**, designada aqui simplesmente como miosina, um hexâmero assimétrico, com massa molecular de cerca de 460 kDa. O hexâmero é constituído de um par de **cadeias pesadas** (H, do inglês *heavy*) de cerca de 200 kDa e de dois pares de **cadeias leves** (L), descritas como essenciais e reguladoras, cada uma delas com massa molecular de cerca de 20 kDa. As duas cadeias pesadas estão entrelaçadas, formando uma longa cauda helicoidal, cada uma delas recoberta por um domínio de cabeça globular ao qual se associam as cadeias

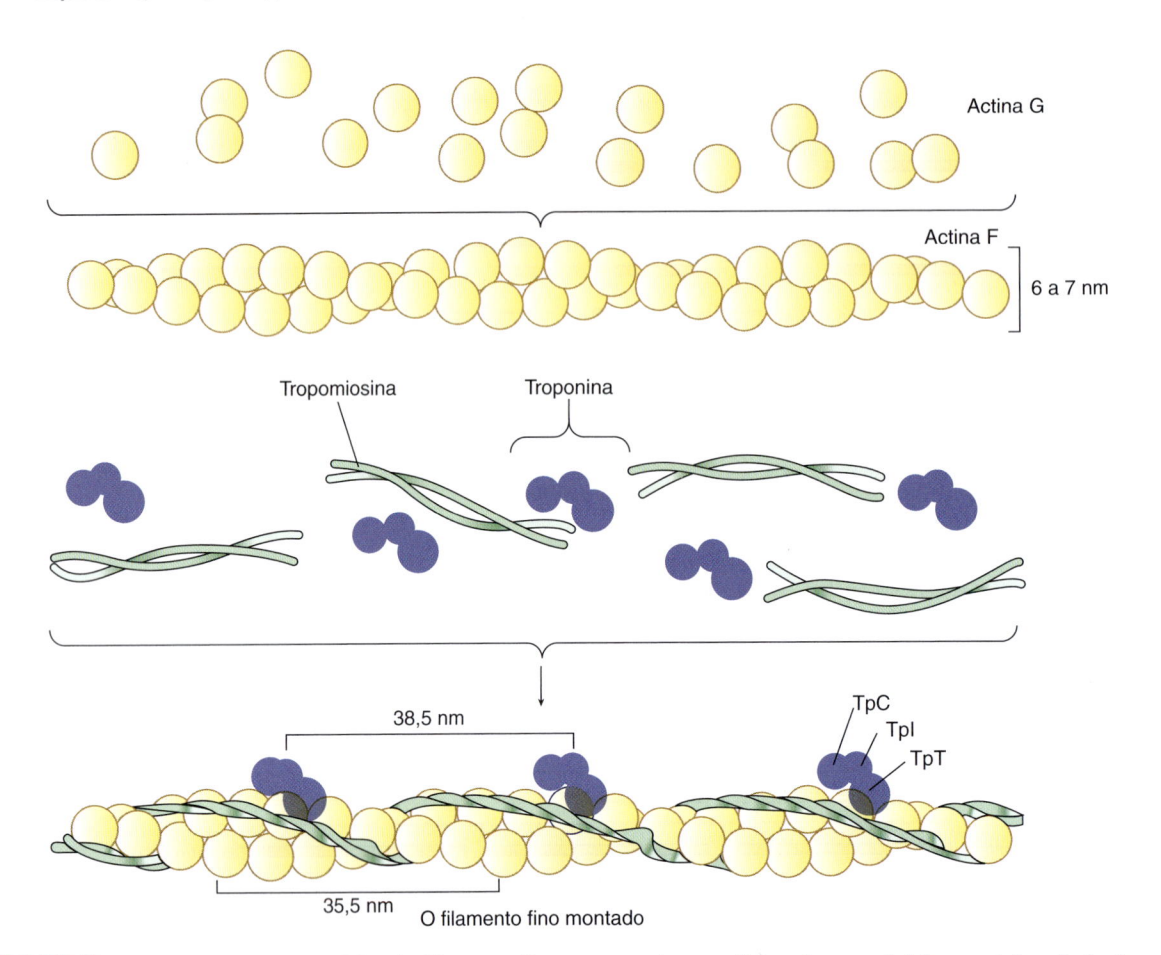

FIGURA 51-3 Representação esquemática do filamento fino, mostrando a configuração espacial de suas três principais proteínas componentes: a actina, a troponina e a tropomiosina. O painel superior mostra moléculas individuais de actina G. O painel do meio mostra a montagem de monômeros de actina em actina F. São também mostradas moléculas individuais de tropomiosina (duas fitas enroladas uma ao redor da outra) e de troponina (constituída por suas três subunidades). O painel inferior mostra o filamento fino montado, que consiste em actina F, tropomiosina e as três subunidades da troponina (TpC, TpI e TpT).

leves (**Figura 51-4**). A miosina apresenta níveis baixos, porém detectáveis, de atividade de **ATPase** *in vitro*: a catálise da hidrólise do ATP pela água forma difosfato de adenosina (ADP, do inglês *adenosine diphosphate*) e fosfato inorgânico (P_i). Os baixos níveis de atividade de ATPase constituem uma característica comum das enzimas que utilizam o ATP como substrato. Quando a miosina do músculo esquelético é complexada com actina para formar o complexo de **actomiosina**, a sua atividade de ATPase aumenta acentuadamente.

A organização estrutural e funcional da miosina foi mapeada por proteólise limitada

A tendência da miosina a sofrer polimerização em condições fisiológicas frustrou a tentativa de mapear a organização de seus domínios. Em consequência, os pesquisadores recorreram à **proteólise limitada**, uma técnica em que as proteínas são tratadas com pequenas quantidades de enzimas proteolíticas por um curto período de tempo. O objetivo desse método é capturar domínios de proteínas individuais que foram liberados pela hidrólise das ligações peptídicas, muitas vezes altamente suscetíveis, que estão presentes nas regiões de "dobradiça" flexíveis que ligam domínios funcionais individuais.

A proteólise limitada com **tripsina** produziu dois fragmentos de miosina, denominados **meromiosina leve** (LMM, do inglês *light meromyosin*) e **meromiosina pesada** (HMM, do inglês *heavy meromyosin*). A LMM consiste em fibras α-helicoidais agregadas provenientes da cauda da miosina (Figura 51-4). Não hidrolisa o ATP e não se liga à actina F. Em contrapartida, a HMM é uma proteína solúvel de cerca de 340 kDa, que possui regiões tanto fibrosas quanto globulares (Figura 51-4). A HMM exibe atividade de ATPase e liga-se à actina F. A proteólise limitada da HMM com papaína a cliva em dois subfragmentos, S-1 e S-2, que abrangem as regiões globular e fibrosa, respectivamente. Apenas o fragmento **S-1** globular, com cerca de 115 kDa, exibe atividade de ATPase e liga-se à actina e às cadeias leves de miosina (Figura 51-4).

A tropomiosina e as troponinas constituem componentes essenciais dos filamentos finos no músculo estriado

No músculo estriado, existem duas outras proteínas de menor relevância em termos de massa, porém importantes em termos de sua função. A **tropomiosina** é uma molécula fibrosa que consiste em duas cadeias, α e β, que se ligam à actina F

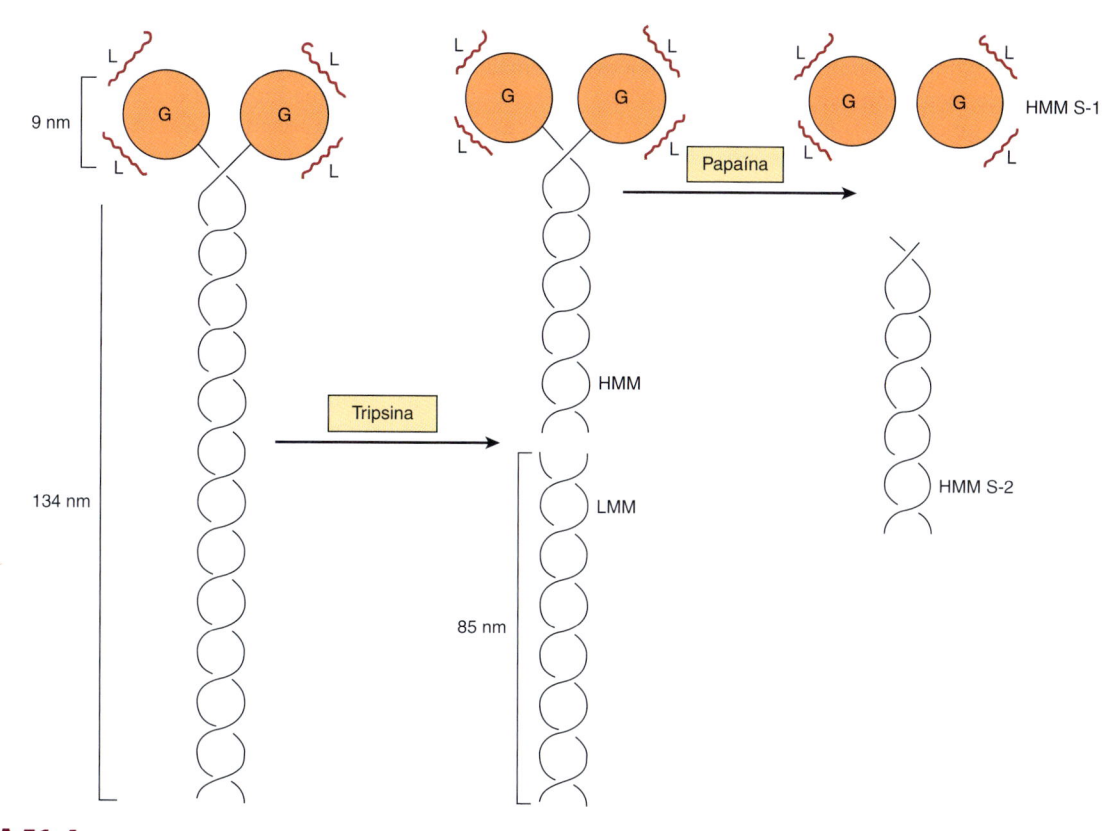

FIGURA 51-4 Diagrama de uma molécula de miosina, mostrando as duas α-hélices entrelaçadas (porção fibrosa), a região globular ou da cabeça (G), as cadeias leves (L) e os efeitos da clivagem proteolítica pela tripsina e pela papaína. A região da cabeça globular, que contém um sítio de ligação da actina e um sítio de ligação de cadeias L, fixa-se ao restante da molécula de miosina. (HMM, meromiosina pesada; LMM, meromiosina leve.)

no sulco existente entre seus filamentos (Figura 51-3). A tropomiosina é encontrada em todas as estruturas musculares e semelhantes ao músculo. O **complexo de troponina** é exclusivo do músculo estriado e consiste em três polipeptídeos. A **troponina T** (TpT) liga-se à tropomiosina, bem como aos outros dois componentes da troponina. A **troponina I** (TpI) inibe a interação entre a actina F e a miosina e liga-se também aos outros componentes da troponina. A **troponina C** (TpC) é um polipeptídeo de ligação ao cálcio, estrutural e funcionalmente análogo à **calmodulina**, uma importante proteína de ligação ao cálcio amplamente distribuída na natureza. Até quatro moléculas de íons cálcio podem ligar-se a cada molécula de troponina C ou de calmodulina, e ambas apresentam massa molecular de cerca de 17 kDa.

O MÚSCULO CONVERTE A ENERGIA QUÍMICA EM ENERGIA MECÂNICA

A contração muscular ocorre quando os filamentos grossos deslocam-se ao longo dos filamentos finos adjacentes por um processo análogo a subir por uma corda com uma mão após a outra. Nesse caso, as mãos são representadas pelos domínios S-1 da cabeça de miosina, que ascendem por meio de um ciclo repetido de fixação, mudança conformacional impulsionada pelo ATP ou **movimento de força**, e desprendimento. Embora individualmente diminuto, tanto em termos da distância percorrida quanto da energia liberada, quando multiplicado pelas 1 a 2×10^{18} moléculas de miosina em um músculo bíceps braquial humano, uma grande força e rápido movimento podem ser gerados.

A **Figura 51-5** apresenta um diagrama esquemático do ciclo de eventos envolvidos em cada movimento de força.

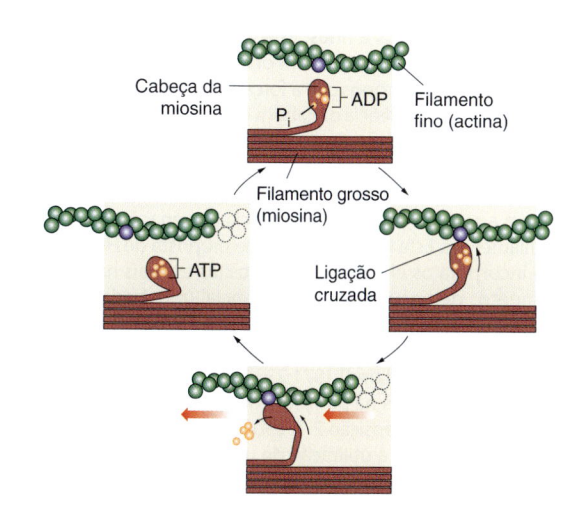

FIGURA 51-5 A hidrólise do ATP aciona o ciclo de associação e dissociação da actina e da miosina em cinco reações descritas no texto. (Reproduzida, com autorização, de McGraw-Hill Higher Education.)

Em repouso, a cabeça S-1 da miosina contém ADP ligado e P_i, remanescentes do último movimento de força. Com a estimulação pelo segundo mensageiro Ca^{2+} (ver adiante), a actina torna-se acessível à cabeça S-1 da miosina, que a encontra e liga-se a ela, formando, assim, uma **ponte cruzada** que liga os filamentos grossos e finos espaçados a intervalos de 14 nm ao longo dos filamentos grossos. Conforme ilustrado na Figura 51-2, os agrupamentos de pontes cruzadas (representadas como pontas de setas, não mostrando o restante dos filamentos finos) nas extremidades de um filamento grosso apresentam polaridades opostas. As duas regiões polares do filamento grosso são separadas por um segmento de 150 nm (a banda M, não indicada na figura), que não participa da formação das pontes cruzadas.

Uma vez formado o complexo de ponte cruzada actina:miosina:ADP:P_i, o P_i ligado é liberado. Esse processo é seguido da liberação do ADP ligado, desencadeando uma grande mudança conformacional na cabeça da miosina em relação à sua cauda (**Figura 51-6**), o movimento de força, que traciona a actina cerca de 10 nm em direção ao centro do sarcômero. Esse complexo de actina-miosina livre de nucleotídeos representa o seu estado de energia baixo.

Em seguida, uma molécula de ATP liga-se à cabeça S-1, o que reduz drasticamente a afinidade da cabeça de miosina pela actina. Em consequência, a actina é liberada ou desprendida. Finalmente, na **fase de relaxamento** da contração muscular, a cabeça S-1 da miosina hidrolisa o ATP a ADP e P_i, porém esses produtos permanecem ligados. A hidrólise do ATP a ADP-P_i-miosina leva a miosina a uma determinada conformação de alta energia. O complexo miosina:ADP:P_i está agora pronto para iniciar outro ciclo e move-se mais uma vez por uma distância de 10 nm ao longo dos filamentos finos, contanto que os níveis de Ca^{2+} permaneçam elevados.

Os cálculos realizados indicam que a eficiência termodinâmica da contração muscular é de cerca de 50%, que é comparada favoravelmente com os 20% ou menos do motor de combustão interna. Além disso, convém assinalar que, enquanto a hidrólise do ATP aciona, em última análise, o ciclo, a liberação de ATP fornece o impulso imediato para a mudança conformacional em S-1, que transforma a energia química em movimento de força mecânico. Observa-se a ocorrência de *rigor mortis* – o enrijecimento do corpo observado após a morte –, visto que a queda resultante nos níveis intracelulares de ATP impede a dissociação da cabeça S-1 de miosina da actina.

A CONTRAÇÃO É COORDENADA PELO SEGUNDO MENSAGEIRO Ca^{2+}

A contração muscular de qualquer origem ocorre pelo mecanismo geral descrito anteriormente. Entretanto, a maneira pela qual a contração é regulada difere entre os vários tipos de tecido muscular. O músculo estriado depende da regulação **com base na actina**, enquanto a regulação do músculo liso ocorre **com base na miosina**. Entretanto, independentemente de a região ser baseada na actina ou na miosina, o segundo mensageiro Ca^{2+} desempenha uma função central na iniciação e no controle da contração.

A regulação com base na actina ocorre no músculo esquelético

O aparelho contrátil no músculo esquelético é regulado pelo **sistema da troponina**, que está ligado à tropomiosina e à actina F nos filamentos finos (Figura 51-3). Por conseguinte, diz-se que a regulação do músculo esquelético é baseada na actina. No músculo em repouso, a TpI impede a ligação da cabeça da miosina a seu sítio de ligação na actina F ao alterar a conformação da actina F por meio das moléculas de tropomiosina ou simplesmente ao rolar a tropomiosina até uma posição capaz de bloquear diretamente os sítios da actina F aos quais se ligam as cabeças de miosina. A ligação do Ca^{2+} à TpC alivia a inibição pela TpI, permitindo que o ciclo de movimento de força prossiga. Quando os níveis de Ca^{2+} caem, o complexo TpC:Ca^{2+} dissocia-se, permitindo à TpI restabelecer o seu bloqueio inibitório sobre a ligação da cabeça S-1 da miosina à actina F. Os filamentos grossos e finos desprendem-se uns dos outros, possibilitando o relaxamento do músculo.

A regulação com base na miosina ocorre no músculo liso

Os **músculos lisos** possuem estruturas moleculares semelhantes às dos músculos estriados, porém os sarcômeros não estão

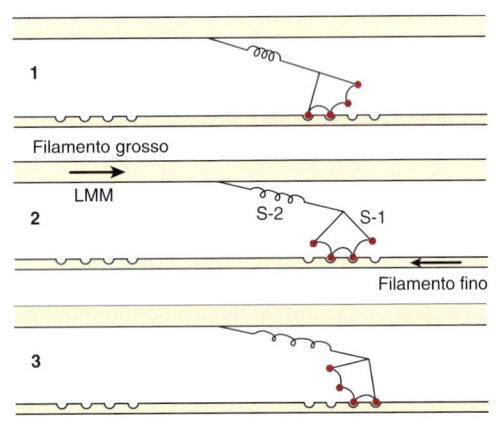

FIGURA 51-6 **Representação das pontes cruzadas ativas entre filamentos grossos e finos.** Este diagrama foi adaptado por AF Huxley de HE Huxley: The mechanism of muscular contraction. Science 1969;164:1356. O autor propôs que a força envolvida na contração muscular tem origem na tendência da cabeça da miosina (S-1) de sofrer rotação em relação ao filamento fino e é transmitida ao filamento grosso pela porção S-2 da molécula de miosina, que atua como ligação inextensível. Os pontos flexíveis em cada extremidade do segmento S-2 possibilitam a rotação do S-1 e a ocorrência de variações na separação entre os filamentos. Esta figura se baseia na proposta de HE Huxley, mas também incorpora os elementos elásticos (as espirais na porção S-2) e os elementos de encurtamento sequencial (mostrados aqui como quatro sítios de interação entre a porção S-1 e o filamento fino). (Ver Huxley AF, Simmons RM: Proposed mechanism of force generation in striated muscle. Nature [Lond] 1971;233:533.) As forças de ligação dos sítios fixados são maiores na posição 2 do que na posição 1 e maiores na posição 3 do que na posição 2. A cabeça da miosina pode desprender-se da posição 3 com a utilização de uma molécula de ATP; este é o processo predominante observado durante o encurtamento. Verifica-se que a posição da cabeça da miosina varia de cerca de 90° para cerca de 45°, conforme indicado no texto. (S-1, cabeça da miosina; S-2, porção da molécula de miosina; LMM, meromiosina leve) (ver legenda da Figura 49-4). (Reproduzida de Huxley AF: Muscular contraction. J Physiol 1974;243:1. Autorização do autor e do *Journal of Physiology*.)

alinhados de modo a produzir aparência estriada. Os músculos lisos contêm moléculas de α-actinina e de tropomiosina, assim como os músculos esqueléticos, porém carecem do sistema de troponina. As cadeias leves das moléculas de miosina do músculo liso também diferem daquelas da miosina do músculo estriado. No músculo liso, são as cadeias leves que impedem a ligação da cabeça da miosina à actina F no estado de repouso. O bloqueio inibitório é liberado pela fosforilação das cadeias leves reguladoras ou tipo 2 na cabeça S-1 da miosina pela cinase da cadeia leve de miosina.

A atividade da cinase da cadeia leve de miosina é controlada pela ligação da pequena proteína de ligação de Ca^{2+}, de cerca de 17 kD a, a calmodulina (**Figura 51-7**).

A calmodulina é uma proteína ubíqua que contém quatro motivos de EF-mão, cada um dos quais pode ligar uma molécula de cálcio. A ligação do cálcio a todos esses quatro sítios desencadeia uma mudança conformacional que permite ao complexo Ca^{2+}_4:calmodulina ligar-se e ativar várias enzimas-alvo intracelulares, incluindo a cinase da cadeia leve de miosina e a Ca^{2+}-ATPase (ver adiante). A ligação do Ca^{2+} à calmodulina exibe uma forte cooperatividade positiva, otimizando-a para atuar como deflagrador molecular sensível ao Ca^{2+}. Quando os níveis de Ca^{2+} caem, o equilíbrio de atividade entre as cinases da cadeia leve de miosina e as fosfatases desvia-se a favor das últimas, resultando em desfosforilação das cadeias leves reguladoras, liberação dos domínios S-1 de miosina da actina e relaxamento muscular.

A **Rho-cinase** proporciona uma via independente de Ca^{2+} para iniciar a contração. A Rho-cinase fosforila não apenas as cadeias leves reguladoras de miosina, mas também a fosfatase que as desfosforila. Como a fosforilação da fosfatase inibe a sua atividade, isso serve para deslocar ainda mais o equilíbrio entre as cinases e as fosfatases que atuam sobre a miosina, em favor da primeira. A **Tabela 51-1** fornece um resumo e uma comparação da regulação das interações entre actina e miosina (ativação da ATPase da miosina) nos músculos estriado e liso.

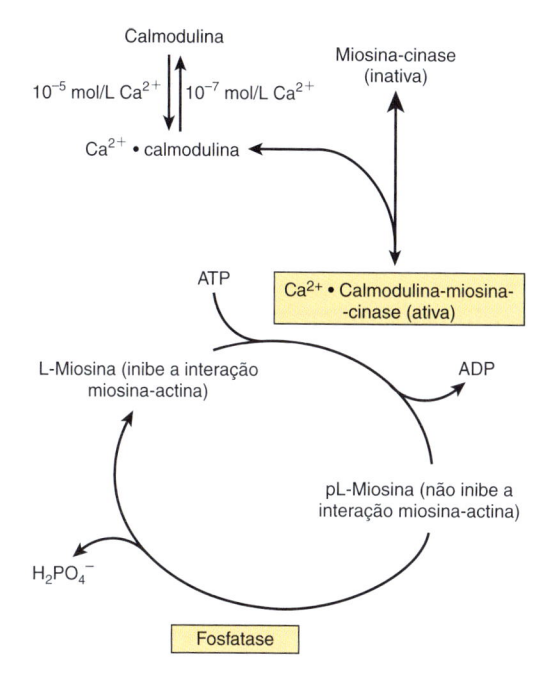

FIGURA 51-7 Regulação da contração do músculo liso pelo Ca^{2+}. A pL-miosina é a cadeia leve fosforilada da miosina, ao passo que a L-miosina é a cadeia leve desfosforilada. (Adaptada, com autorização, de Adelstein RS, Eisenberg R: Regulation and kinetics of actin-myosin ATP interaction. Annu Rev Biochem 1980;49:921. Copyright © 1980 por Annual Reviews, www.annualreviews.org.)

A fosforilação da Rho-cinase pela proteína-cinase dependente de cAMP pode desempenhar um papel no efeito amortecedor desse segundo mensageiro sobre a contração do músculo liso.

Outra proteína que parece desempenhar um papel dependente de Ca^{2+} na regulação da contração do músculo liso é a **caldesmona** (87 kDa). Essa proteína é ubíqua no músculo liso e também é encontrada no tecido não muscular. Na presença de baixas concentrações de Ca^{2+}, a caldesmona liga-se

TABELA 51-1 Interações actina-miosina nos músculos estriado e liso

	Músculo estriado	Músculo liso (e células não musculares)
Proteínas dos filamentos musculares	Actina Miosina Tropomiosina Troponina (TpI, TpT, TpC)	Actina Miosina[a] Tropomiosina
Interação espontânea da actina F e da miosina isoladas (ativação espontânea da miosina-ATPase pela actina F)	Sim	Não
Inibidor da interação entre a actina F e a miosina (inibidor da ativação da ATPase dependente de actina F)	Sistema de troponina (TpI)	Cadeia leve da miosina não fosforilada
Contração ativada por	Ca^{2+}	Ca^{2+}
Efeito direto do Ca^{2+}	$4Ca^{2+}$ ligam-se à TpC	$4Ca^{2+}$ ligam-se à calmodulina
Efeito do Ca^{2+} ligado à proteína	A TpC · $4Ca^{2+}$ antagoniza a inibição da interação entre a actina F e a miosina pela TpI (possibilita a ativação da ATPase pela actina F)	A calmodulina · $4Ca^{2+}$ ativa a cinase da cadeia leve de miosina, que fosforila a cadeia leve p da miosina; a cadeia leve p fosforilada não inibe mais a interação entre a actina F e a miosina (possibilita a ativação da ATPase pela actina F)

[a] As cadeias leves da miosina são diferentes nos músculos estriado e liso.

à tropomiosina e à actina. Isso impede a interação da actina com a miosina, mantendo o músculo em estado relaxado. Em concentrações mais altas, a Ca^{2+}_4:calmodulina liga-se à caldesmona, liberando-a da actina. Esta última fica livre para se ligar à miosina, e pode ocorrer contração. A caldesmona também está sujeita à fosforilação-desfosforilação; quando fosforilada, não pode se ligar à actina, liberando novamente esta última para interagir com a miosina.

O retículo sarcoplasmático regula os níveis intracelulares de Ca^{2+} no músculo esquelético

Quando o músculo estriado está no estado relaxado, o Ca^{2+} necessário para iniciar a contração é mantido armazenado, pronto para liberação no sarcoplasma, dentro de uma rede de sacos membranáceos fibrosos – o **retículo sarcoplasmático** ou **RS**. O RS está ligado aos sarcômeros pelos canais transversais do sistema de túbulos T. No músculo em repouso, a concentração de Ca^{2+} no sarcoplasma normalmente varia entre 10^{-8} e 10^{-7} mol/L. Essa baixa concentração em repouso é mantida pelo nível basal da Ca^{2+}-ATPase (**Figura 51-8**), uma bomba de cálcio ativada pelo Ca^{2+}, que utiliza a energia da hidrólise do ATP para movimentar os íons cálcio de regiões de baixa concentração para regiões de alta concentração. No interior do RS, o Ca^{2+} liga-se a uma proteína específica de ligação de Ca^{2+}, denominada **calsequestrina**.

Quando o sarcolema é excitado por um **impulso nervoso**, as membranas excitáveis do sistema de túbulos T tornam-se despolarizadas, abrindo os canais de liberação de Ca^{2+} **regulados por voltagem** no RS adjacente. O Ca^{2+} flui rapidamente para o sarcoplasma, elevando a concentração em quase 100 vezes, para 10^{-5} mol/L, onde se liga à troponina C e à calmodulina para iniciar a contração. O canal de liberação de Ca^{2+} regulado por voltagem, um homotetrâmero de subunidades de cerca de 565 kDa, constitui o alvo do alcaloide vegetal, a **rianodina**, que se liga a ele e modula a sua atividade. Por conseguinte, o canal de Ca^{2+} regulado por voltagem é também designado como receptor de rianodina, ou RYR. Existem duas isoformas desse receptor. O RYR1 está presente no músculo esquelético. O RYR2 é encontrado, no músculo cardíaco e no encéfalo. O canal situa-se muito próximo a outro canal de Ca^{2+} regulado por voltagem do sistema de túbulos transversos, o **receptor de di-hidropiridina** (Figura 51-8).

A liberação de Ca^{2+} no sarcoplasma também ativa a ATPase dependente de Ca^{2+}, cuja atividade é estimulada pela ligação de Ca^{2+}_4:calmodulina. Isso desencadeia imediatamente a exportação do Ca^{2+} do sarcoplasma de volta ao RS, possibilitando o rápido relaxamento do músculo, que está pronto para outra contração. Se a concentração de ATP no sarcoplasma cair drasticamente (p. ex., por uso excessivo durante um ciclo de contração-relaxamento ou por diminuição de sua formação, como a que pode ocorrer na isquemia), a Ca^{2+}-ATPase cessa o bombeamento, e os níveis de íons cálcio permanecem elevados.

As mutações no gene que codifica o canal de liberação de Ca^{2+} constituem uma causa de hipertermia maligna humana

Alguns pacientes geneticamente predispostos manifestam uma reação grave, denominada **hipertermia maligna** (**HM**), devido à exposição a determinados anestésicos (p. ex., halotano) e relaxantes despolarizantes do músculo esquelético (p. ex., succinilcolina). A reação consiste principalmente em rigidez dos músculos esqueléticos, hipermetabolismo e febre alta. Um importante fator na gênese da HM consiste na **presença de elevada concentração citosólica de Ca^{2+}** no músculo esquelético. Se a hipertermia maligna não for reconhecida e tratada imediatamente, os pacientes podem morrer por fibrilação ventricular aguda ou sucumbir a outras complicações graves. O tratamento apropriado consiste em interromper o anestésico e administrar **dantroleno** por via intravenosa, um relaxante muscular esquelético que atua ao inibir a liberação de Ca^{2+} do RS para o citosol. A HM ocorre também em **suínos** homozigotos para HM (**síndrome do estresse porcino**). Se ocorrer antes do abate, a reação afeta adversamente a qualidade da carne do porco, resultando em produto inferior.

As causas da HM em seres humanos e em rebanhos parecem ser complexas e podem envolver mutações nos genes que codificam o canal de liberação de Ca^{2+}, a calsequestrina-1, ou o receptor de di-hidropiridina ou no gene *RYR1*. As mutações no gene *RYR1* também estão associadas à **doença do núcleo central**. Trata-se de uma miopatia rara que surge na lactância, com hipotonia e fraqueza muscular proximal. A microscopia eletrônica revela a ausência de mitocôndrias no centro de muitas fibras musculares tipo I. A lesão das mitocôndrias, induzida por níveis intracelulares elevados de Ca^{2+} devido ao funcionamento anormal de *RYR1*, parece ser responsável pelos achados morfológicos.

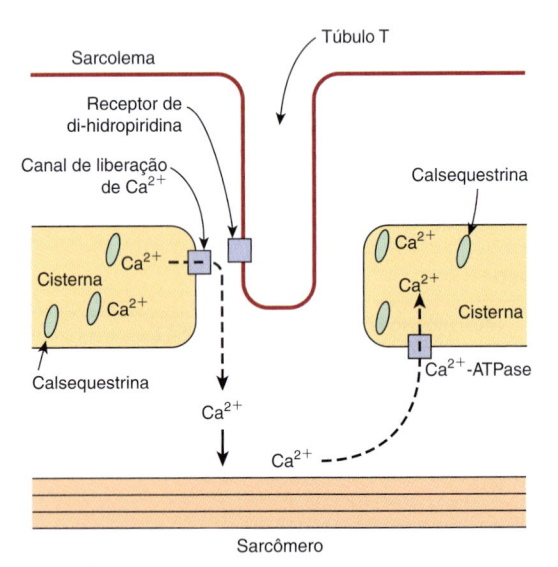

FIGURA 51-8 Diagrama das relações entre o sarcolema (membrana plasmática), um túbulo T e duas cisternas do retículo sarcoplasmático (RS) do músculo esquelético (sem escala). O túbulo T estende-se para dentro a partir do sarcolema. Uma onda de despolarização, iniciada por um impulso nervoso, é transmitida do sarcolema pelo túbulo T. Em seguida, é conduzida até o canal de liberação de Ca^{2+} (RYR), talvez pela interação entre esse canal e o receptor de di-hidropiridina (canal de voltagem de Ca^{2+} lento), que são mostrados em estreita proximidade. A liberação de Ca^{2+} a partir do canal de liberação de Ca^{2+} no citosol dá início à contração. Em seguida, o Ca^{2+} é bombeado de volta para dentro das cisternas do RS pela Ca^{2+}-ATPase (bomba de Ca^{2+}), onde é armazenado, em parte ligado à calsequestrina.

O MÚSCULO CARDÍACO ASSEMELHA-SE AO MÚSCULO ESQUELÉTICO EM MUITOS ASPECTOS

A regulação da contração no músculo cardíaco também está baseada na actina

À semelhança do músculo esquelético, o músculo cardíaco é **estriado** e é regulado pelo mesmo sistema de actina-miosina-tropomiosina-troponina. Diferentemente do músculo esquelético, o músculo cardíaco exibe **ritmicidade intrínseca**, e os miócitos individuais comunicam-se uns com os outros em virtude de sua natureza sincicial. O **sistema tubular T** (ver adiante) está mais desenvolvido no músculo cardíaco, enquanto o RS é menos extenso e, consequentemente, o suprimento intracelular de Ca^{2+} para a contração é menor. Portanto, o músculo cardíaco depende do Ca^{2+} **extracelular** para a sua contração; se for privado de Ca^{2+}, o músculo cardíaco isolado para de bater em cerca de 1 minuto, ao passo que o músculo esquelético pode continuar a se contrair por um período maior de tempo na ausência de uma fonte extracelular de Ca^{2+}. O **AMP cíclico** desempenha um papel mais proeminente no músculo cardíaco do que no músculo esquelético. Ele modula os níveis intracelulares de Ca^{2+} por meio da ativação de proteínas-cinase que fosforilam várias proteínas de transporte no sarcolema e no RS. Elas também modulam o complexo regulador troponina-tropomiosina, afetando sua responsividade ao Ca^{2+} intracelular. Existe uma correlação aproximada entre a fosforilação da TpI e o aumento da contração do músculo cardíaco induzido pelas catecolaminas. Isso pode explicar os **efeitos inotrópicos** (aumento da contratilidade) dos compostos β-adrenérgicos sobre o coração. A **Tabela 51-2** exibe um resumo de algumas diferenças entre os músculos esquelético, cardíaco e liso.

O Ca^{2+} entra nos cardiomiócitos pelos canais de Ca^{2+} e sai deles por meio do trocador de Na^+-Ca^{2+} e da Ca^{2+}-ATPase

O Ca^{2+} extracelular entra nos cardiomiócitos por meio de canais altamente seletivos. A principal porta de entrada é o canal de Ca^{2+} tipo L (corrente de longa duração, grande condutância) ou canal de Ca^{2+} **lento**, que é regulado por voltagem, com abertura durante a despolarização e fechamento quando o potencial de ação declina. Esses canais são equivalentes aos receptores de di-hidropiridina do músculo esquelético (Figura 51-8). Os canais lentos de Ca^{2+} são **regulados** por proteínas-cinase dependentes de cAMP (estimuladoras) e por proteínas-cinase dependentes de cGMP (inibitórias) e podem ser inibidos pelos denominados bloqueadores dos canais de cálcio (p. ex., verapamil). Os canais **rápidos** (ou T, de transitórios) de Ca^{2+} também estão presentes no plasmalema, embora em quantidades muito menores; esses canais provavelmente contribuem para a fase inicial do aumento do Ca^{2+} mioplásmico.

Quando a concentração de Ca^{2+} no mioplasma aumenta, ela desencadeia a abertura do canal de ligação de Ca^{2+} do RS. Com efeito, a liberação de Ca^{2+} induzida por Ca^{2+} das reservas do RS responde por aproximadamente 90% do Ca^{2+} que entra no cardiomiócito estimulado. Entretanto, os 10% que entram a partir do citoplasma são de importância vital, visto que atuam como gatilho para a mobilização de Ca^{2+} do RS.

O trocador de Na^+-Ca^{2+} atua como principal via de saída do Ca^{2+} dos cardiomiócitos. A troca entre Na^+ e Ca^{2+} ocorre em uma razão de 3:1, com movimento de íons sódio do plasma para dentro da célula, fornecendo a energia necessária para movimentar o cálcio dentro do plasma contra um gradiente de concentração. Essa troca contribui para o relaxamento, mas pode ocorrer na direção oposta durante a excitação. Em consequência, qualquer fator que produza elevação do Na^+ intracelular também causará secundariamente

TABELA 51-2 Algumas diferenças entre os músculos esquelético, cardíaco e liso

Músculo esquelético	Músculo cardíaco	Músculo liso
1. Estriado	1. Estriado	1. Não estriado
2. Sem sincício	2. Sincicial	2. Sincicial
3. Túbulos T pequenos	3. Túbulos T grandes	3. Em geral, túbulos T rudimentares
4. Retículo sarcoplasmático bem-desenvolvido e bomba de Ca^{2+} que atua rapidamente	4. Retículo sarcoplasmático presente e bomba de Ca^{2+} que atua de modo relativamente rápido	4. Retículo sarcoplasmático geralmente rudimentar e bomba de Ca^{2+} que atua lentamente
5. O plasmalema contém poucos receptores de hormônios	5. O plasmalema contém uma variedade de receptores (p. ex., α e β-adrenérgicos)	5. O plasmalema contém uma variedade de receptores (p. ex., α e β-adrenérgicos)
6. O impulso nervoso dá início à contração	6. Apresenta ritmicidade intrínseca	6. A contração é iniciada por impulsos nervosos, hormônios, etc.
7. O Ca^{2+} do líquido extracelular não é importante para a contração	7. O Ca^{2+} do líquido extracelular é importante para a contração	7. O Ca^{2+} do líquido extracelular é importante para a contração
8. Presença do sistema de troponina	8. Presença do sistema de troponina	8. Carece de sistema de troponina; utiliza a cabeça reguladora da miosina
9. A caldesmona não está envolvida	9. A caldesmona não está envolvida	9. A caldesmona é uma proteína reguladora importante
10. Ciclos muito rápidos das pontes cruzadas	10. Ciclos relativamente rápidos das pontes cruzadas	10. Ciclos lentos das pontes cruzadas, possibilitando contração lenta e prolongada e menor utilização de ATP

um aumento do Ca^{2+} intracelular, produzindo uma contração mais forte (**efeito inotrópico positivo**). O fármaco **digitálico** promove o influxo de Ca^{2+} por meio do trocador de Ca^{2+}-Na^+, inibindo a Na^+-K^+-ATPase do sarcolema, reduzindo a taxa de saída de Na^+ por essa via, resultando em aumento do Na^+ intracelular. O consequente aumento do Ca^{2+} intracelular aumenta a força da contração cardíaca, que exerce efeito benéfico no paciente com insuficiência cardíaca (**Figura 51-9**).

Diferentemente do que é observado no músculo esquelético, acredita-se que a **Ca^{2+}-ATPase** do sarcolema seja um fator contribuinte menor para a saída do Ca^{2+}, em comparação com o trocador de Ca^{2+}-Na^+. O músculo cardíaco é rico em canais iônicos (ver Capítulo 40), que também são importantes no músculo esquelético. Foi constatado que mutações nos genes que codificam os canais iônicos são responsáveis por algumas condições relativamente raras que acometem o músculo. Essas e outras doenças causadas por mutações de canais iônicos têm sido chamadas de canalopatias; algumas estão relacionadas na **Tabela 51-3**.

TABELA 51-3 Alguns distúrbios (canalopatias) causados por mutações dos genes que codificam polipeptídeos constituintes dos canais iônicos

Distúrbio[a]	Canal iônico e principais órgãos envolvidos
Doença do núcleo central (OMIM 117000)	Canal de liberação de Ca^{2+} (RYR1), músculo esquelético
Paralisia periódica hipercalêmica (OMIM 170500)	Canal de sódio, músculo esquelético
Paralisia periódica hipocalêmica (OMIM 170400)	Canal de Ca^{2+} lento dependente de voltagem (DHPR), músculo esquelético
Hipertermia maligna (OMIM 145600)	Canal de liberação de Ca^{2+} (RYR1), músculo esquelético
Miotonia congênita (OMIM 160800)	Canal de cloreto, músculo esquelético

[a] Outras canalopatias incluem a síndrome do QT longo (OMIM 192500); o pseudoaldosteronismo (síndrome de Liddle, OMIM 177200); a hipoglicemia hiperinsulinêmica persistente do lactente (OMIM 601820); a nefrolitíase hereditária recessiva ligada ao X tipo II do lactente (síndrome de Dent, OMIM 300009); e a miotonia generalizada recessiva (doença de Becker, OMIM 255700). O termo "miotonia" refere-se a qualquer condição em que não há relaxamento dos músculos após a sua contração.
Fonte: Dados, em parte, de Ackerman NJ, Clapham DE: Ion channels – basic science and clinical disease. N Engl J Med 1997;336:1575.

A CONTRAÇÃO MUSCULAR EXIGE GRANDES QUANTIDADES DE ATP

A quantidade de ATP no músculo esquelético é apenas suficiente para fornecer a energia utilizada para a contração por alguns segundos. Em consequência, as células musculares desenvolveram múltiplos mecanismos para regenerar o ATP necessário, de modo a sustentar o ciclo de contração-relaxamento: (1) por glicólise, utilizando a glicose do sangue ou o glicogênio muscular, (2) pela fosforilação oxidativa, (3) a partir da creatina-fosfato e (4) a partir de duas moléculas de ADP, em uma reação catalisada pela adenilil-cinase (**Figura 51-10**).

O músculo esquelético contém grandes quantidades de glicogênio

O sarcolema do músculo esquelético contém grandes reservas de **glicogênio**, que estão localizadas em grânulos próximos às bandas I. A liberação de glicose a partir do glicogênio depende de uma **glicogênio-fosforilase** muscular específica (ver Capítulo 18), que pode ser ativada por Ca^{2+}, pela epinefrina e pelo monofosfato de adenosina (AMP, do inglês *adenosine monophosphate*). O Ca^{2+} também ativa a fosforilase b-cinase, permitindo que a mobilização da glicose comece com a iniciação da contração muscular.

Em condições aeróbias, o músculo gera ATP principalmente por fosforilação oxidativa

A síntese de ATP pela fosforilação oxidativa requer um suprimento de oxigênio. Os músculos que apresentam alta demanda de oxigênio em consequência de contração sustentada (p. ex., para manter a postura) o armazenam fixado à fração heme da mioglobina. Os músculos que contêm mioglobina são vermelhos, ao passo que os músculos com pouca ou nenhuma mioglobina são brancos. A glicose, derivada da glicose do sangue ou do glicogênio endógeno, e os ácidos graxos, derivados dos triacilgliceróis do tecido adiposo, constituem os principais substratos utilizados no metabolismo aeróbio no músculo.

A creatina-fosfato constitui uma importante reserva de energia no músculo

A creatina-fosfato fornece uma fonte prontamente disponível de fosfato de alta energia, que pode ser utilizado para regenerar o ATP a partir do ADP. A creatina-fosfato é sintetizada pela **creatina-cinase** (CK), uma enzima muscular específica com utilidade clínica na detecção de doenças agudas ou crônicas do músculo, que utiliza ATP como doador de fosfato (Figura 51-10). A constante de equilíbrio para essa reação é quase 1. Por conseguinte, quando os níveis de ATP estão elevados, a formação de creatina-fosfato é favorecida. Entretanto, quando os níveis de ATP caem, o equilíbrio desloca-se a favor da síntese de ATP à custa da creatina-fosfato armazenada.

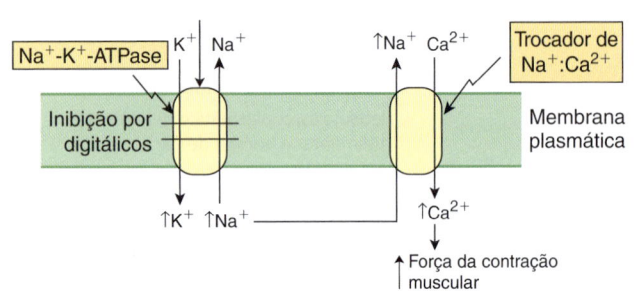

FIGURA 51-9 Esquema mostrando como o fármaco digitálico (utilizado no tratamento de certos casos de insuficiência cardíaca) aumenta a contração cardíaca. Os digitálicos inibem a Na^+-K^+-ATPase (ver Capítulo 40). Isso resulta em menor quantidade de Na^+ bombeada para fora do miócito cardíaco e leva ao aumento da concentração intracelular de Na^+. Por sua vez, isso estimula o trocador de Na^+-Ca^{2+}, de modo que ocorre maior troca de Na^+ para fora, ao passo que uma maior quantidade de Ca^{2+} entra nos miócitos. A consequente elevação da concentração intracelular de Ca^{2+} aumenta a força da contração muscular.

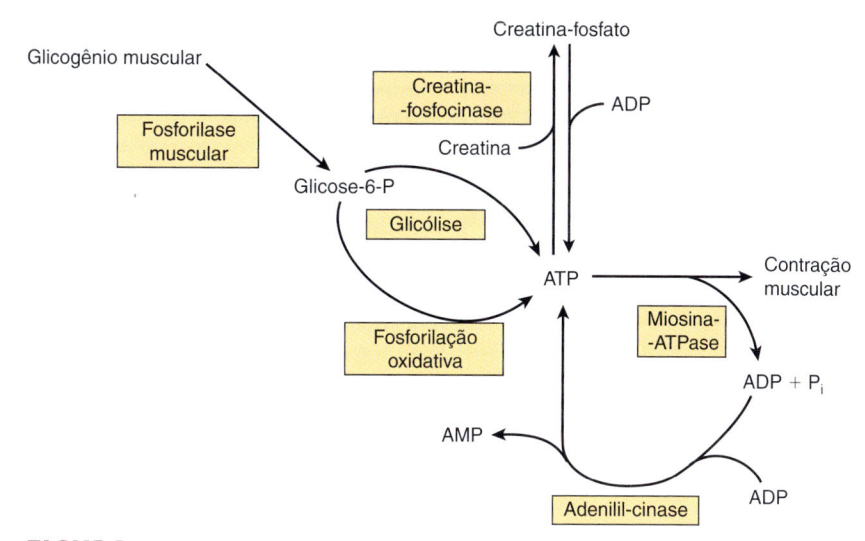

FIGURA 51-10 As múltiplas fontes de ATP no músculo.

A adenilil-cinase atua como reserva de último recurso

A ATP-sintase (ver Figura 13-8) constitui o principal veículo para a regeneração do ATP nas células vivas. Entretanto, só pode sintetizar ATP a partir de ADP. Para regenerar ATP a partir de AMP, este último precisa ser inicialmente fosforilado para formar ADP, um processo catalisado pela enzima adenilil-cinase, utilizando ATP como doador de fosfato. Por conseguinte, essa enzima é capaz de gerar duas moléculas de ADP a partir de uma molécula de AMP e uma molécula de ATP. Quando outros meios de regeneração de ATP são esgotados, e os níveis de nucleotídeos-trifosfato caem, o equilíbrio desloca-se a favor da síntese de ATP à custa de ADP. É importante assinalar que o subproduto dessa reação é o AMP. Por conseguinte, trata-se apenas de um recurso temporário, visto que a célula só pode canibalizar seu reservatório total de nucleotídeos de adenina durante tanto tempo.

O MÚSCULO ESQUELÉTICO CONTÉM FIBRAS DE CONTRAÇÃO LENTA (VERMELHAS) E RÁPIDA (BRANCAS)

Foram detectados diferentes tipos de fibras no músculo esquelético. Uma classificação as subdivide em tipo I (de contração lenta), tipo IIA (de contração rápida, oxidativas) e tipo IIB (de contração rápida, glicolíticas). Por uma questão de simplicidade, serão considerados apenas dois tipos: o tipo I (de contração lenta, oxidativa) e o tipo II (de contração rápida, glicolítica). As fibras **tipo I** são vermelhas, pois contêm mioglobina e mitocôndrias; seu metabolismo é aeróbio, e elas mantêm contrações relativamente sustentadas. As fibras brancas **tipo II** carecem de mioglobina e contêm poucas mitocôndrias: elas obtêm a sua energia a partir da glicólise anaeróbia e sofrem contrações de duração relativamente curta.

A proporção desses dois tipos de fibras varia entre os diferentes músculos do corpo, dependendo de sua função e do treino.

Por exemplo, o número de fibras tipo I em certos músculos da perna aumenta em atletas que treinam para maratonas, enquanto o número de fibras tipo II aumenta em velocistas. As fibras tipo I dependem acentuadamente do metabolismo aeróbio para regenerar ATP, enquanto as fibras tipo II dependem de fontes independentes de oxigênio, como creatina-fosfato. Por essa razão, muitos atletas de *endurance* empenham-se em aumentar a carga de carboidratos, a ingestão de refeições que consistem predominantemente em alimentos com alto conteúdo de amido, em um esforço para aumentar o tamanho das reservas de glicogênio, enquanto alguns velocistas procuram aumentar o reservatório de creatina-fosfato em seus músculos pela ingestão de creatina na forma de suplemento dietético.

OS TECIDOS MUSCULARES CONSTITUEM O ALVO DE VÁRIOS DISTÚRBIOS GENÉTICOS

As miocardiopatias hereditárias são causadas por distúrbios do metabolismo energético cardíaco ou por proteínas miocárdicas anormais

Uma **miocardiopatia** refere-se a qualquer anormalidade estrutural ou funcional do miocárdio ventricular. Essas anormalidades podem surgir por diversas causas, muitas das quais são hereditárias. Como mostra a **Tabela 51-4**, as causas das miocardiopatias hereditárias dividem-se em duas grandes classes: (1) distúrbios do metabolismo energético cardíaco, refletindo principalmente mutações em genes que codificam enzimas ou proteínas envolvidas na oxidação de ácidos graxos (uma importante fonte de energia para o miocárdio) e na fosforilação oxidativa; e (2) mutações em genes que codificam proteínas envolvidas ou que afetam a contração do miocárdio, como a miosina, a tropomiosina, as troponinas e a proteína C cardíaca de ligação da miosina.

TABELA 51-4 Causas bioquímicas de miocardiopatias hereditárias[a]

Causa	Proteínas ou processo afetado
Erros inatos da oxidação de ácidos graxos	Entrada de carnitina nas células e nas mitocôndrias Certas enzimas da oxidação de ácidos graxos
Doenças da fosforilação oxidativa mitocondrial	Proteínas codificadas por genes mitocondriais Proteínas codificadas por genes nucleares
Anormalidades de proteínas contráteis e estruturais do miocárdio	Cadeias pesadas da β-miosina, troponina, tropomiosina, distrofina

[a] Mutações (p. ex., mutações pontuais ou, em alguns casos, deleções) nos genes (nucleares ou mitocondriais) que codificam diversas proteínas, enzimas ou moléculas de tRNA são as causas principais de miocardiopatias hereditárias. Algumas condições são moderadas, ao passo que outras são graves e podem ser parte de alguma síndrome que afeta outros tecidos.
Fonte: Baseada em Kelly DP, Strauss AW: Inherited cardiomyopathies. N Engl J Med 1994;330:913.

As mutações no gene da cadeia pesada da β-miosina cardíaca constituem uma causa de miocardiopatia hipertrófica familiar

A miocardiopatia hipertrófica familiar constitui uma das doenças cardíacas hereditárias mais frequentemente encontradas. Os pacientes apresentam hipertrofia – frequentemente maciça – de um ou de ambos os ventrículos já no início da vida. Os casos são transmitidos, em sua maioria, de modo autossômico dominante; o restante é esporádico. A causa primária dessa condição consiste em qualquer uma de várias **mutações de troca de sentido** no gene que codifica a **cadeia pesada da β-miosina**, que leva à substituição de um aminoácido altamente conservado por algum outro resíduo. As substituições concentram-se nas regiões da cabeça e da cabeça-haste da cadeia pesada de miosina. Uma hipótese sugere que os polipeptídeos mutantes ("polipeptídeos-venenos") determinam a formação de miofibrilas anormais, resultando finalmente em hipertrofia compensatória.

Os pacientes com miocardiopatia hipertrófica familiar podem exibir grande variação no seu quadro clínico. Isso reflete, em parte, a heterogeneidade genética; isto é, a mutação de vários outros genes (p. ex., os codificam a actina cardíaca, a tropomiosina, as troponinas cardíacas I e T, as cadeias leves essenciais e reguladoras da miosina, a proteína C cardíaca de ligação da miosina, a titina, e a tRNA-glicina e a tRNA-isoleucina mitocondriais) também pode causar miocardiopatia hipertrófica familiar. Os pacientes que abrigam mutações que previsivelmente alteram o caráter da carga da cadeia lateral dos aminoácidos afetados apresentam uma expectativa de vida significativamente mais curta que a dos pacientes nos quais a mutação não produz nenhuma alteração de carga.

Mutações dos genes que codificam a distrofina, a proteína LIM do músculo (assim denominada por ter sido comprovada a presença de um domínio rico em cisteína, originalmente detectado em três proteínas: Lin-II, Isl-1 e Mec-3), a proteína de ligação ao elemento de resposta do AMP cíclico (CREB), a desmina e a lamina foram implicadas como causa de **miocardiopatia dilatada**. As primeiras duas proteínas ajudam a organizar o aparelho contrátil das células do músculo cardíaco, enquanto a CREB regula a expressão de vários genes dentro dessas células.

As mutações no gene que codifica a distrofina causam distrofia muscular de Duchenne

Outras proteínas componentes do aparelho contrátil incluem a titina, a maior proteína conhecida do mundo, cujo papel consiste em ancorar as extremidades das miofibrilas, a nebulina, a α-actinina, a desmina e a distrofina. Entre essas proteínas, a **distrofina** é de interesse biomédico particular. Mutações no gene que codifica essa proteína constituem uma causa de **distrofia muscular de Duchenne** e **distrofia muscular de Becker** e foram implicadas na **miocardiopatia dilatada** (ver adiante). A distrofina liga o citoesqueleto de actina à matriz extracelular na face interna da membrana plasmática. A formação dessa ligação é necessária para a montagem da junção sináptica. A distrofia muscular de Duchenne parece resultar da incapacidade das formas alteradas de distrofina por mutação de sustentar a formação de junções sinápticas funcionalmente competentes. De modo semelhante, mutações nos genes que codificam as glicosiltransferases que modificam o α-**distroglicano** ou naqueles que codificam componentes polipeptídicos do complexo de **sarcoglicano** (**Figura 51-11**) são responsáveis por certas formas congênitas de distrofia muscular, como a distrofia do **cíngulo dos membros**.

O óxido nítrico (NO) relaxa o músculo liso dos vasos sanguíneos

A acetilcolina desencadeia o relaxamento do músculo liso dos vasos sanguíneos por meio de uma via de transdução de sinais mediada por receptor. A ligação da acetilcolina a seus receptores de superfície celular nas células endoteliais que circundam as células musculares lisas vasculares ativa fosfolipases associadas na face interna da membrana plasmática. Essas enzimas hidrolisam e liberam os grupos de cabeça fosforilados, particularmente o 3,4,5-trifosfoinositol, do fosfatidilinositol, um componente fosfolipídico quantitativamente menor, porém funcionalmente importante da membrana plasmática. Esses segundos mensageiros de polifosfoinositol iniciam a liberação de Ca^{2+} no citoplasma dessas células epiteliais vasculares, o que, por sua vez, desencadeia a liberação do **fator de relaxamento derivado do endotélio** (**EDRF**, do inglês *endothelium-derived relaxing factor*), que se difunde no músculo liso adjacente.

A identificação do EDRF como **NO**, **óxido nitroso**, demonstrou ser muito difícil, visto que esse gás diatômico reage rapidamente com oxigênio e superóxido, resultando em uma meia-vida muito curta (cerca de 3-4 segundos) nos tecidos.

O NO é formado a partir da NO-sintase, uma enzima ativada por Ca^{2+} encontrada no citosol. A NO-sintase catalisa a oxidação de cinco elétrons de um nitrogênio guanidino na cadeia lateral de arginina, produzindo citrulina e NO (**Figura 51-12**), em uma reação complexa que utiliza NADPH e quatro grupos prostéticos redox ativos: FAD, FMN, heme e tetra-hidrobiopterina. Após a sua difusão nas células musculares lisas vasculares adjacentes, o NO liga-se à porção heme de uma guanilil-ciclase solúvel, ativando a enzima e aumentando os

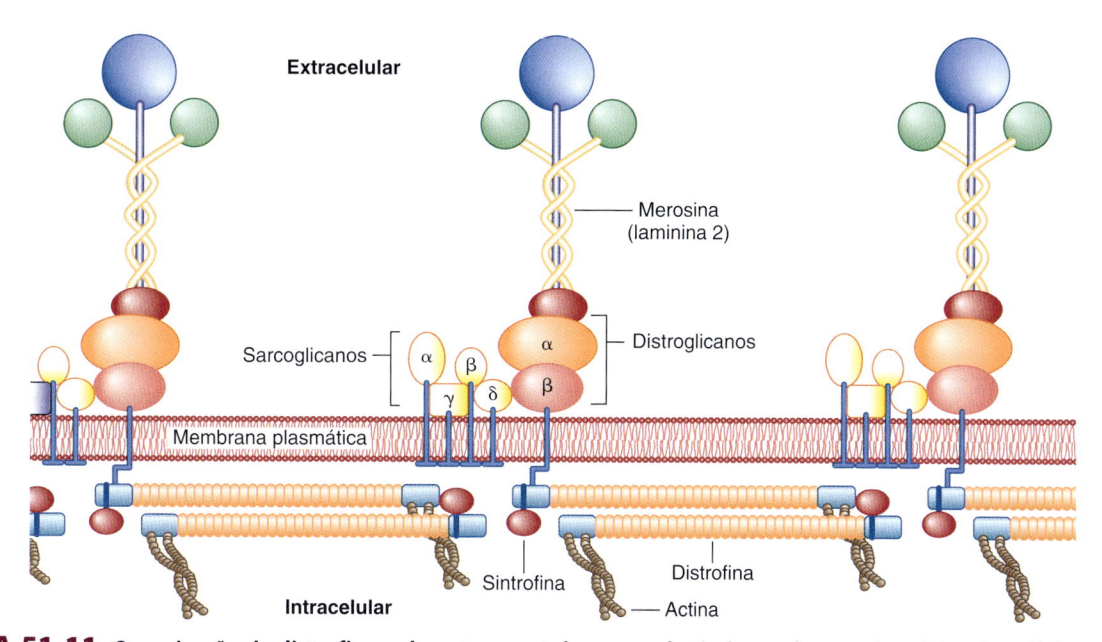

FIGURA 51-11 Organização da distrofina e de outras proteínas em relação à membrana plasmática das células musculares. A distrofina faz parte de um grande complexo oligomérico associado a vários outros complexos proteicos. O complexo de distroglicano consiste em α-distroglicano, que se associa à merosina, uma proteína da lâmina basal (também denominada laminina 2, ver Capítulo 50), e em β-distroglicano, que se liga ao α-distroglicano e à distrofina. A sintrofina liga-se à extremidade carboxiterminal da distrofina. O complexo de sarcoglicano consiste em quatro proteínas transmembrana: α, β, γ e δ-sarcoglicano. A função do complexo de sarcoglicano e a natureza das interações dentro do complexo e entre ele e outros complexos não estão bem esclarecidas. O complexo de sarcoglicano é formado apenas no músculo estriado, e suas subunidades associam-se preferencialmente entre si, sugerindo que o complexo pode funcionar como uma única unidade. Mutações no gene que codifica a distrofina causam distrofias musculares de Duchenne e de Becker. Constatou-se que a ocorrência de mutações nos genes que codificam os vários sarcoglicanos é responsável pelas distrofias do cíngulo dos membros (p. ex., OMIM 604286), ao passo que as mutações nos genes que codificam outras proteínas musculares causam outros tipos de distrofia muscular. As mutações nos genes que codificam determinadas glicosiltransferases envolvidas na síntese das cadeias de glicano do α-distroglicano são responsáveis por certas distrofias musculares congênitas. (Reproduzida, com autorização, de Duggan DJ et al.: Mutations in the sarcoglycan genes in patients with myopathy. N Engl J Med 1997;336:618. Copyright © 1997 Massachusetts Medical Society. Todos os direitos reservados.)

níveis intracelulares do segundo mensageiro, 3′,5′-GMP cíclico (cGMP). Por sua vez, isso estimula as atividades de certas proteínas-cinase dependentes de cGMP, que provavelmente fosforilam proteínas musculares específicas, causando relaxamento.

O NO também pode ser formado a partir do **nitrito**, derivado do metabolismo de vasodilatadores, como o trinitrato de glicerila, também conhecido como nitroglicerina, que é comumente administrado para tratamento da angina. Outro efeito cardiovascular importante do NO é a inibição da agregação plaquetária, uma consequência da síntese aumentada de cGMP. O NO também foi implicado em outros processos fisiológicos. Por exemplo, pode reagir com superóxido para gerar **peroxinitrito** ($ONOO^-$), que pode reagir com cadeias laterais da tirosina, formando nitrotirosina, ou gerar o radical OH altamente reativo quando se decompõe.

O MÚSCULO ESQUELÉTICO CONSTITUI A PRINCIPAL RESERVA DE PROTEÍNA DO CORPO

Nos seres humanos, as **proteínas do músculo esquelético** constituem a principal fonte não gordurosa de energia armazenada. Isso explica as grandes perdas de massa muscular, particularmente em adultos, que acompanham a subnutrição calórica prolongada.

O CITOESQUELETO DESEMPENHA MÚLTIPLAS FUNÇÕES CELULARES

Todas as células realizam trabalho mecânico, embora em uma menor magnitude física do que as células musculares. Incluem autopropulsão, citocinese, endocitose, exocitose e fagocitose. À semelhança das células musculares, o cerne dessa maquinaria é constituído por polímeros de proteínas filamentosos, denominados **citoesqueleto**. As estruturas filamentosas mais proeminentes do citoesqueleto do ponto de vista quantitativo incluem os **filamentos de actina** (também conhecidos como microfilamentos), os **microtúbulos** e os **filamentos intermediários**.

As células não musculares contêm microfilamentos que apresentam actina G

A **actina G** é encontrada na maioria das células do corpo, se não em todas elas. Em condições fisiológicas, os monômeros de actina G sofrem polimerização espontânea para formar filamentos de **actina F** de dupla-hélice, de 7 a 9,5 nm de diâmetro, semelhantes àqueles observados no músculo. Em geral, os microfilamentos de actina do citoesqueleto ocorrem como feixes dentro de uma rede de aparência emaranhada. Esses feixes proeminentes, que ficam logo abaixo da membrana plasmática de muitas células, são designados como **fibras de estresse**. As fibras de estresse desaparecem à medida que a motilidade das células aumenta ou com a transformação maligna das células.

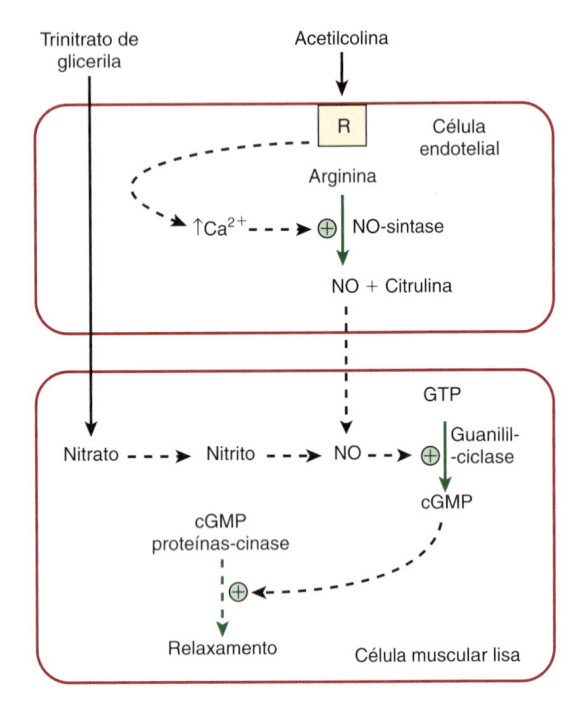

FIGURA 51-12 Diagrama mostrando a formação, em uma célula endotelial, do óxido nítrico (NO) a partir da arginina, em uma reação catalisada pela NO-sintase. A interação de um agonista (p. ex., acetilcolina) com um receptor (R) leva à liberação intracelular de Ca^{2+} induzida pelo inositol-trifosfato gerado pela via do fosfoinositídeo, com consequente ativação da NO-sintase. Em seguida, o NO difunde-se para o interior do músculo liso adjacente, onde leva à ativação da guanilil-ciclase, à formação de cGMP, à estimulação das cGMP-proteínas-cinase e ao relaxamento subsequente. A figura mostra o vasodilatador nitroglicerina entrando na célula muscular lisa, onde seu metabolismo também leva à formação de NO.

Podem ser encontrados dois tipos de actina nos microfilamentos do citoesqueleto, denominados β-actina e γ-actina. Embora não estejam organizados como nos músculos, os filamentos de actina nas células não musculares podem interagir com a **miosina**, produzindo movimentos celulares.

Os microtúbulos contêm α e β-tubulinas

Os microtúbulos, que constituem um componente integral do citoesqueleto celular, consistem em tubos citoplasmáticos de 25 nm de diâmetro e comprimento frequentemente muito grande (**Figura 51-13**). Cada tubo cilíndrico é composto por 13 protofilamentos de disposição longitudinal, constituídos de **α-tubulina** e **β-tubulina**, proteínas estreitamente relacionadas com massa molecular de cerca de 50 kDa. A montagem começa com a formação de dímeros de tubulina que se reúnem em protofilamentos, que se associam entre si em paralelo, formando lâminas e, por fim, cilindros. O **GTP** é necessário para a montagem. Um centro de organização dos microtúbulos, localizado ao redor de um par de centríolos, atua como núcleo para o crescimento de novos microtúbulos. Uma terceira espécie de tubulina, a **γ-tubulina**, parece desempenhar importante papel nesse processo.

Os microtúbulos são necessários para a formação e a função do **fuso mitótico**, que é responsável pela segregação dos cromossomos durante a divisão celular. Estão também envolvidos no movimento intracelular das vesículas endocíticas e exocíticas e formam os principais componentes estruturais dos **cílios** e dos **flagelos**. Os microtúbulos constituem um importante componente dos **axônios** e dos **dendritos**, nos quais mantêm a estrutura e participam do fluxo axoplasmático de material ao longo desses processos neuronais. Os microtúbulos também contêm uma variedade de **proteínas associadas aos microtúbulos** (**MAPs**, do inglês *microtubule-associated proteins*), uma das quais é **tau**, que também desempenha funções importantes na montagem e na estabilização dos microtúbulos.

Os microtúbulos encontram-se em estado de instabilidade dinâmica, com montagem e desmontagem constantes. Exibem **polaridade** (extremidades mais e menos), uma característica importante tanto para o seu crescimento a partir dos centríolos quanto para a sua capacidade de direcionar o movimento intracelular. Por exemplo, no transporte axônico, a proteína **cinesina**, que apresenta atividade ATPase semelhante à miosina, utiliza a hidrólise do ATP para deslocar as vesículas ao

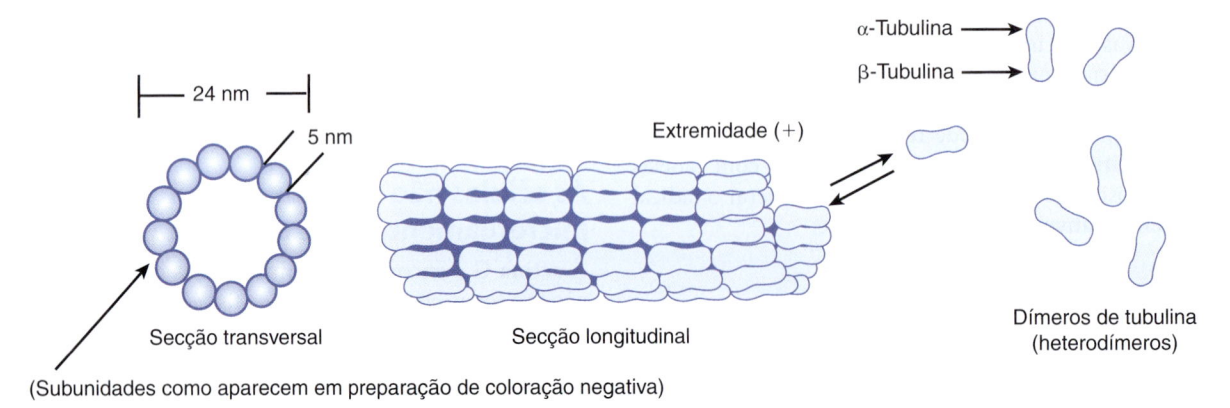

FIGURA 51-13 Representação esquemática dos microtúbulos. À esquerda e no centro são mostrados desenhos de microtúbulos, como são visualizados ao microscópio eletrônico, após fixação com ácido tânico em glutaraldeído. As subunidades de tubulina não coradas são delineadas pelo ácido tânico denso. Os cortes transversais dos túbulos revelam um anel de 13 subunidades de dímeros dispostos em uma espiral. As mudanças no comprimento dos microtúbulos devem-se ao acréscimo ou à perda de subunidades individuais de tubulina. São encontrados arranjos característicos de microtúbulos (não mostrados aqui) nos centríolos, nos corpúsculos basais, nos cílios e nos flagelos. (Reproduzida, com autorização, de Junqueira LC, Carneiro J, Kelley RO: *Basic Histology*, 7th ed. Appleton & Lange, 1992.)

longo do axônio em direção à extremidade positiva da formação microtubular. O fluxo de materiais em sentido oposto, em direção à extremidade negativa, é impulsionado pela **dineína citosólica**, outra proteína com atividade de ATPase. De modo semelhante, as **dineínas axonemais** impulsionam o movimento ciliar e flagelar, ao passo que a **dinamina**, que utiliza GTP em vez de ATP, está envolvida na endocitose. As cinesinas, as dineínas, a dinamina e as miosinas são designadas como **motores moleculares**.

A ausência de dineína nos cílios e nos flagelos resulta em sua imobilidade, levando à esterilidade masculina, *situs inversus* e infecção respiratória crônica, condição conhecida como **síndrome de Kartagener** (OMIM 244400). Em indivíduos com essa síndrome, foram detectadas mutações nos genes que afetam a síntese de dineína. Determinados **fármacos** se ligam aos microtúbulos e, assim, interferem na sua montagem ou desmontagem. Incluem a **colchicina** (utilizada no tratamento da artrite gotosa aguda), a **vimblastina** (um alcaloide da vinca utilizado no tratamento de certos tipos de câncer), o **paclitaxel** (efetivo contra o câncer de ovário) e a **griseofulvina** (um agente antifúngico).

Os filamentos intermediários diferem dos microfilamentos e dos microtúbulos

Existe um sistema fibroso intracelular de filamentos, com periodicidade axial de 21 nm e diâmetro de 8 a 10 nm, que é intermediário entre o dos microfilamentos (6 nm) e o dos microtúbulos (23 nm). São encontradas pelo menos quatro classes de **filamentos intermediários**, conforme indicado na **Tabela 51-5**. Cada um deles consiste em moléculas fibrosas alongadas, com um domínio em bastão central, uma cabeça aminoterminal e uma cauda carboxiterminal. Essas subunidades são reunidas em uma disposição helicoidal para formar unidades tetraméricas repetitivas, formando fibrilas semelhantes a cordas. Os filamentos intermediários são componentes estruturais importantes das células, que atuam como componentes **relativamente estáveis** do citoesqueleto, que não sofrem rápida montagem e desmontagem e não desaparecem durante a mitose, como ocorre com a actina e com muitos filamentos microtubulares. Uma exceção importante é constituída pelas **laminas**, que, após fosforilação, sofrem desmontagem durante a mitose e reaparecem quando ela termina. As **laminas** formam uma rede em aposição à membrana nuclear interna.

A ocorrência de mutações no gene que codifica a **lamina A** e a **lamina C** provoca a síndrome de Hutchinson-Gilford (**progéria**) (OMIM 176670). Uma forma farnesilada (ver Figura 26-2 para a estrutura do farnesil) de pré-lamina A acumula-se nessa condição, uma vez que o sítio no qual a porção farnesilada da lamina A é normalmente clivada por proteases tem sido alterado por mutação. A lamina A constitui um importante componente do arcabouço estrutural que mantém a integridade do núcleo de uma célula. O acúmulo da pré-lamina A farnesilada parece desestabilizar os núcleos, alterando seu formato e predispondo as vítimas, de algum modo, a **manifestar sinais de envelhecimento prematuro**. Experimentos em camundongos indicaram que a administração de inibidor da farnesiltransferase pode melhorar o desenvolvimento de núcleos deformados. As crianças acometidas por essa condição frequentemente morrem de aterosclerose na adolescência.

As **queratinas** formam uma grande família constituída por cerca de 30 membros. Conforme indicado na Tabela 51-5, são encontrados dois tipos principais de queratina, que se reúnem em **heterodímeros** constituídos por um membro de cada classe. As **vimentinas** estão amplamente distribuídas nas células mesodérmicas. A desmina, a proteína ácida fibrilar glial e a periferina estão relacionadas com elas. Todos os membros da família semelhante à vimentina podem sofrer copolimerização uns com os outros.

Os filamentos intermediários nas células nervosas, denominados neurofilamentos, são classificados em baixos, médios e altos, com base em suas massas moleculares. A **distribuição dos filamentos intermediários** nas células normais e anormais (p. ex., no câncer) pode ser estudada pelo uso de técnicas imunofluorescentes, utilizando anticorpos com especificidades apropriadas. Esses anticorpos dirigidos contra filamentos intermediários específicos também podem ser utilizados para ajudar o patologista a decidir a origem de certos tumores malignos desdiferenciados. Esses tumores ainda podem conservar o tipo de filamento intermediário encontrado em suas células de origem.

Foram descritas várias **doenças cutâneas**, caracterizadas principalmente pela formação de bolhas, devido a mutações nos genes que codificam **várias queratinas**. Dois desses distúrbios são a epidermólise bolhosa simples (OMIM 131800) e a ceratodermia palmoplantar epidermolítica (OMIM 144200). As **bolhas** que ocorrem nesses distúrbios provavelmente refletem uma menor capacidade de várias camadas da pele de resistir aos estresses mecânicos, devido a anormalidades na estrutura das queratinas.

TABELA 51-5 Classes de filamentos intermediários das células eucarióticas e suas distribuições

Proteínas	Massa molecular (kDa)	Distribuições
Laminas		
A, B e C	65-75	Lâmina nuclear
Queratinas		
Tipo I (ácidas)	40-60	Células epiteliais, pelos, unhas
Tipo II (básicas)	50-70	Iguais às do tipo I (ácidas)
Semelhantes à vimentina		
Vimentina	54	Várias células mesenquimais
Desmina	53	Músculo
Proteína ácida fibrilar glial	50	Células gliais
Periferina	66	Neurônios
Neurofilamentos		
Baixa (B), média (M) e alta (A)[a]	60-130	Neurônios

[a] Refere-se às massas moleculares.

Nota: Os filamentos intermediários apresentam diâmetro aproximado de 10 nm e desempenham várias funções. Por exemplo, as queratinas estão amplamente distribuídas nas células epiteliais e aderem aos desmossomos e aos hemidesmossomos por proteínas adaptadoras. As laminas fornecem suporte para a membrana nuclear.

RESUMO

- As miofibrilas do músculo esquelético consistem em filamentos grossos com base de miosina e filamentos finos com base de actina.
- Durante a contração, esses filamentos interdigitados deslizam uns sobre os outros, com pontes cruzadas entre a miosina e a actina gerando e sustentando a tensão.
- A contração muscular é impulsionada pela fixação cíclica, deslocamento conformacional e desprendimento de números maciços de domínios da cabeça da miosina para fibrilas adjacentes de actina.
- A hidrólise do ATP é utilizada para acionar o movimento dos filamentos. O ATP liga-se às cabeças da miosina e é hidrolisado a ADP e P_i pela atividade de ATPase do complexo actomiosina.
- No músculo estriado, o aparelho contrátil é mantido sob complexo de troponina (troponinas T, I e C) até que a inibição seja aliviada pela ligação do Ca^{2+} à troponina C.
- No músculo liso, o aparelho contrátil é mantido sob controle pelas cadeias leves reguladoras na miosina. Esse bloqueio é liberado quando as cadeias leves reguladoras são fosforiladas por uma proteína-cinase ativada por Ca^{2+}_4:calmodulina, a cinase das cadeias leves de miosina.
- No músculo esquelético, o RS regula a distribuição do Ca^{2+} para os sarcômeros, enquanto o influxo de Ca^{2+} por meio dos canais de Ca^{2+} no sarcolema é de maior importância no músculo cardíaco e no músculo liso.
- O Ca^{2+} não apenas inicia a contração, mas também ativa os sistemas de efluxo de cálcio que impulsionam a contração.
- Muitos casos de hipertermia maligna nos seres humanos se devem a mutações no gene que codifica o canal de liberação de Ca^{2+}.
- Alguns casos de cardiomiopatia hipertrófica familiar se devem a mutações de sentido incorreto no gene que codifica a cadeia pesada da β-miosina. Também foram detectadas mutações nos genes que codificam várias outras proteínas.
- O NO é um regulador do músculo liso vascular; o bloqueio de sua formação a partir da arginina provoca elevação aguda da pressão arterial, indicando que a regulação da pressão arterial constitui uma de suas numerosas funções.
- A distrofia muscular tipo Duchenne é causada por mutações no gene, localizado no cromossomo X, que codifica a proteína distrofina.
- Nos seres humanos, são encontrados dois tipos principais de fibras musculares: as fibras brancas (anaeróbias) e as vermelhas (aeróbias).
- As células não musculares contêm uma rede interna de fibras, denominada citoesqueleto, que fornece o aparelho mecânico necessário para a manutenção e a modificação da forma da célula, da motilidade celular, fagocitose etc.
- O citoesqueleto é constituído por uma variedade de filamentos, que incluem microfilamentos com base de actina, microtúbulos contendo α-tubulina e β-tubulina e filamentos intermediários contendo laminas, queratinas e vimentina.
- As mutações no gene que codifica a lamina A causam progéria, uma condição caracterizada por sintomas que se assemelham ao envelhecimento prematuro.
- Diversas doenças cutâneas são causadas por mutações em genes que codificam determinadas queratinas.
- O citoesqueleto fornece um arcabouço para uma variedade de motores moleculares, como a cinesina e a dineína, que participam do transporte de vesículas, do fluxo axonal, do movimento dos flagelos e de mudanças morfológicas na forma das células.

REFERÊNCIAS

Bhasar AP, Guttman JA, Finlay BB: Manipulation of host-cell pathways by bacterial pathogens. Nature 207;449:827.

Blanchoin L, Bouiemaa-Paterski R, Sykes C, Plastino J: Actin dynamics, architecture, and mechanics in cell motility. Physiol Rev 2014;94:235.

Kull FJ, Endow SA: Force generation by kinesin and myosin cytoskeleton proteins. J Cell Sci 2013;126:9.

Pritchard RH, Shery Huang YY, Terentiev EM: Mechanics of biological networks: from the cell cytoskeleton to connective tissue. Soft Matter 2014;10:1864.

Sanders KM: Regulation of smooth muscle excitation and contraction. Neurogastroenterol Motil 2008;20(suppl 1):39.

Sequeira V, Nijenkamp LL, Regan JA, van der Velden J: The physiological role of cardiac cytoskeleton and its alterations in heart failure. Biochim Biophys Acta 2014;1838:700.

Sweeney HL, Houdusse A: Structural and functional insights into the myosin motor mechanism. Annu Rev Biophys 2010;39:539.

Szent-Gyorgyi AG: The early history of the biochemistry of muscle contraction. J Gen Physiol 2004;123:631.

C A P Í T U L O 52

Proteínas plasmáticas e imunoglobulinas

Peter J. Kennelly, Ph.D., Robert K. Murray, M.D., Ph.D.,
Molly Jacob, M.B.B.S., M.D., Ph.D. e Joe Varghese, M.B.B.S., M.D.

OBJETIVOS

Após o estudo deste capítulo, você deve ser capaz de:

- Citar as principais funções do sangue.
- Descrever as principais funções da albumina sérica.
- Explicar como a haptoglobina protege o rim contra a formação de precipitados de ferro nocivos.
- Descrever os papéis da ferritina, da transferrina e da ceruloplasmina na homeostasia do ferro.
- Descrever o mecanismo pelo qual a transferrina, os receptores de transferrina e a proteína HFE regulam a síntese de hepcidina.
- Explicar como a homeostasia de ferro pode ser perturbada pelas deficiências nutricionais ou determinados distúrbios.
- Descrever as estruturas gerais e as funções das cinco classes de imunoglobulinas.
- Explicar como é possível produzir até um milhão de diferentes imunoglobulinas utilizando menos de 150 genes humanos.
- Descrever a ativação e o modo de ação do sistema complemento.
- Comparar e diferenciar os sistemas imunes adaptativo e inato.
- Definir o termo lectina.
- Explicar as diferenças principais entre anticorpos policlonais e monoclonais.
- Descrever as características marcantes dos distúrbios autoimunes e de imunodeficiência.

IMPORTÂNCIA BIOMÉDICA

As proteínas que circulam no plasma sanguíneo desempenham importantes papéis na fisiologia humana. As **albuminas** facilitam o trânsito de ácidos graxos, dos hormônios esteroides e de outros ligantes entre os tecidos, enquanto a **transferrina** auxilia na captação e na distribuição do ferro. O **fibrinogênio** circulante funciona como um bloco construtor rapidamente mobilizado da rede de fibrina que proporciona a fundação dos coágulos utilizados para selar vasos lesados. A formação desses coágulos é desencadeada por uma cascata de proteases latentes ou **zimogênios**, denominados fatores da coagulação sanguínea. O plasma também contém diversas proteínas que atuam como inibidores das enzimas proteolíticas. A **antitrombina** ajuda a confinar a formação de coágulos na vizinhança de uma ferida, enquanto a α_1-antiproteinase e a α_2-macroglobulina protegem os tecidos saudáveis das proteases que destroem os patógenos invasores e que removem células mortas ou defeituosas. As imunoglobulinas circulantes, chamadas de **anticorpos**, representam a primeira linha do sistema imune do corpo.

Alterações na produção de proteínas plasmáticas podem acarretar graves consequências à saúde. Deficiências nos principais componentes da cascata da coagulação sanguínea podem levar a hematomas e sangramentos excessivos (**hemofilia**). Indivíduos que não possuem a ceruloplasmina plasmática, o carreador primário de cobre do corpo, estão sujeitos à degeneração hepatolenticular (doença de Wilson), ao passo que o enfisema está associado a uma deficiência genética na produção da α_1-antiproteinase circulante. Mais de 1 a cada 30 residentes da América do Norte sofrem de um **distúrbio autoimune**, como diabetes melito tipo 1, asma e artrite reumatoide, em consequência da produção de imunoglobulinas aberrantes (**Tabela 52-1**). As insuficiências na produção de anticorpos protetores, como as que ocorrem em muitos indivíduos infectados pelo

TABELA 52-1 Prevalência de doenças autoimunes selecionadas entre a população norte-americana

Doença autoimune	Taxa de prevalência média (por 100.000)	Porcentagem em mulheres
Doença de Graves/hipertireoidismo	1.152	88
Artrite reumatoide	860	75
Tireoidite/hipotireoidismo	792	95
Vitiligo	400	52
Diabetes melito tipo 1	192	48
Anemia perniciosa	151	67
Esclerose múltipla	58	64
Glomerulonefrite primária	40	32
Lúpus eritematoso sistêmico	24	88
Glomerulonefrite IgA	23	67
Síndrome de Sjögren	14	94
Miastenia grave	5	73
Doença de Addison	5	93
Escleroderma	4	92

Fonte: Dados de Jacobson DL, Gange SJ, Rose NR, Graham NMH: Epidemiology and estimated population burden of selected autoimmune diseases in the United States. J Clin Immunol Immunopathol 1997;84:223.

TABELA 52-2 Principais funções do sangue

1. **Respiração** – transporte de oxigênio dos pulmões para os tecidos e de CO_2 dos tecidos para os pulmões
2. **Nutrição** – transporte de substâncias nutricionais absorvidas
3. **Excreção** – transporte de resíduos metabólicos para rins, pulmões, pele e intestinos para eliminação
4. Manutenção do **equilíbrio acidobásico** normal do corpo
5. Regulação do **equilíbrio hídrico** por meio dos efeitos do sangue sobre a troca de água entre o líquido circulante e os líquidos teciduais
6. Regulação da **temperatura corporal** pela distribuição do calor corporal
7. **Defesa** contra infecção por leucócitos e anticorpos circulantes
8. Transporte de **hormônios** e regulação do metabolismo
9. Transporte de **metabólitos**
10. **Coagulação**

vírus da imunodeficiência humana (HIV, do inglês *human immunodeficiency virus*) ou em pacientes aos quais são administrados fármacos imunossupressores, tornam esses indivíduos imunocomprometidos e extremamente suscetíveis à infecção por patógenos microbianos e virais. Enquanto as causas básicas das doenças relacionadas com as proteínas plasmáticas, como a hemofilia, são relativamente diretas, outras – em particular, diversos distúrbios autoimunes – surgem devido à interação complexa e crítica de fatores genéticos, alimentares, nutricionais, ambientais e médicos.

O SANGUE DESEMPENHA VÁRIAS FUNÇÕES

Como principal via pela qual os tecidos estão conectados uns aos outros e ao ambiente circundante, o sangue que circula por todo o nosso corpo realiza uma variedade de funções. Estas incluem a liberação de nutrientes e de oxigênio, a remoção de produtos residuais, o transporte de hormônios e a defesa contra microrganismos infecciosos (**Tabela 52-2**). Essas várias funções são realizadas por um conjunto diversificado de componentes que incluem entidades celulares, como hemácias, plaquetas e leucócitos (ver Capítulos 53 e 54), e água, eletrólitos, metabólitos, nutrientes, proteínas e hormônios, que compreendem o **plasma**.

O PLASMA CONTÉM UMA MISTURA COMPLEXA DE PROTEÍNAS

O plasma contém uma mistura complexa de proteínas. Os primeiros cientistas classificaram essas proteínas em três grupos – **fibrinogênio**, **albumina** e **globulinas** – com base na sua solubilidade relativa na presença de solventes orgânicos adicionados, como etanol, ou agentes *salting out*, como sulfato de amônio. Em seguida, os cientistas clínicos utilizaram a eletroforese em uma matriz de **acetato de celulose** para analisar a composição proteica do plasma. Utilizando essa técnica, a fração de proteínas séricas solúveis em sal separa-se em cinco componentes principais, designados como albumina e α_1-, α_2-, β- e γ-**globulinas**, respectivamente (**Figura 52-1**). As proteínas plasmáticas tendem a ser ricas em ligações dissulfeto e, com frequência, contêm carboidratos (**glicoproteínas**) ou lipídeos (**lipoproteínas**) ligados. A **Figura 52-2** mostra as dimensões relativas e as massas moleculares de algumas proteínas plasmáticas.

As proteínas plasmáticas auxiliam a determinar a distribuição de fluido entre sangue e tecidos

A concentração agregada de proteínas presentes no plasma humano situa-se normalmente na faixa de 7 a 7,5 g/dL. A **pressão osmótica** (pressão oncótica) resultante é de aproximadamente 25 mmHg. Como a **pressão hidrostática** nas arteríolas é de aproximadamente 37 mmHg, com pressão intersticial (tecidual) de 1 mmHg oposta a ela, uma força resultante dirigida para fora de cerca de 11 mmHg direciona o fluido do plasma para o interior dos espaços intersticiais. Por outro lado, a pressão hidrostática nas vênulas é de cerca de 17 mmHg; por conseguinte, uma força líquida de cerca de 9 mmHg atrai a água dos tecidos de volta à circulação. As pressões citadas são frequentemente designadas como **forças de Starling**. Se a concentração de proteínas plasmáticas estiver acentuadamente diminuída (p. ex., devido a uma grave desnutrição proteica), o líquido para de voltar ao compartimento intravascular e começa a se acumular nos espaços teciduais extravasculares, resultando em uma condição conhecida como **edema**.

A maioria das proteínas plasmáticas é sintetizada no fígado

Cerca de 70 a 80% de todas as proteínas plasmáticas são sintetizadas no fígado. Incluem albumina, fibrinogênio, transferrina

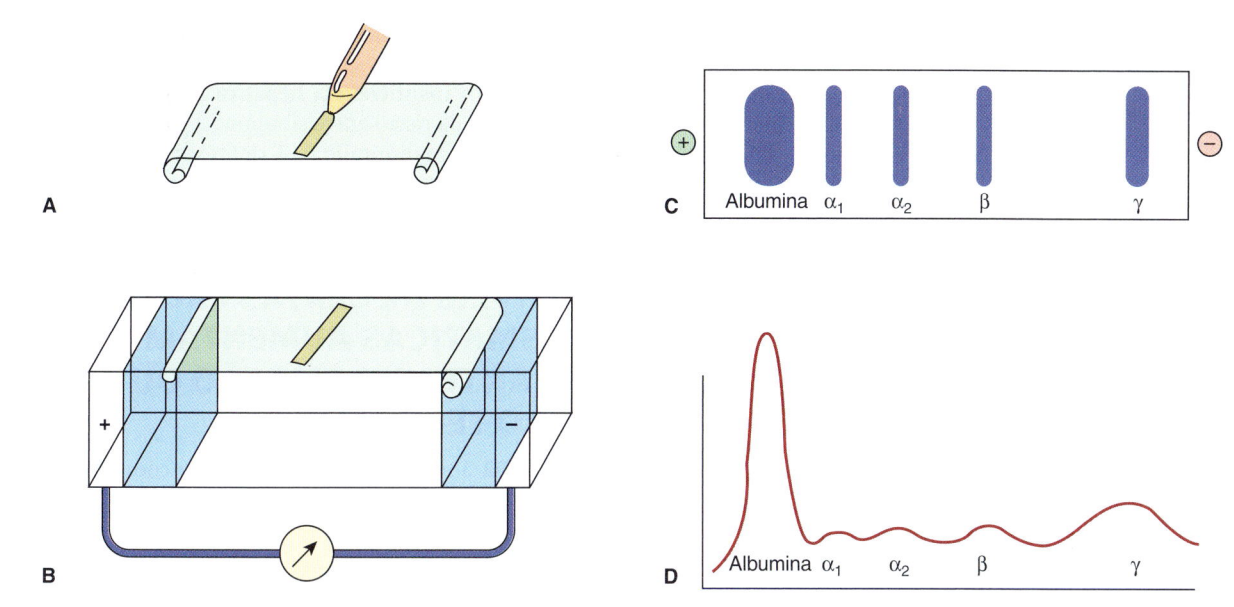

FIGURA 52-1 **Técnica de eletroforese de zona em acetato de celulose. (A)** Uma pequena quantidade de soro ou de outro líquido é aplicada a uma fita de acetato de celulose. **(B)** Efetua-se a eletroforese em tampão eletrolítico. **(C)** A coloração permite a visualização das bandas de proteínas separadamente. **(D)** A varredura densitométrica revela as mobilidades relativas de albumina, α_1-globulina, β_2-globulina, β-globulina e γ-globulina. (Reproduzida, com autorização, de Parslow TG et al [editors]: *Medical Immunology*, 10th ed. McGraw-Hill, 2001.)

e a maior parte dos componentes do complemento e cascata da coagulação sanguínea. Existem duas exceções proeminentes: o fator de von Willebrand, que é sintetizado no endotélio vascular, e as γ-globulinas, que são sintetizadas nos linfócitos. A maioria das proteínas plasmáticas é modificada de forma covalente pela adição de cadeias oligossacarídicas *N* ou *O*-ligadas, ou de ambas (ver Capítulo 46). A albumina é a principal exceção. Essas cadeias de oligossacarídeos desempenham uma variedade de funções (ver Tabela 46-2). A perda de resíduos terminais de ácido siálico acelera a depuração de glicoproteínas plasmáticas da circulação.

Como é o caso de outras proteínas destinadas à secreção de uma célula, os genes das proteínas plasmáticas codificam uma **sequência-sinal** aminoterminal que as direciona para o retículo endoplasmático. Como essa sequência-líder emerge do ribossomo, ela se liga a um complexo proteico transmembrana no retículo endoplasmático, chamado de **partícula de reconhecimento do sinal**. A cadeia polipeptídica emergente é puxada através da partícula de reconhecimento do sinal para o interior do lúmen do retículo endoplasmático, processo durante o qual a sequência-líder é clivada por uma **peptidase-sinal** associada (ver Capítulo 49). As proteínas recém-sintetizadas atravessam, em seguida, a principal via secretora da célula (membrana endoplasmática rugosa → membrana endoplasmática lisa → aparelho de Golgi → vesículas secretoras) antes de entrar no plasma, processo durante o qual estão sujeitas a várias modificações pós-traducionais (proteólise, glicosilação, fosforilação, etc.). Os tempos de trânsito desde o local de síntese no hepatócito até o plasma variam de 30 minutos a várias horas para proteínas individuais.

Muitas proteínas plasmáticas exibem polimorfismo

Um **polimorfismo** é um traço mendeliano ou monogênico que existe na população em pelo menos dois fenótipos, e nenhum deles é raro (i.e., ocorre com frequência de pelo menos 1-2%). A maioria dos polimorfismos é inócua. As substâncias do grupo sanguíneo ABO (ver Capítulo 53) talvez sejam o exemplo mais bem conhecido de polimorfismo humano. Outras proteínas plasmáticas humanas que apresentam polimorfismo incluem a α_1-antitripsina, a haptoglobina, a transferrina, a ceruloplasmina e as imunoglobulinas.

FIGURA 52-2 Dimensões relativas e massas moleculares aproximadas de moléculas de proteína no sangue.

Cada proteína plasmática tem meia-vida característica na circulação

A **meia-vida** de uma proteína plasmática é o tempo necessário para que 50% das moléculas presentes em um determinado momento sejam degradadas ou, caso contrário, eliminadas do sangue. Por exemplo, as meias-vidas da albumina e da haptoglobina em adultos saudáveis são de aproximadamente 20 e 5 dias, respectivamente. Em circunstâncias normais, à medida que as moléculas de proteínas mais velhas são eliminadas, elas são substituídas por moléculas recém-sintetizadas, em um processo denominado **renovação**. Durante a renovação normal, a concentração total dessas proteínas permanece constante, quando os processos compensatórios de síntese e de depuração alcançam um **estado de equilíbrio dinâmico**.

Em algumas doenças, a meia-vida de uma proteína pode estar acentuadamente alterada. Por exemplo, em algumas doenças gastrintestinais, como a ileíte regional (doença de Crohn), pode ocorrer perda de quantidades consideráveis de proteínas plasmáticas no intestino, incluindo albumina, por meio da mucosa intestinal inflamada. A meia-vida da albumina nesses indivíduos pode estar reduzida a apenas 1 dia, uma condição designada como **gastroenteropatia perdedora de proteínas**.

A ALBUMINA É A PROTEÍNA MAIS ABUNDANTE DO PLASMA HUMANO

O fígado sintetiza aproximadamente 12 g de albumina por dia, o que representa cerca de 25% da síntese hepática total de proteínas e metade de suas proteínas secretadas. Cerca de 40% da albumina do corpo circula no plasma, onde representa cerca de três quintos da proteína plasmática total por peso (3,4-4,7 g/dL). O restante reside no espaço extracelular. Em virtude de sua massa molecular relativamente baixa (cerca de 69 kDa) e de sua alta concentração, acredita-se que a albumina contribua com 75 a 80% da **pressão osmótica** do plasma humano. Como a maioria das outras proteínas secretadas, a albumina é inicialmente sintetizada como **pré-pró-proteína**. Seu **peptídeo-sinal** é removido quando a albumina entra nas cisternas do retículo endoplasmático rugoso. Um segundo **hexapeptídeo** é clivado da nova extremidade N-terminal, ao longo da via secretora.

A albumina humana madura consiste em uma cadeia polipeptídica única de 585 aminoácidos de comprimento, organizada em três domínios funcionais. A sua conformação elipsoidal é estabilizada por um total de 17 ligações dissulfeto intracadeia. Uma das principais funções da albumina consiste em ligar-se a numerosos **ligantes** e transportá-los. Esses ligantes incluem ácidos graxos livres (AGLs), cálcio, determinados hormônios esteroides, bilirrubina, cobre e triptofano. Diversos fármacos, incluindo sulfonamidas, penicilina G, dicumarol e ácido acetilsalicílico, ligam-se também à albumina, um achado com implicações farmacológicas importantes. As preparações de albumina humana têm sido amplamente utilizadas no tratamento de queimaduras e do choque hemorrágico.

Alguns seres humanos sofrem mutações genéticas que prejudicam sua capacidade de sintetizar albumina. Diz-se que os indivíduos cujo plasma é completamente destituído de albumina exibem **analbuminemia**. Surpreendentemente, os indivíduos com analbuminemia apresentam apenas edema moderado. A síntese diminuída de albumina ocorre em várias doenças, sobretudo nas que acometem o fígado. O plasma de pacientes com **insuficiência hepática** frequentemente apresenta redução da razão entre albumina e globulinas (razão albumina-globulina diminuída). A síntese de albumina diminui de modo relativamente precoce em condições de desnutrição proteica, como o **kwashiorkor**.

OS NÍVEIS DE CERTAS PROTEÍNAS PLASMÁTICAS AUMENTAM DURANTE INFLAMAÇÃO OU APÓS LESÃO TECIDUAL

A **Tabela 52-3** fornece um resumo das funções de muitas das proteínas plasmáticas. A **proteína C-reativa** (CRP, assim denominada porque reage com o polissacarídeo C de pneumococos), a α_1-antiproteinase, a haptoglobina, a α_1-glicoproteína

TABELA 52-3 Algumas funções das proteínas plasmáticas

Funções	Proteínas plasmáticas
Antiproteases	Antiquimotripsina α_1-Antitripsina (α_1-antiproteinase) α_2-Macroglobulina Antitrombina
Coagulação sanguínea	Vários fatores da coagulação, fibrinogênio
Enzimas	Atuação no sangue (p. ex., fatores da coagulação, colinesterase) Extravasamento das células ou dos tecidos (p. ex., aminotransferases)
Hormônios	Eritropoietina[a]
Defesa imune	Imunoglobulinas, proteínas do complemento e β_2-macroglobulina
Participação nas respostas inflamatórias	Proteínas da resposta de fase aguda (p. ex., proteína C-reativa, α_1-glicoproteína ácida [orosomucoide])
Oncofetal	α_1-Fetoproteína (AFP)
Proteínas de transporte ou de ligação	Albumina (vários ligantes, incluindo bilirrubina, ácidos graxos livres, íons [Ca^{2+}], metais [p. ex., Cu^{2+}, Zn^{2+}], met-heme, esteroides, outros hormônios e uma variedade de fármacos) Globulina de ligação aos corticoides (transcortina) (liga-se ao cortisol) Haptoglobina (liga-se à hemoglobina extracorpuscular) Lipoproteínas (quilomícrons, VLDL, LDL, HDL) Hemopexina (liga-se ao heme) Proteína de ligação ao retinol (liga-se ao retinol) Globulina de ligação aos hormônios sexuais (liga-se à testosterona e ao estradiol) Globulina de ligação aos hormônios tireoidianos (liga-se a T_4 e T_3) Transferrina (transporta o ferro) Transtirretina (anteriormente, pré-albumina; liga-se à T_4 e forma um complexo com a proteína de ligação ao retinol)

[a] Vários outros hormônios proteicos circulam no sangue, porém geralmente não são designados como proteínas plasmáticas. De modo semelhante, a ferritina também é encontrada no plasma em pequenas quantidades, mas muitas vezes não é caracterizada como proteína plasmática.

ácida e o fibrinogênio são classificados como **proteínas de fase aguda**. Acredita-se que as proteínas de fase aguda contribuam para a resposta do organismo à inflamação. A proteína C-reativa estimula a via do complemento (ver adiante), enquanto a α_1-antitripsina neutraliza certas proteases liberadas durante a inflamação aguda.

Os níveis das proteínas de fase aguda podem aumentar de 50% a até 1.000 vezes (no caso da CRP) durante estados inflamatórios crônicos e em pacientes com câncer. A **interleucina 1** (**IL-1**), um polipeptídeo liberado das células fagocíticas mononucleares, constitui o principal – mas não único – fator estimulador da síntese de reagentes da fase aguda pelos hepatócitos. Também há a participação de moléculas adicionais, como a IL-6. Como a sua concentração pode se elevar drasticamente, a CRP é utilizada como biomarcador de lesão tecidual, infecção e inflamação.

As proteínas pequenas, como as interferonas, as ILs e os fatores de necrose tumoral, que facilitam a comunicação intercelular entre os componentes do sistema imune, são denominadas **citocinas**. As citocinas podem ser de natureza tanto autócrina quanto parácrina. Um dos principais alvos da IL-1 e da IL-6 é o **fator nuclear kappa-B** (**NFκB**), um fator de transcrição que regula a expressão dos genes que codificam muitas citocinas, quimiocinas, fatores de crescimento e moléculas de adesão celular. O NFκB, um heterodímero composto por um polipeptídeo de 50 e de 65 kDa, reside normalmente no citosol como complexo inativo com uma segunda proteína, o inibidor-α do NFκB, também conhecido como **IκBα**. Com a estimulação pela inflamação, lesão ou radiação, o IκBα torna-se fosforilado, o que o direciona para ubiquitinação e degradação. Uma vez liberado de sua porção inibidora, o NFκB ativo é translocado para o núcleo, onde estimula a transcrição de seus genes-alvos.

A HAPTOGLOBINA PROTEGE OS RINS

O ferro nas hemácias senescentes é reciclado pelos macrófagos

Normalmente, as hemácias apresentam tempo de sobrevida de cerca de 120 dias. As hemácias senescentes ou danificadas são fagocitadas por macrófagos do sistema reticuloendotelial (SRE) presentes no baço e no fígado. Cerca de 200 bilhões de hemácias são catabolizadas diariamente. No interior do macrófago, o heme proveniente da hemoglobina é convertido pela enzima **heme-oxigenase** em biliverdina (ver Figura 31-13), com liberação de monóxido de carbono e ferro como subprodutos. O ferro liberado do heme é exportado das vesículas fagocíticas no macrófago pela **NRAMP 1** (proteína do macrófago associada à resistência natural 1), um transportador homólogo a DMT1. Subsequentemente, o ferro é secretado na circulação pela proteína transmembrana, a ferroportina (**Figura 52-3**). Por conseguinte, a ferroportina desempenha um papel central tanto na absorção de ferro pelo intestino quanto na sua secreção dos macrófagos.

No sangue, o Fe^{2+} é oxidado a Fe^{3+}, em uma reação catalisada pela ferrioxidase **ceruloplasmina** (ver adiante), uma

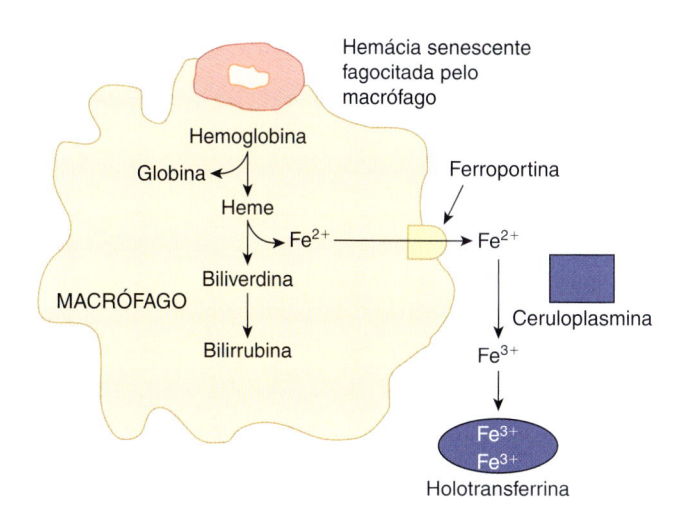

FIGURA 52-3 Reciclagem do ferro nos macrófagos. As hemácias senescentes são fagocitadas pelos macrófagos. A hemoglobina é degradada, e o ferro é liberado do heme pela ação da enzima heme-oxigenase. Então, o ferro ferroso é transportado para fora do macrófago pela ferroportina (Fp). No plasma, ele é oxidado à forma férrica pela ceruloplasmina antes de sua ligação à transferrina (Tf). No sangue, o ferro circula firmemente ligado à Tf.

enzima plasmática contendo cobre sintetizada pelo fígado. Uma vez oxidado, o Fe^{3+} liga-se à transferrina no sangue. O ferro liberado dos macrófagos nesse processo (cerca de 25 mg/dia) é reciclado, reduzindo, assim, a necessidade de absorção intestinal de ferro, que alcança, em média, apenas 1 a 2 mg/dia.

A haptoglobina remove a hemoglobina que escapou da reciclagem

Durante o curso de renovação da hemácia, cerca de 10% de uma hemoglobina da hemácia é liberada na circulação. Essa hemoglobina **extracorpuscular** livre é suficientemente pequena, com cerca de 65 kDa, para atravessar o glomérulo renal para o interior dos túbulos, onde tende a formar precipitados nocivos. A **haptoglobina** (Hp) é uma glicoproteína plasmática, que se liga à hemoglobina (Hb) extracorpuscular, formando um complexo não covalente firme (Hb-Hp). A haptoglobina humana é encontrada em **três formas polimórficas**, conhecidas como Hp 1-1, Hp 2-1 e Hp 2-2, que refletem os padrões de herança de dois genes, designados como Hp^1 e Hp^2. Os homozigotos sintetizam Hp 1-1 ou Hp 1-2, respectivamente, enquanto a Hp 2-1 é sintetizada pelos heterozigotos.

Normalmente, o nível de haptoglobina existente em um decilitro de plasma humano é suficiente para a ligação de 40 a 180 mg de hemoglobina. Como o complexo Hb-Hp resultante é demasiado grande ($\geq$ 155 kDa) para passar através do glomérulo, o rim é protegido da formação de precipitados prejudiciais, enquanto a perda de ferro associada à hemoglobina extracorpuscular é reduzida.

Algumas outras proteínas plasmáticas **ligam-se ao heme**, mas não à hemoglobina. Incluem a hemopexina, uma β_1-globulina, que se liga ao heme livre, e a **albumina**, que se liga ao met-heme (heme férrico) para formar metemalbumina. Subsequentemente, a metemalbumina transfere o met-heme para a hemopexina.

A haptoglobina pode servir como indicador diagnóstico

Em situações nas quais a hemoglobina é constantemente liberada das hemácias, como ocorre nas anemias hemolíticas, pode haver uma queda drástica dos níveis de haptoglobina. Essa diminuição reflete a acentuada diferença nas meias-vidas da haptoglobina livre, que é de cerca de 5 dias, e do complexo Hb-Hp, de aproximadamente 90 minutos. O nível de **proteína relacionada à haptoglobina**, um homólogo da haptoglobina também presente no plasma, está elevado em alguns pacientes com câncer, porém o significado disso não está esclarecido.

O FERRO É ESTRITAMENTE CONSERVADO

O **ferro** é o constituinte fundamental de muitas proteínas humanas, incluindo hemoglobina, mioglobina, grupo de enzimas do citocromo P450, vários componentes da cadeia de transporte de elétrons e ribonucleotídeo-redutase, que catalisa a conversão de ribonucleotídeos em desoxirribonucleotídeos. O ferro do corpo, cuja distribuição é mostrada na **Tabela 52-4**, é altamente conservado. Um adulto saudável perde apenas cerca de 1 a 1,5 mg (< 0,05%) dos 3 a 4 g de ferro corporal por dia. Entretanto, uma mulher na pré-menopausa pode apresentar deficiência de ferro, devido à perda de sangue durante a menstruação.

TABELA 52-4 Distribuição de ferro em um homem adulto com 70 kg[a]

Transferrina	3-4 mg
Hemoglobina das hemácias	2.500 mg
Na mioglobina e em várias enzimas	300 mg
Nas reservas (ferritina)	1.000 mg
Absorção	1 mg/dia
Perdas	1 mg/dia

[a] Em uma mulher adulta de peso semelhante, as reservas geralmente seriam menores (100-400 mg), e as perdas, maiores (1,5-2 mg/dia).

Os enterócitos podem absorver o ferro dietético em sua forma Fe^{2+} ferrosa livre ou como heme. A absorção de ferro não heme pelos enterócitos no duodeno proximal é um processo rigorosamente controlado (**Figura 52-4**). A transferência de ferro através da membrana apical dos enterócitos é mediada pelo **transportador de metais divalentes 1** (**DMT1** ou **SLC11A2**), um transportador relativamente inespecífico, que também transporta Mn^{2+}, Co^{2+}, Zn^{2+}, Cu^{2+} e Pb^{2+}. Como o DMT1 é específico para íons metálicos divalentes, o ferro férrico (Fe^{3+}) livre precisa ser convertido em sua forma ferrosa (Fe^{2+}) por agentes redutores ingeridos, como a vitamina C ou enzimaticamente por uma ferrirredutase ligada à membrana da borda em escova, o **citocromo b duodenal** (**Dcitb**). O ferro ligado ao heme absorvido é liberado pela ação enzimática do heme-oxigenase (ver Capítulo 31).

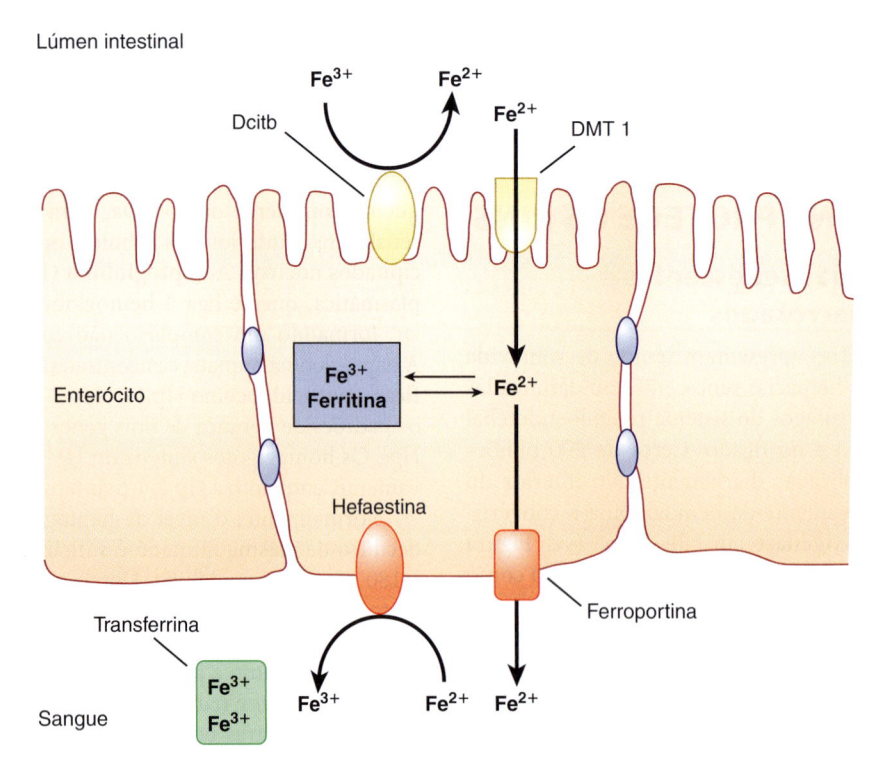

FIGURA 52-4 **Transporte do ferro não heme nos enterócitos.** O ferro férrico é reduzido à forma ferrosa por uma ferrirredutase luminal, o citocromo b duodenal (Dcitb). O ferro na forma ferrosa é transportado para dentro do enterócito por meio do transportador de metais divalentes 1 (DMT1). No interior do enterócito, o ferro é armazenado como ferritina ou transportado para fora da célula pela ferroportina (Fp). O ferro ferroso é oxidado à sua forma férrica pela hefaestina. Em seguida, o ferro férrico é ligado pela transferrina para ser transportado pelo sangue a vários locais do organismo. (Com base em Andrews NC: Forging a field: the golden age of iron biology. Blood 2008;112;219.)

Uma vez no interior dos enterócitos, o ferro pode ser armazenado ligado à **ferritina**, a proteína de armazenamento do ferro, ou pode ser transferido através da membrana basolateral pela **ferroportina**, a proteína exportadora de ferro, também conhecida como **proteína de regulação do ferro 1 (IREG1** ou **SLC40A1)**. No plasma, o ferro é transportado na forma Fe^{3+} ligado à proteína de transporte, a **transferrina**. A **hefaestina**, uma ferroxidase que contém cobre homóloga à ceruloplasmina, oxida o Fe^{2+} em Fe^{3+} antes da exportação. Qualquer excesso de ferro ligado à ferritina que permanece nos enterócitos é eliminado quando os enterócitos descamam no lúmen do intestino.

A ferritina pode ligar-se a milhares de átomos de Fe^{3+}

Em geral, o corpo humano pode armazenar até 1 g de ferro, a maior parte ligada à **ferritina**. A ferritina (peso molecular de 440 kDa) forma uma bola oca composta por 24 subunidades polipeptídicas de cerca de 19 a 21 kDa, que podem envolver até 3.000 a 4.500 átomos de ferro. A subunidade pode ser do tipo H (pesada) ou do tipo L (leve). A subunidade H exibe atividade de ferroxidase, que é necessária para a ligação do ferro à ferritina. Sugeriu-se que a subunidade L desempenha um papel na nucleação e na estabilização da ferritina. Normalmente, existe uma pequena quantidade de ferritina no plasma humano (50-200 μg/dL), proporcional às reservas totais de ferro do corpo. Por conseguinte, os níveis plasmáticos de ferritina são utilizados como **indicador das reservas corporais de ferro**. Entretanto, não se sabe se a ferritina do plasma é derivada de células lesadas ou da secreção de células saudáveis. Além disso, a **hemossiderina**, uma forma parcialmente degradada de ferritina, pode aparecer nos tecidos em condições de sobrecarga de ferro (**hemossiderose**).

A transferrina transporta o ferro até os locais onde ele é necessário

A toxicidade do ferro representa, em grande parte, uma consequência de sua capacidade de induzir a formação de espécies reativas de oxigênio que provocam dano (**Figura 52-5**). Os organismos biológicos minimizam a toxicidade potencial do ferro utilizando proteínas especializadas de armazenamento e de transporte e mantendo-o em seu estado Fe^{3+} menos reativo durante o transporte. Em humanos, o ferro é transportado pela circulação, firmemente ligado à **transferrina (Tf)**, uma glicoproteína sintetizada pelo fígado. Essa β_1-globulina possui massa molecular de aproximadamente 76 kDa e contém dois sítios de ligação de alta afinidade pelo Fe^{3+}. A glicosilação da transferrina está comprometida em **distúrbios congênitos da glicosilação** (ver Capítulo 46) ou no **alcoolismo crônico**. Por conseguinte, a **transferrina deficiente em carboidratos**

$$Fe^{2+} + H_2O_2 \longrightarrow Fe^{3+} + OH^{\bullet} + OH^{-}$$

FIGURA 52-5 **Reação de Fenton.** O ferro livre é extremamente tóxico, visto que pode catalisar a formação de radical hidroxila ($OH^{\bullet}$) a partir do peróxido de hidrogênio (ver também Capítulo 53). O radical hidroxila é uma espécie transitória, porém altamente reativa, que pode oxidar macromoléculas celulares, com consequente lesão tecidual.

(**CDT**, do inglês *carbohydrate-deficient transferrin*) é algumas vezes utilizada como biomarcador de alcoolismo crônico.

A concentração de Tf no plasma é de cerca de 300 mg/dL, suficiente para carregar um total de aproximadamente 300 μg de ferro por decilitro de plasma. Essa quantidade constitui a **capacidade total de ligação do ferro** (**TIBC**, do inglês *total iron-binding capacity*) do plasma. Em geral, cerca de 30% dos sítios de ligação do ferro na transferrina estão ocupados. A saturação pode cair para menos de 16% na deficiência grave de ferro e pode aumentar para mais de 45% em condições de sobrecarga de ferro.

O ciclo da transferrina facilita a captação celular de ferro

Para o fornecimento do ferro transportado, a célula receptora precisa ligar-se à transferrina circulante por meio de um receptor de superfície celular, o **receptor de transferrina 1 (TfR1)**. Em seguida, o complexo receptor-transferrina é internalizado por **endocitose mediada por receptor** (ver Capítulo 25), e o ferro ligado é liberado à medida que os endossomos tardios tornam-se acidificados. O ferro livre deixa o endossomo por meio do DMT1 e entra no citoplasma. Então, a apoTf (Tf sem ferro ligado) é reciclada. Em primeiro lugar, o receptor de transferrina retorna à membrana plasmática com apoTf ainda ligada. Quando alcança a superfície celular, a apoTf dissocia-se do receptor e retorna ao plasma, onde capta mais ferro para fornecimento às células. Esse processo é conhecido como **ciclo da transferrina** (**Figura 52-6**).

Enquanto o receptor de transferrina 1 é encontrado na superfície da maioria das células, o **receptor de transferrina 2 (TfR2)** homólogo é encontrado principalmente na superfície dos hepatócitos e nas células crípticas do intestino delgado. A afinidade do TfR2 por Tf-Fe é muito menor que a do TfR1, otimizando o primeiro como sensor de ferro, e não como importador.

A oxidação pela ceruloplasmina é uma característica importante do ciclo do ferro

Os macrófagos desempenham um papel essencial na renovação das hemácias. Após fagocitose e digestão por hidrolases lisossomais, o ferro é liberado, em grande parte, no estado ferroso, Fe^{2+}. Para ser recuperado pelo ciclo da transferrina, esse ferro precisa ser oxidado ao estado férrico, Fe^{3+}, pela ferroxidase **ceruloplasmina**, uma α_2-globulina de 160 kDa sintetizada pelo fígado. A ceruloplasmina, com seis átomos de cobre cataliticamente essenciais, constitui a principal proteína do plasma que contém cobre.

Deficiências na ceruloplasmina comprometem a homeostasia do ferro

A deficiência de ceruloplasmina pode originar-se de causas genéticas, assim como de falta de cobre – um micronutriente essencial – na dieta. Quando não há quantidades adequadas de ceruloplasmina cataliticamente funcional, a capacidade do organismo de reciclar o Fe^{2+} é afetada, resultando em acúmulo de ferro nos tecidos. Enquanto indivíduos que sofrem de **hipoceruloplasminemia** – uma condição genética hereditária

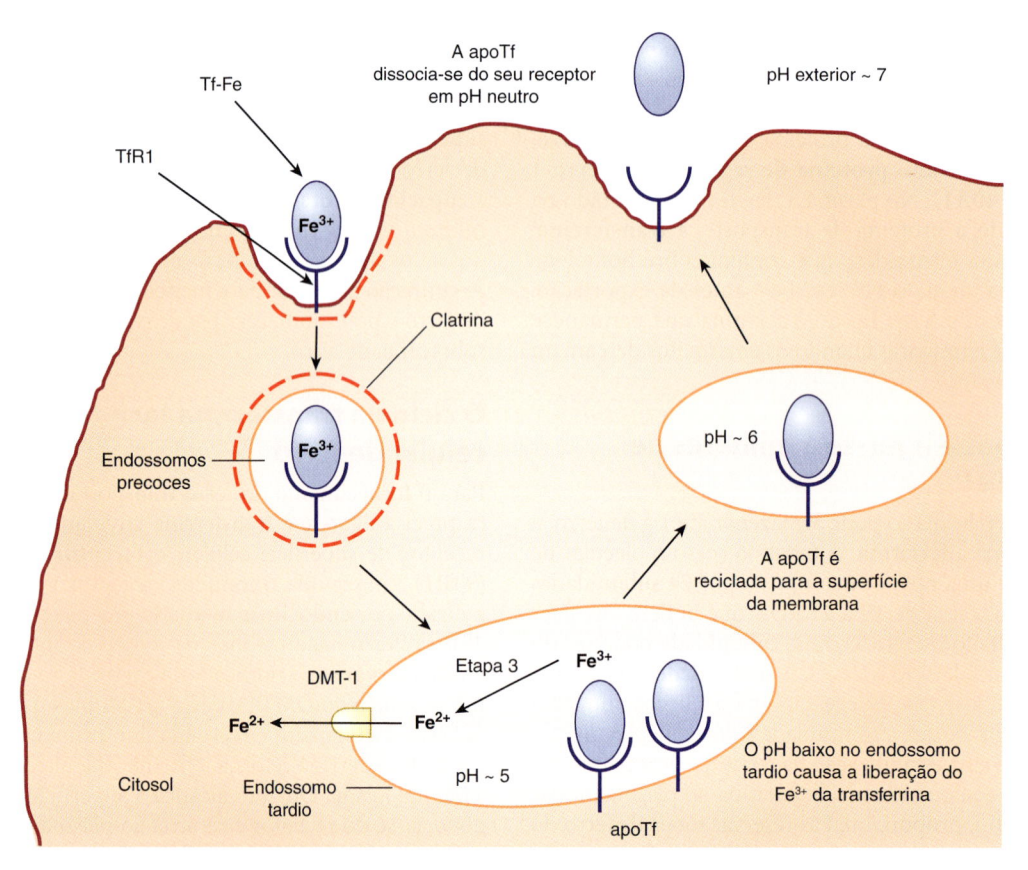

FIGURA 52-6 Ciclo da transferrina. A holotransferrina (Tf-Fe) liga-se ao receptor de transferrina 1 (TfR1) presente em depressões revestidas de clatrina na superfície celular. O complexo TfR1-Tf-Fe sofre endocitose, e ocorre fusão das vesículas endocíticas, formando os endossomos precoces. Os endossomos precoces transformam-se em endossomos tardios, que apresentam pH interno baixo. Essas condições ácidas causam a liberação de ferro da transferrina. A apotransferrina (apoTf) resultante permanece ligada ao TfR1. O ferro férrico é convertido à sua forma ferrosa pela ferrirredutase, Etapa 3, e em seguida transportada para o citosol por meio de DMT-1. Então, o complexo TfR1-apoTf é reciclado de volta à superfície celular. Na superfície celular, a apoTf é liberada do TfR1. Em seguida, o TfR1 liga-se a uma nova Tf-Fe. Essa etapa completa o ciclo da transferrina.

em que os níveis de ceruloplasmina são de aproximadamente 50% do normal – não apresentam, em geral, quaisquer anormalidades clínicas, as mutações genéticas que anulam a atividade de ferroxidase da ceruloplasmina, causando **aceruloplasminemia**, podem ter graves consequências fisiológicas. Quando não tratado, o acúmulo progressivo de ferro nas ilhotas pancreáticas e nos núcleos da base leva, por fim, ao desenvolvimento de diabetes dependente de insulina e degeneração neurológica, que pode se manifestar como demência, disartria e distonia.

Os níveis de ceruloplasmina diminuem na doença de Wilson

Na **doença de Wilson**, uma mutação no gene que codifica uma **ATPase tipo P** de ligação do cobre (proteína ATP7B) bloqueia a excreção de excesso de cobre na bile. Como consequência, o cobre acumula-se no fígado, no encéfalo, nos rins e nas hemácias. Paradoxalmente, níveis crescentes de cobre no interior do fígado aparentemente interferem na incorporação desse metal em polipeptídeos de ceruloplasmina recém-sintetizados (apoceruloplasmina), resultando em queda dos níveis plasmáticos de ceruloplasmina. Se não forem tratados, os pacientes que sofrem dessa forma de **toxicose do cobre** podem desenvolver anemia hemolítica ou doença hepática crônica (cirrose e hepatite). O acúmulo de cobre nos núcleos da base e em outros centros pode levar a sintomas neurológicos. A doença de Wilson pode ser tratada ao limitar a ingestão dietética de cobre, enquanto obtém uma depleção de qualquer excesso de cobre pela administração regular de **penicilamina**, que quela o cobre e é subsequentemente excretada na urina.

A HOMEOSTASIA INTRACELULAR DE FERRO É RIGOROSAMENTE REGULADA

As sínteses de TfR1 e ferritina são reciprocamente reguladas

As sínteses do TfR1 e da ferritina estão ligadas de maneira recíproca aos níveis intracelulares de ferro. Quando o ferro está baixo, a taxa de síntese do TfR1 aumenta, enquanto a da ferritina diminui. O oposto ocorre quando o ferro é abundante e as necessidades teciduais estão satisfeitas. O controle é exercido por meio da ligação das proteínas regulatórias do ferro (IRPs, do inglês *iron regulatory proteins*) a estruturas em grampo, chamadas de **elementos de resposta ao ferro** (**IREs**, do inglês *iron response elements*), localizadas nas regiões não traduzidas (UTRs, do inglês *untranslated regions*) 5′ e 3′ dos mRNAs que codificam a ferritina e o TfR1, respectivamente (**Figura 52-7**). As IRPs ligam-se aos IREs apenas quando os níveis intracelulares de ferro estão baixos. A ligação a 3′ UTR do mRNA para o TfR1 o estabiliza, aumentando, assim, a síntese de TfR1, enquanto a ligação de uma IRP ao IRE localizado na 5′ UTR do mRNA da ferritina bloqueia a tradução. De forma semelhante, quando os níveis de ferro estão elevados, as IRPs dissociam-se. Sob essas circunstâncias, a tradução do mRNA da ferritina é facilitada e o mRNA do TfR1 é rapidamente degradado.

A hepcidina constitui o principal regulador da homeostasia sistêmica do ferro

O peptídeo de 25 aminoácidos **hepcidina** desempenha um papel central na homeostasia do ferro. Sintetizada no fígado como precursor de 84 aminoácidos (pró-hepcidina), **a hepcidina liga-se ao exportador celular de ferro, a ferroportina, ativando sua internalização e degradação**. A consequente diminuição da ferroportina produz "bloqueio da mucosa", reduzindo a absorção do ferro do intestino, e deprime a reciclagem do ferro liberado pela renovação das hemácias (**Figura 52-8**). Juntos, esses fatos levam à redução dos níveis circulantes de ferro (hipoferremia), assim como à redução da transferência placentária de ferro durante a gestação. Quando os níveis plasmáticos de ferro estão elevados, a síntese hepática de hepcidina aumenta, reduzindo tanto a absorção quanto a reciclagem do ferro.

A expressão de hepcidina é influenciada por ferro, eritropoiese, inflamação e hipoxia

As células hepáticas monitoram os níveis de ferro, utilizando um "complexo sensor de ferro" de múltiplos componentes, constituído por dois receptores transmembrana, cujos cernes consistem em homodímeros de **TfR1** e **TfR2**, respectivamente, ligados por uma terceira proteína transmembrana, a **proteína HFE** (**Figura 52-9**). A proteína HFE é uma molécula semelhante à classe principal de histocompatibilidade (MHC, do inglês *major histocompatibility class*) da classe 1, que se liga à β_2-**microglobulina** (um componente das moléculas MHC de classe I, não mostrado na Figura 52-9) e, normalmente, ao TfR1. O TfR1 liga-se também à forma da transferrina ligada ao ferro (Tf-Fe). Ocorre sobreposição dos sítios de ligação para a Tf-Fe e a HFE. Quando o ferro é abundante e os níveis de Tf-Fe estão elevados, a HFE é deslocada de TfR1. Então, a proteína HFE deslocada liga-se ao TfR2, formando um complexo que poderá ser posteriormente estabilizado, ligando-se a Tf-Fe. A ligação de HFE ao TfR2 desencadeia uma cascata de sinalização intracelular que ativa a expressão de *HAMP*, o gene que codifica a hepcidina. O gene que codifica a proteína HFE está comumente mutado na hemocromatose hereditária.

Proteínas morfogenéticas ósseas influenciam a expressão de hepcidina

Enquanto as **proteínas morfogenéticas ósseas** (BMPs, do inglês *bone morphogenic proteins*) atuam por mecanismos distintos da proteína HFE, existe considerável comunicação cruzada entre essas vias. A BMP liga-se a um correceptor de superfície celular (BMPR), cuja afinidade de ligação é aumentada pela ligação a um correceptor, a **hemojuvelina** (HJV). A ativação do complexo BMPR-HJV desencadeia a fosforilação de proteínas de sinalização intracelular, denominadas **SMADs**, o que estimula a transcrição do gene que codifica a hepcidina (Figura 52-9).

Sinais eritropoiéticos regulam os níveis de hepcidina

A síntese de hepcidina é induzida por citocinas, como a **interleucina 6** (**IL-6**), que são liberadas como parte de uma resposta inflamatória. A ligação de IL-6 ao seu receptor na superfície celular estimula a expressão gênica por meio da ativação da via JAK-STAT (Janus-cinase – transdutor de sinal e ativador da transcrição) (Figura 52-9). Acredita-se que as citocinas associadas à inflamação possam desencadear o aumento dos níveis de hepcidina que acompanha a **anemia da inflamação** (**AI**). A AI manifesta-se como anemia microcítica hipocrômica refratária à suplementação de ferro.

A expressão da hepcidina diminui durante a hipoxia ou a β-talassemia. A hipoxia é mediada pela eritropoietina, cuja síntese é controlada pelos fatores de transcrição induzíveis por hipoxia 1 e 2 (HIF-1 e HIF-2). Na β-talassemia, a expressão da hepcidina é inibida pelo **fator de diferenciação do crescimento 15 (GDF15)** e **gastrulação torcida 1 (TWSG1)**, que são secretados por eritroblastos.

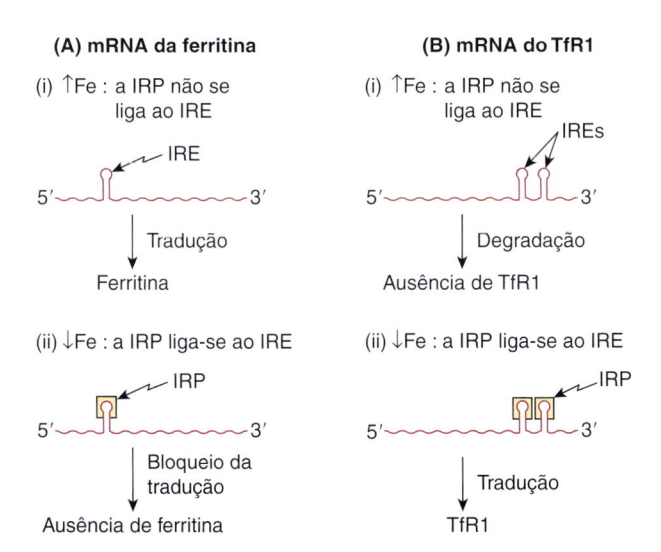

FIGURA 52-7 Representação esquemática da relação recíproca entre a síntese de ferritina e o receptor de transferrina (TfR1). O mRNA para a ferritina está representado à esquerda, ao passo que o do TfR1 está representado à direita do diagrama. Na presença de altas concentrações de ferro, o ferro ligado à IRP impede a ligação dos IREs em qualquer tipo de mRNA. O mRNA da ferritina pode ser traduzido nessas circunstâncias, e ocorre síntese de ferritina. Por outro lado, quando a IRP é incapaz de se ligar ao IRE no mRNA para o TfR1, esse mRNA sofre degradação. Em contrapartida, na presença de baixas concentrações de ferro, a IRP pode ligar-se aos IREs em ambos os tipos de mRNA. No caso do mRNA da ferritina, isso impede a sua tradução. Em consequência, não há síntese de ferritina. No caso do mRNA para o TfR1, a ligação da IRP impede a degradação do mRNA, possibilitando a tradução e a síntese do TfR1. (IRE, elemento de resposta do ferro; IRP, proteína reguladora do ferro.)

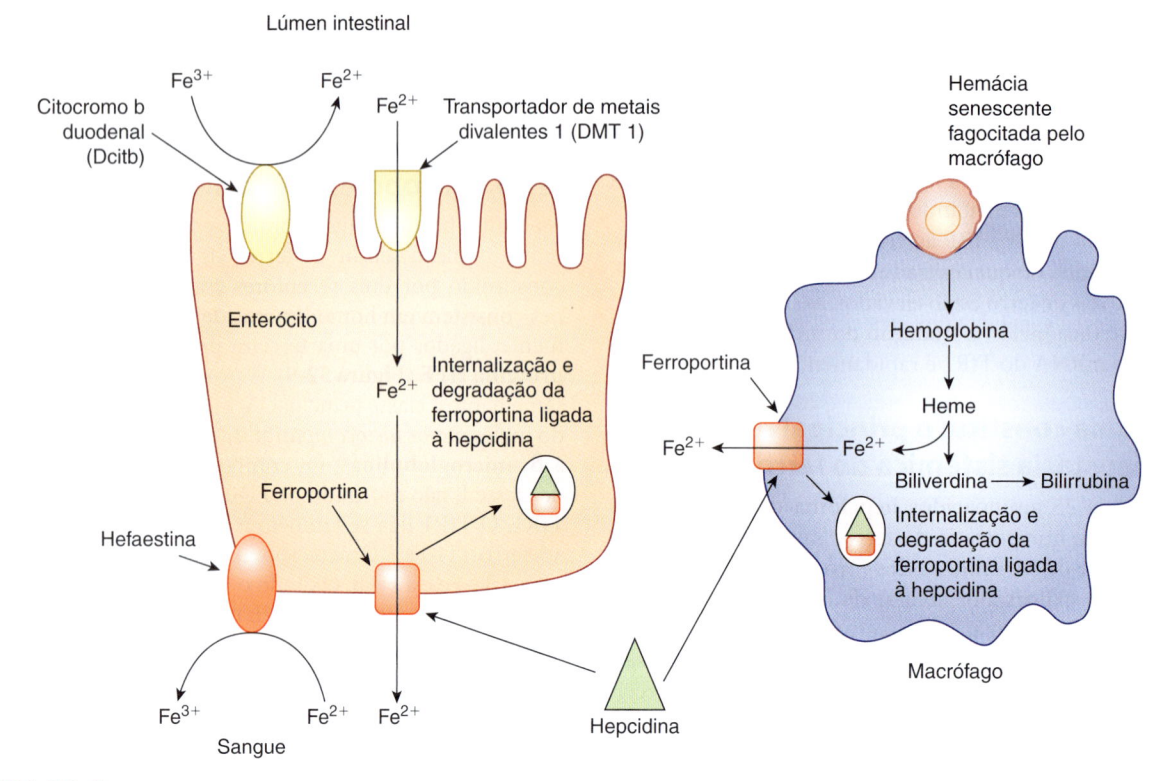

FIGURA 52-8 Papel da hepcidina na regulação sistêmica do ferro. A hepcidina liga-se à ferroportina expressa na superfície dos enterócitos e dos macrófagos e desencadeia a sua internalização e degradação. Isso diminui a absorção intestinal de ferro e inibe a liberação de ferro dos macrófagos, levando à hipoferremia. (Com base em Andrews NC: Forging a field: the golden age of iron biology. Blood 2008;112[2]:219.)

A DEFICIÊNCIA DE FERRO E A ANEMIA SÃO COMUNS EM TODO O MUNDO

A deficiência de ferro é extremamente comum em muitas partes do mundo, sobretudo nos países subdesenvolvidos. As principais causas da insuficiência de ferro incluem deficiência alimentar, má absorção, hemorragia gastrintestinal e perda de sangue episódica, como na menstruação. A deficiência de ferro persistente leva à depleção progressiva das reservas corporais de ferro. Se o nível de saturação da transferrina cair para 20% ou menos, haverá comprometimento da síntese de hemoglobina, resultando em **eritropoiese deficiente em ferro**. Os níveis de hemoglobina no sangue caem gradualmente, resultando em **anemia ferropriva**. Em geral, pacientes apresentam **quadro hematológico microcítico hipocrômico** acompanhado por fadiga, palidez e capacidade de exercício reduzida.

As hemácias de indivíduos que sofrem de anemia por deficiência de ferro apresentam níveis elevados de receptor de transferrina 1 de superfície e deficiência na incorporação de ferro na protoporfirina IX, catalisada pela ferroquelatase. O aumento resultante dos níveis da **proteína do receptor solúvel de transferrina (sTfR)** liberados no plasma pela proteólise parcial dos receptores de transferrina da superfície celular e o acúmulo de **protoporfirina eritrocitária** funcionam como biomarcadores diagnósticos para a anemia ferropriva. A estimativa do nível sérico de sTfR é especialmente útil para distinguir a anemia causada pela inflamação crônica, que não afeta o nível de receptores de transferrina da hemácia, da anemia ferropriva. A **Tabela 52-5** resume os níveis destes e de outros biomarcadores utilizados clinicamente, em geral observados conforme os pacientes progridem em cada estágio da anemia ferropriva.

A hemocromatose hereditária caracteriza-se por sobrecarga de ferro

A presença de ferro corável nos tecidos, a **hemossiderose**, é característica de indivíduos que sofrem de **hemocromatose** ou sobrecarga de ferro. A hiperabsorção hereditária de ferro pelo intestino pode ser causada por mutações no gene *HFE* ou, com menos frequência, genes que codificam a hepcidina, o TfR2, a HJV ou a ferroportina (**Tabela 52-6**). A **sobrecarga de ferro secundária** está geralmente associada à eritropoiese ineficaz, conforme observado nas síndromes de talassemia. As transfusões repetidas de sangue também podem resultar em sobrecarga progressiva de ferro, acúmulo de ferro em tecidos e produção de espécies reativas de oxigênio tóxicas.

INIBIDORES DO SORO IMPEDEM A PROTEÓLISE INDISCRIMINADA

As proteases são participantes essenciais na remodelagem tecidual, na coagulação sanguínea, na eliminação de células velhas ou lesadas, na destruição de patógenos invasores e em outras funções fisiológicas. Quando não controladas, entretanto,

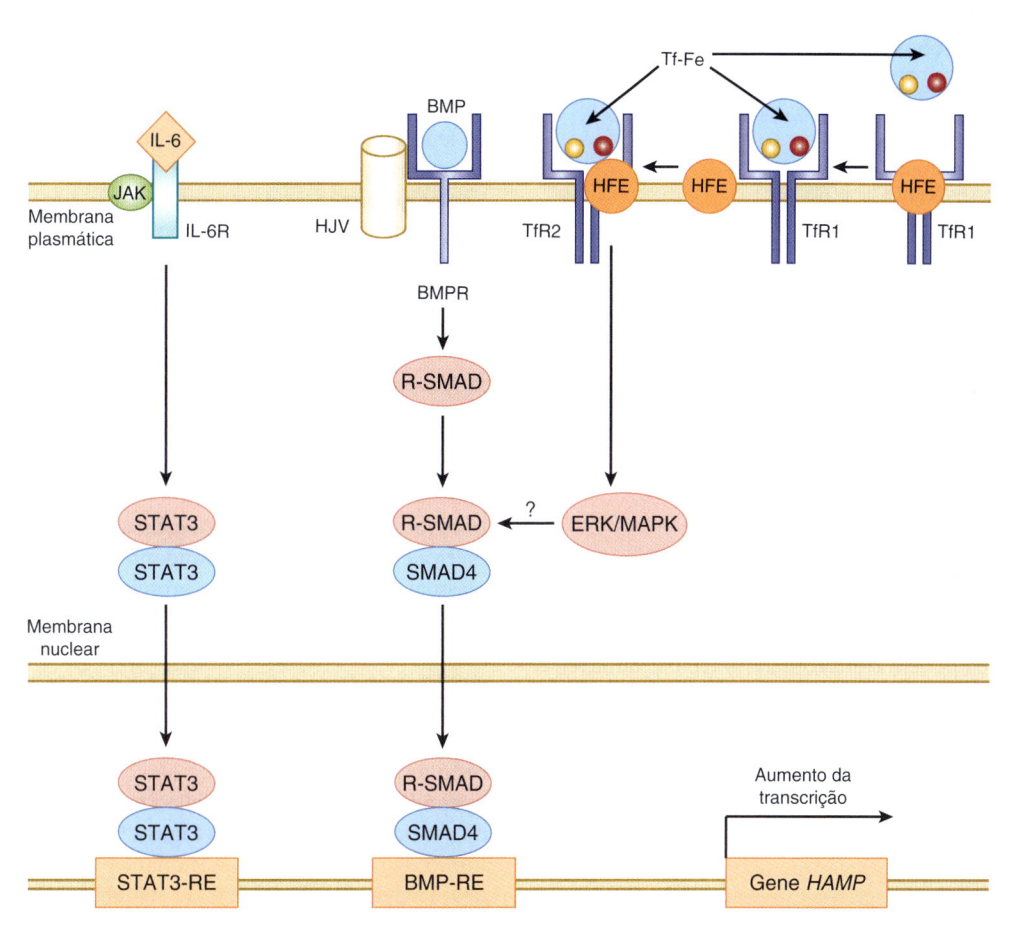

FIGURA 52-9 Regulação da expressão do gene da hepcidina. A Tf-Fe (holotransferrina) compete com a proteína HFE pela sua ligação ao TfR1. Os altos níveis de Tf-Fe deslocam a HFE de seu sítio de ligação no TfR1. A HFE deslocada liga-se ao TfR2 juntamente com Tf-Fe, sinalizando a via ERK/MAPK para induzir a expressão de hepcidina. A BMP liga-se a seu receptor BMPR e à HJV (correceptor) para ativar R-SMAD. R-SMAD sofre dimerização com SMAD4 e, em seguida, translocação para o núcleo, onde se liga ao BMP-RE, resultando em ativação transcricional da hepcidina, como mostra a figura. A IL-6, que é um biomarcador de inflamação, liga-se a seu receptor de superfície celular e ativa a via JAK-STAT. A STAT3 é translocada para o núcleo, onde se liga a seu elemento de resposta (STAT-RE) no gene da hepcidina para induzi-lo. (BMP, proteína morfogenética do osso; BMPR, receptor da proteína morfogenética do osso; BMP-RE, elemento de resposta da BMP; ERK-MAPK, cinase extracelular regulada por sinal/proteína-cinase ativada por mitógeno; *HAMP*, gene que codifica o peptídeo antimicrobiano hepcidina (hepcidina); HJV, hemojuvelina; IL-6, interleucina 6; IL-6R, receptor de interleucina 6; JAK, cinase associada a Janus; SMAD, proteína relacionada a Sma e MAD (*mothers against decapentaplegic*); STAT, transdução de sinal e ativador da transcrição; STAT3-RE, elemento de resposta de STAT 3; TfR1, receptor de transferrina 1; TfR2, receptor de transferrina 2.) (Redesenhada de Hentz MW, Muckenthaler MU, Gali B, et al: Two to tango: regulation of mammalian iron metabolism. Cell 2010;142:24.)

TABELA 52-5 Alterações nos vários exames laboratoriais empregados para a avaliação de anemia ferropriva

Parâmetro	Normal	Balanço de ferro negativo	Eritropoiese deficiente em ferro	Anemia ferropriva
Ferritina sérica (μg/dL)	50-200	Diminuída < 20	Diminuída < 15	Diminuída < 15
Capacidade total de ligação do ferro (TIBC) (μg/dL)	300-360	Ligeiramente aumentada > 360	Aumentada > 380	Aumentada > 400
Ferro sérico (μg/dL)	50-150	Normal	Diminuído < 50	Diminuído < 30
Saturação da transferrina (%)	30-50	Normal	Diminuída < 20	Diminuída < 10
Protoporfirina eritrocitária (μg/L)	30-50	Normal	Aumentada	Aumentada
Receptor solúvel de transferrina (μg/dL)	4-9	Aumentado	Aumentado	Aumentado
Morfologia das hemácias	Normal	Normal	Normal	Microcítica hipocrômica

Modificada, com autorização, da Figura 98-2, página 630, *Harrison's Principles of Internal Medicine*, 17th ed. Fauci AS, et al. (editors). McGraw-Hill, 2008.

TABELA 52-6 Condições de sobrecarga de ferro

Hemocromatose hereditária
- Hemocromatose relacionada à proteína HFE (tipo 1)
- Hemocromatose não relacionada à HFE
  - Hemocromatose juvenil (tipo 2)
    - Mutação da hepcidina (tipo 2A)
    - Mutação da hemojuvelina (tipo 2B)
  - Mutação do receptor de transferrina 2 (tipo 3)
  - Mutação de ferroportina (tipo 4)

Hemocromatose secundária
- Anemia caracterizada por eritropoiese ineficaz (p. ex., talassemia maior)
- Transfusões sanguíneas repetidas
- Ferroterapia parenteral
- Sobrecarga alimentar de ferro (siderose de Bantu)

Diversas condições associadas à sobrecarga de ferro
- Doença hepática alcoólica
- Esteato-hepatite não alcoólica
- Hepatite C

as enzimas proteolíticas que são secretadas ou escapam para a corrente sanguínea podem comprometer o tecido saudável. A proteção da proteólise indiscriminada envolve várias proteínas séricas que inibem – e, portanto, limitam – a ação da protease.

A deficiência de α_1-antiproteinase está associada a enfisema e doença hepática

A α_1-**antiproteinase**, uma glicoproteína de 394 resíduos que constitui mais de 90% da fração da α_1-albumina, é o principal **inibidor da serina-protease** (**serpina**) no plasma humano. Anteriormente denominada α_1-antitripsina, a α_1-antiproteinase inibe a tripsina, a elastase e outras serinas-proteases, por meio da formação de um complexo covalente inativo com elas. A α_1-antiproteinase é sintetizada por hepatócitos e macrófagos. Existem pelo menos 75 **formas polimórficas** dessa serpina ou Pi. O principal genótipo é o MM, cujo produto fenotípico é PiM. A deficiência de α_1-antiproteinase desempenha um papel em alguns casos (cerca de 5%) de enfisema, particularmente em indivíduos com **genótipo ZZ** (que sintetizam PiZ) e em heterozigotos PiSZ; ambos secretam níveis mais baixos de serpinas do que os indivíduos PiMM.

A oxidação de Met$_{358}$ inativa a α_1-antiproteinase

Nos pulmões, os componentes da fumaça produzida pela queima dos produtos do tabaco e por atividades industriais podem oxidar um resíduo essencial de **metionina**, Met$_{358}$, localizado no domínio de ligação da protease da α_1-antiproteinase. A oxidação torna a α_1-antiproteinase incapaz de se ligar covalentemente e de neutralizar as serinas-protease. O dano subsequente produzido pela atividade proteolítica não controlada nos pulmões pode contribuir para o desenvolvimento de enfisema. O tabagismo pode ser particularmente devastador para pacientes que já apresentam baixos níveis de α_1-antiproteinase (p. ex., fenótipo PiZZ). A administração intravenosa de serpinas (terapia de reforço) tem sido utilizada como medida adjuvante no tratamento de pacientes com enfisema que apresentam deficiência de α_1-antiproteinase.

Os indivíduos com deficiência de α_1-antiproteinase também correm maior risco de dano pulmonar em consequência de pneumonia ou outras condições que induzem o acúmulo de leucócitos polimorfonucleares nos pulmões. A deficiência de α_1-antiproteinase também está implicada na **doença hepática por deficiência de α_1-antitripsina**, uma forma de cirrose que acomete indivíduos que possuem o fenótipo ZZ. Nesses indivíduos, a substituição de Glu$_{342}$ pela **lisina** promove a formação de agregados poliméricos de α_1-antiproteinase nas cisternas do retículo endoplasmático nas células hepáticas.

A α_2-macroglobulina neutraliza proteases e direciona as citocinas para os tecidos

A α_2-**macroglobulina**, um membro da família de proteínas plasmáticas tioéster, constitui 8 a 10% das proteínas plasmáticas totais nos seres humanos. Essa glicoproteína homotetramérica é o membro mais abundante de um grupo de proteínas plasmáticas que incluem as proteínas do complemento C3 e C4. A α_2-macroglobulina é sintetizada por monócitos, hepatócitos e astrócitos. Ela media a inibição e a depuração de um amplo espectro de proteases "ociosas" por um mecanismo semelhante ao de uma "planta carnívora". Os componentes essenciais da armadilha incluem um "domínio de isca" de 35 resíduos, localizado próximo ao centro de sua sequência polipeptídica, e um tioéster cíclico interno ligado a um resíduo de cisteína e de glutamina (**Figura 52-10**). A clivagem do domínio de isca produz uma mudança conformacional maciça, desencadeando o processo de ataque da protease. O tioéster reativo reage, em seguida, com a protease para ligar covalentemente as duas proteínas. Essa mudança conformacional também expõe uma sequência na α_2-macroglobulina, reconhecida por receptores de superfície celular, que subsequentemente se ligam ao complexo e o removem do plasma.

Além de funcionar como inibidor de amplo espectro predominante do plasma, ou **panproteinase**, a α_2-macroglobulina também se liga a e transporta aproximadamente 10% do **zinco** no plasma (o restante é transportado pela albumina), assim como **citocinas**, como o fator de crescimento derivado de plaquetas e o fator de transformação do crescimento β. Como transportador de citocinas, a α_2-macroglobulina parece estar envolvida em direcionar esses efetores para tecidos ou células específicos. Uma vez captadas pelas células, as citocinas dissociam-se, liberando-se para modular o seu crescimento e função.

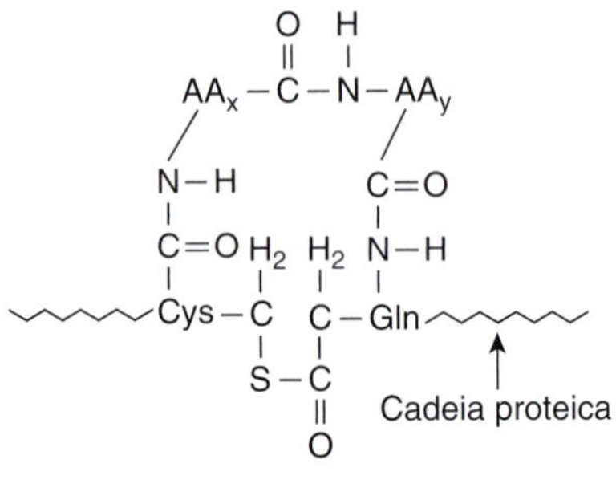

FIGURA 52-10 Ligação tiol-éster cíclica interna, conforme observado na α_2-macroglobulina. AA$_x$ e AA$_y$ são aminoácidos adjacentes à cisteína e à glutamina.

A DEPOSIÇÃO DE PROTEÍNAS PLASMÁTICAS EM TECIDOS LEVA À AMILOIDOSE

A **amiloidose** refere-se a um comprometimento da função tecidual, que resulta do acúmulo de agregados insolúveis de proteínas nos espaços intersticiais entre as células. O termo é uma designação incorreta, pois se pensava originalmente que as fibrilas insolúveis fossem de natureza semelhante à do amido. As fibrilas geralmente são feitas de fragmentos proteolíticos de proteínas plasmáticas cuja conformação é rica em **folhas β-pregueadas**. Em geral, elas contêm também um **componente P**, derivado de uma proteína plasmática estreitamente relacionada à proteína C-reativa, denominada **componente P do amiloide sérico**.

Anormalidades estruturais ou a superprodução de mais de 20 proteínas diferentes foram implicadas em vários tipos de amiloidose. Normalmente, a amiloidose **primária** (**Tabela 52-7**) é causada por um distúrbio de plasmócitos monoclonal, que leva ao acúmulo de fragmentos proteicos derivados de **cadeias leves** de imunoglobulinas (ver adiante). A amiloidose **secundária** resulta de acúmulo de fragmentos de **amiloide A sérico** (**SAA**, do inglês *serum amyloid A*) em consequência de infecções crônicas ou de câncer. Nesses casos, níveis elevados de citocinas inflamatórias estimulam o fígado a sintetizar SAA, o que leva a um aumento concomitante de seus produtos de degradação proteolítica. A **amiloidose familiar** resulta do acúmulo de formas mutadas de determinadas proteínas plasmáticas, como a **transtirretina** (Tabela 52-3). Foram identificadas mais de 80 formas alteradas dessa proteína por mutação. Os pacientes submetidos a diálise regular em longo prazo correm risco devido à $β_2$-**microglobulina**, uma proteína plasmática que é retida pelas membranas de diálise.

AS IMUNOGLOBULINAS PLASMÁTICAS ATUAM NA DEFESA CONTRA INVASORES

Os três principais componentes do sistema imune do corpo são os **linfócitos B** (**células B**), os **linfócitos T** (**células T**) e o **sistema imune inato**. Os linfócitos B são principalmente derivados das células da medula óssea, ao passo que os linfócitos T se originam do timo. As **células B** são responsáveis pela síntese de anticorpos humorais circulantes, também conhecidos como

TABELA 52-7 Classificação da amiloidose

Tipo	Proteína implicada
Primária	Principalmente cadeias leves de imunoglobulinas
Secundária	Amiloide A sérico (SAA)
Familiar	Transtirretina; raramente também apolipoproteína A-1, cistatina C, fibrinogênio, gelsolina, lisozima
Doença de Alzheimer	Peptídeo β-amiloide (ver Capítulo 57, caso 2)
Relacionada à diálise	$β_2$-Microglobulina

Nota: Outras proteínas além das listadas também foram implicadas na amiloidose.

imunoglobulinas. As **células T** estão envolvidas em uma série de importantes **processos imunológicos mediados por células**, como a rejeição de enxertos, as reações de hipersensibilidade e a defesa contra células malignas e muitos vírus. As células B e T respondem de forma **adaptativa**, desenvolvendo uma resposta específica para cada invasor encontrado. O **sistema imune inato** luta contra a infecção de forma inespecífica. Ele contém uma variedade de células, como fagócitos, neutrófilos, células *natural killer* e outras, que serão discutidas no Capítulo 54.

As imunoglobulinas são constituídas de múltiplas cadeias polipeptídicas

As imunoglobulinas (Ig) são proteínas oligoméricas cujas subunidades individuais foram tradicionalmente classificadas como pesadas (H, do inglês *heavy*) ou leves (L) com base na sua migração durante a eletroforese em gel de SDS-poliacrilamida. As imunoglobulinas humanas podem ser agrupadas em cinco classes, abreviadas como IgA, IgD, IgE, IgG e IgM (**Tabela 52-8**). Suas respectivas funções biológicas estão resumidas na **Tabela 52-9**. A mais abundante das cinco classes, a IgG, consiste em duas cadeias leves idênticas (23 kDa) e duas cadeias pesadas idênticas (53-75 kDa) reunidas por uma rede de ligações dissulfeto.

O tipo de cadeia H determina a classe da imunoglobulina e, portanto, sua função efetora (ver a seguir): α (IgA), δ (IgD), ε (IgE), γ (IgG) e μ (IgM). As cadeias γ da IgG são organizadas em quatro domínios conservados: uma região variável aminoterminal (V_H) e três **regiões constantes** (C_H1, C_H2, C_H3). Os cinco tipos de cadeia H são diferenciados pela existência de diferenças em suas **regiões C_H**. As cadeias μ e ε têm quatro domínios C_H, em vez dos três habituais. A configuração da unidade central da imunoglobulina em formato de Y está ilustrada pelo heterotetrâmero IgG (L_2H_2) mostrado na **Figura 52-11**. Algumas imunoglobulinas, como a IgG, só existem como tetrâmero básico. Outras, como IgA e IgM, podem formar oligômeros maiores constituídos de duas, três (IgA) ou cinco (IgM) cópias da unidade tetramérica central (**Figura 52-12**).

A cadeia leve IgG pode ser dividida em uma **região constante** (C_L) carboxiterminal e em uma **região variável** (V_L) aminoterminal. Existem dois tipos gerais de cadeias leves, **kappa** (κ) e **lambda** (λ), que podem ser identificadas pelas suas regiões C_L distintas. Nas imunoglobulinas humanas, as cadeias κ são mais comuns do que as cadeias λ. Uma determinada molécula de imunoglobulina sempre contém duas cadeias leves κ ou duas λ – nunca uma mistura de κ e λ.

As moléculas de IgG são **divalentes**. A extremidade de cada Y contém um sítio de ligação ao antígeno, constituído por domínios V_H e V_L, que formam duas folhas antiparalelas de aminoácidos. O sítio do antígeno ao qual o anticorpo se liga é denominado **determinante antigênico**, ou **epítopo**. Como a região entre os domínios C_H1 e C_H2 pode ser prontamente clivada pela pepsina ou papaína (Figura 52-11), ela é designada como região da dobradiça. A região da dobradiça confere **flexibilidade** aos braços Fab, o que facilita a ligação a **epítopos** que podem estar muito distantes ou em dois antígenos separados. Com a ligação de partículas de antígenos, são formados grandes agrupamentos de anticorpo-antígeno, que são facilmente reconhecidos para eliminação por leucócitos fagocíticos. A formação de agrupamentos é frequentemente demonstrada no laboratório pela formação de **rosetas** de hemácias.

TABELA 52-8 Propriedades das imunoglobulinas humanas

Propriedade	IgG	IgA	IgM	IgD	IgE
Porcentagem das imunoglobulinas totais no soro (aproximada)	75	15	9	0,2	+0,004
Concentração sérica (mg/dL) (aproximada)	1.000	200	120	3	0,05
Coeficiente de sedimentação	7S	7S ou 11S[a]	19S	7S	8S
Peso molecular (×1.000)	150	170 ou 400[a]	900	180	190
Estrutura	Monômero	Monômero ou dímero	Monômero ou pentâmero	Monômero	Monômero
Símbolo da cadeia H	γ	α	μ	δ	ε
Fixação do complemento	+	–	+	–	–
Transferência placentária	+	–	–	?	–
Mediação das respostas alérgicas	–	–	–	–	+
Presente em secreções	–	+	–	–	–
Opsonização	+	–	–[b]	–	–
Receptor de antígenos na célula B	–	–	+	?	–
A forma polimérica contém cadeia J	–	+	+	–	–

[a] A forma 11S é encontrada em secreções (p. ex., saliva, leite e lágrimas) e nos líquidos dos tratos respiratório, intestinal e genital.
[b] IgM opsoniza indiretamente pela ativação do complemento. Este produz C3b, que é uma opsonina.
Fonte: Reproduzida, com autorização, de Levinson W, Jawetz E: *Medical Microbiology and Immunology*, 7th ed. McGraw-Hill, 2002.

As regiões variáveis conferem especificidade de ligação

As **regiões variáveis** das cadeias leves e pesadas das imunoglobulinas formam os **sítios de ligação ao antígeno**, que conferem aos anticorpos a sua extraordinária especificidade. Dentro das regiões variáveis das cadeias L e H, existem numerosas **regiões hipervariáveis**, pequenas ilhas (de 5-10 resíduos) intercaladas dentro da **estrutura** relativamente invariável ou **regiões de determinação da complementaridade** (**CDRs**, do inglês *complementarity-determining regions*) (**Figura 52-13**). Há formação de um sítio de ligação ao antígeno quando as **regiões hipervariáveis** de uma cadeia H e de uma cadeia L alinham-se juntas para formar uma alça que se projeta da superfície do anticorpo. Como o próprio nome sugere, não há duas regiões variáveis nas imunoglobulinas de diferentes indivíduos que compartilhem a mesma sequência de aminoácidos.

A capacidade de gerar várias combinações de CDRs das cadeias H e L proporciona um mecanismo para a produção da **diversidade combinatória**, um conjunto de anticorpos que possuem diferentes especificidades. A essência das interações antígeno-anticorpo é a **complementaridade mútua** entre as superfícies das CDRs e os epítopos que envolvem múltiplas interações **não covalentes**, como as ligações de hidrogênio, as pontes salinas, as interações hidrofóbicas e as forças de van der Waals (ver Capítulo 2).

As regiões constantes determinam as funções efetoras específicas de cada classe

As **regiões constantes** das moléculas de imunoglobulinas, particularmente a C_H2 e a C_H3 (e a C_H4 da IgM e da IgE) localizadas no fragmento Fc, são responsáveis pelas **funções efetoras específicas de cada classe** das diferentes moléculas de imunoglobulina (Tabela 52-9, parte inferior), como a fixação do complemento ou a passagem transplacentária.

TABELA 52-9 Principais funções das imunoglobulinas

Imunoglobulina	Principais funções
IgG	Principal anticorpo na resposta secundária; opsoniza as bactérias, tornando mais fácil a sua fagocitose; fixa o complemento, aumentando a destruição das bactérias; neutraliza toxinas bacterianas e vírus; atravessa a placenta
IgA	A IgA secretora impede a fixação das bactérias e dos vírus às membranas mucosas; não fixa o complemento
IgM	Produzido na resposta primária a um antígeno; fixa o complemento; não atravessa a placenta; receptor de antígeno na superfície das células B
IgD	Encontrada na superfície das células B, onde atua como receptor de antígeno
IgE	Medeia a hipersensibilidade imediata, induzindo a liberação de mediadores dos mastócitos e dos basófilos com exposição ao antígeno (alérgeno); defende contra infecções por helmintos, provocando a liberação de enzimas dos eosinófilos; não fixa o complemento; principal defesa do hospedeiro contra infecções helmínticas

Fonte: Reproduzida, com autorização, de Levinson W, Jawetz E: *Medical Microbiology and Immunology*, 7th ed. McGraw-Hill, 2002.

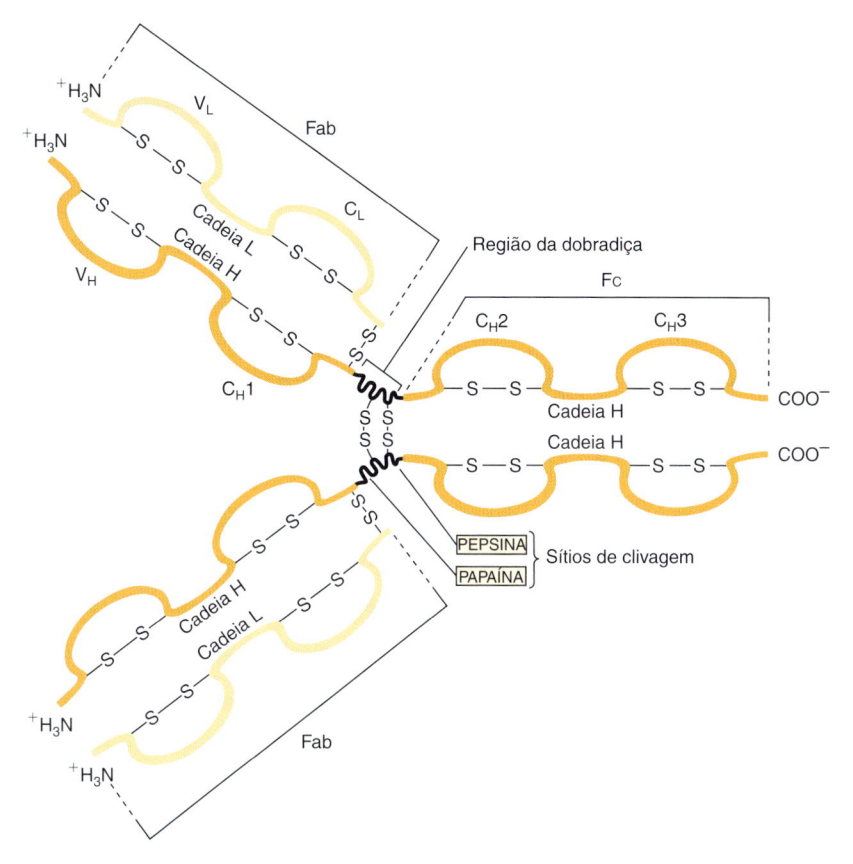

FIGURA 52-11 Estrutura da IgG. A molécula consiste em duas cadeias leves (L) e duas cadeias pesadas (H). Cada cadeia leve consiste em uma região variável (V_L) e em uma região constante (C_L). Cada cadeia pesada consiste em uma região variável (V_H) e uma região constante dividida em três domínios (C_H1, C_H2 e C_H3). O domínio C_H2 contém o sítio de ligação do complemento, ao passo que o domínio C_H3 apresenta um sítio que se liga aos receptores existentes nos neutrófilos e nos macrófagos. O sítio de ligação ao antígeno é formado pelas regiões hipervariáveis das cadeias leve e pesada, localizadas nas regiões variáveis dessas cadeias (ver Figura 52-13). As cadeias leve e pesada estão unidas por ligações dissulfeto, e as cadeias pesadas também estão unidas entre si por ligações dissulfeto. (Reproduzida, com autorização, de Parslow TG, et al. [editors]: *Medical Immunology*, 10th ed. McGraw-Hill, 2001.)

A diversidade dos anticorpos depende dos rearranjos gênicos

O genoma humano contém menos de 150 genes de imunoglobulinas. Mesmo assim, cada indivíduo é capaz de sintetizar talvez 1 milhão de diferentes anticorpos, cada um específico para um único antígeno. Claramente, a expressão da imunoglobulina não obedece ao paradigma "um gene, uma proteína". Em vez disso, a diversidade das imunoglobulinas é gerada por **mecanismos combinatórios** com base na mistura e no rearranjo de um conjunto finito de informações genéticas em múltiplas formas (ver Capítulos 35 e 38).

A diversidade de anticorpos provém, em parte, da distribuição da sequência codificadora para cada cadeia de imunoglobulina em múltiplos genes. Cada cadeia leve é o produto de três ou mais genes estruturais separados, que codificam a **região variável** (V_L), a **região de junção** (**J**) (que não tem nenhuma relação com a cadeia J da IgA ou da IgM) e a **região constante** (C_L). De modo semelhante, cada cadeia pesada é o produto de pelo menos **quatro** genes diferentes, que codificam uma **região variável** (V_H), uma **região de diversidade** (**D**), uma **região de junção** (**J**) e uma **região constante** (C_H). Cada gene está presente no genoma humano em várias versões, que podem ser montadas em uma multiplicidade de combinações.

A diversidade é posteriormente aumentada por meio da ação da **citidina-desaminase induzida por ativação** (AID, do inglês *activation-induced cytidine deaminase*). Catalisando a conversão de citidina em uracila, a AID aumenta maciçamente a frequência de mutação dos genes *V* da imunoglobulina. As mutações geradas por AID são de natureza **somática**, exclusivas da célula diferenciada onde ocorreram, e não de uma célula germinativa. Em consequência, a ativação de AID pode gerar subpopulações exclusivas de células B que abrigam mutações distintas de seus genes *V*, levando, cada uma, à síntese de imunoglobulinas de diferentes especificidades antigênicas. Em alguns estados patológicos, a ação mutagênica de AID pode levar à geração de **autoanticorpos** que direcionam os componentes endógenos do corpo, um fenômeno conhecido como **autoimunidade**.

Um terceiro mecanismo para a síntese de anticorpos dirigidos contra novos antígenos é a **diversidade juncional**. Esta se refere à adição ou à deleção de números esporádicos de nucleotídeos que ocorre quando certos segmentos gênicos são reunidos. Como ocorre com a AID, as mutações geradas por diversidade juncional são de natureza somática.

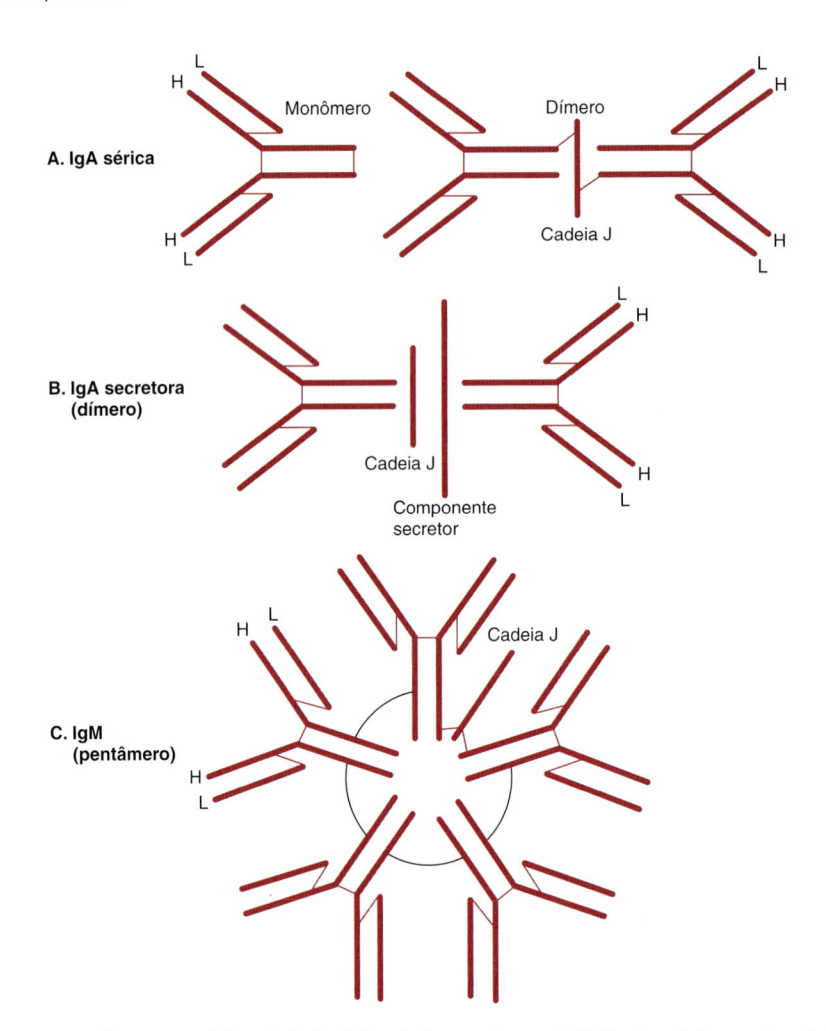

FIGURA 52-12 Representação esquemática da IgA sérica, IgA secretora e IgM. Tanto a IgA quanto a IgM apresentam uma cadeia J, porém apenas a IgA secretora tem um componente secretor. As cadeias polipeptídicas são representadas por linhas grossas; as ligações dissulfeto entre diferentes cadeias polipeptídicas são representadas por linhas finas. (Reproduzida, com autorização, de Parslow TG, et al. [editors]: *Medical Immunology*, 10th ed. McGraw-Hill, 2001.)

A mudança de classe (isótipo) ocorre durante as respostas imunes

Na maioria das respostas imunes humorais, são gerados anticorpos de diferentes classes, que são dirigidos contra o mesmo epítopo. Cada classe aparece em uma ordem cronológica específica após exposição a um imunógeno (antígeno imunizante). Por exemplo, os anticorpos da classe IgM normalmente precedem o aparecimento da classe IgG. A transição da síntese de uma classe para outra é designada como **mudança de classe** ou de **isótipo**. A mudança envolve a combinação de determinada cadeia leve de imunoglobulina com diferentes cadeias pesadas. Enquanto uma cadeia leve recém-sintetizada é inicialmente combinada com uma cadeia μ para gerar uma molécula de IgM específica, ao longo do tempo, a mesma cadeia leve antígeno-específica será emparelhada com uma cadeia γ para produzir uma IgG, cuja região V_H e, consequentemente, a especificidade antigênica serão idênticas às da cadeia μ da molécula de IgM precedente. A combinação dessa cadeia leve com uma cadeia pesada α forma, por sua vez, uma molécula de IgA com especificidade antigênica idêntica. As moléculas de imunoglobulinas de diferentes classes que possuem domínios hipervariáveis e variáveis idênticos e especificidade antigênica compartilham um **idiótipo** comum.

Os anticorpos monoclonais constituem uma importante ferramenta de pesquisa

Os anticorpos surgiram como uma importante ferramenta na pesquisa, no diagnóstico e no tratamento biomédico. Originalmente, a produção de anticorpos contra um determinado antígeno exigia que o antígeno fosse injetado em um animal hospedeiro, como um coelho ou uma cabra, bem como as imunoglobulinas plasmáticas contendo soro que incluíam (assim se esperava) os anticorpos contra o antígeno de interesse obtido. Quando um antígeno é injetado em um animal, uma mistura de células B é induzida a sintetizar anticorpos dirigidos contra epítopos do antígeno. Por conseguinte, os anticorpos produzidos são de natureza heterogênea ou **policlonal**. Além disso, a não ser que seja submetido a uma dispendiosa purificação por afinidade, o soro apresentará todos os anticorpos produzidos pelo animal hospedeiro, além daqueles dirigidos contra o antígeno de interesse.

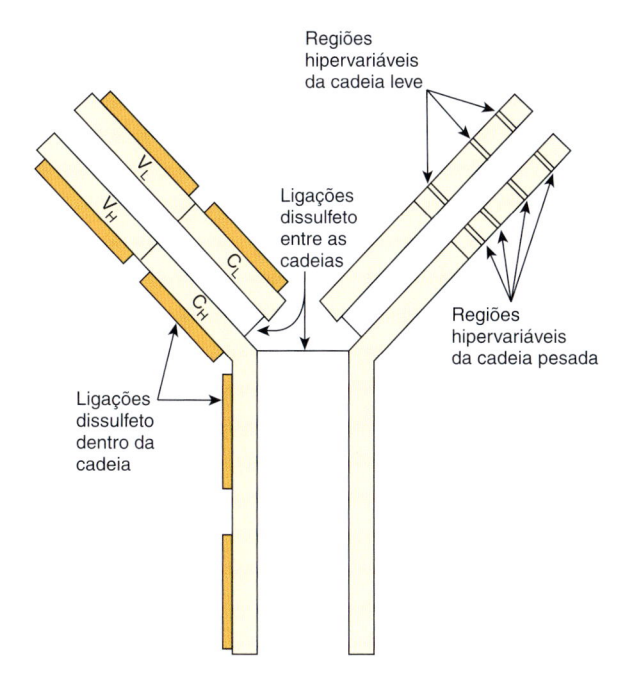

FIGURA 52-13 Modelo esquemático de uma molécula de IgG, mostrando as posições aproximadas das regiões hipervariáveis nas cadeias pesadas e leves. O sítio de ligação ao antígeno é formado por essas regiões hipervariáveis. As regiões hipervariáveis também são denominadas regiões determinantes da complementaridade (CDRs). (Modificada e reproduzida, com autorização, de Parslow TG, et al.: [editors]: *Medical Immunology*, 10th ed. McGraw-Hill, 2001.)

Os anticorpos **monoclonais** homogêneos dirigidos não contra um único antígeno, mas contra um único epítopo em sua superfície, podem ser gerados por meio de isolamento de células B do baço de um camundongo (ou de outro animal apropriado) no qual um antígeno foi injetado previamente. As células B cultivadas são fundidas com **células de mieloma** de camundongo para gerar uma linhagem celular de **hibridoma** imortalizado, que secreta um único anticorpo monoclonal. Em seguida, esses anticorpos são rastreados para identificar linhagens de hibridoma que secretam um anticorpo monoclonal específico para o antígeno ou até mesmo para o epítopo de escolha.

Para uso terapêutico, os anticorpos monoclonais produzidos por linhagens celulares murinas podem ser **humanizados**. Isso é feito ao ligar as CDRs (os sítios que se ligam a antígenos) aos sítios apropriados em uma molécula de imunoglobulina humana. Isso produz um anticorpo muito semelhante a um anticorpo humano, reduzindo acentuadamente a sua **imunogenicidade** e diminuindo as probabilidades de reação anafilática.

O SISTEMA COMPLEMENTO TAMBÉM FORNECE PROTEÇÃO CONTRA A INFECÇÃO

As imunoglobulinas constituem o centro do **sistema imune adaptivo** do corpo, uma denominação que reflete a sua capacidade de gerar anticorpos contra novos agentes infecciosos. O nome do **sistema imune inato** provém do fato de que o número, a função e a especificidade de seus componentes são fixos e permanecem constantes durante toda a vida. O braço plasmático do sistema imune inato é denominado **sistema complemento**, que pode ser ativado por complexos antígeno-anticorpo e que, portanto, atua em consequência e na sustentação ou como complemento do sistema imune adaptativo.

O sistema complemento apresenta características reminiscentes da cascata de coagulação sanguínea. Ambos consistem em zimogênios circulantes (pró-proteínas) que permanecem cataliticamente dormentes até serem ativados por clivagem proteolítica. Essas proteínas, chamadas de **fatores do complemento**, são sintetizadas por uma variedade de tipos celulares, incluindo hepatócitos, macrófagos, monócitos e células endoteliais intestinais. Como ocorre com os fatores de coagulação, a maior parte dos fatores do complemento consiste em pró-proteases (ver Capítulo 9) que, quando ativadas, dirigem-se para outros componentes do sistema, gerando uma série ou **cascata** de eventos de ativação proteolítica que amplificam a produção dos produtos finais protetores do sistema.

A **via clássica** para ativar o sistema do complexo é desencadeada quando um complexo antígeno-anticorpo se liga e estimula a atividade protease do fator **C1**. Em seguida, C1 cliva o fator C2 do complemento para formar duas proteínas menores, C2a e C2b, e cliva o fator C4 do complemento para formar C4a e C4b (**Figura 52-14**). Dois dos fragmentos proteolíticos, C2a e C4b, em seguida, associam-se para formar uma protease, a C3-convertase, que cliva o fator C3 do complemento em C3a e C3b. Então, a C3a, se liga ao heterodímero C2a:C4b para formar um complexo heterotrimérico, a C5-convertase, que cliva o fator C5 do complemento em C5a e C5b. Em seguida, a proteína C5b combina-se aos fatores C6, C7, C8 e C9 do complemento para formar o **complexo de ataque à membrana** (MAC, do inglês *membrane attack complex*). O MAC mata invasores bacterianos, ligando-se a e abrindo um poro nas suas membranas plasmáticas. Após a lise, os restos bacterianos são destruídos por macrófagos fagocíticos. Enquanto isso, as proteínas C3a e C5a atuam como quimioatraentes que recrutam leucócitos para o local da infecção e estimulam uma resposta inflamatória.

O direcionamento de MAC para a bactéria invasora é facilitado pela presença de ligações tioéster em C3 e C4. Como ocorre com a ligação tioéster no inibidor de protease plasmática α_2-macroglobulina, essa ligação altamente reativa fica exposta como resultado da alteração conformacional que acompanha a ativação. No caso de C3 e C4, o tioéster reage com os grupos hidroxila dos polissacarídeos de superfície da bactéria, ancorando covalentemente o complexo C5-convertase dos quais fazem parte ao patógeno-alvo. Em consequência, os componentes remanescentes do MAC podem ser formados em estreita proximidade da membrana bacteriana, facilitando a montagem.

A ativação também pode ser desencadeada por meio da **via da lectina**, onde os complexos formados quando um fator do complemento conhecido como **lectina de ligação à manose** (MBL, do inglês *mannose-binding lectin*), também conhecida como **proteína de ligação à manana** (MBP, do inglês *mannan-binding protein*), liga-se aos polissacarídeos bacterianos para gerar um complexo que recruta e ativa C4 (Figura 52-14). O termo **lectina** refere-se a qualquer proteína que se liga aos

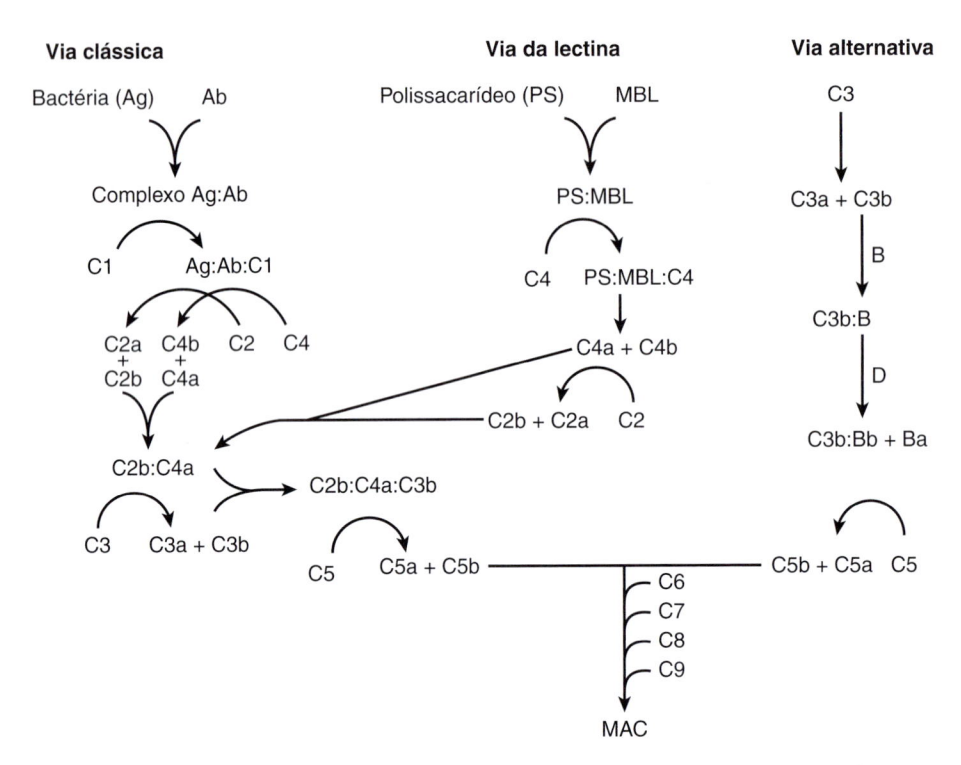

FIGURA 52-14 Cascata do complemento. A ativação do sistema complemento pode ocorrer por três diferentes mecanismos, conhecidos como vias clássica, da lectina e alternativa. São mostrados os principais componentes envolvidos em cada via, os produtos formados pela clivagem proteolítica das pró-proteínas inativas e os principais complexos formados. Dois pontos são usados para indicar a associação em um complexo.

polissacarídeos. A maioria das lectinas é altamente seletiva. A MBL é específica para as porções de carboidrato que contêm manose (**mananas**) de glicoproteínas e **lipopolissacarídeos**, presentes na superfície de bactérias gram-positivas, alguns vírus e diversos fungos. Com a sua ligação ao complexo polissacarídeo-MBL, o C4 sofre autoproteólise, liberando C4a e C4b. Além disso, o C4 cliva C2 em C2a e C2b. O restante da cascata reflete a da via clássica.

A MBL circula como grandes complexos multivalentes de 400 a 700 kDa compostos por quatro ou mais cópias de uma unidade central homotrimérica constituída de três cópias de um polipeptídeo de cerca de 30 kDa. O centro do homotrímero é formado quando os domínios aminoterminais semelhantes ao colágeno nesses polipeptídeos se entrelaçam para gerar uma cauda estendida. A cabeça globular de cada polipeptídeo contém um domínio de ligação de carboidrato. Uma vez formados, quatro ou mais homotrímeros associam-se, ligados covalentemente por ligações dissulfeto entre suas regiões aminoterminais da cauda, para formar uma "haste" a partir da qual cada uma das cabeças C-terminais de ligação a carboidratos projeta-se em um arranjo ramificado que lembra o das imunoglobulinas (**Figura 52-15**).

O sistema complemento também pode ser ativado pela **via alternativa**, em que C3 é ativado por hidrólise química direta, um processo algumas vezes designado como *ticking over*. Na via alternativa, C3b liga-se ao fator B do complemento, formando um complexo C3b:B que é, em seguida, clivado pelo complexo fator D. O complexo resultante C3b:Bb apresenta atividade C5-convertase.

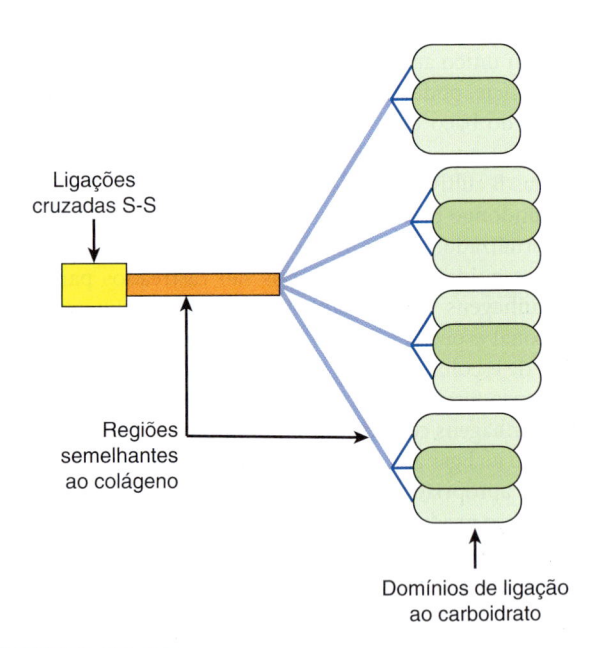

FIGURA 52-15 Representação esquemática da lectina de ligação à manose (MBL). Diagrama esquemático de uma MBL constituída de quatro conjuntos de homotrímeros MBL. Os domínios de ligação ao carboidrato estão coloridos. Os domínios entrelaçados semelhantes ao colágeno para cada trímero estão mostrados em azul. A região da haste, onde as porções aminoterminais dos homotrímeros dos domínios semelhantes ao colágeno se associam, é mostrada em laranja e em amarelo, com o amarelo evidenciando a região onde estão localizadas as ligações cruzadas S–S que estabilizam o tetrâmero dos homotrímeros.

AS DISFUNÇÕES DO SISTEMA IMUNE CONTRIBUEM PARA MUITAS CONDIÇÕES PATOLÓGICAS

As disfunções dos sistemas imunes inato e adaptativo podem apresentar graves consequências fisiológicas. Deficiências na produção de imunoglobulinas ou dos fatores do complemento podem deixar o indivíduo **imunocomprometido** afetado suscetível à ocorrência e à disseminação de infecções bacterianas, fúngicas ou virais. Muitos fatores podem contribuir para a redução da eficácia do sistema imune. Eles incluem anormalidades genéticas (p. ex., **agamaglobulinemia**, na qual a produção de IgG se encontra fortemente afetada), exposição a toxinas, infecções virais, desnutrição, transformação neoplásica ou tratamento com fármacos imunossupressores.

A superprodução e a ativação precoce dos sistemas imune e do complemento também podem ser deletérias. A incapacidade de diferenciar as células hospedeiras de um invasor estranho pode desencadear uma **resposta autoimune**, em que o sistema imune do corpo ataca seus próprios tecidos e órgãos. A lesão resultante pode ser cumulativa, como ocorre na artrite reumatoide e na esclerose múltipla, ou aguda, como a destruição completa das ilhotas pancreáticas que ocorre no diabetes tipo 1. Na América do Norte, os distúrbios autoimunes afetam 3 a cada 100 pessoas.

A Tabela 52-1 relaciona alguns dos distúrbios autoimunes mais observados.

RESUMO

- As proteínas plasmáticas são sintetizadas, em sua maior parte, no fígado. A maioria é glicosilada.
- A albumina representa aproximadamente 60%, por massa, do conteúdo proteico do plasma. Portanto, ela é o principal determinante da pressão osmótica intravascular. A albumina também se liga a e transporta ácidos graxos, bilirrubina, íons metálicos e certos fármacos.
- A haptoglobina liga-se à hemoglobina extracorpuscular para impedir a sua perda nos rins, evitando a formação de precipitados nocivos nos túbulos.
- A ferritina liga-se a e armazena ferro férrico no interior das células.
- A transferrina transporta ferro até os locais onde ele é necessário.
- A ceruloplasmina, principal proteína plasmática que contém cobre, é uma ferroxidase que desempenha um papel crucial na reciclagem do ferro liberado quando as hemácias senescentes são destruídas.
- A hepcidina regula a homeostasia de ferro, bloqueando a internalização da proteína celular de exportação de ferro, a ferrocidina.
- A expressão de hepcidina é estimulada quando a ligação de complexos transferrina-ferro aos receptores de transferrina 1 deslocam a proteína HFE, que, em seguida, liga-se a e ativa os receptores de transferrina 2.
- A hemocromatose hereditária é uma doença genética que envolve a absorção excessiva de ferro.
- A α_1-antitripsina é o principal inibidor de serina-protease do plasma. As deficiências geneticamente produzidas dessa proteína podem levar ao enfisema e à doença hepática.
- A α_2-macroglobulina é uma proteína plasmática importante, que neutraliza muitas proteases e direciona determinadas citocinas para órgãos específicos.
- Os seres humanos são capazes de sintetizar imunoglobulinas dirigidas especificamente contra milhões de diferentes antígenos.
- A estrutura central das imunoglobulinas é um tetrâmero que consiste em duas cadeias leves e duas cadeias pesadas dispostas em formato de Y.
- A síntese de diversos anticorpos a partir de um conjunto limitado de genes é possível por meio de combinação, rearranjo e mutação somática de genes das imunoglobulinas.
- A capacidade de sintetizar anticorpos contra novos antígenos representa a característica que define o sistema imune adaptativo.
- As células do hibridoma podem produzir anticorpos monoclonais para uso laboratorial e clínico.
- O sistema complemento é geralmente ativado por complexos formados entre microrganismos infectantes e anticorpos protetores ou entre polissacarídeos ricos em manose sobre a superfície do patógeno e a proteína de ligação à manose.
- O sistema complemento é ativado por uma série de eventos de clivagem proteolítica que transformam os zimogênios latentes em proteases ativas.
- Distúrbios autoimunes ocorrem quando o sistema imune ataca os tecidos do nosso próprio corpo.

REFERÊNCIAS

Burtis CA, Ashwood EA, Bruns DE (editors): *Tietz Textbook of Clinical Chemistry and Molecular Diagnostics*, 4th ed. Elsevier Saunders, 2006.

Carroll MV, Sim RB: Complement in health and disease. Adv Drug Disc Rev 2011;63:965.

Craig WY, Ledue TB, Ritchie RF: *Plasma Proteins: Clinical Utility and Interpretation*. Foundation for Blood Research, 2008.

Hentz MW, Muckenthaler MU, Gali B, et al: Two to tango: regulation of mammalian iron metabolism. Cell 2010;142:24.

Noris M, Remuzzi G: Overview of complement activation and regulation. Sem Nephrol 2013;33:479.

Schaller H, Gerber S, Kaempfer U, et al: *Human Blood Plasma Proteins: Structure and Function*. Wiley, 2008.

CAPÍTULO 53

Hemácias

Peter J. Kennelly, Ph.D. e Robert K. Murray, M.D., Ph.D.

OBJETIVOS

Após o estudo deste capítulo, você deve ser capaz de:

- Compreender o conceito de células-tronco e sua importância.
- Explicar por que as hemácias dependem da glicose para obter energia.
- Descrever os papéis da eritropoietina, da trombopoietina e de outras citocinas na produção de hemácias e de plaquetas.
- Descrever os sistemas enzimáticos que protegem o ferro do heme da oxidação e reduzem a metemoglobina.
- Identificar os principais componentes do citoesqueleto da hemácia.
- Resumir as causas dos principais distúrbios que acometem as hemácias.
- Descrever a principal função da proteína banda 3 da hemácia.
- Explicar as bases bioquímicas das substâncias do grupo sanguíneo ABO.
- Listas os principais componentes contidos nos grânulos densos e nos α-grânulos das plaquetas.
- Descrever as bases moleculares da púrpura trombocitopênica imune e da doença de von Willebrand.

IMPORTÂNCIA BIOMÉDICA

A evolução de um conjunto diverso de células sanguíneas que circulam livremente foi fundamental para o desenvolvimento da vida animal. O acondicionamento da hemoglobina e da anidrase carbônica no interior de células especializadas, chamadas de **hemácias**, ampliou enormemente a capacidade do sangue circulante de transportar oxigênio para os tecidos periféricos e dióxido de carbono para fora deles. A **anemia**, uma deficiência em nível de hemoglobina circulante (12 a 13 g/dL), compromete a saúde por reduzir a capacidade do sangue de fornecer aos tecidos níveis adequados de oxigênio. A anemia pode surgir a partir de várias causas, que incluem anormalidades genéticas (p. ex., caráter da célula falciforme, anemia perniciosa), hemorragia excessiva, insuficiências de ferro alimentar ou vitamina B_{12}, ou lise de hemácias por patógenos invasores (p. ex., malária). As **plaquetas** ajudam a estancar o fluxo sanguíneo dos tecidos lesados. Deficiências na quantidade ou na função das plaquetas aumentam a vulnerabilidade de um paciente à hemorragia por reduzir a velocidade de formação e integridade estrutural de coágulos protetores. Como no caso da anemia, uma baixa contagem de plaquetas, conhecida como **trombocitopenia**, pode ser desencadeada por vários fatores, que incluem infecção bacteriana, alguns fármacos, como antibióticos que contêm sulfa, ou reações autoimunes, como a púrpura trombocitopênica idiopática. Outras síndromes fisiopatológicas, como a **doença de von Willebrand** e a **trombastenia de Glanzmann**, são causadas por mutações genéticas que comprometem a aderência ou a agregação de plaquetas, e não a sua abundância.

AS HEMÁCIAS ORIGINAM-SE DE CÉLULAS-TRONCO HEMATOPOIÉTICAS

Tanto as hemácias quanto as plaquetas são renovadas a uma taxa relativamente alta. Portanto, as substituições são feitas constantemente a partir das **células-tronco** precursoras. As células-tronco possuem capacidade única de produzir células-filhas inalteradas (**autorrenovação**) e de gerar uma diversa faixa de tipos celulares especializados (**potência**). Assim, acredita-se que as células-tronco existam em um estado indiferenciado. As células-tronco podem ser **totipotentes** (capazes de produzir todas as células de um organismo), **pluripotentes** (capazes de se diferenciar em células de qualquer uma das três camadas germinativas), **multipotentes** (produzem apenas células de uma família estreitamente relacionada) ou **unipotentes** (só produzem um tipo de célula). As células-tronco também são classificadas como **embrionárias** ou **adultas**, e estas últimas são mais limitadas na sua capacidade de diferenciação.

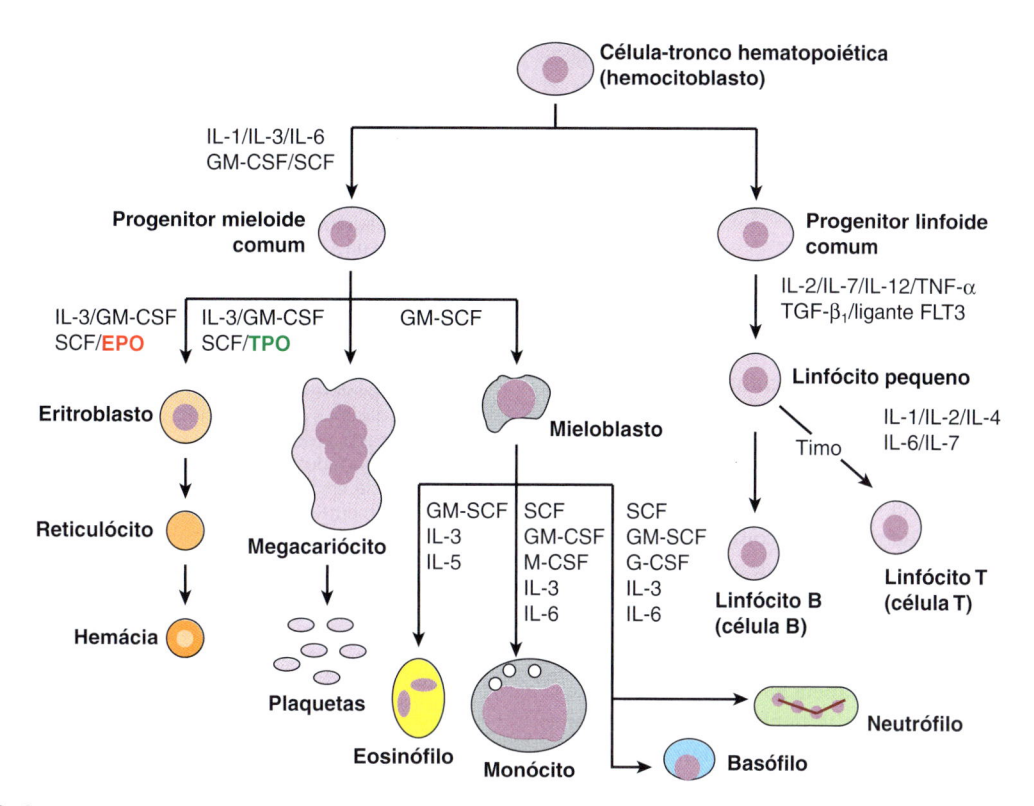

FIGURA 53-1 Hematopoiese. É mostrado um esquema simplificado e bastante abreviado indicando as vias pelas quais as células-tronco hematopoiéticas se diferenciam para produzir muitos dos leucócitos e hemácias quantitativamente mais proeminentes. São mostrados apenas intermediários selecionados do desenvolvimento. A denominação de cada tipo celular está indicada em **negrito**. Os núcleos celulares estão evidenciados em **roxo**. Cada seta resume uma transição de vários estágios. Os hormônios e as citocinas que estimulam cada transição estão listados próximo às setas. (EPO, eritropoietina; ligante FLT3, ligante de tirosina-cinase 3 semelhante a FMS; G-CSF, fator estimulador de colônias de granulócitos; GM-CSF, fator estimulador de colônias de granulócitos-macrófagos; IL, interleucina; M-CSF, fator estimulador de colônias de macrófagos; SCF, fator de célula-tronco; TGF-β_1, fator de crescimento transformador β_1; TNF-α, fator de necrose tumoral α; TPO, trombopoietina.)

A diferenciação de células-tronco hematopoiéticas é regulada por uma série de glicoproteínas secretadas, chamadas de **citocinas**. O **fator de células-tronco** e vários **fatores estimuladores de colônias** colaboram com as interleucinas 1, 3 e 6 para estimular a proliferação das células-tronco hematopoiéticas na medula óssea e induzir a sua diferenciação em um de vários tipos de células mieloides (**Figura 53-1**). Em seguida, a **eritropoietina** ou a **trombopoietina** direciona as células progenitoras mieloides para a sua diferenciação final em hemácias ou plaquetas, respectivamente.

normalmente encontradas nas células eucarióticas (p. ex., núcleo, lisossomos, aparelho de Golgi, mitocôndrias). Em consequência, as hemácias **enucleadas** maduras são incapazes de se reproduzir.

As hemácias possuem uma extensa rede de citoesqueleto responsável pela manutenção de sua configuração bicôncava (**Figura 53-2**). O seu formato incomum aumenta a troca de oxigênio e dióxido de carbono entre as hemácias e os tecidos de duas maneiras. Primeiramente, a sua configuração em formato de disco apresenta uma proporção muito mais alta da

AS HEMÁCIAS SÃO ALTAMENTE ESPECIALIZADAS

As hemácias maduras não possuem organelas internas

A estrutura e a composição das hemácias refletem a sua função altamente especializada: liberar a máxima quantidade possível de oxigênio para os tecidos e auxiliar na remoção de dióxido de carbono, um resíduo da respiração celular, e de ureia. O interior da hemácia contém uma concentração maciça de hemoglobina, cerca de um terço do peso (30-34 g/dL em um adulto). Essa extraordinária concentração de hemoglobina é alcançada, em parte, dispensando as organelas intracelulares

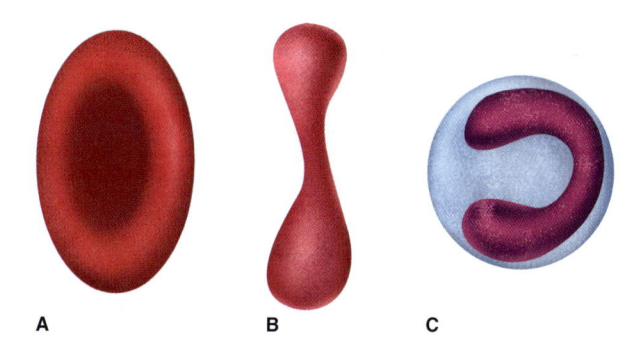

FIGURA 53-2 As hemácias apresentam um formato semelhante a discos bicôncavos. São mostrados desenhos de **(A)** uma hemácia, **(B)** uma secção da hemácia ilustrando o seu formato bicôncavo e **(C)** uma hemácia dobrada para passar por um capilar estreito.

área de superfície em relação ao volume do que as formas geométricas mais esféricas. Em segundo lugar, ela permite que as hemácias se dobrem e se comprimam por estreitos capilares cujo diâmetro é menor do que a da própria hemácia. Ambos os fatores reduzem a distância de difusão das moléculas de gás para dentro das hemácias de rápida movimentação (até 2 mm/s) e a partir deles.

As hemácias geram ATP exclusivamente por meio da glicólise

As hemácias maduras carecem das mitocôndrias que contém a ATP-sintase e as enzimas do ciclo do ácido tricarboxílico (TCA), da cadeia de transporte de elétrons e da via da β-oxidação. Por conseguinte, são incapazes de utilizar ácidos graxos ou corpos cetônicos como fonte de energia metabólica. Em consequência, as hemácias são completamente dependentes da glicólise para gerar trifosfato de adenosina (ATP, do inglês *adenosine triphosphate*). A glicose penetra na hemácias por **difusão facilitada** (ver Capítulo 40), um processo mediado pelo **transportador de glicose 1** (**GLUT1**), também conhecido como glicose-permease (**Tabela 53-1**).

A via glicolítica nas hemácias também possui um ramo único, ou derivação, cujo propósito é isomerizar o 1,3-bifosfoglicerato (1,3-BPG) a **2,3-bifosfoglicerato** (2,3-BPG). O 2,3-BPG liga-se à hemoglobina no estado T e a estabiliza (ver Capítulo 6). A conversão de 1,3-BPG a 2,3-BPG é catalisada pela 2,3-bifosfoglicerato-mutase, uma enzima bifuncional que também catalisa a hidrólise do 2,3-BPG ao intermediário glicolítico 3-fosfoglicerato. Uma segunda enzima, a inositol-polifosfatofosfatase múltipla, também catalisa a hidrólise de 2,3-BPG ao intermediário glicolítico 2-bifosfoglicerato. As atividades dessas enzimas são sensíveis ao pH, o que assegura que os níveis de 2,3-BPG aumentem e diminuam nos momentos apropriados durante o ciclo de transporte de oxigênio.

A **Tabela 53-2** fornece um resumo de vários aspectos do metabolismo das hemácias, muitos dos quais são discutidos em outros capítulos.

TABELA 53-1 Algumas propriedades do transportador de glicose da membrana da hemácia (GLUT1)

- Constitui cerca de 2% das proteínas da membrana da hemácia
- Exibe especificidade pela glicose e pelas D-hexoses relacionadas (as L-hexoses não são transportadas)
- O transportador funciona em cerca de 75% de seu $V_{máx}$ na concentração fisiológica de glicose sanguínea, é saturável e pode ser inibido por determinados análogos da glicose
- É um membro de uma família de transportadores de glicose homólogos encontrados nos tecidos de mamíferos
- O transportador não é dependente de insulina, diferentemente do carreador correspondente presente no músculo e no tecido adiposo
- A sua sequência de 492 aminoácidos foi determinada
- Transporta glicose quando inserido em lipossomos artificiais
- Estima-se que o transportador contenha 12 segmentos helicoidais transmembrana
- Atua gerando um poro regulado na membrana para possibilitar a passagem da glicose; a conformação do poro depende da presença de glicose e pode oscilar rapidamente (cerca de 900 vezes/s)

TABELA 53-2 Aspectos importantes do metabolismo das hemácias

- A hemácia é altamente dependente da glicose como fonte de energia, para a qual sua membrana contém transportadores de glicose de alta afinidade
- A glicólise, produzindo lactato, é o meio de produção de ATP
- Devido à ausência de mitocôndrias nas hemácias, não há produção de ATP por fosforilação oxidativa
- A hemácia possui uma variedade de transportadores que mantêm o equilíbrio iônico e hídrico
- A produção de 2,3-bifosfoglicerato por reações estreitamente associadas à glicólise é importante na regulação da capacidade de transporte do oxigênio pela Hb
- A via das pentoses-fosfato da hemácia metaboliza 5 a 10% do fluxo total de glicose e produz NADPH; a anemia hemolítica devida à deficiência da atividade da glicose-6-fosfato-desidrogenase é comum
- A glutationa reduzida (GSH) é importante no metabolismo da hemácia, em parte para neutralizar a ação de peróxidos potencialmente tóxicos; a hemácia pode sintetizar GSH e o NADPH necessário para retornar a glutationa oxidada (G-S-S-G) ao seu estado reduzido GSH
- O ferro da Hb deve ser mantido no estado ferroso; o ferro férrico é reduzido ao estado ferroso pela ação de um sistema metemoglobina-redutase dependente de NADH envolvendo citocromo b_5-redutase e citocromo b_5
- A biossíntese de glicogênio, ácidos graxos, proteínas e ácidos nucleicos não ocorre nas hemácias, ao passo que alguns lipídeos (p. ex., o colesterol) da membrana da hemácia podem ser trocados pelos lipídeos plasmáticos correspondentes
- A hemácia contém certas enzimas do metabolismo dos nucleotídeos (p. ex., adenosina-desaminase, pirimidina-nucleotidase e adenilil-cinase); as deficiências dessas enzimas estão envolvidas em alguns casos de anemia hemolítica
- Quando as hemácias chegam ao fim de seu tempo de sobrevida, a globina sofre degradação em aminoácidos (que são novamente utilizados pelo organismo), o ferro é liberado do heme e reaproveitado, e o componente tetrapirrólico do heme é convertido em bilirrubina, a qual é excretada principalmente no intestino por meio da bile

A anidrase carbônica facilita o transporte de CO_2

Como o oxigênio, a solubilidade do dióxido de carbono em solução aquosa é baixa, muito baixa para acomodar mais do que uma pequena porcentagem de CO_2 produzida pelos tecidos metabolicamente ativos. Entretanto, a solubilidade da forma hidratada do CO_2, o ácido carbônico (H_2CO_3), e seu produto de dissociação protônico, o bicarbonato (HCO_3^-), é relativamente alta. A presença de altos níveis da enzima **anidrase carbônica** (ver Figura 6-11) nas hemácias permite que estas absorvam o resíduo de CO_2, catalisando a sua conversão rápida em ácido carbônico, e revertam esse processo, a fim de facilitar a sua expulsão pelos pulmões. Embora as hemácias transportem certa quantidade de CO_2 na forma de carbamatos ligados à hemoglobina (ver Capítulo 6), cerca de 80% são carreados na forma de ácido carbônico dissolvido e bicarbonato.

AS HEMÁCIAS DEVEM SER CONTINUAMENTE SUBSTITUÍDAS

Cerca de dois milhões de hemácias entram na circulação por segundo

A **vida útil de 120 dias** de uma hemácia normal requer que quase 1% dos 20 a 30 trilhões de hemácias de um indivíduo seja substituído diariamente. Isso equivale a uma taxa de produção de cerca de 2 milhões de novas hemácias por segundo. Quando inicialmente formados, as hemácias diferenciadas conservam uma porção dos ribossomos, retículo endoplasmático, mitocôndrias, etc., que estavam presentes em seus precursores nucleados. Em consequência, durante as aproximadamente 24 horas necessárias para completar a sua maturação em hemácias, essas células nascentes, denominadas **reticulócitos**, conservam a capacidade de sintetizar polipeptídeos (p. ex., globina) sob a direção de moléculas de mRNA vestigiais.

Em raros casos, mutações genéticas que levam ao comprometimento da função do ribossomo, chamadas de **ribomiopatias**, podem resultar em hipoplasia da hemácia. A **anemia de Diamond-Blackfan** é causada por mutações no gene que codifica a proteína RPS19 do processamento ribossomal. A **síndrome do 5q**, que apresenta quadro clínico semelhante, é causada por mutações que levam à insuficiência da proteína ribossomal RPS14.

A eritropoietina regula a produção das hemácias

Os estágios iniciais da **eritropoiese**, que consiste na produção de hemácias, são modulados pelo fator de célula-tronco, por fatores estimuladores de colônias e pelas interleucinas 1, 3 e 6. O comprometimento das células progenitoras mieloides com a diferenciação em hemácias é amplamente dependente da **eritropoietina** (**EPO**), uma glicoproteína de 166 aminoácidos (peso molecular de cerca de 34 kDa). A EPO, que é sintetizada principalmente pelo rim, é liberada na corrente sanguínea em resposta à hipoxia. Ao alcançar a medula óssea, a EPO estimula os progenitores eritroides por meio de um receptor transmembrana. A ligação da EPO a seu receptor estimula a dimerização do receptor e a ativação de moléculas associadas da Jak2 proteína-tirosina-cinase.

A eritropoietina é administrada terapeuticamente para o tratamento de anemias que surgem em decorrência de insuficiência renal crônica, distúrbios das células-tronco hematopoiéticas (**mielodisplasia**) ou dos efeitos colaterais de tratamentos químicos e radiológicos para o câncer. Atualmente, a tecnologia do DNA recombinante tornou possível a produção de quantidades substanciais de eritropoietina a partir de culturas de células humanas. Conforme descrito no Capítulo 49, os cientistas estão realizando pesquisas para aumentar a eficácia posológica da EPO recombinante por meio de manipulação da composição de suas cadeias polissacarídicas.

A OXIDAÇÃO DO FERRO DO HEME COMPROMETE O TRANSPORTE DE OXIGÊNIO

A citocromo b_5-redutase reduz a metemoglobina

Os átomos de ferro ferroso, Fe^{2+}, na hemoglobina são suscetíveis à oxidação pelas **espécies reativas de oxigênio** (EROs). A hemoglobina em que um ou mais ferros do heme foram oxidados ao estado férrico (Fe^{3+}) é denominada **metemoglobina**.

Os hemes férricos não se ligam ao oxigênio, o que não apenas reduz o número de sítios de ligação do O_2, como também interfere nas interações cooperativas entre as subunidades do tetrâmero de hemoglobina (ver Capítulo 6). A capacidade de recuperar a metemoglobina reduzindo o ferro ferroso é, portanto, de grande importância fisiológica. Nas hemácias, a redução da metemoglobina é catalisada pelo sistema da NADH-citocromo b_5 metemoglobina-redutase. O primeiro componente do sistema, a flavoproteína, chamada de **citocromo b_5-redutase** (também conhecida como metemoglobina-redutase), transfere elétrons do NADH para o segundo componente, o **citocromo b_5**, utilizando elétrons fornecidos pelo NADH:

$$\text{Cit } b_{5ox} + \text{NADH} \to \text{cit } b_{5red} + \text{NAD}^+$$

Em seguida, o citocromo b_5 reduzido transfere os elétrons para a metemoglobina, reduzindo o Fe^{3+} de volta ao estado Fe^{2+}, com consequente restauração da hemoglobina em seu estado totalmente funcional:

$$\text{Hb} - Fe^{3+} + \text{cit } b_{5red} \to \text{Hb} - Fe^{2+} + \text{cit } b_{5ox}$$

A última fonte de elétrons utilizada para reduzir a metemoglobina é a glicólise, em que o NAD^+ é reduzido a NADH pela ação da gliceraldeído-3-fosfato-desidrogenase. A eficiência desse sistema é tal que apenas quantidades mínimas de metemoglobina estão normalmente presentes nas hemácias.

A metemoglobinemia é hereditária ou adquirida

A **metemoglobinemia**, que se refere ao acúmulo anormal de metemoglobina, pode surgir a partir de anormalidades genéticas (metemoglobinemia hereditária) ou a partir da ingestão de certos fármacos e substâncias químicas (metemoglobinemia adquirida), como as sulfonamidas ou a anilina (**Tabela 53-3**). Com frequência, os pacientes afetados exibem uma coloração azulada da pele e das mucosas (cianose). A forma hereditária surge mais comumente como resultado de uma deficiência na quantidade ou na atividade da **citocromo b_5-redutase**, embora tenham sido também observadas mutações que afetam as propriedades do próprio citocromo b_5. Em raros casos, a metemoglobinemia pode resultar de mutações na própria hemoglobina, como as que afetam os resíduos de histidina proximais e distais (ver Figura 6-3), que a tornam mais suscetível à oxidação. Coletivamente designadas como hemoglobina M (HbM), essas formas incluem a HbM$_{Iwate}$, em que a His87 na subunidade α é substituída por Tyr; a HbM$_{Hyde Park}$, em que a His92 da subunidade β é substituída por Tyr; a HbM$_{Boston}$, em que a His58 nas subunidades α da hemoglobina é substituída por Tyr; e a HbM$_{Saskatoon}$, em que a His63 na subunidade β é substituída por Tyr. Uma exceção a esse padrão é a HbM$_{Milwaukee-1}$, na qual a Val67 da subunidade β é substituída por Glu. Todos os portadores conhecidos da HbM são heterozigotos.

A superóxido-dismutase, a catalase e a glutationa protegem as hemácias de estresse e dano oxidativos

O radical ânion **superóxido**, O_2^-, é gerado nas hemácias pela auto-oxidação da hemoglobina a metemoglobina. Essa

TABELA 53-3 Resumo das causas de alguns distúrbios importantes que afetam as hemácias

Distúrbio	Causa principal ou única
Anemia ferropriva	Ingestão inadequada ou perda excessiva de ferro
Metemoglobinemia	Ingestão excessiva de oxidantes (várias substâncias químicas e fármacos) Deficiência genética do sistema de metemoglobina-redutase dependente de NADH (OMIM 250800) Herança de HbM (OMIM 141900)
Anemia falciforme (OMIM 603903)	Sequência do códon 6 da cadeia β alterada a partir de GAG no gene normal para *GTC* no gene da célula falciforme, resultando em substituição do ácido glutâmico por valina
α-Talassemias (OMIM 141800)	Mutações dos genes da α-globina, principalmente *crossing-over* desigual e grandes deleções e, com menos frequência, mutações sem sentido e de fase de leitura
β-Talassemias (OMIM 141900)	Uma ampla variedade de mutações do gene da β-globina, incluindo deleções, mutações sem sentido e de fase de leitura e outras, afetando qualquer aspecto de sua estrutura (p. ex., locais de *splicing*, mutantes promotores)
Anemias megaloblásticas	Deficiência de vitamina B_{12}; diminuição da absorção de vitamina B_{12}, frequentemente causada por uma deficiência do fator intrínseco, que é normalmente secretado pelas células parietais gástricas Deficiência de ácido fólico; aporte diminuído, absorção deficiente ou aumento das demandas (p. ex., durante a gravidez) de folato
Esferocitose hereditária[a] (OMIM 182900)	Deficiências na quantidade ou na estrutura da espectrina α ou β, banda 3 ou banda 4.1
Deficiência de glicose-6-fosfato--desidrogenase (G6PD)[a] (OMIM 305900)	Diversas mutações do gene (ligado ao X) da G6PD, principalmente mutações pontuais isoladas
Deficiência da piruvato-cinase (PK)[a] (OMIM 266200)	Várias mutações no gene que codifica a isozima R (hemácia) da PK
Hemoglobinúria paroxística noturna[a] (OMIM 311770)	Mutações no gene PIG-A, afetando a síntese de proteínas ancoradas ao GPI

[a] Os membros OMIM aplicam-se apenas aos distúrbios com base genética.

potente ERO pode reagir com proteínas, lipídeos, nucleotídeos e outras biomoléculas e danificá-los (ver Capítulo 58). Cerca de 3% da hemoglobina do sangue humano sofre auto--oxidação diariamente. Além disso, a oxidação da ferritina, a proteína de armazenamento do ferro, pelo superóxido pode levar à liberação do Fe^{2+} livre e subsequente geração de $OH^{\bullet}$ catalisada pelo ferro (ver Figura 58-2). Por conseguinte, o superóxido pode causar dano tecidual, observado em indivíduos que apresentam níveis corporais de ferro anormalmente altos, uma condição conhecida como sobrecarga de ferro. A sobrecarga de ferro é característica de indivíduos que sofrem de **hemocromatose hereditária**, uma condição genética que faz o corpo absorver quantidades excessivas de ferro alimentar. Outra fonte endógena de superóxido é a enzima **NADPH-hemoproteína-redutase** (uma citocromo P450-redutase; ver Capítulo 12), outra enzima que pode catalisar a redução do Fe^{3+} na metemoglobina a Fe^{2+}.

A deficiência de glicose-6-fosfato--desidrogenase é uma causa importante de anemia hemolítica

O conjunto limitado de vias metabólicas presentes nas hemácias os deixa completamente dependentes da **via das pentoses-fosfato** (ver Capítulo 20) ou, mais especificamente, da enzima ligada ao X, a **glicose-6-fosfato-desidrogenase**, para a redução de $NADP^+$ a NADPH. A deficiência de glicose-6--fosfato-desidrogenase é a mais comum de todas as **enzimopatias** (doenças causadas por anormalidades das enzimas). Segundo estimativas, mais de 400 milhões de pessoas são portadoras de uma das mais 140 variantes genéticas de glicose-6--fosfato-desidrogenase. Essa deficiência é mais comum entre nativos da África tropical (e seus descendentes afro-americanos), na região do Mediterrâneo e em certas partes da Ásia.

Os indivíduos que apresentam essa deficiência são vulneráveis a ataques de anemia hemolítica, uma consequência de sua incapacidade de gerar NADPH em quantidades suficientes para manter a glutationa, um antioxidante intracelular essencial, no estado reduzido (**Figura 53-3**). A deficiência de glicose-6-fosfato-desidrogenase torna as hemácias hipersensíveis ao estresse oxidativo e à formação induzida por EROs

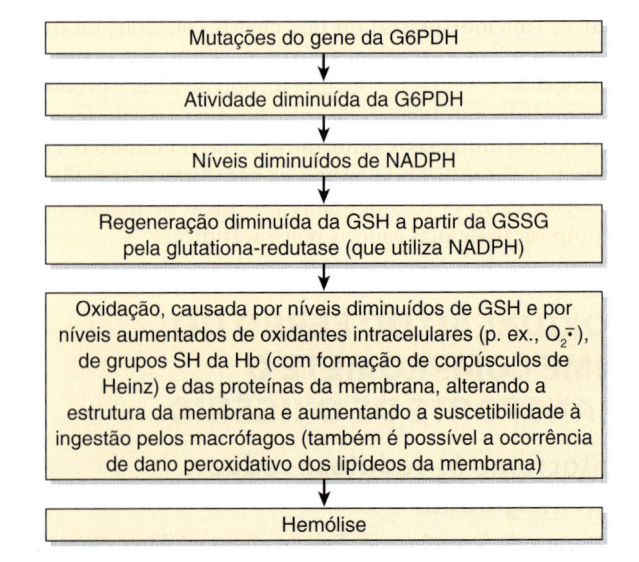

```
Mutações do gene da G6PDH
            ↓
Atividade diminuída da G6PDH
            ↓
Níveis diminuídos de NADPH
            ↓
Regeneração diminuída da GSH a partir da GSSG
pela glutationa-redutase (que utiliza NADPH)
            ↓
Oxidação, causada por níveis diminuídos de GSH e por
níveis aumentados de oxidantes intracelulares (p. ex., O₂⁻),
de grupos SH da Hb (com formação de corpúsculos de
Heinz) e das proteínas da membrana, alterando a
estrutura da membrana e aumentando a suscetibilidade à
ingestão pelos macrófagos (também é possível a ocorrência
de dano peroxidativo dos lipídeos da membrana)
            ↓
         Hemólise
```

FIGURA 53-3 Resumo dos prováveis eventos que causam anemia hemolítica, devido à deficiência da atividade da glicose-6-fosfato-desidrogenase (OMIM 305900).

de **corpúsculos de Heinz**, que são agregados insolúveis constituídos de moléculas de hemoglobina cujos grupos —SH se tornaram oxidados e que se coram de roxo com cresil violeta. Como o caráter da anemia falciforme, a persistência dessas variantes genéticas tem sido atribuída ao seu potencial para conferir resistência aumentada à malária.

As anemias hemolíticas podem ser causadas por fatores extrínsecos, intrínsecos ou específicos da membrana

A anemia hemolítica pode ser desecadeada por outros fatores além de uma deficiência de glicose-6-fosfato-desidrogenase (**Figura 53-4**). As causas **extrínsecas** (além da membrana da hemácia) incluem **hiperesplenismo**, condição na qual o aumento do baço faz as hemácias ficarem sequestradas no seu interior. As hemácias também podem ser lisados quando atacados por anticorpos incompatíveis presentes no plasma ou no sangue administrados por via intravenosa (p. ex., **reação transfusional**). Podem surgir incompatibilidades imunológicas quando um feto Rh⁺ é carregado por uma mãe Rh⁻ (**doença do Rh**) ou em consequência de um distúrbio autoimune (p. ex., **anemias hemolíticas por anticorpos quentes ou frios**). Alguns agentes infecciosos e tóxicos atuam ao interferir diretamente na integridade estrutural da membrana das hemácias. Por exemplo, muitos venenos de insetos e répteis de várias espécies contêm fosfolipases ou proteases, que catalisam a decomposição hidrolítica dos componentes da membrana. De modo semelhante, algumas bactérias infecciosas, incluindo determinadas cepas de *Escherichia coli* e clostrídios, secretam fatores líticos, denominados **hemolisinas**, que podem ser compostos de proteínas, lipídeos ou alguma combinação deles. As infecções parasitárias (p. ex., por plasmódios que causam malária) também constituem uma importante causa de anemias hemolíticas em determinadas áreas geográficas.

A causa primária de muitas anemias hemolíticas é intracelular, também designada como **intrínseca**. A deficiência de glicose-6-fosfato-desidrogenase está incluída nessa categoria. Os defeitos na composição ou na estrutura da hemoglobina, denominados **hemoglobinopatias**, constituem a segunda causa intrínseca principal de hemólise. A maioria das hemoglobinopatias, como a anemia falciforme e as várias talassemias (ver Capítulo 6), é de natureza genética. Em raros casos, a anemia hemolítica pode resultar de uma insuficiência da enzima **piruvato-cinase**. O consequente comprometimento da glicólise reduz a produção de ATP necessária para impulsionar a exportação do excesso de água e Na⁺. A pressão osmótica resultante (ver adiante) pode comprometer ou potencialmente sobrecarregar a integridade da membrana eritrocitária.

As mutações que afetam as proteínas do citoesqueleto responsáveis pela manutenção da forma bicôncava e pela resistência à pressão osmótica são classificadas como causas de anemia hemolítica **específicas da membrana** (ver adiante). As mais importantes são a **esferocitose hereditária** e a **eliptocitose hereditária**, que surgem em consequência de anormalidades na quantidade ou na estrutura da **espectrina**, uma proteína do citoesqueleto. Além disso, podem ocorrer defeitos na síntese dos grupos de glicofosfatidilinositol que ancoram determinadas proteínas, como a acetilcolinesterase e o fator acelerador da decomposição, à superfície da membrana eritrocitária, como no caso da **hemoglobinúria paroxística noturna** (ver Capítulo 46).

A MEMBRANA DA HEMÁCIA

Análises iniciais por **SDS-PAGE** dos polipeptídeos presentes nas hemácias revelaram 10 proteínas principais (**Figura 53-5**). Essas proteínas inicialmente receberam designações numéricas, com base na sua migração na SDS-PAGE. Assim, o polipeptídeo com maior massa molecular, que migra mais lentamente, foi designado como proteína de banda 1, também conhecida como **espectrina** (**Tabela 53-4**). Conforme ilustrado na **Figura 53-6**, algumas dessas proteínas são glicosiladas. Várias proteínas atravessam a bicamada da membrana (proteínas integrais de membrana), enquanto outras se associam à sua superfície, geralmente por interações proteína-proteína (proteínas de membrana periférica).

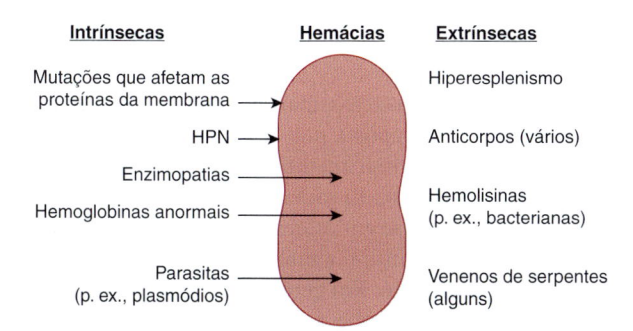

FIGURA 53-4 Representação esquemática de algumas causas de anemias hemolíticas. As causas extrínsecas incluem hiperesplenismo, vários anticorpos, determinadas hemolisinas bacterianas e alguns venenos de serpentes. As causas intrínsecas das hemácias incluem mutações que afetam as estruturas das proteínas de membrana (p. ex., na esferocitose hereditária e na eliptocitose hereditária), hemoglobinúria paroxística noturna (HPN; ver Capítulo 47), enzimopatias, hemoglobinas anormais e determinados parasitas (p. ex., plasmódios que causam malária).

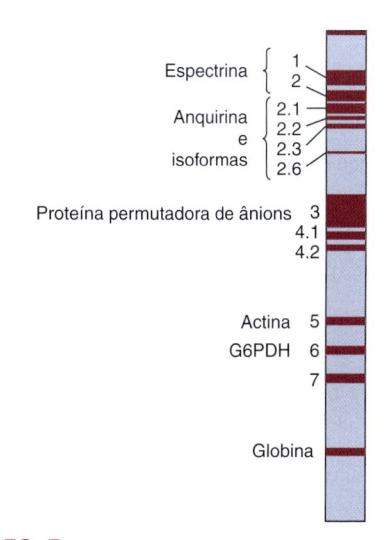

FIGURA 53-5 **Principais proteínas de membrana da hemácia humana.** As proteínas separadas por SDS-PAGE foram detectadas por coloração com azul de Coomassie. (Reproduzida, com autorização, de Beck WS, Tepper RI: Hemolytic anemias III: membrane disorders. In: *Hematology*, 5th ed. Beck WS [editor]. The MIT Press, 1991.)

TABELA 53-4 Principais proteínas da membrana da hemácia

Número da banda[a]	Proteína	Integral (I) ou periférica (P)	Massa molecular aproximada (kDa)
1	Espectrina (α)	P	240
2	Espectrina (β)	P	220
2.1	Anquirina	P	210
2.2	Anquirina	P	195
2.3	Anquirina	P	175
2.6	Anquirina	P	145
3	Proteína permutadora de ânions	I	100
4.1	Não nomeada	P	80
5	Actina	P	43
6	Gliceraldeído-6--fosfato-desidrogenase	P	35
7	Tropomiosina	P	29
8	Não nomeada	P	23
	Glicoforinas A, B e C	I	31, 23 e 28

[a] O número da banda refere-se às velocidades relativas de migração na SDS-PAGE (ver Figura 53-5). Vários outros componentes (p. ex., 4.2 e 4.9) não estão listados.
Fonte: Adaptada de Lux DE, Tse WT: Hereditary spherocytosis and hereditary elliptocytosis. In: *The Metabolic Basis of Inherited Disease*, 8th ed. Scriver CR, Beaudet AL, Valle D, et al.: (editors). McGraw-Hill, 2001. Capítulo 183.

A membrana da hemácia contém a proteína trocadora de ânions e as glicoforinas

A proteína banda 3 é uma glicoproteína transmembrana de **multipassagem**, cuja cadeia polipeptídica atravessa 14 vezes a bicamada. Essa proteína é orientada com a sua extremidade carboxiterminal projetando-se da superfície externa da membrana eritrocitária, enquanto a sua extremidade aminoterminal está localizada na face citosólica. A principal função dessa proteína de troca aniônica dimérica consiste em criar um canal através da membrana para possibilitar a troca de ânions cloreto e bicarbonato. Nos tecidos, o bicarbonato gerado a partir da hidratação do CO_2 é trocado por cloreto. Nos pulmões, onde o dióxido de carbono é expirado, esse processo é invertido. A extremidade aminoterminal também atua como ponto de ancoragem para várias outras proteínas eritrocitárias, incluindo proteínas bandas 4.1 e 4.2, anquirina, hemoglobina e várias enzimas glicolíticas.

As **glicoforinas A**, **B** e **C** são proteínas transmembrana de **passagem única** (a cadeia polipeptídica atravessa a membrana apenas uma vez). O único segmento transmembrana de 23 aminoácidos é de configuração α-helicoidal. A forma predominante, a **glicoforina A**, é constituída de um polipeptídeo de 131 aminoácidos modificado covalentemente por 16 cadeias oligossacarídicas, das quais 15 estão O-ligadas, o que representa aproximadamente 60% de sua massa e quase 90% dos resíduos de ácido siálico expostos na superfície da membrana eritrocitária. A extremidade carboxiterminal estende-se para o interior do citosol e liga-se à proteína banda 4.1, que, por sua vez, liga-se à espectrina. O **polimorfismo** da glicoforina A constitui a base do sistema de grupo sanguíneo MN (ver adiante). Alguns patógenos virais e bacterianos, como o vírus influenza e o *Plasmodium falciparum*, dirigem-se às hemácias, reconhecendo e ligando-se à glicoforina A. É intrigante o fato de os indivíduos cujas hemácias carecem de glicoforina A não apresentarem efeitos adversos.

A espectrina, a anquirina e outras proteínas de membrana periféricas ajudam a determinar o formato e a flexibilidade da hemácia

Para maximizar a eficiência das trocas gasosas, as hemácias devem apresentar a força estrutural para manter seu formato bicôncavo, mantendo-se flexíveis o suficiente para se espremer pelos capilares periféricos e pelos sinusoides do baço. A base estrutural que molda e mantém a bicamada lipídica fluida e deformável inerente da membrana na forma bicôncava característica da hemácia é proporcionada por uma rede resistente, porém flexível, de **proteínas do citoesqueleto** (Figura 53-6).

A **espectrina** é a proteína mais abundante do citoesqueleto da hemácia. É composta por dois polipeptídeos de mais de 2.100 resíduos de comprimento: a espectrina 1 (cadeia α) e a espectrina 2 (cadeia β). As cadeias α e β de cada dímero de espectrina entrelaçam-se em orientação antiparalela para formar uma unidade estrutural altamente estendida de cerca de 100 nm de comprimento. Em geral, dois dímeros de espectrina associam-se cabeça a cabeça para formar um tetrâmero de aproximadamente 200 nm de comprimento que fica ligado à superfície interna da membrana plasmática (e liga-se a outros tetrâmeros de espectrina) por meio da anquirina, da actina e da proteína banda 4.1. O resultado é uma rede interna, o citoesqueleto, que é forte o suficiente para manter o formato da célula e resistir ao inchaço devido à pressão osmótica, sendo ainda flexível o suficiente para permitir que a hemácia se dobre quando necessário.

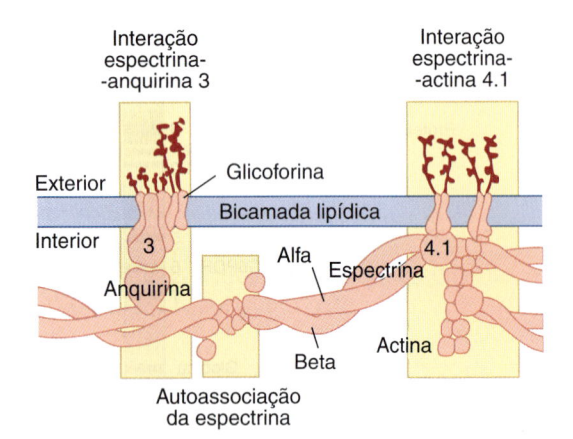

FIGURA 53-6 Interações das proteínas do citoesqueleto entre si e com determinadas proteínas integrais da membrana da hemácia. (Reproduzida, com autorização, de Beck WS, Tepper RI: Hemolytic anemias III: membrane disorders. In: *Hematology*, 5th ed. Beck WS [editor]. The MIT Press, 1991.)

A **anquirina** é uma proteína em formato de pirâmide que se **liga à espectrina**. Por sua vez, a anquirina liga-se firmemente à banda 3, assegurando a fixação da espectrina à membrana. A anquirina é sensível à proteólise, explicando o aparecimento das bandas 2.2, 2.3 e 2.6, sendo todas derivadas da banda 2.1.

A **actina** (banda 5) é encontrada nas hemácias na forma de filamentos curtos em dupla-hélice de F-actina. A extremidade terminal dos dímeros da espectrina liga-se à actina. A actina também se liga à **proteína 4.1**. A proteína 4.1 é uma proteína globular, que se liga firmemente a um sítio próximo ao domínio de ligação da actina na cauda da espectrina, formando um complexo ternário de proteína 4.1-espectrina-actina. A proteína 4.1 liga-se também às proteínas integrais de membrana, as glicoforinas A e C, bem como a determinados fosfolipídeos, ancorando, assim, o complexo ternário à membrana.

Algumas outras proteínas que existem em menor quantidade, como a banda 4.9, a aducina e a tropomiosina, também participam da **montagem do citoesqueleto**.

As anormalidades quantitativas ou estruturais da espectrina levam à esferocitose e à eliptocitose hereditárias

A **esferocitose hereditária**, uma doença genética transmitida como traço autossômico dominante, caracteriza-se pela presença de esferócitos (hemácias esféricas) no sangue periférico, por **anemia hemolítica** e por esplenomegalia. Por sua vez, o formato anormal dos esferócitos os torna menos deformáveis e mais propensos à destruição no baço, reduzindo acentuadamente o seu tempo de sobrevida na circulação. Essa condição, que afeta aproximadamente 1 a cada 5.000 indivíduos de ascendência da Europa Setentrional, é causada por uma deficiência quantitativa da **espectrina** ou por anormalidades de sua estrutura ou, com menos frequência, da anquirina e das proteínas bandas 3, 4.1 ou 4.2. A perda dessas proteínas ou a redução de sua capacidade de se associar a outros componentes citoesqueléticos enfraquecem as ligações que ancoram a membrana eritrocitária ao citoesqueleto, permitindo o inchaço da hemácia, que adquire uma forma esférica. A anemia associada à esferocitose hereditária é geralmente aliviada pela remoção cirúrgica do baço do paciente (**esplenectomia**).

A **eliptocitose hereditária** pode ser facilmente distinguida da esferocitose hereditária pelo fato de que as hemácias acometidas assumem uma forma elíptica. Essa condição resulta de anormalidades genéticas que acometem a **espectrina** ou, com menos frequência, a proteína banda 4.1 ou a glicoforina C.

BASE BIOQUÍMICA DO SISTEMA ABO

São reconhecidos cerca de 30 sistemas de grupos sanguíneos humanos, dos quais os mais conhecidos são os sistemas **ABO**, **Rh** (Rhesus) e **MN**. A expressão "**grupo sanguíneo**" refere-se a um conjunto definido de antígenos eritrocitários (substâncias de grupo sanguíneo) controlados por um *locus* gênico que apresenta quantidade variável de alelos (p. ex., A, B e O no sistema ABO). A expressão "**tipo sanguíneo**" refere-se ao fenótipo antigênico, geralmente reconhecido pelo uso de anticorpos apropriados.

O sistema ABO é de crucial importância na transfusão sanguínea

O sistema ABO foi descoberto por Landsteiner, em 1900, enquanto investigava a base das transfusões compatíveis e incompatíveis nos seres humanos. Na maioria dos indivíduos, as membranas das hemácias contêm uma substância de grupo sanguíneo do tipo A, B, AB ou O. Os indivíduos do **tipo A** apresentam anticorpos anti-B no plasma, que aglutinarão as hemácias no sangue do tipo B ou do tipo AB. Os indivíduos do **tipo B** possuem anticorpos anti-A que aglutinarão as hemácias no sangue do tipo A ou do tipo AB. O sangue **tipo AB** não apresenta anticorpos anti-A nem anti-B e foi designado como **receptor universal**. O sangue **tipo O** não contém antígenos A nem B e foi designado como **doador universal**. A descrição anterior foi consideravelmente simplificada, visto que existem outros subgrupos, como A_1 e A_2. Os genes responsáveis pela produção das substâncias no sistema ABO estão localizados no braço longo do cromossomo 9. Existem **três alelos**, dos quais dois são codominantes (A e B), enquanto o terceiro (O) é recessivo; esses alelos determinam, em última análise, qual dos quatro produtos fenotípicos é sintetizado: as substâncias A, B, AB e O.

Os antígenos ABO são glicoesfingolipídeos e glicoproteínas

Os **antígenos ABO** são oligossacarídeos complexos existentes na maioria das células do corpo e em algumas secreções (**Figura 53-7**). Esses oligossacarídeos são ligados às proteínas de membrana ou a lipídeos e são coletivamente chamados de substâncias ABO. Nas hemácias, os oligossacarídeos de membrana, que determinam as naturezas específicas das substâncias ABO, parecem ocorrer, em sua maior parte, nos **glicoesfingolipídeos**, ao passo que, nas secreções, os mesmos oligossacarídeos estão presentes nas **glicoproteínas**. A sua presença nas secreções é determinada por um gene designado *Se* (secretor), que codifica uma **fucosil (Fuc)-transferase** específica nos órgãos secretores, como as glândulas exócrinas, mas que não é ativa nas hemácias. Indivíduos com genótipos *SeSe* ou *Sese* secretam um ou ambos os antígenos A e B, ao passo que indivíduos com genótipo *sese* não fazem isso. Entretanto, suas hemácias podem expressar os antígenos A e B.

O gene *A* codifica uma GalNAc-transferase, o gene *B*, uma Gal-transferase, e o gene *O*, um produto inativo

A **substância H**, a substância do grupo sanguíneo encontrada em indivíduos do tipo O, é o precursor das substâncias A e B (Figura 53-7). É formada pela ação de uma **fucosiltransferase**, codificada pelo *locus* H, que catalisa a adição de uma fucose com ligação $\alpha 1 \rightarrow 2$ no resíduo Gal terminal de seu precursor:

$$GDP-Fuc + Gal-\beta-R \rightarrow Fuc-\alpha 1,2-Gal-\beta-R + GDP$$
$$\text{Precursor} \qquad\qquad\qquad \text{Substância H}$$

A **substância A** contém uma GalNAc adicional, enquanto a **substância B** contém uma Gal adicional, ligada conforme indicado. Essas diferenças refletem a especificidade da

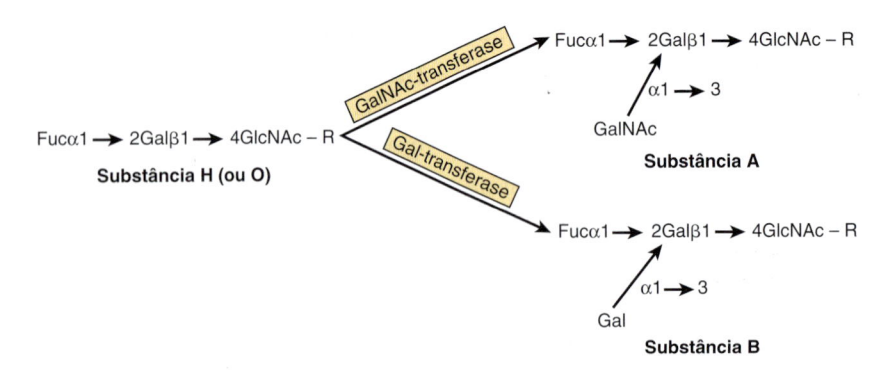

FIGURA 53-7 Representação esquemática das estruturas das substâncias dos grupos sanguíneos H, A e B. R representa uma longa cadeia oligossacarídica complexa, ligada à ceramida, onde as substâncias são glicoesfingolipídeos, ou ao esqueleto polipeptídico de uma proteína por meio de um resíduo de serina ou treonina, onde as substâncias são glicoproteínas. Observe que as substâncias dos grupos sanguíneos são biantenares, isto é, apresentam dois braços formados em um ponto de bifurcação (não indicado) entre GlcNAc–R, e a figura mostra apenas um dos braços da ramificação. Dessa forma, as substâncias H, A e B contêm, cada uma delas, duas de suas respectivas cadeias oligossacarídicas curtas ilustradas aqui. A substância AB apresenta uma cadeia tipo A e uma cadeia tipo B.

glicosiltransferase, que catalisa a adição do monossacarídeo terminal. O gene *A* codifica uma **GalNAc-transferase** específica de UDP-GalNAc, que adiciona a GalNAc terminal à substância H. O gene *B* codifica uma **Gal-transferase** específica de UDP-Gal, que adiciona o resíduo Gal à substância H. Os indivíduos do **tipo AB** possuem ambas as enzimas e, portanto, sintetizam as duas cadeias oligossacarídicas (Figura 53-7), uma terminada por GalNAc e a outra, por Gal.

Os anticorpos anti-A são dirigidos contra o resíduo GalNAc adicional presente na substância A, enquanto os anticorpos anti-B são dirigidos contra o resíduo Gal adicional encontrado na substância B. Os indivíduos do tipo O possuem uma mutação de fase de leitura no gene que codifica a glicosiltransferase terminal, que resulta na produção de uma proteína inativa. Portanto, a substância H representa a substância do grupo sanguíneo ABO.

Surge um alelo *h* quando uma mutação na porção do *locus* H que codifica a fucosiltransferase produz uma enzima inativa. Embora os indivíduos do genótipo heterozigoto H*h* ainda sejam capazes de sintetizar níveis adequados da substância H, os indivíduos do genótipo homozigoto *hh* são incapazes de fazê-lo. Como a substância H é o precursor das substâncias A e B, todos os indivíduos portadores do genótipo *hh* terão hemácias do tipo O, designado como fenótipo Bombay (O*h*), independentemente da expressão ou não de uma glicosiltransferase terminal A, B ou ambas.

PLAQUETAS

As plaquetas contêm mitocôndrias, mas não possuem núcleo

Quando megacariócitos, que são os progenitores das hemácias, são expostos à **trombopoietina**, eles podem se fragmentar, formando plaquetas (Figura 53-1). Como as hemácias, as plaquetas carecem de núcleo, porém, ao contrário daqueles, possuem mitocôndrias, lisozimas e uma rede tubular que forma um **sistema canalicular aberto**. O aspecto de "favo de mel" dos canais aumenta a área de superfície das plaquetas, que são esferoidais no repouso, facilitando a secreção de vários fatores endócrinos e da coagulação quando estimuladas (ver Capítulo 55). Esses fatores são armazenados no interior das plaquetas, em vesículas secretoras densamente acondicionadas, denominadas **grânulos densos**, que contêm Ca^{2+}, difosfato de adenosina (ADP, do inglês *adenosine diphosphate*) e serotonina, e **grânulos α**, que contêm fibrinogênio, fibronectina, fator de crescimento derivado das plaquetas, fator de von Willebrand e outros fatores da coagulação, que são liberados em resposta a um estímulo apropriado. Em circunstâncias normais, essas pequenas (2 μm de diâmetro) células enucleadas circulam à densidade de 2 a 4×10^5 plaquetas por milímetro de sangue. As plaquetas derivam a maior parte da sua energia da metabolização da glicose, ao passo que suas mitocôndrias permitem que elas gerem ATP por meio da β-oxidação de ácidos graxos. Os mecanismos pelos quais as plaquetas são ativadas para participar da formação de um coágulo serão discutidos no Capítulo 55.

Os distúrbios de plaquetas comprometem a hemostasia

As anormalidades no número ou na função das plaquetas podem ter graves consequências fisiológicas. Por exemplo, na **síndrome coronariana aguda**, a formação de plaquetas hiper-reativas e aumentadas resulta em risco aumentado de formação de coágulo sanguíneo na circulação, conhecida como **trombose**. A presença de plaquetas maiores do que o normal também se relaciona com uma frequência aumentada de infarto do miocárdio.

A **púrpura trombocitopênica imune** é uma doença autoimune caracterizada por contagem reduzida de plaquetas (**trombocitopenia**) causada pela geração de anticorpos contra as próprias plaquetas do paciente. Quando as plaquetas têm a sua superfície decorada com anticorpos, ficam sujeitas à depuração pelos macrófagos esplênicos. Em alguns casos, os autoanticorpos das plaquetas se ligarão aos megacariócitos em diferenciação, reduzindo a produção de plaquetas. A trombocitopenia também pode ocorrer quando indivíduos homozigotos para uma variante mutante da glicoproteína

IIb/IIIa, na qual a leucina 33 é substituída por prolina, recebem sangue de um doador homozigoto ou heterozigoto para o tipo selvagem desse antígeno plaquetário principal. A exposição às plaquetas do doador desencadeia a produção de **aloanticorpos**, que atacam não apenas as plaquetas doadas, como também as plaquetas endógenas do paciente. Na **trombocitopenia aloimune neonatal**, que afeta aproximadamente 1 em cada 200 gestações a termo, os anticorpos da circulação materna atravessam a barreira placentária e atacam as plaquetas no sistema circulatório do feto. A trombocitopenia também pode ser induzida por fármacos, como tamoxifeno, ibuprofeno, vancomicina e muitas sulfonamidas.

Os sintomas da **síndrome hemolítico-urêmica**, uma doença de lactentes caracterizada por insuficiência renal progressiva, incluem tanto trombocitopenia quanto anemia hemolítica. A hemorragia anormal associada à **doença de von Willebrand** é causada por um distúrbio genético que compromete a capacidade das plaquetas de aderirem ao endotélio, e não por uma deficiência em sua quantidade. Outros distúrbios hemorrágicos que resultam de defeitos na aderência das plaquetas incluem a **síndrome de Bernard-Soulier** (deficiência herdada geneticamente na glicoproteína 1b) e a **trombastenia de Glanzmann** (deficiência herdada geneticamente no complexo glicoproteico IIb/IIIa).

A TECNOLOGIA DO DNA RECOMBINANTE TEVE ENORME IMPACTO SOBRE A HEMATOLOGIA

As bases das **talassemias** e de muitos **distúrbios da coagulação** (ver Capítulo 55) foram amplamente esclarecidas por pesquisas que utilizaram a clonagem gênica e o sequenciamento do DNA, enquanto o estudo dos oncogenes e das translocações cromossômicas aprofundou nossa compreensão das **leucemias**. Conforme discutido anteriormente, a tecnologia do DNA recombinante possibilitou a disponibilidade de quantidades terapeuticamente úteis de **eritropoietina** e **outros fatores do crescimento**.

A deficiência de **adenosina-desaminase** foi a primeira condição fisiopatológica a ser tratada com terapia gênica. Os linfócitos são particularmente sensíveis a déficits dessa enzima. Em 1990, o Dr. William French Anderson introduziu uma nova cópia do gene, transportada em um vetor retroviral, em uma menina de 4 anos que sofria de imunodeficiência combinada grave (doença do "menino-bolha"). Embora a paciente ainda precise tomar medicamentos, o gene substituído permaneceu estável até a idade adulta.

RESUMO

- As principais causas de anemia consistem em perda de sangue, deficiência de ferro, folato e vitamina B_{12} e vários fatores que causam hemólise.
- O formato das hemácias contribui para a eficiência da troca gasosa e para a sua capacidade de sofrer deformação em sua passagem pelos capilares.
- A produção de hemácias e plaquetas é regulada por eritropoietina, trombopoietina e outras citocinas.
- As hemácias maduras, que carecem de organelas internas, são dependentes da glicólise para a geração de ATP.
- A 2,3-bifosfoglicerato-mutase catalisa a isomerização do intermediário glicolítico, o 1,3-bifosfoglicerato, para formar o 2,3-bifosfoglicerato, que estabiliza a hemoglobina no estado T.
- A metemoglobina é incapaz de transportar oxigênio.
- A citocromo b_5-redutase reduz o Fe^{3+} da metemoglobina a Fe^{2+}, restaurando a sua função.
- A hemácia contém uma bateria de enzimas citosólicas – superóxido-dismutase, catalase e glutationa-peroxidase –, que catalisam a neutralização de espécies reativas de oxigênio.
- As deficiências na quantidade ou na atividade da glicose-6-fosfato-desidrogenase, que produz NADPH, constituem uma importante causa de anemia hemolítica.
- As proteínas do citoesqueleto, como a espectrina, a anquirina e a actina, que interagem com proteínas integrais de membrana, constituem a base do formato bicôncavo e da flexibilidade das hemácias.
- As deficiências ou os defeitos da espectrina podem resultar em esferocitose hereditária e eliptocitose hereditária, que causam anemia hemolítica.
- A proteína banda 4.1 facilita a troca de íons bicarbonato e cloreto através da membrana das hemácias.
- As substâncias no grupo sanguíneo ABO, na membrana da hemácia, são glicoesfingolipídeos complexos. O açúcar imunodominante da substância A é a *N*-acetilgalactosamina, enquanto o da substância B é a galactose. A substância O não contém nenhum desses resíduos de açúcar.
- As plaquetas são pequenos fragmentos enucleados das grandes células precursoras, chamadas de megacariócitos.
- Quando ativadas, as plaquetas liberam moléculas efetoras, bem como fibrinogênio armazenado nos grânulos secretores.
- A doença de von Willebrand, um distúrbio hemorrágico, é causada por uma mutação genética que compromete a capacidade de aderência das plaquetas.

REFERÊNCIAS

Alkrimi J, George L: *Medical Diagnosis by Analysis of Blood Cell Images*. Lambert Academic Publishing, 2014.

Dzierzak E, Philipsen S: Erythropoiesis: development and differentiation. Cold Spring Harb Perspect Med 2013;3:a011601.

Israels SJ (editor): *Mechanisms in Hematology*, 4th ed. Core Health Sciences Inc, 2011.

Martin JF, Kristensen SD, Mathur A, et al: The causal role of megakaryocyte platelet hyperactivity in acute coronary syndromes. Nat Rev Cardiol 2012;9:658.

Naria A, Ebert BL: Ribosomopathies: human disorders of ribosome dysfunction. Blood 2010;115:3196.

Smyth SS, Whiteheart S, Italiano JE Jr, Coller BS: Platelet morphology, biochemistry, and function. In: *Williams Hematology*, 8th ed. Kaushansky K, Lichtman MA, Beutler E, et al (editors). McGraw-Hill, 2010;1735.

Whichard ZL, Sarkar CA, Kimmel M, Corey SJ: Hematopoiesis and its disorders: a systems biology approach. Blood 2010;115:2339.

Leucócitos

Peter J. Kennelly, Ph.D. e Robert K. Murray, M.D., Ph.D.

CAPÍTULO 54

OBJETIVOS

Após o estudo deste capítulo, você deve ser capaz de:

- Descrever como os leucócitos atuam em conjunto para combater a infecção e desencadear uma resposta inflamatória.
- Citar as etapas básicas envolvidas na eliminação de microrganismos infecciosos por fagocitose.
- Descrever o papel da quimiotaxia na função dos leucócitos.
- Citar os principais componentes encontrados no interior dos grânulos dos fagócitos e dos basófilos e descrever suas funções básicas.
- Relacionar as espécies reativas de oxigênio produzidas durante a explosão respiratória.
- Explicar a base dos efeitos fisiológicos causados pelos defeitos no sistema NADPH-oxidase.
- Explicar a base molecular da deficiência da adesão leucocitária tipo 1.
- Descrever como os neutrófilos e os eosinófilos capturam parasitas utilizando armadilhas extracelulares de neutrófilos (NETs).
- Descrever o papel das células T auxiliares na produção de novos anticorpos.
- Definir o termo citocina e descrever as principais características de interleucinas, interferonas, prostaglandinas e leucotrienos.

IMPORTÂNCIA BIOMÉDICA

Os glóbulos brancos, ou **leucócitos**, funcionam como sentinelas-chave e potentes defensores contra os patógenos invasores. Os **neutrófilos**, que constituem o tipo mais abundante de leucócito, ingerem e destroem as bactérias e os fungos invasores por um processo conhecido como **fagocitose**, enquanto os **eosinófilos** fagocitam parasitas maiores. Os **monócitos** circulantes migram da corrente sanguínea para os tecidos lesados, onde se diferenciam em **macrófagos** fagocíticos. Os **granulócitos**, como os **basófilos** e os **mastócitos**, liberam efetores armazenados que atraem leucócitos adicionais para o local da infecção e desencadeiam uma resposta inflamatória. Os **linfócitos B** produzem e liberam anticorpos protetores com a assistência dos **linfócitos T**. Outros linfócitos, como as **células T citotóxicas** e as **células *natural killer***, dirigem-se para as células hospedeiras infectadas por vírus e transformadas por neoplasias.

As neoplasias malignas dos tecidos formadores do sangue, chamadas de **leucemias**, podem levar à produção descontrolada de uma ou mais das principais classes de leucócitos. A hiperativação dos granulócitos durante uma resposta alérgica pode, em casos extremos, levar à **anafilaxia** e à morte.

A **leucopenia**, que se refere a uma diminuição na produção de leucócitos, pode resultar de lesão física ou infecção da medula óssea, de quimioterapia, radiação ionizante, infecção pelo **vírus Epstein-Barr** (mononucleose), resposta imune (**lúpus**) ou deslocamento das células da medula óssea por tecido fibroso (**mielofibrose**). A deficiência resultante nos níveis de leucócitos circulantes pode deixar o indivíduo afetado suscetível à infecção (**imunocomprometido**).

A DEFESA CONTRA A INFECÇÃO REQUER VÁRIOS TIPOS CELULARES

Os **leucócitos** são importantes participantes da **resposta inflamatória aguda**, um processo multicomponente que defende o corpo contra organismos infecciosos e melhora o impacto da infecção tecidual ou da morbidade. As principais etapas da resposta inflamatória incluem (1) aumento da permeabilidade vascular, (2) entrada dos leucócitos ativados nos tecidos, (3) ativação das plaquetas e (4) regressão (resolução) espontânea, se os microrganismos invasores tiverem sido erradicados com sucesso. Os **basófilos** secretam efetores hematológicos, como

FIGURA 54-1 Estruturas da histidina e de seu produto de descarboxilação, a histamina.

a histamina (**Figura 54-1**), que facilitam o acúmulo de fluido nos tecidos infectados ou lesados, assim como de quimiocinas, que atraem **neutrófilos** adicionais. Os neutrófilos ativados encapsulam bactérias invasoras no interior de vesículas membranosas (**fagocitose**) e destroem-nas utilizando uma combinação de enzimas hidrolíticas, espécies reativas de oxigênio (EROs) e peptídeos antimicrobianos. Os **monócitos** circulantes são os precursores dos **macrófagos** fagocíticos, que fagocitam células hospedeiras infectadas ou lesadas. Os **linfócitos** produzem anticorpos protetores que se dirigem para invasores estranhos e os marcam para eliminação.

Os leucócitos, diferentemente das hemácias e das plaquetas, possuem um complemento completo de organelas internas. Entretanto, os núcleos de muitos leucócitos exibem acentuado desvio das organelas esféricas compactas típicas da maioria das células eucarióticas. Por exemplo, nos monócitos, os núcleos são muito grandes e notavelmente irregulares em seu formato, ao passo que, nos neutrófilos, nos eosinófilos e em outros **leucócitos polimorfonucleares**, eles sofrem segmentação em múltiplos lobos.

MÚLTIPLOS EFETORES REGULAM A PRODUÇÃO DE LEUCÓCITOS

A maioria dos leucócitos se renova rapidamente e, portanto, deve ser continuamente substituída. O tempo de vida de um leucócito mieloide circulante, por exemplo, oscila de poucas horas a poucos dias, ao passo que a maioria dos linfócitos persiste por apenas poucas semanas no sangue. Uma notável exceção a esse padrão são os **linfócitos de memória**, que podem viver por vários anos. A produção de monócitos e granulócitos ocorre pela formação de um **progenitor mieloide comum**, ao passo que a diferenciação de células-tronco hematopoiéticas em linfócitos ocorre via formação de **progenitor linfoide comum** (ver Figura 53-1). A proliferação de células-tronco hematopoiéticas e a determinação de seu destino final são controladas pelas influências conjuntas de múltiplas moléculas efetoras. O fator de crescimento da célula-tronco, o fator estimulador de colônias granulocíticas e macrofágicas e as interleucinas 5 e 6, por exemplo, estimulam a produção de granulócitos (neutrófilos, eosinófilos, basófilos) e monócitos, um processo que ocorre por meio da formação de **células progenitoras mieloides**. O fator de necrose tumoral α, o fator de transformação do crescimento β_1 e as interleucinas 2 e 7 promovem a formação das **células progenitoras linfoides** e a sua eventual maturação em células B e T.

OS LEUCÓCITOS SÃO MÓVEIS

Os leucócitos migram em resposta a sinais químicos

Os leucócitos podem ser encontrados em todo o corpo, migrando do sangue para os locais de lesão ou infecção em resposta aos sinais químicos, um processo conhecido como **quimiotaxia**. A migração a partir da circulação ocorre por **diapedese**, que consiste em um mecanismo ameboide envolvendo a contorção da célula mediada pelo citoesqueleto (**Figura 54-2**). Um pseudópode fino estende-se entre as células do epitélio capilar. Uma vez ancorado no outro lado, as proteínas do citoesqueleto espremem o conteúdo celular através da projeção, preenchendo a extremidade distal do pseudópode para formar um novo corpo celular translocado, deixando para trás os remanescentes esvaziados. Uma vez no interior dos tecidos, a locomoção prossegue por um mecanismo ameboide sequencial semelhante.

A quimiotaxia é mediada por receptores acoplados à proteína G

Os leucócitos são atraídos até os tecidos por **fatores quimiotáticos**, como quimiocinas, fragmentos do complemento C5a, pequenos peptídeos derivados de bactérias (p. ex., N-formil-metionil-leucil-fenilalanina) e vários leucotrienos. Esses fatores ligam-se a um dos vários receptores de superfície celular,

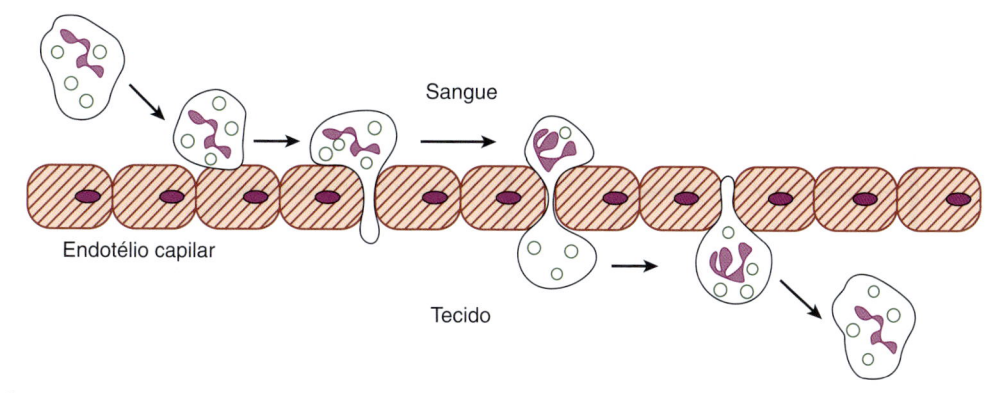

FIGURA 54-2 Diapedese. São mostradas, da esquerda para a direita, as principais etapas da diapedese, processo pelo qual os neutrófilos e outros leucócitos atravessam a parede capilar – cujas células estão evidenciadas em roxo –, em resposta a sinais quimiotáticos. Os núcleos celulares são mostrados em roxo, e os grânulos, em verde.

que compartilham domínios transmembrana semelhantes constituídos por α-hélices que atravessam sete vezes a membrana. Como esses receptores estão todos estreitamente acoplados a uma ou mais proteínas de ligação de nucleotídeo de guanosina heterotriméricas (**proteínas G**), são frequentemente designados como receptores acoplados à proteína G. Quando ocorre ligação de um ligante, uma cascata de transdução de sinais é iniciada, em que as proteínas G ativam a **fosfolipase C**, que hidrolisa o fosfatidilinositol-4,5-bifosfato, produzindo **diacilgliceróis** e o segundo mensageiro hidrossolúvel, o **inositol-1,4,5-trifosfato** (IP_3). A presença de IP_3 desencadeia a liberação de Ca^{2+}, levando ao aumento transitório do nível de Ca^{2+} citoplasmático. Nos neutrófilos, a presença de Ca^{2+} citoplasmático ativa os componentes do citoesqueleto de actina-miosina responsáveis pela migração da célula e pela secreção de grânulos. O diacilglicerol, juntamente com o Ca^{2+}, estimula a proteína-cinase C e induz a sua translocação do citosol para a membrana plasmática, onde catalisa a **fosforilação** de várias proteínas, incluindo algumas envolvidas na ativação da explosão respiratória (ver a seguir).

As quimiocinas são estabilizadas por ligações dissulfeto

As quimiocinas são pequenas proteínas, geralmente de 6 a 10 kDa, que são secretadas por leucócitos ativados, de modo a atrair neutrófilos adicionais até o local de infecção ou de lesão. As quimiocinas podem ser divididas em quatro subclasses, com base no número e no espaçamento de seus resíduos de cisteína, que formam as ligações dissulfeto que estabilizam a conformação da proteína (**Figura 54-3**). As quimiocinas do tipo C caracterizam-se por uma ligação dissulfeto intracadeia formada por um par de resíduos de cisteína conservados. Além da ligação dissulfeto conservada presente no tipo C, os outros três grupos de quimiocinas reconhecidos possuem uma segunda ligação dissulfeto. Nas quimiocinas tipo CC, um dos resíduos adicionais de cisteína encontra-se adjacente ao primeiro do primeiro par de resíduos universalmente conservados. Nos tipos CXC e CX_3C, essas cisteínas são separadas por um e três resíduos de aminoácidos intervenientes, respectivamente. As quimiocinas CX_3C, as maiores dos quatro tipos de citocinas, apresentam uma extremidade C-terminal mais longa, que inclui sítios de modificação covalente por glicosilação.

As integrinas facilitam a diapedese

A adesão de leucócitos às células endoteliais vasculares é mediada por glicoproteínas transmembrana das famílias da **integrina** e da **selectina** (ver a discussão sobre selectinas, no Capítulo 46). As **integrinas** consistem em subunidades α e β associadas covalentemente, que contêm, cada uma, um segmento extracelular, transmembrana e intracelular. Os segmentos extracelulares ligam-se a várias proteínas da matriz extracelular que possuem sequências Arg-Gly-Asp, enquanto os domínios intracelulares ligam-se a componentes do citoesqueleto, como a actina e a vinculina. Em virtude de sua capacidade de ligar o exterior de uma célula com o seu interior, as integrinas estabelecem uma ligação entre as respostas dos leucócitos (p. ex., movimento e fagocitose) e as mudanças no ambiente. A **Tabela 54-1** fornece uma lista de integrinas de interesse específico no que diz respeito aos neutrófilos.

Na **deficiência de adesão leucocitária tipo 1**, a ausência da subunidade $β_2$ (também denominada CD18) de LFA-1 e de duas integrinas relacionadas encontradas nos neutrófilos e nos macrófagos, Mac-1 (CD11b/CD18) e p150,95 (CD11c/CD18), compromete a capacidade dos leucócitos afetados de aderir às células endoteliais vasculares, impedindo a diapedese.

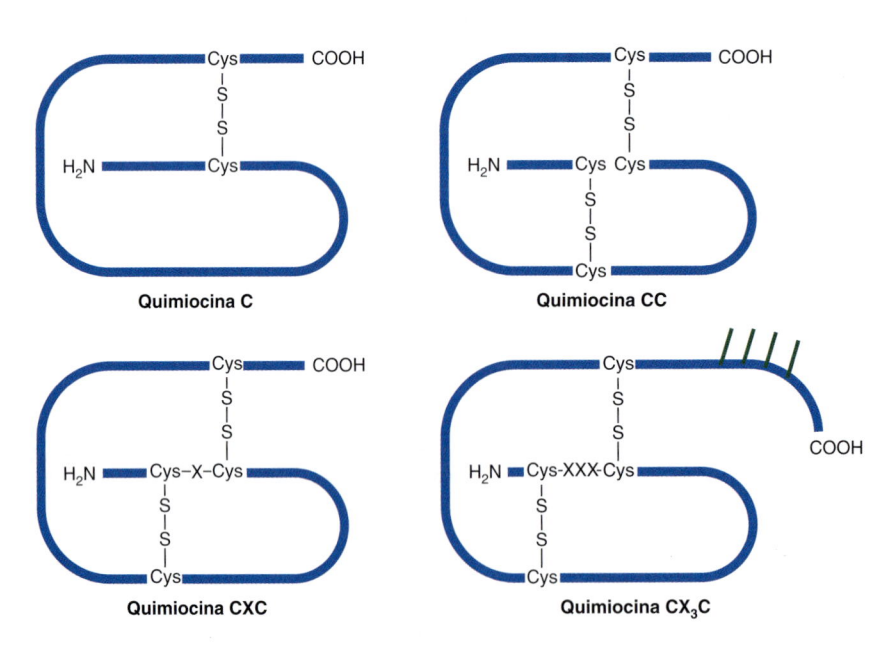

FIGURA 54-3 Quimiocinas. A figura mostra as principais características estruturais das quimiocinas tipo C, CC, CXC e CX_3C. As cadeias polipeptídicas estão evidenciadas em azul com seus terminais amino e carboxi marcados por H_2N e COOH, respectivamente. Os resíduos importantes de cisteína estão marcados como Cys, ligações dissulfeto conservadas, como S-S, e os aminoácidos espaçadores para os tipos CXC e CX_3C, por X. O carboidrato ligado está mostrado em verde.

TABELA 54-1 Principais integrinas dos leucócitos e das plaquetas

Integrina	Célula	Subunidade	Ligante	Funções
VLA-1 (CD49a)	Leucócitos, outras células	α1β1	Colágeno, laminina	Adesão célula-MEC
VLA-5 (CD49e)	Leucócitos, outras células	α5β1	Fibronectina	Adesão célula-MEC
VLA-6 (CD49f)	Leucócitos, outras células	α6β1	Laminina	Adesão célula-MEC
LFA-1 (CD11a)	Leucócitos	αLβ2	ICAM-1	Adesão dos leucócitos
Glicoproteína IIb/IIIa	Plaquetas	αIIbβ3	ICAM-2	
Fibrinogênio, fibronectina, fator de von Willebrand	Adesão e agregação das plaquetas			

CD, grupo de diferenciação; ICAM, molécula de adesão intercelular; LFA-1, antígeno 1 associado à função do linfócito; MEC, matriz extracelular; VLA, antígeno muito tardio.
Nota: A deficiência de LFA-1 e de integrinas relacionadas é encontrada na deficiência de adesão leucocitária tipo I (OMIM 116920). A deficiência do complexo de glicoproteína IIb/IIIa das plaquetas ocorre na trombastenia de Glanzmann (OMIM 273800), um distúrbio caracterizado por história de sangramento, contagem normal de plaquetas e retração anormal do coágulo. Esses achados ilustram como o conhecimento básico das proteínas de adesão da superfície celular pode esclarecer a etiologia de diversas doenças.

Como menos leucócitos penetram em seus tecidos infectados, os indivíduos afetados tendem a sofrer de infecções bacterianas e fúngicas recorrentes.

MICRORGANISMOS INVASORES E CÉLULAS INFECTADAS SÃO ELIMINADOS POR FAGOCITOSE

Os fagócitos ingerem células-alvo

Normalmente, os leucócitos destroem os microrganismos invasores por **fagocitose** (**Figura 54-4**). Os leucócitos fagocíticos reconhecem e ligam-se a células-alvo utilizando receptores que reconhecem lipopolissacarídeos ou peptidoglicanos bacterianos. Na maioria dos casos, entretanto, patógenos infecciosos são reconhecidos indiretamente pela presença de anticorpos ou fatores do complemento que tenham aderido previamente à sua superfície (ver Capítulo 52). O processo de sinalização de um invasor com proteínas protetoras para facilitar o reconhecimento por leucócitos fagocíticos é chamado de **opsonização**.

A ligação ao receptor desencadeia alterações drásticas no formato do fagócito, que, em seguida, engloba a célula-alvo até que esteja envolvida em uma vesícula membranosa internalizada, chamada de **fagossomo** (fagolisossomo). Então, o invasor encapsulado é destruído, utilizando uma combinação de enzimas hidrolíticas (p. ex., lisozima, proteases), peptídeos antimicrobianos (defensinas) e espécies reativas de oxigênio. Essas enzimas e toxinas são armazenadas em vesículas citoplasmáticas, conhecidas como **grânulos**, que, em seguida, fundem-se com o fagossomo (**Tabela 54-2**). Como esses grânulos podem ser observados ao microscópio, as células que os abrigam são designadas como **granulócitos**. Por fim, após a digestão do invasor microbiano e a absorção de seus açúcares, aminoácidos, etc., o fagossomo migra para a membrana plasmática do leucócito, onde se funde e expele os restos remanescentes.

Os componentes desses restos, que incluem fragmentos de proteínas, oligossacarídeos, lipopolissacarídeos, peptidoglicanos e polinucleotídeos, fornecem uma importante fonte de antígenos para o estímulo da produção de novos anticorpos. As **células T auxiliares** e outros leucócitos absorvem esses materiais por meio de endocitose (ver Figura 40-21); em seguida, segue o seu trajeto até a superfície celular em associação a uma proteína de membrana, denominada **complexo principal de histocompatibilidade** (**MHC**, do inglês *major histocompatibility complex*). O MHC atua como arcabouço para a apresentação de antígenos potenciais a linfócitos adjacentes, de maneira que provavelmente estimula a produção de novos anticorpos.

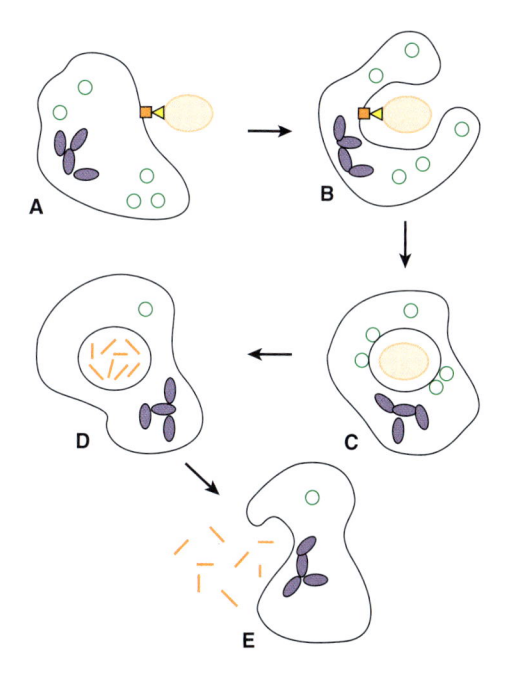

FIGURA 54-4 Fagocitose. Esta figura mostra a destruição de um microrganismo opsonizado, sombreado na cor laranja, por um neutrófilo via fagocitose. O núcleo multilobado do neutrófilo é mostrado em roxo, e os grânulos secretores, em verde. A presença de um anticorpo ou complemento sinalizador é indicada por um triângulo amarelo, com o receptor correspondente na superfície celular como um quadrado laranja-brilhante. Restos celulares do microrganismo estão representados como segmentos lineares alaranjados. **(A)** O neutrófilo liga-se a uma molécula de antígeno no microrganismo opsonizado via receptor. **(B)** O neutrófilo engloba o micróbio. **(C)** Os grânulos secretores fundem-se com o fagossomo recém-internalizado, liberando seus conteúdos. **(D)** As enzimas e citotoxinas derivadas dos grânulos destroem o microrganismo. **(E)** Em seguida, o fagossomo funde-se com a membrana celular, expelindo quaisquer resíduos restantes.

TABELA 54-2 Enzimas e proteínas dos grânulos de leucócitos fagocíticos

Enzima ou proteína	Reação catalisada ou função	Comentário
Mieloperoxidase (MPO)	$H_2O_2 + X^-$ (halogeneto) $+ H^+ \rightarrow HOX + H_2O$ em que $X^- = Cl^-$, HOX = ácido hipocloroso	Responsável pela cor verde do pus; deficiência genética pode causar infecções recorrentes
NADPH-oxidase	$2O_2 + NADPH \rightarrow 2O_2^{\cdot -} + NADP + H^+$	Componente essencial da explosão respiratória; deficiente na doença granulomatosa crônica
Lisozima	Hidrolisa a ligação entre o ácido N-acetilmurâmico e a N-acetil-D-glicosamina encontrada em certas paredes celulares bacterianas	Abundante nos macrófagos; hidrolisa peptidoglicanos bacterianos
Defensinas	Peptídeos antibióticos básicos de 20-33 aminoácidos	Destroem aparentemente as bactérias, provocando dano nas membranas
Lactoferrina	Proteína de ligação ao ferro	Pode inibir o crescimento de certas bactérias por meio de sua ligação ao ferro e pode estar envolvida na regulação da proliferação das células mieloides
Elastase Colagenase Gelatinase Catepsina G	Proteases	Abundantes em fagócitos; quebram componentes proteicos de organismos infecciosos; geram fragmentos para a apresentação do antígeno

As três principais classes de leucócitos fagocíticos são os **neutrófilos**, os **eosinófilos** e os **macrófagos**. Os neutrófilos, que representam cerca de 60% dos leucócitos presentes na circulação, fagocitam bactérias e pequenos microrganismos eucarióticos, como os fungos. Os **eosinófilos** são menos numerosos, constituindo 2 a 3% dos leucócitos do sangue, e ingerem microrganismos eucarióticos maiores, como os **paramécios**. Os macrófagos são derivados dos monócitos, que constituem aproximadamente 5% dos leucócitos do sangue. Os monócitos migram da corrente sanguínea para os tecidos de todo o corpo onde, após receber um estímulo, diferenciam-se para formar **macrófagos**. Enquanto os macrófagos também podem ingerir micróbios invasores, a função característica desses grandes fagócitos é remover as células hospedeiras humanas que tenham sido comprometidas por infecção, transformação maligna ou morte celular programada, também conhecida como **apoptose**. Essas células funcionalmente comprometidas são reconhecidas pelo aparecimento de proteínas e oligossacarídeos aberrantes na sua superfície. A ativação precoce dos macrófagos está associada à etiologia de muitas doenças degenerativas, como osteoporose, aterosclerose, artrite e fibrose cística. Além disso, podem facilitar a metástase de células cancerosas.

Os leucócitos fagocíticos geram espécies reativas de oxigênio durante a explosão respiratória

Os fagócitos utilizam **EROs**, como $O_2^{\cdot -}$, H_2O_2, OH• e HOCl (ácido hipocloroso), como importantes componentes do arsenal químico e enzimático utilizado para destruir as células ingeridas. A produção das várias EROs ocorre logo após (15-60 segundos) a internalização de uma célula encapsulada, utilizando O_2 e elétrons derivados do NADPH. O aumento consequente no consumo de oxigênio tem sido chamado de **explosão respiratória**. A produção de grandes quantidades de NADPH necessárias pela via das pentoses-fosfato (ver Capítulo 20) é facilitada pela acentuada dependência do fagócito da glicólise aeróbia para gerar ATP, uma consequência do baixo número de mitocôndrias presentes no seu interior.

A primeira etapa na formação de EROs microbicidas durante a explosão respiratória é a síntese de superóxido, que é catalisada pelo **sistema de NADPH-oxidase**. A catálise prossegue por um mecanismo em duas etapas: a redução do oxigênio molecular para formar superóxido (Tabela 54-2),

$$2O_2 + NADPH + H^+ \rightarrow 2O_2^{\cdot -} + NADP^+ + H$$

seguida de dismutação espontânea do **peróxido de hidrogênio** a partir de duas moléculas de superóxido:

$$O_2^{\cdot -} + O_2^{\cdot -} + 2H^+ \rightarrow H_2O_2 + O_2$$

O sistema de NADPH-oxidase é constituído pelo **citocromo b_{558}**, um heterodímero associado à membrana plasmática e por dois polipeptídeos citoplasmáticos de 47 e 67 kDa. Após a ativação, os peptídeos citoplasmáticos são recrutados para a membrana plasmática, onde se associam ao citocromo b_{558} para formar o complexo ativo. O fluxo pelo ciclo das pentoses-fosfato, que constitui a principal fonte de NADPH da célula, também aumenta acentuadamente durante a fagocitose. A célula é protegida de qualquer superóxido que possa escapar dos fagossomos pela **superóxido-dismutase**, que catalisa a transformação de dois ânions radicais superóxido em H_2O_2 e O_2. O peróxido de hidrogênio pode ser utilizado como substrato para a mieloperoxidase (ver adiante) ou eliminado pela ação da glutationa-peroxidase ou catalase.

A mieloperoxidase catalisa a produção de oxidantes clorados

A formação de ácidos hipoalosos durante a explosão respiratória é catalisada pela enzima **mieloperoxidase**.

$$H_2O_2 + X^- + H^+ \xrightarrow{\text{MIELOPEROXIDASE}} HOX + H_2O$$

($X^- = Cl^-$, Br^-, I^- ou SCN^-; HOX = ácido hipoaloso)

Essa enzima, presente em grandes quantidades nos grânulos de neutrófilos, utiliza H_2O_2 para oxidar o Cl^- e outros halogenetos para produzir **HOCl** e outros ácidos hipoalosos. O HOCl, ingrediente ativo da água sanitária de uso doméstico, é um poderoso oxidante altamente microbicida. Quando utilizado para esterilizar feridas, reage com aminas primárias ou secundárias presentes para produzir vários derivados de nitrogênio-cloro. Essas **cloraminas** são oxidantes menos poderosos do que o HOCl, de modo que podem atuar como agentes microbicidas, sem causar dano ao tecido adjacente.

As mutações que afetam o sistema NADPH-oxidase podem causar a doença granulomatosa crônica

As mutações funcionalmente deletérias nos genes que codificam qualquer um dos quatro polipeptídeos do sistema NADPH-oxidase podem causar **doença granulomatosa crônica**. O comprometimento resultante na produção de EROs prejudica a capacidade dos leucócitos fagocíticos de destruir os patógenos ingeridos. Apesar de ser relativamente incomum, os indivíduos que sofrem dessa condição apresentam infecções recorrentes. Há também formação de granulomas (lesões inflamatórias crônicas) na pele, nos pulmões e nos linfonodos como forma de isolar os patógenos invasores. Em alguns casos, o alívio pode ser proporcionado pela administração de interferona gama, que poderá aumentar a transcrição do componente de 91 kDa do citocromo b_{558}.

OS NEUTRÓFILOS E OS EOSINÓFILOS UTILIZAM NETs PARA CAPTURAR PARASITAS

Além de ingerir pequenos microrganismos, como bactérias por fagocitose, os neutrófilos e os eosinófilos podem auxiliar na eliminação de invasores maiores, aprisionando-os em redes, chamadas de **armadilhas extracelulares de neutrófilos** (**NETs**, do inglês *neutrophil extracellular traps*) (**Figura 54-5**). Os filamentos dessas NETs são compostos de fitas de polinucleotídeos geradas pela dispersão ou **descondensação** do DNA cromossômico do neutrófilo. Esse processo envolve a ruptura da membrana nuclear e o rompimento das interações carga-carga favoráveis, que normalmente estabilizam a cromatina. A dissolução dos complexos de histona-polinucleotídeo é promovida pela enzima **peptidil-arginina-deiminase**, que catalisa a deiminação das cadeias laterais fortemente básicas dos resíduos de arginina para formar resíduos de citrulina neutros (**Figura 54-6**). Algumas proteínas da cromatina permanecem associadas ao DNA, formando ligações cruzadas entre as fitas de polinucleotídeos. As membranas dos grânulos também se rompem nesse momento, liberando o seu conteúdo no citoplasma onde se ligam às fitas de polinucleotídeos dispersas, decorando o DNA com proteases derivadas dos grânulos, peptídeos antimicrobianos e outros fatores. Por fim, os neutrófilos sofrem lise, soltando suas NETs sobre os parasitas invasores, de modo a imobilizá-los e impedir a sua disseminação.

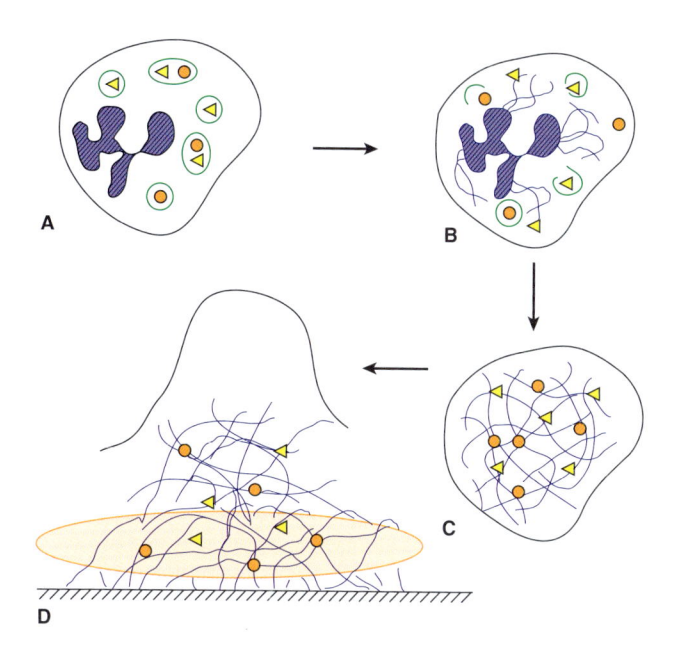

FIGURA 54-5 Aprisionamento dos parasitas com NETs. A figura mostra os estágios básicos da formação e do desdobramento de uma rede de DNA por um neutrófilo ou eosinófilo para aprisionar um microrganismo parasitário. **(A)** Neutrófilo em repouso. O núcleo multilobado está mostrado em roxo hachurado, os grânulos intracelulares, em verde, e as enzimas e citotoxinas do grânulo, como círculos alaranjados e triângulos amarelos. **(B)** Após estímulo, as membranas que limitam o núcleo e os grânulos se rompem, liberando enzimas, citotoxinas e fitas de DNA (em roxo) a partir de cromossomos descondensados. **(C)** As fitas de DNA formam uma rede que preenche o interior da célula à qual algumas proteínas derivadas dos grânulos aderem. **(D)** O neutrófilo rompe-se, liberando sua rede de DNA-proteínas, que prende o parasita (em laranja) contra a superfície do epitélio (hachurado).

AS PROTEASES DERIVADAS DOS FAGÓCITOS PODEM LESAR AS CÉLULAS SAUDÁVEIS

Os macrófagos e outros fagócitos produzem numerosas proteinases (Tabela 54-2), algumas das quais podem hidrolisar a elastina, vários tipos de colágeno e outras proteínas presentes na matriz extracelular. Embora pequenas quantidades de

FIGURA 54-6 Citrulinação. A enzima peptidil-arginina-deiminase desloca um dos grupos imino (em vermelho) na cadeia lateral da arginina por um átomo de oxigênio (em azul) derivado da água. O objetivo final é substituir uma carga positiva fornecida pela cadeia lateral da arginina protonada por uma amida, que é neutra.

elastase e de outras proteinases escapem para o interior dos tecidos normais, as suas atividades são normalmente colocadas em xeque por diversas **antiproteinases** presentes no plasma e no líquido extracelular (ver Capítulo 52). Uma delas, a α_2-**macroglobulina**, forma um complexo não covalente com determinadas proteinases, inibindo, assim, a sua atividade. Um defeito genético, que possibilita a ação da elastase sobre o tecido pulmonar sem qualquer controle por inibidores da proteólise, como o inibidor da α_1-antiproteinase (α_1-antitripsina), contribui significativamente para a causa do enfisema.

Níveis elevados de oxidantes clorados formados durante a inflamação podem alterar o equilíbrio entre proteinases e antiproteinases a favor das primeiras. Por exemplo, algumas das proteínas listadas na Tabela 54-2 são **ativadas** pelo HOCl, enquanto várias das antiproteinases compensatórias são inativadas pelo mesmo ácido hipoaloso. Além disso, essas proteínas inibitórias podem ser elas próprias degradadas por proteases. Por exemplo, o inibidor tecidual das metaloproteinases e a α_1-antiquimotripsina podem ser hidrolisados pela elastase, enquanto o inibidor da α_1-antiproteinase pode ser hidrolisado pela colagenase e pela gelatinase. Embora seja geralmente mantido um equilíbrio adequado entre proteinases e antiproteinases, em certos casos, como na presença de drenagem inadequada, que leva ao acúmulo de grandes quantidades de neutrófilos, pode ocorrer **dano tecidual** considerável.

OS LEUCÓCITOS COMUNICAM-SE POR MEIO DE EFETORES SECRETADOS

O desenvolvimento das respostas imunes e inflamatórias por tecidos lesionados ou infectados exige a ação coordenada de leucócitos e outras células. Grande parte dessa coordenação é obtida pela secreção de um conjunto diverso de pequenas proteínas (< 25 kDa) denominadas **citocinas**, que incluem interleucinas, interferonas e quimiocinas.

As mais de três dúzias de **interleucinas** conhecidas devem o seu nome às células nas quais são sintetizadas e a partir das quais são secretadas. Elas são geralmente designadas pela abreviação da classe **IL**, seguida por um número identificador, por exemplo, IL-1, IL-3, IL-22. As **interferonas** (**IFNs**), por outro lado, têm o seu nome derivado de sua capacidade de inibir ou interferir na replicação dos vírus infectantes. Cerca de 10 famílias distintas de interferonas foram identificadas em animais até hoje. As **quimiocinas** atraem e ativam a migração de leucócitos até o local de lesão ou infecção. A maior parte das citocinas é glicosilada. Em geral, elas estimulam tanto os leucócitos pelos quais são secretadas (**sinalização autócrina**) quanto os outros tipos de leucócitos (**sinalização parácrina**). Historicamente, as citocinas foram diferenciadas dos hormônios pela sua estreita associação à imunidade e à inflamação.

Os leucócitos também secretam mediadores lipídicos, chamados de **eicosanoides**, produzidos pela oxidação do ácido araquidônico (ver Capítulo 15). Esses mediadores lipídicos se encaixam em duas amplas classes, **leucotrienos** e **prostaglandinas**. Os leucotrienos caracterizam-se pela presença de um conjunto de três ligações duplas de carbono-carbono conjugadas. Alguns incorporam o aminoácido cisteína em sua estrutura. As prostaglandinas, que foram isoladas pela primeira vez da próstata, contêm 20 átomos de carbono e distinguem-se pelo seu anel de cinco membros comum.

A **histamina** (Figura 54-1), que é sintetizada pela descarboxilação do aminoácido histidina, é secretada em grandes quantidades por **basófilos** e **mastócitos** ativados. A histamina atua com outros fatores hematológicos, como a heparina e os eicosanoides, para manter o fluxo sanguíneo até o local de lesão ou de infecção e estimular o acúmulo de líquido (edema). A inflamação resultante aumenta a resposta imune, visto que o líquido acumulado facilita a migração dos leucócitos.

OS LINFÓCITOS PRODUZEM ANTICORPOS PROTETORES

Os **linfócitos** constituem aproximadamente 30% dos leucócitos presentes no sangue. Em virtude de sua capacidade de produzir novos anticorpos protetores contra antígenos recém-encontrados (ver Capítulo 53), os linfócitos constituem a base do **sistema imune adaptativo** do corpo. A classificação de linfócitos nos tipos B e T foi originalmente baseada na identidade dos tecidos nos quais cada forma completa sua maturação. Em espécies aviárias, os linfócitos B (células B) são processados na **bursa de Fabricius**. As células B em seres humanos, que não possuem esse órgão, sofrem maturação na **medula óssea**. A maturação dos **linfócitos T** (**células T**) ocorre no **timo**. Os linfócitos B secretam anticorpos solúveis presentes nos humores do corpo, por exemplo, no plasma e nos líquidos intersticiais, razão pela qual se diz que eles conferem **imunidade humoral**.

Os linfócitos que ainda não foram estimulados para produzir imunoglobulinas são chamados de *naïve*. A síntese de um novo anticorpo pode ser desencadeada por vários mecanismos. Os linfócitos podem ligar-se diretamente a invasores estranhos por meio de um dos muitos receptores presentes em sua superfície, configurados para a ligação de glicoproteínas, lipopolissacarídeos ou peptidoglicanos bacterianos. Alternativamente, o linfócito pode ser ativado quando encontra um antígeno que foi exibido ou apresentado na superfície de outro leucócito em associação ao MHC. Macrófagos, neutrófilos e linfócitos fagocíticos, chamados de **plasmócitos**, exibem ou apresentam fragmentos de macromoléculas que eles destruíram por fagocitose. Além disso, as **células T auxiliares** apresentam antígenos em sua superfície, incluindo restos ejetados por fagócitos, que foram ingeridos por endocitose. As **células T auxiliares** funcionam como "painéis celulares", coordenando a resposta imune ao receber, processar e enviar sinais de e para outros componentes do sistema imune.

As **células T citotóxicas** reconhecem proteínas que aparecem na superfície de células hospedeiras como consequência de infecção viral ou transformação oncogênica. Uma vez ligadas, elas induzem a lise da célula-alvo utilizando perforinas – proteínas que formam canais na membrana plasmática – e proteases, denominadas granzimas, que simulam a ação das proteases catepsinas, que normalmente desencadeiam a morte celular programada (**apoptose**). As **células *natural killer*** lembram as células T citotóxicas, porém contêm grânulos com substâncias químicas tóxicas adicionais para auxiliar em seu ataque.

RESUMO

- A eliminação de microrganismos infecciosos envolve as ações cumulativas de múltiplos tipos de leucócitos, incluindo linfócitos, fagócitos e basófilos.
- Os leucócitos comunicam-se utilizando moléculas efetoras secretadas, como quimiocinas, prostaglandinas, leucotrienos, interleucinas e interferonas.
- Os leucócitos migram do sangue para os tecidos em resposta a atrativos químicos específicos, um processo chamado de quimiotaxia.
- A migração ameboide dos leucócitos do sangue para os tecidos depende da flexibilidade e da deformação da célula mediadas pelo citoesqueleto.
- Os basófilos secretam histamina e heparina, que facilitam a migração de leucócitos pela indução do acúmulo de fluido em um sítio de infecção ou lesão.
- As integrinas modulam a adesão de leucócitos ao endotélio vascular, o primeiro passo na migração em direção aos tecidos infectados.
- Os fagócitos internalizam microrganismos invasores no interior de vesículas membranosas, chamadas de fagossomos.
- A destruição de microrganismos fagocitados é realizada utilizando-se uma combinação de espécies reativas de oxigênio (a explosão respiratória), enzimas hidrolíticas e peptídeos citotóxicos.
- As mutações em proteínas do sistema NADPH-oxidase causam doença granulomatosa crônica.
- Os neutrófilos e os eosinófilos defendem o organismo de grandes parasitas, imobilizando-os dentro de redes constituídas por fitas de DNA cromossômico.
- A descondensação do DNA cromossômico é facilitada pela citrulinação das cadeias laterais de arginina das histonas.
- Os linfócitos produzem imunoglobulinas protetoras (anticorpos) que conferem imunidade humoral.
- Os fagócitos e as células T auxiliares estimulam a produção de novos anticorpos por meio da apresentação de fragmentos de macromoléculas derivadas de patógenos em sua superfície.
- As células T citotóxicas e as células *natural killer* reconhecem e destroem as células hospedeiras que exibem proteínas de superfície características de infecção viral ou transformação maligna.

REFERÊNCIAS

Adkis M, Burgler S, Crameri R, et al: Interleukins, from 1 to 37, and interferon-γ: receptors, functions, and roles in diseases. J Allergy Clin Immunol 2011;127:701.

Gulati G, Caro J: *Blood Cells: Morphology and Clinical Relevance*, 2nd ed. American Society of Clinical Oncology, 2014.

Henderson GI: *Leukocytes: Biology, Classification and Role in Disease*. Novoc Sci Publ, 2012.

Hillman R, Ault K, Rinder H: *Hematology in Clinical Practice*. 5th ed. McGraw-Hill, 2010.

Mayadas TN, Cullere X, Lowell CA: The multifaceted functions of neutrophils. Annu Rev Pathol 2014;9:181.

Nordenfelt P, Tapper H: Phagosome dynamics during phagocytosis by neutrophils. J Leukocyte Biol 2011;90:271.

Wynn TA, Chawla A, Pollard JW: Macrophage development in development, homeostasis and disease. Nature 2013; 496:445.

Questões para estudo

Seção X – Tópicos especiais (B)

1. Descreva, de maneira sucinta, o modo de ação da nitroglicerina, um agente comum utilizado no tratamento da angina.

2. Pacientes tratados para insuficiência cardíaca frequentemente apresentam uma redução da expressão e regulação deficiente de SERCA2a, a principal Ca^{2+}-ATPase do retículo sarcoplasmático. Explique como defeitos nessa proteína poderiam contribuir para a deterioração da função cardíaca.

3. Selecione a alternativa INCORRETA:
    A. O sistema da troponina regula a contração do músculo liso.
    B. A contração muscular ocorre por um mecanismo de deslizamento de filamento.
    C. A cinase da cadeia leve de miosina fosforila as cadeias leves reguladoras no domínio de cabeça da miosina.
    D. A actina F é formada pela polimerização da actina G.
    E. O Ca^{2+} ativa a contração muscular e estimula a sua própria remoção pela ativação da Ca^{2+}-ATPase.

4. Um paciente anestesiado com um composto de halotano apresenta uma acentuada elevação da temperatura corporal, um comportamento indicativo de hipertermia maligna (HM). Selecione a alternativa INCORRETA:
    A. A HM pode surgir em consequência de mutações que alteram a sequência de aminoácidos da Na^+-K^+-ATPase.
    B. A HM pode surgir em consequência de mutações que alteram a sequência de aminoácidos do canal de liberação de Ca^{2+} sensível à rianodina.
    C. A rigidez muscular que ocorre durante a HM é desencadeada pela presença de altas concentrações de Ca^{2+} no citoplasma.
    D. A HM pode surgir em consequência de mutações que alteram a sequência de aminoácidos do canal de Ca^{2+} do tipo K lento, regulado por voltagem.
    E. A HM pode ser tratada pela administração intravenosa de dantroleno, que inibe a liberação de Ca^{2+} do retículo sarcoplasmático para o citosol.

5. Selecione a alternativa INCORRETA:
    A. Para regenerar ATP, as fibras de contração rápida são muito dependentes da creatina-fosfato.
    B. As fibras de contração lenta aparecem vermelhas porque contêm hemoglobina.
    C. As fibras de contração rápida contêm relativamente poucas mitocôndrias.
    D. Os maratonistas procuram aumentar a quantidade de glicogênio de seus músculos com o consumo de refeições ricas em carboidratos antes de uma competição (carga de carboidratos).
    E. Os músculos esqueléticos atuam como principal reserva de proteína no corpo.

6. Selecione a alternativa que NÃO constitui uma característica do ciclo contrátil no músculo estriado:
    A. A ligação do Ca^{2+} à troponina C expõe os sítios de ligação da miosina na actina.
    B. O movimento de força é iniciado pela liberação de P_i do complexo actina-miosina-ADP-P_i.
    C. A liberação de ADP do complexo actina-miosina-ADP é acompanhada de uma grande mudança na conformação do domínio da cabeça da miosina (em relação ao domínio de sua cauda).
    D. A ligação do ATP pela miosina aumenta sua afinidade pela actina.
    E. O *rigor mortis* resulta da incapacidade da actina de se liberar do complexo actina-miosina quando as células estão com deficiência de ATP.

7. Selecione a alternativa que NÃO atua como importante reserva de energia para a reposição de ATP no tecido muscular:
    A. Glicogênio.
    B. Creatina-fosfato.
    C. ADP (juntamente com adenilil-ciclase).
    D. Ácidos graxos.
    E. Epinefrina.

8. Selecione a alternativa INCORRETA:
    A. Os fármacos colchicina e vimblastina inibem a montagem dos microtúbulos.
    B. As mutações que afetam a queratina podem levar à formação de bolha.
    C. As mutações no gene que codifica a lamina A e a lamina C causam progéria (envelhecimento acelerado).
    D. A α e a β-tubulina constituem os principais componentes das fibras de estresse.
    E. Os motores moleculares, como a dineína, a cinesina e a dinamina, impulsionam o movimento ciliar, o transporte de vesículas e a endocitose.

9. Selecione a alternativa INCORRETA:
    A. A principal função dos canais de Ca^{2+} nos cardiomiócitos consiste em admitir íons de cálcio extracelular para dentro da célula, de modo a desencadear a liberação de Ca^{2+} do RS induzida por Ca^{2+}.
    B. Os digitálicos aumentam a força das contrações cardíacas pela elevação do nível de Na^+ intracelular.
    C. Determinados tipos de distrofias musculares são causados por mutações em enzimas denominadas glicosiltransferases.
    D. O dantroleno relaxa o músculo esquelético ao inibir a liberação de Ca^{2+} do RS.
    E. No RS, o Ca^{2+} está ligado a uma proteína de ligação específica do Ca^{2+}, denominada calmodulina.

10. Descreva o papel da haptoglobina na proteção dos rins dos efeitos potencialmente nocivos da hemoglobina extracorpuscular.

11. Descreva, de maneira sucinta, como a ativação da citidina-desaminase ajuda na produção de imunoglobulinas com sítios específicos de ligação ao antígeno.

12. Selecione a alternativa INCORRETA:
    A. A interleucina 1 estimula a produção de proteínas de fase aguda.
    B. O ferro precisa ser reduzido ao estado ferroso (Fe^{2+}), de modo a ser recuperado pelo ciclo da transferrina.
    C. Muitas proteínas do complemento são zimogênios.
    D. O receptor de transferrina tipo 2 (TfR2) atua principalmente como sensor de ferro.
    E. A lectina de ligação da manose liga-se a grupos de carboidratos presentes na superfície das bactérias invasoras.

13. Selecione a alternativa INCORRETA:
    A. A albumina é sintetizada na forma de pró-proteína.
    B. A albumina é estabilizada por múltiplas ligações dissulfeto intracadeia.
    C. A albumina é uma glicoproteína.
    D. A albumina facilita o movimento dos ácidos graxos pela circulação.
    E. A albumina constitui o principal determinante da pressão osmótica do plasma.

14. Selecione a alternativa INCORRETA:
    A. A doença de Wilson pode ser tratada com agentes quelantes, como a penicilamina.
    B. A doença de Wilson caracteriza-se por toxicose do cobre (níveis anormalmente elevados de cobre).
    C. A doença de Wilson é causada por mutações no gene que codifica a ceruloplasmina.
    D. A albumina facilita o movimento das sulfonamidas pela circulação.
    E. A albumina pode ser perdida do corpo se houver inflamação da mucosa intestinal.

15. Você atende uma mulher de 50 anos, pálida e cansada. Você suspeita de que ela esteja com anemia ferropriva e prescreve uma série de exames laboratoriais. Selecione um dos seguintes resultados prováveis de exame laboratorial que NÃO seria compatível com o seu diagnóstico provisório:
    A. Níveis de protoporfirina eritrocitária inferiores ao normal.
    B. Aumento da saturação de transferrina.
    C. Aumento da expressão de TfR.
    D. Níveis elevados de hepcidina plasmática.
    E. Níveis diminuídos de hemoglobina.

16. Selecione a alternativa que NÃO constitui uma causa potencial de amiloidose:
    A. Acúmulo de β_2-macroglobulina.
    B. Depósito de fragmentos derivados de cadeias leves de imunoglobulinas.
    C. Acúmulo de produtos de degradação do amiloide A sérico.
    D. Presença de formas de transtirretina alteradas por mutação.
    E. Deficiência de amilase.

17. Selecione a alternativa INCORRETA:
    A. Todas as imunoglobulinas contêm pelo menos dois polipeptídeos de cadeia pesada e dois polipeptídeos de cadeia leve.
    B. As cadeias polipeptídicas das imunoglobulinas estão ligadas entre si por ligações dissulfeto.
    C. As imunoglobulinas são multivalentes.
    D. As imunoglobulinas são glicosiladas.
    E. As imunoglobulinas são componentes primários do sistema imune inato do corpo.

18. Explique como uma deficiência de glicose-6-fosfato-desidrogenase nas hemácias pode levar à anemia hemolítica.

19. Selecione a alternativa INCORRETA:
    A. A elevada área de superfície das hemácias bicôncavas facilita a troca gasosa.
    B. A eliptocitose hereditária pode ser causada por defeitos ou deficiência da espectrina.
    C. O diâmetro das hemácias é maior do que o de muitos capilares periféricos.
    D. A proteína 4.1 ajuda a ligar o citoesqueleto da hemácia a proteínas da membrana plasmática da célula.
    E. Para atravessar os estreitos capilares, as hemácias precisam se comprimir para adquirir uma forma esférica compacta.

20. Selecione a alternativa INCORRETA:
    A. As hemácias contêm níveis elevados de superóxido-dismutase.
    B. As substâncias A e B são formadas pela adição de fucose e N-acetilglicosamina, respectivamente, à substância H.
    C. As plaquetas geram ATP exclusivamente por meio da glicólise.
    D. As hemácias maduras são desprovidas de organelas internas.
    E. As membranas das hemácias contêm níveis elevados da proteína de troca aniônica banda 3.

21. Selecione a alternativa INCORRETA:
    A. A eritropoietina estimula a formação das hemácias a partir das células-tronco hematopoiéticas.
    B. As células-tronco multipotentes são capazes de se diferenciar em células de tipo estreitamente relacionado.
    C. A anidrase carbônica aumenta a capacidade das hemácias de transportar CO_2.
    D. O GLUT1 medeia o transporte ativo da glicose para dentro das hemácias.
    E. A hipoxia estimula a produção de eritropoietina pelos rins.

22. Um paciente recentemente exposto à anilina apresenta coloração azulada da pele e das mucosas. Selecione um possível diagnóstico provisório a partir da seguinte lista:
    A. Metemoglobinemia.
    B. Hemocromatose hereditária.
    C. Síndrome de 5q.
    D. Púrpura trombocitopênica imune.
    E. Trombastenia de Glanzmann.

23. Selecione a alternativa INCORRETA:
    A. O acúmulo de líquido em um local de infecção (edema) facilita a migração dos leucócitos.
    B. A deficiência de adesão leucocitária tipo 1 é causada pela ausência da subunidade β_2 de uma integrina, denominada LFA-1.
    C. Os componentes da cascata do complemento circulam no plasma na forma de zimogênios inativos.
    D. Os leucócitos são recrutados até o local de infecção por quimiotaxia, em direção às fontes de epinefrina.
    E. Os neutrófilos podem capturar grandes patógenos em NETs construídas, em parte, a partir de fitas do DNA cromossômico.

24. Selecione a alternativa INCORRETA:
    A. As interleucinas são mediadores essenciais da produção de leucócitos.
    B. Os linfócitos produzem anticorpos protetores.
    C. Os monócitos podem ser encontrados em tecidos de todo o corpo.
    D. O fator hematológico histamina é sintetizado pela desaminação do aminoácido histidina.
    E. O termo polimorfonuclear refere-se a leucócitos que apresentam um núcleo segmentado.

25. Selecione a alternativa INCORRETA:
    A. Os fagócitos destroem as bactérias ingeridas utilizando espécies reativas de oxigênio e enzimas hidrolíticas.
    B. A doença granulomatosa crônica é causada por uma deficiência na atividade da mieloperoxidase.
    C. O NADPH atua como principal fonte de elétrons para a geração de EROs durante a explosão oxidativa.
    D. Os neutrófilos ajudam na eliminação de alguns parasitas, capturando-os em NETs que são formadas a partir de seu DNA cromossômico.
    E. As quimiocinas são estabilizadas pela formação de ligações dissulfeto intracadeias.

26. Selecione a alternativa INCORRETA:
    A. Os leucócitos ativados secretam mediadores lipídicos, denominadas interferonas.
    B. Os neutrófilos facilitam a produção de anticorpos protetores, apresentando fragmentos de micróbios fagocitados em sua superfície, em associação ao complexo principal de histocompatibilidade (MHC).
    C. As células T citotóxicas utilizam perforinas para lisar as células infectadas.
    D. Os anticorpos solúveis são liberados no plasma principalmente por linfócitos B.
    E. O enfisema pode surgir em consequência da ação da elastase e de outras proteases derivadas de grânulos no tecido pulmonar.

27. Selecione a alternativa INCORRETA:
    A. A maioria das proteínas mitocondriais é codificada pelo genoma nuclear.
    B. As proteínas Ran, à semelhança das proteínas ARF e Ras, são GTPases monoméricas.
    C. Uma das causas da doença de Refsum consiste em mutações nos genes que codificam proteínas peroxissomais.
    D. As proteínas peroxissomais são sintetizadas em polirribossomos citosólicos.
    E. A importação de proteínas dentro das mitocôndrias envolve proteínas conhecidas como importinas.

28. Selecione a alternativa INCORRETA:
    A. Os peptídeos sinalizadores N-terminais, que dirigem proteínas nascentes para a membrana do RE, contêm uma sequência hidrofóbica.
    B. A translocação pós-traducional das proteínas para o RE não ocorre em espécies de mamíferos.
    C. A SRP contém uma espécie de RNA.
    D. A N-glicosilação é catalisada pela oligossacarídeo: proteína-transferase.
    E. As proteínas de membrana tipo 1 têm a sua extremidade N-terminal voltada para o lúmen do RE.

29. Selecione a alternativa INCORRETA:
    A. Com frequência, as chaperonas exibem atividade de ATPase.
    B. A proteína dissulfeto-isomerase e a peptidil-prolil-isomerase são enzimas envolvidas no auxílio do dobramento correto das proteínas.
    C. A ubiquitina é uma pequena proteína envolvida na degradação proteica pelos lisossomos.
    D. As mitocôndrias contêm chaperonas.
    E. A retrotranslocação através da membrana do RE está envolvida no auxílio da eliminação de proteínas maldobradas.

30. Selecione a alternativa INCORRETA:
    A. A Rab é uma pequena GTPase envolvida no endereçamento de vesículas.
    B. As vesículas COPII estão envolvidas no transporte anterógrado de cargas do RE para o ERGIC ou aparelho de Golgi.
    C. A brefeldina A impede a ligação do GTP ao ARF e, portanto, inibe a formação de vesículas COPI.
    D. A toxina botulínica B atua por meio de clivagem da sinaptobrevina, inibindo a liberação de acetilcolina na junção neuromuscular.
    E. A furina converte a pré-pró-albumina em pró-albumina.

31. Qual dos seguintes tipos de proteínas NÃO atua como GTPase?
    A. Fator de ribosilação do ADP (ARF).
    B. Proteínas Rab.
    C. Fator sensível à N-etilmaleimida (NSF).
    D. Sar1.
    E. Proteínas Ran.

32. Selecione a alternativa INCORRETA:
    A. O colágeno possui uma estrutura em tripla-hélice, formando uma super-hélice para a direita.
    B. A prolina e a hidroxiprolina conferem rigidez ao colágeno.
    C. O colágeno contém uma ou mais ligações O-glicosídicas.
    D. O colágeno carece de ligações cruzadas.
    E. A deficiência de vitamina C compromete a ação das prolil e lisil-hidroxilases.

33. Selecione a alternativa INCORRETA:
    A. A elastina contém hidroxiprolina, mas não hidroxilisina.
    B. A elastina contém ligações cruzadas formadas por desmosinas.
    C. Ainda não foi identificada nenhuma doença genética causada por anormalidades da elastina.
    D. Diferentemente do colágeno, existe apenas um gene para a codificação da elastina.
    E. A elastina não contém nenhuma molécula de açúcar.

34. Selecione a alternativa INCORRETA:
    A. A síndrome de Marfan é causada por mutações no gene que codifica a fibrilina 1, um importante constituinte das microfibrilas.
    B. Todos os subtipos da síndrome de Ehlers-Danlos são causados por mutações que afetam os genes que codificam os vários tipos de colágeno.
    C. A laminina é encontrada nos glomérulos renais, juntamente com a entactina, o colágeno tipo IV e a heparina ou heparan-sulfato.

D. As mutações que afetam o colágeno tipo IV podem causar doença renal grave.
E. As mutações no gene *1A1* do colágeno podem causar osteogênese imperfeita.

35. Selecione a alternativa INCORRETA:
    A. A maioria dos GAGs (mas nem todos), contém um aminoaçúcar e um ácido urônico.
    B. Todos os GAGs são sulfatados.
    C. Os GAGs são formados pelas ações de glicosiltranferases, utilizando açúcares doados por açúcares nucleotídicos.
    D. O ácido glicurônico pode ser convertido em ácido idurônico por uma epimerase.
    E. O proteoglicano agrecano contém ácido hialurônico, queratan-sulfato e condroitina-sulfato.

36. Um lactente do sexo masculino não está se desenvolvendo e, ao exame, apresenta hepatomegalia e esplenomegalia, entre outros achados. A análise da urina revela a presença de dermatan-sulfato e heparan-sulfato. Você suspeita que esse lactente apresenta síndrome de Hurler. A partir da seguinte lista, selecione a enzima que gostaria de avaliar para confirmar o seu diagnóstico:
    A. β-Glicuronidase.
    B. β-Galactosidase.
    C. α-L-Iduronidase.
    D. α-*N*-Acetilglicosaminidase.
    E. Neuraminidase.

37. Você examina uma criança, que está bem abaixo da altura média. Você observa que ela apresenta membros curtos, tamanho normal do tronco, macrocefalia e uma variedade de outras anormalidades esqueléticas. A suspeita é de que a criança tenha acondroplasia. A partir da seguinte lista, selecione o teste que melhor confirmaria o seu diagnóstico:
    A. Determinação do hormônio do crescimento.
    B. Ensaios para enzimas envolvidas no metabolismo dos GAGs.
    C. Testes para mucopolissacarídeos urinários.
    D. Testes genéticos para anormalidades do receptor do fator de crescimento dos fibroblastos 3 (FGFR3).
    E. Testes genéticos para anormalidades do hormônio do crescimento.

SEÇÃO XI
Tópicos especiais (C)

CAPÍTULO 55

Hemostasia e trombose

Peter L. Gross, M.D., M.Sc., F.R.C.P.(C),
P. Anthony Weil, Ph.D. e Margaret L. Rand, Ph.D.

OBJETIVOS

Após o estudo deste capítulo, você deve ser capaz de:

- Compreender a importância da hemostasia e da trombose na saúde e na doença.
- Descrever em linhas gerais as etapas que levam à ativação das plaquetas.
- Identificar os fármacos antiplaquetários e o seu modo de inibição.
- Esquematizar as vias da coagulação que levam à formação da fibrina.
- Identificar os fatores da coagulação dependentes de vitamina K.
- Fornecer exemplos de distúrbios genéticos que causam sangramento.
- Descrever o processo da fibrinólise.

IMPORTÂNCIA BIOMÉDICA

Neste capítulo, são descritos os aspectos fundamentais da biologia das plaquetas, bem como os aspectos básicos das proteínas do sistema da coagulação sanguínea e da fibrinólise. Os estados hemorrágicos e trombóticos podem resultar em graves emergências médicas, e a trombose das artérias coronárias e cerebrais constitui uma importante causa de morte em muitas partes do mundo. A abordagem racional dessas condições exige uma compreensão clara das bases da ativação das plaquetas, da coagulação sanguínea e da fibrinólise.

A HEMOSTASIA E A TROMBOSE POSSUEM TRÊS FASES EM COMUM

A **hemostasia** refere-se à interrupção de sangramento a partir de um corte ou de um vaso seccionado, ao passo que a **trombose** ocorre quando o endotélio que reveste os vasos sanguíneos é lesionado ou removido (p. ex., com a ruptura de uma placa aterosclerótica). Esses processos envolvem os vasos sanguíneos, a agregação plaquetária e as proteínas plasmáticas responsáveis pela formação ou dissolução dos agregados plaquetários e fibrina.

Na hemostasia, ocorre vasoconstrição inicial do vaso lesionado, causando diminuição do fluxo sanguíneo distalmente à lesão. Portanto, a hemostasia e a trombose compartilham **três fases**:

1. Formação de um **agregado de plaquetas** frouxo e temporário no local da lesão. As plaquetas ligam-se ao colágeno no local da lesão da parede do vaso, formam tromboxano A_2 (TxA_2) e liberam difosfato de adenosina (ADP, do inglês *adenosine diphosphate*), que ativa outras plaquetas que estão circulando na vizinhança da lesão. (O mecanismo de ativação das plaquetas é descrito adiante.) A trombina, formada durante a coagulação no mesmo local, provoca maior ativação das plaquetas. Com a sua ativação, as plaquetas mudam de formato e, na presença de fibrinogênio e/ou do fator de von Willebrand, agregam-se para formar o tampão hemostático (na hemostasia) ou o trombo (na trombose).
2. Formação de uma **rede de fibrina** que se liga ao agregado de plaquetas, formando um tampão hemostático ou um trombo mais estável.
3. **Dissolução** parcial ou completa do tampão hemostático ou do trombo pela plasmina.

Existem três tipos de trombos

São identificados três tipos de trombos ou coágulos. Todos contêm **fibrina** em diversas proporções.

1. O **trombo branco** é composto por plaquetas e fibrina e é relativamente pobre em hemácias. Forma-se no local de uma lesão ou de uma anormalidade da parede do vaso, particularmente em áreas onde o fluxo sanguíneo é rápido (artérias).
2. O **trombo vermelho** consiste principalmente em hemácias e fibrina. Assemelha-se morfologicamente a um coágulo formado em tubo de ensaio e pode ser composto *in vivo* em áreas de fluxo sanguíneo retardado ou estase (p. ex., veias), com ou sem lesão vascular, ou pode ser produzido no local de uma lesão ou em um vaso anormal, em associação a um tampão plaquetário em formação.
3. O terceiro tipo consiste em **depósitos de fibrina** em vasos sanguíneos muito pequenos ou capilares.

Em primeiro lugar, serão descritos alguns dos aspectos da atuação das plaquetas e das paredes dos vasos sanguíneos no processo global. Em seguida, será descrita a via da coagulação que leva à formação da fibrina. Essa separação entre plaquetas e fatores da coagulação é artificial, visto que ambos desempenham funções íntimas e, com frequência, mutuamente interdependentes na hemostasia e na trombose; essa estratégia facilita a descrição dos processos globais envolvidos.

A agregação plaquetária requer sinalização transmembrana de fora para dentro e de dentro para fora

As plaquetas circulam normalmente em um formato discoide não estimulado. **Durante a hemostasia ou a trombose, as plaquetas são ativadas** e ajudam a **formar tampões hemostáticos ou trombos (Figura 55-1)**. Três etapas principais estão envolvidas: (1) adesão ao colágeno exposto nos vasos sanguíneos, (2) liberação (exocitose) do conteúdo dos grânulos de armazenamento e (3) agregação.

As **plaquetas aderem ao colágeno** por meio de receptores específicos situados na superfície da plaqueta, incluindo os complexos glicoproteicos GPIa-IIa (integrina α2β1; ver Capítulo 54) e GPIb-IX-V, e GPVI. A ligação do complexo GPIb-IX-V ao colágeno é mediada pelo fator de von Willebrand; essa interação é particularmente importante na aderência das plaquetas ao subendotélio nas condições de alto estresse de cisalhamento que ocorrem nos pequenos vasos e nas artérias parcialmente estenosadas.

As plaquetas que estão ligadas ao colágeno alteram seu formato e se disseminam sobre o subendotélio. Essas plaquetas aderentes liberam os conteúdos de seus **grânulos de armazenamento** (os grânulos densos e os grânulos α); algumas das moléculas liberadas amplificam as respostas à lesão da parede vascular. A liberação de grânulos também é estimulada pela trombina.

A **trombina**, que é formada a partir da cascata da coagulação (descrita adiante), constitui o ativador mais potente das plaquetas e inicia a ativação por meio de sua interação com seus receptores, o **receptor ativado por protease-1 (PAR-1)**, o **PAR-4** e o **GPIb-IX-V** na membrana plasmática da plaqueta (Figura 55-1A). Os eventos subsequentes que levam à ativação das plaquetas após a ligação ao PAR-1 e ao PAR-4 são exemplos de **sinalização transmembrana de fora para dentro**, em que um mensageiro químico fora da célula gera moléculas efetoras dentro da célula (ver Capítulo 42). Nesse caso, a trombina atua como mensageiro químico externo (estímulo ou agonista). A interação da trombina com seus receptores acoplados à proteína G, PAR-1 e PAR-4, estimula a atividade de uma **fosfolipase Cβ (PLCβ)**. Essa enzima hidrolisa o fosfolipídeo da membrana, o **fosfatidilinositol-4,5-bifosfato (PIP_2**, um polifosfoinositídeo), para formar duas moléculas efetoras internas (**1,2-diacilglicerol [DAG]** e **1,4,5-inositol-trifosfato [IP_3]**; ver Figuras 42-6 e 42-7).

A hidrólise do PIP_2 também está envolvida na ação de muitos hormônios e fármacos. O DAG estimula a **proteína-cinase C**, que fosforila a proteína **plecstrina** (47 kDa). Isso resulta em agregação e liberação dos conteúdos dos grânulos de armazenamento. O **ADP** liberado dos grânulos densos também pode ativar as plaquetas por meio de seus receptores específicos acoplados à proteína G (Figura 55-1A), resultando em agregação de mais plaquetas. O IP_3 causa a liberação de Ca^{2+} para dentro do citosol, principalmente a partir do sistema tubular denso (ou retículo endoplasmático liso residual do megacariócito) que, a seguir, interage com a calmodulina e a cinase da cadeia leve da miosina, levando à fosforilação das cadeias leves de miosina. A seguir, essas cadeias interagem com a actina, causando modificações no formato da plaqueta.

A ativação induzida pelo colágeno de uma **fosfolipase A_2 citosólica** ($cPLA_2$) plaquetária por níveis aumentados de Ca^{2+} intracelular resulta em liberação de ácido araquidônico dos fosfolipídeos da membrana plaquetária, com consequente formação de TxA_2 (ver Capítulos 21 e 23). Por sua vez, o TxA_2, por meio de sua ligação a seu receptor específico acoplado à proteína G, pode ativar ainda mais a PLCβ, promovendo a agregação plaquetária (Figura 55-1A).

Todos os **agentes agregadores**, incluindo a trombina, o colágeno, o ADP e outros, como o fator de ativação de plaquetas, através da **via de sinalização de dentro para fora**, modificam o **complexo glicoproteico GPIIb-IIIa** (integrina αIIbβ3; ver Capítulo 54) da superfície da plaqueta, de modo que o receptor tenha maior afinidade pelo **fibrinogênio** ou pelo **fator de von Willebrand** (Figura 55-1B). Em seguida, as moléculas de fibrinogênio divalentes ou o fator de von Willebrand multivalente ligam plaquetas ativadas adjacentes entre si, formando um agregado plaquetário. Ocorre agregação plaquetária mediada pelo fator de von Willebrand em condições de alto estresse de cisalhamento. Alguns agentes, incluindo a epinefrina, a serotonina e a vasopressina, exercem efeitos sinérgicos com outros agentes agregadores.

Além de formar um agregado, as plaquetas ativadas aceleram a ativação do fator da coagulação X e da protrombina pela exposição do fosfolipídeo aniônico, a fosfatidilserina, na superfície da membrana (ver adiante para mais detalhes). O polifosfato, liberado a partir dos grânulos densos, acelera a ativação do fator V e também acelera a ativação do fator XI pela trombina.

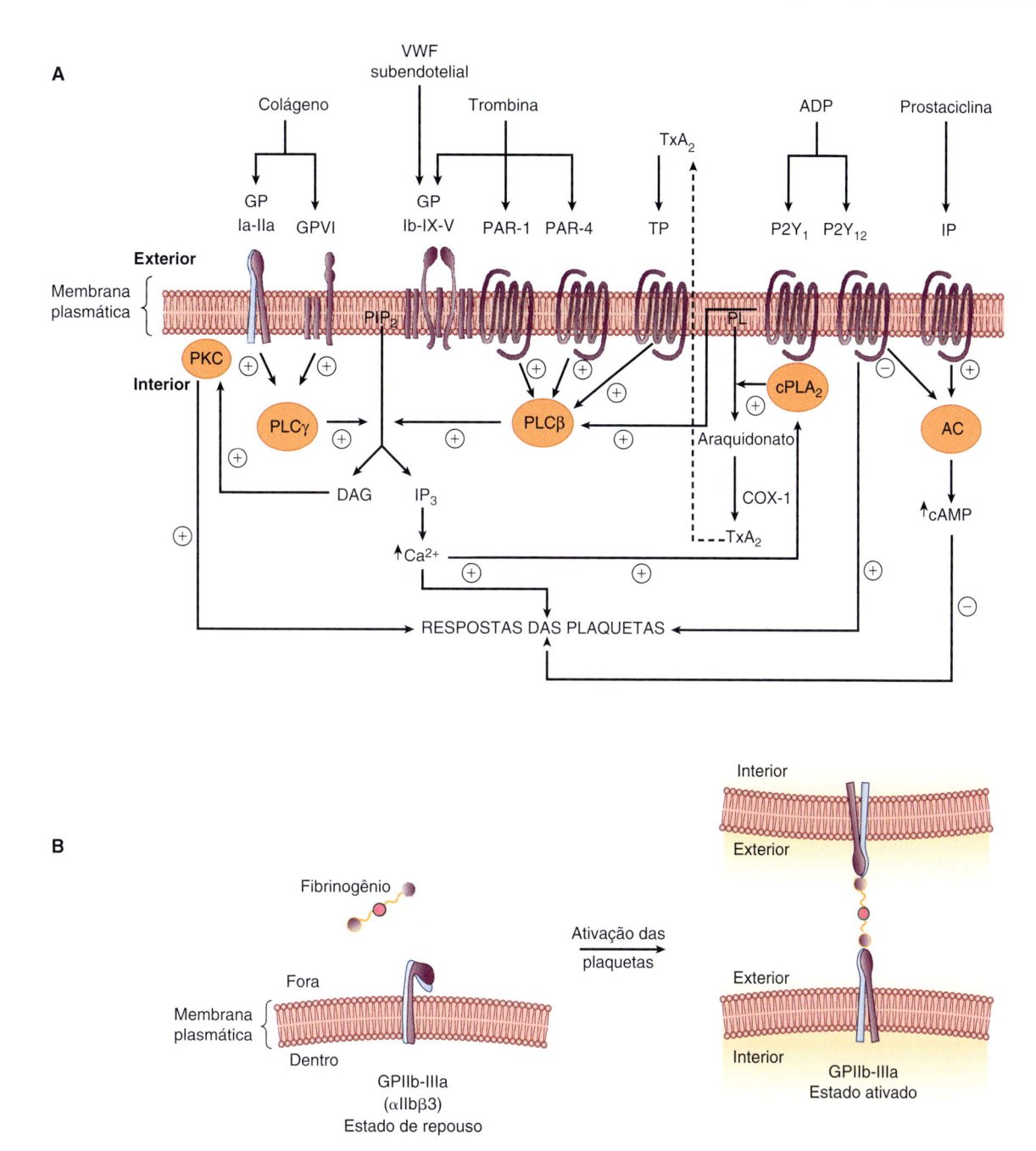

FIGURA 55-1 **(A) Representação esquemática da ativação das plaquetas pelo colágeno, pela trombina, pelo tromboxano A_2 e pelo ADP e inibição pela prostaciclina.** O ambiente externo (Ext), a membrana plasmática e o interior da plaqueta (Int) são representados de cima para baixo. As respostas das plaquetas incluem, dependendo do agonista, mudança de seu formato, liberação do conteúdo dos grânulos de armazenamento e agregação. (AC, adenilil-ciclase; cAMP, AMP cíclico; COX-1, cicloxigenase-1; $cPLA_2$, fosfolipase A_2 citosólica; DAG, 1,2-diacilglicerol; GP, glicoproteína; IP, receptor de prostaciclina; IP_3, inositol-1,4,5-trifosfato; $P2Y_1$, $P2Y_{12}$, receptores de purina; PAR, receptor ativado por protease; PIP_2, fosfatidilinositol-4,5-bifosfato; PKC, proteína-cinase C; PL, fosfolipídeo; PLCβ, fosfolipase Cβ; PLCγ, fosfolipase Cγ; TP, receptor de tromboxano A_2; TxA_2, tromboxano A_2; VWF, fator de von Willebrand.) As proteínas G envolvidas não estão ilustradas. **(B) Representação diagramática da agregação plaquetária mediada pela ligação do fibrinogênio a moléculas ativadas de GPIIb-IIIa presentes nas plaquetas adjacentes.** Os eventos de sinalização iniciados por todos os agentes agregadores transformam GPIIb-IIIa de seu estado de repouso em uma forma ativada, que pode ligar-se ao fibrinogênio divalente ou, na presença do alto cisalhamento que ocorre nos pequenos vasos, ao fator de von Willebrand multivalente.

As células endoteliais sintetizam prostaciclina e outros compostos que afetam a coagulação e a trombose

As **células endoteliais** nas paredes dos vasos sanguíneos contribuem de modo significativo para a regulação global da hemostasia e da trombose. Conforme descrito no Capítulo 23, essas células sintetizam o prostanoide **prostaciclina** (PGI_2), um potente inibidor da agregação plaquetária. A prostaciclina atua ao estimular a atividade da adenilil-ciclase nas membranas de superfície das plaquetas por meio de seu receptor acoplado à proteína G (Figura 55-1A). A consequente elevação do **cAMP** intraplaquetário opõe-se ao aumento do nível de Ca^{2+} intracelular produzido pelo IP_3 e, portanto, inibe a ativação das plaquetas. Isso contrasta com o efeito do prostanoide tromboxano TxA_2, formado pelas plaquetas ativadas, que consiste na promoção da agregação. As células endoteliais desempenham outros papéis na regulação da trombose. Por exemplo, essas células apresentam uma **ADPase**, que hidrolisa o ADP e, dessa forma, opõe-se ao efeito agregador do ADP sobre as plaquetas. Além disso, essas células expressam proteoglicanos, como o **heparan-sulfato**, um anticoagulante, e também liberam **ativadores do plasminogênio**, que podem ajudar a dissolver os trombos. O **óxido nítrico** (o fator de relaxamento derivado do endotélio), outro potente inibidor das plaquetas, é discutido no Capítulo 51.

O ácido acetilsalicílico é um dos vários fármacos antiplaquetários efetivos

Os fármacos antiplaquetários inibem as respostas plaquetárias. O fármaco antiplaquetário mais comumente utilizado é o **ácido acetilsalicílico** (**aspirina**), que acetila irreversivelmente e, portanto, inibe a **cicloxigenase** (**COX-1**) das plaquetas envolvida na formação de TxA_2 (ver Capítulo 21); o TxA_2 é um poderoso agregador das plaquetas, bem como um vasoconstritor. As plaquetas são muito sensíveis ao ácido acetilsalicílico, e o uso de apenas 30 mg/dia de ácido acetilsalicílico (1 comprimido de ácido acetilsalicílico regular contém 325 mg) impede efetivamente a síntese de TxA_2 pelas plaquetas. O ácido acetilsalicílico também inibe a produção de PGI_2, que se opõe à agregação plaquetária e atua como vasodilatador pelas células endoteliais; todavia, diferentemente das plaquetas, essas células regeneram a cicloxigenase dentro de poucas horas. Por conseguinte, o equilíbrio global entre o TxA_2 e a PGI_2 pode ser desviado em favor desta última, opondo-se à agregação plaquetária. As indicações para o tratamento com ácido acetilsalicílico incluem o tratamento de síndromes coronárias agudas (angina, infarto do miocárdio), síndromes de acidente vascular encefálico agudo (ataques sistêmicos transitórios, acidente vascular encefálico agudo), estenose grave da artéria carótida e prevenção primária destas e de outras doenças aterotrombóticas.

Outros **fármacos antiplaquetários** incluem inibidores específicos do receptor de $P2Y_{12}$ para o ADP (p. ex., **clopidogrel**, **prasugrel** e **ticagrelor**) e antagonistas da ligação do ligante à GPIIb-IIIa (p. ex., **abciximabe**, **eptifibatida** e **tirofibana**) que interferem na ligação do fibrinogênio e do fator de von Willebrand e, portanto, na agregação plaquetária.

Tanto a via extrínseca quanto a via intrínseca levam à formação da fibrina

Duas vias levam à formação do **coágulo de fibrina**: as vias **extrínseca** e **intrínseca**. Elas não são independentes, ao contrário do que se acreditava. Todavia, essa distinção artificial é mantida no texto para facilitar a sua descrição.

A formação de um coágulo de fibrina em resposta a uma **lesão tecidual** é efetuada pela **via extrínseca**. A **via intrínseca** pode ser ativada por superfícies de carga negativa *in vitro*, como o vidro. Ambas as vias levam à conversão proteolítica da **protrombina** em **trombina**. A trombina catalisa a clivagem do **fibrinogênio** para iniciar a formação do coágulo de **fibrina**. As vias extrínseca e intrínseca são complexas e envolvem muitas proteínas diferentes (**Figuras 55-2** e **55-3**; **Tabela 55-1**). Os fatores de coagulação representam outro exemplo de proteínas de múltiplos domínios que compartilham domínios conservados (ver Figura 5-9). Em geral, como mostra a **Tabela 55-2**, essas proteínas podem ser classificadas em **cinco tipos**: (1) zimogênios de proteases dependentes de serina, que são ativados durante o processo da coagulação;

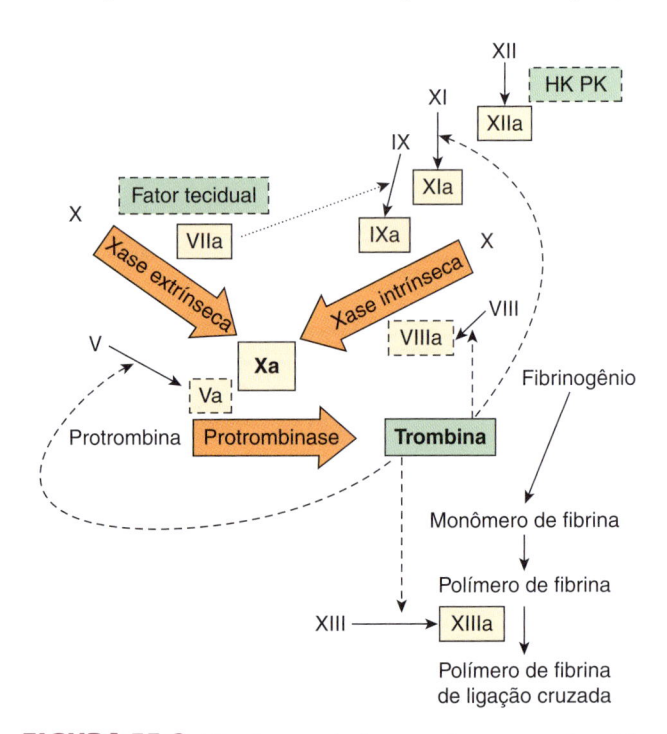

FIGURA 55-2 Vias da coagulação sanguínea, com a via extrínseca indicada na parte superior à esquerda, e a via intrínseca, na parte superior à direita. As vias convergem na formação do fator X ativo (i.e., fator Xa) e culminam na formação de fibrina de ligação cruzada (parte inferior à direita). Os complexos de fator tecidual e fator VIIa ativam não apenas o fator X (Xase [tenase] extrínseca), mas também o fator IX na via intrínseca (seta pontilhada). Além disso, a retroalimentação da trombina ativa os sítios indicados (setas tracejadas) e também ativa o fator VII em fator VIIa (não ilustrado). Os três complexos predominantes, a Xase extrínseca, a Xase intrínseca e a protrombinase, estão indicados nas setas grandes; essas reações exigem a presença de fosfolipídeo pró-coagulante aniônico da membrana e de cálcio. As proteases ativadas estão representadas nos retângulos com linhas sólidas; os cofatores ativados estão representados em retângulos com linhas tracejadas; e os fatores inativos não estão em retângulos. (HK, cininogênio de alto peso molecular; PK, pré-calicreína.)

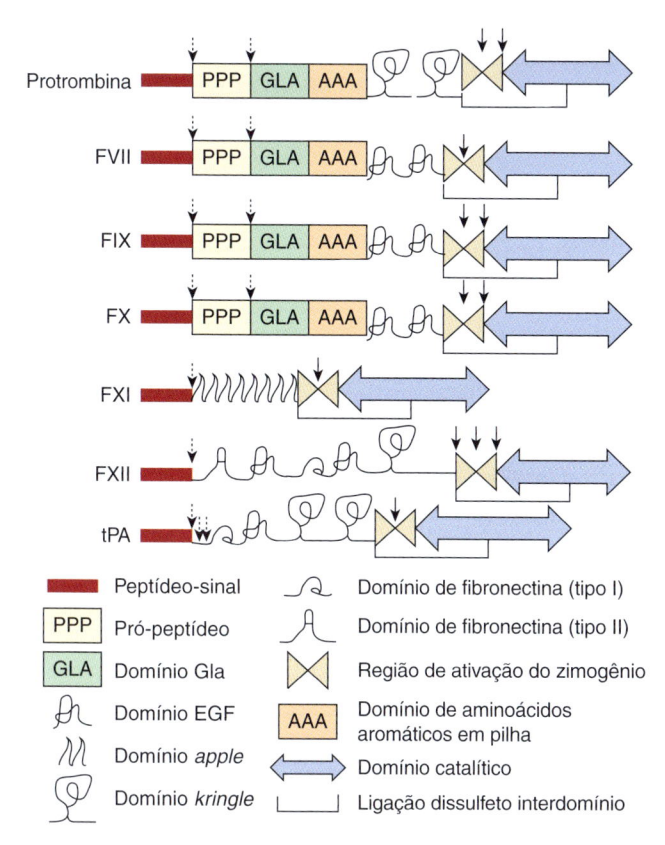

FIGURA 55-3 **Domínios estruturais de proteínas selecionadas envolvidas na coagulação e na fibrinólise.** Os domínios compartilhados são resultantes de duplicação gênica e de rearranjo do éxon que contribuiu para a evolução molecular do sistema de coagulação. Os domínios estão identificados na base da figura e incluem o peptídeo-sinal, o pró-peptídeo, o domínio Gla (γ-carboxiglutamato), o domínio do fator de crescimento epidérmico (EGF), o domínio *apple*, o domínio *kringle*, o domínio da fibronectina (tipos I e II), a região de ativação do zimogênio, o domínio de aminoácidos aromáticos em pilha e o domínio catalítico. As ligações dissulfeto interdomínio estão indicadas, ao passo que numerosas ligações dissulfeto intradomínio não estão ilustradas. Os sítios de clivagem proteolítica na síntese ou na ativação estão indicados por setas (tracejadas e sólidas, respectivamente). (FVII, fator VII; FIX, fator IX; FX, fator X; FXI, fator XI; FXII, fator XII; tPA, ativador de plasminogênio tecidual.) (Adaptada, com autorização, de Furie B, Furie BC: The molecular basis of blood coagulation. Cell 1988;53:505.)

TABELA 55-1 Sistema numérico para a nomenclatura dos fatores da coagulação

Fator	Nome comum	
I	Fibrinogênio	Esses fatores são geralmente designados pelos seus nomes comuns
II	Protrombina	
III	Fator tecidual	
IV	Ca^{2+}	Em geral, o Ca^{2+} não é designado como fator da coagulação
V	Proacelerina, fator lábil, globulina aceleradora (Ac-)	
VII[a]	Proconvertina, acelerador sérico da conversão de protrombina (SPCA), cotromboplastina	
VIII	Fator anti-hemofílico A, globulina anti-hemofílica (AHG)	
IX	Fator anti-hemofílico B, fator Christmas, componente da tromboplastina plasmática (PTC)	
X	Fator de Stuart-Prower	
XI	Antecedente da tromboplastina plasmática (PTA)	
XII	Fator de Hageman	
XIII	Fator estabilizador da fibrina (FSF), fibrinoligase	

[a]Não existe fator VI.
Nota: Os números indicam a ordem na qual os fatores foram descobertos e não têm nenhuma ligação com a sequência na qual atuam.

(2) cofatores; (3) fibrinogênio; (4) um zimogênio de uma transglutaminase, que apresenta ligação cruzada covalente com a fibrina e estabiliza o coágulo de fibrina; e (5) proteínas reguladoras e outras proteínas.

A via extrínseca leva à ativação do fator X

A **via extrínseca** envolve o fator tecidual, os fatores VII e X e o Ca^{2+}, levando à produção do fator Xa (por convenção, os fatores de coagulação ativados são conhecidos pelo uso do sufixo a). A via extrínseca é iniciada no sítio da **lesão tecidual** com a exposição do **fator tecidual** (**FT**; Figura 55-2), localizado no subendotélio e nos monócitos ativados. O FT interage com e ativa o **fator VII** (53 kDa, um zimogênio que contém resíduos de γ-carboxiglutamato [Gla] dependentes de vitamina K; ver Capítulo 44), sintetizado no fígado. Convém assinalar que, nos zimogênios que contêm Gla (fatores II, VII, IX e X), os resíduos de Gla nas regiões aminoterminais das moléculas atuam como sítios de ligação de alta afinidade para o Ca^{2+}. O FT atua como cofator para o **fator VIIa**, aumentando a sua atividade enzimática para ativar o **fator X** (56 kDa). A reação pela qual o **fator X** é ativado requer a reunião do **complexo extrínseco da tenase** (Ca^{2+}-**FT-fator VIIa**), formado sobre a superfície de uma membrana celular, expondo o aminofosfolipídeo aniônico pró-coagulante fosfatidilserina. O fator VIIa cliva uma ligação Arg-Ile no fator X para produzir a serina-protease de duas cadeias, o **fator Xa**. O FT e o fator VIIa também ativam o fator IX na via intrínseca. Na verdade, **a formação de complexos entre o FT ligado à membrana e o fator VIIa é atualmente considerada o processo essencial envolvido na coagulação sanguínea *in vivo*.**

O **inibidor da via do fator tecidual** (**TFPI**, do inglês *tissue factor pathway inhibitor*) é um importante inibidor fisiológico da coagulação. O TFPI é uma proteína que circula no sangue, onde inibe diretamente o fator Xa por meio de sua ligação à enzima próximo a seu sítio ativo. Em seguida, esse complexo fator Xa-TFPI inibe o complexo fator VIIa-FT.

A via intrínseca também leva à ativação do fator X

A formação do **fator Xa** constitui o principal local onde as vias intrínseca e extrínseca convergem (Figura 55-2). A **via intrínseca** (Figura 55-2) envolve os fatores XII, XI, IX, VIII e X, bem como a pré-calicreína, o cininogênio de alto peso molecular (HMW, do inglês *high-molecular-weight*), o Ca^{2+} e a fosfatidilserina exposta na superfície. Essa via leva à produção do **fator Xa** pelo complexo intrínseco da tenase (ver a seguir para composição), no qual o fator IXa atua como serina-protease, e o fator VIIIa, como cofator. Como mencionado anteriormente, a ativação do **fator X estabelece uma importante ligação entre as vias intrínseca e extrínseca**.

TABELA 55-2 Funções das proteínas envolvidas na coagulação sanguínea

Zimogênios de serinas-protease	
Fator XII	Liga-se a superfícies de carga negativa, como caulim e vidro; ativado pelo cininogênio de alto peso molecular e pela calicreína
Fator XI	Ativado pelo fator XIIa
Fator IX	Ativado pelos fatores XIa e VIIa
Fator VII	Ativado pelo fator VIIa e pela trombina
Fator X	Ativado na superfície das plaquetas ativadas pelo complexo da tenase (Ca^{2+}, fatores VIIIa e IXa) e pelo complexo da tenase da tenase (Ca^{2+}, fator tecidual e fator VIIa)
Protrombina (fator II)	Ativada na superfície das plaquetas ativadas pelo complexo da protrombinase (Ca^{2+}, fatores Va e Xa) para formar trombina (os fatores II, VII, IX e X são zimogênios que contêm Gla) (Gla, γ-carboxiglutamato)
Cofatores	
Fator VIII	Ativado pela trombina; o fator VIIIa é um cofator na ativação do fator X pelo fator IXa
Fator V	Ativado pela trombina; o fator Va é um cofator na ativação da protrombina pelo fator Xa
Fator tecidual (fator III)	Glicoproteína localizada no subendotélio e expressa nos monócitos ativados para atuar como cofator para o fator VIIa
Fibrinogênio	
Fator I	Clivado pela trombina para formar o coágulo de fibrina
Zimogênio de uma transglutaminase dependente de tiol	
Fator XIII	Ativado pela trombina; estabiliza o coágulo de fibrina por ligação cruzada covalente
Proteínas reguladoras e outras proteínas	
Proteína C	Ativada a proteína C ativada (APC) pela trombina ligada à trombomodulina; em seguida, degrada os fatores VIIIa e Va
Proteína S	Atua como cofator da proteína C; ambas as proteínas contêm resíduos de Gla (γ-carboxiglutamato)
Trombomodulina	Proteína presente na superfície das células endoteliais; liga-se à trombina, que, em seguida, ativa a proteína C

A **via intrínseca** pode ser iniciada pela "fase de contato" em que a pré-calicreína, o cininogênio HMW, o fator XII e o fator XI são expostos a uma superfície ativadora de carga negativa. *In vivo*, os polímeros de fosfatos, como DNA, RNA e polifosfatos extracelulares (macromoléculas disponíveis apenas após lesão celular), poderão atuar como essa superfície ativadora de carga negativa. O caulim, um silicato de alumínio com cargas altamente negativas, pode ser utilizado em testes *in vitro* como iniciador da via intrínseca. Quando ocorre a reunião dos componentes da fase de contato sobre a superfície ativadora, o fator XII é ativado a **fator XIIa** mediante proteólise pela calicreína. O fator XIIa, gerado pela calicreína, ataca a pré-calicreína para gerar mais calicreína, estabelecendo uma alça de ativação de retroalimentação positiva. Uma vez formado, o fator XIIa ativa o **fator XI a XIa** e também libera **bradicinina** (um peptídeo com potente ação vasodilatadora) a partir do cininogênio HMW.

Na presença de Ca^{2+}, o fator XIa ativa o fator IX (55 kDa, um zimogênio que contém Gla) à serina-protease, o **fator IXa**. Este, por sua vez, também cliva uma ligação Arg-Ile no fator X, produzindo o **fator Xa**. Esta última reação exige a montagem dos componentes, constituindo o denominado **complexo de tenase intrínseco**, composto por Ca^{2+}-fator VIIIa-fator IXa, que se forma nas superfícies de membrana pró-coagulante que expressam fosfatidilserina de plaquetas frequentemente ativadas. (Esse fosfolipídeo normalmente encontra-se na face interna da bicamada da membrana plasmática de plaquetas em repouso não ativadas.)

O **fator VIII** (330 kDa), uma glicoproteína circulante, não é um precursor da protease, porém um precursor de cofator que, quando ativado, atua como receptor na superfície da plaqueta para os fatores IXa e X. O fator VIII é ativado por quantidades mínimas de trombina para formar o **fator VIIIa**, que, por sua vez, é inativado por clivagem adicional pela proteína C ativada mediada por trombina (ver adiante).

O papel das **etapas iniciais da via intrínseca** na iniciação da coagulação tem sido questionado, já que pacientes com deficiência hereditária de fator XII, pré-calicreína ou cininogênio HMW não apresentam problemas de sangramento. De forma semelhante, pacientes com deficiência de fator XI podem não ter problemas hemorrágicos. Na trombose, as deficiências na via intrínseca são protetoras. A via intrínseca serve, em grande parte, para **amplificar o fator Xa** e, por fim, a **formação de trombina**, por meio de mecanismos de retroalimentação (ver adiante). A via intrínseca também pode ser importante na **fibrinólise** (ver adiante), uma vez que a calicreína, o fator XIIa e o fator XIa podem clivar o plasminogênio, e a calicreína pode ativar a urocinase de cadeia simples.

O fator Xa leva à ativação da protrombina em trombina

O **fator Xa**, que é produzido pela via extrínseca ou pela via intrínseca, ativa a **protrombina** (fator II) em **trombina** (fator IIa) (Figura 55-2; Tabela 55-1).

A ativação da protrombina, como a do fator X, ocorre sobre uma superfície de membrana e exige a montagem de um **complexo de protrombinase**, que consiste em Ca^{2+} e nos fatores Va e Xa. A montagem do complexo protrombinase, como a do complexo tenase, ocorre na superfície da membrana de plaquetas ativadas que expõe a fosfatidilserina.

O **fator V** (330 kDa) é sintetizado no fígado, no baço e nos rins e ocorre nas plaquetas, bem como no plasma. O fator Va atua como cofator de forma semelhante ao fator VIIIa no complexo tenase. O fator V é ativado a **fator Va** por traços de trombina, liga-se especificamente a uma membrana pró-coagulante (frequentemente a das plaquetas) (**Figura 55-4**) e forma um complexo com o fator Xa e a protrombina. Subsequentemente, é inativado pela proteína C ativada (ver adiante), assegurando um meio de limitar a ativação da protrombina em trombina. A **protrombina** (72 kDa; Figura 55-4) é uma glicoproteína de cadeia única sintetizada no fígado. A região aminoterminal da protrombina (Figura 55-3) contém 10 resíduos de Gla, e o sítio ativo de protease dependente de serina encontra-se no domínio catalítico próximo à região carboxiterminal da molécula. Após ligar-se ao complexo dos fatores Va e Xa na membrana da plaqueta (Figura 55-4), a protrombina é clivada pelo fator Xa em dois sítios para gerar a molécula ativa de trombina de duas cadeias, que é, então, liberada da superfície o fibrinopeptídeo.

A conversão do fibrinogênio em fibrina é catalisada pela trombina

A **trombina**, produzida pelo complexo da protrombinase, além de exercer poderoso efeito estimulador sobre as plaquetas (ver adiante), **converte o fibrinogênio em fibrina** (Figura 55-2). O **fibrinogênio** (fator I, 340 kDa; ver Figura 55-2 e **Figura 55-5**; Tabelas 55-1 e 55-2) é uma glicoproteína plasmática solúvel abundante (3 mg/mL), que consiste em um dímero de três cadeias polipeptídicas (Aα, Bβ, γ)$_2$, ligado de forma covalente por 29 ligações dissulfeto. As cadeias **Bβ** e **γ** contêm oligossacarídeos complexos ligados à asparagina (ver Capítulo 46). Todas as três cadeias são sintetizadas no fígado; os três genes que codificam essas proteínas estão no mesmo cromossomo onde sua expressão é regulada de modo coordenado nos seres humanos. As regiões aminoterminais das

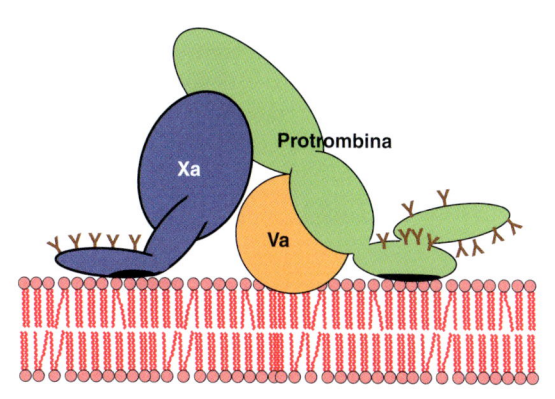

FIGURA 55-4 Representação esquemática do complexo da protrombinase ligado à membrana plasmática pró-coagulante. O complexo da protrombinase contém os fatores Va e Xa e a protrombina. Um tema central na coagulação sanguínea é a montagem de complexos de proteína, isto é, os complexos de tenase e o complexo da protrombinase, de forma dependente de Ca^{2+}, sobre superfícies de membrana nas quais a fosfatidilserina está exposta. A eficiência catalítica de ativação do zimogênio é aumentada em muitas ordens de magnitude pelos complexos ligados à membrana. Os resíduos γ-carboxiglutamato (indicados por **Y**) nas proteínas dependentes de vitamina K ligam-se ao cálcio e contribuem para a exposição dos sítios de ligação da membrana nessas proteínas (ovais na cor preta, Xa e protrombinase).

seis cadeias são mantidas muito próximas por várias ligações dissulfeto (um subconjunto está mostrado na Figura 55-5), ao passo que as regiões carboxiterminais são mantidas à parte. Portanto, a molécula de fibrinogênio apresenta uma estrutura alongada trinodular com um domínio E central que está ligado aos domínios D laterais por meio de regiões enroladas em espiral (Figura 55-5 e **Figura 55-6A**). As porções **N-terminais A** e **B** das cadeias Aα e Bβ são denominadas **fibrinopeptídeo A** (**FPA**) e **fibrinopeptídeo B** (**FPB**), respectivamente; esses domínios possuem cargas altamente negativas como resultado da abundância de resíduos de aspartato e glutamato

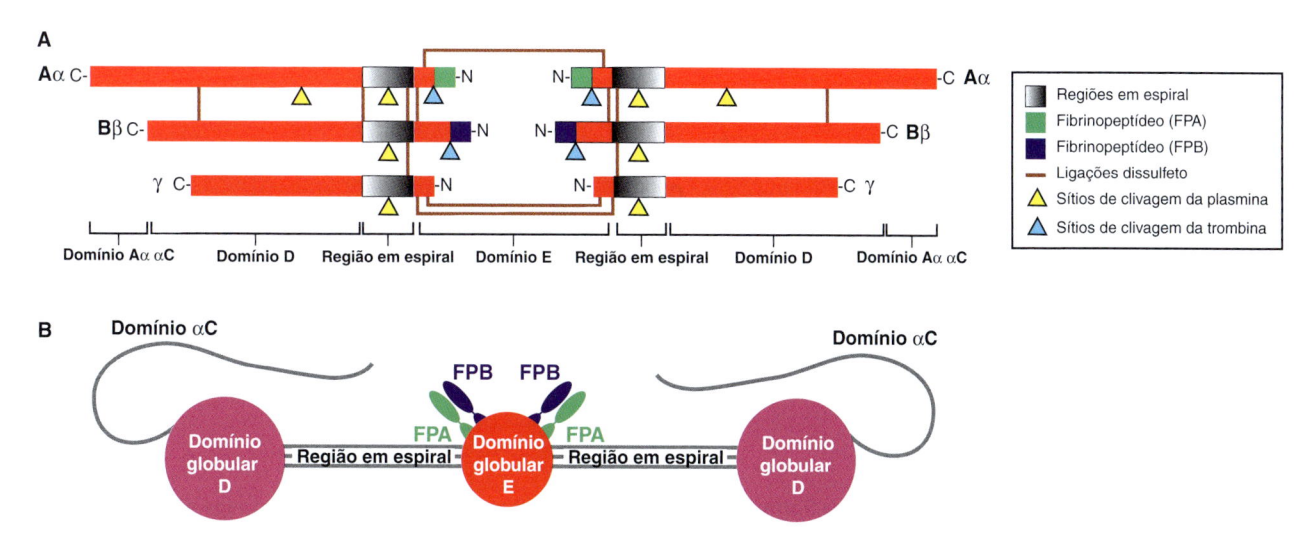

FIGURA 55-5 Representação diagramática do fibrinogênio. **(A)** O fibrinogênio é uma molécula dimérica, com cada metade composta por três cadeias polipeptídicas: Aα, Bβ e γ. As ligações dissulfeto unem as cadeias e as duas metades da molécula. **(B)** O fibrinogênio forma uma estrutura trinodular com um domínio E central ligado por meio de regiões enroladas em espiral aos dois domínios D laterais, cada um contendo um domínio Aα e αC de cadeia flexível. Os peptídeos reguladores clivados pela trombina – o fibrinopeptídeo A (FPA) e o fibrinopeptídeo B (FPB) – encontram-se no interior do nódulo E, conforme mostrado na figura.

(ver adiante). As cargas negativas contribuem para a solubilidade do fibrinogênio no plasma e, de forma importante, também servem para impedir a agregação ao produzir repulsão eletrostática entre as moléculas de fibrinogênio.

A **trombina** (34 kDa), uma serina-protease formada pelo complexo da protrombinase, hidrolisa as quatro ligações Arg-Gly entre os fibrinopeptídeos N-terminais e as porções α e β das cadeias **A**α e **B**β do fibrinogênio (Figuras 55-6A, B).

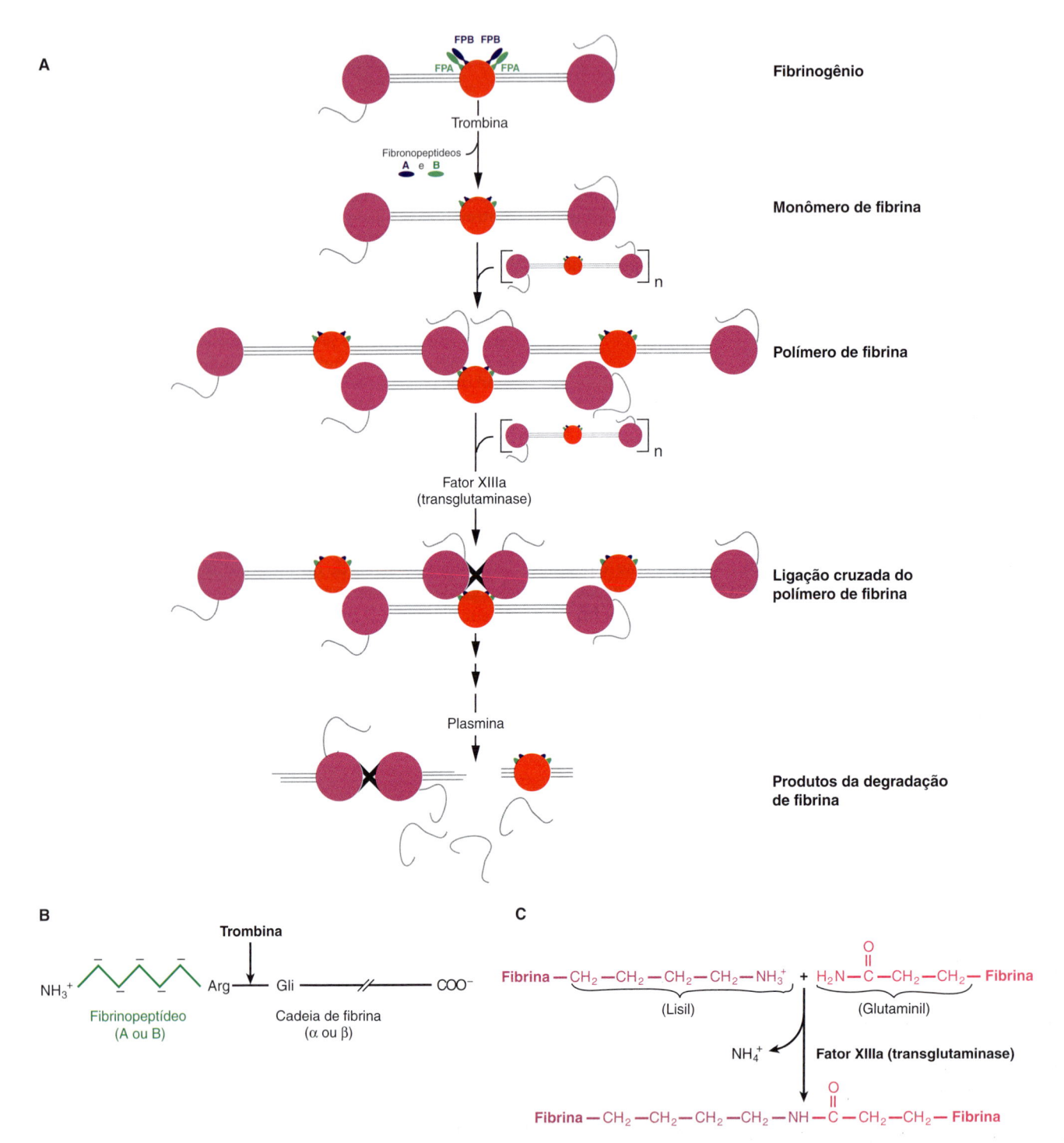

FIGURA 55-6 Polimerização e degradação da fibrina. (A) Formação do monômero da fibrina por meio de clivagem do fibrinopeptídeo A (FPA) e do fibrinopeptídeo B (FPB) a partir do fibrinogênio pela trombina; polimerização espontânea de monômeros de fibrina a dímeros e oligômeros maiores, seguida pela estabilização de oligômeros de fibrina pela ligação cruzada covalente mediada pelo fator XIIIa de monômeros de fibrina adjacentes. Por fim (parte inferior), está ilustrada a degradação de polímeros de fibrina em produtos de degradação solúveis pela digestão da plasmina, que leva à dissolução do coágulo. (B) Sítio de clivagem da trombina nas cadeias **A**α e **B**β do fibrinogênio para gerar **FPA**/**FPB** (à esquerda, em verde) e nas cadeias α e β do monômero da fibrina (à direita, em preto). (C) Esquema da ligação cruzada de moléculas de fibrina mediada pelo fator XIIIa (transglutaminase).

A liberação de FPA e FPB pela trombina gera o **monômero de fibrina**, que apresenta a estrutura de subunidades $(\alpha, \beta, \gamma)_2$. Como FPA e FPB contêm apenas 16 e 14 resíduos, respectivamente, a molécula de fibrina conserva 98% dos resíduos presentes no fibrinogênio. A remoção dos fibrinopeptídeos expõe os sítios de ligação no interior do domínio E dos monômeros da fibrina que interagem especificamente com domínios complementares no interior dos domínios D de outros monômeros de fibrina. Dessa forma, os monômeros de fibrina sofrem polimerização espontânea em padrão meio escalonado para formar longas fitas (protofibrilas) (Figura 55-6A). Embora insolúvel, esse coágulo inicial de fibrina é instável, mantido unido apenas pela associação não covalente de monômeros de fibrina.

Além de converter fibrinogênio em fibrina, a trombina também ativa o **fator XIII a fator XIIIa**. O fator XIIIa é uma **transglutaminase** altamente específica, que efetua ligações cruzadas covalentes das cadeias γ e, mais lentamente, das cadeias α de moléculas de fibrina por meio da formação de ligações peptídicas entre os grupos amida da glutamina e os grupos ε-amino dos resíduos de lisina (Figura 55-6C). Essas ligações cruzadas produzem um coágulo de fibrina mais estável, com resistência aumentada à proteólise. Essa rede de fibrina serve para estabilizar o tampão hemostático ou o trombo.

Os níveis de trombina circulante são cuidadosamente controlados

Uma vez formada durante a hemostasia ou a trombose, a trombina ativa deve ter a sua concentração cuidadosamente controlada para impedir qualquer excesso de formação de fibrina ou ativação das plaquetas. Esse controle é obtido de **duas maneiras**. A trombina circula na sua forma de precursor inativo, a protrombina, a qual é ativada em consequência de uma cascata de reações enzimáticas, em que cada uma converte um zimogênio inativo em uma enzima ativa, levando, por fim, à conversão da protrombina em trombina (Figura 55-2). Em cada ponto da cascata, os **mecanismos de retroalimentação** produzem um delicado equilíbrio entre ativação e inibição. A concentração plasmática do fator XII é de aproximadamente 30 µg/mL, ao passo que a do fibrinogênio é de 3 mg/mL, com aumento na concentração dos fatores intermediários da coagulação à medida que a cascata prossegue; esses fatos ilustram que a cascata da coagulação proporciona **amplificação**. A segunda maneira de controlar a atividade da trombina consiste na **inativação de qualquer trombina formada por inibidores circulantes**, dos quais o mais importante é a antitrombina (ver adiante).

A heparina aumenta a atividade da antitrombina, um inibidor da trombina

No plasma normal, existem **quatro inibidores da trombina** de ocorrência natural. O mais importante é a **antitrombina**, que contribui com aproximadamente 75% da atividade de antitrombina. A antitrombina também pode inibir as atividades dos fatores IXa, Xa, XIa, XIIa e VIIa complexados ao fator tecidual. A α_2-**macroglobulina** contribui com a maior parte de atividade antitrombina restante, com o **cofator II da heparina** e a α_1-**antitripsina** atuando como inibidores discretos em condições fisiológicas.

A atividade endógena da antitrombina é acentuadamente potencializada pela presença de glicosaminoglicanos sulfatados (heparanos) (ver Capítulo 50). Os heparanos ligam-se a um sítio catiônico específico da antitrombina, o que induz uma mudança conformacional que promove a ligação da antitrombina à trombina e ao fator Xa, bem como a seus outros substratos. Esse mecanismo é a base para o uso da **heparina** (um heparano derivado) na medicina clínica para inibir a coagulação. Os efeitos anticoagulantes da heparina podem ser antagonizados por polipeptídeos fortemente catiônicos, como a **protamina**, que se ligam fortemente à heparina, inibindo, assim, a sua ligação à antitrombina.

As **heparinas de baixo peso molecular** (HBPMs), derivadas da clivagem enzimática ou química da heparina não fracionada, têm maior uso clínico. Podem ser administradas por via subcutânea em regime domiciliar, apresentam maior disponibilidade do que a heparina não fracionada e não exigem monitoração laboratorial frequente.

Os indivíduos com **deficiências hereditárias de antitrombina** são propensos a desenvolver trombose venosa, fornecendo evidência de que a antitrombina desempenha função fisiológica e que o sistema de coagulação nos seres humanos se encontra, normalmente, em estado dinâmico.

A **trombina** está envolvida em um mecanismo regulador adicional que opera na coagulação. Combina-se com a **trombomodulina**, uma glicoproteína presente nas superfícies das células endoteliais. O complexo ativa a **proteína C** no **receptor de proteína C endotelial**. Em combinação com a **proteína S**, a **proteína C ativada** (APC, do inglês *activated protein C*) degrada os fatores Va e VIIIa, limitando suas ações na coagulação. Uma deficiência genética tanto da proteína C quanto da proteína S pode causar trombose venosa. Além disso, os pacientes com **fator V de Leiden** (que apresenta um resíduo de glutamina em vez de arginina na posição 506) correm risco aumentado de doença trombótica venosa, visto que o fator V de Leiden é resistente à inativação pela APC; essa condição é também denominada resistência à APC.

Os anticoagulantes cumarínicos inibem a carboxilação dos fatores II, VII, IX e X dependentes de vitamina K

Os **fármacos cumarínicos** (p. ex., varfarina), utilizados como anticoagulantes, inibem a carboxilação dependente de vitamina K dos resíduos Glu em Gla (ver Capítulo 44), presentes nas regiões aminoterminais dos fatores II, VII, IX e X, bem como nas proteínas C e S. Essas proteínas, que são sintetizadas no fígado, dependem das propriedades de ligação ao Ca^{2+} dos resíduos de Gla para a sua função normal nas vias da coagulação. **Os cumarínicos inibem a redução dos derivados quinona da vitamina K nas formas de hidroquinona ativas** (ver Capítulo 44). Por conseguinte, a administração de vitamina K evita a inibição induzida pelos cumarínicos e possibilita a ocorrência de modificação pós-traducional de carboxilação. A reversão da inibição dos cumarínicos pela vitamina K requer 12 a 24 horas, enquanto a reversão dos efeitos anticoagulantes da heparina pela protamina é quase instantânea. A reversão da ação dos cumarínicos é obtida mais rapidamente pela infusão de fatores da coagulação normais.

A **heparina** e a **varfarina** são utilizadas no tratamento de condições trombóticas e tromboembólicas, como trombose venosa profunda e embolia pulmonar, bem como na prevenção do acidente vascular encefálico em pacientes com fibrilação atrial, uma anormalidade do ritmo cardíaco. A heparina é administrada primeiro, em virtude de sua ação de início imediato, ao passo que a varfarina leva vários dias para alcançar o seu efeito integral. Os seus efeitos não são bem previsíveis pela dosagem, e, portanto, devido ao risco de produzir hemorragia, esses fármacos são cuidadosamente monitorados pelo uso de testes apropriados de coagulação (ver adiante).

Os **novos inibidores orais** da trombina (dabigatrana) ou do fator Xa (rivaroxabana, apixabana e outros) também são utilizados na prevenção e no tratamento das condições trombóticas. Esses fármacos são vantajosos, uma vez que o seu efeito é previsível com base na dose e alguns não necessitam de monitoramento rotineiro por testes laboratoriais. Agentes de reversão específicos, como anticorpos ou moléculas-chamariz, encontram-se em vários estágios de desenvolvimento. Agentes direcionados para os fatores "intrínsecos" estão sendo avaliados como antitrombóticos.

Existem vários distúrbios hemorrágicos hereditários, incluindo a hemofilia A

Nos seres humanos, ocorrem **deficiências hereditárias** do sistema de coagulação, resultando em sangramento. A deficiência mais comum é a do fator VIII, que causa a **hemofilia A**, uma doença ligada ao cromossomo X. A **hemofilia B**, também **ligada ao cromossomo X**, é causada por uma deficiência de fator IX e, recentemente, foi identificada como a forma de hemofilia que desempenhou um importante papel na história das famílias reais da Europa. As características clínicas das hemofilias A e B são quase idênticas, porém essas duas doenças podem ser prontamente diferenciadas com base em ensaios específicos para os dois fatores.

O **gene que codifica o fator VIII humano** possui 186 quilobases (kb) de comprimento e contém 26 éxons que codificam uma proteína de 2.351 aminoácidos. Foi detectada uma variedade de mutações dos genes dos fatores VIII e IX, levando à redução nas atividades das proteínas desses fatores; essas mutações incluem deleções parciais do gene e mutações pontuais e de sentido incorreto. Atualmente, é possível estabelecer o **diagnóstico pré-natal** com base na análise do DNA após a obtenção de amostra das vilosidades coriônicas (ver Capítulo 39).

Inicialmente, na década de 1960, o tratamento de pacientes com hemofilia A consistia na administração de crioprecipitado (enriquecido com fator VIII), preparado a partir de doadores individuais; na década de 1970, concentrados liofilizados de fator VIII ou de fator IX, preparados a partir de misturas muito grandes de plasma, tornaram-se disponíveis para o tratamento de pacientes com hemofilia A e hemofilia B, respectivamente. Na década de 1990, foram introduzidos os fatores VIII e IX preparados pela tecnologia do DNA recombinante (ver Capítulo 39). Essas preparações são desprovidas de vírus contaminantes (p. ex., vírus das hepatites A, B e C ou HIV-1) encontrados no plasma humano, porém são de alto custo; o seu uso aumenta de acordo com a redução no custo de produção. Atualmente, são utilizados fatores recombinantes de ação mais longa com meias-vidas estendidas na circulação, e a hemofilia constitui um alvo das abordagens de terapia gênica.

O distúrbio hemorrágico hereditário mais comum é a **doença de von Willebrand**, com prevalência de até 1% da população. Resulta de uma deficiência ou de um defeito do **fator de von Willebrand**, uma grande glicoproteína multimérica que é secretada pelas células endoteliais e pelas plaquetas no plasma, onde estabiliza o fator VIII. O fator de von Willebrand também promove a adesão das plaquetas aos locais de lesão da parede vascular e agregação plaquetária em condições de autocisalhamento (ver anteriormente).

Os coágulos de fibrina são dissolvidos pela plasmina

Conforme assinalado anteriormente, o sistema de coagulação encontra-se, normalmente, em estado de equilíbrio dinâmico, em que os coágulos de fibrina são constantemente depositados e dissolvidos. Este último processo é denominado **fibrinólise**. A **plasmina**, principal serina-protease responsável pela degradação da fibrina e do fibrinogênio, circula na forma de seu zimogênio inativo, o **plasminogênio** (90 kDa), e qualquer quantidade pequena de plasmina formada na fase líquida, em condições fisiológicas, é rapidamente inativada pelo inibidor da plasmina de ação rápida, a α_2-antiplasmina. O plasminogênio liga-se à fibrina e, assim, incorpora-se aos coágulos à medida que são produzidos; já que a plasmina formada quando ligada à fibrina é protegida da ação da α_2-antiplasmina, ela permanece ativa. Na maioria dos tecidos do corpo, são encontrados **ativadores de plasminogênio** de vários tipos e todos clivam a mesma ligação Arg-Val no plasminogênio, produzindo a plasmina, uma serina-protease de duas cadeias ligada por ligações dissulfeto (**Figura 55-7**). A **especificidade da plasmina pela fibrina** é outro mecanismo que regula a fibrinólise.

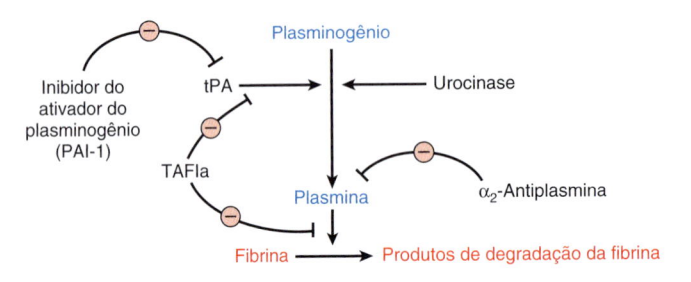

FIGURA 55-7 Iniciação da fibrinólise pela ativação do plasminogênio a plasmina. Esquema de sítios e formas de atuação do ativador de plasminogênio tecidual (tPA), da urocinase, do inibidor do ativador do plasminogênio, da α_2-antiplasmina e do inibidor da fibrinólise ativável por trombina ativada (TAFIa).

Por meio de um de seus domínios *kringle*, a plasmina (plasminogênio) liga-se especificamente a resíduos de lisina na fibrina e, dessa maneira, incorpora-se progressivamente à rede de fibrina que cliva. (Os domínios *kringle* [Figura 55-3] são motivos proteicos comuns com comprimento de cerca de 100 resíduos de aminoácidos; eles apresentam estrutura covalente característica definida por um padrão de três ligações dissulfeto.) Por conseguinte, a carboxipeptidase denominada **inibidor da fibrinólise ativável pela trombina ativada** (**TAFIa**, do inglês *activated thrombin activatable fibrinolysis inhibitor*) (Figura 55-7), que remove as lisinas terminais da fibrina, tem a capacidade de inibir a fibrinólise. A trombina ativa o TAFI em TAFIa, inibindo a fibrinólise durante a formação do coágulo.

O **ativador de plasminogênio tecidual** (**tPA**, do inglês *tissue plasminogen activator*) (Figuras 55-3 e 55-7) é uma serina-protease liberada na circulação a partir do endotélio, em condições de lesão ou de estresse, e que é cataliticamente inativa, a menos que esteja ligada à fibrina. Devido à ligação à fibrina, o tPA cliva o plasminogênio dentro do coágulo para gerar plasmina, que, por sua vez, digere a fibrina para formar produtos de degradação solúveis e, assim, dissolver o coágulo. Nem a plasmina nem o ativador do plasminogênio podem permanecer ligados a esses produtos de degradação e, portanto, são liberados na fase líquida, em que são inativados pelos seus inibidores naturais. A pró-urocinase é o precursor de um segundo ativador do plasminogênio, a **urocinase**. Originalmente isolada da urina, hoje sabe-se que a urocinase é sintetizada por diversos tipos celulares, incluindo monócitos e macrófagos, fibroblastos e células epiteliais. A principal função da urocinase parece ser a degradação da matriz extracelular. A Figura 55-7 indica os locais de ação de cinco proteínas que influenciam a ação e a formação da plasmina.

O tPA recombinante e a estreptocinase são utilizados como destruidores dos coágulos

O tPA, comercializado como **alteplase**, é produzido pela metodologia do DNA recombinante. Ele é usado terapeuticamente como agente fibrinolítico, como a **estreptocinase**, uma enzima secretada por diversas cepas bacterianas de estreptococos. Entretanto, esta última é menos seletiva do que o tPA, ativando o plasminogênio na fase líquida (em que pode degradar o fibrinogênio circulante), bem como o plasminogênio ligado a um coágulo de fibrina. A quantidade de plasmina produzida por doses terapêuticas de estreptocinase pode ultrapassar a capacidade da α_2-antiplasmina circulante, causando a degradação do fibrinogênio e da fibrina e resultando no sangramento que frequentemente ocorre durante a terapia fibrinolítica. Devido à sua relativa **seletividade** para degradar a fibrina, o tPA recombinante tem sido amplamente usado para restaurar a desobstrução das artérias coronárias após a ocorrência de trombose. Quando administrado suficientemente cedo, antes que ocorra lesão irreversível do músculo cardíaco (cerca de 6 horas após o início da trombose), o tPA pode reduzir a taxa de mortalidade da lesão miocárdica após a trombose coronária de maneira significativa. A estreptocinase também tem sido amplamente utilizada no tratamento de trombose coronariana, porém apresenta a desvantagem de ser antigênica.

O tPA também tem sido utilizado no tratamento de acidente vascular encefálico isquêmico, oclusão arterial periférica, trombose venosa profunda e embolia pulmonar.

Existem diversos distúrbios, incluindo o câncer e a sepse, nos quais as **concentrações de ativadores do plasminogênio aumentam**. Além disso, as **atividades antiplasmina** exercidas pela α_1-antitripsina e pela α_2-antiplasmina podem estar comprometidas em doenças como a cirrose. Já que determinadas proteínas bacterianas, como a estreptocinase, são capazes de ativar o plasminogênio, elas podem ser responsáveis pela hemorragia difusa, algumas vezes observada em pacientes com infecções bacterianas disseminadas.

A agregação plaquetária, a coagulação e a trombólise são medidas por exames de laboratório

Existem diversos **exames laboratoriais** disponíveis para **avaliar as fases de hemostasia** descritas anteriormente. Esses testes incluem a **contagem de plaquetas**, o **tempo de oclusão com tampão plaquetário**, a **agregação plaquetária**, o **tempo de tromboplastina parcial ativada** (**TTPa ou PTT**), o **tempo de protrombina** (**TP**), o **tempo de trombina** (**TT**), a **concentração de fibrinogênio**, a **estabilidade do coágulo de fibrina** e a **determinação dos produtos de degradação da fibrina**. A **contagem de plaquetas** quantifica o número de plaquetas. O **tempo de sangramento** é um exame global de função das plaquetas e da parede vascular, ao passo que o **tempo de oclusão** medido com analisador da função plaquetária PFA-100/200 é um teste *in vitro* de hemostasia relacionada com as plaquetas. A **agregação plaquetária** avalia respostas a agentes agregadores específicos. TTPa é uma medida da via intrínseca, e TP, da via extrínseca, sendo o TTPa utilizado para monitorar a terapia por heparina, e o TP, para determinar a eficiência da varfarina. O leitor deve consultar um livro de hematologia para a descrição desses testes.

RESUMO

- A hemostasia e a trombose são processos complexos, que envolvem as plaquetas, os fatores da coagulação e os vasos sanguíneos.

- A trombina e outros agentes provocam agregação plaquetária, que envolve uma variedade de eventos bioquímicos e morfológicos. A estimulação da fosfolipase C e da via do polifosfoinositídeo constitui um evento essencial na ativação das plaquetas, embora outros processos também estejam envolvidos.

- O ácido acetilsalicílico é um fármaco antiplaquetário importante que atua ao inibir a produção de tromboxano A_2.

- Muitos fatores da coagulação são zimogênios de serinas-protease que são ativados e, em seguida, inativados durante o processo global.

- Há uma via extrínseca e uma via intrínseca da coagulação, sendo a primeira iniciada *in vivo* pelo fator tecidual. As vias convergem para o fator Xa, resultando na conversão, catalisada pela trombina, do fibrinogênio em fibrina, que é fortalecida por ligações cruzadas covalentes, em um processo catalisado pelo fator XIIIa.

- Ocorrem distúrbios genéticos que causam sangramento; os principais envolvem o fator VIII (hemofilia A), o fator IX (hemofilia B) e o fator de von Willebrand (doença de von Willebrand).

- A antitrombina é um importante inibidor natural da coagulação; a deficiência genética dessa proteína pode resultar em trombose.
- Os fatores II, VII, IX e X e as proteínas C e S exigem γ-carboxilação dependente de vitamina K de determinados resíduos de glutamato para atuar na coagulação. Esse processo de carboxilação pode ser inibido pelo anticoagulante varfarina.
- A fibrina é dissolvida pela plasmina. A plasmina existe como um precursor inativo, o plasminogênio, que pode ser ativado pelo ativador de plasminogênio tecidual (tPA). O tPA é ampla e clinicamente utilizado para tratar a trombose precoce das artérias coronárias.

REFERÊNCIAS

Hoffman R, Benz EJ Jr, Silberstein LR, et al (editors): *Hematology: Basic Principles and Practice*, 7th ed. Elsevier Saunders, 2017.

Israels SJ (editor): *Mechanisms in Hematology*, 4th ed. Core Health Sciences Inc, 2011. (This text has many excellent illustrations of basic mechanisms in hematology.)

Kasper DL, Fauci AS, Longo DL, et al: *Harrison's Principles of Internal Medicine*, 19th ed. McGraw-Hill, 2016.

Marder VJ, Aird WC, Bennett JS, et al (editors): *Hemostasis and Thrombosis: Basic Principles and Clinical Practice*, 6th ed. Lippincott Williams & Wilkins, 2013.

Michelson AD (editor): *Platelets*, 3rd ed. Elsevier, 2013.

CAPÍTULO 56

Câncer: considerações gerais

Molly Jacob, M.D, Ph.D., Joe Varghese, M.B.B.S., M.D. e P. Anthony Weil, Ph.D.

OBJETIVOS

Após o estudo deste capítulo, você deve ser capaz de:

- Fornecer uma visão geral da carcinogênese e das características bioquímicas e genéticas importantes das células neoplásicas.
- Descrever as propriedades importantes dos oncogenes e dos genes supressores de tumor e o seu papel na carcinogênese.
- Descrever as características importantes das células neoplásicas que as distinguem das células normais.
- Descrever, de maneira sucinta, os conceitos de instabilidade genômica, aneuploidia e angiogênese na formação e no crescimento dos tumores.
- Discutir a relevância dos marcadores tumorais.
- Explicar como a compreensão da biologia do câncer levou ao desenvolvimento de vários tratamentos novos.

IMPORTÂNCIA BIOMÉDICA

Em muitos países, os **cânceres** constituem a **segunda causa mais comum de morte**, depois da doença cardiovascular. A cada ano, cerca de 9 milhões de pessoas morrem de câncer em todo o mundo, e estima-se que esse número aumentará. Humanos de todas as idades desenvolvem câncer, e uma grande variedade de órgãos é acometida. No mundo inteiro, os principais tipos de câncer que levam à morte são os que acometem os pulmões, o estômago, o colo, o reto, o fígado e as mamas. Outros tipos de câncer que também resultam em morte incluem os cânceres de colo do útero, de esôfago e de próstata. Os cânceres de pele são muito comuns, porém, com exceção dos melanomas, esses tipos de câncer geralmente não são tão agressivos quanto os mencionados anteriormente. A **incidência** de muitos tipos de câncer **aumenta com a idade**. Portanto, visto que as pessoas estão vivendo por mais tempo, um número muito maior desenvolverá a doença. Os fatores hereditários contribuem para alguns tipos de tumores. Além do enorme sofrimento do indivíduo causado pela doença, o ônus econômico para a sociedade é imenso.

ALGUNS COMENTÁRIOS GERAIS SOBRE AS NEOPLASIAS

Uma neoplasia refere-se a qualquer crescimento anormal do tecido, e pode ser de natureza benigna ou maligna. O termo "câncer" está geralmente associado a tumores malignos. Os tumores podem surgir em qualquer órgão do corpo e podem resultar em manifestações clínicas distintas, dependendo da localização de seu crescimento.

As **células cancerosas** caracterizam-se por determinadas **propriedades fundamentais**: (1) **proliferam rapidamente**; (2) **apresentam uma redução do controle do crescimento**; (3) **exibem um aumento de mutações genômicas** em nível do nucleotídeo, pequenas e grandes inserções e deleções (*indels*) e rearranjos, duplicações e perdas cromossômicos; (4) apresentam **perda da inibição por contato** em cultura *in vitro*; (5) **invadem os tecidos locais** e se disseminam, ou **metastatizam**, para outras partes do corpo; (6) são **autossuficientes em relação a sinais de crescimento** e são **insensíveis a sinais de anticrescimento**; (7) estimulam a **angiogênese** local; e (8) com frequência, são capazes de **escapar da apoptose**. Essas propriedades são características de células dos **tumores malignos**. Em geral, a metástase é responsável pela morte do paciente com câncer. Por outro lado, as células dos **tumores benignos** também apresentam redução do controle de crescimento, porém não invadem os tecidos locais nem se disseminam para outras partes do corpo. Esses aspectos estão resumidos na **Figura 56-1** e apresentados com mais detalhes na **Figura 56-2**.

As **questões centrais da oncologia** (o estudo do câncer) incluem a elucidação dos mecanismos bioquímicos e genéticos subjacentes ao crescimento descontrolado das células cancerosas e a sua capacidade de invadir e metastatizar, e o desenvolvimento de tratamentos bem-sucedidos, capazes de destruir as células cancerosas, porém com dano mínimo às células

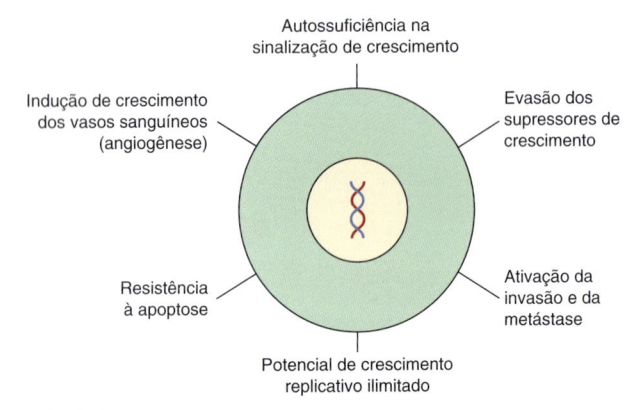

FIGURA 56-1 As seis principais características biológicas das células neoplásicas. Outras propriedades fundamentais das células neoplásicas são mostradas na Figura 56-2. (De Hanahan D, Weinberg RA. The Hallmarks of Cancer: The next generation. Cell 2011;144:646-674.)

normais. Tem sido feito um progresso considerável em relação à compreensão da natureza básica das células cancerosas, e atualmente se aceita que, embora as mutações em genes importantes contribuam significativamente para neoplasias malignas, sobretudo no início da fase da oncogênese, outros fatores também estão implicados no desenvolvimento de fenótipos malignos. O estado imunológico do organismo e o microambiente tecidual representam dois desses fatores. Trabalhos recentes mostraram que o microambiente do hospedeiro e das células tumorais e as interações entre eles contribuem para a patogênese das neoplasias malignas. Entretanto, muitos aspectos do comportamento das células cancerosas, em particular a sua capacidade de sofrer metástase, ainda não estão totalmente explicados. Além disso, apesar dos progressos no tratamento de certos tipos de câncer, muitas vezes as terapias ainda não são bem-sucedidas. O objetivo deste capítulo é introduzir o leitor aos principais conceitos da biologia do câncer. O **glossário** no final do capítulo define muitos dos termos empregados.

CARACTERÍSTICAS FUNDAMENTAIS DA CARCINOGÊNESE

Acredita-se que a ocorrência de lesão genética não letal represente o evento iniciador na carcinogênese. Existem várias grandes classes de genes que, quando mutados, causam ganho ou perda de função ou regulação inadequada, podendo resultar, assim, no desenvolvimento de um tumor. Esses genes incluem os **proto-oncogenes**, os genes **supressores de tumor**, os genes da **síntese e reparo do DNA**, os genes que regulam a **apoptose** ou os genes que causam **evasão da vigilância imunológica**.

O câncer é de **origem clonal**, com uma única célula anormal, em geral com múltiplas alterações genéticas, multiplicando-se para se tornar uma massa de células que formam um tumor. Conforme assinalado anteriormente, o **microambiente do tecido** afeta significativamente a formação do tumor. A exata natureza dessas influências pode variar de acordo com os tipos celulares envolvidos, com as interações intercelulares e com a presença de fatores, como sinais parácrinos, hipoxia local e respostas pró-inflamatórias. Por conseguinte, a **carcinogênese** é um **processo em múltiplas etapas**, que, em última

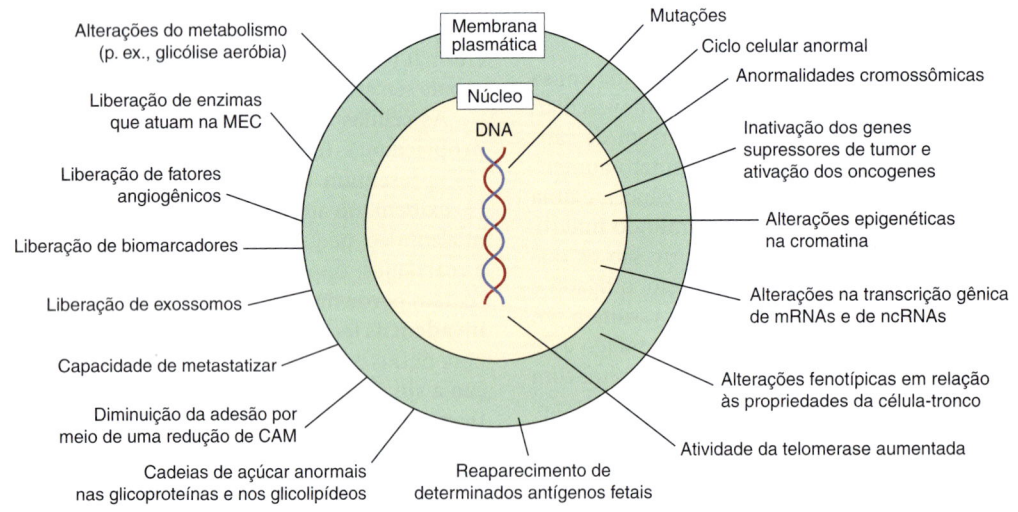

FIGURA 56-2 Algumas alterações bioquímicas e genéticas que ocorrem nas células neoplásicas humanas. Muitas alterações, além daquelas indicadas na Figura 56-1, podem ser observadas nas células neoplásicas; apenas algumas delas são mostradas aqui. O papel das mutações na ativação dos oncogenes e na inativação dos genes supressores de tumor é discutido no texto. A ocorrência de anormalidades no ciclo celular e na estrutura dos cromossomos e da cromatina, incluindo aneuploidia, é comum. Foram relatadas alterações na expressão de mRNAs específicos e ncRNAs reguladores, e a relação das células-tronco com as células neoplásicas constitui uma área muito ativa de pesquisa. A atividade da telomerase pode ser detectada com frequência nas células neoplásicas. Às vezes, os tumores sintetizam determinados antígenos fetais que podem ser determinados no sangue. Em muitos estudos, foram detectadas alterações nos constituintes da membrana plasmática (p. ex., alteração das cadeias de açúcar de várias glicoproteínas – das quais algumas consistem em moléculas de adesão celular – e glicolipídeos), e essas alterações podem ser importantes no que se refere à diminuição da adesão celular e à ocorrência de metástases. Várias moléculas são liberadas a partir das células cancerosas, em forma solúvel ou em formas vesiculares ligadas à membrana (exossomos), e podem ser detectadas no sangue ou no líquido extracelular; elas incluem metabólitos, lipídeos, carboidratos, proteínas e ácidos nucleicos. Alguns tumores também liberam fatores angiogênicos e várias proteinases. Foram observadas muitas alterações do metabolismo; por exemplo, as células cancerosas frequentemente apresentam elevada taxa de glicólise aeróbia. (CAM, molécula de adesão celular; MEC, matriz extracelular.)

análise, transforma células normais em malignas. Portanto, em geral os tumores podem levar de apenas alguns anos até décadas para se desenvolver a níveis macroscópicos.

CAUSAS DA LESÃO GENÉTICA

A lesão genética que provoca câncer pode ser causada por **mutações adquiridas** ou **herdadas**. As mutações adquiridas ocorrem por erros na replicação ou no reparo do ácido desoxirribonucleico (DNA, do inglês *deoxyribonucleic acid*), denominadas **mutações de replicação** (**R**), ou por exposição a carcinógenos ambientais, denominadas **mutações ambientais** (**E**, do inglês *environmental*) (radiação, substâncias químicas e vírus – ver adiante). A terceira classe importante de mutação oncogênica é denominada **mutação hereditária** (**H**); as mutações hereditárias provêm de um ou de ambos os genitores. As anormalidades hereditárias resultam em diversas condições familiares que predispõem ao desenvolvimento de câncer hereditário. Essas mutações são encontradas em genes específicos (p. ex., genes supressores de tumor, genes de reparo do DNA, genes de controle do ciclo celular, etc.) presentes nas células germinativas e são discutidas mais adiante, neste capítulo. As mutações da variedade R, E e H são, em seu conjunto, responsáveis pela maioria dos tipos de câncer humano, porém a porcentagem exata de determinado tipo de câncer causado por esses três tipos de mutações varia e, com efeito, está sendo ativamente discutida no campo da oncologia médica.

As **mutações espontâneas**, algumas das quais podem predispor ao câncer, ocorrem com frequência de aproximadamente 10^{-7} a 10^{-6} por célula por geração. Essa taxa é maior em tecidos que apresentam alta taxa de proliferação, uma dinâmica que pode aumentar a geração de células cancerosas a partir das células parentais afetadas. O **estresse oxidativo** (ver Capítulo 45), gerado em consequência da produção aumentada de **espécies reativas de oxigênio** (**EROs**), também pode constituir um fator no aumento das taxas de mutação.

A RADIAÇÃO, AS SUBSTÂNCIAS QUÍMICAS E DETERMINADOS VÍRUS CONSTITUEM AS PRINCIPAIS CAUSAS CONHECIDAS DE CÂNCER

Em geral, existem três classes de carcinógenos ambientais que podem induzir a formação de tumores: a **radiação**, as **substâncias químicas** e determinados **vírus oncogênicos** (Figura 56-3). Os dois primeiros tipos de carcinógenos causam mutações no DNA, enquanto os vírus geralmente atuam pela introdução de novos genes em células normais.

A seguir, descreveremos, de modo sucinto, como a radiação, as substâncias químicas e os vírus oncogênicos causam câncer.

A radiação pode ser carcinogênica

Os **raios ultravioleta** (**UV**), os **raios X** e os **raios γ** são mutagênicos e carcinogênicos. Estudos extensos mostraram que esses agentes causam dano ao DNA de diversas maneiras (**Tabela 56-1**; ver também Tabela 35-8 e Figura 35-22). Acredita-se que as mutações no DNA, se não forem corrigidas, constituem a base do efeito carcinogênico da **radiação**, embora as vias exatas ainda estejam em fase de investigação. Além disso, os raios X e os raios γ podem induzir a formação de **espécies reativas de oxigênio** (**EROs**), que, conforme já assinalado, também são mutagênicas e, provavelmente, contribuem para os efeitos carcinogênicos da radiação.

A exposição à radiação UV é comum devido à exposição à luz solar, que constitui a sua principal fonte. Existem numerosas evidências mostrando que a radiação UV está ligada aos cânceres de pele. O risco de desenvolver câncer de pele devido à radiação UV aumenta com o aumento na frequência e na intensidade de exposição e diminui com o conteúdo crescente de melanina da pele.

Como detalhado no Capítulo 35, a lesão do DNA produzida por agentes ambientais é geralmente removida por mecanismos de reparo do DNA. Portanto, não é surpreendente o fato de que, dependendo da natureza mutagênica da lesão do DNA, indivíduos que possuem incapacidade hereditária para reparar o DNA apresentem risco aumentado de desenvolver neoplasia maligna (ver Tabela 35-9).

Muitas substâncias químicas são carcinogênicas

Vários compostos químicos são carcinogênicos (**Tabela 56-2**).

TABELA 56-1 Alguns tipos de dano ao DNA causados pela radiação

- Formação de dímeros de pirimidina
- Formação de sítios desprovidos de purinas ou de pirimidinas por eliminação das bases correspondentes
- Formação de quebras de fita simples ou de dupla-fita ou ligação cruzada de fitas de DNA

TABELA 56-2 Alguns carcinógenos químicos

Classe	Composto
Hidrocarbonetos aromáticos policíclicos	Benzo[a]pireno, dimetilbenzantraceno
Aminas aromáticas	2-Acetilaminofluoreno, *N*-metil-4--aminoazobenzeno (MAB)
Nitrosaminas	Dimetilnitrosamina, dietilnitrosamina
Vários fármacos	Agentes alquilantes (p. ex., ciclofosfamida), dietilestilbestrol
Compostos de ocorrência natural	Aflatoxina B_1

Nota: Conforme listado, alguns fármacos utilizados como agentes quimioterápicos (p. ex., ciclofosfamida) podem ser carcinogênicos.

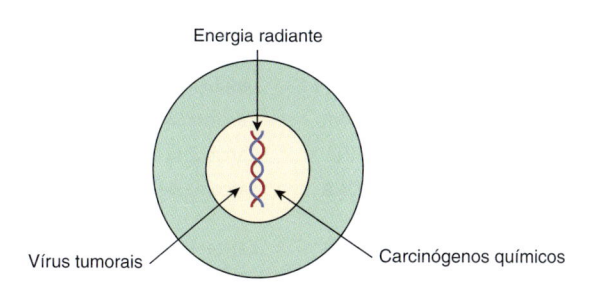

FIGURA 56-3 A radiação, os carcinógenos químicos e determinados vírus podem causar câncer pelo dano ao DNA cromossômico.

Acredita-se que a maioria dos **carcinógenos químicos** seja capaz de **modificar covalentemente o DNA**, formando, assim, uma ampla variedade de **adutos nucleotídicos** (ver Tabela 35-8). Dependendo do grau de dano ao DNA e de seu reparo por sistemas de reparo do DNA (ver Figura 35-22), pode ocorrer uma variedade de mutações do DNA em consequência da exposição de um animal ou um ser humano a carcinógenos químicos, e algumas dessas mutações contribuem para o desenvolvimento de câncer.

Alguns compostos químicos interagem diretamente com o DNA (p. ex., mecloretamina e β-propiolactona); entretanto, outros, denominados **pró-carcinógenos**, exigem a sua conversão por ação enzimática para se transformar em **carcinógenos finais**. Os carcinógenos finais são, em sua maioria, **eletrófilos** (moléculas deficientes em elétrons) e atacam prontamente os grupos nucleofílicos (ricos em elétrons) do DNA. A conversão de compostos químicos em carcinógenos finais resulta, principalmente, das ações de várias espécies de **citocromo P450** localizadas no retículo endoplasmático (RE) (ver Capítulo 49). Esse fato é utilizado no ensaio de Ames (ver adiante), em que uma fração do sobrenadante pós-mitocondrial (contendo RE) é acrescentada ao sistema de ensaio como fonte de enzimas do citocromo P450.

A carcinogênese química envolve dois estágios – a iniciação e a promoção. A iniciação refere-se ao estágio em que a exposição a determinado composto químico provoca lesão genômica do DNA, parte da qual não é reparada, e esse estágio constitui o evento inicial necessário para que uma célula se torne cancerosa. A promoção compreende o estágio em que uma célula iniciada começa a crescer e proliferar-se anormalmente. O efeito cumulativo desses dois eventos é uma neoplasia.

Os carcinógenos químicos podem ser identificados por testes que avaliam a sua capacidade para induzir mutações. Uma maneira simples de efetuar essa triagem consiste no uso do **ensaio de Ames** (**Figura 56-4**). Esse teste relativamente simples, que detecta mutações na bactéria *Salmonella typhimurium* causadas por substâncias químicas, demonstrou ter grande valor para propósitos de rastreamento. Um aperfeiçoamento do teste de Ames consiste em acrescentar uma alíquota de RE de mamífero ao ensaio, de modo a permitir a identificação de pró-carcinógenos. Pouquíssimos compostos que foram negativos no teste de Ames demonstraram causar tumores em animais (se houver algum). Todavia, o ensaio em animais é necessário para demonstrar, de modo inequívoco, que determinada substância química é carcinogênica.

Convém assinalar que os compostos que alteram fatores epigenéticos (como a metilação do DNA e/ou modificações pós-traducionais da histona; ver Capítulos 35 e 38) que poderão predispor ao câncer não serão positivos no teste de Ames, uma vez que não são mutagênicos.

Determinados cânceres humanos são causados por vírus

O estudo dos **vírus tumorais** contribuiu significativamente para a compreensão do câncer. Por exemplo, a descoberta dos oncogenes e dos genes supressores de tumor (ver adiante) emergiu de estudos de vírus oncogênicos. Foram identificados vírus tanto de DNA quanto de ácido ribonucleico (RNA, do inglês *ribonucleic acid*) que são capazes de causar câncer nos seres humanos (**Tabela 56-3**). Neste capítulo, não são descritos os detalhes de como cada um desses vírus provoca câncer. Em geral, o material genético dos vírus é incorporado ao genoma da célula hospedeira. No caso de vírus de RNA, isso deve ocorrer após a transcrição reversa do RNA viral em DNA viral. Essa integração do DNA viral (denominado pró-vírus) com o DNA do hospedeiro resulta em vários efeitos, como **desregulação do ciclo celular**, **inibição da apoptose** e **anormalidades nas vias de sinalização celular** (ver Capítulos 35 e 42). Todos esses eventos são discutidos mais adiante neste capítulo. Os **vírus de DNA** frequentemente atuam por *downregulation* da expressão, e/ou da função dos genes supressores de tumor *P53* e *RB* (ver adiante) e seus produtos proteicos.

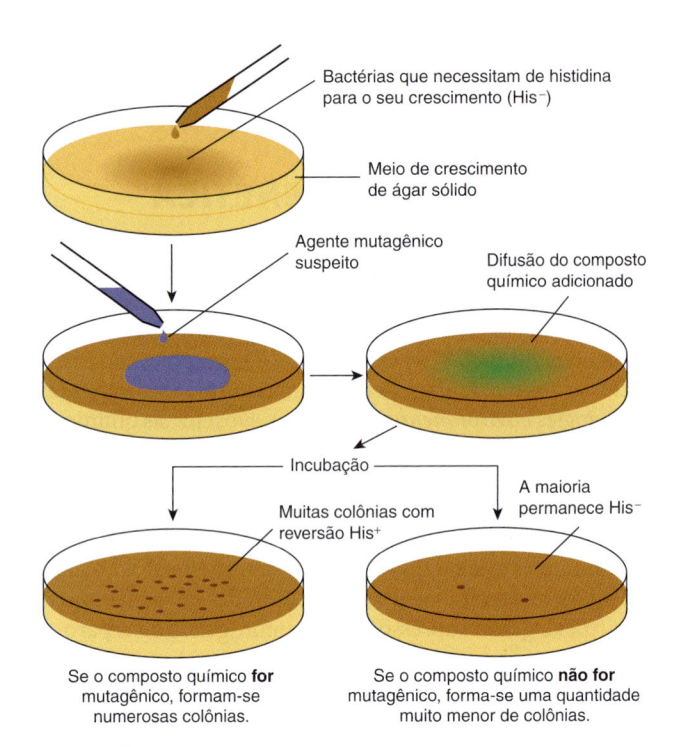

FIGURA 56-4 Teste de Ames para rastreamento de agentes mutagênicos. O composto químico testado aumentará a frequência de reversão de células His⁻ em células His⁺ se for um agente mutagênico e, portanto, um carcinógeno potencial. A placa de controle (não ilustrada) contém o solvente no qual o agente mutagênico suspeito está dissolvido. (Reproduzida, com autorização, de Nester EW et al.: *Microbiology: A Human Perspective*, 5th ed. McGraw-Hill, 2007.)

TABELA 56-3 Alguns vírus que causam ou que estão associados a cânceres humanos

Vírus	Genoma	Câncer
Vírus Epstein-Barr	DNA	Linfoma de Burkitt, câncer de nasofaringe, linfoma de células B
Hepatite B	DNA	Carcinoma hepatocelular
Hepatite C	RNA	Carcinoma hepatocelular
Herpesvírus humano 8 (HHV-8)	DNA	Sarcoma de Kaposi
Papilomavírus humano (tipos 16 e 18)	DNA	Câncer de colo do útero
Vírus da leucemia de células T humanas tipo 1	RNA	Leucemia de células T do adulto

Os vírus de RNA frequentemente apresentam oncogenes em seus genomas; o processo pelo qual os oncogenes atuam para causar neoplasia maligna é discutido adiante.

OS ONCOGENES E OS GENES SUPRESSORES DE TUMOR DESEMPENHAM UM PAPEL FUNDAMENTAL NA ETIOLOGIA DO CÂNCER

Nas últimas décadas, foram realizados grandes avanços na compreensão dos processos pelos quais as células cancerosas se desenvolvem e crescem. Dois achados fundamentais foram as descobertas dos **oncogenes** e dos **genes supressores de tumor**. Essas descobertas apontaram para mecanismos moleculares específicos pelos quais o crescimento e a divisão celular podem ser desregulados, resultando em crescimento anormal.

Os oncogenes são derivados de genes celulares, denominados proto-oncogenes, e codificam uma ampla variedade de proteínas que estimulam o crescimento celular

Um **oncogene** pode ser definido como um gene alterado, cujo produto atua de maneira **dominante** para acelerar o crescimento celular ou a divisão das células. Os oncogenes são gerados por "ativação" de **proto-oncogenes** celulares normais, que codificam proteínas estimuladoras do crescimento. Essa ativação pode ser efetivada por meio de vários mecanismos distintos (**Tabela 56-4**).

A Tabela 56-4 mostra um exemplo de uma mutação pontual que ocorre no oncogene *RAS*. O *RAS* codifica uma pequena GTPase. A perda da atividade de GTPase dessa proteína G resulta em estimulação crônica da atividade da adenilil-ciclase e da via da MAP-cinase, levando à proliferação celular (convém lembrar que as proteínas G são ativas quando complexadas com GTP e inativas quando o GTP ligado é hidrolisado a GDP pela GTPase; ver Capítulo 42). Outra maneira como um oncogene pode ser ativado é via inserção de intensificador e/ou de promotor forte a montante da região codificadora da proteína, levando ao aumento da transcrição e, portanto, à expressão da proteína do gene cognato. A **Figura 56-5A** ilustra como a integração de um pró-vírus retroviral (i.e., a cópia do dsDNA gerada pela transcriptase reversa do genoma de RNA de um vírus tumoral, como o **vírus do sarcoma Rous**, **RSV**) pode atuar como intensificador/promotor para ativar o *MYC*, um gene do hospedeiro vizinho. A superprodução do fator de transcrição oncogênico MYC ativa a transcrição de genes reguladores do ciclo celular e, portanto, estimula a proliferação desregulada das células.

As **translocações cromossômicas** são encontradas com muita frequência nas células cancerosas; centenas de exemplos diferentes foram documentados. A translocação encontrada nos casos de linfoma de Burkitt está ilustrada na **Figura 56-5B**. O efeito global dessa translocação também consiste na ativação da expressão do gene *MYC*, resultando em proliferação celular mais uma vez.

Outro mecanismo de ativação dos oncogenes consiste na **amplificação gênica** (ver Capítulo 38), um processo de ocorrência muito comum em diversos tipos de câncer. Nesse caso, são formadas múltiplas cópias de um oncogene, o que leva ao aumento na produção de uma proteína promotora do crescimento.

Os oncogenes ativados promovem câncer por uma variedade de mecanismos, como aqueles ilustrados na Figura 56-2 e resumidos na **Figura 56-6**. Os produtos proteicos de oncogenes ativados afetam as vias de sinalização celular, onde podem atuar como fator de crescimento, receptor de um fator de crescimento, proteína G ou molécula de sinalização a jusante. Outras oncoproteínas atuam para alterar a transcrição de genes cruciais para a oncogênese ou para desregular o ciclo celular. Outras oncoproteínas afetam as interações entre células ou o processo de apoptose. Coletivamente, esses mecanismos ajudam a explicar muitas das principais características das células cancerosas apresentadas na Figura 56-1, como seu potencial ilimitado de replicação, suas vias de sinalização constitutivamente ativadas, sua capacidade de invasão e disseminação, e seu escape da apoptose.

Alguns **vírus tumorais** (p. ex., retrovírus, papovavírus) **contêm oncogenes**. O estudo desses vírus tumorais (p. ex., o retrovírus RSV) revelou, pela primeira vez, a existência de oncogenes. Estudos posteriores mostraram que muitos oncogenes retrovirais foram derivados de genes celulares normais, os chamados proto-oncogenes, que os vírus tumorais haviam captado durante sua passagem pelas células hospedeiras.

Os genes supressores de tumor atuam para inibir o crescimento e a divisão das células

Um **gene supressor de tumor** produz um produto proteico, que normalmente suprime o crescimento das células ou a divisão cclular. Quando esse gene é alterado por alguma mutação, o efeito inibidor de seu produto é perdido ou diminuído. Essa perda de função do gene supressor de tumor leva a um

TABELA 56-4 Mecanismos de ativação dos oncogenes

Mecanismo	Explicação
Mutação	Um exemplo clássico é a mutação pontual do oncogene *RAS*; isso resulta no produto gênico, uma pequena proteína G (RAS), cuja atividade intrínseca de GTPase é perdida; em consequência, as células estão sujeitas a uma sinalização constitutivamente ativa por meio da estimulação da adenilil-ciclase e via da proteína ativada por mitógeno (MAP)-cinase
Inserção de promotor	A inserção de uma sequência promotora viral próximo a um oncogene resulta em sua ativação
Inserção de intensificador	A inserção de uma sequência intensificadora viral perto de um oncogene resulta em sua ativação
Translocação cromossômica	Ocorre ruptura de um segmento de um cromossomo, que é unido a outro, resultando na ativação de um oncogene no local onde ocorre a inserção; os exemplos clássicos dessas translocações incluem aquelas observadas no linfoma de Burkitt (ver Figura 56-5) e no cromossomo Filadélfia, na leucemia mielocítica crônica (ver Glossário)
Amplificação gênica[a]	Ocorre multiplicação anormal de um gene, resultando em muitas cópias; isso pode ocorrer com oncogenes e genes envolvidos na resistência a fármacos

[a] Regiões de amplificação gênica podem ser reconhecidas como regiões de coloração homogênea (HSRs) nos cromossomos ou como cromossomos diminutos duplos (que são de localização extracromossômica).

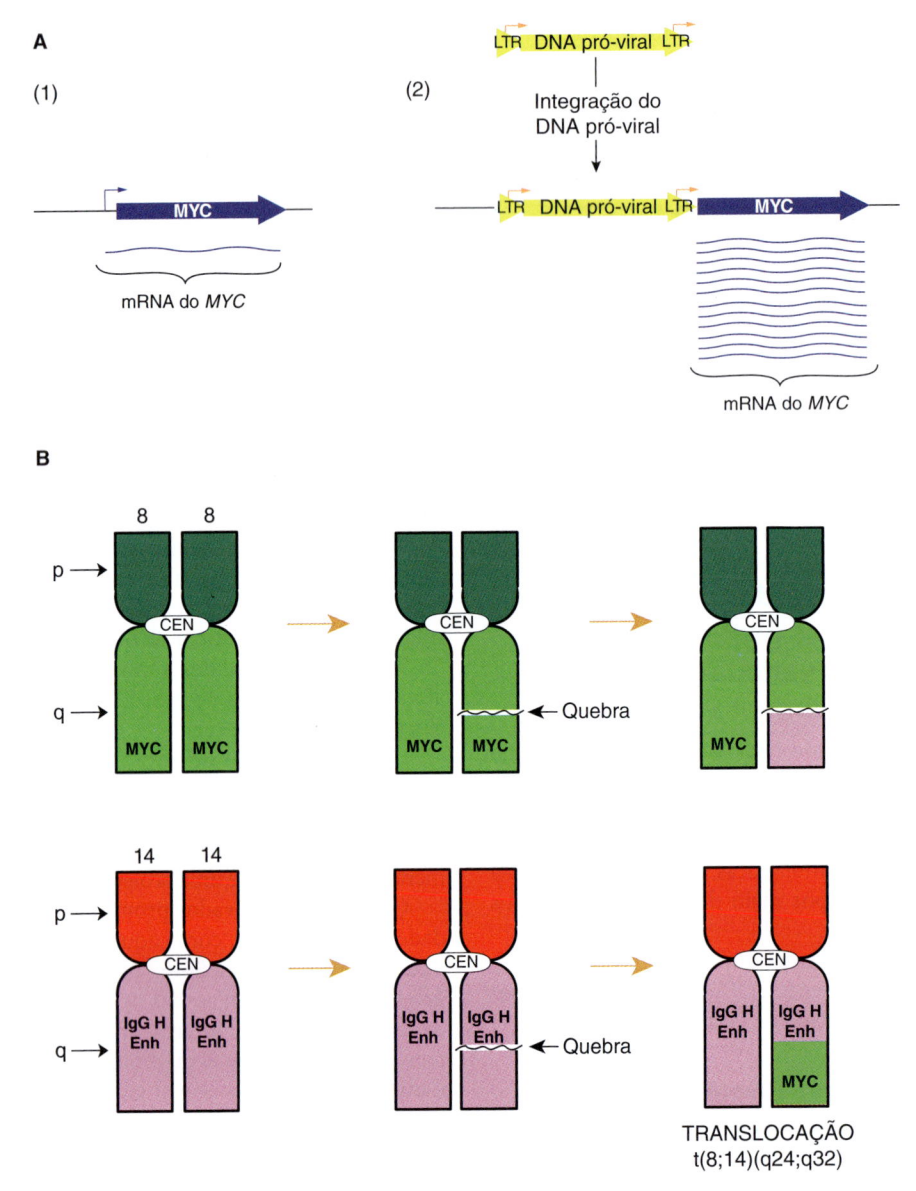

FIGURA 56-5 **(A) Representação esquemática de como a inserção de um promotor pode ativar um proto-oncogene.** (1) Cromossomo normal de galinha, mostrando um gene *MYC* praticamente inativo. (2) Houve integração de um vírus da leucemia aviária no cromossomo, em sua forma pró-viral (uma cópia de DNA de seu genoma de RNA) adjacente ao gene *MYC* com o elemento de sequência de repetição terminal longa (LTR) à direita do RSV, que contém tanto um intensificador quanto um promotor potentes (ver Capítulo 36), que agora está localizado imediatamente a montante do gene *MYC* e, portanto, ativa-o, resultando em transcrição vigorosa do mRNA do *MYC*. Para simplificar, apenas uma fita de DNA está ilustrada, e outros detalhes foram omitidos. **(B) Representação esquemática da translocação recíproca envolvida no linfoma de Burkitt.** Os cromossomos envolvidos são o 8 e o 14. As letras **p** e **q** referem-se aos braços curto e longo dos cromossomos, enquanto o oval branco designado como CEN é o centrômero. Os cromossomos são mostrados apenas parcialmente. Um segmento da extremidade do braço q do cromossomo 8 sofre ruptura e passa para o cromossomo 14. O processo inverso transfere um pequeno segmento do braço q do cromossomo 14 para o cromossomo 8; essas translocações envolvem as regiões q24 (cromossomo 8) e q32 (cromossomo 14). O gene *MYC* está contido no pequeno segmento do cromossomo 8 que foi transferido para o cromossomo 14. Por conseguinte, o *MYC* está localizado adjacente aos genes que transcrevem as cadeias pesadas das moléculas de imunoglobulinas, e a transcrição do gene *MYC* é ativada pelo potente intensificador do gene H de IgG. Foram identificadas muitas outras translocações, entre as quais a mais conhecida talvez seja a envolvida na formação do cromossomo Filadélfia (ver Glossário, no fim deste capítulo). (Revisada e redesenhada de Dalla-Favera et al., Human c-myc *onc* gene is located on the region of chromosome 8 that is translocated in Burkitt lymphoma cells. *Proc Nat Acad Sci USA* 1982;79:7824-7827, para mais detalhes.)

aumento no crescimento ou na divisão celulares. Conforme inicialmente sugerido por A.G. Knudson em 1971, com base em estudos da herança dos retinoblastomas, ambas as cópias de um gene supressor de tumor precisam ser afetadas para perder seus efeitos inibidores sobre o crescimento (i.e., um alelo mutado de perda de função, rb^-, é recessivo em relação a uma cópia do gene *RB* tipo selvagem).

Fez-se uma distinção útil entre as funções de **guardião** e de **manutenção** dos genes supressores de tumor. Os genes com função de guardião ou protetores (produtos) controlam

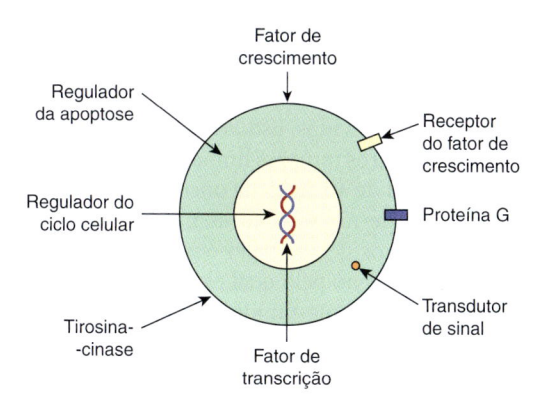

FIGURA 56-6 Exemplos de maneiras de atuação das oncoproteínas. São mostrados exemplos de diversas proteínas codificadas por oncogenes (oncoproteínas). As proteínas estão relacionadas a seguir, com o oncogene correspondente entre parênteses, juntamente com o número OMIM. Um fator de crescimento, o fator de crescimento dos fibroblastos 3 (*INT2*,164950); um receptor de fator de crescimento, o receptor do fator de crescimento epidérmico (EGFR) (*HER1*, 131550); proteína G (*H-RAS-1*, 190020); transdutor de sinais (*BRAF*, 164757); fator de transcrição (*MYC*, 190080); tirosina-cinase envolvida na adesão entre células (*SRC*, 190090); regulador do ciclo celular (*PRAD*, 168461); regulador da apoptose (*BCL2*, 151430).

a proliferação celular e incluem principalmente genes que atuam para regular o ciclo celular e a apoptose. Por outro lado, os produtos dos genes de manutenção estão relacionados com a preservação da integridade do genoma e incluem genes cujos produtos estão envolvidos no reconhecimento e na correção da lesão do DNA e na manutenção da integridade cromossômica durante a divisão celular.

Foram identificados muitos oncogenes e genes supressores de tumor. Apenas alguns são mencionados aqui. A **Tabela 56-5** apresenta as diferenças mais importantes entre os oncogenes e os genes supressores de tumor. A **Tabela 56-6** lista

TABELA 56-5 Diferenças entre oncogenes e genes supressores de tumor

Oncogenes	Genes supressores de tumor
A mutação em um dos dois alelos é suficiente para produzir efeitos oncogênicos	São necessárias mutações em ambos os alelos para produzir efeitos oncogênicos
O efeito oncogênico deve-se ao ganho de função de uma proteína que estimula o crescimento e a proliferação celulares	O efeito oncogênico deve-se a uma perda de função de uma proteína que inibe o crescimento e a proliferação celulares
As mutações em oncogenes surgem em células somáticas e, portanto, não são herdadas	Mutações em genes supressores de tumor podem estar presentes em células somáticas ou germinativas (e, portanto, podem ser herdadas)
Em geral, não demonstram preferência tecidual com relação ao tipo de câncer em que são encontrados	Frequentemente demonstram forte preferência tecidual com relação ao tipo de câncer em que são encontrados (p. ex., as mutações no gene *RB* resultam em retinoblastoma)

Fonte: Dados de Levine AJ: The p53 tumor suppressor gene. N Engl J Med 1992;326:1350.

TABELA 56-6 Propriedades de alguns oncogenes e genes supressores de tumor importantes

Nome	Propriedades
MYC	Oncogene (OMIM 190080) que codifica um fator de transcrição, que pode alterar a transcrição de muitos genes reguladores celulares importantes; o *MYC* está envolvido na estimulação do crescimento celular, progressão do ciclo celular e replicação do DNA; sofre mutação em uma variedade de tumores
P53	Gene supressor de tumor (OMIM 191170), ativado em resposta a vários estímulos que provocam dano ao DNA; a ativação do p53 induz parada do ciclo celular, apoptose, senescência e reparo do DNA; também está envolvido em alguns aspectos da regulação do metabolismo celular; em consequência, foi denominado "o guardião do genoma"; o p53 sofre mutação em cerca de 50% dos tumores humanos
RAS	Família de oncogenes que codificam pequenas proteínas G, especificamente GTPases, que foram inicialmente identificados como genes transformadores presentes em determinados vírus do sarcoma murino; os membros importantes da família são *K-RAS* (Kirsten), *H-RAS* (Harvey) (OMIM 190020) e *N-RAS* (neuroblastoma); a ativação persistente desses genes em decorrência de mutações contribui para o desenvolvimento de uma variedade de cânceres
RB	Gene supressor de tumor (OMIM 180200) que codifica a proteína Rb; a Rb, um repressor da transcrição, regula o ciclo celular por meio de sua ligação ao fator de ativação da transcrição E2F; a Rb reprime a transcrição de vários genes envolvidos na transição da fase G_1 do ciclo celular para a fase S; a mutação do gene *RB* resulta em retinoblastoma, mas também está envolvida na gênese de alguns outros tumores (ver Capítulo 35)

algumas das propriedades de dois dos oncogenes mais intensamente estudados (*MYC* e *RAS*) e de dois dos genes supressores de tumor (*P53* e *RB*) mais estudados.

Os estudos sobre o desenvolvimento dos cânceres colorretais elucidaram a participação de oncogenes e genes supressores de tumor específicos

Muitos tipos de tumores têm sido analisados quanto à presença de alterações genéticas. Uma das primeiras áreas estudadas e a mais produtiva nesse aspecto tem sido a análise do **desenvolvimento do câncer colorretal** por Vogelstein e colaboradores. Suas pesquisas, bem como as de outros, mostraram a participação de vários oncogenes e genes supressores de tumor no desenvolvimento do câncer humano. Esses pesquisadores analisaram a sequência e a expressão de vários oncogenes, genes supressores de tumor e alguns outros genes relevantes em amostras de **epitélio colônico normal**, de **epitélio displásico** (uma condição pré-neoplásica, caracterizada pelo desenvolvimento anormal do epitélio), de vários estágios de **pólipos adenomatosos** e de **adenocarcinomas**. Alguns de seus principais achados estão resumidos na **Figura 56-7**. Pode-se observar que determinados genes estão mutados em estágios relativamente específicos da sequência de eventos

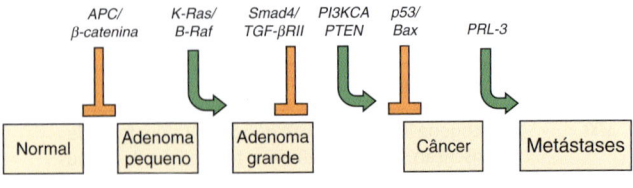

FIGURA 56-7 Alterações genéticas em múltiplas etapas associadas ao desenvolvimento do câncer colorretal. A ocorrência de mutações no gene *APC* inicia a formação de adenomas. A figura mostra uma sequência de mutações de um oncogene e de vários genes supressores de tumor que podem resultar em progressão subsequente, com desenvolvimento de grandes adenomas e câncer. Os pacientes com polipose adenomatosa familiar (OMIM 175100) herdam mutações do gene *APC* e desenvolvem numerosos focos de criptas aberrantes (ACFs) displásicas, alguns dos quais progridem à medida que adquirem as outras mutações assinaladas na figura. Os tumores de pacientes com câncer colorretal hereditário sem polipose (OMIM 120435) sofrem uma série semelhante, embora não idêntica, de mutações; a ocorrência de mutações no sistema de reparo de mau pareamento do DNA (ver Capítulo 35) acelera esse processo. *K-RAS, BRAF* e *PI3KCA* são oncogenes; os outros genes listados são genes supressores de tumor. A sequência de eventos apresentada nesta figura não é invariável no desenvolvimento de todos os cânceres colorretais. Foi descrita uma variedade de outras alterações genéticas em uma pequena fração de cânceres colorretais avançados. Elas podem ser responsáveis pela heterogeneidade das propriedades biológicas e clínicas observadas entre diferentes casos. Em muitos tumores, ocorre instabilidade cromossômica e instabilidade dos microssatélites (ver Capítulo 35), provavelmente envolvendo mutações em um número considerável de genes. (Reproduzida, com autorização, de Bunz F, Kinzler KW, Vogelstein B: Colorectal tumors, Figura 48-2, The Online Metabolic and Molecular Bases of Inherited Disease, www.ommbid.com.)

mostrados. As funções dos vários genes identificados estão listadas na **Tabela 56-7**. A sequência global de alterações pode variar ligeiramente daquela demonstrada, e outros genes também podem estar envolvidos. Estudos semelhantes foram realizados com vários outros tumores humanos, revelando padrões um tanto diferentes de ativação de oncogenes e mutações dos genes supressores de tumor. Outras mutações nesses genes, bem como em outros genes, estão envolvidas na progressão do tumor, um fenômeno pelo qual clones de células tumorais são selecionados para uma rápida taxa de crescimento e capacidade de sofrer metástase. Assim, um tumor relativamente grande pode conter uma variedade de células com genótipos diferentes, tornando mais difícil o tratamento bem-sucedido.

Várias outras conclusões podem ser obtidas a partir desses resultados e dos resultados de outros estudos semelhantes. Em primeiro lugar, **o câncer é verdadeiramente uma doença genética**, porém em sentido ligeiramente diferente do significado normal da expressão, na medida em que muitas das alterações gênicas são causadas por mutações somáticas. Em segundo lugar, **a carcinogênese é um processo de múltiplas etapas**. Estima-se que, na maioria dos casos, seja necessária a ocorrência de mutação de no mínimo 5 a 6 genes para que ocorra câncer. Em terceiro lugar, acredita-se que mutações adicionais subsequentes possam conferir vantagens seletivas sobre clones de células, alguns dos quais adquirem a **capacidade de sofrer metástases** (ver adiante). Por fim, muitos dos genes implicados na carcinogênese do câncer colorretal e de outros tipos de câncer estão envolvidos em eventos de sinalização celular, mostrando mais uma vez o papel central que as **alterações da sinalização** desempenham no desenvolvimento do câncer.

TABELA 56-7 Alguns genes associados à carcinogênese colorretal

Gene[a]	Ação da proteína codificada
APC (OMIM 611731)	Antagoniza a sinalização de WNT;[b] quando sofre mutação, ocorre intensificação da sinalização de WNT, estimulando o crescimento celular
β-CATENINA (OMIM 116806)	Codifica a β-catenina, uma proteína presente nas junções de adesão, que são importantes para a integridade dos tecidos epiteliais; é parte integrante da via de sinalização WNT
K-RAS (OMIM 601599)	Envolvido na sinalização da tirosina-cinase, particularmente na via da proteína ativada por mitógeno (MAP)-cinase
BRAF (OMIM 164757)	Uma serina/treonina-cinase que atua em combinação com Ras para ativar a via da MAP-cinase
SMAD4 (OMIM 600993)	Envolvido na sinalização intracelular pelo fator de transformação do crescimento β (TGF-β[c])
TGF-βRII	Atua como receptor do TGF-β
PI3KCA (OMIM 171834)	Atua como subunidade catalítica da fosfatidilinositol-3-cinase (PI3K)
PTEN (OMIM 601728)	Uma proteína tirosina-fosfatase, que atua como importante inibidor da sinalização por meio da via PI3K-Akt
P53 (OMIM 191170)	O produto, p53, é induzido na resposta à lesão do DNA e também é fator de transcrição para muitos genes envolvidos na divisão celular (ver Capítulo 35 e Tabela 56-10)
BAX (OMIM 600040)	Atua para induzir a morte celular (ativador da apoptose)
PRL3 (OMIM 606449)	Proteína tirosina-fosfatase envolvida na regulação do ciclo celular

APC, gene da polipose adenomatosa do colo; *BAX*, codifica a proteína X associada a BCL2 (BCL2 é um repressor da apoptose); *BRAF*, homólogo humano de um proto-oncogene aviário; *K-RAS*, gene associado a Kirsten-Ras; *PI3KCA*, codifica a subunidade catalítica da fosfatidilinositol-3-cinase; *PRL3*, codifica uma proteína tirosina-fosfatase com homologia da PRL1, outra proteína tirosina-fosfatase encontrada no fígado em regeneração; *PTEN*, codifica uma proteína tirosina-fosfatase e um homólogo da tensina; *P53*, codifica p53, um polipeptídeo com massa molecular de cerca de 53 kDa; *SMAD4*, homólogo de um gene encontrado em *Drosophila*.
[a] *K-RAS, BRAF* e *PI3KCA* são oncogenes; os outros genes listados são genes supressores de tumor ou genes cujos produtos estão associados às ações dos produtos dos genes supressores de tumor.
[b] A família WNT de glicoproteínas secretadas está envolvida em uma variedade de processos de desenvolvimento.
[c] TGF-β é um polipeptídeo (um fator de crescimento) que regula a proliferação e a diferenciação de muitos tipos celulares.
Nota: Os vários genes listados são oncogenes, genes supressores de tumor ou genes cujos produtos estão estreitamente associados aos produtos desses dois tipos de genes. Os efeitos cumulativos das mutações dos genes listados consistem em estimular a proliferação das células epiteliais do colo, que acabam se tornando cancerosas. Isso é obtido principalmente por meio de efeitos exercidos sobre diversas vias de sinalização que afetam a proliferação celular. Outros genes e proteínas não listados aqui também estão envolvidos. Esta tabela e a Figura 56-7 mostram claramente a importância do conhecimento detalhado da sinalização celular para a compreensão da gênese do câncer.

OS FATORES DE CRESCIMENTO E AS ANORMALIDADES DE SEUS RECEPTORES E VIAS DE SINALIZAÇÃO DESEMPENHAM IMPORTANTES PAPÉIS NO DESENVOLVIMENTO DO CÂNCER

Existem muitos fatores de crescimento

Foi identificada uma grande variedade de fatores de crescimento polipeptídicos que afetam os tecidos e as células nos seres humanos. Alguns desses fatores estão listados na **Tabela 56-8**. A seguir, o foco será a sua relação com o câncer.

Os fatores de crescimento podem atuar de forma **endócrina**, **parácrina** ou **autócrina** (ver Capítulo 41) e podem afetar uma ampla variedade de células para produzir uma **resposta mitogênica** (ver Capítulo 42). Conforme descrito anteriormente (ver Capítulo 53), os fatores de crescimento desempenham um importante papel na diferenciação das células hematopoiéticas.

Existem também **fatores inibidores do crescimento**. Por exemplo, o fator de transformação do crescimento β (TGF-β, do inglês *transforming growth factor* β) exerce efeitos inibidores sobre o crescimento de determinadas células. Portanto, a exposição crônica a quantidades aumentadas de um fator de crescimento ou a quantidades diminuídas de um fator inibidor do crescimento pode alterar o equilíbrio do crescimento celular.

Os fatores de crescimento atuam por meio de receptores específicos e sinalização transmembrana para afetar as atividades de genes específicos

Os fatores de crescimento produzem seus efeitos por meio de interação com **receptores específicos** presentes nas superfícies celulares, iniciando **diversos eventos de sinalização** (ver Capítulo 42). Genes que codificam receptores para fatores de crescimento foram identificados e caracterizados. Em geral, esses receptores apresentam segmentos curtos que atravessam a membrana, bem como domínios externos e citoplasmáticos (ver Capítulos 40 e 42), e alguns (p. ex., aqueles para o fator de crescimento epidérmico [EGF, do inglês *epidermal growth factor*], para a insulina e para o fator de crescimento derivado das plaquetas [PDGF, do inglês *platelet-derived growth factor*]) exibem atividade de **tirosina-cinase**. A atividade de cinase, que está localizada nos domínios citoplasmáticos desses receptores, provoca autofosforilação da proteína receptora e também fosforila outras proteínas.

Uma análise do **PDGF** ilustra como determinado fator de crescimento produz seus efeitos. A interação do PDGF com seu receptor estimula a atividade da fosfolipase C (PLC). A PLC cliva o fosfatidilinositol-bifosfato (PIP_2) (encontrado nas membranas celulares biológicas) em inositol-trifosfato (IP_3) e diacilglicerol (DAG) (ver Figura 42-6). O aumento dos níveis de IP_3 resulta em níveis elevados de Ca^{2+} intracelular, enquanto o DAG ativa a proteína-cinase C (PKC). A hidrólise do DAG pode liberar ácido araquidônico, o qual é capaz de estimular a

TABELA 56-8 Alguns fatores de crescimento polipeptídicos

Fator de crescimento	Funções
Fator de crescimento epidérmico (EGF)	Estimula o crescimento de numerosas células epidérmicas e epiteliais
Eritropoietina (EPO)	Regula o desenvolvimento das células eritropoiéticas no estágio inicial
Fatores de crescimento dos fibroblastos (FGFs)	Promovem a proliferação de muitas células diferentes
Interleucinas	Exercem uma variedade de efeitos sobre as células do sistema imune
Fator de crescimento neuronal (NGF)	Efeito trófico sobre determinados neurônios
Fator de crescimento derivado das plaquetas (PDGF)	Estimula o crescimento das células mesenquimais e gliais
Fator de transformação do crescimento α (TGF-α)	Semelhante ao EGF
Fator de transformação do crescimento β (TGF-β)	Exerce efeitos estimuladores e inibidores sobre determinadas células

Nota: Foram também identificados muitos outros fatores de crescimento. Os fatores de crescimento podem ser produzidos por uma variedade de células ou podem ter principalmente uma fonte de produção. Atualmente, muitas interleucinas diferentes têm sido isoladas; juntamente com as interferonas e algumas outras proteínas/polipeptídeos, são designadas como citocinas.

produção de prostaglandinas e leucotrienos, e ambos exercem vários efeitos biológicos. A exposição de células-alvo ao PDGF pode resultar em rápida ativação (alguns minutos a 1-2 horas) da expressão dos genes que codificam determinados proto-oncogenes celulares (p. ex., *MYC* e *FOS*), que participam da estimulação da mitose por meio de seus efeitos sobre o ciclo celular (ver adiante). O aspecto básico é o fato de os fatores de crescimento interagirem com receptores específicos para estimular vias de sinalização específicas que servem para aumentar ou diminuir as atividades de vários genes que afetam a divisão celular.

ACREDITA-SE QUE OS MICRO-RNAs SEJAM PROTAGONISTAS ESSENCIAIS NA CARCINOGÊNESE E NA METÁSTASE DE TUMORES

Os micro-RNAs (miRNAs), descobertos em 1993, são moléculas de RNA não codificadoras de proteína, que têm cerca de 22 nucleotídeos de comprimento (ver Capítulos 34 e 36). Os miRNAs são expressos em diferentes tipos de tecidos e células, e sabe-se que eles estão envolvidos na regulação da expressão gênica por meio de diminuição da tradução do mRNA ou estabilidade do mRNA (ver Figura 36-17).

Foi constatado que a expressão dos miRNAs está desregulada em muitos tipos de câncer. Acredita-se que essa desregulação possa desempenhar um papel causal na patogenia desses cânceres. Alguns tipos de miRNAs são oncogênicos (designados como oncomiRs) e estão hiperexpressos no tecido canceroso. Por outro lado, foi constatado que miRNAs supressores de tumor, que anulam características oncogênicas, apresentam uma expressão deficiente nos cânceres; há uma semelhança com os oncogenes e os supressores de tumor descritos anteriormente. Exemplos de miRNAs oncogênicos incluem o miRNA policistrônico miR-17-92 que codifica o agrupamento de genes (implicado em cânceres de pulmão, mama, pâncreas, colo, etc.); o miR-21 (nos cânceres de pulmão, mama, etc.); e o miR-155 (no câncer de pulmão e no linfoma). Exemplos de miRNAs supressores de tumor incluem let-7 (desregulado nos cânceres de ovário e de pulmão), miR-34 (implicado em vários tipos de câncer), miR-15 e miR-16 (ambos envolvidos na leucemia linfocítica crônica).

Foi também constatado que os miRNAs influenciam fatores extrínsecos que modulam os tumores. Esses fatores incluem interações entre o sistema imune e as células neoplásicas, interações de células estromais, efeito sobre oncovírus, etc. É provável que o equilíbrio dos níveis de expressão proteica que resulta dos miRNAs e suas concentrações exatas determine se o efeito final de um miRNA específico será oncogênico ou supressor de tumor.

O uso de miRNAs em aplicações clínicas está avançando. Os miRNAs estão sendo investigados como biomarcadores para o diagnóstico, o prognóstico e a classificação de cânceres. Esses pequenos RNAs também são promissores no tratamento, em que são utilizados oligonucleotídeos para intensificar a expressão de miRNAs supressores de tumor em células, ou oligonucleotídeos *antisense* para neutralizar a ação de miRNAs oncogênicos. Foram desenvolvidos agentes terapêuticos direcionados para o miRNA, os quais incluem um agente simulador de miR-34, que agora está em fase de ensaio clínico. É interessante assinalar que um anti-miR contra miR-122 também está em fase de ensaio clínico para o tratamento da hepatite.

Outra importante aplicação clínica dos miRNAs reside na sua capacidade de potencializar respostas terapêuticas durante a quimioterapia antineoplásica e radioterapia. Assim, o uso de miRNAs como alvos específicos parece ser altamente promissor para o tratamento e/ou a suplementação terapêutica no manejo do câncer. Entretanto, à semelhança de todas as terapias baseadas em genética, o fornecimento efetivo de oligonucleotídeos estáveis a células-alvo apropriadas representa um grande desafio. Todavia, há uma previsão de enormes avanços no desenvolvimento científico e farmacêutico nessa área, levando futuramente à aplicação clínica de um grupo de novos agentes terapêuticos para o tratamento do câncer.

VESÍCULAS EXTRACELULARES E CÂNCER

As **vesículas extracelulares** (**EVs**; também conhecidas como **exossomos** e **microvesículas**) são um grupo de pequenas vesículas com bicamada lipídica, liberadas por uma ampla variedade de células, tanto normais quanto doentes. Essas vesículas variam entre si quanto ao tamanho e ao modo como são formadas (ver Figura 40-23). Em seu conjunto, os RNAs não codificadores (ncRNAs) (que compreendem os miRNAs, RNAs não codificadores longos [lncRNAs] e os RNAs circulares [circRNAs]; ver Capítulos 34 e 36) podem ser carregados em EVs, que são então secretadas. Foi constatado que esses ncRNAs associados a EV exercem efeitos parácrinos sobre as células adjacentes (ver Figura 40-23), facilitando, assim, a comunicação intercelular. Foi demonstrado que as EVs transferem informações para células-alvo por determinados mecanismos, como ligação de ligante ao receptor, fusão direta da EV com a membrana plasmática de células receptoras ou endocitose. A transferência de ncRNAs dessa maneira foi implicada na patogenia de várias doenças; o câncer é uma dessas doenças, em que os estudos laboratoriais revelaram que as EVs podem modular a expressão de genes cruciais que estão envolvidos na tumorigênese.

Os efeitos produzidos pelo ncRNA sobre as suas células-alvo incluem controle da proliferação celular, indução da angiogênese, alterações no microambiente e na imunidade do tumor e até mesmo indução de resistência a fármacos. Foi também constatado que essas EVs atuam em órgãos distantes, afetando, assim, a metástase.

Os ncRNAs associados às EVs são altamente estáveis, e são encontrados no sangue, na urina e na saliva. Por conseguinte, têm o potencial de serem utilizados como biomarcadores não invasivos para ajudar no diagnóstico e no prognóstico de cânceres. Além disso, em virtude de seu pequeno tamanho e da constituição da bicamada lipídica, as EVs podem atravessar facilmente as membranas biológicas. Em consequência, as EVs podem ser utilizadas como sistema de fornecimento efetivos para transferência de moléculas específicas (miRNA ou anti-miRNA) que podem ser utilizadas no tratamento de doenças. São necessárias mais pesquisas *in vivo* com sistemas-modelo para explorar essa nova área interessante da oncologia.

OS MECANISMOS EPIGENÉTICOS ESTÃO ENVOLVIDOS NO CÂNCER

Há evidências crescentes de que os mecanismos epigenéticos (ver Capítulo 36) estão envolvidos na etiologia do câncer. Esses mecanismos produzem alterações não mutacionais que afetam a regulação da expressão gênica. A metilação de bases de citosina específicas nos genes está implicada na supressão das atividades de determinados genes. Foram detectadas alterações no padrão normal de metilação/desmetilação dos resíduos de citosina de genes específicos em células cancerosas. Modificações pós-traducionais das histonas (i.e., acetilação, ADP-ribosilação, metilação, fosforilação, sumoilação e ubiquitinação; ver Capítulos 35 e 38), por exemplo, mudanças na acetilação das histonas H3 e H4, que afetam a transcrição gênica, foram encontradas em células cancerosas. As mutações que afetam a estrutura e/ou a atividade de complexos de remodelagem de nucleossomo (i.e., complexo SWI/SNF) envolvidos na remodelagem da cromatina também podem afetar a transcrição gênica. Na verdade, vários componentes dos complexos SWI/SNF podem atuar como genes supressores de tumor.

Um aspecto de interesse particular relacionado com alterações epigenéticas na expressão gênica é o fato de que muitas dessas modificações nas proteínas e no DNA são potencialmente reversíveis. Nesse sentido, a **5-azadesoxicitidina** e a **decitabina** são inibidoras das **DNA-metiltransferases** (**DNMTs**), ao passo que o **ácido valproico** e o **vorinostate** agem para inibir as **histonas-desacetilases** (**HDACs**). Ambos os agentes têm sido utilizados para tratar certos tipos de leucemias e linfomas, e acredita-se que atuem desreprimindo a transcrição de determinados genes reguladores críticos do crescimento, como os supressores de tumor. O uso crescente de várias tecnologias -ômicas para o estudo das alterações epigenéticas em muitos tipos de câncer provavelmente contribuirá de modo considerável para o conhecimento nessa área, e espera-se, ao mesmo tempo, que impulsione o desenvolvimento de novos agentes quimioterápicos.

VÁRIOS TIPOS DE CÂNCER EXIBEM PREDISPOSIÇÃO HEREDITÁRIA

Há muitos anos, sabe-se que determinados tipos de câncer têm base hereditária. Dependendo do tipo de câncer específico, foi estimado que 5 a 15% dos cânceres possuem etiologia hereditária. A descoberta dos oncogenes e dos genes supressores de tumor possibilitou a pesquisa da base desse fenômeno. Atualmente, são reconhecidos muitos tipos hereditários de câncer, e apenas alguns deles estão listados na **Tabela 56-9**. Em vários casos, quando há suspeita de síndrome hereditária, uma triagem genética apropriada das famílias possibilita a realização de intervenção precoce. Por exemplo, algumas mulheres jovens que herdaram um gene BRCA1 ou BRCA2 com mutação optaram por mastectomia profilática para evitar a ocorrência de câncer de mama posteriormente durante a vida.

AS ANORMALIDADES DO CICLO CELULAR SÃO UBÍQUAS NAS CÉLULAS CANCEROSAS

É necessário ter um conhecimento do **ciclo celular** para compreender os mecanismos moleculares envolvidos no desenvolvimento de muitos tipos de câncer. Esse conhecimento é também importante devido ao fato de muitos fármacos antineoplásicos só atuarem contra células que estão em divisão ou que se encontram em determinada fase do ciclo.

Os aspectos básicos do ciclo celular foram descritos no Capítulo 35. Conforme ilustrado na Figura 35-20, o ciclo tem quatro fases: G_1, S, G_2 e M. Se as células não estiverem em uma dessas fases, elas estão na fase G_0 e são denominadas quiescentes. As células podem ser recrutadas no ciclo a partir da fase G_0 por diversas influências (p. ex., determinados fatores de crescimento). Em geral, as células cancerosas apresentam um tempo de geração mais curto do que as células normais e são encontradas em menor número na fase G_0 quiescente.

As funções de várias **ciclinas**, **cinases dependentes de ciclinas** (**CDKs**) e várias outras moléculas importantes que afetam o ciclo celular (p. ex., os produtos proteicos dos genes RB e P53) também estão descritas no Capítulo 35. Os pontos no ciclo onde algumas dessas moléculas atuam estão indicados nas Figuras 35-20 e 35-21, bem como na Tabela 35-7.

Como uma das principais propriedades das células cancerosas consiste em seu crescimento descontrolado, muitos aspectos de seu ciclo celular foram estudados detalhadamente. Apenas alguns dos resultados podem ser mencionados aqui. Foram descritas diversas mutações que afetam as ciclinas e as CDKs. Muitos produtos dos proto-oncogenes e dos genes supressores de tumor desempenham importantes papéis na regulação do ciclo normal. Foi identificada uma ampla variedade de mutações nesses tipos de genes, incluindo RAS, MYC, RB, P53 (que estão entre os mais estudados; ver adiante) e muitos outros.

Por exemplo, conforme discutido no Capítulo 35, o produto proteico do gene RB é um regulador do ciclo celular. Atua por meio de sua ligação a um fator de transcrição E2F, bloqueando, assim, a transcrição dos genes necessários para a progressão da célula da fase G1 para a fase S. A perda de função da proteína RB induzida por mutação remove, assim, esse elemento de controle do ciclo celular.

Quando ocorre lesão do DNA (por radiação ou substâncias químicas), a proteína p53 aumenta quantitativamente e ativa a transcrição de genes que retardam o trânsito pelo ciclo celular. Se o dano for muito grave para possibilitar o seu reparo, a p53 ativa genes que causam apoptose (ver adiante, e Figura 35-23). Se a p53 estiver ausente ou inativa devido a mutações, não ocorre apoptose, e as células com DNA lesionado persistem, tornando-se, talvez, progenitoras de células cancerosas.

TABELA 56-9 Algumas condições hereditárias do câncer

Condição	Gene	Principal função	Principais características clínicas
Polipose adenomatosa do colo (OMIM 175100)	APC	Ver Tabela 56-7	Desenvolvimento de muitos pólipos adenomatosos de início precoce, os quais são precursores imediatos do câncer colorretal
Câncer de mama 1, início precoce (OMIM 113705)	BRCA1	Reparo do DNA	Cerca de 5% das mulheres na América do Norte com câncer de mama apresentam mutações desse gene ou do BRCA2; aumenta também substancialmente o risco de câncer de ovário
Câncer de mama 2, início precoce (OMIM 600185)	BRCA2	Reparo do DNA	Conforme descrito para o BRCA1; as mutações desse gene também aumentam o risco de câncer de ovário, porém em menor grau
Câncer não polipoide hereditário tipo 1 (OMIM 120435)	MSH2	Reparo de mau pareamento do DNA	Início precoce de câncer colorretal
Síndrome de Li-Fraumeni (OMIM 151623)	P53	Ver Tabela 56-6	Síndrome rara envolvendo cânceres em diferentes locais, desenvolvendo-se em idade precoce
Neurofibromatose tipo 1 (OMIM 162200)	NF1	Codifica a neurofibromina	A apresentação varia desde a presença de algumas manchas café com leite até o desenvolvimento de milhares de neurofibromas
Retinoblastoma (OMIM 180200)	RB1	Ver Tabela 56-6	Retinoblastoma hereditário ou esporádico[a]

[a] No retinoblastoma hereditário, ocorre mutação de um alelo na linhagem germinativa, exigindo apenas uma mutação subsequente para o desenvolvimento de tumor. No retinoblastoma esporádico, nenhum dos alelos está mutado por ocasião do nascimento, de modo que são necessárias mutações subsequentes em ambos os alelos para o desenvolvimento de um tumor. Também foram identificadas muitas outras condições hereditárias no câncer.

A INSTABILIDADE GENÔMICA E A ANEUPLOIDIA SÃO CARACTERÍSTICAS IMPORTANTES DAS CÉLULAS CANCEROSAS

Conforme assinalado anteriormente, bem como mais adiante neste capítulo, os genomas das células cancerosas apresentam muitas mutações. Uma possível explicação para a sua **instabilidade genômica** é que elas apresentam um **fenótipo mutador**. A ideia de fenótipos mutadores foi originalmente postulada por Loeb e colaboradores, que argumentaram que esses fenótipos mutadores eram causados por células cancerosas que tinham adquirido mutações em genes envolvidos na replicação e no reparo do DNA, possibilitando, assim, o acúmulo de mutações. Posteriormente, esse conceito foi ampliado para incluir mutações que afetam a segregação dos cromossomos, a vigilância de dano ao DNA e processos como a apoptose. Evidências cada vez mais numerosas sugerem que, em seu conjunto, esses vários mecanismos, designados como erros nas funções de replicação do genoma, contribuem para uma fração muito grande de cânceres.

O termo instabilidade genômica é muitas vezes empregado para referir-se a duas anormalidades apresentadas por numerosas células cancerosas: a **instabilidade dos microssatélites** e a **instabilidade cromossômica** (CIN, do inglês *chromosomal instability*). A **instabilidade dos microssatélites** foi descrita de forma sucinta no Capítulo 35. Envolve a expansão ou a contração de sequências de microssatélites de DNA, habitualmente devido a anormalidades de reparo de mau pareamento ou deslizamento de replicação. A CIN ocorre mais frequentemente do que a instabilidade dos microssatélites, e as duas geralmente são excludentes. A CIN refere-se ao ganho ou à perda de cromossomos causados por anormalidades da segregação dos cromossomos durante a mitose.

Outro campo de interesse relacionado com a CIN é a **variação no número de cópias** (**CNV**, do inglês *copy number variation*) (ver Glossário; Capítulo 39). Foram identificadas associações de diversas CNVs com muitos tipos de câncer, e o seu papel preciso no câncer está em fase de pesquisa.

Um aspecto importante da CIN é a **aneuploidia**, característica muito comum dos tumores sólidos. Ocorre aneuploidia quando o número de cromossomos de uma célula não é um múltiplo do número haploide. O grau de aneuploidia está frequentemente correlacionado com prognóstico pouco favorável. Esse fato sugeriu que as anormalidades da segregação cromossômica podem contribuir para a progressão do tumor, aumentando a diversidade genética. Alguns cientistas acreditam que a aneuploidia seja um aspecto fundamental do câncer.

Muitas pesquisas almejam determinar a base da CIN e da aneuploidia. Conforme ilustrado na **Figura 56-8**, vários processos diferentes estão envolvidos na segregação normal dos cromossomos. Cada processo é complexo e envolve várias organelas e diversas proteínas individuais. Um livro-texto de biologia celular poderá ser consultado sobre os detalhes do processo de segregação cromossômica e de divisão celular. Existem estudos em andamento para comparar esses processos nas células normais e tumorais e para determinar quais diferenças detectadas podem contribuir para a CIN e para a aneuploidia. Nessa linha de pesquisa, espera-se que seja possível desenvolver fármacos capazes de diminuir ou até mesmo impedir a CIN e a aneuploidia.

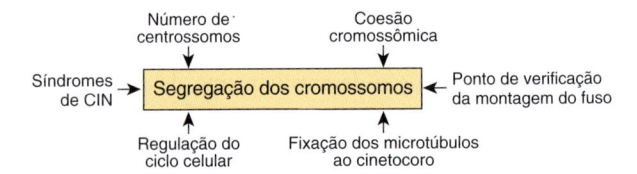

FIGURA 56-8 Fatores envolvidos na segregação cromossômica, que são importantes para a compreensão da instabilidade cromossômica (CIN) e da aneuploidia. As síndromes de CIN incluem a síndrome de Bloom (OMIM 210900) e outras. (Com base em Thompson SL, et al.: Mechanisms of chromosomal instability. Curr Biol 2010;20(6):R285.)

MUITAS CÉLULAS CANCEROSAS EXIBEM NÍVEIS ELEVADOS DE ATIVIDADE DA TELOMERASE

Houve considerável interesse na atuação dos telômeros em diversas doenças, bem como no processo de envelhecimento (ver Capítulos 35 e 57). No que diz respeito ao câncer, quando as células tumorais se dividem rapidamente, muitas vezes ocorre encurtamento de seus telômeros. Esses telômeros encurtados foram implicados como fator de risco para muitos tumores sólidos (p. ex., câncer de mama). Os **telômeros curtos** parecem ter valor preditivo referente à progressão de doenças inflamatórias crônicas (como colite ulcerativa e esôfago de Barrett) para o câncer. A ocorrência de anormalidades na estrutura e na função dos telômeros pode contribuir para a CIN (ver anteriormente). A atividade da **telomerase**, a principal enzima envolvida na síntese dos telômeros e, portanto, da manutenção de seu comprimento, é muito baixa nas células somáticas normais, porém está frequentemente elevada em células cancerosas, proporcionando um mecanismo para superar o encurtamento dos telômeros. Assim, a inibição da atividade da telomerase representa um alvo interessante da quimioterapia do câncer, visto que a maioria das células neoplásicas exibe uma atividade elevada dessa enzima, diferentemente das células somáticas normais, que apresentam atividade muito baixa. Entretanto, qualquer inibidor desse tipo também afetaria adversamente as células-tronco normais (uma classe ubíqua de células essenciais encontradas na maioria dos tipos de tecidos e que exige a atividade da telomerase para a sua função regenerativa). Isso representa uma grande limitação para essa abordagem. Entretanto, o imetelstate (GRN163L) é um desses agentes que já se encontra em fase de ensaio clínico. Com o tempo, saberemos se a telomerase constitui um alvo efetivo para a quimioterapia.

AS CÉLULAS NEOPLÁSICAS APRESENTAM ANORMALIDADES DA APOPTOSE QUE PROLONGAM A SUA CAPACIDADE PROLIFERATIVA

A **apoptose** é um programa geneticamente dirigido que, quando ativado, **provoca a morte celular**. As principais proteínas envolvidas na apoptose são enzimas proteolíticas, denominadas caspases, que normalmente existem em formas inativas, designadas como **pró-caspases**. O termo caspase reflete o fato de que essas enzimas utilizam um sítio ativo de cisteína para clivar cadeias polipeptídicas imediatamente após resíduos de aspartato. Foram identificadas cerca de 15 caspases humanas, embora nem todas tenham participação no processo de apoptose. Quando as caspases envolvidas na apoptose são ativadas (principalmente 2, 3, 6, 7, 8, 9 e 10), elas atuam em uma **cascata** de eventos (comparar com a cascata da coagulação, Capítulo 55) que, por fim, mata as células por meio da digestão de várias proteínas e outras moléculas. As **caspases a montante** (p. ex., 2, 8 e 10) ao início da cascata são geralmente chamadas de **iniciadoras**, e as que atuam a jusante no fim da via (p. ex., 3, 6 e 7) são denominadas **efetoras** ou **executoras**. Uma **DNase ativada por caspase** (**CAD**, do inglês *caspase-activated DNase*) fragmenta o DNA, produzindo, assim, um padrão característico de DNA em escada, que é prontamente detectado por eletroforese em gel. As características microscópicas da apoptose incluem condensação da cromatina, mudanças do formato do núcleo e formação de bolhas na membrana. As células mortas são rapidamente eliminadas por atividade fagocítica, evitando a reação inflamatória.

A apoptose difere da **necrose**, uma forma patológica de morte celular não geneticamente programada. Ocorre necrose após exposição a agentes externos, como determinadas substâncias químicas e calor extremo (p. ex., queimaduras). Várias enzimas hidrolíticas (proteases, fosfolipases, nucleases, etc.) estão envolvidas na necrose. A liberação do conteúdo celular das células que estão morrendo pode causar inflamação local, ao contrário da apoptose.

O processo global da apoptose é complexo e rigorosamente regulado. A via reguladora da apoptose envolve proteínas que atuam como receptores e adaptadores, pró-caspases e caspases e fatores pró-apoptóticos e antiapoptóticos. Existem duas vias principais, a via **extrínseca** (receptor de morte) e a via **intrínseca**, na qual as **mitocôndrias** constituem participantes importantes. A **Figura 56-9** apresenta um esquema muito simplificado de alguns dos principais eventos no processo de apoptose.

As principais características da **via do receptor de morte** estão ilustradas no lado esquerdo da figura. Os **sinais externos** que iniciam o processo de apoptose incluem o fator de necrose tumoral α (TNF-α, do inglês *tumor necrosis factor* α) e o ligante Fas. Foram identificados diversos receptores de morte. Esses receptores consistem em proteínas transmembrana, algumas das quais interagem com **proteínas adaptadoras** (como FADD [proteína associada a Fas com domínio de morte]). Por sua vez, esses complexos interagem com a

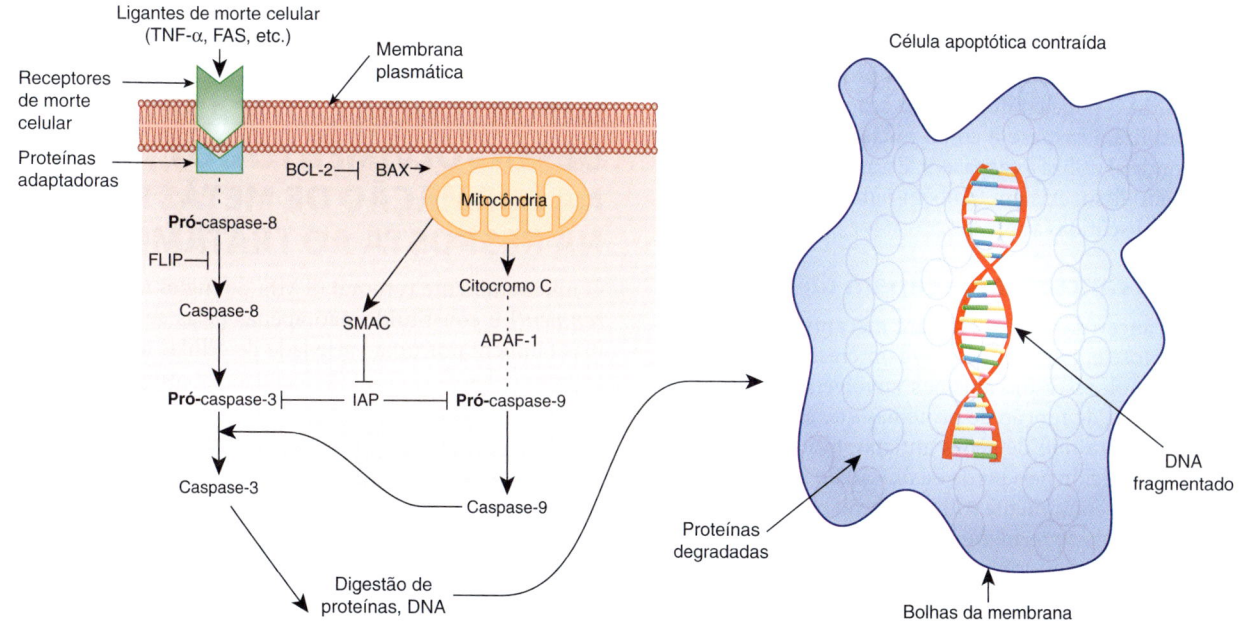

FIGURA 56-9 **Esquema simplificado da apoptose.** Os principais eventos moleculares na via extrínseca. Os sinais de morte celular incluem o TNF-α e o FAS (presentes na superfície dos linfócitos e de algumas outras células). Os sinais (ligantes) interagem com receptores específicos de morte celular (existem vários deles), à esquerda. Em seguida, o receptor ativado interage com uma proteína adaptadora (FADD é uma de várias dessas proteínas) e forma um complexo com a pró-caspase-8. (O complexo está indicado por ... entre o receptor e a pró-caspase-8 na figura.) Por meio de uma série de etapas adicionais, ocorre formação da caspase-3 ativa, que constitui o principal efetor (executor) de lesão celular. A regulação da via extrínseca pode ocorrer devido ao efeito inibidor da FLIP sobre a conversão da pró-caspase-8 em caspase-8, bem como devido ao efeito inibidor do IAP sobre a pró-caspase-3. Os principais eventos celulares na via intrínseca (mt). Vários estresses celulares afetam a permeabilidade da membrana mt externa, resultando no efluxo do citocromo c para o citoplasma. Isso forma um complexo multiproteico com o APAF-1 e a pró-caspase-9, denominado apoptossomo. Por meio dessas interações, a pró-caspase-9 é convertida em caspase-9. Esta, por sua vez, pode atuar sobre a pró-caspase-3, convertendo-a em sua forma ativa. A regulação da via intrínseca pode ocorrer em nível de BAX, o que facilita o aumento da permeabilidade mt, possibilitando o efluxo do citocromo c, sendo, portanto, pró-apoptótica. A BCL-2 opõe-se a esse efeito de BAX e, por isso, é antiapoptótica. O IAP também inibe a pró-caspase-9, e esse efeito do IAP pode ser superado pelo SMAC. (APAF-1, fator de ativação da protease apoptótica 1; BAX, proteína X associada a BCL-2; BCL-2, célula B de LLC/linfoma 2 [LLC representa leucemia linfocítica crônica]; FADD, domínio de morte associado a FAS; FAS, antígeno FAS; FLICE, ICE semelhante a FADD; FLIP, proteína inibidora de FLICE; IAP, inibidor das proteínas da apoptose; ICE, interleucina-1-β-convertase; SMAC, segundo ativador de caspase derivado de mitocôndria.) ─┤ significa oposição à ação de.

pró-caspase-8, levando à sua conversão em **caspase-8** (uma iniciadora). Uma **caspase-3** (uma efetora) é ativada por uma série de reações subsequentes. Ela digere proteínas estruturais importantes, como a lamina (associada à condensação nuclear), várias proteínas do citoesqueleto e enzimas envolvidas no reparo do DNA, causando morte celular.

A regulação dessa via ocorre em vários níveis. A **FLIP** inibe a conversão da pró-caspase-8 em sua forma ativa. Os **inibidores de apoptose (IAPs)** inibem a conversão da pró-caspase-3 em sua forma ativa. Esses efeitos podem ser contornados pela proteína **SMAC** (segunda ativadora de caspase derivada da mitocôndria), que é liberada a partir das mitocôndrias.

A **via mitocondrial** pode ser iniciada por exposição a espécies reativas de oxigênio, dano ao DNA e outros estímulos. A iniciação resulta na formação de poros na membrana mitocondrial externa, através dos quais o **citocromo c** escapa para dentro do citoplasma. No citoplasma, o citocromo c interage com o **APAF-1**, a **pró-caspase-9** e o **ATP** para formar um complexo multiproteico, conhecido como **apoptossomo**. Como resultado dessa interação, a **pró-caspase-9** é convertida em sua forma ativa, que, por sua vez, atua na **pró-caspase-3** para produzir a **caspase-3**.

A ativação do **gene** *p53* suprarregula a transcrição de *BAX*. A proteína **BAX** é pró-apoptótica; ela provoca perda do potencial de membrana mitocondrial, ajudando, assim, a iniciar a via apoptótica mitocondrial. Por outro lado, a **BCL-2** inibe essa perda de potencial de membrana e, portanto, é antiapoptótica. Os IAPs inibem a conversão da pró-caspase-9 em caspase-9; o SMAC pode contornar essa ação. Observe que a via de morte utiliza a **caspase-8** como iniciadora, ao passo que a via mitocondrial utiliza a **caspase-9**. Essas duas vias podem interagir. Além disso, existem também outras vias de apoptose, que não são discutidas aqui.

As células cancerosas escapam da apoptose

As células cancerosas desenvolveram mecanismos para escapar da apoptose e, portanto, continuam crescendo e dividindo-se. Em geral, esses mecanismos envolvem mutações que provocam perda de função de proteínas que são pró-apoptóticas ou *overexpression* de genes antiapoptóticos. Um desses exemplos é fornecido pela perda de função do gene *P53*, talvez o gene que mais comumente sofre mutação no câncer. A consequente perda da *upregulation* da transcrição do *BAX* pró-apoptótico (ver anteriormente) desloca o equilíbrio a favor das proteínas antiapoptóticas. O *overexpression* de muitos genes antiapoptóticos constitui um achado frequente nos cânceres. A consequente evasão da apoptose favorece o crescimento contínuo das células cancerosas. Esforços estão sendo envidados para desenvolver fármacos que ativarão especificamente a apoptose nas células cancerosas, levando à sua morte.

Conforme assinalado anteriormente, a apoptose é uma via complexa altamente regulada com numerosos componentes, muitos dos quais não serão mencionados aqui nesta descrição abreviada. A apoptose também está envolvida em diversos processos fisiológicos e de desenvolvimento. Embora pareça ser paradoxal, a regulação da morte celular é tão importante na manutenção da saúde quanto a formação de novas células. Além do câncer, a apoptose também está implicada em outras doenças, incluindo determinadas doenças autoimunes e distúrbios neurológicos crônicos, como a doença de Alzheimer e a doença de Parkinson, nas quais a ocorrência de **morte celular excessiva** (em vez de crescimento excessivo) constitui uma característica. A **Tabela 56-10** resume algumas das principais características da apoptose.

Efeitos pró-inflamatórios e promotores de tumores da necrose

Ao contrário da apoptose, a necrose do tecido leva à liberação de conteúdo intracelular no seu microambiente adjacente. Esse conteúdo inclui moléculas que atuam como mediadores da resposta pró-inflamatória, resultando em infiltração do tecido por células inflamatórias imunes. Tem sido demonstrado que essas células podem apresentar efeitos ativos promotores de tumores. Foi relatado que as células inflamatórias imunes promovem angiogênese, proliferação celular e poder de invasão. Portanto, a necrose, que parece contrariar a tendência proliferativa das células neoplásicas, poderá paradoxalmente beneficiar a tumorigênese. Assim, os tumores em desenvolvimento parecem lucrar pela tolerância de certo grau de necrose celular, visto que isso resulta em recrutamento de células inflamatórias que, em última análise, fornecem às células tumorais fatores promotores do crescimento por meio de angiogênese.

O MICROAMBIENTE DO TUMOR DESEMPENHA UM PAPEL DE IMPORTÂNCIA CRÍTICA NO DESENVOLVIMENTO DO CÂNCER, NA FORMAÇÃO DE METÁSTASES E NA RESPOSTA AO TRATAMENTO

O microambiente tumoral (TME, do inglês *tumor microenvironment*) é constituído não apenas pelas células cancerosas, mas também por uma variedade de células não neoplásicas e componentes da matriz extracelular. As complexas interações

TABELA 56-10 Resumo de algumas características importantes da apoptose

- Envolve uma série de eventos geneticamente programados e difere da necrose, que constitui o resultado de dano celular direto
- A série de eventos celulares envolvidos forma uma cascata, semelhante ao processo da coagulação sanguínea
- Caracteriza-se por retração celular, formação de bolhas nas membranas, ausência de inflamação e padrão distinto (em escada) do DNA degradado na eletroforese
- Muitas caspases (proteinases) estão envolvidas; algumas são iniciadoras enquanto outras atuam como efetoras (executoras)
- A apoptose pode ocorrer por vias extrínseca (mediada pelo receptor de morte) ou intrínseca (mitocondrial)
- O FAS e outros receptores estão envolvidos na via extrínseca da apoptose
- O estresse celular e outros fatores ativam a via intrínseca (mitocondrial) da apoptose; a liberação do citocromo c no citoplasma representa um importante evento dessa via
- A apoptose é regulada por um equilíbrio entre inibidores (fatores antiapoptóticos) e ativadores (fatores pró-apoptóticos)
- As mutações adquiridas encontradas nas células cancerosas permitem que elas escapem da apoptose, promovendo, assim, a proliferação celular

intercelulares e estromais que ocorrem no TME desempenham funções importantes na proliferação, na sobrevida e na disseminação (metástase) das células cancerosas, bem como na sua resposta ao tratamento. As principais células não cancerosas encontradas no TME incluem as do sistema imune (linfócitos T e B, células *natural killer* [NK] e macrófagos) e células mesenquimais (células-tronco, miofibroblastos, células endoteliais e adipócitos).

Embora ocorra infiltração dos tumores por uma variedade de células imunes, suas funções efetoras antitumorais são reduzidas em resposta a sinais derivados do tumor. Além disso, os linfócitos T e os macrófagos são reprogramados (p. ex., pela ativação sustentada do fator nuclear kappa B [NF-κB]; ver Figura 42-10), de modo a promover o crescimento e a sobrevida do tumor. Em consequência, as células cancerosas escapam da vigilância imune e também cooptam o sistema imune a acelerar a progressão do câncer. A maior compreensão do papel das células imunes no TME, impulsionando a carcinogênese, abriu um novo e importante campo de tratamento do câncer, denominado imunoterapia (discutido com mais detalhes posteriormente neste capítulo).

Sabe-se que as células mesenquimais, como os miofibroblastos e as células-tronco mesenquimais, facilitam a formação de nichos de células-tronco cancerosas, auxiliando, assim, a sobrevida e a proliferação dessas células-tronco. Outras células mesenquimais, como as células endoteliais, respondem a sinais parácrinos no TME (p. ex., fator de crescimento do endotélio vascular [VEGF, do inglês *vascular endothelial growth factor*]), promovendo a angiogênese e a metástase dos tumores. Os adipócitos no TME secretam vários fatores de crescimento, que sustentam o crescimento do tumor. Além disso, a matriz extracelular do TME também contribui para a progressão do tumor, facilitando a formação de nichos de células-tronco cancerosas, auxiliando a invasão e a formação de metástases tumorais. A **Figura 56-10** mostra os constituintes típicos do TME.

De modo global, é importante assinalar que os tumores não consistem simplesmente em uma coleção de células neoplásicas; um tumor típico é constituído por uma variedade de diferentes tipos de células, incluindo células transformadas ou não transformadas. A compreensão das interações complexas entre essas células e o seu microambiente constitui um importante aspecto das pesquisas atuais relacionadas ao câncer.

AS CÉLULAS CANCEROSAS APRESENTAM PROGRAMAÇÃO METABÓLICA ALTERADA

Para sobreviver e, em última análise, para crescer e proliferar de modo a formar uma massa tumoral, as células tumorais precisam desenvolver a capacidade de obter todos os nutrientes necessários a partir de um ambiente normalmente hipóxico e pobre em nutrientes. Tendo em vista esses fatos imutáveis, não é surpreendente que múltiplos estudos de transcriptoma (RNA-seq) tenham demonstrado que genes que codificam proteínas envolvidas na captação e no metabolismo de nutrientes frequentemente sejam mutados e/ou hiper/subexpressos em diferentes tipos de tumores. Essas observações reanimaram a pesquisa sobre o metabolismo em geral e sobre as células cancerosas, em particular.

A glicose e o aminoácido glutamina são dois dos metabólitos mais abundantes no plasma. Juntos, são responsáveis por grande parte do metabolismo do carbono e do nitrogênio nas

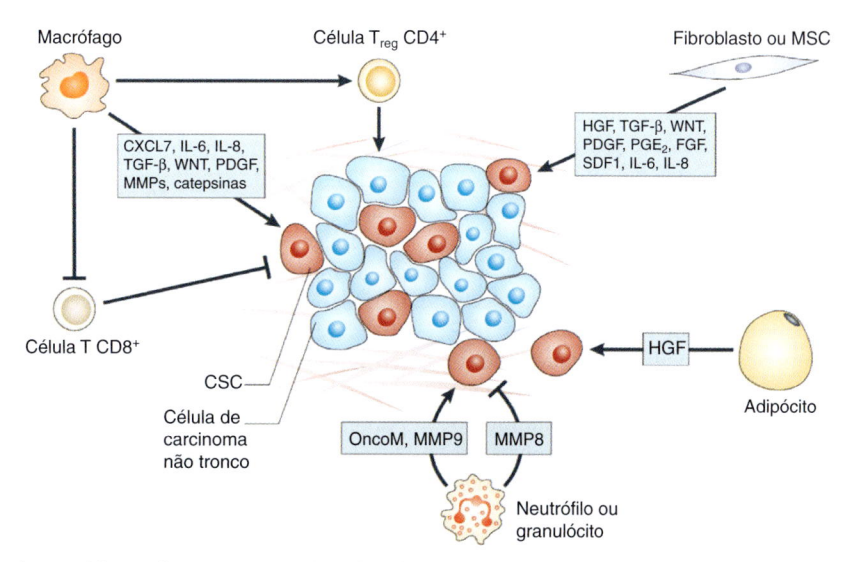

FIGURA 56-10 **O microambiente do tumor contribui decisivamente para o crescimento das células tumorais.** Cada tipo de célula ilustrado afeta o tumor ao secretar fatores que estimulam a formação de células-tronco cancerosas (CSCs) e ajudar a manter a residência das CSCs já formadas no estado de célula-tronco. A figura fornece um resumo de alguns dos principais tipos de células e seus fatores secretados, listados pelo tipo celular, que possuem impacto sobre as CSCs e as células cancerosas. (CXCL7, ligante de CXC-quimiocina 7; FGF, fator de crescimento do fibroblasto; HGF, fator de crescimento do hepatócito; IL-6, interleucina 6; MMP, metaloproteinase da matriz; MSC, célula-tronco mesenquimal; OncoM, oncostatina M; PDGF, fator de crescimento derivado das plaquetas; PGE$_2$, prostaglandina E$_2$; SDF1, fator derivado da célula estromal 1; TGF-β, fator de transformação do crescimento β.) (Adaptada de Pattabiraman DR, Weinberg RA. Tackling the cancer stem cells – what challenges do they pose? *Nat Rev Drug Discov* 2014 Jul;13(7):497-512.)

células humanas. Em 1924, o bioquímico Otto Warburg e seus colaboradores descobriram que as células cancerosas captam grandes quantidades de glicose e a metabolizam, por meio da glicólise, a ácido láctico, mesmo na presença de oxigênio. Essa observação foi chamada de **efeito Warburg**. Com base nesses dados, Warburg formulou duas hipóteses: a primeira, que a razão aumentada entre glicólise e respiração aeróbia era provavelmente devida a defeitos na cadeia respiratória mitocondrial; e a segunda, que a taxa aumentada de glicólise possibilitava a proliferação preferencial das células cancerosas na presença de tensão de oxigênio reduzida frequentemente observada nos tumores. Além disso, Warburg argumentou que o desvio do metabolismo da glicose aeróbio para anaeróbio seria um/o direcionador da tumorigênese.

Atualmente, acredita-se que a reprogramação da respiração mitocondrial normalmente observada nas células tumorais representa um efeito direto de pelo menos dois tipos de influências, e não de defeitos francos das mitocôndrias. A primeira delas é a sinalização autossustentada por fatores de crescimento que caracteriza as células cancerosas, produzindo aumento da proliferação celular (Figuras 56-1 e 56-2). A segunda dessas influências consiste nas alterações genéticas em genes que codificam enzimas metabólicas específicas, transportadores de metabólitos e outros genes relacionados. Essas alterações genéticas incluem a expressão preferencial de certas variantes de *splicing* de mRNA e a amplificação de determinados genes que codificam enzimas, bem como alteração de eficiências e especificidades catalíticas e produtos metabólicos. Coletivamente, as alterações resultantes induzem uma importante reestruturação metabólica, bem como alterações epigenéticas na atividade da maquinaria de transcrição (i.e., metilação do DNA e de proteínas, acetilação e outras modificações pós-traducionais), que levam a um anabolismo celular mais eficiente e à alteração do microambiente tumoral, que, *in toto*, possibilitam a proliferação dos tumores.

Um exemplo de reestruturação metabólica específica das células tumorais pode ser ilustrado pela piruvato-cinase. Existem duas isoenzimas, a PKM1 e a PKM2, que são codificadas pelo gene muscular da piruvato-cinase glicolítica, *PKM*. A PKM1 e a PKM2 são geradas por *splicing* alternativo (ver Capítulo 38). Diferentemente da PKM1, cuja expressão é constitutiva nas células normais, a PKM2 é, com frequência, mais altamente expressa em células cancerosas. Provavelmente mais importante ainda é o fato de que a PKM2 existe em uma forma dimérica, que exibe atividade catalítica muito baixa, ou em uma forma tetramérica, com alta atividade catalítica. A PKM2 nas células cancerosas encontra-se mais frequentemente na forma dimérica de baixa atividade, resultando no acúmulo de intermediários glicolíticos. Esses intermediários permitem que as células cancerosas sintetizem macromoléculas para sustentar uma rápida proliferação (conforme proposto na hipótese original de Warburg). Essa **reprogramação enzimática metabólica** leva, por fim, a uma menor transferência da energia química derivada da glicose para a produção de ATP (**Figura 56-11**), com desvio concomitante da energia química da glicose para a construção da biomassa celular de proteínas, lipídeos, ácidos nucleicos, etc. Essas macromoléculas essenciais são fundamentais para a proliferação celular (nesse caso, proliferação das células cancerosas). Em seu conjunto, essas observações ajudam a explicar por que uma elevada taxa de glicólise confere uma vantagem seletiva às células tumorais. Com base nessas observações, uma abordagem atual promissora consiste em analisar amostras de sangue e de urina por espectrometria de massa à procura de alterações nos perfis metabólicos passíveis de ajudar a detectar a presença de câncer em um estágio inicial.

Normalmente, os tumores sólidos apresentam áreas localizadas de **suprimento sanguíneo deficiente** e, conforme assinalado anteriormente, utilizam preferencialmente o metabolismo glicolítico e, assim, secretam ácido láctico no microambiente tumoral, levando à **acidose** local. Foi postulado que a acidose local do TME possibilita a invasão mais fácil das células tumorais. A **baixa tensão de oxigênio** em áreas de tumores com suprimento sanguíneo deficiente estimula a formação do **fator induzível por hipoxia 1** (**HIF-1**, do inglês *hypoxia-inducible factor-1*). Esse fator de transcrição, que é ativado pela baixa tensão de oxigênio, **suprarregula** (entre outras ações) a transcrição de pelo menos oito genes que controlam a síntese de enzimas envolvidas na glicólise.

O **pH** e a **tensão de oxigênio** nos tumores constituem fatores importantes que afetam as respostas aos fármacos antineoplásicos e a outros tratamentos. Por exemplo, a eficácia antineoplásica da radioterapia do câncer é significativamente menor em condições de hipoxia. Foram desenvolvidas substâncias químicas para inibir a glicólise nas células tumorais e que, talvez, matam-nas seletivamente (**Tabela 56-11**). Incluem o **3-bromopiruvato** (um inibidor da hexocinase-2) e a **2-desoxi-D-glicose** (um inibidor da hexocinase-1). Outro composto, o **dicloroacetato** (DCA), inibe a atividade da piruvato-desidrogenase-cinase e, portanto, estimula a atividade da piruvato-desidrogenase (ver Capítulo 17), desviando o substrato da glicólise para o ciclo do ácido cítrico. Entretanto, até o momento, nenhum deles demonstrou ser clinicamente útil.

CÉLULAS-TRONCO NO CÂNCER

As células-tronco foram discutidas de maneira breve nos Capítulos 39 e 53. Atualmente, muita pesquisa está sendo realizada para elucidar o papel desempenhado pelas células-tronco no câncer. Acredita-se que as células-tronco no câncer abriguem mutações que – por elas próprias ou em associação a outras mutações – tornam essas células cancerosas. As células-tronco podem ser detectadas pelo uso de marcadores de superfície específicos ou por outras técnicas. Parece que os tecidos circundantes (p. ex., componentes da matriz extracelular) podem influenciar de modo significativo o comportamento dessas células (ver Figura 56-10). Um importante conceito que estimula parte da pesquisa nesse campo é a crença de que uma das razões pelas quais a quimioterapia do câncer muitas vezes não é bem-sucedida reside na existência de um **reservatório de células-tronco cancerosas** que não é suscetível à quimioterapia convencional. As razões para que isso ocorra incluem o fato de muitas células-tronco serem relativamente latentes, apresentarem sistemas ativos de reparo do DNA (ver Figura 35-23), expressarem transportadores de fármacos capazes de expelir os agentes antineoplásicos e, muitas vezes, serem resistentes à apoptose.

```
                Células normais                    Células cancerosas
                    (PKM1)                              (PKM2)
                    Glicose                             Glicose
                       │                                   │
                       │                                   ├──→ Acúmulo de intermediários
                       │                                   │    glicolíticos usados para
                       │         Glicólise                 │    biomassa; lipídeos,
                       │                                   │    aminoácidos,
                       │                                   │    nucleotídeos
                       ▼                                   ▼
                Fosfoenolpiruvato                    Fosfoenolpiruvato
                       │  ADP                              │  ADP
  Piruvato-cinase (PKM1) ╲                Piruvato-cinase (PKM2) ╲
    forma tetramérica    │                  forma dimérica       │
  alta atividade catalítica ╱              baixa atividade catalítica ╱
                       │  ATP                              │  ATP
                       ▼                                   ▼
                    Piruvato                            Piruvato
                                                           │
                                                           │ Lactato-desidrogenase
                                                           ▼
                                                        Lactato
                       │
               Fosforilação
                oxidativa   │ O₂      Ciclo do ácido
               mitocondrial │            cítrico
                       ▼
                CO₂  H₂O  ATP
```

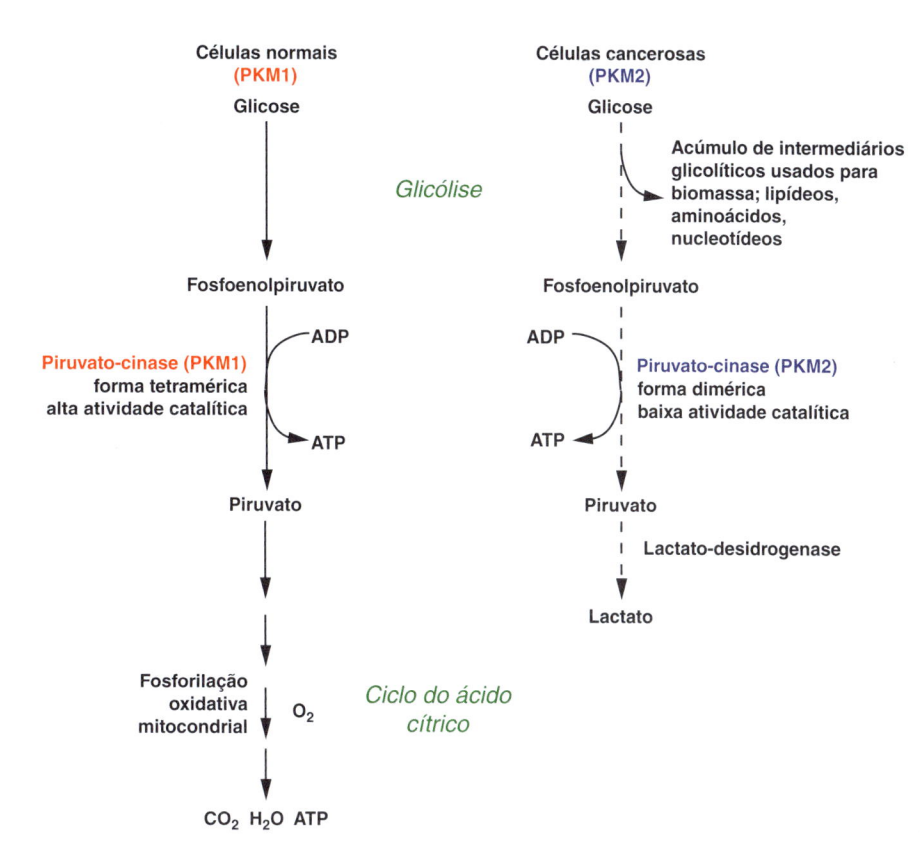

FIGURA 56-11 **Isoenzimas da piruvato-cinase e glicólise nas células normais e cancerosas.** Nas células normais, a principal fonte de ATP é a fosforilação oxidativa. A glicólise fornece certa quantidade de ATP. A principal isoenzima da piruvato-cinase (PK) nas células normais é a PKM1. Nas células cancerosas, a glicólise aeróbia é proeminente, ocorre produção de ácido láctico pela ação da lactato-desidrogenase (LDH), e a produção de ATP a partir da fosforilação oxidativa está diminuída (não ilustrada na figura). Nas células cancerosas, a PKM2 constitui a principal isoenzima da PK. Por razões complexas que ainda não estão totalmente elucidadas, essa alteração no perfil de isoenzima das células cancerosas está associada à diminuição da produção efetiva de ATP a partir da glicólise, porém há aumento na utilização de metabólitos para o desenvolvimento da biomassa.

Há evidências cumulativas de que as células-tronco cancerosas desempenham papéis efetivamente fundamentais em muitos tipos de neoplasia. Se assim for, o desenvolvimento de terapias com alta especificidade para matar essas células-tronco será de considerável valor.

OS TUMORES FREQUENTEMENTE ESTIMULAM A ANGIOGÊNESE

As células tumorais necessitam de suprimento sanguíneo adequado para obter nutrientes para a sua sobrevida. Constatou-se que tanto as células tumorais quanto as células de tecidos adjacentes aos tumores **secretam fatores angiogênicos** que estimulam o crescimento de novos vasos sanguíneos. Há muito interesse na angiogênese tumoral, visto que a inibição desse processo representa uma maneira potencial de destruir as células tumorais.

O crescimento de vasos sanguíneos que irrigam as células tumorais pode ser estimulado por **hipoxia** e por outros fatores. Conforme assinalado anteriormente, a hipoxia induz o **HIF-1** que, por sua vez, aumenta os níveis de **fator de crescimento do endotélio vascular** (**VEGF**), uma família de proteínas que atuam como importantes estimuladores da angiogênese. As proteínas VEGF interagem com receptores específicos de tirosina-cinase nas células endoteliais e nas células linfáticas. Essas interações ativam vias de sinalização, que causam *upregulation* da via do NF-κB (ver Capítulo 42), resultando em proliferação de células endoteliais e formação de novos vasos sanguíneos. Os vasos sanguíneos que irrigam os tumores não são normais; com frequência, apresentam uma estrutura desorganizada, com níveis de integridade menores do que o normal. Em consequência, são frequentemente mais permeáveis do que os vasos sanguíneos normais. Além dos VEGFs, outras moléculas, como a **angiopoietina**, o **fator de crescimento dos fibroblastos β** (**FGF-β**), o **TGF-β** e o **fator de crescimento da placenta**, também estimulam a angiogênese. Outras moléculas também inibem o crescimento dos vasos sanguíneos (p. ex., **angiogenina** e **endostatina**).

Foram desenvolvidos **anticorpos monoclonais** (**mAbs**) dirigidos contra uma forma de VEGF (p. ex., bevacizumabe), que têm sido utilizados no tratamento de certos tipos de câncer (p. ex., de colo e de mama). Esses mAbs ligam-se ao VEGF e impedem-no de agir, provavelmente por meio do bloqueio da interação do VEGF com o receptor de VEGF. Foi constatado que esses mAbs terapêuticos aumentam a sobrevida global dos pacientes, porém a maioria deles acaba sofrendo recidiva. À semelhança de muitas terapias antineoplásicas, acredita-se agora que esses mAbs sejam mais bem utilizados em combinação com outras terapias antineoplásicas.

TABELA 56-11 Alguns compostos que inibem a glicólise e demonstraram ter atividade antineoplásica variável

Composto	Enzima inibida
3-Bromopiruvato	Hexocinase II
2-Desoxi-D-glicose	Hexocinase I
Dicloroacetato	Piruvato-desidrogenase-cinase (PDH)
Iodoacetato	Gliceraldeído-fosfato-desidrogenase

Nota: A justificativa para o desenvolvimento desses agentes consiste no fato de a glicólise estar muito mais ativa nas células tumorais, de modo que a sua inibição pode causar maior lesão dessas células do que das células normais. A inibição da PDH-cinase resulta em estimulação da PDH, desviando o piruvato da glicólise.

Anticorpos monoclonais dirigidos contra outros fatores de crescimento que estimulam a angiogênese também estão sendo desenvolvidos e se encontram em fase de ensaios clínicos, assim como moléculas pequenas inibidoras da angiogênese. Os inibidores da angiogênese são úteis em outras condições, como a **degeneração macular** "úmida" ou relacionada com a idade e a **retinopatia diabética**, em que a proliferação de vasos sanguíneos constitui uma característica.

A METÁSTASE É O ASPECTO MAIS GRAVE DO CÂNCER

Estima-se que cerca de **85% da mortalidade** associada ao câncer resulte de **metástases**. A disseminação do câncer geralmente ocorre pelos vasos linfáticos ou sanguíneos. A metástase é um processo complexo, cujos mecanismos moleculares estão começando a ser desvendados apenas agora.

A **Figura 56-12** fornece um esquema simplificado de metástase. O evento inicial consiste no **desprendimento** de células tumorais do tumor primário. Em seguida, essas células podem ter acesso à circulação (ou aos vasos linfáticos) em um processo denominado **intravasamento**. Uma vez na circulação, elas tendem a **ficar paradas** no leito capilar mais próximo. Nesse local, sofrem **extravasamento** e **migração** pela **matriz extracelular** (**MEC**) adjacente antes de encontrar um local para se estabelecer. Posteriormente, caso sobrevivam aos mecanismos de defesa do hospedeiro, elas crescem em velocidade variável. Para assegurar o seu crescimento, as células metastáticas necessitam de suprimento sanguíneo adequado, conforme discutido anteriormente.

Muitos estudos mostraram que as células neoplásicas apresentam um complemento anormal de proteínas em suas superfícies. Essas alterações podem possibilitar redução da adesão celular e destacamento de células cancerosas do câncer original. As moléculas presentes nas superfícies celulares envolvidas na adesão celular são denominadas **moléculas de adesão celular** (**CAMs**, do inglês *cell adhesion molecules*) (**Tabela 56-12**). A diminuição nas quantidades de **E-caderina**, uma molécula de grande importância na adesão de muitas células normais, pode ajudar a explicar a aderência reduzida de muitas células cancerosas. Muitos estudos mostraram a ocorrência de alterações nas cadeias oligossacarídicas das glicoproteínas de superfície celular (ver Figura 40-7), devido às atividades alteradas de várias glicosiltransferases (ver Capítulo 46). Uma alteração importante consiste no aumento da atividade da GlcNAc-transferase V. Essa enzima catalisa a transferência da GlcNAc para uma cadeia oligossacarídica em crescimento, formando uma ligação β1-6 e possibilitando o crescimento adicional da cadeia. Foi proposto que essas cadeias alongadas participam de uma rede de glicanos alterados na superfície celular. Isso pode causar reorganização estrutural dos receptores e de outras moléculas, predispondo, talvez, à disseminação das células cancerosas.

Outra propriedade importante de muitas células cancerosas é a sua capacidade de liberar várias **proteinases** no interior da MEC. Das quatro principais classes de proteinases (serina, cisteína, aspartato e metaloproteinases), no câncer, foi concentrado um interesse particular nas **metaloproteinases da matriz** (**MMPs**). As MMPs constituem uma grande família de enzimas dependentes de metais (habitualmente do zinco). Diversos estudos mostraram aumento de atividade das MMPs, como a MMP-2 e a MMP-9 (também conhecidas como gelatinases), em tumores. Essas enzimas são capazes de degradar proteínas, como o colágeno, na membrana basal e na MEC, facilitando, assim, a disseminação das células tumorais. Foram desenvolvidos inibidores dessas enzimas, porém não apresentaram sucesso clínico até o momento.

Outro fator que possibilita aumento da mobilidade das células cancerosas é a **transição epiteliomesenquimal**. Trata-se de uma mudança da morfologia e da função das células epiteliais para o tipo mesenquimal, talvez induzida por fatores de crescimento. Os tipos mesenquimais apresentam maior quantidade de filamentos de actina, possibilitando um aumento de motilidade, que constitui uma característica essencial das células que sofrem metástase.

A MEC também desempenha um importante papel nas metástases. Há evidências de comunicação por mecanismos de sinalização entre células cancerosas e células da MEC. Os tipos de células existentes na MEC também podem afetar a ocorrência de metástase. Conforme assinalado anteriormente, as proteinases que degradam as proteínas na MEC podem facilitar a disseminação das células cancerosas. Além disso, a MEC contém diversos fatores de crescimento passíveis de influenciar o comportamento dos tumores.

Em seus trajetos, as células tumorais ficam expostas a várias células do sistema imune (como as células T, as células NK e os macrófagos; ver Capítulo 54) e devem ser capazes de sobreviver à sua exposição. Algumas dessas células de vigilância secretam várias **quimiocinas**, pequenas proteínas capazes de atrair diversas células, como os leucócitos, causando, às vezes, resposta inflamatória às células tumorais.

Foi estimado que uma proporção significativamente menor de 1 em cada 10 mil células neoplásicas pode ter a capacidade genética de efetuar uma colonização bem-sucedida. Algumas células tumorais exibem predileção por sofrer metástase para órgãos específicos (p. ex., células da próstata para os ossos). É provável que moléculas específicas da superfície celular estejam envolvidas nesse tropismo.

Diversos estudos demonstraram que determinados genes potencializam a metástase, ao passo que outros atuam como genes supressores da metástase. A determinação exata de como esses genes funcionam é objeto de intensa investigação. A **Tabela 56-13** contém um resumo de alguns aspectos importantes relativos ao processo de metástase.

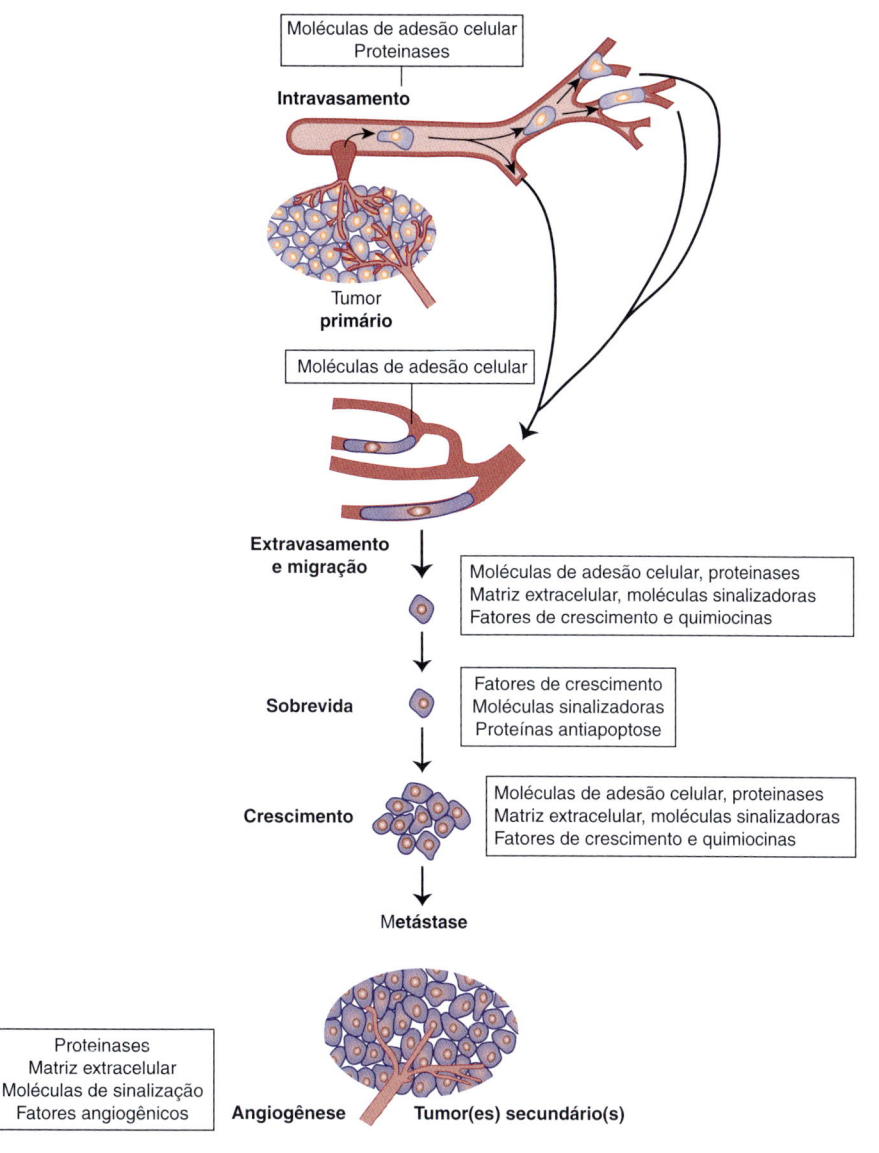

FIGURA 56-12 Esquema simplificado de metástase. Representação esquemática da sequência de etapas no processo de metástase, indicando alguns dos fatores supostamente envolvidos. (De Tannock IF, et al.: *The Basic Science of Oncology*, 4th ed. McGraw-Hill, 2005.)

EXISTEM MUITOS ASPECTOS IMUNOLÓGICOS DO CÂNCER

A imunologia dos tumores constitui uma ampla área de estudo; tendo em vista a extensa amplitude desse campo, ele só poderá ser tratado aqui de maneira sucinta. É provável que o declínio normal da responsividade imunológica que acompanha o **envelhecimento** desempenhe um papel na incidência aumentada de câncer no idoso. Uma esperança de longa data é que as abordagens imunológicas para tratar o câncer (**imunoterapia**), devido à sua **especificidade**, possam ser capazes de matar seletivamente as células neoplásicas. Existem muitos estudos clínicos em andamento que estão investigando essa possibilidade. Esses estudos envolvem o uso de anticorpos, vacinas e diversos tipos de células T, que geralmente podem ser manipulados de uma maneira ou de outra para aumentar a sua capacidade de destruir as células neoplásicas. Um dos métodos de eficácia comprovada consiste no uso de anticorpos contra determinadas proteínas de superfície dos linfócitos T. Por exemplo, foi constatado que anticorpos produzidos contra o antígeno 4 dos linfócitos T citotóxicos (anti-CTLA-4) ou contra a morte programada 1 (anti-PD1) "removem os freios" dessas células, deixando-as livres para atacar as células neoplásicas. Outras estratégias que utilizam células T modificadas também demonstraram ser eficazes. A principal vantagem da imunoterapia é que ela apresenta um amplo espectro de ação e pode, portanto, ser utilizada contra uma grande variedade de tipos de câncer. Além disso, é menos provável que ocorra resistência a essa forma de tratamento. Acredita-se que a imunoterapia venha a ser a quarta principal arma contra o câncer, após a cirurgia, a radioterapia e a quimioterapia, tornando-a o "*Breakthrough of the Year 2013*" da revista *Science*.

A **inflamação crônica** envolve aspectos de função imune. Há evidências de que ela possa **predispor ao câncer** (p. ex., a incidência de câncer colorretal é muito maior do que o normal em indivíduos que tiveram colite ulcerativa de longa duração).

TABELA 56-12 Algumas moléculas de adesão celular (CAMs) importantes

- Caderinas
- ICAMS, moléculas de adesão intercelular
- Integrinas
- Selectinas

Nota: As CAMs podem ser homofílicas ou heterofílicas. As CAMs homofílicas interagem com moléculas idênticas nas células adjacentes, ao passo que as CAMs heterofílicas fazem isso com moléculas diferentes. As caderinas são homofílicas, ao passo que as selectinas e as integrinas são heterofílicas, e as CAMs Ig podem ser tanto homofílicas quanto heterofílicas. As integrinas são discutidas de modo sucinto no Capítulo 54, e as selectinas, no Capítulo 46.

Algumas células inflamatórias produzem quantidades relativamente grandes de **espécies reativas de oxigênio**, que podem causar lesão ao DNA e, talvez, contribuir para a oncogênese. Também foi relatado que **baixas doses de ácido acetilsalicílico** podem diminuir o risco de desenvolvimento de câncer colorretal, talvez em virtude de sua ação anti-inflamatória.

Câncer: sua relação com a inflamação e a obesidade

Hoje, a associação entre inflamação e câncer está bem estabelecida. A inflamação é um componente de importância crítica conhecido da tumorigênese. Dito isso, os mecanismos exatos que ligam a inflamação e o câncer são muito pouco compreendidos. Exemplos de possíveis moléculas envolvidas na indução de um processo inflamatório incluem o fator nuclear kappa B (NF-κB) e o transdutor de sinal e ativador de transcrição 3 (STAT3). O NF-κB é um fator de transcrição que induz a expressão de proteínas que estão envolvidas nos processos pró-inflamatórios, proliferativos e reparadores. A ativação do NF-κB tem sido demonstrada em tumores em resposta a estímulos inflamatórios ou mutações oncogênicas (ver Capítulo 42). A sinalização via STAT3 é ativada pela interleucina 6 (IL-6), uma citocina pró-inflamatória que ativa a sinalização Janus-cinase (JAK)-STAT e seus efeitos a jusante (ver Capítulo 42). Acredita-se que esses eventos sejam responsáveis pelo desencadeamento de características importantes do câncer. Além disso, o "**inflamassomo**", um complexo multiproteico

TABELA 56-13 Características importantes da metástase

- Com frequência, observa-se uma transição celular epiteliomesenquimal nos cânceres, possibilitando o desprendimento e a disseminação das células potencialmente metastáticas
- O processo de metástase é relativamente ineficaz (apenas cerca de 1:10.000 células tumorais pode ter o potencial genético de colonização)
- As células metastáticas precisam evadir-se de várias células do sistema imune para sobreviver
- Alterações nas moléculas de superfície (p. ex., CAMs e outras) estão envolvidas no processo
- O aumento da atividade das proteinases (p. ex., da MMP-2 e da MMP-9) facilita a invasão
- Foi demonstrada a existência de genes potencializadores e supressores da metástase
- Algumas células cancerosas metastatizam preferencialmente para órgãos específicos
- As assinaturas de genes envolvidos na metástase podem ser detectadas pela análise do transcriptoma/exoma; essa informação do transcriptoma poderá ser de valor prognóstico, possibilitando potencialmente um tratamento terapêutico personalizado

CAM, molécula de adesão celular; MMP, metaloproteinase da matriz.

que atua como sensor da lesão celular, é outro potencial candidato que modula a inflamação. A ativação dos inflamassomos leva à secreção de **citocinas pró-inflamatórias**, como a **IL-1β** e a **IL-18**, ambas implicadas na tumorigênese. Existem muitas evidências para implicar outros mediadores inflamatórios no desenvolvimento de tumores.

A obesidade está associada à inflamação de baixo grau. O tecido adiposo visceral é considerado uma importante fonte de citocinas pró-inflamatórias. Sabe-se agora que o microambiente que circunda as células tumorais influencia a tumorigênese (ver anteriormente). Acredita-se que as células inflamatórias do microambiente do tumor desempenhem um papel crucial no processo. Foi constatado que a obesidade medeia e exacerba alterações disfuncionais no microambiente, e foi demonstrado que isso ocorre tanto no tecido normal quanto em tumores. Essas alterações incluem modificações em fatores que podem ser de natureza endócrina, metabólica ou inflamatória. Por outro lado, tem sido demonstrado que a restrição calórica inibe a tumorigênese em modelos experimentais. Muitas vias celulares, como as envolvidas na sinalização de fatores de crescimento, inflamação, homeostasia celular e no microambiente tumoral, são afetadas por essa restrição calórica. Essas observações sugerem que esses alvos podem ser considerados para a prevenção do câncer em seres humanos.

OS BIOMARCADORES TUMORAIS PODEM SER MEDIDOS EM AMOSTRAS DE SANGUE E DE OUTROS LÍQUIDOS CORPORAIS

A realização de testes bioquímicos muitas vezes é útil no tratamento de pacientes com câncer (p. ex., alguns pacientes com cânceres avançados podem apresentar níveis plasmáticos elevados de cálcio, que podem causar graves problemas se não forem controlados). Muitos cânceres estão associados à produção anormal de enzimas, proteínas e hormônios, que podem ser determinados em amostras de plasma ou de soro. Essas moléculas são conhecidas como **biomarcadores tumorais**. Algumas delas estão listadas na **Tabela 56-14**.

Todavia, elevações significativas de alguns dos biomarcadores listados na Tabela 56-14 também ocorrem em uma variedade de **condições não neoplásicas**. Por exemplo, elevações do nível do **antígeno prostático específico** (**PSA**, do inglês *prostate-specific antigen*), uma glicoproteína sintetizada pelas células da próstata, ocorrem não apenas em pacientes com câncer de próstata, mas também naqueles com prostatite e **hiperplasia prostática benigna** (**HPB**). De forma semelhante, são detectadas elevações do **antígeno carcinoembrionário** (**CEA**, do inglês *carcinoembryonic antigen*) não apenas em pacientes com vários tipos de câncer, mas também em fumantes compulsivos e indivíduos com colite ulcerativa e cirrose. Como as elevações dos biomarcadores tumorais geralmente não são específicas de câncer, a determinação da maioria desses biomarcadores não é utilizada basicamente para o diagnóstico do câncer. A sua principal aplicação consiste em acompanhar a eficiência dos tratamentos e detectar a ocorrência precoce de recidiva. Assim como outros exames laboratoriais (Capítulo 48), é preciso

TABELA 56-14 Alguns biomarcadores tumorais úteis medidos no sangue

Biomarcador tumoral	Câncer associado
α-Fetoproteína (AFP)	Carcinoma hepatocelular, tumor de células germinativas
Calcitonina (CT)	Tireoide (carcinoma medular)
Antígeno carcinoembrionário (CEA)	Colo, pulmão, mama, pâncreas, ovário
Gonadotrofina coriônica humana (hCG)	Doença trofoblástica, tumor de células germinativas
Imunoglobulina monoclonal	Mieloma
Antígeno prostático específico (PSA)	Próstata
CA-125	Ovário
CA 19-9	Pâncreas

Nota: Observa-se também elevação da maioria desses biomarcadores tumorais no sangue de pacientes com doenças não neoplásicas. Por exemplo, o CEA está elevado em uma variedade de distúrbios gastrintestinais não neoplásicos, e ocorre elevação do PSA na prostatite e na hiperplasia prostática benigna. Esta é a razão pela qual a interpretação dos resultados elevados dos biomarcadores tumorais precisa ser feita com cautela e também o motivo pelo qual a sua principal aplicação consiste em acompanhar a eficiência dos tratamentos e a detecção de recorrências. Existem vários outros biomarcadores tumorais que são amplamente utilizados.

considerar o quadro clínico global quando se interpretam os resultados das determinações dos biomarcadores tumorais.

Espera-se que as análises -ômicas em andamento de líquidos corporais e células cancerosas acessíveis (em amostras de sangue, soro e biópsia) forneçam novos **biomarcadores tumorais** de maior sensibilidade e especificidade, bem como marcadores capazes de indicar a presença de cânceres em um estágio inicial de seu desenvolvimento. As análises do transcriptoma e de sequenciamento do genoma completo (ver Capítulo 39 e adiante) de células cancerosas revelaram uma enorme quantidade de biomarcadores da oncogênese potencialmente muito úteis. Esses métodos também são úteis na subclassificação mais acurada de tumores (a chamada "medicina personalizada"; ver Capítulo 39) a fim de fornecer diagnósticos mais precisos e orientar formas mais eficazes de terapia. Esses métodos diagnósticos moleculares estão se tornando o padrão de tratamento para um subgrupo selecionado de cânceres.

ANÁLISES GENÉTICAS DETALHADAS DE CÉLULAS TUMORAIS ESTÃO FORNECENDO NOVOS CONHECIMENTOS SOBRE O CÂNCER

Desde a conclusão do Projeto Genoma Humano, houve um considerável avanço na tecnologia do sequenciamento do DNA em larga escala e análises bioinformáticas e interpretação de dados de sequência. O sequenciamento do DNA em larga escala tornou-se mais rápido e também de menor custo com a ampla disponibilidade de tecnologia de **sequenciamento de nova geração** (ver Capítulo 39). Esses avanços possibilitaram a análise de sequências de DNA de um grande número de diferentes tipos de tumores. Com o sequenciamento dos genomas completos e exomas de tumores, foi desenvolvido um **catálogo abrangente** de tipos específicos e números de **mutações gênicas** encontradas em diferentes cânceres. Essa informação está revolucionando os **testes diagnósticos** e o desenvolvimento da **terapia personalizada**. Além disso, esses estudos deverão ajudar a identificar mutações específicas em genes que causam ou que aceleram cânceres. O primeiro tipo de mutação é conhecido como mutação **condutora**, enquanto o segundo tipo é denominado mutação **passageira**. As tecnologias de modulação do genoma, como o silenciamento de genes e a edição do genoma (a partir de métodos baseados em CRISPR), estão se tornando ferramentas importantes nesses estudos.

Com frequência, os tumores exibem extrema heterogeneidade, de modo que são constituídos por subpopulações de células genética e fenotipicamente distintas umas das outras (ver Figura 56-10). Atualmente, é possível isolar células únicas obtidas de tumores e proceder a seu sequenciamento (**sequenciamento de célula única**), com o objetivo de compreender o cenário genético de determinado tumor. Essa compreensão é importante para o desenvolvimento de estratégias de tratamento multimodal que possam ser direcionadas eficientemente para todas as subpopulações de um tumor específico.

De modo global, espera-se que a informação obtida dessas novas tecnologias tenha um grande impacto nos próximos estágios da genômica dos tumores e possa ajudar no desenvolvimento de métodos que irão possibilitar o diagnóstico precoce de câncer, a identificação de alterações genéticas críticas que impulsionam a progressão do câncer e, por fim, a terapia personalizada para o câncer em cada paciente, individualmente. Essa abordagem individualizada ao diagnóstico do câncer e seu tratamento é denominada **oncologia de precisão**.

O CONHECIMENTO DOS MECANISMOS ENVOLVIDOS NA CARCINOGÊNESE LEVOU AO DESENVOLVIMENTO DE NOVAS TERAPIAS

Uma das grandes expectativas na pesquisa do câncer é que a elucidação dos mecanismos bioquímicos e genéticos fundamentais envolvidos na carcinogênese possa levar a novas terapias mais bem-sucedidas. De certa maneira, isso já ocorreu, e espera-se que os avanços contínuos acelerem esse processo.

Os fármacos quimioterápicos clássicos incluem os agentes alquilantes, os complexos de platina, os antimetabólitos e os venenos do fuso mitótico, entre outras classes de compostos químicos. Esses agentes não são discutidos aqui. Entre as classes de fármacos desenvolvidas mais recentemente, destacam-se os inibidores da transdução de sinais (incluindo inibidores da tirosina-cinase), os anticorpos monoclonais dirigidos contra várias moléculas-alvo, os inibidores dos receptores de hormônios, os fármacos que afetam a diferenciação, os agentes antiangiogênicos e os modificadores da resposta biológica. A **Tabela 56-15** fornece exemplos de cada um desses fármacos.

O achado acerca de defeitos disseminados nos mecanismos de sinalização em células cancerosas e, em particular, a detecção de mutações nas **tirosinas-cinase** levaram ao desenvolvimento de inibidores dessas enzimas. O sucesso mais notável tem sido, provavelmente, a introdução do imatinibe no

TABELA 56-15 Alguns agentes antineoplásicos baseados nos recentes avanços sobre o conhecimento da biologia do câncer

Classe	Exemplo	Utilizado para tratar
Inibidores da transdução de sinais	Imatinibe, um inibidor da tirosina-cinase	Leucemia mielocítica crônica
Anticorpos monoclonais	Trastuzumabe, um mAb dirigido contra o receptor HER2/Neu	Estágio avançado do câncer de mama
Agentes antiangiogênicos	Bevacizumabe, um mAb dirigido contra o VEGF-A	Cânceres de colo e de mama
Agentes anti-hormonais	Tamoxifeno, um antagonista do receptor de estrogênio	Câncer de mama
Afetam a diferenciação	Ácido todo-*trans* retinoico (ATRA) direcionado para o receptor de ácido retinoico nas células da leucemia pró-mielocítica, que induz a sua diferenciação	Leucemia promielocítica
Afetam alterações epigenéticas	5-Azadesoxicitidina, inibe as DNA-metiltransferases SAHA, inibe as histonas-desacetilase	Algumas leucemias, linfoma cutâneo de células T

LMC, leucemia mielocítica crônica; mAb, anticorpo monoclonal; SAHA, ácido suberoilanilida hidroxâmico (vorinostate); VEGF-A, fator de crescimento do endotélio vascular A.
Nota: Em alguns casos, os agentes listados podem ter sido substituídos por outros agentes mais eficazes. Alguns dos agentes listados também são utilizados no tratamento de outras condições.

tratamento da **leucemia mielocítica crônica (LMC)**. O imatinibe é um fármaco administrado por via oral, que inibe a tirosina-cinase formada devido à translocação cromossômica *ABL-BCR* envolvida na gênese da LMC. O imatinibe, um análogo do ATP, liga-se competitivamente ao sítio de ligação do ATP da cinase. Esse fármaco produziu remissões completas em muitos pacientes. Outros inibidores da tirocina-cinase incluem o erlotinibe e o gefitinibe, que inibem o receptor do fator de crescimento epidérmico (EGFR). O EGFR está hiperexpresso em determinados tipos de câncer de pulmão (p. ex., câncer de células não pequenas) e de mama, resultando em sinalização aberrante (constitutiva). É importante perceber que o desenvolvimento desses fármacos requer conhecimento estrutural detalhado como o obtido por cristalografia de raios X, estudos de ressonância magnética nuclear (RMN) e construção de modelos das moléculas-alvo. Outra classe de fármacos úteis é constituída pelos **anticorpos monoclonais** dirigidos contra várias moléculas expostas na superfície das células neoplásicas (ver discussão anterior sobre o mAb anti-VEGF). Alguns desses mAbs clinicamente úteis estão listados na Tabela 56-15.

Outras abordagens em relação ao tratamento do câncer que estão sendo desenvolvidas ou utilizadas, mas que não estão relacionadas na Tabela 56-15, incluem vários tipos de **terapia gênica** (incluindo siRNAs, Capítulo 34), imunoterapia (ver a seguir), **vírus oncolíticos** (vírus que invadem preferencialmente células tumorais, levando-as à morte), **inibidores do receptor de progesterona**, **inibidores da aromatase** (ver Capítulo 41) (para alguns cânceres de mama e de ovário), **inibidores da telomerase**, aplicações de **nanotecnologia** (p. ex., *nanoshells* e outras nanopartículas), **fototerapia** (ver Capítulo 31) e fármacos **dirigidos seletivamente para as células-tronco cancerosas**.

É importante reconhecer que os fármacos antineoplásicos possuem efeitos colaterais, exatamente como todos os outros fármacos. Algumas vezes, esses efeitos colaterais são graves. Pode-se observar o desenvolvimento de resistência a muitos fármacos depois de um período de tempo variável em consequência de alterações genéticas impulsionadas pela terapia/selecionadas nas células tumorais.

O estudo dos mecanismos pelos quais as células cancerosas desenvolvem resistência a fármacos constitui uma importante área de pesquisa. As células cancerosas utilizam várias estratégias para desenvolver resistência aos fármacos (ver resumo, **Tabela 56-16**). O propósito global para o desenvolvimento de

TABELA 56-16 Mecanismos pelos quais as células cancerosas podem desenvolver resistência aos fármacos

Mecanismo de resistência ao fármaco	Exemplo
Efluxo aumentado do fármaco da célula	A hiperexpressão de proteínas de transporte, como as proteínas de resistência a múltiplos fármacos (MDRs) (p. ex., glicoproteína P ou MDR1), provoca efluxo de fármacos quimioterápicos para o câncer, como taxanos, inibidores da topoisomerase e antimetabólitos
Redução da ativação de fármacos	Redução da conversão de profármacos (como a 5-fluorouracila) em suas formas ativas, devido à regulação negativa de enzimas que catalisam a sua ativação
Inativação de fármacos	Fármacos derivados da platina (cisplatina e carboplatina) são inativados por conjugação com glutationa
Aumento da expressão do alvo do fármaco	Aumento da expressão da timidilato-sintase, o alvo de antimetabólitos, como a 5-fluoruracila
Apoptose disfuncional	Hiperexpressão de proteínas antiapoptóticas, como a família BCL2 de proteínas, e expressão reduzida de proteínas pró-apoptóticas, como BAX e BAK
Ativação da sinalização de pró-sobrevivência	Ativação da sinalização mediada pelo receptor do fator de crescimento epidérmico (EGFR) em resposta aos vários agentes quimioterápicos
Modificação do microambiente tumoral	Expressão aumentada de integrinas (proteínas que fixam as células à matriz extracelular), que inibe a apoptose e altera os alvos dos fármacos

fármacos destinados à terapia do câncer consiste em utilizar as novas informações obtidas de estudos básicos de imunologia, bioquímica e biologia celular, molecular e do câncer para o desenvolvimento de agentes mais seguros e mais efetivos. A intensa pesquisa realizada durante as últimas décadas levou a uma maior compreensão das alterações genéticas subjacentes ao desenvolvimento de tipos específicos de câncer. Esse conhecimento gerou uma mudança do uso de fármacos citotóxicos de amplo espectro para terapias especificamente elaboradas e direcionadas para tumores individuais. Atualmente, uma importante área de pesquisa consiste nas **mutações condutoras** (*driver*), mutações que desempenham papéis cruciais no desenvolvimento de tumores (ver discussão anterior sobre câncer colorretal). O **perfil molecular do câncer** em pacientes individuais permite que os oncologistas escolham o fármaco ou a modalidade de tratamento mais adequados, direcionados para a anormalidade molecular em cada tumor, e monitorem a eficácia desse tratamento com o decorrer do tempo. Essa **terapia antineoplásica personalizada** demonstrou melhorar significativamente a resposta clínica aos fármacos e aumentou a sobrevida em vários tipos de câncer. A compreensão das diferenças genéticas do indivíduo no metabolismo de fármacos antineoplásicos também pode ajudar a personalizar os tratamentos antineoplásicos.

A **Figura 56-13** fornece um resumo de alguns dos alvos da terapia farmacológica e de algumas terapias emergentes que foram desenvolvidas a partir de estudos de aspectos fundamentais do câncer.

MUITOS TIPOS DE CÂNCER PODEM SER PREVENIDOS

É importante adotar medidas destinadas à **prevenção do desenvolvimento do câncer**, tendo em vista o enorme sofrimento do indivíduo causado pelo câncer e a pesada carga econômica imposta sobre a sociedade. Os **fatores de risco modificáveis** têm sido associados a uma ampla variedade de tipos de câncer. É possível prevenir um número significativo de todos os cânceres nos países desenvolvidos se as medidas resumidas na **Tabela 56-17** forem introduzidas em uma base populacional ampla.

O uso do tabaco em suas várias formas continua representando uma importante causa de câncer, que afeta os pulmões, a boca, a laringe, o esôfago e o estômago. Uma campanha contínua de educação pública sobre os efeitos adversos do uso do tabaco resultou em uma redução significativa na incidência dos cânceres associados ao uso do tabaco. Vacinas contra o papilomavírus humano (HPV, do inglês *human papillomavirus*) (que está comprovadamente associado ao câncer de colo do útero) e contra o vírus da hepatite B (HBV, do inglês *hepatitis B virus*) (associada ao carcinoma hepatocelular) demonstraram ser efetivas na redução da incidência dos cânceres causados por esses vírus.

A quimioprevenção, que se refere ao uso de fármacos para prevenir o desenvolvimento de câncer, demonstrou ser efetiva em certos tipos de câncer. Por exemplo, foi constatado que o uso de moduladores do receptor de estrogênio (como o tamoxifeno) diminui em aproximadamente 50% a incidência de câncer de mama em mulheres de alto risco. De modo semelhante, o uso da finasterida (um fármaco que inibe a enzima 5α-redutase, que converte a testosterona em di-hidrotestosterona) tem sido associado a uma incidência reduzida de câncer de próstata. Foi também constatado que o uso prolongado de ácido acetilsalicílico, que é comumente prescrito como agente antiplaquetário, está associado a uma redução na incidência de câncer de colo.

Em alguns casos, a identificação dos fatores de risco genético no câncer está abrindo novas possibilidades de estratégias na prevenção do câncer. Por exemplo, mulheres que apresentam mutações nos genes associados ao câncer de mama, *BRCA1* e *BRCA2*, podem se submeter à mastectomia (cirurgia para retirada da mama) profilática, de modo a reduzir qualquer risco futuro de desenvolvimento de câncer.

De modo global, a rápida progressão nas pesquisas sobre a biologia do câncer não apenas está abrindo novos caminhos para ao tratamento do câncer, mas também está diminuindo e/ou prevenindo, acima de tudo, a ocorrência da doença.

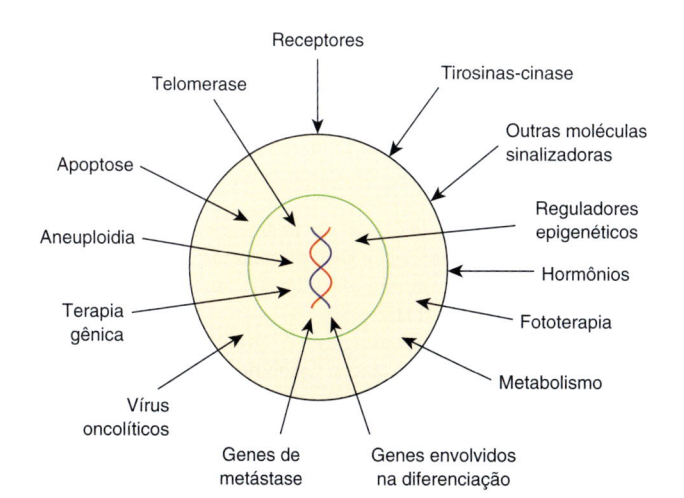

FIGURA 56-13 Exemplos de alvos para fármacos antineoplásicos e algumas terapias emergentes, ambos desenvolvidos a partir de pesquisas relativamente recentes. A figura não mostra os agentes antiangiogênicos, as aplicações da nanotecnologia, as terapias dirigidas contra as células-tronco cancerosas e as abordagens imunológicas. Os alvos e as terapias assinalados são, em sua maioria, discutidos de modo sucinto no texto.

TABELA 56-17 Medidas de saúde pública passíveis de prevenir um número significativo de cânceres se forem introduzidas em uma base populacional ampla

- Reduzir o uso de tabaco
- Aumentar a atividade física
- Controlar o peso
- Melhorar a dieta
- Limitar o consumo de álcool
- Adotar práticas sexuais mais seguras
- Efetuar testes de triagem de rotina para câncer
- Evitar a exposição excessiva ao sol

Fonte: Dados de Stein CJ, Colditz GA: Modifiable risk factors for cancer. Brit J Cancer 2004;90:299.

RESUMO

- O câncer é causado por mutações nos genes que controlam o crescimento e a multiplicação das células, a morte celular (apoptose) e as interações entre células (p. ex., adesão celular). Outros aspectos importantes do câncer incluem defeitos nas vias de sinalização celular, estimulação da angiogênese, aneuploidia e alterações no metabolismo e no microambiente celulares.
- A maioria dos cânceres provavelmente resulta de erros de replicação (como amplamente definidos), que afetam as células somáticas. Entretanto, foram identificados vários tipos de câncer causados por fatores hereditários ou ambientais.
- As principais classes de genes envolvidos no câncer incluem os oncogenes, os genes supressores de tumor e os genes que codificam proteínas importantes na síntese e no reparo do DNA e no metabolismo cromossômico.
- As mutações que afetam os genes que direcionam a síntese e a expressão de microRNAs estão implicadas na oncogênese.
- As alterações epigenéticas que alteram a expressão gênica estão sendo cada vez mais reconhecidas no câncer (e em outras doenças); um dos motivos do interesse demonstrado pela epigenética é o fato de que as "marcas" epigenéticas são potencialmente reversíveis por fármacos.
- Os mecanismos de metástase estão sendo explorados intensivamente; a descoberta de genes potencializadores e supressores, entre outros achados, pode levar ao desenvolvimento de novas terapias.
- A apoptose, ou morte celular programada, desempenha papéis importantes na oncogênese. As células cancerosas adquirem mutações que possibilitam a sua evasão da apoptose, prolongando e possibilitando a sua replicação continuada.
- As células cancerosas exibem várias alterações de seu metabolismo e de captura e utilização de nutrientes.
- De modo geral, o desenvolvimento do câncer é um processo em múltiplas etapas, que envolve alterações genéticas, epigenéticas e microambientais que conferem vantagem seletiva a clones de células, dos quais alguns acabam adquirindo a capacidade de metastatizar com sucesso. Em virtude da diversidade das mutações, é possível que não existam dois tumores com genomas idênticos.
- A metástase (i.e., a disseminação do câncer para locais distantes) está associada a alterações na expressão de moléculas de adesão celular e modificação da matriz extracelular, que possibilitam o desprendimento e a migração das células cancerosas para locais distantes.
- É provável que vesículas extracelulares (exossomos) liberadas pelas células cancerosas tenham uma importante função na progressão e na metástase dos cânceres.
- Os biomarcadores tumorais podem ajudar tanto no estabelecimento precoce do diagnóstico de câncer quanto no monitoramento da resposta ao tratamento e detecção de recidivas.
- O sequenciamento do DNA do genoma, exoma e derivado de tumor circulante é agora capaz de revelar as importantes mutações condutoras e passageiras encontradas em muitos tipos de câncer e está se tornando um poderoso complemento para o tratamento dos pacientes.
- Os avanços na compreensão da biologia molecular das células neoplásicas levaram à introdução de muitas terapias novas, enquanto outras estão em fase de desenvolvimento.
- Diversas estratégias demonstraram ser úteis na prevenção do câncer. Elas incluem a modificação dos fatores de risco (como redução do uso do tabaco em suas várias formas), vacinação contra vírus que causam tumores (como HPV e HBV), uso de fármacos (antiestrogênios no câncer de mama) e cirurgia modificadora de risco (mastectomia em mulheres com mutações em *BRCA1* e *BRCA2*).

REFERÊNCIAS

Alexandrov LB, Nik-Zainal S, Wedge DC, et al: Signatures of mutational processes in human cancer. Nature 2013;500:415-421.

Aravanis AM, Lee M, Klausner RD: Next-generation sequencing of circulating tuor DNA for early cancer detection. Cell 2017;168:571-574.

Borrebaick CAK: Precision diagnostis: moving towards protein biomarker signatures of clinical utility in cancer. Nat Rev Cancer 2017;17:199-204.

Dawson MA: The cancer epigenome: concepts, challenges, and therapeutic opportunities. Science 2017;355:1147-1152.

Elinav E, Nowarski R, Thaiss CA, et al: Inflammation-induced cancer: crosstalk between tumors, immune cells and microorganisms. Nature Rev Cancer 2013;13:759-771.

Green DR: *Means to an End: Apoptosis and Other Cell Death Mechanisms*. Cold Spring Harbor Press, 2010.

Hanahan D, Weinberg RA: Hallmarks of cancer: the next generation. Cell 2011;144:646-674.

Holohan C, Van Schaeybroeck S, Longley DB, et al: Cancer drug resistance: an evolving paradigm. Nat Rev Cancer 2013;13:714-726.

Hu D, Shilatifard A: Epigenetics of hematopoiesis and hematological malignancies. Genes Dev 2016;30:2012-2041.

Lawrence MS, Stojanov P, Mermel CH, et al: Discovery and saturation analysis of cancer genes across 21 tumor types. Nature 2014;505:495-501.

Ling H, Fabbri M, Calin GA: MicroRNAs and other non-coding RNAs as targets for anticancer drug development. Nat Rev Drug Discov 2013;12:847-865.

Ma P, Pan Y, Li W, et al. Extracellular vesicles-mediated noncoding RNAs transfer in cancer. J Hematol Oncol 2017;10:57.

Martinez P, Blasco MA: Telomere-driven diseases and telomere-targeting therapies. J Cell Biol 2017;216:875-887.

Otto T, Sicinski P: Cell cycle proteins as promising targets in cancer therapy. Nat Rev Cancer 2017;17:79-92.

Pavalova NN, Thompson B: The emerging hallmarks of cancer metabolism. Cell Metab 2016;23:27-47.

Shi J, Kantoff PW, Wooster R, Farokhzad OC: Cancer nanomedicine: progress, challenges and opportunities. Nat Rev Cancer 2017;17:20-37.

Tomasetti C, Li L, Vogelstein B: Stem cell divisions, somatic mutations, cancer etiology, and cancer prevention Science 2017;355:1330-1334.

Vogelstein B, Papadopoulos N, Velculescu VE, et al: Cancer genome landscapes. Science 2013;339:1546-1558. (Esta é uma de quatro revisões sobre biologia do câncer que compõem esta edição da *Science*.)

Weinberg R: *The Biology of Cancer*, 2nd ed. Garland Science, 2013.

Yachida S, Jones S, Bozic I, et al: Distant metastasis occurs late during the genetic evolution of pancreatic cancer. Nature 2010;467(7319):1114-1117.

Zhao J, Lawless MW: Stop feeding cancer: proinflammatory role of visceral adiposity in liver cancer. Cytokine 2013;64: 626-637.

SITES ÚTEIS

American Cancer Society. http://www.cancer.org

National Cancer Institute, U.S. National Institute of Health. http://www.cancer.gov

The Cancer Genome Atlas. http://cancergenome.nih.gov

National Cancer Institute Genomic Data Commons. http://gdc.cancer.gov

Nature. TCGA (2011, 2012, 2013, 2014). TCGA pan-cancer analysis. http://www.nature.com/tcga/

GLOSSÁRIO

Aneuploidia: refere-se a qualquer condição na qual o número de cromossomos de uma célula não é um múltiplo exato do número haploide básico. A aneuploidia é encontrada em muitas células tumorais e pode desempenhar um papel fundamental no desenvolvimento do câncer.

Angiogênese: formação de novos vasos sanguíneos. A angiogênese geralmente está ativa ao redor das células tumorais, assegurando o fornecimento de suprimento sanguíneo adequado. Diversos fatores de crescimento são secretados pelas células tumorais e adjacentes (p. ex., fator de crescimento do endotélio vascular [VEGF]) e estão envolvidos nesse processo.

Apoptose: morte celular em decorrência da ativação de um programa genético que provoca fragmentação do DNA celular e outras alterações. As caspases desempenham um papel central no processo. A apoptose é afetada por numerosos reguladores positivos e negativos. A proteína p53 induz a apoptose como resposta à lesão do DNA. As células cancerosas exibem, em sua maioria, anormalidades no processo de apoptose, em decorrência de várias mutações que ajudam a garantir a sua sobrevida prolongada.

Câncer: crescimento maligno de células.

Carcinógeno: qualquer agente (p. ex., um composto químico ou radiação) capaz de transformar células normais em cancerosas.

Carcinoma: crescimento maligno de origem epitelial. Um câncer de origem glandular ou que exiba características glandulares é geralmente designado como adenocarcinoma.

Caspases: enzimas proteolíticas que desempenham um papel central na apoptose, mas que também estão envolvidas em outros processos. Foram identificadas cerca de 15 caspases nos seres humanos. As caspases hidrolisam as ligações peptídicas imediatamente C-terminais aos resíduos de aspartato.

Células malignas: células cancerosas – células que têm a capacidade de crescer de modo desenfreado, invadir e propagar-se (sofrer metástase) para outras partes do corpo.

Célula-tronco cancerosa: célula dentro de um tumor que tem a capacidade de autorrenovação e de produzir as linhagens heterogêneas de células cancerosas encontradas no tumor.

Centríolo: conjunto de microtúbulos em pares encontrado no centro de um centrossomo. (Ver também **Centrossomo**.)

Centrômero: região de constrição de um cromossomo mitótico, onde as cromátides estão unidas. Está em estreita proximidade ao cinetocoro. A ocorrência de anormalidades nos centrômeros pode contribuir para a CIN. (Ver também **Cinetocoro**.)

Centrossomo: organela de localização central que constitui o principal centro de organização dos microtúbulos de uma célula. Atua como polo do fuso durante a divisão celular.

Ciclo celular: os vários eventos relacionados com a divisão celular, que ocorrem à medida que uma célula passa de uma mitose para outra.

Cinetócoro: estrutura que se forma em cada cromossomo mitótico adjacente ao centrômero. As mutações que afetam as estruturas de suas proteínas constituintes podem contribuir para a CIN. (Ver também **Centrômero**.)

Clone: todas as células de um clone originam-se de uma célula-mãe.

Complexo cromossômico passageiro: complexo de proteínas que desempenha um papel essencial na regulação da mitose. No centrômero, o complexo direciona o alinhamento dos cromossomos e participa da organização do fuso. As suas proteínas incluem a aurora B-cinase e a survivina. As mutações que afetam as proteínas desse complexo podem contribuir para a CI e a aneuploidia.

Cromátide: um único cromossomo.

Cromossomo Filadélfia: cromossomo formado por uma translocação recíproca entre os cromossomos 9 e 22. Constitui a causa da leucemia mielocítica crônica (LMC). Para formar o cromossomo anormal, parte do gene *BCR* (região de agrupamento de pontos de quebra) do cromossomo 22 funde-se com parte do gene *ABL* (que codifica uma tirosina-cinase) do cromossomo 9, dirigindo a síntese de proteína quimérica que apresenta atividade desregulada de tirosina-cinase e que estimula a proliferação celular. A atividade dessa cinase é inibida pelo fármaco imatinibe, que tem sido utilizado com sucesso no tratamento da LMC. (Ver também **Translocação cromossômica**.)

Deslizamento na replicação: processo em que, devido ao alinhamento incorreto das fitas de DNA onde ocorrem sequências repetidas, a DNA-polimerase para e dissocia-se, resultando em deleções ou inserções de sequências repetidas.

Ensaio de Ames: sistema de ensaio desenvolvido pelo Dr. Bruce Ames, que utiliza cepas especiais de *Salmonella typhimurium* para a detecção de agentes mutagênicos. Os carcinógenos são, em sua maioria, mutagênicos, porém, se a mutagenicidade de determinado composto químico for detectada, o ideal é que sejam testados novos compostos químicos para a sua carcinogenicidade em animais.

Epigenética: refere-se a alterações da expressão gênica, sem qualquer alteração na sequência de bases do DNA. Os fatores que provocam alterações epigenéticas incluem metilação de bases do DNA, modificações pós-traducionais de histonas e remodelagem da cromatina.

Fatores de crescimento: variedade de polipeptídeos secretados por muitas células normais e tumorais. Essas moléculas atuam de modo autócrino (afetam as células que produzem o fator de crescimento), parácrino (afetam as células adjacentes) ou endócrino (circulam no sangue para afetar células distantes). Estimulam a proliferação de células-alvo por meio de interações com receptores específicos. Também apresentam muitas outras propriedades biológicas.

Fatores induzíveis por hipoxia (HIFs): família de fatores de transcrição (pelo menos três) que são importantes no direcionamento das respostas celulares a níveis variáveis de oxigênio. Cada fator é constituído de uma subunidade α diferente regulada por oxigênio e de uma subunidade β constitutiva comum. Na presença de níveis fisiológicos de oxigênio, a subunidade α sofre rápida degradação, sendo o processo iniciado por prolil-hidroxilases. Os HIFs desempenham várias funções; por exemplo, o HIF-1 regula positivamente vários genes que codificam enzimas da glicólise, bem como a expressão do fator de crescimento do endotélio vascular (VEGF).

Gene guardião ou protetor (*gatekeeper*): versão mutada de um gene que inicia a cascata de eventos que causa oncogênese (p. ex., *RB*).

Gene supressor de tumor: gene cujo produto proteico normalmente reprime o crescimento celular; entretanto, quando a sua atividade é perdida ou reduzida por mutação, ele contribui para o desenvolvimento de uma célula cancerosa.

Instabilidade cromossômica (CIN): taxa de ganho ou de perda de cromossomos inteiros ou de segmentos de cromossomos, devido a anormalidades de sua segregação durante a mitose. (Ver também **Instabilidade genômica** e **Instabilidade de microssatélites**.) Existem vários distúrbios denominados síndromes de CIN, devido à sua associação a anormalidades cromossômicas. Nessas condições, observa-se alta incidência de vários tipos de câncer.

Instabilidade de microssatélites: expansão ou contração de repetições em *tandem* curtas (microssatélites), devido ao deslizamento da replicação ou a anormalidades no reparo de mau pareamento ou de recombinação homóloga. Para **Microssatélites**, ver Capítulo 35.

Instabilidade genômica: refere-se a várias alterações do genoma, das quais as duas principais consistem em CIN e instabilidade de microssatélites. Em geral, reflete o fato de os genomas das células cancerosas serem mais suscetíveis a mutações do que as células normais, devido, em parte, ao comprometimento dos sistemas de reparo do DNA.

Leucemias: variedade de doenças malignas em que diferentes leucócitos (p. ex., mieloblastos, linfoblastos, etc.) proliferam de maneira descontrolada. As leucemias podem ser agudas ou crônicas.

Linfoma de Burkitt: trata-se de um linfoma de células B, endêmico em algumas partes da África, onde afeta principalmente a mandíbula e os ossos da face. É também encontrado em outras áreas. Caracteriza-se por translocação recíproca envolvendo o gene *C-MYC* no cromossomo 8 e o gene da cadeia pesada das imunoglobulinas no cromossomo 14.

Linfoma: grupo de neoplasias que surgem nos sistemas reticuloendotelial e linfático. Os principais membros do grupo são os linfomas de Hodgkin e os linfomas não Hodgkin.

Metástase: capacidade das células cancerosas de se propagarem em partes distantes do corpo, onde crescem.

Modificadores da resposta biológica: moléculas produzidas pelo corpo ou em laboratório que, quando administradas a pacientes, alteram a resposta do corpo à infecção, à inflamação e a outros processos. Os exemplos incluem anticorpos monoclonais, citocinas, interleucinas, interferonas e fatores de crescimento.

Mutação condutora: mutação de um gene que ajuda a causar câncer ou a acelerá-lo. As mutações encontradas em tumores que não provocam câncer nem a sua progressão são denominadas mutações passageiras.

Nanotecnologia: desenvolvimento e aplicação de dispositivos, cujo tamanho é de apenas alguns nanômetros (10^{-9} m = 1 nm). Alguns estão sendo aplicados na terapia do câncer.

Necrose: morte celular induzida por substâncias químicas ou lesão tecidual. Várias enzimas hidrolíticas são liberadas e digerem as moléculas celulares. Não se trata de um processo geneticamente programado, como no caso da apoptose. As células afetadas sofrem ruptura e liberam seu conteúdo, causando inflamação local.

Neoplasia: qualquer crescimento novo de tecido, benigno ou maligno.

Oncogene: gene celular mutado (i.e., proto-oncogene), cujo produto proteico está envolvido na transformação de uma célula normal em célula cancerosa.

Oncologia: área da ciência médica que trata de todos os aspectos do câncer (causas, diagnóstico, tratamento, etc.).

Perda da heterozigosidade (LOH): ocorre quando há perda do alelo normal (que frequentemente codifica um gene supressor de tumor) de um par de cromossomos heterozigotos, possibilitando a manifestação clínica dos resultados do alelo defeituoso.

Pólipo adenomatoso: tumor benigno de origem epitelial, que tem o potencial de se transformar em carcinoma. Com frequência, os adenomas são polipoides. Um pólipo é um crescimento que faz protrusão de uma membrana mucosa; a maioria é de natureza benigna, porém alguns podem se tornar malignos.

Pró-carcinógeno: composto químico que se transforma em carcinógeno quando alterado pelo metabolismo.

Proto-oncogene: gene celular normal que, quando sofre mutação, pode dar origem a um produto que estimula o crescimento das células, contribuindo para o desenvolvimento do câncer.

Receptor de FAS: receptor que inicia a apoptose quando se liga a seu ligante, FAS. A FAS é uma proteína encontrada na superfície de células *natural killer* (NK) ativadas, linfócitos T citotóxicos e outras fontes.

Remodelagem da cromatina: envolve mudanças conformacionais ou covalentes dos nucleossomos, produzidas pelas ações de complexos multiproteicos (como o complexo SW1/SNF). Essas mudanças alteram a transcrição dos genes (estimulação ou repressão, dependendo das condições específicas). Mutações que afetam diferentes proteínas desses complexos são frequentemente encontradas em células cancerosas. (Ver também **Epigenética**.)

Retinoblastoma: tumor raro da retina. A mutação do gene supressor de tumor *RB* desempenha um papel essencial no seu desenvolvimento. Os pacientes com retinoblastoma hereditário herdam uma cópia do gene *RB* que sofreu mutação e necessitam de apenas uma mutação adicional para desenvolver o tumor. Pacientes com retinoblastoma esporádico nascem com duas cópias normais e devem sofrer duas mutações para inativar o gene.

Sarcoma: tumor maligno de origem mesenquimal (p. ex., de células da matriz extracelular ou de outras fontes).

Síndrome de Bloom: uma das síndromes de instabilidade cromossômica (CIN). Devido a mutações na DNA-helicase, os indivíduos são sensíveis à lesão do DNA e podem desenvolver vários tumores.

Telômeros: estruturas nas extremidades do cromossomo que contêm múltiplas repetições de sequências específicas de DNA de hexanucleotídeos. Os telômeros das células normais encurtam-se com as divisões celulares repetidas, podendo levar à morte da célula. A enzima telomerase atua na replicação dos telômeros e, com frequência, está expressa nas células cancerosas, ajudando-as a escapar da morte celular. Em geral, a telomerase não é detectada nas células somáticas normais.

Transformação: processo pelo qual células normais em cultura de tecido transformam-se em células anormais (p. ex., por vírus oncogênicos ou por compostos químicos), algumas das quais podem ser malignas.

Translocação cromossômica: ocorre quando parte de um cromossomo se funde com outro, causando frequentemente a ativação de um gene nesse sítio. O cromossomo Filadélfia (ver anteriormente) é um dos muitos exemplos de translocação cromossômica envolvida na etiologia do câncer.

Translocação: deslocamento de uma parte de um cromossomo para outro cromossomo ou para uma parte diferente do mesmo cromossomo. Os exemplos clássicos incluem a translocação encontrada no linfoma de Burkitt (ver anteriormente) e a translocação entre os cromossomos 9 e 22, que produz o cromossomo Filadélfia encontrado na LMC. Foram identificadas translocações em muitas células cancerosas.

Tumor benigno: massa de células de proliferação anormal, cujo crescimento é impulsionado por mutações em pelo menos um gene supressor de tumor ou oncogene. Essas células tumorais não são invasivas e não sofrem metástase.

Tumor: qualquer crescimento novo de tecido, mas frequentemente se refere a uma neoplasia benigna ou maligna.

Variações no número de cópias (CNVs): variações (em consequência de duplicações ou deleções) entre indivíduos no número de cópias de determinados genes. As CNVs estão sendo mais reconhecidas para diversos genes, e algumas podem estar associadas a várias doenças, incluindo determinados tipos de câncer.

Vírus do sarcoma de Rous (RSV): vírus tumoral de RNA que provoca sarcomas em galinhas. Foi descoberto, em 1911, por Peyton Rous. Trata-se de um retrovírus que utiliza a transcriptase reversa em sua replicação; a cópia de DNA de seu genoma integra-se subsequentemente no genoma da célula hospedeira. Foi amplamente utilizado em estudos de cânceres, resultando em muitos achados importantes.

Bioquímica do envelhecimento

C A P Í T U L O
57

Peter J. Kennelly, Ph.D.

OBJETIVOS

Após o estudo deste capítulo, você deve ser capaz de:

- Descrever as características essenciais das teorias de uso e desgaste do envelhecimento.
- Citar quatro ou mais fatores ambientais comuns, que reconhecidamente causam dano às macromoléculas biológicas, como proteínas e DNA.
- Explicar por que as bases nucleotídicas são particularmente vulneráveis a danos.
- Delinear a diferença fisiológica mais importante entre os genomas mitocondrial e nuclear.
- Descrever a teoria oxidativa do envelhecimento.
- Citar as principais fontes de espécies reativas de oxigênio (EROs) nos seres humanos.
- Descrever três mecanismos pelos quais as células evitam ou efetuam o reparo dos danos causados por EROs.
- Referir os princípios básicos das teorias metabólicas do envelhecimento.
- Explicar o mecanismo do "relógio" de contagem regressiva do telômero.
- Resumir a nossa compreensão atual sobre a contribuição genética para o envelhecimento.
- Explicar os benefícios dos organismos-modelo para a pesquisa biomédica.

IMPORTÂNCIA BIOMÉDICA

Considere os vários estágios no tempo de vida do *Homo sapiens*. O período de lactância e a infância são caracterizados pelo crescimento contínuo de altura e massa corporal. Ocorre desenvolvimento das habilidades motoras e intelectuais básicas: marcha, linguagem, etc. A lactância e a infância também representam um período de vulnerabilidade durante o qual a criança depende dos adultos para obter água, alimentos, abrigo, proteção e instrução. A adolescência testemunha o estirão final do crescimento que ocorre na estrutura do esqueleto. Ainda mais importante é a ocorrência de uma série de mudanças radicais no desenvolvimento – o acúmulo de massa muscular, a maturação das gônadas e do encéfalo e o aparecimento das características sexuais secundárias –, transformando a criança em um adulto independente e capaz de se reproduzir. A idade adulta, o período mais longo da vida, não apresenta nenhuma mudança física radical em termos de crescimento ou desenvolvimento. Com a notável exceção da gravidez nas mulheres, não é raro que os adultos mantenham o mesmo peso corporal, a mesma aparência geral e o mesmo nível geral de atividade por duas décadas ou mais.

Salvo a ocorrência de alguma doença ou lesão fatal, o início da etapa final da vida, a velhice, é sinalizado pelo reaparecimento de mudanças físicas e fisiológicas. A massa muscular e a massa óssea diminuem progressivamente. Os cabelos começam a ficar finos e a perder a pigmentação. A pele perde a elasticidade e acumula manchas. O tempo de atenção e a memória declinam. Por fim (e inevitavelmente), a vida chega ao fim, à medida que as funções orgânicas essenciais declinam.

A compreensão das causas subjacentes, dos fatores desencadeantes do envelhecimento e das alterações que acompanham esse processo é de grande importância biomédica. As síndromes de Hutchinson-Gilford, de Werner e de Down são três doenças genéticas humanas cujas patologias incluem uma aceleração de muitos dos eventos fisiológicos associados ao envelhecimento. Retardar ou prevenir alguns dos processos degenerativos que causam ou acompanham o envelhecimento pode proporcionar ao indivíduo mais vitalidade, produtividade e realização nos estágios finais da vida. O reconhecimento dos fatores responsáveis por desencadear a morte celular pode permitir aos médicos destruir seletivamente tumores, pólipos e cistos prejudiciais.

TEMPO DE VIDA *VERSUS* LONGEVIDADE

Do Paleolítico até a Idade Média, a expectativa média de vida de um recém-nascido variava de 25 a 35 anos. Entretanto, a partir do Renascimento, esse número aumentou gradualmente, de modo que, no início do século XX, a expectativa média de vida de indivíduos nascidos em países em desenvolvimento alcançou cerca de 40 anos. Atualmente, decorridos 100 anos, a média atual no mundo é de 67 anos e, para os países desenvolvidos, aproxima-se dos 80. Esses notáveis aumentos levaram a especular sobre por quanto tempo podemos esperar que essa tendência prossiga. As futuras gerações poderão esperar viver por mais de 100 anos? É possível que os seres humanos tenham o potencial de viver indefinidamente, com cuidados e manutenção adequados?

Infelizmente, é pouco provável que essas extrapolações se concretizem, visto que se baseiam em uma compreensão incorreta do termo **expectativa de vida**. A expectativa de vida é calculada a partir da média de todos os nascimentos. Portanto, é acentuadamente influenciada pela taxa de mortalidade infantil. Enquanto a expectativa de vida de um cidadão da Roma Antiga era de 25 anos, se for calculado o tempo de vida esperado apenas para os indivíduos que sobreviveram na lactância, um cálculo que se refere à **longevidade**, a média quase duplicará para 48. Se for considerado o acentuado declínio nas taxas de mortalidade infantil que ocorreu ao longo desse último século e meio, a longevidade prevista de uma criança que sobrevive aos primeiros 5 anos de idade nos Estados Unidos aumentou de 70,5 anos, em 1950, para 77,5 anos, em 2000 (**Tabela 57-1**). Existe algum tipo de limite superior para o tempo de vida de um ser humano adequadamente nutrido, protegido e bem mantido?

ENVELHECIMENTO E MORTALIDADE: PROCESSOS NÃO ESPECÍFICOS OU PROGRAMADOS?

Serão o envelhecimento e a morte processos indeterminados ou **estocásticos**, em que as criaturas vivas alcançam inevitavelmente um ponto crítico após o acúmulo de danos durante a vida, em consequência de doenças, lesões e simples uso e desgaste? Como alternativa, serão o envelhecimento e a morte processos geneticamente programados, análogos à puberdade, que evoluíram por meio de um processo de seleção natural? É muito provável que o envelhecimento e a morte sejam processos para os quais contribuem fatores tanto estocásticos quanto programados.

TEORIAS DE USO E DESGASTE DO ENVELHECIMENTO

Muitas teorias sobre o envelhecimento e a mortalidade sustentam a hipótese de que o corpo humano acaba sucumbindo ao acúmulo de danos sofridos com o passar do tempo, em consequência de lesões e exposição prolongada a fatores ambientais, que degradam as biomoléculas orgânicas. Essas teorias assinalam que, embora existam mecanismos de reparo e renovação para repor ou substituir muitas classes de moléculas danificadas, esses mecanismos não são tão perfeitos. Por conseguinte, algumas lesões escapam inevitavelmente – danos que se acumulam com o passar do tempo, particularmente entre populações de células que sofrem pouca ou nenhuma renovação (**Tabela 57-2**). Ironicamente, muitos desses agentes são essenciais para a vida terrestre: a água, o oxigênio e a luz solar.

As reações hidrolíticas podem causar dano a proteínas e nucleotídeos

A água é um nucleófilo relativamente fraco. Entretanto, em virtude de sua ubiquidade e alta concentração (> 55 M, ver Capítulo 2), até mesmo esse nucleófilo fraco ocasionalmente reage com alvos suscetíveis no interior das células. Nas proteínas, embora a hidrólise de uma ligação peptídica possa clivar uma cadeia polipeptídica, as ligações amida mais vulneráveis são frequentemente encontradas nas cadeias laterais expostas dos aminoácidos asparagina e glutamina. A hidrólise transforma as amidas neutras em carboxilatos com carga potencialmente negativa e ácidos, produzindo aspartato e glutamato, respectivamente (**Figura 57-1A e B**). Como as proteínas de um organismo vivo estão sujeitas, em sua maioria, a uma renovação regular, em muitos casos a proteína quimicamente modificada acaba sendo degradada e substituída por uma versão recém-sintetizada.

Os grupos amino que se projetam dos anéis aromáticos heterocíclicos das bases nucleotídicas citosina, adenina e guanina

TABELA 57-1 Expectativa média de vida por década nos Estados Unidos

Período	Expectativa média de vida (anos)	
	A partir do nascimento	Com sobrevida até os 5 anos
1900-1902	49,24	59,98
1909-1911	51,49	61,21
1919-1921	56,40	62,99
1929-1931	59,20	64,29
1939-1941	63,62	67,49
1949-1951	68,07	70,54
1959-1961	69,89	72,04
1969-1971	70,75	72,43
1979-1981	73,88	75,00
1989-1991	75,37	76,22
1999-2001	76,83	77,47

Fonte: Adaptada da Tabela 12 do *National Vital Statistics Reports* (2008) 57, vol. 1.

TABELA 57-2 Tempo necessário para a renovação de todas as células médias do tipo citado

Tipo de tecido ou célula	Renovação
Epitélio intestinal	34 horas[a]
Epiderme	39 dias[b]
Leucócitos	< 1 ano[c]
Adipócitos	9,8 anos[c]
Musculo esquelético intercostal	15,2 anos[c]
Cardiomiócitos	≥ 100 anos[c]

Fonte: Dados obtidos de:
[a] Potten CS, Kellett M, Rew DA, et al.: Proliferation in human gastrointestinal epithelium using bromodeoxyuridine in vivo. Gut 1992;33:524.
[b] Weinstein GD, McCullough JL, Ross P: Cell proliferation in normal epidermis. J Invest Dermatol 1984;82:623.
[c] Spalding KL, Arner E, Westermark PO, et al: Dynamics of fat cell turnover in humans. Nature 2008;453:783.

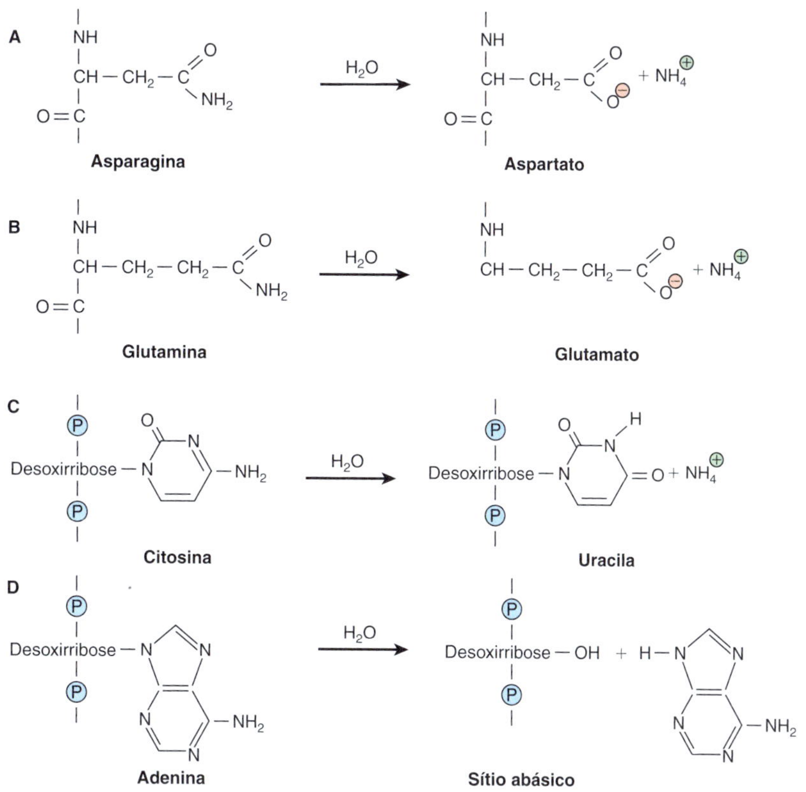

FIGURA 57-1 **Exemplos de dano hidrolítico em macromoléculas biológicas.** Estão ilustradas algumas maneiras como a água pode reagir com as proteínas e o DNA, produzindo alterações químicas: **(A)** substituição líquida do ácido aspártico por desamidação hidrolítica da cadeia lateral neutra de asparagina; **(B)** substituição líquida do ácido glutâmico por desamidação hidrolítica da cadeia lateral neutra da glutamina; **(C)** mutação líquida da citosina em uracila pela água; e **(D)** formação de um sítio abásico no DNA por clivagem hidrolítica de uma ligação ribose-base.

são suscetíveis ao ataque hidrolítico. Em cada caso, o grupo amino é substituído por um grupamento carbonila para formar uracila, hipoxantina e xantina, respectivamente (**Figura 57-1C**). A ligação entre a base nucleotídica e a desoxirribose no ácido desoxirribonucleico (DNA, do inglês *deoxyribonucleic acid*) também é vulnerável à hidrólise. Nesse caso, a base é totalmente eliminada, deixando uma lacuna na sequência (**Figura 57-1D**). A eliminação por hidrólise ou a alternância de bases nucleotídicas no DNA possuem importância biomédica potencialmente muito maior do que as que afetam as proteínas, visto que, se forem mantidas sem reparo (ver Capítulo 35), resultarão em mutação genética.

Outras ligações de importância biológica suscetíveis à hidrólise incluem as ligações éster, que ligam os ácidos graxos a seus glicerolipídeos relacionados; as ligações glicosídicas, que ligam as unidades de monossacarídeos dos carboidratos; e as ligações fosfodiéster, que mantêm unidos os polinucleotídeos e que ligam os grupos da cabeça dos fosfolipídeos a seus parceiros diacilgliceróis. Na maioria dos casos, com a notável exceção de quebras de cadeias de polinucleotídeos, os produtos dessas reações parecem ser biologicamente inócuos.

A respiração gera espécies reativas de oxigênio

Numerosos processos biológicos exigem a oxidação, catalisada por enzimas, de moléculas orgânicas pelo oxigênio molecular (O_2). Esses processos incluem a hidroxilação das cadeias laterais de prolina e lisina no colágeno (ver Capítulo 5); a detoxificação dos xenobióticos pelo citocromo P450 (ver Capítulo 47); a degradação dos nucleotídeos purínicos em ácido úrico (ver Capítulo 33); a reoxidação dos grupamentos prostéticos nas enzimas contendo flavina que catalisam a descarboxilação oxidativa (p. ex., o complexo de piruvato-desidrogenase, ver Capítulo 17) e outras reações redox (p. ex., aminoácidos-oxidase, ver Capítulo 28); bem como a geração do gradiente quimiosmótico nas mitocôndrias pela cadeia de transporte de elétrons (ver Capítulo 13). As enzimas redox frequentemente empregam grupos prostéticos, como flavina nucleotídeos, centros de ferro-enxofre ou íons metálicos ligados ao heme (ver Capítulos 12 e 13), para ajudar a gerar e estabilizar os intermediários de radicais livres e oxiânions formados durante esses processos.

Em certas ocasiões, esses intermediários altamente reativos escapam para formar EROs, como superóxido e peróxido de hidrogênio, no interior da célula (**Figura 57-2A**). A mais comum dessas pontes é a cadeia de transporte de elétrons, cujos níveis elevados de fluxo de elétrons e complexidade estrutural a tornam vulnerável ao "vazamento" de EROs. Além disso, muitas células de mamíferos sintetizam e liberam óxido nítrico (NO·), um radical livre que contém um segundo mensageiro que promove vasodilatação e relaxamento muscular no sistema circulatório (ver Capítulo 55).

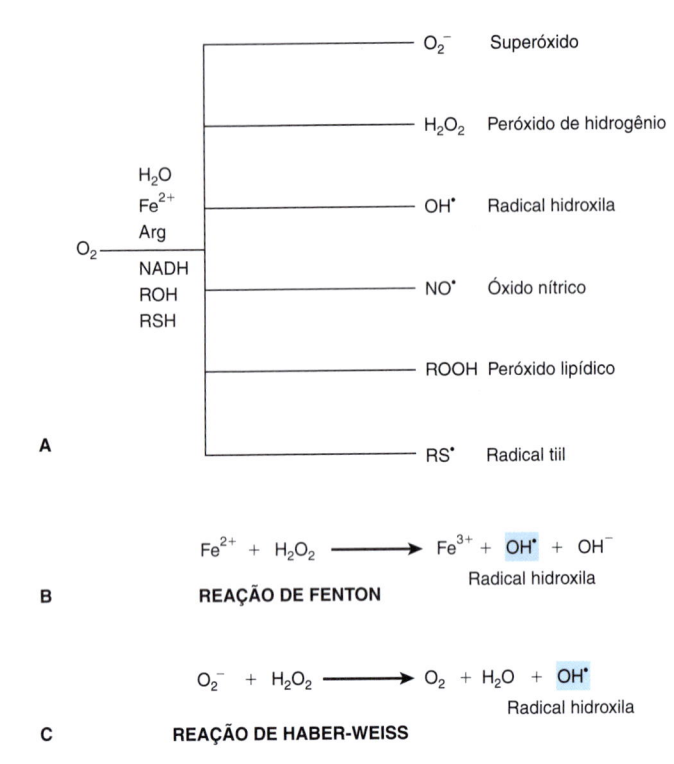

FIGURA 57-2 As espécies reativas de oxigênio (EROs) são subprodutos tóxicos da vida em um ambiente aeróbio. (A) São encontrados muitos tipos de EROs nas células vivas. (B) Geração de radical hidroxila pela reação de Fenton. (C) Geração de radical hidroxila pela reação de Haber-Weiss.

A) $O_2 \rightarrow$ (H_2O, Fe^{2+}, Arg, NADH, ROH, RSH) $\rightarrow$
- O_2^- Superóxido
- H_2O_2 Peróxido de hidrogênio
- $OH^\bullet$ Radical hidroxila
- $NO^\bullet$ Óxido nítrico
- $ROOH$ Peróxido lipídico
- $RS^\bullet$ Radical tiil

B) REAÇÃO DE FENTON
$$Fe^{2+} + H_2O_2 \rightarrow Fe^{3+} + OH^\bullet + OH^-$$
(Radical hidroxila)

C) REAÇÃO DE HABER-WEISS
$$O_2^- + H_2O_2 \rightarrow O_2 + H_2O + OH^\bullet$$
(Radical hidroxila)

As reações em cadeia multiplicam a destrutividade das EROs

A destrutividade inerente na alta reatividade de muitas das EROs, particularmente os radicais livres, é exacerbada pela sua capacidade de participar de reações em cadeia, nas quais o produto da reação inclui não apenas uma biomolécula danificada, mas também outras espécies de radicais livres capazes de produzir mais dano e, ainda, outro subproduto de radicais. Essa cadeia de eventos prossegue até que um intermediário de radical livre seja capaz de formar um par com seu elétron radical, talvez pelo encontro de outro radical livre ou protetor redox, como a glutationa reduzida. Como alternativa, a ERO pode ser eliminada por um dos conjuntos de enzimas antioxidantes dedicados da célula (ver Capítulos 12 e 53).

A reatividade e, portanto, a destrutividade das EROs variam. Por exemplo, o peróxido de hidrogênio é menos reativo do que o superóxido, que, por sua vez, é menos reativo do que o radical hidroxila ($OH^\bullet$). Existem duas vias pelas quais o radical hidroxila altamente tóxico pode ser gerado a partir de EROs menos destrutivas. Na presença de ferro ferroso (+2), a reação de Fenton pode transformar o peróxido de hidrogênio em radicais hidroxila (Figura 57-2B). Por sua vez, o ferro férrico (+3) pode ser novamente reduzido ao estado ferroso (+2) por outras moléculas de peróxido de hidrogênio, permitindo a ação catalítica do ferro para a produção de radicais hidroxila adicionais. O radical hidroxila também pode ser produzido quando o superóxido e o peróxido de hidrogênio tornam-se desproporcionais por meio da reação de Haber-Weiss (Figura 57-2C).

As espécies reativas de oxigênio são quimicamente prolíferas

Em virtude de sua reatividade extremamente alta, as EROs são muito perigosas; elas podem reagir com praticamente qualquer composto orgânico e alterá-lo quimicamente, incluindo proteínas, ácidos nucleicos e lipídeos. As EROs também exibem forte tendência a formar **adutos** – produtos formados pela combinação de precursores – com compostos biológicos que contêm múltiplas ligações duplas, como bases nucleotídicas e ácidos graxos poli-insaturados (**Figura 57-3**). Os adutos formados com bases nucleotídicas podem ser particularmente perigosos, devido ao seu potencial de causar mutações geradoras de erros durante a replicação do DNA, quando não corrigido.

A facilidade com que a exposição ao ar quente pode tornar a manteiga rançosa é uma prova da reatividade das gorduras insaturadas – as que contêm uma ou mais ligações duplas de carbono-carbono (ver Capítulo 23) – com EROs. A peroxidação resultante dos lipídeos pode levar à formação de adutos de lipídeo-lipídeo e lipídeo-proteína de ligação cruzada, que podem comprometer a fluidez e a integridade da membrana. Nas mitocôndrias, uma perda da integridade da membrana pode reduzir a eficiência com que a cadeia de transporte de elétrons gera trifosfato de adenosina (ATP, do inglês *adenosine triphosphate*) e aumenta o vazamento de EROs deletérias. O acúmulo de dano às membranas mitocondriais pode levar finalmente ao efluxo do citocromo c, um indutor da morte celular programada, ou **apoptose** (ver adiante).

Radicais livres e a teoria mitocondrial do envelhecimento

Em 1956, Denham Harman propôs a denominada teoria dos radicais livres para o envelhecimento. Foi relatado que a toxicidade do tratamento com oxigênio hiperbárico e da radiação poderia ser explicada por um fator comum a ambos: a geração de EROs. Esse relato se encaixava muito bem com a própria observação de Harman de que o tempo de vida estava inversamente relacionado à taxa metabólica e, por extrapolação, à respiração. Assim, postulou que o dano cumulativo era causado pela produção contínua e inevitável de EROs.

Nos últimos anos, os proponentes da teoria dos radicais livres para o envelhecimento concentraram a sua atenção nas mitocôndrias. Não são apenas as mitocôndrias que abrigam a fonte dominante de EROs na célula: a cadeia de transporte de elétrons e o dano oxidativo aos componentes dessa via podem levar a um aumento na produção de EROs. O dano às mitocôndrias também poderia afetar adversamente a taxa de eficiência com que elas produzem ATP, talvez a ponto de comprometer a vitalidade e a função da célula.

Um segundo fator contribuinte para esse ciclo de dano redox mitocondrial é o genoma próprio da mitocôndria. O genoma mitocondrial é um remanescente vestigial e muito reduzido do genoma da antiga bactéria que foi precursora da atual organela. Acredita-se que os eucariotos primitivos tornaram-se dependentes de bactérias do meio circundante para fornecer determinados materiais, estabelecendo finalmente uma relação por **endossimbiose**, ou seja, a internalização da

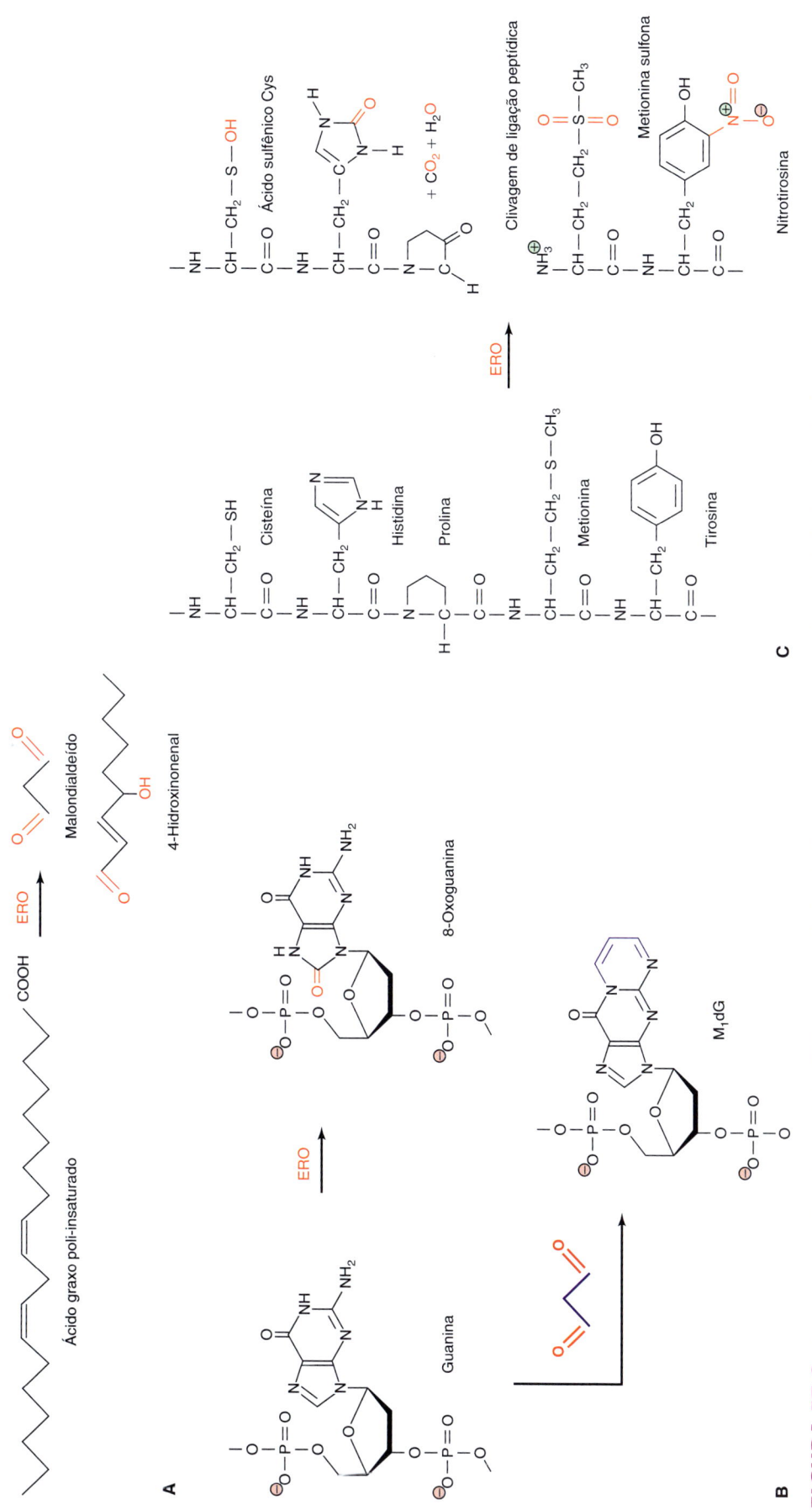

FIGURA 57-3 As espécies reativas de oxigênio (EROs) reagem direta e indiretamente com uma ampla variedade de moléculas biológicas. **(A)** A peroxidação de lipídeos insaturados gera produtos reativos, como malondialdeído e 4-hidroxinonenal. **(B)** A guanina pode ser diretamente oxidada por EROs, produzindo 8-oxoguanina ou formando um aduto, M_1dG, com o produto de EROs, o malondialdeído. **(C)** Reações comuns de proteínas com EROs, incluindo oxidação das cadeias laterais de aminoácidos e clivagem de ligações peptídicas. Os átomos de oxigênio derivados das EROs estão indicados em vermelho. Os átomos de carbono derivados do malondialdeído no M_1dG estão em azul. O nome químico completo do M_1dG é 3-(2-desoxi--D-*eritro*-pentofuranosil)pirimido(1,2-α)purin-10(3*H*)-ona.

bactéria menor. Com o passar do tempo, a maioria dos genes contidos no genoma bacteriano foi eliminada ou transferida para o DNA nuclear do hospedeiro eucariótico. Atualmente, o genoma da mitocôndria humana codifica dois RNAs ribossomais (um para cada subunidade), 22 tRNAs, vários dos componentes polipeptídicos dos complexos I, III e IV da cadeia de transporte de elétrons e partes da F_1, F_0 ATPase (**Tabela 57-3**). O genoma mitocondrial carece dos mecanismos de vigilância e de reparo que ajudam a manter a integridade do DNA nuclear. Por conseguinte, as mutações deletérias, introduzidas nas porções da cadeia de transporte de elétrons codificadas pelas mitocôndrias e seus consequentes defeitos funcionais, passaram a constituir uma característica permanente do genoma da mitocôndria, no qual mutações adicionais podem se acumular com o passar do tempo. De acordo com esse modelo, a agressão inicial das EROs serve como gatilho para um ciclo autoperpetuante de vazamento de EROs, dano ao DNA e vazamento aumentado de EROs.

Embora a hipótese mitocondrial não seja mais considerada capaz de proporcionar uma explicação unificadora para todas as alterações associadas ao envelhecimento humano e suas comorbidades, essa organela continua sendo um provável contribuinte. Evidências circunstanciais convincentes para essa hipótese são fornecidas pelo papel central que essa organela desempenha nas vias sensoras de resposta que deflagram o processo de apoptose.

As mitocôndrias são participantes essenciais no processo de apoptose

A apoptose confere aos organismos superiores a capacidade de eliminar seletivamente as células que se tornaram supérfluas por alterações do desenvolvimento, como as que ocorrem de modo contínuo durante a embriogênese, ou as que foram danificadas além da possibilidade de reparo. Durante a remodelagem do tecido em desenvolvimento, o programa de apoptose celular é desencadeado por sinais mediados por receptores. No caso de células danificadas, as EROs, o dsRNA viral, o dano ao DNA e o choque térmico podem atuar como fatores deflagradores. Esses sinais induzem a abertura do complexo de poros de transição de permeabilidade inserido na membrana externa das mitocôndrias, que permite que o citocromo c, uma pequena proteína solúvel (cerca de 12,5 kDa) carreadora de elétrons, escape no citoplasma. O citocromo c no citoplasma fornece o cerne em torno do qual o **apoptossomo**, um complexo multiproteico, coalesce. A montagem do apoptossomo inicia uma cascata de eventos de ativação proteolíticos direcionados para as formas de proenzima, as caspases, uma família de cisteínas-protease. As caspases terminais, de números 3 e 7, realizam a degradação de proteínas estruturais no citoplasma e de proteínas da cromatina no núcleo; esses eventos levam à morte e, por fim, à fagocitose da célula afetada. Muitos pesquisadores estão se empenhando para descobrir maneiras de explorar a presença dessa via de morte celular intrínseca, mediada por receptor, como meio de eliminar seletivamente células cancerosas e outras células malignas.

A radiação ultravioleta pode ser extremamente prejudicial

O termo **radiação ultravioleta** (**UV**) refere-se aos comprimentos de onda de luz situados imediatamente abaixo do azul do espectro visível. Embora o olho humano não seja capaz de detectá-los, eles são fortemente absorvidos por compostos orgânicos que possuem anéis aromáticos ou múltiplas ligações duplas conjugadas. Incluem as bases nucleotídicas do DNA e do RNA; as cadeias laterais de fenilalanina, tirosina e triptofano; ácidos graxos poli-insaturados; grupos heme; e numerosos cofatores e coenzimas, como flavinas, cianocobalamina, etc. A absorção dessa luz de comprimento de onda curto e de alta energia pode causar ruptura de ligações covalentes nas proteínas, no DNA e no RNA; a formação de dímeros de timina no DNA (**Figura 57-4**); a ligação cruzada de proteínas; e a geração de radicais livres. Embora a radiação UV não penetre além das primeiras camadas de células epidérmicas, a alta eficiência de sua absorção pode levar ao rápido acúmulo de lesão da pele. Como as bases nucleotídicas do DNA e do RNA são particularmente efetivas na absorção da radiação UV, ela é altamente mutagênica. Por conseguinte, a exposição prolongada à luz solar intensa pode levar ao acúmulo de múltiplas lesões do DNA, o que pode sobrecarregar a capacidade intrínseca de reparo da célula, levando ao desenvolvimento de mielomas – alguns dos quais proliferam de modo agressivo se não forem tratados.

A glicação das proteínas frequentemente leva à formação de ligações cruzadas prejudiciais

Quando grupos amino em proteínas e nucleotídeos são expostos a um açúcar redutor, como a glicose, eles podem formar um aduto por um processo denominado **glicação**. A etapa inicial nesse processo consiste na formação de uma base de Schiff entre o grupo aldeído ou cetona do açúcar e a amina. Com o passar do tempo, a macromolécula glicada sofre uma série de rearranjos para formar produtos de **Amadori**, que contêm uma ligação dupla carbono-carbono conjugada, que pode reagir com o grupo amino de uma proteína adjacente (**Figura 57-5**). O resultado líquido consiste na formação de uma ligação cruzada covalente entre duas proteínas ou outras macromoléculas biológicas. Por sua vez, essas mesmas macromoléculas podem sofrer glicação adicional, estendendo a rede de ligações cruzadas para incluir outras macromoléculas. Esses agregados de ligação cruzada são algumas vezes denominados **produtos finais da glicação avançada** (**AGEs**, do inglês *advanced glycation end products*).

TABELA 57-3 Genes codificados pelo genoma das mitocôndrias humanas

rRNA	rRNA12S, 16S
tRNA	22 tRNAs (2 para Leu e Ser)
Subunidades de NADH-ubiquinona-oxidorredutase (complexo I, >40 no total)	ND 1-6, ND 4L
Subunidades de ubiquinol-citocromo c-oxidorredutase (complexo III, 11 no total)	Citocromo b
Subunidades de citocromo-oxidase (complexo IV, 13 no total)	COX I, COX II, COX III
Subunidades da ATPase F_1, F_0 (ATP-sintase, 12 no total)	ATPase 6, ATPase 8

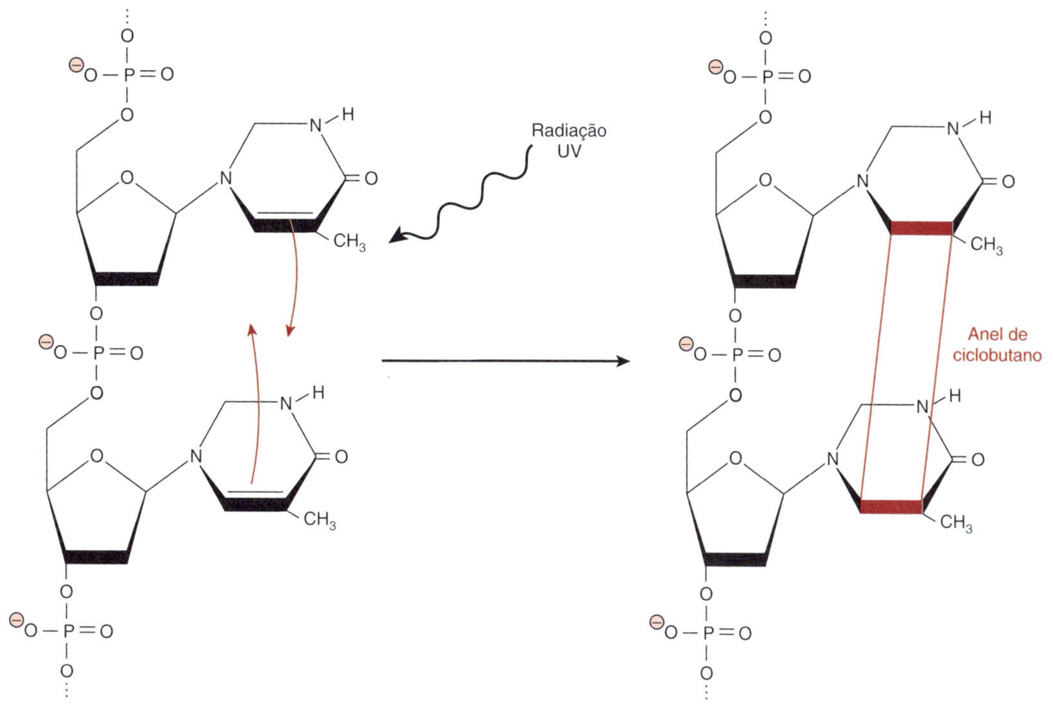

FIGURA 57-4 Formação de um dímero de timina após excitação pela luz UV. Quando bases consecutivas de timina estão empilhadas umas sobre as outras em uma dupla-hélice de DNA, a absorção de luz UV pode levar à formação de um anel de ciclobutano (em vermelho, sem escala), ligando, de modo covalente, as duas bases para formar um dímero de timina.

O impacto fisiológico da glicação das proteínas pode ser particularmente pronunciado quando proteínas de vida longa, como o colágeno ou as β-cristalinas, são afetadas. Sua persistência aumenta a oportunidade de ocorrência de múltiplos eventos de glicação e ligação cruzada subsequente. Nas células endoteliais vasculares, o acúmulo de ligações cruzadas na rede de colágeno pode levar à perda progressiva da elasticidade e ao espessamento da membrana basal dos vasos sanguíneos – ambos potencializam a formação de placas. O resultado final consiste em carga de trabalho crescente para o coração. Nos olhos, o acúmulo de proteínas agregadas compromete a opacidade da lente, manifestando-se finalmente na forma de cataratas. Os indivíduos diabéticos, cuja capacidade de controlar os níveis de glicemia está prejudicada, são particularmente suscetíveis à formação de AGEs. Com efeito, a glicação da hemoglobina e a glicação da albumina sérica são utilizadas como biomarcadores para o diagnóstico de diabetes.

OS MECANISMOS DE REPARO MOLECULAR COMBATEM O USO E O DESGASTE

Os mecanismos enzimáticos e químicos interceptam as EROs prejudiciais

Um corolário da teoria de uso e desgaste do envelhecimento é o fato de que a longevidade reflete a eficiência e a robustez dos mecanismos de prevenção, reparo e reposição moleculares do indivíduo. Por exemplo, as drosófilas que foram geneticamente alteradas para expressar níveis elevados de superóxido-dismutase apresentam um aumento significativo de seu tempo de vida.

No citoplasma, a glutationa, um tripeptídeo contendo cisteína, atua como protetor redox químico ao reagir diretamente com as EROs, gerando compostos menos reativos, como a água. A glutationa oxidada, que consiste em dois tripeptídeos unidos por uma ligação S-S, é reduzida enzimaticamente para manter o reservatório de proteção (ver Capítulo 53). A glutationa também pode reagir diretamente com os ácidos sulfênicos e dissulfetos de cisteína nas proteínas para restaurar o seu estado reduzido e formar adutos com xenobióticos tóxicos (ver Capítulo 47). O ácido ascórbico e a vitamina E também possuem propriedades antioxidantes, o que explica a popularidade das dietas que valorizam alimentos ricos nesses compostos ou a sua suplementação para combater as EROs e, assim se espera, retardar o envelhecimento.

A integridade do DNA é mantida por mecanismos de revisão e reparo

Além das medidas profiláticas mencionadas anteriormente, os organismos vivos são dotados de capacidade limitada de substituir ou repor as macromoléculas danificadas. O maior conjunto de enzimas de reparo destina-se a manter a integridade do genoma nuclear (mas não do mitocondrial). Isso é de se esperar, tendo em vista o papel central do DNA na herança, a sua vulnerabilidade à agressão química e à radiação UV e o fato de que – diferentemente de quase todas as outras macromoléculas – cada célula humana contém apenas uma ou duas cópias de cada cromossomo.

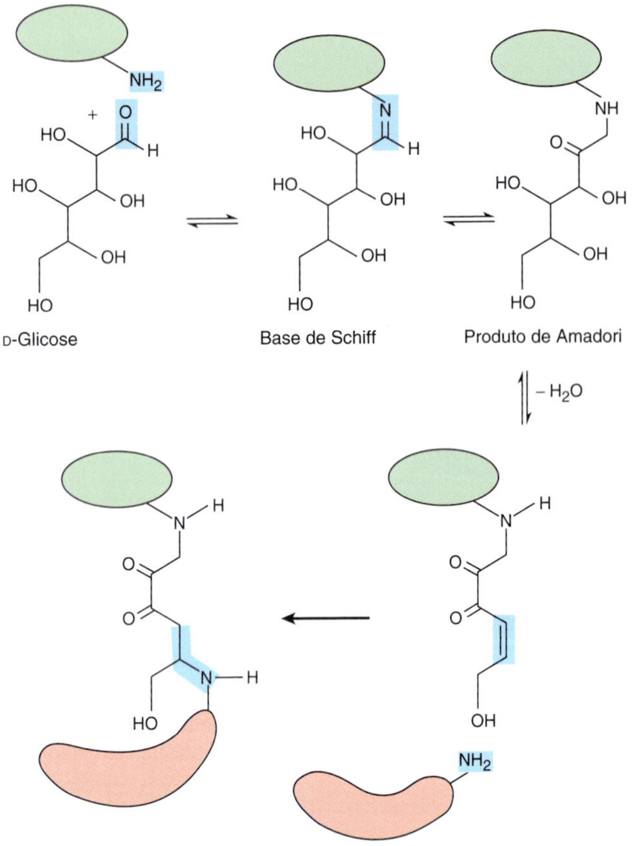

FIGURA 57-5 A glicação das proteínas pode levar à formação de ligações cruzadas de proteína-proteína. A figura mostra a sequência de reações que gera o produto de Amadori na superfície da proteína indicada em verde e a formação subsequente de uma ligação cruzada de proteína-proteína por meio de um grupo amina na superfície de uma segunda proteína, em vermelho.

mutação baixa, porém finita, para gerar a variabilidade genética que impulsiona a evolução. A **teoria da mutação somática do envelhecimento** propõe que essas mutações também atuam como força propulsora no processo de envelhecimento. Em outras palavras, o acúmulo de células somáticas mutantes deve levar inevitavelmente ao comprometimento da função biológica, que se manifesta, pelo menos em parte, na forma de alterações físicas que associamos ao processo de envelhecimento.

Alguns tipos de dano às proteínas são passíveis de reparo

Diferentemente do DNA, a capacidade de uma célula de proceder ao reparo de lesões de outras biomoléculas é relativamente limitada. Em grande parte, as células parecem depender de renovação habitual, em que a população global de determinada biomolécula sofre degradação e é substituída por nova síntese em um processo contínuo ou de base constitutiva (ver Capítulo 9), de modo a remover os lipídeos, os carboidratos e as proteínas danificados. Entretanto, algumas proteínas, particularmente as proteínas fibrosas encontradas em tendões, ligamentos, ossos, matriz, etc., sofrem pouca ou nenhuma renovação. Essas proteínas de longa vida tendem a acumular danos ao longo dos anos, contribuindo para a perda da elasticidade nos tecidos vasculares e nas articulações, perda da opacidade da lente, etc. Os mecanismos mais proeminentes para o reparo de proteínas danificadas são direcionados para os átomos de enxofre oxidados contidos nas cadeias laterais de cisteína e metionina e para os grupos isoaspartil formados pelo deslocamento da ligação peptídica de um α para um grupo carboxila da cadeia lateral.

O grupo sulfidrila da cadeia lateral da cisteína frequentemente desempenha importantes funções catalíticas, reguladoras e estruturais (p. ex., dissulfetos de cisteína, centros de Fe-S) em proteínas. Entretanto, tanto o grupo sulfidrila da cisteína quanto o éter enxofre da metionina são extremamente vulneráveis à oxidação (Figura 57-3C). Os dissulfetos de cisteína, os ácidos sulfênicos de cisteína e o sulfóxido de metionina podem ser reduzidos por dissulfetos-redutase e metioninas-sulfóxido-redutase, que utilizam o NADPH como doador de elétrons ou uma reação direta com glutationa reduzida. Infelizmente, os potenciais de redução da glutationa e do NADPH são apenas suficientes para reduzir os estados de menor oxidação desses átomos de enxofre: dissulfetos ou ácidos sulfênicos de cisteína e sulfóxido de metionina. O ácido sulfínico da cisteína, o ácido sulfônico da cisteína e a sulfona da metionina são refratários à redução pelos meios bioquímicos disponíveis.

O ácido aspártico possui a geometria precisa necessária para que o seu grupo carboxila da cadeia lateral fique em estreita proximidade com a ligação peptídica envolvendo o seu grupo α-carboxila. O nitrogênio amida pode reagir com ele para gerar uma diamida cíclica. Esse intermediário pode abrir-se novamente para formar a ligação peptídica original ou um resíduo isoaspartil, em que a carboxila da cadeia lateral forma, agora, parte da estrutura peptídica da proteína (**Figura 57-6**). A metilação da α-carboxila, catalisada pela

A manutenção da integridade do genoma começa na replicação, onde ocorre um cuidadoso processo de revisão para assegurar que o novo genoma formado no processo de divisão das células **somáticas** reproduza fielmente o molde que dirigiu a sua síntese. O termo somáticas refere-se às células diferenciadas que formam o corpo de um organismo. Além disso, os organismos vivos possuem, em sua maioria, um impressionante quadro de enzimas, cuja função é inspecionar e corrigir aberrações que possam ter escapado do processo de revisão ou que foram subsequentemente produzidas pela ação da água (quebras de duplas-fitas, despurinação e desamidação da citosina), radiação UV (dímeros de timina e quebras de fitas) ou exposição a modificadores químicos (formação de adutos). Esse sistema em múltiplas camadas é composto por enzimas de reparo de mau pareamento, enzimas de reparo por excisão de nucleotídeos e enzimas de reparo por excisão de bases, bem como pelo sistema Ku para reparo de quebras de duplas-fita na estrutura de fosfodiéster (ver Capítulo 35). Como último recurso, as células que apresentam mutações deletérias estão sujeitas à remoção por apoptose.

Apesar das numerosas precauções tomadas para identificar e corrigir erros, é inevitável que algumas mutações escapem. Com efeito, é necessário haver uma frequência de

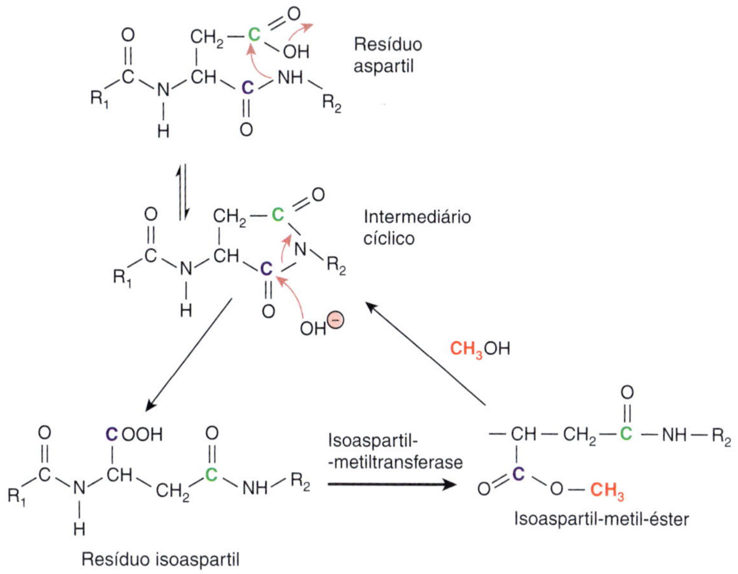

FIGURA 57-6 **Formação de uma ligação isoaspartil em uma estrutura polipeptídica e seu reparo pela intervenção da isoaspartil--metiltransferase.** A figura mostra a sequência de reações químicas e catalisadas por enzimas que levam à formação de uma ligação isoaspartil e à restauração de uma ligação peptídica normal. Os carbonos que correspondem ao α e ao ácido carboxílico da cadeia lateral no ácido aspártico estão em azul e em verde, respectivamente. As setas vermelhas indicam as vias de ataque nucleofílico durante a ciclização e as reações de hidrólise. O grupo metila acrescentado pela isoaspartil-metiltransferase está em cor vermelha.

isoaspartil-metiltransferase, introduz um grupo que potencializa a nova formação da diamida cíclica, que pode se abrir mais uma vez para formar a ligação peptídica normal (Figura 57-6).

As proteínas agregadas são altamente refratárias à degradação ou ao reparo

As modificações na composição ou na conformação de uma proteína que provocam a sua aderência a outras moléculas de proteínas podem levar à formação de agregados tóxicos, denominados **amiloides**. Esses agregados constituem uma característica essencial de várias doenças neurodegenerativas, incluindo doenças de Parkinson, de Alzheimer e de Huntington, ataxias espinocerebelares e encefalopatias espongiformes transmissíveis. Os efeitos tóxicos desses agregados insolúveis são exacerbados pela sua persistência, visto que são geralmente refratários à degradação pelas proteases que normalmente são responsáveis pela renovação de proteínas.

O ENVELHECIMENTO COMO PROCESSO PRÉ-PROGRAMADO

Embora o uso e o desgaste moleculares sem dúvida alguma contribuam para o envelhecimento, várias observações sugerem um papel proeminente para os mecanismos deterministas programados. A menopausa na mulher fornece um exemplo inequívoco de uma alteração fisiológica associada à idade, que é geneticamente programada e hormonalmente controlada. Os parágrafos seguintes descrevem várias teorias atuais sobre os mecanismos programados deterministas para o controle do envelhecimento e da morte.

Teorias metabólicas do envelhecimento: "a chama mais brilhante queima mais rápido"

Uma das muitas variantes da famosa citação atribuída ao antigo filósofo chinês Lao Tzu resume as características proeminentes das **teorias metabólicas do envelhecimento**. As suas origens podem remontar à observação de que as espécies de maior porte no reino animal tendem a viver por mais tempo do que as de menor porte (**Tabela 57-4**). Partindo do raciocínio de que a base causal dessa correlação provém de algum fator relacionado com o tamanho, em vez do próprio tamanho, os cientistas concentraram a sua atenção no órgão mais frequentemente associado à vida e à vitalidade – o coração. Em geral, a frequência cardíaca em repouso de animais de pequeno porte, como os beija-flores, que é de 250 batimentos por minuto, tende a ser maior que a de animais de grande porte, como as baleias, cuja frequência cardíaca é de 10 a 30 batimentos por minuto. As estimativas do número total de vezes que o coração de cada animal vertebrado bate ao longo da vida exibiram uma surpreendente convergência em 1×10^9 batimentos.

O coração dos vertebrados estará física ou geneticamente limitado a 1 bilhão de batimentos? Uma variação mais sutil dessa **hipótese dos batimentos cardíacos** foi apresentada por Raymond Pearl, na década de 1920. Em sua **hipótese metabólica** ou **hipótese de taxa de vida**, Pearl propôs que o tempo de vida de um indivíduo está reciprocamente ligado à sua taxa metabólica basal. Ele calculou que cada animal vertebrado gasta uma quantidade semelhante de energia metabólica total *por unidade de massa corporal*, 7×10^5 J/g, durante o seu tempo de vida. Apesar de ser intuitivamente atraente, a existência de uma ligação mecanística entre o tempo de vida e o gasto de energia ou taxa metabólica demonstrou ser evasiva. Os defensores da teoria mitocondrial do envelhecimento sugerem

TABELA 57-4 Tempo de vida *versus* massa corporal de vários mamíferos

Espécie	Massa aproximada (kg)	Expectativa média de vida na maturidade (anos)
Camundongo-de-patas-brancas (*Peromyscus leucopus*)	0,02	0,28
Rato-veadeiro (*Peromyscus maniculatus*)	0,02	0,43
Rato-toupeiro (*Myodes glareolus*)	0,025	0,48
Esquilo-oriental (*Tamias striatus*)	0,1	1,63
Pika-americana (*Ochotona princeps*)	0,13	2,33
Esquilo-terrestre-de-capa-dourada (*Callospermophilus lateralis*)	0,155	2,12
Esquilo-vermelho (*Sciurus vulgaris*)	0,189	2,45
Esquilo-terrestre-de-belding (*Urocitellus beldingi*)	0,25	1,78
Esquilo-terrestre-de-uinta (*Urocitellus armatus*)	0,35	1,72
Esquilo-cinzento (*Sciurus carolinensis*)	0,6	2,17
Esquilo-do-ártico (*Spermophilus parryii*)	0,7	1,71
Coelho-da-flórida (*Sylvilagus floridanus*)	1,25	1,48
Cangambá (*Mephitis mephitis*)	2,25	1,90
Texugo-americano (*Taxidea taxus*)	7,15	2,33
Lontra-norte-americana (*Lontra canadensis*)	7,2	3,79
Lince-vermelho (*Lynx rufus*)	7,5	2,48
Castor-norte-americano (*Castor canadensis*)	18	1,52
Impala (*Aepyceros melampus*)	44	4,80
Carneiro-selvagem (*Ovis canadensis*)	55	5,48
Porco-selvagem (*Sus scrofa*)	85	1,91
Javali-africano (*Phacochoerus africanus*)	87	2,82
Tahr-de-nilgiri (*Nilgiritragus hylocrius*)	100	4,71
Gnu-listrado (*Connochaetes taurinus*)	165	4,79
Macho de veado-vermelho	175	4,90
Cobe-untuoso (*Kobusellipsi prymnus*)	200	5,87
Zebra-de-burchell (*Equus quagga burchellii*)	270	7,95
Búfalo-africano (*Syncerus caffer*)	490	4,82
Hipopótamo	2.390	16,40
Elefante-africano	4.000	19,10

Fonte: Adaptada de Millar JS, Zammuto: Life histories of mammals: an analysis of life tables. Ecology 1983;64:631.

que o que está sendo "contado" não são os batimentos cardíacos ou a energia, mas as EROs que constituem o subproduto da respiração. Com o passar do tempo, a produção contínua de energia e o consumo relacionado de O_2 levam ao acúmulo de danos induzidos por EROs no DNA, nas proteínas e nos lipídeos, até que, por fim, seja alcançado um ponto crítico universalmente conservado. As células que experimentam déficits calóricos ajustam (reprogramam) suas vias metabólicas para utilizar recursos disponíveis de forma mais eficiente que reduza concomitante a geração de EROs colaterais.

Telômeros: um relógio de contagem regressiva molecular?

Uma segunda linha de pensamento sustenta que o suposto relógio de contagem regressiva que controla o envelhecimento e o tempo de vida não detecta os batimentos cardíacos, a energia ou as EROs. Em vez disso, ele utiliza os **telômeros** para rastrear o número de vezes que cada célula somática se divide.

Diferentemente do DNA circular fechado dos genomas bacterianos, o DNA genômico dos eucariotos é linear. Se não estivessem protegidas, as extremidades expostas desses polinucleotídeos lineares estariam acessíveis para participar de eventos de recombinação genética potencialmente deletérios. Os telômeros recobrem as extremidades dos cromossomos eucarióticos, com algumas centenas de repetições de hexanucleotídeos ricos em GT. Esses revestimentos também proporcionam uma fonte de DNA dispensável para acomodar o desperdício que ocorre quando cromossomos lineares sofrem replicação.

Esse desperdício é uma consequência do fato de todas as DNA-polimerases atuarem de modo unidirecional, de 3′ para 5′ (ver Capítulo 35). Quando ocorre replicação do DNA linear de dupla-fita por meio de síntese 3′ para 5′ descontínua, a extremidade 5′ de cada nova fita geralmente começa ≥ 100 pb mais curta que a extremidade 5′ da fita-molde. Em consequência, toda vez que uma célula replica o seu genoma para se dividir, seus cromossomos tornam-se mais curtos (**Figura 57-7**). Os telômeros proporcionam uma fonte inócua de DNA, cuja perda gradual tem pouca consequência imediata para a célula. Entretanto, uma vez esgotado o suprimento de DNA do telômero, ou seja, aproximadamente 100 divisões celulares nos seres humanos, a mitose cessa, e, consequentemente, a célula somática entra em um estado de **senescência replicativa**. Por conseguinte, à medida que nossos corpos envelhecem, elas perdem progressivamente a capacide de repor as células perdidas ou danificadas.

Os organismos são capazes de produzir uma progênie contendo telômeros de comprimento integral, em virtude da intervenção da enzima **telomerase**. A telomerase é uma ribonucleoproteína expressa nas células-tronco e na maioria das células cancerosas, mas não nas células somáticas. Utilizando um molde de RNA, a telomerase acrescenta sequências repetidas de hexanucleotídeos ricos em GT às extremidades das moléculas de DNA lineares, restaurando o comprimento total de seus telômeros. No laboratório, a operação do relógio proposto dos telômeros foi demonstrada por células somáticas obtidas por engenharia genética para expressar a telomerase. Conforme previsto pela hipótese do relógio do telômero, essas células obtidas por engenharia genética continuaram a sofrer divisão em cultura por muito tempo após a entrada das células de controle de tipo selvagem no processo de senescência replicativa.

Kenyon utilizou um organismo-modelo para descobrir os primeiros genes do envelhecimento

Muitos avanços na ciência biomédica representam o produto de pesquisas que utilizam uma variedade dos denominados

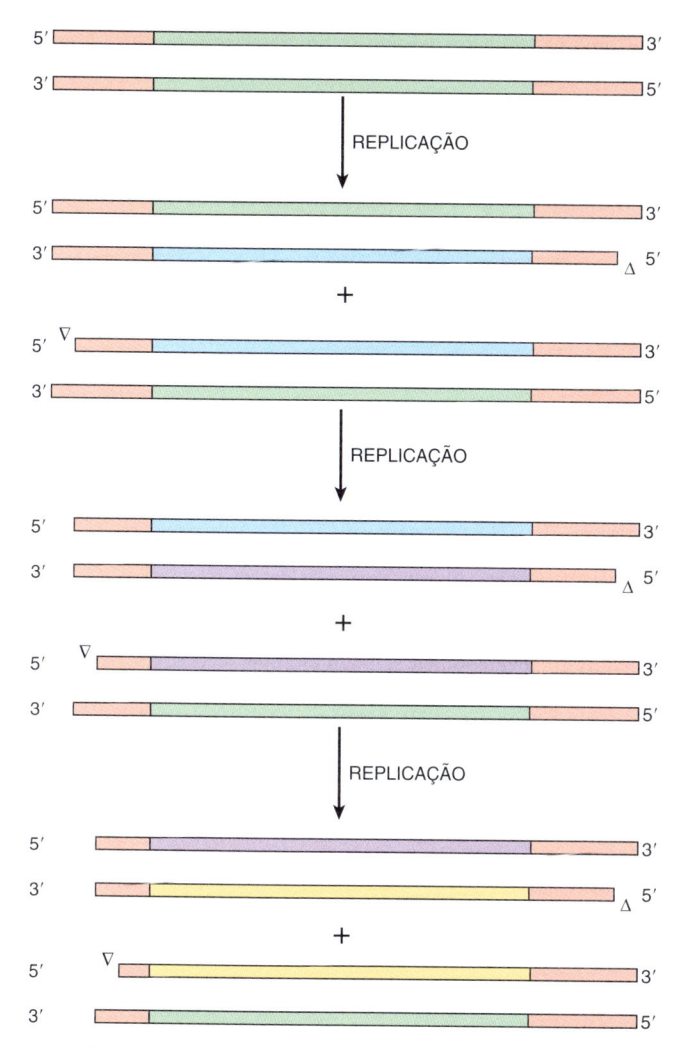

FIGURA 57-7 Os telômeros nas extremidades dos cromossomos eucarióticos tornam-se progressivamente mais curtos a cada ciclo de replicação. Diagrama esquemático do DNA linear de um cromossomo eucariótico (em verde) contendo telômeros em cada extremidade (em vermelho). Durante a primeira replicação, são sintetizadas novas fitas de DNA (em verde) utilizando o cromossomo original como molde. Para simplificar, os dois ciclos seguintes de replicação (em roxo, em amarelo) mostram apenas o destino do mais baixo dos dois produtos nucleotídicos do ciclo precedente de replicação. As pontas de seta vazadas indicam o local de síntese incompleta da fita. O modelo pressupõe que as projeções de fita simples nas extremidades de cada cromossomo são reduzidas ao completar cada ciclo de divisão celular. Observe o encurtamento progressivo das repetições dos telômeros.

organismos-modelo como seus sujeitos de teste. A mosca-da-fruta, *Drosophila melanogaster*, tem proporcionado rica coleta de informações a respeito dos genes que orientam a diferenciação celular e o desenvolvimento dos órgãos. A levedura de pão e a rã-de-unhas-africana (*Xenopus laevis*) serviram como ferramentas para dissecar o circuito de transdução de sinais que coordena o ciclo de divisão celular. Várias linhagens de células de mamíferos em cultura servem como substitutos de adipócitos, células renais, tumores, dendritos, etc. Embora à primeira vista possa parecer que muitos desses sistemas-modelo compartilham poucos aspectos em comum com os seres humanos, cada um deles possui atributos singulares, tornando-os convenientes como veículos para solucionar problemas particulares ou explorar processos celulares ou moleculares específicos.

Caenorhabditis elegans é um verme que serviu como importante material para o estudo da biologia do desenvolvimento. Ele é transparente e cresce rapidamente, possibilitando o rastreamento do programa de desenvolvimento, que gera todas as 959 células encontradas no adulto, rastreado até o ovo fertilizado. No início da década de 1990, Cynthia Kenyon e colaboradores observaram que vermes que apresentam mutações no gene que codifica uma molécula semelhante ao receptor de insulina, *daf-2*, tinham tempo de vida 70% maior do que os vermes de tipo selvagem. Um fato igualmente importante foi a observação de que os vermes mutantes se comportam de modo semelhante ao *C. elegans* de tipo selvagem jovem durante grande parte desse período. Isso representa uma importante distinção, visto que um autêntico "gene de envelhecimento" precisa ter mais efeito do que simplesmente prolongar a existência – é necessário retardar uma ou mais das alterações fisiológicas associadas ao envelhecimento.

Uma pesquisa mais detalhada dos genes do envelhecimento indica que eles codificam um pequeno conjunto de fatores de transcrição, que incluem PHA-4 ou DAF-16, que presumivelmente controlam a expressão de genes cruciais de envelhecimento, ou proteínas de sinalização, como DAF-2, que provavelmente ativam PHA-4, DAF-16, etc., em resposta a sinais ambientais específicos. Ainda resta muito a aprender acerca do grau de controle do envelhecimento por eventos geneticamente programados e de como esses genes e seus produtos interagem com fatores nutricionais e outros fatores que influenciam a vitalidade e a longevidade.

POR QUE A EVOLUÇÃO SELECIONARIA TEMPOS DE VIDA LIMITADOS?

A ideia de que os animais teriam desenvolvido mecanismos destinados especificamente a limitar o seu tempo de vida parece, à primeira vista, altamente contraintuitiva. Se a força motriz por trás da evolução é a seleção de traços que potencializam a aptidão e a sobrevida, isso não deveria se traduzir em uma expectativa de vida cada vez mais longa? Entretanto, embora prolongar o tempo de vida possa representar um traço desejável do ponto de vista do indivíduo, isso não se aplica necessariamente a uma população ou a uma espécie como um todo. Um limite do tempo de vida geneticamente programado poderia beneficiar o grupo ao eliminar a perda de recursos disponíveis causada por membros que não estão mais ativamente envolvidos na produção, no desenvolvimento e na formação dos descendentes. Na verdade, o atual tempo de vida de três gerações pode ser racionalizado como um tempo proporcionado (a) para que os recém-nascidos cresçam e se tornem adultos jovens reprodutivamente ativos, (b) para que esses adultos jovens possam gerar e nutrir seus filhos e (c) para servir como fonte de orientação e assistência aos adultos jovens que enfrentam os desafios do nascimento e da criação dos filhos.

RESUMO

- O envelhecimento e a longevidade são controlados pela interação complexa entre fatores aleatórios e deterministas, que incluem programação genética, estresses ambientais, estilo de vida, relógio de contagem regressiva celular e processos de reparo molecular.
- As teorias de uso e desgaste formulam a hipótese de que o envelhecimento resulta do acúmulo de danos com o passar do tempo.
- A água, o oxigênio e a luz são essenciais para a vida, porém possuem a capacidade intrínseca de causar dano às macromoléculas biológicas.
- As EROs são continuamente geradas como subproduto do metabolismo, particularmente a cadeia de transporte de elétrons.
- Os efeitos deletérios das EROs são frequentemente amplificados por reações em cadeia de radicais livres.
- Em virtude da reatividade de seus sistemas de anéis insaturados e da capacidade de absorver a luz UV, as bases de nucleotídeos do DNA são particularmente vulneráveis à lesão UV ou química.
- As mutações que resultam de erros causados por bases nucleotídicas ausentes ou danificadas podem ser particularmente prejudiciais, visto que podem resultar em transformação oncogênica.
- Em virtude de seus papéis críticos na produção de energia e na apoptose, juntamente com seu genoma próprio, as mitocôndrias desempenham um papel central em muitas teorias do envelhecimento e da morte.
- Nos eucariotos, as extremidades dos cromossomos lineares são recobertas por sequências repetidas e longas, denominadas telômeros.
- Como os telômeros tornam-se progressivamente mais curtos a cada divisão de uma célula somática, foi sugerido que eles atuam como relógio de contagem regressiva.
- Os organismos-modelo fornecem veículos úteis para a investigação dos processos biológicos.
- A mutação do gene *daf-2* em *C. elegans* estende o tempo de vida desse verme em 70%.
- A seleção evolutiva de um tempo de vida limitado pode otimizar a vitalidade da população, e não a de seus membros individualmente.

REFERÊNCIAS

Arias E, Curtin LR, Wei R, et al: U.S. decennial life tables for 1999-2001, United States life tables. Natl Vital Stat Rep 2008;57:1.

Baraibar MA, Friguet B: Oxidative proteome modifications target specific cellular pathways during oxidative stress, cellular senescence and aging. Exp Gerontol 2013;48:620.

Bitto A, Wang AM, Bennett CF, Kaeberlein M: Biochemical genetic pathways that modulate aging in multiple species. Cold Spring Harb Perspect Med 2015;5.

MacNeil DE, Benoussan HJ, Autexier C: Telomerase regulation from beginning to the end. Genes (Basel) 2016;7:64.

Speakman JR: Body size, energy metabolism and lifespan. J Exp Biol 2005;208:1717.

Wang Y, Hekimi S: Mitochondrial dysfunction and longevity in animals: untangling the knot. Science 2015;350:1204.

C A P Í T U L O

Histórias de casos bioquímicos

58

David A. Bender, Ph.D.

OBJETIVO

Após o estudo deste capítulo, você deve ser capaz de:

- Utilizar o seu conhecimento para explicar os distúrbios bioquímicos básicos nas doenças.

INTRODUÇÃO

Neste capítulo final, são apresentadas nove histórias de casos como questões não solucionadas para que você resolva com base no que aprendeu a partir do estudo deste livro. Não são fornecidas soluções e não existem discussões dos casos; tudo o que você precisa saber para explicar os problemas está disponível em algum lugar deste livro.

Em muitos casos, os resultados clínicos do paciente são apresentados juntamente com as faixas de referência. Esses valores podem variar de um problema para outro, visto que, conforme discutido no Capítulo 48, as faixas de referência de diferentes laboratórios podem diferir.

CASO 1

O paciente é um menino de 5 anos, nascido em 1967, a termo, após uma gestação sem intercorrências. Ele foi um bebê doente e não cresceu saudável. Em várias ocasiões, sua mãe observou que ele parecia sonolento ou até comatoso, e disse haver notado um odor "químico, semelhante a álcool" em sua respiração e em sua urina. O clínico geral suspeitou de diabetes melito e mandou-o para o Middlesex Hospital, em Londres, para fazer um teste de tolerância à glicose. Os resultados são mostrados na **Figura 58-1**.

Também foram colhidas amostras de sangue para avaliação da insulina no momento zero e 1 hora após a carga de glicose. Nesse momento, estava sendo desenvolvido um novo método para avaliação da insulina, o radioimunoensaio (ver Capítulo 48) e, portanto, tanto este quanto o ensaio biológico convencional foram utilizados. O método biológico para avaliação da insulina atua por meio da sua capacidade de estimular a captação e o metabolismo da glicose em músculo de rato *in vitro*; ele pode ser realizado de forma relativamente simples, medindo-se a radioatividade no $^{14}CO_2$ após incubar amostras-duplicata do músculo com [^{14}C]glicose, na presença e na ausência da amostra contendo insulina. Os resultados são mostrados na **Tabela 58-1**.

Como parte de seus estudos sobre o novo radioimunensaio para insulina, a equipe do Middlesex Hospital realizou a cromatografia de exclusão em gel de uma amostra mista de soro normal e determinou a insulina nas frações eluídas das colunas tanto por radioimunensaio (gráfico A da **Figura 58-2**) quanto pelo estímulo da oxidação da glicose (gráfico B). Foram utilizados três marcadores de peso molecular, os quais foram eluídos nas seguintes amostras: M_r 9.000 na fração 10, M_r 6.000 na fração 23 e M_r 4.500 na fração 27.

Os pesquisadores também avaliaram a insulina nas frações eluídas da coluna de cromatografia após o tratamento de cada fração com a tripsina. Os resultados estão mostrados no gráfico C.

Após ver os resultados desses estudos, eles submeteram a mesma amostra de soro mista a um breve tratamento com tripsina e realizaram a cromatografia de exclusão em gel do produto. Mais uma vez, avaliaram a insulina por radioimunensaio (gráfico D) e por ensaio biológico (gráfico E).

Desde a realização desses estudos, nos anos 1960, o gene da insulina humana tem sido clonado. Embora a insulina

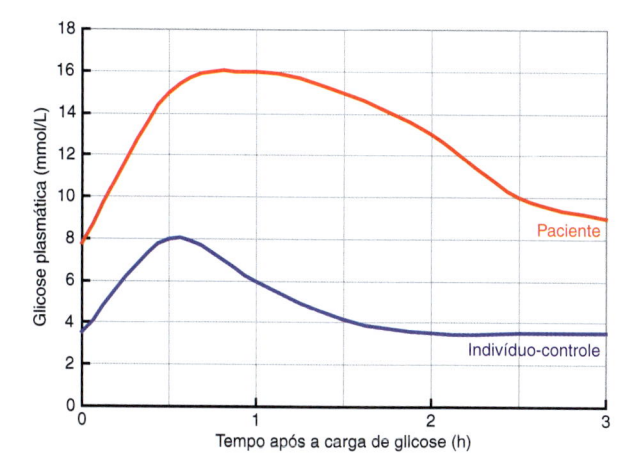

FIGURA 58-1 Glicose plasmática do paciente e de um indivíduo-controle após uma dose-teste de glicose.

TABELA 58-1 Insulina sérica (mUI/L) medida por ensaio biológico e radioimunoensaio

	Amostra sanguínea inicial (jejum)		1 hora após carga de glicose	
	Paciente (Caso 1)	Indivíduos-controle	Paciente (Caso 1)	Indivíduos-controle
Ensaio biológico	0,8	6 ± 2	5	40 ± 11
Radioimunoensaio	10	6 ± 2	50	40 ± 11

compreenda duas cadeias peptídicas, com 21 e 30 aminoácidos de comprimento, respectivamente, estas são codificadas por um único gene, que possui um total de 330 pares de bases entre os códons de início e de término. Como seria esperado para uma proteína secretada, existe uma sequência sinalizadora que codifica 24 aminoácidos na extremidade 5′ do gene.

O que sugere essa informação sobre os processos que ocorrem na síntese da insulina?

Qual deve ser a base bioquímica subjacente do problema do paciente?

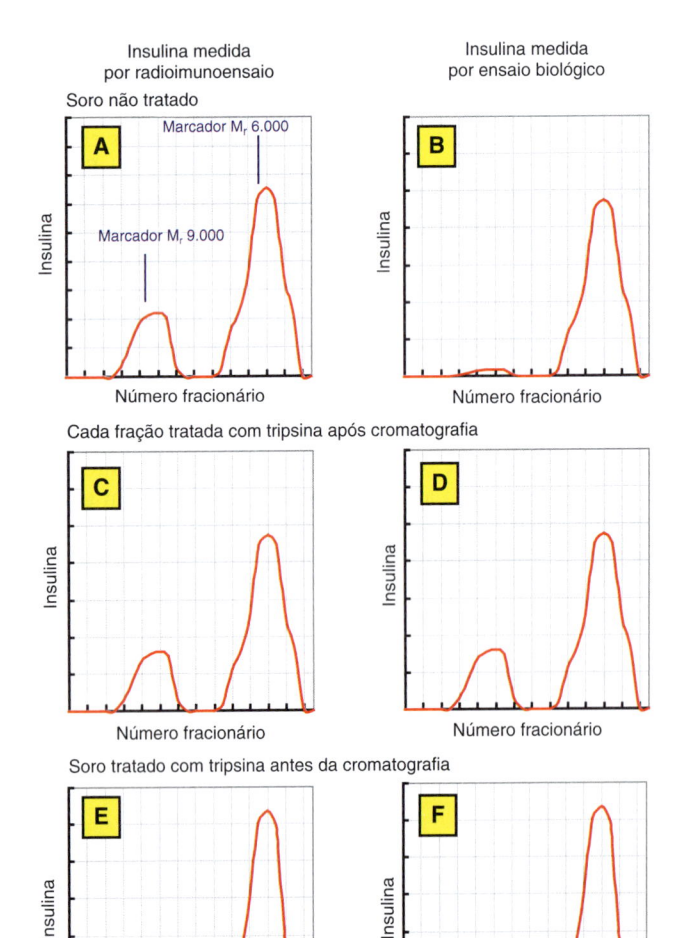

FIGURA 58-2 Insulina medida por radioimunoensaio e ensaio biológico antes e depois do tratamento das amostras de plasma com tripsina.

CASO 2

O paciente é um homem de 50 anos, com 1,74 m de altura e peso de 105 kg. Ele é engenheiro e trabalha no destacamento em um dos rigorosos estados islâmicos, no Golfo, onde o consumo de álcool é proibido. No início de agosto, voltou para casa para cumprir sua licença anual. De acordo com sua família, ele comportou-se como sempre fazia quando em licença, consumindo uma grande quantidade de álcool e recusando refeições. Sabia-se que ele bebia 2 L de uísque, 2 ou 3 garrafas de vinho e mais de uma dúzia de latas de cerveja por dia; sua única comida sólida consistia em doces e biscoitos.

No dia 1º de setembro, ele foi admitido no departamento de emergência, semiconsciente e apresentando frequência respiratória acelerada (40/min). Sua pressão arterial era de 90/60 e seu pulso de 136/min. A temperatura estava normal (37,1 °C). A gasometria de emergência revelou acidose grave: pH de 7,02 e excesso de base −23; Po_2 de 91 mmHg e Pco_2 de 10 mmHg. Ele foi transferido para o tratamento intensivo e recebeu bicarbonato intravenoso.

O pulso permaneceu elevado, e a pressão arterial, baixa; foi realizado, então, um cateterismo cardíaco de emergência, que revelou débito cardíaco de 23 L/min (normal: 4 a 6). A radiografia de tórax revelou aumento cardíaco significativo.

A **Tabela 58-2** mostra os resultados clínicos laboratoriais de uma amostra de plasma colhida logo após sua admissão.

Qual é a provável base bioquímica para o problema que levou à hospitalização de emergência do paciente?

Qual(is) teste(s) adicional(is) você pediria para confirmar sua hipótese?

Qual tratamento de emergência você sugeriria?

TABELA 58-2 Resultados clínicos laboratoriais do paciente do Caso 2 na sua admissão (todos os valores estão expressos em mmol/L)

	Paciente do Caso 2	Faixa de referência
Glicose	10,6	3,5-5
Sódio	142	131-151
Potássio	3,9	3,4-5,2
Cloro	91	100-110
Bicarbonato	5	21-29
Lactato	18,9	0,9-2,7
Piruvato	2,5	0,1-0,2

CASO 3

O paciente é um afro-americano recruta do exército. Ele recebeu o fármaco antimalárico primaquina e apresentou reação tardia com dor renal, urina escura e baixas contagens de hemácias que o levaram a anemia e fraqueza. A centrifugação de uma amostra de sangue evidenciou baixo hematócrito e plasma de cor vermelha.

Foram observados ataques hemolíticos agudos semelhantes, predominantemente em homens de origem afro-caribenha, em resposta à primaquina e a uma variedade de outros fármacos, incluindo dapsona, o antipirético acetilfenil-hidrazina, o antibacteriano sulfametoxazol + trimetoprima, sulfonamidas e sulfonas, cuja única característica comum é sofrerem reações não enzimáticas cíclicas na presença de oxigênio para produzir peróxido de hidrogênio e uma variedade de radicais de oxigênio que podem causar dano oxidativo aos lipídeos da membrana, levando à hemólise. A infecção moderadamente grave também pode precipitar crise hemolítica em indivíduos suscetíveis.

Uma forma de avaliar a sensibilidade à primaquina baseia-se na observação de que a concentração de glutationa das hemácias de indivíduos suscetíveis é, de alguma forma, inferior à dos indivíduos-controle e cai consideravelmente quando incubada com acetilfenil-hidrazina.

A glutationa (GSH) é um tripeptídeo, γ-glutamil-cisteinil-glicina, que sofre oxidação rapidamente para formar um hexapeptídeo ligado por ligações dissulfeto, a glutationa oxidada, geralmente abreviada como GSSG. A **Tabela 58-3** mostra as concentrações de GSH e GSSG nas hemácias do paciente e de 10 indivíduos-controle, antes e depois da incubação com acetilfenil-hidrazina.

Quanto de GSH é oxidado por mol de acetilfenil-hidrazina adicionado?

O K_m registrado da glutationa-redutase para GSSG é de 65 μmol/L e, para NADPH, de 8,5 μmol/L. Os lisados de hemácias foram incubados com concentração saturante de GSSG (1 mmol/L) e de NADPH ou NADH (100 μmol/L). Cada incubação continha o hemolisado de 0,5 mL de hemácias (**Tabela 58-4**).

Como nenhum dos lisados de hemácias apresentou qualquer atividade significativa com NADH, é improvável que exista qualquer atividade transidrogenase nas hemácias, para reduzir $NADP^+$ a NADPH com o consumo de NADH. Esse fato traz o problema da origem do NADPH nas hemácias.

O corante azul de metileno oxidará o NADPH; em seguida, o corante reduzido sofre oxidação não enzimática no ar, de modo que a adição de uma quantidade relativamente pequena de azul de metileno causará depleção efetiva de NADPH e deverá estimular qualquer via que reduza $NADP^+$ a NADPH.

As hemácias dos indivíduos-controle foram incubadas com 10 mmol/L [^{14}C]glicose, com ou sem adição de azul de metileno; todos os seis possíveis isômeros posicionais de [^{14}C]glicose foram usados, e foi determinada a radioatividade do (lactato + piruvato) após cromatografia de camada fina da mistura de incubação. Cada incubação continha 1 mL de hemácias em um volume total de incubação de 2 mL (**Tabela 58-5**).

Em estudos posteriores, apenas a formação de $^{14}CO_2$ a partir da [^{14}C-1]glicose foi avaliada, com a adição de:

- Ascorbato de sódio (que sofre reação não enzimática no ar para produzir H_2O_2)
- Acetilfenil-hidrazina (que sabidamente precipita a hemólise em indivíduos sensíveis e depleta a glutationa reduzida)
- Azul de metileno (que oxida NADPH)

As incubações foram repetidas com N-etilmaleimida, que sofre reação não enzimática com o grupo —SH da glutationa reduzida e, em seguida, depleta a célula de glutationa total. Os resultados são mostrados na **Tabela 58-6**.

Estudos posteriores mostraram que as hemácias do paciente continham apenas cerca de 20% da atividade normal da glicose-6-fosfato-desidrogenase (ver Capítulo 20). A fim de investigar por que essa atividade enzimática era tão baixa, uma amostra de suas hemácias foi incubada a 45 °C por 60 minutos e, em seguida, resfriada a 30 °C, e a atividade da glicose-6-fosfato-desidrogenase foi determinada. Após a pré-incubação a 45 °C, as hemácias apresentaram apenas 60% de sua atividade inicial. Por outro lado, as hemácias dos indivíduos-controle conservaram 90% de sua atividade inicial após pré-incubação a 45 °C por 60 minutos.

O que você pode concluir a partir desses resultados?

CASO 4

O paciente é um menino maltês de 10 anos. No seu aniversário, uma tia deu-lhe uma torta feita de feijão-fava (uma especialidade local), e naquela noite ele apresentou dor renal e

TABELA 58-4 Glutationa-redutase, μmol de produto formado/min

	Paciente do Caso 3	Indivíduos-controle
NADPH	0,64	0,63 ± 0,06
NADH	0,01	0,01 ± 0,001

TABELA 58-3 Efeito da incubação com 330 μmol/L de acetilfenil-hidrazina sobre a glutationa da hemácia

	Paciente do Caso 3		Indivíduos-controle	
	GSH (mmol/L)	GSSG (μmol/L)	GSH (mmol/L)	GSSG (μmol/L)
Inicial	1,61	400	2,01 ± 0,29	4,2 ± 0,61
+ Acetilfenil-hidrazina	0,28	1.540	1,82 ± 0,24	190 ± 28

TABELA 58-5 Produção de [^{14}C]lactato, piruvato e CO_2 por 1 mL de hemácias de indivíduos-controle incubados por 1 hora com 10 mmol/L [^{14}C]glicose a 10 µCi/mmol

	Controle		+ Azul de metileno	
	Lactato + piruvato	CO_2	Lactato + piruvato	CO_2
[^{14}C-1]Glicose	12.680 ± 110	1.410 ± 15	1.830 ± 20	12.260 ± 130
[^{14}C-2]Glicose	14.080 ± 120	ND	14.120 ± 120	ND
[^{14}C-3]Glicose	14.100 ± 120	ND	14.090 ± 120	ND
[^{14}C-4]Glicose	14.060 ± 120	ND	14.080 ± 120	ND
[^{14}C-5]Glicose	14.120 ± 120	ND	14.060 ± 120	ND
[^{14}C-6]Glicose	14.090 ± 110	ND	14.100 ± 120	ND

ND, não detectável, isto é, abaixo dos limites de detecção.
Os valores mostram dpm, média ± desvio-padrão para incubações quintuplicadas.

urina escura. Um esfregaço de sangue evidenciou baixa contagem de hemácias e plasma de cor vermelha. Esse problema não é raro em Malta, e, na verdade, vários de seus colegas de escola (todos meninos) morreram quando uma crise aguda foi precipitada pela ingestão de feijões-fava ou após febre moderada associada a uma infecção.

Estudos posteriores mostraram que ele apresentava apenas 10% de glicose-6-fosfato-desidrogenase em suas hemácias e K_m muito elevado para o $NADP^+$. Ao contrário do paciente do Caso 3, a sua enzima da hemácia apresentava-se tão estável quando incubada a 45 °C quanto a dos indivíduos-controle.

O que você pode concluir a partir dessas observações?

CASO 5

A paciente é um bebê de 28 semanas. Ela foi admitida no departamento de emergência em coma, tendo sofrido convulsão após se alimentar. Na ocasião, apresentou infecção branda e febre moderada. Desde o seu nascimento, ela era uma criança doente, vomitava frequentemente e ficava sonolenta após se alimentar. Ela foi alimentada com mamadeira e em algum momento se suspeitou de alergia ao leite de vaca, embora os problemas tenham persistido quando foi alimentada com leite de soja.

Em sua admissão, estava levemente hipoglicêmica e cetótica, e o pH do plasma era de 7,29. A análise de uma amostra de sangue mostrou níveis normais de insulina, porém considerável hiperamoniemia (concentração de íon amônio no plasma de 500 µmol/L; faixa de referência de 40-80 µmol/L). Ela respondeu bem à infusão intravenosa de glicose e à infusão retal de lactulose, recuperando a consciência. Apresentava tônus muscular fraco.

Foi feita biópsia hepática e foram determinadas as atividades das enzimas da síntese de ureia (ver Capítulo 28) e comparadas com as atividades de amostras hepáticas *post mortem* de 6 bebês da mesma idade. Os resultados são mostrados na **Tabela 58-7**. Ela continuou bem quando submetida a uma dieta de alto carboidrato e baixa proteína por vários dias, embora o tônus muscular fraco e a fraqueza muscular tenham persistido. Foi obtida uma segunda amostra de biópsia hepática após 4 dias, e a atividade das enzimas foi novamente determinada.

A dieta com teor proteico reduzido foi mantida; no entanto, para garantir o suprimento adequado de aminoácidos essenciais para seu crescimento, ela recebeu uma mistura dos cetoácidos de treonina, metionina, leucina, isoleucina e valina. Após cada refeição, mais uma vez ela se mostrava

TABELA 58-6 Produção de $^{14}CO_2$ por 1 mL de hemácias de indivíduos-controle incubados por 1 hora com 10 mmol/L [^{14}C-1]glicose a 10 µCi/mmol

Adições	Controle	+*N*-Etilmaleimida
Nenhum	1.410 ± 70	670 ± 30
Ascorbato	8.665 ± 300	2.133 ± 200
Acetilfenil-hidrazina	7.740 ± 320	4.955 ± 325
Azul de metileno	12.230 ± 500	11.265 ± 450

Os valores mostram dpm, média ± desvio-padrão para incubações quintuplicadas.

TABELA 58-7 Atividade das enzimas do ciclo da síntese da ureia em amostras de biópsia hepática da paciente do Caso 5 na admissão e após 4 dias mantida em dieta de alto carboidrato e baixa proteína, comparada às atividades de amostras *post mortem* de 6 bebês da mesma idade

	µmol de produto formado/min/mg de proteína		
	Paciente		
	Na admissão	Após 4 dias	Indivíduos-controle
Carbamoil-fosfato-sintetase	0,337	1,45	1,30 ± 0,40
Ornitina-carbamoiltransferase	29,0	28,6	18,1 ± 4,9
Argininosuccinato-sintase	0,852	0,75	0,49 ± 0,09
Argininosuccinase	1,19	0,95	0,64 ± 0,15
Arginase	183	175	152 ± 56

anormalmente sonolenta e fortemente cetótica, com acidose significativa. Sua concentração plasmática de íon amônio estava na faixa normal e seu teste de tolerância à glicose era normal, com aumento normal na secreção de insulina após a carga de glicose.

A cromatografia líquida de alta pressão do plasma revelou concentração anormalmente elevada de ácido propiônico (24 μmol/L; faixa de referência de 0,7-3 μmol/L). A análise da urina evidenciou considerável excreção de metilcitrato (1,1 μmol/mg de creatinina), que normalmente não é detectável. Ela estava sempre secretando uma quantidade significativa de acilcarnitina de cadeia curta (principalmente propionilcarnitina) – 28,6 μmol/24 h, comparada com uma faixa de referência de 5,7 + 3,5 μmol/24 h.

O metabolismo de uma dose-teste de [^{13}C]propionato administrada por infusão intravenosa foi determinado na paciente, em seus pais e em um grupo de indivíduos-controle; os fibroblastos da pele foram cultivados e a atividade da propionil-CoA-carboxilase foi determinada por incubação com propionato e NaH^{14}CO$_3$, seguida por acidificação e avaliação da radioatividade nos produtos. Os resultados são mostrados na **Tabela 58-8**.

Os resultados da avaliação da carnitina na primeira amostra de biópsia hepática e em uma amostra de biópsia muscular geraram os resultados mostrados na **Tabela 58-9**.

O que você pode concluir a partir desses resultados?

Explique a base bioquímica da condição da paciente.

CASO 6

A paciente é uma menina de 9 meses de idade, a segunda filha de pais não consanguíneos. Ela nasceu a termo após uma gravidez sem intercorrências, pesando 3,4 kg, e foi amamentada no peito, com introdução gradual de sólidos a partir dos 3 meses de idade. A mãe informou que, embora ela gostasse de queijo, carne e peixe, frequentemente ficava irritadiça e birrenta após as refeições e se tornava letárgica, sonolenta e "flácida" após ingerir quantidades relativamente grandes de alimentos ricos em proteína. Nessas ocasiões, sua urina apresentava odor estranho, descrito pela mãe como "semelhante a urina de gato".

Aos 9 meses de idade, a paciente deu entrada no departamento de emergência em coma e apresentando convulsões. Ela não estava bem nos últimos 3 dias, apresentava febre branda e havia recusado qualquer alimento ou bebida nas últimas 12 horas. Na ocasião, pesava 8,8 kg e seu comprimento era de 70,5 cm.

Os exames de sangue de emergência revelaram acidose moderada (pH 7,25) e hipoglicemia severa (glicose < 1 mmol/L); o teste para a presença de corpos cetônicos no plasma foi negativo. Foi retirada uma amostra de sangue para a realização dos testes clínicos laboratoriais completos e ela recebeu glicose intravenosa. Em um curto período de tempo, ela recuperou a consciência. Os resultados dos exames de sangue são mostrados na **Tabela 58-10**.

Ela permaneceu no hospital por várias semanas, e nesse tempo foram realizados testes adicionais. De maneira geral, ela passou bem durante esse período, porém se tornava sonolenta e severamente hipoglicêmica e hiperventilada caso fosse privada de alimento por mais de 8 a 9 horas. O seu tônus muscular era fraco, e ela ficou muito frágil, com consideravelmente menos força (p. ex., ao empurrar seus braços ou pernas contra a mão do pediatra) do que seria esperado para uma menina da sua idade.

Na ocasião, a glicose sanguínea foi monitorada a intervalos de 30 minutos durante 3 horas após acordar, sem que fosse alimentada. A dosagem caiu de 3,4 mmol/L ao acordar para 1,3 mmol/L 3 horas mais tarde. Ela foi novamente privada do café da manhã no dia seguinte e mais uma vez a glicose sanguínea foi medida em intervalos de 30 minutos por 3 horas, durante as quais recebeu infusão intravenosa de β-hidroxibutirato (50 μmol/min/kg de peso corporal). Durante a infusão de β-hidroxibutirato, a glicose plasmática permaneceu entre 3,3 e 3,5 mmol/L.

Em nenhum momento foram detectados corpos cetônicos em sua urina, e não houve evidência de qualquer excreção anormal de aminoácidos. Entretanto, diversos ácidos orgânicos anormais foram detectados na urina, incluindo quantidades relativamente grandes dos ácidos 3-hidroxi-3-metilglutárico

TABELA 58-8 Metabolismo do [^{13}C]propionato

	Paciente do Caso 5	Mãe	Pai	Indivíduos-controle
Percentual recuperado em ^{13}CO$_2$ durante 3 h	1,01	32,6	33,5	65 ± 5
dpm fixada/mg de proteína do fibroblasto/30 min	5,0	230	265	561 ± 45

TABELA 58-9 Carnitina hepática e muscular

	Fígado		Músculo	
μmol/g de peso de tecido	Paciente do Caso 5	Indivíduos-controle	Paciente do Caso 5	Indivíduos-controle
Carnitina total	0,23	0,83 ± 0,26	1,56	2,29 ± 0,75
Carnitina livre	0,05	0,41 ± 0,17	0,29	1,62 ± 0,67
Acilcarnitina de cadeia curta	0,16	0,37 ± 0,20	1,16	0,58 ± 0,32
Acilcarnitina de cadeia longa	0,01	0,05 ± 0,02	0,11	0,09 ± 0,03

TABELA 58-10 Resultados clínicos laboratoriais de uma amostra de plasma da paciente do Caso 6 na admissão e faixa de referência para 24 horas de jejum

	Paciente do Caso 6	Faixa de referência
Glicose, mmol/L	0,22	4-5
pH	7,25	7,35-7,45
Bicarbonato, mmol/L	11	21-29
Amônio, μmol/L	120	< 50
Corpos cetônicos, mmol/L	Indetectáveis	2,5-3,5
Ácidos graxos não esterificados, mmol/L	2	1,0-1,2
Insulina, mUI/L	5	5-35
Glucagon, ng/mL	140	130-160

e 3-hidroxi-3-metilglutacônico. A excreção desses dois ácidos aumentou consideravelmente em duas condições:

1. Quando recebeu refeição de teor proteico relativamente elevado (ela tornou-se birrenta, letárgica e irritadiça). Uma amostra colhida após essa refeição mostrou hiperamoniemia significativa (130 μmol/L), mas glicose normal (5,5 mmol/L).

2. Quando ficou em jejum por um período maior que o jejum noturno normal, com ou sem a infusão de β-hidroxibutirato.

Um precursor metabólico óbvio do ácido 3-hidroxi-3-metilglutárico é a 3-hidroxi-3-metilglutaril-CoA (HMG-CoA), que é normalmente clivada para produzir acetoacetato e acetil-CoA pela enzima hidroximetiglutaril-CoA-liase (ver Capítulo 22). Portanto, a atividade dessa enzima foi determinada em leucócitos a partir de amostras de sangue da paciente e de seus pais. Os resultados são mostrados na **Tabela 58-11**.

A análise da urina também revelou excreção considerável de carnitina, como mostrado na **Tabela 58-12**.

> Qual é a provável base bioquímica do problema da paciente? Como você pode explicar os diversos problemas metabólicos da paciente a partir das informações que recebeu?
>
> Quais condutas nutricionais poderiam mantê-la em boa saúde e prevenir posteriores internações hospitalares de emergência?

TABELA 58-11 Atividade da HMG-CoA-liase nos leucócitos, nmol de produto formado/min/g de proteína

Paciente do Caso 6	1,7
Mãe	10,2
Pai	11,4
Indivíduos-controle	19,7 ± 2,0

TABELA 58-12 Excreção urinária de carnitina, nmol/mg de creatinina

	Paciente do Caso 6	Faixa de referência
Carnitina total	680	125 ± 75
Carnitina livre	31	51 ± 40
Acilcarnitina	649	74 ± 40

CASO 7

O paciente é um menino de 9 meses de idade, o segundo filho de pais não consanguíneos; seu irmão tem 5 anos, está em boa forma e é saudável. Ele nasceu a termo após uma gestação sem intercorrências, pesando 3,4 kg (o 50º centil), e desenvolveu-se normalmente até os 6 meses de idade, quando começou a apresentar algum retardo de desenvolvimento. Também desenvolveu erupção cutânea descamativa fina nesse período, e seu cabelo, que antes era normal, tornou-se fino e esparso.

Aos 9 meses de idade, ele deu entrada no departamento de emergência em coma; os resultados de testes clínicos laboratoriais de uma amostra de sangue são mostrados na **Tabela 58-13**.

A acidose foi tratada por infusão intravenosa de bicarbonato, e ele recuperou a consciência. Durante os próximos dias, ele continuou a mostrar sinais de acidose (respiração rápida), e, mesmo após uma refeição, os corpos cetônicos estavam presentes na sua urina. A concentração plasmática de lactato, piruvato e corpos cetônicos permaneceu elevada; a glicose plasmática estava no limite inferior do normal, e a insulina plasmática estava normal tanto durante o jejum quanto após uma carga de glicose oral.

A análise da urina revelou a presença de quantidades significativas de diversos ácidos orgânicos que normalmente não são excretados na urina, incluindo:

- Lactato, piruvato e alanina
- Propionato, hidroxipropionato e propionilglicina
- Metilcitrato
- Tiglato e tiglilglicina
- 3-metilcrotonato, 3-metilcrotonilglicina e 3-hidroxi-isovalerato

TABELA 58-13 Resultados clínicos laboratoriais de uma amostra de plasma do paciente do Caso 7 na admissão e faixa de referência para 24 horas de jejum

	Paciente do Caso 7	Faixa de referência
Glicose, mmol/L	3,3	3,5-5,5
pH	6,9	7,35-7,45
Bicarbonato, mmol/L	2,0	21-25
Corpos cetônicos, mmol/L	21	1-2,5
Lactato, mmol/L	7,3	0,5-2,2
Piruvato, mmol/L	0,31	< 0,15

O exantema cutâneo e a perda de cabelo foram reminiscentes dos sinais de deficiência de biotina (ver Capítulo 44), como o causado pelo consumo excessivo de clara de ovo crua. Entretanto, sua mãe relatou que ele definitivamente não havia ingerido ovos crus ou malcozidos, embora gostasse de ovos cozidos e de extrato de levedura (que são fontes ricas em biotina). Sua concentração plasmática de biotina era de 0,2 nmol/L (normal > 0,8 nmol/L), e ele excretou uma quantidade significativa de biotina sob a forma de biocitina (ver Figura 44-14) e de pequenos peptídeos contendo biocitina, que, normalmente, não são detectáveis na urina.

O paciente foi tratado com 5 mg de biotina por dia. Depois de 3 dias, os ácidos orgânicos anormais não foram mais detectáveis na urina, e as concentrações plasmáticas de lactato, piruvato e corpos cetônicos se normalizaram, embora tenha ocorrido aumento na excreção de biocitina e de peptídeos contendo biocitina. Nesse estágio, foi liberado do hospital, com um suprimento de cápsulas de biotina. Após 3 semanas, seu exantema cutâneo começou a clarear e sua perda capilar cessou.

Três meses mais tarde, em uma visita ambulatorial regular, foi decidida a interrupção dos suplementos de biotina. Em 1 semana, os ácidos orgânicos anormais foram novamente detectados em sua urina e ele foi tratado com doses variáveis de biotina até o fim da acidúria orgânica. Isso foi conseguido com ingestão de 150 μg/dia (comparada com ingestão referencial de 10-20 μg/dia para um lactente com menos de 2 anos de idade).

Ele continuou a ingerir 150 μg/dia de biotina e permaneceu com boa saúde durante os últimos 4 anos.

Explique a base bioquímica do problema do paciente.

CASO 8

A paciente é uma menina de 4 anos, filha única de pais não consanguíneos, nascida a termo após uma gestação sem intercorrências. Aos 14 meses de idade, ela deu entrada no hospital com história de 1 dia de vômito persistente, respiração superficial acelerada e desidratação. Na admissão, sua frequência respiratória era 60/min, e o pulso, 178/min. A primeira coluna da **Tabela 58-14** mostra os resultados de seus testes clínicos laboratoriais naquele período. Ela respondeu rapidamente ao bicarbonato intravenoso e a uma única injeção intramuscular de insulina.

Os resultados de um teste de tolerância à glicose 3 dias após a internação foram normais, e a concentração plasmática de insulina em resposta a uma carga de glicose oral apresentou-se dentro da faixa normal. Ela foi liberada do hospital 7 dias após a entrada, aparentemente apta e bem. A segunda coluna da Tabela 58-14 mostra os resultados dos testes clínicos laboratoriais realizados pouco antes de sua alta.

Ela retornou ao hospital com 16, 25, 31 e 48 meses de idade, apresentando inquietação, marcha instável, respiração superficial rápida, vômito persistente e desidratação. As crises sempre eram precedidas por uma doença comum da infância e apetite reduzido, e ela respondia bem à injeção intravenosa de fluidos e de bicarbonato. Alguns episódios mais brandos foram tratados em casa com fluido oral e bicarbonato.

TABELA 58-14 Resultados clínicos laboratoriais de amostras de plasma e de urina da paciente do Caso 8 na admissão e novamente após 1 semana

	Admissão aguda	Após 1 semana	Faixa de referência
Plasma			
Glicose, mmol/L	14	5,1	3,5-5,5
Sódio, mmol/L	132	137	135-145
Cloreto, mmol/L	111	105	100-106
Bicarbonato, mmol/L	1,5	20	21-25
Ureia, mmol/L	4,1	4,9	2,9-8,9
Lactato, mmol/L	7,3	5,5	0,5-2,2
Piruvato, mmol/L	0,31	0,25	< 0,15
Alanina, mmol/L	–	852	99-313
Aspartato, mmol/L	–	Indetectável	3-11
pH	6,89	7,36	7,35-7,45
Urina			
Lactato, mg/g de creatinina	–	1,48	< 0,1
Corpos cetônicos, usando Ketostix	Muito altos	Negativos	Negativos

Durante seu retorno aos 25 meses, foi realizada uma biópsia de pele, fibroblastos foram cultivados e as atividades das enzimas mitocondriais mostradas na **Tabela 58-15** foram determinadas.

Explique a base bioquímica da condição da paciente.

CASO 9

O paciente é um menino diabético de 5 anos. Existe história familiar de diabetes, o que sugere fortemente um padrão de herança dominante. Ele secreta quantidade significativa de

TABELA 58-15 Atividades das enzimas mitocondriais de fibroblastos cutâneos em cultura (nmol do produto formado/min/mg de proteína)

	Paciente do Caso 8	Indivíduos-controle
Citrato-sintase	32,8	76,3 ± 15,1
Redução do citocromo c pelo NADH	11,6	16,7 ± 4,6
Redução do citocromo c pelo succinato	9,43	12,3 ± 3,2
Citocromo-oxidase	37,7	50,3 ± 11,6
NADH-desidrogenase	633	910 ± 169
Piruvato-carboxilase	0,03	1,62 ± 0,39
Piruvato-desidrogenase	1,86	1,72 ± 0,35
Succinato-oxidase	190	210 ± 30

insulina, embora menos do que os indivíduos normais, sugerindo que o problema não seja diabetes tipo 1. Ao contrário do diabetes tipo 2, essa condição se desenvolve no início da infância e é geralmente conhecida como diabetes do jovem com início na maturidade (MODY).

Os resultados de estudos da secreção de insulina pelo pâncreas de coelho incubado *in vitro* com duas concentrações de glicose, na presença e na ausência do açúcar de 7 carbonos mano-heptulose, que é um inibidor da fosforilação da glicose a glicose-6-fosfato, são mostrados na **Tabela 58-16**.

Duas enzimas catalisam a formação de glicose-6-fosfato a partir da glicose (ver Capítulo 17):

- A hexocinase é expressa em todos os tecidos; apresenta K_m para a glicose de cerca de 0,15 mmol/L.
- A glicocinase é expressa apenas nas células β do pâncreas; apresenta K_m para a glicose de cerca de 20 mmol/L.

A faixa normal de glicose plasmática está entre 3,5 e 5 mmol/L, elevando-se no sangue periférico para 8 a 10 mmol/L após a ingestão moderadamente alta de glicose. Após uma refeição, a concentração de glicose no sangue portal, vindo do intestino delgado para o fígado, poderá ser consideravelmente mais elevada do que isso.

Qual efeito as alterações na concentração plasmática de glicose terão na taxa de formação da glicose-6-fosfato catalisada pela hexocinase?

Qual efeito as alterações na concentração plasmática de glicose terão na taxa de formação da glicose-6-fosfato catalisada pela glicocinase?

Qual é a importância da glicocinase no fígado?

Froguel e colaboradores (1993) reportaram estudos do gene da glicocinase em diversas famílias afetadas por MODY e também em famílias não afetadas. Eles publicaram uma lista de 16 variantes do gene da glicocinase, mostradas na **Tabela 58-17**. Todos os pacientes com MODY apresentaram anormalidade do gene.

TABELA 58-16 Secreção de insulina (μg/min/incubação) pelo pâncreas de coelho *in vitro*

	Controle	+ Mano-heptulose
3,3 mmol/L de glicose	3,5	3,5
16,6 mmol/L de glicose	12,5	3,5

Fonte: Dados relatados por Coore HG, Randle PJ: Biochemical J 1964;93:66-77.

TABELA 58-17 Mutações no gene da glicocinase

Códon	Alteração de nucleotídeo	Alteração de aminoácido	Efeito
4	GAC ⇒ AAC	?	Nenhum
10	GCC ⇒ GCT	?	Nenhum
70	GAA ⇒ AAA	?	MODY
98	CAG ⇒ TAG	?	MODY
116	ACC ⇒ ACT	?	Nenhum
175	GGA ⇒ AGA	?	MODY
182	GTG ⇒ ATG	?	MODY
186	CGA ⇒ TGA	?	MODY
203	GTG ⇒ GCG	?	MODY
228	ACG ⇒ ATG	?	MODY
261	GGG ⇒ AGG	?	MODY
279	GAG ⇒ TAG	?	MODY
300	GAG ⇒ AAG	?	MODY
300	GAG ⇒ CAG	?	MODY
309	CTC ⇒ CCC	?	MODY
414	AAG ⇒ GAG	?	MODY

Fonte: Dados relatados por Froguel P, et al: N Engl J Med 1993;328:697-702.

Quais são as alterações de aminoácidos associadas a cada mutação gênica?

Por que as mutações que afetam os códons 4, 10 e 116 não apresentam efeito nos indivíduos envolvidos?

O que você pode concluir a partir dessa informação?

Os mesmos autores também estudaram a secreção de insulina em resposta à infusão de glicose em pacientes com MODY e em indivíduos-controle. Eles receberam infusão intravenosa de glicose; a taxa de infusão foi variada de modo a manter uma concentração plasmática constante de glicose de 10 mmol/L. As suas concentrações plasmáticas de glicose e insulina foram medidas antes e 60 minutos após a infusão de glicose; os resultados estão apresentados na **Tabela 58-18**.

O que você pode concluir a partir dessa informação sobre o possível papel da glicocinase nas células β do pâncreas?

Você é capaz de deduzir de que maneira as células β do pâncreas percebem aumento na glicose plasmática e sinalizam a secreção de insulina?

TABELA 58-18 Concentrações plasmáticas de glicose e insulina antes e 60 minutos após a infusão de glicose

	Glicose plasmática (mmol/L)		Insulina (mUI/L)	
	Pacientes com MODY	Indivíduos-controle	Pacientes com MODY	Indivíduos-controle
Jejum	7,0 ± 0,4	5,1 ± 0,3	5 ± 2	6 ± 2
60 min após a infusão de glicose	Mantida a 10 mmol/L pela variação da taxa de infusão		12 ± 7	40 ± 11

Fonte: Dados relatados por Froguel P, et al: N Engl J Med 1993;328:697-702.

Questões para estudo

Seção XI – Tópicos especiais (C)

1. Qual das seguintes afirmativas sobre as vias da coagulação sanguínea é INCORRETA?
   A. Os componentes do complexo Xase (tenase) extrínseco são o fator VIIa, o fator tecidual, Ca^{2+} e o fato X.
   B. Os componentes do complexo Xase (tenase) intrínseco são os fatores IXa e VIIIa, Ca^{2+} e o fator X.
   C. Os componentes do complexo de protrombinase são os fatores Xa e Va, Ca^{2+} e o fator II (protrombina).
   D. Os complexos Xase extrínseco e intrínseco e o complexo de protrombinase exigem a presença do procoagulante aniônico fosfatidilserina na lipoproteína de baixa densidade (LDL) para a sua montagem.
   E. A fibrina formada pela clivagem do fibrinogênio pela trombina sofre ligação cruzada covalente pela ação do fator XIIIa, que, por sua vez, é formado pela ação da trombina sobre o fator XIII.

2. Em qual dos seguintes fatores da coagulação um paciente em uso de varfarina para tratamento de distúrbio trombótico apresenta uma redução dos resíduos de Gla (γ-carboxiglutamato)?
   A. Fator tecidual.
   B. Fator XI.
   C. Fator V.
   D. Fator II (protrombina).
   E. Fibrinogênio.

3. Um homem de 65 anos de idade sofre infarto do miocárdio e recebe um ativador do plasminogênio tecidual nas primeiras 6 horas após a ocorrência da trombose. Qual dos seguintes resultados é pretendido?
   A. Impedir a ativação da via extrínseca da coagulação.
   B. Inibir a trombina.
   C. Aumentar a degradação dos fatores VIIIa e Va.
   D. Aumentar a fibrinólise.
   E. Inibir a agregação plaquetária.

4. Qual das seguintes afirmativas sobre a ativação das plaquetas na hemostasia e trombose é INCORRETA?
   A. As plaquetas aderem diretamente ao colágeno subendotelial por meio da GPIa-IIa e GPVI, enquanto a ligação de GPIb-IX-V é mediada pelo fator de von Willebrand.
   B. O agente de agregação, o tromboxano A_2, é formado a partir do ácido araquidônico, que é liberado dos fosfolipídeos da membrana plaquetária pela ação da fosfolipase A_2.
   C. O agente de agregação ADP é liberado dos grânulos densos das plaquetas ativadas.
   D. O agente de agregação trombina ativa a fosfolipase intracelular Cβ que forma as moléculas efetoras internas de 1,2-diacilglicerol e 1,4,5-inositol-trifosfato a partir do fosfolipídeo de membrana, o fosfatidilinositol-4,5-bisfosfato.
   E. Os receptores de ADP, o receptor de tromboxano A_2, os receptores PAR-1 e PAR-4 de trombina e o receptor GPIIb-IIIa de fibrinogênio são todos exemplos de receptores acoplados à proteína G.

5. Uma adolescente de 15 anos de idade chegou à clínica com contusões nos membros inferiores. Qual das seguintes alternativas tem *menos probabilidade* de explicar os sinais de sangramento exibidos por essa pessoa?
   A. Hemofilia A.
   B. Doença de von Willebrand.
   C. Baixa contagem de plaquetas.
   D. Ingestão de ácido acetilsalicílico.
   E. Distúrbio plaquetário com ausência de grânulos de armazenamento.

6. Em relação à carcinogênese química, selecione a afirmativa FALSA:
   A. Aproximadamente 80% dos cânceres humanos podem resultar de fatores ambientais.
   B. Em geral, os carcinógenos químicos interagem de modo não covalente com o DNA.
   C. Algumas substâncias químicas são convertidas em carcinógenos por enzimas, habitualmente espécies do citocromo P450.
   D. A maioria dos carcinógenos finais consiste em substâncias eletrofílicas que atacam grupos nucleofílicos no DNA.
   E. O ensaio de Ames é um teste útil para o rastreamento de substâncias químicas quanto à mutagenicidade; entretanto, é necessária a realização de testes em animais para mostrar que determinada substância química é carcinogênica.

7. Em relação à carcinogênese viral, selecione a afirmativa FALSA:
   A. Aproximadamente 15% dos cânceres humanos podem ser causados por vírus.
   B. Apenas os vírus de RNA são conhecidos como carcinógenos.
   C. Os vírus de RNA que causam tumores ou que estão associados a eles incluem o vírus da hepatite C.
   D. Os retrovírus possuem transcriptase reversa, que copia o RNA para DNA.
   E. Os vírus tumorais atuam por meio de desregulação do ciclo celular, inibição da apoptose e interferência nos processos normais de sinalização celular.

8. Em relação aos oncogenes e aos genes supressores de tumor, selecione a afirmativa FALSA:
   A. Ambas as cópias de um gene supressor de tumor precisam sofrer mutação para que o seu produto perca a atividade.
   B. A mutação de um oncogene ocorre em células somáticas e não é herdada.
   C. O produto de um oncogene apresenta um ganho de função que sinaliza a divisão celular.
   D. *RB* e *P53* são genes supressores de tumor; *MYC* e *RAS* são oncogenes.
   E. A mutação de um gene supressor de tumor ou de um oncogene é considerada suficiente para causar câncer.

9. Em relação aos fatores de crescimento, selecione a afirmativa FALSA:
   A. Incluem um grande número de polipeptídeos, cuja maioria estimula o crescimento celular.
   B. Os fatores de crescimento podem atuar de maneira endócrina, parácrina ou autócrina.
   C. Determinados fatores de crescimento, como o TGF-β, podem atuar de modo a inibir o crescimento.
   D. Alguns receptores para fatores de crescimento apresentam atividade de tirosina-cinase; ocorrem mutações desses receptores em células cancerosas.
   E. O PDGF estimula a fosfolipase A_2, que hidrolisa PIP_2 para formar DAG e IP_3, os quais são segundos mensageiros.

10. Em relação ao ciclo celular, selecione a afirmativa FALSA:
    A. As células que transitam pelo ciclo celular podem permanecer em qualquer uma das cinco fases do ciclo celular (i.e., G_1, G_0, S, G_2 e M).
    B. As células cancerosas habitualmente apresentam um tempo de geração mais curto do que as células normais, e um número menor encontra-se na fase G_0.
    C. Foi relatada uma variedade de mutações nas ciclinas e CDKs em células cancerosas.
    D. O RB é um regulador do ciclo celular, onde se liga ao fator de transcrição E2F, possibilitando, assim, a progressão da célula da fase G_1 para a fase S.
    E. Quando ocorre dano ao DNA, a quantidade de p53 aumenta e ativa a transcrição de genes que retardam o trânsito pelo ciclo.

11. Em relação aos cromossomos e à instabilidade genômica, selecione a afirmativa FALSA:
    A. As células cancerosas podem apresentar um fenótipo mutante, o que significa que elas exibem mutações em genes que afetam a replicação e o reparo do DNA, a segregação cromossômica, a vigilância dos danos ao DNA e a apoptose.
    B. A instabilidade cromossômica refere-se ao ganho ou à perda de cromossomos causada por anormalidades na segregação dos cromossomos durante a mitose.
    C. A instabilidade de microssatélites envolve a expansão ou a contração de microssatélites, devido a anormalidades no reparo de excisão de nucleotídeos.
    D. A aneuploidia (quando o número de cromossomos de uma célula não é múltiplo do número haploide) constitui uma característica comum das células tumorais.
    E. As anormalidades na coesão dos cromossomos e na ligação do cinetocoro-microtúbulo podem contribuir para a instabilidade cromossômica e a aneuploidia.

12. Selecione a afirmativa FALSA:
    A. A atividade da telomerase frequentemente está elevada nas células cancerosas.
    B. Vários tipos de câncer apresentam uma forte predisposição ou suscetibilidade hereditária; incluem a síndrome de Li-Fraumeni e o retinoblastoma.
    C. Os produtos de *BRCA1* e *BRCA2* (responsáveis pelo câncer de mama hereditário dos tipos I e II) parecem estar envolvidos no reparo do DNA.
    D. As células tumorais habitualmente apresentam uma taxa elevada de glicólise anerôbia; isso pode ser parcialmente explicado pela presença, em muitas células tumorais, da isoenzima PK-2, que está associada a uma menor produção de ATP e, possivelmente, à utilização aumentada de metabólitos para produzir a biomassa.
    E. O dicloroacetato, um composto que exibe alguma atividade antineoplásica, inibe a piruvato-carboxilase e, portanto, desvia o piruvato da glicólise.

13. Selecione a afirmativa FALSA:
    A. O sequenciamento do genoma completo e do exoma está revelando novas informações importantes sobre o número e os tipos de mutações em células cancerosas.
    B. Anormalidades dos mecanismos epigenéticos, como a desmetilação de resíduos de citosina, a modificação anormal de histonas e o remodelamento aberrante da cromatina, estão sendo cada vez mais detectadas em células cancerosas.
    C. A persistência de células-tronco cancerosas (que, com frequência, estão relativamente dormentes e apresentam sistemas de reparo do DNA ativos) pode ajudar a explicar algumas das deficiências da quimioterapia.
    D. A angiogenina é um inibidor da angiogênese.
    E. A inflamação crônica, possivelmente como resultado da produção aumentada de espécies reativas de oxigênio, predispõe ao desenvolvimento de certos tipos de câncer.

14. Em relação à apoptose, selecione uma afirmativa FALSA:
    A. A apoptose pode ser iniciada pela interação de certos ligantes com receptores específicos na superfície da célula.
    B. O estresse celular e outros fatores ativam a via mitocondrial da apoptose; a liberação do citocromo P450 no citoplasma constitui um importante evento nessa via.
    C. Um padrão distinto de fragmentos de DNA é encontrado nas células apoptóticas; é causado pela DNase ativada por caspase.
    D. A caspase-3 digere proteínas celulares, como a lamina, certas proteínas do citoesqueleto e diversas enzimas, levando à morte celular.
    E. As células cancerosas possuem várias mutações adquiridas, que permitem a sua evasão da apoptose, prolongando a sua existência.

15. Selecione a afirmativa FALSA:
    A. As proteínas envolvidas na adesão celular incluem caderinas, integrinas e selectinas.
    B. Quantidades diminuídas de E-caderina na superfície das células cancerosas podem ajudar a explicar a menor adesividade demonstrada pelas células tumorais.
    C. O aumento de atividade da GlcNac-transferase V nas células cancerosas pode levar a uma alteração na rede de glicanos na superfície celular, predispondo, talvez, à sua disseminação.
    D. As células cancerosas secretam metaloproteinases, que degradam proteínas na MEC e facilitam a sua disseminação.
    E. Todas as células tumorais possuem capacidade genética de colonizar.

16. O número de enzimas dedicadas ao reparo de lesões hidrolíticas, oxidativas e fotoquímicas aos polinucleotídeos, como o DNA, é muito maior do que o número dedicado ao reparo de proteínas danificadas. Identifique a afirmativa que está INCONSISTENTE com essa observação:
    A. Os polinucleotídeos absorvem a luz ultravioleta mais eficientemente do que as proteínas.
    B. As proteínas contêm enxofre, um elemento suscetível à oxidação.
    C. Em geral, a renovação das proteínas é mais frequente que a do DNA.
    D. As mutações em um gene estrutural têm o potencial de alterar as proteínas que codificam, bem como o próprio DNA.
    E. Se não forem corrigidas, as mutações genômicas são transmitidas para gerações sucessivas.

17. Qual das seguintes afirmativas NÃO é uma característica da hipótese mitocondrial de envelhecimento?
    A. As espécies reativas de oxigênio são geradas como subproduto da cadeia de transporte de elétrons.
    B. As mitocôndrias carecem da capacidade de reparo do DNA danificado.
    C. Muitos dos complexos na cadeia de transporte de elétrons são construídos a partir de uma mistura de subunidades codificadas pelo núcleo e pelas mitocôndrias.
    D. As mitocôndrias danificadas formam agregados resistentes à protease.
    E. As mitocôndrias danificadas podem desencadear a apoptose – isto é, morte celular programada.

18. Qual das seguintes alternativas NÃO é um componente do conjunto de agentes de reparo e prevenção de danos da célula?
    A. Superóxido-dismutase.
    B. Glutationa.
    C. Isoaspartil-metiltransferase.
    D. Catalase.
    E. Caspase-7.

19. Selecione uma das seguintes afirmativas que descreve um aspecto da teoria metabólica do envelhecimento:
    A. Os níveis plasmáticos elevados de glicose promovem a formação de agregados proteicos com ligações cruzadas.
    B. O dano causado por EROs é multiplicado pela tendência dos radicais de oxigênio a se multiplicarem por reações em cadeia.
    C. As dietas com restrição calórica promovem uma atividade metabólica menor e mais eficiente.
    D. O fluxo sanguíneo para o músculo cardíaco torna-se restrito ao longo do tempo, devido à formação de placas arteriais induzidas pelo colesterol.
    E. A atividade física vigorosa correlaciona-se com a perda de células-tronco.

20. Selecione a alternativa INCORRETA:
    A. Os telômeros impedem a recombinação genética pelo capeamento das extremidades das moléculas lineares de DNA.
    B. Os genes do envelhecimento podem ser distinguidos pelo seu impacto sobre o tempo de vida de um organismo.
    C. O tempo de vida curto de *Caenorhabditis elegans* o torna um modelo atraente de organismo para o estudo do envelhecimento.
    D. O encurtamento dos telômeros é uma consequência da natureza descontínua do processo pelo qual a "fita tardia" é sintetizada durante a replicação dos cromossomos.
    E. A atividade da telomerase apresenta-se elevada em células-tronco e em muitas células cancerosas.

Banco de respostas

Seção I – Estruturas e funções de proteínas e enzimas

1. **B.**
2. **D.**
3. A noção de que a fermentação exigia a presença de células intactas foi refutada pela descoberta de que um extrato de levedura livre de células era capaz de converter o açúcar em etanol e dióxido de carbono. Essa descoberta levou à identificação dos intermediários, das enzimas e dos cofatores envolvidos na fermentação e na glicólise.
4. A fermentação era interrompida com o passar do tempo, porém recomeçava quando se acrescentava ortofosfato inorgânico. Essa observação levou ao isolamento de intermediários fosforilados. Outros experimentos, que utilizaram extratos de levedura aquecidos, levaram à descoberta de ATP, ADP e NAD.
5. As preparações utilizadas para a identificação de metabólitos e enzimas incluem fígado perfundido, fatias de tecido hepático e homogeneizados de tecidos fracionados por centrifugação.
6. O ^{14}C, o ^{3}H e o ^{32}P radioativos facilitaram o isolamento de intermediários do metabolismo de carboidratos, lipídeos, nucleotídeos e aminoácidos e permitiram detectar as relações dos produtos precursores entre intermediários.
7. A ideia proposta por Garrod de que a alcaptonúria, o albinismo, a cistinúria e a pentosúria resultavam de "erros inatos do metabolismo" levou ao desenvolvimento do campo da genética bioquímica.
8. O controle da biossíntese do colesterol ilustra a ligação entre a bioquímica e a genética. Os receptores de superfície celular internalizam o colesterol plasmático, que então regula a biossíntese do próprio colesterol. A presença de receptores defeituosos resulta em hipercolesterolemia extrema.
9. Os organismos-modelo de maior importância incluem leveduras, mixomicetos, a mosca-da-fruta e um pequeno nematódeo, os quais apresentam um curto tempo de geração e facilidade de sofrer mutações.
10. **D.** Os hidrocarbonetos são insolúveis em água.
11. **A.** A fenilalanina, a tirosina e o triptofano são os únicos aminoácidos de proteínas que absorvem luz em 280 nm.
12. **D.** Quando presente em solução em um pH igual ao valor de seu pK_a, apenas metade das moléculas de um ácido fraco monofuncional (p. ex., íon amônio ou ácido acético) apresenta carga elétrica. A mobilidade máxima ocorrerá em um pH de 3 unidades ou mais abaixo do valor de pK_a para o íon amônio, ou em um pH de 3 unidades ou mais acima do valor de pK_a para o ácido acético.
13. **C.** Em seu pI, um aminoácido contém um número igual de cargas positivas e negativas, porém não apresenta nenhuma carga geral *líquida*.
14. **C.** A técnica de Edman envolve a derivação e a remoção sucessivas de resíduos N-terminais.
15. A autoassociação em ambiente aquoso na forma de uma grande gotícula reduz a área da superfície em contato com a água e, portanto, o número de moléculas de água cujos graus de liberdade rotacional são restritos.
16. As bases e os ácidos fortes dissociam-se essencialmente por completo na água, como o NaOH em Na^+ e OH^-. Em contrapartida, um ácido fraco, como o ácido pirúvico, dissocia-se apenas parcialmente em solução.
17. **E.** A espectrometria de massa em *tandem* pode separar misturas complexas de peptídeos.
18. **E.** Muitas proteínas sofrem processamento pós-traducional, como a insulina, que é sintetizada como um único polipeptídeo, e cuja proteólise posterior a converte em duas cadeias de polipeptídeos ligadas por ligações dissulfeto.
19. pI é o pH em que uma molécula não apresenta carga *líquida*. Neste exemplo, o pI é um pH a meia distância entre os terceiro e quarto valores de pK_a: $pI = (6,3 + 7,7)/2 = 7,0$. À medida que se ajusta o pH de ácido para básico, a carga líquida muda sucessivamente da seguinte maneira: +3, +2, +1, 0, −1, −2, −3.
20. Todos os aminoácidos proteicos são *essenciais*, visto que todos são necessários para a síntese de proteínas, enquanto os aminoácidos "nutricionalmente essenciais" (10 para os seres humanos) são os que o organismo não consegue sintetizar. Muitas vitaminas são "essenciais na dieta", porém a vitamina C é *essencial na dieta* apenas para os seres humanos, o bagre e alguns outros organismos.
21. **D.** As matrizes genéticas, também denominadas *chips* de DNA ou arranjos de DNA, contêm múltiplas sondas de DNA com diferentes sequências ligadas a locais conhecidos em um suporte sólido. A hibridização de sondas complementares de DNA ou de RNA em locais específicos fornece informações sobre a sua composição de ácidos nucleicos.
22. **D.** Uma interação de ligação de hidrogênio envolve o resíduo da quarta posição ao longo da hélice.
23. **E.** Os príons não contêm ácidos nucleicos e são constituídos exclusivamente de proteínas. Por conseguinte, as doenças causadas por príons são transmitidas apenas por meio de proteína, sem a participação de DNA ou RNA.
24. Diferentemente do pK_2 (6,82) do ácido fosfórico, os outros dois grupos do ácido fosfórico que se dissociam não podem servir como tampões efetivos no pH fisiológico, visto que se encontram totalmente dissociados ou predominantemente protonados em pH 7.
25. A: Grupos carboxila (pK_1 a pK_3) e grupos amino (pK_4 a pK_7)
    B: Menos um.
    C: Mais 0,5.
    D: Na direção do cátodo.
26. Para atuar como tampão efetivo, um composto deve ter um pK_a que deve ter menos que 0,5 unidade de pH removida do pH desejado e também deve estar presente em quantidade suficiente.
27. A carboxilação de um resíduo glutamil forma γ-carboxiglutamato, um potente agente quelante de Ca^{++} que é necessário para a coagulação do sangue e a dissolução do coágulo. A 4-hidroxiprolina e a 5-hidroxilisina estão presentes em várias proteínas estruturais.
28. (a) O cobre é um grupo prostético essencial da amina-oxidase, responsável pela conversão da lisina em hidroxilisina que participa da formação de ligações cruzadas covalentes que proporcionam força ao colágeno.
    (b) O ácido ascórbico é essencial para a enzima prolina-hidroxilase, que converte a prolina em hidroxiprolina, a qual fornece ligações de hidrogênio entre as cadeias que estabilizam a tripla-hélice do colágeno.
29. Sequências de sinalização são utilizadas para marcar proteínas para localizações subcelulares específicas na célula ou para secreção a partir da célula.

Seção II – Enzimas: cinética, mecanismo, regulação e função dos metais de transição

1. A anidrase carbônica catalisa a hidratação do dióxido de carbono para formar ácido carbônico. Por sua vez, uma parte desse ácido fraco dissocia-se para produzir bicarbonato e um próton. À medida que a concentração de dióxido de carbono cai, o ácido carbônico decompõe-se em dióxido de carbono e água. Para compensar a perda de ácido carbônico, o bicarbonato e prótons recombinam-se

para restaurar o equilíbrio, levando a uma queda líquida da [H⁺] e a um aumento do pH.

2. **D.**
3. **E.**
4. **B.**
5. **A.**
6. **E.**
7. **B.**
8. **C.**
9. **A.**
10. **D.**
11. **E.**
12. **B.**
13. **B.**
14. **C.**
15. **D.**
16. **A.**
17. **B.**
18. **D.**
19. **A.**

Seção III – Bioenergética

1. **A.** Uma reação com ΔG negativa é exergônica; ela ocorre espontaneamente, e ocorre liberação de energia livre.
2. **E.** Em uma reação exergônica, o valor de ΔG é negativo e, em uma reação endergônica, é positivo. Quando ΔG é zero, a reação está em equilíbrio.
3. **B.** Quando os reagentes estão presentes em concentrações de 1 mol/L, ΔG^0 é a variação-padrão de energia livre. Para reações bioquímicas, o pH (7) também é definido e este é $\Delta G^{0\prime}$.
4. **D.** O ATP contém duas ligações fosfato de alta energia e a sua presença é necessária para impulsionar reações endergônicas. Ele não é armazenado no corpo, e sua síntese é bloqueada na presença de desacopladores.
5. **A.** O citocromo c reduzido é oxidado pela citocromo c-oxidase (complexo IV da cadeia respiratória), com redução concomitante do oxigênio molecular a duas moléculas de água.
6. **E.** A citocromo oxidase não é uma desidrogenase, embora todos os outros citocromos sejam classificados dessa maneira.
7. **B.** Embora os citocromos p450 estejam localizados principalmente no retículo endoplasmático, eles são encontrados nas mitocôndrias de alguns tecidos.
8. **D.** A oxidação de uma molécula de NADH pela cadeia respiratória gera 2,5 moléculas de ATP no total. Uma delas é formada por meio do complexo I, a segunda, por meio do complexo II, e o restante, isto é, 0,5, pelo complexo IV.
9. **C.** Há formação de 1,5 molécula de ATP no total quando o $FADH_2$ é oxidado, 1 molécula, por meio do complexo II, e 0,5, pelo complexo IV.
10. **E.** A oligomicina bloqueia a oxidação e a síntese de ATP na medida em que evita o fluxo de elétrons para a matriz mitocondrial por meio da ATP-sintase.
11. **A.** Os desacopladores permitem que os elétrons entrem novamente na matriz mitocondrial sem passar pela ATP-sintase.
12. **E.** Na presença de um desacoplador, a energia liberada como fluxo de elétrons para a matriz mitocondrial não é capturada como ATP e é dissipada na forma de calor.
13. **C.** A termogenina é um desacoplador fisiológico encontrado no tecido adiposo marrom. Sua função consiste em gerar calor corporal.
14. **D.** Três moléculas de ATP são geradas para cada revolução da molécula de ATP-sintase.
15. **B.** A diferença de potencial eletroquímico através da membrana mitocondrial interna provocada pelo transporte de elétrons deve ser negativa do lado da matriz, de modo que os prótons sejam forçados a entrar novamente por meio da ATP-sintase para descarregar o gradiente.

Seção IV – Metabolismo dos carboidratos

1. **B.**
2. **B.**
3. **A.**
4. **D.**
5. **C.**
6. **C.**
7. **E.**
8. **B.**
9. **B.**
10. **E.**
11. **C.**
12. **D.**
13. **D.**
14. **D.**
15. **D.**
16. **E.**
17. **E.**
18. **C.**
19. **C.**
20. **C.**
21. **D.**
22. **A.**
23. **B.**
24. **C.**
25. **D.**
26. **E.**
27. **A.**
28. **B.**

Seção V – Metabolismo dos lipídeos

1. **D.**
2. **D.**
3. **A.** Os gangliosídeos são derivados da glicosilceramida.
4. **C.** A, B, D e E são classificados como antioxidantes preventivos, visto que atuam reduzindo a taxa de iniciação da cadeia.
5. **D.**
6. **B.**
7. **D.** Os ácidos graxos de cadeia longa são ativados pelo seu acoplamento à CoA, porém a acil-CoA de ácido graxo não consegue atravessar a membrana mitocondrial interna. Após a transferência do grupo acil da CoA para a carnitina pela carnitina-palmitoil-transferase (CPT)-I, a acilcarnitina é transportada através da membrana pela carnitina-acilcarnitina-translocase em troca de uma carnitina. No interior da matriz, a CPT-II transfere o grupo acil de volta para a CoA e a carnitina é levada de volta para o espaço intermembrana pela enzima translocase.
8. **E.** A degradação do ácido palmítico (C16) requer 7 ciclos de β-oxidação, produzindo, cada um deles, 1 molécula de $FADH_2$ e 1 molécula de NADH, e resulta na formação de 8 moléculas de acetil-CoA de 2C.
9. **B.** Quando a ação da carnitina-palmitoil-transferase-I é inibida pela malonil-CoA, os grupos acil de ácido graxo não são capazes de entrar na matriz da mitocôndria, onde a sua decomposição ocorre por β-oxidação.
10. **C.** Os seres humanos (e a maioria dos mamíferos) não apresentam enzimas capazes de introduzir uma ligação dupla nos ácidos graxos além do Δ9.
11. **D.** A inibição do transportador de ácido tricarboxílico provoca redução dos níveis de citrato no citosol e favorece a inativação da enzima.
12. **A.**
13. **C.**
14. **E.**
15. **E.** O glucagon é liberado quando os níveis de glicemia estão baixos. Nessa situação, os ácidos graxos são degradados para produzir energia, e a síntese de ácidos graxos é inibida.
16. **E.** O glucagon, o ACTH, a epinefrina e a vasopressina promovem a ativação da enzima.
17. **B.**
18. **D.**
19. **A.** Os quilomícrons são lipoproteínas ricas em triacilgliceróis, que são sintetizados na mucosa intestinal utilizando gorduras da dieta e secretados na linfa.
20. **E.** A VLDL é sintetizada e secretada pelo fígado, e tecido adiposo e o músculo capturam os ácidos graxos liberados pela ação da lipoproteína-lipase.
21. **D.** A lipoproteína de densidade muito baixa secretada pelo fígado é convertida em lipoproteína de densidade intermediária e, então, em lipoproteína de baixa densidade (LDL) pela ação de lipases e pela transferência de colesterol e proteínas a partir da lipoproteína de alta densidade. A LDL fornece colesterol aos tecidos extra-hepáticos e também é removida pelo fígado.
22. **A.** Os quilomícrons são sintetizados no intestino e secretados na linfa após uma refeição gordurosa.
23. **E.** Os quilomícrons e seus remanescentes são depurados da circulação rapidamente após uma refeição, e, em seguida, a secreção de lipoproteína de densidade muito baixa pelo fígado aumenta. Os corpos cetônicos e os ácidos graxos não esterificados estão elevados no estado de jejum.
24. **C.** Quando o éster de colesteril é transferido da HDL para outras lipoproteínas pela ação da CETP, ele é, em última análise, levado ao fígado na forma de VLDL, IDL ou LDL.

25. **D.** Os quilomícrons são metabolizados pela lipoproteína-lipase quando ligados à superfície das células endoteliais. Esse processo libera ácidos graxos do triacilglicerol, que são então capturados pelos tecidos. As partículas de remanescentes de quilomícrons menores enriquecidas com colesterol são liberadas na circulação e depuradas pelo fígado.
26. **C.** O colesterol é sintetizado no retículo endoplasmático a partir de acetil-CoA. A etapa limitadora de velocidade é a formação do mevalonato a partir de 3-hidroxi-3-metilglutaril-CoA pela HMG-CoA-redutase, e o lanosterol é o primeiro intermediário cíclico.
27. **C.**
28. **C.** Os ácidos biliares secundários são produzidos pela modificação dos ácidos biliares primários no intestino.
29. **B.** Se o receptor de LDL for defeituoso, a LDL não é removida do sangue, provocando hipercolesterolemia grave.
30. **A.** A PCSK9 regula a reciclagem de receptores de LDL para a superfície celular após a ocorrência de endocitose. Portanto, a inibição da atividade de PCSK9 aumenta o número de moléculas receptoras de LDL na superfície celular, levando a uma maior velocidade de depuração e a níveis sanguíneos de colesterol mais baixos.

Seção VI – Metabolismo das proteínas e dos aminoácidos

1. **D.** A fenilalanina-hidroxilase catalisa uma reação funcionalmente irreversível e, portanto, não pode converter a tirosina em fenilalanina.
2. **E.** A histamina é um catabólito, e não um precursor, da histidina.
3. **B.** A inserção de selenocisteína em um peptídeo ocorre durante, e não após, a tradução.
4. **C.** A transaminação dependente de piridoxal é a primeira reação na degradação de todos os aminoácidos comuns, exceto treonina, lisina, prolina e hidroxiprolina.
5. **B.** Glutamina.
6. **C.** O esqueleto de carbono da alanina é o que mais contribui para a gliconeogênese hepática.
7. **B.** O ATP e a ubiquitina participam da degradação de proteínas não associadas à membrana e de proteínas com meias-vidas *curtas*.
8. **C.** Em função da incapacidade de incorporar NH_4^+ na ureia, os sinais clínicos de distúrbios metabólicos do ciclo da ureia incluem *alcalose*, e não acidose.
9. **E.** A fumarase *citosólica* e a malato-desidrogenase *citosólica* convertem o fumarato em oxalacetato após uma reação *citosólica* do ciclo da ureia. A fumarase *mitocondrial* e a malato-desidrogenase funcionam no ciclo do TCA, e não na biossíntese da ureia.
10. **A.** A serina, e não a treonina, fornece a porção tioetanol da coenzima A.
11. **E.** A descarboxilação do *glutamato*, e não da *glutamina*, forma GABA.
12. A 5-hidroxilisina e o γ-carboxiglutamato representam exemplos de modificação pós-traducional de resíduos de peptidil-lisil e peptidil-glutamil, respectivamente. Em contrapartida, a selenocisteína é incorporada em proteínas de modo cotraducional, da mesma maneira que os 20 aminoácidos comuns de proteínas. O processo é complexo e envolve o tRNA incomum denominado tRNA^{sec}.
13. A biossíntese dos aminoácidos que são essenciais na dieta de seres humanos requer múltiplas reações. Como as dietas humanas normalmente contêm quantidades adequadas desses aminoácidos, a perda dos genes que podem codificar essas enzimas "desnecessárias" e a ausência da necessidade de gastar a energia necessária para copiá-las fornecem uma vantagem evolutiva.
14. Como a glutamato-desidrogenase desempenha múltiplos papéis centrais no metabolismo, a sua ausência completa seria inquestionavelmente fatal.
15. **E.** A albumina não é uma hemoproteína. Em casos de anemia hemolítica, a albumina pode ligar-se a algum meta-heme; entretanto, diferentemente das outras proteínas listadas, a albumina não é uma hemoproteína.
16. **A.** A porfiria intermitente aguda deve-se a mutações no gene da uroporfirina-I-sintase.
17. **A.** A bilirrubina é um tetrapirrol *linear*.
18. **D.** A icterícia grave, a dor na parte superior do abdome e a perda de peso, juntamente com os resultados laboratoriais que indicam um tipo obstrutivo de icterícia, são consistentes com o câncer de pâncreas.
19. O ensaio explora a diferente solubilidade em água das bilirrubinas conjugada e não conjugada. Dois ensaios são realizados, um na ausência e outro na presença de um solvente orgânico, normalmente metanol. Os grupos altamente polares de ácido glicurônico da bilirrubina conjugada conferem solubilidade em água, que assegura que ela irá reagir com o reagente colorimétrico mesmo na ausência de qualquer solvente orgânico adicionado. Dados de um ensaio realizado na *ausência* de metanol, denominado "bilirrubina direta", é o glicuronídeo de bilirrubina. Outro ensaio, realizado na *presença* de metanol adicionado, mede a bilirrubina *total*, isto é, tanto a bilirrubina conjugada quanto a não conjugada. A *diferença* entre a bilirrubina total e a bilirrubina direta, denominada "bilirrubina indireta", é a bilirrubina *não conjugada*.
20. A biossíntese do heme a partir da succinil-CoA e da glicina ocorre apenas quando a disponibilidade de ferro livre sinaliza o potencial para a síntese do heme. A regulação tem como alvo a primeira enzima da via metabólica, a δ-aminolevulinato-sintase (ALA-sintase), em vez de uma reação subsequente. Isso conserva a energia ao evitar o desperdício de um tioéster da coenzima A.

Seção VII – Estrutura, função e replicação de macromoléculas informacionais

1. **D.** O β,γ-metileno e o β,γ-imino de purina e pirimidina trifosfatos não liberam prontamente o fosfato terminal por hidrólise ou por transferência de grupo fosforil.
2. **D.**
3. **E.** A pseudouridina é excretada de modo inalterado na urina humana. Sua presença na urina não é indicativa de patologia.
4. **A.** Os distúrbios metabólicos estão raramente associados a defeitos no catabolismo das pirimidinas, que formam produtos hidrossolúveis.

5. **B.**	21. **C.**	37. **C.**	53. **D.**
6. **D.**	22. **A.**	38. **E.**	54. **A.**
7. **B.**	23. **C.**	39. **D.**	55. **E.**
8. **C.**	24. **A.**	40. **D.**	56. **A.**
9. **C.**	25. **E.**	41. **B.**	57. **E.**
10. **D.**	26. **B.**	42. **A.**	58. **C.**
11. **E.**	27. **A.**	43. **A.**	59. **A.**
12. **B.**	28. **E.**	44. **E.**	60. **D.**
13. **D.**	29. **C.**	45. **C.**	61. **D.**
14. **D.**	30. **A.**	46. **A.**	62. **E.**
15. **E.**	31. **A.**	47. **C.**	63. **A.**
16. **A.**	32. **C.**	48. **D.**	64. **C.**
17. **C.**	33. **D.**	49. **C.**	65. **C.**
18. **B.**	34. **E.**	50. **B.**	66. **E.**
19. **D.**	35. **C.**	51. **E.**	67. **D.**
20. **B.**	36. **B.**	52. **C.**	

Seção VIII – Bioquímica da comunicação extracelular e intracelular

1. **B.** Glicolipídeos estão localizados na camada externa da membrana plasmática.

2. **A.** As alfa-hélices são os principais constituintes das proteínas de membrana.
3. **E.** A insulina também aumenta a captação de glicose no músculo.
4. **A.** Sua ação mantém a alta concentração intracelular de potássio em comparação com a do sódio.
5. **D.**
6. **B.**
7. **C.**
8. **B.**
9. **D.**
10. **A.**
11. **E.**
12. **B.**
13. **D.**
14. **E.**
15. **B.**
16. **C.**
17. **A.**
18. **C.**
19. **A.**
20. **B.**
21. **D.**
22. **A.**

Seção IX – Tópicos especiais (A)

1. **A.**
2. **E.**
3. **C.**
4. **D.**
5. **E.**
6. **D.**
7. **C.**
8. **B.**
9. **D.**
10. **E.**
11. **C.**
12. **B.**
13. **C.**
14. **D.**
15. **B.**
16. **A.**
17. **B.**
18. **C.**
19. **E.**
20. **D.**
21. **E.**
22. **A.**
23. **C.**
24. **C.**
25. **A.**
26. **E.**
27. **A.**
28. **A.**
29. **A.**
30. **C.**
31. **E.**
32. **A.**
33. **B.**
34. **A.**
35. **B.**
36. **C.**
37. **D.**
38. **E.**
39. **E.**
40. **A.**
41. **D.**
42. **C.**
43. **B.**
44. **E.**
45. **C.**
46. **B.**
47. **B.**
48. **B.**
49. **B.**
50. **C.**
51. **D.**
52. **C.**
53. **A.**
54. **A.**
55. **A.**
56. **E.**
57. **A.**

Seção X – Tópicos especiais (B)

1. No interior do corpo, a hidrólise da nitroglicerina libera íons nitrato, que podem ser reduzidos pela aldeído-desidrogenase mitocondrial para produzir óxido nítrico (NO), um potente vasodilatador.
2. O ciclo contrátil do músculo cardíaco é controlado por oscilações nos níveis de Ca^{2+} citosólico. Se a recaptação de Ca^{2+} pelo retículo sarcoplasmático for retardada o suficiente por uma deficiência na atividade da SERCA2a, os miócitos cardíacos não serão capazes de remover esse segundo mensageiro do seu citoplasma antes do início do próximo ciclo de excitação. A persistência de altos níveis basais de Ca^{2+} citosólico levará tanto à redução na amplitude do ciclo contrátil quanto ao progressivo desacoplamento do ciclo de excitação-contração.
3. **A.**
4. **A.**
5. **B.**
6. **B.**
7. **E.**
8. **D.**
9. **E.**
10. A haptoglobina liga-se à hemoglobina extracorpuscular, formando um complexo grande demais para passar pelo glomérulo e alcançar os túbulos renais.
11. A produção de novos anticorpos com propriedades únicas de ligação a antígenos depende da recombinação e da mutação do DNA que codifica as regiões hipervariáveis das cadeias leves e pesadas das imunoglobulinas. A citidina-desaminase introduz mutações genéticas ao catalisar a hidrólise das bases de citosina presentes no DNA, transformando-as em uracila.
12. **B.**
13. **C.**
14. **C.**
15. **B.**
16. **E.**
17. **E.**
18. As hemácias deficientes em glicose-6-fosfato-desidrogenase são consideradas extremamente vulneráveis à destruição por espécies reativas de oxigênio que resultam da falta de glutationa reduzida, um agente importante para a proteção contra o estresse oxidativo. Isso é uma consequência da sua dependência dessa enzima para produzir um suprimento abundante de NADPH utilizado pela glutationa-redutase.
19. **E.**
20. **C.**
21. **D.**
22. **A.**
23. **D.**
24. **D.**
25. **B.**
26. **A.**
27. **E.** As importinas estão envolvidas na importação de proteínas para o núcleo.
28. **B.** Sabe-se que ocorre translocação pós-traducional de algumas proteínas de mamíferos.
29. **C.** A ubiquitina marca proteínas para degradação por proteossomos.
30. **E.** A furina converte a pró-albumina em albumina.
31. **C.** O NSF é uma ATPase.
32. **D.** As ligações cruzadas constituem uma importante característica da estrutura do colágeno.
33. **C.** Deleções no gene da elastina foram identificadas como responsáveis por muitos casos da síndrome de Williams-Beuren.
34. **B.** Os subtipos de cifoescoliose e dermatosparaxia da síndrome de Ehlers-Danlos são causados por defeitos em genes que não codificam o colágeno.
35. **B.** O ácido hialurônico (hialuronano) não é sulfatado.
36. **C.** A síndrome de Hurler é causada por uma deficiência de α-L-iduronidase.
37. **D.** A acondroplasia é causada por mutações no gene *FGFR3*.

Seção XI – Tópicos especiais (C)

1. **D.**
2. **D.** Entre as proteínas listadas, apenas o fator II é um fator da coagulação dependente de vitamina K.
3. **D.**
4. **E.** GPIIb-IIIa (integrina αIIbβ3) não é um receptor acoplado à proteína G.
5. **A.** A hemofilia A, por ser uma doença ligada ao cromossomo X, dificilmente ocorre em mulheres.
6. **B.** A maioria das substâncias químicas carcinogênicas interage covalentemente com o DNA.
7. **B.** Certos vírus de DNA também são carcinogênicos.
8. **E.** Acredita-se que sejam necessárias mutações em aproximadamente 5 a 6 desses dois tipos de genes promotores ou supressores de câncer para a carcinogênese.
9. **E.** O PDGF estimula a fosfolipase C, não a fosfolipase A.
10. **D.** A ligação de RB ao E2F bloqueia a progressão da célula da fase G_1 para a fase S.
11. **C.** A instabilidade de microssatélites é causada por anormalidades no reparo de pareamento impróprio.
12. **E.** O dicloroacetato inibe a piruvato-desidrogenase-cinase.
13. **D.** A angiogenina é um inibidor da angiogênese.
14. **B.** O citocromo c é liberado por mitocôndrias.
15. **E.** Apenas cerca de 1 em cada 10 mil casos de câncer pode ter a capacidade de colonização.
16. **B.**
17. **D.**
18. **D.**
19. **C.**
20. **B.**

Índice

Nota: Os números de páginas seguidos por *f* indicam figuras, e os números de páginas seguidos por *t* indicam tabelas.

A

ABCA1 (transportador com cassete de ligação de ATP A1), 241*f*, 242
ABCG1 (transportador com cassete de ligação de ATP G1), 241*f*, 242
Abciximabe, 672
Abetalipoproteinemia, 239, 258*t*
Abordagem com animais transgênicos, 423
Abordagem de genes quiméricos, 422*f*, 423, 424*f*
Abordagem do gene repórter, 422*f*, 423, 424*f*
Absorção
    de carboidratos, 520, 520*f*
    de lipídeos, 520-521, 522*f*
    de proteínas, 521, 523
    de vitamina B_{12}, 101, 536
    de vitaminas e minerais, 523-524, 523*f*
    importância biomédica, 519
ACAT (acil-CoA:colesterol-aciltransferase), 253
Aceptores e prótons, bases como, 10
Aceruloplasminemia, 634
Acetilação
    de histonas, 351, 353*t*
    de xenobióticos, 559
    detecção por espectrometria de massa. 28*t*
    regulação enzimática, 86-89
Acetil-CoA
    conversão da tirosina em, 286, 287*f*
    conversão da treonina em, 285, 285*f*
    em vias metabólicas, 130-131, 130*f*, 131*f*, 136
    formação de fenilalanina, 286, 288*f*
    na formação de VLDL, 243, 243*f*
    na lipogênese, 217-219, 219*f*, 220*f*, 221
    na regulação da glicólise e gliconeogênese, 175
    no ciclo do ácido cítrico, 150-151, 151*f*, 152*f*, 154-155, 155*f*
    no metabolismo de xenobióticos, 559
    oxidação do piruvato, 161, 163, 162*f*
    síntese de colesterol a partir de, 250, 250*f*, 252*f*
Acetil-CoA-carboxilase
    na lipogênese, 217*f*, 218, 219*f*, 221, 221*f*
    regulação da, 89*t*, 90
Acetilcolina, sinaptobrevina e, 588
Acetiltransferases, 89, 559
Acetoacetato, 207, 210, 211*f*
Acetoacetil-CoA
    na cetogênese, 211, 212*f*
    na síntese de mevalonato, 250, 250*f*

Acetona, 207, 210, 211*f*
Acidemia isovalérica, 290, 293
Acidez, 6
Ácido acético, 13*t*, 197*t*
Ácido *N*-acetilneuramínico, em gangliosídeos, 234, 234*f*
Ácido *N*-acetilneuramínico (NeuAc), 547, 548*t*
Ácido acetilsalicílico. *Ver* Aspirina
Ácido araquidônico/araquidonato, 197*t*, 199*f*
    formação de eicosanoides e, 224, 225*f*, 226*f*, 227*f*
    nutricionalmente essencial, 222-223, 222*f*
    para a deficiência de ácidos graxos essenciais, 224
Ácido ascórbico. *Ver* Vitamina C
Ácido aspártico, 16*t*
    efeitos do pH sobre o, 19, 19*f*
Ácido butírico, 197*t*, 210
Ácido caproico, 197*t*
Ácido carbônico
    conversão de dióxido de carbono em, 52, 53*f*
    pK_a de, 13*t*
Ácido γ-carboxiglutâmico, 17, 17*f*
Ácido cervônico, 197*t*
Ácido cítrico, 13*t*
Ácido cólico, 255, 256*f*
Ácido conjugado, 11
Ácido desoxicólico, síntese de, 255
Ácido desoxirribonucleico. *Ver* DNA
Ácido α,γ-diaminobutírico, 18, 18*t*
Ácido di-hidro-orótico, 333*f*
Ácido docosa-hexaenoico (DHA), 199, 224
Ácido eicosapentaenoico (EPA), 199, 222*f*, 224
Ácido elaídico, 197*t*, 198, 198*f*
Ácido esteárico, 197*t*
Ácido fitânico, doença de Refsum causada por acúmulo de, 215
Ácido fítico, 523
Ácido fólico
    coenzimas derivadas do, 58
    deficiência de, 282, 526*t*, 538
    estrutura do, 537, 537*f*
    funções do, 528*t*, 537, 537*f*
    inibição do, 537
    suplementos de, 538
    toxicidade do, 538
Ácido fosfatídico, 200, 200*f*, 461, 461*f*
Ácido fosfórico, pK_a do, 13*t*
Ácido glicocólico, 256*f*
Ácido glicoquenodesoxicólico, 256*f*
Ácido glicurônico, formação na via do ácido urônico, 182

Ácido glutâmico, 16*t*
Ácido glutárico, pK_a, 13*t*
Ácido graxo-oxidase, 209, 209*f*
Ácido graxo-sintetase, 75
Ácido hialurônico, 147, 148*f*, 599, 601, 601*f*, 602*t*, 608, 608*f*, 609*f*
Ácido hipúrico, conversão da glicina em, 298, 298*f*
Ácido láctico, pK_a do, 13*t*
Ácido láurico, 197*t*
Ácido linoleico/linoleato, 196*f*, 197*t*
    na deficiência de ácidos graxos essenciais, 224
    nutricionalmente essencial, 222-223, 222*f*
    oxidação de, 211*f*
    síntese de, 222-223, 223*f*
Ácido α-linolênico (ALA), 197*t*, 199
    nutricionalmente essencial, 222, 222*f*
    para a deficiência de ácidos graxos essenciais, 224
    síntese de, 223-224, 223*f*
Ácido γ-linolênico, 197*t*, 223
Ácido litocólico, síntese de, 255, 256*f*
Ácido micofenólico, 328, 329*f*
Ácido mirístico, 197*t*
Ácido neuramínico, 147, 202
Ácido nicotínico, 534
    como fármaco hipolipidêmico, 257
Ácido oleico, 196, 196*f*, 197*t*, 198*f*
    nutricionalmente essencial, 222, 222*f*
    síntese de, 223-224, 223*f*
Ácido orótico, 243, 244, 333*f*
Ácido orotidílico-descarboxilase, 336*t*
Ácido β-*N*-oxalil-L-α, β-diaminopropiônico (β-ODAP), 18, 18*t*
Ácido palmítico, 196*f*, 197*t*
Ácido palmitoleico, 197*t*, 222, 222*f*
Ácido pantotênico, 217
    coenzimas derivadas do, 58, 539
    deficiência de, 528*t*
    funções do, 528*t*, 539, 539*f*
    necessidade do ciclo do ácido cítrico, 153
Ácido purpúrico-fosfatases, ferro em, 96
Ácido quenodesoxicólico, 255-256, 256*f*
Ácido retinoico, 529-530, 529*f*
Ácido ribonucleico. *Ver* RNA
Ácido succínico, pK_a do, 13*t*
Ácido taurocólico, 256*f*
Ácido tauroquenodesoxicólico, 256*f*
Ácido tinodônico, 197*t*
Ácido urônico, 599
Ácido valérico, 197*t*
Ácido valproico, 690

Ácidos
    como doadores de prótons, 10
    como espécies protonadas, 11
    conjugados, 11
    força dos, 13, 13t
    fortes, 10-11
    fracos. Ver Ácidos fracos
    metais de transição como, 93
Ácidos apróticos, 93
Ácidos biliares (sais), 202, 249, 255-256, 255f
Ácidos de Lewis, metais de transição
        como, 93
Ácidos fortes, dissociação de, 10-11
Ácidos fracos
    ações de tamponamento dos, 12-13, 12f
    aminoácidos como, 18-20, 19f, 20t
    como grupos funcionais, 11-12
    dissociação dos, 10-12
    efeitos da estrutura molecular sobre, 13, 13t
    equação de Henderson-Hasselbalch
        para descrever o comportamento
        dos, 12, 12f
    pK_a dos, 11-13, 12f, 13t, 19
    propriedades do meio afetando os, 13
Ácidos graxos
    absorção de, 521
    anti-inflamatórios, 199
    ativação de, 208, 208f
    como combustível metabólico, 130, 136
    de cadeia longa ω3, 196, 199
    eicosanoides formados a partir de, 224, 225f
    em membranas, 461, 461f
    essenciais. Ver Ácidos graxos essenciais
    insaturados. Ver Ácidos graxos
        insaturados
    livres. Ver Ácidos graxos livres
    monoinsaturados. Ver Ácidos graxos
        monoinsaturados
    nomenclatura dos, 196, 196f
    oxidação dos. Ver também Cetogênese
        aspectos clínicos dos, 215
        comprometimento dos, 215
        hipoglicemia causada por
            comprometimento dos, 215
        importância biomédica, 207
        liberação de acetil-CoA e, 208-210,
            208f, 209f, 210t
    para manutenção da saúde, 3
    poli-insaturados. Ver Ácidos graxos
        poli-insaturados
    propriedades físicas/fisiológicas dos,
        198-199
    saturados, 196, 196f, 197, 197t.
        Ver também Ácidos graxos saturados
    trans, 198, 226
    transporte de, carnitina no, 208, 208f
    triacilgliceróis como forma de
        armazenamento de, 199, 199f
    vias metabólicas dos, 130-131, 130f, 131f
        em jejum, 138, 138t
        níveis teciduais e orgânicos, 132-133, 133f
        no estado alimentado, 137-138, 137f,
            138t
Ácidos graxos essenciais (AGEs), 196, 216
    deficiência de, 224-225

efeitos fisiológicos dos, 224
metabolismo anormal dos, 226
poli-insaturados, 222-223, 222f
produção de prostaglandinas e, 224
Ácidos graxos insaturados, 196, 196f,
    197-198, 197t
    dietéticos, níveis de colesterol afetados
        pelos, 257
    essenciais, 222, 222f
        deficiência de, 224
        metabolismo anormal dos, 226
        produção de prostaglandinas e, 216
    estruturas dos, 222f
    formação de eicosanoides, 216, 224,
        225f, 226f
    ligações duplas cis nos, 198, 198f
    nas membranas, 461-462, 461f, 462f
    oxidação dos, 210, 211f
    síntese de, 223-224, 223f
Ácidos graxos livres (AGLs), 196, 207-208
    insulina e, 236, 245
    lipogênese afetada por, 220, 221f
    metabolismo da glicose e, 245
    metabolismo dos, 238
    mobilização de lipídeos e, 236
    na esteatose hepática, 244
    na formação de VLDL, 243, 243f
    nas lipoproteínas, 237, 237t
    regulação da cetogênese e, 213-214,
        213f, 214f
    tecido adiposo e, 244
Ácidos graxos monoinsaturados, 197, 197t
    dietéticos, níveis de colesterol afeados
        por, 257
    síntese de, 223, 223f
Ácidos graxos não esterificados.
        Ver Ácidos graxos livres
Ácidos graxos nutricionalmente essenciais,
        222-223, 222f
    deficiência de, 224, 225
    metabolismo anormal de, 226
Ácidos graxos poli-insaturados, 196f, 197,
        197t
    dietéticos, níveis de colesterol afetados
        por, 257
    essenciais, 222-223, 222f
    formação de eicosanoides, 224, 225f
    síntese de, 223-224, 223f
Ácidos graxos saturados, 196, 196f, 197,
        197t
    em membranas, 461-462, 461f
Ácidos graxos trans, 198, 226, 462
Ácidos graxos ω3
    de cadeia longa, 196, 199
    secreção de VLDL e, 243
    síntese de, 223-224, 223f
Ácidos graxos ω6, 196, 199
    síntese de, 223-224, 223f
Ácidos graxos ω9, 196
    síntese de, 223-224, 223f
Ácidos nucleicos
    digestão por nucleases, 348
    importância biomédica, 338
Ácidos poli-insaturados C_{20}, eicosanoides
        formados a partir de, 224, 225f, 226f

Ácidos próticos, 93
Ácidos siálicos, 147, 148f, 148t, 202
    em gangliosídeos, 234, 234f
    síntese de, 188, 190f
Ácidos urônicos, em glicosaminoglicanos,
    147
Acidose
    em células cancerosas, 696
    papel da amônia na, 275
Acidose láctica, 118, 157, 163
    deficiência de vitamina B_1 na, 534
Acidose metabólica, papel da amônia na,
    275
Acidúria
    dicarboxílica, 215
    orótica, 336, 336t
Acidúria dicarboxílica, 215
Acidúria 4-hidroxibutírica, 303
Acidúria β-hidroxibutírica, 327, 335-336,
    337f
Acidúria metilmalônica, 174, 174f
Acidúria orótica, 336, 336t
Acidúria urocânica, 282
Acilcarnitina, 208, 208f
Acil-CoA
    formação de, 208, 208f
    na síntese de triacilglicerol, 230
    regulação da piruvato-desidrogenase, 221
Acil-CoA de cadeia média-desidrogenase,
    deficiência de, 215
Acil-CoA:colesterol-aciltransferase (ACAT),
    253
Acil-CoA-desidrogenase, 114
    cadeias médias, deficiência de, 215
    na oxidação de ácidos graxos, 209, 209f
Acil-CoA-sintetase (tiocinase)
    compartimentalização mitocondrial de,
        118
    na ativação de ácidos graxos, 208, 208f
    na síntese de triacilglicerol, 230, 244, 245f
Acil-enzima saturada, 217, 219f
Acilgliceróis, 196
    importância biomédica, 229
    síntese de, 230, 230f, 231f, 232-233
1-Acilglicerol-3-fosfato-aciltransferase, 230,
    231f
Acondroplasia, 478t, 609
Aconitase, no ciclo do ácido cítrico, 151, 152f
Acoplamento
    da oxidação e fosforilação na cadeia
        respiratória, 122-123, 123t
    de reações endergônicas e exergônicas,
        106-107, 106f, 107f, 109
Acoplamento estímulo-resposta, 459
Acoplamento receptor-efetor, 482
ACP. Ver Proteína carreadora de acil
Actina, 611
    actina F, 613, 614f
    actina G, 613, 614f, 623-624
    em hemácias, 652t, 653
    na contração muscular, 613-615, 614f,
        615f
    regulação do músculo estriado pela, 616
Actomiosina, 614
Açúcar invertido, 145

Açúcares, em lipídeos anfipáticos, 462
Acurácia, de exames laboratoriais, 561-562, 562f
AD (domínios de ativação), 381, 427, 428f, 512
Adaptações homeostáticas, 500
Adenilato-ciclase, 167, 168f, 169f
　na lipólise, 246, 246f
　sinal intracelular de cAMP e, 503-504, 503t
Adenilato-cinase (miocinase), 109, 176
　compartimentalização mitocondrial de, 118
　na contração muscular, 621
Adenina, 322t
　pareamento de bases no DNA, 339, 340f
　pareamento de bases no RNA, 342, 343f
　vias de recuperação da, 332-334
Adenocarcinoma, colorretal, 687-688, 688f, 688t
Adeno-hipófise, hormônios da, 179-180
Adenosina
　conformadores syn e anti da, 321f
　derivados de, 322t
　na formação de ácido úrico, 334, 335f
　na S-adenosilmetionina, 323f
Adenosina-desaminase
　deficiência de, 327, 335, 335f, 336t, 432, 655
　localização do gene da, 442t
Adesão, papel das glicoproteínas na, 554
Adesão celular, glicoesfingolipídeos na, 234
Adipocinas, 244
Adipócitos, 247
　renovação dos, 708t
Adiponectina, 244
ADP. Ver Difosfato de adenosina
ADPase, na hemostasia e trombose, 672
Adrenoleucodistrofia neonatal, 580, 580t
Adutos, 710
Adutos nucleotídicos, formação por carcinógenos, 684
AG. Ver Aparelho de Golgi
Agamaglobulinemia, 645
Agentes antineoplásicos. Ver Quimioterapia
Agentes carcinogênicos
　químicos, 556-557, 559, 559f, 683-684, 683t, 684f
　radiação, 683, 683t
　vírus, 684-685, 684t, 686f, 703
Agentes de agregação, na agregação plaquetária, 670, 671f
AGEs. Ver Ácidos graxos essenciais
AGEs. Ver Produtos finais da glicação avançada
Aglicona, 145
AGLs. Ver Ácidos graxos livres
Agrecano, 608, 608t, 609f
Agregação plaquetária, 670, 671f
　exames laboratoriais para, 679
Agregados, de proteína, 41
Agrupamento P, 96
Agrupamentos Fe-S, 96-98, 98f
Água
　coeficiente de permeabilidade da, 463f

como nucleófilo, 8-10
como solvente biológico, 6-7, 7f
compartimentalização corporal da, 460, 460t
dissociação, 9-10
formação de dipolo, 6-7, 7f
geometria tetraédrica da, 6, 7f
importância biomédica da, 6
interações biomoleculares com, 7-8, 7t, 8f
íons hidrogênio na, 9-13, 12f, 13t
ligação de hidrogênio da, 7, 7f
para manutenção da saúde, 3
pH da, 10
produção na cadeia respiratória, 120-121
reações de hidrólise da, 9
AHSP. Ver Proteína estabilizadora de α-hemoglobina
Aids
　desnutrição na, 525
　papel dos glicanos na, 555
AKAPs. Ver Proteínas de ancoragem à cinase A
ALA. Ver δ-Aminolevulinato; Ácido α-linolênico
β-Alanildipeptídeos, biossíntese de, 303
Alanina, 15t
　catabolismo do esqueleto de carbono, 283
　níveis plasmáticos circulantes de, 271-272, 271f, 272f
　produtos especializados de, 296-297
　reações de transaminação na formação de, 272-273, 273f
　síntese de, 265, 265f
　vias metabólicas da, 138
β-Alanina, biossíntese de, 302-303
Alanina-aminotransferase (ALT)
　reação de transaminação da, 273, 273f
　uso diagnóstico da, 64, 64t, 566
Albumina, 599, 627, 628, 630, 631
　ácidos graxos livres em combinação com, 208, 236, 237t, 238
　ligação da bilirrubina, 311, 315
　síntese de, 588, 588f
Albuminúria, 599
Alcalose metabólica, efeitos da amônia sobre, 275
Alcaptonúria, 286, 287f
Alças, em proteínas, 36, 37f
Alças antiparalelas, mRNA e tRNA, 396
Álcoois
　absorção de ferro e, 523-524
　carboidratos como derivados de aldeídos ou cetonas, 141-142, 142t
　ligações de hidrogênio, 7, 7f
　produção de energia, 138t
　sulfação dos, 558
Álcoois poli-hídricos, carboidratos como derivados aldeído ou cetona de, 141-142, 142t
Álcool-desidrogenase na esteatose hepática, 244
Alcoolismo
　cirrose e, 244
　estudo de caso, 720
　glicosilação da transferrina no, 633

Aldeído-desidrogenase, 112
　na esteatose hepática, 244
Aldeído-oxidase, molibdênio na, 100
Aldolase
　deficiência de, 163
　na glicólise, 159, 159f
Aldolase B, 186, 188f
　deficiência de, 190
Aldose-redutase, 191
Aldoses, 141-142, 142t, 143, 144f
Aldosterona-sintase, 485-486
Alfa-anômeros, 143
Alisporivir, 42
Alongamento
　na síntese de proteínas, 402-403, 403f, 403t
　na síntese de proteoglicanos, 600-601
　na síntese de RNA, 376f, 378-379
Alongamento da cadeia, 376f, 378-379. Ver também Alongamento
Alongase, 220, 221f
　na síntese de ácidos graxos poli-insaturados, 223-224, 223f
Alopurinol, 324-325, 324f, 334, 336
Alquilfosfolipídeo, 229
ALT. Ver Alanina-aminotransferase
Alteplase, 679
Altitude, adaptações fisiológicas à, 53
Ambiente extracelular, membranas na manutenção do, 460, 460t
Ambiente intracelular, membranas na manutenção do, 460, 460t
Ambiguidade e código genético, 394
Amido, 145, 147f
　hidrólise do, 520
Amilase
　hidrólise do amido, 520
　uso diagnóstico da, 64t
Amiloide, 715
β-Amiloide, na doença de Alzheimer, 42
Amiloidose, 639, 639t
Amiloidose familiar, 639
Amilopectina, 145, 147f
Amilose, 145, 147f
Aminoácidos
　associação do tRNA aos, 395-396, 395f, 396f
　códons sem sentido e, 397, 398f
　hidrólise de ligações peptídicas, 708-709, 709f
　mutações de sentido incorreto e, 396-397, 397f
　sistemas de transportadores/carreadores para, 468
Aminoácidos-oxidase, 112, 273-274, 274f
β-Aminoácidos, conversões biossintéticas de
　alanildipeptídeos, 303
　alanina e aminoisobutirato, 302-303
　GABA, 303, 303f
Aminoácidos cetogênicos, 136
D-Aminoácidos, livres, 18
D-α-Aminoácidos, importância biomédica, 14
　cetogênicos, 136

como fonte de energia metabólica, 130, 136
conservação de resíduos catalíticos, 61
conversões biossintéticas de
  alanina, 296-297
  arginina, 297, 297f, 301, 302f
  cisteína, 297, 297f
  fosfosserina, fosfotreonina e fosfotirosina, 300
  glicina, 298, 298f, 300-301, 302f
  histidina, 298, 298f
  importância biomédica, 296
  metionina, 298-299, 299f, 300f, 301, 302f
  serina, 300
  tirosina, 300, 302f
  triptofano, 300, 301f
deficiência de, 263-264
desaminação de, 133
determinação das sequências de
  espectrometria de massa para, 28-30, 28t, 29f, 30f
  genômica e, 28
  proteômica e, 30-31
  reação de Edman para, 27-28, 27f
  técnicas de biologia molecular para, 28
  técnicas de purificação para, 23-26, 25f, 26f, 27f
  trabalho de Sanger nos, 26-27
especificação do código genético de, 15, 15t-16t, 17t, 394, 394t
essenciais, 14, 131, 264, 264t, 526
estereoquímica de, 17
estruturas primárias de proteínas e peptídeos e, 20-21
extraterrestres, 17-18
funções metabólicas dos, 18
geração por proteases e peptidases, 270-271, 270f, 271f
glicogênicos, 136, 272, 272f
glicose derivada de, 177
grupos funcionais de, 18-20, 19f, 20f, 20t
hidrofóbicos e hidrofílicos, 17t
importância biomédica, 14
incomuns, 21, 21f
ligações peptídicas entre, 20
Aminoácidos de cadeia ramificada, catabolismo do esqueleto de carbono de, 288, 290, 292f, 293, 293f, 293t
Aminoácidos dispensáveis, 131
Aminoácidos essenciais, 14, 131, 264, 264t, 526
Aminoácidos glicogênicos, 136, 272, 272f
Aminoácidos indispensáveis.
  Ver Aminoácidos essenciais
L-α-Aminoácidos
  absorção da luz ultravioleta, 20, 20f
  absorção de, 521, 523
  carga líquida de, 18-19, 19f
  catabolismo de
    a intermediários na biossíntese de carboidratos e lipídeos, 281, 281f, 281t
    alanina, 283
    aminoácidos-oxidase no, 273-274, 274f
    amônia, 269, 272-275, 274f
    arginina e ornitina, 282, 283f
    asparagina e aspartato, 281-282
    cistina e cisteína, 283, 285, 284f
    destinos dos esqueletos de carbono, 281, 281f, 281t
    distúrbios do, 276-278, 277t
    doenças metabólicas do, 280-281, 290, 294t
    fenilalanina, 286, 288f
    glicina, 282-283, 284f
    glutamato-desidrogenase no, 273, 274f
    glutamina e glutamato, 282
    glutaminase e asparaginase no, 274, 274f
    glutamina-sintetase no, 274, 274f
    hidroxiprolina, 285-286, 285f
    histidina, 282, 283f
    importância biomédica, 269, 280-281
    iniciação, 281
    isoleucina, leucina e valina, 288, 290, 292f, 293, 293f, 293t
    lisina, 286, 288f
    metionina, 288, 290f, 291f
    produtos finais do, 272, 275, 275f
    prolina, 282, 282f
    reações de transaminação no, 272-273, 273f, 281
    serina, 283, 284f
    síntese de ureia no, 272-273, 272f, 273f, 275-276, 275f
    taxa de, 269-270
    tirosina, 286, 287f
    treonina, 285, 285f
    triptofano, 286-288, 289f, 290f
  em jejum, 138-139, 138t
  modificações pós-traducionais de, 15, 17, 17f
  não essenciais, 131, 264, 264t, 526
  necessidades nutricionais, 525-526
  níveis nos tecidos e órgãos, 132-133, 132f, 133f
  níveis plasmáticos circulantes de, 271-272, 271f, 272f
  no estado alimentado, 137f, 138, 138t
  para manutenção da saúde, 3
  pI de, 19
  pK_a de, 19-20, 20t
  planta tóxica, 18, 18t
  propriedades de, 15-18, 15t-16t, 17f, 17t, 18t
  reações químicas de, 20
  selenocisteína como 21º L-α-aminoácido, 15, 17, 17f
  síntese de
    alanina e aspartato, 265, 265f
    asparagina, 265, 266f
    cisteína, 265, 267f
    função do ciclo do ácido cítrico, 153-154, 154f
    glicina, 265, 266f
    glutamato, 264-265, 265f
    glutamina, 265, 265f
    hidroxiprolina e hidroxilisina, 266, 268f
    importância biomédica, 263-264
    prolina, 265, 267f
    selenocisteína, 267-268, 268f
    serina, 265, 266f
    tirosina, 266, 267f
    valina, leucina e isoleucina, 266-267
    vias metabólicas longas de, 264, 264t
  solubilidade de, 20, 20f
  valores de pK_a de, 15t-16t
  vias metabólicas de, 130-131, 130f, 131f
Aminoácidos não essenciais, 131, 264, 264t, 526
Aminoacil-tRNA, na síntese de proteínas, 395, 395f, 402, 403f
Aminoacil-tRNA-sintetases, 395, 395f
Aminoaçúcares, 145, 145f
  síntese de, 188, 190f
Aminoadipato-δ-semialdeído-sintase, 286, 288f
γ-Aminobutirato (GABA), biossíntese de, 303, 303f
Aminofosfolipídeos, assimetria da membrana e, 464
β-Aminoisobutirato, biossíntese de, 302-303
δ-Aminolevulinato (ALA)
  inativação por metais pesados, 94
  síntese de, 306, 306f, 309f
δ-Aminolevulinato (ALA)-desidratase, 306, 307f, 309f, 310t
δ-Aminolevulinato (ALA)-sintase, 306-308, 306f, 309f, 310t
Aminopeptidases, 521
Aminopirina, efeitos na via do ácido urônico, 189
Aminotransferases, 154, 265, 265f
  reações de transaminação de, 272-273, 273f, 281-282
  uso diagnóstico de, 64, 64t, 567
  vitamina B_6 em, 273, 273f, 535
Amobarbital, 118, 123
Amônia
  a partir da degradação de aminoácidos, 269, 272-275, 274f
  ciclo do ácido cítrico e, 150, 156
  distúrbios do ciclo da ureia, 276-278, 277t
  excreção de nitrogênio em, 272
  intoxicação por, 273-274
Amostras, para análises laboratoriais, 563
Amostras de plasma, 563
Amostras de sangue, 563
Amostras de soro, 563
Amostras de urina, 563
AMP. Ver Monofosfato de adenosina
AMP cíclico (cAMP), 322, 323f, 324t
  adenilil-ciclase e, 503-504, 503t
  como segundo mensageiro, 482, 483t, 502
  formação e hidrólise do, 167, 168f
  fosfodiesterases e, 505
  fosfoproteínas-fosfatase e, 505-506
  fosfoproteínas e, 505
  na contração muscular, 619
  na hemostasia e trombose, 672
  no modelo óperon, 414
  proteínas-cinase e, 504-505, 505f
  regulação do glicogênio pelo, 166-170, 168f, 169f, 170f, 171f

AMPK. *Ver* Proteína-cinase ativada por AMP
AMPK-cinase (AMPKK), 253, 253f
Amplificação
　na formação do coágulo de fibrina, 677
　no câncer, 685
Amplificação gênica, no câncer, 685
Anabolismo, 106
Anafilaxia, substância de reação lenta da, 227
Analbuminemia, 630
Análise da genealogia para doença falciforme, 443-444, 444f
Análise das enzimas séricas, 64, 64t, 65f
Analitos, 561
Análogos da glutamina, síntese de nucleotídeos de purina afetada por, 328
Análogos de substratos, 77, 77f
Análogos do estado de transição, 59, 76
Ancoragem, na seleção de proteínas, 578, 586-588
Andrógenios
　esteroidogênese
　　ovariana, 487-489, 489f, 490f
　　testicular, 487, 488f
　síntese de, 486f, 487
Androstenediona, 487, 488f
Anéis pirrólicos, de porfirinas, 305, 306f
Anemia(s), 54
　causas de, 646, 650t
　da inflamação, 635
　de Diamond-Blackfan, 649
　definição, 646
　ferropriva, 636, 637t, 650t
　hemolíticas. *Ver* Anemias hemolíticas
　megaloblástica, 538, 650t
　perniciosa, 536-537
Anemia de Diamond-Blackfan, 649
Anemia falciforme, 650t
Anemia ferropriva, 636, 637t, 650t
Anemia perniciosa, 536-537
Anemias hemolíticas, 157, 163, 182
　causas de, 651, 651f
　comprometimento da via das pentoses-fosfato nas, 188-189
　hiperbilirrubinemia com, 313, 315, 315t
Anemias megaloblásticas, 538, 650t
Aneuploidia, no câncer, 692, 692f
ANF. *Ver* Fator natriurético atrial
Angiogênese, no câncer, 697-698
Angiotensina II, 495-496, 496f
Angiotensinogênio, 495, 496f
Ângulo phi, 34, 34f
Anidrase carbônica (AC), 52, 53f, 648
Anidrase carbônica II (AC II), 607
Anidridos ácidos, potencial de transferência e grupo para, 324
Animais amoniotélicos, 272
Animais transgênicos, 446
Animais uricotélicos, 272
Anquirina, 652t, 653
Anserina, 298, 298f, 303
Antenas, de glicoproteínas, 550

Antibióticos
　aminoácidos em, 14
　aminoaçúcares em, 145
　glicosídeos, 145
　inibidores do metabolismo do folato, 537
　resistência a, 80, 98, 99f
　síntese de proteínas bacterianas e, 406-407, 407f
Anticorpos, 627. *Ver também* Imunoglobulinas
　monoclonais, 642-643
Anticorpos monoclonais (mAbs), 642-643, 697-698, 702, 702t
Antigenicidade, alteração por xenobióticos, 559
Antígeno carcinoembrionário (CEA), 700
Antígeno prostático específico (PSA), 700
Anti-Lepore, 359, 360f
Antimicina A, 123-124
Antioxidantes, 116
　classes de, 204
　importância biomédica, 541
　mecanismos protetores dos, 543-544, 544f
　paradoxo pró-oxidante de, 544-545, 544t
　vitamina E como, 532
Antioxidantes de quebra de cadeia, 204
Antioxidantes preventivos, 204
Antipirina, efeitos na via do ácido urônico, 189
Antiportador de ornitina-citrulina, defeito em, 282
α_1-Antiproteinase, 638
Antiproteinases, 662
α_1-Antitripsina, 662, 677
Antitrombina, 627, 630t, 677
Apagadores do código, 418
Aparelho de Golgi (AG)
　brefeldina A e, 588
　exocitose no, 475
　na formação de VLDL, 239f
　na seleção de proteínas, 574, 575f, 584
　na síntese de membranas, 574
　na síntese de proteínas, 405, 574
　proteínas destinadas à membrana do, 574, 581
　sinais de seleção de proteínas no, 573, 574t
　transporte retrógrado do, 582-584
APC. *Ver* Proteína C ativada
Apo A-I, 237t, 238
　consumo de álcool e, 257
　deficiências de, 258t
　no metabolismo de HDLs, 241f, 242
Apo A-II, 237t, 238, 240
Apo A-IV, 237t, 238
Apo B-100, 237t, 238
　no metabolismo de HDLs, 240f, 241
　regulação de, 253
Apo B-48, 237t, 238
Apo C-I, 237t, 238
Apo C-II, 237t, 238, 240
Apo C-III, 237t, 238, 240
Apo D, 237t, 238

Apo E, 237t, 238, 241
Apolipoproteína E, na doença de Alzheimer, 42
Apolipoproteínas/apoproteínas, distribuição de, 237t, 238
Apomioglobina, 49, 49f
Apoptose, 710
　cardiolipina na, 230
　ceramida na, 233
　dano ao DNA e, 371-372, 371f
　evasão do câncer da, 681-682, 692-694, 693f, 694t
　fosfatidilcolinas na, 200
Apoptossomo, 694, 712
Aquaporinas, 472
Arabinose, 144f, 144t
Aracnodactilia contratural congênita, 597
Arcabouço, 352f, 353
ARF-1 (fator de ribosilação do ADP-1), 242, 243f
Arginase
　defeitos na, 278
　na síntese de ureia, 275f, 276
Arginina, 16t
　catabolismo do esqueleto de carbono da, 281, 283f
　híbridos de ressonância da, 18-19, 19f
　na síntese de ureia, 275f, 276
　produtos especializados de, 297, 297f, 301, 302f
Argininosuccinato, na síntese de ureia, 275-276, 275f
Argininosuccinato-liase
　defeitos da, 277t, 278
　na síntese de ureia, 275f, 276
Argininosuccinato-sintetase
　defeitos de, 277t, 278
　na síntese de ureia, 275f, 276
Arilaminas, sulfatação de, 558
Armadilhas extracelulares de neutrófilos, 661, 661f
Arranjos gênicos, 31
ARSs. *Ver* Sequências de replicação autônoma
Arsênio
　na via da glicólise, 159
　toxicidade, 93-94
Arsenito, 153
Artrite. *Ver também* Osteoartrite
　gotosa, 334, 336t
　proteoglicanos na, 604
　reumatoide. *Ver* Artrite reumatoide
Artrite gotosa, 334, 336t
Artrite reumatoide, 592
　ácidos graxos ω3 e, 199
　defeitos na síntese de glicoproteínas na, 554
Ascorbato, 186
Asma, leucotrienos na, 198
Asparagina, 16t
　catabolismo do esqueleto de carbono da, 281
　desaminação da, 274, 274f
　síntese de, 265, 266f
Asparaginase, no catabolismo de aminoácidos, 274, 274f, 281
Asparagina-sintetase, 265, 266f

Aspartato
  catabolismo do esqueleto de carbono do, 281
  na síntese de ureia, 275f, 276
  no ciclo do ácido cítrico, 153, 154f
  síntese de, 265, 265f
Aspartato-aminotransferase (AST), uso diagnóstico de, 64, 567
Aspartatos-protease, catálise acidobásica de, 60, 60f
Aspartato-transcarbamoilase (ATCase), 86
  na síntese de pirimidinas, 333f
Aspirina (ácido acetilsalicílico)
  ciclo-oxigenase afetada por, 226
  desenvolvimento de câncer e, 700, 703
  efeitos antiplaquetários de, 672
  síntese de prostaglandinas afetada por, 216
Assialoglicoproteínas, 475
Assimetria
  de lipídeos e proteínas na montagem da membrana, 589, 589f
  de membranas, 464
  do lado interno-lado externo, 464
  moléculas Ran e, 578
Assimetria entre o lado interno e o lado externo, da membrana, 464
Assimetria transversa, 589
AST (aspartato-aminotransferase), uso diagnóstico de, 64, 566-567
Ataque nucleofílico, 364, 365f
Ataxia-telangiectasia, mutada (ATM), 371, 371f
ATCase (aspartato-transcarbamoilase), 86
  na síntese de pirimidinas, 333f
Aterosclerose
  ácidos graxos trans e, 226
  causada por dano por radicais livres, 542
  colesterol e, 202, 250, 256-257
  concentração plasmática de LDL, 241, 257
  HDL e, 242, 257
  lipídeos e, 196, 198
  lisofosfatidilcolina e, 201
  prematura, 237, 241
  produtos finais da glicação avançada na, 553
  suplementos de ácido fólico para, 538
Ativador do plasminogênio tecidual (tPA), 64, 678f, 679
Ativadores
  na expressão gênica, 410
  transcrição, 385
Ativadores do plasminogênio, na hemostasia e trombose, 672
Atividade da histona-acetiltransferase (HAT), 513-514
Atividade específica, 75
Atividade física
  débito de oxigênio, 160
  necessidade energética para, 524
Atividade óptica, 142-143
ATM. Ver Ataxia-telangiectasia, mutada
Átomo de carbono anomérica, 143
Atorvastatina, 257

ATP. Ver Trifosfato de adenosina
ATPase, 472-473, 472f
  chaperonas exibindo atividade de, 574-575
  nos osteoclastos, 605
ATP-citrato-liase, na lipogênese, 218, 219f
ATP-sintase
  compartimentalização mitocondrial de, 118
  função de motor rotatório da, 121, 122f
ATR (cinase relacionada à ATM), 371, 371f
Atractilosídeo, 123, 124f
Autoanticorpos, 641
Autoassociação, de moléculas hidrofóbicas em soluções aquosas, 8
Autoimunidade, 641
Automontagem
  da bicamada lipídica, 462
  do colágeno, 594
5- ou 6-Azacitidina, 325
5-Azadesoxicitidina, 690
8-Azaguanina, 325, 324f
Azasserina, 328, 329f
Azatioprina, 325, 325f
5- ou 6-Azauridina, 325, 324f, 336

B

Bacitracina, 14
Bactérias
  antibióticos e síntese de proteínas em, 406-407, 407f
  ciclo de transcrição em, 377, 377f
  glicanos na ligação de, 555
  redução da bilirrubina por bactérias intestinais, 313
  transcrição em, 379-382, 380f
Bacteriófago lambda
  como paradigma para interações proteína-DNA, 414-418, 414f, 415f, 416f, 417f
  em sítios de, 435
Bainha de mielina, 200, 473
Balanço nitrogenado, 269, 525-526
  negativo, 525-526
  positivo, 525
Balsas lipídicas, 200, 466, 466f, 588, 589
BamHI, 433, 433t, 434f
Banda A, 612, 612f, 613f
Banda de Soret, 308, 310f
Bandas H, 612, 612f, 613f
Bandas I, 612, 612f, 613f
BAPN. Ver γ-Glutamil-β-aminopropionitrila
Barbital, efeitos na via do ácido urônico, 189
Barbitúricos, inibição da cadeia respiratória, 118, 123
Barris β, 36, 37f
Base conjugada, 11
Bases
  como aceptoras de prótons, 10
  como espécies não protonadas, 11
  conjugadas, 11
  fortes, 10-11
  fracas. Ver Bases fracas
Bases fortes, dissociação de, 10-11

Bases fracas
  ações de tamponamento das, 12-13, 12f
  dissociação das, 10-12
Basófilos, 656-657, 662
BAX, 693f, 694
BCL-2, na apoptose, 693f, 694
Benzoato, metabolismo do, 298, 298f
Beri béri, 534
Beta-anômeros, 143
BgIII, 433t
BHA. Ver Hidroxianisol butilado
BHT. Ver Hidroxitolueno butilado
Biblioteca, 438
Biblioteca de cDNA, 438
Biblioteca de DNA complementar (cDNA), 438
Biblioteca genômica, 438
Bicamada fosfolipídica, interações não covalentes na, 8
Bicamadas, lipídicas, 462-463, 462f
  bimolecular, 462-463
  espessura de, 589
  proteínas de membrana e, 463
Bicarbonato, conversão de dióxido de carbono em, 52, 53f
Bicarbonato nos líquidos extracelular e intracelular, 460t
1,3-Bifosfoglicerato, na glicólise, 159, 159f, 160f
2,3-Bifosfoglicerato (2,3-BPG), 648
  ligação à hemoglobina, 50f, 53, 53f
2,3-Bifosfoglicerato-fosfatase, 161, 161f
Bifosfoglicerato-mutase, 161, 161f
2,3-Bifosfoglicerato-sintase/2-fosfatase (BPGM), 53
Bile, secreção de bilirrubina na, 312-313, 313f
Bilirrubina
  conjugação de, 312, 312f, 313f
  determinação sérica de, 313, 315, 315t, 566
  distúrbios metabólicos da, 314-315, 314f, 315t
  do catabolismo do heme, 311-313, 312f, 313f
  estrutura da, 311, 312f
  excreção de, 312-313, 313f
  níveis elevados de, 305, 313-314, 313t
  redução por bactérias intestinais, 313
  transporte de, 311
δ-Bilirrubina, 315
Bilirrubina direta, 313
Bilirrubina indireta, 313
Bilirrubina sérica, 313, 315, 315t, 566
Bilirrubina total, 313
Bilirrubina UDP-glicuronosil-transferase, 312, 314
Biliverdina, 311, 312f
Biliverdina-redutase, 311, 312f
Bioenergética
  acoplamento das reações endergônicas e exergônicas, 106-107, 106f, 107f, 109
  ATP com fonte de energia celular, 108-110, 108f, 109f, 121-122
  captação e transferência de energia por fosfatos de alta energia, 107-108, 107t, 108f, 121-122

energia livre em sistemas biológicos, 105-106
importância biomédica, 105
Bioengenharia, 4
Bioética, 4
Biofísica, 4
Bioinformática, 4, 31
Biologia das células-tronco, 4, 446
Biologia do desenvolvimento, 717
Biologia dos sistemas, 4, 449
Biologia molecular, sequenciamento de proteínas e peptídeos, 28
Biologia sintética, 4
Biomarcadores
de risco cardiovascular, 567
enzimas utilizadas como, 64, 65f
tumor, 700-701, 701t
Biomarcadores de tumores, 700-701, 701t
Biopolímeros, síntese enzimática de, 9
Bioquímica, 1-4, 2f, 3f
clínica. *Ver* Exames laboratoriais
Biossíntese hepática de purinas
regulação da formação de AMP e GMP na, 331, 331f
regulação da PRPP-glutamil--amidotransferase na, 330
Biotecnologia, 4
Biotina
deficiência de, 528t, 538-539
estrutura da, 538, 538f
estudo de caso de, 724-725
funções da, 528t, 539
na síntese de malonil-CoA, 217, 217f
BiP. *Ver* Proteína de ligação da imunoglobulina
Bleomicina, 14
Bolhas de replicação, 364, 366f, 367-368, 367f
Bolsa de Fabricius, 662
Bomba de prótons, ação da cadeia respiratória como, 118-121, 119f, 120f, 121f
Bomba de sódio-potássio (Na$^+$-K$^+$-ATPase), 472-473, 472f, 473f
Bombardeamento por átomos rápidos (FAB), 29-30, 30f
Bombas, 468, 467f, 473
2,3-BPG. *Ver* 2,3-Bifosfoglicerato
Braço aceptor do tRNA, 346, 348, 346f, 396, 396f
Braço D do tRNA, 346, 347f, 396, 396f
Braço de tRNA de ribotimidina--pseudouridina-citidina (TψC), 346, 347f, 396, 396f
Braço extra, do tRNA, 346, 347f
Braço TψC. *Ver* Braço de tRNA de ribotimidina-pseudouridina-citidina
Bradicinina, 674
Brefeldina A, 243, 588
3-Bromopiruvato, 696, 698t
Brotamento de vesículas, 586-587, 587f

C

C2c2, 434t, 435
Ca^{2+}. *Ver* Cálcio

Cadeia de alongamento, na síntese de ácidos graxos, 220, 221f
Cadeia respiratória
ação de bomba de prótons da, 118, 120-121, 119f, 120f, 121f, 122f
aspectos clínicos, 126
citocromo c na, 118, 119f, 120, 120f, 121f
coenzima Q na, 118, 119f, 120, 120f, 121f
complexos da, 118-121, 119f, 120f, 121f
controle da, 122-123, 123t
em compartimentos mitocondriais, 118, 118f
energia catabólica capturada pela, 121-123
flavoproteínas e proteínas ferro-enxofre na, 118, 119f
gradiente de prótons da, 121, 122f
importância biomédica, 118
inibição da, 112, 118, 123-124, 123f, 124f
oxidação de equivalentes redutores pela, 118-121, 119f, 120f, 121f
papel da desidrogenase na, 112
produção de substratos no ciclo do ácido cítrico, 150-151, 151f
redução do oxigênio na, 120-121
transportadores de troca mitocondriais e, 124-126, 124f, 125f, 126f
transporte de elétrons na, 118, 119f, 120-121, 120f, 122f
Cadeias de ácidos graxos, alongamento de, 220, 221f
Cadeias de N-glicano, 581
Cadeias leves de imunoglobulina, 361, 639, 642
Caderina-E, no câncer, 698, 700t
Cafeína, 321, 323f
regulação hormonal da lipólise e, 246
Caixa TATA, no controle da transcrição
em bactérias, 379-380, 380f
em eucariotos, 379-381, 380f, 381f
ligação de TBP com, 383-384
Calbindina, 523
Calcidiol, 531, 531f
Calciferol. *Ver* Vitamina D
Calcinose, 532
Cálcio (Ca^{2+})
absorção de, 523
ativação da glicogênio-fosforilase pelo, 168
como mediador da ação hormonal, 507
como segundo mensageiro, 86, 482, 483t, 502
metabolismo do fosfatidilinositídeo e, 507-508, 507f, 508f
metabolismo do, 506
na contração do músculo cardíaco, 619-620, 620f, 620t
na contração muscular, 611, 616-618, 617f, 617t, 618f
na hipertermia maligna, 618
necessidades humanas de, 93, 93t
no líquido extracelular, 460, 460t
no líquido intracelular, 460, 460t
regulação de enzimas e proteínas pelo, 506, 506t

regulação pela vitamina D, 531
retículo sarcoplasmático e, 618, 618f
Calcitriol (1,25(OH)$_2$-D$_3$), 530-531, 531f
armazenamento do, 497, 497t
biossíntese de, 489-491
Cálculos biliares, 250, 519
hiperbilirrubinemia causada por, 313f, 313t, 314
Caldesmona, 616-618
Calmodulina, 168, 506-507, 506t, 615, 617
Calnexina, 551-552, 584
Calor, produção pela cadeia respiratória, 123
Calreticulina, 552, 584
Calsequestrina, 618, 618f
cAMP. *Ver* AMP cíclico
3′,5′-cAMP, como segundo mensageiro, 86
CAMs. *Ver* Moléculas de adesão celular
Canais, hélices anfipáticas em, 36
Canais de água, 472
Canais de cálcio no músculo cardíaco, 619, 620f, 620t
Canais iônicos, 459, 468t
canal de K$^+$, 471, 471f
função dos, 470, 470f
impulsos nervosos e, 473
mutações e, 478
propriedades dos, 471t
seletividade dos, 470
Canais iônicos de potássio (K$^+$), 471, 471f
Canais iônicos regulados, 471, 471f
Canais mecanicamente regulados, 470
Canais regulados por ligantes, 470
Canais regulados por voltagem, 470, 471, 471f, 618
Canal condutor de proteínas, 580
Canal de conexina, 476, 476f
Canal de K$^+$ (KvAP), 471, 471f
Canal de K$^+$ regulado por voltagem (KvAP), 471, 471f
Canalização, no ciclo do ácido cítrico, 151
Canalopatias, 620, 620t
Câncer. *Ver também* Quimioterapia
ácidos graxos ω3 e, 199
análises genéticas do, 701
angiogênese no, 697-698
anormalidades do ciclo celular no, 691
apoptose no, 681-682, 692-694, 693f, 694t
aspectos imunológicos do, 699-700
atividade da telomerase no, 692
biomarcadores de, 700-701, 701t
características celulares no, 681, 682f
carcinogênese, 682-683, 688
causas de. *Ver* Agentes carcinogênicos
células-tronco no, 696
colorretal, 370t, 687-688, 688f, 688t
desnutrição no, 525
glicoproteínas no, 552
hereditariedade, 683, 688, 690-691, 691t
hiperbilirrubinemia causada por, 313f, 313t, 314
hipermetabolismo no, 157
importância biomédica, 681
incidência de, 681

inibição do metabolismo do folato no tratamento do, 537
instabilidade genômica e aneuploidia no, 692, 692f
lesão genética no, 683
lesão por radicais livres como causa, 542-543
mecanismos epigenéticos envolvidos no, 690-691
metabolismo no, 695-696, 697f, 698t
microambiente tumoral no, 682, 694-695, 695f
micro-RNA no, 689-690
neoplasias e, 681-682, 682f
novas terapias para, 701-703, 702t, 703f
papel dos fatores de crescimento no, 689, 689t
papel dos genes supressores de tumor no, 685-688, 685t, 686f, 687f, 687t, 688f, 688t
papel dos oncogenes no, 685-688, 685t, 686f, 687f, 687t, 688f, 688t
papel dos xenobióticos no, 556, 559, 559f
paradoxo pró-oxidante e, 544-545
perfil molecular do, 703
prevenção do, 703, 703t
processo metastático no, 698, 699f, 700t
selectinas no, 554
suplementos de ácido fólico para, 538
variação no número de cópias no, 692, 692f
vesículas extracelulares e, 690
vias de sinalização no, 689, 689t
vitamina B_6 e, 535
Câncer colorretal
desenvolvimento de, 687-688, 688f, 688t
hereditário sem polipose, 370t
reparo de mau pareamento, 370t
Câncer de pâncreas, hiperbilirrubinemia causada por, 313f, 313t, 314
Câncer dependente de hormônio, vitamina B_6 e, 535
Cânceres hereditários, 683, 688, 690-691, 691t
CAP. *Ver* Proteína ativadora de catabólitos
Cap do mRNA, 345, 345f
Capacidade total de ligação do ferro, 633
Captação de energia, 108
Caquexia, 138, 140, 157, 525
Carbamatos, transporte pela hemoglobina, 52, 53f
Carbamoil-fosfato
excesso de, 336
na síntese de ureia, 275-276, 275f
Carbamoil-fosfato-sintetase I
defeitos na, 277, 277t
na síntese de ureia, 275-276, 275f
Carbamoil-fosfato-sintetase II, na síntese de pirimidinas, 332, 333f, 334
Carboidratos
classificação dos, 141-142, 142t
como derivados aldeído ou cetona de álcoois poli-hídricos, 141-142, 142t
dietas pobres em, 181
digestão e absorção de, 520, 520f

dissacarídeos. *Ver* Dissacarídeos
em lipoproteínas, 147
em membranas celulares, 147
glicoproteínas. *Ver* Glicoproteínas
glicose do sangue derivada de, 177-178, 178f
importância biomédica, 141
informação biológica codificada em, 141
monossacarídeos. *Ver* Monossacarídeos
polissacarídeos. *Ver* Polissacarídeos
produção de energia dos, 138t
superfície celular, glicolipídeos e, 202
vias metabólicas dos, 130, 130f, 131f
em jejum, 138-139, 138t, 139t
em níveis teciduais e orgânicos, 132-133, 132f, 133f
no estado alimentado, 136-138, 137f, 138t
papel da vitamina B_1 nos, 533-534
Carboidratos complexos, glicoproteínas como, 546
Carboidratos glicoconjugados, glicoproteínas como, 546
γ-Carboxiglutamato, síntese de, 532-533, 533f
Carboxil-transferase, 217, 217f
Carboxilação dependente de vitamina K, dos fatores da coagulação, 677-678
Carboxilases, coenzima biotina de, 539
Carboxipeptidase A, sítio ativo de, 59f
Carboxipeptidases, 521
Carcinogênese, 682-683, 688
Carcinogênese química, 559, 559f
Carcinógenos finais, 684
Carcinógenos indiretos, 559
Carcinógenos químicos, 556, 559, 559f, 683-684, 683t, 684f
Cardiolipina, 200f, 201
compartimentalização mitocondrial de, 118
síntese de, 230, 230f, 231f
Cardiomiócitos, taxa de renovação de, 708t
Carga de carboidratos, 164
Carioferinas, 578
Cariótipo, 356f
Carnitina
deficiência de, 207, 215
excreção urinária de, 724t
fígado e músculo, 723t
no transporte de ácidos graxos, 208, 208f
Carnitina-palmitoiltransferase, 207
Carnitina-palmitoiltransferase-I (CPT-I)
deficiência de, 215
na regulação da cetogênese, 213, 213f
no transporte de ácidos graxos, 208, 208f
Carnitina-palmitoiltransferase-II (CPT-II)
deficiência de, 215
no transporte de ácidos graxos, 208, 208f
Carnitina-acilcarnitina-translocase, 208, 208f
Carnosina, biossíntese de, 298, 298f, 303
Carnosinase, deficiência de, 303
Carnosinúria, 303
β-Caroteno, 529, 529f
como antioxidante, 204
como pró-oxidante, 544-545

Carregamento, na síntese de proteínas, 395, 395f
Carregamento de aminoácidos do tRNA, 395, 395f
Cartilagem, 601-602, 607-608, 608f, 608t, 609f
Cartilagem elástica, 607-608, 608t
Cartilagem fibroelástica, 607-608, 608t
Cartilagem hialina, 607-608, 608t
Cascata de fosfatases, 483, 483t
Caspases, 692-694, 693f
Catabolismo, 106
captação de energia pela cadeia respiratória, 121-122
Catalase, 114, 273, 544, 649-650
como antioxidante, 204
Catalisadores
enzimas como, 9, 57, 57f
oxalacetato como, 150-151, 151f
ribozimas como, 66
RNA como, 392
Catálise (enzimática)
acidobásica, 59, 60f
cinética da. *Ver* Cinética enzimática
covalente, 59-60, 59f, 61f, 62f
detecção enzimática por, 62-63, 62f, 63f
especificidade da, 57, 57f
funções do grupo prostético, de cofator e coenzimas na, 57-58, 58f
importância biomédica, 56
mudanças conformacionais na, 60, 60f
mutagênese sítio-dirigida no estudo da, 66
papel do sítio ativo na, 58-59, 59f
por isoenzimas, 61-62
por proximidade, 59
por tensão, 59
resíduos conservados na, 61
variação da energia livre da, 69-70, 70f
Catálise acidobásica, enzimática, 59-60, 60f
Catálise acidobásica específica, 59
Catálise acidobásica geral, 59
Catálise covalente
enzimática, 59-61, 59f, 61f, 62f
redução da energia de ativação por, 72
Catarata diabética, 190-191
Catecolaminas
armazenamento de, 497, 497t
síntese de, 491-492, 491f
Catecolaminas-oxidase, cobre em, 98-100, 99f
Cauda poli(A) do mRNA, 345, 390, 401, 401f
Cavéolas, 466, 466f
Caveolina-1, 466, 466f
Cavidades revestidas, 475
CBG. *Ver* Globulina de ligação dos corticosteroides
CBP. *Ver* Proteína de ligação de CREB
CBP/p300 e vias de transdução de sinais, 513-514, 513f, 514t
CD59, 554
CDKs. *Ver* Cinases dependentes de ciclina
CEA. *Ver* Antígeno carcinoembrionário

Cefalina (fosfatidiletanolamina), 200, 200f
  assimetria da membrana e, 464
  síntese de, 230, 230f, 231f
Cegueira, deficiência de vitamina A como causa, 530
Célula, transporte de macromoléculas em, 474-475, 474f, 475f, 477f
Célula-alvo, 476, 481, 481t
Células cancerosas
  anormalidades da membrana e, 478t
  ciclinas e, 369
Células do sangue
  derivadas a partir de células-tronco hematopoiéticas, 646-647, 647f
  hemácia. *Ver* Hemácias
  leucócitos. *Ver* Leucócitos
Células endoteliais
  na hemostasia e trombose, 670, 672
  selectinas das, 554
Células fagocíticas, 660
Células musculares esqueléticas intercostais, renovação de, 708t
Células *natural killer*, 656, 662
Células progenitoras linfoides, 657
Células progenitoras mieloides, 657
Células T auxiliares, 659, 662
Células T citotóxicas, 656, 662
Células transfectadas em cultura, 423, 424f
Células-tronco
  hematopoiéticas, 646-647, 647f
  no câncer, 696
  pluripotente induzidas, 446
Células-tronco hematopoiéticas, origem das células sanguíneas, 646-647, 647f
Células-tronco multipotentes, 646-647
Células-tronco pluripotentes induzidas (iPSCs), 446, 646
Células-tronco totipotentes, 646-647
Células-tronco unipotentes, 646-647
Celulose, 146-147, 148f
Centro binuclear de cobre, 98-100, 99f
Centro binuclear de ferro, da hemeritrina, 96, 97f
Centrômero, 355, 355f
Centros de ferro de Rieske, 97, 98f, 120, 121f
Ceramida, 200, 202f
  acúmulo de, 235
  em membranas, 461
  na síntese de esfingolipídeos, 233-234, 234f
  síntese de, 233, 233f
Ceras, 196
Ceratodermia palmoplantar epidermolítica, 625
Cerebrosídeos, 234
Cerne de lipídeo, das lipoproteínas, 237-238, 238f
Cerne de lipídeo apolar, de lipoproteínas, 237, 238f
Ceruloplasmina, 631, 631f, 633-634
  uso diagnóstico de, 64t
Cetoacidose, 140, 207, 215
3-Cetoacil-redutase, 219f
3-Cetoacil-sintase, 217, 219f
Cetoaminas, no diabetes melito, 553, 553f

Cetogênese, 133
  altas taxas de oxidação de ácidos graxos e, 210-213, 211f, 212f, 213f
  HMG-CoA na, 211, 212f
  regulação da, 213-214, 213f, 214f
α-Cetoglutarato
  arginina e ornitina na formação do, 282, 283f
  em reações de transaminação, 272-273, 273f
  glutamina e glutamato na formação do, 282
  histidina na formação do, 282, 283f
  no ciclo do ácido cítrico, 152-153, 152f
Cetonemia, 213, 215
Cetonúria, 215, 290, 294, 293t
Cetonúria de cadeia ramificada, 290, 293, 293t
Cetonúria intermitente de cadeia ramificada, 290
Cetose, 140, 207, 211, 213, 215, 244
Cetoses, 141-142, 142t, 143, 144f
cGMP. *Ver* GMP cíclico
Chalonas, 227
Chaperonas, 41-42
  histona, 353
  ligação de proteínas dependente de ATP a, 576
  na seleção de proteínas, 575t, 576
  na translocação, 576, 577f
  no controle de qualidade, 584, 584t
  no dobramento de proteínas, 574-575
  propriedades da, 576t
  proteínas maldobradas e, 584-585, 585f, 585t
Chaperonas de histona, 353
Chaperonas moleculares. *Ver* Chaperonas
Chaperoninas, 41, 575
ChIP. *Ver* Imunoprecipitação da cromatina
ChIP-chip, 447
ChIP-Exo, 447
Chips de DNA, 31
ChIP-Seq, 447
CHK1 e CHK2. *Ver* Cinases 1 e 2 de pontos de verificação
Chumbo, toxicidade do, 93-94, 306, 309
Cianeto, inibição da cadeia respiratória por, 112, 118, 123
Ciclinas, 368-369, 369f, 369t
  no câncer, 691
Ciclinas A, 369, 369f, 369t
Ciclinas B, 369, 369f, 369t
Ciclinas D
  câncer e, 369
  no ciclo celular, 368-369, 369f, 369t
Ciclinas E, 369, 369f, 369t
Ciclo celular
  anormalidades no câncer, 691
  atraso ou parada do, 371, 371f
  fase S do, síntese de DNA durante, 368-369, 368f, 369f, 369t
  fases do, 368, 368f
  regulação do, 585
Ciclo da hidroxilase, 115, 116f
Ciclo da transferrina, 633, 634f

Ciclo de Cori, glicose derivada do, 177, 178f
Ciclo de glicose-alanina, 177, 178f
Ciclo de HDL, 241f, 242
Ciclo de Krebs. *Ver* Ciclo do ácido cítrico
Ciclo do ácido cítrico, 130, 130f, 131f
  em nível subcelular, 134, 134f
  equivalentes redutores produzidos no, 151-153, 152f
  geração de ATP no, 151, 151f, 153
  importância biomédica, 150
  localização mitocondrial do, 134, 134f, 151
  na conservação e captação de energia, 108
  papel metabólico central do, 153-156, 154f, 155f
  produção de dióxido de carbono no, 151-153, 152f
  regulação do, 155-156
  substratos da cadeia respiratória fornecidos pelo, 150-151, 151f
  via da glicólise para, 161, 163, 162f
  vitaminas essenciais para, 153
Ciclo do ácido láctico, glicose derivada do, 177, 178f
Ciclo do ácido tricarboxílico. *Ver* Ciclo do ácido cítrico
Ciclo do ATP/ADP, 108, 108f
Ciclo êntero-hepático do urobilinogênio, 313
Ciclo Q, 120, 121f
Ciclofilinas. *Ver* Prolina-*cis*, *trans*-isomerases
Ciclo-heximida, 407
Ciclo-oxigenase (COX-1), 224-225
  inibição da, 672
Ciclos de substratos, na regulação da glicólise e gliconeogênese, 176-177
Ciclos fúteis
  de lipídeos, 525
  na regulação da glicólise e da gliconeogênese, 176
Ciclosporina, 42
CIN. *Ver* Instabilidade cromossômica
Cinase 1 dependente de fosfoinositídeo (PDK1), 508, 509f
Cinase relacionada à ATM (ATR), 371, 371f
Cinases 1 e 2 de pontos de verificação (CHK1 e CHK2), 371-372, 371f
Cinases dependentes de ciclina (CDKs)
  inibição das, 372
  no câncer, 691
  no ciclo celular, 368, 369f, 369t
Cinesina, 624
Cinética de saturação, 76
Cinética enzimática
  constante catalítica e eficiência catalítica, 75
  constante de equilíbrio, 69, 71-72
  efeitos alostéricos, 86
  energia de ativação, 69-70, 70f, 72
  equação de Hill, 76, 76f
  equação de Michaelis-Menten, 73-76, 73f, 75f, 79, 80f
  equações químicas equilibradas, 69
  estados de transição, 69-70, 70f

gráficos de Lineweaver-Burk, 74-75, 75f, 77, 77f, 78f, 79, 80f
importância biomédica, 68-69
inibição, 76-79, 77f, 78f
no desenvolvimento de fármacos, 80
ordem cinética, 71
reações de múltiplos substratos, 79-80, 79f, 80f
redução catalítica de barreiras de energia de ativação, 72
variações da energia livre, 69, 70f
velocidade das reações. *Ver* Velocidade das reações
velocidade inicial, 73-74, 73f
Cinetocoro, 355
Circulação
êntero-hepática, 521
integração do metabolismo pela, 132-133, 132f, 133f
Circulação êntero-hepática, 255-256, 255f, 521
Cirrose, 150, 226, 243, 244
Cis-preniltransferase, 251f
Cistationina β-sintase, 285, 300
Cisteína, 16t
catabolismo do esqueleto de carbono da, 283-285, 284f
produtos especializados da, 297, 297f
síntese de, 265, 267f
Cistina, catabolismo do esqueleto de carbono da, 283-285, 284f
Cistina-redutase, 283-285, 284f
Cistinose, 285
Cistinúria, 283
Cístron, 411
Citarabina, 325, 325f
Citidina, 321f, 322t, 333
Citidina-desaminase induzida por ativação, 641
Citocinas, 631, 638, 647, 662
ativação dos produtos finais da glicação avançada, 553
caquexia resultante de, 140, 525
no desenvolvimento de câncer, 700
regulação do nível de glicemia por, 179
Citocinas pró-inflamatórias, 700
Citocromo aa_3, 112
Citocromo b duodenal (Dcitb), 101, 632
Citocromo b_5, 115, 557, 583, 649
Citocromo b_5-redutase, 649
Citocromo b_{558}, 660
Citocromo b_H, na cadeia respiratória, 120, 121f
Citocromo b_L, na cadeia respiratória, 120, 121f
Citocromo *c*
ferro no, 95-96
na apoptose, 694
na cadeia respiratória, 118, 119f, 120, 120f, 121f
Citocromo *c* oxidase (complexo IV), 118, 119f, 120-121, 120f
deficiência de, 126
Citocromo c_1, na cadeia respiratória, 120, 121f

Citocromo-oxidase, 112
metais de transição na, 96
Citocromos, como desidrogenases, 114
Citoesqueleto
funções celulares do, 623-625, 624f, 625t
importância biomédica, 611
Citosina, 322t, 337f
desoxirribonucleosídeos de, na síntese de pirimidinas, 332-333
pareamento de bases no DNA, 339, 340f
pareamento de bases no RNA, 342, 343f
vias de recuperação da, 332
Citosol
glicólise no, 134, 134f
lipogênese no, 216-220, 219f, 221, 221f
síntese de ácidos graxos no, 207
síntese de pirimidinas no, 332
via das pentoses-fosfato no, 182-183
Citotoxicidade, de xenobióticos, 559, 559f
Citrato
na regulação da lipogênese, 218, 221, 221f
no ciclo do ácido cítrico, 150-151, 151f, 152f
Citrato-liase, 154-155, 155f
regulação da, 89t
Citrato-sintase
no ciclo do ácido cítrico, 151, 152f
regulação da, 156
Citrulina, na síntese de ureia, 275, 275f
Citrulinação, 661, 661f
Citrulinemia, 278
CKI. *Ver* Inibidor da CDK-ciclina
Cl⁻. *Ver* Cloreto
Classes de sequência, de genoma, 357
Classificação de Villefranche, 595, 596t
Clatrina, 253, 474f, 475, 586, 586t
Clofibrato, 257
Clonagem, 435-437, 436f, 437f, 437t
Clonagem de vetores, 436-437, 437t
Clopidogrel, 672
Cloraminas, 661
Cloreto (Cl⁻)
coeficiente de permeabilidade do, 463f
nos líquidos extracelular e intracelular, 460, 460t
Clorobutanol, efeitos na via do ácido urônico, 189
Clorofila, 305
CMC. *Ver* Complexo modificador de cromatina
CMP. *Ver* Monofosfato de citidina
CNV. *Ver* Variação no número de cópias
CO_2. *Ver* Dióxido de carbono
Coagulação, do sangue
distúrbios da, 655
prostaglandinas na, 216
Coagulação. *Ver* Formação do coágulo de fibrina
Coágulos sanguíneos
formação de, 87. *Ver também* Formação do coágulo de fibrina
papel da vitamina K em, 532-533, 533f
Coativadores, transcrição, 384-385, 385t
Cobalamina. *Ver* Vitamina B_{12}
Cobalofilina, 536

Cobalto
estados multivalentes do, 93, 94f, 94t
funções fisiológicas do, 98
necessidades humanas de, 93, 93t
toxicidade do, 95t
Cobamida, 58
Cobre, 634
absorção do, 101
deficiência de, 43-44, 263
estados multivalentes de, 93, 94f, 94t
funções fisiológicas do, 98-100, 99f
na citocromo-oxidase, 96
necessidades humanas de, 93, 93t
no complexo IV, 120-121, 120f
toxicidade do, 95t
Código das histonas, 87, 418-419
Código epigenético das histonas, 419-420
Código epigenético do DNA, 384
Código genético, 338. *Ver também* DNA
características do, 394-395, 395t
códigos de tripletes no, 394, 394t
importância biomédica, 393
L-α-aminoácidos especificados por, 15, 15t-16t, 17t
Código genético não sobreposto, 395
Códigos de tripletes, 394, 394t
Códon de terminação, 403-404, 404f
Códons, 15, 393
de término, 403-404, 404f
reconhecimento de anticódons de, 395-396, 396f
sem sentido, 394, 397-398, 398f
sequência de aminoácidos e, 394, 394t
tabelas de uso de, 395
Coeficiente de ativação, 565
Coeficiente de Hill (n), 76, 76f
Coeficiente de temperatura (Q_{10}), 72
Coeficientes de permeabilidade, de substâncias na bicamada lipídica, 462, 463f
Coenzima A, 58
ácido pantotênico na, 539, 539f
conversão da cisteína em, 297
Coenzima Q (Q, ubiquinona), 203
na cadeia respiratória, 118, 119f, 120, 120f, 121f
na síntese de colesterol, 250-251, 251f
Coenzimas, 57-58, 58f
derivados nucleotídicos, 321-323, 324t
exames laboratoriais para, 564-565
oxidação e redução da nicotinamida, 113, 113f
Cofator de heparina II, 677
Cofatores, 57-58, 58f
Colágeno, 406
abundância de, 592
aderência plaquetária ao, 670, 671f
classificação do, 595, 594f
como proteína fibrosa, 43
condrodisplasias, 595, 608-609
defeitos no, 263-264
distúrbios nutricionais e genéticos do, 44
doenças causadas por anormalidades no, 595-596, 595t
efeitos da vitamina C no, 539-540

elastina comparada com, 597t
estrutura do, 592-594, 593f, 594f
estrutura em tripla-hélice do, 43, 43f
formação de fibrilas por, 593-594
interação da fibronectina com, 597, 598f
ligação cruzada do, 553
ligações O-glicosídicas no, 549
modificação pós-traducional do, 594-595, 594t
na cartilagem, 607-608, 608f, 608t
no osso, 604-605, 605f
osteogênese imperfeita e, 607, 607t
processamento pós-traducional do, 43-44, 43f
síntese de, 43
tipos de, 593t
Colágeno tipo I, 604-605, 605t
Colágeno tipo II, 607, 608f
Colágeno tipo IV, 595-596
Colágeno tipo V, 604
Colágeno tipo VII, 596
Colágeno tipo IX, 595
Colágenos associados a fibrilas com triplas--hélices interrompidas (FACITs), 594
Colágenos transmembrana, 594
Colchicina, 625
Colecalciferol. Ver Vitamina D$_3$
Cólera
  toxina, 202, 202f, 234, 504
  transporte de glicose no tratamento do, 474
Colesterilação, 463
Colesterol
  absorção de, 521, 523
  aspectos clínicos do, 256-258, 258t
  dietético, 250, 257
  efeitos da frutose sobre, 186, 188f, 189-190
  em lipoproteínas, 236-237, 238f
  em lipoproteínas de alta densidade, 241-242, 241f
  em membranas, 461, 589
    modelo de mosaico fluido e, 465-466
  em tecidos, 203, 203f
    fatores que influenciam o equilíbrio do, 253, 254f
  excreção de, 254-256, 256f
  função do, 202
  importância biomédica, 249-250
  na síntese de ácidos biliares, 254-256, 256f
  níveis plasmáticos de
    alterações dietéticas e, 257
    aterosclerose e doença arterial coronariana e, 202, 250, 256-257
    mudanças no estilo de vida e, 257
    terapia farmacológica e, 257
  regulação da HMG-CoA-redutase e, 86
  síntese de hormônios a partir do, 202, 249, 483, 484f, 485-491, 485f
  síntese de
    regulação da HMG-CoA-redutase, 252, 253f
    variação diurna no, 252
    via da acetil-CoA para, 250-251, 250f, 251f, 252f

transporte de
  com lipoproteínas, 253-254, 255f
  reverso, 241f, 242, 250, 254, 254f, 257
vias metabólicas do, 130-131, 131f
Colesterol-7α-hidroxilase, 255, 256f
Colil-CoA, na síntese de ácidos biliares, 255, 256f
Colina, 200, 200f, 201f
  assimetria da membrana e, 464
  deficiência de, esteatose hepática e, 244
Combustíveis metabólicos
  em jejum, 130, 138-139, 138t, 139f, 139t
  ingestão por seres humanos, 129-130
  natureza interconversível dos, 136
  no estado alimentado, 130, 136-138, 137f, 138t
  processamento dos, 130-131, 130f, 131f, 132f
Compartimentalização
  regulação metabólica com, 83-84
  das mitocôndrias, 118, 118f
Compartimentos especializados, 459
Complementaridade
  do DNA, 341, 341f, 438
  do RNA, 342-343, 344f, 346
Complemento, 539
Complexação, de metais de transição, 95-97, 95f, 96f, 96t, 97f
Complexo aberto, 376f, 379
Complexo ATP-chaperona, 575
Complexo da troponina, 615
Complexo de ácido graxo-sintase, 217-218, 217f, 218f, 219f, 222
Complexo de ADP-chaperona, 575
Complexo de ataque à membrana (MAC), 643
Complexo de clivagem da glicina, 282-283, 284f
Complexo de glicoproteína GPIIb-IIIa, na agregação plaquetária, 670, 671f
Complexo de iniciação 43S, na síntese de proteínas, 399, 400f
Complexo de iniciação 48S, na síntese de proteínas, 399, 400f, 401
Complexo de iniciação 80S, na síntese de proteínas, 400f, 401
Complexo de origem da replicação (ORC), 362
Complexo de piruvato-desidrogenase, 161, 162f
Complexo de pontes cruzadas, 616, 616f
Complexo de pré-iniciação (PIC), 377, 382f
  montagem do, 385-386, 385f
  na síntese de proteínas, 399, 400f
  nucleossomos e, 384
Complexo de pré-iniciação 43S, na síntese de proteínas, 399, 400f
Complexo de ribonucleotídeo-redutase, 332, 332f
Complexo de transcrição eucariótico, 381f
  ativadores e correguladores da transcrição no, 385, 385t
  componentes do, 384
  formação de RNA-polimerase II, 382-384

fosforilação para ativação da RNA-polimerase II, 384-385
  montagem de PIC, 385-386, 385f
  nucleossomos e, 384
Complexo de vitaminas B
  grupos prostéticos, cofatores e coenzimas derivados do, 58, 58f
  necessidade do ciclo do ácido cítrico, 153
Complexo de α-cetoácido-descarboxilase, deficiência de, 290, 292f, 293, 293t
Complexo de α-cetoglutarato-desidrogenase
  no ciclo do ácido cítrico, 152-153, 152f
  regulação do, 155-156
Complexo dicer nuclease-TRBP, 390
Complexo eIF-4F, na síntese de proteínas, 399, 400f, 401-402, 401f
Complexo enzima-substrato (ES), estabilidade do, 58
Complexo enzimático de aromatase, 487-489, 489f
Complexo ES (enzima-substrato), estabilidade do, 58
Complexo extrínseco da tenase, 673
Complexo fechado, 376f, 379
Complexo G trimérico, 504
Complexo I. Ver NADH-Q-oxidorredutase
Complexo II. Ver Succinato-Q-redutase
Complexo III. Ver Q-citocromo c-oxidorredutase
Complexo IV. Ver Citocromo c-oxidase
Complexo intrínseco da tenase, 674
Complexo ligante-receptor, 501-502, 501f, 501t, 502f
Complexo mitocondrial da desidrogenase dos α-cetoácidos de cadeia ramificada, 288, 290, 292f
Complexo modificador de cromatina (CMC), 420
Complexo principal de histocompatibilidade (MHC), 584, 659
Complexo protrombinase, 674-675, 675f
Complexo receptor-correpressor, 502
Complexo repressor policomb 2 (PRC2), 419
Complexo Sec61, 581
Complexo Sec62/Sec63, 581
Complexo silenciador induzido por RNA (RISC), 390
Complexos de iniciação, na síntese de proteínas, 399, 400f
Complexos de translocação, 576
Complexos dos poros nucleares (NPCs), 577
Complexos organometálicos, metais de transição em, 95-96, 95f, 96f, 96t, 97f
Complexos proteína-RNA, na iniciação, 399, 400f, 401
Complexos siRNA-miRNA, 348
Componente P, na amiloidose, 639
Componente P do amiloide sérico, 639
Componentes séricos do complemento, 472
Comprometimento neurológico, profundo, 580

Comunicação entre células
  com junções comunicantes, 476, 476f
  sulfato de heparana e, 603
Comunicação intercelular, 480. *Ver também* Sistema endócrino
Concanavalina A, 147
Concentração plasmática de glicose. *Ver* Glicose no sangue
Condições aeróbias, 157, 158t, 160, 620
Condições anaeróbias, glicólise nas, 157, 158f, 158t, 160, 696, 697f
Condições de pseudo-primeira-ordem, 71, 73
Condições hipóxicas, glicólise em, 157, 158f, 158t, 160
Condroitina-sulfato, 147, 148f, 595, 599, 601-602, 601f, 602t, 604, 604t, 608f
Condrodisplasias, 608-609
Condronectina, 608, 608t
Conexina, 476, 476f
Conformação nativa, proteína, 41
Conformações
  alterações da hemoglobina em, 51-52, 51f, 52f
  de enzimas, 60, 60f
  de proteínas
    configuração *versus*, 33-34
    doenças patológicas de, 42-43
    importância biomédica, 33
    nativas, 41
    restrições de ligações peptídicas, 34-35, 34f
Conformadores *anti*, 320-321, 321f
Conformadores *syn*, 320-321, 321f
Conjugados de glicuronídeos, produção de glicuronato, 186-188, 187f
Conservação da energia, 108
Conservação evolutiva, de resíduos catalíticos, 61
Constante catalítica (k_{cat}), 75
Constante de dissociação (K_d)
  constante de Michaelis como aproximação de, 75-76
  da água, 10
  de ácidos e bases fracos, 11-12
  definição de, 9
Constante de equilíbrio (K_{eq})
  como razão de constantes de velocidade, 71-72
  efeitos enzimáticos sobre, 72
  variação de energia livre de Gibbs e, 69, 106
Constante de ligação, constante de Michaelis como aproximação de, 75-76
Constante de Michaelis (K_m), 73f, 74-76, 75f
  concentrações de substratos celulares e, 83
  efeitos alostéricos sobre, 86
  em reações Bi-Bi, 79, 80f
  inibidores sobre a, 77-78, 77f, 78f
Constante de Michaelis, da glutationa-redutase, 721
Constante de velocidade (k), 71-72
Constante de velocidade de primeira ordem, 71

Constante de velocidade de segunda ordem, 71
Constante dielétrica, 7
Contagem de plaquetas, 679
Contração muscular
  ativação da glicogênio-fosforilase com, 168
  ATP na, 614-616, 615f, 620-621, 621f
  conversão da energia em, 615-616, 615f, 616f
  fase de relaxamento da, 616
  filamentos finos e grossos na, 612-613, 613f
  óxido nítrico na, 622-623, 624f
  papel do cálcio na, 611, 616-618, 617f, 617t, 618f
Controle de qualidade, para exames laboratoriais, 561-562
Controle respiratório, 106, 155
Controles dos pontos de verificação, 372
Convalescença, reposição de proteínas durante a, 526
  conversão da arginina em, 297, 297f
Conversão gênica, 361
Cooperatividade positiva, 76
Coproporfirinogênio III, na síntese de heme, 307, 307f, 308f, 309f
Coproporfirinogênio-oxidase, 307, 308f, 309f, 310t
Coprostanol (coprosterol), 254
Coração
  em jejum, 130, 138-139, 138t, 139f, 139t
  no estado alimentado, 130, 136-138, 137f, 138t
Corante azul de Coomassie, 26, 26f
Córnea, 602
Coroide, atrofia girata de, 282
Corpos cetônicos, 207, 210, 211f
  ácidos graxos livres como precursores de, 213, 213f
  como combustível para tecidos extra-hepáticos, 211, 213, 213f
  uso pelo encéfalo, 136
  vias metabólicas dos, 131, 131f, 133, 136
  em jejum, 138-139, 138t
Corpos P, 405, 405f, 429
Corpúsculos de Heinz, 651
Correguladores, transcrição, 382-385, 385t, 513-514, 513f, 514t
Correguladores dos receptores nucleares, 513-514, 513f, 514t
Corrinoides, 536
Cortes e selagem de cortes, na replicação do DNA, 367, 367f
Corticosteroides, 249
Cortisol
  exames laboratoriais, 565, 567
  redução da cortisona a, 184-185
  síntese de, 484f, 485f, 486-487
  transporte plasmático do, 498-499, 498t
Cortisona, síntese de cortisol a partir da, 184-185
Cosmídeos, 436-437, 437t
Cotransportador, 469
COX-1. *Ver* Ciclo-oxigenase
COX-2, 224

Coxibes, 226
cPLA$_2$ (fosfolipase A$_2$ citosólica), 670, 671f
CPT-I. *Ver* Carnitina--palmitoiltransferase-I
CPT-II. *Ver* Carnitina--palmitoiltransferase-II
Creatina, biossíntese de, 301, 302f
Creatina-cinase, 620
  compartimentalização mitocondrial da, 118
  na lançadeira de creatina-fosfato, 126, 126f
  uso diagnóstico da, 64, 64t
Creatina-fosfato
  na conservação e captação de energia, 108, 109f
  na contração muscular, 620, 620f
Creatinina
  biossíntese de, 301, 302f
  exames laboratoriais para, 566
CREB. *Ver* Proteína ativadora da proteína de ligação do elemento de resposta ao AMP cíclico
Crescimento, necessidades energéticas para, 129
Crescimento celular, 603
Crianças, kwashiorkor em, 525
Criomicroscopia eletrônica, determinação das estruturas das proteínas por, 40
CRISPR-Cas, 348
CRISPR-Cas9, 434t, 435, 435f, 446-447
Cristalografia, determinação das estruturas das proteínas por, 39-40
Cristalografia de raios X, 39-40
Cromátides, 355, 355f, 355t, 356f, 361, 361f
Cromátides-irmãs, 355, 355f, 361, 361f
Cromatina
  componentes da, 351, 351f
  estrutura de ordem superior e compactação da, 352f, 353
  expressão gênica e molde da, 418-419
  funções fisiológicas da, 101
  modificações covalentes da, 87
  reconstituição na replicação do DNA, 368
  regiões ativas da, 353-354, 354f, 418
  regiões inativas da, 354, 418
Cromatina ativa, 353-354, 354f, 418
Cromatina inativa, 354, 418
Cromatografia
  de afinidade, 25-26
    na purificação de proteínas de fusão recombinantes, 65-66, 66f
  de coluna, 24, 25f
  de exclusão por tamanho, 24-25, 25f
  de troca iônica, 25
  interação hidrofóbica, 25
  líquida de alta pressão, 24, 25f
    exames laboratoriais que utilizam a, 564
  para purificação de proteínas e peptídeos, 23-26, 25f
Cromatografia de afinidade
  na purificação de proteínas de fusão recombinantes, 65-66, 66f
  na purificação de proteínas e peptídeos, 26

Cromatografia de coluna, purificação de proteínas e peptídeos com, 24, 25f
Cromatografia de exclusão por tamanho, 24-25, 25f
Cromatografia de interação hidrofóbica, purificação de proteínas e peptídeos com, 25
Cromatografia de troca de íons, purificação de proteínas e peptídeos com, 25
Cromatografia líquida
 purificação de proteínas e peptídeos com, 24, 25f
 uso por exames laboratoriais, 564
Cromatografia líquida de alta pressão (HPLC)
 purificação de proteínas e peptídeos com, 25f, 26
 uso em exames laboratoriais, 564
Cromatografia por filtração em gel. Ver Cromatografia de exclusão por tamanho
Cromo
 estados multivalentes do, 93, 94f, 94t
 necessidades humanas de, 93, 93t
 toxicidade do, 95t
Cromossomo *walking*, 445, 445f
Cromossomos
 arcabouço em, 352f, 353
 conversão gênica, 361
 integração de, 360, 360f
 integridade dos, monitoramento, 372
 interfase, 353
 localização de genes, 441, 442t
 metáfase, 352f, 355, 355t, 356f
 organização de, 355, 355f, 355t, 356f
 politênicos, 354
 recombinação de, 359, 359f, 360f
 regiões codificantes de, 355-356, 357f
 transposição, 360-361, 442
 troca de cromátides-irmãs, 361, 361f
Cromossomos da interfase, 353
Cromossomos em metáfase, 355, 355t, 356f
Cromossomos politênicos, 354, 354f
Crossing-over, na recombinação cromossômica, 359, 359f, 360f
Crossing-over desigual, 359, 360f
Crotonil-CoA, formação de lisina, 286, 288f
CRP. Ver Proteína C-reativa
CTD (domínio carboxiterminal), 382, 384, 415
CTP. Ver Trifosfato de citidina
Cubilina, 101
Curva de dissociação do oxigênio
 da hemoglobina, 49-50, 49f
 da mioglobina, 49-50, 49f
Curva de titulação, para ácidos fracos, 12, 12f
CYP27A1 (esterol 27-hidroxilase), 255, 256f
CYP2A6, 557
CYP2C9, 557

D

DAG. Ver Diacilglicerol; 1-2-Diacilglicerol
dAMP, 322f

Dano a proteínas, reparo de, 714-715, 715f
Dano oxidativo. Ver Espécies reativas de oxigênio
Dantroleno, 618
DBDs. Ver Domínios de ligação do DNA
DBH. Ver Dopamina β-hidroxilase
DCA. Ver Dicloroacetato
Dcitb. Ver Citocromo b duodenal
DCJ. Ver Doença de Creutzfeldt-Jakob
DCJv. Ver Forma variante da doença de Creutzfeldt-Jakob
Receptor de HDL, 238, 241f, 242
Débito de oxigênio, 160
Decisão seletiva importante, 574
Decitabina, 690
Dedo de zinco, 98
 estrutura do, 95f
Defeitos do tubo neural, suplementos de ácido fólico, 538
Defensinas, 660t
Deficiência de di-hidropirimidina-desidrogenase, 327, 335-336, 336t, 337f
Deficiência de 3-cetoacil-CoA-tiolase, 215
Deficiência de adesão dos leucócitos II, 554
Deficiência de adesão leucocitária tipo 1, 658-659
Deficiência de purina-nucleosídeo--fosforilase, 327, 335, 336t
Deficiência múltipla de sulfatase, 235
Degeneração, do código genético, 394, 394t
Degeneração hepatolenticular (doença de Wilson), 298, 478t, 627, 634
Degradação associada ao retículo endoplasmático (ERAD), 584-585, 585f, 585t
Degradação de proteínas, ubiquitina na, 585, 585f
Depósitos de fibrina, 670
Depuração da creatinina, 455
Desacetilação, regulação enzimática por, 88-89
Desacetilases, 89
Desacilase (tioesterase), 218, 218f, 219f
Desacopladores, 123-124, 525
Desaminação, 131
 de aminoácidos, 133
 no metabolismo do nitrogênio, 273-274, 274f
 papel do ciclo do ácido cítrico na, 153-154, 154f
Descarboxilação oxidativa
 de aminoácido-oxidase, 273-274, 274f
 do piruvato, 161-163, 162f
 no ciclo do ácido cítrico, 151-153, 152f
Descondensação, 661
Desenvolvimento de fármacos
 alvos de RNA para, 348
 enzimas limitantes de velocidade como alvos do, 84
 inibidores suicidas no, 78-79
 papel da cinética enzimática no, 80
 telomerase como alvo para, 355
 triagem de alto rendimento para, 62-63

Desfosforilação, regulação enzimática por, 87-90, 88f, 89t
Desidratase, 219f
7-Desidrocolesterol, 530, 531f
Desidrogenação, acoplamento da hidrogenação a, 106, 107f
Desidrogenases
 citocromos como, 114
 coenzimas de nicotinamida das, 113, 113f
 dependentes de NAD(P)+ na detecção de, 63, 63f
 ensaios enzimáticos acoplados que utilizam, 63, 63f
 grupos de flavina nas, 114
 reações de oxirredução das, 112-114, 113f
Desidrogenases ligadas a NAD, 113
Desidrogenases ligadas a NADP, 113
Desidrogenases ligadas à riboflavina, 114
Deslocamento isomorfo, 40
Deslocamento retrógrado, 584
Desmosinas, 596
Desmossomos, 466
Desmosterol, na síntese de colesterol, 250, 252f
Desnaturação
 análise da estrutura do DNA e, 340-341
 aumento da temperatura como causa, 72
 redobramento das proteínas após, 41
Desoxiaçúcares, 145, 145f
Desoxiadenilato, 338-339
Desoxicitidilato, 338-339
2-Desoxi-D-glicose, 696, 698t
2-Desoxi-D-ribose, 320
Desoxiguanilato, 338-339
Desoxinucleotídeos, 338-340, 339f
Desoxirribonucleases (DNase), 348
 cromatina ativa e, 353-354
Desoxirribonucleosídeos, 320, 332-334
Desoxirribonucleosídeos-difosfato (dNDPs), 332, 332f
Desoxirribose, 141, 145, 145f
3-Desoxiuridina, 324
Despolarização, lipídeos apolares e, 196
Despolarização, na transmissão do impulso nervoso, 473
Δ^9-Dessaturase, 96, 223, 223f
Dessorção e ionização a *laser* assistida por matriz (MALDI), 29-30, 30f
Desvio da hexose-monofosfato. Ver Via das pentoses-fosfato
Detergentes, 462
Detoxificação, punções do citocromo P450 na, 115-116, 115f, 116f, 557-558
Dextrinas, 146
Dextrose, 143
DGAT. Ver Diacilglicerol-aciltransferase
DHA. Ver Ácido docosa-hexaenoico
DHGNA (doença hepática gordurosa não alcoólica), 243
DHT. Ver Di-hidrotestosterona
Diabetes insípido nefrogênico, 472
Diabetes melito, 585t
 cetose/cetoacidose no, 215
 comprometimento da insulina no, 130, 140
 distúrbios da cadeia respiratória, 126

distúrbios do transporte e armazenamento de lipídeos, 237-238
esteatose hepática e, 244
estudo de casos, 719-720, 725-726
gliconeogênese excessiva no, 172
hemoglobina glicada no manejo do, 55, 553
lipídeos e, 196, 198
lipogênese e, 216, 220
níveis de ácidos graxos livres no, 238
produtos finais da glicação avançada no, 553, 553f
tolerância à glicose no, 180-181, 180f
Diabetes melito tipo 2, 172
Diacilglicerol (DAG), 200, 658
formação de, 230f, 234f
proteína-cinase C e, 507, 507f
1,2-Diacilglicerol (DAG), na agregação plaquetária, 670, 671f
Diacilglicerol-aciltransferase (DGAT), 230, 231f
Diagnóstico pré-natal, 444-445, 445f
Diagramas em fita, 38-39
Diapedese, 657, 657f
Diarreia, 474, 555
Diazanorleucina, 328, 329f
Dicloroacetato (DCA), 696, 698t
Dicumarol, 532
Dieta
aminoácidos apenas obtidos na, 14, 132, 264, 264t, 526
estado de múltiplas deficiências na, 527
glicose do sangue proveniente da, 177-178, 178f
importância biomédica, 519
necessidades
energia, 129-130, 524, 524f
metais de transição, 93, 93t
proteínas e aminoácidos, 525-526
vitaminas e minerais, 527-528
níveis de colesterol afetados pela, 250-252, 254, 257
pobre em carboidratos, 181
rica em frutose, 186, 188f, 189-190
rica em gorduras, esteatose e, 244
secreção hepática de VLDL e, 242-243, 243f
Dietilenotriaminopentacetato (DTPA), 204
Difosfato de adenosina (ADP)
captação de energia e transferência por, 107-108, 107t, 108f, 121-122
ciclos do fosfato da, 109, 109f
controle respiratório pelo, 122-123, 123t
estrutura do, 108f, 321f
lançadeira de creatina-fosfato para, 126, 126f
na agregação plaquetária, 670, 671f
Difosfato de guanosina. *Ver* GDP
Difosfomevalonato-cinase, 251f
Difosfomevalonato-descarboxilase, 251f
Difusão
facilitada. *Ver* Difusão facilitada
líquida, 468
passiva, 467-468, 467f, 467t, 468f, 469f
simples, 467-468, 467f, 467t, 468f

Difusão facilitada, 467-468, 467f, 467t
mecanismo pingue-pongue da, 469, 469f
para glicose. *Ver* Transportadores de glicose
regulação hormonal da, 469-470
transportadores envolvidos na, 468-469, 468f, 468t, 469f
Digestão
ativação de proteases na, 87
de carboidratos, 520, 520f
de lipídeos, 520-521, 522f
de proteínas, 521, 523
de vitaminas e minerais, 523-524, 523f
importância biomédica, 519
metabolismo dos principais produtos da, 130-131, 130f, 131f, 132f
Digitálicos, 473
Diglicuronídeo de bilirrubina, 312, 312f
Di-hidrobiopterina-redutase, 286, 288f
Di-hidrofolato, metotrexato e, 333-334
Di-hidrofolato-redutase, 537
Di-hidrolipoil-desidrogenase, 114, 161, 162f
Di-hidrolipoil-transacetilase, 161, 162f
Di-hidrotestosterona (DHT), 483
síntese de, 487, 489f
transporte plasmático de, 498t, 499
Di-hidroxiacetona-fosfato, na glicólise, 159, 159f, 230, 231f, 232f
1,25-Di-hidroxivitamina D, 530-531, 531f
Di-iodotirosina (DIT), 492, 493f
Dimercaprol, 123
Dímero de histonas, 351, 351f, 353
Dímeros
histona, 351, 351f, 353
proteína Cro, 415, 416f
proteína repressora lambda (*cI*), 415, 416f
Dimetilalil-difosfato, na síntese de colesterol, 250, 251f
Dimetilaminoadenina, 323f
Dinâmica molecular, determinação das estruturas das proteínas, 40
Dinamina, 475, 625
Dineína citosólica, 625
Dineínas do axonema, 625
2,4-Dinitrofenol, 123
Dinucleotídeo, 325
Dióxido de carbono (CO_2)
anidrase carbônica e, 648
produção no ciclo do ácido cítrico, 151-153, 152f
transporte pela hemoglobina, 52, 53f
Dioxigenase, 115
Dipalmitoil-lecitina, 200, 229
Dipeptidases, 521
Dipolos, 6-7, 7f
Disbetalipoproteinemia, familiar, 258t
Dislipoproteinemias, 257-258, 258t
Displasia
acromícrica, 597
colorretal, 687-688, 688f, 688t
geleofísica, 597
tanatofórica, 609
Displasia acromícrica, 597
Displasia geleofísica, 597
Displasia tanatofórica, 609

Dissacaridases, 520
Dissacarídeos, 142
de importância fisiológica, 145, 146f, 146t
digestão de, 520, 520f
Dissociação, 9-10
Dissociação ribossomal, na síntese de proteínas, 399
Distrofia muscular, 445, 622
defeitos da síntese de glicoproteínas na, 554
Distrofia muscular de Becker, 622
Distrofia muscular de Duchenne, 445, 622
Distrofias musculares congênitas, defeitos na síntese de glicoproteínas em, 554
Distrofina, 622, 623f
α-Distroglicano, 622, 623f
Distúrbio autoimune, 627, 628t
Distúrbios congênitos da glicosilação, 633
Distúrbios de armazenamento de lipídeos (lipidoses), 234-235, 235t
Distúrbios genéticos
anemia hemolítica, 157, 163, 182, 188-189
cadeia respiratória, 126
câncer, 683, 688, 690-691, 691t
defeitos do ciclo da ureia, 276-278, 277t
defeitos do colágeno em, 43-44
defeitos no metabolismo dos aminoácidos, 276-278, 277t, 280-281, 293, 294t
deficiência de piruvato-desidrogenase, 163
deficiências de hidrolases lisossomais das glicoproteínas, 555
deficiências no metabolismo da frutose, 190
deficiências no sistema de coagulação, 678
doenças de armazenamento do glicogênio, 164-166, 167t, 170
enzimas para diagnóstico de, 65
galactosemias, 191
mutações da hemoglobina, 53-54, 54f
porfirias, 305, 308, 310, 310t, 311f
Distúrbios hemorrágicos, 678
Distúrbios hemorrágicos hereditários, 678
Distúrbios ligados ao X, 445
Distúrbios metabólicos
características gerais dos, 276-277
da bilirrubina, 314-315, 314f, 315t
defeitos do ciclo da ureia, 276-278, 277t
dos aminoácidos, 276-278, 277t, 280-281, 293, 294t
espectrometria de massa em *tandem* no rastreamento para, 278, 280
estudos iniciais sobre, 2
modificação dos genes ou das proteínas para, 278
triagem de recém-nascidos para, 565-566
DIT. *Ver* Di-iodotirosina
Diversidade juncional, 641
Divisão celular, pontos de verificação na, 90, 90f
DMT-1. *Ver* Proteína de transporte de íons metálicos divalentes
DNA
clivagem por enzimas de restrição do, 433-434, 433t, 434f, 434t

clonagem de, 435-437, 436f, 437f, 437t
código epigenético do, 384
como polinucleotídeos, 325
complementaridade do, 341, 341f, 438
cromossômico, 352f, 355-356, 355f, 355t, 356f
dano por radicais livres, 541-542, 542f
desenrolamento do, 378
digestão parcial do, 438
elementos intensificadores, 420-423, 422f, 422t, 423f
elementos silenciadores, 422-423
em nucleossomos, 351, 351f, 352f, 353
estrutura do
    componentes da, 338-340, 339f
    desnaturação na análise da, 340-341
    dupla-hélice, 339-340, 340f
    formas de, 341
    sulcos na, 340f, 341
estrutura em dupla-hélice do, 8, 339-340, 340f
forma relaxada de, 341
identificação de proteína utilizando o, 28
importância biomédica, 338
imunoglobulina em rearranjos de, 361
informação genética contida no, 338-341
interações não covalentes no, 8
lesão do
    quebra de dupla-fita, 370, 370f, 371f
    tipos de, 369, 370t
mitocondrial, 358-359, 358f, 359t
monitoramento da integridade do, 372
mutações no, 350-351, 359-361.
    Ver também Mutações, genéticas
na cromatina, 352f
na síntese de RNA. Ver RNA, síntese de
no fluxo de informação genética, 393-394
pareamento de bases no, 339, 340f
    combinação para renaturação, 341
reações de carcinógenos com, 684
reações de xenobióticos com, 559, 559f
regiões codificantes de, 355-356, 357f
relação com o mRNA, 357f
renaturação de, pareamento de pares de bases e, 341
reparo do, 585
    estudo do, 369-372
    tipos de, 369-370, 370f, 370t
replicação e síntese do, 341, 342f
    complexo de DNA-polimerase na, 362f, 363, 363t
    controle da, 361-363, 362f, 362t
    desenrolamento, 363
    etapas na, 362f, 362t
    formação da bolha de replicação e, 364, 366f, 367-368, 367f
    formação da forquilha de replicação e, 362f, 363, 366f
    importância biomédica, 350-351
    iniciação, 363-364, 365f, 366f
    iniciador (*primer*) de RNA na, 362f, 362t, 363-364, 365f, 366f
    na fase S do ciclo celular, 368-369, 368f, 368t, 369f, 369t

    natureza semiconservativa da, 341, 342f
    origem da, 362-363, 362f
    polaridade da, 364, 366f
    reconstituição da estrutura da cromatina na, 368
    redução do ribonucleosídeo-difosfato e, 332
    reparo durante, 369-370, 370t
    semidescontínua, 362f, 364, 366f
    sinais epigenéticos durante a, 419, 420f
    síntese de RNA comparada com, 375
sequência repetitiva, 357-358
sequência única (não repetitiva), 357
sequenciamento do, 439, 440f
    direta, 445-446
superespiralado, 341, 367, 368f
topoisomerases, 341
transcrição do, 341. Ver também RNA, síntese de
transposição do, 360-361, 442
DNA de dupla-fita (dsDNA), 339-340, 351, 361, 375
DNA de fita simples (ssDNA), 361
DNA de sequência repetitiva, 357-358
DNA de sequência única (não repetitivo), 357
DNA ligante, 351f, 353
DNA mitocondrial, 358-359, 358f, 359t
DNA não repetitivo (de sequência única), 357
"DNA saltador", 360
DNA-helicase, 362f, 363, 363t
DNA-ligase, 363t, 364
    na preparação de moléculas quiméricas de DNA, 434-435
    na tecnologia do DNA recombinante, 434t
DNA-metilases, específicas de sequências, 433-434
DNA-metiltransferases (DNMTs), inibidores de, 690
DNA-PK. Ver Proteína-cinase dependente de DNA
DNA-polimerase dependente de RNA, 360
DNA-polimerase dependente de RNA viral, 344
DNA-polimerases
    na replicação, 362f, 363, 363t
    na tecnologia do DNA recombinante, 434t, 441, 441f
    procarióticas e eucarióticas, 364t
DNA-primase, 362f, 363t
DNase. Ver Desoxirribonucleases
DNase ativada por caspase (CAD), 693
DNase I
    cromatina ativa e, 354
    na tecnologia do DNA recombinante, 434t
DNA-topoisomerases, 367, 367f
dNDPs (desoxirribonucleosídeos-fosfato), 332, 332f
DNMTs (DNA-metiltransferases), inibidores da, 690
Doadores de prótons, ácidos como, 10

Dobra de Rossmann, 37
Dobras, nas proteínas, 36, 37f
Dobramento
    das proteínas, 41-42, 42f
    de proteínas, papel da calnexina em, 551-552
Dobramento de proteínas
    chaperonas e, 574-575
    maldobradas, 584-585, 585f, 585t
Doença
    análise molecular de, 442-445, 443f, 444f, 444t
    autoimune, 627, 628t
    conformacional, 585t
    da pele, 3
    de reparo de dano ao DNA, 369, 370t
    genética. Ver Doenças genéticas
    hemácias e, 646, 650t
    inter-relação bioquímica com, 2, 2f
    membranas e, 459, 478t
    processos bioquímicos subjacentes, 3
    proteoglicanos e, 604
    seleção de proteínas e, 573
Doença autoimune
    lesão por radicais livres causando, 542
    papel dos xenobióticos na, 559
Doença cardíaca coronariana (isquêmica).
    Ver também Aterosclerose
    colesterol e, 257
Doença cardiovascular
    ácidos graxos ω3 e, 199
    biomarcadores de, 567
    lipídeos e, 198
    suplementos de ácido fólico para, 538
Doença celíaca, 519
Doença da célula de inclusão (célula I), 478, 478t, 554, 585t
Doença da célula I, 478, 478t, 554, 585t
Doença da urina do xarope de bordo (MSUD), 290, 294, 293t
Doença da β larga, 258t
Doença de Alzheimer
    ácidos graxos ω3 e, 199
    conformações das proteínas patológicas na, 42-43
    distúrbios da cadeia respiratória na, 126
Doença de Creutzfeldt-Jakob (DCJ), 42
Doença de Crohn, 226
Doença de Fabry, 235t
Doença de Farber, 235t
Doença de Gaucher, 235t, 585t
Doença de Hartnup, 288, 289f, 535
Doença de Krabbe, 235t
Doença de Niemann-Pick, 235t
Doença de Pompe, 166, 167t
Doença de Refsum, 215, 580, 580t
Doença de Refsum infantil, 580, 580t
Doença de remoção de remanescentes, 258t
Doença de Tangier, 258t
Doença de Tay-Sachs, 235t, 585t
Doença de von Gierke, 166, 167t, 335
Doença de von Willebrand, 585t, 655, 678
Doença de Wilson, 298, 478t, 627, 634
Doença do núcleo central, 618, 620t
Doença do olho de peixe, 258t

Doença dos cordeiros gêmeos, 215, 244
Doença falciforme, 397f
　análise da genealogia da, 443-444, 444f
　diagnóstico pré-natal de, 444-445, 445f
　mutação pontual na, 442, 443f
　mutações da hemoglobina na, 54, 54f
　tecnologia para, 432
Doença granulomatosa crônica, 661
Doença hepática gordurosa não alcoólica (DHGNA), 243
Doença infecciosa
　desnutrição na, 525
　enzimas para o diagnóstico de, 64
　kwashiorkor após, 525
　papel das glicoproteínas na, 555
　perda de proteínas na, 526
Doença jamaicana do vômito, 215
Doenças conformacionais, 590
Doenças de armazenamento, 164, 166, 167t, 170
Doenças de armazenamento de glicolipídeos, 229
Doenças genéticas
　de mutações de proteínas de membrana, 478, 478t
　do osso, 607, 607t
　dos músculos, 621-623, 622t, 623f, 624f
　tecnologia do DNA recombinante no diagnóstico de, 442-445, 443f, 444f, 444t
　terapia gênica para, 446
Doenças neurodegenerativas, príons, 42
Doenças por deficiências na proteostase, 590
Doenças priônicas, conformações patológicas de proteínas nas, 42
Dolicol, 203, 204f
　na síntese de colesterol, 250-251, 251f
Dolicol-pirofosfato, na síntese de glicoproteínas, 550-551, 551f
Domínio carboxiterminal (CTD), 383-384, 415
Domínio de ligação C-terminal, 37
Domínio de ligação do ligante (LBD), 511-512, 512f
Domínio de ligação N-terminal, 37
Domínios
　albumina, 630
　cromatina, 352f, 353, 355
　de receptores hormonais, 481-482
　ligação do DNA. *Ver* Domínios de ligação do DNA
　proteínas, 37, 38f, 39f
Domínios com alças, cromatina, 352f, 353, 355
Domínios de ativação (ADs), 381, 427, 428f, 512
Domínios de ligação, 37, 38f
Domínios de ligação do DNA (DBDs), 381
　da proteína repressora cI, 415
　de proteínas de fatores de transcrição regulatórios, 425t
　　motivo em dedo de zinco, 426, 426f
　　motivo em zíper de leucina, 427, 427f
　　motivo hélice-volta-hélice, 425-426, 426f

　separação de domínio de transativação de, 427-428, 428f
Domínios hidrofóbicos, 37
Domínios reguladores, 37
Domínios silenciadores (SDs), 428, 428f
L-Dopa, 491, 491f
Dopa-descarboxilase, na biossíntese de catecolaminas, 491, 491f

Dopamina, 491, 491f. *Ver também* Catecolaminas
Dopamina-β-hidroxilase (DBH), 491, 491f
　cobre na, 98-100
　vitamina C como coenzima para, 539
Dor, prostaglandinas na, 216
DPE. *Ver* Elemento promotor a jusante
Drosha-DGCR8 nuclease, 390-391
DSBs. *Ver* Quebras de dupla-fita
dsDNA (DNA de dupla-fita), 339-340, 351, 361, 375
DTPA. *Ver* Dietilenotriaminopentacetato
DUE. *Ver* Elementos de desenrolamento do DNA
Dupla-hélice, da estrutura do DNA, 8, 339-340, 340f
Duplo negativo, 410

E

E. coli, metabolismo da lactose e hipótese do óperon em, 411-412, 411f, 413f, 414
E'_0. *Ver* Potencial redox
E3-ligases, 84-85
E_{at}. *Ver* Energia de ativação
ECA (enzima conversora da angiotensina), 495
EcoRI, 433, 433t, 436f
EcoRII, 433t
Edema
　concentração plasmática de proteínas e, 628
　deficiência de vitamina B_1 no, 534
　kwashiorkor como causa de, 525
Edição do RNA, 390
EDTA. *Ver* Etilenodiaminotetracetato
EF1A. *Ver* Fator de alongamento 1A
EF2. *Ver* Fator de alongamento 2
Efeito Bohr, 52, 53f
Efeito eletrogênico, 473
Efeito hidrofóbico, na automontagem da bicamada lipídica, 462
Efeito Warburg, 695-696, 697f, 698t
Efetores, da apoptose, 692-694, 693f
Efetores alostéricos, 85-86, 85f, 136, 175
Efetores alostéricos negativos, 85
Efetores isostéricos, 86
Eficiência catalítica (k_{cat}/K_m), 75
EFs. *Ver* Fatores de alongamento
EGF. *Ver* Fator de crescimento epidérmico
EHNA (esteato-hepatite não alcoólica), 243
Eicosanoides, 16, 197, 198, 224, 225f, 662
eIF-1A, na síntese de proteínas, 399, 400f
eIF-2, na síntese de proteínas, 399, 400f
eIF-3, na síntese de proteínas, 399, 400f

eIFs, na síntese de proteínas, 399, 400f
Elastase, 521
　catálise covalente de, 61
Elastina, 596, 597t, 607
Elemento de desenrolamento do DNA (DUE), 362-363
Elemento de origem da replicação (ORE), 362
Elemento de resposta do intensificador, 422f
Elemento promotor a jusante (DPE), 380
Elementos de resposta hormonal (HREs)
　expressão gênica e, 423, 424f
　na geração de sinais, 501-502, 502f
　sequências de DNA dos, 502t
　tipos de, 511
Elementos de controle da transcrição, 385t
Elementos de resposta do ferro, 634-635
Elementos do DNA
　combinações de, 424, 425f
　expressão tecidual específica de, 423
　genes repórteres e, 423, 424f
　intensificação e repressão da expressão gênica por, 420-423, 422f, 422t, 423f
　regiões de controle do *locus* e isoladores, 424-425
Elementos inorgânicos, necessidades humanas, 93, 93t
Elementos nucleares intercalados curtos (SINEs), 357-358
Elementos nucleares intercalados longos (LINEs), 357-358
Elementos periféricos, 425
Elementos reguladores do DNA, 422, 423f
Eletricamente carregado, 471, 471f
Eletrodos específicos de íons, 564
Eletrófilos, 8
　carcinógenos como, 684
　na catálise enzimática, 58-59
Eletroforese. *Ver também* Eletroforese em gel
　para análise das proteínas plasmáticas, 628
Eletroforese bidimensional, avaliação da pureza das proteínas com, 26, 27f
Eletroforese em gel
　gel de poliacrilamida, 26, 26f
　purificação de proteínas e peptídeos com, 26, 26f
Eletroforese em gel de poliacrilamida (PAGE), 26, 26f
Eletroforese em gel de poliacrilamida dodecil sulfato de sódio (SDS-PAGE), purificação de proteínas e peptídeos com, 26, 26f
Eletroforese em zona de acetato de celulose, 628, 629f
Eletrólitos
　bicamada lipídica e, 462-463
　medição dos, 565
Eliptocitose hereditária, 651, 653
Elisa. *Ver* Ensaio de imunoadsorção ligado à enzima
Emaciação, 130
EMT. *Ver* Transição mesenquimal epitelial
Emulsões, formadas por lipídeos anfipáticos, 204-205, 205f
Encéfalo
　em jejum, 130, 138-139, 138t, 139f, 139t

necessidade de glicose do, 136
no estado alimentado, 130, 136-138, 137f, 138t
Encefalopatia
acidose láctica com, 118
deficiência de vitamina B_1 na, 534
Encefalopatia de Wernicke, 534
Encefalopatia mitocondrial, acidose láctica e acidente vascular encefálico (MELAS), 126
Encefalopatia tóxica hiperbilirrubinêmica, 313-314
Endereçamento dos linfócitos, papel das glicoproteínas no, 554
Endocitose, 459, 467t
de macromoléculas, 474-475, 474f, 475f, 477f
LDL na, 253
Endocitose mediada por receptor, 474f, 475
Endoglicosidases, 603
Endonucleases, 348, 433. *Ver também* Enzimas de restrição
na preparação de moléculas quiméricas de DNA, 434-435
Endonucleases de restrição
observação direta de, 62f
uso no diagnóstico clínico, 64
Endopeptidases, 521
Endossimbiose, 710
Energia. *Ver também* Bioenergética; Energia livre
necessidades humanas de, 129-130, 524-525, 524f
para transporte ativo, 472, 472t
transdução em membranas, 459
Energia de ativação (E_{at}), 69-70, 70f, 72
Energia livre
ATP como fonte de energia celular, 108-110, 108f, 109f, 121-122
captação e transferência de fosfato de alta energia, 107-108, 107t, 108f, 121-122
como energia útil em sistemas biológicos, 105-106
da hidrólise do ATP, 107-108, 107t, 108f
efeitos enzimáticos sobre, 72-73
mudanças das reações químicas na, 69-70, 70f, 105-106
obtenção de, 107
potencial redox e, 111-112, 112t
regulação metabólica e, 83-84, 83f
Energias de ligação, de átomos biologicamente importantes, 7t
Enfisema, 638
Engenharia genética, 432. *Ver também* Tecnologia do DNA recombinante
Δ^2-Enoil-CoA-hidratase, 209, 209f, 210
Enoil-redutase, 218f, 219f
Enolase, na glicólise, 159, 159f
Ensaio de Ames, 684, 684f
Ensaio-sanduíche, uso em exames laboratoriais, 565
Ensaio de imunoadsorção ligado à enzima (Elisa), 63
utilizados por exames laboratoriais, 565

Ensaios de ligação a ligantes competitivos, exames laboratoriais que utilizam, 565
Ensaios enzimáticos
acoplados, 63, 63f
de molécula única, 62, 62f
diagnóstico clínico utilizando, 63-64, 64t, 65f, 564-566, 564f
espectrofotométricos, 63, 63f
imunoensaios, 63
medição da velocidade inicial com, 73, 73f
no desenvolvimento de fármacos, 80
triagem de alto rendimento, 62-63
Entactina, 598
Entalpia, 106
Entropia, 106
Envelhecimento
câncer e, 698
como processo pré-programado, 715-717
importância biomédica, 707
matriz extracelular e, 592
mortalidade e, 708
proteoglicanos e, 604
telomerase e, 355
teoria de mutação somática do, 714
teorias de uso e desgaste do. *Ver Teorias de uso e desgaste do envelhecimento*
teorias metabólicas do, 715-716, 716t
Enzima 3-cetoacil, 217, 219f
Enzima acetil (acil)-malonil, na lipogênese, 217, 218f, 219f
Enzima acil, 217, 219f
Enzima conversora da angiotensina (ECA), 495
Enzima de clivagem da cadeia lateral do citocromo P450 (P450scc), 485, 485f
Enzima desramificadora, na glicogenólise, 166, 166f
Enzima málica, na produção de NADPH, 218, 219f, 220f
Enzima ramificadora, na glicogênese, 165-166, 165f, 166f
"Enzima suicida", ciclo-oxigenase como, 224-225
Enzimas
atividade das, 75, 564-565, 564f
bifuncionais, 176
cinética das. *Ver Cinética enzimática*
classificação das, 57
coenzimas de, 57-58, 58f
cofatores de, 57-58, 58f
como alvos de fármacos, 80
como catalisadores, 9, 57, 57f
conservação de resíduos catalíticos nas, 61
de neutrófilos, 659, 660t
degradação das
regulação da, 84-85
velocidade de, 270
detecção de, 62-63, 62f, 63f
digestivas, 521
DNA recombinante no estudo das, 65-66, 66f
espécies reativas de oxigênio e, 713

especificidade das, 57, 57f
grupos prostéticos das, 57-58, 58f
homólogas, 61
importância biomédica, 56
inativação por metais pesados, 94
inibidores de. *Ver Inibidores*
isoenzimas, 61-62
limitantes de velocidade, 84
mecanismos de ação das, 56
catálise acidobásica, 59, 60f
catálise covalente, 59, 59f, 61f, 62f
mutagênese sítio-dirigida no estudo das, 66
proximidade, 59
tensão, 59
meia-vida das, 270
membranas na localização de, 459
mudanças conformacionais das, 60, 60f
no reparo do DNA, 350
nucleases, 348
reações de transferência de grupo das, 9
regulação das
alostérica, 85-86, 85f, 135-136, 135f
ativa ou passiva, 83, 83f
enzimas limitantes de velocidade como alvos de, 84
hormônios na, 86, 135-136, 135f
importância biomédica, 82-83
modificações covalentes na, 89-90, 88f, 89t
múltiplos mecanismos de, 85
papel da compartimentalização na, 83-84
proenzimas na, 87-88, 88f
quantidades, 84-85
redes de controle da, 90, 90f
segundos mensageiros na, 86
reguladoras, 135
RNA, 342
síntese de, regulação da, 84
sítio ativo de, 58-59, 59f
terapia de reposição para, 235
utilizadas no diagnóstico clínico, 63-64, 64t, 65f, 564-565, 564f
Enzimas ativadas por metais, 58
Enzimas bifuncionais, 176
Enzimas da borda em escova, 520
Enzimas de restrição (REs), 348
clivagem da cadeia de DNA com, 433-434, 434f, 434t
na preparação de moléculas de DNA quiméricas, 434-435
seleção de, 433, 433t
Enzimas limitadas por difusão, 75
Enzimas lisossômicas na doença da célula I, 478, 478t
Enzimas regulatórias, de vias metabólicas, 135
Enzimologia de molécula única, 62, 62f
Enzimologia diagnóstica, 63-64, 64t, 65f, 564-565, 564f
Enzimopatia, 650
Eosinófilos, 656, 660, 661, 661f
EPA. *Ver* Ácido eicosapentaenoico
Epiderme, 708t

Epidermólise bolhosa, 595t, 596, 625
Epigenética, 83
  código das histonas, 87
  no desenvolvimento de câncer, 690-691
Epimerases, 600
Epímeros, 143, 144f
Epinefrina. *Ver também* Catecolaminas
  conversão da tirosina em, 300, 302f
  na regulação da glicólise e gliconeogênese, 175
  na regulação da lipogênese, 221, 222f
  regulação da glicose do sangue por, 180
  regulação do glicogênio por, 167-168, 169f
  síntese de, 484f, 491f, 492
Epissomos, 436
Epítopos, 36
EPO. *Ver* Eritropoietina
Epóxido-hidrolase, 559, 559f
Epóxidos, 559, 559f
Eptifibatida, 672
Equação de Henderson-Hasselbalch, 12, 12f
Equação de Hill, 76, 76f
Equação de Michaelis-Menten, 73-76, 73f, 75f
  para reações Bi-Bi, 79, 80f
Equações químicas
  equilíbrio de, 69
  ordem cinética de, 71
Equações químicas equilibradas, 69
Equilíbrio
  das reações químicas, 69
  do nitrogênio em seres humanos saudáveis, 525
Equilíbrio acidobásico, papel da amônia no, 275
Equilíbrio energético, 106, 524-525, 524f
Equivalente de atividade de retinol, 529
Equivalente metabólico da tarefa (MET), 524
Equivalentes redutores
  geração na via das pentoses-fosfato, 185
  oxidação na cadeia respiratória, 118-121, 119f, 120f, 121f
  produção no ciclo do cítrico, 151-153, 152f
ERAD. *Ver* Degradação associada ao retículo endoplasmático
Ergosterol, 203, 203f
Ergotioneína, 298, 298f
Eritromicina, 145
Eritropoiese
  deficiência de ferro, 636
  estágios iniciais da, 649
Eritropoietina (EPO), 647, 649
Eritrose-4-fosfato, na via das pentoses-fosfato, 183f, 184f, 185
Erlotinibe, 702
EROs. *Ver* Espécies reativas de oxigênio
ERp57, 551
Erros inatos do metabolismo
  características gerais dos, 276-277
  defeitos do ciclo da ureia, 276-278, 277t
  do metabolismo de aminoácidos, 276-278, 277t, 280-281, 293, 294t
  espectrometria de massa em *tandem* na triagem para, 278, 280

  estudos iniciais, 2
  modificação de genes ou proteínas para, 278
  mucopolissacaridoses, 603-604, 604t
  triagem de recém-nascidos para, 565-566
Escherichia coli, metabolismo da lactose em, hipótese do óperon e, 411-412, 411f, 413f, 414
Esclerose múltipla, 234-235, 473
Escorbuto, 44, 263, 266, 540, 596
Escritores do código, 418
Esferocitose hereditária, 478t, 650t, 651, 653
Esfingofosfolipídeos, 196
Esfingolipídeos, 199, 201f, 229
  aspectos clínicos dos, 234-235, 235t
  formação de, 233-234, 234f
  na esclerose múltipla, 234
Esfingolipidoses, 234-235, 235t
Esfingomielinas, 200, 200f
  assimetria da membrana e, 464, 589
  em membranas, 461
  síntese de, 233-234, 234f
Esfingosina, 199, 200f
  conversão da serina em, 300
Espaço intermembrana, das mitocôndrias, 118, 118f
Espaço mitocondrial intermembrana, proteínas no, 576
Espécies reativas de oxigênio (EROs), 649, 709
  como subprodutos tóxicos da vida, 710f
  dano causado por, 541-542, 542f
  fontes de, 542-543, 543f
  formação por metais pesados, 94
  geração durante a explosão respiratória, 660
  mecanismos de proteção contra, 543-544, 544f
  mecanismos enzimáticos e químicos que interceptam o dano, 713
  na peroxidação lipídica, 204, 204f
  no desenvolvimento do câncer, 683, 700
  paradoxo antioxidante e, 544-545, 544t
  reação com moléculas biológicas, 711f
  reações da hidroperoxidase com, 114
  reações da superóxido-dismutase com, 116
  reações em cadeia autoperpetuantes, 541
  reações em cadeia e, 710
Especificidade
  de enzimas, 57, 57f
  de exames laboratoriais, 562-563, 562f, 563t
  de receptores de hormônios, 481, 481f
Especificidade de reconhecimento do promotor, 377
Espectrina, 651, 652, 652f, 652t, 653
Espectrofotofluorimetria, 564
Espectrofotometria de porfirinas, 308, 310f
  uso em ensaios enzimáticos, 63, 63f
  uso em exames laboratoriais, 563-564
Espectrofotometria de absorção, exames laboratoriais que utilizam a, 563-564
Espectrofotometria de fluorescência, utilização em exames laboratoriais, 563-564

Espectrometria de absorção atômica, 564
Espectrometria de massa (MS)
  análise de proteínas com, 28-30, 28t, 29f, 30f
  configurações espectrométricas usadas para, 28-30, 29f, 30f
  detecção de doença metabólica com, 278
  em *tandem*, 30, 278, 280
  métodos de volatilização para, 29-30, 30f
  proteômica com, 447
Espectrometria de massa quadrupolo, 28, 29f
Espectrometria de massa quadrupolo simples, 28, 29f
Espectrômetros de massa por tempo de voo (TOF), 28-29
Espectroscopia, determinação das estruturas das proteínas, 40
Espermidina, 299, 299f, 300f
Espermina, 299, 299f, 300f
Espinha bífida, suplementos de ácido fólico para, 538
Esqualeno, na síntese de colesterol, 250, 251f, 252f
Esqualeno-epoxidase, na síntese de colesterol, 250, 252f
Esqualeno-sintetase, 251f
Estabilização do estado de transição, na catálise enzimática, 59
Estado alimentado, combustíveis metabólicos no, 130, 136-138, 137f, 138t
Estado de jejum, combustíveis metabólicos no, 130, 138-139, 138t, 139f, 139t
Estado de prófago, 415
Estado de transição
  das reações químicas, 69-70, 70f
  estabilização enzimática do, 72
Estado imunocomprometido, 645, 656
Estado R. *Ver* Estado relaxado
Estado redox, 210
Estado relaxado (R), da hemoglobina, 50-52, 51f, 52f
Estado T. *Ver* Estado tenso
Estado tenso (T), da hemoglobina, 50-52, 51f, 52f
  estabilização pelo 2,3-bifosfoglicerato, 53, 53f
Estados de valência, dos metais de transição, 93, 94f, 94t, 95
Estatinas, 84
Estearoil-CoA, 223, 223f
Esteato-hepatite não alcoólica (EHNA), 243
Esteatose hepática
  alcoolismo e, 244
  da gravidez, 215
  desequilíbrio do metabolismo de triacilgliceróis e, 243-244
  doença da esteatose hepática não alcoólica, 243
  esteato-hepatite não alcoólica, 243
  tipos de, 244
Esteatose hepática aguda da gravidez, 215
Estenose aórtica supravalvar, 596
Estequiometria, 69

Éster de colesteril-hidroxilase, 253
Estereoespecificidade, de enzimas, 56-57, 57*f*
Estereoquímica, de L-α-aminoácidos, 17
Ésteres de colesteril, 203, 253-254, 255*f*
    no cerne da lipoproteína, 236, 237, 238*f*
    no metabolismo de HDLs, 241*f*, 242
Esteroides
    armazenamento dos, 497, 497*t*
    bicamada lipídica e, 462
    citocromo P450 no metabolismo dos, 115-116, 115*f*, 116*f*
    como molécula precursora, 483, 484*f*
    estereoisômeros de, 203, 203*f*
    funções dos, 202
    núcleo dos, 202, 202*f*
    papel da vitamina B$_6$ nas ações dos, 535
    receptores de, 482
    transporte plasmático de, 498*t*, 499
    vias metabólicas dos, 131, 131*f*
Esteroides gonadais, transporte de, 498*t*, 499
Esteroidogênese
    ovariana, 487-489, 489*f*, 490*f*
    testicular, 487, 488*f*
Esteroidogênese suprarrenal
    síntese de androgênios, 486*f*, 487
    síntese de glicocorticoides, 486-487, 486*f*
    síntese de mineralocorticoides, 485-486, 486*f*
    visão geral da, 485, 485*f*
Esteróis, 202, 461
Esterol 27-hidroxilase (CYP27A1), 255-256, 256*f*
Estradiol, 483, 484*f*, 485*f*, 498*t*, 499
Estreptocinase, 64, 679
Estreptomicina, 145
Estriol, 487, 489*f*
Estrogênios
    níveis de colesterol e, 257
    síntese de, 487-489, 489*f*, 490*f*
    transporte de aminoácidos e, 470
Estrona, 487-488, 489*f*, 498*t*, 499
Estrutura de *cap* 7-metilguanosina, mRNA, 389
Estrutura primária
    aminoácidos e, 20-21
    como ordem de estrutura das proteínas, 34
    determinação da
        espectrometria de massa para, 28-30, 28*t*, 29*f*, 30*f*
        genômica e, 28
        proteômica e, 30-31
        reação de Edman, 27-28, 27*f*
        técnicas de biologia molecular para, 28
        técnicas de purificação para, 23-26, 25*f*, 26*f*, 27*f*
        trabalho de Sanger na, 26-27
    do colágeno, 43, 43*f*
Estrutura primária, do RNA, 342-343, 347*f*
Estrutura quaternária, 36-37, 38*f*, 39*f*
    como ordem de estrutura das proteínas, 34

    da hemoglobina, 50-53, 50*f*, 51*f*, 52*f*, 53*f*
    diagramas esquemáticos da, 38-39
    fatores estabilizadores na, 39
Estrutura secundária
    alças e dobras, 36, 37*f*
    como ordem de estrutura das proteínas, 34
    da mioglobina e hemoglobina, 50
    dobramento, 41
    do colágeno, 43, 43*f*
    folhas β, 36, 36*f*, 37*f*
    α-hélices, 35-36, 35*f*, 37*f*
    restrições pelas ligações peptídicas, 34-35, 34*f*
Estrutura secundária, do RNA, 342, 343*f*, 347*f*
Estrutura terciária, 36-37, 38*f*, 39*f*
    como ordem de estrutura das proteínas, 34
    da mioglobina e hemoglobina, 50
    diagramas esquemáticos de, 38-39
    do colágeno, 43, 43*f*
    fatores estabilizadores na, 39
Estruturas de ressonância, de aminoácidos, 18-19, 19*f*
Estruturas em anel de furanose, 143, 143*f*
Estruturas em anel de piranose, 143, 143*f*
Estruturas semelhantes a barril, 575
Estruturas supersecundárias, 36
Estudos de inibição do produto, 79
Etanol
    esteatose hepática e, 244
    indução do citocromo P450 por, 557
Etanolamina, 201, 201*f*
Éteres lipídeos, biossíntese de, 232*f*
ETF. *Ver* Flavoproteína de transferência de elétrons
Etilenodiaminotetracetato (EDTA), 204
Eucromatina, 354
Evento interruptor genético lítico/lisogênico, 415, 415*f*
Evolução
    hipótese do mundo de RNA, 67
    tempo de vida e, 717
EVs. *Ver* Vesículas extracelulares
Exame complementar. *Ver* Exames laboratoriais
Exame de urina, 566
Exames laboratoriais
    amostras para, 563
    causas de resultados anormais, 560
    de função orgânica, 566-567
    enzimas utilizadas em, 63-64, 64*t*, 65*f*, 564-566, 564*f*
    faixa de referência de, 561
    importância biomédica, 560
    para câncer, 700-701, 701*t*
    para hemostasia, 679
    técnicas utilizadas em, 563-564, 564*f*
    validade dos, 561-562, 561*f*, 562*f*, 563*t*
    valor clínico dos, 562-563, 563*t*
Excesso de lipoprotcína(a), familiar, 258*t*
Executores, da apoptose, 692-694, 693*f*
Exocitose, 459, 467*t*, 474-475, 475*f*, 477*f*, 574

Exoglicosidase, 603
Éxons, 356, 357*f*
    descrição de, 387
    processamento dos, 387*f*, 393-394
    splicing de, 388, 387*f*, 388*f*
Exonucleases, 348, 433
    na tecnologia do DNA recombinante, 434*t*
Exopeptidases, 521
Exossomos, 476-478, 477*f*
    câncer e, 690
Expectativa de vida, 708, 708*t*
Explosão respiratória, 525, 660
    radicais livres da, 542
Exportadores de mRNP, 578
Exportinas, 578
Expressão constitutiva de genes, 411, 414
Expressão coordenada, 412
Expressão de genes eucarióticos
    alteração do ncRNA da função do mRNA na, 429
    amplificação, 429, 429*f*
    bacteriófago lambda como paradigma para interações proteína-DNA, 414-418, 414*f*, 415*f*, 416*f*, 417*f*
    características especiais da, 418
    como modelo para estudo, 411
    comparação com procariotos, 428-430, 429*f*, 430*f*
    diversidade da resposta na, 424, 425*f*
    elementos intensificadores de DNA e, 420-423, 422*f*, 422*t*, 423*f*
    estabilidade do mRNA e, 430-431, 430*f*
    expressão tecidual específica da, 423
    mecanismos epigenéticos, 419-420, 420*f*, 421*f*
    métodos de, 428, 428*t*
    molde de cromatina na, 418-419
    processamento alternativo do RNA e, 430
    regiões de controle do *locus* e isoladores, 424-425
Expressão gênica
    constitutiva, 411, 414
    inibição por miRNA e siRNA, 348
    na síntese de nucleotídeos pirimidínicos, regulação da, 334
    papel do ácido retinoico na, 529-530
    silenciamento da, 87
Expressão gênica procariótica
    características exclusivas da, 411
    como modelo para estudo, 411
    eucariotos em comparação com, 428-431, 428*t*, 429*f*, 430*f*
    maneira liga/desliga, 424
Extravasamento, de células cancerosas, 698, 699*f*
Extremidades adesivas, 433, 434*f*
Extremidades cegas, 434, 434*f*
Extremidades escalonadas, 433, 434*f*
Ezetimiba, para hipercolesterolemia, 257

F

FAB. *Ver* Bombardeamento por átomos rápidos

FACITs. *Ver* Colágenos associados a fibrilas com triplas-hélices interrompidas
FAD. *Ver* Flavina-adenina-dinucleotídeo
FADH$_2$, produção por oxidação de ácidos graxos, 209, 209*f*
Fadiga, defeitos da glicólise como causa de, 157
Fagocitose, 474, 656, 657, 659-661, 659*f*, 660*t*
Fagos, na tecnologia do DNA recombinante, 436, 437*t*
Fagossomos, 660
Faixa de referência, de exames laboratoriais, 561
Família Alu, 358, 360
Família de correpressores, 514, 514*t*
Família de peptídeos POMC, 496-497, 497*f*
Família p160 de coativadores, 514, 514*t*
Farmacogenômica, 4
Fármacos anticoagulantes, mecanismo de, 677-678
Fármacos antifolato, síntese de nucleotídeos purínicos afetada por, 328, 330
Fármacos anti-inflamatórios não esteroides
 ciclo-oxigenase afetada por, 226
 síntese de prostaglandinas e, 216, 226
Fármacos antimaláricos, inibidores do metabolismo do folato, 537
Fármacos antiplaquetários, 672
Fármacos cumarínicos, 677-678
Fármacos da sulfonilureia, 215
Fármacos estatinas, 250, 250*f*, 257
Fármacos hipolipidêmicos, 257
Farnesil-difosfato, na síntese de colesterol/poli-isoprenoides, 250-251, 251*f*
Fase de relaxamento da contração muscular, 616
Fase G1 e G2, 368, 368*f*, 369*f*
Fase M, 368, 368*f*, 369*f*
Fase mitótica, 368, 368*f*, 369*f*
Fase S do ciclo celular, síntese de DNA durante, 368-369, 368*f*, 369*f*, 369*t*
Faseamento, de nucleossomos, 353
Fases gap 1 e 2, 368, 368*f*, 369*f*
Fator acelerador de degradação, 554
Fator de alongamento 1A (EF1A), 402, 403*f*
Fator de alongamento 2 (EF2), 403, 403*f*
Fator de ativação das plaquetas (PAF), 229
 síntese de, 230*f*, 232, 232*f*
Fator de células-tronco, 647
Fator de crescimento derivado das plaquetas (PDGF), no câncer, 689, 689*t*
Fator de crescimento do endotélio vascular (VEGF), 697
Fator de crescimento epidérmico (EGF)
 na geração de sinais da insulina, 508, 509*f*
 receptor de, 482, 702
Fator de crescimento semelhante à insulina I (IGF-I), 482
 na geração de sinais de insulina, 508, 509*f*
Fator de diferenciação do crescimento 15 (GDF15), 635
Fator de estimulação de colônias, 647
Fator de fixação de NSF solúvel (SNAP), 586*t*, 587*f*, 588

Fator de liberação 1 (RF1), 403, 404*f*
Fator de liberação 3 (RF3), 403-404, 404*f*
Fator de relaxamento derivado do endotélio, 622
Fator de ribosilação de ADP 1 (ARF-1), 242, 243*f*
Fator de von Willebrand, 678
 na agregação plaquetária, 670, 671*f*
Fator I. *Ver* Fibrinogênio
Fator II. *Ver* Protrombina
Fator III. *Ver* Fator tecidual
Fator induzível de hipoxia 1 (HIF-1), 696-697
Fator intrínseco, 101, 536
Fator IX, 673*t*, 674, 674*t*
 deficiência de, 678
 fármacos cumarínicos e, 677-678
Fator lipotrópico, 244
Fator natriurético atrial (ANF), 482, 483*t*
Fator nuclear kappa-B (NF-κB), 553, 631
Fator rho (ρ), 378
Fator tecidual (TF), 673, 673*t*, 674*t*
Fator V, 673*t*, 674*t*, 675, 675*f*
Fator V de Leiden, 677
Fator VII, 673, 673*t*, 674*t*, 677-678
Fator VIII, 673*t*, 674, 674*t*
 deficiência de, 678
Fator X, 673*t*, 674*t*
 ativação da protrombina por, 674-675, 675*f*
 ativação da via extrínseca do, 672-673, 672*f*, 673*f*
 ativação da via intrínseca do, 672-674, 672*f*, 673*f*
 fármacos cumarínicos e, 677-678
Fator XI, 673*t*, 674, 674*t*
Fator XII, 673*t*, 674, 674*t*
Fator XIII, 673*t*, 674*t*, 677
Fatores associados à TBP (TAFs), 380, 381*f*, 383-385
Fatores da coagulação, 672, 673*f*, 673*t*, 674*t*
 carboxilação dependente de vitamina K de, 677-678
 deficiências de, 678
Fatores de transcrição, 385*t*, 717
 para a síntese enzimática, 84
Fatores de alongamento (EFs), 402-403, 403*f*, 403*t*
Fatores de crescimento, no câncer, 689, 689*t*
Fatores de iniciação eucarióticos (eIFs), na síntese de proteínas, 399, 400*f*
Fatores de transcrição gerais (GTFs), 381, 381*f*
 ativadores e correguladores e, 385
 na formação de PIC, 385-386
 na formação de RNA-polimerase II, 382-384
Fatores de troca de nucleotídeos de guanina (GEFs), 578, 578*f*
Fatores inibidores do crescimento, no câncer, 689
Favismo, 189
FC. *Ver* Fibrose cística
Feixe de quatro hélices, 588
Fenilalanina, 16*t*
 absorção da luz ultravioleta, 20, 20*f*
 catabolismo do esqueleto de carbono da, 286, 288*f*

Fenilalanina-hidroxilase, 266, 267*f*, 286, 288*f*
 localização do gene da, 442*t*
Fenilcetonúria (PKU), 286, 288*f*
Feniletanolamina-*N*-metiltransferase (PNMT), 491*f*, 492
Fenil-isotiocianato, 27, 27*f*
Fenobarbital, 557
Fenóis, sulfação dos, 558
Fenótipo mutante, 692, 692*f*
Fenótipo SADDAN, 609
Fermentação, por extrato de levedura livre de células, 1-2
Ferritina, 405, 523, 523*f*, 632-633, 632*t*, 634-635, 635*f*
Ferro
 a partir do catabolismo do heme, 311
 absorção do, 101, 523-524, 523*f*
 ciclo da transferrina, 633, 634*f*
 conservação do, 632-634, 632*f*, 632*t*
 deficiência de, 636-638, 637*t*
 deslocamento por metais pesados, 94
 estados multivalentes do, 93, 94*f*, 94*t*
 funções fisiológicas do, 96, 98, 97*f*, 98*f*
 homeostasia intracelular, 634-635, 635*f*, 636*f*, 637*f*
 na citocromo-oxidase, 96
 na sulfito-oxidase, 100, 100*f*
 necessidades humanas de, 93, 93*t*
 no heme, 48, 48*f*, 49*f*, 53-54, 95-97
 nos citocromos P450, 115-116, 115*f*
 oxidação do heme, 649-651, 650*f*, 650*t*, 651*f*
 reciclagem por macrófagos, 631, 631*f*
 regulação do, 94
 sobrecarga, 633, 636, 638*t*
 toxicidade do, 95*t*
Ferro férrico
 a partir do catabolismo do heme, 311
 no heme, 53-54, 95-96
Ferro ferroso, no heme, 48, 48*f*, 49*f*, 95-96
Ferroporfirinas, 305. *Ver também* Heme
Ferroportina, 632-633, 635
Ferroquelatase, 307, 308*f*, 309*f*, 310*t*
Fertilização, papel das glicoproteínas na, 553
α-Fetoproteína, 630*t*
FGFR3. *Ver* Receptor do fator de crescimento do fibroblasto 3
Fibras de contração lenta, 621
Fibras de contração rápida, 621
Fibras de cromatina, 352*f*, 353
Fibrilas, 593-594, 594*f*, 607
Fibrilas de cromatina, 352*f*, 353
Fibrilinas, 597, 597*f*
Fibrina, 670
Fibrinogênio (fator I), 627-628, 629*f*, 672, 673*t*, 674*t*
 conversão em fibrina, 675-677, 675*f*, 676*f*
 na agregação plaquetária, 670, 671*f*
Fibrinólise, 678-679, 678*f*
 via intrínseca na, 674
Fibrinopeptídeo A (FPA), 675, 677, 676*f*
Fibrinopeptídeo B (FPB), 675, 677, 676*f*
Fibroblastos, pinocitose por, 475
Fibronectina, 595, 597-598, 598*f*

Fibrose cística (FC), 64, 478-479, 478t, 519, 585t
Fígado
    capação de remanescentes de lipoproteínas pelo, 239f, 241
    captação de glicose pelo, 136-137, 137f
    ciclo do ácido cítrico no, 150-151
    cirrose, 243, 244
    citocromo P450 no, 557
    efeitos da frutose, 186, 188f, 189-190
    em jejum, 130, 138-139, 138f, 139f, 139t
    esteatose hepática. *Ver* Esteatose hepática
    falência do, 243
    formação e secreção de VLDL no, 242-243, 243f
    frutose-2,6-bifosfato no, 176, 177f
    função metabólica do, 132-133, 132f
    glicogênese no, 164-166, 165f, 166f
    glicogênio no, 164, 165t
    glicogenólise no, 166, 168
    indução e repressão enzimáticas do metabolismo de carboidratos no, 174-175, 175t
    metabolismo da bilirrubina do, 311-313, 312f, 313f
    metabolismo da vitamina D no, 530-531, 531f
    metabolismo no
        de lipídeos, 242
            oxidação de ácidos graxos e cetogênese, 210-213, 211f, 212f, 213f
            quilomícrons e VLDL, 240
    níveis de aminoácidos e, 271-272, 271f, 272f
    no estado alimentado, 130, 136-138, 137f, 138t
    regulação da glicemia pelo, 178, 178t
    regulação da glicogênio-fosforilase no, 167
    síntese de calcitriol no, 490, 490f
    síntese de heme no, 306-308
    síntese de proteínas plasmáticas no, 628-629
Filamentos de actina, 587, 623
Filamentos de actina (finos), 612-613, 613f, 614f
Filamentos de miosina (grossos), 612-613, 613f
Filamentos finos (actina), 613-615, 613f, 614f
Filamentos grossos (miosina), 613-615, 613f
Filamentos intermediários, 625, 625t
Filoquinona, 528t, 532, 533f
Filtração glomerular, 598
Filtro de seletividade, 470, 471
Finasterida, 703
FISH. *Ver* Hibridização *in situ* por fluorescência
Fita codificante
    na replicação do DNA, 339, 344f
    na síntese do RNA, 375, 380f
Fita-líder (para a frente), na replicação do DNA, 362f, 363
Fita-molde de DNA
    na replicação do DNA, 339, 343, 344f
    na síntese do RNA, 375, 375f, 380f

Fita não codificante, 339, 344f
Fita não molde de DNA, 375
Fita tardia (retrógrada), na replicação do DNA, 362f, 363, 366f
Fitas antiparalelas, DNA, 339, 340f
Fitase, 523
Fito-hemaglutininas, 547
Fixação, 586-587
Flavina-adenina-dinucleotídeo (FAD), 324t
    em complexos da cadeia respiratória, 118
    em desidrogenases, 114
    em oxidases, 112, 113f
    no ciclo do ácido cítrico, 152f, 153
    nos citocromos P450, 115-116, 115f
    vitamina B_2 na síntese de, 534
Flavina-mononucleotídeo (FMN)
    em complexos da cadeia respiratória, 118
    em desidrogenase, 114
    em oxidases, 112, 113f
    nos citocromos P450, 115-116, 115f
    vitamina B_2 na síntese de, 534
Flavoproteína de transferência de elétrons (ETF), 114
Flavoproteínas
    citocromos P450, 115, 115f
    desidrogenase, 114
    em complexos da cadeia respiratória, 118
    oxidase, 112, 113f
FLIP, na apoptose, 693f, 694
Flipases, 464
Flip-flop, fosfolipídeos, assimetria da membrana e, 464
Flp-recombinase de leveduras, 435
Fluidez, da membrana, 465-466
Fluorescência, de porfirinas, 308, 310f
Fluoreto, inibição da enolase por, 159, 159f
1-Fluoro-2,4-dinitrobenzeno, 27
Fluoroacetato, 151, 152f
5-Fluoruracila, 80, 324, 324f, 334, 336t
Fluvastatina, 257
Fluxo, de metabólitos, 83, 83f, 89, 135-136, 135f
Fluxo de massa, em vesículas de transporte, 587
FMN. *Ver* Flavina-mononucleotídeo
Focalização isoelétrica (IEF), purificação de proteínas e peptídeos com, 26, 27f
Folha β paralela, 36, 36f
Folhas β, como unidade de estrutura secundária, 36, 36f, 37f
Folhas β antiparalelas, 36, 36f
Força próton-motriz, 576
Força próton-motriz, da cadeia respiratória, 121, 122f
Forças de empilhamento de bases, 340
Forças de Starling, 628
Forças de van der Waals, 8, 8f, 339-340
Forças não covalentes
    conformações peptídicas e, 21
    estabilização de biomoléculas por, 7, 8f
    nas estruturas terciária e quaternária de proteínas, 39
Forma B do DNA, 340, 340f
Forma relaxada de DNA, 341

Forma variante da doença de Creutzfeldt-Jakob (DCJv), 42
Formação da cauda de homopolímeros, 434t
Formação de bolhas, 625
Formação de dímeros de timina e luz UV, 712, 713f
Formação do coágulo de fibrina
    amplificação na, 677
    conversão da protrombina em trombina, 674-675, 675f
    conversão do fibrinogênio em fibrina, 675-677, 675f, 676f
    deficiências hereditárias da, 678
    dissolução da plasmina, 678-679, 678f
    via intrínseca, 672-674, 672f, 673f, 673t, 674t
    vias extrínsecas, 672-673, 672f, 673f, 673t, 674t
Formas congênitas de distrofia muscular, 622
Forquilha de replicação, 362f, 363, 366f
Fosfagênios, na conservação e captura de energia, 108
Fosfatase ácida prostática, uso diagnóstico da, 64
Fosfatase alcalina, 64t, 605
Fosfatase alcalina inespecífica de tecido (TNAP), 605
Fosfatases, na tecnologia do DNA recombinante, 434t
Fosfatidato, 230, 230f, 231f, 232, 232f
Fosfatidato-fosfatase (PAP), 230, 231f
Fosfatidato-fosfo-hidrolase, 230, 231f
Fosfatidilcolinas, 200, 200f
    assimetria da membrana e, 464
    metabolismo das, 233f
    síntese de, 230, 230f, 231f
Fosfatidiletanolamina (cefalina), 200, 200f
    assimetria da membrana e, 464
    síntese de, 230, 230f, 231f
Fosfatidilglicerol, 200f, 201
Fosfatidilinositídeos
    ação hormonal dependente de cálcio e, 507-508, 507f, 508f
    como segundo mensageiro, 200, 200f, 482, 483t, 502
Fosfatidilinositóis
    na membrana, 200, 200f
    síntese de, 230, 230f, 231f
Fosfatidilinositol-4,5-bifosfato (PiP_2), 200
    clivagem pela fosfolipase C, 507, 508f
    na agregação plaquetária, 670, 671f
    na pinocitose absortiva, 475
Fosfatidilserina, 200, 200f, 230, 230f, 231f
    assimetria da membrana e, 464
Fosfato de arginina, na conservação e captação de energia, 108
Fosfato de nicotinamida-adenina--dinucleotídeo ($NADP^+$)
    com coenzima, 324t
    compartimentalização metabólica, 84
    fonte intramitocondrial de, 125
    formação na via das pentoses-fosfato, 182-185, 183f, 184f

niacina na síntese de, 534
uso e ensaios espectrofotométricos, 63, 63f
uso pela desidrogenase, 113, 113f
uso pelo citocromo P450, 115-116, 115f
Fosfatos
captura e transferência de energia por, 107-108, 107t, 108f, 121-123
fosforilação oxidativa na síntese de, 118, 121-123, 122f
lançadeira de creatina-fosfato para, 126, 126f
na síntese de RNA, 378
nos líquidos extracelular e intracelular, 460t
Fosfatos de alta energia
captação e transferência de energia por, 107-108, 107t, 108f, 121-122
ciclos dos, 109, 109f
fosforilação oxidativa na síntese de, 118, 121, 122f
lançadeira de creatina-fosfato para, 126, 126f
Fosfatos de baixa energia, 107
3′-Fosfoadenosina-5′-fosfossulfato (PAPS), 322-323, 323f, 324t, 558, 600
Fosfodiesterases, 167, 168f, 169f, 325, 505
Fosfoenolpiruvato
na glicólise, 159, 159f
na gliconeogênese, 172-173, 173f
Fosfoenolpiruvato-carboxicinase, 153
na gliconeogênese, 173, 173f
Fosfofrutocinase
deficiência de, 163
na glicólise, 159, 159f
regulação da, 161, 176, 176f
reversão da reação catalisada por, 173f, 174
Fosfofrutocinase-2, 176, 177f
2-Fosfoglicerato, na glicólise, 159, 159f
3-Fosfoglicerato, na glicólise, 159, 159f
Fosfoglicerato-cinase
na glicólise, 159, 159f
nas hemácias, 161
3-Fosfoglicerato-desidrogenase, regulação alostérica da, 85
Fosfoglicerato-mutase, na glicólise, 159, 159f
Fosfoglicerídeos, em membranas, 461, 461f, 589
Fosfogliceróis
degradação e remodelagem de, 232-233, 233f
lisofosfolipídeos no metabolismo de, 201, 201f
síntese de, 230-232, 230f
Fosfoglicomutase, na glicogênese, 164, 165f
6-Fosfogliconato-desidrogenase, 183f, 184, 184f
6-Fosfogliconolactona, 183-184, 183f, 184f
Fosfo-hexose-isomerase, na glicólise, 159, 159f
Fosfoinositídeos, 200, 482-483, 483t
Fosfolipase A_1, 232, 233f
Fosfolipase A_2, 232, 232f, 233f
Fosfolipase A_2 citosólica (cPLA$_2$), 670, 671f
Fosfolipase B, 232, 233f

Fosfolipase C (PLC), 658
ativação e interações hormônio-receptor da, 507, 507f
clivagem de PiP$_2$ por, 507, 508f
na degradação e remodelagem de fosfogliceróis, 232-233, 233f
Fosfolipase Cβ (PLCβ), na agregação plaquetária, 670, 671f
Fosfolipase D, 232-233, 233f
Fosfolipases, na degradação de remodelagem de fosfogliceróis, 232-233, 233f
Fosfolipídeos, 196
aspectos clínicos dos, 234-235
como precursores de segundos mensageiros, 229
digestão e absorção de, 520-521, 522f
em lipoproteínas, 237
em membranas, 199-201, 200f, 461, 461f, 463, 589
assimetria de, 464, 589, 589f
éter de glicerol, síntese de, 230, 232, 232f
na atividade da lipase-lipoproteica, 240
na esclerose múltipla, 234
síntese de, 230, 231f
Fosfolipídeos de éter de glicerol, síntese de, 230, 232, 232f
Fosfomevalonato-cinase, 251f
Fosfoproteínas-fosfatase, 505-506
Fosfoproteínas, 505
Fosfoproteínas ácidas, 605
Fosforilação
acoplamento da oxidação à, 122-123, 123t
da piruvato-desidrogenase, 161, 163, 162f
de histonas, 351, 353t
detecção por espectrometria de massa, 28t
múltiplos sítios, 170
na ativação da RNA-polimerase II, 384, 385f
na conservação e captura de energia, 108
na regulação da glicólise e gliconeogênese, 175
na regulação do glicogênio, 166-167, 169f, 170, 171f
no nível da cadeia respiratória, 122
no nível de substrato, 122
oxidativa. Ver Fosforilação oxidativa
regulação enzimática por, 89-90, 88f, 89t
Fosforilação de múltiplos sítios, 170
Fosforilação em nível de substrato, 122
Fosforilação no nível da cadeia respiratória, 122
Fosforilação oxidativa, 620
aspectos clínicos da, 126
controle da, 122-123, 123t
desacoplamento da, 123-124
em compartimentos mitocondriais, 118, 118f
importância biomédica, 118
inibição da, 118
na conservação e captação de energia, 108
síntese de fosfatos de alta energia por, 118, 121-122, 122f
Fosforilase-cinase a, 168, 169f, 171f

Fosforilase-cinase b, 89t, 168, 169f, 171f
Fosforilase-cinase sensível a Ca^{2+}/calmodulina, ativação da glicogenólise pela, 168
Fosforólise, como reação de transferência de grupo, 9
Fosforribosil-pirofosfato (PRPP)
na síndrome de Lesch-Nyhan, 334-335
na síntese de pirimidinas, 332, 332f, 333f
na síntese de purinas, 328, 329f, 330
Fosfosserina, 300
Fosfotirosina, 300
Fosfotreonina, 300
Fosfotriose-isomerase, na glicólise, 159, 159f
Fotólise, 489
Fotometria de chama, utilização para exames laboratoriais, 564
Fotossensibilidade, causada por porfirias, 311
Fototerapia para o câncer, 308
FPA. Ver Fibrinopeptídeo A
FPB. Ver Fibrinopeptídeo B
Fragmentos de Okazaki, 363-364, 363t, 366f
Frutocinase, 186, 188f, 189
deficiência de, 190
Frutose
absorção de, 520, 520f
defeitos no metabolismo da, 190
estrutura da, 143, 143f
importância fisiológica da, 144t
ingestão de grandes quantidades, 186, 188f, 189-190
na catarata diabética, 190-191
na via da glicólise, 161
Frutose-1,6-bifosfatase
deficiência de, 190
na gliconeogênese, 173f, 174
na via das pentoses-fosfato, 183f, 184f, 185
Frutose-1,6-bifosfato
na glicólise, 159, 159f
na gliconeogênese, 173f, 174
Frutose-2,6-bifosfatase, 176, 177f
Frutose-2,6-bifosfato, na regulação da glicólise e gliconeogênese, 176, 177f
Frutose-2,6-bifosfatase, catálise covalente de, 61, 62f
Frutose-6-fosfato
na glicólise, 159, 159f
na gliconeogênese, 173f, 174
na via das pentoses-fosfato, 183f, 184f, 185
Frutosúria, 190
Frutosúria essencial, 190
Fucose, 147, 148f, 548t
Fucosil (Fuc)-transferase, 653
Fumarase (fumarato-hidratase), no ciclo do ácido cítrico, 152f, 153
Fumarato
na síntese de ureia, 275f, 276
no ciclo do ácido cítrico, 152f, 153
Fumarilacetoacetato-hidrolase, 286, 287f
Furina, 588, 588f
Fusão de membrana, 586
Fusão de vesículas, 588
Fuso mitótico, 624
FXR. Ver Receptor farnesoide X

G

ΔG. *Ver* Variação de energia livre de Gibbs
ΔG⁰′. *Ver* Variação de energia livre padrão
G6PD. *Ver* Glicose-6-fosfato-desidrogenase
GABA (γ-aminobutirato), biossíntese de, 303, 303f
GAGs. *Ver* Glicosaminoglicanos
Galactocinase, 187, 189f
Galactosamina, 145, 145f
   síntese de, 188, 190f
Galactose, 141, 143, 144f
   absorção de, 520, 520f
   comprometimento do metabolismo da, 191
   em glicoproteínas, 547, 548t
   importância fisiológica da, 144t
   metabolismo da, 186-188, 189f
Galactose-1-fosfato-uridil-transferase, 187, 189f
Galactosemias, 191
Galactosídeo, 145
Galactosilceramida, 202, 202f, 234, 234f, 235t, 461
Gálio, toxicidade do, 93
GalNAc (*N*-acetilgalactosamina), 547, 548t, 549
GalNAc-transferase, 654
Gal-transferase, 654
Gangliosídeo, 147, 202
   aminoaçúcares em, 145, 145f
   nas membranas, 461
   síntese de, 234, 234f
Gangliosídeo GM1, 202, 202f
Gangliosídeo GM$_3$, 202
GAPs. *Ver* Proteínas aceleradoras de GTPase
Gasto energético, 524, 524f
Gasto energético total, 524
Gastroenteropatia perdedora de proteínas, 630
Gastrulação retorcida 1 (TWSG1), 635
GDF15. *Ver* Fator de diferenciação do crescimento 15
GDH. *Ver* Glutamato-desidrogenase
GDP, 587
Gefitinibe, 702
GEFs. *Ver* Fatores de troca de nucleotídeos de guanina
Geldanamicina, 590
Gene *A*, 653-654
Gene *B*, 653-654
Gene codificador de mRNA, 441
Gene *cro*, 416, 415f
Gene da glicocinase (*GK*), 389, 389f
Gene da β-interferona, 422, 423f
Gene de α-globina
   localização do, 442t
   produção defeituosa de, 442-443, 443f
Gene de β-globina, 421-422, 422f
   alterações estruturais do, 442, 444t
   localização do, 442t
   produção defeituosa do, 442, 443f
   representação esquemática de, agrupamento, 442, 443f

Gene *GK* (glicocinase), 389, 389f
Gene induzido por insulina (Insig), 252
Gene induzível, 411
Gene *lacA*, 411-412, 411f, 413f
Gene *lacI*, 411-412, 411f, 413f, 414
Gene *lacY*, 411-412, 411f, 413f
Gene *lacZ*, 411-412, 411f, 413f
Gene *MYC*, no câncer, 685, 686f, 687t
Gene *O*, 653-654
Gene *P53*, 687t, 691, 694
Gene *RB*, 687t, 691
Gene repressor *cI*, 415, 415f
Gene repressor lambda (*cI*), 415, 415f
Genes
   alteração dos, 359-361, 359f, 360f
   câncer, 682-683, 685-688, 685t, 686f, 687f, 687t, 688f, 688t
   de citocromos P450, 557
   de manutenção, 411
   destruição direcionada, 446-447
   doença causando variações em, 442, 443f, 444t
   importância biomédica, 338
   imunoglobulina, rearranjo do DNA e, 360-361
   induzíveis, 411
   knockout/knockin, 446-447
   localização cromossômica dos, 441, 442t
   mapeamento de, 355, 441, 442t
   processados, 360
Genes de envelhecimento
   fatores de transcrição, 717
   organismos-modelo de, 716-717
Genes de imunoglobulinas
   amplificação e, 429
   rearranjo do DNA e, 361
Genes de manutenção, 411
Genes de proteínas coriônicas, 429, 429f
Genes de proteínas *s36* e *s38*, córion, 429f
Genes de resistência à ampicilina (Amp), 437
Genes de resistência à tetraciclina (Tet), 437
Genes humanos, localização de, 441, 442t
Genes nucleares, proteínas codificadas por, 576
Genes processados, 360-361
Genes supressores de tumor, 685-688, 685t, 686f, 687f, 687t, 688f, 688t
   estudos iniciais sobre, 2
   p53, 372
Genes supressores de tumor de manutenção, 685-687
Genes supressores de tumor guardiões, 686-687
Genética molecular. *Ver* Tecnologia do DNA recombinante
Genfibrozila, 257
Genoma
   função do, 356-357
   regulação gênica direcionada no, 446-447
   sequências de repetição microssatélites no, 358
   sequências não repetitivas no, 357
   sequências repetitivas no, 357-358

Genoma mitocondrial, 576
Genomas AAV (virais associados a adenovírus), 437
Genomas adenovirais (Ad), 437
Genomas com Ad (adenovirais), 437
Genomas retrovirais, 437
Genomas virais associados a adenovírus (AAV), 437
Genômica, utilização na identificação de proteínas, 28
Geometria tetraédrica, das moléculas de água, 6, 7f
Geração de sinais
   em hormônios do grupo I, 501-502, 501f, 501t, 502f
   em hormônios do grupo II
      cálcio, 507
      cAMP, 503-506, 503t, 504t, 505f
      cGMP, 506
      fosfatidilinositídeo, 507-508, 507f, 508f
      intracelular, 502-503
      proteínas-cinase, 508-511, 509f, 510f
      receptores acoplados à proteína G, 503, 503f
Geranil-difosfato, na síntese de colesterol, 250, 251f
GGT. *Ver* γ-Glutamiltransferase
GH. *Ver* Hormônio do crescimento
Glândula suprarrenal, citocromos P450 na, 557
GlcN. *Ver* Glicosamina
Glibenclamida, 215
Gliburida, 215
Glicação, 546
   no diabetes melito, 55, 553, 553f
Glicano, 145
Glicanos, 546-547, 547t, 550-551, 550f
   na ligação de vírus, bactérias e parasitas, 555
Glicano-transferase, na glicogenólise, 166, 166f
Gliceraldeído-3-fosfato
   na glicólise, 159, 159f, 160f
   na via das pentoses-fosfato, 182-185, 183f, 184f
Gliceraldeído-3-fosfato-desidrogenase, na glicólise, 159, 159f, 160f
Glicerofosfolipídeos, 196, 199, 201f
Glicerol, 196, 199
   absorção de, 521
   coeficiente de permeabilidade do, 463f
   na gliconeogênese, 174
Glicerol-fosfato-aciltransferase, compartimentalização mitocondrial da, 118
Glicerol-3-fosfato
   biossíntese de acilglicerol e, 230, 231f
   esterificação de triacilgliceróis e, 244-245, 245f
Glicerol-3-fosfato-aciltransferase, 230, 231f
Glicerol-3-fosfato-desidrogenase, 230, 231f
Glicerol-3-fosfato-desidrogenase mitocondrial, 114
Glicerol-cinase, 229, 230, 231f, 244
Glicerose, 142, 143f

Glicina, 15t
  biossíntese do heme, 305-307, 306f, 307f, 308f, 309f, 310t
  catabolismo do esqueleto de carbono da, 282-283, 284f
  conversão da treonina em, 285, 285f
  produtos especializados de, 298, 298f, 300-301, 302f
  síntese de, 265, 266f
Glicinúria, 283
Glicobiologia, 141
Glicocálice, 147, 202, 229
β-Glicocerebrosidase, uso diagnóstico da, 64t
Glicocinase, 158, 164, 165f, 726
  mutação gênica da, 726t
  regulação da glicemia por, 178-179, 179f
Glicocorticoides
  na lipólise, 246, 246f
  na síntese de colesterol, 252, 253f
  regulação da expressão gênica por, 502, 501f
  regulação da glicemia por, 179
  regulação da via NF-κB por, 510-511, 510f
  síntese de, 486-487, 486f
  transporte plasmático de, 498-499, 499t
  uso terapêutico de, 511
Glicoesfingolipídeos (GSLs), 196, 202, 202f, 229, 478, 654
  aminoaçúcares em, 188
  assimetria da membrana e, 464, 590
  em membranas, 461
  síntese de, 234, 234f
Glicoforinas, 147, 549, 652, 652t
Glicofosfatidilinositol, 463
Glicogênese, 132
  regulação da, 166-168, 168f, 169f, 170f, 171f
  via de reação da, 164-166, 165f, 166f
Glicogenina, na glicogênese, 164-165, 165f
Glicogênio, 141
  aspectos clínicos do, 170
  como combustível metabólico, 133, 138
  degradação do, 157, 158f, 158t
  função de armazenamento do, 145-147, 147f, 164, 165t
  gliconeogênese e, 173f, 174
  importância biomédica, 164
  na contração muscular, 620-621, 621f
  regulação do, 166-168, 168f, 169f, 170, 170f, 171f
  síntese hepática de, 136-138
  via de reação da glicogênese para, 132, 164-166, 165f, 166f
  via de reação da glicogenólise para, 165f, 166, 166f, 167t
  via metabólica do, 130, 132-133, 132f
Glicogênio-fosforilase, 620
  na glicogenólise, 166, 166f
  regulação da, 89t, 166-168, 169f, 170, 171f
Glicogênio-sintase
  gliconeogênese e, 173f, 174
  na glicogênese, 165-166, 165f, 166f
  regulação da, 89t, 167, 170, 170f, 171f

Glicogênio-sintase a, 168
Glicogênio-sintase b, 168
Glicogenólise, 133
  enzimas de indução e repressão, 174-175, 175t
  glicose do sangue derivada da, 177-178, 178f
  regulação da, 166-170, 168f, 169f, 170f, 171f
  via de reação da, 165f, 166, 166f, 167t
Glicolipídeos, 196, 202, 202f
  produção de galactose para, 186-188, 189f
Glicólise, 130, 131f
  aspectos clínicos da, 163
  barreiras termodinâmicas à reversão da, 172-174, 173f
  conexões da via das pentoses-fosfato com, 183f, 185
  di-hidroxiacetona-fosfato na, 230, 231f, 232f
  em células cancerosas, 695-696, 697f, 698t
  em condições anaeróbias, 157, 158f, 158t
  em nível subcelular, 134, 134f
  enzimas de redução e repressão, 174-175, 175t
  importância biomédica, 157
  na conversão e captação de energia, 107-108
  nas hemácias, 161, 161f, 648, 648t
  oxidação do piruvato após, 161-163, 162f
  reação geradora de fluxo na, 135
  reações da, 157-160, 159f, 160f
  regulação da gliconeogênese e, 174-177, 175t, 176f, 177f
  regulação da, 160-161
  variação de energia livre de Gibbs, 84
Glicoma, 141
Glicômica, 4, 141, 447
Gliconeogênese, 130, 133, 161
  aspectos clínicos da, 180-181, 180f
  dietas pobres em carboidratos e, 181
  glicose do sangue derivada da, 177-180, 178f
  importância biomédica, 172
  indução e repressão de enzimas na, 174-175, 175t
  metabolismo do propionato e, 174, 174f
  papel do ciclo do ácido cítrico na, 153-154, 154f
  regulação da, 174-177, 175t, 176f, 177f
  reversão de etapas da glicólise na, 172-174, 173f
  variação de energia livre de Gibbs, 84
Gliconolactona-hidrolase, na via das pentoses-fosfato, 183f, 183, 184f
Glicoproteína-glicosiltransferases, 549-550
Glicoproteínas, 34, 147, 148t, 628, 653
  aminoaçúcares em, 145, 145f, 188
  assimetria da membrana e, 464
  associadas a microfibrilas, 597
  cadeias de oligossacarídeos nas, 546-547, 547t, 550-551, 550f, 555

  classes de, 547, 548f, 549
  como precursoras de hormônios, 484, 484f
  degradação das, 270
  doenças envolvendo, 554
  extracelulares, pinocitose absortiva de, 475
  funções da, 546, 547t, 553
  importância biomédica, 546
  informação biológica codificada nas, 546
  ligações N-glicosídicas nas, 547, 548f, 550-551, 550f, 551f
  ligações O-glicosídicas nas, 547, 548f, 549-550
  monossacarídeos comumente encontrados nas, 547, 548t
  na ligação de vírus, bactérias e parasitas, 555
  na membrana plasmática, 552
  no diabetes melito, 553, 553f
  papel no dobramento das proteínas, 551-552
  produção de galactose para, 186-188, 189f
  purificação das, 547
  rapidamente reversíveis, 552-553
  regulação das, 552
  síntese de, 549-550, 551f
Glicoproteínas ancoradas ao GPI (ancoradas ao glicosilfosfatidilinositol), 548f, 549, 552
Glicosamina (GlcN), 145, 145f, 188, 190f, 602
Glicosaminoglicanos (GAGs), 147, 148f
  aminoaçúcares em, 145, 145f, 188
  componentes dos, 599, 599f, 600f
  estruturas dos, 601-603, 601f
  funções dos, 603t
  mucopolissacaridoses e, 603, 604t
  propriedades dos, 602t
  síntese de, 599-600
Glicosano, 145
Glicose
  absorção da, 520, 520f
  coeficiente de permeabilidade da, 463f
  como combustível metabólico, 130, 136
  como monossacarídeo mais importante, 142
  conversão da galactose em, 186-188, 189f
  degradação da. Ver Glicólise
  em células cancerosas, 695-696, 697f, 698t
  em glicoproteínas, 548t
  estrutura da, 142, 142f
  importância biomédica, 141, 144t
  isomerismo da, 142-143, 143f, 144f
  na via das pentoses-fosfato. Ver Via das pentoses-fosfato
  necessidades do SNC e das hemácias, 136
  níveis sanguíneos de. Ver Glicose no sangue
  nos líquidos extracelular e intracelular, 460t
  regulação pela insulina, 136-138, 158
  síntese de ácidos graxos a partir da, 153-156, 155f

síntese de aminoaçúcares a partir da, 188, 190f
síntese de. *Ver* Gliconeogênese
transporte da, 473-474, 473f
vias metabólicas da, 130, 130f, 131f
   em jejum, 138-139, 138t, 139t
   níveis nos tecidos e órgãos, 132-133, 132f, 133f
   no estado alimentado, 136-138, 137f, 138t
Glicose no sangue
   ácidos graxos livres e, 245, 245f
   aspectos clínicos da, 180-181, 180f
   fontes de, 177-178, 178f
   glicogênio na manutenção da, 164
   glicose-oxidase na determinação da, 64
   hemácias e, 648
   hemoglobina glicada na determinação da, 55, 553
   importância biomédica, 172
   limiar renal para, 180
   medida da tolerância à glicose, 180-181, 180f
   regulação da
      limites estreitos da, 177
      mecanismos hormonais, 177-180, 178t, 179t
      mecanismos metabólicos, 178, 178t
      papel da glicocinase na, 178-179, 179f
Glicose-oxidase, determinação da concentração plasmática de glicose, 64
Glicose-1-fosfato
   gliconeogênese e, 173f, 174
   liberação a partir do glicogênio, 164, 166, 166f
   na glicogênese, 164, 165f
Glicose-6-fosfatase
   deficiência de, 335
   na glicogenólise, 166
   na gliconeogênese, 173f, 174
Glicose-6-fosfato
   na glicogênese, 164, 165f
   na glicólise, 158, 159f
   na gliconeogênese, 173f, 174
   na via das pentoses-fosfato, 182-185, 183f, 184f
   na via do ácido urônico, 186-188, 187f
Glicose-6-fosfato-desidrogenase (G6PD)
   deficiência de, 182, 188-189, 650-651, 650t, 651f
   estudo de caso, 721
   na via das pentoses-fosfato, 183-184, 183f, 184f
1,6-Glicosidase, na glicogenólise, 166, 166f
Glicosídeos, 145
Glicosídeos cardíacos, 145, 202
Glicosilação, 546. *Ver também* Glicoproteínas
   cotraducional, 581
   de hidroxilisinas, 594
   detecção por espectrometria de massa, 28t
   distúrbios congênitos de, 633
   no diabetes melito, 553
   rapidamente reversível, 552-553
   regulação da, 552

Glicosilação cotraducional, 581
Glicosilceramida, 202, 234, 234f, 461
Glicosilfosfatidilinositol (GPI), 588
Glicosiltransferases, 546, 600
Glicosúria, 180
Glicuronato, 143, 145f
   conjugação de bilirrubina com, 312, 312f
   produção na via do ácido urônico, 186-188, 187f
Glicuronidação, de xenobióticos, 558
β-Glicuronidases, 313
Glicuronídeos, 182
Globulina de ligação da tiroxina (TBG), 498
Globulina de ligação dos corticosteroides (CBG), 498-499, 498t
Globulina de ligação de hormônios sexuais (SHBG), 499, 499t
Globulina de ligação de testosterona-estrogênio (TEBG), 499
Globulinas, 628
Glomérulo renal, 598
Glomerulonefrite, 598-599
Glucagon, 130, 138
   na regulação da glicólise e gliconeogênese, 175
   na regulação da lipogênese, 221-222, 222f
   na síntese de colesterol, 252, 253f
   regulação da glicose do sangue por, 179, 179t
   regulação do glicogênio por, 167
GLUT. *Ver* Transportadores de glicose
GLUT2. *Ver* Uniporte de glicose
Glutamato
   carboxilação do, 532-533, 533f
   catabolismo do esqueleto de carbono do, 282
   no ciclo do ácido cítrico, 153, 154f
   reações de transaminação na formação do, 272-273, 273f
   síntese de, 264-265, 265f
Glutamato-aminotransferase, reação de transaminação, 273, 273f
Glutamato-desidrogenase (GDH)
   na síntese de aminoácidos, 265, 265f
   no metabolismo do nitrogênio, 273, 274f
Glutamato-γ-semialdeído-desidrogenase, 285f, 286
γ-Glutamiltransferase (GGT), 558
   uso diagnóstico, 64t
γ-Glutamil-β-aminopropionitrila (BAPN), 18, 18t
Glutamina, 16t
   catabolismo do esqueleto de carbono da, 282
   desaminação da, 274, 274f
   fixação da amônia como, 274, 274f
   níveis plasmáticos circulantes de, 271-272, 271f, 272f
   no ciclo do ácido cítrico, 153, 154f
   síntese de, 265, 265f
Glutaminase, 274, 274f
   no catabolismo de ácidos graxos, 282
Glutamina-sintetase, 265, 265f
   fixação da amônia por, 274, 274f
Glutationa, 21, 21f, 558, 713, 721, 721t

Glutationa-S-transferase (GST)
   no metabolismo de xenobióticos, 558
   purificação de proteínas de fusão com, 65-66, 66f
Glutationa-peroxidase, 204, 544
   proteção da hemólise, 185, 186f, 189
   selênio na, 114, 185, 186f
Glutationa-redutase, 185, 186f, 189, 721, 721t
GMP, 322t
   cíclico. *Ver* GMP cíclico
   conversão de IMP em, 328, 330f, 331, 331f
   PRPP-glutamil-amidotransferase regulada por, 330, 331f
GMP cíclico (cGMP), 323f
   como segundo mensageiro, 323, 483, 483t, 502, 506
   síntese de, 506
Gorduras, 138t, 196. *Ver também* Lipídeos
Gota, 190, 244, 334, 336t
Gotículas lipídicas, 244, 247
gp 120, 555
GPCRs. *Ver* Receptores acoplados à proteína G
GPI. *Ver* Glicosilfosfatidilinositol
GPIb-IX-V, na agregação plaquetária, 670, 671f
Gradiente de prótons, da cadeia respiratória, 121, 122f
Gradiente pH, 576
Gráfico de Dixon, 78, 78f
Gráfico de hidropatia, 463
Gráfico de Lineweaver-Burk, 74-75, 75f
   avaliação do inibidor com, 77, 77f, 78f
   para reações Bi-Bi, 79, 80f
Gráfico de Ramachandran, 34f
Gráfico duplo recíproco, 74-75, 75f
   avaliação do inibidor como, 77, 77f, 78f
   para reações Bi-Bi, 79, 80f
Gramicidina, 14, 472
Grampo, 342, 343f
Grandes altitudes, adaptações fisiológicas a, 53
Granulócitos, 656, 659
Grânulos, 659
Grânulos de armazenamento, das plaquetas, 670
Grânulos densos, 654
α-Grânulos, 654
Gravidez
   esteatose hepática da, 215
   hipoglicemia durante, 180
   necessidade de glicose da, 136
Griseofulvina, 625
GroEL, 575
Grupo sanguíneo, 653-654, 654f
Grupos apolares, interações não covalentes de, 8
Grupos com carga, interações não covalentes de, 8
Grupos de cabeça polares, 461-462
Grupos funcionais
   ácidos fracos atuando como, 11-12
   de aminoácidos, 18-20, 19f, 20f, 20t

Grupos polares
    interações não covalentes, 8
    na ligação de hidrogênio, 7, 7f
Grupos prostéticos
    de enzimas, 57-58, 58f
    flavinas, 112, 113f, 114, 115f
    heme. Ver Heme
    proto-heme, 114
Grupos α-R, de aminoácidos, 20-22
GSLs. Ver Glicoesfingolipídeos
GST. Ver Glutationa-S-transferase
GTFs. Ver Fatores de transcrição gerais
GTP, 323, 587, 588
GTPases, 578, 587
Guanina, 322t
    oxidação por EROs, 711f
    pareamento de bases no DNA, 339, 340f
    pareamento de bases no RNA, 342, 343f
    vias de recuperação da, 332-333
Guanosina, 321f, 322t
    na formação de ácido úrico, 334, 335f
    vias de recuperação da, 332-333
L-Gulonolactona-oxidase, 186

H

Haptocorrina, 101
Haptoglobina, 631, 631f
HAT (atividade de histona-aciltransferase), 513-514
Hb Hikari, 397f
HbA$_{1c}$ (hemoglobina glicada), 55, 553
HbF (hemoglobina fetal), 50, 51f, 53
HbM (hemoglobina M), 53-54, 397f
HBPMs. Ver Heparinas de baixo peso molecular
HbS (hemoglobina S), 54, 54f, 397f
HBV (vírus da hepatite B), 703
HDACs. Ver Histonas-desacetilase
HDLs. Ver Lipoproteínas de alta densidade
Hefaestina, 632-633
Helicases, 362f, 363, 363t
α-Hélice
    como unidade de estrutura secundária, 35-36, 35f, 37f
    na mioglobina, 48, 48f
Hélices anfipáticas, 36
Helicobacter pylori, glicanos na ligação de, 555
Hemácias
    doenças que afetam, 646, 650t
    em jejum, 130, 138-139, 138t, 139f, 139t
    funções dos, 647-648, 647f, 648t
    glicólise dos, 648, 648t
    glicólise nos, 161, 161f, 648, 648t
    importância biomédica, 646
    membrana dos, 651-653, 651f, 652f, 652t
    necessidades de glicose dos, 136
    no estado alimentado, 130, 136-138, 137f, 138t
    origem a partir de células-tronco hematopoiéticas, 646-647, 647f
    reposição dos, 648-649
    sistema ABO, 653-654, 654f
    sobrevida dos, 648-649
transporte de CO$_2$, 648
via das pentoses-fosfato e glutationa-peroxidase nos, 185, 186f
    comprometimento da, 188-189
Hemaglutinina, influenza, 555
Hematoma, 311
Hematoporfirina, 308
Heme
    biossíntese de, 305-307, 306f, 307f, 308f, 309f, 310t
    distúrbios do, 309-311, 310t, 311f
    regulação do, 307-308
    catabolismo do, 311-313, 312f, 313f
    em oxidases, 112
    estrutura do, 48, 48f, 305, 306f
    ferro no, 48, 48f, 49f, 53-54, 95-97
    histidinas no, 48, 48f, 54
    importância biomédica, 305
    ligação do, 631
    na catalase, 114
    na hemoglobina, 48, 48f, 49f, 53-54
    no complexo IV, 120-121, 120f
    oxidação do, 649-651, 650f, 650t, 651f
Heme-oxigenase, 311, 312f, 631
Hemeritrina, centro binuclear de ferro da, 97, 97f
Hemiacetais, 142, 142f
Hemiconexina, 476f
Hemina, 311
Hemocianina, cobre na, 100
Hemocromatose, 523
    hereditária, 636, 638t, 650
Hemofilia, 627
Hemofilia A, 678
Hemofilia B, 678
Hemoglobina (Hb) Hikari, 397f
Hemoglobina, 629f
    ambiente oculto, 49, 49f
    conformações patológicas da, 42-43
    curva de dissociação do oxigênio da, 49-50, 49f
    estados relaxado e tenso, 49-50
    estrutura quaternária da, 50-53, 50f, 51f, 52f, 53f
    estrutura tetramérica da, 50, 50f
    estruturas secundária e terciária da, 50
    extracorpuscular, ligação à haptoglobina, 631, 631f
    glicada, 55, 553
    heme na, 49, 48f, 49f, 53-54
    implicações biomédicas, 54-55
    importância biomédica, 47-48
    ligação a prótons, 52-53, 53f
    ligação ao 2,3-bifosfoglicerato, 50f, 53, 53f
    ligação cooperativa da, 51
    mudanças conformacionais com a oxigenação da, 51-52, 51f, 52f
    mutações da, 53-54, 54f
    mutações em, 397f
    níveis em grandes altitudes, 53
    pontes salinas na, 52-53
    propriedades alostéricas da, 50-53, 50f, 51f, 52f, 53f
    renovação da, 311
    subunidades da, 50, 50f
    transporte de dióxido de carbono, 52, 53f
    valores de P$_{50}$ da, 51, 51f
Hemoglobina fetal (HbF), 50-51, 51f, 53
Hemoglobina glicada (HbA$_{1c}$), 55, 553
Hemoglobina M (HbM), 53-54, 397f
Hemoglobina S (HbS), 54, 54f, 397f
Hemoglobinopatias, 53-54, 54f, 359, 360f, 651
Hemoglobinúria paroxística noturna, 478t, 554, 650t, 651
Hemojuvelina (HJV), 635
Hemólise
    comprometimento da via das pentoses-fosfato como causa, 188-189
    via das pentoses-fosfato e proteção da glutationa-peroxidase contra, 185, 186f
α-Hemolisina, 472
Hemolisinas, 651
Hemopexina, 631, 631f
Hemoproteínas
    exemplos de, 305, 306t
    importância biomédica, 305
Hemossiderina, 633
Hemossiderose, 633, 636
Hemostasia, 654-655
    coagulação. Ver Sistema da coagulação
    exames laboratoriais, 679
    fases da, 669
    fibrinólise. Ver Fibrinólise
    importância biomédica, 669
    regulação da trombina na, 677
Heparina, 147, 148f, 597, 599, 602t, 677
    estrutura da, 601f, 602, 602f
    lipoproteína e lipases hepáticas e, 240-241
Heparinas de baixo peso molecular (HBPMs), 677
Hepatite, 150
    como causa de hiperbilirrubinemia, 315, 315t
Hepatocarcinoma, 243
Hepatócitos
    pinocitose por, 475
    síntese de heme nos, 306
Hepcidina, 523-524, 523f, 635, 636f, 637f
Heptoses, 141, 142t
Herpesvírus simples, 380f
Heterocromatina, 354
    constitutiva, 354
    facultativa, 354
Heterodímeros, 38
Heterogeneidades regionais, 464
Hexapeptídeo, na síntese de albumina, 630
Hexocinase, 57, 726
    como etapa geradora de fluxo na glicólise, 135
    ensaio enzimático acoplado para, 63f
    na glicogênese, 164
    na glicólise, 158, 159f
    nível de glicemia e, 178-179, 179f
    no metabolismo da frutose, 186, 188f
    regulação da, 161

reversão da reação catalisada por, 173f, 174
Hexosaminas, 145, 145f
　síntese de, 188, 190f
Hexose-6-fosfato-desidrogenase, 184-185
Hexoses, 141, 142t
　de importância fisiológica, 143, 144t
HF. *Ver* Hipercolesterolemia familiar
HFSs. *Ver* Xaropes com alto teor de frutose
HGP (Projeto Genoma Humano), 3-4, 3f
HhaI, 433t
Hialuronidase, 603
Hibridização, 341
Hibridização *in situ*, 441
Hibridização *in situ* por fluorescência (FISH), 441
Hibridização RNA-RNA, 348
Hibridomas, 643
Hidrogenação, acoplamento da desidrogenação a, 106, 107f
Hidrolases, 57
　éster de colesteril, 253
Hidrolases ácidas, 475
Hidrolases lisossomais, glicoproteína, 555
Hidrólise
　como reação de transferência de grupos, 9
　da água, 9
　de ATP, 107-108, 107t, 108f
　de GTP ligado ao GDP, 587
　de triacilgliceróis, 229
Hidroperoxidases, 112, 114
Hidroperóxidos, 225, 227f
3-Hidroxi-3-metilglutaril-CoA (HMG-CoA)
　na cetogênese, 211, 212f
　na síntese de colesterol, 250, 251f
　na síntese de mevalonato, 250, 251f
3-Hidroxi-3-metilglutaril-CoA (HMG-CoA)-liase
　deficiência de, 215
　na cetogênese, 211, 212f
3-Hidroxi-3-metilglutaril-CoA (HMG-CoA)-redutase
　como alvo de fármacos, 84
　na síntese do mevalonato, 250, 250f
　regulação da, 86, 89t
　síntese de colesterol controlada por, 250, 251f, 252, 253f
3-Hidroxi-3-metilglutaril-CoA (HMG-CoA)-redutase-cinase, regulação da, 89t
3-Hidroxi-3-metilglutaril-CoA (HMG-CoA)-sintase
　na cetogênese, 211, 212f
　na síntese de colesterol, 250, 251f
　na síntese de mevalonato, 250, 250f
3-Hidroxi-3-metilglutaril-CoA-redutase, regulação da, 90
L-3-Hidroxiacil-CoA-desidrogenase, 209, 209f
Hidroxianisol butilado (BHA), 204
3-Hidroxiantranilato-dioxigenase, 115
Hidroxiapatita, 604-605
D-3-Hidroxibutirato, 207, 210, 211f

D-3-Hidroxibutirato-desidrogenase, 210, 211f
19-Hidroxiesteroide, 485
Hidroxilação
　de prolina, 594
　de xenobióticos, 556-558
　detecção por espectrometria de massa, 28t
Hidroxilase, 115
　na síntese de cortisol, 486-487
　vitamina C como coenzima para, 539-540
7α-Hidroxilase, esterol, 255, 256f
17α-Hidroxilase, 486, 488f
18-Hidroxilase, 485-486
27-Hidroxilase, esterol, 255, 256f
Hidroxilisina, 594
Hidroxilisina, síntese de, 266, 268f
5-Hidroxilisina, 17, 17f
Hidroximetilbilano, na síntese de heme, 306, 307f, 308f, 309f
Hidroximetilbilano-sintase, 306, 307f, 308f, 309f
　deficiência de, 310, 310t
5-Hidroximetilcitosina, 321, 323f
Hidroxiprolina, 593, 596
　catabolismo do esqueleto de carbono da, 285-286, 285f
　síntese de, 266, 268f
4-Hidroxiprolina, 17, 17f
4-Hidroxiprolina-desidrogenase, 285-286, 285f
15-Hidroxiprostaglandina-desidrogenase, 224-225
Hidroxitolueno butilado (BHT), 204
β-Hidroxi-γ-trimetilamônio butirato. *Ver* Carnitina
HIF-1 (fator induzível por hipoxia 1), 696-697
HindIII, 433t
Hiperacidemia láctica, 244
Hiperalfalipoproteinemia, familiar, 258t
Hiperamoniemia, 150, 156
　distúrbios do ciclo da ureia como causa de, 276-278, 277t
Hiperbilirrubinemia, 305, 313-314, 313t
　distúrbios metabólicos subjacentes, 314-315, 314f, 315t
Hiperbilirrubinemia conjugada, 313f, 313t, 314-315
Hiperbilirrubinemia não conjugada, 313t, 314
Hiperbilirrubinemia tóxica, 314
Hipercetonemia, 215
Hipercolesterolemia, 226, 237, 241, 257, 258t, 478, 478t, 585t
　papel da frutose na, 186, 188f, 189-190
Hipercolesterolemia familiar (HF), 241, 257, 258t, 478, 478t, 585t
Hipercromicidade da desnaturação, 340
Hiperesplenismo, 651
Hiperfenilalaninemias, 286, 288f
Hiperglicemia, 140, 172
Hiperglicinemia não cetótica, 283
Hiper-hidroxiprolinemia, 285f, 286
Hiper-homocisteinemia, suplementos de ácido fólico para, 538

Hiperlipidemia, 257
Hiperlipoproteinemias, 236, 257, 258t
Hiperlisinemia, 286
Hipermetabolismo, doença como causa de, 157, 525
Hipermetioninemia, 298-299
Hiperoxalúria, 283
Hiperoxalúria primária, 283
Hiperprolinemia, 282, 282f, 285f, 286
Hiperprolinemia tipo I, 282, 282f
Hiperprolinemia tipo II, 282, 282f, 285f, 286
Hipertensão, suplementos de ácido fólico para, 538
Hipertermia maligna (HM), 618, 620t
Hipertriacilglicerolemia, 236, 258t
　papel da frutose na, 186, 188f, 189-190
Hiperuricemia, 334
　papel da frutose na, 189-190
Hipoceruloplasminemia, 633
Hipófise, hormônios da, 179
Hipoglicemia, 172, 181
　durante a gravidez e em recém-nascidos, 180
　induzida por frutose, 190
　oxidação de ácidos graxos e, 207, 215
Hipoglicina, 207, 215
Hipolipoproteinemia, 236, 257, 258t
Hipótese do recrutamento, 386
Hipótese do sinal, de ligação de polirribossomos, 574, 574f, 580-582, 580t, 581f, 582f
Hipótese dos batimentos cardíacos, 715-716
Hipotireoidismo, cardiolipina no, 201
Hipouricemia, 335
Hipoxantina, 321, 323f
　vias de recuperação da, 332-333
Hipoxantina-guanina-fosforribosil-transferase, 334-335, 336t
　localização do gene da, 442t
Hipoxia, em células cancerosas, 696-697
Histamina, 298, 298f, 657f, 662
Histidase, 282
Histidina, 16t, 657f
　catabolismo do esqueleto de carbono da, 282, 283f
　híbridos de ressonância de, 18-19, 19f
　no heme, 48, 48f, 54
　produtos especializados de, 298, 298f
　purificação de proteínas de fusão, 65
Histidinemia, 282
Histona H2AX, 371
Histonas-desacetilase (HDACs), 89, 690
Histonas, 351, 351f, 353, 353t
　modificações covalentes das, 87
　modificações das, 384
Histonas H1, 351, 351f, 352f, 353, 353t
Histonas H2A, 351, 351f, 353
Histonas H2B, 351, 351f, 353
Histonas H3, 351, 351f, 353, 353t
Histonas H4, 351, 351f, 353, 353t
Histórias de casos bioquímicos
　alcoolismo, 720
　biotina, 724-725
　carnitina, 723-724
　diabetes melito, 719-720, 725-726

glicose-6-fosfato-desidrogenase, 721-722
glutationa, 721
HIV. *Ver* Vírus da imunodeficiência humana
HJV. *Ver* Hemojuvelina
HM (hipertermia maligna), 618, 620*t*
HMG-CoA. *Ver* 3-Hidroxi-3-metilglutaril--CoA
Homeostasia, 82
  ferro intracelular, 634-635, 635*f*, 636*f*, 637*f*
  no RE, 584
  transdução de sinais hormonais e, 500-501, 501*f*
L-Homoarginina, 18, 18*t*
Homocarnosina, biossíntese de, 298, 298*f*, 303
Homocarnosinose, 303
Homocisteína, 283, 284*f*
Homocistinúria, 283, 285, 300
Homodímeros, 38
Homogentisato-dioxigenase, 115
Homogentisato-oxidase, 286, 287*f*
Homólogas, proteínas, 61
Homologia, classificação das proteínas com base na, 34
Homologia Src 2 (SH2), 508, 509*f*
Hormônio corticossuprarrenal, colesterol como precursor de, 202
Hormônio do crescimento (GH)
  localização gênica do, 442*t*
  receptores para, 482
  regulação da glicemia por, 179-180
  transporte de aminoácidos e, 470
Hormônios
  adenilil-ciclase e, 503*t*
  armazenamento e secreção de, 497, 497*t*
  características dos, 483*t*
  como segundos mensageiros. *Ver* Segundos mensageiros
  definição, 480
  diversidade química dos, 483-485, 484*f*
  do tecido adiposo, 244
  exames laboratoriais para, 565
  formas ativas dos, 485
  geração de sinais por. *Ver* Geração de sinais
  hidrossolúveis, 482, 483*t*
  importância biomédica, 500
  interação com receptores, 500-501, 501*f*
  ligação a receptores e superfície celular, 482, 483*t*
  ligação a receptores intracelulares, 482, 483*t*
  lipofílicos, 482, 483*t*
  modulação da transcrição por, 511-514, 512*f*, 513*f*, 513*t*, 514*t*
  molécula precursora para, 483-484, 484*f*
  na regulação da glicemia, 178-180, 178*t*, 179*t*
  peptídeos, 546
  precursores aminoácidos de, 18
  proteínas de transporte plasmáticas dos, 498-499, 498*t*
  regulação da difusão facilitada por, 469-470
  regulação da lipogênese por, 247
  regulação da lipólise por, 245-247, 246*f*
  regulação enzimática por, 86, 135-136, 135*f*
  resposta a estímulos, 500-501, 501*f*
  secreção hepática de VLDL e, 242-243, 243*f*
  transdução de sinais por, 500-501, 501*f*
  vitamina D como, 530-531, 531*f*
Hormônios hidrossolúveis, 482, 483*t*
Hormônios peptídicos, glicoproteínas como, 546
Hormônios sexuais, colesterol como precursor de, 202, 249
Hormônios tireoidianos
  armazenamento dos, 497, 497*t*
  na lipólise, 246, 246*f*
  na síntese de colesterol, 252, 253*f*
  receptores para, 482
  regulação da expressão gênica por, 502, 501*f*
  síntese de, 492, 493*f*
  transporte plasmático dos, 498, 498*t*
HpaI, 433*t*, 434*f*
HPLC. *Ver* Cromatografia líquida de alta pressão
HPV. *Ver* Papilomavírus humano
HR (recombinação homóloga), 369, 370*f*, 370*t*
HREs. *Ver* Elementos de resposta hormonal
Hsp (proteínas do choque térmico), como chaperonas, 41, 576
Hsp60, 575
Hsp70, 576
HTS (sequenciamento de alto rendimento), 62-63, 445-446

I

IAPs. *Ver* Inibidores da apoptose
Ibuprofeno, 216, 226
IC$_{50}$, 78
Icterícia, 313-314, 313*t*
  distúrbios metabólicos subjacentes, 314-315, 314*f*, 315*t*
  exames laboratoriais para, 566
  hiperbilirrubinemia como causa, 305, 313-314, 313*t*
  obstrutiva, 242
Icterícia acolúrica, 313
Icterícia colestática, 314
Icterícia colúrica, 313-314
Icterícia fisiológica, 314
Icterícia obstrutiva, 242
Idiótipos, 642
IDLs. *Ver* Lipoproteínas de densidade intermediária
Iduronato, 143, 145*f*
IEF. *Ver* Focalização isoelétrica, purificação de proteínas e peptídeos com
IgA, 640*t*, 642*f*
IgD, 640*t*
IgE, 640*t*
IGF-I. *Ver* Fator de crescimento semelhante à insulina I
IgG, 640*t*, 641*f*
IgM, 640*t*, 642*f*
IL-1 (interleucina-1), 631
IL-6 (interleucina-6), 635
IM. *Ver* Infarto do miocárdio
Imatinibe, 701-702, 702*t*
IMP. *Ver* Monofosfato de inosina
Importinas, 577-578, 578*f*
Impulsos nervosos, 473
Imunidade celular, 639
Imunidade humoral, 662
Imunidade inata, glicoproteínas na, 554
Imunoensaios
  ligados a enzimas, 63, 565
  uso em exames laboratoriais, 565
Imunogenicidade, 643
Imunoglobulinas, 627, 630*t*
  composição das, 639, 640*t*, 641*f*, 642*f*
  diversidade das, 641
  especificidade de ligação das, 640, 643*f*
  funções efetoras específicas da classe de, 640-641
  mudança de classe e, 642
Imunoprecipitação da cromatina (ChIP), 447, 448*f*
Imunoterapia, para o câncer, 699-700
Inanição, 105
  cetose na, 215
  esteatose hepática e, 244
  redirecionamento de triacilgliceróis, 240
  vias metabólicas na, 138-139, 138*t*, 139*f*, 139*t*
Indels, 359, 398
Índice glicêmico, 145, 520
Indol, coeficiente de permeabilidade do, 463*f*
Indometacina, ciclo-oxigenases afetadas por, 226
Indução, da síntese de enzimas, 84
Indutores, 84
  gratuitos, 412
  na regulação da expressão gênica, 411
Indutores gratuitos, 412
Infarto do miocárdio (IM)
  análise das enzimas séricas após, 64, 65*f*
  biomarcadores de, 567
Inflamação
  desenvolvimento de câncer e, 700
  papel das glicoproteínas na, 553
  produtos finais da glicação avançada na, 553
  prostaglandinas na, 216
  proteínas plasmáticas na, 630-631, 630*t*
Inflamassomo, 700
Informação do transcriptoma, 447
Informação genética, fluxo de, 393-394
Inibição competitiva simples, 77, 77*f*
Inibição não competitiva simples, 77-78, 78*f*
Inibição por retroalimentação, de enzimas, 85-86, 85*f*, 89
Inibidor da CDK-ciclina (CKI), 372
Inibidor da fibrinólise ativado por trombina (TAFIa), 678*f*, 679
Inibidor da serina-protease, 638
Inibidor da via do fator tecidual (TFPI), 673

Inibidor de antiproteinase, 662
Inibidor-1, 168, 170
Inibidores
    ação de fármacos como, 80
    análise cinética dos, 76-79, 77f, 78f
    baseados no mecanismo, 76, 78-79
    competitivos, 76-79, 77f, 78f
    da angiogênese, 697-698
    da cadeia respiratória, 112, 118, 123-124, 123f, 124f
    da piruvato-desidrogenase, 161-163, 162f
    da trombina, 677-678
    das DNA-metiltransferases, 690
    de ativação das plaquetas, 671f, 672
    de histonas-desacetilase, 690
    de tirosinas-cinase, 701-702, 702t
    do metabolismo do ácido fólico, 537
    firmemente ligados, 78
    irreversíveis, 78
    não competitivos, 77-78, 77f, 78f
    retroalimentação, 85-86, 85f, 89
Inibidores baseados no mecanismo, 76, 78-79
Inibidores competitivos, 76-78, 77f, 78f
Inibidores da apoptose (IAPs), 693f, 694
Inibidores da enzima conversora da angiotensina, 495
Inibidores enzimáticos, análogos do estado de transição, 59
Inibidores irreversíveis, 78
Inibidores não competitivos, 77-78, 77f, 78f
Inibidores suicidas, 78-79
Iniciação
    na síntese de DNA, 363-364, 365f, 366f
    na síntese de proteínas, 399-402, 400f
    na síntese de RNA, 375-378, 376f, 377f
Iniciação da cadeia, 376f, 378-379.
    Ver também Iniciação
Iniciador (*primer*) de glicogênio, 164-165
Iniciador (*primer*) de RNA, na síntese de DNA, 362f, 362t, 363-364, 365f, 366f
Iniciador metionil-tRNA, 399, 400f
Iniciadores, da apoptose, 692-694, 693f
Inositolfosfolipídeos, 229
Inositol-polifosfato-fosfatase múltipla (MIPP), 53
Inositol-trifosfato, 200
1,4,5-Inositol-trifosfato (IP$_3$)
    na agregação plaquetária, 670, 671f
    na quimiotaxia, 657-658
Inr (sequência iniciadora), 380
Inserção cotraducional, 582-583, 582f, 583f
Inserções de nucleotídeos, 397-398, 398f
Insig (gene induzido por insulina), 252
Instabilidade cromossômica (CIN), 692, 692f
Instabilidade de microssatélites, 358
    no câncer, 692, 692f
Instabilidade genômica, no câncer, 692, 692f
Insuficiência cardíaca, 611
    cardiolipina na, 201
    deficiência de vitamina B$_1$ na, 534
Insuficiência pancreática, deficiência de vitamina B$_{12}$ na, 536

Insulina
    ácidos graxos livres afetados pela, 236, 245
    armazenamento da, 497, 497t
    ensaio biológico para medição da, 719, 720t
    iniciação da síntese de proteínas pela, 402, 402f
    localização do gene da, 442t
    metabolismo do tecido adiposo afetado por, 245
    na regulação da glicólise e gliconeogênese, 175
    na regulação da lipogênese, 221-222, 222f
    na regulação da lipólise, 222, 245-247, 245f, 246f
    na síntese de colesterol, 252, 253f
    no diabetes melito, 130, 140
    radioimunoensaio para medição, 719, 720t
    receptor de, 482
    regulação da glicemia por, 179, 179t
    regulação da glicose pela, 136-138, 158
    regulação do glicogênio pela, 168, 170
    secreção de VLDL e, 243
    secreção por pâncreas de coelho, 726t
    sequenciamento da, 26-27
    síntese de, 493-494, 494f
    transmissão de sinais da cascata de cinases por, 508, 509f
    transporte da glicose, 469-470
Integração, cromossômica, 359-360, 360f
Integração sítio-específica, 360
Integrinas, 554, 658-659, 659t
Intensificador do gene da β-interferona humana, 422, 423f
Intensificador *GAL1*, 427, 428f
Intensificador SV40, 421, 422f
Intensificador SV40 viral, 421, 422f
Intensificadores, na expressão gênica, 410
    estudo dos, 420-421, 422f
    expressão tecidual específica de, 423
    gene da β-interferona, 422, 423f
    propriedades dos, 420-423, 422t
Interações DNA-proteína
    bacteriófago lambda como paradigma para, 414-418, 414f, 415f, 416f, 417f
    mapeamento das, 447
Interações eletrostáticas, 8, 340
Interações entre células, 459
Interações hidrofóbicas nas, 8, 339
    estruturas terciária e quaternária das proteínas, 39
Interações medicamentosas, papel do citocromo P450 nas, 557-558
Interações proteína-DNA
    bacteriófago lambda com paradigma para, 414-418, 414f, 415f, 416f, 417f
    mapeamento de, 446-447
Interações proteína-proteína, identificação de, 447, 449f
Interferonas, 662
Interleucina-1 (IL-1), 631
Interleucina-6 (IL-6), 635
Interleucinas, 662, 700
Intermediário de acil-enzima, 61, 61f

Intermediário do estado de transição, 59, 70, 70f
    acil-enzima, 61, 61f
    tetraédrico, 60, 60f
Intermediários do estado de transição tetraédrico, 60, 60f
Intermediários glicogênicos, 153
International Union of Biochemistry (IUB), sistema de nomenclatura das enzimas, 57
Interrupção do alongamento, 580, 581f
Interruptores moleculares, 586
Intervalo QT, congenitamente longo, 478t
Intestino. *Ver também* Absorção
    absorção de metais de transição no, 101
    absorção de monossacarídeos no, 520, 520f
Intolerância à lactose, 519-520
Intolerância hereditária à frutose, 190
Intravasamento, de células cancerosas, 698, 699f
Íntrons (sequências intercaladas), 356, 357f, 360
    descrição de, 387
    processamento de, 387f, 393-394
    remoção de, 387-388, 387f, 388f
    remoção do transcrito primário, 387-388, 387f, 388f
Inulina, 146, 148f
Iodo (iodeto)
    deficiência de, 492
    metabolismo do, 492
    necessidades humanas de, 93, 93t
5-Iodo-2-desoxiuridina, 324f
Iodoacetato, 160f
Iodopsina, 529
5-Iodouracila, 324
Íon amônio, pK_a do, 13t
Ion trap (captura de íons), 30
Ionização
    de aminoácidos, 18-20, 19f, 20t
    da água, 9-10
Ionização por *eletrospray*, 29-30, 30f
Ionóforos, 471-472
    mitocondriais, 125
Íons hidrogênio
    na água, 8-13, 12f, 13t
    resposta da velocidade de reação à, 72-73, 73f
Íons hidrônio, 9-10
Íons hidróxido, 9-10
Íons metálicos. *Ver também* Metais de transição
    deslocamento por metais pesados, 93-94
    em grupos prostéticos de enzimas, 58
IP$_3$. *Ver* 1,4,5-Inositol-trifosfato
Iproniazida, 300
iPSCs (células-tronco pluripotentes induzidas), 446
IPTG. *Ver* Isopropiltiogalactosídeo
IREG. *Ver* Proteína de regulação do ferro 1
IRES. *Ver* Sítio interno de entrada no ribossomo
IRSs. *Ver* Substratos do receptor de insulina
Isoaspartil-metiltransferase, 715f

Isocitrato, no ciclo do ácido cítrico, 151-153, 152*f*
Isocitrato-desidrogenase
 na produção de NADPH, 218, 219*f*, 220*f*
 no ciclo do ácido cítrico, 153, 152*f*
 regulação da, 156
Isoenzimas, 61-62
Isoladores
 lipídeos apolares como, 196
 na expressão gênica, 424-425
Isolantes elétricos
 bainhas de mielina como, 473
 lipídeos apolares como, 196
Isoleucina, 15*t*
 catabolismo do esqueleto de carbono da, 288, 290, 292*f*, 293, 293*f*, 293*t*
 síntese de, 266-267
Isomaltose, 146*f*, 146*t*
Isomerases, 57
Isomerismo
 de monossacarídeos, 142-143, 143*f*, 144*f*
 geométrico, de ácidos graxos insaturados, 198, 198*f*
Isomerismo de aldose-cetose, 143, 144*f*
Isomerismo geométrico, de ácidos graxos insaturados, 198, 198*f*
Isomerização, de proteínas dobradas, 41-42, 42*f*
Isomerização *cis*, *trans*, de ligações peptídicas X-Pro, 42, 42*f*
Isômeros ópticos, de monossacarídeos, 142-143
Isoniazida, 559
Isopentenil-difosfato, na síntese de colesterol, 250, 251*f*
Isopentenil-difosfato-isomerase, 251*f*
Isopropiltiogalactosídeo (IPTG), 412
Isoprostanos, 204
Isótipos, 642
Isovaleril-CoA-desidrogenase, deficiência de, 290, 292*f*
Isquemia, 157, 478

J

Junção de extremidades não homólogas (NHEJ), 369, 370*f*, 370*t*
Junções aderentes, 466
Junções comunicantes, 459, 476, 476*f*
Junções firmes, 466

K

k. *Ver* Constante de velocidade
K$^+$. *Ver* Potássio
k_{cat}. *Ver* Constante catalítica
k_{cat}/K_m. *Ver* Eficiência catalítica
K_d. *Ver* Constante de dissociação
K_{eq}. *Ver* Constante de equilíbrio
K_m. *Ver* Constante de Michaelis
Ku70/80, 371, 371*f*
KvAP (canal de K$^+$ regulado por voltagem), 471, 471*f*
Kwashiorkor, 263-264, 524-525

L

Lactação, necessidade de glicose, 136
β-Lactamase, 80, 98, 99*f*
Lactase, 56, 520
Lactato
 glicose derivada do, 177, 178*f*
 no ciclo do ácido cítrico, 154-155, 154*f*
 produção glicolítica de, 157, 158*f*, 158*t*, 160
Lactato-desidrogenase
 estrutura da, 37, 38*f*
 redução do piruvato pela, 160
 uso diagnóstico da, 64, 64*t*, 65*f*
Lactoferrina, 660*t*
Lactose
 conversão da galactose em, 186-188, 189*f*
 importância fisiológica da, 145, 146*f*, 146*t*
 metabolismo da, hipótese do óperon e, 411-412, 411*f*, 413*f*, 414
Lactose-sintase, 188, 189*f*
Lactulose, 146*t*
Laminas, 355, 625, 625*t*
Lâminas basais, 598-599
Laminina, 598-599, 599*f*
Lançadeira de creatina-fosfato, 126, 126*f*
Lançadeira de glicerofosfato, 125-126, 125*f*
Lançadeira de malato, 125-126, 125*f*
Lançadeira de prótons, 61, 61*f*
Lançadeiras de substratos, mitocondriais, 125-126, 125*f*
Lanosterol, na síntese de colesterol, 250, 251*f*, 252*f*
Latirismo, 14, 18, 18*t*
LBD. *Ver* Domínio de ligação do ligante
LCAT. *Ver* Lecitina:colesterol-aciltransferase
LCRs (regiões de controle do *locus*), 424-425
LDLs. *Ver* Lipoproteínas de baixa densidade
LEC. *Ver* Líquido extracelular
Lecitina:colesterol-aciltransferase (LCAT), 254
 deficiência familiar de, 258*t*
 na degradação de fosfoglicerol e remodelagem, 232-233
 no metabolismo das HDLs, 241*f*, 242
 papel da apolipoproteína na, 238
Lecitinas, 200, 200*f*
Lectina de ligação da manose (MBL), 643-644, 644*f*
Lectinas, 147
 proteínas receptoras de manose-6-fosfato, 554
 purificação de glicoproteínas com, 547
Lei de Coulomb, 7
Leitores do código, 418
Lepore, 359, 360*f*
Leptina, 244
Lesão tecidual
 análise das enzimas séricas após, 64, 65*f*
 formação do coágulo de fibrina na, 672-673, 672*f*, 673*f*, 673*t*, 674*t*
 mioglobinúria após, 54
Lesões do DNA, 712
Leucemia mielocítica crônica (LMC), 701
Leucemias, 655, 656, 701

Leucina, 15*t*
 catabolismo do esqueleto de carbono da, 288, 290, 292*f*, 293, 293*f*, 293*t*
 síntese de, 266-267
Leucócitos
 comunicação por meio de efetores, 662
 fagocitose, 474, 656, 657, 659-661, 659*f*, 660*t*
 importância biomédica dos, 656
 integrinas em, 658-659, 659*t*
 motilidade dos, 657-659, 657*f*, 658*f*, 659*t*
 múltiplos tipos de, 656-657, 657*f*
 renovação dos, 708*t*
 selectinas dos, 554
 regulação da produção de, 657
Leucócitos polimorfonucleares, 657
Leucodistrofia metacromática, 235*t*
Leucopenia, 656
Leucotrieno A$_4$, 198*f*
Leucotrieno B$_4$, 227
Leucotrienos (LTs), 197, 198, 198*f*, 216, 662
 importância clínica dos, 224, 227
 via da lipoxigenase na formação de, 225, 225*f*, 227*f*
Leucovorina, 537
Levedura, fermentação por extrato desprovido de células, 1-2
Liases, 57
Liberação do promotor, 378
LIC. *Ver* Líquido intracelular
Ligação asparagina-*N*-acetilglicosamina, em glicoproteínas, 548*f*, 550, 550*f*
Ligação cooperativa
 de hemoglobinas, 51
 equação de Hill para, 76, 76*f*
Ligação de extremidades adesivas, 434-435
Ligação de extremidades cegas, 434-435
Ligação do molde, na transcrição, 376*f*
Ligação isoaspartil no arcabouço de polipeptídeo, 715*f*
Ligação *N*-glicosamina, 600
Ligações, estabilização de biomoléculas por, 7, 7*t*
Ligações covalentes
 estabilização de biomoléculas por, 7, 7*t*
 interação lipídeo-proteína da membrana e, 463
 no colágeno, 43
Ligações cruzadas covalentes, 594
Ligações cruzadas proteína-proteína e glicação proteica, 714*f*
Ligações de anidridos ácidos, 320
Ligações de hidrogênio
 definição de, 7
 em folhas β, 36, 36*f*
 em α-hélices, 35-36, 35*f*
 formação com molécula de água, 7, 7*f*
 interações hidrofóbicas e, 8
 nas estruturas terciária e quaternária das proteínas, 39
 no colágeno, 43
 no DNA, 338-340, 340*f*
Ligações dissulfeto
 em quimiocinas, 658, 658*f*
 formação de, 41-42

nas estruturas terciária e quaternária das proteínas, 39
Ligações duplas conjugadas, em porfirinas, 308, 310f
Ligações não α-peptídicas, entre ubiquitina e proteínas, 270, 270f
Ligações N-glicosídicas, em glicoproteínas, 547, 548f, 550-551, 550f, 551f
Ligações O-glicosídicas, 593, 599-600
 em glicoproteínas, 547, 548f, 549-550
Ligações peptídicas
 caráter parcial de ligação dupla das, 21, 22f
 entre aminoácidos, 20
 entre ubiquitina e proteínas, 270, 270f
 formação de, 9, 402
 hidrólise de, 708-709, 709f
 restrições da estrutura secundária, 34-35, 34f
Ligandina, 312, 558
Ligases, 57
 DNA, 363t, 364
 ubiquitina, 584, 585f
LINEs. Ver Elementos nucleares intercalados longos
Linfócitos, 657, 662
Linfócitos B, 639, 662
Linfócitos T, 639, 656, 662
Linha Z, 612, 612f, 613f
Lipase hepática
 deficiência de, 258t
 metabolismo pela, 240
 na captação de remanescentes de quilomícrons, 240-241, 241f
Lipase lipoproteica, 133
 deficiência familiar de, 258t
 hidrólise por, 240, 240f
 papel da apolipoproteína na, 238
Lipase pancreática, 521
Lipases
 hidrólise de triacilgliceróis por, 521
 insulina e, 245
 no metabolismo de triacilgliceróis, 229, 244-245, 245f
 uso diagnóstico de, 64t
Lipidação de proteínas, 463
Lipídeos. Ver também Ácidos graxos; Glicolipídeos; Fosfolipídeos; Esteroides; Triacilgliceróis
 anfipáticos, 204-205, 205f
 ciclo fútil de, 525
 classificação dos, 196
 como combustível metabólico, 130, 136
 complexos, 196
 dano por radicais livres, 541-542, 542f
 derivados, 196
 digestão e absorção dos, 520-521, 522f
 distúrbios associados a anormalidades dos, 478
 em membranas. Ver também Lipídeos de membrana
  anfipáticos, 461-462, 461f
  artificiais, 465
  assimetria e, 464, 589, 589f
  associação de proteínas a, 463

 razão entre proteína e lipídeos, 460-461, 460f
 importância biomédica, 196
 metabolismo dos, no fígado, 242-243, 243f
 neutros, 196
 peroxidação de, 203-204, 204f, 710, 711f
 precursor, 196
 simples, 196
 solubilidade dos, 196
 transporte e armazenamento dos
  aspectos clínicos de, 243-244
  como lipoproteínas, 237-238, 237t, 238f
  deficiência de ácidos graxos e, 225
  fígado no, 242-243, 243f
  importância biomédica, 236-237
  lipogênese e, 247
  lipólise e, 246, 246f
  perilipina e, 247
  tecido adiposo e, 244-245, 245f
  tecido adiposo marrom e, 247, 247f
  vias metabólicas dos, 130-131, 130f, 131f
  em jejum, 138, 138t
  em níveis teciduais e orgânicos, 132-133, 133f
  no estado alimentado, 137-138, 137f, 138t
Lipídeos anfipáticos
 em lipoproteínas, 237, 238f
 em membranas, 204-205, 205f, 461-462, 461f
Lipídeos complexos, 196
Lipídeos de membrana
 bicamadas de, 462-463, 462f
 colesterol nos, 461
 esteroides nos, 461
 fosfolipídeos nos, 199-201, 200f, 461, 461f
 glicoesfingolipídeos nos, 461
 renovação dos, 589
Lipídeos neutros, 196
Lipídeos simples, 196
Lipidômica, 4, 447
Lipidoses (distúrbios de armazenamento de lipídeos), 234-235, 235t
Lipinas, 230, 231f
Lipoamida, 161, 162f
Lipogênese, 132, 133
 acetil-CoA para, 218-219, 219f, 220f
 complexo de ácido graxo-sintase na, 217-218, 217f, 218f
 etanol e, 244
 NADPH para, 218, 220f
 principal via para, 216-217
 produção de malonil-CoA na, 217, 217f
 regulação da
  enzimas na, 217-218, 221, 221f, 222f
  estado nutricional na, 220
  metabolismo em curto e em longo prazo na, 220-222, 221f, 222f
 tecido adiposo e, 247
Lipólise, 133
 de triacilglicerol, 229-230
 inibição pela insulina, 222
 lipase na, 244-245, 245f
 regulação hormonal da, 245-247, 246f

Lipoproteínas, 34, 133, 133f, 628, 630t
 apolipoproteínas em, 237t, 238
 carboidratos em, 147
 classificação das, 237-238, 237t
 deficiência de, esteatose hepática e, 244
 distúrbios das, 257-258, 258t
 efeitos da frutose sobre, 186, 188f, 189-190
 estrutura das, 237, 238f
 formação de, 236
 no transporte de colesterol, 253-254, 255f
 remanescentes, 237t, 240f, 241
 vitamina E em, 532
α-Lipoproteínas. Ver também Lipoproteínas de alta densidade
 deficiência familiar de, 258t
β-Lipoproteínas. Ver Lipoproteínas de baixa densidade
Lipoproteínas de alta densidade (HDLs), 237, 237t
 apolipoproteínas de, 238
 aterosclerose e, 242, 257
 deficiência familiar de, 258t
 metabolismo das, 241-242, 241f
 razão entre HDL e LDL, 257
 receptor para, 238, 241f, 242
 remoção do colesterol por, 249
 síntese de, 241, 241f
Lipoproteínas de baixa densidade (LDLs), 237, 237t
 apolipoproteínas das, 238
 aterosclerose e, 241, 257
 endocitose das, 475
 metabolismo das, 240f, 241
 produtos finais da glicação avançada e, 553
 razão entre LDL e HDL, 257
 receptores para. Ver Receptor de LDL
 regulação das, 253
 suprimento de colesterol com, 249
Lipoproteínas de densidade intermediária (IDLs), 237t, 241, 254, 257
Lipoproteínas de densidade muito baixa (VLDLs), 133, 138, 237t
 aterosclerose e, 257
 efeitos da frutose sobre, 186, 188f, 189-190
 esteatose hepática e, 244
 metabolismo das, 240-241, 240f
 na regulação da cetogênese, 214
 no transporte de lipídeos, 237
 no transporte de triacilgliceróis, 238-239, 239f, 240f
 remanescentes, 241, 254
 secreção hepática de, 242-243, 243f
Lipoproteínas miscíveis em água, 236
Lipossomos
 formação por lipídeos anfipáticos, 204-205, 205f
 membranas artificiais e, 465
Lipoxigenase, 225, 227f
 espécies reativas produzidas por, 203
5-Lipoxigenase, 225, 227, 227f
Lipoxina A_4, 198f
Lipoxinas (LXs), 197, 198, 198f, 216, 224, 225
 importância clínica das, 227

via da lipoxigenase na formação de, 225, 225f, 227f
Líquido extracelular (LEC), 460, 460t
Líquido intracelular (LIC), 460, 460t
Lisil-hidroxilases, 43, 266, 593, 596, 596t
Lisil-oxidase, 43, 594, 596
  cobre na, 100
Lisina, 16t, 286, 288f
Lisinas-acetiltransferase, 89
Lisina-hidroxilase, vitamina C como coenzima para, 539
Lisofosfatidilcolina, 201, 201f, 233, 233f
Lisofosfolipase, 232, 233f
Lisofosfolipídeos, 201, 201f, 478
Lisolecitina, 201, 201f, 233, 233f, 241f, 242
Lisossomos
  direcionamento incorreto de enzimas nos, 554
  hidrólise do glicogênio por, 166
  na endocitose, 474-475
  sinais de seleção de proteínas em, 573, 574t
Lisossomos primários, 474
Lisossomos secundários, 474
Lisozima, 660t
  estrutura da, 37f
LMC (leucemia mielocítica crônica), 701
LncRNAs. *Ver* RNAs longos não codificantes
Locus operador, 411f, 412
Longevidade *versus* tempo de vida, 707-708
LRP-1 (proteína relacionada ao receptor de LDL 1), 238, 239f, 241
LTs. *Ver* Leucotrienos
Luz, fonte de energia no transporte ativo, 472-473
Luz ultravioleta (UV), 712, 713f
  absorção por aminoácidos, 20, 20f
  absorção por nucleotídeos, 321
  dano ao DNA causado por, 370f, 370t
  efeito carcinogênico da, 683, 683t
LXs. *Ver* Lipoxinas

M

mAbs (anticorpos monoclonais), 642-643, 697-698, 702, 702t
MAC (complexo de ataque à membrana), 643
Macrófagos, 656, 657, 660, 662
  reciclagem do ferro por, 631, 631f
α_2-Macroglobulina, 638, 638f, 662, 677
Macromoléculas
  importação mitocondrial de, 576, 577f, 577t
  transporte celular de, 474-475, 474f, 475f
  transporte no núcleo da célula, 575f, 576-578, 577t, 578f
Magnésio (Mg^{2+})
  nos líquidos extracelular e intracelular, 460, 460t
  porfirinas contendo, 305
Malária, papel do glicano na, 555

Malato
  na lipogênese, 218, 220f
  no ciclo do ácido cítrico, 152f, 153
Malato-desidrogenase, no ciclo do ácido cítrico, 152f, 153
MALDI (dessorção e ionização a *laser* assistida por matriz), 29-30, 30f
Malonato, 77, 123
Malonil-acetil-transacilase, 217, 217f, 219f
Malonil-CoA
  na síntese de ácidos graxos, 217, 217f
  regulação de CPT-I por, 213-214, 214f
Maltase ácida, hidrólise do glicogênio por, 166
Maltose, importância fisiológica da, 145, 146f, 146t
Manganês
  estados multivalentes do, 93, 94f, 94t
  funções fisiológicas do, 98
  necessidades humanas de, 93, 93t
  toxicidade do, 95t
Manosamina, 145, 188, 190f
Manose, 143, 144f, 144t, 548t
Manose-6-fosfato, 475, 554, 574t
Manosidose, 555
Mapa de restrição, 434-444
Marasmo, 105, 263-264, 524-525
Mastócitos, 602, 656, 662
MAT (metionina-adenosiltransferase), 298, 299f
Matriz extracelular (MEC). *Ver também* Osso
  colágeno. *Ver* Colágeno
  elastina, 596, 597t
  fibrilinas, 597, 597f
  fibronectina, 595, 597-598, 598f
  glicosaminoglicanos. *Ver* Glicosaminoglicanos
  importância biomédica, 592
  laminina, 598-599, 599f
  processo de envelhecimento e, 592
  proteoglicanos. *Ver* Proteoglicanos
Matriz mitocondrial, 118, 118f, 151, 576, 577f
Maturação de cisternas, 588
Mau dobramento de proteínas
  acúmulo no retículo endoplasmático, 584, 585t
  ubiquitinação, 585, 585f
MBL (lectina de ligação da manose), 643-644, 644f
MBP (proteína de ligação de manana) 643
MDR (resistência a múltiplos fármacos), 478
ME. *Ver* Microscopia eletrônica, determinação da estrutura das proteínas por
MEC. *Ver* Matriz extracelular
Mecanismo de alteração da ligação, da ATP-sintase, 121, 122f
Mecanismo de reparo do DNA, 559
Mecanismo pingue-pongue, na difusão facilitada, 469, 469f
Mecanismos de reparo e revisão para DNA, 713-714

Mecanismos de reparo molecular, teoria de uso e desgaste do envelhecimento
  lesão de proteínas, 714-715, 715f
  mecanismos de revisão e reparo, 713-714
  mecanismos enzimáticos e químicos, 713
  proteínas agregadas, 715
Mecanismos epigenéticos, controle da transcrição gênica e, 419-420, 420f, 421f
Mecanismos químicos e espécies reativas de oxigênio, 713
Mediadores de reparo de dano, 370, 371f
Medicina
  impacto da pesquisa bioquímica na, 2-3
  impacto do Projeto Genoma Humano na, 3-4, 3f
  importância bioquímica na, 1
  inter-relação bioquímica com, 2, 2f
  personalizada, 432
Medicina forense, 445
Medicina personalizada, 432
Medicina preventiva, impactos da pesquisa bioquímica, 2-3
Medula óssea
  síntese de heme na, 306
  transplante de, 235
Meia-vida ($t_{1/2}$)
  de proteínas plasmáticas, 630
  de proteínas, 270
MELAS. *Ver* Encefalopatia mitocondrial, acidose láctica e acidente vascular encefálico
Melatonina, conversão do triptofano em, 300, 301f
Membrana dupla, das mitocôndrias, 118, 118f
Membrana externa, das mitocôndrias, 118, 118f
Membrana glomerular, 598
Membrana interna, nas mitocôndrias, 118, 118f, 119f
  permeabilidade seletiva da, 124-126, 124f, 125f, 126f
Membrana mitocondrial externa, 576
Membrana mitocondrial interna, 576
Membrana plasmática, 459. *Ver também* Membranas
  ancoragem de glicoproteínas à, 552
  assimetria da, 589, 589f
  colesterol na, 461
  estruturas especializadas da, 466, 466f
  glicoesfingolipídeos na, 461
  mutações na, doenças causadas por, 478-479, 478t
Membranas
  aparelho de Golgi na síntese de, 574
  artificiais, 465
  assimetria das, 460, 464, 589, 589f
  das hemácias, 651-653, 651f, 652f, 652t
  despolarização das, na transmissão do impulso nervoso, 473
  estrutura das
    assimetria e, 464
    lipídeos nas, 204-205, 205f, 461-463, 461f, 462f

modelo em mosaico fluido das, 465-466, 466f
razão proteínas:lipídeos nas, 460-461, 460f
fluidez afetando as, 465-466
importância biomédica, 459
intracelulares, 460
junções comunicantes, 459, 476, 476f
mitocondriais, 118, 118f, 119f, 576, 577f
permeabilidade seletiva das, 124-126, 124f, 125f, 126f
montagem de, 574, 588-590, 589f, 590t
mudanças de fase das, 465-466
seletividade das, 467t. *Ver também* Transportadores e sistemas de transporte
aquaporinas, 472
canais iônicos, 470, 470f, 471f, 471t
difusão facilitada, 469-470, 469f
difusão passiva, 467-468, 467f, 467t, 468f, 468t
ionóforos, 471-472
mecanismos de, 467-468
transportadores, 468-469, 468f, 469f
transmissão de sinais através de, 459, 467t, 476
Membranas celulares
carboidratos em, 147
vitamina E em, 532
Membranas intracelulares, 459
Menadiona, 528t, 532-533, 533f
Menaquinonas, 528t, 532-533, 533f
MEOS. *Ver* Sistema microssomal de oxidação do etanol
6-Mercaptopurina, 324f, 325, 329f, 330
Mercúrio, toxicidade do, 93-94
Meromiosina, 614
Merosina, 598, 623f
MET. *Ver* Equivalente metabólico da tarefa
Metabolismo, 106
aspectos clínicos do, 139-140
ciclo do ácido cítrico como via essencial no, 153-156, 154f, 155f
combustíveis interconversíveis no, 136
efeitos da frutose sobre, 186, 188f, 189-190
em células cancerosas, 695-696, 697f, 698t
em jejum, 130, 138-139, 138t, 139f, 139t
erros inatos do, 2
fármacos. *Ver* Metabolismo de fármacos
importância biomédica, 129-130
necessidade de energia para, 129-130
necessidades de glicose do SNC e das hemácias e, 136
nível subcelular de, 132, 134, 134f
nível tecidual e orgânico de, 132-133, 132f, 133f
no estado alimentado, 130, 136-138, 137f, 138t
normal, 129
nucleófilos e eletrófilos no, 8-9
papéis dos aminoácidos no, 18
reações de transferência de grupos no, 9
regulação do. *Ver* Regulação metabólica
regulação do fluxo de metabólitos no, 135-136, 135f

variações da energia livre do. *Ver* Bioenergética
vias para processamento de produtos da digestão, 130-131, 130f, 131f, 132f
Metabolismo de fármacos, 80
acetilação e metilação, 558-559
conjugação, 558
hidroxilação, 557-558
papel do citocromo P450 no, 115-116, 115f, 116f, 557-558
Metabolismo do acilglicerol
acilação de trioses-fosfato, 230, 230f
aspectos clínicos do, 234-235, 235t
ceramida no, 233-234, 233f, 234f
fosfatidato no, 230, 232, 231f, 232f
fosfolipases no, 232-233, 233f
hidrólise, 229
importância biomédica, 229
Metabólitos, fluxo de, 83, 83f, 89, 135-136, 135f
Metabolômica, 4, 447, 564
Metabonômica, 564
Metacrilil-CoA, catabolismo de, 292f, 293f
Metais de transição
absorção e transporte dos, 101
em complexos organometálicos, 95-97, 95f, 96f, 96t, 97f
estados multivalentes dos, 93, 94f, 94t, 95
funções fisiológicas dos, 96-101, 97f, 98f, 99f, 100f
importância biomédica, 92
necessidades humanas de, 93, 93t
oxidação dos, 93, 94f, 94t
propriedades ácidas de Lewis dos, 93
toxicidade dos metais pesados e, 93-94
toxicidade dos, 94-95, 95t
Metais pesados, toxicidade, 93-94
Metaloenzimas, 58
Metaloproteínas, 34
funções fisiológicas das, 97-101, 97f, 98f, 99f, 100f
metais de transição nas, 95-97, 95f, 96f, 96t, 97f
Metaloproteinases da matriz (MMPs), 698
Metano-mono-oxigenase, ferro na, 96
Metástase
anormalidades da membrana e, 478t
mecanismos de, 698, 699f, 700t
papel do microambiente tumoral na, 694-695, 695f
Metemoglobina, 53-54, 649
Metemoglobina-redutase, 54
Metemoglobinemia, 649, 650t
Meteóritos, aminoácidos extraterrestres em, 17-18
Metilação
de histonas, 351, 353t
de resíduos de desoxicitidina, 418-419
de xenobióticos, 558
detecção por espectrometria de massa, 28t
regulação enzimática por, 86
L-β-Metilaminoalanina, 18, 18t
5-Metilcitosina, 321, 323f
β-Metilcrotonil-CoA, catabolismo de, 292f

7-Metilguanina, 323f
3-Metil-histidina, 298
Metilmalonil-CoA-mutase, 174, 174f, 536
Metilmalonil-CoA-racemase, 174, 174f
Metilxantinas, 246
Metionil-tRNA (met-tRNA), 399, 400f
Metionina, 16t
catabolismo do esqueleto de carbono da, 288, 290f, 291f
na S-adenosilmetionina, 323f, 324t
produtos especializados de, 298-299, 299f, 300f, 301, 302f
Metionina-sintase, dependência de vitamina B_{12}, 536, 536f, 538
Metionina-adenosiltransferase (MAT), 298, 299f
Método de terminação da cadeia, 439, 440f
Método enzimático manual de Sanger, 439, 440f
Metotrexato, 333-334, 537
Met-tRNA (metionil-tRNA), 399, 400f
Mevalonato, síntese de, 250, 250f, 251f
Mevalonato-cinase, 251f
Mg^{2+}. *Ver* Magnésio
MHC. *Ver* Complexo principal de histocompatibilidade
Micelas, 204-205, 205f, 462, 462f, 521
Microalbuminúria, 566
Microambiente do tumor (TME), 682, 694-695, 695f
Microcistina, 14
Microfibrilas, 597
Microfilamentos, 623-624
$β_2$-Microglobulina, 635, 637f, 639
Micro-heterogeneidade, de glicoproteínas, 547
Micronutrientes. *Ver também* Minerais; Vitaminas
armazenamento de lipídeos, 196
importância biomédica, 527
metais de transição, 93, 93t
necessidades nutricionais de, 527-528
níveis tóxicos de, 527
Micro-RNAs (miRNAs), 346, 374, 375t, 390-391
modulação da expressão gênica por, 429
no câncer, 689-690
transcrição de, 389-390, 390f
Microscopia, determinação das estruturas das proteínas por, 40
Microscopia eletrônica (ME), determinação das estruturas das proteínas por, 40
Microtúbulos, 587, 624-625, 624f
Microvesículas, 476
câncer e, 690
Microvilosidades, 466
Mielina
galactosilceramida na, 234
sulfatídeo na, 202
Mielodisplasia, 649
Mieloperoxidase, 660-661, 660t
ferro na, 96-98
Migração celular, 598, 601

Minerais
    digestão e absorção de, 523-524, 523f
    função dos, 540, 540f
    importância biomédica, 527
    necessidades nutricionais de, 527-528
    para manutenção da saúde, 3
Mineralocorticoides, síntese de, 485-486, 486f
Miocardiopatia dilatada, 622
Miocardiopatia hipertrófica familiar, 622
Miocardiopatias, 621, 622t
Miocinase. *Ver* Adenilato-cinase
Miofibrilas, 612, 612f
Mioglobina
    ambiente oculto da, 49, 49f
    curva de dissociação do oxigênio da, 49-50, 49f
    estrutura secundária e terciária da, 50
    ferro na, 95-96
    α-hélices na, 48, 48f
    heme na, 48-49, 48f, 49f
    implicações biomédicas, 54-55
    importância biomédica, 47-48
Mioglobinúria, 54
Miopatia, acidose láctica com, 118
Miopatia mitocondrial infantil fatal e disfunção renal, 126
Miosina, 611
    estrutura e função da, 613-614, 614f, 615f
    na contração muscular, 613-615, 614f, 615f
    regulação da contração do músculo liso pela, 616-618, 617f, 617t
Miotonia congênita, 620t
MIPP (inositol-polifosfato-fosfatase múltipla), 53
Miristoilação, 463
    detecção por espectrometria de massa, 28t
miRNAs. *Ver* Micro-RNAs
MIT. *Ver* Monoiodotirosina
Mitocôndrias
    apoptose nas, 712
    atividade enzimática das, 725t
    ciclo do ácido cítrico nas, 134, 134f, 151
    citocromo P450 nas, 557
    complexos da cadeia respiratória nas, 118, 119f
    distúrbios genéticos, 126
    genes codificados pelo genoma das, 712t
    lesão redox das, 710, 713
    membranas e compartimentos das, 118, 118f
    oxidação de ácidos graxos nas, 207-208, 208f
    β-oxidação nas, 208-210, 208f, 209f, 210t
    sinais de seleção de proteínas nas, 573-574, 574t
    síntese e importação de proteínas por, 576, 577f, 577t
    transportadores de troca de, 124-126, 124f, 125f, 126f
MMPs. *Ver* Metaloproteinases da matriz
MMR (reparo de pareamento impróprio), 369, 370f, 370t

MOAT (transportador multiespecífico de ânions orgânicos), 312
Modelagem, de estruturas de proteínas, 40-41
Modelagem molecular, de estruturas das proteínas, 40-41
Modelagem por homologia, determinação das estruturas das proteínas por, 41
Modelo de encaixe induzido, 60, 60f
Modelo do óperon, 411-412, 411f, 413f, 414
Modelo em mosaico fluido, 465-466, 466f
Modificação covalente de histonas, 418-419
Modificações covalentes. *Ver também* Fosforilação
    carcinógenos como causa, 684
    da piruvato-desidrogenase, 161, 163, 162f
    de histonas, 351, 353t
    detecção por espectrometria de massa, 28, 28t
    na regulação da glicólise e gliconeogênese, 175
    no processamento pós-traducional de proteínas, 43
    regulação enzimática por, 85-90, 88f, 89t
    reversibilidade das, 87
Modificações pós-traducionais
    de aminoácidos, 15, 17, 17f
    de histonas, 351, 353t
    de proteínas da membrana, 589
    detecção por espectrometria de massa, 28, 28t
    do colágeno, 594-595, 594t
    importância biomédica, 33
    na maturação de proteínas, 43-44, 43f
    polinucleotídeos, 325
Moduladores do receptor de estrogênio, 703
Moléculas anfipáticas, 8
Moléculas de adesão celular (CAMs), 698, 700t
Moléculas hidrossolúveis, 462
Moléculas lipossolúveis, 462
Moléculas não solúveis em lipídeos, 462-463
Moléculas quiméricas
    enzimas de restrição para clivagem da cadeia de DNA com, 433-434, 433t, 434f, 434t
    preparação com, 434-435
    prognóstico de, 432
Moléculas Rab, 587
Molibdênio
    absorção do, 101
    estados multivalentes do, 93, 94f, 94t
    funções fisiológicas do, 100, 100f
    necessidades humanas de, 93, 93t
    toxicidade do, 95t
Molibdopterina, 95, 96f, 100
2-Monoacilgliceróis, 231f
Monoacilglicerol-aciltransferase, 230, 231f
Monoaminoxidase, 300, 301f
Monócitos, 656, 657
Monofosfato de adenosina (AMP), 322t, 323f
    captação de energia e transferência por, 107-108, 107t, 108f

cíclico. *Ver* AMP cíclico
ciclos do fosfato do, 109, 109f
conversão de IMP em, 328, 330f
regulação por retroalimentação, 331, 331f
estrutura do, 108f, 321f, 322f
regulação da PRPP-glutamil-amidotransferase, 330, 331f
Monofosfato de citidina (CMP), 322t
Monofosfato de guanosina. *Ver* GMP
Monofosfato de inosina (IMP)
    conversão em AMP e GMP, 328, 330f, 331, 331f
    síntese de, 328-329, 329f, 330f
Monofosfato de orotidina (OMP), 333f
Monofosfato de timidina (TMP), 322f, 322t
Monofosfato de uridina (UMP), 322f, 322t
Monoiodotirosina (MIT), 492, 493f
Monômero de fibrina, 677
Mononucleotídeos, 320
    reações de "recuperação" e, 330, 331f
Mono-oxigenases
    citocromos P450 como, 115-116, 115f, 116f
    hidroxilação de xenobióticos por, 556-558
Monossacarídeos, 141-142, 142t
    absorção de, 520, 520f
    aminoaçúcares, 145, 145f
    de importância fisiológica, 143, 144t, 145f
    desoxiaçúcares, 145, 145f
    em glicoproteínas, 547, 548t
    glicose como monossacarídeo mais importante, 142
    glicosídeos formados a partir de, 145
    isomerismo dos, 142-143, 143f, 144f
Monoubiquitinação, de histonas, 351, 353t
Monóxido de carbono
    inibição da cadeia respiratória por, 112, 118, 123
    ligação ao heme, 49, 49f
Montagem espontânea, 594
Montagem sequencial, 386
Montagens não covalentes, em membranas, 461
Mortalidade e envelhecimento, 708
Morte celular. *Ver* Apoptose
Morte celular programada. *Ver* Apoptose
Motivo em dedo de zinco, 426, 426f
Motivo em zíper de leucina, 427, 427f
Motivo hélice-volta-hélice, 425-426, 426f
Motivos de reconhecimento do RNA (RRMs), 388
Motivos hélice-alça-hélice, 36
Motivos LXXLL, 514
Motivos serina-arginina (SR), 388
Movimento de elétrons, no transporte ativo, 472
Movimento de força, 615-616, 616f
Movimento transverso, de lipídeos através da membrana, 463-464
mRNA. *Ver* RNA mensageiro
mRNA policistrônico, 411
mRNPs (partículas de ribonucleoproteína), 405, 405f, 430

MS em *tandem* (MS-MS, MS^2)
  detecção de doença metabólica com, 278, 280
  uso na análise de proteínas, 30
MS-MS. *Ver* MS em *tandem*
MstII, 433*t*
  na doença falciforme, 443, 444*f*
MSUD. *Ver* Doença da urina do xarope de bordo
MTP (proteína microssomal de transferência de triacilgliceróis), 242
Mucinas, 549
Muco, 549
Mucolipidose, 603
Mucopolissacaridoses, 592, 603-604, 604*t*
Mucoproteínas. *Ver* Glicoproteínas
Mudanças no estilo de vida, níveis de colesterol afetados por, 257
Multiplexinas, 594
Mundo de RNA, 66-67
Músculo
  actina e miosina no, 613-615, 614*f*, 615*f*
  captação de glicose pelo, 136-137, 137*f*
  cardíaco, 619-620, 619*t*, 620*f*
  distúrbios genéticos do, 621-623, 622*t*, 623*f*, 624*f*
  em jejum, 130, 138-139, 138*t*, 139*f*, 139*t*
  estrutura do, 612-613, 612*f*, 613*f*
  glicogênese no, 164-166, 165*f*, 166*f*
  glicogênio no, 164, 165*t*
  níveis de aminoácidos e, 271-272, 271*f*, 272*f*
  no estado alimentado, 130, 136-138, 137*f*, 138*t*
  produção de lactato, 160
  regulação da glicogênio-fosforilase no, 167-168, 169*f*
  regulação da glicogênio-sintase no, 170*f*
  síntese de ribose no, 185
  tipos de, 612
Músculo cardíaco, 612
  canais de cálcio no, 619-620, 620*f*, 620*t*
  regulação da contração no, 619, 619*t*
Músculo esquelético, 612, 619*t*
  captação de glicose pelo, 136-137, 137*f*
  como reserva de proteínas, 623
  fibras de contração do, 621
  função metabólica do, 133
  glicogênio, suprimentos de, 620
  hipertermia maligna do, 618, 620*t*
  produção de lactato pelo, 160
  regulação baseada na actina, 616
  retículo sarcoplasmático no, 618, 618*f*
Músculo estriado, 613*f*, 616, 617*t*, 619
Músculo liso, 612, 619*t*
  interações actina-miosina no, 617, 617*t*
  regulação da contração pela miosina, 616-618, 617*f*, 617*t*
Mutação constitutiva, 411
Mutações, genéticas, 350-351
  causadoras de câncer, 683, 701, 703
  constitutiva, 411
  conversão gênica e, 361

dano por radicais livres como causa de, 542
de fase de leitura, 398-399, 398*f*
de proteínas de membrana, doenças causadas por, 478, 478*t*
de sentido incorreto, 396-397, 397*f*, 398*f*, 622
de transição, 396, 396*f*
família Alu e, 358, 360
indels e, 359
integração e, 359, 360*f*
papel dos xenobióticos nas, 559, 559*f*
pontuais, 396-397, 396*f*, 397*f*, 398*f*, 442, 443*f*
recombinação e, 359, 359*f*, 360*f*
sem sentido, 397-398, 398*f*
silenciosas, 396
síndrome de Zellweger e, 579-580
substituição de bases, 396-397, 396*f*, 397*f*, 398*f*
supressoras, 398-399
terminação prematura, 397, 398*f*
transposição e, 360
transversão, 396, 396*f*
trocas de cromátides-irmãs e, 361, 361*f*
Mutações ambientais, 683
Mutações condutoras, 701, 703
Mutações da fase de leitura, 397-398, 398*f*
Mutações de replicação, 683
Mutações de sentido incorreto, 396-397, 397*f*, 398*f*, 622
Mutações de transição, 396, 396*f*
Mutações de transversão, 396, 396*f*
Mutações espontâneas, 683
Mutações genéticas. *Ver* Mutações, genéticas
Mutações hereditárias, 683
Mutações passageiras, 701
Mutações pontuais, 396-397, 396*f*, 397*f*, 398*f*, 442, 443*f*
Mutações sem sentido, 397-398, 398*f*
Mutações silenciosas, 396, 396*f*
Mutações supressoras, 398-399
Mutagênese sítio-dirigida, uso em estudos enzimáticos, 66

N

n. *Ver* Coeficiente de Hill
  na hemostasia e trombose, 672
Na$^+$. *Ver* Sódio
Na$^+$-K$^+$-ATPase, 472-474, 472*f*, 473*f*
N-Acetilgalactosamina (GalNAc), 547, 548*t*, 549
N-Acetilglicosamina
  em glicoproteínas, 548*t*
  glicosilação rapidamente reversível com, 552-553
N-Acetilglicosamina-transferase O-ligada, 552-553
N-Acetilglutamato
  em distúrbios do ciclo da ureia, 277
  na síntese de ureia, 275*f*, 276
N-Acetilglutamato-desacilase, no ciclo da ureia, 276

N-Acetilglutamato-sintetase (NAGS)
  defeitos na, 277
  no ciclo da ureia, 276
NAD$^+$. *Ver* Nicotinamida-adenina--dinucleotídeo
NADH
  na esteatose hepática, 244
  oxidação de ácidos graxos na produção de, 209, 209*f*
NADH-desidrogenase, 114
NADH-Q-oxidorredutase (complexo I), 118, 119*f*, 120, 120*f*
  deficiência de, 126
NADP-malato-desidrogenase, 218, 219*f*, 220*f*
NADP$^+$. *Ver* Fosfato de nicotinamida--adenina-dinucleotídeo
NADPH, para lipogênese, 218, 219*f*, 220*f*
NADPH-citocromo P450-redutase, 557
NADPH-oxidase, 660, 660*t*, 661
NAGS. *Ver* *N*-Acetilglutamato-sintetase
Nanotecnologia, 4, 62, 62*f*
Não ambíguo, código genético, 394-395, 394*t*
ncRNAs. *Ver* RNAs não codificantes
NDP (nucleosídeo-difosfato)-cinases, 110
Necrose, 693-694
Neoplasia maligna. *Ver* Câncer
Neoplasias, 681-682, 682*f*
NER (reparo por excisão de nucleotídeos), 369, 370*f*, 370*t*
Nervos mielinizados, ondas de despolarização ao longo de, 196
NESs (sinais de exportação nucleares), 578
NET-Seq, 447
NeuAc (ácido *N*-acetilneuramínico), 547, 548*t*
Neuraminidase, *influenza*, 555
Neurofilamentos, 625, 625*t*
Neurolatirismo, 18, 18*t*
Neurônios, membranas de
  canais iônicos em, 470*f*
  impulsos transmitidos ao longo de, 473
Neuropatia, vitamina B$_6$ como causa de, 535
Neuropatia sensitiva, vitamina B$_6$ como causa de, 535
Neurotransmissores, aminoácidos como, 18
Neutrófilos, 656, 657
  enzimas e proteínas de, 659-660, 660*t*
  integrinas nos, 658-659, 659*t*
  mieloperoxidase nos, 661
  na captura de parasitas, 661, 661*f*
NF-κB (fator nuclear kappa-B), 553, 631
N-Glicosídeos
  conformadores *syn* e *anti* de, 320-321, 321*f*, 322*t*
  nucleosídeos como, 320, 321*f*
NGS (sequenciamento de nova geração), 445-447, 701
NHEJ (junção de extremidades não homólogas), 369, 370*f*, 370*t*
Niacina, 528
  coenzimas de nicotinamida formadas a partir de, 113

deficiência de, 528t, 534-535
funções da, 528t, 534
necessidade do ciclo do ácido cítrico, 153
toxicidade da, 535
Nicotina, metabolismo pelo citocromo P450, 557-558
Nicotinamida, 58, 58f, 534
Nicotinamida-adenina-dinucleotídeo (NAD$^+$)
 como coenzima, 324t
 compartimentalização metabólica, 84
 lançadeiras de substrato na oxidação de, 125-126, 125f
 na esteatose hepática, 244
 niacina na síntese de, 534
 no ciclo do ácido cítrico, 152f, 153, 155-156
 uso de ensaios espectrofotométricos, 63, 63f
 uso pela desidrogenase, 113, 113f
 uso pelo citocromo P450, 115-116, 115f
Níquel
 estados multivalentes do, 93, 94f, 94t
 funções fisiológicas do, 100
 na urease, 96, 97f
 necessidades humanas de, 93, 93t
 toxicidade do, 95t
Nitrito, 623
Nitrogenase, 97
Nitrogênio, metabolismo do
 aminoácidos-oxidase no, 273-274, 274f
 amônia a partir do, 269, 272-275, 274f
 biossíntese de ureia no, 272-273, 272f, 273f, 275-276, 275f
 distúrbio do, 276-278, 277t
 formas excretadas de, 272, 275, 275f
 glutamato-desidrogenase no, 273, 274f
 glutaminase e asparaginase no, 274, 274f
 glutamina-sintetase no, 274, 274f
 reações de transaminação no, 272-273, 273f, 281
Nitroglicerina, 611
Nível de atividade física (PAL), 524
NLS (sinal de localização nuclear), 574t, 577-578, 578f
N-Metilglicina, 300-301
NMP (nucleosídeo-monofosfato)-cinases, 110
NO. *Ver* Óxido nítrico
Nodularina, 14
Norepinefrina. *Ver também* Catecolaminas
 conversão da tirosina em, 300, 302f
 na termogênese, 247, 247f
 regulação do glicogênio pela, 167-168
 síntese de, 484f, 491, 491f
Northern blotting (RNA-DNA), 341
Nós de Ranvier, 473
NPCs (complexos de poros nucleares), 577
Nucleases, 9
 cromatina ativa e, 354
 digestão de ácidos nucleicos por, 348

Núcleo da célula
 sinais de seleção de proteínas no, 573-574, 574t
 transporte de macromoléculas no, 575f, 576-578, 577t, 578f
Nucleófilos
 água como, 8-10
 definição, 8-9
 na catálise enzimática, 58
Nucleoproteínas, acondicionamento de, 355, 355t, 356f
Nucleosídeo-difosfato (NDP)-cinases, 110
Nucleosídeo-monofosfato (NMP)-cinases, 110
Nucleosídeos-difosfato, química de, 320, 321f
Nucleosídeos, 321-323, 322t
 importância biomédica, 320
 química dos, 320, 321f
 trifosfato, 324
Nucleosídeos-trifosfato
 análogos não hidrolisáveis de, 325, 325f
 potencial de transferência de grupo, 324
 química de, 320, 321f
Nucleossomos, 351, 351f, 352f, 353
 maquinaria de transcrição e, 384
3′,5′-Nucleotídeo cíclico fosfodiesterase, na lipólise, 246
Nucleotídeos, 322t
 absorção da luz ultravioleta por, 321
 análogos sintéticos de, na quimioterapia, 324-325, 324f, 325f
 biossíntese de, purinas, 328, 328f
 códigos de tripletes de, 394, 394t
 como ácidos polifuncionais, 321
 funções fisiológicas dos, 321-323, 323f, 324t
 importância biomédica, 320
 metabolismo dos, importância biomédica, 327-328
 mutações causadas por alterações em, 396-399, 396f, 397f, 398f
 mutações de fase de leitura dos, 397-398, 398f
 mutações por substituição, 396-397, 396f, 397f, 398f
 nutricionalmente não essenciais, 328
 polinucleotídeos, 325
 química dos, 320, 321f
Nucleotídeos de açúcar, na síntese de glicoproteínas, 549-550
Número de renovação, 75
Números variáveis de repetições em *tandem* (VNTRs), 445, 549
Nutrição
 antioxidantes e. *Ver* Antioxidantes
 importância biomédica, 519
 regulação da lipogênese pela, 220
 necessidades
  de energia, 129-130, 524-525, 524f
  de proteínas e aminoácidos, 525-526
  de vitaminas e minerais, 527-528
  metais de transição, 93, 93t
 impactos da pesquisa bioquímica, 2-3
Nutrigenômica, 3

O

Obesidade, 105, 130, 237, 519, 524
 desenvolvimento de câncer e, 700
 lipídeos e, 196
 lipogênese e, 216
Obstrução da árvore biliar, hiperbilirrubinemia causada por, 313f, 313t, 314-315, 315t
Obstrução do ducto biliar, hiperbilirrubinemia causada por, 313f, 313t, 314-315, 315t
Octâmero de histonas, 351, 351f, 352f, 353
β-ODAP (ácido β-N-oxalil-L-α, β-diaminopropiônico), 18, 18t
Oleoil-CoA, 223, 223f
Óleos, 196
Oligômeros, importação por peroxissomos, 579
Oligomicina, 123
Oligonucleotídeos, síntese de, 439
Oligossacarídeo:proteína-transferase, 581
Oligossacarídeos, 142, 546, 547t, 550-551, 550f, 555
Oligossacarídeos complexos, em glicoproteínas, 550-551, 550f
Oligossacarídeos híbridos, em glicoproteínas, 550-551, 550f
Oligossacarídeos ricos em manose, em glicoproteínas, 550-551, 550f
OMP. *Ver* Monofosfato de orotidina
Oncogene *RAS*, 685, 685f, 687t
Oncogenes, 685-688, 685t, 686f, 687f, 687t, 688f, 688t
 ciclinas e, 369
 estudos iniciais, 2
Oncologia, 681, 701
Oncologia de precisão, 701
Oncoproteínas, proteína Rb e, 369
Oncovírus, ciclinas e, 369
Operador direito, 415, 415f
Óperon, 411-412, 411f, 413f, 414
Óperon *lac*, 411-412, 411f, 413f, 414
Opsonização, 659
ORC. *Ver* Complexo de origem da replicação
Ordem cinética, 71
ORE. *Ver* Elemento de origem da replicação
Organismos autotróficos, 107
Organismos heterotróficos, 107
Órgãos, vias metabólicas em, 132-133, 132f, 133f
Origem da replicação (ori), 362-363, 362f
Ornitina
 catabolismo do esqueleto de carbono da, 282, 283f
 conversão da arginina em, 297, 297f
 na síntese de ureia, 275-276, 275f
Ornitina-permease, defeitos na, 277
Ornitina-transaminase, 282, 283f
Ornitina-transcarbamoilase
 defeitos na, 277
 deficiência de, 336
 na síntese de ureia, 275f, 276

Orotato-fosforribosiltransferase, 333f, 334, 336, 336t
Orotidilato-descarboxilase, 336
Orotidinúria, 336
Oscilação, 396
Osso
  componentes do, 604-606, 605t, 606f
  distúrbios metabólicos e genéticos do, 607, 607t
  papel da vitamina K no, 533
Osteoartrite, 592, 604
Osteoblastos, 605, 606f
Osteocalcina, 539
Osteócitos, 605
Osteoclastos, 605, 606f
Osteogênese imperfeita, 44, 263, 607, 607t
Osteomalacia, 532
Osteopetrose, 607
Osteopontina, 605
Osteoporose, 532, 607, 607t
Ouabaína, 145, 473
Oxalacetato, 134
  formação a partir da asparagina e aspartato, 281
  na gliconeogênese, 172-173, 173f
  na lipogênese, 218-219, 220f
  no ciclo do ácido cítrico, 150-154, 151f, 152f, 154f
Oxidação
  acoplamento da fosforilação, 122-123, 123t
  acoplamento de reações endergônicas à, 106-107, 106f, 107f
  β-. Ver β-Oxidação
  de ácidos graxos. Ver também Cetogênese
    aspectos clínicos da, 215
    hipoglicemia causada por comprometimento de, 215
    liberação de acetil-CoA e, 208-210, 208f, 209f, 210t
    modificada, 210
    nas mitocôndrias, 207-208, 208f
    regulação da cetogênese e, 213-214, 213f, 214f
  de equivalentes redutores pela cadeia respiratória, 118-121, 119f, 120f, 121f
  de metais de transição, 93, 94f, 94t
  definição de, 111
  do ferro do heme, 649-651, 650f, 650t, 651f
  do iodeto, 492
  importância biomédica, 111
  mediada por lançadeiras de substratos, 125-126, 125f
  na via das pentoses-fosfato, 183-184, 183f, 184f
  piruvato. Ver Oxidação do piruvato
  potencial redox e, 111-112, 112f
  reações de desidrogenase, 112-114, 113f
  reações de hidroperoxidases, 114
  reações de oxidase, 112, 112f, 113f
  reações de oxigenases, 111-112, 114-116, 115f, 116f
  reações de superóxido-dismutase, 116
β-Oxidação, 131

β-Oxidação de ácidos graxos, 208-210, 208f, 209f, 210t
  modificados, 210, 211f
  regulação da cetogênese e, 213-214, 213f, 214f
Oxidação do piruvato, 161, 163, 162f
  indução e repressão de enzimas catalisadoras, 174-175, 175t
Oxidantes clorados, produção de, 662
Oxidases, 112, 112f, 113f
Oxidases de função mista, 115
Óxido nítrico (NO), 611, 622-623, 624f
Óxido nítrico-sintase, 297, 297f, 622
Oxidoesqualeno-lanosterol-ciclase, 250, 252f
Oxidorredutases, 57, 112
  estrutura das, 37, 38f
Oxiesteróis, 204
Oxigenases, 111-112, 114-116, 115f, 116f
Oxigênio
  afinidades das hemoglobinas, 51, 51f
  ligação à hemoglobina, 51-52, 51f, 52f
  ligação ao heme, 48, 48f, 49f
  redução pelo complexo IV, 120-121
  toxicidade do, 116. Ver também Espécies reativas de oxigênio
  transporte e armazenamento do, 47
    adequação da hemoglobina e mioglobina para, 49-50, 49f
    alterações em grandes altitudes, 53
    impacto das mutações das hemoglobinas, 53-54, 54f
    implicações biomédicas, 54-55
    mudanças conformacionais da hemoglobina durante, 50-53, 50f, 51f, 52f, 53f
    papéis do heme e do ferro ferroso no, 48-49, 48f, 49f

P

P450scc (enzima de clivagem da cadeia lateral do citocromo P450), 485, 485f
P$_{50}$, 51, 51f
p70S6K, 508, 509f
p97, 584
Pá, eletricamente carregada, 471, 471f
PAB (proteína de ligação de poli(A)), 401, 401f, 402f
Paclitaxel, 625
PAF. Ver Fator de ativação das plaquetas
PAGE (eletroforese em gel de poliacrilamida), 26, 26f
PAL (nível de atividade física), 524
Palmitato, 217-218, 219f, 220f
Palmitoilação, detecção por espectrometria de massa, 28t
Palmitoil-CoA, 223
Palmitoleoil-CoA, 223
Panproteinase, 638
Pancreatite, ativação de protease na, 87
PAP (fosfatidato-fosfatase), 230, 231f
Papilomavírus humano (HPV), 703
PAPS (3′-fosfoadenosina-5′-fosfossulfato), 322-323, 323f, 324t, 558, 600

PAR (razão de atividade física), 524
Par de cromossomos X, 354
PAR-1. Ver Receptor ativado por protease 1
PAR-4. Ver Receptor ativado por protease 4
Paralisia periódica hiperpotassêmica, 620t
Paralisia periódica hipopotassêmica, 620t
Paramécios, 660
Parasitas, glicanos na ligação de, 555
Paratormônio (PTH)
  armazenamento de, 497, 497t
  síntese de, 494, 495f
Pareamento de bases de Watson-Crick, 339, 340f
Pareamento de bases no DNA, 339, 340f, 341
Pares de bases (pb), 355
PARP (poli-ADP-ribose-polimerase), 371, 371f
Partícula de reconhecimento de sinal (SRP), 580-581, 581f, 629
Partículas de montagem, 475
Partículas de ribonucleoproteína (mRNPs), 405, 405f, 430
Patologia molecular, 590
pb (pares de bases), 355
pBR322, 437, 437f
PCR. Ver Reação em cadeia da polimerase
PCSK9 (pró-proteína-convertase--subtilisina/quexina tipo 9), 253
PDGF (fator de crescimento derivado das plaquetas), no câncer, 689, 689t
PDH. Ver Piruvato-desidrogenase
PDI (proteína dissulfeto-isomerase), 42, 584
PDK1 (cinase 1 dependente de fosfoinositídeo), 508, 509f
Pectina, 147, 148f
Pelagra, 534-535
Pele
  deficiência de ácidos graxos essenciais e, 225
  doenças de, 625
  síntese de calcitriol na, 489, 490f
  síntese de vitamina D na, 530, 531f
Penicilamina, para a doença de Wilson, 634
Penicilina, 80
Pentoses, 141, 142t, 143, 144t
Pentosúria, 182, 189
Pentosúria alimentar, 189
Pentosúria essencial, 182, 189
Pepsina, 521
Pepsinogênio, 521
Peptidases, degradação de proteínas por, 270-271, 270f, 271f
Peptídeos
  absorção de, 521, 523
  aminoácidos incomuns em, 21, 21f
  L-α-aminoácidos nos, 15, 15t-16t
  como precursores hormonais, 484, 484f
  como polieletrólitos, 21-22
  como precursores na síntese de hormônios, 492-493
  conformações de, afetada por forças não covalentes, 21

desenho das estruturas, 21
estrutura primária dos. *Ver* Estrutura primária
importância biomédica, 14
purificação dos
　eletroforese em gel, 26, 26*f*, 27*f*
　focalização isoelétrica, 26, 27*f*
　técnicas cromatográficas, 23-26, 26*f*, 27*f*
sequenciamento de. *Ver* Sequenciamento de proteínas
volatilização dos, 29-30, 30*f*
Peptídeo-sinal, 574
　de albumina, 630
　na seleção de proteínas, 574*f*, 576, 577*f*, 580-582, 581*f*, 582*f*
Peptídeo-sinal N-terminal, 574, 574*f*, 580-582, 580*t*, 581*f*, 582*f*
Peptidil-prolil-isomerase (PPI), 584
Peptidilarginina-deiminase, 661, 661*f*
Peptidilglicina-hidroxilase, vitamina C como coenzima para, 539
Peptidil-transferase, 402, 403*t*
Peptidil-tRNA, 402-403, 403*f*, 403*t*
Pequenos, RNAs reguladores heterogêneos (sRNAs), 348
Perda de peso, dietas pobres em carboidratos para, 181
Perilipina, 247
Permeabilidade seletiva
　da membrana mitocondrial interna, 124-126, 124*f*, 125*f*, 126*f*
　da membrana, 459, 470, 470*f*
Peroxidação, de lipídeos, 203-204, 204*f*, 710, 711*f*
Peroxidases, 114, 224, 544
Peróxido de hidrogênio, 710
　geração por aminoácido-oxidase, 273
　redução do, 114
　remoção por glutationa-peroxidase, 114, 185, 186*f*
Peróxidos
　lipídeos, 541-542, 542*f*
　mecanismos de proteção contra, 544, 544*f*
　redução de, 114
Peroxinas, 579-580
Peroxinitrito, 623
Peroxissomos, 114
　biogênese dos, 579-580
　distúrbios devido a anormalidades de, 580*t*, 589-590
　na oxidação de ácidos graxos, 210
　na regulação da transcrição, 513*t*
　na síndrome de Zellweger, 215, 579-580, 580*t*
　na síntese de ácidos graxos poli-insaturados, 223*f*
　proteínas importadas em, 579, 579*f*
　sinais de seleção de proteínas nos, 573, 574*t*
PGE$_2$ (prostaglandina E$_2$), 198, 198*f*
PGI$_2$ (prostaciclina), 670, 671*f*, 672
PGI$_2$ (prostaglandina I$_2$), 224
PGIs. *Ver* Prostaciclinas

PGs. *Ver* Prostaglandinas
pH
　da água, 10
　definição e cálculos do, 10-11
　em células cancerosas, 696
　importância biomédica, 6
　isoelétrico, 19
　propriedades dos aminoácidos e, 20, 19*f*
　relação de pK_a com, 11-12
　resposta da velocidade das reações ao, 72-73, 73*f*
　tamponamento e, 12-13, 12*f*
pH isoelétrico (pI), de aminoácidos, 19
pI. *Ver* pH isoelétrico
PIC. *Ver* Complexo de pré-iniciação
Pigmentos biliares, importância biomédica, 305
Pino SNARE, 588
Pinocitose, 474-475, 474*f*
Pinocitose absortiva, 474*f*, 475
Pinocitose de fase líquida, 474-475, 474*f*
PiP$_2$. *Ver* Fosfatidilinositol-4,5-bifosfato
Piridoxal. *Ver* Vitamina B$_6$
Piridoxal-fosfato (PLP), 273, 273*f*, 535
Piridoxamina. *Ver* Vitamina B$_6$
Piridoxina. *Ver* Vitamina B$_6$
Pirimetamina, 537
Pirimidinas
　absorção da luz ultravioleta, 321
　análogos sintéticos das, 324*f*
　conversão da serina em, 300
　derivados das, 320-321, 322*t*
　dietéticas não essenciais, 328
　importância biomédica, 320
　metabolismo das, 335*f*
　　doenças causadas pela produção excessiva de catabólitos e, 336, 336*t*
　　importância biomédica, 327-328
　　metabólitos hidrossolúveis de, 335-336, 337*f*
　mutação por substituição, 396-397, 396*f*, 397*f*, 398*f*
　no DNA, 338-340, 339*f*
　no RNA, 342-343, 343*f*
　precursores de, deficiência de, 336
　química das, 320, 320*f*
　síntese de, 328, 332, 333*f*
　　análogos na, 334
　　catalisadores na, 332, 333*f*
　　síntese de purinas coordenada com, 334, 334*f*
　　regulação da, 332, 332*f*, 334, 334*f*
Pirofosfatase
　na ativação de ácidos graxos, 208
　na glicogênese, 164, 165*f*
　na síntese de RNA, 378
Pirofosfatase inorgânica, 109, 109*f*
Pirofosfato (PP$_i$)
　na ativação de ácidos graxos, 208, 208*f*
　na glicogênese, 164, 165*f*
　na síntese de RNA, 378
Pirofosfato inorgânico (PP$_i$), 109, 109*f*
Δ^1-Pirrolina-5-carboxilato-desidrogenase, 282, 282*f*

Piruvato, 136, 138
　em reações de transaminação, 272-273, 273*f*
　inibição do metabolismo do, 163
　na gliconeogênese, 172-174, 173*f*
　no ciclo do ácido cítrico, 153-154, 154*f*
　produção pela glicólise, 157, 158*f*, 158*t*, 159-160, 159*f*
Piruvato-carboxilase, 153-154, 154*f*
　na gliconeogênese, 172, 173*f*
　regulação da, 175
Piruvato-cinase (PK)
　deficiência de, 163, 650*t*, 650-651
　em células cancerosas, 696, 697*f*
　na glicólise, 159-160, 159*f*
　regulação da, 161, 163, 175
　reversão da reação catalisada por, 172, 173*f*, 174
Piruvato-desidrogenase (PDH)
　deficiência de, 163
　inativação por metais pesados, 94
　na oxidação do piruvato, 161, 163, 162*f*
　regulação da, 89*t*, 155-156, 161, 163, 162*f*
　acil-CoA na, 221
PK. *Ver* Piruvato-cinase
pK_a
　de ácidos fracos, 11-12, 12*f*, 13*t*, 19
　de aminoácidos, 19-20, 20*t*
　de L-α-aminoácidos, 15*t*-16*t*
　efeitos da estrutura molecular sobre, 13, 13*t*
　influência ambiental sobre, 19-20, 20*t*
　propriedades do meio afetando, 13
PKA (proteína-cinase A), 504-505, 505*f*
PKC. *Ver* Proteína-cinase C
PKU. *Ver* Fenilcetonúria
Placa adesiva, na hemoglobina S, 54, 54*f*
Plantas, aminoácidos tóxicos de, 18, 18*t*
Plaquetas, 646, 654-655, 659*t*
　inibidores da ativação das, 671*f*, 672
Plasma, 628
　análise de enzimas no, 63-64, 64*t*, 65*f*
Plasmalogênios, 201, 201*f*
　biossíntese de, 230*f*, 232, 232*f*
Plasmídeos, 436, 436*f*, 437*f*
Plasmídeos bacterianos, 436, 436*f*
Plasmina, 678-679, 678*f*
Plasminogênio, 678-679, 678*f*
Plasmodium falciparum, glicanos na ligação de, 555
PLC. *Ver* Fosfolipase C
PLCβ (fosfolipase Cβ), na agregação plaquetária, 670, 671*f*
Plecstrina, na agregação plaquetária, 670, 671*f*
PLP (piridoxal-fosfato), 273, 273*f*, 535
p-Nitrofenil-fosfato (*p*NPP), 63
PNMT (feniletanolamina-*N*-metiltransferase), 491*f*, 492
*p*NPP (*p*-Nitrofenil-fosfato), 63
pOH, 10
Polaridade
　da síntese de DNA, 364, 366*f*
　da síntese de proteínas, 399
　de microtúbulos, 624-625
　do DNA, 339, 340*f*

Poli-ADP-ribose-polimerase (PARP), 371, 371f
Poli(A)-polimerase, 390
Poliadenilação alternativa, 430
Poliaminas, biossíntese e catabolismo de, 299, 299f, 300f
Policitemia, mutações da hemoglobina que levam à, 54
Polieletrólitos, peptídeos como, 21-22
Poli-isoprenoides, na síntese de colesterol, 250-251, 251f
Polimerases
   DNA. *Ver* DNA-polimerases
   RNA. *Ver* RNA-polimerase II; RNA-polimerases
Polimerização, da hemoglobina S, 54, 54f
Polimorfismos, 442
   microssatélites, 358, 445-446
   proteína plasmática, 629
Polimorfismos de comprimento de fragmentos de restrição (RFLPs), 65, 445
Polimorfismos de microssatélites, 358, 445-446
Polimorfismos de nucleotídeo único (SNPs), 442, 445
Polinucleotídeo-cinase, 434t
Polinucleotídeos
   como DNA e RNA, 325
   como macromoléculas direcionais, 325
   funções dos, 321
   modificação dos, 321, 323f
   modificação pós-traducional dos, 325
Polióis, 141-142
Pólipos, colorretais, 687-688, 688f, 688t
Pólipos adenomatosos, colorretais, 687-688, 688f, 688t
Poliprenoides, 203, 204f
Polirribossomos, 347, 401f, 405
   hipótese do sinal de ligação dos, 574, 574f
   ligados à membrana, 580
   síntese de proteínas nos, 574, 574f, 575f, 576, 579, 583
Polirribossomos livres, síntese de proteínas em, 583
Polissacarídeos, 142
   funções de armazenamento e estruturais dos, 145-147, 147f, 148f, 148t
Polissomos. *Ver* Polirribossomos
Poliubiquitinação, 271
Pontes de meteno, no heme, 48, 48f
Pontes de metileno, em porfirinogênios, 306-307
Pontes salinas, 8
   em hemoglobinas, 52-53
   nas estruturas terciária e quaternária das proteínas, 39
Ponto de ramificação, do glicogênio, 166
Pontos de verificação, na divisão celular, 90, 90f
Pontuação do código genético, 395
Porção glicerol, 130
Porção hidrofílica da molécula de lipídeo, 205, 205f

Porção hidrofóbica da molécula de lipídeo, 205, 205f
Porfiria eritropoiética congênita, 310, 310t
Porfiria induzida por fármacos, 311
Porfiria intermitente aguda, 310, 310t, 311f
Porfirias, 305, 310, 311f
   avaliação espectrofotometria, 308
   classificação das, 310t, 311
   induzidas por fármacos, 311
Porfirias cutâneas, 310t, 311
Porfirias eritropoiéticas, 310t, 311
Porfirias hepáticas, 310t, 311
Porfirinas
   biossíntese de, 305-307, 306f, 307f, 308f, 309f, 310t
      regulação das, 307-308
   catabolismo das, 311-313, 312f, 313f
   cor e fluorescência das, 308, 310f
   estrutura das, 305, 306f
   importância biomédica, 305
Porfirinogênios
   acúmulo de, 310-311
   na síntese do heme, 306-307, 307f, 308f, 309f
   natureza incolor dos, 308
Porfobilinogênio, na síntese do heme, 306, 307f, 308f, 309f
Porfobilinogênio-sintase, 306, 307f, 308f, 309f
Potássio (K^+)
   coeficiente de permeabilidade do, 463f
   nos líquidos extracelular e intracelular, 460, 460t
Potencial de transferência de grupos, 107, 110
   de nucleosídeos-trifosfato, 324
Potencial elétrico, 576
Potencial químico, 105
Potencial redox (E'_0)
   de metais de transição em complexos organometálicos, 95-96
   variação de energia livre e, 111-112, 112t
PPI (peptidil-prolil-isomerase), 584
PP_i. *Ver* Pirofosfato inorgânico; Pirofosfato
Prasugrel, 672
Pravastatina, 257
PRC2 (complexo repressor policomb 2), 419
Precisão, de exames laboratoriais, 561-562, 561f
Pregnenolona, 485f, 487, 488f, 490f
Prenilação das proteínas, 251
Pré-pró-albumina, 588, 588f
Pré-pró-colágeno, 594
Pré-pró-hormônio, 493
Pré-pró-paratormônio bovino, 495f
Pré-pró-proteína, 630
Pré-pró-PTH, 494, 495f
Pré-proteínas, 574
Pré-sequência, 576
Pressão hidrostática, 628
Pressão oncótica (osmótica), 628, 630
Pressão osmótica (oncótica), 628, 630
Prevenção da agregação, 581
Primaquina, 721

Primases, DNA, 362f, 363t
Primeira lei da termodinâmica, 105-106
Pri-miRNAs, 390, 390f
Primossomo, 363
PRL. *Ver* Prolactina
Pró-albumina, 588, 588f
Pró-carcinógenos, 556, 559, 559f, 684
Pró-caspases, 692-694, 693f
Procedimento de *blot* superposto, 438, 439f
Procedimento de transferência *blot* de proteínas, 438, 439f
Procedimento de transferência *blot* do DNA, 438, 439f
Procedimento de transferência *Southwestern blot* superposto, 438, 439f
Procedimento de transferência *Southern blot* de DNA, 438, 439f
Procedimento de transferência *Western blot* de proteínas, 438, 439f
Procedimento *Northern blot* de RNA, 438, 439f
Procedimentos de *blot* do RNA, 438, 439f
Processamento de oligossacarídeos, 574
Processamento nucleolítico, do RNA, 391, 390f
Processamento pós-traducional, 406
Processos aeróbios, 151
Processos estocásticos, mortalidade e envelhecimento como, 708
Pró-colágeno, 43, 406, 539, 594
Pró-colágeno suicida, 607
Pró-colágeno-aminoproteinase, 594
Pró-colágeno-carboxiproteinase, 594
Produto iônico, 10
Produtos
   em equações químicas equilibradas, 69
   enzima, 57
Produtos de Amadori, 712
Produtos finais da glicação avançada (AGEs), 553, 553f, 712-713
Proenzimas, regulação enzimática, 87-88, 88f
Profármacos, 80
   ativação de, 556
Progenitor linfoide comum, 657
Progenitor mieloide comum, 657
Progéria, 625
Progesterona, 484f, 485f
   síntese de, 487, 488f, 490f
   transporte plasmático da, 498-499, 498t
Programa de morte celular por apoptose, 712
Programas de ancoragem molecular, determinação das estruturas das proteínas, 40-41
Progressão do tumor, 688
Pró-hormônios, 406
Proinsulina, 493-494, 494f
Projeção de Haworth, 142, 142f
Projeto Genoma Humano (HGP), 3-4, 3f
Prolactina (PRL)
   localização do gene da, 442t
   receptores de, 483
Prolil-hidroxilase, 43, 266, 593, 596
Prolina, 16t
   catabolismo do esqueleto de carbono da, 282, 282f

no colágeno, 593-594, 596
síntese de, 265, 267f
Prolina-*cis*, *trans*-isomerases, 42, 42f
Prolina-desidrogenase, deficiência de, 282, 282f
Prolina-hidroxilase, vitamina C como coenzima para, 539
Promotores, na transcrição, 376
  alternativos, 388-389, 389f
  bacterianos, 379, 380f
  eucarióticos, 379-382, 380f, 381f, 382f, 383
Promotores bacterianos, na transcrição, 379, 380f
Promotores eucarióticos, na transcrição, 379-382, 380f, 381f, 382f, 383
Pró-opiomelanocortina (POMC), família de peptídeos da, 496-497, 497f
Pró-oxidantes, antioxidantes como, 544-545, 544t
Propil-galato, como antioxidante/conservante de alimentos, 204
Propionato
  glicose derivada do, 177
  metabolismo do, 173f, 174, 174f, 723t
Propionil-CoA
  conversão da metionina em, 288, 290f, 291f
  na oxidação de ácidos graxos, 209-210
  no ciclo do ácido cítrico, 154, 154f
Propionil-CoA-carboxilase, 174, 174f
Propriedades alostéricas, da hemoglobina, 50-53, 50f, 51f, 52f, 53f
Pró-proteína convertase-subtilisina/quexina tipo 9 (PCSK9), 253
Pró-proteínas, 43, 87, 406
Pró-PTH, 494, 495f
Pró-quimotripsina, ativação da, 87-88, 88f
PRO-Seq, 447
Prostaciclina (PGI$_2$), 671f, 672
Prostaciclinas (PGIs), 197
  importância clínica das, 226-227
  síntese de, 224, 226f
Prostaglandina E$_2$ (PGE$_2$), 197, 198f
Prostaglandina H-sintase, 224
Prostaglandina I$_2$ (PGI$_2$), 224
Prostaglandinas (PGs), 197-198, 198f, 216, 224, 662
  via da ciclo-oxigenase na síntese de, 224-225, 225f, 226f
Prostanoides, 197
  importância clínica dos, 224, 226-227
  via da ciclo-oxigenase na síntese de, 224-225, 225f, 226f
Protamina, 677
Protease da matriz, 576
Protease do HIV, catálise acidobásica da, 60, 60f
Proteases, 9
  como enzimas digestivas, 521
  degradação de proteínas por, 270-271, 270f, 271f
  derivadas de fagócitos, 661-662
  matriz, 576
  na degradação de proteínas, 584-585
  sinaptobrevina e, 588

uso na regulação enzimática, 87-88, 88f
α$_2$-macroglobulina e, 638, 638f
Proteases lisossomais, na degradação de proteínas, 585
26S Proteassomo, 84-85
Proteassomos
  degradação de proteínas nos, 582, 584-585, 585f
  degradação de proteínas por, 84-85, 270-271, 270f, 271f
  estrutura dos, 270-271, 271f
Protein Data Bank, 38
Proteína 1 tipo Niemann-Pick, 257
Proteína ativadora da proteína de ligação do elemento de resposta ao AMP cíclico (CREB), 505
Proteína ativadora de catábolitos (CAP), 412
Proteína C, 677
Proteína C ativada (APC), 677
Proteína C-reativa (CRP), 630, 630t
Proteína carreadora de acil (ACP), 217, 217f, 218f
  ácido pantotênico na, 539, 539f
Proteína *Cro*, 415-416, 416f
Proteína da matriz, 576, 579
Proteína de ligação de CREB (CBP), 513-514, 514t
Proteína de ligação ao elemento regulador de esteróis (SREBP), 252
Proteína de ligação da imunoglobulina (BiP), 581, 582f
Proteína de ligação da vitamina D, 490
Proteína de ligação de ácidos graxos, 208, 238
Proteína de ligação de guanina. *Ver* Proteínas G
Proteína de ligação de manana (MBP), 643
Proteína de ligação de manose, 554
Proteína de ligação de TATA (TBP), 380
  ligação de caixa TATA, 382-384
Proteína de ligação poli(A) (PAB), 401, 401f, 402f
Proteína de regulação do ferro 1 (IREG1), 633
Proteína de replicação A (RPA), 364
Proteína de resistência a múltiplos fármacos 1 (proteína MDR-1), 472
Proteína de terminação, 378
Proteína de transferência de ésteres de colesteril, 238, 254, 255f, 257
Proteína de transferência de triacilglicerol microssomal (MTP), 242
Proteína de transporte de ácidos graxos da membrana, 238
Proteína de transporte de íons metálicos divalentes (DMT-1), 101
Proteína de troca aniônica, 652
Proteína desacopladora 1 (UCP1), 247, 247f
Proteína dissulfeto-isomerase (PDI), 42, 584
Proteína do retinoblastoma (proteína Rb), oncoproteínas e, 369
Proteína estabilizadora de α-hemoglobina (AHSP), 43
Proteína fosfatase-1, 168, 169f, 170, 171f
Proteína MDR-1 (proteína de resistência a múltiplos fármacos 1), 472

Proteína p53, 372
Proteína Rb. *Ver* Proteína do retinoblastoma
Proteína reguladora aguda da esteroidogênese (StAR), 485, 485f
Proteína reguladora do AMP cíclico (proteína ativadora de gene catabólito), 412
Proteína reguladora transmembrana da fibrose cística, 478-479
  degradação de, 585
Proteína relacionada ao receptor de LDL 1 (LRP-1), 238, 239f, 241
Proteína repressora, lambda (*cI*), 415-416, 416f
Proteína repressora *cI*, 415-416, 416f
Proteína repressora lambda (*cI*), 415-416, 416f
Proteína S, 677
Proteína StAR (reguladora aguda da esteroidogênese), 485, 485f
Proteína-cinase A (PKA), 504-505, 505f
Proteína-cinase ativada por AMP (AMPK), 90, 253, 253f
Proteína-cinase C (PKC), 507, 507f
  na agregação plaquetária, 670, 671f
Proteína-cinase dependente de AMP cíclico, na lipólise, 246, 246f
Proteína-cinase dependente de cAMP
  estrutura da, 38f
  regulação do glicogênio por, 167-168, 169f, 170, 171f
Proteína-cinase dependente de DNA (DNA-PK), 371, 371f
Proteínas-cinase
  cAMP e, 504-505, 505f
  como segundos mensageiros, 482, 483t
  fosforilação por, 87-90, 88f, 89t
  na iniciação da síntese de proteínas, 399
  na regulação hormonal da lipólise, 246, 246f
  sinalização hormonal e, 508-511, 509f, 510f
Proteínas-fosfatase, desfosforilação por, 87-90, 88f, 89t
Proteínas
  agregados de, 41
  assimetria de, na montagem da membrana, 589, 589f
  canais iônicos como transmembrana, 470, 470f, 471f, 471t
  ciclo de vida das, 23, 24f
  classificação das, 34
  como combustível metabólico, 130, 136
  configuração das, 33-34
  conformações das, 33-35, 34f, 41-42
  constitutivas, 84
  dano por radicais livres, 541, 542f
  de fase aguda, 526, 630, 630t
  de função dupla, 487
  de fusão, 65-66, 66f
  de neutrófilos, 660, 659t
  degradação de
    dependente de ATP e de ubiquitina, 270-271, 270f, 271f
    distúrbios da, 276-278, 277t

importância biomédica, 269
independente de ATP, 270
níveis de aminoácidos e, 271-272, 271f, 272f
  papel da protease e peptidase na, 270-271, 270f, 271f
produtos finais da, 272, 275, 275f
regulação da, 84-85
velocidade de, 269-270
desnaturação, 41
dietas deficientes em, 264
digestão e absorção, 521, 523
dobramento das, 41-42, 42f
  papel da calnexina no, 551-552
domínios das, 37, 38f, 39f
em membranas. *Ver também* Proteínas de membrana
  artificiais, 465
  razão entre lipídeos e proteínas, 460-461, 460f
estrutura das
  características brutas, 34
  conformação *versus* configuração, 33-34
  dobramento, 41-42, 42f
  importância biomédica, 33
  natureza modular das, 34
  ordens de, 34
  perturbações patológicas da, 42
  primária. *Ver* Estrutura primária
  processamento pós-traducional da, 42-44, 43f
  quaternária. *Ver* Estrutura quaternária
  secundária. *Ver* Estrutura secundária
  técnicas biofísicas para determinação, 39-41
  terciária. *Ver* Estrutura terciária
função das, bioinformática e, 31
glicoproteínas. *Ver* Glicoproteínas
homólogas, 61
identificação das
  papel da espectrometria de massa na, 28-30, 28t, 29f, 30f
  papel da genômica na, 28
  proteômica e, 30-31
importação de
  pelo núcleo celular, 576-578, 578f
  por mitocôndrias, 576, 577t
  por peroxissomos, 579, 579f
importância biomédica, 23
interações não covalentes nas, 8
lisossomais, 590
L-α-aminoácidos nas, 15, 15t-16t, 17
maldobradas, 584-585, 585f, 585t
maturação das
  dobramento, 41-42, 42f
  processamento pós-traducional, 42-44, 43f
meias-vidas das, 270
modificações de, 384
necessidades nutricionais de, 525-526
no fluxo de informação genética, 393-394
nos líquidos extracelular e intracelular, 460, 460t
perfil das, 446-447

plasmáticas. *Ver* Proteínas plasmáticas
prenilação das, 251
processamento pós-traducional das, 406
produção de energia das, 138t
purificação das
  eletroforese em gel, 26, 26f, 27f
  focalização isoelétrica, 26, 27f
  técnicas cromatográficas, 23-26, 26f, 27f
reações de EROs com, 711f
receptores de hormônios como, 482
sequenciamento de. *Ver* Sequenciamento de proteínas
sequências ou moléculas que dirigem, 573, 574t
tráfego intracelular de, 573
transporte no plasma, 498-499, 498t
troca de fosfolipídeos, 464
vias metabólicas das, 130f, 131, 131f, 132f
  como níveis teciduais e orgânicos, 132-133, 132f, 133f
  em jejum, 138, 138t
  no estado alimentado, 137f, 138, 138t
volatilização, 29-30, 30f
Proteínas aceleradoras de GTPase (GAPs), 578
Proteínas adaptadoras, 475
Proteínas agregadas, efeitos tóxicos de, 715
Proteínas Argonautas, 390
Proteínas associadas a microtúbulos, 624-625
Proteínas carreadoras, 468-469, 469f
Proteínas constitutivas, 84
Proteínas contendo kDEL, 574t, 583
Proteínas correguladoras de mamíferos, 514t
Proteínas de ancoragem à cinase A (AKAPs), 505
Proteínas de choque térmico (hsp), como chaperonas, 41, 576
Proteínas de dupla função, 487
Proteínas de fase aguda, 526, 631, 630t
Proteínas de fatores de transcrição reguladoras, domínios de ligação do DNA das, 425t
  motivo em dedo de zinco, 426, 426f
  motivo em zíper de leucina, 427, 427f
  motivo hélice-volta-hélice, 425-426, 426f
Proteínas de ferro não heme. *Ver* Proteínas ferro-enxofre
Proteínas ferro-enxofre (Fe-S), em complexos da cadeia respiratória, 118, 119f
Proteínas de fusão, 65-66, 66f
Proteínas de fusão recombinante, 65-66, 66f
Proteínas de ligação ao intensificador, 421
Proteínas de ligação de fita simples (SSBs), 362f, 363-364, 363t
Proteínas de ligação de GTP, 251
Proteínas de ligação do cálcio, papel da vitamina K em, 532-533, 533f
Proteínas de membrana
  bicamada lipídica e, 463
  diferenças nas, 463, 463t
  estrutura das, dinâmica, 463-464
  integrais, 34, 464-465, 464f

mutações de, doenças causadas por, 478-479, 478t
periféricas, 464-465, 464f
renovação de, 589
Proteínas de revestimento, 583, 586-587, 586t, 587f
Proteínas de transporte plasmáticas, 498-499, 498t
Proteínas de troca de fosfolipídeos, 464
Proteínas diméricas, 38
Proteínas efetoras Rab, 586t, 587
Proteínas estruturais, 592. *Ver também* Colágeno; Elastina; Fibrilinas
Proteínas Fe-S (ferro-enxofre), em complexos da cadeia respiratória, 118, 119f
Proteínas fibrosas, 34
  colágeno como, 43
Proteínas G (proteína de ligação de guanina), 503, 657-658
  classes e funções das, 504t
  família das, 504
Proteínas globulares, 34
Proteínas integrais, 464-465, 464f
Proteínas integrais de membrana, 34
Proteínas lisossomais, 590
Proteínas maldobradas, degradação no retículo endoplasmático, 584-585, 585f, 585t
Proteínas mediadoras (Med), 385, 385f
Proteínas monoméricas, 38
Proteínas morfogenéticas ósseas (BMPs), 635
Proteínas não histonas, 351
Proteínas periféricas, 464-465, 464f
Proteínas plasmáticas, 133
  deposição de, 639, 639t
  distribuição de fluido e, 628
  eletroforese para análise das, 628
  funções das, 630t
  glicoproteínas como, 546
  haptoglobina, 631-632, 631f
  imunoglobulinas, 639-643, 640t, 641f, 642f, 643f
  meia-vida das, 630
  na inflamação, 630-631, 630t
  polimorfismo das, 629
  síntese de, 133, 628-629
Proteínas Rab, 586-588, 586t
Proteínas Ran, 578
Proteínas relacionadas à haptoglobina, 632
Proteínas secretoras, 581
Proteínas SNAP (fator de fixação de NSF solúvel), 586t, 587f, 588
Proteínas SNARE, 586-588, 586t, 587f
Proteínas solúveis, 34, 581
Proteínas tirosinas-cinase citoplasmáticas, 508-509, 510f
Proteínas transativadoras, 420, 421f
Proteínas transmembrana
  em canais iônicos como, 470-471, 470f, 471f, 471t
  sequência de aminoácidos das, 463
Proteínas t-SNARE, 586-588, 587f
Proteínas v-SNARE, 586-588, 587f

Proteínas/moléculas de carga, 578, 578f, 586-587
Proteinases, de células cancerosas, 698
Proteinúria, 566
Proteoglicanos, 147
  acúmulo de, 235
  componentes dos, 599, 599f, 600f
  doença e envelhecimento, 604
  funções dos, 600-601, 603t
  ligações O-glicosídicas nos, 549
  na cartilagem, 607-608, 608f, 608t
  produção de galactose para, 186-188, 189f
  produção de glicuronato para, 186-187, 187f
Proteólise, 588
  regulação enzimática por, 86-88, 88f
Proteólise parcial. *Ver* Proteólise seletiva
Proteólise seletiva, regulação enzimática, 87-88, 88f
Proteoma, 30-31
Proteômica, 3, 447
  bioinformática e, 31
  desafios na, 31
  objetivo da, 30-31
Proto-heme, 114
Prótons
  ligação à hemoglobina, 52-53, 53f
  na água, 9-10
Proto-oncogenes, 685, 686f
Protoporfirina III, na síntese do heme, 307, 308f, 309f
Protoporfirinogênio III, na síntese do heme, 307, 308f, 309f
Protoporfirinogênio-oxidase, 307, 308f, 309f, 310t
Protrombina, 672, 673f, 673t, 674t
  ativação do fator Xa da, 674-675, 675f
  fármacos cumarínicos e, 677-678
Provas de função da tireoide, 567
Provas de função hepática, 566
Provas de função orgânica, 566-567
Provas de função renal, 566
Provas de função suprarrenal, 567
Proximidade, catálise enzimática por, 59
PRPP. *Ver* Fosforribosil-pirofosfato
PRPP-glutamil-amidotransferase, na síntese de purinas, 330-331, 331f
PRPP-sintetase
  defeito na, como causa de gota, 334, 336t
  na síntese de pirimidinas, 334, 334f
  na síntese de purinas, 330, 331f, 334, 334f
PSA (antígeno prostático específico), 700
Pseudogenes, 361
Pseudouridina, 336, 337f
Psicose de Korsakoff, 534
PstI, 433t
Pterinas, 95, 96f
PTH. *Ver* Paratormônio
PTSs (sequências de direcionamento da matriz peroxissomal), 574t, 579, 579f
PTT. *Ver* Tempo de tromboplastina parcial ativada
"Puffs", cromossômicos politênicos, 354, 354f

Purificação
  de glicoproteínas, 547
  de proteínas e peptídeos
    eletroforese em gel, 26, 26f, 27f
    focalização isoelétrica, 26, 27f
    técnicas cromatográficas, 23-26, 26f, 27f
Purinas
  absorção da luz ultravioleta por, 321
  análogos sintéticos das, 324f
  conversão da serina em, 300
  derivados das, 320-321, 322t
  dietéticas não essenciais, 328
  gota e, 334
  importância biomédica, 320
  metabolismo das
    distúrbios do, 334-335, 336t
    importância biomédica, 327-328
  mutação por substituição, 396-397, 396f, 397f, 398f
  no DNA, 338-339, 339f
  no RNA, 342, 343f
  química das, 320, 320f
  síntese de, 328, 328f, 329f, 330, 330f
    regulação da, 332, 332f, 334, 334f
    síntese de pirimidinas coordenada com, 334, 334f
Puromicina, 407, 407f
Púrpura trombocitopênica imune, 654-655

Q

Q. *Ver* Coenzima Q
Q_{10}. *Ver* Coeficiente de temperatura
Q-citocromo *c*-oxidorredutase (complexo III), 118, 119f, 120, 120f, 121f
Quebras de dupla-fita (DSBs), 370, 370f, 371f
Quenodesoxicolil-CoA, 255, 256f
Queratan-sulfato I, 599, 601f, 602, 602t
Queratan-sulfato II, 599, 601f, 602, 602t
Queratinas, 625, 625t
Querníctero, 313-314
Quilo, 238
Quilomícrons, 133, 133f, 138, 237, 237t
  apolipoproteínas de, 238
  metabolismo dos, 239f, 240-241
  no transporte de lipídeos, 236
  no transporte de triacilgliceróis, 238-239, 239f, 240f
Química combinatória, 63
Quimiocinas, 658, 658f, 662
Quimiotaxia, 657-658
Quimioterapia
  análogos de nucleotídeos sintéticos na, 324-325, 324f, 325f
  inibidores do metabolismo do folato, 537
  novas terapias, 701-703, 702f, 703f
  resistência à, 702-703, 702t
Quimotripsina, 521
  ativação da, 87-88, 88f
  catálise covalente da, 60-61, 61f
Quinurenina-formilase, 288, 289f
Quinureninase, 288, 289f
Quitina, 147, 148f
Quociente respiratório (RQ), 524

R

Radiação
  dano ao DNA causado por, 370f, 370t
  efeito carcinogênico da, 683, 683t
Radiação ionizante, como causa de dano ao DNA, 370f, 370t
Radicais de oxigênio. *Ver* Espécies reativas de oxigênio
Radicais livres
  dano causado por, 541-542, 542f
  fontes de, 542-543, 543f
  importância biomédica, 541
  mecanismos protetores contra, 543-544, 544f
  paradoxo antioxidante e, 544-545, 544t
  produção por peroxidação lipídica, 203-204, 204f
  reações em cadeias autoperpetuantes, 541
  teoria do envelhecimento, 710, 712
Radical livre de ânion superóxido, 116
Radioimunoensaios, exames laboratoriais, 565
Raios de Stokes, 24-25
Raios γ, efeito carcinogênico dos, 683, 683t
Raios X, efeito carcinogênico, 683, 683t
Ramo citosólico, de seleção de proteínas, 574f
  em peroxissomos, 579, 579f
  nas mitocôndrias, 576, 577f, 577t
  no núcleo celular, 575f, 576-578, 577t, 578f
  sinais no, 574-575
Ramo do RE rugoso, de seleção de proteínas, 574, 574f, 575f
  peptídeos-sinal N-terminais no, 580, 580t
  translocação pós-traducional, 581-582, 582f
  via cotraducional, 580-581, 581f
Ranço, peroxidação como causa de, 203
Raquitismo, 531-532
Razão de atividade física (PAR), 524
Razão glucagon/insulina, na regulação da cetogênese, 214
Razão insulina/glucagon, na regulação da cetogênese, 214
Razões axiais, 34
RE. *Ver* Retículo endoplasmático
Reação acrossomal, 553
Reação de ativação, 501
Reação de Edman, sequenciamento de proteínas e peptídeos com, 27-28, 27f
Reação de Fenton, 633, 633f
Reação de Maillard, 553, 553f
Reação em cadeia da polimerase (PCR), 439-440, 441f
  aplicações médicas, 65
  na detecção de sequências de repetição microssatélites, 358
Reações alérgicas, a alimentos, 519, 523
Reações Bi-Bi, 79, 79f, 80f
Reações de "recuperação"
  na síntese de pirimidinas, 332
  na síntese de purinas, 330, 331f
Reações de conjugação, de xenobióticos, 558

Reações de deslocamento único, 79, 79f
Reações de duplo deslocamento, 79, 79f
Reações de ordem aleatória, 79, 79f
Reações de ordem compulsória, 79, 79f
Reações de pingue-pongue, 79, 79f, 80f
  na catálise covalente, 59, 59f
  transaminação, 59, 59f, 273, 273f
Reações de transferência de grupos, 9, 59, 59f
Reações endergônicas, acoplamento a reações exergônicas, 106-107, 106f, 107f, 109
Reações exergônicas, acoplamento das reações endergônicas às, 106-107, 106f, 107f, 109
Reações geradoras de fluxo, de vias metabólicas, 135
Reações limitantes de velocidade, 84
Reações não equilibradas
  na regulação da glicólise, 160-161
  regulação de vias metabólicas com, 135
Reações químicas
  acoplamento de, 106-107, 106f, 107f, 109
  catálise de. *Ver* Catálise
  de múltiplos substratos, 79, 79f, 80f
  equilíbrio de, 69, 71-72
  estados de transição de, 69-70, 70f
  limitantes de velocidade, 84
  mecanismos de, 69
  reversibilidade de, 69
  variação na energia livre de. *Ver* Energia livre
  velocidade de. *Ver* Velocidade das reações
Reações químicas espontâneas, 69
Reações redox
  importância biomédica, 111
  participação do ferro em, 96
  variação de energia livre das, 111-112, 112t
Reações sequenciais, 79, 79f
Reagente de Edman, 27, 27f
Reagente de Sanger, 27
Reagentes. *Ver* Substratos
Recém-nascidos
  hemoglobinas de, 51, 51f
  hipoglicemia em, 180
  icterícia em, 314
  tirosinemia em, 286, 287f
  triagem de doença metabólica em, 278
  triagem de erros inatos do metabolismo em, 565-566
Receptor ativado por protease 1 (PAR-1), na agregação plaquetária, 670, 671f
Receptor ativado por protease 4 (PAR-4), na agregação plaquetária, 670, 671f
Receptor cognato, 502
Receptor de apo B-100
  no metabolismo de LDL, 241
  regulação do, 253
Receptor de apo E
  na captação de remanescentes de quilomícrons, 240f, 241
  no metabolismo de LDL, 241
  regulação do, 253
Receptor de depuração B1 (SR-B1) da classe B, 241f, 242

Receptor de depuração B1, 241f, 242
Receptor de di-hidropiridina, 618, 618f
Receptor de galactosil, 475
Receptor de LDL, 238
  na captação de remanescentes de quilomícrons, 240f, 241
  na inserção cotraducional, 582-583, 582f
  na regulação, 253
Receptor de partícula de reconhecimento de sinal (SRP), 580-581, 581f
Receptor de SRP (SRP-R), 580-581, 581f
Receptor de transferrina, 633, 634-635, 635f
Receptor de VLDL, 238, 240
Receptor do fator de crescimento do fibroblasto 3 (FGFR3), 609
Receptor farnesoide X (FXR), 256, 513t
Receptores acoplados à proteína G (GPCRs), 503, 503f, 657-658
Receptores adrenérgicos, ativação da glicogenólise, 168, 169f
Receptores de assialoglicoproteína, 547, 582-583, 582f
Receptores de hormônios
  classificação dos, 482, 483t
  como proteínas, 482
  domínios de reconhecimento e acoplamento dos, 481-482
  especificidade e seletividade dos, 481, 481f
Receptores de hormônios peptídicos, 482
Receptores nucleares, 482
Recombinação, cromossômica, 359, 359f, 360f
Recombinação homóloga (HR), 369, 370f, 370t
Recombinases, 434t, 435
Reconhecimento celular, glicoesfingolipídeos no, 234
Rede de retransmissão de carga, 61, 61f
Rede *trans*-Golgi (TGN), 574, 575f, 588
Redução
  definição de, 111
  do oxigênio pelo complexo IV, 120-121
  potencial redox e, 111-112, 112t
  reações da hidroperoxidases, 114
  reações das desidrogenases, 112-114, 113f
5α-Redutase, 487, 489f
Região anticódon do tRNA, 394-396, 396f
Regiões codificantes, 355-356, 357f
Regiões de controle do *locus* (LCRs), 424-425
Regiões de determinação da complementaridade, 640
Regulação. *Ver* Regulação metabólica
Regulação alostérica
  de enzimas, 85-86, 85f, 135-136, 135f
  na regulação da glicólise e gliconeogênese, 175
Regulação da expressão gênica
  alteração da função do mRNA por ncRNA, 429
  amplificação, 429, 429f
  direcionada, 446-447

domínios de ligação do DNA de proteínas reguladoras de fatores de transcrição, 425t
  motivo em dedo de zinco, 426, 426f
  motivo em zíper de leucina, 427, 427f
  motivo hélice-volta-hélice, 425-426, 426f
estabilidade do mRNA e, 430-431, 430f
eucariótica
  bacteriófago lambda como paradigma para interações proteína-DNA, 414-418, 414f, 415f, 416f, 417f
  características especiais de, 418
  diversidade da resposta em, 424, 425f
  elementos intensificadores do DNA e, 420-423, 422f, 422t, 423f
  expressão tecidual específica, 423
  genes repórteres, 423, 424f
  mecanismos epigenéticos, 419-420, 420f, 421f
  molde de cromatina em, 418-419
  procariotos comparados com, 428-431, 428t, 429f, 430f
  regiões de controle do *locus* e isoladores, 424-425
importância biomédica, 409-410
modelo do óperon de, 411-412, 411f, 413f, 414
modelos de, 411
positiva e negativa, 410, 410t
procariótica
  comparação com eucariotos, 428-430, 428t, 429f, 430f
  modo liga/desliga, 424
  singularidade, 411
processamento alternativo do RNA e, 430
processamento alternativo do RNA para, 430
respostas temporais à, 410-411, 410f
separação de domínio em, 427-428, 428f
Regulação gênica direcionada, 446-447
Regulação metabólica
  alostérica, 85-86, 85f, 135-136, 135f
  ativa ou passiva, 83, 83f
  da quantidade enzimática, 84-85
  enzimas limitantes de velocidade como alvos da, 84
  hormônios na, 86, 135-136, 135f
  importância biomédica, 82-83
  modificações covalentes na, 89-90, 88f, 89t
  múltiplos mecanismos da, 85
  papel da compartimentalização na, 83-84
  proenzimas na, 87-88, 88f
  reações geradoras de fluxo na, 135
  reações que não estão em equilíbrio como pontos de controle na, 135
  redes de controle da, 90, 90f
  segundos mensageiros na, 86
Regulação por retroalimentação, 86, 89, 136
  de trombina, 677
Reguladores negativos, da expressão gênica, 410, 410t, 412, 414, 416
Reguladores positivos, da expressão gênica, 410, 410t, 414, 416

Remanescentes de quilomícrons, 237t, 238
  captação hepática de, 239f, 241
  formação de, 240-241
Renaturação, de DNA, combinação de pareamento de bases e, 341
Renina, 56
Renovação das proteínas, 84, 269-270
  nas membranas, 589
Renovação do epitélio intestinal, 708t
Reparo de pareamento impróprio (MMR), 369, 370f, 370t
Reparo por excisão de bases (BER), 369, 370f, 370t
Reparo por excisão de nucleotídeos (NER), 369, 370f, 370t
Repetições de trinucleotídeos, 358
Replicação. *Ver* DNA, replicação e síntese de
Repressão, da síntese enzimática, 84
Repressor lac, 411-412, 413f
Repressores na expressão gênica, 410-412
Reprodução, prostaglandinas na, 216
RER. *Ver* Retículo endoplasmático rugoso
REs. *Ver* Enzimas de restrição
Resíduos de aminoacil, 21
Resíduos de desoxicitidina, metilação de, 418-419
Resíduos de glicina, 593
Resíduos de iodotironil, 492
Resistência a fármacos, 429
  no câncer, 701-703, 702t
Resistência à insulina, papel das glicoproteínas na, 553
Resistência a múltiplos fármacos (MDR), 478
Respiração, 111
Resposta a proteínas maldobradas (UPR), 584
Resposta autoimune, 645
Resposta imune
  escape do câncer à, 695, 695f
  glicoproteínas na, 553-554
Resposta inflamatória, 510, 656
Resposta inflamatória aguda, 656
Resposta tipo A, na expressão gênica, 410-411, 410f
Resposta tipo B, na expressão gênica, 410f, 411
Resposta tipo C, na expressão gênica, 410f, 411
Ressonância magnética nuclear (RMN) espectroscopia, determinação das estruturas das proteínas, 40
Resultado falso-positivo, 562
Resultado verdadeiro-positivo, 562
Retículo endoplasmático (RE), 134
  alongamento das cadeias de ácidos graxos no, 220, 221f
  brefeldina A e, 588
  calnexina no, 551-552
  citocromos P450 no, 557-558
  controle de qualidade do, 584
  degradação de proteínas maldobradas no, 584-585, 585f, 585t
  exocitose no, 475
  fixação de proteínas ao, 583
  hipótese do sinal de ligação de polirribossomos ao, 574, 574f, 580-582, 580t, 581f, 582f
  rugoso. *Ver* Retículo endoplasmático rugoso
  sinais de seleção de proteínas no, 573, 574t
Retículo endoplasmático rugoso (RER)
  ligação ao, 575f, 580-582, 580t, 581f, 582f
  na seleção de proteínas, 574, 574f, 585f
  síntese de proteínas e, 405
  vias de inserção de proteínas no, 582-584, 582f, 583f
Retículo sarcoplasmático, 618, 618f
Reticulócitos, 649
Retina, atrofia girata da, 282
Retinaldeído, 529, 529f
Retinite pigmentar, deficiência de ácidos graxos essenciais e, 224
Retinol. *Ver* Vitamina A
Retropósons, 357
Retrotranslocação, 584, 585f
Retrovírus, transcriptases reversas em, 344, 367-368
RF1 (fator de liberação 1), 403, 404f
RF3 (fator de liberação 3), 403-404, 404f
RFLPs. *Ver* Polimorfismos de comprimento de fragmentos de restrição
Rho-cinase, 617
Rianodina, 618
Riboflavina. *Ver* Vitamina B_2
Ribomiopatias, 649
Ribonucleases, 348
Ribonucleosídeos, 320, 321f
Ribonucleosídeos-difosfato, 332, 332f
Ribonucleotídeo-redutase
  ferro na, 96
  gálio na, 93
D-Ribose, 320, 321f
Ribose, 141, 144f, 144t
  em nucleosídeos, 320, 321f
  formação na via das pentoses-fosfato, 182-185, 183f, 184f
  vias metabólicas da, 130
Ribose-5-fosfato, na síntese de purinas, 328, 329f, 330, 331f
Ribose-5-fosfato-cetoisomerase, na via das pentoses-fosfato, 183f, 184f, 185
Ribosilação de ADP
  de histonas, 351, 353t
  NAD^+ como fonte de, 534
  regulação enzimática, 87
Ribossomos, 134, 346, 347t
  bacterianos, 406-407
  como ribozima, 66
  estrutura dos, 574
  na síntese de proteínas, 399
  perfil de, 447
Ribozimas, 66, 343, 392
Ribulose, 144f, 144t
Ribulose-5-fosfato, na via das pentoses-fosfato, 183, 183f, 184, 184f
Ribulose-5-fosfato-3-epimerase, na via das pentoses-fosfato, 183f, 184f, 185
Ricina, 407
Rigor mortis, 616

Rim
  limiar da glicemia, 180
  membrana basal do, 603
  metabolismo da vitamina D no, 530-531, 531f
  síntese de calcitriol no, 490-491, 490f
RISC (complexo de silenciamento induzido por RNA), 391
RMN (ressonância magnética nuclear) espectroscopia, determinação das estruturas das proteínas, 40
RNA
  catálise por, 66-67
  circular, 348
  classes/espécies de, 344-348, 374, 375t
  como catalisador, 391
  como polinucleotídeos, 325
  complementaridade do, 342-343, 344f, 346
  em vírus, 344
  estrutura do, 342-343, 343f, 344f, 345f, 347f
  importância biomédica, 338, 374
  longo não codificante, 348, 374, 375t
  mensageiro. *Ver* RNA mensageiro
  micro. *Ver* Micro-RNAs
  modificação do
    alteração da sequência de mRNA, 391
    mRNA, nas extremidades 5′ e 3′, 389-391
    pri-miRNA, 390, 391f
    processamento do tRNA e, 391
  mutações causadas por alterações no, 396-399, 396f, 397f, 398f, 411
  na cromatina, 351
  na síntese de proteínas, 343-344
  não codificante. *Ver* RNAs não codificantes
  no fluxo de informação genética, 393-394
  nuclear pequeno. *Ver* RNA nuclear pequeno
  pequeno, 346-348
  pequeno, regulador heterogêneo, 348
  perfil do, 446-447
  processamento do
    alternativo, expressão gênica e, 430
    após transcrição, 388
    de rRNAs e tRNAs, 389
    na regulação da expressão gênica, 428, 428t
    sequências para remover, 388, 387f, 388f
    splicing alternativo, 388, 388f
    utilização do promotor alternativo no, 388-389, 389f
  ribossomal. *Ver* RNA ribossomal
  silenciador. *Ver* RNAs silenciadores
  síntese de, 339. *Ver também* Transcrição
    comparação com a síntese de DNA, 375-377
    fita-molde de DNA para, 375, 375f
    processo cíclico de, 378-379
    RNA-polimerase, 375-377, 376f, 377f
  splicing do, 386-388, 387f
    alternativo, 388, 388f
  transportador. *Ver* RNA Transcrição

RNA mensageiro (mRNA), 343, 374, 375*t*
  amplificação do, 429, 429*f*
  características clínicas do, 344-345, 345*f*
  designação dos códons no, 393-395, 394*t*
  edição do, 391
  estabilidade do, 430-431, 430*f*
  função do, 344, 344*f*
  modificação do, 389-391
  modulação da expressão gênica e, 428-429
  na síntese de proteínas
    alongamento, 402-403, 402*f*
    iniciação, 399, 400*f*, 401-402, 401*f*
    terminação, 403-404
  não tradutor, 405, 405*f*
  no fluxo da informação genética, 393-394
  policistrônico, 411
  ponto de iniciação da transcrição e, 376
  precursores, 345-346, 356
  processamento do, 386-389, 387*f*
  relação com o DNA cromossômico, 357*f*
  sequência de nucleotídeos do, 394, 394*t*
    mutações causadas por alterações na, 397-398, 398*f*
  splicing alternativo e, 388, 388*f*
  translocação do, 578
RNA nuclear pequeno (snRNA), 343-344, 344*t*, 347, 374, 375*t*
  no processamento do RNA, 386-388
  no *splicing* alternativo, 388
RNA pequeno, 346-348
RNA ribossomal (rRNA), 343, 374, 375*t*
  amplificação do, 429, 429*f*
  como peptidil-transferase, 402, 403*t*
  estrutura do, 346, 347*t*
  função do, 346
  na síntese de proteínas
    alongamento, 402-403, 402*f*
    iniciação, 399, 400*f*, 401
  precursores do, 389
RNA transportador (tRNA), 343, 374, 375*t*
  associação de aminoácidos ao, 395-396, 395*f*, 396*f*
  estrutura do, 346, 348, 347*f*
  função do, 345-346
  na síntese de proteínas
    alongamento, 402-403, 402*f*
    iniciação, 399, 400*f*, 401-402
    terminação, 403-404
  processamento do
    modificação e, 391
    precursores, 389
  região anticódon do, 394-396, 396*f*
  supressor, 398-399
RNAP. *Ver* RNA-polimerases
RNA-polimerase dependente de DNA bacteriano, 377, 377*f*
RNA-polimerase dependente de DNA
  iniciação por, 375-377, 376*f*, 377*f*
  no modelo do óperon, 412, 413*f*, 414
RNA-polimerase II
  ativação da fosforilação da, 384, 385*f*
  ativadores e correguladores e, 385, 385*t*
  formação da, 382-384
  na transcrição, 380-381, 380*f*, 381*f*, 382*f*

processamento do RNA e, 386, 387*f*
sinais de terminação para, 382
RNA-polimerases (RNAP)
  bacterianas, 377, 377*f*
  de mamíferos, 378, 378*t*
  iniciação por, 375-377, 376*f*, 377*f*
  no modelo óperon, 412, 413*f*, 414
RNA-polimerases DNA-dependentes de mamíferos, 378, 378*t*
RNAs circulares (circRNAs), 348
RNAs codificantes de proteínas. *Ver* RNA mensageiro
RNAs longos não codificantes (lncRNAs), 348, 374, 375*t*
RNAs não codificantes (ncRNAs), 346, 348. *Ver também* RNAs longos não codificantes; Micro-RNAs; RNA ribossomal; RNAs silenciadores; RNA nuclear pequeno; RNA transportador
  modulação da expressão gênica por, 428-429
  no câncer, 689-690
RNAs reguladores heterogêneos (sRNAs), 348
RNAs silenciadores (siRNAs), 348, 374, 375*t*
  modulação da expressão gênica por, 428-429
  síntese de, 390, 390*f*
RNAse H, 434*t*
RNA-Seq, 447
Rodopsina, 529, 530*f*
RPA (proteína de replicação A), 364
RQ (quociente respiratório), 524
RRM (motivos de reconhecimento do RNA), 388
rRNA. *Ver* RNA ribossomal
RSV (vírus do sarcoma de Rous), 685

S

Nuclease S1, na tecnologia do DNA recombinante, 434*t*
S_{50}, 76, 76*f*
Sacarose, importância fisiológica da, 145, 146*f*, 146*t*
S-Acilação, 463
S-Adenosilmetionina, 325, 323*f*, 324*t*
  biossíntese de, 288, 290*f*, 291*f*, 298-299, 299*f*
Sais biliares, 521
Sanger, Frederick, trabalho de sequenciamento de, 26-27
Sangue
  bilirrubina no, 313-315, 313*t*, 315*t*
  integração do metabolismo pelo, 132-133, 132*f*, 133*f*
Sangue, funções do, 628, 628*t*. *Ver também* Proteínas plasmáticas
Sarcoglicano, 622, 623*f*
Sarcolema, 612
Sarcômero, 612, 612*f*
Sarcoplasma, 612
Sarcosina, 300-301

SARRN (síndrome de angústia respiratória do recém-nascido), 234
Saúde, 2-4, 2*f*, 3*f*
SDs (domínios silenciadores), 428, 428*f*
SDS-PAGE (eletroforese em gel de poliacrilamida dodecil sulfato de sódio), purificação de proteínas e peptídeos com, 26, 26*f*
Sec12p, 586
Secreção constitutiva, 574
Secreção regulada, 574
Segunda lei da termodinâmica, 106
Segundos mensageiros, 482, 483*t*, 502. *Ver também* Geração de sinais
  cGMP como, 322-323
  fosfatidilinositídeo como, 200, 200*f*
  fosfolipídeos como, 229
  regulação enzimática por, 86
Seleção de proteínas
  aparelho de Golgi na, 574, 575*f*, 584
  controle de qualidade na, 584, 584*t*
  distúrbios da, 590
  hipótese do sinal de ligação de polirribossomos, 574, 574*f*, 580-582, 580*t*, 581*f*, 582*f*
  importinas e exportinas na, 578, 578*f*
  inserção cotraducional e, 582-583, 582*f*, 583*f*
  mitocôndrias e, 576, 577*f*
  montagem da membrana e, 588-590, 589*f*, 590*t*
  núcleo celular e, 575*f*, 575-580, 577*t*, 578*f*
  peroxissomos e, 579, 579*f*
  peroxissomos/distúrbios de peroxissomos e, 579-580, 580*t*
  proteínas maldobradas, 584-585, 585*f*, 585*t*
  ramo do RE rugoso, 574, 574*f*, 575*f*
  ramos de, 575, 575*f*
  sequências de aminoácidos KDEL e, 574*t*, 583
  sequências de sinal e, 573-575, 574*t*, 582*f*, 629
  transporte retrógrado e, 582-584
  vesículas de transporte e, 585-588, 586*t*, 587*f*
Selectinas, 554
Selênio, 204, 244
  na glutationa-peroxidase, 114, 185-186, 186*f*
  necessidades humanas de, 93, 93*t*
Selenocisteína, 15, 17, 17*f*
  síntese de, 267-268, 268*f*
Selenofosfatase-sintetase, 268, 268*f*
Semialdeído-succínico-desidrogenase, defeitos em, 303, 303*f*
Semiquinona, 120, 121*f*
Senescência, dano ao DNA e, 371, 371*f*
Senescência replicativa, 716
Sensibilidade, do exame laboratorial, 562, 563*f*
Sensores de danos ao DNA, 371, 371*f*
Sequência de ativação a montante (UAS), 427
Sequência iniciadora (Inr), 380

Sequenciamento
   de proteínas e peptídeos.
      Ver Sequenciamento de proteínas
   do DNA, 439
Sequenciamento de proteínas
   espectrometria de massa para, 29-30, 28*t*, 29*f*, 30*f*
   genômica e, 28
   proteômica e, 30-31
   reação de Edman, 27-28, 27*f*
   técnicas de biologia molecular, 28
   técnicas de purificação para, 23-26, 25*f*, 26*f*, 27*f*
   trabalho de Sanger no, 26-27
Sequenciamento de alto rendimento (HTS), 62-63, 445-446
Sequenciamento de célula única, na pesquisa do câncer, 701
Sequenciamento de nova geração (NGS), 445-447, 701
Sequências de consenso, 382-384, 388*f*
Sequências de consenso de Kozak, 401
Sequências de direcionamento da matriz peroxissômica (PTSs), 574*t*, 579, 579*f*
Sequências de replicação autônoma (ARSs), 362
Sequências intercaladas. *Ver* Íntrons
Sequências repetitivas de microssatélites, 358
Sequências topogênicas, 583
Sequências-sinal, 573-575, 574*t*, 582*f*, 629
Sequestro do folato, 536*f*, 538
Serina, 15*t*
   catabolismo do esqueleto de carbono da, 283, 284*f*
   produtos especializados da, 300
   síntese de, 265, 266*f*
Serinas-protease, catálise covalente de, 60-61, 61*f*
Serotonina, conversão do triptofano em, 300, 301*f*
Serpina, 638
SH2 (homologia Src 2), 508, 509*f*
SHBG. *Ver* Globulina de ligação de hormônios sexuais
Sialidose, 603
Silenciadores, da expressão gênica, 410
   elementos de DNA, 422-423
   expressão tecidual específica de, 423
Silenciamento, da expressão gênica, 87
Sinais de exportação nuclear (NESs), 578
Sinais de terminação da tradução, 394, 394*t*
Sinais epigenéticos, 419-420, 420*f*, 421*f*
Sinais intracelulares, 502-503. *Ver também* Segundos mensageiros
Sinal de localização nuclear (NLS), 574*t*, 577-578, 578*f*
Sinal de término de transferência, 582, 583*f*
Sinalização autócrina, 662
Sinalização celular
   fosfatidilcolina na, 200
   fosfatidilinositóis na, 200
Sinalização parácrina, 662
Sinalização transmembrana, 459, 467*t*, 475
   na agregação plaquetária, 670, 671*f*
   no câncer, 689, 689*t*

Sinalização transmembrana de dentro para fora, na agregação plaquetária, 670, 671*f*
Sinalização transmembrana de fora para dentro, na agregação plaquetária, 670, 671*f*
Sinal-peptidase, 581, 581*f*, 629
Sinaptobrevinas, 588
Síndrome 5q, 649
Síndrome adrenogenital, 487
Síndrome carcinoide, 535
Síndrome cérebro-hepatorrenal (Zellweger), 215, 579-580, 580*t*
Síndrome congênita do QT longo, 478*t*
Síndrome coronariana aguda, 654
Síndrome da angústia respiratória (SAR) do recém-nascido, 234
Síndrome de Alport, 595-596, 595*t*
Síndrome de angústia respiratória, deficiência de surfactante e, 200, 229, 234
Síndrome de Barth, 201
Síndrome de Chèdiak-Higashi, 585*t*
Síndrome de Crigler-Najjar, 314
Síndrome de Dubin-Johnson, 315
Síndrome de Ehlers-Danlos, 44, 264, 592, 595, 595*t*, 596*t*
"Síndrome de excesso de carboidratos", 247
Síndrome de Gilbert, 314
Síndrome de Guillain-Barré, 473
Síndrome de Hermansky-Pudlak, 585*t*
Síndrome de hiperornitinemia, hiperamonemia e homocitrulinúria (HHH), 277
Síndrome de hiperornitinemia-hiperamonemia, 282
Síndrome de Kartagener, 625
Síndrome de Lesch-Nyhan, 327, 334-335, 336*t*
Síndrome de Marfan, 597, 597*f*
Síndrome de Maroteaux-Lamy, 604*t*
Síndrome de Menkes, 44, 263, 596
Síndrome de Morquio, 604*t*
Síndrome de Natowicz, 604*t*
Síndrome de progéria de Hutchinson-Gilford, 625
Síndrome de Reye, 226
   acidúria orótica na, 336
Síndrome de Richner-Hanhart, 286, 287*f*
Síndrome de Sanfilippo, 604*t*
Síndrome de Sjögren-Larsson, 226
Síndrome de Sly, 604*t*
Síndrome de Stickler, 609
Síndrome de Williams-Beuren, 596
Síndrome de Zellweger (cérebro-hepatorrenal), 215, 579-580, 580*t*
Síndrome do estresse porcino, 618
Síndrome hemolítico-urêmica, 655
Síndrome HHH (hiperornitinemia, hiperamonemia e homocitrulinúria), 277
Síndrome metabólica, 180
Síndrome oculocerebrorrenal de Lowe, 585*t*
Síndromes de Hunter, 603, 604*t*
Síndromes de Hurler, 603, 604*t*

SINEs. *Ver* Elementos nucleares intercalados curtos
Síntese de ácidos graxos
   efeitos da frutose sobre, 186, 188*f*, 189-190
   extramitocondrial, 216
   importância biomédica, 216
   no citosol, 216-220, 217*f*, 218*f*
   papel do ciclo do ácido cítrico na, 153-156, 155*f*
Síntese de Fourier, 40
Síntese de gordura do leite, 240
Síntese de hormônios
   a partir do colesterol, 202, 249, 483, 484*f*, 485-491, 485*f*
   angiotensina II, 495-496, 496*f*
   arranjos celulares, 483
   calcitriol, 489-491
   catecolaminas, 491-492, 491*f*
   di-hidrotestosterona, 483, 487, 489*f*
   esteroidogênese ovariana, 487-489, 489*f*, 490*f*
   esteroidogênese suprarrenal, 485-487, 485*f*
   esteroidogênese testicular, 487, 488*f*
   família POMC, 496-497, 497*f*
   forma ativa e, 484
   glicocorticoides, 486-487, 486*f*
   insulina, 493-494, 494*f*
   metabolismo do iodeto e, 492
   mineralocorticoides, 485-486, 486*f*
   paratormônio, 494, 495*f*
   precursores peptídicos para, 492-493
   síntese de androgênios, 486*f*, 487
   tetraiodotironina, 492, 493*f*
   tri-iodotironina, 492, 493*f*
Síntese de proteínas, 134
   alongamento na, 402-403, 403*f*, 403*t*
   ameaças ambientais e, 405
   com tecnologia do DNA recombinante, 441-442
   fluxo de informação genética da, 393-394
   importância biomédica, 393
   inibição por antibióticos, 406-407, 407*f*
   iniciação da, 399, 401, 400*f*, 401*f*
   mRNA e, 344, 344*f*, 394, 394*t*
   mutações e, 396-398, 396*f*, 397*f*, 398*f*
   no aparelho de Golgi, 574, 575*f*
   polissomos na, 405, 574, 574*f*
   por mitocôndrias, 574*t*, 576
   princípios modulares na, 34
   processamento pós-traducional e, 406
   regulação da, 84-85
   replicação viral e, 405-406, 406*f*
   reticulócitos e, 649
   RNA e, 343-344
   terminação da, 403-404, 404*f*
   translocação e, 403
   tRNA e, 395-396, 395*f*, 396*f*
   velocidade de, 269-270, 401-402, 402*f*
Síntese de triacilgliceróis, 134
   efeitos da frutose sobre, 186, 188*f*, 189-190
Síntese semidescontínua de DNA, 362*f*, 364, 366*f*
Sinvastatina, 257
siRNAs. *Ver* RNAs silenciadores

Sirtuínas, 89
Sistema ABO, 653-654, 654f
Sistema complemento (cascata), 643-644, 644f
Sistema da coagulação. *Ver também* Hemostasia
  ações das células endoteliais no, 672
  agregação plaquetária no, 670, 671f
  deficiência hereditária do, 678
  efeitos dos fármacos anticoagulantes sobre, 677-678
  formação do coágulo de fibrina no. *Ver* Formação do coágulo de fibrina
  importância biomédica, 669
  inibição da trombina no, 677-678
  medição com exames laboratoriais, 679
  regulação da trombina no, 677
  tipos de trombos no, 670
Sistema de alongase dos ácidos graxos, 220, 221f, 223-224, 223f
Sistema de hepcidina, 94
Sistema de numeração estereoquímico (-*sn*), 199, 199f
Sistema do citocromo P450, 111
  ativação de carcinógenos por, 684
  como mono-oxigenases, 115-116, 115f, 116f
  esterol 27-hidroxilase, 255
  ferro no, 96
  hidroxilação de xenobióticos pelo, 557-558
  inserção na membrana, 583
  natureza induzível do, 557-558
  no metabolismo de fármacos, 115-116, 115f, 116f, 557-558
  nomenclatura do, 557
  polimorfismo do, 557
  sistema microssomal de oxidação do etanol, 244
Sistema efetor de receptor de hormônio-proteína G, 503f
Sistema endócrino. *Ver também* Receptores de hormônios; Hormônios
  importância biomédica, 480
  regulação neural do, 480
Sistema extramitocondrial, síntese de ácidos graxos no, 216
Sistema imune
  adaptativo, 639, 643, 662
  disfunções do, 645
  inato, 639, 643
Sistema imune adaptativo, 639, 643, 662
Sistema imune inato, 639, 643
Sistema microssomal de alongase, 220, 221f
Sistema microssomal de oxidação do etanol (MEOS), 244
Sistema nervoso central (SNC), necessidades de glicose do, 136
Sistema tubular T, 619
Sistemas antiportadores, 468, 468f
Sistemas antiportadores, para nucleotídeos de açúcar na síntese de glicoproteínas, 549-550
Sistemas carreadores, para nucleotídeos de açúcar na síntese de glicoproteínas, 549-550

Sistemas de cotransporte, 468, 468f
Sistemas de Genebra, para nomenclatura de ácidos graxos, 196
Sistemas de troca por difusão, 124
Sistemas desreprimidos, 410
Sistemas isotérmicos, 105
Sistemas simportadores, 468, 468f
Sistemas uniportadores, 468, 468f
Sítio A (aceptor), 402, 403f
Sítio aceptor (A), de ribossomo 80S, 402, 403f
Sítio alostérico, 85-86
Sítio ativo, 58-59, 59f
  comparação com sítio alostérico, 86
  redução da energia de ativação, 72
Sítio catalítico. *Ver* Sítio ativo
Sítio de iniciação da transcrição (TSS), 376, 377f
  alternativo, 430
Sítio de saída (E), do ribossomo 80S, 402, 403f
Sítio do promotor, no modelo óperon, 411f, 412
Sítio E (de saída), do ribossomo 80S, 402, 403f
Sítio interno de entrada no ribossomo (IRES), 405-406, 406f
Sítio P (peptidil), do ribossomo 80S, 402, 403f
Sítio *PstI*, inserção de DNA no, 437, 437f
Sítios cos, 436
Sítios de aminoacil, ligação do aminoacil-tRNA, 402, 403f
Sítios de contato, 576
Sítios de restrição, 64
Sítios FRT de levedura, 435
Sítios hipersensíveis, cromatina, 354
Sítios P lox bacterianos, 435
SMAC, na apoptose, 693f, 694
α-SNAP, 586t, 588
SNC (sistema nervoso central), necessidades de glicose do, 136
SNPs. *Ver* Polimorfismos de nucleotídeo único
snRNA. *Ver* RNA nuclear pequeno
Sódio (Na⁺)
  coeficiente de permeabilidade do, 463f
  nos líquidos extracelular e intracelular, 460, 460t
SODs. *Ver* Superóxidos-dismutase
Solubilidade
  de aminoácidos, 20, 20f
  de lipídeos, 196
Soluções aquosas. *Ver* Água
Solvente, água como solvente ideal, 6-7, 7f
Sonicação leve, 465
Sono, prostaglandinas no, 216
Sorbitol, na catarata diabética, 190-191
Sorbitol-desidrogenase, 186, 188f
Southern blotting (DNA/DNA), 341
Spliceossomo, 386-387
Splicing do mRNA, 386-388, 387f, 388f, 430
S-Prenilação, 463
SR (motivos serina-arginina), 388
SR-B1 (receptor de depuração B1), 241f, 242
SREBP (proteína de ligação ao elemento regulador de esteróis), 252

sRNAs (RNAs pequenos, reguladores heterogêneos), 348
SRP (partícula de reconhecimento do sinal), 580-581, 581f, 629
SSBs. *Ver* Proteínas de ligação de fita simples
ssDNA (DNA de fita simples), 361
STATs. *Ver* Transdutores de sinais e ativadores da transcrição
Subnutrição, 519, 524-525, 524f
Substância de reação lenta da anafilaxia, 227
Substâncias do grupo sanguíneo A, 653-654, 654f
Substâncias do grupo sanguíneo B, 653-654, 654f
Substâncias do grupo sanguíneo H, 653-654, 654f
Substituição de bases, mutações ocorrendo por, 396-397, 396f, 397f, 398f
Substituição molecular, 40
Substratos, 57
  anapleróticos, 153-154
  concentrações celulares de, 83
  em equações químicas equilibradas, 69
  interações de grupos prostéticos, cofatores e coenzimas com, 58, 58f
  mudanças conformacionais induzidas por, 60, 60f
  múltiplos, 79, 79f, 80f
  para substratos da cadeia respiratória, 150-151, 151f
  pares de, 125, 125f
  regulação de vias metabólicas com, 135
  resposta da velocidade de reações às concentrações de, 71, 73-74, 73f, 74f
Substratos do receptor de insulina (IRSs), 508, 509f
Succinato-desidrogenase, 114
  inibição da, 77-78, 77f
  no ciclo do ácido cítrico, 152f, 153
Succinato-Q-redutase (complexo II), 118, 119f, 120, 120f
Succinato-tiocinase (succinil-CoA-sintetase), 152f, 153, 247, 247f
Succinil-CoA
  biossíntese do heme a partir de, 305-308, 306f, 307f, 308f, 309f, 310t
  no ciclo do ácido cítrico, 152f, 153
Succinil-CoA-acetoacetato-CoA-transferase (tioforase), 211, 213f
  no ciclo do ácido cítrico, 152f, 153
Succinil-CoA-sintetase (succinato-tiocinase), 152f, 153, 247, 247f
Sulco maior, no DNA, 340f, 341
  modelo do óperon e, 412
  motivo hélice-volta-hélice e, 425-426, 426f
Sulco menor, no DNA, 340f, 341
Sulfação, de xenobióticos, 558
Sulfatídeo, 202
Sulfato, em glicoproteínas, 547
Sulfato de dermatana, 599, 601f, 602t, 603
Sulfato de heparana, 595, 599, 601f, 602-603, 602t
  na hemostasia e trombose, 672

Sulfatos esteroides, 234, 235
Sulfeto de hidrogênio, inibição da cadeia respiratória por, 112, 123
Sulfito-oxidase
 deficiência de, 100
 metais de transição na, 100, 100f
Sulfo(galacto)-glicerolipídeos, 234
Sulfogalactosilceramida, 202
 acúmulo de, 235
 síntese de, 234
Sulfotransferases, 600
Sumoilação, de histonas, 351, 353t
Superalimentação, 524-525, 524f.
 Ver também Obesidade
Superespirais negativas, DNA, 341
Superfamília de receptores nucleares, 511-513, 512f, 513t
Super-hélices, DNA, 341, 367, 368f
Superóxido, 649-650
Superóxidos-dismutase (SODs), 204, 649-650
 cobre em, 98-100
 metais de transição em, 96-97
 proteção contra toxicidade do oxigênio, 116, 544
 toxicidade do gálio, 93
Surfactante, pulmão, 229
 deficiência de, 200, 234
Surfactante pulmonar, 200, 229, 234

T

$t_{1/2}$. Ver Meia-vida
T_3. Ver Tri-iodotironina
T_4 (tiroxina). Ver Tetraiodotironina
Tabaco, 703
Tabela periódica, 94f
TAFIa (inibidor da fibrinólise ativado por trombina), 678f, 679
TAFs (fatores associados à TBP), 380, 381f, 383-385
Talassemias, 54
α-Talassemias, 650t
β-Talassemias, 442, 443f, 650t
 conformações de proteínas patológicas nas, 42-43
Tamoxifeno, 703
Tampões
 ácidos fracos atuando como, 12-13, 12f
 equação de Henderson-Hasselbalch na descrição de, 12, 12f
Tampões hemostáticos, formação de, 670, 671f
Tamponamento, 12
TaqI, 433t
Taurina, conversão da cisteína em, 297, 297f
Tautomerismo, 320, 320f
Taxa metabólica, 105, 524
Taxa metabólica basal (TMB), 524
TBG. Ver Globulina de ligação da tiroxina
TBP. Ver Proteína de ligação de TATA
TEBG. Ver Globulina de ligação de testosterona-estrogênio
Tecido adiposo, 196, 229
 armazenamento de triacilgliceróis no, 244
 captação de glicose, 136-138, 137f
 em jejum, 130, 138-139, 138t, 139f, 139t
 hormônios e lipólise no, 246, 246f
 insulina e, 245
 lipase, 244-245, 245f
 lipogênese e, 247
 marrom, 247, 247f
 no estado alimentado, 130, 136-139, 137f, 138t
 perilipina no, 247
 utilização da glicose, 245
Tecido adiposo marrom, 123-124, 247, 247f
Tecido conectivo, 592. Ver também Matriz extracelular
Tecidos
 captação de glicose, 136-137, 137f
 diferenciação dos, papel do ácido retinoico na, 529-530
 em jejum, 130, 138-139, 138t, 139f, 139t
 hipóxicos, 160
 no estado alimentado, 130, 136-138, 137f, 138t
 vias metabólicas em nível de, 132-133, 132f, 133f
Técnicas blotting, 438, 439f
Técnicas de sonda, 438, 439f
Técnicas de transferência blot, 438, 439f
Tecnologia de microarranjo de alta densidade, 447
Tecnologia do DNA recombinante
 aplicações da
  análise molecular das doenças, 442-445, 443f, 444f, 444t
  mapeamento dos genes, 441
  polimorfismos de comprimento de fragmentos de restrição, 445
  polimorfismos de nucleotídeo único, 445
  polimorfismos microssatélites, 445-446
  práticas, 441
  produção de proteínas, 441-442
  regulação gênica direcionada, 446-447
 biblioteca genômica para, 438
 clonagem na, 435-437, 436f, 437f, 437t
 enzimas de restrição na
  clivagem da cadeia de DNA com, 433-434, 434f
  para preparação de molécula de DNA quimérica, 434-435
  seleção de, 433-434, 433t, 434t
 hematologia e, 655
 importância biomédica da, 432
 método de reação em cadeia da polimerase, 439-440, 441f
 moléculas quiméricas na, 432
 sequenciamento do DNA, 439, 440f
 síntese de oligonucleotídeos, 439
 sondas em bibliotecas para, 438
 técnicas de blotting e sonda para, 438, 439f
 uso em estudos enzimáticos, 65-66, 66f
Tecnologia genômica. Ver Tecnologia do DNA recombinante
Tecnologia multidimensional de identificação de proteínas (MudPIT), 31
Telomerase, 355, 692, 716

Telômeros, 355, 355f, 716, 717f
Temperatura
 de transição, 341, 465
 no modelo de mosaico fluido da estrutura da membrana, 465-466
 resposta da velocidade de reações à, 70, 71f, 72
Temperatura de fusão. Ver Temperatura de transição
Temperatura de transição (T_m), 340, 465
Tempo de oclusão, 679
Tempo de sangramento, 679
Tempo de sangramento da pele, 679
Tempo de tromboplastina parcial ativada (TTPa, PTT), 679
Tempo de vida
 evolução e, 717
 massa corporal versus, 715-716, 716t
 versus longevidade, 707-708
Tensão, catálise enzimática por, 59
Tensão de oxigênio, em células cancerosas, 696
Teobromina, 321, 323f
Teofilina, 246, 321, 323f
Teoria cinética, 70
Teoria da colisão, 70
Teoria da mutação somática do envelhecimento, 714
Teoria dos radicais livres do envelhecimento, 710, 712
Teoria quimiosmótica, 121, 122f, 124
Teorias de uso e desgaste do envelhecimento
 espécies reativas de oxigênio, 709-710, 710f, 711f
 glicação de proteínas, 712-713, 714f
 mecanismos de reparo molecular e, 713-715
 mitocôndrias e, 710, 712
 radiação ultravioleta, 712, 713f
 radicais livres, 710, 712
 reações hidrolíticas, 708-709, 709f
Teorias metabólicas do envelhecimento, 715-716, 716t
Terapia de privação de substratos, 235
Terapia de reidratação oral, 474
Terapia gênica, 4, 446
 importância biomédica, 432
 membranas artificiais e, 465
 para distúrbios de armazenamento de lipídeos, 235
 para distúrbios metabólicos, 278
 vetores virais de mamíferos para, 437
Terapia química com chaperonas, 235
Terminação
 da síntese de proteínas, 403-404, 404f
 na síntese de proteoglicanos, 600-601
 no ciclo de transcrição, 376-379, 376f, 383
Terminação da cadeia, 376f, 378-379.
 Ver também Terminação
Terminação prematura, 397, 398f
Termodinâmica, dos sistemas biológicos, 105-106
Termogênese, 247, 247f
Termogênese induzida por dieta, 524

Termogenina, 123-124, 247, 247f
Teste de duas interações híbridas, 447, 449f
Teste de inibição bacteriana de Guthrie, 566
Teste de supressão com dexametasona, 567
Testes diagnósticos moleculares, 4
Testosterona
    metabolismo da, 487, 489f
    síntese de, 483, 484f, 485f, 487, 488f
    transporte plasmático da, 498t, 499
Tetra-hidrofolato, 537, 537f
Tetraiodotironina (tiroxina; T_4)
    armazenamento de, 497, 497t
    síntese de, 483, 484f, 492, 493f
    transporte plasmático de, 498, 498t
Tetrâmero de histonas, 351, 351f, 353
Tetrapirróis, no heme, 48, 48f, 305, 306f
Tetroses, 141, 142t
    de importância fisiológica, 143
TF (fator tecidual), 673, 673t, 674t
TFIIA, 381, 381f, 382f, 382-384
TFIIB, 381, 381f, 382f, 382-384
TFIID, 381, 381f, 382f
    componentes de, 384-385
    na formação da RNA-polimerase II, 383-384
TFIIE, 381, 381f, 382f, 382-384
TFIIF, 381, 381f, 382f, 382-384
TFIIH, 381, 381f, 382f
    modificação de CTD por, 384
    na formação da RNA-polimerase II, 383-384
TFPI (inibidor da via do fator tecidual), 673
TGN (rede trans-Golgi), 574, 575f, 588
Tiamina. Ver Vitamina B_1
Tiamina-difosfato, 161, 162f, 533-534
Ticagrelor, 672
Tiglil-CoA, catabolismo de, 292f, 293f
TIM (translocase da membrana interna), 576
Timidilato, 338-340
Timidina, 322t
    vias de recuperação da, 332-334
Timina, 322t, 337f
    pareamento de bases no DNA, 339, 340f
    vias de recuperação da, 332-334
Tiocinase. Ver Acil-CoA-sintetase; Succinato-tiocinase
Tioesterase (desacilase), 218, 218f, 219f
Tioforase (succinil-CoA-acetoacetato--CoA-transferase), 211, 213f
    no ciclo do ácido cítrico, 152f, 153
6-Tioguanina, 324, 324f
Tiolase, 209, 209f, 211
    na síntese de mevalonato, 250, 250f
Tiorredoxina, 332, 332f
Tiorredoxina-redutase, 332, 332f
Tipo sanguíneo, 654
Tiras de química seca, 565
Tiras reagentes, 565
Tireoglobulina, 492
Tirofibana, 672
Tirosina, 15t-16t
    absorção da luz ultravioleta por, 20, 20f
    catabolismo do esqueleto de carbono da, 286, 287f
    produtos especializados, 300, 302f
    síntese de hormônios a partir da, 483, 484f, 491-492, 491f, 493f
    síntese de, 266, 267f
Tirosina-aminotransferase, 286, 287f
Tirosina-hidroxilase, 491, 491f
Tirosinas-cinase, inibidores de, 701
Tirosinase, cobre na, 98-100
Tirosinemia tipo I, 286, 287f
Tirosinemia tipo II, 286, 287f
Tirosinil-tRNA, 407, 407f
Tirosinose, 286, 287f
Tiroxina (T_4). Ver Tetraiodotironina
T_m. Ver Temperatura de transição
TME (microambiente do tumor), 682, 694-695, 695f
TMP. Ver Monofosfato de timidina
TNAP. Ver Fosfatase alcalina inespecífica de tecido
Tocoferóis. Ver Vitamina E
Tocotrienóis. Ver Vitamina E
Tolbutamida, 215, 243
Tolerância à glicose, 180-181, 180f
TOM (translocase da membrana externa), 576
Topoisomerases, DNA, 341, 363t, 367, 367f
Toxicidade
    bilirrubina, 313-314
    chumbo, 93-94, 306, 309
    da amônia, 273-274
    de aminoácidos das plantas, 18, 18t
    de metais de transição, 94-95, 95t
    de xenobióticos, 559, 559f
    do ácido fólico, 538
    metais pesados, 93-94
    micronutriente, 527-528
    niacina, 535
    oxigênio. Ver Espécies reativas de oxigênio
    vitamina A, 530
    vitamina B_6, 535
    vitamina D, 532
Toxicidade do ferro, 475
Toxicose do cobre, 634
Toxina botulínica B, 588
Toxina da cólera, 202, 202f, 234, 504
Toxina da coqueluche, 504
Toxina diftérica, 407, 472
Toxinas microbianas, 472
Tradução, 394. Ver também Síntese de proteínas
Tradução de cadeias com quebras, 434t
Tráfego intracelular. Ver também Seleção de proteínas
    de proteínas, 573-574
    distúrbios do, 580t, 589-590
    vesículas transportadoras no, 585-588, 586t, 587f
Transaldolase, na via das pentoses-fosfato, 183-184, 183f, 184f
Transaminação
    mecanismo pingue-pongue para, 59, 59f, 273, 273f
    no metabolismo de aminoácidos, 131, 132f, 272-273, 273f, 281
    papel do ciclo do ácido cítrico na, 153-154, 154f
Transaminase
    avaliação da vitamina B_6 com, 535
    no catabolismo de aminoácidos, 281-282
Transcetolase
    avaliação da vitamina B_1 com, 534
    na via das pentoses-fosfato, 183-185, 183f, 184f
Transcitose, 588
Transcortina, 498-499, 498t
Transcrição, 341
    ativadores e correguladores no controle da, 384-385, 385t
    complexo de transcrição eucariótico, 383-386
    iniciação da, 375-377, 376f, 377f
    interação proteína-DNA na regulação da, 414-418, 414f, 415f, 416f, 417f
    modulação hormonal da, 511-514, 512f, 513f, 513t, 514t
    na síntese de RNA, 339
    promotores bacterianos na, 379, 380f
    promotores eucarióticos na, 379-381, 380f, 381f, 382f, 383
    promotores na, 376
        alternativos, 388-389, 389f
    reversa nos retrovírus, 344, 360, 367-368
    terminação da, 382
Transcriptase reversa/transcrição reversa, 344, 360, 434t
Transcriptômica, 3
Transcritos primários, 356, 376, 390, 390f
Transdesaminação, 273, 274f
Transdução de sinais
    através das membranas, 459, 467t, 475
    CBP/p300 e, 513-514, 513f
    de hormônios, 500-501, 501f
Transdutores, 371, 371f
Transdutores de sinais e ativadores da transcrição (STATs), 509, 510f
Transfecção do DNA, endocitose na, 474
Transferase terminal, 434t
Transferases, 57
Transferrina, 523, 523f, 627, 633, 632t, 634-635
Transferrina deficiente em carboidratos, 633
Transfusão sanguínea, importância do sistema ABO na, 653
Trans-hidrogenase, mitocondrial, 125
Trans-hidrogenase ligada à energia, mitocondrial, 125
Transição mesenquimal epitelial (EMT), 698, 699f
Translocação
    de proteínas, 576
    do mRNA, 578
    no câncer, 685, 686f
    no núcleo celular, 576-578, 578f
Translocação, na síntese de proteínas, 403
Translocação pós-traducional, 576, 580-582, 582f
Translocações cromossômicas, no câncer, 685, 686f

Translocase da membrana externa (TOM), 576
Translocase da membrana interna (TIM), 576
Translócon, 580
Transportador com cassete de ligação de ATP A1 (ABCA1), 241f, 242
Transportador com cassete de ligação de ATP G1 (ABCG1), 241f, 242
Transportador de nucleotídeos de adenina, de mitocôndrias, 124-126, 124f
Transportador de fosfatos, das mitocôndrias, 124-126, 124f
Transportador de GLUT4, 245
Transportador de metais divalentes, 632, 632f
Transportador de SGLT1, 520, 520f
Transportador de tricarboxilato, 221, 221f
Transportador multiespecífico de ânions orgânicos (MOAT), 312
Transportadores ativos impulsionados por ATP, 472, 473t
Transportadores de glicose (GLUT), 178, 178t
  insulina e, 470, 473, 473f
  na regulação da glicemia, 245, 245f
  nas hemácias, 648, 648t
Transportadores de troca, de mitocôndrias, 124-126, 124f, 125f, 126f
Transportadores e sistemas de transporte
  ATP em, 472-473, 472t
    transportadores envolvidos em, 468-469, 468f, 468t, 469f
  ácidos graxos de membrana, 238
  aquaporinas, 472
  ativos impulsionados por ATP, 472, 473t
  canais iônicos e, 468t
  cassete de ligação do ATP, 241f, 242
  colesterol reverso, 241f, 242, 250, 254, 254f, 257
  das mitocôndrias, 124-126, 124f, 125f, 126f
  de membranas, 459, 463, 469-470
  difusão facilitada, 467-468, 467f, 467t, 468f
    mecanismo pingue-pongue dos, 469, 469f
    regulação hormonal dos, 469-470
    transportadores envolvidos, 468-469, 468f, 468t, 469f
  difusão passiva, 467-468, 467f, 467t, 468f
  difusão simples, 467-468, 467f, 467t, 468f
  glicose. Ver Transportadores de glicose
  ionóforos, 471-472
  proteínas de transporte do plasma, 498-499, 498t
  tricarboxilato, 221
Transporte anterógrado (COPII), 586, 587f
Transporte ativo, 467, 467f, 467t
  ATP no, 472-473, 472t
  de bilirrubina, 312
  transportadores envolvidos no, 468-469, 468f, 468t, 469f
Transporte de elétrons, na cadeia respiratória, 118, 119f, 121, 120f, 122f

Transporte de íons, nas mitocôndrias, 126
Transporte facilitado, de bilirrubina, 312
Transporte primário, 469
Transporte retrógrado (COPI), 583-584, 586
Transporte reverso do colesterol, 241f, 242, 250, 254, 254f, 257
Transporte secundário, 469
Transporte vesicular anterógrado, 583
Transporte vesicular retrógrado, 583-584
Transposição, 360, 442
  retropósons e, 357
Trans-preniltransferase, 251f
Transtirretina, 639
Transtornos nutricionais
  defeitos do colágeno, 43
  deficiência de aminoácidos, 14, 131, 264, 264t, 526
  estados de múltiplas deficiências, 527
Traumatismo, perda de proteínas no, 526
Trealose, 146f, 146t
Treonina, 15t
  catabolismo do esqueleto de carbono da, 285, 285f
Triacilgliceróis (triglicerídeos), 199, 199f
  digestão e absorção dos, 520-521, 522f
  fármacos para redução dos níveis séricos de, 257
  importância biomédica, 229
  metabolismo dos
    esteatose hepática e, 243-244
    hepático, 242-243, 243f
    hidrólise no, 229-230
    lipoproteínas de alta densidade no, 241-242, 241f
    no tecido adiposo, 244-245, 245f
  no cerne das lipoproteínas, 237, 238f
  perilipina e, 247
  síntese de, 230-232, 230f, 231f
  transporte dos, 238-239, 239f, 240f
Triacilglicerol
  como combustível metabólico, 130, 136
  via metabólica do, 131, 131f, 133, 133f
    no estado alimentado, 137-138, 137f, 138t
Triagem, para novos fármacos, 80
Trifosfato de adenosina (ATP)
  captação e transferência de energia pelo, 107-108, 107t, 108f, 121-122
  ciclos do fosfato do, 109, 109f
  como efetor alostérico, 86
  como moeda energética celular, 108-110, 108f, 109f, 121-122
  como transdutor de energia livre, 322
  controle do suprimento de, 122-123, 123t
  degradação de proteínas dependente de, 270-271, 270f, 271f
  energia livre de hidrólise de, 107-108, 107t, 108f
  estrutura do, 107f, 108f, 321f
  fosforilação oxidativa na síntese de, 118, 121-122, 122f
  geração no ciclo do ácido cítrico, 151-153, 151f
  importância biomédica, 105

  lançadeira de creatina-fosfato para, 126, 126f
  na contração muscular, 614-616, 615f, 620-621, 621f
  na regulação da glicólise e gliconeogênese, 176, 176f
  na síntese de purinas, 328
  no acoplamento de reações endergônicas e exergônicas, 109
  no transporte ativo, 472-473, 472f
  produção eritrocitária de, 648, 648t
  produção na glicólise, 157, 158f, 159, 159f, 161, 161f
  produção na oxidação de ácidos graxos, 209-210, 209f, 210t
Trifosfato de citidina (CTP), 86, 323
Trifosfato de guanosina. *Ver* GTP
Triglicerídeos. *Ver* Triacilgliceróis
Tri-iodotironina (T_3)
  armazenamento da, 497, 497t
  síntese de, 484, 484f, 492, 493f
  transporte plasmático da, 498, 498t
Trimetilxantina, 321, 323f
Trimetoprima, 537
Triocinase, 186, 188f
Triose-fosfato-isomerase, estrutura da, 37f
Trioses, 141, 142t
  de importância fisiológica, 143
Tripeptidases, 521
Tripla-hélice, da estrutura do colágeno, 43, 43f
Tripla-hélice ou super-hélice para a direita, 593, 593f
Tripsina, 521
  catálise covalente da, 61
  para fibrose cística, 64
Tripsinogênio, 521
Triptofano, 16t
  absorção da luz ultravioleta pelo, 20, 20f
  catabolismo do esqueleto de carbono do, 286-288, 289f, 290f
  coeficiente de permeabilidade do, 463f
  deficiência de, 534-535
  produtos especializados do, 300, 301f
Triptofano-2,3-dioxigenase (triptofano-pirrolase), 286, 288, 289f
L-Triptofano-dioxigenase, 115
Trisquélio, 475
tRNA. *Ver* RNA transportador
tRNA supressor, 398
Trombina
  conversão da protrombina em, 674-675, 675f
  conversão do fibrinogênio em, 675, 677, 675f, 676f
  inibição da, 677-678
  na agregação plaquetária, 670, 671f
  na formação do coágulo de fibrina, 672
  regulação da, 677
Trombo
  formação de, 670, 671f
  tipos de, 670
Trombo branco, 670
Trombo vermelho, 670
Trombocitopenia, 646, 654-655

Trombocitopenia aloimune neonatal, 655
Trombomodulina, 677
Trombopoietina, 647
Trombose, 654
  ações das células endoteliais na, 672
  agregação plaquetária na, 670, 671f
  efeitos dos fármacos anticoagulantes, 677-678
  exames laboratoriais para, 679
  fases da, 669
  formação do coágulo de fibrina na. *Ver* Formação do coágulo de fibrina
  importância biomédica, 669
  inibição da trombina na, 677-678
  regulação da trombina na, 677
  supressores do ácido fólico para, 538
  tipos de trombos na, 670
  tratamento com alteplase e estreptocinase, 679
Tromboxano A_2 (TxA_2), 198f, 224
  inibição do, 672
  na agregação plaquetária, 670, 671f
Tromboxanos (TXs), 197, 198, 198f, 216
  importância clínica dos, 225-227
  via da ciclo-oxigenase na formação dos, 224, 226f
Tropocolágeno, 43, 43f, 594
Tropoelastina, 596
Tropomiosina, 614-615, 614f
Troponinas, 614-615, 614f
Troponinas cardíacas, 64
TSS. *Ver* Sítio de iniciação da transcrição
TTPa. *Ver* Tempo de tromboplastina parcial ativada
α-Tubulina, 624-625, 625f
β-Tubulina, 624-625, 625f
γ-Tubulina, 624
Tumores
  benignos, 681
  malignos. *Ver* Câncer
TWSG1. *Ver* Gastrulação retorcida 1
TxA_2. *Ver* Tromboxano A_2
TXs. *Ver* Tromboxanos

U

UAS (sequência de ativação a montante), 427
Ubiquinona. *Ver* Coenzima Q
Ubiquitina
  degradação de proteínas dependente da, 270-271, 270f, 271f
  estrutura da, 270, 270f
Ubiquitina e degradação de proteínas, 585, 585f
UCP1 (proteína de desacoplamento 1), 247, 247f
UDPGal (uridina-difosfato-galactose), 187-188, 189f
UDPGal 4-epimerase, 187-188, 189f
UDPGlc. *Ver* Uridina-difosfato-glicose
UDPGlc-desidrogenase, na via do ácido urônico, 186-187, 187f
UDPGlc-pirofosforilase
  na glicogênese, 164-165, 165f
  na via do ácido urônico, 186-187, 187f

Úlceras, 519, 555
Úlceras pépticas, 555
UMP (monofosfato de uridina), 322f, 322t
Unidade de transcrição, 376
Unidade de transcrição da resposta hormonal, 512f
Unidades de isopreno, polipreinoides sintetizados a partir de, 203, 204f
Unidades isoprenoides, 250, 251f, 252f
Unidades Svedberg, 346, 348
Uniporte de glicose (GLUT2), 473-474, 473f
Universalidade do código genético, 394t, 395
UPR (resposta a proteínas maldobradas), 584
Uracila, 322t, 337f
  desoxirribonucleosídeos de, na síntese de pirimidinas, 332-334
  na síntese de RNA, 375
  pareamento de bases no RNA, 342, 343f
Uracilúria-timinúria, 327-328, 336
Urato, como antioxidante, 204
Ureia
  ácido úrico, 321, 323f
    catabolismo das purinas, 334, 335f
    efeitos da frutose sobre, 189-190
    excreção de nitrogênio, 272
    animais ureotélicos, 272
  coeficiente de permeabilidade da, 463f
  exames laboratoriais para, 566
  excreção de nitrogênio como, 272, 275, 275f
  síntese de, 272-273, 272f, 273f, 275-276, 275f
    enzimas ativas, 722t
    defeitos da, 276-278, 277t
    regulação da, 276
  urease, metais de transição na, 97, 97f
  vias metabólicas da, 131, 133
Uricase, 334
Uricemia, 336t
Uridil-transferase, deficiência de, 191
Uridina, 321f, 322t, 333
Uridina-difosfato-galactose (UDPGal), 186-188, 189f
Uridina-difosfato-glicose (UDPGlc)
  na glicogênese, 164-165, 165f
  na via do ácido urônico, 186-187, 187f
Urina
  bilirrubina na, 313, 315, 315t
  glicose na, 180
  mioglobina na, 54
  urobilinogênio na, 315, 315t
  xilulose na, 189
Urobilinas, 313
Urobilinogênio, 313, 315, 315t
Urocinase, 678f, 679
Uroporfirinogênio I, na síntese do heme, 306, 307f, 308f, 309f
Uroporfirinogênio III, na síntese do heme, 306-307, 307f, 308f, 309f
Uroporfirinogênio III-sintase, 306, 307f, 308f, 309f
  deficiência na, 310, 310t

Uroporfirinogênio I-sintase, 306, 307f, 308f, 309f
  deficiência na, 310, 310t
Uroporfirinogênio-descarboxilase, 307, 307f, 308f, 309f, 310t
UV. *Ver* Luz ultravioleta

V

Vacinas, anticâncer, 703
Validade, dos exames laboratoriais, 561-562, 561f, 562f, 563t
Valina, 15t
  catabolismo do esqueleto de carbono da, 288, 290, 292f, 293, 293f, 293t
  síntese de, 266-267
Valinomicina, 125, 471-472
Valor clínico, de exames laboratoriais, 562-563, 563t
Valor preditivo, de exames laboratoriais, 562-563, 563t
Valor preditivo negativo, 562-563, 563t
Valor preditivo positivo, de exames laboratoriais, 562-563, 563t
Vanádio
  absorção de, 101
  estados multivalentes do, 93, 94f, 94t
  funções fisiológicas do, 100
  necessidades humanas de, 93, 93t
Varfarina, 532-533
  interações medicamentosas da, 557
  mecanismo da, 677-678
Variação de energia livre de Gibbs (ΔG), 69-70, 70f
  constante de equilíbrio e, 69, 106
  da hidrólise do ATP, 107-108, 107t, 108f
  efeitos enzimáticos sobre, 72
  em sistemas biológicos, 105-106
  potencial redox e, 111-112, 112t
  regulação metabólica e, 83-84, 83f
Variação de energia livre padrão (Δ$G^{0'}$)
  da hidrólise do ATP, 107-108, 107t, 108f
  em sistemas biológicos, 106
Variação diurna, na síntese de colesterol, 252
Variação no número de cópias (CNV), 442
  no câncer, 692, 692f
Vasodilatadores, 611, 622-623, 624f
Vasos sanguíneos, afetados por óxido nítrico, 622-623, 624f
VEGF. *Ver* Fator de crescimento do endotélio vascular
Veia porta do fígado, 177
Velocidade, da enzima. *Ver* Velocidade inicial; Velocidade máxima
Velocidade das reações
  constante de Michaelis. *Ver* Constante de Michaelis
  efeitos da concentração de íons hidrogênio sobre a, 72-73, 73f
  efeitos da concentração de substrato sobre a, 71, 73-74, 73f, 74f
  efeitos da temperatura sobre a, 70, 71f, 72
  efeitos enzimáticos, 72
  energia de ativação e, 69-70, 70f, 72

variação de energia livre de Gibbs e, 69
velocidade inicial, 73-76, 73f, 75f, 76f, 79, 80f
velocidade máxima. *Ver* Velocidade máxima
Velocidade inicial (v_i), 73-76, 73f, 75f, 76f, 79, 80f
Velocidade máxima ($V_{máx}$), 73-76, 73f, 75f, 76f
   efeitos alostéricos sobre, 86
   efeitos inibidores sobre, 77-78, 77f, 78f
   em reações Bi-Bi, 79, 80f
Venenos, inibidores da cadeia respiratória, 112, 118, 123-124, 123f, 124f
Vesículas
   de transporte. *Ver* Vesículas de transporte
   direcionamento das, 587, 587f
   extracelulares, 476-478, 477f
   na comunicação intercelular, 476-478, 477f
   na endocitose, 474-475
   processamento no interior das, 588
   proteínas de revestimento e, 583, 586-587, 586t, 587f
   secretoras, 574, 575f
   sinápticas, 588
   tipos e funções, 586t
Vesículas COPI, 583, 586, 586t, 588
Vesículas COPII, 583, 586, 586t, 587f
Vesículas de transporte
   definição das, 585
   modelo de, 586-588, 586t, 587f
   na rede *trans*-Golgi, 588
   proteínas de revestimento das, 586
   proteínas nas, 574, 575f
Vesículas extracelulares (EVs), 476-478, 477f, 690
Vesículas não revestidas de clatrina. *Ver* Vesículas de transporte
Vesículas secretoras, 574, 575f
Vesículas sinápticas, 587
Vetor de cromossomo artificial de leveduras (YAC), 437, 437t
Vetor de *E. coli* com base no bacteriófago P1 (PAC), 437, 437t
Vetor de expressão, 438
Vetor do BAC (cromossomo artificial bacteriano), 436, 437t
Vetor do cromossomo artificial bacteriano (BAC), 436, 437t
Vetor PAC (de *E. coli* com base no bacteriófago P1), 437, 437t
Vetor YAC (de cromossomo artificial de leveduras), 437, 437t
Vetores de clonagem, 436, 436f, 437t
Vetores de clonagem viral de mamíferos, 437
v_i. *Ver* Velocidade inicial
Via alternativa, 644
Via clássica de ativação do complemento, 643
Via cotraducional, 580-581, 581f
Via da ciclo-oxigenase, 224-225, 225f, 226f
Via da desidroepiandrosterona, 487, 488f

Via da lectina, 643, 644f
Via da lipoxigenase, 198, 224, 225, 225f, 227f
Via da proteína-cinase ativada por mitógeno (MAPK), 508, 509f
Via da ubiquitina-proteassomo, degradação enzimática pela, 84-85, 270-271, 270f, 271f
Via das pentoses-fosfato, 130, 131f
   comprometimento da, 188-189
   conexões da glicólise com, 183f, 185
   equivalentes redutores gerados pela, 185
   fase não oxidativa reversível da, 183, 183f, 184f, 185
   fase oxidativa irreversível da, 183-184, 183f, 184f
   importância biomédica, 182
   localização celular, 182-183
   produção de NADPH, para a lipogênese, 218, 219f, 220f
   proteção contra hemólise, 185, 186f
Via de cisteína-sulfinato, 283-285, 284f
Via de degradação lisossomal, 235
Via de informações, 502, 502f
Via de quinurenina-antranilato, 286, 288, 289f, 290f
Via do ácido urônico
   alteração da, 189
   deficiência de, 182
   reações da, 186-188, 187f
Via do glicerol-fosfato, 231f
Via do 3-mercaptopiruvato, 283, 284f
Via do monoacilglicerol, 230, 231f, 521
Via do NF-κB, 510-511, 510f
Via do receptor de morte, da apoptose, 692-694, 693f
Via do sorbitol, 190-191
Via dos polióis, 190-191
Via exocítica (secretora), 574
Via extrínseca, 672-673, 672f, 673f, 673t, 674t
Via intrínseca, 672-674, 672f, 673f, 673t, 674t
Via Jak/STAT, 508-509, 510f
Via lisogênica, 414f, 415
Via lítica, 414f, 415
Via MAPK (proteína-cinase ativada por mitógeno), 508, 509f
Via mitocondrial, de apoptose, 692-694, 693f
Via secretora (exocitótica), 574
Vias anabólicas, 129
Vias anfibólicas, 129
   ciclo do ácido cítrico, 153-154, 154f
Vias catabólicas, 129
Vimblastina, 625
Vimentinas, 625, 625t
Vírus
   ciclofilinas nos, 42
   endocitose mediada por receptores e, 475
   glicanos na ligação de, 555
   integração cromossômica, 360, 360f
   RNA em, 344

   síntese de proteínas da célula hospedeira por, 405-406, 406f
   tumor, 684-685, 684t, 686f, 703
Vírus da hepatite B (HBV), 703
Vírus da imunodeficiência humana (HIV)
   desnutrição causada por, 525
   glicanos na ligação do, 555
Vírus da *influenza* aviária, danos na ligação de, 555
Vírus do sarcoma de Rous (RSV), 685
Vírus *influenza* A, glicanos na ligação do, 555
Vírus tumorais, 684-685, 684t, 686f, 703
Visão, função da vitamina A na, 529, 530f
Vitamina A (retinol)
   deficiência de, 528t, 530
   estrutura da, 529, 529f
   funções da, 528t, 529-530, 530f
   toxicidade da, 530
Vitamina B_1 (tiamina)
   coenzimas derivadas da, 58
   deficiência de, 161, 163, 528t, 534
   estrutura da, 533, 533f
   funções da, 528t, 533-534
   necessidade da via das pentoses-fosfato, 185
   necessidade do ciclo do ácido cítrico, 153
Vitamina B_2 (riboflavina)
   coenzimas derivadas da, 58
   deficiência de, 42, 528t, 534
   funções da, 528t, 534
   grupos flavina formados a partir da, 112, 114
   medição da, 189
   necessidade do ciclo do ácido cítrico, 153
Vitamina B_6 (piridoxina, piridoxal, piridoxamina)
   deficiência de, 288, 290f, 528t, 535
   em aminotransferases, 273, 273f, 535
   estrutura da, 535, 535f
   funções da, 528t, 535
   toxicidade da, 535
Vitamina B_{12} (cobalamina)
   absorção da, 101, 536
   cobalto na, 98
   deficiência de, 528t, 536-537, 536f
   estrutura da, 536, 536f
   funções da, 528t, 536, 536f
Vitamina C (ácido ascórbico)
   absorção de ferro e, 523-524
   aportes maiores de, 540
   como antioxidante, 204, 544, 544f
   como pró-oxidante, 544-545, 544t
   deficiência de, 44, 263, 266, 528t, 540, 596
   estrutura da, 539, 539f
   funções da, 528t, 539
   na síntese de ácidos biliares, 256f
   na síntese de colágeno, 43
   necessidades humanas de, 182, 186
Vitamina D (calciferol), 528
   absorção de cálcio e, 523
   colesterol precursora para, 249
   como precursor do calcitriol, 489

deficiência de, 528t, 531-532
ergosterol como precursor para, 203, 203f
funções da, 528t
na homeostasia do cálcio, 531
natureza hormonal da, 530-531, 531f
síntese e metabolismo da, 530-531, 531f
toxicidade da, 532
Vitamina D$_3$ (colecalciferol), 530, 531f
como antioxidante, 203
formação e hidroxilação da, 489-491, 490f
Vitamina E (tocoferóis, tocotrienóis)
como antioxidante, 204, 532, 544, 544f
como pró-oxidante, 545
deficiência de, 528t, 532
esteatose hepática e, 244
estrutura da, 532, 532f
funções da, 528t, 532
Vitamina K
deficiência de, 528t, 533
estrutura da, 532-533, 533f
funções da, 528t, 532-533, 533f
Vitaminas
classificação em lipossolúveis ou hidrossolúveis, 527, 528t
digestão e absorção das, 523-524
exames laboratoriais, 564-565
importância biomédica, 527
lipossolúveis, 196
necessidades nutricionais de, 527-528
para manutenção da saúde, 3
Vitaminas hidrossolúveis, 527, 528t
Vitaminas lipossolúveis, 527, 528t
VLDLs. *Ver* Lipoproteínas de densidade muito baixa
$V_{máx}$. *Ver* Velocidade máxima
VNTRs. *Ver* Números variáveis de repetições em *tandem*
Voltas, em proteínas, 36, 37f
Voltas β, 36, 37f
Vorinostate, 690

X

Xantina, 321, 323f
Xantina-oxidase, 112
deficiência de, hipouricemia e, 335
molibdênio na, 100
Xanturenato, 288, 290f
Xaropes com alto teor de frutose (HFSs), 186, 188f, 189-190

Xenobióticos
importância biomédica, 556
metabolismo dos
acetilação e metilação, 558-559
conjugação, 558
hidroxilação pelo citocromo P450, 557-558
tipos de, 556
tóxicos, efeitos imunológicos e carcinogênicos dos, 559, 559f
Xeroftalmia, 530
Xilose, 144f, 144t, 548t
Xilulose, 144f, 144t, 189
Xilulose-5-fosfato, 185

Z

Zimogênios, 87, 627
secreção de protease como, 521
Zinco
absorção do, 101
estados multivalentes do, 93, 94f, 94t
funções fisiológicas do, 98, 99f
necessidades humanas de, 93, 93t
toxicidade do, 95t
Zona pelúcida, 553
Zwitteríons, 19